模具设计与制造简明手册

（第 四 版）

冯炳尧　王南根　王晓晓　编

任建伟　审

上 海 科 学 技 术 出 版 社

图书在版编目(CIP)数据

模具设计与制造简明手册 / 冯炳尧,王南根,王晓晓编. —4 版. —上海:上海科学技术出版社,2015. 10(2024. 7 重印)
ISBN 978-7-5478-2631-7

Ⅰ. ①模… Ⅱ. ①冯… ②王… ③王… Ⅲ. ①模具—设计—手册②模具—制造—手册 Ⅳ. ①TG76-62

中国版本图书馆 CIP 数据核字(2015)第 095106 号

模具设计与制造简明手册(第四版)
冯炳尧 王南根 王晓晓 编

上海世纪出版(集团)有限公司
上 海 科 学 技 术 出 版 社 出版、发行
(上海市闵行区号景路 159 弄 A 座 9F-10F)
邮政编码 201101 www. sstp. cn
上海新华印刷有限公司印刷
开本 787×1092 1/16 印张 66. 5 插页 12
字数 2 000 千字
1985 年 6 月第 1 版 1998 年 7 月第 2 版 2008 年 6 月第 3 版
2015 年 10 月第 4 版 2024 年 7 月第 22 次印刷
印数: 157611-157910
ISBN 978-7-5478-2631-7/TG・81
定价: 298. 00 元

内 容 提 要

本手册共四篇。前三篇分别叙述了冲压与挤压模具设计、塑料模具设计和金属压铸模具设计，末篇介绍了模具制造技术。全书各类数据设计表近1 000张，图例典型结构近400幅。附录中列出了与模具设计有关的通用数据表和模具术语英汉对照400条左右。

本手册此次为第四版。按照“更新标准、精选内容、优化体系”的总体要求，对第三版进行了全面修编，使手册更具文字简明、数据可靠、图表清晰、便于查阅的特点。

本手册可供大中专院校模具、材料成形和机械加工等专业的师生及模具设计制造技术人员查阅使用。

第四版前言

本手册第一版为原电子工业部教材办公室规划出版的教学用书，自1985年出版以来深受大中专院校材料成形、模具设计等专业师生的欢迎，以精装本形式多次重印。部委调整后，本手册获机械电子工业部优秀教材二等奖。1998年第二版与2008年第三版充实了部分模具设计与制造、模具材料等内容，便于模具设计与制造人员查阅使用。手册自出版以来，经17次印刷，印数达15万余册，受到社会各界的好评。

随着我国现代化建设事业的蓬勃发展，模具技术不断提升，模具标准不断完善，模具已经成为衡量产品制造能力与水平的重要标志。为了适应模具技术的迅速发展，按照"更新标准、精选内容、优化体系"的总体要求，对第三版进行了全面修编，使手册凸显数据可靠、图表清晰、言简意赅、便于查阅的特点。

更新标准——修编后的手册，共引用各类标准达188个，做到数据标准化、表式手册化，并注明参照的标准来源，便于必要时查考。

精选内容——修编后的手册，突出重点，围绕应用较多的冲压与挤压模具、塑料模具及金属压铸模具的设计与制造，列出的各种数据或设计表近1 000张、典型模具结构或图例近400幅，还在附录中列出模具术语英汉对照400条左右，体现了内容的基础性、实用性和关联性。

优化体系——修编后的手册中，材料、设备与模具相贯通；标准应用与非标准设计相补充；模具设计与模具制造相衔接。对于掌握基本设计方法、提高创新思维和工艺应用能力，本手册起到引领比较和触类旁通的作用。

《模具设计与制造简明手册》(第四版)的编写，得到了江苏信息职业技术学院教学与科研处、财务处等部门的大力支持。手册由江苏信息职业技术学院任建伟担任主审。具体编写分工如下：冯炳尧编写第一篇；王晓晓编写第二篇；王南根编写第三、第四篇，其中部分加工实例由葛伟杰、曹明编写。全书由冯炳尧、韩泰荣统稿。

在手册修编过程中，无锡模具行业协会潘尧枬，江苏信息职业技术学院图书馆丛敬军、陶丽在技术标准工作方面给予了具体帮助；江苏信息职业技术学院机电工程系金卫国、过正达、甘辉、刘明洋、邓宇锋对修编工作提出了宝贵意见；无锡模具行业协会成员单位及国内多家模具成形设备、模具加工设备制造企业以多种方式为手册修编提供了技术资料，对此，表示衷心感谢。与此同时，向参考文献编著者，以及手册第三版的责任编辑钮国俊、编审人员蒋文森和丁战生表示诚挚的谢意。

限于编者水平，书中恐有讹误疏漏，敬请广大读者提出批评建议，俾便再版时改进。

编　者

2015年4月

目　　录

第一篇　冲压与挤压模具设计

第二篇　塑料模具设计

第三篇　压铸模具设计

第四篇 模具制造技术

附 录

第一篇　冲压与挤压模具设计

第一章　冷冲压常用材料和冲压件工艺性

一、冷冲压常用材料

（一）板材和带材的规格与性能

冲压用原材料、模具和冲压设备是冲压加工的三项基本要素。板材、带材是冲压加工的常用原材料，其性能包括状态对冲压件质量、模具寿命及加工能量的消耗产生重要影响。

冷轧钢板和钢带在冲压加工中应用广泛，根据 GB/T 708—2006，冷轧钢板和钢带分类和代号见表 1-1-1。

表 1-1-1　冷轧钢板和钢带分类和代号

产品形态	分类及代号								
	边缘状态	厚度精度		宽度精度		长度精度		平面度精度	
		普通	较高	普通	较高	普通	较高	普通	较高
钢　带	不切边 EM	PT. A	PT. B	PW. A					
	切边 EC	PT. A	PT. B	PW. A	PW. B				
钢　板	不切边 EM	PT. A	PT. B	PW. A		PL. A	PL. B	PF. A	PF. B
	切边 EC	PT. A	PT. B	PW. A	PW. B	PL. A	PL. B	PF. A	PF. B
纵切钢带	切边 EC	PT. A	PT. B	PW. A					

冷轧钢板和钢带的尺寸范围：

(1) 钢板和钢带的公称厚度 0.30～4.00 mm，公称厚度小于 1 mm 的钢板和钢带按照 0.05 mm 倍数的任何尺寸，公称厚度不小于 1 mm 的钢板和钢带按照 0.1 mm 倍数的任何尺寸。

(2) 钢板和钢带的公称宽度 600～2 050 mm，按 10 mm 倍数的任何尺寸。

(3) 钢板和钢带公称长度 1 000～6 000 mm，按 50 mm 倍数的任何尺寸。

冷轧钢板和钢带的厚度偏差见表 1-1-2。

表 1-1-2　冷轧钢板和钢带的厚度偏差　(mm)

公称厚度	厚度允许偏差					
	普通精度　PT. A			较高精度　PT. B		
	公称宽度			公称宽度		
	≤1 200	>1 200～1 500	>1 500	≤1 200	>1 200～1 500	>1 500
≤0.40	±0.04	±0.05	±0.06	±0.025	±0.035	±0.045
>0.40～0.60	±0.05	±0.06	±0.07	±0.035	±0.045	±0.050
>0.60～0.80	±0.06	±0.07	±0.08	±0.040	±0.050	±0.050
>0.80～1.00	±0.07	±0.08	±0.09	±0.045	±0.060	±0.060
>1.00～1.20	±0.08	±0.09	±0.10	±0.055	±0.070	±0.070
>1.20～1.60	±0.10	±0.11	±0.11	±0.070	±0.080	±0.080

（续表）

公称厚度	厚度允许偏差					
	普通精度　PT. A			较高精度　PT. B		
	公称宽度			公称宽度		
	≤1 200	>1 200～1 500	>1 500	≤1 200	>1 200～1 500	>1 500
>1.60～2.00	±0.12	±0.13	±0.13	±0.080	±0.090	±0.090
>2.00～2.50	±0.14	±0.15	±0.15	±0.100	±0.110	±0.110
>2.50～3.00	±0.16	±0.17	±0.17	±0.110	±0.120	±0.120
>3.00～4.00	±0.17	±0.19	±0.19	±0.140	±0.150	±0.150

注：1. 距钢带焊缝处 15 mm 内的厚度允许偏差比表中规定值增加 60%；距钢带两端各 15 mm 内的厚度允许偏差比表中规定值增加 60%。
2. 参照 GB/T 708—2006。

1. 冷轧低碳钢板及钢带(GB/T 5213—2008)

GB/T 708 是冷轧低碳钢板和钢带(GB/T 5213—2008)规范性引用文件之一。冷轧低碳钢板和钢带按照用途、表面质量及表面结构的分类，分别见表 1-1-3～表 1-1-5。冷轧低碳钢板和钢带的力学性能见表 1-1-6，其拉伸应变痕见表 1-1-7。

表 1-1-3　冷轧低碳钢板和钢带按照用途分类

牌　号	用　途	牌　号	用　途
DC01	一般用	DC05	特深冲用
DC03	冲压用	DC06	超深冲用
DC04	深冲用	DC07	特超深冲用

表 1-1-4　冷轧低碳钢板和钢带按照表面质量分类

级　别	代　号
较高级表面	FB
高级表面	FC
超高级表面	FD

表 1-1-5　冷轧低碳钢板和钢带按照表面结构分类

表面结构	代　号
光亮表面	B
麻　面	D

表 1-1-6　冷轧低碳钢板和钢带的力学性能

牌　号	下屈服强度 R_{eL}(MPa) ≤	抗拉强度 R_m(MPa)	断后伸长率 $A_{80\ mm}$(%) ≥	塑性应变比 r_{90} ≥	应变硬化指数 n_{90} ≥
DC01	280	270～410	28		
DC03	240	270～370	34	1.3	
DC04	210	270～350	38	1.6	0.18

（续表）

牌　号	下屈服强度 R_{eL}(MPa) ≤	抗拉强度 R_m(MPa)	断后伸长率 $A_{80\,mm}$(%) ≥	塑性应变比 r_{90} ≥	应变硬化指数 n_{90} ≥
DC05	180	270～330	40	1.9	0.20
DC06	170	270～330	41	2.1	0.22
DC07	150	250～310	44	2.5	0.23

注：1. 拉伸试样为 GB/T 228 中的 P6 试样，试样方向为横向。
　　2. r_{90}值和 n_{90}值的要求仅适用于厚度不小于 0.50 mm 的产品。当厚度大于 2.0 mm 时，r_{90}值可以降低 0.2。

表 1-1-7　冷轧低碳钢板和钢带的拉伸应变痕

牌　号	拉　伸　应　变　痕
DC01	室温储存条件下，表面质量为 FD 的钢板及钢带自生产完成之日起 3 个月内使用时不应出现拉伸应变痕
DC03	室温储存条件下，钢板及钢带自生产完成之日起 6 个月内使用时不应出现拉伸应变痕
DC04	室温储存条件下，钢板及钢带自生产完成之日起 6 个月内使用时不应出现拉伸应变痕
DC05	室温储存条件下，钢板及钢带自生产完成之日起 6 个月内使用时不应出现拉伸应变痕
DC06	室温储存条件下，钢板及钢带使用时不出现拉伸应变痕
DC07	室温储存条件下，钢板及钢带使用时不出现拉伸应变痕

2. 优质碳素结构钢冷轧薄钢板和钢带(GB/T 13237—2013)

GB/T 708 是优质碳素结构钢冷轧薄钢板和钢带(GB/T 13237—2013)规范性引用文件之一。优质碳素结构钢冷轧薄钢板和钢带的力学性能见表 1-1-8，其表面质量见表 1-1-9。

表 1-1-8　优质碳素结构钢冷轧薄钢板和钢带的力学性能

牌　号	抗拉强度 R_m(MPa)	以下公称厚度(mm)的断后伸长率 $A_{80\,mm}$(%)					
		≤0.6	>0.6～1.0	>1.0～1.5	>1.5～2.0	>2.0～≤2.5	>2.5
08Al	275～410	≥21	≥24	≥26	≥27	≥28	≥30
08	275～410	≥21	≥24	≥26	≥27	≥28	≥30
10	295～430	≥21	≥24	≥26	≥27	≥28	≥30
15	335～470	≥19	≥21	≥23	≥24	≥25	≥26
20	355～490	≥18	≥20	≥22	≥23	≥24	≥25
25	375～500	≥18	≥20	≥21	≥22	≥23	≥24
30	390～510	≥16	≥18	≥19	≥21	≥21	≥22
35	410～530	≥15	≥16	≥18	≥19	≥19	≥20
40	430～550	≥14	≥15	≥17	≥18	≥18	≥19
45	450～570		≥14	≥15	≥16	≥16	≥17
50	470～590			≥13	≥14	≥14	≥15
55	490～610			≥11	≥12	≥12	≥13
60	510～630			≥10	≥10	≥10	≥11
65	530～650			≥8	≥8	≥8	≥9
70	550～670			≥6	≥6	≥6	≥7

注：拉伸试验取横向试样，标距 $L_0 = 80$ mm，宽度 $b = 20$ mm。

表 1-1-9　优质碳素结构钢冷轧薄钢板和钢带的表面质量

级　别	名　称	特　征
FB	较高级表面	表面允许有少量不影响成形性的缺陷，如小气泡、小划痕、小辊印、轻微划伤及氧化色等存在
FC	高级表面	产品两面中较好的一面无目视可见的明显缺陷，另一面至少应达到 FB 表面的要求
FD	超高级表面	产品两面中较好的一面不应有影响涂漆后的外观质量或电镀后的外观质量的缺陷，另一面至少应达到 FB 的要求

3. 碳素结构钢冷轧薄钢板及钢带(GB/T 11253—2007)

碳素结构钢冷轧薄钢板和钢带 GB/T 11253—2007 代替 GB/T 11253—1989，GB/T 708 是其规范性引用文件之一。碳素结构钢冷轧薄钢板和钢带的表面质量及表面结构的分类见表 1-1-10，其力学性能见表 1-1-11。

表 1-1-10　碳素结构钢冷轧薄钢板和钢带的分类

表面质量及代号		表面结构及代号	
较高级表面	FB	光亮表面	B
高级表面	FC	粗糙表面	D

表 1-1-11　碳素结构钢冷轧薄钢板和钢带的力学性能(横向拉伸)

牌　号	抗拉强度 R_m (MPa)	牌　号	抗拉强度 R_m (MPa)
Q195	315～430	Q235	370～500
Q215	335～450	Q275	410～540

4. 不锈钢冷轧钢板和钢带(GB/T 3280—2007)

不锈钢冷轧钢板和钢带 GB/T 3280—2007 代替 GB/T 3280—1992，部分代替 GB/T 4239—1991，GB/T 708 是其规范性引用文件之一。不锈钢冷轧钢板和钢带的形态与尺寸范围见表 1-1-12。不同形态的不锈钢冷轧钢板和钢带的厚度允许偏差分别见表 1-1-13 和表 1-1-14。铁素体型不锈钢冲压性能接近冷轧钢板，具有良好的拉深性能，奥氏体不锈钢胀形性能较好。经退火处理的铁素体型不锈钢冷轧钢板、钢带的力学性能见表 1-1-15，经固溶处理的奥氏体型不锈钢冷轧钢板、钢带的力学性能见表 1-1-16。

表 1-1-12　不锈钢冷轧钢板和钢带的形态与尺寸范围　(mm)

形　态	公称厚度	公称宽度
宽钢带、卷切钢板	≥0.10～≤8.00	≥600～<2 100
纵剪宽钢带、卷切钢带Ⅰ	≥0.10～≤8.00	<600
窄钢带、卷切钢带Ⅱ	≥0.01～≤3.00	<600

表 1-1-13　部分纵剪宽钢带及卷切钢带Ⅰ的厚度允许偏差　(mm)

材料厚度	宽度≤1 000		1 000<宽度≤1 300		1 300<宽度≤2 100	
	普通精度	较高精度	普通精度	较高精度	普通精度	较高精度
≥0.1～<0.2	±0.025	±0.015				
≥0.2～<0.3	±0.030	±0.020				
≥0.3～<0.5	±0.040	±0.025	±0.045	±0.030		
≥0.5～<0.6	±0.045	±0.030	±0.050	±0.035		

（续表）

材料厚度	宽度≤1 000		1 000＜宽度≤1 300		1 300＜宽度≤2 100	
	普通精度	较高精度	普通精度	较高精度	普通精度	较高精度
≥0.6～＜0.8	±0.050	±0.035	±0.055	±0.040		
≥0.8～＜1.0	±0.055	±0.040	±0.060	±0.045	±0.065	±0.050
≥1.0～＜1.2	±0.060	±0.045	±0.070	±0.050	±0.075	±0.055
≥1.2～＜1.5	±0.070	±0.050	±0.080	±0.055	±0.090	±0.060
≥1.5～＜2.0	±0.080	±0.055	±0.090	±0.060	±0.100	±0.070
≥2.0～＜2.5	±0.090		±0.100		±0.110	
≥2.5～＜3.0	±0.110		±0.120		±0.120	

表 1-1-14　部分窄钢带、卷切钢带Ⅱ的厚度允许偏差　(mm)

材料厚度 t	宽度＜125		125≤宽度＜250		250≤宽度＜600	
	普通精度	较高精度	普通精度	较高精度	普通精度	较高精度
≥0.05～＜0.1	±0.1t	±0.06t	±0.12t	±0.1t	±0.15t	±0.1t
≥0.1～＜0.2	±0.010	±0.008	±0.015	±0.012	±0.020	±0.015
≥0.2～＜0.3	±0.015	±0.012	±0.020	±0.015	±0.025	±0.020
≥0.3～＜0.4	±0.020	±0.015	±0.025	±0.020	±0.030	±0.025
≥0.4～＜0.6	±0.025	±0.020	±0.030	±0.025	±0.035	±0.030
≥0.6～＜1	±0.030	±0.025	±0.035	±0.030	±0.040	±0.035
≥1～＜1.5	±0.035	±0.030	±0.040	±0.035	±0.045	±0.040
≥1.5～＜2	±0.040	±0.035	±0.045	±0.040	±0.060	±0.050
≥2～＜2.5	±0.050	±0.040	±0.060	±0.050	±0.070	±0.060
≥2.5～≤3	±0.060	±0.050	±0.070	±0.060	±0.080	±0.070

表 1-1-15　经退火处理的铁素体型不锈钢冷轧钢板、钢带的力学性能

新牌号	旧牌号	规定非比例延伸强度 $R_{P0.2}$(MPa)	抗拉强度 R_m(MPa)	断后伸长率 A(%)	冷弯 180°	硬度值 HBW	HRB	HV
		≥				≤		
06Cr13Al	0Cr13Al	170	415	20	$d=2t$	179	88	200
022Cr11Ti		275	415	20	$d=2t$	197	92	200
022Cr11NbTi		275	415	20	$d=2t$	197	92	200
022Cr12Ni		280	450	18		180	88	
022Cr12	00Cr12	195	360	22	$d=2t$	183	88	200
10Cr15	1Cr15	205	450	22	$d=2t$	183	89	200
10Cr17	1Cr17	205	450	22	$d=2t$	183	89	200
022Cr18Ti	00Cr17	175	360	22	$d=2t$	183	88	200
10Cr17Mo	1Cr17Mo	240	450	22	$d=2t$	183	89	200
019Cr18MoTi		245	410	20	$d=2t$	217	96	230

（续表）

新 牌 号	旧 牌 号	规定非比例延伸强度 $R_{P0.2}$(MPa)	抗拉强度 R_m(MPa)	断后伸长率 A(%)	冷弯 180°	硬度值		
						HBW	HRB	HV
		≥				≤		
022Cr18NbTi		250	430	18		180	88	
019Cr19Mo2NbTi	00Cr18Mo2	275	415	20	$d=2t$	217	96	230
008Cr27Mo	00Cr27Mo	245	410	22	$d=2t$	190	90	200
008Cr30Mo2	00Cr30Mo2	295	450	22	$d=2t$	209	95	220

注：d—弯芯直径；t—钢板厚度。

表 1-1-16　经固溶处理的奥氏体型不锈钢冷轧钢板、钢带的力学性能

新 牌 号	旧 牌 号	规定非比例延伸强度 $R_{P0.2}$(MPa)	抗拉强度 R_m(MPa)	断后伸长率 A(%)	硬度值		
					HBW	HRB	HV
		≥			≤		
12Cr17Ni7	1Cr17Ni7	205	515	40	217	95	218
022Cr17Ni7		220	550	45	241	100	
022Cr17Ni7N		240	550	45	241	100	
12Cr18Ni9	1Cr18Ni9	205	515	40	201	92	210
12Cr18Ni9Si3	1Cr18Ni9Si3	205	515	40	217	95	220
06Cr19Ni10	0Cr18Ni9	205	515	40	201	92	210
022Cr19Ni10	00Cr19Ni10	170	485	40	201	92	210
07Cr19Ni10		205	515	40	201	92	210
05Cr19Ni10Si2NbN		290	600	40	217	95	
06Cr19Ni10N	0Cr19Ni9N	240	550	30	201	92	220
06Cr19Ni9NbN	0cr19Ni10NbN	345	685	35	250	100	260
022Cr19Ni10N	00Cr18Ni10N	205	515	40	201	92	220
10Cr18Ni12	1Cr18Ni12	170	485	40	183	88	200
06Cr23Ni13	0Cr23Ni13	205	515	40	217	95	220
06Cr25Ni20	0Cr25Ni20	205	515	40	217	95	220
022Cr25Ni22Mo2N		270	580	25	217	95	
06Cr17Ni12Mo2	0Cr17Ni12Mo2	205	515	40	217	95	220
022Cr17Ni12Mo2	00Cr17Ni14Mo2	170	485	40	217	95	220
06Cr17Ni12Mo2Ti	0Cr18Ni12Mo3Ti	205	515	40	217	95	220
06Cr17Ni12Mo2Nb		205	515	30	217	95	
06Cr17Ni12Mo2N	0Cr17Ni12Mo2N	240	550	35	217	95	220
022Cr17Ni12Mo2N	00Cr17Ni13Mo2N	205	515	40	217	95	220
06Cr18Ni12Mo2Cu2	0Cr18Ni12Mo2Cu2	205	520	40	187	90	200
015Cr21Ni26Mo5Cu2		220	490	35		90	

（续表）

新　牌　号	旧　牌　号	规定非比例延伸强度 $R_{P0.2}$(MPa)	抗拉强度 R_m(MPa)	断后伸长率 A(%)	硬　度　值		
					HBW	HRB	HV
		≥			≤		
06Cr19Ni13Mo3	0Cr19Ni13Mo3	205	515	35	217	95	220
022Cr19Ni13Mo3	00Cr19Ni13Mo3	205	515	40	217	95	220
022Cr19Ni16Mo5N		240	550	40	223	96	
022Cr19Ni13Mo4N		240	550	40	217	95	
06Cr18Ni11Ti	0Cr18Ni10Ti	205	515	40	217	95	220
015Cr24Ni22Mo8Mn3CuN		430	750	40	250		
022Cr24Ni17Mo5Mn6NbN		415	795	35	241	100	
06Cr18Ni11Nb	0Cr18Ni11Nb	205	515	40	201	92	210

5. 铜及铜合金带材(GB/T 2059—2008)

铜及铜合金带材的牌号、状态和规格见表1-1-17，其力学性能、弯曲试验值分别见表1-1-18和表1-1-19。

表1-1-17　铜及铜合金带材的牌号、状态和规格

牌　　号	状　　态	厚度(mm)	宽度(mm)
T2、T3、TU1、TU2、TP1、TP2	软(M)、1/4硬(Y_4)、半硬(Y_2)、硬(Y)、特硬(T)	>0.15～<0.50	≤600
		0.50～3.0	≤1 200
H96、H80、H59	软(M)、硬(Y)	>0.15～<0.50	≤600
		0.50～3.0	≤1 200
H85、H90	软(M)、半硬(Y_2)、硬(Y)	>0.15～<0.50	≤600
		0.50～3.0	≤1 200
H70、H68、H65	软(M)、1/4硬(Y_4)、半硬(Y_2)、硬(Y)、特硬(T)、弹硬(TY)	>0.15～<0.50	≤600
		0.50～3.0	≤1 200
H63、H62	软(M)、半硬(Y_2)、硬(Y)、特硬(T)	>0.15～<0.50	≤600
		0.50～3.0	≤1 200
HPb59-1、HMn58-2	软(M)、半硬(Y_2)、硬(Y)	>0.15～0.20	≤300
		>0.20～2.0	≤550
HPb59-1	特硬(T)	0.32～1.5	≤200
HSn62-1	硬(Y)	>0.15～0.20	≤300
		>0.20～2.0	≤550
QAl5	软(M)、硬(Y)	>0.15～1.2	≤300
QAl7	半硬(Y_2)、硬(Y)		
QAl9-2	软(M)、硬(Y)、特硬(T)		
QAl9-4	硬(Y)		

（续表）

牌　号	状　态	厚度(mm)	宽度(mm)
QSn6.5-0.1	软(M)、1/4硬(Y_4)、半硬(Y_2)、硬(Y)、特硬(T)、弹硬(TY)	>0.15～2.0	≤610
QSn7-0.2、QSn6.5-0.4、QSn4-3、QSn4-0.3	软(M)、硬(Y)、特硬(T)	>0.15～2.0	≤610
QSn8-0.3	软(M)、1/4硬(Y_4)、半硬(Y_2)、硬(Y)、特硬(T)	>0.15～2.6	≤610
QSn4-4-4、QSn4-4-2.5	软(M)、1/3硬(Y_3)、半硬(Y_2)、硬(Y)	0.80～1.2	≤200
QCd1	硬(Y)	>0.15～1.2	≤300
QMn1.5	软(M)	>0.15～1.2	
QMn5	软(M)、硬(Y)		
QSi3-1	软(M)、硬(Y)、特硬(T)	>0.15～1.2	≤300
BZn18-17	软(M)、半硬(Y_2)、硬(Y)	>0.15～1.2	≤610
BZn15-20	软(M)、半硬(Y_2)、硬(Y)、特硬(T)	>0.15～1.2	≤400
B5、B19、BFe10-1-1、BFe30-1-1、BMn40-1.5、BMn3-12	软(M)、硬(Y)		
BAl13-3	淬火+冷加工+人工时效(CYS)	>0.15～1.2	≤300
BAl6-1.5	硬(Y)		

表1-1-18　铜及铜合金带材的力学性能

牌　号	状　态	拉伸试验			硬度试验	
		厚度(mm)	抗拉强度 R_m (MPa)	断后伸长率 $A_{11.3}$ (%)	硬度 HV	硬度 HRB
T2、T3、TU1、TU2、TP1、TP2	M	≥0.2	≥195	≥30	≤70	
	Y_4		215～275	≥25	60～90	
	Y_2		245～345	≥8	80～110	
	Y		295～380	≥3	90～120	
	T		≥350		≥110	
H96	M	≥0.2	≥215	≥30		
	Y		≥320	≥3		
H90	M	≥0.2	≥245	≥35		
	Y_2		330～440	≥5		
	Y		≥390	≥3		
H85	M	≥0.2	≥260	≥40	≤85	
	Y_2		305～380	≥15	80～115	
	Y		≥350		≥105	
H80	M	≥0.2	≥265	≥50		
	Y		≥390	≥3		

（续表）

牌号	状态	拉伸试验			硬度试验	
		厚度(mm)	抗拉强度 R_m (MPa)	断后伸长率 $A_{11.3}$ (%)	硬度 HV	硬度 HRB
H70、H68、H65	M	≥0.2	≥290	≥40	≤90	
	Y_4		325～410	≥35	85～115	
	Y_2		355～460	≥25	100～130	
	Y		410～540	≥13	120～160	
	T		520～620	≥4	150～190	
	TY		≥570		≥180	
H63、H62	M	≥0.2	≥290	≥35	≤95	
	Y_2		350～470	≥20	90～130	
	Y		410～630	≥10	125～165	
	T		≥585	≥2.5	≥155	
H59	M	≥0.2	≥290	≥10		
	Y		≥410	≥5	≥130	
HPb59－1	M	≥0.2	≥340	≥25		
	Y_2		390～490	≥12		
	Y		≥440	≥5		
	T	≥0.32	≥590	≥3		
HMn58－2	M	≥0.2	≥380	≥30		
	Y_2		440～610	≥25		
	Y		≥585	≥3		
HSn62－1	Y	≥0.2	390	≥5		
QAl5	M	≥0.2	≥275	≥33		
	Y		≥585	≥2.5		
QAl7	Y_2	≥0.2	585～740	≥10		
	Y		≥635	≥5		
QAl9－2	M	≥0.2	≥440	≥18		
	Y		≥585	≥5		
	T		≥880			
QAl9－4	Y	≥0.2	≥635			
QSn4－3、QSn4－0.3	M	>0.15	≥290	≥40		
	Y		540～690	≥3		
	T		≥635	≥2		
QSn6.5－0.1	M	>0.15	≥315	≥40	≤120	
	Y_4		390～510	≥35	110～155	
	Y_2		490～610	≥10	150～190	
	Y		590～690	≥8	180～230	
	T		635～720	≥5	200～240	
	TY		≥690		≥210	

（续表）

牌　号	状　态	拉　伸　试　验			硬 度 试 验	
		厚度(mm)	抗拉强度 R_m (MPa)	断后伸长率 $A_{11.3}$ (%)	硬度 HV	硬度 HRB
QSn7－0.2、QSn6.5－0.4	M	>0.15	≥295	≥40		
	Y		540～690	≥8		
	T		≥665	≥2		
QSn8－0.3	M	≥0.2	≥345	≥45	≤120	
	Y_4		390～510	≥40	100～160	
	Y_2		490～610	≥30	150～205	
	Y		590～705	≥12	180～235	
	T		≥685	≥5	≥210	
QSn4－4－4、QSn4－4－2.5	M	≥0.8	≥290	≥35		
	Y_3		390～490	≥10		65～85
	Y_2		420～510	≥9		70～90
	Y		≥490	≥5		
QCd1	Y	≥0.2	≥390			
QMn1.5	M	≥0.2	≥205	≥30		
QMn5	M	≥0.2	≥290	≥30		
	Y		≥440	≥3		
QSi3－1	M	≥0.15	≥370	≥45		
	Y		635～785	≥5		
	T		735	≥2		
BZn15－20	M	≥0.2	≥340	≥35		
	Y_2		440～570	≥5		
	Y		540～690	≥1.5		
	T		≥640	≥1		
BZn18－17	M	≥0.2	≥375	≥20		
	Y_2		440～570	≥5	120～180	
	Y		≥540	≥3	≥150	
B5	M	≥0.2	≥215	≥32		
	Y		≥370	≥10		
B19	M	≥0.2	≥290	≥25		
	Y		≥390	≥3		
BFe10－1－1	M	≥0.2	≥275	≥28		
	Y		≥370	≥3		
BFe30－1－1	M	≥0.2	≥370	≥23		
	Y		≥540	≥3		
BMn3－12	M	≥0.2	≥350	≥25		

（续表）

牌号	状态	拉伸试验			硬度试验	
		厚度(mm)	抗拉强度 R_m (MPa)	断后伸长率 $A_{11.3}$ (%)	硬度 HV	硬度 HRB
BMn40-1.5	M	≥0.2	390～590	实测数据		
	Y		≥635			
BAl13-3	CYS	≥0.2	供实测值			
BAl6-1.5	Y		≥600	≥5		

表 1-1-19 铜及铜合金带材的弯曲试验值

牌号	状态	厚度(mm)	弯曲角度(°)	内侧半径
T2、T3、TP1、TP2、TU1、TU2、H96、H90、H80、H70、H68、H65、H63、H62	M	≤2	180	紧密贴合
	Y_2			1 倍带厚
	Y			1.5 倍带厚
H59	M	≤2	180	1 倍带厚
	Y		90	1.5 倍带厚
QSn8-0.3、QSn7-0.2、QSn6.5-0.4、QSn6.5-0.1、QSn4-3、QSn4-0.3	M	≥1	180	0.5 倍带厚
	Y_2			1.5 倍带厚
	Y			2 倍带厚
QSi3-1	Y	≥1	180	1 倍带厚
	T		90	2 倍带厚
BZn15-20	Y、T	>0.15	90	2 倍带厚
BMn40-1.5	M	≥1	180	1 倍带厚
	Y		90	

6. 铝及铝合金板材和带料(GB/T 3880.2—2012、GB/T 3880.3—2012)

铝及铝合金分为 A、B 两类。

A 类包括 1×××所有牌号，以及 3×××系列中的 3003、3103、3005、3105、3102、3A21，4×××系列中的 4006、4007，5×××系列中的 5005、5050，8×××系列中的 8A06、8011 等。

B 类包括 2×××、6×××、7×××所有牌号，以及 3×××系列中的 3004、3104，4×××系列中的 4015，5×××系列中的 5A02、5A03、5A05、5A06、5040、5049 等。

冷轧铝及铝合金板材和带料厚度允许偏差分为普通级和高精度级两种，分别见表 1-1-20 和表 1-1-21。部分铝及铝合金板材和带料的力学性能、弯曲试验值分别见表 1-1-22 和表 1-1-23。铝及铝合金新旧牌号对照见表 1-1-24。

表 1-1-20 冷轧铝及铝合金板材和带料普通级厚度允许偏差 (mm)

材料厚度	材料宽度							
	≤1 000		>1 000～1 250		>1 250～1 600		>1 600～2 000	
	普通级厚度允许偏差±							
	A	B	A	B	A	B	A	B
>0.2～0.4	0.03	0.05	0.05	0.06	0.06	0.06		
>0.4～0.5	0.05	0.05	0.06	0.08	0.07	0.08	0.08	0.09

（续表）

材料厚度	材料宽度							
	≤1 000		>1 000～1 250		>1 250～1 600		>1 600～2 000	
	普通级厚度允许偏差±							
	A	B	A	B	A	B	A	B
>0.5～0.6	0.05	0.05	0.07	0.08	0.07	0.08	0.08	0.09
>0.6～0.8	0.05	0.06	0.07	0.08	0.07	0.08	0.09	0.10
>0.8～1.0	0.07	0.08	0.08	0.09	0.08	0.09	0.10	0.11
>1.0～1.2	0.07	0.08	0.09	0.10	0.09	0.10	0.11	0.12
>1.2～1.5	0.09	0.10	0.12	0.13	0.12	0.13	0.13	0.14
>1.5～1.8	0.09	0.10	0.12	0.13	0.12	0.13	0.14	0.15
>1.8～2.0	0.09	0.10	0.12	0.13	0.12	0.13	0.14	0.15
>2.0～2.5	0.12	0.13	0.14	0.15	0.14	0.15	0.15	0.16
>2.5～3.0	0.13	0.15	0.16	0.17	0.16	0.17	0.17	0.18
>3.0～3.5	0.14	0.15	0.17	0.18	0.17	0.18	0.22	0.23
>3.5～4.0	0.15		0.18		0.18		0.23	
>4.0～5.0	0.23		0.24		0.24		0.26	
>5.0～6.0	0.25		0.26		0.26		0.26	

表 1-1-21　冷轧铝及铝合金板材和带料高精度级厚度允许偏差　(mm)

材料厚度	材料宽度							
	≤1 000		>1 000～1 250		>1 250～1 600		>1 600～2 000	
	高精度厚度允许偏差±							
	A	B	A	B	A	B	A	B
>0.2～0.4	0.02	0.03	0.04	0.05	0.05	0.06		
>0.4～0.5	0.03	0.03	0.04	0.05	0.05	0.06	0.06	0.07
>0.5～0.6	0.03	0.04	0.05	0.06	0.06	0.07	0.07	0.08
>0.6～0.8	0.03	0.04	0.06	0.07	0.07	0.08	0.08	0.09
>0.8～1.0	0.04	0.05	0.06	0.08	0.08	0.09	0.09	0.10
>1.0～1.2	0.04	0.05	0.07	0.09	0.09	0.10	0.10	0.12
>1.2～1.5	0.05	0.07	0.09	0.11	0.10	0.12	0.11	0.14
>1.5～1.8	0.06	0.08	0.10	0.12	0.11	0.13	0.12	0.15
>1.8～2.0	0.06	0.09	0.11	0.13	0.12	0.14	0.14	0.15
>2.0～2.5	0.07	0.10	0.12	0.14	0.13	0.15	0.15	0.16
>2.5～3.0	0.08	0.11	0.13	0.15	0.15	0.17	0.17	0.18

（续表）

材料厚度	材料宽度							
	≤1 000		>1 000～1 250		>1 250～1 600		>1 600～2 000	
	高精度厚度允许偏差±							
	A	B	A	B	A	B	A	B
>3.0～3.5	0.10	0.12	0.15	0.17	0.17	0.19	0.18	0.20
>3.5～4.0	0.15		0.18		0.18		0.23	
>4.0～5.0	0.18		0.22		0.24		0.25	
>5.0～6.0	0.20		0.24		0.25		0.26	

表 1-1-22　部分铝及铝合金板材和带料的力学性能

牌　号	状　态	抗拉强度 R_m（MPa）	牌　号	状　态	抗拉强度 R_m（MPa）
1070A	H12、H22	80～120	1200	H12、H22	95～135
	H14、H24	100～140		H14	105～155
	H16、H26	110～150		H24	115～155
	H18	125		H16	120～170
1060	H12	80～120		H26	130～170
	H22	80		H18	150
	H14	95～135		H19	160
	H24	95	8A06	H14、H24	100
	H16	110～155		H18	135
	H26	110	5A02	H14、H24、H34	235
	H18	125		H18	265
1050A	H12、H22	>85～125	5A03	H14、H24、H34	225
	H14、H24	>105～145	3A21	H14	145～215
	H16、H26	>120～160		H24	145
	H18、H28	135～140		H18	185

表 1-1-23　部分铝及铝合金板材和带料的弯曲试验值

牌　号	状　态	厚度 t(mm)	弯曲半径	
			90°	180°
1070A	H12、H22	>0.2～0.5	0t	0.5t
		>0.5～1.5	0t	0.5t
		>1.5～3.0	0.5t	
	H14、H24	>0.2～0.5	0t	0.5t
		>0.5～1.5	0.5t	
		>1.5～3.0	1.0t	

（续表）

牌　号	状　态	厚度 t(mm)	弯曲半径	
			90°	180°
1070A	H16	>0.2～0.5	0.5t	1.0t
		>0.5～1.5	1.0t	
		>1.5～3.0	1.0t	
	H26	>0.2～0.5	0.5t	
		>0.5～1.5	1.0t	
		>1.5～3.0	1.0t	
	H18	>0.2～0.5	1.0t	
		>0.5～1.5	2.0t	
		>1.5～3.0	2.5t	
1050A	H12、H22	>0.2～0.5	0t	0.5t
		>0.5～1.5	0t	0.5t
		>1.5～3.0	0.5t	
	H14、H24	>0.2～0.5	0t	1.0t
		>0.5～1.5	0.5t	1.0t
		>1.5～3.0	1.0t	
	H16、H26	>0.2～0.5	0.5t	
		>0.5～1.5	1.0t	
		>1.5～4.0	1.5t	
	H18、H28	>0.2～0.5	1.0t	
		>0.5～1.5	2.0t	
		>1.5～3.0	3.0t	
1200	H12、H22	>0.2～0.5	0t	0.5t
		>0.5～1.5	0t	0.5t
		>1.5～3.0	0.5t	
	H14、H24	>0.2～0.5	0t	1.0t
		>0.5～1.5	0.5t	1.0t
		>1.5～3.0	1.0t	
	H16、H26	>0.2～0.5	0.5t	
		>0.5～1.5	1.0t	
		>1.5～4.0	1.5t	
	H18	>0.2～0.5	1.0t	
		>0.5～1.5	2.0t	
		>1.5～3.0	3.0t	
3003、3103	H12	>0.2～0.5	0t	1.5t
		>0.5～1.5	0.5t	1.5t
		>1.5～3.0	1.0t	1.5t

（续表）

牌　号	状　态	厚度 t(mm)	弯曲半径	
			90°	180°
3003、3103	H22	>0.2～0.5	0t	1.0t
		>0.5～1.5	0.5t	1.0t
		>1.5～3.0	1.0t	
	H14	>0.2～0.5	0.5t	2.0t
		>0.5～1.5	1.0t	2.0t
		>1.5～3.0	1.0t	2.0t
	H24	>0.2～0.5	0.5t	1.5t
		>0.5～1.5	1.0t	1.5t
		>1.5～3.0	1.0t	1.5t
	H16	>0.2～0.5	1.0t	2.5t
		>0.5～1.5	1.5t	2.5t
		>1.5～4.0	2.0t	2.5t
	H26	>0.2～0.5	1.0t	2.0t
		>0.5～1.5	1.5t	2.0t
		>1.5～4.0	2.0t	
	H18、H28	>0.2～0.5	1.5t	
		>0.5～1.5	2.5t	
		>1.5～3.0	3.0t	
3004	H12	>0.2～0.5	0t	1.5t
		>0.5～1.5	0.5t	1.5t
		>1.5～3.0	1.0t	2.0t
	H22、H32	>0.2～0.5	0t	1.0t
		>0.5～1.5	0.5t	1.0t
		>1.5～3.0	1.0t	1.5t
	H14	>0.2～0.5	0.5t	2.5t
		>0.5～1.5	1.0t	2.5t
		>1.5～3.0	1.5t	2.5t
	H24、H34	>0.2～0.5	0.5t	2.0t
		>0.5～1.5	1.0t	2.0t
		>1.5～3.0	1.5t	2.0t
	H16	>0.2～0.5	1.0t	3.5t
		>0.5～1.5	1.5t	3.5t
		>1.5～4.0	2.5t	
	H26、H36	>0.2～0.5	1.0t	3.0t
		>0.5～1.5	1.5t	3.0t
		>1.5～3.0	2.5t	

（续表）

牌　号	状　态	厚度 t(mm)	弯曲半径	
			90°	180°
3004	H18、H28、H38	＞0.2～0.5	1.5t	
		＞0.5～1.5	2.5t	
3104	H12、H32、H22	＞0.5～0.8	0.5t	
		＞0.8～1.3	1.0t	
	H12、H32、H22	＞1.3～3.0	1.0t	
	H14、H34、H24	＞0.2～0.5	1.0t	
		＞0.5～0.8	1.5t	
		＞0.8～1.3	1.5t	
		＞1.3～3.0	1.5t	
	H16、H36、H26	＞0.2～0.5	2.0t	
		＞0.5～0.8	2.0t	
		＞0.8～1.3	2.5t	
		＞1.3～3.0	2.5t	
3005	H12	＞0.2～0.5	0t	1.5t
		＞0.5～1.5	1.0t	2.0t
		＞1.5～3.0	1.5t	
	H22	＞0.2～0.5	0t	1.0t
		＞0.5～1.5	0.5t	1.0t
		＞1.5～3.0	1.0t	1.5t
	H14	＞0.2～0.5	0.5t	2.5t
		＞0.5～1.5	1.0t	2.5t
		＞1.5～3.0	1.5t	
	H24	＞0.2～0.5	0.5t	1.5t
		＞0.5～1.5	1.0t	1.5t
		＞1.5～3.0	1.5t	
	H16、H26	＞0.2～0.5	1.0t	
		＞0.5～1.5	1.5t	
		＞1.5～3.0	2.5t	
	H18、H28	＞0.2～0.5	1.5t	
		＞0.5～1.5	2.5t	
		＞1.5～3.0		

注：1. GB/T 16475—2008 规定，铝及铝合金产品状态代号 H 表示加工硬化状态。
2. H 后第一位数字 1 表示单纯加工硬化状态，2 表示加工硬化后不完全退火状态，3 表示加工硬化后稳定化处理状态。H 后第二位数字用 1～9 表示最终加工硬化状态；其中，8 表示硬状态，9 表示超硬状态。

表 1-1-24　铝及铝合金新旧牌号对照

工业纯铝		防锈铝		硬铝		锻铝		超硬铝	
新	旧	新	旧	新	旧	新	旧	新	旧
1070A	L1	5A02	LF2	2A01	LY1	6A02	LD2	7A03	LC3
1060	L2	5A03	LF3	2A02	LY2	6B02	LD2-1	7A04	LC4
1050A	L3	5A05	LF5	2A04	LY4	6070	LD2-2	7A09	LC9
1035	L4	5A06	LF6	2A06	LY6	2A50	LD5	7A10	LC10
1200	L5	5B05	LF10	2B11	LY8	2B50	LD6	7003	LC12

7. 镍及镍合金带材(GB/T 2072—2007)

镍及镍合金带材的牌号、状态及规格，以及其力学性能、尺寸允许偏差分别见表 1-1-25～表 1-1-27。

表 1-1-25　镍及镍合金带材的牌号、状态及规格　(mm)

牌号	状态	规格		
		厚度	宽度	长度
N4、N5、N6、N7、NMg0.1、DN、NSi0.19、NCu40-2-1、NCu28-2.5-1.5、NW4-0.15、NW4-0.1、NW4-0.07、NCu30	软态(M)	0.05～0.15	20～250	≥5 000
	半硬态(Y_2)	＞0.15～0.55		≥3 000
	硬态(Y)	＞0.55～1.2		≥2 000

表 1-1-26　镍及镍合金带材的力学性能

牌号	产品厚度(mm)	状态	抗拉强度 R_m(MPa)	规定非比例延伸强度 $R_{p0.2}$(MPa)	断后伸长率(%)	
					$A_{11.3}$	$A_{50\ mm}$
N4、NW4-0.15、NW4-0.1、NW4-0.07	0.25～1.2	软态(M)	≥345		≥30	
		硬态(Y)	≥490		≥2	
N5	0.25～1.2	软态(M)	≥350	≥85		≥35
N7	0.25～1.2	软态(M)	≥380	≥105		≥35
		硬态(Y)	≥620	≥480		≥2
N6、DN、NMg0.1、NSi0.19	0.25～1.2	软态(M)	≥392		≥30	
		硬态(Y)	≥539		≥2	
NCu28-2.5-1.5	0.5～1.2	软态(M)	≥441		≥25	
		半硬态(Y_2)	≥568		≥6.5	
NCu30	0.25～1.2	软态(M)	≥480	≥195	≥25	
		半硬态(Y_2)	≥550	≥300	≥25	
		硬态(Y)	≥680	≥620	≥2	
NCu40-2-1	0.25～1.2	软态(M) 半硬态(Y_2) 硬态(Y)	报实测		报实测	

表 1-1-27　镍及镍合金带材的尺寸允许偏差　(mm)

厚　度	厚度允许偏差		规定宽度范围的宽度允许偏差	
	普通级	较高级	20～150	>150～250
0.05～0.09	±0.005	±0.003	0 −0.6	0 −1.0
>0.09～0.15	±0.010	±0.007		
>0.15～0.30	±0.015	±0.010		
>0.30～0.45	±0.020	±0.015		
>0.45～0.55	±0.025	±0.020		
>0.55～0.85	±0.030	±0.025		
>0.85～0.95	±0.035	±0.030		
>0.95～1.20	±0.040	±0.035	0 −1.0	0 −1.5

注：1. 当需方要求厚度偏差仅为“+”或“−”时，其值为表中数值的 2 倍。
2. 若合同中未注明时，厚度允许偏差按普通级执行。

8. 钛及钛合金带、箔材(GB/T 3622—2012)

钛及钛合金作为一种新型结构材料已经被广泛用于多个工业部门。冲压中常用的钛及钛合金带、箔材的性能，以及其允许偏差分别见表 1-1-28 和表 1-1-29。

表 1-1-28　钛及钛合金带、箔材的性能

牌号	状态	厚度 t(mm)	R_m (MPa)	弯曲角 105° 弯芯直径	牌号	状态	厚度 t(mm)	R_m (MPa)	弯曲角 105° 弯芯直径
TA1 TA8-1 TA9-1	M	0.1～<2	≥240	$3t$	TA3	M	0.1～<2	≥450	$4t$
		≥2	≥240	$4t$			≥2	≥450	$5t$
TA2 TA8 TA9		0.1～<2	≥345	$4t$	TA4		0.3～<2	≥550	$5t$
		≥2	≥345	$5t$			≥2	≥550	$6t$

表 1-1-29　钛及钛合金带、箔材允许偏差　(mm)

材　料　厚　度	厚度允许偏差		宽度允许偏差	
	普通精度	高精度	切　边	不切边
0.01～0.02	±0.003	±0.002	±0.5	
>0.02～0.05	±0.005	±0.003		
>0.05～0.07	±0.007	±0.005		
>0.07～0.09	±0.010	±0.007		
>0.09～0.15	±0.015	±0.010		
>0.15～0.20	±0.02	±0.015		
>0.20～0.30	±0.03	±0.02		
>0.30～0.50	±0.05	±0.04	+1.6 0	±5
>0.50～1.00	±0.07	±0.05		
>1.00～1.50	±0.11	±0.06		±7
>1.50～2.00	±0.15	±0.07		±9
>2.00～3.00	±0.18	±0.09		

（二）理论质量

钢板、铝板、铜及铜合金板、镍及镍合金带的理论质量分别见表 1－1－30～表 1－1－32。

表 1－1－30　钢板理论质量

厚　度(mm)	理论质量(kg/m^2)	厚　度(mm)	理论质量(kg/m^2)
0.20	1.570	1.30	10.205
0.25	1.963	1.40	10.99
0.30	2.355	1.50	11.78
0.35	2.748	1.60	12.56
0.40	3.140	1.80	14.13
0.45	3.533	2.0	15.70
0.50	3.925	2.2	17.27
0.55	4.318	2.5	19.63
0.60	4.710	2.8	21.98
0.70	5.495	3.0	23.55
0.75	5.888	3.2	25.12
0.80	6.280	3.5	27.48
0.90	7.065	3.8	29.83
1.00	7.850	4.0	31.40
1.10	8.635	4.5	35.33
1.20	9.420	5.0	39.25

注：1. 表值按低碳钢(含碳 0.1%)密度 7.85 g/cm^3 计算。
2. 其他钢板可用表中数值乘以换算系数求得理论质量。其他钢板的密度换算系数为：中碳钢(含碳 0.4%)0.996；高碳钢(含碳 1%)0.995；不锈钢(含铬 13%)0.987。

表 1－1－31　铝板理论质量

7A04　铝　板		其他牌号换算系数	
厚　度(mm)	理论质量(kg/m^2)	牌　号	密度换算系数
0.3	0.855	7A09	1.000
0.4	1.140	6A02	0.947
0.5	1.425	2A14	0.982
0.6	1.710	5A02	0.940
0.7	1.995	5A03、5083	0.937
0.8	2.280	5A05	0.930
0.9	2.565	5A06	0.926
1.0	2.850	3A21	0.958
1.2	3.420	2A06	0.968
1.5	4.275	2A11	0.982
1.8	5.130	2A12	0.975
2.0	5.700	2A16	0.996
2.3	6.555	纯铝	0.951
2.5	7.125		
2.8	7.980		
3.0	8.550		
3.5	9.975		
4.0	11.400		
5.0	14.250		

表 1-1-32　铜及铜合金板、镍及镍合金带的理论质量

厚　度(mm)	理论质量(kg/m²)	厚　度(mm)	理论质量(kg/m²)
0.20	1.780	2.5	22.250
0.30	2.670	2.8	24.920
0.40	3.560	3.0	26.700
0.50	4.450	3.5	31.150
0.60	5.340	4.0	35.600
0.70	6.230	4.5	40.050
0.80	7.120	5.0	44.500
0.90	8.010	5.5	48.950
1.0	8.900	6.0	53.400
1.1	9.790	6.5	57.850
1.2	10.680	7.0	62.300
1.3	11.570	7.5	66.750
1.5	13.350	8.0	71.200
1.6	14.240	8.5	75.650
1.8	16.020	9.0	80.100
2.0	17.800	10.0	89.000
2.2	19.580		

注：各种牌号合金每平方米的理论质量可用表中数值乘以换算系数求得：

T2、T3、T4、TUP、B5、B10、B19、B30、BMn40-1.5	1
H96、H90、QSn6.5-0.1、QSn6.5-0.4、QSn4-3、QSn4-0.3	0.989
H80、H68、H65、H62、H59、HPb59-1、HSn62-1、HMn58-2、BAl13-3	0.955
BAl6-1.5	0.978
BMn3-12	0.944
BZn15-20	0.966
N6、N7、NSi0.19、NMg0.1、NCu28-2.5-1.5、NCu40-2-1	0.994

二、冲压件工艺性

冲压件的工艺性是指冲压件对冲压工艺的适应性，包括冲压件的形状、尺寸及其精度、形位公差等是否符合冲压加工的工艺要求。冲压件良好的工艺性有利于节省材料，提高冲压件质量、模具寿命及生产效率。

(一) 冲裁件

1. 最小冲孔尺寸

由于受到凸模强度的限制，冲孔时孔的尺寸不宜过小。凸模增加护套后，增大了凸模工作端的稳定性，冲孔尺寸可趋减小。自由凸模(无护套保护)和护套凸模的冲孔最小尺寸分别见表 1-1-33 和表 1-1-34。

表 1-1-33　普通冲裁凸模冲孔的最小尺寸

材　　料	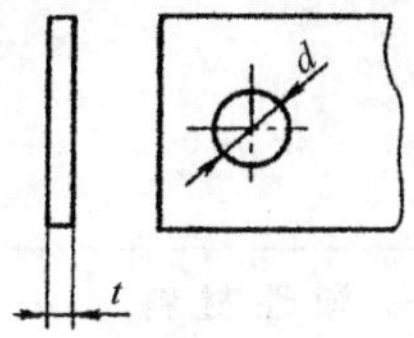	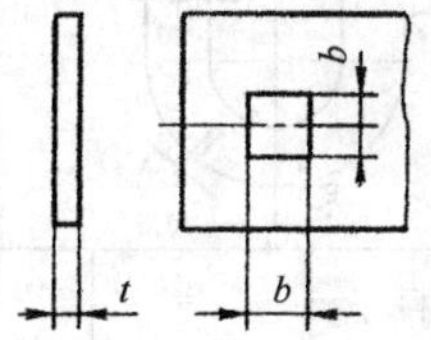	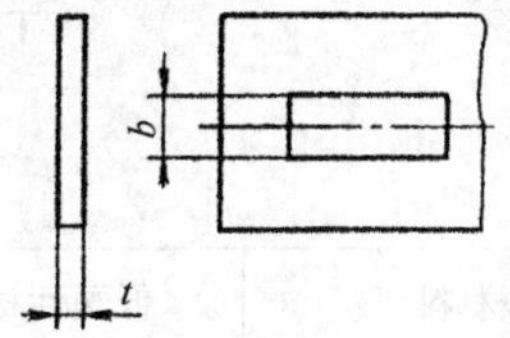	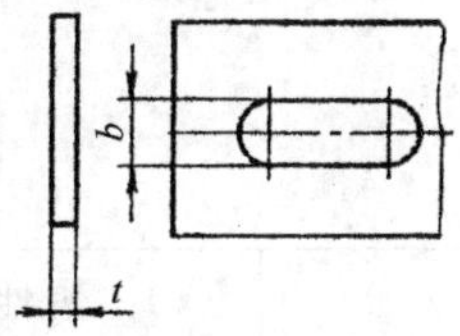
钢($\tau_b > 700$ MPa)	$d \geqslant 1.5t$	$b \geqslant 1.35t$	$b \geqslant 1.2t$	$b \geqslant 1.1t$
钢($\tau_b = 400 \sim 700$ MPa)	$d \geqslant 1.3t$	$b \geqslant 1.2t$	$b \geqslant 1.0t$	$b \geqslant 0.9t$
钢($\tau_b = 400$ MPa)	$d \geqslant 1.0t$	$b \geqslant 0.9t$	$b \geqslant 0.8t$	$b \geqslant 0.7t$
黄铜、铜	$d \geqslant 0.9t$	$b \geqslant 0.8t$	$b \geqslant 0.7t$	$b \geqslant 0.6t$

（续表）

材　　料	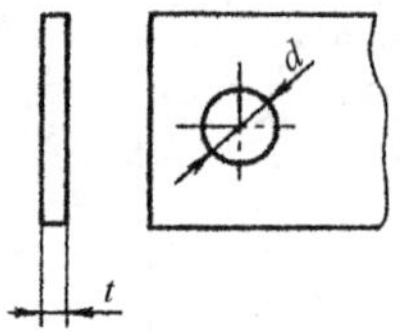	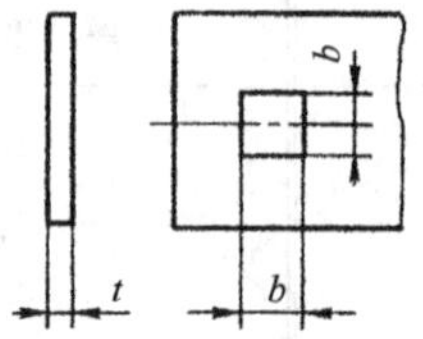	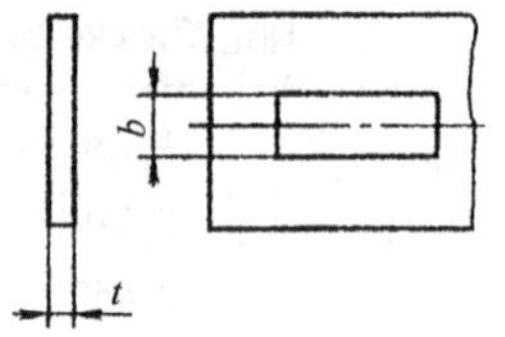	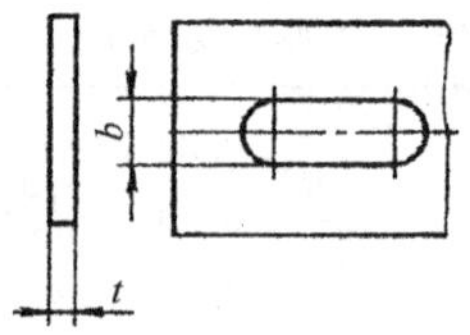
铝、锌 纸胶板、布胶板 纸	$d \geqslant 0.8t$ $d \geqslant 0.7t$ $d \geqslant 0.6t$	$b \geqslant 0.7t$ $b \geqslant 0.6t$ $b \geqslant 0.5t$	$b \geqslant 0.6t$ $b \geqslant 0.5t$ $b \geqslant 0.4t$	$b \geqslant 0.5t$ $b \geqslant 0.4t$ $b \geqslant 0.3t$

表 1-1-34　采用凸模护套可达的最小冲孔尺寸

材　　料	圆形（直径 d）	矩形（孔宽）
硬　钢	$0.5t$	$0.4t$
软钢及黄铜	$0.35t$	$0.3t$
铝、锌	$0.3t$	$0.28t$

2. 凸凹部分尺寸

冲裁件凸出或凹入部分宽度不宜太小，应避免过长的悬臂与狭槽，以便增大相应部位的刃口强度。冲裁件凸出和凹入部分的尺寸见表 1-1-35，聚氨酯模冲裁件的尺寸见表 1-1-36。

表 1-1-35　普通冲裁件凸出和凹入部分的尺寸

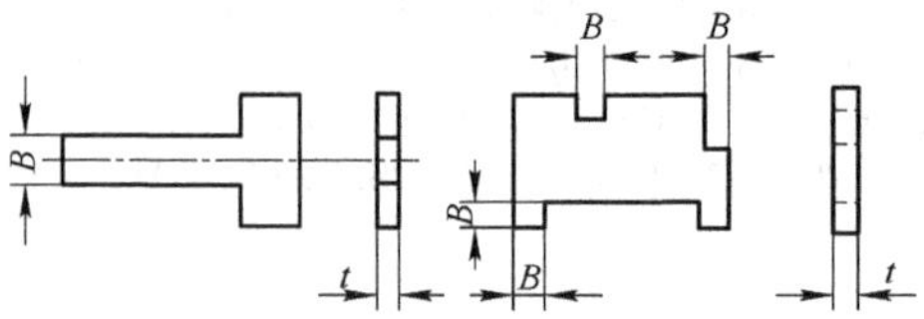

材　　料	B
硬钢 软钢、黄铜 铜、铝、锌 酚醛层压布（纸）板	$(2 \sim 2.3)t$ $(1.4 \sim 1.5)t$ $(1.1 \sim 1.2)t$ $(0.9 \sim 1)t$

表 1-1-36　聚氨酯模冲裁件的尺寸

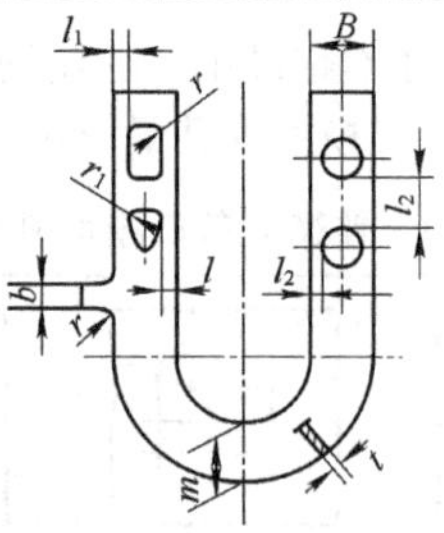

尺　寸	塑 性 材 料	低塑性材料	尺　寸	塑 性 材 料	低塑性材料
	2A12O、3A21、T2、T3、T4、Q235A、10 钢	2A12、T6、TC1、TC2		2A12O、3A21、T2、T3、T4、Q235A、10 钢	2A12、T6、TC1、TC2
B b l l_1	$5t$ $(3 \sim 4)t$ $4t$ $(5 \sim 6)t$	$3t$ $2t$ $3t$ $4t$	l_2 r r_1 m	$(4 \sim 5)t$ $(0.5 \sim 1)t$ $(1 \sim 1.5)t$ $(4 \sim 5)t$	$(3 \sim 4)t$ $(0.5 \sim 1)t$ $(1 \sim 1.5)t$ $(4 \sim 5)t$

3. 孔间距与孔壁距

冲裁件的孔间距在复合模中直接影响凹模刃口间的强度和凸模的紧固方式。在弯曲件和拉深件上冲孔，孔的边缘与工件直壁之间应保持一定的距离，能有效地防止凸模单边受力。孔壁距要求见图 1-1-1。

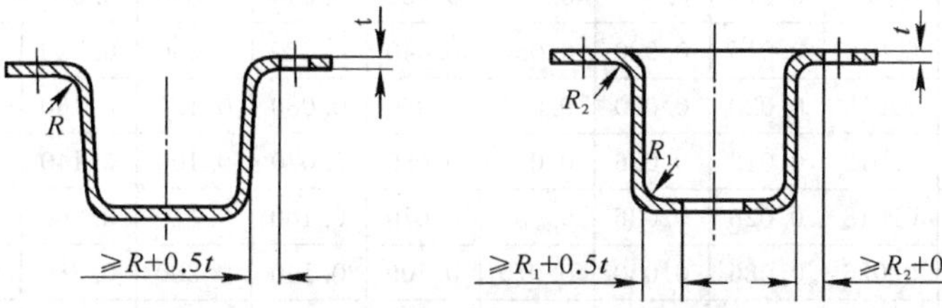

图 1-1-1　弯曲件和拉深件冲孔时的孔壁距

4. 圆角半径

冲裁件直线、曲线连接成各种形状时，连接处一般应有合适的圆角半径。在少废料、无废料排样或镶拼模具中圆角半径可不受限制。冲裁件的最小圆角半径见表 1-1-37。圆角半径过小时会增加制模的困难，刃口也容易损坏。

表 1-1-37　普通冲裁件的最小圆角半径

工件邻边间的最小夹角		材料		
		黄铜、铝	软钢	合金钢
落料	≥90°	0.18t	0.25t	0.35t
	<90°	0.35t	0.5t	0.7t
冲孔	≥90°	0.2t	0.3t	0.45t
	<90°	0.4t	0.6t	0.9t

注：当冲裁件厚度 t<1 mm 时，均以 t=1 mm 计算。

5. 精度和尺寸偏差

冲裁件的公差分为 ST1～ST11，共 11 个等级，从 ST1 到 ST11 等级依次降低。由于普通冲裁与成形件冲裁的冲裁条件不同，因此冲裁件所能达到的公差等级也就不同，冲裁件尺寸公差等级的合理范围见表 1-1-38，冲裁件尺寸公差值见表 1-1-39。

表 1-1-38　冲裁件尺寸公差等级的合理范围

加工方法	尺寸类型	公差等级										
		ST1	ST2	ST3	ST4	ST5	ST6	ST7	ST8	ST9	ST10	ST11
普通平面冲裁	外形		━━	━━	━━	━━	━━	━━	━━	━━	━━	━━
	内形		━━	━━	━━	━━	━━	━━	━━	━━	━━	━━
	孔中心距		━━	━━	━━	━━	━━	━━	━━	━━	━━	━━
	孔边距				━━	━━	━━	━━	━━	━━	━━	━━
成形冲压冲裁	外形					━━	━━	━━	━━	━━	━━	━━
	内形				━━	━━	━━	━━	━━	━━	━━	━━
	孔中心距				━━	━━	━━	━━	━━	━━	━━	━━
	孔边距						━━	━━	━━	━━	━━	━━

注：1. 粗黑线表示合理范围。
　　2. 参照 GB/T 13914—2013。

表 1-1-39 冲裁件尺寸公差值 (mm)

基本尺寸	材料厚度	公差等级										
		ST1	ST2	ST3	ST4	ST5	ST6	ST7	ST8	ST9	ST10	ST11
至 1	至 0.5	0.008	0.010	0.015	0.020	0.030	0.040	0.060	0.080	0.120	0.160	
	>0.5～1	0.010	0.015	0.020	0.030	0.040	0.060	0.080	0.120	0.160	0.240	
	>1～1.5	0.015	0.020	0.030	0.040	0.060	0.080	0.120	0.160	0.240	0.340	
>1～3	至 0.5	0.012	0.018	0.026	0.036	0.050	0.070	0.100	0.140	0.200	0.280	0.400
	>0.5～1	0.018	0.026	0.036	0.050	0.070	0.100	0.140	0.200	0.280	0.400	0.560
	>1～3	0.026	0.036	0.050	0.070	0.100	0.140	0.200	0.280	0.400	0.560	0.780
	>3～4	0.034	0.050	0.070	0.090	0.130	0.180	0.260	0.360	0.500	0.700	0.980
>3～10	至 0.5	0.018	0.026	0.036	0.050	0.070	0.100	0.140	0.200	0.280	0.400	0.560
	>0.5～1	0.026	0.036	0.050	0.070	0.100	0.140	0.200	0.280	0.400	0.560	0.780
	>1～3	0.036	0.050	0.070	0.100	0.140	0.200	0.280	0.400	0.560	0.780	1.100
	>3～6	0.046	0.060	0.090	0.130	0.180	0.260	0.360	0.480	0.680	0.980	1.400
	>6	0.060	0.080	0.110	0.160	0.220	0.300	0.420	0.600	0.840	1.200	1.600
>10～25	至 0.5	0.026	0.036	0.050	0.070	0.100	0.140	0.200	0.280	0.400	0.560	0.780
	>0.5～1	0.036	0.050	0.070	0.100	0.140	0.200	0.280	0.400	0.560	0.780	1.100
	>1～3	0.050	0.070	0.100	0.140	0.200	0.280	0.400	0.560	0.780	1.100	1.500
	>3～6	0.060	0.090	0.130	0.180	0.260	0.360	0.500	0.700	1.000	1.400	2.000
	>6	0.080	0.120	0.160	0.220	0.320	0.440	0.600	0.880	1.200	1.600	2.400
>25～63	至 0.5	0.036	0.050	0.070	0.100	0.140	0.200	0.280	0.400	0.560	0.780	1.100
	>0.5～1	0.050	0.070	0.100	0.140	0.200	0.280	0.400	0.560	0.780	1.100	1.500
	>1～3	0.070	0.100	0.140	0.200	0.280	0.400	0.560	0.780	1.100	1.500	2.100
	>3～6	0.090	0.120	0.180	0.260	0.360	0.500	0.700	0.980	1.400	2.000	2.800
	>6	0.110	0.160	0.220	0.300	0.440	0.600	0.860	1.200	1.600	2.200	3.000
>63～160	至 0.5	0.040	0.060	0.090	0.120	0.180	0.260	0.360	0.500	0.700	0.980	1.400
	>0.5～1	0.060	0.090	0.120	0.180	0.260	0.360	0.500	0.700	0.980	1.400	2.000
	>1～3	0.090	0.120	0.180	0.260	0.360	0.500	0.700	0.980	1.400	2.000	2.800
	>3～6	0.120	0.160	0.240	0.320	0.460	0.640	0.900	1.300	1.800	2.500	3.600
	>6	0.140	0.200	0.280	0.400	0.560	0.780	1.100	1.500	2.100	2.900	4.200
>160～400	至 0.5	0.060	0.090	0.120	0.180	0.260	0.360	0.500	0.700	0.980	1.400	2.000
	>0.5～1	0.090	0.120	0.180	0.260	0.360	0.500	0.700	0.980	1.400	2.000	2.800
	>1～3	0.120	0.180	0.260	0.360	0.500	0.700	0.980	1.400	2.000	2.800	4.000
	>3～6	0.160	0.240	0.320	0.460	0.640	0.900	1.300	1.800	2.600	3.600	4.800
	>6	0.200	0.280	0.400	0.560	0.780	1.100	1.500	2.100	2.900	4.200	5.800
>400～1 000	至 0.5	0.090	0.120	0.180	0.240	0.340	0.480	0.660	0.940	1.300	1.800	2.600
	>0.5～1		0.180	0.240	0.340	0.480	0.660	0.940	1.300	1.800	2.600	3.600
	>1～3		0.240	0.340	0.480	0.660	0.940	1.300	1.800	2.600	3.600	5.000
	>3～6		0.320	0.450	0.620	0.880	1.200	1.600	2.400	3.400	4.600	6.600
	>6		0.340	0.480	0.700	1.000	1.400	2.000	2.800	4.000	5.600	7.800

注：1. 冲裁件尺寸的极限偏差选取，内形尺寸上偏差冠以“+”，下偏差为 0；外形尺寸上偏差为 0，下偏差冠以“−”；中心距、孔边距和长度按照表中公差数值的一半，冠以“±”号。

2. 参照 GB/T 13914—2013。

冲裁工序形成的平面部分角度，其公差分为 AT1～AT6，共 6 个等级，从 AT1 到 AT6 等级依次降低。冲压件冲裁角度公差见表 1-1-40。

表 1-1-40　冲压件冲裁角度公差　(mm)

公差等级	短边长度						
	⩽10	>10～25	>25～63	>63～160	>160～400	>400～1 000	>1 000～2 500
AT1	0°40′	0°30′	0°20′	0°12′	0°5′	0°4′	
AT2	1°	0°40′	0°30′	0°20′	0°12′	0°6′	0°4′
AT3	1°20′	1°	0°40′	0°30′	0°20′	0°12′	0°6′
AT4	2°	1°20′	1°	0°40′	0°30′	0°20′	0°12′
AT5	3°	2°	1°30′	1°	0°40′	0°30′	0°20′
AT6	4°	3°	2°	1°20′	1°	0°40′	0°30′

注：1. 根据设计需要选用单向偏差；对于未注公差，按照表中公差数值的一半，冠以"±"号。
2. 参照 GB/T 13915—2013。

未注公差冲裁件尺寸的极限偏差见表 1-1-41，未注公差冲裁圆角半径的极限偏差见表 1-1-42，未注公差冲裁角度的极限偏差见表 1-1-43。极限偏差等级分为 f、m、c、v，其中电子、仪表、精密机械等精度较高的中小型冲压件选用 f 级或 m 级，其余选用 c、v 级。

表 1-1-41　未注公差冲裁件尺寸的极限偏差　(mm)

基本尺寸	材料厚度	公差等级			
		f	m	c	v
>0.5～3	⩽1	±0.05	±0.10	±0.15	±0.20
	>1～3	±0.15	±0.20	±0.30	±0.40
>3～6	⩽1	±0.10	±0.15	±0.20	±0.30
	>1～4	±0.20	±0.30	±0.40	±0.55
	>4	±0.30	±0.40	±0.60	±0.80
>6～30	⩽1	±0.15	±0.20	±0.30	±0.40
	>1～4	±0.30	±0.40	±0.55	±0.75
	>4	±0.45	±0.60	±0.80	±1.20
>30～120	⩽1	±0.20	±0.30	±0.40	±0.55
	>1～4	±0.40	±0.55	±0.75	±1.05
	>4	±0.60	±0.80	±1.10	±1.50
>120～400	⩽1	±0.25	±0.35	±0.50	±0.70
	>1～4	±0.50	±0.70	±1.00	±1.40
	>4	±0.75	±1.05	±1.45	±2.10
>400～1 000	⩽1	±0.35	±0.50	±0.70	±1.00
	>1～4	±0.70	±0.10	±1.40	±2.00
	>4	±1.05	±1.45	±2.10	±2.90
>1 000～2 000	⩽1	±0.45	±0.65	±0.90	±1.30
	>1～4	±0.90	±1.30	±1.80	±2.50
	>4	±1.40	±2.00	±2.80	±3.90

（续表）

基本尺寸	材料厚度	公　差　等　级			
		f	m	c	v
>2 000～4 000	≤1	±0.70	±1.00	±1.40	±2.00
	>1～4	±1.40	±2.00	±2.80	±3.90
	>4	±1.80	±2.60	±3.60	±5.00

注：参照 GB/T 15055—2007。

表 1-1-42　未注公差冲裁圆角半径的极限偏差　　(mm)

基本尺寸	材料厚度	公　差　等　级			
		f	m	c	v
>0.5～3	≤1	±0.15		±0.20	
	>1～4	±0.30		±0.40	
>3～6	≤4	±0.40		±0.60	
	>4	±0.60		±1.00	
>6～30	≤4	±0.60		±0.80	
	>4	±1.00		±1.40	
>30～120	≤4	±1.00		±1.20	
	>4	±2.00		±2.40	
>120～400	≤4	±1.20		±1.50	
	>4	±2.40		±3.00	
>400	≤4	±2.00		±2.40	
	>4	±3.00		±3.50	

注：参照 GB/T 15055—2007。

表 1-1-43　未注公差冲裁角度的极限偏差　　(mm)

公差等级	短　边　长　度						
	≤10	>10～25	>25～63	>63～160	>160～400	>400～1 000	>1 000～2 500
f	±1°00′	±0°40′	±0°30′	±0°20′	±0°15′	±0°10′	±0°06′
m	±1°30′	±1°00′	±0°40′	±0°30′	±0°20′	±0°15′	±0°10′
c	±2°00′	±1°30′	±1°00′	±0°40′	±0°30′	±0°20′	±0°15′
v	±2°00′	±1°30′	±1°00′	±0°40′	±0°30′	±0°20′	±0°15′

注：参照 GB/T 15055—2007。

冲裁件直线度、平面度未注公差见表 1-1-44，其同轴度、对称度未注公差见表 1-1-45。

表 1-1-44　冲裁件直线度、平面度未注公差　　(mm)

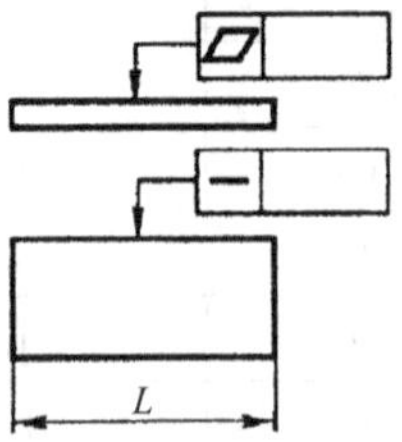

（续表）

公差等级	主参数(*L*)						
	≤10	>10～25	>25～63	>63～160	>160～400	>400～1 000	>1 000
f	0.06	0.10	0.15	0.25	0.40	0.60	0.90
m	0.12	0.20	0.30	0.50	0.80	1.20	1.80
c	0.25	0.40	0.60	1.00	1.60	2.50	3.00
v	0.50	0.80	1.20	2.00	3.20	5.00	8.00

注：参照 GB/T 13916—2013。

表 1-1-45　冲裁件同轴度、对称度未注公差　　(mm)

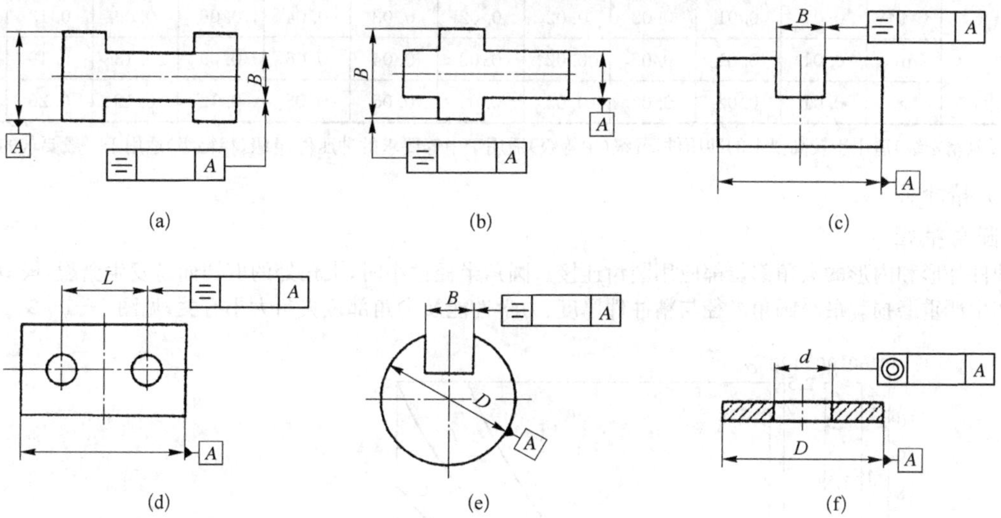

公差等级	主参数(*B*、*L*、*D*)							
	≤3	>3～10	>10～25	>25～63	>63～160	>160～400	>400～1 000	>1 000
f	0.12	0.20	0.30	0.40	0.50	0.60	0.80	1.00
m	0.25	0.40	0.60	0.80	1.00	1.20	1.60	2.00
c	0.50	0.80	1.20	1.60	2.00	2.50	3.20	4.00
v	1.00	1.60	2.50	3.20	4.00	5.00	6.50	8.00

注：参照 GB/T 13916—2013。

6. 断面粗糙度和毛刺

冲裁件剪切断面的表面粗糙度数值一般在 *Ra* 12.5 μm 以下。冲裁件允许的毛刺高度见表 1-1-46。

表 1-1-46　毛刺高度的极限值　　(mm)

材料抗拉强度(MPa)	精度级别	材　料　厚　度										
		≤0.1	>0.1～0.2	>0.2～0.3	>0.3～0.4	>0.4～0.7	>0.7～1.0	>1.0～1.6	>1.6～2.5	>2.5～4.0	>4.0～6.5	>6.5～10
>100～250	f	0.01	0.02	0.03	0.05	0.09	0.12	0.17	0.25	0.36	0.60	0.95
	m	0.01	0.03	0.05	0.07	0.12	0.17	0.25	0.37	0.54	0.90	1.42
	g	0.02	0.05	0.07	0.10	0.17	0.23	0.34	0.50	0.72	1.20	1.90

（续表）

材料抗拉强度（MPa）	精度级别	材料厚度										
		≤0.1	>0.1～0.2	>0.2～0.3	>0.3～0.4	>0.4～0.7	>0.7～1.0	>1.0～1.6	>1.6～2.5	>2.5～4.0	>4.0～6.5	>6.5～10
>250～400	f	0.01	0.02	0.03	0.04	0.06	0.09	0.12	0.18	0.25	0.36	0.50
	m	0.01	0.02	0.04	0.05	0.08	0.13	0.18	0.26	0.37	0.54	0.75
	g	0.02	0.03	0.05	0.07	0.11	0.17	0.24	0.35	0.50	0.73	1.00
>400～630	f	0.01	0.01	0.02	0.03	0.04	0.05	0.07	0.11	0.20	0.22	0.32
	m	0.01	0.02	0.03	0.04	0.05	0.07	0.11	0.16	0.30	0.33	0.48
	g	0.01	0.03	0.04	0.05	0.08	0.10	0.15	0.22	0.40	0.45	0.65
>630	f	0.01	0.01	0.02	0.02	0.02	0.03	0.04	0.06	0.09	0.13	0.17
	m	0.01	0.01	0.02	0.02	0.03	0.04	0.06	0.09	0.13	0.19	0.26
	g	0.01	0.02	0.02	0.03	0.04	0.05	0.08	0.12	0.18	0.26	0.35

注：f级（精密级）适用于较高要求的冲压件，m级（中等级）适用于中等要求的冲压件，g级（粗糙级）适用于一般要求的冲压件。

（二）精冲件

1. 圆角半径

精冲件外形和内形的夹角部位都应用圆角连接。圆角半径过小时，尖角处的剪切面易发生撕裂，模具刃口易崩裂或产生严重磨损。最小圆角半径与精冲件厚度、力学性能及尖角部位夹角大小有关，见图1-1-2。

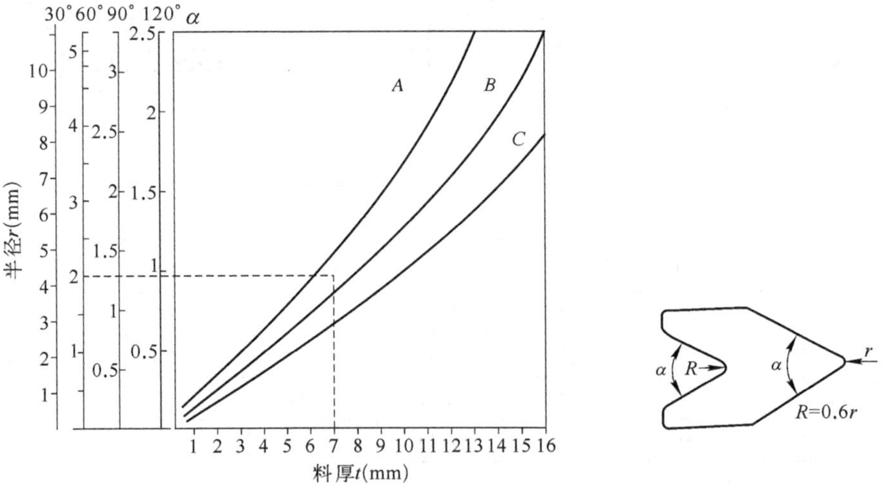

图1-1-2 精冲件圆角半径

A—精冲适应性好；B—中等难度区；C—精冲难度较大

2. 孔径和孔间（边）距

精冲件的最小孔径与材料厚度及力学性能有关，见图1-1-3。孔间距和孔边距影响模具工作部位的强度，可按图1-1-4判断工件对精冲工艺的适应性。

3. 槽宽与槽边距

精冲槽形比精冲圆孔难度稍大，主要是凸模抗纵向弯曲的程度与槽宽和槽长及其比值的大小有关，可按图1-1-5判断精冲槽形时零件对精冲工艺的适应性。

4. 窄悬臂

精冲窄悬臂时，凸模承受较大的侧向压力，且受力情况较复杂，比精冲窄槽更为不利。一般可比照最小槽宽乘以系数1.3～1.4。

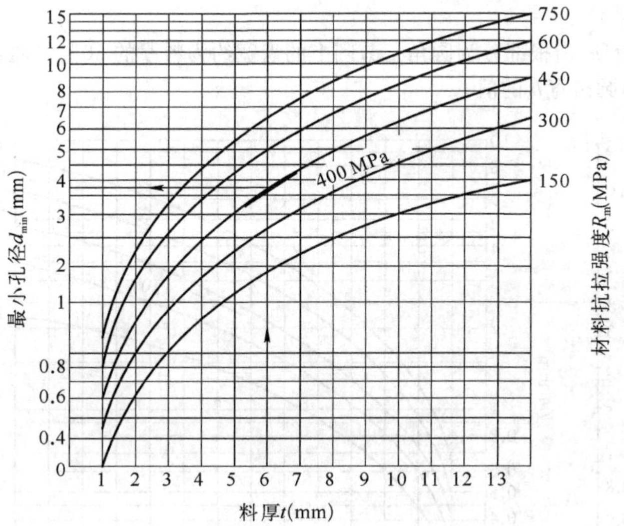

图 1-1-3　精冲件的最小孔径

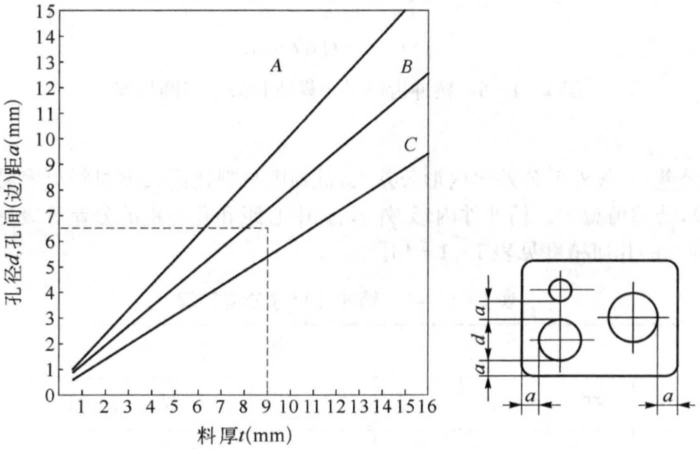

图 1-1-4　孔间距和孔边距

A—精冲适应性好;*B*—中等难度区;*C*—精冲难度较大

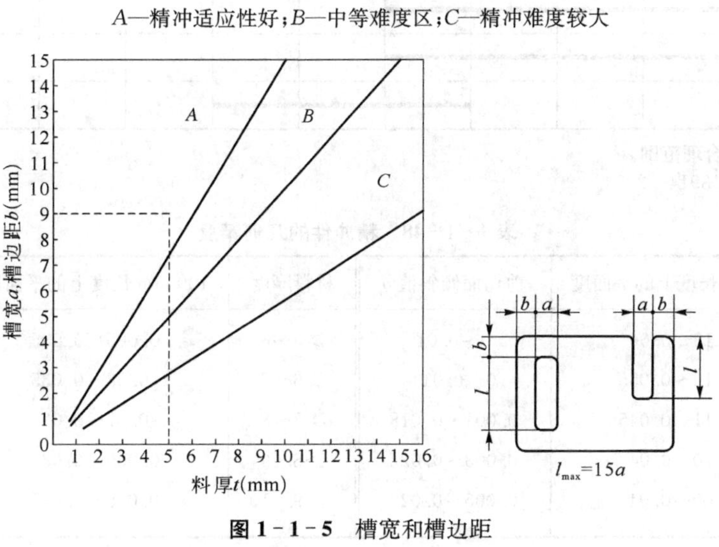

图 1-1-5　槽宽和槽边距

A—精冲适应性好;*B*—中等难度区;*C*—精冲难度较大

5. 齿形

精冲齿形时，必须使齿顶、齿根部分为圆角。节圆上的齿宽约为料厚的60%。通常可按图1-1-6确定精冲齿形最小模数 m 和最小节圆齿宽 b 的值。

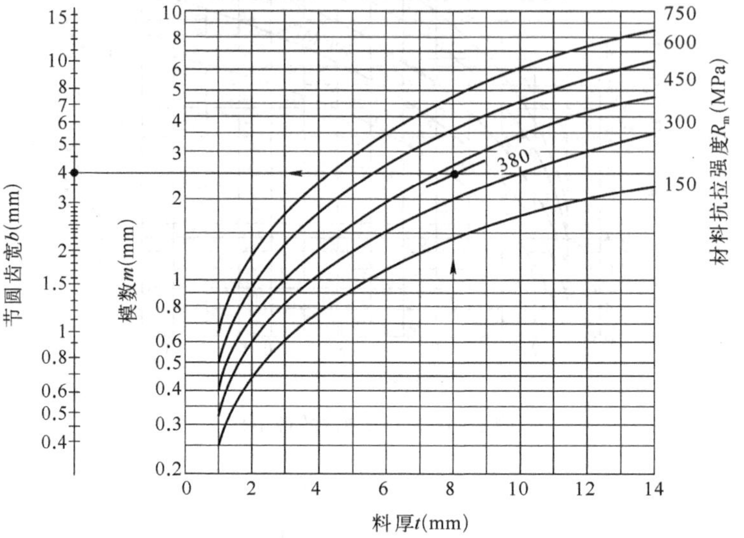

图1-1-6 精冲齿形最小模数和最小节圆齿宽

6. 精冲件精度

精冲件的内、外形公差，一般外形公差比内形公差大，低强度材料比高强度材料更容易达到较高的精度，获得较小的偏差。材料愈厚，公差值愈大。精冲件内形、外形、孔中心距和孔边距的公差等级见表1-1-47，尺寸公差值见表1-1-39。精冲件的几何精度见表1-1-48。

表1-1-47 精冲件尺寸公差等级

加工方法	尺寸类型	公差等级										
		ST1	ST2	ST3	ST4	ST5	ST6	ST7	ST8	ST9	ST10	ST11
精密冲裁	外形	━	━	━	━	━						
	内形	━	━	━	━							
	孔中心距	━	━	━	━							
	孔边距				━	━	━					

注：1. 粗黑线表示合理范围。
2. 参照GB/T 13914—2013。

表1-1-48 精冲件的几何精度 (mm)

材料厚度	100 mm长度上的平面度	剪切面倾斜值 δ	材料厚度	100 mm长度上的平面度	剪切面倾斜值 δ
0.5～1	0.13～0.06	0～0.01	>5～6	0.085～0.035	0.007～0.030
>1～2	0.12～0.055	0～0.014	>6～7	0.08～0.035	0.009～0.034
>2～3	0.11～0.045	0.001～0.018	>7～8	0.07～0.03	0.011～0.038
>3～4	0.10～0.04	0.003～0.022	>8～9	0.065～0.03	0.013～0.042
>4～5	0.09～0.04	0.005～0.026	>9～10	0.065～0.025	0.015～0.046

注：δ 为剪切面上、下端径向尺寸差之半。表中尺寸是指外形剪切面的倾斜值，内形倾斜值小于表中数值。

7. 精冲件材料

不同材料的精冲适应性见表 1-1-49～表 1-1-51。

表 1-1-49　结构钢和不锈钢等的精冲适应性

材　料	可精冲的大约最大厚度(mm)	精冲适应性	材　料	可精冲的大约最大厚度(mm)	精冲适应性
08	15	良	T8A	3	差
10	15	良	T10A	3	差
15	12	良	15Mn	8	一般
20	10	良	16Mn	8	一般
25	10	良	15CrMn	5	一般
30	10	良	20MnMoB	8	一般
35	8	一般	20CrMo	4	一般
40	7	一般	GCr15	6	差
45	7	一般	12Cr18Ni9(1Cr18Ni9)	8	一般
50	6	一般	06Cr13(0Cr13)	6	一般
55	6	一般	12Cr13(1Cr13)	5	一般
60	4	一般	40Cr13(4Cr13)	4	一般
70	3	差			

注：括号内为旧牌号。

表 1-1-50　铜和铜合金的精冲适应性

材　料	精冲适应性	材　料	精冲适应性
T2、T3、T4、TU1、TU2	良	HNi65-5	一般
H96、H90、H80、H70、H68	良	QSn4-3	一般
H62	一般	QBe2、QBe1.7	差
HSn70-1、HSn62-1	一般	QA17	一般

表 1-1-51　铝合金的精冲适应性

材　料	精冲适应性	材　料	精冲适应性
1070A、1060、1050A、1035、1200	良	5A02、5A03	一般
3A21	良	2A11、2A12	差

8. 断面粗糙度和毛刺、塌角

精冲件断面粗糙度与模具的精度、冲件的材料及精冲时的润滑状况有关。在正常的维修和刃磨等条件下，精冲件断面粗糙度为 *Ra* 0.8～1.6 μm。在一定的良好工艺条件下，精冲件可达到整个冲裁面都是光洁面。为提高精冲生产的经济性，在冲件毛刺侧允许有少量撕裂，常用光面率(光面高度占料厚的比例)来表示。

精冲件的毛刺是不可避免的。精冲厚料时毛刺高度若超过 0.2 mm，模具须刃磨。精冲零件在使用前可用机械振动或砂带磨削等方法去除毛刺。

精冲件的剪切周边一般都有塌角。冲件材料愈厚，外形角度愈锐，角部圆角半径愈小，则塌角愈大。

(三) 弯曲件

1. 最小弯曲半径

弯曲半径过小时，变形区材料易产生畸变和微裂。当弯曲半径过大时，弯曲角度与圆角半径的精度由于回弹而不易控制。合适的弯曲半径赋予弯曲件良好的弯曲工艺性。板材的最小弯曲半径见表 1-1-52。

表 1－1－52 常用材料的最小弯曲半径 (mm)

材料		弯曲线与轧制纹向垂直	弯曲线与轧制纹向平行
08F、08Al		0.2t	0.4t
10、15、Q195		0.5t	0.8t
20、Q215A、Q235A、09MnXtL		0.8t	1.2t
25、30、35、40、Q255A、10Ti、13MnTi、16MnL、16MnXtL		1.3t	1.7t
65Mn	T(特硬)	3.0t	6.0t
	Y(硬)	2.0t	4.0t
12Cr18Ni9 (1Cr18Ni9)	I(冷作硬化)	0.5t	2.0t
	BI(半冷作硬化)	0.3t	0.5t
	R(软)	0.1t	0.2t
1J79	Y(硬)	0.5t	2.0t
	M(软)	0.1t	0.2t
3J1	Y(硬)	3.0t	6.0t
	M(软)	0.3t	0.6t
3J53	Y(硬)	0.7t	1.2t
	M(软)	0.4t	0.7t
TA1	冷作硬化	3.0t	4.0t
TA5		5.0t	6.0t
TB2		7.0t	8.0t
H62	Y(硬)	0.3t	0.8t
	Y_2(半硬)	0.1t	0.2t
	M(软)	0.1t	0.1t
HPb59－1	Y(硬)	1.5t	2.5t
	M(软)	0.3t	0.4t
BZn15－20	Y(硬)	2.0t	3.0t
	M(软)	0.3t	0.5t
QSn6.5－0.1	Y(硬)	1.5t	2.5t
	M(软)	0.2t	0.3t
QBe2	Y(硬)	0.8t	1.5t
	M(软)	0.2t	0.2t
T2	Y(硬)	1.0t	1.5t
	M(软)	0.1t	0.1t
1050A(L3)、1035(L4)	Hx8(硬)	0.7t	1.5t
	O(软)	0.1t	0.2t
7A04(LC4)	T9(淬火人工时效又经冷作硬化)	2.0t	3.0t
	O(软)	1.0t	1.5t
5A05(LF5) 5A06(LF6) 3A21(LF21)	Hx8(硬)	2.5t	4.0t
	O(软)	0.2t	0.3t

（续表）

材　　料		弯曲线与轧制纹向垂直	弯曲线与轧制纹向平行
2A12(LY12)	T4(淬火后自然时效)	2.0t	3.0t
	O(软)	0.3t	0.4t

注：1. 表中 t 为板料厚度，括号内为旧牌号。
2. 表中数值适用于下列条件：原材料为供货状态，90°角 V 形校正弯曲，毛坯板厚小于 20 mm、宽度大于 3 倍板厚，毛坯剪切断面的光亮带在弯曲外侧。
3. 参照 JB/T 5109—2001。

2. 弯边高度

弯曲件的直边高度不宜过小。直边高度过小时会影响弯曲件成形后的精度，一般需加大弯边高度，待弯曲成形后再加工至规定尺寸，或者在弯曲变形区内制成浅槽再弯曲成形，见图 1-1-7。

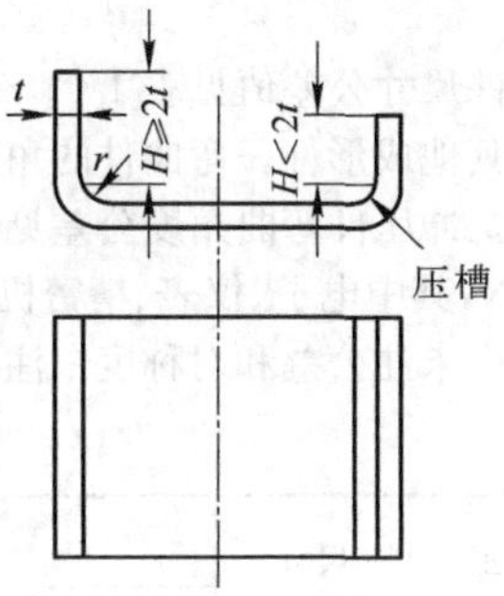

图 1-1-7　弯边高度与工艺槽

3. 孔边距

冲孔后弯曲，孔的位置应处于弯曲变形区外，否则弯曲时孔会产生变形。孔壁至弯边的最小距离见表 1-1-53。

4. 工艺切口(槽)

工艺切口(槽)可防止弯件成形时发生局部畸变。防止弯曲件侧面轮廓畸变的切口形式见图 1-1-8。预冲孔的弯曲毛坯，当孔在变形区内时采用的切口形式见图 1-1-9。

表 1-1-53　弯曲件上孔壁到弯边的最小距离

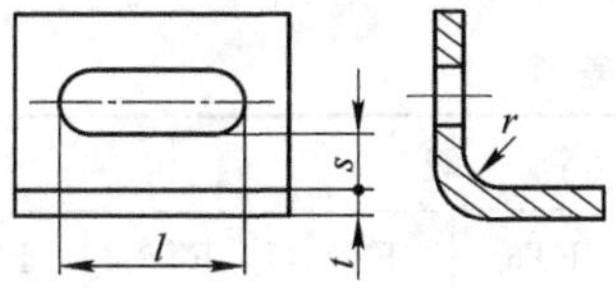

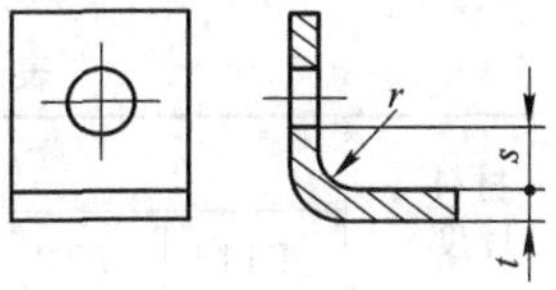

t(mm)	s	l(mm)	s
≤2	≥$t+r$	≤25	≥$2t+r$
		>25～50	≥$2.5t+r$
>2	≥$1.5t+r$	>50	≥$3t+r$

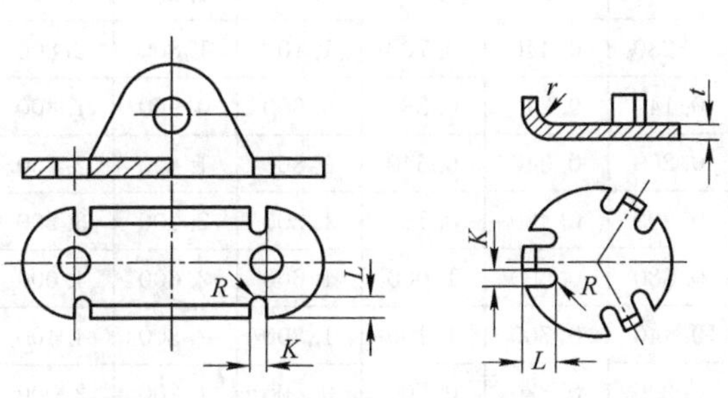

图 1-1-8　防止侧面畸变的切口形式

槽宽 $K \geqslant t$；槽深 $L \geqslant t+r+\frac{K}{2}$

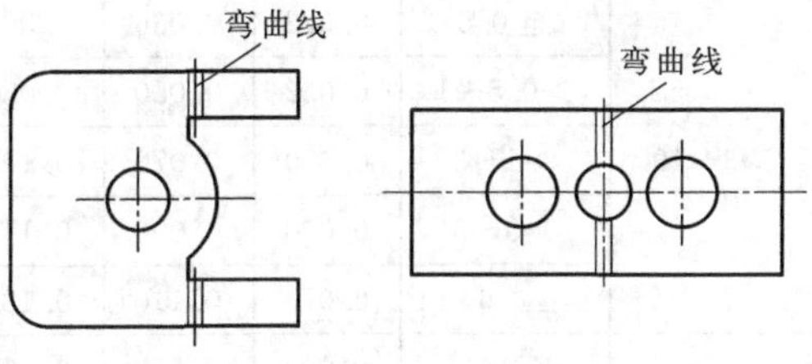

图 1-1-9　防止孔变形的切口形式

5. 形状

弯曲件的形状比较对称时，左右弯曲半径应一致，可减小弯曲成形时坯料在模具内的错移。为使坯料在模具

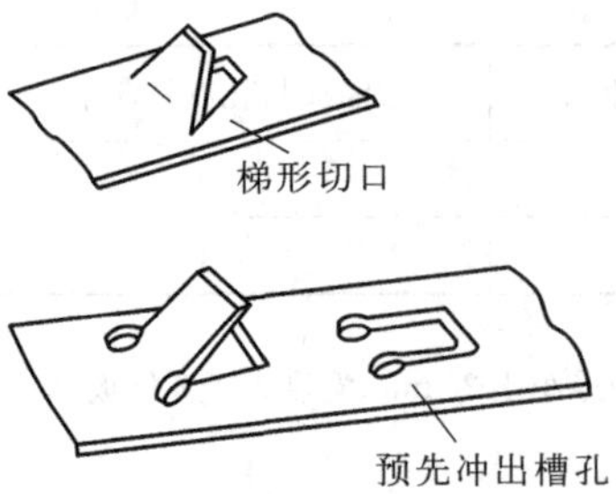

图 1-1-10　切口弯曲件的形状

内定位准确，可增设工艺定位孔。

切口带弯曲的工件，弯曲部分一般应做成梯形，弯曲线两端应预先冲孔(槽)，便于弯曲成形，见图 1-1-10。

6. 弯曲件精度

弯曲件的精度与弯曲件的工序安排、模具的结构和精度、材料的状态和力学性能及模具的安装和调整有关。精度要求高的弯曲件必须严格控制材料厚度偏差与模具的实际间隙，并增加整形工序。

弯曲件与其他成形类零件的公差分为 FT1～FT10，共 10 个等级，从 FT1 到 FT10 等级依次降低。由于成形的方式不同，因此所能达到的公差等级也就不同，成形冲压件尺寸公差等级的合理范围见表 1-1-54。成形冲压件尺寸公差值见表 1-1-55，未注公差成形件尺寸的极限偏差见表 1-1-56，两表数值适用于弯曲件、拉深件和其他成形件。弯曲件的角度系指冲压件的弯曲角，其公差分为 BT1～BT5，共 5 个等级，从 BT1 到 BT5 依次降低。冲压件弯曲角度公差见表 1-1-57，未注公差弯曲角度的极限偏差见表 1-1-58。极限偏差等级分为 f、m、c、v，其中电子、仪表、精密机械等精度较高的中小型冲压件选用 f 级或 m 级，其余选用 c、v 级。弯曲件直线度、平面度未注公差和对称度未注公差分别见表 1-1-59 和表 1-1-60。

表 1-1-54　成形冲压件尺寸公差等级

加工方法	尺寸类型	公差等级									
		FT1	FT2	FT3	FT4	FT5	FT6	FT7	FT8	FT9	FT10
弯曲	长度					━━	━━	━━	━━	━━	━━

注：1. 粗黑线表示合理范围。
　　2. 参照 GB/T 13914—2013。

表 1-1-55　成形冲压件尺寸公差值　(mm)

基本尺寸	材料厚度	公差等级									
		FT1	FT2	FT3	FT4	FT5	FT6	FT7	FT8	FT9	FT10
>0.5～1	至 0.5	0.010	0.016	0.026	0.040	0.060	0.100	0.160	0.260	0.400	0.600
	>0.5～1	0.014	0.022	0.034	0.050	0.090	0.140	0.220	0.340	0.500	0.900
	>1～1.5	0.020	0.030	0.050	0.080	0.120	0.200	0.320	0.500	0.900	0.140
>1～3	至 0.5	0.016	0.026	0.040	0.070	0.110	0.180	0.280	0.440	0.700	1.000
	>0.5～1	0.022	0.036	0.060	0.090	0.140	0.240	0.380	0.600	0.900	1.400
	>1～3	0.032	0.050	0.080	0.120	0.200	0.340	0.540	0.860	1.200	2.000
	>3～4	0.040	0.070	0.110	0.180	0.280	0.440	0.700	1.100	1.800	2.800
>3～10	至 0.5	0.022	0.036	0.060	0.090	0.140	0.240	0.380	0.600	0.960	1.400
	>0.5～1	0.032	0.050	0.080	0.120	0.200	0.340	0.540	0.860	1.400	2.200
	>1～3	0.050	0.070	0.110	0.180	0.300	0.480	0.760	1.200	2.000	3.200
	>3～6	0.060	0.090	0.140	0.240	0.380	0.600	1.000	1.600	2.600	4.000
	>6	0.070	0.110	0.180	0.280	0.440	0.700	1.100	1.800	2.800	4.400
>10～25	至 0.5	0.030	0.050	0.080	0.120	0.200	0.320	0.500	0.800	1.200	2.000
	>0.5～1	0.040	0.070	0.110	0.180	0.280	0.460	0.720	1.100	1.800	2.800
	>1～3	0.060	0.100	0.160	0.260	0.400	0.640	1.000	1.600	2.600	4.000
	>3～6	0.080	0.120	0.200	0.320	0.500	0.800	1.200	2.000	3.200	5.000
	>6	0.100	0.140	0.240	0.400	0.620	1.000	1.600	2.600	4.000	6.400

（续表）

基本尺寸	材料厚度	公差等级									
		FT1	FT2	FT3	FT4	FT5	FT6	FT7	FT8	FT9	FT10
>25～63	至 0.5	0.040	0.060	0.100	0.160	0.260	0.400	0.640	1.000	1.600	2.600
	>0.5～1	0.060	0.090	0.140	0.220	0.360	0.580	0.900	1.400	2.200	3.600
	>1～3	0.080	0.120	0.200	0.320	0.500	0.800	1.200	2.000	3.200	5.000
	>3～6	0.100	0.160	0.260	0.400	0.660	1.000	1.600	2.600	4.000	6.400
	>6	0.110	0.180	0.280	0.460	0.760	1.200	2.000	3.200	5.000	8.000
>63～160	至 0.5	0.050	0.080	0.140	0.220	0.360	0.560	0.900	1.400	2.200	3.600
	>0.5～1	0.070	0.120	0.190	0.300	0.480	0.780	1.200	2.000	3.200	5.000
	>1～3	0.100	0.160	0.260	0.420	0.680	1.100	1.300	2.800	4.400	7.000
	>3～6	0.140	0.220	0.340	0.540	0.880	1.400	2.200	3.400	5.600	9.000
	>6	0.150	0.240	0.380	0.620	1.000	1.600	2.600	4.000	6.600	10.000
>160～400	至 0.5		0.100	0.160	0.260	0.420	0.700	1.100	1.800	2.800	4.400
	>0.5～1		0.140	0.240	0.380	0.620	1.000	1.600	2.600	4.000	6.400
	>1～3		0.220	0.340	0.540	0.880	1.400	2.200	3.400	5.600	9.000
	>3～6		0.280	0.440	0.700	1.100	1.800	2.800	4.400	7.000	11.000
	>6		0.340	0.540	0.880	1.400	2.200	3.400	5.600	9.000	14.000
>400～1 000	至 0.5			0.240	0.380	0.620	1.000	1.600	2.600	4.000	6.600
	>0.5～1			0.340	0.540	0.880	1.400	2.200	3.400	5.600	9.000
	>1～3			0.440	0.700	1.100	1.800	2.800	4.400	7.000	11.000
	>3～6			0.560	0.900	1.400	2.200	3.400	5.600	9.000	14.000
	>6			0.620	1.000	1.600	2.600	4.000	6.400	10.000	16.000

注：1. 成形件尺寸的极限偏差选取，内形尺寸上偏差冠以“+”，下偏差为 0；外形尺寸上偏差为 0，下偏差冠以“−”；中心距、孔边距、长度和高度，按照表中公差数值的一半，冠以“±”号。
2. 参照 GB/T 13914—2013。

表 1-1-56　未注公差成形件尺寸的极限偏差　(mm)

基本尺寸	材料厚度	公差等级			
		f	m	c	v
>0.5～3	≤1	±0.15	±0.20	±0.35	±0.50
	>1～4	±0.30	±0.45	±0.60	±1.00
>3～6	≤1	±0.20	±0.30	±0.50	±0.70
	>1～4	±0.40	±0.60	±1.00	±1.60
	>4	±0.55	±0.90	±1.40	±2.20
>6～30	≤1	±0.25	±0.40	±0.60	±1.00
	>1～4	±0.50	±0.80	±1.30	±2.00
	>4	±0.80	±1.30	±2.00	±3.20
>30～120	≤1	±0.30	±0.50	±0.80	±1.30
	>1～4	±0.60	±1.00	±1.60	±2.50
	>4	±1.00	±1.60	±2.50	±4.00

（续表）

基本尺寸	材料厚度	公 差 等 级			
		f	m	c	v
>120～400	≤1	±0.45	±0.70	±1.10	±1.80
	>1～4	±0.90	±1.40	±2.20	±3.50
	>4	±1.30	±2.00	±3.30	±5.00
>400～1 000	≤1	±0.55	±0.90	±1.40	±2.20
	>1～4	±1.10	±1.70	±2.80	±4.50
	>4	±1.70	±2.80	±3.50	±7.00
>1 000～2 000	≤1	±0.80	±1.30	±2.00	±3.30
	>1～4	±1.40	±2.20	±3.50	±5.50
	>4	±2.00	±3.20	±5.00	±8.00

注：参照 GB/T 15055—2007。

表 1-1-57 冲压件弯曲角度公差

公差等级	短边长度(mm)						
	≤10	>10～25	>25～63	>63～160	>160～400	>400～1 000	>1 000
BT1	1°	0°40′	0°30′	0°16′	0°12′	0°10′	0°8′
BT2	1°30′	1°	0°40′	0°20′	0°16′	0°12′	0°10′
BT3	2°30′	2°	1°30′	1°15′	1°	0°45′	0°30′
BT4	4°	3°	2°	1°30′	1°15′	1°	0°45′
BT5	6°	4°	3°	2°30′	2°	1°30′	1°

注：1. 根据设计需要选用单向偏差；对于未注公差，按照表中公差数值的一半，冠以“±”号。
2. 参照 GB/T 13915—2013。

表 1-1-58 未注公差弯曲角度的极限偏差

公差等级	短边长度(mm)						
	≤10	>10～25	>25～63	>63～160	>160～400	>400～1 000	>1 000
f	±1°15′	±1°00′	±0°45′	±0°35′	±0°30′	±0°20′	±0°15′
m	±2°00′	±1°30′	±1°00′	±0°45′	±0°35′	±0°30′	±0°20′
c	±3°00′	±2°00′	±1°30′	±1°15′	±1°00′	±0°45′	±0°30′
v	±3°00′	±2°00′	±1°30′	±1°15′	±1°00′	±0°45′	±0°30′

注：参照 GB/T 15055—2007。

表 1-1-59 弯曲件直线度、平面度未注公差 (mm)

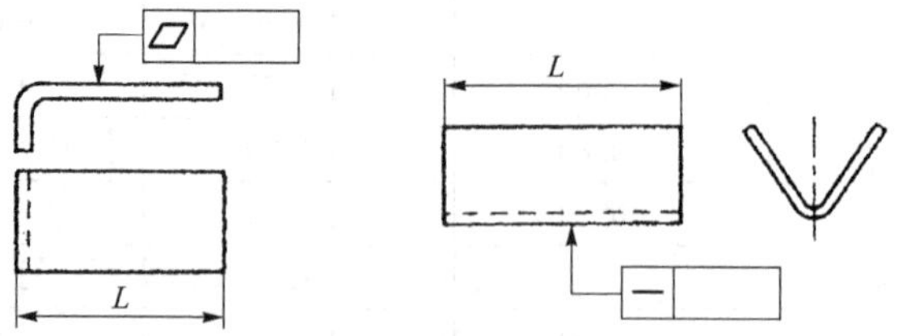

（续表）

公差等级	主参数(L)						
	≤10	>10～25	>25～63	>63～160	>160～400	>400～1 000	>1 000
f	0.06	0.10	0.15	0.25	0.40	0.60	0.90
m	0.12	0.20	0.30	0.50	0.80	1.20	1.80
c	0.25	0.40	0.60	1.00	1.60	2.50	3.00
v	0.50	0.80	1.20	2.00	3.20	5.00	8.00

注：参照 GB/T 13916—2013。

表 1-1-60　弯曲件对称度未注公差　（mm）

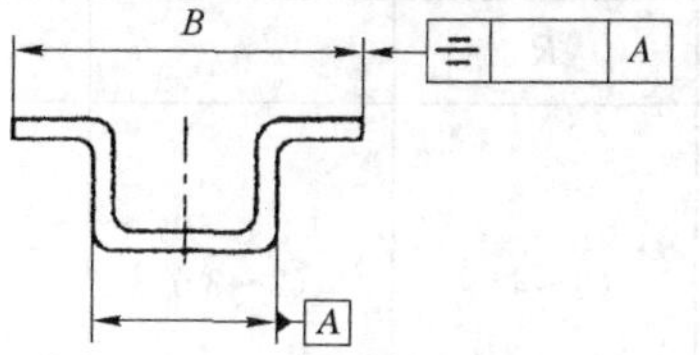

公差等级	主参数(B)							
	≤3	>3～10	>10～25	>25～63	>63～160	>160～400	>400～1 000	>1 000
f	0.12	0.20	0.30	0.40	0.50	0.60	0.80	1.00
m	0.25	0.40	0.60	0.80	1.00	1.20	1.60	2.00
c	0.50	0.80	1.20	1.60	2.00	2.50	3.20	4.00
v	1.00	1.60	2.50	3.20	4.00	5.00	6.50	8.00

注：参照 GB/T 13916—2013。

（四）拉深与成形件

1. 形状与尺寸

拉深件的凸缘宽度应尽量一致，应尽量避免曲面空心零件的尖底形状，特别是深度较大时，其工艺性更差。对半敞开的空心件应设计成对称的拉深件，然后剖切成形。

拉深件不允许同时标注内、外形尺寸，不允许标注底部外半径，因为在拉深过程中零件的底部圆角区和直壁部分材料的厚度会发生变化。阶梯形拉深件的高度尺寸应以底部为基准，工艺上易于保证尺寸要求。内孔翻孔一般只标注内孔尺寸。

拉深件圆角半径过小时工件不易成形。几类常见拉深件的圆角半径见表 1-1-61，压制加强筋的形式和尺寸见表 1-1-62 和表 1-1-63，压凸台的推荐形式和尺寸见表 1-1-64。

表 1-1-61　拉深件圆角半径

圆角半径	圆筒形件	带凸缘圆筒形件	反向拉深件	矩形件	带凸缘矩形件	
					$t\leqslant$ 0.5 mm	$t>$ 0.5～3 mm
	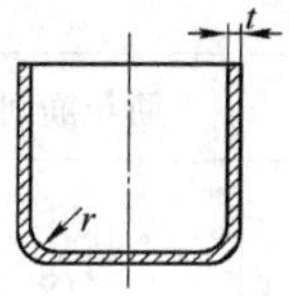	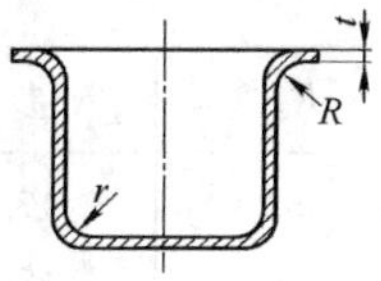	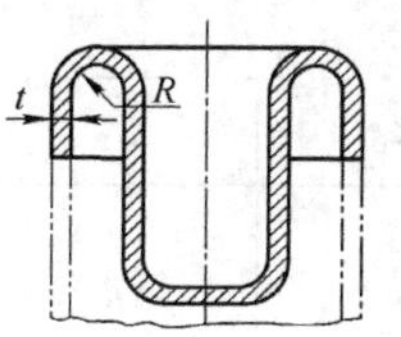	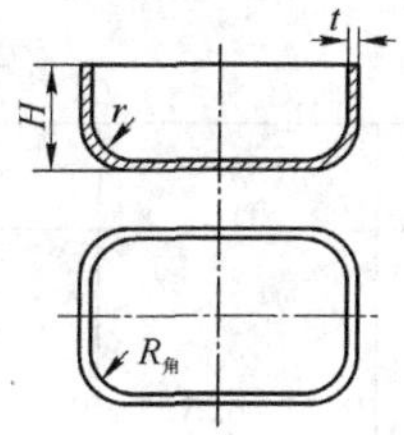	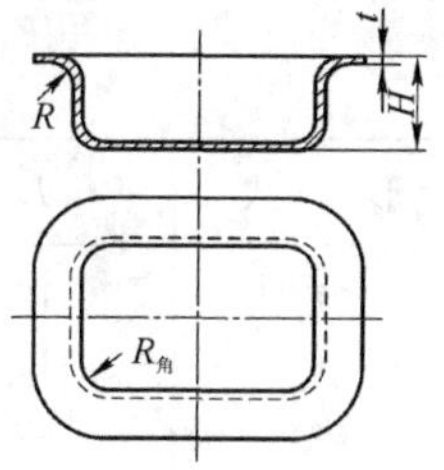	

（续表）

r	$\geqslant t$ 一般为$(3\sim5)t$	$\geqslant t$ 一般为$(3\sim5)t$		$\geqslant t$ 一般为$(3\sim5)t$	软钢$(5\sim7)t$ 黄铜$(3\sim5)t$	软钢$(3\sim4)t$ 黄铜$(2\sim3)t$
R		$\geqslant 2t$ 一般为$(4\sim8)t$	$(6\sim8)t$		软钢$(5\sim10)t$ 黄铜$(5\sim7)t$	软钢$(4\sim6)t$ 黄铜$(3\sim5)t$
$R_{角}$				$\geqslant 3t$ 大于 $0.2H$ 时对拉深有利	$>0.24H$ 时对拉深有利（低碳钢） $>0.17H$ 时对拉深有利（黄铜、铝）	

表 1-1-62　加强筋的形式和尺寸

图　　例	R	h	L 或 B	r	$\alpha(°)$
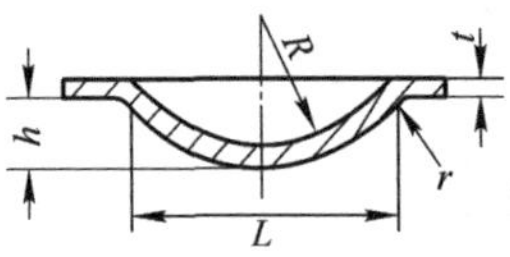	$(3\sim4)t$	$(2\sim3)t$	$(7\sim10)t$	$(1\sim2)t$	
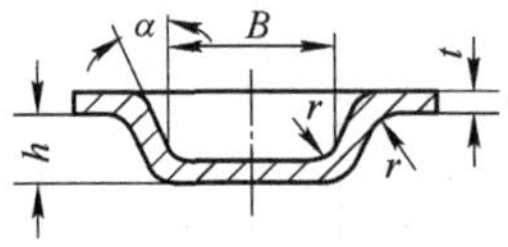		$(1.5\sim2)t$	$\geqslant 3h$	$(0.5\sim1.5)t$	15～30

表 1-1-63　直角形件加强筋的形式和尺寸　（mm）

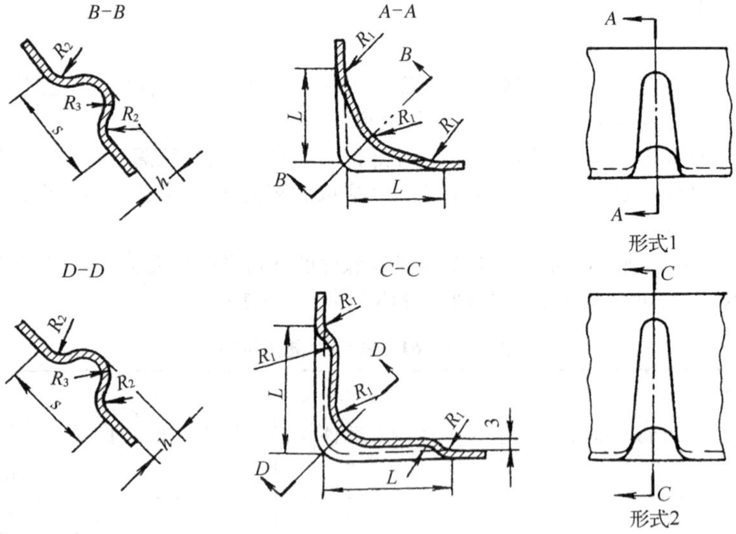

形　式	L	h	R_1	R_2	R_3	s(参考)	筋与筋间距
1	12	3	6	9	5	17.3	65
1	16	5	8	16	6.5	28.2	75
2	30	6.5	9	22	8	37.3	85

表 1-1-64　压凸台的形式和尺寸　　（mm）

图　　例	D	L	l
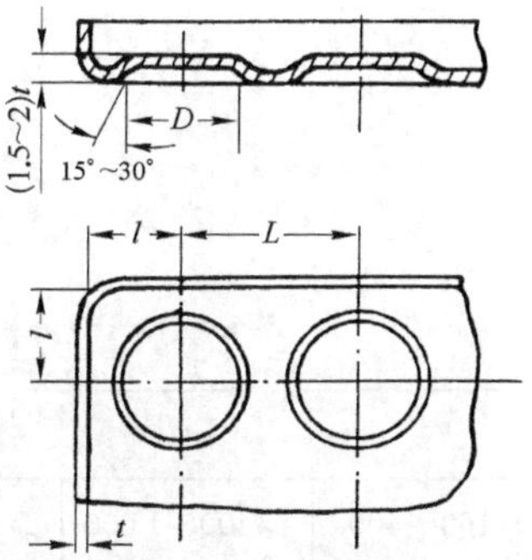	6.5	10	6
	8.5	13	7.5
	10.5	15	9
	13	18	11
	15	22	13
	18	26	16
	24	34	20
	31	44	26
	36	51	30
	43	60	35
	48	68	40
	55	78	45

2. 拉深与成形件精度

拉深与成形件尺寸公差等级的合理范围见表 1-1-65，其尺寸公差值可见前表 1-1-55。拉深件直线度、平面度未注公差和同轴度未注公差分别见表 1-1-66 和表 1-1-67。

表 1-1-65　拉深与成形件尺寸公差等级

加工方法	尺寸类型	公差等级									
		FT1	FT2	FT3	FT4	FT5	FT6	FT7	FT8	FT9	FT10
拉深	直径	—	—	—	—	—	—	—	—	—	—
	高度			—	—	—	—	—	—	—	—
带凸缘拉深	直径	—	—	—	—	—	—	—	—	—	—
	高度					—	—	—	—	—	—
其他成形方法	直径	—	—	—	—	—	—	—	—	—	—
	高度			—	—	—	—	—	—	—	—
	长度				—	—	—	—	—	—	—

注：1. 粗黑线表示合理范围。
　　2. 参照 GB/T 13914—2013。

表 1-1-66　拉深件直线度、平面度未注公差　　（mm）

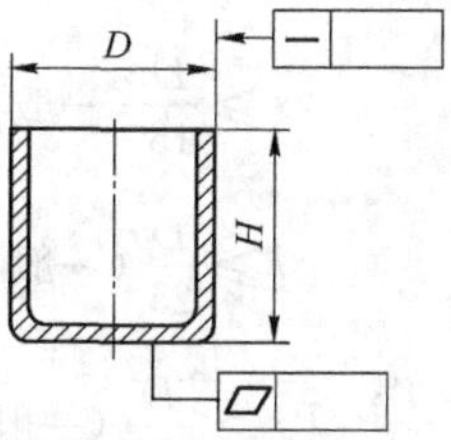

公差等级	主 参 数（D）						
	≤10	>10~25	>25~63	>63~160	>160~400	>400~1 000	>1 000
f	0.06	0.10	0.15	0.25	0.40	0.60	0.90
m	0.12	0.20	0.30	0.50	0.80	1.20	1.80
c	0.25	0.40	0.60	1.00	1.60	2.50	4.00
v	0.50	0.80	1.20	2.00	3.20	5.00	8.00

注：参照 GB/T 13916—2013。

表 1-1-67　拉深件同轴度未注公差　　(mm)

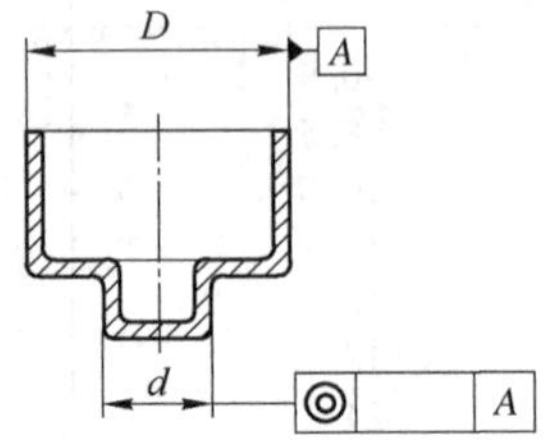

公差等级	主　参　数　(D)							
	≤3	>3～10	>10～25	>25～63	>63～160	>160～400	>400～1 000	>1 000
f	0.12	0.20	0.30	0.40	0.50	0.60	0.80	1.00
m	0.25	0.40	0.60	0.80	1.00	1.20	1.60	2.00
c	0.50	0.80	1.20	1.60	2.00	2.50	3.20	4.00
v	1.00	1.60	2.50	3.20	4.00	5.00	6.50	8.00

注：参照 GB/T 13916—2013。

（五）挤压件

1. 形状

为了保证金属在挤出方向变形均匀，最适宜挤压的是各类轴对称旋转体零件，其次是轴对称非旋转体，如方形、矩形、正多边形断面的零件。

轴向非对称零件挤压时，难以控制金属材料均匀流动，凸模受偏负荷较大时易折断，零件成形困难。不论对称或非对称零件，挤压件侧面不允许有局部凸、凹形状。

2. 尺寸

1）反挤压件　为了保证反挤压凸模具有较好的刚度和稳定性，对反挤压件的孔深有一定限制。通常情况下，孔深度为：

低碳钢　　$H \leqslant (2.5 \sim 3)d$

铝、铜　　$H \leqslant (7 \sim 10)d$

反挤压件的壁厚不能过薄。壁厚过小时，成形阻力过大。通常情况下，壁厚为：

低碳钢　　$t \geqslant \dfrac{D}{15}$（一般不小于 1 mm）

硬铝、黄铜　　$t \geqslant \dfrac{D}{25}$（一般不小于 0.8 mm）

软铝、纯铜　　$t \geqslant \dfrac{D}{200}$（一般不小于 0.1 mm）

反挤压件底厚一般应大于壁厚。底厚过小时，反挤压力急剧增大，并且在反挤压件底部转角处易产生缺陷。为了有利于金属流动和降低挤压力，反挤压件底部可形成一定的斜度。反挤压件的尺寸标注和相互关系见图 1-1-11。

2）正挤压件　正挤压件的凹模锥角对金属流动的影响很大。对于黑色金属，一般取 $\alpha = 90° \sim 150°$，以 $\alpha = 120°$ 为最佳；对于有色金属，一般取 $\alpha = 160°$。过渡处的圆角半径与产生金属死区的大小有关，一般取 $R \geqslant 1$ mm，$r = 0.2 \sim 0.5$ mm。正挤压件的尺寸标注见图 1-1-12，为了有利于润滑和推件，挤出长度以 $\leqslant 10d$ 为宜。

挤压完毕时，毛坯的剩余高度称为挤压余料。挤压余料 h_1 过小时，单位挤压力会急剧增大。一般情况下为：

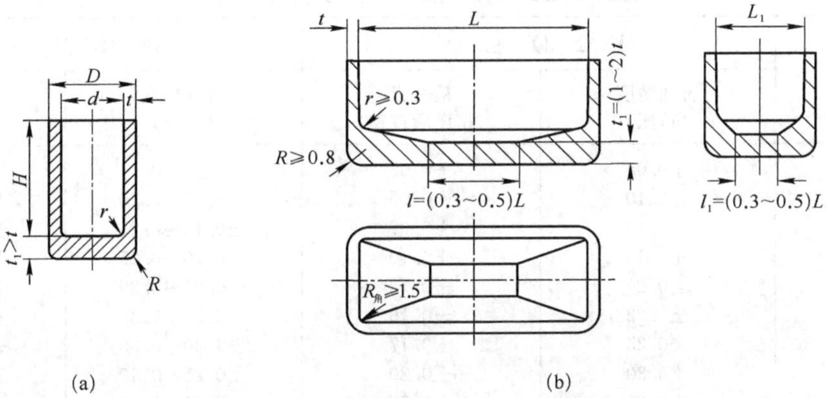

图 1-1-11　反挤压件的尺寸标注和相互关系

(a) 反挤压件的孔深、壁厚与底厚；(b) 反挤压件的底部形状与尺寸

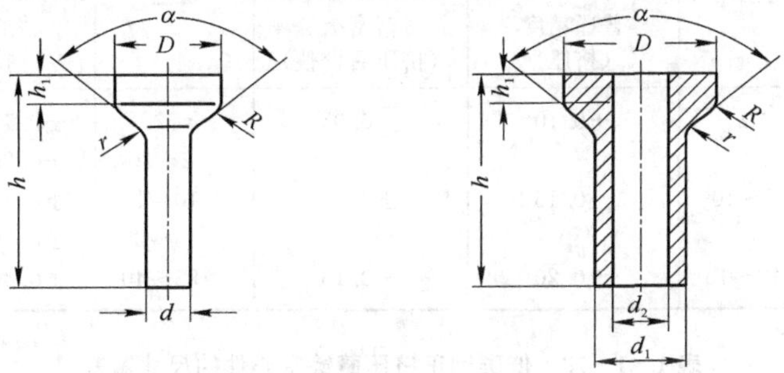

图 1-1-12　正挤压件尺寸标注

正挤压实心件　$h_1 = 0.7d\sqrt{\dfrac{D}{d}-1}$（不应小于 2 mm）

正挤压空心件　$h_1 = (d_1 - d_2)/2$（不应小于 2 mm）

3）复合挤压件　复合挤压时一般可参照正挤压和反挤压的工艺要求确定。

3. 精度

挤压件的精度高低受加工条件的影响较大，其中模具精度、压力机刚度和导向性能，对挤压件精度的影响最大。此外，模具的温度变化和磨损后引起的尺寸变化也会对挤压件的精度产生影响。

挤压件的表面粗糙度与模具工作表面的质量、润滑条件有关，一般情况可达 Ra 0.8～1.6 μm。

低碳钢正挤压实心件的尺寸偏差见表 1-1-68，低碳钢反挤压杯形件的尺寸偏差见表 1-1-69，低碳钢正挤压薄壁空心件的尺寸偏差见表 1-1-70。

表 1-1-68　低碳钢正挤压实心件的尺寸偏差　(mm)

	杆　径 d	直径偏差值	
		普通精度（挤压）	精密级（挤压后校整）
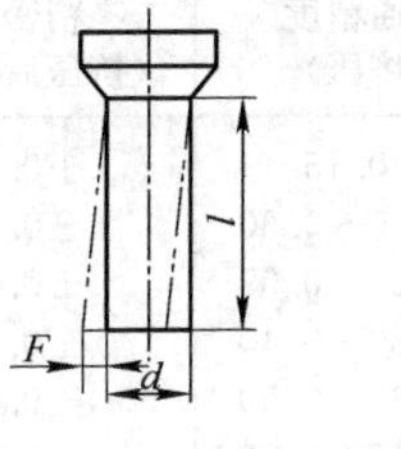	10～18 >18～30 >30～50 >50～80 >80～100	±0.05 ±0.07 ±0.08 ±0.10 ±0.12	±0.01 ±0.03 ±0.04 ±0.08 ±0.09

注：挤出长度 $l < 100$ mm 时，偏挠值 F 为 0.02～0.15 mm；$l = 100 \sim 200$ mm 时，F 为 0.05～0.25 mm。

表 1-1-69　低碳钢反挤压杯形件的尺寸偏差　(mm)

外　径 D	外径偏差值		内径偏差值	
	普通精度（挤压）	精密级（挤压后校整）	普通精度（挤压）	精密级（挤压后校整）
≤10	±0.08	±0.05	±0.10	±0.05
>10～30	±0.10	±0.06	±0.10～0.20	±0.05～0.10
>30～40	±0.12	±0.07	±0.15～0.25	±0.10～0.15
>40～50	±0.15	±0.10	±0.20～0.25	±0.10～0.25
>50～60	±0.20	±0.12	±0.20～0.30	±0.12～0.25
>60～70	±0.22	±0.15	±0.20～0.30	±0.15～0.25
>70～80	±0.25	±0.17	±0.20～0.35	±0.15～0.25
>80～90	±0.30	±0.20	±0.25～0.40	±0.20～0.30
>90～100	±0.35	±0.22	±0.30～0.45	±0.25～0.35
>100～120	±0.40	±0.25	±0.35～0.50	±0.30～0.40

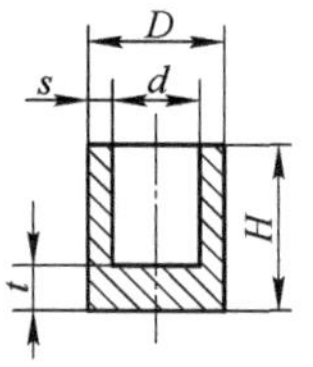

壁厚 s	壁厚偏差值		底厚 t	底厚偏差值	
	普通精度（挤压）	精密级（挤压后校整）		普通精度（挤压）	精密级（挤压后校整）
≤2	±0.10	±0.05	≤2	±0.15～0.20	±0.10
			>2～10	±0.20～0.30	±0.15
>2～10	±0.15	±0.10	>10～15	±0.25～0.30	±0.20
			>15～25	±0.30～0.40	±0.25
>10～15	±0.20	±0.15	>25～40	±0.40～0.50	±0.35

表 1-1-70　低碳钢正挤压薄壁空心件的尺寸偏差　(mm)

外　径 D	外径偏差值		内径偏差值	
	普通精度（挤压）	精密级（挤压后校整）	普通精度（挤压）	精密级（挤压后校整）
≤10			±0.05	±0.020
>10～30	±0.1	±0.020	±0.05～0.07	±0.020～0.040
>30～40	±0.1	±0.020	±0.08～0.10	±0.020～0.040
>40～50	±0.1	±0.025	±0.10～0.12	±0.025～0.040
>50～60	±0.1	±0.030	±0.12～0.14	±0.030～0.050
>60～70	±0.1	±0.035	±0.15～0.18	±0.035～0.050
>70～80	±0.2～0.3	±0.040	±0.18～0.20	±0.040～0.050
>80～90	±0.2～0.3	±0.050	±0.20～0.24	±0.050～0.080
>90～100	±0.2～0.3	±0.060	±0.25～0.30	±0.060～0.090
>100～120	±0.3	±0.080	±0.30～0.40	±0.080～0.100
>120～140	±0.4	±0.120	±0.40～0.50	±0.100～0.120

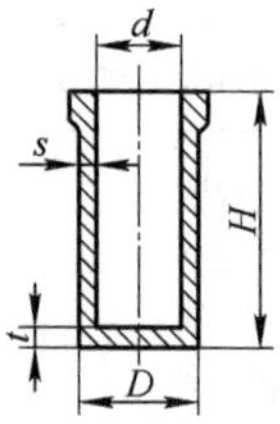

壁厚 s	壁厚偏差值		底厚 t	底厚偏差值	
	普通精度（挤压）	精密级（挤压后校整）		普通精度（挤压）	精密级（挤压后校整）
≤0.6	±0.05～0.10	±0.020	≤2	±0.15	±0.10
>0.6～1.2	±0.07～0.10	±0.020	>2～10	±0.20～0.30	±0.12
>1.2～2.0	±0.10～0.15	±0.025	>10～15	±0.25～0.35	±0.15
>2.0～3.5	±0.12～0.15	±0.030	>15～25	±0.30～0.40	±0.20
>3.5～6.0	±0.15～0.20	±0.040	>25～40	±0.35～0.50	±0.25
			>40～50	±0.40～0.50	±0.30
			>50～70	±0.45～0.60	±0.35

4. 适宜挤压的材料

金属材料的塑性愈好，硬度愈低，冷作硬化敏感性愈弱，则对挤压成形愈有利。挤压件常用材料牌号见表1-1-71。

表1-1-71　挤压件常用材料牌号

类　别	牌　号
有色金属	1060、1050A、1035、1200、2A11、2A12、5A02、5A05、3A21、T1、T2、T3、TU1、TU2、H62、H68、H80、N2、N4、N6
黑色金属	DT1、DT2、Q235、08、10、15、20、25、30、35、40、45、50、15Mn、20Mn、15Cr、20Cr、30Cr、40Cr、18CrMnTi、06Cr13、12Cr13、20Cr13、1Cr18Ni9Ti

（六）冲压件结构工艺性的改善

在确保产品功能的前提下，更改冲压件的形状，提高冲压件结构工艺性，可使冲压加工更为合理和经济。应用举例见表1-1-72。

表1-1-72　冲压件结构工艺性改善举例

例　图	说　明
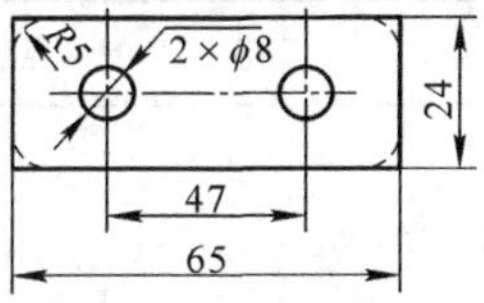	汽车车架的零件，原设计需用落料模落料。R5改成直角后，用65 mm宽的条料在剪床上剪切，再冲两个孔，简化了模具设计，节省了原材料
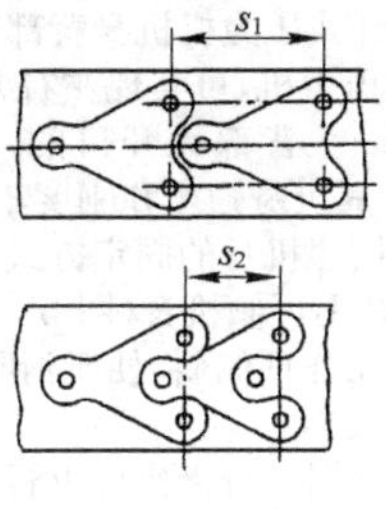	加深零件凹部尺寸，得到新的直列单排方法，$s_2 < s_1$，提高了材料利用率
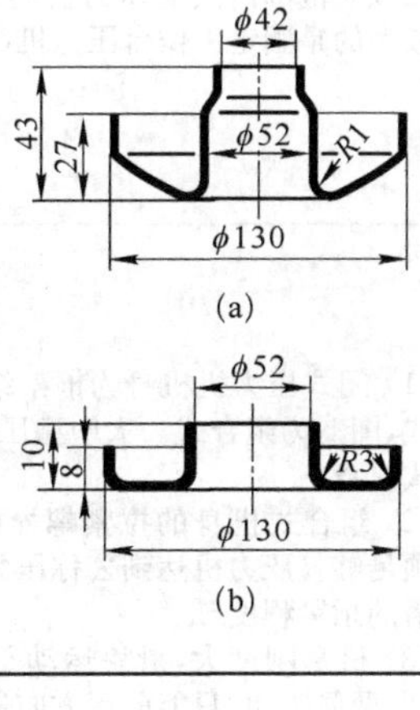 (a) (b)	消声器后盖原设计需经8道冲压工序。后在保持内、外径尺寸及基本功能不变的前提下，改空心尖底为平底及其他形状，只需2道冲压工序，还节省了原材料

第二章　冲压设备的选用

冲压设备的类型较多。按照工作原理，压力机分为曲柄压力机、螺旋压力机和液压机。按照工艺用途，压力机分为通用压力机和专用压力机。通用压力机是采用曲柄滑块机构的锻压机械，因此，也称为通用曲柄压力机。专用压力机包括高速压力机、精冲压力机及冷挤压机等。生产中大量使用的是通用曲柄压力机，其结构特点对冲压件生产和模具寿命有直接影响。

一、曲柄压力机的结构特点

（一）压力机机身

按照压力机机身结构，压力机分为开式压力机和闭式压力机。按照压力机工作台的区别，其可分为固定工作台、可倾工作台、升降工作台等。机身的类型与特点见表 1－2－1。

表 1－2－1　机身的类型与特点

类　型	简　　图	特　　点
开式压力机机身	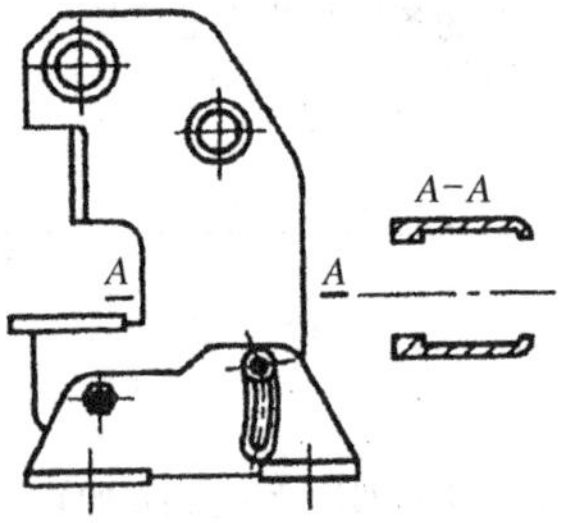 (a) 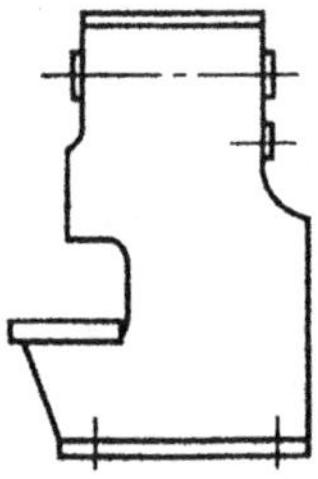 (b) 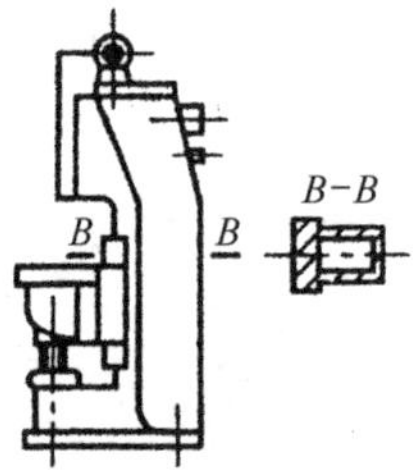 (c)	（1）机身呈 C 形，前面及左右敞开，冲压操作方便，但机身刚度差，多用于中小型压力机 （2）开式压力机机身背部有开口的，称为开式双柱压力机，可实现左右方向和前后方向送料（图 a）。背部无开口的，称为单柱压力机（图 c），其机身强度和刚度较双柱机机身高 （3）按照机身的固定方式，可分为可倾机身（图 a）和不可倾机身（图 b）。采用可倾机身可使模具工作面倾斜，便于清除模具工作面上的工件或废料 （4）根据机身工作台可否上下移动，可分为固定台机身（图 b）和活动台机身（图 c）。后者能在较大范围内改变压力机的装模高度。使用较多的是固定工作台压力机（图 b）
闭式压力机机身	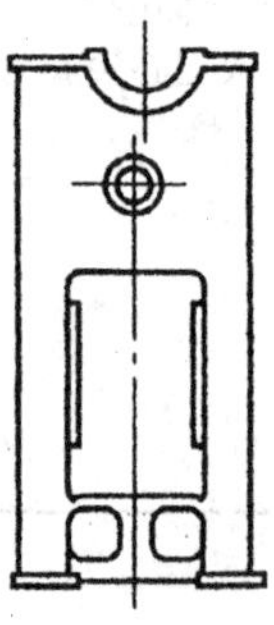 (a) 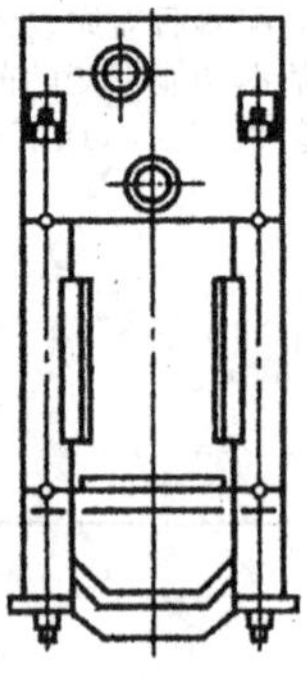 (b)	（1）闭式压力机机身为框架结构，图 a 为整体式，图 b 为组合式。大中型压力机多采用组合式机身 （2）组合式机身的拉紧螺栓施加的预紧力必须足够。压力机达到公称压力时，仍应保持必需的预紧程度 （3）机身刚度大，滑块运动平稳，机身前后敞开、两侧封闭，只能前后方向送料

机身是通用压力机的主要部件，工作时承受全部变形载荷。机身上的导轨为滑块提供导向，保证滑块的运动精度。机身必须有足够的强度和刚度，其受载荷后的变形会对冲压件质量和模具寿命产生影响。

开式压力机的机身角变形，会影响滑块的工作精度，加快滑块导向部分的磨损，影响模具的正常使用。新型半闭式压力机采用的机身能有效地减小机身的角变形，在生产中得到广泛应用。

闭式压力机机身受到载荷后主要产生垂直变形，没有开式机身的角变形，机身刚度好，有利于提高冲压件质量和模具寿命。开式压力机和闭式压力机的变形分别见图 1-2-1 和图 1-2-2。

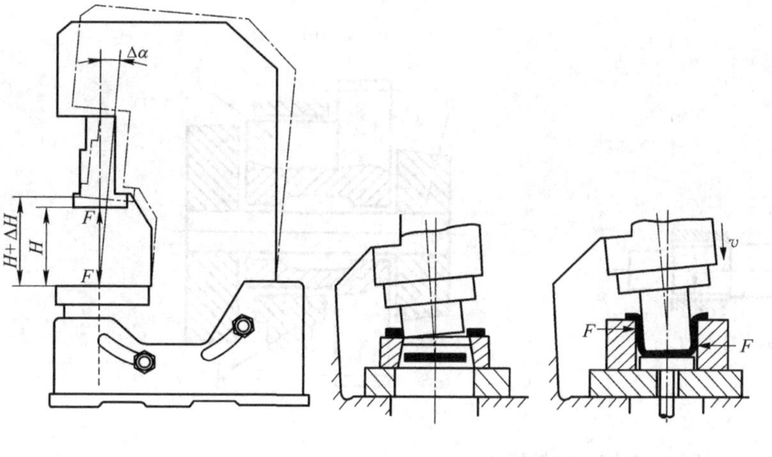

(a)　(b)　(c)

图 1-2-1　开式压力机机身变形

(a) 机身角变形；(b)、(c) 角变形对模具的影响

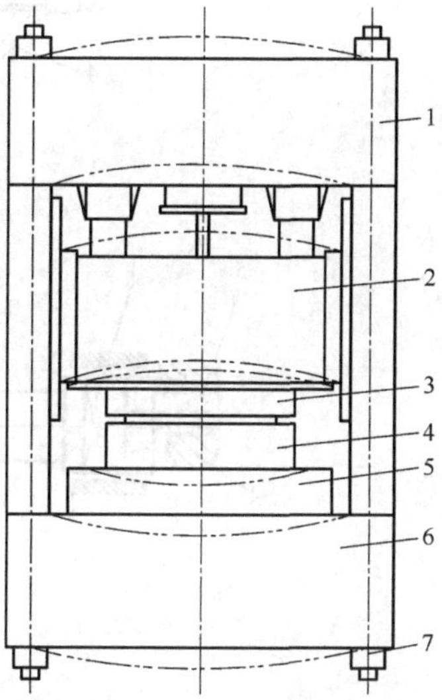

图 1-2-2　闭式压力机滑块及工作台的弹性变形

1—上横梁；2—滑块；3—上模；4—下模；5—垫板；6—底座；7—紧固螺母

（二）曲柄滑块机构

曲柄滑块结构包括曲轴、连杆、滑块。曲轴的形式分为曲轴式、偏心轴式、曲拐轴式和偏心齿轮式，见图 1-2-3。滑块的行程是曲柄半径的 2 倍。曲拐轴驱动的曲柄滑块机构一般装有行程调节装置，即在曲拐上装有偏心套，连杆安装在偏心套外面。偏心套与曲拐用平键连接，见图 1-2-4。因此，曲柄半径由两部分组成，即曲拐的偏心距和偏心套的偏心距。改变偏心套在曲拐上的相对位置，即可改变曲柄半径，从而在一定范围内调节滑块工作行程的大小，满足模具工作的特殊要求，如压力机回程时模具导柱、导套不脱离等。

连杆是压力机的重要部件，工作时传递工作载荷。按照压力机的连杆数量，将其分为单点压力机、双点压力机和四点压力机。单点压力机的滑块由一个连杆带动，一般为小型压力机；双点压力机的滑块由两个连杆带动，一般为中型压力机；四点压力机的滑块由两对连杆带动，一般为大型压力机。

连杆通常由连杆体和调节螺杆组成，转动调节螺杆，可改变连杆的长度，从而满足不同装模高度的需要，连杆长度调节后应予锁紧，确保压力机在工作过程中闭合高度不变，见图 1-2-5。中大型压力机的滑块、模具质量和行程调节量较大，改变连杆长度必须采用机动调节方式。由于采用蜗轮、蜗杆驱动，所以调节机构有较大的转速比，可满足调节精度和自锁可靠的要求，见图 1-2-6。

为了防止压力机过载，在压力机滑块中安装有过载保护装置。压塌块式保护装置采用的是压塌块，见图 1-2-5。压力机过载时，压塌块的薄弱截面会发生剪切破坏，使得滑块相对连杆移动一定距离，避免受力件过载。压塌块被用于单点压力机，不能将其用于双点、四点压力机，因为压力机过载时不能保证多个压塌块同时发生剪切破坏。中大型压力机适合采用液压过载保护装置。过载时，液压垫中的油压力升高，迫使阀芯动作，从而实现卸载和紧急制动。

滑块内的推料装置为刚性推料装置，见图 1-2-7。在滑块回程接近上死点时，打料横杆被挡头螺钉限制，不能继续上升，从而通过上模中的打杆实现推料(件)。刚性推料装置结构简单，但推料位置不能任意调整。挡头螺钉和挡头座固定在机身上，打料横杆在滑块中的活动距离为 $H-h$，调节压力机装模高度时，必须相应调节挡头螺钉位置，以免发生设备事故。

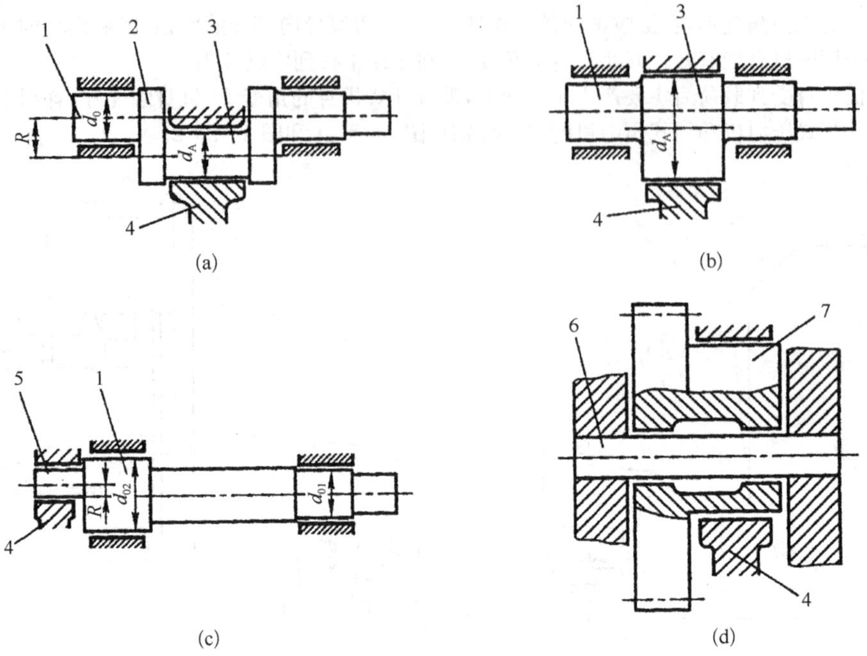

图 1－2－3　曲轴形式

(a) 曲轴式；(b) 偏心轴式；(c) 曲拐轴式；(d) 偏心齿轮式

1—支承颈；2—曲柄臂；3—曲柄颈；4—连杆；5—曲拐颈；6—心轴；7—偏心齿轮

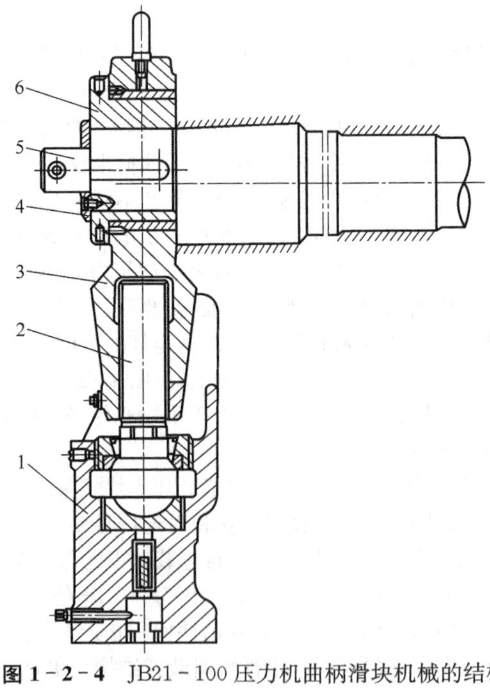

图 1－2－4　JB21－100 压力机曲柄滑块机械的结构

1—滑块；2—调节螺杆；3—连杆体；

4—压板；5—曲拐轴；6—偏心套

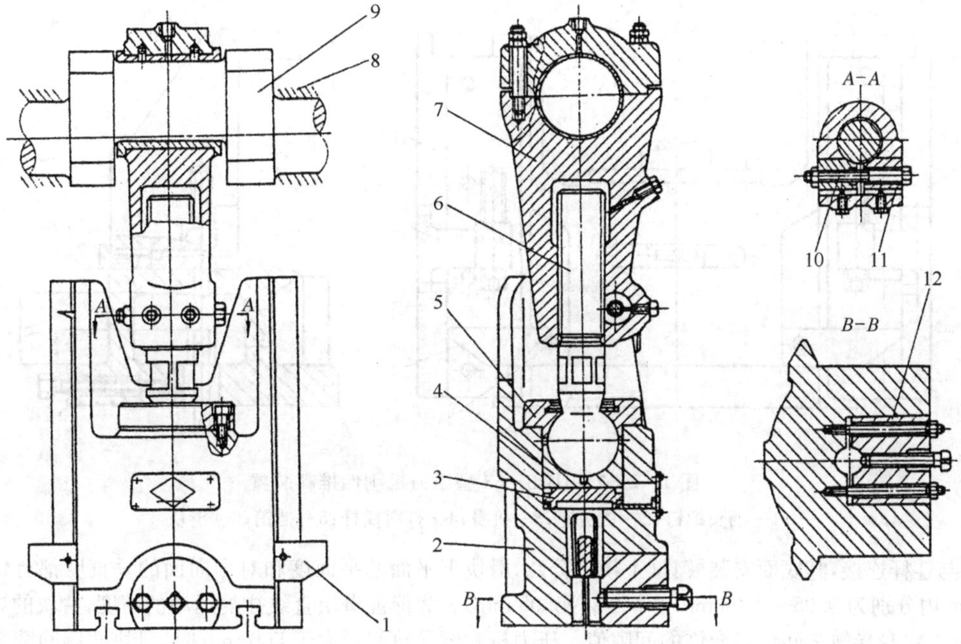

图 1-2-5　JC23-63 压力机的曲柄滑动机构的结构

1—打料横梁；2—滑块；3—压塌块；4—支承座；5—盖板；6—调节螺杆；7—连杆体；8—轴瓦；9—曲轴；10—锁紧螺钉；11—锁紧块；12—模具夹持块

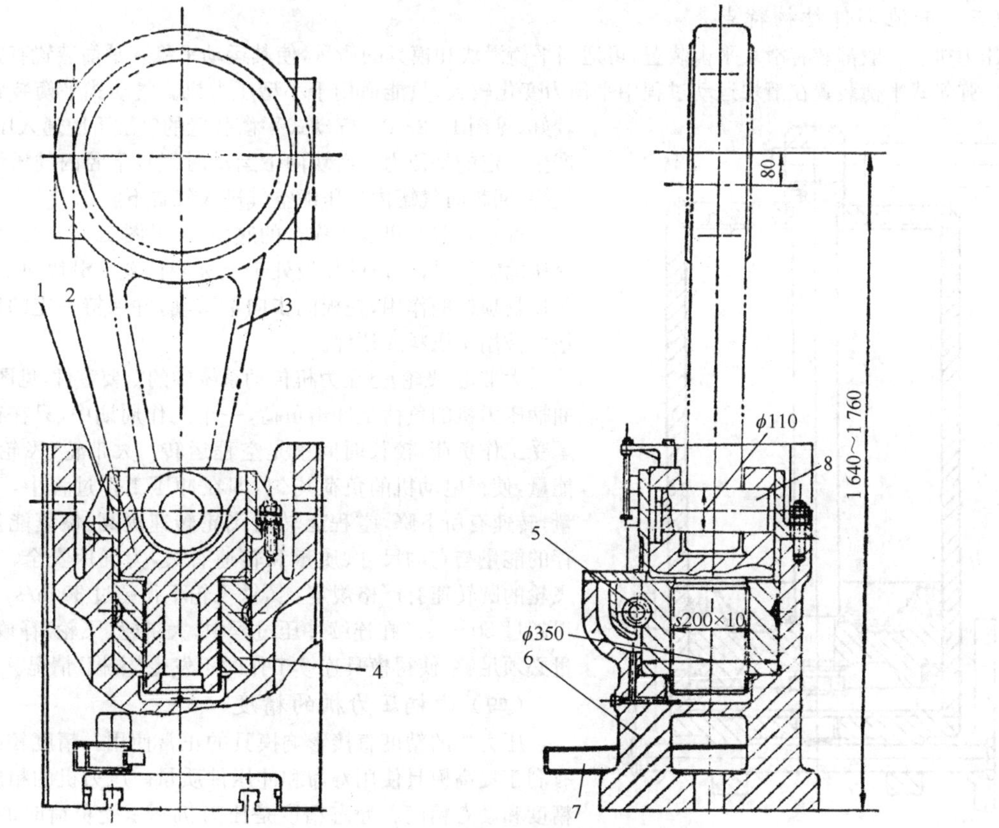

图 1-2-6　JA31-160A 连杆调节装置

1—导套；2—调节螺杆；3—连杆；4—蜗轮；5—蜗杆；6—滑块；7—顶料杆；8—连杆销

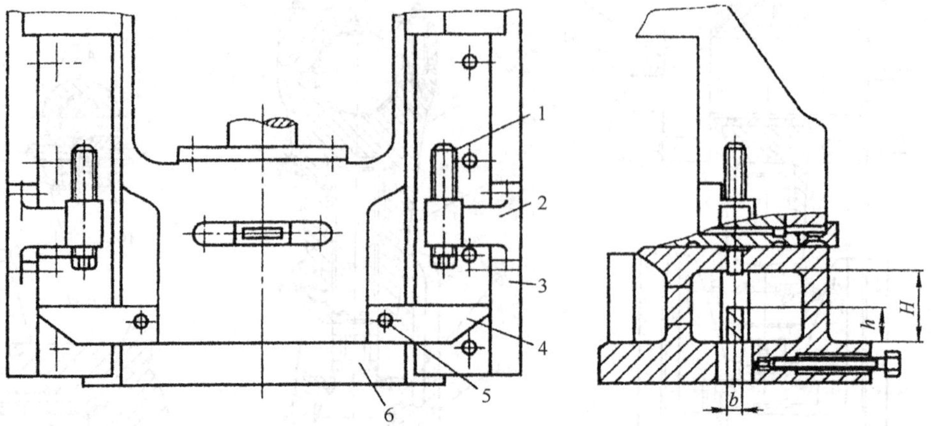

图 1-2-7 JB23-63 型压力机刚性推料装置

1—挡头螺钉；2—挡头座；3—机身；4—打料横杆；5—挡销；6—滑块

滑块与连杆连接，其底面安装模具（上模部分）。滑块下平面的平面度和对导向面的垂直度都有较高的要求（1 000 mm 内分别为 0.05～0.06 mm 和 0.03～0.05 mm）。为保证滑块直线往复运动的精度，滑块的导向面应该足够长，并与机身导轨之间保持允许的间隙值。压力机两侧导轨间距大于 500 mm 时，滑块两侧间隙总和允许值为 0.08～0.16 mm。检查间隙时滑块应处于下死点位置。间隙过大，就会影响滑块的运动精度，承受偏心载荷时滑块会产生倾斜，从而加剧导向面的磨损。滑块导向面有 V 形及多面导向结构，后者被用于中大型压力机。对于高速压力机，可采用滚动导轨来减小摩擦，消除间隙，提高压力机导轨的耐用度和滑块的运动精度。

（三）其他部件结构特点

压力机上一般都装有滑块平衡装置，可适当平衡滑块和模具的质量，使其运动平稳。平衡装置有弹簧式和气动式。弹簧式平衡装置在滑块运动过程中平衡力变化较大，只能适用于小型压力机。气动式平衡装置使用效果较好，见图 1-2-8。气动式平衡装置的气缸下腔通入压缩空气，以产生一定的平衡力。滑块向下运动时气缸下腔内的压缩空气排入气罐，回程时气罐内的压缩空气进入气缸下腔。

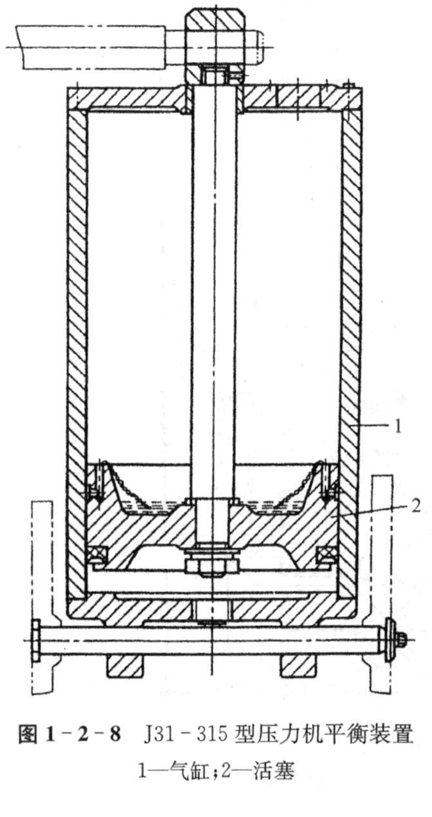

图 1-2-8 J31-315 型压力机平衡装置

1—气缸；2—活塞

气垫安装在机身工作台的底面下，见图 1-2-9。气缸下腔通入压缩空气时，气垫的托板处于上极限位置。滑块向下运动时，由于模具顶杆的作用，托板同步向下移动，并保持一定的压紧力。气垫可被用于压料或顶件。

大带轮（飞轮）是压力机传动系统中的重要零件，见图 1-2-10。曲柄压力机的负荷是冲击负荷，一个工作周期中，只在很短时间内承受工作负荷，较长时间里是空程运转。大带轮（飞轮）能够储存能量，使得电动机的负荷均匀，即在冲压工作过程中，飞轮释放能量，转速有所下降，空程运转时飞轮转速提高，恢复能量。飞轮储存的能量与它的尺寸、质量和转速有关，为确保安全，对不同材料飞轮的圆转速有严格规定：铸铁飞轮不得超过 30 m/s，铸钢飞轮不得超过 50 m/s。在连续冲压过程中，大带轮（飞轮）释放-恢复的能量必须足够，使得模具连续工作时不发生“卡模”情况。

（四）曲柄压力机的精度

压力机的精度直接影响模具的正常使用。精度较高的压力机有利于提高模具使用寿命和冲压件质量。压力机的精度分为静态精度和动态精度。静态精度是压力机不承受负荷时的精度，由压力机的制造加工精度和装配调整精度所决定。动态精度测量困难，因此用静态精度作为评定压力机精度的标准。

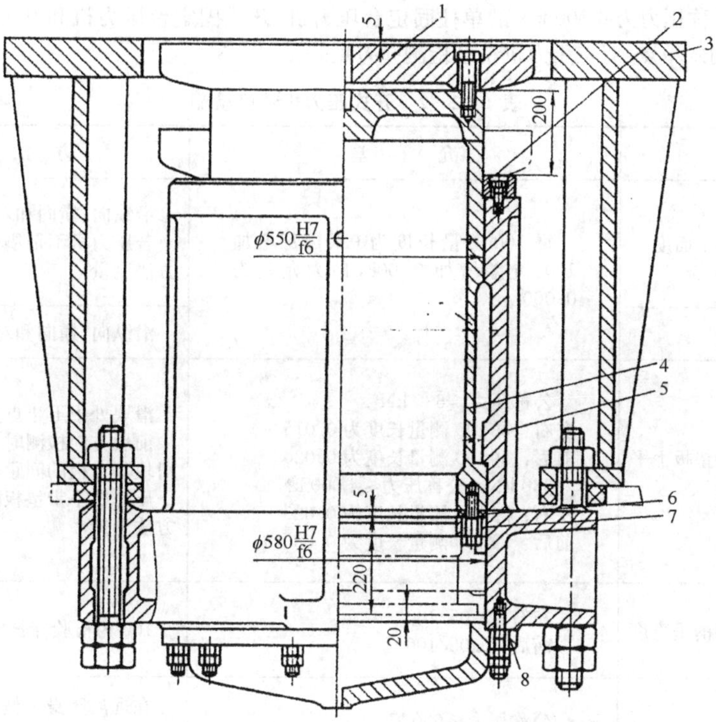

图 1-2-9　JA36-160 型压力机气垫

1—托板；2—定位块；3—工作台；4—活塞；5—气缸；6—密封；7—压环；8—气缸盖

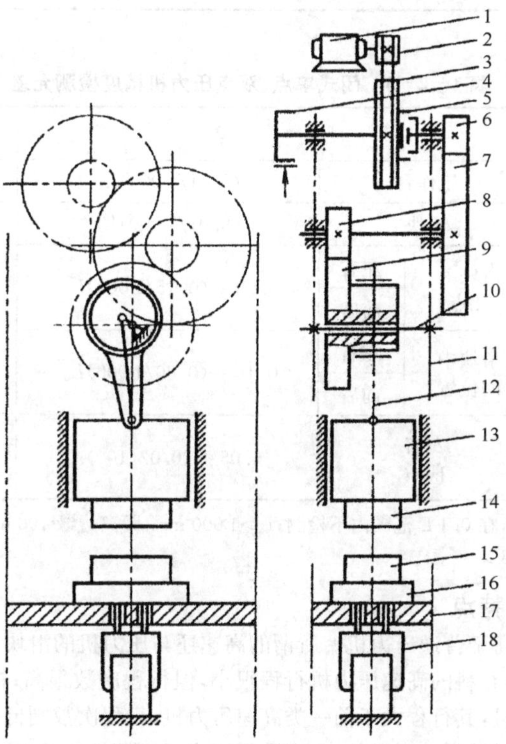

图 1-2-10　J31-315 型压力机运动原理

1—电动机；2—小带轮；3—大带轮；4—制动器；5—离合器；6、8—小齿轮；7—大齿轮；9—偏心齿轮；10—心轴；11—机身；12—连杆；13—滑块；14—上模；15—下模；16—垫板；17—工作台；18—液压气垫

一般用途、最大公称压力为 4 000 kN 的单柱固定台压力机、开式固定台压力机和开式可倾压力机精度检测允差见表 1-2-2。闭式单点、双点压力机精度检测允差见表 1-2-3。

表 1-2-2 开式压力机精度检测 (mm)

<table>
<tr><th>项　　目</th><th>允　　差</th><th>方 法 和 要 求</th></tr>
<tr><td>工作台垫板上平面的平面度</td><td rowspan="2">每 100 测量长度为 0.01；每增加 100，允差增加 0.008，最大允差为 0.060</td><td>沿纵向、横向和对角线方向测量
若压力机不带垫板，则在工作台上用同样方法测量</td></tr>
<tr><td>滑块下平面的平面度</td><td>沿纵向、横向和对角线方向测量</td></tr>
<tr><td>滑块下平面对工作台垫板上平面的平行度</td><td>公称压力≤630 kN
左右：每 100 测量长度为 0.015
前后：每 100 测量长度为 0.020
630 kN<公称压力≤4 000 kN
左右：每 100 测量长度为 0.020
前后：每 100 测量长度为 0.030</td><td>滑块处于下止点并调至最上位置
前后方向检测时，靠近床身一侧(后侧)的滑块与台板的间距不得小于前侧的间距
压力机不带垫板时，则在工作台上用同样方法测量</td></tr>
<tr><td>模柄孔对滑块下平面的垂直度</td><td>左右：0.05/100
前后：0.05/100</td><td>100 为检验棒长度</td></tr>
<tr><td>滑块行程对工作台垫板上平面的垂直度</td><td>公称压力≤630 kN
左右和前后：0.03/100
630 kN<公称压力≤4 000 kN
左右和前后：0.04/100</td><td>在远离床身一侧(靠近操作者一边)进行检测时，指示器在行程上位的读数应不小于行程下位的读数
压力机不带垫板时，则在工作台上用同样方法测量</td></tr>
</table>

注：参照 GB/T 23280—2009。

表 1-2-3 闭式单点、双点压力机精度检测允差 (mm)

<table>
<tr><th>项　　目</th><th colspan="3">允　　差</th><th>说　　明</th></tr>
<tr><td rowspan="2">工作台上平面、
滑块下平面的平面度</td><td colspan="2">工作台</td><td>$(0.01/1\,000)L_1$</td><td>L_1为工作台测量范围长度</td></tr>
<tr><td colspan="2">滑块</td><td>$(0.01/1\,000)L_2$</td><td>L_2为滑块测量范围长度</td></tr>
<tr><td rowspan="4">滑块下平面对工作台上平面的平行度</td><td rowspan="2">滑块下死点</td><td>左右</td><td rowspan="2">$0.08+(0.15/1\,000)L_3$</td><td rowspan="4">L_3为滑块下平面测量长度</td></tr>
<tr><td>前后</td></tr>
<tr><td rowspan="2">滑块中间位置</td><td>左右</td><td rowspan="2">$0.16+(0.30/1\,000)L_3$</td></tr>
<tr><td>前后</td></tr>
<tr><td>滑块行程对工作台上平面的垂直度</td><td colspan="2">左右
前后</td><td>$0.05+(0.02/100)s$</td><td>s 为滑块行程</td></tr>
</table>

注：1. 测量范围 $L\leqslant 1\,000$ mm，在 $0.1L$ 范围内不检测；$L>1\,000$ mm，距离边缘 100 mm 内不检测。
2. 参照 GB/T 10924—2009。

二、专用压力机的结构特点

高速压力机的行程次数远高于普通压力机。所谓的高速还与压力机的滑块行程的大小有关。按照工艺用途不同，被用于硬质合金模具冲裁卷料的高速压力机行程很小，但行程次数很高；被用于对卷料进行冲裁、弯曲、浅拉深和成形的多用途高速压力机，其行程大于前一类高速压力机，行程次数则低于前者。

高速压力机除冲压速度相对较低的型号外，大多采用闭式 O 型机身。高速压力机的滑块与导轨采用滚动预紧导向。为了减小滑块和模具高速往复运动产生的惯性力，有的高速压力机采用轻质合金滑块，有的将装模高度调节机构设置在工作台下部，依靠工作台的升降来调节装模高度，见图 1-2-11。工作台体是依靠四个液压缸支

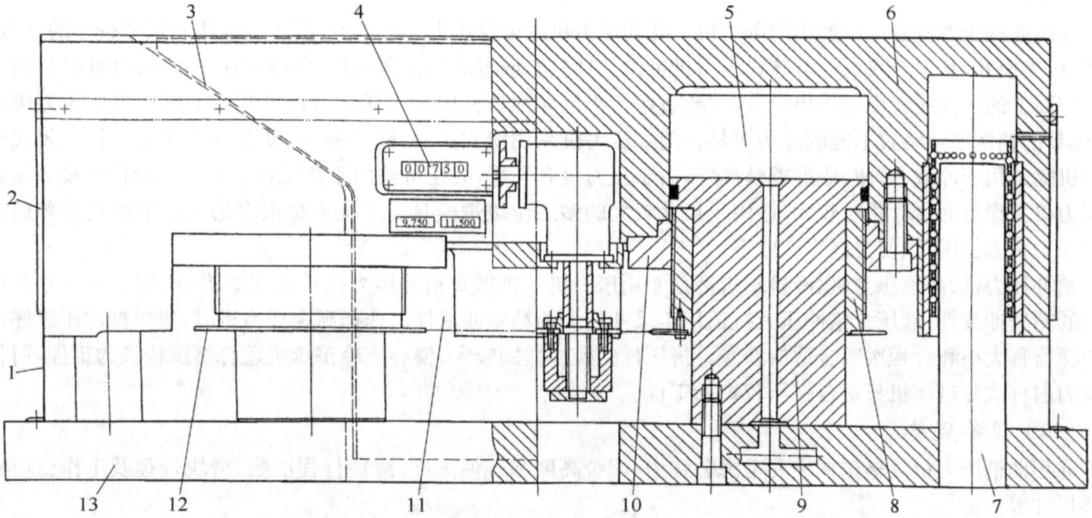

图 1-2-11　工作台升降调节装置

1—下防护罩；2—上防护罩；3—漏料槽；4—闭合高度指示器；5—液压缸；6—工作台体；7—导柱；8—调节螺套；9—活塞；10—调节螺母；11—滚子链；12—链轮；13—工作台座

撑在工作台座 13 上，并由四根滚动式导柱 7 导向。通过滚子链 11，使四个调节螺套 8 同步调节，调整压力机的闭合高度，并由闭合高度指示器 4 指示闭合高度调整情况。

高速压力机的滑块与导轨常用滚动导向。高速压力机自动送料装置送料精度可达±(0.03～0.05)mm，满足多工位精密冲裁级进模和多工位精密冲裁-成形级进模送料要求，实现高效自动化生产。

精冲压力机按照主传动的结构不同，分为机械式精冲压力机和液压式精冲压力机，但两类精冲压力机的压边力和反压力都采用液压结构。小型精冲压力机多采用机械式，大型精冲压力机多采用液压式。液压式精冲压力机运行平稳，机身受力均衡，抗偏载性能好，弹性变形小，能长期保持机床精度，但是封闭高度的重复精度次于机械式精冲压力机。

按照主传动和滑块的位置不同，精冲压力机可分为上传动式精冲压力机和下传动式精冲压力机。下传动式精冲压力机的传动系统在压力机的下部，结构紧凑，重心低，运行平稳，维修方便。多数精冲压力机采用下传动式。

精冲压力机的滑块导向精度高。滑块的终点位置准确，精确度可达±0.01 mm。精冲压力机一般均采用快速闭模和快速返回行程，以提高滑块每分钟的行程次数。

精冲压力机的辅助装置包括自动送料装置和模具保护装置，可实现单机自动化。

冷挤压机按照工作机构的不同可以分为曲轴式或偏心式、肘杆式及拉力肘杆式三种，按照机身放置方式分为立式及卧式，按照传动部分放置的位置可以分为上传动和下传动。常用的有偏心式下传动冷挤压机和开式及闭式拉力肘杆式冷挤压机。

典型的 J87-400 为偏心式下传动冷挤压机，其齿轮传动采用油浴润滑，工作平稳。由于采用了下传动，其重心低，稳定性好。滑块偏置，对导轨的侧压力小，有利于提高导向精度。滑块内部装有液气缓冲及液压过载保护装置。通过缓冲装置，可以吸收冲击能量，从而减少冲击。缓冲行程(5 mm)结束，滑块与过载保护活塞接触，冷挤压机开始在公称压力下工作。模具冷挤压力若超过公称压力一定值，过载保护活塞就会向上移动，使模具空间增大，达到保护的目的。闭合高度调节机构通过周转轮系指示封闭高度调节量，精确度可以达到 0.01 mm。

三、冲压设备的选择

(一) 设备类型

冲压设备的选择包括选择设备类型和设备规格两方面的要求，是制定工艺方案和设计模具的重要内容，应根据冲压工序的性质、冲压件精度与生产批量、模具结构特点与安装尺寸的大小，并考虑现有设备状况来决定。

不同类型和结构的压力机，其性能特点有较大差异，适用范围有所区别，应尽量使不同的模具与不同类型的压力机形成合理的配置，发挥冲压设备的潜力和提高模具使用过程中的安全可靠性，从而提高产品质量、生产率和模具寿命。

通用曲柄压力机是应用最多的压力机。开式压力机的公称压力一般不大，其主要被用于尺寸较小的冲裁、弯曲、成形类模具，其中开式双柱可倾式压力机可以选择左右或者前后方向送料，机身可在一定范围内倾斜，便于模具工作面上的工件或者废料排出模外，主要适用于小尺寸冲压件模具。开式行程可调压力机被用于压力机回程时，模具的精密导向装置不能脱离的模具。闭式压力机采用闭式床身，刚度较大，动态性能相对较好。闭式单点压力机除适用于冲裁、弯曲、成形类模具外，由于压力机有气垫，故还可被用于挤压行程较小的冷挤压模。闭式双点压力机工作台面尺寸相对较大，适用于尺寸较大的多工位级进模具。工位不是很多的级进模适宜在普通快速类型压力机上使用，以便提高生产效率。

精冲压力机、高速压力机、冷挤压机都是专用压力机。机械式精冲压力机行程次数高，适用于小尺寸和厚度较薄的精密冲裁件；液压式精冲压力机适用于尺寸较大的精密冲裁件。选择高速压力机时，应根据冲压工序的特点选择行程大小和行程次数合适的型号。挤压件的尺寸差别较大，偏心式冷挤压机适合挤压较长的工件，肘杆式及拉力肘杆式冷挤压机只适合挤压较短的工件。

（二）设备规格

通用曲柄压力机规格选择主要考虑公称力、闭合高度和装模高度、滑块行程次数、滑块行程及工作台（垫板）安装尺寸等。

1. 公称力

曲柄压力机的公称力是指滑块离下死点前某一特定距离或曲柄旋转到离下死点前某一特定角度时，滑块上所许可承受的最大作用力（特定的距离称为公称力行程，特定的角度称为公称力角）。超过公称力行程或公称力角的范围时，滑块上所能承受的作用力必须低于公称力。压力机负荷曲线表示了曲柄旋转角度与压力的关系，见图 1-2-12。

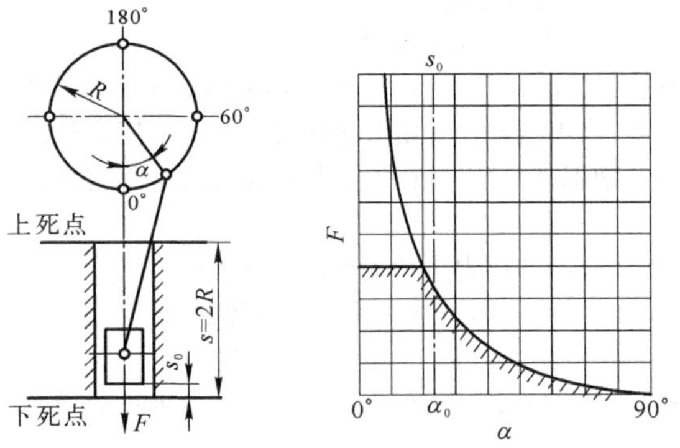

图 1-2-12　压力机滑块许用负荷曲线

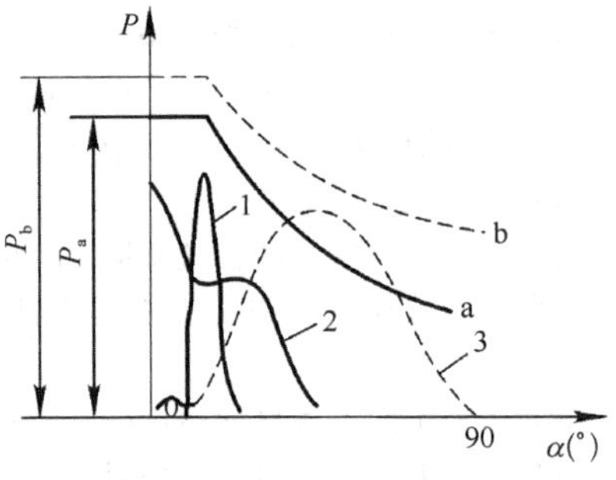

图 1-2-13　不同工序的力-行程曲线

1—冲裁；2—弯曲；3—拉深

一般情况下，压力机的公称力应大于或等于成形工艺力和辅助工艺力总和的 1.3 倍。当刚度对成形影响较大时，压力机的公称力应大于或等于成形工艺力和辅助工艺力总和的 2 倍。

在选定压力机公称力时，应使冲压力-行程曲线在压力机的许用负荷曲线内。冲裁、弯曲、拉深等工序的工作行程和变形特点不同，其力-行程曲线有明显区别，见图 1-2-13。图示拉深力-行程曲线 3 已经超出 P_a压力机许用负荷曲线范围，应重新选择 P_b压力机，以确保压力机生产安全。

选择压力机公称力时，对于多工位级进模具连续冲压，还应考虑连续冲压过程中，压力机飞轮转速的波动对冲压的影响。因此，要选择相对一般冲压具有较大公称力的冲压设备，防止发生“卡模”，通常选用公称力为计算压力 1 倍左右的压力机。

2. 闭合高度和装模高度

闭合高度是指滑块在下死点时，滑块底面到工作台上表面的距离。当高度调节装置将连杆调至最短时，闭合高度达到最大，称最大闭合高度。当高度调节装置将连杆调至最长时，闭合高度达到最小，称最小闭合高度。两者之差为闭合高度调节量。

装模高度是指滑块在下死点时，滑块底面到工作台垫板上表面的距离。当高度调节装置将滑块调整到下死点的最高(最低)位置时，装模高度达到最大(最小)。

闭合高度和装模高度之差为垫板的厚度。曲柄压力机工作台上的垫板在一般情况下不予拆下，所以装模高度在设计和安装模具时应用更方便。

压力机的闭合高度、装模高度应与模具的闭合高度相适应。不同装模方式的特点和校核公式见表 1-2-4。

表 1-2-4　不同装模方式的特点和校核公式

装模方式	简　　图	特　　点	校核公式
模具直接安装在压力机垫板上	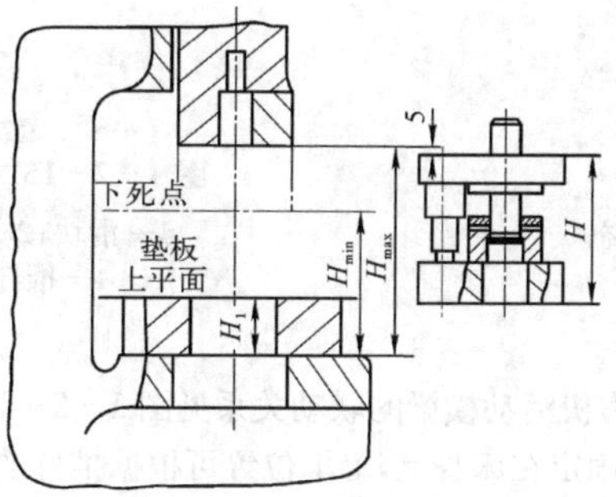	(1) 支承平稳，下模座受力条件较好 (2) 适用于能通过垫板孔向下漏料或在模具工作面上出件的模具	$H_{max}-H_1-5$ mm $\geqslant H \geqslant H_{min}-H_1+10$ mm
利用等高垫块在压力机垫板上安装模具	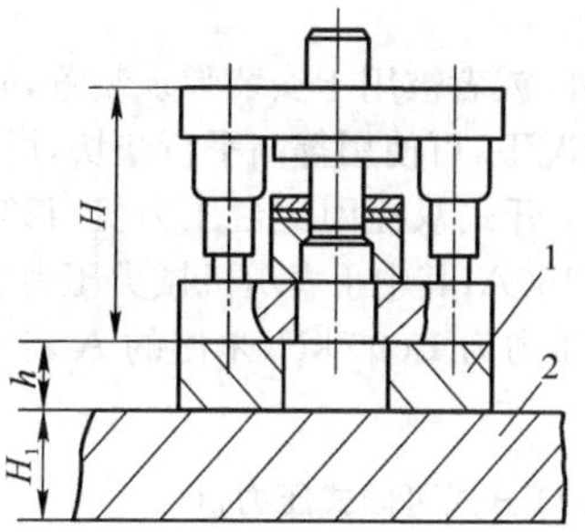1—等高垫块；2—垫板	(1) 下模座的支承面较小，受力条件较差 (2) 适用于垫板上无漏料孔的大型压力机，或者漏料孔过小、模具漏料位置偏离垫板孔、模座上无排出槽的模具	$H_{max}-H_1-5$ mm $\geqslant H+h \geqslant H_{min}-H_1+10$ mm
拆除垫板，模具安装在压力机台面上		模具闭合高度过大时采用，不常见	$H_{max}-5$ mm $\geqslant H \geqslant H_{min}+10$ mm

注：H_{max}—压力机的最大闭合高度(mm)；H_{min}—压力机的最小闭合高度(mm)；H_1—压力机的垫板厚度(mm)；$H_{max}-H_1$—压力机的最大装模高度(mm)；$H_{min}-H_1$—压力机的最小装模高度(mm)；H—模具的闭合高度(mm)；h—等高垫块的厚度(mm)。

3. 滑块行程次数

滑块行程次数是指滑块每分钟从上死点到下死点，然后再回到上死点所往复的次数。

生产批量较大时，可选择滑块行程次数较高的压力机，并且优先考虑闭式压力机，同时，随着冲压速度的提高，模具应具有更大的刚度和承载能力，使之与设备相适应。

4. 滑块行程

滑块行程指滑块从上死点(TDC)到下死点(BDC)的距离，是曲轴、曲拐轴偏心距的 2 倍，某些曲柄压力机的行程是可调节的，以满足不同类型模具开模时的需要(导向部分不脱开)。

在保证完成冲压工序的前提下，压力机的行程宜力求保持模具导向部分不致相互脱离。导板模的凸模与导板、滚珠导向模架的导柱、保持圈与导套不允许脱开，为此应采用行程较小或滑块行程可调节的压力机。

成形工件高度较大时，为便于取件，宜选择行程较大的压力机。拉深时，滑块行程应大于拉深件高度的 2 倍，见图 1-2-14。

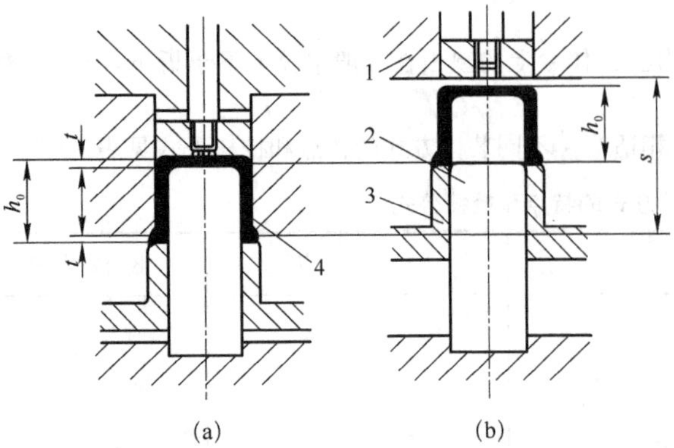

图 1-2-14　拉深模具的行程

(a) 模具处于闭合状态；(b) 模具处于开启状态
s—压力机行程
1—凹模；2—凸模；3—压边圈；4—工件

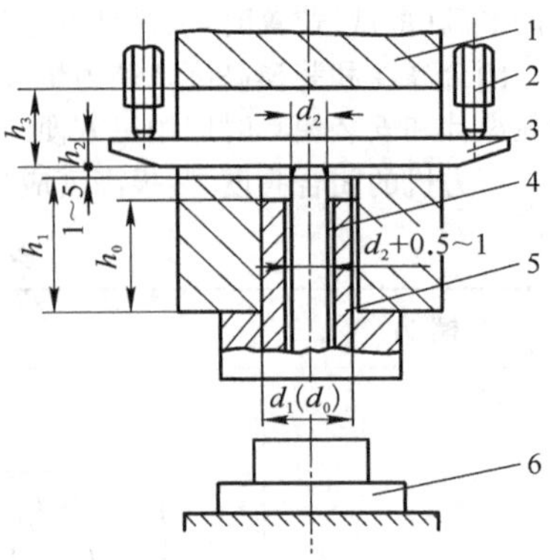

图 1-2-15　推杆与活动横梁联动关系

1—滑块；2—调节螺栓；3—活动横梁；
4—推杆；5—模柄；6—下模座

从上模中推件时，推杆从模柄中心贯穿，与压力机活动横梁的联动关系见图 1-2-15。h_1 为压力机滑块模柄孔深度；h_3-h_2 为活动横梁的最大活动距离。螺栓 2 固定在床身上，上下位置可根据推件的距离的大小进行调节。

5. 工作台(垫板)、滑块底面尺寸

小型模具的模柄尺寸应与滑块模柄孔尺寸相适应。尺寸较大的上模座安装固定部位应与压力机滑块的 T 形槽及固定构件相适应。

压力机垫板的漏料孔可使工件或者废料排出模外，或者被用于安装弹顶装置，同时也减小了模具下模座的有效支承面积。在漏料孔尺寸较大、装模高度允许的情况下，可使用等高平行垫块，增加下模座的支承。

常用的机械压力机有 J11 单柱固定台压力机、J21 开式双柱固定台压力机、J23 开式双柱可倾式压力机、J31 闭式单点压力机、J36 闭式双点压力机等。如 JA31-160A，其中 J 表示机械类压力机，A 表示压力机变形设计，31 表示闭式曲柄压力机中的单点压力机，160 表示公称压力为 1 600 kN，末尾的 A 表示压力机改进设计代号。

可倾式压力机技术参数见表 1-2-5。

表 1-2-5　J23 开式可倾式压力机

型　号		J23-6.3	J23-10B	J23-16B	J23-25B	JC23-25	JC23-40	JC23-40	JC23-63	JC23-80
公称力(kN)		63	100	160	250	250	400	400	630	800
公称力行程(mm)		2	2	5	4	4	5	7	8.5	9
滑块行程(mm)		35	60	70	70	65	90	80	120	130
行程次数(次/min)		170	130	120	110	55	45	45	50	50
最大装模高度(mm)		120	130	160	175	220	240	255	270	270
装模高度调节量(mm)		30	35	60	60	55	80	65	80	80
喉深(mm)		110	130	160	190	200	250	250	260	260
工作台板尺寸(mm)	前后	200	240	300	360	370	460	460	480	500
	左右	310	360	450	600	560	700	700	710	720
工作台孔尺寸(mm)	前后	110	100	110	160	200	150	250	200	200
	左右	160	180	220	250	290	300	360	340	340
	直径	140	130	160	200	260	200	320	250	250
滑块底面尺寸(mm)	前后	120	150	180	185	220	260	260	272	272
	左右	140	170	200	260	250	300	300	320	320
模柄孔尺寸(mm)		$\phi30\times55$	$\phi30\times55$	$\phi40\times60$	$\phi40\times60$	$\phi40\times60$	$\phi50\times70$	$\phi50\times70$	$\phi50\times80$	$\phi50\times70$

（续表）

型号	J23-6.3	J23-10B	J23-16B	J23-25B	JC23-25	JC23-40	JC23-40	JC23-63	JC23-80
立柱间距离(mm)	150	180	220	260	270	300	340	350	350
垫板厚度(mm)	30	50	60	60	50	80	65	90	90
机身最大可倾角(°)	45	30	35	30	30	30	30	30	20

注：参照徐州锻压机床厂集团有限责任公司压力机技术参数。

固定台压力机技术参数见表 1-2-6 和表 1-2-7。

表 1-2-6 J21 开式固定台压力机

型号		JB21-63A	JD21-63	JF21-63	JB21-80A	JA21-80	JB21-100A	JF21-100	JA21-125A
公称力(kN)		630	630	630	800	800	1 000	1 000	1 250
公称力行程(mm)		4	4	4	8	6	5	5	5
滑块行程(mm)		20、58、80	120	120	90	180	20、72、100	140	160
行程次数(次/min)		65	70	70	70	40	70	50	50
最大封闭高度(mm)		350	360	360	380	380	390	500	430
封闭高度调节量(mm)		70	90	90	80	60	85	80	80
最大装模高度(mm)		260	270	270	280	280	290	350	320
滑块中心至机身距离(mm)		260	260	260	290	290	325	360	350
工作台尺寸(mm)	前后	480	480	480	540	540	600	680	680
	左右	710	710	710	800	800	900	1 100	1 080
工作台下料孔(mm)	前后	230	200	200	250	120	320		280
	左右	340	340	340	350	500	460		510
	孔径	ϕ160	ϕ250	ϕ250					ϕ380
工作台板厚度(mm)		90	90	90	100	100	100	150	110
工作台板孔尺寸(mm)		ϕ160	ϕ160	ϕ160	ϕ150		ϕ180	ϕ230	ϕ200
滑块底面尺寸(mm)	前后	240	280	280	250	300	260	450	440
	左右	300	350	350	320	400	335	650	600
模柄孔(mm)	直径	ϕ50	ϕ50H8	ϕ60H8	ϕ60H9	ϕ60H8	ϕ60	ϕ60H8	ϕ70H8
	深度	70	70	70	75	75	80	75	80
立柱间距离(mm)		260	420	420	300	436	320	620	740
压缩空气压力(MPa)				0.5		0.5		0.5	0.5
气垫	顶出力/压边力(kN)							80	70
	行程(mm)							60	80
型号		JA21-125	JC21-160 C、D	JC21-160F	JA21-200A	JF21-200	J21-250	JF21-315	J21-400C
公称力(kN)		1 250	1 600	1 600	2 000	2 000	2 500	3 150	4 000
公称力行程(mm)		5	7	7	6	6	7	8	6
滑块行程(mm)		160	160	160	210	180	200	200	200
滑块行程次数(次/min)		50	45	45	35	35	35	30	25

（续表）

型号		JA21-125	JC21-160 C、D	JC21-160F	JA21-200A	JF21-200	J21-250	JF21-315	J21-400C
最大封闭高度(mm)		430	450	450	580		650	680	550
封闭高度调节量(mm)		80	130	130	130		150	150	150
最大装模高度(mm)		320	320	320	450		500	500	380
滑块中心至机身距离(mm)		350	380	380	400	390	450	420	480
工作台尺寸(mm)	前后	680	710	710	760	760	840	800	900
	左右	1 080	1 120	1 120	1 400	1 400	1 400	1 400	1 400
工作台下料孔(mm)	前后	280	300	300	440		320		480
	左右	510	530	530	600		580		750
	孔径	ϕ380	ϕ400	ϕ400			ϕ320		ϕ600
工作台板厚度(mm)		110	130	130	130	160	150	180	170
工作台板孔尺寸(mm)		ϕ200	ϕ200	ϕ200	ϕ200	ϕ200	ϕ320	ϕ280	ϕ300
滑块底面尺寸(mm)	前后	440	440	440	580	600	540	600	600
	左右	600	600	600	760	800	720	800	800
模柄孔(mm)	直径	ϕ70	ϕ80	ϕ80	ϕ70	ϕ65	ϕ70	ϕ70H8	ϕ100
	深度	80	80	80	100	90	80	90	120
立柱间距离(mm)		740	560	620	880	870	900	920	880
压缩空气压力(MPa)		0.5	0.5	0.5	0.5	0.5	0.5	0.5	0.5
气垫	顶出力/压边力(kN)	70	120	120	80	80	140	150	240
	行程(mm)	80	80	80	100	90	100	100	100

注：参照营口锻压机床有限责任公司压力机技术参数。

表 1-2-7 JE21 开式高性能固定台压力机

型号		JE21-25	JE21-40	JE21-63	JE21-80	JE21-100	JE21-125	JE21-160	JE21-200	JE21-250
公称力(kN)		250	400	630	800	1 000	1 250	1 600	2 000	2 500
公称力行程(mm)		3	4	4	4.5	5	5	6	6	7
滑块行程(mm)		80	100	120	130	140	150	160	200	250
行程次数(次/min)		70～110	50～95	45～75	40～70	30～60	30～60	30～60	30～50	25～40
最大装模高度(mm)		250	270	300	330	400	450	500	500	550
装模高度调节量(mm)		50	60	70	80	90	90	110	110	120
喉深(mm)		210	225	260	310	360	370	380	420	430
工作台板尺寸(mm)	前后	400	440	500	600	680	700	740	820	840
	左右	700	810	850	1 000	1 100	1 200	1 300	1 400	1 500
滑块底面尺寸(mm)	前后	250	340	400	460	520	530	580	650	700
	左右	360	410	480	540	630	650	800	880	950
模柄孔尺寸(mm)		ϕ40×50	ϕ40×65	ϕ50×65	ϕ50×80	ϕ50×85	ϕ50×85	ϕ65×90	ϕ65×100	ϕ65×110
立柱间距离(mm)		450	530	580	600	630	680	820	920	1 000

（续表）

型　　号	JE21-25	JE21-40	JE21-63	JE21-80	JE21-100	JE21-125	JE21-160	JE21-200	JE21-250
垫板厚度(mm)	80	110	130	140	155	160	165	170	180
气垫压力(kN)		45	60	80	100	100	145	145	145
气垫行程(mm)		55	50	65	70	70	80	80	80

注：参照徐州锻压机床厂集团有限责任公司压力机技术参数。

行程可调开式固定台压力机技术参数见表1-2-8。

表1-2-8　JE21系列D型行程可调开式固定台压力机技术参数

型　　号	JE21-16D	JE21-25D	JE21-40D	JE21-63D	JE21-80D	JE21-100D	JE21-125D
公称力(kN)	160	250	400	630	800	1 000	1 250
公称力行程(mm)	2	2.5	4	4	5	6	6
滑块行程(mm)	0～70	0～80	20～120	20～120	10～130	16～140	16～140
行程次数(次/min)	130	100	70	60	53	40	40
最大装模高度(mm)	170	180	220	290	330	320	320
装模高度调节量(mm)	30	70	80	80	100	100	100
滑块中心至机身距离(mm)	170	210	250	300	300	380	380
工作台板尺寸(前后×左右)(mm)	320×480	400×600	480×710	570×760	580×860	710×1 100	720×1 200
工作台板落料孔尺寸(上孔直径×深度×下孔直径)(mm)	ϕ100	ϕ120	ϕ220×25×ϕ180	ϕ200×45×ϕ180	ϕ200×45×ϕ180	ϕ260×50×ϕ220	ϕ260×50×ϕ220
工作台板厚度(mm)	60	70	80	90	100	120	120
机身工作台孔尺寸(直径×前后×左右)(mm)	160×160	180×180	220×220	钢板：220×250 铸件：ϕ280×220×320	钢板：220×260 铸件：ϕ280×220×380	260×290	260×290
滑块底面尺寸(前后×左右)(mm)	180×200	210×250	270×320	280×320	280×380	420×560	420×560
模柄孔尺寸(直径×深度)(mm)	ϕ40×60	ϕ40×70	ϕ50×70	ϕ50×80	ϕ60×75	ϕ60×80	ϕ60×80
立柱间的距离(mm)	250	330	410	钢板：470 铸件：320	钢板：450 铸件：410	630	620

注：参照扬力集团压力机技术参数。

深喉口开式压力机技术参数见表1-2-9。

表1-2-9　深喉口开式压力机技术参数

型　　号	J21S-63A	J21S-80A	JD21S-100A	JD21S-125A
公称力(kN)	630	800	1 000	1 250
公称力行程(mm)	4	5	6	6

（续表）

型　　号	J21S-63A	J21S-80A	JD21S-100A	JD21S-125A
滑块行程(mm)	120	130	140	140
行程次数(次/min)	50	45	38	38
最大装模高度(mm)	270	290	320	320
装模高度调节量(mm)	80	100	100	100
滑块中心至机身距离(mm)	450/800	450/800	450/760	450/760
工作台板尺寸(前后×左右)(mm)	480×710	580×860	710×1 100	720×1 200
工作台板落料孔尺寸(上孔直径×深度×下孔直径)(mm)	ϕ200×45×ϕ180	ϕ200×45×ϕ180	ϕ260×50×ϕ220	ϕ260×50×ϕ220
工作台板厚度(mm)	90	100	120	120
机身工作台板尺寸(前后×左右)(mm)	200×250	220×260	260×290	260×290
滑块底面尺寸(前后×左右)(mm)	280×320	280×380	420×560	420×560
模柄孔尺寸(直径×深度)(mm)	ϕ50×80	ϕ60×75	ϕ60×80	ϕ60×80
立柱间的距离(mm)	450	450	580	580

注：参照扬力集团压力机技术参数。

APA 系列开式精密压力机技术参数见表 1-2-10。

表 1-2-10　APA 系列开式精密压力机

型　　号	APA-25B			APA-35B		APA-45B		APA-60B		APA-80B	
	V	H	S	V	H	V	H	V	H	V	H
公称力(kN)	250			350		450		600		800	
公称力行程(mm)	3.2	1.6	3.2	3.2	1.6	3.2	1.6	4	2	4	2
行程次数(变速)(次/min)	60～140	130～200	60～120	40～120	110～180	40～100	110～150	35～90	80～120	35～80	80～120
行程次数(定速)(次/min)		110	110		85	75		65		65	
行程(mm)	70	30	80	70	40	80	50	120	60	150	70
最大闭合高度(mm)	195	215	195	220	235	250	265	310	340	340	380
滑块调整量(mm)	50			55		60		75		80	
上工作台尺寸(mm)	300×230×70			360×250×50		400×300×60		500×360×70		560×420×70	
下工作台尺寸(mm)	680×300×70		680×300×65	800×400×70		850×440×80		900×500×80		1 000×550×90	
模柄孔直径(mm)	38.1			38.1		38.1		50		50	
模垫能力(kN)				30		38		56		65	
模垫行程(mm)				50		50		70		70	
模垫有效尺寸(mm)				300×230		300×230		350×300		450×310	

（续表）

型　号	APA－110B		APA－160B		APA－200B		APA－260B		APA－315	
	V	H	V	H	V	H	V	H	V	H
公称力(kN)	1 100		1 600		2 000		2 600		3 150	
公称力行程(mm)	6	3	6	3	6	3	7	3.5	8	4
行程次数(变速)(次/min)	30～60	60～90	20～50	40～70	20～50	50～70	20～40	40～50	20～40	30～50
行程次数(定速)(次/min)	50		35		35		30			
滑块行程(mm)	180	80	200	90	200	100	250	150	250	150
最大闭合高度(mm)	360	410	460	510	460	510	500	550	450	550
滑块调整量(mm)	80		100		110		120		120	
上工作台尺寸(mm)	650×470×80		700×550×90		850×630×90		950×700×100		950×700×120	
下工作台尺寸(mm)	1 150×600×110		1 250×800×140		1 400×820×160		1 500×840×180		1 600×900×180	
模柄孔直径(mm)	50		65		65		65			
模垫能力(kN)	63		100		140		140		140	
模垫行程(mm)	80		80		100		100		100	
模垫有效尺寸(mm)	500×350		650×420		710×480		810×480		810×480	

注：参照宁波澳玛特(AOMATE)高精冲压机床股份有限公司产品技术参数。

APD系列半闭式精密压力机技术参数见表1－2－11。

表1－2－11　APD系列半闭式精密压力机

型　号	APD－80B		APD－110B		APD－160B		APD－200B		APD－260B		APD－315	
	V	H	V	H	V	H	V	H	V	H	V	H
公称力(kN)	800		1 100		1 600		2 000		2 600		3 150	
公称力行程(mm)	4	2	6	3	6	3	6	3	7	3.5	8	4
最大闭合高度(mm)	340	380	360	410	460	510	460	510	500	550	450	550
行程次数(次/min)	35～80	80～125	30～60	60～90	20～50	40～70	20～50	50～70	20～40	40～50	20～40	30～50
滑块调整量(mm)	80		80		100		110		120		120	
上工作台尺寸(mm)	560×420×70		650×470×80		700×550×90		850×630×90		950×700×100		950×700×120	
下工作台尺寸(mm)	760×550×90		900×600×110		980×880×140		1 140×820×160		1 280×840×180		1 600×900×180	
模垫能力(kN)	36		63		100		140		140		140	
模垫行程(mm)	70		80		80		100		100		100	
模垫有效尺寸(mm)	450×310		500×350		650×420		710×480		810×480		810×480	

注：参照宁波澳玛特(AOMATE)高精冲压机床股份有限公司产品技术参数。

JY21系列半闭式固定台压力机技术参数见表1－2－12。

表1－2－12　JY21系列半闭式固定台压力机技术参数

型　号	JY－45	JY21－63	JY21－100	JY21－160	JY21－200	JY21－250	JY21－315	JY21－400
公称力(kN)	450	630	1 000	1 600	2 000	2 500	3 150	4 000
公称力行程(mm)	3.2	4	5	6	6	7	8	8

（续表）

型 号		JY-45	JY21-63	JY21-100	JY21-160	JY21-200	JY21-250	JY21-315	JY21-400
滑块行程(mm)		100	120	160	180	200	220	250	250
行程次数(次/min)		60～90	50～80	35～70	30～55	25～50	25～45	25～40	25～35
最大装模高度(mm)		270	300	350	400	450	500	550	550
装模高度调节量(mm)		60	80	90	100	110	110	120	120
侧面开孔(前后)(mm)		470	520	650	680	860	860	860	880
立柱间距离(mm)		540	630	920	980	1 100	1 100	1 170	1 170
工作台板尺寸(mm)	左右	800	850	1 000	1 200	1 350	1 400	1 500	1 600
	前后	450	500	630	650	800	800	840	860
	厚度	80	90	160	180	200	200	200	200
工作台板孔尺寸(mm)		ϕ150	ϕ150	ϕ160	ϕ180	ϕ200	ϕ250	ϕ250	ϕ250
滑块底面尺寸(mm)	左右	500	600	700	880	950	950	1 100	1 100
	前后	300	350	400	480	570	620	720	720
模柄孔尺寸(直径×深度)(mm)		ϕ50×60	ϕ50×60	ϕ60×80	ϕ70×80	ϕ70×80	ϕ70×100	ϕ70×100	ϕ70×100
气源压力(MPa)		0.5	0.5	0.5	0.5	0.5	0.5	0.5	0.5

注：参照扬州锻压机床股份有限公司产品技术参数。

闭式单点压力机技术参数见表 1-2-13 和表 1-2-14。

表 1-2-13 J31 闭式单点压力机

型 号		JD31-160	JF31-160A	J31-250B	JD31-250	J31-315B	J31-400B	JD31-400	JF31-400
公称力(kN)		1 600	1 600	2 500	2 500	3 150	4 000	4 000	4 000
公称力行程(mm)		8	8	10.4	10.4	10.5	13.2	13.2	13
滑块行程(mm)		200	200	315	315	315	400	400	420
行程次数(次/min)		32	32	20	20	20	20	20	15
最大装模高度(mm)		450	450	490	490	490	550	550	550
装模高度调节量(mm)		200	200	200	200	200	250	250	200
工作台面尺寸(mm)		800×800	800×800	950×1 000	950×1 000	1 100×1 100	1 200×1 240	1 200×1 240	1 250×1 250
工作台板厚度(mm)		140	140	140	140	140	160	160	160
滑块底面尺寸(mm)	前后	600	600	850	850	960	1 000	1 000	1 100
	左右	700	700	980	980	107	1 230	1 230	1 250
导轨间距离(mm)		740	740	810	810	950	1 060	1 060	1 334
压缩空气压力(MPa)		0.5	0.5	0.5	0.5	0.5	0.5	0.5	0.5
气垫	顶出力/压边力(kN)	50/300	50/300	63/400	63/400	76/500	76/500	76/500	100/500
	行程(mm)	150	150	150	150	160	200	200	200
	下沉量(mm)	15	15	5	15	5	5	5	15

注：参照营口锻压机床有限责任公司压力机技术参数。

表 1-2-14　JH31 闭式单点压力机

型　号		JH31-160	JH31-250	JH31-315	JH31-400	JH31-500	JH31-630	JH31-800	JH31-1000
公称力(kN)		1 600	2 500	3 150	4 000	5 000	6 300	8 000	10 000
公称力行程(mm)		8	10.4	10.5	13.2	13	13	13	13
滑块行程(mm)		160	315	315	400	400	400	500	500
行程次数(次/min)		32	20	20	20	16	12	10	10
最大装模高度(mm)		385	490	490	550	600	700	700	750
装模高度调节量(mm)		140	200	200	250	250	250	315	315
工作台板尺寸(mm)	左右	710	1 000	1 100	1 240	1 700	1 700	1 900	1 900
	前后	790	950	1 100	1 200	1 200	1 500	1 600	1 600
工作台板厚度(mm)		140	140	140	160	200	200	200	200
滑块底面尺寸(mm)	左右	510	980	1 070	1 230	1 680	1 680	1 860	1 860
	前后	560	850	960	1 000	1 200	1 400	1 500	1 500
气垫	压紧力/退出力(kN)	160	400/63	500/76	500/76	500/76	1 000/150	1 250/180	1 250/180
	数量(个)	1	1	1	1	1	1	1	1
	行程(mm)	90	150	160	200	200	250	250	250

注：参照徐州锻压机床厂集团有限责任公司压力机技术参数。

闭式双点压力机技术参数见表 1-2-15。

表 1-2-15　JH36 闭式双点压力机

型　号		JH36-250		JH36-300	JH36-315		JH36-400		JH36-500	JH36-630	JH36-800
公称力(kN)		2 500	2 500	3 000	3 150	3 150	4 000	4 000	5 000	6 300	8 000
公称力行程(mm)		10	13	7	7	13	13	13	13	13	13
滑块行程(mm)		400	400	300	300	400	400	400	500	500	500
行程次数(次/min)		20	20	30	18	18	15	18	10	10	10
最大装模高度(mm)		680	680	550	550	700	900	900	900	900	990
装模高度调节量(mm)		200	250	120	220	315	400	400	450	450	500
工作台板尺寸(mm)	左右	2 700	2 770	2 200	2 200	2 800	2 800	3 000	3 000	3 450	4 000
	前后	1 000	1 250	1 200	1 200	1 400	1 600	1 600	1 600	1 600	1 800
工作台板厚度(mm)		160	160	180	180	180	180	180	180	190	210
滑块底面尺寸(mm)	左右	2 540	2 610	2 200	2 200	2 800	2 800	3 000	2 800	3 200	3 700
	前后	1 190	1 250	1 200	1 200	1 250	1 600	1 600	1 350	1 500	1 550
气垫	压紧力/退出力(kN)	65	300	300	300	244/30	600	600	350/40	400/63	500/133
	数量(个)	3	1	1	1	3	1	1	3	3	3
	行程(mm)	200	200	200	200	200	150	150	220	240	250
主电机功率(kW)		37	37	37	37	37	55	55	55	55	75
移动工作台移动方向		前移	前移	前移	前移	前移	前移	前移	前移	前移	前移

注：参照徐州锻压机床厂集团有限责任公司压力机技术参数。

高速压力机的技术参数见表 1-2-16～表 1-2-20。

表 1-2-16 JFC 系列开式高速精密压力机技术参数

型　　号	JFC21-25、JFC21-25A、JFC21-25B	JFC21-45、JFC21-45A、JFC21-45B	JFC21-63、JFC21-63A、JFC21-63B	JFC21-80、JFC21-80A、JFC21-80B	JFC21-110、JFC21-110A、JFC21-110B	JFC21-125、JFC21-125A、JFC21-125B	JFC21-160、JFC21-160A、JFC21-160B	JFC21-200、JFC21-200A、JFC21-200B
公称力(kN)	250	450	630	800	1 100	1 250	1 600	2 000
公称力行程(mm)	1.6	1.6	2	2	2	2	2	2
滑块行程(mm)	30	50	50	40	40	40	40	40
行程次数(次/min)	120～200	120～200	120～200	120～180	100～150	100～150	90～120	70～100
最大装模高度(mm)	250	300	300	320	350	350	350	350
装模高度调节量(mm)	50	50	60	60	60	60	60	80
滑块中心至机身距离(mm)	250	300	300	310	350	350	380	390
工作台板尺寸(前后×左右)(mm)	480×700	570×800	580×860	600×1 000	680×1 150	680×1 150	740×1 300	760×1 400
机身工作台孔尺寸(mm)	300×300	350×350	350×350	260×520	350×480	350×480	ϕ470	ϕ470
工作台板厚度(mm)	80	100	110	120	140	140	150	160
滑块底面尺寸(前后×左右)(mm)	250×360	340×410	400×480	420×560	500×650	540×680	580×770	600×800
模柄孔尺寸(直径×深度)(mm)	ϕ40×60	ϕ40×60	ϕ50×80	ϕ50×80	ϕ60×80	ϕ60×80	ϕ65×90	ϕ65×90
立柱间的距离(mm)	450	540	600	680	760	760	830	870

注：1. 型号末尾 A—滚柱导轨、刚性保险；B—滚柱导轨、液压保险；其他为普通导轨、刚性保险。
2. 参照扬力集团压力机技术参数。

表 1-2-17　SP 系列小型高速压力机技术参数

型　号	SP-10CS	SP-15CS	SP-30CS	SP-50CS
公称力(kN)	100	150	300	500
行程长度(mm)	10～40	10～50	20～50	20～50
行程次数(次/min)	75～850	80～850	100～800	150～450
滑块调节量(mm)	25	30	50	50
垫板面积(mm)	400×300	450×330	620×390	1 080×470
垫板厚度(mm)	70	80	100	100
滑块面积(mm)	200×180	220×190	320×250	820×360
工作台孔尺寸(mm)	240×100	250×120	300×200	600×180
封闭高度(mm)	185～200	200～220	250～265	290～315

注：参照日本山田公司压力机技术参数。

表 1-2-18　HP 系列高速压力机主要技术参数

型　号	HP-40	HP-60	HP-80	HP-110
公称力(kN)	400	600	800	1 100
行程长度(mm)	25,20,15	40,32,25,20	35,25,20	40,30,20
行程次数(次/min)	1 000,1 200,1 500	800,900,1 000,1 200	700,800,900	600,700,800
闭合高度(mm)	280	280	340	380
闭合高度调节量(mm)	50	60	80	70
工作台尺寸(长×宽)(mm)	750×550	950×650	1 100×700	1 200×800
滑块底面尺寸(长×宽)(mm)	750×450	950×500	1 050×550	1 150×600
工作台垫板厚度(mm)	100	120	175	200
主电动机功率(kW)	15	22	30	37

注：参照日本三菱公司压力机技术参数。

表 1-2-19　L 系列高速压力机主要技术参数

型　号	PDA6	PDA8	PDA12	PDA20	PDA30
公称力(kN)	600	300	1 200	2 000	3 000
行程长度(mm)	15	25,50,75	30,50,75	30,50,75	30,50,75
最大行程次数(次/min)	800	400,250,200	350,200,160	300,180,150	250,150,120
最小行程次数(次/min)	200	160,100,80	140,80,65	120,70,60	100,60,50
闭合高度(mm)	280	300	360	380	420
闭合高度调节量(mm)	40	50	50	60	80
工作台板尺寸(长×宽)(mm)	650×600	900×600	900×800， 1 100×800	1 300×850， 1 500×850	1 500×900， 1 700×900
主电动机功率(kW)	15	15	18.5	22	30

注：参照日本会田公司压力机技术参数。

表 1-2-20 A2 系列闭式双点高速压力机主要技术参数

型号	A2-50	A2-80	A2-100	A2-125	A2-160	A2-200	A2-250	A2-315	A2-400
公称压力(kN)	500	800	1 000	1 250	1 600	2 000	2 500	3 150	4 000
标准行程长度(mm)	25	25	25	25	30	30	30	35	35
最大行程长度(mm)	50	50	50	50	50	50	50	50	50
最大行程次数(无级调速)(次/min)	600	500	450	406	375	350	300	275	250
工作台板尺寸(长×宽)(mm)	840×560	900×700	1 050×800	1 150×1 000	1 300×1 000	1 350×1 100	1 650×1 100	1 900×1 200	2 600×1 200
闭合高度(mm)	300	330	350	375	375	400	400	450	475
闭合高度调节量(mm)	60	60	60	60	60	80	80	100	100

注：参照德国舒勒(SCHULER)公司压力机技术参数。

精冲压力机的技术参数见表 1-2-21～表 1-2-23。

表 1-2-21 瑞士 Feintool 液压式精冲压力机技术参数

型号	HFA250	HFA400	HFA630	HFA800	HFA1000	HFA1400
总压力(kN)	1 000～2 500	2 500～4 000	4 000～6 300	5 000～8 000	6 500～10 000	6 500～14 000
压边力(kN)	50～1 250	200～2 000	320～3 200	400～4 000	500～5 000	500～5 000
反压力(kN)	50～1 250	100～1 000	160～1 600	200～2 000	250～2 500	300～3 000
最大顶件力(kN)	400	300	510	630	750	1 000
最大卸料力(kN)	400	600	1 400	1 300	1 500	1 650
断料器剪切力(kN)	400	310	380	640	640	640
模具最大高度时滑块行程(mm)	30～70	30～80	30～150	30～100	30～100	30～100
齿圈最大行程(mm)	25	40	40	40	40	40
顶件器最大行程(mm)	25	40	40	40	40	40
行程次数(次/min)	60	50	45	40	40	35
冲裁速度(mm/s)	3～40	5～50	5～50	5～50	5～50	5～40
最大闭合速度(mm/s)	130	120	120	120	120	100
最大回程速度(mm/s)	180	135	135	135	135	120
模具卡紧面，上工作台(方形)(mm)	600×600	800×800	900×900	1 000×1 000	1 100×1 100	1 200×1 200
模具卡紧面，下工作台(长×宽)(mm)	600×600	800×1 050	910×1 350	1 000×1 200	1 110×1 500	1 200×1 200
模具最大高度(mm)	380	380	410	450	450	600
模具最小高度(mm)	300	300	330	350	350	520
最大卡紧面距离(mm)	450	460	560	550	550	700
模具闭合高度调节精度(mm)	0.01	0.01	0.01	0.01	0.01	0.01
进给步距(mm)	1～999.9	1～999.9	1～999.9	1～999.9	1～999.9	1～999.9
进给步距-行程分辨率(mm)	0.1	0.1	0.1	0.1	0.1	0.1

（续表）

型　　号	HFA250	HFA400	HFA630	HFA800	HFA1000	HFA1400
条料最小长度(mm)	2 500	2 700	3 000	3 300	3 600	
材料宽度(mm)	40～250	40～350	40～450	40～450	40～450	60～630
材料最大厚度(mm)	15	16	16	16	16	20

表 1-2-22　Feintool-Osterwalder 机械式精冲压力机技术参数

型　　号		GKP-FS25	GKP-F40	GKP-F100	GKP-F160	GKP-F250	GKP-F320
总压力(kN)		250	400	1 000	1 600	2 500	3 200
压边力(kN)		20～120	20～120	40～310	120～500	20～750	50～1 000
反压力(kN)		0.2～120	0.5～120	10～270	10～400	20～750	40～800
行程次数(次/min)		63～160	36～90	20～80	18～72	15～60	10～40
行程长度(mm)		25	45	50	61	61	63
冲裁速度(mm/s)		5～15	5～15	5～15	5～15	5～15	5～15
模具闭合高度(mm)	活动台面	100～170	110～180	140～220	194～274		
	固定台面			175～255	234～314		
	活动凸模用复合式台面			140～220	184～264	160～305	210～340
	固定凸模用复合式台面			150～230	194～274	175～320	225～355
模具安装面积(mm)	上工作台	280×280	280×280	430×420	480×520	540×540	640×640
	活动式下工作台	280×300	280×300	430×420	480×520		
	固定式下工作台			430×420	480×520		
	复合式下工作台			430×420	480×520	540×540	630×630
材料最大厚度(mm)		2	4	5	6	10	10
材料最大宽度(mm)		64	100	180	210	250	320
送料最大长度(mm)		66	60	180	180	250	320

表 1-2-23　日本 AIDA 精冲压力机技术参数

型　　号		F-3/5	F-5/10	F-8/15	F-10/20	F-15/30	F-20/40	F-30/60
总压力(kN)		500	1 000	1 500	2 000	3 000	4 000	6 000
压边力(kN)		180	350	500	700	1 000	1 500	2 000
反压力(kN)		70	150	250	350	500	750	1 000
行程次数(次/min)		60～100	40～80	35～70	30～60	20～45	15～40	13～15
行程长度(mm)		40	55	60	65	80	100	125
闭合高度(mm)	可　调	220	240	260	300	350	430	500
	固　定	235	255	275	320	370	450	520
闭合高度调节量(mm)		40	50	60	65	80	80	100
模具尺寸(左右×前后)(mm)		330×500	500×500	600×600	720×720	850×850	900×900	1 000×1 000
材料最大厚度(mm)		4	5	6	6.5	8.5	10	12
材料最大宽度(mm)		120	140	160	200	250	300	400
主电动机功率(kW)		5.5	11	15	22	30	37	50

冷挤压机的技术参数见表 1 - 2 - 24。

表 1 - 2 - 24 金属冷挤压机技术参数

型号		J87 - 250A	JA87 - 400
公称力(kN)		2 500	4 000
滑块行程(mm)		200	250
公称力行程(mm)		32	28
滑块行程次数(次/min)		32	25
最大闭合高度(mm)		560	670
闭合高度调节量(mm)		80	80
上推件装置	行 程(mm)	40	50
	推件力(kN)	63	100
下推件装置	行 程(mm)	100	125
	推件力(kN)	250	400
工作台尺寸(mm)	前 后	750	850
	左 右	670	670
滑块底面尺寸(mm)	前 后	750	670
	左 右	670	630

第三章　冲裁模设计

一、冲裁工序的基本类型

冲裁是冷冲压成形中的重要工序之一。冲裁工序包括落料、冲孔、修边，以及切断、切口、切舌、剖切、整修等工序。冲裁工序、模具结构及特征见表 1－3－1。

表 1－3－1　冲裁工序、模具结构及特征

工序与模具名称	工序简图	模具结构简图	特　　征
切断（切断模）	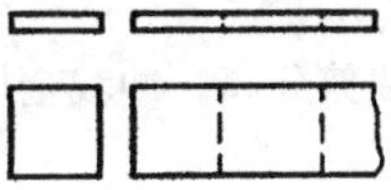	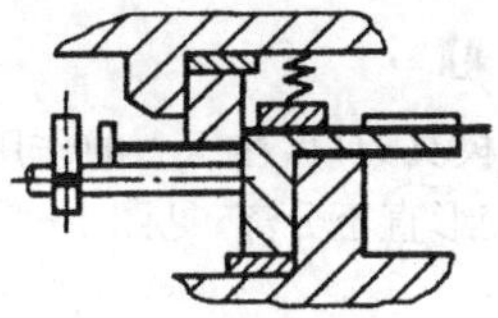	将条料沿不封闭轮廓分离
切口（切口模）	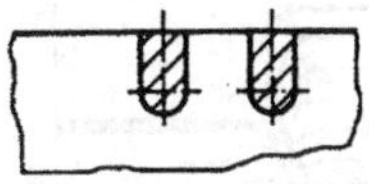	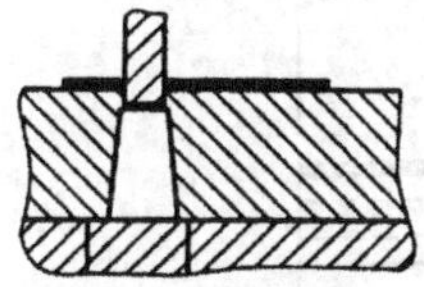	沿不封闭轮廓分离，冲去部分为废料
落料（落料模）	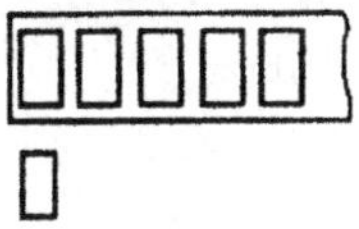	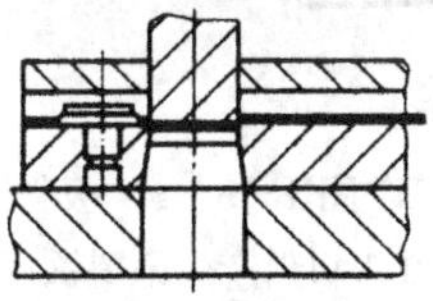	沿封闭轮廓分离，形成带封闭轮廓的制件
冲孔（冲孔模）	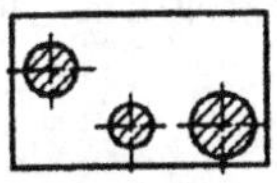	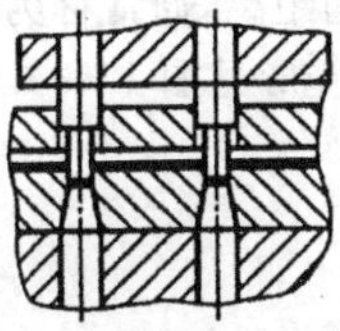	沿封闭轮廓分离废料，形成带孔的制件
切舌（切舌模）	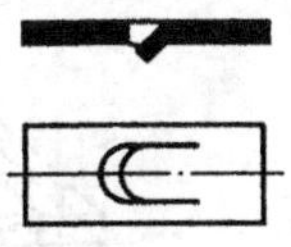	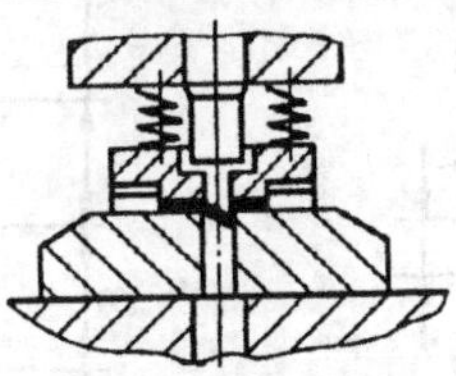	沿不封闭轮廓将部分材料切开，并使其折弯
修边（修边模）	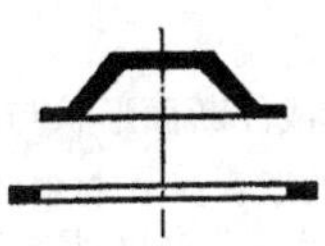	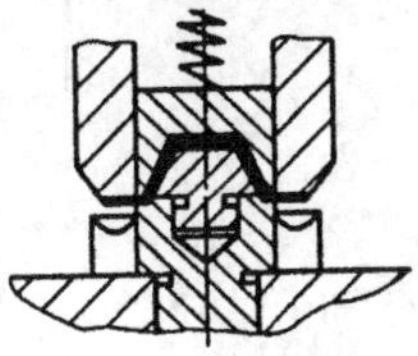	切去制件边缘多余的材料

（续表）

工序与 模具名称	工序简图	模具结构简图	特　　征
剖切 （剖切模）		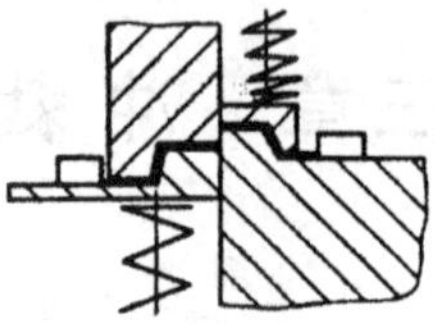	将弯曲件或者拉深件半成品切成多余工件
整修 （整修模）	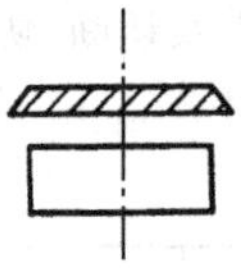	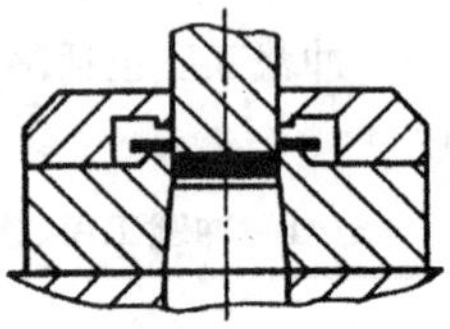	修切制件外缘或内孔断面少量材料，提高制件尺寸精度和冲裁断面粗糙度

二、冲裁间隙

（一）冲裁变形和冲裁间隙分类

冲裁工序属于分离工序，都是利用模具刃口，在压力的作用下使材料裁剪分离。冲裁金属材料，在凸模和凹模刃口的作用下，使之产生弹性-塑性变形直至分离，见图 1-3-1。

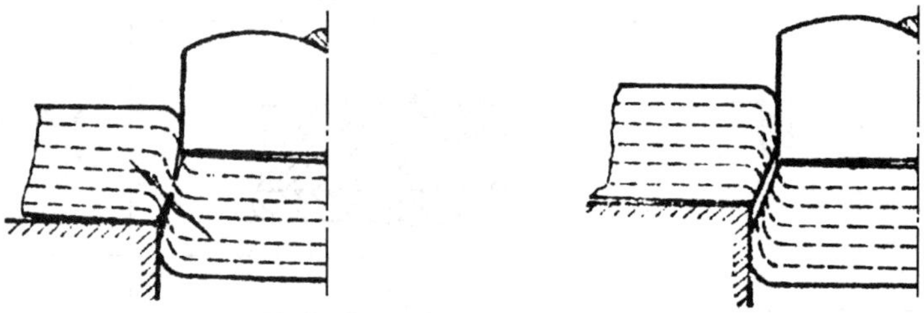

(a)　　(b)

图 1-3-1　板料分离过程

(a) 在刃口处产生微裂纹；(b) 材料产生分离

冲裁间隙系指凸、凹模刃口侧壁之间的距离，通常称为单边间隙，用 c 来表示，见图 1-3-2。普通冲裁件断面的形状见图 1-3-3a 所示，材料的平面变形见图 1-3-3b。采用特定的精密冲压工艺可以极大地提高冲裁件断面的质量。

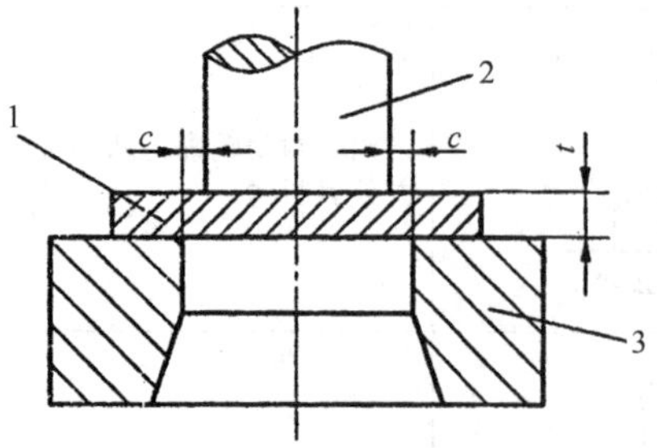

图 1-3-2　冲裁间隙

1—板料；2—凸模；3—凹模

c—冲裁间隙（单边间隙）；t—板料厚度

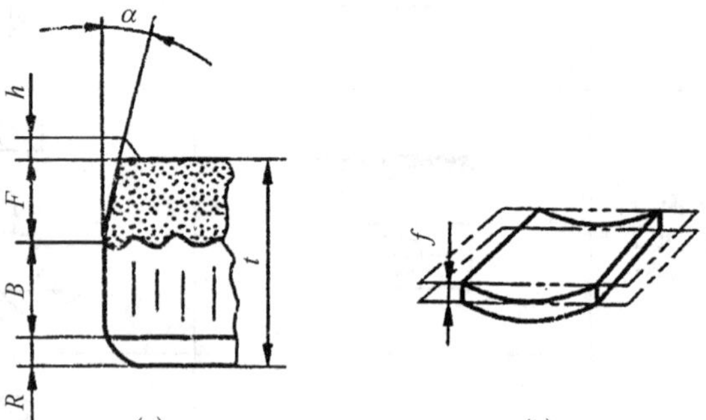

(a)　　(b)

图 1-3-3　冲裁件断面形状与平面变形

(a) 冲裁件断面的形状；(b) 材料的平面变形

R—塌角高度；B—光亮带高度；F—断裂带高度；

h—毛刺高度；α—断裂角；f—平面度

凸、凹模间隙影响冲裁件的断面质量、尺寸精度，对冲裁力、卸料和推件力及模具刃口的寿命也有明显影响。

根据冲裁件的尺寸精度、剪切面质量、模具寿命和力能消耗等主要因素，金属板料冲裁间隙分为五类，适用于不同场合与不同情况，金属板料冲裁间隙分类见表 1-3-2，其中：

Ⅰ类（小间隙）适用于冲裁件剪切面质量、尺寸精度要求高的场合。

Ⅱ类（较小间隙）适用于冲裁件剪切面质量、尺寸精度要求较高的场合。

Ⅲ类（中等间隙）适用于冲裁件剪切面质量、尺寸精度要求一般的场合。因残余应力小，能减小破裂现象，适用于继续塑性变形的工件的场合。

Ⅳ类（较大间隙）适用于冲裁件剪切面质量、尺寸精度要求不高时，应优先采用较大间隙，以利于提高冲模寿命的场合。

Ⅴ类（大间隙）适用于冲裁件剪切面质量、尺寸精度要求较低的场合。

表 1-3-2　金属板料冲裁间隙分类

类　型		Ⅰ 类	Ⅱ 类	Ⅲ 类	Ⅳ 类	Ⅴ 类
剪切面特征		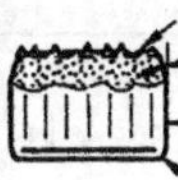	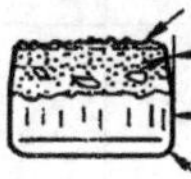			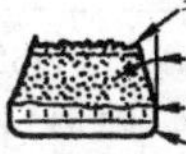
塌角高度 R		(2～5)%t	(4～7)%t	(6～8)%t	(8～10)%t	(10～20)%t
光亮带高度 B		(50～70)%t	(35～55)%t	(20～40)%t	(15～25)%t	(10～20)%t
断裂带高度 F		(25～45)%t	(35～50)%t	(50～60)%t	(60～75)%t	(70～80)%t
毛刺高度 h		细长	中等	一般	较高	高
断裂角 α			4°～7°	7°～8°	8°～11°	14°～16°
平面度 f		好	较好	一般	较差	差
尺寸精度	落料件	非常接近凹模尺寸	接近凹模尺寸	稍小于凹模尺寸	小于凹模尺寸	小于凹模尺寸
	冲孔件	非常接近凸模尺寸	接近凸模尺寸	稍大于凸模尺寸	大于凸模尺寸	大于凸模尺寸
冲裁力		大	较大	一般	较小	小
卸、推料力		大	较大	最小	较小	小
冲裁功		大	较大	一般	较小	小
模具寿命		低	较低	较高	高	最高

注：参照 GB/T 16743—2010。

（二）间隙值和确定间隙的方法

金属板料冲裁间隙值见表 1-3-3。非金属材料冲裁间隙值见表 1-3-4。对于下列情况，应酌情增减冲裁间隙值：

在同样条件下，可根据不同零件的质量要求，依据生产实际把握，使冲孔间隙比落料间隙适当增加。

冲小孔（一般为孔径小于料厚）时，凸模易折断，间隙应取大值。但这时要采取有效措施，防止废料回升。

硬质合金冲裁模应比钢模的间隙大 30%左右。

复合模的凸、凹模壁单薄时，为防止胀裂，应根据不同产品的质量要求，实际把握放大冲孔凹模间隙。

表 1-3-3 金属板料冲裁间隙值

材料	抗剪强度 τ (MPa)	初始间隙(单边间隙)(%t)				
		Ⅰ类	Ⅱ类	Ⅲ类	Ⅳ类	Ⅴ类
低碳钢 08F、10F、10、20、Q235-A	≥210～400	1.0～2.0	3.0～7.0	7.0～10.0	10.0～12.5	21.0
中碳钢45,不锈钢1Cr18Ni9Ti、40Cr13,膨胀合金(可伐合金)4J29	≥420～560	1.0～2.0	3.5～8.0	8.0～11.0	11.0～15.0	23.0
高碳钢 T8A、T10A、65Mn	≥590～930	2.5～5.0	8.0～12.0	12.0～15.0	15.0～18.0	25.0
纯铝 1060、1050A、1035、1200,铝合金(软态)3A21,黄铜(软态)H62,纯铜(软态)T1、T2、T3	≥65～255	0.5～1.0	2.0～4.0	4.5～6.0	6.5～9.0	17.0
黄铜(硬态)H62,铅黄铜HPb59-1,纯铜(硬态)T1、T2、T3	≥290～420	0.5～2.0	3.0～5.0	5.0～8.0	8.5～11.0	25.0
铝合金(硬态)ZA12、锡磷青铜 QSn4-4-2.5、铝青铜QA17、铍青铜 QBe2	≥225～550	0.5～1.0	3.5～6.0	7.0～10.0	11.0～13.5	20.0
镁合金 MB1、MB8	≥120～180	0.5～1.0	1.5～2.5	3.5～4.5	5.0～7.0	16.0
电工硅钢	190		2.5～5.0	5.0～9.0		

注:1. 表列间隙值适用于厚度 10 mm 以下的金属材料。
2. 考虑到料厚对间隙的影响,将料厚分成≤1.0 mm、>1.0～2.5 mm、>2.5～4.5 mm、>4.5～7.0 mm、>7.0～10.0 mm五挡。当料厚≤1.0 mm时,各类间隙取其下限值,并以此为基数,随着料厚的增加,再逐挡递增。
3. 其他金属材料的冲裁间隙值可参照表中抗剪强度相近的材料选取。
4. 参照 GB/T 16743—2010。

表 1-3-4 非金属材料冲裁间隙值

材料	初始间隙(单边间隙)c	材料	初始间隙(单边间隙)c
酚醛层压板、石棉板、橡胶板、有机玻璃板、环氧酚醛玻璃板	(1.5～3.0)%t	云母片、皮革、纸	(0.25～0.75)%t
红纸板、胶纸板、胶布板	(0.5～2.0)%t	纤维板	2.0%t
		毛毡	≤0.2%t

注:1. t 为材料厚度(mm)。
2. 参照 GB/T 16743—2010。

硅钢片随含硅量的增加,间隙相应取大些,由实验确定放大间隙量。

采用弹性压料装置时,间隙可大些,放大间隙量根据不同弹压装置实际中应用测定。

高速冲压时,模具容易发热,间隙应增大。如行程次数超过每分钟 200 次,则间隙应增大 10%左右。

电加工模具刃口时,间隙应考虑变质层的影响。

加热冲裁时,间隙应减小,减小间隙量由实际情况测定。

凹模为斜壁刃口时,应比直壁刃口间隙小。

对于需攻丝的孔,间隙应取小些,减小间隙量由实际情况测定。

选择确定间隙时,应针对冲裁件的技术要求、使用特点和特定生产条件等因素,首先按照表 1-3-2 确定间隙类别，然后按照表 1－3－3 选取该类间隙值，并且要考虑料厚对间隙的影响，采用逐挡递增的方法确定，见表 1－3－3 注 2。其他金属材料的冲裁间隙值，可以参照表 1－3－3 中抗剪强度相近的材料选取。对于双金属复层板材，应以抗剪强度高的金属层厚度为主选择冲裁间隙。

落料时凹模尺寸为工件要求尺寸，间隙值应由减小凸模尺寸获得；冲孔时凸模尺寸为工件孔要求尺寸，间隙值由增大凹模尺寸获得。在模具制造和冲压过程中，凸、凹模制造偏差和磨损均使间隙变大，因此新模具的初始间隙应取最小合理间隙。

三、排样

（一）排样的形式和方法

冲裁模常用的材料有条料和带料。条料通常是由板料裁剪而成。板料的裁剪方式有纵裁、横裁和组合裁三种，见图 1－3－4。纵裁与横裁的材料轧纹方向不同，用冲裁方法制备弯曲毛坯时，应注意轧纹方向对最小弯曲半径的影响。

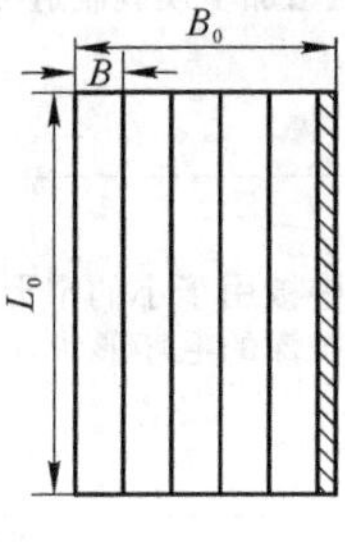

(a)

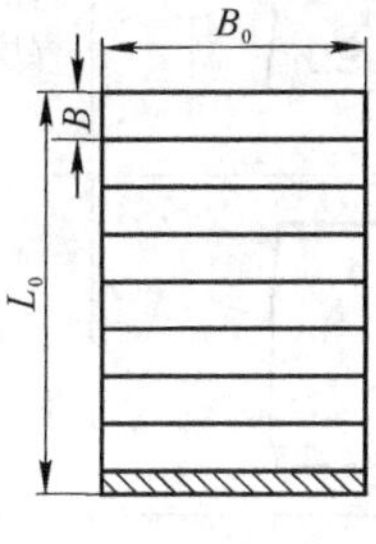

(b)

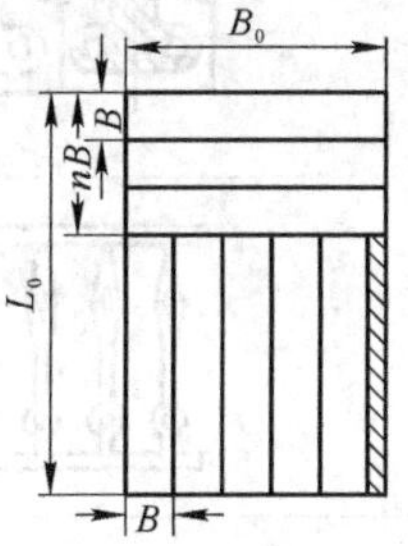

(c)

图 1－3－4　裁板方法

(a) 纵裁；(b) 横裁；(c) 组合裁

冲裁件在条料和带料上的布置方式称为排样。根据材料利用率的高低，排样可以分为无废料、少废料和有废料排样，但前两者冲压零件的尺寸精度相对较低。排样的基本形式可见表 1－3－5。

表 1－3－5　排样的基本形式

形　式	简　图	特　点
直　排	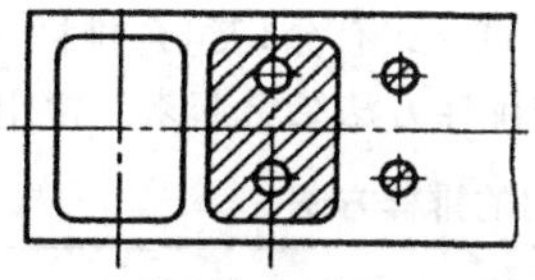	(1) 有搭边，材料利用率与搭边值有关。冲压件的断面质量容易得到保证 (2) 在同样的生产条件下，采用单排时生产效率受到一定限制，但凸、凹模数量相对减少，模具制造、维修比较方便
斜　排	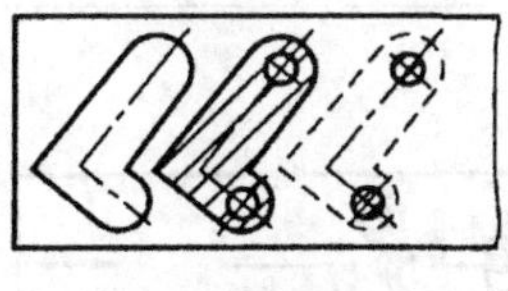	(1) 根据冲压件的形状特点，充分提高材料利用率 (2) 通过斜排得到的冲裁件在弯曲成形时，可使得弯曲线与材料轧纹构成一定的角度，有利于控制最小弯曲半径
对　排	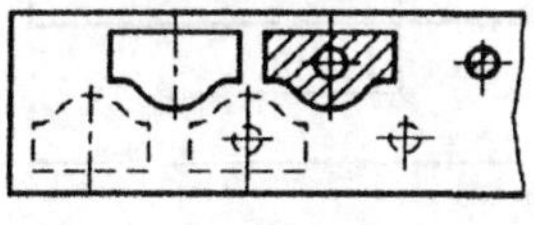 (a) 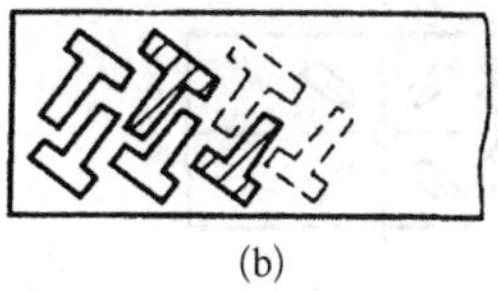 (b)	(1) 充分利用冲压件的形状特点，采用对排形式，有利于提高材料利用率，图 a 为直对排，图 b 为斜对排 (2) 由于采用了对排，因此增加了凸模的数量，增大了凹模的尺寸，提高了模具制造及维修的要求

（续表）

形　式	简　图	特　点
多　排	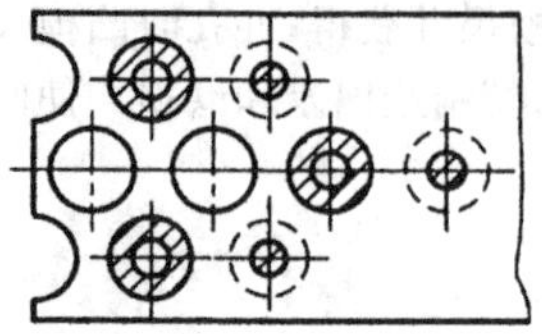	被用于大批量生产中尺寸不大的圆形、六角形等冲压件。通过多排方式，提高材料利用率和生产效率。多排形式相应提高了模具制造的复杂程度
混合排	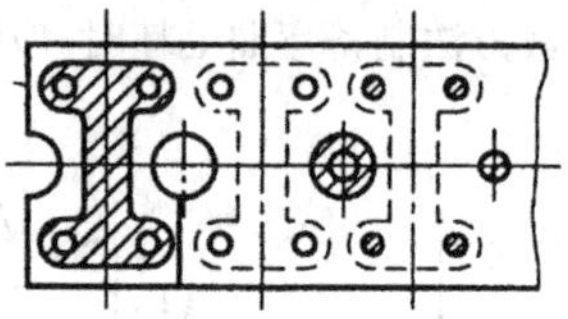	材料规格相同的多个冲件排列在同一条料或者带料上，充分利用大尺寸冲件之间的工艺余料，充分提高材料的利用率，但增加了模具制造和冲件分类整理的复杂程度
裁搭边		大批量生产中被用于小的窄形冲件或者通过裁搭边形成带料连续拉深的毛坯形状，以及复杂形状弯曲件的毛坯形状
少、无废材排样	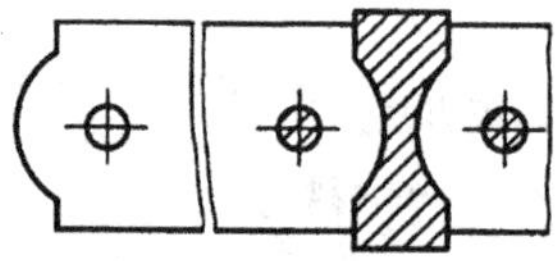	工艺余料减少，有利于提高材料的利用率，但冲件断面质量的一致性不易得到保证，主要被用于要求不高的零件

在连续冲压过程中，级进模的排样图是每个工位（工步）及相关参数的具体表达，是模具设计的主要依据。冲压件的形状、尺寸及精度直接影响到连续冲压工艺及排样图设计。排样时要考虑冲压件的特点和模具结构设计的需要，在工位安排上，孔距精度要求较高的孔或者位置度要求较高的部位应在同一工位或者相邻工位上冲制成形，孔壁、孔边较小时应安排在两个工位上冲出，以增大凹模尺寸和扩大凸模在其固定板上的安装位置，必要时应采用空步。排样图设计必须通过分析比较，予以优化，常用的方式有分切组合排样、拼切组合排样、裁沿边排样、裁搭边排样等，根据冲压件的形状与尺寸，有时可以把几种排样方法结合起来。常用的排样方法见表 1－3－6。

表 1－3－6　常用的排样方法

排样方式	冲压件图形	排样简图	特　点
分切组合排样		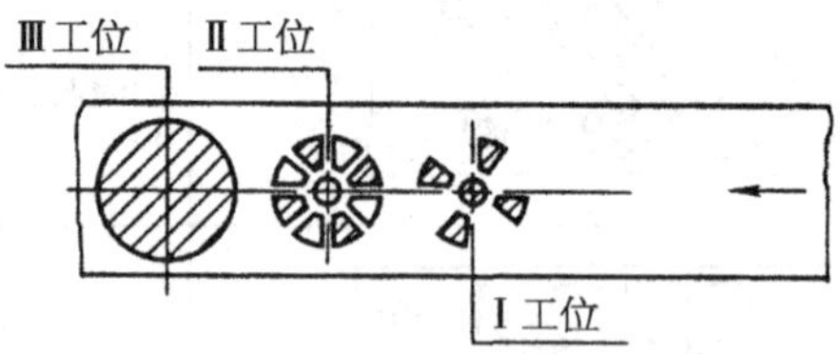	各工位分别冲切成形冲压件的某一部分，各工位相对独立，最后各工位成形重叠组合，形成完整的冲压件
拼切组合排样		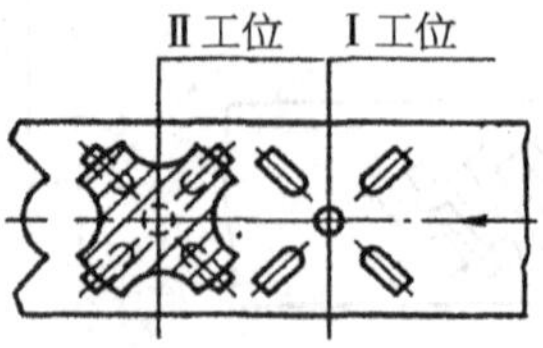	冲压件的形状用不同工位冲切，冲切刃口相互关联，最后各工位组合形成完整的冲压件

（续表）

排样方式	冲压件图形	排样简图	特点
裁沿边排样		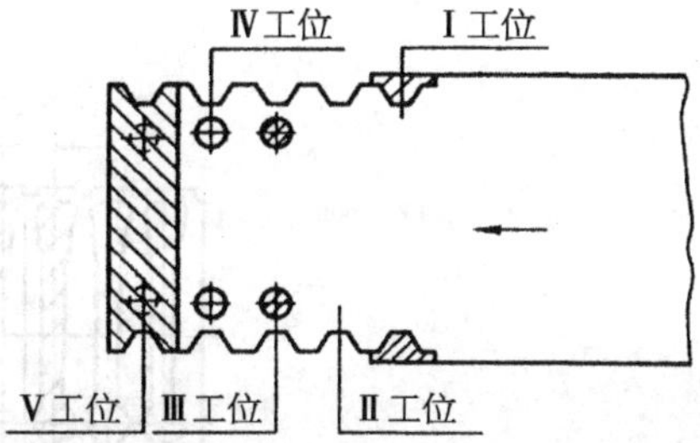	在送料方向上冲切条料的沿边，形成冲压件侧边形状。冲切沿边的长度与进距相等时，该凸模可作为定距侧刃
裁搭边排样	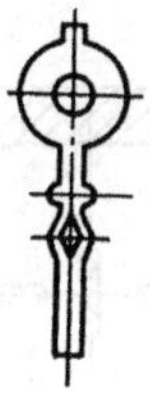	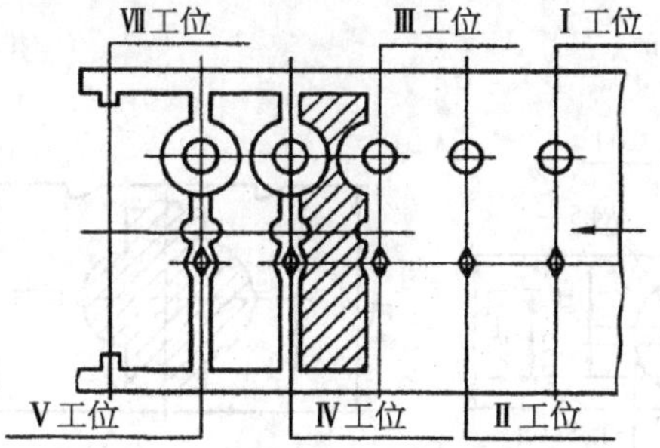	裁去部分为废料，作为搭边留在条料（带料）上的冲裁件最后切开分离下来。对于细长的薄料冲裁件，采用该排样方法可以避免冲裁件扭曲变形
套裁排样	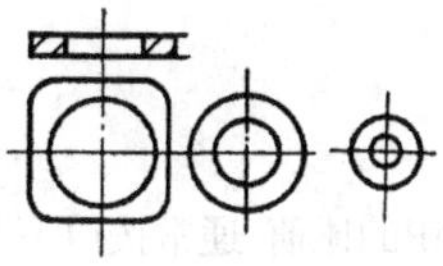	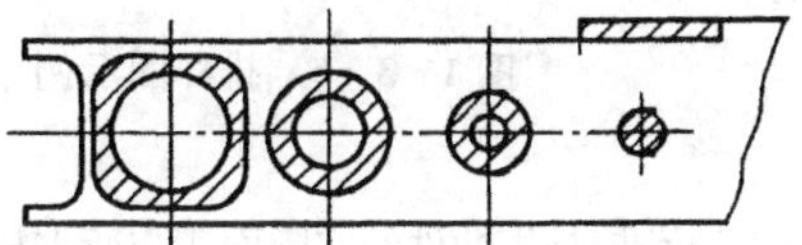	利用冲裁件内孔的结构废料，在专设的工位上，冲压成形尺寸较小的零件。通常先冲制小尺寸工件，大尺寸工件在最后冲裁分离
拼裁排样	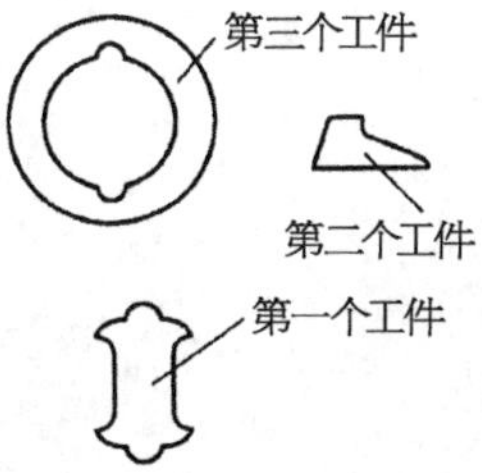	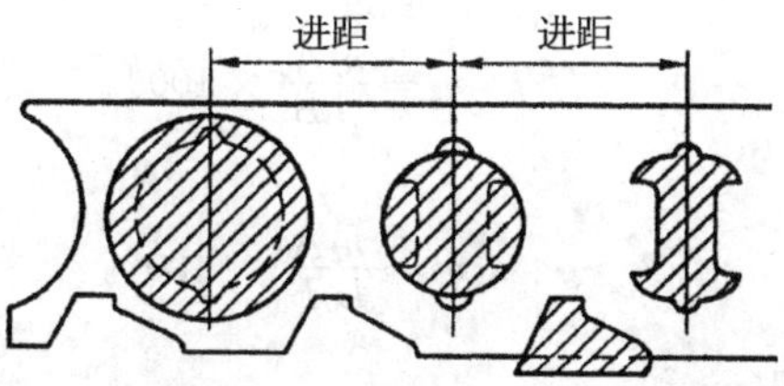	充分利用工艺废料与结构废料，冲制多种冲裁件，使材料利用率得到进一步提高
无搭边排样	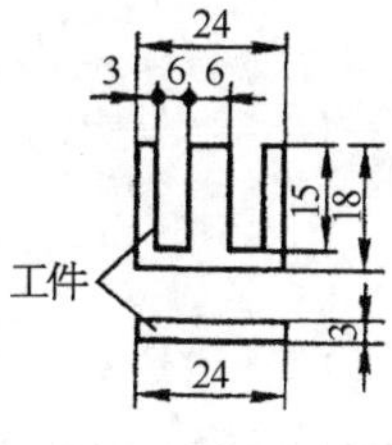	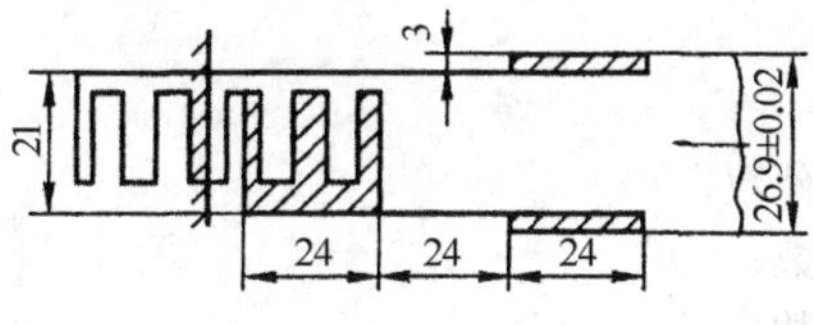	利用冲压件特点，实现少、无废料排样，使材料利用率得到充分提高

绘制排样图是级进模设计的重要环节。排样图应与工件图同时绘制。排样图应标注料宽、搭边、送料步距等与凹模设计相关的重要参数。采用侧刃定距和导正销定位的，要画出侧刃和导正销的位置。通常按照第一工位中心为基准，控制各工位的距离，并标明送料方向。为了便于识别，不同工位的冲压成形部位应画阴影线条。排样图示例见图 1－3－5。

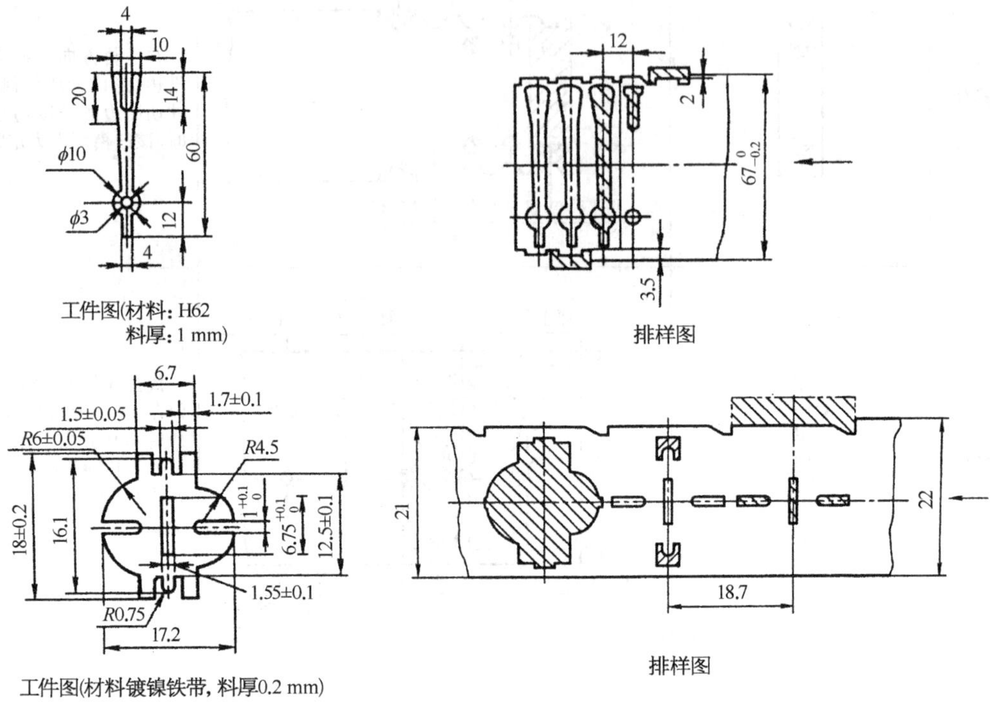

图 1－3－5 排样图示例

（二）材料利用率

材料利用率是衡量排样经济性的标准，是指冲件的实际面积与所占材料面积的比值，通常按以下几种方式计算：

一个送进步距的材料利用率

$$\eta_1 = \frac{n_1 A_0}{Bs} \times 100\%$$

条料的材料利用率

$$\eta_2 = \frac{n_2 A_0}{LB} \times 100\%$$

板料的材料利用率

$$\eta_3 = \frac{n_3 A_0}{L_0 B_0} \times 100\%$$

式中 A_0——冲件的实际面积（mm^2）；

B——条料宽度（mm）；

s——送进步距（mm）；

L——条料长度（mm）；

L_0——板料长度（mm）；

B_0——板料宽度（mm）；

n_1——一个步距内的冲件数；

n_2——条料上的冲件总数；

n_3——板料上的冲件总数。

减少废料面积能提高材料的利用率。废料分为工艺废料（搭边和余料）和结构废料两种，前者与排样形式有关。采用少、无废料排样对节省材料具有重要意义，但是条料本身的公差及条料导向与定位产生的误差，都会降低冲件精度。另外，采用单边剪切会影响冲件的断面质量和模具寿命。

板料的材料利用率还与板料裁成条料的裁板方式有关。应按板料的规格，通过纵裁、横裁和组合裁的比较和应用，尽量提高材料利用率。

四、搭边和条料宽度

排样时在冲件之间及冲件与条料侧边之间留有的余料称为搭边。搭边的作用是补偿定位误差，并使条料保持一定刚度，便于送进。搭边值过大时会降低材料利用率；过小时冲件易产生毛刺，甚至缩短刃口寿命。搭边值的大小与下列因素有关：材料的性能与厚度，冲件的形状与尺寸，送料与挡料方式。

一般情况下，软材料、脆性材料、厚料、大尺寸或复杂形状冲件及送料定位精度较低时，搭边值应稍大些。有时薄材料因易拉入凹模，也应增大搭边值。搭边值由经验确定。普通冲裁的搭边值见表 1-3-7。

表 1-3-7 普通冲裁的搭边值 (mm)

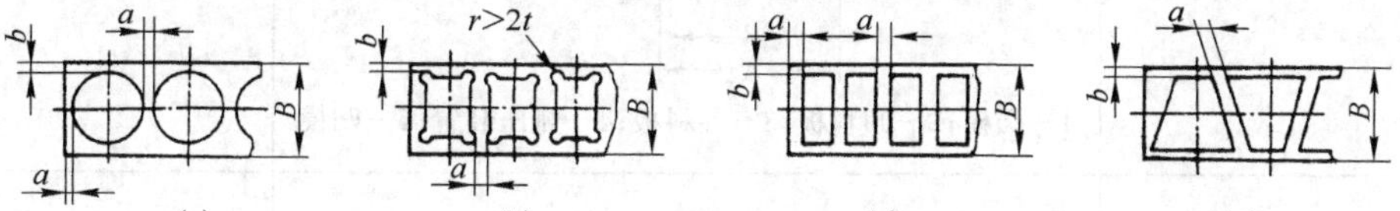

(a) (b) (c) (d)

卸料板形式	条料厚度 t	搭边值					
		图 a、图 b，$r>2t$		图 c、图 d，$L\leqslant 50$		图 c、图 d，$L>50$	
		a	b	a	b	a	b
弹压卸料板	至 0.25	1.0	1.2	1.2	1.5	1.5～2.5	1.8～2.6
	>0.25～0.5	0.8	1.0	1.0	1.2	1.2～2.2	1.5～2.5
	>0.5～1.0	0.8	1.0	1.0	1.2	1.5～2.5	1.8～2.6
	>1.0～1.5	1.0	1.3	1.2	1.5	1.8～2.8	2.2～3.2
	>1.5～2.0	1.2	1.5	1.5	1.8	2.0～3.0	2.4～3.4
	>2.0～2.5	1.5	1.9	1.8	2.2	2.2～3.2	2.7～3.7
	>2.5～3.0	1.8	2.2	2.0	2.4	2.5～3.5	3.0～4.0
	>3.0～3.5	2.0	2.5	2.2	2.7	2.8～3.8	3.3～4.3
	>3.5～4.0	2.2	2.7	2.5	3.0	3.0～4.0	3.5～4.5
	>4.0～5.0	2.5	3.0	3.0	3.5	3.5～4.5	4.0～5.0
	>5.0～12	$0.5t$	$0.6t$	$0.6t$	$0.7t$	$(0.7～0.9)t$	$(0.8～1)t$
固定卸料板	>0.25～0.5	1.0	1.2	1.5	2.0	2.0～3.0	
	>0.5～1.0	0.8	1.0	1.2	1.5	1.5～2.5	
	>1.0～1.5	1.0	1.2	1.2	1.8	1.8～2.8	
	>1.5～2.0	1.2	1.5	1.5	2.0	2.0～3.0	
	>2.0～2.5	1.5	1.8	1.8	2.2	2.2～3.2	
	>2.5～3.0	1.8	2.0	2.2	2.5	2.5～3.5	
	>3.0～3.5	2.0	2.2	2.5	2.8	2.8～3.8	
	>3.5～4.0	2.2	2.5	2.8	3.0	3.0～4.0	
	>4.0～5.0	2.5	2.8	3.0	3.5	3.5～4.5	
	>5.0～12	$0.5t$	$0.6t$	$0.6t$	$0.7t$	$(0.75～0.9)t$	

注：1. 图 c、图 d，边长 L 在 50～100 mm 内，a 取较小值；L 在 100～200 mm 内，a 取中间值；L 在 200～300 mm 内，a 取较大值。

2. 对于图 d，B 大于 50 mm 时，a 取较大值。

3. 对于非金属材料及自动送料的冲裁件，可按表中数值乘以系数 1.3 确定搭边值。

条料宽度是在排样方式及搭边确定的基础上，根据送料导向、侧压及送料定距等方式予以计算。料宽计算公式见表 1-3-8。条料剪裁时的公差分别见表 1-3-9 和表 1-3-10。

表 1-3-8 料宽计算公式

<table>
<tr><th>结构形式及特点</th><th>简图</th><th>材料宽度和导料板间距</th></tr>
<tr><td>带侧压装置，材料能沿基准导料板送进，挡料销定距</td><td>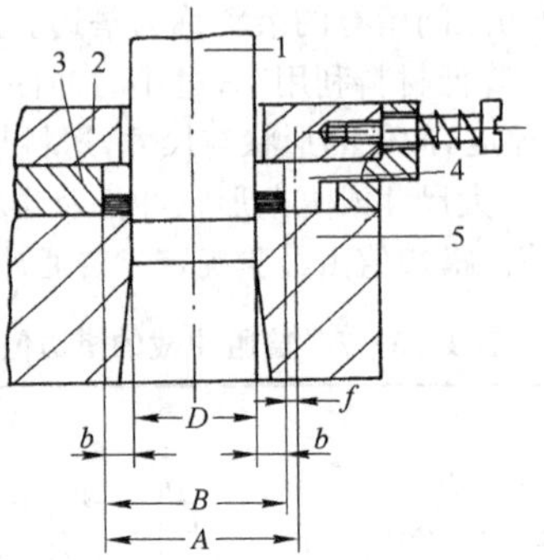

1—凸模；2—卸料板；3—导料板；4—侧压装置；5—凹模</td><td>$B=(D+2b+\Delta)_{-\delta}^{\ 0}$
$A=B+f$</td></tr>
<tr><td>单侧刃定距、采用导料板导料是级进模中常见的形式</td><td>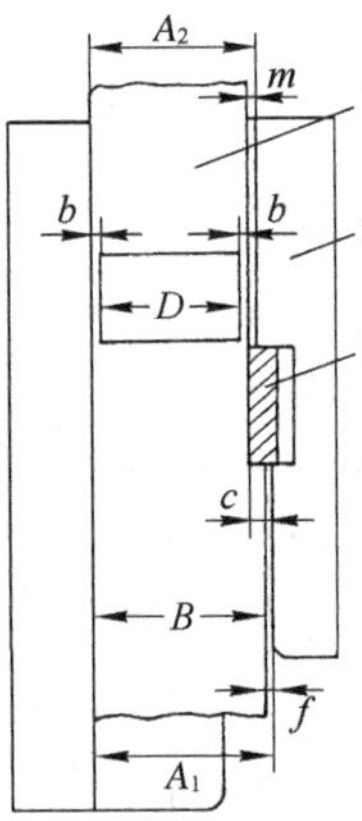

1—条料；2—导料板；3—侧刃</td><td>$B=(D+2b+c)_{-\delta}^{\ 0}$
$A_1=B+f$
$A_2=D+2b+m$</td></tr>
<tr><td>双侧刃定距、采用导料板导料是级进模中常见的形式，双侧刃也可以对角布置</td><td>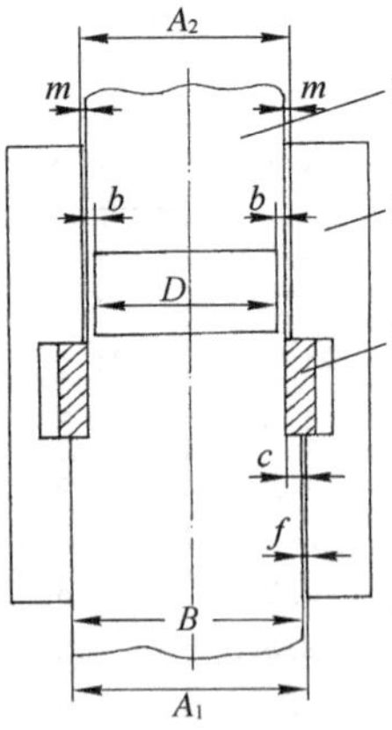

1—条料；2—导料板；3—侧刃</td><td>$B=[D+2(b+c)]_{-\delta}^{\ 0}$
$A_1=B+f$
$A_2=D+2b+2m$</td></tr>
</table>

注：D—垂直于送料方向的冲裁件最大轮廓尺寸(mm)；b—搭边值，见表 1-3-7；f—条料与导料板间空隙，无侧压装置时取值 0.5～1 mm，有侧压装置时取值 3～5 mm；c—侧刃切边宽度，金属材料一般取 1.5～2.5 mm，料厚大于 3 mm 时 c 等于料厚，3 mm 以下的非金属材料一般取2～4 mm；Δ—考虑材料剪裁时公差，见表 1-3-9 和表 1-3-10；δ—条料偏差，取 0.5Δ；m—侧刃冲切后，条料与导料板之间的间隙，一般取 0.05～0.10 mm。

表 1-3-9　条料剪切时的公差　(mm)

条料宽度 B	材料厚度 t			
	≤1	>1~2	>2~3	>3~5
≤50	0.4	0.5	0.7	0.9
>50~100	0.5	0.6	0.8	1.0
>100~150	0.6	0.7	0.9	1.1
>150~220	0.7	0.8	1.0	1.2
>220~300	0.8	0.9	1.1	1.3

注：采用剪床下料。

表 1-3-10　条料滚剪时的公差　(mm)

条料宽度 B	材料厚度 t		
	≤0.5	>0.5~1	>1~2
≤20	0.05	0.08	0.10
>20~30	0.08	0.10	0.15
>30~50	0.10	0.15	0.20

注：采用滚剪下料。

五、冲裁工艺力和压力中心

冲裁工艺力包括冲裁力、卸料力、推件力和顶件力。

冲裁力是凸模和凹模刃口剪切材料使工件与板料分离所需要的力。冲裁力与剪切材料的厚度、力学性能及剪切的周边长度有关。凸模和凹模的刃口状态、凸模与凹模的间隙及板料的硬化程度，也对冲裁力有影响。冲裁力是设计模具、选择压力机的重要依据。

卸料力是指冲件或废料从凸模上卸下来所需的力。推件力是指冲件或废料顺着冲裁方向，从凹模内推出所需要的力。顶件力是指冲件或废料逆着冲裁方向，从凹模内顶出所需要的力。影响卸料力、推件力、顶件力的因素较多，主要有材料的性能和厚度、模具的间隙、冲件的形状尺寸及润滑情况等。推件力还与梗塞在凹模刃口直壁部位的冲件或废料的个数有关。

受冲压设备条件的限制，在冲裁力较大时，可采用斜刃冲裁。与普通平刃冲裁相比，由于将冲孔凸模或落料凹模的刃口做成弧形或倾斜一角度，减小了同时冲裁的周边长度，从而降低了冲裁力。一次冲裁若干个孔时，使

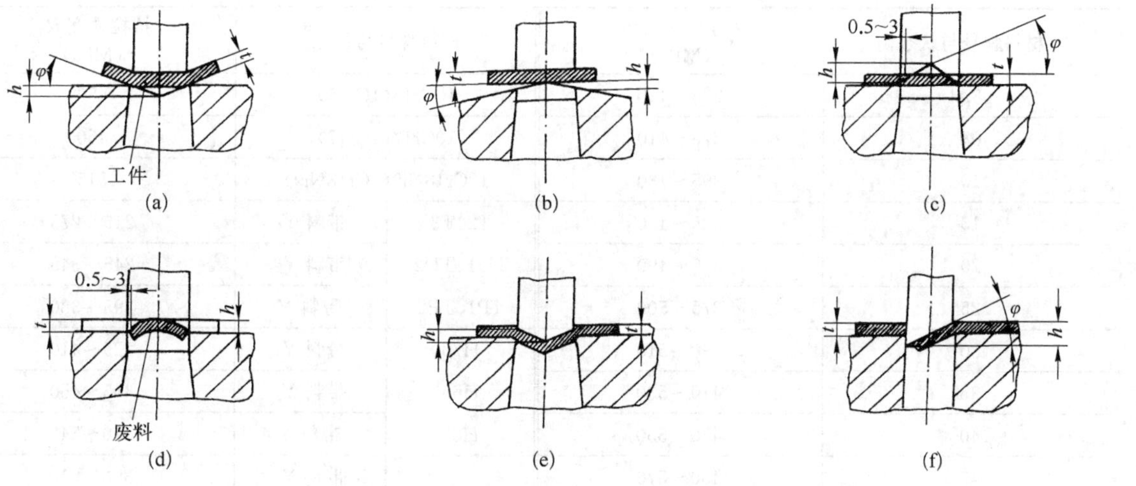

图 1-3-6　斜刃冲裁的形式

(a)、(b) 落料；(c)、(d)、(e) 冲孔；(f) 切开

t—材料厚度；$h=(1\sim2)t$—刃口高度差；$\varphi=5^\circ\sim8^\circ$—刃口倾斜角

凸模的高度不同，同样可以达到降低冲裁力的目的。

设计斜刃时，应使斜刃对称布置，避免冲裁时刃口受单向侧压力而发生偏移。为使冲件平整，落料时，凸模为平刃，凹模做成斜刃；冲孔时相反，凹模平刃，凸模斜刃。斜刃冲裁时的形式见图 1-3-6。

采用阶梯方式布置凸模时，应使大凸模冲裁结束后，小凸模再冲裁，避免小凸模过长和受到材料横向挤压时折断。凸模的阶梯布置见图 1-3-7。

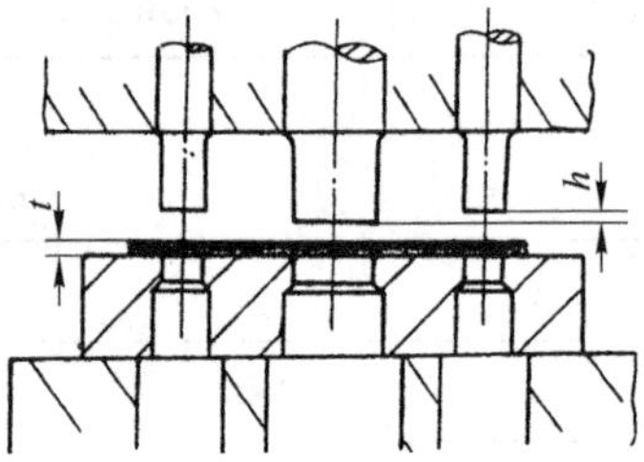

图 1-3-7　凸模的阶梯布置

t—材料厚度；h—凸模高度差

平刃冲裁时，冲裁力按下式计算：

$$P = 1.3\tau Lt\ (\mathrm{N})\quad 或\quad P = R_{\mathrm{m}}Lt\ (\mathrm{N})$$

式中　R_{m}——材料抗拉强度(MPa)，按表 1-3-11；

τ——材料抗剪强度(MPa)，按表 1-3-12；

L——冲件冲裁的周边长度(mm)；

t——冲件材料厚度(mm)。

斜刃冲裁时，冲裁力按下式计算：

$$P = 1.3k\tau Lt\ (\mathrm{N})\quad 或\quad P = R_{\mathrm{m}}Ltk\ (\mathrm{N})$$

式中　R_{m}——材料抗拉强度(MPa)，按表 1-3-11；

τ——材料抗剪强度(MPa)，按表 1-3-12；

L——冲件冲裁的周边长度(mm)；

t——冲件材料厚度(mm)；

k——系数，与刃口高度差有关，见图 1-3-6，$h=t$ 时，$k=0.4\sim0.6$；$h=2t$ 时，$k=0.2\sim0.4$。

卸料力($P_{卸}$)、推件力($P_{推}$)、顶件力($P_{顶}$)分别按下式计算：

$$P_{卸} = k_1 P\ (\mathrm{N})$$
$$P_{推} = k_2 Pn\ (\mathrm{N})$$
$$P_{顶} = k_3 P\ (\mathrm{N})$$

式中　k_1——卸料力系数，见表 1-3-13；

k_2——推件力系数，见表 1-3-14；

k_3——顶件力系数，见表 1-3-14；

P——冲裁力(N)；

n——梗塞在凹模内的冲件或废料个数。

表 1-3-11　部分金属板料、带料的抗拉强度

材料牌号与状态	抗拉强度 R_{m} (MPa)	材料牌号与状态		抗拉强度 R_{m} (MPa)
08Al	275～410	10Cr15(1Cr15)		450
08	275～410	10Cr17(1Cr17)		450
10	295～430	12Cr18Ni9(1Cr18Ni9)		515
15	335～470	T2、T3	带料 Y_4	215～275
20	355～490	TU1、TU2	带料 Y_2	245～345
25	375～500	TP1、TP2	带料 Y	295～380
30	390～510	H70	带料 Y_4	325～410
35	410～530	H68	带料 Y_2	355～460
40	430～550	H65	带料 Y	410～540
45	450～570	QSn6.5-0.1	带料 Y_4	390～510
Q195	315～430		带料 Y_2	490～610
Q215	335～450		带料 Y	590～690

（续表）

材料牌号与状态	抗拉强度 R_m (MPa)	材料牌号与状态		抗拉强度 R_m (MPa)
Q235	370～500	1070A	H14、H24	100～140
DC01	270～410		H16、H26	110～150
DC03	270～370	5A02	H14、H24	235
DC04	270～350		H18	265

注：1. 其他材料的抗拉强度 R_m 数值可见第一章“板材和带材的规格与性能”表格。
2. 括号内为原牌号。

表 1－3－12 非金属材料抗剪强度

材 料 名 称	抗剪强度 τ(MPa)		材 料 名 称	抗剪强度 τ(MPa)	
	管状凸模裁切	普通凸模冲裁		管状凸模裁切	普通凸模冲裁
纸 胶 板	100～130	140～200	软钢纸板	20～40	20～30
布 胶 板	90～100	120～180	有机玻璃	70～80	90～100
玻璃布胶板	120～140	160～185	聚氯乙烯	60～80	100～130
金属箔的玻璃布胶板	130～150	160～220	氯 乙 烯	30～40	50
金属箔的纸胶板	110～130	140～200	赛 璐 珞	40～60	80～100
环氧酚醛玻璃布板	180～210	210～240	皮 革	6～8	30～50
工业橡胶板	1～6	20～80	工业用皮革		45～55
石棉橡胶	40		工业用毛毡	4～5	
人造橡胶、硬橡胶	40～70		桦木胶合板	10	
层压纸板	100～130	140～200	漆布、绝缘漆布	30～60	
层压布板	90～100	120～180	云 母	50～80	60～100
绝缘纸板	40～70	60～100	人造云母	120～150	140～180
厚 纸 板	30～40	40～80	硬钢纸板	30～50	40～45

表 1－3－13 卸料力系数 k_1

材料厚度(mm)	单凸模冲孔或落料	级进模冲孔、落料	多 凸 模 冲 孔
≤1	0.02～0.06	0.06～0.08	0.10～0.12
>1～5	0.06～0.08	0.10～0.12	0.12～0.15
>5	0.08～0.10	0.12～0.15	0.15～0.20

注：形状简单、间隙适当时取小值。

表 1－3－14 推件力系数和顶件力系数

材料及其厚度(mm)		推件力系数 k_2	顶件力系数 k_3
钢	≤0.1	0.1	0.14
	>0.1～0.5	0.065	0.08
	>0.5～2.5	0.05	0.06
	>2.5～6.5	0.045	0.05
	>6.5	0.025	0.03
铝、铝合金		0.03～0.07	0.03～0.07
铜、黄铜		0.03～0.09	0.03～0.09

冲裁力的合力中心称为压力中心。对于中小型模具，压力中心应与模柄中心线大体重合；对于大型模具，应使模具压力中心在压力机滑块（或横梁）中心线附近的允许范围内。否则会产生偏心载荷，影响模具和压力机的

精度和寿命。尤其是凸、凹模之间的间隙很小时，偏心载荷会使模具导向精度降低，凸、凹模之间的间隙发生变化，影响冲件断面质量，并加剧模具刃口磨损。

冲裁力的合力中心可视冲裁力为沿冲裁刃口均布载荷加以确定。对于复杂的零件，可将刃口分成若干段，由各线段的重心位置决定合力的中心位置，或将各个简单图形的合力中心合成为整个图形的压力中心。冲裁模压力中心计算公式见表 1-3-15。

表 1-3-15　冲裁模压力中心计算公式

简　　图	计 算 公 式	说　　明
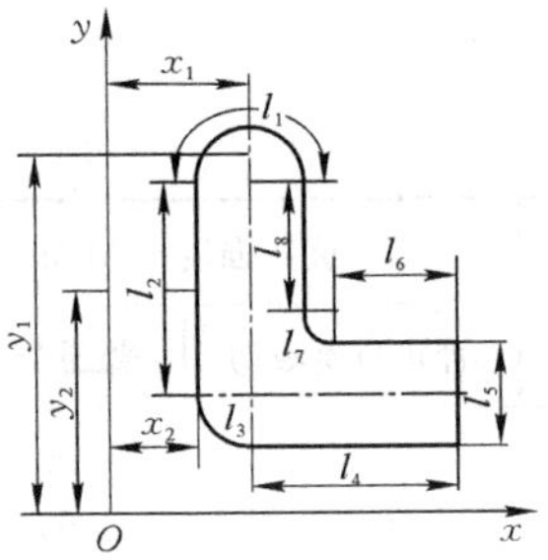	$x=\dfrac{l_1x_1+l_2x_2+\cdots+l_nx_n}{l_1+l_2+\cdots+l_n}$ $y=\dfrac{l_1y_1+l_2y_2+\cdots+l_ny_n}{l_1+l_2+\cdots+l_n}$	视冲裁力为均布线载荷，$(x_1,\ y_1)$为刃口段 l_1 的合力中心坐标，其余类推 $(x,\ y)$为压力中心坐标
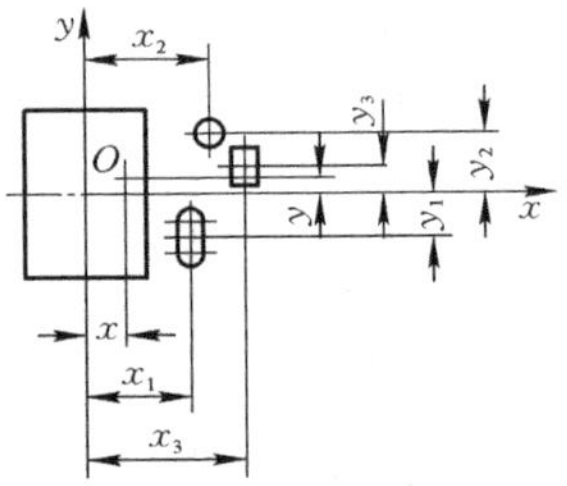	$x=\dfrac{L_1x_1+L_2x_2+\cdots+L_nx_n}{L_1+L_2+\cdots+L_n}$ $y=\dfrac{L_1y_1+L_2y_2+\cdots+L_ny_n}{L_1+L_2+\cdots+L_n}$	$(x_1,\ y_1)$为已知图形的冲裁合力中心坐标，L_1 为相应图形的刃口周边长，其余类推 $(x,\ y)$为压力中心坐标

六、凸、凹模设计

（一）凸、凹模刃口尺寸

圆形凸、凹模刃口尺寸计算是冲裁模刃口尺寸计算的基础，可根据不同的情况予以确定：

落料件　外形尺寸取决于凹模尺寸，刃口尺寸以凹模为基准。凹模磨损后尺寸增大，凹模的初始尺寸应接近于落料件的最小极限尺寸。按最小合理间隙值确定凸模尺寸。

冲孔件　内形尺寸取决于凸模尺寸，刃口尺寸以凸模为基准。凸模磨损后尺寸减小，凸模的初始尺寸应接近于冲孔件的最大极限尺寸。按最小合理间隙值确定凹模尺寸。

多孔凹模孔距　孔距不受凸、凹模磨损的影响，孔距按冲裁件孔距的公称尺寸确定。

圆形凸、凹模刃口尺寸计算公式见表 1-3-16。圆形或简单形状的凸、凹模通常采用分别加工方法，凸模和凹模都要计算并标注制造上、下偏差，见表 1-3-17。

表 1-3-16　圆形凸、凹模刃口尺寸计算

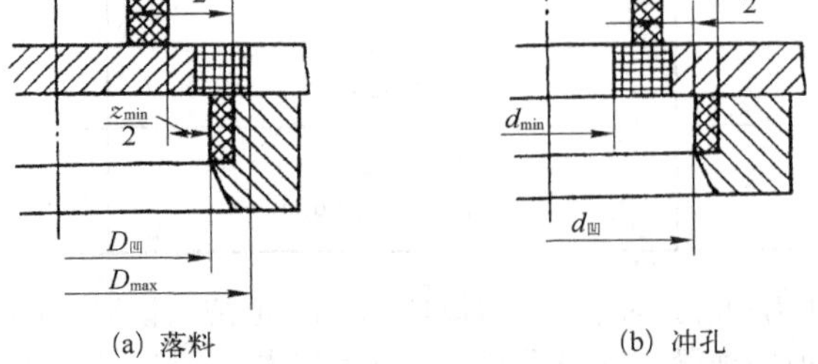

(a) 落料　　　　(b) 冲孔

（续表）

类 别	尺寸标注	凸 模 尺 寸	凹 模 尺 寸
落 料	$D_{-\Delta}^{\ 0}$	$D_{\text{凸}} = (D - x\Delta - z_{\min})_{-\delta_{\text{凸}}}^{\ 0}$	$D_{\text{凹}} = (D - x\Delta)_{\ 0}^{+\delta_{\text{凹}}}$
冲 孔	$d_{\ 0}^{+\Delta}$	$d_{\text{凸}} = (d + x\Delta)_{-\delta_{\text{凸}}}^{\ 0}$	$d_{\text{凹}} = (d + x\Delta + z_{\min})_{\ 0}^{+\delta_{\text{凹}}}$

注：$D_{\text{凸}}$、$D_{\text{凹}}$—分别为落料凸模与凹模直径尺寸(mm)；$d_{\text{凸}}$、$d_{\text{凹}}$—分别为冲孔凸模与凹模直径尺寸(mm)；D、d—分别为落料与冲孔的公称尺寸(mm)；Δ—冲裁件公差值(mm)；$z_{\min}$—凸、凹模选定的最小双面间隙(mm)；x—磨损系数，根据冲裁件不同公差等级 ST 相应的公差值大小，在 0.5～1.0 范围内选择，不同公差等级 ST 相应的公差值见表 1-1-39；$\delta_{\text{凸}}$、$\delta_{\text{凹}}$—凸、凹模制造偏差(mm)，见表 1-3-17，或按 $\delta_{\text{凸}} \leqslant 0.4(z_{\max} - z_{\min})$，$\delta_{\text{凹}} \leqslant 0.6(z_{\max} - z_{\min})$确定。

表 1-3-17 圆形凸、凹模制造偏差 (mm)

公称尺寸	凸模偏差 $\delta_{\text{凸}}$	凹模偏差 $\delta_{\text{凹}}$	公称尺寸	凸模偏差 $\delta_{\text{凸}}$	凹模偏差 $\delta_{\text{凹}}$
≤18	−0.020	+0.020	>180～260	−0.030	+0.045
>18～30	−0.020	+0.025	>260～360	−0.035	+0.050
>30～80	−0.020	+0.030	>360～500	−0.040	+0.060
>80～120	−0.025	+0.035	>500	−0.050	+0.070
>120～180	−0.030	+0.040			

注：按表值选择凸、凹模制造偏差时，应使 $\lvert \delta_{\text{凸}} \rvert + \delta_{\text{凹}} \leqslant z_{\max} - z_{\min}$。

非圆形复杂形状的刃口尺寸计算应按照凸、凹模刃口磨损后每个尺寸的变化情况（磨损后尺寸增大、减小或不变）逐一分析，按照类别进行计算。非圆形刃口尺寸分类计算方法见表 1-3-18。非圆形落料、冲孔凸、凹模刃口尺寸计算分别见表 1-3-19 和表 1-3-20。非圆形或复杂形状的凸、凹模若采用配作方法，则只要计算基准件尺寸并标注制造偏差。

表 1-3-18 非圆形刃口尺寸计算方法

类 别	刃口尺寸磨损情况	刃口尺寸计算方法
落 料	凹模磨损后刃口尺寸增大	按正常落料凸、凹模刃口尺寸计算
	凹模磨损后刃口尺寸减小	参照冲孔凸模刃口尺寸计算
	凹模磨损后刃口尺寸不变	按孔距尺寸计算
冲 孔	凸模磨损后刃口尺寸减小	按正常冲孔凸、凹模刃口尺寸计算
	凸模磨损后刃口尺寸增大	参照落料凹模刃口尺寸计算
	凸模磨损后刃口尺寸不变	按孔距尺寸计算

表 1-3-19 非圆形落料凸、凹模刃口尺寸计算

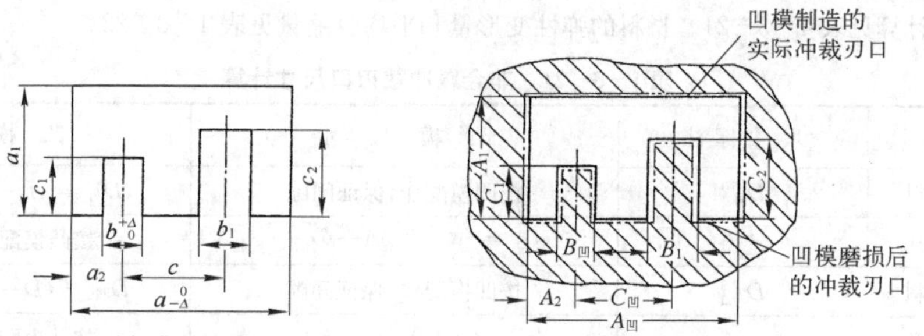

(a) 落料件 (b) 凹模

磨损变化规律：A类尺寸增大；B类尺寸变小；C类尺寸不变

（续表）

配作方式	尺寸标注	凸模尺寸	凹模尺寸
按凹模尺寸配作凸模	$a_{-\Delta}^{\ 0}$	按凹模尺寸配作，双面间隙为 z_{min}	$A_{凹}=(a-x\Delta)^{+\delta_{凹}}_{\ 0}$
	$b^{+\Delta}_{\ 0}$		$B_{凹}=(b+x\Delta)^{\ 0}_{-\delta_{凹}}$
	$c\pm\Delta$		$C_{凹}=c\pm\delta_{凹}$
按凸模尺寸配作凹模	$a_{-\Delta}^{\ 0}$	$A_{凸}=(a-x\Delta-z_{min})^{\ 0}_{-\delta_{凸}}$	按凸模尺寸配作，双面间隙为 z_{min}
	$b^{+\Delta}_{\ 0}$	$B_{凸}=(b+x\Delta+z_{min})^{+\delta_{凸}}_{\ 0}$	
	$c\pm\Delta$	$C_{凸}=c\pm\delta_{凸}$	

注：a、b、c—冲裁件公称尺寸(mm)；$A_{凸}$、$B_{凸}$、$C_{凸}$—与 a、b、c 对应的凸模尺寸(mm)；$A_{凹}$、$B_{凹}$、$C_{凹}$—与 a、b、c 对应的凹模尺寸(mm)；x—系数，取值方法与圆形凸、凹模刃口尺寸计算相同，见表 1-3-16；$\delta_{凸}$、$\delta_{凹}$—凸、凹模制造偏差，采用配作时，一般取 0.25Δ。

表 1-3-20 非圆形冲孔凸、凹模刃口尺寸计算

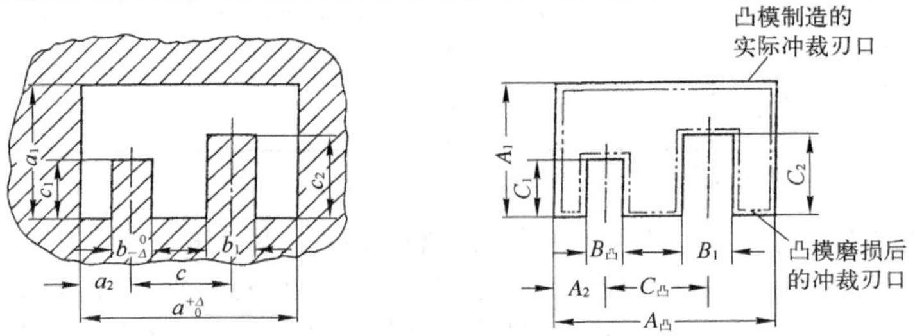

(a) 冲孔件　　(b) 凸模

磨损变化规律：A 类尺寸变小；B 类尺寸变大；C 类尺寸不变

配作方式	尺寸标注	凸模尺寸	凹模尺寸
按凸模尺寸配作凹模	$a^{+\Delta}_{\ 0}$	$A_{凸}=(a+x\Delta)^{\ 0}_{-\delta_{凸}}$	按凸模尺寸配作，双面间隙为 z_{min}
	$b_{-\Delta}^{\ 0}$	$B_{凸}=(b-x\Delta)^{+\delta_{凸}}_{\ 0}$	
	$c\pm\Delta$	$C_{凸}=c\pm\delta_{凸}$	
按凹模尺寸配作凸模	$a^{+\Delta}_{\ 0}$	按凹模尺寸配作，双面间隙为 z_{min}	$A_{凹}=(a+x\Delta+z_{min})^{+\delta_{凹}}_{\ 0}$
	$b_{-\Delta}^{\ 0}$		$B_{凹}=(b-x\Delta-z_{min})^{\ 0}_{-\delta_{凹}}$
	$c\pm\Delta$		$C_{凹}=c\pm\delta_{凹}$

注：a、b、c—冲裁件公称尺寸(mm)；$A_{凸}$、$B_{凸}$、$C_{凸}$—与 a、b、c 对应的凸模尺寸(mm)；$A_{凹}$、$B_{凹}$、$C_{凹}$—与 a、b、c 对应的凹模尺寸(mm)；x—系数，取值方法与圆形凸、凹模刃口尺寸计算相同，见表 1-3-16；$\delta_{凸}$、$\delta_{凹}$—凸、凹模制造偏差，采用配作时，一般取 0.25Δ。

非金属冲裁应考虑材料的弹性变形量和收缩量，并按刃口尺寸磨损变化情况计算确定刃口尺寸。非金属材料冲裁刃口尺寸计算见表 1-3-21。材料的弹性变形量和平均收缩量见表 1-3-22。

表 1-3-21 非金属冲裁刃口尺寸计算

类别		尺寸标注	凸模尺寸	凹模尺寸
不预热	落料	$D_{-\Delta}^{\ 0}$	按凹模配作，保证间隙	$D_{凹}=(D-0.5\Delta-\delta)^{+\delta_{凹}}_{\ 0}$
	冲孔	$d^{+\Delta}_{\ 0}$	$d_{凸}=(d+0.5\Delta+\delta)^{\ 0}_{-\delta_{凸}}$	按凸模配作，保证间隙
预热	落料	$D_{-\Delta}^{\ 0}$	按凹模配作，保证间隙	$D_{凹}=(D-0.5\Delta+\delta_A)^{+\delta_{凹}}_{\ 0}$
	冲孔	$d^{+\Delta}_{\ 0}$	$d_{凸}=(d+0.5\Delta+\delta_B)^{\ 0}_{-\delta_{凸}}$	按凸模配作，保证间隙

注：$D_{凹}$—落料凹模尺寸(mm)；$d_{凸}$—冲孔凸模尺寸(mm)；Δ—冲裁件公差值(mm)；δ—材料的弹性变形量(mm)，见表 1-3-22；δ_A—加热落料时的平均收缩量(mm)，见表 1-3-22；δ_B—加热冲孔时的平均收缩量(mm)，见表 1-3-22；$\delta_{凸}$、$\delta_{凹}$—凸、凹模制造偏差，一般取 0.25Δ。

表 1-3-22　材料的弹性变形量和平均收缩量　(mm)

材　料	材料厚度	材料的弹性变形量 δ	平均收缩量 δ_A		平均收缩量 δ_B	
			系数 Q_1	计算方法	系数 Q_2	计算方法
纸胶板	1	0.03	0.002		0.002 5	
	1.5	0.05	0.002 2		0.003	
	2.0	0.07	0.002 5		0.003 5	
	2.5	0.10	0.002 7		0.004	
	3.0	0.12	0.003	$\delta_A = Q_1 D - \delta$	0.005	$\delta_B = Q_2 d + \delta$
布胶板	2.0	0.08	0.002		0.002 6	
	2.5	0.12	0.002 5		0.003	
	3.0	0.15	0.002 8		0.003 6	

注：表中 D、d 见表 1-3-21。

(二) 凸、凹模刃口形式

凸、凹模的刃口形式与不同的冲压工艺要求有关。不同的刃口形式会影响到磨损后凸、凹模间隙的变化，模具使用寿命及冲裁力的大小。凸、凹模的刃口形式见表 1-3-23。

表 1-3-23　凸、凹模的刃口形式

简　图	特　点	有关参数
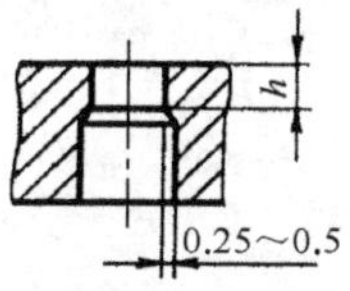 (a) 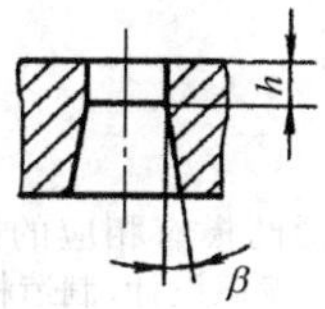 (b) 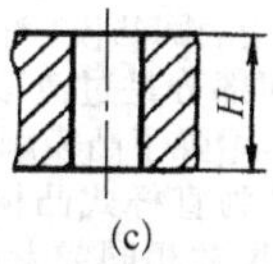 (c)	刃口长度为 h，采用直壁形式，刃磨后刃口尺寸不变。凹模内容易积聚若干废料或者制件，增大了凹模壁的张力和磨损(图 a) 凹模刃口下端的漏料部分设计成斜度形式，刃口强度较好(图 b) 凹模厚度 H 的全部为有效刃口 适用于冲下的制件、逆冲压方向推出的模具或特殊结构的模具(如叠装模具)(图 c)	刃口长度 h 与冲裁的材料厚度 t 有关，一般可按照 $t \leqslant 2$ 时，$h = (5 \sim 6)t$；$t > 2 \sim 4$ 时，$h = (3 \sim 4)t$ 确定 $\beta = 2' \sim 3'$
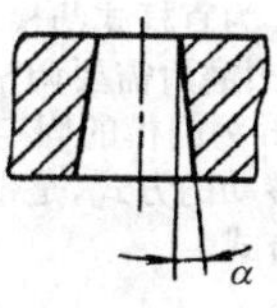	由于刃口有一定斜度，废料或者制件不会滞留在凹模内，刃口壁部磨损小，且刃磨凹模工作面后，刃口尺寸会有微量变化，间隙值会增大	α 值与材料厚度 t 有关，一般按照以下数值确定： $t \leqslant 1$ mm 时，$\alpha = 10' \sim 20'$； $t > 1 \sim 2$ mm 时，$\alpha = 20' \sim 30'$； $t > 2 \sim 4$ mm 时，$\alpha = 45' \sim 1°$ α 取值与制件的产量、材料硬度有一定关系。产量大、材料软，则 α 取较小值，反之取较大值
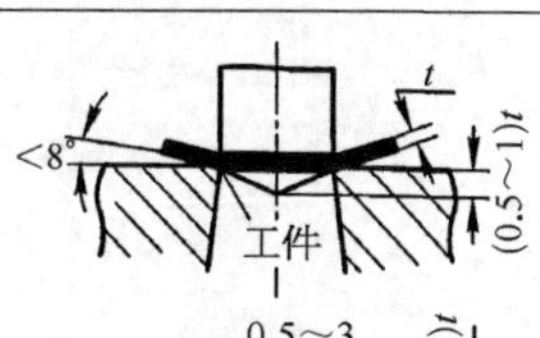 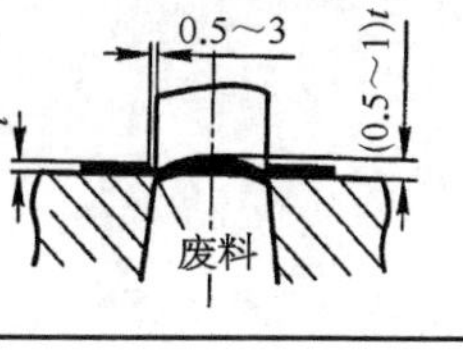	采用斜刃形式，可降低冲裁力量 落料时凸模应为平刃，凹模为斜刃；冲孔时凹模为平刃，凸模为斜刃	

（三）凸、凹模的结构和固定方式

凸、凹模在冲压生产过程中受力情况复杂，除刃口磨损外，往往受到不对称偏载等的影响而损坏。合理的凸、凹模具结构设计，对于提高模具的稳定性和使用寿命具有重要作用。凸、凹模具结构设计的基本要求是：

(1) 凸、凹模结构要有利于提高其强度和刚度。在条件许可的情况下，应适当缩短凸模长度，增加凹模厚度并选用合适的材料。对于细长凸模应采用护套予以保护，防止失稳。

(2) 凸、凹模结构要有利于制造和测量。对于形状复杂的凸、凹模，应采取组合拼合的方式，把内形加工转为外形加工，形状复杂且易损部位可设计成单独的镶嵌件，便于制造和更换。对于外形尺寸较大、刃口部位多而复杂的凹模，可将其分为若干模块，采用分段拼合的形式。

(3) 凸、凹模结构要有利于固定和拆卸。凸、凹模的固定要可靠，并且便于拆卸和维护。易损凸模可采用插入式快换结构，提高拆卸的便捷程度。对于采用分段拼合的凹模，其使用的模块固定框应尽量采用分块结构，便于调整组装和拆卸维修。

按照凸模的形状特征和固定方式的差别，凸模具的结构形式有许多不同，主要是整体式与组合式的区别、带台肩与直通式的区别及压配固定与插入定位的区别。凸模结构形式与固定方式见表 1-3-24。

表 1-3-24 凸模结构形式与固定方式

类型		结构简图	说明
整体式	带肩形式	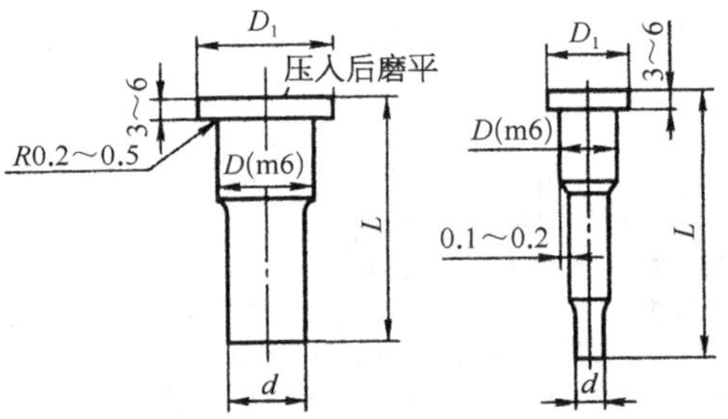 (a) (b) 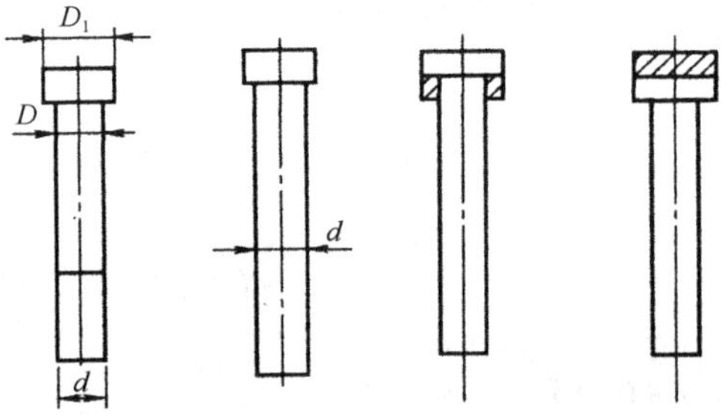 (c) (d) (e) (f) 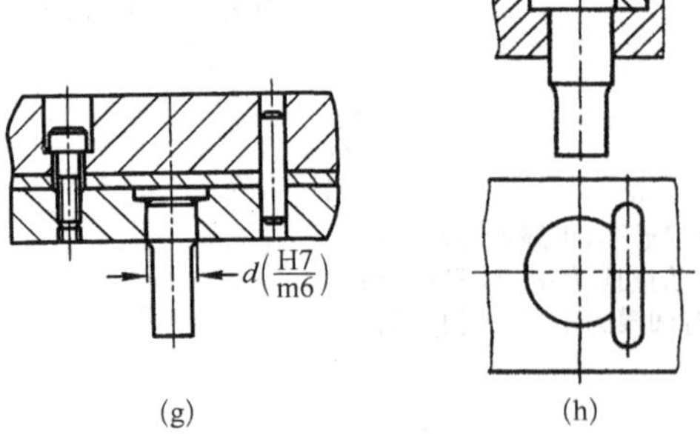 (g) (h)	带肩圆形凸模有相应的国家标准。非标准的可参照设计，制造精度容易得到保证 图 a 为典型的圆凸模，图 b 为阶梯形圆凸模，中间部分是过渡段，缩短了工作部分长度，增强了凸模刚性 图 c、图 d 为直杆式凸模，固定部分与工作部分尺寸相同或者制造公差不同。常用在间距小、凸模多的场合 图 e、图 f 为直杆式凸模，采用衬垫的形式，凸模刃磨后需要调整衬垫厚度 图 g、图 h 为凸模的固定方式和防止凸模发生转动的方式，是带肩式凸模固定的常用方式

（续表）

类型		结构简图	说明
整体式	带肩形式	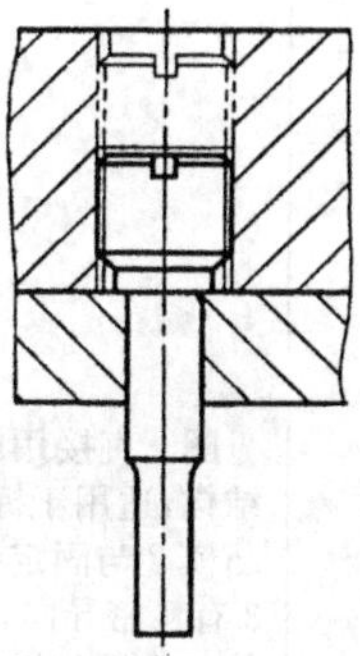 (i) 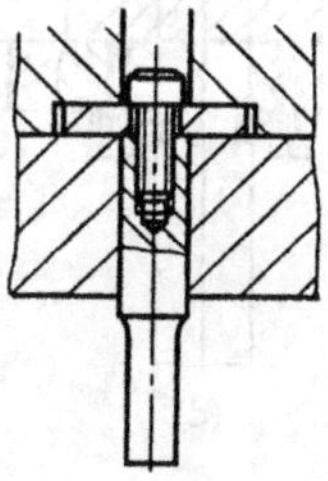 (j) 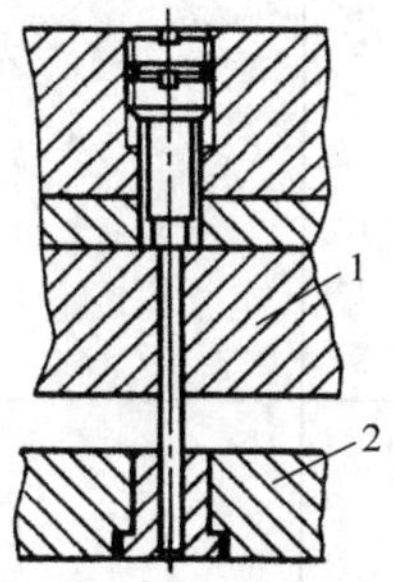 (k) 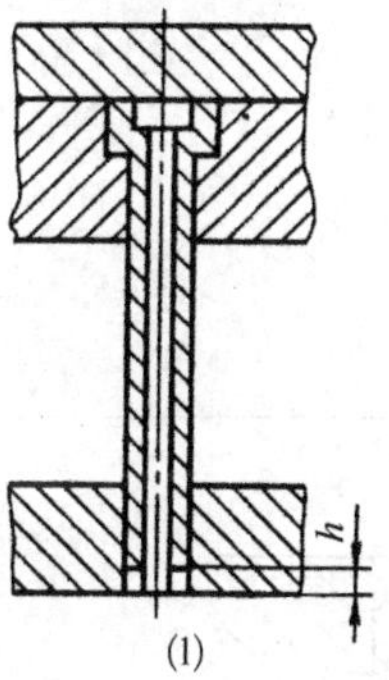 (l)	图 i、图 j 分别为上插入和下插入式的凸模，适用于经常装拆更换的凸模 图 k 对小凸模工作端予以保护，图 l 采用全护套保护小凸模。采取保护方式时，卸料板 1 与凸模固定板 2 之间采用导柱(小导柱)导向，凸模位置精度由卸料板决定，凸模与固定板采用$\frac{H7}{f6}$或者$\frac{H7}{h7}$间隙配合
	直通形式	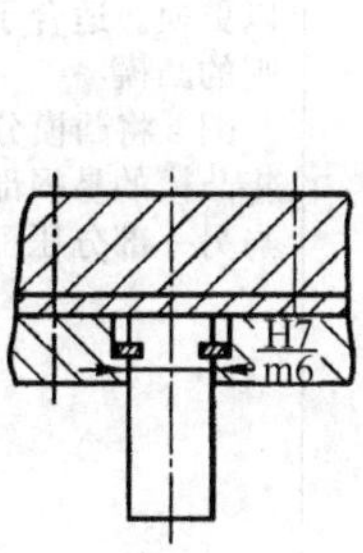 (a) 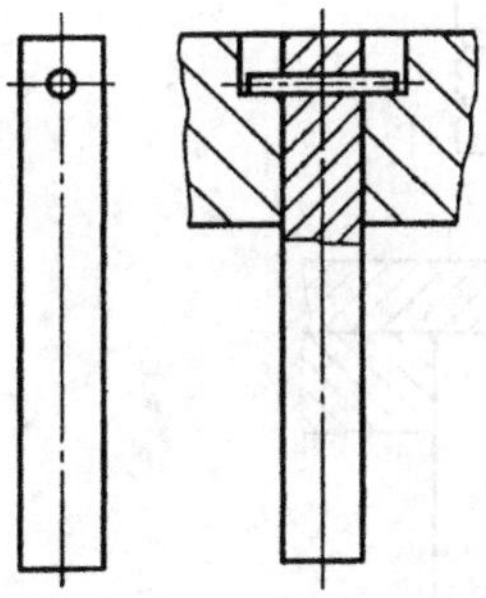 (b)	直通式通常被用于异形凸模，其工作部分和固定部分的尺寸完全一致，凸模的加工工艺性好、制造精度高，与固定板的配合一般采用$\frac{H7}{m6}$或者$\frac{H7}{n6}$，也可以采用$\frac{H6}{m5}$或者$\frac{H6}{n5}$ 图 a 采用压配和键固定，图 b 用销代替键

（续表）

类型		结构简图	说明
整体式	直通形式	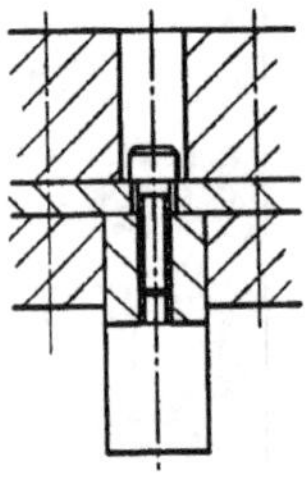 (c) 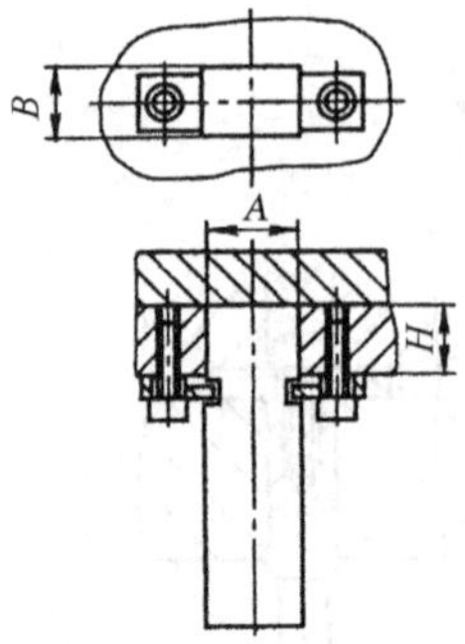 (d) 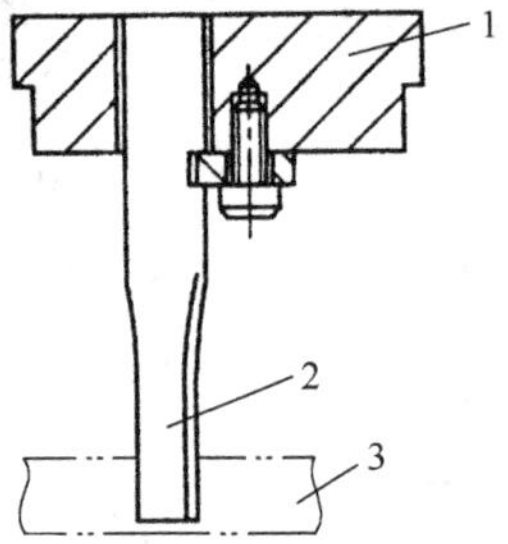 (e)	图c直接用螺钉固定。图d为压块结构，适用于拆卸更换时使用。图e中凸模2与固定板1之间有间隙，卸料板3有精密导向，凸模的位置精度取决于其工作端与卸料板3的配合
组合式	直接组合	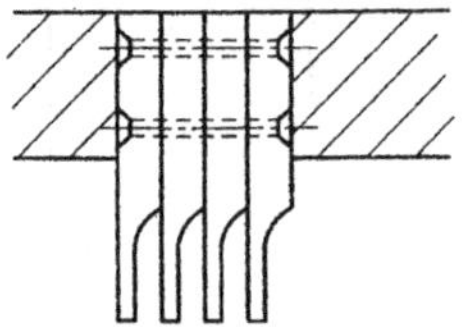 (a) 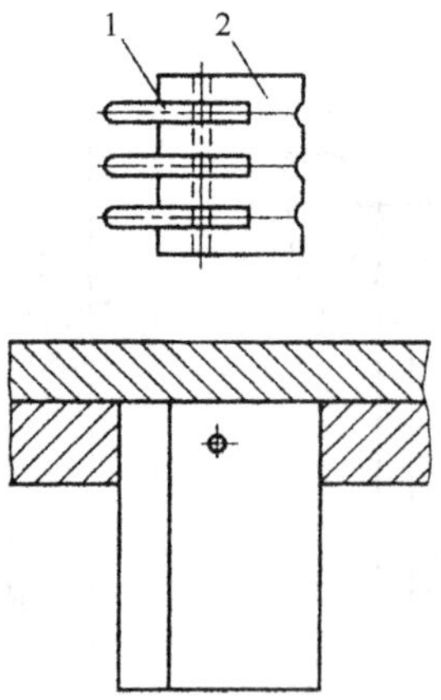 (b) 1—片状凸模；2—凸模	凸模整体加工困难时，直接将其分为几个简单的部分，便于加工。分别加工后再拼合成一个整体，部分损坏时，可以更换。适合于相邻几何形状简单规则的凸模 图a将凸模分为几个相同形状，图b将凸模的易损部位分为3个片状凸模，与另一部分压配组合成一个整体凸模

（续表）

类 型		结 构 简 图	说 明
组合式	间接组合	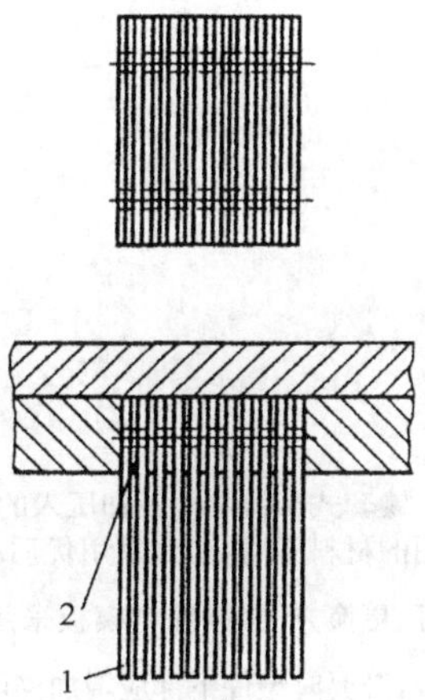(a) 1—凸模；2—垫片 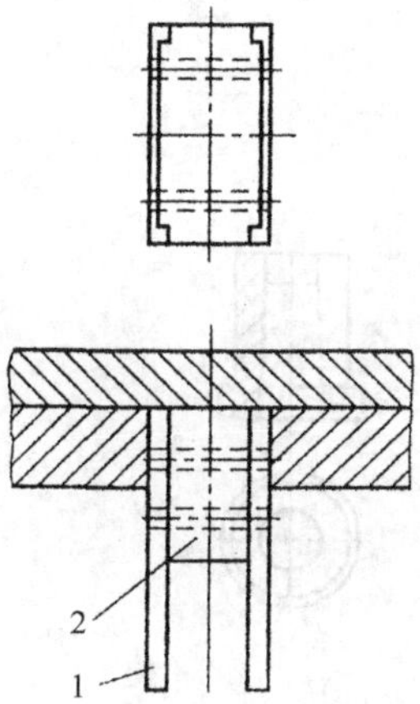(b) 1—凸模；2—基体	凸模分为几个简单形状，分别加工后，需要与若干组合垫块或者组合基体装配在一起。组合后的异形凸模精度与垫块或者基体的精度有关。适用于相邻形状复杂，形状不规则、不相同，不能直接组合的复杂异形凸模 图 a 中片状凸模 1 加工后，使用垫片(块)2 控制间距。图 b 中通过基体 2 将凸模组件组合成一个整体

按照凹模的复杂程度和尺寸大小及拼合固定方式的差别，凹模的结构形式较多，主要是整体式和镶拼组合式两大类型。

由于凹模结构相对复杂，凹模的镶拼组合包括：采用镶套、镶块嵌件便于易损部位的更换；采用拼合凹模型孔将复杂的内形加工转变为相对简单的外形加工；采用分段拼合凹模(模块式凹模)有利于大尺寸、多型孔凹模加工，以及提高加工装配精度。在凹模结构设计中，根据需要可以将以上形式予以综合应用。凹模结构形式与固定方式分别见表 1-3-25 和表 1-3-26。

表 1-3-25 凹模结构形式

类 型	结 构 简 图	说 明
整体式	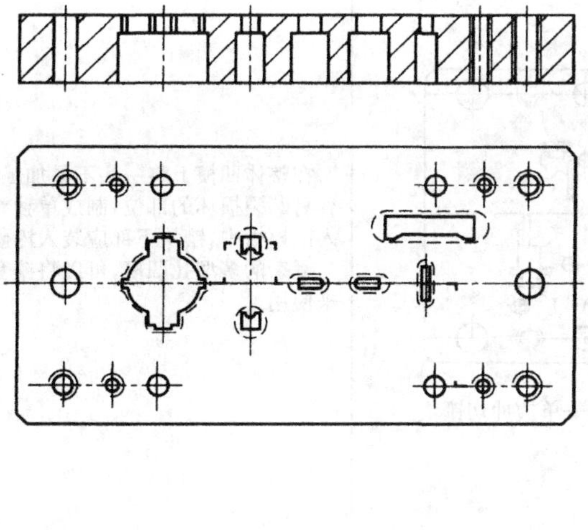	整体凹模易损部分与非易损部分组成一体。凹模装配方便，但局部损坏后维修困难 单工序模、复合模和工位不多的级进模通常都采用整体式凹模 凹模的型孔和各型孔的间距精度依靠加工机床的坐标精度来保证

（续表）

类型		结构简图	说明
组合镶拼式	镶套	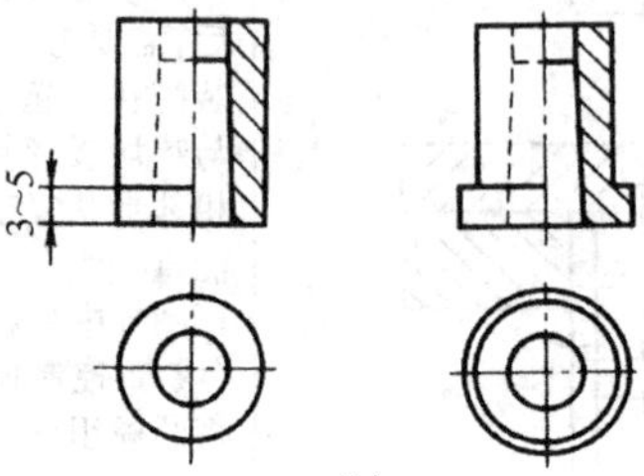(a) 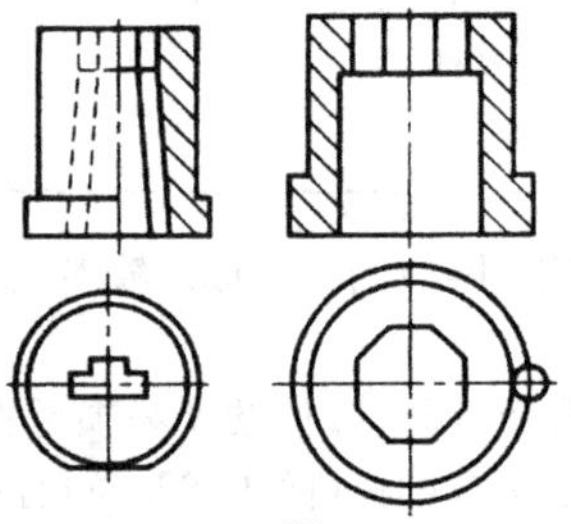(b)	镶套式凹模由模板和压入的镶件组成，两者选用的材料不同，镶件采用优质材料，镶件互换性好、更换方便，镶件与模板采用$\frac{H7}{m6}$或者$\frac{H7}{n6}$配合，必要时镶件下部应增加淬硬垫板 图 a 中整体式镶套常用的圆形凹模镶件有相应标准件，应用较多。采用的材料有 Cr6WV、Cr12 图 b 中为异形刃口圆柱形镶件，刃口的方向性要用键或者圆柱销止动定位
	镶块	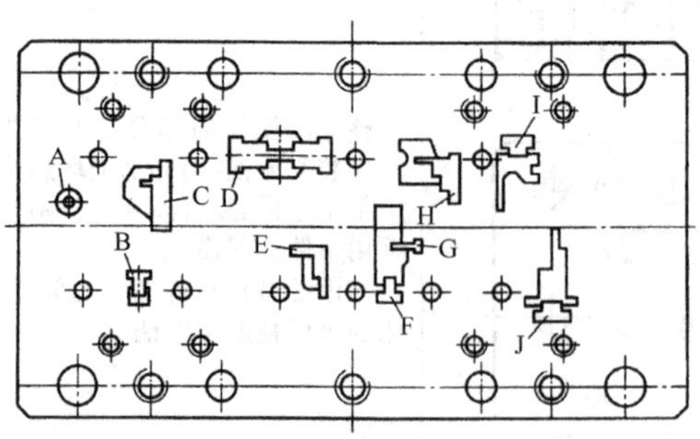A—冲孔镶套；B～H—冲裁镶块；I、J—单边冲切镶块	在整体凹模上将一些不易加工或者悬臂细长，容易断裂损坏的部位，制成单独镶块（嵌件）并嵌入凹模板中，镶块下部应装入淬硬垫板 复杂的多型孔凹模，可以将镶套与镶块结合起来使用

（续表）

类　型		结　构　简　图	说　　明
组合镶拼式	型孔拼合	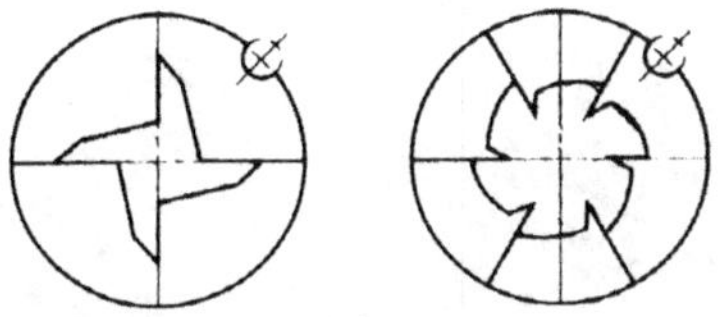 (a) 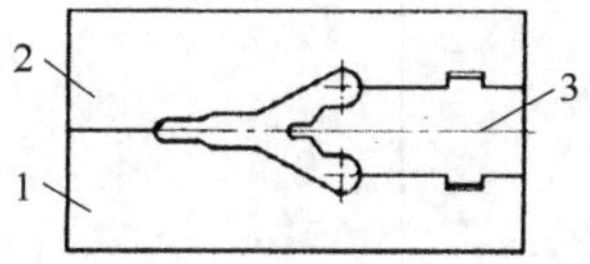 (b) 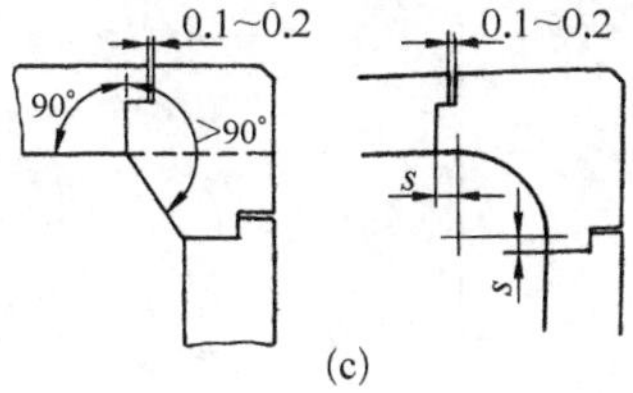 (c)	适用于不易加工的异形凹模型孔，通过拼合，把复杂的内形加工转变为相对简单的外形加工，有利于满足高精度的加工要求。拼块的划分应使其具有良好的工艺性及一定的强度；要防止拼块在冲压过程中发生相对位移；拼块应尽量避免尖角 图 a 为圆形件，按径向线分割拼合，图 b 中型孔的分割线（拼缝）不能与刃口圆弧相切，而应在圆弧的对称线上。拼块 1、2 为对称形状，拼块 3 的凸台使件 1、2、3 保持相互位置不变 图 c 主要用于平面尺寸较大的凹模。凸模、凹模都采用拼合方式时，凸模与凹模的拼缝应错开；为保证拼合面密合，较大的拼合面的末端可加工出 0.1～0.2 mm 缝隙
	分段拼合	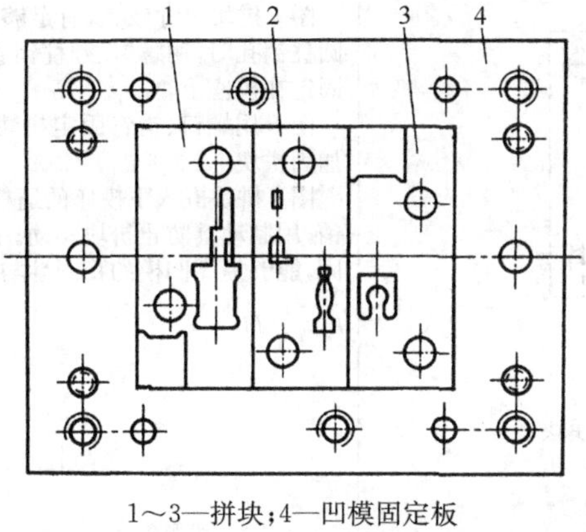 1～3—拼块；4—凹模固定板	将凹模分为若干段，各段凹模的结合面经研合后组合在一起，构成模块式凹模 分段拼合的模块式凹模是多工位级进模具中常用的凹模结构形式，通过分段，便于加工和提高型孔的位置精度 拼块应有良好的工艺性和足够的强度；一个拼块上至少包括一个工位的型孔；应防止拼块在冲压过程中发生相对位移；为提高稳定性，在拼合凹模下应设置淬硬垫板

表 1-3-26　凹模固定方式

类　型	结　构　简　图	说　　明
整体式	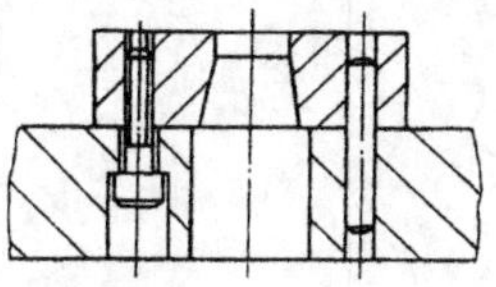	使用螺钉、圆柱销固定整体凹模，结构简单，装拆方便
组合镶拼式	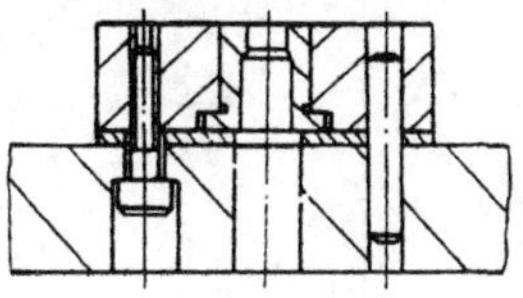	把镶套压入固定板（或凹模板）后用螺钉、圆柱销固定，结构简单，装拆方便。异形刃口圆柱形镶件，要用键或者圆柱销止动定位。为提高稳固性，镶套下部可以设置淬硬垫板

（续表）

类型	结构简图	说明
组合镶拼式	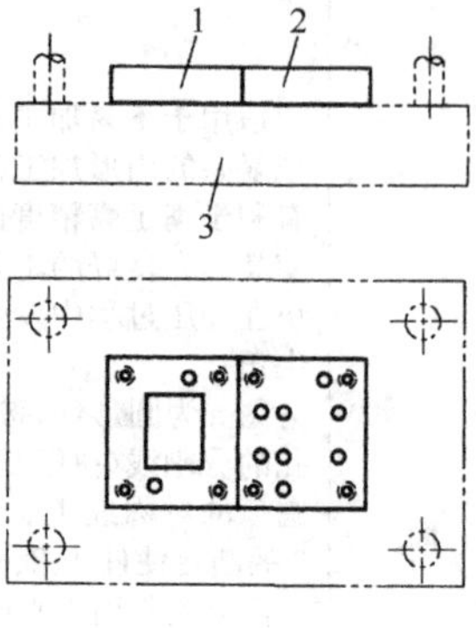 (a) 1、2—凹模拼块；3—下模座 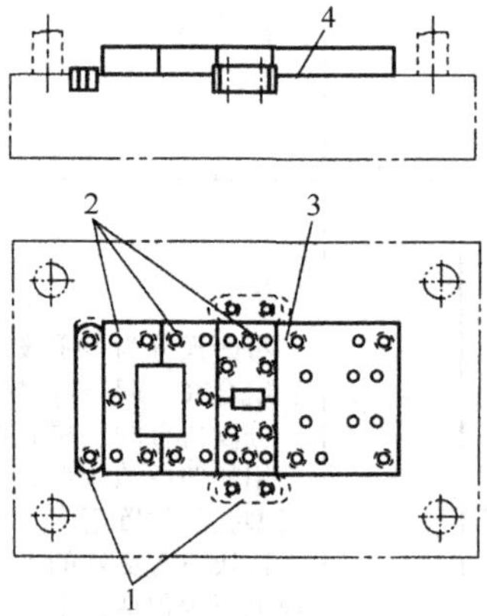 (b) 1—制动键；2—凹模拼块；3—凹模块； 4—凹模块底面装在下模座上 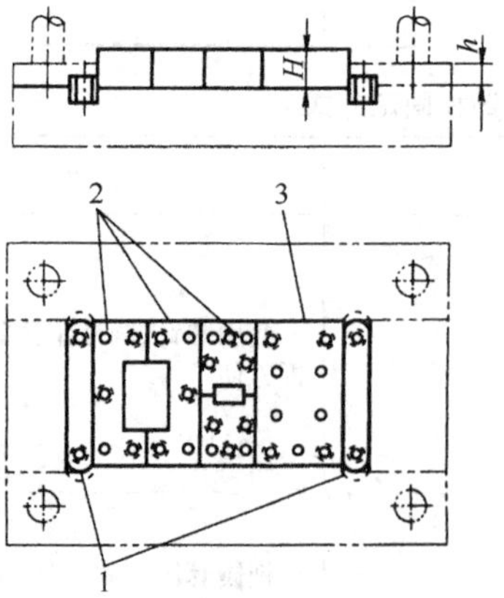 (c) 1—制动键；2—凹模拼块；3—凹模块	图 a 拼块尺寸较大，有足够位置设置螺钉孔和圆柱销孔时，用螺钉、圆柱销直接固定拼块，拼块固定在模座上 图 b 用螺钉、销钉固定拼块，并且采用制动键加固拼块 图 c 拼块嵌入下模座的通槽内，可以不用定位销，用制动键防止拼块移动。采用嵌入并用键加固，能够提高凹模的稳固性与可靠性。通槽深度 $h \geqslant \frac{2}{5}H$

（续表）

类　型	结　构　简　图	说　　明
组合镶拼式	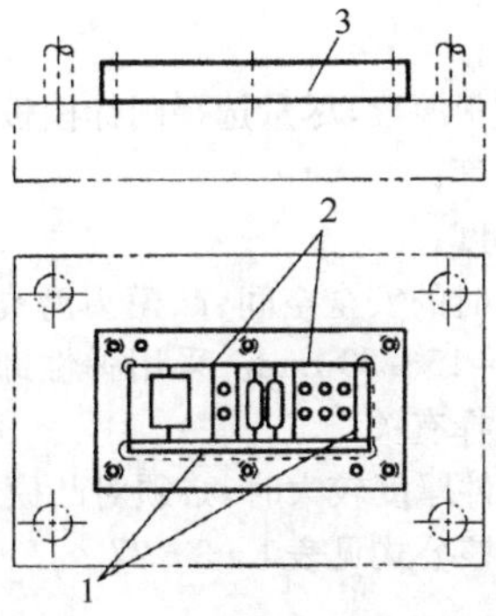 1—斜楔；2—凹模拼块；3—凹模固定板	采用凹模固定板，将凹模拼块嵌入凹模固定板的方孔内，并且用斜楔紧固拼块。用螺钉、圆柱销把凹模固定板安装固定在模座上，拆装比较方便，凹模拼块下部可以设置垫板
	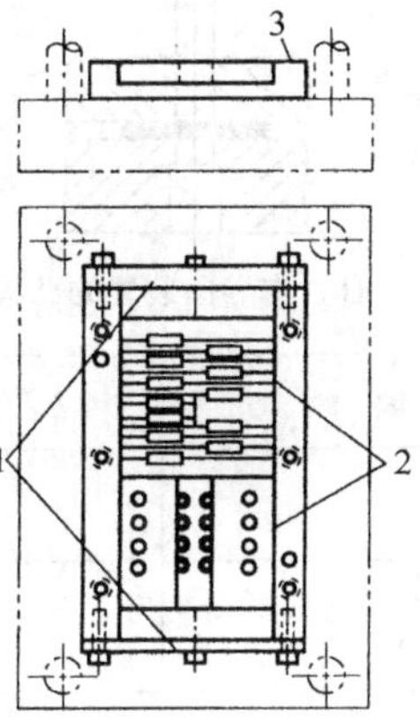 1—压板；2—凹模拼块；3—凹模固定板	采用凹模固定板，将凹模拼块嵌入凹模固定板的通槽内，两端用压板固定。用螺钉、圆柱销把凹模固定板安装固定在模座上 凹模固定板的硬度不低于 45 HRC，凹模拼块下部可以不设置垫板
	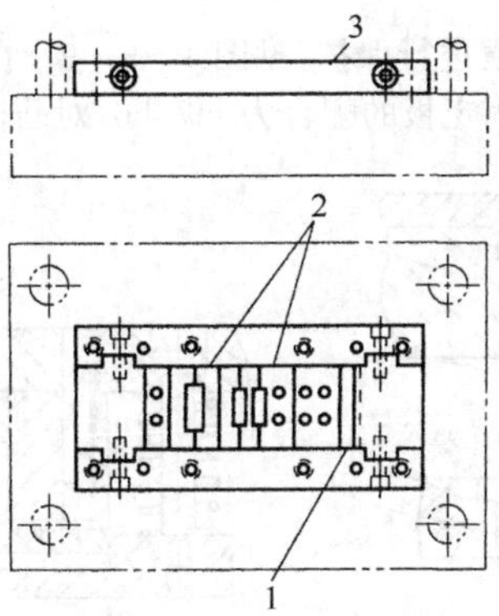 1—斜楔；2—凹模拼块；3—螺钉连接框架	采用连接式框架。框架的左右、前后边框相互嵌合，用螺钉连接，形成一个整体，凹模拼块嵌入框架中，并用斜楔压紧 用螺钉、圆柱销把框架安装固定在模座上，根据使用的模座情况，需要时拼块与模座之间设置淬硬垫板

（四）凸模的长度

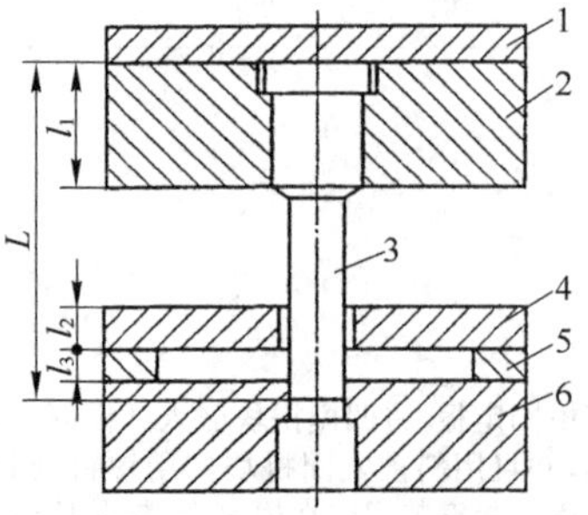

图 1-3-8 凸模长度

1—垫板；2—凸模固定板；3—凸模；4—卸料板；5—导料板；6—凹模

凸模的长度与凸模的类型、紧固方式和模具总体结构有关。常见的带凸肩压配固定的凸模长度按图 1-3-8 所示关系确定，即

$$L = l_1 + l_2 + l_3 + l \ (\text{mm})$$

式中 L——凸模长度；

l_1——凸模固定板厚度，尽量选择国标模板厚度尺寸；

l_2——卸料板厚度；

l_3——导料板厚度；

l——考虑闭模时的安全空间、凸模刃磨高度等因素后的附加长度，一般取 l=15～20 mm。采用弹性卸料板时，附加长度还与弹性体的选择有关。

当凸模细长、冲裁件厚度较大时，必须对凸模进行压应力和抗纵向弯曲应力校核，凸模强度校核公式见表 1-3-27。

表 1-3-27 冲裁凸模强度校核公式

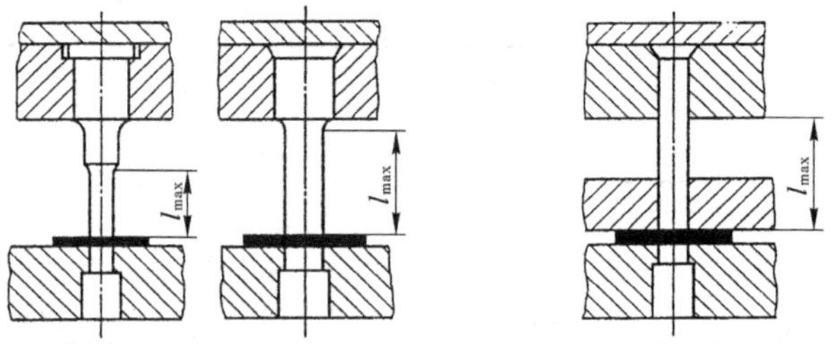

(a) 无导向装置的凸模　　(b) 有导向装置的凸模

校核内容		圆形凸模	非圆形凸模
压应力		$d \geqslant \frac{4tR_m}{[\sigma_压]}$	$F_1 \geqslant \frac{P}{[\sigma_压]}$
纵向弯曲应力	无导向	$l_{max} \leqslant 94\,\frac{d^2}{\sqrt{P}}$	$l_{max} \leqslant 423\sqrt{\frac{J}{P}}$
	有导向	$l_{max} \leqslant 266\,\frac{d^2}{\sqrt{P}}$	$l_{max} \leqslant 1\,190\sqrt{\frac{J}{P}}$

注：P—冲裁力(N)；F_1—凸模最小断面积(mm^2)；J—凸模最小断面的惯性矩(mm^4)；d—凸模最小直径(mm)；l_{max}—凸模最大允许长度(mm)；R_m—冲压材料的抗拉强度(MPa)；$[\sigma_压]$—许用压应力(MPa)，T8A、T10A、Cr12MoV、GCr15 淬火硬度 58～62 HRC 时，为 1 000～1 600 MPa。

为了提高小凸模的强度和稳定性，常采用护套对小凸模进行保护，见图 1-3-9。在图 1-3-10 中，通过增大垫板 1 的厚度，缩短小凸模 2 的长度。弹压卸料板 3 与固定板的配合为 H7/h6，对凸模起保护作用。

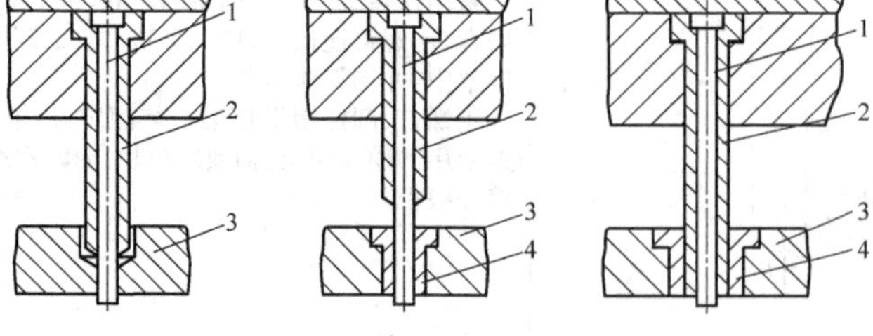

图 1-3-9 简易护套的结构

1—小凸模；2—护套；3—卸料板；4—衬套

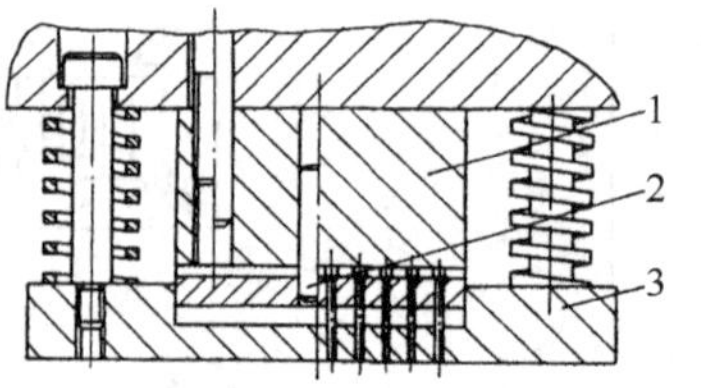

图 1-3-10 缩短凸模长度的结构

1—垫板；2—小凸模；3—弹压卸料板

凸模固定端面要承受垂直方向的冲裁力。当单位压力超过 80～90 MPa 时,凸模固定端面与铸铁模座之间应增加垫板,提高凸模的稳固程度。

(五) 凹模的外形尺寸与凸凹模最小壁厚

凹模外形尺寸包括长×宽($L\times B$)、直径(D)及厚度(H)尺寸。简单形状的凹模厚度 H 和凹模壁厚 c 见表 1-3-28,凹模的平面尺寸($L\times B$ 或 D)与刃口形状和螺钉孔、圆柱销孔的布置有关。为了保证凹模有足够的强度,螺孔和销孔到凹模边缘的距离、刃口到凹模边缘的距离及刃口之间的距离不能过小。螺孔、销孔到凹模边缘的距离见表 1-3-29,凹模刃口边距见表 1-3-30。凹模外形尺寸应尽量符合国家标准(GB/T)矩形凹模板标准系列尺寸。

表 1-3-28 凹模厚度 H 和凹模壁厚 c (mm)

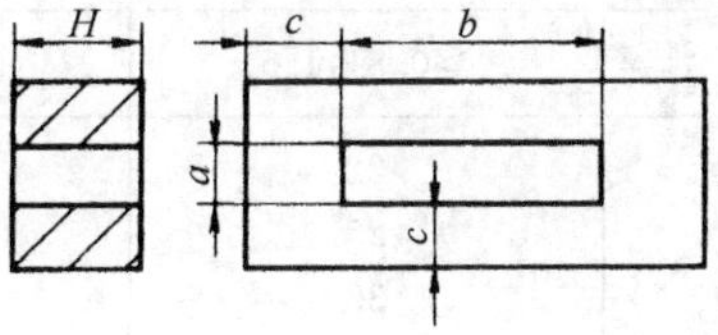

凹模最大刃口尺寸 b	材料厚度 t							
	≤0.8		>0.8～1.5		>1.5～3		>3～5	
	凹模外形尺寸							
	c	H	c	H	c	H	c	H
50～75	26	20	30	22	34	25	40	28
>75～150	32	22	36	25	40	28	46	32
>150～200	38	25	42	28	46	32	52	36
>200	44	28	48	30	52	35	60	40

表 1-3-29 螺孔、销孔到凹模边缘的距离 (mm)

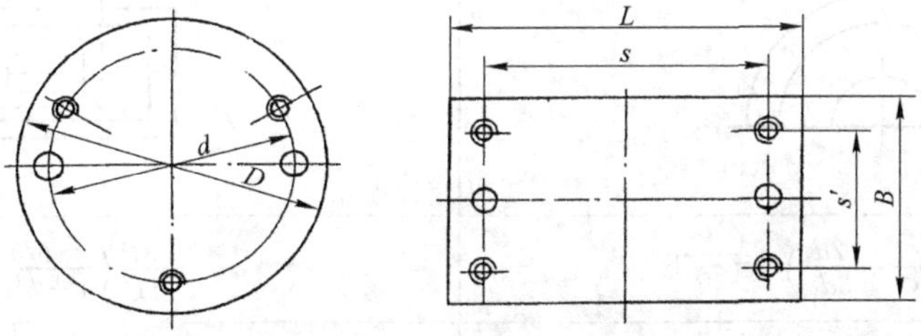

螺 孔	销 孔	孔中心到凹模边缘的距离 $\left(\frac{D-d}{2}\right)$或$\left(\frac{L-s}{2},\frac{B-s'}{2}\right)$
M5	$\phi5$	8
M6	$\phi6$	9
M8	$\phi8$	12
M10	$\phi10$	15
M12	$\phi12$	18

注:1. 凹模材料 T10A、Cr12、Cr6WV、9Mn2V、Cr12MoV,淬火硬度 58～62 HRC。
2. 平面尺寸许可时,应增大孔中心到边缘的距离。

表 1-3-30　凹模刃口边距　(mm)

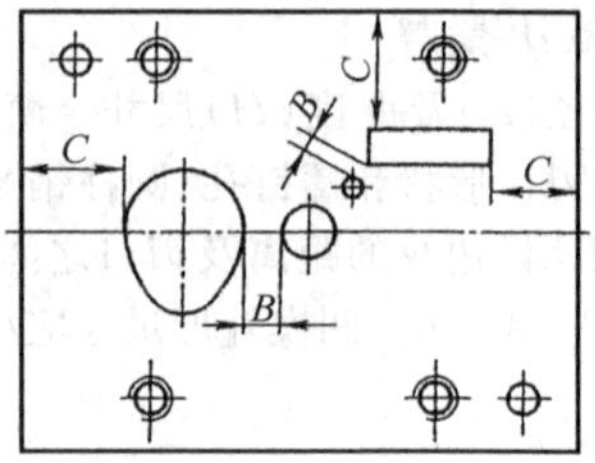

条料宽度	材料厚度 t			
	≤0.8	>0.8～1.5	>1.5～3.0	>3.0～5.0
≤40	20	22	28	32
>40～50	22	25	30	35
>50～70	28	30	36	40
>70～90	34	36	42	46
>90～120	38	42	48	52
>120～150	40	45	52	55

注：1. 刃口形状复杂时，C 值可按表值增大 5～8 mm。
2. B 值一般不小于 5 mm，并与漏料孔的形状设计有关。

凹模的厚度尺寸应足够。凹模厚度不够且支承面积较小时，凹模在冲裁力的作用下会产生弯曲。凹模强度校核的近似公式见表 1-3-31。

表 1-3-31　冲裁凹模强度校核公式

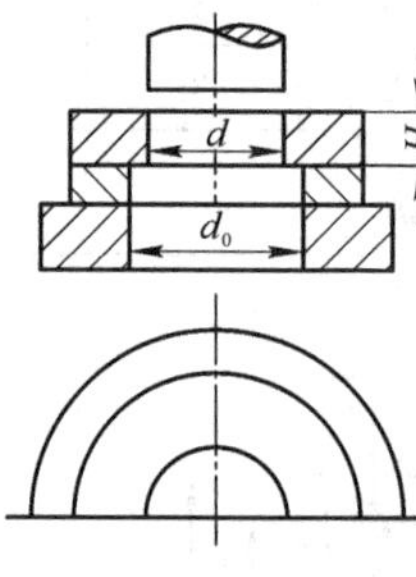

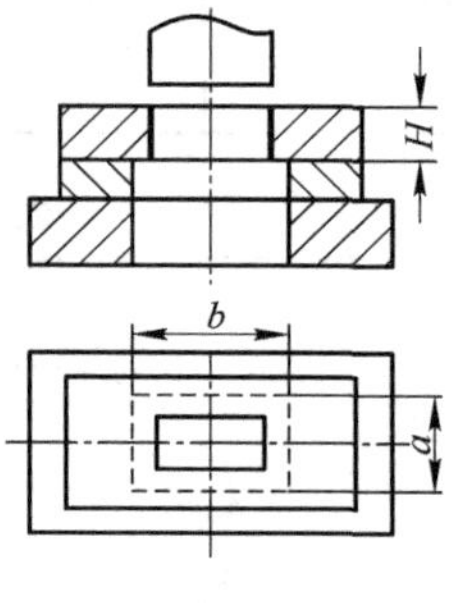

圆形	矩形
$\sigma_{弯}=\dfrac{1.5P}{H^2}\left(1-\dfrac{2d}{3d_0}\right)\leqslant[\sigma_{弯}]$	$\sigma_{弯}=\dfrac{3P}{H^2}\left(\dfrac{b/a}{1+b^2/a^2}\right)\leqslant[\sigma_{弯}]$
$H_{min}=\sqrt{\dfrac{1.5P}{[\sigma_{弯}]}\left(1-\dfrac{2d}{3d_0}\right)}$	$H_{min}=\sqrt{\dfrac{3P}{[\sigma_{弯}]}\left(\dfrac{b/a}{1+b^2/a^2}\right)}$

注：P—冲裁力(N)；$\sigma_{弯}$—弯曲应力的计算值(MPa)；$[\sigma_{弯}]$—许用弯曲应力(MPa)，对于淬火硬度为 58～62 HRC 的 T8A、T10A、Cr12MoV 和 GCr15，$[\sigma_{弯}]$=300～500 MPa；H—凹模厚度(mm)，应符合标准尺寸；H_{min}—凹模最小厚度(mm)；d—凹模直径(mm)；d_0—下模座孔的直径(mm)；$a\times b$—下模座长方孔尺寸(mm)。

凸凹模与凸模、凹模是复合冲裁模的工作零件。顺装复合模的凸凹模位于上模部分，每次冲一次，装在上模的推杆都会把凸凹模中的冲孔废料推出。倒装复合模的凸凹模位于下模部分，冲孔废料从模具的漏料孔中排出。因此倒装复合模的冲孔废料会梗塞在刃口的直壁部位，使凸凹模的受力状态更复杂。

为了确保凸凹模的强度，应限制凸凹模的最小壁厚。根据受力状况，倒装复合模的凸凹模壁厚应大于相同条件下顺装复合模的凸凹模壁厚。倒装复合模的凸凹模最小壁厚见表 1-3-32。

表 1-3-32　倒装复合模的凸凹模最小壁厚　(mm)

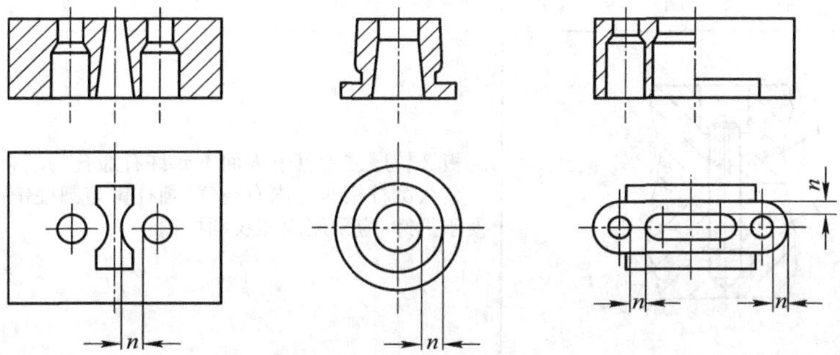

材料厚度	0.4	0.6	0.8	1.0	1.2	1.4	1.6	1.8	2.0	2.2	2.5
凸凹模最小壁厚 n	1.4	1.8	2.3	2.7	3.2	3.6	4.0	4.4	4.9	5.2	5.8
材料厚度	2.8	3.0	3.2	3.5	3.8	4.0	4.2	4.4	4.6	4.8	5.0
凸凹模最小壁厚 n	6.4	6.7	7.1	7.6	8.1	8.5	8.8	9.1	9.4	9.7	10

注：顺装复合模的凸凹模最小壁厚可小于表中的数值。常用的经验数据为：对于黑色金属材料，凸凹模最小壁厚为料厚的 1.5 倍，但不应小于 0.7 mm；对于有色金属材料，凸凹模最小壁厚等于料厚，但不应小于 0.5 mm。

(六) 圆柱销定位形式

螺钉和圆柱销被用于把凸模固定板、凹模等零件紧固并定位在模座上。螺钉和圆柱销应被置于被固定件外形轮廓附近，离模具刃口应有一定距离，被用于定位的两个圆柱销应有足够的间距。螺钉和圆柱销数量、规格及分布与凸模固定板、凹模的形状、尺寸大小有关，可参照模具典型组合尺寸表数据选用或调整。

圆柱销孔的形式与模板的厚度及结构要求有关，见表 1-3-33。

表 1-3-33　圆柱销孔的形式及装配尺寸

类　型	简　图	说　明
两板定位形式	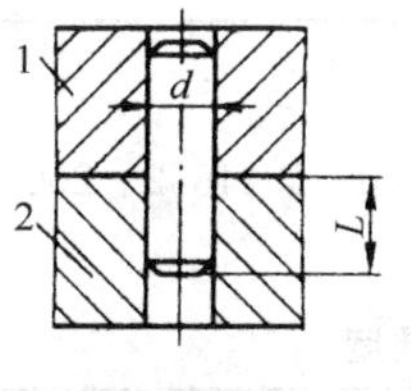	最常用的结构，安装后圆柱销头部均应在上、下板平面内。两板厚度均不超过 50 mm 时，采用直通销孔 圆柱销在板 1 中可全长配合，进入板 2 的长度 $L=(1.5\sim2)d$
	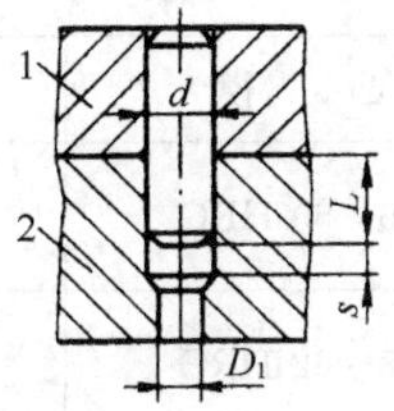	板 2 超过 50 mm 时，圆柱销孔加工成台阶形，拆卸时利用小孔将圆柱销打出 $D_1=0.5d+0.5\sim1\ \mathrm{mm}$，$L=(1.5\sim2)d$，$s=3\sim5\ \mathrm{mm}$
	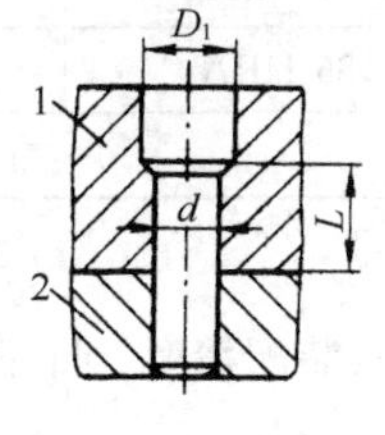	板 1 超过 50 mm 时，圆柱销孔加工成台阶形 $D_1=d+0.5\sim1\ \mathrm{mm}$，$L\geqslant(1.5\sim2)d$

（续表）

类 型	简 图	说 明
两板定位形式	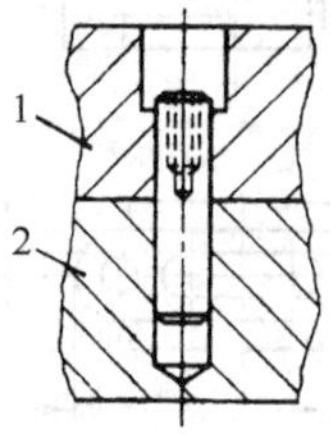	板 2 较厚或者其下表面不允许有通孔的场合，采用盲孔形式 装入圆柱销时孔内有空气，圆柱销与圆柱销孔配合不能过紧。为了便于拆卸，应采用内螺纹圆柱销
	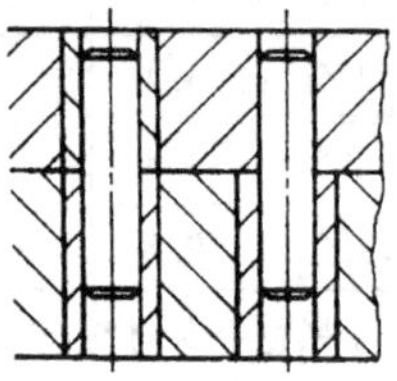	在淬硬的板件上压入软钢套，便于加工配作圆柱销孔
三板定位形式	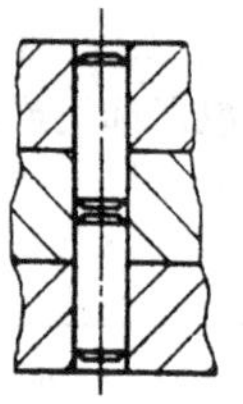	在 3 块厚板件的情况下，可以采用 2 个圆柱销分别定位

（七）凸、凹模常用材料

凸、凹模材料的选择与冲裁零件的形状、材料厚度及生产批量有关。GB/T 14662—2006 推荐的冲裁模凸、凹模材料及硬度见表 1-3-34。

表 1-3-34 冲裁模凸、凹模材料及硬度

冲件与冲压工艺情况	材 料	硬 度	
		凸 模	凹 模
形状简单，精度较低，材料厚度小于或等于 3 mm，中小批量	T10A、9Mn2V	56～60 HRC	58～62 HRC
材料厚度小于或等于 3 mm，形状复杂；材料厚度大于 3 mm	9SiCr、CrWMn、Cr12、Cr12MoV、W6Mo5Cr4V2	58～62 HRC	60～64 HRC
大批量	Cr12MoV、Cr4W2MoV	58～62 HRC	60～64 HRC
	YG15、YG20	≥86 HRA	≥84 HRA
	超细硬质合金		

（八）凸、凹模尺寸标注和加工要求示例

正确标注凸、凹模尺寸和加工要求，有利于提高零件加工工艺性和模具装配精度。凸、凹模尺寸标注和加工要求见表 1-3-35。

表 1-3-35　凸、凹模尺寸标注和加工要求

名　称	零　　件　　图	说　　明
凸 模	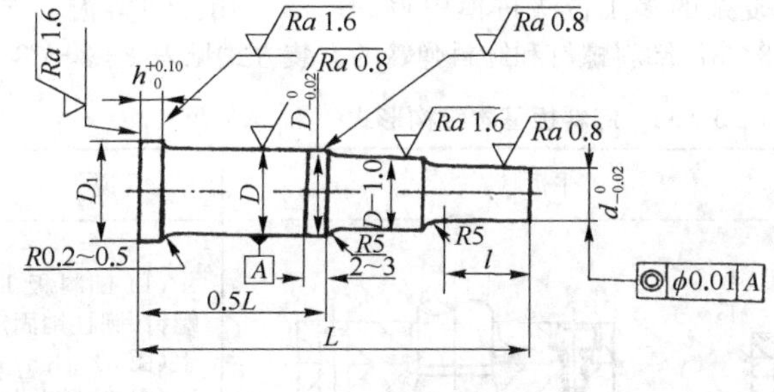 (a) 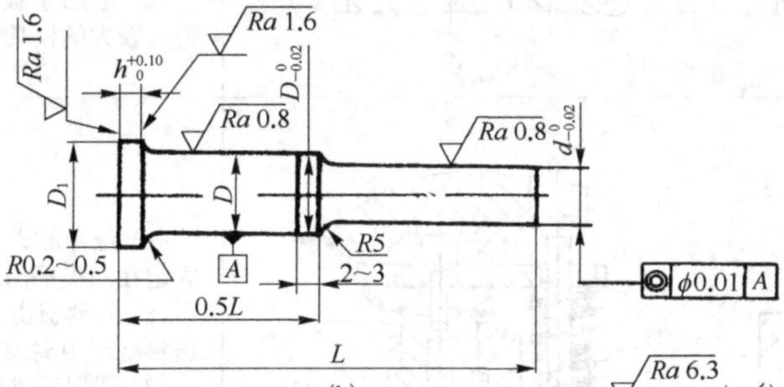 (b)	(1) 图 a 为三段式凸模形式，在凸模工作端和固定端之间增加过渡段，有利于减小工作段尺寸 1，提高凸模的稳定性。图 b 为二段凸模形式 (2) 凸模固定段与固定板一般采用 $\frac{H7}{m6}$ 压配。为了便于压配，在固定段的前端有 2～3 mm 引导段 (3) 固定段长度 L_1 应与凸模标准固定板相应或调整，$D_1 = D + 3$ mm (4) L 的尺寸根据模具需要和参照标准尺寸系列选取确定 (5) 为保证模具装配精度，工作段和固定段应有同心度要求 (6) 工作段的 Ra 要求应高于固定段 (7) 工作段的制造偏差与冲裁零件的精度、冲裁间隙有一定关系，可选择调整
凹 模 镶 件	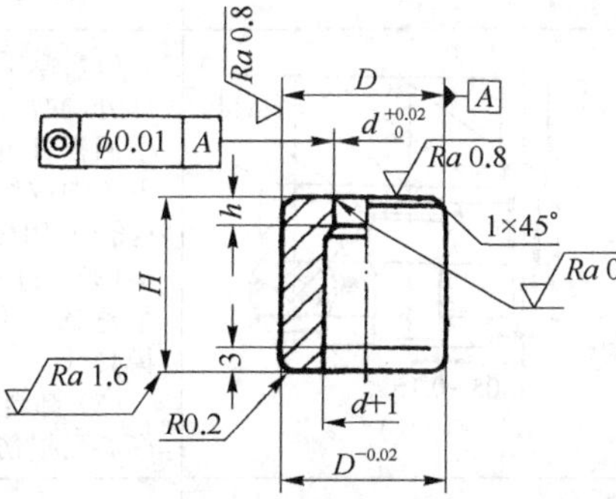 (a) 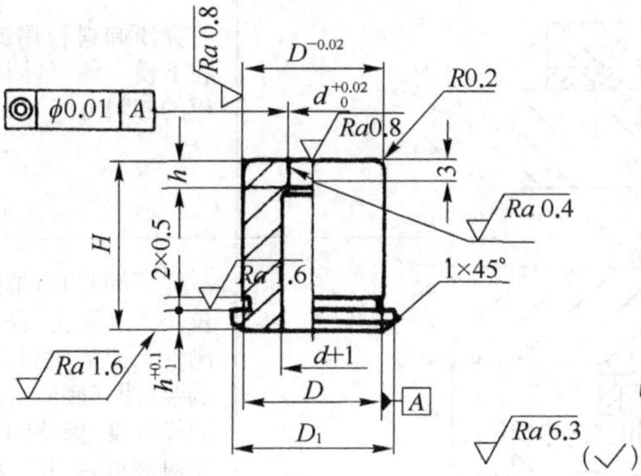 (b) 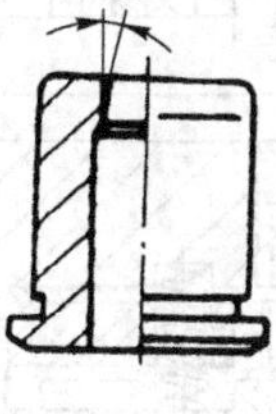 (c)	(1) 图 a 为圆形凹模，图 b 为带肩圆形凹模，后者必须从凹模固定板反面压入，固定板需要加工台阶孔。圆形凹模可从固定板正面压入，加工装配方便。图 c 凹模刃口有锥度 (2) 凹模高度应与标准凹模固定板相应，凹模与凹模固定板一般采用 $\frac{H7}{m6}$ 压配，凹模压入前端有 3 mm 引导段，便于压入，同心度要求有利于保证装配精度 (3) 凹模刃口长度与冲裁的材料厚度有关系，料厚≤2 mm 时，d≤6 mm，h=3～5 mm；d=15 mm，h=6～8 mm，并根据 d 值的增大而变化。h 增大后，会增加凹模直刃部位材料叠层数量，应适当控制

七、其他零部件结构

(一) 卸料(件)装置

用卸料板卸料(件)常用的有固定卸料板与弹压卸料板两类。具有导向的弹压卸料板由于精度高,能对细小凸模工作端起到保护作用,在小孔冲模和复杂的多工位级进模中得到广泛应用。卸料板基本结构形式见表 1-3-36,精密导向卸料板的结构见表 1-3-37,卸料螺钉和卸料弹簧的安装方式见表 1-3-38。

表 1-3-36　卸料板基本结构形式

类　别	简　　图	说　　明
固定卸料板	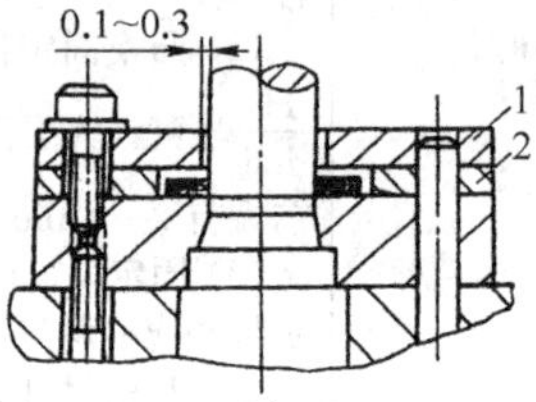 (a) 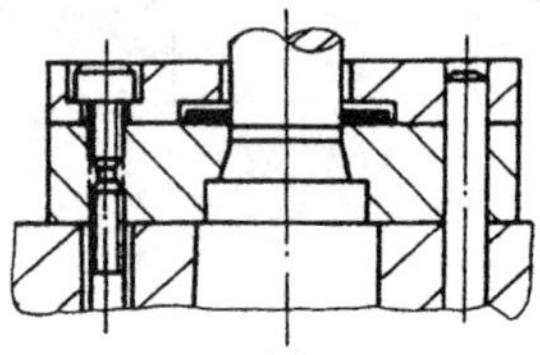 (b)	(1) 卸料板 1 和导料板 2 用螺钉、圆柱销固定在凹模工作面上(图 a) (2) 卸料板上开制出导料槽,为一整体形式(图 b) (3) 适用于板状件冲裁和卸料力较大的模具
	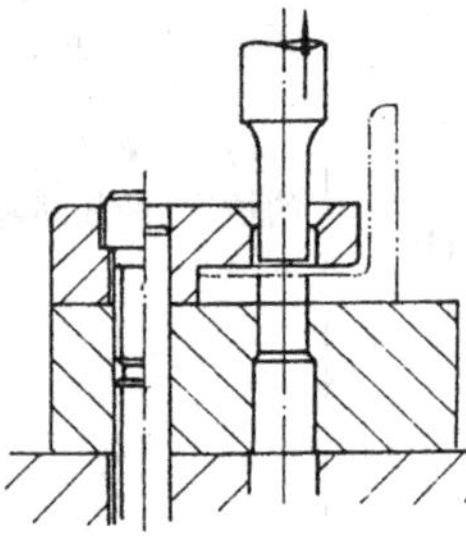 (a) 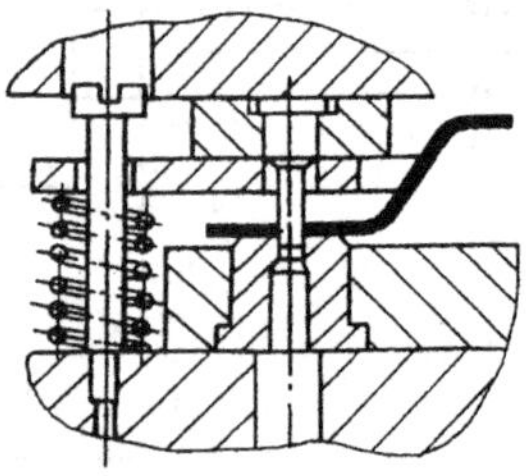 (b)	(1) 悬臂形式的固定卸料板,固定在凹模平面上(图 a) (2) 卸料板由弹簧托起,取件送料空间距离大(图 b) (3) 适用于成形件的卸料
弹压卸料板	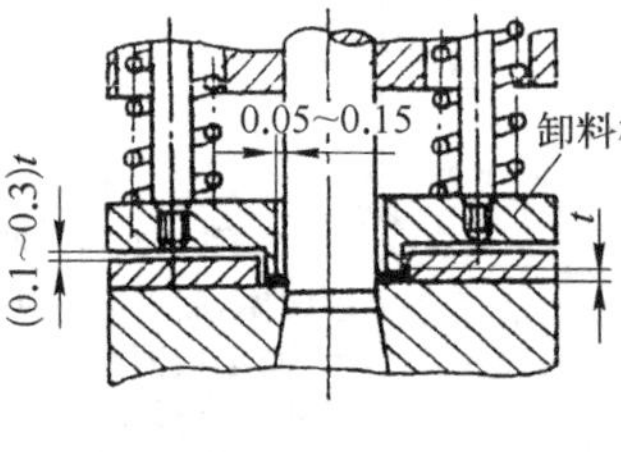 (a) 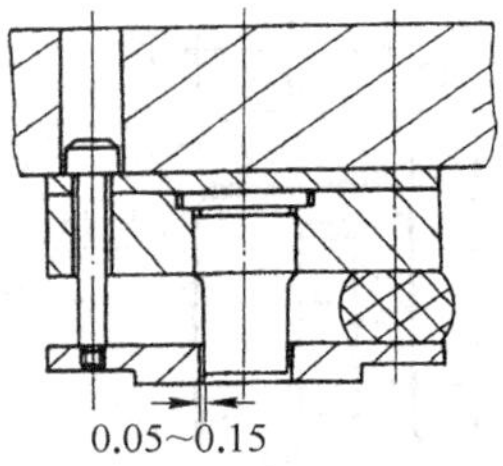 (b)	(1) 弹压卸料板连接在上模部分,冲裁前起到压料作用,上模回程时由弹性力从凸模上卸下工件或废料。用弹簧力卸料(图 a),用橡胶作弹性体(图 b) (2) 适用于冲制薄料和要求平整的工件和卸料力较小的模具 (3) 卸料板安装要平稳,防止倾斜而损伤凸模刃口
	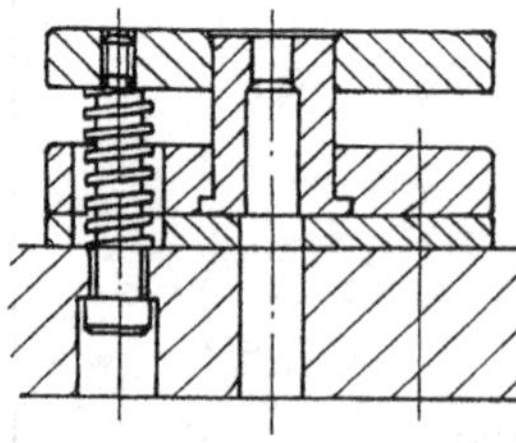	弹压卸料板用卸料螺钉安装在下模一侧,是倒装式复合冲裁模的卸料方式
	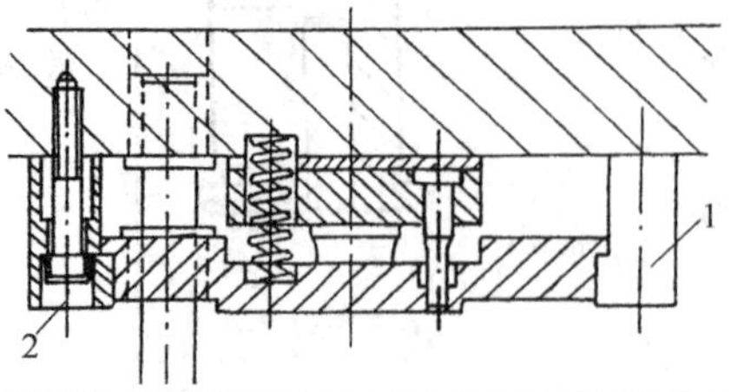	弹压卸料板的下限位置由限位块 1、2 限止,提高卸料限位的刚性。刃磨时可将限位块拆下倒装,使其底面与凸模一次磨去同样高度,保持卸料板与凸模的相对高度尺寸关系。适宜于大件冲压或高速冲压

表 1-3-37　精密导向卸料板结构

类　别	简　图	说　明
滑动导柱	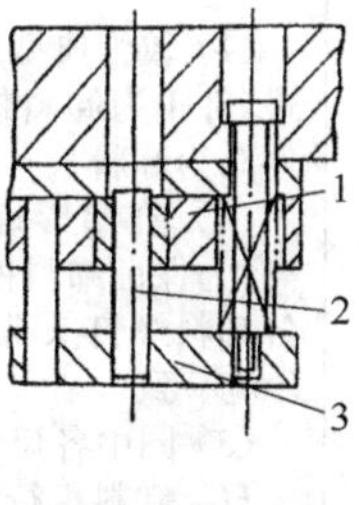 (a) 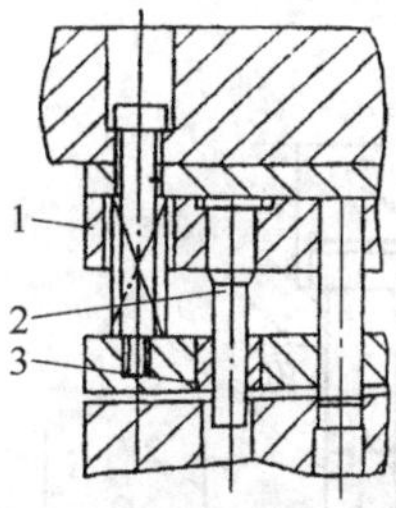 (b) 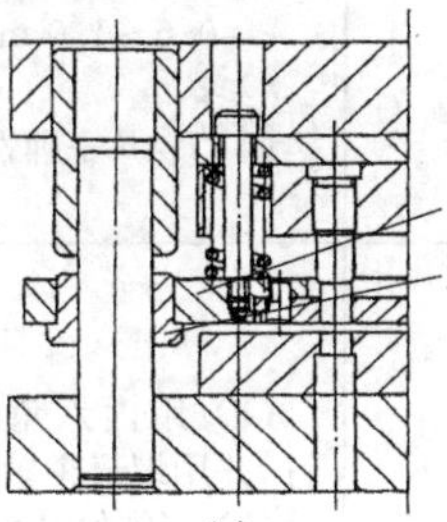 (c) 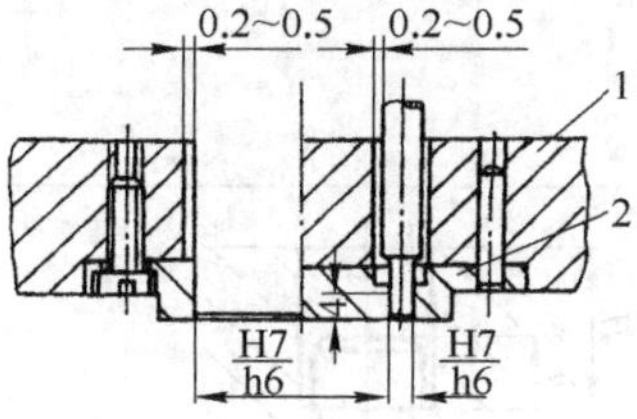 (d)	(1) 小导柱 2 压配$\left(\frac{H7}{m6}\right)$在卸料板 3 中,小导套压配$\left(\frac{H7}{r6}\right)$在凸模固定板 1 中(图 a) (2) 小导柱 2 压配$\left(\frac{H7}{m6}\right)$在凸模固定板 1 中,小导套压配$\left(\frac{H7}{r6}\right)$在卸料板 3 中(图 b) (3) 在卸料板 1 上压配导套 2,与模架共用导柱(图 c) (4) 卸料板由一块卸料板基体 1 和数块卸料板拼块 2 组成,用螺钉、圆柱销紧固(图 d) (5) 多适用于工位数较多、精度要求较高的级进模
滚动导柱	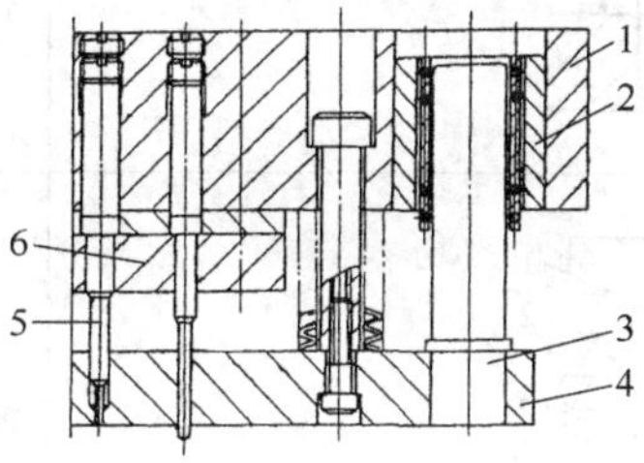	(1) 在凸模固定板 1 与卸料板 4 之间装有滚珠导套 2、导柱 3,提高了卸料板的精度 (2) 卸料板各型孔与各凸模的配合间隙,只有小于凸、凹模冲裁间隙的 1/4～1/3,才能起到对小凸模的保护作用 (3) 凸模采用插入式,凸模 5 与固定板 6 采用$\frac{H7}{f6}$或$\frac{H7}{h7}$,便于小凸模的装拆更换

表 1-3-38　卸料螺钉和卸料弹簧的安装方式

形　式	简　图	说　明
高度固定	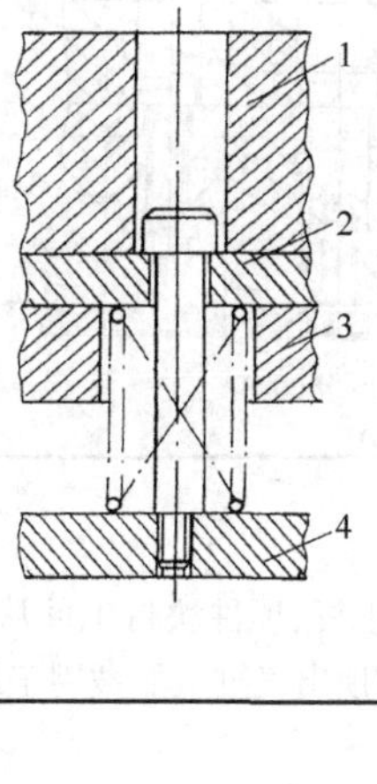	(1) 典型的卸料螺钉结构形式,模座上有直通孔,卸料螺钉头与垫板接合,加工较方便 (2) 拆除模座 1 与固定板 3 之间的螺钉和圆柱销,即可使垫板 2、固定板 3(包括压配的凸模)、卸料板 4 及弹簧作为一整体与模座分离

（续表）

形　式	简　　图	说　　明
高度固定	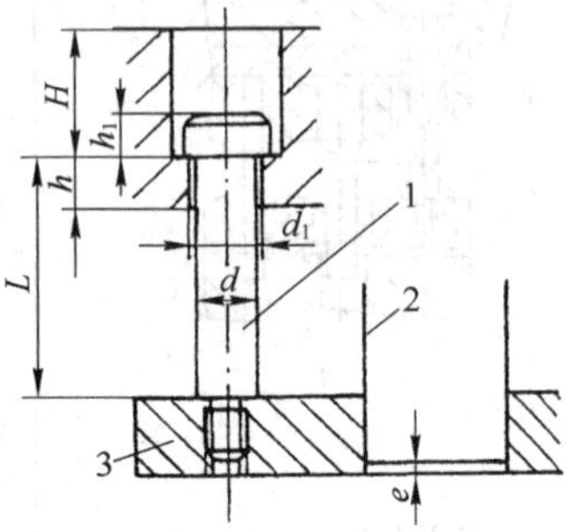	(1) 较为典型的卸料螺钉结构形式，件 1 为卸料螺钉，件 2 为凸模，件 3 为卸料板 (2) 阶梯形螺钉孔加工要求较高，为保证卸料板安装后受力均衡，各卸料螺钉头孔深 H 和螺钉长度 L 应一致 (3) 图中各尺寸关系为： H=卸料板行程+凸模刃磨量+h_1+5～10 mm $d_1=d+0.3\sim0.5$ mm $e=0.5\sim1.0$ mm $h\geqslant d$ (4) $L=h+$弹性体压缩后的高度
高度可调整	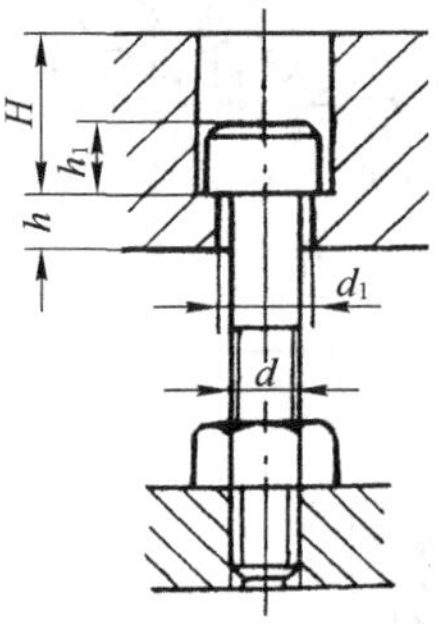	(1) 用内六角螺钉替代卸料螺钉，并用螺母锁紧 (2) 当螺钉孔深 H 不一致时，可松开螺母调节螺钉，确保安装后卸料板与模板平行，受力均衡 (3) 凸模刃磨后，可根据需要调节卸料板的高度位置
	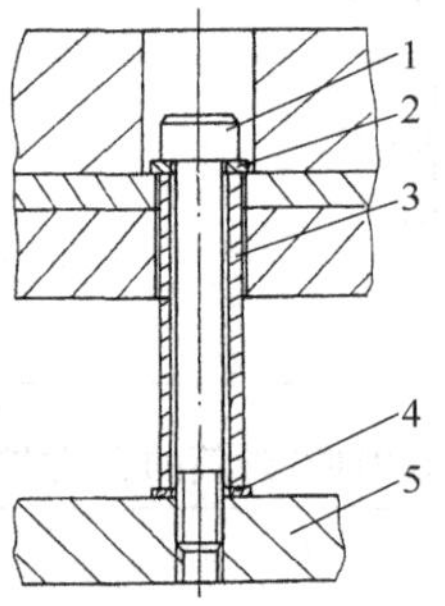	(1) 用内六角螺钉 1 替代卸料螺钉 (2) 采用等高空心套管 3 和垫圈 2、4 保证卸料板安装后与模座平行 (3) 改变套管和垫圈的高度，即可改变和调整卸料板 5 的高度位置
	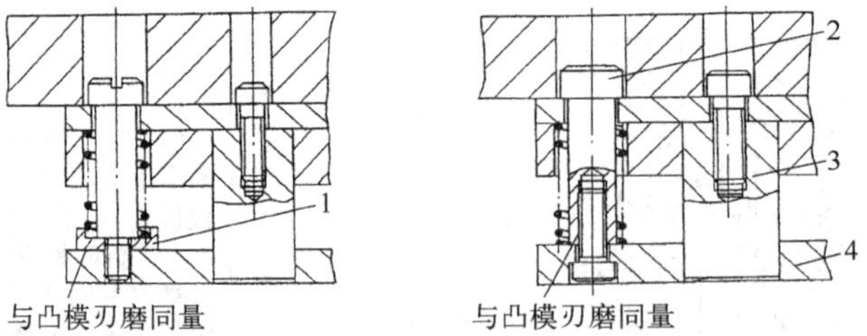	凸模工作端刃磨后，将卸料螺钉垫座 1 或柱销 2 的底面磨去同样的量，以保持凸模 3 工作端面与卸料板 4 底面之间的高度差

（二）弹顶与推出装置

弹顶装置是利用装在下模部分的弹性体的弹力，通过顶杆、顶件块将工件从下模中顶出。弹性体通常被置于压力机工作台孔中。常用的弹性体是橡胶垫和弹簧。压力机的顶出气缸也能被用于顶出。顶出装置的结构见表 1-3-39。

表 1-3-39 弹顶装置结构

简　　图	说　　明
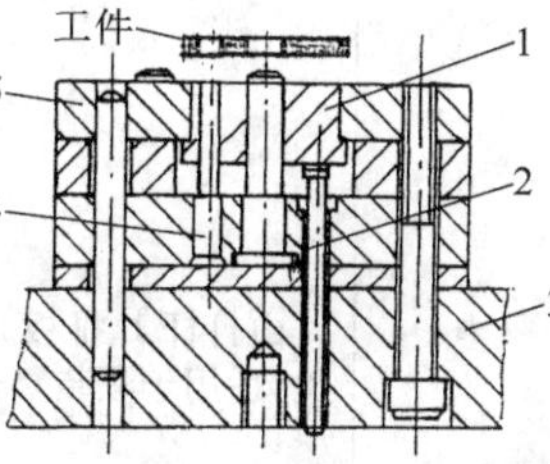	(1) 顶件块 1 在顶杆 2 的推动下,自下向上从凹模 5 和凸模 4 中顶出工件 (2) 为使顶件块 1 上下运动平稳,应使其外形与凹模 5 或者其内孔与凸模 4 形成较松的间隙配合 (3) 适用于顺装复合模(凸凹模在上模部分),或者材料较薄、工件平整度要求较高的落料模
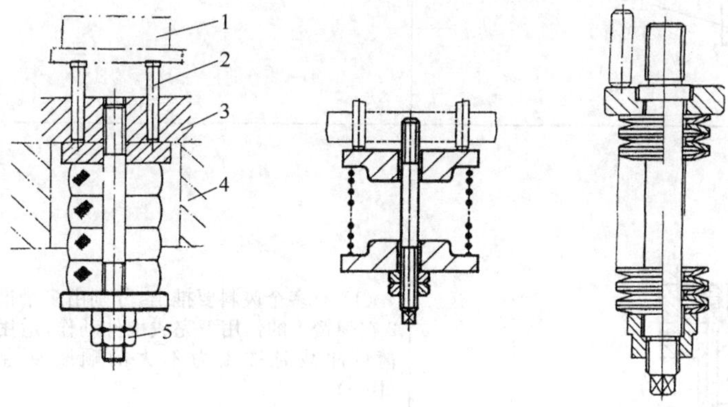(a)　(b)　(c)	(1) 顶件块 1 和顶杆 2 的弹顶力由装在下模座 3 上的弹顶装置产生。弹顶装置被置于工作台 4 的孔内。通过调节下端螺母 5,可以控制弹性体的预紧力(图 a) (2) 弹性体采用螺旋弹簧(图 b)或碟形弹簧(图 c)

推出装置是利用上模部分的打杆、连接推杆、推板和推件块等将工件或冲孔废料从上模中推出。推出力主要是依靠滑块中横梁的冲击作用。推出装置的结构见表 1-3-40。弹顶、推出装置的应用示例见表 1-3-41。

表 1-3-40 推出装置结构

类　别	简　　图	说　　明
推出工件	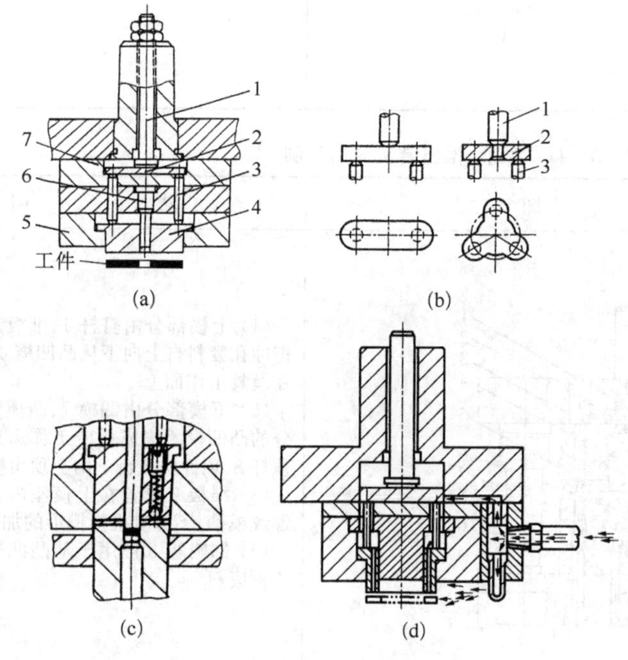(a)　(b)　(c)　(d)	(1) 打杆 1 的投影范围内有凸模 6,推杆 1 通过推板 2、连接推杆 3 间接推动推件块 4,将工件从凹模 5 中推出工件,适用于倒装复合模(图 a) (2) 设置推板 2 后会影响垫板 7(图 a)中心部位的支承强度。因此,推板 2 的形状应根据推杆的分布来设计,尽量增大垫板的支承面积,并确保中心部位厚度(图 b)。图 b 中 1 为推杆,2 为推板,3 为连接推杆 (3) 推件块底部设置滚珠弹顶器,避免薄料或涂油的工件黏附在推件块上,影响后续冲裁(图 c) (4) 在推件块上开通气槽,与喷嘴配合,可获得较好的吹件效果(图 d)

（续表）

类　别	简　　　图	说　　　明
推出废料	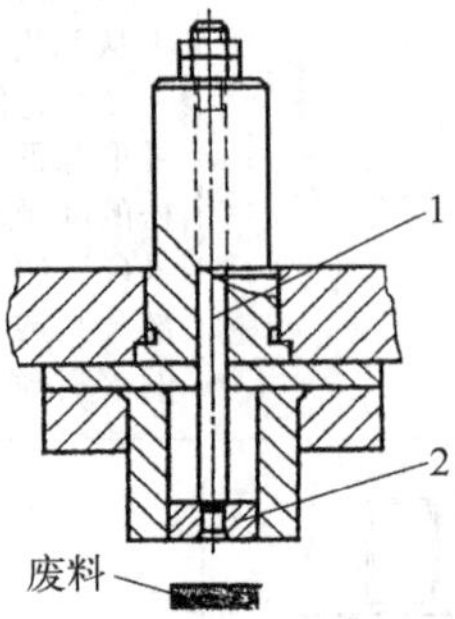	由打杆 1、推板 2 直接将废料自上向下推出，适用于顺装复合模
	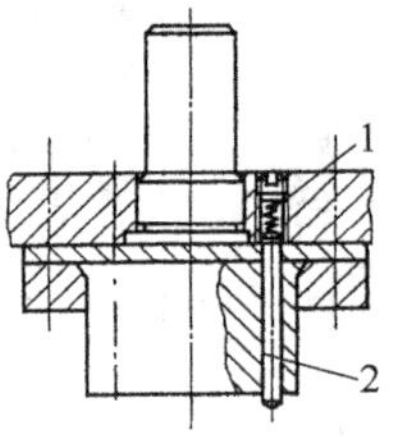 (a) 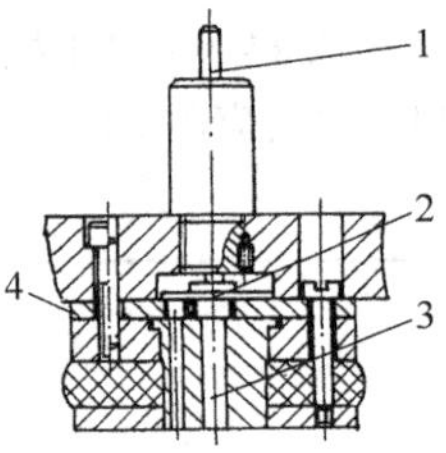 (b) 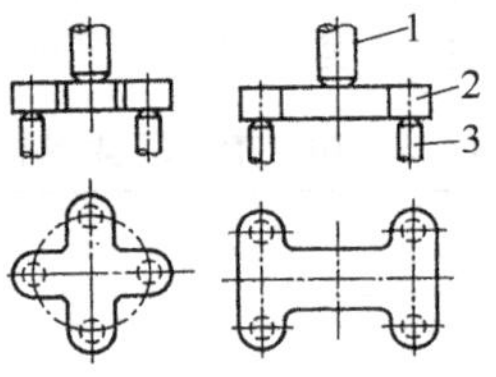 (c)	(1) 有多个废料要推出，分别由多个推杆 2 在弹簧 1 的作用下完成推件动作，适用于薄料冲裁时推出力不大的顺装复合模(图 a) (2) 由打杆 1 通过推板 2 间接推动推料杆 3，把多个废料推出(图 b)。推出力大，适用于顺装复合模 (3) 设置推板 2 后影响了垫板 4(图 b)中心部位的支承强度。因此，推板 2 的形状设计应尽量减小对垫板支承面积的影响(图 c)。图 c 中 1 为推杆，2 为推板，3 为连接推杆

表 1-3-41　弹顶、推出装置应用示例

形　式	简　　　图	说　　　明
顺装复合模	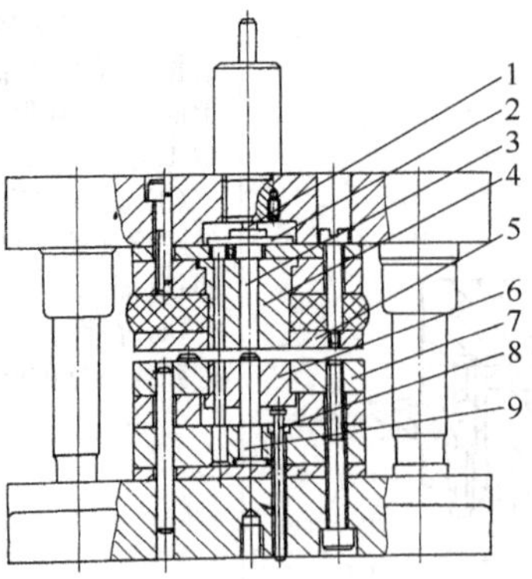	(1) 上模部分由打杆 1、推板 2、推料杆 3 把冲孔废料自上向下从凸凹模 4 中推出，落在模具工作面上 (2) 下模部分由凹模 7、凸模 9 与上模部分的凸凹模 4 构成相应工作刃口。工件由顶杆 8、顶件块 6 自下向上顶出模具工作面 (3) 推板 2 设置在上模座内。模具采用螺纹模柄，不影响推板槽形的加工 (4) 卸料板 5 被用于从凸凹模 4 上卸下边框废料

（续表）

形　式	简　　　图	说　　　明
倒装复合模	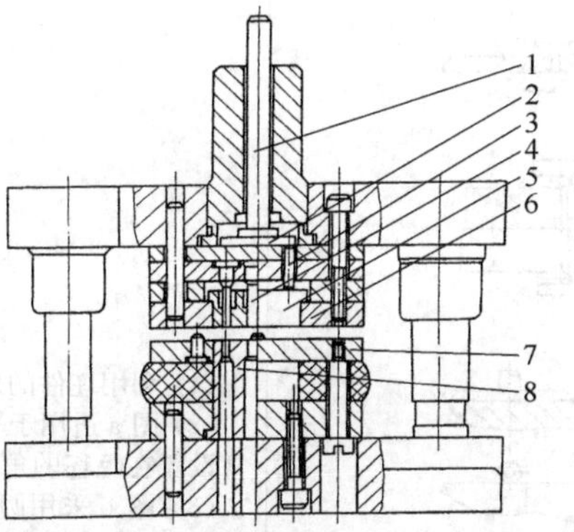	（1）上模部分的凸模 4、凹模 6 与下模部分的凸凹模 8 构成相应的工作刃口。工件由打杆 1、推板 2、连接推杆 3、推件块 5 自上向下由凹模 6 中推出，落在模具工作面上 （2）冲孔废料由凸凹模 8 的下部漏料孔中落下 （3）推板 2 被设置在压入式模柄内，对模柄有一定影响 （4）卸料板 7 被用于从凸凹模 8 上卸下边框废料

（三）定距定位装置

定距定位的方式较多，与模具结构、送进方式及材料（毛坯）的形状有关。对于用单个毛坯送进的单工序模，应正确地选择定位基准，采用孔定位或外形定位。毛坯定位的基本方式见表 1-3-42。

使用条料的单工序模或复合模，对送进的定距定位要求不高，最常用的方法是采用挡料销。挡料装置的结构见表 1-3-43。

级进模对材料送进时的定距定位要求较高。最常用的方法是固定挡料销与导正销组合使用，但操作不便。用侧刃操作方便，但定距定位精度不够高。侧刃与导正销组合使用，不仅操作方便，而且定距定位精度也高。定距定位形式见表 1-3-44，侧刃的类型及特点见表 1-3-45，导正销的结构见表 1-3-46，导正销端部尺寸见表 1-3-47。

表 1-3-42　毛坯定位基本方式

定位方式	简　　　图	说　　　明
孔定位	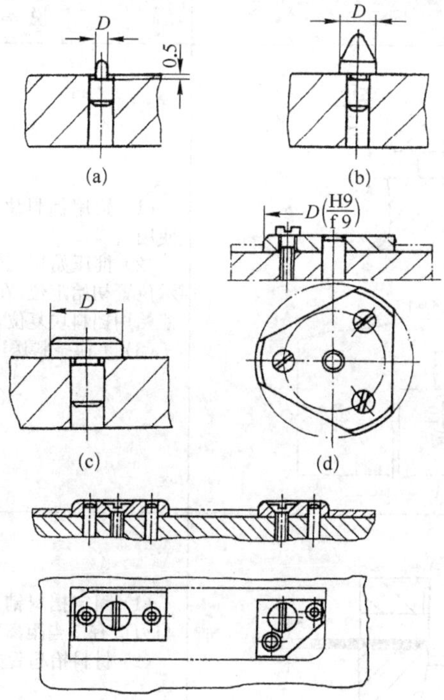(a)　(b)　(c)　(d)　(e)	（1）利用坯件上的孔，采用定位销定位。为提高定位精度，定位销之间应有适当的距离 （2）图 a 适用于 $D\leqslant2$ mm 的坯件； 图 b 适用于 $D=3\sim10$ mm 的坯件； 图 c 适用于 $D=11\sim30$ mm 的坯件； 图 d 适用于 $D>30$ mm 的坯件 （3）图 e 适用于非圆形孔

（续表）

定位方式	简　　图	说　　明
外形定位	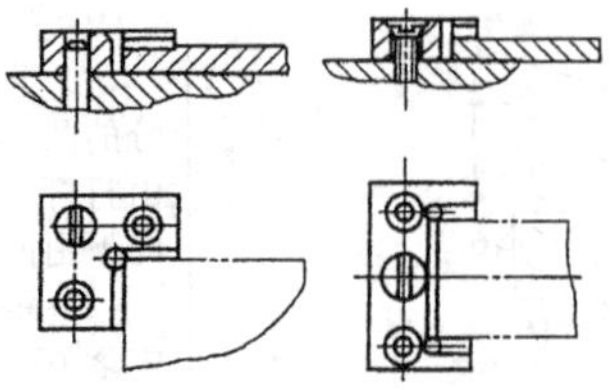 (a) 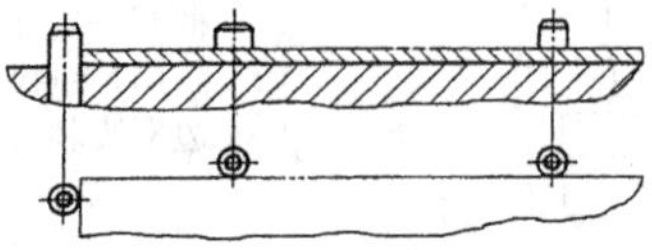 (b) 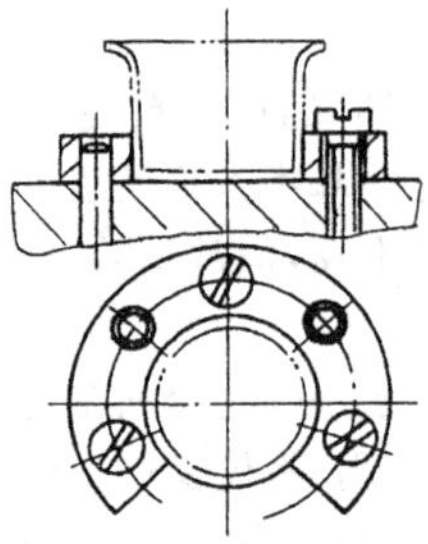 (c)	（1）利用坯件的外形，采用定位板定位 （2）图 a 适用于平板状毛坯定位。定位板常设置在毛坯的角部和端部，采用对称布置 （3）图 b 采用圆柱销代替定位板，结构较简单 （4）图 c 利用成形件的外形做定位。定位板开有缺口，以便送料、取件和清理模具工作面

表 1-3-43　挡料装置结构

挡料方式	简　　图	说　　明
初始挡料	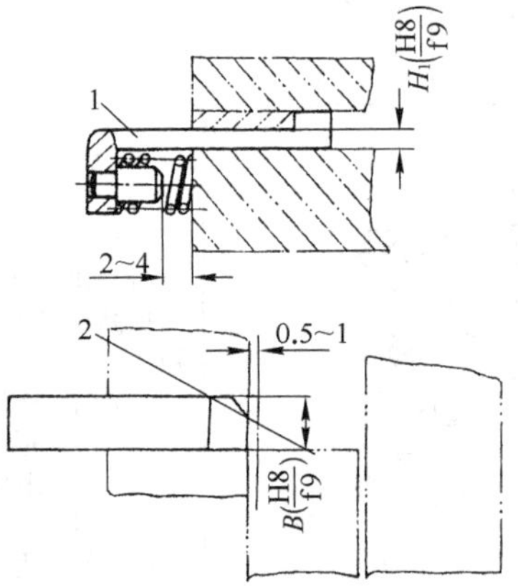	（1）始用挡料块应和其他挡料装置配合使用 （2）推压始用挡料块 1 伸出，条料 2 在图示位置初始定位，在以后的送进过程中弹簧使始用挡料块复位，不再起作用 （3）更换条料送进时，重复以上动作
固定挡料	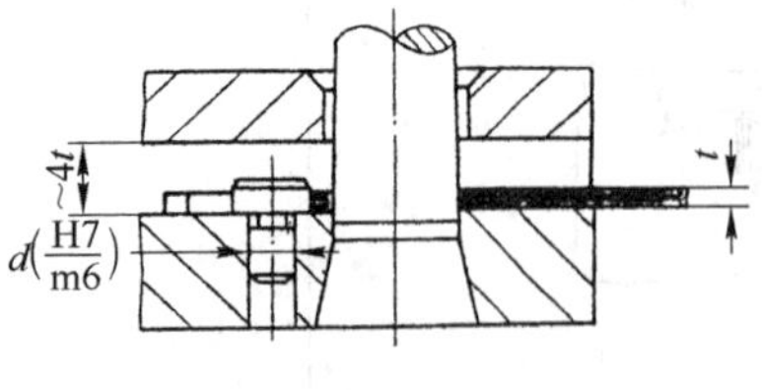	（1）固定挡料销压装在凹模刃口平面上，与刃口有适当距离，否则会影响刃口强度 （2）材料抬起后方可送料，操作不够方便

（续表）

挡料方式	简　　图	说　　明
回带挡料	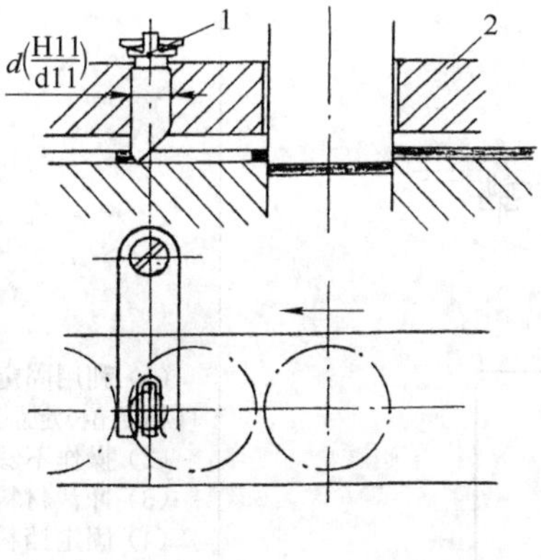	(1) 回带式挡料销 1 固定在固定卸料板 2 上，不影响凹模刃口附近强度。条料送进时，挡料销向上浮动，并在弹簧片的作用下复位插入预定的孔中，定位时将条料回带 (2) 送料时材料紧贴凹模工作面，操作较方便 (3) 弹簧片弹性不足时，挡料销易失灵
弹性挡料	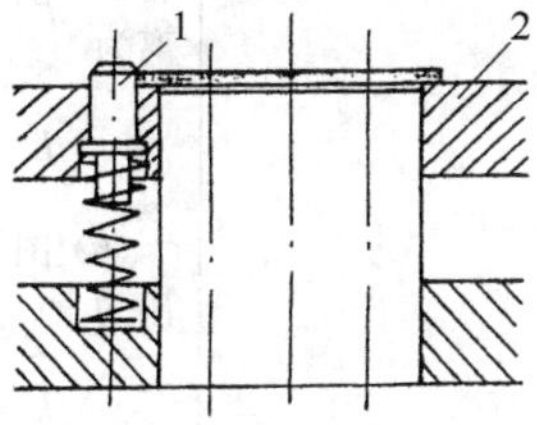 (a) 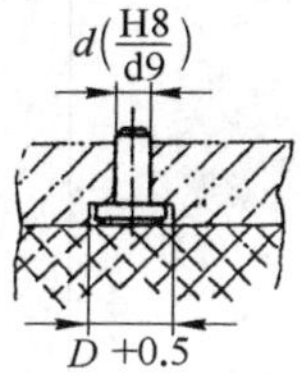 (b)	(1) 弹顶挡料销 1 固定在弹压卸料板 2 上(图 a) (2) 弹性体可以采用弹簧、扭簧和橡胶(图 b) (3) 被广泛用于倒装式复合模

表 1-3-44　定距定位形式

形　式	简　　图	说　　明
定位钉定距	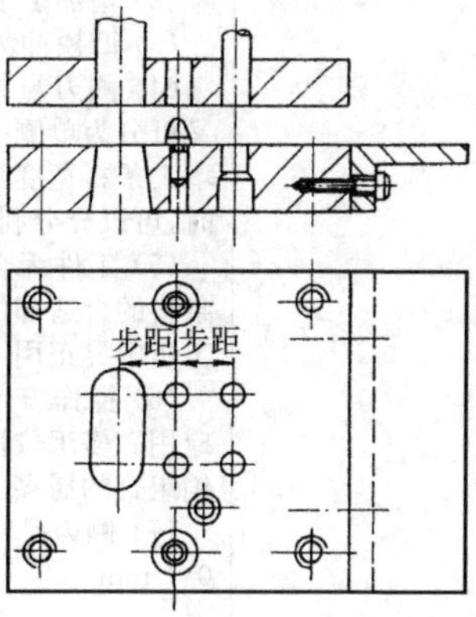	(1) 借助冲件上的孔或条料上的工艺孔采用定位钉定距 (2) 每冲一次须把材料从定位钉上脱出后送至预定位置，操作不便 (3) 适用于小批量生产

（续表）

<table>
<tr><th>形 式</th><th>简 图</th><th>说 明</th></tr>
<tr><td>固定挡料销与导正销组合</td><td>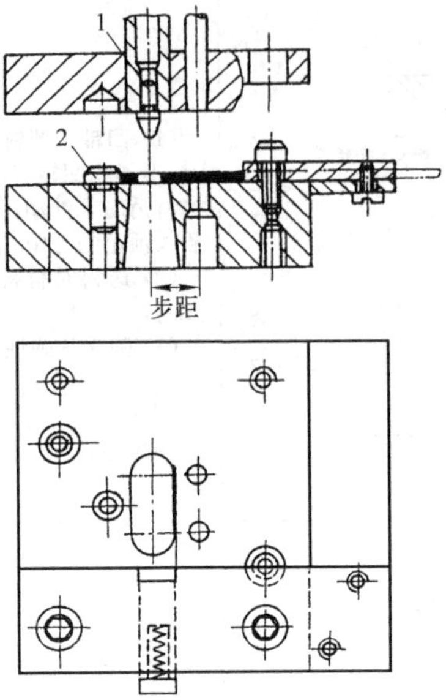

(a)
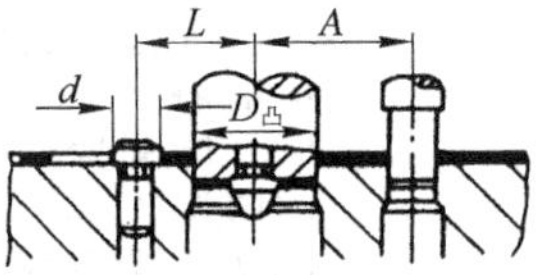

(b)
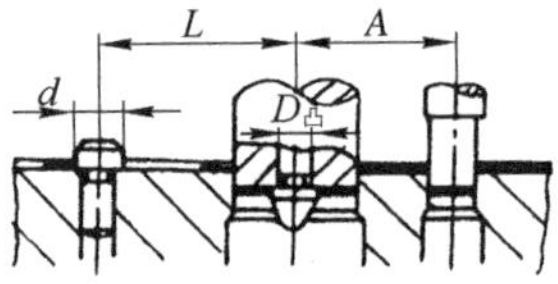

(c)</td><td>(1) 利用固定挡料销 2(粗定位)和导正销 1(精定位)定距(图 a)
(2) 操作不够方便
(3) 冲裁材料厚度一般不小于0.3 mm
(4) 固定挡料销靠近凹模刃口时会减弱凹模强度
(5) 图 b 所示导正销与挡料销之间的距离为
$$L=A-\frac{D_凸-d}{2}+0.1\ (\text{mm})$$
(6) 图 c 所示导正销与挡料销之间的距离为
$$L=A+\frac{D_凸-d}{2}-0.1\ (\text{mm})$$</td></tr>
<tr><td>侧刃、侧刃与导正销组合</td><td>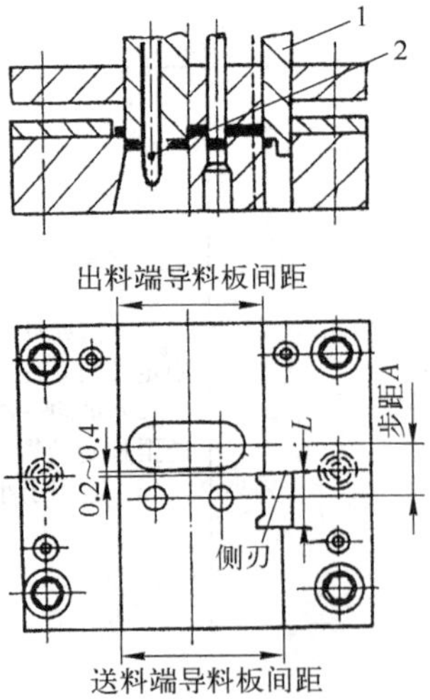
</td><td>(1) 利用侧刃 1 定距,定距精度较高,而且操作方便
(2) 增加了条料的宽度,降低材料利用率
(3) 凹模冲裁刃口增多,制模困难
(4) 侧刃与导正销 2 也可组合使用,侧刃又可分为单侧刃和双侧刃,使用双侧刃时会增大条料宽度和材料消耗。双侧刃对角布置时,可以充分利用条料料尾
(5) 工件无合适的孔作为导正孔时,可在条料的合适部位冲制工艺孔,供导正销在下工步中导正用
(6) 操作方便,在大批量生产中得到广泛应用。多工位精密级进模具采用侧刃与导正销组合的居多
(7) 侧刃尺寸稍大于步距,$L=A+0.05\sim0.1$ mm</td></tr>
</table>

表 1-3-45　侧刃的类型及特点

形　状	简　图	说　明
长方形	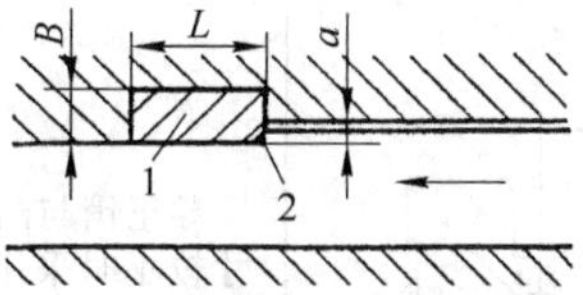 1—侧刃；2—易损部位	(1) 侧刃的截面为长方形，其长度尺寸 L 即为送进步距。在与导正销配合使用时，L 应比步距大 0.05～0.10 mm (2) 侧刃角部易磨损，材料的凸肩处易产生毛刺，影响材料送进和定位精度
侧凹形	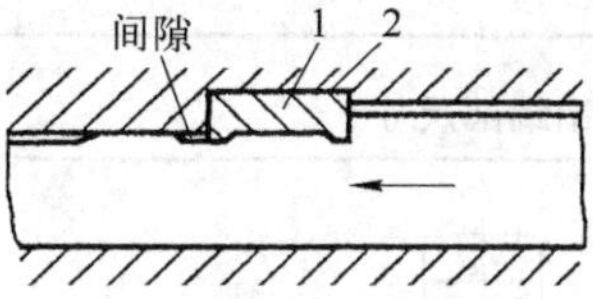 1—侧刃；2—导向面	(1) 侧刃截面为侧凹形。角部磨损后冲裁产生的毛刺不会影响材料凸肩处的送进定位，应用较多 (2) 当工件侧边需冲出一定形状时，根据排样设计的需要，也可以改变侧凹形状，由侧刃完成，形成特殊形状的侧刃 (3) 侧刃为单边冲裁，侧刃工作端应增设导向部分
夹角形	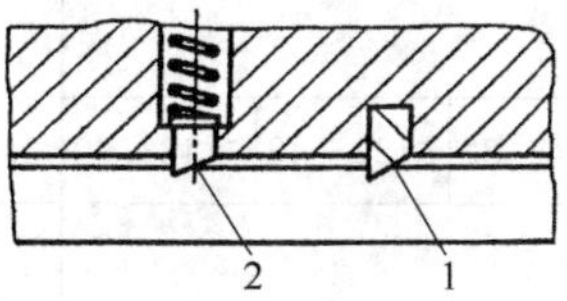 1—侧刃；2—挡销	先在材料一侧冲出切口，弹性挡销插入切口中定位。操作不方便，需要前后推拉材料才能定位

表 1-3-46　导 正 销 结 构

简　图	说　明
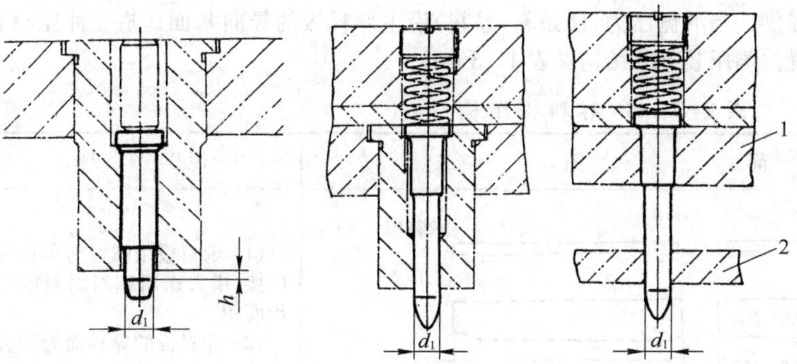 (a)　(b)　(c)	(1) 导正销孔可以是工件上的孔或者条料冲制的导正销孔(工艺孔) (2) 利用工件上的孔作导正孔时，导正销与凸模装配在一起(图 a)。为防止导正位置不准而损坏导正销，导正销采用浮动形式(图 b) (3) 用冲制的工艺孔作导正孔时，将导正销安装在凸模固定板 1 上(图 c)是较常用的方式。卸料板 2 有辅助导向时，小尺寸的导正销也可以被直接固定在卸料板上

(续表)

简　　图	说　　明
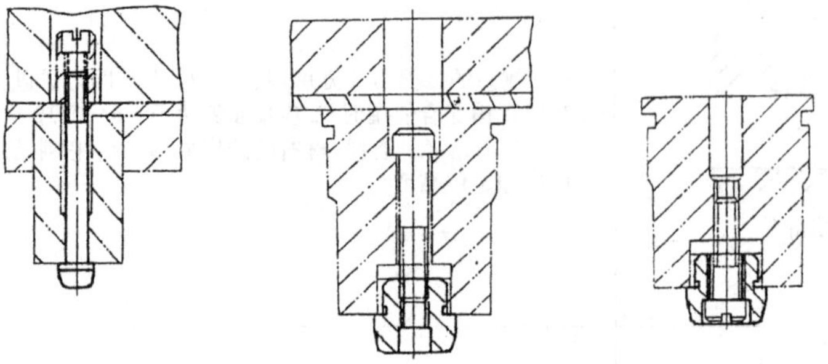	导正销与凸模的连接形式：导正销尺寸较小时采用图 a 形式，尺寸较大时采用图 b、图 c 形式

表 1-3-47　导正销端部尺寸　　(mm)

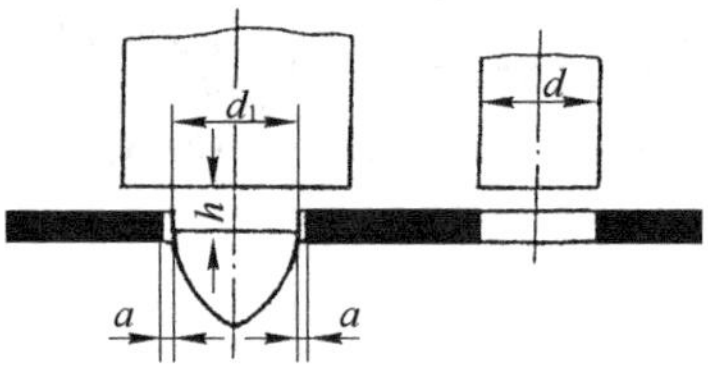

$d_1=d-2a$

材料厚度 t	冲孔凸模直径 d							导入孔径尺寸		
	1.5～6	>6～10	>10～16	>16～24	>24～32	>32～42	>42～60	1.5～10	>10～25	>25～50
	$2a$							h		
≤1.5	0.04	0.06	0.06	0.08	0.09	0.10	0.12	1	1.2	1.5
>1.5～3	0.05	0.07	0.08	0.10	0.12	0.14	0.16	0.6t	0.8t	t
>3～5	0.06	0.08	0.10	0.12	0.16	0.18	0.20	0.5t	0.6t	0.8t

(四) 导料、侧压装置

导料零件有左、右导料板和承料板。导料板沿条料(卷料)送进方向被安装在凹模型孔的两侧，对材料进行导向。承料板被安装在导料板的送料一侧，与导料板连接在一起，增大材料的支承面积。根据冲压速度、送料形式和模具结构特点，导料板的截面形状有所区别。导料板的结构见表 1-3-48。

侧压装置的作用是在导料板一侧提供适当的侧压力，使条料(卷料)沿主导料板的导向基面送进。冲压材料厚度小、材质较软时，不宜采用侧压装置。侧压装置的结构见表 1-3-49。

表 1-3-48　导料板结构

形　式	简　　图	说　　明
平直式	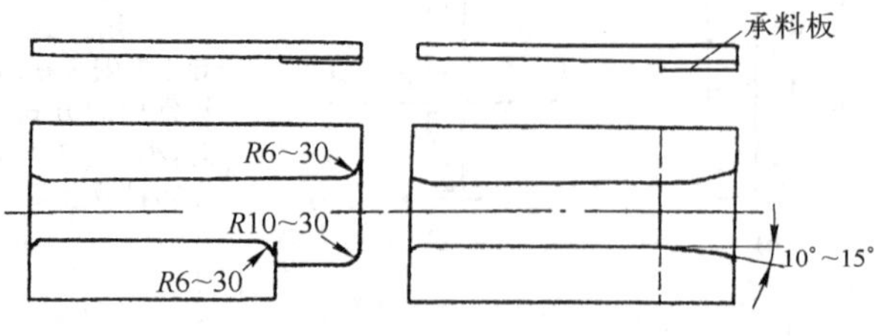	(1) 承料板用螺钉与导料板连接，增大送料端对材料的支承面积 (2) 导料板的导料面为平直形式，适用于低速、手工送料，且为平面冲裁的级进模

（续表）

形　式	简　图	说　明
带台式	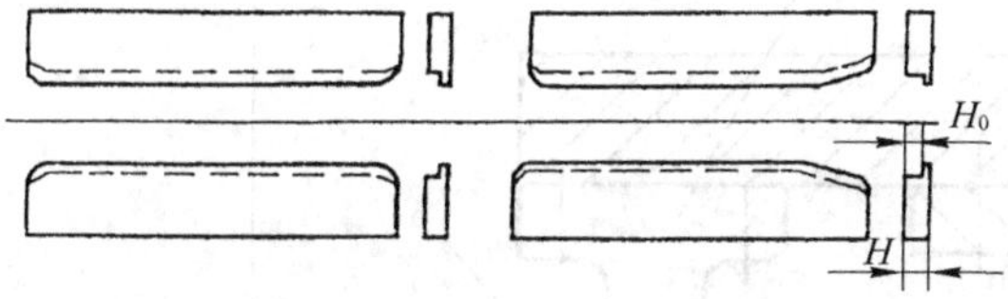	(1) 导料板的导料面为带台形式，保证材料在冲模回程中有所浮动时也不能脱离导料板 (2) 适用于高速、自动送料的级进模

表 1-3-49　侧压装置结构

形　式	简　图	说　明
侧压簧片	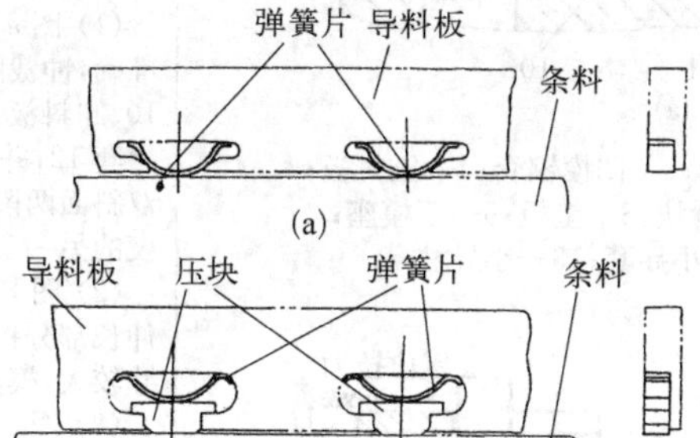(a) (b)	(1) 利用弹簧片对材料产生侧压力，结构简单，侧压力较小 (2) 适用于材料厚度为 1 mm 以下的薄料。弹簧片的数量可以根据导料板的长度确定。图 a 用弹簧片直接侧压材料，图 b 通过压块间接侧压材料
侧压块	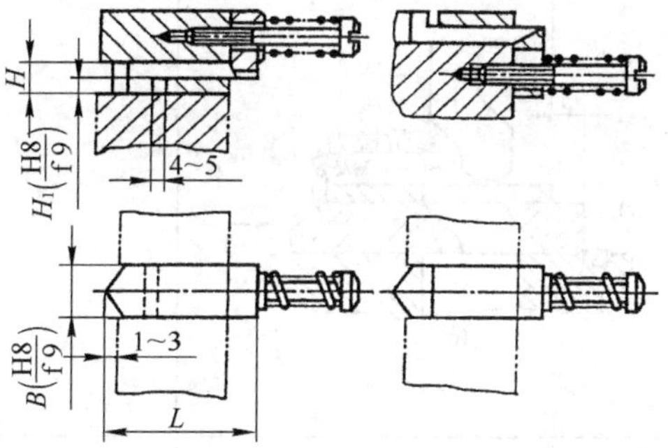(a)　(b) 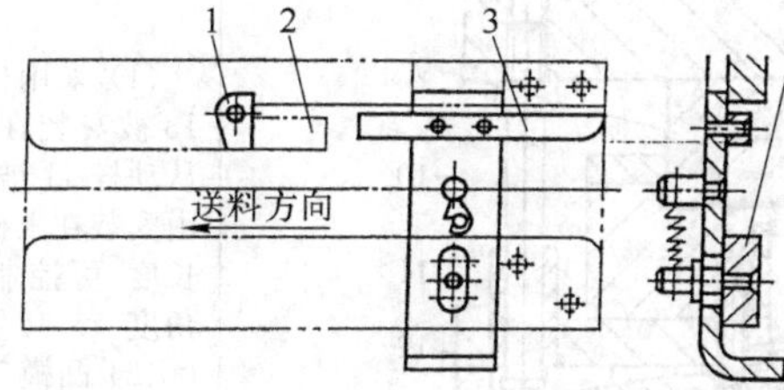(c) 1—侧刃挡板；2—侧刃；3—侧压板；4—侧面导尺	侧压力较大，适用于冲裁厚度较大的工件和侧压面较长的场合。一般设置 2～3 个，设置部位较灵活。侧压块与固定卸料板连接（图 a），侧压块与凹模连接（图 b） 侧压力大且均匀。一般被设置在进料端。多被用于单侧刃的级进模中（图 c）

（五）侧冲、倒冲装置

在侧冲、倒冲结构中，凸模与凹模的冲压成形方向和压力机的冲压方向成 90°或者相反，以实现特殊的成形要求。侧冲、倒冲的结构见表 1-3-50。

表 1-3-50 侧冲、倒冲结构

成形方式	简图	说明
侧冲成形	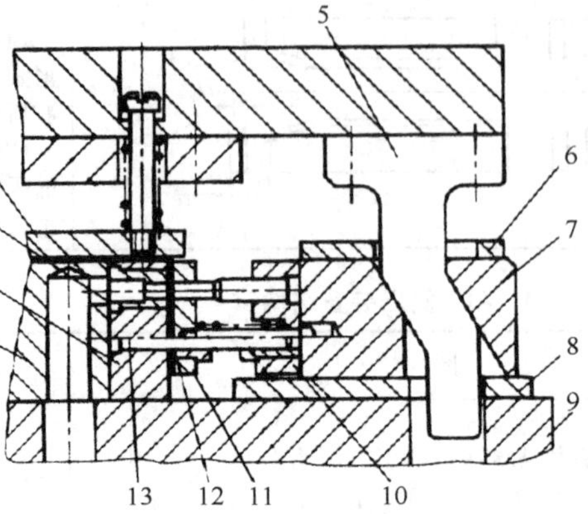 (a) 1—下模体；2、10—固定板；3—凹模镶套；4—压料板；5—斜楔；6—盖板；7—滑块；8—垫板；9—下模座；11—卸料板；12—小导套；13—小导柱 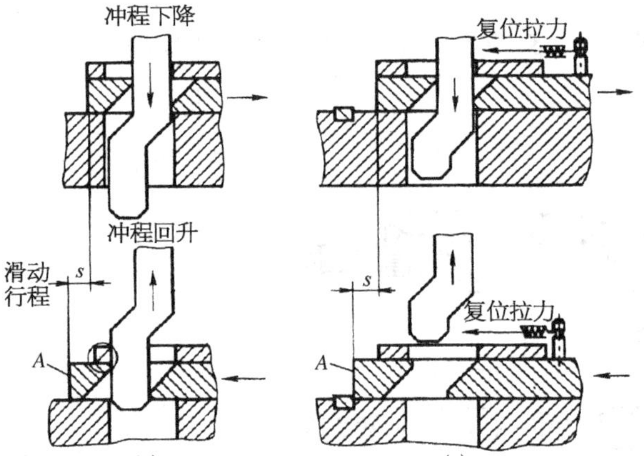 (b) (c)	(1) 图 a 为了保证凸模、凹模相对位置准确，冲裁间隙均匀，在固定板 2、固定板 10、卸料板 11 之间设置有小导柱 13、小导套 12，并且有利于保护小凸模。采用双斜面两段配合斜楔，冲压结束后，由斜楔的另一工作面迫使滑块刚性复位 (2) 图 b 采用双斜面斜楔时，由斜楔的伸长部分控制滑块的停止位置，斜楔的尺寸较大，模具闭合时斜楔易伸出模板外 (3) 图 c 在滑块后部采用挡块，并且使用拉簧，控制滑块的复位位置，使得斜楔高度尺寸减小
倒冲成形	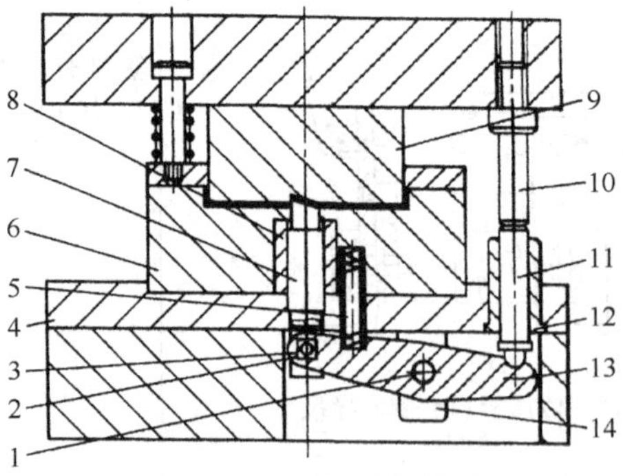 1、3—轴；2—轴套；4—垫板；5—弹簧；6—凹模；7—凸模；8—护套；9—上模；10—主动杆；11—从动杆；12—导向杆；13—梭形杠杆；14—支架	(1) 采用杠杆式倒冲结构。梭形杠杆 13 被安装在下模座的刚性支架 14 上。从动杆 11 被安装在下模，模具下闭合时，由安装在上模的主动杆 10 推动，调节其长度，可控制梭形杠杆 13 绕轴 1 摆动角度 (2) 凸模 7 与梭形杠杆 13 通过轴套 2 和轴 3 连接。梭形杠杆 13 摆动时，凸模 7 在护套中上下移动，形成倒冲 (3) 弹簧力必须足够，以保证梭形杠杆 13 复位

(六) 送料装置

1. 钩式送料装置

钩式送料对搭边强度有一定要求，一般要求料厚大于 0.5 mm，搭边宽度大于 1.5 mm。钩式送料的送料精度与送料进距有一定关系，送料进距小于10 mm时，送料精度为±0.15 mm，送料进距为 50～75 mm 时，送料精度为±0.5 mm。

钩式送料装置用斜楔推动，在自动拉料之前先用手工送料，当条料上的孔到达拉料钩时即开始自动送料。为保证拉料钩能顺利落入料孔内，拉料钩行程 $s_{钩}$ 要大于送料进距 $s_{进}$，见图 1-3-11。当斜楔 3 的斜面完全进入送料滑块 2 时，送料结束，随后模具进行冲压。上模回程时，滑块 2 和拉料钩 4 在复位弹簧 1 的作用下向右复位，拉料钩 4 在簧片 5 的作用下落入下一个料孔内。

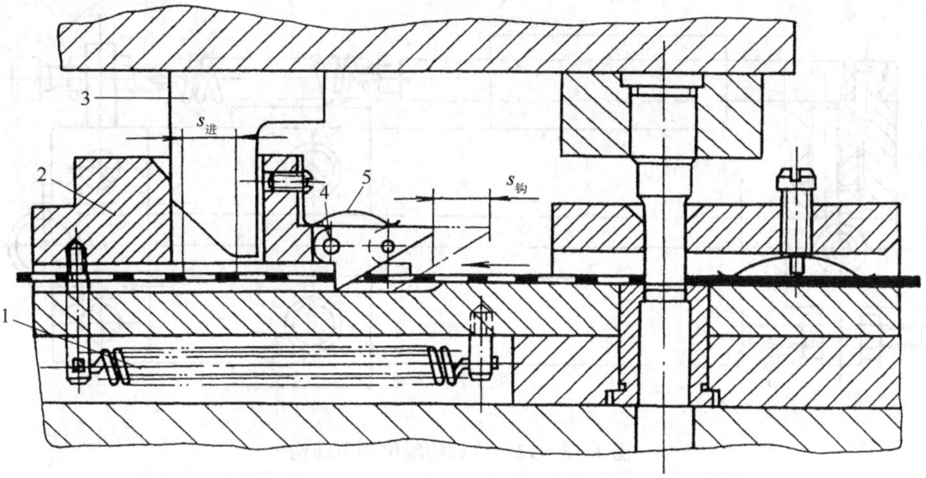

图 1-3-11 拉料钩行程与送料进距的关系 $s_{钩} = s_{进} + 1 \sim 3$ mm

1—复位弹簧；2—滑块；3—斜楔；4—拉料钩；5—簧片

为了提高送料精度，滑块与拉料钩复位时须准确定位。小型模具采用的滚轮式斜楔和拉料钩限位调节结构见图 1-3-12。滑块下行模具闭合时，斜楔 4、滚轮 1 推动拉料装置向左移动。由于拉料钩 2 在其下端弹簧的作用下已插入料孔，故条料随拉料钩向左移动完成送料动作。钩式送料装置的送进运动是在模具下行过程中实现的，因此送进必须在冲压开始前停止，冲压时条料不能移动。

滑块回程模具开启时，拉料装置在拉簧 7 的作用下右移。拉料钩顶端斜面可在条料上滑动并越过料孔，回复至起始位置，并由调节螺杆 3 限止拉料装置向右回复时的位置。滑座 5、滑杆 6 被装于模具的一侧。净料毛毡 8 和油杯 9 被用于去除条料表面污垢。

2. 夹持式送料装置

这类装置常用的有夹刃式和夹滚式两种。夹刃式送料是夹持式送料装置中结构最简单的一种，它有表面夹刃和侧面夹刃两种形式。表面夹刃适用于不同厚度的材料，送料时易损伤材料表面，一般被用于夹持较硬材料或表面要求不高的工件。侧面夹刃适用于厚度较大的材料，不会损伤材料表面。夹刃的形状常用的有斧形、棘爪形，采用合金工具钢或硬质合金制成。夹刃式送料装置的送料精度可达±0.15 mm。

夹滚式送料装置是利用滚柱在斜面上移动，将条料夹紧或放松，满足间歇送料的要求。将夹持器中的滚柱改装成滚珠，则可被用于送进线材和圆棒。夹滚式送料装置的送料精度高于夹刃式送料装置，可达±0.03 mm。

夹刃式送料装置的结构见图 1-3-13，由两个夹持器组成，每个夹持器由夹刃 1、摆杆 2 和弹簧 3 构成。其中一个夹持器固定不动，另一个则在斜楔、滚轮 4 和弹簧的推动下沿其导轨左右运动。

始送料时，条料从右向左送进，两个夹持器在条料的推动下夹刃呈松开状态，摆杆稍向顺时针方向摆动，条料被推进到合适的位置。

滑块下行模具向下闭合时，斜楔、滚轮推动活动夹持器向右，活动夹持器中的夹刃呈松弛状态，在条料表面上滑移。此时，固定夹持器中的夹刃将条料夹紧，使之不能移动。

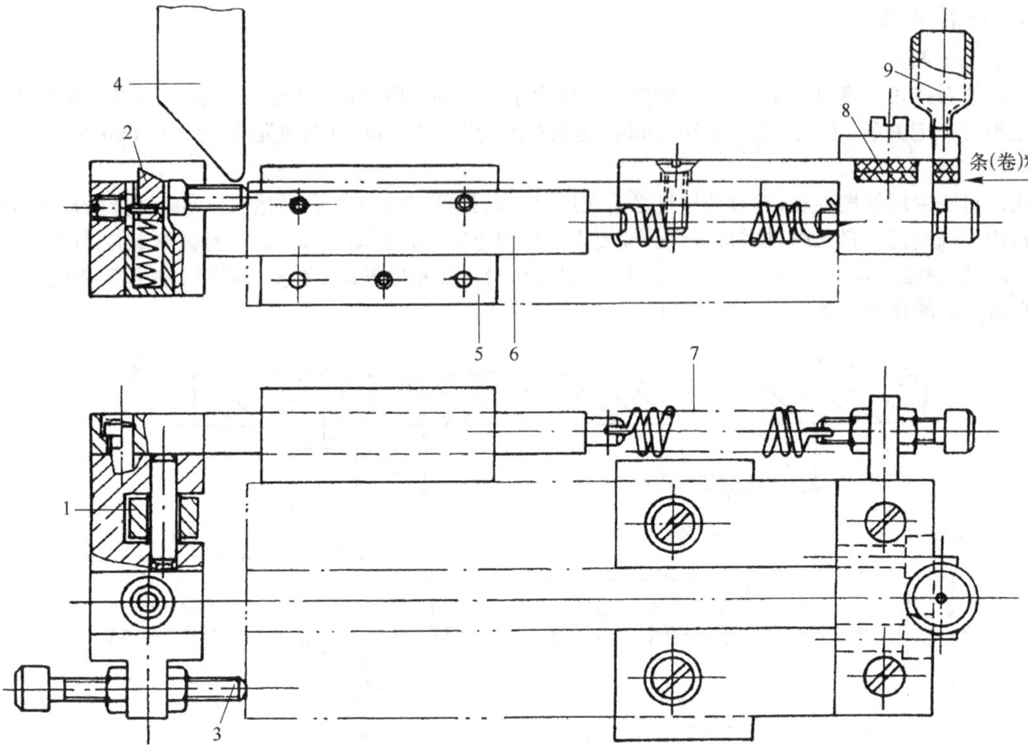

图 1-3-12 拉料钩限位调节结构

1—滚轮；2—拉料钩；3—调节螺杆；4—斜楔；5—滑座；6—滑杆；7—拉簧；8—毛毡；9—油杯

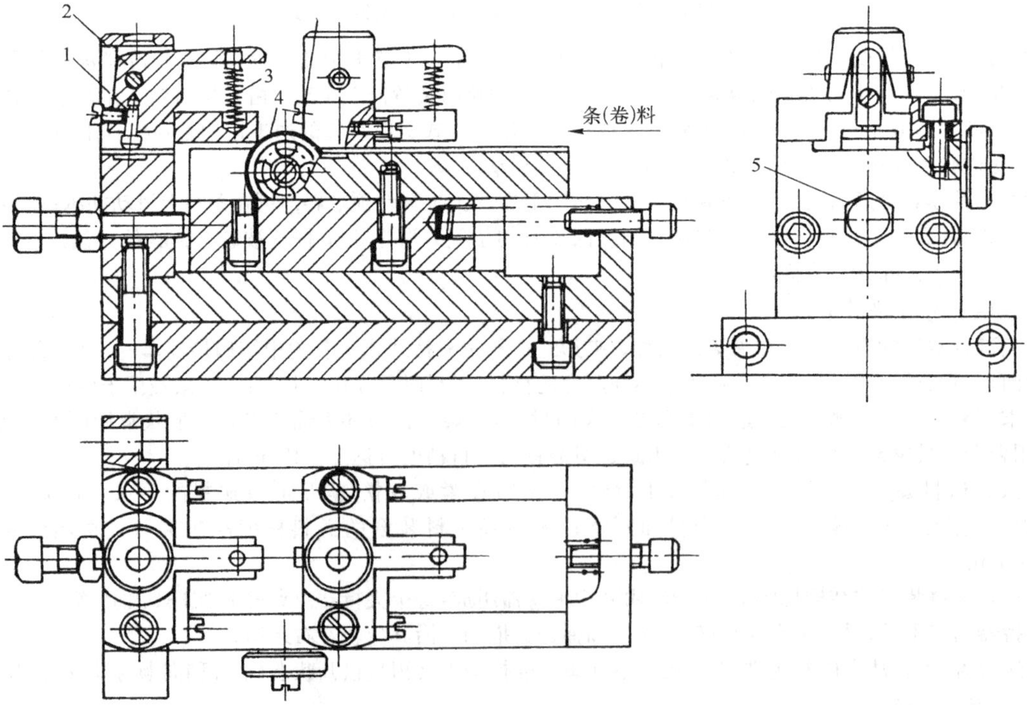

图 1-3-13 夹刃式送料装置

1—夹刃；2—摆杆；3—弹簧；4—滚轮；5—限位螺钉

滑块上行模具向上开启时，活动夹持器中的夹刃夹紧条料，在弹簧的作用下，将条料向左送进。此时，固定夹持器中的夹刃呈松弛状态，稍向左侧偏摆，条料顺利通过，完成送料动作。

调节斜楔与限位螺钉 5，可改变和控制送进距离。

夹滚式送料装置的结构见图 1－3－14，由两个夹持器组成，夹持器 5 固定不动，夹持器 4 在斜楔 1、滚轮 6 和弹簧 3 的作用下沿其导轨做往复运动。夹持器由一组斜面、滚柱和弹簧组成。装配时两夹持器斜面向着条料送进方向。

始送料时，条料从两夹持器中穿过。模具下行时，斜楔推动夹持器 4 向左移动，此时夹持器 4 松开，可在条料表面滑移，而夹持器 5 将条料夹紧使之不能左移。模具开启时，夹持器 4 在弹簧 3 的作用下向右移动，此时夹持器 4 夹紧条料，而夹持器 5 松开条料，完成送料动作。

调节斜楔与滚轮及螺杆 2 的位置，可改变每次送进的距离。

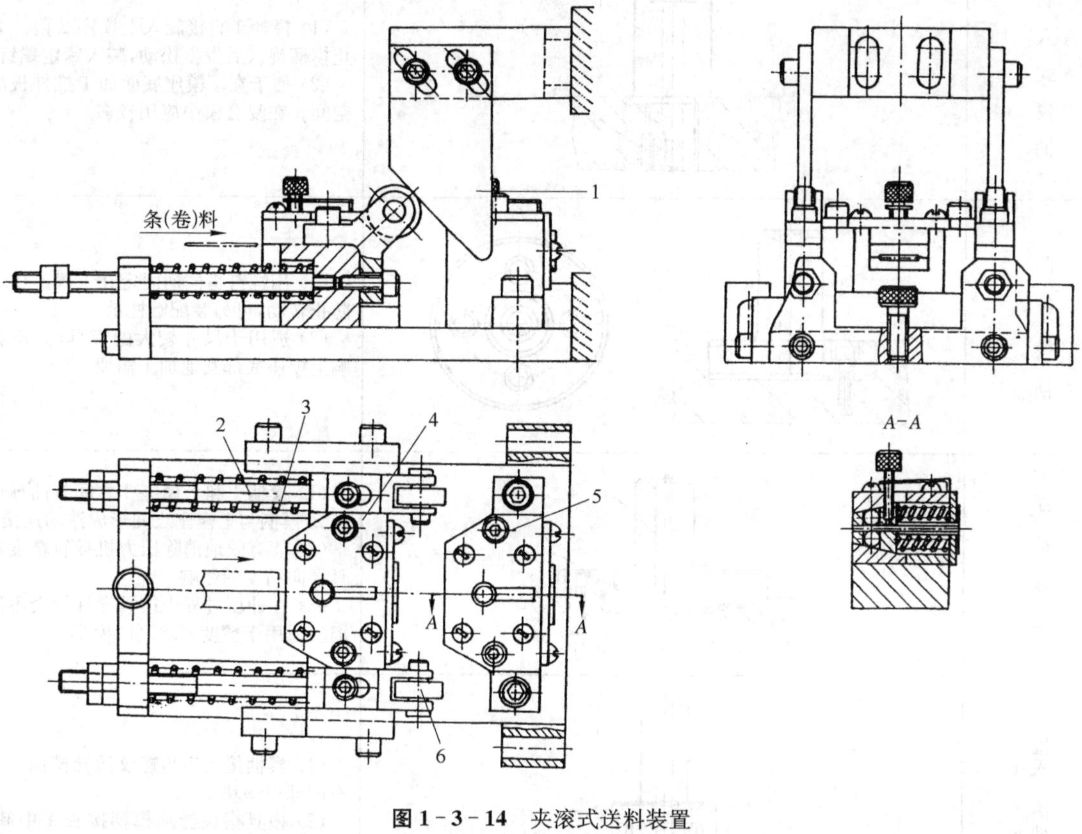

图 1－3－14　夹滚式送料装置

1—斜楔；2—螺杆；3—弹簧；4、5—夹持器；6—滚轮

（七）模柄与模座结构

模柄与模座是模具的支承零件。中小尺寸模具通过模柄与压力机连接。大型模具不用模柄而直接把上模用压板螺栓固定在压力机上。模具的结构和精度要求不同，模柄和上模座的连接装配形式亦不同。模柄和上模座的连接装配形式见表 1－3－51。

下模座安装在压力机工作台上。漏料孔是下模座上开设的工件或废料垂直下落的通道。排出槽是工件或废料先垂直下落，再沿工作台面方向排出的通道。漏料范围没有超出工作台孔时，不应设置排出槽。

大型压力机工作台不能漏料时，应在下模座上设排出槽或者在下模座底面放置等高平行垫铁，安装模具时构成工作台与下模座底面之间的排出通道。漏料孔和排出槽的结构见表 1－3－52。

（八）模具一般零件的材料及要求

模具一般零件的工作条件与凸、凹模不同，GB/T 14662—2006 推荐使用的材料和硬度要求见表 1－3－53。

表 1-3-51　模柄的连接装配形式

形　　式	简　　图	说　　明
压入式模柄	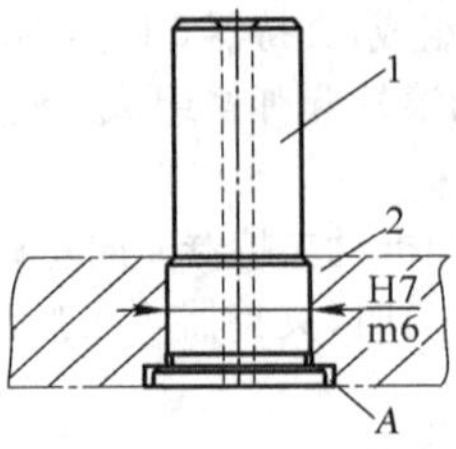	(1) 模柄 1 与上模座 2 压配 $\left(\frac{H7}{m6}\right)$。为防止模柄在使用过程中发生松动，应在 A 处加防转销 (2) 结构简单，加工便利，应用比较广泛 (3) 需推件时，可在模柄中加工打杆孔
旋入式模柄	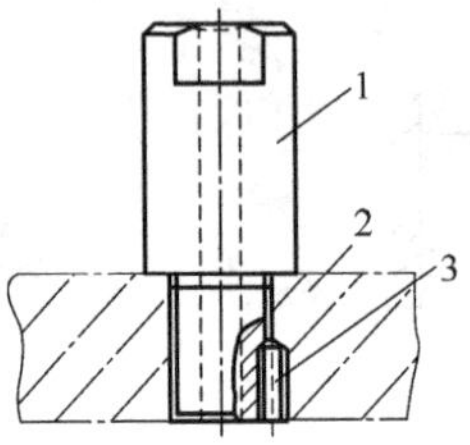	(1) 模柄 1 直接旋入上模座 2 内。为防止模柄旋入后发生松动，装入紧定螺钉 3 (2) 便于在下模座底面加工推件板活动空间。在复合模中应用较多
凸缘模柄	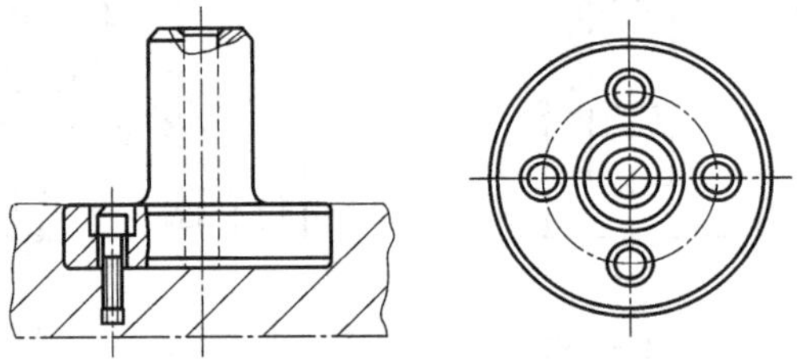	(1) 用螺钉将模柄固定在上模座中。为防止转动，可另装配圆柱销 (2) 适用于尺寸较大的模具，并不会影响上模座底部其他加工需要
浮动模柄	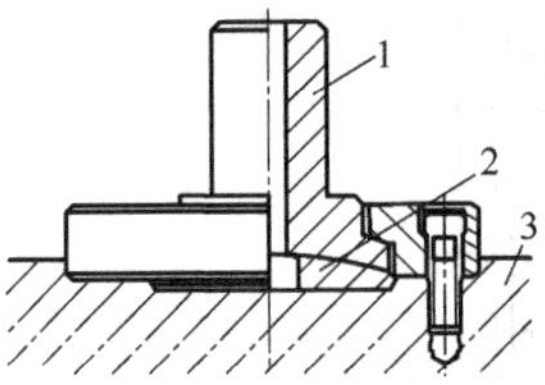	(1) 模柄 1 和上模座 3 之间有凸球面垫板 2，模柄与上模座之间形成浮动连接 (2) 能有效地消除压力机导轨精度对模具导向精度的影响 (3) 在冲压过程中模具导柱导套不能脱离。适用于精度要求高的模具
推入式活动模柄	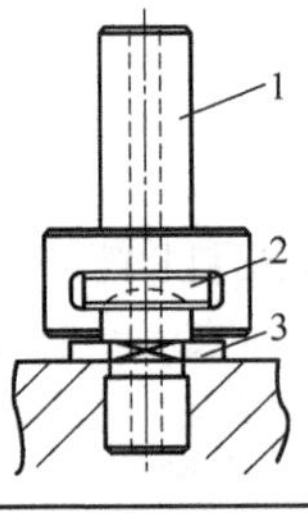	(1) 模柄接头 1 与螺纹活动模柄 3 之间有凹球面垫块 2 (2) 模具很快能从模柄接头 1 中卸下，较方便

表 1-3-52　漏料孔和排出槽结构

简　　图	说　　明
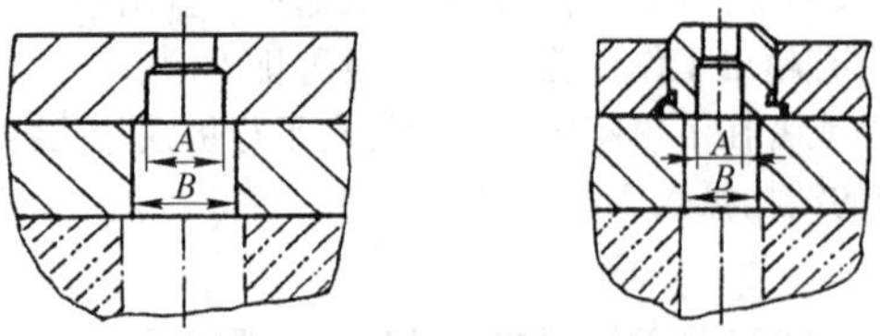	工件或废料直接通过压力机台面的孔下漏，为最常见的漏料方式 $B=A+0.5\sim2$ mm

（续表）

简　　　　图	说　　明
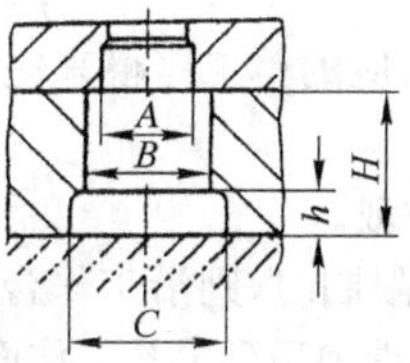 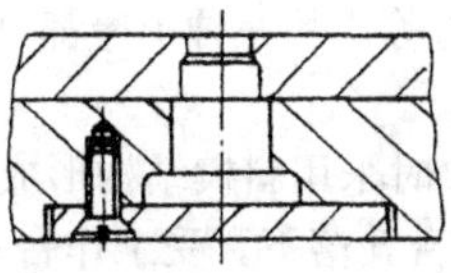	(1) 压力机工作台面上漏料孔过小，或无漏料孔，或模具漏料位置与压力机工作台面的孔偏离时，可开排出槽 (2) 采用排出槽盖板后，可免于清理压力机工作台面 $B = A + 0.5 \sim 2\ \text{mm}$ $C = B + 2 \sim 5\ \text{mm}$ $5t < h < 1/3H$（t 为冲裁材料厚度）
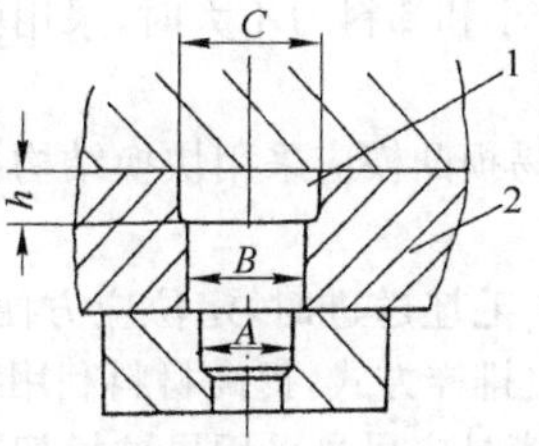	(1) 在上模座 2 上开排出槽 1，只当特殊需要时才采用 (2) 排出槽尺寸与下模座的排出槽尺寸相同
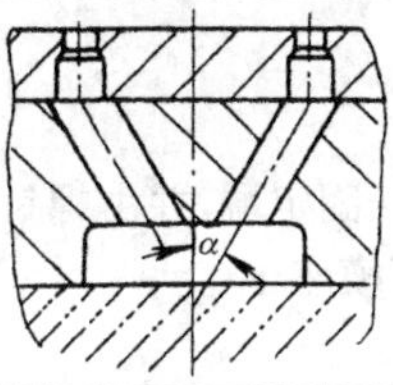	适用于一次冲孔数量较多的模具，采用公用排出槽，$\alpha < 35°$

表 1-3-53　模具一般零件的材料和硬度要求

零　件　名　称	材　　料	硬　　度
上、下模座	HT200 45	170～220 HB 24～28 HRC
导柱	20Cr GCr15	60～64 HRC(渗碳) 60～64 HRC
导套	20Cr GCr15	58～62 HRC(渗碳) 58～62 HRC
凸模固定板、凹模固定板、螺母、垫圈、螺塞	45	28～32 HRC
模柄、承料板	Q235A	
卸料板、导料板	45 Q235A	28～32 HRC
导正销	T10A 9Mn2V	50～54 HRC 56～60 HRC
垫板	45 T10A	43～48 HRC 50～54 HRC
螺钉	45	头部 43～48 HRC
圆柱销	T10A、GCr15	56～60 HRC
挡料销、抬料销、推杆、顶杆	65Mn、GCr15	52～56 HRC
推板	45	43～48 HRC
定距侧刃、废料切断刀	T10A	58～62 HRC
侧刃挡块	T10A	56～60 HRC
斜楔与滑块	T10A	54～58 HRC
弹簧	50CrVA、55CrSi、65Mn	44～48 HRC

八、冲裁模结构设计

（一）单工序冲裁模

1. 设计要点

冲裁是材料分离工序，包括落料、冲孔、切槽（口）、切边等。每一种工序都可以用对应的单工序模来完成。单工序模结构差异较大，其设计要点如下：

(1) 尽量使凸模冲压方向与滑块方向一致。特殊需要时采用斜楔结构形成侧向冲裁。

(2) 尽量采用漏料孔或排出槽使工件或废料通过工作台孔落下。受工作台孔尺寸限制时，则沿工作台面方向推出。只有当材料较薄、工件平整要求较高时，才考虑在下模部分设计弹顶装置，将落料件弹顶到模具工作面上。

(3) 卸料力较大和材料较厚时，宜采用固定卸料板。材料厚度较小和卸料力不大时，采用弹性卸料板。特殊需要时可采用带导向的弹压卸料板。

(4) 小凸模应采用护套结构和设计带导向的弹压卸料板结构。易损凸模应采用快换结构。大型或复杂的凸模、凹模应采用镶拼结构，其易损部位还可以采用镶嵌结构。

(5) 条料送进时尽量采用导料板、托料板作为导向和支承。单个毛坯送进时，定位应方便可靠，模具应有足够的送料和取件的安全空间。用条料作冲压材料时，还应合理地确定排样方式，提高材料利用率。

(6) 为了便于模具安装和使用，刃口形状复杂、凸模数量较多的模具应尽量采用导柱模架。采用导板作为凸模的导向时，压力机的行程应有限制，在冲压过程中凸模不能脱离导板。

2. 典型结构

图 1-3-15 为落料模。凸模 10 为直通式，压入凸模固定板 7 后铆开固定端，并由螺钉和圆柱销固定在上模座 3 上。凹模 11 和左、右导料板 15 由螺钉 12 和圆柱销 16、19 固定在下模座 17 上。

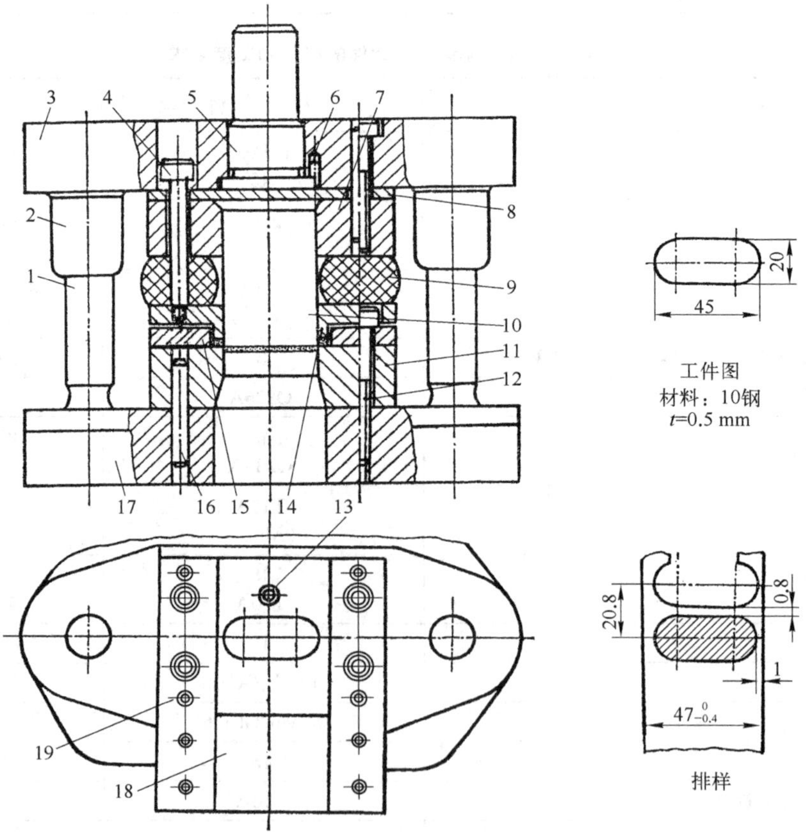

图 1-3-15 落料模

1—导柱；2—导套；3—上模座；4—卸料螺钉；5—模柄；6—防转销；7—凸模固定板；8—垫板；9—橡胶；10—凸模；11—凹模；12—螺钉；13—挡料销；14—卸料板；15—导料板；16、19—圆柱销；17—下模座；18—承料板

条料由承料板 18 支承，沿导料板 15 送进，并由挡料销 13 控制条料的送进距离。弹压卸料板 14 起压料和卸料的作用。工件沿凹模直壁部分逐一推出，从下模座漏料孔中落下。

采用导柱模架，保证凸模与凹模间隙的均匀性，有利于提高工件质量。

图 1-3-16 为弹顶出件落料模。凸模 10 有凸肩，压入凸模固定板 9 后，由螺钉 4、圆柱销 7 将其固定在上模座 1 上。弹压卸料板 11 与弹簧 2、卸料螺钉 3 装在上模部分，冲裁前压住条料，冲裁后从凸模 10 上卸下废料。

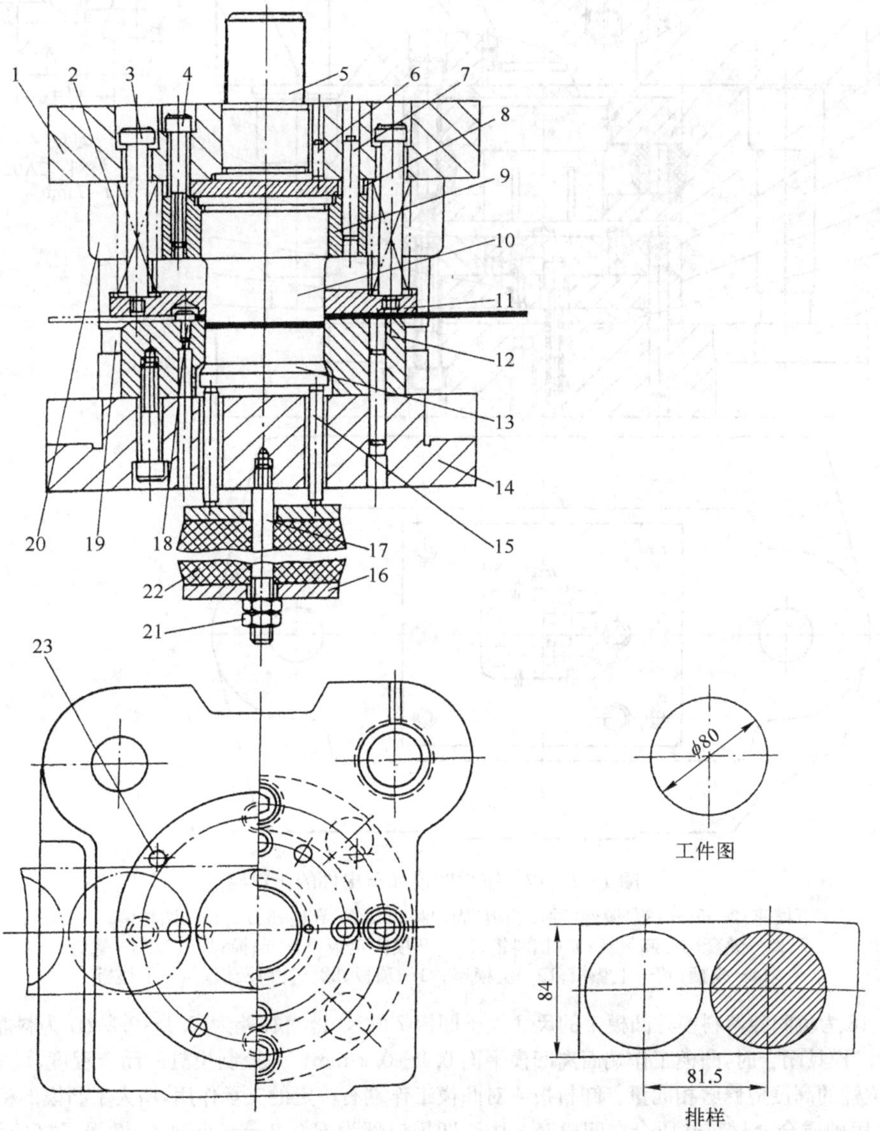

图 1-3-16 弹顶出件落料模

1—上模座；2—弹簧；3—卸料螺钉；4—螺钉；5—模柄；6、7—圆柱销；8—垫板；9—固定板；10—凸模；11—卸料板；12—凹模；13—顶件块；14—下模座；15—顶杆；16—托板；17—螺栓；18—挡料销；19—导柱；20—导套；21—螺母；22—橡胶；23—挡(导)料销

条料沿挡(导)料销 23 左右方向送进。由挡料销 18 控制送进距离。由于没有采用导料板，所以卸料板不需要有凸肩形状。

凹模 12 中设有顶件块 13，由顶杆 15 传递顶件力，落料时材料是在压紧的状态下冲裁分离，平整度高，适用于厚度较薄、尺寸较小的冲件。冲裁结束后，由顶件块 13 将工件从凹模中顶出至模具工作面上，在下次冲压前应将工件排出。

图 1－3－17 为镶件凹模弹顶出件落料模。冲压件 4 个凹口尺寸要求较高，凹模 6 为直壁形式，4 个凸凹处刃口尺寸小，使用镶嵌结构，便于更换。固定板 3 与凹模 6 装配后构成一个整体。通过弹顶压料，有利于成形和达到工件尺寸要求。

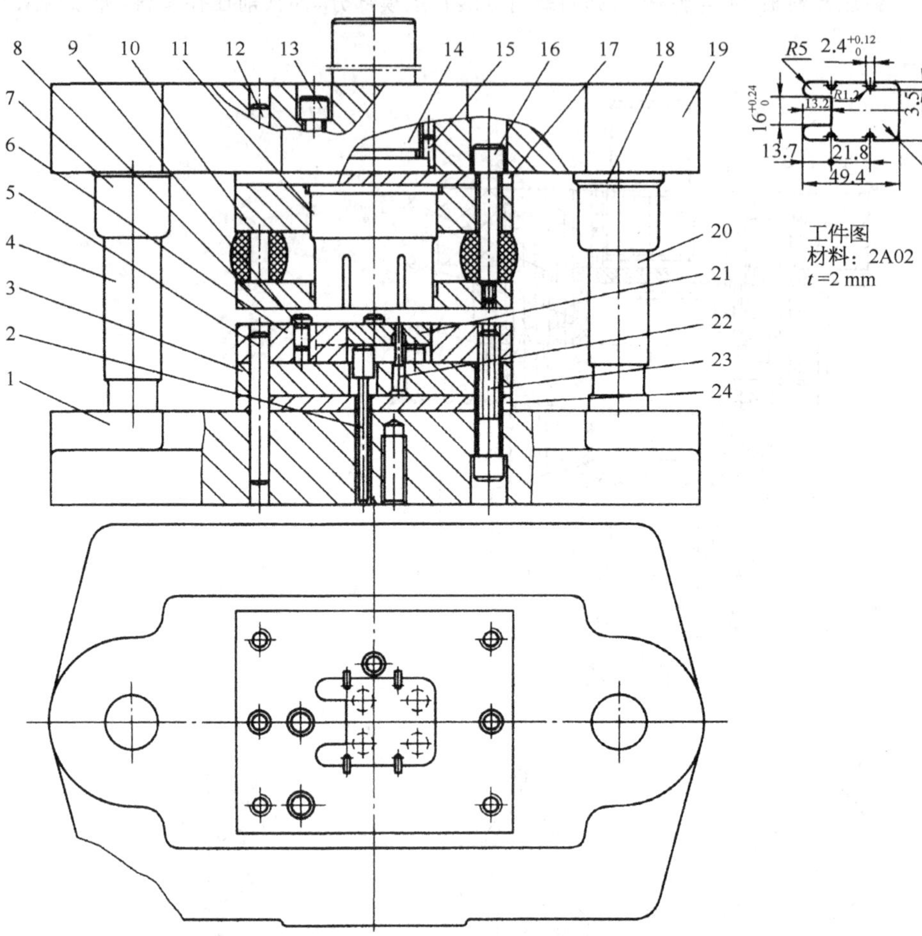

图 1－3－17　镶件凹模弹顶出件的落料模

1—下模座；2—顶杆；3—镶件(冲口凸模)固定板；4、20—导柱；5、12、15—圆柱销；6—凹模；7、18—导套；8—卸料板；9—挡料销；10—凸模固定板；11—凸模；13、16、23—螺钉；14—模柄；17—上垫板；19—上模座；21—顶板；22—冲口凸模；24—下垫板

图 1－3－18 为负间隙落料模。凸模 1 的尺寸大于凹模 7 的尺寸[直径差为(0.1～0.2)t，t 为料厚]。因此，凸模不能进入凹模。模具闭合时，凸模工作端面离凹模平面 0.1～0.2 mm。为控制模具的闭合程度，设有限位柱 3。凸模修磨时，限位柱的高度应修磨相同量。卸料板 4 对凸模工作端有一定的支承作用，增大了凸模的稳定性。

凹模 7 采用硬质合金材料并压合在凹模套 8 中。凹模口部为 R 0.2 mm 小圆角，增强了挤压作用，提高了冲裁件断面质量。对于圆形件，负间隙是均匀的。对于复杂形状零件，凸、凹部位的负间隙与直边部位是不同的。

采用导柱模架，提高了模具精度。材料沿导料板 6 送进，由挡料销 5 定位。

负间隙冲裁主要适用于软材料冲裁，可被用于制备冷挤压毛坯。负间隙冲裁时冲裁力较大，凹模易开裂，保持良好的润滑可以延长模具寿命。

图 1－3－19 为拉深件底部冲孔模。拉深件口部向上，由定位板 5 对拉深件外形定位。凹模 4 的外形尺寸不受拉深件尺寸的限制，凹模的强度足以保证。凸模 6、7、8、15 均被压入凸模固定板 13 中，并由螺钉 19、圆柱销 18 固定在上模座 11 上。凸模固定板 13 上固定各凸模的孔距应与凹模 4 上相应孔的孔距一致，以便保证装配后冲裁间隙的均匀性。

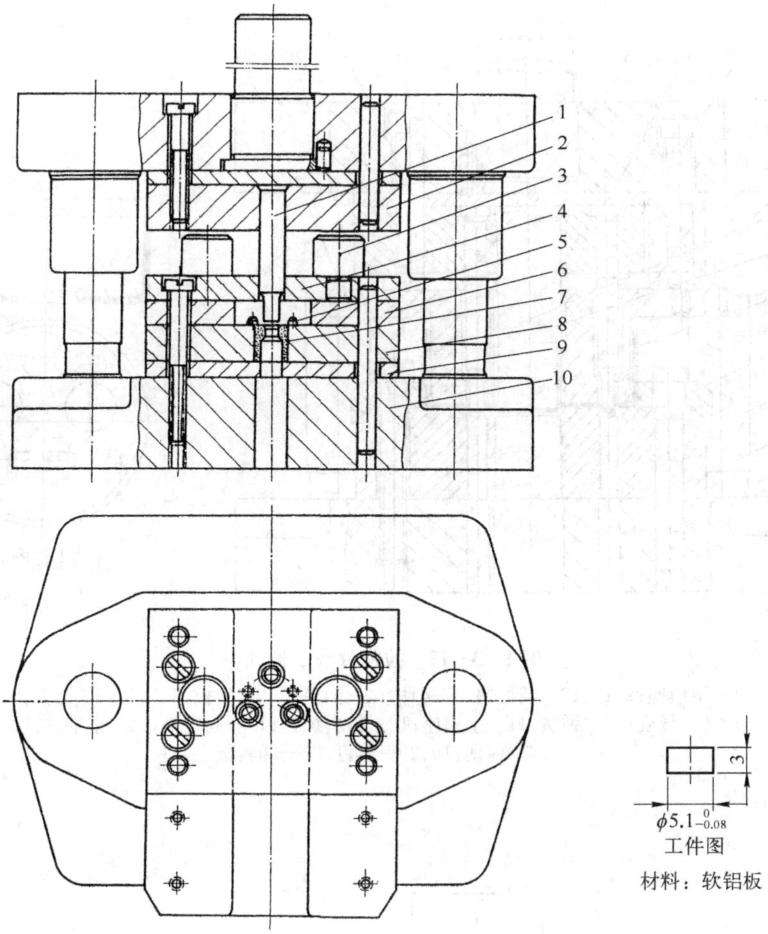

图 1-3-18　负间隙落料模

1—凸模；2—凸模固定板；3—限位柱；4—卸料板；5—挡料销；
6—导料板；7—凹模；8—凹模套；9—垫板；10—下模座

由于拉深件有一定的深度，卸料板 21 的高度和凸模 6、7、8、15 的长度尺寸较大，凸模压入固定板的垂直度要求更高。凸模尺寸较小时，其稳定性不够，应尽量缩短凸模工作端的长度，增大过渡段尺寸，或对凸模工作端进行保护。

图 1-3-20 为印制板小孔冲模。凹模 4 与凹模固定板 3 组合后用螺钉和圆柱销固定在下模座上，稳定性较好。

卸料板 6 与卸料板镶件 7 组合后由小导柱 1 和小导套 2 导向，具有较高的导向精度。卸料板镶件 7 与小凸模 9 为精密滑配，能对小凸模工作端起很好的保护作用。

凸模由固定板组件 10 固定。由于垫板较厚，故有效地缩短了小凸模的长度。冲裁前依靠弹簧 8 对印制板施加较大的压料力，有利于提高冲孔质量。

图 1-3-21 为切槽模。凹模 7 采取悬臂形式，用双螺母锁紧后，用圆柱销 6 固定在凹模座 8 上。由于凹模为悬臂形式，故稳固性相对较差。

以拉深成形件的内形和底部形状作为定位，并由带圆弧面形状的卸料板压紧毛坯。第一个槽形冲成后，拉深件旋转一个角度，由定位销 15 定位，继续切槽。

冲槽的废料落在拉深件内，冲槽完成后与工件一起被卸到模外。

图 1-3-22 为凸缘切边模。模具采取倒置形式，凸模 6 位于下模，定位柱 4 固定在凸模端部，作为拉深件定位用。切边后工件由打杆 1、推件块 2 从凹模 3 中推出，落在模具工作面上。

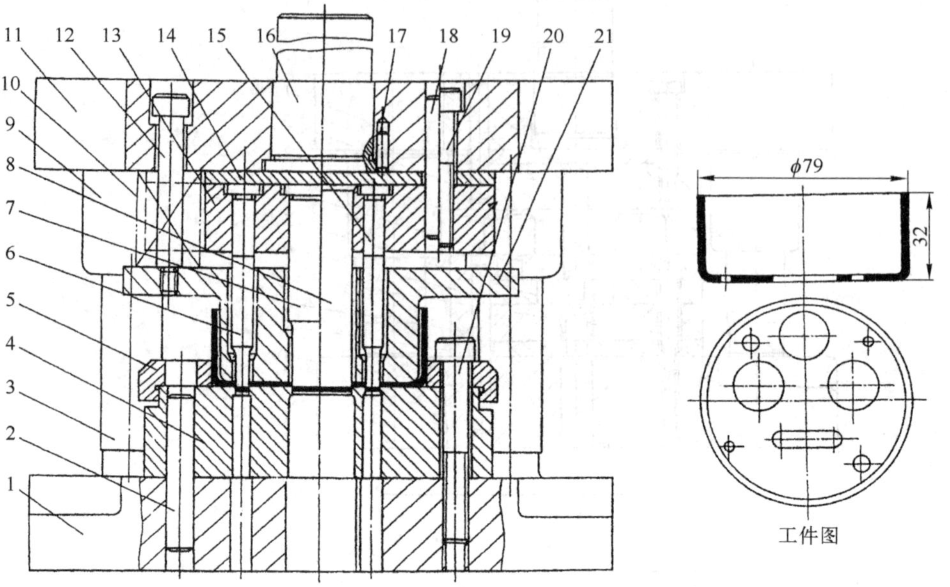

图 1-3-19 拉深件底部冲孔模

1—下模座；2、17、18—圆柱销；3—导柱；4—凹模；5—定位板；6、7、8、15—凸模；
9—导套；10—弹簧；11—上模座；12—卸料螺钉；13—固定板；14—垫板；
16—模柄；19、20—螺钉；21—卸料板

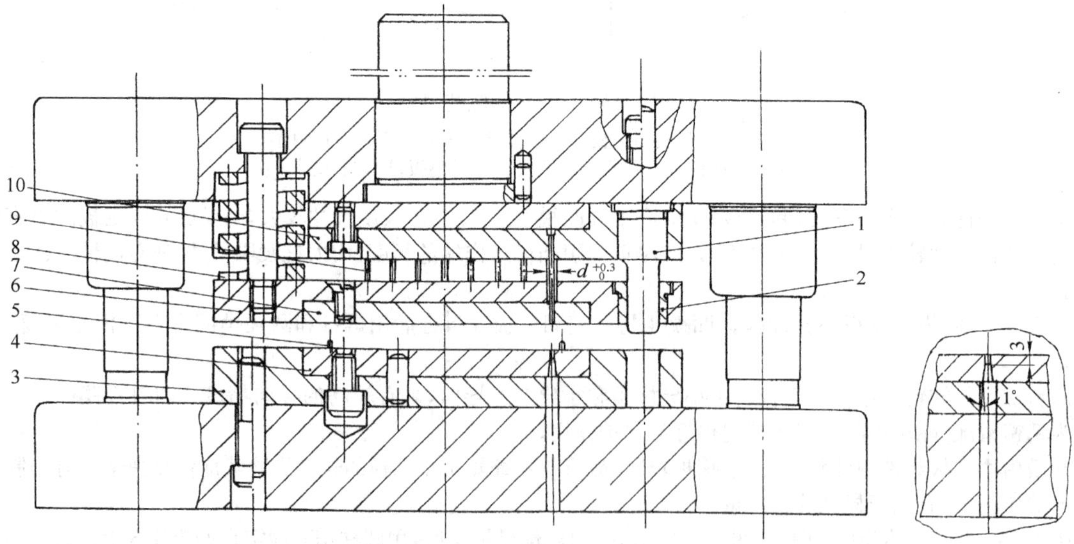

图 1-3-20 印制板小孔冲模

1—小导柱；2—小导套；3—凹模固定板；4—凹模；5—定位钉；6—卸料板；
7—卸料板镶件；8—弹簧；9—凸模；10—固定板组件

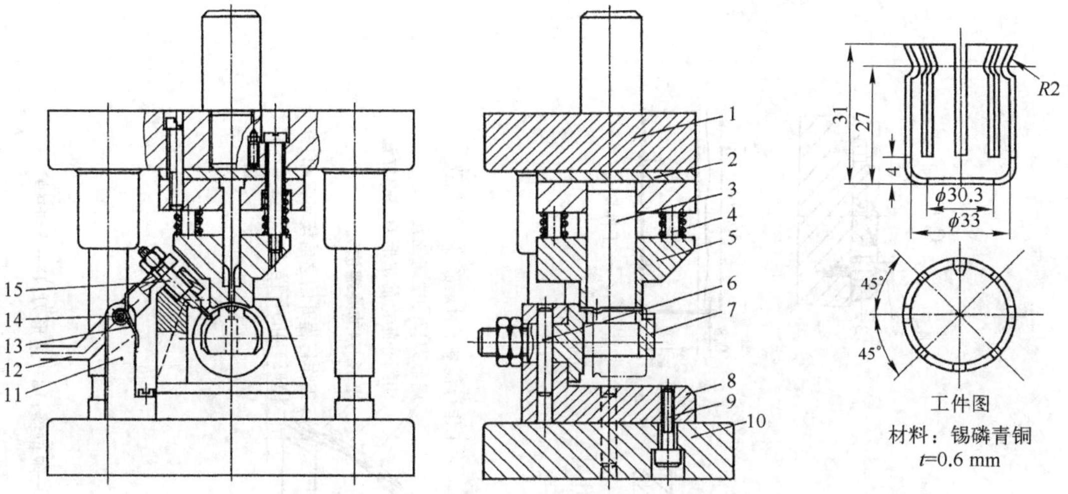

图 1-3-21　切槽模

1—上模座；2—垫板；3—凸模；4—卸料螺钉；5—卸料板；6—圆柱销；7—凹模；8—凹模座；9—螺钉；10—下模座；11—支架；12—扳手；13—扭簧；14—圆柱销；15—定位销

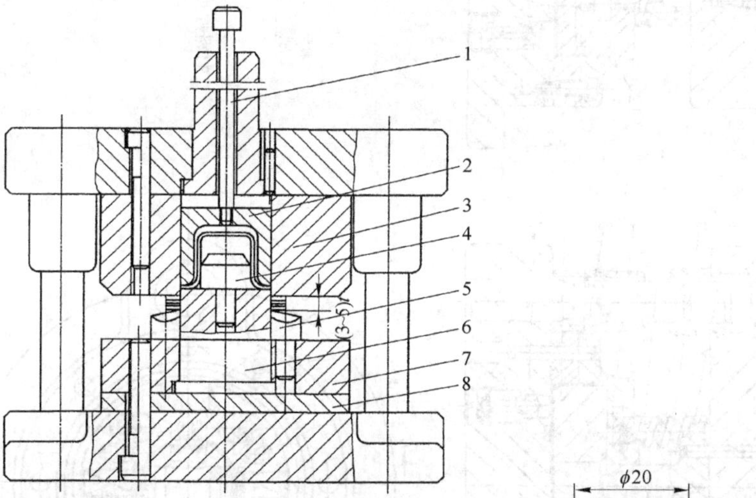

图 1-3-22　凸缘切边模

1—打杆；2—推件块；3—凹模；4—定位柱；5—废料切刀；6—凸模；7—凸模固定板；8—垫板

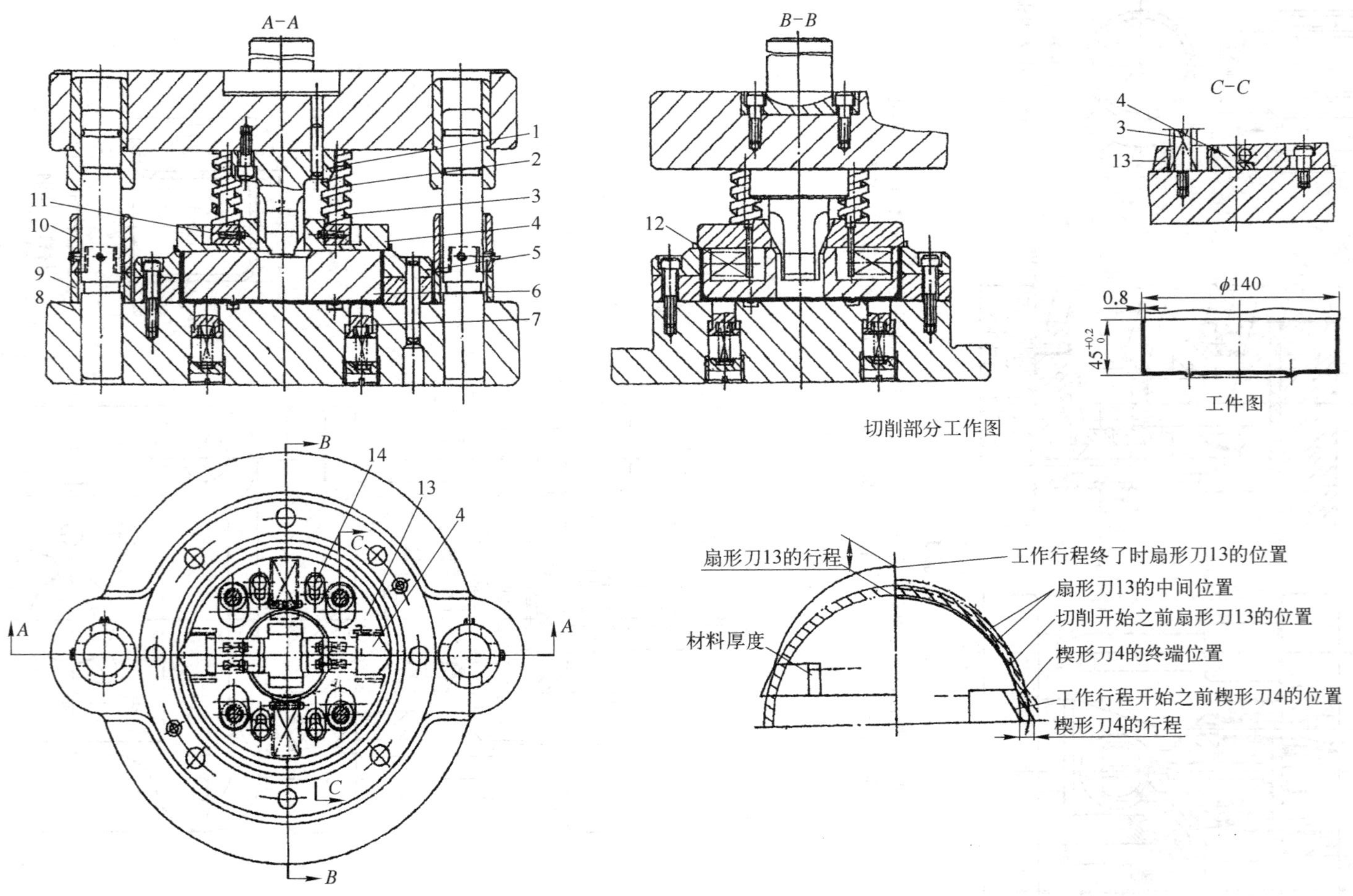

图 1-3-23 圆筒形件水平修边模

1—斜楔；2、11、12—弹簧；3—卸料螺钉；4—楔形刀；5—凹模；6—圆柱块；7—弹顶销；8—下模座；9、10—限位器；13—扇形刀；14—导向销

切边的环形废料留在凸模的端部，积聚到一定数量后，在凹模平面自上而下的挤压力作用下，位于最低处的一个环形废料边框由一对废料切刀 5 将其割切成两个半环，从凸模上分离下来。环形废料积聚的数量与废料切刀相对于凸模刃口的高度及模具闭合程度有关。

图 1-3-23 为圆筒形件水平修边模。拉深件被置于凹模 5 内，模具闭合时由弹性圆柱块 6 将工件压紧在下模座上。此时随上模下行的楔形刀 4 和扇形刀 13 与凹模 5 在水平方向形成剪切刃口。

上模座上的斜楔 1 具有两组斜面。左右斜面先推动楔形刀 4 沿扇形刀 13 的导槽向两侧移动，将拉深件侧壁首先切开到一定程度后终止。斜楔 1 的前后斜面则进一步迫使扇形刀 13 连同楔形刀 4 一起前后张开，将已局部切开的侧壁全部分离开来，完成整个修边过程。

上模开启时，楔形刀 4、扇形刀 13 分别由弹簧 11 和 12 迫使其复位。工件由安装在下模座中的弹顶销 7 顶起，便于取件。

圆柱块 6 的高度尺寸应按拉深件修边后的高度要求确定。凹模 5 刃口修磨后，应保证其相对高度，保证水平修边时扇形刀 13 与凹模之间的合理间隙。弹簧 2 的力应足够，能保证在修边过程中间隙不发生过大的波动，不致影响修边质量。

安装在导柱上的限位器 9、10 可以分离，旋转一个角度，将凸、凹部位错开，支承在下模座与导套之间，便于模具保管和维护。

（二）复合冲裁模

1. 设计要点

(1) 从生产操作和安全性角度来看，应首选倒装复合模（凸凹模在下模），以便废料从漏料孔和工作台下方排出。冲件材料较薄、平整度要求较高或凸凹模强度较低时，应采用顺装复合模（凸凹模在上模），但工件和废料汇集在模具工作面上，操作安全程度较差。

(2) 凸凹模是复合模中重要的工作零件，其最小壁厚受到限制，应选择强度与韧性较好的材料，以免开裂损坏。

(3) 采用薄凹模与中垫板组合的方式，便于加工。凹模局部易损部位采用镶件，便于更换。

(4) 上模推件采用推板时，推板形状应合理，尽量减小对凸模垫板支承部位的影响。推板上下活动空间应留有安全量，防止闭模时完全接合，损坏模具。

(5) 推件块应凸出凹模端面 0.2～0.5 mm，满足推件要求。推件块上下运动要平稳、灵活，防止损伤凹模直壁刃口和凸模。

(6) 复合模精度较高，应选用Ⅰ级导柱模架或滚动导柱模架。为减少压力机精度不高对模具的影响，冲裁间隙较小的复合模应采用浮动模柄并选用行程较小的压力机，保证冲压过程中导柱、导套不脱离。

2. 典型结构

图 1-3-24 为倒装复合模。凸凹模 21 被压入固定板 16 后，将垫板 17 安装在下模座 18 上。凹模 11 采用薄凹模结构（增加了中垫板 9）。将推件块 12 置于凹模内，由连接推

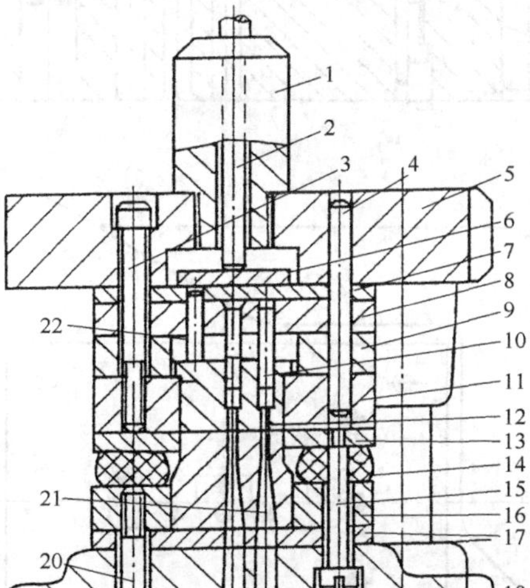

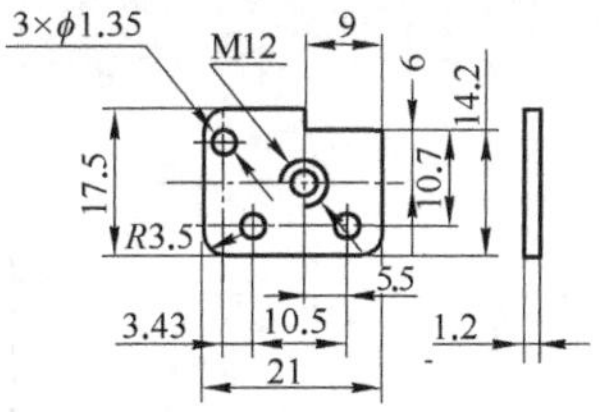

工件图
材料：H62

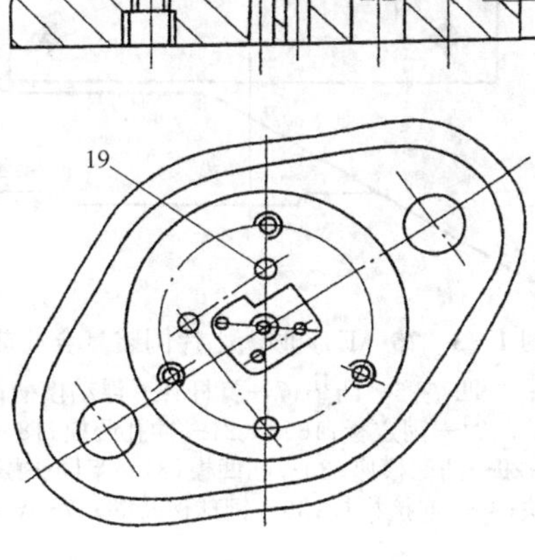

图 1-3-24　倒装复合模

1—模柄；2—打杆；3、20—螺钉；4—圆柱销；5—上模座；6—推板；7、17—垫板；8—凸模固定板；9—中垫板；10—凸模；11—凹模；12—推件块；13—卸料板；14—橡胶体；15—卸料螺钉；16—凸凹模固定板；18—下模座；19—挡料销；21—凸凹模；22—连接推杆

杆 22、推板 6、打杆 2 将冲裁后滞留在凹模中的工件推出。冲孔废料由下模座 18 的漏料孔排出。

卸料板 13 上安装有弹顶挡料销 19，在卸料板卸料完毕后由挡料销 19 起挡料作用，控制条料的送进距离。

推板 6 被置于上模座内，相应采用旋入式模柄，结构紧凑。采用导柱模架，模具精度较高。

图 1-3-25 为 E 字形铁心片倒装复合模。凹模和凸凹模用硬质合金材料制造。采用滚动导向模架和浮动模柄。冲孔凸模 16、20、21 被压入凸模固定板 15，并用螺钉 1、圆柱销 12 与凹模框 18、凹模 19 及垫板 17 构成一个整体，便于保证装配精度，螺钉 2、圆柱销 11 将其固定在模座上。凹模框（凹模）为薄形结构，在凹模框与固定板之间增加了垫板 17，便于设置推件块 34。

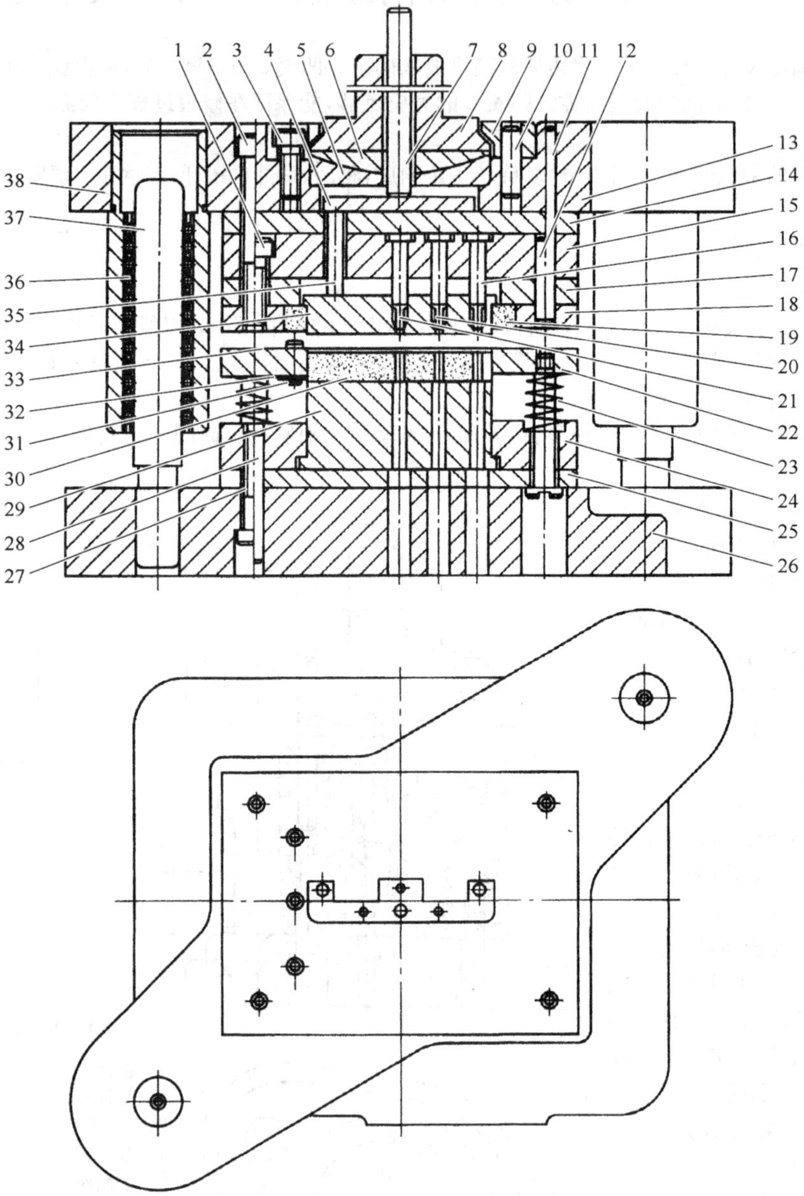

图 1-3-25　E 字形铁心片倒装复合冲裁模

1、2、3、27—内六角螺钉；4—推板；5—凹垫；6—凸垫；7—打杆；8—浮动模柄；9—固定圈；10、11、12、28—圆柱销；13—上模座；14、17、25—垫板；15、24—固定板；16、20、21—冲孔凸模；18—凹模框；19—凹模；22—卸料板；23—卸料螺钉；26—下模座；29—凸凹模座；30—凸凹模；31—半圆头螺钉；32—片弹簧；33—挡料销；34—推件块；35—连接推杆；36—钢球保持圈；37—导柱；38—导套

图 1-3-26 为带自动接件装置的落料-冲孔复合模，采用倒装形式。工件由推件板 2 从凹模中自上而下推出。上模部分安装有接料斗 5，上模回程被推件板推出的工件落在接料斗 5 内。上模向下闭合时，接料斗 5 在斜楔 1 的作用下复位到 *B* 处，工件被甩出接料斗。

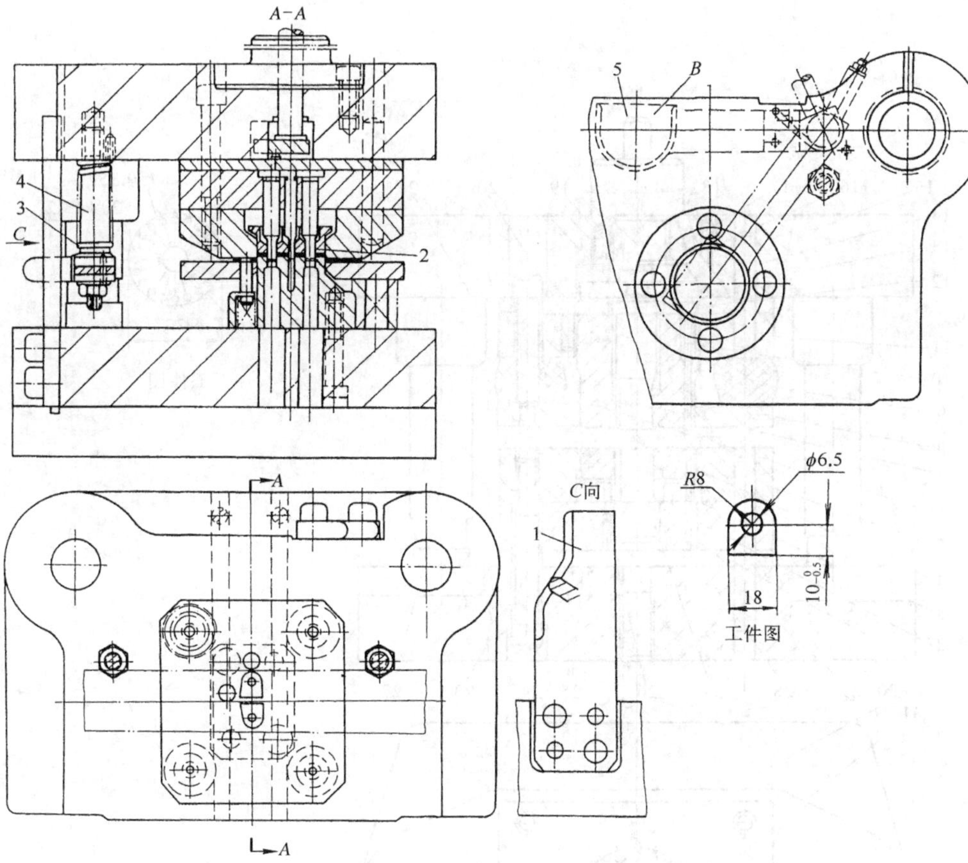

图 1-3-26 带自动接件装置的落料-冲孔复合模

1—斜楔；2—推件板；3—扭簧；4—轴；5—接料斗

图 1-3-27 为顺装式复合模。凸凹模 6 安装在上模，其压配部分做成圆柱形，为防止转动，增设了止动销 20。凸凹模 6 中的冲孔废料由推杆 7 推出。推杆 10 起辅助卸料作用。

凹模由 2、5 镶拼组成，镶件 2 损坏后压出更换。凸模 27 的刃口为非圆形，由止动销 26 防止其转动。工件由顶件块 23 从凹模 5 中顶出。由于有弹顶力的作用，提高了工件的平整度。

凹模平面上设有挡(导)料销 30、31，控制条料的送进方向与送进距离。

图 1-3-28 为双凸凹模复合模。模具有两个凸凹模，一次冲压能得到两个连体的“山”字形硅钢片(再切断得到硅钢片工件)和两个“一”字形硅钢片(工件)，材料利用率高。

凸凹模 6 被设置在上模，与其相应的工作零件凹模 3、凸模 4 及下凸凹模 12 被设置在下模。连体“山”字形硅钢片由顶件板 5 从凹模 3 中顶出，冲孔废料由推杆 9 自上而下推出，是顺装复合模形式。

凸凹模 12 被设置在下模，与其相应的工作零件凸模 10 及上凸凹模 6 被设置在上模。“一”字形硅钢片由推件板 11 从上模中推出，冲孔废料从凸凹模 12 的下部及下模座漏料孔中排出，是倒装复合模形式。

图 1-3-29 为垫圈套冲复合模。模具有三个凸凹模，一次冲压能得到三个不同尺寸的垫圈。凸凹模 2 与凸凹模 1 被设置在下模，冲裁得到的工件(大垫圈、小垫圈)分别由外推件块 9、推件块 5 和打杆 12 从上模中推出。小垫圈冲孔废料从凸凹模 1 的下部及空心螺杆 14 中排出，是倒装复合模形式。

凸凹模 10 被设置在上模。冲裁得到的中垫圈由安装在下模部分的弹顶装置和顶件板 4 从下模中顶出，是顺装复合模形式。

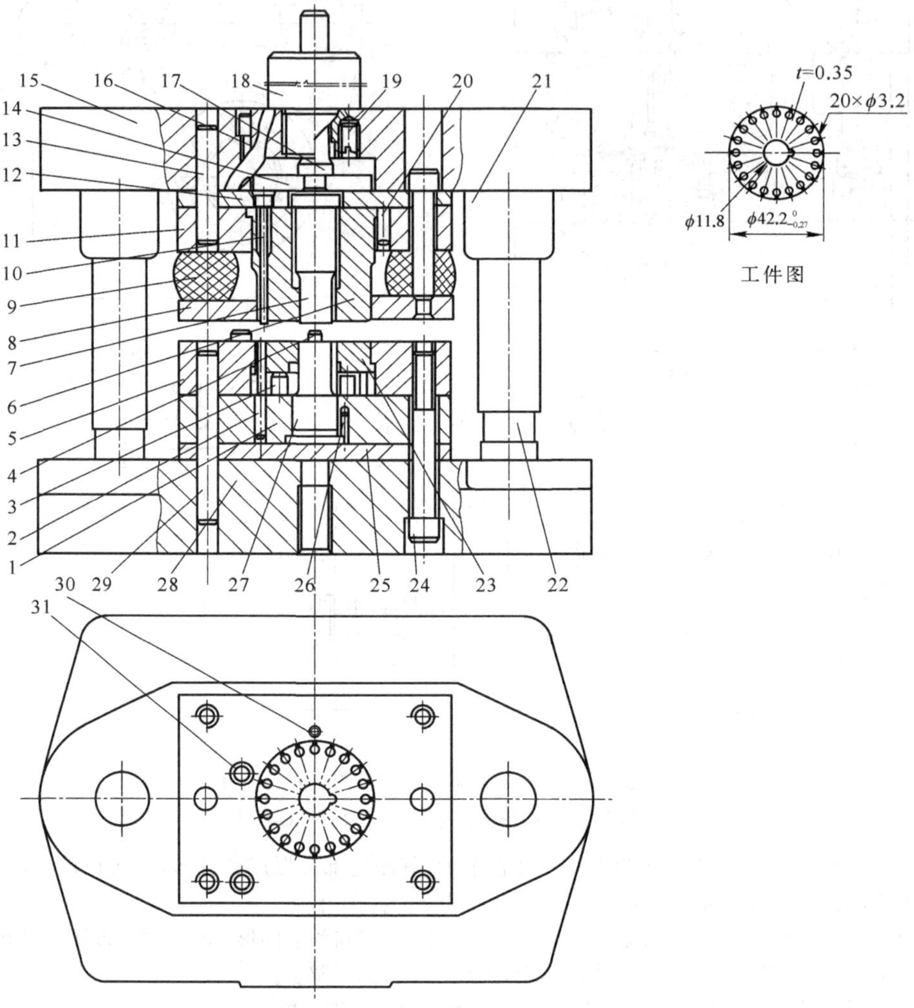

图 1-3-27 顺装复合模

1—凸模固定板；2—凹模镶件；3—顶杆；4—挡料销；5—凹模；6—凸凹模；7、10—推杆；8—卸料板；9—弹性体；11—凸凹模固定板；12、25—垫板；13、29—圆柱销；14—推板；15—上模座；16、24—螺钉；17—打杆；18—模柄；19—止动螺钉；20、26—止动销；21—导套；22—导柱；23—顶件块；27—凸模；28—下模座；30、31—挡(导)料销

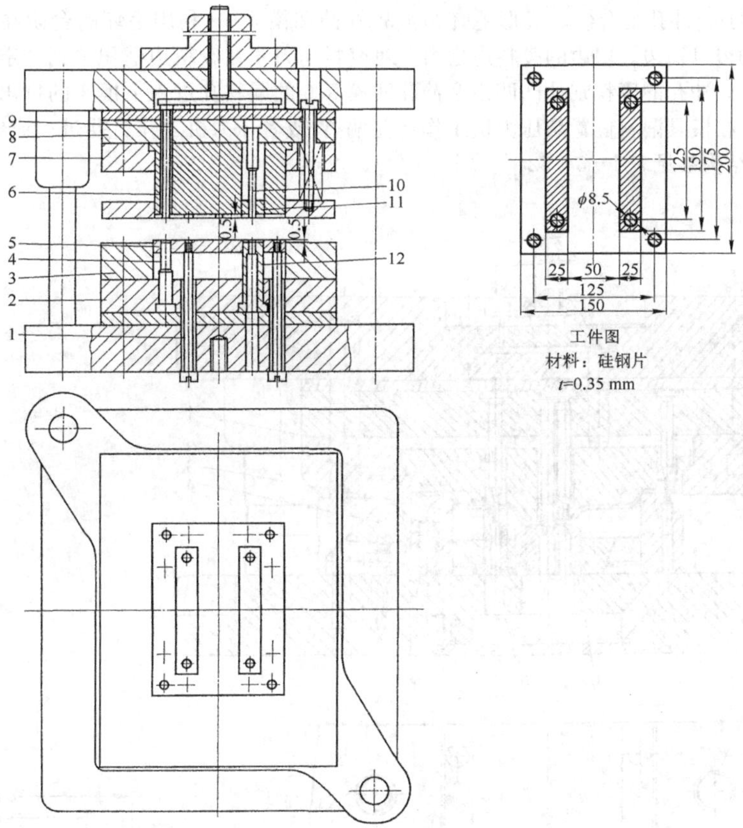

图 1-3-28　双凸凹模复合模

1—顶杆；2、7—固定板；3—凹模；4、10—凸模；5—顶件板；6—上凸凹模；8—上凸模固定板；9—推杆；11—推件板；12—下凸凹模

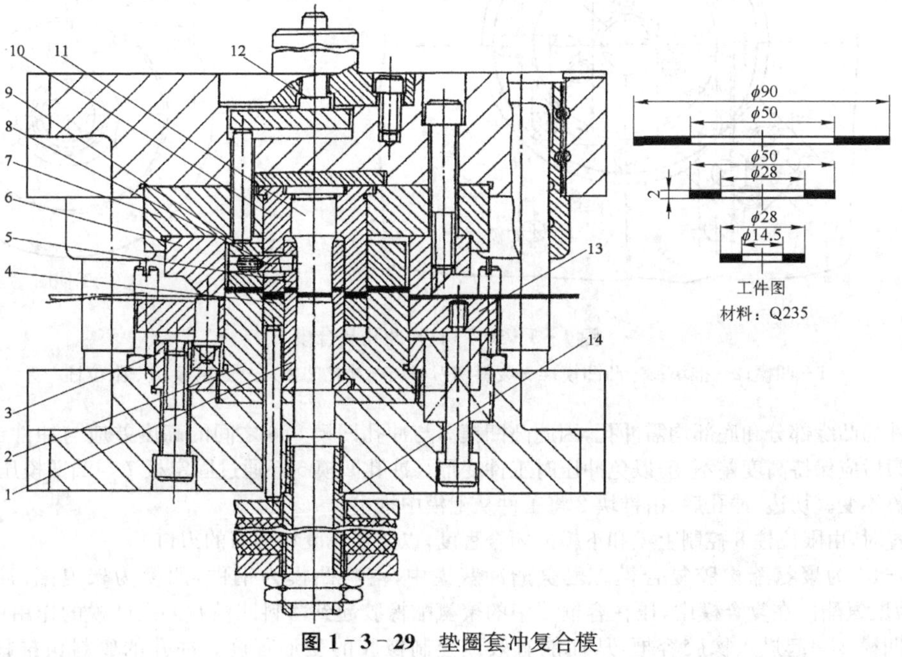

图 1-3-29　垫圈套冲复合模

1、2、10—凸凹模；3、7—固定板；4—顶件板；5—推件块；6—凹模；8—内螺纹圆柱销；9—外推件块；11—凸模；12—打杆；13—卸料板；14—空心螺杆

图 1-3-30 为切边-冲孔复合模。成形毛坯被放置在凸凹模 3 中，利用毛坯的台阶在凸凹模内孔中定位。由凹模 1 与凸凹模的刃口切边。切边的废料边框由一对废料切刀 4 在废料边框积聚到一定高度后，由凹模压下时将其逐个分切两半。冲孔的废料则从凸凹模及冲孔凹模 5、6 的漏料孔进入下模座的排出槽，然后从排出槽推出模外。排出槽通常在模具漏料位置与压力机工作台孔偏离，或者压力机工作台孔过小或压力机工作台装有气垫顶杆时才采用，其结构参见表 1-3-52。

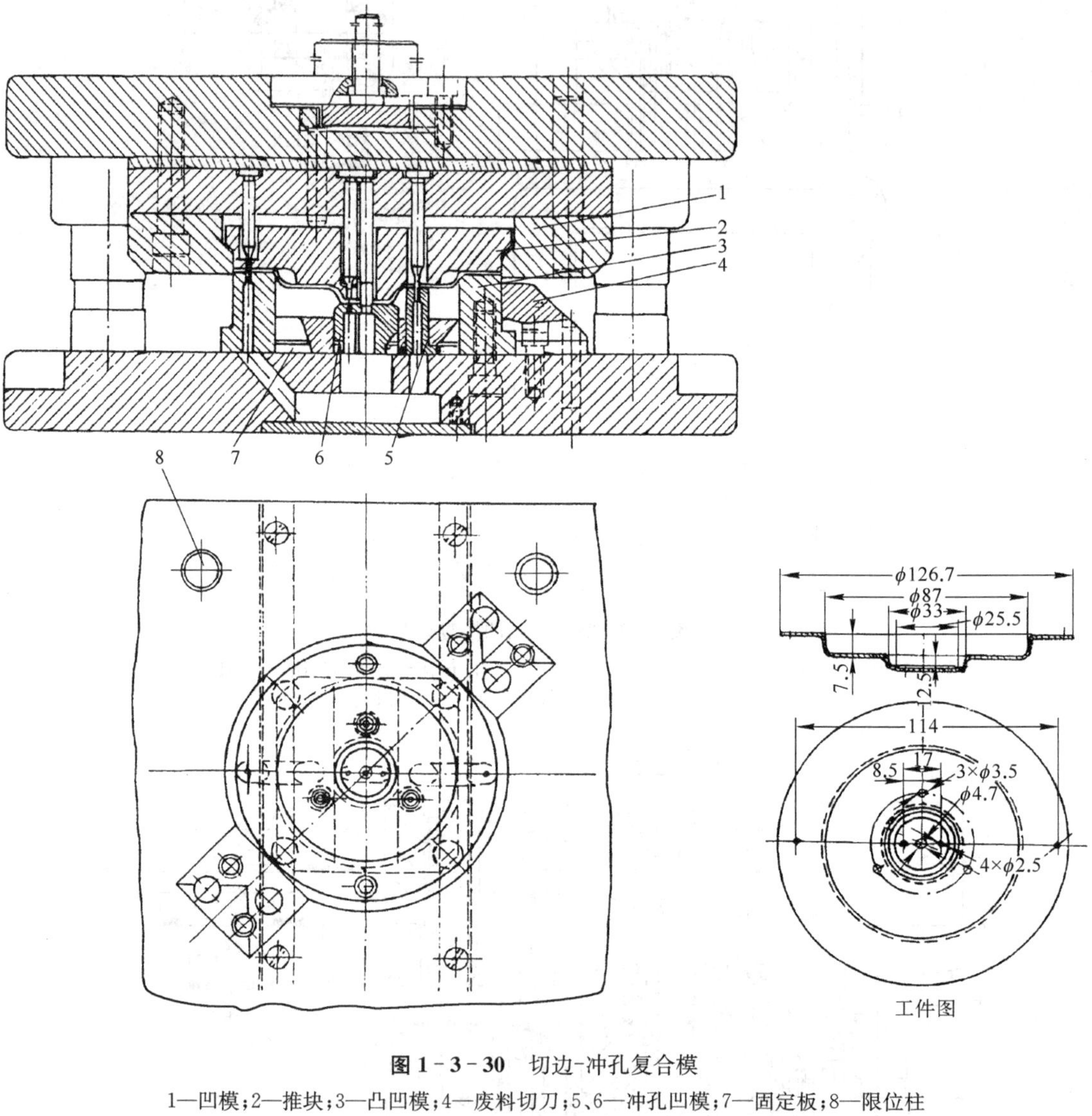

图 1-3-30　切边-冲孔复合模

1—凹模；2—推块；3—凸凹模；4—废料切刀；5、6—冲孔凹模；7—固定板；8—限位柱

由于冲件的凸缘部分和底部均需冲孔，因此凸凹模 3 与冲孔凹模 5、6 之间的高度差应与冲件台阶高度差一致。凹模刃磨后应保持高度差不变，以免冲压时工件变形。冲孔凹模 5、6 通过固定板 7 与凸凹模压配在一起，保证其相互位置不变。切边、冲孔后，由推块 2 将工件从上模中推出。

模具放置时，由限位柱 8 控制上模和下模的闭合程度，以防损坏废料切刀的刃口。

图 1-3-31 为聚氨酯橡胶复合模。聚氨酯冲裁模中，落料凸模为钢件，凹模为聚氨酯；冲孔凹模采用钢件，凸模为聚氨酯。在复合模中，压在容框 2 中的聚氨酯橡胶起到落料凹模和冲孔凸模的作用。固定式压料板 3 能与凸凹模 4 一起进入橡胶容框，从而能有效地控制橡胶的变形程度。冲孔的废料由推杆从凸凹模中推出。

聚氨酯橡胶模的压料板、容框及顶芯对冲件的质量影响较大，其结构见表 1-3-54。

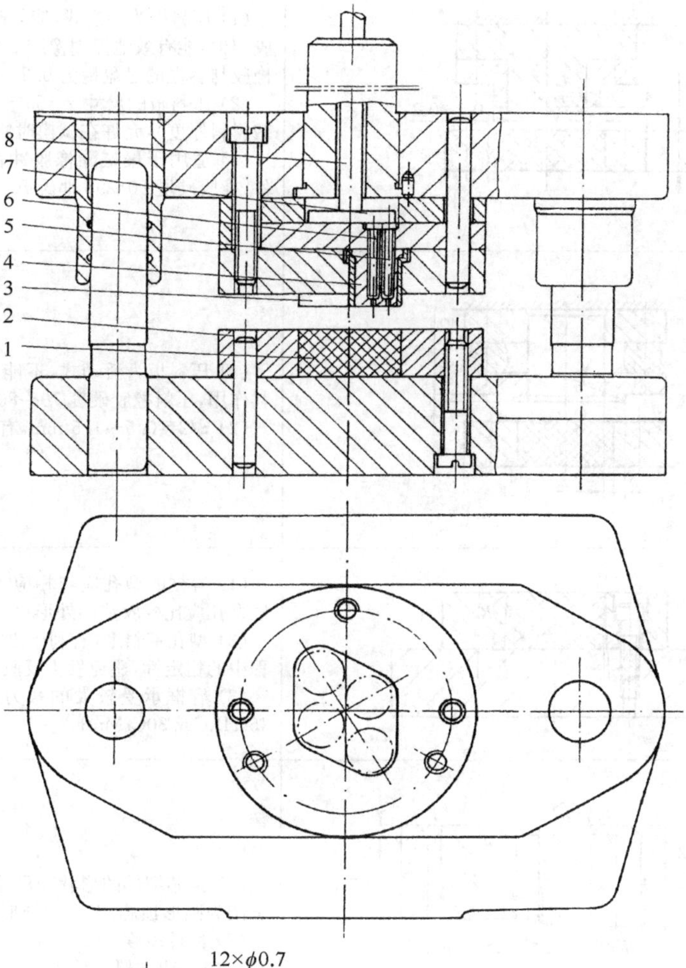

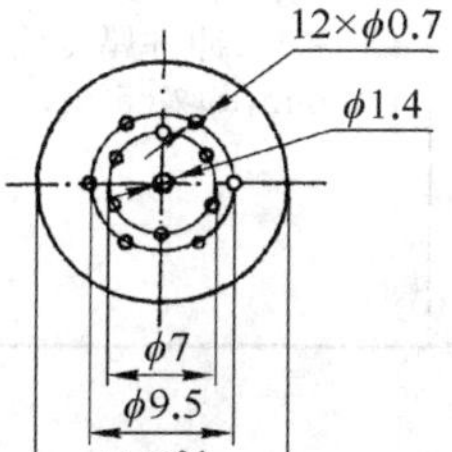

工件图
材料：纯铝
t=0.03~0.07 mm

图 1-3-31　聚氨酯橡胶复合模

1—聚氨酯橡胶；2—容框；3—压料板；4—凸凹模；
5、6—推杆；7—推板；8—打杆

表 1-3-54 聚氨酯橡胶模压料板、容框及顶芯的结构

简图		说明
压料板	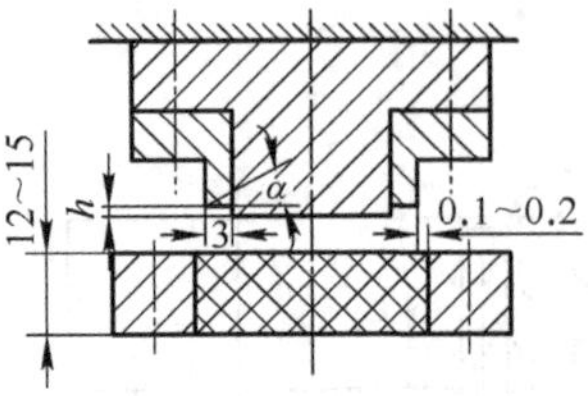	(1) 压料板为固定式，能与凸模(凸凹模)一起进入橡胶容框，能有效地控制橡胶变形程度，提高单位挤压力，橡胶与容框的过盈量为 0.2~0.5 mm (2) 压料板的尺寸 $\alpha=55°\sim75°$，$h=(3\sim6)t$（t 为冲裁材料厚度），允许在试模时修正 (3) 适用于聚氨酯橡胶冲裁模，冲裁外形复杂的薄件，橡胶硬度 90~95 邵氏 A
	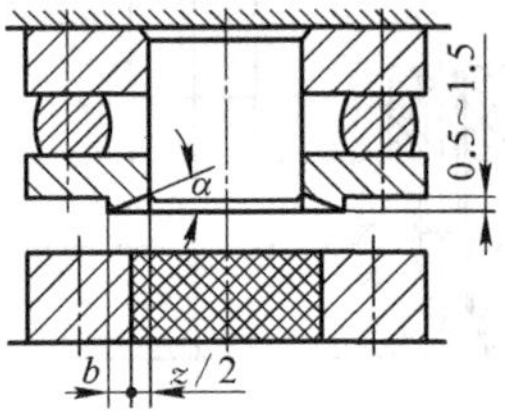	(1) 压料板为活动式，不能进入容框，能起压料和卸料作用，压料橡胶硬度 70~80 邵氏 A (2) $z/2=0.5\sim1.5$ mm，有效压料宽度 $b\geqslant12t$
容框	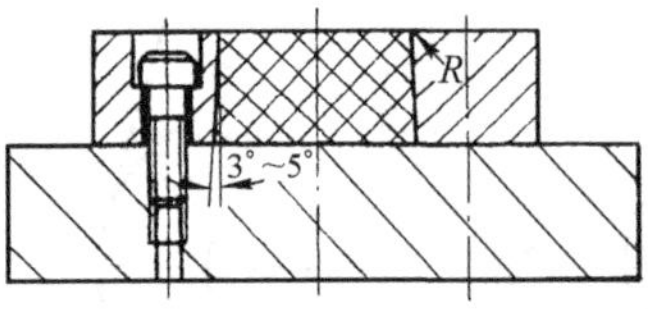	(1) 容框的型孔应与相应工作零件的外形相似。容框型孔应比橡胶垫的外形尺寸单边小 0.5 mm 左右 (2) 型孔带斜度，有利于更换和增强橡胶垫在冲裁过程中的稳定性，避免发生反胶现象 (3) 容框承受较大的张力，材料可采用 45 钢 40~45 HRC或 30CrMnSiA
顶芯	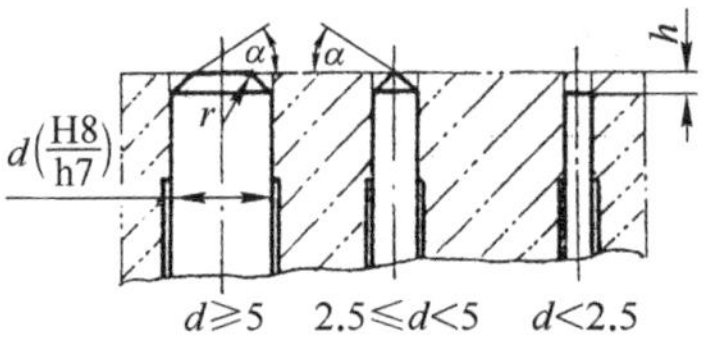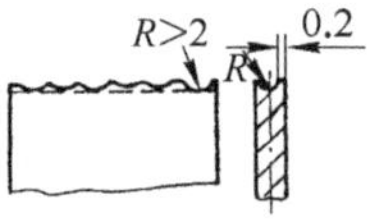	(1) 顶芯端部的形状和尺寸直接影响冲孔断面质量，上图为圆形顶芯，下图为异形顶芯 (2) 冲件厚度≤0.1 mm 时，h 取 0.4~0.6 mm，α 取 45°~55°；冲件厚度为 0.15~0.30 mm 时，h 取 0.6~1.0 mm，α 取 65°~75°

(三) 多工位级进冲裁模

1. 设计要点

(1) 工序的次序是先进行冲孔、切口(形成局部轮廓形状)，最后安排落料工序获得冲压工件。

(2) 在凹模强度许可的情况下，应尽量减少工位(工步)数量，从而减小步距积累误差。为保证冲裁件尺寸精度，同一尺寸基准精度要求高的孔及其他形状，只要凹模强度允许，应安排在同一工位(工步)中冲裁。同时，相比较尺寸精度要求较低的部位，可在较前的工位(工步)中成形；尺寸精度要求较高的部位，则在后几个工位(工步)中成形。这样可减小送进误差对工件精度的影响。为了便于修磨，不宜将尺寸相差大的孔安排在同一工位(工步)中。为了提高凹模强度(增大凹模刃口间的距离)和便于凸模安装固定，可以安排空位(空步)。空位(空步)数量要限制，否则凹模轮廓尺寸将明显增大。

(3) 精度要求较高的模具应采用侧刃与导正销组合，用侧刃做粗定位，用导正销做精定位，保证条料送进的定距定位精度。采用导正销导正时，可以利用工件上已冲好的孔。工件上的孔不宜作为导正孔时，应在条料的余料部位预先冲出导正孔，并在冲孔的下一工位（工步）中立即导正，以减小积累误差。导正销应在条料未被压紧之前进入导正孔内，以保证条料精确定位。

（4）凸模的固定应稳固可靠，小凸模应加保护，易损的凸模应采用快换方式。形状复杂的凹模可采用拼块结构，局部易损部位可采用镶嵌件。

（5）采用弹压卸料板具有卸料和压料作用。带导向的弹压卸料板对凸模有保护作用。采用左、右导料板和承料板对条料的导向和支承作用明显，采用侧压板还能防止条料在送进过程中发生偏摆。条料局部切舌后影响送进时，应采用托料方式，以保证条料顺利送进。

（6）级进模的生产率高，应加强冲压过程中的润滑和安全监测。

2. 典型结构

图 1-3-32 为少废料对排级进模。工件采用对排方式，一次冲压得到两个工件。条料送进由双侧刃 13（对角布置）定距（粗定位）、导正销 4 导正（精定位）。

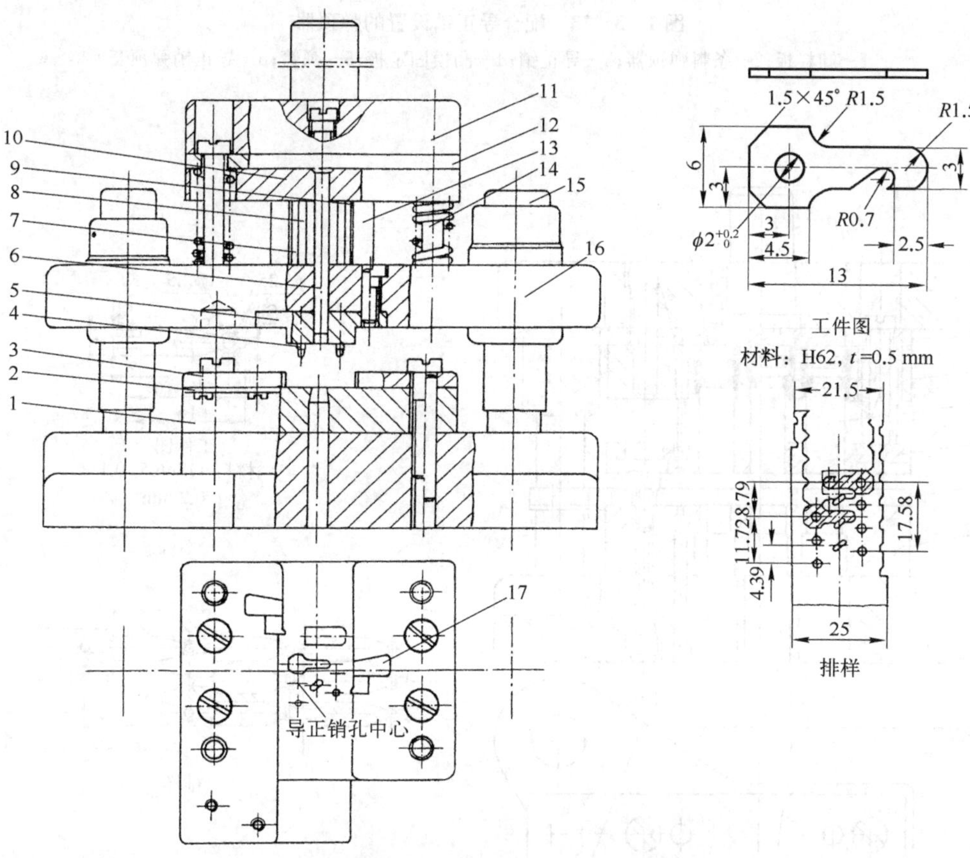

图 1-3-32　少废料对排级进模

1—凹模；2—承料板；3—导料板；4—导正销；5—压板；6～9—凸模；
10—固定板；11—带柄上模座；12—垫板；13—侧刃；14—卸料螺钉；
15—导柱；16—弹压导板；17—侧刃挡块

模具采用弹压导板结构，凸模与凸模固定板 10 可以有小的间隙或采用较松的配合，凸模与压板 5 之间是精密滑配。压板 5 与弹压导板 16 用螺钉、圆柱销固定成一体，以导柱 15 作导向，并由卸料螺钉 14 与带柄上模座 11 连接。冲压过程中弹压导板 16 始终不能脱离导柱 15。

在采用导正销导正的模具中，必要时可在导正销附近或条料合适的部位设置弹顶器，防止导正销带起条料，而影响条料正常送进。配合导正销设置的弹顶器见图 1-3-33。

图 1-3-34 为成形侧刃定距级进模。工件采用多排形式，用成形侧刃 8 形成工件部分外形尺寸并控制条料送进步距。用凸模 7 切除工件间的废料，逐步形成工件形状。最后由切断凸模 4 切断，一次得到三个工件。

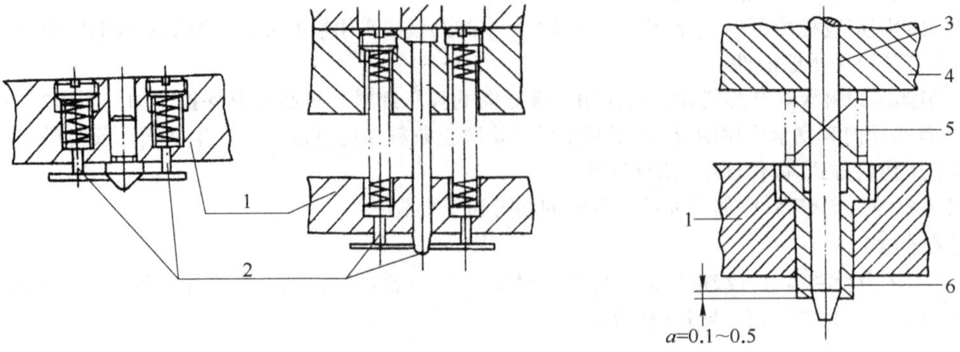

图 1-3-33　配合导正销设置的弹顶器

1—卸料板；2—条料弹顶器；3—导正销；4—凸模固定板；5—弹簧；6—导正销弹顶套

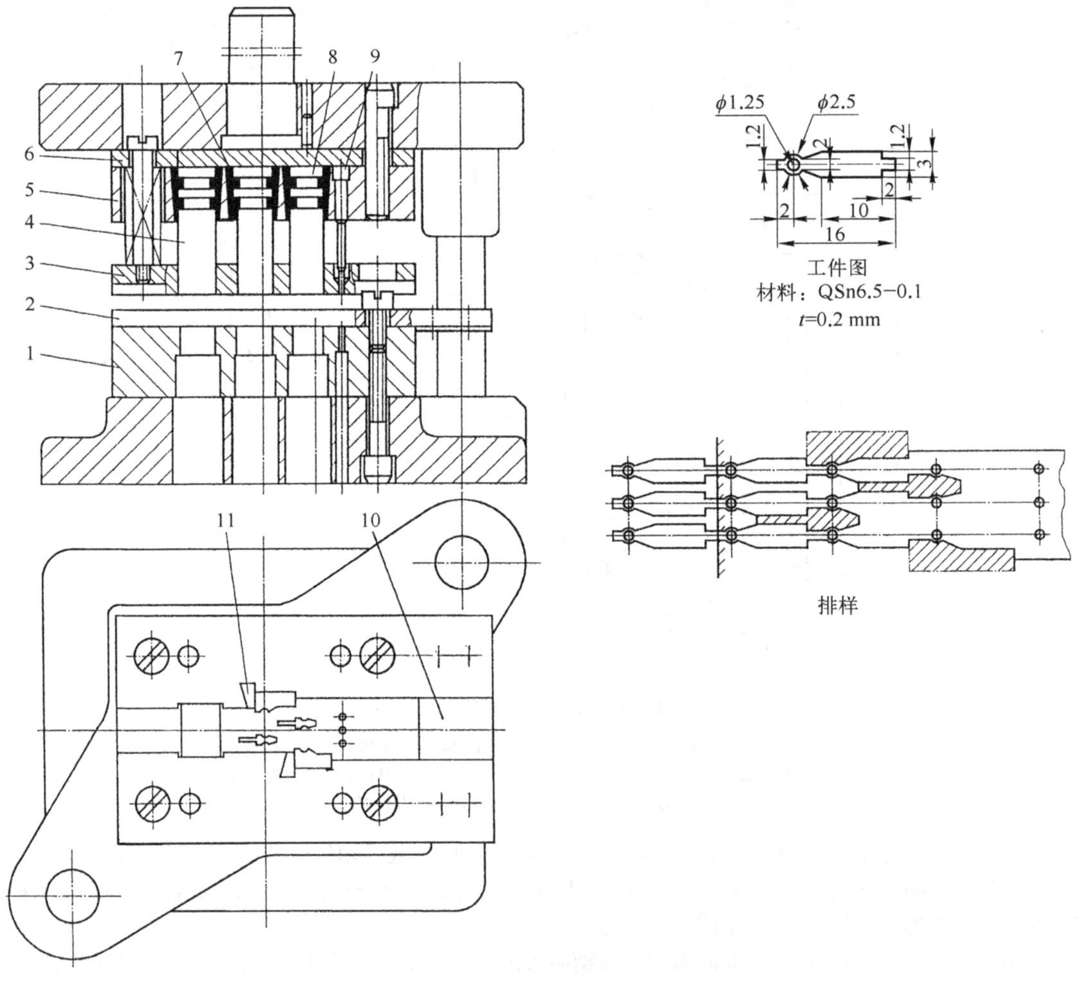

图 1-3-34　成形侧刃定距级进模

1—凹模；2—导料板；3—卸料板；4—切断凸模；5—凸模固定板；6—垫板；
7—凸模；8—成形侧刃；9—冲孔凸模；10—承料板；11—侧刃挡块

凹模 1 为整体形式。凸模与凸模固定板 5 采用浇注低熔点合金的方式固定。

图 1－3－35 为硬质合金级进模。凹模 1 与凹模固定板 14 压合后和导料板 2 组成一体，用螺钉和圆柱销固定在下模座 19 上。落料凸模 7 与凸模固定板 6 压配后用螺钉固定，防止其脱落。

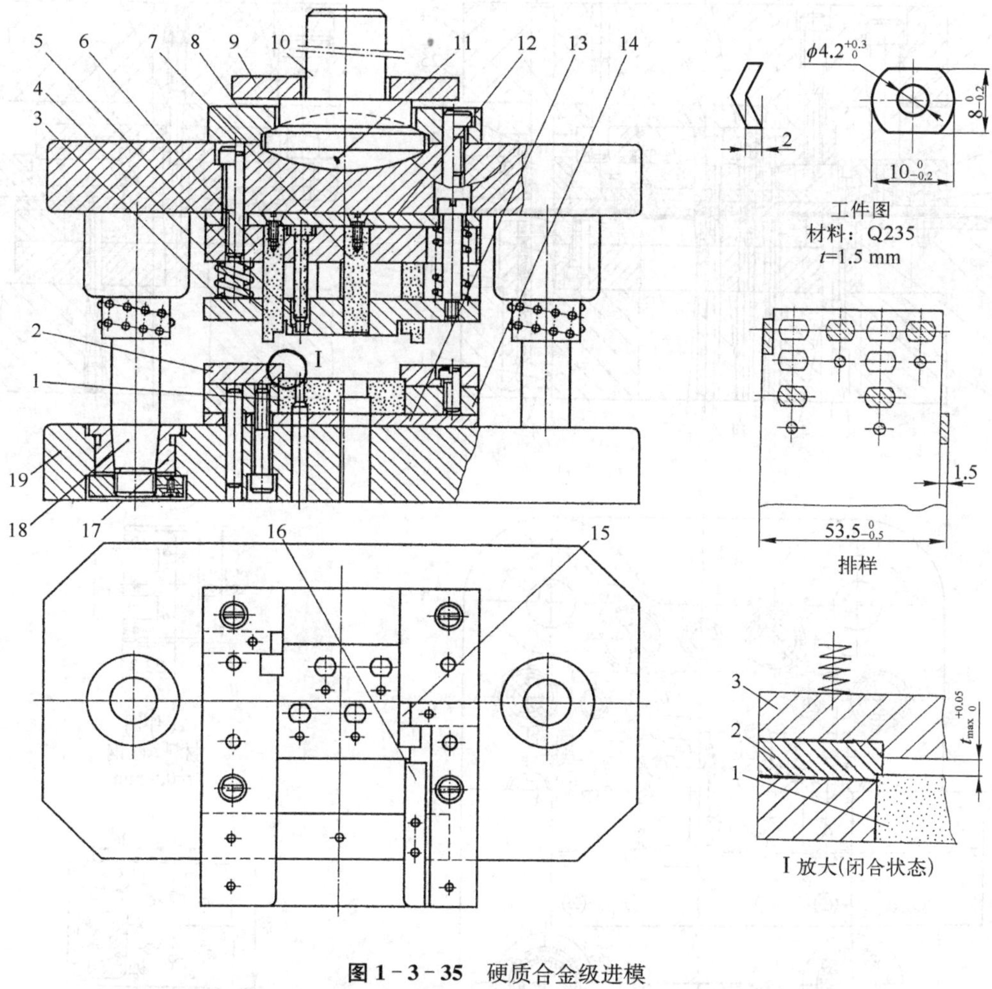

图 1－3－35　硬质合金级进模

1—凹模；2—导料板；3—卸料板；4—侧刃；5—冲孔凸模；6—凸模固定板；7—落料凸模；8—压圈；9—垫圈；10—凹球面模柄；11—球面垫块；12、13—垫板；14—凹模固定板；15—侧刃挡块；16—侧压板；17—衬套；18—可卸导柱；19—下模座

侧刃 4 采用对角布置。侧刃与侧刃挡块 15 的位置布置应合理，要防止条料送进时凸模发生单边剪切，损坏刃口。

模具设置了左、右导料板和侧压板 16，使条料有可靠的导向，并可防止条料在送进过程中发生偏摆。

卸料板 3 上下活动应平稳。为了避免弹压卸料板 3 对凹模刃口平面的冲击，弹压卸料板在闭合时其底面至凹模平面的距离应比冲裁板料最大厚度大 0.05 mm。

模座和垫板应有足够的刚度，其厚度一般为普通钢模的 1.5 倍。模座材料为 45 钢，经调质处理后为 30 HRC。也可以用 Q235 钢，但不适宜用铸铁。凸模固定板的厚度也应适当增大。

采用滚动导柱模架，其具有高导向精度。采用凹球面模柄 10，可以减小设备精度不高对模具的影响。滚动导柱 18 为可卸形式，便于对模具维护和刃磨。

图 1－3－36 为四导柱冲孔、落料级进模。采用四组滚动导柱、导套，导向精度高，稳定性好。卸料板 10 和卸料导板 7 组合一体，同样采用滚动导向方式，能对硬质合金凸模和小凸模起到很好的保护作用。导正销 31 采用浮动形式。弹性顶销 33、34 可防止材料粘连。

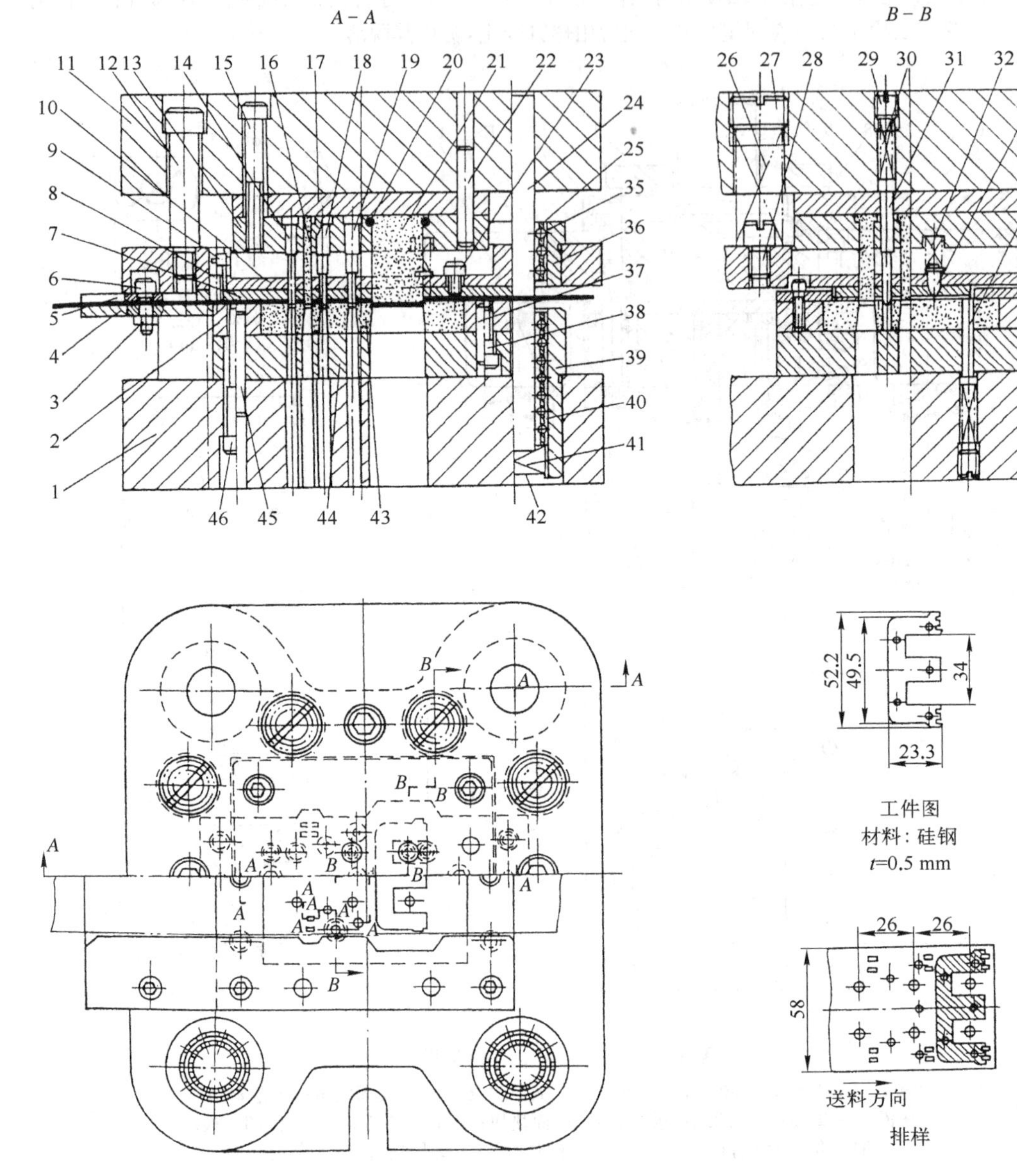

图 1－3－36　四导柱冲孔、落料级进模

1—下模座；2—凹模框；3—螺母；4—承料板；5—导料板；6、9、15、23、38、46—螺钉；7—卸料导板；
8、22、37、45—圆柱销；10—卸料板；11—上模座；12—卸料螺钉；13—固定板；
14、16、18、19、21—凸模；17—垫板；20—钢丝；24—导柱；25、40—保持圈；
26、30、32、41—弹簧；27、29—螺塞；28—弹簧芯子；31—导正销；
33、34—弹性顶销；35—滚珠；36—小导套；39—大导套；
42—弹簧挡圈；43—凹模；44—垫板

图 1－3－37 为级进式复合冲裁模。由始用挡料销控制条料初始送进位置，并采用固定挡料销 5、导正销 11 组合方式控制冲压过程中条料定距定位。在第二工位采用复合冲裁形式，凹模 28、凸模 2 被置于下模，凸凹模 19 在上模，为顺装复合模结构，冲压件由顶杆 3、顶件块 4 自下模顶出，工件的平整度较好。复合冲裁减小了冲裁工步，使得模具结构紧凑，并有利于提高工件的形位精度。采用顺装复合模结构，应及时排除模具工作面上的工件与废料，增加了操作难度。

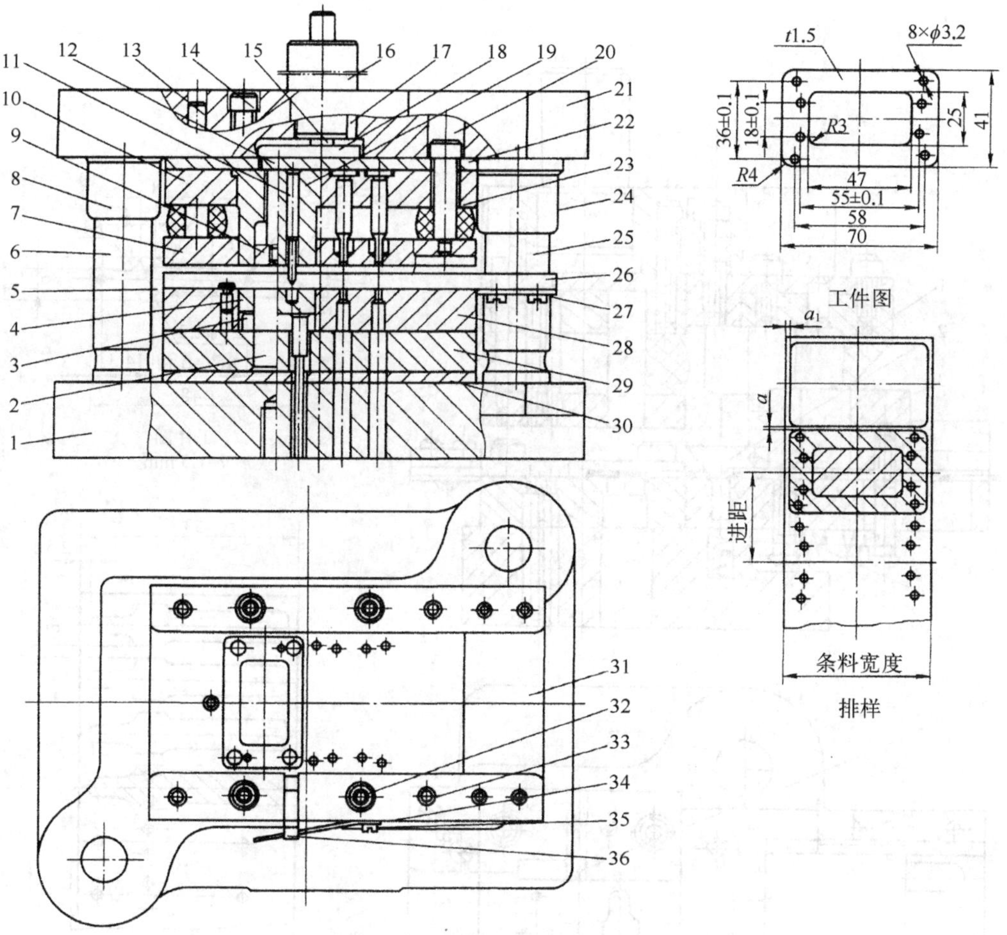

图 1-3-37 级进式复合冲裁模

1—下模座；2—凸模；3—顶杆；4—顶件块；5—固定挡料销；6、25—导柱；7—卸料板；8、24—导套；9—推料板；10、29—凸模固定板；11—导正销；12—打料杆；13、33—圆柱销；14、17、23、27、32、35—螺钉；15—打杆；16—模柄；18—推板；19—凸凹模；20—冲孔凸模；21—上模座；22、30—垫板；26—导料板；28—凹模；31—承料板；34—弹簧；36—始用挡料销

图 1-3-38 为钩式自动送料冲孔、落料级进模。模具工作时，首先用手工送料，由侧刃定距。当已冲的孔被送到拉料钩位置后，便开始自动拉料。拉料钩 2 是在斜楔 1 随上模向下闭合时推动的。因此，只有当斜楔 1 完全进入滑块 3 后材料送料完毕，凸、凹模才能进行冲裁落料。材料厚度 1.5 mm、搭边 2.5 mm 时刚性较好，能满足钩式送料的要求。

图 1-3-39 为夹刃式自动送料冲孔、落料级进模。模具送料装置采用表面夹刃形式。上模向下闭合时，斜楔 1 推动前夹持器 5 向右移动，安装在前夹持器 5 中的夹刃 4 在材料表面上滑动。后夹持器 6 依靠夹刃夹紧材料使其不能移动。上模回程时，前夹持器 5 在弹簧作用下复位。此时前夹持器 5 中的夹刃 4 夹紧材料向左送进，而后夹持器 6 中的夹刃则处于松开状态，使材料顺利向左送进。

图 1-3-40 为电机定、转子自动叠装级进模，是一种多功能模。它采用定、转子套冲排样方式，转子在第四工位上实现落料和叠压，定子在第八工位上实现叠压（工序图）。转子在叠压时要求冲片间旋转一个角度（回转扭叠），由链轮驱动旋转凹模来实现，并保证旋转精度。

叠压是通过在冲片上冲出铆扣，将后一冲片的铆扣下部在凸模推力的作用下扣入前一冲片的铆扣上部，相互叠装在一起，形成密叠或半密叠整体（半密叠的另需用压机加压密叠）。铆扣处有微小过盈量，从而达到叠压要求。

叠压时最下面的一个冲片的铆扣只有上半部而无下半部。因此，该冲片只能被后一冲片的铆扣从上而下铆合，而其本身不能铆合前一冲片，从而使它与前先的叠片整体分离。为了实现分离，必须按照叠装预先设定好的高度尺寸（即冲片达到设定的片数），实现叠片铆合与分离状态的改变。这种改变是通过冲去一个冲片的铆扣下

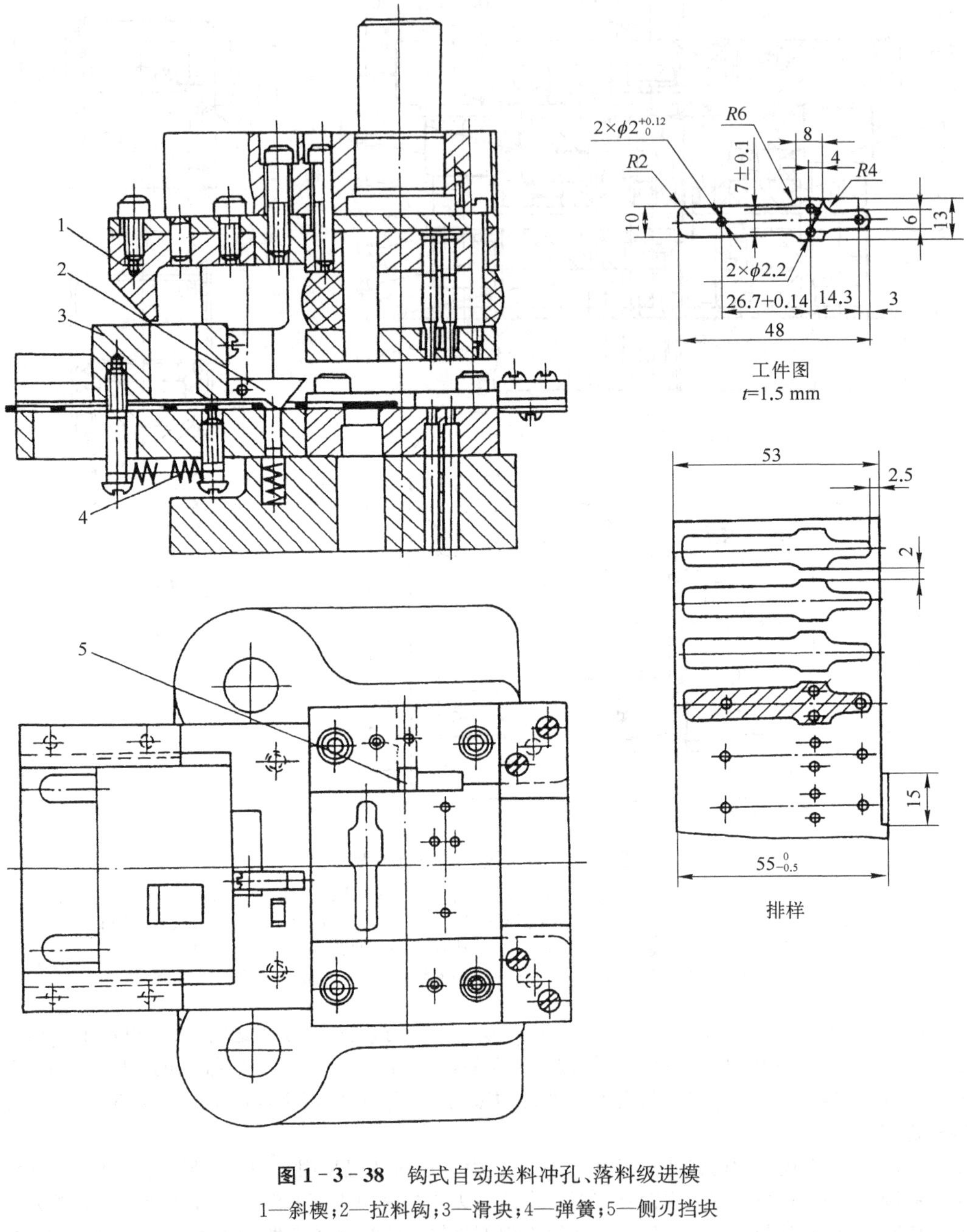

图 1－3－38　钩式自动送料冲孔、落料级进模

1—斜楔；2—拉料钩；3—滑块；4—弹簧；5—侧刃挡块

半部来完成的。控制铆合与分离的冲孔装置由电气控制来驱动分离导板，将用于冲除叠压铆扣下半部的小凸模（又称分离凸模）向下移动一个距离，达到冲裁所需的高度，完成冲切要求。

叠压时的背压力影响叠铆后的结合力和紧密程度。用液压托盘能提高叠压质量。当模具进行冲裁时，定、转子分别沿着冲裁凹模的刃口内壁不断下移，达到设定的片数时，控制系统迅速驱动托盘下降到预定位置，用气缸将定、转子成品推出，并各自复位，完成一个工作循环。

带料送进由冲压设备的自动送料装置完成。精定位由导正销控制。凸模和凹模采用硬质合金 YG20。凸模与固定板采用小间隙浮动式配合，凸模由卸料板精密导向。固定板和卸料板分别采用 CrWMn 和 Cr12MoV 制作。模架采用 6 组滚珠导柱、导套，用 GCr15 制作。

工位的位置精度±0.002 mm，步距精度±0.004 mm。模具精密零件在最终精密加工后，进行冰冷定型处理。

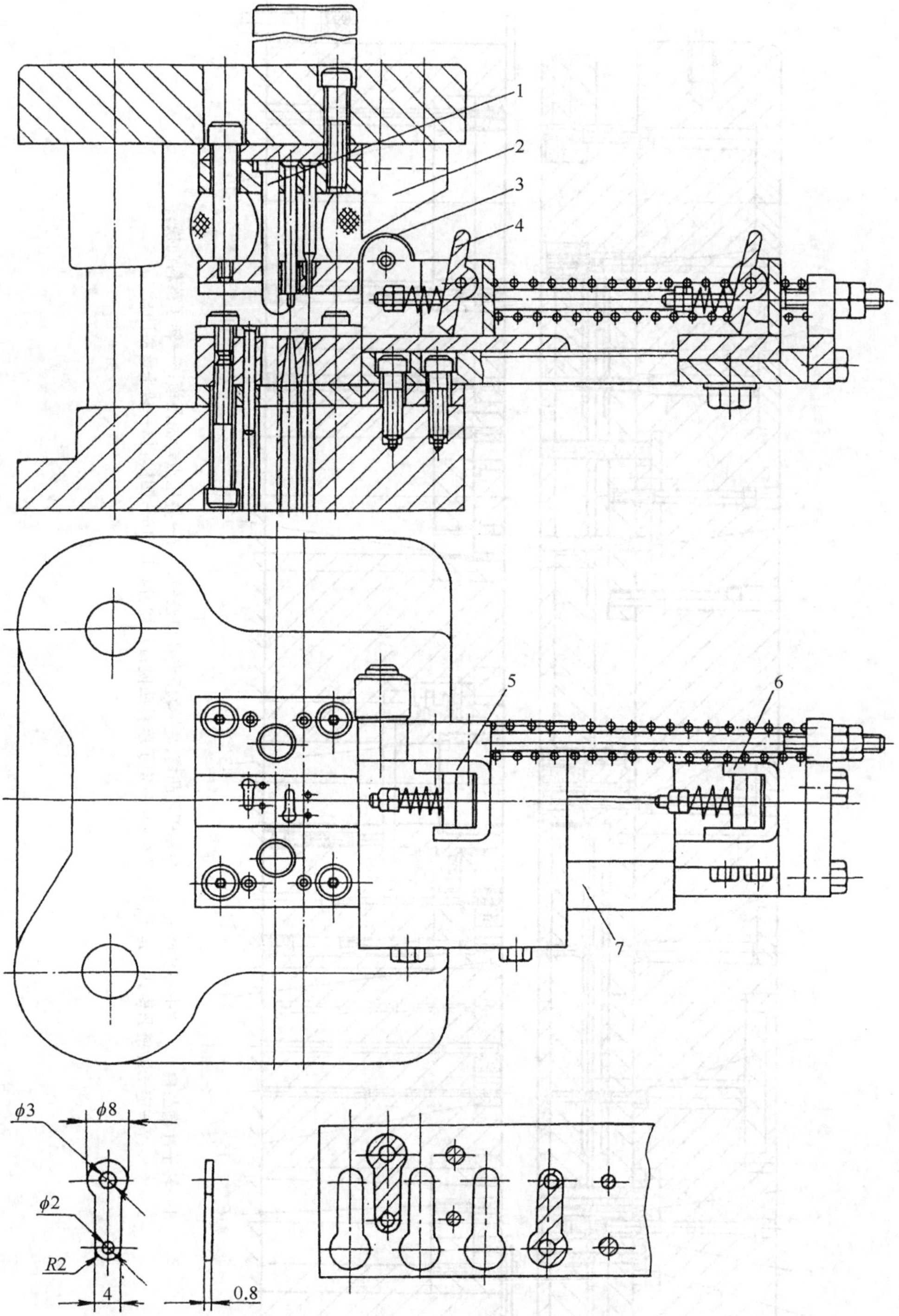

图 1-3-39 夹刃式自动送料冲孔、落料级进模

1—小导柱；2—斜楔；3—滚轮；4—夹刃；5—前夹持器；6—后夹持器；7—导轨

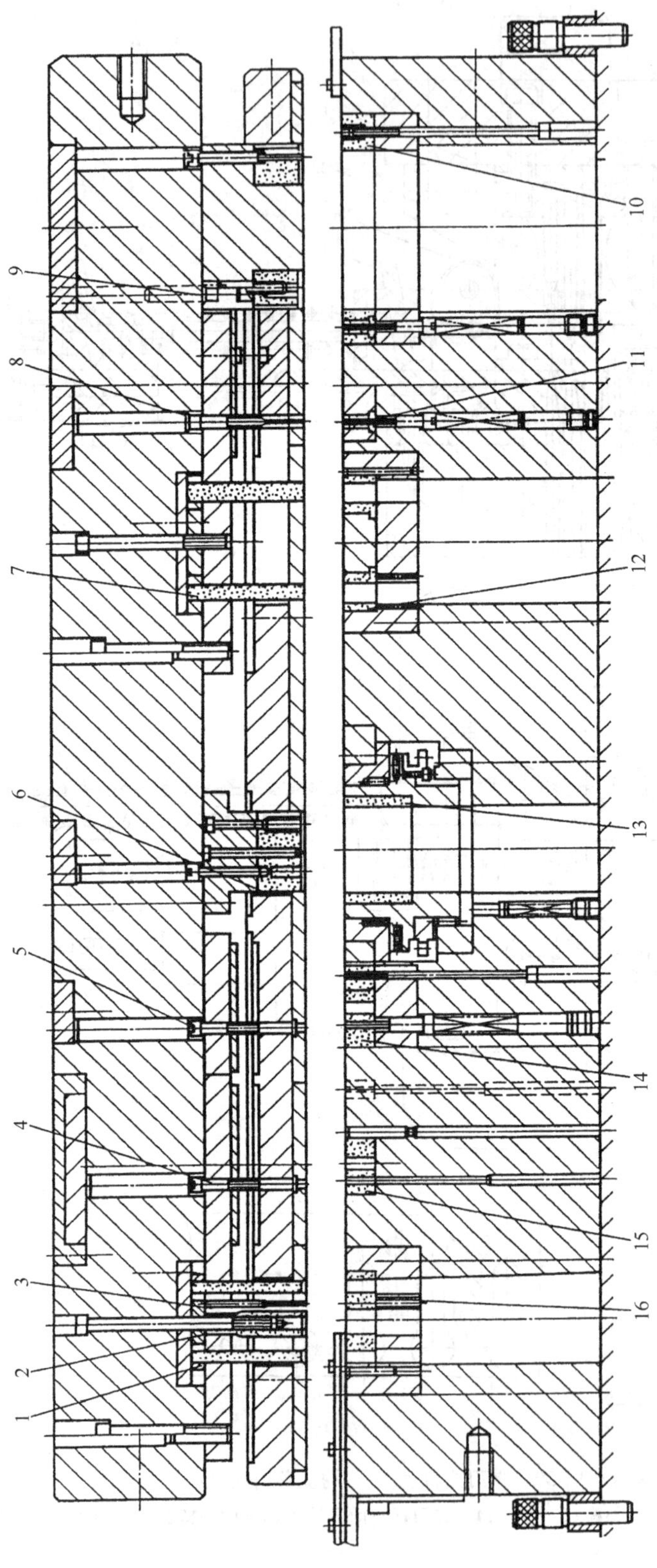

1—转子冲槽凸模;2—冲中心孔凸模;3—冲叠压孔凸模;4—叠压点切口凸模;5,8—叠压点弯曲凸模;6—转子落料凸模;
7—定子冲槽凸模;9—定子落料凸模;10—定子落料凹模;11,12,14,15,16—凹模;13—转子落料凹模

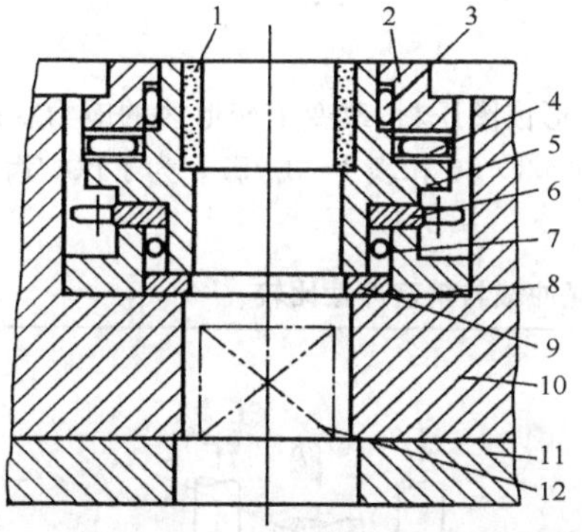

旋转凹模图

1—转子落料凹模；
2、8—定位圈；
3、7—轴承；
4—平面滚针轴承；
5—转子凹模固定座；
6—链轮；
9—垫板；
10—下模座；
11—下垫板；
12—液压缸

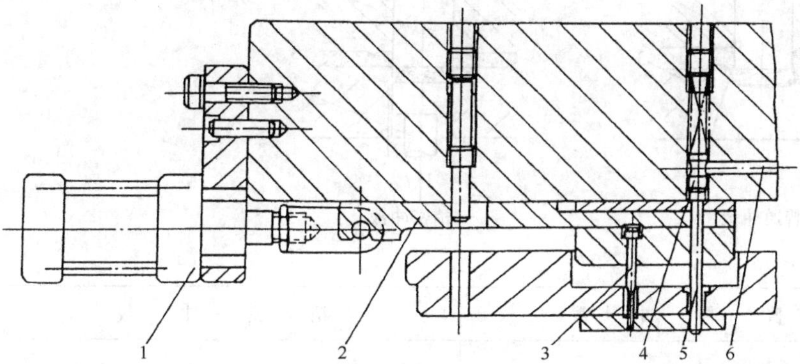

控制铆合与分离的冲孔装置图

1—气缸和电磁阀；
2—分离导板；
3—分离凸模；
4—滑销；
5—导正销；
6—触杆

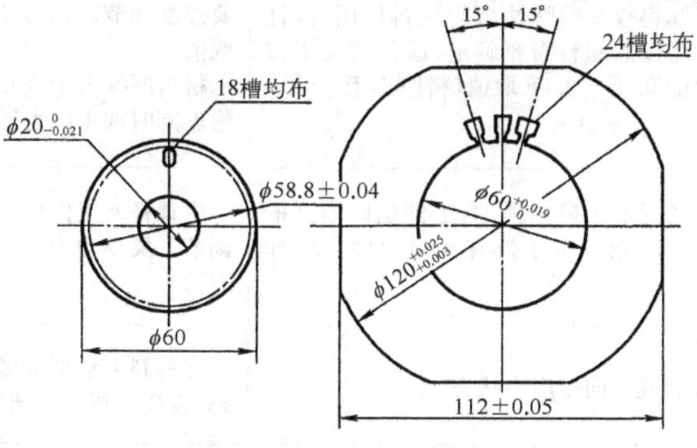

工件图
材料：硅钢片
t=0.5 mm

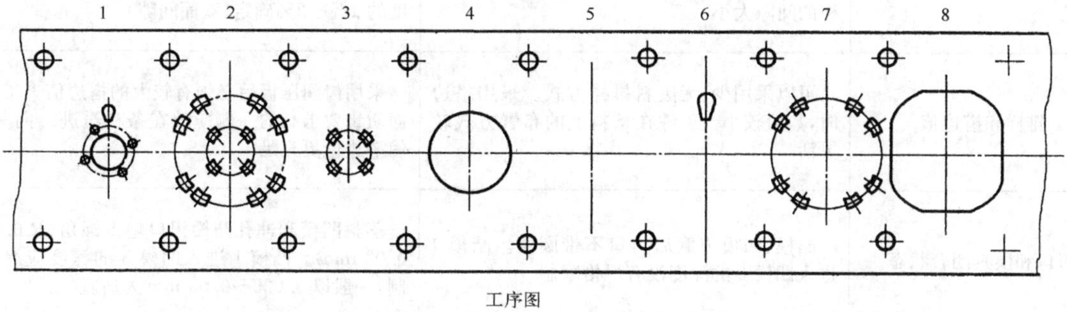

工序图

1—冲导正孔、转子槽、轴孔和转子叠压工艺孔；2—定、转子叠压点切口；3—转子叠压点弯曲；4—转子落料扭叠；5—空位；6—冲定子槽(24 槽)；7—定子叠压点弯曲；8—定子落料叠压

图 1-3-40 电机定、转子自动叠装级进模

九、精冲工艺和精冲模具

(一) 齿圈压板精冲工艺

与普通冲裁的最大区别是齿圈压板精冲采用了V形齿圈压料，改变了变形区的应力状态。普通冲裁与精密冲裁的比较见表1-3-55，齿圈压板的齿形尺寸见表1-3-56和表1-3-57。为了保护齿廓，须设有护齿板，常见的护齿板结构见图1-3-41。

表1-3-55 普通冲裁与精密冲裁比较

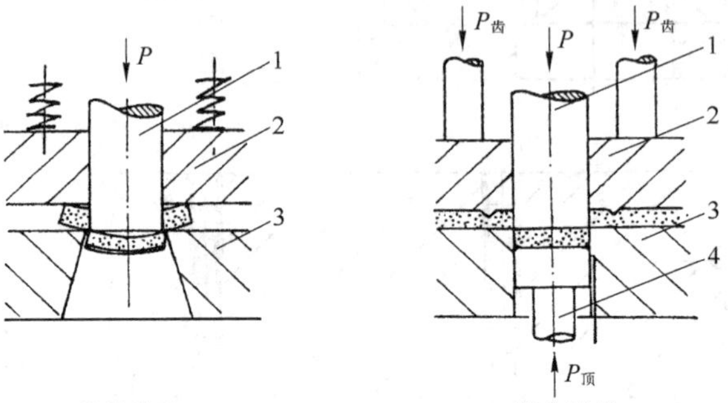

项目	普通冲裁	精密冲裁
压料方式	依靠卸料板2的弹性力起压料作用，弹性力的大小按照卸料需要确定，通常情况下按冲裁力的0.06～0.08取值(料厚小于5 mm)	采用齿圈压板2压料，压齿力由压力机根据需要控制调节。$P_{齿}$力较大，通常按照冲裁力的0.4取值 材料厚度大于4 mm时，应在齿圈压板和刃口附近同时加工出齿形
顶件方式	通常情况下不采用顶件，工件从凹模3的漏料部位下落。由于没有反向顶件力的作用，工件平整度较差	由顶杆4提供反顶力，由压力机根据需要控制调节。反顶力$P_{顶}$通常按照冲裁力的0.15～0.20取值
变形区应力状态	没有形成三向压应力状态	在材料剪切变形区内形成了三向不等压应力状态，提高了材料的塑性
冲裁间隙	根据冲裁件断面质量和精度要求，综合考虑模具寿命的高低，可以分类选择确定凸、凹模的间隙大小	冲裁间隙很小，主要取决于材料厚度，与冲裁件轮廓、材料性质也有一定关系。通常按照材料厚度的1%～2%确定(双面间隙)
排样和搭边值	可以采用少、无废料排样方式。采用搭边时，数值较小。工件在条料上的布置方式较灵活	采用齿圈压板后必须有较大的搭边值。工件断面质量要求高的一侧应放在条料送进方向一边，使搭边量更充足
刃口和模具闭合状态	凸模、凹模刃磨后刃口不带圆角。凸模1进入凹模3的深度没有严格限制	落料凹模和冲孔凸模刃口略带圆角(R 0.01～0.03 mm)。凸模1进入凹模3的深度应严格控制，一般以0.025～0.05 mm为适宜
冲裁件断面质量	冲裁件断面存在明显的断裂带，断面质量较低	冲裁件断面质量高，剪切面的粗糙度一般为Ra 1.6 μm

表 1-3-56　单面齿圈齿形尺寸　(mm)

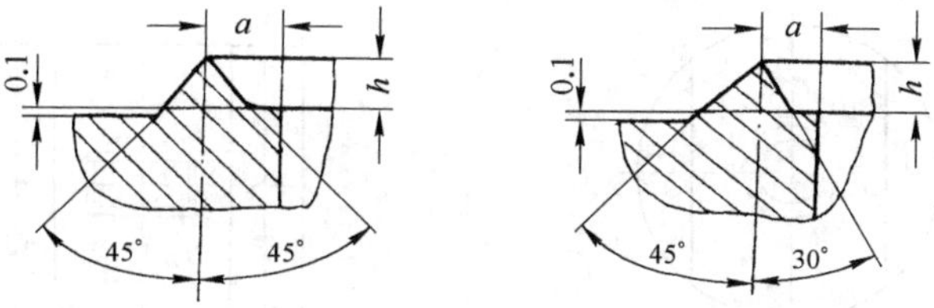

材料厚度	材料抗拉强度 R_m(MPa)					
	≤440		>440~590		>590~690	
	a	h	a	h	a	h
1.0	0.75	0.25	0.60	0.20	0.50	0.15
1.5	1.10	0.35	0.90	0.30	0.80	0.25
2.0	1.50	0.50	1.20	0.40	1.00	0.30
2.5	1.90	0.60	1.50	0.50	1.20	0.40
3.0	2.30	0.75	1.80	0.60	1.50	0.45
3.5	2.60	0.90	2.10	0.70	1.70	0.55
4.0	2.80	1.00				

表 1-3-57　双面齿圈齿形尺寸　(mm)

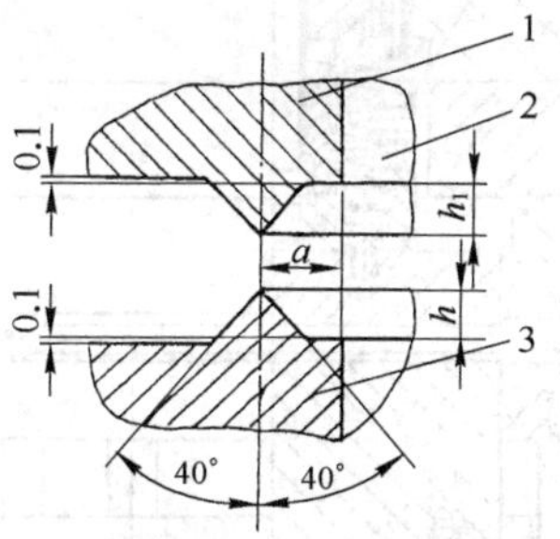

1—凹模；2—型孔；3—齿圈压板

材料厚度	材料抗拉强度 R_m(MPa)								
	≤440			>440~590			>590~690		
	a	h	h_1	a	h	h_1	a	h	h_1
4.0				1.60	0.40	0.30	1.30	0.30	0.20
5.0	2.30	0.60	0.50	2.00	0.50	0.40	1.65	0.40	0.25
6.0	2.80	0.75	0.60	2.40	0.60	0.50	2.00	0.50	0.30
7.0	3.30	0.85	0.70	2.80	0.70	0.55	2.30	0.55	0.35
8.0	3.80	1.00	0.80	3.20	0.80	0.60	2.60	0.60	0.40
9.0	4.20	1.10	0.90	3.60	0.90	0.70	2.95	0.70	0.45
10.0	4.70	1.20	1.00	4.00	1.00	0.75	3.25	0.75	0.50
12.0	5.70	1.50	1.20	4.80	1.20	0.90	3.90	0.90	0.60

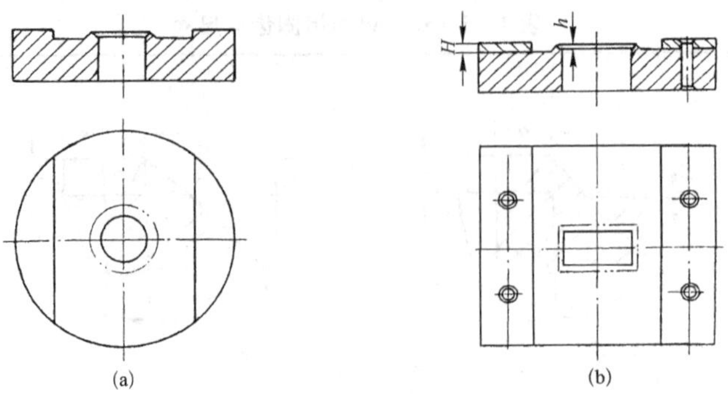

图 1-3-41　护齿板的结构形式

$h<H<t$(料厚)

(a) 整体护齿板；(b) 拼合护齿板

(二) 简易精冲模

图 1-3-42 所示为倒装式简易精冲模。凸模 2 和齿圈压板 3 在下模部分，齿圈压板力由碟形弹簧 1 产生。凹模 4 被固定在上模座上，由碟形弹簧 6 产生反向压料力，精冲完成后由推件块 5 把工件从凹模 4 中推出。导柱、导套为可拆卸形式，便于对凸模和凹模刃磨。

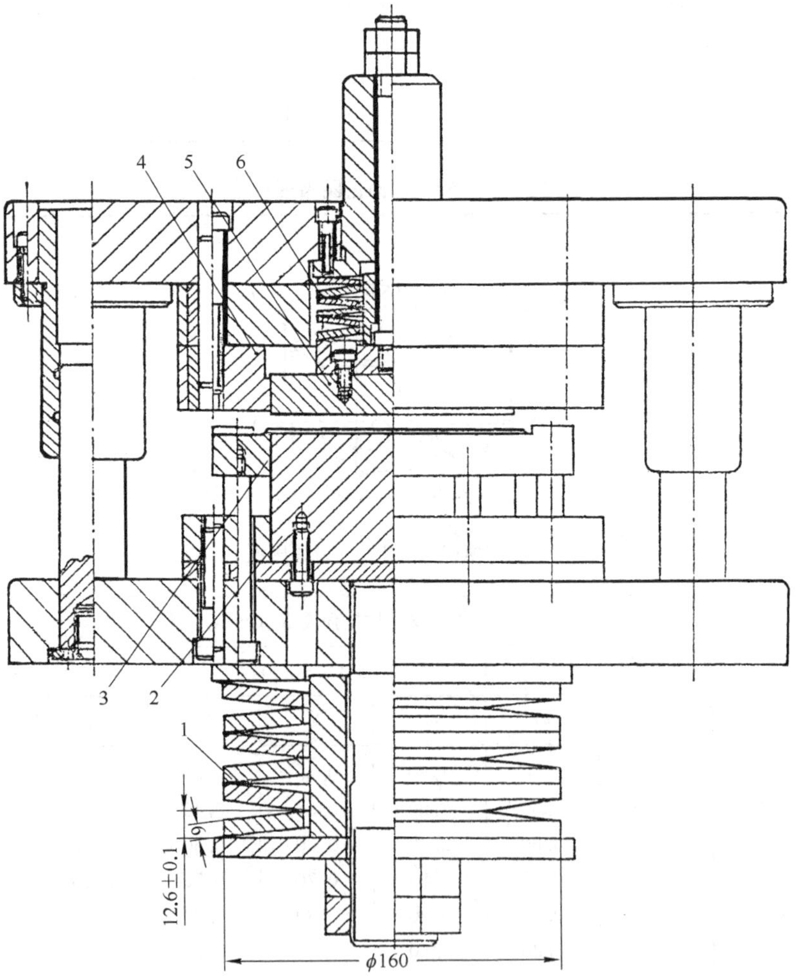

图 1-3-42　倒装式简易精冲模

1、6—碟形弹簧；2—凸模；3—齿圈压板；4—凹模；5—推件块

图 1－3－43 所示为简易复合精冲模。凸凹模固定在上模座上，其导向精度由齿圈压板 2 保证。齿圈压板与压板用螺钉、圆柱销连在一起，以模架导柱、导套导向，由碟形弹簧提供压齿力。

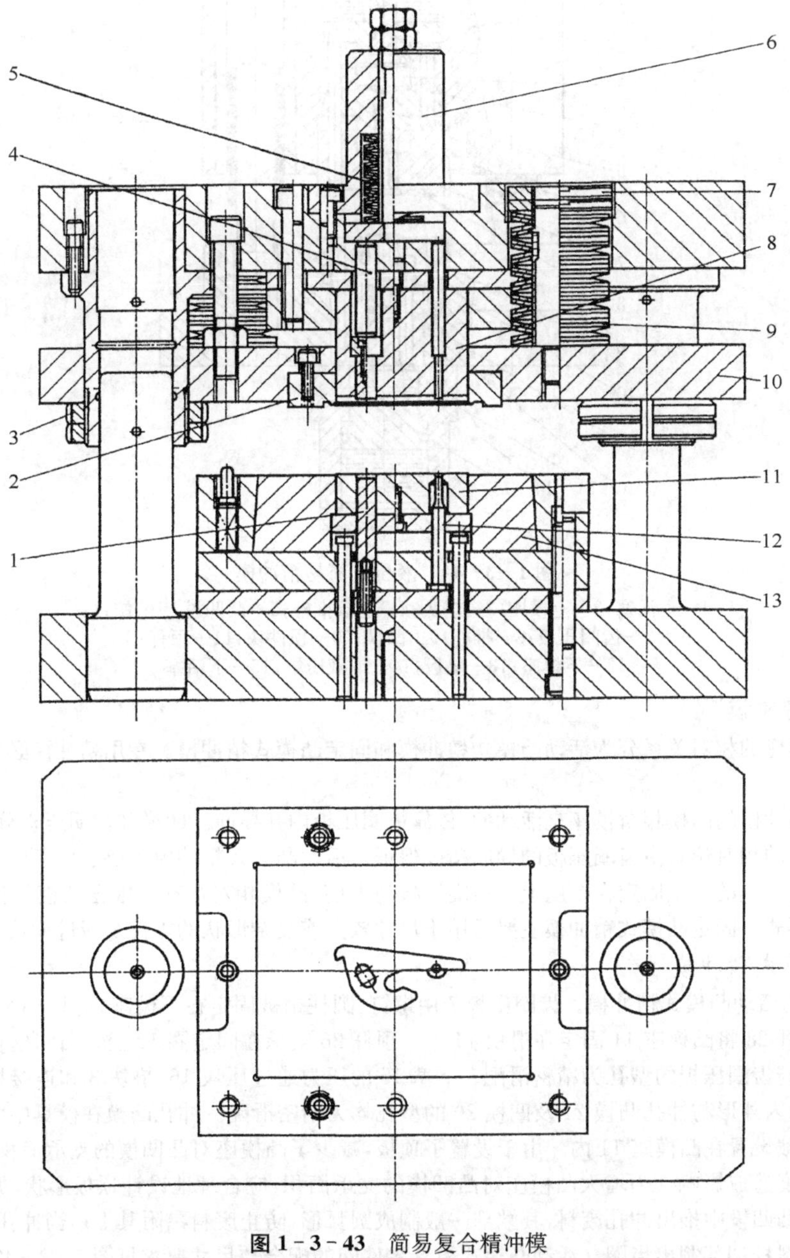

图 1－3－43　简易复合精冲模

1、12—凸模；2—齿圈压板；3、7—螺母；4—连接推杆；5、9—碟形弹簧；
6—模柄；8—凸凹模；10—压板；11—顶件块；13—凹模

冲孔废料由安装在模柄 6 中的碟形弹簧 5，通过连接推杆 4 从凸凹模中推出。精冲的反顶力由下模的弹顶装置提供。精冲完成后，工件由顶件块 11 从凹模 13 中顶出。压力机回程、模具开启过程中，由于多组弹顶力同时作用，精冲件易被压入废料边框中。

图 1－3－44 为液压式简易精冲模，其特点是上模部分的齿圈压板 7 的压料力和下模部分顶件块 10 的顶件力分别由上活塞 1 和下活塞 15 产生。凸凹模 5、凹模 9 带有锥度，便于更换模芯，模架具有一定的通用性。液压系统压力调节方便，压料力和顶件力的调节范围较大。

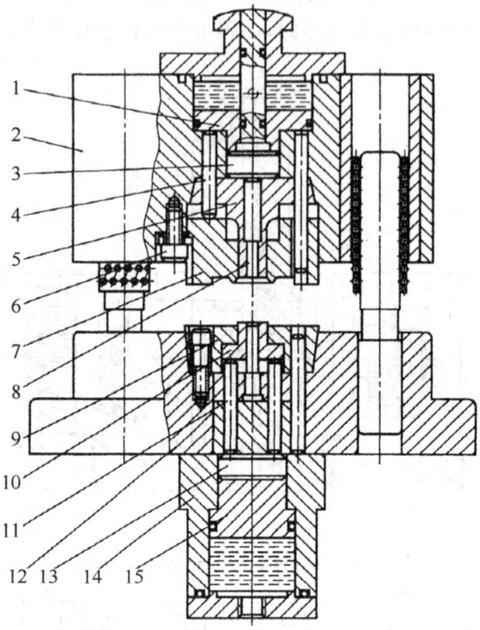

图 1-3-44 液压式简易精冲模

1—上活塞；2—上模座；3—垫块；4—连接推杆；5—凸凹模；—6 螺钉；
7—齿圈压板；8—推杆；9—凹模；10—顶件块；11—顶杆；
12—下模座；13—垫板；14—下液压缸；15—下活塞

（三）专用精冲模

根据凸模和模座的相对关系分为活动凸模式精冲模和固定凸模式精冲模。专用精冲模必须在精冲压力机上使用。

活动凸模式精冲模的凸模相对模座是活动的，依靠齿圈压板内孔导向。凹模和齿圈压板分别固定在上、下模座上。凸模和凹模的相对位置由齿圈压板的导向精度保证。活动凸模式精冲模主要适用于中小尺寸零件。

固定凸模式精冲模的凸模固定在模座上。齿圈压板与模座、凸模相对活动。根据凸模的设置方式可以分为顺装和倒装两种形式。固定凸模式精冲模主要适用于尺寸较大或复杂形状的零件及级进冲裁成形。

1. 活动凸模式精冲模

图 1-3-45 为活动凸模式精冲模。齿圈压板 7 用螺钉、圆柱销被固定在下模座 24 上。凸凹模 8 被固定在凸模座 11 上。用拉杆 28 将凸模座 11 固定在滑块 14 上。顶杆 26 支承在固定圈 12 上。凸凹模在滑块的带动下可上下运动，其外形与齿圈压板的型孔为精密滑配。活塞 15 的压力通过压块 16、垫块 3 和连接推杆 5 传递至推件板 6 上。推件板的内外形与冲孔凸模 21 及凹模 20 的型孔均为精密滑配。冲孔凸模在模具中的定位精度由推件板保证。顶板 25 被设置在凸模座 11 内。由于设置了顶板，减少了凸模座对凸凹模的支承面积，易对凸凹模的强度和垫板 10 的强度造成影响。为增大凸模座对凸凹模的支承面积，应合理地设计顶板形状，见图 1-3-46。推料杆 22 被用于从凸凹模中推出冲孔废料，其端部一般制成圆弧形，防止废料黏附其上。当冲孔直径较大、冲孔要求较高时，可在推料杆端部制出齿圈。活动凸模式模具零件间的配合与尺寸要求见图 1-3-47。

2. 固定凸模式精冲模

图 1-3-48 所示为顺装的固定凸模式精冲模，凸凹模 20 被固定在上模为顺装式。齿圈压板 7 被固定在活动模板 6 上。齿圈压板除依靠活动模板导向外，还采用小导柱 8 作为导向。齿圈压板的压齿力由活塞 14 调控，由一组推杆 3 传递。推杆 15 和推料杆 18 被用于从凸凹模 20 中推出冲孔废料。凸凹模与齿圈压板之间采用精密滑配，凸凹模在模具中的定位精度由齿圈压板保证。凹模 22 用螺钉和圆柱销紧固定位。凹模中的顶件块 21 除在精冲过程中对材料施加压力、精冲后将冲件从凹模内顶出外，在复合精冲模中是冲孔凸模的导向定位体。顶件块与凹模型孔、冲孔凸模之间均为精密无松动滑配。推件板的压力由活塞 13 调控，由一组顶杆 24 传递顶件力(压料力)。

图 1-3-49 所示为倒装的固定凸模式精冲模，凸凹模被设置在下模。

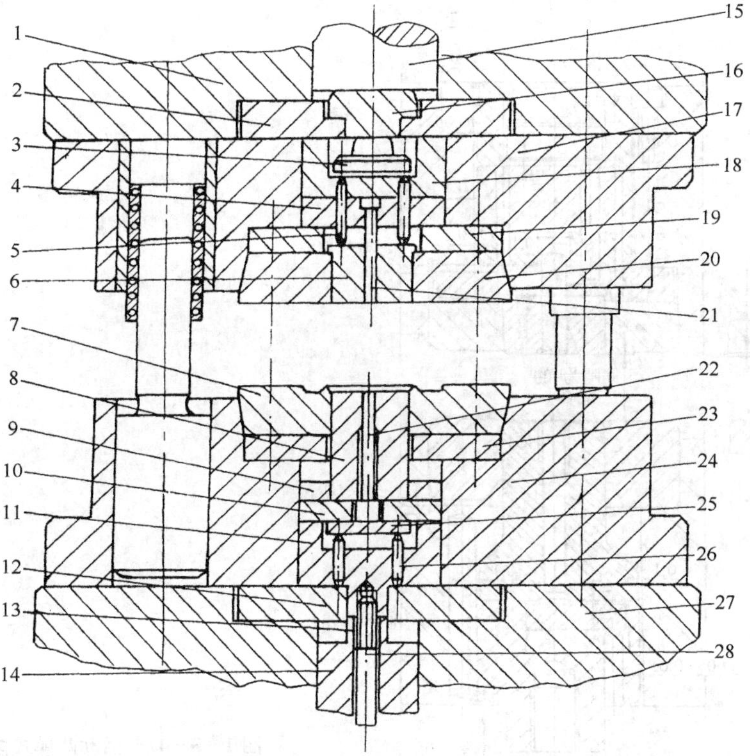

图 1-3-45 活动凸模式精冲模

1—上工作台面；2、12—固定圈；3—垫块；4、9—固定板；5—连接推杆；
6—推件板；7—齿圈压板；8—凸凹模；10、18、19、23—垫板；11—凸模座；
13—垫圈；14—滑块；15—活塞；16—压块；17—上模座；
20—凹模；21—冲孔凸模；22—推料杆；
24—下模座；25—顶板；26—顶杆；27—下工作台面；28—拉杆

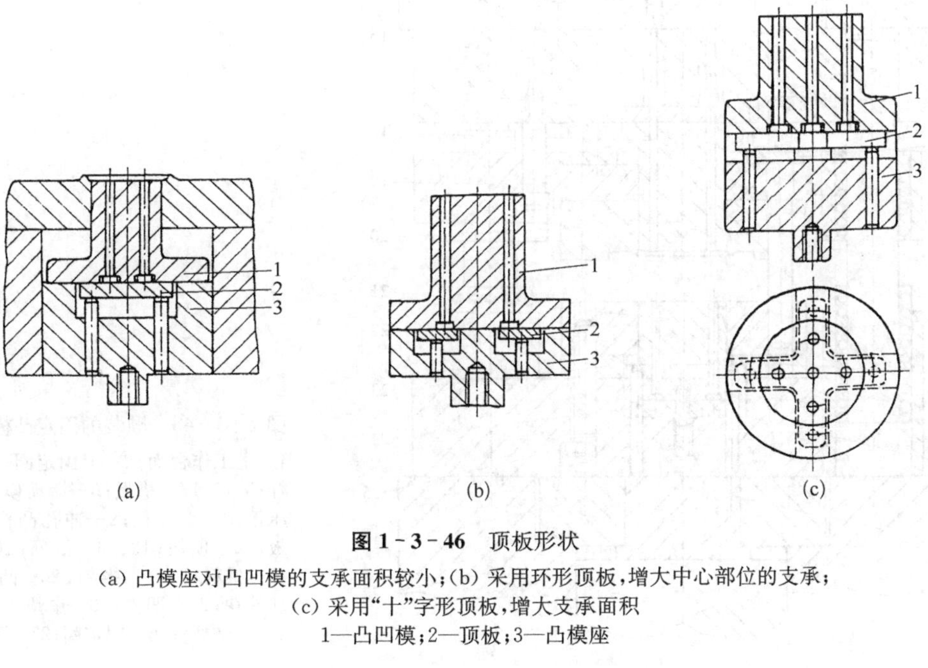

图 1-3-46 顶板形状

(a) 凸模座对凸凹模的支承面积较小；(b) 采用环形顶板，增大中心部位的支承；
(c) 采用“十”字形顶板，增大支承面积
1—凸凹模；2—顶板；3—凸模座

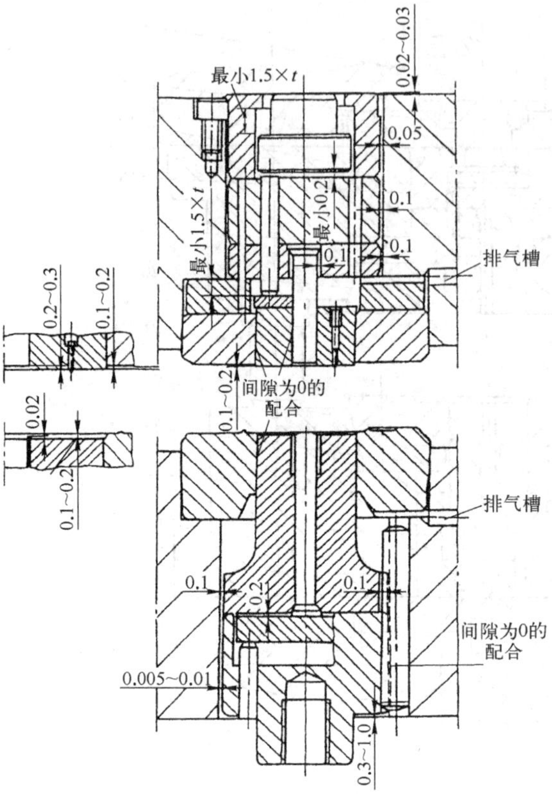

图 1-3-47　活动凸模式模具零件间的配合与尺寸要求

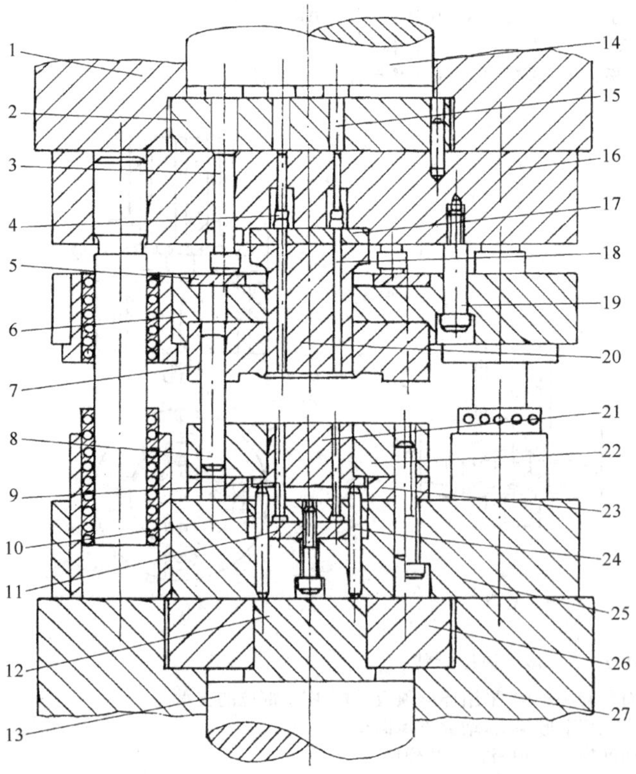

图 1-3-48　顺装的固定凸模式精冲模

1—上工作台面；2—上固定圈；3、4、15—推杆；5、11、17—垫板；6—活动模板；7—齿圈压板；8—小导柱；9—冲孔凸模；10—固定板；12—顶块；13、14—活塞；16—上模座；18—推料杆；19—螺钉；20—凸凹模；21—顶件块；22—凹模；23—中垫板；24—顶杆；25—下模座；26—固定圈；27—下工作台面

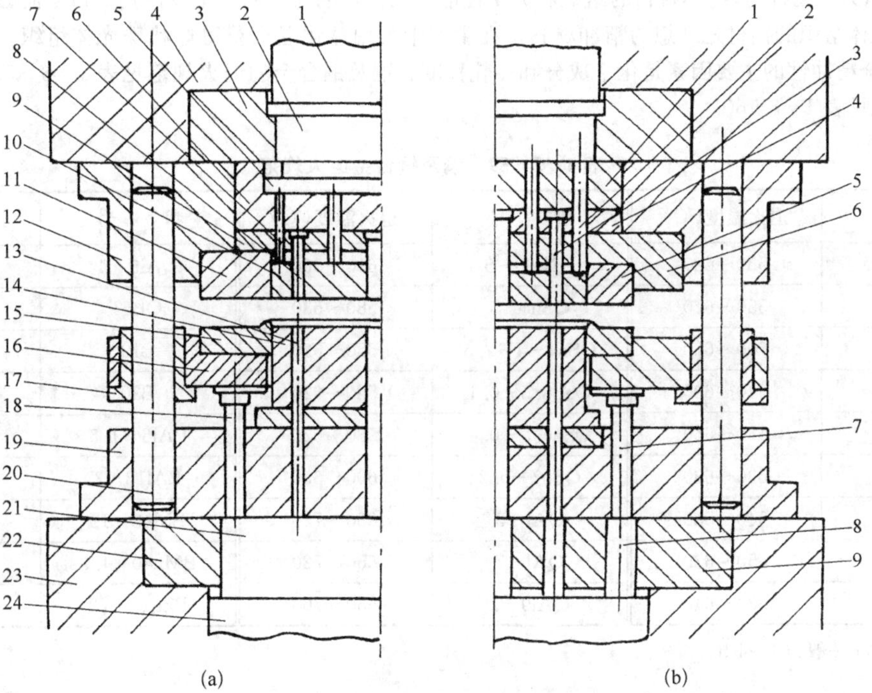

图 1-3-49　倒装的固定凸模式精冲模

(a) 结构一

1、24—压力柱；2、21—压力垫；3—承力环；4—上工作台；5—顶块；6—垫板；7—推杆；8—冲孔凸模；9—冲孔凸模固定板；10—推件板；11—凹模；12—上模座；13—顶杆；14—凸凹模；15—齿圈压板；16—活动模板；17—导套；18—顶杆；19—下模座；20—导柱；22—承力垫；23—下工作台

(b) 结构二

1—垫板；2—推杆；3—冲孔凸模；4—冲孔凸模固定板；5—凹模；6—凹模固定板；7、8—顶杆；9—承力垫

(四) 零件材料和精冲辅助工序

1. 零件材料

精冲总冲裁力比普通总冲裁力大。凸模、凹模及其他模芯零件材料应有足够的强度和一定的韧性。精冲模的凸模和凹模工作表面在高压和瞬时高温反复作用下产生刃口磨损与崩裂，是凸模和凹模失效的主要形式之一。选用材料应综合分析硬度和承压能力以及韧性对精冲模主要零件寿命的影响。

精冲模主要零件的材料及硬度要求见表 1-3-58。

表 1-3-58　精冲模主要零件的材料及硬度要求

模具零件	选用材料	硬度	模具零件	选用材料	硬度
凸　模	Cr12Mo1V1、W6Mo5Cr4V2、Cr12MoV	60～62 HRC	顶杆、定位销	T10A、T8A、9Mn2V	58～60 HRC
凹　模	Cr12Mo1V1、Cr12MoV、W6Mo5Cr4V2	62～64 HRC	传力杆	CrWMn、9Mn2V、T10A	58～60 HRC
齿圈压板、顶板、推板	Cr12MoV、CrWMn	58～60 HRC	垫　板	Cr12、9Mn2V、9SiCr	56～58 HRC
			导柱、导套	GCr15	58～62 HRC

2. 精冲辅助工序

1）毛坯退火　精冲时，毛坯材料的组织和力学性能对精冲件的剪切面质量及模具刃口寿命影响很大。

具有珠光体组织的钢材是理想的精冲材料。在生产中可用球化退火获得球状珠光体组织。影响铜和铜合金、铝和铝合金精冲性的主要因素是化学成分和冷轧程度。铜及铜合金的退火规范见表 1-3-59。铝及铝合金的热处理规范见表 1-3-60。

表 1-3-59　铜及铜合金退火规范

牌　号	退火温度(℃)	牌　号	退火温度(℃)	牌　号	退火温度(℃)
T2	550～620	HNi65-5	610～660	QAl9-4	650～700
TUP	550～620	QSn4-3	580～630	QBe2	670～720
H62	600～660	QSn4-4-2.5	550～620	B19	700～750
H68	540～600	QSn6.5-0.1	580～620	B30	700～750
H80	580～650	QSn6.5-0.4	580～620	BAl6-1.5	700～730
H90	630～680	QSn7-0.2	600～650	BAl13-3	700～730
H96	540～580	QAl-5	650～720	BMn3-12	680～730
HSn62-1	550～630	QAl-7	650～720	BMn40-1.5	750～800
HMn58-2	580～640	QAl9-2	650～700	BZn15-20	680～730

注：退火时间一般为 1～4 h。

表 1-3-60　铝及铝合金热处理规范

牌　号	退火温度(℃)	淬火温度(℃)	时效处理	
			温　度　(℃)	时　间　(h)
1070A、1060、1050A、1035、1200、8A06	310～410			
5A02	340～410			
5A03	290～390			
5A05	300～410			
5A06	300～410			
5A12	390～450			
3A21	370～490			
2A06	390～410	505～510	室　温	120～140
			125～135	12～14
2A11	390～410	495～510	室　温	≥96
2A12	350～370	495～505	室　温	≥96
			185～195	6～12
2A16	370～410	530～540	200～220	8～12
6A02	370～410	510～525	室　温	240
			150～165	8～15
7A04	390～430	465～475	125～140	12～14

注：退火时间一般为 1～4 h。

2）润滑处理　在精冲过程中，零件和模具之间发生强烈摩擦并产生局部高温。性能优良的润滑剂能形成一层耐压耐温的坚韧润滑薄膜附着在金属表面上，将零件和模具隔开，使金属之间的摩擦变换成金属与润滑膜之间的摩擦。薄膜的强度取决于润滑剂分子之间附着力的大小。

精冲润滑剂一般由基础油添加合适的添加剂制成。添加剂中一般由极压剂、油性剂、抗磨剂组成，在高压下起到有效的润滑作用。国产精冲润滑剂的性能和适用范围见表1-3-61。

表1-3-61　国产精冲润滑剂的性能和适用范围

润滑剂代号	油膜强度(N)	摩擦系数μ	适用材料
F-Ⅰ	1 127	0.057	钢板
F-Ⅱ	1 960	0.042	
F-Ⅲ	1 764	0.050	
F-Ⅳ	2 156	0.042	不锈钢板
F-Ⅴ	1 960	0.054	有色金属板

注：性能达到JB/T 7714—1995技术要求。

十、冲裁件质量分析

冲裁间隙、模具精度及其他成形参数对冲裁件质量会产生明显影响，具体分析见表1-3-62。

表1-3-62　冲裁件质量分析

类别	质量问题	主要原因	解决措施
普通冲裁件	断面粗糙，斜度明显，有拉长毛刺	凸、凹模间隙过大	调整凸、凹模间隙，修磨工作刃口
	工件断面一边有显著斜度和毛刺，四周断面质量不均匀	凸、凹模间隙不均匀，凸、凹模中心线不重合	检查间隙，提高模具装配精度
	工件不平整，有凹形弧面	凹模直壁刃口出现反锥度	修磨凹模
精密冲裁件	工件断面有局部撕裂	V形压齿板压力不足	增大压齿力
		搭边太小	增大搭边值
		凸、凹模间隙偏大	调整凸、凹模间隙
		工件材料性能不佳	检验材料性能
	剪切面四周质量不均匀	压齿力和齿形部位分布不合理	调整压齿力和齿形分布
		凸、凹模间隙或凹模圆角不均匀	调整凸、凹模间隙或凹模圆角，检查模具装配精度
	工件塌角过大	凹模圆角半径过大	调整凹模口部圆角半径
		反顶力过小	增大反顶力
	表面质量不理想	材料不合适	采取合适的退火工序，改善性能
		凹模孔表面粗糙	研磨凹模孔壁
		凹模圆角半径太小	适当增大凹模圆角
		润滑不充分	改善润滑条件
	工件毛刺过大	凸、凹模间隙合适，但凸模刃口已钝	重磨凸模
		凸模进入凹模太深	控制模具闭合高度

第四章　弯曲模设计

一、弯曲件的展开长度

为了确定弯曲件的毛坯形状和尺寸，必须将弯曲件的各个弯角展开确定其长度。板材弯曲时，外层受拉深，内层受压缩，应变中性层弯曲前后长度不发生变化。在塑性弯曲时，应变中性层不是处于板料中间位置，而且受材料变薄及变形程度的影响。因此，生产中常用选择合理的弯曲中性层系数来近似计算弯曲区中性层的曲率半径和展开长度。

弯曲区中性层的曲率半径按下式近似确定：

$$R = r + Kt(\text{mm})$$

式中　r——弯曲件（弯角）的内侧弯曲半径；

t——弯曲件的材料厚度；

K——应变中性系数，与相对弯曲半径 r/t 及弯曲方式有关，见表 1-4-1 和表 1-4-2。

表 1-4-1　V 形压弯中性层系数

r/t	0.3	0.4	0.5	0.6	0.7	0.8	0.9	1.0	1.1	1.2
K_1	0.18	0.22	0.24	0.25	0.26	0.28	0.29	0.30	0.32	0.33
r/t	1.3	1.4	1.5	1.6	1.8	2.0	2.5	3.0	4.0	≥5.0
K_1	0.34	0.35	0.36	0.37	0.39	0.40	0.43	0.46	0.48	0.50

注：1. 表中数值适用于低碳钢 V 形 90°校正压弯。
2. 参照 JB/T 5109—2001。

表 1-4-2　卷圆中性层系数

r/t	0.5	0.6	0.7	0.8	0.9	1.0	1.1	1.2
K_2	0.72	0.70	0.69	0.67	0.65	0.63	0.61	0.59
r/t	1.3	1.4	1.5	1.6	1.8	2.0	2.5	≥3.0
K_2	0.57	0.56	0.55	0.54	0.53	0.52	0.51	0.50

注：1. 表中数值适用于低碳钢。
2. 参照 JB/T 5109—2001。

对于弯曲内半径 $r > 0.5t$（t 为板料厚度）的弯曲件，其变形区材料变薄不严重，断面畸变较小，弯曲展开长度等于直线部分长度与弯曲部分中性层长度之和。

对于 $r < 0.5t$ 的弯曲件，圆角区材料变薄明显，可利用变形前后体积不变的条件确定弯曲展开长度。

对于形状复杂、弯曲角较多及尺寸公差较小的弯曲件，可通过试弯准确地确定展开长度。弯曲件展开长度计算公式见表 1-4-3。

表 1-4-3　弯曲件展开长度计算公式

弯曲件的特点和弯曲方式		简　图	计　算　公　式
$r > 0.5t$	一次弯曲一个角或多个角	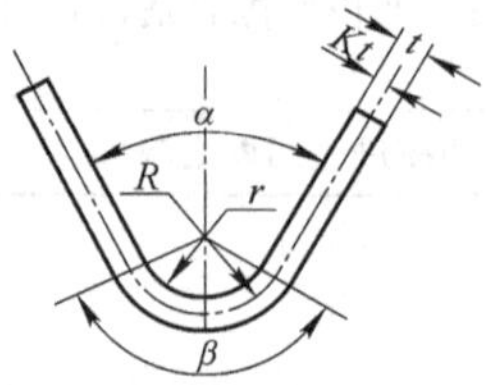	一个圆角变形区 $L_{圆} = R\dfrac{180^\circ - \alpha}{180^\circ}\pi$ n 个圆角变形区 $L_{圆} = nR\dfrac{180^\circ - \alpha}{180^\circ}\pi$ 其中 $R = r + K_1 t$　$L = L_{圆} + L_{直}$

（续表）

弯曲件的特点和弯曲方式		简　　图	计 算 公 式
$r<0.5t$	弯曲一个角	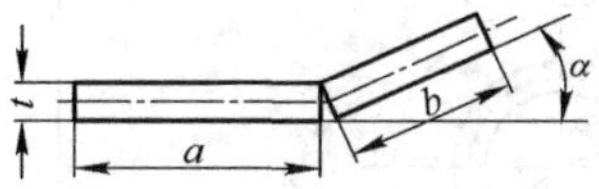	$L=a+b+\frac{\alpha}{90^\circ}\times 0.5t$
		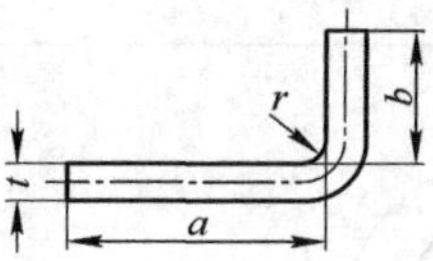	$L=a+b+0.4t$
		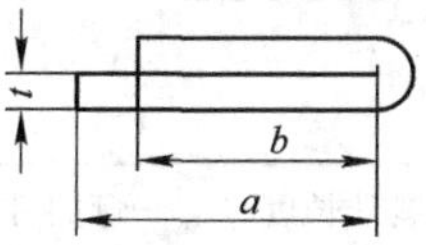	$L=a+b+t$
	一次同时弯曲两个角	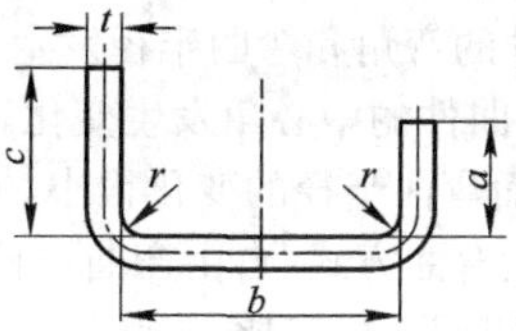	$L=a+b+c+0.6t$
	一次同时弯曲三个角	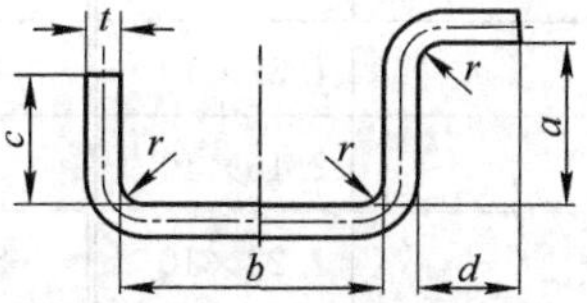	$L=a+b+c+d+0.75t$
	一次同时弯曲两个角，第二次弯曲另一个角		$L=a+b+c+d+t$
	一次同时弯曲四个角	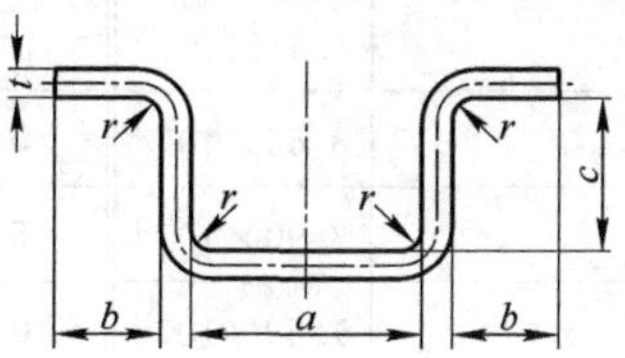	$L=a+2b+2c+t$
	分两次弯曲四个角		$L=a+2b+2c+1.2t$

（续表）

弯曲件的特点和弯曲方式	简　　图	计　算　公　式
铰链弯曲	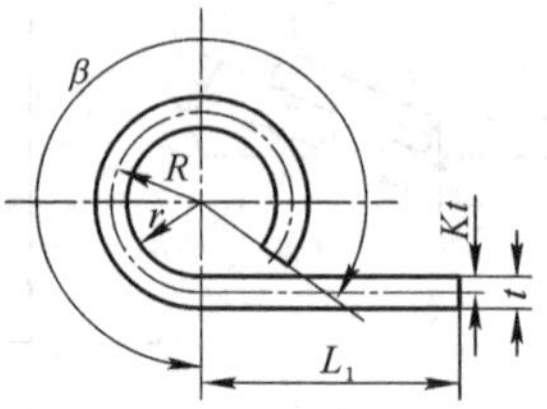	$L=L_1+R\dfrac{\pi\beta}{180^\circ}$ 其中 $R=r+K_2t$
	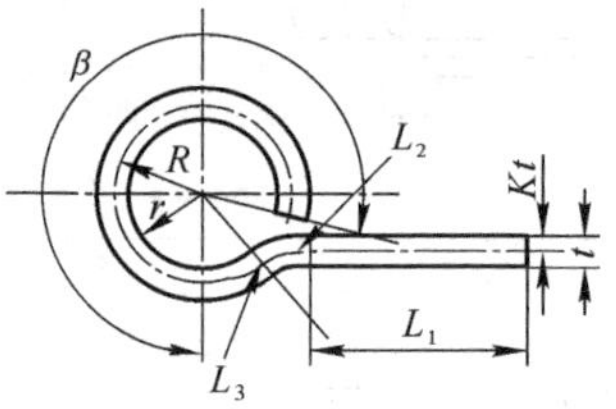	$L=L_1+L_2+L_3+R\dfrac{\pi\beta}{180^\circ}$ 其中 $R=r+K_2t$　$\beta=270^\circ$

注：L—弯曲件的展开长度；$L_{圆}$—弯曲件圆角部分的展开长度；$L_{直}$—弯曲件直边部分的长度；K_1、K_2—弯曲中性层系数，见表 1-4-1 和表 1-4-2。

二、弯曲件回弹

在弯曲过程中塑性变形总伴有弹性变形，特别是相对弯曲半径较大时，内层、外层进入塑性变形状态，中性层附近的材料仍处在弹性变形状态。卸载后弯曲件的弯角和弯曲半径发生变化，在工艺上称回弹（或称回跳）。

当弯曲半径 $r>(5\sim8)t$ 时，卸载后不仅弯曲件的中心角发生变化，而且弯曲半径也发生明显变化；当弯曲半径 $r<5t$ 时，回弹后弯曲中心角发生了变化，而弯曲半径的变化很小，一般不予考虑。

回弹的大小与材料力学性能、相对弯曲半径、弯曲方式（自由弯曲或校正弯曲）等因素有关：

（1）材料的力学性能。回弹与材料的屈服强度 R_{eL} 成正比，与弹性模量 E 成反比。也就是 R_{eL}/E 愈大，回弹愈大。不同材料的 R_{eL}/E 值见表 1-4-4。

表 1-4-4　材料的 R_{eL}/E 值

材料牌号	状　　态	R_{eL}/E	材料牌号	状　　态	R_{eL}/E	材料牌号	状　　态	R_{eL}/E
Q235		1.12×10^{-3}	20Mn		1.37×10^{-3}	4J82		1.48×10^{-3}
08		9.76×10^{-4}	65Mn		2.15×10^{-3}	1035	冷作硬化	1.39×10^{-3}
10		1.02×10^{-3}	10Mn2		1.22×10^{-3}	8A06	退　火	4.17×10^{-4}
15		1.12×10^{-3}	20CrMnSi		3.17×10^{-3}	2A01	退　火	8.33×10^{-4}
20		1.22×10^{-3}	25CrMnSi、30CrMnSi		4.39×10^{-3}		淬火并自然时效	2.36×10^{-3}
25		1.37×10^{-3}				2A11	退　火	1.53×10^{-3}
30		1.46×10^{-3}	30Cr		3.41×10^{-3}		淬火并自然时效	3.33×10^{-3}
35		1.56×10^{-3}	35Cr		3.66×10^{-3}	5A02	退　火	1.39×10^{-3}
40		1.66×10^{-3}	40Cr		3.90×10^{-3}	5A02	冷作硬化	2.92×10^{-3}
45		1.76×10^{-3}	4J78		1.59×10^{-3}	5A05、5B05	退　火	2.08×10^{-3}
15Mn		1.22×10^{-3}	4J80		1.31×10^{-3}	3A21	退　火	6.94×10^{-4}

（续表）

材料牌号	状　　态	R_{eL}/E	材料牌号	状　　态	R_{eL}/E	材料牌号	状　　态	R_{eL}/E
3A21	冷作硬化	1.81×10^{-3}	H62	硬	4.36×10^{-3}	QSi3-1	软	1.99×10^{-3}
H68	软	9.09×10^{-4}	HMn58-2	软	1.70×10^{-3}	BZn15-20	硬	3.74×10^{-3}
	硬	2.17×10^{-3}	QA17	未退火	2.08×10^{-3}	Ni-5	硬	9.55×10^{-4}

(2) 相对弯曲半径 r/t。r/t 愈小，变形程度愈大，中性层两侧的弹性变形愈小，回弹也就愈小。

(3) 弯曲方式。自由弯曲时回弹大，校正弯曲时回弹小。校正力达到自由弯曲力的 30～60 倍时，回弹趋于稳定。

此外，回弹还与凸、凹模的单边间隙、工件的形状有关。为了保证弯曲件的精度，对材料厚度的公差应有要求。

弯曲回弹的计算公式见表 1-4-5。影响弯曲件精度的因素较多，一般按计算法求出回弹值后再试模修正。在冲压生产中，应采取各种技术措施来减小或补偿因回弹所产生的误差。主要措施有：

表 1-4-5　弯曲件回弹计算公式

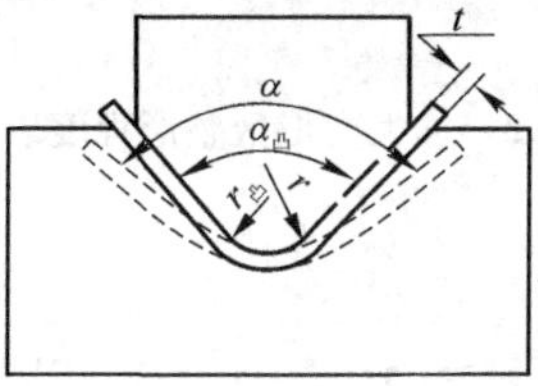

$\Delta\alpha=\alpha-\alpha_凸$

$\Delta\alpha>0$ 正回弹　$\Delta\alpha<0$ 负回弹

弯曲方式	成形条件	计算公式			
自由弯曲	$\frac{r}{t}>5\sim8$	$r_凸=\dfrac{r}{1+3\dfrac{R_{eL}}{E}\cdot\dfrac{r}{t}}$			
校正弯曲	$\alpha_凸$	工件材料			
		08～10 钢	15～20 钢	25～30 钢	35 钢
	30°	$\Delta\alpha=0.75\frac{r}{t}-0.39$	$\Delta\alpha=0.69\frac{r}{t}-0.23$	$\Delta\alpha=1.59\frac{r}{t}-1.03$	$\Delta\alpha=1.51\frac{r}{t}-1.48$
	60°	$\Delta\alpha=0.58\frac{r}{t}-0.80$	$\Delta\alpha=0.64\frac{r}{t}-0.65$	$\Delta\alpha=0.95\frac{r}{t}-0.94$	$\Delta\alpha=0.84\frac{r}{t}-0.76$
	90°	$\Delta\alpha=0.43\frac{r}{t}-0.61$	$\Delta\alpha=0.434\frac{r}{t}-0.36$	$\Delta\alpha=0.78\frac{r}{t}-0.79$	$\Delta\alpha=0.79\frac{r}{t}-1.62$
	120°	$\Delta\alpha=0.36\frac{r}{t}-1.26$	$\Delta\alpha=0.37\frac{r}{t}-0.58$	$\Delta\alpha=0.46\frac{r}{t}-1.36$	$\Delta\alpha=0.51\frac{r}{t}-1.71$

注：1. r、$r_凸$—弯曲件内侧、弯曲凸模圆角半径(mm)；R_{eL}—材料屈服强度(MPa)；E—材料弹性模数(MPa)，R_{eL}/E 值见表 1-4-4；α—弯曲件回弹后的弯边夹角；$\alpha_凸$—凸模弯边夹角；$\Delta\alpha$—回弹后夹角的变化量。

2. 整形(校正)达不到应有程度时，回弹值要增大 20%～25%。

产品允许的前提下，在弯曲变形区压制加强筋，增大弯曲区的变形程度和冲件的刚度，见图 1-4-1。

改变凸模底部形状，加大弯曲变形区的整形程度，见图 1-4-2，或使工件出模后产生补偿，提高弯曲件精度，见图 1-4-3。

设置顶料板，并调整顶料板的压力。在不同的 r/t 情况下，存在一个合理的顶料板压力，可以防止材料起伏，使得工件的回弹角较小，见图 1-4-4。

采用校正弯曲，并适当控制校正力，能有效控制回弹，提高弯曲件精度。

采用聚氨酯软凹模，使材料完全与凸模贴合，且不受材料厚度偏差的影响，可以减小回弹，提高弯曲件精度。

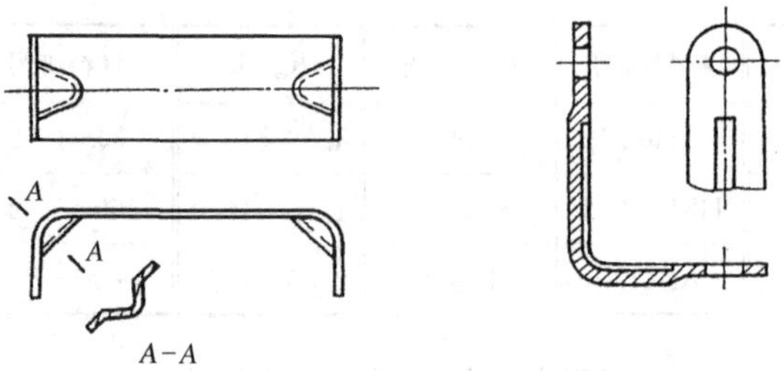

图 1-4-1 压制加强筋以增加角部刚度

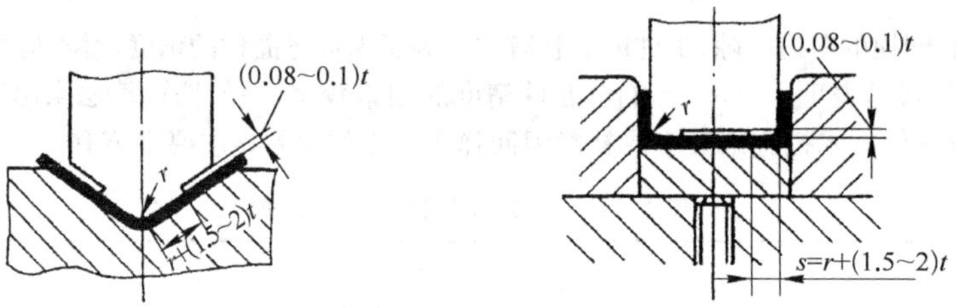

图 1-4-2 加大变形区整形程度以减小回弹

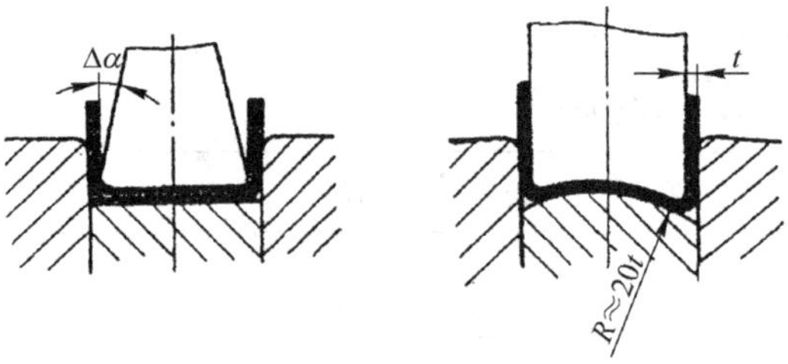

图 1-4-3 U形弯曲件回弹的补偿

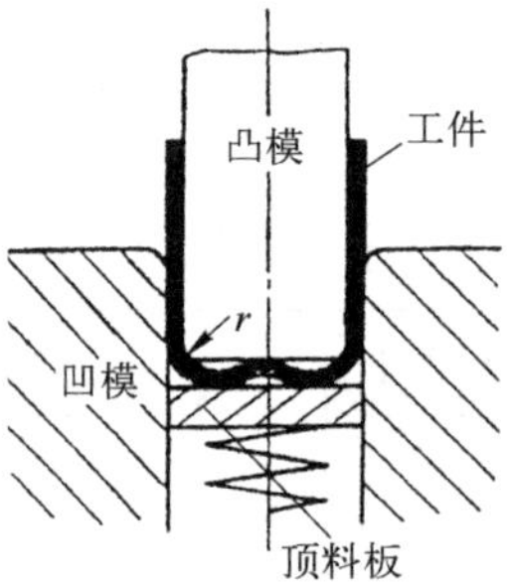

图 1-4-4 设置顶料板以提高弯曲件精度

三、弯曲力

弯曲过程中工作行程较大，弯曲力-行程曲线见图 1-4-5。由图可见，校正弯曲力远大于自由弯曲力。校正弯曲力与模具调整闭合的程度密切相关。

材料在弯曲终止时不对工件圆角和直边部分进行校正，称为自由弯曲。这时弯曲力与材料力学性能、相对弯曲半径、弯曲角等因素有关。为了提高弯曲件的精度和减小回弹，在弯曲终止阶段对弯曲件的圆角及直边部分进行精压，称为校正弯曲。

自由弯曲和校正弯曲时的成形工艺力由经验公式确定：

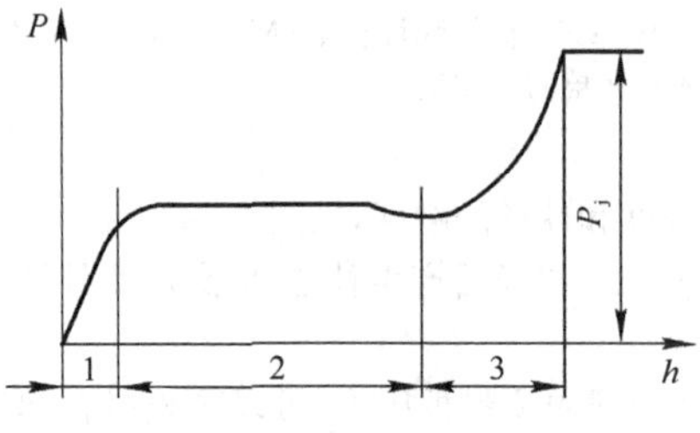

图 1-4-5 弯曲力-行程曲线

1—弹性弯曲；2—自由弯曲；3—校正弯曲

V形件自由弯曲 $$P=\frac{0.6KBt^2R_m}{r+t}$$

U形件自由弯曲 $$P=\frac{0.7KBt^2R_m}{r+t}$$

式中 P——自由弯曲力(kN)；

B——弯曲线长度(mm)；

t——弯曲件的材料厚度(mm)；

r——弯曲件的内侧半径(mm)；

R_m——弯曲件材料的抗拉强度(MPa)；

K——安全系数，一般取 1.3。

$$\text{校正弯曲}\quad P_j = F \cdot q$$

式中　P_j——校正弯曲力(kN)；

F——校正部分的投影面积(mm^2)；

q——单位面积的校正压力(MPa)，见表1-4-6。

表1-4-6　校正弯曲时单位压力 q　(MPa)

材　料	材　料　厚　度(mm)			
	≤1	>1～3	>3～6	>6～10
铝	15～20	20～30	30～40	40～50
黄　铜	20～30	30～40	40～60	60～80
10～20钢	30～40	40～60	60～80	80～100
25～35钢	40～50	50～70	70～100	100～120

注：参照JB/T 5109—2001。

弯曲时设备的公称力选择与弯曲方式有关，采用顶料(图1-4-4)或压料方式弯曲时，

$$P_{\text{公称}} \geqslant P + Q \quad (\text{kN})$$

式中　P——自由弯曲力(kN)；

Q——顶件或压料力，顶件力一般为(0.1～0.4)P，压料力一般为(0.3～0.8)P。

校正弯曲时，$P_{\text{公称}} \geqslant (1.1 \sim 1.2)P_j$，顶料或压料力可略去不计。但应谨慎地调整好模具的闭合高度，防止设备超载。

四、凸、凹模设计

(一) 凸、凹模工作部分尺寸

用外形尺寸标注的弯曲件以凹模为基准，按合理的间隙值确定凸模尺寸；用内形尺寸标注的弯曲件以凸模为基准，按合理的间隙确定凹模尺寸。凸、凹模工作部分尺寸计算公式见表1-4-7。

表1-4-7　弯曲凸、凹模工作部分尺寸计算公式

弯曲件尺寸标注形式	设　计　基　准	计　算　公　式
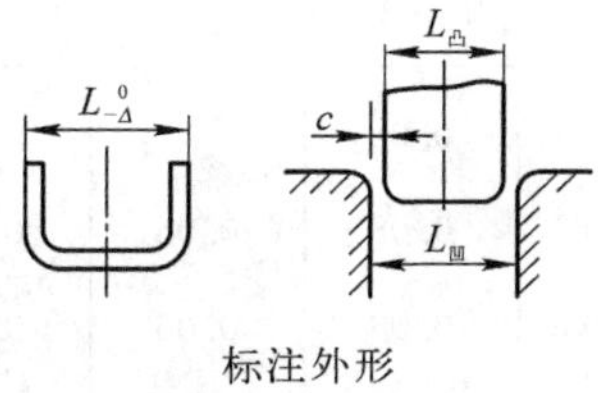 标注外形	凹　模	$L_凹 = (L_{max} - 0.75\Delta)^{+\delta_凹}_{\ 0}$ $L_凸 = (L_{max} - 0.75\Delta - 2c)^{\ 0}_{-\delta_凸}$
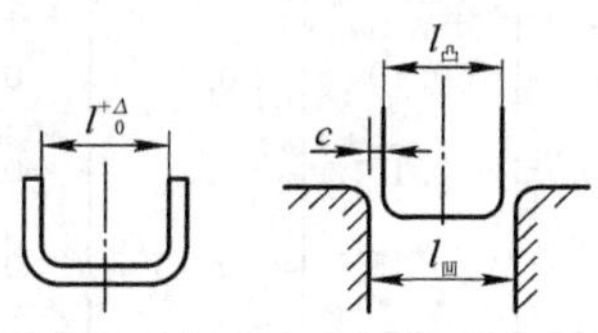 标注内形	凸　模	$l_凸 = (l_{min} + 0.4\Delta)^{\ 0}_{-\delta_凸}$ $l_凹 = (l_{min} + 0.4\Delta + 2c)^{+\delta_凹}_{\ 0}$

注：$\delta_凸$、$\delta_凹$—按IT7～9级取值；c—按间隙系数确定；L_{max}—弯曲件外形的最大极限尺寸；l_{min}—弯曲件内形的最小极限尺寸；Δ—弯曲件公差，其值见表1-1-55。弯曲件尺寸标注不符合表中基本形式时，可变换成基本形式。

（二）凸、凹模间隙

V 形弯曲件的凸、凹模间隙由调整压力机的闭合高度来控制。U 形弯曲件凸、凹模间隙则必须根据弯曲件材料精度等级、公差值、弯边宽度等因素来确定。U 形弯曲件凸、凹模间隙对工件的回弹、表面质量及弯曲力都有较大影响。间隙愈大，回弹则大；减小间隙能减小回弹，但弯曲件表面易擦伤甚至使材料厚度变薄。通常可使凸、凹模之间的单边间隙比材料厚度增大 nt（t 为材料厚度）。n 为间隙系数，其值可按表 1-4-8 选取，B 为弯曲件宽度。单边间隙按下式计算：

有色金属弯曲　　　　$c = t_{\min} + nt$

黑色金属弯曲　　　　$c = t(1+n)$

式中　c——弯曲时的单边间隙（mm）；
t——材料厚度（mm）；
$t_{\min}$——材料最小厚度（mm）；
n——间隙系数。

表 1-4-8　弯曲模的间隙系数 n 值

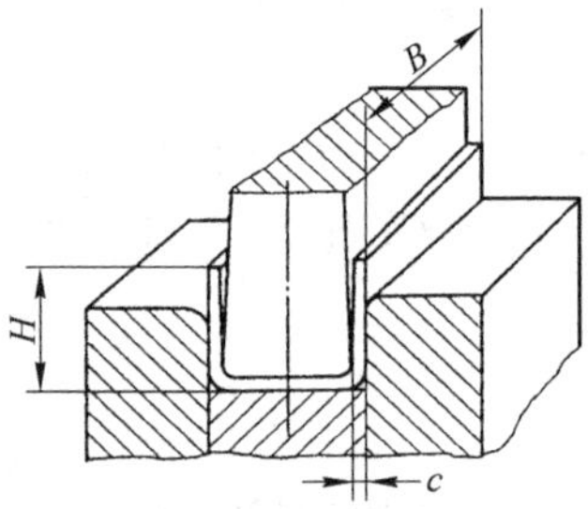

弯曲件高度 H（mm）	材料厚度 t（mm）								
	≤0.5	>0.5～2	>2～4	>4～7.5	<0.5	>0.5～2	>2～4	>4～7.5	>7.5～12
	$B \leqslant 2H$				$B > 2H$				
10	0.05	0.05	0.04		0.10	0.10	0.08		
20	0.05	0.05	0.04	0.03	0.10	0.10	0.08	0.06	0.06
35	0.07	0.05	0.04	0.03	0.15	0.10	0.08	0.06	0.06
50	0.10	0.07	0.05	0.04	0.20	0.15	0.10	0.06	0.06
75	0.10	0.07	0.05	0.05	0.20	0.15	0.10	0.10	0.08
100		0.07	0.05	0.05		0.15	0.10	0.10	0.08
150		0.10	0.07	0.05		0.20	0.15	0.10	0.10
200		0.10	0.07	0.07		0.20	0.15	0.15	0.10

（三）凸、凹模其他结构尺寸

V 形件无弹顶装置的凸、凹模结构尺寸见表 1-4-9，带弹顶装置的凸、凹模结构尺寸见表 1-4-10。U 形件带弹顶装置的凸、凹模结构尺寸见表 1-4-11。

表 1-4-9 V形件无弹顶装置凸、凹模结构尺寸 (mm)

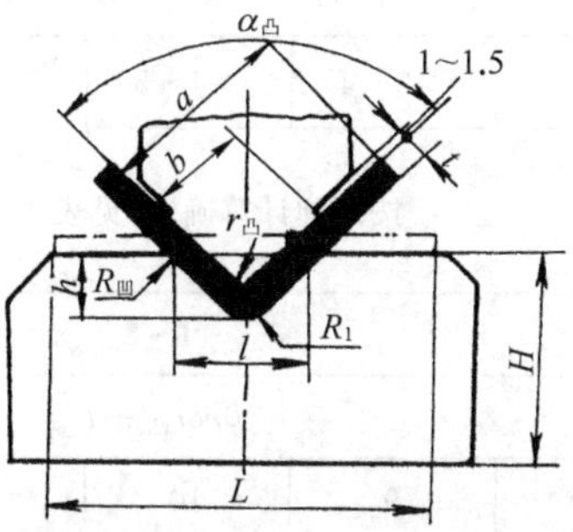

尺寸参数				材料厚度								
				≤1	>1~2	>2~3	>3~4	>4~5	>5~6	>6~7	>7~8	>8~10
凸模	a	20	b	6	10	15	15	20				
凸模	a	30	b	10	15	15	15	20	25	25	25	
凸模	a	50	b	20	20	25	25	30	30	35	35	35
凸模	a	75	b	25	25	30	30	35	35	40	40	40
凸模	a	100	b	30	30	35	35	40	40	45	45	45
凸模	a	150	b	35	35	40	40	45	45	50	50	50
凸模	a	200	b	40	40	45	45	50	50	60	60	60
凸模	$r_{凸}$			按回弹计算确定，见表 1-4-5								
凸模	$\alpha_{凸}$			按回弹计算确定，见表 1-4-5								
凹模	R_1			$(0.6 \sim 0.8)r_{凸}+t$								
凹模	$R_{凹}$			3	5	7	9	10	11	12	13	15
凹模	h			4	7	11	15	18	22	25	28	32~36
凹模	H			20	30	40	45	55	65	70	80	90

注：H 值可根据标准模块尺寸选取。

表 1-4-10 V形件带弹顶装置凸、凹模结构尺寸 (mm)

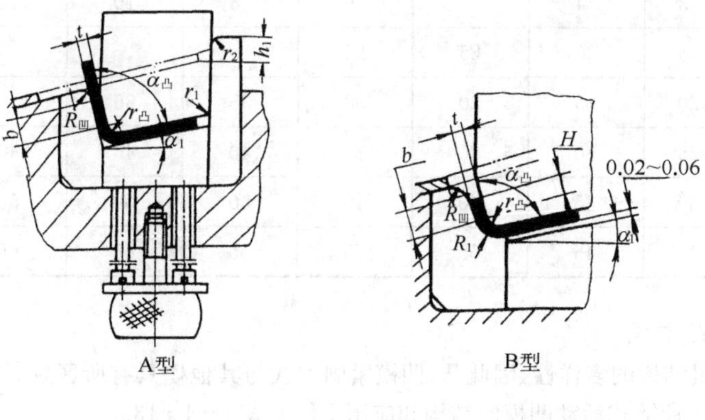

A型　　B型

（续表）

尺寸参数		材料厚度								
		≤1	>1～2	>2～3	>3～4	>4～5	>5～6	>6～7	>7～8	>8～10
$r_凸$		按回弹计算确定，见表 1-4-5								
$\alpha_凸$										
r_1、r_2		1～2								
R_1		$0.8r_凸+t$								
$R_凹$		3	5	7	9	10	11	12	13	15
h_1		$r_1+r_2+t+2\sim5$								
b	A 型	$(4\sim6)t$								
	B 型	$H+3\sim5$								
α_1	薄　料	5°								
	较厚料	10°								

注：A 型适用于长臂零件弯曲（$r_凸$ 较小），B 型适用于短臂零件弯曲（$r_凸$ 较大）。

表 1-4-11　U 形件带弹顶装置凸、凹模结构尺寸　　(mm)

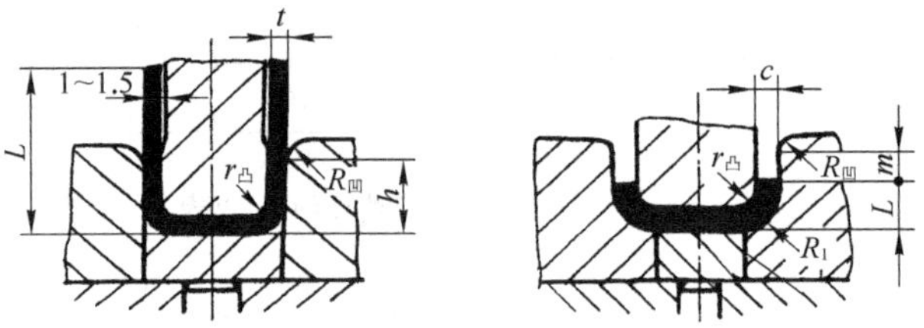

尺寸参数			材料厚度								
			～1	>1～2	>2～3	>3～4	>4～5	>5～6	>6～7	>7～8	>8～10
$r_凸$			按回弹计算确定，见表 1-4-5								
R_1			$0.8r_凸+t$								
$R_凹$			3	5	7	9	10	11	12	13	15
m			3	4	5	6	8	10	15	20	25
L	>25～50	h	15	20	25	25					
	>50～75		20	25	30	30	35	35			
	>75～100		25	30	35	35	40	40	40	40	
	>100～150		30	35	40	40	50	50	50	50	60
	>150		40	45	55	55	65	65	65	65	80

（四）凸、凹模紧固方式

由于弯曲方式和模具结构的多样性，因此凸、凹模紧固方式与其他模具有所区别。级进模中弯曲凸、凹模的紧固方式见表 1-4-12。铰链式活动凹模的结构和应用示例见表 1-4-13。

表 1-4-12　级进模中弯曲凸、凹模紧固方式

方式	简　　图	说　　明
凸模紧固方式	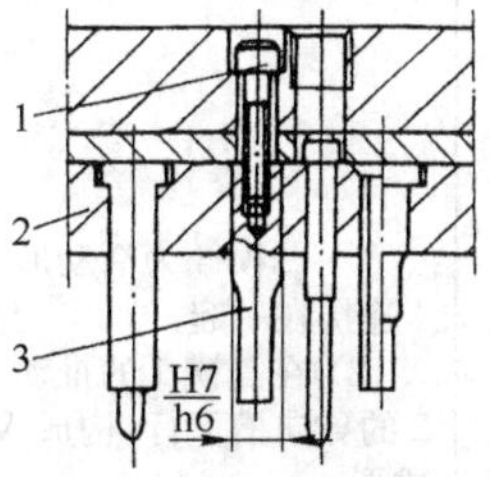	(1) 弯曲凸模 3 和固定板 2 采用$\frac{H7}{h6}$配合，并用螺钉 1 紧固。修磨冲裁凸模刃口时，拆下弯曲凸模并相应修磨其基面，保持冲裁凸模和弯曲凸模的高度差 (2) 凸模固定板 2 尺寸较大时，根据需要可以分成若干块单独固定，便于装拆和修磨，也便于调整
	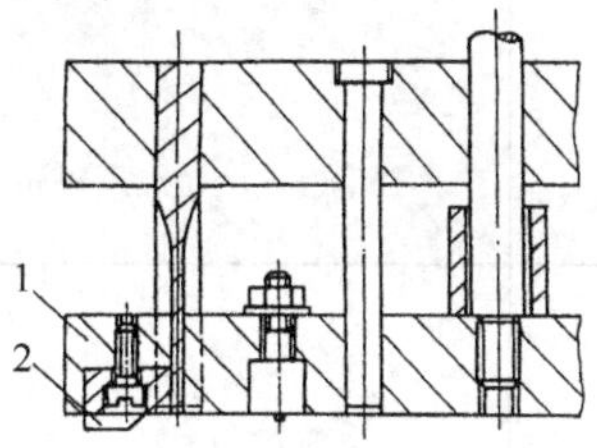	(1) 弯曲凸模 2 被固定在卸料板 1 上 (2) 适用于弯曲深度较浅、材料较薄的零件
凹模紧固方式	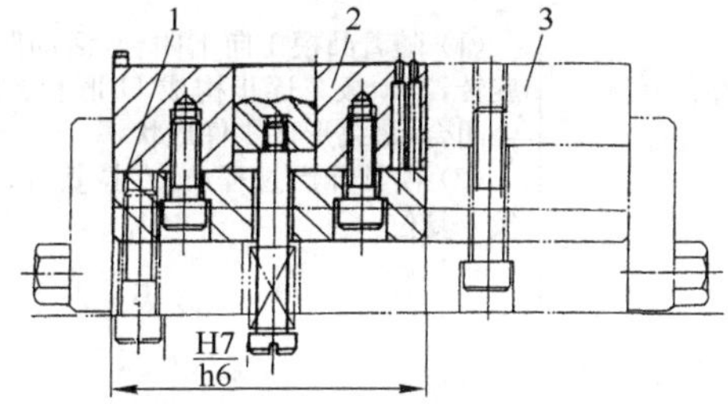	件 1 为凹模组合板，件 2 为弯曲凹模，组合后应有可靠的配合定位面，便于装拆。当冲裁凹模 3 刃口修磨 Δh 后，弯曲部分的定位面(底面)应同样修磨 Δh，使冲裁和弯曲成形部分始终保持合理的相对位置

表 1-4-13　活动凹模的结构和应用示例

简　　图	说　　明
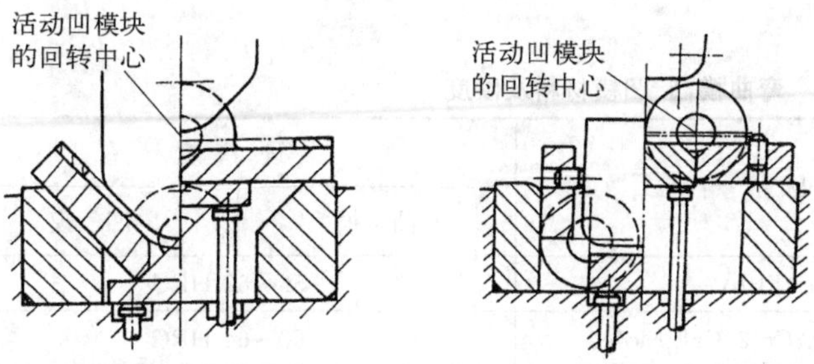(a)　(b)	凹模为活动形式，板材未变形部分始终紧贴在凹模平面上，定位可靠。图 a 为 V 形件弯曲，图 b 为 U 形件弯曲

（续表）

简　　图	说　　明
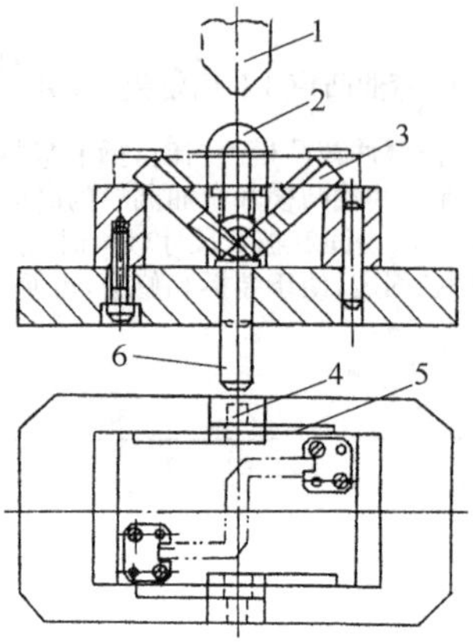	(1) 凹模 3 为活动形式，通过铰链板 5 及轴芯 4 连接在一起 (2) 在凸模 1 的推动下，活动凹模 3 沿着支架 2 的导向槽下行，构成 V 形状凹模，将工件弯曲成形 (3) 模具开启时，在顶杆 6 弹性力的作用下，凹模 3 恢复成水平状
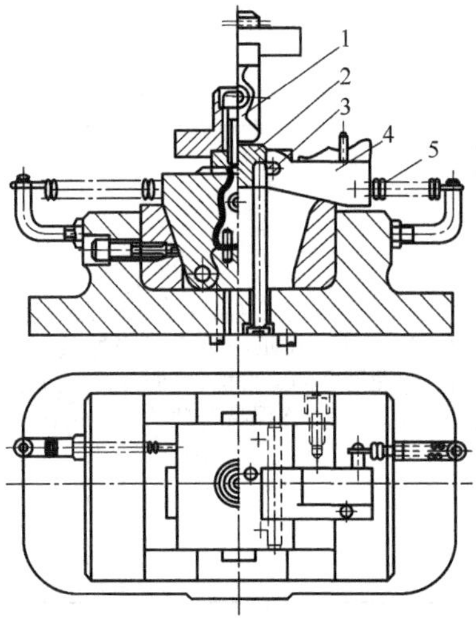	(1) 随着凸模 1 向下闭合，活动凹模 4 绕轴 3 旋转，与顶板 2 逐步构成 U 形状。模具最后完全闭合，最终形成零件形状 (2) 模具开启过程中，在拉簧 5 的作用下，凹模 4 复位

（五）凸、凹模常用材料

弯曲凸、凹模在工件弯曲过程中会发生磨损。校正弯曲时，凸、凹模要承受很高的单位压力。弯曲模凸、凹模材料及硬度见表 1-4-14。

表 1-4-14　弯曲模凸、凹模材料及硬度

冲件与冲压工艺情况	材　料	硬　度	
		凸　模	凹　模
形状简单，中小批量	T10A	56～62 HRC	
形状复杂	CrWMn、Cr12、Cr12MoV	60～64 HRC	
大批量	YG15、YG20	≥86 HRA	≥84 HRA

注：参照 GB/T 14662—2006。

五、送料和托料方式

被用于弯曲的坯料可以是单个毛坯，或者是条料经冲压形成的某些轮廓形状。前者见于单工序弯曲模，后者则是级进式弯曲模。

单个毛坯送进时，毛坯在模具中必须正确定位。在弯边高度、弯曲线长度及凹模口部圆角半径不同的情况下，材料进入凹模过程中的流动阻力会不同。严重时会造成材料偏移，影响弯曲件的精度。

板状毛坯单个送进时，模具上设置定位板，以毛坯外形定位。但在弯曲过程中，板料变形脱离定位板后，材料易发生偏移。因此，必须设置顶板（顶杆）或利用定位销，防止毛坯移动。毛坯、条料送进和定位方式见表1-4-15。

级进弯曲模送进条料的步距常用侧刃和导正销来控制和定位。条料上局部轮廓形状弯曲变形后，常会影响条料送进。因此，常用托料装置将条料托起高出凹模平面某一距离。常用的托料装置结构见表1-4-16。

表1-4-15　毛坯、条料送进和定位方式

类别	简　　图	说　　明
毛坯送进	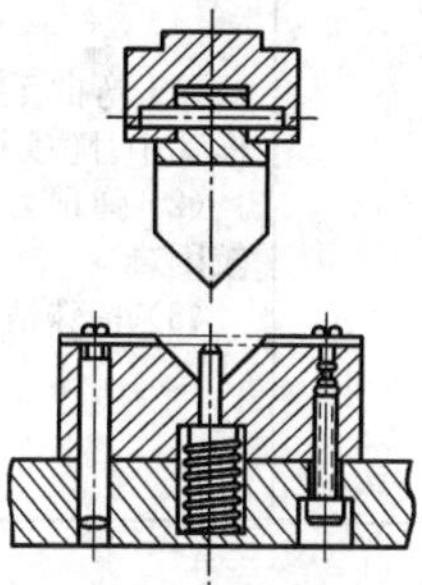	(1) 以毛坯的外形定位 (2) 凸模接触板材后，材料被夹在凸模和弹性顶杆之间，在弯曲过程中不易移动 (3) 弹性顶杆应有足够的弹顶力
	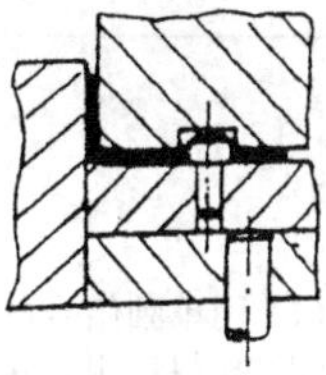	(1) 利用弯曲毛坯上的孔和定位销定位。板材在变形过程中始终不脱离定位销，定位较可靠 (2) 顶板与凹模应有配合要求，保证顶板运动平稳，达到定位要求
	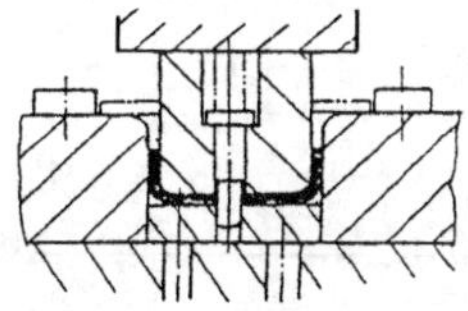	利用定位板粗定位，利用凸模上的导正销精定位
	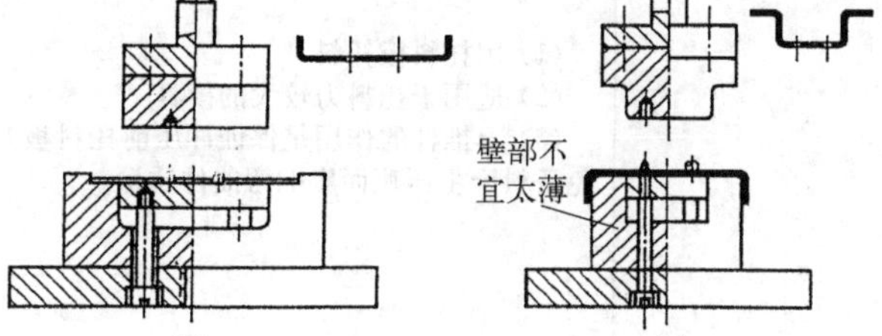 (a)　(b)	(1) 第一次弯曲时以毛坯外形定位或用工件上的孔定位(图a) (2) 第二次弯曲时以预成形毛坯的内形定位或工件上的孔定位(图b)

（续表）

类别	简　　　图	说　　　明
条料送进	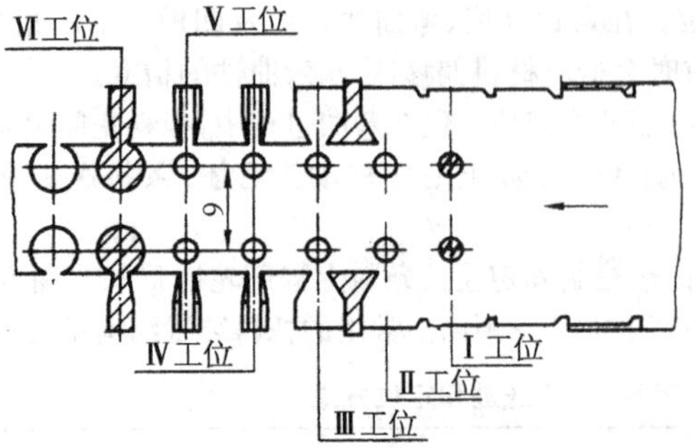	(1) 弯曲处与条料分离，留有局部连接处形成载体 (2) 送料到弯曲工位，弯曲成形后切断连接处，与载体分离获得工件
	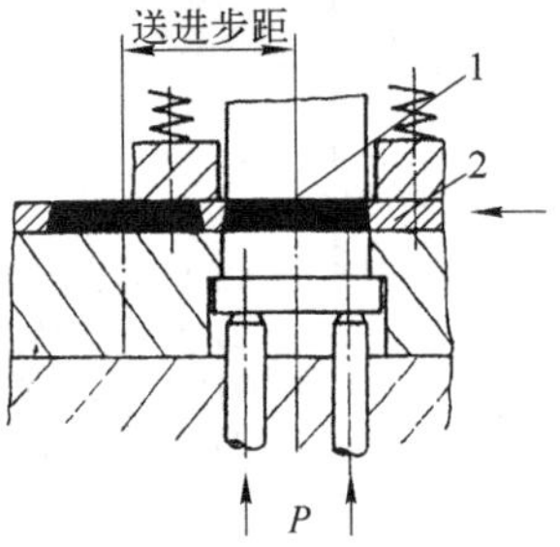	(1) 弯曲毛坯 1 冲落后再反向嵌入废料边框 2 中，随条料送进至弯曲工位 (2) 弹顶力 P 不足和材料较薄时，反向嵌入较困难 (3) 特殊情况下采用

表 1-4-16　常用的托料装置结构

简　　　图	说　　　明
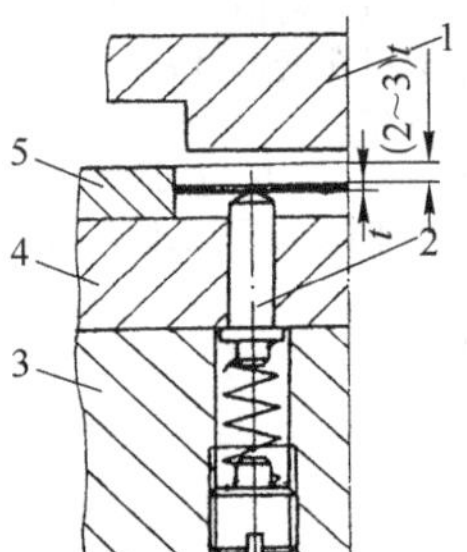1—卸料板；2—托料钉；3—下模座；4—凹模；5—导料板	(1) 用单独组合的托料钉托料 (2) 托料钉组合可根据弯曲件的形状和工艺要求灵活布置 (3) 适用于托料力不大、托料高度较低的模具
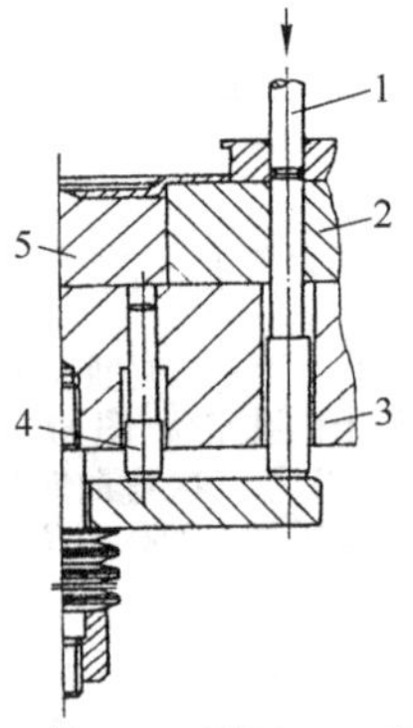1—上推杆；2—凹模；3—下模座；4—顶杆；5—托料板	(1) 用托料板托料 (2) 适用于托料力较大的模具 (3) 上推杆的作用是保证冲压前托料板开始回缩，避免条料产生压痕而影响弯曲件质量

（续表）

简 图	说 明
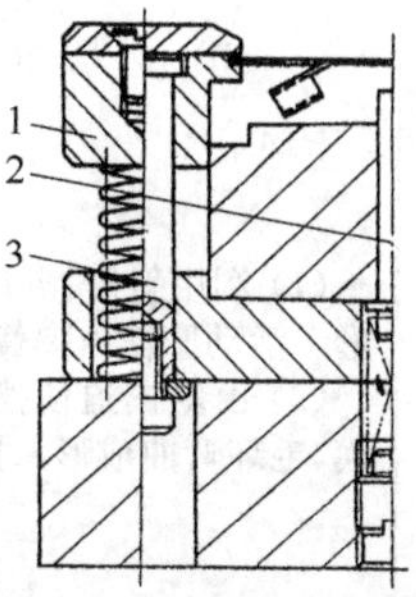 1—托料导向板；2—托料钉；3—小导柱	(1) 用托料导向板托料，托料行程较大 (2) 条料两侧搭边应有一定宽度，条料本身须有较大的刚度，如刚度不足，可与托料钉配合使用 (3) 采用小导柱，托料导向板运动平稳，精度较高

六、弯曲工序安排和基本成形方法

弯曲工序安排的要求是：先弯曲外角，后弯曲内角；前面弯曲工序变形不能影响后续工序的定位；后续工序的弯曲变形，不能影响前面工序已成形的形状尺寸精度；操作方便安全，生产率高。

弯曲工序安排与弯曲方式、弯曲模结构有密切关系。工序安排合理可以简化模具结构，提高模具寿命和保证弯曲件质量。简单形状的弯曲件如V形、U形件等，可以一次弯曲成形。复杂形状的弯曲件，一般需要用多副模具弯曲变形才能达到弯曲件的尺寸要求，或者在一副模具中将冲裁、弯曲工序合理组合成若干工步，最终冲压成形。

弯曲模的结构与弯曲成形方向的选择有很大关系。弯曲成形的基本方式见表1-4-17。采用侧向成形时，斜楔、滑块结构见表1-4-18。

表1-4-17 弯曲成形的基本方式

方式	简 图	说 明
垂直方向成形	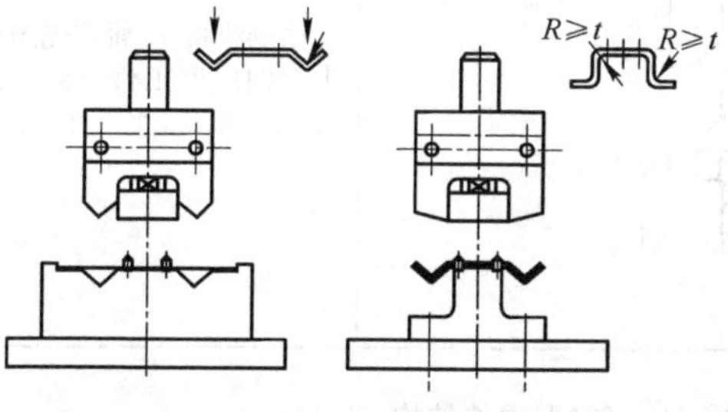 (a) 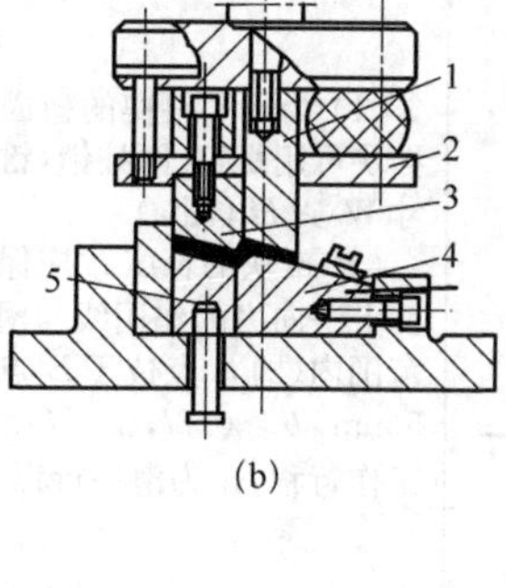 (b)	(1) 凹模固定，凸模垂直向下运动，成形工件或预成形毛坯(图a) (2) 凸模1被固定在上模座上，凸模3被固定在弹性卸料板2上，为浮动凸模，其弹性压力必须大于顶板5的反顶力与工件的弯曲力，才能成形工件。凹模4被固定在下模座上(图b)

（续表）

方式	简图	说明
侧向成形	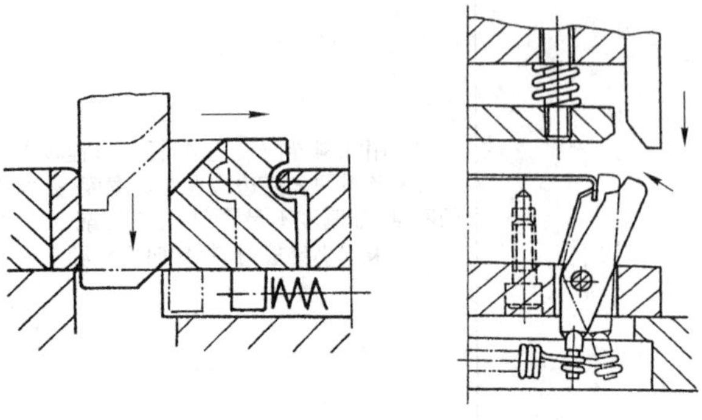 (a) (b)	(1) 利用斜楔、滑块结构实现侧向弯曲成形。活动凹模由弹簧复位(图 a) (2) 由斜楔迫使摆杆(活动凹模)贴近凸模，毛坯弯曲成形。摆杆由拉簧复位(图 b)
反向成形	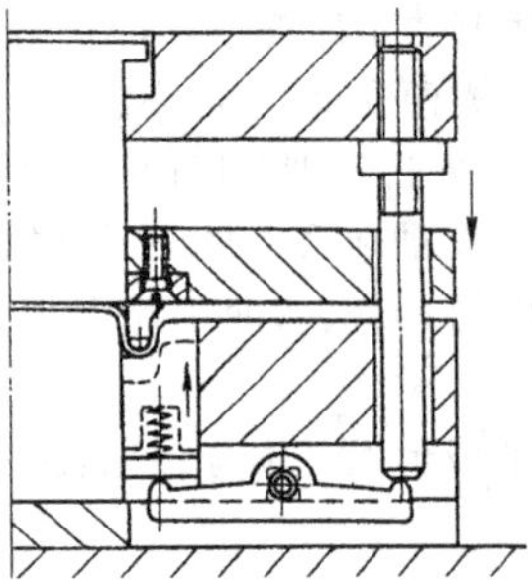	利用推杆和摆动杆迫使活动凹模实现反向(由下至上)成形。活动凹模由弹簧复位
多方向成形	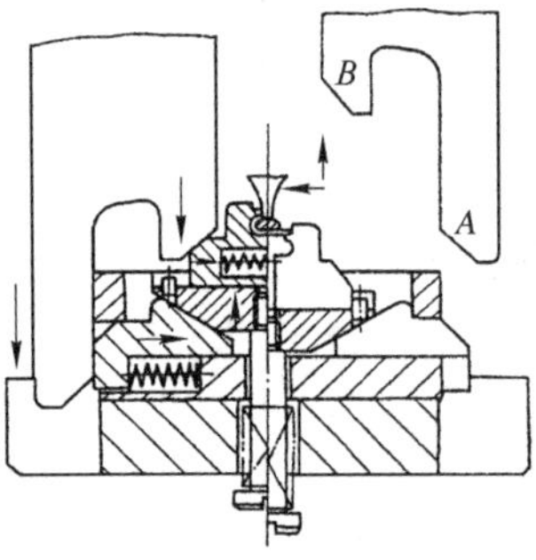	由斜楔的 A 面首先迫使活动凹模由下至上弯曲成形工件，然后由 B 面推动活动凹模水平移动，使工件继续弯曲成形

表 1-4-18 斜楔、滑块结构

简图	说明
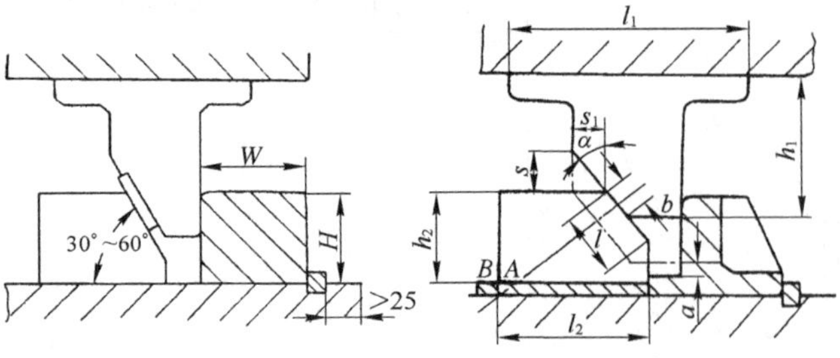 (a) (b)	(1) 为增大斜楔的稳固性，一般均采用后挡块，后挡块可用螺钉、圆柱销(键)紧固和定位，后挡块的尺寸 $W \geqslant H$ (图 a) (2) 滑块的长度 l_2 应保证斜楔、滑块开始工作时斜面上法向力的作用线与滑动面的交点在滑块的投影范围内(即 A 点位于 B 点的右侧)，结构上应使 $a>5$ mm，$b \geqslant 0.2l$，$l_1=(1.4\sim1.5)h_1$ (图 b)，s 为斜楔工作行程，s_1 为滑块行程

（续表）

简　　　图	说　　　明
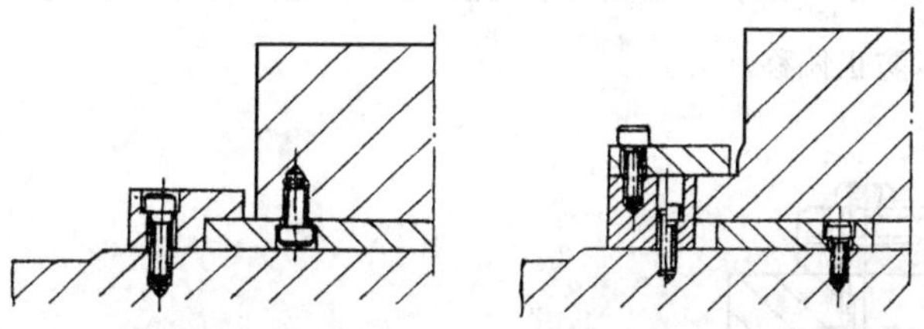 (a)　　　(b)	（1）为提高滑块的运动精度，滑块应有可靠的导向。图 a 为滑块导向部分采用镶拼结构 （2）图 b 为滑块的导轨，采用镶拼结构，并在底座上设置垫板，提高耐磨性
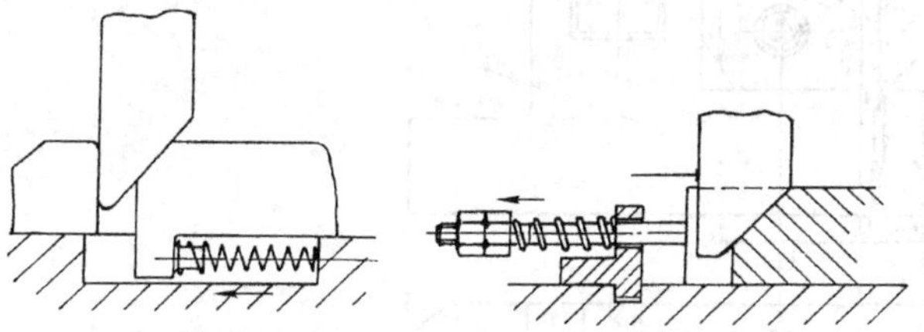 (a)　　　(b) 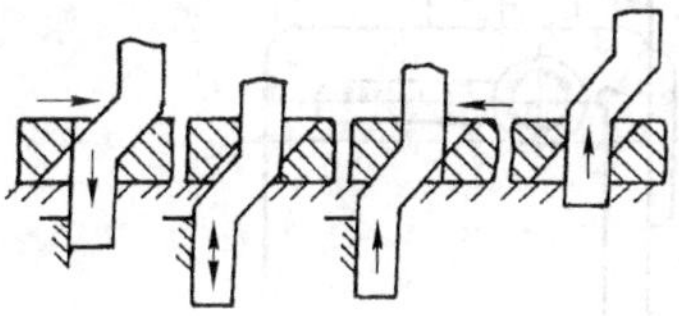 (c)	（1）滑块应有可靠的复位装置。图 a 为在滑块的内侧设置复位弹簧，复位力较小。图 b 为在滑块的外侧设置复位弹簧，复位力较大，并可调节 （2）图 c 为利用斜楔实现刚性复位

七、弯曲模结构设计

（一）设计要点

（1）根据弯曲件的形状、尺寸、精度要求及生产批量，确定是否可以一次成形或需要多次成形，选用单工序弯曲或复合、级进模弯曲成形。

（2）对于尺寸精度较高的弯曲件，为减小回弹，应选择整形（校正）弯曲。

（3）弯曲方向对模具结构的影响十分明显。尽量采用垂直方向成形，必要时才采用侧向成形、反向成形或多方向成形。

（4）应尽量利用弯曲件上的孔定位。在多次弯曲时，尽量使定位基准一致。在无法用孔定位时，要采用弹压装置（如顶件板）压紧板材，防止板材在弯曲变形过程中产生偏移。

（5）凸、凹模的圆角半径和间隙对弯曲变形影响较大，选用值太小时易产生变薄、开裂及影响弯曲件表面质量。

（6）采用级进模成形形状复杂、尺寸较大的弯曲件，冲裁部分与弯曲成形部分的凸、凹模应相对独立，便于装配调整及维修。易损的凸、凹模镶件宜采用快换结构。

（7）精度要求不高、批量小的工件进行弯曲时，可以不必采用导向模架。复杂形状的弯曲件采用级进模成形时，应采用导向模架。采用校正弯曲，当校正力较大时，应提高模座的强度和刚度。

（8）弯曲成形后取出工件应方便、安全。弯曲件黏附在凸模上时，应设置可靠的弹性卸件装置。

(二) 典型结构

1. 简单弯曲模

图 1-4-6 为通用 V 形弯曲模。模具的两个凹模 3 可以构成四种不同的角度，与四种不同角度的凸模 1 相应，弯曲四种不同角度的 V 形件，凹模与凹模座可以采用$\frac{H7}{js6}$配合。毛坯由定位板 2 定位，定位板的位置可左右调整。顶件块 5 可以在弯曲过程中始终反向压住板材，防止偏移。

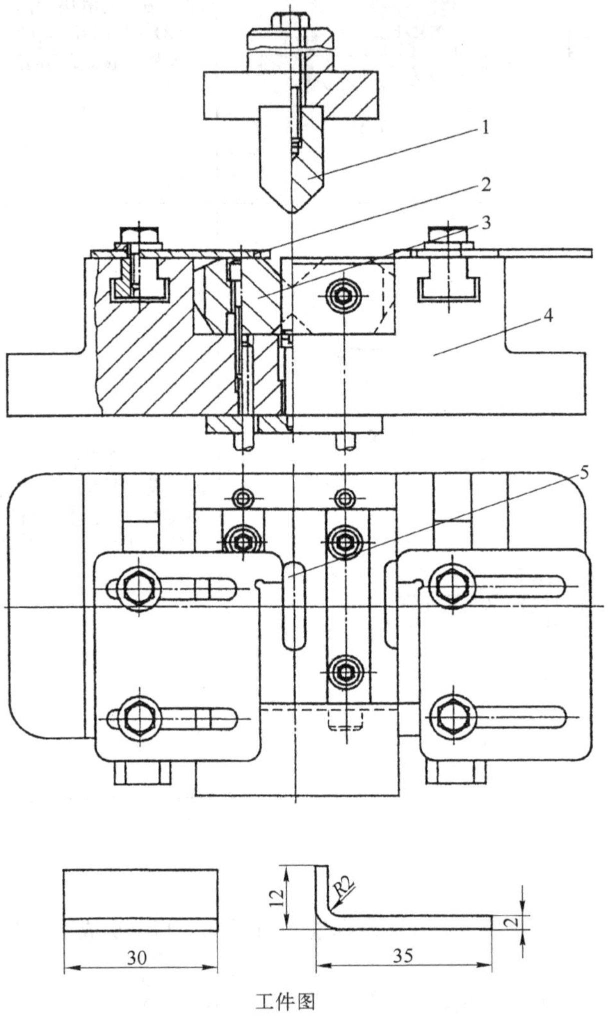

图 1-4-6 通用 V 形弯曲模

1—凸模；2—定位板；3—凹模；4—模座；5—顶件块

图 1-4-7 为多角一次弯曲成形模。毛坯由定位板 4 左右定位。模具开始闭合，先由凸模 5 和凹模 10 将毛坯预弯成图中左半侧所示形状。继续闭合，在凸模、凹模和导板 9 的作用下成形。凸模是浮动的，安装在下模部分的弹顶器的弹力由顶杆 6 传递至凸模，弹顶力必须大于毛坯预弯时的弯曲力。弯曲终止时，凸模、凹模和导板完全闭合，对零件整形，可提高弯曲件精度。模具开启过程中，工件从上模中推出。弯曲一开始，毛坯即脱离定位板 4，因此毛坯易错动，造成工件弯曲后左右不对称。

2. 侧向成形弯曲模

图 1-4-8 为凹模摆动弯曲模。凹模由两个摆动块构成。模具闭合时，摆动块(凹模)迫使毛坯两端按照凸模侧面形状成形。模具开启过程中，弹簧和顶柱使摆动块复位，工件也被顶出。

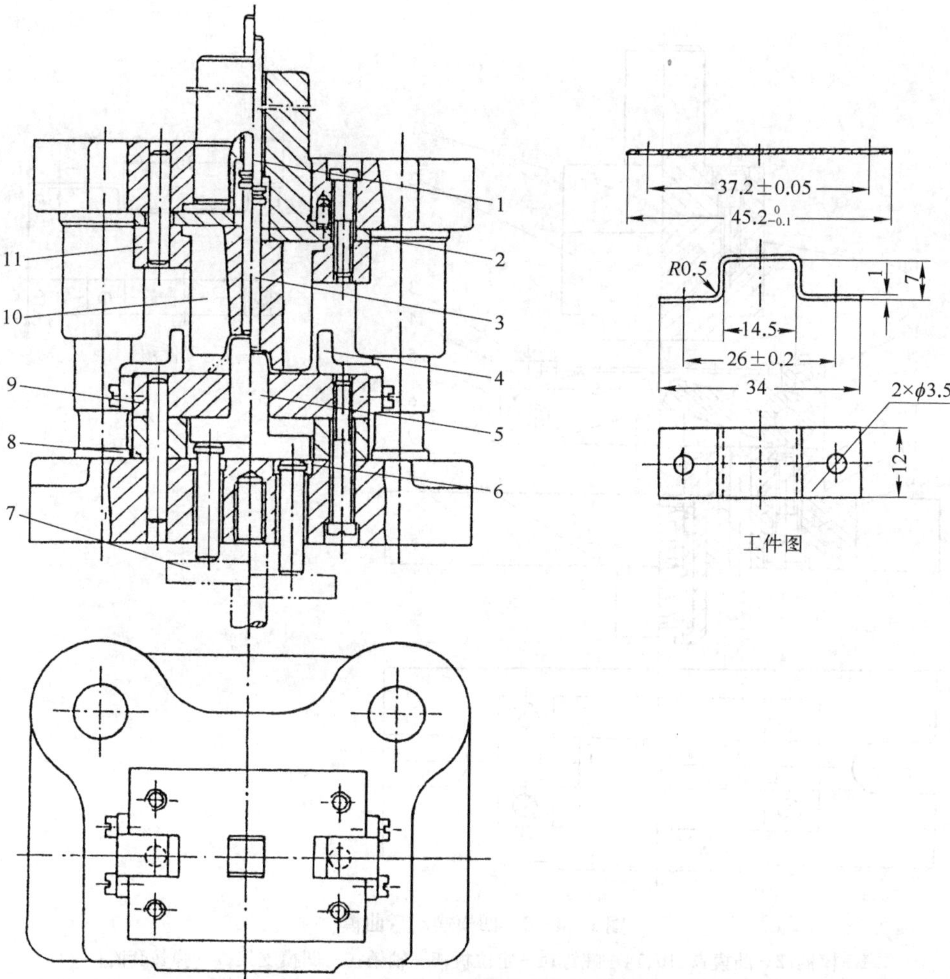

图 1-4-7 多角一次弯曲成形模

1—打杆；2—垫板；3—推杆；4—定位板；5—凸模；6—顶杆；7—托板；
8—下垫板；9—导板；10—凹模；11—固定板

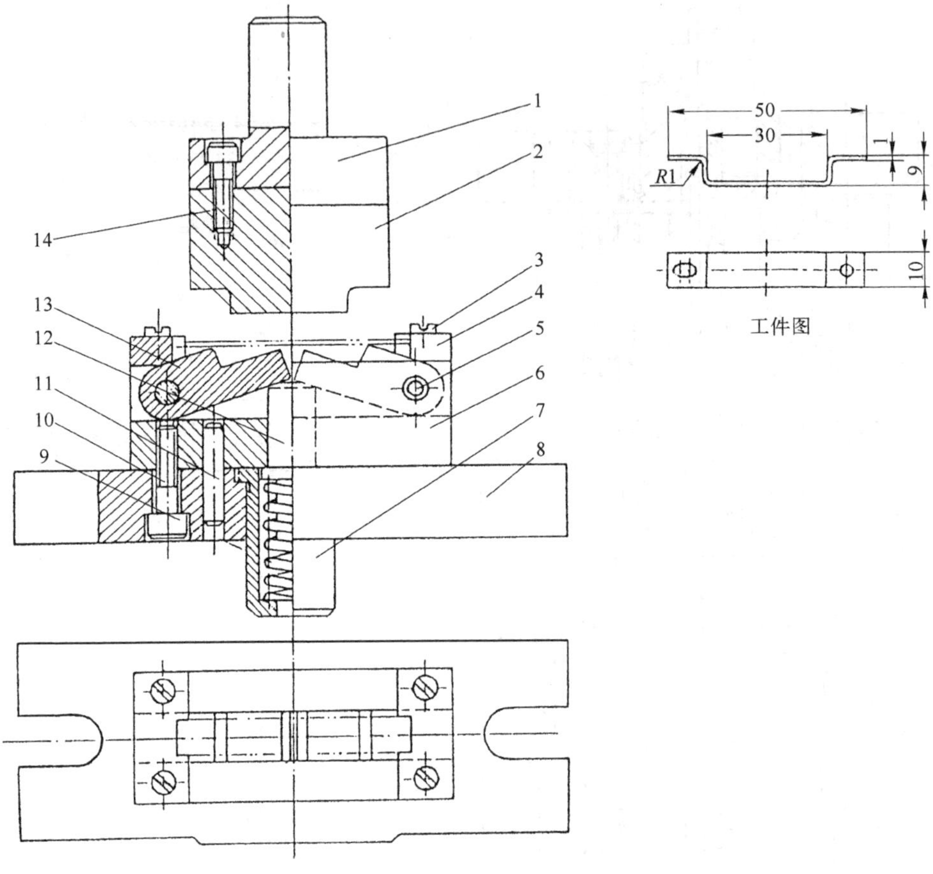

图 1-4-8 凹模摆动弯曲模

1—模柄；2—凸模；3、10、14—螺钉；4—定位板；5—轴销；6—凹模支架；7—弹簧套筒；8—底座；9—弹簧；11—圆柱销；12—顶柱；13—摆动块(凹模)

图 1-4-9 为斜楔弯曲模。凸模 3 通过弹簧 2、螺钉 12、导销 13 与上模部分构成浮动连接。上模向下闭合时，凸模 3 与滑块 4 依靠弹簧 2 的力将毛坯弯曲成 U 形。上模继续闭合时，斜楔 11 推动滑块 4 移动，最终形成上下和左右完全闭合的状态。上模回升时，滑块 4 和浮动凸模 3 开始复位，工件有所回弹，由顶件块 6 顶出。由于毛坯依靠顶件块 6 上的定位销 10 定位，因此在弯曲过程中毛坯不会产生偏移。

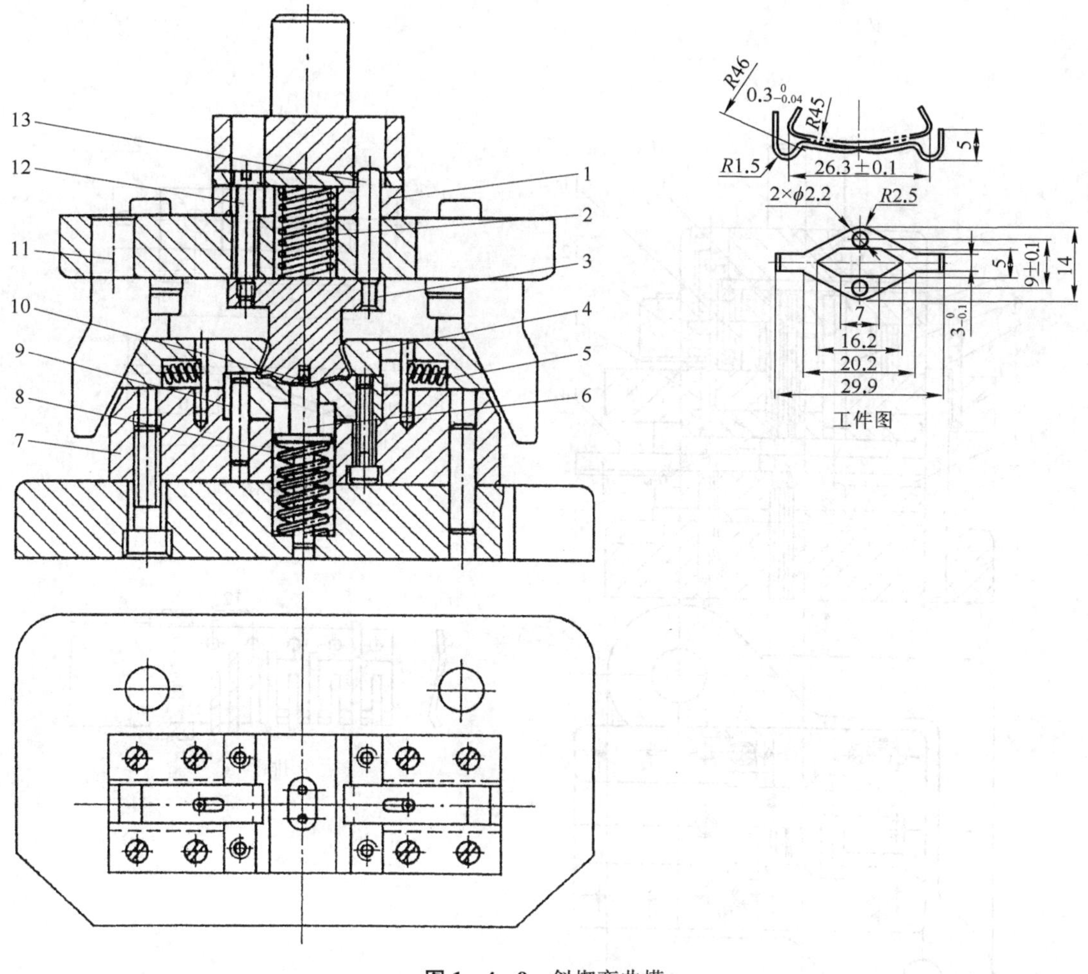

图 1-4-9　斜楔弯曲模

1—衬板；2、5、8—弹簧；3—凸模；4—滑块；6—顶件块；7—凹模座；9—凹模；10—定位销；11—斜楔；12—螺钉；13—导销

3. 级进弯曲模

图 1-4-10 为冲裁、弯曲级进模。模具采用双侧刃定距并切边，达到弯曲件毛坯尺寸要求，然后经冲孔与切槽、弯曲、切断，与条料分离。卸料板 13 被固定在卸料板座 4 上，并有精确导向，对窄长的切槽凸模及小凸模起保护作用。采用弹压导板模架，压力机回程时，上模不能脱离导柱。因此应选用行程可调整的压力机。

图 1-4-11 为带反向压料的弯曲级进模。第一步在条料上冲出槽形、φ4.8 圆孔和导正用工艺孔。第二步为条料先由导正销 13 和 14 导正，然后由落料凸模 1 落料，并由顶件块 4 在模具开启过程中依靠模具下部弹顶器的弹力将冲裁下来的毛坯反向压入条料边框中，以便将毛坯携带至下一工位。第三步为压弯，使工件成形，并由压弯顶块 5 将弯曲工件又压嵌在条料边框中，随条料带出模外。

图 1-4-12 为带托料的弯曲级进模。第一步由侧刃 3 切除条料一侧废料。第二步由凸模 4 冲孔，便于下步成形。第三步由成形凸模 9 和 11 将工件局部成形，由于两处成形方向不同，成形凸模 9 和 11 分别装在上模和下模部分。经局部成形后，为保证条料（带料）顺利送进，在开模结束时条料（带料）由顶杆 6 托起。第四步由切口凸模 10 切口、弯曲，由凸模 12 冲孔。第五步落料，工件与条料分离。由于工件一侧已有成形凸台，凸模端面应加工出相应的工艺孔。凸模固定端采用嵌键来防止凸模松动错位。

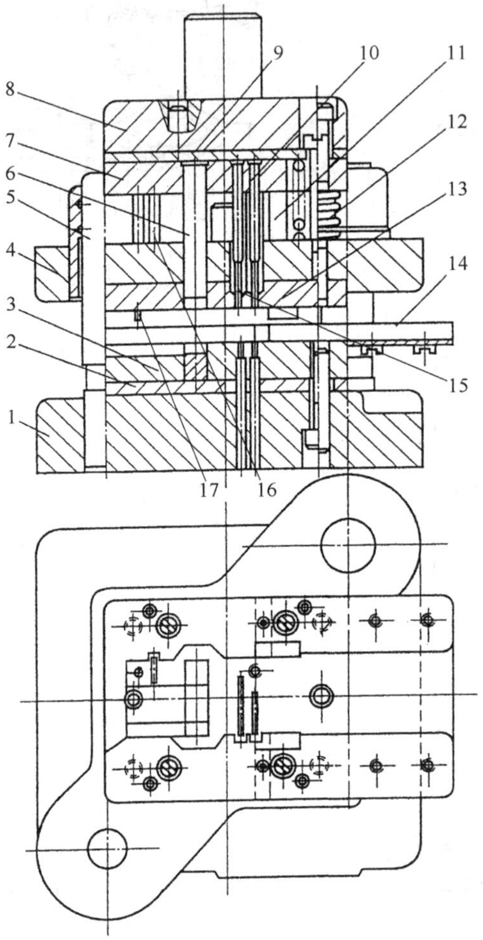

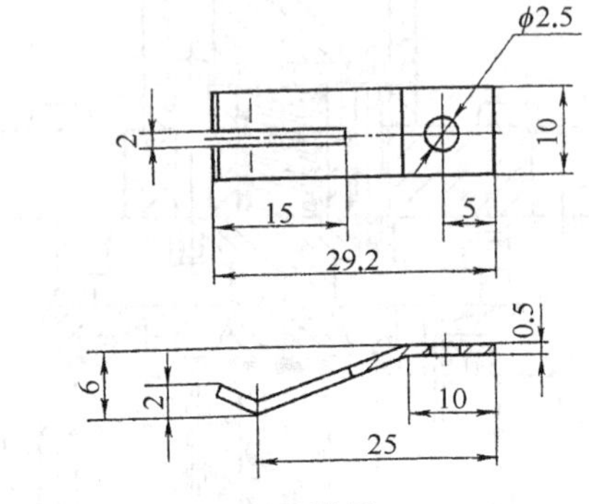

工件图

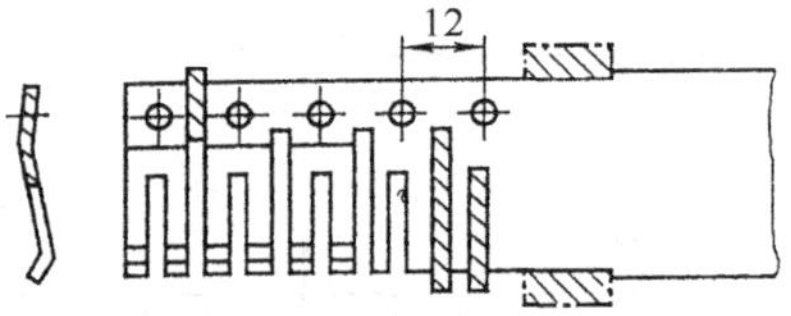

排样

图 1-4-10 冲裁、弯曲级进模

1—下模座；2、9—垫板；3—凹模；4—卸料板座；5—导柱；6—压弯凸模；7—凸模固定板；8—上模座；10—冲孔凸模；11—侧刃；12—弹簧；13—卸料板；14—导料板；15—切槽凸模；16—切断凸模；17—导正销

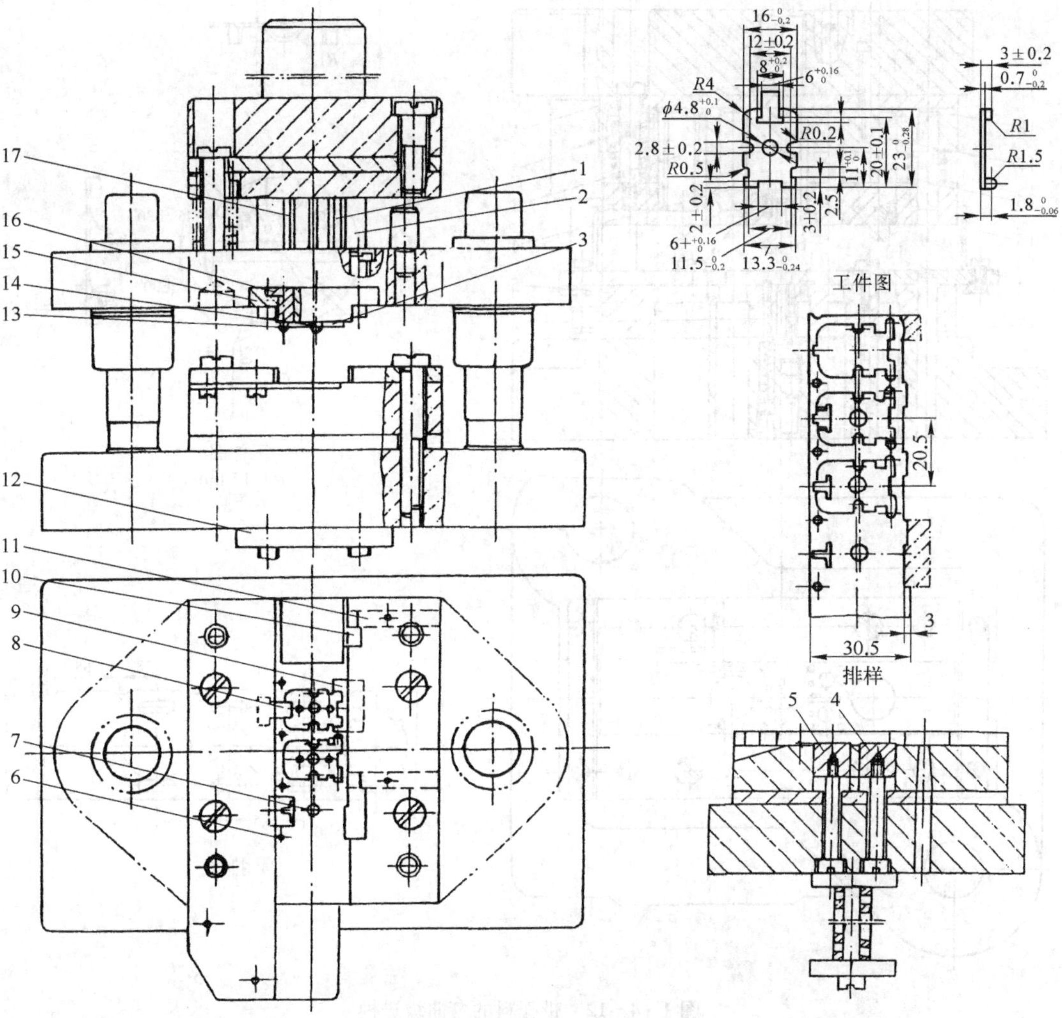

图 1-4-11　带反向压料的弯曲级进模

1—落料凸模；2—前侧刃；3—压弯凸模；4—顶件块；5—压弯顶块；6、7—冲孔凹模；8、9、16—镶块；10—后侧刃；11—侧刃挡块；12—托板；13、14—导正销；15—压板；17—冲槽凸模

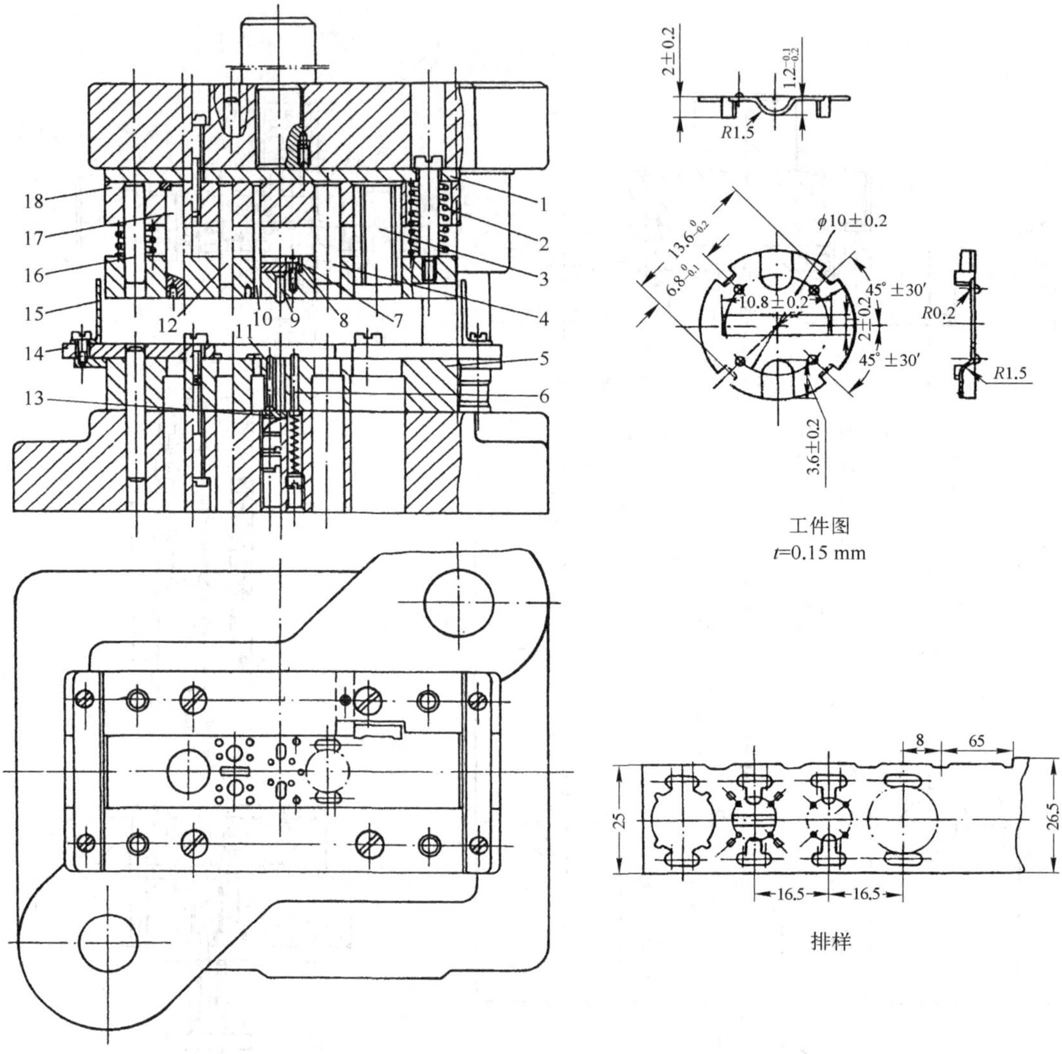

图 1-4-12　带托料的弯曲级进模

1、8—垫板；2—弹簧；3—侧刃；4、12、17—凸模；5—凹模；6—顶杆；7—弹压卸料板；9、11—成形凸模；10—切口凸模；13—顶板；14—侧面导板；15—安全挡板；16—小导柱；18—固定板

在弯曲级进模中，冲裁凸模和弯曲凸模的紧固方式十分重要，主要是保证凸模间的高度关系和便于调整装拆，常见的紧固方式见表 1－4－12。常用的托料装置结构见表 1－4－16。

图 1－4－13 为采用成形侧刃的弯曲级进模。工件采用双列对称直排，利用成形侧刃实施搭边与侧边组合冲切，是连续冲压排样技术中常用的裁搭边法，获得两个弯曲件成形部分的展开毛坯形状，并形成载体。在七工位连续冲压中，第五工位利用斜楔机构自下向上弯曲成形斜耳，第六工位斜耳向下弯曲，形成零件形状。经过两次弯曲成形后切断，弯曲件与载体分离，一模两件。

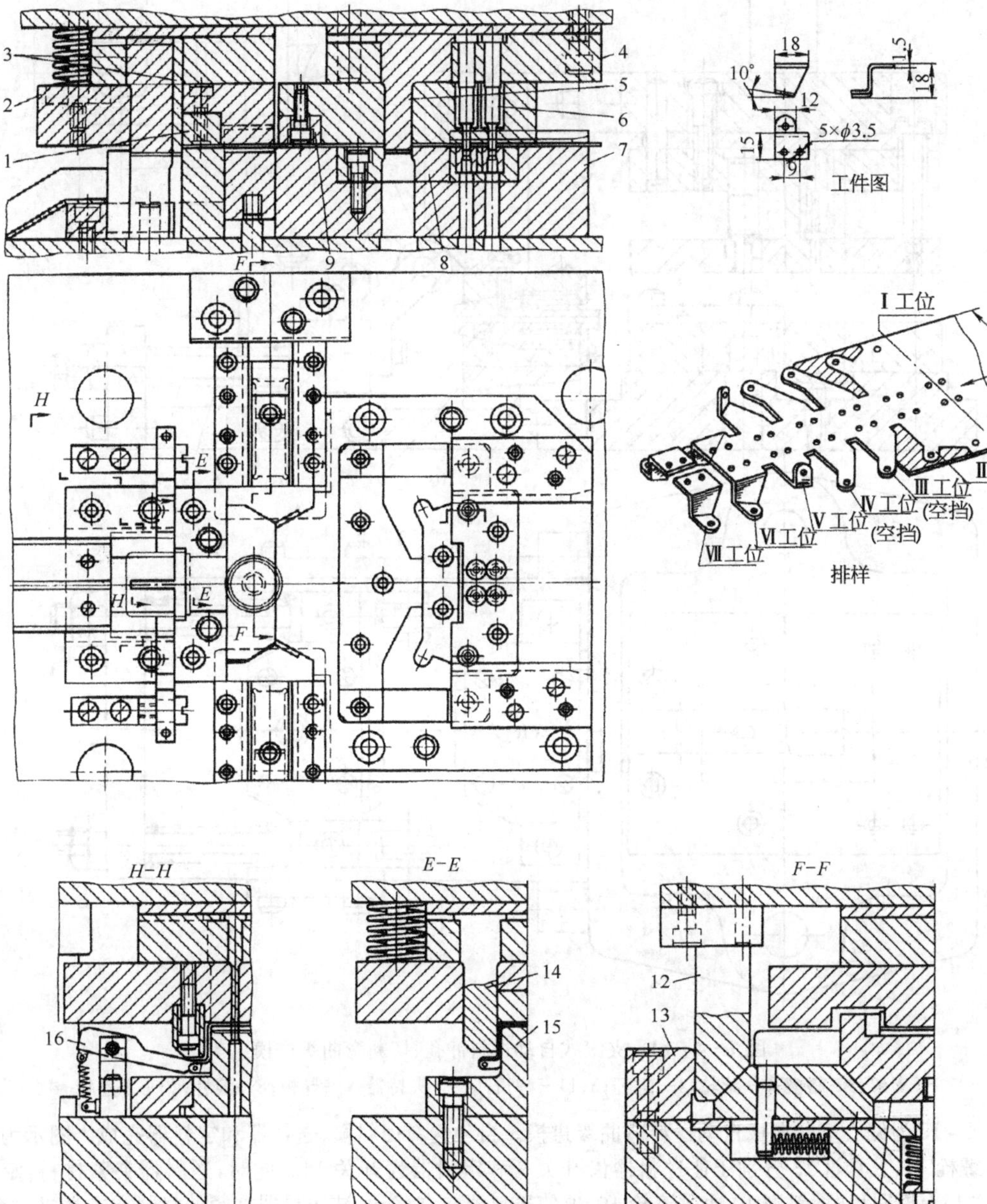

图 1－4－13　采用成形侧刃的弯曲级进模

1—七工位切断分离凸模镶块；2—弹压卸料板；3—切断分离凸模；4—冲压凸模固定板；5—成形侧刃；6—冲孔凸模；7—凹模框；8—成形侧刃冲切凹模；9—弯耳上模镶块；10—弯斜耳凹模；11—楔滑块；12—单作用楔；13—挡块；14—弯曲上模；15—弯曲下模；16—卸件器

图 1-4-14 为夹滚式自动送料冲孔、切断弯曲级进模。模具采用两个滚式夹持器，其中夹持器 9 固定不动，夹持器 6 在斜楔 2 的推动和弹簧 5 的作用下，能沿导板 7 的导轨左右移动。夹持器 6 的方向与夹持器 9 一致。开始时材料能自右向左顺利插入通过，将材料送到适当位置。上模闭合时，夹持器 9 夹紧材料，夹持器 6 在斜楔 2 的推动下向右移动。上模回程时，夹持器 6 夹持材料向左送进并恢复到原位，此时夹持器 9 的夹滚呈松开状，能使材料顺利通过，完成整个送料过程。调整斜楔 2 和夹持器 6 的初始位置，能改变实际送进距离。

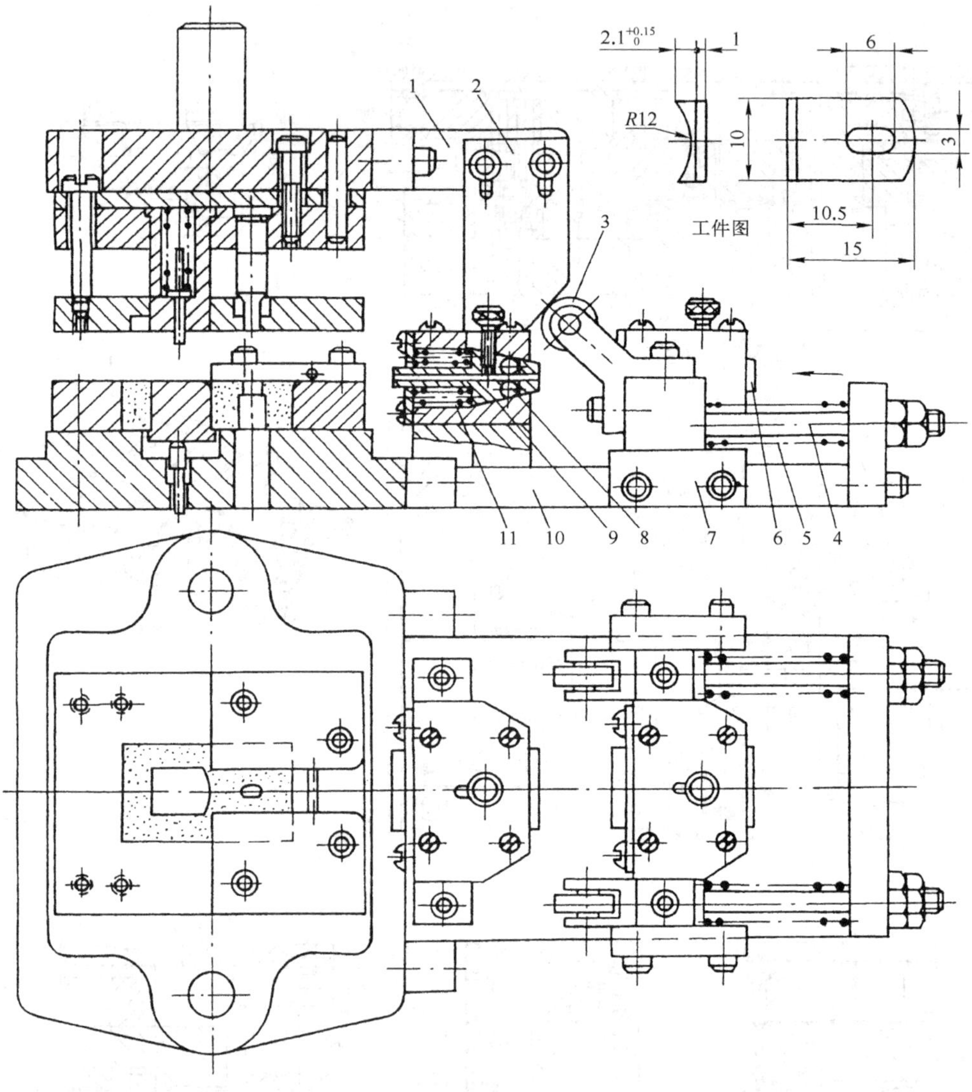

图 1-4-14 夹滚式自动送料冲孔、切断弯曲级进模

1—支架；2—斜楔；3—滚轮；4—螺杆；5、11—弹簧；6、9—夹持器；7—导板；8—滚柱；10—下座板

图 1-4-15 为偏心滚柱夹板自动送料弯曲级进模。自动送料由斜楔、送料器和定料器完成。图示为模具闭合的状态，螺栓 11、上套管 13 分别压住送料器齿开关 9 和定料器齿开关 14。此时，送料器夹紧材料，定料器松开，见图 a。当上模回程时，斜楔 10 通过滚轮 16，迫使送料器向右移动，被送料器夹紧的材料向右送进一个步距。上模回程、送料结束时，下套管 7 使送料器齿开关 9、定料器齿开关 14 分别转动一个角度。此时，送料器松开、定料器夹紧材料，见图 b。当上模向下闭合时，送料器在材料上滑过，材料被定料器夹紧而不能移动。当模具完全闭合时，又转换成图 a 状态，完成送料的一次循环。

材料送进模具后先冲孔，后落料。落料后的坯件又被重新压入条框内继续送进到弯曲工位。工件由推杆 5 打下，沿凹模斜面滑出模外。弯曲凸模 3 和 4 成形 Z 形弯曲件，弯曲凸模为浮动形式。

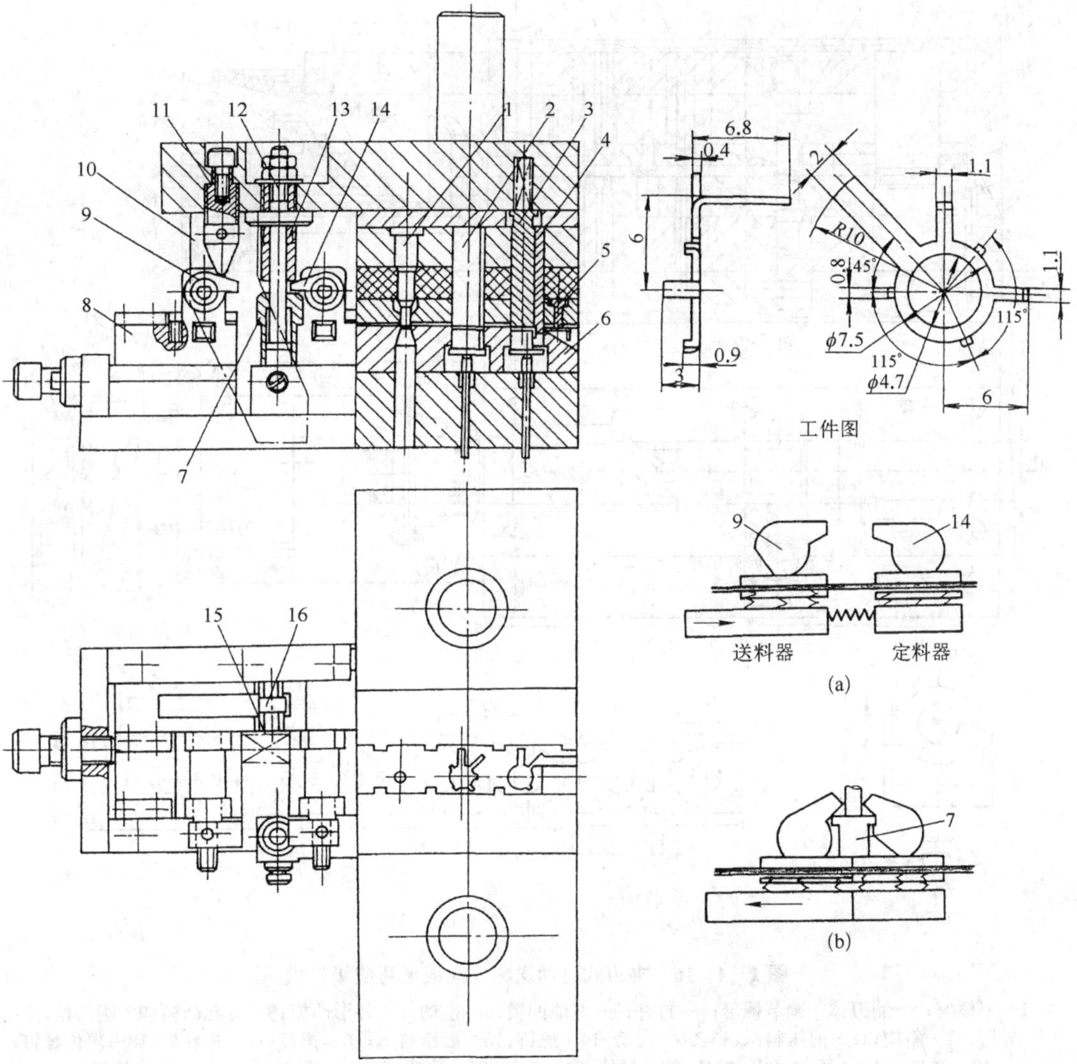

图 1-4-15　偏心滚柱夹板自动送料弯曲级进模

1—冲孔凸模；2—落料凸模；3、4—弯曲凸模；5—推杆；6—凹模；7—下套管；8—滑块；9—送料器齿开关；10—斜楔；11—螺栓；12—拉杆；13—上套管；14—定料器齿开关；15—弹簧；16—滚轮

图 1－4－16 为夹刃式自动送料反向成形弯曲级进模。夹刃式自动送料装置将材料送进模内，与双侧刃相配合定距。用弯曲凸模 31 进行反向成形。反向成形时，上模部分的打杆 4 推动下模部分的杠杆 22、顶件块 30，迫使弯曲凸模自下向上移动，与弯曲凹模 5 成形工件。成形后的工件继续送进，由方凸模 37 切断分离。弹簧 21 的作用是使弯曲凸模 31 向下复位。

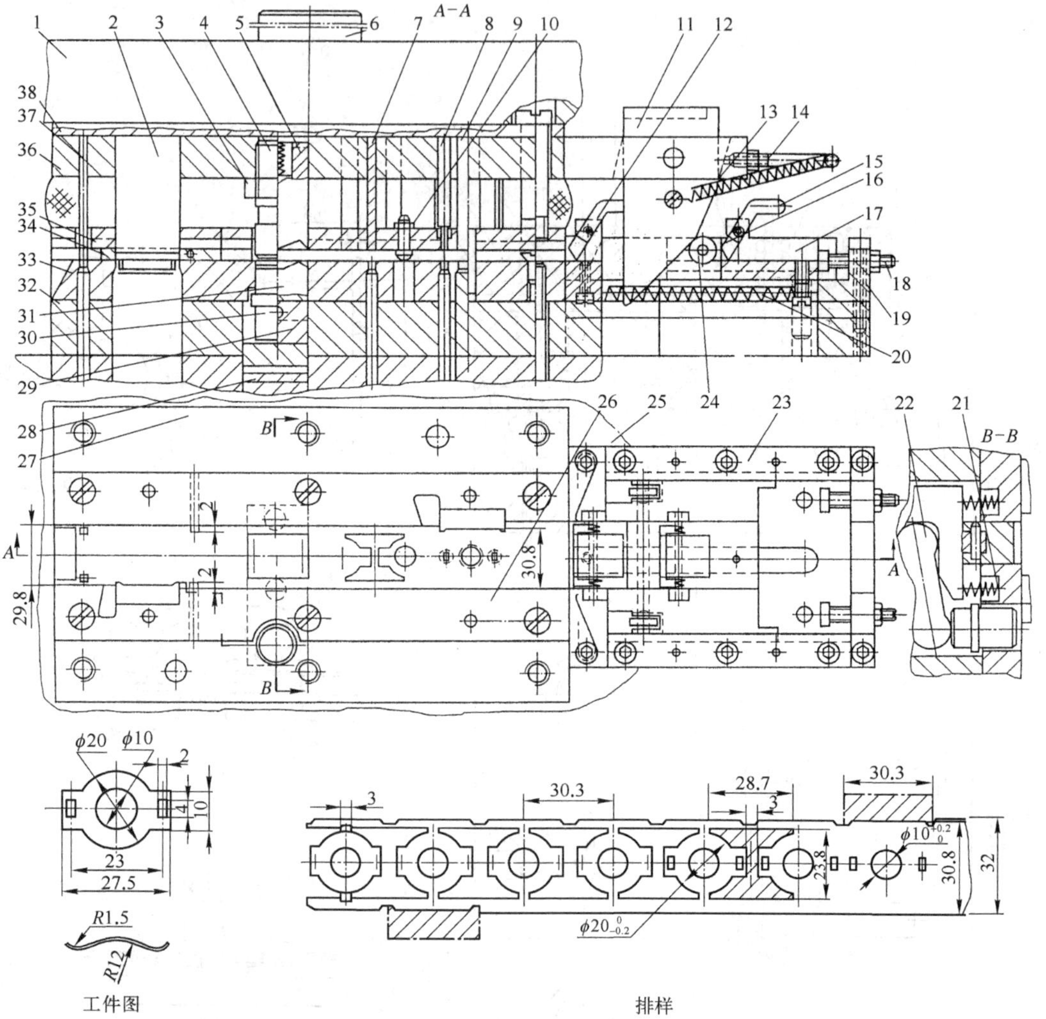

图 1－4－16　夹刃式自动送料反向成形弯曲级进模

1—上模座；2—侧刃；3—调节螺母；4—打杆；5—弯曲凹模；6—模柄；7—外形凸模；8—方孔凸模；9—圆凸模；10—导钉；11—斜楔；12—前压料爪；13、20—拉簧；14—螺钉；15—后压料爪；16—扭簧；17—送料架；18—限位螺钉；19—送料座；21—弹簧；22—杠杆；23—导轨；24—滚轮；25—底座；26、27—导料板；28、32、38—垫板；29—连板；30—顶件块；31—弯曲凸模；33—凹模；34—限位块；35—卸料板；36—固定板；37—方凸模

八、弯曲件质量分析

弯曲件容易产生形状不符、尺寸超差及局部损伤。常见的质量问题及其原因见表 1－4－19。

表 1－4－19　弯曲件质量分析

质量问题	主要原因	解决措施
U 形类零件底部不平	弹性顶板的反顶力过小，板料在弯曲过程中出现穹弯 底部的校正程度不够	增大反顶力，在弯曲开始时对毛坯施加足够的压力 对弯曲件进行校正，严格控制模具的闭合高度

（续表）

质量问题	主要原因	解决措施
弯曲边的高度尺寸不稳定	毛坯定位不准、不稳定，弯曲过程中毛坯发生偏移 毛坯进入凹模时摩擦阻力产生较大差异，发生偏移	检查并调整定位，改变凹模圆角半径和凸、凹间隙等，防止毛坯在弯曲过程中发生偏移
已成形的孔弯曲后发生变形	孔的边缘离弯曲变形区过近，弯曲时影响到已成形孔的形状	在弯曲部位设置工艺孔，减小弯曲变形对已成形孔的影响 改进工艺，保证孔到变形区的必要距离，或者弯曲成形后再冲孔
弯曲角度发生变化	工件离开模具后，弯曲变形区产生弹性恢复	修正凸、凹模的角度，达到补偿目的 采用校正弯曲
表面出现拉痕	凹模圆角区黏附金属微粒或磨损严重，表面质量下降 凹模圆角半径过小或者凸、凹模间隙过小	检查凹模圆角区表面状况，减小表面粗糙度 适当增大凹模圆角半径 修正凸、凹模间隙，使之合理
弯曲变形区产生裂纹	凸模弯曲半径过小，弯曲变形量过大 毛坯毛刺及材料内的微裂纹在弯曲外侧，受到过大的拉伸变形 材料塑性过低	适当增大凸模圆角半径，控制弯曲变形量 将毛刺的一面置于弯曲内侧 增加退火工序，提高材料的塑性 使弯曲线与材料的轧纹方向垂直或成一定夹角

第五章　拉深模设计

一、旋转体件拉深

(一) 圆筒形件拉深

1. 变形特点

圆形平板毛坯在拉深凸、凹模的作用下,拉深成圆筒形件是最简单、最典型的拉深工序。在拉深过程中,凸缘部分是拉深的主要变形区,产生径向拉伸和切向压缩变形,料厚略有增加。凸缘的切向压应力超过板材临界压应力时,凸缘会失稳,产生起皱,见图1-5-1。在拉深中,常采用压边装置,防止凸缘起皱,见图1-5-2。拉深件的筒壁部分为传力区,变形程度较大,材料流动困难时,筒壁承载过大,会产生破裂,见图1-5-3。拉深后拉深件壁厚和硬度会发生变化。筒壁上部变厚,冷作硬化较大,硬度较高。筒壁底部圆角处的材料变薄,硬化程度较小,是拉深件易产生破裂的部位。拉深件壁厚和硬度的变化趋势见图1-5-4。

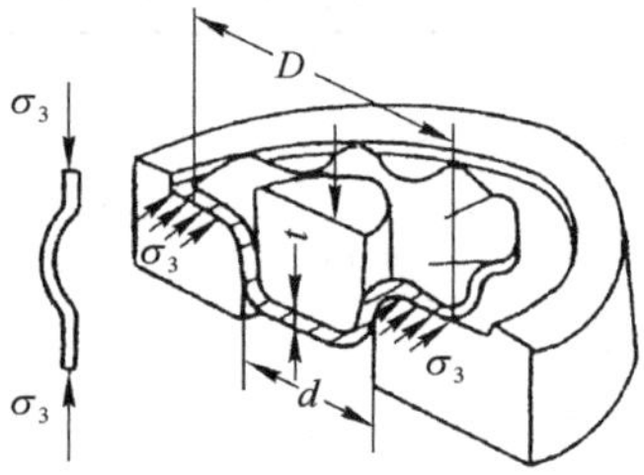

图1-5-1　拉深时凸缘的起皱

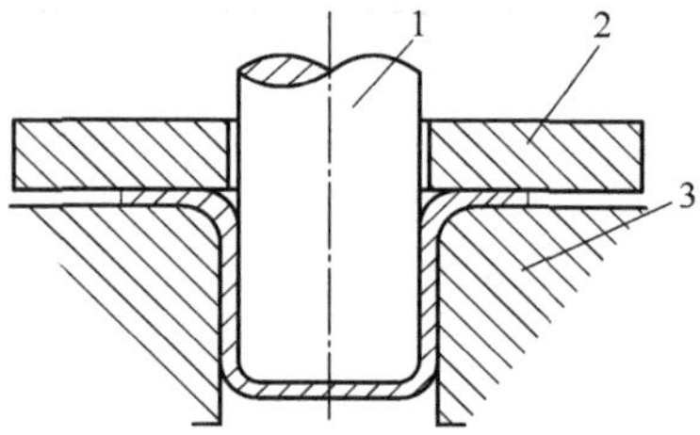

图1-5-2　用压边圈防止起皱

1—凸模;2—压边圈;3—凹模

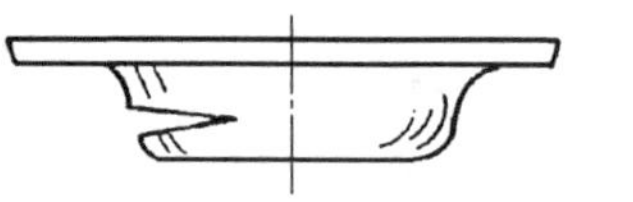

图1-5-3　拉深时筒壁破裂

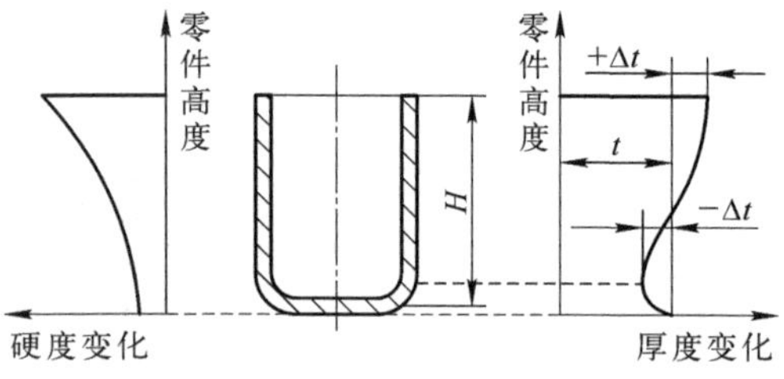

图1-5-4　拉深件壁厚和硬度的变化趋势

合理地确定圆筒形件拉深毛坯尺寸、变形程度及多次拉深时的工序尺寸是拉深成形的关键。

2. 毛坯尺寸

确定圆筒形件拉深毛坯尺寸,应遵循以下原则:

(1) 忽略拉深后拉深件材料厚度的微小变化,按毛坯面积与拉深件面积相等原则,确定拉深毛坯尺寸。

(2) 按材料厚度中心线位置,确定计算尺寸,计算拉深件的面积。

(3) 材料各向异性及拉深时材料流动条件的差异,将造成拉深件口部不平齐、凸缘不规则,在计算毛坯尺寸时,必须计入拉深件的修边余量。

无凸缘圆筒形件的修边余量见表1-5-1。带凸缘圆筒形件的修边余量见表1-5-2。圆筒形和常见旋转体拉深件的毛坯尺寸计算公式见表1-5-3。

表 1-5-1　无凸缘圆筒形拉深件的修边余量 δ　(mm)

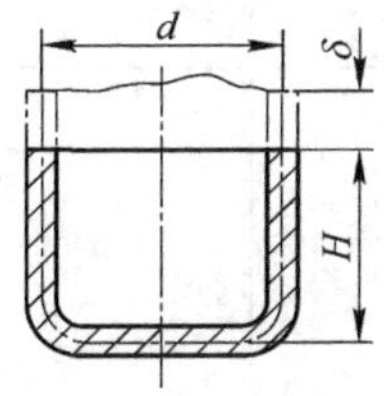

拉深件高度	拉深件的相对高度 H/d			
	0.5～0.8	>0.8～1.6	>1.6～2.5	>2.5～4
≤10	1	1.2	1.5	2
>10～20	1.2	1.6	2	2.5
>20～50	2	2.5	3.3	4
>50～100	3	3.8	5	6
>100～150	4	5	6.5	8
>150～200	5	6.3	8	10
>200～250	6	7.5	9	11
>250～300	7	8.5	10	12

表 1-5-2　带凸缘圆筒形拉深件的修边余量 δ　(mm)

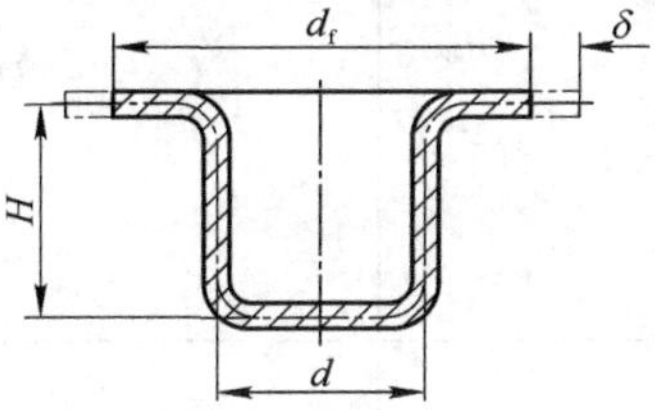

凸缘尺寸 d_f	相对凸缘尺寸 d_f/d			
	≤1.5	>1.5～2	>2～2.5	>2.5～3
≤25	1.6	1.4	1.2	1
>25～50	2.5	2	1.8	1.6
>50～100	3.5	3	2.5	2.2
>100～150	4.3	3.6	3	2.5
>150～200	5	4.2	3.5	2.7
>200～250	5.5	4.6	3.8	2.8
>250～300	6	5	4	3

表 1-5-3　圆筒形和常见旋转体拉深件的毛坯尺寸计算公式

简　图	计　算　公　式
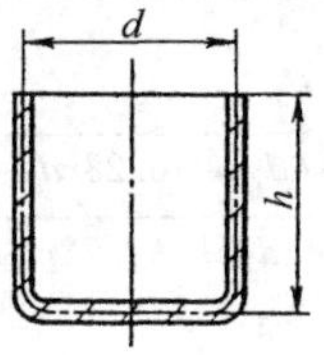	$D=\sqrt{d^2+4dh}$

（续表）

简　图	计　算　公　式
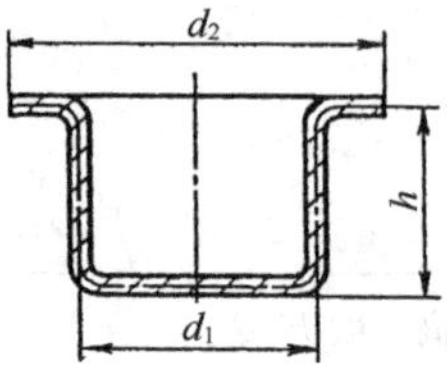	$D=\sqrt{d_2^2+4d_1h}$
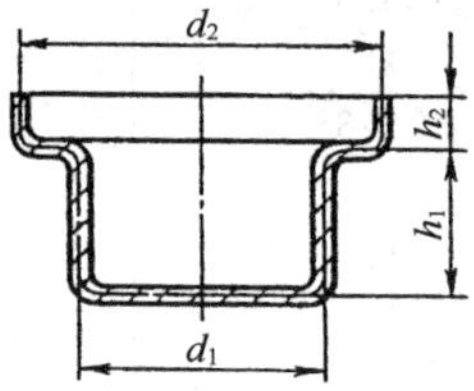	$D=\sqrt{d_2^2+4(d_1h_1+d_2h_2)}$
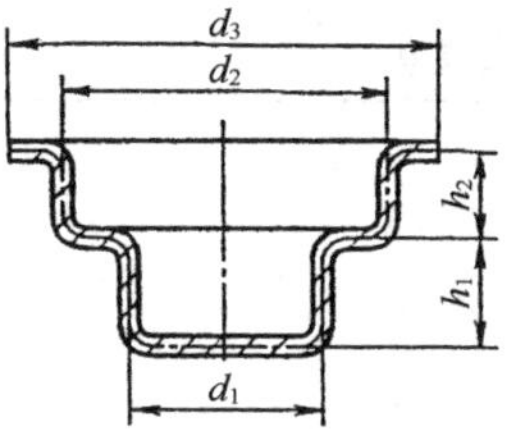	$D=\sqrt{d_3^2+4(d_1h_1+d_2h_2)}$
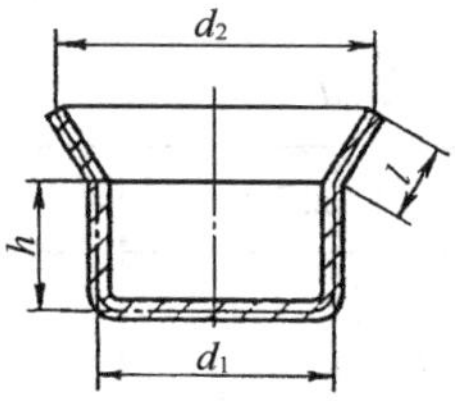	$D=\sqrt{d_1^2+4d_1h+2l(d_1+d_2)}$
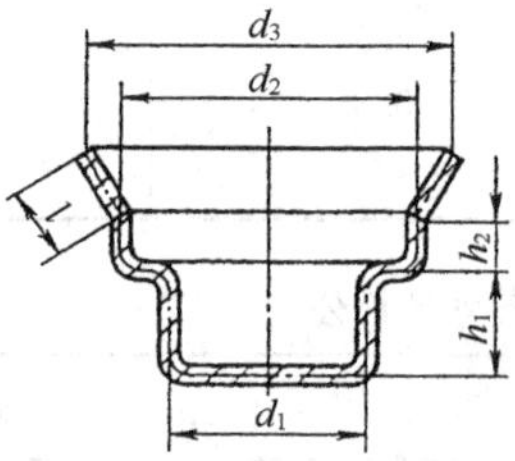	$D=\sqrt{d_2^2+4(d_1h_1+d_2h_2)+2l(d_2+d_3)}$
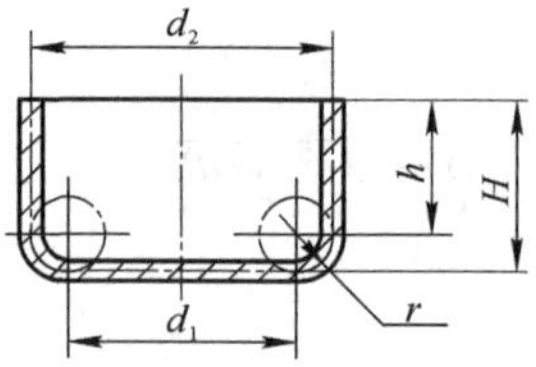	$D=\sqrt{d_1^2+4d_2h+6.28rd_1+8r^2}$ 或　$D=\sqrt{d_2^2+4d_2H-1.72rd_2-0.56r^2}$

（续表）

简 图	计 算 公 式
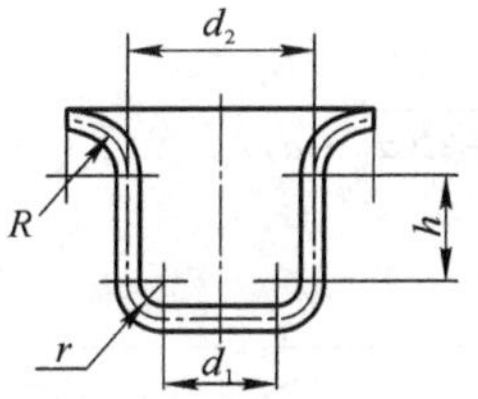	$D=\sqrt{d_1^2+6.28rd_1+8r^2+4d_2h+6.28Rd_2+4.56R^2}$ 当$R=r$时， $D=\sqrt{d_1^2+4d_2h+2\pi r(d_1+d_2)+4\pi r^2}$
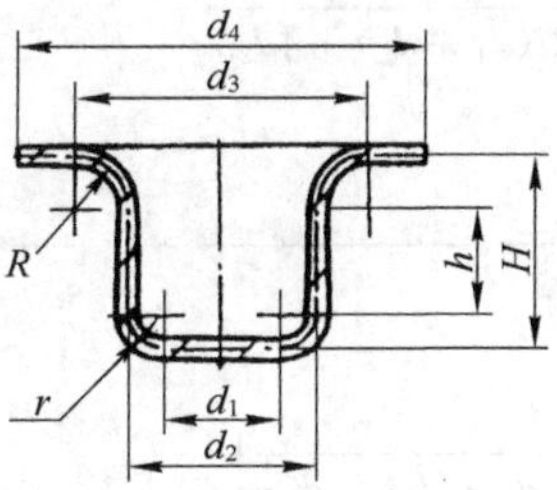	$D=\sqrt{d_1^2+6.28rd_1+8r^2+4d_2h+6.28Rd_2+4.56R^2+d_4^2-d_3^2}$ 当$R=r$时， $D=\sqrt{d_1^2+4d_2h+2\pi r(d_1+d_2)+4\pi r^2+d_4^2-d_3^2}$ 或 $D=\sqrt{d_4^2+4d_2H-3.44rd_2}$
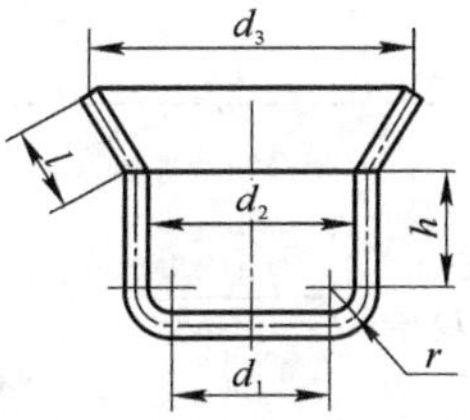	$D=\sqrt{d_1^2+2\pi rd_1+8r^2+4d_2h+2l(d_2+d_3)}$
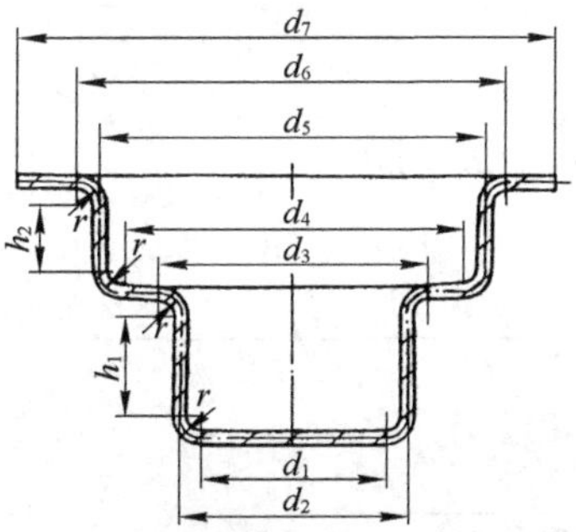	$D=\sqrt{d_1^2+2\pi r(d_1+d_2+d_4+d_5)+4(d_2h_1+d_5h_2)+8\pi r^2+d_4^2-d_3^2+d_7^2-d_6^2}$
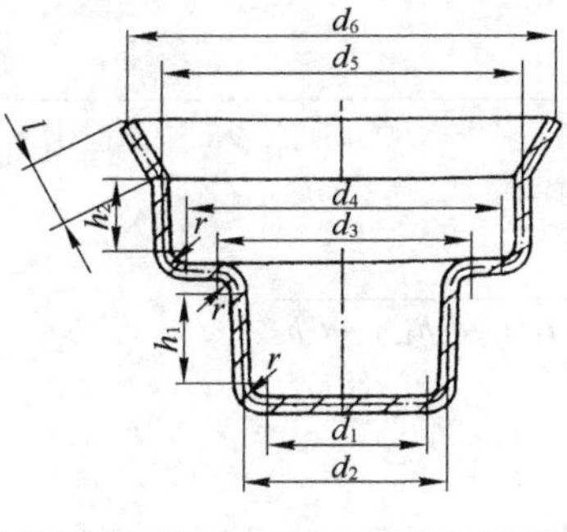	$D=\sqrt{d_1^2+2\pi r(d_1+d_2+d_4)+4(d_2h_1+d_5h_2)+(4\pi+8)r^2+2l(d_5+d_6)+d_4^2-d_3^2}$

（续表）

简　　图	计　算　公　式
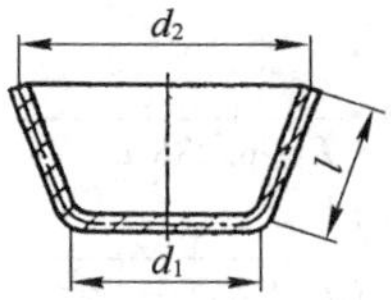	$D=\sqrt{d_1^2+2l(d_1+d_2)}$
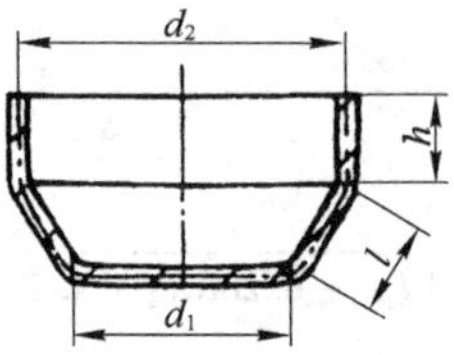	$D=\sqrt{d_1^2+2l(d_1+d_2)+4d_2h}$
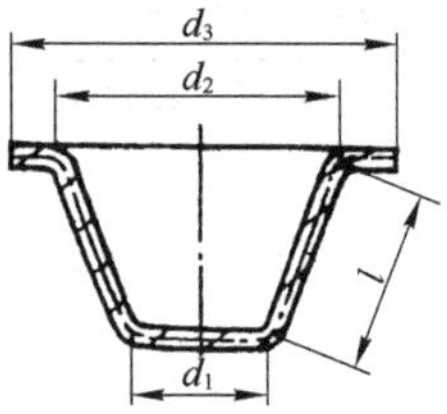	$D=\sqrt{d_1^2+2l(d_1+d_2)+d_3^2-d_2^2}$
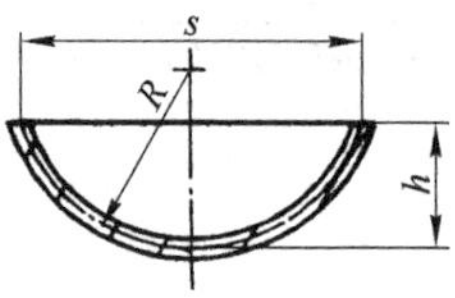	$D=\sqrt{8Rh}$ 或 $D=\sqrt{s^2+4h^2}$
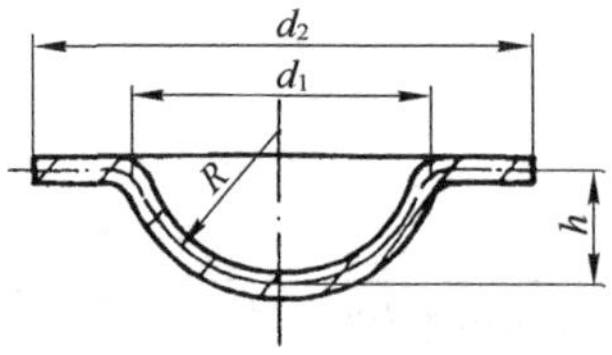	$D=\sqrt{d_2^2+4h^2}$
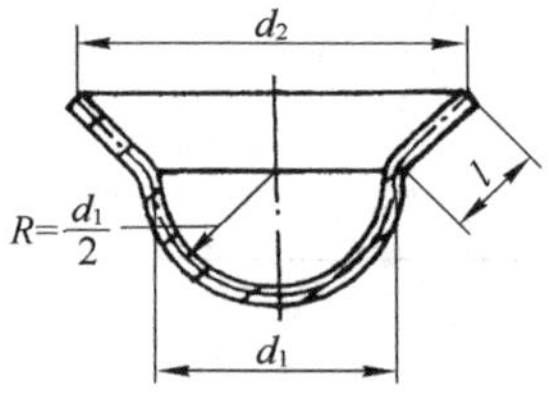	$D=1.414\sqrt{d_1^2+l(d_1+d_2)}$
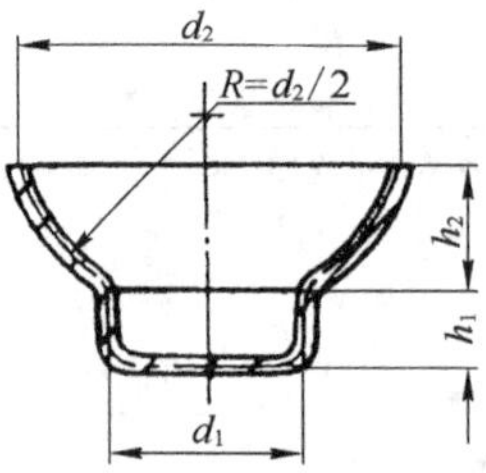	$D=\sqrt{d_1^2+4d_1h_1+4d_2h_2}$

复杂形状的旋转体,可以分解成若干单元图形。毛坯的直径按下式计算:

$$D=\sqrt{\Sigma\left(\frac{4}{\pi}f\right)}$$

式中　f——单元图形的表面积;

D——毛坯直径。

各种单元图形的 $\frac{4}{\pi}f$ 计算公式见表 1-5-4。

复杂形状旋转体的表面积也可以按形心法确定,即任何形状的母线,绕同一平面内轴线旋转所形成的旋转体,其表面积等于母线长度与母线形心轨迹的乘积:

$$\frac{\pi D^2}{4}=2\pi Lx$$

$$D=\sqrt{8Lx}$$

式中　D——毛坯直径;

L——旋转体母线长度;

x——旋转体母线形心至旋转轴的距离。

表 1-5-4　各种单元图形的 $\frac{4}{\pi}f$ 计算公式

表面形状	简　　图	$\frac{4}{\pi}f$
圆　形	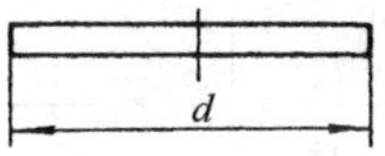	d^2
环　形	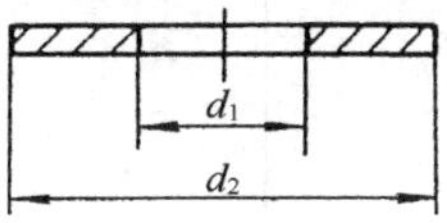	$d_2^2-d_1^2$
圆筒形	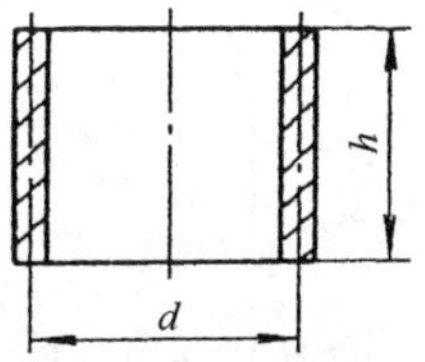	$4dh$
斜切筒形	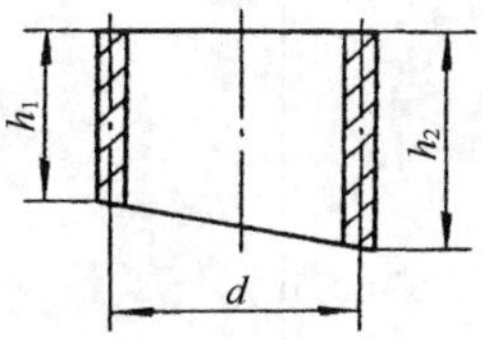	$2d(h_1+h_2)$
圆锥形	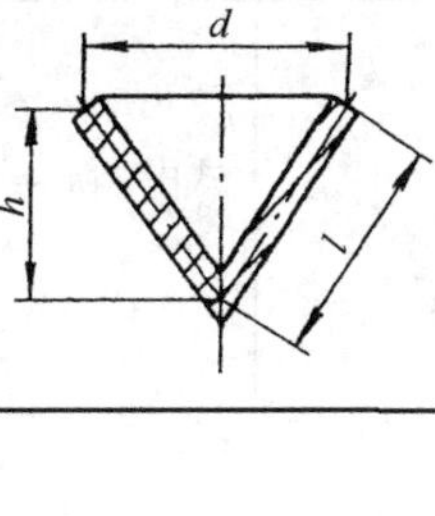	$2dl$ 式中　$l=\sqrt{h^2+\frac{d^2}{4}}$

（续表）

表面形状	简　　图	$\frac{4}{\pi}f$
截头锥形	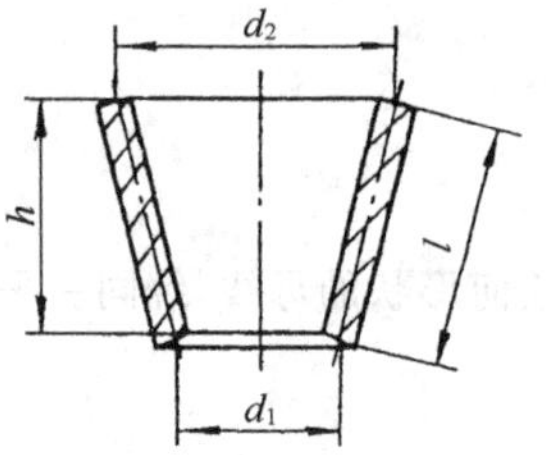	$2(d_1+d_2)l$ 式中　$l=\sqrt{h^2+\frac{(d_2-d_1)^2}{4}}$
半球面	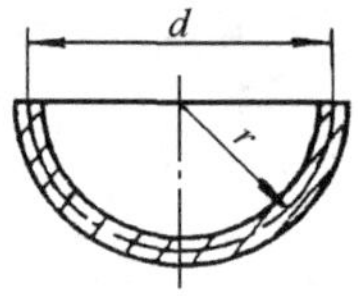	$2d^2$
球　缺	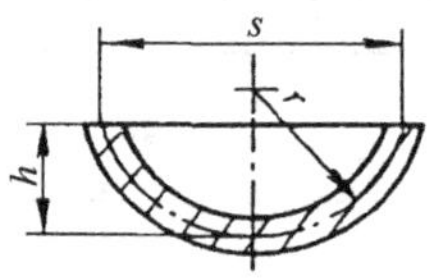	$8rh$　或　s^2+4h^2
球　带	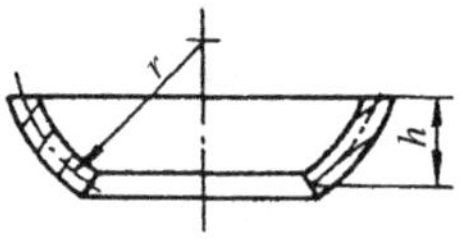	$8rh$
四分之一的凸形球环	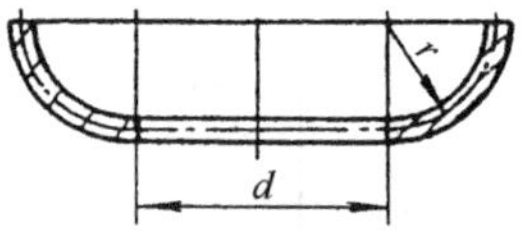	$2\pi dr+8r^2$
四分之一的凹形球环	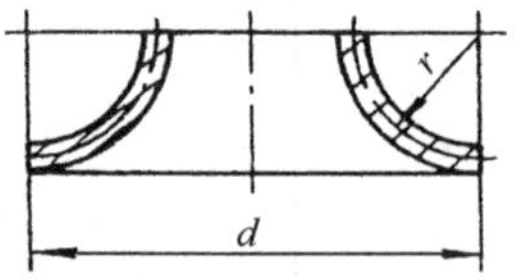	$2\pi dr-8r^2$
凸形球环	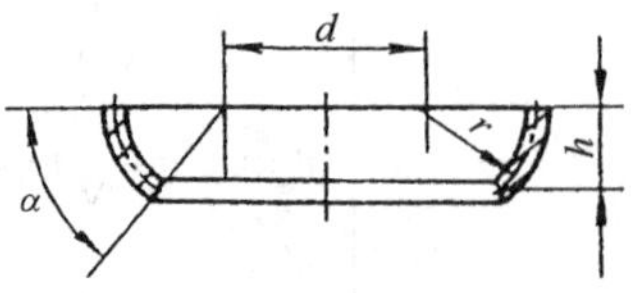	$4dl+8rh$ 式中　$h=r\sin\alpha$ $l=\frac{\pi r\alpha}{180}$

（续表）

表面形状	简图	$\frac{4}{\pi}f$
凸形球环	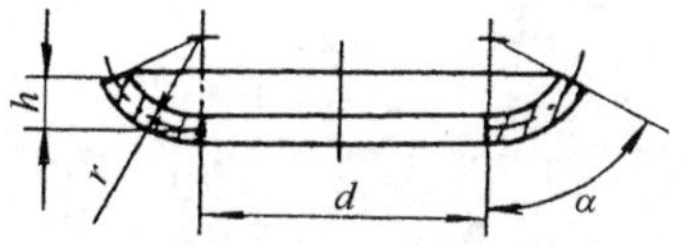	$4dl+8rh$ 式中 $h=r(1-\cos\alpha)$ $l=\frac{\pi r\alpha}{180}$
	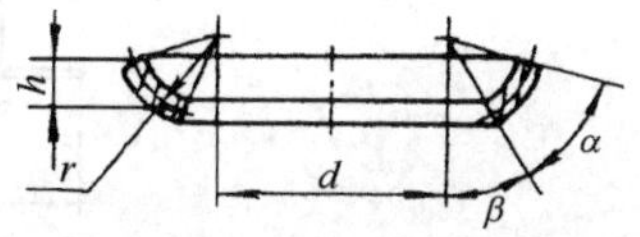	$4dl+8rh$ 式中 $h=r\cos\beta-r\cos(\alpha+\beta)$ $l=\frac{\pi r\alpha}{180}$
凹形球环	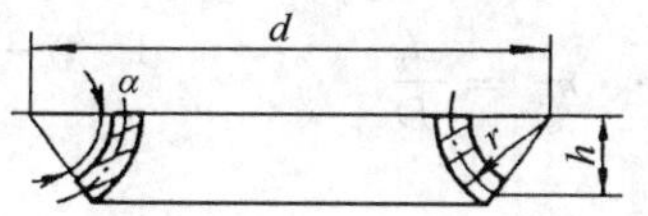	$4dl-8rh$ 式中 $h=r\sin\alpha$ $l=\frac{\pi r\alpha}{180}$
	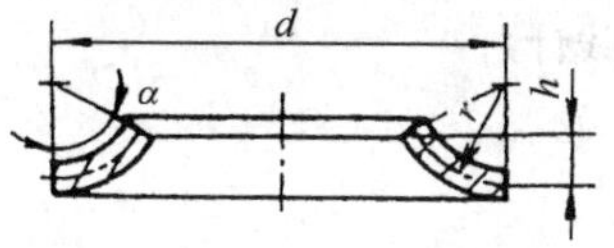	$4dl-8rh$ 式中 $h=r(1-\cos\alpha)$ $l=\frac{\pi r\alpha}{180}$
	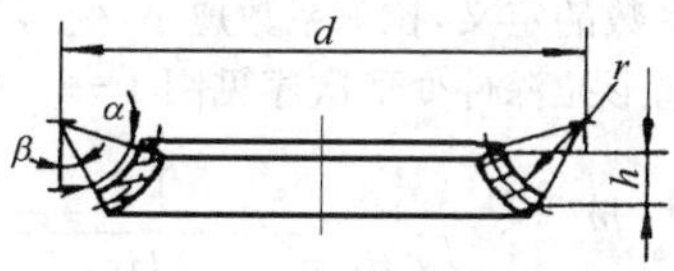	$4dl-8rh$ 式中 $h=r\cos\beta-r\cos(\alpha+\beta)$ $l=\frac{\pi r\alpha}{180}$
半圆球环	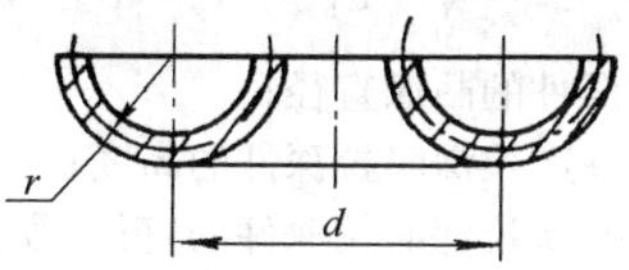	$4\pi dr$
截头圆弧锥面	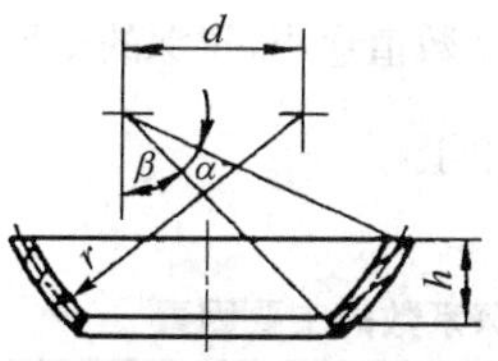	$8rh-4dl$ 式中 $h=r\cos\beta-r\cos(\alpha+\beta)$ $l=\frac{\pi r\alpha}{180}$
旋转抛物面	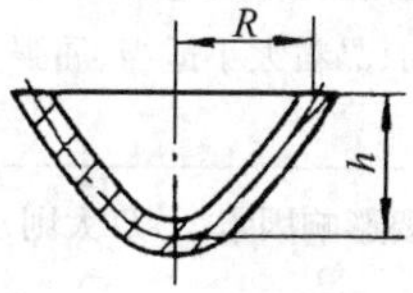	$\frac{8}{3P}\left[\sqrt{(R^2+P^2)^3}-P^3\right]$ 式中 $P=\frac{R^2}{2h}$
截头旋转抛物面	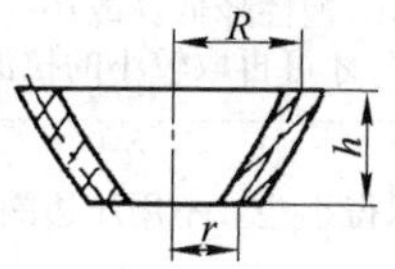	$\frac{8}{3P}\left[\sqrt{(R^2+P^2)^3}-\sqrt{(r^2+P^2)^3}\right]$ 式中 $P=\frac{R^2-r^2}{2h}$

3. 变形程度

圆筒形拉深件的变形程度用拉深系数表示。无凸缘圆筒形拉深件变形次序见图 1-5-5,各次的拉深系数表示为

$$m_1=\frac{d_1}{D}$$

$$m_2=\frac{d_2}{d_1}$$

$$m_3=\frac{d_3}{d_2}$$

$$\vdots$$

$$m_n=\frac{d_n}{d_{n-1}}$$

$$m_{总}=m_1\cdot m_2\cdot m_3\cdot\cdots\cdot m_n=\frac{d_n}{D}$$

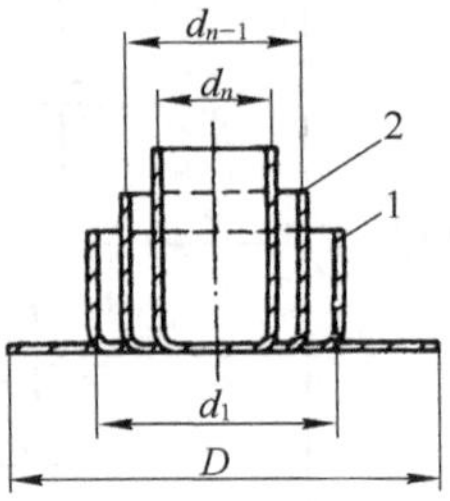

图 1-5-5　无凸缘圆筒形件拉深次序

1—第一次拉深;2—第二次拉深

式中　D——毛坯直径;

d_1——第一次拉深时拉深件的直径(按料厚中心线计);

d_n——第 n 次拉深时拉深件的直径(按料厚中心线计);

m_1——第一次拉深时的拉深系数;

m_n——第 n 次拉深时的拉深系数;

$m_{总}$——总的变形程度。

按照拉深系数的定义,拉深系数愈小,变形程度愈大。

带凸缘圆筒形拉深件变形次序见图 1-5-6,首次拉深系数表示为

$$m_1=\frac{1}{\sqrt{\left(\frac{d_f}{d_1}\right)^2+4\frac{H_1}{d_1}-3.44\frac{r_1}{d_1}}}$$

式中　d_f——拉深件的凸缘直径;

H_1——第一次拉深时拉深件的高度;

d_1——第一次拉深时拉深件的直径(按料厚中心线计);

r_1——第一次拉深时拉深件凸缘和底部的圆角半径(按料厚中心线计)。

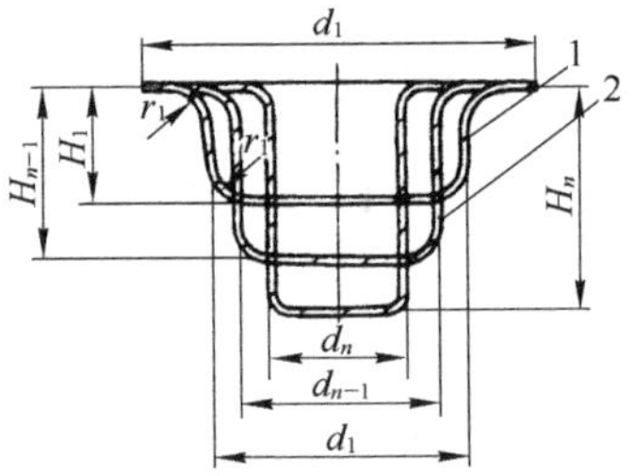

图 1-5-6　带凸缘圆筒形件拉深次序

1—第一次拉深;2—第二次拉深

由此可见,相对直径 $\frac{d_f}{d_1}$ 和相对高度 $\frac{H_1}{d_1}$ 愈大,拉深系数值愈小,拉深的变形程度愈大。带凸缘圆筒形拉深件以后各次的拉深系数表达式与无凸缘圆筒形件拉深时相同。

影响变形程度、拉深系数的因素较多,见表 1-5-5。

表 1-5-5　影响拉深系数的主要因素

因　　素	对 拉 深 系 数 m 的 影 响
材料的内部组织及力学性能	一般来说,板料塑性好、组织均匀、晶粒大小适当、屈强比小、塑性应变比 γ 值大时,板材拉深性能好,可以采用较小的 m 值
材料的相对厚度 $\frac{t}{D}$	材料相对厚度是 m 值的一个重要影响因素。t/D 大则 m 可小;反之,m 要大,因愈薄的材料拉深时,愈易失去稳定而起皱
中间退火	在拉深之后,材料将产生冷作硬化,塑性降低。故第一次拉深,m 值最小,以后各次依次增加。只有当工序间增加了退火工序,才可再取较小的拉深系数
拉深方式 (用或不用压边圈)	有压边圈时,因不易起皱,m 可取得小些。不用压边圈时,m 要取大些

（续表）

因 素	对 拉 深 系 数 m 的 影 响
凹模和凸模圆角半径	凹模圆角半径较大，则 m 可小，因拉深时圆角处弯曲力小，且金属容易流动，摩擦阻力小。但太大时，毛坯在压边圈下的压边面积减小，容易起皱 凸模圆角半径较大，则 m 可小，而过小时，易使危险断面变薄严重，导致破裂
润滑条件及模具状况	模具表面光滑，间隙正常，润滑良好，均可改善金属流动条件，有助于拉深系数的减小
拉深速度	一般情况下，拉深速度对拉深系数影响不大。但对于复杂大型拉深件，由于变形复杂且不均匀，若拉深速度过高，就会使局部变形加剧，不易向邻近部位扩展，导致破裂。另外，对速度敏感的金属（如钛合金、不锈钢、耐热钢），拉深速度大时，拉深系数应适当加大

注：塑性应变比 γ 又称板厚方向性系数。

无凸缘圆筒形拉深件不用压边圈时拉深系数和总拉深系数分别见表 1-5-6 和表 1-5-7。无凸缘圆筒形拉深件采用压边圈时的拉深系数和总拉深系数分别见表 1-5-8 和表 1-5-9。

表 1-5-6 无凸缘圆筒形拉深件不用压边圈时的拉深系数

各次拉深系数	毛坯相对厚度 $\frac{t}{D}\times100$				
	1.5	2.0	2.5	3.0	>3
m_1	0.65	0.60	0.55	0.53	0.50
m_2	0.80	0.75	0.75	0.75	0.70
m_3	0.84	0.80	0.80	0.80	0.75
m_4	0.87	0.84	0.84	0.84	0.78
m_5	0.90	0.87	0.87	0.87	0.82
m_6		0.90	0.90	0.90	0.85

注：数值适用于 08、10 钢。

表 1-5-7 无凸缘圆筒形拉深件不用压边圈时总拉深系数 $m_{总}$

总拉深次数	毛坯相对厚度 $\frac{t}{D}\times100$				
	1.5	2.0	2.5	3.0	>3
1	0.65	0.60	0.55	0.53	0.50
2	0.52	0.45	0.41	0.40	0.35
3	0.44	0.36	0.33	0.32	0.26
4	0.38	0.30	0.28	0.27	0.20
5	0.34	0.26	0.24	0.23	0.17
6		0.24	0.22	0.21	0.14

注：数值适用于 08、10 钢。

表 1-5-8 无凸缘圆筒形拉深件用压边圈时的拉深系数

各次拉深系数	毛坯相对厚度 $\frac{t}{D}\times100$				
	2～1.5	1.5～1	1～0.5	0.5～0.2	0.2～0.06
m_1	0.46～0.50	0.50～0.53	0.53～0.56	0.56～0.58	0.58～0.60
m_2	0.70～0.72	0.72～0.74	0.74～0.76	0.76～0.78	0.78～0.80
m_3	0.72～0.74	0.74～0.76	0.76～0.78	0.78～0.80	0.80～0.82
m_4	0.74～0.76	0.76～0.78	0.78～0.80	0.80～0.82	0.82～0.84
m_5	0.76～0.78	0.78～0.80	0.80～0.82	0.82～0.84	0.84～0.86

注：1. 凹模圆角半径 $R_{凹}=(8\sim15)t$ 时，拉深系数取较小值；$R_{凹}=(4\sim7)t$ 时拉深系数取较大值。
2. 数值适用于 08、10 钢。

表 1-5-9 无凸缘圆筒形拉深件用压边圈时总拉深系数 $m_{总}$

总拉深次数	毛坯相对厚度 $\frac{t}{D}\times 100$				
	2～1.5	1.5～1	1～0.5	0.5～0.2	0.2～0.06
1	0.46～0.50	0.50～0.53	0.53～0.56	0.56～0.58	0.58～0.60
2	0.32～0.36	0.36～0.39	0.39～0.43	0.43～0.45	0.45～0.48
3	0.23～0.27	0.27～0.30	0.30～0.33	0.33～0.36	0.36～0.39
4	0.17～0.20	0.20～0.23	0.23～0.27	0.27～0.30	0.30～0.33
5	0.13～0.16	0.16～0.19	0.19～0.22	0.22～0.25	0.25～0.28

注：1. $R_{凹}=(8\sim15)t$ 时取较小值，$R_{凹}=(4\sim7)t$ 时取较大值。
2. 数值适用于 08、10 钢。

其他金属材料的拉深系数见表 1-5-10。

表 1-5-10 其他常用材料的拉深系数

材料名称	牌号	首次拉深 m_1	以后各次拉深 m_n
铝及铝合金	8A06-O、1035-O、3A21-O	0.52～0.55	0.70～0.75
	2A12-O、2A11-O	0.56～0.58	0.75～0.80
铜	T2、T3、T4	0.50～0.55	0.72～0.80
黄铜	H62	0.52～0.54	0.70～0.72
	H68	0.50～0.52	0.68～0.72
镍及镍合金	N6、N7、NSi0.19、NMg0.1	0.48～0.53	0.70～0.75
膨胀合金	4J29	0.65～0.67	0.85～0.90
不锈钢	1Cr18Ni9Ti	0.52～0.55	0.78～0.81

注：1. $R_{凹}\leqslant 6t$ 时，拉深系数取较大值；$R_{凹}=(7\sim8)t$ 时，拉深系数取较小值。
2. $(t/D)\times100\leqslant0.6$ 时，拉深系数取较大值；$(t/D)\times100>0.6$ 时，拉深系数取较小值。
3. 材料为退火状态。

带凸缘的圆筒形拉深件通常采用第一次拉深的最大相对高度 H_1/d_1 和第一次拉深系数 m_1 来控制首次变形程度，其值分别见表 1-5-11 和表 1-5-12。

表 1-5-11 带凸缘圆筒形件第一次拉深的最大相对高度 H_1/d_1

凸缘相对直径 d_f/d_1	毛坯相对厚度 $\frac{t}{D}\times 100$				
	2～1.5	<1.5～1.0	<1.0～0.6	<0.6～0.3	<0.3～0.15
≤1.1	0.90～0.75	0.82～0.65	0.70～0.57	0.62～0.50	0.52～0.45
1.3	0.80～0.65	0.72～0.56	0.60～0.50	0.53～0.45	0.47～0.40
1.5	0.70～0.58	0.63～0.50	0.53～0.45	0.48～0.40	0.42～0.35
1.8	0.58～0.48	0.53～0.42	0.44～0.37	0.39～0.34	0.35～0.29
2.0	0.51～0.42	0.46～0.36	0.38～0.32	0.34～0.29	0.30～0.25
2.2	0.45～0.35	0.40～0.31	0.33～0.27	0.29～0.25	0.26～0.22
2.5	0.35～0.28	0.32～0.25	0.27～0.22	0.23～0.20	0.21～0.17
2.8	0.27～0.22	0.24～0.19	0.21～0.17	0.18～0.15	0.16～0.13
3.0	0.22～0.18	0.20～0.16	0.17～0.14	0.15～0.12	0.13～0.10

注：1. 数值适用于 10 钢。对于拉深性能更好的材料，取表中较大的数值，反之取较小的数值。
2. 底部及凸缘的圆角半径较小时[(4～8)t]取表中小值，较大时取大值。

表 1-5-12　带凸缘圆筒形件第一次拉深的拉深系数 m_1

凸缘相对直径 d_f/d_1	毛坯相对厚度 $\frac{t}{D}\times100$				
	2～1.5	<1.5～1.0	<1.0～0.6	<0.6～0.3	<0.3～0.15
≤1.1	0.51	0.53	0.55	0.57	0.59
1.3	0.49	0.51	0.53	0.54	0.55
1.5	0.47	0.49	0.50	0.51	0.52
1.8	0.45	0.46	0.47	0.48	0.48
2.0	0.42	0.43	0.44	0.45	0.45
2.2	0.40	0.41	0.42	0.42	0.42
2.5	0.37	0.38	0.38	0.38	0.38
2.8	0.33	0.34	0.34	0.35	0.35
3.0	0.32	0.33	0.33	0.33	0.33

注：数值适用于 10 钢。

(二) 无凸缘圆筒形件拉深

无凸缘圆筒形件拉深工序尺寸计算见表 1-5-13。

表 1-5-13　无凸缘圆筒形件拉深工序尺寸计算

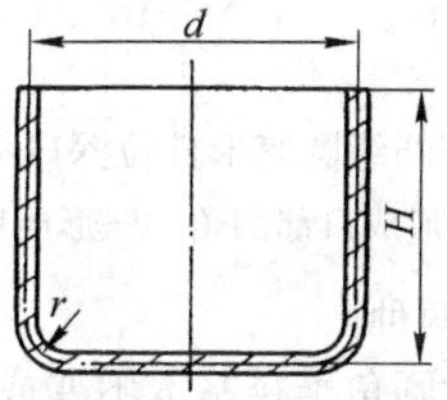

计算项目		计算公式	说明
计算毛坯直径		计算公式见表 1-5-3	应增加修边余量，见表 1-5-1
计算毛坯相对厚度		毛坯相对厚度 $=\frac{t}{D}\times100$	
核算总的变形程度		$m_{总}=\frac{d}{D}$	
确定拉深次数	一次拉深成形	$m_{总}>m_1$	(1) $m_{平}$ 为 m_2，m_3，…，m_n 的平均值 (2) 拉深次数 n 应为整数
	多次拉深成形	$m_{总}<m_1$ $n=1+\frac{\lg d_n-\lg(m_1D)}{\lg m_{平}}$	
确定各次拉深直径		$d_1=m_1D$ $d_2=m_2d_1$ ⋮ $d_n=m_nd_{n-1}$	考虑到材料的加工硬化，应使 $m_1<m_2<m_3<\cdots<m_n$
确定凸模圆角半径		$r_{凸}=(0.6\sim1)R_{凹}$	应使半成品底部圆角半径逐次减小，直至符合拉深件要求
计算半成品高度		$H_1=0.25\left(\frac{D^2}{d_1}-d_1\right)+0.43\frac{r_1}{d_1}(d_1+0.32r_1)$ $H_n=0.25\left(\frac{D^2}{d_n}-d_n\right)+0.43\frac{r_n}{d_n}(d_n+0.32r_n)$	

注：D—毛坯直径；d_1，d_2，…，d_n—各次拉深件的直径，按中径计算；r_1，r_2，…，r_n—各次拉深件的底部圆角半径，按中径计算；m_1，m_2，…，m_n—各次拉深系数，见表 1-5-6 和表 1-5-8；H_1，H_2，…，H_n—各次拉深件高度；$r_{凸}$—凸模圆角半径；$R_{凹}$—凹模圆角半径，见表 1-5-44。

（三）带凸缘圆筒形件拉深

带凸缘圆筒形件按其相对凸缘直径的大小，可以分为窄凸缘圆筒形件（$d_f/d \leqslant 1.1 \sim 1.4$）和宽凸缘圆筒形件（$d_f/d > 1.4$）。由于相对凸缘直径不同，其成形方法也不同。

窄凸缘圆筒形件的凸缘是通过校平拉深件口部形状获得，在窄凸缘圆筒形件拉深成形过程中，在前几次拉深时不留凸缘，而在以后的拉深中形成口部圆角和锥形的口部过渡形状，以便最后校平形成凸缘。因此，其拉深工序尺寸计算方式与无凸缘圆筒形件基本相同。窄凸缘圆筒形件拉深口部形状过渡方式见图 1-5-7。

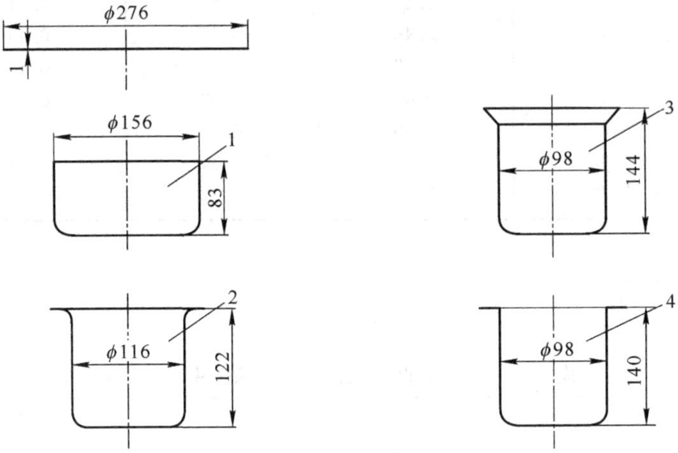

图 1-5-7　窄凸缘圆筒形件拉深口部形状过渡方式

1—拉深成圆筒形件；2—形成口部圆角；3—形成口部锥面；4—校平成凸缘

宽凸缘圆筒形件拉深主要的成形方式有两种：

在形成凸缘直径后的各次拉深中，拉深件圆角半径基本不变或逐次减小，通过缩小圆筒部分直径，使拉深件的凸缘宽度增大，零件高度增加，见图 1-5-8a。该方式主要适用于材料较薄、拉深深度明显大于其直径的零件。

在形成凸缘直径后，通过减小拉深件圆角半径和筒部直径逐步形成凸缘尺寸，拉深件高度基本不变，见图 1-5-8b。该方式主要适用于材料较厚、拉深件深度和直径相近的零件。

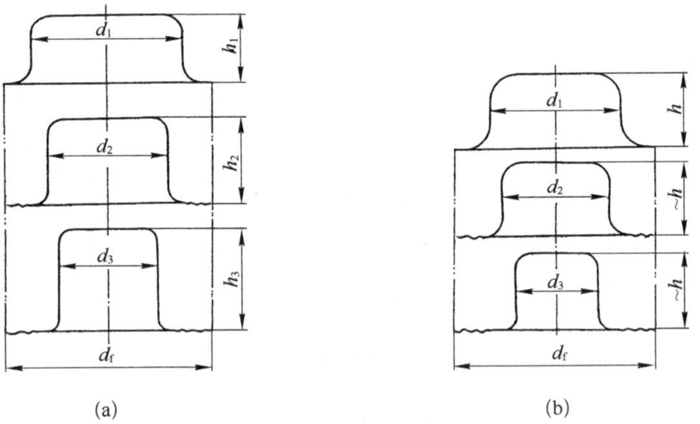

图 1-5-8　宽凸缘圆筒形件拉深成形方式

(a) 拉深件高度逐次增大；(b) 拉深件高度基本不变

宽凸缘圆筒形件拉深的基本原则是：在第一次拉深变形量许可的情况下，力求第一次就拉深到所要求的凸缘直径，以后各次拉深中凸缘直径不变，而由缩小筒部直径来增大凸缘宽度；为保证凸缘直径不变，在形成所要求的凸缘直径的同时，应使进入凹模的材料比零件最后拉深部分的材料多 5%～10%（按面积计算），这些多余的材料在以后各次拉深中逐步过渡到不断增宽的凸缘中。拉深次数较多时，取上限 10%，拉深次数较少时可按下限取值。在以后的逐次拉深中，每次可将 1.5%～3.0%的材料留存在凸缘部分。

在宽凸缘圆筒形件拉深工序尺寸计算中，应正确计算确定各次拉深件的高度来体现以上原则。在生产过程中应严格控制凸模进入凹模的深度，确保凸缘直径在各次拉深过程中不变，避免拉深件壁部拉裂破坏。对于材料较薄的拉深件，严格限制拉深件高度尤为重要。

宽凸缘圆筒形件拉深工序尺寸计算见表 1-5-14。带凸缘圆筒形件拉深示例见表 1-5-15。

表 1-5-14　宽凸缘圆筒形件拉深工序尺寸计算

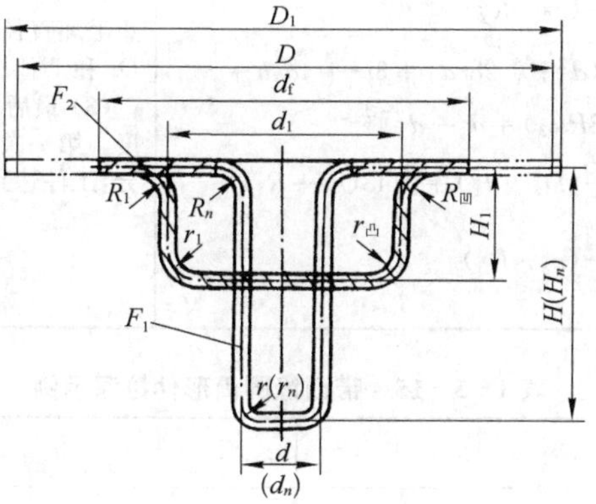

计算项目		计算公式	说明
初步确定毛坯直径		计算公式见表 1-5-3	应增加修边余量，见表 1-5-2
计算拉深相对高度		相对高度 $= H/d$	
确定一次或多次成形	一次拉深成形	$H/d < H_1/d_1$	带凸缘圆筒形件第一次拉深的最大相对高度 H_1/d_1 见表 1-5-11
	多次拉深成形	$H/d > H_1/d_1$	
选取 m，计算各次拉深直径，确定拉深次数		$d_1 = m_1 D$ $d_2 = m_2 d_1$ $d_3 = m_3 d_2$ $d_4 = m_4 d_3$	(1) 假设较小的 d_f/d 值，按表 1-5-12 选取 m_1 (2) 按表 1-5-8 选取 m_2，m_3，m_4，… (3) 对各次 m 值进行微量调整，使各次变形程度和拉深直径更合理 (4) 计算至最后一次拉深直径小于或等于工件要求尺寸为止
确定各次凸、凹模的圆角半径		$r_凸 = (0.6 \sim 1)R_凹$	应使半成品底部圆角半径逐次减小，直至符合拉深件的要求。$R_凹$的取值方法与无凸缘圆筒形件相同
计算实际毛坯直径和第一次拉深的高度		$D_1 = [(1.05 \sim 1.10)(d_1^2 + 6.28rd_1 + 8r^2 + 4d_2h + 6.28Rd_2) + d_4^2 - d_3^2]^{\frac{1}{2}}$ $H_1 = \frac{0.25}{d_1}(D_1^2 - d_f^2) + 0.43(r_1 + R_1) + \frac{0.14}{d_1}(r_1^2 - R_1^2)$	(1) 按最后拉深进入凹模的面积(F_1 部分)增加 x_1(取 5%～10%)，环形面积(F_2)不变，计算实际毛坯直径 (2) 薄料，多次拉深时 x 取较大值；反之 x 取较小值 (3) 毛坯计算公式见表 1-5-3。D_1 是实际需要备料的毛坯直径 (4) d_f 为第一次拉深要求达到，并在以后的拉深过程中不变的凸缘直径
校核第一次拉深的实际相对高度		$H_1/d_1 <$ 表 1-5-11 的数值	H_1/d_1 若大于表 1-5-11 的数值，则需重新确定 m_1

（续表）

计算项目	计　算　公　式	说　　明
计算假想毛坯直径，确定相应的拉深高度	$D_2=[x_2(d_1^2+6.28rd_1+8r^2+4d_2h+6.28Rd_2)+d_4^2-d_3^2]^{\frac{1}{2}}$ $H_2=\frac{0.25}{d_2}(D_2^2-d_1^2)+0.43(r_2+R_2)+\frac{0.14}{d_2}(r_2^2-R_2^2)$ $D_3=[x_3(d_1^2+6.28rd_1+8r^2+4d_2h+6.28Rd_2)+d_4^2-d_3^2]^{\frac{1}{2}}$ $H_3=\frac{0.25}{d_3}(D_3^2-d_1^2)+0.43(r_3+R_3)+\frac{0.14}{d_3}(r_3^2-R_3^2)$	(1) 第一次拉深进入凹模的面积增量，在第二次拉深及以后拉深时逐次留在凸缘中，确保 d_f 不变 (2) 应使 $x_2<x_1$ 及 $x_3<x_2$，计算出不同的假想毛坯直径，并相应计算 H_2、H_3。类推可以计算 D_4 和 H_4 (3) 最后一次拉深高度不必计算，即为工件的高度。第一次进入凹模的多余材料全部留在凸缘部分，工件达到成形要求高度

表 1-5-15　带凸缘圆筒形件拉深示例

拉　深　工　序　简　图	说　　明
示例一 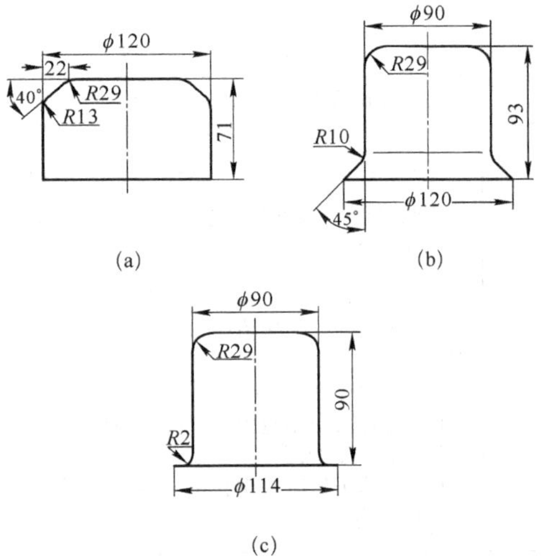	(1) 带小凸缘的拉深件，$\frac{d_f}{d}=\frac{114}{90}<1.4$，凸缘采用校平拉深件口部形状获得 (2) 材料为 $t=1$ mm 的拉深钢板，毛坯直径为 200 mm。工序 a 为落料拉深，$m_1=0.6$，凸、凹模单边间隙 $\frac{z}{2}=1.1t$，凹模圆角半径 $R_1=4$ mm (3) 工序 b 为第二次拉深，$m_2=0.75$，$\frac{z}{2}=1.1t$，并形成口部形状 (4) 工序 c 为整形，形成所需的凸缘形状，凸缘直径尺寸要求较高时可增加修边工序。在整形过程中，已成形的圆筒直径不变
示例二 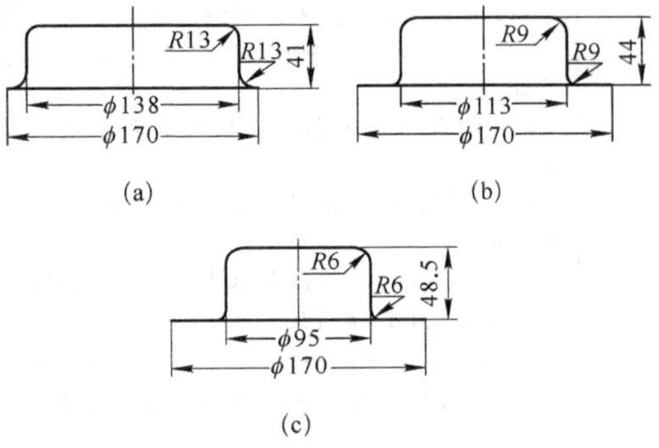	(1) 带大凸缘的拉深件，$\frac{d_f}{d}=\frac{170}{95}>1.4$，在拉深过程中，凸缘直径尺寸不变，逐步增大凸缘的宽度，最终达到零件要求 (2) 材料为 $t=1$ mm 的钢板，毛坯直径为 213 mm。工序 a 为第一次拉深，$m_1=0.65$，圆角半径 $R=13$ mm，一次形成所需的凸缘尺寸 $\phi170$ (3) 工序 b 为第二次拉深，$m_2=0.82$，$\phi170$ 不变，筒部直径缩小，筒壁增高，圆角半径过渡为 $R=9$ mm (4) 工序 c 为第三次拉深，$m_3=0.84$，筒部直径和圆角半径进一步缩小，筒壁增高，$\phi170$ 仍保持不变 (5) 凸缘尺寸要求较高、凸缘与筒部过渡半径较小时，可增加整形、修边等工序

（四）阶梯形件拉深

阶梯圆筒形件拉深与圆筒形件拉深有相似之处。根据阶梯大小的不同，拉深成形的方式亦不同。

当相邻阶梯小直径与大直径之比（拉深系数）在圆筒形件拉深变形程度许可范围内（即大于相应圆筒形件的极限拉深系数）时，可以从大的阶梯直径到小阶梯直径依次拉深成形，每拉深一次，形成一个阶梯，见图1-5-9。

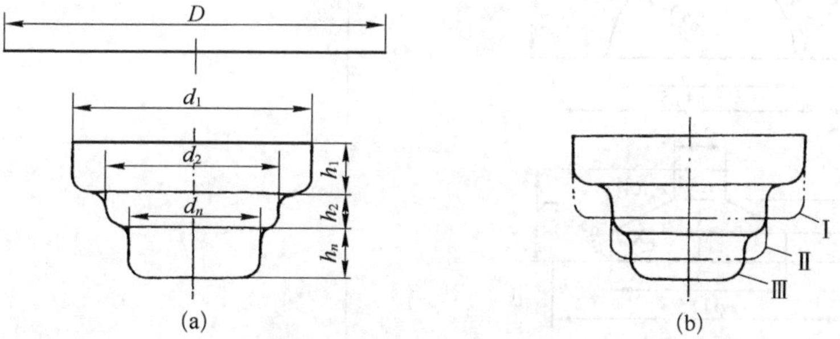

图1-5-9　阶梯形件拉深

(a) 尺寸参数　$\frac{d_2}{d_1} > m_{极限}$　$\frac{d_n}{d_2} > m_{极限}$；

(b) Ⅰ—形成最大阶梯直径　Ⅱ—形成中间阶梯　Ⅲ—形成最小阶梯

当相邻阶梯小直径与大直径之比较小，即变形程度过大时，则可以多次变形，逐步缩小阶梯小端直径，最终达到其直径和高度要求。

对于浅阶梯零件，阶梯直径差别大，不能一次成形时，可以先成形球面形状或大圆角的圆筒形件，然后再成形零件形状。阶梯形件拉深示例见表1-5-16。

表1-5-16　阶梯形件拉深示例

拉深工序简图	说明
示例一 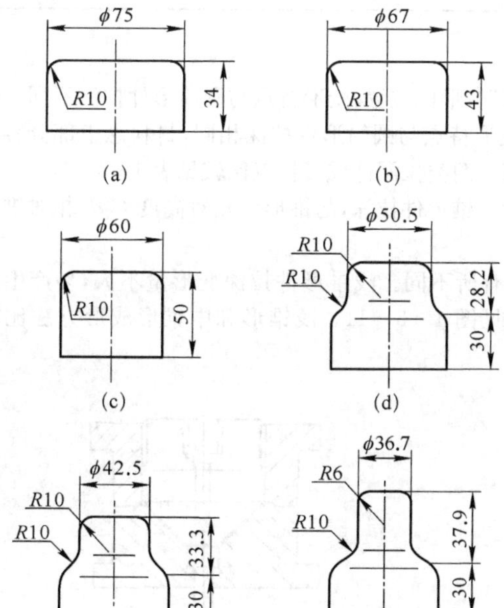	(1) 在圆筒形件拉深的基础上逐步形成所需的阶梯形状 (2) 工序 a、b、c 分别为第一、二、三次圆筒形件拉深，$m_1 = 0.6$，$m_2 = 0.89$，$m_3 = 0.90$，$R_1 = R_2 = R_3 = 10$ mm，凸、凹模单边间隙 $\frac{z}{2}$ 均取 1.05t (3) 工序 d 开始成形阶梯，$m_4 = 0.84$，$\frac{z}{2} = 1.05t$。在拉深阶梯形状时，圆筒口部直径 60 mm 不变 (4) 工序 e 进一步缩小底部阶梯径向尺寸，高度尺寸相应增大，$m_5 = 0.84$。此时圆筒口部直径 60 mm 和高度 30 mm 不变 (5) 工序 f 进一步成形底部形状至所需尺寸，$m_6 = 0.86$

（续表）

拉深工序简图	说明
示例二 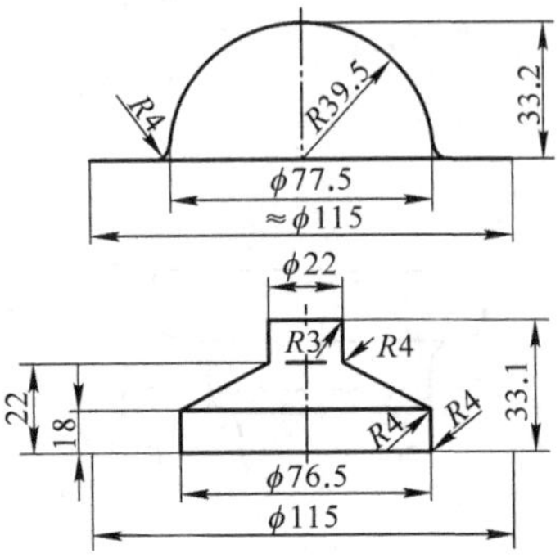 	先预成形成球面形状或带大圆角的圆筒形件，再形成阶梯形，以防止局部材料过分变薄而破裂
示例三 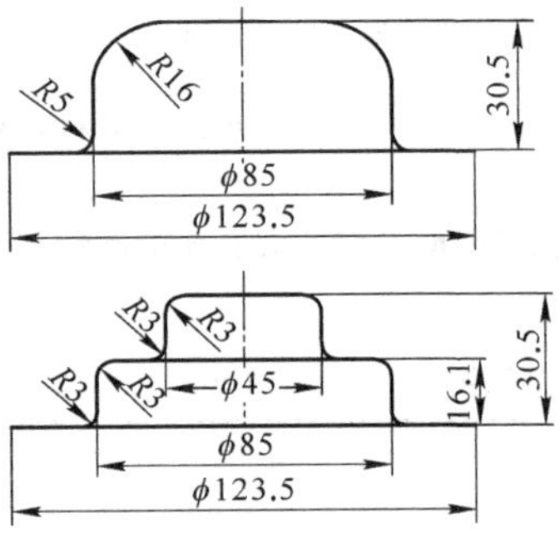 	

（五）锥形件拉深

锥形件、球面零件、抛物面零件都是曲面旋转体零件，其变形区位置、变形特点与圆筒形件拉深不同。锥形件拉深区域划分和主要尺寸参数见图 1-5-10。凸缘部分变形特点与圆筒形件拉深相同，材料悬空部分容易失稳产生内皱，底部材料处于双向拉应力作用下，材料厚度变薄。两类拉深件成形特点比较见表 1-5-17。

锥形件拉深的变形程度不能简单地用拉深系数来衡量。锥形件拉深，与锥形件相对高度 h/d、相对锥顶直径（底部直径/口部直径）及毛坯的相对厚度 t/D 有关。

常见的浅锥形件和中等深度锥形件，它们的拉深方法有所不同。浅锥形件拉深变形量不大，易产生弹性恢复，工艺上常采用增大凸缘部分尺寸和带拉深筋的凹模，见图 1-5-11。浅锥形和中锥形成形方法比较见表 1-5-18。带锥形的阶梯形件拉深示例见表 1-5-19。

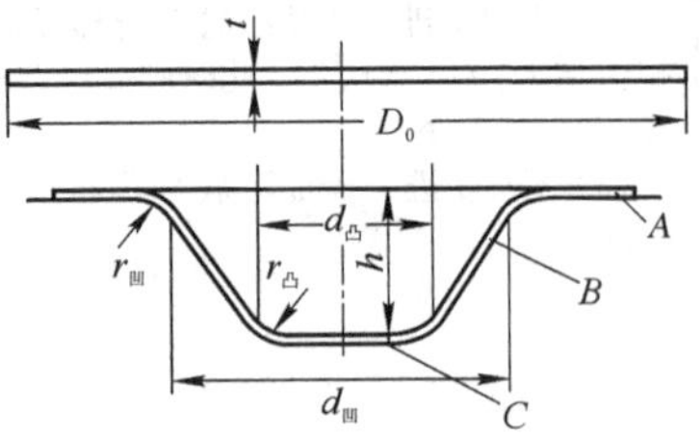

图 1-5-10 锥形件拉深区域划分和尺寸参数

A—凸缘部分；B—材料悬空部分；C—底部

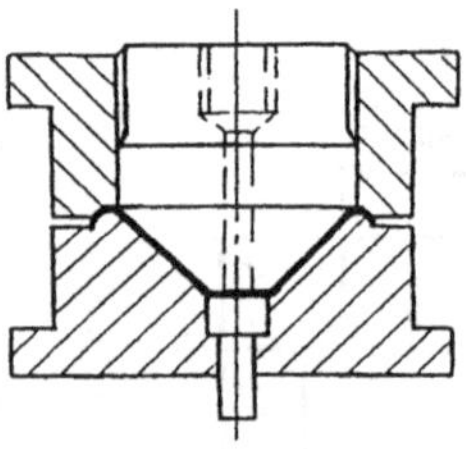

图 1-5-11 带拉深筋的凹模成形锥形件

表 1-5-17　两类拉深件成形特点比较

比较内容	圆筒形直壁件	曲面旋转体件
成形机理	拉深变形	拉深变形与胀形变形的复合
变形区位置	凸缘是拉深主要变形区	凸缘拉深变形区及坯料中部的胀形变形区
变形区受力状态及变形特点	凸缘部分在切向压应力、径向拉应力的作用下，产生切向压缩、径向伸长的拉深变形	凸缘部分在切向压应力和径向拉应力的作用下，产生切向压缩、径向伸长的拉深变形。坯料中部的变形区在两向拉应力的作用下，产生两向伸长的胀形变形
材料冲压性能	要求 r 值，n 值影响不大	同时要求 r 值与 n 值
悬空部分	无明显的悬空部分	有明显的悬空部分
凸模侧壁的摩擦作用	凸模与侧壁接触，存在凸模侧壁的摩擦作用	凸模与侧壁不接触，不存在凸模侧壁的摩擦作用
成形极限	受侧壁承载能力的限制	受侧壁承载能力、失稳起皱及胀形破裂的限制
成形难易	传力的危险断面受凸模侧壁摩擦的补强作用，比曲面零件成形容易	传力的危险断面不受凸模侧壁摩擦的补强作用，由于有易失稳起皱的悬空部分，故比直壁零件成形的难度大

注：r 为材料塑性应变比，n 为材料硬化指数。

表 1-5-18　浅锥形件和中锥形件成形方法

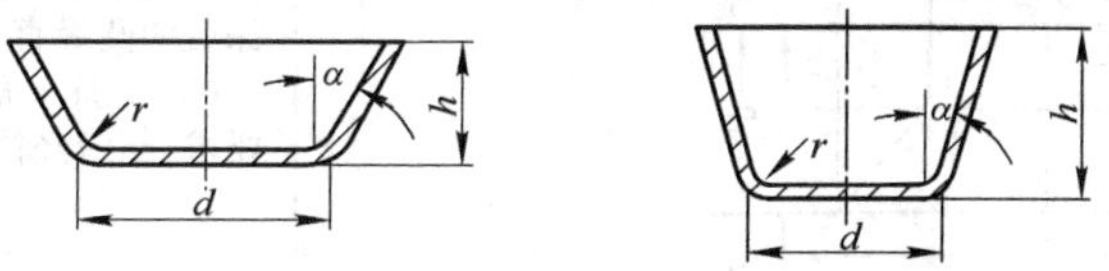

浅锥形件　$h/d \leqslant 0.1 \sim 0.25$　$\alpha=50^\circ \sim 80^\circ$

中锥形件　$h/d \leqslant 0.3 \sim 0.7$　$\alpha=15^\circ \sim 45^\circ$

类别	毛坯相对厚度	成形方法
浅锥形件	不划分范围	一般都能一次拉成，但由于毛坯的变形程度不大，故拉深后回弹较严重，不易获得精确的形状，通常采用有拉深筋的模具 这类零件用橡皮或液体代替凸模进行拉深，效果很好
中锥形件	当 $\frac{t}{D} \times 100 > 2.5$ 时	可一次拉成，不用压边，只需要在工作行程终止时对工件进行整形
	当 $\frac{t}{D} \times 100 = 1.5 \sim 2$ 时	可一次拉成，但因材料较薄易起皱，要用强压边。为了保证在整个拉深过程都有足够的压边力，通常将毛坯尺寸增大，拉深成形后，再将多余材料切去
	当 $\frac{t}{D} \times 100 < 1.5$ 时	须采用压边装置并经 2～3 次拉深。第一次拉深成带有大圆角的简单圆筒形或半球形，然后再逐次拉深成所需形状，必要时第二次采用反拉深方式成形

表 1-5-19　带锥形阶梯形件拉深示例

<table>
<tr><th>拉　深　工　序　简　图</th><th>说　　明</th></tr>
<tr><td>示例一
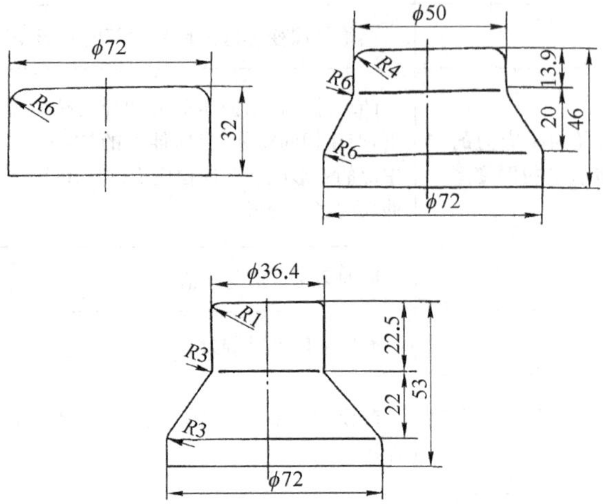
</td><td>阶梯部分带锥形的零件，先拉深成形大直径部分，在拉深小直径的过程中逐步形成侧壁锥形</td></tr>
<tr><td>示例二
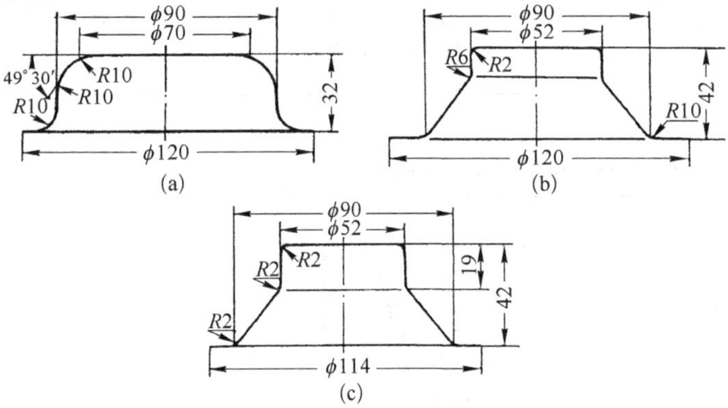
</td><td>(1) 工件为带凸缘的圆筒-圆锥形，工序 a 一次成形至所需的凸缘尺寸，$m_1=0.62$。毛坯直径为 145 mm，$t=1$ mm，底部采用较大的圆弧过渡，以便第二次拉深成形底部形状和形成圆锥
(2) 工序 b 成形底部和圆锥形状，第一次拉深后的凸缘直径 120 mm 不变
(3) 工序 c 整形，使圆锥部分的圆角半径达到要求，凸缘经修边达到所需尺寸</td></tr>
</table>

二、盒形件拉深

(一) 变形特点

盒形件属于非旋转体零件，包括正方形件和矩形件两种基本形式。根据盒形件能否一次拉深成形，可将盒形件分为能一次拉深成形的低盒形件和需多次拉深才能成形的高盒形件。

低盒形件拉深时，圆角处(即相邻两直壁转角部位)的拉深阻力大于直边处的拉深阻力、圆角处的变形程度大于直边壁部的变形程度。因此，低盒形件与圆筒形件拉深的不同之处是盒形件拉深变形在其周边上的分布是不均匀的。

低盒形件相邻两直壁转角部位的变形可被近似地认为与 1/4 圆筒形件拉深变形相同，直边壁部的变形可被近似地认为与弯曲变形相同。根据转角部位圆角半径 $r_{角}$ 与盒形件宽度 B 之间的关系(相对圆角半径 $r_{角}/B$)的不同及毛坯形状的不同，转角处和直边之间应力应变的相互影响也会发生变化。因此，确定毛坯的形状和尺寸十分重要。

高盒形件需多次拉深。盒形件再次拉深时的毛坯是一个高度稍低的拉深件，其形状和尺寸不合适时，在变形区内沿周边会产生严重的不均匀变形，引起材料起皱、破裂。因此，高盒形件拉深不仅要确定合理的毛坯形状和尺寸，而且要确定合适的中间过渡形状和尺寸。

（二）毛坯形状

低盒形件的毛坯采用作图方法确定。作图时在分区展开计算的基础上，对毛坯的外形进行修正，最终形成毛坯的形状和尺寸。低盒形件毛坯作图法见图 1-5-12。H 按表 1-5-1 计入修边余量后，直边部分按弯曲展开计算，转角部分按 1/4 圆筒形件计算：

$$L = H + 0.57r_{底}$$

$$R = \sqrt{r_{角}^2 + 2r_{角}H - 0.86r_{角}r_{底} - 0.14r_{底}^2}$$

当 $r_{角} = r_{底} = r$ 时

$$R = \sqrt{2rH}$$

对毛坯外形进行修正时，分别通过 a_1b_1 和 a_2b_2 线段的中点，向 R 圆弧作切线，并用半径为 R 的圆弧连接切线与直边，使 a_1b_1 和 a_2b_2 线段两侧增加的面积与减小的面积基本相等。由于盒形件尺寸的不同，对毛坯外形修正时，两切线会出现重合或向内交叉的情况，见图 1-5-13。

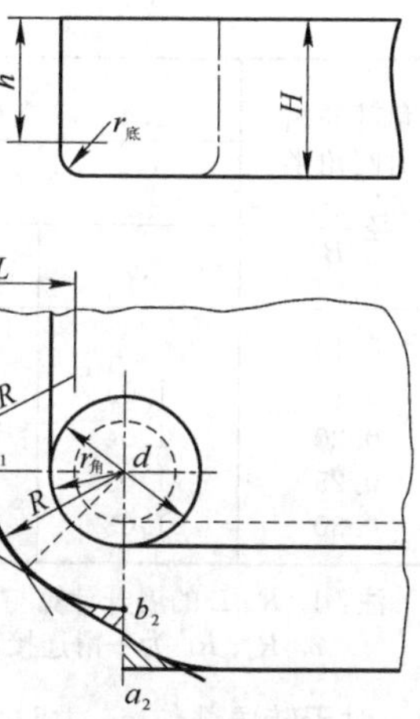

图 1-5-12　低盒形件毛坯作图法

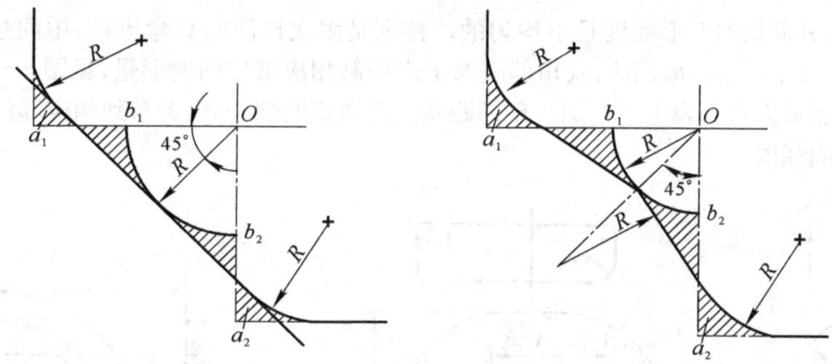

(a)　(b)

图 1-5-13　低盒形件毛坯外形修正时的两种不同情况

(a) 两切线重合；(b) 两切线向内交叉

对于转角部位 $r_{角}$ 较大时，转角部位有较多材料被转移到直边。在展开图上，应对转角和直边部分同时进行修正，具体方法和数值见表 1-5-20。

表 1-5-20　$r_{角}$ 较大时的毛坯修正方法

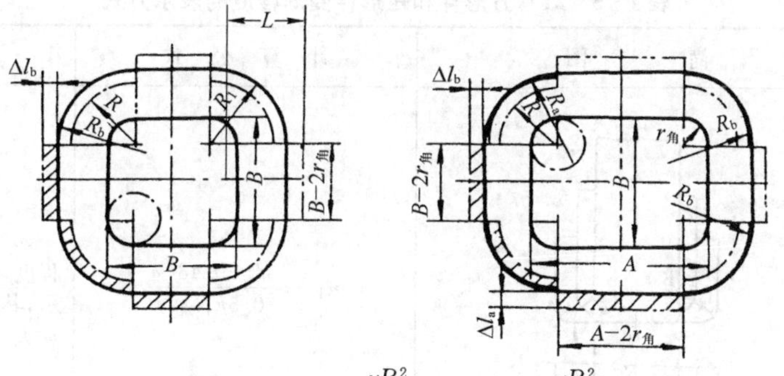

$$R_1 = xR \quad \Delta l_a = \frac{yR^2}{A - 2r_{角}} \quad \Delta l_b = \frac{yR^2}{B - 2r_{角}}$$

（续表）

角部的相对圆角半径 $\frac{r}{B}$	相对高度 H/B							
	0.3		0.4		0.5		0.6	
	x	y	x	y	x	y	x	y
0.10			1.09	0.15	1.12	0.20	1.16	0.27
0.15	1.05	0.08	1.07	0.11	1.10	0.17	1.12	0.20
0.20	1.04	0.06	1.06	0.10	1.08	0.12	1.10	0.17
0.25	1.035	0.05	1.05	0.08	1.06	0.10	1.08	0.12
0.30	1.03	0.04	1.04	0.06	1.05	0.08		

注：1. R、L 的展开计算与图 1-5-12 毛坯作图法相同。
　　2. R_a、R_b 为平滑连接尺寸。

对于转角部位 $r_{角}$ 大时，转角部位有大量材料被转移到直边。在这种条件下，方盒形件的毛坯为圆形。尺寸为 $A\times B$ 的盒形件，可以将其视为两端分别为边长是 B 的半个方盒形件，中间连接部分为 $A-B$，毛坯为腰圆形，见图1-5-14。

（三）变形程度

盒形件拉深时，沿其周边的变形程度是不均匀的。特别是多次拉深的高盒形件，中间过渡工序形状十分重要，并通过控制壁间距 a_n、a_{n-1} 和 b_n、b_{n-1} 及角部间隙 x 来控制相应部位的变形量，见图 1-5-15。方形件和矩形件变形程度的几种表示方式见表 1-5-21。壁间距特别是角部间隙，不仅关系到相应部位的变形程度，而且关系到相应部位的压边圈强度。

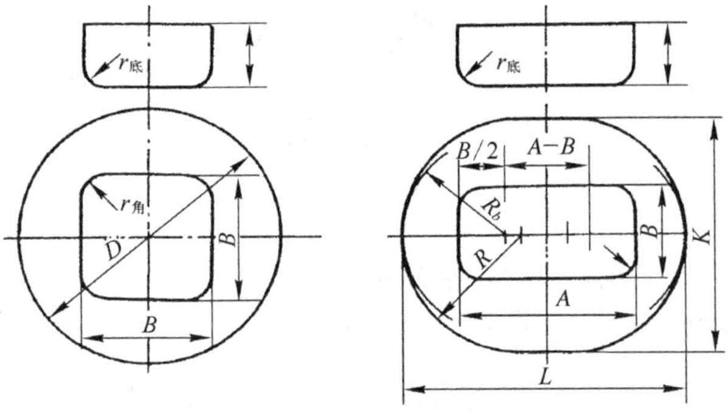

图 1-5-14　转角部位 $r_{角}$ 大时的毛坯形状

(a) 方形件采用圆毛坯；(b) 矩形件采用腰圆毛坯

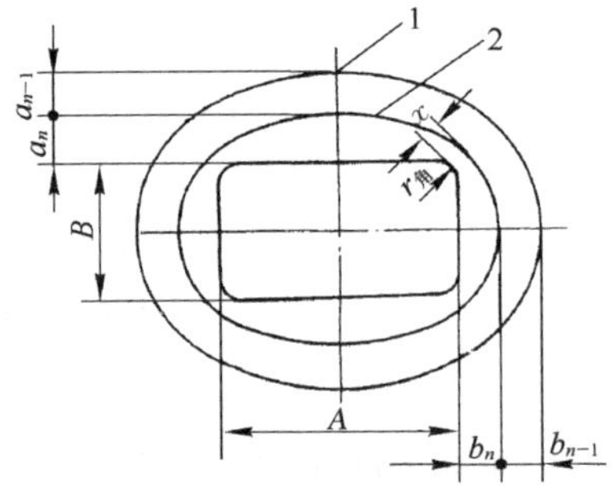

图 1-5-15　角部间隙和壁间距

1—第(n−2)次拉深；2—第(n−1)次拉深

表 1-5-21　方形件和矩形件变形程度的表示方式

类　别	简　图	计 算 公 式	说　明
方形件拉深	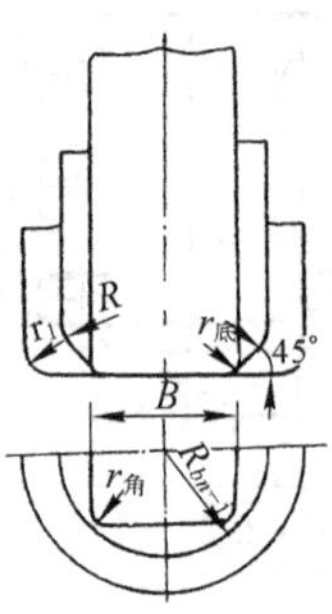	$m_{平}=\dfrac{B-0.43r_{角}}{0.5\pi R_{bn-1}}$	$m_{平}$ 为末次拉深的平均变形程度，用拉深件周长之比来表示，其值愈小，末次拉深变形量愈大

（续表）

类　别	简　　图	计算公式	说　　明
矩形件拉深	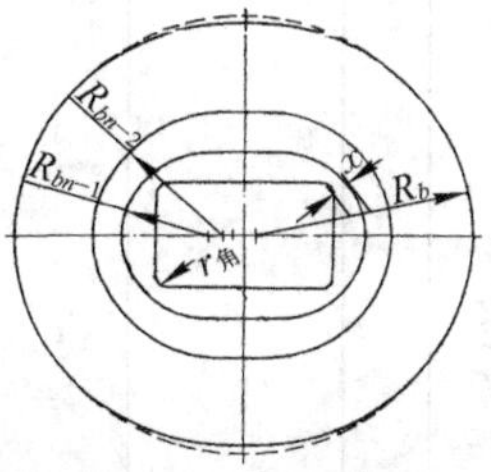	$m=\frac{R_{bn-1}}{R_{bn-2}}$ $m_角=\frac{r_角}{x+r_角}$	m 为工序间的拉深系数。$m_角$ 为角部的假想拉深系数，在多次拉深的矩形件中，$m_角$ 通常用 m_n 来表示，与角部间隙 x 有关

（四）工序尺寸计算

高盒形件多次拉深时需合理地确定中间过渡工序尺寸。根据一定的成形条件$\left(\frac{t}{B}\times100\text{ 和 }r_角\text{ 的大小}\right)$，毛坯形状和过渡工序形状稍有区别。高方形件拉深工艺计算见表 1-5-22，高矩形件拉深工艺计算见表 1-5-23。

表 1-5-22　高方形件拉深工艺计算

简　　图	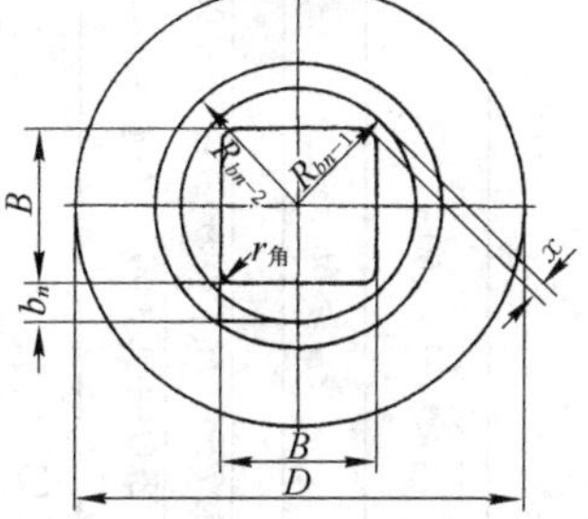	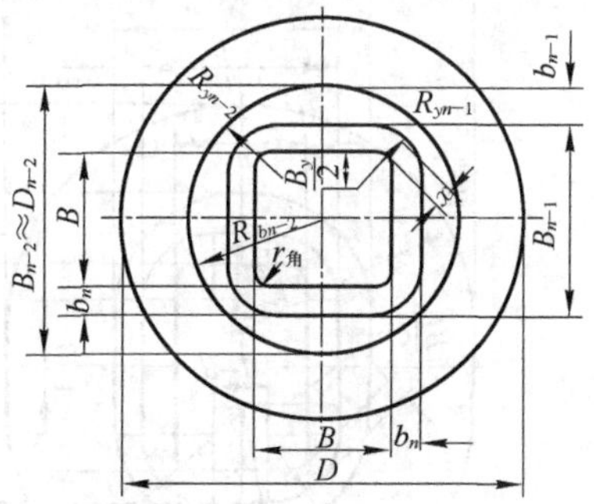
成形条件	$\frac{t}{B}\times100\geqslant2\quad r_角\geqslant4t$	$\frac{t}{B}\times100\geqslant1\quad r_角\geqslant4t$
毛坯直径	$D=1.13\sqrt{B^2+4H(B-0.43r)-1.72r(B+0.33r)}\quad(r_角=r_底=r)$ $D=1.13\sqrt{B^2+4B(H-0.43r_底)-1.72r_角(H+0.5r_角)-4r_底(0.11r_底-0.18r_角)}\quad(r_角\neq r_底)$	
第$(n-1)$次拉深尺寸	$R_{bn-1}=0.707B-0.41r_角+x$ 其中 $x=\frac{1-m_n}{m_n}r_角\quad(m_n\geqslant0.84\sim0.86)$ $b_n=R_{bn-1}-0.5B$（一般应小于 $10t$） $d_{n-1}=2R_{bn-1}$ $H_{n-1}\approx0.88H$	$B_y=50t$ $R_{yn-1}=0.707B_y-0.41r_角+x$ 其中 $x=\frac{1-m_n}{m_n}r_角\quad(m_n\geqslant0.84\sim0.86)$ $B_{n-1}=B-B_y+2R_{yn-1}$ $b_n=R_{yn-1}-0.5B_y$（一般应小于 $10t$） $H_{n-1}\approx0.88H$
第$(n-2)$次拉深尺寸	$R_{bn-2}=\frac{R_{bn-1}}{m_{n-1}}$ $d_{n-2}=2R_{bn-2}$ $H_{n-2}\approx0.86H_{n-1}$	$R_{yn-2}=\frac{R_{yn-1}}{m_{n-1}}$ $R_{bn-2}=R_{yn-2}+0.707(B-B_y)$ $B_{n-2}=2R_{bn-2}=D_{n-2}$ $H_{n-2}\approx0.86H_{n-1}$
校　　核	$\frac{d_{n-2}}{D}>m_1$	$\frac{D_{n-2}}{D}>m_1$

注：1. m_1 为圆筒形件第一次拉深系数，见表 1-5-8。

2. m_{n-1} 参照圆筒形件拉深系数取值。

3. 校核时，若 $\frac{d_{n-2}}{D}<m_1$ 或 $\frac{D_{n-2}}{D}<m_1$，则须分别推算第$(n-3)$次拉深件的尺寸。

4. H 为拉深件的高度，包括修边余量在内。

表 1-5-23 高矩形件拉深工艺计算

<table>
<tr><td>简　　图</td><td>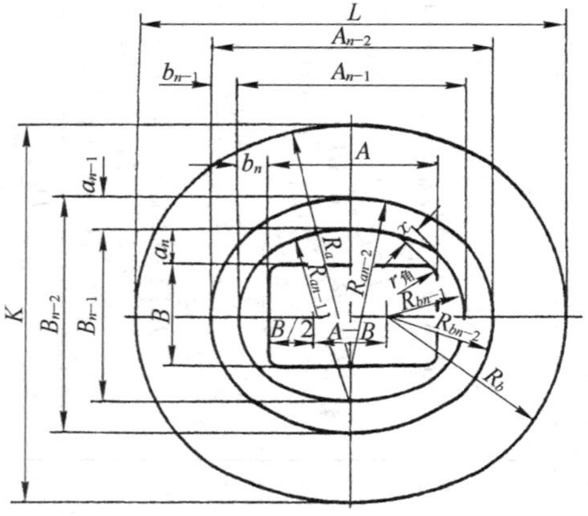</td><td>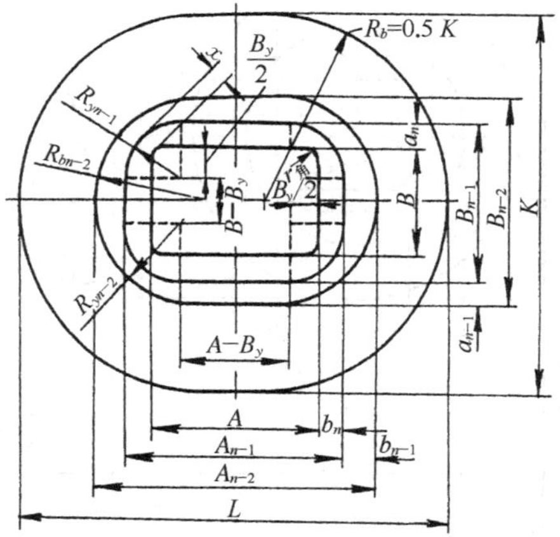</td><td>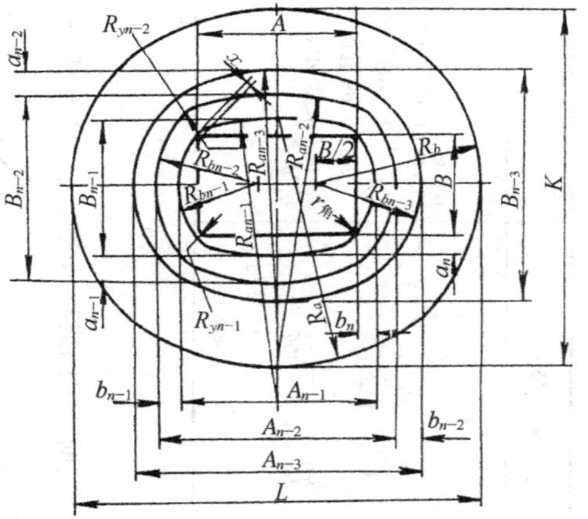</td></tr>
<tr><td rowspan="2">成　形
条　件</td><td>$\frac{t}{B}\times 100\geqslant 2$</td><td>$1<\frac{t}{B}\times 100<2$</td><td>$\frac{t}{B}\times 100\leqslant 1$</td></tr>
<tr><td colspan="3">$r_角\geqslant 6t$</td></tr>
<tr><td>假想毛坯
直　　径</td><td colspan="3">$D=1.13\sqrt{B^2+4B(H-0.43r_底)-1.72r_角(H+0.5r_角)-4r_底(0.11r_底-0.18r_角)}$　($r_角\neq r_底$)
$D=1.13\sqrt{B^2+4H(B-0.43r)-1.72r(B+0.33r)}$　($r_角=r_底=r$)</td></tr>
<tr><td rowspan="2">毛　坯
尺　寸</td><td colspan="3">$L=D+(A-B)$
$K=\frac{D(B-2r_角)+[B+2(H-0.43r_底)](A-B)}{A-2r_角}$</td></tr>
<tr><td>$R_b=0.5D$
$R_a=\frac{0.25(L^2+K^2)-LR_b}{K-2R_b}$</td><td>$R_b=0.5K$</td><td>$R_b=0.5D$
$R_a=\frac{0.25(L^2+K^2)-LR_b}{K-2R_b}$</td></tr>
<tr><td>工序比
例系数</td><td colspan="3">$x_1=\frac{K-B}{L-A}$</td></tr>
</table>

（续表）

第(n−1)次拉深尺寸	$R_{bn-1}=0.707B-0.41r_{角}+x$ 其中 $x=\dfrac{1-m_n}{m_n}r_{角}$ $(m_n\geqslant 0.84\sim 0.86)$ $b_n=R_{bn-1}-0.5B$(一般应小于 10t) $a_n=x_1b_n$ $B_{n-1}=B+2a_n$ $A_{n-1}=A+2b_n$ $R_{an-1}=\dfrac{0.25(A_{n-1}^2+B_{n-1}^2)-A_{n-1}R_{bn-1}}{B_{n-1}-2R_{bn-1}}$ 或用作图法确定 $H_{n-1}\approx 0.88H$	$B_y=50t$ $R_{yn-1}=0.707B_y-0.41r_{角}+x$ 其中 $x=\dfrac{1-m_n}{m_n}r_{角}$ $(m_n\geqslant 0.84\sim 0.86)$ $b_n=R_{yn-1}-0.5B_y$（一般应小于 10t） $a_n=b_n$ $B_{n-1}=B+2a_n$ $A_{n-1}=A+2b_n$ $H_{n-1}\approx 0.88H$	$R_{bn-1}=\dfrac{B^2}{8b_n}+\dfrac{b_n}{2}$ $R_{an-1}=\dfrac{A^2}{8a_n}+\dfrac{a_n}{2}$ $x=\dfrac{1-m_n}{m_n}r_{角}$ $(m_n\geqslant 0.65\sim 0.70)$ R_{yn-1} 用作图法确定 $b_n=8t$ $a_n=x_1b_n$ $B_{n-1}=B+2a_n$ $A_{n-1}=A+2b_n$ $H_{n-1}\approx 0.88H$
第(n−2)次拉深尺寸	$R_{bn-2}=\dfrac{R_{bn-1}}{m_{n-1}}$ （m_{n-1} 参照圆筒形件拉深系数取值） $b_{n-1}=R_{bn-2}-R_{bn-1}$ $a_{n-1}=x_1b_{n-1}$ $B_{n-2}=B_{n-1}+2a_{n-1}$ $A_{n-2}=A_{n-1}+2b_{n-1}$ $R_{an-2}=\dfrac{0.25(A_{n-2}^2+B_{n-2}^2)-A_{n-2}R_{bn-2}}{B_{n-2}-2R_{bn-2}}$ 或用作图法确定 $H_{n-2}\approx 0.86H_{n-1}$	$R_{yn-2}=\dfrac{R_{yn-1}}{m_{n-1}}$ （m_{n-1} 参照圆筒形件拉深系数取值） $b_{n-1}=R_{yn-2}-R_{yn-1}$ $a_{n-1}=x_1b_{n-1}$ $R_{bn-2}=R_{yn-2}+0.707(B-B_y)$ （简化为长圆形时采用） $B_{n-2}=B_{n-1}+2a_{n-1}$ $A_{n-2}=A_{n-1}+2b_{n-1}$ $H_{n-2}\approx 0.86H_{n-1}$	$b_{n-1}=9\sim 10t$ $a_{n-1}=x_1b_{n-1}$ $B_{n-2}=B_{n-1}+2a_{n-1}$ $A_{n-2}=A_{n-1}+2b_{n-1}$ $R_{bn-2}=R_{bn-1}+b_{n-1}$ $R_{an-2}=R_{an-1}+a_{n-1}$ $x_{n-1}=\dfrac{1-m_{n-1}}{m_{n-1}}R_{yn-1}$ （m_{n-1} 参照圆筒形件拉深系数取值） R_{yn-2} 用作图法确定 $H_{n-2}\approx 0.86H_{n-1}$
校　核	$\dfrac{R_{bn-2}}{R_b}\geqslant 0.5\sim 0.6$ 时，毛坯可直接拉深成第($n-2$)次尺寸 $\dfrac{R_{bn-2}}{R_b}<0.5\sim 0.6$ 时，用类似方法推算第($n-3$)次拉深尺寸		$\dfrac{R_{bn-2}}{0.5(L-C)}\geqslant 0.5\sim 0.6$ 时，毛坯可直接拉深成第($n-2$)次尺寸 $\dfrac{R_{bn-2}}{0.5(L-C)}<0.5\sim 0.6$ 时，用类似方法推算第($n-3$)次尺寸 其中 $C=A_{n-1}-2R_{bn-1}$

三、带料连续拉深

带料连续拉深按带料是否切口分为整带料连续拉深和带料切口(槽)连续拉深两类。整带料连续拉深时，材料纵向流动困难，材料变薄伸长明显。带料切口连续拉深类似于带凸缘零件的拉深。带料连续拉深分类及应用范围见表1-5-24。

表1-5-24 带料连续拉深分类及应用范围

类别	应用范围	特点
整带料连续拉深	$\frac{t}{D}\times100\geqslant1$ $\frac{d_f}{d}=1.1\sim1.5$ $\frac{H}{d}<1.0$	(1) 相邻两个拉深件之间相互牵制，材料流动困难 (2) 拉深系数比单工序大 (3) 省料
带料切口连续拉深	$\frac{t}{D}\times100<1$ $\frac{d_f}{d}=1.3\sim1.8$ $\frac{H}{d}>1.0$	(1) 类似于有凸缘零件拉深 (2) 拉深系数略大于单工序拉深 (3) 费料

注：d_f—拉深件的凸缘直径；H、d—拉深件的高度和直径(内径)。

带料连续拉深时不能进行中间退火，材料流动较为困难。因此，其第一次拉深的变形程度(H_1/d_1 或 m_1)及以后各次的拉深系数都区别于一般的拉深变形。整带料连续拉深的第一次拉深的拉深系数 m_1、相对高度 H_1/d_1 和以后各次的拉深系数分别见表1-5-25～表1-5-27。带料切口(切槽)连续拉深的第一次拉深系数 m_1 和以后各次的拉深系数分别见表1-5-28和表1-5-29。

表1-5-25 整带料连续拉深系数 m_1 的值

凸缘相对直径 d_f/d_1	毛坯相对厚度 $\frac{t}{D}\times100$			
	>0.2～0.5	>0.5～1	>1～1.5	>1.5
≤1.1	0.71	0.69	0.66	0.63
>1.1～1.3	0.68	0.66	0.64	0.61
>1.3～1.5	0.64	0.63	0.61	0.59
>1.5～1.8	0.54	0.53	0.52	0.51
>1.8～2	0.48	0.47	0.46	0.45

注：数值适用于08、10钢。

表1-5-26 整带料连续拉深的第一次相对高度 H_1/d_1

凸缘相对直径 d_f/d_1	毛坯相对厚度 $\frac{t}{D}\times100$			
	>0.2～0.5	>0.5～1	>1～1.5	>1.5
≤1.1	0.36	0.39	0.42	0.45
>1.1～1.3	0.34	0.36	0.38	0.40
>1.3～1.5	0.32	0.34	0.36	0.38
>1.5～1.8	0.30	0.32	0.34	0.36
>1.8～2	0.28	0.30	0.32	0.35

注：数值适用于08、10钢。

表 1-5-27　整带料连续拉深以后各次的拉深系数

拉深系数	毛坯相对厚度 $\frac{t}{D}\times 100$			
	>0.2~0.5	>0.5~1	>1~1.5	>1.5
m_2	0.86	0.84	0.82	0.80
m_3	0.88	0.86	0.84	0.82
m_4	0.89	0.87	0.86	0.85
m_5	0.90	0.89	0.88	0.87

注：数值适用于08、10钢。

表 1-5-28　带料切口连续拉深的第一次拉深系数 m_1

凸缘相对直径 d_f/d_1	毛坯相对厚度 $\frac{t}{D}\times 100$				
	>0.06~0.2	>0.2~0.5	>0.5~1	>1~1.5	>1.5
≤1.1	0.64	0.62	0.60	0.58	0.55
>1.1~1.3	0.60	0.59	0.58	0.56	0.53
>1.3~1.5	0.57	0.56	0.55	0.53	0.51
>1.5~1.8	0.53	0.52	0.51	0.50	0.49
>1.8~2.0	0.47	0.46	0.45	0.44	0.43
>2.0~2.2	0.43	0.43	0.42	0.42	0.41
>2.2~2.5	0.38	0.38	0.38	0.38	0.37
>2.5~2.8	0.35	0.35	0.35	0.35	0.34
>2.8~3.0	0.33	0.33	0.33	0.33	0.33

注：数值适用于08、10钢。

表 1-5-29　带料切口连续拉深以后各次的拉深系数

拉深系数	毛坯相对厚度 $\frac{t}{D}\times 100$				
	>0.06~0.2	>0.2~0.5	>0.5~1	>1~1.5	>1.5
m_2	0.80	0.79	0.78	0.76	0.75
m_3	0.82	0.81	0.80	0.79	0.78
m_4	0.85	0.83	0.82	0.81	0.80
m_5	0.87	0.85	0.85	0.84	0.82

注：数值适用于08、10钢。

带料连续拉深时料宽和进距的计算，与留有的切边余量和带料的拉深方式有关。带料连续拉深料宽和进距计算见表1-5-30。带料连续拉深的双面修边余量见表1-5-31。带料连续拉深的搭边及切口参数推荐值见表1-5-32。

表 1-5-30　带料连续拉深的料宽和进距计算

拉深方法	简图	料宽计算	进距计算
整带料连续拉深	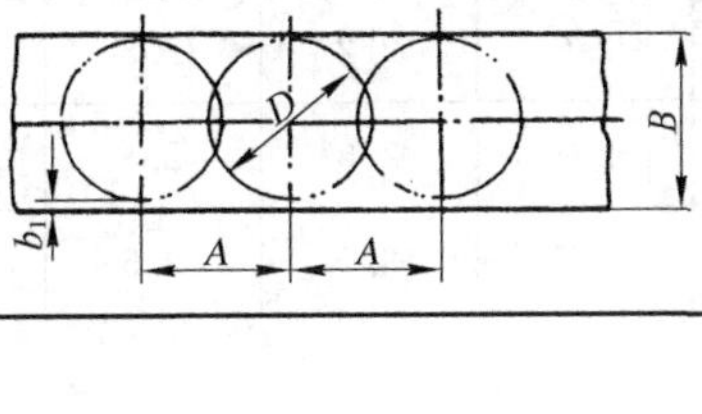	$B=D_1+\delta+2b_1$ $=D+2b_1$	$A=(0.85\sim0.9)D$ （但不小于包括修边余量的凸缘直径）

（续表）

拉深方法	简　　图	料 宽 计 算	进 距 计 算
带料切口(槽)连续拉深	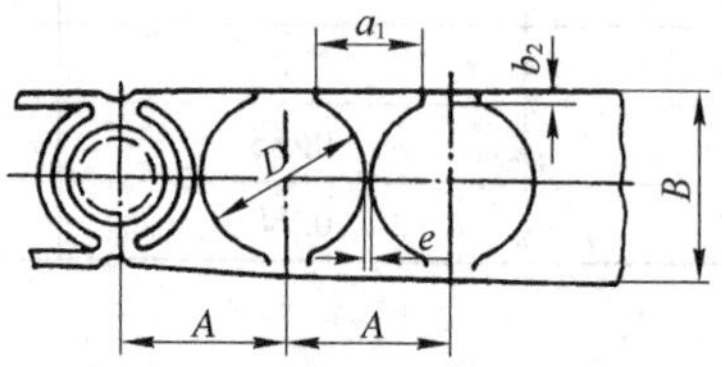	$B=D_1+\delta+2b_2=D+2b_2$	$A=D+e$
	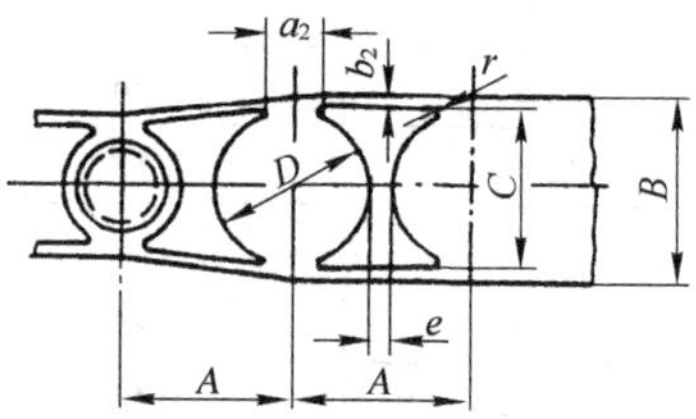	$B=(1.02\sim1.05)D+2b_2$	$A=D+e$
	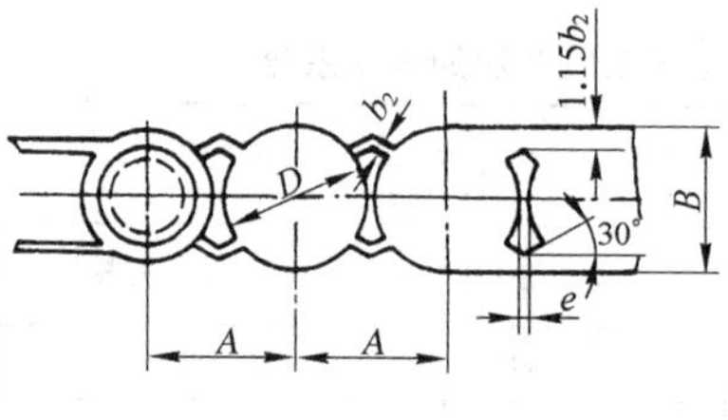	$B=D_1+\delta$	$A=D+e$

注：A—带料送进进距(mm)；B—带料宽度(mm)；δ—切边余量(mm)，见表 1-5-31；D_1—毛坯计算直径(mm)，与一般带凸缘圆筒形件毛坯计算相同；D—包括修边余量的毛坯直径(mm)；b_1、b_2—侧搭边宽度(mm)，见表 1-5-32；e、r、C—切口尺寸(mm)，见表 1-5-32；a_1、a_2—切口间跨度(mm)，见表 1-5-32。

表 1-5-31　带料连续拉深的双面修边余量　(mm)

毛坯计算直径 D_1	材料厚度								
	0.2	0.3	0.5	0.6	0.8	1.0	1.2	1.5	2
≤10	1.0	1.0	1.2	1.5	1.8	2.0			
>10～30	1.2	1.2	1.5	1.8	2.0	2.2	2.5	3.0	
>30～60	1.2	1.5	1.8	2.0	2.2	2.5	2.8	3.0	3.5
>60			2.0	2.2	2.5	3.0	3.5	4.0	4.5

表 1-5-32 带料连续拉深的搭边及切口参数推荐值 (mm)

参数符号	材料厚度		
	~0.5	>0.5~1.5	>1.5
b_1	1.5	1.75	2
b_2	1.5	2	2.5
e	1.5	1.8	3
r	0.8	1	1.2
C	(1.02~1.05)D(D为包括修边余量的毛坯直径)		
a_1	(0.5~0.7)D		
a_2	(0.25~0.35)D		

四、变薄拉深

变薄拉深与一般的拉深不同。变薄拉深时，工件的直径变化很小，但工件的筒壁变薄，工件高度增大，工件底部厚度变化很小。变薄拉深通常先将板料落料、拉深，得到变薄拉深毛坯，然后经过数次变薄拉深，获得底厚壁薄的筒形件。

变薄拉深具有如下特点：不发生起皱，不需要压边圈，模具结构较简单；工件表面质量好，表面粗糙度可达 Ra 0.4 μm；材料变形，产生冷作硬化；工件成形后，需低温回火，消除残余应力。

变薄拉深毛坯尺寸按体积不变的方法计算，如下式：

$$D = 1.13\sqrt{\frac{aV}{t}}$$

式中 V——工件体积(mm^3)；

t——毛坯板料厚度(mm)，即变薄拉深件底部厚度；

a——考虑修边余量后的系数，其值可取 1.1~1.2。

变薄拉深的变形程度用变薄系数表示。由于变薄拉深过程中，工件的内径变化不大，故用壁厚的变化来定义变薄系数(图 1-5-16)：

$$\varphi_n = \frac{t_n}{t_{n-1}}$$

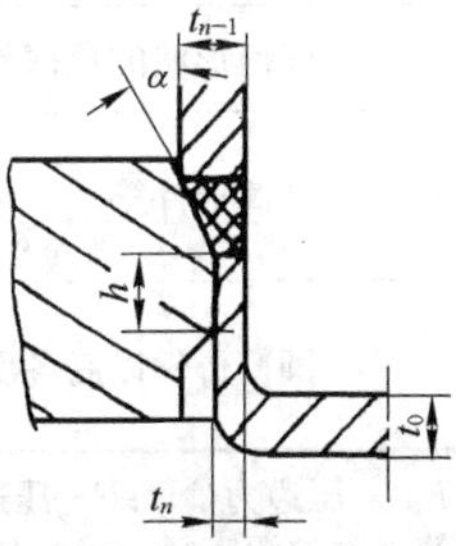

图 1-5-16 变薄拉深的变形程度

式中 φ_n——第 n 次变薄系数；

t_n——第 n 次变薄拉深件的壁厚；

t_{n-1}——第($n-1$)次变薄拉深件的壁厚。

变薄系数愈小，变形程度愈大。由于材料冷作硬化，后次的变薄系数应大于前次的变薄系数。不同材料的变薄系数见表 1-5-33。

表 1-5-33 不同材料的变薄系数

材料	首次变薄系数 φ_1	中间变薄系数 φ_m	末次变薄系数 φ_n
铜、黄铜(H68、H80)	0.45~0.55	0.58~0.65	0.65~0.73
铝	0.50~0.60	0.62~0.68	0.72~0.77
低碳钢、拉深钢板	0.53~0.63	0.63~0.72	0.75~0.77
中碳钢	0.70~0.75	0.78~0.82	0.85~0.90
不锈钢	0.65~0.70	0.70~0.75	0.75~0.80

五、压边和压边力

在拉深过程中，为防止凸缘部分材料起皱，可采用压边的方法。压边力应该适当。压边力不足时，材料仍会起皱；压边力过大时，拉深件壁部易拉裂破坏。压边力通常可以调节，带限位柱的压边圈与凹模的间距以压边效果最佳为合适。

拉深变形程度较小时，也可不使用压边圈压边。采用压边圈与否的区分范围见表 1-5-34。单位压边力见表 1-5-35。压边力计算公式见表 1-5-36。压边装置的形式见表 1-5-37。

表 1-5-34　采用压边圈的基本区分范围

拉深方式	第一次拉深		以后各次拉深	
	$\frac{t}{D}\times 100$	m_1	$\frac{t}{d_{n-1}}\times 100$	m_n
用压边圈	<1.5	<0.6	<1	<0.8
不用压边圈	>2.0	>0.6	>1.5	>0.8
用(或不用)压边圈	1.5～2.0	0.6	1～1.5	0.8

注：t—毛坯板料厚度；D—毛坯直径；d_{n-1}—第$(n-1)$次拉深直径；$\frac{t}{D}\times 100$—毛坯相对厚度；$\frac{t}{d_{n-1}}\times 100$—半成品相对厚度。

表 1-5-35　单位压边力 q　(MPa)

材　料	软钢 $t\leqslant 0.5$ mm	软钢 $t>0.5$ mm	黄　铜	纯铜、退火硬铝	铝
单位压边力	2～2.5	2.5～3	1.5～2	1.2～1.8	0.8～1.2

表 1-5-36　压边力计算公式

拉深件	计算公式
任何形状的拉深件	$P_{压}=Fq$
圆筒形件第一次拉深	$P_{压}=\frac{\pi}{4}[D^2-(d_1+2R_{凹})^2]q$
圆筒形件以后各次拉深	$P_{压}=\frac{\pi}{4}[d_{n-1}^2-(d_n+2R_{凹})^2]q$

注：$P_{压}$—压边力(N)；F—压边面积(mm²)；q—单位压边力(MPa)；D—毛坯直径(mm)；d_1—第一次拉深直径(mm)；d_n—第 n 次拉深直径(mm)；$R_{凹}$—拉深凹模圆角半径(mm)。

表 1-5-37　压边装置基本形式

简图	说明
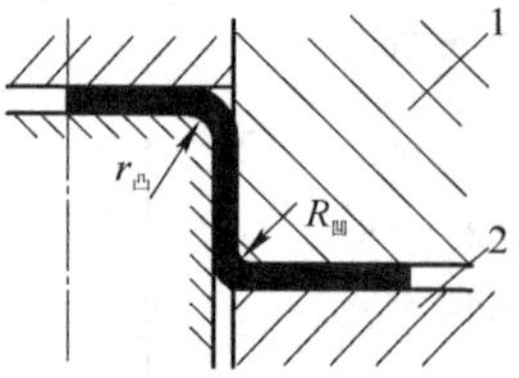	平面压边圈 2 是最常用的首次压边圈，压边力为弹性力、气垫压力等，压边力不足时板料易起皱，过大时板料不易流入凹模 1 单工序拉深时，毛坯在压边圈平面上应准确定位。定位不准，会造成拉深件口部尺寸或凸缘尺寸达不到要求

（续表）

<table>
<tr><th>简　　　图</th><th>说　　　明</th></tr>
<tr><td>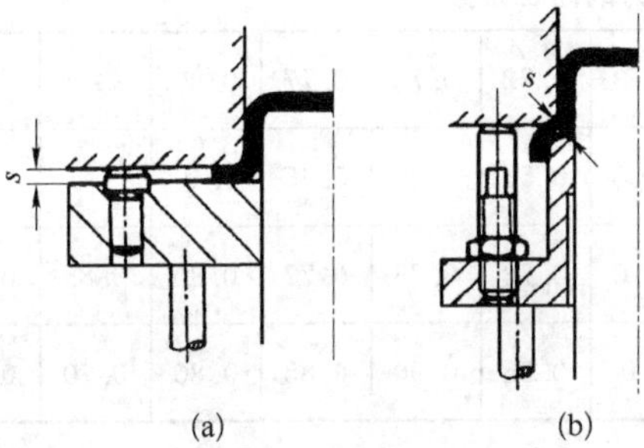
(a)　　　(b)</td><td>带限位柱的压边圈能调整间距 s，维持均衡和合适的压边力，是拉深模常用的压边圈形式。图 a 为第一次拉深模的压边圈，图 b 为以后各次拉深模的压边圈
拉深带凸缘的零件　$s=t+(0.05\sim0.1)\mathrm{mm}$
拉深铝合金　$s=1.1t$
拉深钢　$s=1.2t$</td></tr>
<tr><td>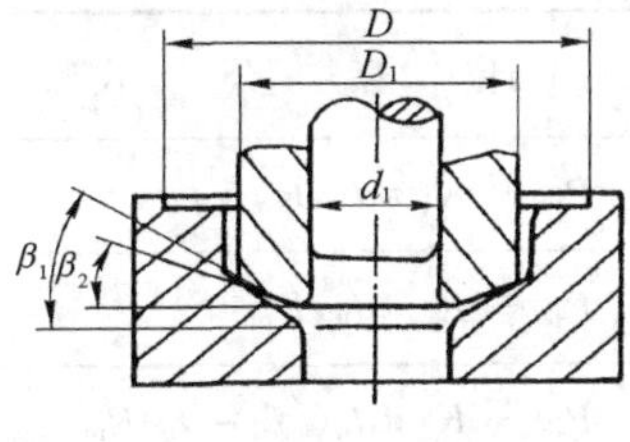</td><td>锥形压边圈可实现板材压锥—浅拉深—拉深的连续变形过程，一次行程可获得较大的变形量。D 为毛坯直径，D_1 为压锥的大端直径，d_1 为拉深成圆筒形件直径，$\beta_2<\beta_1$ 有利于加大口部压边力</td></tr>
<tr><td>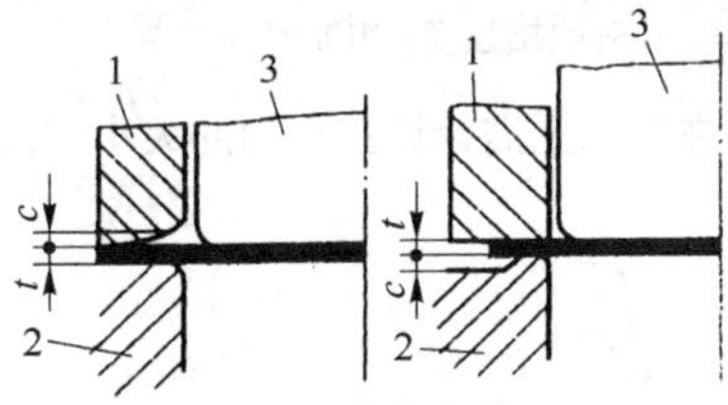
$c=(0.2\sim0.5)t$
1—压边圈；2—凹模；3—凸模</td><td>修正后的压边圈可减小毛坯与凹模间的受压面积，加强局部压边力，主要被用于宽凸缘零件拉深。可防止拉深初始阶段凸缘起皱，影响成形</td></tr>
<tr><td>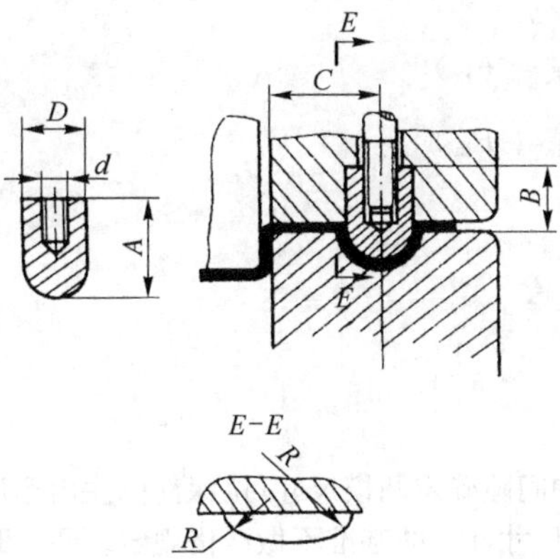</td><td>带凸筋压边圈，凸筋沿拉深四周或局部位置设置，能调整材料各处的流动阻力，主要适用于复杂的、非对称的薄板拉深件。凸筋和凹模加工较困难。相关尺寸见列表：<table><tr><th>模具形式</th><th>A</th><th>B</th><th>C</th><th>D</th><th>R</th><th>d</th></tr><tr><td>大型冲模</td><td>16</td><td>10</td><td>40</td><td>35</td><td>150</td><td>M8</td></tr><tr><td>中型冲模</td><td>14</td><td>9</td><td>35</td><td>30</td><td>125</td><td>M6</td></tr><tr><td>小型冲模</td><td>12</td><td>8</td><td>30</td><td>25</td><td>100</td><td>M4</td></tr></table></td></tr>
</table>

六、拉深力和拉深功

在实际生产中常用经验公式来确定拉深力，即认为拉深力小于拉深件危险断面的破坏力，并按拉深变形程度大小，确定拉深力修正系数 K，见表 1-5-38。各类拉深件的拉深力计算公式见表 1-5-39。

表 1-5-38 计算拉深力的修正系数

拉深系数 m_1	0.55	0.57	0.60	0.62	0.65	0.67	0.70	0.72	0.75	0.77	0.80		
K_1	1.0	0.93	0.86	0.79	0.72	0.66	0.60	0.55	0.50	0.45	0.40		
拉深系数 m_n							0.70	0.72	0.75	0.77	0.80	0.85	0.90	0.95
K_2							1.0	0.95	0.90	0.85	0.80	0.70	0.60	0.50

注：1. 对于黄铜，K_3 为 1.6～1.8。
2. 对于钢，K_3 为 1.8～2.25。
3. K 一般取 0.5～0.8。

表 1-5-39 拉深力计算公式

拉 深 情 况	计 算 公 式
圆筒形件首次拉深	$P_{拉}=K_1\pi d_1 tR_m$
圆筒形件以后各次拉深	$P_{拉}=K_2\pi d_n tR_m$
圆筒形件变薄拉深	$P_{拉}=K_3\pi d_n(t_{n-1}-t_n)R_m$
矩形件、椭圆形件拉深	$P_{拉}=KLtR_m$

注：$P_{拉}$—拉深力(N)；K_1、K_2、K_3—系数；d_1、d_n—第 1 次和第 n 次拉深件直径(mm)；t_{n-1}、t_n—第 $(n-1)$ 次和第 n 次拉深件壁厚(mm)；L—拉深件断面周长(mm)；t—材料厚度(mm)；R_m—材料抗拉强度(MPa)。

拉深件一般工作行程较长，特别是深度较大的拉深件更长。在工艺上需计算拉深功的大小，其计算按下式：

$$W=\frac{kPH}{1\,000}$$

式中 W——拉深功(J)；
P——拉深力(N)；
H——拉深深度(mm)；
k——系数，一般取 0.6～0.8，变薄拉深时取 1.2。

压力机公称力的选择按下式确定：

浅拉深时 $P_{公称}\geqslant 1.3\sim 1.4(P_{拉}+P_{压})$

深拉深时 $P_{公称}\geqslant 1.7\sim 2.0(P_{拉}+P_{压})$

式中 $P_{公称}$——压力机的公称力(N 或 kN)；
$P_{拉}$——拉深力(N 或 kN)；
$P_{压}$——压边力(N 或 kN)。

七、拉深凸、凹模设计

(一) 凸、凹模工作部分尺寸

拉深件标注外形尺寸时，末次拉深以凹模为基准，按合理的间隙确定凸模尺寸；拉深件标注内形尺寸时，末次拉深以凸模为基准，按合理的间隙确定凹模尺寸。前几次拉深尺寸计算的基准不做严格规定。凸、凹模工作部分尺寸计算公式见表 1-5-40。圆形拉深凸、凹模制造偏差见表 1-5-41。

表 1-5-40 拉深凸、凹模工作部分尺寸计算公式

拉深件尺寸标注形式	设计基准	计算公式
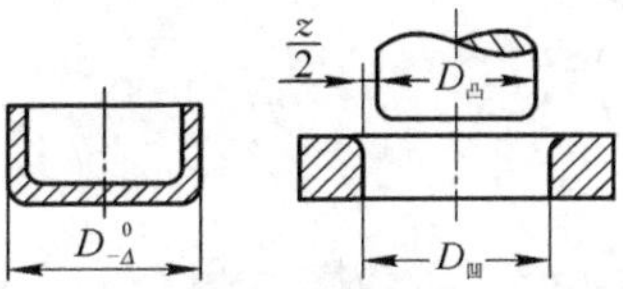 标注外形尺寸	凹模	$D_{\text{凹}}=(D-0.75\Delta)^{+\delta_{\text{凹}}}_{0}$ $D_{\text{凸}}=(D-0.75\Delta-z)^{0}_{-\delta_{\text{凸}}}$
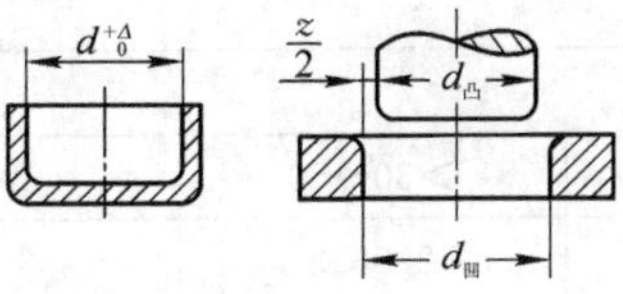 标注内形尺寸	凸模	$d_{\text{凸}}=(d+0.4\Delta)^{0}_{-\delta_{\text{凸}}}$ $d_{\text{凹}}=(d+0.4\Delta+z)^{+\delta_{\text{凹}}}_{0}$

注：D、d—圆筒形件直径，非圆筒形件则应按标注形式确定每个部位的尺寸；Δ—拉深件公差，其值见表 1-1-55，拉深件尺寸标注不符合表中基本形式时，可变换成基本形式；$\delta_{\text{凸}}$、$\delta_{\text{凹}}$—凸、凹模制造偏差，见表 1-5-41；z—凸、凹模双面间隙，见表 1-5-43。

表 1-5-41 圆形拉深凸、凹模的制造偏差 (mm)

材料厚度	拉深件直径							
	≤10		>10～50		>50～200		>200～500	
	$\delta_{\text{凹}}$	$\delta_{\text{凸}}$	$\delta_{\text{凹}}$	$\delta_{\text{凸}}$	$\delta_{\text{凹}}$	$\delta_{\text{凸}}$	$\delta_{\text{凹}}$	$\delta_{\text{凸}}$
0.25	0.015	0.010	0.02	0.010	0.03	0.015	0.03	0.015
0.35	0.020	0.010	0.03	0.020	0.04	0.020	0.04	0.025
0.50	0.030	0.015	0.04	0.030	0.05	0.030	0.05	0.035
0.80	0.040	0.025	0.06	0.035	0.06	0.040	0.06	0.040
1.00	0.045	0.030	0.07	0.040	0.08	0.050	0.08	0.060
1.20	0.055	0.040	0.08	0.050	0.09	0.060	0.10	0.070
1.50	0.065	0.050	0.09	0.060	0.10	0.070	0.12	0.080
2.00	0.080	0.055	0.11	0.070	0.12	0.080	0.14	0.090
2.50	0.095	0.060	0.13	0.085	0.15	0.100	0.17	0.120
3.50			0.15	0.100	0.18	0.120	0.20	0.140

注：1. 表列数值适用于未精压的薄钢板。
2. 如用精压钢板，则凸模及凹模的制造偏差等于表列数值的 20%～25%。
3. 对于有色金属，则凸模及凹模的制造偏差等于表列数值的 50%。

变薄拉深凸模工作部分应具有一定斜度，其长度 L 应大于工件长度(加修边留量)。凸模气孔 d_0 尺寸按变薄拉深凸模小端直径的 $\frac{1}{6}$～$\frac{1}{3}$ 确定，见图 1-5-17。

变薄拉深凹模工作部分参数主要是确定内锥角 α 和工作带高度 h。α 过大和 h 过大会增加摩擦阻力，使变形困难。变薄拉深凹模的尺寸见表 1-5-42。

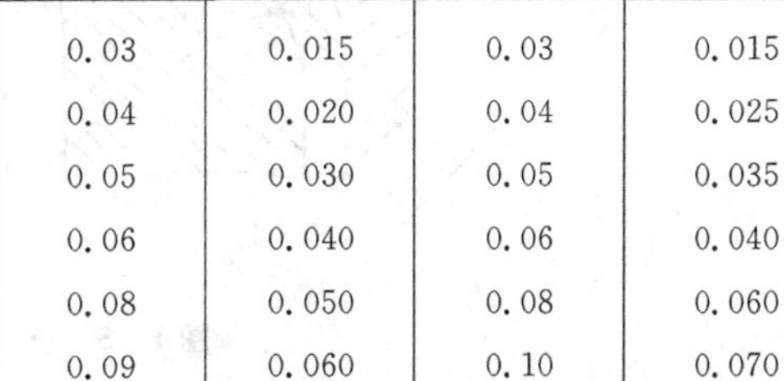

图 1-5-17 变薄拉深凸模尺寸

表 1-5-42 变薄拉深凹模尺寸

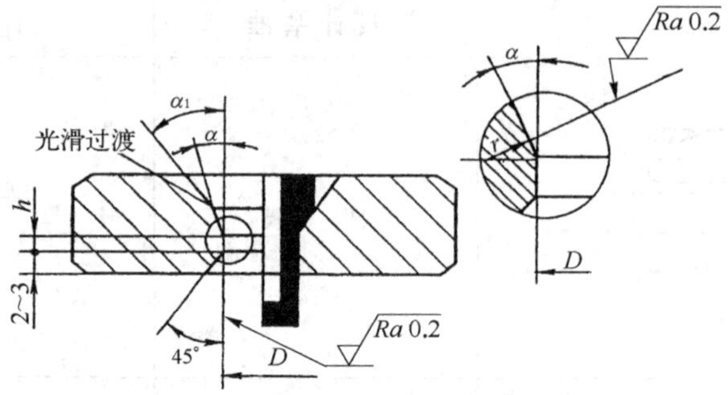

凹模内锥角 α		7°~9°				
凹模外锥角 α_1		$\alpha_1 = 2\alpha$				
工作带	D(mm)	≤10	>10~20	>20~30	>30~50	>50
	h(mm)	0.9	1	1.5~2	2.5~3	3~4

（二）凸、凹模间隙

拉深凸、凹模的间隙对拉深力和拉深件质量有较大影响。间隙愈小，拉深力愈大，拉深件上下端尺寸较为一致。间隙较小时模具磨损会加剧。间隙过大，拉深件上下端出现锥度，拉深件口部材料变厚或出现皱纹。

对于不同的拉深件，选定凸、凹模间隙时有所区别。由于圆筒形拉深件沿周边变形较均匀，凸、凹模间隙沿周边均等。盒形拉深件沿周边的变形程度差异较大，其转角部位的间隙比直边部位的间隙大 0.1t(t 为材料厚度)，使拉深成形良好，见图 1-5-18。

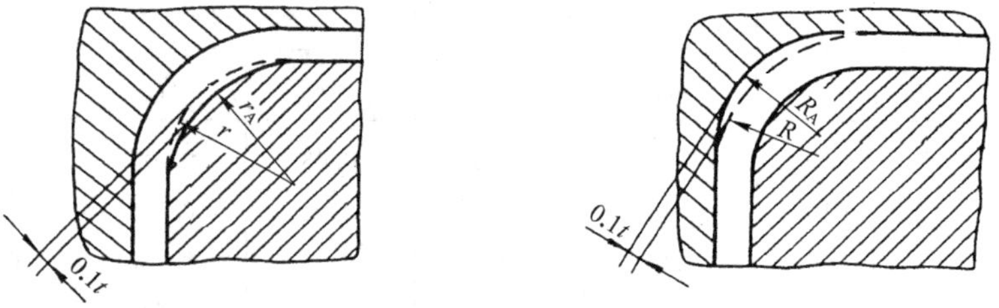

图 1-5-18 盒形拉深模转角部位间隙

(a) 拉深件外形有要求，修正凸模 r 至 r_A，增大角部间隙；
(b) 拉深件内形有要求，修正凹模 R 至 R_A，增大角部间隙

多次拉深时，末次拉深和前几次拉深的凸、凹模间隙也有所区别。最后一道拉深工序应取较小的间隙值。拉深模双面间隙 z 和间隙系数 n 见表 1-5-43。

表 1-5-43 拉深模间隙 z 和间隙系数 n

间 隙 z (mm)				
$z = 2(t_{max} + nt)$				
间 隙 系 数 n				
拉 深 工 序 数		材 料 厚 度 t (mm)		
		0.5~2	>2~4	>4~6
1	第一次	0.2(0)	0.1(0)	0.1(0)
2	第一次	0.3	0.25	0.2
	第二次	0.1(0)	0.1(0)	0.1(0)

（续表）

拉深工序数		材料厚度 t (mm)		
		0.5～2	>2～4	>4～6
3	第一次	0.5	0.4	0.35
	第二次	0.3	0.25	0.2
	第三次	0.1(0)	0.1(0)	0.1(0)
4	第一、二次	0.5	0.4	0.35
	第三次	0.3	0.25	0.2
	第四次	0.1(0)	0.1(0)	0.1(0)
5	第一、二、三次	0.5	0.4	0.35
	第四次	0.3	0.25	0.2
	第五次	0.1(0)	0.1(0)	0.1(0)

注：1. t_{max}—材料最大厚度(mm)。
2. 括弧内的数字适用于较精密拉深件。

（三）圆角半径

拉深凹模口部的圆角半径对材料在拉深过程的流动有很大影响。口部圆角半径过小时材料不易进入凹模，工件易拉裂。首次拉深时，若凹模口部圆角半径过大，压边的环形面积减小，材料过早脱离压边圈，材料易起皱，对拉深成形不利。拉深凹模口部圆角半径允许在试模时修正。凹模圆角半径的推荐值见表 1-5-44。

表 1-5-44　拉深凹模圆角半径　(mm)

D−d	材料厚度					
	≤1	>1～1.5	>1.5～2	>2～3	>3～4	>4～6
≤10	2.5	3.5	4	4.5	5.5	6.5
>10～20	4	4.5	5.5	6.5	7.5	9
>20～30	4.5	5.5	6.5	8	9	11
>30～40	5.5	6.5	7.5	9	10.5	12.5
>40～50	6	7	8	10	11.5	14
>50～60	6.5	8	9	11	12.5	15.5
>60～70	7	8.5	10	12	13.5	16.5
>70～80	7.5	9	10.5	12.5	14.5	18
>80～90	8	9.5	11	13.5	15.5	19
>90～100	8	10	11.5	14	16	20
>100～110	8.5	10.5	12	14.5	17	20.5
>110～120	9	11	12.5	15.5	18	21.5
>120～130	9.5	11.5	13	16	18.5	22.5
>130～140	9.5	11.5	13.5	16.5	19	23.5
>140～150	10	12	14	17	20	24
>150～160	10	12.5	14.5	17.5	20.5	25

拉深凹模圆角半径也可按下式计算确定：

$$R_{凹}=0.8\sqrt{(D-d)t}$$

式中　$R_{凹}$——首次拉深时的凹模圆角半径(mm)；
D——毛坯直径(mm)；
d——首次拉深时的工件尺寸(中径)(mm)；
t——毛坯厚度(mm)。

在以后的各次拉深中，凹模圆角半径应逐渐减小。一般后次拉深的凹模圆角半径按前次数值的 0.6～0.9 倍选取。

带凸缘圆筒形件拉深，末次拉深凹模圆角半径即为拉深件凸缘处圆角半径。工件要求半径较小时，应通过整形达到工件要求。

拉深凸模的圆角半径按以下方法确定：除最末一次拉深外，在其余各次拉深中，凸模圆角半径按凹模圆角半径的 0.6～1(通常取 0.8)倍确定；末次拉深时，凸模圆角半径应尽可能与工件的圆角半径相等。工件要求的圆角半径很小时，可先用较大的半径拉深，再通过整形来获得。

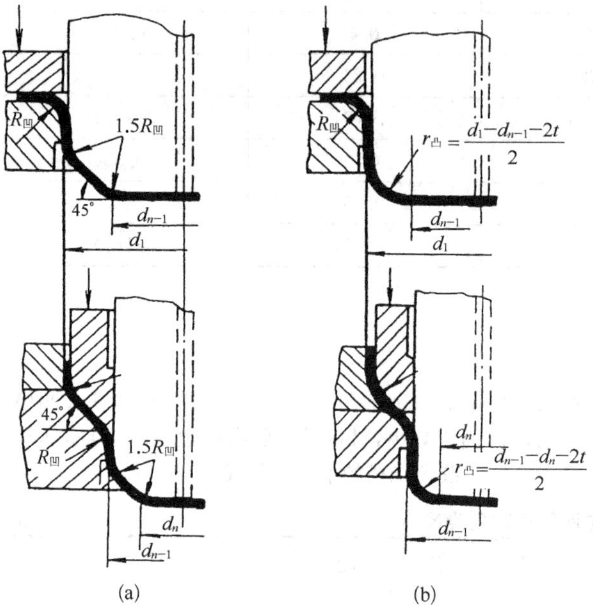

图 1-5-19　凸模与凹模圆角半径的相互关系

(a) 适用于非圆形件和尺寸较大的圆筒形件；
(b) 适用于带凸缘和尺寸较小的圆筒形件

(四) 底部形状和排气孔

多次拉深时，为了便于后次拉深成形，可以在前次拉深件的底部形成与后次拉深尺寸相应的过渡形状。凸模底部常采用斜面和圆角过渡，其形状和尺寸关系见图 1-5-19。

拉深凸模应设置气孔，便于成形和脱件。气孔的设置方法见图 1-5-20，气孔的尺寸见表 1-5-45。在带料连续拉深过程中，当凸模直径很小时，也可以不设气孔。

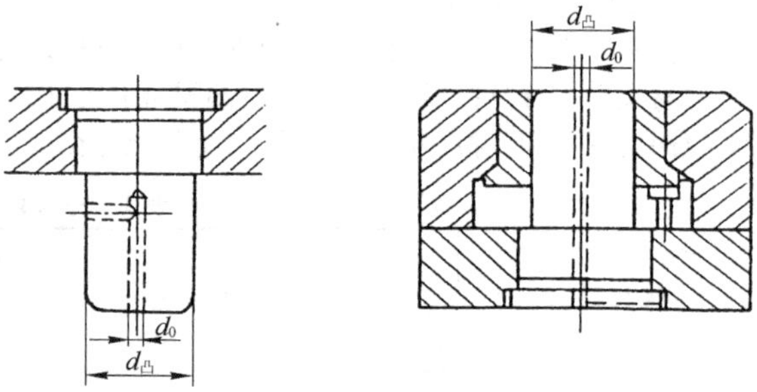

图 1-5-20　拉深凸模气孔

表 1-5-45　拉深凸模气孔尺寸　　(mm)

凸模直径 $d_凸$	≤50	>50～100	>100～200	>200
气孔直径 d_0	5	6.5	8	9.5

(五) 凸、凹模常用材料

拉深凸模、凹模、压边圈在拉深过程中易磨损，压边圈一般采用 T10A(54～58 HRC)或 45 钢(43～48 HRC)，GB/T 14662—2006 推荐的拉深模凸、凹模材料及硬度见表 1-5-46。

表 1-5-46　拉深模凸、凹模材料及硬度

冲件与冲压工艺情况	材　　料	硬　度	
		凸　模	凹　模
一般拉深	T10A	56～60 HRC	58～62 HRC
形状复杂	Cr12、Cr12MoV	58～62 HRC	60～64 HRC
大批量	Cr12MoV、Cr4W2MoV	58～62 HRC	60～64 HRC
	YG10、YG15	≥86 HRA	≥84 HRA
	超细硬质合金		

（续表）

冲件与冲压工艺情况	材　料	硬　度	
		凸　模	凹　模
变薄拉深	Cr12MoV	58～62 HRC	
	W18Cr4V、W6Mo5Cr4V2、Cr12MoV		60～64 HRC
	YG10、YG15	≥86 HRA	≥84 HRA

八、拉深模结构

（一）单工序拉深模

图 1-5-21 为圆筒形件首次拉深模，常用倒装形式，凸模 12 和压边圈 11 在下模部分。首次拉深时压边圈常为平面形式，毛坯被置于压边圈的凹槽内，不能偏移，凹槽的深度应小于毛坯厚度。初始状态时的压边力可以通过螺母 20 来调整。凸模上开设排气孔，压边圈下行时，不能封堵气孔。拉深件通过打杆 1 和推板 9，从凹模 8 中推出。根据拉深件高度和凹模 8 厚度尺寸的变化，也可以不设置中垫板 7。

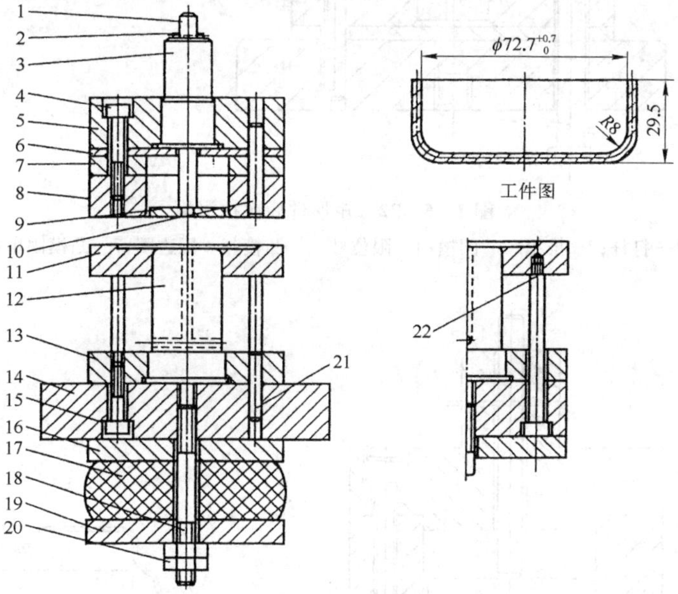

图 1-5-21　无凸缘圆筒形件拉深模

1—打杆；2—挡环；3—模柄；4、15—螺钉；5—上模座；6—垫板；7—中垫板；8—凹模；9—推板；10、21—圆柱销；11—压边圈；12—凸模；13—凸模固定板；14—下模座；16、19—托板；17—橡胶板；18—螺栓；20—螺母；22—卸料螺钉

根据模具的闭合程度，可以拉深不带凸缘或留有凸缘的圆筒形件。

图 1-5-22 所示为矩形件后次拉深模。压边圈 6 的外形尺寸与前次拉深毛坯的内形尺寸相应，压边圈的端部形状与前次拉深毛坯的内形底部形状一致，拉深前毛坯套在压边圈上。限位柱 4 对称均布，调整限位柱的长度可控制压边圈端部与拉深凹模圆角处的间距达到合理状态。拉深凸模上开有排气孔，气孔直径见表 1-5-45。压边圈的压力由装在下模部分的弹顶器产生（图 1-5-21）。上模的刚性打杆中安装弹簧，使推件更平稳。

模具完全闭合时，压边圈和凸模固定板 7 之间应留有一定的安全距离，防止其间有异物或封堵住排气孔。

拉深件高度较大时，要确保压力机行程的上死点能取出拉深件。因此，宜选择行程较大的压力机，参见第二章图 1-2-14。

图 1-5-23 则为阶梯形件后次拉深模，其基本结构形式与图 1-5-22 相同。首次拉深得到的毛坯底部带有较大的圆角。毛坯套在压边圈上。拉深凹模 6 口部的 R 与拉深毛坯相吻合。拉深一定深度后，形成底部筒形尺寸，继而形成阶梯间的过渡形状，最终形成带凸缘的阶梯形拉深件。

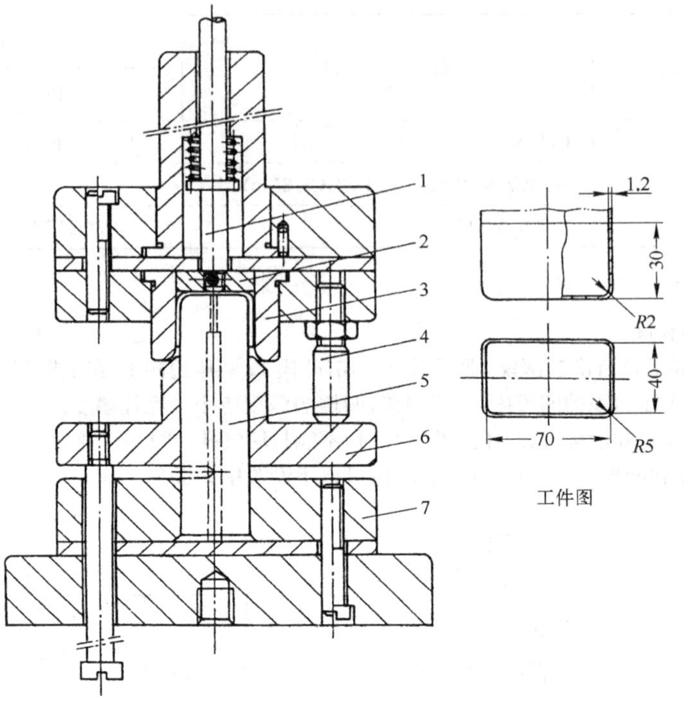

图 1-5-22　矩形件后次拉深模

1—打杆；2—推板；3—凹模；4—限位柱；5—凸模；6—压边圈；7—凸模固定板

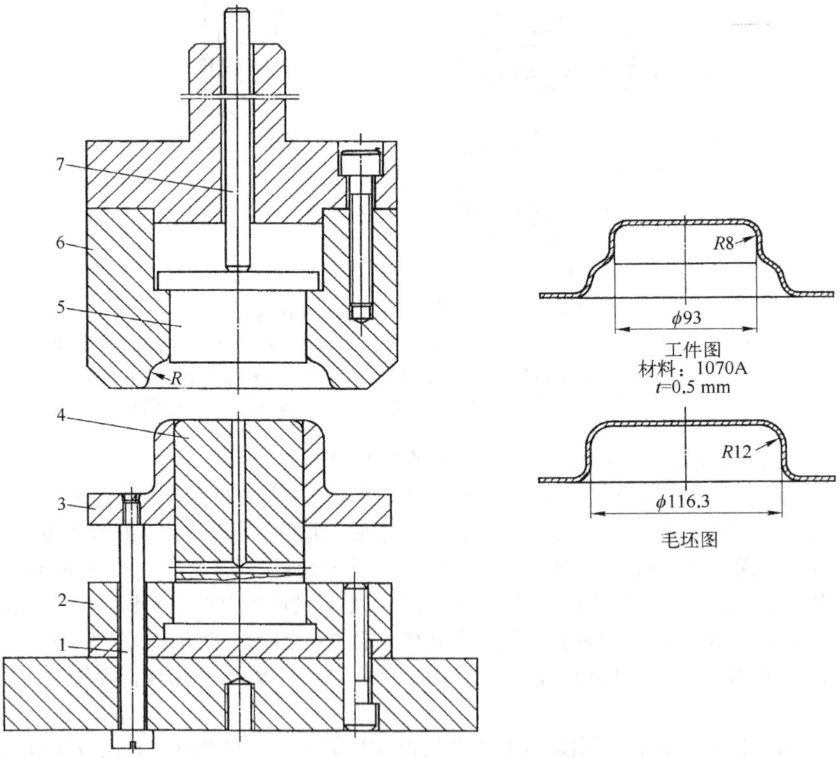

图 1-5-23　阶梯形件后次拉深模

1—螺钉；2—凸模固定板；3—压边圈；4—末次拉深凸模；5—推件块；6—拉深凹模；7—打杆

图 1-5-24 为反拉深模。反拉深时工件按照与前次拉深相反的方向进行拉深。通过反拉深可以将毛坯的外表面翻到内表面,内表面翻成外表面,有利于相互抵消拉深形成的残余应力,有利于成形。反拉深时,材料与凹模圆角部位的接触面大,材料流动阻力也大。

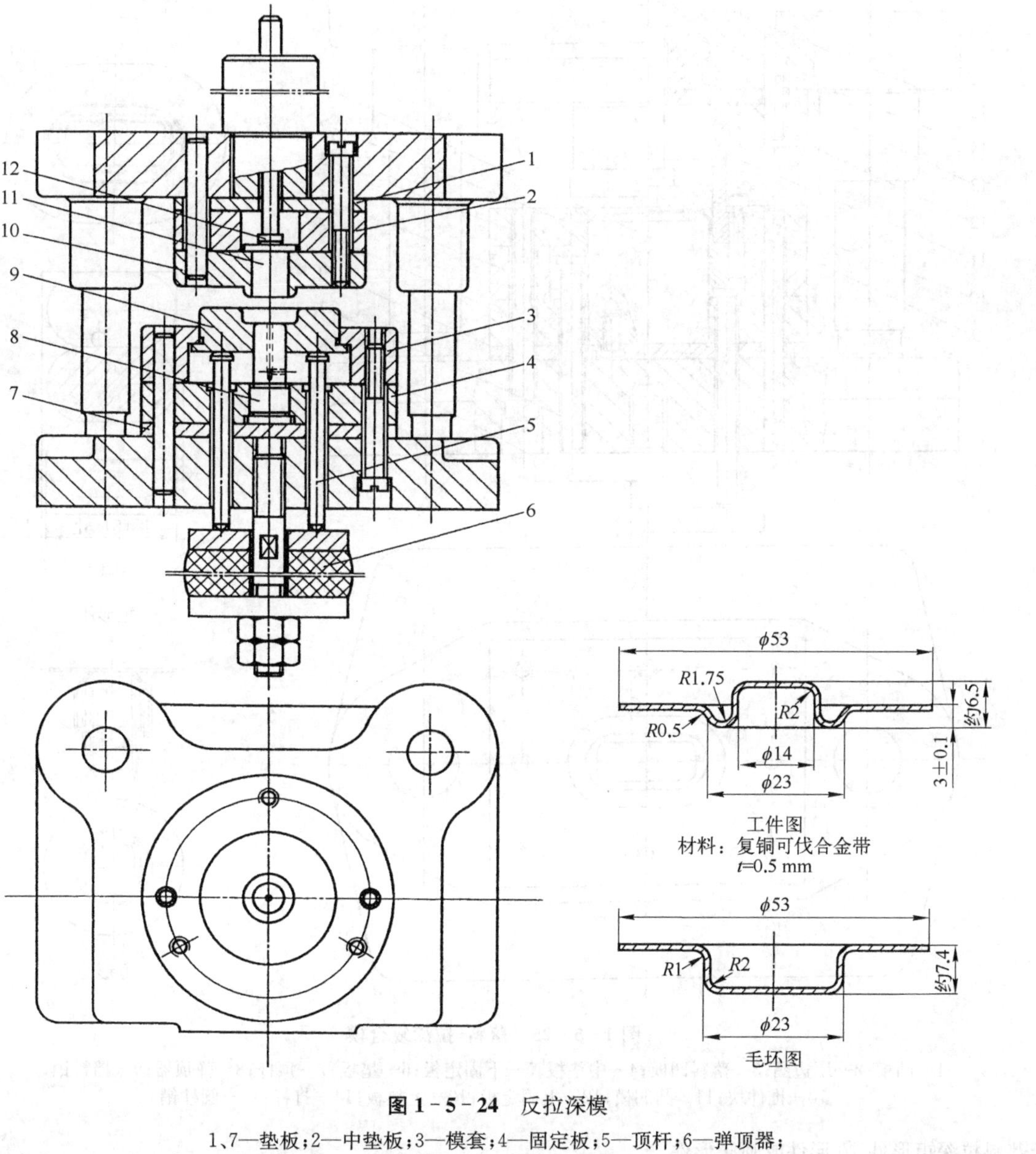

图 1-5-24 反拉深模

1、7—垫板;2—中垫板;3—模套;4—固定板;5—顶杆;6—弹顶器;8—反向拉深凸模;9—压边圈;10—反向拉深凹模;11—推件块;12—打杆

毛坯被置于压边圈 9 中准确定位,模具闭合时,拉深凸模 8 与拉深凹模 10 反拉深形成拉深件中心部位形状,达到相应的尺寸要求,并由推件块 11 从上模中推出。

(二) 复合拉深模

图 1-5-25 为落料-拉深复合模。由落料凹模 3 和凸凹模 11 首先完成落料工序。模具继续闭合,由拉深凸模 1 和凸凹模 11 完成拉深。压边圈 2、顶杆 7 和弹顶器 8 构成压边装置。拉深件由推件块 10、打杆 14 从凸凹模 11 中推出。选择厚度合适的中垫板 4,可使压边圈 2 有一个上下活动距离,满足拉深成形的需要。

拉深凸模 1 的工作端应低于落料凹模 3 的刃口平面不小于一个材料厚度,确保先落料后拉深。

落料排样采用少、无废料形式。落料后边框废料局部自行分离。因此,不需用卸料板。该模具结构可以被用

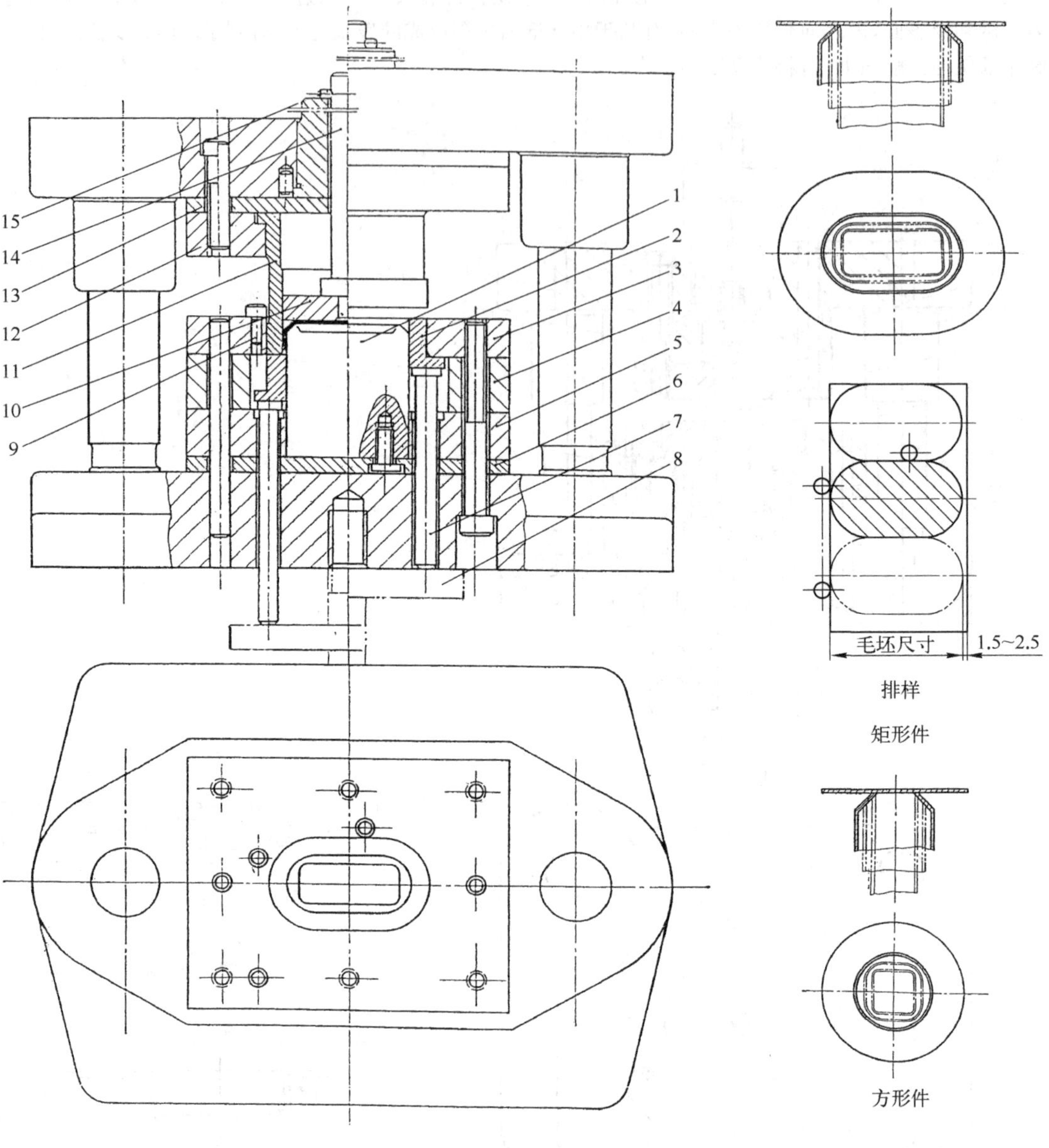

图 1-5-25 落料-拉深复合模

1—凸模;2—压边圈;3—落料凹模;4—中垫板;5—下固定板;6—垫板;7—顶杆;8—弹顶器;9—挡料销;10—推件块;11—凸凹模;12—上固定板;13—上垫板;14—打杆;15—圆柱销

于落料拉深矩形件、方形件或圆筒形件。

图 1-5-26 为落料-拉深-冲孔复合模。落料凹模 10 与凸凹模 4 首先完成落料工序。凸凹模 4 又是拉深凹模,与凸凹模 2 完成拉深工序。凸凹模 2 又作为冲孔凹模,在拉深结束后与冲孔凸模 8 完成冲孔工序。冲孔废料由上向下落至接料板 11,然后从排出槽推出。漏料孔和排出槽的结构形式参见本篇第三章表1-3-52。工件拉深冲孔后,由推件块 5 从凸凹模 4 中推出。边框废料由弹压卸料板 9 从落料凸模上卸下。由于推件块在凸凹模 4 中的活动距离有限,因此模具的闭合深度应予控制。图示状态为模具已处于对拉深件底部整形的瞬间。

推板 7 位于上模座内。由于模座厚度有限,因此推板 7 的上下活动范围也就受到限制。拉深件的高度应与之相适应。拉深件底部冲孔位置如果不在中心部位,则位于模柄中心的推杆可以直接推动推件块 5,不再需要设计推板 7 和连接推杆 6,上模座结构尺寸上的矛盾可以大为减小。

落料和冲孔的刃口修磨后,应保证合理的高度差,确保先落料、再拉深、最后冲孔。

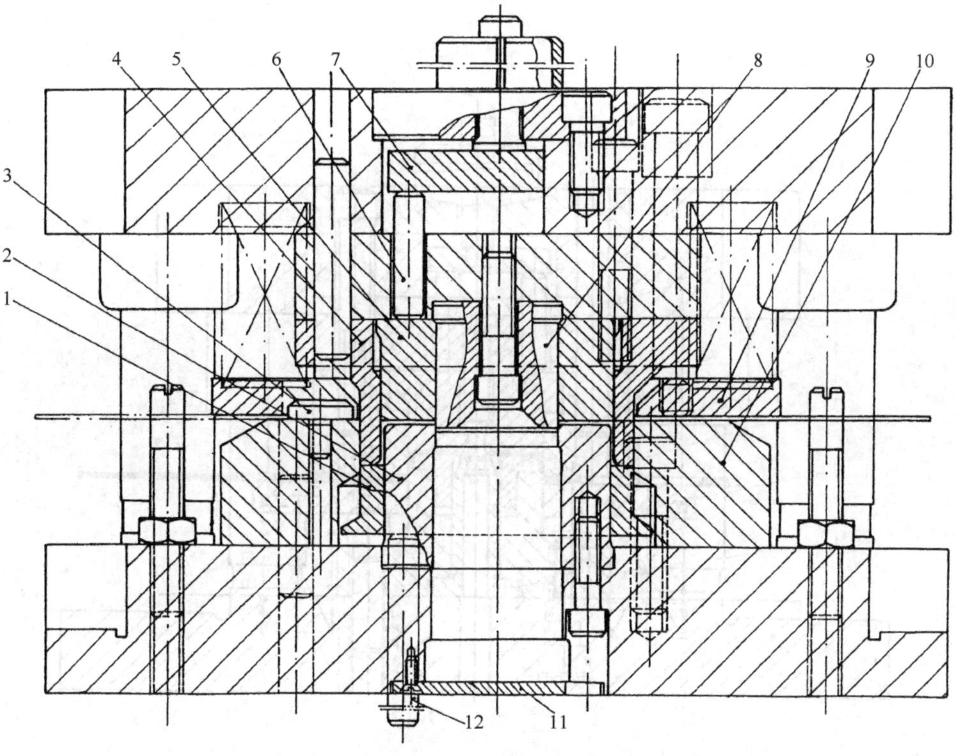

图 1-5-26 落料-拉深-冲孔复合模

1—压边圈；2、4—凸凹模；3—挡料销；5—推件块；6—连接推杆；7—推板；
8—冲孔凸模；9—弹压卸料板；10—落料凹模；11—接料板；12—顶杆

图 1-5-27 为拉深-挤边-冲孔复合模，其有如下特点：① 工件拉深高度较小，由拉深凸模 5、拉深凹模 3 完成拉深，达到工件高度要求。拉深凸、凹模间隙按一般拉深间隙选取。② 模具继续闭合时，由挤边凸模 4 和拉深凹模 3 挤边，挤边凸模 4 与拉深凹模 3 的间隙参照 $\frac{H7}{h6}$ 选取，使工件与材料分离。③ 由冲孔凸模 6 和冲孔凹模 1 完成冲孔工序，并在模具完全闭合时压出工件底部凹形槽。

（三）连续拉深模

图 1-5-28 为整带料连续拉深模。在第一步拉深处设有单独的弹压板 11。第二步为空步，由弹性浮动的导头 8 定位。经第三、四、五工位拉深后，在第六、七工位上拉深成阶梯形。在第八工位上完成底部成形。浮动凹模 17 在弹簧座的支承下可浮动，支承力必须够，以便形成底部形状。护套 4 对小凸模 3 起保护作用。在第九个工位上，导头 19 导正工件后由落料凸模将工件从带料上分离下来。为使带料顺利送进，在各拉深工位上都设置弹性顶杆。为了便于维修和调整，最后两道拉深凸模用螺钉直接固定在上模部分。在落料工位上，落料凸模为快换形式，落料凹模底部设置垫圈，被用于调整落料凹模刃磨后的相对高度不变。

图 1-5-29 为带料切口连续拉深模。冲压顺序是：切口—拉深 ϕ7.8 圆形—成形六方形—底部成形—冲孔 ϕ2—冲孔 3×ϕ1.6—落料(见工序图)。符合连续拉深模工步安排的原则：切口(切槽)在前，拉深、成形工序中间，成形部位冲孔、切凸凹形偏后，切断或落料最后。

该模具有如下特点：① 带料由切口凸模 8 切口后，便于材料流动和拉深成形。② 拉深 ϕ7.8 圆形时，采用压边圈 10 压边，防止凸缘起皱。③ 由顶杆 14、15、16 和相应的弹簧形成弹性托料，有利于拉深和底部成形，并能使成形后条料顺利送进。④ 凹模采用镶拼结构，由凹模框 19、20 紧固，便于调整步距和维修。⑤ 采用双侧刃 9 定距。

图 1-5-30 为带料切槽自动送料连续拉深模。带料由切槽凸模 14、切槽凹模 21 切槽，便于后续拉深成形 ϕ27.08圆形部分。件 12 同时起卸料和压边作用，件 23 起托料弹顶作用，件 10 是两个成形 2 位上的压料板。拉深凹模 22、落料凹模 25 采用硬质合金镶拼结构。采用夹刃式自动送料机构，上模下行时，斜楔 6 推动滚轮 28、滑座 29 和拉料钉 5，带动带料向左移动，实现送料。送料步距由斜楔控制。上模回程时，弹簧 31 使件 5、28、29 复位。此时，压料爪 2、16 卡紧条料，防止条料右移。

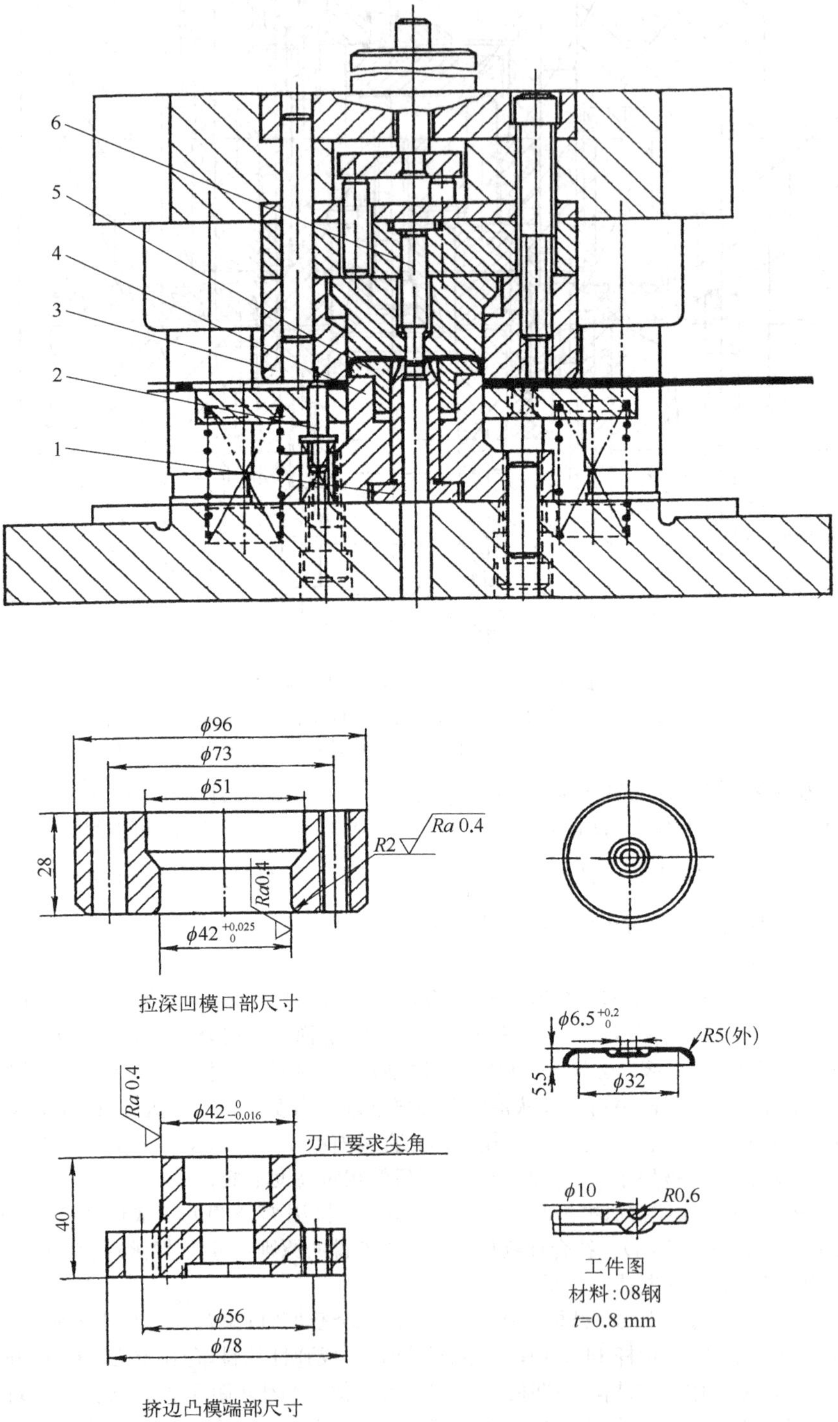

图 1-5-27 拉深-挤边-冲孔复合模

1—冲孔凹模;2—挡料销;3—拉深凹模;4—挤边凸模;5—拉深凸模;6—冲孔凸模

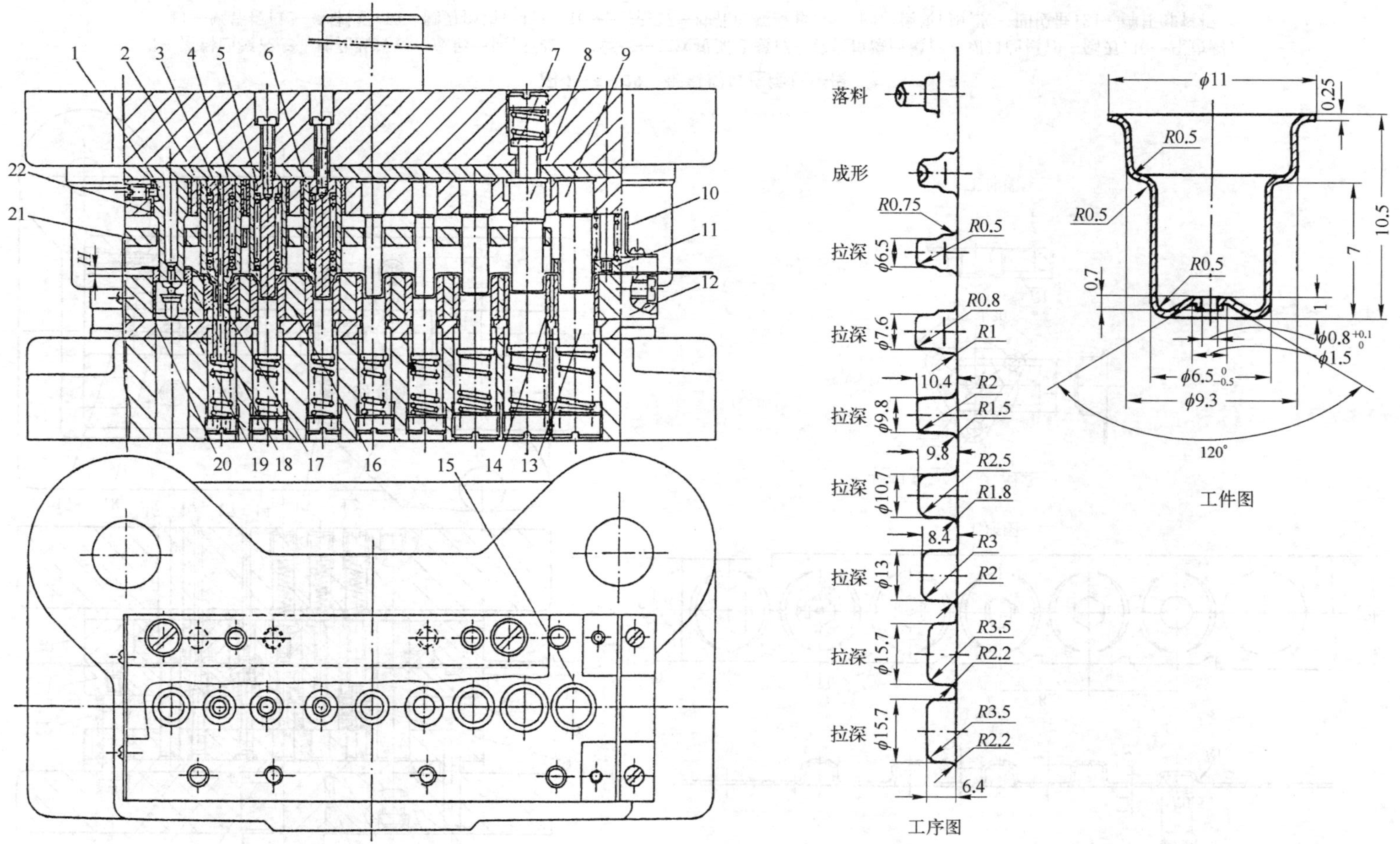

图 1-5-28　整带料连续拉深模

1—落料凸模；2—成形凸模；3—小凸模；4—护套；5、9—拉深凸模；6—弹性压圈；7、13—顶杆；8、19—导头；10—护板；11—弹压板；12—镶块；14—定位套；15—拉深凹模；16—固定板；17—浮动凹模；18—落料凹模；20—垫圈；21—固定卸料板；22—镶套

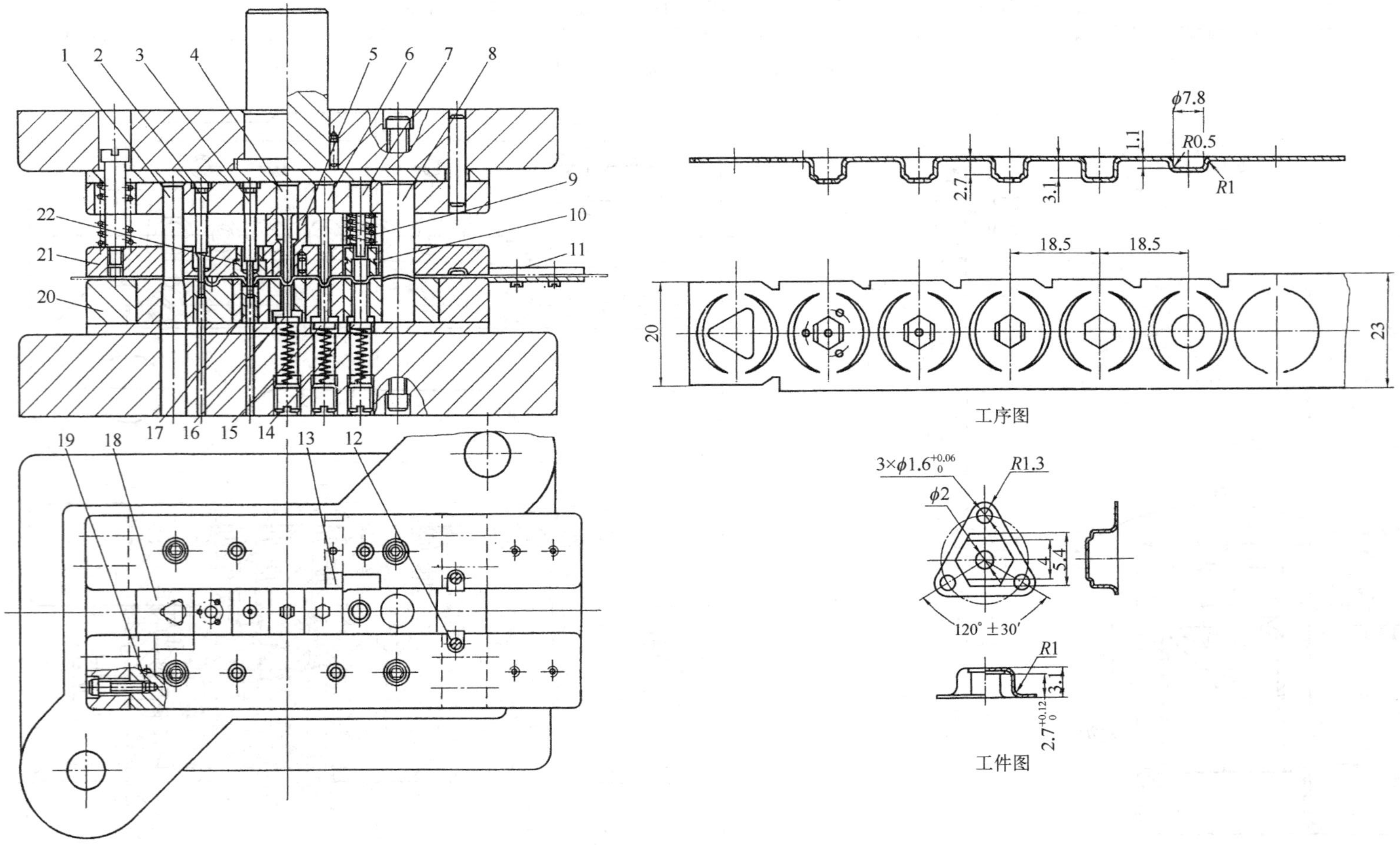

图 1-5-29 带料切口连续拉深模

1—落料凸模；2、3—冲孔凸模；4—成形凸模；5、22—护套；6—二次拉深凸模；7—首次拉深凸模；8—切口凸模；9—侧刃；10—压边圈；11—侧导板；12—刮料板；13—侧刃挡块；14、15、16—顶杆；17—冲孔凹模镶套；18—凹模镶块；19、20—凹模框；21—弹压卸料板

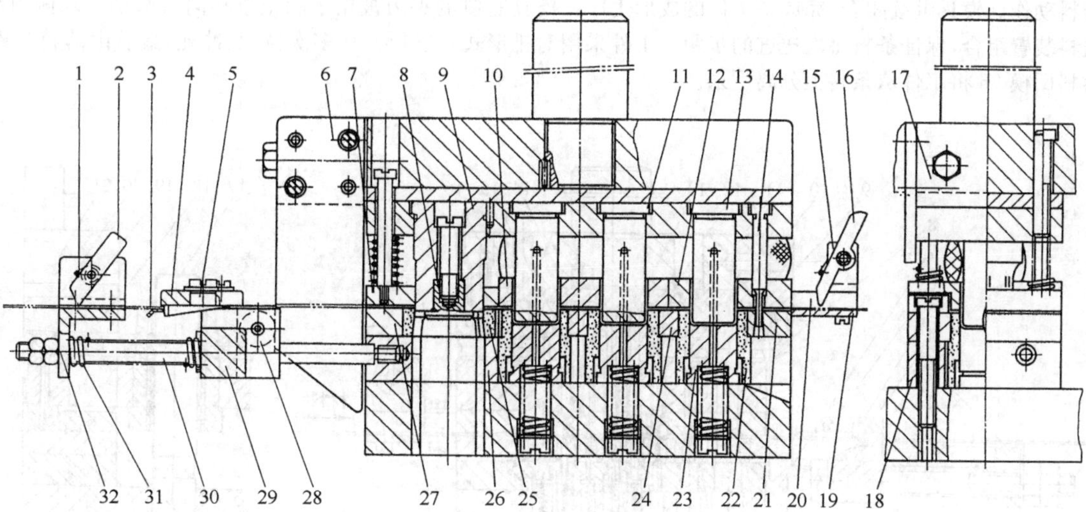

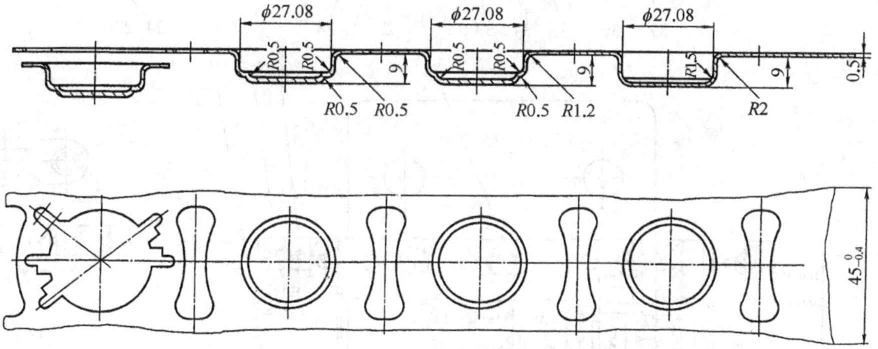

工序图

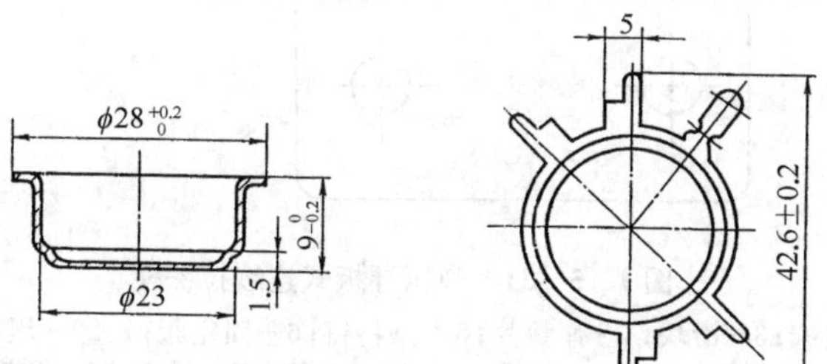

工件图

材料：H62M

t=0.5 mm

图 1-5-30　带料切槽自动送料连续拉深模

1、15—角铁座；2、16—压料爪；3—弹簧片；4—拉料钉固定板；5—拉料钉；6—斜楔；7—弹压卸料板；8—导正销；9—落料凸模；10、12—弹性压料板；11—成形凸模；13—拉深凸模；14—切槽凸模；17—斜楔固定板；18—左右垫块；19—承料板；20—侧面导料板；21—切槽凹模；22—拉深凹模；23—顶件块；24—凹模固定板；25—落料凹模；26—凹模垫板；27—落料凹模固定板；28—滚轮；29—滑座；30—螺杆；31—复位弹簧；32—承料角铁座

图 1-5-31 为弹压导板式连续拉深模。采用弹压导板模架，可减小压力机对模具精度的影响。模具在闭合过程中，斜楔 8 推动滑块 3 向左运动。装在滑块上的弹簧片 4 和拉料钉 5 钩住条料上的废料孔向左移动一步，完成送料动作。模具继续闭合，完成各工位的成形工序。模具右侧的夹刃被用于制止条料向右滑动。双侧刃与自动送料装置组合，保证条料每次送进的步距。工件采用对排形式，经过切口、多次拉深、冲孔，最后由落料凸模 10 和落料凹模 36 将工件从条料上分离下来。

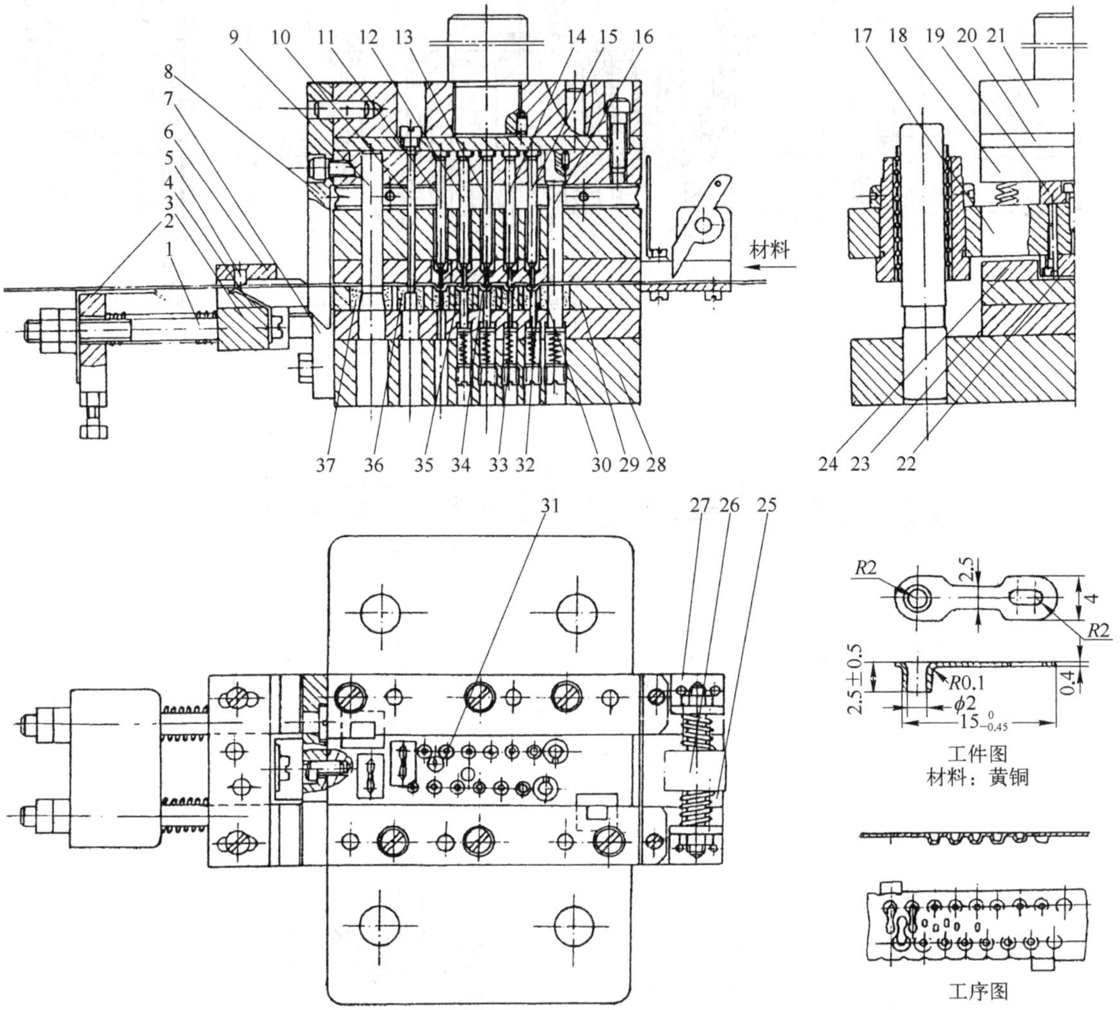

图 1-5-31　弹压导板式连续拉深模

1—导向杆；2、27—支架；3—滑块；4—弹簧片；5—拉料钉；6—固定板；7、22—压板；8—斜楔；9—侧刃；10—落料凸模；11—冲孔凸模；12～15—凸模；16—切口凸模；17—导板；18—凸模固定板；19—限位块；20、23—垫板；21—上模座；24—导料板；25—承料板；26—夹刃；28—下模座；29—组合凹模固定板；30—切口凹模；31—冲孔凹模；32～35—拉深凹模；36—落料凹模；37—侧刃凹模

（四）其他拉深模

图 1-5-32 为两层凹模变薄拉深模，其有如下特点：上、下模均采用通用模座，凸模 7 由件 8、9 紧固，凹模 4、5 由件 12 紧固，可快速更换；凹模采用两层结构，两凹模须保持较高的同心度和平行度。采用两层凹模时，壁厚的减薄量上模一般占 20%左右，下模占 80%左右（三层凹模结构，上模占 25%左右，中模占 35%左右，下模占 40%左右）。卸件板为分体形式，变薄拉深结束时在弹簧和件 2 内锥面的作用下紧贴于拉深凸模 7 的上部，凹模回升时变薄拉深件从凸模上卸下，不同形式的卸件装置见图 1-5-33。

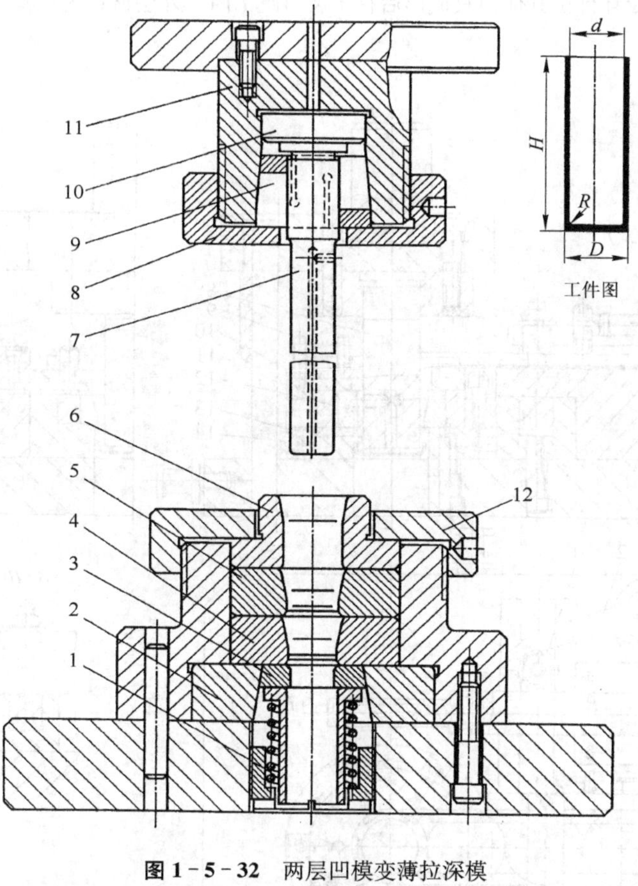

图 1-5-32　两层凹模变薄拉深模

1—导料筒；2—锥形孔垫块；3—卸件板(分体式)；4—下凹模；5—上凹模；6—定位圈；7—凸模；8—锁紧压套；9—锥形夹套；10—垫块；11—凸模座；12—锁紧压板

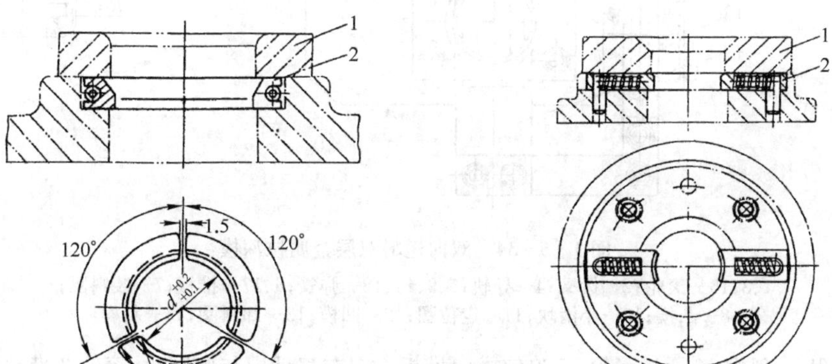

图 1-5-33　卸件装置形式

(a) 分体式卸件板，适用于圆形件；(b) 卸件板可按拉深件的形状设置

1—凹模；2—卸件板

图 1-5-34 为双向送料双层金属拉深模。工件为双层金属拉深件，外层材料为黄铜 H62、厚 0.5 mm，内层是 08 钢、厚 1.5 mm。内层坯件由其他模具成形后存于装料匣 7 内。外层材料先在模具内落料，再送进到拉深凹模处。

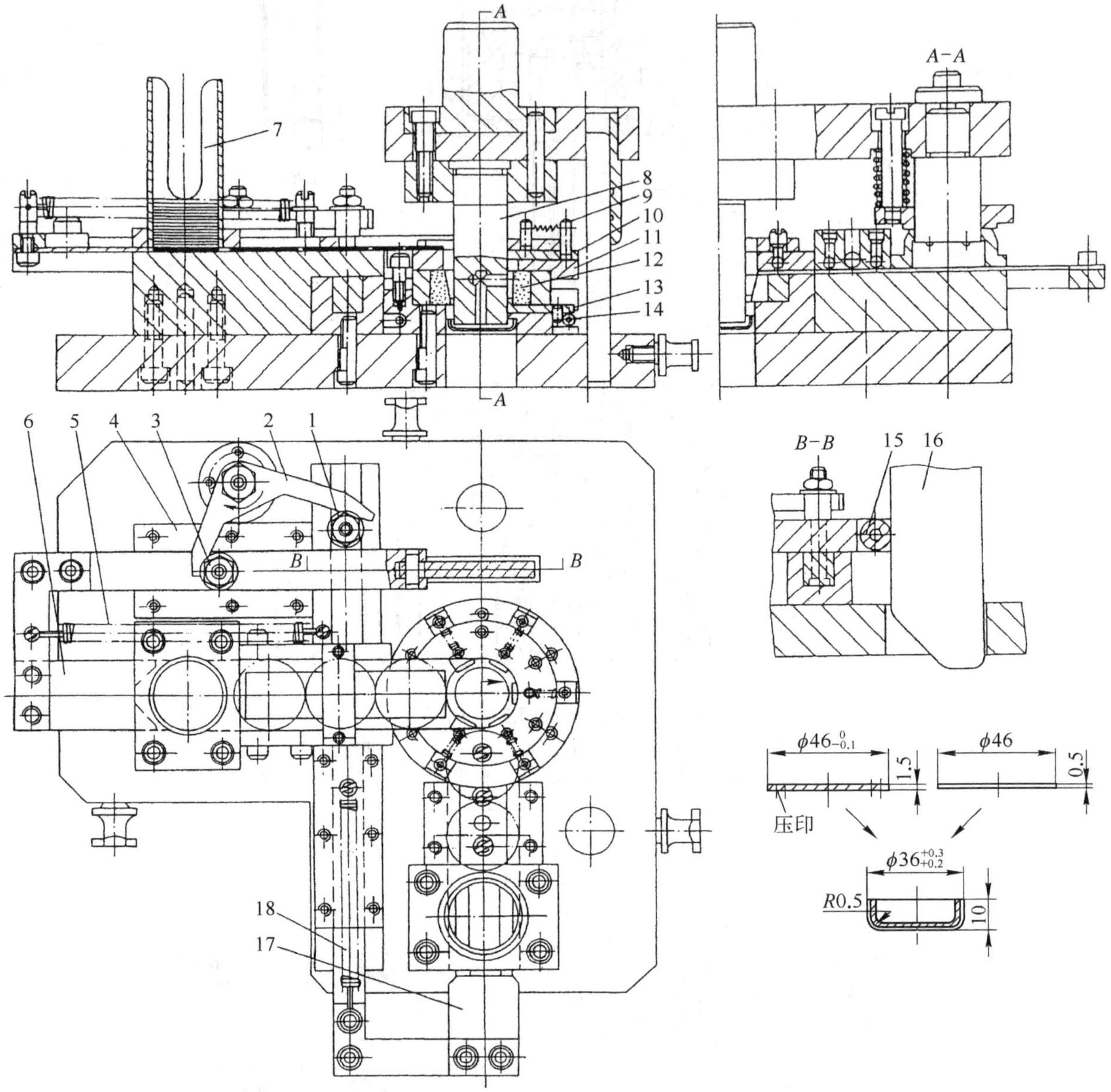

图 1-5-34 双向送料双层金属拉深模

1、3、15—滚轮；2—拨叉；4—导轨；5、9、14、18—弹簧；6、17—推板；7—装料匣；8—凸模；10—小滑块；11—定位圈；12—凹模；13—卸料圈；16—斜楔

模具闭合过程中，斜楔 16 通过滚轮 15 迫使横向推板 6 向左移动。与此同时，滚轮 3 带动拨叉 2 顺时针转动，迫使纵向推板 17 向外移动。上模回程时，拉簧 5 和 18 分别使横向推板 6、纵向推板 17 复位，将坯件推至拉深工位上。有区别的是横向推板和纵向推板平面高度不同，落料后的外层坯件由纵向推板 17 直接依次推到拉深凹模平面上，而内层坯件被推到小滑块 10 的平面上。模具闭合过程中，拉深凸模 8 推动内层钢片坯件向下，迫使小滑块向外张开，坯件落入定位圈 11 内，与拉深凹模平面上的外层坯件贴合。拉深凸模继续下行，使工件拉深成形，并由弹性卸料圈将工件从凸模上卸下。

九、拉深辅助工序

拉深辅助工序包括润滑、退火、酸洗。

拉深时润滑剂应涂抹在凹模圆角部位和压边面部位，以及与这些部位相接触的毛坯表面，以便在两者之间形成良好的润滑膜。良好的润滑能提高变形程度和拉深件质量，并能延长模具寿命。拉深低碳钢用的润滑剂见表1-5-47。拉深有色金属及不锈钢用的润滑剂见表1-5-48。低碳钢变薄拉深采用磷化和皂化处理，可获得良好的效果。

表1-5-47 拉深低碳钢用的润滑剂

简称号	润滑剂成分	含量(质量%)	说明	简称号	润滑剂成分	含量(质量%)	说明
5号	锭子油 鱼肝油 石墨 油酸 硫黄 钾肥皂 水	43 8 15 8 5 6 15	可得到最好的效果，硫黄应以粉末状加进去	10号	锭子油 硫化蓖麻油 鱼肝油 白垩粉 油酸 苛性钠 水	33 1.6 1.2 45 5.5 0.7 13	润滑剂很容易去掉，被用于单位压力大的拉深件
6号	锭子油 黄油 滑石粉 硫黄 酒精	40 40 11 8 1	硫黄应以粉末状加进去	2号	锭子油 黄油 鱼肝油 白垩粉 油酸 水	12 25 12 20.5 5.5 25	该润滑剂比以上几种略差
9号	锭子油 黄油 石墨 硫黄 酒精 水	20 40 20 7 1 12	将硫黄溶于温度约160℃的锭子油内。其缺点是保存太久会分层	8号	钾肥皂 水	20 80	将肥皂溶于温度为60～70℃的水内被用于半球形及抛物线形工件的拉深
					乳化液 白垩粉 焙烧苏打 水	37 45 1.3 16.7	可溶解的润滑剂，加3%的硫化蓖麻油后可改善润滑作用

表1-5-48 拉深有色金属及不锈钢用的润滑剂

工件材料	成分及方法
铝	植物油(豆油)、工业凡士林
硬铝	植物油乳浊液
纯铜、黄铜、青铜	菜油或肥皂与油的乳浊液(将油与浓的肥皂水溶液混合)
镍及其合金	肥皂与油的乳浊液
2Cr13不锈钢、1Cr18Ni9Ti不锈钢、耐热钢	用氯化乙烯漆(G01-4)喷涂板料表面，拉深时另涂机油

退火的目的是消除拉深过程中产生的内应力及冷作硬化，包括中间退火和成品退火。不经中间退火所能完成的拉深工序次数见表1-5-49。低温(再结晶)退火是常用的中间退火方法，可以消除硬化，恢复塑性，其加热温度见表1-5-50。高温退火的软化效果较好，其规范见表1-5-51。

表1-5-49 不经中间退火所能完成的拉深工序次数

工件材料	08、10、15钢	铝	黄铜H68	纯铜	不锈钢1Cr18Ni9Ti	镁合金	钛合金
次数	3～4	4～5	2～4	1～2	1～2	1	1

表 1-5-50 低温(再结晶)退火温度

工件材料	加热温度(℃)	附 注	工件材料	加热温度(℃)	附 注
08、10、15、20 钢	600～650	在空气中冷却	镁合金 MB1、MB8	260～350	保温 60 min
纯铜 T1、T2	400～450	在空气中冷却	工业纯钛 TA1	500～600	在空气中冷却
黄铜 H62、H68	500～540	在空气中冷却	钛合金 TA5	550～650	在空气中冷却
铝	220～250	保温 40～45 min			

表 1-5-51 各种金属的退火规范

工件材料	加热温度(℃)	加热时间(min)	冷却
08、10、15 钢	760～780	20～40	在箱内空气中冷却
Q195、Q215 钢	900～920	20～40	在箱内空气中冷却
20、25、30、Q235 钢	700～720	60	随炉冷却
30CrMnSiA	650～700	12～18	在空气中冷却
1Cr18Ni9Ti	1 150～1 170	30	在气流中或水中冷却
纯铜 T1、T2	600～650	30	在空气中冷却
黄铜 H62、H68	650～700	15～30	在空气中冷却
镍	750～850	20	在空气中冷却
铝	300～350	30	250℃时在空气中冷却
硬铝	350～400	30	250℃时在空气中冷却

酸洗是退火的后续工序。退火、酸洗会延长生产周期，增加生产成本，应通过控制变形量、增加拉深次数等工艺方法，尽可能避免退火和酸洗。

十、拉深件质量分析

拉深件在变形过程中易产生起皱、局部变薄、开裂、零件口部或凸缘尺寸不一致、壁厚不均等质量问题，具体分析见表 1-5-52。

表 1-5-52 拉深件质量分析

质量问题	主要原因	解决措施
起皱	(1) 压边力不够，凸缘易起皱 (2) 凹模圆角半径过大，拉深最后阶段压边圈失去作用，拉深件口部易起皱，间隙大时更明显 (3) 锥形件、半球形件因压料力过小，处于凹模内悬空部分的材料易产生内皱 (4) 压边圈和凹模平面不平行，压边力不均匀，易产生单边起皱	(1) 增大压边力 (2) 减小凹模圆角半径和凸、凹模间隙 (3) 增加工艺余料，加大压边力或采用压料筋 (4) 调整压边圈和凹模的平行度
底部附近变薄或局部变薄	(1) 压边力过大，材料不易流动 (2) 凹模圆角半径过小 (3) 凸模圆角半径过小 (4) 拉深系数过小，变形程度太大	(1) 调整压边力，改善润滑条件 (2) 增大凹模圆角半径 (3) 增大凸模圆角半径 (4) 减小变形量，增加拉深工序
无凸缘拉深件高度不均匀或带凸缘拉深件凸缘宽度不均匀	(1) 毛坯定位不准确 (2) 凹模圆角半径不均匀 (3) 模具间隙不均匀或不合理 (4) 材料各向异性，流动不均匀	(1) 调整定位 (2) 修正圆角，调整材料流动阻力 (3) 调整间隙 (4) 选用成形性能较好的材料

（续表）

质量问题	主要原因	解决措施
拉深件底部不平整	(1) 拉深凸模无气孔或气孔过小堵塞 (2) 推件杆设计不当	(1) 增加气孔或扩大、疏通气孔 (2) 改良推件装置
壁部开裂或脱底	(1) 变形程度过大，材料流动困难，壁部受拉应力过大 (2) 凸缘严重起皱，影响材料均匀流动，导致局部变薄、开裂 (3) 底部变薄严重，承载能力不足	(1) 调整变形程度 (2) 防止起皱 (3) 防止局部严重变薄
变薄拉深件壁厚不均匀	(1) 凸、凹模间隙不均匀 (2) 凹模轴线垂直度偏差过大	(1) 调整间隙 (2) 提高模具精度
变薄拉深件口部发生皱纹	被用于变薄拉深的预拉深毛坯口部形状不规范，有皱褶	提高毛坯质量

第六章　成形模设计

成形是胀形、翻边(翻孔)、缩口、扩口与校平的总称。

一、胀形

胀形是通过毛坯厚度减薄和表面积增大的方式来达到零件几何形状和尺寸要求的一种冲压工序。常见的胀形方式有起伏成形和空心毛坯胀形。

(一) 起伏成形

毛坯或半成品局部产生凸凹变形,称为起伏成形。起伏成形通常包括压加强筋、压凸台及压制工件表面的其他凸凹浮雕形。起伏成形可以提高工件的刚度或达到工件表面其他成形要求。

起伏成形主要是依靠材料局部变薄来成形。一次成形的变形程度受材料伸长率的限制,常用截面材料长度的变化来表示(图 1-6-1):

$$\varepsilon=\frac{l_1-l}{l}\times100\%\leqslant0.75A$$

式中　l_1——变形区变形后沿截面的材料长度;

l——变形区变形前沿截面的材料长度;

A——材料单向拉伸的伸长率。

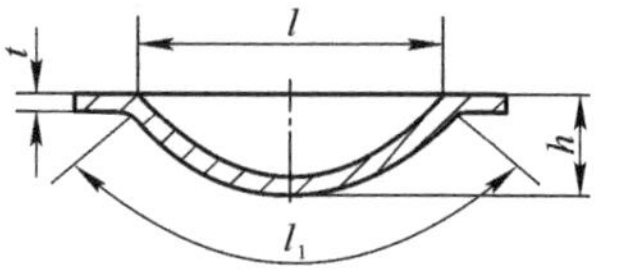

图 1-6-1　起伏成形时沿截面材料的变化

1. 压加强筋、凸台

通常采用推荐的形状和尺寸来控制压加强筋的变形程度,防止材料伸长过大而破裂,见表 1-1-62 和表 1-1-63。

压凸台时凸台的高度和相邻两凸台间的距离应控制,应避免凸台高度过大和相邻凸台间距过近时,变形量超过材料的极限伸长率,见表 1-1-64。

压凸台变形量超过 0.75A 时,采用两次成形的方法,先压成球状,再压成凸台,见图 1-6-2a;或在工件允许的情况下,先冲制一个较小的工艺孔,有利于中心部位的材料流动,增大凸台的高度,见图 1-6-2b。

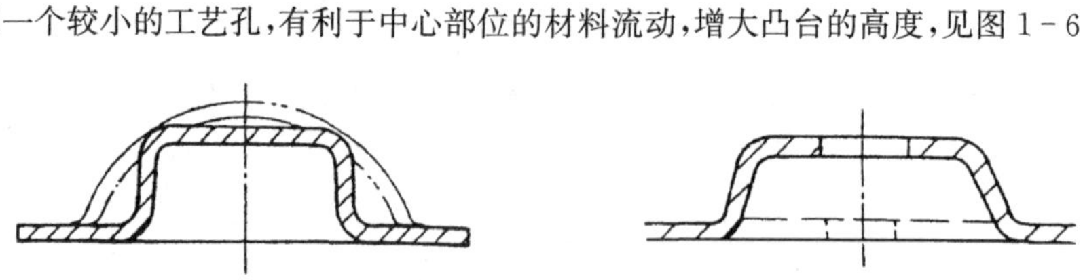

(a)　　(b)

图 1-6-2　增大压凸台高度的方法

(a) 两次成形;(b) 冲工艺孔

2. 膜片成形

膜片成形的材料一般较薄,变形区较集中。膜片成形时毛坯尺寸计算公式见表 1-6-1。

表 1-6-1　膜片成形毛坯尺寸计算公式

简　　图	计　算　公　式
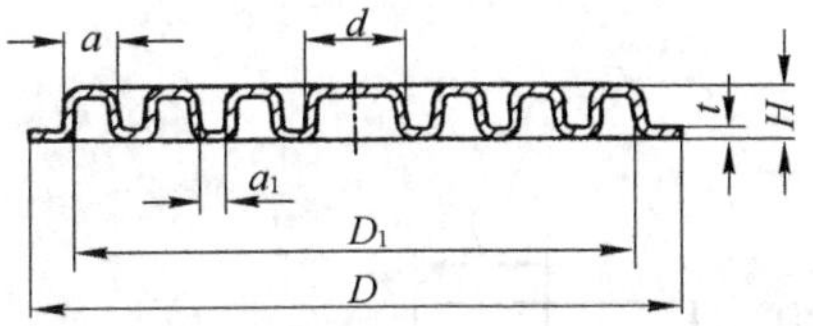	$D_0=\sqrt{\frac{t}{t_0}\{D^2+4H[(2n+1)D_1-2n(n+1)a-2n^2a_1]\}}$
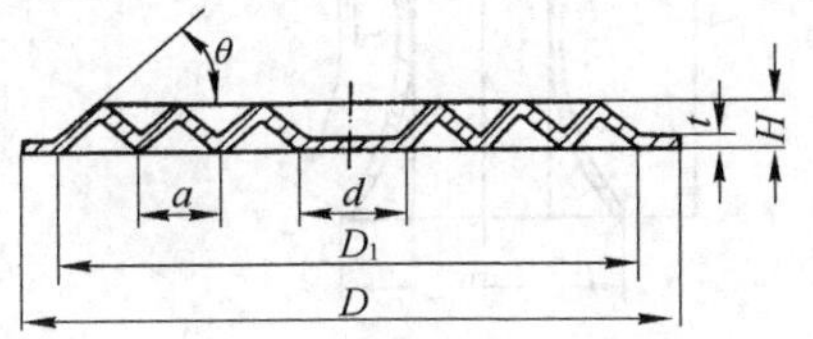	$D_0=\sqrt{\frac{t}{t_0}\left[D^2-D_1^2+d^2+\frac{8H}{\sin\theta}(nD_1-n^2a)\right]}$
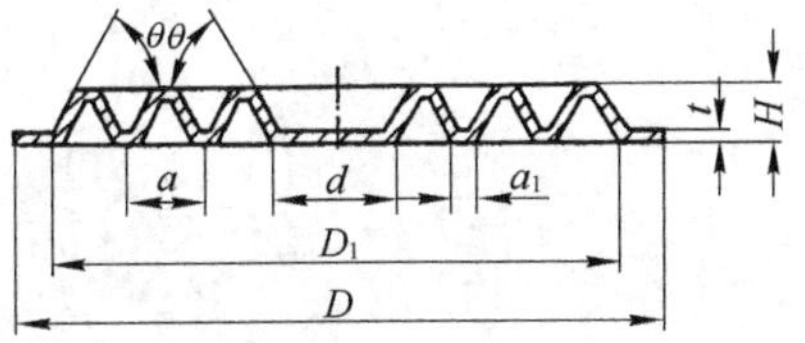	$D_0=\sqrt{\frac{t}{t_0}\left\{D^2-D_1^2+d^2+\frac{8H}{\sin\theta}[nD_1-n^2a-n(n-1)a_1]+4(2n-1)a_1[D_1-na-(n-1)a_1]\right\}}$
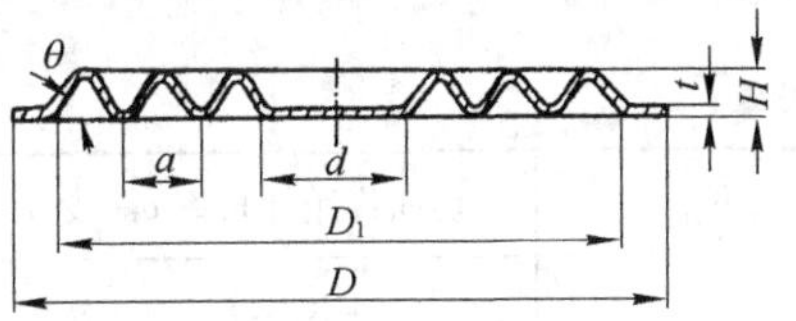	$D_0=\sqrt{\frac{t}{t_0}\left[D^2-D_1^2+d^2+16(nD_1-n^2a)\int_0^{\frac{\pi}{2}}\sqrt{1+\left(\frac{H}{2}\cos\theta\right)^2}\mathrm{d}\theta\right]}$
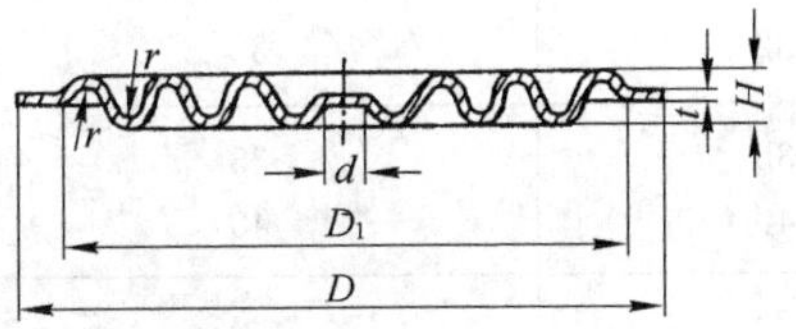	$D_0=\sqrt{\frac{t}{t_0}[D^2-D_1^2+d^2+8\pi r(nD_1-4n^2r)]}$
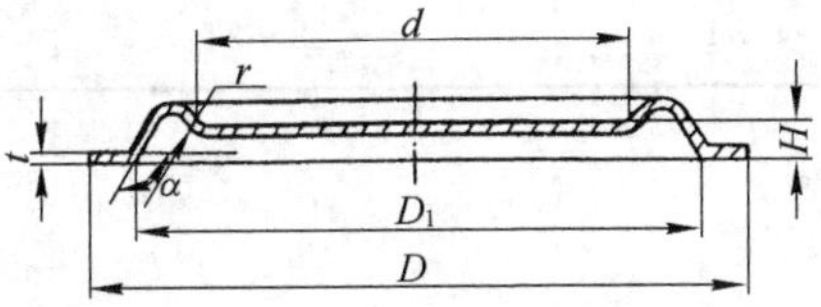	$D_0=\sqrt{\frac{t}{t_0}\left[D^2-D_1^2+d^2+8\pi r\frac{\alpha}{360}(D_1-2r)\right]}$

注：D_0、t_0 为毛坯的直径和厚度(mm)。

(二) 空心毛坯胀形

空心毛坯胀形时，材料受切向拉应力而产生切向伸长，其变形程度用胀形系数来表示(图 1-6-3)：

$$K_{胀}=\frac{d_{max}}{d_0}$$

式中　d_0——空心毛坯直径(mm)；

d_{max}——胀形后零件的最大直径(mm)。

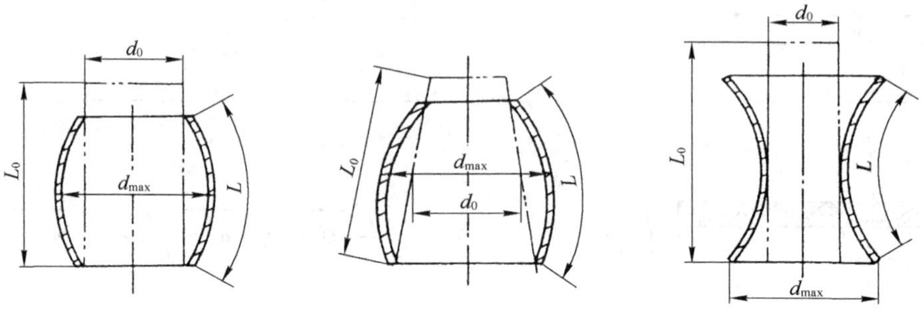

图 1-6-3　胀形尺寸计算有关参数

空心毛坯胀形时，毛坯两端一般不固定，允许其自由收缩，有利于零件成形。毛坯的长度按下式确定：

$$L_0=L[1+(0.3\sim0.4)\delta]+\Delta h$$

式中　L_0——毛坯长度(mm)；

L——零件变形区的母线长度(mm)；

δ——零件变形区切向最大伸长率；

Δh——修边余量，一般取 10～20 mm。

空心毛坯胀形的胀形系数 $K_{胀}$ 和切向许用伸长率见表 1-6-2。胀形系数 $K_{胀}$ 大于 1，其值愈大，变形程度愈大。

表 1-6-2　胀形系数和切向许用伸长率

材　　料		厚　　度(mm)	胀形系数 $K_{胀}$	切向许用伸长率 $\delta_{切}$(%)
铝合金	3A21-0	0.5	1.25	25
纯　铝	1070A、1060	1.0	1.28	28
	1050A、1035	1.5	1.32	32
	1200、8A06	2.0	1.32	32
黄　铜	H62	0.5～1.0	1.35	35
	H68	1.5～2.0	1.40	40
低碳钢	08F	0.5	1.20	20
	10、20	1.0	1.24	24
不锈钢	1Cr18Ni9Ti	0.5	1.26～1.32	26～32
		1.0	1.28～1.34	28～34

注：胀形系数 $K_{胀}$ 和切向许用伸长率 $\delta_{切}$ 的关系为 $\delta_{切}=\frac{d_{max}-d_0}{d_0}=K_{胀}-1$。

二、翻孔

毛坯或半成品的内孔边缘或外部边缘被压成竖边称为翻孔。根据翻孔部位的不同和材料厚度的变化，分为内孔翻孔、外缘翻孔和变薄翻孔。

（一）内孔翻孔

1. 圆孔翻孔

圆孔翻孔是典型的内孔翻孔工序。在翻孔过程中，毛坯或半成品上的预孔由 d' 逐渐增大至 D，并形成竖边。翻孔时，变形区材料处于双向拉应力状态，孔的边缘切向伸长。因此，翻孔的主要问题是防止边缘破裂。平板毛坯翻孔过程见图 1-6-4。

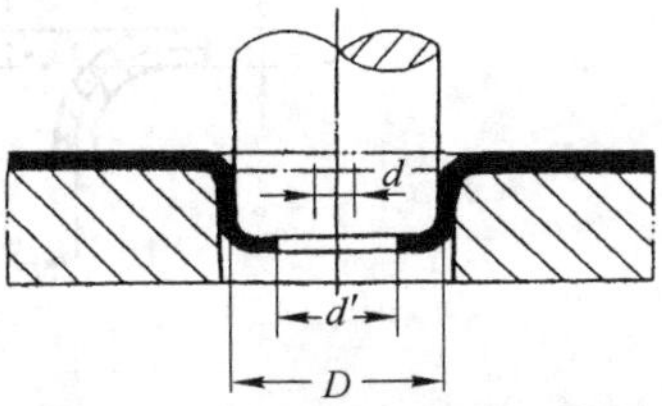

图 1-6-4　平板毛坯翻孔过程

圆孔的翻孔变形程度用翻孔系数来表示：

$$m_{翻} = \frac{d}{D}$$

式中　d——翻孔前预孔直径；

D——翻孔后竖边部分的中径。

翻孔系数 $m_{翻}$ 的值愈小，变形程度愈大，它与毛坯材料的性能、预孔的加工方式（预孔的边缘状态）和翻孔凸模的形式有关。低碳钢毛坯圆孔翻孔系数见表 1-6-3，其他金属材料的翻孔系数见表 1-6-4。

表 1-6-3　低碳钢毛坯圆孔翻孔系数

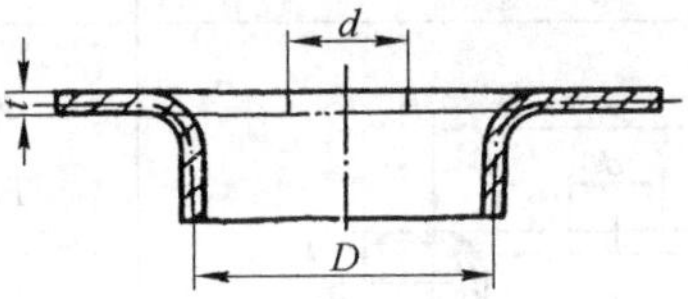

凸模形式	孔的加工方法	预孔直径与材料厚度的比值(d/t)										
		100	50	35	20	15	10	8	6.5	5	3	1
球形头部	钻孔后去毛刺	0.70	0.60	0.52	0.45	0.40	0.36	0.33	0.31	0.30	0.25	0.20
	冲孔	0.75	0.65	0.57	0.52	0.48	0.45	0.44	0.43	0.42	0.42	
圆柱形平底	钻孔后去毛刺	0.80	0.70	0.60	0.50	0.45	0.42	0.40	0.37	0.35	0.30	0.25
	冲孔	0.85	0.75	0.65	0.60	0.55	0.52	0.50	0.50	0.48	0.47	

注：翻孔后口部边缘会出现不大的裂纹，当工件不允许开裂时，翻孔系数可增大 10%～15%。

表 1-6-4　其他金属材料的翻孔系数

毛坯材料	一般	最小
镀锌铁皮	0.70	0.65
黄铜 H62　$t=0.5\sim4$ mm	0.68	0.62
铝　$t=0.5\sim5$ mm	0.70	0.64
硬铝合金	0.89	0.80
不锈钢	0.65～0.69	0.57～0.61
高温合金	0.65～0.69	0.57～0.61
钛、钛合金　TA1(冷态)	0.64～0.68	0.55
TA1(加热 300～400℃)	0.40～0.50	0.45
TA5(冷态)	0.85～0.90	0.75
TA5(加热 500～600℃)	0.65～0.70	0.55

注：当竖边上允许有不大的裂纹时，可取表中小值。

按照毛坯不同,可以在平板毛坯上翻孔和拉深件底部翻孔。拉深件底部翻孔后可以获得较为复杂的底部形状,见图 1-6-5。平板毛坯和拉深件底部翻孔的工艺计算公式见表 1-6-5。

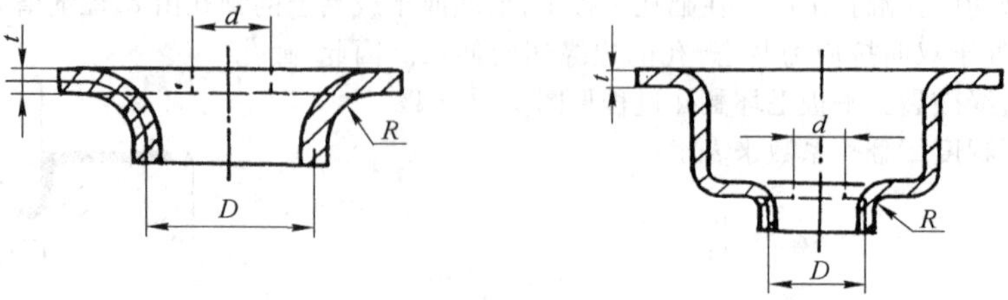

(a) (b)

图 1-6-5 翻孔的形式

(a) 平板毛坯上翻孔;(b) 拉深件上翻孔

翻孔时,变形区材料略有减薄。翻孔凸、凹模的间隙见表 1-6-6,翻孔凸模的形状和尺寸见表 1-6-7。

表 1-6-5 平板毛坯和拉深件底部翻孔工艺计算公式

类别	简图	计算公式
平板毛坯上翻孔	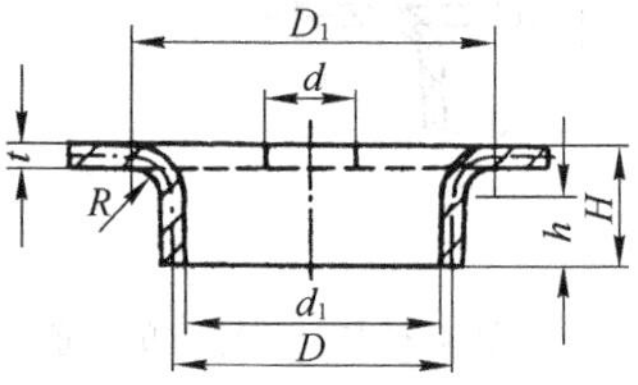	$d = D - 2(H - 0.43R - 0.72t)$ $H = \frac{D-d}{2} + 0.43R + 0.72t$ $h = \frac{D-d-1.14R-0.57t}{2}$ $H_{max} = \frac{D}{2}(1 - m_{翻}) + 0.43R + 0.72t$
拉深件底部翻孔	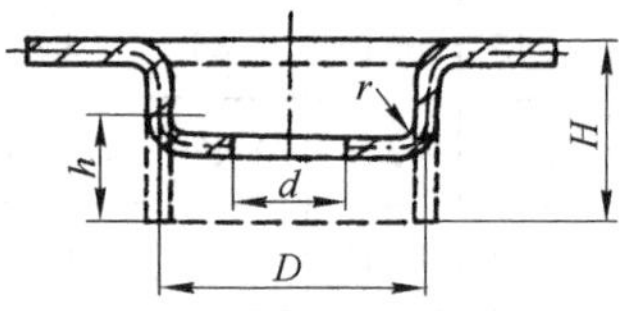	$d = D + 1.14\left(r + \frac{t}{2}\right) - 2h$ $h = \frac{D-d}{2} + 0.57\left(r + \frac{t}{2}\right)$ $h_{max} = \frac{D}{2}(1 - m_{翻}) + 0.57(r + 0.5t)$

注:1. 根据零件尺寸计算预孔直径 d。可以通过计算翻孔变形量和 H_{max},判断能否一次达到翻孔要求。
2. 一次翻孔达不到要求高度时,先拉深,后在底部冲孔再翻孔。拉深件的深度由 H、h_{max} 确定。
3. D—竖边部分的中径;R—竖边转角处的内径;r—拉深件底部的内半径。

表 1-6-6 翻孔凸、凹模间隙 (mm)

类型	简图	材料厚度 t	单边间隙 $z/2$
平板毛坯上翻孔	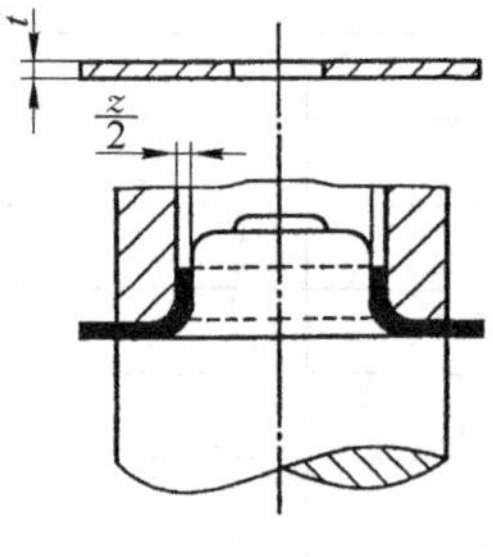	0.3	0.25
		0.5	0.45
		0.7	0.60
		0.8	0.70
		1.0	0.85
		1.2	1.00
		1.5	1.30
		2.0	1.70

（续表）

类 型	简 图	材 料 厚 度 t	单 边 间 隙 $z/2$
拉深件底部翻孔	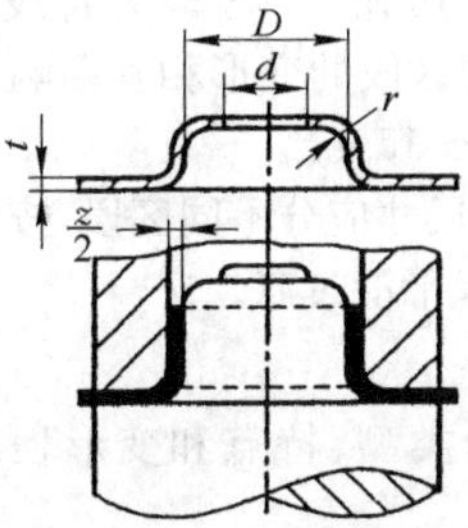	0.8	0.60
		1.0	0.75
		1.2	0.90
		1.5	1.10
		2.0	1.50

表 1-6-7 翻孔凸模的形状和尺寸

类别	简 图	说 明
有预孔的翻孔	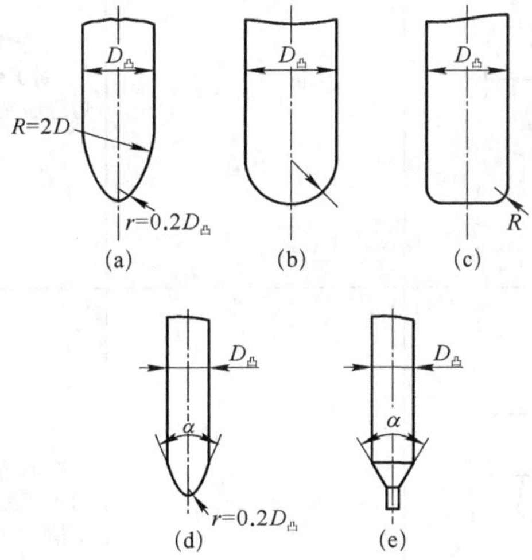	凸模的形状和圆角半径，对翻孔变形影响很大。应尽量采用近似抛物线形凸模（图 a）或球头形凸模（图 b），平底凸模 $R \geqslant 4t$（图 c），小孔翻孔采用图 d，图 e 形式，凸模端部进入预孔可起定位作用。$\alpha = 50° \sim 60°$
无预孔的小孔翻孔	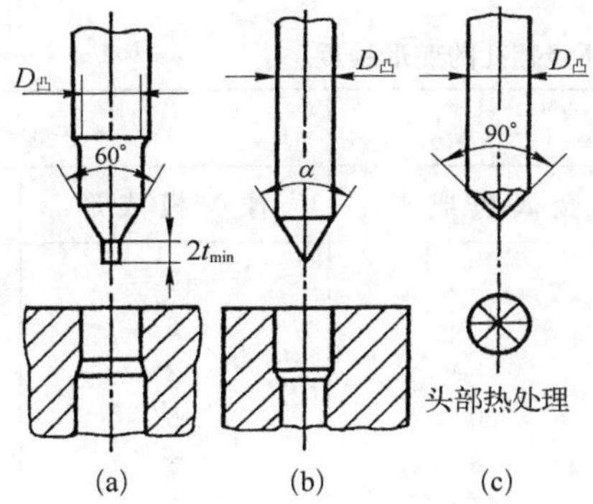	无预孔翻孔时，凸模端部先将材料顶破，接着完成翻孔，如用于薄板件小螺纹底孔 凸模带凸肩形式（图 a），翻孔后口部形状较规则。凹模带凸肩形式（图 b），翻孔后竖边端部较为平齐。凸模端部呈刃口形（图 c）

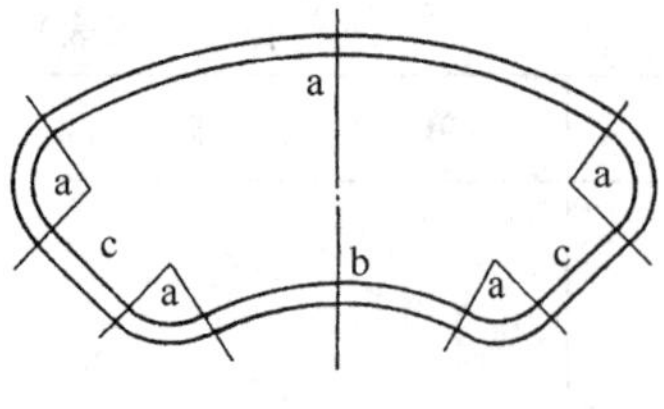

图 1-6-6 异形孔翻孔

a—内凹弧；b—外凸弧；c—直线

2. 异形孔翻孔

异形孔由凸弧、凹弧及直线组成，翻孔时各区段的变形性质有所不同。a 区段为凹弧，与圆孔翻孔相似，翻孔时孔边缘材料伸长。b 区段为凸弧，与浅拉深相似，翻孔时材料切向受压缩。c 区段为直线，与弯曲相似，见图 1-6-6。由于材料的连续性，不同区段的变形相互影响，可以使异形孔的翻孔系数比圆孔的翻孔系数小10%～15%。

异形孔翻孔前预孔的形状和尺寸应分不同区段，按圆孔翻孔、拉深和弯曲毛坯计算方式确定，并使其边缘平滑过渡。

(二) 外缘翻孔

根据外缘外凸和内凹的不同，材料的变形亦不同。外缘翻孔的类型、特点和变形程度的计算公式见表 1-6-8，外缘翻孔的变形程度见表 1-6-9。

表 1-6-8 外缘翻孔的类型和变形程度计算公式

类型	简图	变形程度	说明
内凹翻孔	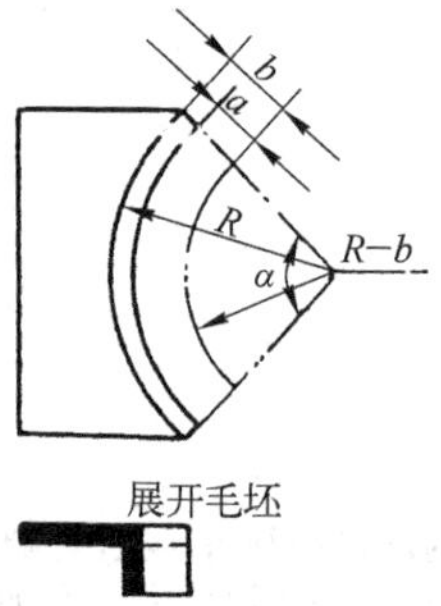 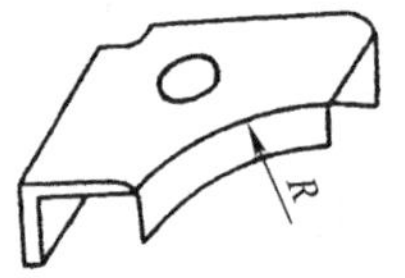	$E_{凹}=\frac{b}{R-b}$	变形情况与圆孔翻孔相似，属于伸长翻孔，要防止边缘破裂
外凸翻孔	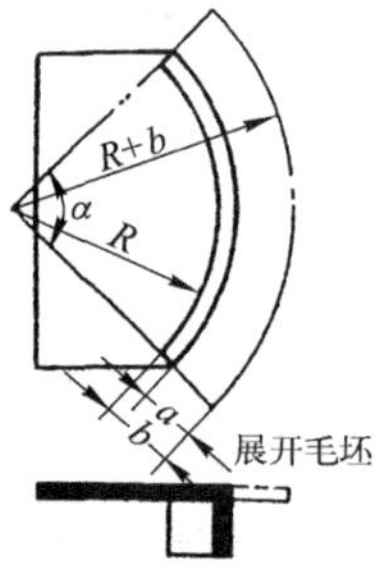 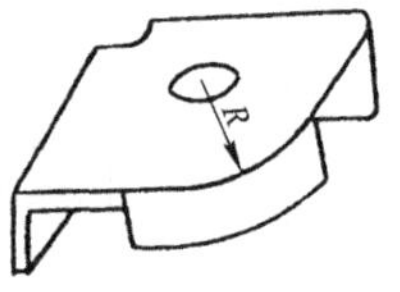	$E_{凸}=\frac{b}{R+b}$	变形情况与浅拉深相似，属于压缩翻孔，要防止边缘皱褶

表 1-6-9 外缘翻孔的变形程度

材料名称及牌号	$E_{凸}$(%)		$E_{凹}$(%)	
	橡胶模成形	金属模成形	橡胶模成形	金属模成形
铝、铝合金：				
1035(软)	25	30	6	40
1035(硬)	5	8	3	12
3A21(软)	23	30	6	40
3A21(硬)	5	8	3	12
5A02(软)	20	25	6	35
5A03(硬)	5	8	3	12

（续表）

材料名称及牌号	$E_凸$(%)		$E_凹$(%)	
	橡胶模成形	金属模成形	橡胶模成形	金属模成形
2A12(软)	14	20	6	30
2A12(硬)	6	8	0.5	9
2A11(软)	14	20	4	30
2A11(硬)	5	6	0	0
黄铜：				
H62 软	30	40	8	45
H62 半硬	10	14	4	16
H68 软	35	45	8	55
H68 半硬	10	14	4	16
钢：				
10		38		10
20		22		10
12Cr18Ni9(1Cr18Ni9)(软)		15		10
12Cr18Ni9(1Cr18Ni9)(硬)		40		10

注：表中数据适用于厚度在 1 mm 以上的材料，对于更薄的材料，特别是对于外凸翻孔，应按表列数值稍为降低。

（三）变薄翻孔

变薄翻孔一般被用于翻孔高度较大、壁部又允许变薄的情况。变薄翻孔时凸、凹模之间采用小间隙。材料变形与圆孔翻孔相似，同时又受到挤压，发生较大的塑性变形。变薄翻孔的变形程度不仅取决于翻孔系数，还取决于壁部的变薄程度。

变薄翻孔预孔的尺寸计算，按翻孔前后体积相等的原则确定，见表 1-6-10。变薄翻孔被用于小螺孔底孔翻孔的参数见表 1-6-11。

表 1-6-10　变薄翻孔预孔尺寸计算公式

简　　图	计 算 公 式	说　　明
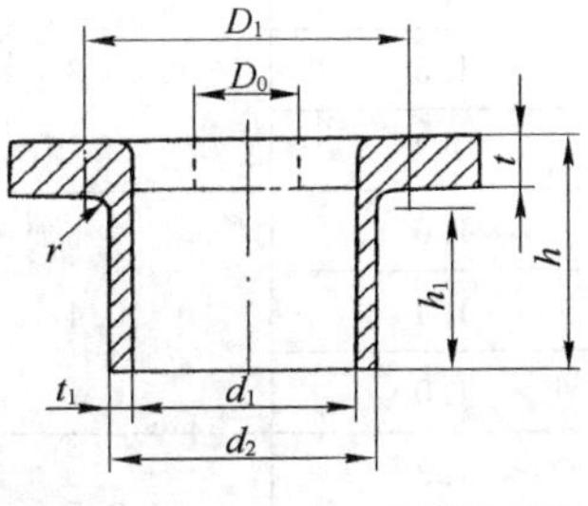	$r < 3$ mm 时，$D_0=\sqrt{\dfrac{d_2^2t-d_2^2h+d_1^2h}{t}}$	$r \geqslant 3$ mm 时，应考虑圆角处的体积
	$r \geqslant 3$ mm 时，$D_0=\sqrt{\dfrac{d_1^2h-d_2^2h_1+\pi r^2D_1-D_1^2r}{h-h_1-r}}$	

表 1-6-11　小螺孔翻孔参数　(mm)

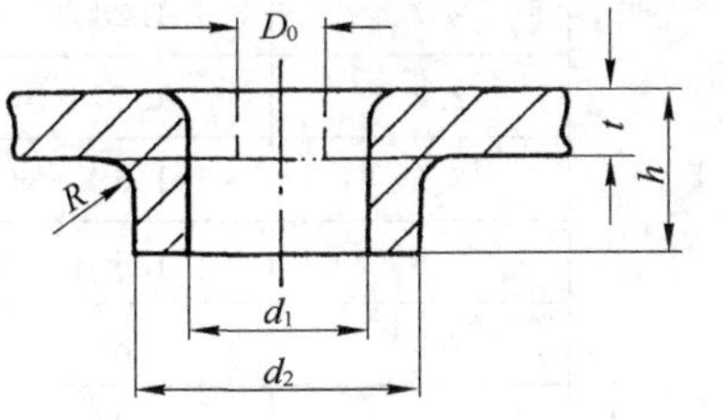

（续表）

螺　纹	材料厚度 t	翻孔内径 d_1	翻孔外径 d_2	凸缘高度 h	预冲孔直径 D_0	凸缘圆角半径 R
M2	0.5	1.65	2.24	1	1.1	0.25
	0.6		2.18	0.96	1.3	0.3
			2.24	1.08	1.1	
			2.3	1.2	0.8	
	0.8		2.18	1.28	1.3	0.4
			2.3	1.44	1.0	
	1		2.3	1.6	1.1	0.5
M2×0.25	0.5	1.78	2.12	0.8	1.6	0.25
			2.18	0.9	1.5	
			2.24	1	1.3	
	0.6		2.18	1	1.5	0.3
			2.24	1.12	1.3	
			2.33	1.25	0.9	
	0.8		2.2	1.25	1.6	0.4
			2.3	1.4	1.8	
	1		2.3	1.6	1.3	0.5
			2.4	1.8	1	
M2.2	0.6	1.8	2.4	1.08	1.3	0.3
			2.5	1.2	0.9	
	0.8		2.4	1.28	1.4	0.4
			2.5	1.44	1.1	
	1		2.5	1.6	1.2	0.5
M2.2×0.25	0.6	1.98	2.4	1	1.7	0.3
			2.45	1.12	1.5	
			2.53	1.25	0.3	
	0.8		2.4	1.25	1.6	0.4
			2.5	1.4	1.4	
			2.6	1.6	1.0	
	1		2.5	1.6	1.3	0.5
			2.6	1.8	1	
M2.5	0.6	2.1	2.8	1.2	1.4	0.3
	0.8		2.7	1.28	1.8	0.4
			2.8	1.44	1.5	
			2.9	1.6	1.2	
	1		2.8	1.6	1.6	0.5
			2.9	1.8	1.2	
	1.2		2.9	1.92	1.3	0.6

（续表）

螺　纹	材料厚度 t	翻孔内径 d_1	翻孔外径 d_2	凸缘高度 h	预冲孔直径 D_0	凸缘圆角半径 R
M2.5×0.35	0.6	2.2	2.65	1	1.9	0.3
			2.75	1.12	1.7	
			2.8	1.25	1.5	
	0.8		2.7	1.25	1.8	0.4
			2.78	1.4	1.6	
			2.9	1.6	1.2	
	1		2.78	1.6	1.7	0.5
			2.9	1.8	1.4	
M3	0.8	2.55	3.38	1.6	1.9	
	1		3.25	1.6	2.2	0.5
			3.38	1.8	1.9	
			3.5	2	4	
	1.2		3.38	1.92	2	0.6
			3.5	2.16	1.5	
	1.5		3.5	2.4	1.7	0.75
M3×0.35	0.8	2.7	3.18	1.25	2.5	0.4
			3.28	1.4	2.3	
			3.4	1.6	1.8	
	1		3.28	1.6	2.3	0.5
			3.4	1.8	2	
			3.53	2	1.5	
	1.2		3.4	2	2	0.6
			3.53	2.24	1.6	
	1.5		3.53	2.5	1.9	0.75
M3.5	1	2.95	3.75	1.6	2.6	0.5
			3.86	1.8	1.8	
			4.0	2	2.3	
	1.2		3.86	1.92	2.3	0.6
			4.0	2.16	1.9	
	1.5		4.0	2.4	2.1	0.75
M3×0.35	0.8	2.7	3.18	1.25	2.5	0.4
			3.28	1.4	2.3	
			3.4	1.6	1.8	
	1		3.28	1.6	2.3	0.5
			3.4	1.8	2	
			3.53	2	1.5	
	1.2		3.4	2	2	0.6

（续表）

螺　　纹	材料厚度 t	翻孔内径 d_1	翻孔外径 d_2	凸缘高度 h	预冲孔直径 D_0	凸缘圆角半径 R
M3×0.35	1.2	2.7	3.53	2.24	1.6	0.6
	1.5		3.53	2.5	1.9	0.75
M4	1	3.35	4.46	2	2.3	0.5
	1.2		4.35	1.92	2.7	0.6
			4.5	2.16	2.3	
			4.65	2.4	1.5	
	1.5		4.46	2.4	2.5	0.75
			4.65	2.7	1.8	
	2		4.56	3.2	2.4	1
M4×0.5	1	3.55	4.25	1.6	3.2	0.5
			4.35	1.8	3	
			4.5	2	2.6	
	1.2		4.35	2	3	0.6
			4.5	2.24	2.6	
			4.65	2.5	1.9	
	1.5		4.5	2.5	2.7	0.75
			4.65	2.8	2.1	
			4.78	3	1.6	
	2		4.58	3.15	2.6	1
			4.8	3.55	2	
M5	1.2	4.25	5.6	2.4	3	0.6
	1.5		5.45	2.4	2.5	0.75
			5.6	2.7	3	
			5.75	3	2.5	
	2		5.53	3.2	2.4	1
			5.75	3.6	2.7	
	2.5		5.75	4	3.1	1.25
M5×0.5	1.2	4.55	5.35	2	4	0.6
			5.5	2.24	3.8	
			5.65	2.5	3.4	
	1.5		5.45	2.5	3.8	0.75
			5.65	2.8	3.6	
			5.78	3	3	
	2		5.56	3.15	3.7	1
			5.8	3.55	3.1	
			6.05	4	2	
	2.5		5.78	4	3.5	1.25
			6.05	4.5	2.6	

三、缩口

缩口是将空心件的敞口处加压缩径的冲压工序。缩口时变形区处于两向受压状态。变形程度过大时，变形区易产生起皱，待变形区也因压力过大，易发生纵向失稳，形成环状波纹、内凹等缺陷。缩口时，变形区域情况见图 1-6-7。

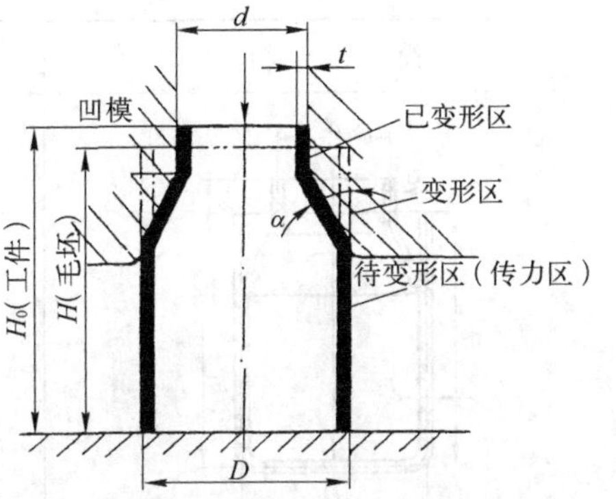

图 1-6-7　缩口时的变形区域

缩口的变形程度用缩口系数来表示：

$$m_{缩} = \frac{d}{D}$$

式中　d——缩口后工件的直径；

D——缩口前工件的直径。

缩口系数愈小，变形程度愈大。缩口系数与材料性能、材料厚度及缩口时的支承情况有关。材料太薄时应适当增大缩口系数。不同材料的平均缩口系数见表 1-6-12。缩口变形程度较大时，需多次缩口。缩口毛坯尺寸的计算公式见表 1-6-13。

表 1-6-12　缩 口 系 数

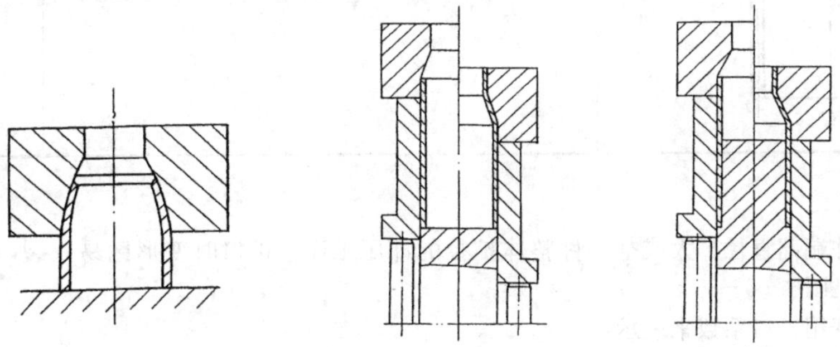

(a)　　(b)　　(c)

材　料	模具对毛坯的支承形式		
	无支承(图 a)	外部支承(图 b)	内外支承(图 c)
软　钢	0.70～0.75	0.55～0.60	0.30～0.35
黄　铜	0.65～0.70	0.50～0.55	0.27～0.32
铝	0.68～0.72	0.53～0.57	0.27～0.32
硬铝(退火)	0.73～0.80	0.60～0.63	0.35～0.40

注：外部支承指外径夹紧支承，内部支承指内孔用心轴支承。

表 1-6-13　缩口毛坯尺寸计算公式

简　图	计　算　公　式	说　明
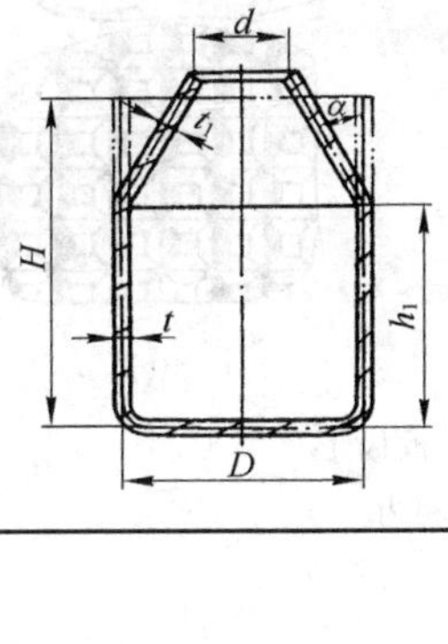	$H=(1\sim1.05)\times\left[h_1+\frac{D^2-d^2}{8D\sin\alpha}\left(1+\sqrt{\frac{D}{d}}\right)\right]$	缩口件成形后口部材料增厚，按变形前后体积相等的原则确定毛坯高度

（续表）

简　　图	计　算　公　式	说　明
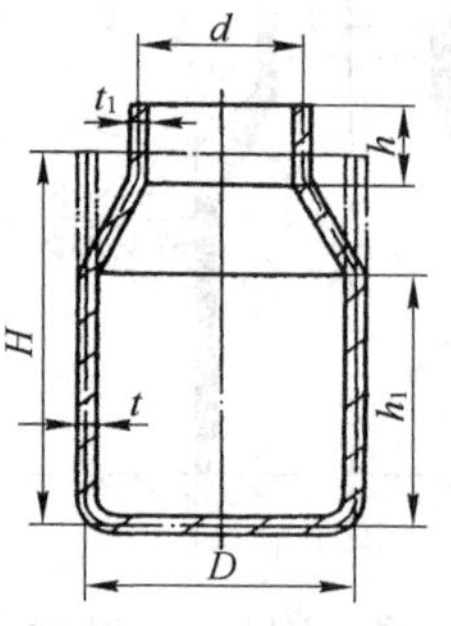	$H=(1\sim1.05)\times\left[h_1+h\sqrt{\frac{d}{D}}+\frac{D^2-d^2}{8D\sin\alpha}\left(1+\sqrt{\frac{D}{d}}\right)\right]$	缩口件成形后口部材料增厚，按变形前后体积相等的原则确定毛坯高度
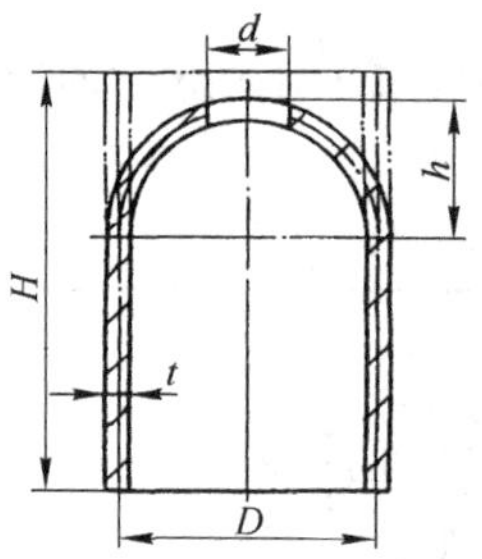	$H=h_1+\frac{1}{4}\left(1+\sqrt{\frac{D}{d}}\right)\sqrt{D^2-d^2}$	

四、其他成形

扩口是将空心件端部直径扩大或空心件整体扩径的冲压工序。扩口时变形区易开裂，传力区易受压失稳。扩口时的变形区域见图 1-6-8。

扩口的变形程度用扩口系数来表示：

$$K_{扩}=\frac{d_p}{d_0}$$

式中　d_p——凸模直径；

　　d_0——毛坯直径。

扩口系数大于 1，其值越大，则变形程度越大。扩口系数的大小取决于材料的性质、料厚和扩口角度等因素。当半锥角 $\alpha=20°$ 时，钢管的极限扩口系数与钢管的相对壁厚 t/d_0 有很大关系。t/d_0 为 0.04 时，$K_{扩}$ 为 1.45；t/d_0 为 0.14 时，$K_{扩}$ 为 1.60。

校平是提高零件平面度的冲压工序。对于薄料且表面不允许有压痕的零件一般用光面校平。对于材料较厚且表面允许有压痕的零件，常采用齿形校平，见图 1-6-9，校平的变形量很小，但单位压力较大。对于软钢和

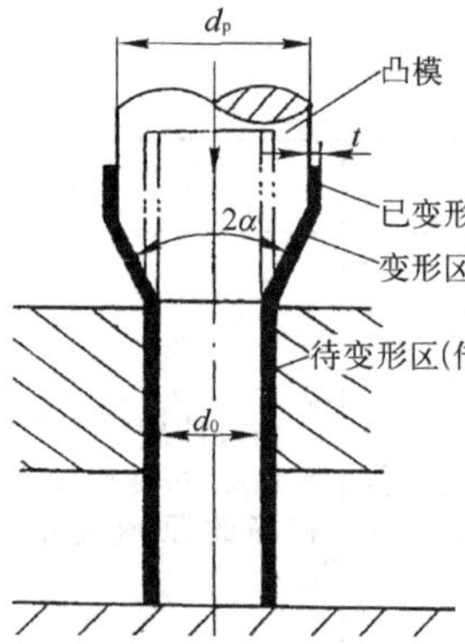

图 1-6-8　扩口时的变形区域

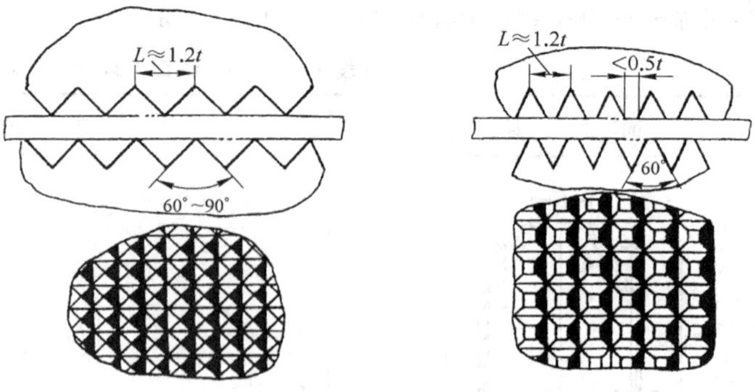

(a)　　　　　(b)

图 1-6-9　校平模齿形

(a) 细齿；(b) 粗齿

黄铜，用细齿模校平的单位压力为 100～200 MPa，用粗齿模校平的单位压力为 200～300 MPa。实际的校平程度与压力机的刚度及模具调整时的闭合程度有很大关系。

五、成形工艺力

成形工艺力计算公式见表 1-6-14。

表 1-6-14　成形工艺力计算公式

工　序	简　　图	计 算 公 式	说　　明
起伏成形	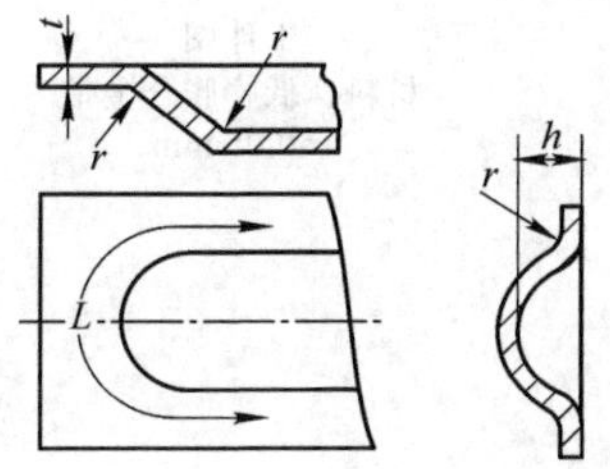	$P=(0.7\sim1.0)LtR_m$	P—成形力(N) L—加强筋周长(mm) t—材料厚度(mm) R_m—材料抗拉强度(MPa)
翻孔	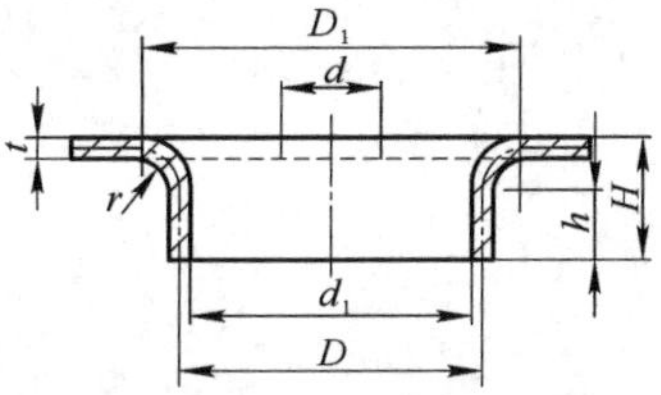	$P=(1.5\sim2.0)\pi tR_m(D-d)$	P—翻孔力(N)(平底凸模) d—预孔直径(mm) D—竖边中径 (d_1+t) (mm) t—材料厚度(mm) R_m—材料抗拉强度(MPa)
缩口	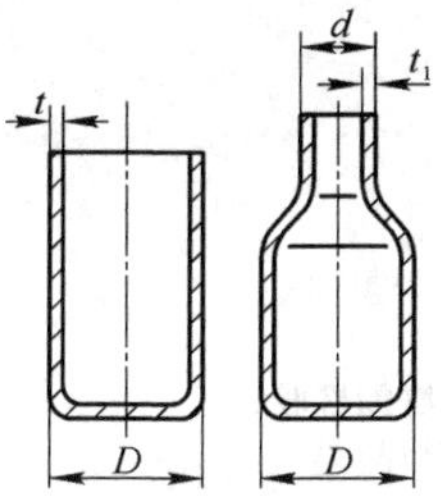	$P=(2.4\sim3.4)\pi tR_m(D-d)$	P—缩口力(N) D—毛坯直径(mm) d—缩口部分直径(mm) t—材料厚度(mm) R_m—材料抗拉强度(MPa)
胀形	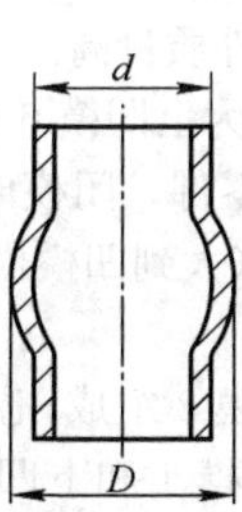	$P=(1.2\sim2.3)\frac{R_m t}{D}F$	P—胀形力(N) D—胀形的最大直径(mm) F—胀形面积(mm^2) t—材料厚度(mm) R_m—材料抗拉强度(MPa)

六、成形模结构

(一) 胀形模

图 1-6-10 为膜片成形模，其有如下特点：① 采取成形和落料、冲孔复合工序。② 用聚氨酯橡胶作为成形凹模、落料凹模和冲孔凸模。件 9 为压筋成形凸模，件 10 为落料凸模，件 8 为冲孔凹模。件 7 不仅被用于顶出冲孔废料，而且可以有效地控制冲孔时聚氨酯橡胶的变形程度，提高冲裁质量。③ 上模部分采用整体式模框。聚氨酯橡胶与模框内腔为过盈关系，单边过盈量一般取 0.5 mm。垫板 6 被用于从模框中取出橡胶体，聚氨酯橡胶

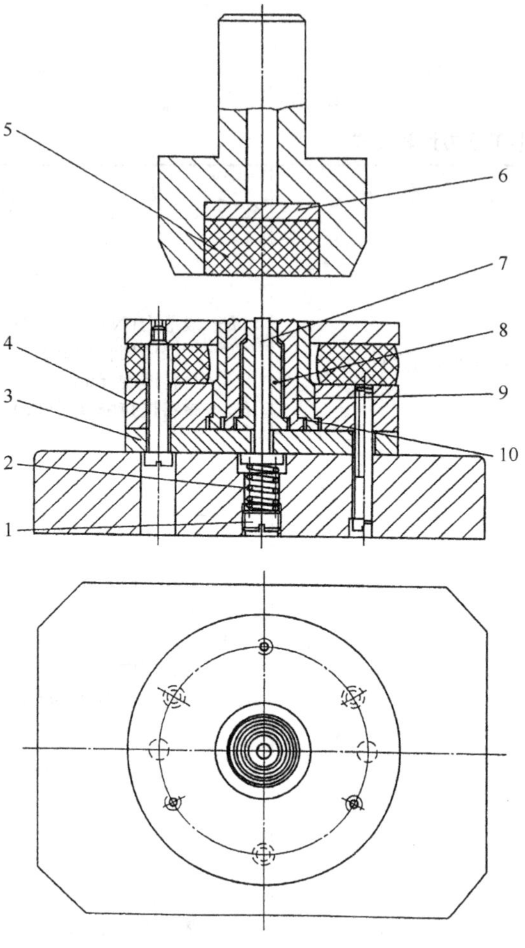

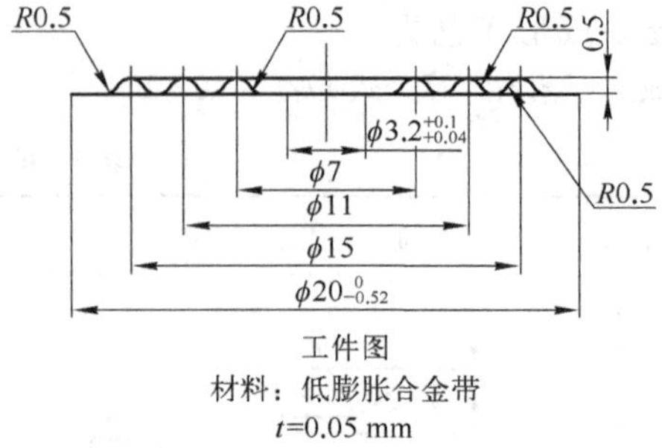

图 1－6－10 膜片成形模

1—螺塞；2—弹簧；3、6—垫板；4—固定板；5—聚氨酯橡胶；
7—顶杆；8—冲孔凹模；9—压筋凸模；10—落料凸模

工作端损伤修整后，适当增大垫板厚度，聚氨酯橡胶可继续使用。聚氨酯橡胶硬度为 70～80 邵氏 A，满足多个工序成形的要求。④ 模具结构简单，成形面贴合紧密，冲裁断面质量有保证，冲件质量高。

图 1－6－11 为罩盖胀形模，其有如下特点：① 凹模在罩盖直径最大处分为上凹模 6 和下凹模 5 两部分。合模时由止口套合定位。② 由聚氨酯橡胶体 7 和压凸台凹模 4 组成上模工作零件。闭模时先由压凸台凸模 3 和压凸台凹模 4 成形罩盖的底部形状。聚氨酯橡胶体继续变形时，使毛坯直径胀大到凹模模腔尺寸，并使底部形状更为平整。③ 滑块回程，上凹模和下凹模分离，即可取出工件。

图 1－6－12 为轴向镦压胀形模，其有如下特点：凹模由上凹模 1 和下凹模 3 组成；芯模被插入毛坯后，可防止筒壁受压时发生内凹现象；毛坯放在下凹模 3 内，置于顶件块 5 上面。上凹模 1 和下凹模 3 闭合，毛坯端部受镦压，中间部位胀形，达到工件要求；胀形范围不能过大，过大时毛坯在胀形前会产生失稳；滑块回程时，顶件块 5 和推件块 4 将工件从下凹模和上凹模中顶推出来。

图 1－6－13 为三通管胀形模，其有如下特点：① 凹模由上凹模 5 和下凹模 16 两部分组成。闭模过程中，上凹模和下凹模由两个定位销 19 准确定位。四个锁紧块 8 分别由四个斜楔 9 推动，从左右两侧锁紧上凹模和下凹模。② 上、下凹模锁紧后，由左右两个斜楔 2 分别推动左右滑块 3 及其压头 4，同时从两侧挤压聚氨酯橡胶棒 18 和毛坯 17，使橡胶棒和毛坯变形，成形工件。③ 聚氨酯橡胶棒预先插在无缝钢管毛坯内，且比毛坯稍长。压力机滑块回程时，滑块 3 和锁紧块 8 在弹簧 12、20 的作用下复位。上凹模、下凹模分离，取出成形后的工件，并从中取出恢复原形的聚氨酯橡胶棒。

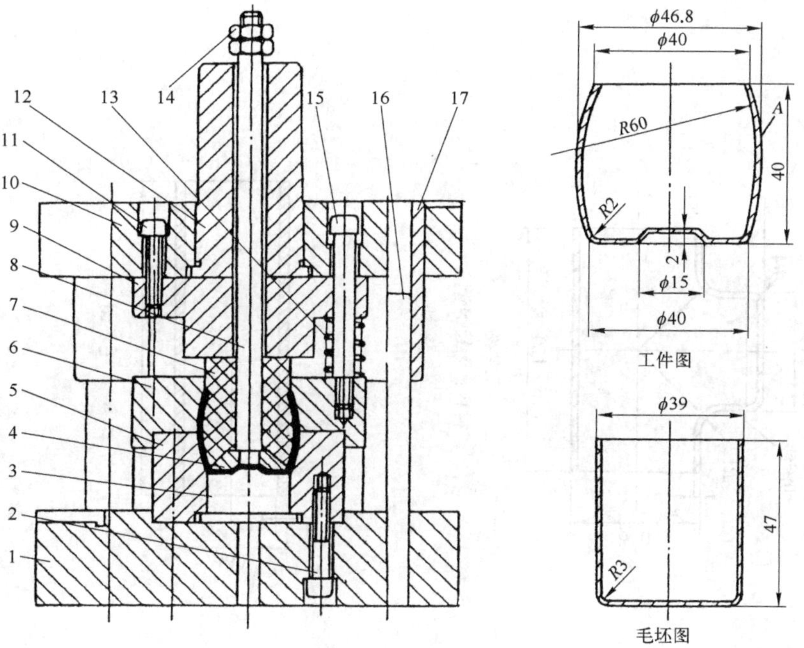

图 1-6-11 罩盖胀形模

1—下模座；2、11—螺钉；3—压凸台凸模；4—压凸台凹模；5—下凹模；6—上凹模；7—聚氨酯橡胶体；8—拉杆；9—上垫板；10—上模座；12—模柄；13—弹簧；14—螺母；15—限位螺钉；16—导柱；17—导套

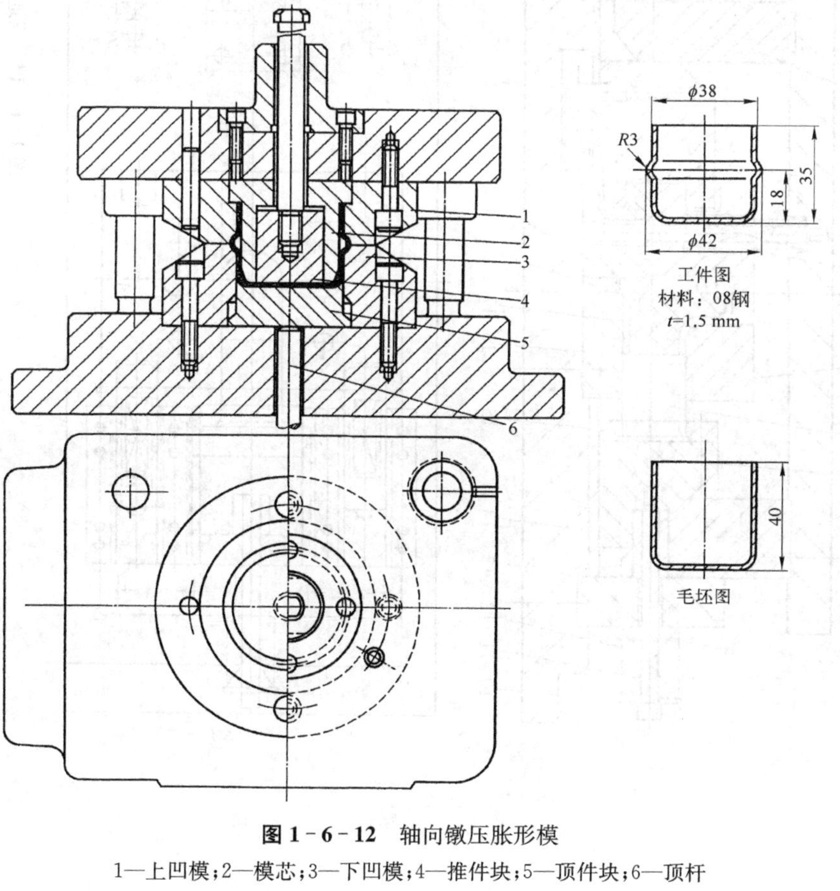

图 1-6-12 轴向镦压胀形模

1—上凹模；2—模芯；3—下凹模；4—推件块；5—顶件块；6—顶杆

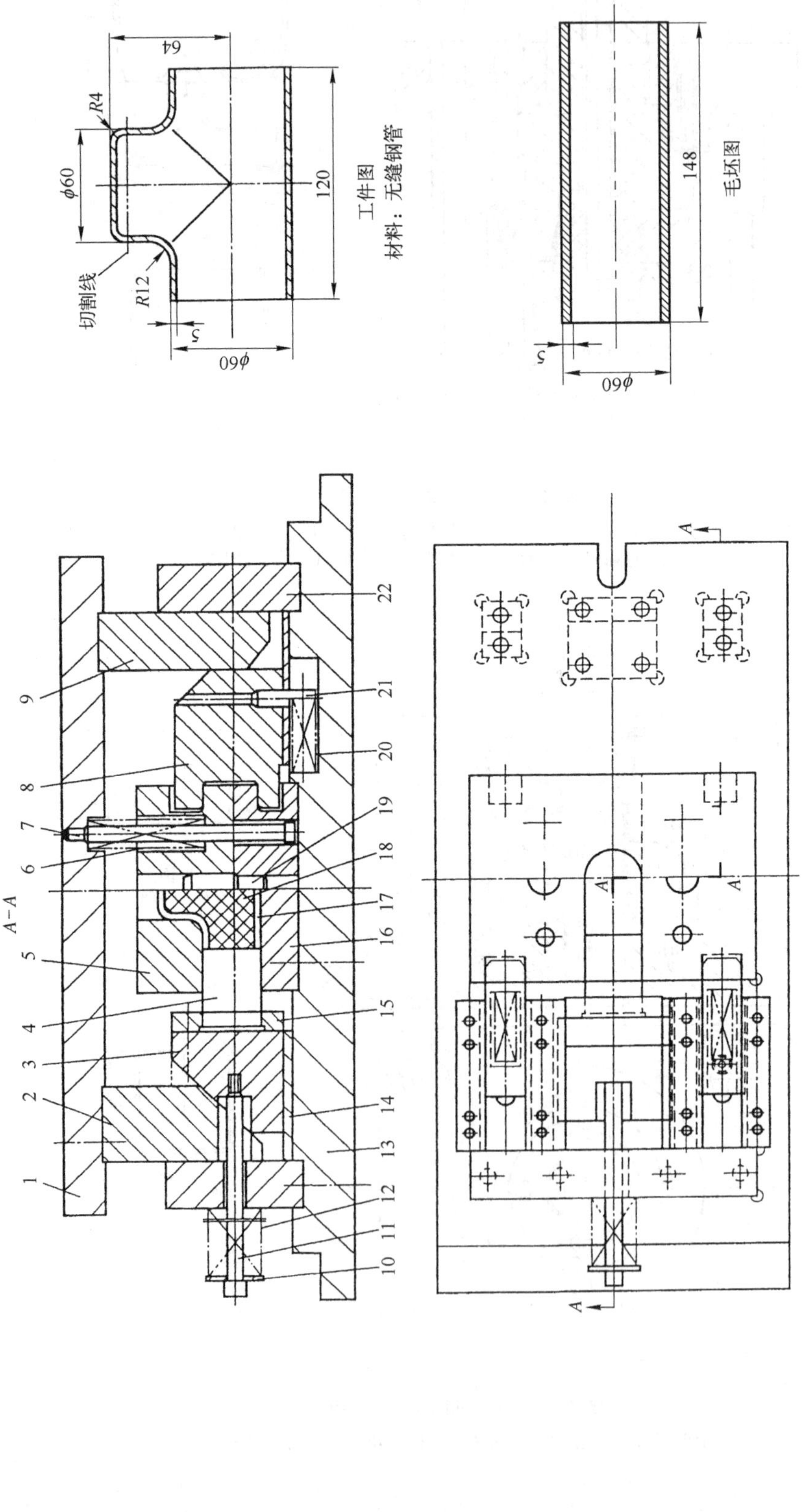

图 1-6-13 三通管胀形模

1—上模座；2、9—斜楔；3—滑块；4—压头；5—上凹模；6、20—弹簧；7—拉杆；8—锁紧块；10—弹簧压板；11—螺钉；12—复位弹簧；13—下模座；14—滑块垫板；15—压头固定板；16—下凹模；17—毛坯；18—聚氨酯橡胶棒；19—定位销；21—挡销；22—挡块

（二）翻孔模

图 1-6-14 为拉深件翻孔模，其有如下特点：① 拉深件底部有预孔。毛坯在翻孔前由定位钉 9 定位，被置于下模的托料板 8 和凸模 7 上，定位准确。弹性托料板起压料作用，使拉深件底部翻孔后仍保持平整。② 压力机滑块回程时，工件由推件块 11 和打杆 15 推出。③ 采用导柱、导套模架，保证翻孔凸模 7 与翻孔凹模 10 的间隙均匀，使翻孔高度保持一致。

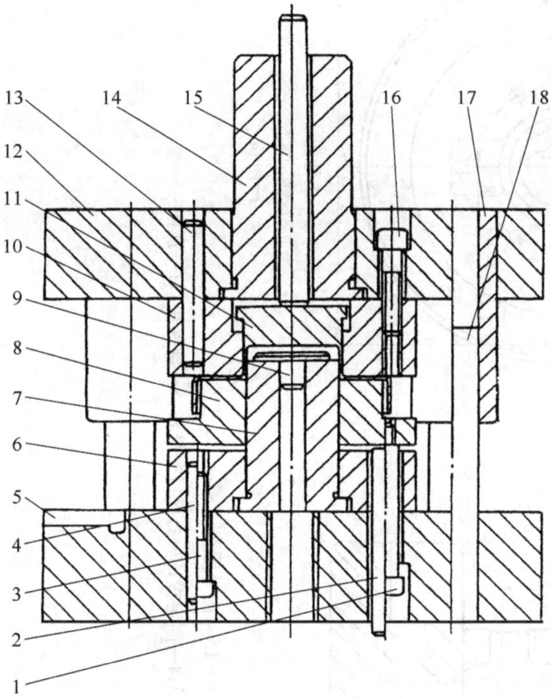

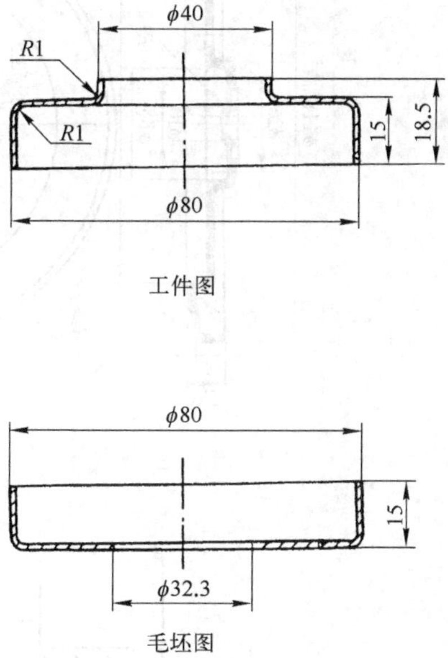

图 1-6-14　拉深件翻孔模

1—卸料螺钉；2—顶杆；3、16—螺钉；4、13—圆柱销；5—下模座；6—固定板；7—凸模；8—托料板；9—定位钉；10—凹模；11—推件块；12—上模座；14—模柄；15—打杆；17—导套；18—导柱

图 1-6-15 为内外缘翻孔模，其有如下特点：① 毛坯依靠顶件块 1、凹模 9 的端部形状定位。上模下行时，推件块 8 在弹簧力的作用下压住毛坯，保证定位准确。② 内缘翻孔由凸模 6、凹模 9 完成。外缘翻孔由凸模 3、凹模 2 完成。翻孔完成后，下模的顶杆 11、顶件块 10 将工件顶出，上模有刚性和弹性推件装置。内缘翻孔凹模 9 被固定在顶件块 1 上，顶件块应有一定的精度要求。控制好模具的闭合高度（图示状态），还能对工件起整形作用。

图 1-6-16 为落料-拉深-冲孔-翻孔复合模，其有如下特点：① 采用落料-拉深-冲孔-翻孔复合工序，可以一次成形获得高度较大的拉深翻孔工件。② 模具闭合过程中，凸凹模 8 和落料凹模 11 完成落料。模具继续闭合时，凸凹模 8 又作为拉深凹模与凸凹模 9 将工件拉深到一定深度。冲孔凸模 5 与凸凹模 9 在拉深件底部冲孔。模具进一步闭合，凸凹模 8 与凸凹模 9 将工件拉深并翻孔成形。凸凹模 9 是拉深-翻孔凸模，又作为冲孔凹模，其强度应予保证。③ 冲孔废料从弹顶装置的螺纹管孔内落下。模具开启后，推件块 4 将工件从凸凹模 8 中推出。

（三）缩口模

图 1-6-17 为带夹紧装置的缩口模，其有如下特点：① 在斜楔 2 的作用下，活动夹圈 5、固定夹圈 7 将毛坯夹紧。毛坯高度不大时，夹圈使毛坯定位并在一定程度上起到外支承的作用。② 芯棒 1 使工件口部尺寸准确，防止材料内凹。芯棒在弹簧力的作用下，使工件脱出凹模 3。

（四）成形件级进模

图 1-6-18 为显像管膜片级进模，采用子模结构，并采用气动送料器送进，便于模具调整及修理。工件排样要考虑子模的划分，保证工件尺寸和技术要求，便于模具局部尺寸形状的调整，也便于更换备件和模具维修。

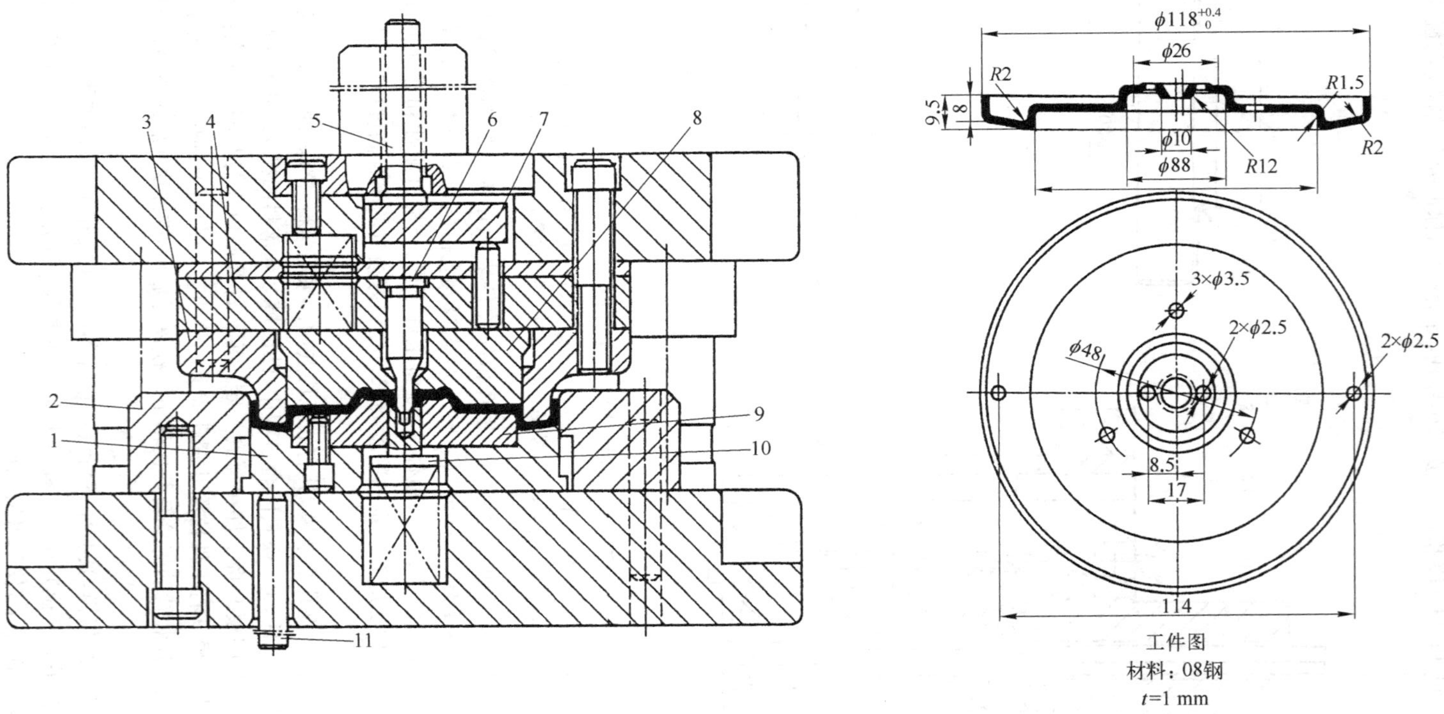

图 1-6-15 内外缘翻孔模

1、10—顶件块;2、9—凹模;3、6—凸模;4—固定板;5—打杆;7—推板;8—推件块;11—顶杆

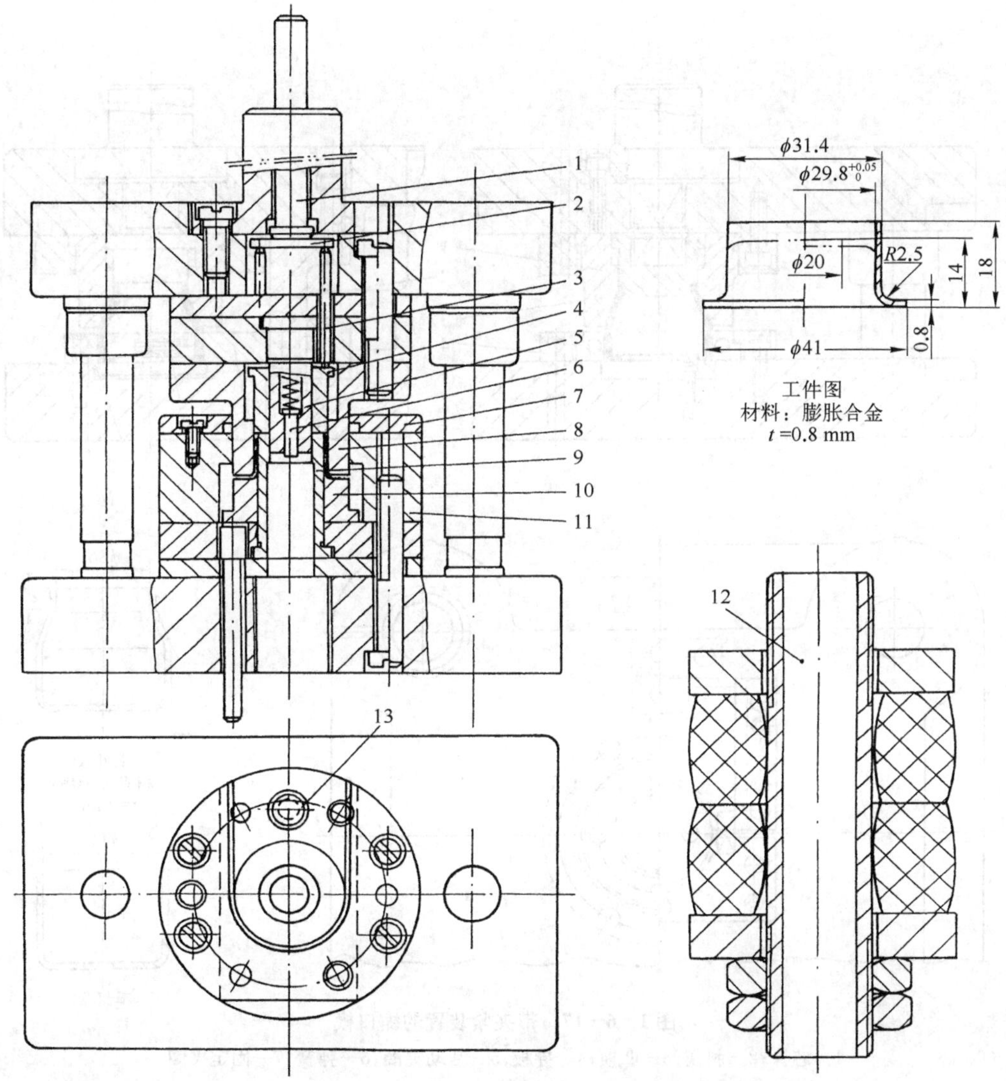

图 1-6-16　落料-拉深-冲孔-翻孔复合模

1—打杆；2—推板；3—连接推杆；4—推件块；5—冲孔凸模；6—废料推杆；7—固定卸料板；8、9—凸凹模；10—压边圈；11—落料凹模；12—弹顶装置；13—挡料销

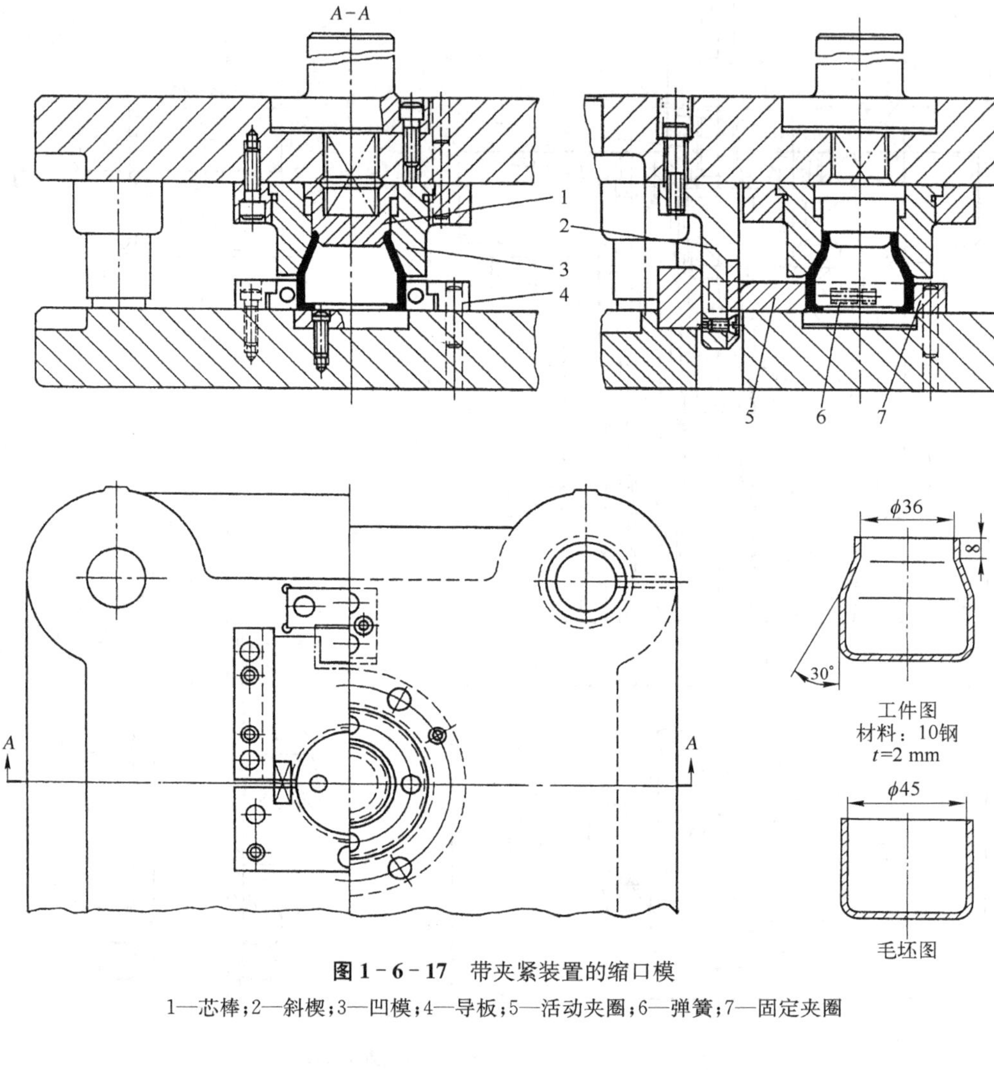

图 1-6-17 带夹紧装置的缩口模

1—芯棒；2—斜楔；3—凹模；4—导板；5—活动夹圈；6—弹簧；7—固定夹圈

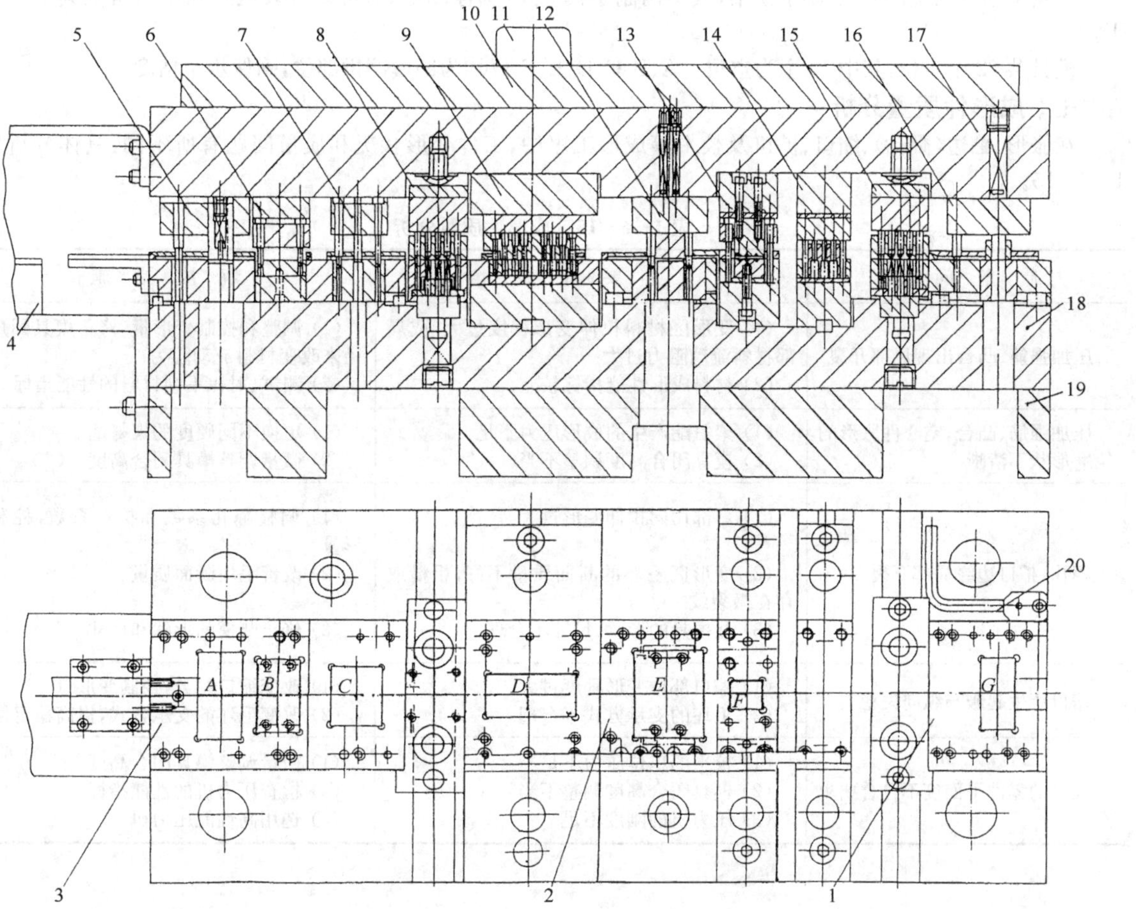

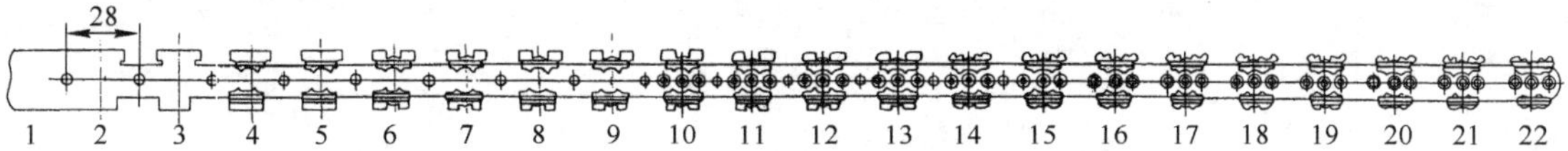

工序图

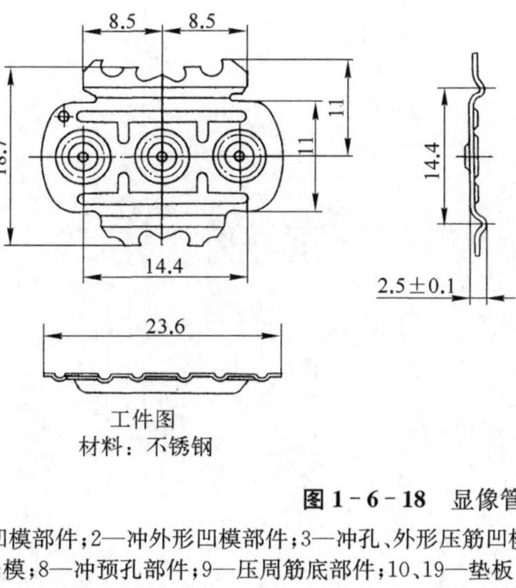

工件图

材料：不锈钢

图 1-6-18　显像管膜片级进模

1—切断凹模部件；2—冲外形凹模部件；3—冲孔、外形压筋凹模；4—送料器；5—冲孔、外形凸模组件；6—压筋凹模；7—外形凸模；8—冲预孔部件；9—压周筋底部件；10、19—垫板；11—模柄；12—压筋凸模部件；13—法兰盘整形部件；14—底部整形部件；15—精冲孔部件；16—切断凸模部件；17—上模座；18—底座；20—气管部件

模具采用一副主模架、五副子模架，其中两副子模 8、15 为浮动形式，可以有效地排除压力机及其他工序的干扰。

模具共 22 个工位，其中 10 个为空位。A、B、C、D、E、F、G 均为凹模镶拼部位，确保步距精度。

七、成形件质量分析

在胀形、翻边(翻孔)、缩口、扩口及校平等成形工序中，工件变形状况和质量问题有所不同，具体分析见表 1-6-15。

表 1-6-15 成形件质量分析

质量问题	主要原因	解决措施
压加强筋、凸台出现局部开裂	(1) 变形区材料拉伸变形程度过大，或局部材料流动阻力过大 (2) 材料成形性能指标较差	(1) 调整和控制变形量，修正模具圆角半径来改变材料流动阻力 (2) 测试、对比不同材料的性能指标
压加强筋、凸台，空心件胀形的轮廓形状不清晰	(1) 聚氨酯产生的成形压力不足 (2) 模具闭合高度调整不当	(1) 更换不同硬度的聚氨酯 (2) 微量调整模具闭合高度
翻孔、扩口边缘局部开裂	(1) 口部切向拉伸变形过大 (2) 变形区毛坯的断面质量不好，粗糙或存在微裂纹 (3) 凸模具的形状、尺寸不合理	(1) 调整翻孔系数和扩口系数，控制变形量 (2) 改善毛坯断面质量 (3) 修正凸模的形状和尺寸
缩口产生起皱与纵向失稳	(1) 缩口部位变形程度过大 (2) 毛坯的支承方式不合理	(1) 改变缩口系数，控制变形量 (2) 改变毛坯的支承方式，提高稳定性
校平的零件平面度不符合要求	(1) 校平的单位压力不足 (2) 模具闭合高度调整不当 (3) 压力机的刚度不足	(1) 微量调整模具闭合高度 (2) 检查压力机的性能指标 (3) 选用高性能压力机

第七章　挤压模设计

一、挤压成形的方式

挤压是将金属毛坯置于模具型腔内，在压力机和凸模的作用下，迫使金属材料发生塑性变形，从型腔（凹模）中挤出，获得所需的挤压零件。

根据毛坯的温度不同，在室温下对毛坯进行挤压，称为冷挤压；将毛坯加热到金属再结晶温度以下某一适当的温度范围内进行挤压，称为温挤压。

冷挤压的变形力较大，冷挤压前需对毛坯进行退火和表面处理。冷挤压可以获得较理想的尺寸精度和表面粗糙度，并由于材料变形过程中的冷作硬化，使得冷挤压件的强度大为提高。冷挤压件的某些部位可以不再进行切削加工，降低了材料消耗和其他生产成本。

温挤压与冷挤压相比，毛坯的变形抗力小，特别适宜于在室温下难以进行冷挤压的材料。由于毛坯在温热状态下成形，免去预先的软化退火和各工序间的退火，可以连续多次挤压，提高了生产率。但温热挤压件的尺寸精度和表面质量比冷挤压件低。

按照挤压时金属材料流动方向与凸模运动方向的相互关系，挤压的基本形式可分为正挤压、反挤压、复合挤压及径向挤压等，其特点和应用范围见表 1-7-1。

表 1-7-1　挤压的形式、特点和应用范围

形　式	简　　图	特点和应用范围
正挤压	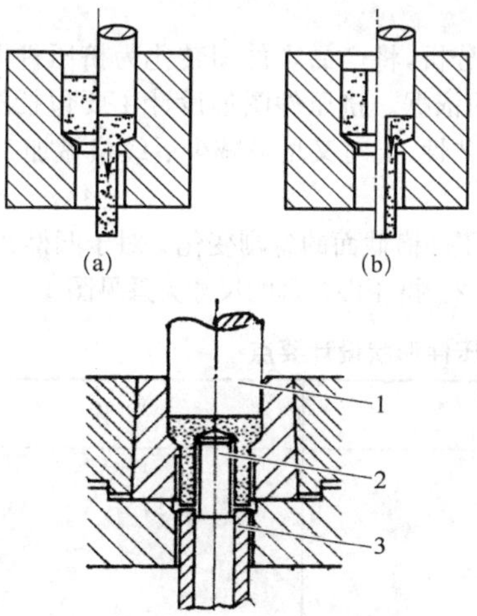	挤压时金属材料流动方向与凸模运动方向相同。图 a 为挤压实心毛坯，图 b 为挤压空心毛坯。主要适用于挤压成形杆类、管状件 图 c 为正挤压杯形件，件 1 是上凸模，件 2 是下凸模（反向凸模），挤压件由顶件套 3 顶出
反挤压	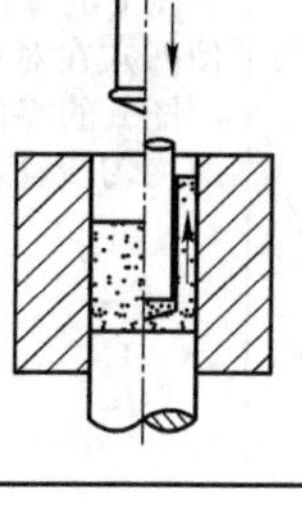	挤压时金属材料流动方向与凸模运动方向相反。适用于成形各种断面形状的杯形件，形状对称时对挤压成形更有利

（续表）

形　式	简　　图	特点和应用范围
复合挤压	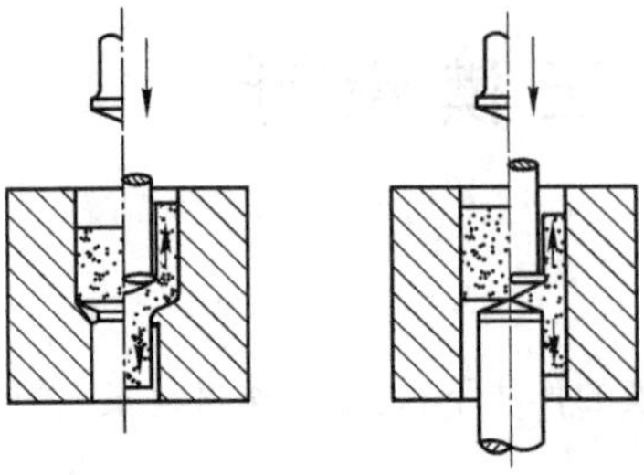 (a)　(b)	挤压时部分金属材料的流动方向与凸模运动方向相同，另一部分金属材料的流动方向则相反。金属材料易流动方向应有限制。图 a 为成形杯杆形件，图 b 为成形双杯形件
径向挤压	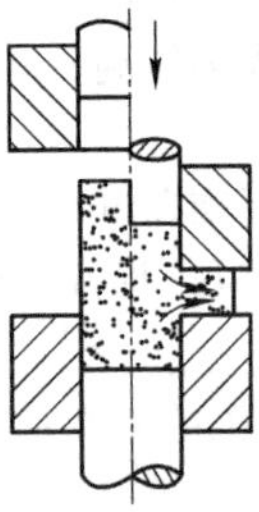	挤压时金属材料的流动方向与凸模的运动方向垂直。适用于成形具有凸肩的轴向对称件

二、挤压件图形与毛坯尺寸

(一) 挤压件图形

根据挤压工艺性和机械加工的工艺要求，通过工艺分析，将产品零件图转化为挤压件图形，称为挤压件图形设计。挤压件图形设计是按等体积原则确定毛坯尺寸的依据。挤压件图形设计主要包括挤压件形状设计、尺寸精度和加工余量的确定等，从而使挤压件具有较好的工艺性，同时又尽量减少后续机械加工量，达到节约材料、提高产品质量和延长模具寿命的目的。

挤压件形状设计要满足形状的对称性要求，并避免挤压件横截面的急剧变化。对于凹槽、深孔、螺纹等要求，应通过后续机械加工来实现。挤压件形状设计要点见表 1-7-2。挤压件合理的尺寸关系见图 1-1-11 和图 1-1-12。

表 1-7-2　挤压件形状设计要点

内　容	简　　图	说　　明
对称性	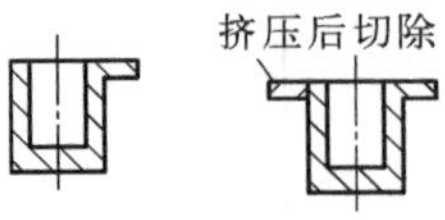 (a)　(b) 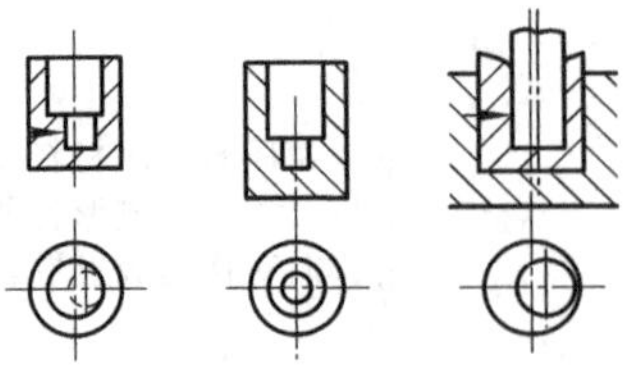 (c)　(d)　(e)	图 a 的零件凸缘形状不对称，挤压件按对称形状设计(图 b)，挤压后切除多余部分 图 c 的零件底部有偏心凹穴，更改零件设计，使凹穴在对称处(图 d) 图 e 的零件整体不对称，壁厚不均，不利于金属均匀流动，不适宜用挤压方法成形

（续表）

内　容	简　图	说　明
简化形状	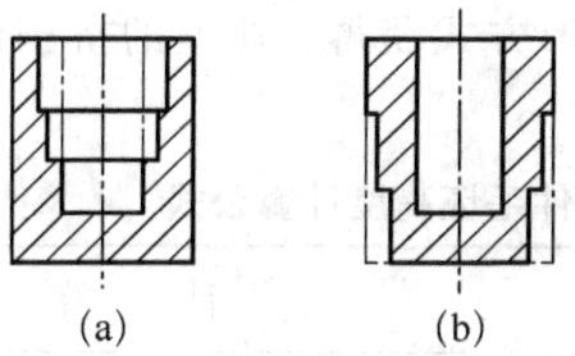	零件台阶孔不利于挤压成形，对内孔进行简化，形成挤压件（图 a） 对零件外形台阶进行简化，形成挤压件（图 b） 台阶尺寸相差较大时可以分几次挤压成形，或用机械加工方法获得
	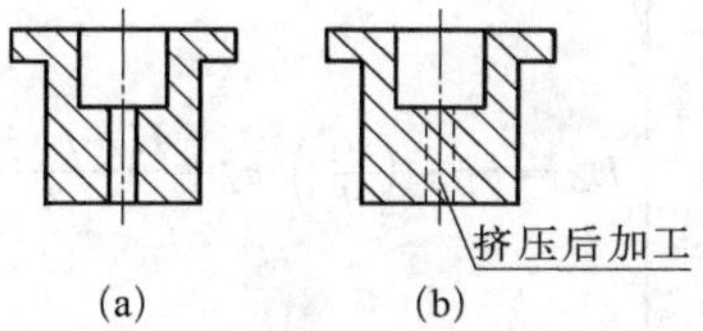	零件底部的小孔对挤压很不利（图 a），对零件形状进行简化，小孔挤压后再钻出（图 b）
合理的过渡形状	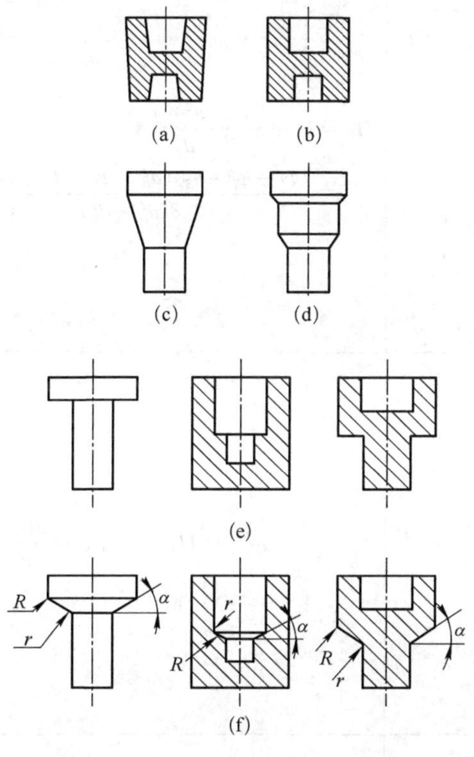	锥面成形时，凸模工作带宽，摩擦面大，不利于金属流动（图 a），更改为图 b 的直壁形状，凸模工作带窄，有利于金属流动 凹模锥角斜面过大，金属材料流动困难（图 c），减小锥角斜面的高度，有利于金属材料流动（图 d） 零件断面急剧变化，对金属材料流动极为不利，相应的模具部位易开裂（图 e） 增加锥面和圆角过渡，有利于金属材料流动和延长模具寿命（图 f）

（二）毛坯尺寸

挤压件毛坯尺寸按照等体积原则确定，毛坯尺寸的计算包括确定毛坯内外及高度尺寸。

挤压件需要进行后续切削加工的，要增加加工余量的体积。挤压件高度方向的尺寸偏差一般较大，主要是材料流动不匀造成的。高度方向上的加工余量与挤压件的高度尺寸有关，高度愈大，加工余量也愈大，一般取 2～5 mm。复合挤压的加工余量则应适当加大，矩形件反挤压材料流动不匀，高度上的加工余量则应增加 1 倍。挤压件径向尺寸偏差较小，主要受到模具工作刃带磨损的影响。挤压后进行校整，能够明显提高径向尺寸精度，见表 1－1－68～表 1－1－70。需要进行切削加工时，加工余量一般为 0.5 mm。

毛坯的内外尺寸根据凸模与凹模的相应尺寸决定。通常情况下，毛坯的外形尺寸要接近挤压件尺寸。为了便于毛坯放入模具型腔内，毛坯的外形尺寸可比型腔尺寸小 0.1～0.2 mm。对于反挤压壁厚精度要求较高的反挤压件，在保证毛坯放入模具型腔的情况下，应尽量减小尺寸差。为了便于凸模进入毛坯内孔，毛坯内孔一般比凸模相应尺寸大 0.05～0.1 mm，挤压件内孔精度要求较高时，增大的量只能为 0.01～0.05 mm。

毛坯的内外及高度尺寸可以通过下料、冲压和预成形方式获得。典型的挤压件毛坯高度计算公式见表 1-7-3。

表 1-7-3　典型的挤压件毛坯高度计算公式

挤 压 件 形 状	毛 坯 形 状	计 算 公 式
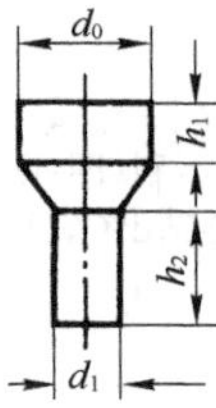	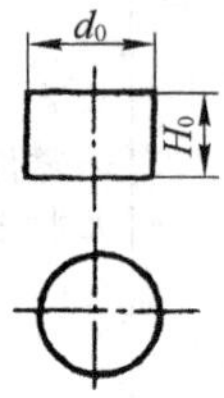	$H_0=h_1+\left(\frac{d_1}{d_0}\right)^2h_2+\frac{H-h_1-h_2}{3}\left[1+\left(\frac{d_1}{d_0}\right)^2+\frac{d_1}{d_0}\right]$
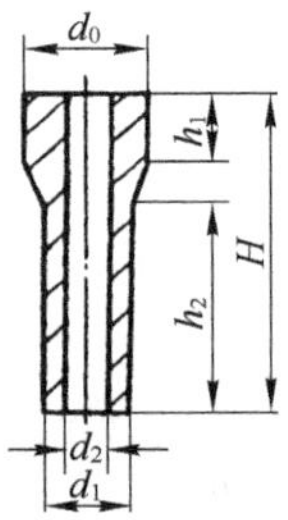	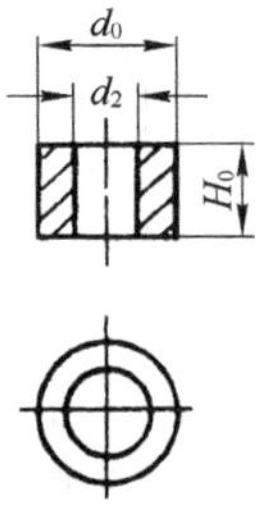	$H_0=h_1+\frac{(d_1^2-d_2^2)h_2}{d_0^2-d_2^2}+\frac{(H-h_1-h_2)(d_0^2+d_1^2+d_0d_1-3d_2^2)}{3(d_0^2-d_2^2)}$
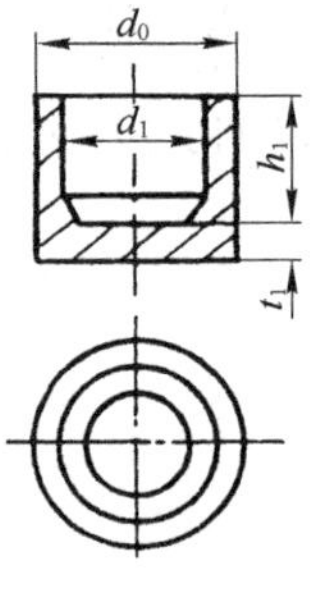	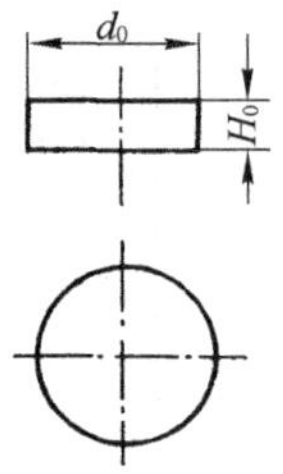	$H_0=h_1+t_1-\frac{d_1^2h_1}{d_0^2}$
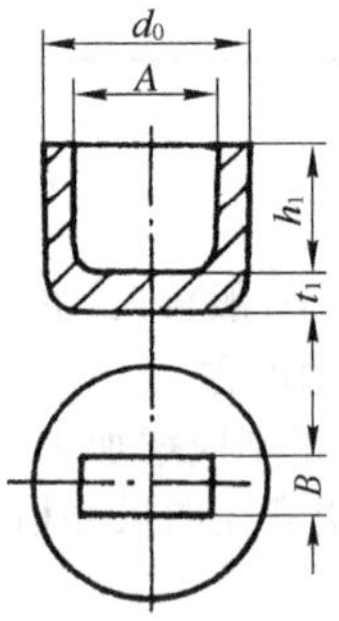	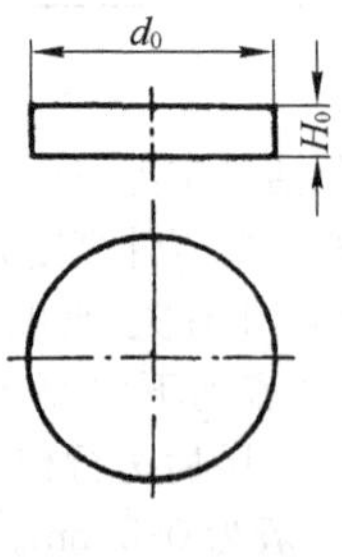	$H_0=h_1+t_1-\frac{ABh_1}{0.785d_0^2}$

（续表）

挤 压 件 形 状	毛 坯 形 状	计 算 公 式
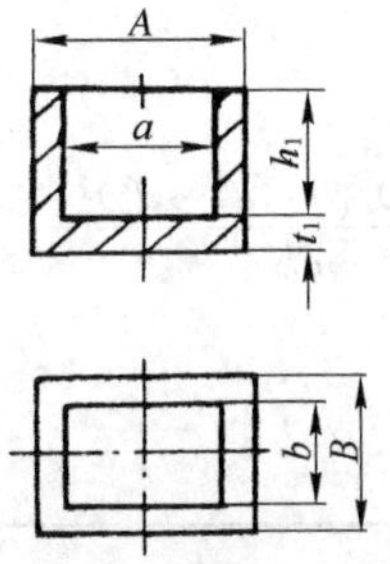	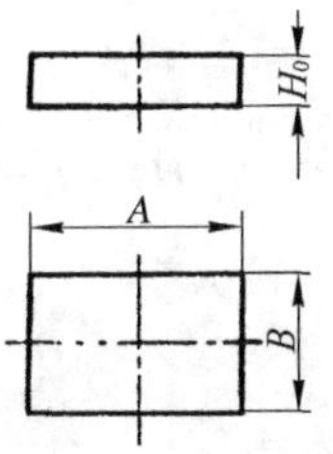	$H_0=h_1+t_1-\dfrac{abh_1}{AB}$
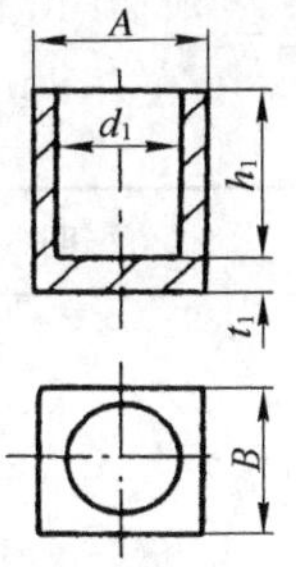	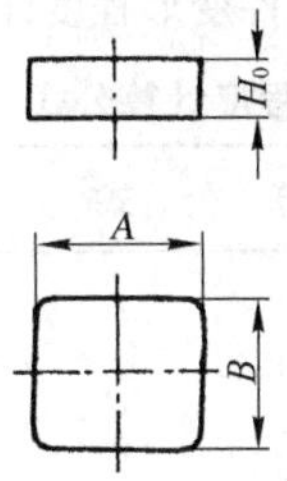	$H_0=h_1+t_1-0.785\,\dfrac{d_1^2h_1}{AB}$
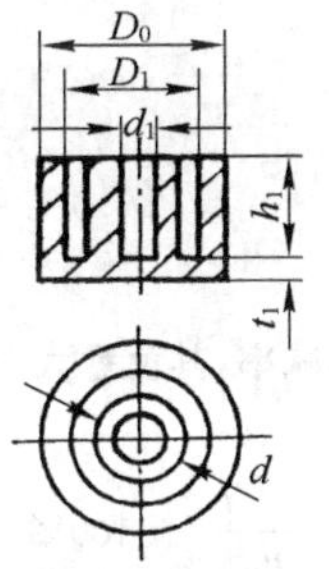	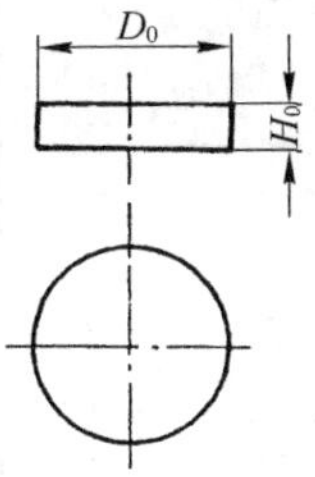	$H_0=h_1+t_1-\dfrac{h_1(D_1^2-d^2+d_1^2)}{D_0^2}$
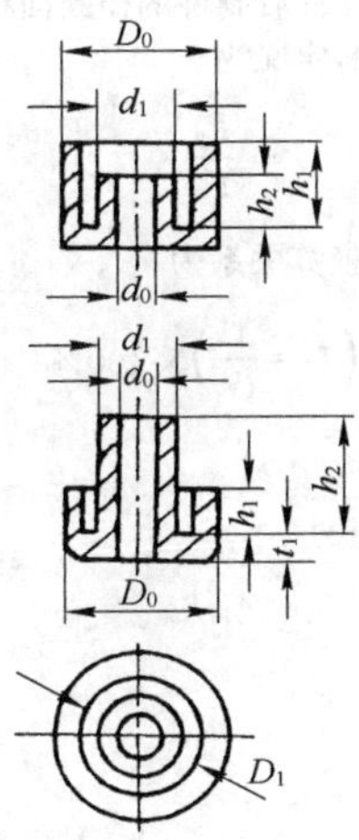	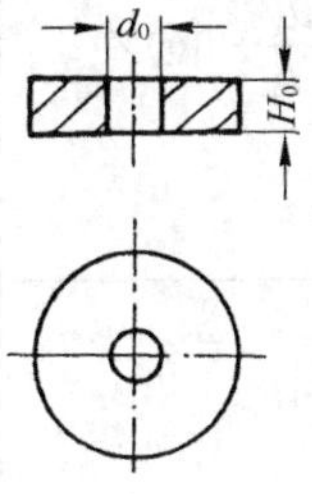	$H_0=t_1+\dfrac{h_1(D_0^2-D_1^2)+h_2(d_1^2-d_0^2)}{D_0^2-d_0^2}$

（续表）

挤压件形状	毛坯形状	计算公式
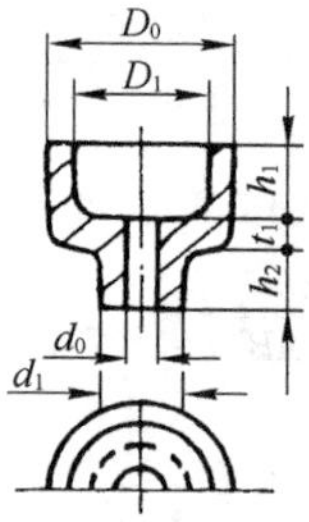	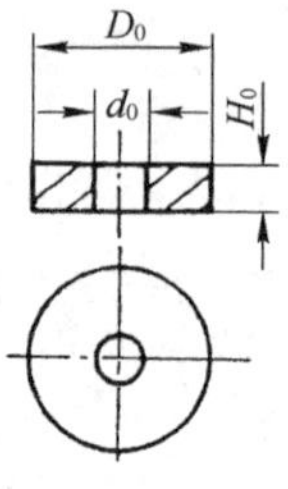	$H_0=t_1+\dfrac{h_1(D_0^2-D_1^2)+h_2(d_1^2-d_0^2)}{D_0^2-d_0^2}$

三、变形程度

挤压件的变形程度一般用断面缩减率和挤压比来表示，前者为挤压前后横截面积之差与挤压前毛坯横截面积之比的百分数；后者则是毛坯与挤压件横截面积之比。挤压件变形程度计算公式见表 1-7-4。

表 1-7-4　挤压件变形程度计算公式

工序名称	毛　坯	挤压件	计算公式	说　明
正挤压实心件	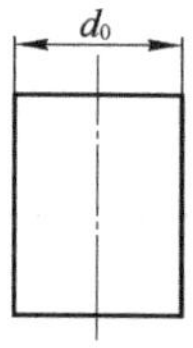	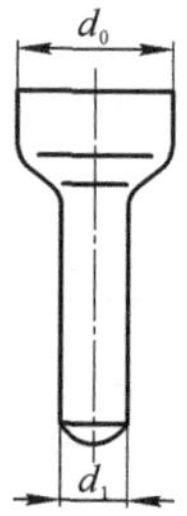	$\varepsilon_F=\dfrac{d_0^2-d_1^2}{d_0^2}\times100\%$	ε_F—断面缩减率，其值愈大，变形程度愈大，定义为 $\varepsilon_F=\dfrac{F_0-F_1}{F_0}\times100\%$ F_0—挤压变形前毛坯的横断面积； F_1—挤压变形后制件的横断面积； G—挤压比，定义为 $G=\dfrac{F_0}{F_1}$ ε_F 和 G 的换算关系为 $\varepsilon_F=\left(1-\dfrac{1}{G}\right)\times100\%$
正挤压空心件	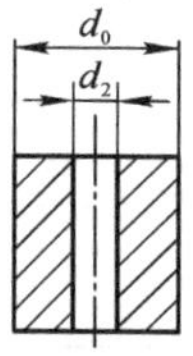	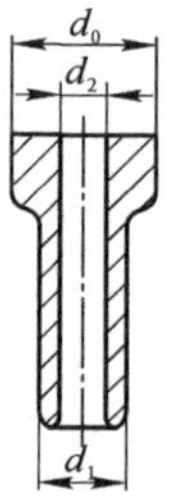	$\varepsilon_F=\dfrac{d_0^2-d_1^2}{d_0^2-d_2^2}\times100\%$	
反挤压杯形件	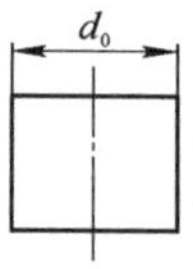	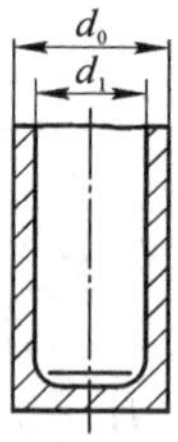	$\varepsilon_F=\dfrac{d_1^2}{d_0^2}\times100\%$	
反挤压带芯件	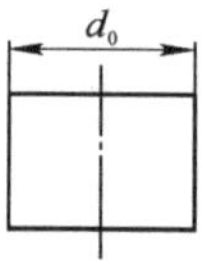	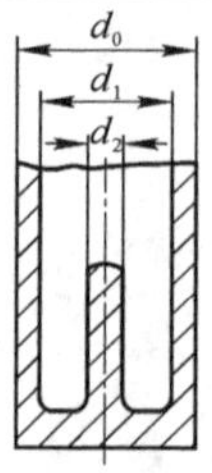	$\varepsilon_F=\dfrac{d_1^2-d_2^2}{d_0^2}\times100\%$	

挤压时变形程度越大，则变形抗力和模具承受的单位压力也越大。一次挤压加工所许可的变形程度，称为许用变形程度。许用变形程度实际上主要是受到模具单位压力的限制。有色金属一次挤压的许用变形程度见表1-7-5。正挤压黑色金属实心件、空心件的许用变形程度分别见图1-7-1和图1-7-2。反挤压黑色金属杯形件的许用变形程度见图1-7-3。综合考虑润滑、模具寿命后的碳钢和低合金钢的许用变形程度见表1-7-6。温挤压的变形程度比冷挤压大，并与加热温度范围和模具材料有关。

表1-7-5　有色金属一次挤压的许用变形程度

材　料	断面缩减率 ε_F(%)	
锌、铝、无氧铜	正 挤 压	95～99
	反 挤 压	90～99
铜、黄铜、硬铝	正 挤 压	90～95
	反 挤 压	75～90

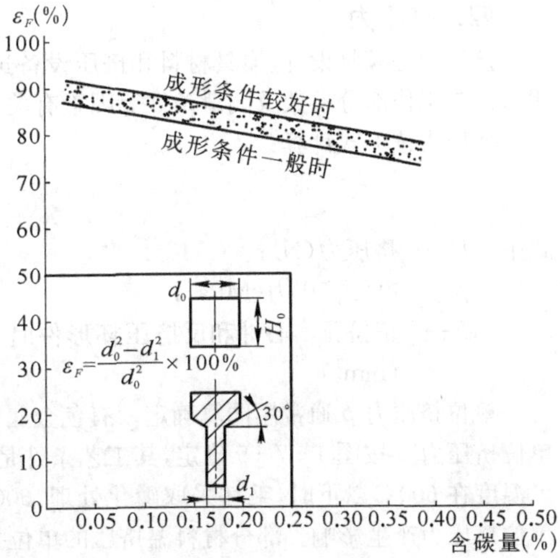

图1-7-1　正挤压黑色金属实心件的许用变形程度
（$H_0/d_0 = 0.7 \sim 1.0$，磷化+润滑，毛坯退火）

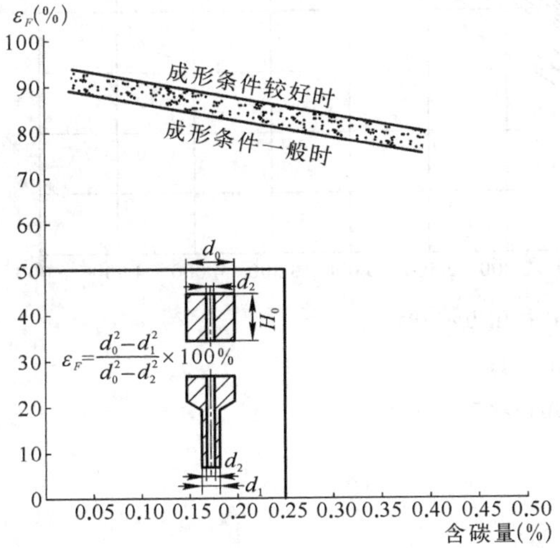

图1-7-2　正挤压黑色金属空心件的许用变形程度
（$H_0/d_0 = 0.7 \sim 1.0$，磷化+润滑，毛坯退火）

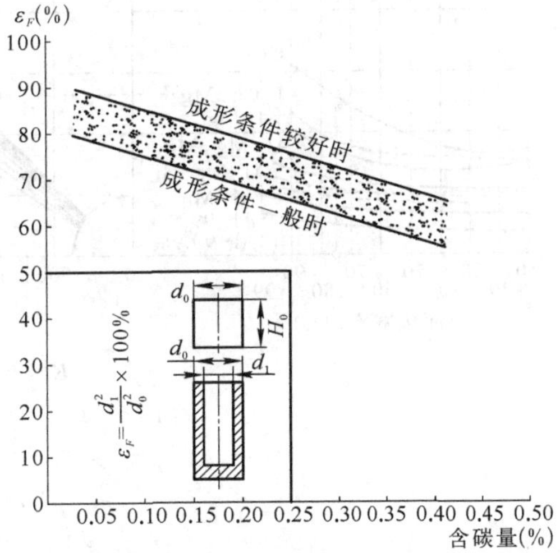

图1-7-3　反挤压黑色金属杯形件的许用变形程度
（$H_0/d_0 = 0.7 \sim 1.0$，磷化+润滑，毛坯退火）

表1-7-6　碳素钢和低合金钢的许用变形程度

材　料	断面缩减率 ε_F(%)		材　料	断面缩减率 ε_F(%)	
10	正 挤 压	82～87	45	正 挤 压	45～48
	反 挤 压	75～80		反 挤 压	40
15	正 挤 压	80～82	15Cr	正 挤 压	53～63
	反 挤 压	70～73		反 挤 压	42～50
35	正 挤 压	55～62	35CrMo	正 挤 压	50～60
	反 挤 压	50		反 挤 压	40～45

四、挤压力

挤压力是模具设计、模具材料和挤压设备选择的依据。挤压力与变形程度、毛坯材料性能、毛坯尺寸(长径比)、模具工作部分参数及润滑条件等因素有关。温挤压时,还与毛坯的加热温度有很大关系。

挤压力按下式计算:

$$P = pF$$

式中 P——挤压力(N);

p——单位挤压力(MPa);

F——正挤压实心件和反挤压杯形件时为凸模工作端的投影面积,正挤压空心件时为毛坯的横截面积(mm^2)。

单位挤压力 p 通常用图算确定。有色金属和黑色金属冷挤压力计算图见图 1-7-4～图 1-7-8。温挤压的单位挤压力 p 按图 1-7-9 确定,其工艺条件是挤压模预热至 60～100℃,用油与石墨的混合剂作润滑。挤压加工温度在 600℃以下时,毛坯采取磷化处理;600℃以上时,毛坯不预先处理。改变图示模具工作带的参数,会对单位挤压力产生影响。部分材料温挤压的单位挤压力也可按表 1-7-7 确定。

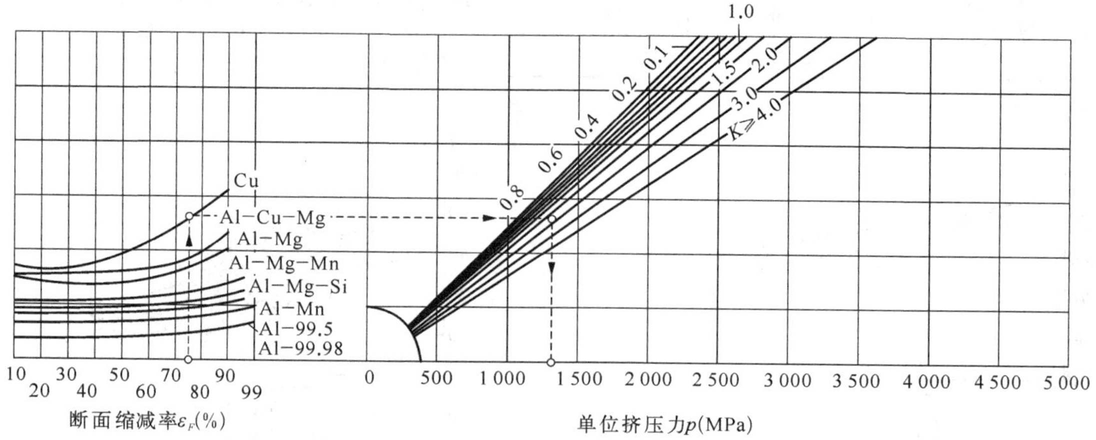

K=毛坯料高度/零件壁厚

图 1-7-4 有色金属反挤压单位挤压力计算图

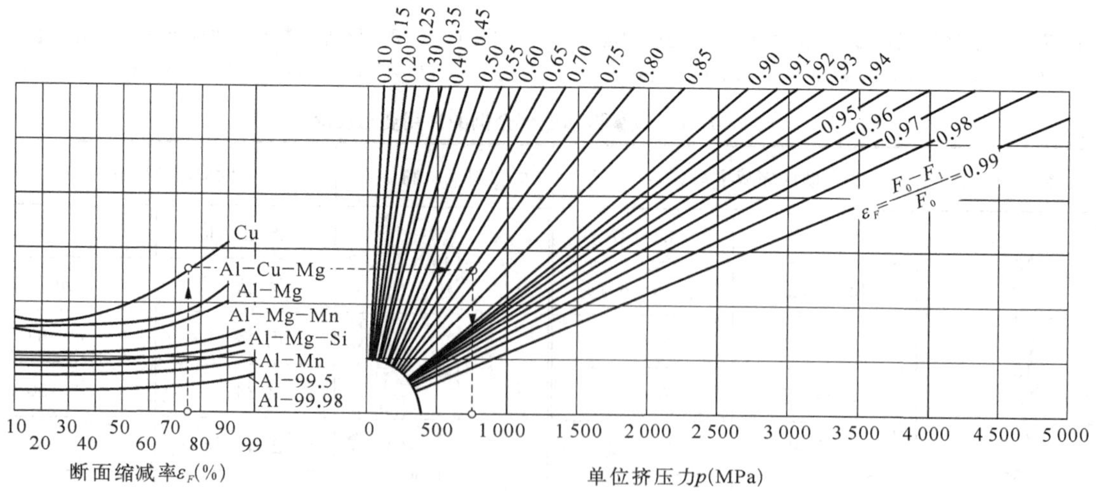

图 1-7-5 有色金属正挤压单位挤压力计算图

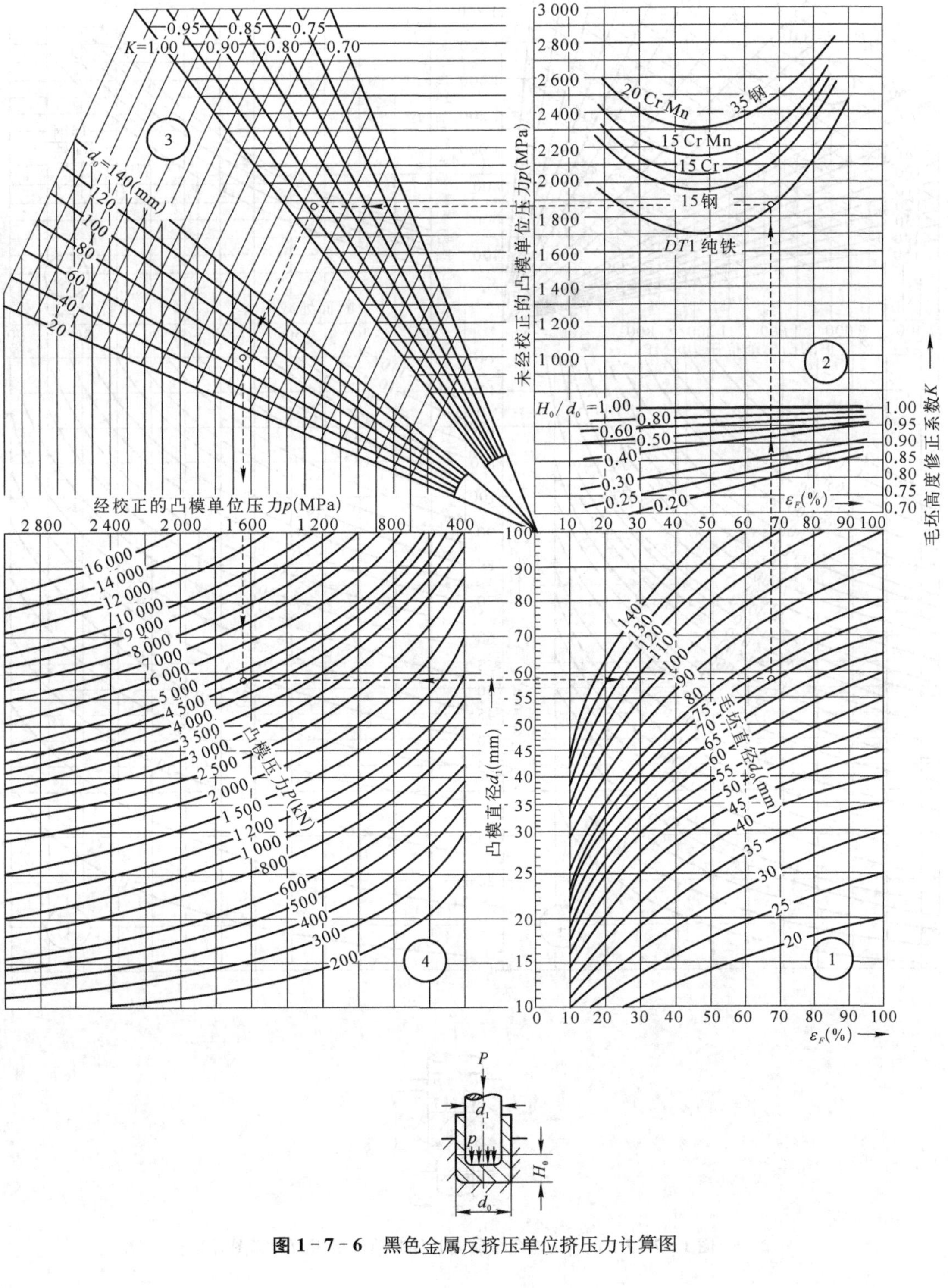

图 1-7-6　黑色金属反挤压单位挤压力计算图

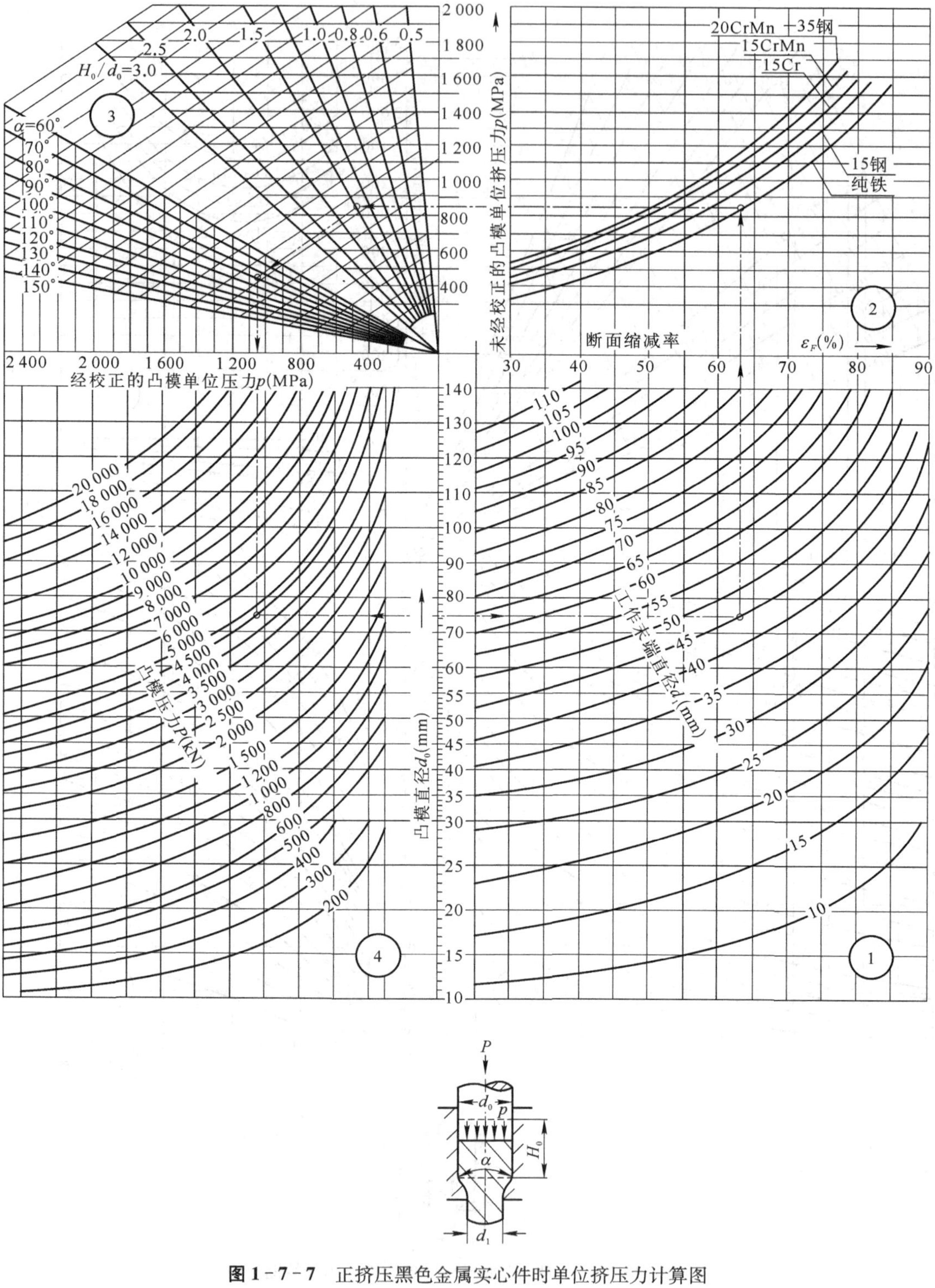

图 1-7-7　正挤压黑色金属实心件时单位挤压力计算图

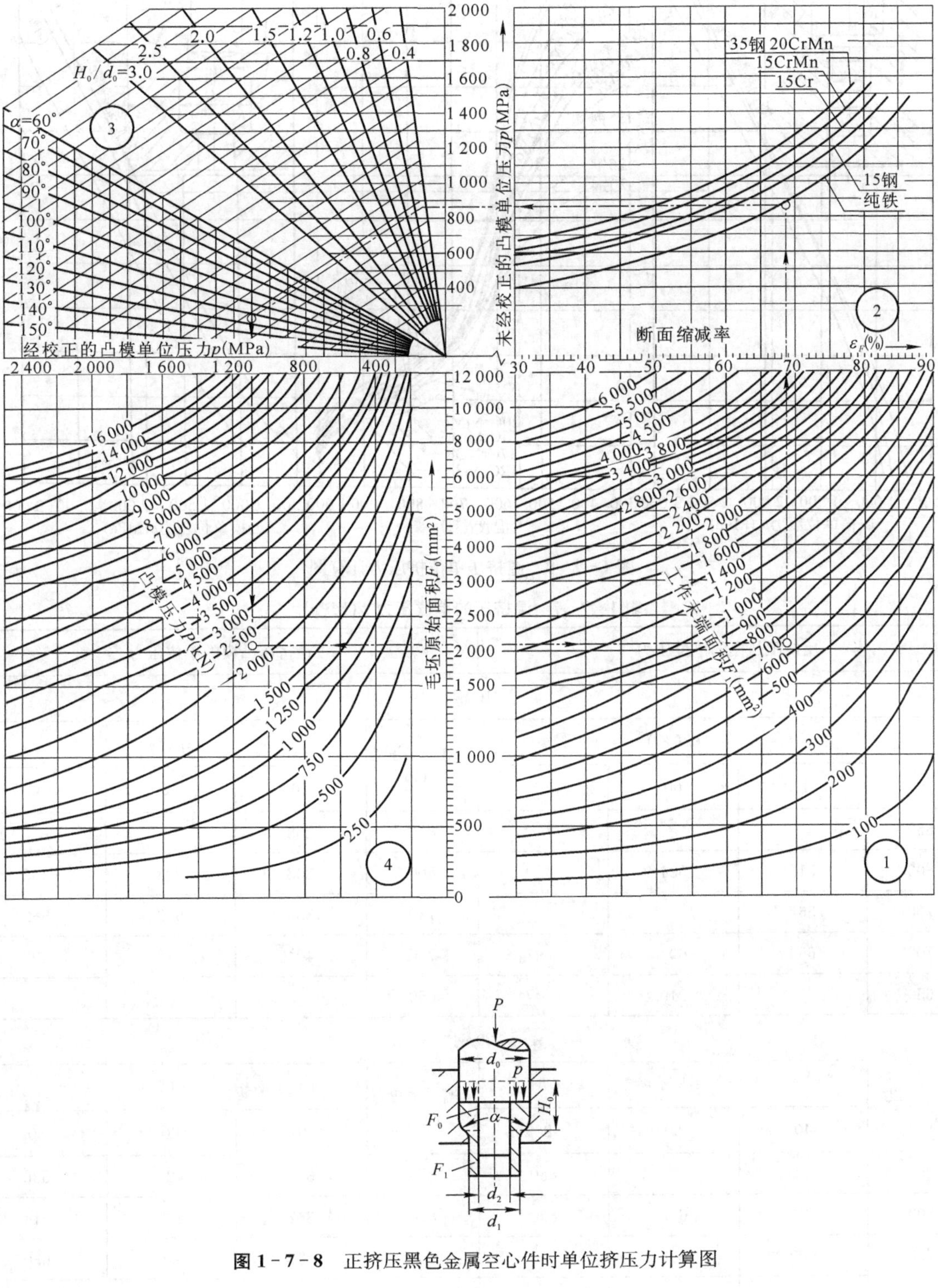

图 1-7-8　正挤压黑色金属空心件时单位挤压力计算图

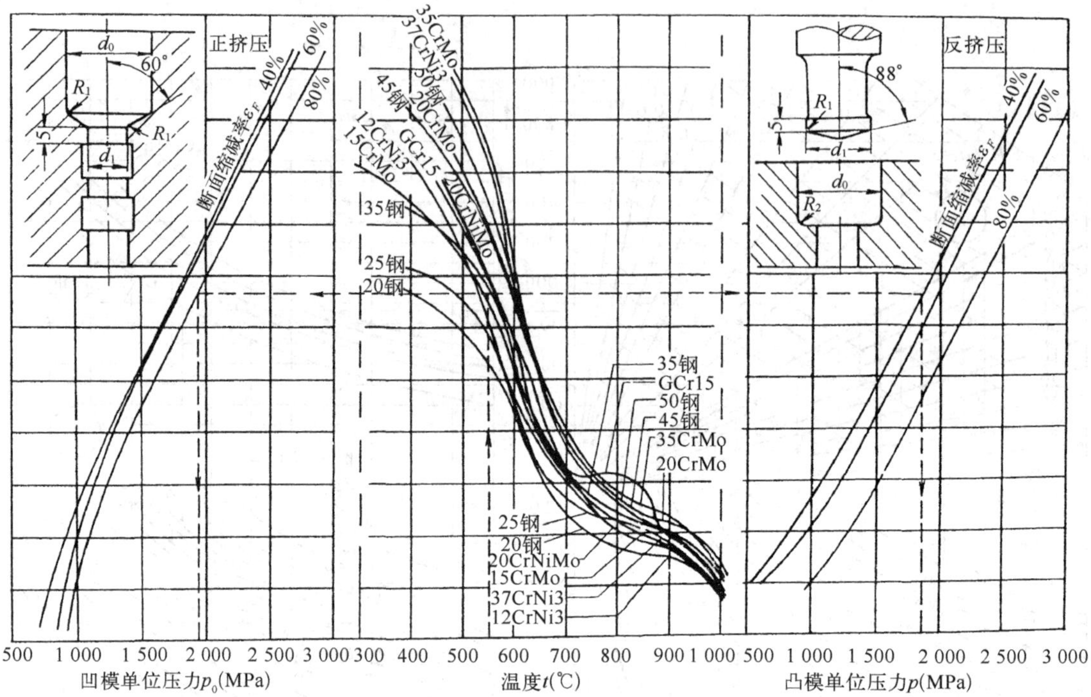

图 1-7-9 温挤压单位挤压力计算图

表 1-7-7 温挤压的单位压力 p(MPa)

反挤压凸模的单位压力				正挤压凸模的单位压力			
10 钢							
温 度(℃)	ε_F(%)			温 度(℃)	ε_F(%)		
	40	60	80		40	60	80
850				850	253		
800	512	521		800	308	398	462
750	562			750	336	503	562
700	650	694		700	404	512	592
650		910		650			
20 钢							
温 度(℃)	ε_F(%)			温 度(℃)	ε_F(%)		
	40	60	80		40	60	80
850			880	850	320	420	536
800	576	635	890	800	342	425	514
750	600	696	1 000	750	392	536	630
700	679	855	1 150	700	440	570	756
650	890	1 060		650			

（续表）

反挤压凸模的单位压力				正挤压凸模的单位压力			
35 钢							
温度（℃）	ε_F(%)			温度（℃）	ε_F(%)		
	40	60	80		40	60	80
850			840	850	380	505	581
800	640	685	870	800	373	495	667
750	745	786	1 070	750	421	533	740
700	821	955	1 220	700	535	685	862
650	1 050	1 260		650			
45 钢							
温度（℃）	ε_F(%)			温度（℃）	ε_F(%)		
	40	60	80		40	60	80
850			850	850	368	500	615
800	740	810	844	800	408	550	710
750	760	844	1 060	750	444	565	825
700	903	1 013	1 120	700	535	686	880
650	1 150	1 320		650			
40Cr							
温度（℃）	ε_F(%)			温度（℃）	ε_F(%)		
	40	60	80		40	60	80
850			910	850	378	592	690
800	710	751	960	800	394	640	750
750	780	821	1 000	750	445	760	850
700	986	1 050	1 240	700	570	800	1 110
650	1 180	1 290		650			
T10							
温度（℃）	ε_F(%)			温度（℃）	ε_F(%)		
	40	60	80		40	60	80
850	686	740	1 152	850	458	505	695
800	790	825	1 200	800	480	600	726
750	882	976	1 228	750	530	705	836
700	935	1 090		700	695	806	1 060
650				650			

（续表）

反挤压凸模的单位压力				正挤压凸模的单位压力			
GCr15							
温　度（℃）	ε_F(%)			温　度（℃）	ε_F(%)		
	40	60	80		40	60	80
850	746	750	1 290	850	441	615	740
800	860	970	1 330	800	655	702	875
750	932	1 410		750		926	936
700				700	875	1 035	1 170
650				650			
40CrNi							
温　度（℃）	ε_F(%)			温　度（℃）	ε_F(%)		
	40	60	80		40	60	80
850	730	785	936	850			
800	811	839	1 030	800		45	675
750	890	985	1 092	750	424	687	785
700	918	1 010	1 110	700	565	720	800
650				650			

注：ε_F 为断面缩减率。

五、凸、凹模设计

（一）结构形式

挤压过程中，凸、凹模承受很大的单位挤压力。合理地选择凸、凹模的结构形式和确定工作端尺寸，有利于提高模具寿命和挤压件质量。

反挤压凸模的底部形状和工作带尺寸，对提高凸模的稳定性和金属材料流动均匀性影响显著。正挤压空心件的凸模芯棒设计，对挤压成形和模具寿命影响很大。挤压凸模结构形式见表 1－7－8。

表 1－7－8　挤压凸模的结构形式

类　型	简　图	说　明
反挤压凸模	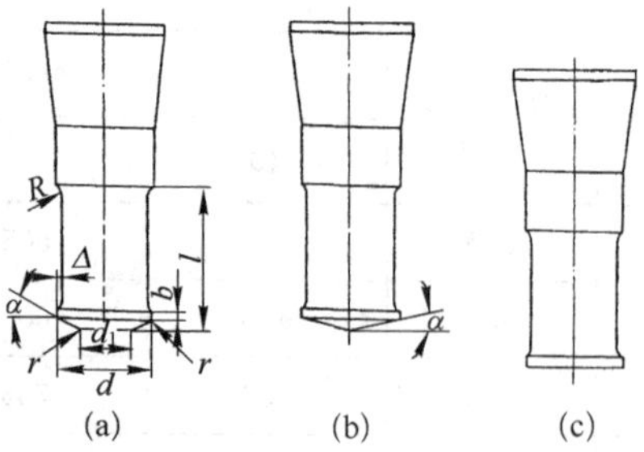	图 a 是平底锥形凸模，有利于减小单位挤压力，是应用最多的一种形式。挤压黑色金属和有色金属时，平底部分的 d_1、α 数值有所不同 图 b 为顶锥形凸模，虽能减小单位挤压力，但容易造成金属材料流动不均匀，应用不多 图 c 为平底形凸模，主要被用于挤压件要求平底、挤压力较小的情况。凸模细长时，为提高其稳定性，平底部可制出同心或者对称的工艺槽（宽 0.3～0.8 mm，深 0.3～0.6 mm）

（续表）

类　型	简　　图	说　　明
反挤压凸模	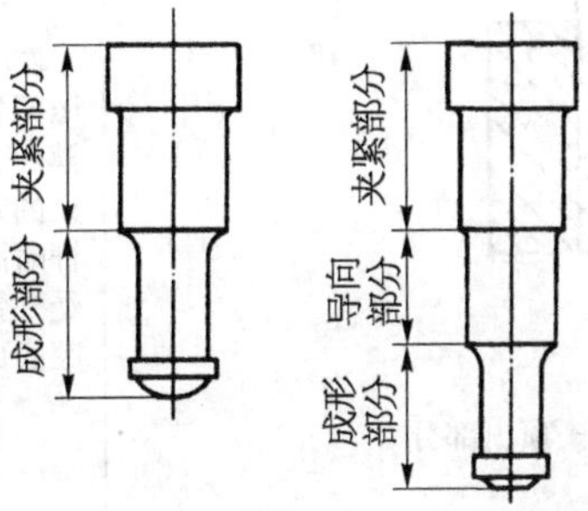(d)	图 d 为无导向段与带导向段凸模的比较。凸模导向段与凹模口部配合，构成导向，挤压时有利于提高凸模的稳定性。采用导向后，凸、凹模高度尺寸要增大
正挤压凸模	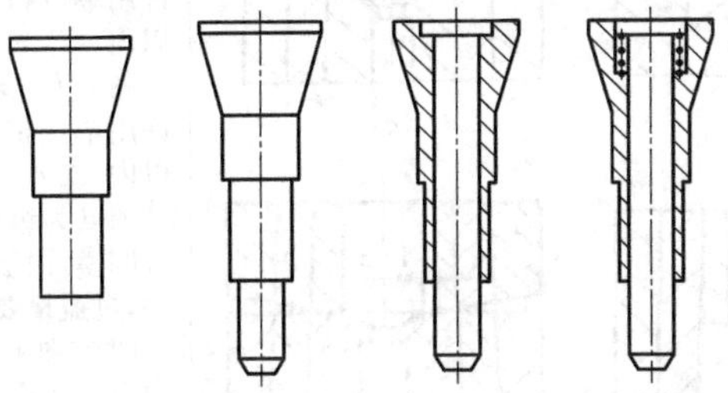(a)　(b)　(c)　(d)	图 a 为正挤压实心件的凸模基本形式 图 b 为正挤压空心件的凸模基本形式，整体结构，前端易受拉断裂 图 c 和图 d 为组合式。图 d 中的芯棒受拉时可以向下滑动一定距离，更能防止损坏

凹模的结构可分为整体式、镶拼式和预应力组合式。整体式结构和加工均简单，但在单位挤压力较大、生产批量较大时易开裂。镶拼式可一定程度上避免模具开裂。预应力组合凹模则可以明显地提高凹模的许用单位挤压力。常用的挤压凹模结构形式见表 1－7－9。

表 1－7－9　挤压凹模的结构形式

类　型	简　　图	说　　明
反挤压凹模	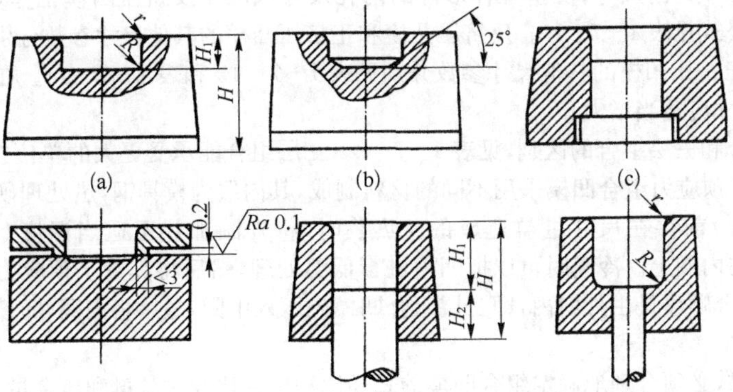	图 a 为整体式凹模，结构简单，底部 R 处易开裂，主要被用于批量不大的有色金属挤压。图 b 的底部采用斜角过渡，有利于金属材料流动 图 c 与图 d 分别采用纵向和横向拼合，模具寿命有所提高，是常用的结构形式。拼合面精度要求高，纵向配合要求采用较大的过盈量，防止底部产生毛刺 图 e、图 f 为底部有顶出装置的凹模，适用于黑色金属反挤压、单位挤压力较大时，其外部可以增加预应力圈

（续表）

类　型	简　图	说　明
反挤压凹模	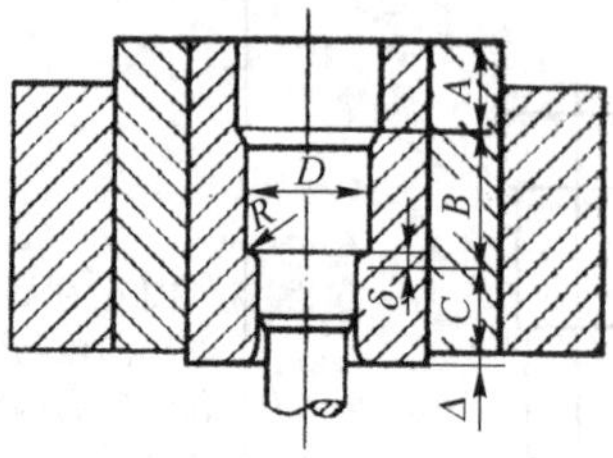 (g) A—导向部分；B—成形部分；C—顶出部分	图 g 为带有导向部分的反挤压凹模，与带导向段的反挤压凸模配合使用，可被用于挤压力较大的零件(如薄底杯形件)。顶杆略高出凹模型腔底面 δ，顶杆受到强挤压后，其端面与凹模型腔底面一致
正挤压凹模	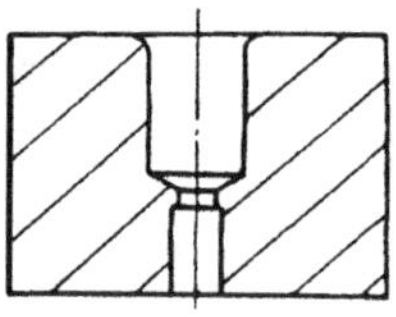 (a) 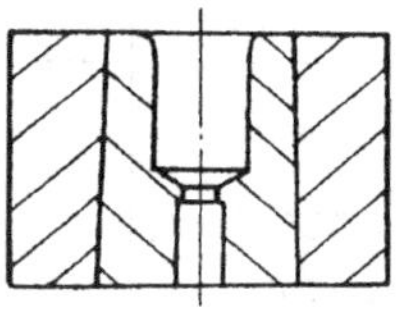 (b) 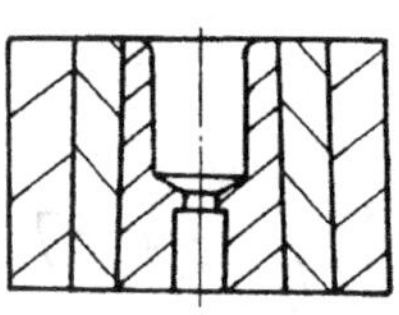 (c) 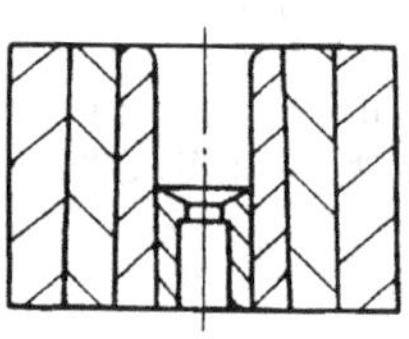 (d) 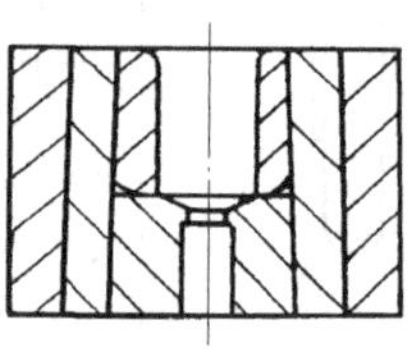 (e) 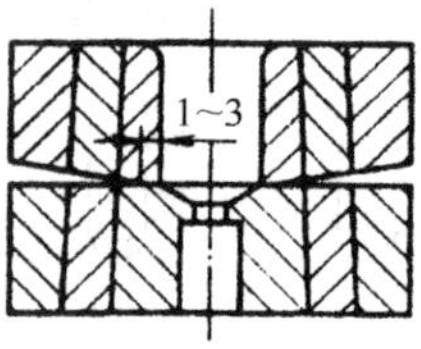 (f)	图 a 为整体式凹模，结构简单，易开裂，许用单位挤压力在 1 100 MPa 以内 图 b 为两层预应力组合凹模，许用单位挤压力在 1 400 MPa 以内 图 c 为三层预应力组合凹模，许用单位挤压力在 2 500 MPa 以内 图 d 为纵向分割型预应力组合凹模，内层小凹模采用过盈配合，过盈量要大于 0.02 mm 图 e、图 f 为横向分割型预应力组合凹模，拼合面一般为 1～3 mm，拼合面外采用斜角。其中图 f 采用整体横向分割，制造困难，使用较少

（二）结构尺寸

反挤压杯形件凸模的工作带、正挤压实心件凹模的工作带及正挤压空心件凸模的芯轴，在挤压和卸件过程中的磨损会使其径向尺寸发生变化，影响挤压件尺寸精度。

凸、凹模工作端径向尺寸的计算主要是考虑其磨损情况。模具弹性变形(膨胀量)很小，工具钢一般为0.02～0.04 mm。温挤压加热后模具尺寸的变化及挤压件冷却后尺寸的变化，影响因素较为复杂。

根据正、反挤压的不同情况，正挤压实心件变形端尺寸取决于挤压凹模工作带的径向尺寸；正挤压空心件的内孔尺寸取决于正挤压凸模的芯棒径向尺寸；反挤压杯形件的内孔尺寸取决于反挤压凸模工作带的径向尺寸。挤压模工作部分径向尺寸计算公式见表 1-7-10。反挤压凸模和正挤压凸模的其他尺寸参数分别见表 1-7-11 和表 1-7-12。反挤压凹模和正挤压凹模的其他尺寸参数分别见表 1-7-13 和表 1-7-14。在采用凸模导向或卸件板导向时，凹模的高度尺寸应适当增大。

预应力组合凹模有两层组合和三层组合的区别，见表 1-7-9。三层组合能承受更大的单位挤压力(2 200～2 500 MPa)而不发生凹模开裂。预应力组合凹模采用不同的材料制成，其内层为模具钢，热处理硬度较高。预应力是由于各层之间在套合(压合)前存在尺寸过盈造成的。热装时，将外圈加热至适当温度(一般不宜高于450℃，否则易产生氧化)，套装在内圈上。冷套时可以把凹模进行低温处理，然后将其置于预应力圈内。在室温下用压力机压合组合凹模时，压合顺序是由外向内，即三层组合凹模先压入中圈，最后将内圈(凹模)压合；压出时则相反。

为了达到良好的预应力效果，必须合理地确定组合凹模的总径比和中径比及过盈量和压合量。此外，压合面的接触面积不能小于总面积的 75%，表面加工要求 Ra 0.4 μm。

两层和三层预应力组合凹模的结构尺寸计算分别见表 1-7-15 和表 1-7-16。

表 1-7-10　挤压模工作部分径向尺寸计算公式

类　　别	尺　寸　标　注	计　算　公　式
正挤压实心件	标注变形端外形尺寸 $d_{1}{}^{\ 0}_{-\Delta}$	$D_{凹}=(d_1-0.75\Delta)^{+\delta_{凹}}_{\ 0}$
正挤压空心件	标注变形端内孔尺寸 $d_{2}{}^{+\Delta}_{\ 0}$	$d_{芯}=(d_2+0.75\Delta)^{\ 0}_{-\delta_{芯}}$
反挤压杯形件	标注内形尺寸 $d^{+\Delta}_{\ 0}$	$d_{凸}=(d+0.75\Delta)^{\ 0}_{-\delta_{凸}}$ 按反挤压件壁厚要求确定 $d_{凹}$ 尺寸

注：$D_{凹}$—正挤压凹模工作带的径向尺寸；$d_{芯}$—正挤压空心件时的芯棒尺寸；$d_{凸}$—反挤压凸模径向尺寸；d_1—正挤压实心件变形端尺寸；d_2—正挤压空心件内孔尺寸；d—反挤压杯形件内形尺寸；Δ—挤压件公差；$\delta_{凹}$、$\delta_{凸}$、$\delta_{芯}$—凹模、凸模、芯棒制造偏差，取 0.2Δ。

表 1-7-11　反挤压凸模尺寸

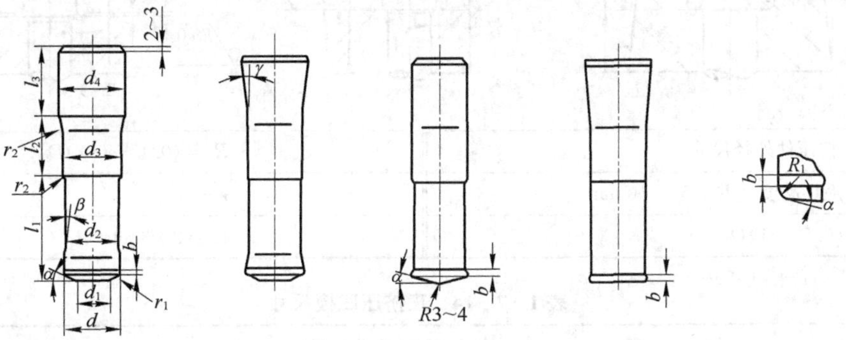

d 按照表 1-7-10 $d_{凸}$ 计算公式确定	$\alpha=7°\sim27°$(黑色金属挤压)，$\alpha=3°\sim25°$(有色金属挤压)		
$d_1=(0.5\sim0.7)d$(有色金属取较大值)	$r=15°\sim30°$		
$d_2=d-(0.1\sim0.2)$mm	$l_1=$ 挤压件内孔高度 $+3\sim5$ mm		
$d_3\geqslant d$	$l_2=$ 卸件板厚度 $+10\sim15$ mm		
$d_4\geqslant1.3d$	$l_3=d_4$		
$r_1=0.5\sim1.5$ mm	l_1/d	铝　件	≤6~10
$r_2=(0.2\sim0.4)d$		铜　件	≤5~6
$b=1.5\sim3$ mm(有色金属取较小值)		硬铝、黄铜件	≤4~5
$\beta=1.5°\sim2°$		钢　件	≤2.5~3

表 1-7-12　正挤压凸模尺寸

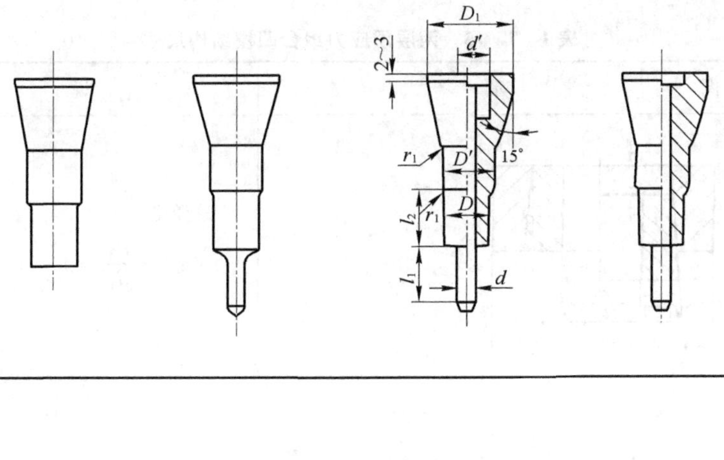

（续表）

d 按照表 1-7-10 $d_{芯}$ 计算公式确定	$d' = d + 3 \sim 5$ mm
D = 挤压件头部直径	$r_1 = (0.1 \sim 0.2)D$
$D_1 = (1.8 \sim 2)D$	l_1 = 毛坯高度 + 凹模刃带高度（为便于卸料，可加工 $10' \sim 30'$ 斜度）
$D' = (1.2 \sim 1.3)D$	l_2 = 毛坯变形高度 + 凹模引导部分高度 + $10 \sim 20$ mm

表 1-7-13　反挤压凹模尺寸

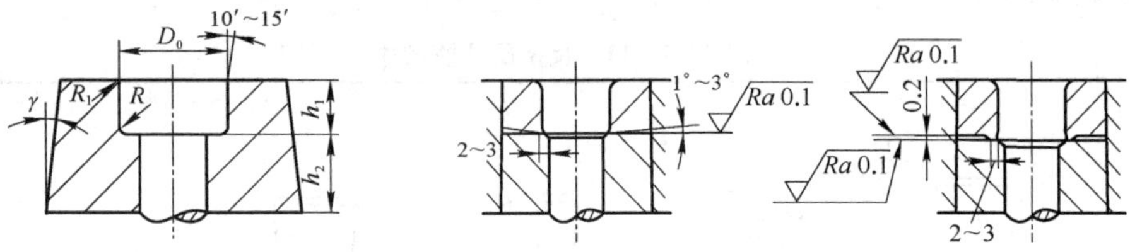

D_0 = 挤压件外径尺寸	$R = (0.1 \sim 0.2)D_0$
h_1 = 毛坯高度 + R + $5 \sim 10$ mm	$r = 1.5° \sim 3°$
$h_2 = (0.5 \sim 1)D_0$	$R_1 = 2 \sim 3$ mm

表 1-7-14　正挤压凹模尺寸

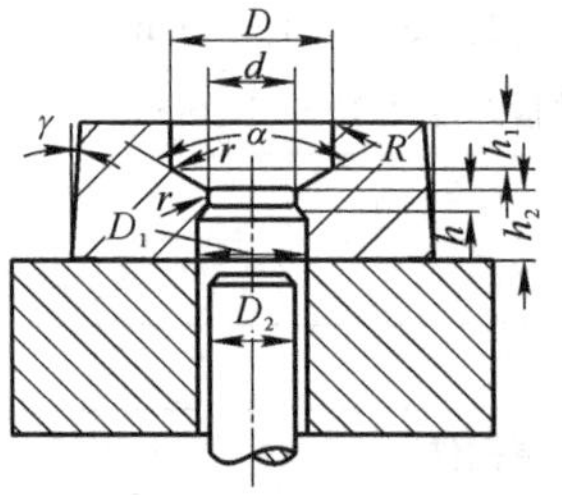

D = 挤压件头部直径
d 按照表 1-7-10 $D_{凹}$ 计算公式确定
$h = 2 \sim 4$ mm
h_1 = 毛坯高度 + $10 \sim 15$ mm
$\alpha = 90° \sim 120°$（黑色金属挤压），$\alpha = 130° \sim 140°$（有色金属挤压）
$\gamma = 1.5° \sim 2°$
$h_2 = h + (0.5 \sim 1)D$
$r = 0.5 \sim 2$ mm
$R = 3 \sim 5$ mm
$D_1 = d + 0.5 \sim 1$ mm
$D_2 = D_1 - 0.1 \sim 0.5$ mm

表 1-7-15　两层预应力组合凹模结构尺寸

图　　示	说　　明
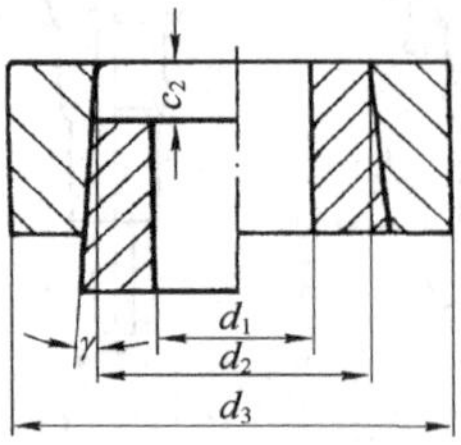	总径比 $a_{31} = \dfrac{d_3}{d_1} = 4 \sim 6 \quad d_3 = (4 \sim 6)d_1$

（续表）

图　　示	说　　明
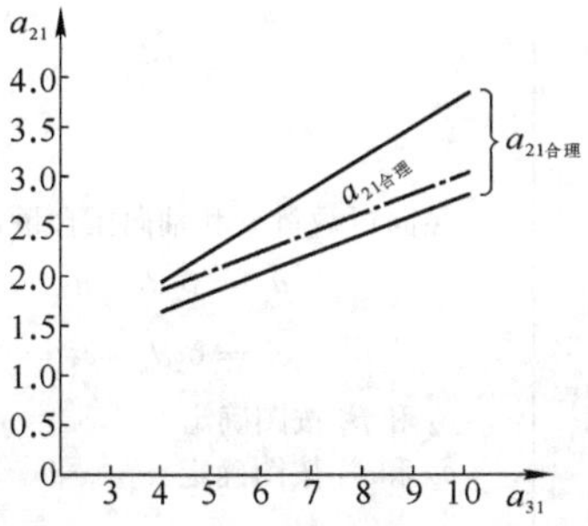 $a_{21}=0.2a_{31}+1$	中径比 $a_{21}=\dfrac{d_2}{d_1}\quad d_2=a_{21}d_1$ a_{21}按图确定
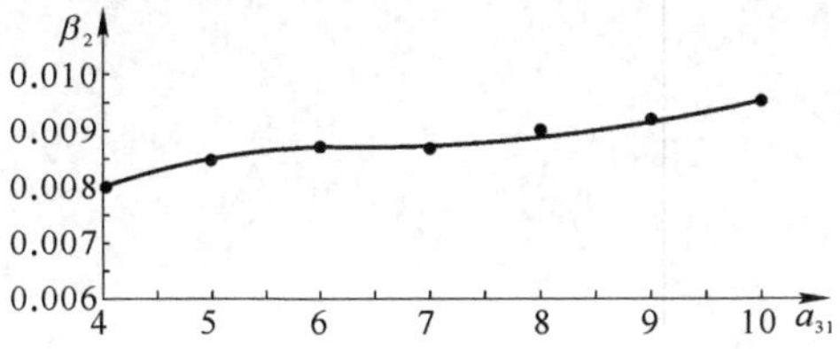 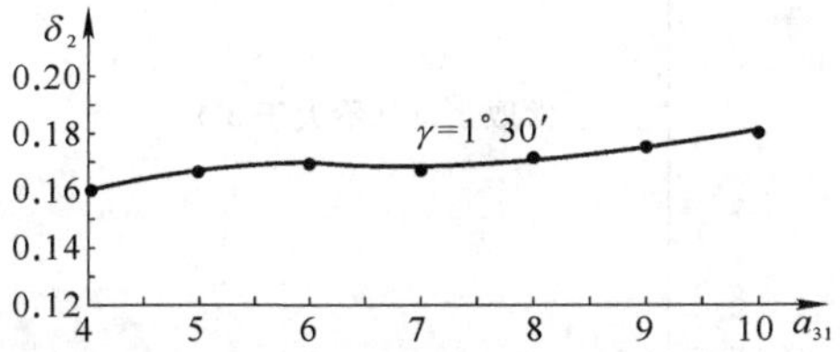	径向过盈量 u 和轴向压合量 c $u_2=\beta_2 d_2$ $c_2=\delta_2 d_2$ β_2 按图确定 δ_2 按图确定 γ 常取 1°30′(不大于 3°)

注：用配磨保证 u 或 c 值，一般控制轴向压合量，并保证 γ 角度一致。压合后要检验和修正内腔尺寸。

表 1－7－16　三层预应力组合凹模结构尺寸

图　　示	说　　明
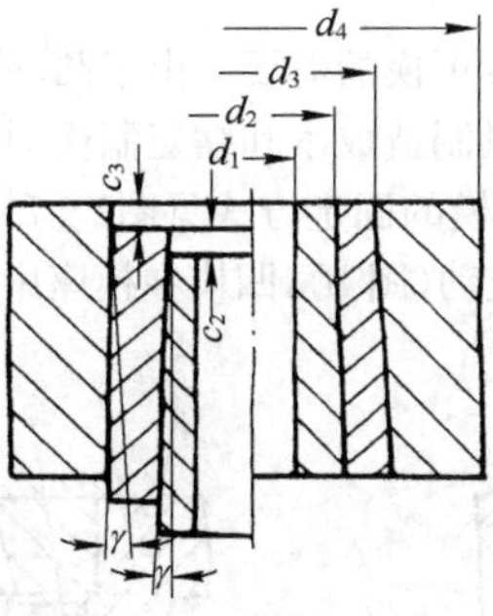	总径比 $a_{41}=\dfrac{d_4}{d_1}=4\sim6\quad d_4=(4\sim6)d_1$
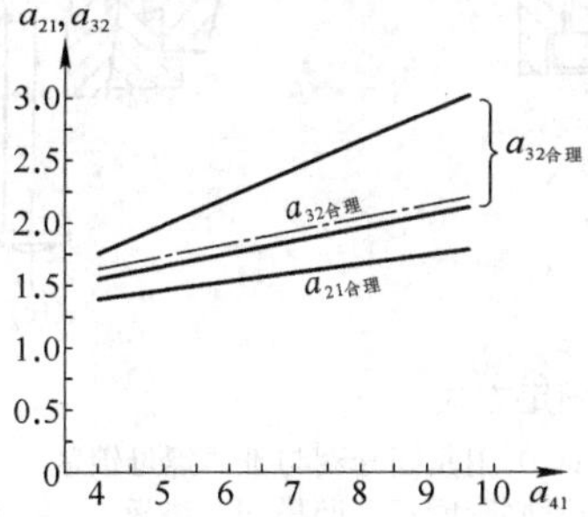	中径比 $a_{21}=\dfrac{d_2}{d_1}\quad d_2=a_{21}d_1$ $a_{32}=\dfrac{d_3}{d_2}\quad d_3=a_{32}d_2$ a_{21}和a_{32}按图确定

（续表）

图　　示	说　　明
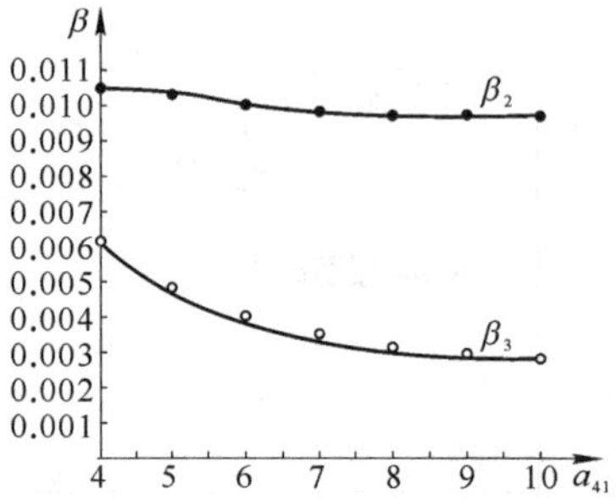	径向过盈量 u 和轴向压合量 c $u_2=\beta_2 d_2\quad u_3=\beta_3 d_3$ $c_2=\delta_2 d_2\quad c_3=\delta_3 d_3$ β_2 和 β_3 按图确定 δ_2 和 δ_3 按图确定
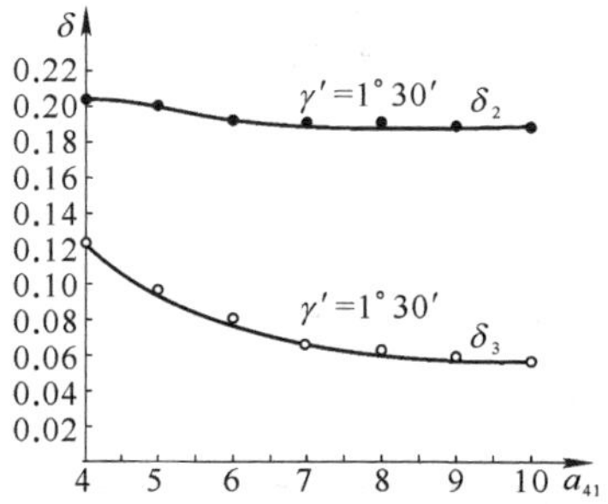	γ 常取 1°30′（不大于 3°）

注：用配磨保证 u 或 c 值，一般控制轴向压合量，并保证 γ 角度一致。压合后要检验和修正内腔尺寸。

（三）固定方式

挤压凸、凹模易磨损和损坏。凸、凹模的固定方式应满足其经常更换的需要。由于凸、凹模可以更换，在一定的尺寸范围内，挤压模具可以采用通用模座（模架），有利于降低模具制造成本和缩短制模周期。挤压凸模的固定方式见图 1－7－10，固定端采用锥体时更便于拆卸和装配。挤压凹模的固定方式见图1－7－11，采用止口形式时（图 a、图 c），凹模在模座中不能调整，径向采用螺钉与螺母锁紧并止动（图 b），凹模在模座中的位置可以微调。

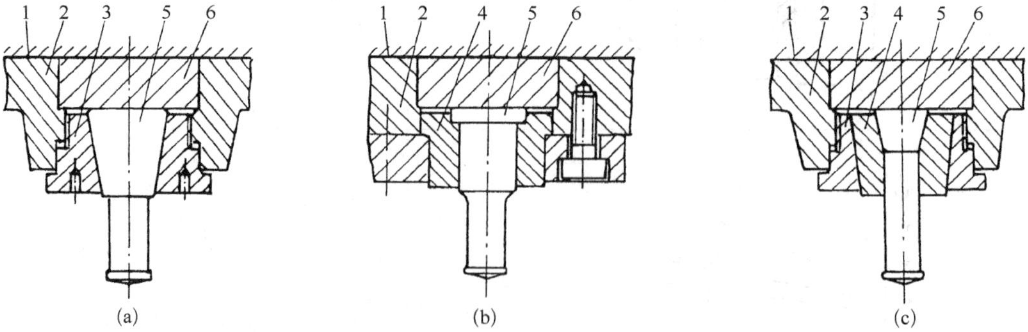

图 1－7－10　挤压凸模固定方式

(a) 用锥体螺母锁紧；(b) 用紧固套圈与压板紧固；(c) 用紧固套圈与锥体螺母锁紧

1—上模座；2—固定座；3—锥体锁紧螺母；4—紧固套圈；5—凸模；6—垫板

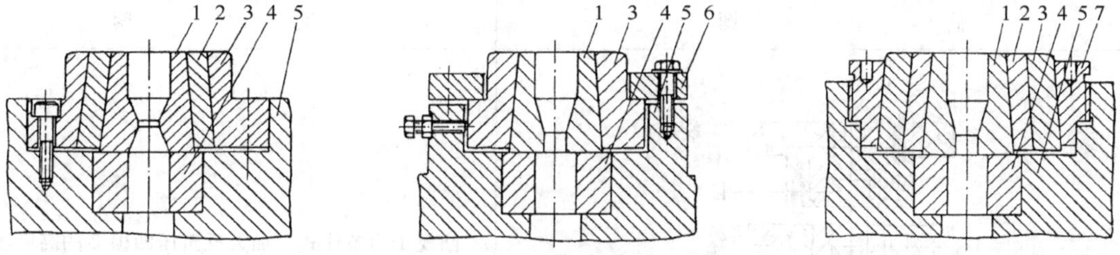

图 1－7－11　挤压凹模固定方式

(a) 用螺钉、圆柱销(止口)紧固外预应力圈；(b) 用压板、调整螺钉紧固外预应力圈；(c) 用锥体锁紧螺母(止口)紧固外预应力圈
1—凹模；2—中圈；3—外圈；4—垫座；5—下模座；6—压板；7—锥体锁紧螺母

(四) 导向设计

挤压件的精度较高，挤压时单位挤压力大，而且容易产生偏心载荷。因此，提高导向装置的精度和稳定性，有利于提高挤压件的质量和凸、凹模的寿命。导向装置包括导柱、导套导向，凸模导向和卸件板导向三种基本形式。在导向要求高的情况下，导柱、导套导向和其他两种导向可结合使用。

导柱、导套导向时，模具轮廓尺寸较大，但安装、使用方便。为了提高导向精度和稳定性，导柱尺寸要适当加大，一般取 $\phi60\sim\phi80$，并且要求尽量对称布置。模具开始挤压时，导柱、导套应有较大的套合量。由于模具完全闭合时，导柱端部与压力机(模座安装面)之间必须保持不小于 10～15 mm 的距离，故导柱的长度受到一定限制。因此，常采用增大导套的长度来增加导柱、导套在挤压开始时的套合量。

凸模导向是指凸模(或凸模套)在模具开始挤压时，与凹模口部有一定的套合导向。它能有效地防止凸模因受偏心载荷而产生弯矩甚至损坏。凸模导向的形式和应用示例见表 1－7－17。

表 1－7－17　凸模导向的形式和应用示例

简　　图	说　　明
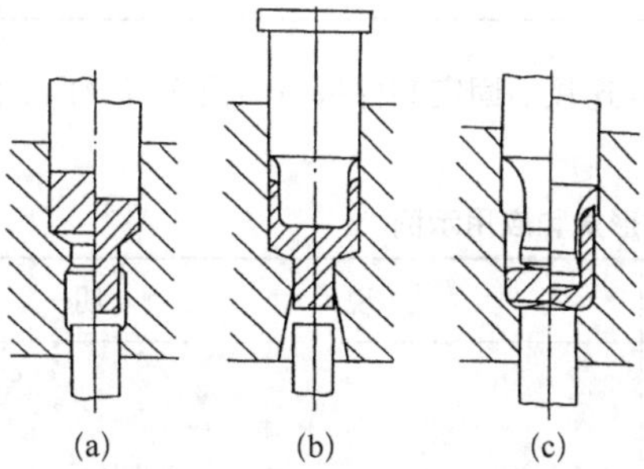	凸模的工作部分与凹模型腔内壁实行导向，结构简单。挤压深度较大时，滑动配合面易磨损。凸模前端的变形对导向会造成影响(图 a) 凸模的非工作部分与凹模型腔实行导向，凹模的腔体深度必须加大(图 b) 凸模的非工作部分与凹模的非工作部分实行导向，不影响凹模型腔工作部分尺寸，是较为理想的导向方式(图 c)
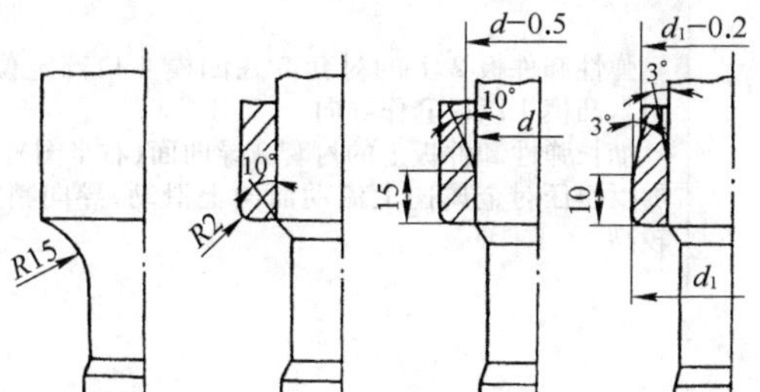	图 a 的凸模为整体式。工作端和导向部分截面变化较大，必须用 R 平滑过渡 图 b、图 c 和图 d 为组合式，凸模外加凸模套，由凸模套与凹模实行导向，其中图 b、图 c 导向接触面较大，图 d 导向段尺寸较小

（续表）

简图	说明
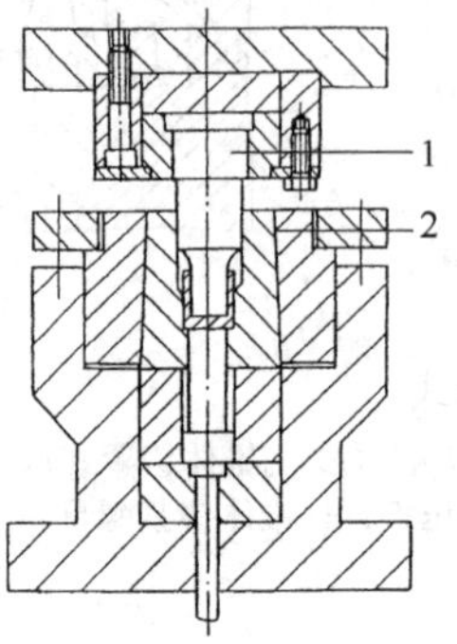	凸模 1 为整体式。加大反挤压凹模 2 的高度和口部尺寸，采用凸模非工作部分和凹模非工作部分实行导向，提高凸模工作的稳定性。由于加大了凹模高度，顶件行程相应增大
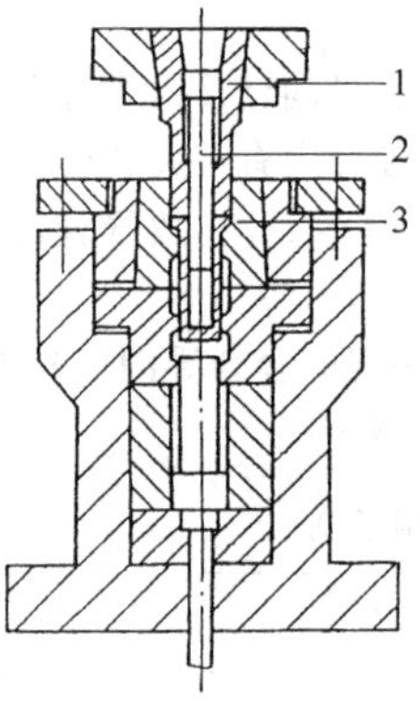	采用凸模 1 工作部分与凹模 3 工作部分实行导向，凹模的高度相对较小。凸模中的芯棒 2 被用于成形空心的杯形件

卸件板导向是指利用进入凹模口部的弹性卸件板或与凹模连接的固定卸件板对凸模实行导向。卸件板导向的形式和应用示例见表 1－7－18。

表 1－7－18 卸件板导向的形式和应用示例

简图	说明
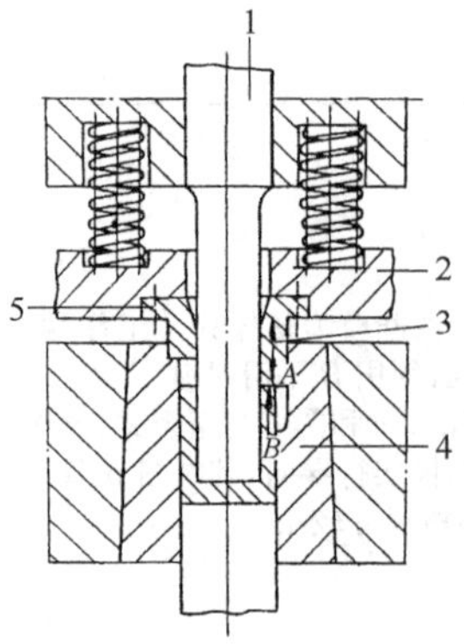	弹性卸件板 2 上的衬套 5 在凹模 4 口部定位（左半图），凸模 1 以衬套作导向 加长弹性卸件板上的衬套 3 导向面（右半图），衬套可随反挤压时金属向上流动而向上滑动，导向精度相对较高

（续表）

<table>
<tr><th>简图</th><th>说明</th></tr>
<tr><td>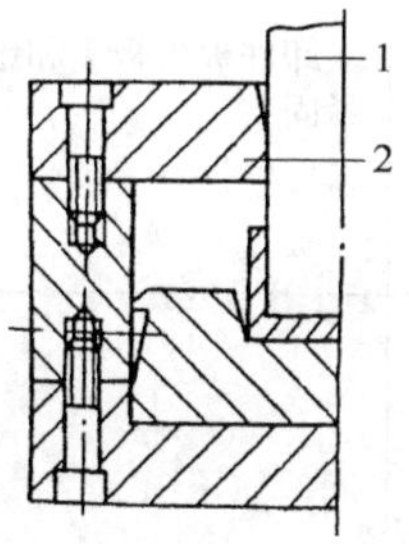</td><td>采用固定卸件板2作为凸模1的导向。由于要满足取件和送进毛坯的需要，固定卸件板与凹模之间须有足够的空间，这将降低凸模的导向效果</td></tr>
<tr><td>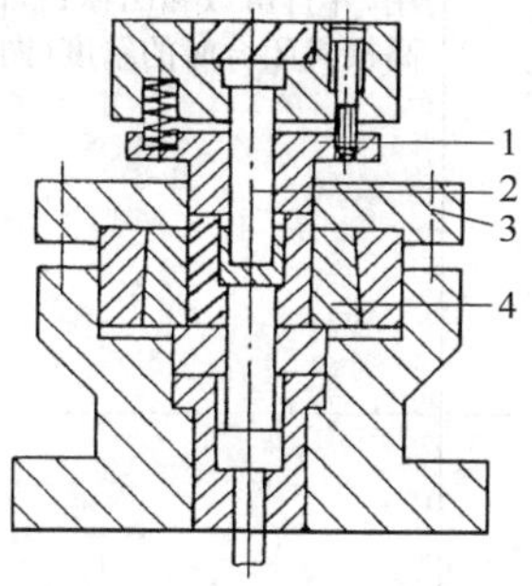</td><td>弹性卸件板衬套1以组合凹模4的压套3作为定位，凸模2由衬套导向</td></tr>
</table>

（五）凸、凹模常用材料

挤压凸、凹模承受的单位压力较大。在拉、压、弯的综合作用和冷热交变作用下，凸、凹模极易产生早期失效。

凸模早期失效的主要形式有沿其轴线产生鼓形和纵向弯曲；横截面过渡处形成危险断面，发生折断或拉断；平行于轴线产生纵向裂纹甚至发展成劈裂；产生热疲劳裂纹和早期磨损等。

凹模早期失效的主要形式有内壁表面产生裂纹、表面黏附及早期磨损，尤其是从过渡圆角处和内壁开始产生横向裂纹和纵向裂纹。

凸、凹模的早期失效与凸、凹模的材料选用和热处理有密切关系。挤压凸模和凹模材料及热处理硬度见表1-7-19。

表1-7-19 挤压凸模和凹模材料及热处理硬度

<table>
<tr><th>零件</th><th>材料</th><th>热处理硬度</th></tr>
<tr><td>冷挤压凸、凹模</td><td>9SiCr、Cr12、Cr12MoV、GCr15、W18Cr4V、W6Mo5Cr4V2</td><td rowspan="2">60～64 HRC</td></tr>
<tr><td>温挤压凸、凹模</td><td>W18Cr4V、W6Mo5Cr4V2、6W6Mo5Cr4V</td></tr>
<tr><td>中层预应力圈</td><td>5CrNiMo、40Cr、35CrMoA</td><td>50～52 HRC
(45～47 HRC)</td></tr>
<tr><td>外层预应力圈</td><td>5CrNiMo、35CrMoA、40Cr、35CrMnSiA、45</td><td>40～42 HRC</td></tr>
</table>

注：中层预应力圈硬度有时允许减低至括弧内数值。

六、卸件装置

卸件装置常用弹性和刚性卸件板卸件，后者卸件力大。卸件板的结构形式和应用示例见表1-7-20。

表 1-7-20 卸件板的结构形式和应用示例

形 式	简 图	说 明
整体镶件		卸件板由板 1 和镶件 2 平面贴合，用螺钉紧固
	 (a) 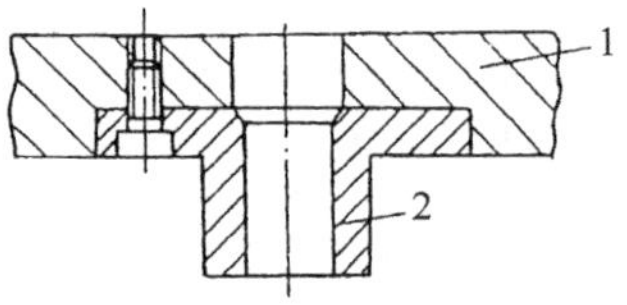 (b)	卸件板由板 1 和镶套 2 组成(图 a) 板 1 与镶套 2 组合，镶套不仅能起卸件作用，并且可以和凹模口部组成凸模导向，提高模具闭合时的精度(图 b)
组合镶件	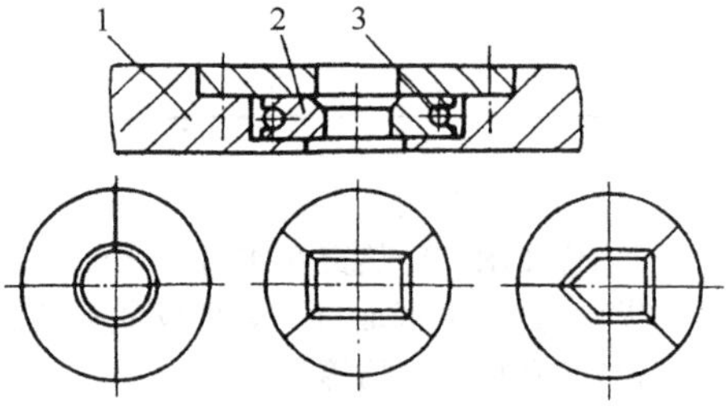	卸件板由板 1、环形弹簧 3 与组合镶件 2 组成，使组合镶件与凸模紧密贴合，便于卸薄壁零件 组合镶件的分割形式根据挤压件的断面形状确定
反挤压卸件	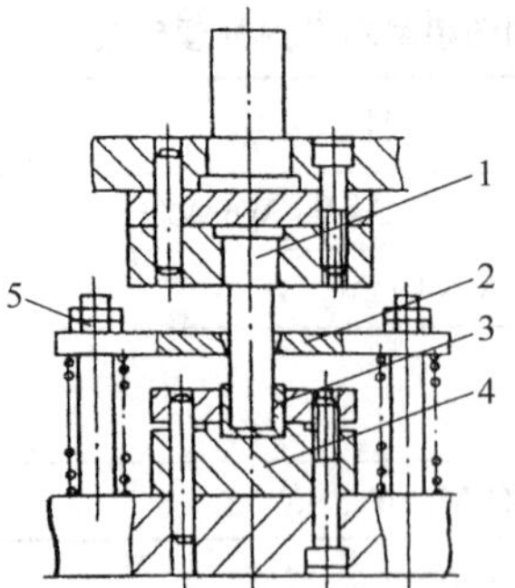	反挤压件 3 随凸模 1 脱出横向镶拼的凹模 4，由刚性卸件板 2 将挤压件从凸模上卸下。卸件板为整体形式，调整螺母 5 可使卸件板与凹模之间的距离变化，便于取件与送料

七、顶出装置

将挤压件从凹模中顶出的方式与工件的形状、成形方法和模具的结构类型有关。顶出装置的结构形式和应用示例见表 1－7－21。与顶出装置配合使用的拉杆、拉板结构形式和应用示例见表 1－7－22。压力机有顶出系统时，尽量不使用拉杆结构。

表 1－7－21　顶出装置结构形式和应用示例

形式	简图	说明
顶杆顶出	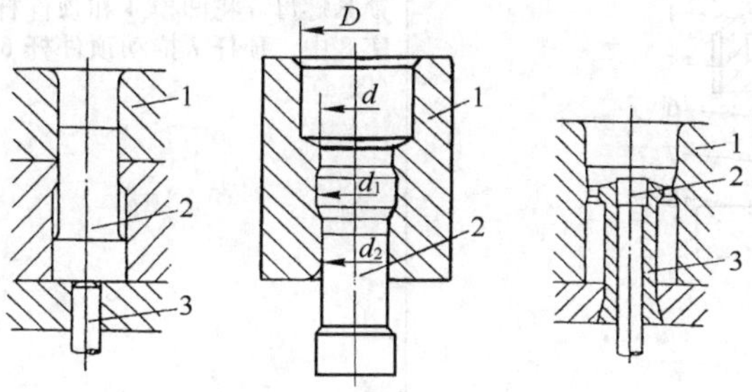 (a)　(b)　(c)	顶件杆 2 是凹模 1 的组成部分，要完全承受垂直方向的挤压力。顶杆 3 推动顶件杆 2 将工件从凹模中顶出，常被用于反挤压模(图 a) 顶件杆 2 位于凹模 1 的工作带 d 的下方。$d_1>d$，顶件杆 2 的端部不承受挤压力，仅起顶件作用，常被用于正挤压模(图 b) 顶件杆 2 置于下凸模 3 的中心部位。挤压成形后由顶件杆 2 将工件从凹模 1 中顶出。适用于下凸模 3 尺寸较大的杯形件正挤压模或复合挤压模(图 c)
套筒顶出	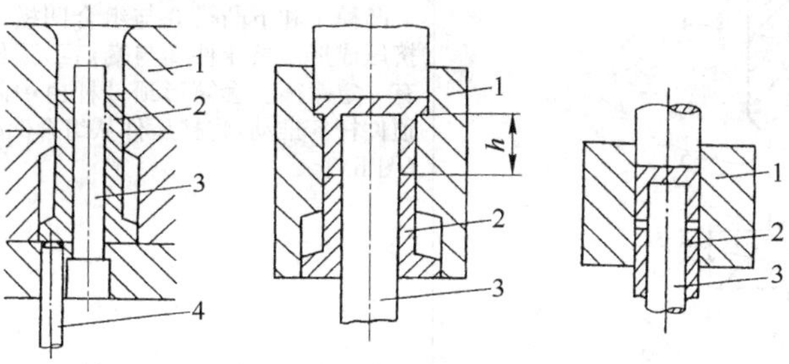 (a)　(b)　(c)	套筒形顶件杆 2 套装在下凸模 3 的外部，由均布在下部的顶杆 4 推动，将工件从凹模 1 中顶出(图 a)，被用于下部有孔形的工件卸料和顶出 套筒形顶件杆 2 作为凹模 1 的组成部分，承受垂直方向的挤压力，同时起顶件作用。挤压件高度 h 较准确(图 b)，但需控制好闭合高度 挤压成形后，套筒形顶件杆 2 与工件间有一定距离。套筒形顶件杆只起顶件作用(图 c)
反挤压件顶出	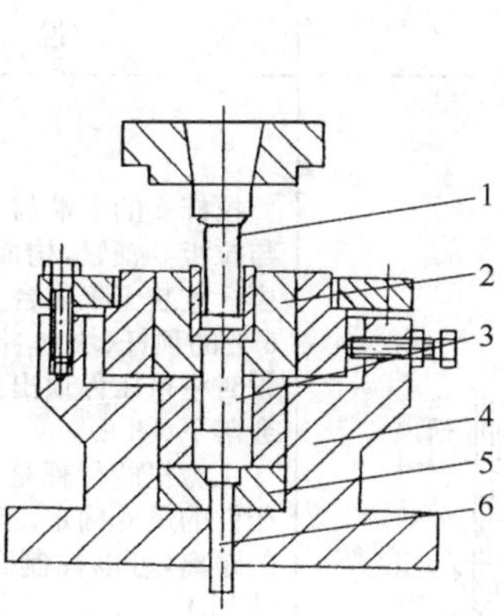	顶件杆 3 被置于下模座 4 中。顶件杆 3 要承受挤压力，其下部设有垫板 5。挤压模回程时，顶杆 6 推动顶件杆 3 将工件从凹模 2 中顶出

（续表）

形 式	简 图	说 明
正挤压件顶出	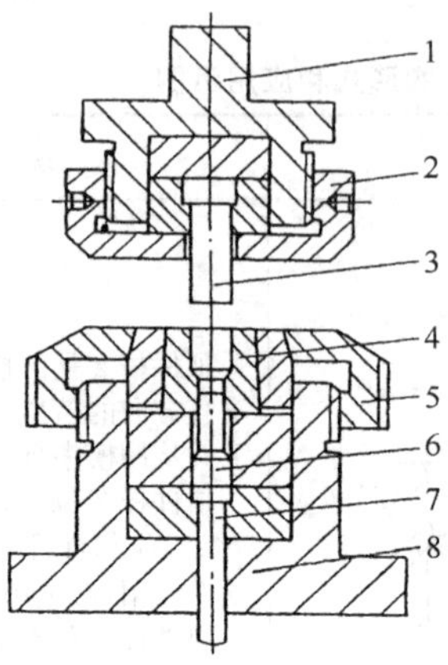 (a)	凸模 3 由锁紧螺母 2 紧固在上模座 1 中。锁紧螺母 5 将凹模 4 和顶件杆 6 固定在下模座 8 中。顶杆 7 推动顶件杆 6 将挤压件顶出（图 a）
	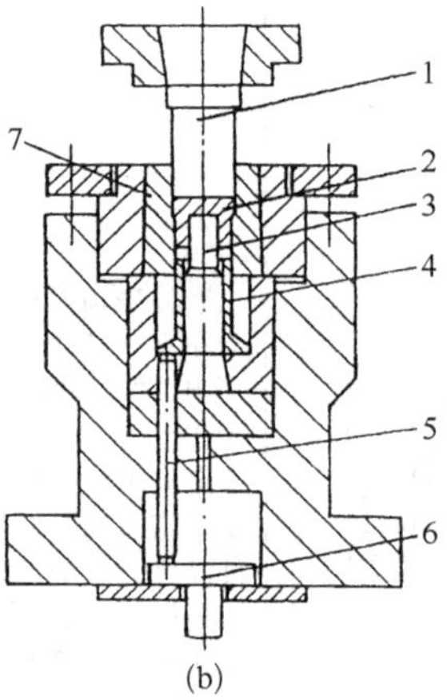 (b)	凸模 1 和下凸模 3 与组合凹模 7 使材料正挤压成形。挤压件 2 与套筒形顶件杆 4 之间有一定距离。套筒形顶件杆由中间顶杆 5 和顶件杆 6 推动，将挤压件从组合凹模 7 中顶出（图 b）

表 1-7-22 拉杆、拉板结构形式和应用示例

形 式	简 图	说 明
未采用复位结构	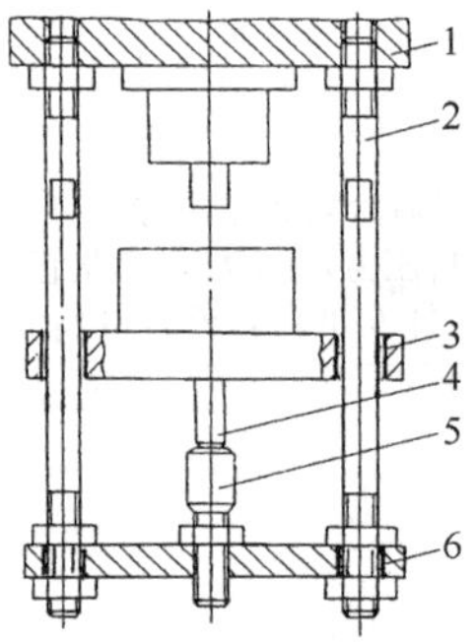 (a) 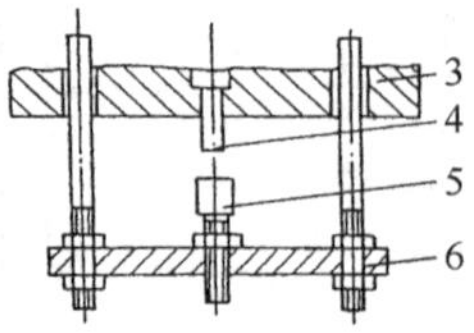 (b)	拉杆 2 的上端与上模座 1 连接，下端用螺母与拉板 6 锁紧，构成一整体，随上模运动。下模 3 被装于工作台上，顶件杆 4 由安装在拉板 6 上的顶杆（块）5 推动，在拉板拉杆随上模回程时将挤压件顶出。模具闭合时，顶件杆 4 才会落下（图 a） 压力机的行程是一定的。顶出高度根据挤压件的尺寸确定。调节顶件杆 4 和顶杆（块）5 的距离，可以控制顶件杆 4 实际的顶出高度（图 b）

（续表）

形式	简图	说明
采用复位结构	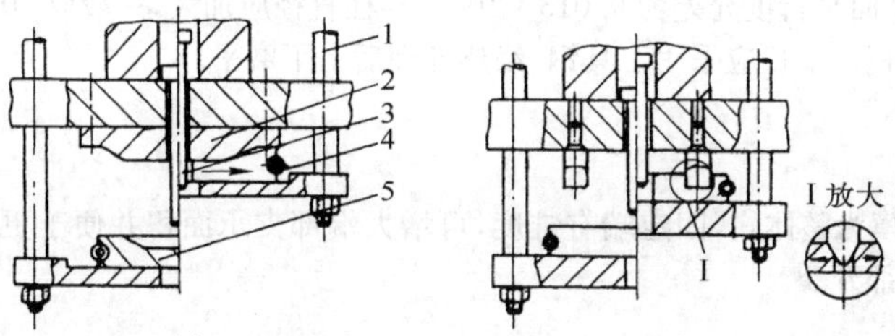 (a) (b)	拉杆1带动顶杆3由下向上顶出工件至一定高度时，斜块2使活动板5分离，顶杆则落下。模具闭合时，活动板在弹簧圈4的作用下合拢(图a) 利用楔形块推动活动板迫使其分离，顶杆即落下，便于冷挤压毛坯送进和定位(图b)
拉板拉杆通用模架	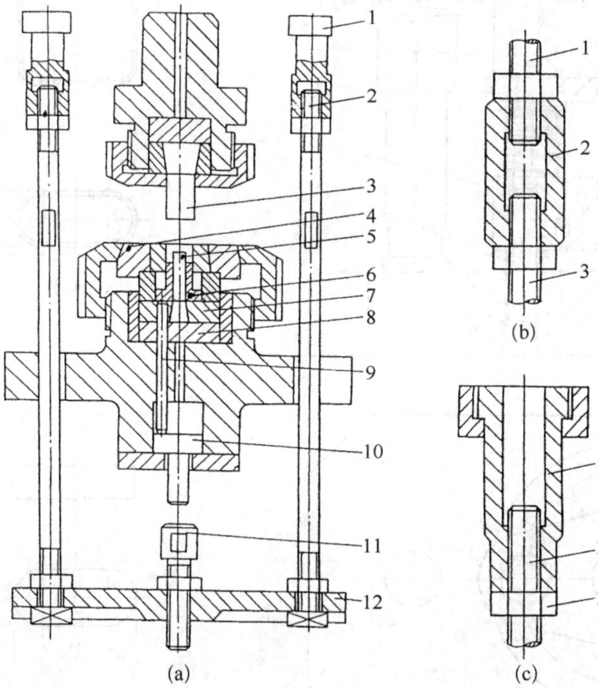 (a) (b) (c)	图a中调节套1、拉杆2、拉板12与上模部分连接在一起。松开螺母，通过调节套1，可以在一定范围内调节拉杆长度，适应不同工作行程的需要。顶出部分由套筒形顶件杆6、中间顶杆9、顶杆10组成，并由顶块11推动。顶块11与顶杆10之间的距离可以调节，便于控制顶出的高度，保证顶件和顶件后送进毛坯的需要。固定板7和垫板8起固定和支承作用，要承受垂直方向的挤压力。工作部分由凸模3、下凸模5、凹模4组成 图b是拉杆的另一种组合形式。调节套2将拉杆1、3连接起来，并可转动调节组合后的长度 图c是调节套1的另一种设计形式，固定在模座内。松开螺母3后，可以相对转动，控制拉杆2的旋入深度，调节组合后的长度

八、挤压模结构设计

（一）设计要点

(1) 根据产品零件合理确定挤压件图形。挤压件形状应对称，避免凹槽、深孔及横截面的急剧变化，使挤压件具有较好的工艺性，同时又可尽量减少后续机械加工量。

(2) 易开裂处应采用镶拼结构，单位挤压力较大时应采用预应力组合凹模。为防止凸模受偏心载荷而发生损坏，应尽量采用凸模导向结构。凸、凹模材料应有较高的强韧性、耐磨性和热硬性。

(3) 合理的凸、凹模工作部分形状和尺寸参数，可以改善金属流动状态，减小挤压力，提高模具寿命。工作部分还应有很高的表面质量，相邻部位应用圆角过渡，以免截面变化而造成应力集中。

(4) 顶件装置、卸件装置设计成可防止挤压件变形，并可及时复位或留有足够空间，便于取件后毛坯送进和定位。

(5) 设计通用模架，使模芯部分尺寸规格化，便于凸、凹模的安装和更换。上下模座应有良好的刚性和强度，一般不使用铸铁材料。模架各部位上下平面平行度允差为 0.015∶100。导柱直径应加大，一般取 60～80 mm。

垫板厚度应适宜，并有足够的支承面积。垫板应采用工具钢，经热处理后上下磨平。

(二) 典型结构

1. 反挤压模

图 1-7-12 为薄壁件反挤压模。凸模为整体式，固定端有锥度，可增大端部支承面积并便于更换。凹模部分由凹模 7 和凹模镶块 6 组成，可防止底部开裂。

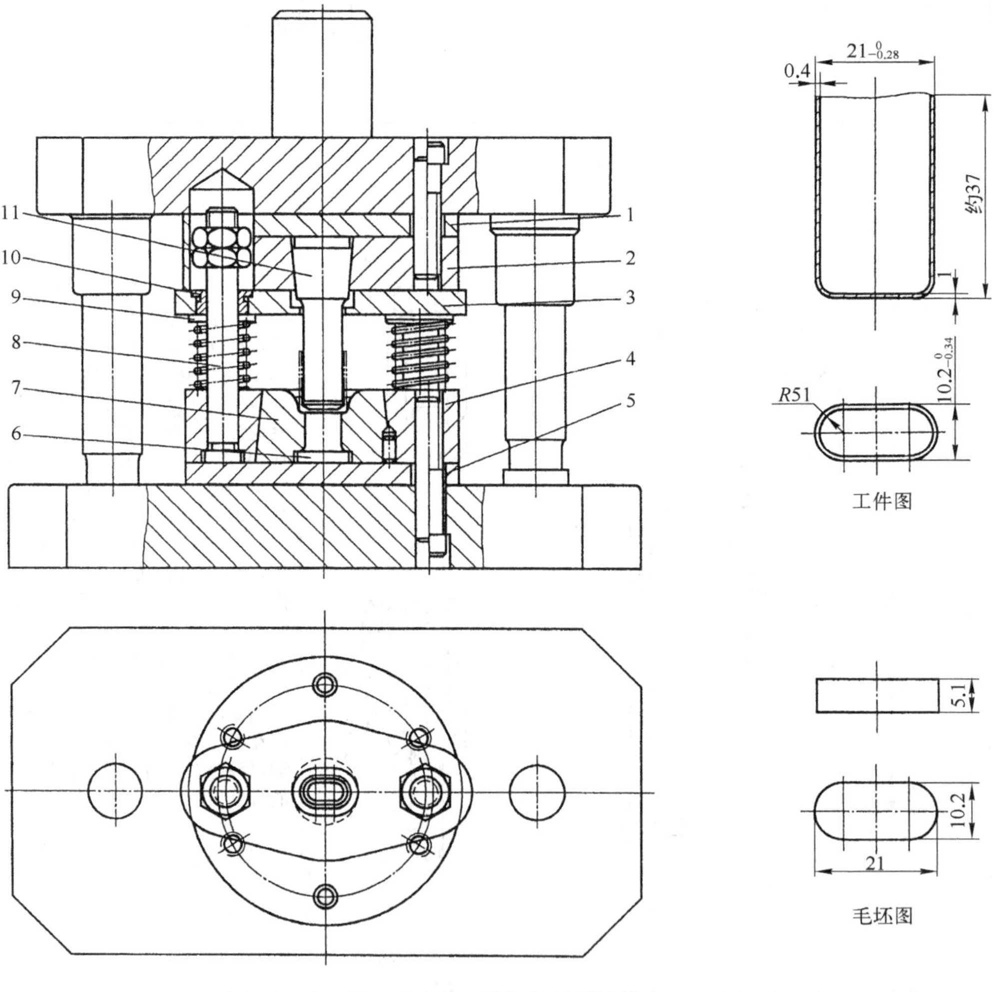

图 1-7-12　薄壁件反挤压模

1、5—垫板；2、4—固定板；3—卸件板；6—凹模镶块；7—凹模；8—导杆；9—垫圈；10—镶套；11—凸模

卸件板 3 由导杆 8 导向，弹压平稳，有利于卸件，防止工件壁部变形。

工件壁部较薄，凸模工作带的状况及凸、凹模间隙的均匀程度，对壁部材料流动影响十分明显。工件底厚较小，模具的闭合量要严格控制。

图 1-7-13 为多层薄壁件反挤压模。凸模 11 采用镶拼式，由固定板 2 固定在上模部分。采用镶拼形式有利于加工和调整工作带状况，使金属材料流动阻力均匀，工件壁部高度尺寸一致性好。

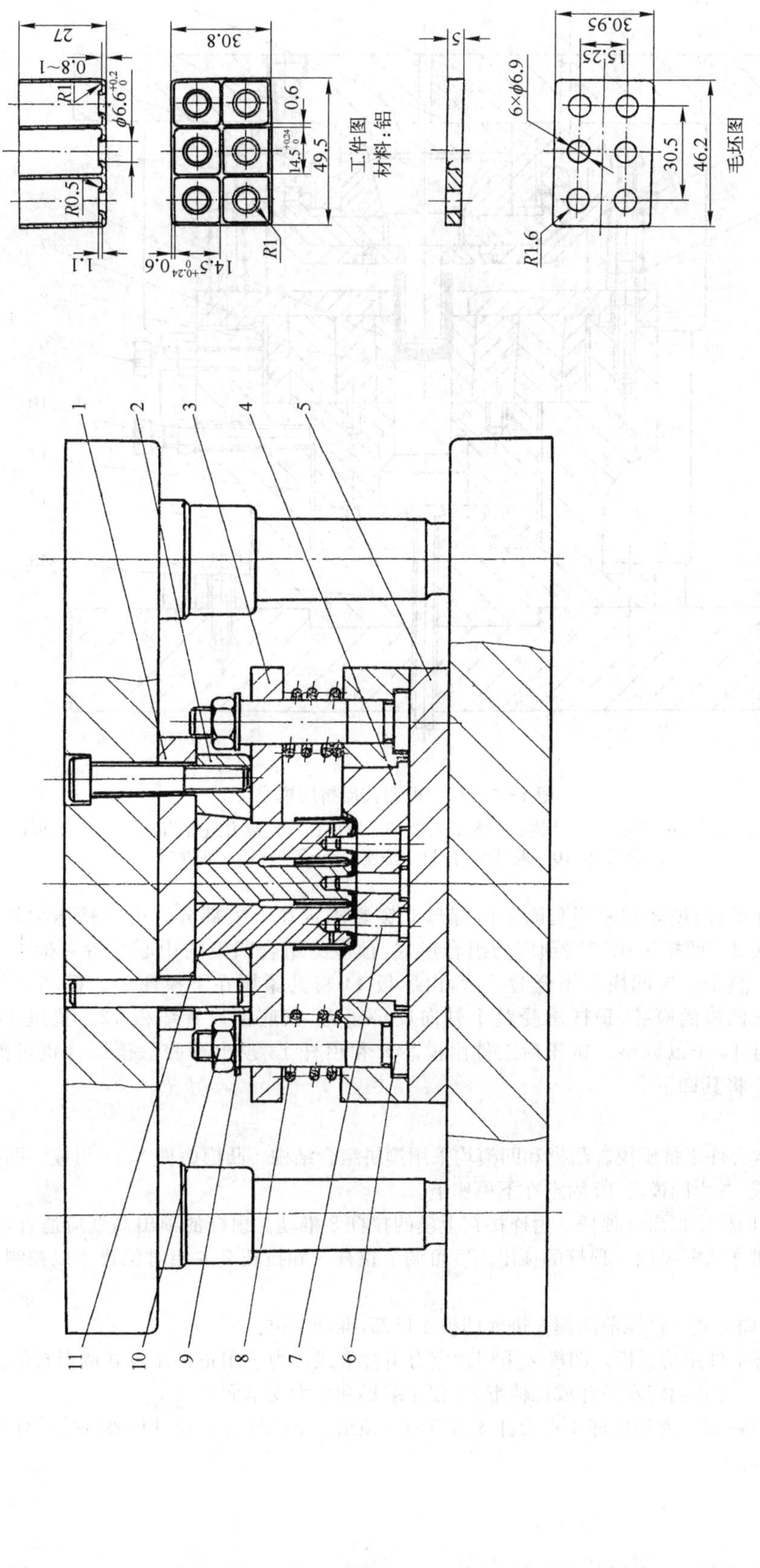

图1-1-13 多层薄壁件反挤压模

1,5—垫板;2—固定板;3—卸件板;4—凹模;6—导杆;7—凹模镶件;8—弹簧;9—垫圈;10—螺母;11—凸模

凸模镶拼后留有气槽，用以排气，防止壁部成形出现缺陷。

图 1-7-14 为可调式反挤压模。采用通用模架，更换模具工作部分可适用于其他尺寸的挤压件。

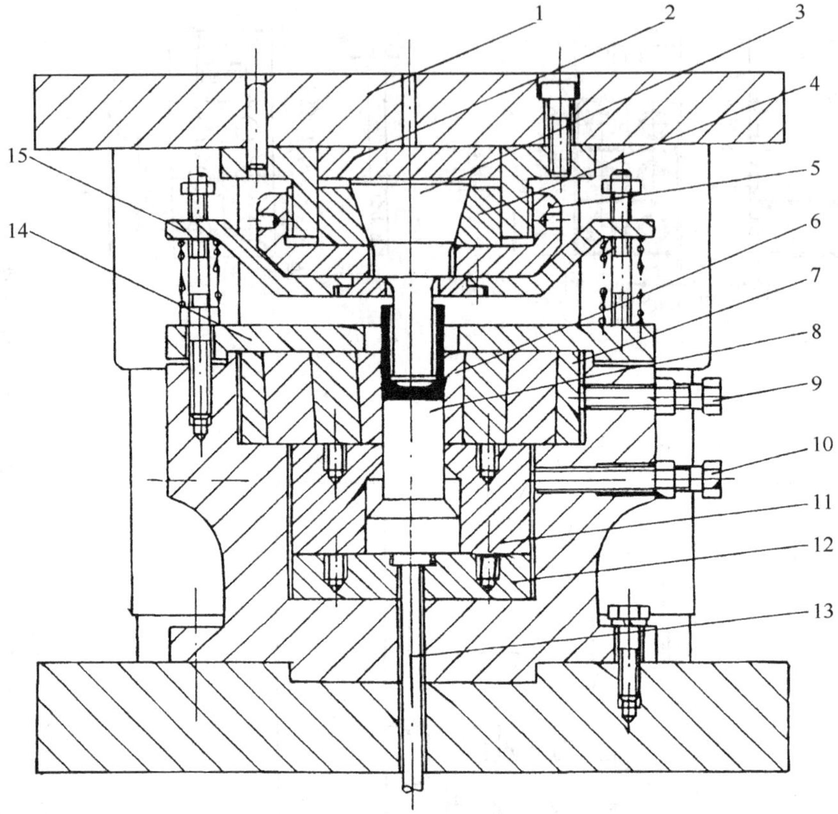

图 1-7-14　可调式反挤压模

1—上模座；2、12—垫板；3—凸模；4—紧固套圈；5—螺母；6—预应力组合凹模；7、14—压板；8—模芯；9、10—调节螺钉；11—垫座；13—顶杆；15—卸件板

凸模固定端为锥形，凸模 3 和紧固套圈 4 由螺母 5 锁紧固定在上模部分。由于挤压力较大，在凸模固定端设置淬硬的垫板 2。凹模采用三层预应力组合形式，预应力组合凹模的中心位置可通过若干组螺钉 9 和压板 7 予以调整。整个三层凹模在压合磨平后，由压板 14 将其紧压在下模座中。模芯 8 与预应力组合凹模圈构成了反挤压凹模的模腔，顶杆承受整个轴向反挤压力，其底部设置垫板 12。垫座 11 的中心位置也可通过若干组螺钉 10 予以调整。挤压后工件由模芯 8 和顶杆 13 顶出模腔。挤压件也可能被紧箍在凸模上，则由卸件板 15 将其卸下。

2. 正挤压模

图 1-7-15 为空心件正挤压模。凸模和凹模均采用镶拼组合结构。凸模由件 3、11 组成。凹模采用横向分割，由件 4、5 镶拼组成，并由凹模套 10 固定在下模座上。

工件由顶杆 9 从凹模中顶出。顶杆 9 由连接在上模的拉杆 8 推动。顶杆的顶出高度应适宜，在满足取件的同时，应不影响毛坯被送入凹模内。顶杆的顶出高度可调节拉杆 8 和拉板 7 的相对位置予以控制。调节后应将螺母 12 锁紧。

模具采用凸模导向方式。挤压前凸模 3 进入凹模 4 口部，准确定位。

图 1-7-16 为杯形件正挤压模。凹模 2 采用预应力组合形式。为了用正挤压方式成形杯形件，设有凸模 1 和下凸模（反向凸模）3，并将固定端设计成锥体形式，便于装拆和增大支承面积。

挤压成形后，工件由套筒形顶件杆 4 和顶杆 5 从模腔中顶出。下凸模（反向凸模）要承受垂直方向的挤压力，垫板 6 应具有足够的厚度。

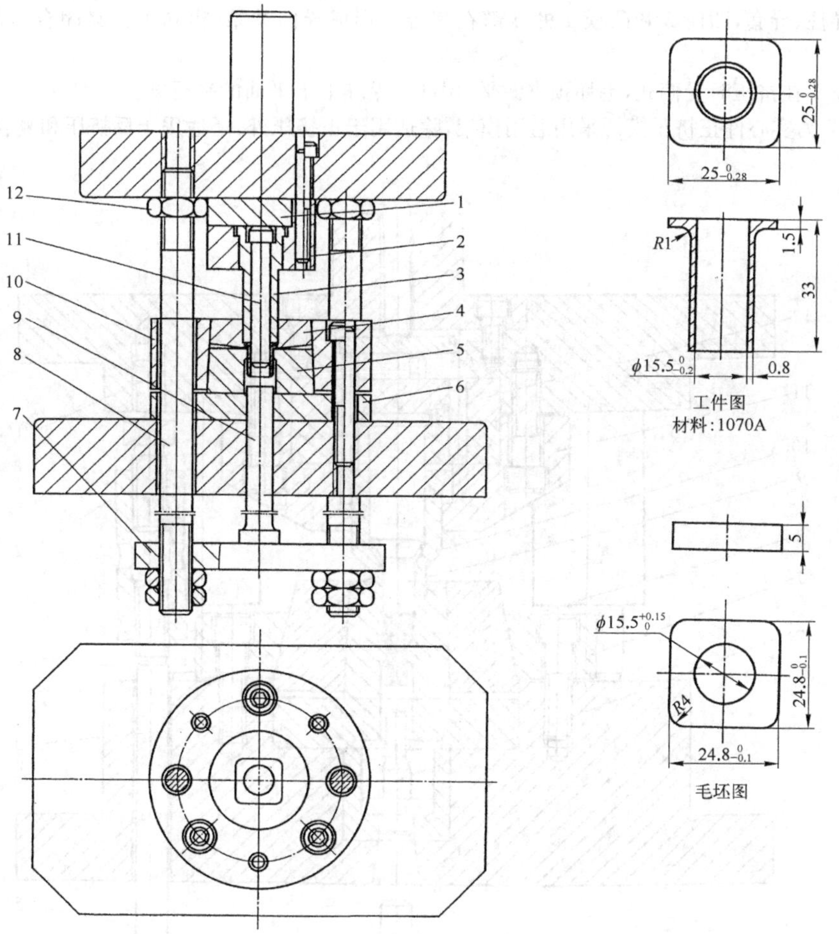

图 1-7-15　空心件正挤压模

1、6—垫板；2—固定板；3—凸模；4、5—凹模；7—拉板；8—拉杆；9—顶杆；10—凹模套；11—芯杆；12—螺母

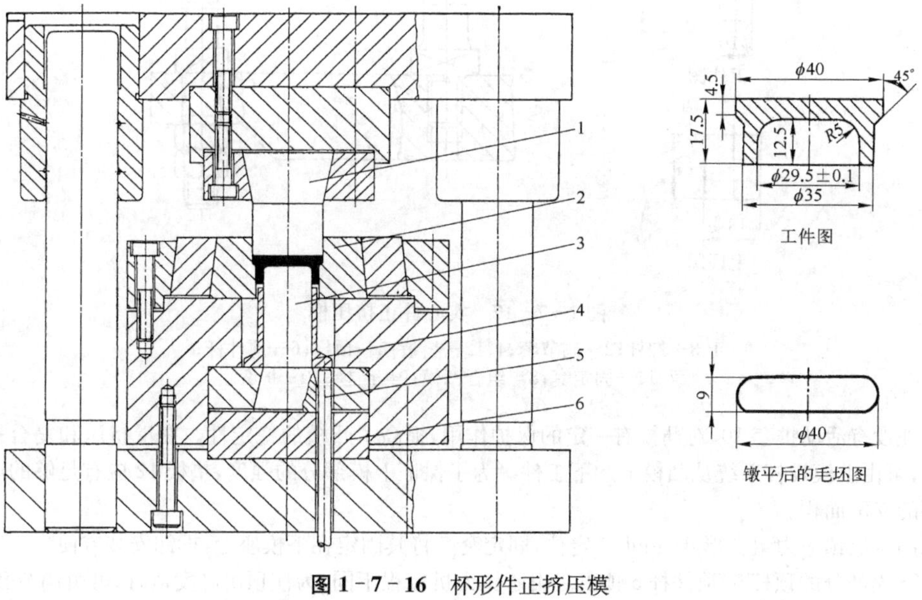

图 1-7-16　杯形件正挤压模

1—凸模；2—预应力组合凹模；3—下凸模(反向凸模)；4—套筒形顶件杆；5—顶杆；6—垫板

模架采用导柱、导套，凹模 2 和凸模 1 的端部在闭合时形成导向关系，提高了模具闭合时的导向精度和稳定性。

为防止凸模 1 在挤压时受偏载，毛坯预先镦平，保证了毛坯上下平面的平行度。

图 1-7-17 为实心件正挤压模。采用通用模架，除适用于正挤压外，还适用于反挤压和复合挤压。

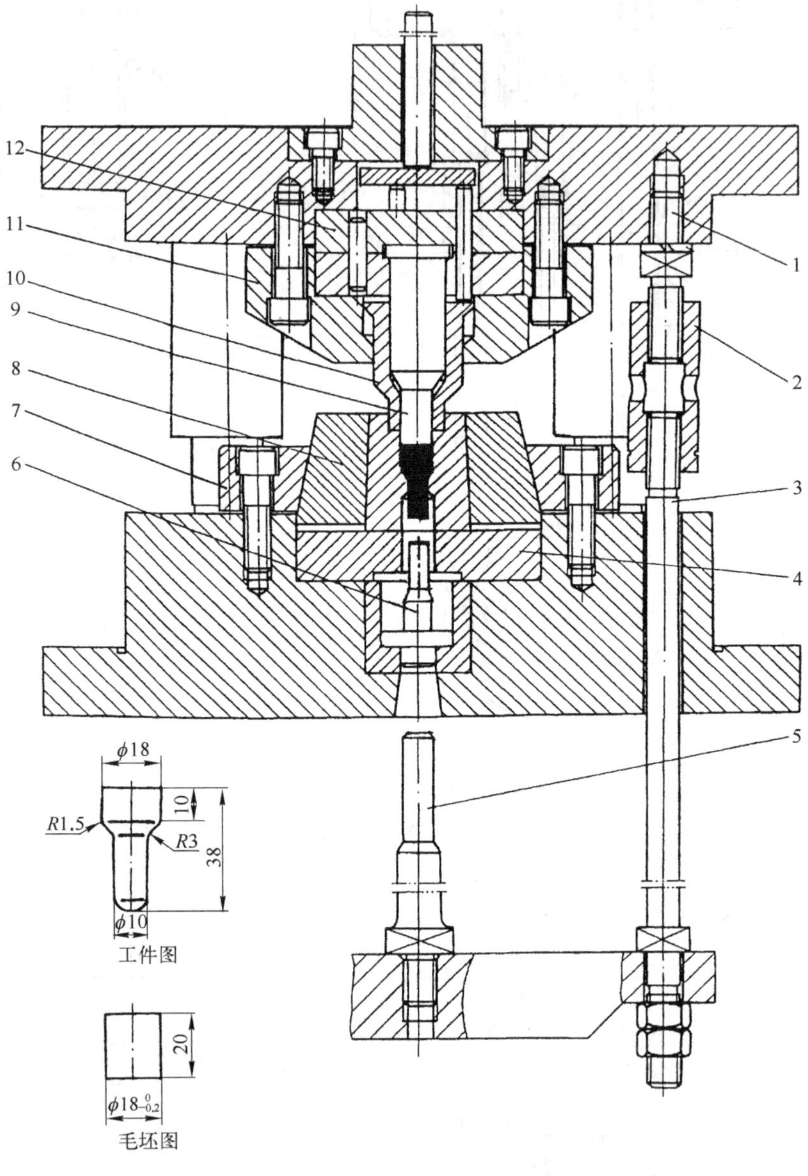

图 1-7-17　实心件正挤压模

1、3—螺杆；2—调节套；4、12—垫板；5—顶杆；6—顶件杆；7、11—固定套；8—组合凹模；9—凸模；10—护套

凸模 9 外设有活动护套 10，对凸模有一定的保护作用，提高了凸模的稳定性。在反挤压和复合挤压时，更换合适的护套，可由上模推杆系统从凸模上卸下工件。为了保证上模部分的强度，垫板 12 应有足够的厚度，并尽量增大其上部的支承面积。

凹模采用两层预应力组合形式，由止口定位，固定套 7 将其固定在下模座上，拆卸安装方便。

工件由下模部分的顶杆 5、顶件杆 6 顶出。由于压力机行程不同，为使顶出高度适宜，可由调节套 2 调整组合拉杆(由件 1、2、3 组成)的长度。

3. 复合挤压模

图 1-7-18 为带手动顶出装置的复合挤压模。凸模 2 由弹簧夹 1 和锁紧螺母 3 固定在上模部分，装拆十分方便。凹模由凹模套 5 锁紧在下模部分，凹模套下端的止口起径向定位作用。挤压件随凸模上行时由装在卸件板 4 中的拉簧 12 与卸件圈 13 卸下。拉簧和卸件圈（拼块）的组装形式参见表 1-7-20。挤压件滞留在下模部分时，由手柄杆 9 和顶杆 10 推顶出。

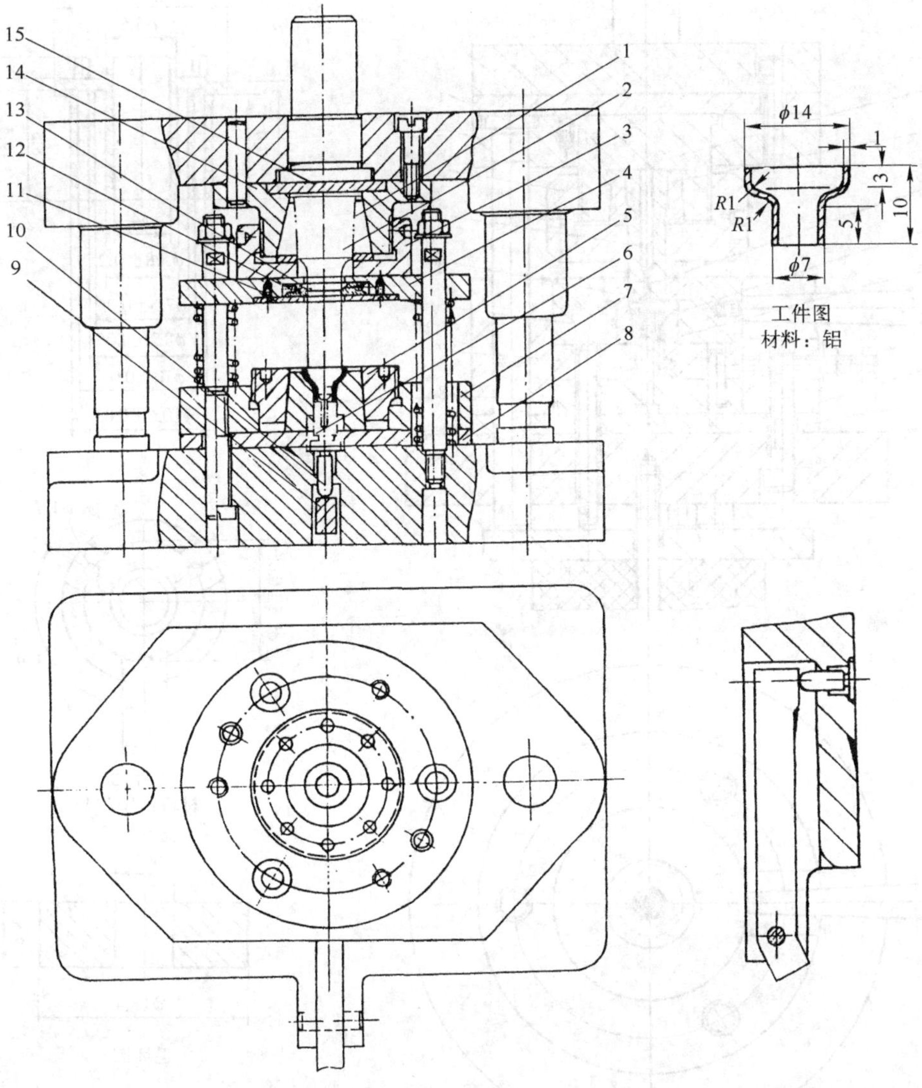

图 1-7-18　带手动顶出装置的复合挤压模

1—弹簧夹；2—凸模；3—锁紧螺母；4—卸件板；5—凹模套；6—顶件杆；7—凹模座；8、15—垫板；9—手柄杆；10—顶杆；11—压板；12—拉簧；13—卸件圈；14—凸模座

图 1-7-19 为多层薄壁件复合挤压模。凸模 4 用锥套 15、固定圈 3 紧固在凸模座 16 中，安装、更换方便。模腔由凹模 5 和镶件 12、13、14 构成，这些镶件自成一体，而凹模 5 和凹模套 6 在挤压成形后，由下模部分的弹顶装置顶出，移至模外卸件。

导柱 1 沿圆周均布，可提高上、下模闭合时的精度，并可迫使弹顶装置压缩下行，使凹模 5 和凹模套 6 进入下模套 10 内。

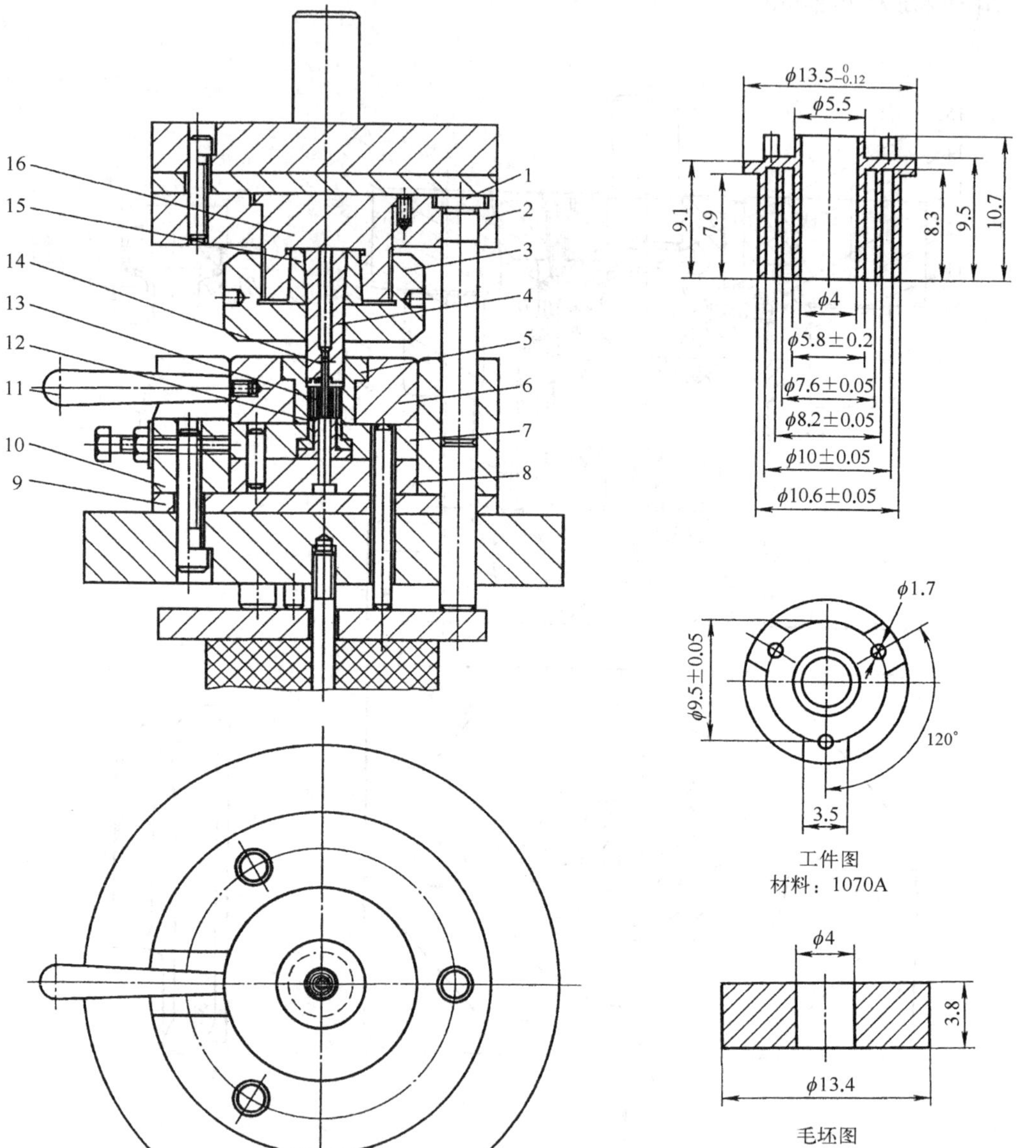

图 1-7-19　多层薄壁件复合挤压模

1—导柱；2、7、8—固定板；3—固定圈；4—凸模；5—凹模；6—凹模套；9—垫板；
10—下模套；11—手柄；12、13、14—模腔镶件；15—锥套；16—凸模座

图1-7-20为万能模架式复合挤压模。采用万能式通用模架，只要松开圆形螺母11、压板13，就可方便地更换工作零件。

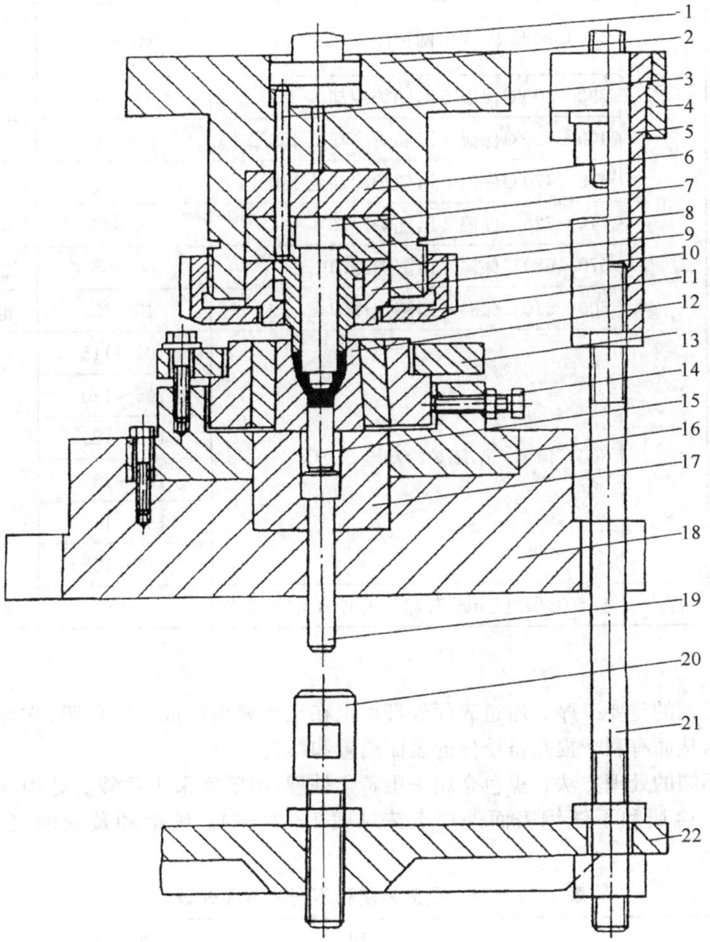

图1-7-20 万能模架式复合挤压模

1—打杆；2—上模板；3—推杆；4—拉杆套；5—调节杆；6—垫块；7—凸模；8—压套；9—推件套；10—固定套；11—圆形螺母；12—凹模；13—压板；14—螺钉；15—顶件杆；16—模座；17—垫套；18—底座；19—顶杆；20—下顶杆；21—拉杆；22—拉板

推件套9可利用安装在滑块内的活动横梁和打杆1、均布的推杆3，从凸模7上卸下挤压件。推件套9还能导引和保护凸模7，并与凹模12起导向作用，提高模具闭合时的精度，按照成形的需要，对金属材料封闭挤压，成为凸模的组成部分，起到凸模的作用。凹模12在模座16中的位置可通过多组螺钉14调整。

下模部分采用拉杆拉板装置，通过下顶杆20、顶杆19和顶件杆15将挤压件从凹模中顶出。顶件杆15是凹模12腔体的组成部分，承受挤压力。

上、下模中的垫块6和垫套17都有足够的厚度，垫块镶嵌在上模板2中，垫套镶嵌在底座18中，使模具的支承部分具有较大的刚度。

万能式通用模架适用于正挤压、反挤压和复合挤压，成形各类复杂零件。

九、软化、表面处理和润滑

(一) 软化

为了降低材料的变形抗力、提高塑性，挤压件的毛坯或多次挤压工序间的半成品需进行软化处理。常用冷挤压材料的软化处理规范见表1-7-23。

表 1-7-23 常用冷挤压材料软化处理规范

材料牌号	热处理	规范	处理后硬度 HB	说明
1070A、1060、1050A、1035、1200	退火	420℃保温 2～4 h，随炉冷却	15～19	
5A02		390～400℃保温 5 h，随炉冷却	38～39	
2A12		400～420℃保温 4 h，随炉冷却至 150℃	55～60	
2A11		410～420℃保温 4 h，随炉冷却至 150℃	53～55	
T1～T4		710～720℃保温 4 h，随炉冷却	38～42	
H62		670～680℃保温 4 h，随炉冷却	50～55	也可用 700～750℃水淬
H68		600～670℃保温 4 h，随炉冷却	45～55	也可用(700±10)℃水淬
10		860℃保温 6 h，随炉冷却至 350℃	100～115	
15			105～120	
20			110～125	
20Cr			120～135	
30			130～145	
45			140～155	
1Cr18Ni9Ti	淬火	1 150℃保温 5 min，冷却后用 100℃沸水淬软	130	沸水淬的效果优于盐水淬

（二）表面处理

表面处理是挤压工艺的重要工序。通过表面处理可以在毛坯表面形成一层薄膜，它与金属基体有很强的结合力，并能吸附润滑剂，从而有利于提高挤压件的表面质量和模具寿命。

不同的材料采用不同的处理方法。黑色金属采用磷化处理；不锈钢采用草酸盐处理；硬铝采用氧化处理；黄铜采用钝化处理。黑色金属和不锈钢表面处理工艺见表 1-7-24。硬铝和黄铜的表面处理工艺分别见表 1-7-25和表 1-7-26。

表 1-7-24 黑色金属和不锈钢表面处理工艺

工艺流程	配方与处理要求	
	黑色金属	不锈钢(1Cr18Ni9Ti)
化学去油	每 1 L 水含： 氢氧化钠 NaOH 60～100 g 碳酸钠 Na_2CO_3 60～80 g 磷酸钠 Na_3PO_4 25～80 g 水玻璃 Na_2SiO_3 10～15 g 处理温度 ≥85℃ 处理时间 15～25 min	
热水洗	水温 ≥85℃ 清洗 6～8 次	
酸洗去锈	每 1 L 水含： 硫酸 H_2SO_4 120～180 g 盐 NaCl 8～10 g 处理温度 65～75℃ 处理时间 5～15 min	
清洗	流动冷水	

（续表）

工艺流程	配方与处理要求	
	黑色金属	不锈钢(1Cr18Ni9Ti)
中和处理	每1L水含： 碳酸钠 Na_2CO_3 80～100 g 处理温度 35～50℃ 处理时间 2～3 min	
清洗	流动冷水或热水洗涤	
生成表面薄膜	每1L水含： 氧化锌 ZnO 20～30 g 磷酸 H_3PO_4 22～30 g 硝酸 HNO_3 30～40 g 碳酸钠 Na_2CO_3 4～6 g 亚硝酸钠 $NaNO_2$ 0.1～0.2 g 总酸度 50～70 mgKOH/g 游离酸度 3～5 mgKOH/g 处理温度 40～50℃ 处理时间 10～15 min	每1L水含： 草酸 $H_2C_2O_4$ 50 g 钼酸铵 $(NH_4)_2MoO_4$ 30 g 氯化钠 NaCl 25 g 氟化氢钠 $NaHF_2$ 10 g 亚硫酸钠 Na_2SO_3 3 g 处理温度 90℃ 处理时间 15～20 min

表 1-7-25 硬铝表面氧化处理工艺

工艺流程	配方和处理要求
去油	汽油清洗
水洗	60～80℃热水洗，再流动冷水洗
去除氧化层	每1L水含：硝酸 HNO_3 400～800 g 处理时间 2 min
清洗	流动冷水
氧化处理	每1L水含：氢氧化钠 NaOH 40～60 g 处理温度 50～70℃ 处理时间 1～3 min
水洗	流动冷水洗，再用70～80℃流动热水洗
自然干燥	

表 1-7-26 黄铜表面钝化处理工艺

工艺流程	配方和处理要求
去油	汽油清洗
水洗	60～100℃热水洗，再用冷水冲洗
钝化处理	每1L水含： 酪酐 200～250 g 硝酸 HNO_3 30～50 g 处理温度 20℃ 处理时间 5～10 s
水洗	流动冷水洗，再用流动热水洗
自然干燥	

（三）润滑

经过表面处理的毛坯必须进行润滑处理。黑色金属经磷化处理后，还要进行适当的润滑处理，常用的方法有两种：皂化处理（每 1 L 水含硬脂酸钠 $C_{17}H_{35}COONa$ 5～9 g，处理温度 60～70℃，处理时间 10 min）；在猪油拌适量二硫化钼中处理。皂化后的毛坯还须经干燥处理。

不锈钢经草酸盐处理后，常按以下配方进行润滑处理：

氯化石蜡油	30%
二硫化钼	10%
肥皂油	50%
软　皂	10%

有色金属的润滑处理方法见表 1-7-27。

表 1-7-27　有色金属毛坯润滑处理

材　　料	润 滑 剂 成 分	配 制 与 使 用 方 法
纯　铝	猪油 5%、甘油 5%、汽缸油 15%、四氯化碳 75%	猪油、甘油加热至 200℃，然后冷却到 40℃以下，倒入四氯化碳搅拌均匀，最后倒入汽缸油
	猪油 25%、液体石蜡 30%、十二醇 10%、四氯化碳 35%	猪油加热至 200℃，冷却后加入四氯化碳，搅拌均匀后再加入十二醇，冷却后加入液体石蜡
	十四醇 80%、酒精 20%	按规定比例混合后即可使用。气温较低时，十四醇应加热，增加其流动性，使之与酒精混合良好
3A21、5A02	猪油 18%、汽缸油 22%、石蜡油 22%、十四醇 3%、四氯化碳 35%	猪油加热至 200℃后加入少许四氯化碳，然后加入汽缸油及石蜡油，升温至 250℃，稍冷后加入十四醇，冷却到 150℃时，再将全部四氯化碳加入
硬　铝	工业菜油	
	猪油 13%、十四醇 3%、纯机油 84%	将猪油加热至 200℃，几分钟后加入纯机油，两者搅拌均匀，最后加入十四醇
T1、T2、T3、H62、H68	工业豆油、蓖麻油或涡轮机油	

在 400～800℃范围内温挤压碳钢、合金结构钢时，采用石墨与汽缸油以体积 1∶2 的比例混合而成的石墨油剂作润滑。温挤压温度在 600℃以下时，润滑前应对毛坯进行磷化处理，润滑效果更好。

十、冷挤压成形工艺方案实例

合理的冷挤压成形工艺方案有利于降低消耗，提高模具寿命和工件质量。冷挤压成形工艺方案实例见表 1-7-28。

表 1-7-28　冷挤压成形工艺方案实例

方　式	工　序　简　图	说　　明
一次挤压成形	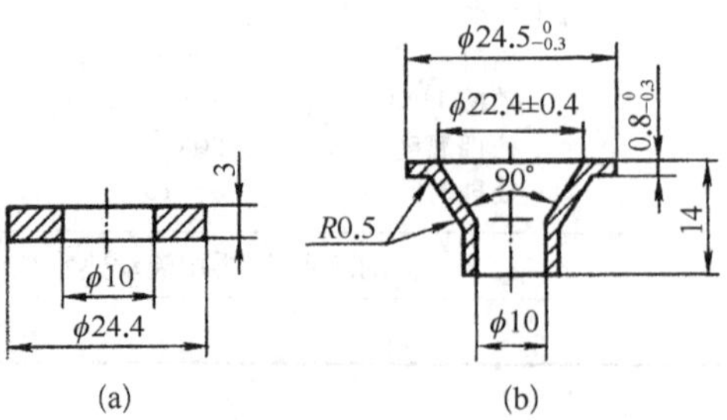 (a)　(b)	零件名称：锥形套 零件材料：3A21 防锈铝 工艺流程： (1) 复合模落料冲孔（图 a） (2) 退火 (3) 酸洗、润滑 (4) 冷挤压成形（图 b）

（续表）

方 式	工 序 简 图	说 明
一次挤压成形	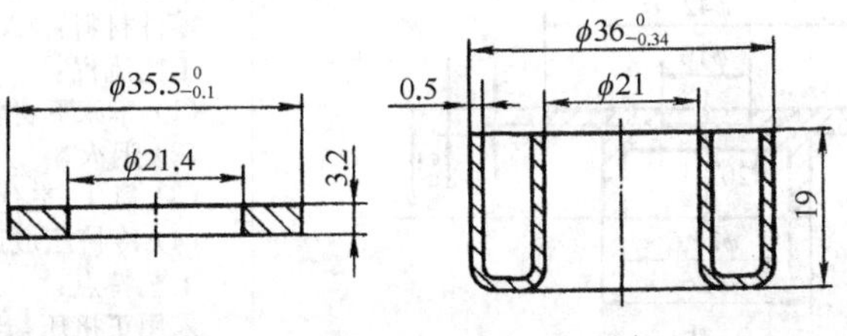 (a) (b)	零件名称：加压器 零件材料：3A21 防锈铝 工艺流程： (1) 复合模落料冲孔(图 a) (2) 退火 (3) 酸洗、润滑 (4) 冷挤压成形(图 b)
	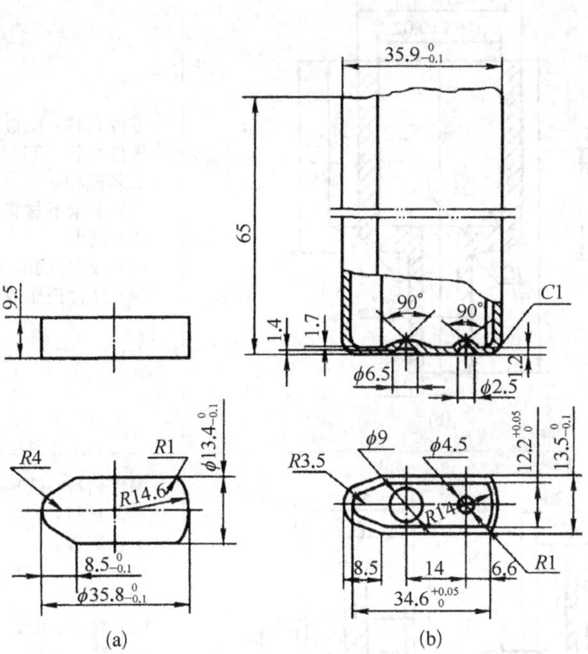 (a) (b)	零件名称：打火机外壳 零件材料：1060 铝 工艺流程： (1) 落料(图 a) (2) 退火 (3) 酸洗、润滑 (4) 冷挤压成形(图 b) 工艺特点：零件相对高度较大，零件底部形状和不对称性会造成材料流动不均，经修边保证零件高度尺寸
	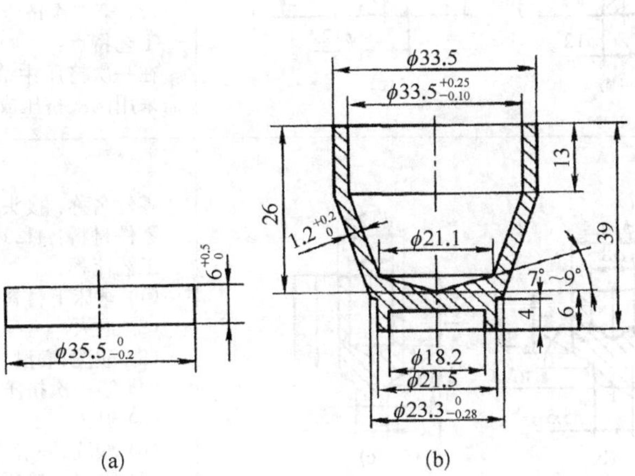 (a) (b)	零件名称：话筒接头 零件材料：1050A 工艺流程： (1) 采用小间隙模具落料(图 a) (2) 退火 (3) 酸洗、润滑 (4) 冷挤压成形(图 b)

(续表)

方式	工序简图	说明
一次挤压成形	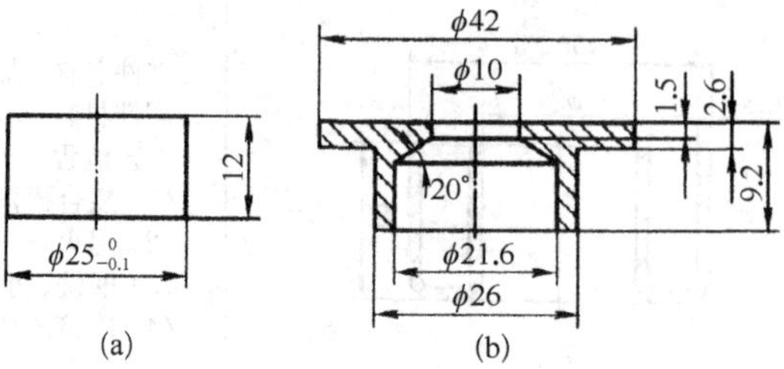	零件名称：快门内芯 零件材料：2A12 工艺流程： (1) 车床下材料(图 a) (2) 退火 (3) 氧化、皂化 (4) 冷挤压成形(图 b) 工艺特点： 采用正挤压与镦挤复合工艺成形，要增加活动定位装置
	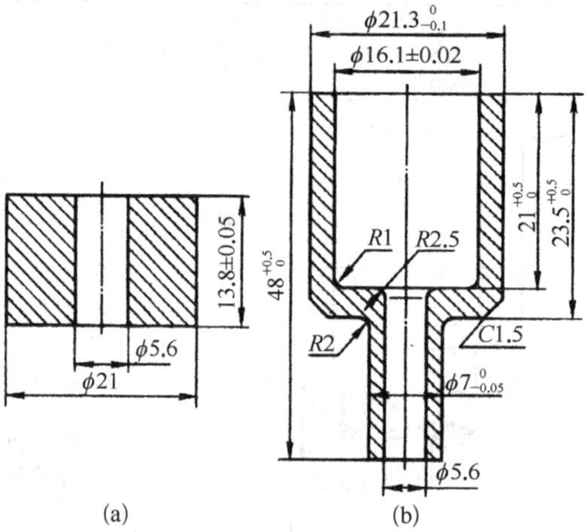	零件名称：阳极芯 零件材料：TU2 无氧铜 工艺流程： (1) 车床下材料(图 a) (2) 退火 (3) 酸洗、润滑 (4) 复合挤压成形(图 b)
多次挤压成形	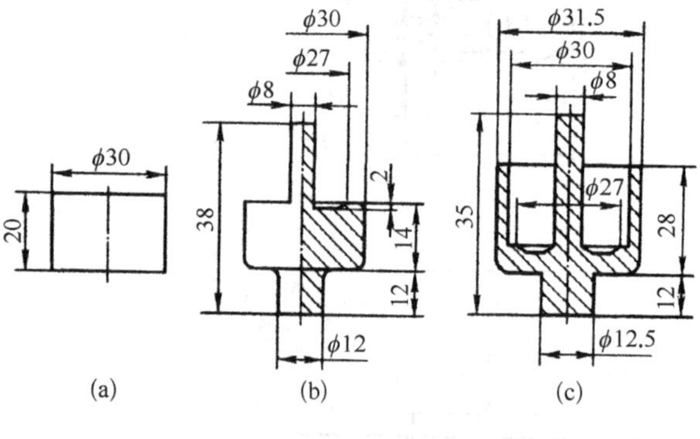	零件名称：圆轴壳体 零件材料：1050A 工艺流程： (1) 车床下材料(图 a) (2) 退火 (3) 酸洗、润滑 (4) 第一次挤压成形(图 b) (5) 退火 (6) 酸洗、润滑 (7) 第二次挤压成形(图 c) 工艺特点： 在一次挤压中 φ8 芯轴不易成形，需采用两次挤压成形
	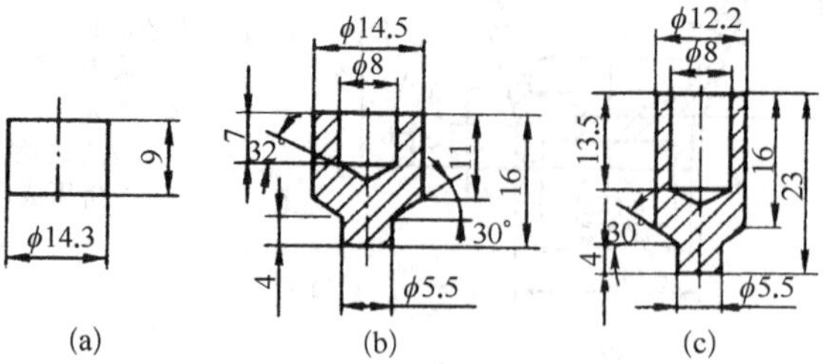	零件名称：接头 零件材料：4J29 膨胀合金 工艺流程： (1) 车床下材料(图 a) (2) 退火 (3) 酸洗、润滑 (4) 第一次挤压成形(图 b) (5) 退火 (6) 酸洗、润滑 (7) 第二次挤压成形(图 c)

（续表）

方　式	工　序　简　图	说　　明
多次挤压成形	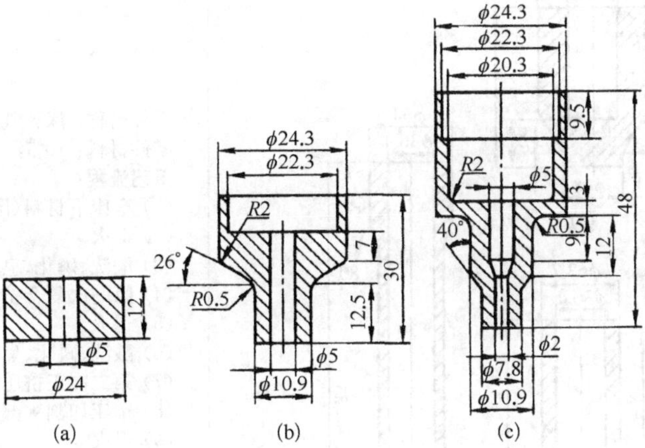	零件名称：通风机壳体 零件材料：10 钢 工艺流程： (1) 车床下材料(图 a) (2) 退火 (3) 酸洗、磷化、皂化 (4) 第一次复合挤压成形(图 b) (5) 退火 (6) 酸洗、磷化、皂化 (7) 第二次复合挤压成形(图 c)
	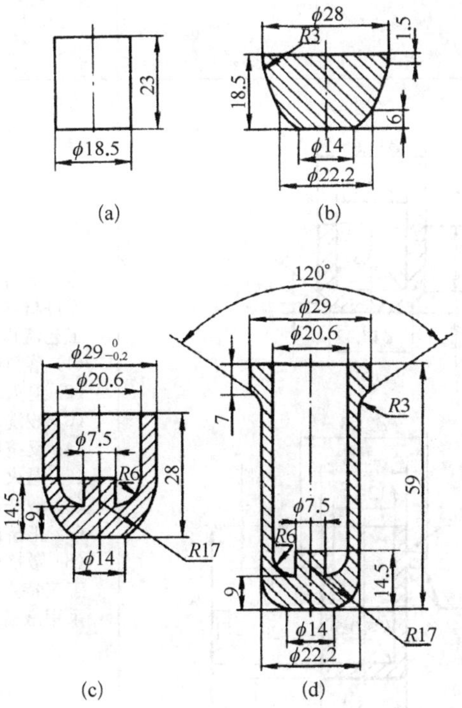	零件名称：长梭芯套壳体 零件材料：15 钢 工艺流程： (1) 高速带锯下材料(图 a) (2) 滚筒去毛刺(图 b) (3) 预成形 (4) 退火 (5) 酸洗、磷化、皂化 (6) 反挤压成形(图 c) (7) 退火 (8) 酸洗、磷化、皂化 (9) 正挤压成形(图 d)

（续表）

方式	工序简图	说明
多次挤压成形	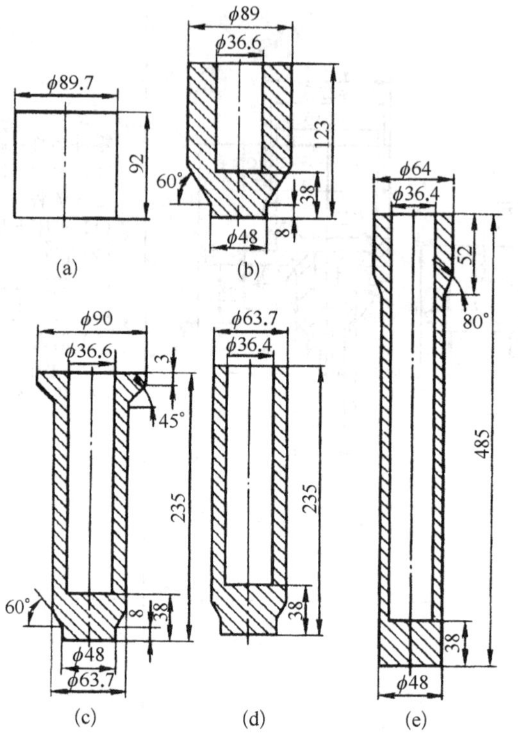	零件名称：深孔气缸 零件材料：10 钢 工艺流程： (1) 车床下材料(图 a) (2) 退火 (3) 酸洗、磷化、皂化 (4) 第一次复合挤压成形(图 b) (5) 退火 (6) 酸洗、磷化、皂化 (7) 第二次正挤压成形(图 c) (8) 车床切割头部(图 d) (9) 退火 (10) 酸洗、磷化、皂化 (11) 第三次正挤压成形(图 e) (12) 去应力退火
	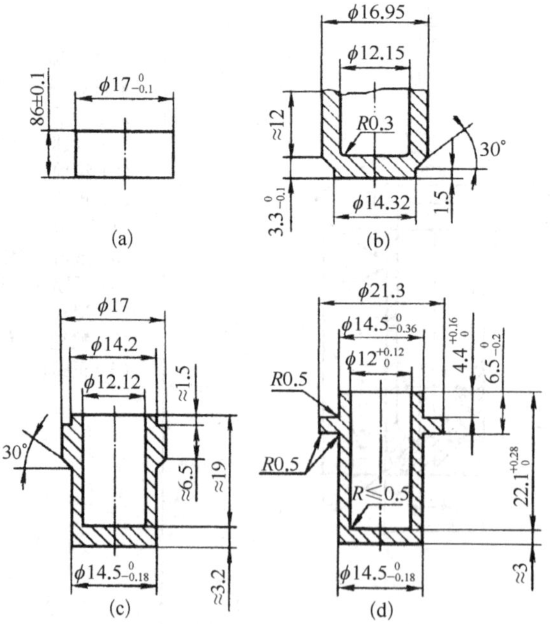	零件名称：带法兰灯座 零件材料：2A12 工艺流程： (1) 落料(图 a) (2) 退火 (3) 酸洗、润滑 (4) 反挤压(图 b) (5) 退火 (6) 酸洗、润滑 (7) 正挤压(图 c) (8) 镦挤成形(图 d) 工艺特点： 采用镦挤成形法兰的直径尺寸

（续表）

方 式	工 序 简 图	说 明
多次挤压成形	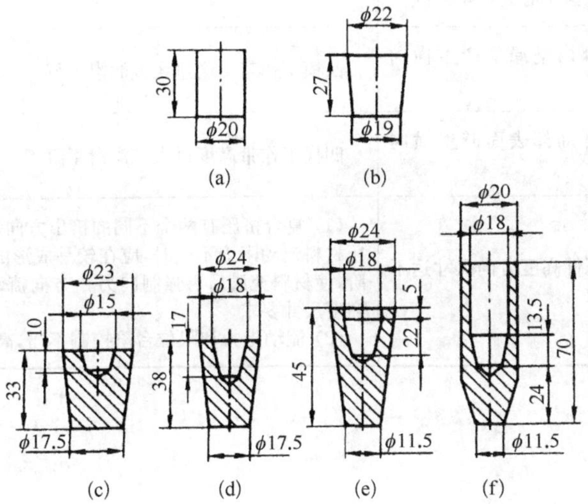	零件名称：阴极头 零件材料：镍 工艺流程： (1) 车床下料(图 a) (2) 预成形(图 b) (3) 第一次挤压(图 c) (4) 第二次挤压(图 d) (5) 第三次挤压(图 e) (6) 变薄拉深(图 f) 工艺特点： 挤压与变薄拉深工艺相结合

十一、典型挤压件质量分析

典型挤压件质量分析见表 1-7-29。

表 1-7-29 典型挤压件质量分析

类别	图 示	主要问题	主 要 原 因
反挤压杯形件	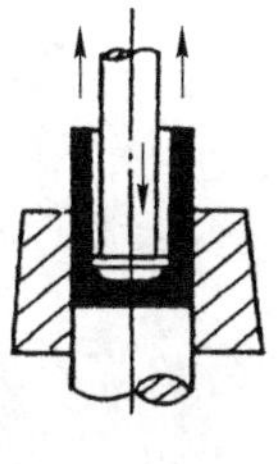	壁厚不均匀	(1) 毛坯与凹模之间的间隙过大，毛坯定位不准 (2) 凸模和凹模闭合过程中导向精度不够，同轴度差
		端面不平整	(1) 凸模的工作带磨损不均 (2) 润滑不均匀 (3) 凸、凹模的平行、垂直、同轴度达不到要求
		内壁质量不高	(1) 凸模工作带表面加工质量不好 (2) 润滑效果不好
		近底部处的壁部变薄或出现裂纹和破裂	(1) 底部厚度过小，没有足够的材料补充到侧壁 (2) 凸模工作带尺寸设计不合理，造成材料流动阻力差异过大 (3) 凹模底部转角处清除润滑剂残留物不彻底
正挤压杆形件	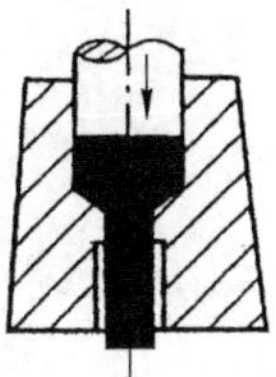	加压端面周边有纵向毛刺	(1) 凸、凹模闭合时，加压端面处间隙过大 (2) 挤压过程中凹模产生较大的弹性变形，使内径扩大
		杆部产生弯曲变形	(1) 凹模工作带磨损不均匀，造成材料流动不一致 (2) 润滑不均匀 (3) 凹模未设引导部分
		杆部表面产生环状裂纹	(1) 凹模工作带高度过大或润滑不匀，造成内外层金属流动不一致 (2) 挤压速度过快，易在杆部与顶部交界处形成环状裂纹

（续表）

类别	图示	主要问题	主要原因
复合挤压杯杆形件	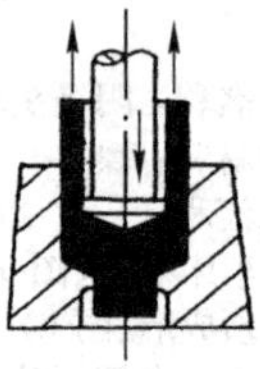	杯底外壁圆角处产生塌角 杯底面中心处产生缩孔	杯、杆连接的中间部位厚度过小
		杯部内壁局部产生横向裂纹	凸模工作带高度过大或润滑不好
		杆部局部表面产生横向裂纹	凹模工作带高度过大或润滑不好
		挤压件高度方向尺寸达不到要求	(1) 复合挤压有两个不同的挤出方向，当正挤压和反挤压材料流动阻力不同时，应在较易成形的方向设置限位台阶，使材料充满后再强制向另一方向流动，以达到挤压件高度尺寸要求 (2) 流动阻力和限位台阶控制不当，高度尺寸易超差

第八章　冲模零件及其材料

一、冲模标准零件

组成模具的零件有工作零件、导向零件、定位零件、卸料零件、支承固定零件等，部分规格的模具零件已被纳入国标(GB/T)或者机械行业标准(JB/T)，正确选用冲模标准零件及其材料能有效提高模具制造水平。

(一) 凸模、凹模

JB/T 5825—2008、JB/T 5830—2008 等分别规定了多种形式的凸、凹模的尺寸。凸、凹模推荐使用的材料为 Cr12MoV、Cr12、CrWMn、Cr6WV，并可另行选定。

D=6.3 mm、L=80 mm 的圆柱头直杆圆凸模标记：圆柱头直杆圆凸模　6.3×80　JB/T 5825—2008。

D=5 mm、d=2 mm、L=56 mm 的圆柱头缩杆圆凸模标记：圆柱头缩杆圆凸模　5×2×56　JB/T 5826—2008。

D=2 mm、d=0.5、L=71 mm 的 60°锥头缩杆圆凸模标记：60°锥头缩杆圆凸模　2×0.5×71　JB/T 5828—2008。

D=5 mm、d=1 mm、L=16 mm、l=2 mm 的 A 型圆凹模标记：圆凹模　A　5×1×16×2　JB/T 5830—2008。

圆柱头直杆圆凸模、圆柱头缩杆圆凸模、60°锥头直杆圆凸模、60°锥头缩杆圆凸模及球锁紧圆凸模的尺寸见表 1-8-1～表 1-8-5。圆凹模的尺寸见表 1-8-6。

表 1-8-1　圆柱头直杆圆凸模　(mm)

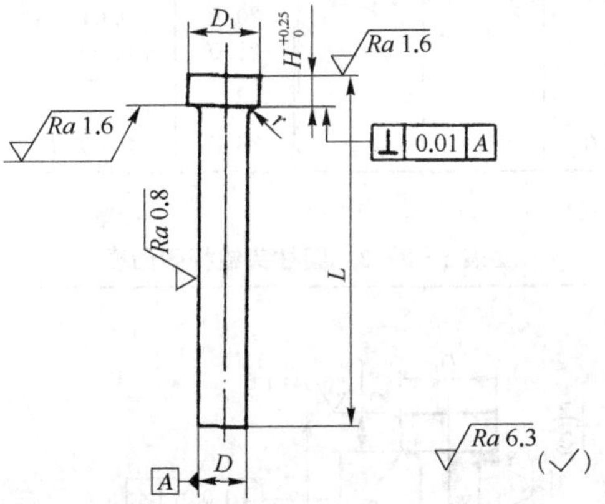

材料			Cr12MoV、Cr12、CrWMn			硬度	刃口 58～62 HRC，头部固定部分 40～50 HRC				
			Cr6WV				刃口 56～60 HRC，头部固定部分 40～50 HRC				
D(m5)		H	$D_{1-0.25}^{\ 0}$	$L^{+1.0}_{\ 0}$	r	D(m5)		H	$D_{1-0.25}^{\ 0}$	$L^{+1.0}_{\ 0}$	r
基本尺寸	极限偏差					基本尺寸	极限偏差				
1.0 1.05 1.1 1.2	+0.006 +0.002	3.0	3.0	45,50, 56,63, 71,80, 90,100	0.25	1.25 1.3 1.4 1.5	+0.006 +0.002	3.0	3.0	45,50, 56,63, 71,80, 90,100	0.25

（续表）

材 料		硬 度	
材 料	Cr12MoV、Cr12、CrWMn	硬 度	刃口 58～62 HRC，头部固定部分 40～50 HRC
	Cr6WV		刃口 56～60 HRC，头部固定部分 40～50 HRC

D(m5) 基本尺寸	D(m5) 极限偏差	H	$D_{1-0.25}^{\ 0}$	$L_{\ 0}^{+1.0}$	r
1.6	+0.006 +0.002	3.0	3.0	45,50, 56,63, 71,80, 90,100	0.25
1.7 1.8 1.9 2.0		3.0	4.0		
2.1 2.2 2.4 2.5 2.6 2.8 3.0		3.0	5.0		
3.2 3.4 3.6 3.8 4.0	+0.009 +0.004	3.0	6.0		
4.2 4.5 4.8		3.0	7.0		
5.0		5.0	8.0		
5.3		5.0	9.0		

D(m5) 基本尺寸	D(m5) 极限偏差	H	$D_{1-0.25}^{\ 0}$	$L_{\ 0}^{+1.0}$	r
5.6 6.0	+0.009 +0.004	5.0	9.0	45,50, 56,63, 71,80, 90,100	0.25
6.3 6.7 7.1 7.5 8.0	+0.012 +0.006	5.0	11.0		
8.5 9.0 9.5 10.0		5.0	13.0		
10.5 11.0 12.0 12.5 13.0	+0.015 +0.007	5.0	16.0		0.4
14.0 15.0 16.0		5.0	19.0		
20.0 25.0	+0.017 +0.008	5.0	24.0 29.0		
32.0 36.0	+0.020 +0.009		36.0 40.0		

注：参照 JB/T 5825—2008。

表 1-8-2 圆柱头缩杆圆凸模 （mm）

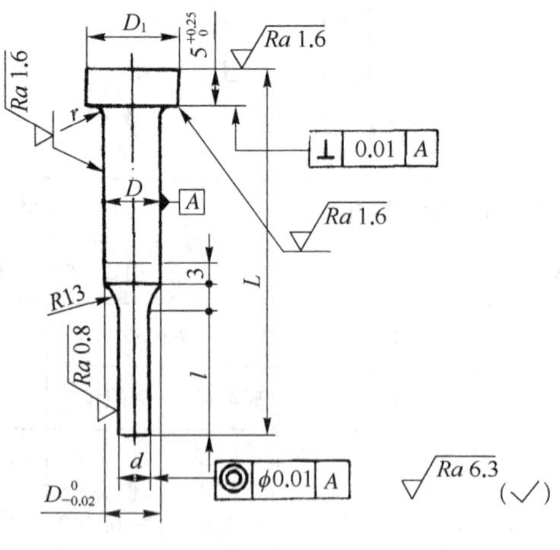

（续表）

材料		Cr12MoV、Cr12、CrWMn		硬度	刃口 58～62 HRC,头部固定部分 40～50 HRC	
		Cr6WV			刃口 56～60 HRC,头部固定部分 40～50 HRC	
D(m5)		$d^{+0.01}_{0}$		$D_{1\,-0.25}^{\;0}$	$L^{+1.0}_{0}$	r
基本尺寸	极限偏差	下限	上限			
5	+0.009 +0.004	1	4.9	8	45,50, 56,63, 71,80, 90,100	0.25
6		1.6	5.9	9		
8	+0.012 +0.006	2.5	7.9	11		
10		4	9.9	13		
13	+0.015 +0.007	5	12.9	16		0.4
16		8	15.9	19		
20	+0.017 +0.008	12	19.9	24		
25		16.5	24.9	29		
32	+0.020 +0.009	20	31.9	36		
36		25	35.9	40		

注：1. 刃口长度 l 由制造者自行选定。
　　2. 参照 JB/T 5826—2008。

表 1-8-3　60°锥头直杆圆凸模　（mm）

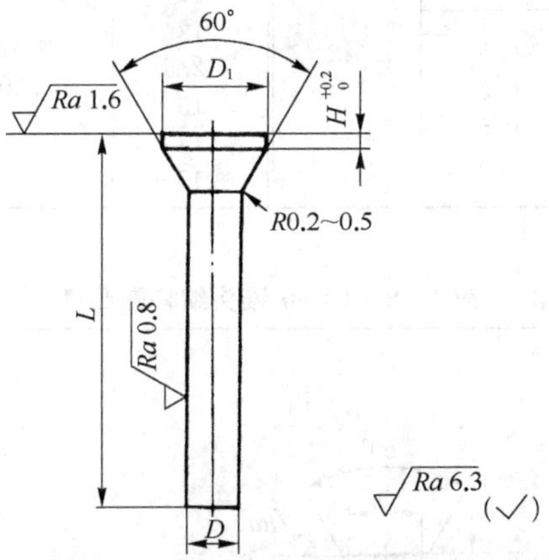

材料		Cr12MoV、Cr12、CrWMn			硬度	刃口 58～62 HRC,头部固定部分 40～50 HRC			
		Cr6WV				刃口 56～60 HRC,头部固定部分 40～50 HRC			
D(m5)		D_1	H	$L^{+0.5}_{0}$	D(m5)		D_1	H	$L^{+0.5}_{0}$
基本尺寸	极限偏差				基本尺寸	极限偏差			
0.5 0.55 0.6 0.65 0.7	+0.006 +0.002	0.9 1 1.1 1.2 1.3	0.2 0.2 0.2 0.2 0.2	40,50,63, 71,80,90, 100	0.75 0.8 0.85 0.9 0.95	+0.006 +0.002	1.3 1.4 1.4 1.6 1.6	0.2 0.4 0.4 0.4 0.4	40,50,63, 71,80,90, 100

（续表）

材　料		硬　度	
材　料	Cr12MoV、Cr12、CrWMn	硬　度	刃口 58～62 HRC，头部固定部分 40～50 HRC
	Cr6WV		刃口 56～60 HRC，头部固定部分 40～50 HRC

D(m5)		D_1	H	$L^{+0.5}_{0}$	D(m5)		D_1	H	$L^{+0.5}_{0}$
基本尺寸	极限偏差				基本尺寸	极限偏差			
1	+0.006 +0.002	1.8	0.5	40,50,63,71,80,90,100	4	+0.009 +0.004	5.5	0.5	40,50,63,71,80,90,100
1.05		1.8	0.5		4.2		5.5	0.5	
1.1		1.8	0.5		4.5		6	0.5	
1.2		2	0.5		4.8		6	0.5	
1.25		2	0.5		5		6.5	0.5	
1.3		2	0.5		5.3		6.5	0.5	
1.4		2.2	0.5		5.6		7	0.5	
1.5		2.2	0.5		6		8	0.5	
1.6		2.5	0.5		6.3	+0.012 +0.006	8	0.5	
1.7		2.5	0.5		6.7		9	1	
1.8		2.8	0.5		7.1		9	1	
1.9		2.8	0.5		7.5		10	1	
2		3	0.5		8		10	1	
2.1		3.2	0.5		8.5		11	1	
2.2		3.2	0.5		9		11	1	
2.4		3.5	0.5		9.5		12	1	
2.5		3.5	0.5		10		12	1	
2.6		4	0.5		10.5	+0.015 +0.007	13	1	
2.8		4	0.5		11		13	1	
3		4.5	0.5		12		14	1	
3.2	+0.009 +0.004	4.5	0.5		12.5		15	1	
3.4		4.5	0.5		13		15	1	
3.6		5	0.5		14		16	1.5	
3.8		5	0.5		15		17	1.5	

注：参照 JB/T 5827—2008。

表 1-8-4　60°锥头缩杆圆凸模　　　　(mm)

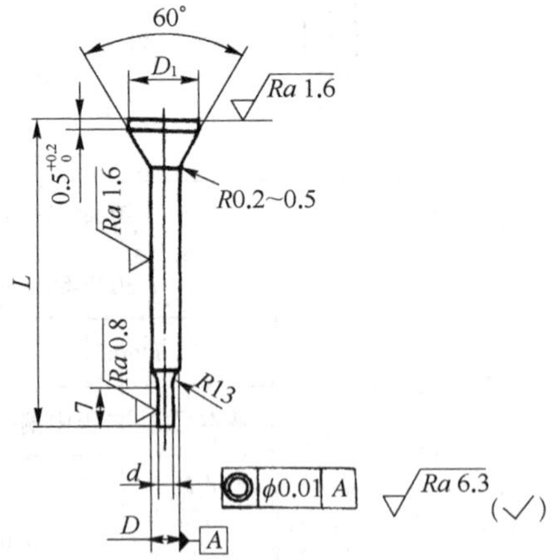

（续表）

材　料		硬　度	
材　料	Cr12MoV、Cr12、CrWMn	硬　度	刃口 58～62 HRC，头部固定部分 40～50 HRC
	Cr6WV		刃口 56～60 HRC，头部固定部分 40～50 HRC

D(m5)		d(j6)	D_1	$L^{+0.5}_{0}$
基本尺寸	极限偏差			
2	+0.006 +0.002	0.5⩽d⩽1.6	3.0	71,80
3		1.4⩽d⩽2.9	4.5	71,80

注：参照 JB/T 5828—2008。

表 1-8-5　球锁紧圆凸模　(mm)

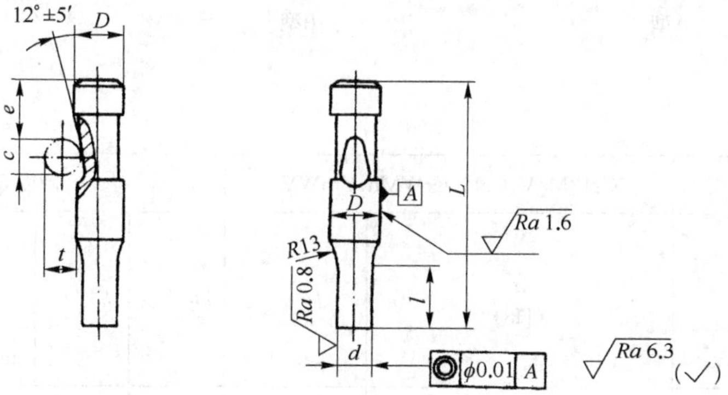

材　料		硬　度	
材　料	Cr12MoV、Cr12、CrWMn	硬　度	刃口 58～62 HRC，头部固定部分 40～50 HRC
	Cr6WV		刃口 56～60 HRC，头部固定部分 40～50 HRC

D(g5)		刃口直径 d(j6)的范围		C	$e^{+0.2}_{0}$	$t^{0}_{-0.1}$	$L^{+0.5}_{0}$
基本尺寸	极限偏差	下　限	上　限				
6	−0.004 −0.009	1.6	5.9	6.0	14.0	5.2	50～80
10	−0.005 −0.011	4.0	9.9	8.0	12.4	6.7	50～80
13	−0.006 −0.014	6.0	12.9	8.0	12.4	6.7	50～80
16		8.5	15.9	8.0	12.4	6.7	56～80
20	−0.007 −0.016	12.5	19.9	8.0	12.4	6.7	56～80
25		18.0	24.9	8.0	12.4	6.7	56～80
32	−0.009 −0.012	25.0	31.9	8.0	12.4	6.7	56～80

注：1. 参照 JB/T 5829—2008。L 系列尺寸为 50 mm，56 mm，63 mm，71 mm，80 mm。
　　2. 刃口长度 l 由制造者自行选定。

表 1-8-6　圆 凹 模　　(mm)

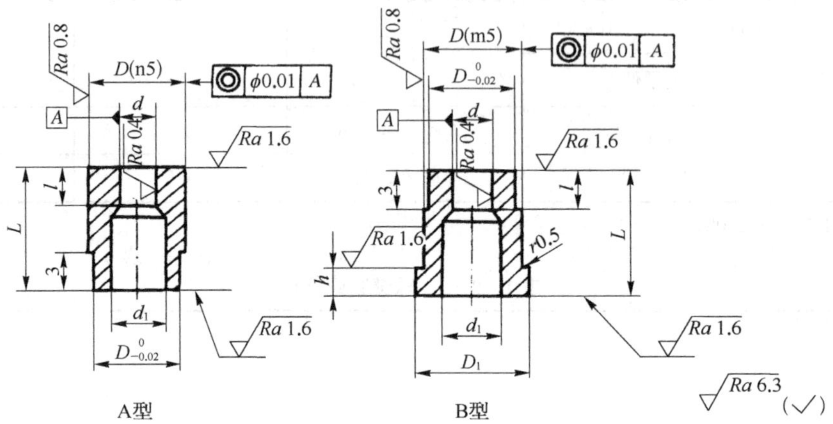

材料			Cr12MoV、Cr12、CrWMn、Cr6WV		硬度 58～62 HRC					
D			d (H8)	$L^{+0.5}_{0}$	$D_{1\ -0.25}^{\ 0}$	$h^{+0.25}_{0}$	l			d_1 max
基本尺寸	极限偏差 n5	极限偏差 m5					min	标准值	max	
5	+0.013 +0.008	+0.009 +0.004	1，1.1，1.2，…，2.4	12～25	8	3		2	4	2.8
6			1.6，1.7，1.8，…，3	12～25	9	3		3	4	3.5
8	+0.016 +0.010	+0.012 +0.006	2，2.1，2.2，…，3.5	12～32	11	3		4	5	4.0
10			3，3.1，3.2，…，5	12～32	13	3		4	8	5.8
13	+0.020 +0.012	+0.015 +0.007	4，4.1，4.2，…，7.2	20～40	16	5		5	8	8.0
16			6，6.1，6.2，…，8.8	20～40	19	5		5	8	9.5
20	+0.024 +0.015	+0.017 +0.008	7.5，7.6，7.7，…，11.3	20～40	24	5	5	8	12	12.0
25			11，11.1，11.2，…，16.6	20～40	29	5	5	8	12	17.3
32	+0.028 +0.017	+0.020 +0.009	15，15.1，15.2，…，20	20～40	36	5	5	8	12	20.7
40			18，18.1，18.2，…，27	20～40	44	5	5	8	12	27.7
50			26，26.1，26.2，…，36	20～40	54	5	5	8	12	37.0

注：1. 作为专用的凹模，工作部分可以在 d 的公差范围内加工成锥孔，而上表面具有最小直径。d 的增量为 0.1 mm。
2. L 系列尺寸为 12 mm，16 mm，20 mm，25 mm，32 mm，40 mm。
3. 参照 JB/T 5830—2008。

（二）导正销

JB/T 7647—2008 规定了四种类型导正销的尺寸。导正销推荐使用的材料为 9Mn2V，并可另行选定。

d=6 mm、d_1=2 mm、L=32 mm 的 A 型导正销标记：A 型导正销　6×2×32　JB/T 7647.1—2008。

d=8 mm、d_1=6 mm、L=63 mm 的 B 型导正销标记：B 型导正销　8×6×63　JB/T 7647.2—2008。

d=20 mm、H=16 mm 的 D 型导正销标记：D 型导正销　20×16　JB/T 7647.4—2008。

A 型导正销、B 型导正销、C 型导正销、D 型导正销的尺寸见表 1-8-7～表 1-8-10。

表 1-8-7　A型导正销尺寸　　(mm)

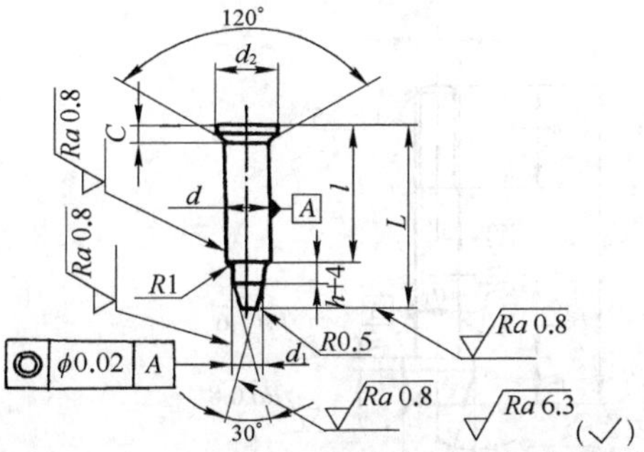

材　料		9Mn2V		硬度 52~56 HRC			
d_1 (h6)	基本尺寸	0.99~4.9	1.5~5.9	2.4~7.9	3.9~9.9	4.9~11.9	7.9~15.9
d (h6)	基本尺寸	5	6	8	10	13	16
	极限偏差	0 −0.008		0 −0.009		0 −0.011	
d_2		8	9	11	13	16	19
l		16	20	20	25	25	32
L		25	32	32	36	36	40
C		2		3			
h		设 计 确 定					

注：参照 JB/T 7647.1—2008。h 值设计时确定，应用形式见表 1-3-46。

表 1-8-8　B型导正销尺寸　　(mm)

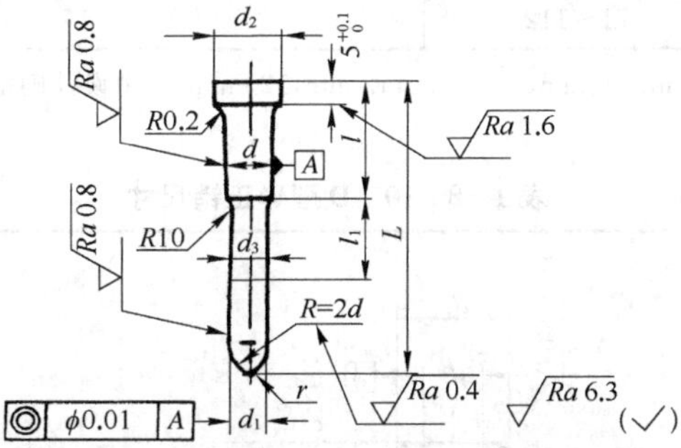

材　料		9Mn2V			硬度 52~56 HRC					
d_1 (h6)	基本尺寸	0.99~4.9	1.9~5.9	2.4~7.9	3.9~9.9	4.9~12.9	7.9~15.9	11.9~19.9	15.0~24.9	19.9~31.9
d (h6)	基本尺寸	5	6	8	10	13	16	20	25	32
	极限偏差	0 −0.008		0 −0.009		0 −0.011		0 −0.013		0 −0.016
d_2		8	9	11	13	16	19	24	29	36
r		$d/4$								
L		56~90	56~100							

注：1. L 系列尺寸为 56 mm, 63 mm, 71 mm, 80 mm, 90 mm, 100 mm, l 由设计确定。
2. 参照 JB/T 7647.2—2008。
3. d_3、l、l_1 设计时确定，应用形式见表 1-3-46。

表 1-8-9　C 型导正销尺寸　　(mm)

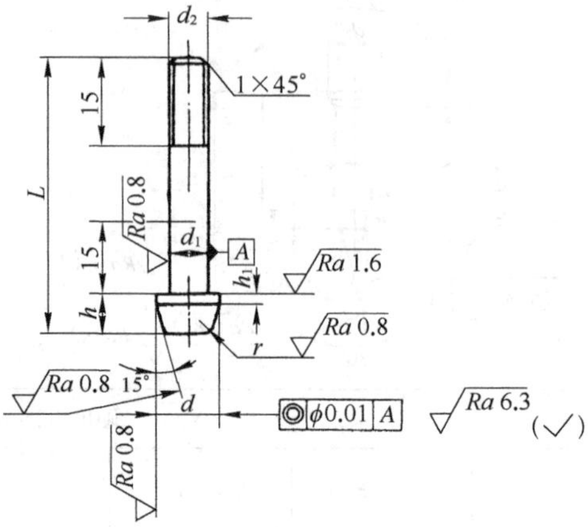

材料		9Mn2V	硬度 52～56 HRC		
d (h6)	基本尺寸	4～6	>6～8	>8～10	>10～12
	极限偏差	0 −0.008	0 −0.009		0 −0.011
d_1 (h6)	基本尺寸	4	5	6	
	极限偏差	0 −0.008			
d_2		M4	M5	M6	
h		4	5		6
r		1		2	
L		71～112	71～125		

注：1. L 系列尺寸为 71 mm，80 mm，90 mm，100 mm，112 mm，125 mm，h_1 由设计确定，应用形式见表 1-3-46。
2. 参照 JB/T 7647.3—2008。

表 1-8-10　D 型导正销尺寸　　(mm)

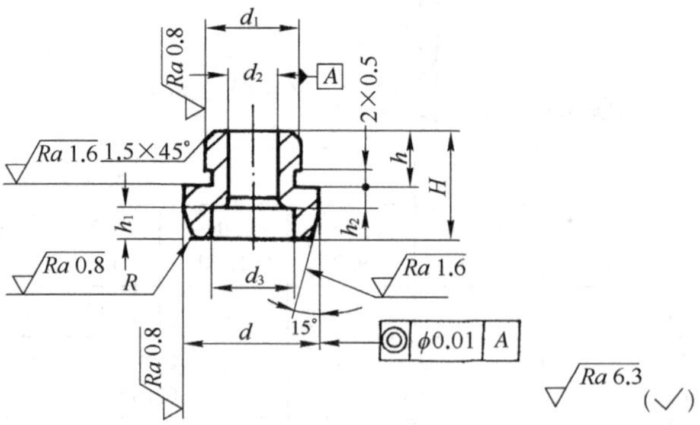

材料		9Mn2V		硬度 52～56 HRC				
d (h6)	基本尺寸	12～14	>14～18	>18～22	>22～26	>26～30	>30～40	>40～50
	极限偏差	0 −0.011		0 −0.013			0 −0.016	

（续表）

材料		9Mn2V			硬度 52～56 HRC			
d_1 (h6)	基本尺寸	10	12	14	16	18	22	26
	极限偏差	0 −0.009	0 −0.011				0 −0.013	
d_2		M6	M8		M10	M12		
d_3		7	9		16	19		
H		14		16	20	22	26	28
h		8			10		12	
h_1		4	6		7	8		
R		2				3		
h_2		设计确定						

注：参照 JB/T 7647.4—2008。应用形式见表 1-3-46。

（三）侧刃、导料与抬料零件

JB/T 7648—2008 规定了侧刃、侧刃挡块、导料板、承料板、抬料销的尺寸。侧刃、侧刃挡块、抬料销推荐使用的材料为 T10A，导料板推荐使用的材料为 45 钢，各零件材料也可另行选定。

侧刃类型分为ⅠA、ⅠB、ⅠC、ⅡA、ⅡB、ⅡC。S=15.2 mm、B=8 mm、L=50 mm 的ⅡA 型侧刃标记：侧刃　ⅡA　15.2×8×50　JB/T 7648.1—2008。

侧刃挡块分为 A、B、C 三种。L=16 mm、H=6 mm 的 A 型侧刃挡块标记：A 型侧刃挡块　16×6　JB/T 7648.2—2008。A=15 mm 的 C 型侧刃挡块标记：C 型侧刃挡块　15　JB/T 7648.4—2008。

抬料销分为 AⅠ型、AⅡ型及 B 型三种。d=6 mm、L=22 mm 的 AⅠ型抬料销标记：A 型抬料销　Ⅰ　6×22　JB/T 7648.7—2008。

L=100 mm、B=32 mm、H=8 mm 的导料板的标记：导料板　100×32×8　JB/T 7648.5—2008。

L=100 mm、B=40 mm 的承料板的标记：承料板 100×40　JB/T 7648.6—2008。

侧刃型式和尺寸见表 1-8-11。侧刃挡块尺寸见表 1-8-12～表 1-8-14。导料板、承料板的尺寸分别见表 1-8-15 和表 1-8-16。A 型抬料销、B 型抬料销的尺寸分别见表 1-8-17 和表 1-8-18。

表 1-8-11　侧刃型式和尺寸　（mm）

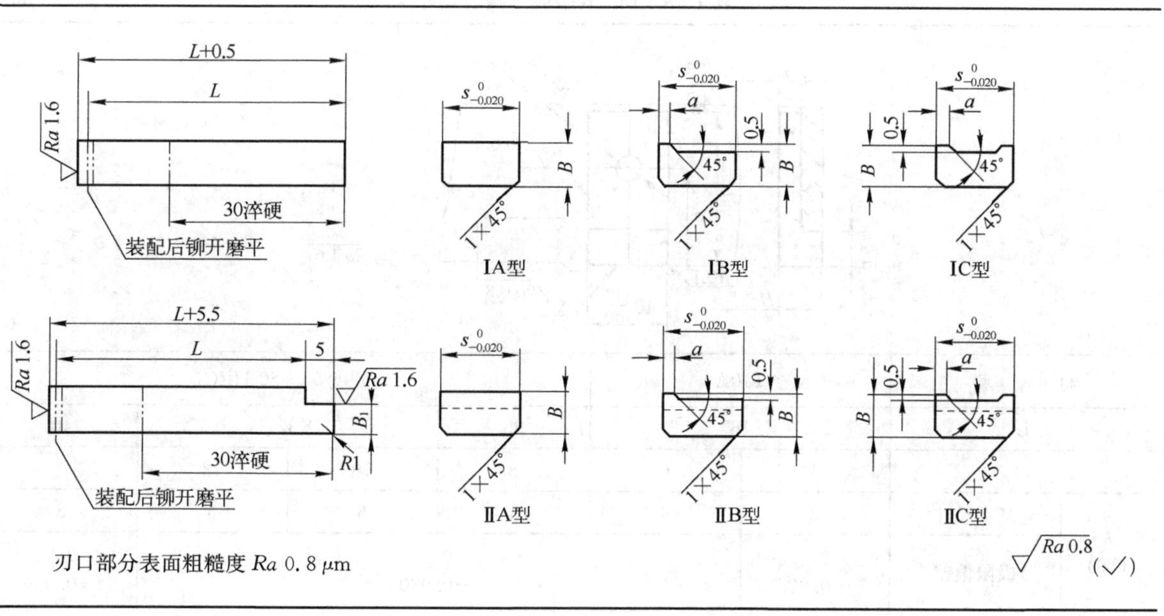

刃口部分表面粗糙度 Ra 0.8 μm　　$\sqrt{Ra\ 0.8}$ （$\checkmark$）

（续表）

材　　料	T10A		硬度 56～60 HRC		
s	5.2～10.2	7.2～10.2	10.2～15.2	15.2～30.2	30.2～40.2
B	4	6	8	10	12
B_1	2	3	4	5	6
a	1.2	1.5	2		2.5
L	45, 50		50, 56	50, 56, 63, 71	56, 63, 71, 80

注：1. S系列：5.2 mm, 6.2 mm, 7.2 mm, 8.2 mm, 9.2 mm, 10.2 mm, 11.2 mm, 12.2 mm, 13.2 mm, 14.2 mm, 15.2 mm, 16.2 mm, 17.2 mm, 18.2 mm, 19.2 mm, 20.2 mm, 21.2 mm, 22.2 mm, 23.2 mm, 24.2 mm, 25.2 mm, 26.2 mm, 27.2 mm, 28.2 mm, 29.2 mm, 30.2 mm, 32.2 mm, 34.2 mm, 36.2 mm, 38.2 mm, 40.2 mm，按使用要求修正。

2. 参照 JB/T 7648.1—2008。

表 1-8-12　A 型侧刃挡块尺寸　　(mm)

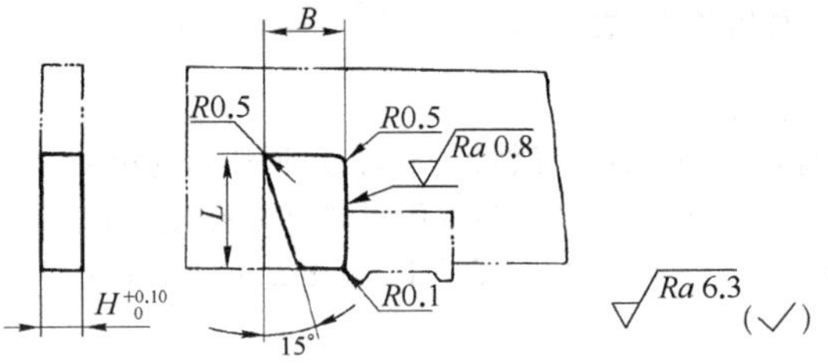

材　　料	T10A	硬度 56～60 HRC	
L	16	20	25
B	10	12	16
H	4, 6	4, 6, 8	12, 16

注：1. 挡块与导料板配合为$\frac{H7}{m6}$。

2. 参照 JB/T 7648.2—2008。

表 1-8-13　B 型侧刃挡块尺寸　　(mm)

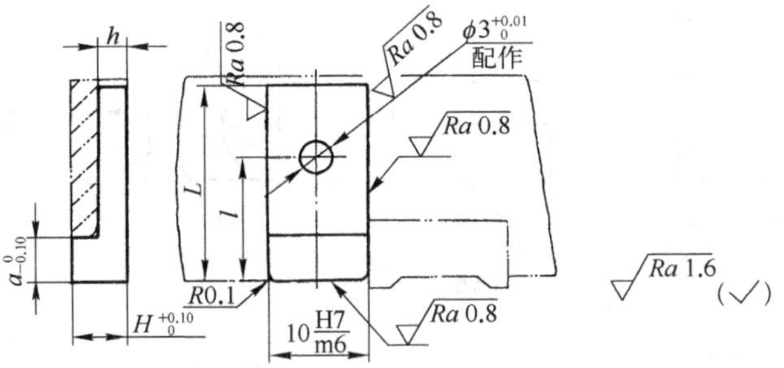

材　　料		T10A		硬度 56～60 HRC			
L		16		25	32		40
H		4	6	8	10	12	
h (h9)	基本尺寸	2	3	4	5	6	8
	极限偏差	0 −0.025	0 −0.030				0 −0.036

（续表）

材　　料	T10A		硬度 56～60 HRC	
a	4	5	6	7
l	10		12	15

注：参照 JB/T 7648.3—2008。

表 1-8-14　C 型侧刃挡块尺寸　（mm）

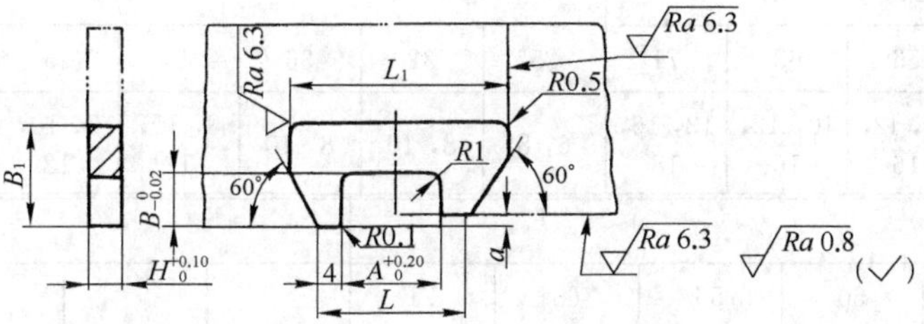

材　　料			T10A					硬度 56～60 HRC											
A	5	7	9	7	9	10	12	14	15	17	19	21	23	25	27	29	30	34	36	38
B	4			6		8			10								12			
H	4					6			8								12			
L	14	16	18	16	18	18	20	22	24	26	28	30	32	34	36	38	42	46	48	50
L_1	20	22	24	22	24	26	28	30	36	38	40	42	44	46	48	50	52	58	60	62
B_1	10			12		14			18								22			
a	2								2.5											

注：1. 挡块与导料板的配合为$\frac{H7}{m6}$。

2. 参照 JB/T 7648.4—2008。

表 1-8-15　导 料 板 尺 寸　（mm）

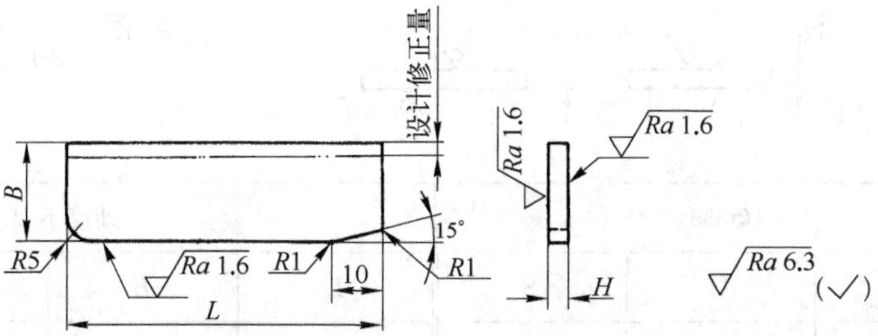

材　　料			45 钢			28～32 HRC								
L	50		63		71		80				100			
B	16	20	16	20	16	20	20	25	32	36	20	25	32	36
H	4，6	4，6	4，6	4，6	4，6	4，6	4，6	6，8	6，8	6，8	4，6	6，8	6，8	6，8
L	100		125							160				
B	40	45	20	25	32	36	40	45	50	20	25	32	36	40
H	6，8，10	8，10，12	4，6	6，8	6，8	6，8	6，8，10	8，10，12	8，10，12	4，6	6，8	6，8	6，8	6，8，10

（续表）

材料			45钢			28～32 HRC								
L	160		200								250			
B	45	50	25	32	36	40	45	50	56	63	25	32	36	40
H	8，10，12	8，10，12	6，8	6，8，10	6，8，10	6，8，10	8，10，12	8，10，12	10，12，16	10，12，16	6，8	8，10	8，10	8，10

L	250					315							
B	45	50	56	63	71	25	32	36	40	45	50	56	63
H	8，10，12	8，10，12	10，12，16	10，12，16	12，16，18	6，8	8，10	8，10	8，10，12	8，10，12	8，10，12	10，12，16	12，16

L	400										
B	40	45	50	56	63	71					
H	8，10，12	8，10，12	8，10，12	10，12，16	10，12，16	12，16，18					

注：参照 JB/T 7648.5—2008。

表 1-8-16 承料板尺寸 （mm）

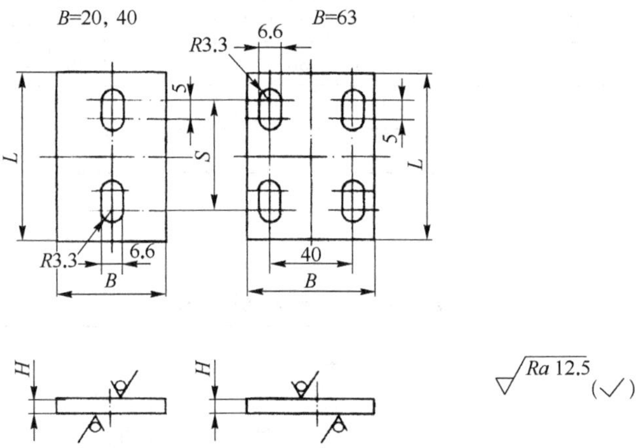

材料	Q235			硬度不要求			
L	*B*	*H*	*S*	*L*	*B*	*H*	*S*
50	20	2	35	160	40	3	140
63			48	200			175
80			65	250			225
100			85	160	63		140
125			110	200			175
100	40		85	250		4	225
125			110	315			285

注：参照 JB/T 7648.6—2008。

表 1-8-17　A 型抬料销尺寸　　(mm)

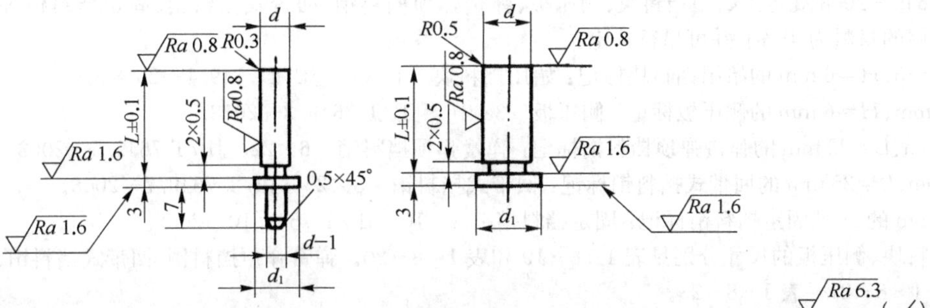

Ⅰ型　　Ⅱ型

材　料		T10A		硬度 52～56 HRC				
d(h6)	基本尺寸	4	6	8	10	13	16	20
	极限偏差	0 −0.008		0 −0.009		0 −0.011		0 −0.013
d_1		6	8	10	13	16	19	23
L		10～40		15～50	25～50	25～60	30～70	

注：1. L 系列尺寸为 10 mm，15 mm，20 mm，22 mm，25 mm，28 mm，30 mm，33 mm，36 mm，40 mm，45 mm，50 mm，60 mm，70 mm。
2. 参照 JB/T 7648.7—2008。

表 1-8-18　B 型抬料销尺寸　　(mm)

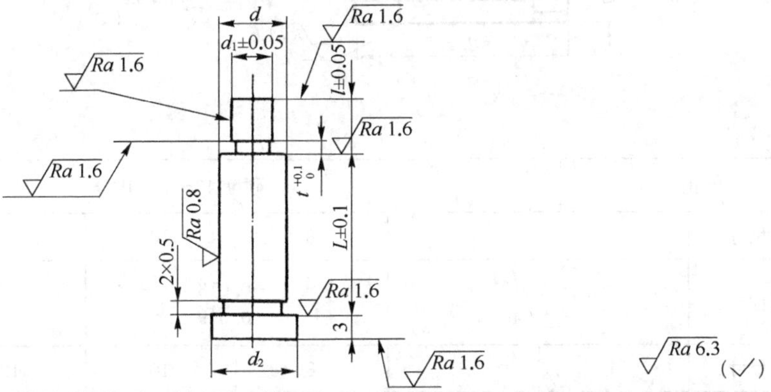

材　料		T10A			硬度 52～56 HRC			
d(h6)	基本尺寸	4	6	8	10	13	16	20
	极限偏差	0 −0.008		0 −0.009		0 −0.011		0 −0.013
d_1		2	3.6	5.0	6.0	7.0	8.0	10.0
d_2		6	8	10	13	16	19	23
t		0.5～0.8	1.0～1.6	1.0～2.0	1.6～2.5	2.5～3.6	2.5～4.0	3.6～5.0
l		5	7				12	
L		10～40		15～50	25～50	25～60	30～70	

注：1. L 系列尺寸为 10 mm，15 mm，20 mm，22 mm，25 mm，28 mm，30 mm，33 mm，36 mm，40 mm，45 mm，50 mm，60 mm，70 mm。
2. 参照 JB/T 7648.8—2008。

（四）挡料和弹顶零件

JB/T 7649—2008 规定了始用挡料块、侧压板、弹簧弹顶挡料销、回带式挡料销、固定挡料销等挡料零件尺寸。推荐使用的材料为 45 钢，并可另行选定。

L=45 mm、H=6 mm 的始用挡料块标记：始用挡料块　45×6　JB/T 7649.1—2008。

L=38 mm、H=6 mm 的侧压板标记：侧压板　38×6　JB/T 7649.3—2008。

D=6 mm、L=22 mm 的弹簧弹顶挡料销标记：弹簧弹顶挡料销　6×22　JB/T 7649.5—2008。

d=8 mm、L=25 mm 的回带式挡料销标记：回带式挡料销　8×25　JB/T 7649.7—2008。

d=10 mm 的 A 型固定挡料销标记：固定挡料销　A　10　JB/T 7649.10—2008。

始用挡料块、侧压板的尺寸分别见表 1-8-19 和表 1-8-20。弹簧弹顶挡料销、回带式挡料销、固定挡料销的尺寸见表 1-8-21～表 1-8-23。

表 1-8-19　始用挡料块尺寸　（mm）

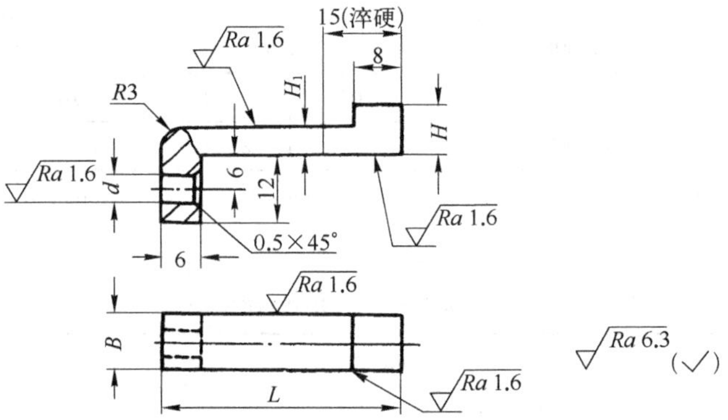

材　料	45 钢		硬度 43～48 HRC				
B (f9)	基本尺寸	6		8	10	12	16
	极限偏差	−0.010 −0.040		−0.013 −0.049		−0.016 −0.059	
H (c12)	基本尺寸	4	6	8	10	12	16
	极限偏差	−0.070 −0.190		−0.080 −0.230		−0.095 −0.275	
H_1 (f9)	基本尺寸	2	3	4	5	6	8
	极限偏差	−0.006 −0.031		−0.010 −0.040		−0.013 −0.049	
d (H7)	基本尺寸	3	4			6	
	极限偏差	+0.010 0	+0.012 0				
L		36～45	36～71	45～71	50～80	50～90	80～90
L 系列		36, 40, 45, 50, 56, 63, 71, 80, 90					

注：参照 JB/T 7649.1—2008。应用形式见表 1-3-43。

表 1-8-20　侧压板尺寸　(mm)

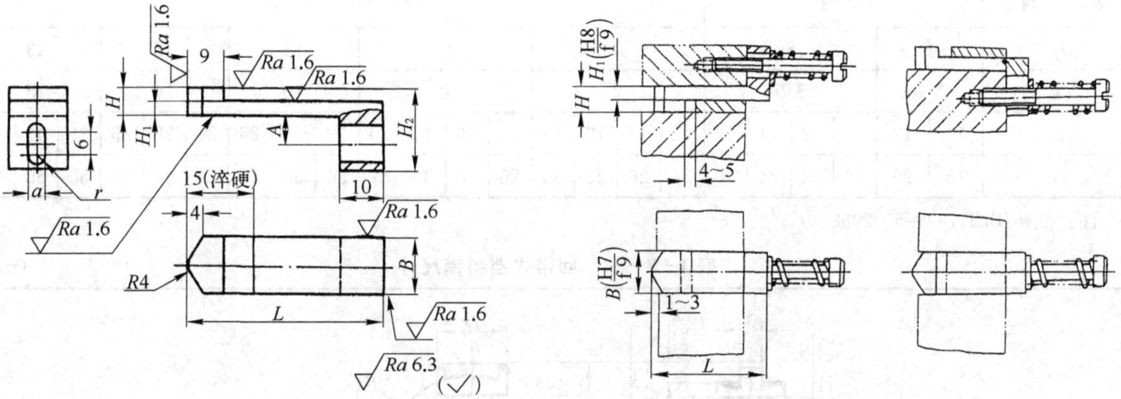

材料		45 钢		硬度 43～48 HRC			
B (f9)	基本尺寸	12	14	16	18	20	
	极限偏差	−0.016 −0.059				−0.020 −0.072	
H (c12)	基本尺寸	4	6	8	10	12	16
	极限偏差	−0.070 −0.190		−0.080 −0.230		−0.095 −0.275	
H_1 (f9)	基本尺寸	2	3	4	5	6	7
	极限偏差	−0.006 −0.031		−0.010 −0.040			−0.013 −0.049
H_2		18	20	22	27	32	
A		6			8		
a		5.5			6.5		
r		2.75			3.25		
L		27～38	27～65	38～65	42～73	42～73	65～73
L 系列		27，34，38，42，47，52，58，65，73					

注：参照 JB/T 7649.3—2008。不同的连接方式见表 1-3-49。

表 1-8-21　弹簧弹顶挡料销尺寸　(mm)

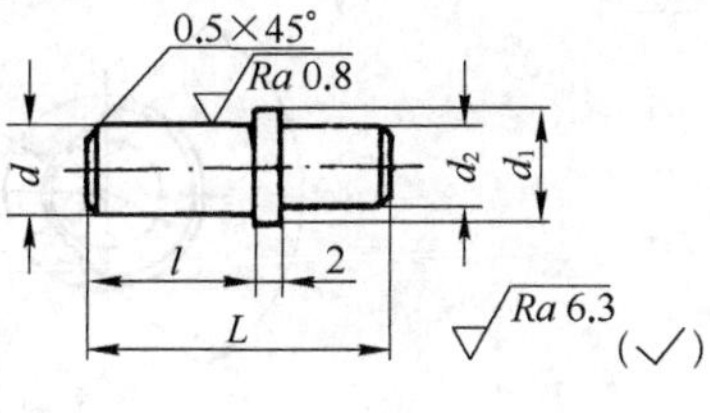

材料		45 钢		硬度 43～48 HRC				
d (d9)	基本尺寸	4	6	8	10	12	16	20
	极限偏差	−0.030 −0.060		−0.040 −0.076		−0.050 −0.093		−0.065 −0.117

（续表）

材　料	45 钢						硬度 43～48 HRC													
d_1	6		8				10				12				14			18			23		
d_2	3.5		5.5				7				8				10			14			15		
l	10	12	10	12	14	16	12	14	16	18	14	16	18	20	22	24	28	24	28	35	35	40	45
L	18	20	20	22	24	26	24	26	28	30	26	28	30	32	34	36	40	36	40	50	50	55	60

注：参照 JB/T 7649.5—2008。

表 1-8-22　回带式挡料销尺寸　　(mm)

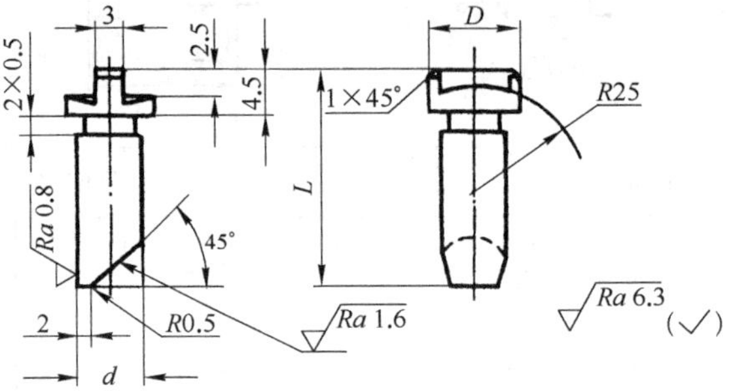

材　料		45 钢		硬度 43～48 HRC
d (d11)	基本尺寸	8	10	12
	极限偏差	−0.040 −0.130		−0.050 −0.160
D		10	12	14
L		20，22，25，30	25，32，35，40	40，45

注：参照 JB/T 7649.7—2008。应用形式见表 1-3-43。

表 1-8-23　固定挡料销型式和尺寸　　(mm)

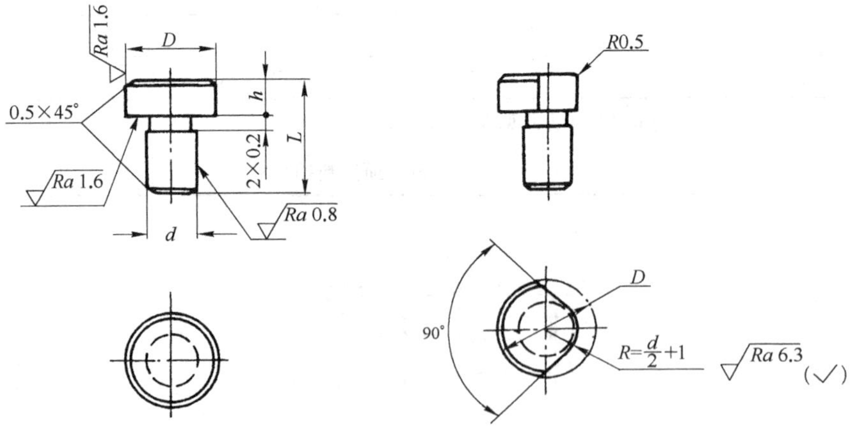

A型　　B型

材　　料		45 钢		硬度 43～48 HRC			
D (h11)	基本尺寸	6	8	10	16	20	25
	极限偏差	0 −0.075	0 −0.090		0 −0.110	0 −0.130	

（续表）

材料		45钢		硬度43～48 HRC			
d (m6)	尺寸	3	4		8	10	12
	偏差	+0.012 +0.004	+0.015 +0.006		+0.018 +0.007	+0.021 +0.008	
h		3	2	3	3	4	4
L		8	10	13	13	16	20

注：参照JB/T 7649.10—2008。应用形式见表1-3-44。

（五）卸料零件

JB/T 7650—2008规定了带肩推杆、带螺纹推杆、顶杆、顶板、圆柱头卸料螺钉、圆柱头内六角卸料螺钉的尺寸。推荐使用的材料为45钢，并可另行选定。

d=8 mm、L=90 mm的A型带肩推杆标记：带肩推杆　A　8×90　JB/T 7650.1—2008。

d=M10 mm、L=130 mm的带螺纹推杆标记：带螺纹推杆　M10×130　JB/T 7650.2—2008。

d=8 mm、L=40 mm的顶杆标记：顶杆　8×40　JB/T 7650.3—2008。

D=40 mm的A型顶板标记：顶板　A　40　JB/T 7650.4—2008。

d=M10 mm、L=50 mm的圆柱头卸料螺钉标记：圆柱头卸料螺钉　M10×50　JB/T 7650.5—2008。

d=M10 mm、L=50 mm的圆柱头内六角卸料螺钉标记：圆柱头内六角卸料螺钉　M10×50　JB/T 7650.6—2008。

带肩推杆、带螺纹推杆的尺寸分别见表1-8-24和表1-8-25。顶杆、顶板的尺寸分别见表1-8-26和表1-8-27。圆柱头卸料螺钉、圆柱头内六角卸料螺钉的尺寸分别见表1-8-28和表1-8-29。

表1-8-24　带肩推杆型式和尺寸　(mm)

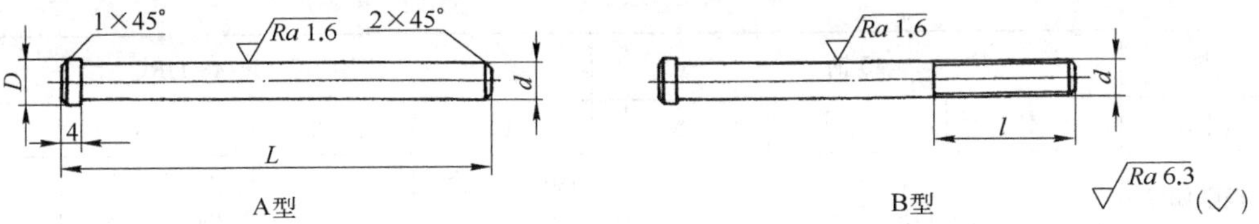

材料		45钢		硬度43～48 HRC				
d	A型	6	8	10	12	16	20	25
	B型	M6	M8	M10	M12	M16	M20	M25
L	A型	40～130 （无65,75,85）	50～150 （无75,85）	60～170 （无85）	70～190	80～220 （无85,170,190）	90～260 （无170,190）	100～280 （无170,190）
	B型	80～130 （无85）	90～150	100～170	130～180	110～220 （无170,190）	130～260 （无170,190）	140～280 （无170,190）
l		20 (L≥80)	25 (L≥90)	30 (L≥100)	35 (L≥130)	40 (L≥110)	45 (L≥130)	50 (L≥140)
D		8	10	13	15	20	24	30
L系列		40, 45, 50, 55, 60, 65, 70, 75, 80, 85, 90, 100, 110, 120, 130, 140, 150, 160, 170, 180, 190, 200, 220, 240, 260, 280						

注：参照JB/T 7650.1—2008。

表 1-8-25 带螺纹推杆尺寸 (mm)

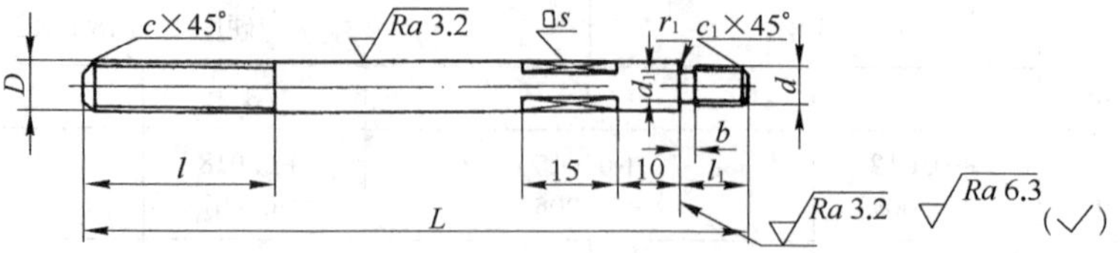

材 料	45 钢		硬度 43~48 HRC			
D	M8	M10	M12	M14	M16	M20
d	M6	M8	M10	M12	M14	M16
L	110~150	130~180		140~220	160~220	180~260
l	30	40	50	60	70	80
l_1	8	10	12	14	16	18
d_1	4.5	6.2	7.8	9.5	11.5	13
L 系列	110，120，130，140，150，160，180，200，220，240，260					

注：1. 当 $D=8\sim16$ mm 时，$s=D-2$；当 $D=20$ mm 时，$s=D-4$。
2. $r_1\leqslant0.5\sim1.2$，$c=1.2\sim2.5$，$c_1=1\sim2$，$b=2\sim3$。
3. 参照 JB/T 7650.2—2008。

表 1-8-26 顶 杆 尺 寸 (mm)

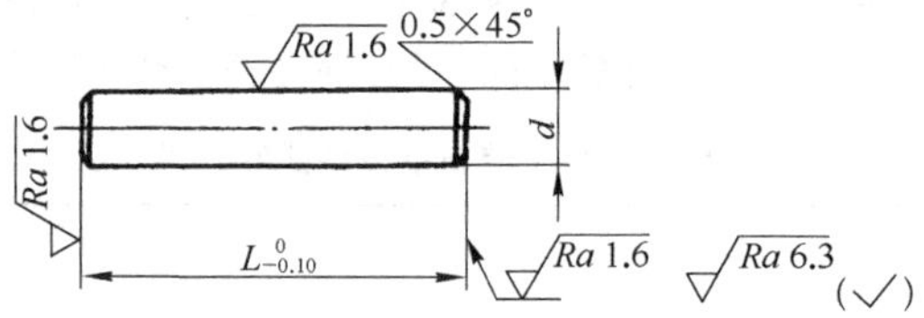

材 料		45 钢			硬度 43~48 HRC			
d (c11 / b11)	基本尺寸	4	6	8	10	12	16	20
	极限偏差	−0.070 −0.145		−0.080 −0.170		−0.150 −0.260		−0.160 −0.290
L		15~30	20~45	25~60	30~75	35~100	50~130	60~160
L 系列		15，20，25，30，35，40，45，50，55，60，65，70，75，80，85，90，95，100，105，110，115，120，125，130，140，150，160						

注：$d\leqslant10$ mm 为 c11；$d>10$ mm 为 b11。参照 JB/T 7650.3—2008。

表 1-8-27 顶板型式和尺寸 (mm)

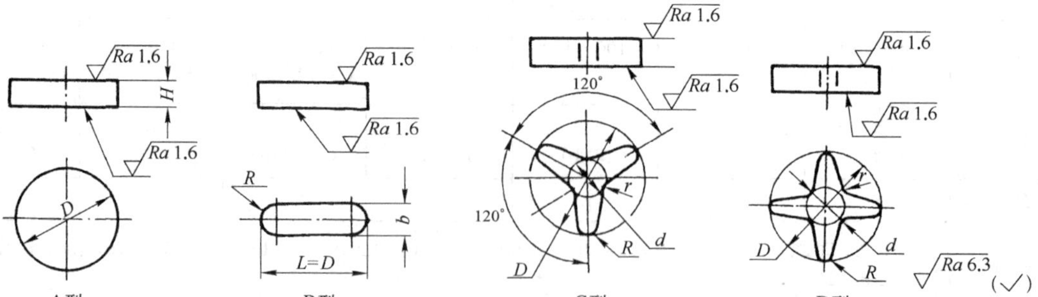

A型 B型 C型 D型

（续表）

材　　料				45 钢			硬度 43～48 HRC							
D	20	25	32	35	40	50	63	71	80	90	100	125	160	200
d		15	16	18	20	25		30		32	35	42	55	70
R		4			5		6			8		9	11	12
r		3			4		5			6		7	8	9
H	4		5		6		7		9		12		16	18
b	8				10		12			16		18	22	24

注：参照 JB/T 7650.4—2008。

表 1-8-28　圆柱头卸料螺钉尺寸　(mm)

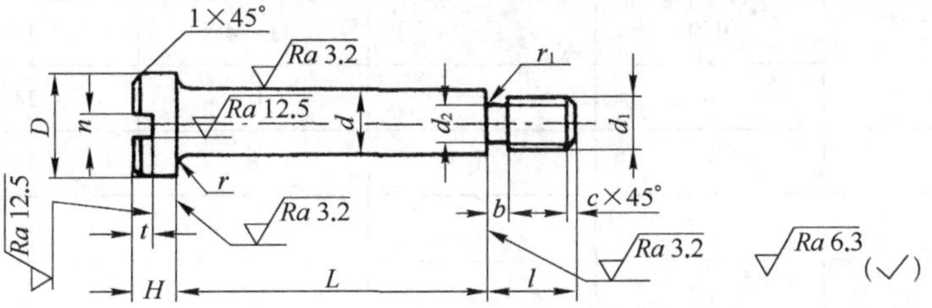

材　　料	45 钢			硬度 35～40 HRC			
d_1	M3	M4	M5	M6	M8	M10	M12
d	4	5	6	8	10	12	16
L	20～35	20～40	25～50	25～70	30～80	35～80	40～100
l	5	5.5	6	7	8	10	14
D	7	8.5	10	12.5	15	18	24
H	3	3.5	4	5	6	7	9
d_2	2.2	3	4	4.5	6.2	7.8	9.5
L 系列	20，22，25，28，30，32，35，38，40，42，45，48，50，55，60，65，70，75，80，90，100						

注：1. $n=1$～3，$b=1$～3，$t=1.4$～3.5，$r\leqslant 1$，$r_1\leqslant 1$，$c=0.6$～2。
　　2. 参照 JB/T 7650.5—2008。

表 1-8-29　圆柱头内六角卸料螺钉尺寸　(mm)

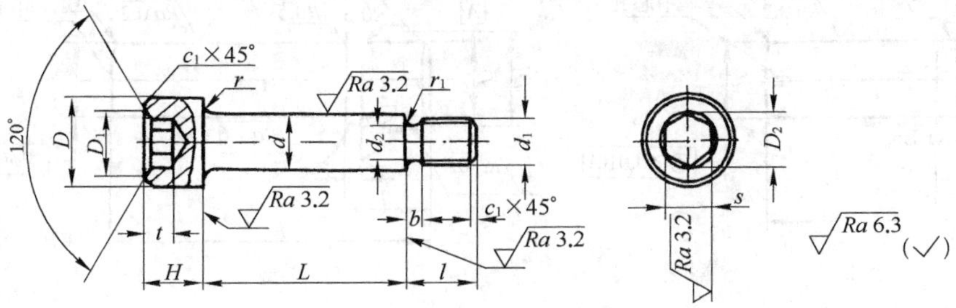

（续表）

材 料	45 钢			硬度 35～40 HRC		
d_1	M6	M8	M10	M12	M16	M20
d	8	10	12	16	20	24
L	35～70	40～80	45～100	65～100	90～150	80～200
l	7	8	10	14	20	26
D	12.5	15	18	24	30	36
H	8	10	12	16	20	24
d_2	4.5	6.2	7.8	9.5	13	16.5
D_1	7.5	9.8	12	14.5	17	20.5
D_2	5.7	6.9	9.2	11.4	16	19.4
s	5	6	8	10	14	17
t	4	5	6	8	10	12
b	2		3	4		
c	1	1.2	1.5	1.8	2	2.5
c_1	0.3	0.5			1	
r	0.4		0.6		0.8	1
r_1	0.5		1		1.2	1.5
L 系列	35, 40, 45, 50, 55, 60, 65, 70, 80, 90, 100, 110, 120, 130, 140, 150, 160, 180, 200					

注：参照 JB/T 7650.6—2008。

（六）导向零件

JB/T 7645—2008 规定了 A 型小导柱、B 型小导柱及小导套的尺寸。推荐使用的材料为 20Cr，并可另行选定。

d=16 mm、L=70 mm 的 A 型小导柱标记：A 型小导柱 16×70 JB/T 7645.1—2008。

d=16 mm、L=60 mm 的 B 型小导柱标记：B 型小导柱 16×60 JB/T 7645.2—2008。

d=12 mm、L=16 mm 的小导套标记：小导套 12×16 JB/T 7645.3—2008。

小导柱型式和尺寸见表 1-8-30，小导套尺寸见表 1-8-31。

表 1-8-30 小导柱型式和尺寸 (mm)

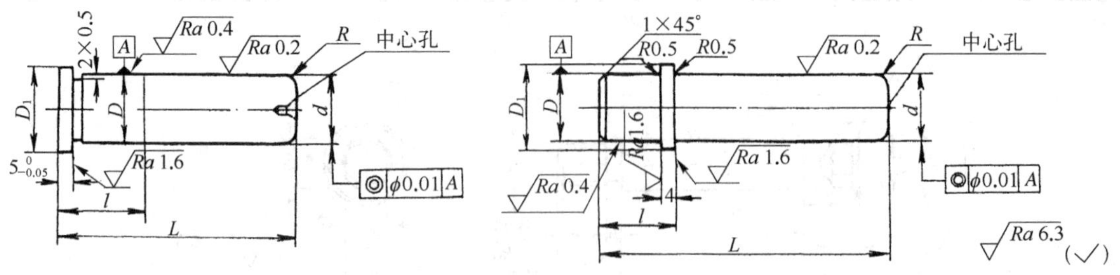

A型 B型

（续表）

材　料		20Cr	渗碳深度 0.8～1.2 mm，硬度 58～62 HRC		
d (h5)	基本尺寸	10	12	16	20
	极限偏差	0 −0.006	0 −0.008		0 −0.009
D (m6)	基本尺寸	10	12	16	20
	极限偏差	+0.015 +0.006	+0.018 +0.007		+0.021 +0.008
D_1		13	15	19	24
L		40，50，60	50，60，70	60，70，80	80，100，120
l	A 型	14	16	20	25
	B 型	13	15	19	24
R		1		2	3

注：参照 JB/T 7645.1—2008 和 JB/T 7645.2—2008。

表 1-8-31　小导套尺寸　(mm)

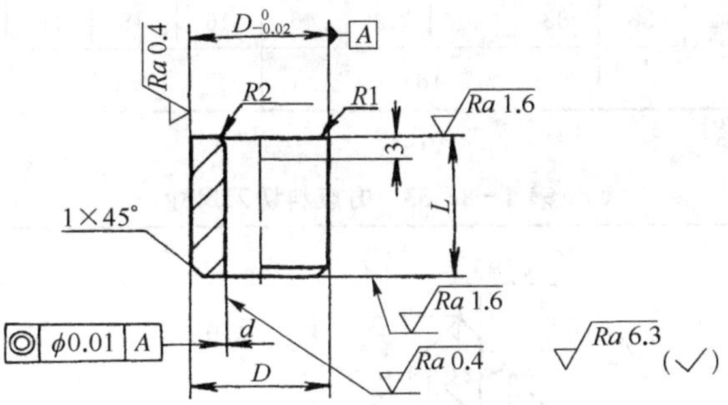

材　料		20Cr	渗碳深度 0.8～1.2 mm，硬度 58～62 HRC		
d (H5)	基本尺寸	10	12	16	20
	极限偏差	+0.009 0	+0.011 0		+0.013 0
D (r6)	基本尺寸	16	18	22	26
	极限偏差	+0.034 +0.023		+0.041 +0.028	
L		10，12，14	12，14，16	16，18，20	20，22，25

注：参照 JB/T 7645.3—2008。

（七）废料切刀

JB/T 7651—2008 规定了圆废料切刀、方废料切刀的尺寸。推荐使用的材料为 T10A，并可另行选定。

d=14 mm、H=18 mm 的圆废料切刀标记：圆废料切刀　14×18　JB/T 7651.1—2008。

H=60 mm 的方废料切刀标记：方废料切刀　60　JB/T 7651.2—2008。

圆废料切刀、方废料切刀的尺寸分别见表 1-8-32 和表 1-8-33。

表 1-8-32 圆废料切刀尺寸 (mm)

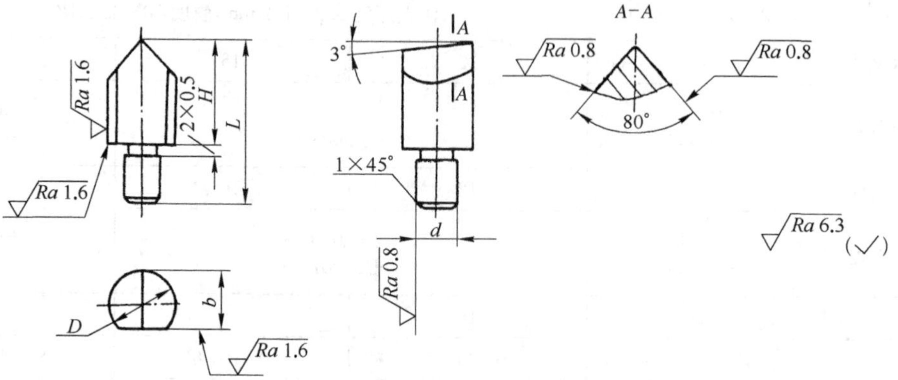

材料		T10A								硬度 56～60 HRC							
D		14				20				24				30			
d (r6)	基本尺寸	8				12				16				20			
	极限偏差	+0.028 +0.019				+0.034 +0.023								+0.045 +0.028			
H		18	20	22	26	24	26	28	32	28	30	32	36	28	32	36	40
L		30	32	34	38	38	40	42	46	46	48	50	54	53	57	61	65
b		12				18				22				27			

注：参照 JB/T 7651.1—2008。

表 1-8-33 方废料切刀尺寸 (mm)

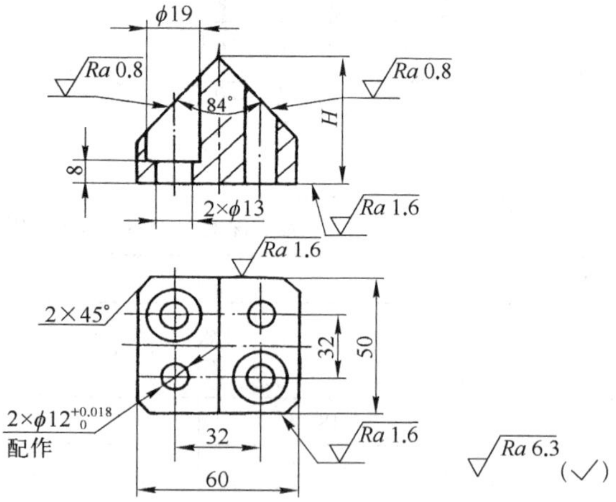

材料	T10A	硬度 56～60 HRC
H 系列	45, 50, 55, 60, 65	

注：参照 JB/T 7651.2—2008。

（八）模柄

JB/T 7646—2008 规定了压入式模柄、旋入式模柄、凸缘模柄、槽形模柄等 6 种模柄的尺寸。压入式模柄、旋入式模柄、凸缘模柄、槽形模柄推荐使用的材料为 Q235A、45 钢，浮动模柄推荐使用 45 钢，推入式模柄推荐使用 Q235。模柄材料还可另行选定。

表 1-10-34 压入式模柄型式和尺寸 (mm)

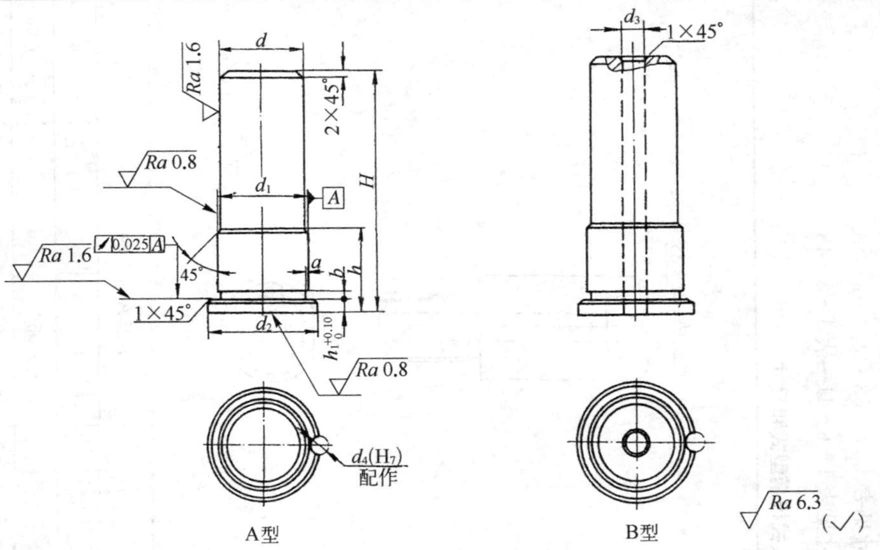

材料		Q235A、45 钢																											
d (js10)	基本尺寸	20			25				32				40					50						60					
	极限偏差	±0.042							±0.050															±0.060					
d_1 (m6)	基本尺寸	22			26				34				42					52						62					
	极限偏差	+0.021 +0.008							+0.025 +0.009															+0.030 +0.011					
d_2		29			33				42				50					61						71					
H		60	65	70	65	70	75	80	80	85	90	95	100	105	110	115	120	105	110	115	120	125	130	115	120	125	130	135	140	145
h		20	25	30	20	25	30	35	25	30	35	40	30	35	40	45	50	35	40	45	50	55	60	40	45	50	55	60	65	70
h_1		4							5				6					8						8					
b		2							2															2					
a		0.5							0.5															0.5					
d_3		7							11									15						15					
d_4		6							6									8						8					

注：参照 JB/T 7646.1—2008。

$d=32$ mm、$L=80$ mm 的 A 型压入式模柄标记：压入式模柄 A 32×80 JB/T 7646.1—2008。

$d=32$ mm 的 A 型旋入式模柄标记：旋入式模柄 A 32 JB/T 7646.2—2008。

$d=40$ mm 的 A 型凸缘模柄标记：凸缘模柄 A 40 JB/T 7646.3—2008。

$d=25$ mm 的槽形模柄标记：槽形模柄 25 JB/T 7646.4—2008。

浮动模柄由凹球面模柄、凸球面垫块和锥面压圈组成。$d=40$ mm、$d_1=83$ mm 的凹球面模柄标记：凹球面模柄 40×83 JB/T 7646.5—2008。$d=85$ mm 的凸球面垫块标记：凸球面垫块 85 JB/T 7646.5—2008。$d=120$ mm的锥面压圈标记：锥面压圈 120 JB/T 7646.5—2008。

推入式模柄由模柄接头、凹球面垫块和活动模柄组成。$d=25$ mm 的模柄接头标记：模柄接头 25 JB/T 7646.6—2008。$d=35$ mm、$H=8$ mm 的凹球面垫块标记：凹球面垫块 35×8 JB/T 7646.6—2008。$d=25$ mm、$L=51$ mm 的活动模柄标记：活动模柄 25×51 JB/T 7646.6—2008。

压入式模柄、旋入式模柄、凸缘模柄、槽形模柄的尺寸见表 1-8-34～表 1-8-37。

浮动模柄的凹球面模柄、凸球面垫块和锥面压圈尺寸见表 1-8-38～表 1-8-40。

推入式模柄的活动模柄、凹球面垫块和模柄接头尺寸见表 1-8-41～表 1-8-43。

表 1-8-35 旋入式模柄型式和尺寸 (mm)

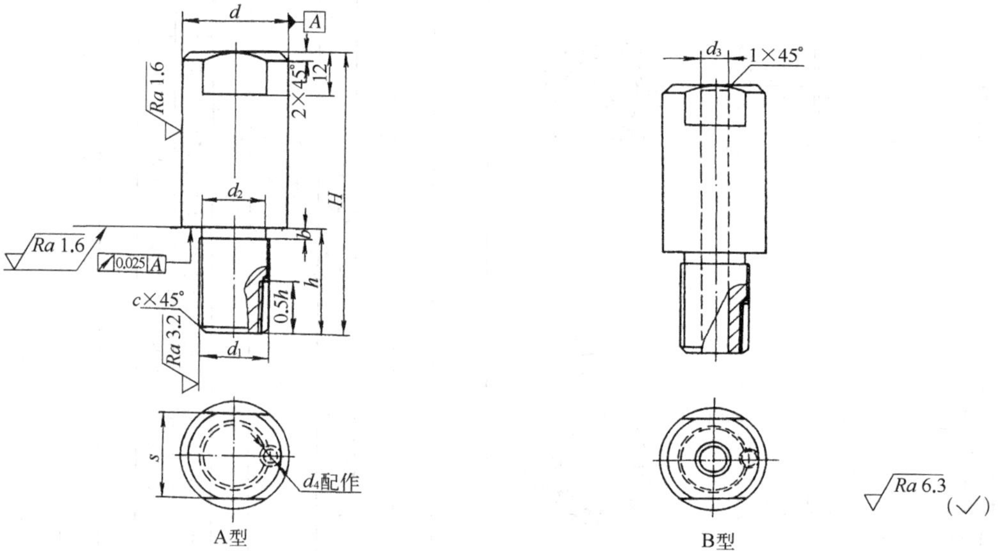

A型 B型

材料		Q235A、45 钢					
d (js10)	基本尺寸	20	25	32	40	50	60
	极限偏差	±0.042		±0.050			±0.060
d_1		M16×1.5		M20×1.5	M24×1.5	M30×1.5	M36×1.5
H		58	68	79	91	91	100
h		18	18	23	23	23	27
s		17	21	27	36	41	50
d_2		14.5	14.5	18.0	21.5	27.5	33.5
d_3		11				15	
d_4		M6				M8	
b		2.5		3.5		4.5	
c		1		1.5		2	

注：参照 JB/T 7646.2—2008。

表 1-8-36　凸缘模柄型式和尺寸 (mm)

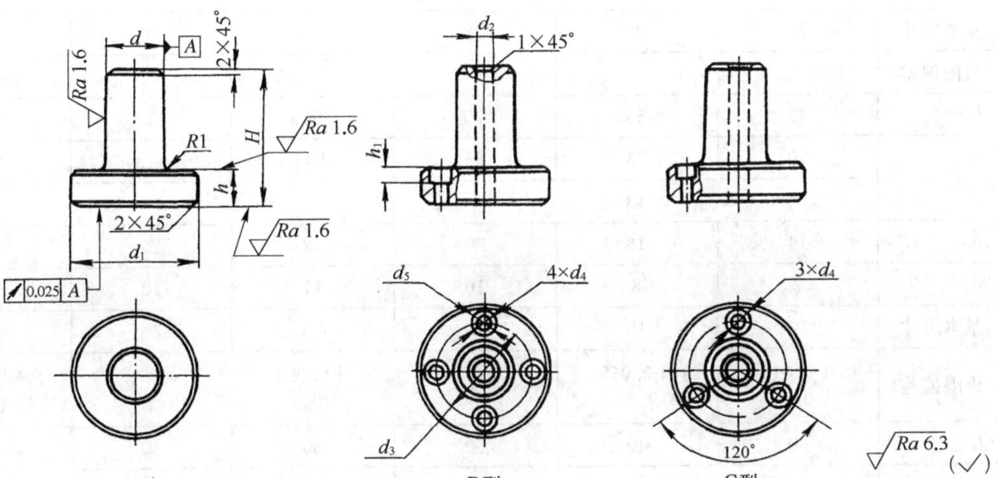

A型　B型　C型

材料		Q235A、45 钢						
d (js10)	基本尺寸	20	25	32	40	50	60	70
	极限偏差	±0.042		±0.050			±0.060	
d_1		67	82	97	122	132	142	152
H		58	63	79	91	91	96	100
h		18		23			23	
d_2		11				15		
d_3		44	54	65	81	91	101	110
d_4		9				11	13	
d_5		14				17	20	
h_1		9				11	13	

注：参照 JB/T 7646.3—2008。

表 1-8-37　槽形模柄尺寸 (mm)

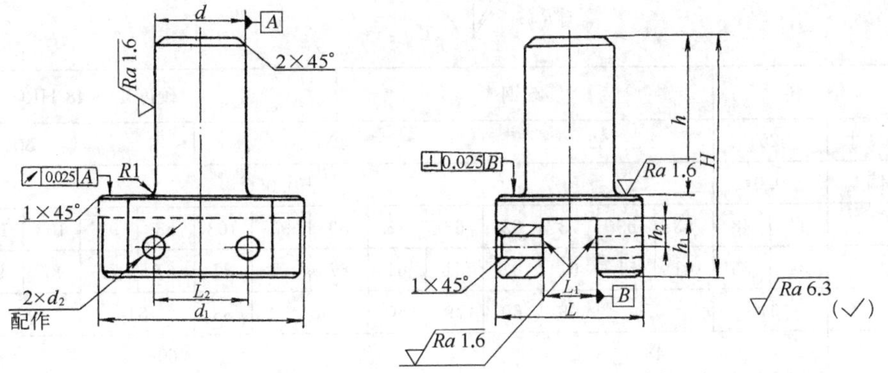

（续表）

材料		Q235、Q255					
d (js10)	基本尺寸	20	25	32	40	50	60
	极限偏差	±0.042		±0.050			±0.060
d_1		45	55	70	90	110	120
H		70	75	85	100	115	130
h		48			60		70
h_1		14	16	20	22	25	30
h_2		7	8	10	11	12	15
L_1 (H7)	基本尺寸	10	15	20	25	30	35
	极限偏差	$^{+0.015}_{0}$	$^{+0.018}_{0}$	$^{+0.021}_{0}$			$^{+0.025}_{0}$
L		30	40	50	60	70	80
d_2 (H7)	基本尺寸	6		8	10		
	极限偏差	$^{+0.012}_{0}$		$^{+0.015}_{0}$			
L_2		20	25	30	35	45	50

注：参照 JB/T 7646.4—2008。

表 1-8-38 凹球面模柄尺寸 (mm)

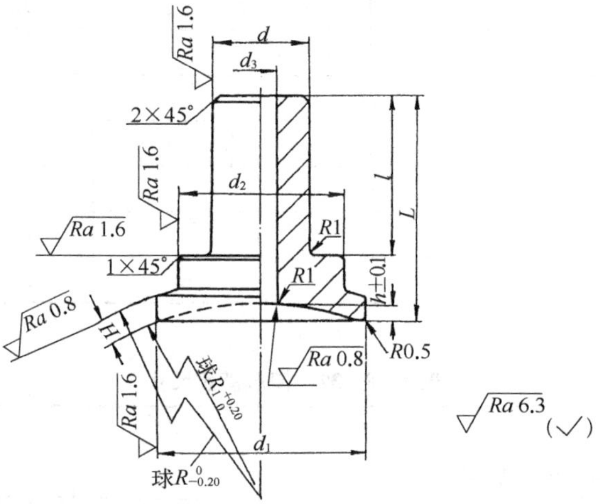

材料				45 钢						硬度 43～48 HRC							
d (js10)	基本尺寸	25		32				40					50				
	极限偏差	±0.042		±0.050													
d_1		44	48	53	63	73	83	63	73	83	93	103	83	93	103	113	118	128
d_2		34	36	41	51	61	67	51	61	67	77	87	67	77	87	97	98	108
L		64		67		68	69	79	80	81		83	81		83		85	
l		48						60										
h		3.5		4	4.5	5.5	6	4.5	5.5	6	6.5	7.5	6	6.5	7.5	8	8.5	9

（续表）

材　　料			45 钢					硬度 43～48 HRC									
球 R_1	69	74	82	102	122	135	102	122	135	155	170	135	155	170	190	193	213
球 R	75	80	90	110	130	145	110	130	145	165	180	145	165	180	200	205	225
H	6		8			10	8		10							12	
d_3	7		11				13					17					

注：1. 球 R_1 与凸球面垫块在摇摆旋转时，吻合面不小于 80%。
2. 参照 JB/T 7646.5—2008。

表 1-8-39　凸球面垫块尺寸　(mm)

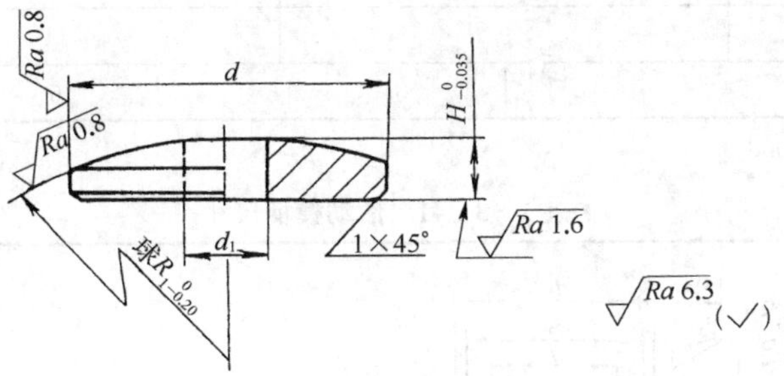

材　　料		45 钢					硬度 43～48 HRC					
d (g6)	基本尺寸	46	50	55	65	75	85	95	105	115	120	130
	极限偏差	−0.009 −0.025		−0.010 −0.029			−0.012 −0.034					−0.014 −0.039
H		9	9.5	10	10.5	11	12	12.5	13.5	14	15	15.5
球 R_1		69	74	82	102	122	135	155	170	190	193	213
d_1		10		14				16		20		

注：1. 与模柄凹球面模柄吻合面不小于 80%。
2. 参照 JB/T 7646.5—2008。

表 1-8-40　锥面压圈尺寸　(mm)

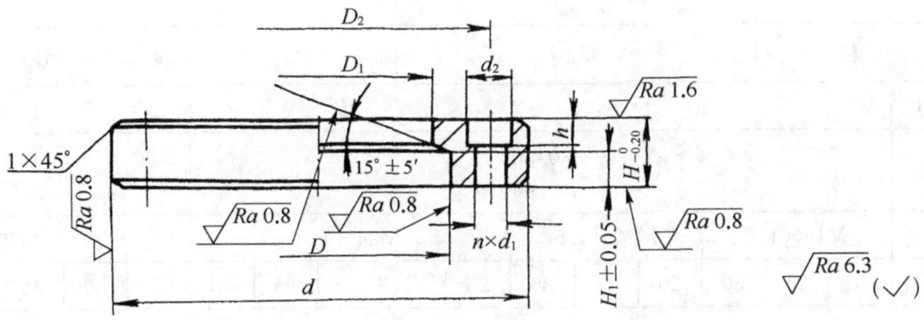

材　　料		45 钢					硬度 43～48 HRC						
d (j7)	基本尺寸	74	80	90	100	110	120	130	140	150	160	170	180
	极限偏差	+0.018 −0.012		+0.020 −0.015				+0.022 −0.018					
H		16		20			22			24		26	

（续表）

材 料		45 钢					硬度 43～48 HRC						
D (H7)	基本尺寸	46	50	55	65	75	85		95	105	115	120	130
	极限偏差	+0.025 0		+0.030 0			+0.035 0						+0.040 0
H_1		8.5	8.6	10.9	10.7	10.6	12.8				12.7	15.2	
D_1		36	38	43	53	63	69		79	89	99	100	110
D_2		60	65	72	82	92	102	107	117	127	137	145	155
d_1		7		9				11				13.5	
d_2		11		14				17				20	
h		7		9				11				13	
n		4				6							

注：参照 JB/T 7646.5—2008。

表 1-8-41 活动模柄尺寸 (mm)

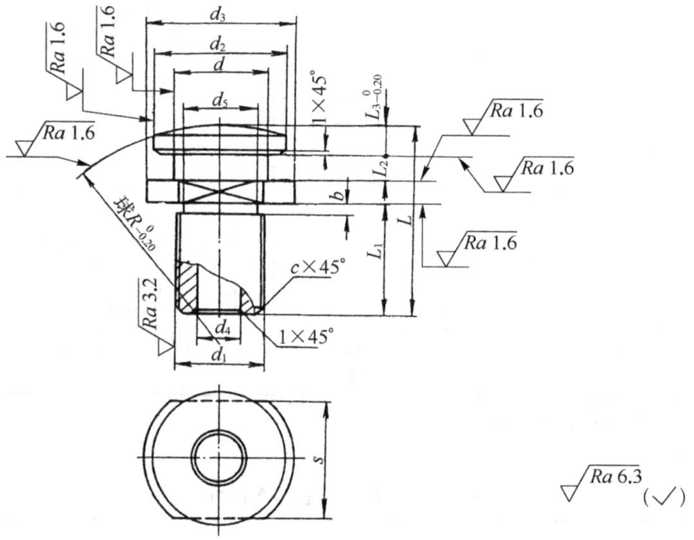

材 料		45 钢								硬度 43～48 HRC								
d (a11)	基本尺寸	20						25					32					
	极限偏差	−0.300 −0.430											−0.310 −0.470					
d_1		M16×1.5			M20×1.5			M24×1.5					M30×2					
L_1		20	25	30	20	25	30	20	25	30	35	40	25	30	35	40	45	50
d_2 (a11)	基本尺寸	30						35					42					
	极限偏差	−0.300 −0.430						−0.310 −0.470					−0.320 −0.480					
d_3		35						40					45					
L_2		6						8					10					
L_3		6						7					9					

（续表）

材　料	45 钢						硬度 43～48 HRC										
L	37	42	47	38	43	48	41	46	51	56	61	52	57	62	67	72	77
球 R	50						60					80					
s	26						32					36					
d_4	8		10				12					14					
d_5	14.5		18				21.5					27.5					
b	2.5						3.5										
c	1						1.5										

注：1. 球 R 与凹球面垫块在摇摆时，吻合面不小于 80%。
　　2. 参照 JB/T 7646.6—2008。

表 1-8-42　凹球面垫块尺寸　(mm)

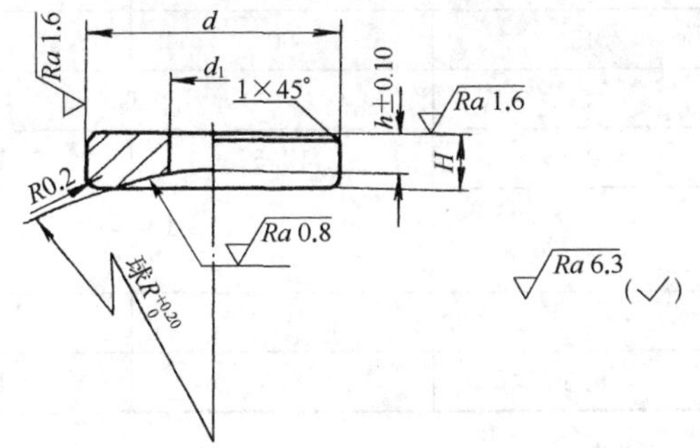

材　料		45 钢		硬度 43～48 HRC	
d (a11)	基本尺寸	30		35	42
	极限偏差	−0.300 −0.430		−0.310 −0.470	−0.320 −0.480
H		6	8		8.5
h		4	6		
球 R		50		60	80
d_1		8	10	12	14

注：1. 与模柄球面吻合面不小于 80%。
　　2. 参照 JB/T 7646.6—2008。

表 1-8-43　模柄接头尺寸　(mm)

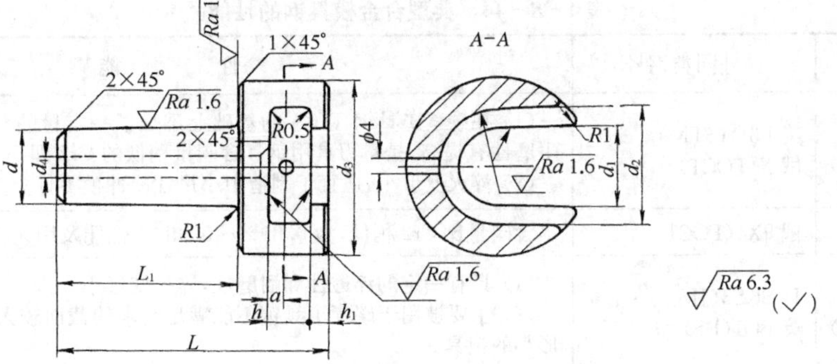

（续表）

材　　料		Q235			
d (js10)	基本尺寸	20	25	32	40
	极限偏差	±0.042		±0.050	
L		68	73	78	100
L_1		45		48	60
d_1 (H12)	基本尺寸	20		25	32
	极限偏差	$^{+0.210}_{0}$			$^{+0.250}_{0}$
d_2 (H12)	基本尺寸	30		35	42
	极限偏差	$^{+0.210}_{0}$		$^{+0.250}_{0}$	
d_3		45	50	55	65
h_1		5	6		8
h (H13)	基本尺寸	10.5	12.5	14.5	16.5
	极限偏差	$^{+0.270}_{0}$			
a		3.5		5.5	7.5
d_4		6.5	8.5	10.5	12.5

注：参照 JB/T 7646.6—2008。

二、模具材料

（一）常用冷作模具钢

1. 碳素工具钢

碳素工具钢的碳含量从 0.65%至 1.35%分成 8 个钢号，即 T7、T8、T8Mn、T9、T10、T11、T12 和 T13。依据冶金质量分成优质钢和高级优质钢两类。高级优质钢为 T7A～T13A。T8Mn 和 T8MnA 的性能与 T8 和 T8A 近似，但由于含 Mn 量比常规稍高，其淬透性较好，故能获得较深的淬硬层。T8、T8A 淬火加热时容易过热，淬火变形也大，强度和塑性相对较低。

模具应用中以 T10A 最适宜。这种材料淬火温度低于 800℃时不会过热，仍保持细晶粒。而淬火组织中保留有剩余碳化物，使耐磨性提高。

2. 合金模具钢

合金模具钢是合金工具钢的子类。按化学成分(合金化)有低合金、中合金和高合金模具钢之分。典型的合金模具钢的性能见表 1-8-44。

表 1-8-44　典型合金模具钢的性能

钢　　号	国外同类钢号	性　　能
Cr2 (GB/T 1299—2000)	美 L3(ASTM) 俄 X(ГОСТ)	(1) 在碳素工具钢 T10A 的基础上添加了一定量的 Cr，钢的淬透性、硬度、耐磨性有提高，是量刃具用钢。含碳量稍低的 Cr2 即 9Cr2 (2) 淬火变形小，适宜于制造中小尺寸冷冲模零件
9Cr2	俄 9X1(ГОСТ)	含碳量比 Cr2 稍低，为 0.80%～0.95%，性能及用途与 Cr2 基本相同
9CrWMn (GB/T 1299—2000)	日 SKS3(JIS) 英 BO1(BS)	(1) 具有一定的淬透性和耐磨性，淬火变形小 (2) 主要被用于碳素工具钢不能满足要求的截面较大、形状较复杂、淬火变形小的模具

（续表）

钢　号	国外同类钢号	性　能
7CrSiMnMoV （CH 钢） （GB/T 1299—2000）		（1）我国研制的低合金空冷淬硬钢，曾用代号 CH－1 （2）可整体加热淬火，淬透性好，变形小。淬火温度范围大 （3）适宜于制作尺寸大的镶块模具
9Mn2V （GB/T 1299—2000）	美 O2（AISI、ASTM） 英 BO2（BS）	（1）与碳素工具钢相比，具有更好的综合性能，是合金工具钢中不含 Ni、Cr 元素的经济型钢种 （2）淬透性较好，淬火、低温回火后有高的硬度和耐磨性。淬火时可用油冷，变形较小。形状复杂的零件用热油冷却变形更小，易实现微变形淬火 （3）替代或部分替代含铬钢种，被用于制造轻负荷的冷冲模具
9SiCr （GB/T 1299—2000）	苏 9XC（ГОСТ） 德 90CrSi5（DIN）	（1）与 Cr2、9Cr2 钢相比，具有较高的淬透性和回火稳定性，适合分级淬火或等温淬火 （2）曾称 9CrSi，是刃具用低合金钢，也适于制造形状复杂、变形要求小的冷冲模零件
CrWMn （GB/T 1299—2000）	日 SKS31（JIS） 德 105WCr6（DIN）	（1）9CrWMn 的改进型，提高了碳、铬、钨的含量，具有更好的淬透性，且淬火变形小，习惯称微变形钢 （2）淬火、低温回火后具有比 9SiCr 更多的剩余碳化物，因而有较高的硬度和耐磨性 （3）含碳量较高，易形成碳化物网，须进行适当的正火处理 （4）可被用于制作形状复杂、高精度的冷冲模
Cr4W2MoV （GB/T 1299—2000）		（1）性能接近 Cr12 和 Cr12MoV，但含铬量低，是新型中合金冷作模具钢。具有较高的淬透性和淬硬性，并具有较好的耐磨性和尺寸稳定性。与 Cr12 系钢相比，主要区别是其耐磨性稍低、韧性较高 （2）适于制造各种冷冲模和冷挤压模
Cr5Mo1V （GB/T 1299—2000）	美 A2 （AISI，ASTM） 英 BA2（BS） 日 SKD12（JIS）	（1）具有良好的空冷硬化性能，属于中合金空冷模具钢。它的变形约为锰系油淬工具钢（9CrWMn、CrWMn）的 1/4，这对形状复杂、要求热处理变形小的模具非常有利 （2）适用于制作耐磨性和韧性都较好的模具零件
Cr12MoV （GB/T 1299—2000）	日 SKD11（JIS） 德 X165CrMoV12 （DIN）	（1）由 Cr12 钢发展而来。添加了 Mo、V，使材料具有更好的淬透性和韧性 （2）淬火变形小，在 300～400℃时仍能保持良好的硬度和耐磨性 （3）适于制造截面较大、形状复杂、经受较大冲击载荷的模具
Cr12Mo1V1 （GB/T 1299—2000）	英 BD2（BS） 日 SKD11（JIS） 美 D2（AISI，ASTM）	（1）性能优于 Cr12MoV 钢，与之相比强韧性、耐磨性都有所提高 （2）化学成分与美国 D2 钢（AISI、ASTM）完全一致，是国际上广泛采用的高碳高铬型冷作模具钢 （3）用 Cr12Mo1V1 制造的模具，其寿命比 Cr12MoV 约高 5 倍
6CrNiSiMnMoV （GD 钢）		（1）新研制的高强韧低合金冷作模具钢，其合金化特点是在 CrWMn 钢的基础上适当降低含碳量，减少碳化物偏析，增加 Ni、Si、Mn，加强基体强度和韧性。ϕ60 以下钢材空冷可全部淬硬 （2）取代 CrWMn 和部分取代 Cr12MoV，适用于制作易崩和易断裂的冷冲模具
7Cr7Mo2V2Si （LD 钢）		（1）高强韧冷作模具钢，在保持较高韧性的情况下，其抗压、抗弯和耐磨性均比 65Nb 高 （2）适用于高冲击载荷下要求强韧性好的冷挤冷镦模具
9Cr6W3Mo2V2 （GM）		（1）高耐磨性冷作模具钢，其硬度接近高速钢，韧性优于高速钢和高铬钢（Cr12 系钢），抗弯强度几乎高出高铬工具钢 1 倍 （2）适用于复杂的冷冲模或冷挤压模。多工位级进模中取代 Cr12MoV，模具寿命有大的提高
Cr8MoWV3Si （ER5）		（1）高铬冷作模具钢，具有高耐磨及高韧性。强度、韧性、耐磨性均优于 Cr12 系钢，而且有较好的电加工性能 （2）适用于精密冷冲模、重载冷挤冷镦模

3. 高速钢

高速钢具有很高的硬度、抗压强度、耐磨性和热稳定性，其承载能力优于合金工具钢。典型高速钢的性能见表 1-8-45。

表 1-8-45 典型高速钢的性能

钢 号	国外同类钢号	性 能
W18Cr4V (GB/T 9943—2008)	英 BT1(BS) 俄 P18(ГОСТ) 德 S18-0-1(DIN)	(1) 常规工艺处理的 W18Cr4V 模具零件韧性不足 (2) W6Mo5Cr4V2(又称 W6 或 6-5-4-2)，碳化物比较均匀细小，已开始取代 W18Cr4V，其缺点是易脱碳氧化。常被用于高负荷、耐磨损的冷挤压模具
W6Mo5Cr4V2 (GB/T 9943—2008)	美 M2(AISI、ASTM) 英 BM2(BS) 日 SKH51(JIS) HS6-5-2(ISO)	
W9Mo3Cr4V (GB/T 9943—2008)		新型的高速钢，兼有 W18Cr4V 和 W6Mo5Cr4V2 高速钢的优点。使用寿命略高于其他两种高速钢
6W6Mo5Cr4V (6W6) (GB/T 1299—2000)		(1) 成分近似 W6Mo5Cr4V2 高速钢，俗称低碳高速钢。降低了含碳量和含钒量，具有类似于高速钢的高硬度、高耐磨性和良好的热硬性，且韧性比高速钢好 (2) 适用于冷挤压模具等

4. 基体钢

基体钢的化学成分相当于高速钢正常淬火后的基体组织成分，含碳量比高速钢低。通过正确的热加工，碳化物细小而且均布，具有较高的硬度和耐磨性，而且韧性和抗弯强度明显优于高速钢，工件的淬火变形也减小。基体钢主要被用于要求高强度和足够韧性的冷挤模具等。典型基体钢的性能见表 1-8-46。

表 1-8-46 典型基体钢的性能

钢 号	性 能	钢 号	性 能
6Cr4W3Mo2VNb (65Nb) (GB/T 1299—2000)	(1) 我国自行研制开发的高强韧冷作模具钢，其特点是加入 Nb 元素起到细化晶粒作用，改善钢的工艺性能，比高速钢有更好的韧性和抗疲劳性能 (2) 适用于冷挤压模、温热挤压模，应用范围正在不断扩大。曾称 65Cr4W3Mo2VNb、65Nb、7Cr4W3Mo2VNb	6Cr4Mo3Ni2WV (CG-2)	(1) 冷热模具兼用的基体钢，是国外基体钢的改型钢。加 Ni 改善了钢的韧性，提高了热疲劳性能，但降低加工性能 (2) 材料韧性优于 W6Mo5Cr4V2，但强度稍低。承受较大挤压力的冷挤模选择 W6Mo5Cr4V2，而承受挤压力较小、形状复杂、要求有较高韧性时宜选择 CG-2 钢 (3) 作为热作模具钢，使用寿命比 3Cr2W8V 有大幅度提高 (4) 热加工时要防止锻造开裂
5Cr4Mo3SiMnVAl (012Al) (GB/T 1299—2000)	(1) 利用铝来细化晶粒和提高钢的韧性。非常适宜于渗氮或氮碳共渗，进一步提高表面硬度和耐磨性 (2) 被用于冷作模具和热作模具的两用型基体钢，可分别代替 W18Cr4V 和 3Cr2W8V，是我国自行研制的材料		

(二) 硬质合金和钢结硬质合金

1. 硬质合金

硬质合金是用粉末冶金方法生产的多相材料，其中 WC、TiC、TaC 等为基体及硬质相，以 Co 为黏结相。硬质合金有三类：

钨钴类(YG)硬质合金，由 WC 和 Co 粉末烧结制成。YG 后的数字表示 Co 的含量。含 Co 量越高，韧性越好，但硬度和耐磨性稍有下降。

钨钴钛类(YT)硬质合金，由 WC、TiC 和 Co 粉末烧结而成。YT 后的数字表示 TiC 含量。TiC 含量对硬质合金性能影响较大。YT5 硬度较低，抗弯强度最高；YT30 硬度最高而抗弯强度较差。

钨钴钽类(YW)硬质合金，由 TaC、TiC、WC 三种粉末和 Co 粉末烧结而成。

上述三类硬质合金中，YG 硬质合金韧性好，YT 硬质合金热硬性高。YW 硬质合金的性能兼有 YG 和 YT 的优点，称为通用硬质合金。硬质合金与其他模具钢相比，有硬度高(在 500℃以下硬度基本不变)、耐磨性好(是高速钢的 15～20 倍)且抗压强度高、耐磨蚀、耐氧化性好的特点，但加工困难、有脆性。

钨钴类(YG)硬质合金在冲裁模、弯曲模、拉深模及冷挤模中都得到很好的应用，常见牌号有 YG8、YG15、YG20 等。

2. 钢结硬质合金

钢结硬质合金是以 TiC、WC 等为硬质相，以钢为黏结相，用粉末冶金方法生产的多相材料。钢结硬质合金是介于钢与硬质合金之间的一种材料，与普通的硬质合金的主要区别是可以锻造、热处理、退火软化，因此便于加工，而且具有焊接性。

烧结态的钢结硬质合金必须经过锻造成形，提高合金密度，降低碳化物偏析。钢结硬质合金经过软化后才能进行机械加工，再经淬火、回火处理后才能使用。钢结硬质合金的成分和性能见表 1-8-47。国产硬质合金、钢结硬质合金的性能特点及用途见表 1-8-48。

表 1-8-47　钢结硬质合金成分和性能

牌号	化学成分(质量)(%)								密度 (g/cm^3)	硬度 HRC		抗弯强度 (MPa)	冲击韧度 (J/cm^2)	临界温度(℃)	
	TiC	WC	C	Cr	Mo	V	W	Fe		退火态	淬火回火态			Ac_1	Ac_3
GT35	35		0.5	2.0	2.0			余量	6.40～6.60	39～46	68～72	1 400～1 800	5.0～8.0	740	770
R5	35～40		0.60～0.80	6.0～13.0	0.3～0.5	0.1～0.5		余量	6.35～6.45	44～48	70～73	1 200～1 400	3.0	780	
D1	25～40		0.4～0.8	2～4		0.5～1.0	10～15	余量	6.90～7.10	40～48	69～73	1 400～1 600	4～5	780	
T1	25～40		0.6～0.9	2～5	2～5	1.0～2.0	3～6	余量	6.60～6.80	44～48	68～72	1 300～1 500	3～5	780	
TLMW50		50	0.5	1.25	1.25			余量	10.21～10.37	35～40	66～68	2 000	≥8.0	761	788
GW50		50	0.6	0.55	0.15			余量	10.20～10.30	38～43	69～70	1 700～2 300	12.0	745	790
GJW50		50	0.25	0.50	0.25			余量	10.20～10.30	35～38	65～66	1 520～2 200	7.1	760	810

表 1-8-48　国产硬质合金、钢结硬质合金的性能特点及用途

类　型	合金牌号	性　能　特　点　及　用　途
硬质合金	YG8	耐磨性良好，使用强度与冲击韧性优于 YG6，被用于工作载荷不大的冷冲压模具
	YG15	使用强度和冲击韧性较好，耐磨性低于 YG8，被用于工作载荷较大的冷冲压模、冷挤压模具
	YG20	使用强度高，耐磨性较低，被用于工作载荷大的冷冲压模、冷挤压模具

（续表）

类 型	合金牌号	性 能 特 点 及 用 途
硬质合金	YG20C	使用强度优于 YG20，且耐磨性较好，被用于工作载荷大的冷冲压模、冷挤压模具
	YG25	使用强度最高，耐磨性低，被用于工作载荷很大的模具
钢结硬质合金	GT35	有较高的硬度和耐磨性，但不耐高温和腐蚀，被用于冷冲压模具
	GW50 GJW50	具有硬质合金的高硬度、高耐磨性，又有钢的可加工性、可锻造性及可热处理性，被用于各种冷冲模、冷挤压模
	YE50 YE65	兼有钢和硬质合金的特征，YE50 的使用强度在钢结合金类中最高，被用于各种冷冲模、冷挤压模

（三）国外模具材料

国外冷作模具钢性能特点与用途见表 1-8-49。国外硬质合金、粉末高速钢的特性与用途见表 1-8-50。

表 1-8-49 国外冷作模具钢性能特点与用途

产地及牌号		近似 GB 牌号	性 能 特 点 与 用 途
美国	O1	MnCrWV	油淬冷作模具钢，美国 AISI SAE 和 ASTM 标准钢号。该钢具有较高的硬度和耐磨性，被用于一般要求的冲压模
	O2	9Mn2V	油淬冷作模具钢，美国 AISI SAE 和 ASTM 标准钢号。该钢具有较好的综合力学性能，硬度较高，耐磨性好。淬火时变形较小，淬透性很好。适于制作小尺寸的冲压模、塑料模等
	A2	Cr5Mo1V	空淬中合金冷作模具钢，美国 AISI SAE 和 ASTM 标准钢号。该钢具有较好的耐磨性、较强的韧性和良好的空淬硬化性能，被广泛用于冲裁模和成形模等
	D3	Cr12	高碳高铬冷作模具钢，美国 AISI SAE 和 ASTM 标准钢号。该钢具有较好的淬透性和良好的耐磨性，但冲击韧性差、易脆裂，被用于受冲击载荷较小、要求高耐磨的冷冲模
	D2	Cr12Mo1V1	高碳高铬冷作模具钢，美国 AISI SAE 和 ASTM 标准钢号。该钢具有高淬透性、淬硬性和高耐磨性。适宜于制作各种高精度、长寿命的冷作模具
	M2	W6Mo5Cr4V2	被用于冷作模具的钼系高速钢，美国 AISI SAE 和 ASTM 标准钢号。该钢具有碳化物细小均匀、热塑性好、耐磨性高、强度高等特点。适宜于制作高载荷下耐磨损的冷挤压模
日本	DC11	Cr12Mo1V1	空淬高耐磨冷作模具钢，日本大同特殊钢(株)的厂家钢号。该钢高温抗氧化性能好，具有良好的耐磨性和淬硬性，宜于制作各种高精度的冷作模具和粉末冶金冷压模等
	DC53		高强韧冷作模具钢，日本大同特殊钢(株)的厂家钢号，是 DC11 的改进型。高温回火后具有高硬度、高韧性，线切割性良好，被用于精密冷冲模
	DCMX		日本大同钢号，与 DC11 和 DC53 相比较，DCMX 是粗大碳化物极少的基体冷作模具钢，切削性能好，热处理尺寸变化极小，容易控制尺寸。DCMX 韧性极高，能有效防止开裂和崩刃，适宜于高强度钢板冲压模
	GOA	9CrWMn	油淬冷作模具钢，日本大同特殊钢(株)的厂家钢号。出厂退火硬度≤217 HB，常被用于冲压模
	YK30		特殊冷作模具钢，日本大同特殊钢(株)的厂家钢号，是 JIS SKS3 的改进型。该钢淬透性、耐磨性好，被用于冲裁模、成形模等

（续表）

产地及牌号		近似 GB 牌号	性能特点与用途
奥地利	K460	MnCrWV	油淬冷作模具钢，奥地利百禄公司的厂家钢号。该钢具有高的强度，热处理变形小，被用于冲压模
	K100	Cr12	高碳高铬冷作模具钢，奥地利百禄公司的厂家钢号。该钢具有高的耐磨性、优良的耐腐蚀性，被用于不锈钢薄板的切边模、拉深模、成形模等
	K110	Cr12Mo1V1	高韧性高铬冷作模具钢，奥地利百禄公司的厂家钢号。该钢具有高的强度、硬度和韧性，被用于重载荷冲压模
瑞典	DF-2	9Mn2V	油淬冷作模具钢，瑞典联合钢公司（ASSAB）的厂家钢号。该钢具有良好的冲裁能力，热处理变形小，被用于小型冲压模
	DF-3	9CrWMn	油淬冷作模具钢，瑞典 ASSAB 厂家钢号。该钢具有良好的刃口保持能力，淬火变形小，被用于薄片冲压模、压印模等
	XW-10	Cr5Mo1V	空淬冷作模具钢，瑞典联合钢公司（ASSAB）的厂家钢号。其特点为韧性好，耐磨性高，热处理变形小，被广泛用于制作重载荷、高精度的冷作模具
	XW-42	Cr12Mo1V1	高碳高铬冷作模具钢，瑞典 ASSAB 厂家钢号。该钢具有良好的淬透性、高韧性、高耐磨性，且回火稳定性好、热处理变形小。适宜于制作长寿命、形状较复杂的冷冲模、冷挤压模
韩国	HFH-1	7CrSiMnMoV	火焰淬火模具钢，韩国重工业（株）的厂家钢号。该钢与我国的火焰淬火钢 7CrSiMnMoV 在化学成分上有些差别。HFH-1 钢有较好的淬透性、良好的韧性和高的耐磨性，热处理变形小，被用于大型镶块模具的冲压模
	STD11	Cr12Mo1V1	空淬冷作模具钢，韩国重工业（株）的厂家钢号，是 D2 的改良型。其特点为高清净度、硬度均匀、高耐磨性、高强度。适宜于制作各种高精度、形状复杂的冲孔凹模、冷挤压模、粉末冶金冷压模和精密量具等
德国	GSW-2379	Cr12Mo1V1	高碳高铬冷作模具钢，德国德威公司的厂家钢号，被用于制作冷挤压模、冲压模、高耐磨性塑料模
俄罗斯	P18	W18Cr4V	被用于冷作模具钢的钨系高速钢，俄罗斯 ГОСТ 标准钢号。该钢具有高的硬度和高温硬度、较好的磨削加工性，被用于制作高载荷的冷挤压模

表 1-8-50　国外硬质合金、粉末高速钢的特性与用途

产地	类型	牌号	特性与用途
美国	硬质合金	CD-EDMK3135+HIP	高耐震、高耐磨，被用于电动机的定/转子、EI 的高速和高精冲压
		CD-EDM337+HIP	特高强度、耐震冲击、中耐磨，被用于冷挤压模具及拉深模，特别适合厚片或不锈钢板或者有黏性的钢板冲压
		CD-EDM636+HIP	高耐磨、轻耐震，被用于无黏性的钢板冲压，不适合厚片冲压
		CD-EDM750+HIP	高耐磨、高强度、中耐震，被用于引线框、定/转子、EI 硅钢片冲压，以及拉深、成形模具，不适合厚片冲压
奥地利	粉末高速钢	S590PM	特级耐磨、高韧性，被用于重负荷冲压模、冲压钛合金片等
		S790PM	超高韧性，被用于重负荷冲压模、冲压钛铝合金片等
德国		GSP-9V	抗热裂性、耐磨性优于 H13，被用于精密冲模、冷挤压模
		GSP-10V	耐磨性高于 D2，韧性相当于 M2，被用于精密冲模、冷挤压模
		GSP-15V	高耐磨性、韧性，被用于高速、精密、耐磨冲模

（续表）

产 地	类 型	牌 号	特 性 与 用 途
瑞典	粉末高速钢	ASP-23	耐磨损、韧性高，被用于精密、高速冲压模具及冷挤压模
		ASP-30	耐磨损、韧性高，被用于薄片冲压模具
日本		DEX-20	组织微细、高韧性，被用于冲压模具

（四）模具材料的选用

1. 常用模具材料性能比较

根据冷冲模的工作特点，模具材料应具有较高的耐磨性、韧性，并具有较好的可加工性和淬火不变形性。

耐磨性是对模具工作零件(凸、凹模等)的基本要求之一。要求零件在承受相当大的压力和摩擦力的情况下，仍能较好地保持其尺寸和形状，持久耐用。模具零件的耐磨性与材料的成分、组织，以及载荷状态、润滑介质等多个因素有关。从总体上看，提高材料的硬度有利于提高耐磨性。

强度和韧性对提高模具寿命十分重要。重载荷的模具往往由于强度和韧性不足，造成受载较大的零件发生边缘或局部损坏。材料的晶粒度，碳化物的数量、大小及分布情况等，对材料的强度和韧性影响较大。

淬硬性和淬透性根据不同模具的使用条件各有侧重。对于要求表面须有高硬度的冲裁剪切模和拉深模，淬硬性显得较为重要；而对于要求整个截面须有均匀一致性能的、承载较大的模具，淬透性显得更为重要。不论材料的淬硬性和淬透性如何，材料的淬火不变形性愈好，变形愈小。

脱碳敏感性愈低愈好。在同样的加热条件下，钢的脱碳敏感性与其化学成分，特别是含碳量有关。发生脱碳会使材料表层的力学性能降低。

可加工性是指材料对锻造、切削、研磨等加工的适应性。良好的可加工性有利于减少刀具磨损，提高模具表面质量。常用冷作模具材料的性能比较见表 1-8-51。

表 1-8-51 常用冷作模具材料性能比较

材料类别	材 料 牌 号	性能比较					
		耐磨性	韧 性	切削加工性	淬火不变形性	热稳定性	淬 硬 深 度
碳素工具钢	T7 T10 T12	差 较差 较差	较好 中等 中等	好 好 好	较差 较差 较差	差 差 差	水淬 15～18 mm 油淬 5～7 mm
合金工具钢	9SiCr、Cr2 9Mn2V CrWMn 9CrWMn Cr12 Cr12MoV Cr4W2MoV	中等 中等 中等 中等 好 好 较好	中等 中等 中等 中等 差 差 较差	较好 较好 中等 中等 较差 较差 中等	中等 较好 中等 中等 好 好 中等	较差 差 较差 较差 较好 较好 中等	油淬 40～50 mm 油淬≤30 mm 油淬≤60 mm 油淬 40～50 mm 油淬≤200 mm 油淬 200～300 mm ϕ150×150 mm 可内外淬硬达 60 HRC 空淬 40～50 mm
轴承钢	GCr15	中等	中等	较好	中等	较差	油淬 30～35 mm
高速工具钢	W18Cr4V W6Mo5Cr4V2 6W6Mo5Cr4V	较好 较好 较好	较差 中等 较好	较差 较差 中等	中等 中等 中等	好 好 中等	深 深 较深
基体钢	6Cr4Mo3Ni2WV 6Cr4W3Mo2VNb	较好 较好	较好 较好	中等 中等	中等 较好	好 中等	深 空淬≤50 mm 油淬≤80 mm

（续表）

材料类别	材料牌号	性能比较					
		耐磨性	韧性	切削加工性	淬火不变形性	热稳定性	淬硬深度
普通硬质合金	YG3X、YG6、YG8、YG8C、YG15、YG20C、YG25	最高	差，随含钴量增大有所提高	难加工	不经热处理，无变形	最好，可达800～900℃	不经热处理，内外硬度均匀一致
钢结硬质合金	YE65、GT35、YE50、GW50	好	较差，但优于普通硬质合金	可切削加工	可热处理，几乎不变形	好	深

2. 冲压和挤压模材料选用

合理地选用模具材料并进行成形加工和热处理，能有效地提高模具寿命和降低模具成本，特别是模具成形零件——凸模和凹模材料选用，应综合考虑如下因素：

（1）生产批量较大时应选用耐磨性好的材料，生产批量更大的更应如此。

（2）加工材料具有较大变形抗力时，应选择耐磨性好、强度高的模具材料，并有一定的韧性。

（3）模具的工作温度较高时，应选择具有一定热稳定性和热疲劳强度的材料。

此外，还应考虑国产模具钢的生产状况，应在满足基本要求的前提下尽可能选用价格低廉、含合金元素少、符合我国资源条件的新型钢材。

冲压和挤压模材料选用示例见表1-8-52。

表1-8-52　冲压和挤压模材料选用示例

模具类型	工作条件	材料牌号		硬度HRC	
		中小批量	大批量	凸模	凹模
硅钢片冲模	形状简单，冲裁硅钢薄板厚度≤1 mm	CrWMn、Cr6WV、Cr12、Cr12MoV	硬质合金YG15、YG20、YG25 钢结硬质合金YE50、GW50、YE65、GT35	模具钢 60～62	模具钢 60～64
	形状复杂，冲裁硅钢薄板厚度≤1 mm	Cr12、Cr12MoV、Cr4W2MoV、Cr2Mn2SiWMoV、Cr8MoWV3Si			
钢板落料模、冲孔模	形状简单，冲裁薄板厚度≤4 mm	T10A、9Mn2V、9SiCr、GCr15		模具钢 58～60（被用于厚度≤4 mm的薄板） 56（被用于厚板）	模具钢 60～62（被用于厚度≤4 mm的薄板） 56（被用于厚板）
	形状复杂，冲裁薄板厚度≤4 mm	CrWMn、9CrWMn、9Mn2V、Cr6WV			
	冲裁材料厚度＞4 mm、载荷较重的模具	Cr12、Cr12MoV、Cr4W2MoV、Cr2Mn2SiWMoV、5CrW2Si			
修边模	形状简单	T10A、T12A、9Mn2V、GCr15		56～60	58～62
	形状较复杂	CrWMn、9Mn2V			
弯曲模	一般弯曲	T7A、T10A、9Mn2V、GCr15		54～58	56～60
	载荷较重，要求耐磨	Cr6WV、Cr4W2MoV、Cr12、Cr12MoV			

（续表）

<table>
<tr><th rowspan="2">模具类型</th><th rowspan="2">工 作 条 件</th><th colspan="2">材 料 牌 号</th><th colspan="2">硬度 HRC</th></tr>
<tr><th>中小批量</th><th>大批量</th><th>凸 模</th><th>凹 模</th></tr>
<tr><td rowspan="3">拉深模</td><td>铝合金、铜合金和深冲用钢板拉深</td><td>T10A、GCr15、CrWMn、9CrWMn、Cr6WV</td><td>Cr6WV、Cr4W2MoV、Cr12MoV</td><td rowspan="3">模具钢
58～62</td><td rowspan="3">模具钢
62～64</td></tr>
<tr><td>奥氏体不锈钢板拉深</td><td></td><td>Cr4W2MoV(渗氮)、Cr12MoV(渗氮)、钢结硬质合金</td></tr>
<tr><td>多工位级进拉深</td><td></td><td>硬质合金
YG15、YG8</td></tr>
<tr><td rowspan="2">冷挤压模</td><td>纯铜、软铝锌合金</td><td>Cr6WV、Cr5Mo1V、Cr4W2MoV</td><td rowspan="2">Cr4W2MoV(渗氮)、Cr12MoV（渗氮）、6W6Mo5Cr4V(渗氮)、YG15、YG20、YG25</td><td rowspan="2">模具钢
60～64</td><td rowspan="2">模具钢
60～64</td></tr>
<tr><td>铝、黄铜、钢件</td><td>Cr4W2MoV、Cr12MoV、6W6Mo5Cr4V、7Cr7Mo2V2Si</td></tr>
</table>

注：Cr12、Cr12MoV 含铬量高，尽量采用 Cr6WV、Cr4W2MoV、Cr2Mn2SiWMoV 等。

第九章　模架、模板和导向组件

一、标准模架

（一）模架的类型和技术指标

模架由上模座、下模座及导柱、导套组成。按照模架材料、导向方式和导柱分布的不同，模架具有多种形式。标准模架及其标准号见表 1 - 9 - 1。

模架的类型及特点见表 1 - 9 - 2。模架分级技术指标见表 1 - 9 - 3。JB/T 8070—2008 与 JB/T 8071—2008 对冲模模架零件与模架精度检查做出了规定。导向件、模座、模架精度检查的主要指标值见表 1 - 9 - 4。

表 1 - 9 - 1　标准模架及其标准号

模架名称	标准号	模架名称	标准号
滑动导向对角导柱模架	GB/T 2851—2008	滑动导向钢板模架后侧导柱模架	GB/T 23565.1—2009
滑动导向后侧导柱模架		滑动导向钢板模架对角导柱模架	GB/T 23565.2—2009
滑动导向中间导柱模架		滑动导向钢板模架中间导柱模架	GB/T 23565.3—2009
滑动导向中间导柱圆形模架		滑动导向钢板模架四导柱模架	GB/T 23565.4—2009
滑动导向四导柱模架			
滚动导向对角导柱模架	GB/T 2852—2008	滚动导向钢板模架后侧导柱模架	GB/T 23563.1—2009
滚动导向后侧导柱模架		滚动导向钢板模架对角导柱模架	GB/T 23563.2—2009
滚动导向中间导柱模架		滚动导向钢板模架中间导柱模架	GB/T 23563.3—2009
滚动导向四导柱模架		滚动导向钢板模架四导柱模架	GB/T 23563.4—2009

表 1 - 9 - 2　模架的类型及特点

类别		简图	说明
滑动导向模架	中间导柱模架	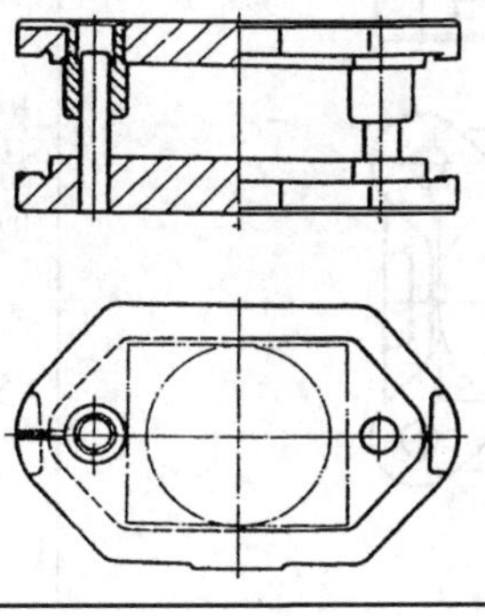	导柱、导套安装在中心线上，左右对称布置，适用于纵向送料的单工序模、复合模及工步较少的级进模

（续表）

类别		简图	说明
滑动导向模架	对角导柱模架	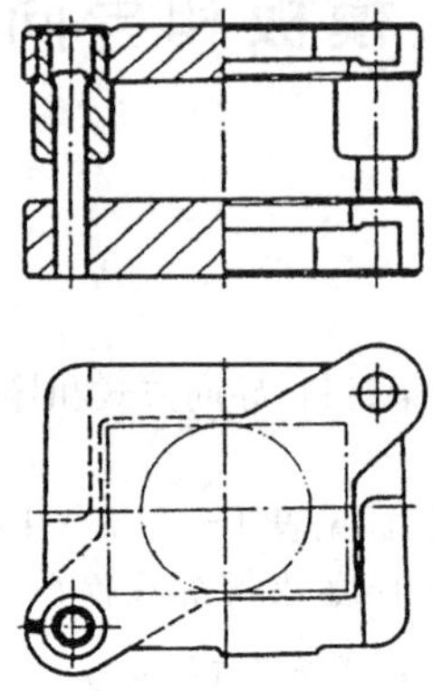	导柱、导套对角布置，安装在模座对称中心两侧，导向平稳，适用于横向和纵向送料的模具
滑动导向模架	后侧导柱模架	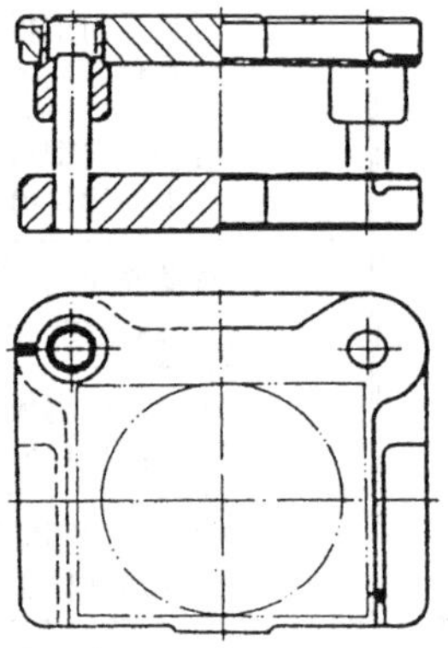	导柱、导套安装在模座的后侧，模座承受偏心载荷会影响模架导向的平稳性和精度。由于导柱在后侧，故送料和操作方便，适用于一般精度要求的小型模具
滑动导向模架	四导柱模架	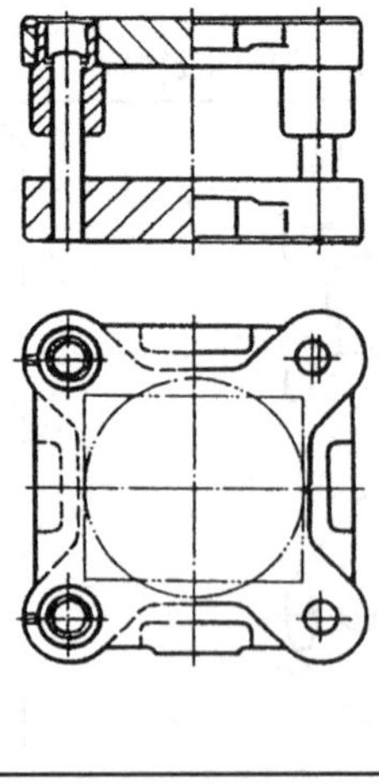	导柱、导套安装在模具的四角，冲压时模架受力比较均匀平衡，稳定性和导向精度较高，适用于尺寸较大及精度较高的模具

（续表）

类　别		简　图	说　明
滚动导向模架	中间导柱模架	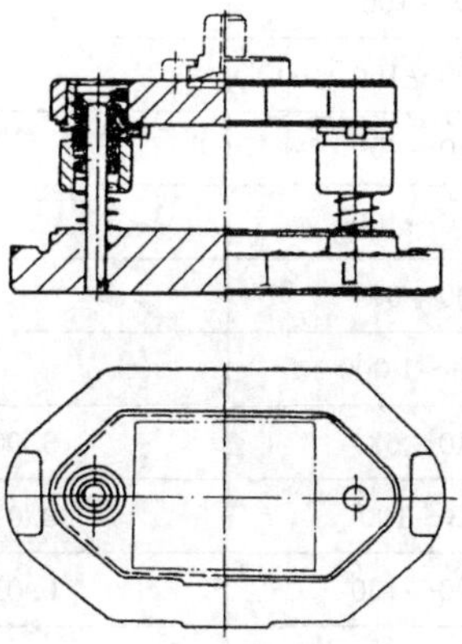	导柱、导套对称布置，采用钢球及保持圈后，导柱与导套形成过盈量为 0.01～0.02 mm 的滚动配合，模架的导向精度高，适用于高精度、高速冲压的模具。与浮动式模柄配合使用时，可以减小压力机精度对模架精度的影响
	四导柱模架	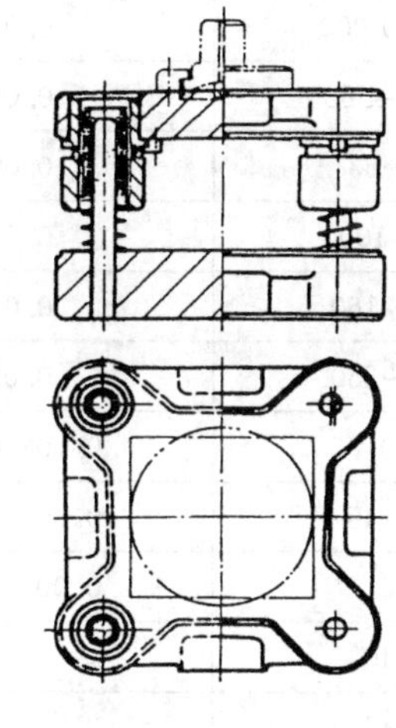	导柱、导套安装在模具的四角，模架的稳定性和导向精度高，适用于尺寸较大的高精度、高速冲压模具

表 1-9-3　模架分级技术指标

检　查　项　目	被测长度（mm）	模架精度等级	
		0Ⅰ、Ⅰ级	0Ⅱ、Ⅱ级
		公　差　等　级	
上模座上平面对下模座下平面的平行度	≤400	5	6
	>400	6	7
导柱轴心线对下模座下平面的垂直度	≤160	4	5
	>160	5	6

注：1. 参照 JB/T 8050—2008。滑动导向模架精度分为Ⅰ级和Ⅱ级；滚动导向模架精度分为 0Ⅰ级和 0Ⅱ级。
2. 公差等级按 GB/T 1184—1996。

表 1-9-4　导向件、模座、模架精度检查的指标值　　(mm)

检　查　项　目	被测尺寸或偏差	模架精度等级	
		0Ⅰ、Ⅰ级	0Ⅱ、Ⅱ级
模座基准面的垂直度(t_1)	>63～100	0.03	
	>100～160	0.04	
	>160～250	0.05	
	>250～400	0.06	
	>400～630	0.08	
	>630～1 000	0.10	
模座的平行度(t_2)	>40～63	0.008	0.012
	>63～100	0.010	0.015
	>100～160	0.012	0.020
	>160～250	0.015	0.025
	>250～400	0.020	0.030
	>400～630	0.025	0.040
	>630～1 000	0.030	0.050
	>1 000～1 600	0.040	0.060
导柱轴线对下模座下平面的垂直度	>40～63	0.008	0.012
	>63～100	0.010	0.015
	>100～160	0.012	0.020
	>160～250	0.025	0.040
导柱/导套滑动部分圆柱度(t_3)	≤30	0.003/0.004	0.004/0.006
	>30～45	0.004/0.005	0.005/0.007
	>45	0.005/0.006	0.006/0.008
导柱/导套滑动与固定部分轴线同轴度(t_4)	h5/H6	0.006/0.006	
	h6/H7	0.008/0.008	
上模座上平面对下模座下平面的平行度	>40～63	0.012	0.020
	>63～100	0.015	0.025
	>100～160	0.020	0.030
	>160～250	0.025	0.040
	>250～400	0.030	0.050
	>400～630	0.060	0.100
	>630～1 000	0.080	0.120
	>1 000～1 600	0.100	0.150

注：1. 检查平行度时，在上、下模座之间用等高垫块支撑，并控制在模架闭合高度范围内。在凹模周界内沿对角线测量，最大与最小读数差为平行度误差。

2. 检查垂直度时，在两个垂直的方向(X, Y)上测量误差为 ΔX、ΔY，导柱轴线的垂直度误差为 $\sqrt{(\Delta X)^2+(\Delta Y)^2}$。

3. 参照 JB/T 8070—2008、JB/T 8071—2008。

（二）模架和模座

按照模架上模座、下模座使用的材料不同，模架分为铸铁模架和钢板模架。钢板模架由于模座材料的强度大，更加适用于高效率、高精度、高寿命的模具。

按照模架导向装置的类型，模架分为滑动导向模架和滚动导向模架，后者由于导向精度高，适用于精密模具。依据导柱的位置分布与数量，模架分为中间导柱模架、对角导柱模架、后侧导柱模架和四导柱模架。导柱的数量和位置不同，对送料和模架导向的平稳程度会产生不同的影响。

后侧导柱模架的导柱、导套被安装在模座的后侧，模架精度易受到模具工作载荷的影响，尽量不予采用。四导柱模架导向平稳，高精度、高寿命模具适宜于采用四导柱模架。

1. 铸铁模架和模座

滑动导向模架铸铁模座材料为 HT200。滚动导向铸铁模座材料为 HT200，时效处理。

（1）滑动导向对角导柱模架和模座。滑动导向对角导柱模架，按照凹模周界尺寸 $L\times B$ 的不同，共分为 30 组。滑动导向对角导柱模架尺寸见表 1－9－5。滑动导向对角导柱上模座尺寸见表 1－9－6，滑动导向对角导柱下模座尺寸见表 1－9－7。

表 1－9－5　滑动导向对角导柱模架尺寸　（mm）

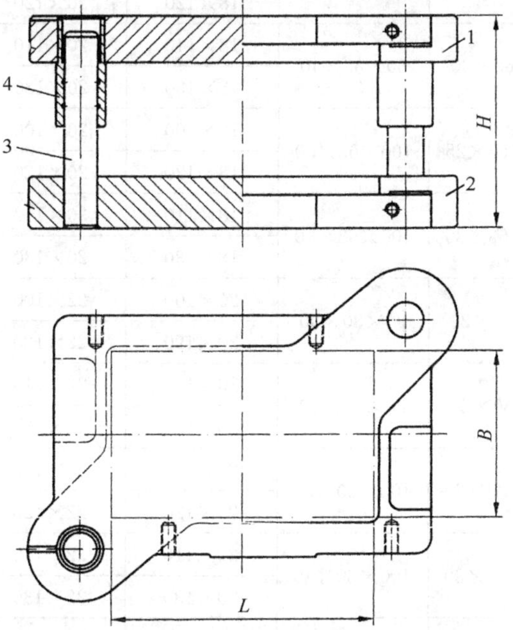

1—上模座；2—下模座；3—导柱；4—导套

<table>
<tr><th colspan="2" rowspan="3">凹模周界</th><th colspan="2" rowspan="3">闭合高度
（参考）
H</th><th colspan="6">零件名称及标准编号</th></tr>
<tr><th>上模座
GB/T 2855.1</th><th>下模座
GB/T 2855.2</th><th colspan="2">导　柱
GB/T 2861.1</th><th colspan="2">导　套
GB/T 2861.3</th></tr>
<tr><th colspan="6">数　量</th></tr>
<tr><th rowspan="2">L</th><th rowspan="2">B</th><th rowspan="2">最小</th><th rowspan="2">最大</th><th>1</th><th>1</th><th>1</th><th>1</th><th>1</th><th>1</th></tr>
<tr><th colspan="6">规　格</th></tr>
<tr><td rowspan="4">63</td><td rowspan="4">50</td><td>100</td><td>115</td><td rowspan="2">63×50×20</td><td rowspan="2">63×50×25</td><td>16×90</td><td>18×90</td><td rowspan="2">16×60×18</td><td rowspan="2">18×60×18</td></tr>
<tr><td>110</td><td>125</td><td>16×100</td><td>18×100</td></tr>
<tr><td>110</td><td>130</td><td rowspan="2">63×50×25</td><td rowspan="2">63×50×30</td><td>16×100</td><td>18×100</td><td rowspan="2">16×65×23</td><td rowspan="2">18×65×23</td></tr>
<tr><td>120</td><td>140</td><td>16×110</td><td>18×110</td></tr>
</table>

（续表）

凹模周界		闭合高度（参考）H		零件名称及标准编号					
				上模座 GB/T 2855.1	下模座 GB/T 2855.2	导 柱 GB/T 2861.1		导 套 GB/T 2861.3	
				数 量					
L	B	最小	最大	1	1	1	1	1	1
				规 格					
63	63	100	115	63×63×20	63×63×25	16×90	18×90	16×60×18	18×60×18
		110	125			16×100	18×100		
		110	130	63×63×25	63×63×30	16×100	18×100	16×65×23	18×65×23
		120	140			16×110	18×110		
80		110	130	80×63×25	80×63×30	18×100	20×100	18×65×23	20×65×23
		130	150			18×120	20×120		
		120	145	80×63×30	80×63×40	18×110	20×110	18×70×28	20×70×28
		140	165			18×130	20×130		
100		110	130	100×63×25	100×63×30	18×100	20×100	18×65×23	20×65×23
		130	150			18×120	20×120		
		120	145	100×63×30	100×63×40	18×110	20×110	18×70×28	20×70×28
		140	165			18×130	20×130		
80	80	110	130	80×80×25	80×80×30	20×100	22×100	20×65×23	22×65×23
		130	150			20×120	22×120		
		120	145	80×80×30	80×80×40	20×110	22×110	20×70×28	22×70×28
		140	165			20×130	22×130		
100		110	130	100×80×25	100×80×30	20×100	22×100	20×65×23	22×65×23
		130	150			20×120	22×120		
		120	145	100×80×30	100×80×40	20×110	22×110	20×70×28	22×70×28
		140	165			20×130	22×130		
125		110	130	125×80×25	125×80×30	20×100	22×100	20×65×23	22×65×23
		130	150			20×120	22×120		
		120	145	125×80×30	125×80×40	20×110	22×110	20×70×28	22×70×28
		140	165			20×130	22×130		
100	100	110	130	100×100×25	100×100×30	20×100	22×100	20×65×23	22×65×23
		130	150			20×120	22×120		
		120	145	100×100×30	100×100×40	20×110	22×110	20×70×28	22×70×28
		140	165			20×130	22×130		
125		120	150	125×100×30	125×100×35	22×110	25×110	22×80×28	25×80×28
		140	165			22×130	25×130		
		140	170	125×100×35	125×100×45	22×130	25×130	22×80×33	25×80×33
		160	190			22×150	25×150		

（续表）

凹模周界		闭合高度（参考）H		零件名称及标准编号					
				上模座 GB/T 2855.1	下模座 GB/T 2855.2	导　柱 GB/T 2861.1		导　套 GB/T 2861.3	
				数　量					
L	B	最小	最大	1	1	1	1	1	1
				规　格					
160	100	140	170	160×100×35	160×100×40	25×130	28×130	25×85×33	28×85×33
		160	190			25×150	28×150		
		160	195	160×100×40	160×100×50	25×150	28×150	25×90×38	28×90×38
		190	225			25×180	28×180		
200		140	170	200×100×35	200×100×40	25×130	28×130	25×85×33	28×85×33
		160	190			25×150	28×150		
		160	195	200×100×40	200×100×50	25×150	28×150	25×90×38	28×90×38
		195	225			25×180	28×180		
125	125	120	150	125×125×30	125×125×35	22×110	25×110	22×80×28	25×80×28
		140	155			22×130	25×130		
		140	170	125×125×35	125×125×45	22×130	25×130	22×85×33	25×85×33
		160	190			22×150	25×150		
160		140	170	160×125×35	160×125×40	25×130	28×130	25×85×33	28×85×33
		160	190			25×150	28×150		
		170	205	160×125×40	160×125×50	25×160	28×160	25×95×38	28×95×38
		190	225			25×180	28×180		
200		140	170	200×125×35	200×125×40	25×130	28×130	25×85×33	28×85×33
		160	190			25×150	28×150		
		170	205	200×125×40	200×125×50	25×160	28×160	25×95×38	28×95×38
		190	225			25×180	28×180		
250		160	200	250×125×40	250×125×45	28×150	32×150	28×100×38	32×100×38
		180	220			28×170	32×170		
		190	235	250×125×45	250×125×55	28×180	32×180	28×110×43	32×110×43
		210	255			28×200	32×200		
160	160	160	200	160×160×40	160×160×45	28×150	32×150	28×100×38	32×100×38
		180	220			28×170	32×170		
		190	235	160×160×45	160×160×55	28×180	32×180	28×110×43	32×100×43
		210	255			28×200	32×200		
200		160	200	200×160×40	200×160×45	28×150	32×150	28×100×38	32×100×38
		180	220			28×170	32×170		
		190	235	200×160×45	200×160×55	28×180	32×180	28×110×43	32×110×43
		210	255			28×200	32×200		

（续表）

凹模周界		闭合高度（参考）*H*		零件名称及标准编号					
				上模座 GB/T 2855.1	下模座 GB/T 2855.2	导 柱 GB/T 2861.1		导 套 GB/T 2861.3	
				数 量					
L	*B*	最小	最大	1	1	1	1	1	1
				规 格					
250	160	170	210	250×160×45	250×160×50	32×160	35×160	32×105×43	35×105×43
		200	240			32×190	35×190		
		200	245	250×160×50	250×160×60	32×190	35×190	32×115×48	35×115×48
		220	265			32×210	35×210		
200	200	170	210	200×200×45	200×200×50	32×160	35×160	32×105×43	35×105×43
		200	240			32×190	35×190		
		200	245	200×200×50	200×200×60	32×190	35×190	32×115×48	35×115×48
		220	265			32×210	35×210		
250		170	210	250×200×45	250×200×50	32×160	35×160	32×105×43	35×105×43
		200	240			32×190	35×190		
		200	245	250×200×50	250×200×60	32×190	35×190	32×115×48	35×115×48
		220	265			32×210	35×210		
315		190	230	315×200×45	315×200×55	35×180	40×180	35×115×43	40×115×43
		220	260			35×210	40×210		
		210	255	315×200×50	315×200×65	35×200	40×200	35×125×48	40×125×48
		240	285			35×230	40×230		
250	250	190	230	250×250×45	250×250×55	35×180	40×180	35×115×43	40×115×43
		220	260			35×210	40×210		
		210	255	250×250×50	250×250×65	35×200	40×200	35×125×48	40×125×48
		240	285			35×230	40×230		
315		215	250	315×250×50	315×250×60	40×200	45×200	40×125×48	45×125×48
		245	280			40×230	45×230		
		245	290	315×250×55	315×250×70	40×230	45×230	40×140×53	45×140×53
		275	320			40×260	45×260		
400		215	250	400×250×50	400×250×60	40×200	45×200	40×125×48	45×125×48
		245	280			40×230	45×230		
		245	280	400×250×55	400×250×70	40×230	45×230	40×140×53	45×140×53
		275	320			40×260	45×260		
315	315	215	250	315×315×50	315×315×60	45×200	50×200	45×125×48	50×125×48
		245	280			45×230	50×230		
		245	290	315×315×55	315×315×70	45×230	50×230	45×140×53	50×140×53
		275	320			45×260	50×260		
400		245	290	400×315×55	400×315×65	45×230	50×230	45×140×53	50×140×53
		275	315			45×260	50×260		
		275	320	400×315×60	400×315×75	45×260	50×260	45×150×58	50×150×58
		305	350			45×290	50×290		

（续表）

凹模周界		闭合高度（参考）H		零件名称及标准编号					
				上模座 GB/T 2855.1	下模座 GB/T 2855.2	导柱 GB/T 2861.1		导套 GB/T 2861.3	
				数量					
L	B	最小	最大	1	1	1	1	1	1
				规格					
500	315	245	290	500×315×55	500×315×65	45×230	50×230	45×140×53	50×140×53
		275	315			45×260	50×260		
		275	320	500×315×60	500×315×75	45×260	50×260	45×150×58	50×150×58
		305	350			45×290	50×290		
400	400	245	290	400×400×55	400×400×65	45×230	50×230	45×140×53	50×140×53
		275	315			45×260	50×260		
		275	320	400×400×60	400×400×75	45×260	50×260	45×150×58	50×150×58
		305	350			45×290	50×290		
630		240	280	630×400×55	630×400×65	50×220	55×220	50×150×53	55×150×53
		270	305			50×250	55×250		
		270	310	630×400×65	630×400×80	50×250	55×250	50×160×63	55×160×63
		300	340			50×280	55×280		
500	500	260	300	500×500×55	500×500×65	50×240	55×240	50×150×53	55×150×53
		290	325			50×270	55×270		
		290	330	500×500×65	500×500×80	50×270	55×270	50×160×63	55×160×63
		320	360			50×300	55×300		

注：参照 GB/T 2851—2008。

表 1-9-6　滑动导向对角导柱上模座尺寸　（mm）

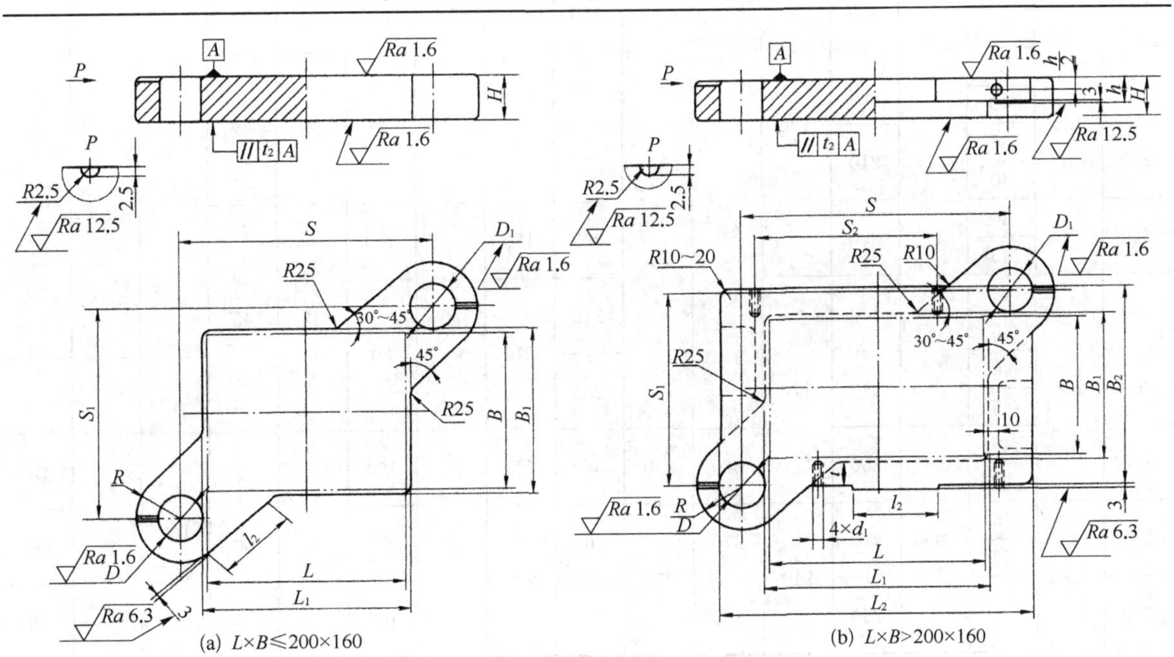

(a) L×B≤200×160　　(b) L×B>200×160

（续表）

凹模周界		H	h	L_1	B_1	L_2	B_2	S	S_1	R	l_2	D (H7)	D_1 (H7)	d_1	t	S_2
L	B															
63	50	20		70	60			100	85	28	40	25	28			
		25														
63	63	20		70	70				95							
		25														
80		25		90				120	105	32	60	28	32			
		30														
100		25		110				140								
		30														
80	80	25		90	90			125	125	35		32	35			
		30														
100		25		110				145								
		30														
125		25		130				170								
		30														
100	100	25		110	110			145	145							
		30														
125		30		130				170		38		35	38			
		35														
160		35		170				210	150	42	80	38	42			
		40														
200		35		210				250								
		40														
125	125	30		130	130			170	175	38	60	35	38			
		35														
160		35		170				210		42	80	38	42			
		40														
200		35		210				250								
		40														
250		40		260				305	180	45	100	42	45			
		45														
160	160	40		170	170			215	215		80					
		45														
200		40		210				255								
		45														
250		45	30	260		360	230	310	220	50	100	45	50	M14-6H	28	210
		50														
200	200	45		210	210	320	270	260	260		80					180
		50														
250		45		260		370		310			100					220
		50														

（续表）

凹模周界 L	凹模周界 B	H	h	L_1	B_1	L_2	B_2	S	S_1	R	l_2	D (H7)	D_1 (H7)	d_1	t	S_2
315	200	45	30	325	210	435	270	380	265	55	100	50	55	M14-6H	28	280
		50														
250	250	45		260	260	380	330	315	315					M16-6H	32	210
		50														
315		50	35	325		445		385	320	60		55	60			290
		55														
400		50		410		540		470								350
		55														
315	315	50		325	325	460	400	390	390	65		60	65	M20-6H	40	280
		55														
400		55	40	410		550		475								340
		60														
500		55		510		655		575								460
		60														
400	400	55		410	410	560	490	475	475							370
		60														
630		55		640		780		710	480	70		65	70			580
		65														
500	500	55		510	510	650	590	580	580							460
		65														

注：1. 压板台的形状、位置尺寸和标记面的位置尺寸由制造者确定。t_2值见表 1-9-4。

2. 参照 GB/T 2855.1—2008。

表 1-9-7　滑动导向对角导柱下模座尺寸　　(mm)

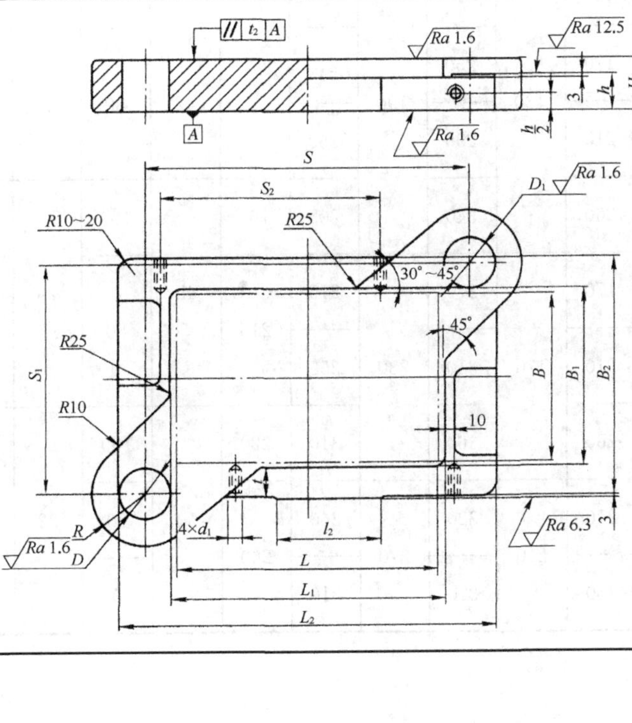

（续表）

凹模周界		H	h	L_1	B_1	L_2	B_2	S	S_1	R	l_2	D (R7)	D_1 (R7)	d_1	t	S_2
L	B															
63	50	25	20	70	60	125	100	100	85	28	40	16	18			
		30														
63	63	25			70	130	110		95							
		30														
80		30		90		150	120	120	105	32	60	18	20			
		40														
100		30		110		170		140								
		40														
80	80	30		90	90	150	140	125	125	35		20	22			
		40														
100		30		110		170		145								
		40														
125		30	25	130		200		170								
		40														
100	100	30		110	110	180	160	145	145							
		40														
125		35		130		200		170		38		22	25			
		45														
160		40	30	170		240		210	150	42	80	25	28			
		50														
200		40		210		280		250								
		50														
125	125	35	25	130	130	200	190	170	175	38	60	22	25			
		45														
160		40	30	170		250		210		42	80	25	28			
		50														
200		40		210		290		250								
		50														
250		45	35	260		340		305	180	45	100	28	32			
		55														
160	160	45		170	170	270	230	215	215		80					
		55														
200		45		210		310		255								
		55														
250		50	40	260		360		310	220	50	100	32	35	M14－64	28	210
		60														
200	200	50		210	210	320	270	260	260		80					180
		60														
250		50		260		370		310			100					220
		60														

（续表）

凹模周界		H	h	L_1	B_1	L_2	B_2	S	S_1	R	l_2	D (R7)	D_1 (R7)	d_1	t	S_2
L	B															
315	200	55	40	325	210	435	270	380	265	55	100	35	40	M14-64	28	280
		65														
250	250	55		260	260	380	330	315	315					M16-6H	32	210
		65														
315		60	45	325		445		385	320	60		40	45			290
		70														
400		60		410		540		470								350
		70														
315	315	60		325	325	460	400	390	390	65		45	50	M20-6H	40	280
		70														
400		65		410		550		475								340
		75														
500		65		510		655		575								460
		75														
400	400	65		410	410	560	490	475	475							370
		75														
630		65		640		780		710	480	70		50	55			580
		80														
500	500	65		510	510	650	590	580	580							460
		80														

注：1. 压板台的形状、位置尺寸和标记面的位置尺寸由制造者确定。
2. 安装 B 型导柱时，D(R7)、D_1(R7)改为 D(H7)、D_1(H7)。t_2值见表 1-9-4。
3. 参照 GB/T 2855.2—2008。

(2) 滑动导向中间导柱模架和模座。滑动导向中间导柱模架，按照凹模周界尺寸 $L\times B$ 的不同，共分为 34 组。滑动导向中间导柱模架尺寸见表 1-9-8。滑动导向中间导柱上模座尺寸见表 1-9-9，滑动导向中间导柱下模座尺寸见表 1-9-10。

表 1-9-8　滑动导向中间导柱模架尺寸　(mm)

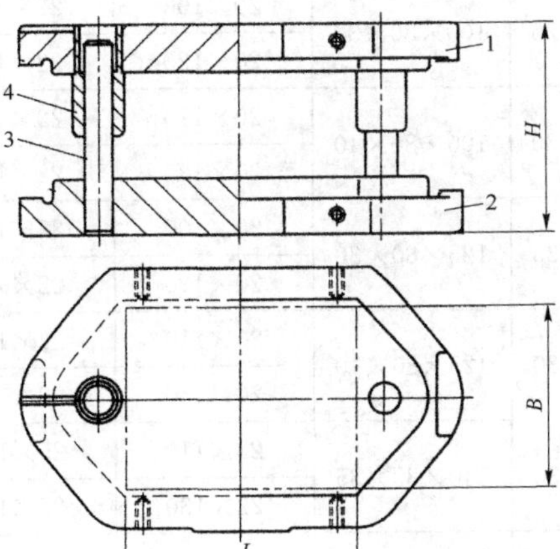

1—上模座；2—下模座；3—导柱；4—导套

（续表）

凹模周界		闭合高度（参考）H		零件名称及标准编号					
				上模座 GB/T 2855.1	下模座 GB/T 2855.2	导柱 GB/T 2861.1		导套 GB/T 2861.3	
				数量					
L	B	最小	最大	1	1	1	1	1	1
				规格					
63	50	100	115	63×50×20	63×50×25	16×90	18×90	16×60×18	18×60×18
		110	125			16×100	18×100		
		110	130	63×50×25	63×50×30	16×100	18×100	16×65×23	18×65×23
		120	140			16×110	18×110		
63	63	100	115	63×63×20	63×63×25	16×90	18×90	16×60×18	18×60×18
		110	125			16×100	18×100		
		110	130	63×63×25	63×63×30	16×100	18×100	16×65×23	18×65×23
		120	140			16×110	18×110		
80		110	130	80×63×25	80×63×30	18×100	20×100	16×65×23	18×65×23
		130	150			18×120	20×120		
		120	145	80×63×30	80×63×40	18×110	20×110	18×70×28	20×70×28
		140	165			18×130	20×130		
100		110	130	100×63×25	100×63×30	18×100	20×100	18×65×23	20×65×23
		130	150			18×120	20×120		
		120	145	100×63×30	100×63×40	18×110	20×110	18×70×28	20×70×28
		140	165			18×130	20×130		
80	80	110	130	80×80×25	80×80×30	20×100	22×100	20×65×23	22×65×23
		130	150			20×120	22×120		
		120	145	80×80×30	80×80×40	20×110	22×110	20×70×28	22×70×28
		140	165			20×130	22×130		
100		110	130	100×80×25	100×80×30	20×100	22×100	20×65×23	22×65×23
		130	150			20×120	22×120		
		120	145	100×80×30	100×80×40	20×110	22×110	20×70×28	22×70×28
		140	165			20×130	22×130		
125		110	130	125×80×25	125×80×30	20×100	22×100	20×65×23	22×65×23
		130	150			20×120	22×120		
		120	145	125×80×30	125×80×40	20×110	22×110	20×70×28	22×70×28
		140	165			20×130	22×130		
140		120	150	140×80×30	140×80×35	22×110	25×110	22×80×28	25×80×28
		140	165			22×130	25×130		
		140	170	140×80×35	140×80×45	22×130	25×130	22×80×33	25×80×33
		160	190			22×150	25×150		

（续表）

凹模周界		闭合高度（参考）*H*		上模座 GB/T 2855.1	下模座 GB/T 2855.2	导柱 GB/T 2861.1		导套 GB/T 2861.3	
				数量					
				1	1	1	1	1	1
L	*B*	最小	最大	规格					
100	100	110	130	100×100×25	100×100×30	20×100	22×100	20×65×23	22×65×23
		130	150			20×120	22×120		
		120	145	100×100×30	100×100×40	20×110	22×110	20×70×28	22×70×23
		140	165			20×130	22×130		
125		120	150	125×100×30	125×100×35	22×110	25×110	22×80×28	25×80×28
		140	165			22×130	25×130		
		140	170	125×100×35	125×100×45	22×130	25×130	22×80×33	25×80×33
		160	190			22×150	25×150		
140		120	160	140×100×30	140×100×35	22×110	25×110	22×80×28	25×80×28
		140	165			22×130	25×130		
		140	170	140×100×35	140×100×45	22×130	25×130	22×80×33	25×80×33
		160	190			22×150	25×150		
160		140	170	160×100×35	160×100×40	25×130	28×130	25×85×33	28×85×33
		160	190			25×150	28×150		
		160	195	160×100×40	160×100×50	25×150	28×150	25×90×38	28×90×38
		190	225			25×180	28×180		
200		140	170	200×100×35	200×100×40	25×130	28×130	25×85×33	28×85×33
		160	190			25×150	28×150		
		160	195	200×100×40	200×100×50	25×150	28×150	25×90×38	28×90×38
		190	225			25×180	28×180		
125	125	120	150	125×125×30	125×125×35	22×110	25×110	22×80×28	25×80×28
		140	165			22×130	25×130		
		140	170	125×125×35	125×125×45	22×130	25×130	22×85×33	25×85×33
		160	190			22×150	25×150		
140		140	170	140×125×35	140×125×40	25×130	28×130	25×85×33	28×85×33
		160	190			25×150	28×150		
		160	195	140×125×40	140×125×50	25×150	28×150	25×90×38	28×90×38
		190	225			25×180	28×180		
160		140	170	160×125×35	160×125×40	25×130	28×130	25×85×33	28×85×33
		160	190			25×150	28×150		
		170	205	160×125×40	160×125×50	25×160	28×160	25×95×38	28×95×38
		190	255			25×180	28×180		

（续表）

凹模周界		闭合高度（参考）*H*		零件名称及标准编号					
				上模座 GB/T 2855.1	下模座 GB/T 2855.2	导　柱 GB/T 2861.1		导　套 GB/T 2861.3	
				数　　量					
L	*B*	最小	最大	1	1	1	1	1	1
				规　　格					
200	125	140	170	200×125×35	200×125×40	25×130	28×130	25×85×33	28×85×33
		160	190			25×150	28×150		
		170	205	200×125×40	200×125×50	25×160	28×160	25×95×38	28×95×38
		190	225			25×180	28×180		
250		160	200	250×125×40	250×125×45	28×150	32×150	28×100×38	32×100×38
		180	220			28×170	32×170		
		190	235	250×125×45	250×125×55	28×180	32×180	28×110×43	32×110×43
		210	255			28×200	32×200		
250	200	170	210	250×200×45	250×200×50	32×160	35×160	32×105×43	35×105×43
		200	240			32×190	35×190		
		200	245	250×200×50	250×200×60	32×190	35×190	32×115×48	35×115×48
		220	265			32×210	35×210		
280		190	230	280×200×45	280×200×55	35×180	40×180	35×115×43	40×115×43
		220	260			35×210	40×210		
		210	255	280×200×50	280×200×65	35×200	40×200	35×125×48	40×125×48
		240	285			35×230	40×230		
315		190	230	315×200×45	315×200×55	35×180	40×180	35×115×43	40×115×43
		220	260			35×210	40×210		
		210	255	315×200×50	315×200×65	35×200	40×200	35×125×48	40×125×48
		240	285			35×230	40×230		
250	250	190	230	250×250×45	250×250×55	35×180	40×180	35×115×43	40×115×43
		220	260			35×210	40×210		
		210	255	250×250×50	250×250×65	35×200	40×200	35×125×48	40×125×48
		240	285			35×230	40×230		
280		190	230	280×250×45	280×250×55	35×180	40×180	35×115×43	40×115×43
		220	260			35×210	40×210		
		210	255	280×250×50	280×250×65	35×200	40×200	35×125×48	40×125×48
		240	285			35×230	40×230		
315		215	250	315×250×50	315×250×60	40×200	45×200	40×125×48	45×125×48
		245	280			40×230	45×230		
		245	290	315×250×55	315×250×70	40×230	45×230	40×140×53	45×140×53
		275	320			40×260	45×260		

（续表）

凹模周界		闭合高度（参考）*H*		零件名称及标准编号					
				上模座 GB/T 2855.1	下模座 GB/T 2855.2	导　柱 GB/T 2861.1		导　套 GB/T 2861.3	
				数　量					
L	*B*	最小	最大	1	1	1	1	1	1
				规　格					
400	250	215	250	400×250×50	400×250×60	40×200	45×200	40×125×48	45×125×48
		245	280			40×230	45×230		
		245	290	400×250×55	400×250×70	40×230	45×230	40×140×53	45×140×53
		275	320			40×260	45×260		
280	280	215	250	280×280×50	280×280×60	40×200	45×200	40×125×48	45×125×48
		245	280			40×230	45×230		
		245	290	280×280×55	280×280×70	40×230	45×230	40×140×53	45×140×53
		275	320			40×260	45×260		
315		215	250	315×280×50	315×280×60	40×200	45×200	40×125×48	45×125×48
		245	280			40×230	45×230		
		245	290	315×280×55	315×280×70	40×230	45×230	40×140×53	45×140×53
		275	320			40×260	45×260		
400		215	250	400×280×50	400×280×60	40×200	45×200	40×125×48	45×125×48
		245	280			40×230	45×230		
		245	290	400×280×55	400×280×70	40×230	45×230	40×140×53	45×140×53
		275	320			40×260	45×260		
315	315	215	250	315×315×50	315×315×60	45×200	50×200	45×125×48	50×125×48
		245	280			45×230	50×230		
		245	290	315×315×55	315×315×70	45×230	50×230	45×140×53	50×140×53
		275	320			45×260	50×260		
400		245	290	400×315×55	400×315×65	45×230	50×230	45×140×53	50×140×53
		275	315			45×260	50×260		
		275	320	400×315×60	400×315×75	45×260	50×260	45×150×58	50×150×58
		305	350			45×290	50×290		
500		245	290	500×315×55	500×315×65	45×230	50×230	45×140×53	50×140×53
		275	315			45×260	50×260		
		275	320	500×315×60	500×315×75	45×260	50×260	45×150×58	50×150×58
		305	350			45×290	50×290		
400	400	245	290	400×400×55	400×400×65	45×230	50×230	45×140×53	50×140×53
		275	315			45×260	50×260		
		275	320	400×400×60	400×400×75	45×260	50×260	45×150×58	50×150×58
		305	350			45×290	50×290		

（续表）

凹模周界		闭合高度（参考）H		零件名称及标准编号					
				上模座 GB/T 2855.1	下模座 GB/T 2855.2	导柱 GB/T 2861.1		导套 GB/T 2861.3	
				数量					
L	B	最小	最大	1	1	1	1	1	1
				规格					
630	400	240	280	630×400×55	630×400×65	50×220	55×220	50×150×53	55×150×53
		270	305			50×250	55×250		
		270	310	630×400×65	630×400×80	50×250	55×250	50×160×63	55×160×63
		300	340			50×280	55×280		
500	500	260	300	500×500×55	500×500×65	50×240	55×240	50×150×53	55×150×53
		290	325			50×270	55×270		
		290	330	500×500×65	500×500×80	50×270	55×270	50×160×63	55×160×63
		320	360			50×300	55×300		

注：参照 GB/T 2851—2008。

表 1-9-9 滑动导向中间导柱上模座尺寸 （mm）

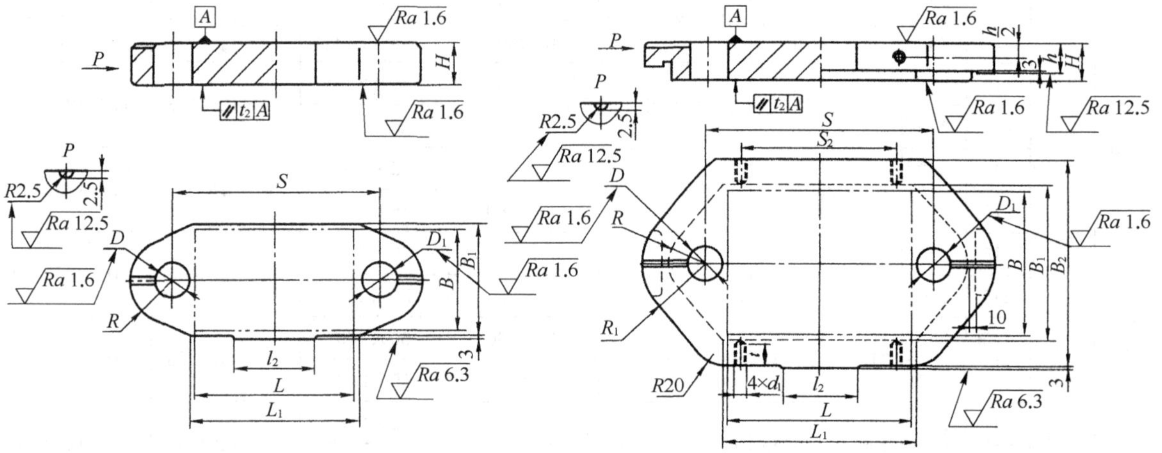

(a) L×B≤200×160　　(b) L×B>200×160

凹模周界		H	h	L_1	B_1	B_2	S	R	R_1	l_2	D (H7)	D_1 (H7)	d_1	t	S_2
L	B														
63	50	20		70	60		100	28		40	25	28			
		25													
63	63	20			70										
		25													
80		25		90			120	32		60	28	32			
		30													
100		25		110			140								
		30													

（续表）

凹模周界 L	凹模周界 B	H	h	L_1	B_1	B_2	S	R	R_1	l_2	D (H7)	D_1 (H7)	d_1	t	S_2
80	80	25		90	90		125	35		60	32	35			
		30													
100		25		110			145								
		30													
125		25		130			170								
		30													
140		30		150			185	38		80	35	38			
		35													
100	100	25		110	110		145	35		60	32	35			
		30													
125		30		130			170	38			35	38			
		35													
140		30		150			185			80					
		35													
160		35		170			210	42			38	42			
		40													
200		35		210			250								
		40													
125	125	30		130	130		170	38		60	35	38			
		35													
140		35		150			190	42		80	38	42			
		40													
160		35		170			210								
		40													
200		40		210			250								
		45													
250		40		260			305	45		100	42	45			
		45													
140	140	35		150	150		190	42		80	38	42			
		40													
160		35		170			210								
		40													
200		40		210			255	45			42	45			
		45													
250		40		260			305			100					
		45													
160	160	40		170	170		215			80					
		45													
200		40		210			255								
		45													

（续表）

凹模周界		H	h	L_1	B_1	B_2	S	R	R_1	l_2	D (H7)	D_1 (H7)	d_1	t	S_2
L	B														
250	160	45	40	260	170	240	310	50	85	100	45	50	M14-6H	28	210
		50													
280		45		290			340								250
		50													
200	200	45		210	210	280	260			80					170
		50													
250		45		260			310			100					210
		50													
280		45		290		290	345	55	95		50	55			250
		50													
315		45		325			380								290
		50													
250	250	45		260	260	340	315						M16-6H	32	210
		50													
280		45		290			345								260
		50													
315		50	45	325		350	385	60	105		55	60			260
		55													
400		50		410			470			120					340
		55													
280	280	50		290	290	380	350			100			M20-6H	40	260
		55													
315		50		325			385								260
		55													
400		50		410			470			120					340
		55													
315	315	50	45	325	325	425	390	65	115	100	60	65			260
		55													
400		55		410			475			120					340
		60													
500		55		510			575			140					440
		60													
400	400	55		410	410	510	475			120					360
		60													
630		55		640		520	710	70	125	160	65	70			570
		65													
500	500	55		510	510	620	580			140					440
		65													

注：1. 压板台的形状尺寸由制造者确定。t_2值见表 1-9-4。
　　2. 参照 GB/T 2855.1—2008。

表 1-9-10　滑动导向中间导柱下模座尺寸　(mm)

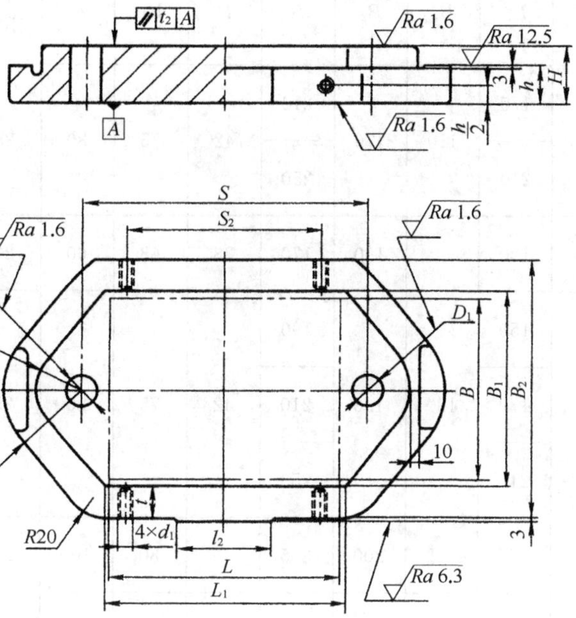

凹模周界		H	h	L_1	B_1	B_2	S	R	R_1	l_2	D (R7)	D_1 (R7)	d_1	t	S_2
L	B														
63	50	25	20	70	60	92	100	28	44	40	16	18			
		30													
63	63	25			70	102									
		30													
80		30		90		116	120	32	55	60	18	20			
		40													
100		30	25	110			140								
		40													
80	80	30	25	90	90	140	125	35	60	60	20	22			
		40													
100		30		110			145								
		40													
125		30		130			170								
		40													
140		35	30	150		150	185	38	68	80	22	25			
		45													
100	100	30	25	110	110	160	145	35	60	60	20	22			
		40													
125		35	30	130		170	170	38	68		22	25			
		45													
140		35		150			185			80					
		45													

（续表）

<table>
<tr><th colspan="2">凹模周界</th><th rowspan="2">H</th><th rowspan="2">h</th><th rowspan="2">L_1</th><th rowspan="2">B_1</th><th rowspan="2">B_2</th><th rowspan="2">S</th><th rowspan="2">R</th><th rowspan="2">R_1</th><th rowspan="2">l_2</th><th rowspan="2">D (R7)</th><th rowspan="2">D_1 (R7)</th><th rowspan="2">d_1</th><th rowspan="2">t</th><th rowspan="2">S_2</th></tr>
<tr><th>L</th><th>B</th></tr>
<tr><td rowspan="2">160</td><td rowspan="4">100</td><td>40</td><td rowspan="4">35</td><td rowspan="2">170</td><td rowspan="4">110</td><td rowspan="4">176</td><td rowspan="2">210</td><td rowspan="4">42</td><td rowspan="4">75</td><td rowspan="4">80</td><td rowspan="4">25</td><td rowspan="4">28</td><td rowspan="26"></td><td rowspan="26"></td><td rowspan="26"></td></tr>
<tr><td>50</td></tr>
<tr><td rowspan="2">200</td><td>40</td><td rowspan="2">210</td><td rowspan="2">250</td></tr>
<tr><td>50</td></tr>
<tr><td rowspan="2">125</td><td rowspan="10">125</td><td>35</td><td rowspan="2">30</td><td rowspan="2">130</td><td rowspan="10">130</td><td rowspan="2">190</td><td rowspan="2">170</td><td rowspan="2">38</td><td rowspan="2">68</td><td rowspan="2">60</td><td rowspan="2">22</td><td rowspan="2">25</td></tr>
<tr><td>45</td></tr>
<tr><td rowspan="2">140</td><td>40</td><td rowspan="20">35</td><td rowspan="2">150</td><td rowspan="6">196</td><td rowspan="2">190</td><td rowspan="6">42</td><td rowspan="6">75</td><td rowspan="6">80</td><td rowspan="6">25</td><td rowspan="6">28</td></tr>
<tr><td>50</td></tr>
<tr><td rowspan="2">160</td><td>40</td><td rowspan="2">170</td><td rowspan="2">210</td></tr>
<tr><td>50</td></tr>
<tr><td rowspan="2">200</td><td>40</td><td rowspan="2">210</td><td rowspan="2">250</td></tr>
<tr><td>50</td></tr>
<tr><td rowspan="2">250</td><td>45</td><td rowspan="2">260</td><td rowspan="2">200</td><td rowspan="2">305</td><td rowspan="2">45</td><td rowspan="2">80</td><td rowspan="2">100</td><td rowspan="2">28</td><td rowspan="2">32</td></tr>
<tr><td>55</td></tr>
<tr><td rowspan="2">140</td><td rowspan="8">140</td><td>40</td><td rowspan="2">150</td><td rowspan="8">150</td><td rowspan="4">216</td><td rowspan="2">190</td><td rowspan="4">42</td><td rowspan="4">75</td><td rowspan="6">80</td><td rowspan="4">25</td><td rowspan="4">28</td></tr>
<tr><td>50</td></tr>
<tr><td rowspan="2">160</td><td>40</td><td rowspan="2">170</td><td rowspan="2">210</td></tr>
<tr><td>50</td></tr>
<tr><td rowspan="2">200</td><td>45</td><td rowspan="2">210</td><td rowspan="4">220</td><td rowspan="2">255</td><td rowspan="8">45</td><td rowspan="8">80</td><td rowspan="8">28</td><td rowspan="8">32</td></tr>
<tr><td>55</td></tr>
<tr><td rowspan="2">250</td><td>45</td><td rowspan="2">260</td><td rowspan="2">305</td><td rowspan="2">100</td></tr>
<tr><td>55</td></tr>
<tr><td rowspan="2">160</td><td rowspan="8">160</td><td>45</td><td rowspan="2">170</td><td rowspan="8">170</td><td rowspan="8">240</td><td rowspan="2">215</td><td rowspan="4">80</td></tr>
<tr><td>55</td></tr>
<tr><td rowspan="2">200</td><td>45</td><td rowspan="2">210</td><td rowspan="2">255</td></tr>
<tr><td>55</td></tr>
<tr><td rowspan="2">250</td><td>50</td><td rowspan="14">40</td><td rowspan="2">260</td><td rowspan="2">310</td><td rowspan="8">50</td><td rowspan="8">85</td><td rowspan="4">100</td><td rowspan="8">32</td><td rowspan="8">35</td><td rowspan="12">M14-6H</td><td rowspan="12">28</td><td rowspan="2">210</td></tr>
<tr><td>60</td></tr>
<tr><td rowspan="2">280</td><td>50</td><td rowspan="2">290</td><td rowspan="2">340</td><td rowspan="2">250</td></tr>
<tr><td>60</td></tr>
<tr><td rowspan="2">200</td><td rowspan="8">200</td><td>50</td><td rowspan="2">210</td><td rowspan="8">210</td><td rowspan="4">280</td><td rowspan="2">260</td><td rowspan="2">80</td><td rowspan="2">170</td></tr>
<tr><td>60</td></tr>
<tr><td rowspan="2">250</td><td>50</td><td rowspan="2">260</td><td rowspan="2">310</td><td rowspan="8">100</td><td rowspan="2">210</td></tr>
<tr><td>60</td></tr>
<tr><td rowspan="2">280</td><td>55</td><td rowspan="2">290</td><td rowspan="4">290</td><td rowspan="2">345</td><td rowspan="6">55</td><td rowspan="6">95</td><td rowspan="6">35</td><td rowspan="6">40</td><td rowspan="2">250</td></tr>
<tr><td>65</td></tr>
<tr><td rowspan="2">315</td><td>55</td><td rowspan="2">325</td><td rowspan="2">380</td><td rowspan="2">290</td></tr>
<tr><td>65</td></tr>
<tr><td rowspan="2">250</td><td rowspan="2">250</td><td>55</td><td rowspan="2">260</td><td rowspan="2">260</td><td rowspan="2">340</td><td rowspan="2">315</td><td rowspan="2">M16-6H</td><td rowspan="2">32</td><td rowspan="2">210</td></tr>
<tr><td>65</td></tr>
</table>

（续表）

凹模周界		H	h	L_1	B_1	B_2	S	R	R_1	l_2	D (R7)	D_1 (R7)	d_1	t	S_2
L	B														
280	250	55 65	40	290	260	340	345	55	95	100	35	40	M16-6H	32	250
315		60 70	45	325		350	385	60	105		49	45			260
400		60 70		410			470			120					340
280	280	60 70		290	290	380	350			100			M20-6H	40	250
315		60 70		325			385								260
400		60 70		410			470			120					340
315	315	60 70		325	325	425	390	65	115	100	45	50			260
400		65 75		410			475			120					340
500		65 75		510			575			140					440
400	400	65 75		410	410	510	475			120					360
630		65 80		640		520	710	70	125	160	50	55			570
500	500	65 80		510	510	620	580			140					440

注：1. 压板台的形状尺寸由制造者确定。
　　2. 安装B型导柱时，D(R7)、D_1(R7)改为D(H7)、D_1(H7)。t_2值见表1-9-4。
　　3. 参照GB/T 2855.2—2008。

(3) 滑动导向中间导柱圆形模架和模座。滑动导向中间导柱圆形模架，按照凹模周界尺寸D的不同，共分为11组。滑动导向中间导柱圆形模架尺寸见表1-9-11。滑动导向中间导柱圆形上模座尺寸见表1-9-12，滑动导向中间导柱圆形下模座尺寸见表1-9-13。

表1-9-11　滑动导向中间导柱圆形模架尺寸　(mm)

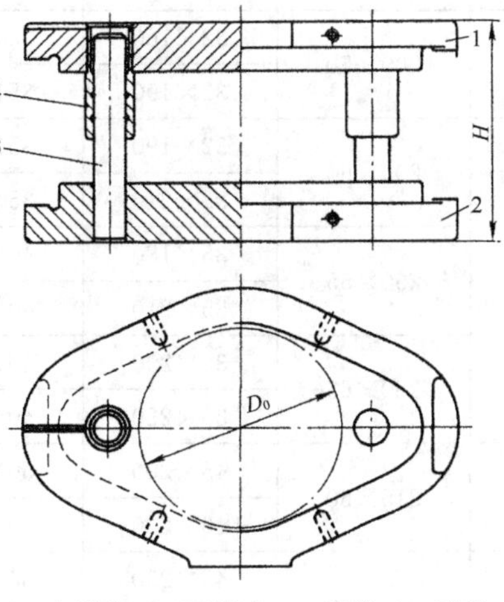

1—上模座；2—下模座；3—导柱；4—导套

（续表）

凹模周界	闭合高度（参考）*H*		零件名称及标准编号					
			上模座 GB/T 2855.1	下模座 GB/T 2855.2	导 柱 GB/T 2861.1		导 套 GB/T 2861.3	
			数 量					
D_0	最小	最大	1	1	1	1	1	1
			规 格					
63	100	115	63×20	63×25	16×90	18×90	16×60×18	18×60×18
	110	125			16×100	18×100		
	110	130	63×25	63×30	16×100	18×100	16×65×23	18×65×23
	120	140			16×110	18×110		
80	110	130	80×25	80×30	20×100	22×100	20×65×23	22×65×23
	130	150			20×120	22×120		
	120	145	80×30	80×40	20×110	22×110	20×70×28	22×70×28
	140	165			20×130	22×130		
100	110	130	100×25	100×30	20×100	22×100	20×65×23	22×65×23
	130	150			20×120	22×120		
	120	145	100×30	100×40	20×110	22×110	20×70×28	22×70×28
	140	155			20×130	22×130		
125	120	150	125×30	125×35	22×110	25×110	22×80×28	25×80×28
	140	165			22×130	25×130		
	140	170	125×35	125×45	22×130	25×130	22×85×33	25×85×33
	160	190			22×150	25×150		
160	160	200	160×40	160×45	28×150	32×150	28×110×38	32×110×38
	180	220			28×170	32×170		
	190	235	160×45	160×55	28×180	32×180	28×110×43	32×110×43
	210	255			28×200	32×200		
200	170	210	200×45	200×50	32×160	35×160	32×105×43	35×105×43
	200	240			32×190	35×190		
	200	245	200×50	200×60	32×190	35×190	32×115×48	35×115×48
	220	265			32×210	35×210		
250	190	230	250×45	250×55	35×180	40×180	35×115×43	40×115×43
	220	260			35×210	40×210		
	210	255	250×50	250×65	35×200	40×200	35×125×48	40×125×48
	240	285			35×230	40×230		
315	215	250	315×50	315×60	45×200	50×200	45×125×48	50×125×48
	245	280			45×230	50×230		
	245	290	315×55	315×70	45×230	50×230	45×140×53	50×140×53
	275	320			45×260	50×260		

（续表）

凹模周界	闭合高度（参考）H		零件名称及标准编号					
			上模座 GB/T 2855.1	下模座 GB/T 2855.2	导　柱 GB/T 2861.1		导　套 GB/T 2861.3	
			数　量					
D_0	最小	最大	1	1	1	1	1	1
			规　格					
400	245	290	400×55	400×65	45×230	50×230	45×140×53	50×140×53
	275	315			45×260	50×260		
	275	320	400×60	400×75	45×260	50×260	45×150×58	50×150×58
	305	350			45×290	50×290		
500	260	300	500×55	500×65	50×240	55×240	50×150×53	55×150×53
	290	325			50×270	55×270		
	290	330	500×65	500×80	50×270	55×270	50×160×63	55×160×63
	320	360			50×300	55×300		
630	270	310	630×60	630×70	55×250	60×250	55×160×58	60×160×58
	300	340			55×280	60×280		
	310	350	630×75	630×90	55×290	60×290	55×170×73	60×170×73
	340	380			55×320	60×320		

注：参照 GB/T 2851—2008。

表 1-9-12　滑动导向中间导柱圆形上模座尺寸　(mm)

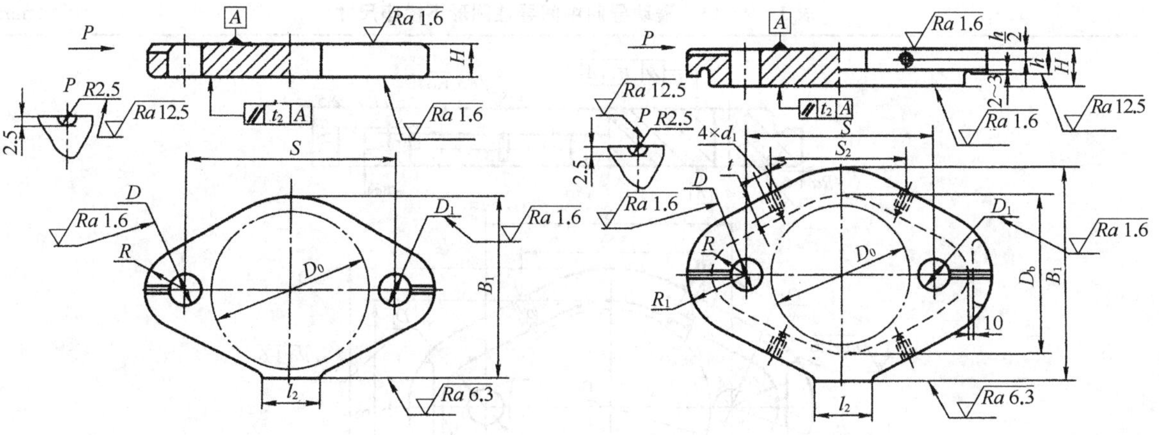

(a) $D_0 \leqslant 160$　　(b) $D_0 > 160$

（续表）

凹模周界 D_0	H	h	D_b	B_1	S	R	R_1	l_2	D (H7)	D_1 (H7)	d_1	t	S_2
63	20			70	100	28		50	25	28			
	25												
80	25			90	125	35		60	32	35			
	30												
100	25			110	145								
	30												
125	30			130	170	38		80	35	38			
	35												
160	40			170	215	45			42	45			
	45												
200	45	30	210	280	260	50	85	100	45	50	M14－6H	28	180
	50												
250	45		260	340	315	55	95		50	55	M16－6H	32	220
	50												
315	50	35	325	425	390	65	115		60	65	M20－6H	40	280
	55												
400	55		410	510	475								380
	60												
500	55	40	510	620	580	70	125		65	70			480
	65												
630	60		640	758	720	76	135		70	76			600
	75												

注：1. 压板台的形状尺寸由制造者确定。t_2值见表 1－9－4。
　　2. 参照 GB/T 2855.1—2008。

表 1－9－13　滑动导向中间导柱圆形下模座尺寸　（mm）

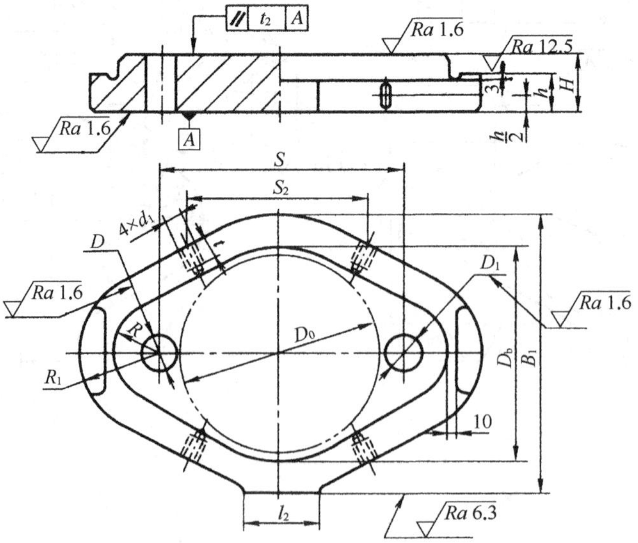

（续表）

凹模周界 D_0	H	h	D_b	B_1	S	R	R_1	l_2	D (R7)	D_1 (R7)	d_1	t	S_2
63	25	20	70	102	100	28	44	50	16	18			
	30												
80	30		90	136	125	35	58	60	20	22			
	40												
100	30		110	160	145		60						
	40												
125	35	25	130	190	170	38	68	80	22	25			
	45												
160	45	35	170	240	215	45	80		28	32			
	55												
200	50	40	210	280	260	50	85	100	32	35	M14-6H	28	180
	60												
250	55		260	340	315	55	95		35	40	M16-6H	32	220
	65												
315	60	45	325	425	390	65	115		45	50	M20-6H	40	280
	70												
400	65		410	510	475								380
	75												
500	65		510	620	580	70	125		50	55			480
	80												
630	70		640	758	720	76	135		55	76			600
	90												

注：1. 压板台的形状尺寸由制造者确定。
2. 安装B型导柱时，D(R7)、D_1(R7)改为D(H7)、D_1(H7)。t_2值见表1-9-4。
3. 参照GB/T 2855.2—2008。

(4) 滑动导向四导柱模架和模座。滑动导向四导柱模架，按照凹模周界尺寸$L \times B$的不同，共分为12组。滑动导向四导柱模架尺寸见表1-9-14。滑动导向四导柱上模座尺寸见表1-9-15，滑动导向四导柱下模座尺寸见表1-9-16。

表1-9-14　滑动导向四导柱模架尺寸　　(mm)

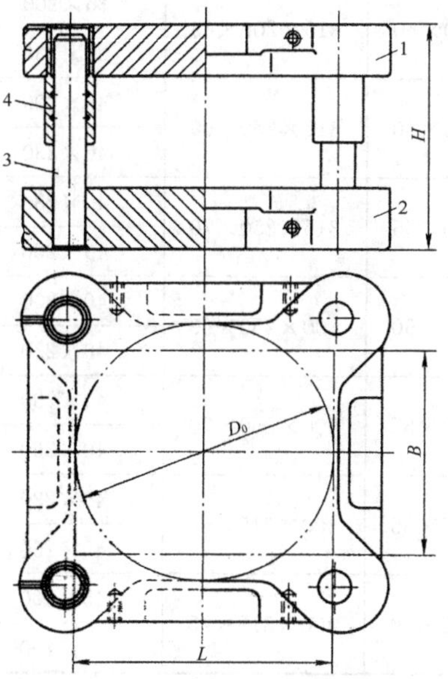

1—上模座；2—下模座；3—导柱；4—导套

（续表）

凹模周界			闭合高度（参考）*H*		零件名称及标准编号			
					上模座 GB/T 2855.1	下模座 GB/T 2855.2	导柱 GB/T 2861.1	导套 GB/T 2861.3
					数量			
L	*B*	D_0	最小	最大	1	1	4	4
					规格			
160	125	160	140	170	160×125×35	160×125×40	25×130	25×85×33
			160	190			25×150	
			170	205	160×125×40	160×125×50	25×160	25×95×38
			190	225			25×180	
200	160	200	160	200	200×160×40	200×160×45	28×150	28×100×38
			180	220			28×170	
			190	235	200×160×45	200×160×55	28×180	28×110×43
			210	255			28×200	
250		250	170	210	250×160×45	250×160×50	32×160	32×105×43
			200	240			32×190	
			200	245	250×160×50	250×160×60	32×190	32×115×48
			220	265			32×210	
250	200		170	210	250×200×45	250×200×50	32×160	32×105×43
			200	240			32×190	
			200	245	250×200×50	250×200×60	32×190	32×115×48
			220	265			32×210	
315			190	233	315×200×45	315×200×55	35×180	35×115×43
			220	260			35×210	
			210	255	315×200×50	315×200×65	35×200	35×125×48
			240	285			35×230	
315	250		215	250	315×250×50	315×250×60	40×200	40×125×48
			245	280			40×230	
			245	290	315×250×55	315×250×70	40×230	40×140×53
			275	320			40×260	
400			215	250	400×250×50	400×250×60	40×200	40×125×48
			245	280			40×230	
			245	290	400×250×55	400×250×70	40×230	40×140×53
			275	320			40×260	
400	315		245	290	400×315×55	400×315×65	45×230	45×140×53
			275	315			45×260	
			275	320	400×315×60	400×315×75	45×260	45×150×58
			305	350			45×290	

（续表）

凹模周界			闭合高度（参考）H		上模座 GB/T 2855.1	下模座 GB/T 2855.2	导柱 GB/T 2861.1	导套 GB/T 2861.3
					数量			
L	B	D_0	最小	最大	1	1	4	4
					规格			
500	315	250	245	290	500×315×55	500×315×65	45×230	45×140×53
			275	315			45×260	
			275	320	500×315×60	500×315×75	45×260	45×150×58
			305	350			45×290	
630			260	300	630×315×55	630×315×65	50×240	50×150×53
			290	325			50×270	
			290	330	630×315×65	630×315×80	50×270	50×160×63
			320	360			50×300	
500	400		260	300	500×400×55	500×400×65	50×240	50×150×53
			290	325			50×270	
			290	330	500×400×65	500×400×80	50×270	50×160×63
			320	360			50×300	
630			260	300	630×400×55	630×400×65	50×240	50×150×53
			290	325			50×270	
			290	330	630×400×65	630×400×80	50×270	50×160×63
			320	360			50×300	

注：参照 GB/T 2851—2008。

表 1-9-15　滑动导向四导柱上模座尺寸　（mm）

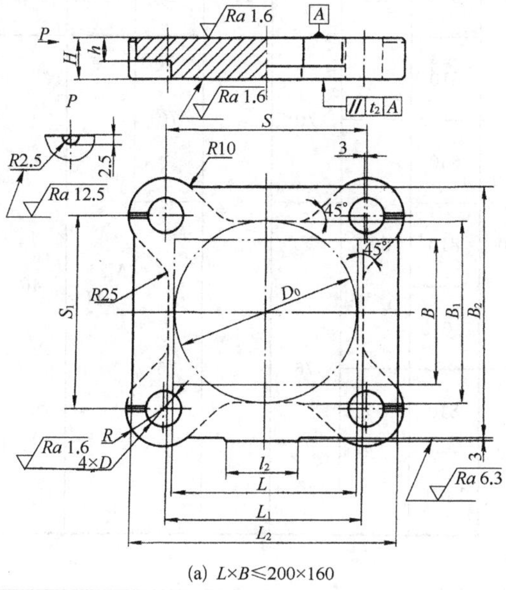

(a) $L\times B\leqslant200\times160$

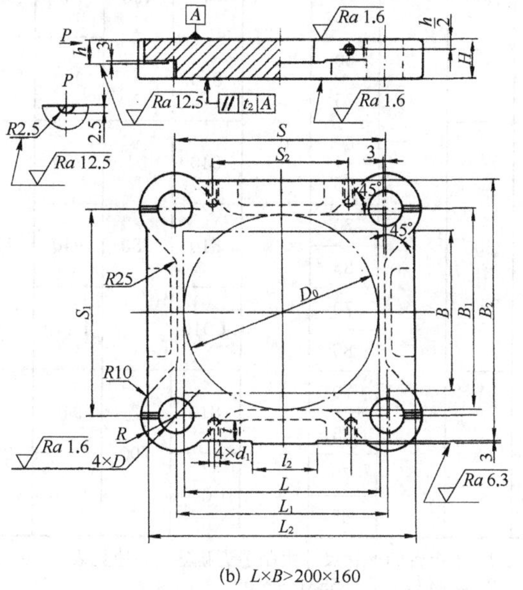

(b) $L\times B>200\times160$

（续表）

凹模周界			H	h	L_1	B_1	L_2	B_2	S	S_1	R	l_2	D (H7)	d_1	t	S_2
L	B	D_0														
160	125	160	35 40	20	170	160	240	230	175	190	38	80	38			
200	160	200	40 45	25	210	200	290	280	220	215	42		42			
250			45 50	30	260		340		265		45		45	M14－6H	28	170
250	200	250	45 50		260	250	340	330		260						
315			45 50		325		425		340		50		50	M16－6H	32	200
315	250		50 55	35	325	300	425	400		315	55	100	55			230
400			50 55		410		500		410							290
400	315		55 60	40	410	375	510	495		390	60		60	M20－6H	40	300
500			55 60		510		610		510							380
630			55 65		640		750		640		65		65			500
500	400		55 65		510	460	620	590	510	480						380
630			55 65		640		750		640							500
800			60 75	45	810		930		810		70		70	M24－6H	46	650
630	500		60 75		640	580	760	710	640	590						500
800			70 85		810		940		810		76		76			650
1 000			70 85		1 010		1 140		1 010							800
800	630		70 85		810	700	940	840	810	720						650
1 000			70 85		1 010		1 140		1 010							800

注：1. 压板台的形状尺寸由制造者确定。t_2值见表 1－9－4。
　　2. 参照 GB/T 2855.1—2008。

表 1-9-16　滑动导向四导柱下模座尺寸　(mm)

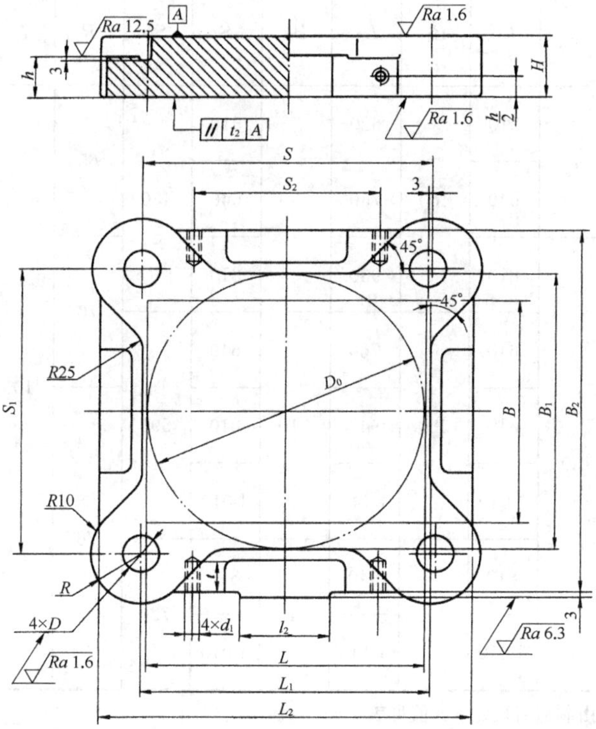

凹模周界			H	h	L_1	B_1	L_2	B_2	S	S_1	R	l_2	D (R7)	d_1	t	S_2
L	B	D_3														
160	125	160	40	30	170	160	240	230	175	190	38	80	25			
			50													
200	160	200	45	35	210	200	290	280	220	215	42		28			
			55													
250			50	40	260		340		265		45		32	M14-6H	28	170
			60													
250	200	250	50		260	250	340	330	265	260						
			60													
315			55		325		425		340		50		35	M16-6H	32	200
			65													
315	250		60	35	325	300	425	400	340	315	55	100	40			230
			70													
400			60		410		500		410							290
			70													
400	315		65	45	410	375	510	495	410	390	60		45	M20-6H	40	300
			75													
500			65		510		610		510							380
			75													
630			65		640		750		640		65		50			500
			80													

（续表）

凹模周界			H	h	L_1	B_1	L_2	B_2	S	S_1	R	l_2	D (R7)	d_1	t	S_2
L	B	D_3														
500	400		65	45	510	460	620	590	510	480	65	100	50	M20-6H	40	380
			80													
630			65		640		750		640							500
			80													
800			70	50	810		930		810		70		55	M24-6H	46	650
			90													
630	500		70		640	580	760	710	640	590						500
			90													
800			80		810		940		810		76		60			650
			100													
1 000			80		1 010		1 140		1 010							800
			100													
800	630		80		810	700	940	840	810	720						650
			100													
1 000			80		1 010		1 140		1 010							800
			100													

注：1. 压板台的形状尺寸由制造者确定。t_2值见表 1-9-4。
2. 安装 B 型导柱时，D(R7)改为 D(H7)。
3. 参照 GB/T 2855.2—2008。

(5) 滚动导向对角导柱模架和模座。滚动导向对角导柱模架，按照凹模周界尺寸 $L\times B$ 的不同，共分为 6 组。滚动导向对角导柱模架尺寸见表 1-9-17。滚动导向对角导柱上模座尺寸见表 1-9-18，滚动导向对角导柱下模座尺寸见表 1-9-19。

表 1-9-17 滚动导向对角导柱模架尺寸 (mm)

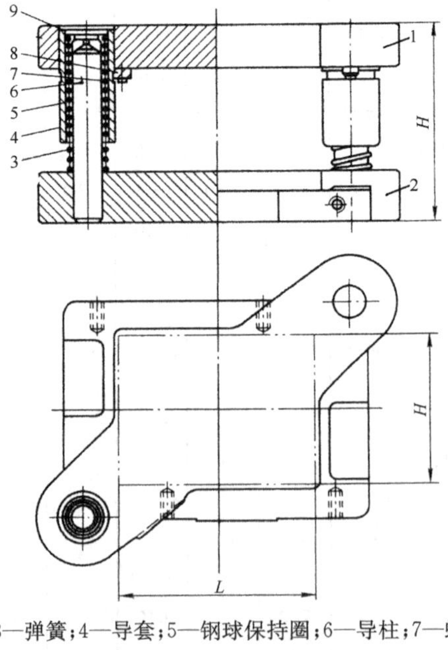

1—上模座；2—下模座；3—弹簧；4—导套；5—钢球保持圈；6—导柱；7—螺钉；8—压板；9—限程器

（续表）

凹模周界		最大行程	设计最小闭合高度	零件名称和标准编号					
				上模座 GB/T 2856.1	下模座 GB/T 2856.2	导　柱 GB/T 2861.2		导　套 GB/T 2861.4	
				数　量					
L	B	S	H	1	1	1	1	1	1
				规　格					
80	63	80	165	80×63×35	80×63×40	18×155	20×155	18×100×33	20×100×33
100	80			100×80×35	100×80×40	20×155	22×155	20×100×33	22×100×33
125	100			125×100×35	125×100×45	22×155	25×155	22×100×33	25×100×33
160	125	100	200	160×125×40	160×125×45	25×190	28×190	25×120×38	28×120×38
200	160			200×160×45	200×160×55	28×190	32×190	28×125×43	32×125×43
		120	220			28×210	32×210	28×145×43	32×145×43
250	200	100	200	250×200×50	250×200×60	32×190	35×190	32×120×48	35×120×48
		120	230			32×210	35×210	32×160×48	35×150×48

凹模周界		最大行程	设计最小闭合高度	零件名称和标准编号					
				钢球保持圈 GB/T 2861.5		弹　簧 GB/T 2861.6		压　板 GB/T 2861.11	螺　钉 GB/T 70.1
				数　量					
L	B	S	H	1	1	1	1	4或6	4或6
				规　格					
80	63	80	165	18×23.5×64	20×25.5×64	1.6×22×72	1.6×24×72	14×15	M6×14
100	80			20×25.5×64	22×27.5×64	1.6×24×72	1.6×26×72		
125	100			22×27.5×64	25×30.5×64	1.6×26×72	1.6×30×79	16×20	M6×16
160	125	100	200	25×32.5×76	28×35.5×76	1.6×30×87	1.6×32×86		
200	160			28×35.5×76	32×39.5×76	1.6×32×77	2×37×79		
		120	220	28×35.5×84	32×39.5×84				
250	200	100	200	32×39.5×76	35×42.5×76	2×37×79	2×40×78		
		120	230	32×39.5×84	35×42.5×84	2×37×87	2×40×88		

注：1. 最大行程指该模架许可的最大冲压行程。
2. 件号7、件号8的数量：L≤160 mm为4件，L>160 mm为6件。限程器结构和尺寸由制造者确定。
3. 参照GB/T 2852—2008。

表 1-9-18　滚动导向对角导柱上模座尺寸　　（mm）

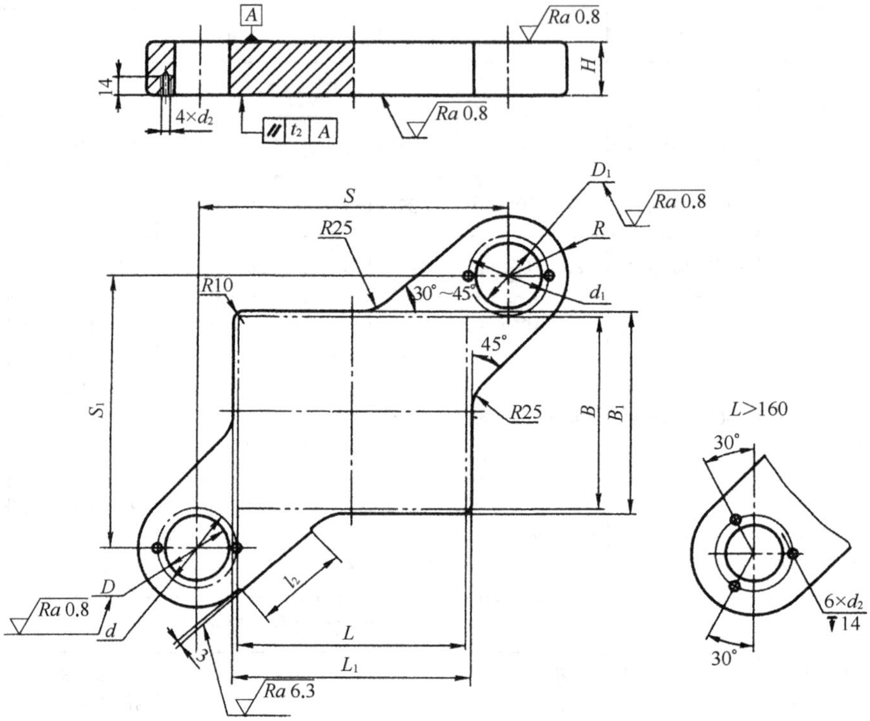

凹模周界		H	L_1	B_1	S	S_1	R	l_2	D (H6)	D_1 (H6)	d	d_1	d_2
L	B												
80	63	35	90	70	125	110	36	40	38	40	51	53	M5-6H
100	80		110	90	155	135	38	60	40	42	53	55	
125	100		130	110	180	160	40		42	45	55	59	M6-6H
160	125	40	170	130	225	180	45	80	48	50	62	64	
200	180	45	210	170	270	230	50		50	55	64	69	
250	200	50	260	210	320	270	55	100	55	58	69	72	

注：1. t_2值见表 1-9-4。
　　2. 参照 GB/T 2856.1—2008。

表 1-9-19　滚动导向对角导柱下模座尺寸　(mm)

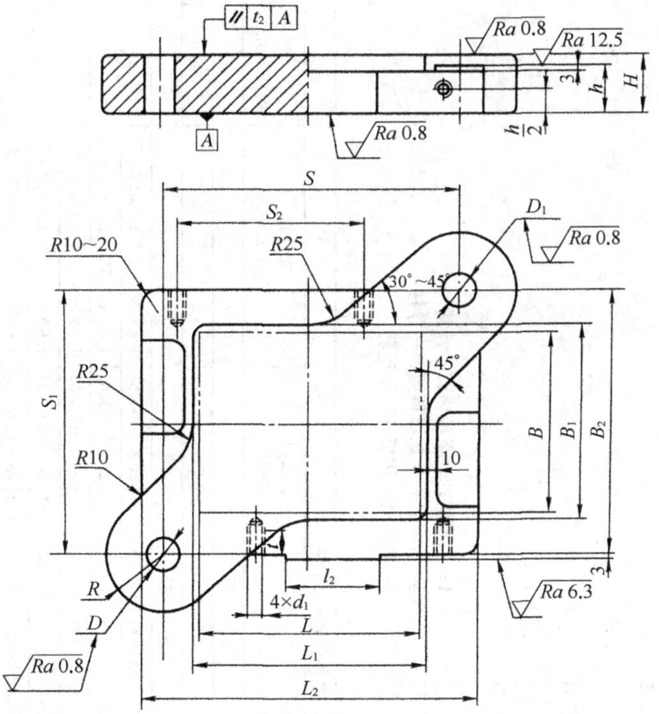

凹模周界		H	h	L_1	B_1	L_2	B_2	S	S_1	R	l_2	D (R7)	D_1 (R7)	d_1	t	S_2
L	B															
80	63	40	30	90	70	150	120	125	110	36	40	18	20			
100	80			110	90	170	140	155	135	38	60	20	22			
125	100	45	35	130	110	200	160	180	160	40		22	25			
160	125			170	130	250	190	225	180	45	80	25	28			
200	180	55	40	210	170	310	230	270	230	50		28	32	M14-6H	28	170
250	200	60		260	210	360	270	320	270	55	100	32	35	M16-6H	32	190

注：1. 压板台的形状、位置尺寸和标记面的位置尺寸由制造者确定。t_2值见表 1-9-4。
　　2. 参照 GB/T 2856.2—2008。

(6) 滚动导向中间导柱模架和模座。滚动导向中间导柱模架，按照凹模周界尺寸 $L\times B$ 的不同，共分为 7 组。滚动导向中间导柱模架尺寸见表 1-9-20。滚动导向中间导柱上模座尺寸见表 1-9-21，滚动导向中间导柱下模座尺寸见表 1-9-22。

表 1-9-20 滚动导向中间导柱模架尺寸 (mm)

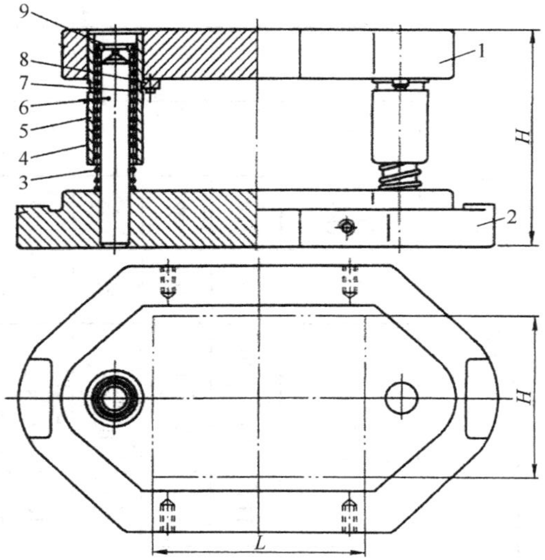

1—上模座；2—下模座；3—弹簧；
4—导套；5—钢球保持圈；6—导柱；
7—螺钉；8—压板；9—限程器

凹模周界		最大行程	设计最小闭合高度	上模座 GB/T 2856.1	下模座 GB/T 2856.2	导柱 GB/T 2861.2		导套 GB/T 2861.4		钢球保持圈 GB/T 2861.5		弹簧 GB/T 2861.6		压板 GB/T 2861.11	螺钉 GB/T 70.1
				数量											
L	B	S	H	1	1	1	1	1	1	1	1	1	1	4 或 6	4 或 6
				规格											
80	63	80	165	80×63×35	80×63×40	18×155	20×155	18×100×33	20×100×33	18×23.5×64	20×25.5×64	1.6×22×72	1.6×24×72	14×15	M6×14
100	80			100×80×35	100×80×40	20×155	22×155	20×100×33	22×100×33	20×25.5×64	22×27.5×64	1.6×24×72	1.6×26×72		
125	100			125×100×35	125×100×45	22×155	25×155	22×100×33	25×100×33	22×27.5×64	25×30.5×64	1.6×26×72	1.6×30×79	16×20	M6×16
140	125			140×125×40	140×125×45	25×155	28×155	25×100×38	28×100×38	25×32.5×64	28×35.5×64	1.6×30×79	1.6×32×77		
		100	200			25×190	28×190	25×120×38	28×120×38	25×32.5×76	28×35.5×76	1.6×30×87	1.6×32×86		
160	140	80	165	160×140×40	160×140×40	25×155	28×155	25×105×38	28×105×38	25×32.5×64	28×35.5×64	1.6×30×79	1.6×32×77		
		100	200		160×140×50	25×190	28×190	25×125×38	28×125×38	25×32.5×76	28×35.5×76				
200	160			200×160×45	200×160×55	28×190	32×190	28×125×43	32×125×43	28×35.5×76	32×39.5×76	1.6×32×77	2×37×79		
		120	220			28×210	32×210	28×145×43	32×145×43	28×35.5×84	32×39.5×84				
250	200	100	200	250×200×50	250×200×60	32×190	35×190	32×120×48	35×120×48	32×39.5×76	35×42.5×76	2×37×79	2×40×78		
		120	230			32×215	35×215	32×150×48	35×150×48	32×39.5×84	35×42.5×84	2×37×87	2×40×88		

注：1. 最大行程指该模架许可的最大冲压行程。
2. 件号 7、件号 8 的数量：$L \leqslant 160$ mm 为 4 件，$L > 160$ mm 为 6 件。限程器结构和尺寸由制造者确定。
3. 参照 GB/T 2852—2008。

表 1-9-21　滚动导向中间导柱上模座尺寸　(mm)

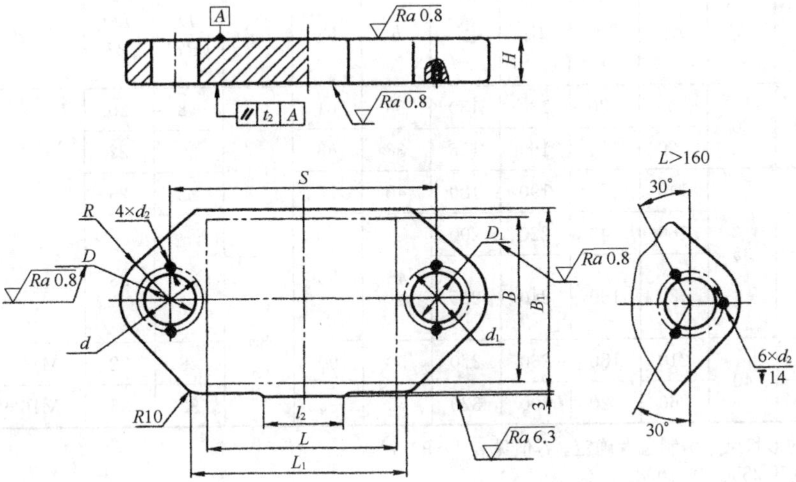

凹模周界		H	L_1	B_1	S	R	l_2	D (H6)	D_1 (H6)	d	d_1	d_2
L	B											
80	63	35	100	80	130	36	60	38	40	51	53	M5-6H
100	80		120	100	155	38		40	42	53	55	
120	100		140	120	180	40		42	45	55	59	M6-6H
140	125	40	160	140	200	45		48	50	62	64	
160	140		180	160	225		80					
200	160	45	220	180	270	50		50	55	64	69	
250	200	50	270	220	320	55		55	58	69	72	

注：1. t_2值见表 1-9-4。
　　2. 参照 GB/T 2856.1—2008。

表 1-9-22　滚动导向中间导柱下模座尺寸　(mm)

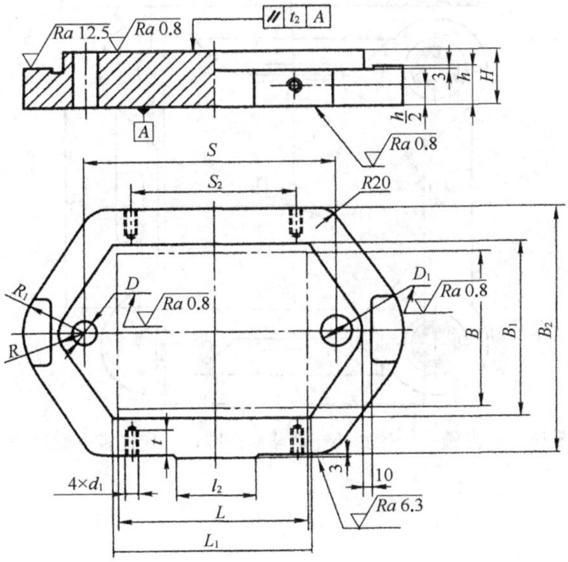

（续表）

凹模周界		H	h	L_1	B_1	B_2	S	R	R_1	l_2	D (R7)	D_1 (R7)	d_1	t	S_2
L	B														
80	63	40	30	100	80	130	130	36	61	60	18	20			
100	80			120	100	160	155	38	68		20	22			
125	100	45	35	140	120	190	180	40	75		22	25			
140	125			160	140	220	200	45	85		25	28			
160	140	40		180	160	240	225			80					
		50													
200	160	55	40	210	180	260	270	50	90		28	32	M14－6H	28	170
250	200	60		260	220	300	320	55	95		32	35	M16－6H	32	210

注：1. 压板台的形状尺寸由制造者确定。t_2值见表 1－9－4。
　　2. 参照 GB/T 2856.2—2008。

（7）滚动导向四导柱模架和模座。滚动导向四导柱模架，按照凹模周界尺寸 $L\times B$ 的不同，共分为 6 组。滚动导向四导柱模架尺寸见表 1－9－23。滚动导向四导柱上模座尺寸见表 1－9－24，滚动导向四导柱下模座尺寸见表 1－9－25。

表 1－9－23　滚动导向四导柱模架尺寸　　（mm）

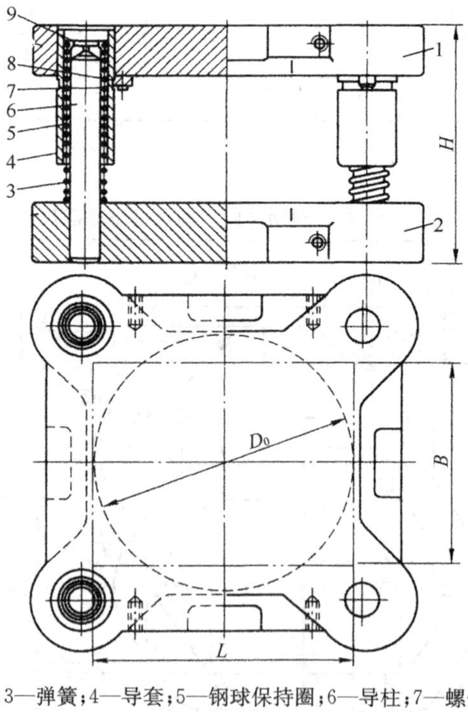

1—上模座；2—下模座；3—弹簧；4—导套；5—钢球保持圈；6—导柱；7—螺钉；8—压板；9—限程器

（续表）

凹模周界		最大行程	设计最小闭合高度		零件名称和标准编号			
					上模座 GB/T 2856.1	下模座 GB/T 2856.2	导　柱 GB/T 2861.2	导　套 GB/T 2861.4
					数　量			
					1	1	4	4
L	*B*	D_0	*S*	*H*	规　格			
160	125	160	80	165	160×125×40	160×125×45	25×155	25×100×38
			100	200		160×125×50	25×190	25×125×38
200	160	200	100	200	200×160×45	200×160×55	28×190	28×100×38
			120	220			28×210	28×125×38
250			100	200	250×160×50	250×160×60	32×190	32×120×48
			120	230			32×215	32×150×48
250	200	250	100	200	250×200×50	250×200×60	32×190	32×120×48
			120	230			32×215	32×150×48
315			100	200	315×200×50	315×200×65	32×190	32×120×48
			120	230			32×215	32×150×48
400	250		100	220	400×250×60	400×250×70	35×210	35×120×58
			120	240			35×225	35×150×58

凹模周界		最大行程	设计最小闭合高度		零件名称和标准编号			
					钢球保持圈 GB/T 2861.5	弹　簧 GB/T 2861.6	压　板 GB/T 2861.11	螺　钉 GB/T 70.1
					数　量			
					4	4	12	12
L	*B*	D_0	*S*	*H*	规　格			
160	125	160	80	165	25×32.5×64	1.6×30×65	16×20	M16×16
			100	200	25×32.5×76	1.6×30×79		
200	160	200	100	200	28×32.5×64	1.6×30×65		
			120	220	28×32.5×76	1.6×30×79		
250			100	200	32×39.5×76	2×37×79		
			120	230	32×39.5×84	2×37×87		
250	200	250	100	200	32×39.5×76	2×37×79		
			120	230	32×39.5×84	2×37×87		
315			100	200	32×39.5×76	2×37×79		
			120	230	32×39.5×84	2×37×87		
400	250		100	220	35×42.5×76	2×40×79	20×20	M8×20
			120	240	35×42.5×84	2×40×87		

注：1. 限程器结构和尺寸由制造者确定。
2. 最大行程指该模架许可的最大冲压行程。
3. 参照 GB/T 2852—2008。

表 1-9-24　滚动导向四导柱上模座尺寸　　(mm)

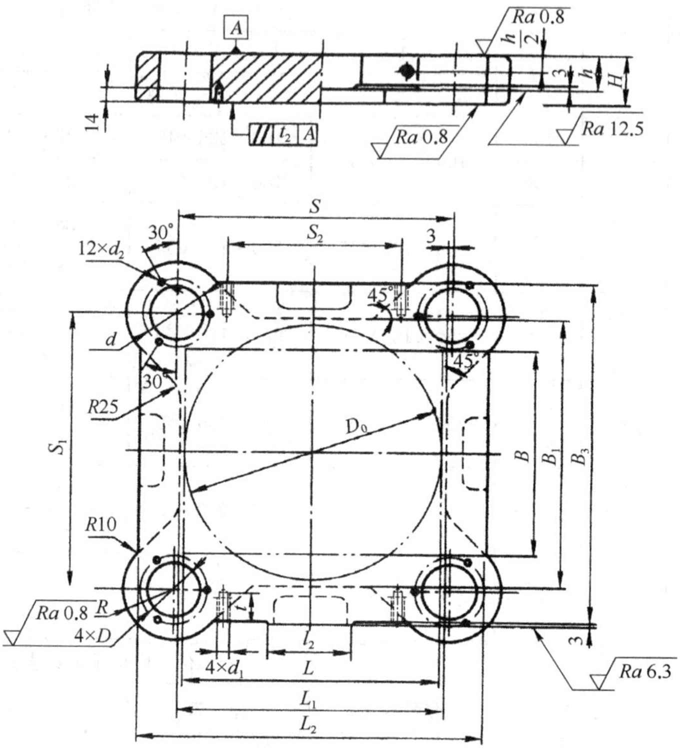

凹模周界			H	h	L_1	B_1	L_2	B_2	S	S_1	R	l_2	D (H6)	d_1	t	S_2	d	d_2
L	B	D_0																
160	125	160	40	30	170	170	240	230	180	175	40	80	48				62	M6－6H
200	160	200	45	35	210	210	290	280	220	220	45		50	M14－6H	28	130	64	
250			50		260		340		270		50		55			170	69	
250	200	250				260		330		270								
315					325		425		330			100						
400	250		60		410	320	515	390	425	320	60		58	M16－6H	32	300	82	M8－6H

注：1. 压板台的形状尺寸由制造者确定。
2. 材料由制造者选定，推荐采用 HT200，时效处理。
3. t_2值见表 1-9-4。
4. 参照 GB/T 2856.1—2008。

表 1-9-25　滚动导向四导柱下模座尺寸　(mm)

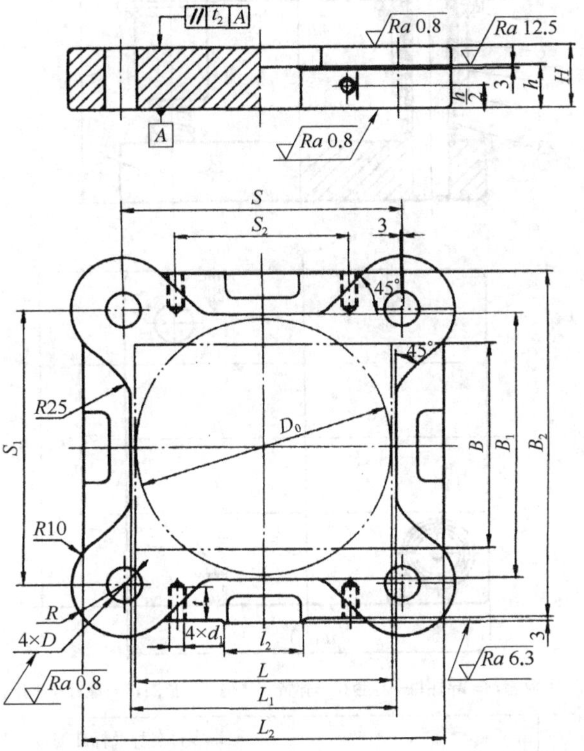

凹模周界			H	h	L_1	B_1	L_2	B_2	S	S_1	R	l_2	D (R7)	d_1	t	S_2
L	B	D_0														
160	125	160	40 50	35	170	170	240	240	180	175	40	80	25			
200	160	200	55	40	210	210	290	290	220	220	45		28	M14-6H	28	130
250			60		260		340		270		50		32	M16-6H	32	170
250	200	250	60		260	260		340	270	270			32			170
315			65		325		425		330			100	32			250
400	250		70	45	410	320	515	390	425	320	60		35			300

注：1. 压板台的形状尺寸由制造者确定。
2. 材料由制造者选定，推荐采用 HT200，时效处理。
3. t_2值见表 1-9-4。
4. 参照 GB/T 2856.2—2008。

2. 钢板模架和模座

钢板模架有滑动导向钢板模架和滚动导向钢板模架两类，模架技术要求按照 JB/T 8050 的规定。钢板模架适用于高效率、高精度、高寿命的模具，通常采用滚动导向钢板模架。

(1) 滚动导向对角导柱模架和模座。滚动导向对角导柱模架，按照凹模周界尺寸 $L \times B$ 的不同，共分为 36 组，其尺寸见表 1-9-26。滚动导向对角导柱上模座尺寸见表 1-9-27，滚动导向对角导柱下模座尺寸见表 1-9-28。

表 1-9-26 滚动导向对角导柱模架尺寸 (mm)

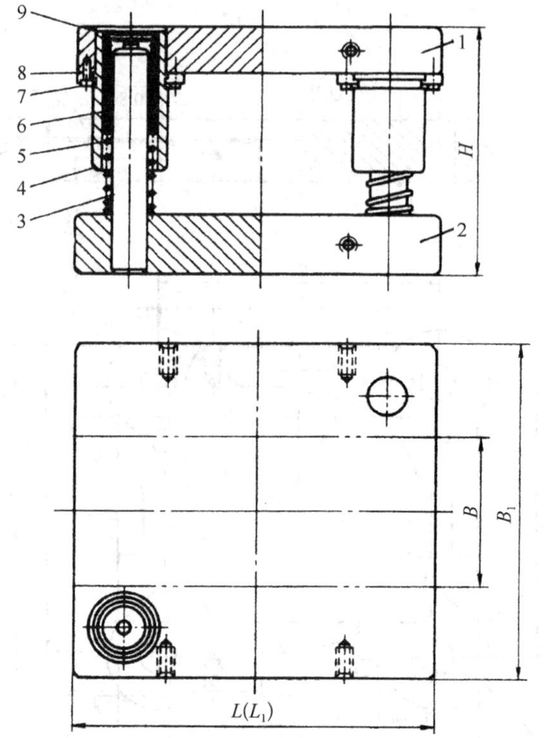

1—上模座;2—下模座;3—导柱;4—导套;5—弹簧;6—钢球保持圈;7—螺钉;8—压板;9—限程器

凹模周界		外形尺寸		最大行程 S	最小闭合高度 H	零件名称及标准编号					
						上模座 GB/T 23564.2	下模座 GB/T 23562.2	导 柱 GB/T 2861.2		导 套 GB/T 2861.4	
						数 量					
L	B	L_1	B_1			1	1	1	1	1	1
						规 格					
100	80	100	200	60	140	100×80×25	100×80×32	18×130	20×130	18×80×23	20×80×23
				80	165	100×80×32	100×80×40	18×155	20×155	18×100×30	20×100×30
125		125		60	140	125×80×25	125×80×32	18×130	20×130	18×80×23	20×80×23
				80	165	125×80×32	125×80×40	18×155	20×155	18×100×30	20×100×30
160		160		60	140	160×80×25	160×80×32	18×130	20×130	18×80×23	20×80×23
				80	165	160×80×32	160×80×40	18×155	20×155	18×100×30	20×100×30
200		200	225		170	200×80×32	200×80×40	22×160	25×160	22×100×30	25×100×30
250		250				250×80×32	250×80×40				
125	100	125		60	140	125×100×25	125×100×32	18×130	20×130	18×80×23	20×80×23
				80	165	125×100×32	125×100×40	18×155	20×155	18×100×30	20×100×30
160		160	250		170	160×100×32	160×100×40	22×160	25×160	22×100×30	25×100×30
200		200				200×100×32	200×100×40				
250		250				250×100×32	250×100×40				

（续表）

凹模周界		外形尺寸		最大行程 S	最小闭合高度 H	零件名称及标准编号					
						钢球保持圈 GB/T 2861.5		弹簧 GB/T 2861.6		压板 GB/T 2861.11	螺钉 GB/T 70.1
						数量					
						1	1	1	1	4或6	4或6
L	B	L_1	B_1			规格					
100	80	100	200	60	140	18×23.5×64	20×25.5×64	1.6×22×72	1.6×22×72	12×12	M4×14
				80	165						
125		125		60	140						
				80	165						
160		160		60	140						
				80	165						
200		200	225		170	22×27.5×64	25×30.5×64	1.6×26×72	1.6×29×79	16×20	M6×16
250		250									
125	100	125		60	140	18×23.5×64	20×25.5×64	1.6×22×72	1.6×22×72	12×12	M4×14
				80	165						
160		160	250		170	22×27.5×64	25×30.5×64	1.6×26×72	1.6×29×79	16×20	M6×16
200		200									
250		250									

凹模周界		外形尺寸		最大行程 S	最小闭合高度 H	零件名称及标准编号					
						上模座 GB/T 23564.2	下模座 GB/T 23562.2	导柱 GB/T 2861.2		导套 GB/T 2861.4	
						数量					
						1	1	1	1	1	1
L	B	L_1	B_1			规格					
315	100	315	265	100	200	315×100×40	315×100×50	28×190	32×190	28×120×38	32×120×38
160	125	160	280	80	170	160×125×32	160×125×40	22×160	25×160	22×100×30	25×100×30
200		200				200×125×32	200×125×40				
250		250		100	200	250×125×40	250×125×50	28×190	32×190	28×120×38	32×120×38
315		315				315×125×40	315×125×50				
400		400				400×125×40	400×125×50				
200	160	200	335			200×160×40	200×160×50				
250		250				250×160×40	250×160×50				
315		315				315×160×40	315×160×50				
400		400				400×160×40	400×160×50				
500		500				500×160×40	500×160×50				
250	200	250	375			250×200×40	250×200×50				

（续表）

<table>
<tr><th colspan="2">凹模周界</th><th colspan="2">外形尺寸</th><th rowspan="3">最大行程 S</th><th rowspan="3">最小闭合高度 H</th><th colspan="6">零件名称及标准编号</th></tr>
<tr><th colspan="2"></th><th colspan="2"></th><th colspan="2">钢球保持圈
GB/T 2861.5</th><th colspan="2">弹 簧
GB/T 2861.6</th><th>压 板
GB/T 2861.11</th><th>螺 钉
GB/T 70.1</th></tr>
<tr><th rowspan="3">L</th><th rowspan="3">B</th><th rowspan="3">L_1</th><th rowspan="3">B_1</th><th colspan="6">数 量</th></tr>
<tr><th></th><th></th><th>1</th><th>1</th><th>1</th><th>1</th><th>4 或 6</th><th>4 或 6</th></tr>
<tr><th></th><th></th><th colspan="6">规 格</th></tr>
<tr><td>315</td><td>100</td><td>315</td><td>265</td><td>100</td><td>200</td><td>28×35.5×84</td><td>32×39.5×84</td><td>1.6×32×86</td><td>2×37×87</td><td rowspan="12">16×20</td><td rowspan="12">M6×16</td></tr>
<tr><td>160</td><td rowspan="5">125</td><td>160</td><td rowspan="5">280</td><td rowspan="2">80</td><td rowspan="2">170</td><td rowspan="2">22×27.5×64</td><td rowspan="2">25×30.5×64</td><td rowspan="2">1.6×26×72</td><td rowspan="2">1.6×29×79</td></tr>
<tr><td>200</td><td>200</td></tr>
<tr><td>250</td><td>250</td><td rowspan="9">100</td><td rowspan="9">200</td><td rowspan="9">28×35.5×84</td><td rowspan="9">32×39.5×84</td><td rowspan="9">1.6×32×86</td><td rowspan="9">2×37×87</td></tr>
<tr><td>315</td><td>315</td></tr>
<tr><td>400</td><td>400</td></tr>
<tr><td>200</td><td rowspan="5">160</td><td>200</td><td rowspan="5">335</td></tr>
<tr><td>250</td><td>250</td></tr>
<tr><td>315</td><td>315</td></tr>
<tr><td>400</td><td>400</td></tr>
<tr><td>500</td><td>500</td></tr>
<tr><td>250</td><td>200</td><td>250</td><td>375</td></tr>
</table>

<table>
<tr><th colspan="2">凹模周界</th><th colspan="2">外形尺寸</th><th rowspan="3">最大行程 S</th><th rowspan="3">最小闭合高度 H</th><th colspan="6">零件名称及标准编号</th></tr>
<tr><th colspan="2"></th><th colspan="2"></th><th>上模座
GB/T 23564.2</th><th>下模座
GB/T 23562.2</th><th colspan="2">导 柱
GB/T 2861.2</th><th colspan="2">导 套
GB/T 2861.4</th></tr>
<tr><th rowspan="3">L</th><th rowspan="3">B</th><th rowspan="3">L_1</th><th rowspan="3">B_1</th><th colspan="6">数 量</th></tr>
<tr><th></th><th></th><th>1</th><th>1</th><th>1</th><th>1</th><th>1</th><th>1</th></tr>
<tr><th></th><th></th><th colspan="6">规 格</th></tr>
<tr><td>315</td><td rowspan="3">200</td><td>315</td><td rowspan="2">375</td><td rowspan="2">100</td><td rowspan="2">200</td><td>315×200×40</td><td>315×200×50</td><td rowspan="2">28×190</td><td rowspan="2">32×190</td><td rowspan="2">28×120×38</td><td rowspan="2">32×120×38</td></tr>
<tr><td>400</td><td>400</td><td>400×200×40</td><td>400×200×50</td></tr>
<tr><td>500</td><td>500</td><td>400</td><td>120</td><td>245</td><td>500×200×50</td><td>500×200×63</td><td>35×230</td><td>40×230</td><td>35×150×48</td><td>40×150×48</td></tr>
<tr><td>315</td><td rowspan="4">250</td><td>315</td><td>425</td><td>100</td><td>200</td><td>315×250×40</td><td>315×250×50</td><td>28×190</td><td>32×190</td><td>28×120×38</td><td>32×120×38</td></tr>
<tr><td>400</td><td>400</td><td rowspan="3">450</td><td rowspan="9">120</td><td rowspan="9">245</td><td>400×250×50</td><td>400×250×63</td><td rowspan="9">35×230</td><td rowspan="9">40×230</td><td rowspan="9">35×150×48</td><td rowspan="9">40×150×48</td></tr>
<tr><td>500</td><td>500</td><td>500×250×50</td><td>500×250×63</td></tr>
<tr><td>630</td><td>630</td><td>630×250×50</td><td>630×250×63</td></tr>
<tr><td>315</td><td rowspan="4">315</td><td>315</td><td rowspan="2">530</td><td>315×315×50</td><td>315×315×63</td></tr>
<tr><td>400</td><td>400</td><td>400×315×50</td><td>400×315×63</td></tr>
<tr><td>500</td><td>500</td><td rowspan="2">560</td><td>500×315×50</td><td>500×315×63</td></tr>
<tr><td>630</td><td>630</td><td>630×315×50</td><td>630×315×63</td></tr>
<tr><td>400</td><td rowspan="2">400</td><td>400</td><td rowspan="2">630</td><td>400×400×50</td><td>400×400×63</td></tr>
<tr><td>500</td><td>500</td><td>500×400×50</td><td>500×400×63</td></tr>
</table>

（续表）

凹模周界		外形尺寸		最大行程 S	最小闭合高度 H	零件名称及标准编号					
						钢球保持圈 GB/T 2861.5		弹　簧 GB/T 2861.6		压　板 GB/T 2861.11	螺　钉 GB/T 70.1
						数　量					
L	B	L_1	B_1			1	1	1	1	4或6	4或6
						规　格					
315	200	315	375	100	200	28×35.5×84	32×39.5×84	1.6×32×86	2×37×87	16×20	M6×16
400		400									
500		500	400	120	245	35×44.5×84	40×49.5×84	2×40×88	2×45×88	20×20	M8×20
315	250	315	425	100	200	28×35.5×84	32×39.5×84	1.6×32×86	2×37×87		
400		400	450	120	245	35×44.5×84	40×49.5×84	2×40×88	2×45×88		
500		500									
630		630									
315	315	315	530								
400		400									
500		500	560								
630		630									
400	400	400	630								
500		500									

凹模周界		外形尺寸		最大行程 S	最小闭合高度 H	零件名称及标准编号					
						上模座 GB/T 23564.2	下模座 GB/T 23562.2	导　柱 GB/T 2861.2		导　套 GB/T 2861.4	
						数　量					
L	B	L_1	B_1			1	1	1	1	1	1
						规　格					
630	400	630	630	120	275	630×400×63	630×400×80	45×260	50×260	45×150×58	50×150×58
800		800				800×400×63	800×400×80				

凹模周界		外形尺寸		最大行程 S	最小闭合高度 H	零件名称及标准编号					
						钢球保持圈 GB/T 2861.5		弹　簧 GB/T 2861.6		压　板 GB/T 2861.11	螺　钉 GB/T 70.1
						数　量					
L	B	L_1	B_1			1	1	1	1	4或6	4或6
						规　格					
630	400	630	630	120	275	45×54.5×90	50×59.5×90	2×50×107	2×55×107	20×20	M8×20
800		800									

注：1. 限程器结构和尺寸由制造者确定。导套与上模座装配允许采用粘接方式。允许采用可卸导柱。

2. 参照 GB/T 23563.2—2009。

表 1-9-27　滚动导向对角导柱上模座尺寸　　(mm)

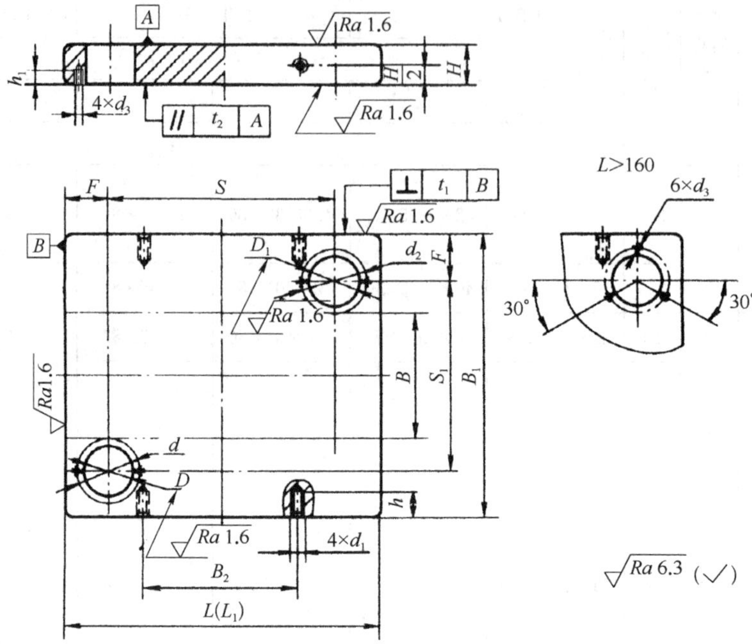

凹模周界 L	凹模周界 B	L_1	B_1	H	F	S	S_1	D (H6)	D_1 (H6)	B_2	d_1	h	d	d_2	d_3
100	80	100	200	25	32	36	136	38	40				49	51	M4-6H
				32											
125		125		25		61									
				32											
160		160		25		96									
				32											
200		200	225		40	120	145	42	45				56	59	M6-6H
250		250				170									
125	100	125		25	32	61	161	38	40				49	51	M4-6H
160		160	250	32	40	80	170	42	45				56	59	M6-6H
200		200				120									
250		250				170									
315		315	265	40	45	225	175	50	55	155	M12-7H	25	64	69	
160	125	160	280	32	40	80	200	42	45				56	59	
200		200				120									
250		250		40	45	160	190	50	55	100	M12-7H	25	64	69	
315		315				225				155					
400		400				310				220					

（续表）

凹模周界 L	凹模周界 B	L_1	B_1	H	F	S	S_1	D (H6)	D_1 (H6)	B_2	d_1	h	d	d_2	d_3
200	160	200	335	40	45	110	245	50	55				64	69	M6 - 6H
250		250				160				100	M12 - 7H	25			
315		315				225				155					
400		400				310				220					
500		500				410				320					
250	200	250	375			160	285			80					
315		315				225				155					
400		400				310				220					
500		500	400	50	55	390	290	60	65	300			80	85	M8 - 6H
315	250	315	425	40	50	215	325	50	55	145			64	69	
400		400	450	50	55	290	340	60	65	200	M16 - 7H	30	80	85	
500		500				390				300					
630		630				520				430					
315	315	315	530			205	420			115					
400		400				290				200					
500		500	560		63	374	434	70	76	280			91	97	
630		630				504				380					
400	400	400	630			274	504			180					
500		500				374				280					
630		630		63		504				380					
800		800				674				550	M20 - 7H	35			

注：1. t_1、t_2值见表 1-9-4。
　　2. 参照 GB/T 23564.2—2009。

表 1-9-28　滚动导向对角导柱下模座尺寸　(mm)

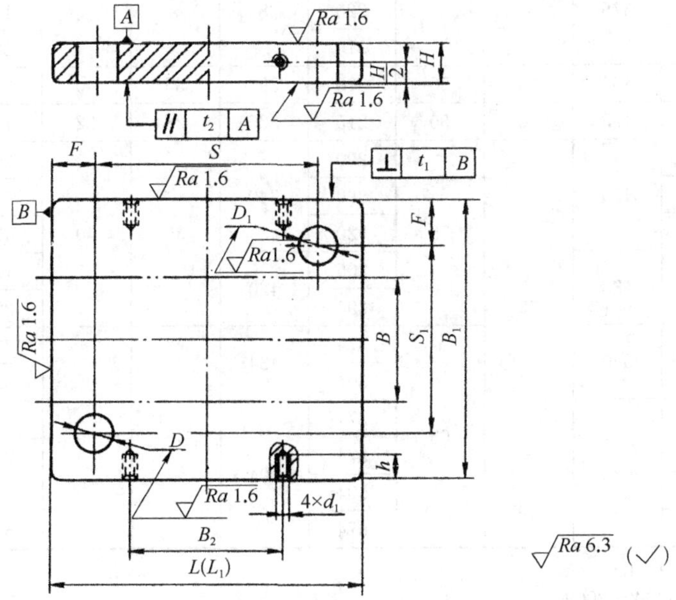

（续表）

凹模周界 L	凹模周界 B	L_1	B_1	H	F	S	S_1	D (R7)	D_1 (R7)	B_2	d_1	h
100	80	100	200	32	32	36	136	18	20			
				40								
125		125		32		61						
				40								
160		160		32		96						
				40								
200		200	225		40	120	145	22	25	60	M12-7H	25
250		250				170				100		
125	100	125		32	32	61	161	18	20			
				40								
160		160	250		40	80	170	22	25	60	M12-7H	25
200		200				120						
250		250				170				100		
315		315	265	50	45	225	175	28	32	155		
160	125	160	280	40	40	80	200	22	25	60		
200		200				120						
250		250		50	45	160	190	28	32	100		
315		315				225				155		
400		400				310				220		
200	160	200	335			110	245			60		
250		250				160				100		
315		315				225				155		
400		400				310				220		
500		500				410				320		
250	200	250	375			160	285			80		
315		315				225				155		
400		400				310				220		
500		500	400	63	55	390	290	35	40	300		
315	250	315	425	50	50	215	325	28	32	145		
400		400	450	63	55	290	340	35	40	200		
500		500				390				300	M16-7H	30
630		630				520				430		
315	315	315	530			205	420			115		
400		400				290				200		
500		500	560		63	374	434	45	50	280		
630		630				504				380		
400	400	400	630			274	504			180		
500		500				374				280		
630		630		80		504				380		
800		800				674				550	M20-7H	35

注：1. t_1、t_2值见表 1-9-4。
　　2. 参照 GB/T 23562.2—2009。

(2) 滚动导向中间导柱模架和模座。滚动导向中间导柱模架，按照凹模周界尺寸 $L\times B$ 的不同，共分为 33 组，其尺寸见表 1-9-29。滚动导向中间导柱上模座尺寸见表 1-9-30，滚动导向中间导柱下模座尺寸见表 1-9-31。

表 1-9-29　滚动导向中间导柱模架尺寸　(mm)

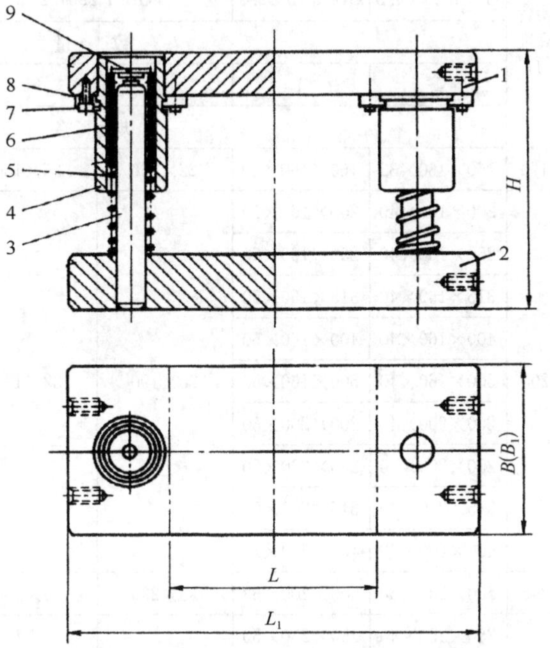

1—上模座；2—下模座；3—导柱；4—导套；5—弹簧；6—钢球保持圈；7—螺钉；8—压板；9—限程器

凹模周界		外形尺寸		最大行程 S	最小闭合高度 H	零件名称及标准编号					
						上模座 GB/T 23564.3	下模座 GB/T 23562.3	导柱 GB/T 2861.2		导套 GB/T 2861.4	
						数量					
L	B	L_1	B_1			1	1	1	1	1	1
						规格					
100	100	215	100	60	140	100×100×25	100×100×32	18×130	20×130	18×80×23	20×80×23
				80	165	100×100×32	100×100×40	18×155	20×155	18×100×30	20×100×30
125		250		60	140	125×100×25	125×100×32	18×130	20×130	18×80×23	20×80×23
				80	165	125×100×32	125×100×40	18×155	20×155	18×100×30	20×100×30
160		315			170	160×100×32	160×100×40	22×160	25×160	22×100×30	25×100×30
200		355				200×100×32	200×100×40				
250		400				250×100×32	250×100×40				
315		475		100	200	315×100×40	315×100×50	28×190	32×190	28×120×38	32×120×38
125	125	280	125	80	170	125×125×32	125×125×40	22×160	25×160	22×100×30	25×100×30
160		315				160×125×32	160×125×40				
200		355				200×125×32	200×125×40				
250		400		100	200	250×125×40	250×125×50	28×190	32×190	28×120×38	32×120×38
315		475				315×125×40	315×125×50				
400		560				400×125×40	400×125×50				

（续表）

凹模周界 L	凹模周界 B	外形尺寸 L_1	外形尺寸 B_1	最大行程 S	最小闭合高度 H	上模座 GB/T 23564.3	下模座 GB/T 23562.3	导柱 GB/T 2861.2	导柱 GB/T 2861.2	导套 GB/T 2861.4	导套 GB/T 2861.4
					数量	1	1	1	1	1	1
					规格						
160	160	315	160	80	170	160×160×32	160×160×40	22×160	25×160	22×100×30	25×100×30
200		355		100	200	200×160×40	200×160×50	28×190	32×190	28×120×38	32×120×38
250		425				250×160×40	250×160×50				
315		475				315×160×40	315×160×50				
400		560				400×160×40	400×160×50				
500		670				500×160×40	500×160×50				
200	200	375	200			200×200×40	200×200×50				
250		425				250×200×40	250×200×50				
315		475				315×200×40	315×200×50				
400		560				400×200×40	400×200×50				
500		710			245	500×200×50	500×200×63	35×230	40×230	35×150×48	40×150×48
250	250	425	250		200	250×250×40	250×250×50	28×190	32×190	28×120×38	32×120×38
315		475				315×250×40	315×250×50				
400		600		120	245	400×250×50	400×250×63	35×230	40×230	35×150×48	40×150×48
500		710				500×250×50	500×250×63				
315	315	530	315			315×315×50	315×315×63				
400		600				400×315×50	400×315×63				
500		750				500×315×50	500×315×63	45×230	50×230	45×150×48	50×150×48
630		850				630×315×50	630×315×63				
500	400	750	400			500×400×50	500×400×63				
630		850			275	630×400×63	630×400×80	45×260	50×260	45×150×58	50×150×58

凹模周界 L	凹模周界 B	外形尺寸 L_1	外形尺寸 B_1	最大行程 S	最小闭合高度 H	钢球保持圈 GB/T 2861.5	弹簧 GB/T 2861.6	压板 GB/T 2861.11	压板 GB/T 2861.11	螺钉 GB/T 70.1	螺钉 GB/T 70.1
					数量	1	1	1	1	4或6	4或6
					规格						
100	100	215	100	60	140	18×23.5×64	20×25.5×64	1.6×22×72	1.6×22×72	12×12	M4×14
				80	165						
125		250		60	140						
				80	165						
160		315			170	22×27.5×64	25×30.5×64	1.6×26×72	1.6×29×79	16×20	M6×16
200		355									

（续表）

凹模周界		外形尺寸		最大行程 S	最小闭合高度 H	零件名称及标准编号					
						钢球保持圈 GB/T 2861.5	弹　簧 GB/T 2861.6	压　板 GB/T 2861.11		螺　钉 GB/T 70.1	
						数　量					
L	B	L_1	B_1			1	1	1	1	4或6	4或6
						规　格					
250	100	400	100	80	170	22×27.5×64	25×30.5×64	1.6×26×72	1.6×29×79	16×20	M6×16
315		475		100	200	28×35.5×84	32×39.5×84	1.6×32×86	2×37×87		
125	125	280	125	80	170	22×27.5×64	25×30.5×64	1.6×26×72	1.6×29×79		
160		315									
200		355									
250		400		100	200	28×35.5×84	32×39.5×84	1.6×32×86	2×37×87		
315		475									
400		560									
160	160	315	160	80	170	22×27.5×64	25×30.5×64	1.6×26×72	1.6×29×79		
200		355		100	200	28×35.5×84	32×39.5×84	1.6×32×86	2×37×87		
250		425									
315		475									
400		560									
500		670									
200	200	375	200								
250		425									
315		475									
400		560									
500		710			245	35×44.5×84	40×49.5×84	2×40×88	2×45×88	20×20	M8×20
250	250	425	250		200	28×35.5×84	32×39.5×84	1.6×32×86	2×37×87		
315		475									
400		600		120	245	35×44.5×84	40×49.5×84	2×40×88	2×45×88		
500		710									
315	315	530	315								
400		600									
500		750				45×44.5×90	50×49.5×90	2×50×107	2×55×107		
630		850									
500	400	750	400								
630		850			275			2×50×128	2×55×128		

注：1. 限程器结构和尺寸由制造者确定。导套与上模座装配允许采用粘接方式。允许采用可卸导柱。

2. 参照 GB/T 23563.3—2009。

表 1-9-30 滚动导向中间导柱上模座尺寸 (mm)

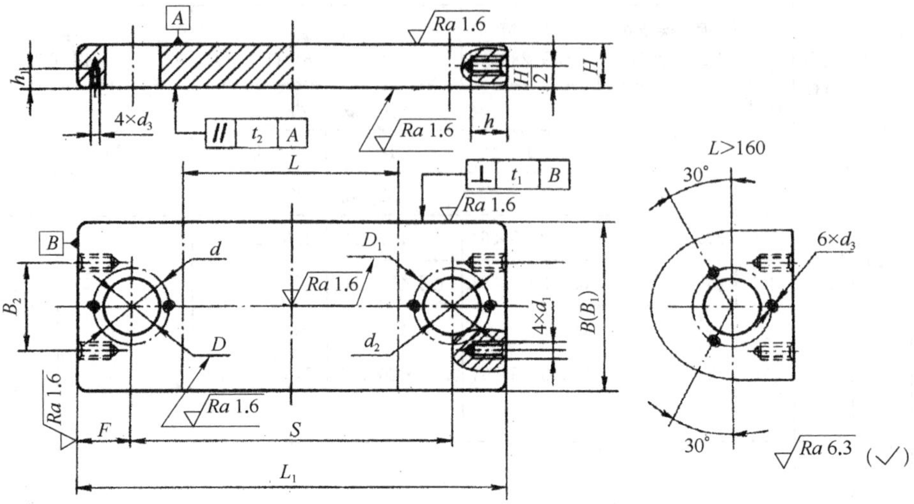

h_1为 2 倍的 d_3

<table>
<tr><th colspan="2">凹模周界</th><th rowspan="2">L_1</th><th rowspan="2">B_1</th><th rowspan="2">H</th><th rowspan="2">F</th><th rowspan="2">S</th><th rowspan="2">D
(H6)</th><th rowspan="2">D_1
(H6)</th><th rowspan="2">B_2</th><th rowspan="2">d_1</th><th rowspan="2">h</th><th rowspan="2">d</th><th rowspan="2">d_2</th><th rowspan="2">d_3</th></tr>
<tr><th>L</th><th>B</th></tr>
<tr><td rowspan="2">100</td><td rowspan="8">100</td><td rowspan="2">215</td><td rowspan="8">100</td><td>25</td><td rowspan="4">32</td><td rowspan="2">151</td><td rowspan="4">38</td><td rowspan="4">40</td><td rowspan="5"></td><td rowspan="5"></td><td rowspan="5"></td><td rowspan="4">49</td><td rowspan="4">51</td><td rowspan="4">M4-6H</td></tr>
<tr><td>32</td></tr>
<tr><td rowspan="2">125</td><td rowspan="2">250</td><td>25</td><td rowspan="2">186</td></tr>
<tr><td rowspan="4">32</td></tr>
<tr><td>160</td><td>315</td><td rowspan="3">40</td><td>235</td><td rowspan="3">42</td><td rowspan="3">45</td><td rowspan="3">46</td><td rowspan="3">59</td><td rowspan="16">M6-6H</td></tr>
<tr><td>200</td><td>355</td><td>275</td><td rowspan="8"></td><td rowspan="8"></td><td rowspan="8"></td></tr>
<tr><td>250</td><td>400</td><td>320</td></tr>
<tr><td>315</td><td>475</td><td>40</td><td>45</td><td>385</td><td>50</td><td>55</td><td>64</td><td>69</td></tr>
<tr><td>125</td><td rowspan="6">125</td><td>280</td><td rowspan="6">125</td><td rowspan="3">32</td><td rowspan="3">40</td><td>200</td><td rowspan="3">42</td><td rowspan="3">45</td><td rowspan="3">56</td><td rowspan="3">59</td></tr>
<tr><td>160</td><td>315</td><td>235</td></tr>
<tr><td>200</td><td>355</td><td>275</td></tr>
<tr><td>250</td><td>400</td><td rowspan="3">40</td><td rowspan="3">45</td><td>310</td><td rowspan="3">50</td><td rowspan="3">55</td><td rowspan="3">64</td><td rowspan="3">69</td></tr>
<tr><td>315</td><td>475</td><td>385</td></tr>
<tr><td>400</td><td>560</td><td>470</td><td>75</td><td>M12-6H</td><td>25</td></tr>
<tr><td>160</td><td rowspan="6">160</td><td>315</td><td rowspan="6">160</td><td>32</td><td>40</td><td>235</td><td>42</td><td>45</td><td rowspan="2"></td><td rowspan="6"></td><td rowspan="2"></td><td>56</td><td>59</td></tr>
<tr><td>200</td><td>355</td><td rowspan="5">40</td><td rowspan="5">45</td><td>265</td><td rowspan="5">50</td><td rowspan="5">55</td><td rowspan="5">64</td><td rowspan="5">69</td></tr>
<tr><td>250</td><td>425</td><td>335</td><td>120</td><td rowspan="4"></td></tr>
<tr><td>315</td><td>475</td><td>385</td><td rowspan="3">110</td></tr>
<tr><td>400</td><td>560</td><td>470</td></tr>
<tr><td>500</td><td>670</td><td>580</td></tr>
</table>

（续表）

<table>
<tr><th colspan="2">凹模周界</th><th rowspan="2">L_1</th><th rowspan="2">B_1</th><th rowspan="2">H</th><th rowspan="2">F</th><th rowspan="2">S</th><th rowspan="2">D
(H6)</th><th rowspan="2">D_1
(H6)</th><th rowspan="2">B_2</th><th rowspan="2">d_1</th><th rowspan="2">h</th><th rowspan="2">d</th><th rowspan="2">d_2</th><th rowspan="2">d_3</th></tr>
<tr><th>L</th><th>B</th></tr>
<tr><td>200</td><td rowspan="5">200</td><td>375</td><td rowspan="5">200</td><td rowspan="4">40</td><td rowspan="4">45</td><td>285</td><td rowspan="4">50</td><td rowspan="4">55</td><td rowspan="5">150</td><td rowspan="11">M12 - 6H</td><td rowspan="11">25</td><td rowspan="4">64</td><td rowspan="4">69</td><td rowspan="4">M6 - 6H</td></tr>
<tr><td>250</td><td>425</td><td>335</td></tr>
<tr><td>315</td><td>475</td><td>385</td></tr>
<tr><td>400</td><td>560</td><td>470</td></tr>
<tr><td>500</td><td>710</td><td>50</td><td>55</td><td>600</td><td>60</td><td>65</td><td>80</td><td>85</td><td rowspan="11">M8 - 6H</td></tr>
<tr><td>250</td><td rowspan="4">250</td><td>425</td><td rowspan="4">250</td><td rowspan="2">40</td><td rowspan="2">45</td><td>335</td><td rowspan="2">50</td><td rowspan="2">55</td><td rowspan="2">200</td><td rowspan="2">70</td><td rowspan="2">75</td></tr>
<tr><td>315</td><td>475</td><td>385</td></tr>
<tr><td>400</td><td>600</td><td rowspan="7">50</td><td rowspan="4">55</td><td>490</td><td rowspan="4">60</td><td rowspan="4">65</td><td rowspan="2">190</td><td rowspan="4">80</td><td rowspan="4">85</td></tr>
<tr><td>500</td><td>710</td><td>600</td></tr>
<tr><td>315</td><td rowspan="4">315</td><td>530</td><td rowspan="4">315</td><td>420</td><td rowspan="2">255</td></tr>
<tr><td>400</td><td>600</td><td>490</td></tr>
<tr><td>500</td><td>750</td><td rowspan="4">63</td><td>624</td><td rowspan="4">70</td><td rowspan="4">76</td><td rowspan="2">235</td><td rowspan="4">M16 - 6H</td><td rowspan="4">30</td><td rowspan="4">91</td><td rowspan="4">97</td></tr>
<tr><td>630</td><td>850</td><td>724</td></tr>
<tr><td>500</td><td rowspan="2">400</td><td>750</td><td rowspan="2">400</td><td>624</td><td rowspan="2">320</td></tr>
<tr><td>630</td><td>850</td><td>63</td><td>724</td></tr>
</table>

注：1. t_1、t_2值见表 1-9-4。
　　2. 参照 GB/T 23564.3—2009。

表 1-9-31　滚动导向中间导柱下模座尺寸　(mm)

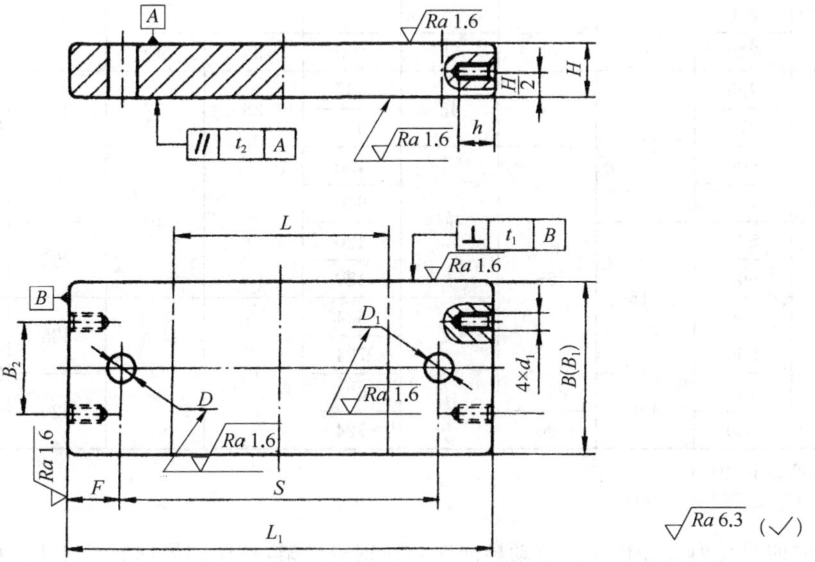

（续表）

<table>
<tr><th colspan="2">凹模周界</th><th rowspan="2">L_1</th><th rowspan="2">B_1</th><th rowspan="2">H</th><th rowspan="2">F</th><th rowspan="2">S</th><th rowspan="2">D
(R7)</th><th rowspan="2">D_1
(R7)</th><th rowspan="2">B_2</th><th rowspan="2">d_1</th><th rowspan="2">h</th></tr>
<tr><th>L</th><th>B</th></tr>
<tr><td rowspan="2">100</td><td rowspan="8">100</td><td rowspan="2">215</td><td rowspan="8">100</td><td>25</td><td rowspan="4">32</td><td rowspan="2">151</td><td rowspan="4">18</td><td rowspan="4">20</td><td rowspan="6"></td><td rowspan="6"></td><td rowspan="6"></td></tr>
<tr><td>32</td></tr>
<tr><td rowspan="2">125</td><td rowspan="2">250</td><td>25</td><td rowspan="2">186</td></tr>
<tr><td>32</td></tr>
<tr><td>160</td><td>315</td><td rowspan="3">40</td><td rowspan="3">40</td><td>235</td><td rowspan="3">22</td><td rowspan="3">25</td></tr>
<tr><td>200</td><td>355</td><td>275</td></tr>
<tr><td>250</td><td>400</td><td>320</td><td rowspan="2">60</td><td rowspan="2">M12－7H</td><td rowspan="2">25</td></tr>
<tr><td>315</td><td>475</td><td>50</td><td>45</td><td>385</td><td>28</td><td>32</td></tr>
<tr><td>125</td><td rowspan="6">125</td><td>280</td><td rowspan="6">125</td><td rowspan="3">40</td><td rowspan="3">40</td><td>200</td><td rowspan="3">22</td><td rowspan="3">25</td><td rowspan="2"></td><td rowspan="2"></td><td rowspan="2"></td></tr>
<tr><td>160</td><td>315</td><td>235</td></tr>
<tr><td>200</td><td>355</td><td>275</td><td rowspan="2">80</td><td rowspan="12">M12－7H</td><td rowspan="12">25</td></tr>
<tr><td>250</td><td>400</td><td rowspan="3">50</td><td rowspan="3">45</td><td>310</td><td rowspan="3">28</td><td rowspan="3">32</td></tr>
<tr><td>315</td><td>475</td><td>385</td><td rowspan="2">75</td></tr>
<tr><td>400</td><td>560</td><td>470</td></tr>
<tr><td>160</td><td rowspan="6">160</td><td>315</td><td rowspan="6">160</td><td>40</td><td>40</td><td>235</td><td>22</td><td>25</td><td rowspan="3">120</td></tr>
<tr><td>200</td><td>355</td><td rowspan="9">50</td><td rowspan="9">45</td><td>255</td><td rowspan="9">28</td><td rowspan="9">32</td></tr>
<tr><td>250</td><td>425</td><td>335</td></tr>
<tr><td>315</td><td>475</td><td>385</td><td rowspan="3">110</td></tr>
<tr><td>400</td><td>560</td><td>470</td></tr>
<tr><td>500</td><td>670</td><td>580</td></tr>
<tr><td>200</td><td rowspan="5">200</td><td>375</td><td rowspan="5">200</td><td>285</td><td rowspan="5">150</td></tr>
<tr><td>250</td><td>425</td><td>335</td></tr>
<tr><td>315</td><td>475</td><td>385</td><td rowspan="9">M12－7H</td><td rowspan="9">25</td></tr>
<tr><td>400</td><td>500</td><td>470</td></tr>
<tr><td>500</td><td>710</td><td>63</td><td>55</td><td>600</td><td>35</td><td>40</td></tr>
<tr><td>250</td><td rowspan="4">250</td><td>425</td><td rowspan="4">250</td><td rowspan="2">50</td><td rowspan="2">45</td><td>335</td><td rowspan="2">28</td><td rowspan="2">32</td><td rowspan="2">200</td></tr>
<tr><td>315</td><td>475</td><td>385</td></tr>
<tr><td>400</td><td>600</td><td rowspan="7">63</td><td rowspan="4">50</td><td>490</td><td rowspan="4">35</td><td rowspan="4">40</td><td rowspan="2">190</td></tr>
<tr><td>500</td><td>710</td><td>600</td></tr>
<tr><td>315</td><td rowspan="4">315</td><td>530</td><td rowspan="4">315</td><td>420</td><td rowspan="2">255</td></tr>
<tr><td>400</td><td>600</td><td>480</td></tr>
<tr><td>500</td><td>750</td><td rowspan="4">63</td><td>624</td><td rowspan="4">45</td><td rowspan="4">50</td><td rowspan="2">235</td><td rowspan="4">M16－7H</td><td rowspan="4">30</td></tr>
<tr><td>630</td><td>850</td><td>724</td></tr>
<tr><td>500</td><td rowspan="2">400</td><td>750</td><td rowspan="2">400</td><td>624</td><td rowspan="2">320</td></tr>
<tr><td>630</td><td>850</td><td>80</td><td>724</td></tr>
</table>

注：1. t_1、t_2值见表 1－9－4。
2. 参照 GB/T 23562.3—2009。

(3) 滚动导向四导柱模架和模座。滚动导向四导柱钢板模架，按照凹模周界尺寸 $L \times B$ 的不同，共分为 37 组，其尺寸见表 1－9－32。滚动导向四导柱上模座尺寸见表 1－9－33，滚动导向四导柱下模座尺寸见表 1－9－34。

表 1-9-32　滚动导向四导柱模架尺寸　　　　(mm)

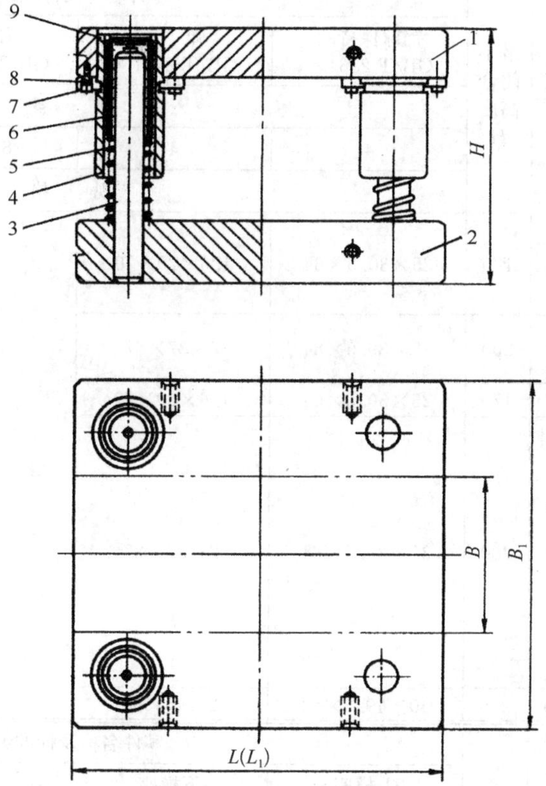

1—上模座；2—下模座；3—导柱；4—导套；5—弹簧；6—钢球保持圈；7—螺钉；8—压板；9—限程器

凹模周界		外形尺寸		最大行程 S	最小闭合高度 H	零件名称及标准编号			
						上模座 GB/T 23564.4	下模座 GB/T 23562.4	导　柱 GB/T 2861.2	导　套 GB/T 2861.4
						数　量			
L	B	L_1	B_1			1	1	4	4
						规　格			
160	100	160	250	80	170	160×100×32	160×100×40	25×160	25×100×30
200		200				200×100×32	200×100×40		
250		250				250×100×32	250×100×40		
315		315	265	100	200	315×100×40	315×100×50	32×190	31×120×38
400		400				400×100×40	400×100×50		
200	125	200		80	170	200×125×32	200×125×40	25×160	25×100×30
250		250	280	100	200	250×125×40	250×125×50	32×190	32×120×38
315		315				315×125×40	315×125×50		
400		400				400×125×40	400×125×50		
500		500				500×125×40	500×125×50		
250	160	250	315			250×160×40	250×160×50		
315		315				315×160×40	315×160×50		
400		400				400×160×40	400×160×50		
500		500				500×160×40	500×160×50		
630		630	355	120	245	630×160×50	630×160×63	40×230	40×150×48

（续表）

凹模周界		外形尺寸		最大行程 S	最小闭合高度 H	零件名称及标准编号			
						钢球保持圈 GB/T 2861.5	弹簧 GB/T 2861.6	压板 GB/T 2861.11	螺钉 GB/T 70.1
						数量			
L	B	L_1	B_1			4	4	8 或 12	8 或 12
						规格			
160		160							
200		200	250	80	170	25×30.5×64	1.6×29×79		
250	100	250							
315		315		100	200	32×39.5×84	2×37×87		
400		400	265						
200		200		80	170	25×30.5×64	1.6×29×79		
250		250							
315	125	315						16×20	M6×16
400		400	280						
500		500							
250		250		100	200	32×39.5×84	2×37×87		
315		315							
400	160	400	315						
500		500							
630		630	355	120	245	40×49.5×84	2×45×88		

凹模周界		外形尺寸		最大行程 S	最小闭合高度 H	零件名称及标准编号			
						上模座 GB/T 23564.4	下模座 GB/T 23562.4	导柱 GB/T 2861.2	导套 GB/T 2861.4
						数量			
L	B	L_1	B_1			1	1	4	4
						规格			
250		250				250×200×40	250×200×50		
315		315	355	100	200	315×200×40	315×200×50	32×190	32×120×38
400	200	400				400×200×40	400×200×50		
500		500	400	120	245	500×200×50	500×200×63	40×230	40×150×48
630		630				630×200×50	630×200×63		
315		315	425	100	200	315×250×40	315×250×50	32×190	32×120×38
400		400				400×250×50	400×250×63		
500	250	500				500×250×50	500×250×63		
630		630	450			630×250×50	630×250×63	40×230	40×150×48
800		800			245	800×250×50	800×250×63		
400		400	530			400×315×50	400×315×63		
500	315	500		120		500×315×50	500×315×63	50×230	50×150×48
630		630	560			630×315×50	630×315×63		
800		800			275	800×315×63	800×315×80	50×260	50×150×58
500		500			245	500×400×50	500×400×63	50×230	50×150×48
630		630	630		275	630×400×63	630×400×80	50×260	50×150×58
800	400	800				800×400×63	800×400×80		
1 000		1 000	670	140	335	1 000×400×80	1 000×400×100	60×320	60×180×78
630	500	630	750	120	275	630×500×63	630×500×80	50×260	50×150×58

（续表）

凹模周界 L	凹模周界 B	外形尺寸 L_1	外形尺寸 B_1	最大行程 S	最小闭合高度 H	钢球保持圈 GB/T 2861.5	弹　簧 GB/T 2861.6	压　板 GB/T 2861.11	螺　钉 GB/T 70.1
						数量 4	4	8或12	8或12
						规格			
250	200	250	355	100	200	32×39.5×84	2×37×87	16×20	M6×16
315		315							
400		400							
500		500	400	120	245	40×49.5×84	2×45×88	20×20	M8×20
630		630							
315	250	315	425	100	200	32×39.5×84	2×37×87	16×20	M6×20
400		400	450	120	245	40×49.5×84	2×45×88	20×20	M8×20
500		500							
630		630							
800		800							
400	315	400	530						
500		500	560			50×59.5×90	2×55×107		
630		630							
800		800			275		2×50×128		
500	400	500	630		245		2×55×107		
630		630			275		2×55×128		
800		800							
1 000		1 000	670	140	335	60×69.5×110	3×65×135	24×24	M10×25
630	500	630	750	120	275	50×59.5×90	2×55×128	20×20	M8×20

凹模周界 L	凹模周界 B	外形尺寸 L_1	外形尺寸 B_1	最大行程 S	最小闭合高度 H	上模座 GB/T 23564.4	下模座 GB/T 23562.4	导　柱 GB/T 2861.2	导　套 GB/T 2861.4
						数量 1	1	4	4
						规格			
800	500	800	750	140	335	800×500×80	800×500×100	60×320	60×180×78
1 000		1 000				1 000×500×80	1 000×500×100		
1 000	630	1 000	900			1 000×630×80	1 000×630×100		

凹模周界 L	凹模周界 B	外形尺寸 L_1	外形尺寸 B_1	最大行程 S	最小闭合高度 H	钢球保持圈 GB/T 2861.5	弹　簧 GB/T 2861.6	压　板 GB/T 2861.11	螺　钉 GB/T 70.1
						数量 4	4	8或12	8或12
						规格			
800	500	800	750	140	335	60×69.5×101	3×65×135	24×24	M10×25
1 000		1 000							
1 000	630	1 000	900						

注：1. 限程器结构和尺寸由制造者确定。导套与上模座装配允许采用粘接方式。允许采用可卸导柱。
2. 参照 GB/T 23563.4—2009。

表 1-9-33 滚动导向四导柱上模座尺寸 (mm)

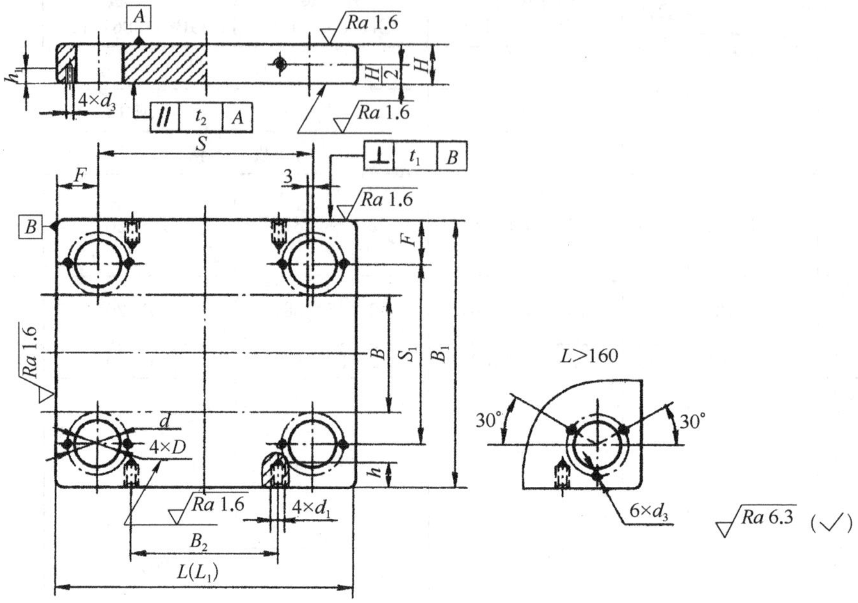

h_1 为 2 倍的 d_3

<table>
<tr><th colspan="2">凹模周界</th><th rowspan="2">L_1</th><th rowspan="2">B_1</th><th rowspan="2">H</th><th rowspan="2">F</th><th rowspan="2">S</th><th rowspan="2">S_1</th><th rowspan="2">D (H6)</th><th rowspan="2">B_2</th><th rowspan="2">d_1</th><th rowspan="2">h</th><th rowspan="2">d</th><th rowspan="2">d_3</th></tr>
<tr><th>L</th><th>B</th></tr>
<tr><td>100</td><td rowspan="5">100</td><td>100</td><td rowspan="3">250</td><td rowspan="3">32</td><td rowspan="3">40</td><td>80</td><td rowspan="3">170</td><td rowspan="3">45</td><td rowspan="3"></td><td rowspan="3"></td><td rowspan="3"></td><td rowspan="3">59</td><td rowspan="18">M6-6H</td></tr>
<tr><td>200</td><td>200</td><td>120</td></tr>
<tr><td>250</td><td>250</td><td>170</td></tr>
<tr><td>315</td><td>315</td><td rowspan="3">265</td><td rowspan="2">40</td><td rowspan="2">45</td><td>225</td><td rowspan="2">175</td><td rowspan="2">55</td><td>155</td><td rowspan="2">M12-7H</td><td rowspan="2">25</td><td rowspan="2">69</td></tr>
<tr><td>400</td><td>400</td><td>310</td><td>240</td></tr>
<tr><td>200</td><td rowspan="5">125</td><td>200</td><td>32</td><td>40</td><td>120</td><td>185</td><td>45</td><td></td><td></td><td></td><td>59</td></tr>
<tr><td>250</td><td>250</td><td rowspan="4">280</td><td rowspan="8">40</td><td rowspan="8">45</td><td>160</td><td rowspan="4">190</td><td rowspan="8">55</td><td>100</td><td rowspan="13">M12-7H</td><td rowspan="13">25</td><td rowspan="8">69</td></tr>
<tr><td>315</td><td>315</td><td>225</td><td>155</td></tr>
<tr><td>400</td><td>400</td><td>310</td><td>240</td></tr>
<tr><td>500</td><td>500</td><td>410</td><td>330</td></tr>
<tr><td>250</td><td rowspan="5">160</td><td>250</td><td rowspan="4">315</td><td>160</td><td rowspan="4">225</td><td>100</td></tr>
<tr><td>315</td><td>315</td><td>225</td><td>155</td></tr>
<tr><td>400</td><td>400</td><td>310</td><td>230</td></tr>
<tr><td>500</td><td>500</td><td>410</td><td>330</td></tr>
<tr><td>630</td><td>630</td><td rowspan="4">355</td><td>50</td><td>55</td><td>520</td><td>245</td><td>65</td><td>430</td><td>79</td></tr>
<tr><td>250</td><td rowspan="5">200</td><td>250</td><td rowspan="3">40</td><td rowspan="3">45</td><td>160</td><td rowspan="3">265</td><td rowspan="3">55</td><td>100</td><td rowspan="3">69</td></tr>
<tr><td>315</td><td>315</td><td>225</td><td>150</td></tr>
<tr><td>400</td><td>400</td><td>310</td><td>230</td></tr>
<tr><td>500</td><td>500</td><td rowspan="2">400</td><td rowspan="2">50</td><td rowspan="2">55</td><td>390</td><td rowspan="2">290</td><td rowspan="2">65</td><td>300</td><td rowspan="2">85</td><td rowspan="2">M8-6H</td></tr>
<tr><td>630</td><td>630</td><td>520</td><td>430</td><td>M16-7H</td><td>30</td></tr>
</table>

（续表）

凹模周界		L_1	B_1	H	F	S	S_1	D (H6)	B_2	d_1	h	d	d_3
L	B												
315		315	425	40	45	225	335	55	150	M12-7H	25	69	M6-6H
400		400				290			200				
500	250	500	450			390	340		300				
630		630			55	520		65	430			85	
800		800		50		690			600				
400		400	530			290	420		200				
500	315	500				374			280	M16-7H	30		M8-6H
630		630	560			504	434		380				
800		800		63	63	674		76	550			96	
500		500		50		374			280				
630	400	630	630	63		504	504		380				
800		800				674			550				
1 000		1 000	670	80	70	860	530	88	700			109	M10-6H
630		630		63	63	504	624	76	380	M20-7H	35	97	M8-6H
800	500	800	750			660	610		500				
1 000		1 000		80	70	860		88				109	M10-6H
1 000	630	1 000	900			860	760		700				

注：1. t_1、t_2值见表 1-9-4。
　　2. 参照 GB/T 23564.4—2009。

表 1-9-34　滚动导向四导柱下模座尺寸　（mm）

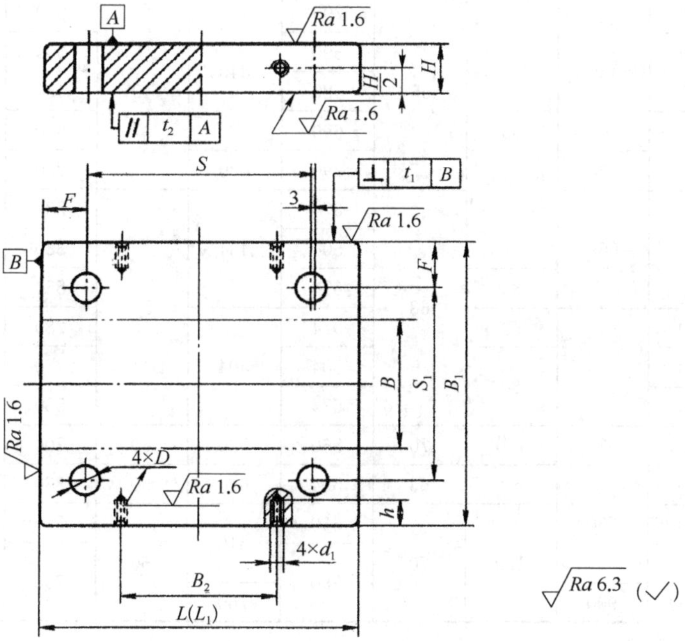

（续表）

凹模周界		L_1	B_1	H	F	S	S_1	D (R7)	B_2	d_1	h
L	B										
160	100	160	250	40	40	80	170	25	60	M12－7H	25
200		200				120			80		
250		250				170			100		
315		315	265	50	45	225	175	32	155		
400		400				310			240		
200	125	200		40	40	120	185	25	80		
250		250	280	50	45	160	190	32	100		
315		315				225			155		
400		400				310			240		
500		500				410			330		
250	160	250	315			160	225		100		
315		315				225			155		
400		400				310			230		
500		500				410			330		
630		630	355	63	55	520	245	40	430		
250	200	250		50	45	160	265	32	100		
315		315				225			150		
400		400				310			230		
500		500	400	63	55	390	290	40	300		
630		630				520			430	M16－7H	30
315	250	315	425	50	45	225	335	32	150	M12－7H	25
400		400	450	63	55	290	340	40	200		
500		500				390			300	M16－7H	30
630		630				520			430		
800		800				690			600		
400	315	400	530			290	420		200		
500		500	560		63	374	434	50	280		
630		630				504			380		
800		800		80		674			550		
500	400	500	630	63		374	504		280		
630		630		80		504			380		
800		800				674			550	M20－7H	35
1 000		1 000	670	100	70	860	530	60	700		
630	500	630	750	80	63	504	624	50	380		
800		800		100	70	660	610	60	500		
1 000		1 000				860			700		
1 000	630	1 000	900				760				

注：1. t_1、t_2值见表 1－9－4。

2. 参照 GB/T 23562.4—2009。

3. 模架标记方式

铸铁模架：凹模周界 $L=200$ mm、$B=125$ mm，模架闭合高度 $H=170\sim205$ mm，Ⅰ级精度的冲模滑动导向对角导柱模架标记表示如下：

滑动导向模架　对角导柱　200×125×170～205　Ⅰ　GB/T 2851—2008

铸铁模架：凹模周界 $L=200$ mm、$B=160$ mm，模架闭合高度 $H=220$ mm，0Ⅰ级精度的冲模滚动导向对角导柱模架标记表示如下：

滚动导向模架　对角导柱　200×160×220　0Ⅰ　GB/T 2852—2008

钢板模架：凹模周界 $L=200$ mm、$B=125$ mm，模架闭合高度 $H=165$ mm，Ⅰ级精度的滑动导向对角导柱模架标记如下：

对角导柱模架　200×125×165-Ⅰ　GB/T 23565.2—2009

钢板模架：凹模周界 $L=250$ mm、$B=125$ mm，模架闭合高度 $H=200$ mm，0Ⅰ级精度的滚动导向对角导柱模架标记如下：

对角导柱模架　250×125×200-0Ⅰ　GB/T 23563.2—2009

二、标准模板

（一）矩形模板

矩形标准模板包括矩形凹模板（JB/T 7643.1—2008）、矩形固定板（JB/T 7643.2—2008）及矩形垫板（JB/T 7643.3—2008）。

1. 矩形凹模板

按照矩形凹模板外形尺寸 $L\times B$ 的不同，共分为 39 组，其尺寸见表 1-9-35。凹模板材料通常采用 T10A、9Mn2V、Cr12、Cr12MoV。$L=125$ mm、$B=100$ mm、$H=20$ mm 的矩形凹模板标记如下：

矩形凹模板　125×100×20　JB/T 7643.1—2008。

2. 矩形固定板

按照矩形固定板外形尺寸 $L\times B$ 的不同，共分为 39 组，其尺寸见表 1-9-35。固定板材料通常采用 45 钢，28～32 HRC。$L=125$ mm、$B=100$ mm、$H=200$ mm 的矩形固定板标记如下：

矩形固定板　125×100×20　JB/T 7643.2—2008

3. 矩形垫板

按照矩形垫板外形尺寸 $L\times B$ 的不同，共分为 32 组，其尺寸见表 1-9-35。垫板材料通常采用 45 钢、T10A。$L=125$ mm、$B=100$ mm、$H=20$ mm 的矩形垫板标记如下：

矩形垫板　125×100×20　JB/T 7643.3—2008

表 1-9-35　矩形模板尺寸　(mm)

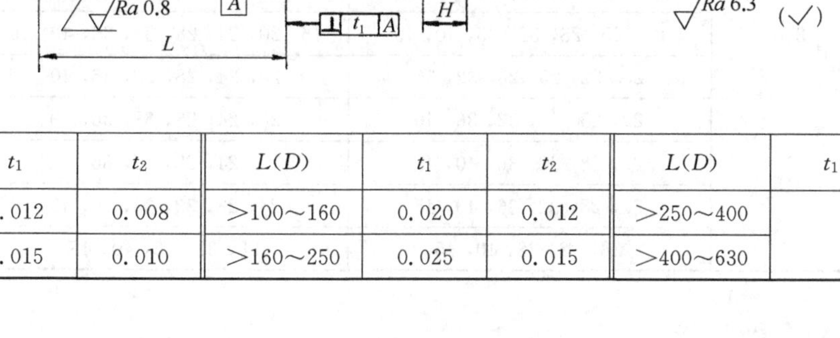

L(D)	t_1	t_2	L(D)	t_1	t_2	L(D)	t_1	t_2
>40～63	0.012	0.008	>100～160	0.020	0.012	>250～400		0.020
>63～100	0.015	0.010	>160～250	0.025	0.015	>400～630		0.025

（续表）

模板长宽		模板厚度		
		H		
L	B	凹模板	固定板	垫板
63	50	10，12，14，16，18，20	10，12，16，20，24，28	6
63	63	10，12，14，16，18，20	10，12，16，20，24，28	6
80		12，14，16，18，20，22	12，16，20，24，28，32	6
100		12，14，16，18，20，22	12，16，20，24，28，32	6
80	80	12，14，16，18，20，22	10，12，16，20，24，28，32，36	6
100		12，14，16，18，20，22	10，12，16，20，24，28，32，36	6
125		12，14，16，18，20，22	12，16，20，24，28，32	6
250		16，18，20，22	16，20，24，28，32	8，10
315		16，18，20，22	16，20，24，28，32	8，10
100	100	12，14，16，18，20，22	12，16，20，24，28，32，36，40	6
125		14，16，18，20，22，25	12，16，20，24，28，32，36，40	6，8
160		16，18，20，22，25，28	16，20，24，28，32，36，40	6，8
200		16，18，20，22，25，28，32	16，20，24，28，32，36，40	6，8
315		18，20，22，25	16，20，24，28，32，36，40	8，10，12
400		18，20，22，25	20，24，28，32，36，40	8，10，12
125	125	14，16，18，20，22，25	12，16，20，24，28，32，36，40	6，8
160		16，18，20，22，25，28	16，20，24，28，32，36，40	6，8
200		16，18，20，22，25，28	16，20，24，28，32，36，40，45	6，8
250		16，18，20，22，25，28，32	16，20，24，28，32，36，40，45	6，8
315		18，20，22，25	16，20，24，28，32，36，40	8，10，12
500		18，20，22，25	16，20，24，28，32，36，40	8，10，12
160	160	16，18，20，22，25，28，32	16，20，24，28，32，36，40，45	8，10
200		16，18，20，22，25，28，32	16，20，24，28，32，36，40，45	8，10
250		18，20，22，25，28，32，36	20，24，28，32，36，40，45	8，10，12
500		20，22，25，28	20，24，28，32，36，40	10，12，16
200	200	18，20，22，25，28，32，36	16，20，24，28，32，36	8，10
250		18，20，22，25，28，32，36	20，24，28，32，36，40，45	8，10
315		20，22，25，28，32，36，40	20，24，28，32	8，10
630		22，25，28，32	24，28，32，36，40	10，12，16
250	250	20，22，25，28，32，36，40	16，20，24，28，32，36	10，12
315		22，25，28，32，36，40，45	16，20，24，28，32，36，40，45	10，12
400		20，22，25，28，32，36	20，24，28，32，36，40	10，12，16
315	315	22，25，28，32，36，40	20，24，28，32，36，40	
400		25，28，32，36，40，45	24，28，32，36	
500		25，28，32，36，40，45	24，28，32，36，40，45	
630		28，32，36，40，45	28，32，36，40，45	

（续表）

模板长宽		模板厚度		
		H		
L	B	凹模板	固定板	垫板
400	400	22, 25, 28, 32, 36, 40	24, 28, 32, 36, 40	
500		25, 28, 32, 36, 40, 45	28, 32, 36, 40	
630		28, 32, 36, 40, 45	32, 36, 40, 45	

注：1. 矩形凹模板材料为 T10A、9Mn2V、Cr12、Cr12MoV，固定板材料为 45 钢，垫板材料为 45 钢、T10A。
2. 垫板仅有平行度 t_2 的要求，侧面表面粗糙度 Ra 6.3 μm。
3. 参照 JB/T 7643.1—2008、JB/T 7643.2—2008、JB/T 7643.3—2008、JB/T 7653—2008。

（二）圆形模板

圆形模板包括圆形凹模板（JB/T 7643.4—2008）、圆形固定板（JB/T 7643.5—2008）及圆形垫板（JB/T 7643.6—2008）。

1. 圆形凹模板

按照圆形凹模板外形尺寸 D 的不同，共分为 8 组，其尺寸见表 1-9-36。凹模板材料通常采用 T10A、9Mn2V、Cr12、Cr12MoV。D=10 mm、H=20 mm 的圆形凹模板标记如下：

圆形凹模板　100×20　JB/T 7643.4—2008

2. 圆形固定板

按照圆形固定板外形尺寸 D 的不同，共分为 8 组，其尺寸见表 1-9-36。固定板材料通常采用 45 钢，28～32 HRC。D=100 mm、H=20 mm 的圆形固定板标记如下：

圆形固定板　100×20　JB/T 7643.5—2008

3. 圆形垫板

按照圆形垫板外形尺寸 D 的不同，共分为 7 组，其尺寸见表 1-9-36。垫板材料通常采用 45 钢、T10A。D=100 mm、H=6 mm 的圆形垫板标记如下：

圆形垫板　100×6　JB/T 7643.6—2008

表 1-9-36　圆形模板尺寸　（mm）

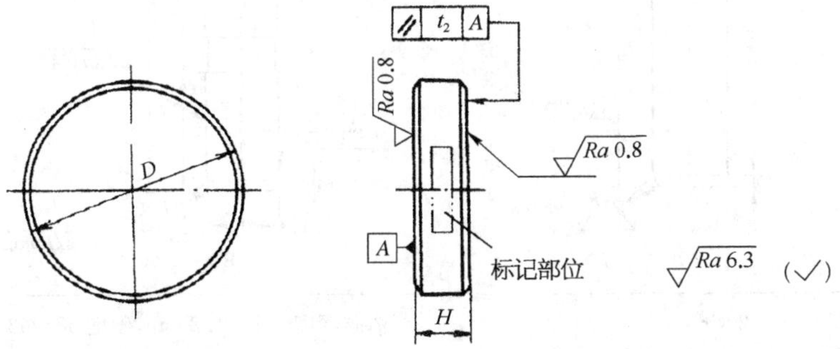

t_2 值同矩形模板

模板直径	模板厚度		
	H		
D	凹模板	固定板	垫板
63	10, 12, 14, 16, 18, 20	10, 12, 16, 20, 25	6
80	12, 14, 16, 18, 20, 22	10, 12, 16, 20, 25, 32, 36	6

（续表）

模板直径	模板厚度		
D	H		
	凹模板	固定板	垫板
100	12，14，16，18，20，22	12，16，20，25，32，36，40	6
125	14，16，18，20，22，25	12，16，20，25，32，36，40	6，8
160	16，18，20，22，25，28，32	16，20，25，32，36，40，45	8，10
200	18，20，22，25，28，32，36	16，20，25，32，36	8，10
250	20，22，25，28，32，36，40	16，20，25，32，36	10，12
315	20，22，25，28，32，36，40，45	16，20，25，32，36	

注：1. 圆形凹模板材料为 T10A、9Mn2V、Cr12、Cr12MoV，固定板材料为 45 钢，垫板材料为 45 钢、T10A。
2. 参照 JB/T 7643.4—2008、JB/T 7643.5—2008、JB/T 7643.6—2008、JB/T 7653—2008。

三、导向组件

（一）滑动、滚动导柱和导套

滑动模架与滚动模架的导柱和导套的配合要求不同。滑动导向模架导柱和导套的配合要求为 $\frac{H6}{h5}$，被用于Ⅰ级精度模架；$\frac{H7}{h6}$ 则适用于Ⅱ级精度模架。滚动导向模架导柱和导套径向的过盈量为 0.01～0.02 mm。

滑动导柱型式和尺寸、滑动导套型式和尺寸分别见表 1-9-37、表 1-9-38。滚动导柱尺寸、滚动导套尺寸及钢球保持圈尺寸见表 1-9-39～表 1-9-41。

表 1-9-37 滑动导柱型式和尺寸 （mm）

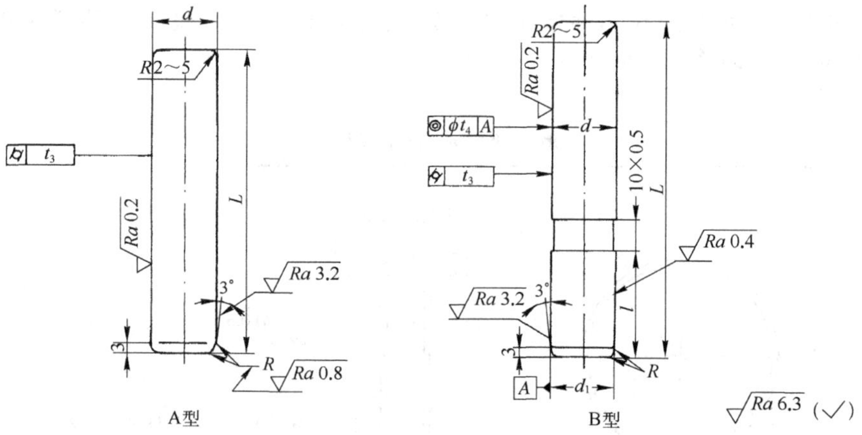

材料	20Cr	渗碳深度 0.8～1.2 mm，硬度 58～62 HRC
	GCr15	硬度 58～62 HRC

A 型

d		基本尺寸	16	18	20	22	25	28	32	35	40	45	50	55	60
	极限偏差	h5	0 −0.008		0 −0.009				0 −0.011					0 −0.013	
		h6	0 −0.011		0 −0.013				0 −0.016					0 −0.019	

（续表）

材　料	20Cr	渗碳深度 0.8～1.2 mm，硬度 58～62 HRC
	GCr15	硬度 58～62 HRC

d	16	18	20	22	25	28	32	35	40	45	50	55	60
L	90，100，110	90，100，110，120，130，150，160	100，110，120，130，150，160	100，110，120，130，150，160，180	110，130，150，160，170，180	130，150，160，170，180，190，200	150，160，170，180，190，200，210	160，180，190，200，210，230	180，190，200，210，230	190，200，230，260，290	200，220，230，240，250，260，270，280，290，300	220，240，250，270，280，290，300，320	250，270，280，290，300，320

B　　　　型

			16	18	20	22	25	28	32	35	40	45	50	55	60
d	基本尺寸		16	18	20	22	25	28	32	35	40	45	50	55	60
	极限偏差	h5	0 −0.008		0 −0.009				0 −0.011					0 −0.013	
		h6	0 −0.011		0 −0.013				0 −0.016					0 −0.019	
d_1 (r6)	基本尺寸		16	18	20	22	25	28	32	35	40	45	50	55	60
	极限偏差		+0.034 +0.023		+0.041 +0.028				+0.050 +0.034					+0.060 +0.041	

$d(d_1)$、l、L尺寸

d (d_1)	l	L	d (d_1)	l	L	d (d_1)	l	L	d (d_1)	l	L	d (d_1)	l	L	d (d_1)	l	L
16	25	90，100	22	35	110，120，130	28	45	150，170	35	55	180，190，210	45	65	200，230，260	55	65	220，240，250，270
	30	100，110		40	110，130		50	150，160，180		60	190，210		70	230，260		70	250，280
18	25	90，100		45	130，150		55	180，200		65	200，230		75	260，290		75	250，280
	30	100，110，120	25	35	110，130	32	45	150，170	40	55	180，210	50	60	200，230		80	250，270，280，300
	40	110，130		40	130，150		50	160，190		60	190，200 210，230		65	220，230，240，250，260，270		90	290，320
20	30	100，120		45	130，150		55	180，210		65	200，230		70	230，260	60	70	250，280
	35	120		50	150，160，180		60	190，210		70	230，260		75	260，290		90	290，320
	40	110，130	28	40	130，150	35	50	160，190	45	60	200，230		80	250，270，280，300			
22	30	100，120															

注：1. Ⅰ级精度模架导柱 d 采用 h5，Ⅱ级精度模架采用 h6。
2. t_3、t_4值见表 1-9-4。
3. 参照 GB/T 2861.1—2008。

表 1-9-38　滑动导套型式和尺寸　　(mm)

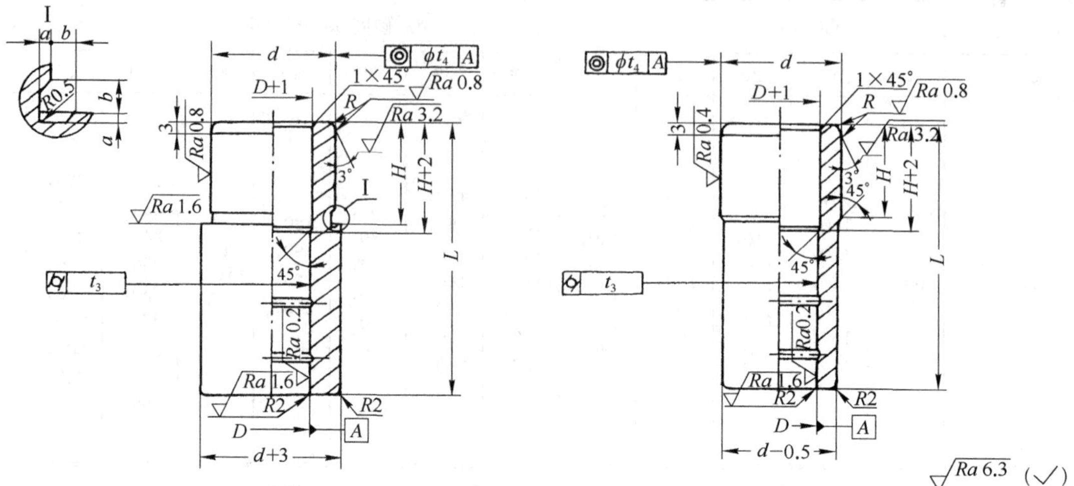

A型　　　　B型

材料			20				渗碳深度 0.8～1.2 mm，硬度 58～62 HRC							
			GCr15				硬度 58～62 HRC							
D	基本尺寸		16	18	20	22	25	28	32	35	40	45	50	55	60
	极限偏差	H6	+0.011 0		+0.013 0				+0.016 0					+0.019 0	
		H7	+0.018 0		+0.021 0				+0.025 0					+0.030 0	
d	基本尺寸		25	28	32	35	38	42	45	50	55	60	65	70	76
	极限偏差	r6	+0.041 +0.028		+0.050 +0.034						+0.060 +0.041			+0.062 +0.043	
		d5	−0.050 −0.058		−0.065 −0.074				−0.080 −0.091					−0.100 −0.113	

A 型 D、d、H、L 尺寸

D	d	H	L	D	d	H	L	D	d	H	L	D	d	H	L
16	25	18	60	25	38	28	80	35	50	48	115，125	50	65	58	150
		23	65			33	80，85	40	55	43	115			63	160
18	28	18	60			38	90，95			48	125	55	70	53	150
		23	65	28	42	33	85			53	140			58	160
		28	70			38	90，95，100		60	48	125			63	160
20	32	23	65			43	110	45		53	140			73	170
		28	70	32	45	38	100			58	150	60	76	58	160
22	35	23	65			43	105，110		65	48	125				
		28	70，80			48	115	50	65	53	140			73	170
		33	80，85	35	50	43	105，115			53	150				

（续表）

材　料		
	20	渗碳深度 0.8～1.2 mm，硬度 58～62 HRC
	GCr15	硬度 58～62 HRC

B 型 D、d、H、L 尺寸

D	d	H	L
16	25	18	40，60
		23	65
18	28	18	40
		23	45
		18	60
		23	65
		28	70
20	32	23	45
		25	50
		23	65
		28	70
22	35	25	50

D	d	H	L
22	35	27	55
		23	65
		28	70
		33	80
		38	85
25	38	27	55
		30	60
		33	80，85
		38	90，95
28	42	30	60，65
		33	85
		38	90，95，100

D	d	H	L
28	42	43	110
32	45	30	65
		33	70
		38	100
		43	105，110
		48	115
35	50	33	70
		43	105
		48	115，125
40	55	43	115
		48	125
		53	140

D	d	H	L
45	60	48	125
		53	140
		58	150
50	65	48	125
		53	140
		58	150
		63	160
55	70	53	150
		63	160
		73	170
60	76	58	160
		73	170

注：1. Ⅰ级精度模架导柱采用 H6，Ⅱ级精度模架采用 H7。

2. 导套压入式 d 尺寸采用 r6，粘接式采用 d5。

3. t_3、t_4 值见表 1-9-4。R 以及 a、b 由制造者确定。

4. 参照 GB/T 2861.3—2008。

表 1-9-39　滚动导柱尺寸　　(mm)

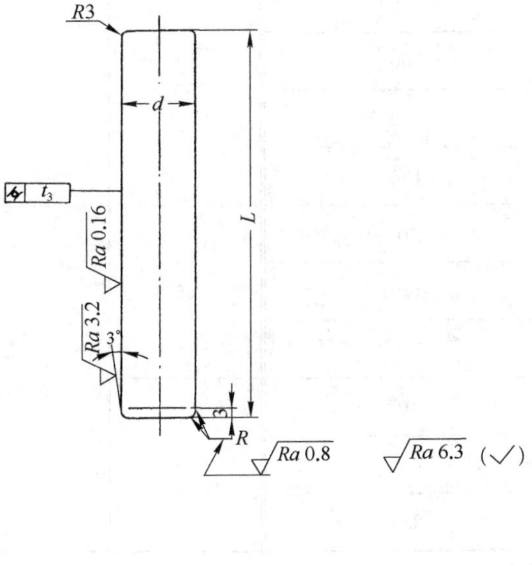

（续表）

材料		GCr15	硬度 60～64 HRC		
		20Cr	渗碳深度 0.8～1.2 mm，硬度 60～64 HRC		
d(h5)		L	d(h5)		L
基本尺寸	极限偏差		基本尺寸	极限偏差	
18	0 −0.009	130	35	0 −0.011	190
		140			210
		155			215
20		130			225
		140			230
		145	40		225
		155			230
22		145			260
		155			290
		160			320
25		155	45		230
		160			260
		170			290
		190			320
28		155	50		230
		160			260
		170			290
		190			320
		210	55	0 −0.013	260
32	0 −0.011	170			290
		190			320
		210	60		260
		215			290
		225			320

注：1. t_3值见表 1－9－4。R 由制造者确定。

2. 参照 GB/T 2861.2—2008。

表 1-9-40　滚动导套尺寸　(mm)

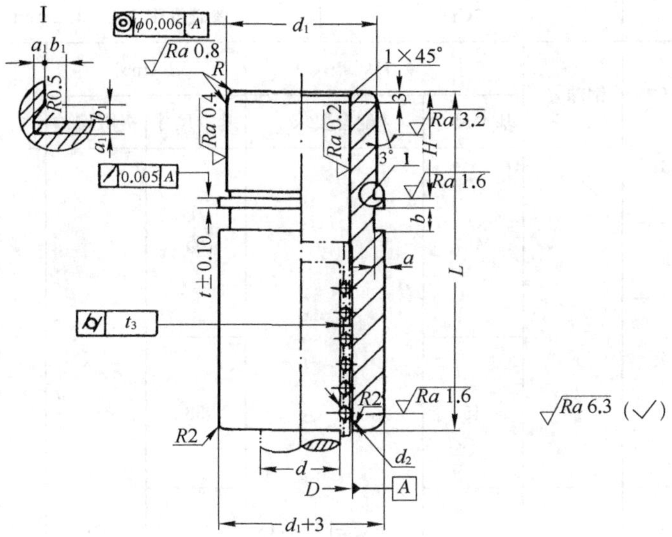

材料			GCr15		硬度 60～64 HRC					
			20Cr		渗碳深度 0.8～1.2 mm，硬度 60～64 HRC					
基本尺寸 d	基本尺寸 L	H	钢球 d_2	D 基本尺寸	D 配合要求	d_1(m5) 基本尺寸	d_1(m5) 极限偏差	t	b	a
18	80	23	3	24	与滚动导向导柱配合的径向过盈量为 0.01～0.02	38	+0.020 +0.009	3	5	3
	100	30								
	100	33								
20	80	23		26		40				
	100	30								
	100	33								
22	100	30		28		42				
	100	33								
25	100	30		31		45		4	6	3.5
	100	33								
	120	38								
	100	38	4	33		48				
	105	38								
	125	38								
28	100	38		36		50				
	105	38								
	120	38								
	125	38								
	125	43								
	145	43								

（续表）

材料		
材料	GCr15	硬度 60～64 HRC
	20Cr	渗碳深度 0.8～1.2 mm，硬度 60～64 HRC

基本尺寸		H	钢球 d_2	D		d_1(m5)		t	b	a
d	L			基本尺寸	配合要求	基本尺寸	极限偏差			
32	120	38	4	40	与滚动导向导柱配合的径向过盈量为 0.01～0.02	55	+0.024 +0.011	4	6	3.5
	120	48								
	125	43								
	145									
	150	48								
35	120			45		58				
	150									
	120	58								
	150									
40	120	48	5	50		65				
	150									
	120	58								
	150									
45	120	58		55		70		5	7	4
	150									
	120	63								
	150									
50	120	58		60		76				
	150									
	120	63								
	150									
60	180	78		70		88	+0.028 +0.013			

注：1. t_3值见表 1-9-4。R 以及 a_1、b_1 由制造者确定。
2. 参照 GB/T 2861.4—2008。

表 1-9-41 钢球保持圈尺寸 (mm)

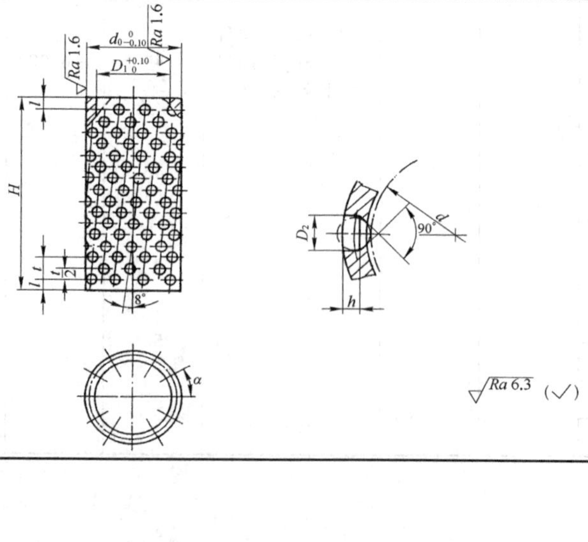

（续表）

材料	H62、2A11、SFB-1（聚四氟乙烯）								
导柱直径 d	d_0	D_1	H	α 普通型	α 加密型	l	t	h	D_2
18	23.5	18.5	64	33°	28°	3	5	1.8	3.1
20	25.5	20.5		28°	24.2°				
22	27.5	22.5							
25	30.5	25.5		24.2°	21°				
	32.5		64，76	28°	24.2°	4	6	2.5	4.1
28	33.5	28.5	64，76，84	21.4°	19°	3	5	1.8	3.1
	35.5			28°	21.4°	4	6	2.5	4.1
32	39.5	32.5	64，76，84	21.4°	19°				
35	42.5	35.5	76，84	19°	17°				
38	45.5	38.5							
	47.5			24.2°	19°	5	7	3.2	5.1
40	47.5	40.5		19°	17°	4	6	2.5	4.1
	49.5			24.2°	19°	5	7	3.2	5.1
45	52.5	45.5	70，80，90	17°	15.8°	4	6	2.5	4.1
	54.5			21.4°	17°	5	7	3.2	5.1
50	57.5	50.5		15.8°	14.5°	4	6	2.5	4.1
	59.5			19°	15.8°	5	7	3.2	5.1
55	64.5	55.5	80，90，100	17°	14.5°	5	7	3.2	5.1
	66.5			21.4°	17°	6	8	3.9	6.1
60	69.5	60.5	90，100，110	15.8°	13.4°	5	7	3.2	5.1
	71.5			21.4°	17°	6	8	3.9	6.1

注：参照 GB/T 2861.5—2008。

（二）滑动、滚动导向可卸导柱组件

铸铁模架可以采用可卸导柱结构，包括滑动导向可卸导柱和滚动导向可卸导柱两种。钢板模架没有相应结构形式。采用可卸导柱结构，拆卸导柱后便于模具维护维修。

按照导柱直径和装配高度的不同，滑动导向可卸导柱组件分为 100 组，其中末尾 18 组的导柱直径为 55 mm 与 60 mm。按照导柱直径和装配高度的不同，滚动导向可卸导柱组件分为 28 组，最大导柱直径为 50 mm。

滑动导向可卸导柱组件见表 1-9-42，滚动导向可卸导柱组件见表 1-9-43。

表 1-9-42 滑动导向可卸导柱组件 (mm)

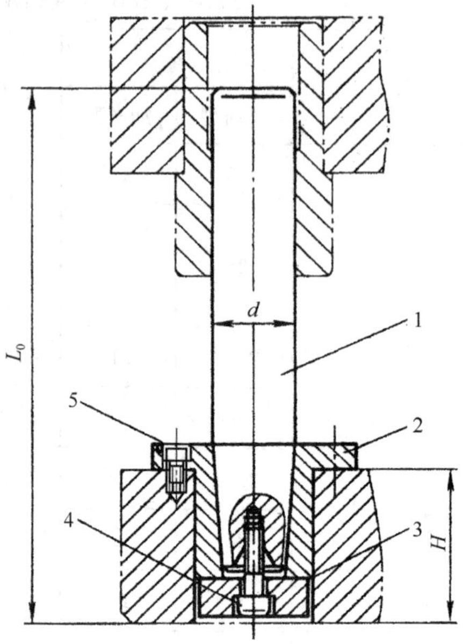

1—导柱；2—衬套；3—垫圈；4、5—螺钉

基本尺寸			零件名称及标准编号				
导柱直径 d	装配高度 L_0	模座高度 H	导 柱 GB/T 2861.7	衬 套 GB/T 2861.9	垫 圈 GB/T 2861.10	螺 钉 GB/T 70.1	螺 钉 GB/T 70.1
			数 量				
			1	1	1	1	3
			规 格				
20	100	30	20×89×29	20×30	6×30	M6×20	M5×14
	120		20×109×29				
	110	40	10×99×39	20×40			
	130		20×119×39				
22	100	30	22×87×29	22×30	8×33	M8×28	M6×16
	120		22×107×29				
	110	35	22×97×34	22×35			
	130		22×117×34				
	110	40	22×97×39	22×40			
	130		22×117×39				
	130	45	22×117×44	22×45			
	150		22×137×44				
25	110	35	25×97×34	25×35	8×36		
	130		25×117×34				
	130	40	25×117×39	25×40			
	150		25×137×39				
	130	45	25×117×44	25×45			
	150		25×137×44				

（续表）

基本尺寸			零件名称及标准编号				
导柱直径 d	装配高度 L_0	模座高度 H	导　柱 GB/T 2861.7	衬　套 GB/T 2861.9	垫　圈 GB/T 2861.10	螺　钉 GB/T 70.1	螺　钉 GB/T 70.1
			数　量				
			1	1	1	1	3
			规　格				
25	150	50	25×137×49	25×50	8×36	M8×28	M6×16
	160		25×147×49				
	180		25×167×49				
28	130	40	28×117×39	28×40	8×40		
	150		28×137×39				
	150	45	28×137×44	28×45			
	170		28×157×44				
	150	50	28×137×49	28×50			
	160		28×147×49				
	180		28×167×49				
	180	55	28×167×54	28×55			
	200		28×187×54				
32	150	45	32×137×44	32×45	8×43		
	170		32×157×44				
	160	50	32×147×49	32×50			
	190		32×177×49				
	180	55	32×167×54	32×55			
	200		32×187×54				
	190	60	32×177×59	32×60			
	210		32×197×59				
35	160	50	35×147×49	35×50	8×48		
	190		35×177×49				
	180	55	35×167×54	35×55			
	190		35×177×54				
	210		35×197×54				
	190	60	35×177×59	35×60			
	210		35×197×59				
	200	65	35×187×64	35×65			
	230		35×217×64				
40	180	55	40×161×54	40×55	12×53	M12×35	M8×20
	210		40×191×54				
	190	60	40×171×59	40×60			
	200		40×181×59				

（续表）

基本尺寸			零件名称及标准编号				
导柱直径 d	装配高度 L_0	模座高度 H	导柱 GB/T 2861.7	衬套 GB/T 2861.9	垫圈 GB/T 2861.10	螺钉 GB/T 70.1	螺钉 GB/T 70.1
			数量				
			1	1	1	1	3
			规格				
40	210	60	40×191×59	40×60	12×53	M12×35	M8×20
40	230	60	40×211×59	40×60	12×53	M12×35	M8×20
40	200	65	40×181×64	40×65	12×53	M12×35	M8×20
40	230	65	40×211×64	40×65	12×53	M12×35	M8×20
40	230	70	40×211×69	40×70	12×53	M12×35	M8×20
40	260	70	40×241×69	40×70	12×53	M12×35	M8×20
45	200	60	45×181×59	45×60	12×58	M12×35	M8×20
45	230	60	45×211×59	45×60	12×58	M12×35	M8×20
45	200	65	45×181×64	45×65	12×58	M12×35	M8×20
45	230	65	45×211×64	45×65	12×58	M12×35	M8×20
45	260	65	45×241×64	45×65	12×58	M12×35	M8×20
45	230	70	45×211×69	45×70	12×58	M12×35	M8×20
45	260	70	45×241×69	45×70	12×58	M12×35	M8×20
45	260	75	45×241×74	45×75	12×58	M12×35	M8×20
45	290	75	45×271×74	45×75	12×58	M12×35	M8×20
50	200	60	50×181×59	50×60	12×63	M12×35	M8×20
50	230	60	50×211×59	50×60	12×63	M12×35	M8×20
50	220	65	50×201×64	50×65	12×63	M12×35	M8×20
50	230	65	50×211×64	50×65	12×63	M12×35	M8×20
50	240	65	50×221×64	50×65	12×63	M12×35	M8×20
50	250	65	50×231×64	50×65	12×63	M12×35	M8×20
50	260	65	50×241×64	50×65	12×63	M12×35	M8×20
50	270	65	50×251×64	50×65	12×63	M12×35	M8×20
50	230	70	50×211×69	50×70	12×63	M12×35	M8×20
50	260	70	50×241×69	50×70	12×63	M12×35	M8×20
50	260	75	50×241×74	50×75	12×63	M12×35	M8×20
50	290	75	50×271×74	50×75	12×63	M12×35	M8×20
50	250	80	50×231×79	50×80	12×63	M12×35	M8×20
50	270	80	50×251×79	50×80	12×63	M12×35	M8×20
50	280	80	50×261×79	50×80	12×63	M12×35	M8×20
50	300	80	50×281×79	50×80	12×63	M12×35	M8×20

注：1. 衬套与下模座可采用粘接工艺固定。
2. 参照 GB/T 2861.7—2008。

表 1-9-43　滚动导向可卸导柱组件　（mm）

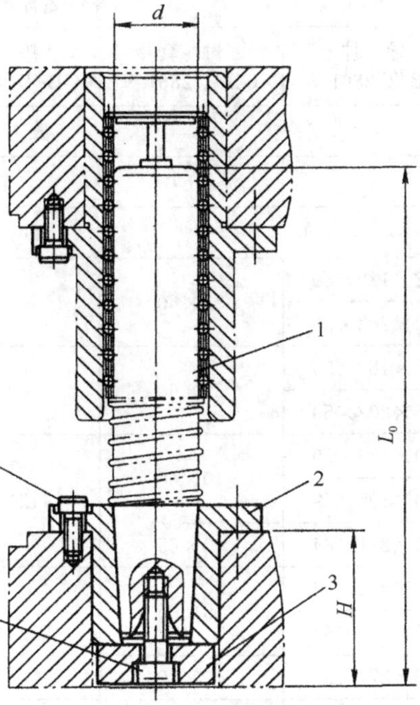

1—导柱；2—衬套；3—垫圈；4、5—螺钉

基本尺寸			零件名称及标准编号				
导柱直径 *d*	装配高度 L_0	模座高度 *H*	导　柱 GB/T 2861.8	衬　套 GB/T 2861.9	垫　圈 GB/T 2861.10	螺　钉 GB/T 70.1	螺　钉 GB/T 70.1
			数　量				
			1	1	1	1	3
			规　格				
20	160	40	20×149×39	20×40	6×30	M6×20	M5×14
22	160		22×147×39	22×40	8×33	M8×28	M6×16
	160	45	22×147×44	22×45			
25	155	40	25×142×39	25×40	8×36		
	160	45	25×147×44	25×45			
	195		25×182×44				
	190	50	25×177×49	25×50			
28	155	40	28×142×39	28×40	8×40		
	160	45	28×147×44	28×45			
	195		28×182×44				
	190	50	28×177×49	28×50			
	195	55	28×182×54	28×55			
	215		28×202×54				
32	195		32×182×54	32×55	8×43		
	215		32×202×54				

（续表）

基本尺寸			零件名称及标准编号				
导柱直径 d	装配高度 L_0	模座高度 H	导 柱 GB/T 2861.8	衬 套 GB/T 2861.9	垫 圈 GB/T 2861.10	螺 钉 GB/T 70.1	螺 钉 GB/T 70.1
			数 量				
			1	1	1	1	3
			规 格				
32	195	60	32×182×59	32×60	8×43	M8×28	M6×16
	215		32×202×59				
35	195		35×182×59	35×60	8×48		
	215		35×202×59				
40	195	60	40×176×59	40×60	12×53	M12×35	M8×20
	215		40×196×59				
	230	65	40×211×64	40×65			
45	230	65	45×211×64	45×65	12×58		
	250		45×231×64				
	290	70	45×271×69	45×70			
50	230	65	50×211×64	50×65	12×63		
	250		50×231×64				
	290	70	50×271×69	50×70			

注：1. 衬套与下模座可采用粘接工艺固定。
2. 参照 GB/T 2861.8—2008。

滑动导向可卸导柱与滚动导向可卸导柱尺寸分别见表 1-9-44 和表 1-9-45。导向装置衬套、垫圈和压板见表 1-9-46～表 1-9-48。

表 1-9-44 滑动导向可卸导柱尺寸 (mm)

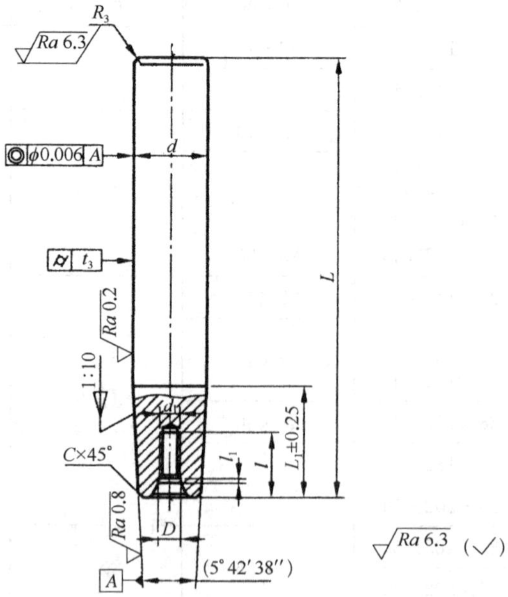

（续表）

材　料			20Cr			渗碳深度 0.8～1.2 mm，硬度 58～62 HRC					
基本尺寸	极限偏差		L	L_1	装配高度 L_0	模座厚度 H	D	d_1	l_1	l	C
d	h5	h6									
20	0 −0.009	0 −0.011	89	29	100	30	6.4	M6－6H	1.5	20	1.5
			109		120						
			99	39	110	40					
			119		130						
22			87	29	100	30	8.4	M8－6H	2	28	
			107		120						
			97	34	110	35					
			117		130						
			97	39	110	40					
			117		130						
			117	44	130	45					
			137		150						
25			97	34	110	35					
			115		130						
			117	39	130	40					
			137		150						
			117	44	130	45					
			137		150						
			137	49	150	50					
			147		160						
			167		180						
28			117	39	130	40					
			135		150						
			137	44	150	45					
			157		170						
			137	49	150	50					
			147		160						
			167		180						
			167	54	180	55					
			187		200						
32	0 −0.011	0 −0.016	137	44	150	45					2
			157		170						
			147	49	160	50					
			177		190						
			167	54	180	55					
			187		200						
			177	59	190	60					
			197		210						
35			147	49	160	50					
			177		190						

（续表）

材　　料			20Cr			渗碳深度 0.8～1.2 mm，硬度 58～62 HRC					
基本尺寸	极限偏差		L	L_1	装配高度 L_0	模座厚度 H	D	d_1	l_1	l	C
d	h5	h6									
35	0 −0.011	0 −0.016	167	54	180	55	8.4	M8-6H	2	28	2
			177		190						
			197		210						
			177	59	190	60					
			197		210						
			187	64	200	65					
			217		230						
40			161	54	180	55	13	M12-6H	3	35	
			191		210						
			171	59	190	60					
			181		200						
			191		210						
			211		230						
			181	64	200	65					
			211		230						
			211	70	230	70					
			241		260						
45			181	60	200	60					
			211		230						
			181	64	200	65					
			211		230						
			241		260						
			211	69	230	70					
			241		260						
			241	74	260	75					
			271		290						
50			181	59	200	60					
			211		230						
			201	64	220	65					
			211		230						
			221		240						
			231		250						
			241		260						
			251		270						
			211	69	230	70					
			241		260						
			241	74	260	75					
			271		290						
			231	79	250	80					
			251		270						

（续表）

材　料			20Cr			渗碳深度 0.8～1.2 mm，硬度 58～62 HRC					
基本尺寸 d	极限偏差 h5	极限偏差 h6	L	L_1	装配高度 L_0	模座厚度 H	D	d_1	l_1	l	C
50	0 −0.011	0 −0.016	261	79	280	80	13	M12－6H	3	35	2
			281		300						
55	0 −0.013	0 −0.019	201	64	220	65					
			221		240						
			231		250						
			251		270						
			231	69	250	70					
			261		280						
			231	74	250	75					
			261		280						
			231	79	250	80					
			251		270						
			261		280						
			281		300						
			271	89	290	90					
			301		320						
60			231	69	250	70					
			261		280						
			271	89	290	90					
			301		320						

注：1. Ⅰ级精度模架导柱 d 采用 h5，Ⅱ级精度模架导柱 d 采用 h6。
　　2. t_3 值见表 1－9－4。
　　3. 参照 GB/T 2861.7—2008。

表 1－9－45　滚动导向可卸导柱尺寸　（mm）

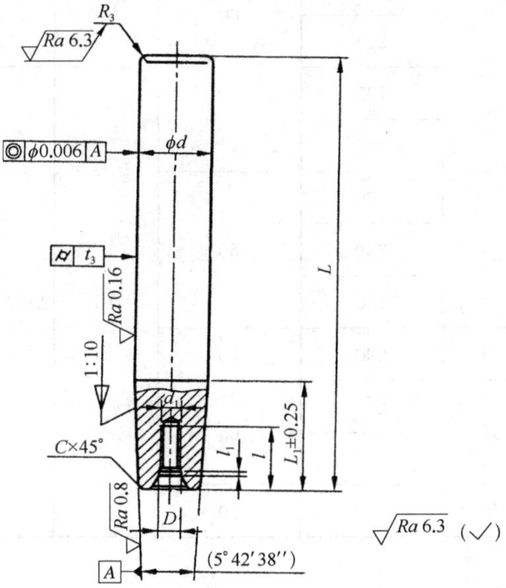

（续表）

材　料			20Cr		渗碳深度 0.8～1.2 mm，硬度 60～64 HRC					
d(h5)		L	L_1	装配高度 L_0	模座高度 H	D	d_1	l_1	l	C
基本尺寸	极限偏差									
20	0 −0.009	149	39	160	40	8.4	M8 - 6H	2	28	1.5
22		147								
		147	44		45					
25		142	39	155	40					
		147	44	160	45					
		182		195						
		177	49	190	50					
28		142	39	155	40					
		147	44	160	45					
		182		195						
		177	49	190	50					
		182	54	195	55					
		202		215						
32	0 −0.011	182		195						2
		202		215						
		182	59	195	60					
		202		215						
35		182		195						
		202		215						
40		176		195		13	M12 - 6H	3	35	
		196		215						
		211	54	230	65					
45		211		230						
		231		250						
		271	69	290	70					
50		211	64	230	65					
		231		250						
		271	69	290	70					

注：1. t_3 值见表 1-9-4。
　　2. 参照 GB/T 2861.8—2008。

表 1-9-46　导向装置衬套　　(mm)

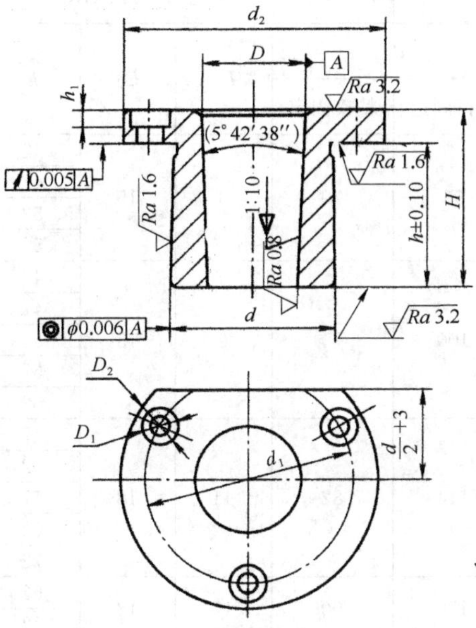

(a) 螺钉固定式

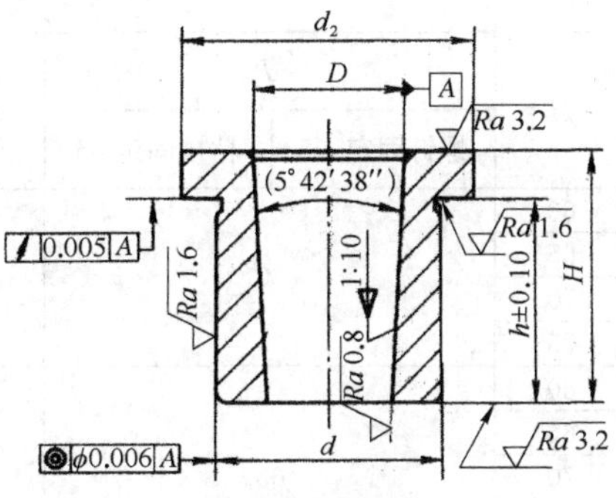

(b) 粘接固定式

Ra 6.3 (✓)

材料		45 钢					硬度 43～48 HRC			
D	H	d		d_1	d_2		D_1	D_2	h	h_1
		螺钉固定 m5	粘接固定 d5		螺钉固定	粘接固定				
20	30	32		42	52	38	5.5	10	20	6
	40								30	
22	30	35		45	55	42	6.6	12	18	7
	35								23	
	40								28	
	45								33	
25	35	38		48	58	45	6.6	12	23	
	40								28	
	45								33	
	50								38	
28	40	42		52	62	50	6.6	12	28	
	45								33	
	50								38	
	55								43	
32	45	45		55	65	55	6.6	12	33	
	50								38	
	55								43	
	60								48	
35	50	50		60	70	60	6.6	12	38	
	55								43	
	60								48	
	65								53	
40	55	55		73	91	65	9	15	37	9
	60								42	
	65								47	
	70								52	

（续表）

材 料		45 钢					硬度 43～48 HRC			
D	H	d		d_1	d_2		D_1	D_2	h	h_1
		螺钉固定 m5	粘接固定 d5		螺钉固定	粘接固定				
45	60	60		78	96	70	9	15	42	9
	65								47	
	70								52	
	75								57	
50	60	65		82	100	75	9	15	42	
	65								47	
	70								52	
	75								57	
	80								62	
55	65	70		94	114	82	11	18	47	11
	70								52	
	75								57	
	80								62	
	90								72	
60	70	76		100	120	90	11	18	52	
	90								72	

注：参照 GB/T 2861.9—2008。

表 1-9-47 导向装置垫圈 (mm)

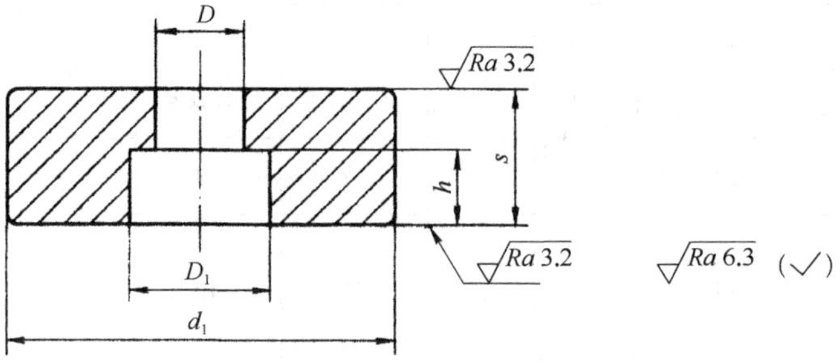

材 料	45 钢		硬度 28～32 HRC，表面发蓝处理		
螺钉直径 d	D	D_1	d_1	S	h
6	6.4	12	30	9	6
8	8.4	15	33	11	8
			36		
			40		
			43		
			48		
12	13	22	53	16	12
			58		
			63		
			68		
			74		

注：参照 GB/T 2861.10—2008。

表 1-9-48　导向装置压板　　(mm)

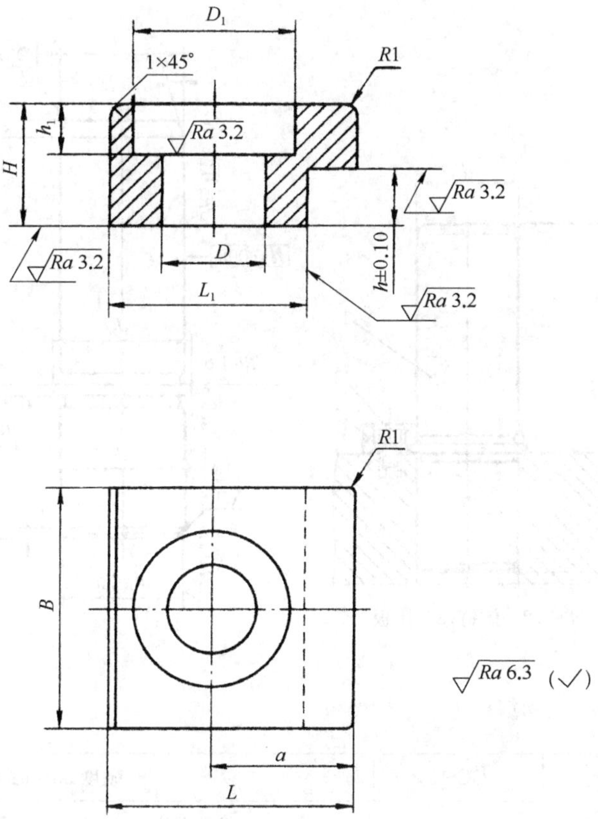

材　料		45 钢				硬度 28～32 HRC,表面发蓝处理			
螺钉直径	D	L	B	H	a	L_1	h	D_1	h_1
4	4.5	12	12	6	6.5	9	2.7	8	2
5	5.5	14	15	8	7.5	11	2.7	10	3
6	6.5	16	20	8	8.5	12.5	3.7	11	3
8	8.5	20	20	10	11.5	16	4.7	14	4
10	10.5	24	24	12	12.5	19.5	5.7	17	5

注：参照 GB/T 2861.11—2008。

(三) 压板固定式导柱导套组件

压板固定式导柱尺寸、压板固定式导套尺寸分别见表 1-9-49 和表 1-9-50。压板尺寸见表 1-9-51。

表 1-9-49　压板固定式导柱尺寸　　(mm)

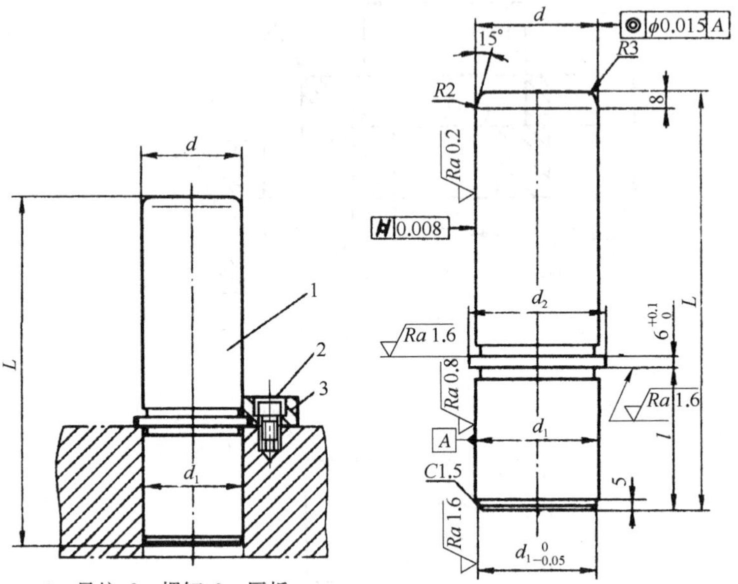

1—导柱；2—螺钉；3—压板

材料		GCr15	硬度 58～62 HRC			
		20Cr	渗碳深度 0.8～1.2 mm，硬度 58～62 HRC			
d(h6)		L	d_1(m6)		d	l
基本尺寸	极限偏差		基本尺寸	极限偏差		
63	0 −0.019	224	63	+0.030 +0.011	71	76
		250				
		280				
		315				
80		250	80		90	100
		280				
		315				
		355				
		400				
100	0 −0.022	315	100	+0.035 +0.013	112	125
		355				
		400				
		450				

注：参照 JB/T 7645.4—2008。

表 1-9-50　压板固定式导套尺寸　　(mm)

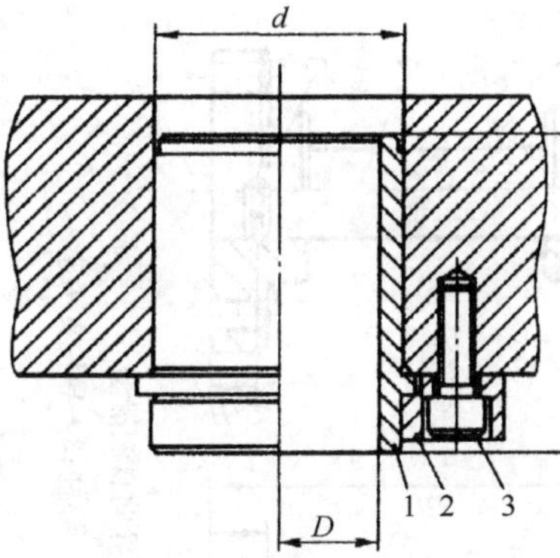

1—导套；2—压板；3—螺钉

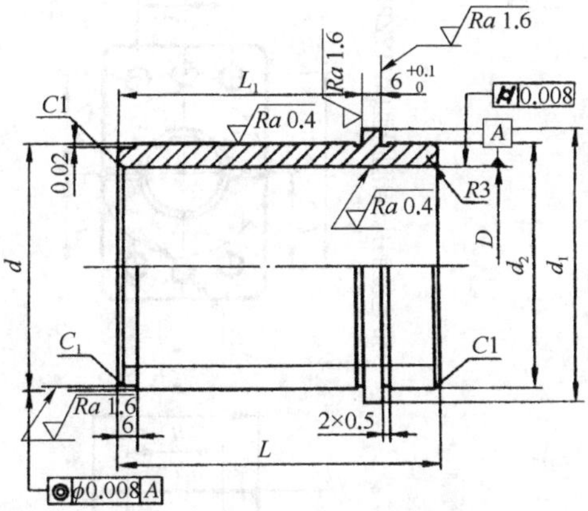

材　料		GCr15			硬度 58～62 HRC		
		20Cr			渗碳深度 0.8～1.2 mm,硬度 58～62 HRC		
D(H7)		d(m6)		d_1	d_2	L	L_1
基本尺寸	极限偏差	基本尺寸	极限偏差				
63	+0.030 0	78	+0.030 +0.011	87	78	100	76
80		100	+0.035 +0.013	110	100	125	100
100	+0.035 0	120		130	120	160	125

注：参照 JB/T 7645.5—2008。

表 1-9-51　压 板 尺 寸　　(mm)

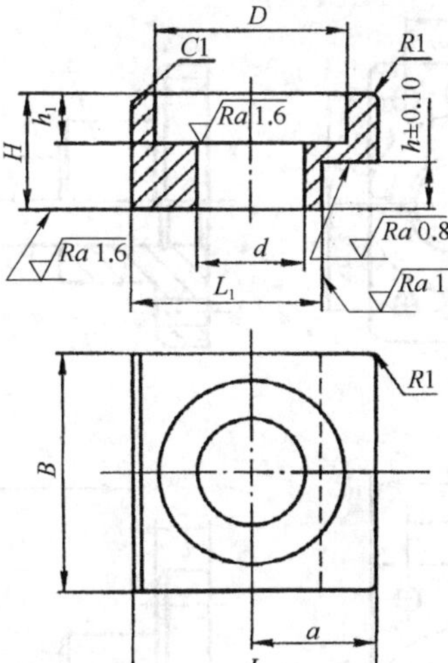

螺钉直径	d	L	B	H	a	L_1	h	D	h_1
12	12.5	28	28	14	14.5	21.5	5.7	22	6

注：参照 JB/T 7645.6—2008。

(四) 座式导向组件

座式导向组件主要应用于大型非标准模架或者作为模架上补充的导向副。使用座式导向组件不必要在模座上设置加工要求很高的固定导柱、导套的孔，可以在模座任意位置根据模具结构需要设置，因而应用日益广泛。

座式导向组件有滑动导向和滚动导向两类，其主要尺寸技术参数见表 1-9-52。

表 1-9-52　座式导向组件的尺寸技术参数　(mm)

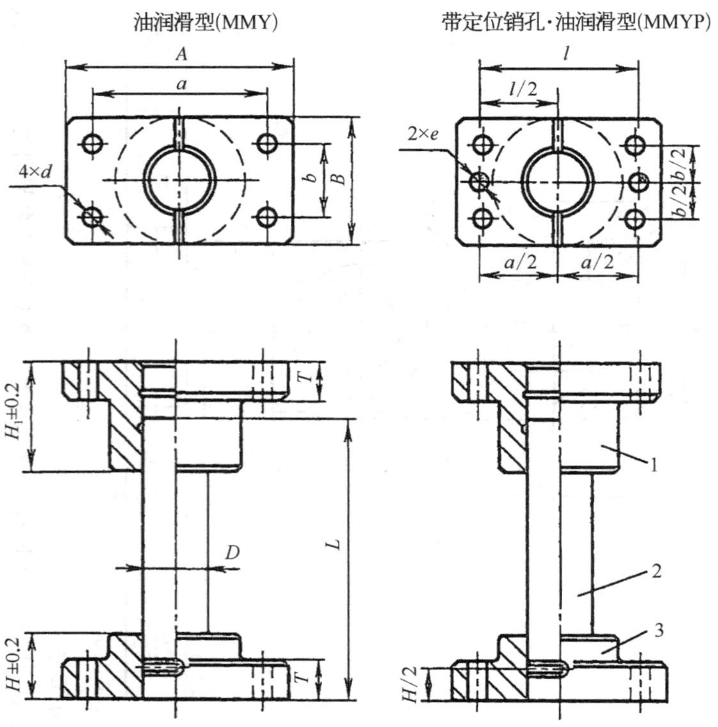

滑动导向油润滑型
1—导套座；2—导柱；3—导柱支承座

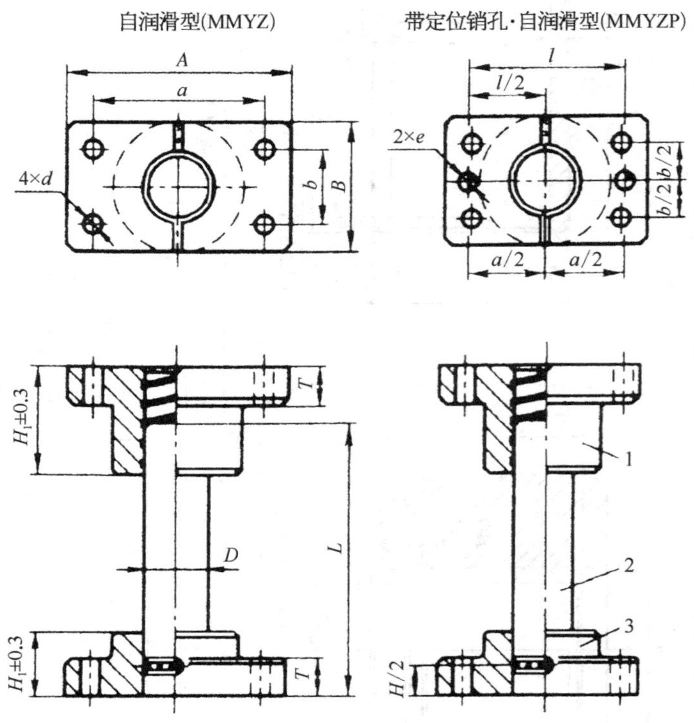

滑动导向自润滑型
1—导套座；2—导柱；3—导柱支承座

(续表)

铝合金钢球衬套(MMYA)

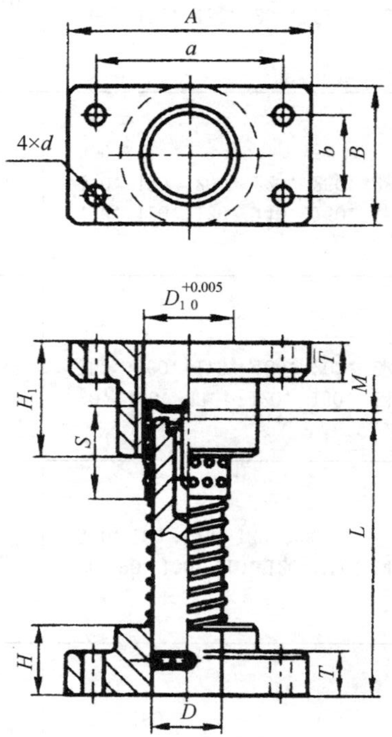

带定位销孔·铝合金钢球衬套(MMYAP)

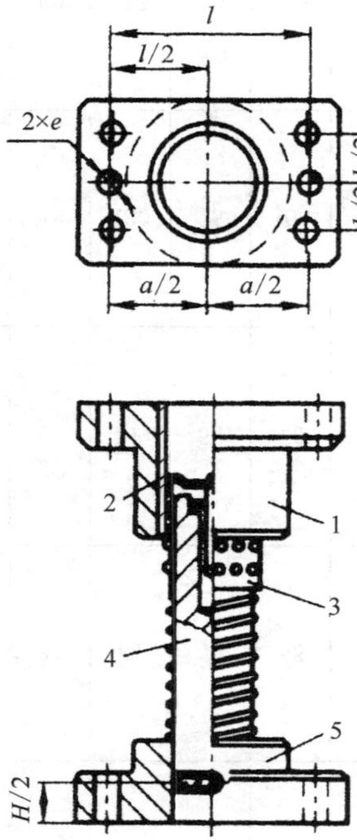

滚动导向可动限程器
1—导套座；2—嵌套(有树脂和铝合金两种)；
3—钢球保持圈；4—导柱；5—导柱支承座

铝合金钢球衬套(MMYAK)

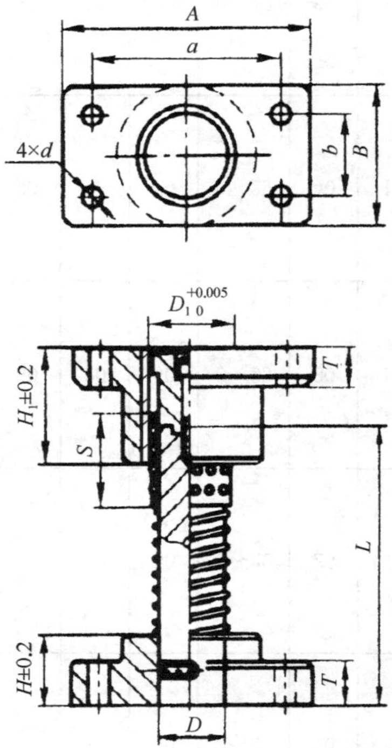

带定位销孔·铝合金钢球衬套(MMYKP)

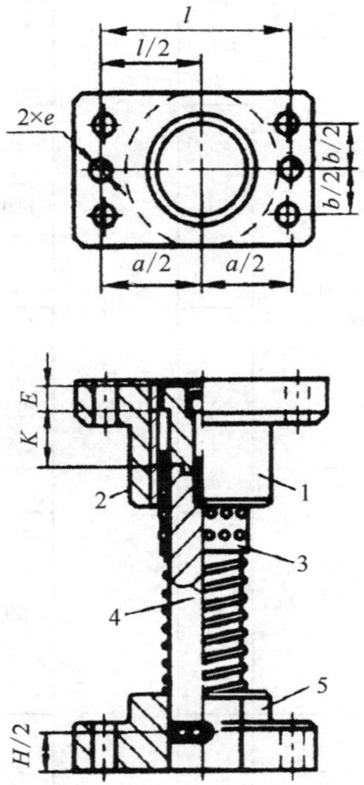

滚动导向固定限程器
1—导套座；2—嵌套(有树脂和铝合金两种)；
3—钢球保持圈；4—导柱；5—导柱支承座

（续表）

D	L	D_1	A	B	a	b	d	H	H_1	T	S	M	K	E	l		e(H7)	
20	80，90，100，110，120，130，140，150，160	26	74	44	56	30	6.6	30	40	15	50	0～20	20	5	56	±0.010	6	$^{+0.012}_{0}$
25	80，90，100，110，120，130，140，150，160，170，180，200	31	84	48	66	30	9	30	45	20	50	0～20	25	5	66		8	$^{+0.015}_{0}$
32	90，100，110，120，130，140，150，160，170，180，200，220，250	40	100	58	76	36	11	40	50	20	60	0～25	30	10	76		8	
38	110，120，130，140，150，160，170，180，200，220，250，280，300	48	130	75	100	44	11	50	60	25	70	0～29	40	10	100		10	
50	160，170，180，200，220，250，280，300，350	60	155	90	125	60	14	65	85	25	90	0～42	50	15	125		10	
60	180，200，220，250，280，300，350，400		190	120	150	80	18	75	100	30					150	±0.015	12	$^{+0.018}_{0}$

注：参照盘起工业（大连）产品技术参数。

第十章　模具典型组合

模具典型组合是指在标准模架的上模座和下模座上分别安装凸、凹模标准固定板，垫板及其他零件而形成的典型结构，具有一定的标准和通用特征，对于缩短制模时间、降低模具成本有一定作用。JB/T 8065、JB/T 8066、JB/T 8067、JB/T 8068 规定过 14 种典型组合的尺寸，其中复合模型组合 4 种为倒装复合模形式。由于不同行业、不同产品、不同冲压零件的差异性明显，故模具典型组合主要适用于一般的中小尺寸冲压零件。

图 1-10-1～图 1-10-10 和表 1-10-1～表 1-10-10 分别对应推荐了 10 种常用典型组合尺寸，其中凹模板、固定板、垫板可根据现行标准模板的尺寸变化予以调整。

一、固定卸料纵向送料典型组合

固定卸料纵向送料典型组合见图 1-10-1，典型组合尺寸见表 1-10-1。

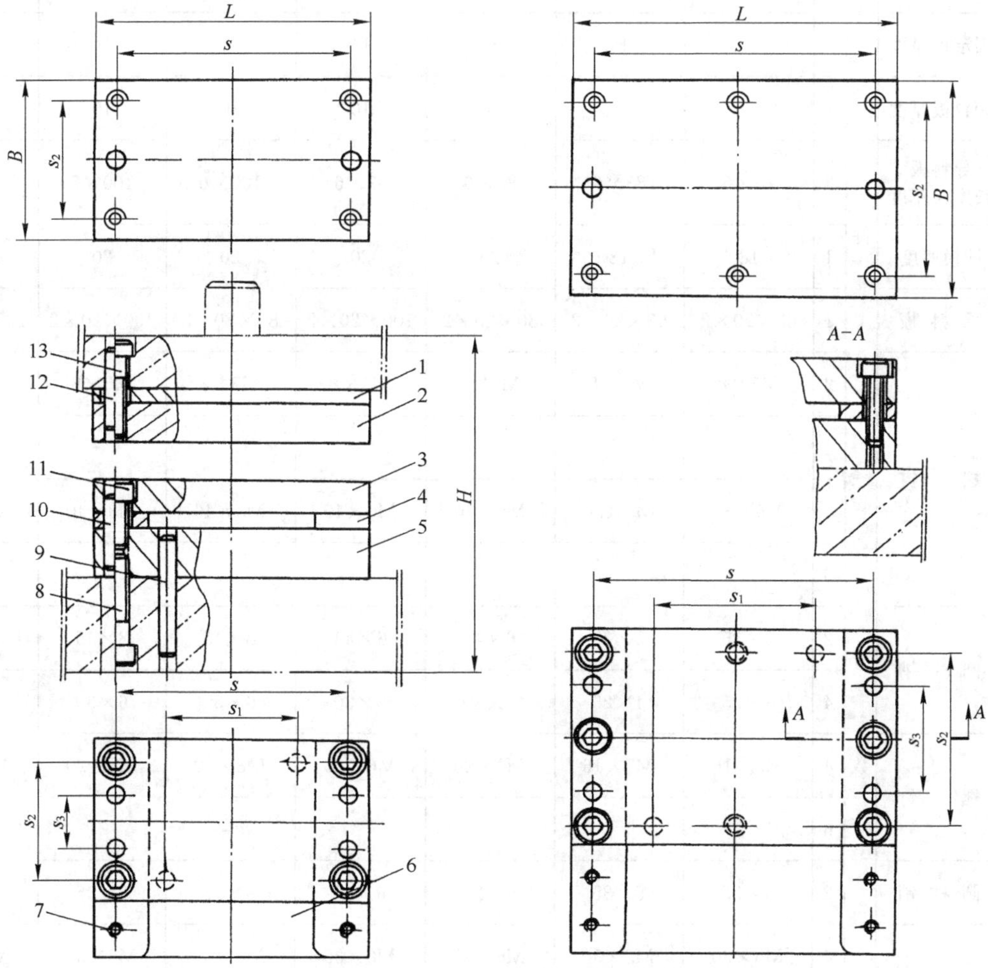

图 1-10-1　固定卸料纵向送料典型组合

1—垫板；2—固定板；3—卸料板；4—导料板；5—凹模；6—承料板；7、8、11、13—螺钉；9、10、12—圆柱销

表 1-10-1 固定卸料纵向送料典型组合尺寸 (mm)

凹模周界		L	63	63	80	100	80	100	125
		B	50	63			80		
凸模长度			45	45	50	50	50	50	50
配用模架闭合高度 H		最小	110	110	120	120	120	120	120
		最大	130	130	145	145	145	145	145
孔距		s	47	47	62	82	56	76	101
		s_1	23	23	36	50	28	40	65
		s_2	34	47	45	45	56	56	56
		s_3	14	23	21	21	28	28	28
件号和名称		件数							
1	垫板厚度	1	4	4	4	4	4	4	4
2	固定板厚度	1	12	12	14	14	14	14	14
3	卸料板厚度	1	8	8	10	10	10	10	10
4	导料板长度×厚度	2	70×6	83×6	83×6	83×6	100×6	100×6	100×6
5	凹模厚度	1	18	18	20	20	20	20	20
6	承料板	1	63×20×2	63×20×2	80×20×2	100×20×2	80×20×2	100×20×2	125×20×2
7	螺钉	2	M5×8	M5×8	M5×8	M5×8	M5×8	M5×8	M5×8
		4							
8	螺钉	4	M5×30	M5×30	M6×40	M6×40	M8×40	M8×40	M8×45
		6							
9	圆柱销	2	5×35	5×35	6×45	6×45	8×45	8×45	8×50
10	圆柱销	4	4×25	4×25	5×30	5×30	6×30	6×30	6×35
11	螺钉	4	M5×16	M5×16	M6×20	M6×20	M8×20	M8×20	M8×20
		6							
12	圆柱销	2	5×35	5×35	6×35	6×35	8×35	8×35	8×40
13	螺钉	4	M5×30	M5×30	M6×35	M6×35	M8×35	M8×35	M8×40
		6							

（续表）

凹模周界			L	100	125	160	200	125	10	200	250
			B	100				125			
凸模长度				50	55	60	60	55	60	60	60
配用模架闭合高度 H			最小	120	140	160	160	140	170	170	190
			最大	145	170	195	195	170	205	205	235
孔距			s	76	101	136	176	95	130	170	220
			s_1	40	65	70	100	55	70	100	130
			s_2	76	76	76	76	95	95	95	95
			s_3	40	40	40	40	55	55	55	55
件号和名称	1	垫板厚度	件数 1	4	6	6	6	6	6	6	8
	2	固定板厚度	1	14	16	18	18	16	18	18	20
	3	卸料板厚度	1	10	12	14	14	12	14	14	16
	4	导料板长度×厚度	2	140×6	140×6	140×8	140×8	165×8	165×8	165×8	165×8
	5	凹模厚度	1	20	22	25	25	22	25	25	28
	6	承料板	1	100×40×2	125×40×2	160×40×3	200×40×3	125×40×2	160×40×3	200×40×3	250×40×3
	7	螺钉	2	M6×10	M6×10	M6×10	M6×10	M6×10	M6×10	M6×10	M6×10
			4								
	8	螺钉	4	M8×45	M8×50			M10×45	M10×50		
			6			M8×55	M8×55			M10×55	M10×55
	9	圆柱销	2	8×50	8×55	8×60	8×50	10×50	10×60	10×60	10×60
	10	圆柱销	4	6×35	6×35	6×35	6×40	8×40	8×40	8×40	8×40
	11	螺钉	4	M8×20	M8×20			M10×25	M10×25		
			6			M8×25	M8×25			M10×25	M10×25
	12	圆柱销	2	8×40	8×45	8×50	8×55	10×45	10×55	10×50	10×55
	13	螺钉	4	M8×35	M8×45			M10×45	M10×50		
			6			M8×50	M8×50			M10×50	M10×60

（续表）

凹模周界			L	160	200	250	200	250	315	250	315
			B	160			200			250	
凸模长度				65	65	70	70	70	75	75	80
配用模架闭合高度 H			最小	190	190	200	200	200	210	210	245
			最大	235	235	245	245	245	255	255	290
孔距			s	124	164	214	164	214	279	214	279
			s_1	60	90	130	90	130	175	130	175
			s_2	124	124	124	164	164	164	214	214
			s_3	60	60	60	90	90	90	130	130
件号和名称	1	垫板厚度	件数 1	8	8	8	8	8	10	10	10
	2	固定板厚度	1	20	20	22	22	22	25	25	28
	3	卸料板厚度	1	16	16	18	18	18	20	20	22
	4	导料板长度×厚度	2	220×10	220×10	220×10	260×10	260×10	260×10	310×12	310×12
	5	凹模厚度	1	28	28	32	32	32	35	35	40
	6	承料板	1	160×60×3	200×60×3	250×60×4	200×60×3	250×60×4	315×60×4	250×60×4	315×60×4
	7	螺钉	2								
			4	M6×12	M6×12	M6×12	M6×12	M6×12	M6×12	M6×12	M6×12
	8		4	M12×55	M12×55						
			6			M12×65	M12×65	M12×65	M12×70	M12×70	M12×70
	9	圆柱销	2	12×60	12×60	12×70	12×70	12×70	12×70	12×80	12×80
	10		4	10×45	10×45	10×50	10×50	10×50	10×50	10×50	10×50
	11	螺钉	4	M12×30	M12×30						
			6			M12×30	M12×30	M12×30	M12×30	M12×35	M12×40
	12	圆柱销	2	12×55	12×55	12×70	12×70	12×70	12×70	12×70	12×70
	13	螺钉	4	M12×60	M12×60						
			6			M12×65	M12×65	M12×65	M12×65	M12×65	M12×75

注：1. 件1～3的长、宽尺寸与对应的 L、B 相同。
　　2. 导料板宽度尺寸设计时确定。

二、固定卸料横向送料典型组合

固定卸料横向送料典型组合见图 1 - 10 - 2，典型组合尺寸见表 1 - 10 - 2。

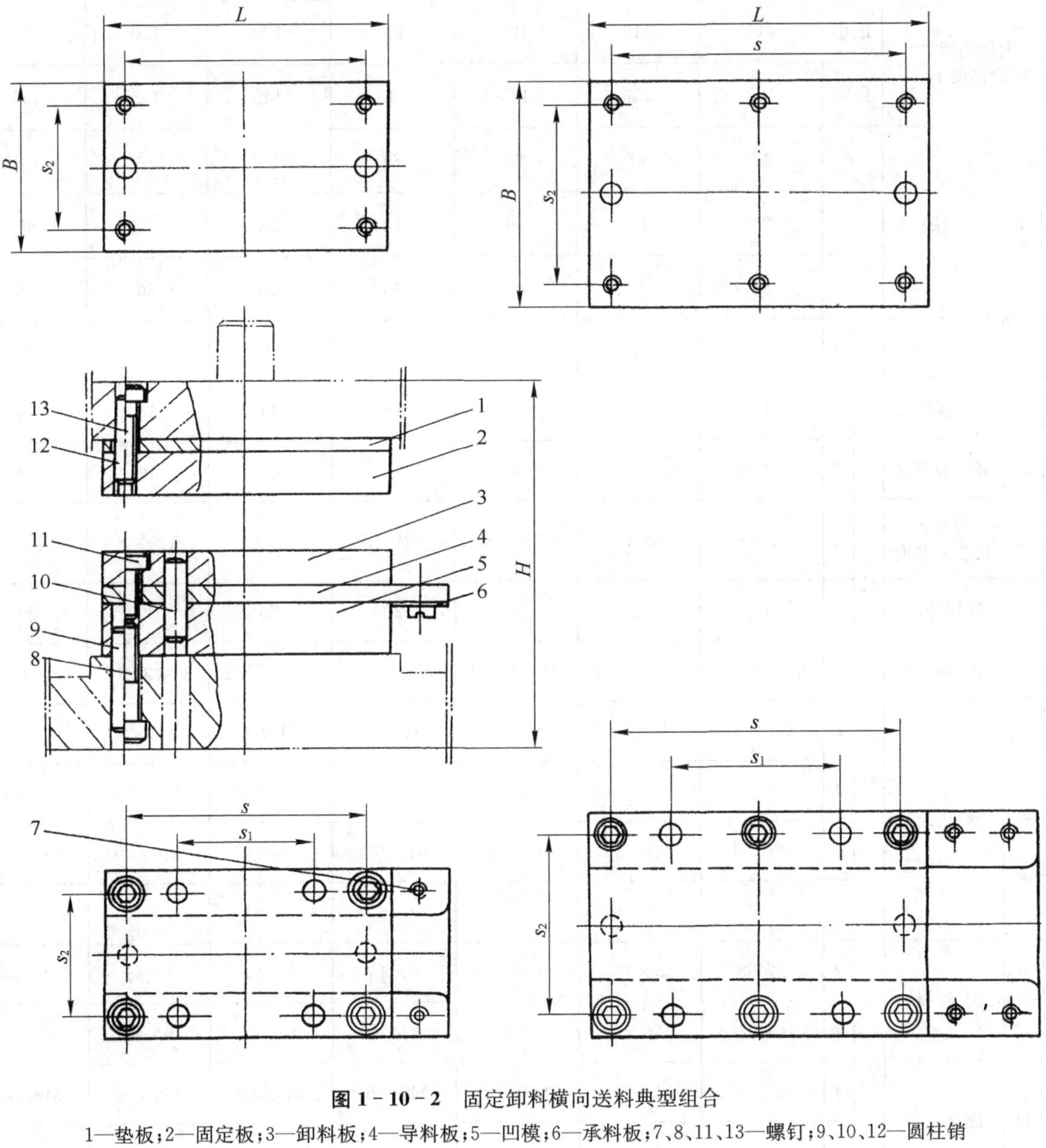

图 1 - 10 - 2　固定卸料横向送料典型组合

1—垫板；2—固定板；3—卸料板；4—导料板；5—凹模；6—承料板；7、8、11、13—螺钉；9、10、12—圆柱销

表 1-10-2　固定卸料横向送料典型组合尺寸　(mm)

凹模周界	*L*		63	63	80	100	80	100	125
	B		50	63			80		
凸模长度			45	45	50	50	50	50	50
配用模架闭合高度 *H*	最小		110	110	120	120	120	120	120
	最大		130	130	145	145	145	145	145
孔距	*s*		47	47	62	82	56	76	101
	s_1		23	23	36	50	28	40	65
	s_2		34	47	45	45	56	56	56
件号和名称		件数							
1	垫板厚度	1	4	4	4	4	4	4	4
2	固定板厚度	1	12	12	14	14	14	14	14
3	卸料板厚度	1	8	8	10	10	10	10	10
4	导料板长度×厚度	2	83×6	83×6	100×8	120×8	100×8	120×8	145×8
5	凹模厚度	1	18	18	20	20	20	20	20
6	承料板	1	50×20×2	63×20×2	63×20×2	63×20×2	80×20×2	80×20×2	80×20×2
7	螺钉	2	M5×8	M5×8	M5×8	M5×8	M5×8	M5×8	M5×8
		4							
8	螺钉	4	M5×30	M5×30	M6×40	M6×40	M8×40	M8×40	M8×45
		6							
9	圆柱销	2	5×35	5×35	6×45	6×45	8×45	8×45	8×50
10	圆柱销	4	4×25	4×25	5×30	5×30	6×30	6×30	6×35
11	螺钉	4	M5×16	M5×16	M6×20	M6×20	M8×20	M8×20	M8×20
		6							
12	圆柱销	2	5×35	5×35	6×35	6×35	8×35	8×35	8×40
13	螺钉	4	M5×30	M5×30	M6×35	M6×35	M8×35	M8×35	M8×35
		6							

（续表）

凹模周界		*L*	100	125	160	200	125	160	200	250
		B	100				125			
凸模长度			50	55	60	60	55	60	60	60
配用模架闭合高度 *H*		最小	120	140	160	160	140	170	170	190
		最大	145	170	195	195	170	205	205	235
孔距		s	76	101	136	176	95	130	170	220
		s_1	40	65	70	100	55	70	100	130
		s_2	76	76	76	76	95	95	95	95
件号和名称		件数								
1	垫板厚度	1	4	6	6	6	6	6	6	8
2	固定板厚度	1	14	16	18	18	16	18	18	20
3	卸料板厚度	1	10	12	14	14	12	14	14	16
4	导料板长度×厚度	2	140×8	165×8	200×8	240×8	165×8	200×8	240×8	290×8
5	凹模厚度	1	20	22	25	25	22	25	25	28
6	承料板	1	100×40×2	100×40×2	100×40×2	100×40×2	125×40×2	125×40×2	125×40×2	125×40×2
7	螺钉	2	M6×10	M6×10	M6×10	M6×10	M6×10	M6×10	M6×10	M6×10
		4								
8	螺钉	4	M8×45	M8×50			M10×45	M10×50		
		6			M8×55	M8×55			M10×55	M10×55
9	圆柱销	2	8×50	8×55	8×60	8×50	10×50	10×60	10×60	10×60
10	圆柱销	4	6×35	6×35	6×35	6×40	8×40	8×40	8×40	8×40
11	螺钉	4	M8×20	M8×20			M10×25	M10×25		
		6			M8×25	M8×25			M10×25	M10×25
12	圆柱销	2	8×40	8×45	8×50	8×55	10×45	10×55	10×55	10×55
13	螺钉	4	M8×35	M8×45			M10×45	M10×50		
		6			M8×50	M8×50			M10×50	M10×60

（续表）

凹模周界		L	160	200	250	200	250	315	250	315
		B	160			200			250	
凸模长度			65	65	70	70	70	75	75	80
配用模架闭合高度 H		最小	190	190	200	200	200	210	210	245
		最大	235	235	245	245	245	255	255	290
孔距		s	124	164	214	164	214	279	214	279
		s_1	60	90	130	90	130	175	130	175
		s_2	124	124	124	164	164	164	214	214
件号	名称	件数								
1	垫板厚度	1	8	8	8	8	8	10	10	10
2	固定板厚度	1	20	20	22	22	22	25	25	28
3	卸料板厚度	1	16	16	18	18	18	20	20	22
4	导料板长度×厚度	2	220×10	260×10	310×10	260×10	310×10	375×10	310×12	375×12
5	凹模厚度	1	28	28	32	32	32	35	35	40
6	承料板	1	160×60×3	160×60×3	160×60×3	200×60×3	200×60×3	200×60×3	250×60×4	250×60×4
7	螺钉	2								
		4	M6×12	M6×12	M6×12	M6×12	M6×12	M6×12	M6×12	M6×12
8		4	M12×55	M12×55						
		6			M12×65	M12×65	M12×65	M12×70	M12×70	M12×70
9	圆柱销	2	12×60	12×60	12×70	12×70	12×70	12×70	12×80	12×80
10		4	10×45	10×45	10×50	10×50	10×50	10×50	10×50	10×50
11	螺钉	4	M12×30	M12×30						
		6			M12×30	M12×30	M12×30	M12×30	M12×35	M12×40
12	圆柱销	2	12×60	12×60	12×70	12×70	12×70	12×70	12×70	12×70
13	螺钉	4	M12×60	M12×60						
		6			M12×65	M12×65	M12×65	M12×65	M12×65	M12×75

注：1. 件 1～3 的长、宽尺寸与对应的 L、B 相同。
　　2. 导料板宽度尺寸设计时确定。

三、弹压卸料纵向送料典型组合

弹压卸料纵向送料典型组合见图 1 - 10 - 3，典型组合尺寸见表 1 - 10 - 3。

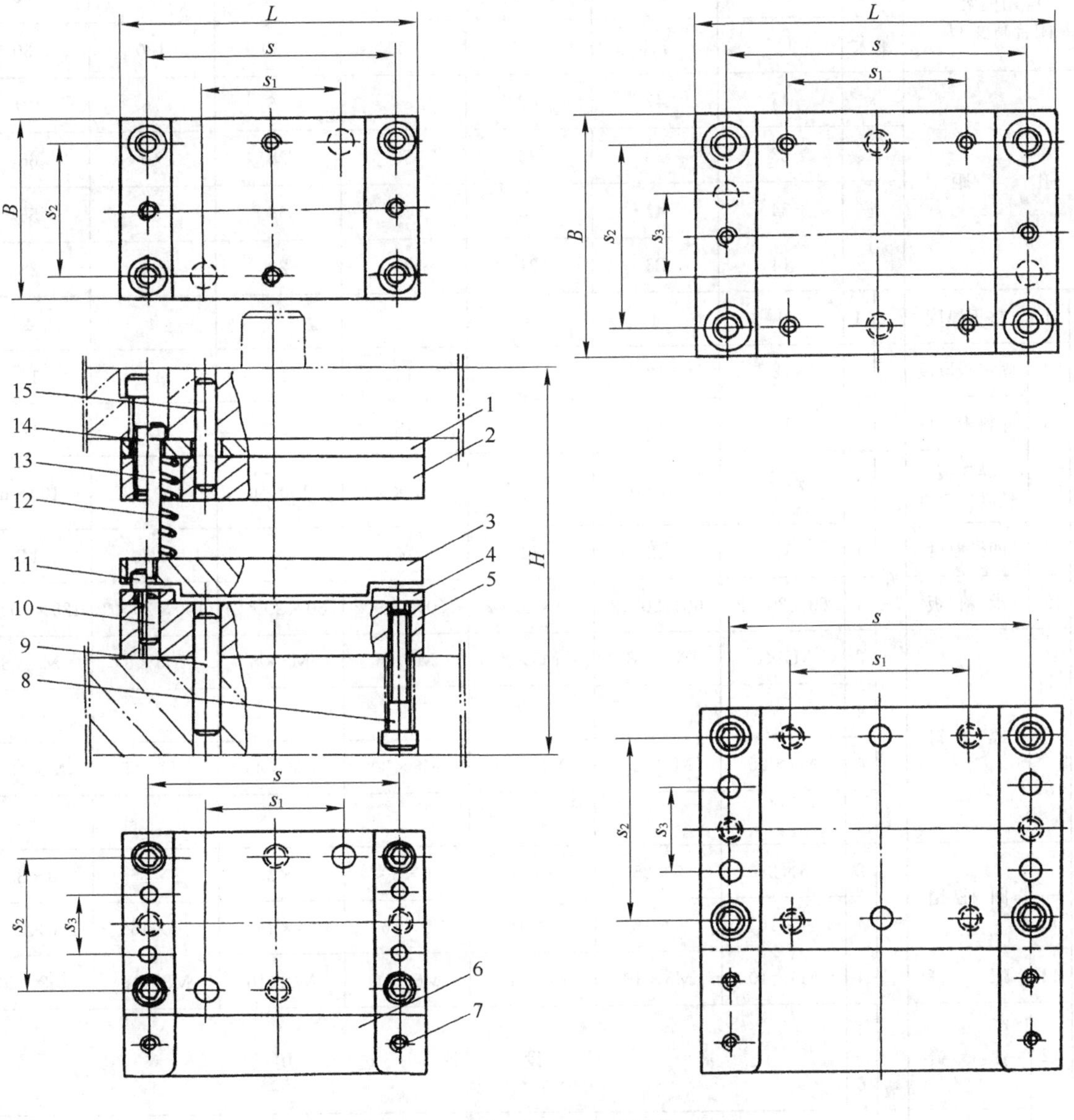

图 1 - 10 - 3　弹压卸料纵向送料典型组合

1—垫板；2—固定板；3—卸料板；4—导料板；5—凹模；6—承料板；
7、8、11、14—螺钉；9、10、15—圆柱销；12—弹簧；13—卸料螺钉

表 1-10-3 弹压卸料纵向送料典型组合尺寸 (mm)

项目		件数							
凹模周界	L		63	63	80	100	80	100	125
	B		50	63			80		
凸模长度			42	42	42	42	42	42	42
配用模架闭合高度 H	最小		100	100	110	110	110	110	110
	最大		115	115	130	130	130	130	130
孔距	s		47	47	62	82	56	76	101
	s_1		23	23	36	50	28	40	65
	s_2		34	47	45	45	56	56	56
	s_3		14	23	21	21	28	28	28
件号和名称 1	垫板厚度	1	4	4	4	4	4	4	4
2	固定板厚度	1	12	12	14	14	14	14	14
3	卸料板厚度	1	10	10	12	12	12	12	12
4	导料板长度×厚度	2	70×4	83×6	83×6	83×6	100×6	100×6	100×6
5	凹模厚度	1	12	12	14	14	14	14	14
6	承料板	1	63×20×2	63×20×2	80×20×2	100×20×2	80×20×2	100×20×2	125×20×2
7	螺钉	2	M5×8	M5×8	M5×8	M5×8	M5×8	M5×8	M5×8
		4							
8	螺钉	4	M5×25	M5×25	M6×30	M6×30	M8×35	M8×35	M8×35
		6							
9	圆柱销	2	5×25	5×25	6×30	6×30	8×35	8×35	8×35
10	圆柱销	4	4×16	4×16	5×16	5×16	6×16	6×16	6×20
11	螺钉	4	M5×10	M5×10	M6×16	M6×16	M8×16	M8×16	M8×20
12	弹簧	4	设计选用						
		6							
13	卸料螺钉	4	5×38	5×38	6×35	6×35	8×35	8×35	8×35
		6							
14	螺钉	4	M5×30	M5×30	M6×35	M6×35	M8×35	M8×35	M8×35
		6							
15	圆柱销	2	5×35	5×35	6×40	6×40	8×40	8×40	8×35

（续表）

项目	件号	名称/参数	件数								
凹模周界		L		100	125	160	200	125	160	200	250
		B		100				125			
凸模长度				42	48	56	56	48	56	56	58
配用模架闭合高度 H		最小		110	120	140	140	120	140	140	160
		最大		130	150	170	170	150	170	170	200
孔距		s		76	101	136	176	95	130	170	220
		s_1		40	65	70	100	55	70	100	130
		s_2		76	76	76	76	95	95	95	95
		s_3		40	40	40	40	55	55	55	55
件号和名称	1	垫板厚度	1	4	6	6	6	6	6	6	8
	2	固定板厚度	1	14	16	16	18	16	18	18	20
	3	卸料板厚度	1	12	14	16	16	14	16	16	18
	4	导料板长度×厚度	2	140×6	140×6	140×6	140×6	165×6	165×6	165×6	165×6
	5	凹模厚度	1	14	16	18	18	16	18	18	20
	6	承料板	1	100×40×2	125×40×2	160×40×3	200×40×3	125×40×2	160×40×3	200×40×3	250×40×3
	7	螺钉	2	M6×10	M6×10	M6×10	M6×10	M6×10	M6×10	M6×10	M6×10
			4								
	8	螺钉	4	M8×35	M8×40			M10×40	M10×45		
			6			M8×45	M8×45			M10×45	M10×55
	9	圆柱销	2	8×35	8×40	8×45	8×45	10×40	10×45	10×45	10×50
	10	圆柱销	4	6×20	6×20	6×20	6×20	8×20	8×20	8×20	8×20
	11	螺钉	4	M8×20	M8×20	M8×20	M8×20	M8×20	M8×20	M8×20	M8×20
	12	弹簧	4	设计选用							
			6								
	13	卸料螺钉	4	8×35	8×42			10×42	10×48		
			6			8×48	8×48			10×48	10×50
	14	螺钉	4	M8×35	M8×40			M10×40	M10×45		
			6			M8×45	M8×45			M10×45	M10×55
	15	圆柱销	2	8×35	8×40	8×45	8×45	10×40	10×45	10×45	10×55

（续表）

件号	名称	件数								
凹模周界	*L*		160	200	250	200	250	315	250	315
	B		160			200			250	
凸模长度			58	58	65	65	65	70	70	78
配用模架闭合高度 *H*	最小		160	160	170	170	170	190	190	215
	最大		200	200	210	210	210	230	230	250
孔距	s		124	164	214	164	214	279	214	279
	s_1		60	90	130	90	130	175	130	175
	s_2		124	124	124	164	164	164	214	214
	s_3		60	60	60	90	90	90	130	130
1	垫板厚度	1	8	8	8	8	8	10	10	10
2	固定板厚度	1	20	20	22	22	22	25	25	28
3	卸料板厚度	1	18	18	20	20	20	22	22	25
4	导料板长度×厚度	2	220×8	220×8	220×8	260×8	260×8	260×8	310×10	310×10
5	凹模厚度	1	20	20	22	22	22	25	25	28
6	承料板	1	160×60×3	200×60×3	250×60×4	200×60×3	250×60×4	315×60×4	250×60×4	315×60×4
7	螺钉	2								
		4	M6×12	M6×12	M6×12	M6×12	M6×12	M6×12	M6×12	M6×12
8		4	M12×55	M12×55						
		6			M12×60	M12×60	M12×60	M12×65	M12×65	M12×70
9	圆柱销	2	12×50	12×50	12×60	12×60	12×60	12×60	12×60	12×70
10		4	10×20	10×20	10×25	10×25	10×25	10×25	10×30	10×30
11	螺钉	4	M12×20	M12×20	M12×25	M12×25	M12×25	M12×25	M12×25	M12×25
12	弹簧	4	设计选用							
		6								
13	卸料螺钉	4								
		6	12×50	12×50	12×55	12×55	12×55	12×60	12×60	12×65
14	螺钉	4	M12×50	M12×50						
		6			M12×55	M12×55	M12×55	M12×60	M12×60	M12×65
15	圆柱销	2	12×50	12×50	12×60	12×60	12×60	12×60	12×60	12×70

注：1. 件 1～3 的长、宽尺寸与对应的 *L*、*B* 相同。
2. 导料板宽度尺寸设计时确定。
3. 件 12 可用碟形弹簧，或以橡胶代替。

四、弹压卸料横向送料典型组合

弹压卸料横向送料典型组合见图 1－10－4，典型组合尺寸见表 1－10－4。

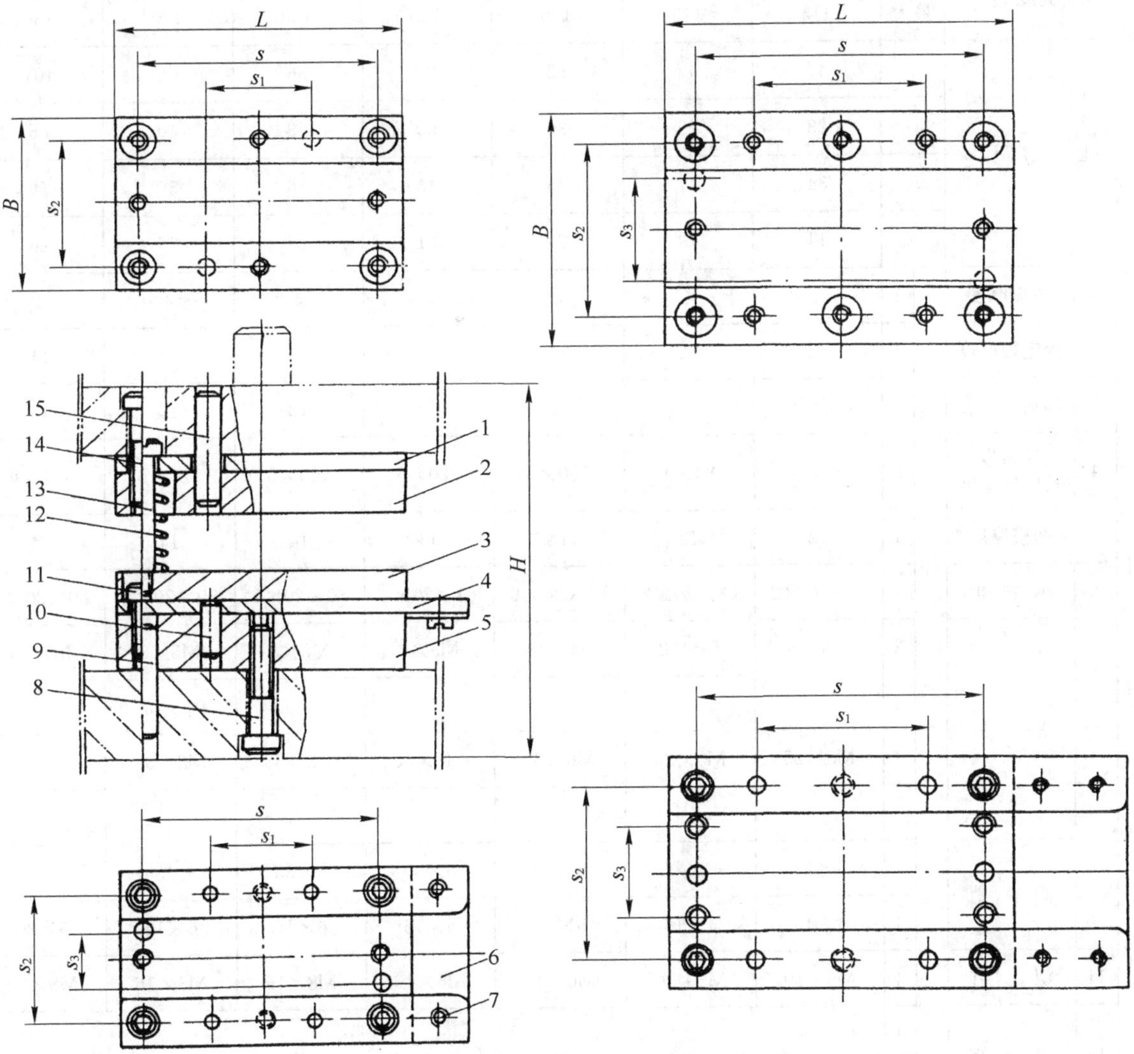

图 1－10－4　弹压卸料横向送料典型组合

1—垫板；2—固定板；3—卸料板；4—导料板；5—凹模；6—承料板；
7、8、11、14—螺钉；9、10、15—圆柱销；12—弹簧；13—卸料螺钉

表 1-10-4　弹压卸料横向送料典型组合尺寸　(mm)

项目			1	2	3	4	5	6	7
凹模周界		L	63	63	80	100	80	100	125
凹模周界		B	50	63			80		
凸模长度			42	42	42	42	42	42	42
配用模架闭合高度 H		最小	100	100	110	110	110	110	110
配用模架闭合高度 H		最大	115	115	130	130	130	130	130
孔距		s	47	47	62	82	56	76	101
孔距		s_1	23	23	36	50	28	40	65
孔距		s_2	34	47	45	45	56	56	56
孔距		s_3	14	23	21	21	28	28	28
件号和名称	1 垫板厚度	件数 1	4	4	4	4	4	4	4
件号和名称	2 固定板厚度	1	12	12	14	14	14	14	14
件号和名称	3 卸料板厚度	1	10	10	12	12	12	12	12
件号和名称	4 导料板长度×厚度	2	83×4	83×4	100×6	120×6	100×6	120×6	145×6
件号和名称	5 凹模厚度	1	12	12	14	14	14	14	14
件号和名称	6 承料板	1	50×20×2	63×20×2	63×20×2	63×20×2	80×20×2	80×20×2	80×20×2
件号和名称	7 螺钉	2	M5×8	M5×8	M5×8	M5×8	M5×8	M5×8	M5×8
件号和名称	7 螺钉	4							
件号和名称	8 螺钉	4	M5×25	M5×25	M6×30	M6×30	M8×35	M8×35	M8×35
件号和名称	8 螺钉	6							
件号和名称	9 圆柱销	2	5×25	5×25	6×30	6×30	8×35	8×35	8×35
件号和名称	10 圆柱销	4	4×16	4×16	5×16	5×16	6×16	6×16	6×20
件号和名称	11 螺钉	4	M5×10	M5×10	M6×16	M6×16	M8×16	M8×16	M8×20
件号和名称	12 弹簧	4	设计选用						
件号和名称	12 弹簧	6							
件号和名称	13 卸料螺钉	4	5×38	5×38	6×35	6×35	8×35	8×35	8×35
件号和名称	13 卸料螺钉	6							
件号和名称	14 螺钉	4	M5×30	M5×30	M6×35	M6×35	M8×35	M8×35	M8×35
件号和名称	14 螺钉	6							
件号和名称	15 圆柱销	2	5×35	5×35	6×40	6×40	8×40	8×40	8×35

（续表）

凹模周界		L	100	125	160	200	125	160	200	250
		B	100				125			
凸模长度			42	48	56	56	48	56	56	58
配用模架闭合高度 H		最小	110	120	140	140	120	140	140	160
		最大	130	150	170	170	150	170	170	200
孔距		s	76	101	136	176	95	130	170	220
		s_1	40	65	70	100	55	70	100	130
		s_2	76	76	76	76	95	95	95	95
		s_3	40	40	40	40	55	55	55	55
件号	**名称**	**件数**								
1	垫板厚度	1	4	6	6	6	6	6	6	8
2	固定板厚度	1	14	16	18	18	16	18	18	20
3	卸料板厚度	1	12	14	16	16	14	16	16	18
4	导料板长度×厚度	2	140×6	165×6	200×6	240×6	165×6	200×6	240×6	290×6
5	凹模厚度	1	14	16	18	18	16	18	18	20
6	承料板	1	100×40×2	100×40×2	100×40×2	100×40×2	100×40×2	125×40×2	125×40×2	125×40×2
7	螺钉	2	M6×10	M6×10	M6×10	M6×10	M6×10	M6×10	M6×10	M6×10
		4								
8		4	M8×35	M8×40			M10×40	M10×45		
		6			M8×45	M8×45			M10×45	M10×55
9	圆柱销	2	8×35	8×40	8×45	8×45	10×40	10×45	10×45	10×50
10		4	6×20	6×20	6×20	6×20	8×20	8×20	8×20	8×20
11	螺钉	4	M8×20	M8×20	M8×20	M8×20	M10×20	M10×20	M10×20	M10×20
12	弹簧	4	设计选用							
		6								
13	卸料螺钉	4	8×35	8×42			10×42	10×48		
		6			8×48	8×48			10×48	10×50
14	螺钉	4	M8×35	M8×40			M10×40	M10×45		
		6			M8×45	M8×45			M10×45	M10×55
15	圆柱销	2	8×35	8×40	8×45	8×45	10×40	10×45	10×45	10×55

（续表）

凹模周界			L	160	200	250	200	250	315	250	315
			B	160			200			250	
凸模长度				58	58	65	65	65	70	70	78
配用模架闭合高度 H			最小	160	160	170	170	170	190	190	215
			最大	200	200	210	210	210	230	230	250
孔距			s	124	164	214	164	214	279	214	279
			s_1	60	90	130	90	130	175	130	175
			s_2	124	124	124	164	164	164	214	214
			s_3	60	60	60	90	90	90	130	130
件号和名称	1	垫板厚度	件数 1	8	8	8	8	8	10	10	10
	2	固定板厚度	1	20	20	22	22	22	25	25	28
	3	卸料板厚度	1	18	18	20	20	20	22	22	25
	4	导料板长度×厚度	2	220×8	260×8	310×8	260×8	310×8	375×8	310×10	375×10
	5	凹模厚度	1	20	20	22	22	22	25	25	28
	6	承料板	1	160×60×3	160×60×3	160×60×3	200×60×3	200×60×3	200×60×3	250×60×4	250×60×4
	7	螺钉	2								
			4	M6×12	M6×12	M6×12	M6×12	M6×12	M6×12	M6×12	M6×12
	8		4	M12×55	M12×55						
			6			M12×60	M12×60	M12×60	M12×65	M12×65	M12×70
	9	圆柱销	2	12×50	12×50	12×60	12×60	12×60	12×60	12×60	12×70
	10		4	10×20	10×20	10×25	10×25	10×25	10×25	10×30	10×30
	11	螺钉	4	M12×20	M12×20	M12×25	M12×25	M12×25	M12×25	M12×25	M12×25
	12	弹簧	4	设计选用							
			6								
	13	卸料螺钉	4								
			6	12×50	12×50	12×55	12×55	12×55	12×60	12×60	12×65
	14	螺钉	4	M12×50	M12×50						
			6			M12×55	M12×55	M12×55	M12×60	M12×60	M12×65
	15	圆柱销	2	12×50	12×50	12×60	12×60	12×60	12×60	12×60	12×70

注：1. 件1～3的长、宽尺寸与对应的 L、B 相同。
2. 导料板宽度尺寸设计时确定。
3. 件12可用碟形弹簧，或以橡胶代替。

五、复合模矩形厚凹模典型组合

复合模矩形厚凹模典型组合见图 1 - 10 - 5，典型组合尺寸见表 1 - 10 - 5。

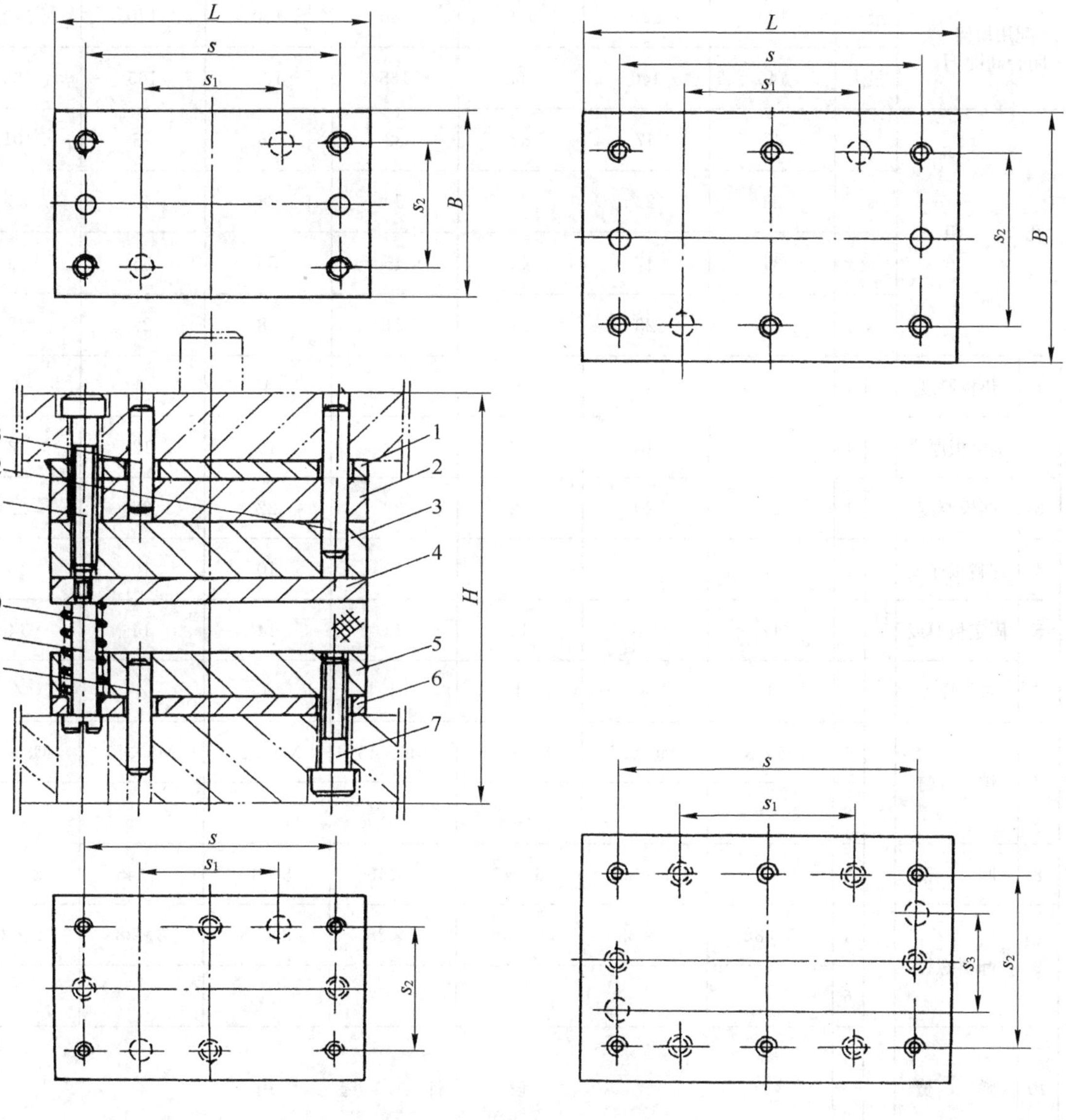

图 1 - 10 - 5　复合模矩形厚凹模典型组合

1、6—垫板；2、5—固定板；3—凹模；4—卸料板；7、11—螺钉；
8、12、13—圆柱销；9—卸料螺钉；10—弹簧

表 1-10-5　复合模矩形厚凹模典型组合尺寸　　(mm)

凹模周界	L		63	63	80	100	80	100	125
	B		50	63			80		
凸凹模长度			34	34	42	42	42	42	42
配用模架闭合高度 H	最小		120	120	140	140	140	140	140
	最大		140	140	165	165	165	165	165
孔距	s		47	47	62	82	56	76	101
	s_1		23	23	36	50	28	40	65
	s_2		34	47	45	45	56	56	56
	s_3		14	23	21	21	28	28	28
件号和名称	1 垫板厚度	件数 1	4	4	4	4	4	4	4
	2 固定板厚度	1	10	10	12	12	12	12	12
	3 凹模厚度	1	20	20	22	22	22	22	22
	4 卸料板厚度	1	8	8	10	10	10	10	10
	5 固定板厚度	1	12	12	14	14	14	14	14
	6 垫板厚度	1	4	4	4	4	4	4	4
	7 螺钉	4	M5×35	M5×35	M6×45	M6×45	M8×45	M8×45	M8×45
		6							
	8 圆柱销	2	5×35	5×35	6×45	6×45	8×45	8×45	8×45
	9 卸料螺钉	4	5×32	5×32	6×38	6×38	8×38	8×38	8×38
		6							
	10 弹簧	4	设计选用						
		6							
	11 螺钉	4	M5×45	M5×45	M6×55	M6×55	M8×55	M8×55	M8×55
		6							
	12 圆柱销	2	5×45	5×45	6×50	6×50	8×50	8×50	8×55
	13 圆柱销	2	5×35	5×35	6×40	6×40	8×40	8×40	8×30

（续表）

凹模周界			L	100	125	160	200	125	160	200	250
			B	100				125			
凸凹模长度				44	46	54	54	46	56	56	60
配用模架闭合高度 H			最小	140	160	190	190	160	190	190	210
			最大	165	190	225	225	190	225	225	255
孔距			s	76	101	136	176	95	130	170	220
			s_1	40	65	70	100	55	70	100	130
			s_2	76	76	76	76	95	95	95	95
			s_3	40	40	40	40	55	55	55	55
件号和名称	1	垫板厚度	件数 1	4	6	6	6	6	6	6	8
	2	固定板厚度	1	12	14	16	16	14	16	16	18
	3	凹模厚度	1	22	25	28	28	25	28	28	32
	4	卸料板厚度	1	10	12	14	14	12	14	14	16
	5	固定板厚度	1	14	16	18	18	16	18	18	20
	6	垫板厚度	1	4	6	6	6	6	6	6	8
	7	螺　钉	4	M8×45	M8×55			M10×55	M10×60		
			6			M8×60	M8×60			M10×60	M10×70
	8	圆柱销	2	8×45	8×55	8×60	8×60	10×55	10×60	10×60	10×70
	9	卸料螺钉	4	8×40	8×42			10×42	10×50		
			6			8×48	8×48			10×50	10×55
	10	弹　簧	4	设计选用							
			6								
	11	螺　钉	4	M8×55	M8×65			M10×65	M10×75		
			6			M8×75	M8×75			M10×75	M10×90
	12	圆柱销	2	8×55	8×70	8×70	8×70	10×70	10×80	10×80	10×90
	13		2	8×30	8×40	8×45	8×45	10×40	10×45	10×45	10×60

（续表）

凹模周界		L	160	200	250	200	250	315	250	315
		B	160			200			250	
凸凹模长度			56	56	63	63	63	68	72	75
配用模架闭合高度 H		最小	210	210	220	220	220	240	240	275
		最大	255	255	265	265	265	285	285	320
孔距		s	124	164	214	164	214	279	214	279
		s_1	60	90	130	90	130	175	130	175
		s_2	124	124	124	164	164	164	214	214
		s_3	60	60	60	90	90	90	130	130
件号和名称		件数								
1	垫板厚度	1	8	8	8	8	8	10	10	10
2	固定板厚度	1	18	18	20	20	20	22	22	25
3	凹模厚度	1	32	32	35	35	35	40	40	45
4	卸料板厚度	1	16	16	18	18	18	20	20	22
5	固定板厚度	1	20	20	22	22	22	25	25	28
6	垫板厚度	1	8	8	8	8	8	10	10	10
7	螺钉	4	M12×70	M12×70						
		6			M12×75	M12×75	M12×75	M12×85	M12×85	M12×90
8	圆柱销	2	12×70	12×70	12×70	12×70	12×70	12×80	12×80	12×90
9	卸料螺钉	4	12×50	12×50						
		6			12×55	12×55	12×55	12×60	12×65	12×65
10	弹簧	4	设计选用							
		6								
11	螺钉	4	M12×85	M12×85						
		6			M12×95	M12×95	M12×95	M12×100	M12×100	M12×110
12	圆柱销	2	12×90	12×90	12×90	12×90	12×90	12×100	12×100	12×100
13	圆柱销	2	12×60	12×60	12×60	12×60	12×60	12×70	12×70	12×70

注：1. 件1、2、4、5、6的长、宽尺寸与对应的L、B相同。
2. 件10可用碟形弹簧，或以橡胶代替。

六、复合模矩形薄凹模典型组合

复合模矩形薄凹模典型组合见图 1-10-6，典型组合尺寸见表 1-10-6。

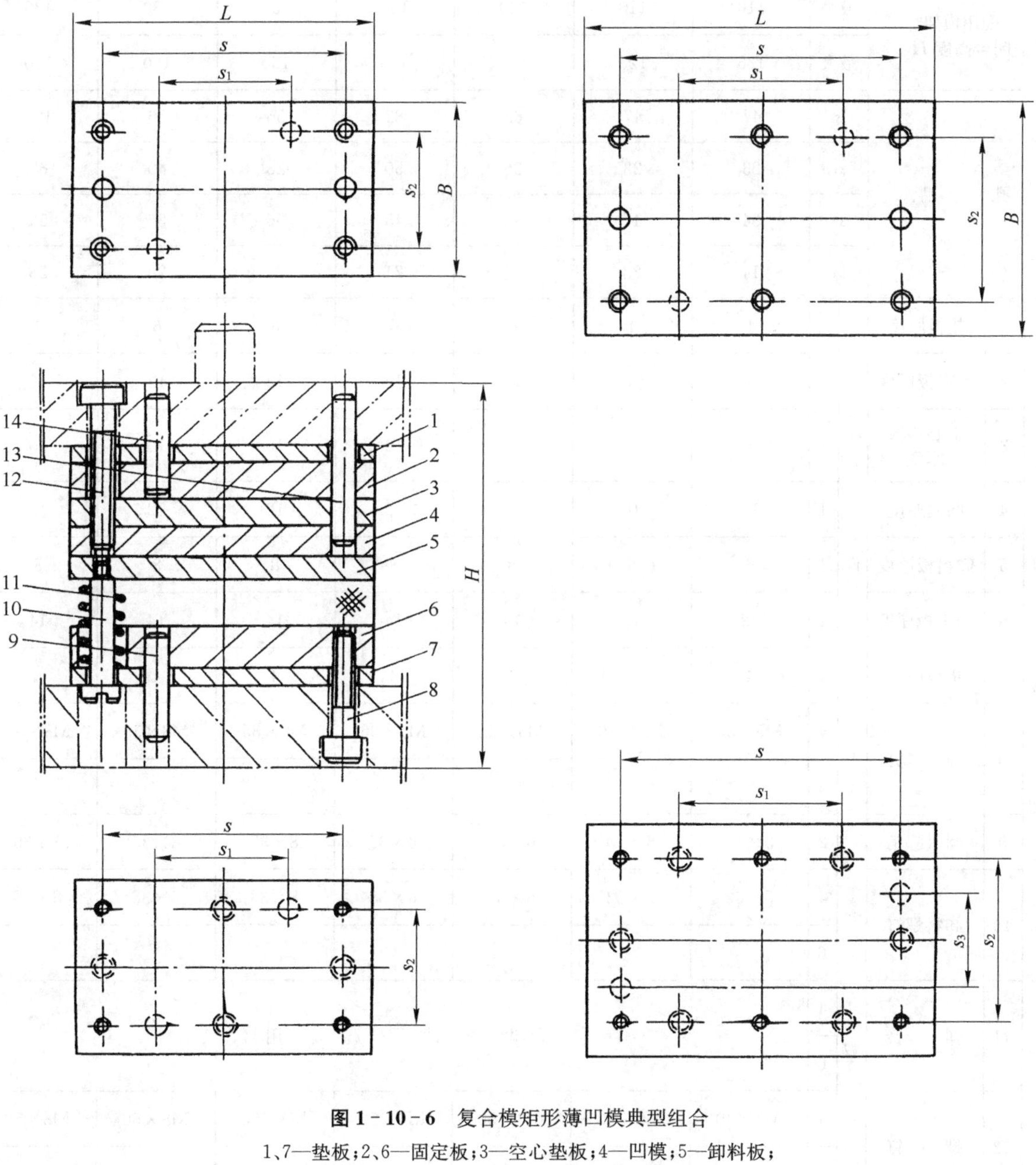

图 1-10-6　复合模矩形薄凹模典型组合

1、7—垫板；2、6—固定板；3—空心垫板；4—凹模；5—卸料板；
8、12—螺钉；9、13、14—圆柱销；10—卸料螺钉；11—弹簧

表 1-10-6 复合模矩形薄凹模典型组合尺寸 (mm)

件号和名称		件数							
凹模周界	L		63	63	80	100	80	100	125
凹模周界	B		50	63			80		
凸凹模长度			32	32	40	40	40	40	40
配用模架闭合高度 H	最小		110	110	130	130	130	130	130
配用模架闭合高度 H	最大		125	125	150	150	150	150	150
孔距	s		47	47	62	82	56	76	101
孔距	s_1		23	23	36	50	28	40	65
孔距	s_2		34	47	45	45	56	56	56
孔距	s_3		14	23	21	21	28	28	28
1	垫板厚度	1	4	4	6	6	6	6	4
2	固定板厚度	1	10	10	12	12	12	12	12
3	空心垫板厚度	1	8	8	10	10	10	10	10
4	凹模厚度	1	10	10	12	12	12	12	12
5	卸料板厚度	1	6	6	8	8	8	8	8
6	固定板厚度	1	12	12	14	14	14	14	14
7	垫板厚度	1	4	4	4	4	4	4	4
8	螺 钉	4	M5×30	M5×30	M6×35	M6×35	M8×35	M8×35	M8×35
		6							
9	圆柱销	2	5×30	5×30	6×35	6×35	8×35	8×35	8×35
10	卸料螺钉	4	5×32	5×32	6×38	6×38	8×38	8×38	8×38
		6							
11	弹 簧	4	设计选用						
		6							
12	螺 钉	4	M5×40	M5×40	M6×50	M6×50	M8×50	M8×50	M8×50
		6							
13	圆柱销	2	5×40	5×40	6×45	6×45	8×45	8×45	8×50
14	圆柱销	2	5×30	5×30	6×35	6×35	8×35	8×35	8×25

（续表）

凹模周界			L	100	125	160	200	125	160	200	250
			B	100				125			
凸凹模长度				40	44	52	52	44	52	52	58
配用模架闭合高度 H			最小	130	140	160	160	140	160	160	180
			最大	150	165	190	190	165	190	190	220
孔距			s	76	101	136	176	95	130	170	220
			s_1	40	65	70	100	55	70	100	130
			s_2	76	76	76	76	95	95	95	95
			s_3	40	40	40	40	55	55	55	55
件号和名称	1	垫板厚度	件数 1	4	6	6	6	6	6	6	8
	2	固定板厚度	1	12	14	16	16	14	16	16	18
	3	空心垫板厚度	1	10	12	14	14	12	14	14	16
	4	凹模厚度	1	12	14	16	16	14	14	14	16
	5	卸料板厚度	1	8	10	12	12	10	12	12	14
	6	固定板厚度	1	14	16	18	18	16	18	18	20
	7	垫板厚度	1	4	6	6	6	6	6	6	8
	8	螺　钉	4	M8×35	M8×45			M10×45	M10×50		
			6			M8×50	M8×50			M10×50	M10×60
	9	圆柱销	2	8×35	8×45	8×50	8×50	10×45	10×50	10×50	10×60
	10	卸料螺钉	4	8×38	8×42			10×42	10×48		
			6			8×48	8×48			10×48	10×55
	11	弹　簧	4	设计选用							
			6								
	12	螺　钉	4	M8×50	M8×65			M10×65	M10×70		
			6			M8×70	M8×70			M10×70	M10×80
	13	圆柱销	2	8×50	8×60	8×70	8×70	10×60	10×70	10×70	10×90
	14		2	8×25	8×35	8×40	8×40	10×35	10×40	10×40	10×55

（续表）

凹模周界		L	160	200	250	200	250	315	250	315
		B	160			200			250	
凸凹模长度			58	58	61	61	61	66	66	72
配用模架闭合高度 H		最小	180	180	200	200	200	220	220	245
		最大	220	220	240	240	240	260	260	280
孔距		s	124	164	214	164	214	279	214	279
		s_1	60	90	130	90	130	175	130	175
		s_2	124	124	124	164	164	164	214	214
		s_3	60	60	60	90	90	90	130	130
件号和名称		件数								
1	垫板厚度	1	8	8	8	8	8	10	10	10
2	固定板厚度	1	18	18	20	20	20	22	22	25
3	空心垫板厚度	1	16	16	18	18	18	20	20	22
4	凹模厚度	1	16	16	18	18	8	20	20	22
5	卸料板厚度	1	14	14	16	16	16	18	18	20
6	固定板厚度	1	20	20	22	22	22	25	25	28
7	垫板厚度	1	8	8	8	8	8	10	10	10
8	螺钉	4	M12×60	M12×60						
		6			M12×65	M12×65	M12×65	M12×75	M12×75	M12×75
9	圆柱销	2	12×60	12×60	12×70	12×70	12×70	12×70	12×80	12×90
10	卸料螺钉	4	12×55	12×55						
		6			12×55	12×55	12×55	12×60	12×60	12×65
11	弹簧	4	设计选用							
		6								
12	螺钉	4	M12×80	M12×80						
		6			M12×90	M12×90	M12×90	M12×95	M12×95	M12×95
13	圆柱销	2	12×80	12×80	12×90	12×90	12×90	12×100	12×90	12×90
14		2	12×50	12×50	12×60	12×60	12×60	12×70	12×60	12×60

注：1. 件 1、2、3、5、6、7 的长、宽尺寸与对应的 L、B 相同。
2. 件 11 可用碟形弹簧，或以橡胶代替。

七、复合模圆形厚凹模典型组合

复合模圆形厚凹模典型组合见图 1-10-7，典型组合尺寸见表 1-10-7。

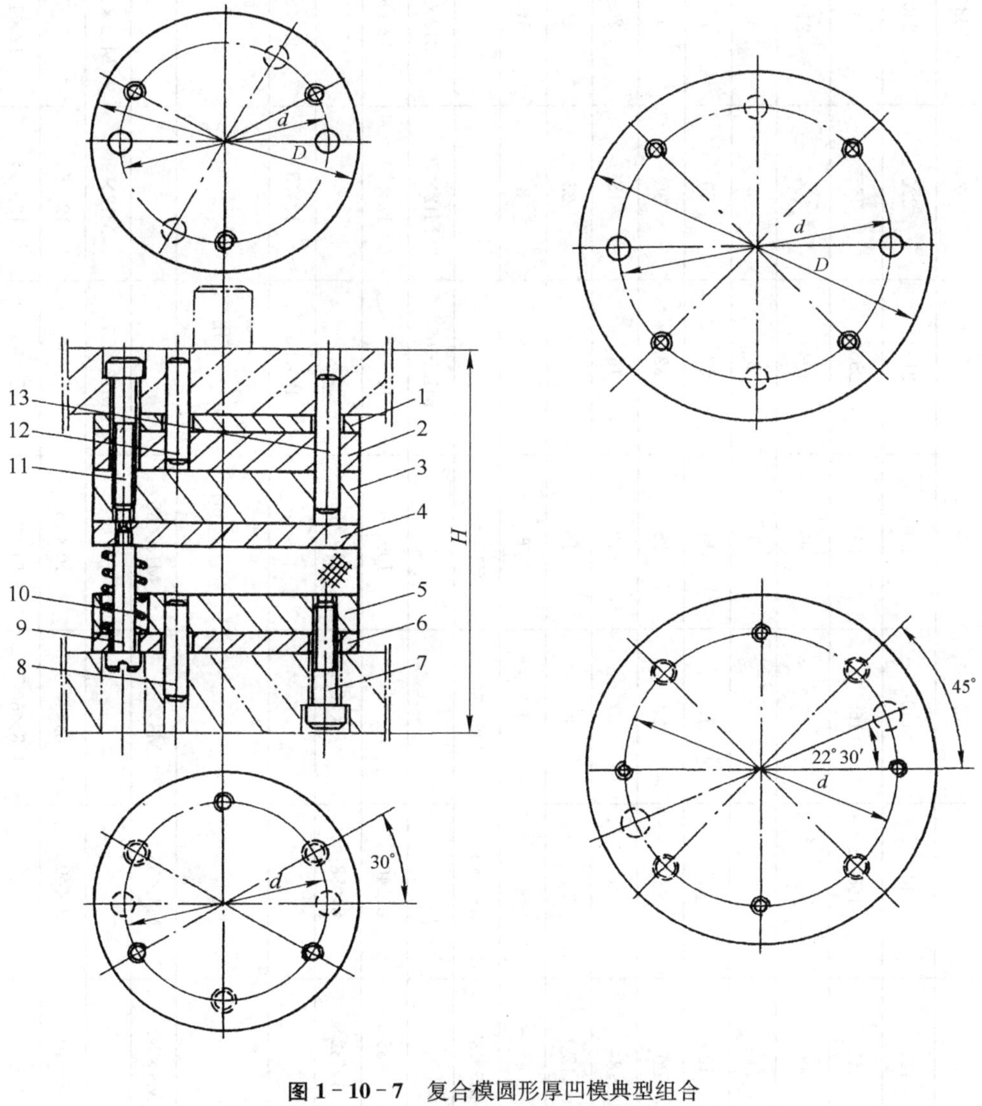

图 1-10-7　复合模圆形厚凹模典型组合

1、6—垫板；2、5—固定板；3—凹模；4—卸料板；7、11—螺钉；
8、12、13—圆柱销；9—卸料螺钉；10—弹簧

表 1-10-7 复合模圆形厚凹模典型组合尺寸

(mm)

凹模外径 D				63	80	100	125	160	200	250	315
凸凹模长度				34	42	42	46	56	62	68	70
配用模架闭合高度 H			最小	120	140	140	160	210	220	240	275
			最大	140	165	165	190	255	265	285	320
孔距				47	56	76	95	124	164	214	279
件号和名称	1	垫板厚度	件数 1	4	4	4	6	8	8	10	10
	2	固定板厚度	1	10	12	12	14	18	20	22	25
	3	凹模厚度	1	20	22	22	25	32	35	40	45
	4	卸料板厚度	1	8	10	10	12	16	18	20	22
	5	固定板厚度	1	12	14	14	16	20	22	25	28
	6	垫板厚度	1	4	4	4	6	8	8	10	10
	7	螺钉	3	M5×35	M8×40	M8×40	M10×50				
			4					M12×65	M12×70	M12×80	M12×85
	8	圆柱销	2	5×35	8×40	8×40	10×50	12×60	12×70	12×80	12×90
	9	卸料螺钉	3	5×32	8×38	8×38	10×42				
			4					12×50	12×55	12×60	12×60
	10	弹簧	3	设计选用							
			4								
	11	螺钉	3	M5×50	M8×55	M8×55	M10×65				
			4					M12×85	M12×90	M12×100	M12×100
	12	圆柱销	2	5×40	8×40	8×40	10×45	12×60	12×60	12×70	12×70
	13		2	5×55	8×60	8×60	10×70	12×90	12×90	12×100	12×100

注：1. 件 1、2、4、5、6 的外径与对应的凹模外径 D 相同。
2. 件 10 可用碟形弹簧，或以橡胶代替。

八、复合模圆形薄凹模典型组合

复合模圆形薄凹模典型组合见图 1－10－8，典型组合尺寸见表 1－10－8。

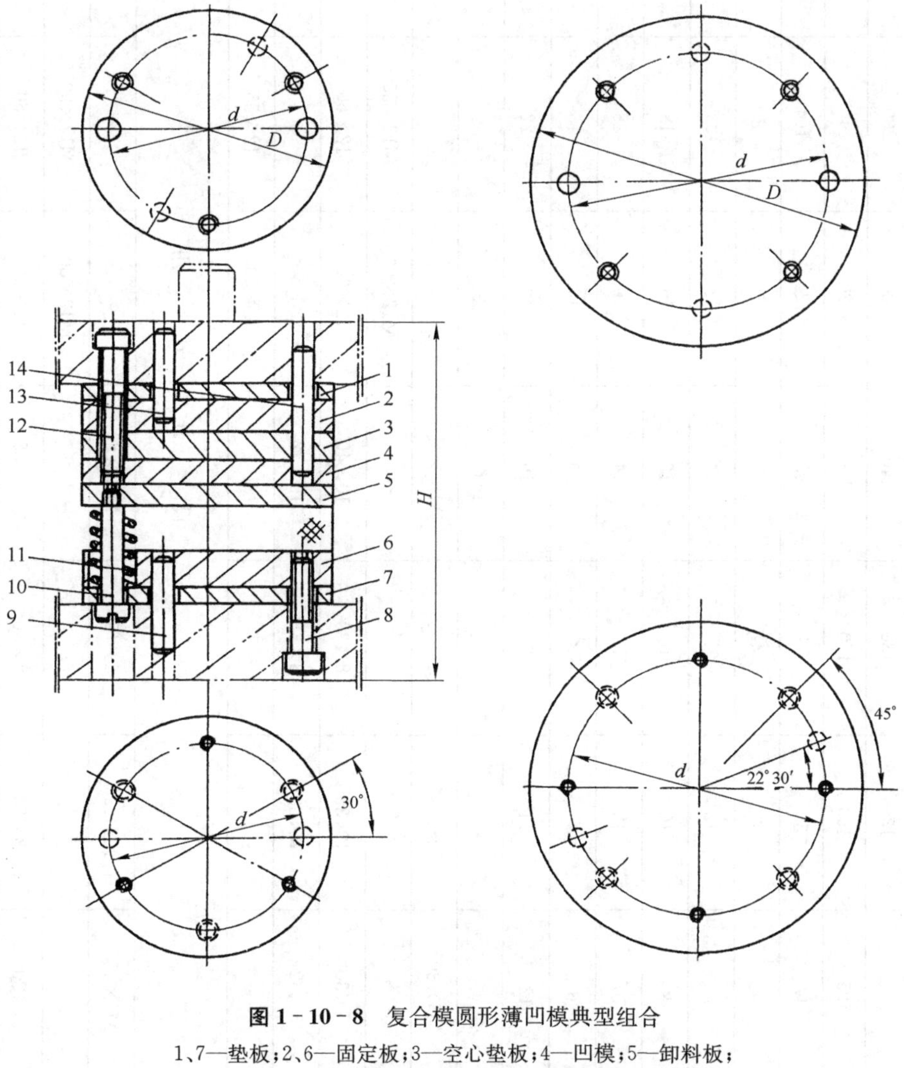

图 1－10－8　复合模圆形薄凹模典型组合

1、7—垫板；2、6—固定板；3—空心垫板；4—凹模；5—卸料板；
8、12—螺钉；9、13、14—圆柱销；10—卸料螺钉；11—弹簧

表 1-10-8 复合模圆形薄凹模典型组合尺寸

(mm)

凹模外径 D				63	80	100	125	160	200	250	315
凸凹模长度				32	40	40	44	54	61	66	68
配用模架闭合高度 H			最小	110	130	130	140	180	200	220	245
			最大	125	150	150	170	220	240	260	280
孔距				47	56	76	95	124	164	214	279
件号和名称	1	垫板厚度	件数 1	4	4	4	6	8	8	10	10
	2	固定板厚度	1	10	12	12	14	18	20	22	25
	3	空心垫板厚度	1	8	10	10	12	16	18	20	20
	4	凹模厚度	1	10	12	12	14	16	18	20	20
	5	卸料板厚度	1	6	8	8	10	14	16	18	20
	6	固定板厚度	1	12	14	14	16	20	22	25	28
	7	垫板厚度	1	4	4	4	6	8	8	10	10
	8	螺钉	3	M5×30	M8×35	M8×35	M10×45				
			4					M12×60	M12×65	M12×75	M12×80
	9	圆柱销	2	5×30	8×30	8×30	10×45	12×60	12×60	12×75	12×80
	10	卸料螺钉	3	5×32	8×38	8×38	10×42				
			4					12×50	12×55	12×60	12×60
	11	弹簧	3	设计选用							
			4								
	12	螺钉	3	M5×45	M8×50	M8×50	M10×60				
			4					M12×80	M12×90	M12×95	M12×100
	13	圆柱销	2	5×30	8×30	8×30	10×35	12×50	12×60	12×60	12×60
	14		2	5×45	8×50	8×50	10×60	12×80	12×90	12×90	12×90

注：1. 件 1、2、3、5、6、7 的外径与对应的凹模外径 D 相同。
2. 件 11 可用碟形弹簧，或以橡胶代替。

九、弹压导板模纵向送料典型组合

弹压导板模纵向送料典型组合见图 1-10-9，典型组合尺寸见表 1-10-9。

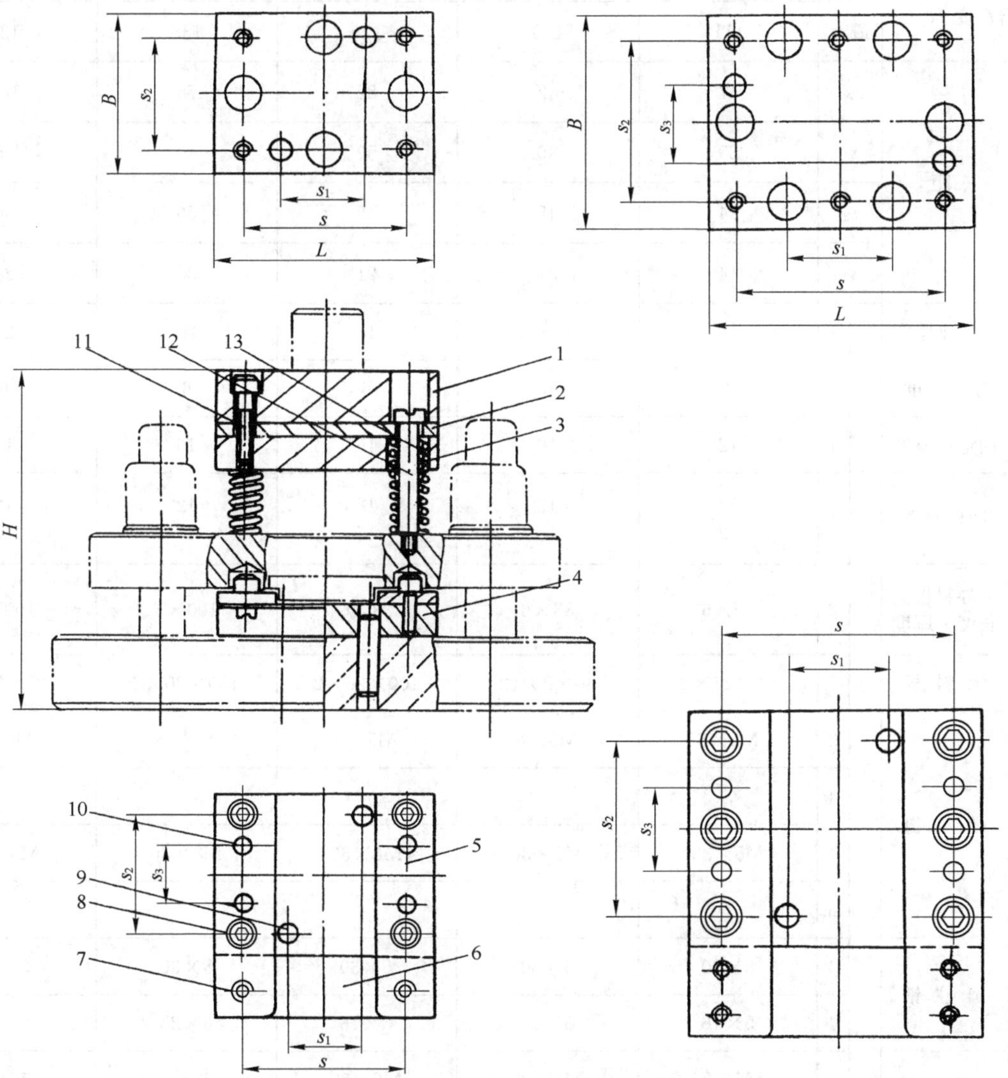

图 1-10-9　弹压导板模纵向送料典型组合

1—上模座；2—垫板；3—固定板；4—凹模；5—导料板；6—承料板；
7、8、11—螺钉；9、10—圆柱销；12—卸料螺钉；13—弹簧

表 1-10-9　弹压导板模纵向送料典型组合尺寸　　(mm)

<table>
<tr><td colspan="3" rowspan="2">凹模周界</td><td colspan="2">L</td><td>63</td><td>80</td><td>100</td><td>100</td><td>125</td></tr>
<tr><td colspan="2">B</td><td>50</td><td colspan="2">63</td><td colspan="2">80</td></tr>
<tr><td colspan="5">凸模长度</td><td>52</td><td>59</td><td>59</td><td>61</td><td>61</td></tr>
<tr><td colspan="3" rowspan="2">配用模架闭合高度 H</td><td colspan="2">最小</td><td>109</td><td>125</td><td>125</td><td>134</td><td>134</td></tr>
<tr><td colspan="2">最大</td><td>111</td><td>129</td><td>129</td><td>138</td><td>138</td></tr>
<tr><td colspan="3" rowspan="4">孔距</td><td colspan="2">s</td><td>47</td><td>62</td><td>82</td><td>76</td><td>101</td></tr>
<tr><td colspan="2">s_1</td><td>23</td><td>36</td><td>50</td><td>40</td><td>65</td></tr>
<tr><td colspan="2">s_2</td><td>34</td><td>45</td><td>45</td><td>56</td><td>56</td></tr>
<tr><td colspan="2">s_3</td><td>14</td><td>21</td><td>21</td><td>28</td><td>28</td></tr>
<tr><td rowspan="18">件号和名称</td><td>1</td><td>上模座厚度</td><td rowspan="18">件数</td><td>1</td><td>18</td><td>18</td><td>18</td><td>20</td><td>20</td></tr>
<tr><td>2</td><td>垫板厚度</td><td>1</td><td>4</td><td>6</td><td>6</td><td>6</td><td>6</td></tr>
<tr><td>3</td><td>固定板厚度</td><td>1</td><td>12</td><td>16</td><td>16</td><td>16</td><td>16</td></tr>
<tr><td>4</td><td>凹模厚度</td><td>1</td><td>10
12</td><td>12
16</td><td>12
16</td><td>12
16</td><td>12
16</td></tr>
<tr><td>5</td><td>导料板
长度×厚度</td><td>2</td><td>70×6</td><td>83×6</td><td>83×6</td><td>100×6</td><td>100×6</td></tr>
<tr><td>6</td><td>承料板</td><td>1</td><td>63×20×2</td><td>80×20×2</td><td>100×20×2</td><td>100×20×2</td><td>125×20×2</td></tr>
<tr><td rowspan="2">7</td><td rowspan="4">螺钉</td><td>2</td><td>M5×8</td><td>M5×8</td><td>M5×8</td><td>M5×8</td><td>M5×8</td></tr>
<tr><td>4</td><td></td><td></td><td></td><td></td><td></td></tr>
<tr><td rowspan="2">8</td><td>4</td><td>M5×30</td><td>M6×30</td><td>M6×30</td><td>M8×30</td><td>M8×30</td></tr>
<tr><td>6</td><td></td><td></td><td></td><td></td><td></td></tr>
<tr><td>9</td><td rowspan="2">圆柱销</td><td>4</td><td>5×30</td><td>6×30</td><td>6×30</td><td>8×30</td><td>8×30</td></tr>
<tr><td>10</td><td>4</td><td>5×16</td><td>5×16</td><td>5×16</td><td>6×25</td><td>6×25</td></tr>
<tr><td rowspan="2">11</td><td rowspan="2">螺钉</td><td>4</td><td>M5×25</td><td>M6×30</td><td>M6×30</td><td>M8×30</td><td>M8×30</td></tr>
<tr><td>6</td><td></td><td></td><td></td><td></td><td></td></tr>
<tr><td rowspan="2">12</td><td rowspan="2">卸料螺钉</td><td>4</td><td>5×35</td><td>6×40</td><td>6×40</td><td>8×40</td><td>8×40</td></tr>
<tr><td>6</td><td></td><td></td><td></td><td></td><td></td></tr>
<tr><td rowspan="2">13</td><td rowspan="2">弹簧</td><td>4</td><td colspan="5" rowspan="2">设计选用</td></tr>
<tr><td>6</td></tr>
</table>

（续表）

凹模周界		*L*	125	160	160	200	200	250
		B	100		125		160	
凸模长度			65	67	67	76	74	74
配用模架闭合高度 *H*		最小	142	156	156	174	183	183
		最大	146	163	163	180	189	189
孔距		s	101	136	130	170	164	214
		s_1	65	70	70	100	90	130
		s_2	76	76	95	95	124	124
		s_3	40	40	55	55	60	60
件号和名称		件数						
1	上模座厚度	1	20	25	25	25	25	25
2	垫板厚度	1	6	6	6	6	8	8
3	固定板厚度	1	18	18	18	22	22	22
4	凹模厚度	1	16 20	18 25	18 25	22 28	22 28	22 28
5	导料板长度×厚度	2	140×6	140×6	165×6	165×6	220×8	220×8
6	承料板	1	125×40×2	160×40×3	160×40×3	200×40×3	200×60×3	250×60×4
7	螺钉	2	M5×8	M5×8	M5×8	M5×8		
		4					M6×10	M6×10
8		4	M8×30		M10×40			
		6		M8×35		M10×50	M12×55	M12×55
9	圆柱销	4	8×40	8×40	8×40	10×50	12×55	12×55
10		4	6×25	6×25	8×25	8×25	10×25	10×25
11	螺钉	4	M8×30		M10×35			
		6		M8×35		M10×35	M12×35	M12×35
12	卸料螺钉	4	8×42		10×42			
		6		8×42		10×42	12×45	12×45
13	弹簧	4	设计选用					
		6						

注：1. 件1～3的长、宽尺寸与对应的 *L*、*B* 相同。导料板宽度尺寸设计时确定，表列厚度尺寸仅供参考。
　　2. 括号内的尺寸不推荐使用。
　　3. 件13可用碟形弹簧，或以橡胶代替。

十、弹压导板模横向送料典型组合

弹压导板模横向送料典型组合见图 1-10-10，典型组合尺寸见表 1-10-10。

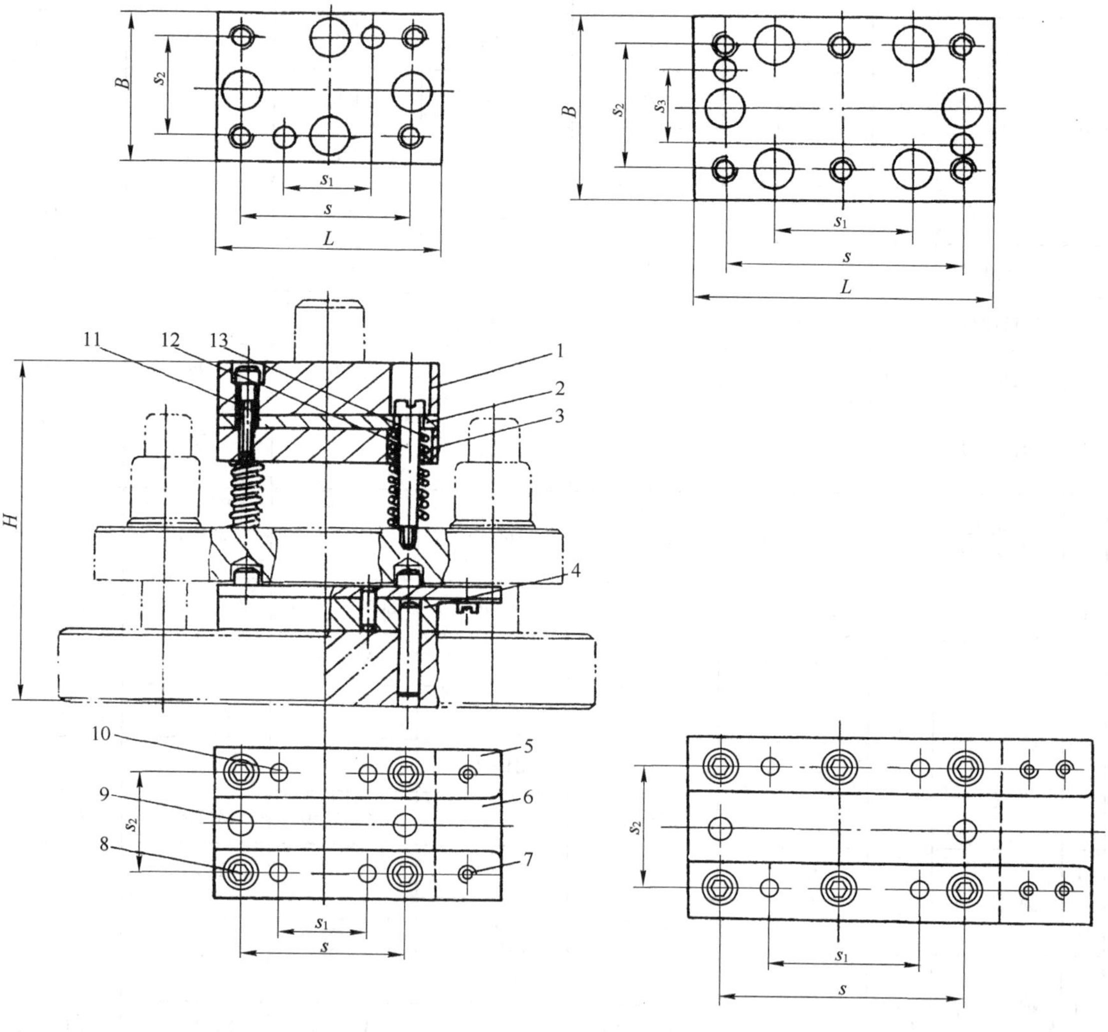

图 1-10-10　弹压导板模横向送料典型组合

1—上模座；2—垫板；3—固定板；4—凹模；5—导料板；6—承料板；
7、8、11—螺钉；9、10—圆柱销；12—卸料螺钉；13—弹簧

表 1－10－10　弹压导板模横向送料典型组合尺寸　(mm)

凹模周界	L		63	80	100	100	125
	B		50	63		80	
凸模长度			52	59	59	61	61
配用模架闭合高度 H	最小		109	125	125	129	129
	最大		111	129	129	133	133
孔距	s		47	62	82	76	101
	s_1		23	36	50	40	65
	s_2		34	45	45	56	56
	s_3		14	21	21	28	28
件号和名称		**件数**					
1	上模座厚度	1	18	18	18	20	20
2	垫板厚度	1	4	6	6	6	6
3	固定板厚度	1	12	16	16	16	16
4	凹模厚度	1	10 12	12 16	12 16	12 16	12 16
5	导料板长度×厚度	2	83×6	100×6	120×6	120×6	145×6
6	承料板	1	50×20×2	63×20×2	63×20×2	80×20×2	80×20×2
7	螺钉	2	M5×8	M5×8	M5×8	M5×8	M5×8
		4					
8	螺钉	4	M5×30	M6×30	M6×30	M8×30	M8×30
		6					
9	圆柱销	4	5×30	6×30	6×30	8×30	8×30
10	圆柱销	4	5×16	5×16	5×16	6×25	6×25
11	螺钉	4	M5×25	M6×30	M6×30	M8×30	M8×30
		6					
12	卸料螺钉	4	5×35	6×40	6×40	8×40	8×40
		6					
13	弹簧	4	设计选用				
		6					

（续表）

凹模周界		L	125	160	160	200	200	250
		B	100		125		160	
凸模长度			65	67	67	76	74	74
配用模架闭合高度 H		最小	142	156	156	174	183	183
		最大	146	163	163	180	189	189
孔距		s	101	136	130	170	164	214
		s_1	65	70	70	100	90	130
		s_2	7	76	95	95	124	124
		s_3	40	40	55	55	60	60
件号	名称	件数						
1	上模座厚度	1	20	25	25	24	25	25
2	垫板厚度	1	6	6	6	6	8	8
3	固定板厚度	1	18	18	18	22	22	22
4	凹模厚度	1	16 20	18 25	18 25	22 28	22 28	22 28
5	导料板长度×厚度	2	165×6	200×6	200×6	240×6	260×8	310×8
6	承料板	1	100×40×2	100×40×2	125×40×2	125×40×2	160×60×3	160×60×3
7	螺钉	2	M5×8	M5×8	M5×8	M5×8		
		4					M6×10	M6×10
8		4	M8×30		M10×40			
		6		M8×35		M10×50	M12×55	M12×55
9	圆柱销	4	8×40	8×40	8×40	10×50	12×55	12×55
10		4	6×25	6×25	8×25	8×25	10×25	10×25
11	螺钉	4	M8×30		M10×35			
		6		M8×35		M10×35	M12×35	M12×35
12	卸料螺钉	4	8×42		10×42			
		6		8×42		10×42	12×45	12×45
13	弹簧	4	设计选用					
		6						

注：1. 件 1～3 的长、宽尺寸与对应的 L、B 相同。导料板宽度尺寸设计时确定，表列厚度尺寸仅供参考。
2. 件 13 可用碟形弹簧，或以橡胶代替。

第二篇　塑料模具设计

第一章　塑料和成形工艺

一、塑料及其性能

（一）热塑性塑料

热塑性塑料是在特定的温度范围内能反复加热软化和冷却硬化的塑料。

常用热塑性塑料和树脂的缩写代号见表 2 - 1 - 1。

表 2 - 1 - 1　常用热塑性塑料和树脂的缩写代号

缩写代号	塑料或树脂全称	
	英文	中文
ABS	acrylonitritle-butadiene-styrene copolymer	丙烯腈-丁二烯-苯乙烯共聚物
AS	acrylonitrile-styrene copolymer	丙烯腈-苯乙烯共聚物
AMMA	acrylonitrile-methyl methacrylate copolymer	丙烯腈-甲基丙烯酸甲酯共聚物
ASA	acrylonitrile-styrene-acrylate copolymer	丙烯腈-苯乙烯-丙烯酸酯共聚物
CA	cellulose acetate	乙酸纤维素(醋酸纤维素)
CN	cellulose nitrate	硝酸纤维素
EC	ethyl cellulose	乙基纤维素
FEP	perfluorinated ethylene-propylene copolymer	全氟(乙烯-丙烯)共聚物(聚全氟乙丙烯)
GPS	general polystyrene	通用聚苯乙烯
GRP	glass fibre reinforced plastics	玻璃纤维增强塑料
HDPE	high density polyethylene	高密度聚乙烯
HIPS	high impact polystyrene	高冲击强度聚苯乙烯
LDPE	low density polyethylene	低密度聚乙烯
MDPE	middle density polyethylene	中密度聚乙烯
PA	polyamide	聚酰胺(尼龙)
PAA	poly (acrylic acid)	聚丙烯酸
PBT	polybutylene terephthalate	聚对苯二甲酸丁二醇酯
PC	polycarbonate	聚碳酸酯
PAN	polyacrylonitrile	聚丙烯腈
PCTFE	polychlorotrifluoroethylene	聚三氟氯乙烯
PE	polyethylene	聚乙烯
PEC	chlorinated polyethylene	氯化聚乙烯
PET	polyethylene terephthalate	聚对苯二甲酸乙二醇酯
PI	polyimide	聚酰亚胺
PMMA	poly (methyl methacrylate)	聚甲基丙烯酸甲酯

（续表）

缩写代号	塑料或树脂全称	
	英文	中文
POM	polyformaldehyde (polyoxymethylene)	聚甲醛
PP	polypropylene	聚丙烯
PPC	chlorinated polypropylene	氯化聚丙烯
PPO	poly (phenylene oxide)	聚苯醚(聚 2,6-二甲基苯醚),聚苯撑氧
PPS	poly (phenylene sulfide)	聚苯硫醚
PPSU	poly (phenylene sulfone)	聚苯砜
PS	polystyrene	聚苯乙烯
PSU	polysulfone	聚砜
PTFE	polytetrafluoroethylene	聚四氟乙烯
PVC	poly (vinyl chloride)	聚氯乙烯
PVCC	chlorinated poly (vinyl chloride)	聚化聚氯乙烯
PVDC	poly (vinylidene chloride)	聚偏二氯乙烯
PVDF	poly (vinylidene fluoride)	聚偏二氟乙烯
RP	reinforced plastics	增强塑料
SAN	styrene-acrylonitrile copolymer	苯乙烯-丙烯腈共聚物

常用热塑性塑料成形性能见表 2-1-2,主要技术指标见表 2-1-3。

表 2-1-2 常用热塑性塑料成形性能

名称	成形性能
硬聚氯乙烯	(1) 无定形料,吸湿性小,流动性差。为了提高流动性,防止发生气泡,塑料可预先干燥。模具浇注系统宜粗短,浇口截面宜大,不得有死角。模具须冷却,表面镀铬 (2) 极易分解,在 200℃温度下与钢、铜接触更易分解,分解时逸出腐蚀、刺激性气体。成形温度范围小 (3) 采用螺杆式注射机及直通式喷嘴时,孔径宜大,以防死角滞料
低压聚乙烯	(1) 结晶料,吸湿性小,流动性极好。流动性对压力敏感,成形时宜用高压注射,料温均匀,填充速度快,保压充分。不宜用直接浇口,以防收缩不匀,内应力增大。注意选择浇口位置,防止产生缩孔和变形 (2) 收缩范围和收缩值大,方向性明显,易变形翘曲。冷却速度宜慢,模具设冷料穴,并有冷却系统 (3) 加热时间不宜过长,否则会发生分解、烧伤 (4) 软质塑件有较浅的侧凹槽时,可强行脱模 (5) 可能发生熔体破裂,不宜与有机溶剂接触,以防开裂
聚丙烯	(1) 结晶料,吸湿性小,易发生熔体破裂,长期与热金属接触易分解 (2) 流动性好,但收缩范围和收缩值大,易发生缩孔、凹痕、变形 (3) 冷却速度快,浇注系统及冷却系统应缓慢散热,并注意控制成形温度。料温低,方向性明显,低温高压时尤其明显。模具温度低于 50℃时,塑件不光泽,易产生熔接不良、流痕,90℃以上易发生翘曲变形 (4) 塑件壁厚须均匀,避免缺口、尖角,以防应力集中
聚苯乙烯	(1) 无定形料,吸湿性小,不易分解,但热膨胀系数大,易产生内应力。流动性较好,可用螺杆或柱塞式注射机成形。喷嘴用直通式或自锁式,但应防止飞边 (2) 宜用高料温、高模温、低注射压力,延长注射时间有利于降低内应力,防止缩孔、变形 (3) 可用各种形式浇口,浇口与塑件圆弧连接,以免去除浇口时损坏塑件。脱模斜度大,顶出均匀。塑件壁厚均匀,最好不带嵌件,如有嵌件应预热。各面应圆弧连接,不许有缺口、尖角

（续表）

名　称	成　形　性　能
苯乙烯-丙烯腈共聚物(SAN)	(1) 无定性料，热稳定性好，不易分解，但吸湿性大 (2) 流动性比 ABS 好，不易产生飞边，但易发生裂纹（尤其在浇口处）。塑件不许有缺口、尖角。顶出均匀，脱膜斜度大
苯乙烯-丁二烯-丙烯腈共聚物(ABS)	(1) 无定性料，流动性中等，吸湿性大，必须充分干燥，表面要求光泽的塑件须长时间预热干燥 (2) 宜取高料温、高模温，但料温过高易分解（分解温度为≥250℃）。对于精度较高的塑件，模温宜取 50～60℃；对于光泽、耐热塑件，模温宜取 60～80℃
苯乙烯改性聚甲基丙烯酸甲酯(372 有机玻璃)	(1) 无定形料，吸湿性大，不易分解，流动性中等，易发生填充不良、缩孔、凹痕、熔接痕等 (2) 宜高压注射，在不出现缺陷的条件下取高料温、高模温，以增加流动性，降低内应力，改善透明性及强度。模具浇注系统表面光洁，脱膜斜度大，顶出均匀。设排气口，以防出现气泡
聚酰胺(尼龙)	(1) 结晶料，熔点较高，熔融温度范围窄，热稳定性差，料温超过 300℃、滞留时间超过 30 min 即分解。较易吸湿，须预热干燥，含水量不得超过 0.3% (2) 流动性好，易溢料。用螺杆式注射机时螺杆应带止回环，宜用自锁式喷嘴，并应加热 (3) 成形收缩范围和收缩率大，方向性明显，易发生缩孔、凹痕、变形等 (4) 模温按塑件壁厚在 20～90℃范围内选取，注射压力按注射机类型、料温、塑件形状尺寸、模具浇注系统选定，成形周期按塑件壁厚选定。树脂黏度小时，注射、冷却时间应取长，注射压力应取高，并用白油作脱模剂 (5) 模具浇注系统的形式和尺寸，与成形聚苯乙烯时相似，增大流道和浇口尺寸可减少缩孔、凹痕
聚甲醛	(1) 结晶料，熔融范围窄，熔融和凝固快，料温稍低于熔融温度即发生结晶。流动性中等。吸湿性小，可不经干燥处理 (2) 摩擦因数低，弹性好，塑件表面可带有皱纹花样，但易产生表面缺陷 (3) 极易分解，分解温度为 240℃。分解时有刺激性和腐蚀性气体发生，故应选用大直径的直通式喷嘴和螺杆式注射机，宜用较高的成形压力和注射速度、较低的螺杆转速。模具应加热
聚碳酸酯	(1) 无定形料，热稳定性好，成形温度范围宽，流动性差。吸湿性小，但对水敏感，须经干燥处理。成形收缩率小，易发生熔融开裂和应力集中，故应严格控制成形条件，塑件须经退火处理 (2) 熔融温度高，黏度高，大于 200 g 的塑件宜用螺杆式注射机，开畅式延伸喷嘴，喷嘴应加热 (3) 冷却速度快，模具浇注系统以粗、短为原则，宜设冷料穴，浇口宜取大，模具宜加热 (4) 料温过低会造成缺料，塑件无光泽，料温过高易溢边，塑件起泡。模温低时收缩率、伸长率、抗冲击强度高，抗弯、抗压、抗张强度低。模温超过 120℃时塑件冷却慢，易变形粘模
氯化聚醚	(1) 结晶性料，内应力小，收缩率小，尺寸稳定性好，宜制作复杂、高精度、多嵌件的塑件。吸湿性小，流动性中等，成形大分子量树脂的厚壁塑件时宜用高料温和高压力 (2) 熔体对金属黏附力强，模具须表面镀铬、抛光，浇道宜短，浇口尺寸宜大
聚　砜	(1) 无定形料，吸湿性大，使用前充分干燥，并防止再吸湿 (2) 成形性能与聚碳酸酯相似，热稳定性差，宜用螺杆式注射机、直通式喷嘴。成形前必须彻底清除对温度敏感的树脂 (3) 流动性差，冷却快，宜用高温、高压成形。模具应有足够的强度和刚度，设冷料穴，流道应短，浇口尺寸取塑件壁厚的 1/2～2/3
聚芳砜	(1) 流动性差，热变形温度高(274℃)，可在 260℃以下脱模。易吸湿，须经充分干燥 (2) 热稳定性好，不易分解。成形时料温和注射压力应高，注射和保压时间应长，浇道应短，浇口尺寸应大，模具应加热
聚苯醚	(1) 无定形料，吸湿性小，但宜干燥后成形 (2) 流动性介于 ABS 和聚碳酸酯之间，凝固快，收缩率小，易分解，选用较高的注射压力和注射速度。宜用螺杆式注射机、直通式喷嘴。模温取 100～150℃。主流道锥度应大，流道应短。浇口采用直接或扇形浇口

（续表）

名　称	成　形　性　能
氟塑料（聚三氟氯乙烯、聚全氟乙丙烯、聚偏二氟乙烯）	（1）结晶料，吸湿性小，聚全氟乙丙烯易发生熔体破裂 （2）流动性差，极易分解，分解时产生腐蚀气体。聚三氟氯乙烯的分解温度为 260℃，聚偏二氟乙烯为 340℃，故须严格控制成形温度。宜用螺杆式注射机，模具应加热，浇注系统对料流阻力应小
醋酸纤维素	（1）无定形料，吸湿性大，须预热干燥。流动性稍差于聚苯乙烯 （2）极易分解，分解时对设备、模具有腐蚀性，故模具应镀铬，不得有死角。宜用螺杆式注射机、直通式喷嘴
玻璃纤维增强塑料	（1）流动性差，易发生填充不良、熔接不良、玻璃纤维分布不匀等，宜用高温、高压、高速成形，浇注系统截面应大。收缩率小，异向性明显，塑件易发生翘曲变形 （2）不易脱模，对模具磨损大。料流对浇注系统、型芯等都有较大磨损，故脱模斜度应取大，并用适当的脱模剂。模具应淬硬、抛光。成形时由于纤维表面处理剂易挥发成气体，模具须设排气槽和溢料槽
聚对苯二甲酸丁二醇酯	（1）吸湿性较小，但在高温下时对水分比较敏感，故通常应进行干燥处理 （2）在熔融状态下有极好的流动性，黏度低，仅次于尼龙，在成形时易发生“流涎”现象 （3）有明显的熔点，熔点为 225～235℃，是结晶型材料，结晶度可达 40%；当温度升至熔点以上时，流动性会猛然增加，须引起注意 （4）成形加工范围较窄，冷却时结晶很快，加之流动性好，特别适宜于快速注射 （5）有较大的收缩率及其收缩范围，且在不同方向的收缩率差别较其他塑料更明显；对缺口、尖角的反应很敏感，在这些位置易出现应力集中
聚对苯二甲酸乙二醇酯	（1）吸湿性比 PBT 略大，粒料在高温下对水比较敏感，故通常应进行干燥处理 （2）结晶度比 PBT 略小，且随相对分子量增高而降低，故成形周期较长，不能像 PBT 那样快速成形 （3）成形收缩率较大，一般为 1.8%左右，玻纤增强 PET 为 0.2%～1.0%，高模温所得塑件的收缩率大，而低模温塑件的收缩率小 （4）制品中往往残留一定的内应力，因此一般成形后常需后处理；有明显的熔点，加工温度范围较窄，为 270～290℃ （5）由于 PET 熔体的固化较快，故应采用高速注射，使熔体尽快充满模腔；对尖角、缺口非常敏感

表 2-1-3　常用热塑性塑料主要技术指标

名　称		聚氯乙烯		聚乙烯		聚丙烯		聚苯乙烯			苯乙烯共聚		
		硬	软	高密度	低密度	纯	玻纤增强	一般型	抗冲击型	20%～30%玻纤增强	AS（无填料）	ABS	20%～40%玻纤增强
密　度	g/cm^3	1.35～1.45	1.16～1.35	0.94～0.97	0.91～0.93	0.90～0.91	1.04～1.05	1.04～1.06	0.98～1.10	1.20～1.33	1.08～1.10	1.02～1.16	1.23～1.36
比体积	cm^3/g	0.69～0.74	0.74～0.86	1.03～1.06	1.08～1.10	1.10～1.11		0.94～0.96	0.91～1.02	0.75～0.83		0.86～0.98	
吸水率（24 h）	%	0.07～0.4	0.15～0.75	<0.01	<0.01	0.01～0.03	0.05	0.03～0.05	0.1～0.3	0.05～0.07	0.2～0.3	0.2～0.4	0.18～0.4
收缩率	%	0.6～1.0	1.5～2.5	1.5～3.0		1.0～3.0	0.4～0.8	0.5～0.6	0.3～0.6	0.3～0.5	0.2～0.7	0.4～0.7	0.1～0.2
熔　点	℃	160～212	110～160	105～137	105～125	170～176	170～180	131～165				130～160	
热变形温度	℃ 0.45 MPa	67～82		60～82		102～115	127					90～108	104～121
热变形温度	℃ 1.82 MPa	54		48		56～67		65～96	64～93	82～112	88～104	83～103	99～116

（续表）

名称			苯乙烯改性聚甲基丙烯酸甲酯(372)	聚酰胺										聚甲醛
				尼龙1010	30%玻纤增强尼龙1010	尼龙6	30%玻纤增强尼龙6	尼龙66	30%玻纤增强尼龙66	尼龙610	40%玻纤增强尼龙610	尼龙9	尼龙11	
密度	g/cm^3		1.12~1.16	1.04	1.19~1.30	1.10~1.15	1.21~1.35	1.10	1.35	1.07~1.13	1.38	1.05	1.04	1.41
比体积	cm^3/g		0.86~0.89	0.96	0.77~0.84	0.87~0.91	0.74~0.83	0.91	0.74	0.88~0.93	0.72	0.95	0.96	0.71
吸水率(24 h)	%		0.2	0.2~0.4	0.4~1.0	1.6~3.0	0.9~1.3	0.9~1.6	0.5~1.3	0.4~0.5	0.17~0.28	0.15	0.5	0.12~0.15
收缩率	%			1.3~2.3(纵向) 0.7~1.7(横向)	0.3~0.6	0.6~1.4	0.3~0.7	1.5	0.2~0.8	1.0~2.0	0.2~0.6	1.5~2.5	1.0~2.0	1.5~3.0
熔点	℃			205		210~225		250~265		215~225		210~215	186~190	180~200
热变形温度	℃	0.45 MPa		148		140~176	216~264	149~176	262~265	149~185	215~226		68~150	158~174
		1.82 MPa	85~99	55		80~120	204~259	82~121	245~262	57~100	200~225		47~55	110~157

名称			聚碳酸酯		氯化聚醚	聚砜			聚苯醚	氟塑料			醋酸纤维素	聚酰亚胺(包封级)
			纯	20%~30%短玻纤增强		纯	30%玻纤增强	聚芳砜		聚四氟乙烯	聚三氟氯乙烯	聚偏二氟乙烯		
密度	g/cm^3		1.20	1.34~1.35	1.4~1.41	1.24	1.34~1.40	1.37	1.06~1.07	2.1~2.2	2.11~2.3	1.76	1.23~1.34	1.55
比体积	cm^3/g		0.83	0.74~0.75	0.71	0.80	0.71~0.75	0.73	0.93~0.94	0.45~0.48	0.43~0.47	0.57	0.75~0.81	
吸水率(24 h)	%		0.15 23℃,50% RH	0.09~0.15	<0.01	0.12~0.22	<0.1	1.8	0.06	0.005	0.005	0.04	1.9~6.5	0.11
收缩率	%		0.5~0.7	0.05~0.5	0.4~0.8	0.5~0.6	0.3~0.4	0.5~0.8	0.4~0.7	3.1~7.7	1~2.5	2.0	0.3~0.42	0.3
熔点	℃		225~250	235~245	178~182	250~280			300	327	260~280	204~285		
热变形温度	℃	0.45 MPa	132~141	146~149	141	182	191		180~204	121~126	130	150	49~76	288
		1.82 MPa	132~138	140~145	100	174	185		175~193	120	75	90	44~88	288

(二)热固性塑料

热固性塑料是因受热或其他条件而熟化成不熔或不溶性物料的塑料。

常用热固性塑料成形性能见表 2-1-4,主要技术指标见表 2-1-5。

表 2-1-4 常用热固性塑料成形性能

名 称	成 形 性 能
酚醛塑料	(1) 成形性较好,但收缩及方向性比氨基塑料大,并含有水分挥发物。成形前应预热,成形过程中应排气。不预热则应提高模温和成形压力 (2) 模温对流动性影响较大,一般超过 160℃时,流动性会迅速下降 (3) 硬化速度比氨基塑料慢,硬化时放出的热量大。大型厚壁塑件的内部温度易过高,容易发生硬化不均和过热
氨基塑料	(1) 流动性好,硬化速度快,故预热及成形温度要控制,装料、合模及加压速度要快 (2) 成形收缩率大,脲甲醛塑料等不宜压注大型塑件 (3) 含水分挥发物大,易吸湿、结块,成形前应预热干燥,并防止再吸湿,但过于干燥会使流动性下降。成形时有水分及分解物,有弱酸性,模具应镀铬,以防腐蚀,并应排气 (4) 成形温度对塑件质量影响大。温度过高易发生分解、变色、气泡、开裂、变形,色泽不匀;温度低时流动性差,无光泽,故应严格控制成形温度 (5) 料细、比体积大、料中充气多,用预压锭成形大塑件时易发生波纹及流痕,故一般不宜采用 (6) 性脆,嵌件周围易应力集中,尺寸稳定性差 (7) 储存期长、储存温度高时会引起流动性迅速下降
有机硅塑料粉	(1) 流动性好,硬化速度慢,压塑成形时没有较高的成形温度 (2) 压塑成形后,须经高温固化处理
硅酮塑料	(1) 流动性极好,易溢料,收缩小,但储存温度高时会使流动性迅速下降 (2) 硬化速度慢,成形后要高温固化,并可能发生后收缩。塑件厚度大于 10 mm 时,应逐渐升温和适当延长保温时间,否则易脆裂 (3) 用于封装集成电路等电子元件时,进料口位置及截面设计应注意防止融料流速太快或直接冲击细弱元件。主浇道截面尺寸不宜过小,进料口相对方向宜开溢料槽
环氧塑料浇铸料	(1) 流动性好,硬化收缩率小,但热刚性差,不易脱模 (2) 硬化速度快,硬化时一般不需排气,装料后应立即加压
玻璃纤维增强塑料	(1) 流动性比一般压塑料差,但物料渗入力强;飞边厚,且不易去除,故选择分型面时应注意飞边方向。上、下模与其镶拼件宜取整体结构,若采用组合结构,其装配间隙不宜取大,上、下模可拆的成形零件宜取 IT8~IT9 级间隙配合 (2) 收缩小,收缩率一般取 0.1%~0.2%,但有方向性,易发生熔接不良、变形、翘曲、缩孔、裂纹、应力集中、树脂填料分布不均等现象。薄壁件易碎,不易脱模,大面积塑件易发生波纹及物料聚积 (3) 成形压力大,物料渗挤力大,模具型芯和塑件嵌件应有足够的强度,以防变形、位移与损坏 (4) 比体积、压缩比都比一般塑料大,故模具设计时应取较大的加料室,一般物料体积取塑件体积的 2~3 倍 (5) 适宜于成形通孔,避免成形 $\phi 5$ 以下的盲孔,大型塑件尽量不设计小孔。孔间距、孔边距宜取大,大密度排列的孔不宜压缩成形。成形盲孔时,其底部应成半球面或圆锥面,以利物料流动。孔径与孔深之比,一般取 1∶3~1∶2 (6) 加压方向宜选塑件投影面大的方向,不宜选尺寸精度高的部位和嵌件、型芯轴线的垂直方向 (7) 模具应抛光、淬硬,选用耐磨钢材。脱模斜度宜取 1°以上。推杆应有足够的强度,推出力分布均匀,推杆不宜兼作型芯 (8) 快速成形料可在成形温度下脱模,慢速成形料的模具应有加热及强迫冷却措施

表 2-1-5 常用热固性塑料主要技术指标

名称	国家标准命名	企业标准命名	颜色	密度(g/cm³)	收缩率(%)	吸水性(mg)	拉西格流动性(mm)	热变形温度(负荷1.8 MPa)(℃)	备注
通用型酚醛塑料	PF(WD30+MD20), X, E～PF (WD40+MD10), X, E	EA-5541	黑色	1.40～1.50	0.60～0.90	40～70	60～180	160～175	参照上海欧亚合成材料有限公司酚醛塑料的参数
	PF (WD30+MD20), X, E～PF (WD40+MD10), X, E	EA-5551J	黑色	1.40～1.50	0.70～0.90	30～70	60～180	160～175	
	PF (WD30+MD20), X, E～PF (WD40+MD10), X, E	EA-5551Je	黑色	1.40～1.50	0.70～0.90	30～70	60～180	160～175	
	PF (WD30+MD20), X, E～PF (WD40+MD10), X, E	EA-5553J	黑色	1.40～1.50	0.70～0.90	30～70	60～180	160～180	
	PF (WD30+MD20), X, E～PF (WD40+MD10), X, E	EA-5553Je	黑色	1.40～1.50	0.70～0.90	30～70	60～180	160～180	
	PF (WD45+MD10),Q,E	PF2A2—131	黑色、彩色	1.40～1.45	050.～0.80	≤100		≥140	参照常熟东南塑料有限公司酚醛塑料的参数
	PF (WD25+MD15),Q,E	PF2A4-161	黑色、彩色	1.35～1.45	0.50～0.80	≤100		≥150	
	PF (WD35+MD10),M,E～PF (WD40+MD05),M,E	PF2A2-151J	黑色、彩色	1.40～1.50	0.60～0.90	≤100		≥160	
	PF (WD25+MD20),M,E～PF (WD35+MD10),M,E	PF2A4-151J	黑色、彩色	1.40～1.50	0.60～0.90	≤100		≥160	
阻燃型酚醛塑料	PF (WD20+MD25),M,FR	PF2A5-151J(b)	黑色、彩色	1.50～1.60	0.50～0.80	≤100		≥190	参照常熟东南塑料有限公司酚醛塑料的参数
耐热型酚醛塑料	PF (WD10+GF05+MD30), X, T～PF (WD20+GF15+MD20), X, T	EA-5555J	黑色	1.50～1.60	0.50～0.70	30～50	60～180	180～190	参照上海欧亚合成材料有限公司酚醛塑料的参数
	PF (WD10+GF05+MD30), X, T～PF (WD20+GF15+MD20), X, T	EA-5557J	黑色	1.55～1.65	0.40～0.60	20～50	60～180	180～190	
	PF (WD10+GF05+MD30), X, T～PF (WD20+GF15+MD20), X, T	EA-5559J	黑色	1.45～1.55	0.60～0.90	30～70	60～180	160～185	
	PF (WD10+GF05+MD30),M,T	PF2C5-7537J	黑色	1.45～1.50	0.60～0.90	≤100		≥160	参照常熟东南塑料有限公司酚醛塑料的参数
	PF (LF20+GF10+MD40),M,T	PF2C5-7550J	黑色	1.50～1.60	0.20～0.40	≤100		≥190	
耐冲击型酚醛塑料	PF (GF20+GG30)～PF (GF30+GG20)	EA-5504J	黑色	1.65～1.75	0.10～0.40	15～30	60～180	190～210	参照上海欧亚合成材料有限公司酚醛塑料的参数
	PF (WD25+LF15+MD05), X, E～PF (WD15+LF25+MD10), X, E	EA-5558J	黑色	1.40～1.50	0.65～0.85	40～80	60～180	160～180	
	PF(WD30+MD20), X, E～PF(WD40+MD10), X, E	EA-5541	黑色	1.40～1.50	0.60～0.90	40～70	60～180	160～175	
	PF (GF20+GG30)～PF (GF30+GG20)	EA-5798J	黑色	1.60～1.70	0.10～0.40	15～30	60～80	190～200	
	PF (LF20+MD25)～PF (LF30+MD15)	EA-5820J	黑色	1.40～1.50	0.45～0.75	40～80	60～180	160～180	

（续表）

名称	国家标准命名	企业标准命名	颜色	密度 (g/cm³)	收缩率 (%)	吸水性 (mg)	拉西格流动性 (mm)	热变形温度(负荷 1.8 MPa) (℃)	备注
高强度酚醛塑料	PF (WD25+GF15+MD10),M,M	PF2D1-851J	黑色、棕色	1.50~1.60	0.40~0.60	≤100		≥175	参照常熟东南塑料有限公司酚醛塑料的参数
电子/电气酚醛塑料	PF (LF15+GF10+MD25)~PF (LF05+GF30+MD15)	EA-7501J	彩色	1.70~1.80	0.30~0.60	30~70	60~180	170~190	参照上海欧亚合成材料有限公司酚醛塑料的参数
	PF (GF20+GG30)~PF (GF30+GG20)	EA-5801J	黑色	1.75~1.85	0.10~0.30	10~30	60~180	190~210	
特种型酚醛塑料	PF (LF10+GF10+MD30),X,Z~PF (LF20+GF20+MD20),X,Z	EA-5718J	黑色	1.50~1.60	0.40~0.60	30~50	60~180	180~200	
氨基塑料		UF1P-C（外观为粉状）	彩色		0.50~0.90	≤100		≥130	参照常熟东南塑料有限公司氨基模塑料的参数
		UF1G-C（外观为粒状）							
		UF1P-A							
		UF1T-A（外观为粉状）							
		UF1G-A（外观为粒状）							
		UF1I-C（外观为粒状）							
		UF1P/I(外观为粉状或粒状)							
		MF1P-C	彩色	1.60~1.75	0.40~0.80	≤50		≥190	
		MF1I-C							
		MPF1I-C							
硅酮塑料		KH-612		2.03	0.76（成形后）		30		
有机硅塑料粉		4250		1.75~1.95	≤0.5		100~160		
聚对苯二甲酸二丙烯酯 DAP		D100（长玻纤增强）		≤1.70	0.1~0.3		好		
		D200（短玻纤增强）		≤1.70	0.4~0.8		好		

注：1. 表中国家标准命名参照 GB/T 1404.1—2008、GB/T 3403.1—2008、GB/T 13454.1—2013。

2. 同一牌号的塑料，因生产厂、生产日期和批量不同，技术指标会略有差异，应以该产品的检验说明书为准。

二、成形工艺

（一）常用热塑性塑料注射成形

热塑性塑料的注射成形工艺过程见图2-1-1，常用热塑性塑料注射成形工艺参数见表2-1-6。

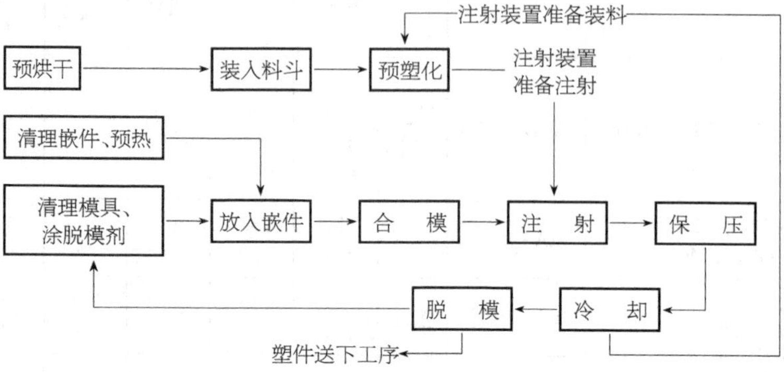

图2-1-1　热塑性塑料注射成形工艺过程

表2-1-6　常用热塑性塑料注射成形工艺参数

名　称		硬聚氯乙烯	软聚氯乙烯	高密度聚乙烯	低密度聚乙烯	聚丙烯	玻纤增强聚丙烯	聚苯乙烯	高抗冲聚苯乙烯	AS
注射机类型		螺杆式	柱塞式	螺杆式	柱塞式	螺杆式	螺杆式	柱塞式	螺杆式	螺杆式
预热和干燥	温度(℃) 时间(h)	70～80 3～4	70～80 3～4	70～80 1	70～80 1	70～80 1		70～80 1	70～80 1	70～85 2
料筒温度(℃)	后　段	160～170	140～150	140～160	140～160	160～180	160～180	140～160	140～160	170～180
	中　段	165～180		180～200		180～200	210～220		170～190	210～230
	前　段	170～190	160～190	180～190	170～200	200～220	190～200	170～190	170～190	200～210
喷嘴温度(℃)		150～170	140～150	150～180	150～170	170～190	180～190	160～170	160～170	180～190
模具温度(℃)		30～60	30～40	30～60	35～55	80～90	80～90	32～65	20～50	50～70
注射压力(MPa)		80～130	40～80	70～100	60～100	70～100	90～130	60～110	60～100	80～120
成形时间(s)	高压时间	0～5	0～5	0～5	0～5	0～3	2～5	0～3	0～3	0～5
	保压时间	15～60	15～40	15～60	15～60	20～60	15～40	15～45	15～40	15～30
	冷却时间	15～60	15～30	15～60	15～60	20～90	15～40	15～60	10～40	15～30
	成形周期	40～140	40～80	40～140	40～140	50～160	40～100	40～120	4～90	40～70
螺杆转速(r/min)		28		30～60		48	30～60		30～60	20～50
后处理	方法							红外线灯、烘箱		
	温度(℃)							70		
	时间(h)							2～4		
说　明		空气循环干燥箱干燥		料斗干燥						

名　称		ABS	高抗冲ABS	耐热ABS	电镀级ABS	阻燃ABS	透明ABS	聚甲醛(均聚)	聚甲醛(共聚)	聚酰胺6
注射机类型		螺杆式	螺杆式	螺杆式	螺杆式	螺杆式	螺杆式	螺杆式	螺杆式	螺杆式
预热和干燥	温度(℃) 时间(h)	80～95 4～5	80～95 4～5	80～95 4～5	80～95 4～5	80～95 4～5	80～95 4～5	110 2	110 2	90～100 2.5～3.5
料筒温度(℃)	后　段	150～170	200～210	200～220	200～210	170～190	190～200	170～180	170～190	200～210
	中　段	165～180	210～230	220～240	230～250	200～220	220～240	170～190	180～200	230～240
	前　段	180～200	180～200	190～200	210～230	190～200	200～220	170～190	170～190	220～230
喷嘴温度(℃)		170～180	190～200	190～200	190～210	180～190	190～200	170～180	170～180	200～210

（续表）

名　　称		ABS	高抗冲ABS	耐热ABS	电镀级ABS	阻燃ABS	透明ABS	聚甲醛（均聚）	聚甲醛（共聚）	聚酰胺6
模具温度(℃)		50～80	50～80	60～85	40～80	50～70	50～70	90～120①	90～120①	60～100
注射压力(MPa)		60～100	70～120	85～120	70～120	60～100	70～100	80～130	80～120	80～110
成形时间(s)	高压时间	0～5	3～5	3～5	0～4	3～5	0～4	2～5	2～5	0～4
	保压时间	15～30	15～30	15～30	20～50	15～30	15～40	20～80	20～90	15～50
	冷却时间	15～30	15～30	15～30	15～30	10～30	10～30	20～60	20～60	20～40
	成形周期	40～70	40～70	40～70	40～90	30～70	30～80	50～150	50～160	40～100
螺杆转速(r/min)		30～60	30～60	30～60	20～60	20～50	30～60	20～40	20～40	20～50
后处理	方法	红外线灯、烘箱	红外线灯、烘箱	红外线灯、烘箱	红外线灯、烘箱	红外线灯、烘箱		红外线灯、烘箱	红外线灯、烘箱	
	温度(℃)	70	70	70	70	70		90～145	90～145	
	时间(h)	2～4	2～4	2～4	2～4	2～4		4	4	
说　　明		空气循环干燥箱干燥								料斗干燥
名　　称		玻纤增强聚酰胺6	聚酰胺11	玻纤增强聚酰胺11	聚酰胺12	聚酰胺66	玻纤增强聚酰胺66	聚酰胺610	聚酰胺612	聚酰胺1010
注射机类型		螺杆式	螺杆式	螺杆式	螺杆式	螺杆式	螺杆式	螺杆式	螺杆式	螺杆式
预热和干燥	温度(℃)		90～100		90～100	90～100		90～100	90～100	90～100
	时间(h)		2.5～3.5		2.5～3.5	2.5～3.5		2.5～3.5	2.5～3.5	2.5～3.5
料筒温度(℃)	后　段	200～210	170～180	180～190	160～170	240～250	230～260	200～210	200～205	190～200
	中　段	230～250	190～220	200～250	190～240	260～280	260～290	230～250	210～230	220～240
	前　段	220～240	185～200	200～220	185～220	255～265	260～270	220～230	210～220	200～210
喷嘴温度(℃)		200～210	180～190	190～200	170～180	250～260	250～260	200～210	200～210	190～220
模具温度(℃)		80～120	60～90	60～90	70～110	60～120	100～120	60～90	40～70	40～80
注射压力(MPa)		90～130	90～120	90～130	90～130	80～130	80～130	70～110	70～120	70～100
成形时间(s)	高压时间	2～5	0～4	2～5	2～5	0～5	3～5	0～5	0～5	0～5
	保压时间	15～40	15～50	15～40	20～60	20～50	20～50	20～50	20～50	20～50
	冷却时间	20～40	20～40	20～40	20～40	20～40	20～40	20～40	20～50	20～40
	成形周期	40～90	40～100	40～90	50～110	50～100	50～100	50～100	50～110	50～100
螺杆转速(r/min)		20～40	20～50	20～40	20～50	20～50	20～40	20～50	20～50	20～50
后处理	方法	水或油								
	温度(℃)	90～100								
	时间(h)	4～10								
说　　明			料斗干燥		料斗干燥			料斗干燥		
名　　称		玻纤增强聚酰胺1010	透明聚酰胺	聚碳酸酯	玻纤增强聚碳酸酯	聚　砜	玻纤增强聚砜	聚苯醚	改性聚苯醚	聚芳砜
注射机类型		螺杆式	螺杆式	螺杆式	螺杆式	螺杆式	螺杆式	螺杆式	螺杆式	螺杆式
预热和干燥	温度(℃)		90～100	120		120～140		95～110		200
	时间(h)		2.5～3.5	8～12		3～4		2～4		6～8
料筒温度(℃)	后　段	190～200	220～240	210～240	260～280	280～300	290～300	230～240	230～240	310～370
	中　段	230～260	250～270	230～280	270～310	300～330	310～330	260～290	240～270	345～385
	前　段	210～230	240～250	240～285	260～290	290～310	300～320	260～280	230～250	385～420
喷嘴温度(℃)		180～190	220～240	240～250	240～260	280～290	280～300	250～280	220～210	290～310

（续表）

名　称		玻纤增强聚酰胺1010	透明聚酰胺	聚碳酸酯	玻纤增强聚碳酸酯	聚　砜	玻纤增强聚砜	聚苯醚	改性聚苯醚	聚芳砜
模具温度(℃)		40～80	40～60	90～110①	90～110①	130～150①	130～150①	110～150①	60～80	230～260①
注射压力(MPa)		90～130	80～130	80～130	100～140	100～140	100～140	100～140	70～110	100～200
成形时间(s)	高压时间	2～5	0～5	0～5	2～5	0～5	2～7	0～5	0～3	0～5
	保压时间	20～40	20～60	20～90	20～60	20～80	20～50	30～70	30～70	15～40
	冷却时间	20～40	20～40	20～90	20～50	20～50	20～50	20～60	20～50	15～20
	成形周期	50～90	50～110	40～190	50～110	50～140	50～110	60～140	60～130	40～50
螺杆转速(r/min)		20～40	20～50	20～40	20～30	20～30	20～30	20～30	20～50	20～30
后处理	方法	水或油		红外线灯、烘箱		红外线灯、烘箱		红外线灯、烘箱		
	温度(℃)	90～100		100～130		110～130		150		
	时间(h)	4～10		2～8		2～8		4		
说　明			料斗干燥	空气循环干燥箱干燥		空气循环干燥箱干燥		空气循环干燥箱干燥		鼓风烘箱干燥

名　称		聚三氟氯乙烯	聚全氟乙丙烯	聚甲基丙烯酸甲酯	PMMA-PC	氯化聚醚	聚酰亚胺	醋酸纤维素
注射机类型		螺杆式	螺杆式	螺杆式	螺杆式	螺杆式	螺杆式	柱塞式
预热和干燥	温度(℃)			90～95			130	70～75
	时间(h)			6～8			4	4
料筒温度(℃)	后　段	200～210	165～190	180～200	210～230	180～190	280～300	150～170
	中　段	285～290	270～290	190～230	240～260	180～200	300～330	
	前　段	275～280	310～330	180～210	230～250	180～200	290～310	170～200
喷嘴温度(℃)		265～270	300～310	180～200	220～240	170～180	290～300	150～180
模具温度(℃)		110～130①	110～130①	40～80	60～80	80～110①	120～150①	40～70
注射压力(MPa)		80～130	80～130	50～120	80～130	80～110	100～150	60～130
成形时间(s)	高压时间	0～3	0～3	0～5	0～5	0～5	0～5	0～5
	保压时间	20～60	20～60	20～40	20～40	15～50	20～60	15～40
	冷却时间	20～60	20～60	20～40	20～40	20～50	30～60	15～40
	成形周期	50～130	50～130	50～90	50～90	40～110	60～130	40～90
螺杆转速(r/min)		30	30	20～30	20～30	20～40	20～30	
后处理	方法			红外线灯、烘箱			红外线灯、鼓风烘箱	
	温度(℃)			70			150	
	时间(h)			4～6			4	
说　明				空气循环干燥箱干燥			鼓风烘箱干燥	

注：① 模具须预热。

（二）常用热固性塑料模塑成形

热固性塑料的压缩成形工艺过程见图 2-1-2，压注成形工艺过程见图 2-1-3，注射成形工艺过程见图 2-1-4。常用热固性塑料模塑成形和注射成形工艺参数分别见表 2-1-7 和表 2-1-8。

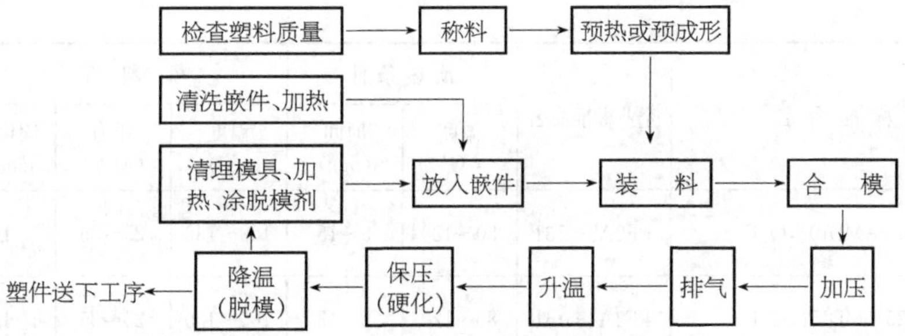

图 2-1-2　热固性塑料压缩成形工艺过程

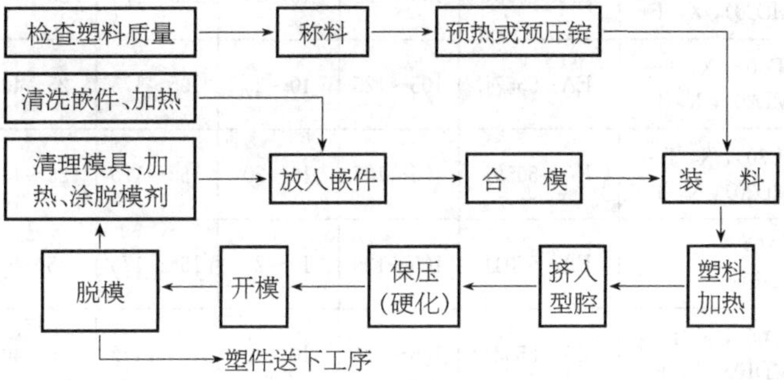

图 2-1-3　热固性塑料压注成形工艺过程

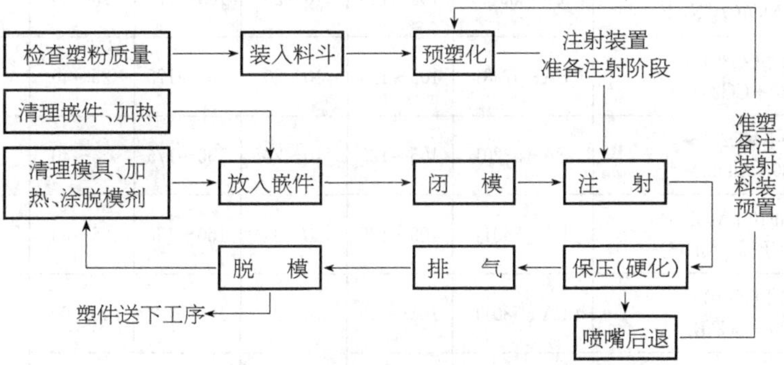

图 2-1-4　热固性塑料注射成形工艺过程

表 2-1-7　常用热固性塑料模塑成形工艺参数

名称	国家标准命名	企业标准命名	预热条件		模塑条件			备注
			温度（℃）	时间（min）	温度（℃）	压力（MPa）	固化时间（min/mm）	
通用型酚醛塑料	PF (WD30+MD20), X, E~PF (WD40+MD10), X, E	EA-5541	105~125	10~20	165~175	25~40	0.8~1.0	参照上海欧亚合成材料有限公司酚醛塑料的参数
	PF (WD30+MD20), X, E~PF (WD40+MD10), X, E	EA-5551J	105~125	10~20	165~175	25~40	1.0	
	PF (WD30+MD20), X, E~PF (WD40+MD10), X, E	EA-5551Je	105~125	10~20	165~175	25~40	1.0	
	PF (WD30+MD20), X, E~PF (WD40+MD10), X, E	EA-5553J	105~125	10~20	165~175	25~40	1.0	
	PF (WD30+MD20), X, E~PF (WD40+MD10), X, E	EA-5553Je	105~125	10~20	165~175	25~40	1.0	

（续表）

<table>
<tr><th rowspan="2">名称</th><th rowspan="2">国家标准命名</th><th rowspan="2">企业标准命名</th><th colspan="2">预热条件</th><th colspan="3">模塑条件</th><th rowspan="2">备注</th></tr>
<tr><th>温度
(℃)</th><th>时间
(min)</th><th>温度
(℃)</th><th>压力
(MPa)</th><th>固化时间
(min/mm)</th></tr>
<tr><td rowspan="2">通用型酚醛塑料</td><td>PF (WD45+MD10),Q,E</td><td>PF2A2－131</td><td>80～120</td><td>5～15</td><td>160～180</td><td>25～35</td><td>1.0</td><td rowspan="2">参照常熟东南塑料有限公司酚醛塑料的参数</td></tr>
<tr><td>PF (WD25+MD15),Q,E</td><td>PF2A4-161</td><td>80～120</td><td>5～15</td><td>160～180</td><td>25～35</td><td>1.0</td></tr>
<tr><td rowspan="3">耐热型酚醛塑料</td><td>PF (WD10+GF05+MD30), X, T～
PF (WD20+GF15+MD20), X, T</td><td>EA-5555J</td><td>105～125</td><td>10～20</td><td>165～175</td><td>25～40</td><td>1.0</td><td rowspan="10">参照上海欧亚合成材料有限公司酚醛塑料的参数</td></tr>
<tr><td>PF (WD10+GF05+MD30), X, T～
PF (WD20+GF15+MD20), X, T</td><td>EA-5557J</td><td>105～125</td><td>10～20</td><td>165～175</td><td>25～40</td><td>1.0</td></tr>
<tr><td>PF (WD10+GF05+MD30), X, T～
PF (WD20+GF15+MD20), X, T</td><td>EA-5559J</td><td>105～125</td><td>10～20</td><td>165～175</td><td>25～40</td><td>1.0</td></tr>
<tr><td rowspan="5">耐冲击型酚醛塑料</td><td>PF (GF20+GG30)～
PF (GF30+GG20)</td><td>EA-5504J</td><td>105～125</td><td>10～20</td><td>165～175</td><td>25～40</td><td>1.0</td></tr>
<tr><td>PF (WD25+LF15+MD05), X, E～
PF (WD15+LF25+MD10), X, E</td><td>EA-5558J</td><td>105～125</td><td>10～20</td><td>165～175</td><td>25～40</td><td>1.0</td></tr>
<tr><td>PF(WD30+MD20), X, E～
PF(WD40+MD10), X, E</td><td>EA-5541</td><td>105～125</td><td>10～20</td><td>165～175</td><td>25～40</td><td>0.8～1.0</td></tr>
<tr><td>PF (GF20+GG30)～
PF (GF30+GG20)</td><td>EA-5798J</td><td>105～125</td><td>10～20</td><td>165～175</td><td>25～40</td><td>1.0</td></tr>
<tr><td>PF (LF20+MD25)～
PF (LF30+MD15)</td><td>EA-5820J</td><td>105～125</td><td>10～20</td><td>165～175</td><td>25～40</td><td>1.0</td></tr>
<tr><td rowspan="2">电子/电气酚醛塑料</td><td>PF (LF15+GF10+MD25)～
PF (LF05+GF30+MD15)</td><td>EA-7501J</td><td>105～125</td><td>5～8</td><td>150～160</td><td>25～35</td><td>1.0</td></tr>
<tr><td>PF (GF20+GG30)～
PF (GF30+GG20)</td><td>EA-5801J</td><td>105～125</td><td>10～20</td><td>160～180</td><td>40～60</td><td>1.0</td></tr>
<tr><td>特种型酚醛塑料</td><td>PF (LF10+GF10+MD30),X,Z～
PF (LF20+GF20+MD20),X,Z</td><td>EA-5718J</td><td>105～125</td><td>10～20</td><td>165～175</td><td>25～40</td><td>1.0</td></tr>
<tr><td rowspan="7">氨基塑料</td><td></td><td>UF1P-C
(外观为粉状)</td><td rowspan="6"></td><td rowspan="6"></td><td rowspan="6">140～150</td><td rowspan="6">80～160</td><td rowspan="6">1.0</td><td rowspan="7">参照常熟东南塑料有限公司氨基模塑料的参数</td></tr>
<tr><td></td><td>UF1G-C
(外观为粒状)</td></tr>
<tr><td></td><td>UF1P-A</td></tr>
<tr><td></td><td>UF1T-A
(外观为粉状)</td></tr>
<tr><td></td><td>UF1G-A
(外观为粒状)</td></tr>
<tr><td></td><td>UF1P/I(外观为粉状或粒状)</td></tr>
<tr><td></td><td>MF1P-C</td><td></td><td></td><td>160～170</td><td>80～160</td><td>1.0</td></tr>
</table>

（续表）

名称	国家标准命名	企业标准命名	预热条件		模塑条件			备注
			温度（℃）	时间（min）	温度（℃）	压力（MPa）	固化时间（min/mm）	
有机硅		4250	115～120	5～7	165～175	35～45	2.0～3.0	
			配制工艺					
硅酮		KH-612	90～100	混炼 25～40	160～180	1～10	2.0～5.0	
环氧树脂		D100（长玻纤增强）			130～160	20～30	1.0～2.0	
环氧树脂		D200（短玻纤增强）			130～160	20～30	1.0～2.0	

注：表中国家标准命名参照 GB/T 1404.1—2008、GB/T 3403.1—2008、GB/T 13454.1—2013。

表 2-1-8　常用热固性塑料注射成形工艺参数

名称	国家标准命名	企业标准命名	料筒温度（℃）		模具温度（℃）		注射压力（MPa）	闭模压力（MPa）	保持时间（s/mm）	备注
			料筒前段	料筒后端	定模	动模				
通用型酚醛塑料	PF(WD30+MD20), X, E～PF(WD40+MD10), X, E	EA-5551J	90～100	70～80	165～175	170～180	80～160	100～200	20～30	参照上海欧亚合成材料有限公司酚醛塑料的参数
通用型酚醛塑料	PF(WD30+MD20), X, E～PF(WD40+MD10), X, E	EA-5551Je	90～100	70～80	165～175	170～180	80～160	100～200	20～30	参照上海欧亚合成材料有限公司酚醛塑料的参数
通用型酚醛塑料	PF(WD30+MD20), X, E～PF(WD40+MD10), X, E	EA-5553J	90～100	70～80	165～175	170～180	80～160	100～200	20～30	参照上海欧亚合成材料有限公司酚醛塑料的参数
通用型酚醛塑料	PF(WD30+MD20), X, E～PF(WD40+MD10), X, E	EA-5553Je	90～100	70～80	165～175	170～180	80～160	100～200	20～30	参照上海欧亚合成材料有限公司酚醛塑料的参数
通用型酚醛塑料	PF(WD35+MD10),M,E～PF(WD40+MD05),M,E	PF2A2-151J	90～100	70～80	165～175	170～180	80～160		10～20	参照常熟东南塑料有限公司酚醛塑料的参数
通用型酚醛塑料	PF(WD25+MD20),M,E～PF(WD35+MD10),M,E	PF2A4-151J	90～100	70～80	165～175	170～180	80～160		10～20	参照常熟东南塑料有限公司酚醛塑料的参数
阻燃型酚醛塑料	PF(WD20+MD25),M,FR	PF2A5-151J(b)	90～100	70～80	165～175	170～180	80～160		10～20	参照常熟东南塑料有限公司酚醛塑料的参数
耐热型酚醛塑料	PF(WD10+GF05+MD30), X, T～PF(WD20+GF15+MD20), X, T	EA-5555J	90～100	70～80	165～175	170～180	80～160	100～200	20～30	参照上海欧亚合成材料有限公司酚醛塑料的参数
耐热型酚醛塑料	PF(WD10+GF05+MD30), X, T～PF(WD20+GF15+MD20), X, T	EA-5557J	90～100	70～80	165～175	170～180	80～160	100～200	20～30	参照上海欧亚合成材料有限公司酚醛塑料的参数
耐热型酚醛塑料	PF(WD10+GF05+MD30), X, T～PF(WD20+GF15+MD20), X, T	EA-5559J	90～100	70～80	165～175	170～180	80～160	100～200	20～30	参照上海欧亚合成材料有限公司酚醛塑料的参数
耐热型酚醛塑料	PF(WD10+GF05+MD30),M,T	PF2C5-7537J	90～100	70～80	165～175	170～180	80～160		10～20	参照常熟东南塑料有限公司酚醛塑料的参数
耐热型酚醛塑料	PF(LF20+GF10+MD40),M,T	PF2C5-7550J	90～100	70～80	165～175	170～180	80～160		10～20	参照常熟东南塑料有限公司酚醛塑料的参数

（续表）

名称	国家标准命名	企业标准命名	料筒温度(℃)		模具温度(℃)		注射压力(MPa)	闭模压力(MPa)	保持时间(s/mm)	备注
			料筒前段	料筒后端	定模	动模				
耐冲击型酚醛塑料	PF (GF20+GG30)～ PF (GF30+GG20)	EA-5504J	80～90	70～80	165～175	170～180	80～160	100～200	20～30	参照上海欧亚合成材料有限公司酚醛塑料的参数
	PF (WD25+LF15+MD05), X, E～ PF (WD15+LF25+MD10), X, E	EA-5558J	90～100	70～80	165～175	170～180	80～160	100～200	20～30	
	PF (GF20+GG30)～ PF (GF30+GG20)	EA-5798J	90～100	70～80	165～175	170～180	80～160	100～200	20～30	
	PF (LF20+MD25)～ PF (LF30+MD15)	EA-5820J	90～100	70～80	165～175	170～180	80～160	100～200	20～30	
高强度酚醛塑料	PF(WD25+GF15+MD10),M,M	PF2D1-851J	90～100	70～80	165～175	170～180	80～160		10～20	参照常熟东南塑料有限公司酚醛塑料的参数
电子/电气酚醛塑料	PF (LF15+GF10+MD25)～ PF (LF05+GF30+MD15)	EA-7501J	60～80	50～70	155～160	160～165	85～150	100～200	20～30	参照上海欧亚合成材料有限公司酚醛塑料的参数
	PF (GF20+GG30)～ PF (GF30+GG20)	EA-5801J	85～95	70～80	160～175	165～180	80～160	100～200	20～30	
特种型酚醛塑料	PF (LF10+GF10+MD30),X,Z～ PF (LF20+GF20+MD20),X,Z	EA-5718J	90～100	70～80	165～175	170～180	80～160	100～200	20～30	
氨基塑料		UF1I-C(外光为粒状)	65～85		140～155		80～160	100～200	10～20	参照常熟东南塑料有限公司氨基模塑料的参数
		UF1P/I(外观为粉状或粒状)								
		MF1I-C	65～85		160～170		80～160	100～200	10～20	
		MPF1I-C	85～95	60～80	160～170		80～150	100～200	10～20	

注：表中国家标准命名参照标准 GB/T 1404.1—2008、GB/T 3403.1—2008、GB/T 13454.1—2013。

（三）多物料注射成形

多物料注射是指不同的塑料熔体或材料相同但颜色不同的塑料熔体，先后或同时进入型腔，得到具有多种材质或多种颜色的塑料制品的注射工艺。

多物料注射的分类及特点见表 2-1-9。

表 2-1-9 多物料注射的分类及特点

分类	特点
包胶注射	(1) 含不同材质或不同色泽塑料的制品分两次成形，先成形某一材质或某一色泽的制品，成形后推出模具；然后放入另一套模具进行二次成形，最后推出模具 (2) 需由多套模具完成，不需要多色注射机 (3) 制品中不同材质或不同色泽的部分具有明显的分界线

（续表）

分　类	特　　点
多色注射 （多为双色注射）	（1）制品是在多个模具（安装在同一注射机）或在同一模具的不同型腔中先后成形，成形期间模具需开合旋转，带动半成品的型腔换位，成形过程连续，只有一次推出 （2）需要多色注射机；使用多套模具或多型腔，动模部分能够旋转以变化型腔 （3）制品中不同材质或不同色泽的部分具有明显的分界线
混色多色注射 （多为混色双色注射）	（1）制品在同一模具的同一型腔中成形，在成形过程中不同材质或不同色泽的塑料熔体混合在一起，成形结束后才能打开模具 （2）需要多色注射机 （3）制品中不同材质或不同色泽的部分没有明显的分界线

多色注射的分类、过程及特点见表 2-1-10。

表 2-1-10　多色注射的分类、过程及特点

分类	双 色 多 模 注 射	双 色 单 模 注 射
过程	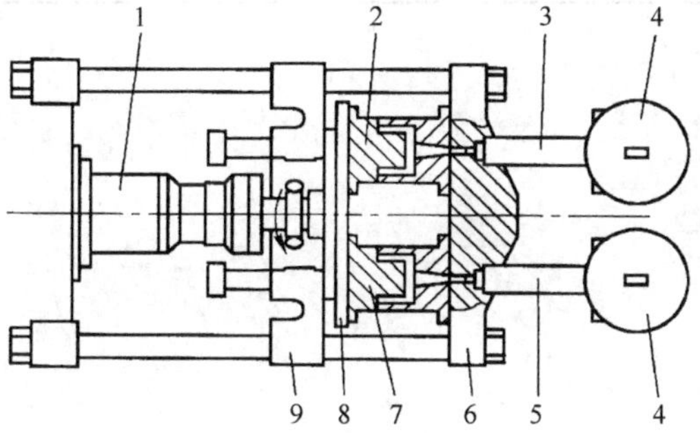 1—合模液压缸；2—动模 a；3—机筒 a；4—料斗；5—机筒 b；6—定模板；7—动模 b；8—动模回转盘；9—动模板 （1）合模，物料 1 经机筒 a 注射到动模 a 的型腔内成形单色产品 （2）开模，产品留于动模 a，注射机通过相应的机构将模具动模回转盘逆时针旋转 180°至动模 b，实现动模 a、b 交换位置，单色产品作为动模 b 内的嵌件 （3）合模，机筒 b 将物料 2 注射到动模 b 的型腔内，对嵌件包覆或半包覆，得到双色产品；同时机筒 a 将物料 1 注射到动模 a 的型腔内成形单色产品 （4）开模，推出双色产品，动模回转盘顺时针转 180°，动模 a、b 再次交换位置 （5）合模进入下一个注射周期	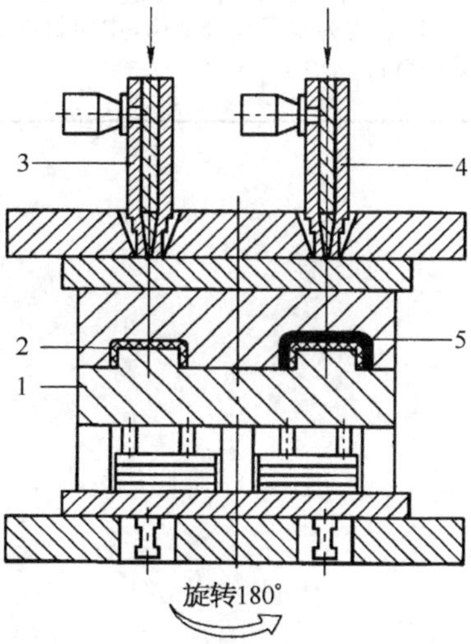 1—动模型腔；2—半成品型；3—机筒 a；4—机筒 b；5—成品型腔 （1）合模，机筒 a 将物料 1 注射入半成品型腔内成形单色产品 （2）开模，半成品留于动模上，旋转机构带动部分动模或整个动模逆时针旋转 180°，半成品转到成品型腔中作为嵌件 （3）合模，机筒 b 将物料 2 注射到成品型腔内，对嵌件包覆或半包覆，得到双色产品；同时机筒 a 将物料 1 注射入半成品型腔内成形单色半成品 （4）开模，推出成品型腔内的双色制品（与步骤（2）同时进行） （5）合模进入下一个注射周期
特点	对设备要求较高，企业投入成本高；配合精度受安装误差影响较大，不利于精密件的成形	通过自身的旋转装置实现动模部分的旋转，两个不同的型腔都在同一副模具上，有效地减少了两副模具的安装误差，提高了塑件的精度

混色多色注射的分类、过程及特点见表2-1-11。

表2-1-11 混色多色注射的分类、过程及特点

分类	共注射		花色注射
	顺序共注射	同时共注射	
过程	首先注射皮层材料，局部充填型腔。当皮层材料注射量达到要求后转动熔融料切换阀，开始注射芯层材料，芯层材料进入预先注入的皮层熔体中心，推动皮层材料继续充填。由于材料的外层已凝固，芯层材料不能渗透，从而将芯层材料包裹起来，形成皮层/芯层结构。最后熔融料切换阀回到起始位置，继续注射皮层材料，将流道中的芯层材料推入塑件芯层中进行封口，同时清除了流道中的芯层材料，为下一个循环做准备	两种不同黏度的聚合物熔体分层同时通过浇道、浇口注入型腔中，由于黏度不同，低黏度熔体逐渐包围高黏度熔体，最后得到皮层/芯层结构的复合塑件	不同颜色的聚合物熔体同时或间隔通过浇道、浇口进入型腔，得到花色塑件
特点	(1) 熔体流动方式为多相分层流动 (2) 要严格控制皮层与芯层材料的注射量，避免芯层材料从皮层材料中穿透出来到塑件表面 (3) 塑件为多层复合结构，皮层材料完全包裹芯层材料	(1) 熔体流动方式为多相分层流动 (2) 两种熔体黏度差异较大 (3) 塑件为多层复合结构，在塑件远离浇口处和浇口处的皮层材料未完全包裹芯层材料	(1) 熔体流动方式为剪切混合 (2) 对不同熔体的注射量无须严格控制，根据花色要求间隔切换熔体注入 (3) 塑件为花色，非包裹结构

第二章　模 塑 设 备

一、注射机

（一）常用注射机

注射机是热塑性塑料和部分热固性塑料注射成形的主要设备。常用热塑性塑料注射机的型号及主要技术参数见表 2－2－1，模板尺寸见图 2－2－1～图 2－2－12。

表 2－2－1　常用热塑性塑料注射机型号和主要技术参数

型　号	SYS-10（立式）	SYS-30（立式）	YS-ZY-45（直角式）	XS-Z-30	XS-Z-60	XS-ZY-125	XS-ZY-250	G54-S200/400（卧式）	SZY-300（卧式）	XS-ZY-500	XS-ZY-1000	XS-ZY-4000
螺杆（柱塞）直径（mm）	22	28	28	28	38	42	50	55	60	65	85	130
注射容量（cm^3）	10①	30①	45①	30	60	125	250	200，400	320	500	1 000	4 000
注射压力（MPa）	150	157	125	119	122	119	130	109	125	104	121	106
锁模力（kN）	150	500	400	250	500	900	1 800	2 540	1 400	3 500	4 500	10 000
最大注射面积（cm^2）	45	130	95	90	130	320	500	645		1 000	1 800	3 800
模具厚度（mm） 最大	180	200		180	200	300	350	406	355	450	700	1 000
模具厚度（mm） 最小	100	70	70	60	70	200	250	165	130	300	300	700
模板行程（mm）	120	80		160	180	300	350	260	340	700	700	1 100
喷嘴 球半径（mm）	12	12		12	12	12	18	18	12	18	18	20
喷嘴 孔直径（mm）	2.5	3		4	4	4	4	4	4	7.5	7.5	10
定位孔直径（mm）	$55^{+0.06}_{0}$	$55^{+0.10}_{0}$		$63.5^{+0.064}_{0}$	$55^{+0.06}_{0}$	$100^{+0.054}_{0}$	$125^{+0.06}_{0}$	$125^{+0.06}_{0}$	$125^{+0.06}_{0}$	$150^{+0.06}_{0}$	$150^{+0.06}_{0}$	300
顶出 中心孔径（mm）	30	50			50					150		
顶出 两侧 孔径（mm）				20		22	40			24.5	20	90
顶出 两侧 孔距（mm）				170		230	280			530	850	1 200

注：① 注射容量为 g。

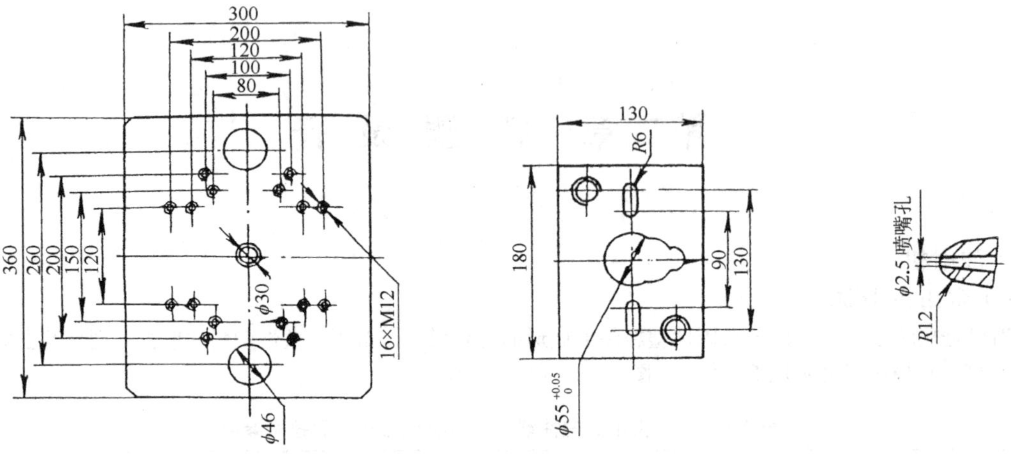

动模板　　　　定模板

图 2-2-1　SYS-10 型注射机模板尺寸

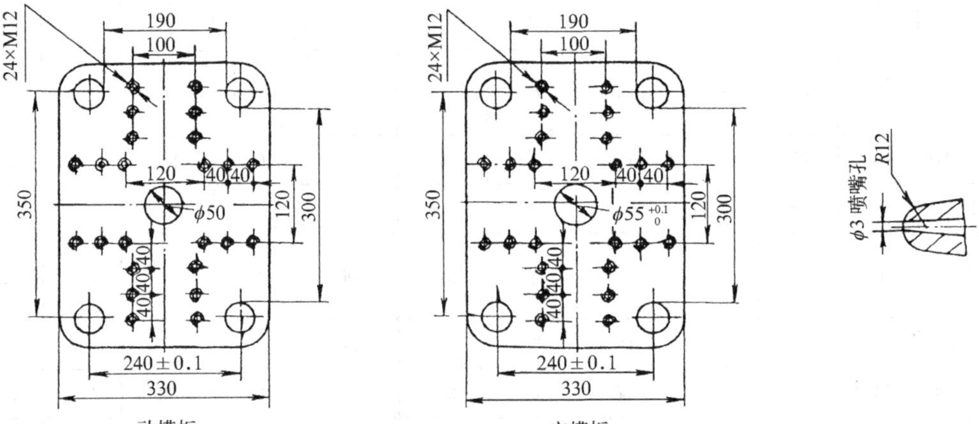

动模板　　　　定模板

图 2-2-2　SYS-30 型注射机模板尺寸

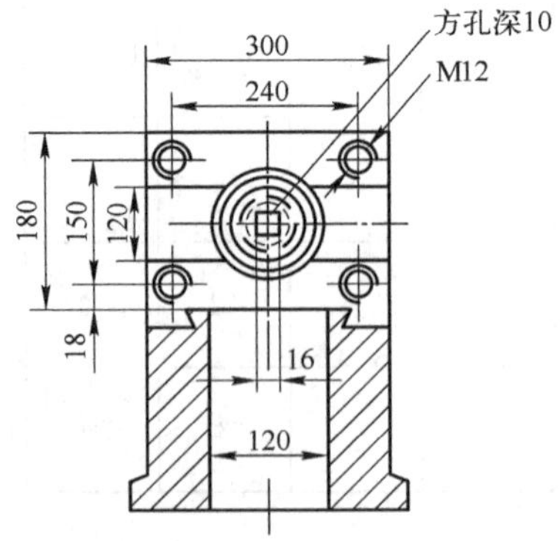

图 2-2-3　YS-ZY-45 型注射机模板尺寸

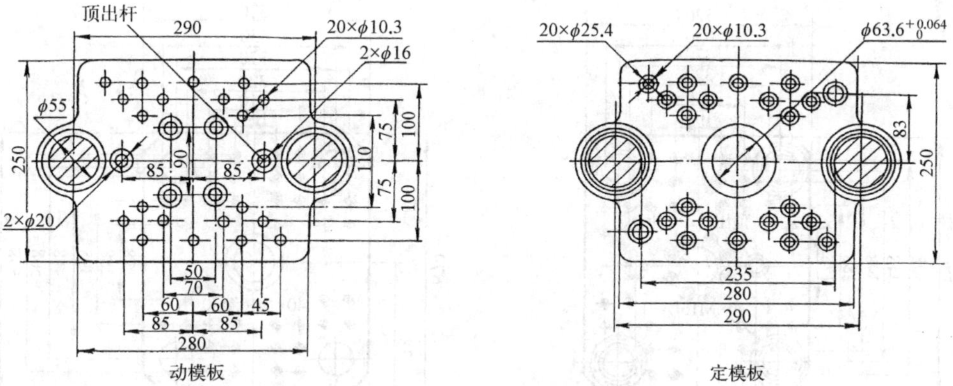

图 2-2-4 XS-Z-30 型注射机模板尺寸

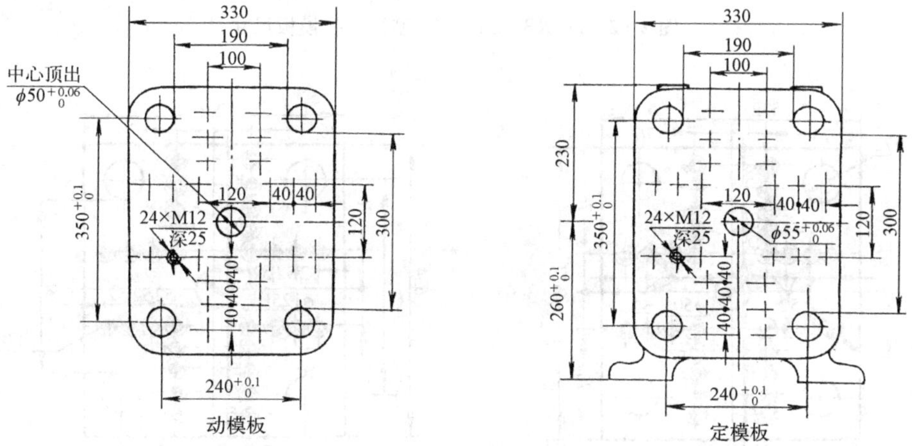

图 2-2-5 XS-Z-60 型注射机模板尺寸

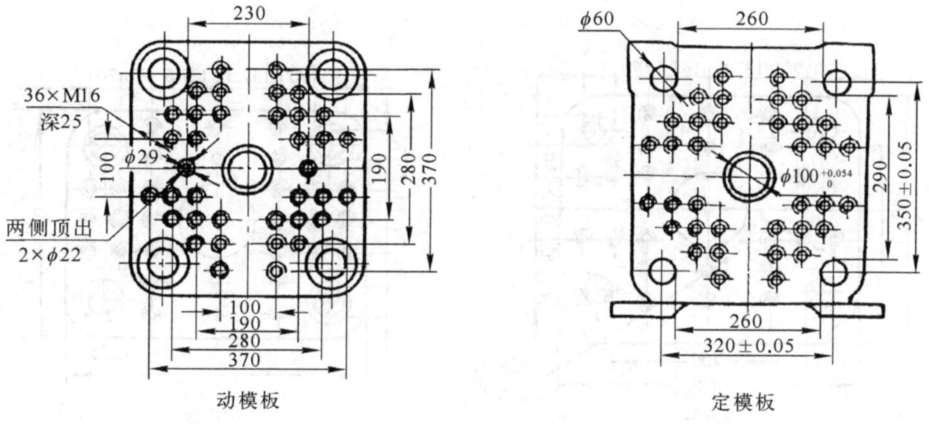

图 2-2-6 XS-ZY-125 型注射机模板尺寸

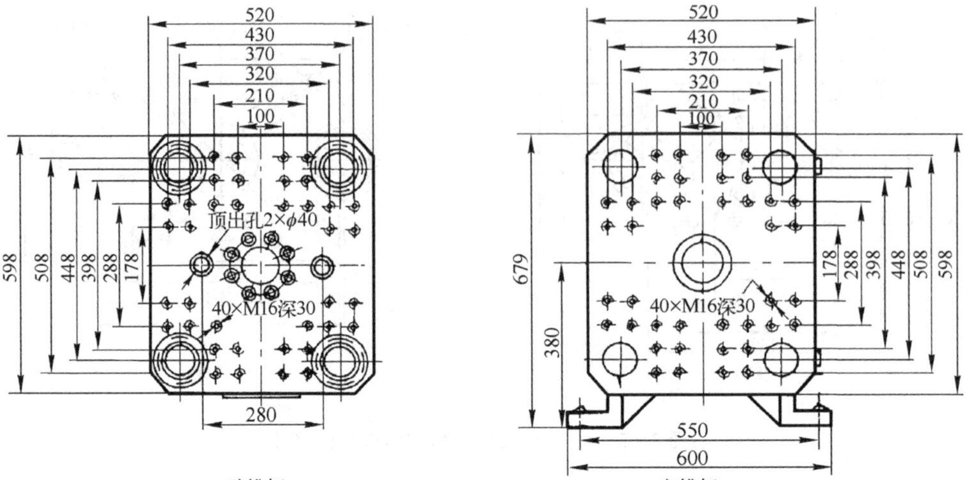

动模板　　定模板

图 2-2-7　XS-ZY-250 型注射机模板尺寸

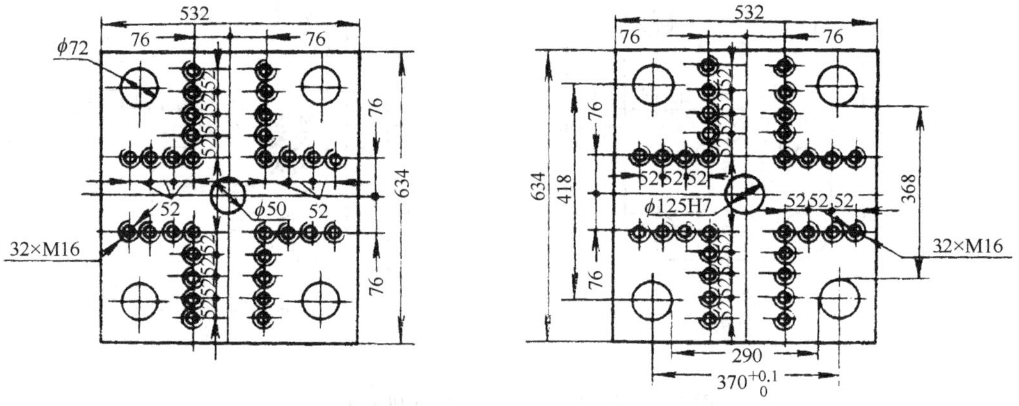

动模板　　定模板

图 2-2-8　G54-S200/400 型注射机模板尺寸

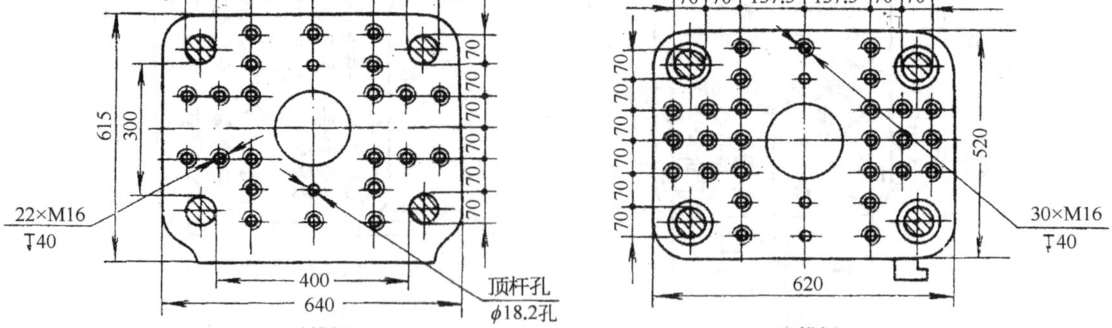

动模板　　定模板

图 2-2-9　SZY-300 型注射机模板尺寸

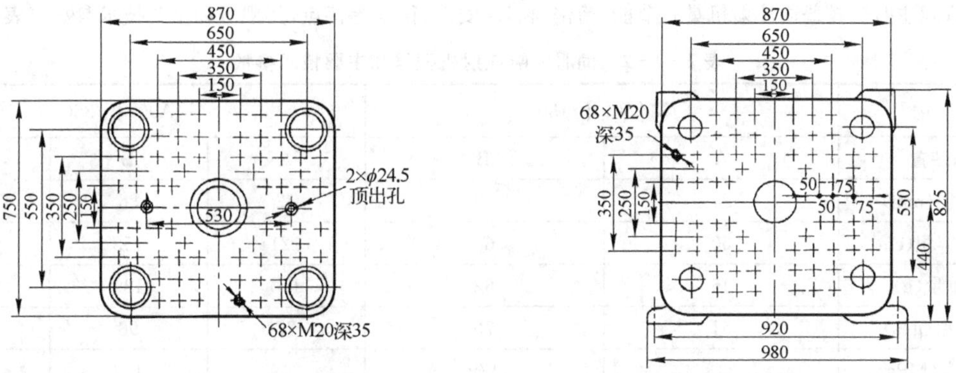

动模板　　　定模板

图 2-2-10　XS-ZY-500 型注射机模板尺寸

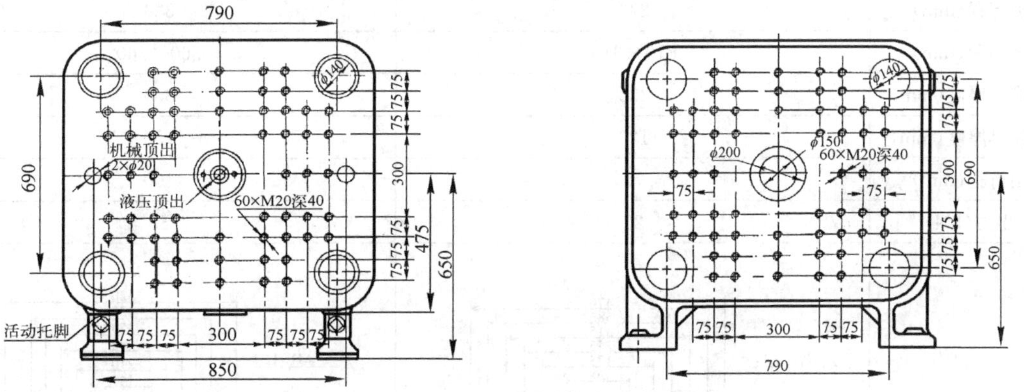

动模板　　　定模板

图 2-2-11　XS-ZY-1000 型注射机模板尺寸

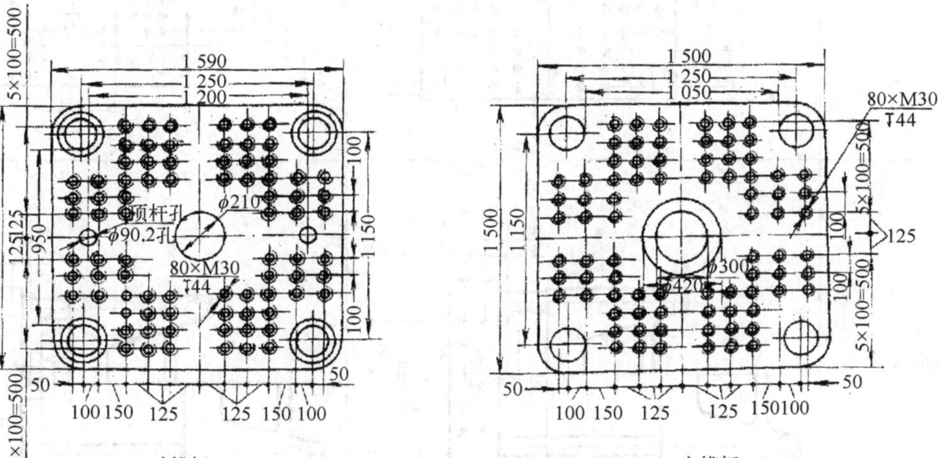

动模板　　　定模板

图 2-2-12　XS-ZY-4000 型注射机模板尺寸

(二) 伺服节能注射机

伺服节能注射机较普通注射机具有节能、精密、高效、安全、稳定等特点，其型号和主要技术参数见表 2-2-2。

表 2-2-2　伺服节能注射机型号和主要技术参数

型　　号	MA600Ⅱ/130		MA900Ⅱ/260		
注射装置	A	B	A	B	C
螺杆直径(mm)	24	28	32	36	40
理论注射容积(cm^3)	50	68	121	153	188
注射重量(g)	46	62	110	139	171
注射速率(g/s)	51	70	77	98	121
注射压力(MPa)	243	179	219	173	140
塑化能力(g/s)	6.0	8.6	10.1	13.3	16.1
螺杆转速(r/min)	0～310		0～230		
锁模力(kN)	600		900		
开模行程(mm)	270		320		
拉杆间距(mm)	310×310		360×360		
最大模具厚度(mm)	330		380		
最小模具厚度(mm)	120		150		
顶出行程(mm)	70		100		
顶出力(kN)	22		33		
模板正面尺寸	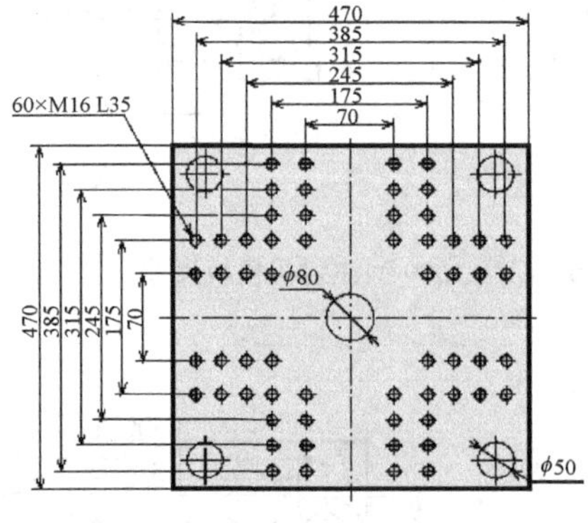		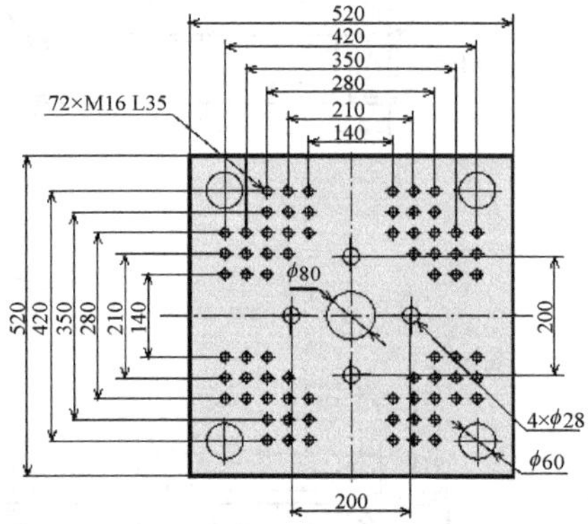		
模板侧面尺寸	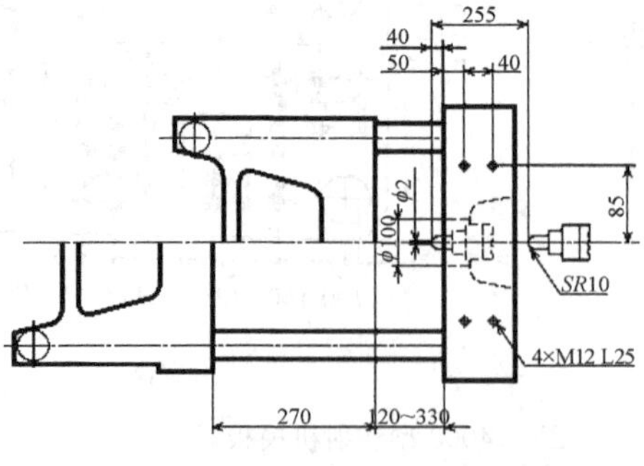		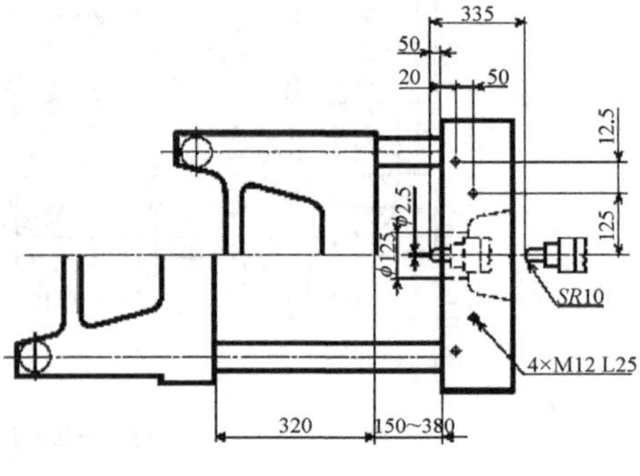		

（续表）

型　号	MA1200Ⅱ/370			MA1600Ⅱ/540		
注射装置	A	B	C	A	B	C
螺杆直径(mm)	36	40	45	40	45	50
理论注射容积(cm^3)	173	214	270	253	320	395
注射重量(g)	157	195	246	230	291	359
注射速率(g/s)	95	117	148	117	148	183
注射压力(MPa)	210	171	135	215	169	137
塑化能力(g/s)	13.3	16.2	21.5	17	22.6	28.4
螺杆转速(r/min)	0～205			0～205		
锁模力(kN)	1 200			1 600		
开模行程(mm)	360			430		
拉杆间距(mm)	410×410			470×470		
最大模具厚度(mm)	450			520		
最小模具厚度(mm)	150			180		
顶出行程(mm)	120			140		
顶出力(kN)	33			33		

模板正面尺寸

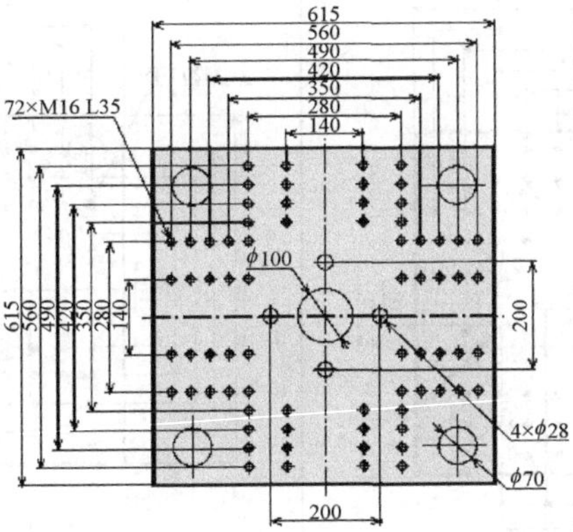

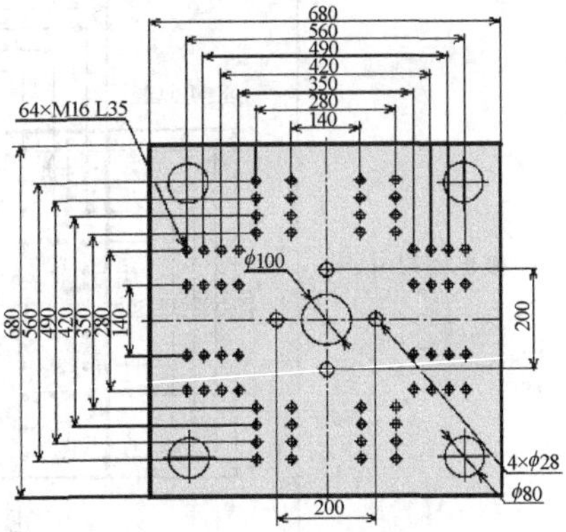

模板侧面尺寸

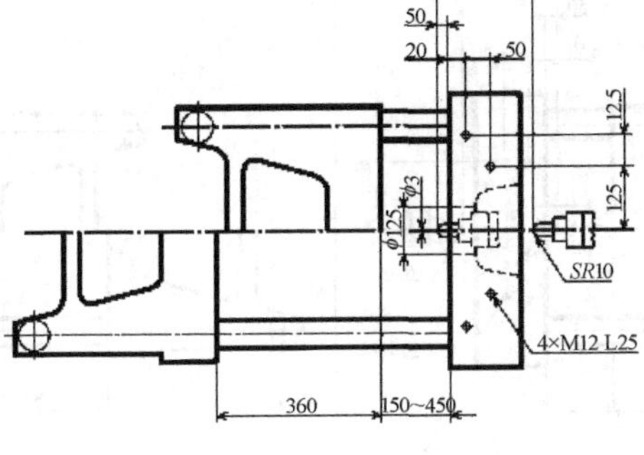

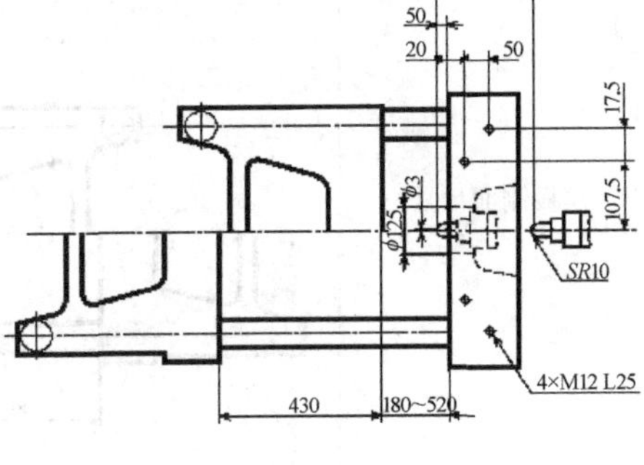

（续表）

型　　号	MA2000Ⅱ/700			MA2500Ⅱ/1000		
注射装置	A	B	C	A	B	C
螺杆直径(mm)	45	50	55	50	55	60
理论注射容积(cm^3)	334	412	499	471	570	679
注射重量(g)	304	375	454	429	519	618
注射速率(g/s)	148	182	221	165	200	238
注射压力(MPa)	210	170	141	215	178	149
塑化能力(g/s)	21.5	27	33	27.6	33.8	40
螺杆转速(r/min)	0～180			0～170		
锁模力(kN)	2 000			2 500		
开模行程(mm)	490			540		
拉杆间距(mm)	530×530			580×580		
最大模具厚度(mm)	550			580		
最小模具厚度(mm)	200			220		
顶出行程(mm)	140			150		
顶出力(kN)	62			62		
模板正面尺寸	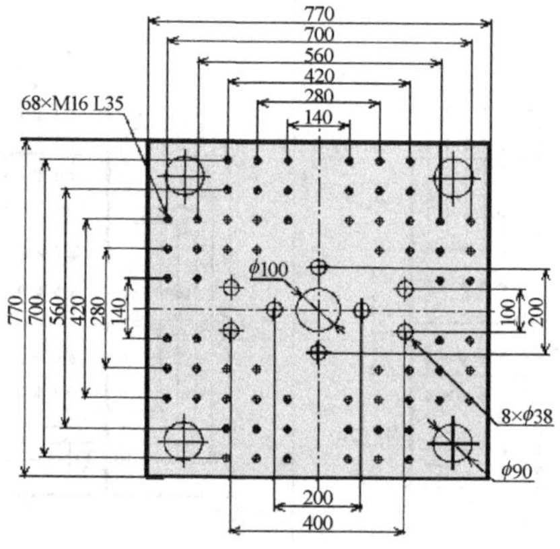			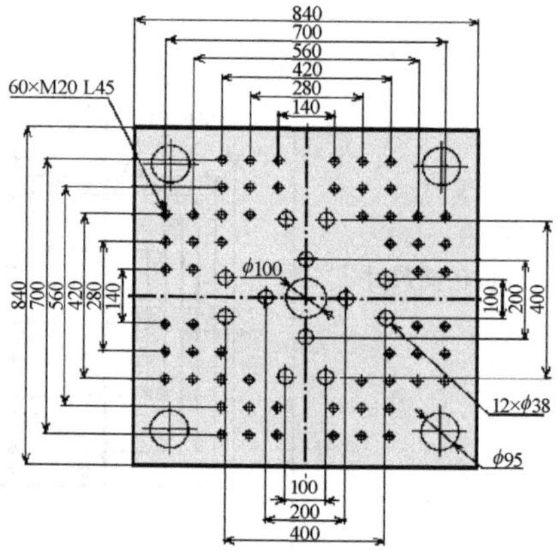		
模板侧面尺寸	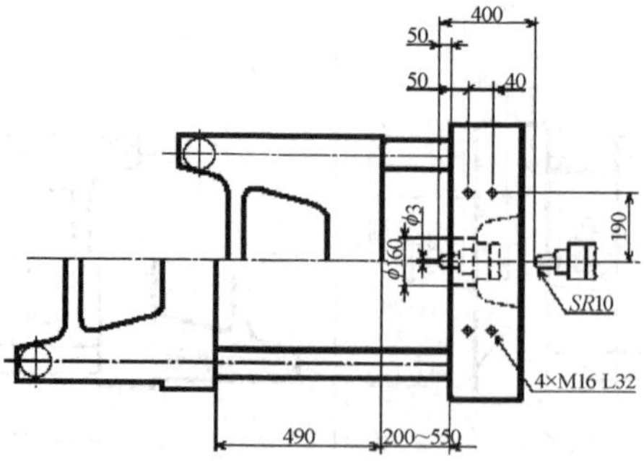			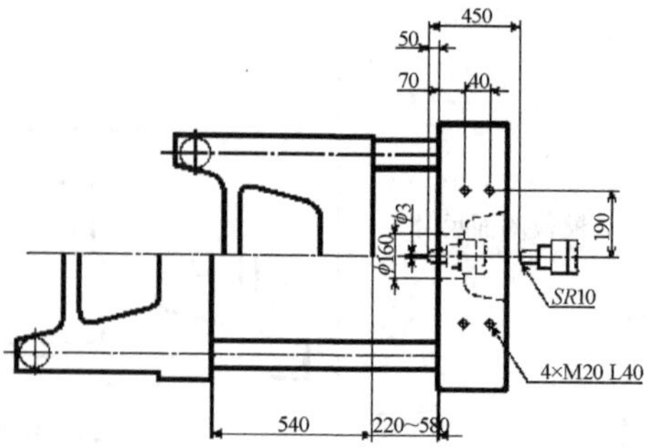		

（续表）

型　　号	MA2800Ⅱ/1350			MA3200Ⅱ/1700		
注射装置	A	B	C	A	B	C
螺杆直径(mm)	55	60	65	60	65	70
理论注射容积(cm^3)	618	735	863	792	929	1 078
注射重量(g)	562	669	785	721	845	981
注射速率(g/s)	232	276	324	286	335	389
注射压力(MPa)	219	184	157	213	182	157
塑化能力(g/s)	41.4	49.1	54.6	51.1	56.7	64.4
螺杆转速(r/min)	0～230			0～225		
锁模力(kN)	2 800			3 200		
开模行程(mm)	590			640		
拉杆间距(mm)	630×630			680×680		
最大模具厚度(mm)	630			680		
最小模具厚度(mm)	230			250		
顶出行程(mm)	150			160		
顶出力(kN)	62			62		
模板正面尺寸	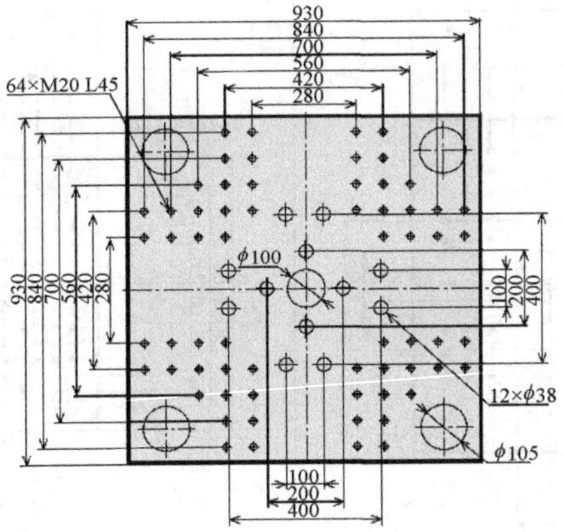			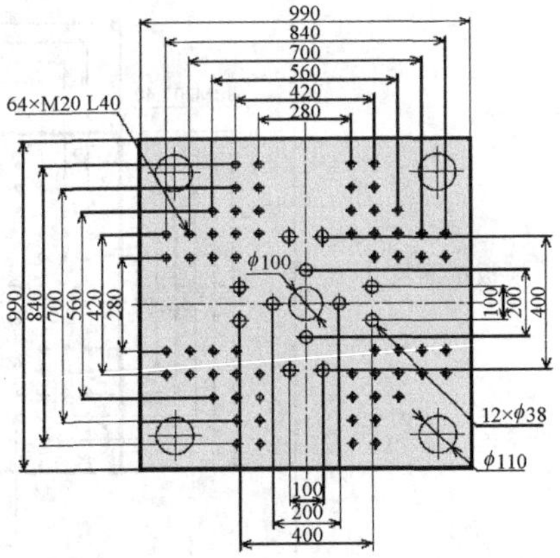		
模板侧面尺寸	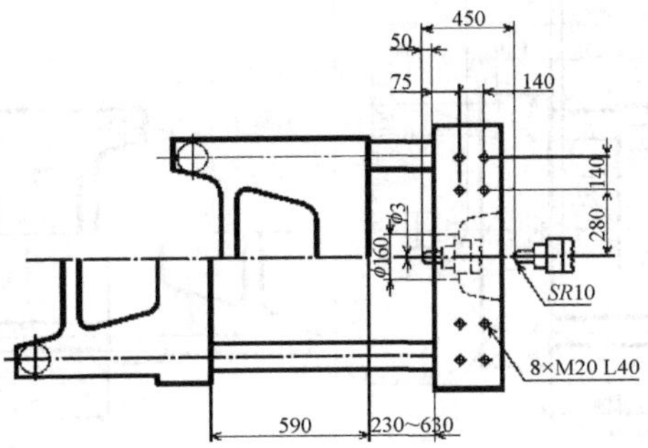			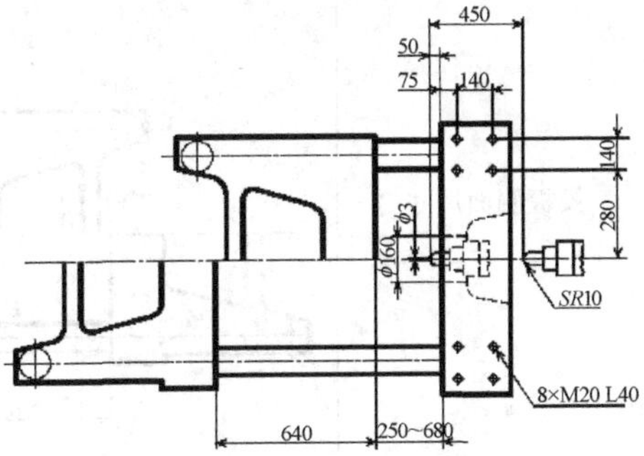		

（续表）

<table>
<tr><td>型　号</td><td colspan="4">MA3800Ⅱ/2250</td><td colspan="4">MA4700Ⅱ/2950</td></tr>
<tr><td>注射装置</td><td>A</td><td>B</td><td>C</td><td>D</td><td>A</td><td>B</td><td>C</td><td>D</td></tr>
<tr><td>螺杆直径(mm)</td><td>65</td><td>70</td><td>75</td><td>80</td><td>70</td><td>80</td><td>84</td><td>90</td></tr>
<tr><td>理论注射容积(cm^3)</td><td>1 068</td><td>1 239</td><td>1 423</td><td>1 619</td><td>1 424</td><td>1 860</td><td>2 050</td><td>2 354</td></tr>
<tr><td>注射重量(g)</td><td>972</td><td>1 127</td><td>1 295</td><td>1 473</td><td>1 296</td><td>1 693</td><td>1 866</td><td>2 142</td></tr>
<tr><td>注射速率(g/s)</td><td>289</td><td>335</td><td>385</td><td>438</td><td>361</td><td>471</td><td>519</td><td>596</td></tr>
<tr><td>注射压力(MPa)</td><td>211</td><td>182</td><td>158</td><td>139</td><td>207</td><td>158</td><td>143</td><td>125</td></tr>
<tr><td>塑化能力(g/s)</td><td>50.6</td><td>58.1</td><td>65.7</td><td>72.9</td><td>55</td><td>72.5</td><td>79.6</td><td>90</td></tr>
<tr><td>螺杆转速(r/min)</td><td colspan="4">0～190</td><td colspan="4">0～170</td></tr>
<tr><td>锁模力(kN)</td><td colspan="4">3 800</td><td colspan="4">4 700</td></tr>
<tr><td>开模行程(mm)</td><td colspan="4">700</td><td colspan="4">780</td></tr>
<tr><td>拉杆间距(mm)</td><td colspan="4">730×730</td><td colspan="4">820×820</td></tr>
<tr><td>最大模具厚度(mm)</td><td colspan="4">730</td><td colspan="4">780</td></tr>
<tr><td>最小模具厚度(mm)</td><td colspan="4">280</td><td colspan="4">320</td></tr>
<tr><td>顶出行程(mm)</td><td colspan="4">180</td><td colspan="4">200</td></tr>
<tr><td>顶出力(kN)</td><td colspan="4">110</td><td colspan="4">110</td></tr>
<tr><td>模板正面尺寸</td><td colspan="4">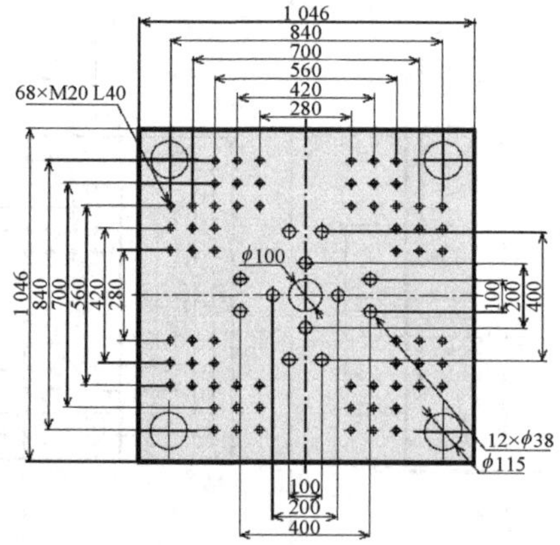
</td><td colspan="4">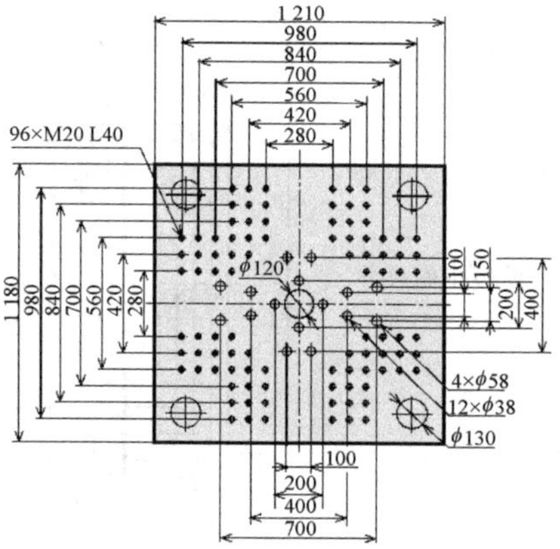
</td></tr>
<tr><td>模板侧面尺寸</td><td colspan="4">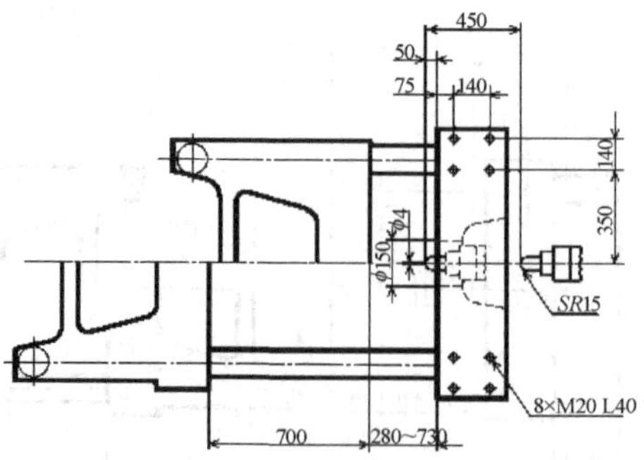
</td><td colspan="4">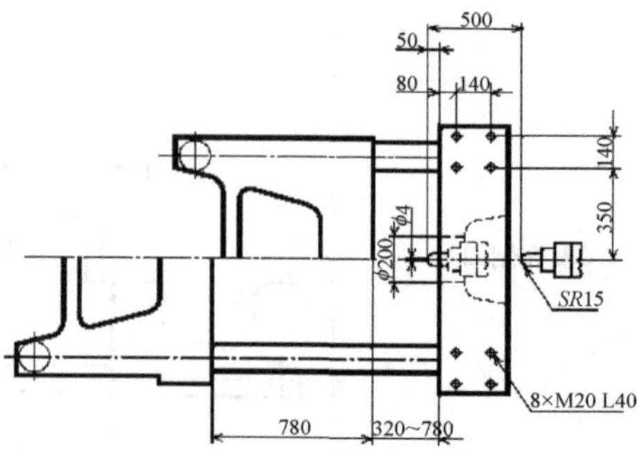
</td></tr>
</table>

注：参照海天天隆 MAⅡ系列注射机主要技术参数。

（三）全电动注射机

全电动注射机较全液压注射机具有节能、环保、噪声低、计量准确、生产效率高等特点，其型号和主要技术参数见表 2-2-3。

表 2-2-3 全电动注射机型号和主要技术参数

型 号	VE400Ⅱ				
	A	B	A	B	C
螺杆直径(mm)	16	19	19	22	26
注射容积(cm^3)	12	17	21	36	50
注射重量(g)	11	15.5	19.1	32.8	45.5
螺杆转速(r/min)	400		400		
塑化能力(g/s)	2.5	3.8	3.8	6.0	8.8
注射单元	50		80		
注射速度(mm/s)	200		200		
注射速率(g/s)	36	50	50	68	96
注射压力(MPa)	280	260	260	220	157
保压压力(MPa)	234	198	208	175	125
注射单元	50 h		80 h		
注射速度(mm/s)	350		350		
注射速率(g/s)	64	90	90	121	169
注射压力(MPa)	280	260	260	220	157
保压压力(MPa)	234	198	208	175	125
合模力(kN)	400				
最大移模行程(mm)	235				
最小模具厚度(mm)	150				
最大模具厚度(mm)	320				
最大模板开距(mm)	555				
拉杆间距(mm)	320×280				
最小模具尺寸(mm)	205×180				
顶出行程(mm)	60				
顶出力(kN)	9.8				
模板尺寸	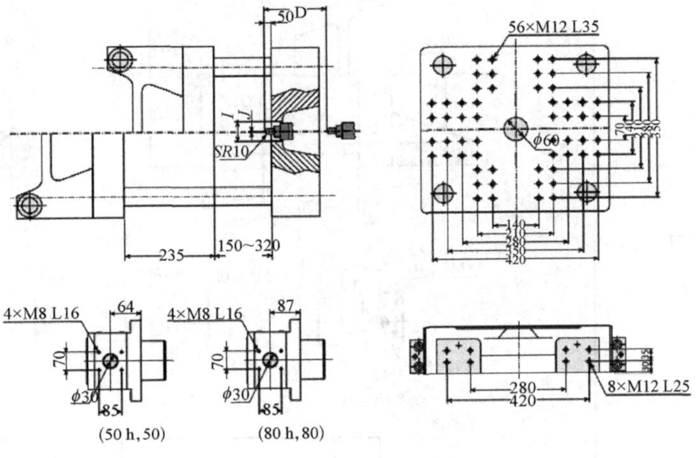				

	D	I	J
80 h,80	265	ϕ100	ϕ2.2
50 h,50	280	ϕ100	ϕ2.2

（续表）

型 号	VE600Ⅱ					
	A	B	C	A	B	C
螺杆直径(mm)	19	22	26	22	26	30
注射容积(cm^3)	21	36	50	36	58	78
注射重量(g)	19.1	32.8	45.5	33	52	70
螺杆转速(r/min)	400			400		
塑化能力(g/s)	3.8	6.0	8.8	6.0	8.8	13
注射单元	80			120		
注射速度(mm/s)	200			200		
注射速率(g/s)	50	68	96	69	96	128
注射压力(MPa)	260	220	157	280	220	165
保压压力(MPa)	208	175	125	220	160	120
注射单元	80 h			120 h		
注射速度(mm/s)	350			350		
注射速率(g/s)	90	121	169	121	169	225
注射压力(MPa)	260	220	157	280	220	165
保压压力(MPa)	208	175	125	220	160	120
合模力(kN)	600					
最大移模行程(mm)	270					
最小模具厚度(mm)	150					
最大模具厚度(mm)	370					
最大模板开距(mm)	640					
拉杆间距(mm)	370×320					
最小模具尺寸(mm)	240×205					
顶出行程(mm)	70					
顶出力(kN)	19.6					

模板尺寸

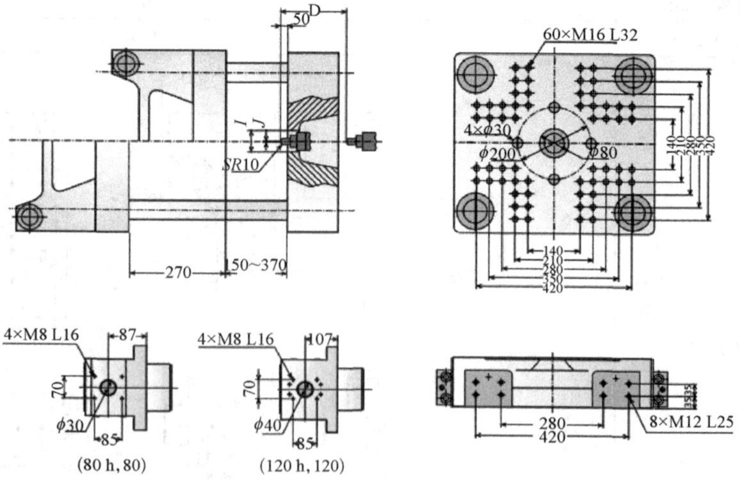

	D	I	J
120 h,120	290	ϕ100	ϕ2.5
80 h,80	290	ϕ100	ϕ2.2

（续表）

型　　号	VE900Ⅱ									
	A	B	C	A	B	C	AA	A	B	C
螺杆直径(mm)	22	26	30	26	28	30	26	28	32	36
注射容积(cm^3)	36	58	78	58	67	78	61	70	100	127
注射重量(g)	33	52	70	52	61	70	55	64	91	116
螺杆转速(r/min)	400			400			400			
塑化能力(g/s)	6.0	8.8	13	8.8	11	13	8.8	11	16	22
注射单元	120			160			210			
注射速度(mm/s)	200			200			200			
注射速率(g/s)	69	96	128	96	112	128	96	112	146	185
注射压力(MPa)	280	220	165	260	220	192	280	260	200	160
保压压力(MPa)	220	160	120	160	138	120	224	206	160	126
注射单元	120 h			160 h			210 h			
注射速度(mm/s)	350			350			350			
注射速率(g/s)	121	169	225	169	196	225	169	196	256	324
注射压力(MPa)	280	220	165	260	220	192	280	260	200	160
保压压力(MPa)	220	160	120	160	138	120	224	206	160	126
合模力(kN)	900									
最大移模行程(mm)	320									
最小模具厚度(mm)	150									
最大模具厚度(mm)	410									
最大模板开距(mm)	730									
拉杆间距(mm)	420×370									
最小模具尺寸(mm)	270×240									
顶出行程(mm)	80									
顶出力(kN)	19.6									

模板尺寸

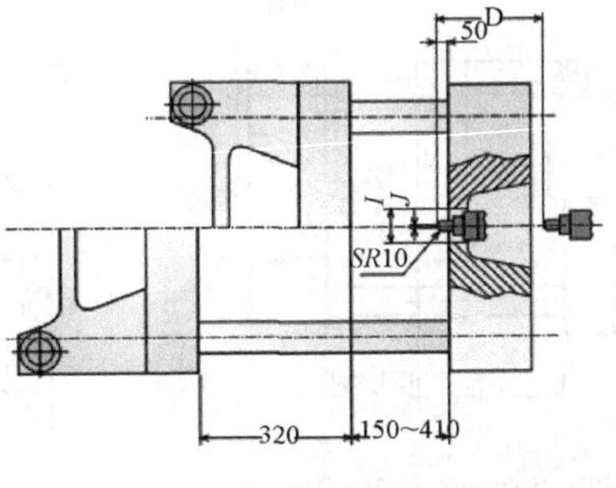

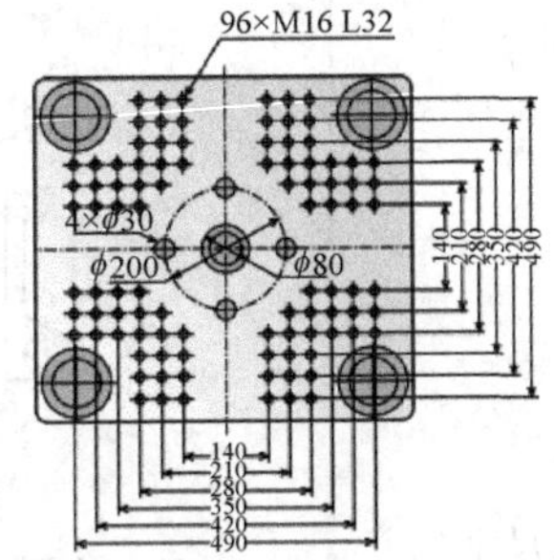

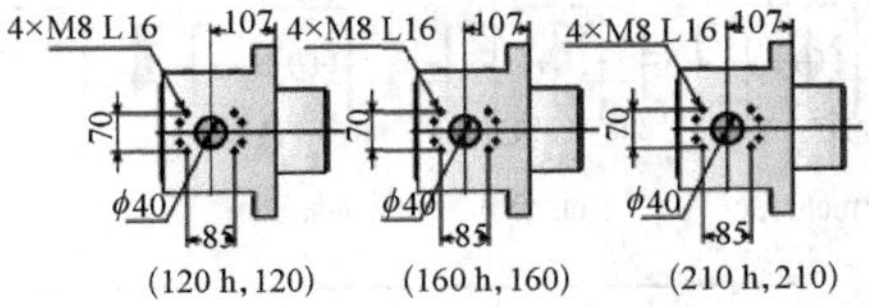

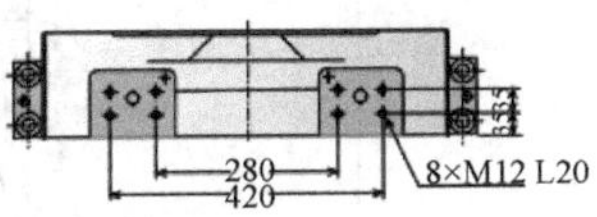

	D	I	J
210 h,210	325	ϕ125	ϕ2.5
160 h,160	325	ϕ125	ϕ2.5
120 h,120	320	ϕ125	ϕ2.5

（续表）

型　号	VE1200Ⅱ													
	A	B	C	AA	A	B	C	AA	A	B	C	A	B	C
螺杆直径(mm)	26	28	30	26	28	32	36	30	32	36	40	36	40	45
注射容积(cm^3)	58	67	78	61	70	100	127	102	116	147	182	173	213	270
注射重量(g)	52	61	70	55	64	91	116	92	106	134	166	157	194	26
螺杆转速(r/min)	400			400				400				400		
塑化能力(g/s)	8.8	11	13	8.8	11	16	22	12.8	16	22	30	22	30	42
注射单元	160			210				300				430(OP)		
注射速度(mm/s)	200			200				200				200		
注射速率(g/s)	96	112	128	96	112	146	185	128	146	184	228	184	228	289
注射压力(MPa)	260	220	192	280	260	200	160	280	253	200	162	247	200	158
保压压力(MPa)	160	138	120	224	206	160	126	224	202	160	130	197	160	126
注射单元	160 h			210 h				300 h				430 h(OP)		
注射速度(mm/s)	350			350				300				300		
注射速率(g/s)	169	196	225	169	196	256	324	193	220	277	342	277	342	434
注射压力(MPa)	260	220	192	280	260	200	160	280	253	200	162	247	200	158
保压压力(MPa)	160	138	120	224	206	160	126	224	202	160	130	197	160	126
合模力(kN)	1 200													
最大移模行程(mm)	360													
最小模具厚度(mm)	150													
最大模具厚度(mm)	480													
最大模板开距(mm)	840													
拉杆间距(mm)	470×420													
最小模具尺寸(mm)	305×270													
顶出行程(mm)	100													
顶出力(kN)	29.4													

模板尺寸

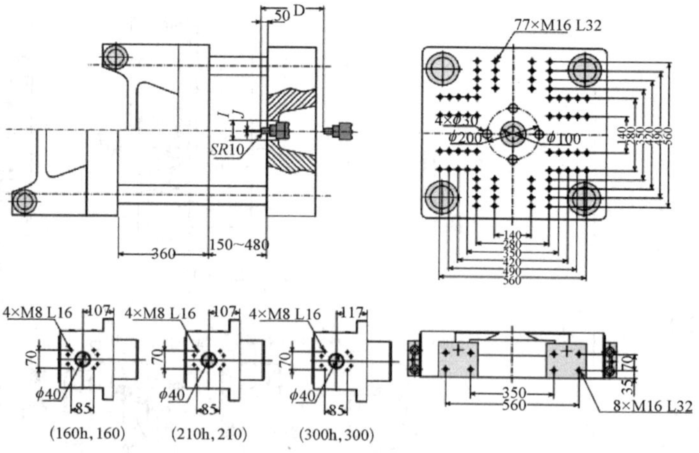

	D	I	J
300 h,300	355	ϕ125	ϕ2.5
210 h,210	355	ϕ125	ϕ2.5
160 h,160	350	ϕ125	ϕ2.5

注：参照海天天锐 VEⅡ系列注射机主要技术参数。

(四)二板式注射机

二板式注射机较传统三板式注射机具有性能稳定可靠、调模方便、合模机构刚性好、合模精度高、结构紧凑简洁、占地较少、加工方便、制造成本较低等特点,其型号和主要技术参数见表 2-2-4。

表 2-2-4 二板式注射机型号和主要技术参数

型号	JU12000Ⅱ				JU13000Ⅱ				JU14000Ⅱ				JU16000Ⅱ		
	8400(标准组合)				10600(标准组合)				10600(标准组合)				14600(标准组合)		
	A	B	C	D	A	B	C	D	A	B	C	D	A	B	C
螺杆直径(mm)	100	110	120	130	110	120	130	140	110	120	130	140	130	140	150
理论注射容积(cm^3)	4 006	4 847	5 768	6 769	5 227	6 220	7 300	8 467	5 227	6 220	7 300	8 467	8 326	9 698	11 133
注射重量(g)	3 645	4 410	5 249	6 160	4 756	5 661	6 643	7 705	4 756	5 661	6 643	7 705	7 610	8 825	10 131
注射速率(g/s)	655	793	944	1 108	806	960	1 126	1 306	806	960	1 126	1 306	1 154	1 338	1 536
塑化能力(g/s)	94	112	131	150	119	138	159	182	119	138	159	182	160	183	209
注射压力(MPa)	220	182	153	130	204	171	146	126	204	171	146	126	174	150	131
螺杆转速(r/min)	0~108				0~100				0~100				0~95		
锁模力(kN)	12 000				13 000				14 000				16 000		
拉杆间距(mm)	1 300×1 200				1 380×1 280				1 460×1 360				1 550×1 450		
最大模具厚度(mm)	1 250				1 350				1 450				1 550		
最小模具厚度(mm)	600				650				700				700		
顶出行程(mm)	350				350				400				400		
顶出力(kN)	230				230				330				330		
最大开距(mm)	2 650				2 850				3 050				3 250		
移模行程(mm)	2 050/1 400				2 200/1 500				2 350/1 600				2 550/1 700		

注:1. 参照海天天虹 JUⅡ系列注射机主要技术参数。
2. 移模行程"/"前后数据分别为最小模厚时的开模行程和最大模具厚度时的开模行程。

(五)注射机的选用

1. 注射量

塑件成形所需的注射总量应小于所选注射机的注射容量。注射容量以容积(cm^3)表示时,塑件体积(包括浇注系统)应小于注射机的注射容量,其关系按下式校核:

$$V_{件} \leqslant 0.8V_{注}$$

式中 $V_{件}$——塑件与浇注系统的体积(cm^3);
$V_{注}$——注射机注射容量(cm^3);
0.8——最大注射容量利用系数。

注射容量以质量(g)表示时,塑件质量(包括浇注系统)同样应小于注射机的注射容量,其关系按下式校核:

$$G_{件} \leqslant 0.8G_{注}$$

式中 $G_{件}$——塑件与浇注系统的质量(g);
$G_{注}$——注射机注射容量(g);
0.8——最大注射容量利用系数。

2. 注射压力

塑件成形所需的注射压力应小于或等于注射机的额定注射压力,其关系按下式校核:

$$p_{成} \leqslant P_{注}$$

式中 $p_{成}$——塑件成形所需的注射压力(MPa),其值见表 2-1-6;

$P_{注}$——所选注射机的额定注射压力(MPa)。

3. 锁模力

模具所需的最大锁模力应小于或等于注射机的额定锁模力,其关系按下式校核:

$$p_{腔}F \leqslant P_{锁}$$

式中 $p_{腔}$——模具型腔压力(MPa),一般取 40~50 MPa;

F——塑件与浇注系统在分型面上的投影面积(mm^2);

$P_{锁}$——注射机额定锁模力(N)。

4. 模具闭合厚度

模具闭合时的厚度应在注射机动、定模板的最大闭合厚度和最小闭合厚度之间,其关系按下式校核(图 2-2-13):

$$H_{最小} < H_{模} < H_{最大}$$

式中 $H_{最小}$——注射机所允许的最小模具厚度(mm);

$H_{模}$——模具闭合厚度(mm);

$H_{最大}$——注射机所允许的最大模具厚度(mm)。

5. 开模行程

塑件所需的开模距应小于注射机的最大开模行程。对于在液压机械联合锁模的立式、卧式注射机上用的一般浇口模具,其关系按下式校核(图 2-2-14):

$$H_1 + H_2 + 5 \sim 10\ \text{mm} \leqslant s$$

式中 H_1——脱模距离(推出距离)(mm);

H_2——塑件高度(包括浇注系统)(mm);

s——注射机模板行程 (mm)。

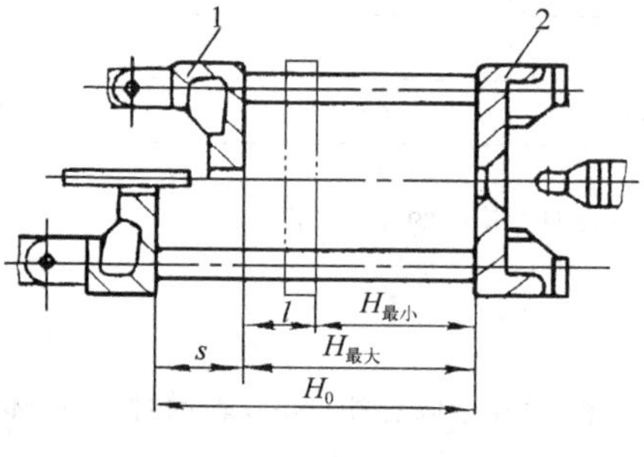

图 2-2-13 模具厚度与注射机闭合厚度的关系

1—动模板;2—定模板;

l—动模板可调距离;H_0—动、定模板最大开距;

s—模板行程

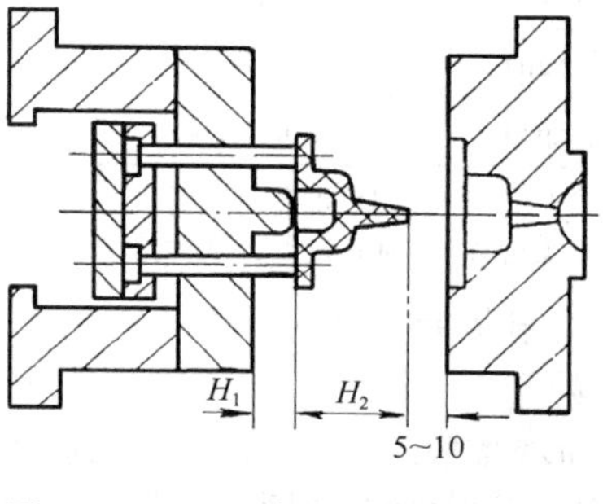

图 2-2-14 一般浇口模具的开模距

对于在液压机械联合锁模的立式、卧式注射机上用的点浇口模具,其关系按下式校核(图 2-2-15):

$$H_1 + H_2 + a + 5 \sim 10\ \text{mm} \leqslant s$$

式中 H_1——脱模距离(推出距离)(mm);

H_2——塑件高度(mm);

a——点浇口取出距离(mm);

s——注射机模板行程(mm)。

对于在机械锁模的直角式注射机上用的模具和在全液压锁模的注射机上用的一般浇口模具,其关系按下式校核(图 2-2-16):

$$H_{模} + H_1 + H_2 + 5 \sim 10\ \text{mm} \leqslant s_{开}$$

式中 $H_{模}$——模具闭合厚度(mm);

$s_{开}$——注射机模板最大开距(mm)；
H_1、H_2含义同上式。

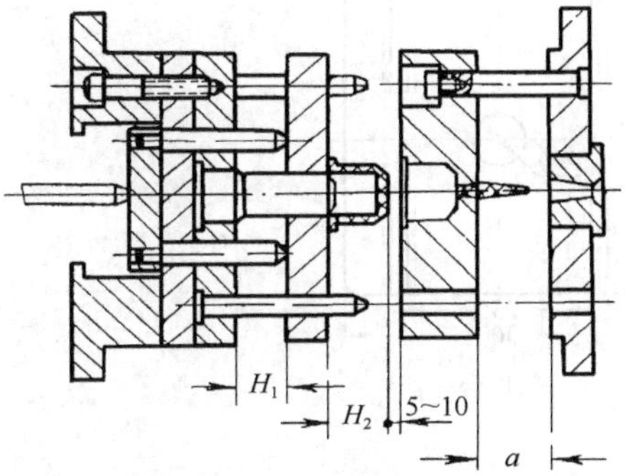

图 2-2-15　点浇口模具的开模距

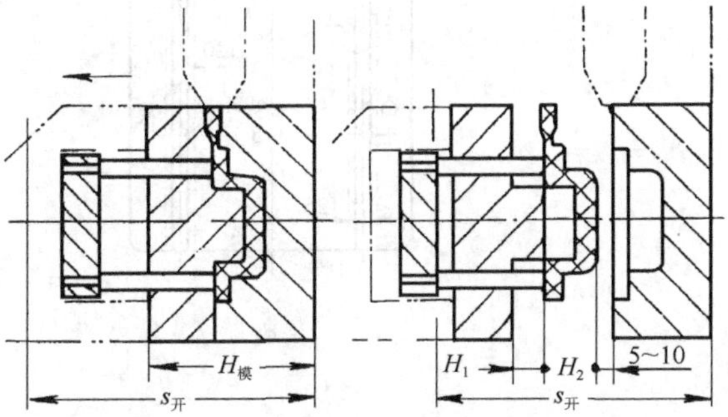

图 2-2-16　直角式注射机模具的开模距

对于在全液压锁模的注射机上用的点浇口模具，则按下式校核：

$$H_{模}+H_1+H_2+a+5\sim10\ \mathrm{mm}\leqslant s_{开}$$

式中各参数含义已在上两式说明。

此外，还应了解注射机的喷嘴孔直径和喷嘴球面半径、定位孔径、顶出杆位置及模板有关尺寸等，以便确定模具的安装与固定方式。

二、液压机

(一) 液压机的技术参数

液压机是热固性塑料压缩和压注成形的主要设备。常用液压机的型号及主要技术参数见表 2-2-5。部分液压机的滑块和工作台尺寸见图 2-2-17～图 2-2-24。

表 2-2-5　常用液压机型号及主要技术参数

液压机型号	YX(D)-45	YA71-45	Y32-50	Y71-63	YB32-63	YX-100	Y71-100	Y32-100	Y32-200 YB32-200	YB71-250	Y32-300 YB32-300
结构特征	上压式 框架结构 下顶出	上压式 框架结构 下顶出	上压式 框架结构 下顶出		上压式 框架结构 下顶出	上压式 框架结构 下顶出	上压式 框架结构 下顶出	上压式 柱式结构 下顶出	上压式 柱式结构 下顶出	上压式 柱式结构 下顶出	上压式 柱式结构 下顶出
公称压力(kN)	440	440	490	620	620	980	980	980	1 960	2 450	2 940
回程压力(kN)	69	59	103	294	130	490	196	225	608	1 230	392
工作液最大压力(MPa)	31.4	31.4	19.6	31.4	24.5	31.4	31.4	19.6	19.6	29.4	19.6
最大顶出力(kN)		118	74	3(手动)	93	196	196	147	294	330	294
最大顶出行程(mm)	150	175	150	130	150	165 (自动) 280 (手动)	165 (自动) 280 (手动)	180	250	300	250
滑块至工作台最大距离(mm)	330	750	600	600	600	650	650	900	1 100	1 200	1 240
滑动至工作台最小距离(mm)	80	500	200	300	200	270	270	300	400	600	440

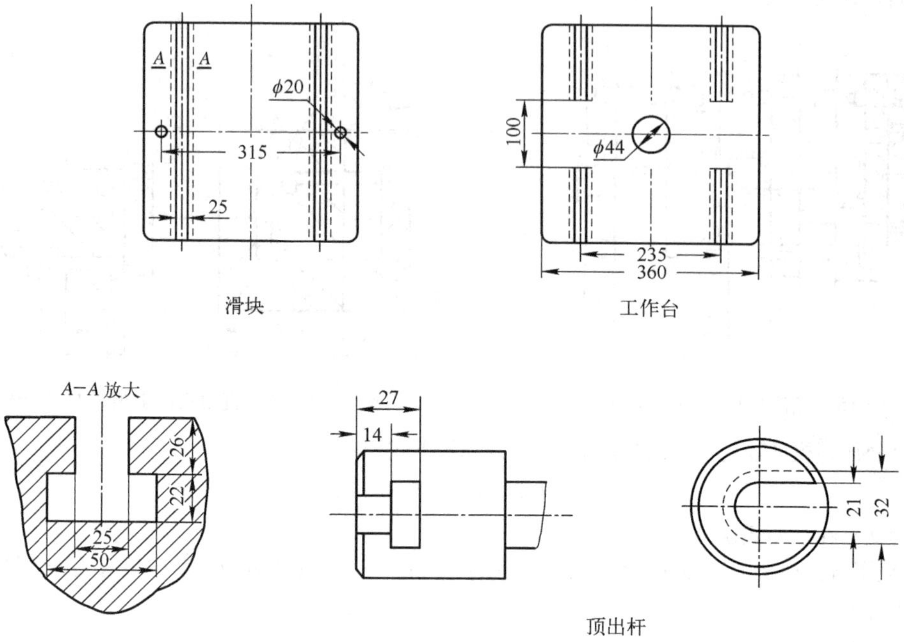

图 2-2-17 YX(D)-45 型液压机滑块和工作台

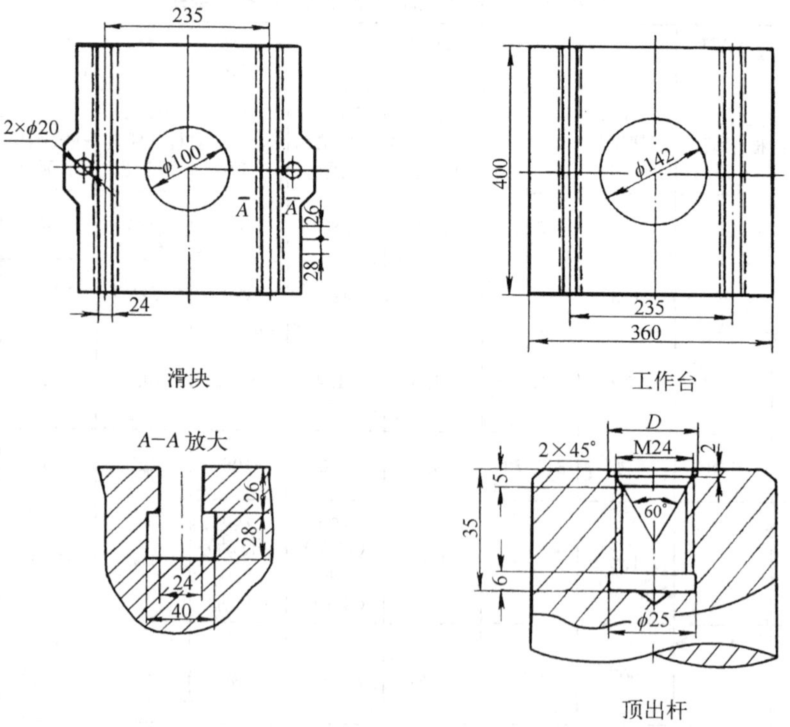

图 2-2-18 YA71-45 型液压机滑块和工作台

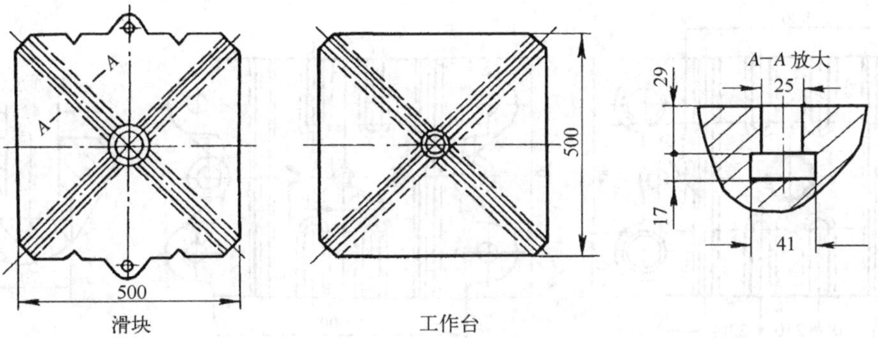

图 2-2-19 Y71-63 型液压机滑块和工作台

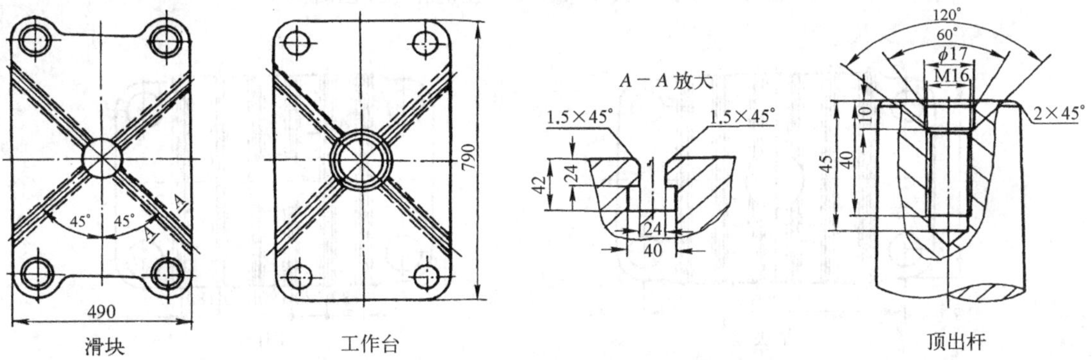

图 2-2-20 YB32-63 型液压机滑块和工作台

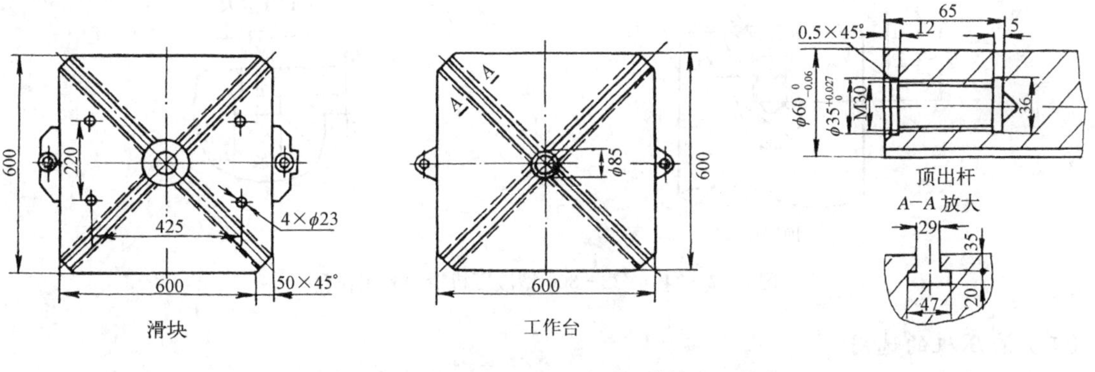

图 2-2-21 Y71-100 型液压机滑块和工作台

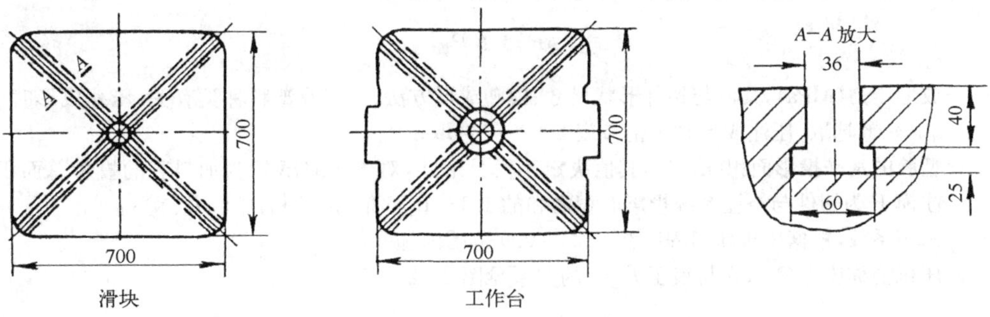

图 2-2-22 Y71-160 型液压机滑块和工作台

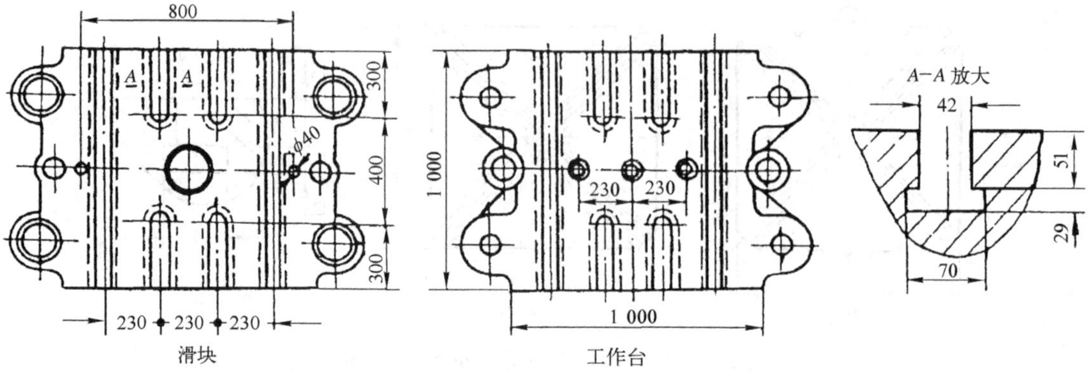

图 2-2-23 YA71-250 型液压机滑块和工作台

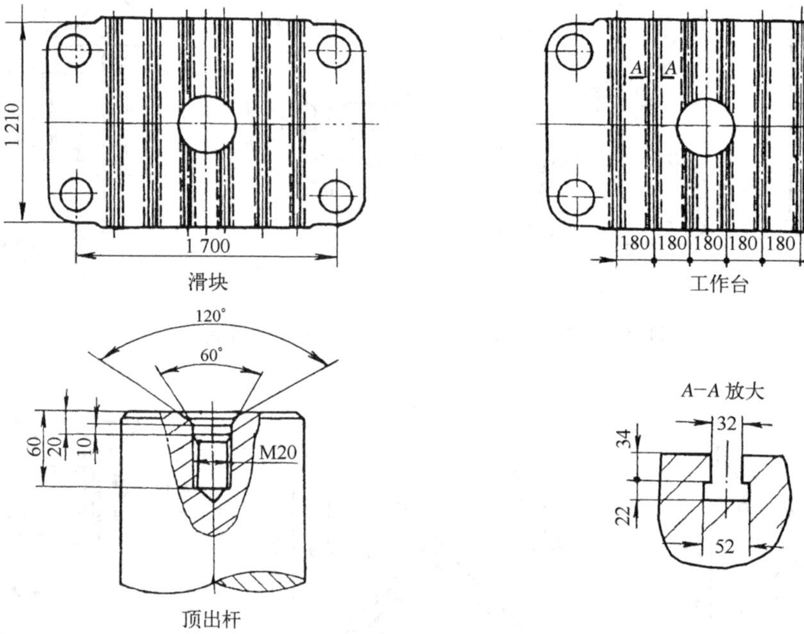

图 2-2-24 Y32-300 型液压机滑块和工作台

(二) 液压机的选用

1. 成形压力

模具所需的成形力必须小于压机公称压力，其关系按下式校核：

$$pF \leqslant KP_{机}$$

式中 p——成形压力(MPa)，其值与塑件形状尺寸、模塑成形方法、型腔及塑料种类有关，压缩成形时 p 值按表 2-2-6 选取，压注成形时 p 值按表 2-2-7 选取；

F——型腔的水平投影面积(mm^2)，其值决定于模具形式，对于压缩模 F 为加料腔的投影总面积，对于压注模 F 为塑件与浇注系统投影面积之和的 1.1～1.25 倍，pF 即为成形力(N)；

K——修正系数，根据压机新旧程度在 0.75～0.9 范围内选取；

$P_{机}$——压机公称压力(N)，它与表压力 $p_{表}$ 的关系见图 2-2-25。

表 2-2-6 压缩成形压力 (MPa)

简图	塑件特征	酚醛塑料			氨基塑料
		粉状填料	布基填料	石棉填料	
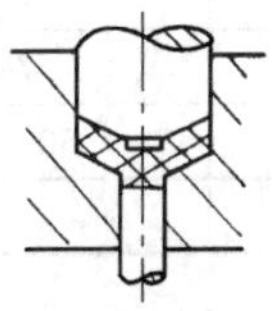	扁平厚壁	12.5～17.5	30～40	≈40	12.5～17.5
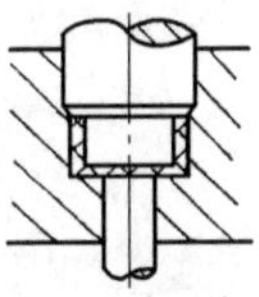	高 20～40 mm 壁厚 4～6 mm	12.5～17.5	35～45	45～50	12.5～17.5
	高 20～40 mm 壁厚 2～4 mm	15～20	40～50	45～50	15～20
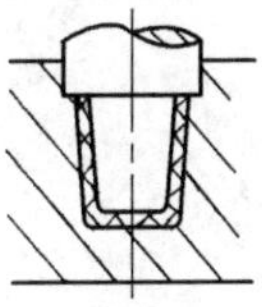	高 40～60 mm 壁厚 4～6 mm	17.5～22.5	50～70	45～50	17.5～22.5
	高 40～60 mm 壁厚 2～4 mm	22.5～27.5	60～80	45～50	22.5～27.5
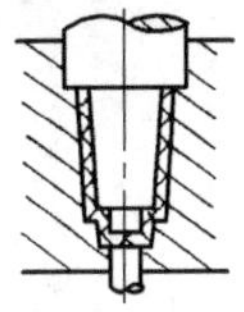	高 60～100 mm 壁厚 4～6 mm	20～25		50～55	25～30
	高 60～100 mm 壁厚 2～4 mm	25～30		50～55	27.5～35
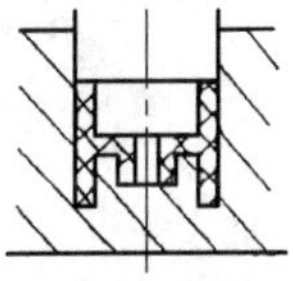	薄壁，不易填充成形	25～30	40～60	50～55	25～30
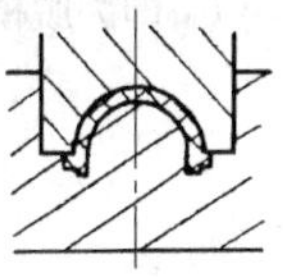	高＜40 mm 壁厚 2～4 mm	25～30		45～50	25～30
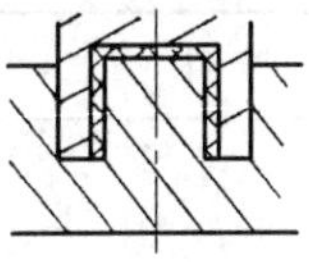	高≥40 mm 壁厚 4～6 mm	30～35		45～50	30～35
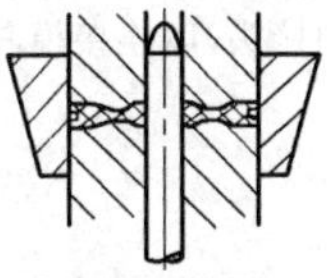	滑轮形，高度不大，有侧凹	15～20	40～60	45～50	12.5～17.5
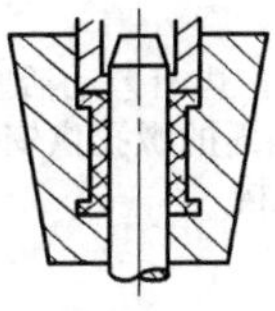	线圈骨架形，高度大，有侧凹	25～30	80～100	50～55	25～30

表 2-2-7　压注成形压力　　(MPa)

塑料名称	填　料	压注成形压力	塑料名称	填　料	压注成形压力
酚醛塑料	木　粉	60～70	环氧树脂		4～10
	玻璃纤维	80～120	硅酮树脂		
	布　屑	70～80	氨基塑料		70
三聚氰胺塑料	矿　物	70～80	DAP 塑料		50～60
	石棉纤维	80～100			

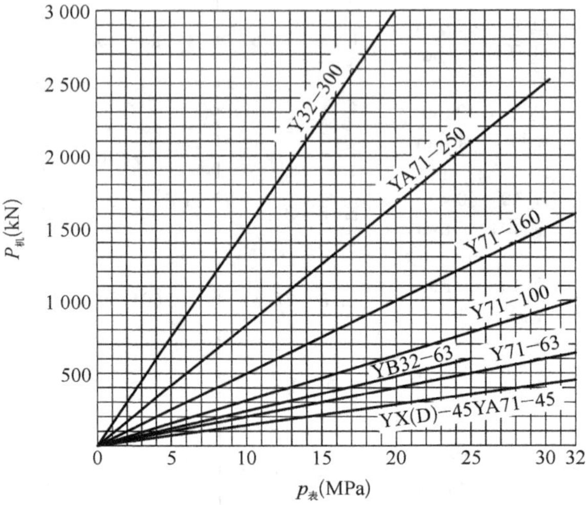

图 2-2-25　压机公称压力与表压力关系

2. 脱模力和推出方式

塑件所需的脱模力必须小于机顶出力，其关系按下式校核：

$$p_{结}F_{侧} < P_{机顶}$$

式中　$p_{结}$——塑件与金属的结合力，木纤维和矿物填料取 0.5 MPa，玻璃纤维填料取 1.5 MPa，$p_{结}F_{侧}$ 即为脱模力(N)；

$F_{侧}$——塑件总侧面积(mm^2)；

$P_{机顶}$——压面出力(N)。

一般压力(上压式)顶出形式见表 2-2-8，模具顶出机构与压机的连接方式见表 2-2-9。

表 2-2-8　常见的顶出形式

顶出形式	简　图	说　明
手动顶出	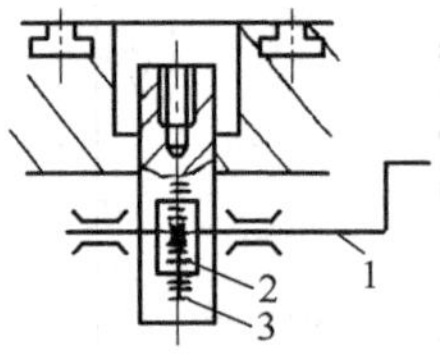 1—手柄；2—齿轮；3—齿条	手动齿轮齿条顶出形式，一般设在压机的工作台下，顶杆端面的螺孔供安装尾轴或中间接头，以连接模具的顶出机构
滚压顶出	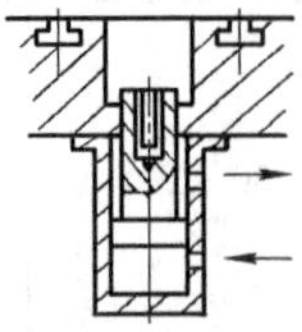	压机工作台下设有顶出液压缸，缸内有差动活塞，可带动液压顶出杆做往复运动，顶杆端面的螺孔供安装尾轴或中间接头，以连接模具的顶出机构

（续表）

顶出形式	简　　图	说　　明
托架顶出	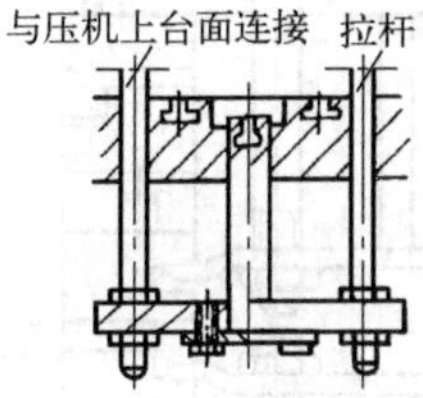	压机滑动(上工作台)两边有两根对称的拉杆，当滑块上升到一定高度时，与拉杆调节螺母接触，通过拉杆拖动托架，托起中心顶杆顶出塑件，中心顶杆端面的 T 形槽用以安装尾轴

表 2-2-9　模具顶出机构与压机连接方式

简　　图	说　　明	简　　图	说　　明
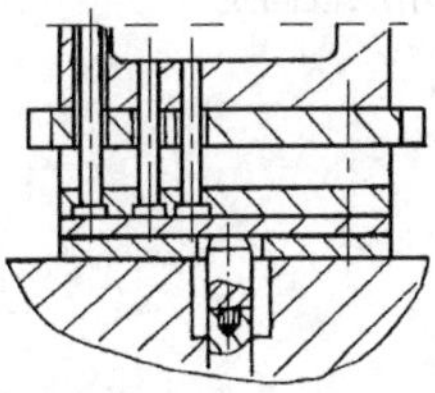	(1) 模具顶出机构与压机顶杆不相连 (2) 模具安装方便，但应设回程杆	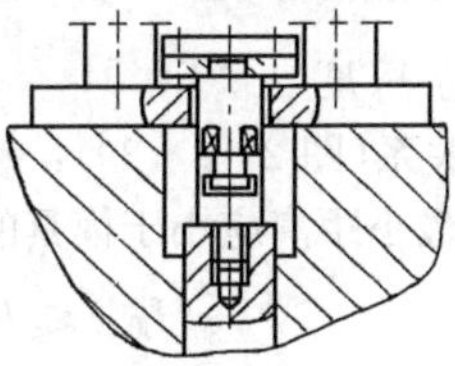	(1) 尾轴与压机顶杆相连 (2) 尾轴螺杆与模具挡板连接，T 形轴与中间轴的 T 形槽连接，中间轴的螺杆与压机顶杆连接 (3) 差动活塞的液压顶出缸完成顶出和复位动作
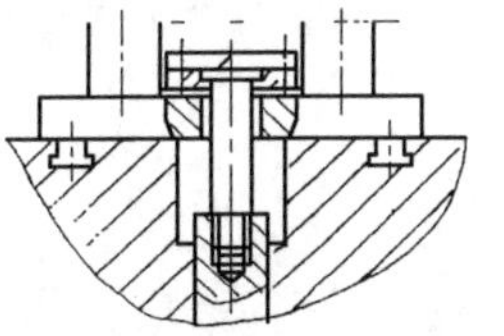	(1) 尾轴与压机顶杆相连 (2) 尾轴用轴肩连接在模具挡板上，尾轴下端拧在顶杆中心螺纹孔内 (3) 差动活塞的液压顶出缸完成顶出和复位动作	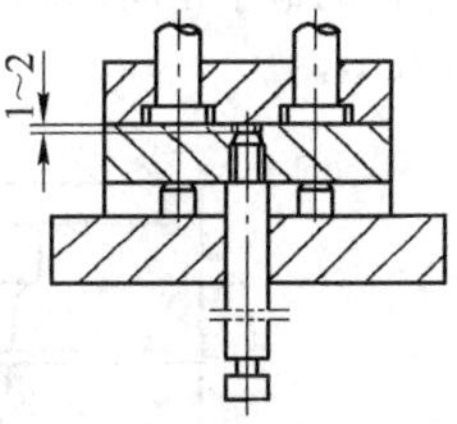	(1) 尾轴与压机顶杆相连 (2) 尾轴螺杆与模具挡板连接，T 形轴与压机顶杆的 T 形槽连接 (3) 差动活塞的顶出缸完成顶出和复位动作

3. 推出距离

塑件推出距离应小于或等于压机推杆的最大行程，其关系按下式校核(图 2-2-26)：

$$l = H + h + 10 \sim 15\ \text{mm} \leqslant L$$

式中　l——塑件所需的推出距离(mm)；

H——塑件最大高度(mm)；

h——加料腔高度(mm)；

L——压机推杆最大行程(mm)。

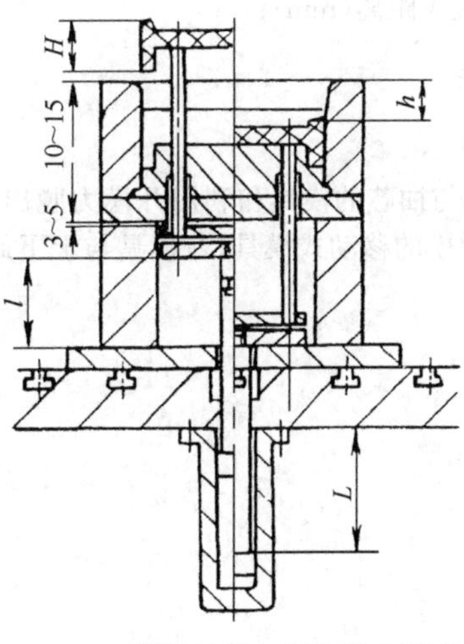

图 2-2-26　推杆行程与塑件推出距离关系

模具固定方式见图 2-2-27 和图 2-2-28。

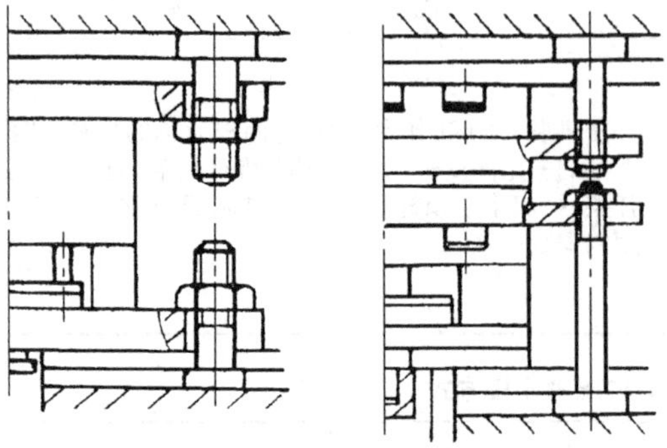

图 2-2-27 模具用螺钉固定

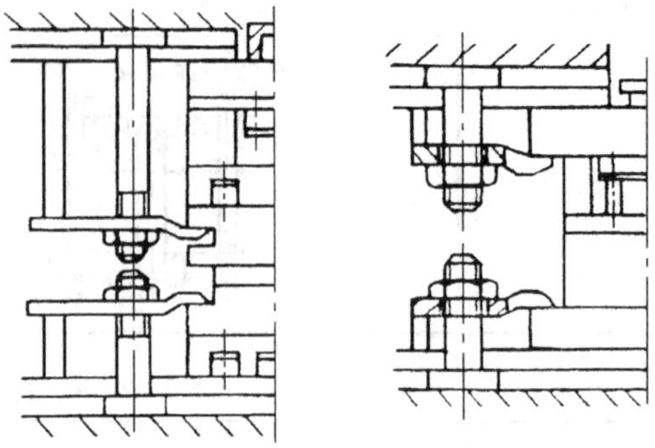

图 2-2-28 模具用压板固定

4. 模具安装方式与闭合高度

模具安装尺寸应符合下述关系(图 2-2-29):

(1) 压机滑块至 工作台的最小距离应小于模具的闭合高度,其关系按下式校核:

$$H_{最小} \leqslant h - 10 \sim 15\ \mathrm{mm}$$

式中 $H_{最小}$——压机滑块至工作台的最小距离(mm);

h——模具闭合高度(mm)。

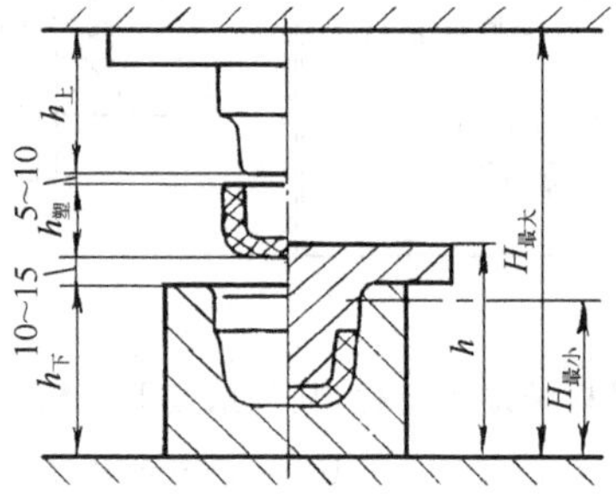

图 2-2-29 压机最小和最大开距与模具关系

(2) 压机滑块至工作台的最大距离应大于上模、下模厚度与塑件高度之和,其关系按下式校核:

$$H_{最大} \geqslant h_{上} + h_{下} + h_{塑} + 15 \sim 25\ \mathrm{mm}$$

式中 $H_{最大}$——压机滑块至工作台的最大距离(mm);

$h_{上}$——上模高度(mm);

$h_{下}$——下模高度(mm);

$h_{塑}$——塑件高度(mm)。

(3) 对于利用开模力完成侧向分型与抽芯的模具和利用开模力脱出螺纹型芯的模具,其关系应视具体情况而定。对于利用上下卸模架在压机上脱模的移动式模具,在模具与上下卸模架组合后能放入压机滑块与工作台之间。

第三章　注射模设计

一、塑件的工艺性

（一）尺寸精度

塑件的尺寸精度主要决定于塑料收缩率的波动和模具制造误差。模塑件尺寸公差值与允许偏差见表 2-3-1，常用材料模塑件公差等级的选用见表 2-3-2。

表 2-3-1　模塑件尺寸公差值与允许偏差　　(mm)

公差等级	公差种类	基本尺寸													
		＞0 ～3	＞3 ～6	＞6 ～10	＞10 ～14	＞14 ～18	＞18 ～24	＞24 ～30	＞30 ～40	＞40 ～50	＞50 ～65	＞65 ～80	＞80 ～100	＞100 ～120	＞120 ～140
标注公差的尺寸公差值															
MT1	*a*	0.07	0.08	0.09	0.10	0.11	0.12	0.14	0.16	0.18	0.20	0.23	0.26	0.29	0.32
	b	0.14	0.16	0.18	0.20	0.21	0.22	0.24	0.26	0.28	0.30	0.33	0.36	0.39	0.42
MT2	*a*	0.10	0.12	0.14	0.16	0.18	0.20	0.22	0.24	0.26	0.30	0.34	0.38	0.42	0.46
	b	0.20	0.22	0.24	0.26	0.28	0.30	0.32	0.34	0.36	0.40	0.44	0.48	0.52	0.56
MT3	*a*	0.12	0.14	0.16	0.18	0.20	0.22	0.26	0.30	0.34	0.40	0.46	0.52	0.58	0.64
	b	0.32	0.34	0.36	0.38	0.40	0.42	0.46	0.50	0.54	0.60	0.66	0.72	0.78	0.84
MT4	*a*	0.16	0.18	0.20	0.24	0.28	0.32	0.36	0.42	0.48	0.56	0.64	0.72	0.82	0.92
	b	0.36	0.38	0.40	0.44	0.48	0.52	0.56	0.62	0.68	0.76	0.84	0.92	1.02	1.12
MT5	*a*	0.20	0.24	0.28	0.32	0.38	0.44	0.50	0.56	0.64	0.74	0.86	1.00	1.14	1.28
	b	0.40	0.44	0.48	0.52	0.58	0.64	0.70	0.76	0.84	0.94	1.06	1.20	1.34	1.48
MT6	*a*	0.26	0.32	0.38	0.46	0.52	0.60	0.70	0.80	0.94	1.10	1.28	1.48	1.72	2.00
	b	0.46	0.52	0.58	0.66	0.72	0.80	0.90	1.00	1.14	1.30	1.48	1.68	1.92	2.20
MT7	*a*	0.38	0.46	0.56	0.66	0.76	0.86	0.98	1.12	1.32	1.54	1.80	2.10	2.40	2.70
	b	0.58	0.66	0.76	0.86	0.96	1.06	1.18	1.32	1.52	1.74	2.00	2.30	2.60	2.90
未注公差的尺寸允许偏差															
MT5	*a*	±0.10	±0.12	±0.14	±0.16	±0.19	±0.22	±0.25	±0.28	±0.32	±0.37	±0.43	±0.50	±0.57	±0.64
	b	±0.20	±0.22	±0.24	±0.26	±0.29	±0.32	±0.35	±0.38	±0.42	±0.47	±0.53	±0.60	±0.67	±0.74
MT6	*a*	±0.13	±0.16	±0.19	±0.23	±0.26	±0.30	±0.35	±0.40	±0.47	±0.55	±0.64	±0.74	±0.86	±1.00
	b	±0.23	±0.26	±0.29	±0.33	±0.36	±0.40	±0.45	±0.50	±0.57	±0.65	±0.74	±0.84	±0.96	±1.10
MT7	*a*	±0.19	±0.23	±0.28	±0.33	±0.38	±0.43	±0.49	±0.56	±0.66	±0.77	±0.90	±1.05	±1.20	±1.35
	b	±0.29	±0.33	±0.38	±0.43	±0.48	±0.53	±0.59	±0.66	±0.76	±0.87	±1.00	±1.15	±1.30	±1.45

（续表）

公差等级	公差种类	基本尺寸													
		>140 ～160	>160 ～180	>180 ～200	>200 ～225	>225 ～250	>250 ～280	>280 ～315	>315 ～355	>355 ～400	>400 ～450	>450 ～500	>500 ～630	>630 ～800	>800 ～1 000
标注公差的尺寸公差值															
MT1	*a*	0.36	0.40	0.44	0.48	0.52	0.56	0.60	0.64	0.70	0.78	0.86	0.97	1.16	1.39
	b	0.46	0.50	0.54	0.58	0.62	0.66	0.70	0.74	0.80	0.88	0.96	1.07	1.26	1.49
MT2	*a*	0.50	0.54	0.60	0.66	0.72	0.76	0.84	0.92	1.00	1.10	1.20	1.40	1.70	2.10
	b	0.60	0.64	0.70	0.76	0.82	0.86	0.94	1.02	1.10	1.20	1.30	1.50	1.80	2.20
MT3	*a*	0.70	0.78	0.86	0.92	1.00	1.10	1.20	1.30	1.44	1.60	1.74	2.00	2.40	3.00
	b	0.90	0.98	1.06	1.12	1.20	1.30	1.40	1.50	1.64	1.80	1.94	2.20	2.60	3.20
MT4	*a*	1.02	1.12	1.24	1.36	1.48	1.62	1.80	2.00	2.20	2.40	2.60	3.10	3.80	4.60
	b	1.22	1.32	1.44	1.56	1.68	1.82	2.00	2.20	2.40	2.60	2.80	3.30	4.00	4.80
MT5	*a*	1.44	1.60	1.76	1.92	2.10	2.30	2.50	2.80	3.10	3.50	3.90	4.50	5.60	6.90
	b	1.64	1.80	1.96	2.12	2.30	2.50	2.70	3.00	3.30	3.70	4.10	4.70	5.80	7.10
MT6	*a*	2.20	2.40	2.60	2.90	3.20	3.50	3.90	4.30	4.80	5.30	5.90	6.90	8.50	10.60
	b	2.40	2.60	2.80	3.10	3.40	3.70	4.10	4.50	5.00	5.50	6.10	7.10	8.70	10.80
MT7	*a*	3.00	3.30	3.70	4.10	4.50	4.90	5.40	6.00	6.70	7.40	8.20	9.60	11.90	14.80
	b	3.20	3.50	3.90	4.30	4.70	5.10	5.60	6.20	6.90	7.60	8.40	9.80	12.10	15.00
未注公差的尺寸允许偏差															
MT5	*a*	±0.72	±0.80	±0.88	±0.96	±1.05	±1.15	±1.25	±1.40	±1.55	±1.75	±1.95	±2.25	±2.80	±3.45
	b	±0.82	±0.90	±0.98	±1.06	±1.15	±1.25	±1.35	±1.50	±1.65	±1.85	±2.05	±2.35	±2.90	±3.55
MT6	*a*	±1.10	±1.20	±1.30	±1.45	±1.60	±1.75	±1.95	±2.15	±2.40	±2.65	±2.95	±3.45	±4.25	±5.30
	b	±1.20	±1.30	±1.40	±1.55	±1.70	±1.85	±2.05	±2.25	±2.50	±2.75	±3.05	±3.55	±4.35	±5.40
MT7	*a*	±1.50	±1.65	±1.85	±2.05	±2.25	±2.45	±2.70	±3.00	±3.35	±3.70	±4.10	±4.80	±5.95	±7.40
	b	±1.60	±1.75	±1.95	±2.15	±2.35	±2.55	±2.80	±3.10	±3.45	±3.80	±4.20	±4.90	±6.05	±7.50

注：1. *a* 为不受模具活动部分影响的尺寸公差值；*b* 为受模具活动部分影响的尺寸公差值。
2. MT1 级为精密级，只有采用严密的工艺控制措施和高精度的模具、设备、原料时才有可能选用。
3. 表中公差值用于孔时取“+”号；用于轴时取“−”号；用于中心距时取“±”，其值取表中数值的一半。
4. 参照 GB/T 14486—2008。

表 2-3-1 中不受模具活动部分影响的尺寸，是指模具中由同一个模具零件所成形的尺寸。例如，由整体型腔成形制件的径向尺寸，见图 2-3-1。

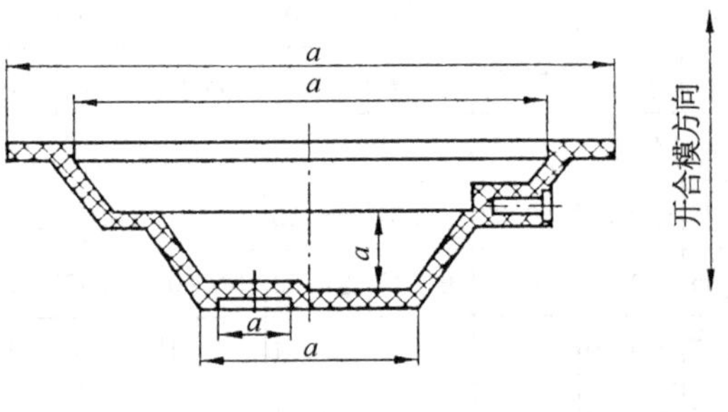

图 2-3-1　不受模具活动部分影响的尺寸 *a*

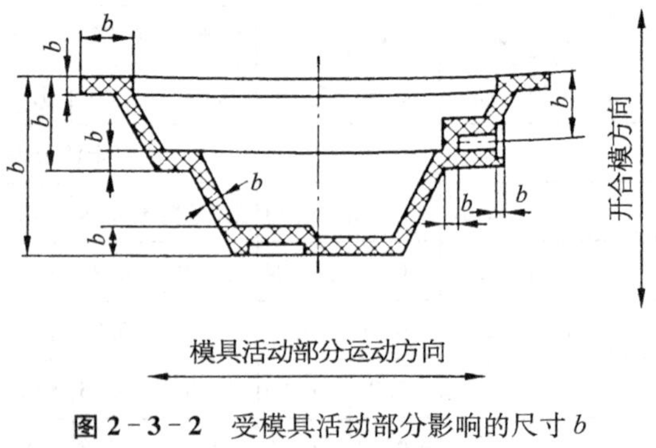

图 2-3-2　受模具活动部分影响的尺寸 *b*

表 2-3-1 中受模具活动部分影响的尺寸，是指由相对位置可发生变化的两个或更多模具零件共同成形的尺寸。例如，壁厚和底厚尺寸，以及受嵌件或滑块位置影响的尺寸，见图 2-3-2。

表 2-3-2　常用材料模塑件公差等级选用

材料类别	材料名称		收缩特性值 S (%)	公差等级		
	代号	模塑件材料		标注公差的尺寸		未注公差的尺寸
				高精度	一般精度	
一	ABS EP PA PBT PC PDAP PEEK PESU PET PF PMMA PP PPE PPS PS PSU PVC-U SAN UF UP	丙烯腈-丁二烯-苯乙烯共聚物 环氧树脂 聚酰胺(30%玻璃纤维填充) 聚对苯二甲酸丁二醇酯(30%玻璃纤维填充) 聚碳酸酯 聚邻苯二甲酸二烯丙酯 聚醚醚铜 聚醚砜 聚对苯二甲酸乙二醇酯(30%玻璃纤维填充) 苯酚-甲醛树脂(无机填料填充) 聚甲基丙烯酸甲酯 聚丙烯(30%无机填料填充) 聚苯醚;聚亚苯醚 聚苯硫醚 聚苯乙烯 聚砜 未增塑聚氯乙烯 丙烯腈-苯乙烯共聚物 脲-甲醛树脂(无机填料填充) 不饱和聚酯(30%玻璃纤维填充)	>0~1	MT2	MT3	MT5
二	CA PA PBT PET PF POM UF	乙酸纤维素(醋酸纤维素) 聚酰胺(无填料填充) 聚对苯二甲酸丁二醇酯(无填料填充) 聚对苯二甲酸乙二醇酯(无填料填充) 苯酚-甲醛树脂(有机填料填充) 聚甲醛(尺寸≤150 mm) 脲-甲醛树脂(有机填料填充)	>1~2	MT3	MT4	MT6
三	PE-HD POM PP PUR-P	高密度聚乙烯 聚甲醛(尺寸>150 mm) 聚丙烯(无填料填充) 热塑性聚氨酯	>2~3	MT4	MT5	MT7
四	PE-LD PVC-P	低密度聚乙烯 软质聚氯乙烯	>3	MT5	MT6	MT7

注:参照 GB/T 14486—2008。

(二) 脱模斜度

脱模斜度大小与塑件的形状、壁厚及收缩率有关。塑件常用的脱模斜度见表 2-3-3。

表 2-3-3　塑件脱模斜度

塑件材料	斜度		塑件材料	斜度	
	型腔	型芯		型腔	型芯
聚酰胺(尼龙)	25′~40′	20′~40′	聚碳酸酯	35′~1°	30′~50′
聚乙烯	25′~45′	20′~45′	氯化聚醚	25′~45′	20′~45′
聚苯乙烯	35′~1°30′	30′~1°	聚甲醛	35′~1°30′	30′~1°
聚甲基丙烯酸甲酯(有机玻璃)	35′~1°30′	30′~1°	热固性塑料	25′~1°	20′~50′
ABS	40′~1°20′	35′~1°			

注:1. 脱模斜度的取向根据塑件的内外形尺寸而定:塑件内孔,以型芯小端为准,尺寸符合图样要求,斜度由扩大方向取得;塑件外形,以型腔(凹模)大端为准,尺寸符合图样要求,斜度由缩小方向取得。一般情况下,脱模斜度不包括在塑件的公差范围内。
2. 当要求开模后塑件留在型腔内时,塑件内表面的脱模斜度应大于塑件外表面的脱模斜度,即型腔脱模斜度按表中型芯膜模斜度取值,型芯脱模斜度按表中型腔脱模斜度取值。

(三) 壁厚和圆角

塑件壁厚力求各处均匀，以免产生不均匀收缩等成形缺陷。热固性塑件的壁厚见表 2-3-4，热塑性塑件的最小壁厚及推荐壁厚见表 2-3-5。

表 2-3-4 热固性塑件壁厚 (mm)

塑件材料	塑件高度		
	≤50	>50～100	>100
粉状填料的酚醛塑料	0.7～2.0	2.0～3.0	5.0～6.5
纤维状填料的酚醛塑料	1.5～2.0	2.5～3.5	6.0～8.0
氨基塑料	1.0	1.3～2.0	3.0～4.0
聚酯玻纤填料的塑料	1.0～2.0	2.4～3.2	>4.8
聚酯无机物填料的塑料	1.0～2.0	3.2～4.8	>4.8

表 2-3-5 热塑性塑件最小壁厚及推荐壁厚 (mm)

塑件材料	最小壁厚	小型塑件推荐壁厚	中型塑件推荐壁厚	大型塑件推荐壁厚
聚酰胺	0.45	0.75	1.6	2.4～3.2
聚乙烯	0.6	1.25	1.6	2.4～3.2
聚苯乙烯	0.75	1.25	1.6	3.2～5.4
改性聚苯乙烯	0.75	1.25	1.6	3.2～5.4
有机玻璃(372)	0.8	1.5	2.2	4～6.5
硬聚氯乙烯	1.15	1.6	1.8	3.2～5.8
聚丙烯	0.85	1.45	1.75	2.4～3.2
氯化聚醚	0.85	1.35	1.8	2.5～3.4
聚碳酸酯	0.95	1.8	2.3	3～4.5
聚苯醚	1.2	1.75	2.5	3.5～6.4
醋酸纤维素	0.7	1.25	1.9	3.2～4.8
乙基纤维素	0.9	1.25	1.6	2.4～3.2
丙烯酸类	0.7	0.9	2.4	3.0～6.0
聚甲醛	0.8	1.40	1.6	3.2～5.4
聚 砜	0.95	1.80	2.3	3～4.5

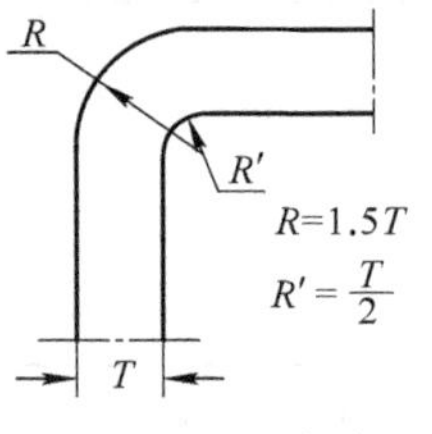

图 2-3-3 圆角半径

塑件转角处一般采取圆弧过渡，其半径为塑件壁厚的 1/3 以上，最小不宜小于 0.5 mm，见图 2-3-3。

(四) 支承面和加强筋

塑件的支承面应充分保证其稳定性，一般不以塑件的整个底面作为支承面，而将底面设计成凹凸形，或在凹入面增设加强筋。加强筋与支承面的关系见图 2-3-4。

塑件上的加强筋除了能增加刚性和强度外，还能改善塑料熔体的流动性，避免气泡、缩孔和凹陷等成形缺陷。加强筋的形式和尺寸见图 2-3-5。

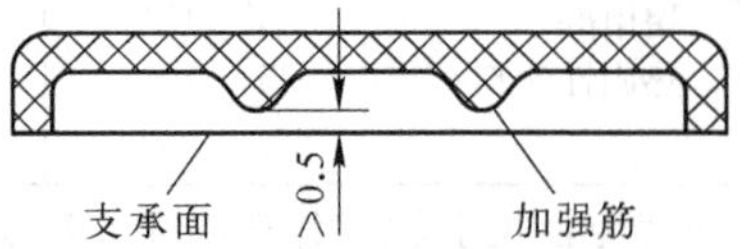

图 2-3-4 支承面与加强筋的关系

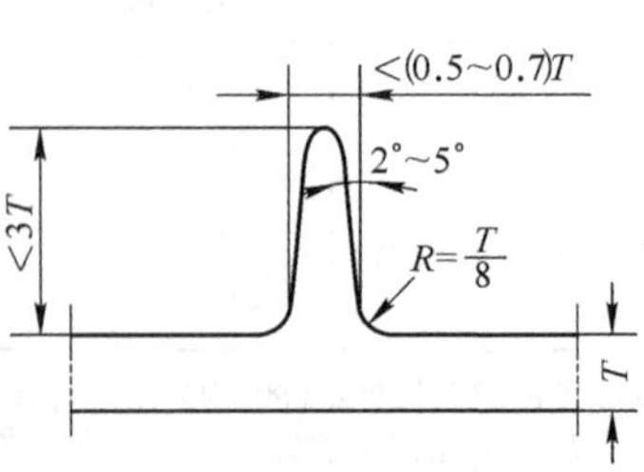

图 2-3-5 加强筋形式和尺寸

（五）孔

热固性和热塑性塑件孔的极限尺寸分别见表 2-3-6 和 2-3-7，孔间距及孔边距与孔径的关系见表 2-3-8。

表 2-3-6　热固性塑件孔的极限尺寸

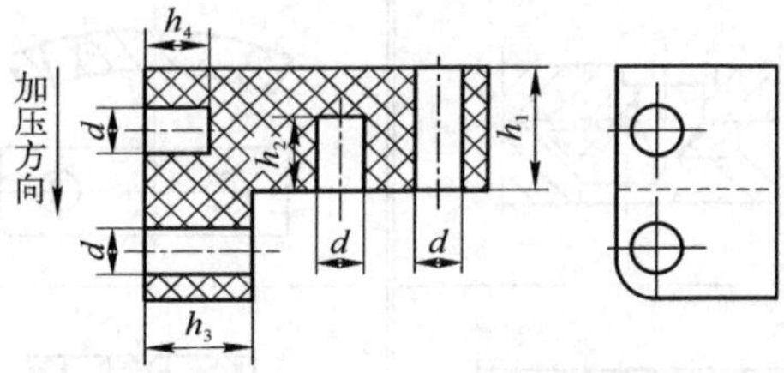

塑料	孔的最小直径 d(mm)		孔的最大深度							
			压缩				注射、压注			
	一般	技术上可能的	h_1	h_2	h_3	h_4	h_1	h_2	h_3	h_4
酚醛	1.0	0.8	<5d	<2.5d	<3d	<1.5d	<6d	<4d	<6d	<4d
氨基										
纤维	1.5	1.0	<4d	<2d	<2.5d	<1.2d	<5d	<2d	<4d	<2d
碎布										

表 2-3-7　热塑性塑件孔的极限尺寸

塑料	孔的最小直径 d(mm)	孔的最大深度 h	
		盲孔	通孔
聚酰胺	0.20	4d	10d
聚乙烯	0.20	4d	10d
软聚氯乙烯	0.20	4d	10d
聚甲基丙烯酸甲酯	0.25	3d	8d
聚甲醛	0.30	3d	8d
聚苯醚	0.30	3d	8d
硬聚氯乙烯	0.25	3d	8d
改性聚苯乙烯	0.30	3d	8d
聚碳酸酯	0.35	2d	6d
聚砜	0.35	2d	6d

表 2-3-8　热固性塑件孔间距及孔边距与孔径的关系　(mm)

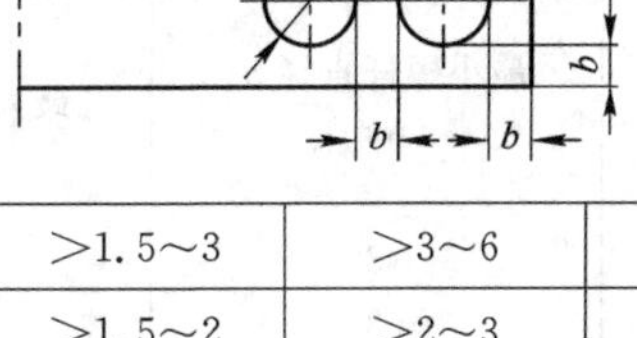

孔径 d	≤1.5	>1.5～3	>3～6	>6～10	>10～18	>18～30
孔间距、孔边距 b	1～1.5	>1.5～2	>2～3	>3～4	>4～5	>5～7

注：1. 热塑性塑料为表值的 75%，增强塑料取大值。

2. 两孔径不一致时，按小孔径取值。

塑件上的通孔和盲孔通常用单独型芯或分段型芯来成形。对于易弯曲变形的型芯，须附设支承柱。复杂孔的成形方法见表 2-3-9。

表 2-3-9　复杂孔成形方法

孔　　形	成 形 方 法	孔　　形	成 形 方 法
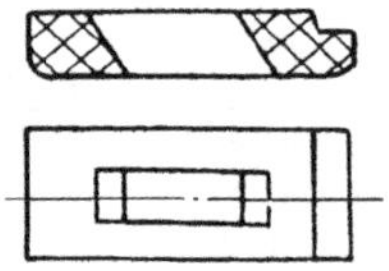	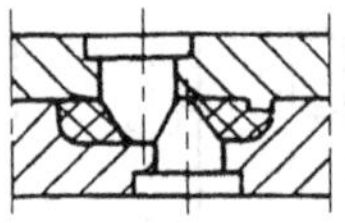	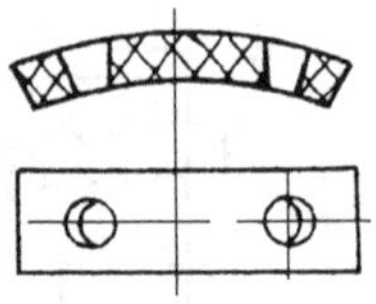	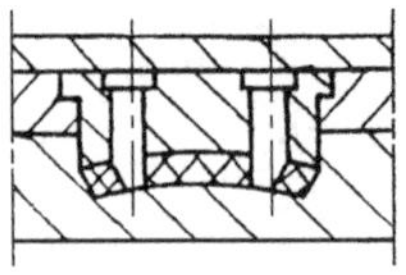
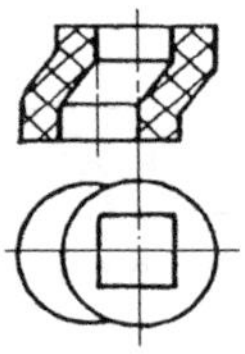	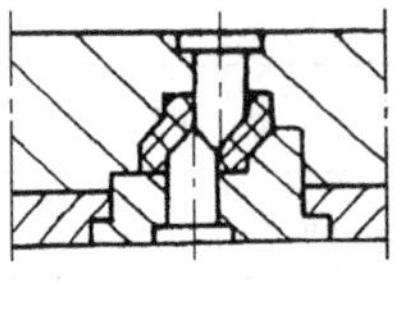	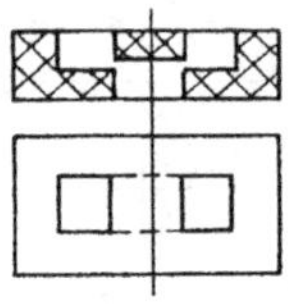	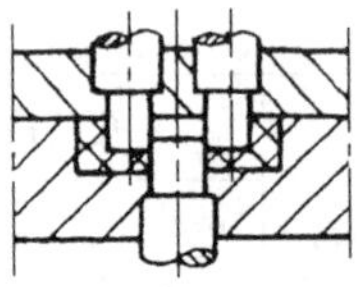
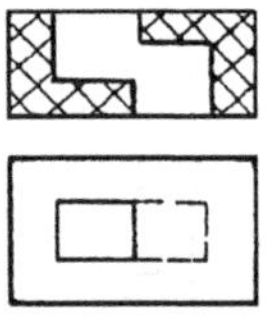	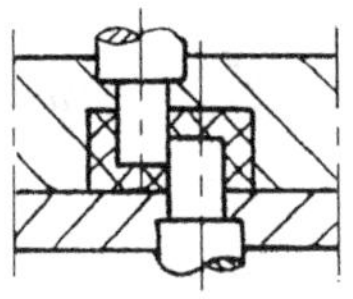	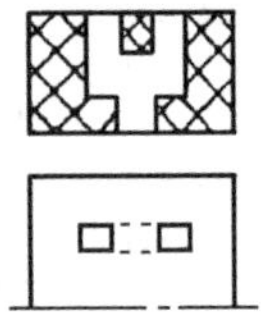	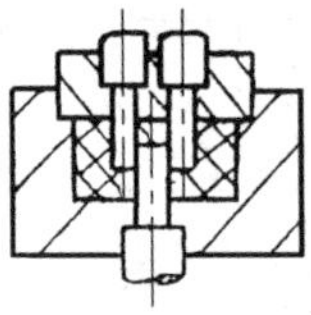

（六）紧固支座

紧固支座的典型尺寸见表 2-3-10。

表 2-3-10　紧固支座典型尺寸　　(mm)

简　　图	固定部分尺寸			脱模斜度
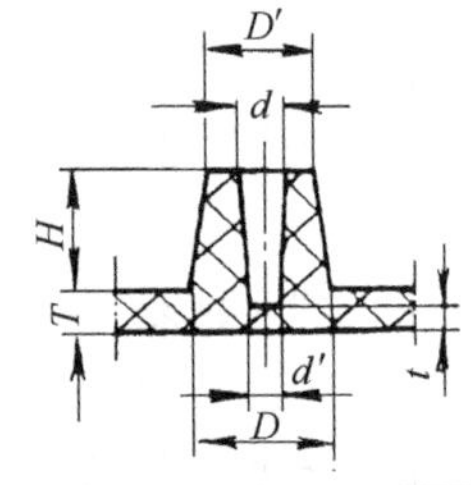	T	2.5～3.0	3.5	$\frac{0.5(D-D')}{H}=\frac{1}{30}\sim\frac{1}{20}$
	D	7 / 7	8	
	D'	6 / 6.5	7	
	t	$T/2$ 或 1.0～1.5		
	d	2.6		
	d'	2.3		

注：表中数据适用于自攻螺钉 M3，H 以小于 30 mm 为宜。

（七）螺纹和齿轮

塑件螺纹的极限尺寸见表 2-3-11，塑件螺纹始末部分的尺寸见表 2-3-12，塑料齿轮的各部分尺寸关系见表 2-3-13。

表 2-3-11　塑件螺纹极限尺寸

塑　　料	最小螺孔直径 d (mm)	最小螺杆直径 d_1 (mm)	最大螺孔深度	最大螺杆长度	
				$d_1 \leqslant 5$ mm	$d_1 > 5$ mm
聚酰胺	2	3	$3d$	$1.5d_1$	$2d_1$
聚甲基丙烯酸甲酯	2	3	$3d$	$1.5d_1$	$3d_1$
聚碳酸酯	2	2	$3d$	$2d_1$	$4d_1$
氯化聚醚	2.5	2	$3d$	$2d_1$	$3d_1$

（续表）

塑　　料	最小螺孔直径 d (mm)	最小螺杆直径 d_1 (mm)	最大螺孔深度	最大螺杆长度	
				$d_1 \leqslant 5$ mm	$d_1 > 5$ mm
改性聚苯乙烯	2.5	2	$3d$	$2d_1$	$3d_1$
聚甲醛	2.5	2	$3d$	$2d_1$	$3d_1$
聚　砜	3	3	$3d$	$2d_1$	$3d_1$

注：1. 热固性塑料的内外螺纹直径不小于 3 mm，螺纹长度不小于 $1.5d$，螺距应大于 0.5 mm。
2. 螺纹精度一般不超过 GB 197—2003 规定的公差等级 5～6 级。

表 2-3-12　塑件螺纹始末部分尺寸　(mm)

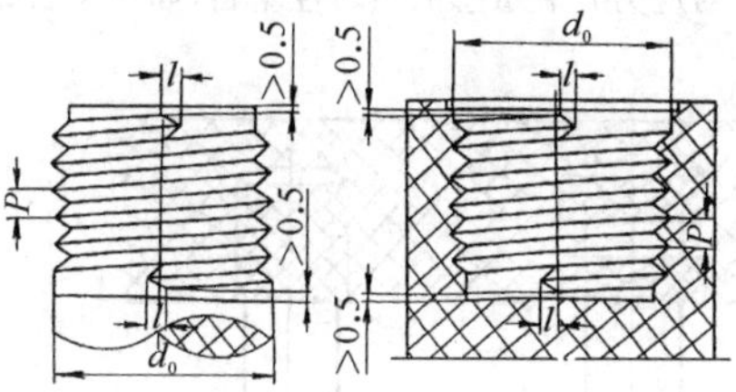

螺纹直径 d_0	螺　距　P		
	$\leqslant 1$	$>1 \sim 2$	>2
	始末部分尺寸 l		
$\leqslant 10$	2	3	4
$>10 \sim 20$	3	4	5
$>20 \sim 30$	4	6	8
$>30 \sim 40$	6	8	10

表 2-3-13　塑料齿轮各部分尺寸关系

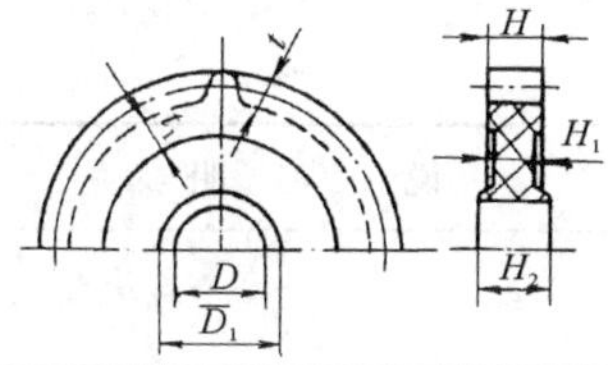

简　　图	尺寸代号	尺寸关系	说　　明
	辐板厚度 H_1	$\leqslant H$	H—轮缘厚度 t—齿高 D—轴径
	轮缘宽度 t_1	$3t$	
	轮毂厚度 H_2	$\geqslant H, \approx D$	
	轮毂外径 D_1	$(1.5 \sim 3)D$	

（八）文字、符号与凸凹纹

塑件上需要直接成形文字、符号或凸凹纹时，为了便于模具制造，应尽量采用凸形。文字和符号的凸出高度应大于 0.2 mm，通常以 0.3～0.5 mm 为宜；线条宽度在 0.3 mm 以上，一般以 0.8 mm 为宜，并使两线条的间距不小于 0.4 mm。当凸起的文字或符号设在塑件表面凹坑内时，其边框应比字体高出 0.3 mm 以上，文字和符号的脱模斜度在 10°以上，见图 2-3-6。凸凹纹方向应与脱模方向一致，并尽量采用大间距，其推荐尺寸见表 2-3-14。

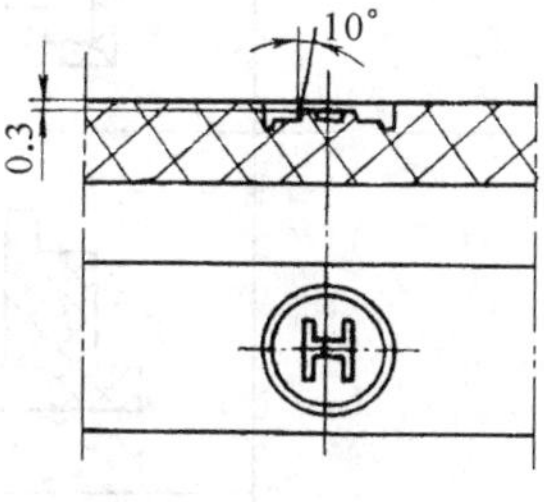

图 2-3-6　塑件凹坑内的文字或符号

表 2-3-14　凸凹纹尺寸

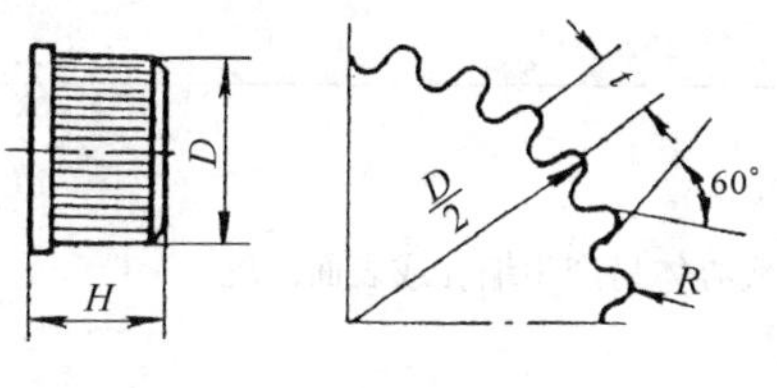

塑件直径 D (mm)	凸　凹　纹　距　离		D/H
	齿距 t(mm)	半径 R(mm)	
$\leqslant 18$	1.2～1.5	0.2～0.3	1
$>18 \sim 50$	1.5～2.5	0.3～0.5	1.2
$>50 \sim 80$	2.5～3.5	0.5～0.7	1.5
$>80 \sim 120$	3.5～4.5	0.7～1	1.5

（九）嵌件

为防止带金属嵌件的塑件发生开裂，必须保证嵌件周围的塑料层有足够的厚度，其值见表 2-3-15。为保证金属嵌件与塑料连接牢固，必须设计合理的嵌件结构，板形、片状嵌件见图 2-3-7，圆柱形嵌件见图 2-3-8。

表 2-3-15　金属嵌件周围的塑料层厚度　(mm)

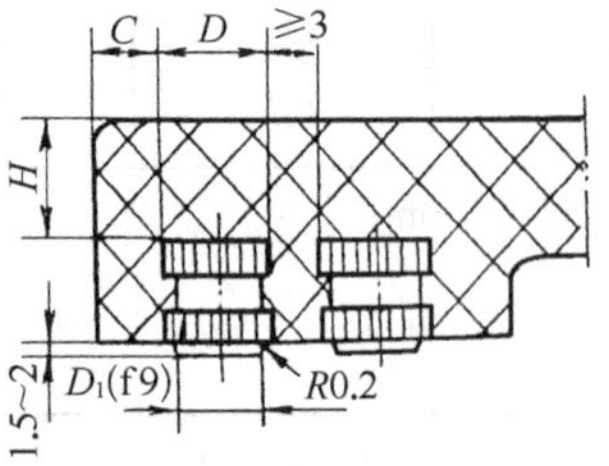

D	C	H
≤4	1.5	1.0
>4~8	2.0	1.5
>8~12	3.0	2.0
>12~16	4.0	2.5
>16~25	5.0	3.0

注：表中数值适用于热固性塑料和对应力开裂不太敏感的热塑性塑料。对应力开裂敏感的热塑性塑料，如聚苯乙烯、聚碳酸酯、聚砜等，$C \geqslant D$。

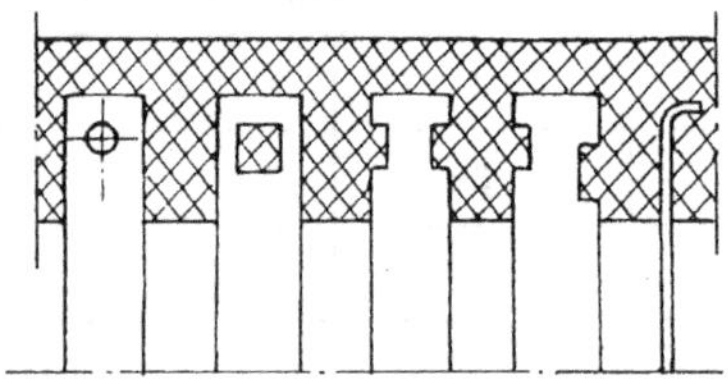

图 2-3-7　板形、片状嵌件与塑件的连接

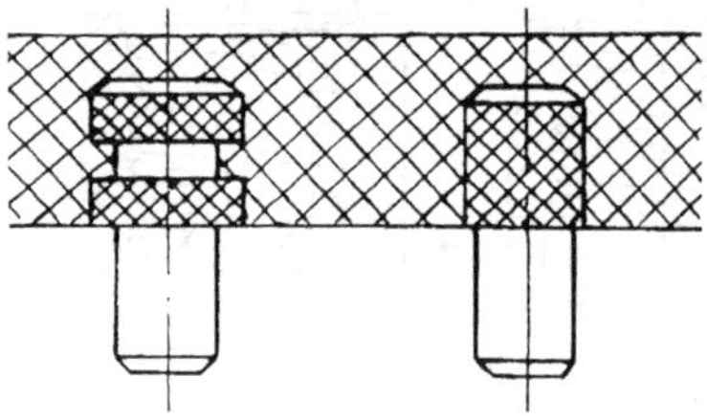

图 2-3-8　圆柱形嵌件与塑件的连接

（十）结构分析

塑件结构分析示例见表 2-3-16。

表 2-3-16　塑件结构分析

项　　目	不符合工艺性	符合工艺性	说　　明
脱模斜度	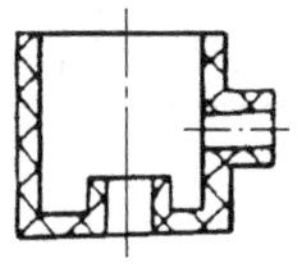	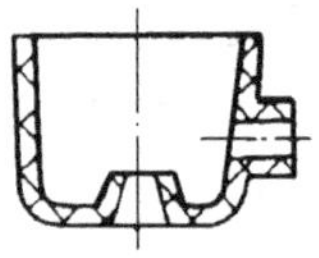	塑件带有适当的斜度有利于脱模
壁　厚	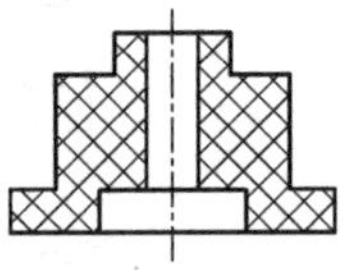	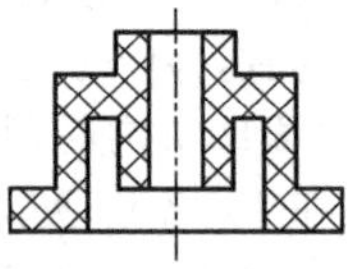	塑件壁厚不匀，往往因冷却或固化速度不同而产生附加内应力，在较厚部位产生缩孔或翘曲变形
	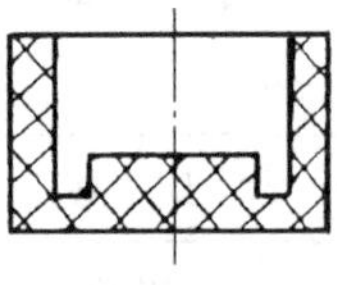	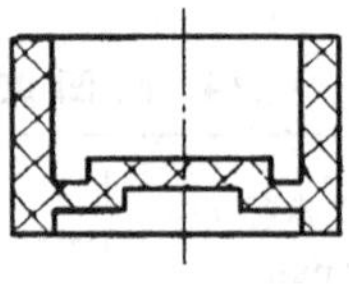	
	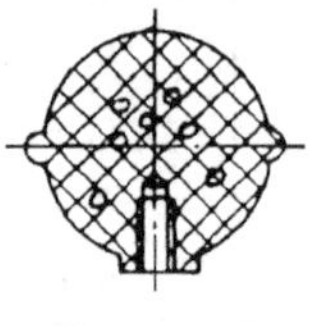	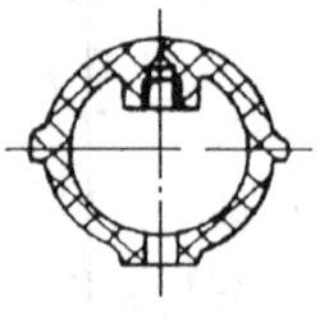	实心体易产生缩孔或表面凹坑

（续表）

项　　目	不符合工艺性	符合工艺性	说　　明
形　状	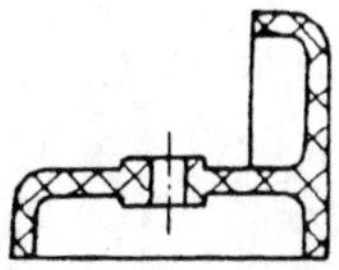	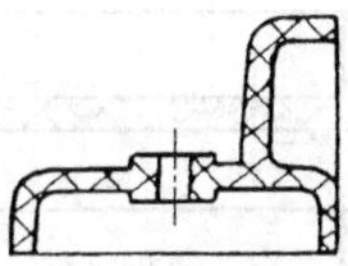	塑件内侧凹，抽芯困难
	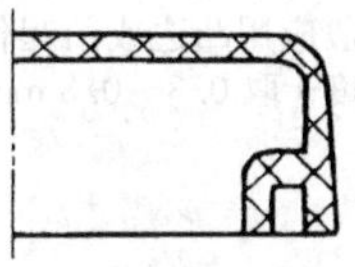	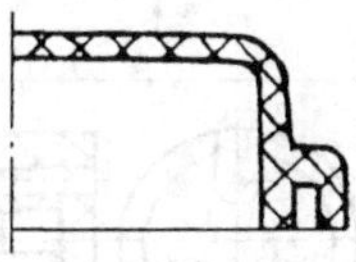	塑件内表面的凸台难以从型芯上脱出
	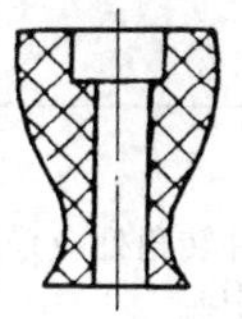	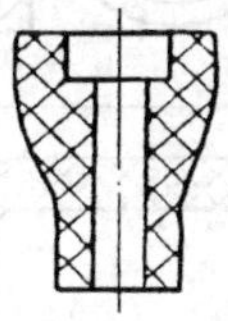	塑件外侧凹，必须采用拼合凹模，不但模具结构复杂，而且塑件表面有接缝
加强筋	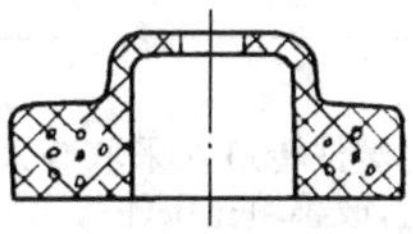	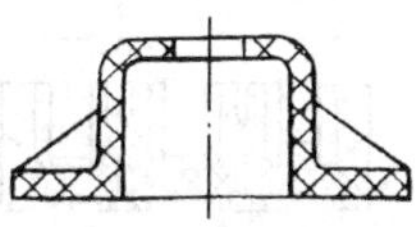	采用加强筋后，既不影响塑件强度，又可避免因壁厚不匀而产生的缩孔
	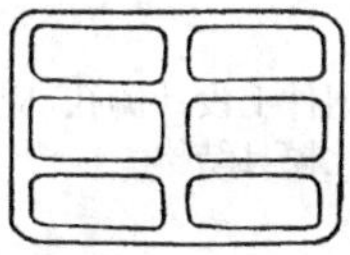	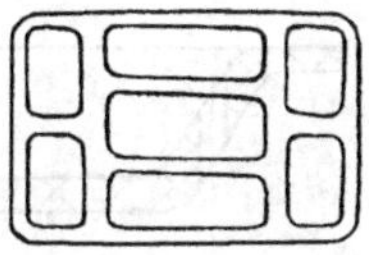	非平板状塑件，加强筋应交错排列，以免塑件产生翘曲变形
	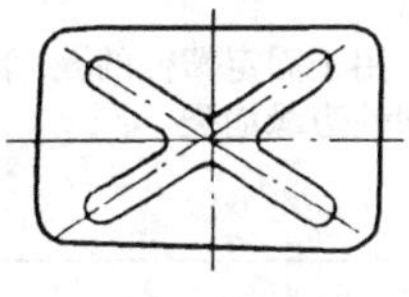	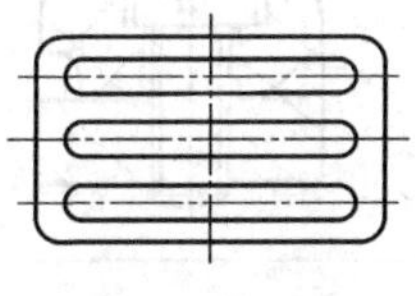	平板状塑件，加强筋应与料流方向平行，以免造成充模阻力大和降低塑件韧性
	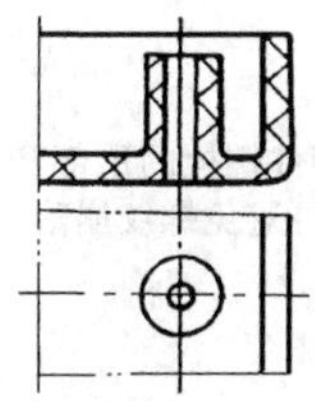	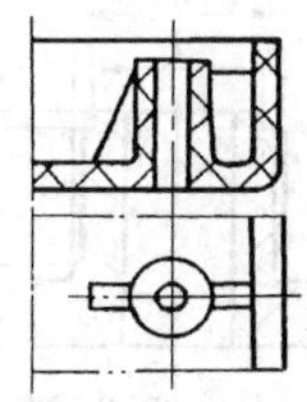	增设加强筋后，可提高塑件强度，改善料流状况
支承面	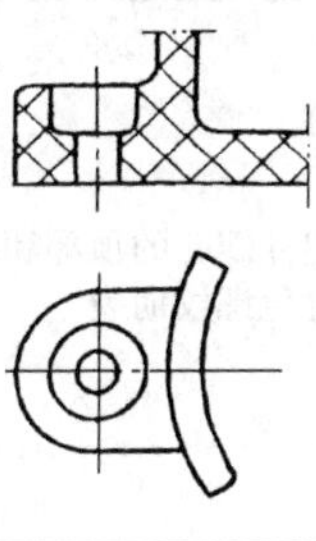	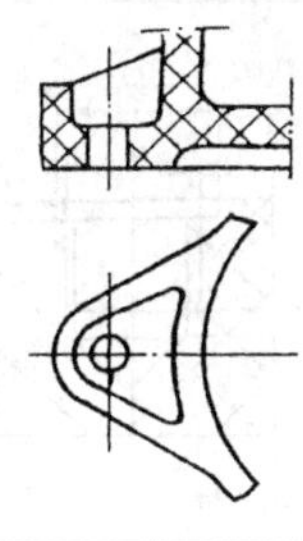	安装紧固螺钉处的凸耳、凸台应有足够的强度，避免突然过渡和整个底面作支承面

（续表）

项　目	不符合工艺性	符 合 工 艺 性	说　　明
支承面	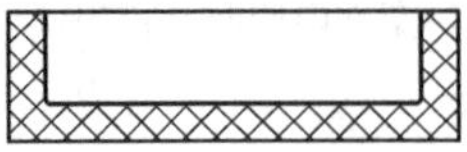	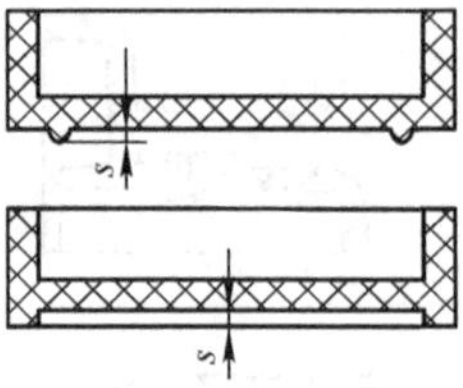	采用平面作支承面难以保证整个平面平整，一般应用凸边或凸起作支承面，凸边、凸起的高度 s 取 0.3～0.5 mm
	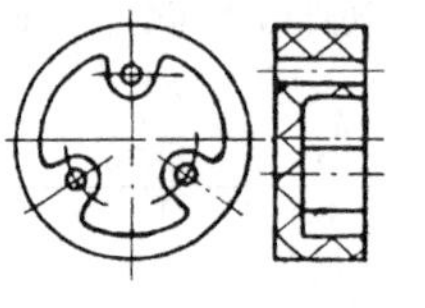	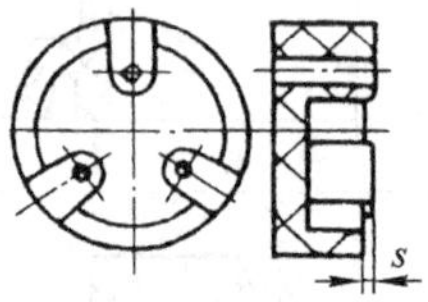	
圆　角	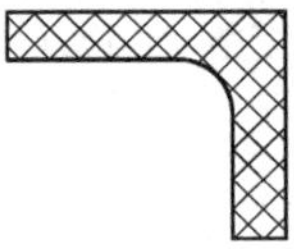	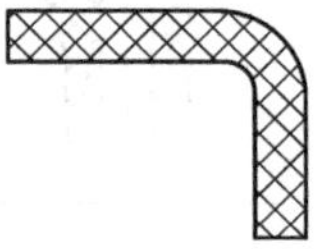	塑件转角处应采取圆弧过渡，以免尖角处应力集中
	 未充满	 充满	塑件转角处采取圆弧过渡，可减小充模阻力，改善填充条件
侧　孔	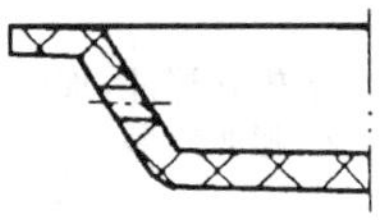	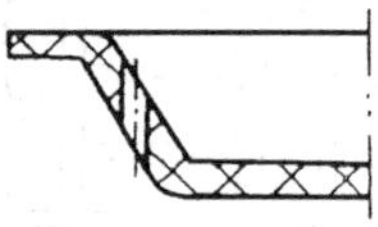	塑件上设计侧孔，应尽量避免侧面抽芯，以简化模具结构
沉头孔	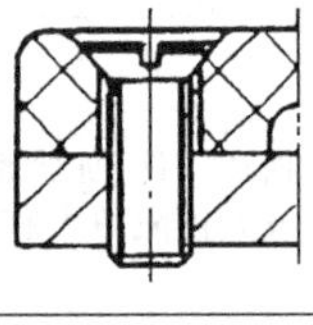	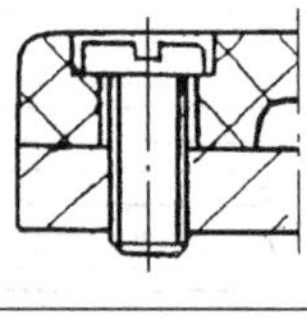	用于固定塑件的孔，采用锥形沉头孔时易使塑件边缘崩裂
螺　纹	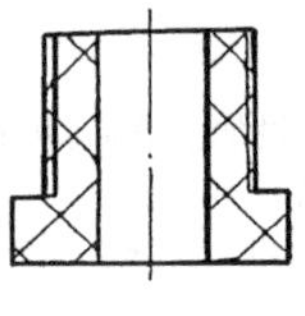	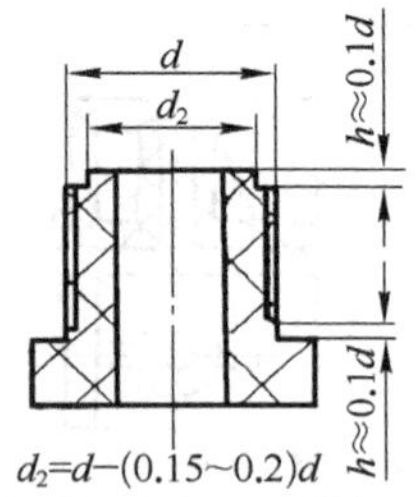 $d_2=d-(0.15\sim0.2)d$	塑件螺栓的顶部和台阶处各留一段光滑长度，可避免螺纹崩落
	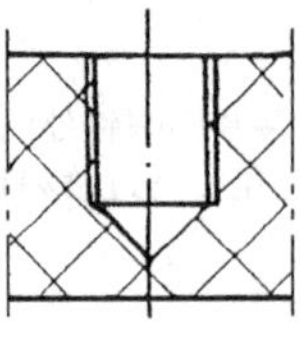	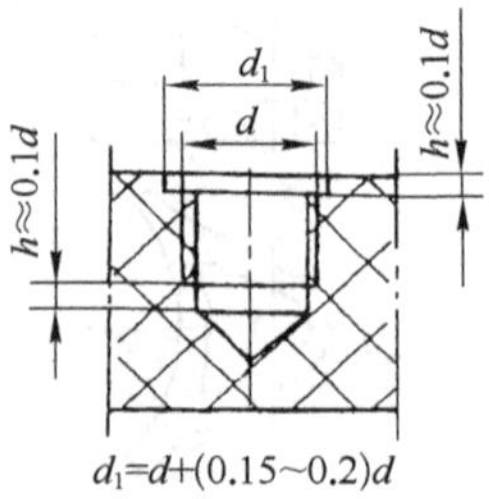 $d_1=d+(0.15\sim0.2)d$	塑件螺孔的顶部和底部各留一段光滑长度，可避免螺纹崩裂

（续表）

项　目	不符合工艺性	符合工艺性	说　明
齿　轮			在齿轮轮毂和轮缘之间采用薄筋，可保证使轮缘局部向中心收缩，避免因厚薄不匀而引起轮齿歪斜
金属嵌件	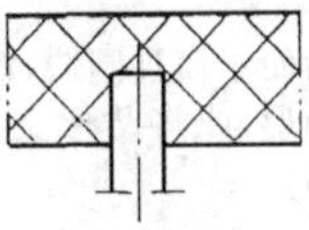	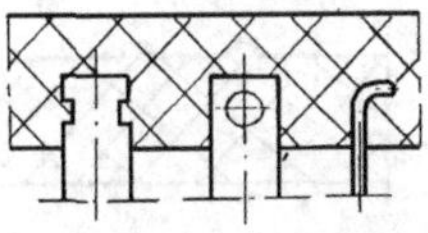	嵌入塑件内的金属嵌件，其外形采用光滑、直通形时，嵌件受力后容易转动或从塑件内拔出
	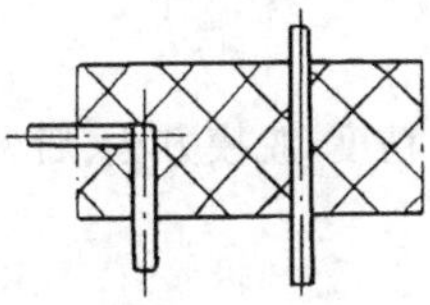	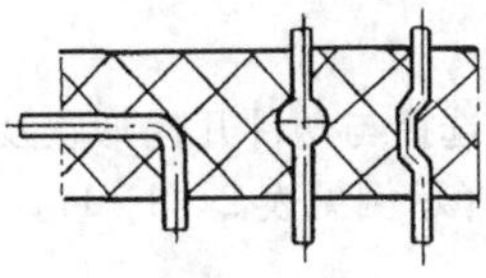	
	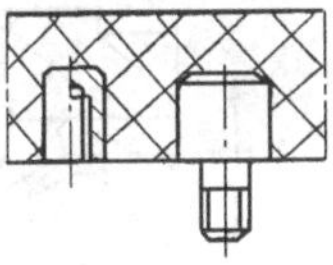	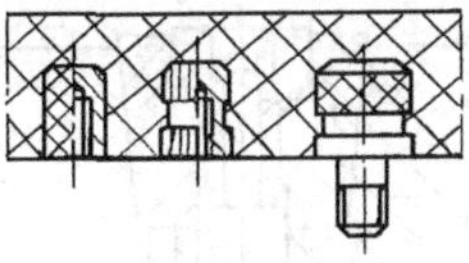	
	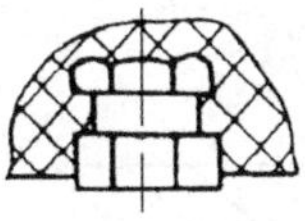	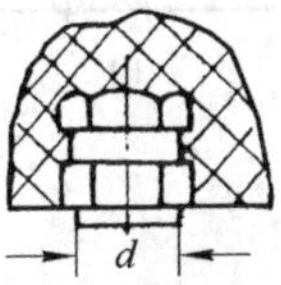	金属嵌件的非嵌入部分，其形状为六角形时，难以保证与模具的定位精度
金属嵌件	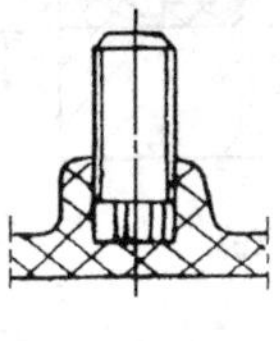	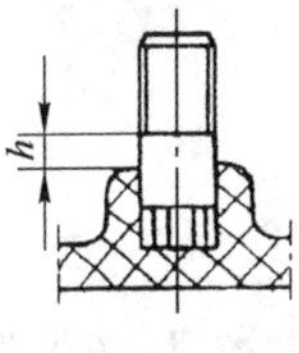	螺杆金属嵌件的螺纹伸入塑件时，易使塑料渗入模内
	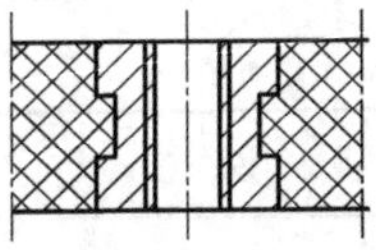	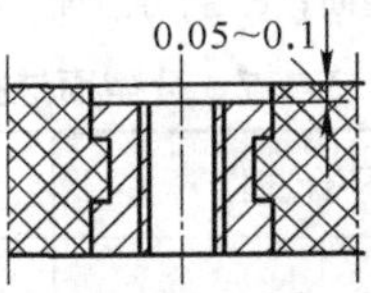	螺纹套金属嵌件的高度，一般应低于型腔成形高度 0.05 mm，以免压坏嵌件或损伤模腔
	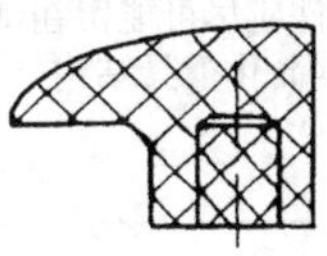	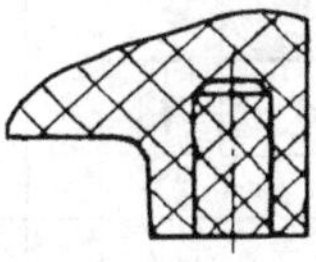	设在塑件凸起部分的嵌件，为了提高其连接强度，嵌件的嵌入深度一般应大于凸起部分的高度
	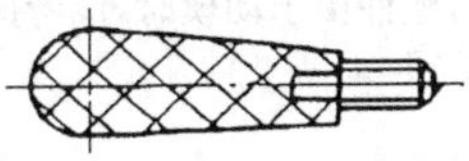	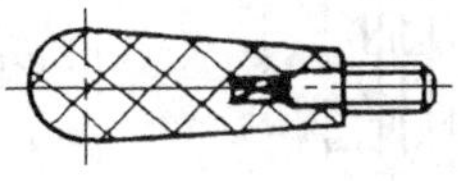	螺纹金属嵌件，其嵌入部分的外形采用圆形时，易产生转动

（续表）

项　　目	不符合工艺性	符合工艺性	说　　明
标记和凸凹纹	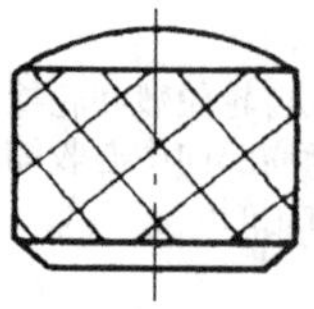	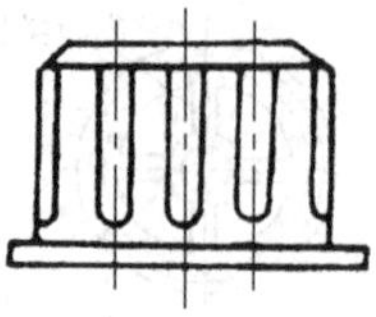	塑件采用与脱模方向平行的直纹，有利于模具制造和脱模
	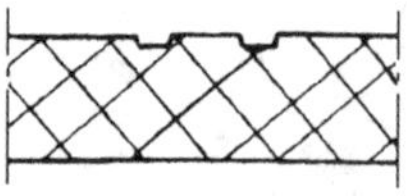	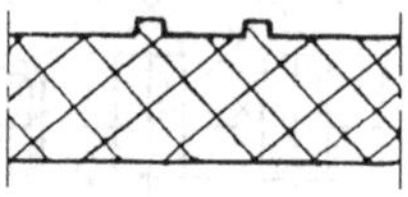	为便于模具制造，塑件的文字和标记一般采用凸形，或将凸形文字和标记设在塑件的凹坑内

二、分型面

分型面的形式见图 2－3－9。分型面的选择与塑件几何形状及尺寸精度、脱模方法、后处理工序、模具类型、排气条件、嵌件位置、浇口形式等有关，其选择示例见表 2－3－17。

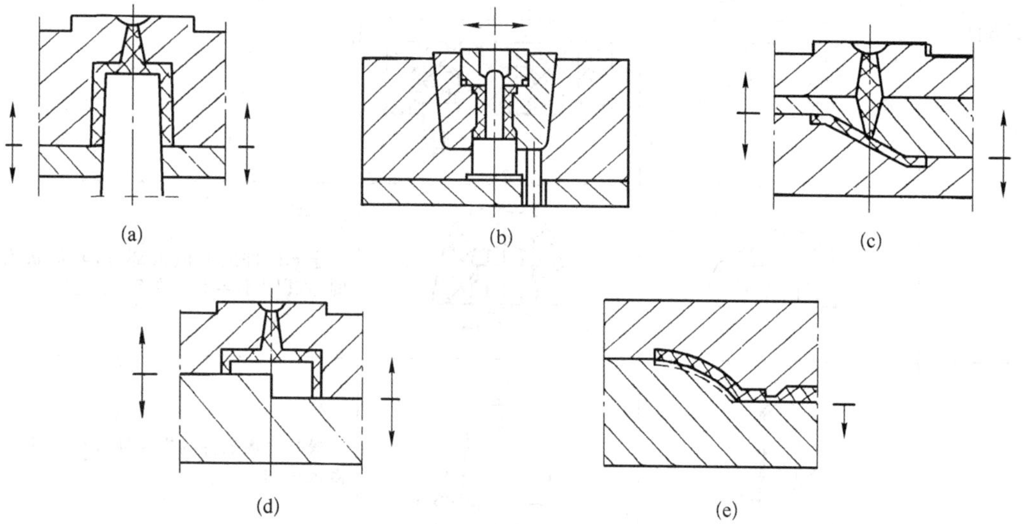

图 2－3－9　分型面形式

(a) 水平分型面；(b) 垂直分型面；(c) 斜分型面；(d) 阶梯分型面；(e) 曲线分型面

表 2－3－17　分型面选择示例

选择合理	选择不合理	说　　明
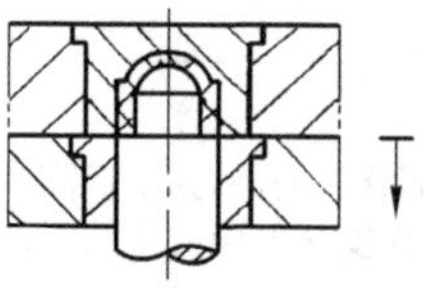	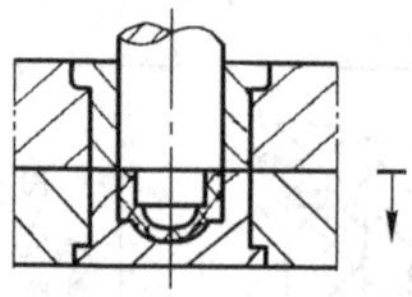	分型后塑件应尽可能留在动模或下模，以便从动模或下模顶出，简化模具结构
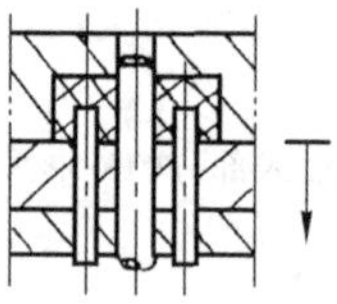	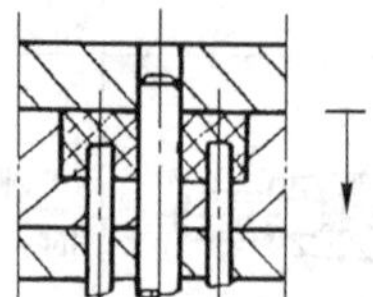	分型后塑件留于动模时，应考虑最简顶出形式，简化模具结构

（续表）

选择合理	选择不合理	说明
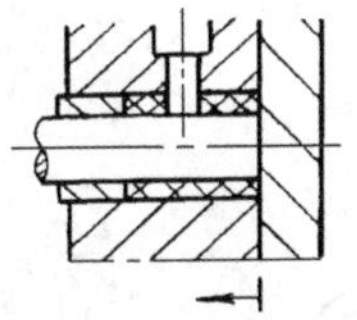	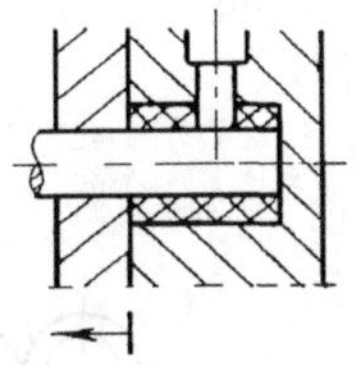	塑件有侧抽芯时，应尽可能放在动模或下模部分，避免定模或下模侧抽芯
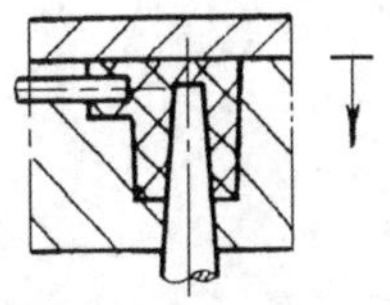	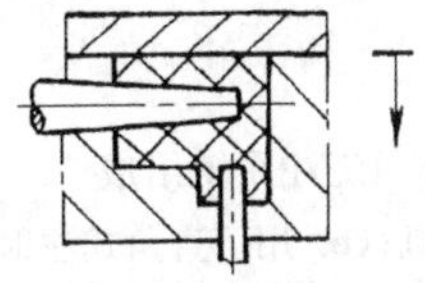	塑件有多组抽芯时，应尽量避免长端侧抽芯
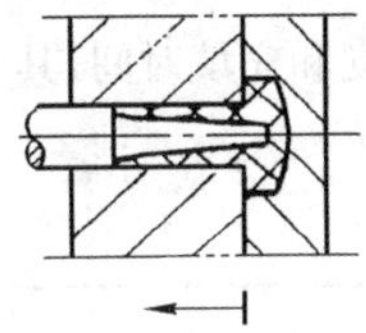	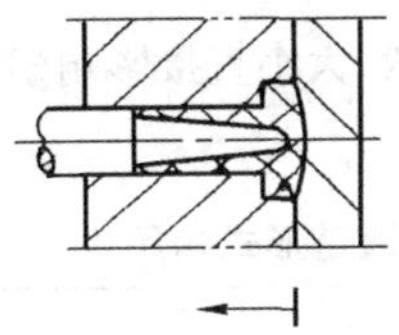	头部有圆弧形的塑件，采用圆弧部分分型会损伤塑件外观，一般应选择在头部下端分型
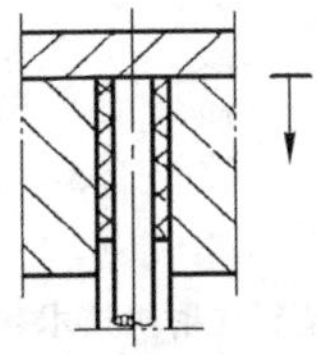	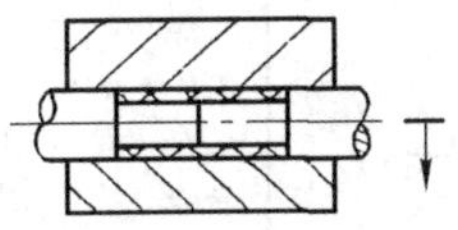	一般塑件分型面的选择，应考虑到塑件的外观，尽量避免塑件表面留有分型痕迹
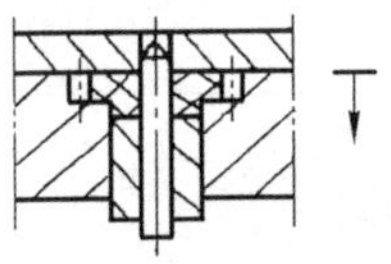	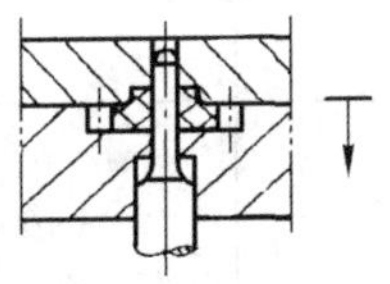	有同心度要求的塑件，应尽可能将型腔设在同一分型面上
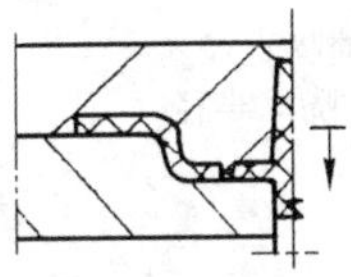	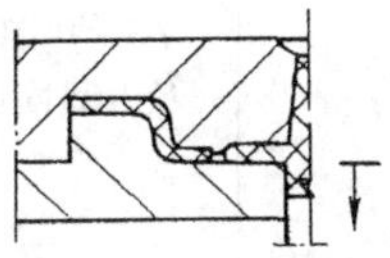	一般分型面应尽可能设在塑料流动方向的末端，以利排气
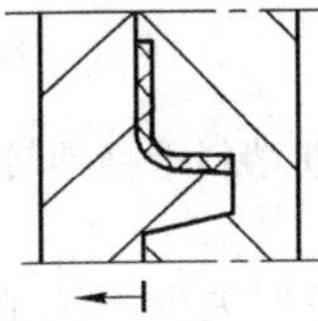	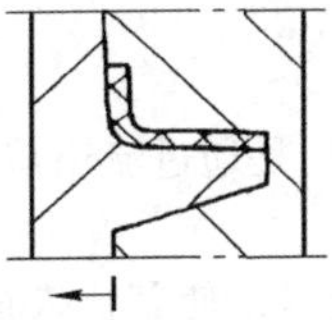	当塑件在分型面上的投影面积超过注射机允许的投影面积时，会造成锁模困难，或产生严重溢料，此时应尽可能选择投影面积小的一面

三、浇注系统

(一) 普通浇注系统

注射模中普通浇注系统的组成见图 2-3-10。

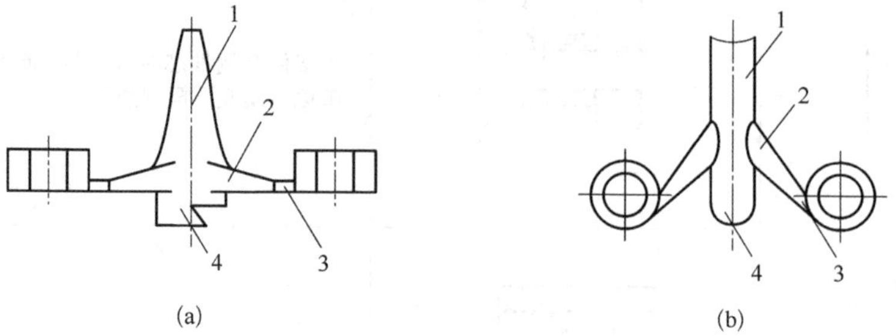

图 2-3-10　普通浇注系统组成

(a) 用于卧式、立式注射机；(b) 用于直角式注射机

1—主流道；2—分流道；3—浇口；4—冷料穴

1. 主流道

主流道是熔料注入模具最先经过的一段流道，其形状、大小直接影响塑料的流动速度和充填时间，其形式和尺寸见表 2-3-18。

表 2-3-18　主流道形式和尺寸

注射模类别	主 流 道 形 式	主 流 道 尺 寸
热塑性塑料注射模	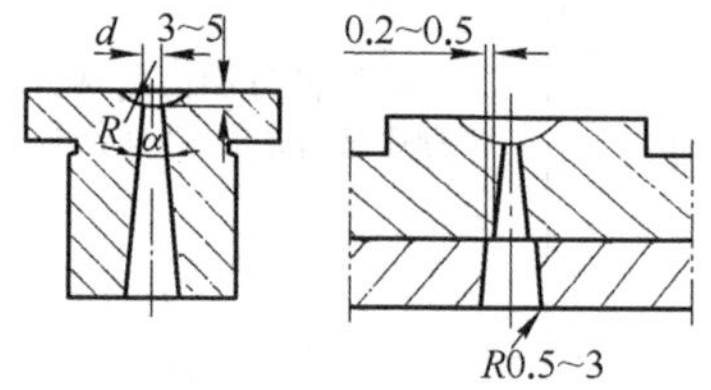	$d = d_0 + 0.5 \sim 1$ mm $R = R_1 + 1 \sim 2$ mm $\alpha = 2° \sim 4°$ d_0— 喷嘴直径，见热塑性塑料注射机技术参数 R_1— 喷嘴球半径，见热塑性塑料注射机技术参数
热固性塑料注射模	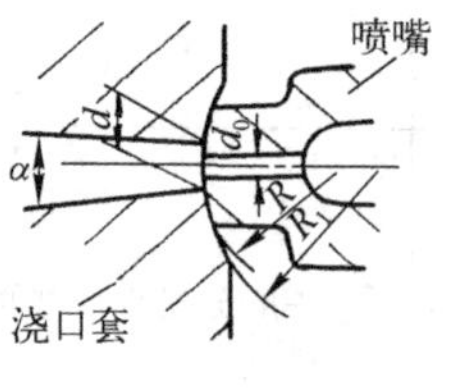	$d = d_0 + 0.8 \sim 1$ mm $R_1 = R + 0 \sim 0.5$ mm $\alpha = 1° \sim 2°$ d_0— 热固性塑料注射机喷嘴直径 R— 热固性塑料注射机喷嘴球半径

注：直角式注射机上用的主流道常为无锥度的圆柱形或椭圆柱形。圆形截面的直径为 5～9 mm；椭圆形截面的长轴 A 为 4.8～6 mm，短轴 B 为 $0.8A$。

2. 分流道

分流道是熔料从主流道进入型腔前的过渡部分，其作用是通过流道截面及方向变化，使熔料平稳地转换流向并注入型腔。

(1) 分流道的截面形状及尺寸。分流道的截面形状应尽量使其比表面积小，这样热量损失少，摩擦阻力小。常用分流道的截面形状及尺寸见表 2-3-19。

表 2-3-19　常用分流道截面形状及尺寸

截面形状	截面尺寸 (mm)								
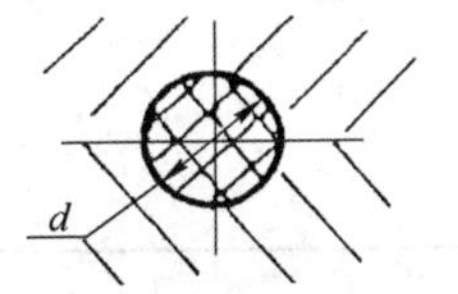	*d*	4	(5)	6	(7)	8	(9)	10	(11)	12
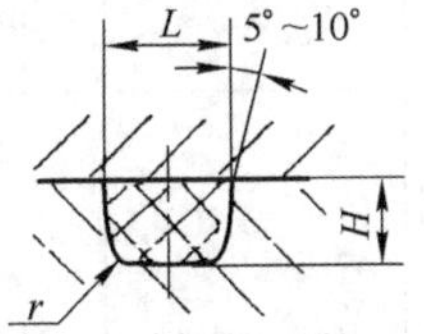	*L*	4	(5)	6	(7)	8	(9)	10	(11)	12
	H	3	(3.5)	4	(5)	5.5	(6)	(7)	(8)	9
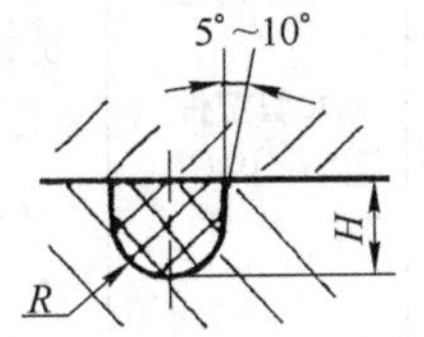	*R*	2	(2.5)	3	(3.5)	4	(4.5)	5	(5.5)	6
	H	4	(5)	6	(7)	8	(9)	10	(11)	12

注：1. 括号内的尺寸不推荐采用。
　　2. *r* 一般取 1～3 mm，分流道长度一般取 8～30 mm。

(2) 分流道的布局。在一模多腔中，各分流道的长度应尽量相等。分流道与浇口的连接处应有圆弧过渡，其连接方式见图2-3-11。分流道的布置见表 2-3-20。

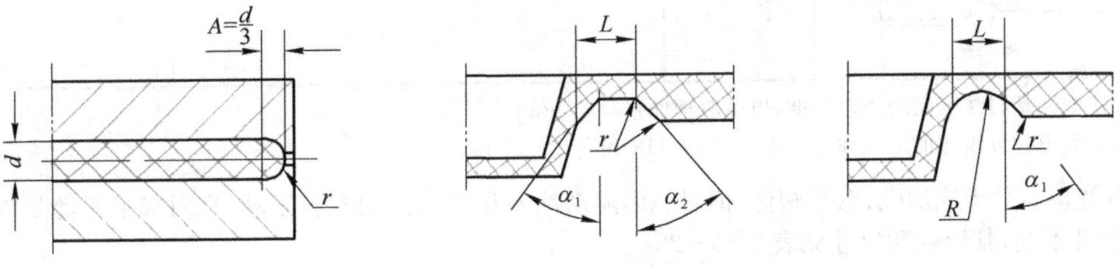

图 2-3-11　分流道与浇口的连接方式

$\alpha_1 \approx 0.5 \times 45°$；$\alpha_2 = 30 \times 45°$；$r = 1 \sim 2$ mm；$R = 0.5 \sim 2$ mm

表 2-3-20　分流道布置

	简图	说明
平衡式	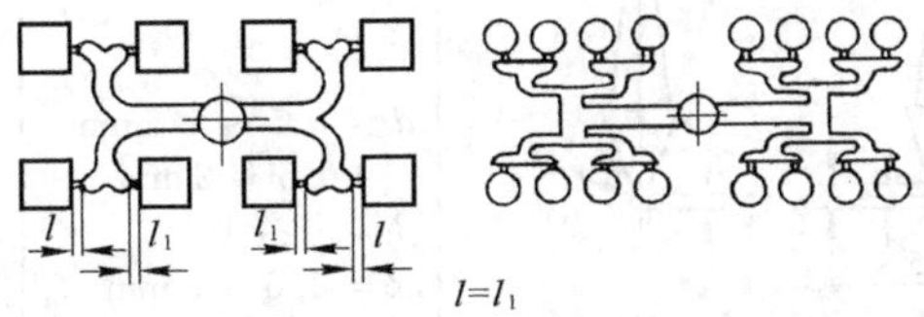 $l = l_1$	(1) 主流道到各型腔的分流道长度相等 (2) 浇口长度一致，各型腔进料均衡
非平衡式	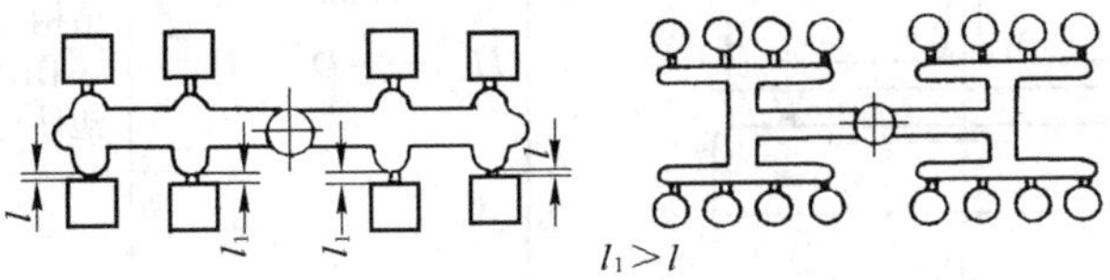 $l_1 > l$	(1) 主流道到各型腔的分流道长度不等 (2) 浇口长度不等，靠近主流道的浇口长度应大于远离主流道的浇口长度

3. 浇口

浇口是塑料熔体进入型腔的最后一道“门”，是连接分流道和型腔的通道，其具有两个功能：第一，对即将进入型腔的塑料熔体起到控制作用；第二，当注射压力撤销后，能及时封锁型腔，防止型腔内尚未冷却的塑料熔体倒流出型腔。

1）浇口的形式及尺寸

（1）侧浇口。适于成形各种形状的塑件，其形式和尺寸见表 2-3-21。

表 2-3-21 侧浇口形式和尺寸

注射模类别	浇 口 简 图	塑料名称	a(mm) 壁厚<1.5	壁厚 1.5~3	壁厚>3	b	l (mm)
热塑性塑料注射模	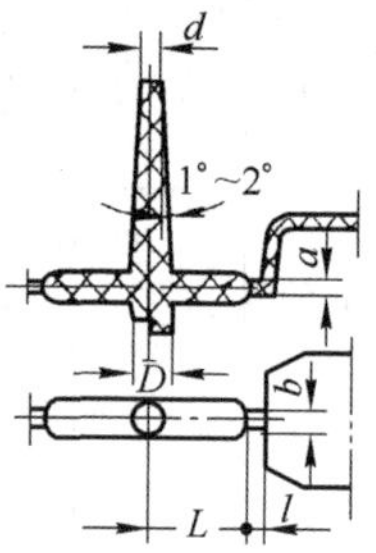	聚乙烯 聚丙烯 聚苯乙烯	简单塑件 0.5~0.7 复杂塑件 0.5~0.6	简单塑件 0.6~0.9 复杂塑件 0.6~0.8	简单塑件 0.8~1.1 复杂塑件 0.8~1.0	中小型塑件 (3~10)a 大型塑件 >10a	0.7~2
		372 有机玻璃 ABS 聚甲醛	简单塑件 0.6~0.8 复杂塑件 0.5~0.8	简单塑件 1.2~1.4 复杂塑件 0.8~1.2	简单塑件 1.2~1.5 复杂塑件 1.0~1.4		
		聚碳酸酯 聚苯醚 聚 砜	简单塑件 0.8~1.2 复杂塑件 0.6~1.0	简单塑件 1.3~1.6 复杂塑件 1.2~1.5	简单塑件 1.0~1.6 复杂塑件 1.4~1.6		
热固性塑料注射模	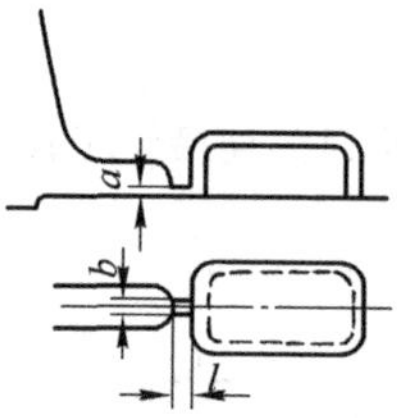	热固性塑料注射料	0.2~1.5			10a	1~2

注：1. 热塑性塑料注射模的浇口厚度，也可取塑件壁厚的 1/3~1/2。

2. 主流道和分流道的形式和尺寸见表 2-3-18 和表 2-3-19。

（2）点浇口。适于成形壳、盒类塑件，但对成形流动性差和热敏性的塑料不利、也对成形平薄易变形的和复杂形状的塑件不利，其形式和尺寸见表 2-3-22。

表 2-3-22 点浇口形式和尺寸

注射模类别	浇 口 简 图	尺 寸	说 明
热塑性塑料注射模	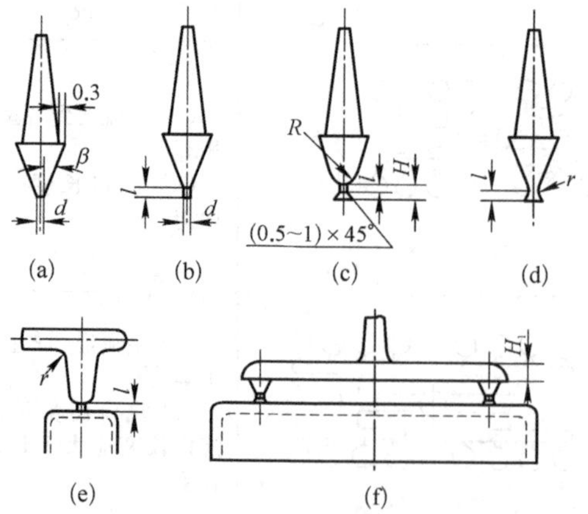	$d = 0.5 \sim 1.5$ mm $l = 0.5 \sim 2$ mm $\beta = 6° \sim 15°$ $R = 1.5 \sim 3$ mm $r = 0.2 \sim 0.5$ mm $H = 3$ mm $H_1 = \frac{3}{4}D$	图 a、图 b 适用于外观要求不高的塑件 图 c、图 d 适用于外观要求较高、薄壁及热固性塑件 图 e 适用于多型腔结构 图 f 适用于大尺寸塑件

（续表）

注射模类别	浇　口　简　图	尺　寸	说　明
热固性塑料注射模	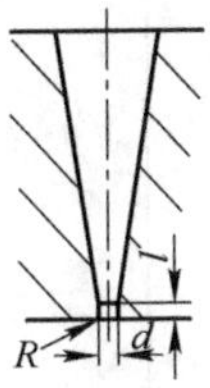	$d=0.4\sim1.5$ mm $R=0.5$ mm 或 $0.3\text{ mm}\times45^\circ$ $l=0.5\sim1.5$ mm	当一个进料口不能充满型腔时，不宜增大浇口孔径，而应采用多点进料

(3) 潜伏浇口。又称剪切浇口或隧道浇口，是点浇口的一种演变形式，不适于成形脆性塑料，其形式和尺寸见表 2-3-23。

表 2-3-23　潜伏浇口形式和尺寸

类　别	简　图	尺　寸
推切式	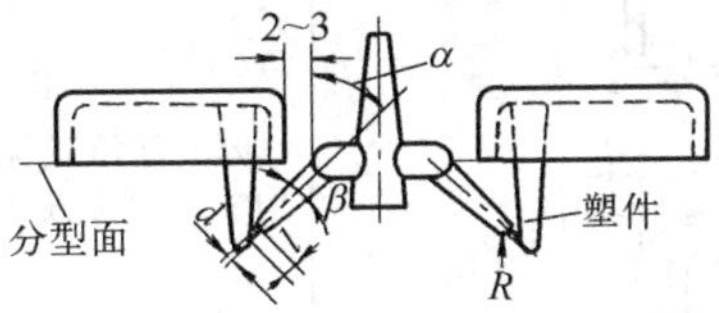	$d=0.8\sim1.5$ mm $\alpha=30^\circ\sim45^\circ$ $\beta=5^\circ\sim20^\circ$ $l=1\sim1.5$ mm $R=1.5\sim3$ mm
拉切式	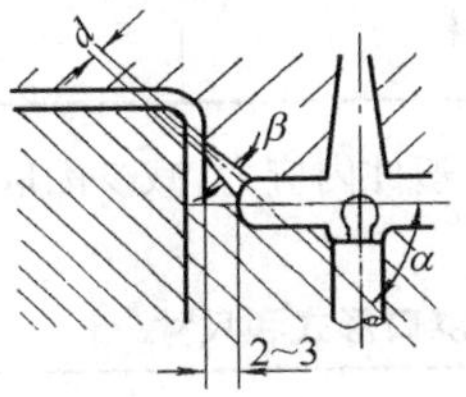	
二次流道式	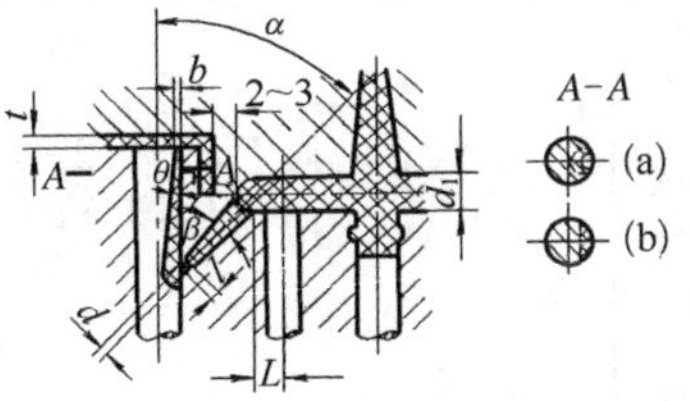	$d=1.5\sim2.5$ mm $\alpha=30^\circ\sim45^\circ$ $\beta=5^\circ\sim20^\circ$ $l=1\sim1.5$ mm $b=(0.6\sim0.8)t$ $\theta=0^\circ\sim2^\circ$ $L>3d_1$

(4) 直接浇口。又称顶浇口，尺寸较大，流动阻力小，常用于成形聚碳酸酯、聚砜、玻璃纤维等增强高黏度塑料的壳体件、大容器或厚壁塑件，其形式和尺寸见表 2-3-24。

表 2-3-24　直接浇口形式和尺寸

简　图	尺　寸
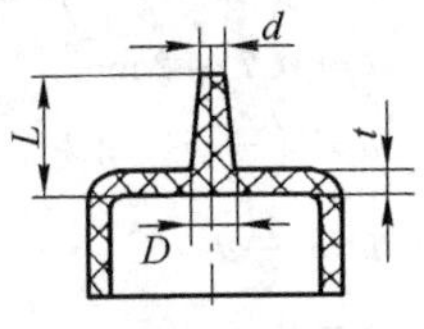	$d=d_0+0.5\sim1$ mm $D\leqslant2t$ d_0— 喷嘴直径 t— 塑件壁厚

(5) 环形浇口。又称中心浇口或全面浇口，能获得理想的填充效果、大致相同的流程和良好的排气条件，适于成形圆筒形或中间带孔的塑件，其形式和尺寸见表 2-3-25。

表 2-3-25 环形浇口形式和尺寸 (mm)

注射模类别	浇口简图	尺寸
热固性塑料注射模	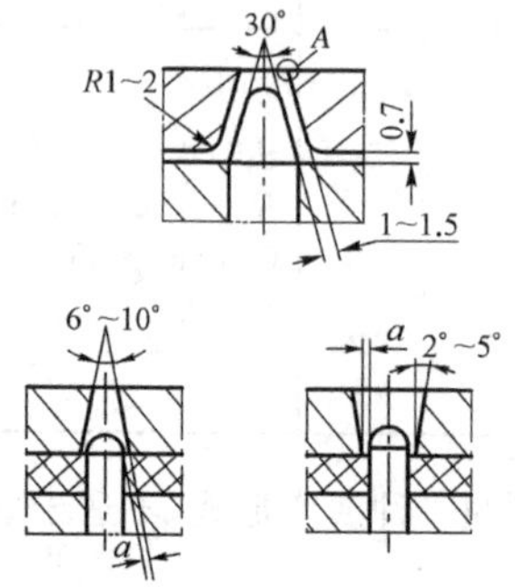	$a=0.3\sim0.5$ A 处应保持锐角
热塑性塑料注射模	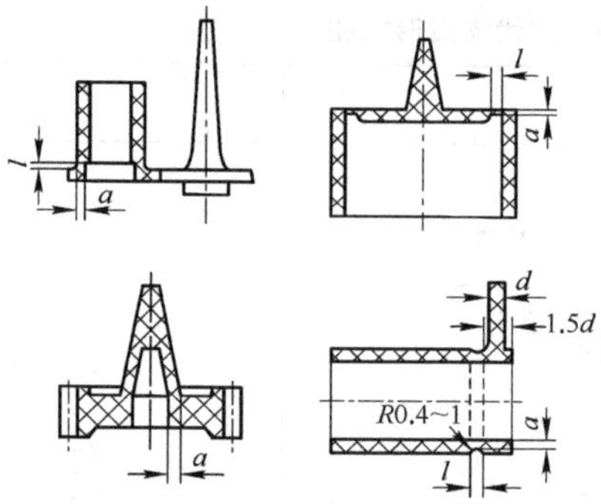	$a=0.25\sim1.6$ $l=0.8\sim2$ d—直角式浇注系统的主流道直径或立、卧式浇注系统的分流道直径

(6) 平缝浇口。又称薄片浇口，可改善塑料流程，降低塑件内应力，减少因取向而产生的翘曲，适于成形大面积扁平塑件，其形式和尺寸见表 2-3-26。

表 2-3-26 平缝浇口形式和尺寸

简图	尺寸
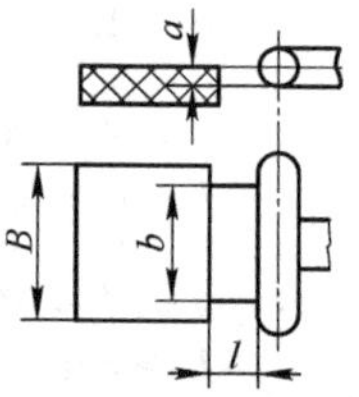	$a=0.2\sim1.5$ mm $l\leqslant1.5$ mm $b=(0.75\sim1)B$

(7) 扇形浇口。它与侧浇口相似，通常用来成形宽度较大的薄片塑件，其形式和尺寸见表 2-3-27。

表 2-3-27 扇形浇口形式和尺寸

简图	尺寸
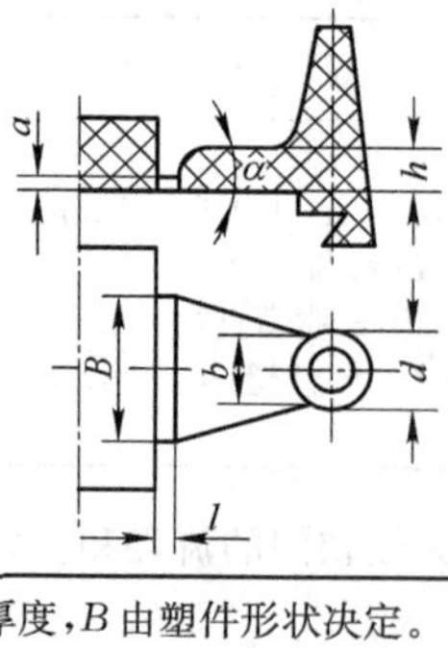	$a=\left(\frac{1}{3}\sim\frac{2}{3}\right)t$ $l=0.7\sim2$ mm $b=\left(\frac{2}{3}\sim1\right)d$ $h=\frac{2}{3}d$ $\alpha=0°\sim10°$

注：t 为塑件厚度，B 由塑件形状决定。

(8) 隙浇口。它也与侧浇口相似，一般应用在成形薄壁骨架类塑件的垂直分型面模具和直角式注射模上，其形式和尺寸见表 2-3-28。

表 2-3-28　隙浇口形式和尺寸

简　　　图	尺　　　寸
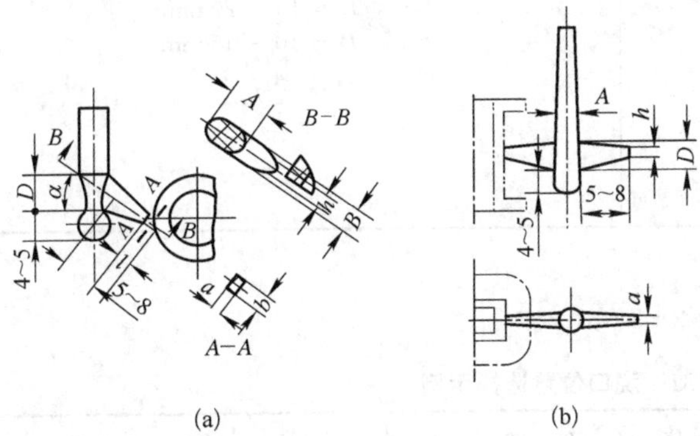 (a)　(b)	$h=\frac{1}{2}A$ $\alpha=40°\sim45°$(环形塑件) $\alpha=0°$(平片形塑件) $D=A$

注：1. A 为椭圆形主流道长轴(或圆形主流道直径)，B 为短轴，取 0.8A。
　　2. a、b、l 参照表 2-3-21 选取。

(9) 轮辐浇口。它的优点是切除浇口便利，缺点是塑件往往有熔接痕，适用范围类似于环形浇口，其形式和尺寸见表 2-3-29。

表 2-3-29　轮辐浇口形式和尺寸　(mm)

简　　　图	尺　　　寸
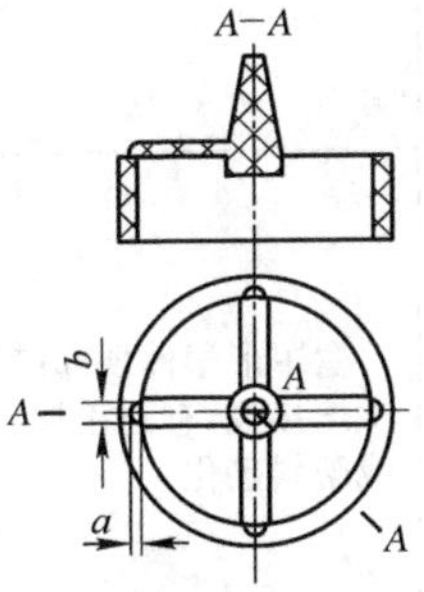	$a=0.8\sim1.8$ $b=1.6\sim6.4$

(10) 爪形浇口。它是轮辐浇口的另一种形式，流道开设在分流锥上，见图 2-3-12。爪形浇口适于成形内孔较小的管状塑件和同心度要求较高的塑件，其尺寸可参照轮辐浇口选取。

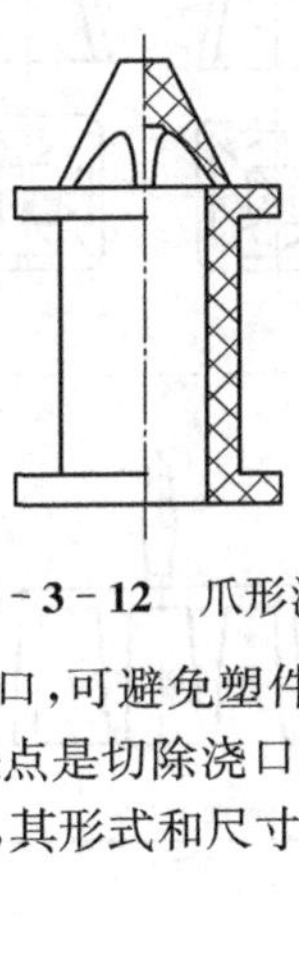

图 2-3-12　爪形浇口

(11) 护耳浇口。又称凸耳式浇口、冲击型浇口，可避免塑件成形时因喷射所造成的各种缺陷或在浇口附近由内应力引起的翘曲、层压、浆糊斑等缺陷。其缺点是切除浇口较困难，塑件留有较大的浇痕。护耳浇口适于成形聚碳酸酯、硬聚氯乙烯、有机玻璃、ABS 等塑料，其形式和尺寸见表 2-3-30。

表 2-3-30　护耳式浇口形式和尺寸

简　　　　图	尺　　　寸
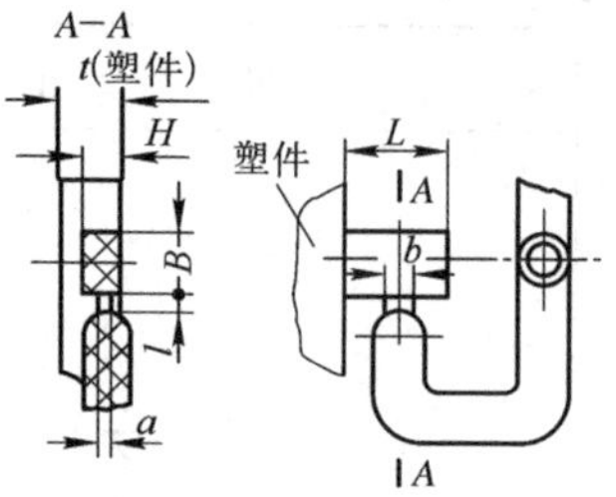	$L = 15 \sim 20$ mm $B = 10 \sim 15$ mm $H = \frac{4}{5}t$

注：a、b、l 参照表 2-3-21 选取。

2）浇口位置的选择　浇口位置选择示例见表 2-3-31。

表 2-3-31　浇口位置选择示例

选　择　合　理	选　择　不　合　理	说　　　明
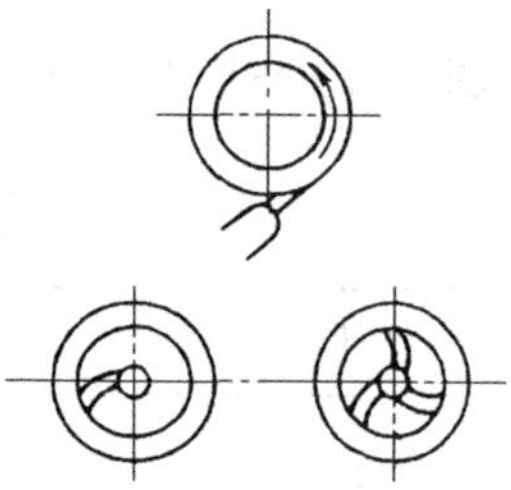	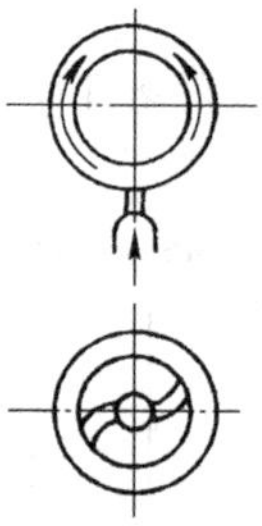	圆环形塑件采用切向进料，可减少熔接痕，提高熔接部位强度，有利于排气
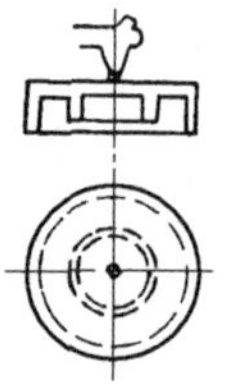	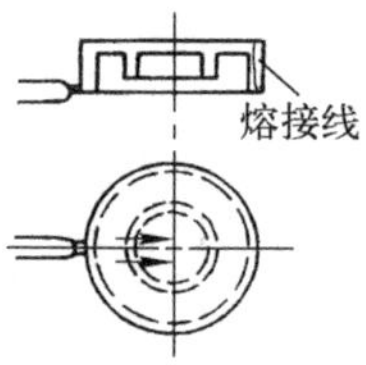	盒罩形塑件顶部壁薄，采用点浇口可减少熔接痕，有利于排气，可避免顶部缺料或塑料碳化
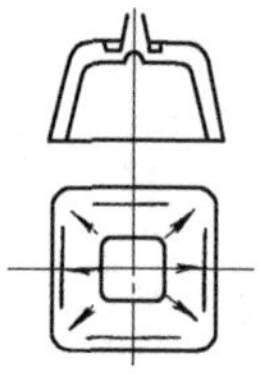	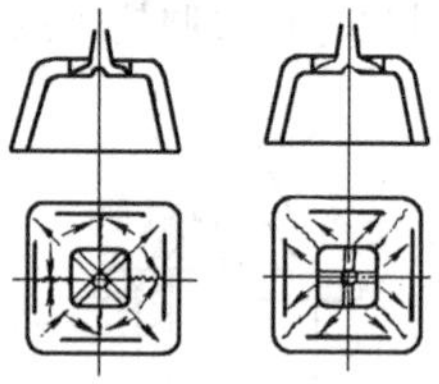	壳体塑件采用中心全面进料，可减少熔接不良
	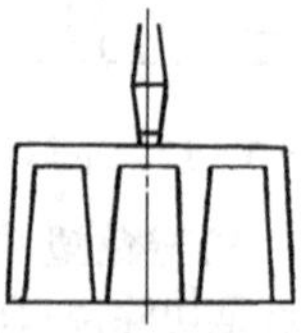	多型芯深腔壳体塑件采用多点浇口，可防止型芯受力不均而偏斜变形

（续表）

选择合理	选择不合理	说明
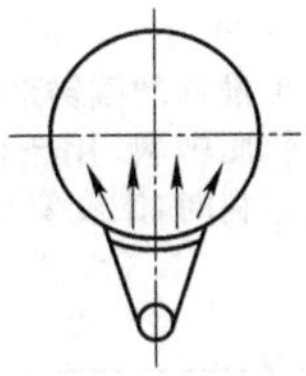	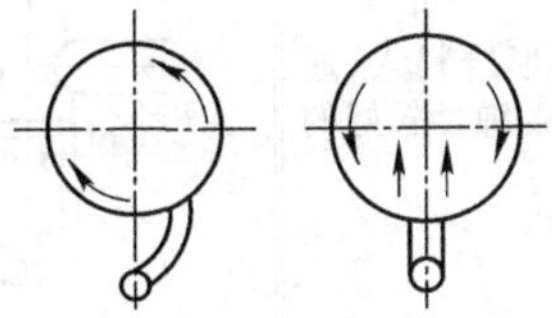	圆片塑件采用径向扇形进料，可防止由旋涡和排气不良产生的接缝及气孔
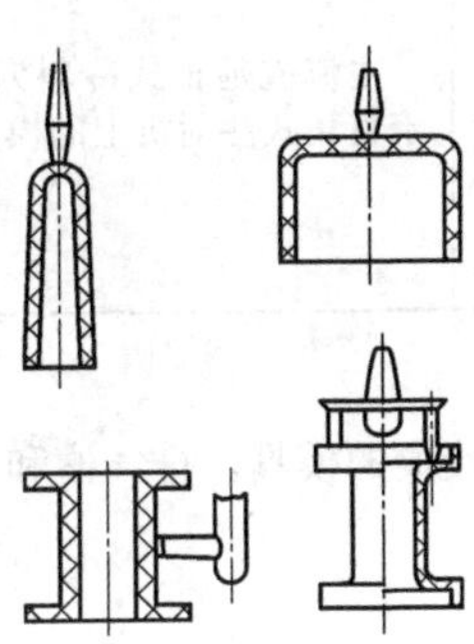	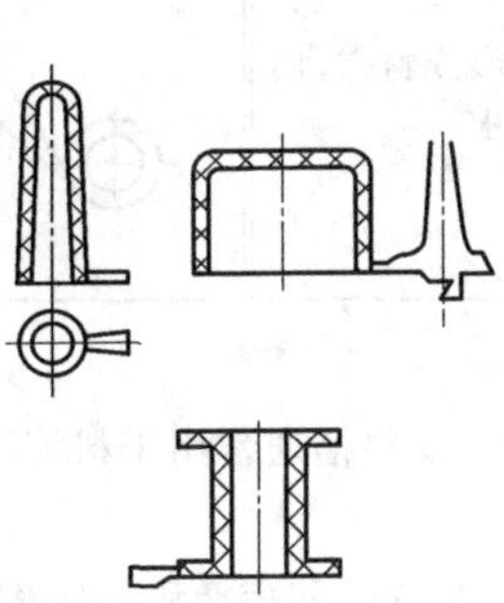	罩形、细长圆筒形、薄壁等塑件设置浇口时，应防止缺料、熔接不良、排气不良、型芯受力不均、流程过长等缺陷
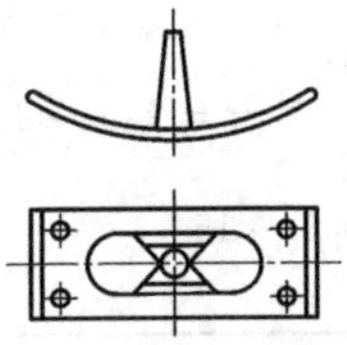	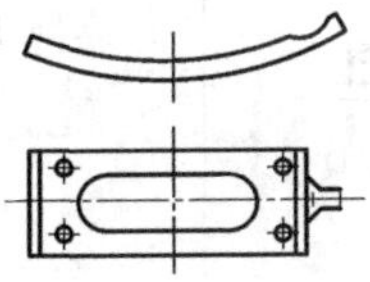	大尺寸薄板塑件采用中间孔两面进料，既可缩短流程，防止缺料或熔接不良，又可防止因模具受力不均、锁模力不足造成的塑件厚薄不匀
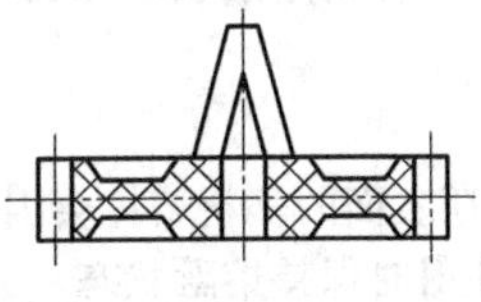	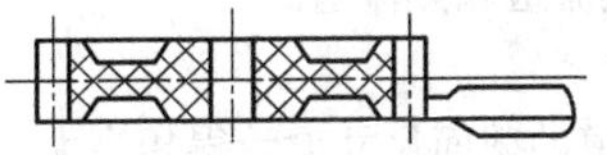	选择浇口位置时，应注意去浇口后的残留痕迹不影响塑件使用要求及外观质量

4. 冷料穴和拉料杆

冷料穴和拉料杆的形状见表 2-3-32。

表 2-3-32　冷料穴和拉料杆形状

简图	说明	简图	说明
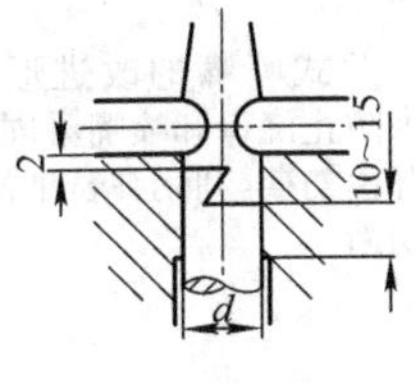	带钩形拉料杆的冷料穴，常用于热塑性塑料注射模，也可用于热固性塑料注射模	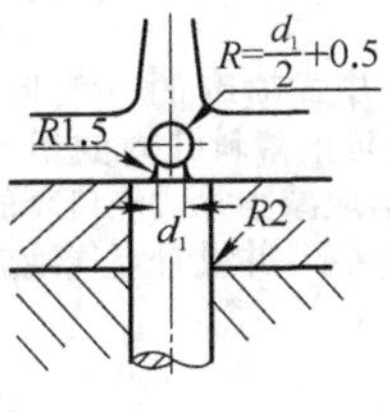	带拉料杆的球头形冷料穴，通常用于推板推出的弹性较好的塑料

（续表）

简　　图	说　　明	简　　图	说　　明
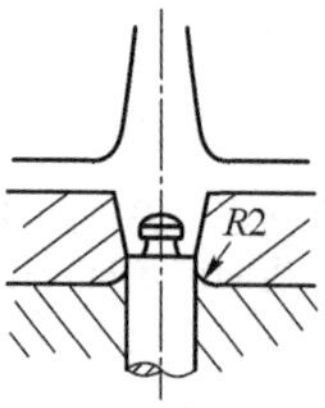	带拉料杆的菌形冷料穴，通常用于推板推出的弹性较好的塑料	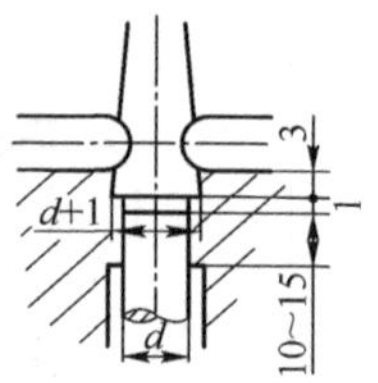	带推杆的倒锥形冷料穴适用于软质塑料，用于硬质或热固性塑料时，锥度要小
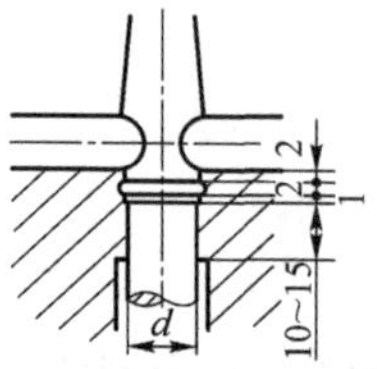	带推杆的圆环形冷料穴，用于弹性较好的塑料	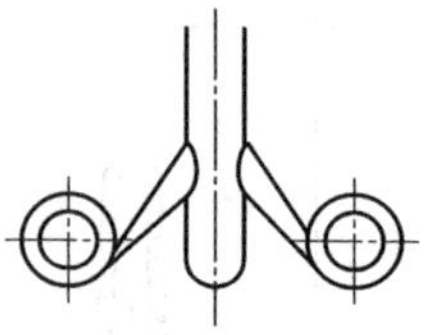	主流道延长式冷料穴，常用于直角式注射机上的模具

5. 排气槽与溢料槽

排气槽通常设在浇口对面或分流道末端。溢料槽通常用于料流汇合处形成熔接痕的模具。排气槽和溢料槽的尺寸见表 2-3-33。

表 2-3-33　排气槽和溢料槽尺寸　（mm）

简　　图	尺　　寸
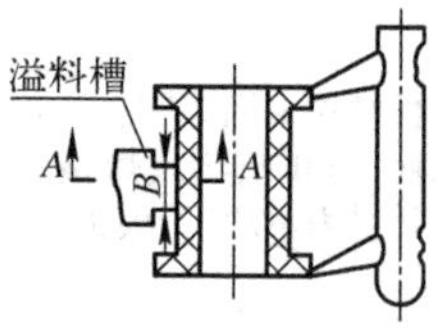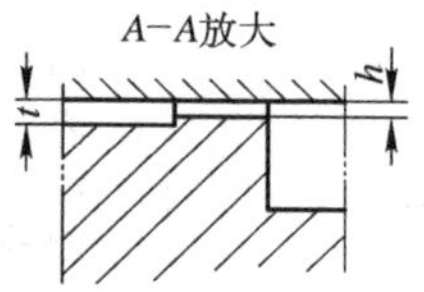	用于热塑性塑料注射模： $h<0.05$，$t=0.8\sim1.5$，$B=1.5\sim6$ 用于热固性塑料注射模： $h=0.03\sim0.06$，$B=3\sim15$

（二）无流道浇注系统

无流道注射成形是对模具的浇注系统采用绝热或加热的方法，使其塑料熔体始终保持熔融状态，从而避免产生浇注系统凝料。无流道注射模分成绝热流道和热流道。

1. 绝热流道

利用塑料导热比金属差的特性，将流道的截面尺寸设计得相当大，由于靠近流道表面的塑料熔体会因模温较低而迅速冷凝成一个完全或半熔融的固化层，故可使流道中心部位的塑料在连续注射时保持熔融状态。

(1) 单型腔绝热流道——井式喷嘴。井式喷嘴是将流道制成蓄料井坑形式，并采用点浇口。蓄料井坑的塑料在注射时，中心保持熔融状态，外层冷却，起绝热作用。井式喷嘴不离开模具，可连续成形。其适用于单型腔模具，结构形式见表 2-3-34；蓄料井的尺寸见表 2-3-35。

表 2-3-34　井式喷嘴结构

简　　图	说　　明	简　　图	说　　明
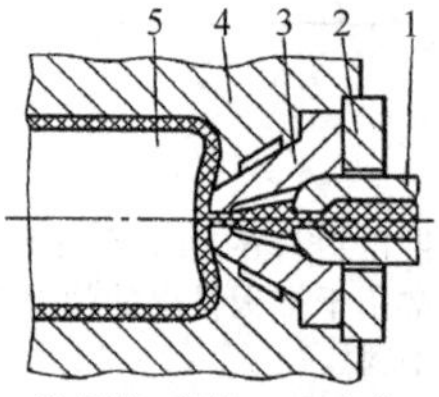1—注射机喷嘴；2—定位环； 3—主流道杯； 4—型腔；5—型芯	井式喷嘴的一般形式。为防止蓄料井内的塑料固化，应减小井式浇口套的接触面积，并设置空气绝热槽	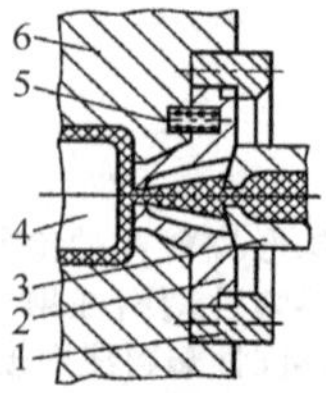1—定位环；2—主流道杯； 3—注射机喷嘴；4—型芯； 5—弹簧；6—型腔	井式喷嘴的改进形式。为防止浇口和喷嘴凝固，在开模初期，利用弹簧把浇口切断

（续表）

简　　图	说　　明	简　　图	说　　明
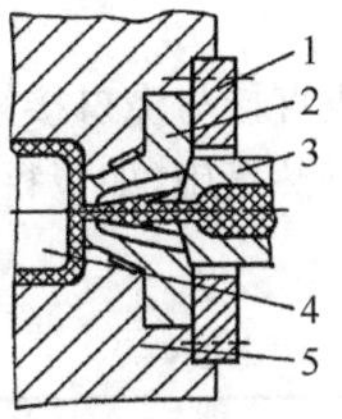 1—定位环；2—主流道杯；3—注射机喷嘴；4—型芯；5—型腔	井式喷嘴的改进形式。使喷嘴前端伸入流道杯中一段距离，便于传热	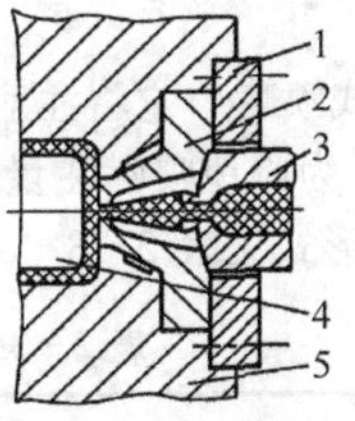 1—定位环；2—主流道杯；3—注射机喷嘴；4—型芯；5—型腔	井式喷嘴的改进形式。可使流道杯中的凝料随喷嘴拔出，这样更便于清理流道

表 2-3-35　蓄料井的尺寸

简　　图	尺　　寸			
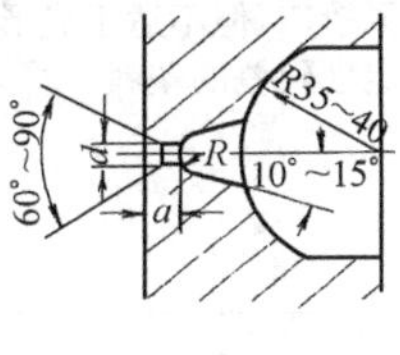	塑件质量(g)	3～6	>6～15	>15～40	>40～150
	成形周期(s)	7.5～6	10～9	15～12	20～30
	d(mm)	0.8～1.0	1.0～1.2	1.2～1.6	1.5～2.5
	R(mm)	3.5	4	4.5	5.5
	a(mm)	0.5	0.6	0.7	0.8

(2) 多型腔绝热流道。是利用塑料的绝热性能防止凝固，外层塑料接触模具后冷却，形成厚为 2～4 mm 的半熔融状态固化层，使内层塑料保持熔融状态，适用于多型腔模连续成形。设计时，分流道中心线上应设置快速启闭的分型面，以便在停机或休息后再工作时能取出流道及浇口内的凝料。流道内所有转角交叉处，都应圆弧过渡，以减少流动阻力，防止形成死区和引起塑料滞留劣化变形。多型腔绝热流道的结构形式见表 2-3-36。

表 2-3-36　多型腔绝热流道的结构形式

简　　图	说　　明	简　　图	说　　明
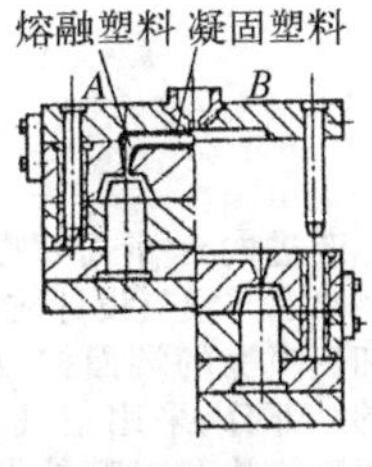 A—闭模工作状态；B—清理流道状态	脱模时，塑件从浇口处断开，不必进行修整，但浇口处易冻结失效，适于成形周期短和易成形塑料的多腔模	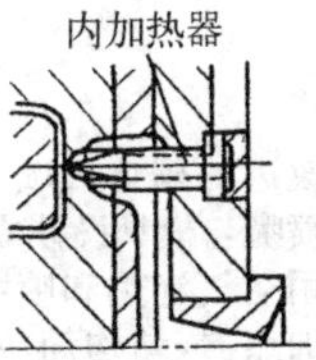	浇口中心插入加热探针，能防止浇口冻结，成形周期可达 2 min
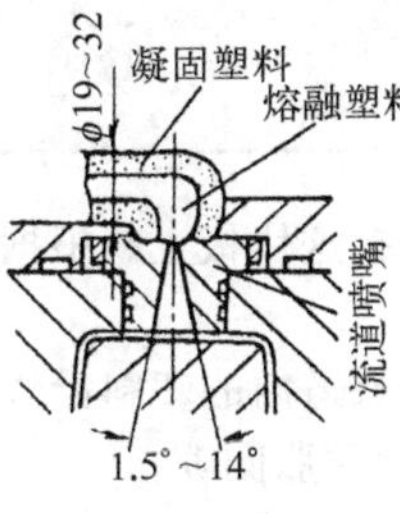	塑件上留有较大的浇口痕迹，须经修整，适于成形周期较短的多腔模。如果在流道喷嘴外设置加热圈，则浇口不易冻结，适于成形周期较长的多腔模	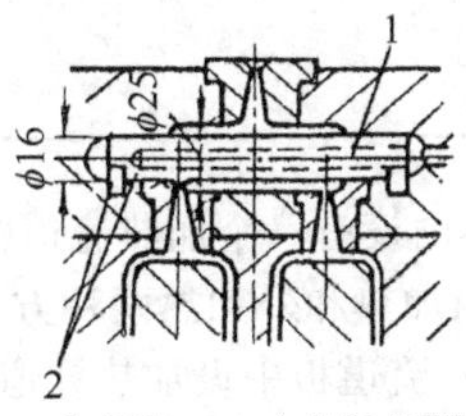 1—加热器；2—加热器支持架	分流道内的加热器能使固化的流道熔融。平时只用绝热流道，只有在成形周期长或停机后再工作时才使用加热器

2. 热流道

在流道内或者流道附近设置加热器，使浇注系统内的塑料在整个生产过程中一直保持熔融状态，这样可适当降低注射温度和压力，从而减少了塑料热降解和塑件产生残余应力的可能性，应用范围比绝热流道注射模广。

1）单型腔热流道——延伸式喷嘴　它将注射机喷嘴延伸到与型腔相接的浇口附近或直接与浇口接触，使浇口处的塑料始终保持熔融状态。为避免喷嘴热量过多地传给低温型腔，必须采用有效的绝热措施（如塑料绝热和空气绝热）。延伸式喷嘴的结构形式见表 2-3-37。

表 2-3-37　延伸式喷嘴结构

简　图	说　明	简　图	说　明
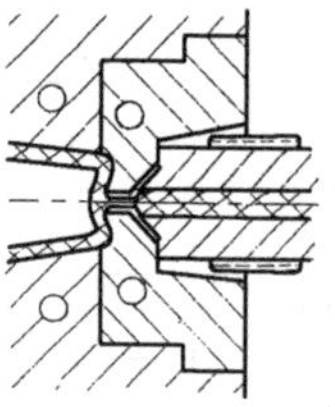	喷嘴端面构成型腔的一部分。采用空气绝热，喷嘴不易凝固堵塞，塑件残留痕迹小，但喷嘴前端活动部分易产生飞边和痕迹，通用性差	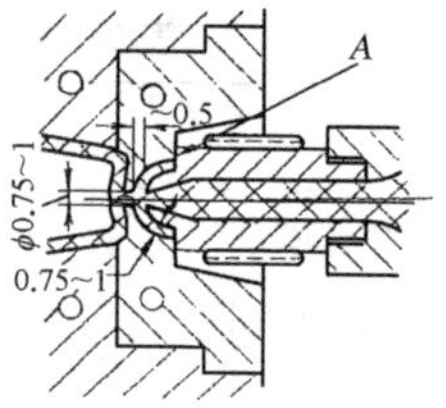	采用塑料层绝热，A 面起承压作用。与井式喷嘴相比，浇口不易堵塞，应用范围较广，但不适于成形热稳定性较差的塑料
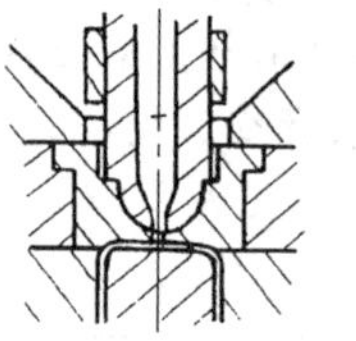	增加喷嘴与模具的接触面积，但喷嘴的热量易传给模具，使模温升高。喷嘴的热量损失后，塑料易堵塞浇口	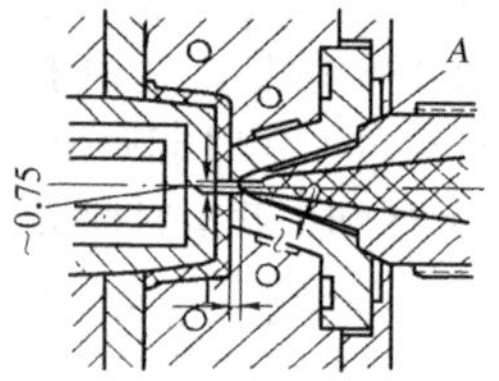	采用空气绝热，A 面起承压作用，浇口衬套起绝热作用，损坏后便于更换
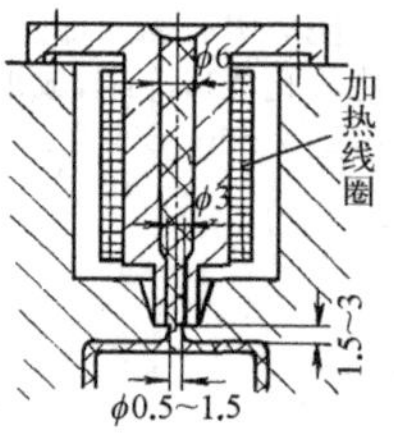	改进的延伸式喷嘴。加热喷嘴与模具设计成一体，采用空气绝热和喷嘴外设置加热器，结构简单可靠，更换模具时不需更换注射机喷嘴	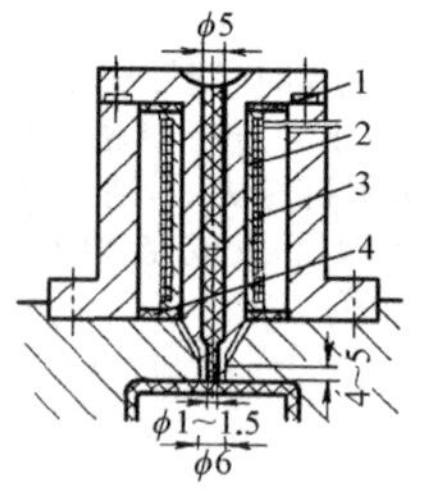 1、4—石棉橡胶板； 2—线圈骨架；3—加热线圈	改进的延伸式喷嘴。加热喷嘴与模具设计成一体，加热喷嘴的端面构成型腔的一部分，采用空气、绝热材料绝热和喷嘴外设置加热器。更换模具时，不需更换注射机喷嘴

2）多型腔热流道　在模具内设有一个加热流道板、主流道、分流道及加热装置，其均在这块板上。根据对流道加热的方法不同，又可分为内加热和外加热两种方式。

（1）外加热多型腔热流道。流道板中设加热孔道，孔内插入管式加热器如电热棒，使流道内的塑料始终保持熔融状态。流道板要利用绝热材料或空气间隙与模具其余部分隔热，还要为流道板留出热膨胀间隙。

多型腔加热流道结构形式见表 2-3-38，流道板的形式见图 2-3-13。

表 2-3-38 多型腔加热流道结构形式

简 图	说 明
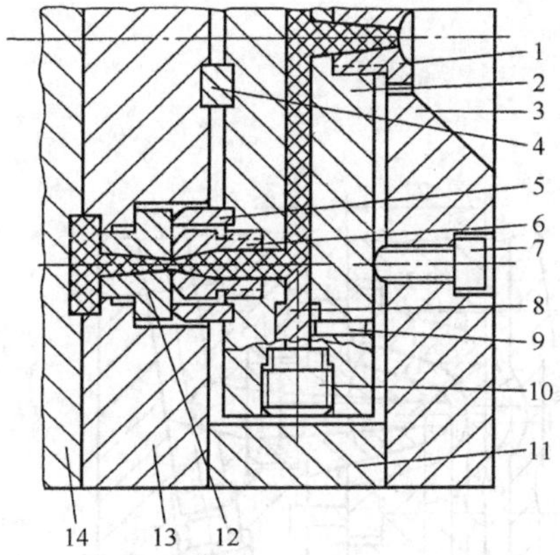 1—主流道衬套；2—热流道板；3—定模座板；4—垫块；5—滑动压环；6—二级喷嘴；7—支撑螺钉；8—堵头；9—销钉；10—压紧螺钉；11—支块；12—主流道浇口套；13—定模型腔板；14—动模型腔板	多型腔直接浇口热流道。流道板的热膨胀可通过端接触的喷嘴及滑动压环的活动来补偿。塑件留有直接浇口的痕迹。适于成形大型塑件
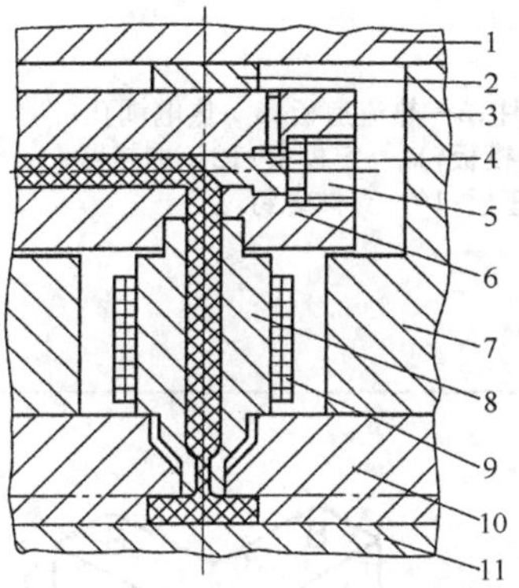 1—定模座板；2—垫块；3—止转柱销；4—堵头；5—压紧螺钉；6—热流道板；7—支板；8—二级喷嘴；9—加热圈；10—定模型腔板；11—动模型腔板	多型腔直接浇口热流道。流道喷嘴采用外加热。流道板的热膨胀可利用软质钢或高强度镍青铜喷嘴的挠性来补偿
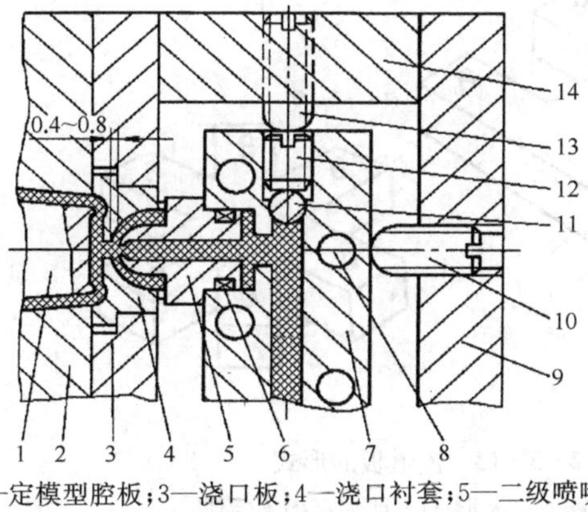 1—型芯；2—定模型腔板；3—浇口板；4—浇口衬套；5—二级喷嘴；6—胀圈；7—流道板；8—加热孔道；9—定模座板；10、13—定位螺钉；11—流道密封钢球；12—压紧螺钉；14—支架	多型腔点浇口热流道，喷嘴前端塑料绝热

（续表）

简　　图	说　　明
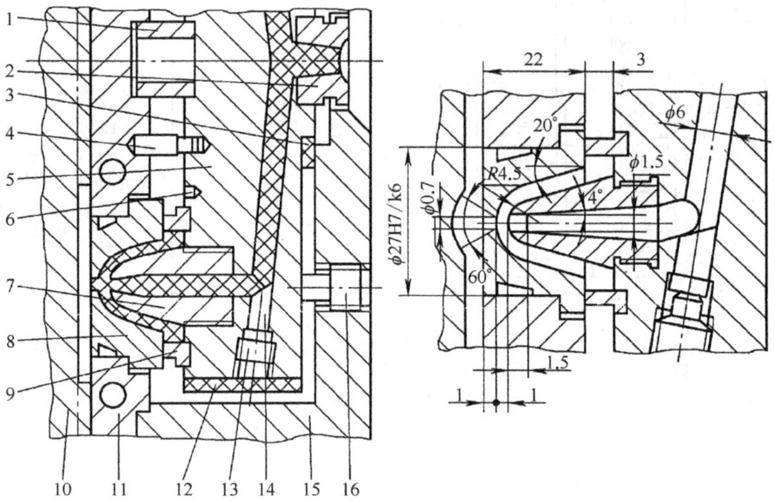 1—定位环；2—主流道衬套；3—绝热垫圈；4—支柱；5—热流道板；6—热电耦孔；7—二级喷嘴；8—浇口衬套；9—滑动压环；10—动模板；11—定模板；12—加热器；13—压紧螺钉；14—堵头；15—定模座板；16—支撑螺钉	多型腔点浇口热流道，喷嘴前端与滑动压环之间采用塑料绝热，适于成形较小塑件

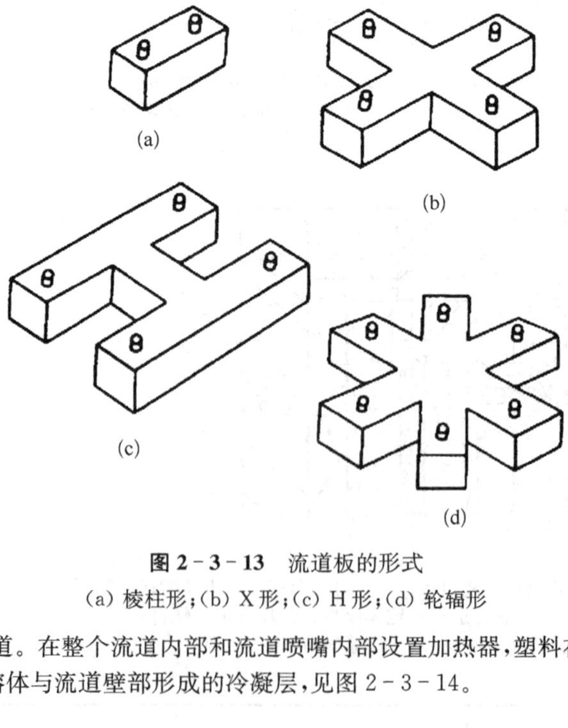

图 2-3-13　流道板的形式

(a) 棱柱形；(b) X 形；(c) H 形；(d) 轮辐形

(2) 内加热多型腔热流道。在整个流道内部和流道喷嘴内部设置加热器，塑料在加热器外围空间流动，其绝热作用与绝热流道相似，靠熔体与流道壁部形成的冷凝层，见图 2-3-14。

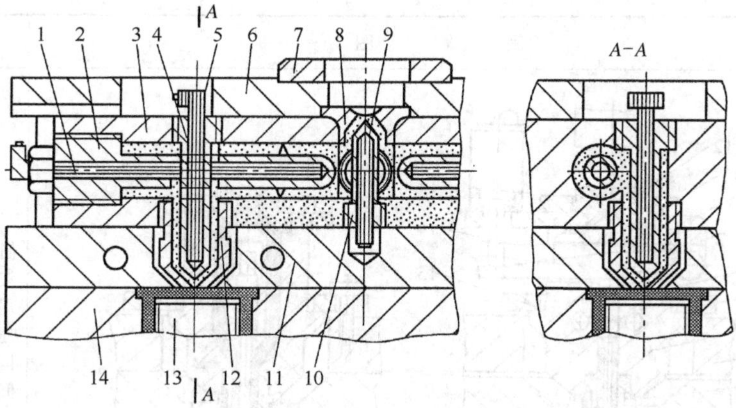

图 2-3-14　内加热多型腔热流道

1、5、9—管式加热器；2—分流道鱼雷体；3—分流道板；4—喷嘴鱼雷体；6—定模座板；7—定位圈；8—浇口套；10—主流道鱼雷体；11—浇口板；12—二级喷嘴；13—型芯；14—定模型腔板

3）阀式浇口热流道　将一根可开启和关闭的针形阀芯置于喷嘴中，使浇口成为阀门，在注射保压阶段开启，在冷却阶段关闭。这种浇口的口径比普通喷嘴口稍大，避免了异物的堵塞，由于型腔内的塑料熔体不能倒流，故可防止浇口处熔体的拉丝和流涎。阀式浇口的类型与特点见表 2-3-39。

表 2-3-39　阀式浇口的类型与特点

类　型	简　　图	特　　点
弹簧式	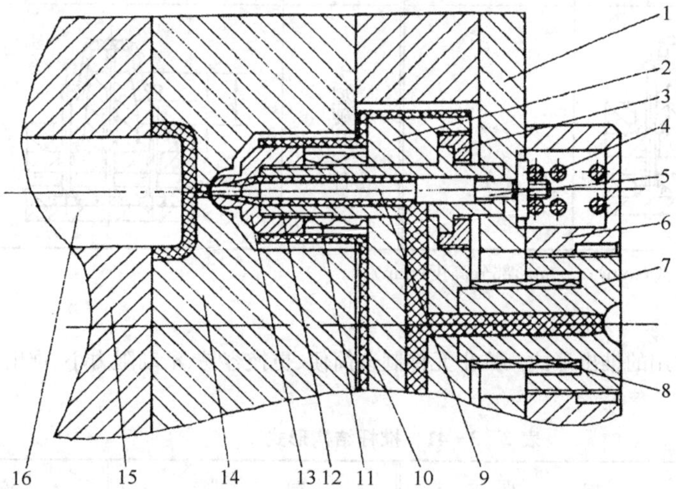 1—定模座板；2—热流道板；3—锁紧盖；4—压力弹簧；5—阀杆；6—定位环；7—主流道衬套；8—加热圈；9—针阀；10—隔热外壳；11—加热圈；12—喷嘴体；13—喷嘴头；14—型腔板；15—动模板；16—凸模	当注射压力传递至喷嘴的浇口处时，针形阀芯克服弹簧压力而打开浇口。注射与保压阶段结束后压力下降，由弹簧力闭合浇口，并且要保证阀芯的锥尖对准浇口孔。装配调试和维护简单

（续表）

类 型	简 图	特 点
液压式	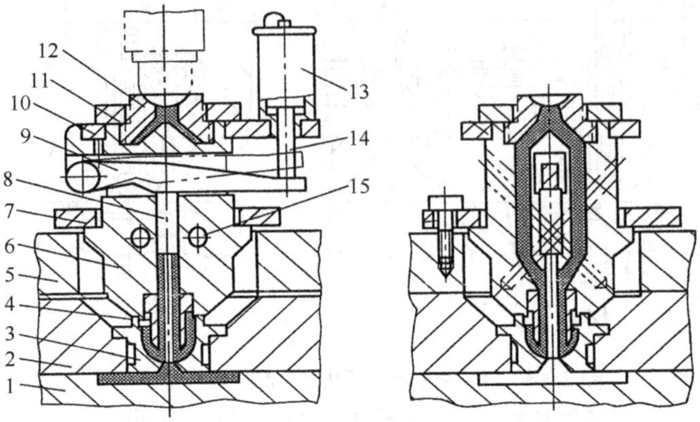 1—动模型腔板；2—定模板；3—浇口衬套；4—喷嘴头；5—定模垫板；6—喷嘴体；7—压板；8—针型阀芯；9—杠杆；10—支板；11—锁紧螺母；12—喷嘴盖；13—油缸；14—活塞杆；15—加热器孔	设置驱动开闭的液压缸，液压缸活塞的换向控制可以是时间继电器，也可以用注射机的注射液压缸压力的设定值控制，因此可准确控制补缩时间，有效减少残余应力，减少制品的翘曲变形。结构较复杂，同时调试和维护都比较复杂

四、推出机构与复位机构

（一）一次推出机构

塑件在推出机构的作用下，通过一次动作就可脱出模外即为一次推出机构。一般情况下，塑件的推出距离见表 2-3-40。

表 2-3-40 塑件推出距离

塑件类别	简 图	推出距 h_1(mm)	塑件类别	简 图	推出距 h_1(mm)
小型软性塑件	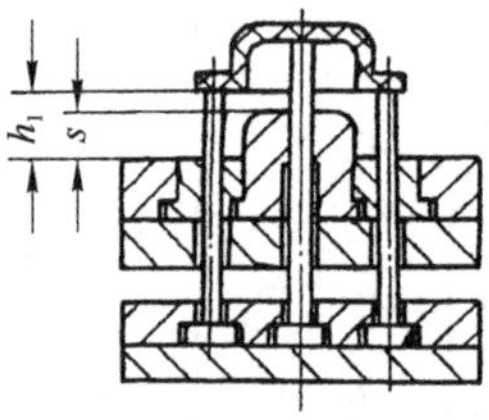	$h_1 > s+3$	大型硬性塑件	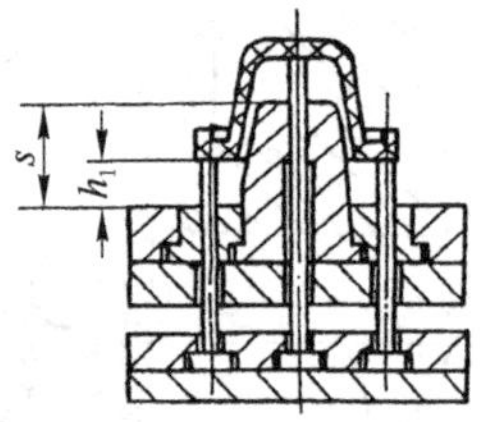	$h_1 > \frac{s}{3}$

注：h_2—凸模与塑件的脱开距离(mm)；s—成形部分高度(mm)。

1. 推杆推出

推杆推出是一种最简单常用的推出形式。推出元件制造简便、更换容易、滑动阻力小、推出效果好，其结构形式见表 2-3-41。

表 2-3-41 推杆结构形式

简 图	说 明	简 图	说 明
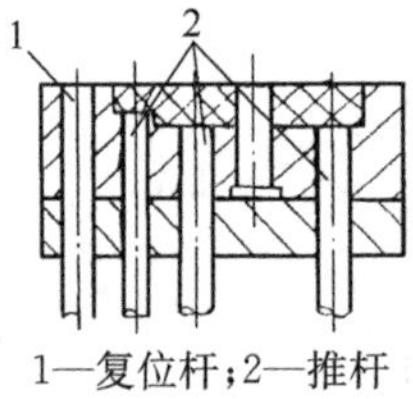 1—复位杆；2—推杆	用于片状塑件，推杆设在塑件底面	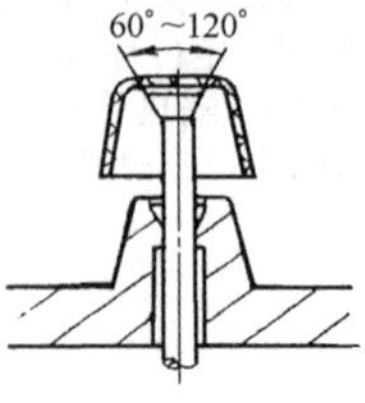	利用设置在塑件内的圆推杆推出，接触面积大，便于脱模，但型芯冷却较困难

（续表）

简　　图	说　　明	简　　图	说　　明
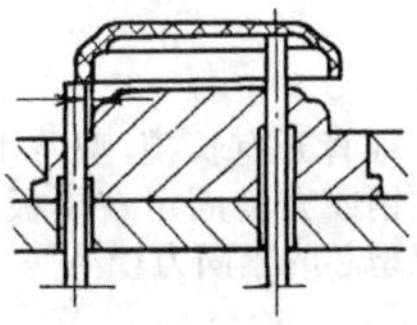	盖、壳体塑件的侧面阻力大，须采用周边与顶面同时推出，以免变形	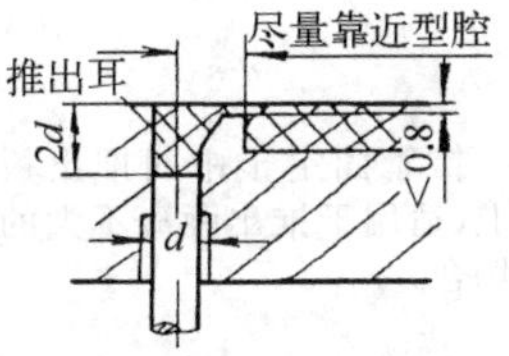	当塑件不允许有推杆痕迹，但又需要推杆推出时，可采用推出耳
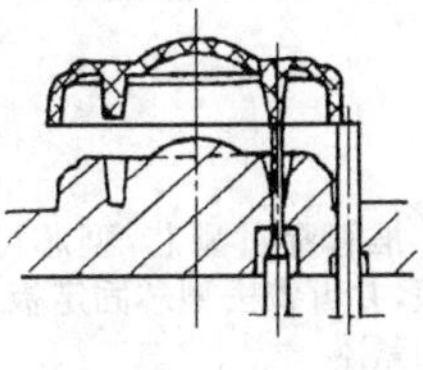	对于有狭小加强筋的塑件，为了防止加强筋断裂留在凸模上，除了周边设置推杆外，筋上也设推杆	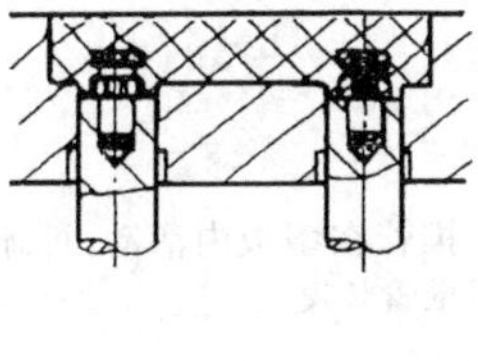	推出有嵌件的塑件时，推杆可设在嵌件上

推杆设计要点如下：

(1) 推杆应设在塑件承力较大的部位，尽量使推出的塑件受力均匀，但不宜与型芯或镶件距离过近，以免影响凸、凹模强度。

(2) 推杆直径不宜过细，要有足够的强度承受推力，一般取 ϕ2.5～ϕ12。对于 ϕ3 以下的推杆宜用阶梯式，即推杆下部增粗。

(3) 推杆装配后不应有轴向窜动，其端面应高出型腔或镶件平面 0.05～0.1 mm。推杆固定方式见图 2-3-15。

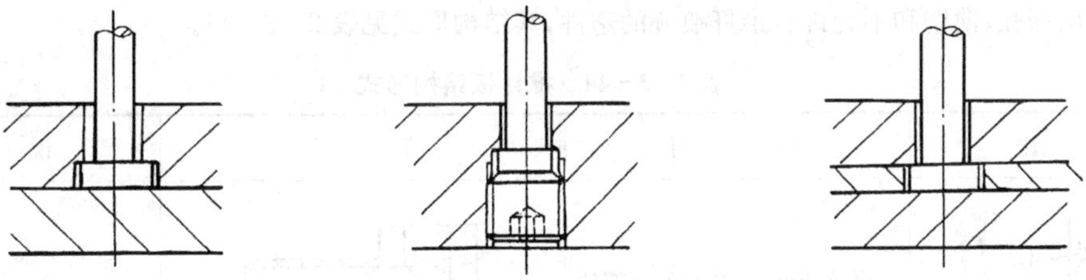

图 2-3-15　推杆固定方式

(4) 塑件浇口处尽量不设推杆，以防该处内应力大而碎裂。

(5) 推杆的布置应避开冷却水道和侧抽芯，以免推杆与抽芯机构发生干扰。如果无法避开侧抽芯，则应设置先复位机构。

(6) 推杆与模体的配合间隙不大于所用塑料的溢边值，常用塑料的溢边值见表 2-3-42。

表 2-3-42　常用塑料溢边值　(mm)

塑料名称	溢边值	塑料名称	溢边值	塑料名称	溢边值	塑料名称	溢边值	塑料名称	溢边值
聚乙烯	0.02	软聚氯乙烯	0.03	聚酰胺	0.02	372 有机玻璃	0.03	聚碳酸酯	0.06
聚丙烯	0.03	聚苯乙烯	0.03	聚甲醛	0.03	ABS	0.04	聚　砜	0.08

2. 推管推出

推管是推杆的一种特殊形式，其传动方式与推杆相似，优点是推出时推力均匀，其结构形式见表 2-3-43。

表 2-3-43 推管结构形式

简图	说明	简图	说明
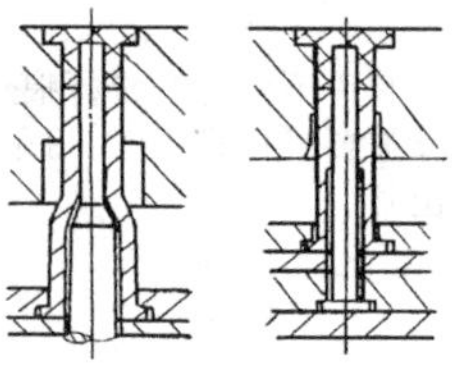	推管固定于中间推出板上，适用于推出距离不大的场合	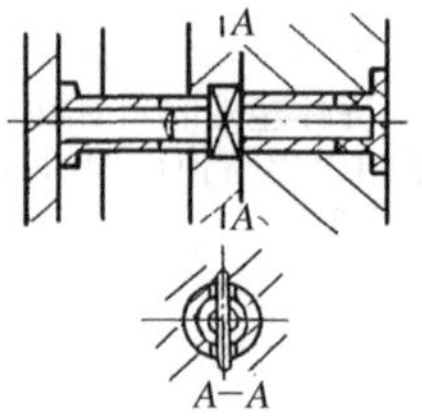	推管开有长槽，型芯用圆柱销或方销固定在模板上，但型芯的紧固力较小
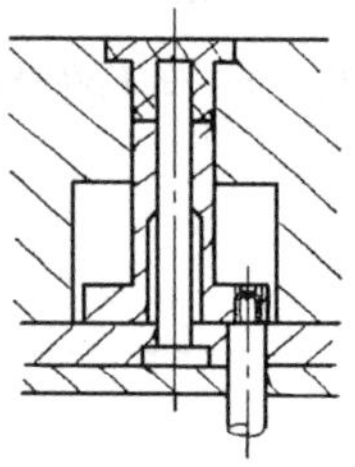	推管在型板内活动，可缩短推管长度	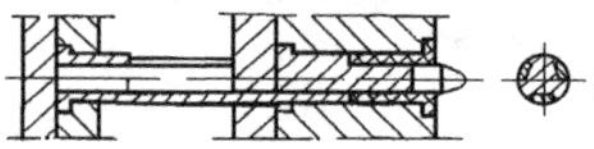	推管穿过型芯，型芯可缩短，并可省去型芯固定板，结构紧凑

推管设计要点如下：

(1) 推管壁厚不宜小于 1.5 mm。

(2) 推管应淬硬，最小淬硬长度须大于型腔配合长度与推出距离之和。

3. 推件板推出

推件板推出的推出面积大，推力均匀，模具不必设复位杆。但型芯周边形状复杂时，推件板的型孔加工较困难。常用于推出深腔、薄壁和不允许有推杆痕迹的塑件，其结构形式见表 2-3-44。

表 2-3-44 推件板结构形式

简图	说明	简图	说明
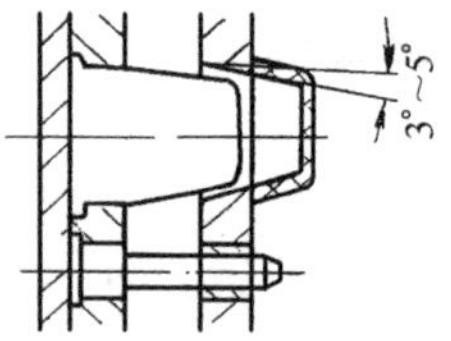	推件板与型芯的配合部位有 3°～5°的配合斜度，以便脱模	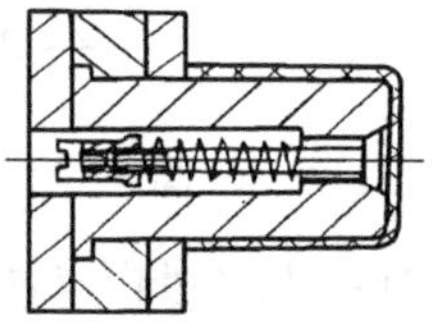	对于大型、壳体、深腔、薄壁等塑件，应增加进气装置，否则塑件内易形成真空而推件困难
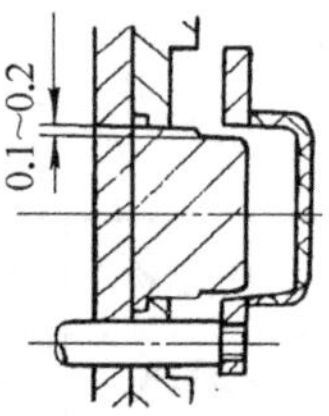	型芯与推件板的配合部位有 0.1～0.2 mm 的台阶，以免推出时划伤塑件	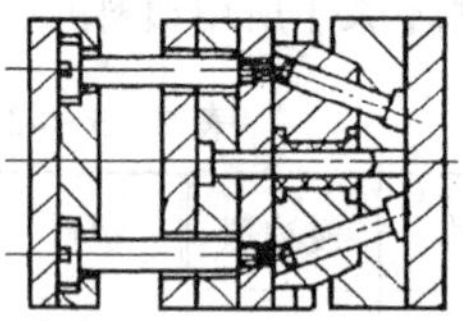	斜导柱带动滑块在推件板导滑槽内活动，进行侧向抽芯，推件板由定距螺钉推动，推出塑件

推件板设计要点如下：

(1) 推件板须淬硬，在推出过程中不得脱开导柱。

(2) 推件板与其他零件的配合一般采用$\frac{H7}{f7}$。

(3) 采用有配合斜度的推件板，其配合间隙须小于塑料溢边值(表 2-3-42)。

(4) 用推件板推出大型深腔塑件时，应设置进气装置。

4. 推块推出

推块是推管的一种特殊形式，被用于推出非圆形的大面积塑件，其结构形式见表 2-3-45。

表 2-3-45 推块结构形式

简 图	说 明	简 图	说 明
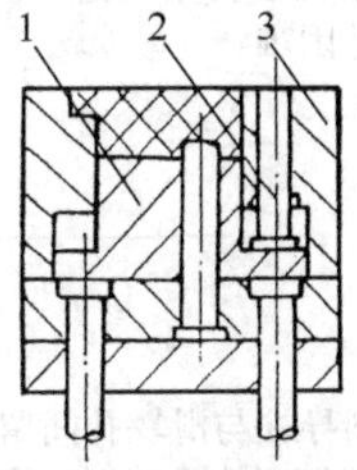	采用台阶推块推出塑件时，型腔 3 与推块 1 的移动空间应足以使推块推出塑件，复位杆 2 使推块复位	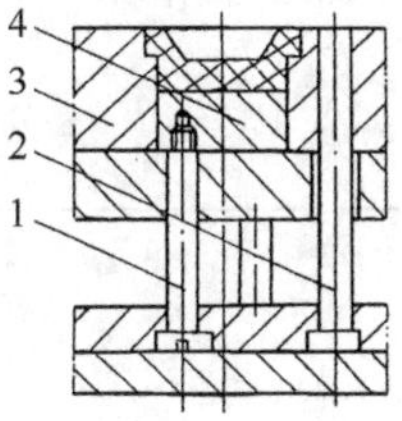	采用非台阶推块推出塑件时，推块 4 不得脱离型腔 3 的配合面，复位杆 2 带动推杆 1 使推块复位

推块设计要点如下：

(1) 推块须有较高的硬度和平行度，以及较小的表面粗糙度。

(2) 推块应有足够的导向长度和推出距离。对于台阶推块，其推出距离应等于塑件所需的推出距离；对于非台阶推块，推出过程中不得脱开型腔或型芯导滑面。

(3) 推块的配合要求灵活，配合间隙不大于塑料的溢边值(表 2-3-42)。

(4) 推块推出机构中所用的推杆不必与模具精密配合，推块由复位杆复位。

5. 气压推出

它是在型芯上设置压缩空气出气阀，在型芯与塑件之间吹入 0.5～0.6 MPa 的压缩空气，使塑件脱模。其特点是加工较简单，适于推出深腔、薄壁塑件，其结构形式见表 2-3-46。

表 2-3-46 气压推出结构形式

简 图	说 明	简 图	说 明
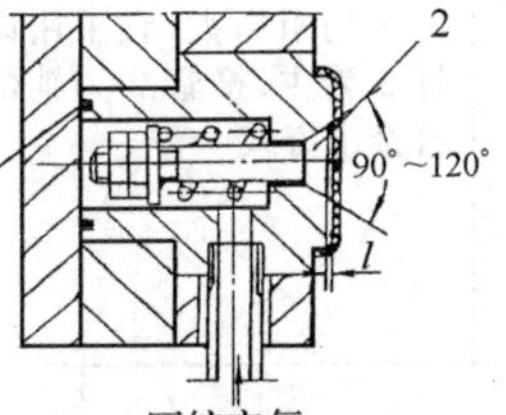压缩空气 1—密封圈；2—出气阀	推件时通入压缩空气，压缩弹簧开启阀门，推出塑件。阀门闭合靠弹簧的弹力	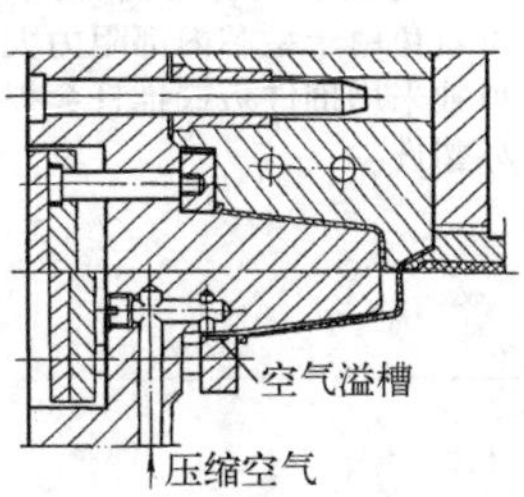	由推件板和压缩空气推出塑件，适于推出深腔与型芯间易形成真空的塑件

气压推出设计要点如下：

(1) 对于容易漏气的塑件(如带孔塑件)，不能采用气压推出。

(2) 空气阀门一般采用 90°～120°的锥面配合，并要求有一定的直壁配合面。

6. 成形镶件和型腔推出

某些塑件由于结构形状和所用塑料的缘故，不能采用上述推出机构，这时可利用成形镶件或型腔来推出，见表 2-3-47。

表 2-3-47 成形镶件和型腔推出形式

成形镶件推出		型腔推出	
简图	说明	简图	说明
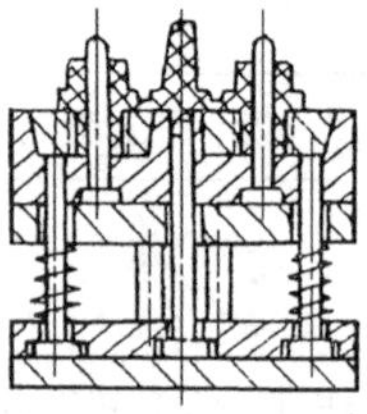	推杆推出螺纹型环，人工取出塑件后，将型环放入模内，弹簧起复位作用	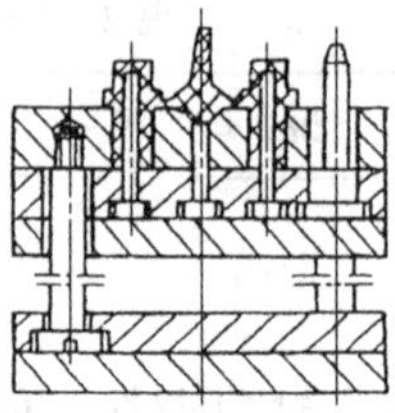	型腔推出塑件后，人工取出塑件，适用于软质塑料。但型腔数目不宜过多，不然取件困难
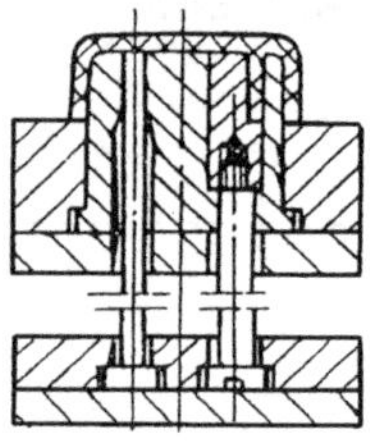	推杆推出型芯镶件，塑件取出后，推杆带动镶件复位	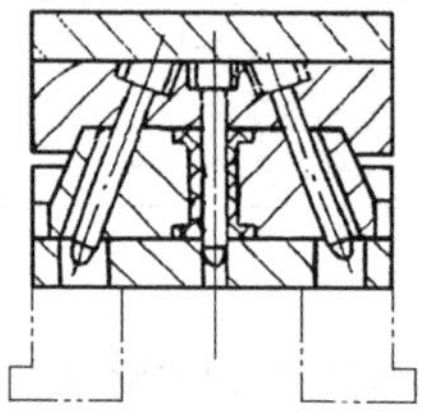	斜导柱与滑块孔间留有较大间隙，刚开模时，滑块不动，型芯卸除包紧力。继续开模，滑块运动，同时完成抽芯和推件动作①

注：① 类似形式参阅“斜滑块侧向分型与抽芯机构”。

7. 多元件联合推出

由于塑件的特殊要求，有时须采用联合推出机构，见表 2-3-48。

表 2-3-48 多元件联合推出形式

简图	说明	简图	说明
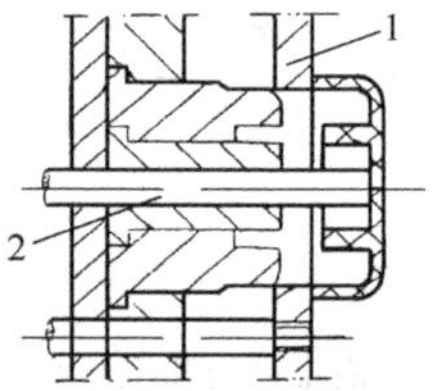	采用以推件板 1 为主、推杆 2 为辅的联合推出方式，可避免由于型芯内部阻力大单独采用推件板或推杆会损坏塑件	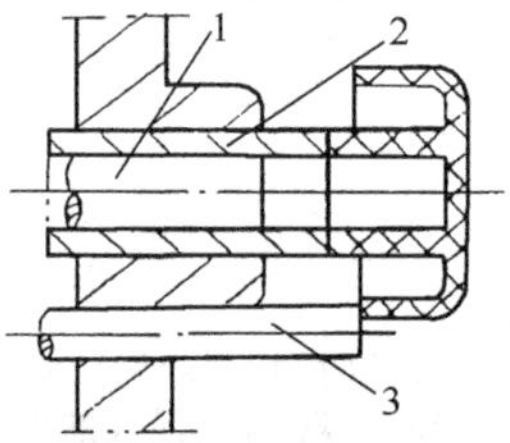	当塑件有凸起深筒或脱模斜度较小时，深筒周边与型芯 1 的阻力大，宜采用以推杆 3 为主、推管 2 为辅的联合推出方式
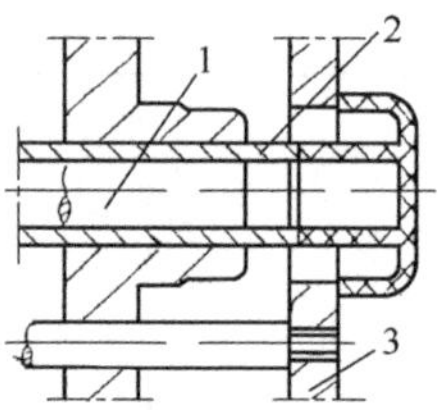	为克服型芯 1 和深筒周边的阻力，防止塑件损坏，宜采用以推件板 3 为主、推管 2 为辅的联合推出方式	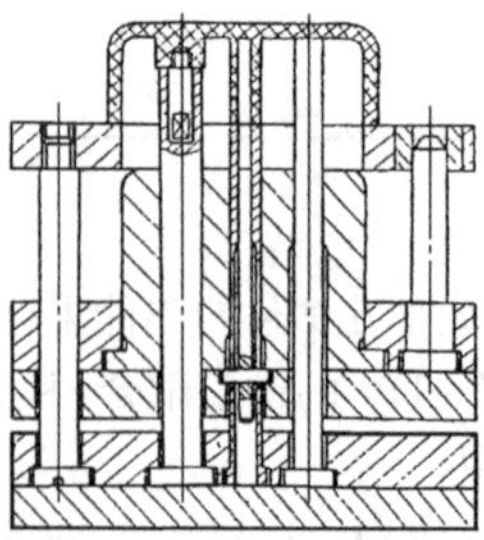	考虑到嵌件放置和凸起轴的脱模阻力，宜采用推杆、推板、推管联合推出的方式

（二）二次推出机构

二次推出机构一般被用于一次推出动作完成后塑件仍难以从型腔中取出，以及一次推出时易使塑件破裂或变形的场合，其形式见表 2-3-49。

表 2-3-49　二次推出机构形式

形式	简　　图	说　　明
拉钩二次推出	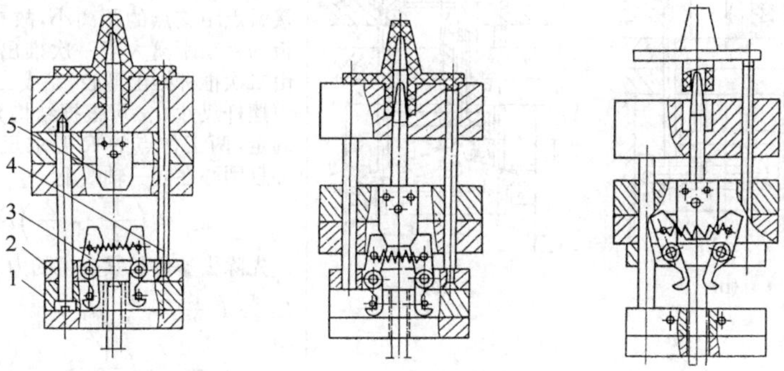(a)　(b)　(c)	图 a 为开模时塑件尚未推出状态 图 b 为一次推杆固定板 1 和二次推杆固定板 2 同时动作，完成一次推出 图 c 为分模 5 使拉钩 3 脱钩，一次推杆固定板 1 停止，二次推杆固定板 2 继续动作，带动二次推杆 4 推出塑件。件 1、2 靠复位杆复位
八字形转板二次推出	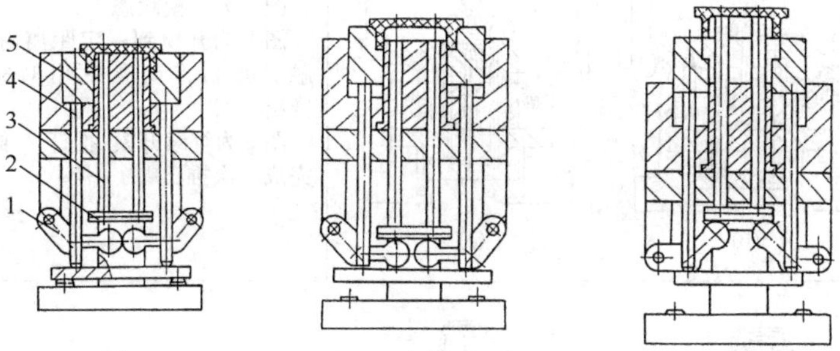(a)　(b)　(c)	图 a 为开模时塑件尚未推出状态 图 b 为一次推杆 4 动作，完成一次推出 图 c 为碰撞八字形转板 1，使其推动二次推杆固定板 2。由于转板摆动角的作用，二次推杆向前运动的距离大于一次推杆，于是塑件与凹模 5 发生相对位移，完成二次推出
U 形限制架二次推出	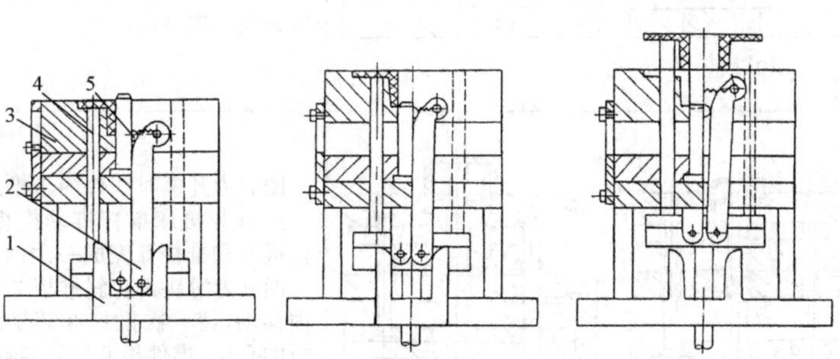(a)　(b)　(c)	图 a 为开模时塑件尚未推出状态 图 b 为由于两侧的摆杆 2 在 U 形限制架 1 内滑动，推动型腔 3 上的圆柱销 5，完成一次推出 图 c 为摆杆脱离 U 形限制架，圆柱销将摆杆分开，型腔停止，二次推杆 4 继续运动，推出塑件

（续表）

形式	简　图	说　明
摆杆二次推出	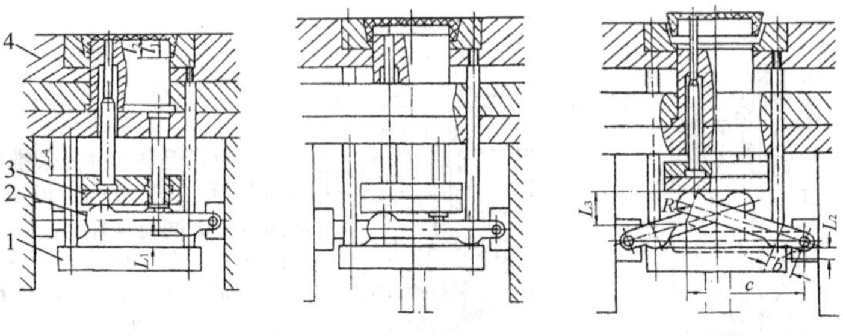(a)　(b)　(c)	图 a 为开模时塑件尚未推出状态 图 b 为机床推杆推动一次推出板 1，推开型腔板 4，完成一次推出 图 c 为一次推出板与摆杆 2 接触后，推动二次推出板 3，由于摆杆与一次推出板的接触点比与二次推出板的接触点距支点的距离小，故二次推出板的移动距离大于一次推出板，塑件由二次推杆推出型腔，完成二次推出 摆杆尺寸 b、c 可根据结构允许位置确定，两工作点的 R 要求尺寸一致，并且圆心在同一轴线上 $L_2=\left(\frac{1}{2}\sim\frac{2}{3}\right)l_1$ 先除去塑件包紧凸模的力 $L_4\geqslant\left(\frac{1}{2}\sim\frac{2}{3}\right)l_1+\frac{l_2+5+\left(\frac{1}{3}\sim\frac{1}{2}\right)l_1}{\frac{b}{c}-1}l_2+5$
摆块拉板二次推出	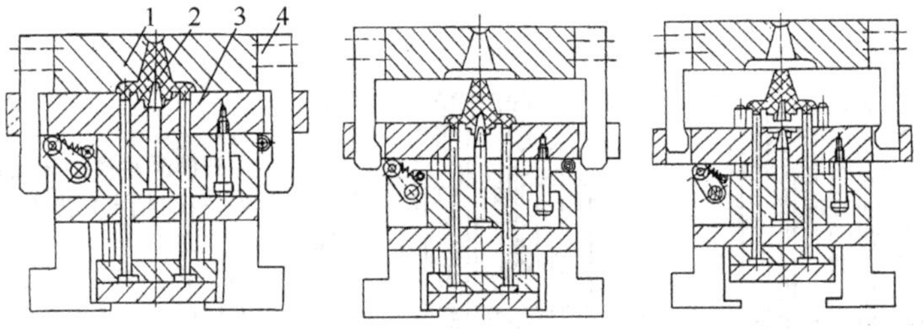(a)　(b)　(c)	图 a 为闭模状态 图 b 为开模到一定距离，拉板 4 接触摆块 1，推动推件板 3，完成一次推出 图 c 为继续开模，推杆 2 推出塑件，完成二次推出
斜导柱滑块二次推出	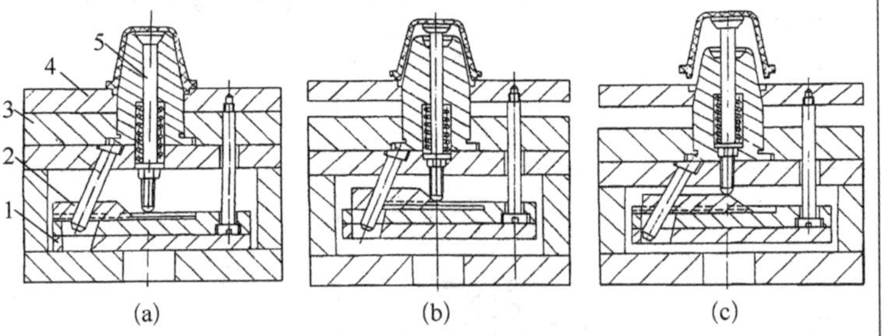(a)　(b)　(c)	图 a 为开模时塑件尚未推出状态 图 b 为机床推杆推动推板 1，使推件板 4 和推杆 5 同时动作，完成一次推出 图 c 为滑块 2 在斜导柱 3 作用下移动，使推杆 5 的移动距离大于推件板 4，完成二次推出
斜推板滑块二次推出	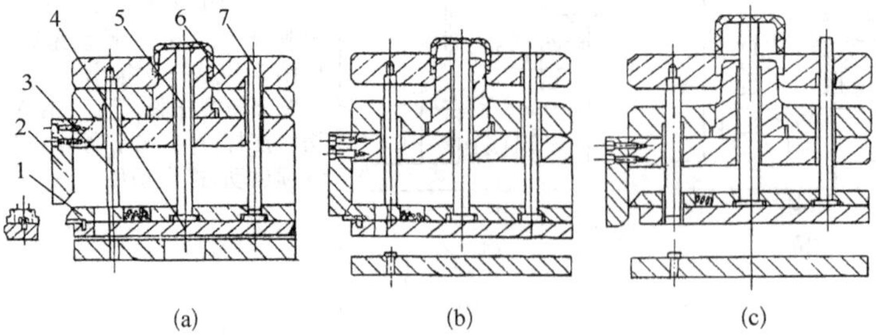(a)　(b)　(c)	图 a 为开模时塑件尚未推出状态 图 b 为机床推杆推动推板 4，使推件板 6 和推杆 5 完成一次推出 图 c 为滑块 1 在斜推板 2 作用下向内移动，使一次推杆 3 落于滑块和推板的孔中，推件板 6 停止，推杆 5 继续移动，完成二次推出。由复位杆 7 复位

（续表）

形式	简　　图	说　　明
弹簧二次推出	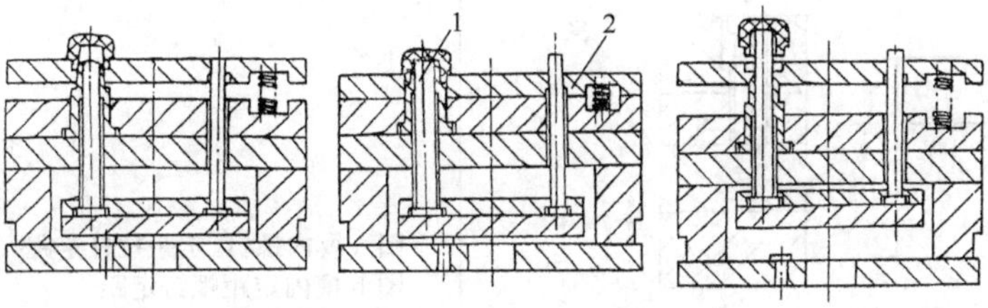 (a)　(b)　(c)	图 a 为开模时塑件尚未推出状态 图 b 为开模时弹簧作用于推件板 2，完成一次推出 图 c 为推杆 1 在机床推杆的作用下完成二次推出

（三）双向推出机构

设计模具时，原则上应使塑件留于动模（下模），即成形设备有推出装置的一方。但有时由于塑件的几何形状比较特殊，塑件留于动模（下模）或定模（上模）的可能性都存在，这时就应在动、定模或上、下模上同时设置推出机构，即双向推出机构，见表 2－3－50。

表 2－3－50　双向推出机构形式

简　　图	说　　明
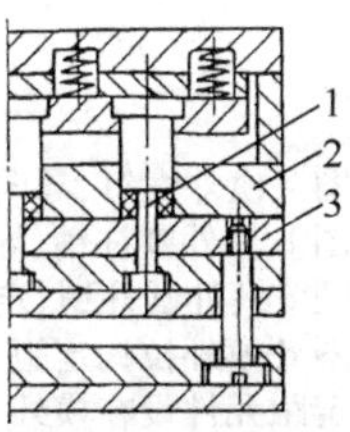	(1) 利用弹簧的弹力使塑件首先从定模型腔 2 内脱出，留于动模型芯 1 (2) 动模推件板 3 推出塑件
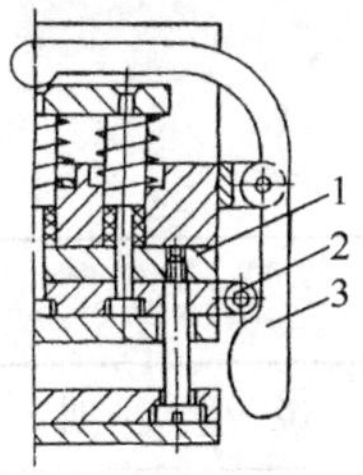	(1) 开模时，动模滚轮 2 压迫杠杆 3，使定模推出机构动作，迫使塑件留动模 (2) 动模推件板 1 推出塑件
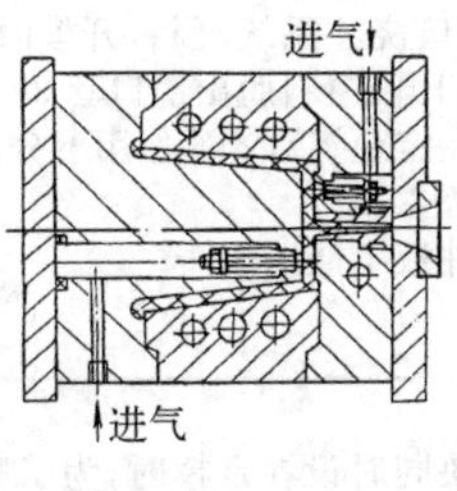	(1) 气动双推出机构，动、定模均有进气口和电磁阀。开模时，定模电磁阀首先动作，使塑件脱离定模而留于动模型芯 (2) 开模终止时，动模电磁阀开启，吹落塑件

（四）辅助推出机构

辅助推出机构（定距分型拉紧机构）主要是为了满足某些塑件的推出要求，如为了确保塑件留于动模，为了取出点浇口的浇注系统凝料，以及定模部分同时设置斜导柱和滑块时而设计的一种定距分型拉紧机构。常用的定距方式见表 2－3－51，定距分型拉紧机构形式见表 2－3－52。

表 2-3-51　定 距 方 式

方 式	简　　图	说　　明
模内定距	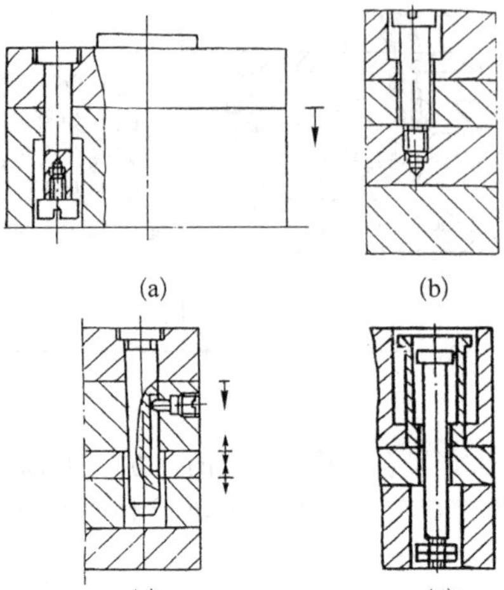 (a) (b) (c) (d)	图 a 模内螺钉、定距拉杆定距 图 b 模内定距螺钉定距 图 c 模内螺钉、导柱定距。适用于中小型模具 图 d 模内套筒、螺栓定距。适用于定距较长的模具
模外定距	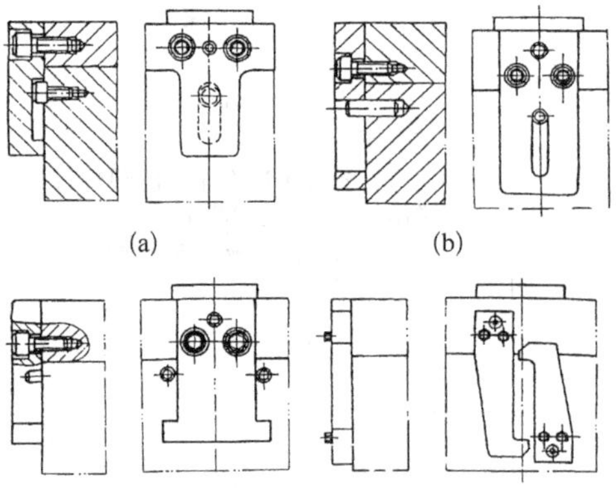 (a) (b) (c) (d)	图 a 模外螺钉、导向定距拉板定距 图 b 模外圆柱销、导向定距拉板定距 图 c 模外圆柱销、定位拉板定距 图 d 模外拉钩定距 定距元件设在模外，便于调整和装拆

表 2-3-52　定距分型拉紧机构形式

形 式	简　　图	说　　明
弹簧螺钉式	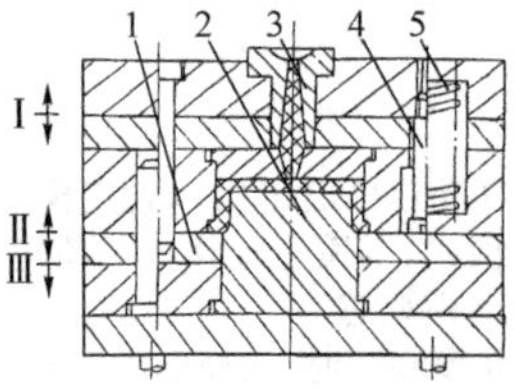	(1) 为取出点浇口浇注系统凝料，开模时模具在弹簧 5 的作用下，分型面Ⅰ打开，凝料脱出浇口套 3 (2) 继续开模，在定距螺钉 4 的作用下分型面Ⅱ打开，点浇口拉断，塑件留于型芯 2 (3) Ⅲ分型，推件板 1 推出塑件
导柱式	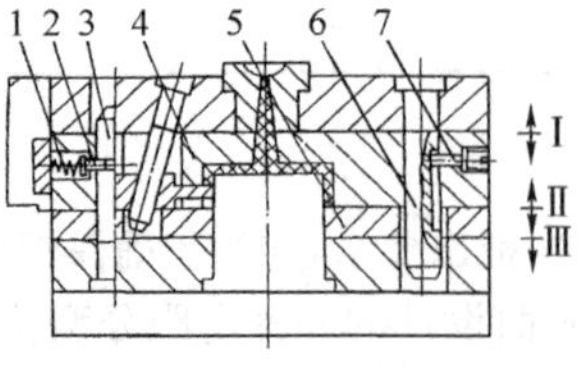	(1) 斜导柱、滑块同时设在定模时，为了顺利地推出塑件，开模时定位钉 2 在弹簧 1 的作用下，紧压导柱 3 的半圆槽，型腔板 4 随动模移动，Ⅰ分型并进行侧抽芯 (2) 抽芯完毕，定距钉 7 与导柱拉杆 6 的凹槽相撞，此时的开模力大于弹簧压紧力，迫使定位钉离开导柱凹槽，Ⅱ分型 (3) 继续开模，Ⅲ分型，推件板 5 推出塑件

（续表）

形式	简　　图	说　　明
搭扣式	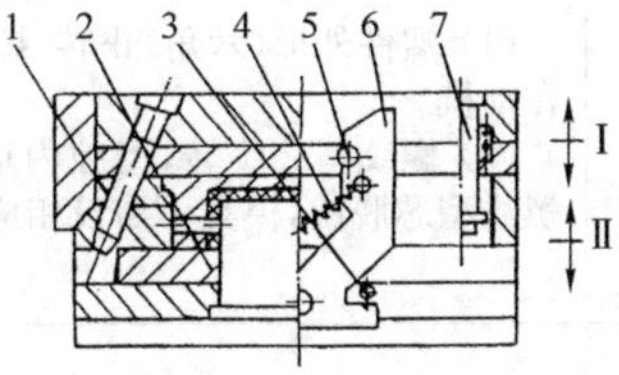	(1) 开模时搭扣定距 6 拉导柱住定模 1，Ⅰ分型，并进行侧抽芯 (2) 抽芯完毕，拉杆导柱 7 拉住定模，但由于开模力超过弹簧 4 的拉力，使搭扣与定模凸销 5 强行分开，Ⅱ分型 (3) 继续开模，推件板 2 推出塑件，定位销 3 限制搭扣的摆动位置
暗销导柱式	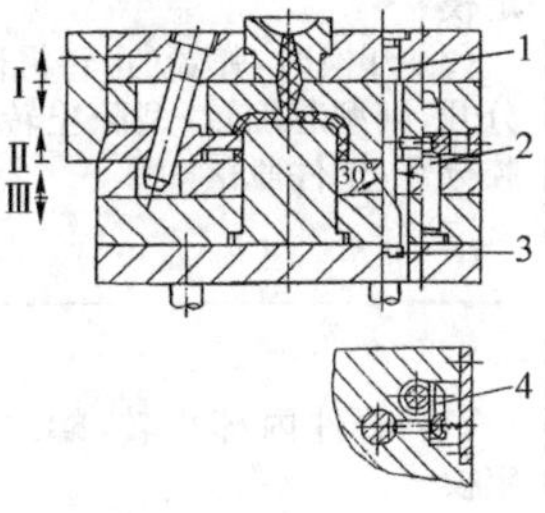	(1) 开模后，Ⅰ分型，此时由于L形暗销 4 锁住动模导柱 2，动模不分开 (2) 当Ⅰ分型接近终止时，由于定模导柱 1 的 30°斜面作用，将L形暗销向外推移，开启与动模导柱的锁卡部分，在定距螺钉 3 的作用下Ⅱ分型 (3) 动模移动一定距离后，在注射机推杆作用下Ⅲ分开，推出塑件
摆钩式	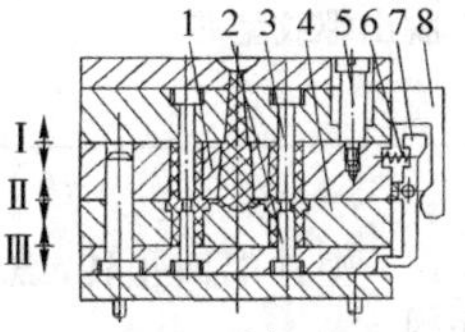 (a) 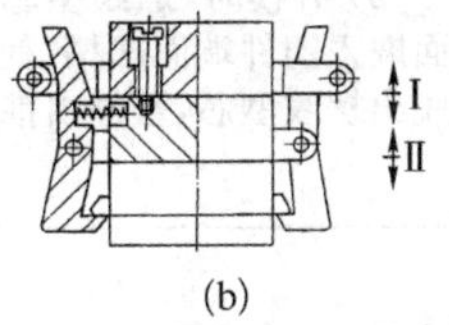 (b) 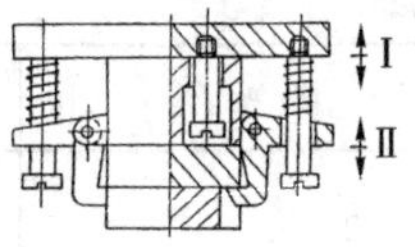 (c)	图 a 为开模后，在摆钩 7 和弹簧 6 的作用下，分型面Ⅰ打开，定模型芯 3 脱出塑件。继续开模，摆钩在压块 8 作用下脱钩，定模型腔板 1 随定距螺钉 5 移动，分型面Ⅱ打开，塑件留于动模型腔板 4。推杆推动动模型腔板，分型面Ⅲ打开，塑件由动模型腔板带出，脱开动模型芯 图 b、图 c 动作原理与图 a 相同
滑板式	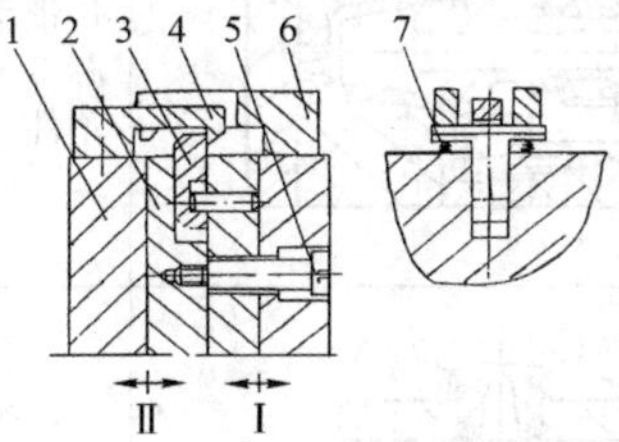	(1) 固定于动模板 1 上的拉钩 4 紧钩能在定模 2 内滑动的滑板 3，开模时拉钩带动定模，Ⅰ分型 (2) 滑板在压块 6 的斜面作用下，向模内滑移而脱钩，模具在定距螺钉 5 的作用下，Ⅱ分型，推出机构推出塑件 (3) 合模时，Ⅱ先闭合，滑板脱离压块，在弹簧 7 作用下复位

（五）其他推出机构

由于螺纹塑件的形状有特殊要求，故设计脱出机构时，首先要求塑件本身具有止转措施。必要时，模具也应有相应的防转机构，以免塑件随螺纹型芯一起转动，失去脱件作用。塑件的止转形式和模具的相应结构见表 2-3-53，螺纹塑件的脱出方式见表 2-3-54，点浇口、潜伏浇口的自动切断和脱落机构形式见表 2-3-55。

表 2-3-53　塑件止转形式和模具相应结构

塑　　件	模　　具	说　　明
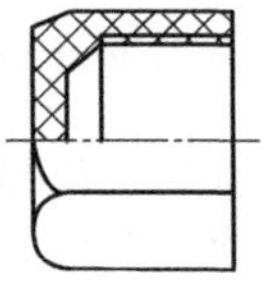	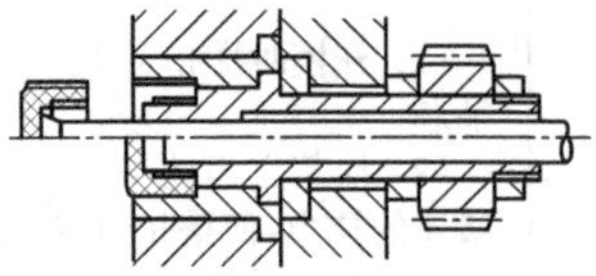	(1) 塑件外形(六角)止转,螺纹型芯和型腔均设在动模 (2) 螺纹型芯旋转,型腔内形(塑件外形)止转,螺纹型芯脱出,模具不需设相应的止转机构
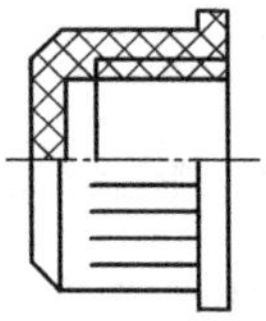	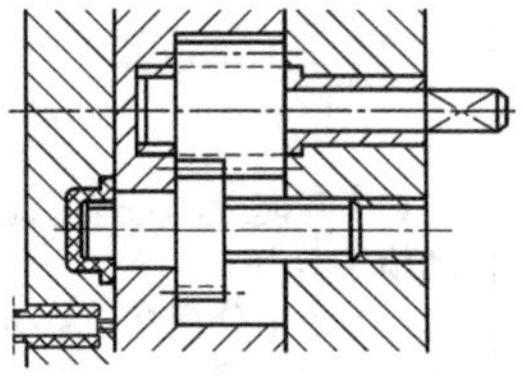	(1) 塑件外形止转,螺纹型芯设动模,型腔设定模 (2) 开模时,弹簧(止转机构)迫使型腔不与塑件分开,则型芯旋转,型腔止转,螺纹型芯脱出时,型腔分开,塑件脱落
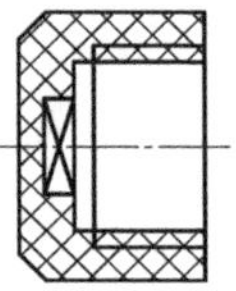	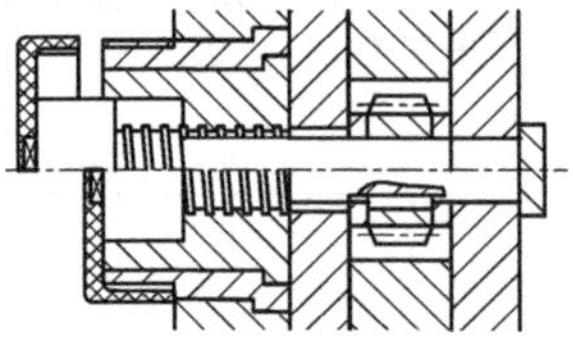	(1) 塑件内部止转,螺纹型芯设动模,型腔设定模 (2) 螺纹型芯采用镶拼结构,开模时,成形镶件(推杆)转动,并在镶套内螺纹作用下向前运动,塑件脱出螺纹型芯
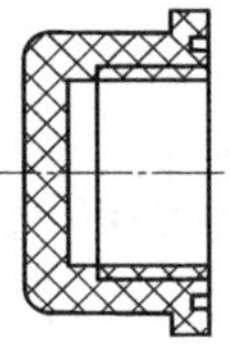	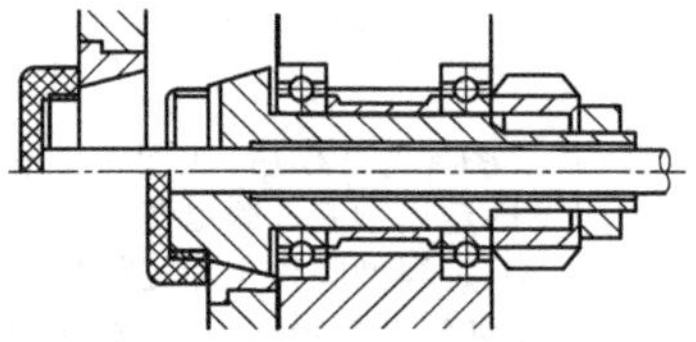	(1) 塑件端面止转,螺纹型芯设动模,型腔设定模 (2) 开模时,螺纹型芯转动,因顶板中的镶件端面嵌入塑件端面凹槽,使塑件不随型芯转动,从而脱出螺纹型芯,塑件由推件板和推杆推出

表 2-3-54　螺纹塑件脱出方式

简　　图	说　　明	简　　图	说　　明
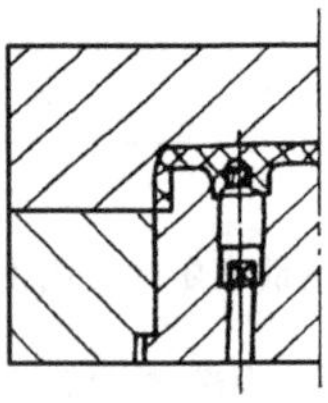	机外手动脱螺纹型芯。开模后螺纹型芯随塑件推出,然后手动旋下。型芯必须有备件,并应考虑预热	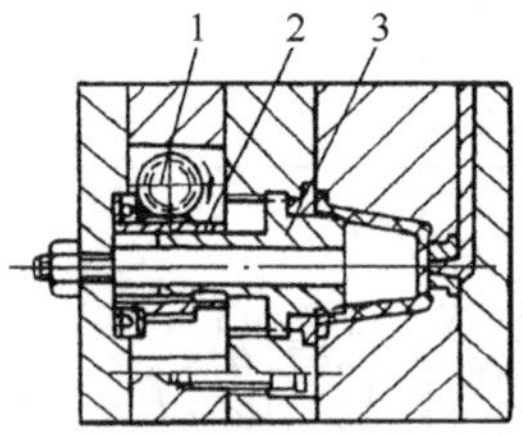	手动蜗轮蜗杆脱螺纹型芯。开模时人工转动蜗杆1,带动蜗轮2,使螺纹型芯3边转边后退,脱出塑件
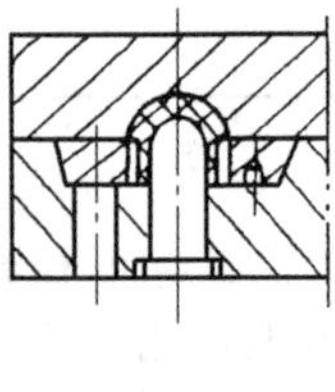	机外手动脱螺纹型环。螺纹型环随塑件推出,然后人工旋下。型环必须有备件,并应考虑预热	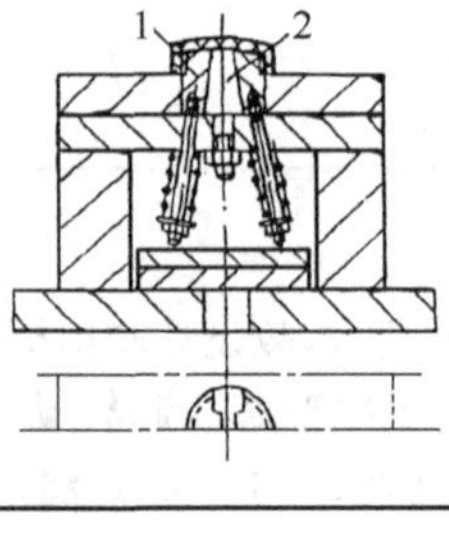	机动斜滑块脱螺纹型芯。开模后推出机构推动斜滑块1沿型芯2锥面内侧运动,脱出塑件

（续表）

简　　图	说　　明	简　　图	说　　明
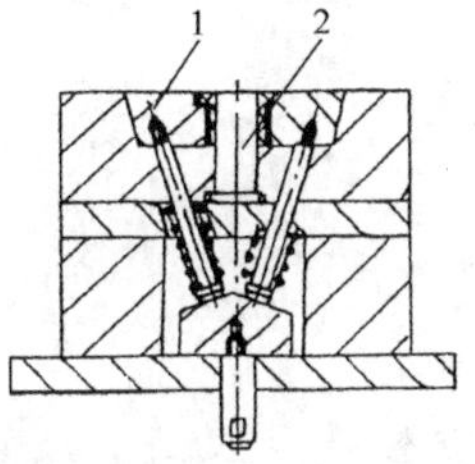	机动斜滑块脱螺纹型环。开模后推出机构推动斜滑块(螺纹型环1)，使之向两侧分开，并带动塑件脱离型芯2和拼合螺纹型环	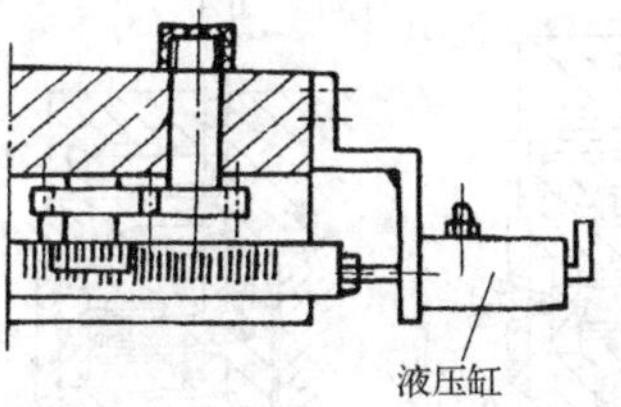	液压齿轮齿条脱螺纹型芯。开模时液压抽芯缸使齿条做往复运动，带动齿轮，使型芯旋转，脱出塑件
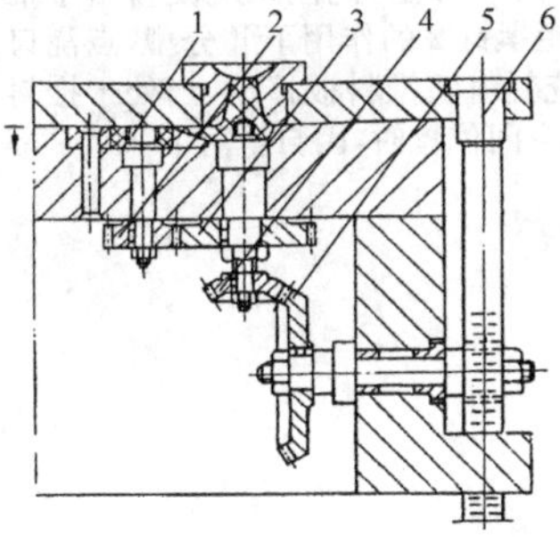	齿轮齿条脱螺纹型芯。开模时齿条6带动锥齿轮5，通过伞齿轮4和直齿轮2、3使螺纹型芯1和螺纹拉料杆同时脱出	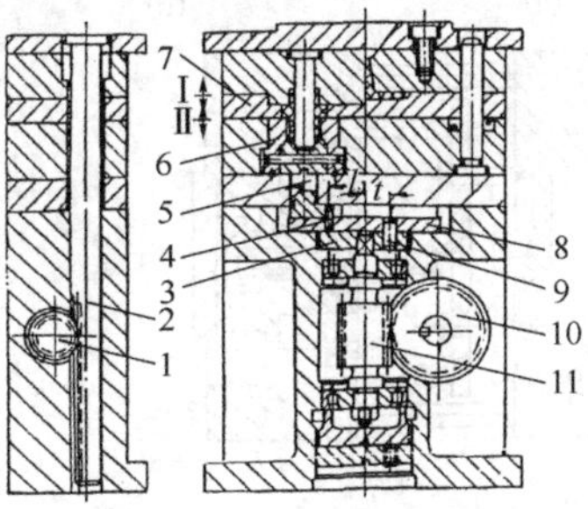	开模时齿条导柱2通过齿轮1、10、11带动转板3旋转，经传动销9带动转板8转动，再经传动销4带动曲杆5及内螺纹凹模6转动，塑件受型腔7(内六方)的限制不能转动，便自动地沿螺纹轴线方向脱出。设计时应注意各曲杆偏心距相等，全部曲杆偏心方向相同

表 2-3-55　点浇口、潜伏浇口自动切断和脱落机构形式

形式	简　　图	说　　明
侧凹拉断点浇口	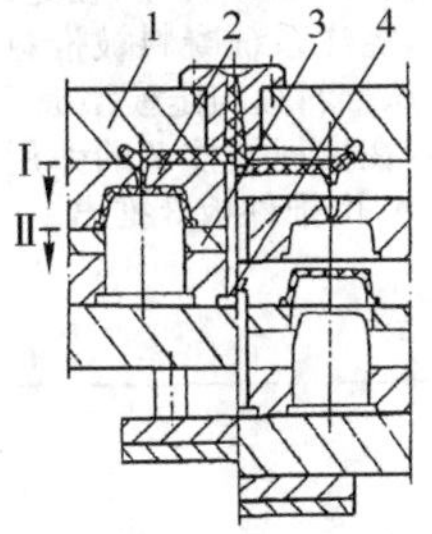 (a) 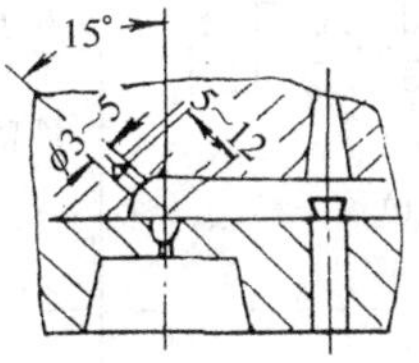 (b)	图a为开模时Ⅰ分型，分流道凝料在定模斜孔(侧凹)的作用下首先拉断点浇口，然后在拉料杆4的作用下整个浇注系统凝料脱开定模板1，留于定模型板2和拉料杆上。继续开模，在定距分型拉紧机构作用下Ⅱ分型，定模型板强行将浇注系统凝料从拉料杆上括下，并自动脱落。推件板3推出塑件 图b为侧凹的参考尺寸
脱浇板拉断点浇口	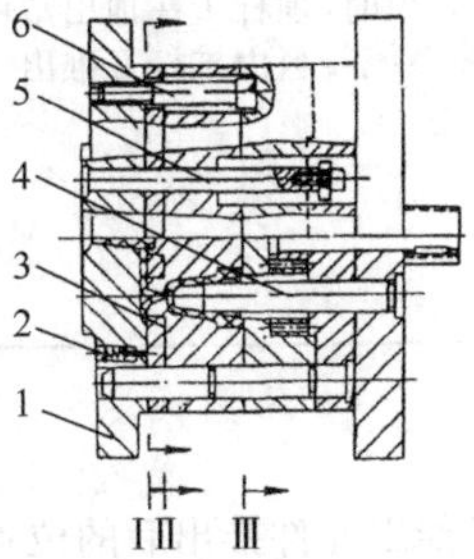 (a) 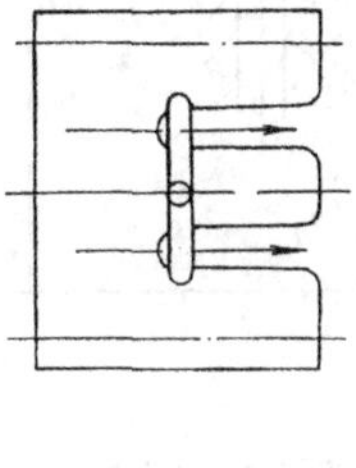 (b)	图a为开模时，在弹簧2的作用下Ⅰ分型，浇注系统主流道脱离定模板1。继续开模，定距螺钉6带动推料板3，Ⅱ分型，点浇口拉断，浇注系统凝料留于推料板。当凝料处于推料板和定模板的空间位置时，因自重落下。在拉杆导柱5作用下，Ⅲ分型，塑件留于动模型芯4，由推出机构推出 图b为推料板平面形状

（续表）

形式	简　　图	说　　明
单腔点浇口自动脱落	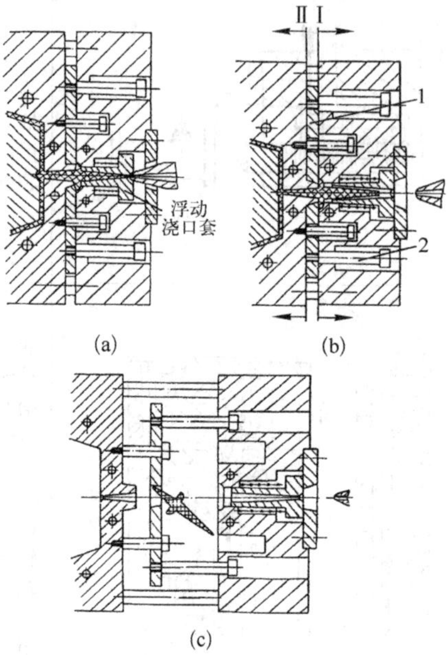	图 a 为闭模注射状态 图 b 为成形后喷嘴后退，弹簧顶起浇口套，主流道凝料松动 图 c 为开模时，Ⅰ分型，浇注系统凝料留于推料板 1。在定距螺钉 2 的作用下Ⅱ分型，点浇口拉断，浇注系统凝料随推料板移动，当处于推料板和定模板的空间位置时，因自重落下
多腔点浇口自动脱落	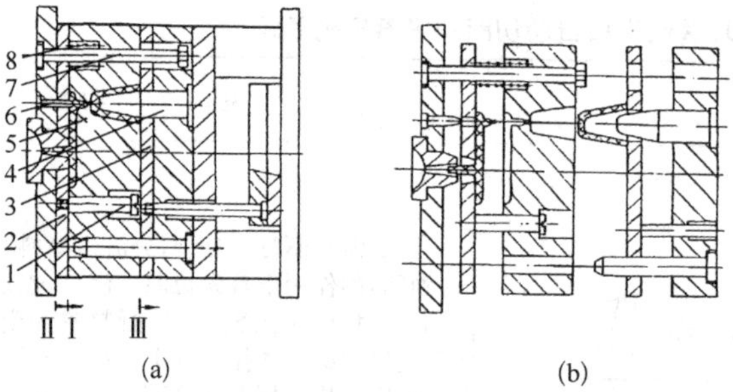	图 a 为合模状态 图 b 为开模时，在弹簧 8 的作用下Ⅰ分型，在浇道拉料杆 6 的作用下点浇口拉断，浇注系统凝料留于推料板 2。继续开模，在定距螺钉 1 的作用下Ⅱ分型，浇注系统凝料被推料板强行括下，并因自重而从推料板与定模型板 5 的空间落下。进一步开模，在拉杆导柱 7 的作用下Ⅲ分型，塑件留于型芯 4，由推件板 3 推出
推杆切断潜伏浇口	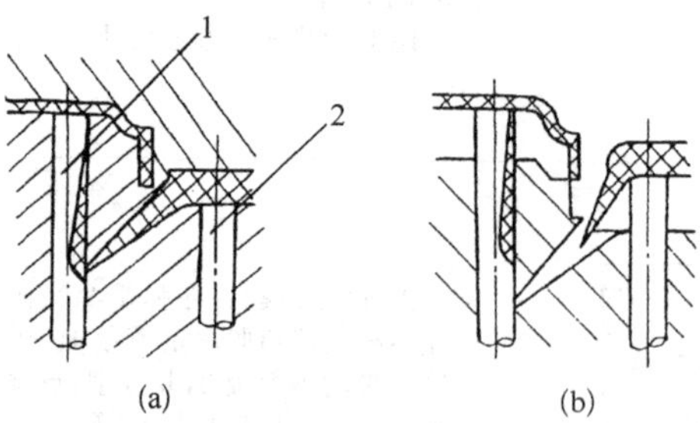	图 a 为合模状态 图 b 为开模时，顶杆 1 在顶出塑件的同时切断浇口，浇注系统凝料由推杆 2 推出

（六）复位机构

采用推杆、推管的推出机构，推出元件的复位通常由复位杆来完成。但当推出元件推出后的位置影响嵌件的安装或者推出元件与活动型芯在插芯时两者动作发生干扰的情况下，必须采用先复位机构。常用的先复位机构见表 2－3－56。

表 2-3-56 先复位机构形式

形式	简图	说明
弹簧导销先复位	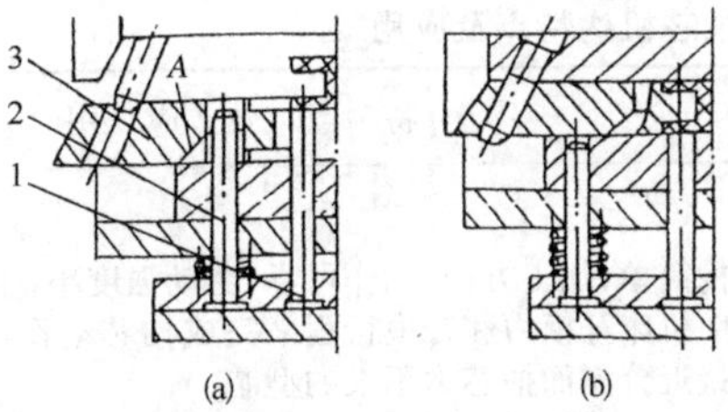(a) (b)	图 a 开模状态，图 b 合模状态 合模时，由于弹簧力和滑块 3 斜面 A 作用，复位杆 2 和推杆 1 同时复位
三角形滑块先复位	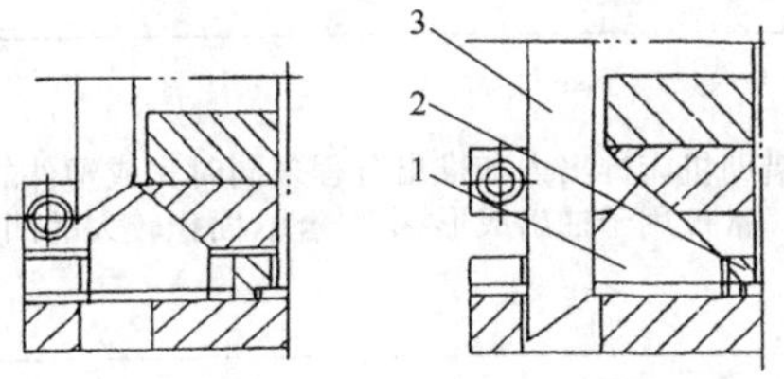(a) (b)	图 a 开模状态，图 b 合模状态 合模时，复位杆 3 使楔形滑块 1 向内移动，带动推杆固定板 2 后退复位
摆杆先复位	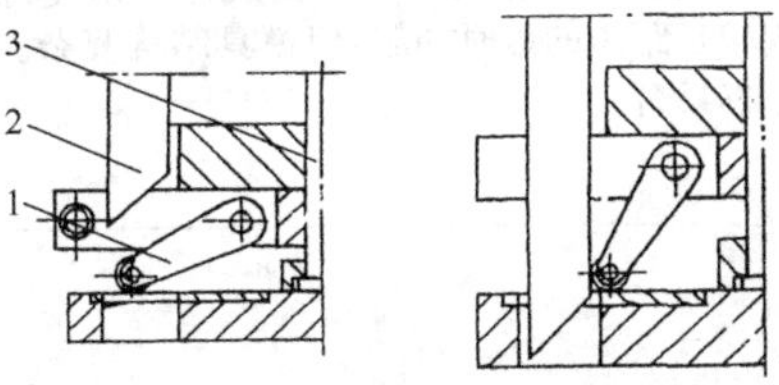(a) (b)	图 a 开模状态，图 b 合模状态 合模时，复位杆 2 推动摆杆 1 转动，带动推杆 3 复位
杠杆先复位	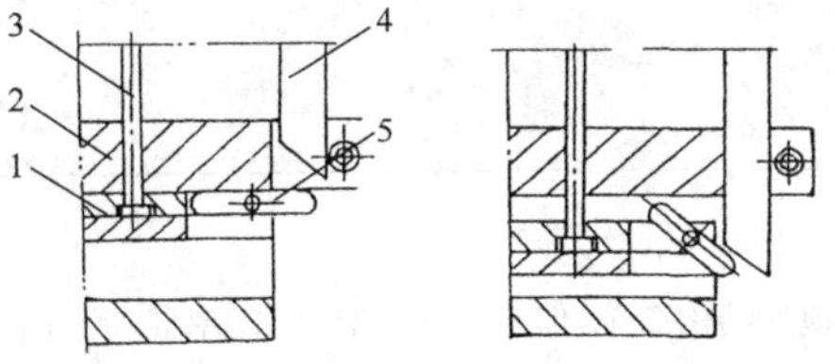(a) (b)	图 a 开模状态，图 b 合模状态 合模时，复位杆 4 端部的 45°斜面推动杠杆 5 的外端，杠杆内端顶在模具支承板 2 上，推动推杆固定板 1，使推杆 3 复位
连杆先复位	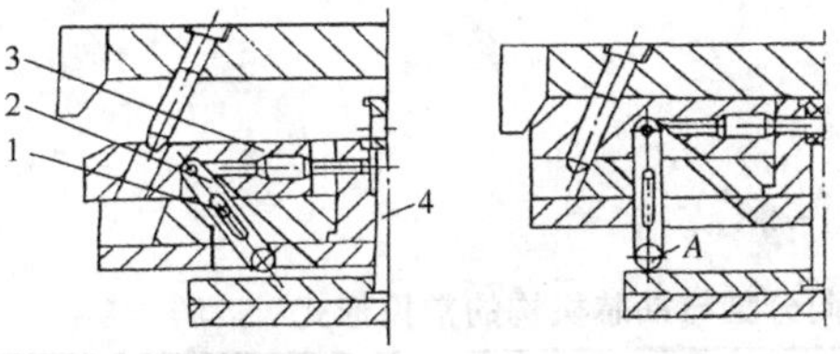(a) (b)	图 a 开模状态，图 b 合模状态 合模时，由于滑块 3 作用，连杆 2 绕圆柱销 1 转动，连杆 A 端迫使推杆 4 复位
弹簧先复位	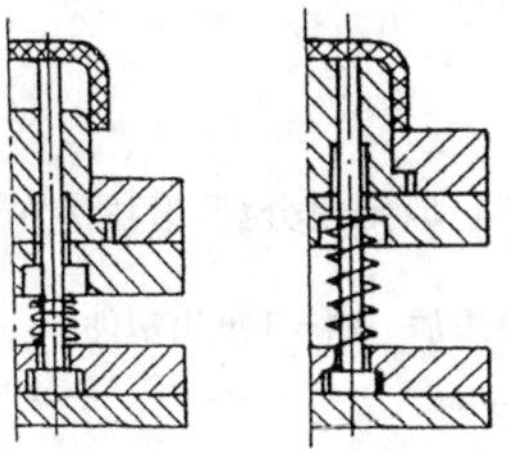(a) (b)	图 a 开模状态，图 b 合模状态 开模时，弹簧受压；合模时，推杆借弹簧的弹力复位。结构简单，但弹簧容易失效

五、侧向分型与抽芯机构

当塑件上有与开模方向不一致的侧孔、侧凹或凸台时，在脱模前必须先抽掉侧向成形零件，否则就无法脱模，这种带动侧向成形零件移动的机构称为侧向分型与抽芯机构。常用抽芯机构特点及应用见表 2-3-57。

表 2-3-57 常用抽芯机构特点及应用

类 别	简 图	特 点 及 应 用
斜导柱分型与抽芯	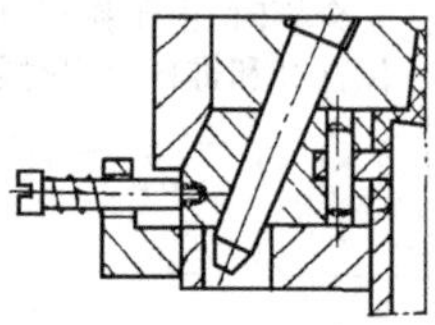	结构简单，加工方便，动作可靠，劳动强度小，生产效率高 借助机床开模力和开模行程来完成抽芯动作，被广泛用于延时抽芯或接近分型面抽芯力不大的型芯
斜滑块分型与抽芯	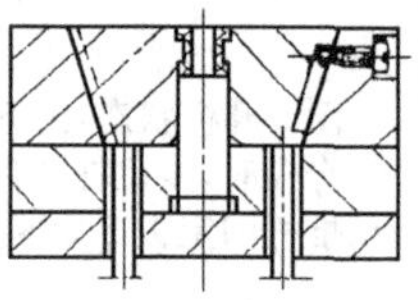	借助机床推出力和推出行程来同时完成塑件的分型抽芯和推出动作。常被用于抽出成形深度较浅、面积较大的凹凸型芯
齿轮齿条抽芯	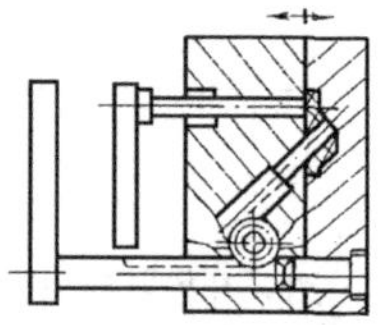	能抽出较长的型芯和与分型面成任何角度、抽芯力较大的型芯。可实现较长距离的延时抽芯，但模具结构复杂。适用于简便机构无法抽芯的场合
液压抽芯	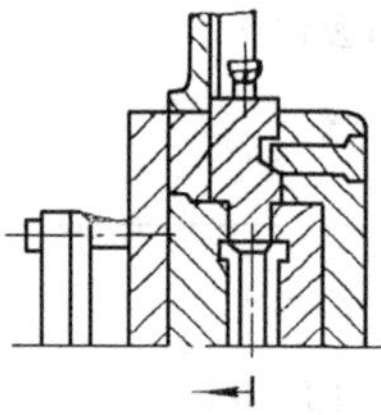	抽芯距及抽拔力较大，抽芯动作平稳，但必须设置液压抽芯装置。一般被用于表面积大、端面几何形状复杂的大型塑件的抽芯
手动抽芯	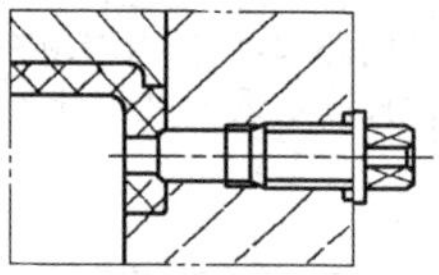	模具结构简单，但劳动强度高，生产率低，适用于小批量生产

(一) 斜导柱侧向分型与抽芯机构

1. 常见形式

斜导柱侧向分型与抽芯机构的常见形式见表 2-3-58。

表 2-3-58 斜导柱侧向分型与抽芯机构的常见形式

形式	简 图	说 明
斜导柱在定模，滑块在动模	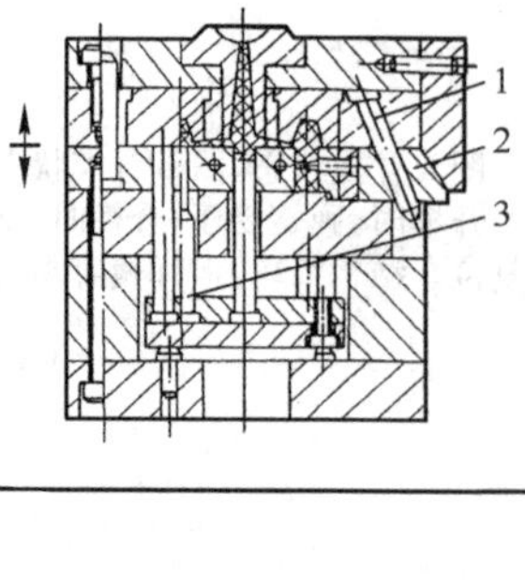	(1) 开模时，动、定模分型，滑块 2 在斜导柱 1 的作用下进行侧抽芯 (2) 抽芯结束后，推杆 3 推出塑件

（续表）

形式	简　　图	说　　　　明
斜导柱在动模，滑块在定模	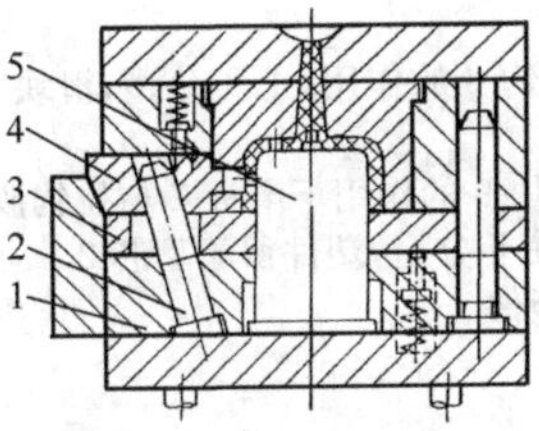	(1) 开模时，Ⅰ先分型，型芯 5 不动，固定板 1 移动，滑块 4 在斜导柱 2 的作用下进行侧抽芯 (2) 固定板与型芯的台肩相碰，Ⅱ分型，型芯带着塑件脱离定模型腔 (3) 推件板 3 推出塑件
斜导柱、滑块在定模	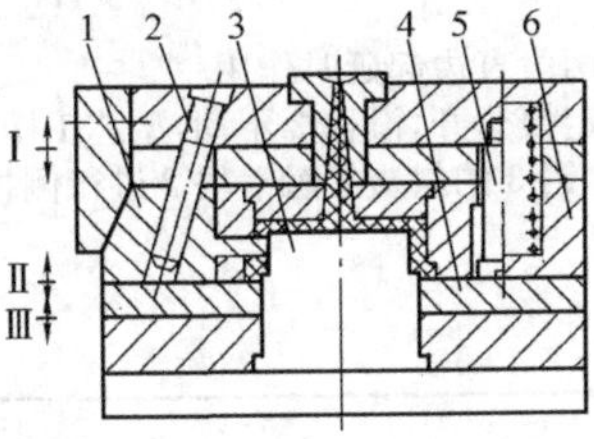	(1) 开模时，Ⅰ先分型。滑块 1 在斜导柱 2 的作用下进行侧抽芯 (2) 抽芯结束后，定模型腔板 6 在定距螺钉 5 的作用下使Ⅱ分型，塑件留在型芯 3 上 (3) 推件板 4 推出塑件
斜导柱、滑块在动模	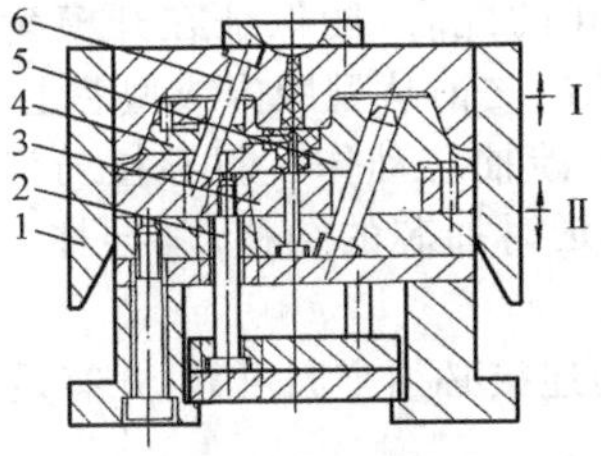	(1) 开模时，小滑块 4 在斜导柱 6 的作用下侧抽芯 (2) 继续开模，在推杆 2 和推件板 3 的作用下大滑块 5 分开，塑件脱出 (3) 合模时，在斜楔 1 的作用下，保证大滑块 5 先复位
斜导柱内侧抽芯	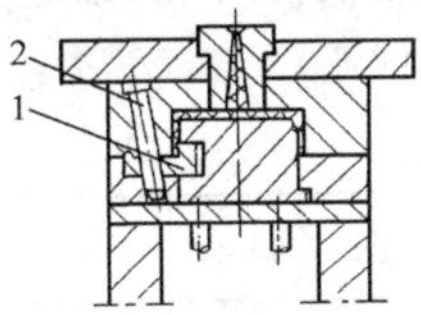	(1) 开模时，滑块 1 在斜导柱 2 的作用下内侧抽芯 (2) 抽芯完毕，推出塑件
斜导柱延时抽芯	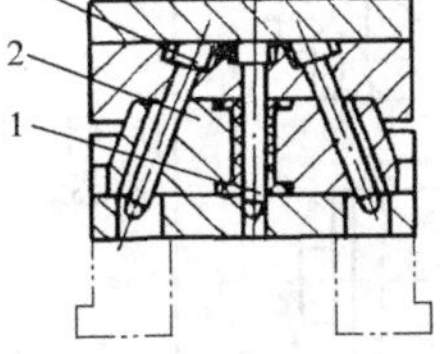	(1) 为避免塑件抽芯后留于定模型芯 1，滑块斜孔与斜导柱之间留有一定的延时抽芯间隙 (2) 开模时，动、定模分开，滑块 2 不动，定模型芯 1 松动，卸除塑件对型芯的包紧力 (3) 延时结束，滑块 2 在斜导柱 3 的作用下侧抽芯，并使塑件脱离型芯 1 留于动模
矩形弯销外侧抽芯	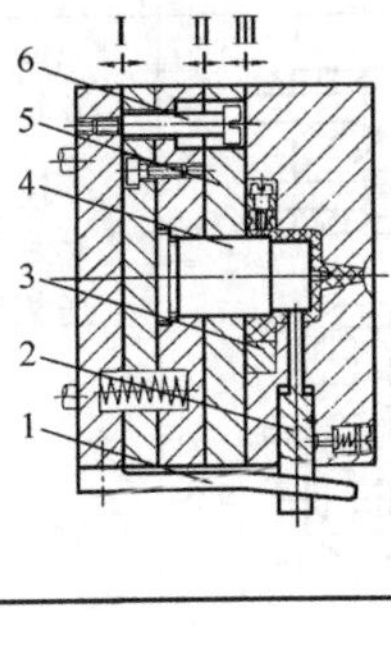	(1) 开模时，Ⅰ先分型，活动型芯 2 在矩形弯销 1 的作用下进行外侧抽芯 (2) 抽芯结束，动模部分模板在定距螺钉 6 的作用下使Ⅲ分型，塑件脱离型环 3，留于凸模 4 (3) 推件板 5 推出塑件

（续表）

形式	简　　图	说　　明
矩形弯销内侧抽芯	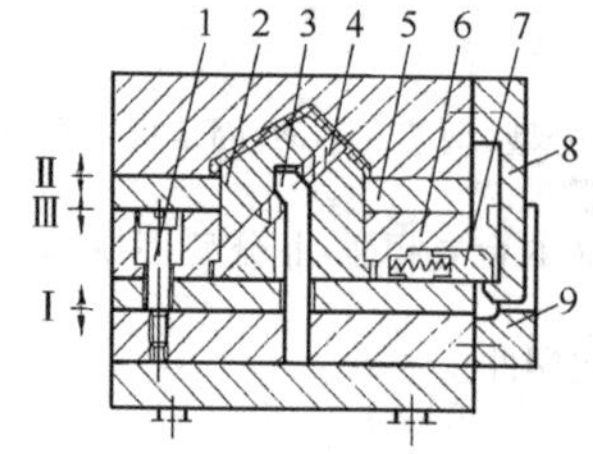	（1）开模时，由于拉钩 8 的作用，Ⅰ先分型，滑块 4 在弯销 3 的作用下进行内侧抽芯 （2）抽芯完毕，在压块 9 的作用下滑板 7 与拉钩脱开，固定板 6 在定距螺钉 1 的作用下使Ⅱ分型，塑件留于型芯 2 （3）推件板 5 推出塑件
矩形弯销延时抽芯	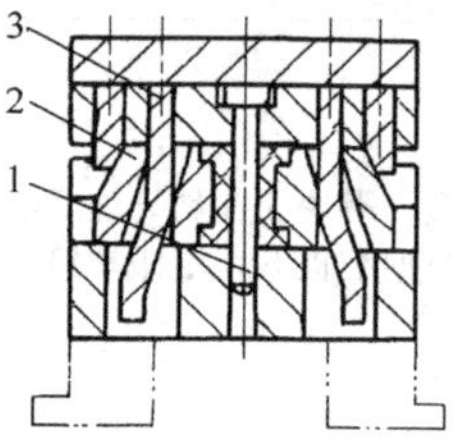	（1）弯销 3 制成两段直边起延时作用 （2）开模时，动、定模分开，滑块 2 不动，型芯 1 松动 （3）延时结束，弯销 3 的斜边接触滑块 2 进行侧抽芯，并使塑件脱离型芯 1 留于动模

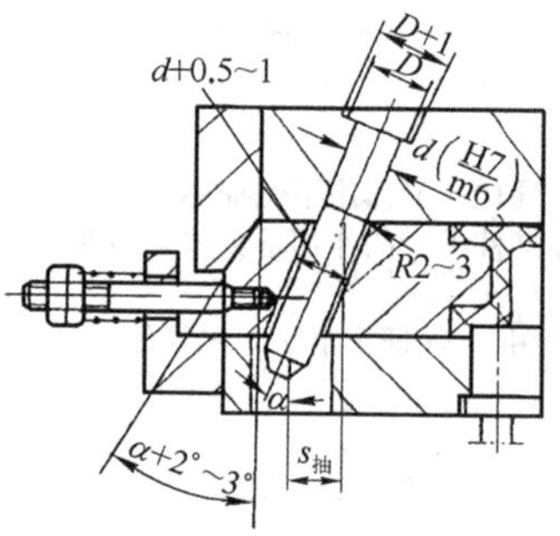

图 2-3-16　斜导柱与滑块的组合形式

2. 设计要点

（1）斜导柱与滑块斜孔的配合，能保证在开模瞬间有一很小空程，使塑件在活动型芯未抽出之前从型腔内或型芯上获得松动，并使楔紧块先脱开滑块，以免干涉抽芯动作。斜导柱与滑块的组合形式见图 2-3-16。对于需要延时抽芯的结构，斜导柱与滑块斜孔的间隙根据需要而定。

（2）活动型芯与滑块的连接必须牢固可靠，并有足够的强度，常见的连接形式见表 2-3-59。

（3）滑块在导滑槽中活动必须顺利平稳，不应发生卡滞、跳动等现象，常用的导滑形式见图 2-3-17。

表 2-3-59　型芯与滑块连接形式

简　　图	说　　明	简　　图	说　　明
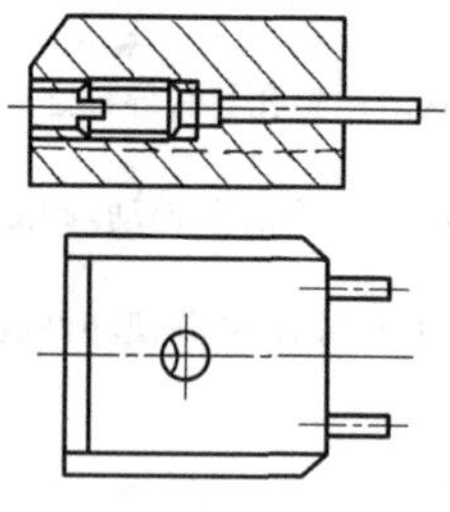	螺钉固定，适于固定小型芯	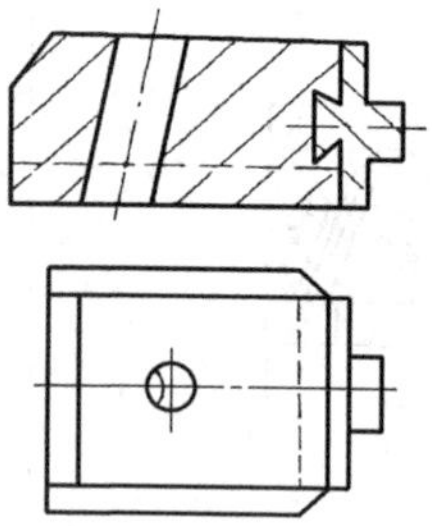	燕尾槽固定，适于固定大型芯
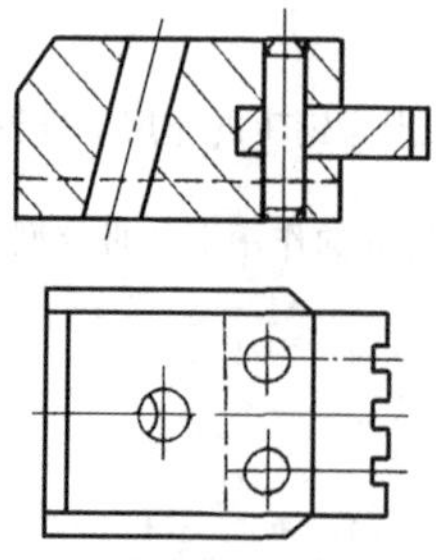	通槽固定，适于固定薄片型芯	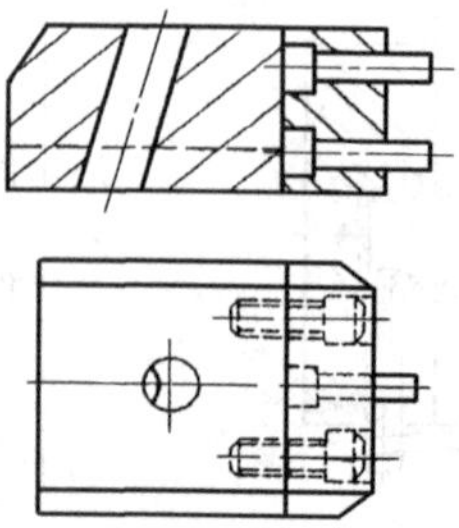	压板固定，适于固定多型芯

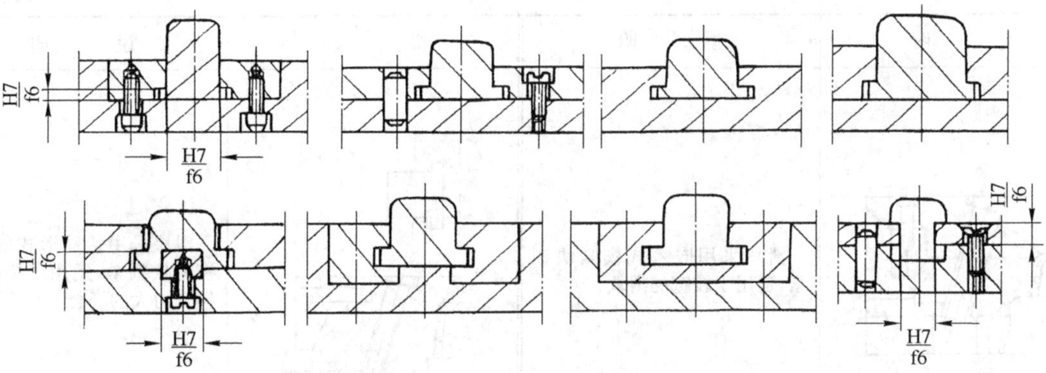

图 2-3-17 滑块导滑形式

(4) 滑块长度 L 应大于滑块宽度 B 的 1.5 倍。滑块完成抽芯动作后,应继续留在导滑槽内,并保证留在导滑槽内的长度 l 不小于滑块全长 L 的 2/3,见图 2-3-18。

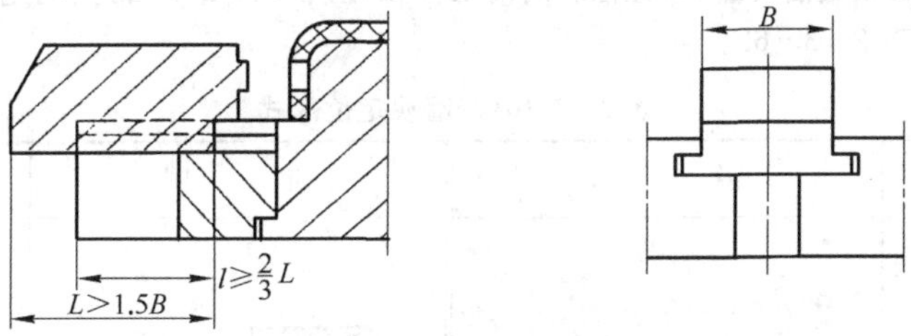

图 2-3-18 滑块导滑长度

(5) 为防止活动型芯和滑块在成形过程中受力而移动,滑块应采用楔紧块锁紧。滑块常用的锁紧形式见表 2-3-60。

表 2-3-60 滑块锁紧形式

简　　图	说　　明	简　　图	说　　明
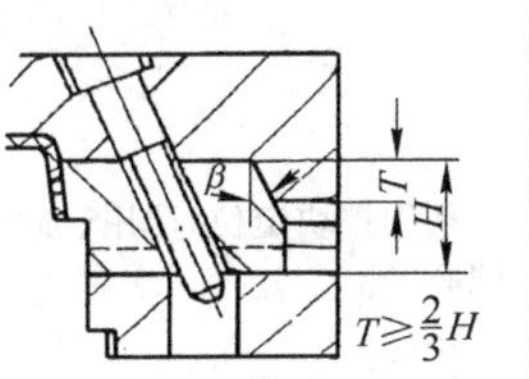	滑块采用整体式楔紧块锁紧,结构刚性好,但加工困难、脱模距小,适用于小型模具	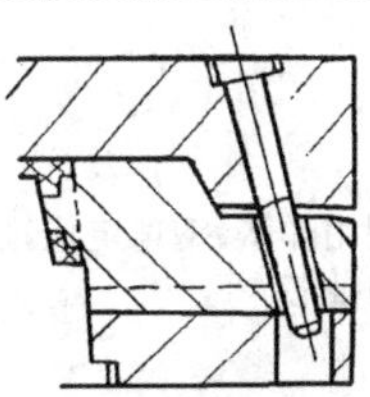	滑块采用整体式楔紧块锁紧,适用于大型塑件和锁紧面积较大的场合
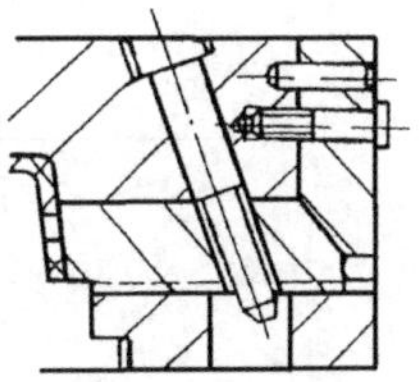	滑块采用镶拼式楔紧块锁紧,结构简单,但刚性差、易松动,适用于小型模具	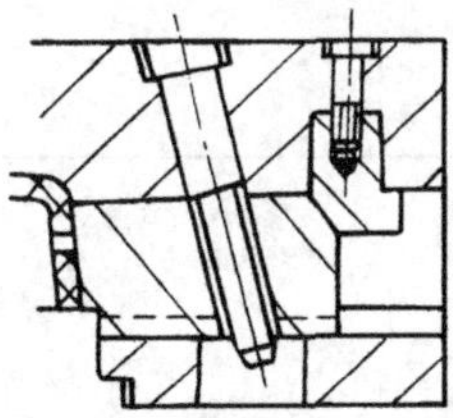	滑块采用镶拼式楔紧块锁紧,结构刚性好,适用于锁紧力较大的场合
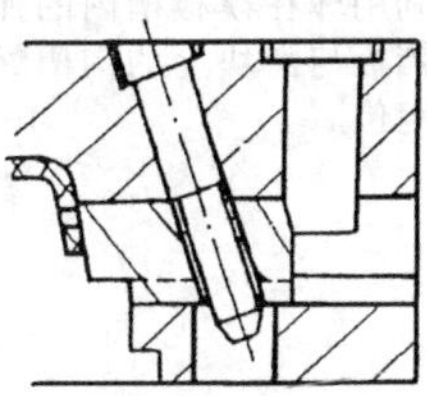	滑块采用嵌入式楔紧块锁紧,适用于较宽的滑块	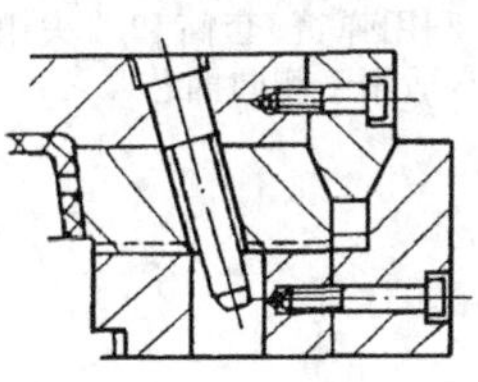	滑块采用嵌入式楔紧块锁紧,楔紧块采用平面支承,强度增高,适用于锁紧力较大的场合

（续表）

简　　图	说　　明	简　　图	说　　明
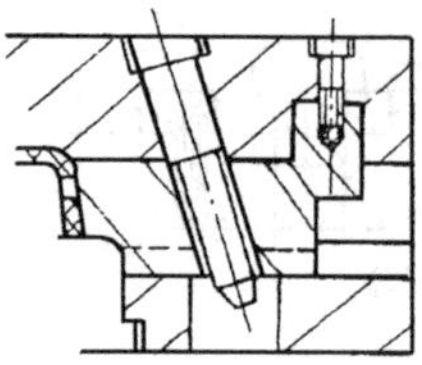	滑块采用嵌入式楔紧块锁紧，适用于较宽的滑块	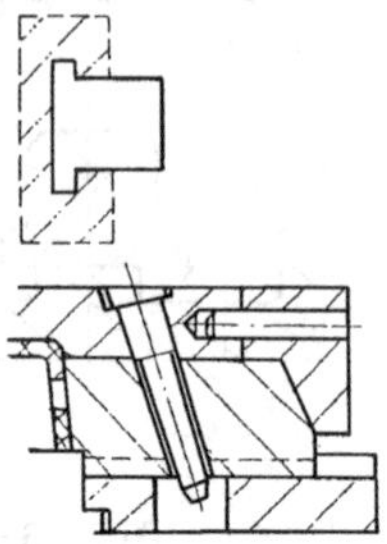	滑块采用特殊形式的嵌入楔紧块锁紧，适用于模板小、锁紧力大的场合

(6) 滑块的定位装置必须灵活可靠，保证抽芯后滑块停留在所需位置上，常见的定位形式见表 2-3-61，常用定位形式的推荐尺寸见表 2-3-62。

表 2-3-61　滑块定位形式

简　　图	说　　明	简　　图	说　　明
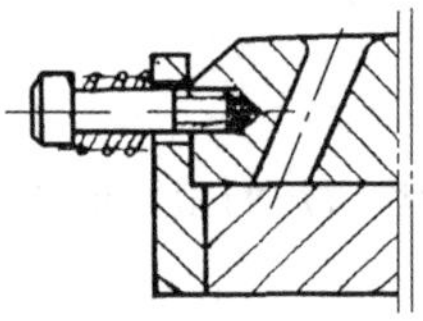	利用弹簧、螺钉和挡板定位，弹簧负载为滑块重量的 1.5～2 倍，适用于向上和侧向抽芯	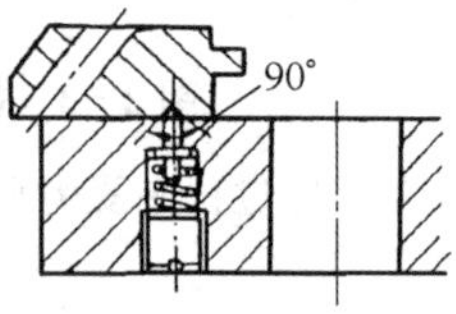	利用弹簧、螺塞和圆头销定位，适用于侧向抽芯
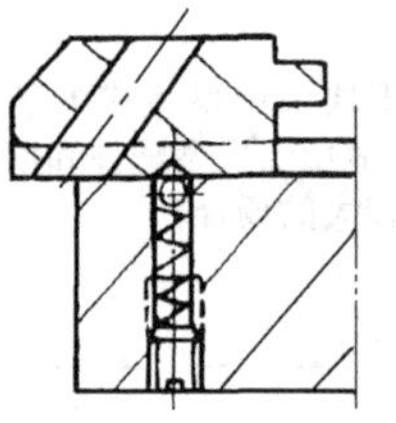	利用弹簧、钢球定位，适用于侧向抽芯	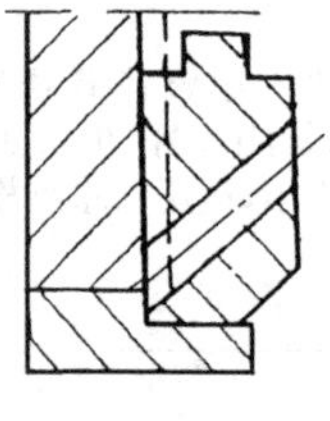	利用挡块定位，适用于向下抽芯
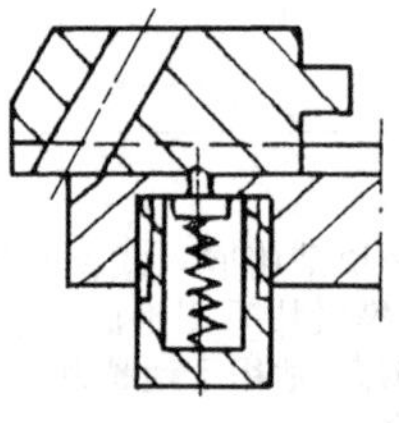	利用弹簧、套筒和圆头销定位，适用于侧向抽芯	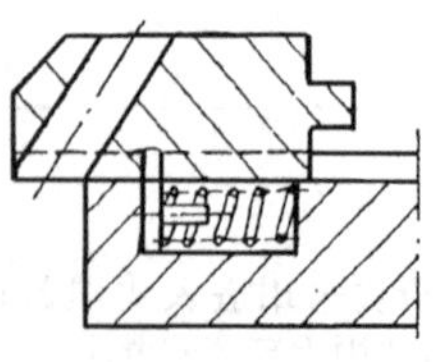	利用埋在模板槽内的弹簧及挡板与滑块上的沟槽配合来定位

表 2-3-62　常用定位形式的推荐尺寸

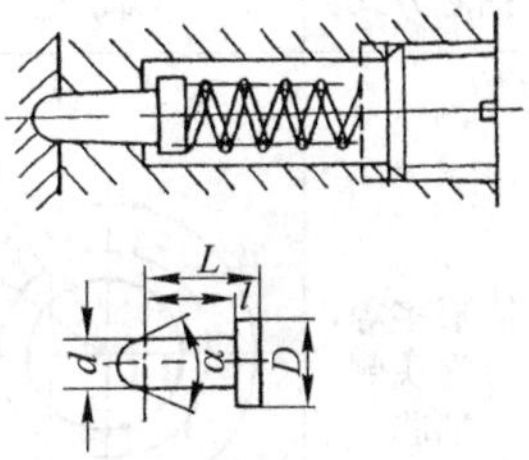

圆头销定位

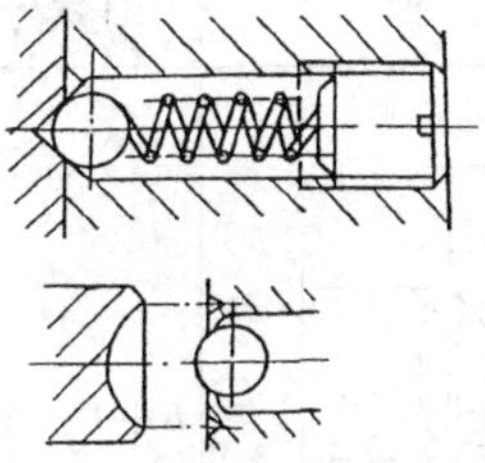

钢珠定位

材料	45 钢	硬度 43~48 HRC			钢　珠			材　料　65Mn
圆　头　销								弹　簧
d (mm)	D (mm)	l (mm)	L (mm)	α	钢珠直径 (mm)	钢珠孔径 (mm)	螺塞直径 (mm)	钢丝直径×平均直径×自由长度×圈数(mm)
6	7.5	3	7	90°~120°	7.14	7.9~8.4	M10	1×6×30×8
8	10.5	4	9	90°~120°	10.32	10.9~12	M14	1.2×8×40×8
10	13	5	11	90°~120°	13.49	13.7	M16	1.5×11×50×8

(7) 为防止推杆复位时与滑动型芯发生干扰，除了考虑先复位机构外，还可在条件允许下尽量避免将推杆设计在活动型芯的水平投影面相重处。此外，在一定条件下，如满足 $h'>s'\cot\alpha$ 时(图 2-3-19)，采用复位杆复位也可避免干扰。如果 s' 略大于 $h'\tan\alpha$，则可适当加大 α 值，以满足上述关系。

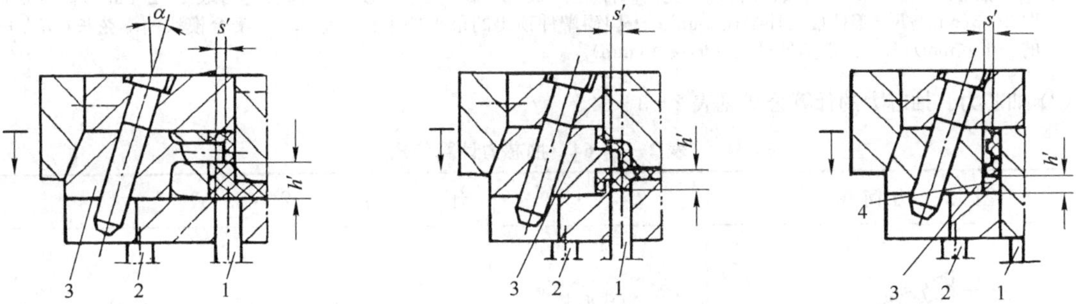

图 2-3-19　复位杆先复位尺寸关系

1—推杆；2—复位杆；3—滑块；4—推件板

(8) 当滑块和斜导柱同时设在定模时，为使塑件能顺利地推出，必须在动、定模分开前抽出侧型芯。此时应采用定距分型拉紧机构(表 2-3-52)。

3. 抽芯计算

(1) 抽芯距。抽芯距计算见表 2-3-63。

表 2-3-63　抽芯距计算公式

抽芯方式	简　图	计算公式	抽芯方式	简　图	计算公式
一般侧抽芯	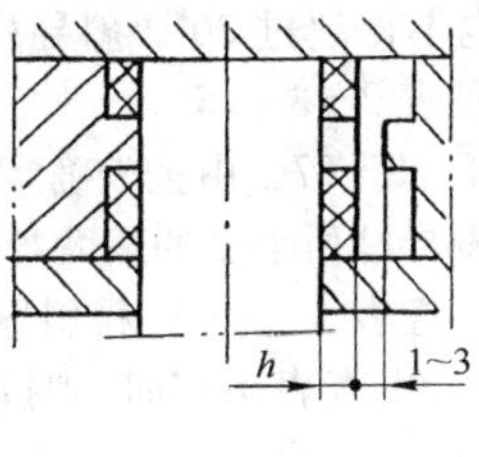	$s_{抽}=h+1\sim3\,\text{mm}$	矩形二等分滑块侧抽芯	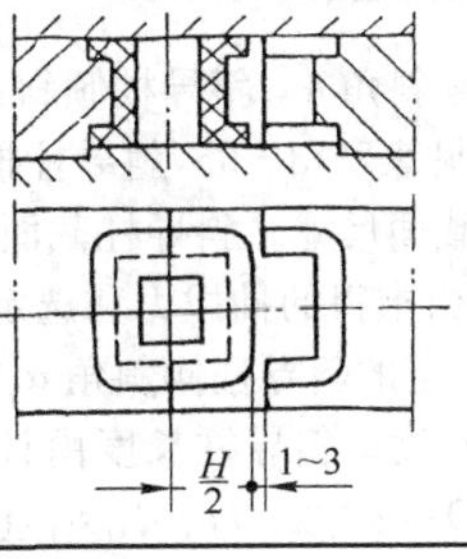	$s_{抽}=\dfrac{H}{2}+1\sim3\,\text{mm}$

（续表）

抽芯方式	简 图	计算公式	抽芯方式	简 图	计算公式
矩形四等分滑块侧抽芯	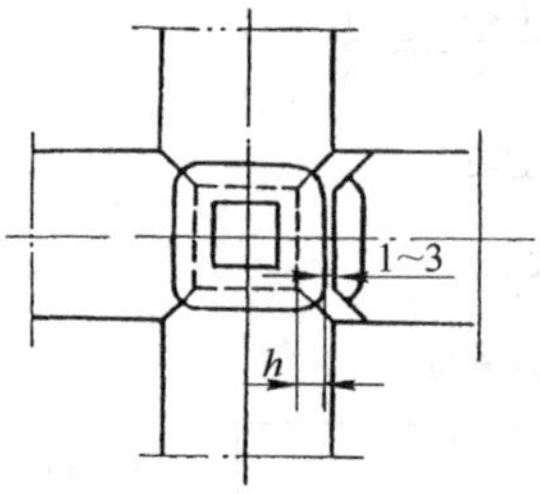	$s_{抽}=h+1\sim3$ mm	圆形多等分滑块侧抽芯	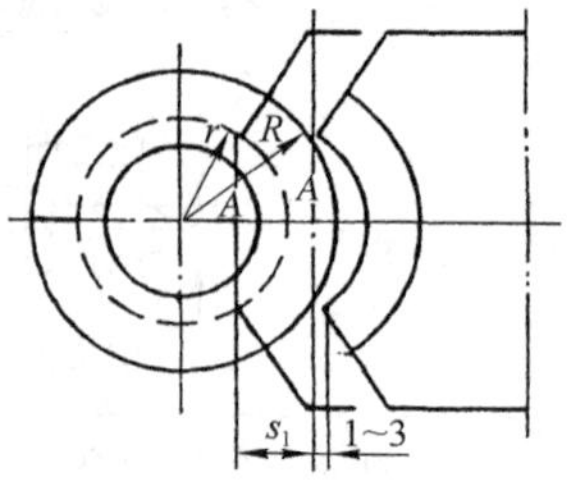	$s_{抽}=\sqrt{R^2-A^2}-\sqrt{r^2-A^2}+1\sim3$ mm
圆形二等分滑块侧抽芯	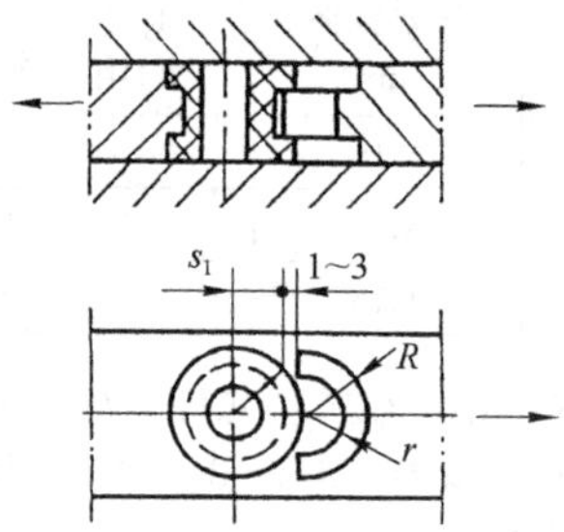	$s_{抽}=\sqrt{R^2-r^2}+1\sim3$ mm			

注：$s_{抽}$—抽芯距(mm)；h—侧向成形孔或外侧内凹深度(mm)；1～3—安全系数，斜滑块抽芯时取1～2(mm)，斜导柱抽芯时取2～3(mm)；R—塑件最大外半径(mm)；r—阻碍塑件顶出的最小外半径(mm)；A—瓣合模块前端弦长(两尖角连线的一半)(mm)；H—矩形塑件最大外形尺寸(mm)。

(2) 抽芯力。抽芯力的计算公式见表2-3-64。

表2-3-64 抽芯力计算公式

型芯受力简图	计算公式	
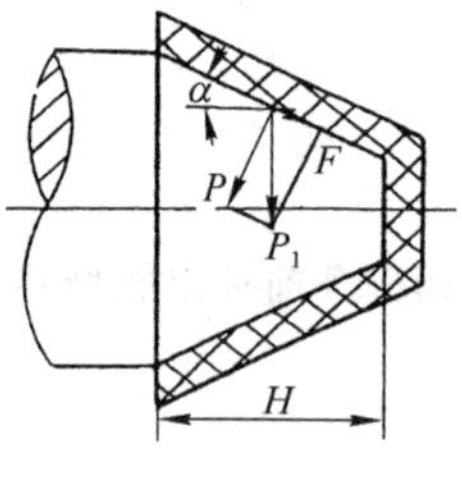	通孔型芯	$Q=LHq(\mu\cos\alpha-\sin\alpha)$
	盲孔型芯	$Q'=LHq(\mu\cos\alpha-\sin\alpha)+0.1B$

注：Q—通孔型芯抽拔力(N)；Q'—盲孔型芯抽拔力(N)；α—脱模斜度(°)；μ—塑料对钢的摩擦因数，通常取0.15～0.2；L—活动型芯被塑料包紧的断面周长(mm)；H—活动型芯成形部分高度(mm)；q—包紧型芯的压力，一般取8～12 MPa；0.1—大气压力(MPa)；B—垂直于抽拔方向的型芯投影面积(mm^2)；P—塑件收缩后对型芯的正压力(N)；P_1—塑件收缩后对型芯的包紧压力(N)；F—摩擦力(N)。

(3) 斜导柱倾斜角α。斜导柱倾斜角α一般取10°～25°，特殊情况下也不得超过30°。斜导柱常用倾斜角与其他参数的关系见表2-3-65，斜导柱抽芯方向与分型面成交角时的关系见表2-3-66。

(4) 斜导柱截面尺寸。斜导柱截面尺寸由计算确定时，计算公式见表2-3-67。由查表确定斜导柱直径时，查表步骤为：① 由求得的抽拔力和选定的斜导柱倾斜角查表2-3-68得斜导柱所承受的最大弯曲力；② 由查得的最大弯曲力、选定的斜导柱倾斜角α及滑块端面至受力点的垂直距离H_1查表2-3-69得斜导柱直径。

(5) 斜导柱长度。斜导柱长度由计算确定时，计算公式见表2-3-70，由查表确定时，则按选定的α，由表2-3-71中的$(D-d)/2$、H、d、$s_{抽}$查出对应的l_1、l_2、l_3、l_4。

表 2-3-65　斜导柱倾斜角与其他参数关系

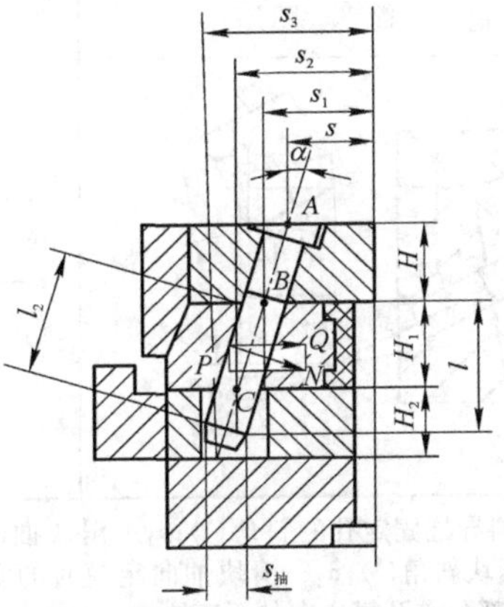

	α	$P=Q\tan\alpha$	$N=\dfrac{Q}{\cos\alpha}$	$l_2=\dfrac{s_抽}{\sin\alpha}$	$l=s_抽\cot\alpha$	说　明
倾斜角与开模阻力、弯曲力、斜导柱有效工作长度及开模行程的关系	10°	$P=0.176Q$	$N=1.015Q$	$l_2=5.75s_抽$	$l=5.67s_抽$	α 值小，开模力小，但抽芯力大，抽芯产生的开模阻力为抽芯力的 17%～26%。抽芯力作用在斜导柱上的弯曲力小，能抽出需要抽芯力较大的型芯。适用于抽短型芯
	15°	$P=0.268Q$	$N=1.035Q$	$l_2=3.86s_抽$	$l=3.73s_抽$	
	18°	$P=0.325Q$	$N=1.051Q$	$l_2=3.24s_抽$	$l=3.08s_抽$	α 值适中，抽芯时的开模力为抽芯力的 30%～35%，斜导柱承受的弯曲力近于抽芯力的 1.05 倍
	20°	$P=0.364Q$	$N=1.064Q$	$l_2=2.93s_抽$	$l=2.75s_抽$	
	22°	$P=0.404Q$	$N=1.062Q$	$l_2=2.62s_抽$	$l=2.41s_抽$	α 值较大，所需的开模力大，抽芯力小。抽芯时产生的开模阻力为抽芯力的 40%～45%，斜导柱承受的弯曲力大，受力状况较差。被用于抽芯行程较长的型芯，可缩短开模行程
	25°	$P=0.466Q$	$N=1.108Q$	$l_2=2.36s_抽$	$l=2.14s_抽$	

	α	s_1	s_2	s_3
倾斜角与斜导柱孔距的关系	10°	$s+0.176H$	$s_1+0.176H_1$	$s_2+0.176H_2$
	15°	$s+0.268H$	$s_1+0.268H_1$	$s_2+0.268H_2$
	18°	$s+0.329H$	$s_1+0.329H_1$	$s_2+0.329H_2$
	20°	$s+0.364H$	$s_1+0.364H_1$	$s_2+0.364H_2$
	22°	$s+0.404H$	$s_1+0.404H_1$	$s_2+0.404H_2$
	25°	$s+0.466H$	$s_1+0.466H_1$	$s_2+0.466H_2$

注：P—开模阻力(N)；Q—抽拔力(N)；α—斜导柱倾斜角(°)；N—斜导柱抽芯时承受的弯曲力(N)；l—斜导柱完成抽芯时所需的开模行程(mm)；l_2—斜导柱有效工作长度(mm)；$s_抽$—抽芯距(mm)；s_1、s_2、s_3—模具中心到各斜孔中心的距离(mm)；s—模具中心到斜导柱固定孔中心的距离(mm)，其值可通过作图求得；H—斜导柱固定板厚度(mm)；H_1—滑块厚度(mm)；H_2—动模板厚度(mm)。

表 2-3-66　斜导柱抽芯方向与分型面成交角时的关系

抽芯方向	抽　芯　简　图	角度关系	抽芯关系
滑块抽向动模	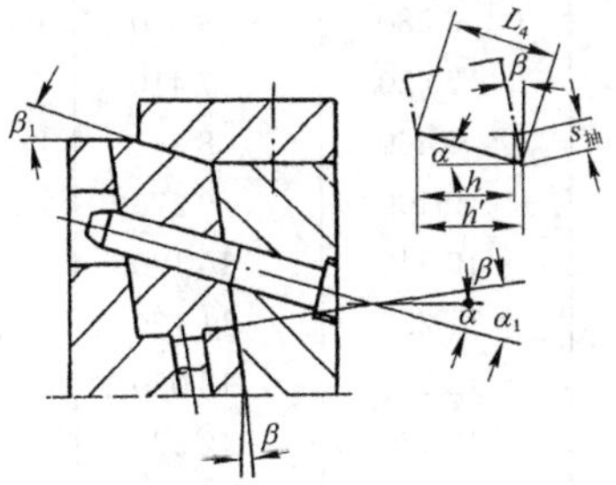	$\alpha_1=\alpha+\beta$ $\alpha+\beta\leqslant 25°$ $\beta_1=\alpha+2°\sim 3°$	$H=H'-s_抽\sin\beta$ $s_抽=\dfrac{H'\tan\alpha}{\cos\beta}$ $L_4=\dfrac{H'}{\cos\alpha}$

（续表）

抽芯方向	抽芯简图	角度关系	抽芯关系
滑块抽向定模	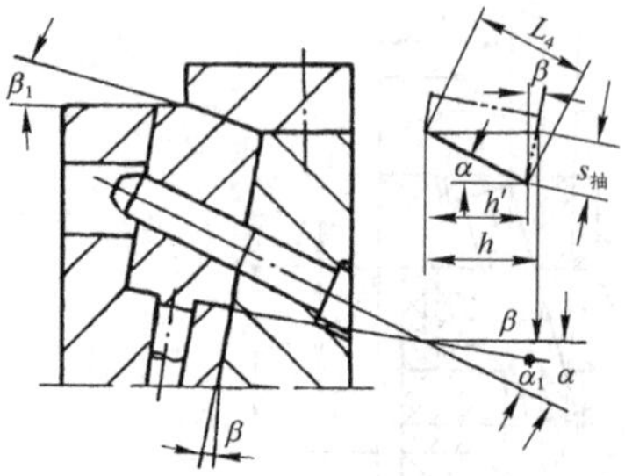	$\alpha_2=\alpha-\beta$ $\alpha-\beta\leqslant 25°$ $\beta_1=\alpha+2°\sim 3°$	$H=H'+s_{抽}\sin\beta$ $s_{抽}=\dfrac{H'\tan\alpha}{\cos\beta}$ $L_4=\dfrac{H'}{\cos\alpha}$

注：α—斜导柱与分型面垂线的夹角，即斜导柱固定孔的斜角(°)；α_1—滑块抽向动模时的实际有效抽芯角(°)；β—抽芯方向与分型面的交角(°)；β_1—滑块或楔紧块斜角(°)；α_2—滑块抽向定模时的实际有效抽芯角(°)；H—抽芯距为 $s_{抽}$ 时所需的开模行程(mm)；H'—斜导柱工作部分在开模方向的垂直距离(mm)；$s_{抽}$—抽芯距(mm)；L_4—抽芯距为 $s_{抽}$ 时的斜导柱工作部分长度(mm)。

表 2-3-67　斜导柱截面尺寸计算公式

抽芯简图	截面形状	计算公式
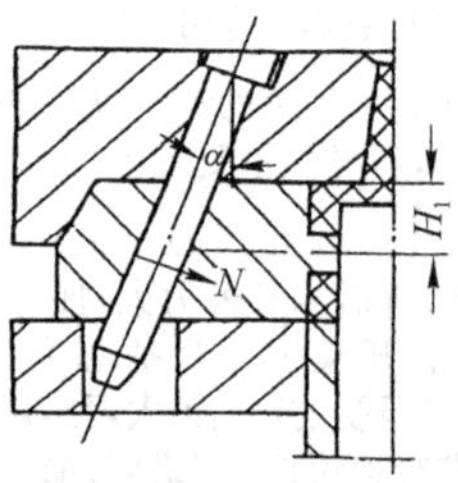	圆　形	$d\geqslant\sqrt[3]{\dfrac{NH_1}{0.1[\sigma_{弯}]\cos\alpha}}$
	矩　形	当 $b=\dfrac{2}{3}h$ 时 $h\geqslant\sqrt{\dfrac{9NH_1}{[\sigma_{弯}]\cos\alpha}}$

注：d—圆形斜导柱直径(mm)；N—斜导柱抽芯时承受的弯曲力(N)；H_1—滑块端面至受力点的垂直距离(mm)；$[\sigma_{弯}]$—斜导柱许用弯曲应力(MPa)；α—斜导柱倾斜角(°)；b—矩形斜导柱截面高度(mm)；h—矩形斜导柱截面厚度(mm)。

表 2-3-68　斜导柱倾斜角和抽拔力所对应的最大弯曲力

倾斜角 α (°)							最大弯曲力 N (N)
10	12	15	18	20	22	25	
抽拔力 Q (N)							
980	970	960	950	940	930	910	1 000
1 970	1 950	1 930	1 900	1 880	1 850	1 810	2 000
2 950	2 930	2 890	2 850	2 820	2 780	2 720	3 000
3 940	3 910	3 860	3 800	3 760	3 700	3 630	4 000
4 920	4 890	4 820	4 750	4 700	4 630	4 530	5 000
5 910	5 860	5 790	5 700	5 640	5 560	5 440	6 000
6 890	6 840	6 750	6 650	6 580	6 500	6 340	7 000
7 880	7 820	7 720	7 600	7 520	7 410	7 250	8 000
8 860	8 800	8 680	8 550	8 460	8 340	8 160	9 000
9 850	9 780	9 650	9 500	9 400	9 270	9 060	10 000
10 830	10 750	10 610	10 450	10 340	10 190	9 970	11 000
11 820	11 730	11 580	11 400	11 280	11 120	10 880	12 000
12 800	12 710	12 540	12 350	12 220	12 050	11 780	13 000
13 790	13 690	13 510	13 300	13 160	12 970	12 680	14 000

（续表）

倾斜角 α (°)							最大弯曲力 N (N)
10	12	15	18	20	22	25	
抽拔力 Q (N)							
14 770	14 670	14 470	14 250	14 100	13 900	13 590	15 000
15 760	15 640	15 440	15 200	15 040	14 830	14 500	16 000
16 740	16 620	16 400	16 150	15 980	15 770	15 410	17 000
17 730	17 600	17 370	17 100	16 920	16 640	16 310	18 000
18 710	18 580	18 330	18 050	17 860	17 610	17 220	19 000
19 700	19 560	19 300	19 000	18 800	18 540	18 130	20 000
20 680	20 530	20 260	19 950	19 740	19 470	19 030	21 000
21 670	21 510	21 230	20 900	20 680	20 400	19 940	22 000
22 650	22 490	22 190	21 850	21 620	21 330	20 840	23 000
23 640	23 470	23 160	22 800	22 560	22 250	21 750	24 000
24 620	24 450	24 120	23 750	23 500	23 180	22 660	25 000
25 610	25 420	25 090	24 700	24 440	24 110	23 560	26 000
26 590	26 400	26 050	25 650	25 380	25 030	24 700	27 000
27 580	27 380	27 020	26 600	26 320	25 960	25 380	28 000
28 560	28 360	27 980	27 550	27 260	26 890	26 280	29 000
29 550	29 340	28 950	28 500	28 200	27 820	27 190	30 000

表 2-3-69 最大弯曲力和受力点垂直距离所对应的斜导柱直径

斜导柱倾斜角 α(°)	H_1 (mm)	最大弯曲力 N (N)														
		1 000	2 000	3 000	4 000	5 000	6 000	7 000	8 000	9 000	10 000	11 000	12 000	13 000	14 000	15 000
		斜导柱直径 (mm)														
10	10	8	10	12	12	12	14	14	14	15	15	16	16	18	18	18
	15	8	12	12	14	14	15	16	16	18	18	18	20	20	20	20
	20	10	12	14	14	15	16	18	18	20	20	20	22	22	22	22
	25	10	12	14	15	18	18	18	20	20	22	22	22	24	24	24
	30	12	14	15	16	18	20	20	22	22	22	24	24	24	25	25
	35	12	14	16	18	20	20	22	22	22	24	24	25	25	25	26
	40	12	14	16	18	20	22	22	24	24	24	25	26	26	28	28
12	10	8	10	12	12	12	14	14	14	15	16	16	16	18	18	18
	15	8	12	12	14	14	15	15	16	18	18	18	20	20	20	20
	20	10	12	14	14	16	16	18	18	20	20	20	22	22	22	22
	25	10	12	15	16	18	18	20	20	20	22	22	22	24	24	24
	30	12	14	15	16	18	20	20	22	22	22	24	24	24	25	25
	35	12	14	16	18	20	20	22	22	24	24	24	24	25	25	28
	40	12	14	16	18	20	22	22	24	24	24	25	26	26	28	28
15	10	8	10	12	12	12	14	14	14	15	16	16	16	18	18	18
	15	10	12	12	14	14	15	16	16	18	18	20	20	20	20	20
	20	10	12	14	14	16	16	18	18	20	20	20	22	22	22	22
	25	10	12	14	16	18	18	20	20	20	22	22	22	24	24	24
	30	12	14	15	16	18	20	20	22	22	22	24	24	24	25	25
	35	12	14	16	18	20	20	22	22	24	24	24	24	25	26	28
	40	12	15	16	18	20	22	22	24	24	24	25	26	28	28	28

（续表）

斜导柱倾斜角 α(°)	H_1 (mm)	最大弯曲力 N (N)														
		1 000	2 000	3 000	4 000	5 000	6 000	7 000	8 000	9 000	10 000	11 000	12 000	13 000	14 000	15 000
		斜导柱直径 (mm)														
18	10	8	10	12	12	14	14	14	14	15	16	16	18	18	18	18
	15	10	12	12	14	14	15	16	18	18	18	18	20	20	20	20
	20	10	12	14	14	16	18	18	20	20	20	20	22	22	22	22
	25	10	14	14	16	18	18	20	20	20	22	22	22	24	24	24
	30	12	14	15	18	18	20	20	22	24	24	24	24	24	25	25
	35	12	14	16	18	20	20	22	24	24	24	24	24	26	26	28
	40	12	15	18	18	20	22	22	24	24	25	25	26	28	28	28
20	10	8	10	12	12	14	14	14	14	15	16	16	18	18	18	18
	15	10	12	12	14	14	15	16	18	18	18	18	20	20	20	20
	20	10	12	14	14	16	18	18	20	20	20	20	22	22	22	22
	25	10	14	14	16	18	18	20	20	20	22	22	22	24	24	24
	30	12	14	15	18	18	20	20	22	24	24	24	24	24	25	25
	35	12	14	16	18	20	20	22	22	24	24	24	24	26	26	28
	40	12	15	18	18	20	22	22	24	24	25	25	26	28	28	28
22	10	8	10	12	12	14	14	14	14	16	16	16	16	18	18	18
	15	10	10	12	14	14	16	16	16	18	18	18	20	20	20	20
	20	10	12	14	16	16	18	18	20	20	20	22	22	22	22	24
	25	10	12	14	16	18	18	20	20	20	22	22	22	24	24	24
	30	12	14	16	18	18	20	22	22	22	24	24	24	24	26	26
	35	12	14	16	18	18	20	22	22	22	24	24	26	26	26	28
	40	14	16	18	18	20	22	24	24	24	26	26	28	28	28	30
25	10	8	10	12	12	14	14	14	14	16	16	16	16	18	18	18
	15	10	10	12	14	14	16	16	16	18	18	18	20	20	20	20
	20	10	12	14	16	16	18	18	20	20	20	22	22	22	22	24
	25	10	12	14	16	18	18	20	20	20	22	22	22	24	24	24
	30	12	14	16	18	18	20	22	22	22	24	24	24	24	26	26
	35	12	14	16	18	20	20	22	22	24	24	24	26	26	26	28
	40	14	16	18	18	20	22	24	24	24	26	26	28	28	28	30

斜导柱倾斜角 α(°)	H_1 (mm)	最大弯曲力 N (N)														
		16 000	17 000	18 000	19 000	20 000	21 000	22 000	23 000	24 000	25 000	26 000	27 000	28 000	29 000	30 000
		斜导柱直径 (mm)														
10	10	18	18	20	20	20	20	20	20	22	22	22	22	22	22	22
	15	22	22	22	22	22	22	24	24	24	24	24	24	24	25	25
	20	24	24	24	24	24	25	25	25	26	26	26	28	28	28	28
	25	24	25	25	26	26	28	28	28	28	28	30	30	30	30	30
	30	26	26	28	28	28	28	30	30	30	30	30	32	32	32	32
	35	28	28	28	30	30	30	30	32	32	32	32	32	34	34	34
	40	28	30	30	30	30	32	32	32	32	34	34	34	34	34	35
12	10	18	18	20	20	20	20	20	22	22	22	22	22	22	22	22
	15	22	22	22	22	22	22	24	24	24	24	24	24	24	25	25
	20	24	24	24	24	24	25	25	26	26	26	26	28	28	28	28
	25	24	25	25	26	26	28	28	28	28	28	30	30	30	30	30
	30	26	26	28	28	28	28	30	30	30	30	30	32	32	32	32
	35	28	28	28	30	30	30	30	32	32	32	32	32	34	34	34
	40	28	30	30	30	32	32	32	32	32	34	34	34	34	34	35

（续表）

斜导柱倾斜角 α(°)	H_1 (mm)	最大弯曲力 N (N)														
		16 000	17 000	18 000	19 000	20 000	21 000	22 000	23 000	24 000	25 000	26 000	27 000	28 000	29 000	30 000
		斜导柱直径 (mm)														
15	10	18	18	20	20	20	20	20	20	22	22	22	22	22	22	22
	15	22	22	22	22	22	24	24	24	24	24	24	25	25	25	25
	20	24	24	24	24	24	25	25	26	26	26	28	28	28	28	28
	25	24	25	25	26	26	28	28	28	28	28	30	30	30	30	30
	30	26	26	28	28	28	28	30	30	30	30	30	32	32	32	32
	35	28	28	28	28	30	30	30	32	32	32	32	32	34	34	34
	40	30	30	30	30	32	32	32	32	34	34	34	34	34	34	35
18	10	18	18	20	20	20	20	20	22	22	22	22	22	22	22	22
	15	22	22	22	22	22	24	24	24	24	24	24	25	25	25	25
	20	24	24	24	24	25	25	25	26	26	26	28	28	28	28	28
	25	25	25	26	26	26	28	28	28	28	28	30	30	30	30	30
	30	26	26	28	28	28	30	30	30	30	30	32	32	32	32	32
	35	28	28	30	30	30	30	30	32	32	32	32	34	34	34	34
	40	30	30	30	30	32	32	32	32	34	34	34	34	34	34	35
20	10	18	18	20	20	20	20	20	22	22	22	22	22	22	22	22
	15	22	22	22	22	22	24	24	24	24	24	25	25	25	25	25
	20	24	24	24	24	25	25	25	26	26	28	28	28	28	28	28
	25	25	25	26	26	26	28	28	28	28	30	30	30	30	30	30
	30	26	28	28	28	28	30	30	30	30	30	32	32	32	32	32
	35	28	28	28	30	30	30	32	32	32	32	32	34	34	34	34
	40	30	30	30	30	32	32	32	32	34	34	34	34	34	35	35
22	10	18	18	20	20	20	20	20	20	22	22	22	22	22	22	22
	15	22	22	22	22	22	24	24	24	24	24	24	24	26	26	26
	20	24	24	24	24	26	26	26	26	28	28	28	28	28	28	30
	25	24	26	26	26	26	28	28	28	28	28	30	30	30	30	30
	30	28	28	28	28	28	30	30	30	30	30	32	32	32	32	34
	35	28	28	28	30	30	30	30	32	32	32	32	32	34	34	34
	40	30	30	30	32	32	32	32	34	34	34	34	34	34	36	36
25	10	18	18	20	20	20	20	20	20	22	22	22	22	22	22	22
	15	22	22	22	22	22	24	24	24	24	24	24	26	26	26	26
	20	24	24	24	24	26	26	26	26	28	28	28	28	28	28	28
	25	26	26	26	26	26	28	28	28	28	28	30	30	30	30	30
	30	28	28	28	28	28	30	30	30	30	30	32	32	32	32	32
	35	28	28	30	30	30	30	30	32	32	32	32	34	34	34	34
	40	30	30	30	32	32	32	32	34	34	34	34	34	34	36	36

注：H_1—滑块端面至受力点的垂直距离。

表 2-3-70　斜导柱长度计算公式

简　图	计　算　公　式
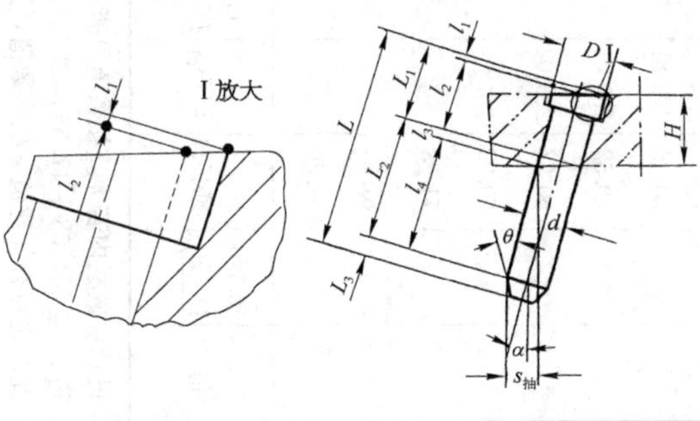	$L_1=l_1+l_2=\frac{D-d}{2}\tan\alpha+\frac{H}{\cos\alpha}$ $L_2=l_3+l_4=d\tan\alpha+\frac{s_{抽}}{\sin\alpha}$ $L_3=5\sim10\ \mathrm{mm}$ $L=L_1+L_2+L_3=\frac{D-d}{2}\tan\alpha+\frac{H}{\cos\alpha}+d\tan\alpha+\frac{s_{抽}}{\sin\alpha}+5\sim10\ \mathrm{mm}$

注：L—斜导柱总长(mm)；L_1—斜导柱固定段长度(mm)；L_2—斜导柱工作段长度(mm)；L_3—斜导柱导向段长度(mm)；D—斜导柱台阶直径(mm)；d—斜导柱工作段直径(mm)；H—斜导柱固定板厚度(mm)；$s_{抽}$—抽芯距(mm)；α—斜导柱倾斜角(°)；θ—斜导柱工作段导向角，一般取 $\alpha+3°\sim5°$。

表 2-3-71 斜导柱各部分长度 (mm)

斜导柱倾斜角 α(°)	10			12			15			18			20			22			25		
$\frac{D-d}{2}$、H、d、$s_{抽}$	l_1、l_3	l_2	l_4	l_1、l_3	l_2	l_4	l_1、l_3	l_2	l_4	l_1、l_3	l_2	l_4	l_1、l_3	l_2	l_4	l_1、l_3	l_2	l_4	l_1、l_3	l_2	l_4
1	0.18	1.02	5.76	0.21	1.02	4.81	0.27	1.04	3.86	0.33	1.05	3.24	0.36	1.06	2.92	0.40	1.08	2.67	0.47	1.10	2.37
2	0.35	2.03	11.52	0.426	2.04	9.62	0.54	2.07	7.73	0.65	2.10	6.47	0.73	2.13	5.85	0.81	2.16	5.34	0.93	2.21	4.73
3	0.53	3.05	17.28	0.639	3.07	14.43	0.80	3.11	11.59	0.98	3.15	9.71	1.09	3.19	8.77	1.21	3.24	8.01	1.40	3.31	7.10
4	0.70	4.06	23.04	0.852	4.09	19.24	1.07	4.14	15.46	1.30	4.21	12.95	1.46	4.26	11.70	1.62	4.31	10.69	1.87	4.41	9.47
5	0.88	5.08	28.80	1.065	5.11	24.04	1.34	5.18	19.32	1.63	5.26	16.18	1.82	5.32	14.62	2.02	5.39	13.35	2.33	5.52	11.83
6	1.06	6.09	34.56	1.278	6.13	28.86	1.61	6.22	23.18	1.95	6.31	19.42	2.18	6.39	17.54	2.42	6.47	16.02	2.8	6.62	14.20
7	1.23	7.11	40.32	1.491	7.15	33.68	1.88	7.25	27.05	2.27	7.36	22.65	2.55	7.45	20.47	2.83	7.55	18.69	3.26	7.72	16.56
8	1.41	8.12	46.08	1.704	8.18	38.48	2.14	8.28	30.91	2.60	8.41	25.90	2.91	8.51	23.39	3.23	8.63	21.36	3.73	8.83	18.93
9	1.59	9.14	51.84	1.917	9.20	43.30	2.41	9.32	34.78	2.92	9.46	29.13	3.28	9.58	26.32	3.64	9.71	24.03	4.20	9.93	21.30
10	1.76	10.15	57.60	2.13	10.22	48.10	2.68	10.35	38.64	3.25	10.51	32.36	3.64	10.64	29.24	4.04	10.79	26.70	4.66	11.03	23.66
20	3.53	20.31	115.21	4.26	20.44	96.20	5.36	20.70	77.28	6.50	21.03	64.72	7.28	21.28	58.48	8.08	21.57	53.39	9.32	22.07	47.33
30		30.46	172.81		30.66	144.30		31.05	115.92	9.75	31.54	97.09	10.92	31.93	87.72	12.12	32.36	80.09	13.99	33.10	70.99
40		40.52	230.41		40.88	192.4		41.41	154.56		42.06	129.45		42.57	116.96	16.16	43.14	106.78	18.65	44.14	94.65
50		50.77	288.02		51.1			51.77	193.20		52.57	161.81		53.21	146.20		53.93	133.48		55.17	118.32
60		60.92			61.32			62.19			63.08	194.16		63.85	175.44		64.71	160.17		66.20	141.98
70		71.08			71.54			72.47			73.60			74.49	204.68		75.50	186.87		77.24	165.64
80		81.23			81.76			82.82			84.11			85.14			86.28	213.56		88.27	189.30
90		91.39			91.98			93.18			94.63			95.78			97.07			99.30	212.97
任 意 值	$0.176\frac{D-d}{2}d$	$1.015H$	$5.76s_{抽}$	$0.213\frac{D-d}{2}d$	$1.022H$	$4.81s_{抽}$	$0.268\frac{D-d}{2}d$	$1.035H$	$3.864s_{抽}$	$0.325\frac{D-d}{2}d$	$1.051H$	$3.236s_{抽}$	$0.364\frac{D-d}{2}d$	$1.064H$	$2.924s_{抽}$	$0.404\frac{D-d}{2}d$	$1.079H$	$2.67s_{抽}$	$0.466\frac{D-d}{2}d$	$1.103H$	$2.366s_{抽}$

注：1. 设计参数栏内若无直接数值可查，则可从两个或更多个已知参数中分别查出后，再相加而得。例如 $\alpha=20°$，$s_{抽}=76$ mm，查 l_4 值。取 $s_{抽}=(70+6)$ mm，分别查 70 和 6，得 $l_4=204.68+17.54=222.22$ mm。

2. 此时也可查任意值一栏内数值，然后相乘而得。例如 $\alpha=18°$，$s_{抽}=94$ mm，查 l_4 值。查出 18°，l_4 对应的任意值栏 $3.236s_{抽}$，得 $l_4=3.236\times94=304.2$ mm。

(6) 斜导柱延时抽芯。斜导柱延时抽芯有关参数按表 2-3-72 计算。

表 2-3-72　斜导柱延时抽芯有关参数计算公式

简　图	计　算　公　式
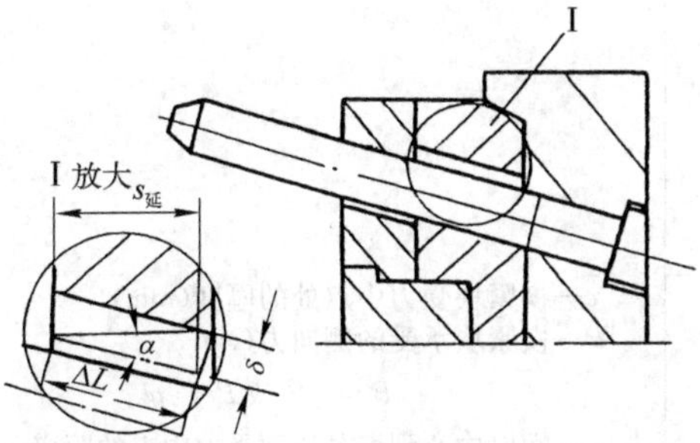	$d' \geqslant \sqrt[3]{\frac{N(H_1+0.1s_{延})}{0.1[\sigma_{弯}]\cos\alpha}}$ $\delta = s_{延}\sin\alpha$ $L' = L + \Delta L$

注：d'—延时抽芯时的斜导柱直径(mm)；$s_{延}$—延时抽芯行程(mm)，按需要确定；δ—滑块斜孔增长量(mm)，见附表；L'—延时抽芯时的斜导柱总长(mm)；L—非延时抽芯时的斜导柱总长(mm)；ΔL—延时抽芯时的斜导柱增长量(mm)，见附表；N、H_1、$[\sigma_{弯}]$、α 的含义同表 2-3-67。

附　表

斜导柱倾斜角 α(°)	延时抽芯行程 $s_{延}$(mm)					
	5	10	15	20	25	30
	滑块斜孔增长量 δ(mm)					
10	0.87	1.74	2.61	3.46	4.33	5.21
15	1.29	2.59	3.88	5.18	6.47	7.76
18	1.54	3.09	4.63	6.18	7.72	9.27
20	1.71	3.42	5.13	6.84	8.55	10.26
22	1.87	3.75	5.62	7.49	9.36	11.24
25	2.11	4.23	6.34	8.45	10.56	12.68

斜导柱倾斜角 α(°)	延时抽芯行程 $s_{延}$(mm)					
	5	10	15	20	25	30
	斜导柱增长量 δ(mm)					
10	5.08	10.15	15.23	20.31	25.39	30.46
15	5.18	10.35	15.53	20.70	25.88	31.05
18	5.27	10.52	15.78	21.10	26.30	31.60
20	5.32	10.64	15.97	21.28	26.60	31.92
22	5.39	10.78	16.17	21.56	26.95	32.24
25	5.52	11.03	16.65	22.07	27.59	33.10

(7) 楔紧块刚度。楔紧块刚度计算见表 2-3-73。

表 2-3-73 楔紧块刚度计算公式

结构简图	计算公式	说明
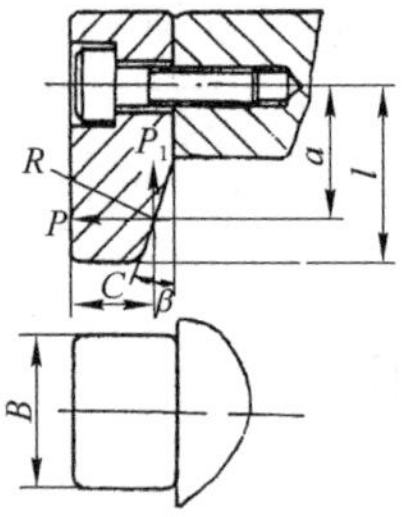	$c \geqslant \sqrt[3]{\frac{2Pa^3}{EB[\delta]}\left(\frac{3l}{a}-1\right)}$	c—楔紧块受力中点处的厚度(mm) P—楔紧块承受的侧向力(N) $P = pS$ 或 $P = ql$ a—螺钉中心到楔紧块面受力中点的距离(mm) E—弹性模量,一般为 21×10^4 MPa B—楔紧块宽度(mm) $[\delta]$—楔紧块弹性变形量,一般取 0.05 mm q—作用于楔紧块斜面的均布载荷(N/mm) p—作用于型腔侧壁的压力,通常为 30～50 MPa S—活动型芯在抽芯方向上的垂直投影面积(mm^2) l—螺钉中心到楔紧块底面的距离(mm) l'—螺钉中心到楔紧块斜面外侧受力中点的距离(mm)
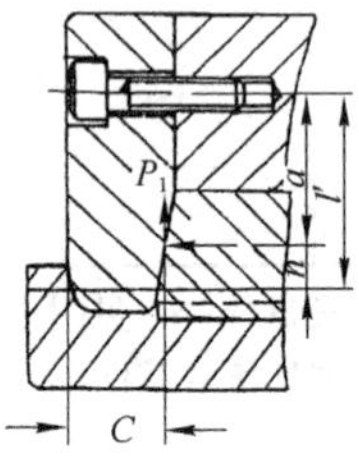	$c \geqslant \sqrt[3]{\frac{2Pa^2}{E[\delta]}\sqrt{\frac{B}{2l'+B}}}$	
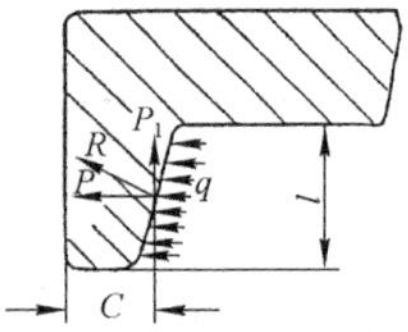	$c \geqslant \sqrt[3]{\frac{12Pl^3}{8EB[\delta]}}$	
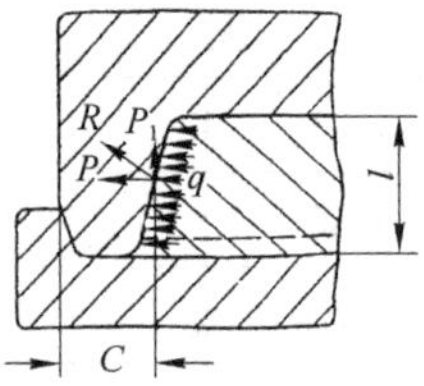	$c \geqslant \sqrt[3]{\frac{12Pl^3}{185EB[\delta]}}$	

(8) 侧向固定楔紧块螺钉的直径和作用总拉力。侧向固定楔紧块用的螺钉直径和作用总拉力计算见表 2-3-74。

表 2-3-74 侧向固定楔紧块的螺钉直径和作用总拉力计算公式

结构简图	螺钉直径计算公式	作用于螺钉的总拉力计算公式
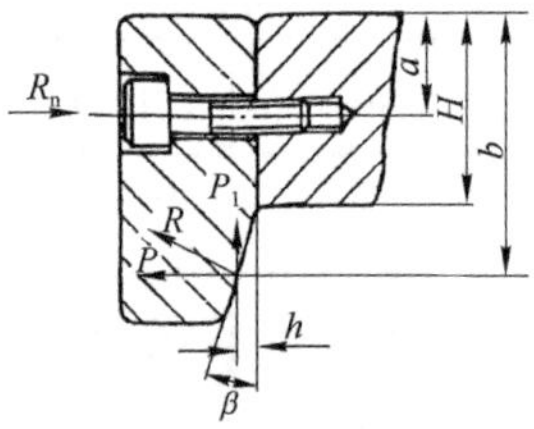	$d = \sqrt{\frac{(10\sim11.2)R_n}{\pi[\sigma_{拉}]n}}$	$R_n = \frac{P[b+(b-H)\tan^2\beta]}{a}$
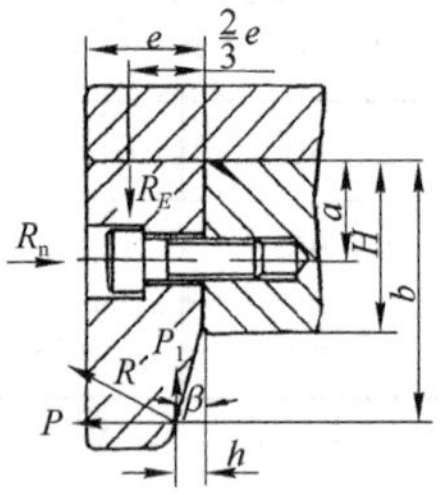	$d = \sqrt{\frac{(10\sim11.2)R_n}{\pi[\sigma_{拉}]n}}$	$R_n = \frac{P\left[b+(b-H)\tan^2\beta-\frac{2}{3}\sec\beta\right]}{a}$

（续表）

结 构 简 图	螺钉直径计算公式	作用于螺钉的总拉力计算公式
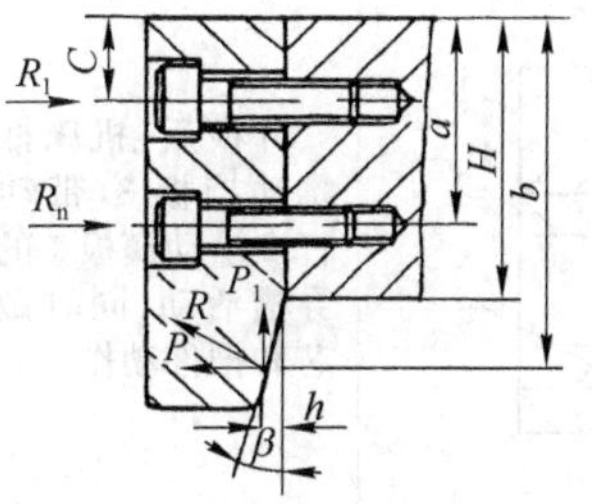	$d=\sqrt{\dfrac{(10\sim11.2)R_n}{\pi[\sigma_{拉}]n}}$	$R_n=\dfrac{Pa[b+(b-H)\tan^2\beta]}{a^2+c^2}$ $R_1=R_n\dfrac{c}{a}$
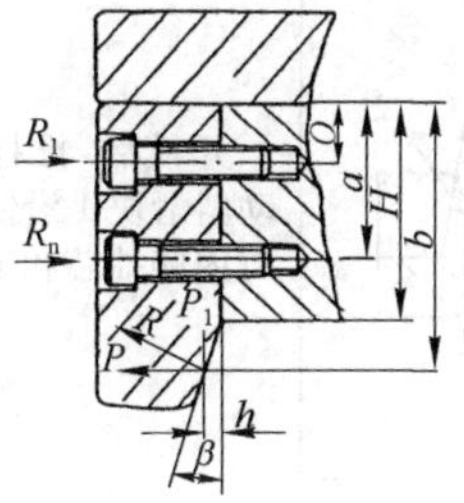	$d=\sqrt{\dfrac{(10\sim11.2)R_n}{\pi[\sigma_{拉}]n}}$	$R_n=\dfrac{Pa\left[b+(b-H)\tan^2\beta-\dfrac{2}{3}\sec\beta\right]}{a^2+c^2}$ $R_1=P_1\dfrac{c}{a}$
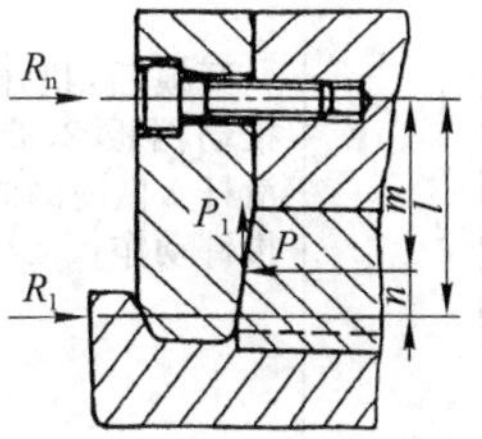	$d=\sqrt{\dfrac{(10\sim11.2)R_n}{\pi[\sigma_{拉}]n}}$	$R_n=\dfrac{2l^3-3m^2+m^3}{2l^3}P$ $R_1=\dfrac{a^2(3l-m)}{2l^3}P$

注：d—承受作用力 R_n 的螺钉直径(mm)；R_n—作用在螺钉上的总拉力(N)；$[\sigma_{拉}]$—螺钉许用拉应力(MPa)，见附表；n—螺钉数量(受作用力 R_n 的螺钉)；a—楔紧块顶面到主受力螺钉中心线的距离(mm)；b—楔紧块顶面到受力中点的距离(mm)；c—楔紧块顶面到受作用力 R_1 的螺钉中心的距离(mm)；e—楔紧块厚度(mm)；H—定模板厚度(mm)；l—受力螺钉中心到楔紧块外侧受力中点的距离(mm)；m—受力螺钉中心到楔紧块内侧受力中点的距离(mm)；P—楔紧块承受的侧向力(N)，$P=pS$，p 为作用在型腔侧壁上的压力，通常取 25～45 MPa，S 为活动型芯在抽芯方向的垂直投影面积(mm^2)。

附表 螺钉许用拉应力$[\sigma_{拉}]$的值

螺钉材料	静载荷			变载荷		
	d=6～16 mm	d=16～30 mm	d=30～60 mm	d=6～16 mm	d=16～30 mm	d=30～60 mm
碳素钢	$(0.20\sim0.25)R_m$	$(0.20\sim0.40)R_m$	$(0.40\sim0.60)R_m$	$(0.08\sim0.12)R_m$	$0.12R_m$	$(0.08\sim0.12)R_m$
合金钢	$(0.15\sim0.20)R_m$	$(0.20\sim0.30)R_m$	$0.30R_m$	$(0.10\sim0.15)R_m$	$0.15R_m$	$(0.10\sim0.15)R_m$

注：R_m—材料抗拉强度(MPa)。

（二）斜滑块侧向分型与抽芯机构

1. 常见形式

斜滑块侧向分型与抽芯机构的常见形式见表 2-3-75。

表 2-3-75　斜滑块侧向分型与抽芯机构的常见形式

形式	简图	说明	形式	简图	说明
矩形斜导槽导滑	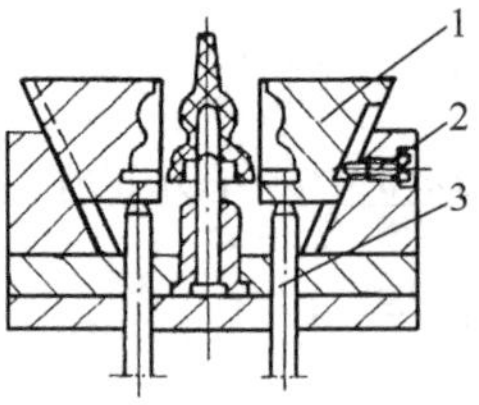	开模后，推杆 3 推动斜滑块 1 沿矩形导滑槽运动，并向两侧分开，实现抽芯和推件动作。螺钉 2 起定位作用	斜杆导滑	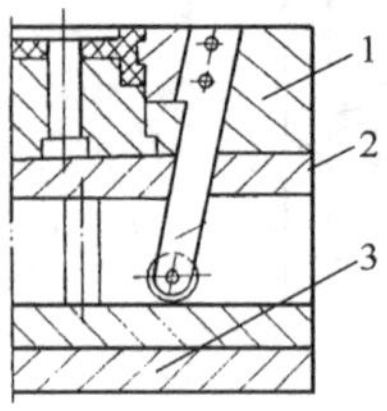	开模后，机床推杆推动挡板 3，带动斜杆 2 沿动模板 1 的斜导槽活动，同时做抽芯和推件动作
斜楔导滑	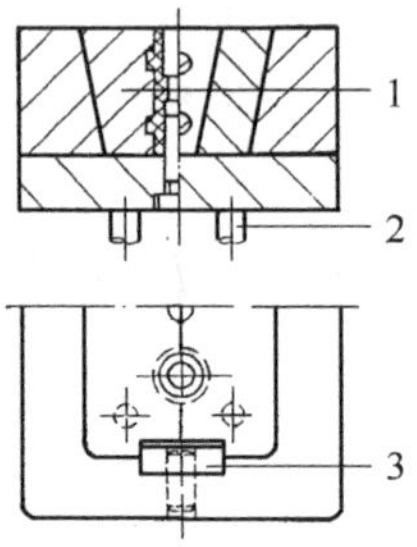	开模后，推杆 2 推动斜滑块 1 沿斜楔 3 斜面运动，同时向两侧分开，实现抽芯和推件动作	锥面导滑	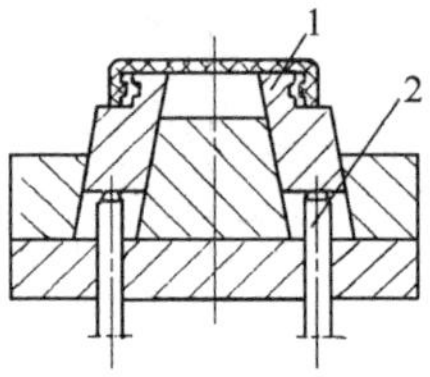	开模后，推杆 2 推动斜滑块 1 沿锥面进行内侧抽芯和推件
导钉导滑	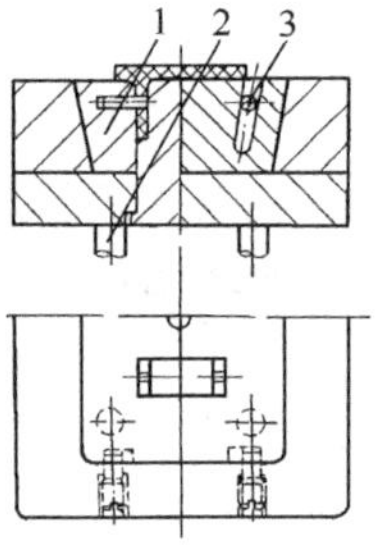	开模后，推杆 2 推动斜滑块 1，使斜滑块的斜导槽在导钉 3 的作用下向前运动，并向两侧分开，实现抽芯和推件动作	斜滑杆导滑	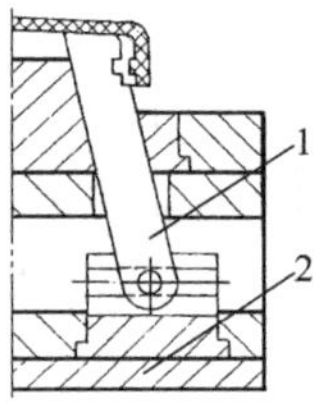	开模后，机床推杆推动挡板 2，带动斜滑杆 1 做内侧抽芯和推件动作

2. 设计要点

(1) 斜滑块的导向斜角 α 一般取 5°～15°，斜滑块的推出高度 l 必须小于导滑槽总长 L 的 2/3，其关系见图 2-3-20。

(2) 斜滑块在导滑槽中的活动必须顺利。斜滑块的导滑形式见图 2-3-21，组合形式见图 2-3-22，斜滑块与导滑槽的双面配合间隙见表 2-3-76，斜滑块常用形式及导向部位参数见表 2-3-77。

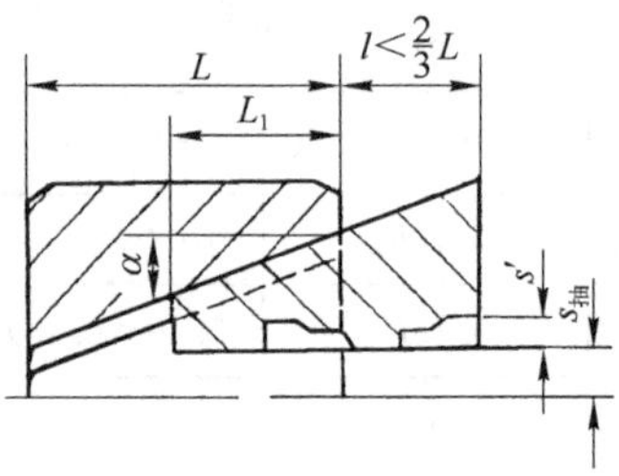

图 2-3-20　斜滑块推出高度

s'—外形内凹成形深度；$s_{抽}$—抽芯距离

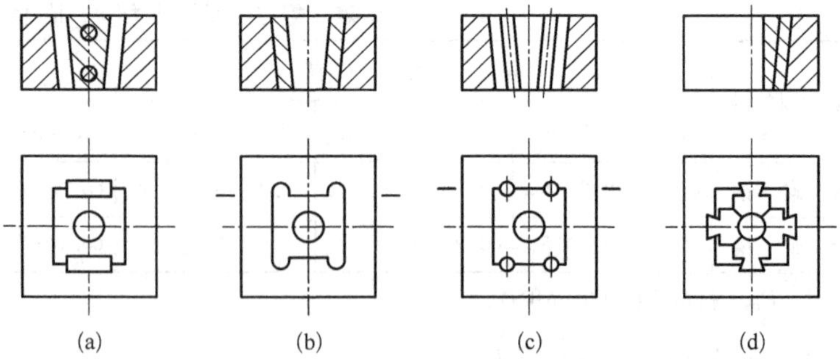

图 2-3-21　斜滑块导滑形式

(a) 楔形；(b) 矩形；(c) 圆形；(d) 燕尾形

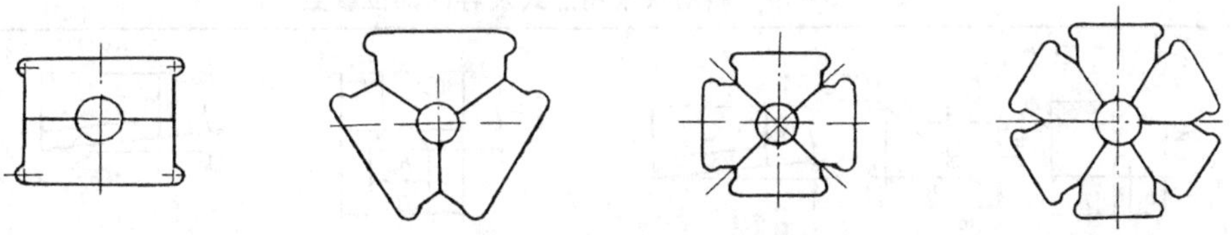

图 2-3-22　斜滑块组合形式

表 2-3-76　斜滑块与导滑槽的双面配合间隙 z　(mm)

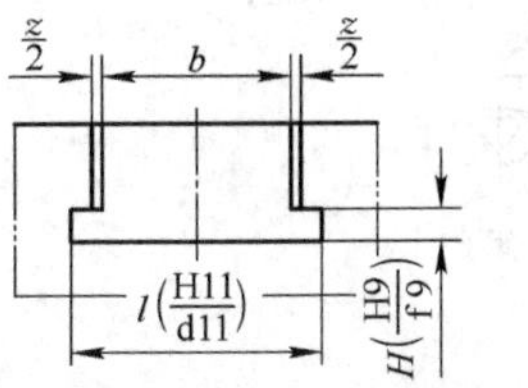

斜滑块宽度 l				
0～20	>20～40	>40～60	>60～80	>80～100
0.02～0.03	0.03～0.05	0.04～0.06	0.05～0.07	0.07～0.09
>100～120	>120～140	>140～160	>160～180	>180～200
0.08～0.11	0.09～0.12	0.11～0.13	0.13～0.15	0.14～0.17

(3) 为保证斜滑块的分型面密合，成形时不致发生溢料，斜滑块底部与模套之间应有 0.2～0.5 mm 的间隙。斜滑块顶面应高出模套 0.2～0.5 mm。其装配要求见图 2-3-23。

(4) 内侧抽芯斜滑块的端面不应高于型芯端面，而应在零件允许的情况下低于型芯端面 0.05～0.10 mm，见图 2-3-24。否则，推出时会由于斜滑块端面陷入塑件底面而阻碍斜滑块的径向移动。另外，在斜滑块边缘的径向移动范围内(即 $L > L_1$)，塑件上不应有台阶，以免阻碍斜滑块活动。

(5) 当定模型芯的包紧力较大时，为了避免开模时滑块随定模移动，使塑件留于定模型芯，一般应设有止动装置，其结构见图 2-3-25。

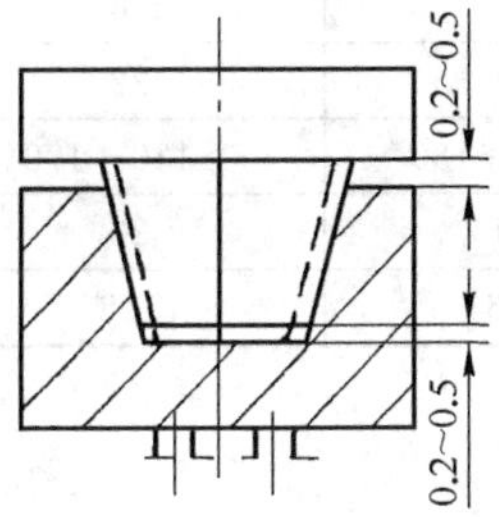

图 2-3-23　斜滑块装配要求

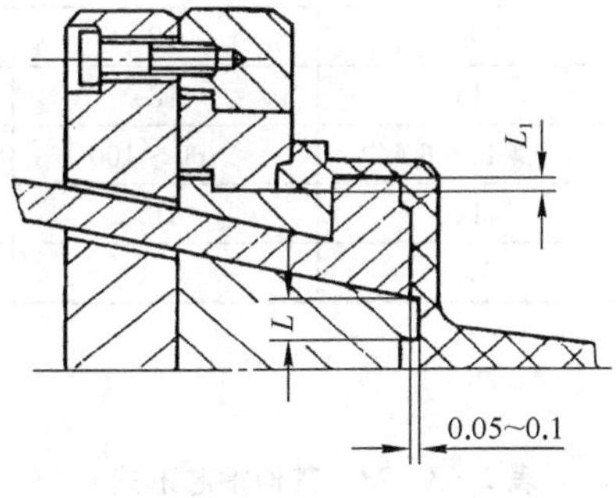

图 2-3-24　内斜滑块端面结构

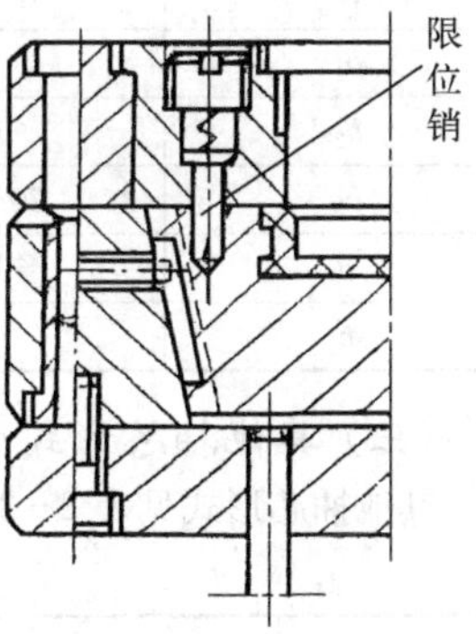

图2-3-25　限位销强制滑块留在动模内的结构

(6) 为了避免塑件推出时留在滑块一侧，动模部分应有可靠的导向元件，其结构见图 2-3-26。

(7) 为防止斜滑块推出时滑出导滑槽，斜滑块应设有定位装置，定位形式见图 2-3-27。

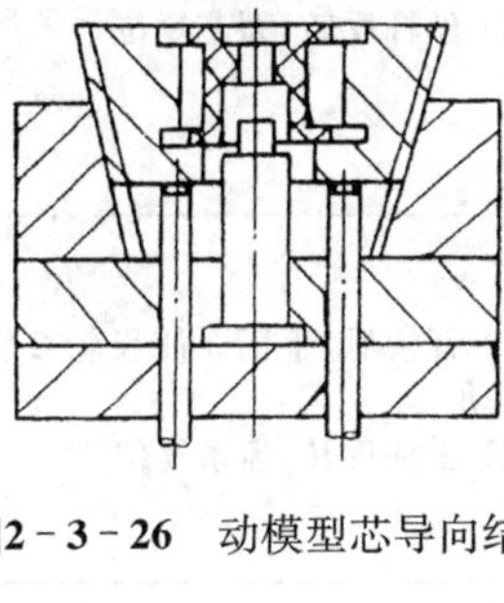

图2-3-26　动模型芯导向结构

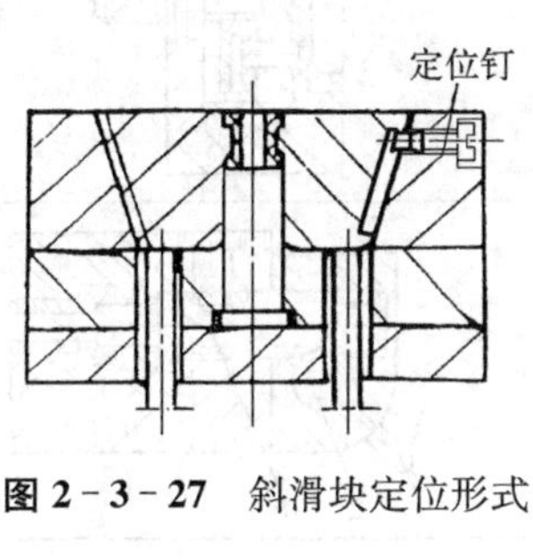

图 2-3-27　斜滑块定位形式

表 2-3-77 斜滑块常用形式及导向部位参数 (mm)

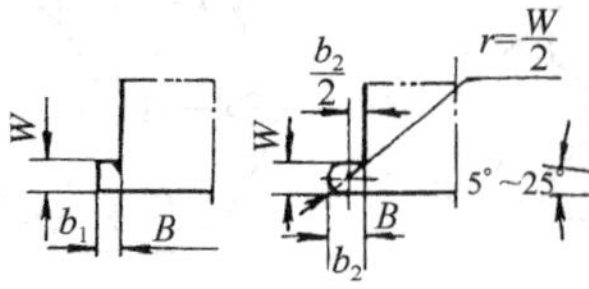

(a) T形槽

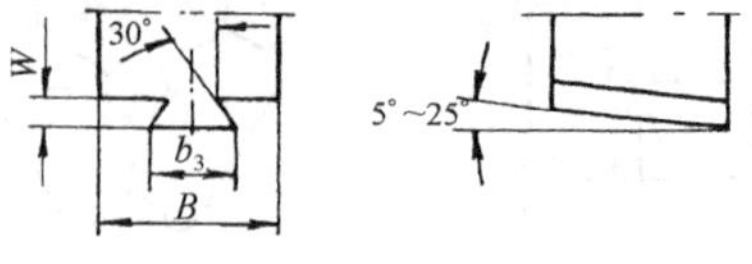

(b) 燕尾槽

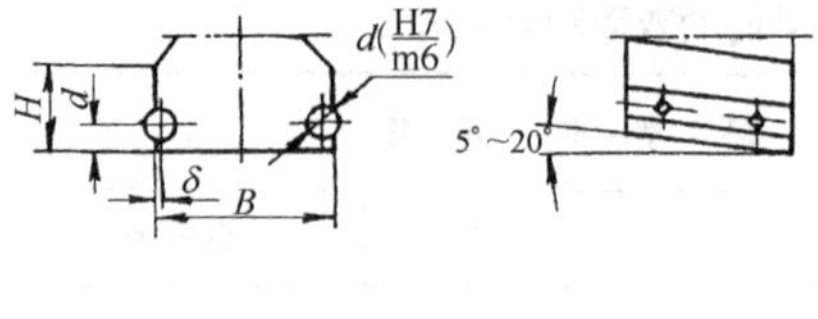

(c) 双圆柱销

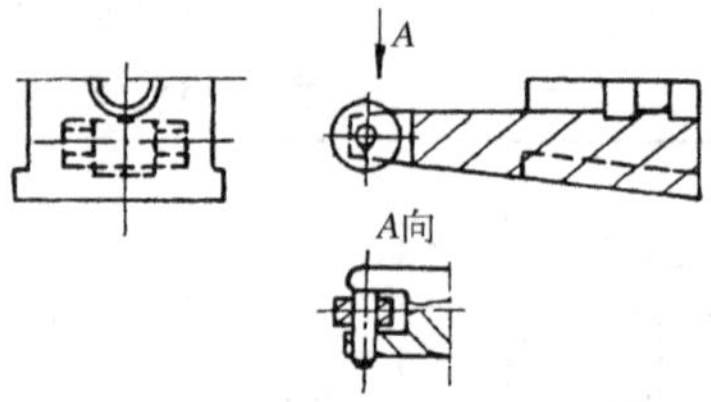

(d) 斜滑块顶杆组合

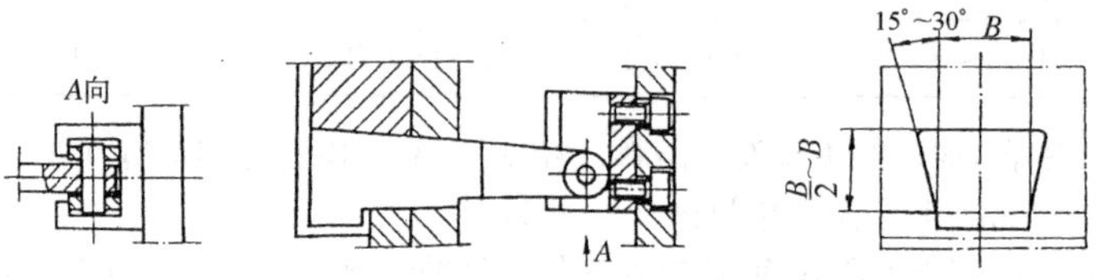

(e) 斜滑块、推板连接

材　　料	T10A(斜滑块)		硬度 54～58 HRC		
斜滑块宽度 B	30～50	>50～80	>80～120	>120～160	>160～200
导向部位符号	导 向 部 位 参 数				
W	8～10	>10～14	>14～18	>18～20	>20～22
b_1	6	8	12	14	16
b_2	10	14	18	20	22
b_3	20～40	>40～60	>60～100	>100～130	>130～170
d	12	14	16	18	20
δ	1	1.2	1.4	1.6	1.8

（三）其他抽芯形式

其他抽芯形式见表 2-3-78。

表 2-3-78 其他抽芯形式

抽芯形式		简　　图	说　　明
手动抽芯	手动丝杆抽芯	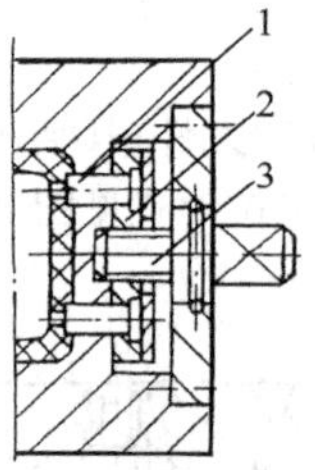	(1) 人工转动丝杆 3,型芯固定板 2 在丝杆作用下带动型芯 1 后退,做抽芯运动 (2) 丝杆反转,型芯复位
	手动齿轮齿条抽芯	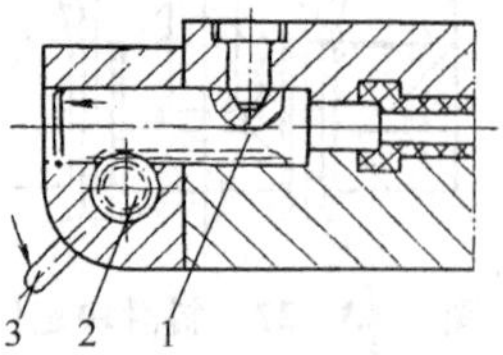	(1) 开模后,手柄 3 使齿轮 2 转动,带动齿条 1 做抽芯运动 (2) 手柄反转,齿条复位

（续表）

抽芯形式		简图	说明
齿轮齿条抽芯	齿轮齿条抽螺纹型芯	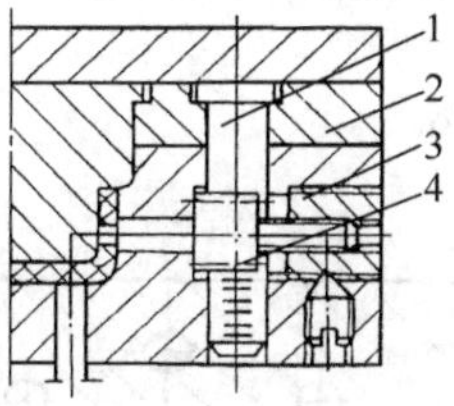	(1) 开模时，固定板 2 中的齿条导柱 1 带动齿轮 4 转动，齿轮在螺母 3 的作用下抽出螺纹型芯 (2) 齿轮的宽度应保证在整个抽芯过程中与齿条啮合
	齿条装在定模的斜向抽芯	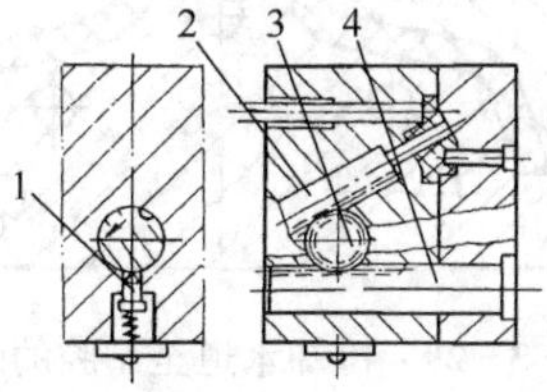	(1) 开模时，齿条 4 移动，通过齿轮 3 带动齿条型芯 2 抽出塑件 (2) 开模至终点位置时，传动齿条 4 脱离齿轮，齿轮轴上的定位钉 1 定位，保证了合模时齿条与齿轮的相对位置
	齿条装在推板的斜向抽芯	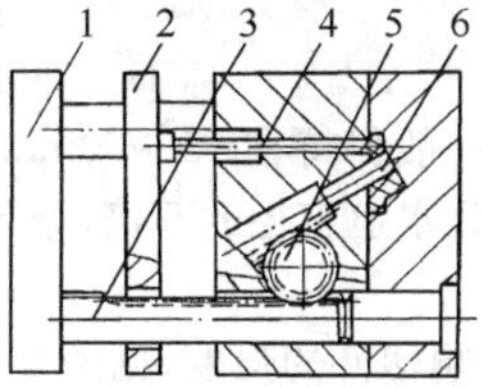	(1) 开模后，机床推杆推动推板 1 和齿条 3，通过齿轮 5 抽出齿条型芯 6 (2) 继续开模，机床推杆推动推板 2，带动推杆 4 推出塑件
液压抽芯	带有锁紧装置的液压抽芯	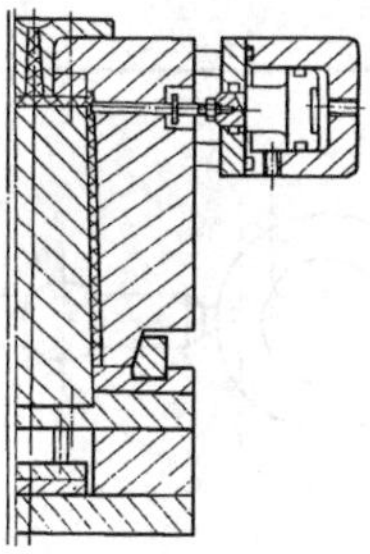	(1) 开模后，用液压抽出型芯 (2) 塑件推出和推出元件复位后，侧型芯复位 (3) 液压抽芯宜采用独立的供油系统。如利用注射机的工作油路供给压力油时，应在抽芯机构油路与注射机工作油路之间增设稳压阀，以保证整个工作期间抽芯油路有足够的压力
气压抽芯	气压定模抽芯	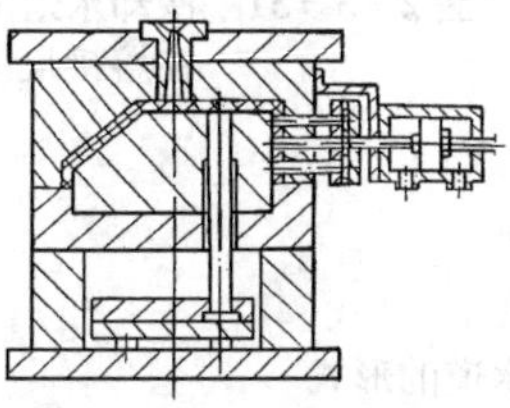	开模前，先利用气缸中的气压将侧型芯抽出，然后再开模。适于抽侧孔为通孔或承受侧压力很小的型芯
弹簧抽芯	定模弹簧外侧抽芯	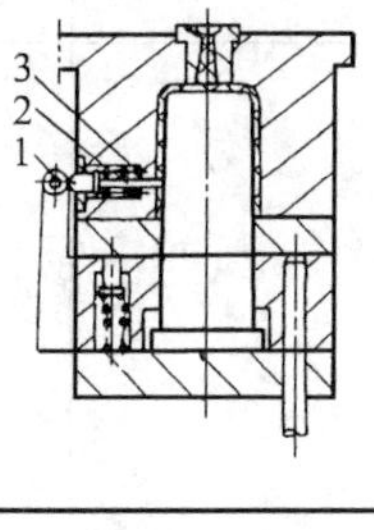	(1) 开模后，滚轮 1 脱开侧型芯 2，型芯在弹簧 3 的作用下抽出 (2) 闭模时，滚轮压迫侧型芯复位并锁紧

六、模具冷却和加热系统

（一）冷却系统

设置冷却装置的目的，主要是防止塑件在脱模时发生变形、缩短成形周期及提高塑件质量。冷却水道开设的原则如下：

(1) 冷却水道的数量应尽可能多、直径尽量大，见图 2-3-28。

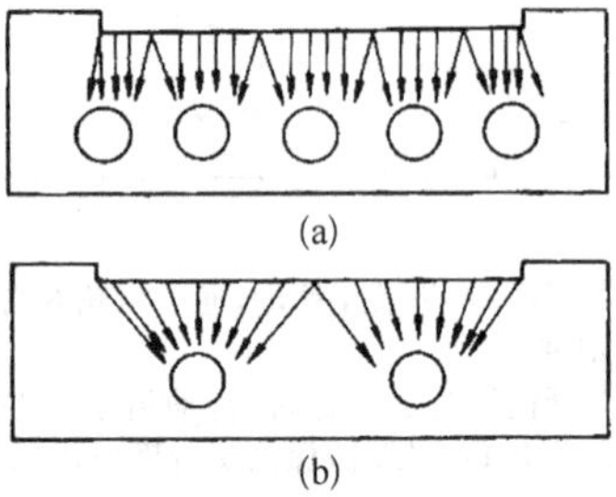

图 2-3-28 冷却水道的数量
(a) 型腔表面温度比较均匀；
(b) 型腔表面温度不均匀

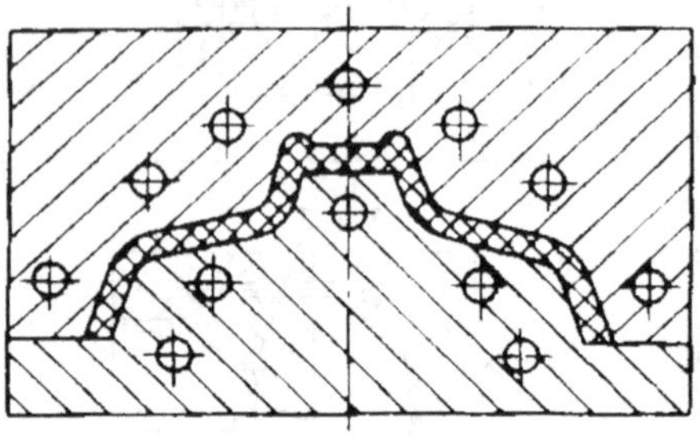

图 2-3-29 冷却水道至型腔的距离应相等

(2) 各冷却水道至型腔表面的距离应相等，见图 2-3-29；一般保持在 15～20mm 范围内，距离太近则冷却不易均匀，太远则效率低，水道直径一般取 8～12 mm，间距最好为水道直径的 5 倍，见图 2-3-30。

(3) 水道通过镶块时，防止镶套管等漏水。

(4) 冷却水道一般不宜设在型腔内塑料熔接的地方，以免影响塑件的强度，见图 2-3-31。

(5) 水管接头(冷却水嘴)应设在不影响操作的一侧。

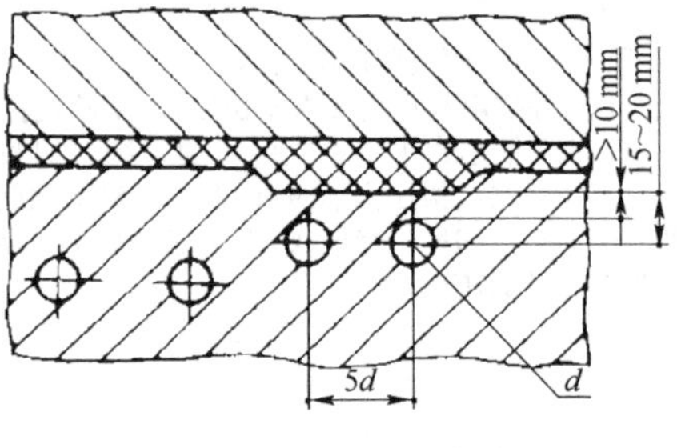

图 2-3-30 冷却水道的直径、间距及与型腔的距离

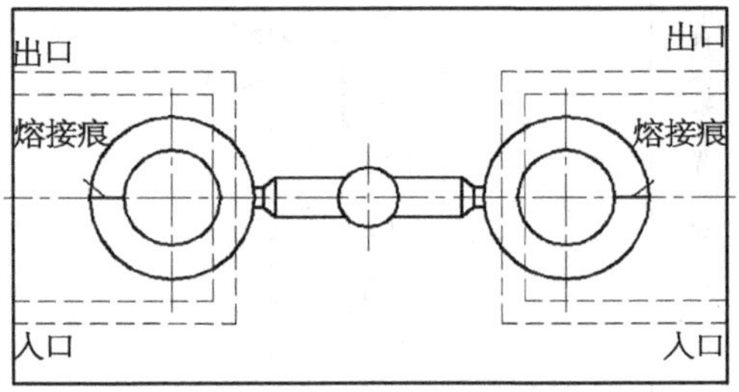

图 2-3-31 冷却水道应避免开设在熔接痕的部位

1. 型芯冷却

型芯冷却水道的形式见表 2-3-79。

表 2-3-79 型芯冷却水道的形式

类别	简图	说明
低型芯冷却	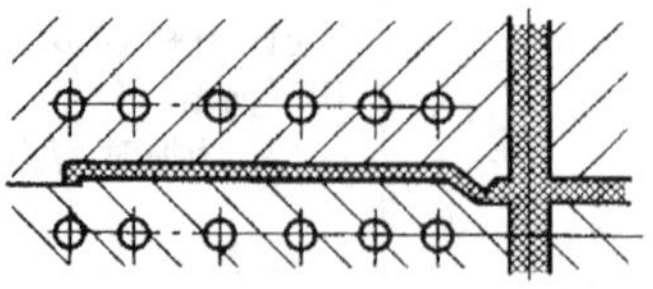	可用单层冷却回路冷却，一般开设在型芯下部

(续表)

类　别	简　　　图	说　　明
稍高型芯冷却	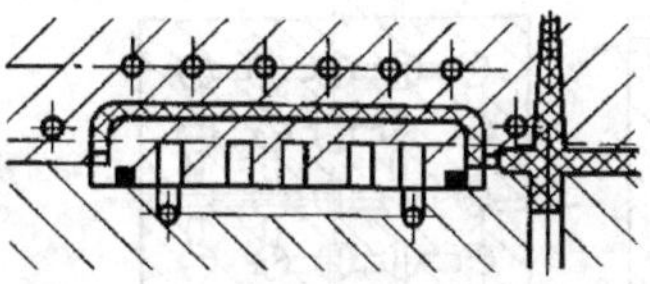	可在型芯内开设一定高度的冷却水槽进行冷却
中等高度型芯冷却	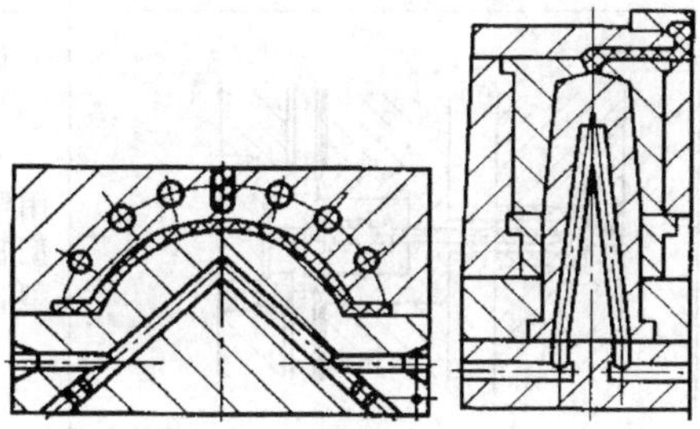	可用斜交叉水道构成冷却水路；对于宽度较大的型芯，可将几组斜交叉水道串联在一起，但冷却不太均匀
喷流式冷却	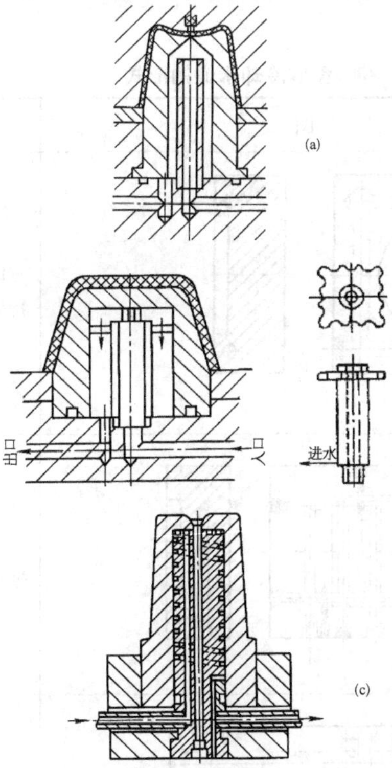 (a) (b) (c)	型芯中装一喷水管，冷却水从喷水管喷出，分流向周围冷却型芯，适用于高型芯(图 a) 型芯内装一特殊隔板，冷却水从特殊隔板的管道中喷出，由隔板槽流向周围，扩大型芯顶部的冷却面积(图 b) 冷却水从型芯镶件的顶部的水孔向周围旋转喷出，结构复杂，冷却效果好(图 c)
衬套式冷却	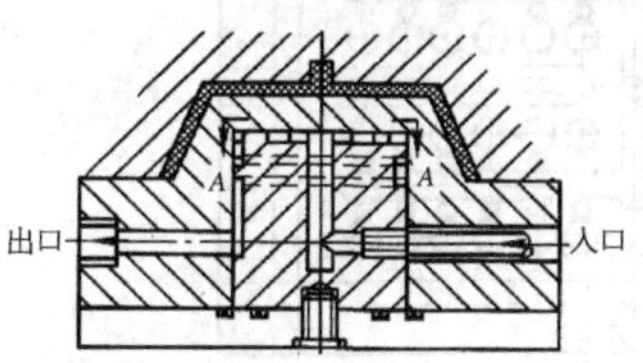	对于高而粗的型芯，可在型芯内嵌入开有沟槽的衬套，冷却水首先从衬套中间的水孔喷出，然后沿着环形沟槽流动。沟槽可开成圆形或螺旋形，冷却效果较好

（续表）

类 别	简 图	说 明
大型芯冷却	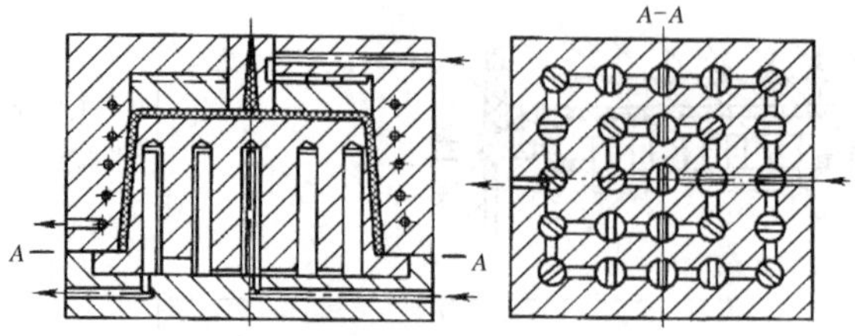	对于深腔大型型芯，可以在型芯内多钻孔，在每个水孔内插入纵向隔板。水从隔板的一边向上流动翻过隔板后向另一边流出，然后顺序进入相邻的孔
用导热性好的合金冷却	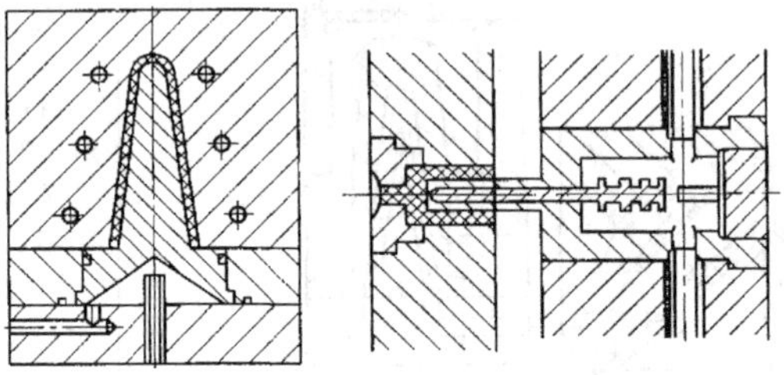	当型芯细长无法开设水道时，可用导热性好的铜合金或铍青铜作型芯，让冷却水直接接触合金带走型芯的热量

2. 型腔冷却

型腔冷却水道的形式见表 2-3-80。

表 2-3-80 型腔冷却水道的形式

类 别	简 图	说 明
循环冷却	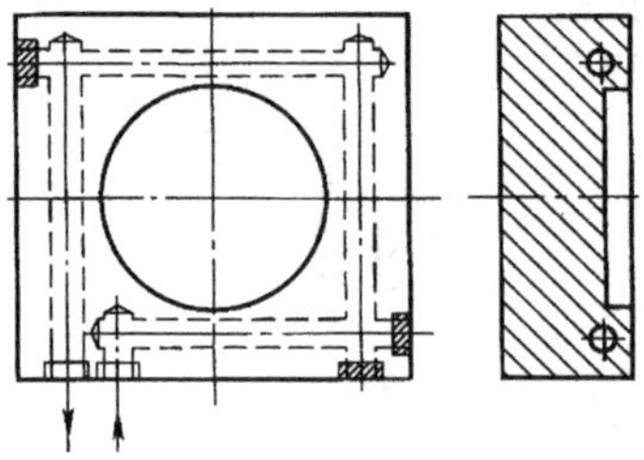	围绕型腔冷却，适合各种浅型腔特别是圆型腔的冷却
对称冷却	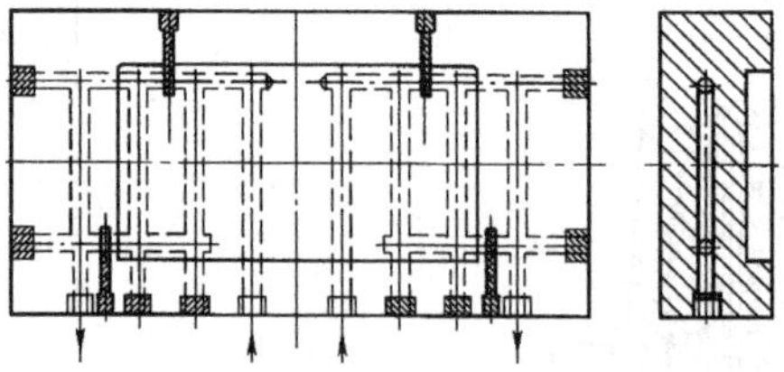	可适用于一模两腔的扁平类塑件
多型腔冷却	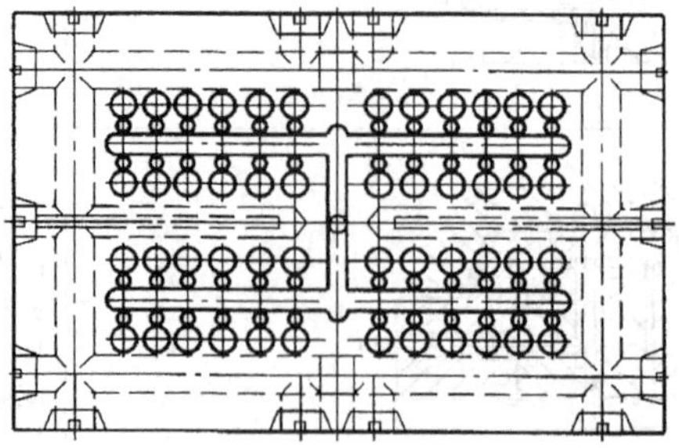	型腔四周采用各平面的单独整体回路，但这样会使模具外的管接头增多，且冷却不均

（续表）

类　别	简　　　图	说　　明
嵌入式冷却	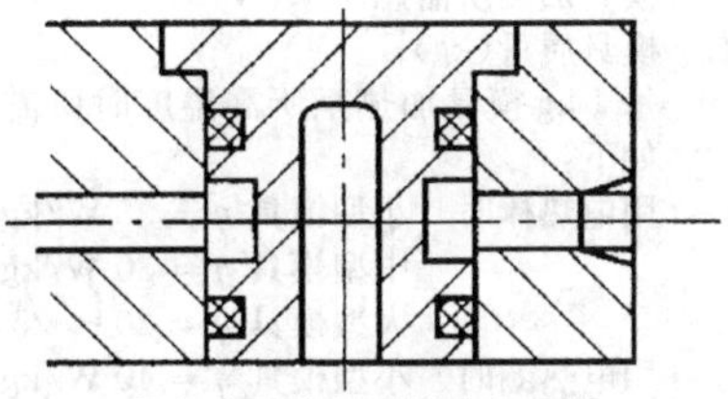 (a) 嵌入式型腔环形槽冷却水道 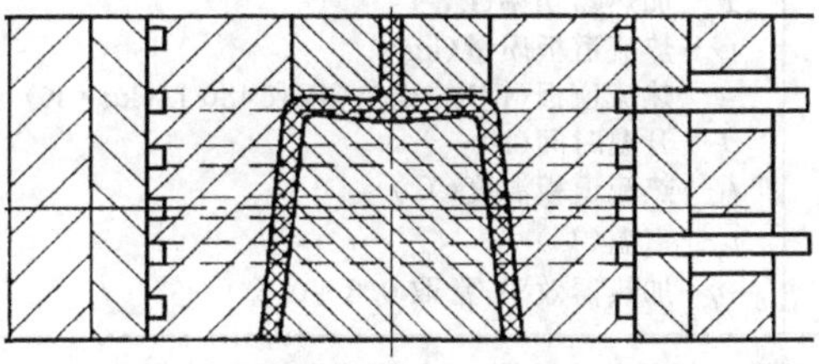 (b) 嵌入式型腔螺旋形槽冷却水道 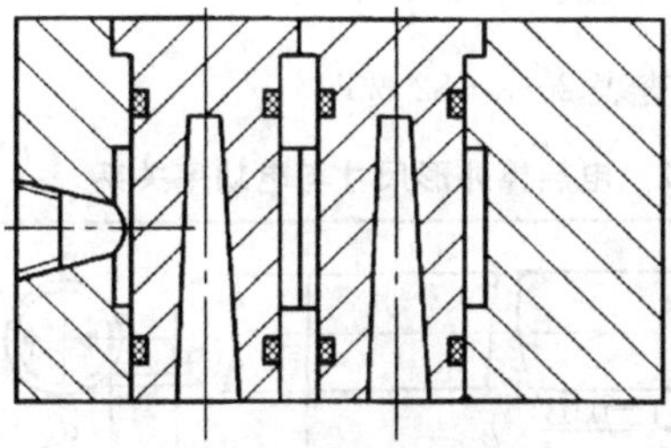 (c) 嵌入式型腔串联冷却水道	对于嵌入式型腔，可在型腔开设环形槽（图 a）或开设螺旋形槽（图 b），也可将环形槽互相连通构成回路（图 c）

（二）加热系统

模具加热的方式有很多，如热水、热油、水蒸气和电加热等。目前普遍采用电加热的方式加热，常用电加热元件见图 2－3－32，模具加热量计算见表 2－3－81。

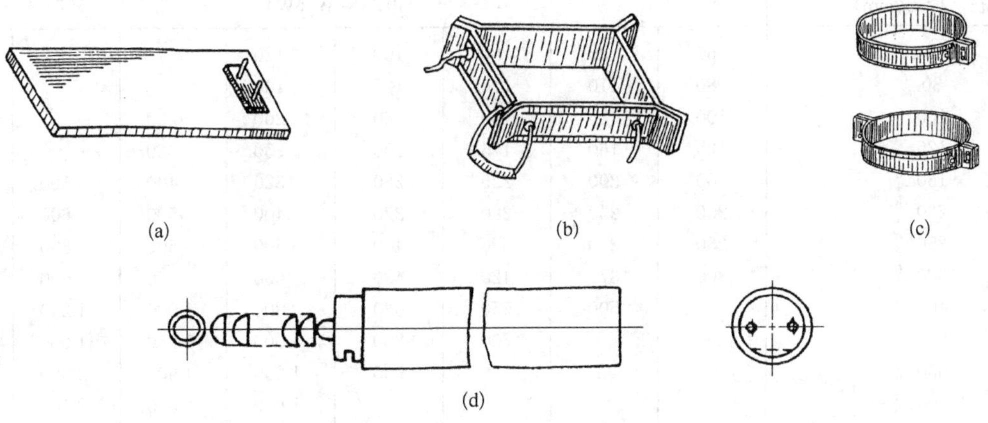

图 2－3－32　电热元件种类

(a) 电热板；(b) 电热套；(c) 电热圈；(d) 电热棒

表 2-3-81 模具加热量计算公式

模具类别	计算公式	说明
热固性塑料模和注射模	$W = G\eta$	W—模具加热所需总功率(W) G—模具质量(kg) η—每 1 kg 模具加热至所需温度时所需的电功率(W/kg),其经验数据如下: 用电热棒时 小型模具 $\eta = 35$ W/kg 中型模具 $\eta = 30$ W/kg 大型模具 $\eta = 20 \sim 25$ W/kg 用电热圈时 小型模具 $\eta = 40$ W/kg 大型模具 $\eta = 60$ W/kg
热流道模具	$P = \dfrac{Gc(t_1 - t_2)}{3.6 \times 10^6 \eta T}$	P—加热器功率(kW) G—热流道板质量(kg) c—热流道板(钢)的比热容,取 480 J/(kg·K) T—升温时间(h) t_1—热流道板温度(℃) t_2—室温(℃) η—加热器效率,常取 0.3~0.5

注:1. 固定式压缩模的加热功率应按上、下模两部分单独计算,一般上模温度比下模温度高 5℃左右。
2. 无流道模具中热流道板加热器的热量,也有取 1 kg 热流道板相当于 0.1~0.2 kW 的近似计算。当热流道板的侧面装有绝热板或支承块面积小、热辐射小时,可取其下限 0.1 kW。

电热棒按模具尺寸及加热所需总功率 W 查表 2-3-82 选取。

表 2-3-82 电热棒外形尺寸与电功率关系

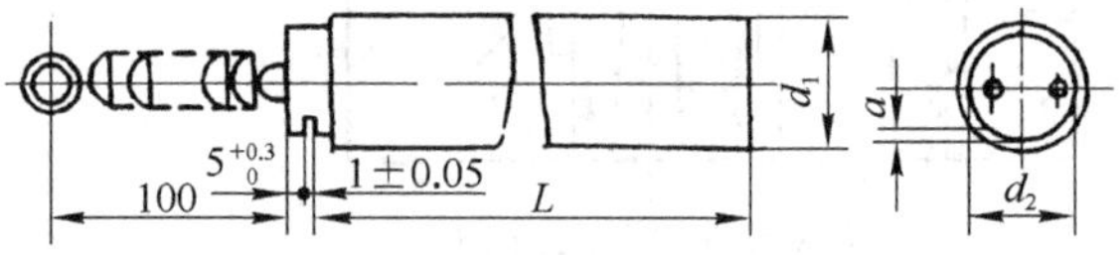

d_1	基本尺寸(mm)	13	16	18	20	23	32	40	50
	允许误差(mm)	±0.1		±0.12			±0.2		±0.3
盖板直径 d_2(mm)		8	11.5	13.5	14.5	18	26	34	44
槽 深 a(mm)		1.5	2	3			5		
长 度 L(mm)		电功率 W_t(W)							
60_{-3}^{0}		60	80	80	100	120			
80_{-3}^{0}		80	110	110	125	160			
100_{-4}^{0}		100	125	140	160	200	250		
125_{-4}^{0}		125	160	175	200	250	320		
160_{-4}^{0}		160	200	225	250	320	400	500	
200_{-4}^{0}		200	250	280	320	400	500	600	
250_{-5}^{0}		250	320	350	400	500	600	800	1 000
300_{-5}^{0}		300	375	420	480	600	750	1 000	1 250
400_{-5}^{0}			500	550	630	800	1 000	1 250	1 600
500_{-5}^{0}				700	800	1 000	1 250	1 600	2 000
650_{-6}^{0}					900	1 250	1 600	2 000	2 500
800_{-8}^{0}						1 600	2 000	2 500	3 200
$1\,000_{-10}^{0}$						2 000	2 500	3 200	4 000
$1\,200_{-10}^{0}$							3 000	3 300	4 750

电热棒也可自行设计，其步骤如下：

根据模具结构尺寸及 W 可确定电热棒根数，每根电热棒负荷按下式计算：

$$W_t = \frac{W}{n}$$

需用电流按下式计算：

$$I = \frac{W_t}{V}$$

需用电阻按下式计算：

$$R = \frac{V}{I} = \frac{V^2}{W_t}$$

需用电阻丝长度按下式计算：

$$L = \frac{RS}{\beta}$$

式中　n——模具所需电热棒根数（串联时 $n=1$）；

V——选用电压，一般为 20～60 V；

β——单位电阻，镍合金为 1.1 Ω·mm^2/m，高电阻合金为 1.2 Ω·mm^2/m；

S——选用电阻丝截面积（mm^2），见表 2-3-83。

表 2-3-83　电阻丝规格

圆形镍铬电阻丝直径（mm）	截面积（mm^2）	最大允许电流（A）	加热至 400℃时每 1 m 电阻丝电阻（Ω）	1 m 电阻丝的质量（g）
0.5	0.196	4.2	6	1.61
0.6	0.283	5.5	4	2.31
0.8	0.503	8.2	2.25	4.21
1.0	0.785	11	1.5	6.44
1.2	1.131	14	1	9.27
1.5	1.767	18.5	0.61	14.5
1.8	2.545	23	0.45	20.9
2.0	3.142	25	0.36	25.8
2.2	3.801	28	0.29	31.5

七、注射模典型结构

图 2-3-33 为侧浇口注射模，采用推杆、推管联合推出。开模时，塑件包紧在动模镶块 13 上、钩形拉料杆 23 拉住浇道凝料随动模一起移动一定距离之后，注射机顶出杆推动模具的推出机构，其推出距离由限位块 9 控制，利用推杆 11、推管 28、钩形拉料杆 23 推出塑件及浇道凝料，最后手工取出塑件和浇道凝料。闭模时，动模向定模靠近，当复位杆 24 碰到定模时，推出机构复位，模具闭合。

图 2-3-34 为斜导柱外侧抽芯注射模。开模时，动、定模分开，斜导柱 17 对滑块 18 产生一个侧向分力使滑块沿滑块压板 38 内的导滑槽向外移动进行抽芯动作，抽芯后滑块的位置由内六角螺钉 19 及弹簧 16 控制；抽芯的同时，塑件和浇道凝料随动模一起移动。开模一段距离后，注射机顶出杆推动模具的推出机构，利用推杆 8 和浇道推杆 29 将塑件和浇道凝料一起推出模外并自动脱落。闭模时，动模向定模移动，当斜导柱进入滑块上的斜孔后，对滑块产生一个侧向分力使滑块进行复位动作，当复位杆 28 碰到定模时使推出机构复位，模具闭合。

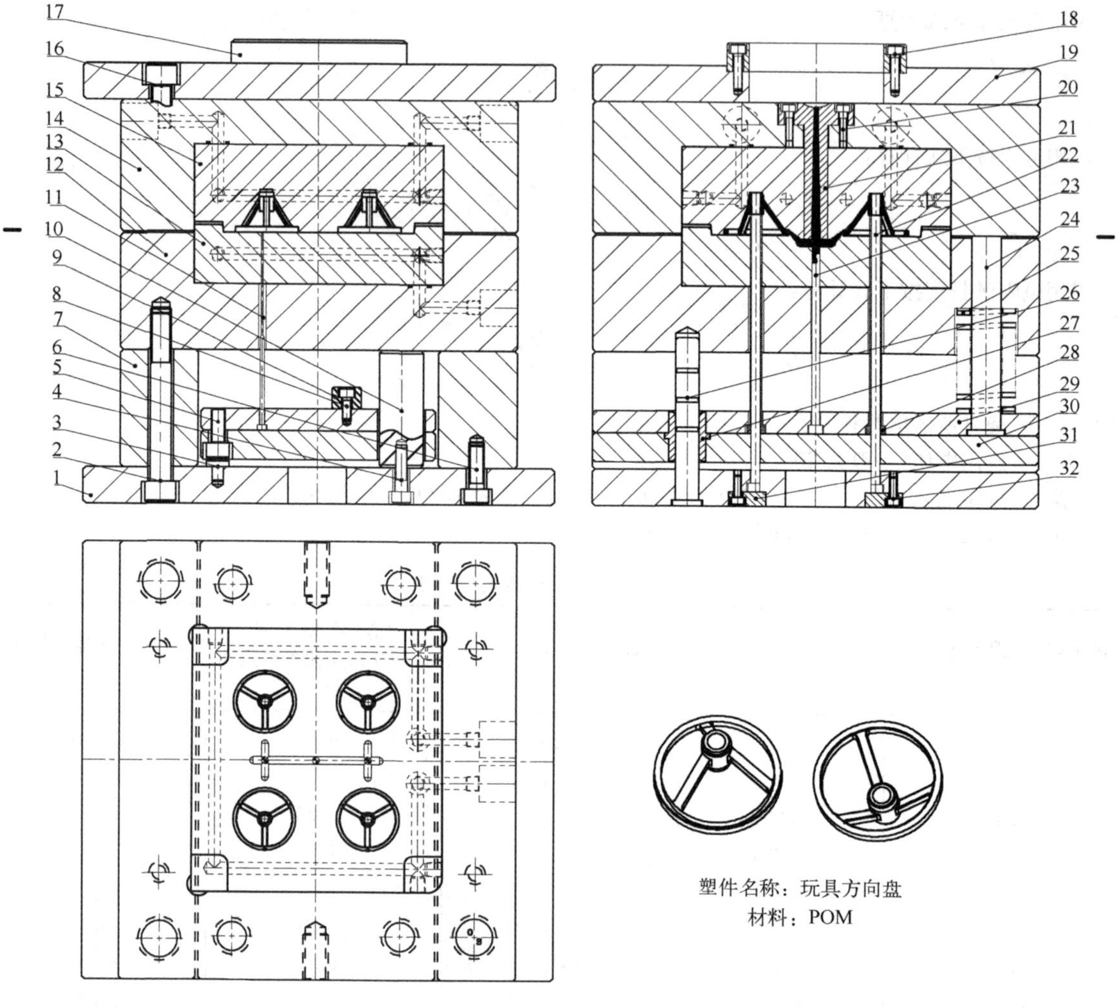

图 2-3-33 侧浇口注射模

1—动模座板；2、4、5、6、8、16、18、20、32—内六角螺钉；3—支承钉；7—垫块；9—限位块；10—支承柱；11—推杆；12—动模板；13—动模镶块；14—定模板；15—定模镶块；17—定位圈；19—定模座板；21—浇口套；22—型芯；23—钩形拉料杆；24—复位杆；25—弹簧；26—推板导柱；27—推板导套；28—推管；29—推杆固定板；30—推板；31—压板

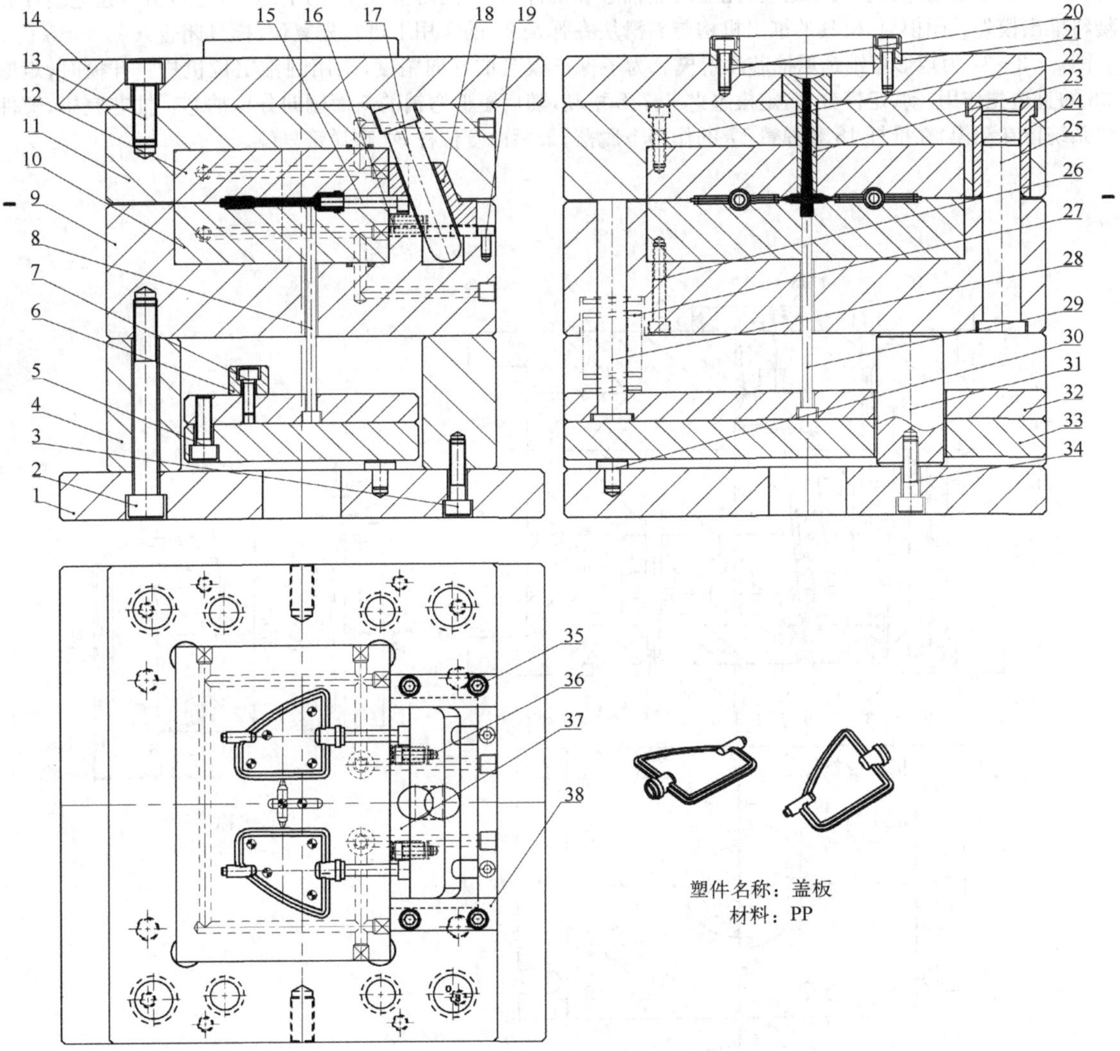

图 2-3-34　斜导柱外侧抽芯注射模

1—动模座板；2、3、5、7、13、19、20、22、26、34、35、36—内六角螺钉；4—垫块；6—限位块；8—推杆；9—动模板；10—动模镶块；11—定模板；12—定模镶块；14—定模座板；15—侧型芯；16—弹簧；17—斜导柱；18—滑块；21—定位圈；23—浇口套；24—导套；25—导柱；27—弹簧；28—复位杆；29—浇道推杆；30—支承钉；31—支承柱；32—推杆固定板；33—推板；37—压板；38—滑块压板

图 2 - 3 - 35 为点浇口注射模，采用斜滑块内侧抽芯。开模时，在弹簧 16 的作用下 Ⅰ 分型；继续开模，在定距螺钉 13 的作用下 Ⅱ 分型。当推板 7 与机床推杆接触时，迫使推板向前运动，斜滑块 2 和 3 向内移动，抽芯并推出塑件。闭模时，由复位杆 1 使斜滑块复位。

图 2 - 3 - 36 为盖子、垫板组合件注射模成形两种不同形状、同种塑料塑件的模具。开模时，塑件包紧在动模镶块 20 上，且锥形拉料穴拉住主流道凝料随动模一起移动一段距离之后，注射机的顶出杆推动模具的推出机构，斜滑块 8 在斜导滑槽内做斜向上运动，完成内侧抽芯和推件动作，同时推杆 19 向上运动，与斜顶一起把塑件和浇道凝料推出模外。闭模时，模具的推出机构与斜滑块在弹簧 25 的作用下进行先复位，模具闭合。

图 2 - 3 - 37 为矩形弯销延迟抽芯注射模。为了保证模具的导向精度，采用圆锥定位机构。开模时，矩形弯销 28 的直边先作用，动、定模分型，定模型芯 6、7、8 松动，随后矩形弯销的斜面侧向分型抽芯。抽芯完毕，塑件和浇注系统留在动模，在推杆 18 和弹簧 17 的作用下脱落，最后由复位杆 30 和弹簧复位。

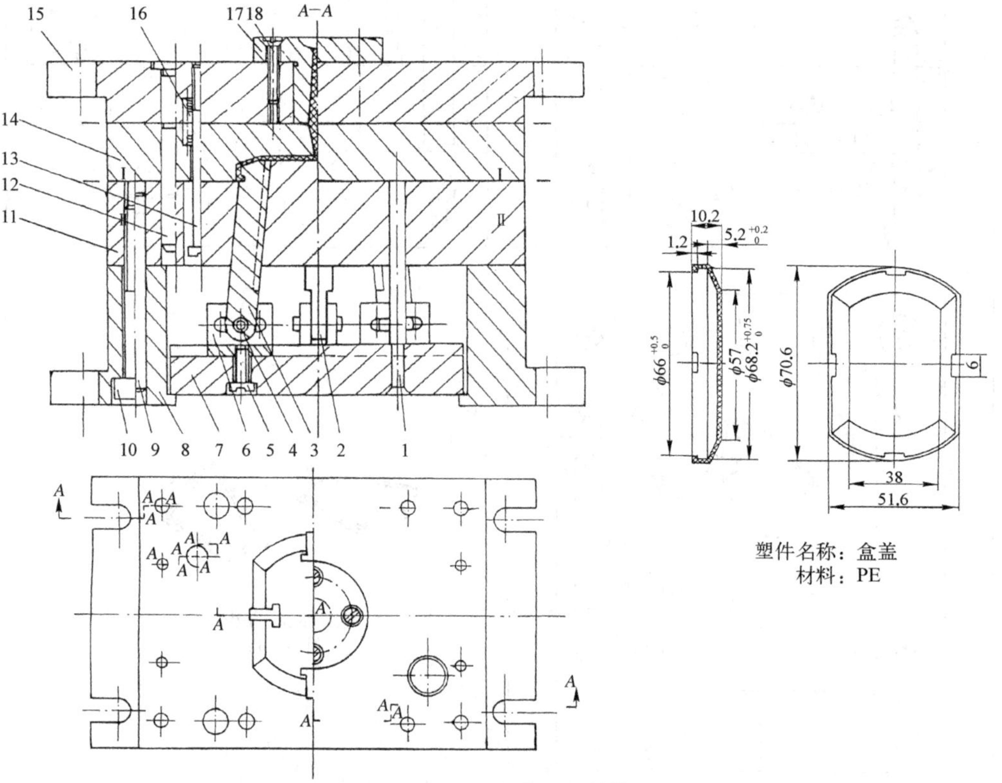

图 2 - 3 - 35　点浇口注射模

1—复位杆；2、3—斜滑块；4、9—圆柱销；5—圆柱头螺钉；6—支座；7—推板；8—支架；10—内六角螺钉；11—支承板；12—带头导柱；13—定距螺钉；14—型腔板；15—定模座板；16—弹簧；17—定位圈；18—沉头螺钉

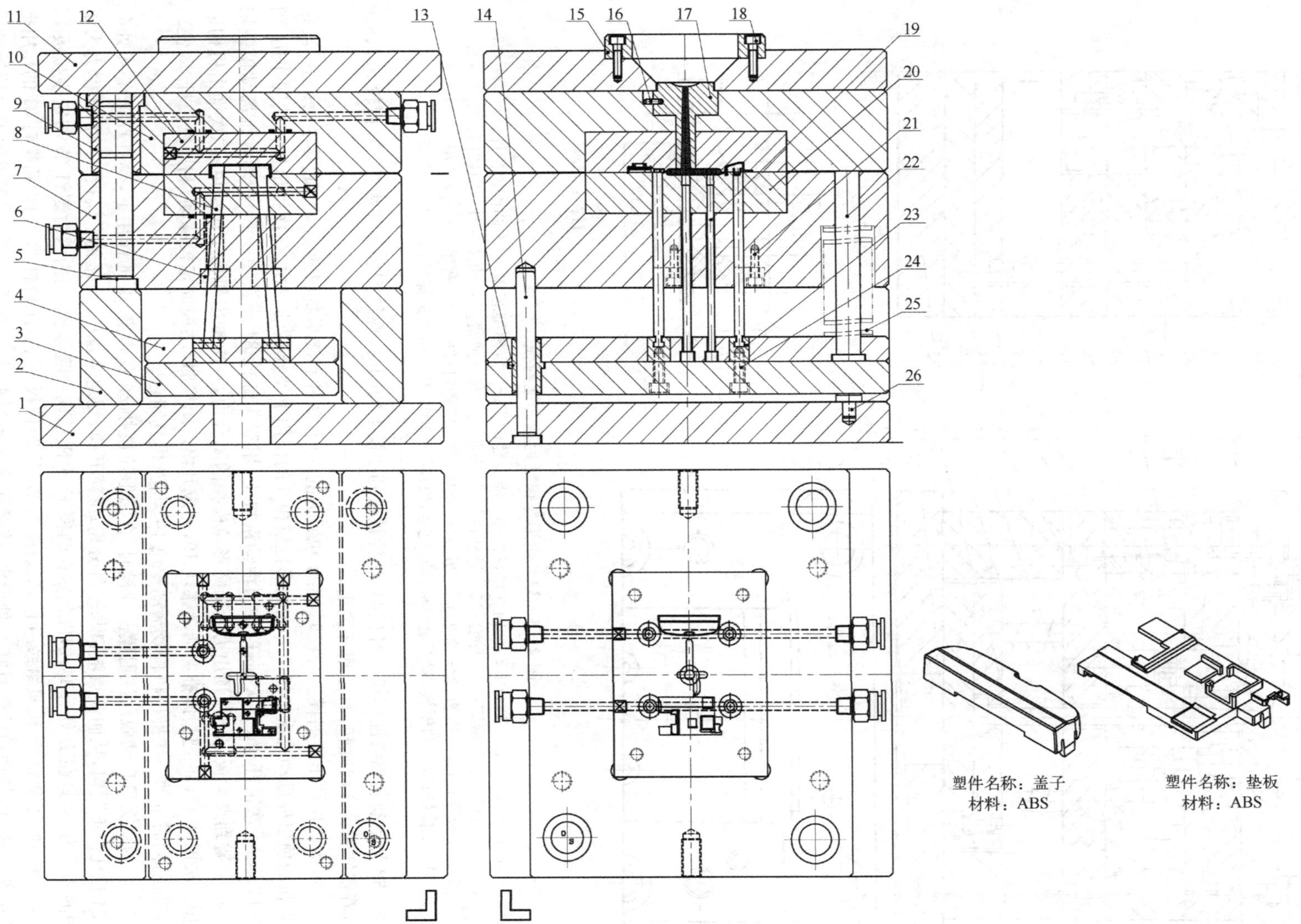

图 2-3-36 盖子、垫板组合件注射模

1—动模座板；2—垫块；3—推板；4—推杆固定板；5—导柱；6—垫板；7—动模板；8—斜滑块；9—导套；10—定模板；11—定模座板；12—定模镶块；13—推板导套；14—推板导柱；15—定位圈；16—圆柱销；17—浇口套；18、21、24—内六角螺钉；19—推杆；20—动模镶块；22—复位杆；23—斜顶固定板；25—弹簧；26—限位钉

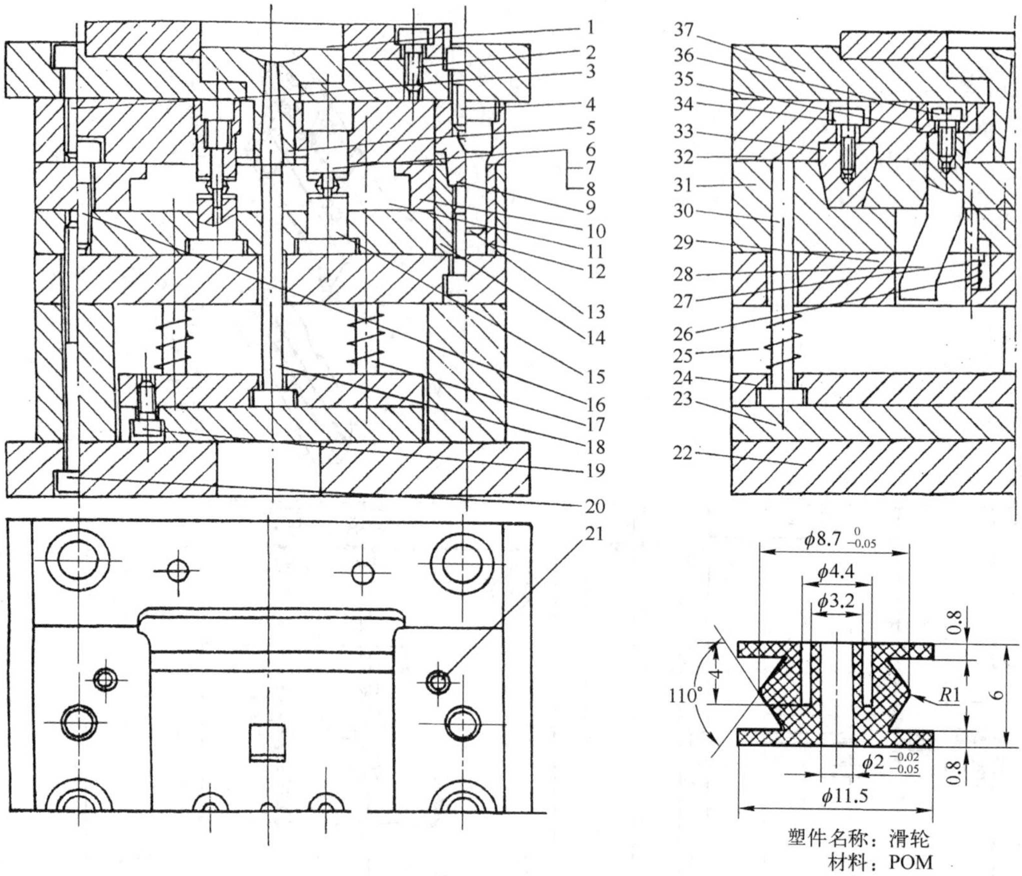

图 2-3-37　矩形弯销延迟抽芯注射模

1—定位圈；2、3、4、16、19、20、34—内六角螺钉；5—浇口套；6、7、8—定模型芯；9、14—圆锥定位件；10—压板；11—组合型腔；12—导套；13—导柱；15—下型芯；17、26—弹簧；18—推杆；21—圆柱销；22—动模座板；23—推板；24—推杆固定板；25—垫块；27—定距钉；28—矩形弯销；29—支承板；30—复位杆；31—动模板；32—定模板；33—楔紧块；35—压块；36—圆柱头螺钉；37—定模座板

图 2-3-38 为自动脱螺纹注射模。开模时，塑件被带到动模上的同时，螺纹型腔 4 在齿条 13，齿轮 5、7、8、9 的作用下沿着塑件脱出方向旋转，直至塑件脱出。

图 2-3-39 为二次顶出注射模。开模时，由于包紧力的作用，塑件和浇道凝料随动模一起移动，移动一段距离之后，注射机的顶出杆推动二次推板 7 并在圆形拉模扣 6 的作用下使模具的一次、二次推出机构共同作用，利用二次推杆 11、35，一次推杆 36(一次推杆 36 与活动镶块 19 用双头螺栓 34 连接在一起)把塑件推离动模镶块 18。当限位块 10 碰到支承板 12 时，顶出力大于圆形拉模扣的闭合力，一次推出机构工作结束；二次推出机构继续动作，利用二次推杆 11、35 把塑件推离活动镶块 19，完成开模。闭模时，动模向定模移动，利用复位杆 38 使二次推出机构复位，同时带动一次推出机构及活动镶块 19 复位，模具闭合。

图 2-3-40 为点浇口自动脱落注射模。开模时，在圆形拉模扣 29 及弹簧 32 的作用下，模具首先在 A 处分型，拉料杆 34 拉住浇道凝料，从而使点浇口与塑件分离；继续开模，当定距拉杆 33 碰到定模板 21 时，开模力大于圆形拉模扣的闭合力，模具在 B 处分型，塑件包紧在凸模 15 上随动模一起移动，当内六角螺钉 25 与定距拉板 26 两端靠紧时，B 分型面完全分开；模具继续开模，通过螺钉 25、定距拉板 26、定距拉杆 33、内六角螺钉 31 的作用把开模力传递给件推套 30，从而迫使模具在 C 处分型，使浇注系统凝料脱离拉料杆；最后，注射机的顶出杆推动模具的推出机构，利用推块 39 把塑件推出模具并自动掉出，手工或机械手取出浇注系统凝料。闭模时，通过弹簧 27、双头螺栓 40 的共同作用使推块 39 先复位，模具闭模。

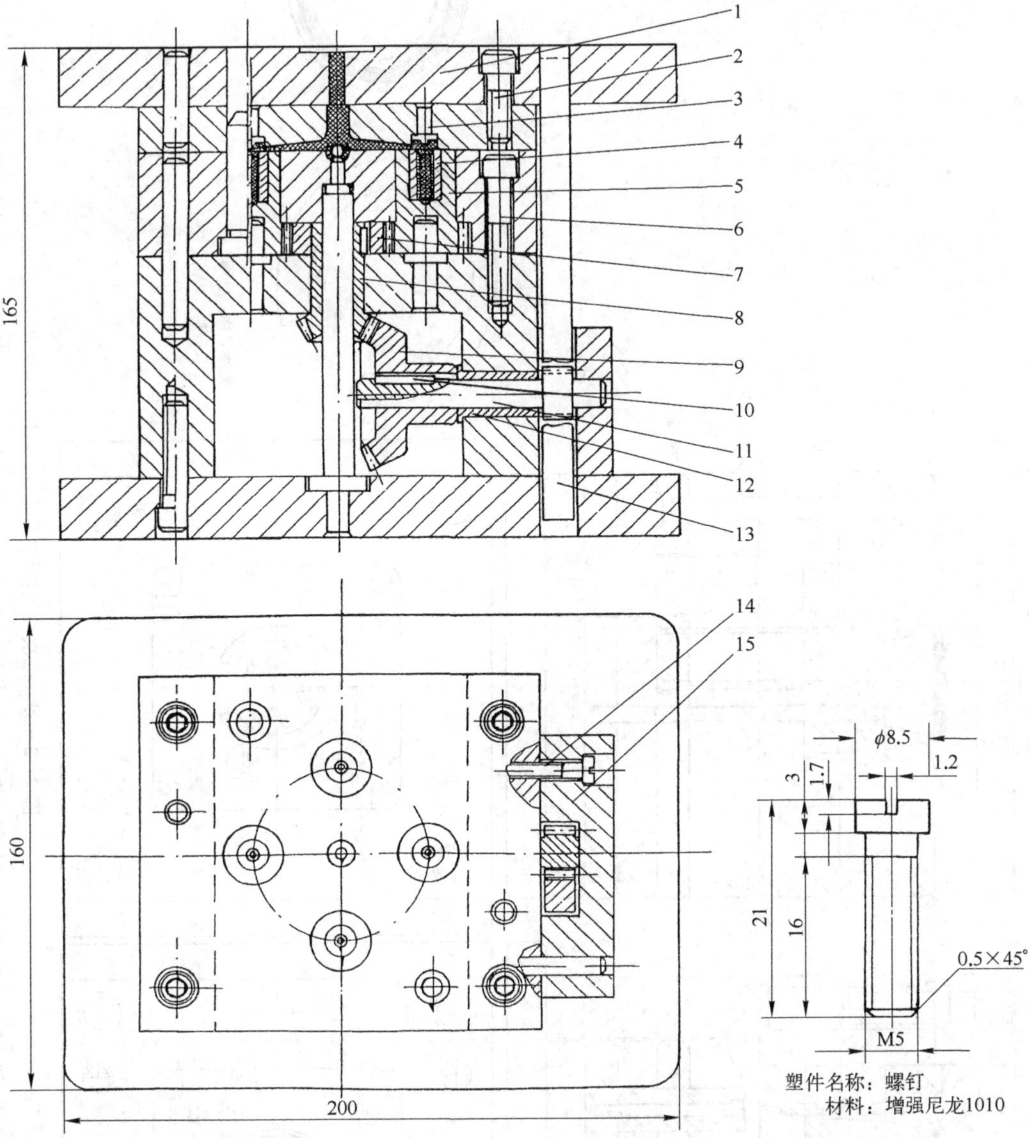

图 2-3-38 自动脱螺纹注射模

1—定模座板；2、6—内六角螺钉；3—镶件；4—螺纹型腔；5、7～9—齿轮；10—键；11—轴；12—轴套；13—齿条；14—圆柱头螺钉；15—支座

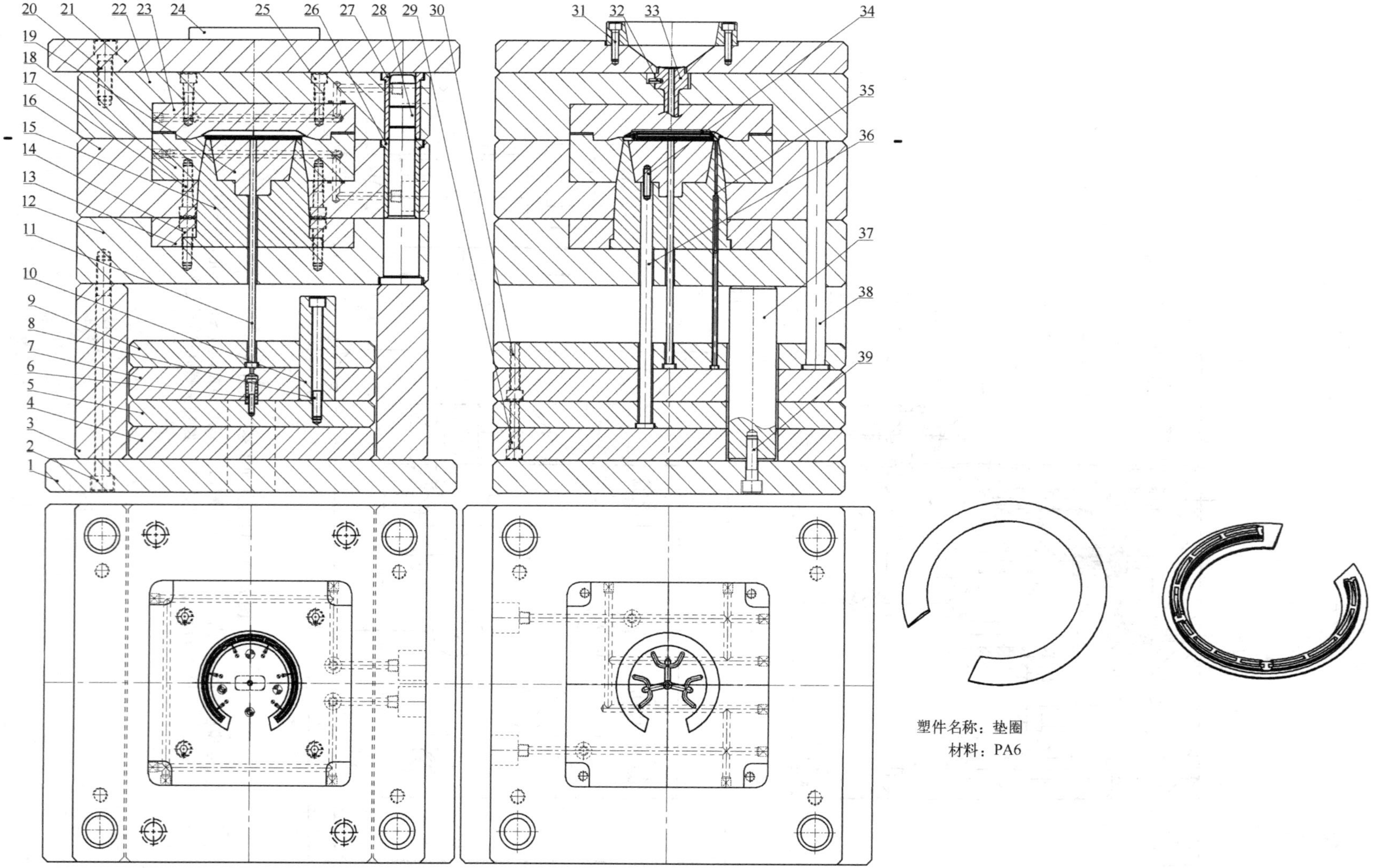

图 2-3-39　二次顶出注射模

1—动模座板；2、8、14、17、20、25、29、30、31、39—内六角螺钉；3—垫块；4——次推板；5——次推出固定板；6—圆形拉模扣；7—二次推板；9—二次推出固定板；10—限位块；11、35—二次推杆；12—支承板；13—压板；15—凸模；16—动模板；18—动模镶块；19—活动镶块；21—定模座板；22—定模板；23—定模镶块；24—定位圈；26、27—导套；28—导柱；32—圆柱销；33—浇口套；34—双头螺栓；36——次推杆；37—支承柱；38—复位杆

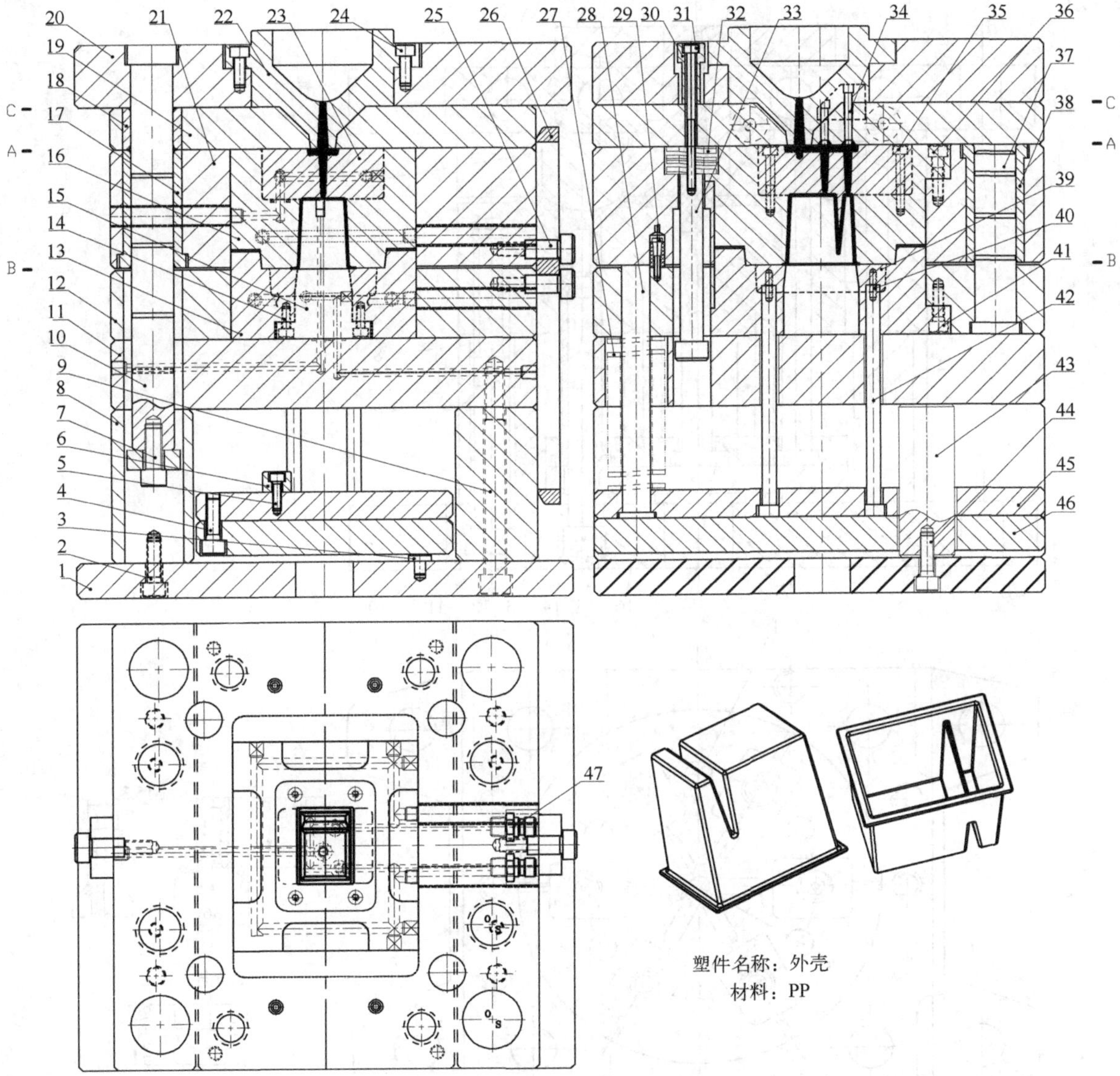

图 2-3-40 点浇口自动脱落注射模

1—动模座板；2、4、5、7、9、14、24、25、31、35、36、41、44—内六角螺钉；3—支承钉；6—限位块；8—垫块；10—拉杆导柱；11—支承板；12—动模板；13—动模镶块 15—凸模；16—定模镶块；17、18—导套；19—推料板；20—定模座板；21—定模板；22—浇口套；23—浇道镶块；26—定距拉板；27—弹簧；28—复位杆；29—圆形拉模扣；30—推套；32—弹簧；33—定距拉杆；34—拉料杆；37—导柱；38—导套；39—推块；40—双头螺栓；42—推杆；43—支承柱；45—推杆固定板；46—锥板；47—水道接头

图 2-3-41 为热固性塑料注射模，一模六件。开模后，利用推管 9 推出塑件，由复位杆 18 复位。定模部分由加热板中的电加热棒加热，动模部分采用外加热圈加热(图中未示出)。

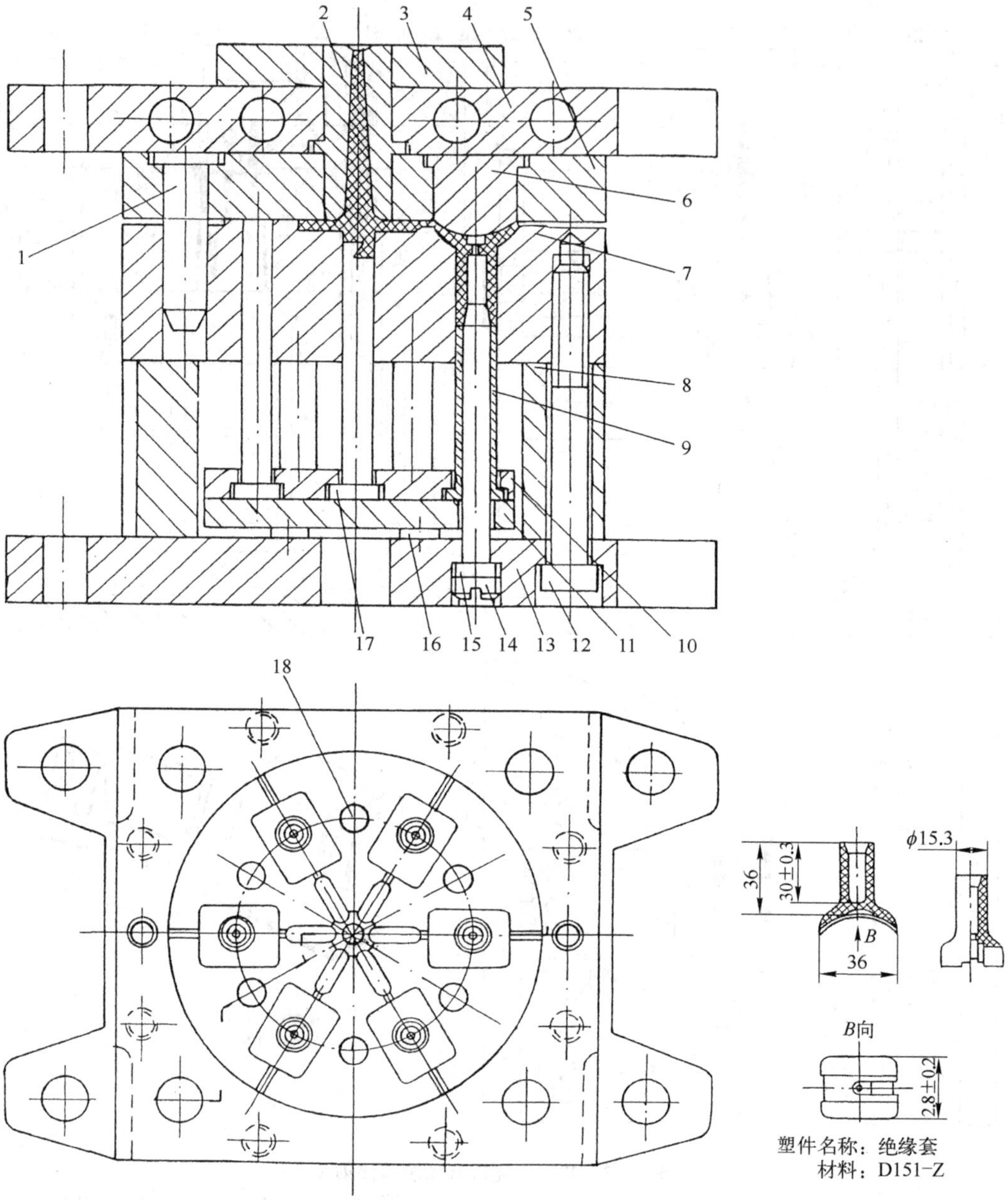

图 2-3-41　热固性塑料注射模

1—导柱；2—浇口套；3—定位圈；4—加热板；5—定模板；6—镶件；7—动模板；8—垫块；9—推管；10—推杆固定板；11—推板；12—内六角螺钉；13—动模座板；14—螺塞；15—型芯；16—限位钉；17—钩形拉料杆；18—复位杆

图 2-3-42 为热流道注射模，采用定模推出机构。浇口和推杆均设置在塑件内表面。当开模至一定距离后，动模板 14 开始带动拉板 13；继续开模，拉板 13 带动推件板 12，并通过复位杆 3 及推杆固定板 5 带动推杆 6 及推件板 12，同时推动塑件脱离定模镶件 11 和 15。合模时，复位杆 3 使定模推出机构复位。

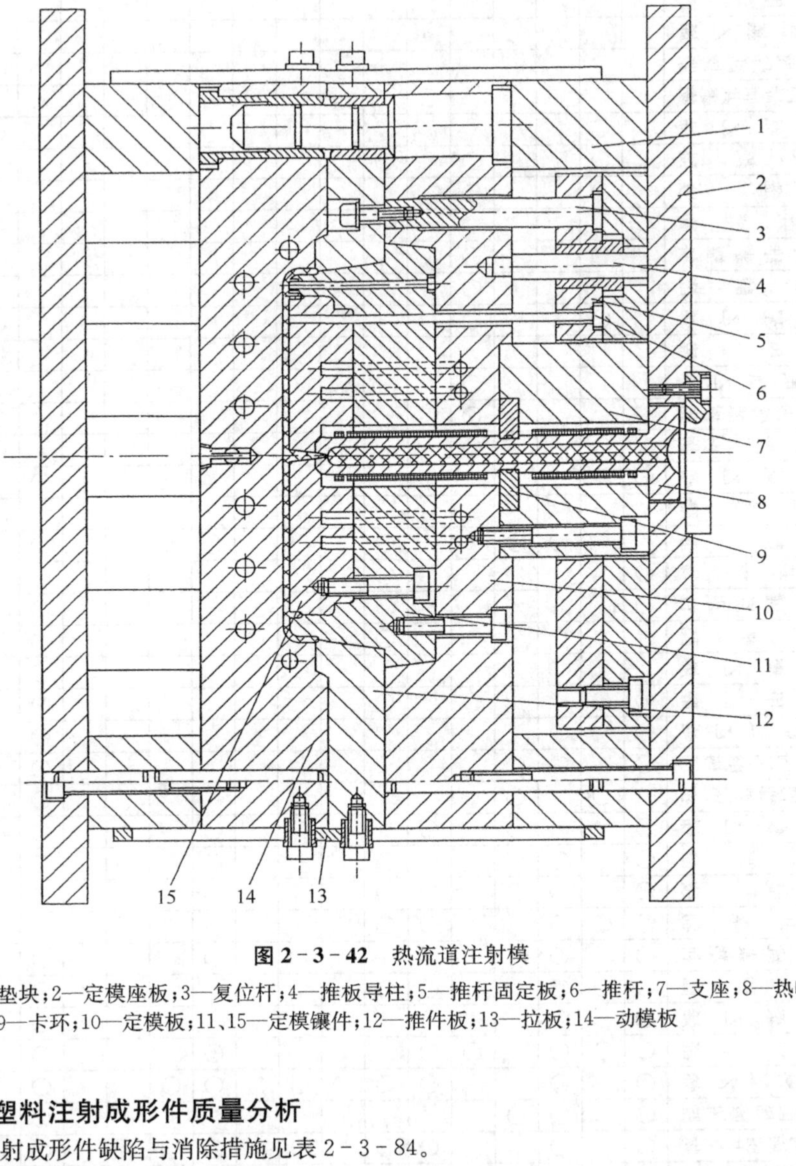

图 2-3-42　热流道注射模

1—垫块；2—定模座板；3—复位杆；4—推板导柱；5—推杆固定板；6—推杆；7—支座；8—热喷嘴；9—卡环；10—定模板；11、15—定模镶件；12—推件板；13—拉板；14—动模板

八、热塑性塑料注射成形件质量分析

热塑性塑料注射成形件缺陷与消除措施见表 2-3-84。

模具调试前，必须仔细分析研究塑料缺陷产生的主要原因。调试时，尽可能先采用改变成形工艺条件，后采用修正模具来消除成形缺陷。

表 2-3-84　热塑性塑料注射成形件缺陷与消除措施

成形缺陷		缺料(注射量不足)											气孔											溢料飞边											着色不均匀								
消除措施		苯乙烯丙烯腈共聚物	聚甲基丙烯酸树脂	聚三氟氯乙烯	聚甲醛	中压聚乙烯	聚碳酸酯	醋酸纤维素塑料	ABS共聚物	聚酰胺	氯化聚醚	硬聚氯乙烯	苯乙烯丙烯腈共聚物	聚甲基丙烯酸树脂	聚三氟氯乙烯	聚甲醛	中压聚乙烯	聚碳酸酯	醋酸纤维素塑料	ABS共聚物	聚酰胺	氯化聚醚	硬聚氯乙烯	苯乙烯丙烯腈共聚物	聚甲基丙烯酸树脂	聚三氟氯乙烯	聚甲醛	中压聚乙烯	聚碳酸酯	醋酸纤维素塑料	ABS共聚物	聚酰胺	氯化聚醚	硬聚氯乙烯	苯乙烯丙烯腈共聚物	聚甲基丙烯酸树脂	聚三氟氯乙烯	聚甲醛	中压聚乙烯	聚碳酸酯	醋酸纤维素塑料	ABS共聚物	聚酰胺
模具条件	加大主流道、分流道、浇口	○	○	○	○	○	○	○	○	○	○	○		○	○	○			○	○			○																			○	
	减小浇口区面积				○		○		○				○			○								○				○		○		○	○	○								○	
	加大喷嘴	○	○	○	○	○	○	○	○	○	○			○	○						○																						
	改变冷却水道位置		○							○		○	○	○						○	○																						
	矫正修理分型面				○											○								○	○	○		○	○	○	○	○	○										
	增加排气槽	○		○	○		○	○	○	○		○																							○								
	改变浇口位置	○		○			○		○	○	○					○		○		○	○												○										
	研磨模腔表面			○																						○							○										
	增加冷料穴容量	○		○				○		○		○																													○		
	改变喷嘴位置			○														○																									○
	检查喷嘴加热部分	○		○	○			○		○	○	○									○														○			○	○				
	研磨主流道、分流道、浇口	○		○																																							
	研磨主流道衬套																																										
	检查主流道拉料杆形式				○																																						
工艺条件	增大注射压力	○	○	○	○	○	○	○	○	○	○	○	○	○	○	○	○	○	○	○	○		○																				
	减小注射压力																							○	○	○	○	○	○	○	○	○	○	○	○								
	延长成形周期	○	○		○	○	○	○	○	○		○		○	○	○	○	○		○	○		○																				
	延长保压时间	○	○	○					○		○		○	○		○	○	○																									
	缩短保压时间																							○	○	○		○			○							○				○	
	调整原料供给	○	○	○	○	○	○	○	○		○	○		○		○		○	○	○	○		○	○				○	○	○		○	○		○	○							

（续表）

成形缺陷		缺料(注射量不足)											气孔											溢料飞边											着色不均匀								
消除措施		苯乙烯丙烯腈共聚物	聚甲基丙烯酸树脂	聚三氟氯乙烯	聚甲醛	中压聚乙烯	聚碳酸酯	醋酸纤维素塑料	ABS共聚物	聚酰胺	氯化聚醚	硬聚氯乙烯	苯乙烯丙烯腈共聚物	聚甲基丙烯酸树脂	聚三氟氯乙烯	聚甲醛	中压聚乙烯	聚碳酸酯	醋酸纤维素塑料	ABS共聚物	聚酰胺	氯化聚醚	硬聚氯乙烯	苯乙烯丙烯腈共聚物	聚甲基丙烯酸树脂	聚三氟氯乙烯	聚甲醛	中压聚乙烯	聚碳酸酯	醋酸纤维素塑料	ABS共聚物	聚酰胺	氯化聚醚	硬聚氯乙烯	苯乙烯丙烯腈共聚物	聚甲基丙烯酸树脂	聚三氟氯乙烯	聚甲醛	中压聚乙烯	聚碳酸酯	醋酸纤维素塑料	ABS共聚物	聚酰胺
工艺条件	增大合模压力																							○	○	○	○	○	○	○	○	○	○	○									
	提高熔料温度	○	○	○	○	○	○	○	○	○	○	○							○											○													
	降低熔料温度												○		○	○	○	○	○	○	○			○		○	○		○	○	○		○	○	○	○		○	○		○	○	○
	提高模具温度	○	○	○	○	○	○	○	○	○	○	○		○	○				○		○															○						○	
	降低模具温度												○					○	○	○				○	○			○	○	○		○	○	○									
	供给干燥过的物料				○			○	○				○	○					○																						○	○	
	减慢注射速度	○		○												○								○				○	○			○			○								
	物料不得带有杂质、灰尖																																		○	○		○		○	○	○	○
	使用矫正框架																																										

成形缺陷		翘曲变形											波状痕迹											尺寸不稳定											熔接痕强度低							
消除措施		氯化聚醚	硬聚氯乙烯	苯乙烯丙烯腈共聚物	聚甲基丙烯酸树脂	聚三氟氯乙烯	聚甲醛	中压聚乙烯	聚碳酸酯	醋酸纤维素塑料	ABS共聚物	聚酰胺	氯化聚醚	硬聚氯乙烯	苯乙烯丙烯腈共聚物	聚甲基丙烯酸树脂	聚三氟氯乙烯	聚甲醛	中压聚乙烯	聚碳酸酯	醋酸纤维素塑料	ABS共聚物	聚酰胺	氯化聚醚	硬聚氯乙烯	苯乙烯丙烯腈共聚物	聚甲基丙烯酸树脂	聚三氟氯乙烯	聚甲醛	中压聚乙烯	聚碳酸酯	醋酸纤维素塑料	ABS共聚物	聚酰胺	氯化聚醚	硬聚氯乙烯	苯乙烯丙烯腈共聚物	聚甲基丙烯酸树脂	聚三氟氯乙烯	聚甲醛	中压聚乙烯	聚碳酸酯
模具条件	加大主流道、分流道、浇口			○									○				○	○			○			○									○			○		○	○	○		○
	减小浇口区面积											○													○								○			○		○		○		○
	加大喷嘴										○										○	○		○								○	○	○				○	○			○
	改变冷却水道位置							○	○	○	○	○	○									○								○			○									

（续表）

成形缺陷		翘曲变形													波状痕迹											尺寸不稳定											熔接痕强度低					
消除措施		氯化聚醚	硬聚氯乙烯	苯乙烯丙烯腈共聚物	聚甲基丙烯酸树脂	聚三氟氯乙烯	聚甲醛	中压聚乙烯	聚碳酸酯	醋酸纤维素塑料	ABS共聚物	聚酰胺	氯化聚醚	硬聚氯乙烯	苯乙烯丙烯腈共聚物	聚甲基丙烯酸树脂	聚三氟氯乙烯	聚甲醛	中压聚乙烯	聚碳酸酯	醋酸纤维素塑料	ABS共聚物	聚酰胺	氯化聚醚	硬聚氯乙烯	苯乙烯丙烯腈共聚物	聚甲基丙烯酸树脂	聚三氟氯乙烯	聚甲醛	中压聚乙烯	聚碳酸酯	醋酸纤维素塑料	ABS共聚物	聚酰胺	氯化聚醚	硬聚氯乙烯	苯乙烯丙烯腈共聚物	聚甲基丙烯酸树脂	聚三氟氯乙烯	聚甲醛	中压聚乙烯	聚碳酸酯
模具条件	矫正修理分型面				○		○																						○							○						
	增加排气槽																	○						○																○		
	改变浇口位置				○	○		○	○	○		○	○	○			○				○			○								○	○						○			
	研磨模腔表面			○																				○	○																	
	增加冷料穴容量																				○				○													○	○		○	
	改变喷嘴位置																																									
	检查喷嘴加热部分																								○																	
	研磨主流道、分流道、浇口																																									
	研磨主流道衬套																																									
	检查主流道拉料杆形式			○																										○												
工艺条件	增大注射压力						○	○			○				○		○	○	○	○		○		○							○	○	○			○		○	○	○	○	○
	减小注射压力			○	○					○		○																				○		○								
	延长成形周期	○			○		○	○		○	○		○						○			○			○							○	○			○		○			○	
	延长保压时间						○				○					○			○			○					○						○		○		○	○	○		○	○
	缩短保压时间			○				○																																		
	调整原料供给			○								○			○	○						○		○		○	○		○						○	○	○	○		○		○
	增大合模压力																									○					○				○							
	提高熔料温度		○							○							○			○	○				○							○					○	○	○			○
	降低熔料温度		○	○		○					○											○										○	○									
	提高模具温度								○	○					○	○	○			○	○				○	○						○				○	○	○	○	○		○

（续表）

成形缺陷		翘曲变形													波状痕迹											尺寸不稳定											熔接痕强度低					
消除措施		氯化聚醚	硬聚氯乙烯	苯乙烯丙烯腈共聚物	聚甲基丙烯酸树脂	聚三氟氯乙烯	聚甲醛	中压聚乙烯	聚碳酸酯	醋酸纤维素塑料	ABS共聚物	聚酰胺	氯化聚醚	硬聚氯乙烯	苯乙烯丙烯腈共聚物	聚甲基丙烯酸树脂	聚三氟氯乙烯	聚甲醛	中压聚乙烯	聚碳酸酯	醋酸纤维素塑料	ABS共聚物	聚酰胺	氯化聚醚	硬聚氯乙烯	苯乙烯丙烯腈共聚物	聚甲基丙烯酸树脂	聚三氟氯乙烯	聚甲醛	中压聚乙烯	聚碳酸酯	醋酸纤维素塑料	ABS共聚物	聚酰胺	氯化聚醚	硬聚氯乙烯	苯乙烯丙烯腈共聚物	聚甲基丙烯酸树脂	聚三氟氯乙烯	聚甲醛	中压聚乙烯	聚碳酸酯
工艺条件	降低模具温度			○	○	○				○	○	○	○	○								○		○			○						○									
	供给干燥过的物料									○							○							○	○							○		○			○	○		○		
	减慢注射速度																																									
	物料不得带有杂质、灰尖		○																																					○		
	使用矫正框架				○		○				○										○																					

成形缺陷		熔接痕强度低						表面质量差											塑件粘模											主流道凝料粘模										
消除措施		聚碳酸酯	醋酸纤维素塑料	ABS共聚物	聚酰胺	氯化聚醚	硬聚氯乙烯	苯乙烯丙烯腈共聚物	聚甲基丙烯酸树脂	聚三氟氯乙烯	聚甲醛	中压聚乙烯	聚碳酸酯	醋酸纤维素塑料	ABS共聚物	聚酰胺	氯化聚醚	硬聚氯乙烯	苯乙烯丙烯腈共聚物	聚甲基丙烯酸树脂	聚三氟氯乙烯	聚甲醛	中压聚乙烯	聚碳酸酯	醋酸纤维素塑料	ABS共聚物	聚酰胺	氯化聚醚	硬聚氯乙烯	苯乙烯丙烯腈共聚物	聚甲基丙烯酸树脂	聚三氟氯乙烯	聚甲醛	中压聚乙烯	聚碳酸酯	醋酸纤维素塑料	ABS共聚物	聚酰胺	氯化聚醚	硬聚氯乙烯
模具条件	加大主流道、分流道、浇口	○	○		○		○		○	○	○			○	○	○										○	○													
	减小浇口区面积	○														○			○							○														
	加大喷嘴	○			○	○			○					○		○											○											○		
	改变冷却水道位置				○		○								○				○																					
	矫正修理分型面																													○										
	增加排气槽		○	○	○			○			○		○	○	○	○			○																					
	改变浇口位置		○		○	○	○								○																		○							
	研磨模腔表面							○		○		○	○	○	○	○		○	○	○	○			○	○	○	○		○											
	增加冷料穴容量							○						○	○																									

（续表）

成形缺陷		熔接痕强度低						表面质量差											塑件粘模											主流道凝料粘模										
消除措施		聚碳酸酯	醋酸纤维素塑料	ABS共聚物	聚酰胺	氯化聚醚	硬聚氯乙烯	苯乙烯丙烯腈共聚物	聚甲基丙烯酸树脂	聚三氟氯乙烯	聚甲醛	中压聚乙烯	聚碳酸酯	醋酸纤维素塑料	ABS共聚物	聚酰胺	氯化聚醚	硬聚氯乙烯	苯乙烯丙烯腈共聚物	聚甲基丙烯酸树脂	聚三氟氯乙烯	聚甲醛	中压聚乙烯	聚碳酸酯	醋酸纤维素塑料	ABS共聚物	聚酰胺	氯化聚醚	硬聚氯乙烯	苯乙烯丙烯腈共聚物	聚甲基丙烯酸树脂	聚三氟氯乙烯	聚甲醛	中压聚乙烯	聚碳酸酯	醋酸纤维素塑料	ABS共聚物	聚酰胺	氯化聚醚	硬聚氯乙烯
模具条件	改变喷嘴位置																								○					○				○			○			
	检查喷嘴加热部分			○	○									○		○														○				○						
	研磨主流道、分流道、浇口														○															○	○	○			○	○		○		○
	研磨主流道衬套																													○	○			○		○	○	○		
	检查主流道拉料杆形式																		○											○	○	○				○	○			
工艺条件	增大注射压力	○	○		○	○	○	○	○	○	○	○			○	○						○																		
	减小注射压力			○									○						○		○	○				○	○	○		○	○	○	○	○				○		
	延长成形周期																				○											○		○						
	延长保压时间	○		○					○			○										○	○	○										○	○					
	缩短保压时间					○		○	○			○			○				○	○						○				○	○	○					○			
	调整原料供给	○				○													○		○									○										
	增大合模压力								○						○												○													
	提高熔料温度	○	○		○	○																○					○											○		
	降低熔料温度			○				○	○	○			○	○				○	○	○	○			○	○	○			○	○		○			○			○		
	提高模具温度	○	○		○	○	○							○	○	○											○						○							
	降低模具温度							○	○	○	○		○	○	○	○		○	○	○	○		○	○	○	○			○	○	○	○			○			○		
	供给干燥过的物料		○			○																			○										○					
	减慢注射速度			○				○			○			○	○	○																								
	物料不得带有杂质、灰尖														○																									
	使用矫正框架							○				○	○	○	○	○									○									○						

（续表）

成形缺陷		发脆											表面硬度、强度不足											浇口处产生色泽不良的纹路										
消除措施		苯乙烯丙烯腈共聚物	聚甲基丙烯酸树脂	聚三氟氯乙烯	聚甲醛	中压聚乙烯	聚碳酸酯	醋酸纤维素塑料	ABS共聚物	聚酰胺	氯化聚醚	硬聚氯乙烯	苯乙烯丙烯腈共聚物	聚甲基丙烯酸树脂	聚三氟氯乙烯	聚甲醛	中压聚乙烯	聚碳酸酯	醋酸纤维素塑料	ABS共聚物	聚酰胺	氯化聚醚	硬聚氯乙烯	苯乙烯丙烯腈共聚物	聚甲基丙烯酸树脂	聚三氟氯乙烯	聚甲醛	中压聚乙烯	聚碳酸酯	醋酸纤维素塑料	ABS共聚物	聚酰胺	氯化聚醚	硬聚氯乙烯
模具条件	加大主流道、分流道、浇口			○				○	○			○		○	○	○			○	○	○			○					○		○			
	减小浇口区面积							○												○				○						○	○	○		○
	加大喷嘴													○					○		○													
	改变冷却水道位置					○														○				○										
	矫正修理分型面										○																							
	增加排气槽				○								○			○			○	○	○										○			
	改变浇口位置		○			○		○			○									○									○	○	○			
	研磨模腔表面						○						○		○		○	○	○	○	○		○											
	增加冷料穴容量												○						○	○				○							○			○
	改变喷嘴位置																																	
	检查喷嘴加热部分											○							○		○													○
	研磨主流道、分流道、浇口																			○										○				
	研磨主流道衬套																																	
	检查主流道拉料杆形式																																	
工艺条件	增大注射压力			○	○		○						○	○	○	○	○			○	○			○				○	○		○			
	减小注射压力		○					○										○							○							○		
	延长成形周期			○	○									○			○									○								

（续表）

成形缺陷		发脆											表面硬度、强度不足											浇口处产生色泽不良的纹路										
消除措施		苯乙烯丙烯腈共聚物	聚甲基丙烯酸树脂	聚三氟氯乙烯	聚甲醛	中压聚乙烯	聚碳酸酯	醋酸纤维素塑料	ABS共聚物	聚酰胺	氯化聚醚	硬聚氯乙烯	苯乙烯丙烯腈共聚物	聚甲基丙烯酸树脂	聚三氟氯乙烯	聚甲醛	中压聚乙烯	聚碳酸酯	醋酸纤维素塑料	ABS共聚物	聚酰胺	氯化聚醚	硬聚氯乙烯	苯乙烯丙烯腈共聚物	聚甲基丙烯酸树脂	聚三氟氯乙烯	聚甲醛	中压聚乙烯	聚碳酸酯	醋酸纤维素塑料	ABS共聚物	聚酰胺	氯化聚醚	硬聚氯乙烯
工艺条件	延长保压时间			○		○							○	○			○			○											○			
	缩短保压时间			○	○				○											○					○						○			
	调整原料供给	○			○	○								○																		○		
	增大合模压力																																	○
	提高熔料温度			○				○				○	○	○	○			○	○				○	○		○								
	降低熔料温度	○	○	○			○	○	○										○	○	○					○					○			
	提高模具温度	○		○				○	○			○	○	○	○	○		○	○	○	○		○	○		○			○		○	○		
	降低模具温度			○	○	○																												
	供给干燥过的物料				○		○	○	○				○			○			○	○	○			○						○	○			
	减慢注射速度																			○											○	○		
	物料不得带有杂质、灰尖			○	○	○	○	○				○	○				○	○	○	○	○													
	使用矫正框架																																	

注：○表示在试模或成形生产中可能遇到的缺陷及其消除措施。

第四章　塑模零件及其材料

一、模具零件设计

（一）成形零件

1. 成形零件结构设计

(1) 凹模(型腔)。其分整体式和镶拼组合式。整体式凹模是在模板上直接加工而成，一般不进行热处理，适用于形状简单的塑件。镶拼组合式凹模适用于形状复杂的塑件或加工困难的型腔，其结构见表 2-4-1。整体式、镶拼组合式凹模的最小壁厚和模套的最小厚度见图 2-4-1 和图 2-4-2 及表 2-4-2。圆形、矩形锥凹模的推荐尺寸见表 2-4-3 和表 2-4-4。

表 2-4-1　常用镶拼组合式凹模结构

简　　图	说　　明
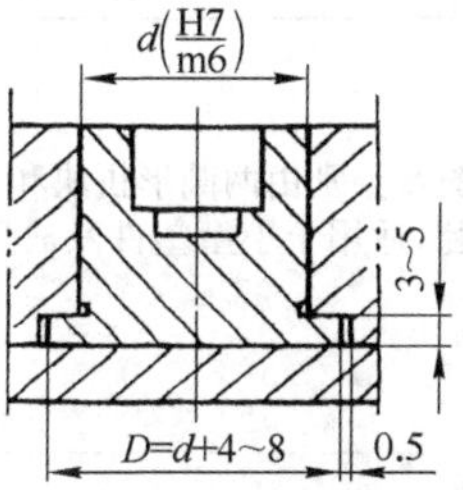	采用整体式嵌入固定板，适于塑件尺寸不大的多腔模，凹模型腔采用特殊加工
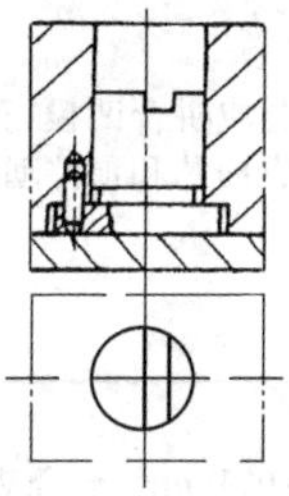	采用整体式嵌入固定板，并用圆柱销止转，适于塑件尺寸不大、必须防转的多腔模
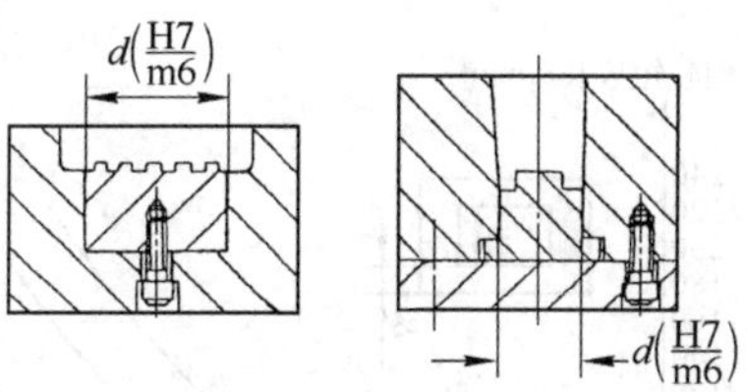	型腔底面复杂，为便于加工，采用沉孔嵌入结构，用螺钉紧固
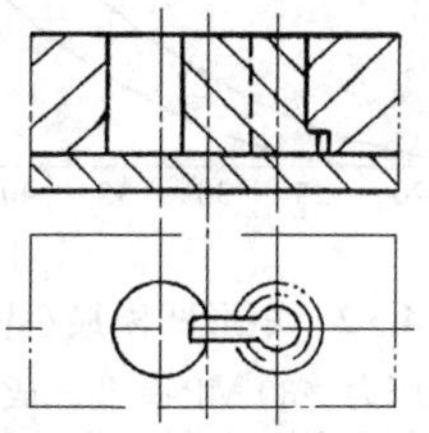	型腔局部镶件损坏后易于更换

（续表）

简　　图	说　　明
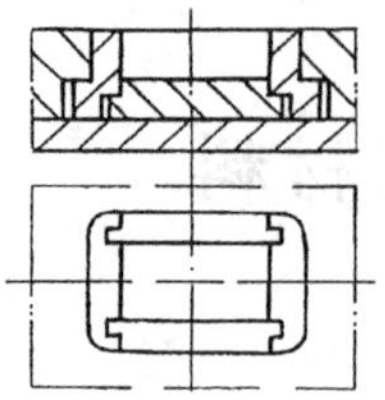	型腔四壁镶拼，适用于大型和形状复杂的凹模
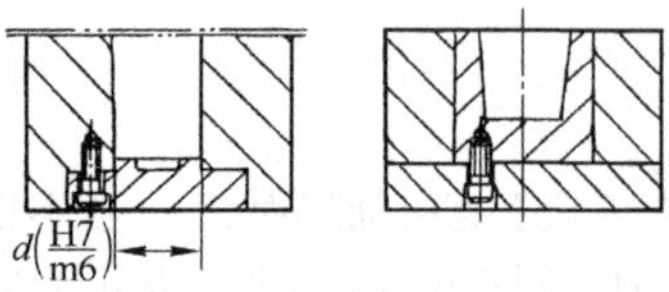	为便于加工和保证精度，凹模采用底部嵌入结构，并用螺钉紧固，适用于深腔且底面加工困难的大面积凹模
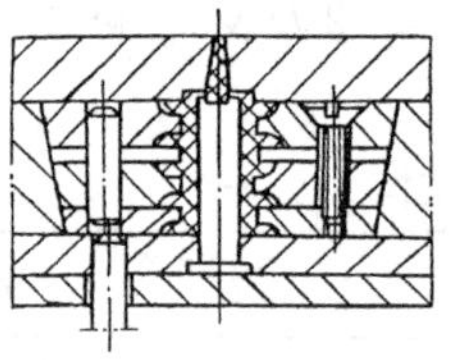	多层镶块组合成拼合凹模，适用于垂直分型面模具
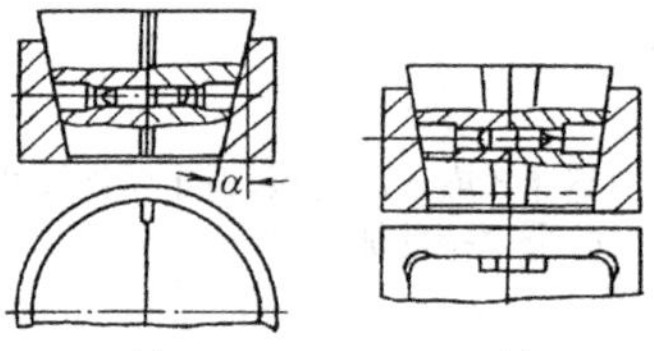 (a)　(b)	图 a 和图 b 分别由两圆形拼块和矩形拼块与锥模套组成凹模型腔，适用于小型塑件及成形压力不大的移动式模具
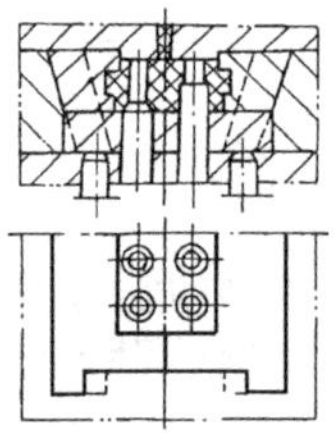	两斜滑块组合成拼合凹模，开模时斜滑块在机床顶杆作用下同时完成抽芯和顶件动作

注：1. 材料与热处理参见表 2-4-57、表 2-4-58。
2. 成形表面粗糙度一般的为 Ra 0.1～0.2 μm，特殊要求的为 Ra 0.025～0.1 μm，配合表面 Ra 0.8 μm，其余表面 Ra 1.6～6.3 μm。

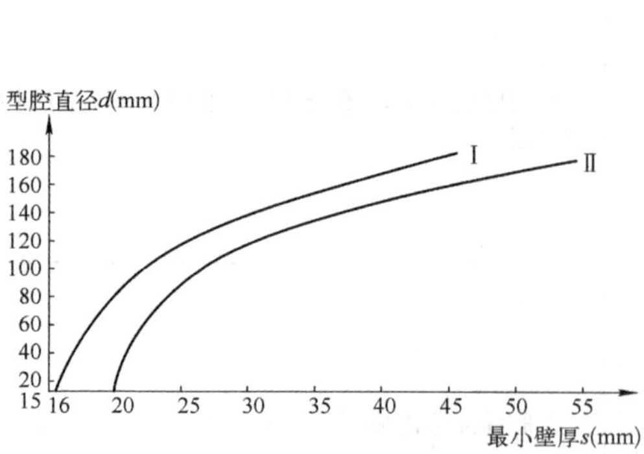

图 2-4-1 圆形凹模最小壁厚经验曲线

Ⅰ—成形压力＜30 MPa；Ⅱ—成形压力＜45 MPa

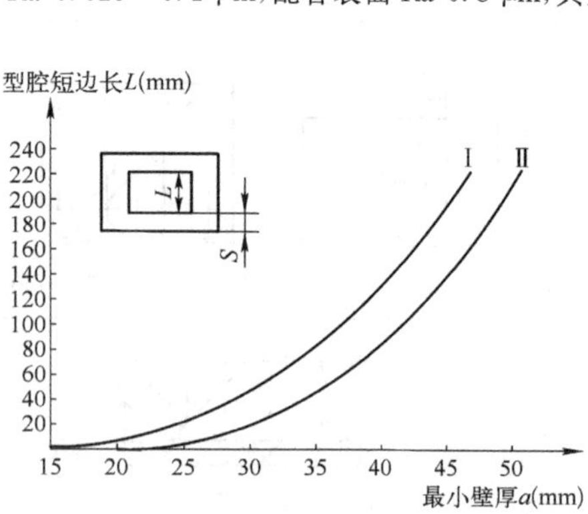

图 2-4-2 矩形凹模最小壁厚经验曲线

Ⅰ—成形压力＜30 MPa；Ⅱ—成形压力＜45 MPa

（已考虑导柱位置，导柱应设在截面最大处）

表 2-4-2　镶拼组合式凹模及模套最小壁厚　(mm)

类　别	圆　形		矩　形	
	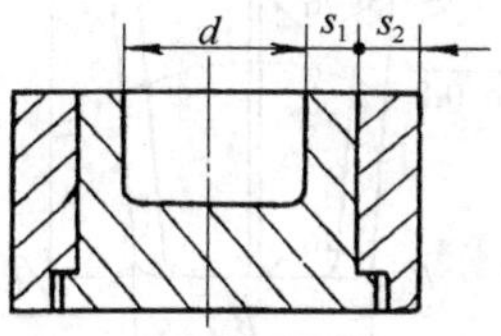		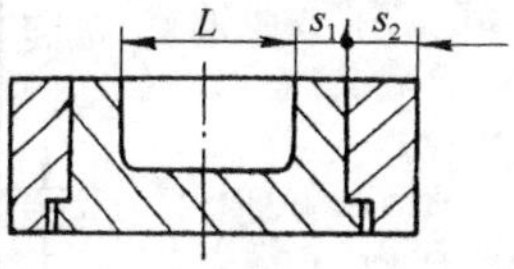	
型腔内形尺寸	圆形凹模内径 d		矩形凹模内壁短边长 L	
	40～100	>100～200	40～100	>100～200
s_1	5～10	>10～15	5～10	>10～15
s_2	取图 2-4-1 曲线对应值的 70%～80%		取图 2-4-2 曲线对应值的 70%～85%	

注：1. 表中数据适用于淬硬钢材，未淬硬钢材则应乘以系数 1.2～1.5。对矩形镶拼组合式凹模，如长边大于 2 倍短边时，则壁厚值也应乘以系数 1.2～1.5。

2. 为安全起见，大型模具需用计算法校核其强度和刚度。

表 2-4-3　圆形锥凹模推荐尺寸　(mm)

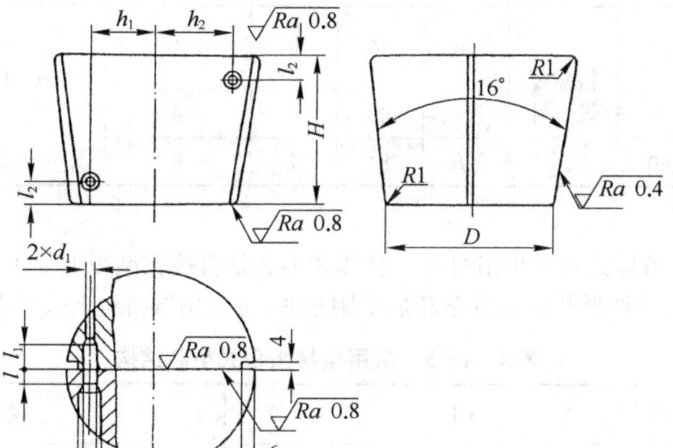

材　料		T8A、CrWMn		硬度 50～55 HRC						
D	H	d(H7)		d_1	d_2	l	l_1	l_2	h_1	h_2
		基本尺寸	极限偏差							
50	按需要设　计	4	+0.012 0	3	5	10	6	8	16	21
60		4		3	5	10	6	8	21	28
70		4		3	5	10	6	8	26	36
80		6		5	7	12	8	9	30	42

注：16°锥面与模套研配。

表 2-4-4 矩形锥凹模推荐尺寸 (mm)

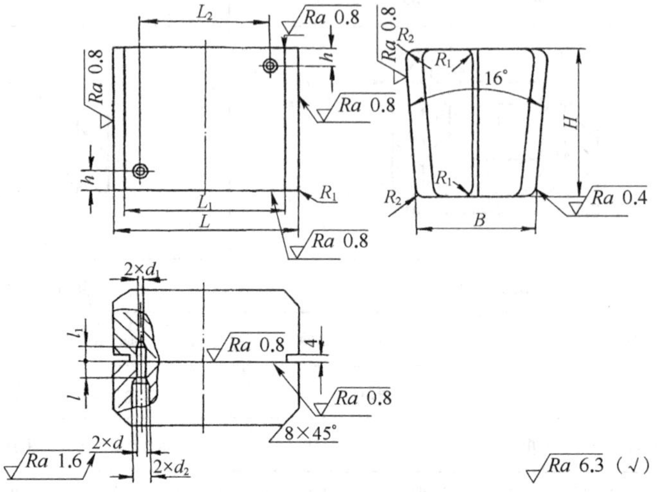

材料		T8A、CrWMn					硬度 50～55 HRC					
L(f7)		B	H	L_1	L_2	h	d(H7)		d_1	d_2	l	l_1
基本尺寸	极限偏差						基本尺寸	极限偏差				
70	−0.030 −0.060	40	按需要设计	58	46	6	4	+0.012 0	3	5	10	6
90	−0.036 −0.071	50		78	66	6	4		3	5	10	6
110		60		98	84	7	6		5	7	12	8

注：16°两斜面与模套研配。

(2) 凸模(型芯)。其分整体式和镶拼组合式。整体式型芯是直接在型板上加工而成，一般不进行热处理，适用于形状较简单的塑件。当塑件形状复杂或型芯加工困难时，可采用镶拼组合式型芯，其结构见表 2-4-5。

表 2-4-5 常用镶拼组合式型芯结构

类别	简图	说明
大直径型芯	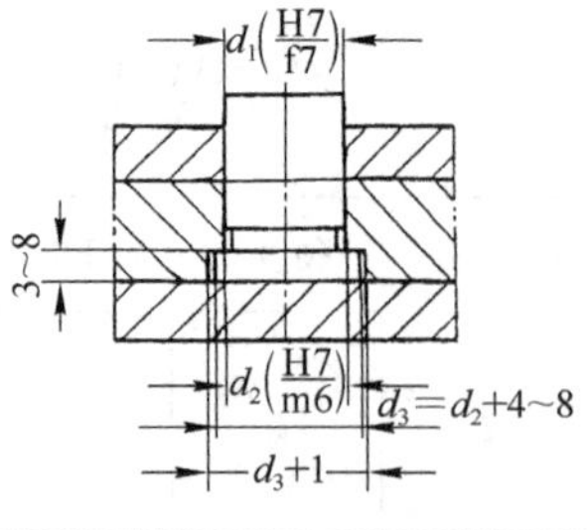	整体嵌入型芯固定板，其特点是有利于合理选用模具钢材和热处理，适用于形状简单、机械切削加工容易的型芯
	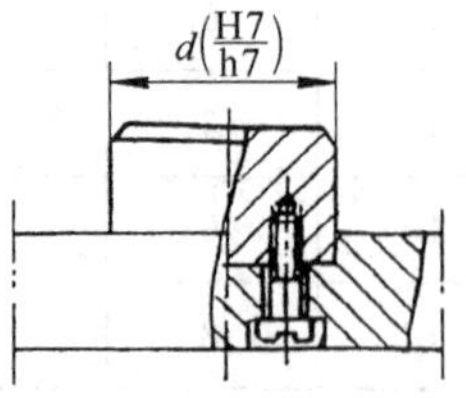	型芯用止口定位，并用螺钉紧固，适用于非回转体型芯

（续表）

类别	简　　　图	说　　　明
大直径型芯	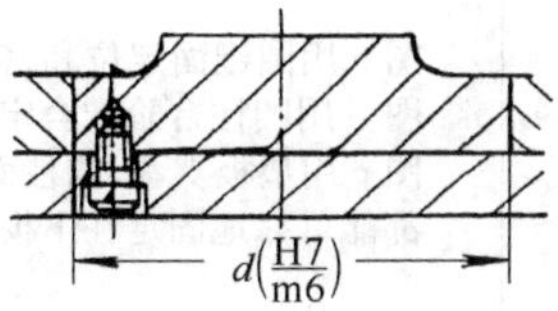	型芯固定端不加工台阶，适用于型芯固定板和型腔要求一起加工并保证同心度的模具
小直径型芯	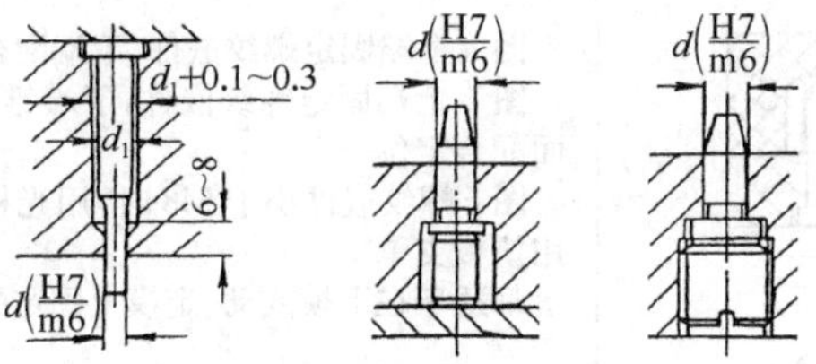 (a)　(b)　(c)	图 a 型芯借轴肩压紧，是一种最常用的结构 图 b、图 c 型芯做得较短，分别用圆柱衬垫和螺钉压紧，适用于细长型芯
	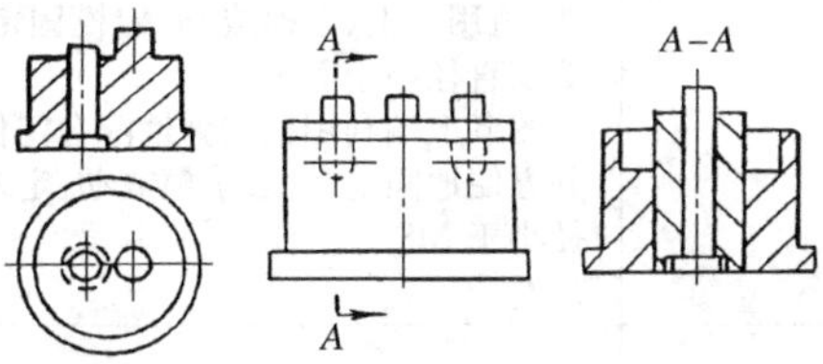 (a)　(b)	图 a 两型芯间孔距接近，采用整体、镶拼组合形式 图 b 采用内外型芯组合形式 都用于形状复杂的型芯
	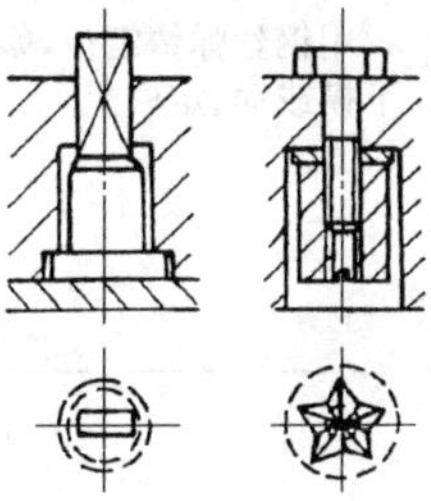 (a)　(b)	图 a 型芯端面为矩形，下端采用圆形、轴肩连接 图 b 型芯端面为五角形，下端呈圆柱形，用螺母和弹簧垫圈拉紧 都用于非圆形型芯
	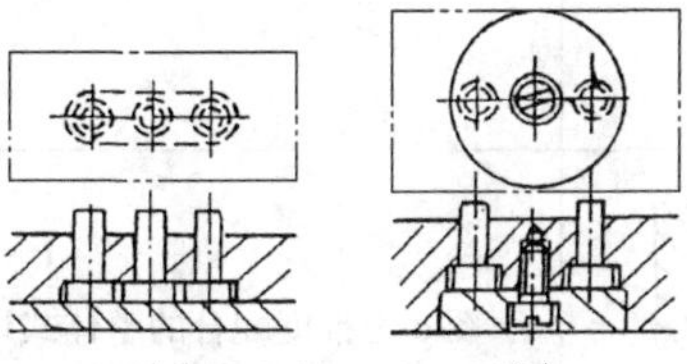 (a)　(b)	图 a、图 b 型芯分别用垫板和镶块螺钉压紧，适用于多型芯

注：1. 材料与热处理参见表 2－4－57、表 2－4－58。
　　2. 成形表面粗糙度 Ra 0.025～0.1 μm，配合表面 Ra 0.8 μm，其余 Ra 1.6～6.3 μm。

（3）螺纹型芯、螺纹型环。螺纹型芯用以成形塑件内螺纹及固定螺纹嵌件，螺纹型环用以成形塑件外螺纹，其结构见表 2－4－6。各种螺纹型芯的推荐尺寸见表 2－4－7～表 2－4－10。

表 2-4-6 螺纹型芯、型环结构

类别	简图	说明
螺纹型芯	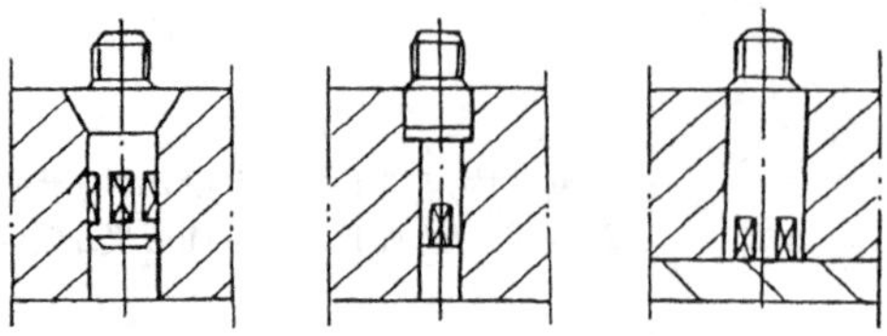 (a) (b) (c)	图 a 用圆锥面定位和密封 图 b 用圆柱台阶配合定位 图 c 用垫板支承，圆柱面配合定位 都能可靠地固定在下模或动、定模上
	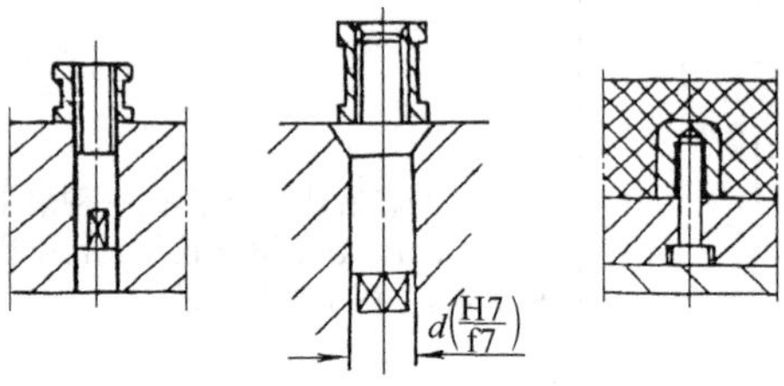 (a) (b) (c)	图 a 上端固定螺纹嵌件，下端配合定位 图 b 上端固定螺纹嵌件，下端锥面密封，和圆柱面配合定位 图 c 螺纹嵌件小于 M3 时，用光杆圆柱面配合和用垫板支承 都适于在下模或动、定模上固定螺纹嵌件
	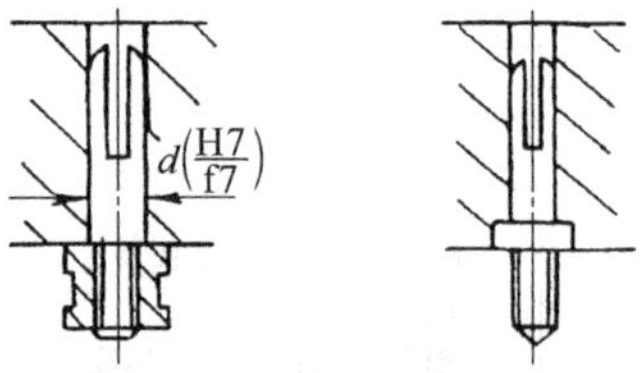 (a) (b)	图 a 上端开槽，弹性配合定位，下端固定螺纹嵌件，适用于上、下模或动、定模固定螺纹嵌件，型芯螺纹直径小于 M8 图 b 上端利用槽的弹性配合定位，螺纹型芯能十分方便地固定在上、下模或动、定模上，型芯螺纹直径小于 M8
	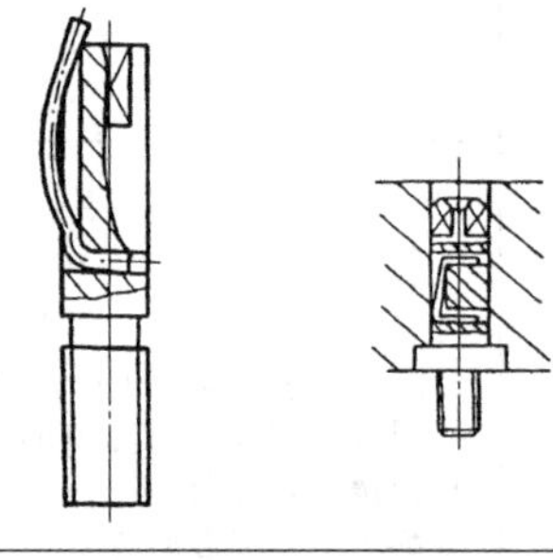	用钢丝弹簧定位，螺纹型芯可方便地固定在上、下模或动、定模上
	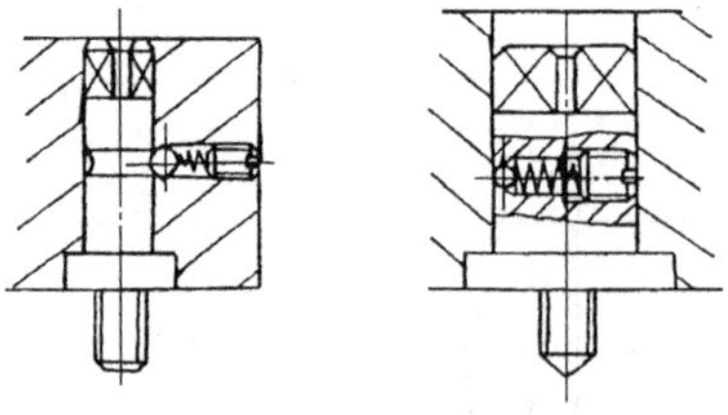	用钢球弹簧定位，螺纹型芯能方便地固定在上、下模或动、定模上
螺纹型环	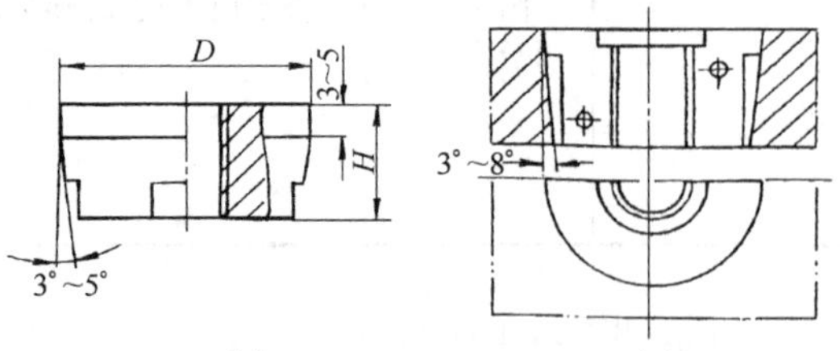 (a) (b)	图 a 为锥度配合的整体式螺纹型环，外形有四处平面，便于夹紧旋脱螺纹 图 b 为有一个垂直分型面的组合式螺纹型环，用一对导钉导向定位后，放入锥模套中

注：1. 材料与热处理参见表 2-4-57、表 2-4-58。
2. 成形表面粗糙度 Ra 0.1～0.2 μm，配合表面 Ra 0.4～0.8 μm，其余 Ra 1.6～6.3 μm。

表 2-4-7　螺纹型芯推荐尺寸(1) (mm)

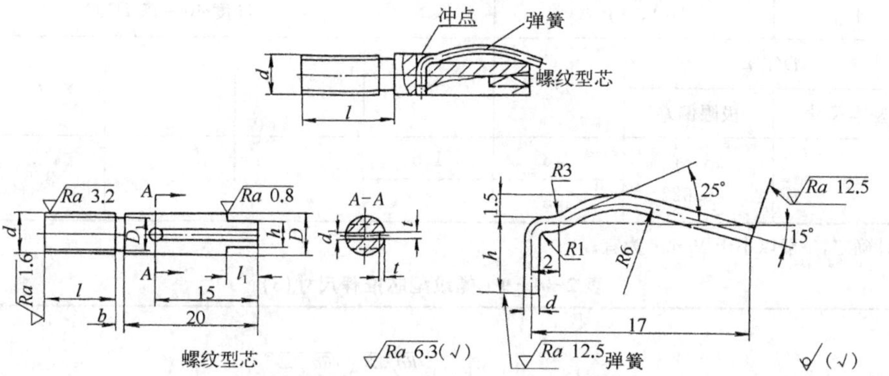

材　料	T8A、CrWMn(螺纹型芯)	硬度 40～45 HRC
	IIa 组钢丝(弹簧)	

螺纹型芯									弹簧		
d	D(f7) 基本尺寸	D(f7) 极限偏差	t	d_1	b	D_1	l_1	h	d	h	展开长度
M3	3	−0.010 −0.022	0.75	0.7	1	2.2	4	2	0.7	2.5	≈21
M4	4		0.75	0.7	1.5	3	4	3			
M5	5		0.75	0.7	1.5	3.8	4	3			
M6	6		1.05	1	2	4.5	5	4	1.0	5.5	≈24
M8	8	−0.013 −0.028	1.05	1	2	6.2	5	4			
M10	10		1.05	1	3	7.8	6	6			
M12	12	−0.016 −0.034	1.05	1	4	9.5	6	6			

注：型芯长度 L 设计确定，一般以小于 20 mm 为宜。

表 2-4-8　螺纹型芯推荐尺寸(2) (mm)

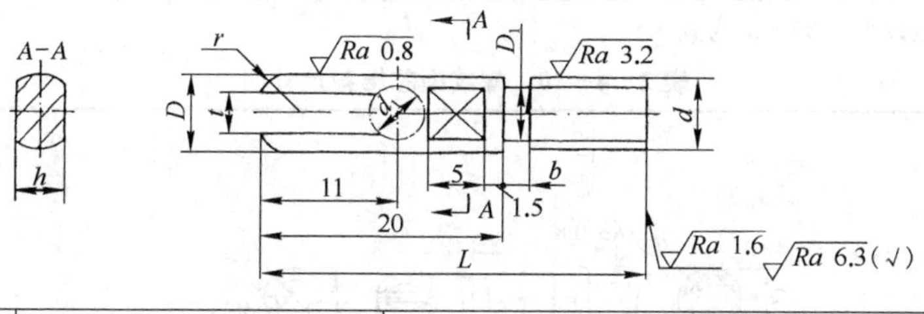

材　料	T8A、T10A	硬度 40～45 HRC					
d	D(f7) 基本尺寸	D(f7) 极限偏差	D_1	b	d_1	h	t	r
M2	4	−0.006 −0.016	1.5	1	2	2.5	1.5	1.25
M2.5			2	1				
M3			2.2	1				
M4			3	1.5				

（续表）

材料		T8A、T10A		硬度 40～45 HRC				
d	D(f7)		D_1	b	d_1	h	t	r
	基本尺寸	极限偏差						
M5	6	−0.010 −0.022	3.8	1.5	4	4	3.5	2
M6			4.5	2				

注：L 设计确定，一般以小于 40 mm 为宜。

表 2-4-9 螺纹型芯推荐尺寸(3) (mm)

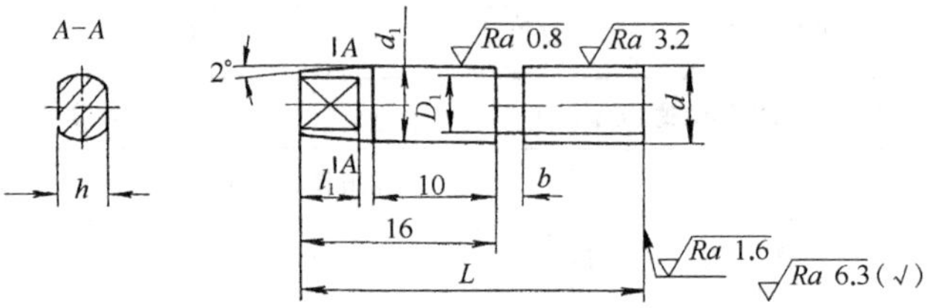

材料		T8A、T10A		硬度 40～45 HRC		
d	d_1(f7)		b	D_1	l_1	h
	基本尺寸	极限偏差				
M3	4	−0.010 −0.022	1	2.2	4	2
M4	4		1.5	3	4	3
M5	5		1.5	3.8	4	3
M6	6		2	4.5	5	4
M8	8	−0.013 −0.028	2	6.2	5	4
M10	10		3	7.8	6	6
M12	12	−0.016 −0.034	4	9.5	6	6

注：L 设计确定，一般以小于 36 mm 为宜。

表 2-4-10 螺纹型芯推荐尺寸(4) (mm)

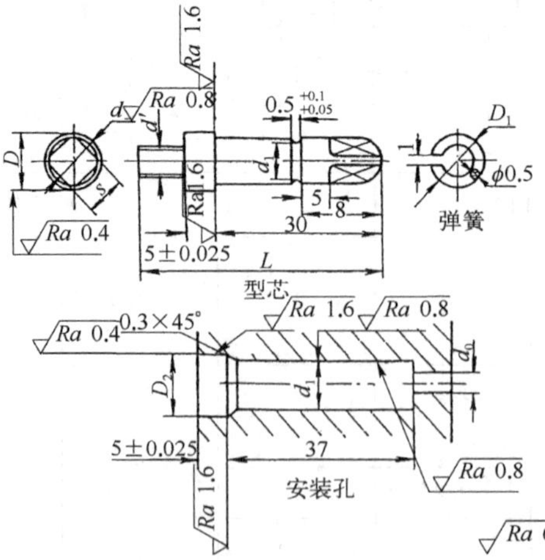

（续表）

材　料	T10A(螺纹型芯)						硬度 40～45 HRC						
	65Mn(弹簧圈)												
螺　纹　型　芯							弹簧圈		安　装　孔				
d'	D(f7)		d(h6)		d_1	s	D_1(h11)		D_2(H7)		d_1(H7)		d_0
	基本尺寸	极限偏差	基本尺寸	极限偏差			基本尺寸	极限偏差	基本尺寸	极限偏差	基本尺寸	极限偏差	
M3～4	6	−0.010 −0.022	4	0 −0.009	2.8	3	4.2	0 −0.075	6	+0.012 0	4	+0.012 0	2
M5～6	7	−0.013 −0.028	5.5		2.8	3			7	+0.015 0			
M8～12	9		5.5		4.3	4	5.7		9		5.5		3

2. 成形零件尺寸计算

(1) 型腔、型芯。其成形尺寸计算公式见表 2-4-11。

表 2-4-11　型腔和型芯成形尺寸计算公式

结　构　简　图	尺寸类别	计　算　公　式
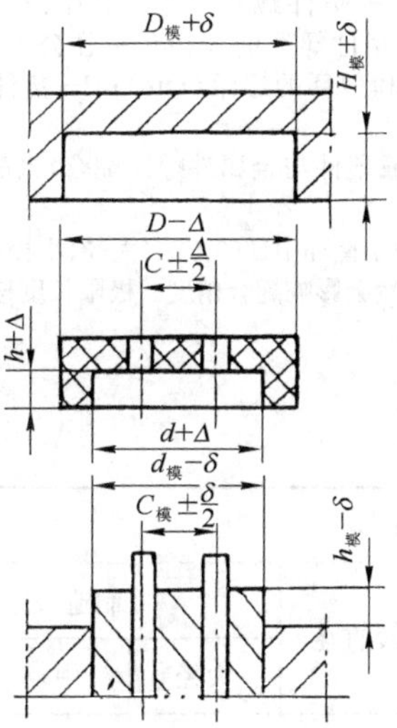	型腔内径	$D_{模}=\left(D+DQ_{平}-\frac{3}{4}\Delta\right)^{+\delta}$
	型芯外径	$d_{模}=\left(d+dQ_{平}+\frac{3}{4}\Delta\right)_{-\delta}$
	型腔深度	$H_{模}=\left(H+HQ_{平}-\frac{2}{3}\Delta\right)^{+\delta}$
	型芯高度	$k_{模}=\left(h+hQ_{平}+\frac{2}{3}\Delta\right)_{-\delta}$
	中心距	$C_{模}=(C+CQ_{平})\pm\frac{\delta}{2}$
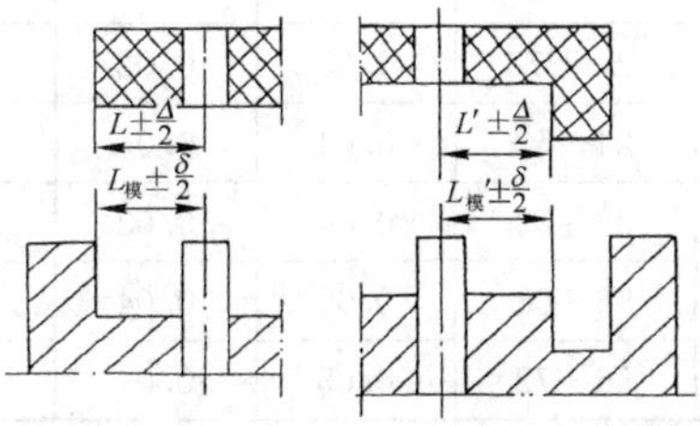	中心边距	$L_{模}=\left(L+LQ_{平}-\frac{3}{4}\delta_{磨}\right)\pm\frac{\delta}{2}$
		$L'_{模}=\left(L'+L'Q_{平}+\frac{3}{4}\delta_{磨}\right)\pm\frac{\delta}{2}$

注：1. $D_{模}$—型腔径向尺寸(mm)；D—塑件外形基本尺寸(mm)；$Q_{平}$—塑料平均收缩率，见表 2-1-5、表 2-1-3；Δ塑件公差(mm)；δ—成形零件制造公差(mm)，一般取(1/6～1/4)Δ；$d_{模}$—型芯径向尺寸(mm)；d—塑件内形基本尺寸(mm)；$H_{模}$—型腔深度(mm)；H—塑件高度(mm)；$h_{模}$—型芯高度(mm)；h—塑件孔深基本尺寸(mm)；$C_{模}$—型芯或型腔中心距(mm)；C—塑件孔或凸台的中心距(mm)；$L_{模}$—型芯或型孔至型腔壁的尺寸(mm)；$L_{模'}$—型芯或型孔至型芯边缘的尺寸(mm)；L—塑件孔或凸台中心至边缘或内壁的基本尺寸(mm)；$\delta_{磨}$—型芯或型腔磨损余量(mm)，一般取$\frac{1}{6}\Delta$。

2. 按表中公式计算时，塑件偏差应符合：塑件外形尺寸的偏差为下偏差，塑件内形尺寸的偏差为上偏差，塑件中心距或中心边距的偏差为双向等值偏差。不符合者应在不改变塑件尺寸极限值的条件下，变换基本尺寸及偏差。

(2) 螺纹型芯、型环。其成形尺寸计算公式见表 2-4-12。普通螺纹基本尺寸见表 2-4-13,普通内螺纹小径公差和外螺纹大径公差见表 2-4-14,普通内、外螺纹中径公差见表 2-4-15。

表 2-4-12　螺纹型芯和型环成形尺寸计算公式

结构简图	尺寸类别	计算公式
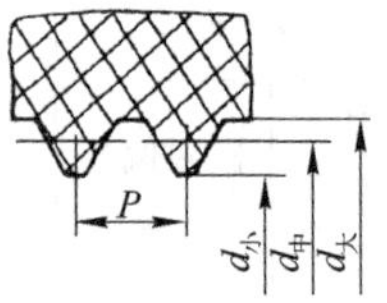塑件(内螺纹) 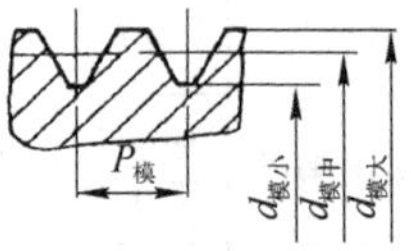螺纹型芯	型芯大径	$d_{模大} = (d_{大} + d_{大} Q_{平} + \Delta_{中})_{-\delta}$
	型芯中径	$d_{模中} = (d_{中} + d_{中} Q_{平} + \Delta_{中})_{-\delta}$
	型芯小径	$d_{模小} = (d_{小} + d_{小} Q_{平} + \Delta_{中})_{-\delta}$
	型芯螺距	$P_{模} = (P + PQ_{平}) \pm \delta$
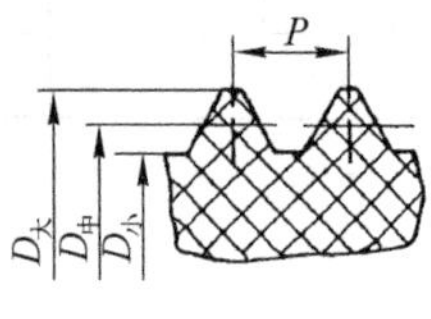塑件(外螺纹) 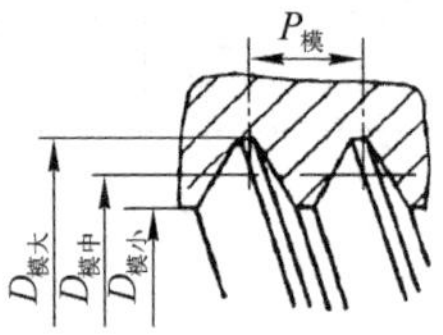螺纹型环	型环大径	$D_{模大} = (D_{大} + D_{大} Q_{平} - 1.2\Delta_{大})^{+\delta}$
	型环中径	$D_{模中} = (D_{中} + D_{中} Q_{平} - \Delta_{中})^{+\delta}$
	型环小径	$D_{模小} = (D_{小} + D_{小} Q_{平} - \Delta_{中})^{+\delta}$
	型环螺距	$P_{模} = (P + PQ_{平}) \pm \delta$

注：1. $d_{模大}$、$d_{模中}$、$d_{模小}$—螺纹型芯大径、中径、小径(mm)；$d_{大}$、$d_{中}$、$d_{小}$—塑件螺孔大径、中径、小径的公称值(mm)；$D_{模大}$、$D_{模中}$、$D_{模小}$—螺纹型环大径、中径、小径(mm)；$D_{大}$、$D_{中}$、$D_{小}$—塑件螺杆大径、中径、小径的公称值(mm)；$Q_{平}$—塑料平均收缩率,见表 2-1-5 和表 2-1-3；$\Delta_{大}$、$\Delta_{中}$—塑件螺纹的大径和中径公差(mm)；δ—螺纹型芯和型环的直径和螺距制造公差(mm),见附表；$P_{模}$—螺纹型芯和型环的螺距(mm)；P—塑件螺纹螺距的公称值(mm)。

2. 同种塑料的螺母和螺栓配合,螺距不考虑收缩率。不同塑料螺纹配合,或塑件与金属件螺纹配合,当配合的螺纹长度 $L>20$ mm 时,螺距要考虑收缩率。

3. 当放收缩率的螺距无法加工时,可在中径公差范围内用加大型芯中径或缩小型环中径的方法(大径、小径同样按比例增减)来补偿塑件螺纹的累计误差。但螺纹配合长度 L 不得超过极限值,不然会影响配合精度。极限长度按下式计算：

$$L_{极} = \frac{0.432\Delta_{中}}{Q}$$

附　表

普通螺纹型芯和型环的直径制造公差(mm)

螺纹类别	螺纹直径	制造公差 δ		
		大径	中径	小径
粗牙	3～12	0.03	0.02	0.03
	14～33	0.04	0.03	0.03
	36～45	0.05	0.04	0.05
	48～68	0.06	0.05	0.06

螺纹类别	螺纹直径	制造公差 δ		
		大径	中径	小径
细牙	4～22	0.03	0.02	0.03
	6～27	0.03	0.02	0.03
	24～52	0.04	0.03	0.04
	30～52	0.04	0.03	0.04
	56～68	0.05	0.04	0.05
	56～72	0.05	0.04	0.05

螺纹型芯和型环的螺距制造公差(mm)

螺纹直径	配合长度	制造公差
3～10	≤12	0.01～0.03
12～22	>12～20	0.02～0.04
24～68	>20	0.03～0.05

表 2-4-13　普通螺纹基本尺寸　(mm)

公称直径 d 或 D	螺距	中径 D_2 或 d_2	小径 D_1 或 d_1
3	0.5	2.675	2.459
	0.35	2.773	2.621
3.5	0.6	3.110	2.850
	0.35	3.273	3.121
4	0.7	3.545	3.242
	0.5	3.675	3.459
4.5	0.75	4.013	3.688
	0.5	4.175	3.959
5	0.8	4.480	4.134
	0.5	4.675	4.459
5.5	0.5	5.175	4.959
6	1	5.350	4.917
	0.75	5.513	5.188
7	1	6.350	5.917
	0.75	6.513	6.188
8	1.25	7.188	6.647
	1	7.350	6.917
	0.75	7.513	7.188
9	1.25	8.188	7.647
	1	8.350	7.917
	0.75	8.513	8.188
10	1.5	9.026	8.376
	1.25	9.188	8.647
	1	9.350	8.917
	0.75	9.513	9.188
11	1.5	10.026	9.376
	1	10.350	9.917
	0.75	10.513	10.188
12	1.75	10.863	10.106
	1.5	11.026	10.376
	1.25	11.188	10.647
	1	11.350	10.917
14	2	12.701	11.835
	1.5	13.026	12.376
	1.25	13.188	12.647
	1	13.350	12.917
15	1.5	14.026	13.376
	1	14.350	13.917
16	2	14.701	13.835
	1.5	15.026	14.376
	1	15.350	14.917
17	1.5	16.026	15.376
	1	16.350	15.917
18	2.5	16.376	15.294
	2	16.701	15.835
	1.5	17.026	16.376
	1	17.350	16.917
20	2.5	18.376	17.294
	2	18.701	17.835
	1.5	19.026	18.376
	1	19.350	18.917
22	2.5	20.376	19.294
	2	20.701	19.835
	1.5	21.026	20.376
	1	21.350	20.917
24	3	22.051	20.752
	2	22.701	21.835
	1.5	23.026	22.376
	1	23.350	22.917
25	2	23.701	22.835
	1.5	24.026	23.376
	1	24.350	23.917
26	1.5	25.026	24.376
27	3	25.051	23.752
	2	25.701	24.835
	1.5	26.026	25.376
	1	26.350	25.917
28	2	26.701	25.835
	1.5	27.026	26.376
	1	27.350	26.917
30	3.5	27.727	26.211
	3	28.051	26.752
	2	28.701	27.835
	1.5	29.026	28.376
	1	29.350	28.917
32	2	30.701	29.835
	1.5	31.026	30.376

（续表）

公称直径 d 或 D	螺距	中径 D_2 或 d_2	小径 D_1 或 d_1
33	3.5	30.727	29.211
	3	31.051	29.752
	2	31.701	30.835
	1.5	32.026	31.376
35	1.5	34.026	33.376
36	4	33.402	31.670
	3	34.051	32.752
	2	34.701	33.835
	1.5	35.026	34.376
38	1.5	37.026	36.376
39	4	36.402	34.670
	3	37.051	35.752
	2	37.701	36.835
	1.5	38.026	37.376
40	3	38.051	36.752
	2	38.701	37.835
	1.5	39.026	38.376
42	4.5	39.077	37.129
	4	39.402	37.670
	3	40.051	38.752
	2	40.701	39.835
	1.5	41.026	40.376
45	4.5	42.077	40.129
	4	42.402	40.670
	3	43.051	41.752
	2	43.701	42.835
	1.5	44.026	43.376
48	5	44.752	42.587
	4	45.402	43.670
	3	46.051	44.752
	2	46.701	45.835
	1.5	47.026	46.376
50	3	48.051	46.752
	2	48.701	47.835
	1.5	49.026	48.376
52	5	48.752	46.587
	4	49.402	47.670
	3	50.051	48.752
	2	50.701	49.835
	1.5	51.026	50.376
55	4	52.402	50.670
	3	53.051	51.752
	2	53.701	52.835
	1.5	54.026	53.376
56	5.5	52.428	50.046
	4	53.402	51.670
	3	54.051	52.752
	2	54.701	53.835
	1.5	55.026	54.376
58	4	55.402	53.670
	3	56.051	54.752
	2	56.701	55.835
	1.5	57.026	56.376
60	5.5	56.428	54.046
	4	57.402	55.670
	3	58.051	56.752
	2	58.701	57.835
	1.5	59.026	58.376
62	4	59.402	57.670
	3	60.051	58.752
	2	60.701	59.835
	1.5	61.026	60.376
64	6	60.103	57.505
	4	61.402	59.670
	3	62.051	60.752
	2	62.701	61.835
	1.5	63.026	62.376
65	4	62.402	60.670
	3	63.051	61.752
	2	63.701	62.835
	1.5	64.026	63.376

（续表）

公称直径 d 或 D	螺距	中径 D_2 或 d_2	小径 D_1 或 d_1
68	6	64.103	61.505
	4	65.402	63.670
	3	66.051	64.752
	2	66.701	65.835
	1.5	67.026	66.376
70	6	66.103	63.505
	4	67.402	65.670
	3	68.051	66.752
	2	68.701	67.835
	1.5	69.026	68.376
72	6	68.103	65.505
	4	69.402	67.670
	3	70.051	68.752
	2	70.701	69.835
	1.5	71.026	70.376
75	4	72.402	70.670
	3	73.051	71.752
	2	73.701	72.835
	1.5	74.026	73.376
76	6	72.103	69.505
	4	73.402	71.670
	3	74.051	72.752
	2	74.701	73.835
	1.5	75.026	74.376
78	2	76.700	75.835
80	6	76.103	73.505
	4	77.402	75.670
	3	78.051	76.752
	2	78.701	77.835
	1.5	79.026	78.376
82	2	80.701	79.835
85	6	81.103	78.505
	4	82.402	80.670
	3	83.051	81.752
	2	83.701	82.835
90	6	86.103	83.505
	4	87.402	85.670
	3	88.051	86.752
	2	88.701	87.835
95	6	91.103	88.505
	4	92.402	90.670
	3	93.051	91.752
	2	93.701	92.835
100	6	96.103	93.505
	4	97.402	95.670
	3	98.051	96.752
	2	98.701	97.835

注：参照 GB/T 196—2003。

表 2-4-14　普通内螺纹小径公差和外螺纹大径公差　（mm）

螺距 P	内螺纹小径公差				外螺纹大径公差	
	公差等级					
	5	6	7	8	6	8
0.35	0.080	0.100			0.085	
0.4	0.090	0.112			0.095	
0.45	0.100	0.125			0.100	
0.5	0.112	0.140	0.180		0.106	
0.6	0.125	0.160	0.200		0.125	
0.7	0.140	0.180	0.224		0.140	

（续表）

螺距 P	内螺纹小径公差				外螺纹大径公差	
	公差等级					
	5	6	7	8	6	8
0.75	0.150	0.190	0.236		0.140	
0.8	0.160	0.200	0.250	0.315	0.150	0.236
1	0.190	0.236	0.300	0.375	0.180	0.280
1.25	0.212	0.265	0.335	0.425	0.212	0.335
1.5	0.236	0.300	0.375	0.475	0.236	0.375
1.75	0.265	0.335	0.425	0.530	0.265	0.425
2	0.300	0.375	0.475	0.600	0.280	0.450
2.5	0.355	0.450	0.560	0.710	0.335	0.530
3	0.400	0.500	0.630	0.800	0.375	0.600
3.5	0.450	0.560	0.710	0.900	0.425	0.670
4	0.475	0.600	0.750	0.950	0.475	0.750
4.5	0.530	0.670	0.850	1.060	0.500	0.800
5	0.560	0.710	0.900	1.120	0.530	0.850
5.5	0.600	0.750	0.950	1.180	0.560	0.900
6	0.630	0.800	1.000	1.250	0.600	0.950

注：参照 GB 197—2003。

表 2-4-15 普通内外螺纹中径公差（mm）

公称直径 d 或 D	螺距 P	内螺纹中径公差			外螺纹中径公差			
		公差等级						
		6	7	8	6	7	8	9
2.8～5.6	0.35	0.090			0.067	0.085		
	0.5	0.100	0.125		0.075	0.095		
	0.6	0.112	0.140		0.085	0.106		
	0.7	0.118	0.150		0.090	0.112		
	0.75	0.118	0.150		0.090	0.112		
	0.8	0.125	0.160	0.200	0.095	0.118	0.150	0.190
>5.6～11.2	0.5	0.112	0.140		0.085	0.106		
	0.75	0.132	0.170		0.100	0.125		
	1	0.150	0.190	0.236	0.112	0.140	0.180	0.224
	1.25	0.160	0.200	0.250	0.118	0.150	0.190	0.236
	1.5	0.180	0.224	0.280	0.132	0.170	0.212	0.265
>11.2～22.4	0.5	0.118	0.150		0.090	0.112		
	0.75	0.140	0.180		0.106	0.132		
	1	0.160	0.200	0.250	0.118	0.150	0.190	0.236
	1.25	0.180	0.224	0.280	0.132	0.170	0.212	0.265
	1.5	0.190	0.236	0.300	0.140	0.180	0.224	0.280
	1.75	0.200	0.250	0.315	0.150	0.190	0.236	0.300
	2	0.212	0.265	0.335	0.160	0.200	0.250	0.315
	2.5	0.224	0.280	0.355	0.170	0.212	0.265	0.335

（续表）

公称直径 d 或 D	螺距 P	内螺纹中径公差			外螺纹中径公差			
		公差等级						
		6	7	8	6	7	8	9
>22.4～45	0.75	0.150	0.190		0.112	0.140		
	1	0.170	0.212		0.125	0.160	0.200	0.250
	1.5	0.200	0.250	0.315	0.150	0.190	0.236	0.300
	2	0.224	0.280	0.355	0.170	0.212	0.265	0.335
	3	0.265	0.335	0.425	0.200	0.250	0.315	0.400
	3.5	0.280	0.355	0.450	0.212	0.265	0.335	0.425
	4	0.300	0.375	0.475	0.224	0.280	0.355	0.450
	4.5	0.315	0.400	0.500	0.236	0.300	0.375	0.475
>45～90	1	0.180	0.236		0.140	0.180	0.224	
	1.5	0.212	0.265	0.335	0.160	0.200	0.250	0.315
	2	0.236	0.300	0.375	0.180	0.224	0.280	0.355
	3	0.280	0.355	0.450	0.212	0.265	0.335	0.425
	4	0.315	0.400	0.500	0.236	0.300	0.375	0.475
	5	0.335	0.425	0.530	0.250	0.315	0.400	0.500
	5.5	0.355	0.450	0.560	0.265	0.335	0.425	0.530
	6	0.375	0.475	0.600	0.280	0.355	0.450	0.560

注：参照 GB 197—2003。

(3) 凹模侧壁和底板厚度。其计算公式见表 2-4-16。

表 2-4-16　凹模侧壁和底板厚度计算公式

类别		简图	计算公式		
			部位	按刚度计算	按强度计算
圆形凹模	整体式	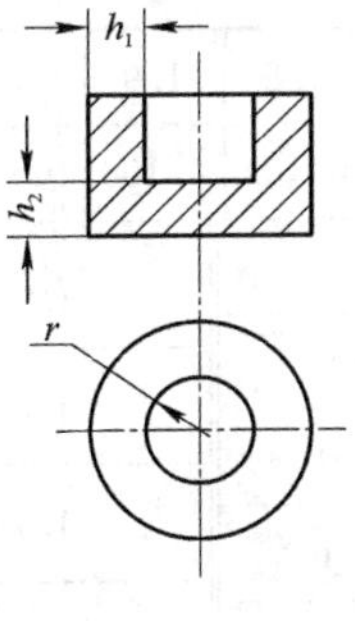	侧壁	$h_1=r\left(\sqrt{\dfrac{1-\mu+\dfrac{E\delta}{rp}}{\dfrac{E\delta}{rp}-\mu-1}}-1\right)$	$h_1=r\left(\sqrt{\dfrac{[\sigma]}{[\sigma]-2p}}-1\right)$
			底板	$h_2=\sqrt[3]{0.175\dfrac{pr^4}{E\delta}}$	$h_2=\sqrt{\dfrac{3pr^2}{4[\sigma]}}$
	组合式	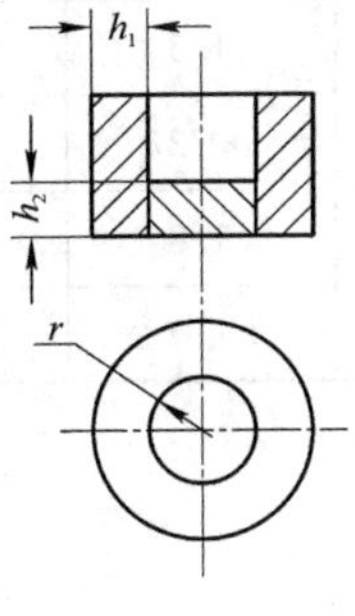	侧壁	$h_1=r\left(\sqrt{\dfrac{1-\mu+\dfrac{E\delta}{rp}}{\dfrac{E\delta}{rp}-\mu-1}}-1\right)$	$h_1=r\left(\sqrt{\dfrac{[\sigma]}{[\sigma]-2p}}-1\right)$
			底板	$h_2=\sqrt[3]{0.74\dfrac{pr^4}{E\delta}}$	$h_2=\sqrt{\dfrac{1.22pr^2}{[\sigma]}}$

（续表）

类别		简图	计算公式		
			部位	按刚度计算	按强度计算
矩形凹模	整体式	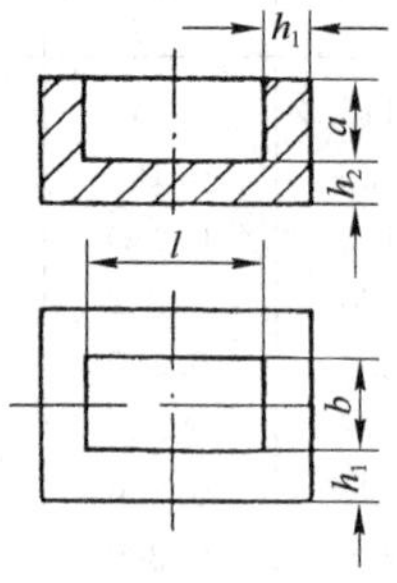	侧壁	$h_1=\sqrt[3]{\frac{cpa^4}{E\delta}}$	$h_1=a\sqrt{\frac{wp}{[\sigma]}}$
			底板	$h_2=\sqrt[3]{\frac{c'pb^4}{E\delta}}$	$h_2=b\sqrt{\frac{w'p}{[\sigma]}}$
	组合式	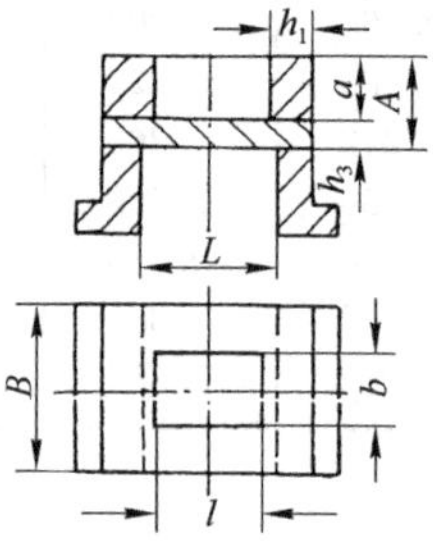	侧壁	$h_1=\sqrt[3]{\frac{pal^4}{32EA\delta}}$	$h_1=\sqrt{\frac{pal^2}{2A[\sigma]}}$
			底板	$h_2=\sqrt[3]{\frac{5pbL^4}{32EB\delta}}$	$h_2=\sqrt{\frac{3pbL^2}{4B[\sigma]}}$

注：1. h_1、h_2—凹模侧壁、底板厚度(mm)；r—凹模内半径(mm)；μ—泊松比，常取 0.25～0.3；δ—允许变形量(mm)，按塑料性质选取，一般不超过塑料的溢边值；p—型腔压力，一般取 25～45 MPa；$[\sigma]$—弯曲许用应力(MPa)；c、c'和 w、w'—常数，分别由 l/a、l/b、L/a、L/b 而定，见附表；a—凹模受力部分高度(mm)；l、b—凹模内腔长边和短边(mm)；E—弹性模量，钢取 2.1×10^5 MPa；L—垫块间距(mm)；B—支承板宽度(mm)；A—凹模高度(mm)。

2. 大型模具按刚度计算，小型模具按强度计算，也可按刚度和强度同时计算，取其大值。

附　表

常数 c 值	l/a	1.0	1.1	1.2	1.3	1.4	1.5	1.6	1.7	1.8	1.9	2.0	3.0	4.0	5.0
	c	0.044	0.053	0.062	0.070	0.078	0.084	0.09	0.096	0.102	0.106	0.111	0.134	0.140	0.142

常数 c' 值	l/b	c'	l/b	c'	l/b	c'
	1	0.013 8	1.4	0.022 6	1.8	0.026 7
	1.1	0.016 4	1.5	0.024 0		
	1.2	0.018 8	1.6	0.025 1	1.9	0.027 2
	1.3	0.020 9	1.7	0.026 0	2.0	0.027 7

常数 w 值	L/a	0.25	0.50	0.75	1.0	1.5	2.0	3.0
	w	0.02	0.081	0.173	0.321	0.727	1.226	2.105

常数 w' 值	L/b	1.0	1.2	1.4	1.6	1.8	2.0	∞
	w'	0.307 8	0.383 4	0.435 6	0.468 0	0.487 2	0.497 4	0.500 0

（二）导向零件

1. 导柱

(1) 带头导柱。其尺寸见表 2-4-17。

表 2-4-17　带头导柱尺寸　(mm)

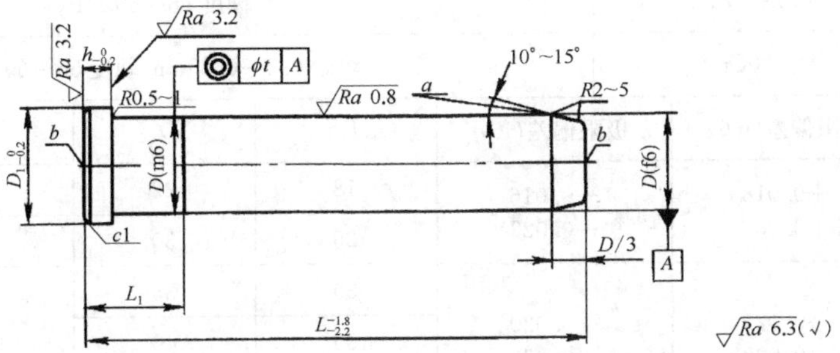

材料	T10A、GCr15	硬度 56~60 HRC			
	20Cr	渗碳 0.5~0.8 mm,硬度 56~60 HRC			
基本尺寸 D	极限偏差(m6)	极限偏差(f6)	D_1	h	L
12	+0.018 +0.007	−0.016 −0.027	17	5	50~140
16			21	6	50~160
20	+0.021 +0.008	−0.020 −0.033	25		50~200
25			30	8	50~250
30			35		50~300
35	+0.025 +0.009	−0.025 −0.041	40		70~350
40			45	10	70~400
50			56	12	100~500
60	+0.030 +0.011	−0.030 −0.049	66	15	100~600
70			76		150~700
80			86		150~800
90	+0.035 +0.013	−0.036 −0.058	93	20	220~800
100			106		220~800
L_1 系列	20,25,30,35,40,45,50,60,70,80,100,110,120,130,140,150,160,180,200				
L 系列	50,60,70,80,90,100,110,120,130,140,150,160,180,200,220,250,280,300,320,350,380,400,450,500,550,600,650,700,750,800				

注：1. a 允许开油槽。
2. b 允许保留两端的中心孔。
3. 图中标注的形位公差 t 值,按附录表 7 中 6 级。
4. 参照 GB/T 4169.4—2006。

(2) 带肩导柱。其尺寸见表 2-4-18。

表 2-4-18　带肩导柱尺寸　(mm)

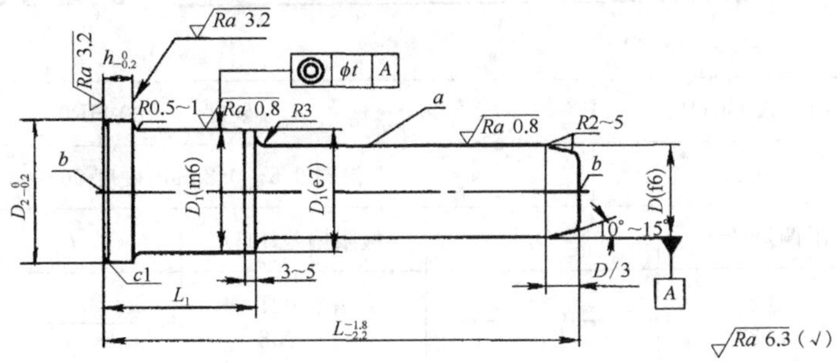

（续表）

材　料	T10A、GCr15	硬度 56～60 HRC				
	20Cr	渗碳 0.5～0.8 mm，硬度 56～60 HRC				
基本尺寸 D	极限偏差(m6)	极限偏差(f6)	D_1	D_2	H	L
12	+0.018 +0.007	−0.016 −0.027	18	22	5	50～140
16			25	30	6	50～160
20	+0.021 +0.008	−0.020 −0.033	30	35	8	50～200
25			35	40		50～250
30			42	47	10	50～300
35	+0.025 +0.009	−0.025 −0.041	48	54		70～350
40			55	61		70～400
50			70	76	12	100～650
60	+0.030 +0.011	−0.030 −0.049	80	86	15	100～700
70			90	96		150～700
80			105	111		150～700
L_1 系列	20,25,30,35,40,45,50,60,70,80,100,110,120,130,140,150,160,180,200					
L 系列	50,60,70,80,90,100,110,120,130,140,150,160,180,200,220,250,280,300,320,350,380,400,450,500,550,600,650,700					

注：1. a 允许开油槽。
2. b 允许保留两端的中心孔。
3. 图中标注的形位公差 t 值，按附录表 7 中 6 级。
4. 参照 GB/T 4169.5—2006。

(3) 推板导柱。其尺寸见表 2-4-19。

表 2-4-19　推板导柱尺寸　　(mm)

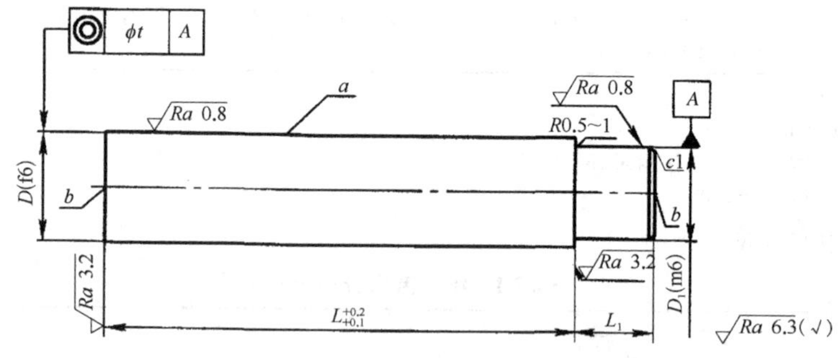

材　料	T10A、GCr15	硬度 56～60 HRC			
	20Cr	渗碳 0.5～0.8 mm，硬度 56～60 HRC			
基本尺寸 D	极限偏差(f6)	D_1	极限偏差(m6)	L_1	L
30	−0.020 −0.033	25	+0.021 +0.008	20	100～150
35		30		25	110～180

（续表）

材　料	T10A、GCr15		硬度 56～60 HRC		
	20Cr		渗碳 0.5～0.8 mm，硬度 56～60 HRC		
基本尺寸 D	极限偏差(f6)	D_1	极限偏差(m6)	L_1	L
40	−0.025 −0.041	35	+0.025 +0.009	30	150～250
50		40		35	180～300
L 系列	100,110,120,130,150,180,200,250,300				

注：1. a 允许开油槽。
　　2. b 允许保留两端的中心孔。
　　3. 图中标注的形位公差 t 值，按附录表 7 中 6 级。
　　4. 参照 GB/T 4169.14—2006。

(4) 拉杆导柱。其尺寸见表 2-4-20。

表 2-4-20　拉杆导柱尺寸　　(mm)

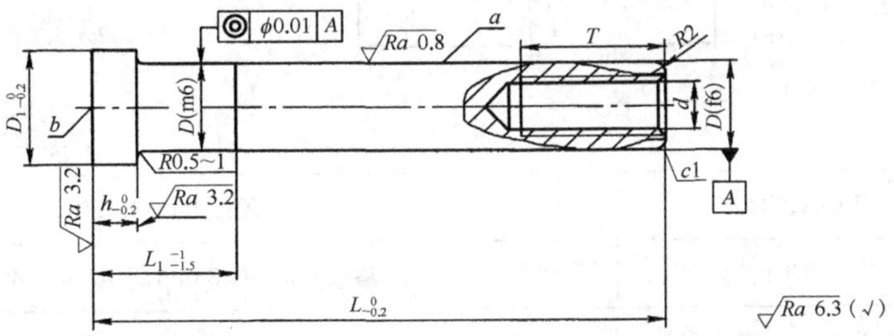

材　料	T10A、GCr15		硬度 56～60 HRC					
	20Cr		渗碳 0.5～0.8 mm，硬度 56～60 HRC					
基本尺寸 D	极限偏差(m6)	极限偏差(f6)	D_1	h	d	T	L_1	L
16	+0.018 +0.007	−0.016 −0.027	21	8	M10	25	25	100～200
20	+0.021 +0.008	−0.020 −0.033	25	10	M12	30	30	100～250
25			30	12	M14	35	35	100～300
30			35	14	M16	40	45	130～360
35	+0.025 +0.009	−0.025 −0.041	40	16			50	160～400
40			45	18			60	200～500
50			55	20			70	250～600
							80	
60	+0.030 +0.011	−0.030 −0.049	66	25	M20	50	90	280～600
70			76				100	300～800
80			86		M24	60	120	340～800
90	+0.035 +0.013	−0.036 −0.058	96				140	400～800
100			106				150	400～800
L 系列	100,110,120,130,140,150,160,170,180,190,200,210,220,230,240,250,260,270,280,290,300,320,340,360,380,400,450,500,550,600,650,700,750,800							

注：1. a 允许开油槽。
　　2. b 允许保留中心孔。
　　3. 参照 GB/T 4169.20—2006。

2. 导套

(1) 直导套。其尺寸见表 2-4-21。

表 2-4-21 直导套尺寸 (mm)

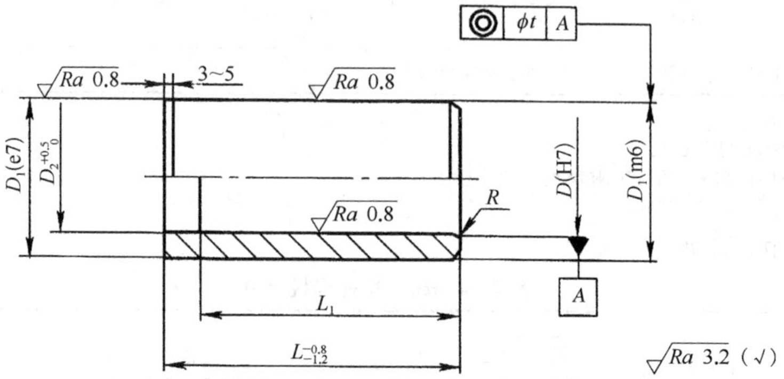

材料	T10A、GCr15		硬度 56～60 HRC					
	20Cr		渗碳 0.5～0.8 mm,硬度 56～60 HRC					
基本尺寸 D	极限偏差 (H7)	基本尺寸 D_1	极限偏差 (m6)	极限偏差 (e7)	D_2	R	L_1	L
12	+0.018 0	18	+0.018 +0.007	−0.032 −0.050	13	1.5～2	24	15～40
16		25	+0.021 +0.008	−0.040 −0.061	17	3～4	32	20～60
20	+0.021 0	30			21		40	
25		35	+0.025 +0.009	−0.050 −0.075	26		50	25～80
30		42			31		60	30～80
35	+0.025 0	48			36	5～6	70	35～100
40		55	+0.030 +0.011	−0.060 −0.090	41		80	40～120
50		70			51		100	
60	+0.030 0	80			61		120	50～150
70		90	+0.035 +0.013	−0.072 −0.107	71	7～8	140	60～150
80		105			81		160	70～200
90	+0.035 0	115			91		180	80～200
100		125	+0.040 +0.015	−0.085 −0.125	101		200	80～200 (除 120)
L 系列	15,20,25,30,35,40,50,60,80,100,120,150,200							

注:1. 当 $L_1 > L$ 时,取 $L_1 = L$。

2. 图中标注的形位公差 t 值,按附录表 7 中 6 级。

3. 参照 GB/T 4169.2—2006。

(2) 带头导套。其尺寸见表 2-4-22。

表 2-4-22　带头导套尺寸　(mm)

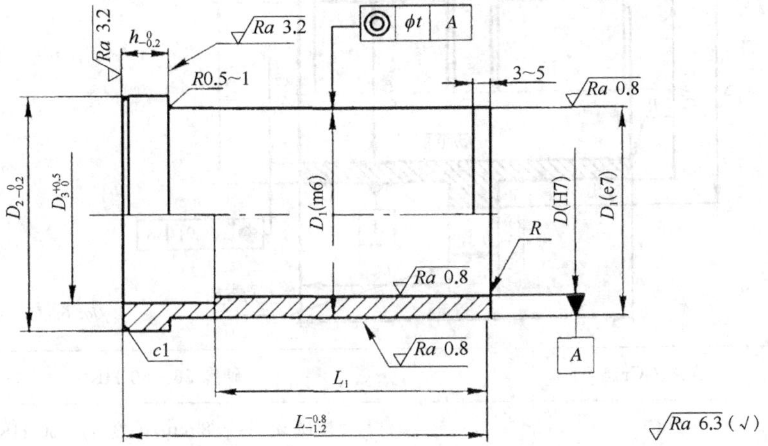

材料	T10A、GCr15		硬度 56~60 HRC							
	20Cr		渗碳 0.5~0.8 mm,硬度 56~60 HRC							
基本尺寸 D	极限偏差 (H7)	基本尺寸 D_1	极限偏差 (m6)	极限偏差 (e7)	D_2	D_3	h	R	L_1	L
12	+0.018 0	18	+0.018 +0.007	−0.032 −0.050	22	13	5	1.5~2	24	20~50
16		25	+0.021 +0.008	−0.040 −0.061	30	17	6	3~4	32	20~60
20	+0.021 0	30			35	21	8		40	20~80
25		35	+0.025 +0.009	−0.050 −0.075	40	26			50	25~100
30		42			47	31	10		60	30~120
35	+0.025 0	48			54	36		5~6	70	35~140
40		55	+0.030 +0.011	−0.060 −0.090	61	41			80	40~160
50		70			76	51	12		100	50~200
60	+0.030 0	80			86	61	15	7~8	120	60~200
70		90	+0.035 +0.013	−0.072 −0.107	96	71			140	70~200
80		105			111	81			160	80~200
90	+0.035 0	115			121	91	20		180	90~200
100		125	+0.040 +0.015	−0.085 −0.125	131	101			200	100~200
L 系列	20,25,30,35,40,45,50,60,70,80,90,100,110,120,130,140,150,160,180,200									

注：1. 当 $L_1 > L$ 时,取 $L_1 = L$。
　　2. 图中标注的形位公差 t 值,按附录表 7 中 6 级。
　　3. 参照 GB/T 4169.3—2006。

(3) 推板导套。其尺寸见表 2-4-23。

表 2-4-23 推板导套尺寸 (mm)

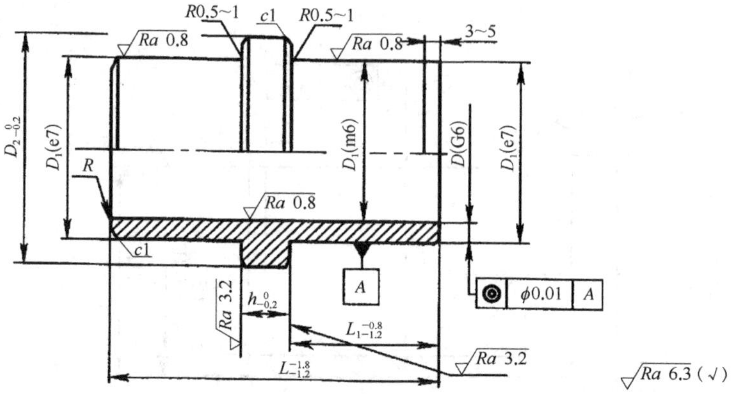

<table>
<tr><td rowspan="2">材　料</td><td colspan="2">T10A、GCr15</td><td colspan="7">硬度 56～60 HRC</td></tr>
<tr><td colspan="2">20Cr</td><td colspan="7">渗碳 0.5～0.8 mm，硬度 56～60 HRC</td></tr>
<tr><td>基本尺寸
D</td><td>极限偏差
(G7)</td><td>基本尺寸
D₁</td><td>极限偏差
(m6)</td><td>极限偏差
(e7)</td><td>D₂</td><td>h</td><td>R</td><td>L₁</td><td>L</td></tr>
<tr><td>12</td><td rowspan="2">+0.024
+0.006</td><td>18</td><td>+0.018
+0.007</td><td>−0.032
−0.050</td><td>22</td><td rowspan="5">4</td><td rowspan="5">3～4</td><td rowspan="2">28</td><td rowspan="2">13</td></tr>
<tr><td>16</td><td>25</td><td rowspan="2">+0.021
+0.008</td><td rowspan="2">−0.040
−0.061</td><td>30</td></tr>
<tr><td>20</td><td rowspan="3">+0.028
+0.007</td><td>30</td><td>35</td><td rowspan="2">35</td><td rowspan="2">15</td></tr>
<tr><td>25</td><td>35</td><td rowspan="3">+0.025
+0.009</td><td rowspan="3">−0.050
−0.075</td><td>40</td></tr>
<tr><td>30</td><td>42</td><td>47</td><td>45</td><td>20</td></tr>
<tr><td>35</td><td rowspan="3">+0.034
+0.009</td><td>48</td><td>54</td><td rowspan="3">6</td><td rowspan="3">5～6</td><td>55</td><td>25</td></tr>
<tr><td>40</td><td>55</td><td rowspan="2">+0.030
+0.011</td><td rowspan="2">−0.060
−0.090</td><td>61</td><td>70</td><td>30</td></tr>
<tr><td>50</td><td>70</td><td>76</td><td>90</td><td>40</td></tr>
</table>

注：参照 GB/T 4169.12—2006。

(三) 浇注系统零件

1. 浇口套

浇口套标准见表 2-4-24。

表 2-4-24 浇口套尺寸 (mm)

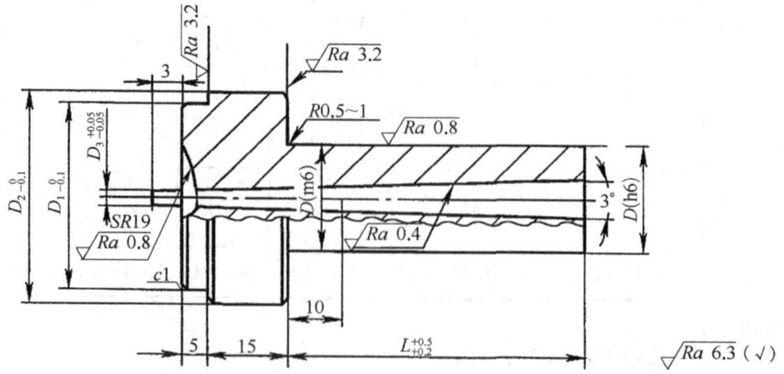

（续表）

材　　料	45 钢	局部热处理，SR19 mm 球面硬度 38～45 HRC			
基本尺寸 D	极限偏差(m6)	D_1	D_2	D_3	L
12	+0.018 +0.007	35	40	2.8	50
16				2.8	50,80
20	+0.021 +0.008			3.2	50,80,100
25				4.2	50,80,100

注：参照 GB/T 4169.19—2006。

2. 拉料杆

拉料杆推荐尺寸见表 2-4-25。

表 2-4-25　拉料杆推荐尺寸　(mm)

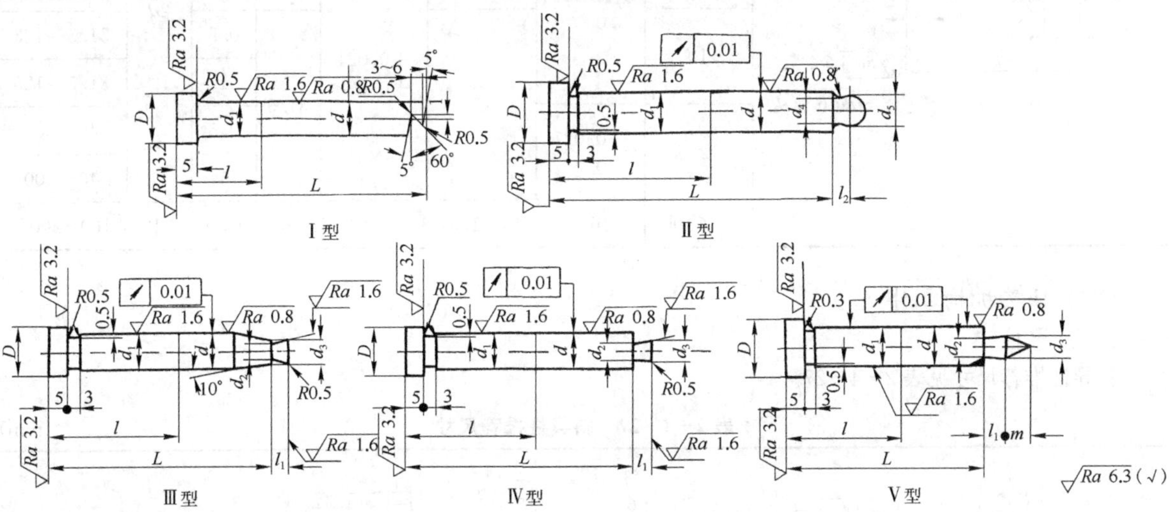

材　　料		T10A		硬度 50～55 HRC		
d(e8)	基本尺寸	5	6	8	10	12.5
	极限偏差	−0.020 −0.038	−0.025 −0.047		−0.032 −0.059	
d_1(n6)	基本尺寸	5	6	8	10	12.5
	极限偏差	+0.016 +0.008	+0.019 +0.010		+0.023 +0.012	
D		9	10	13	15	18
d_2		2.8	3	4	4.8	6.2
d_3		3.3	3.8	4.8	5.8	7.2
m		5	7	7	7	7
l_1		3	3	4	5	5
d_4		3	3.5	5	6	8
d_5		3.5	4	6	7	9
l_2		2	2.5	3.6	4.0	5.2
r		1.1	1.25	1.5	2	2.2
L、l		按　需　要　确　定				

3. 拉料套

拉料套推荐尺寸见表 2-4-26。

表 2-4-26 拉料套推荐尺寸 (mm)

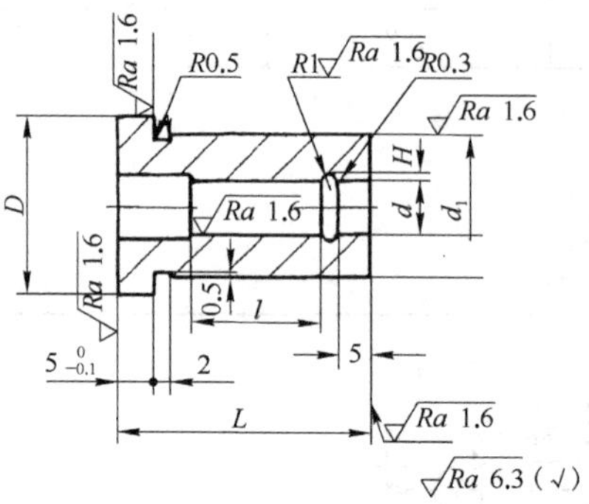

材　料	T10A			硬度 50～55 HRC			
d(H8)		d_1(m6)		D	H	l	L
基本尺寸	极限偏差	基本尺寸	极限偏差				
6	+0.018 0	16	+0.018 +0.007	20	0.5	2d	16～50
					1		16～50
8	+0.022 0	20	+0.021 +0.008	25	0.5		16～80
					1		16～80
10		25		31.5	0.5		31.5～125
					1		31.5～125
12.5	+0.027 0				0.5		40～200
					1		40～200
L 系列	16，20，25，31.5，35.5，40，50，63，80，100，125，160，200						

(四) 抽芯机构零件

1. 斜导柱

斜导柱推荐尺寸见表 2-4-27。

表 2-4-27 斜导柱推荐尺寸 (mm)

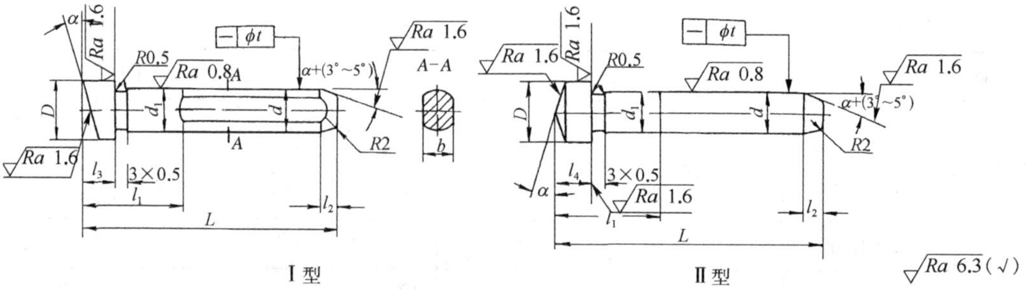

材　料		T10A			硬度 54～58 HRC				
d	基本尺寸	10	12.5	16	20	25	31.5	40	50
	极限偏差	−0.1 −0.3							
d(n6)	基本尺寸	10	12.5	16	20	25	31.5	40	50
	极限偏差	+0.019 +0.010	+0.023 +0.012		+0.028 +0.015		+0.033 +0.017		
D		14	16	20	25	30	38	46	56
l_2		3	4	5		6		12	16
$l_{3\ -0.1}^{\ \ 0}$		8	9	11	13	15	18	23	27

（续表）

材　料	T10A			硬度 54～58 HRC				
l_4	6	7	8		10		13	15
$b_{-0.2}^{\ 0}$	8.66	10.39	13.86	17.32	21.65	25.98	34.64	43.30
α 系列	10°, 15°, 18°, 20°, 22°, 25°							
$L_{-2}^{\ 0}$	$l_{1\,-1.5}^{\,-1.0}$							
63	22	22						
80	22	22	30					
100	28	28	30	36				
125	28	28	30	36				
140		28	30	36				
160			40	36				
180			40	36	46			
200			40	46	46	46	63	
220			40	46	46	46	63	
250				46	46	46	71	
280				46	46	46	71	71
315					46	63	71	71
355						63	71	71
400						63	71	71
450						63	80	80
500							80	80

注：图中标注的形位公差 t 值，按附录的表 4 中 5 级。

2. 滑块

滑块推荐尺寸见表 2-4-28。

表 2-4-28　滑块推荐尺寸　（mm）

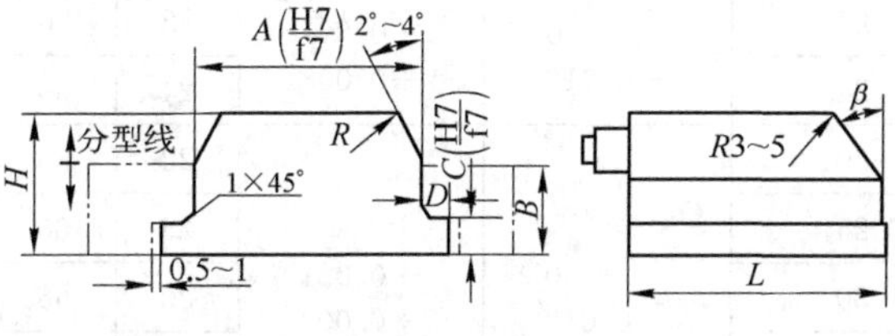

材　　料	T10A		硬度 54～58 HRC			
B	≤30	>30～40	>40～50	>50～65	>65～100	>100～160
C	8	10	12	15	20	25
D	6	8	10	10	12	15
β	表 2-4-27 中 α+(2°～3°)					
A、L、H	按　需　要　设　计					

3. 楔紧块

楔紧块推荐尺寸见表 2-4-29。

表 2-4-29 楔紧块推荐尺寸 (mm)

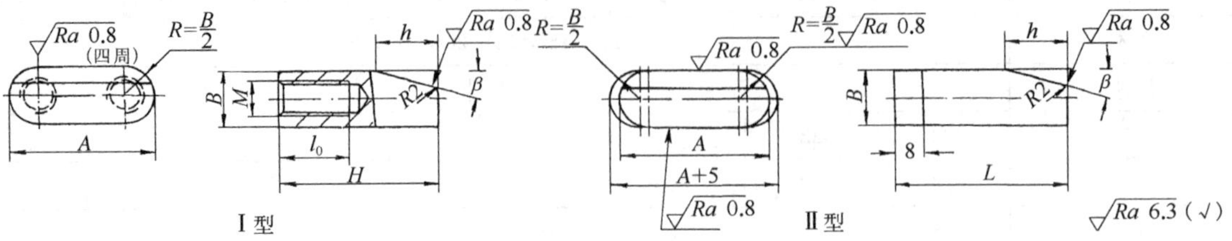

<table>
<tr><td colspan="2">材 料</td><td colspan="3">T10A</td><td colspan="6">硬度 54~58 HRC</td></tr>
<tr><td colspan="2">A(e9)</td><td colspan="3">B</td><td rowspan="3">h</td><td rowspan="3">H</td><td rowspan="3">M</td><td rowspan="3">l_0</td><td rowspan="3">β</td><td rowspan="3">L</td></tr>
<tr><td rowspan="2">基本尺寸</td><td rowspan="2">极限偏差</td><td rowspan="2">基本尺寸</td><td colspan="2">极 限 偏 差</td></tr>
<tr><td>Ⅰ型(h6)</td><td>Ⅱ型(m6)</td></tr>
<tr><td rowspan="2">31.5</td><td rowspan="11">−0.050
−0.112</td><td>10</td><td>0
−0.009</td><td>+0.015
+0.006</td><td>12</td><td>32</td><td>6</td><td>10</td><td rowspan="19">表 2-4-27中α+(2°~3°)</td><td rowspan="19">按需要设计</td></tr>
<tr><td>12.5</td><td>0
−0.011</td><td>+0.018
+0.007</td><td>14</td><td>40</td><td>8</td><td>16</td></tr>
<tr><td rowspan="3">35.5</td><td>10</td><td>0
−0.009</td><td>+0.015
+0.006</td><td>12</td><td>32</td><td>6</td><td>10</td></tr>
<tr><td>12.5</td><td rowspan="4">0
−0.011</td><td rowspan="4">+0.018
+0.007</td><td>14</td><td>40</td><td>8</td><td>16</td></tr>
<tr><td>16</td><td>18</td><td>45</td><td>10</td><td>20</td></tr>
<tr><td rowspan="3">40</td><td>12.5</td><td>14</td><td>40</td><td>8</td><td>16</td></tr>
<tr><td>16</td><td>18</td><td>45</td><td rowspan="2">10</td><td rowspan="12">20</td></tr>
<tr><td>20</td><td>0
−0.013</td><td>+0.021
+0.008</td><td>22</td><td>50</td></tr>
<tr><td rowspan="3">50</td><td>16</td><td>0
−0.011</td><td>+0.018
+0.007</td><td>18</td><td>45</td><td rowspan="2">10</td></tr>
<tr><td>20</td><td rowspan="2">0
−0.013</td><td rowspan="2">+0.021
+0.008</td><td>22</td><td>50</td></tr>
<tr><td>24</td><td>24</td><td>60</td><td>12</td></tr>
<tr><td rowspan="3">63</td><td rowspan="8">−0.060
−0.134</td><td>20</td><td rowspan="5">0
−0.013</td><td rowspan="5">+0.021
+0.008</td><td>22</td><td>55</td><td>10</td></tr>
<tr><td>25</td><td>25</td><td>60</td><td rowspan="7">12</td></tr>
<tr><td>30</td><td>30</td><td>65</td></tr>
<tr><td rowspan="3">71</td><td>25</td><td>25</td><td>60</td></tr>
<tr><td>30</td><td>30</td><td>65</td></tr>
<tr><td>35</td><td>0
−0.016</td><td>+0.025
+0.009</td><td>35</td><td>70</td></tr>
<tr><td rowspan="2">80</td><td>30</td><td>0
−0.013</td><td>+0.021
+0.008</td><td>30</td><td>65</td></tr>
<tr><td>35</td><td>0
−0.016</td><td>+0.025
+0.009</td><td>35</td><td>70</td></tr>
</table>

(五) 推出和复位机构零件

1. 推杆

推杆尺寸见表 2-4-30。

表 2-4-30 推杆尺寸 (mm)

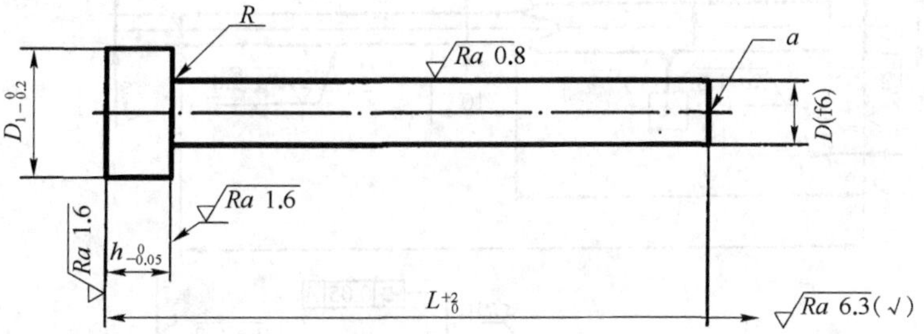

材　料	4Cr5MoSiV1、3Cr2W8V			硬度 50～55 HRC,其中固定端 30 mm 长度范围内硬度 35～45 HRC,淬火后表面可进行渗氮处理,渗氮层深度为 0.08～0.15 mm,心部硬度 40～44 HRC,表面硬度≥900 HV	
基本尺寸 D	极限偏差 (f6)	D_1	h	R	L
1	−0.006 −0.012	4	2	0.3	80,100,125,150,200
1.2					80,100,125,150,200
1.5					80,100,125,150,200
2					80,100,125,150,200,250,300,350
2.5		5	3		80,100,125,150,200,250,300,350,400
3		6		0.5	80,100,125,150,200,250,300,350,400,500
4	−0.010 −0.018	8			80,100,125,150,200,250,300,350,400,500,600
5		10	5		100,125,150,200,250,300,350,400,500,600
6		12		0.8	100,125,150,200,250,300,350,400,500,600
7	−0.013 −0.022				100,125,150,200,250,300,350,400,500,600
8		14			100,125,150,200,250,300,350,400,500,600,700
10		16	7		100,125,150,200,250,300,350,400,500,600,700
12	−0.016 −0.027	18			100,125,150,200,250,300,350,400,500,600,700,800
14					100,125,150,200,250,300,350,400,500,600,700,800
16		22	8		150,200,250,300,350,400,500,600,700,800
18		24			150,200,250,300,350,400,500,600,700,800
20	−0.020 −0.033	26	10		150,200,250,300,350,400,500,600,700,800
25		32		1	150,200,250,300,350,400,500,600,700,800

注：1. a 端面不允许留有中心孔,棱边不允许倒钝。
　　2. 参照 GB/T 4169.1—2006。

2. 扁推杆

扁推杆尺寸见表 2-4-31。

表 2-4-31　扁推杆尺寸　　(mm)

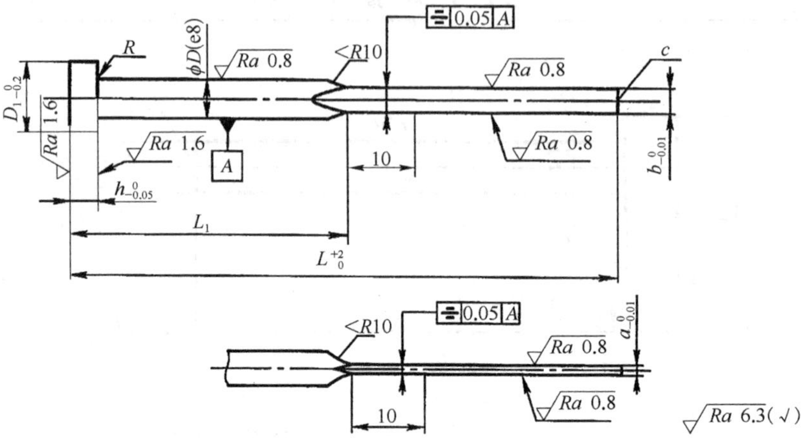

材　料	4Cr5MoSiV1、3Cr2W8V			硬度 45～50 HRC，淬火后表面可进行渗氮处理，渗氮层深度为 0.08～0.15 mm，心部硬度 40～44 HRC，表面硬度≥900 HV				
基本尺寸 D	极限偏差 (e8)	D_1	a	b	h	R	L_1	L
4	−0.020 −0.038	8	1	3	3	0.3	40,50,63,80,100	80,100,125,160,200
			1.2				40,50,63,80,100	80,100,125,160,200
5		10	1	4			40,50,63,80,100	80,100,125,160,200
			1.2				40,50,63,80,100	80,100,125,160,200
6		12	1.2	5	5	0.5	50,63,80,100,125	100,125,160,200,250
			1.5				50,63,80,100,125	100,125,160,200,250
			1.8				50,63,80,100,125	100,125,160,200,250
8	−0.025 −0.047	14	1.5	6			63,80,100,125	125,160,200,250
			1.8				63,80,100,125	125,160,200,250
			2				63,80,100,125	125,160,200,250
10		16	1.5	8			80,100,125,150	160,200,250,300
			1.8				80,100,125,150	160,200,250,300
			2				80,100,125,150	160,200,250,300
12	−0.032 −0.059	18	1.5	10	7	0.8	100,125,150	200,250,300
			1.8				100,125,150	200,250,300
			2				100,125,150	200,250,300
16		22	2	14			100,125,150	200,250,300
			2.5				100,125,150	200,250,300

注：1. c 端面不允许留有中心孔，棱边不允许倒钝。
　　2. 参照 GB/T 4169.15—2006。

3. 带肩推杆

带肩推杆尺寸见表 2-4-32。

表 2-4-32　带肩推杆尺寸　　(mm)

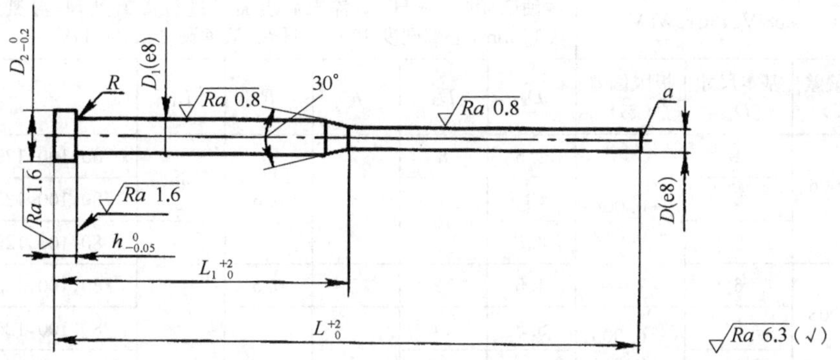

材　料	4Cr5MoSiV1、3Cr2W8V	硬度 45～50 HRC,淬火后表面可进行渗氮处理,渗氮层深度为 0.08～0.15 mm,心部硬度 40～44 HRC,表面硬度≥900 HV						
基本尺寸 D	极限偏差 (e8)	基本尺寸 D_1	极限偏差 (e8)	D_2	h	R	L_1	L
1		2		4	2		40,50,63,75,100	80,100,125,150,200
1.5			−0.014 −0.028				40,50,63,75,100	80,100,125,150,200
2	−0.014 −0.028	3		6		0.3	40,50,63,75,100	80,100,125,150,200
2.5					3		40,50,63,75,100	80,100,125,150,200
3		4	−0.020 −0.038	8			50,63,75,100,125	100,125,150,200,250
3.5		8		14		0.5	50,63,75,100,125	100,125,150,200,250
4			−0.025 −0.047		5		50,63,75,100,125,150	100,125,150,200,250,300
4.5	−0.020 −0.038	10		16			50,63,75,100,125,150	100,125,150,200,250,300
5							50,63,75,100,125,150	100,125,150,200,250,300
6		12		18		0.8	63,75,100,125,150,175	125,150,200,250,300,350
8	−0.025 −0.047		−0.032 −0.059		7		100,125,150,175	200,250,300,350
10		16		22			125,150,175,200	250,300,350,400

注：1. a 端面不允许留有中心孔,棱边不允许倒钝。
　　2. 参照 GB/T 4169.16—2006。

4. 推管

推管尺寸见表 2-4-33。

表 2-4-33　推 管 尺 寸　　(mm)

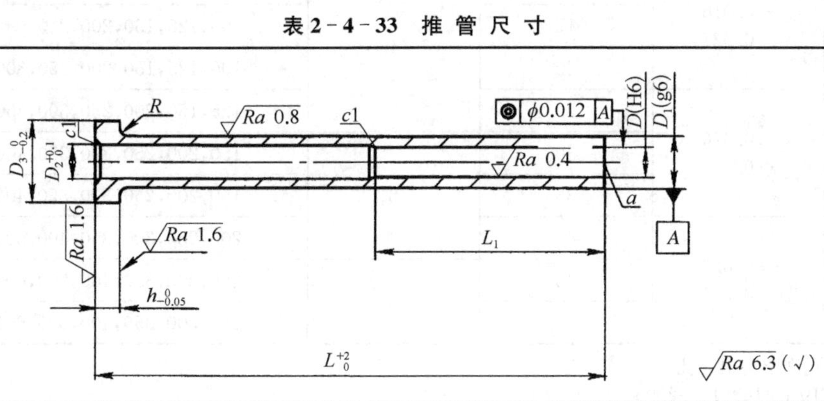

（续表）

材　料	4Cr5MoSiV1、3Cr2W8V			硬度 45～50 HRC，淬火后表面可进行渗氮处理，渗氮层深度为 0.08～0.15 mm，心部硬度 40～44 HRC，表面硬度≥900 HV					
基本尺寸 D	极限偏差 （H6）	基本尺寸 D_1	极限偏差 （g6）	D_2	D_3	h	R	L_1	L
2	+0.006 0	4	−0.004 −0.012	2.5	8	3	0.3	35	80,100,125
2.5		5		3	10				80,100,125
3		5		3.5				45	80,100,125,150
4	+0.008 0	6		4.5	12	5	0.5		80,100,125,150,175,200
5		8	−0.005 −0.014	5.5	14				80,100,125,150,175,200
6		10		6.5	16				100,125,150,175,200,250
8	+0.009 0	12	−0.006 −0.017	8.5	20	7	0.8		100,125,150,175,200,250
10		14		10.5	22				100,125,150,175,200,250
12	+0.011 0	16		12.5	22				125,150,175,200,250

注：1. a 端面棱边不允许倒钝。
　　2. 参照 GB/T 4169.17—2006。

5. 复位杆

复位杆尺寸见表 2-4-34。

表 2-4-34　复位杆尺寸　（mm）

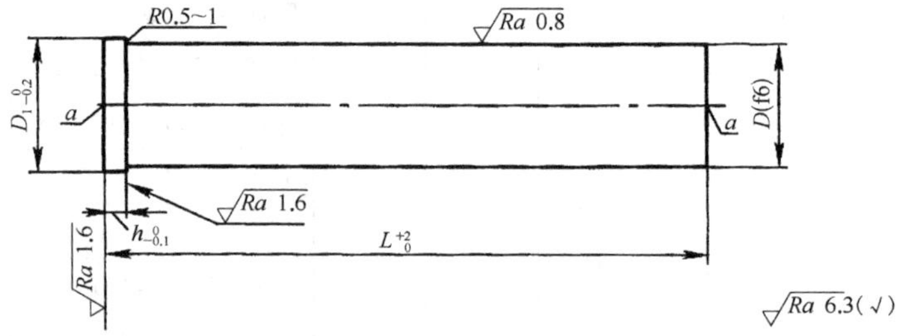

材　料	T10A、GCr15			硬度 56～60 HRC
基本尺寸 D	极限偏差 （f6）	D_1	h	L
10	−0.016 −0.027	15	4	100,125,150,200
12		17		100,125,150,200,250
15		20		100,125,150,200,250,300
20	−0.020 −0.033	25		125,150,200,250,300,350,400
25		30	8	150,200,250,300,350,400,500
30		35		150,200,250,300,350,400,500,600
35	−0.025 −0.041	40		200,250,300,350,400,500,600
40		45	10	250,300,350,400,500,600
50		55		250,300,350,400,500,600

注：1. a 端面允许留有中心孔。
　　2. 参照 GB/T 4169.13—2006。

（六）定位和支承零件

1. 定位圈

定位圈尺寸见表 2-4-35。

表 2-4-35　定位圈尺寸　(mm)

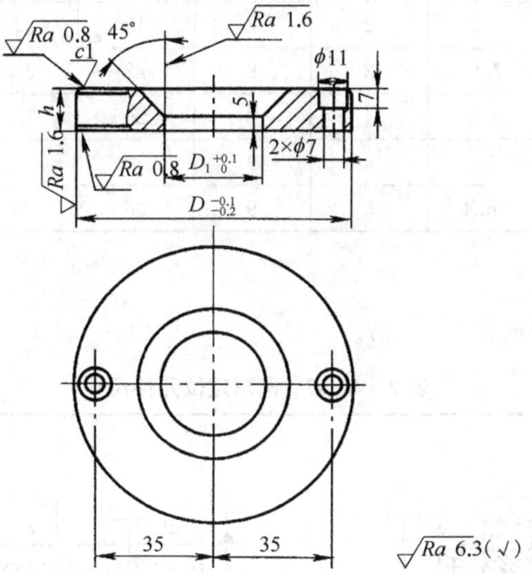

材　　料	45 钢	硬度 28～32 HRC
D	D_1	h
100	35	15
120		
150		

注：参照 GB/T 4169.18—2006。

2. 定距螺钉

定距螺钉推荐尺寸见表 2-4-36。

表 2-4-36　定距螺钉推荐尺寸　(mm)

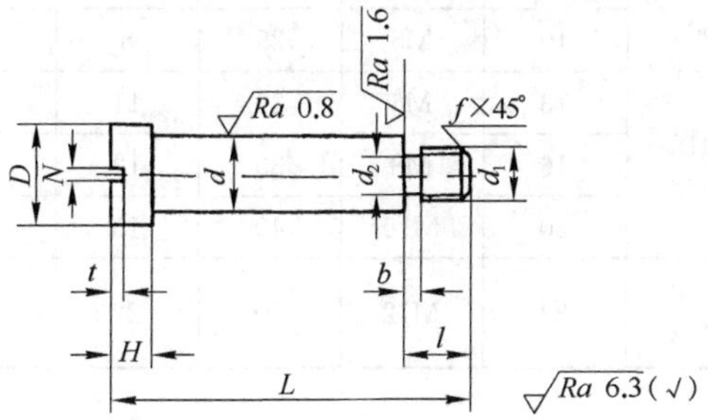

（续表）

材　料		45 钢			硬度 43～48 HRC					
d	d_1	l	d_2	b	H	D	N	t	f	L
5	M4	6	3	1	4	10	1.2	2	1	按需要设计
8	M6	6	4.5	1.5	5	12.5	1.5	2.5	1.5	
12	M8	12	6.2	2	7	18	2	3	1.2	
16	M10	16	7.8	3	8	22	2.5	3.5	1.5	
20	M12	20	9.5	4	8	26	2.5	3.5	1.8	
24	M16	24	13	4	9	30	3	4	2	
30	M20	32	16.4	5	9	36	3	4	2.5	

3. 定位元件

（1）圆形定位元件。其尺寸见表 2-4-37。

表 2-4-37　圆形定位元件尺寸 (mm)

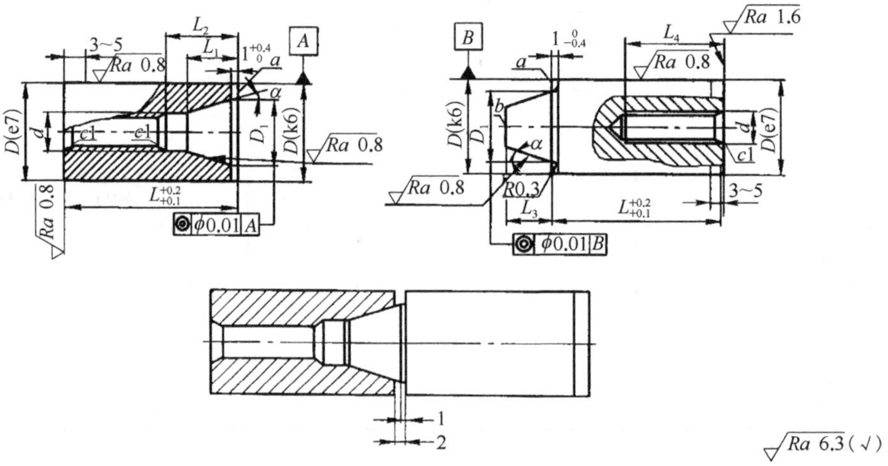

材　料	T10A、GCr15		硬度 58～62 HRC							
基本尺寸 D	极限偏差 (e7)	极限偏差 (k6)	D_1	d	L	L_1	L_2	L_3	L_4	α
12	−0.032 −0.050	+0.012 +0.001	6	M4	20	7	9	5	11	5°
16			10	M5	25	8	10	6	11	5° 10°
20	−0.040 −0.061	+0.015 +0.002	13	M6	30	11	13	9	13	
25			16	M8	30	12	14	10	15	
30			20	M10	40	16	18	14	18	
35	−0.050 −0.075	+0.018 +0.002	24	M12	50	22	24	20	24	

注：1. a 为基准面。
　　2. b 允许保留中心孔。
　　3. 参照 GB/T 4169.11—2006。

(2) 矩形定位元件。其尺寸见表 2－4－38。

表 2－4－38　矩形定位元件尺寸　(mm)

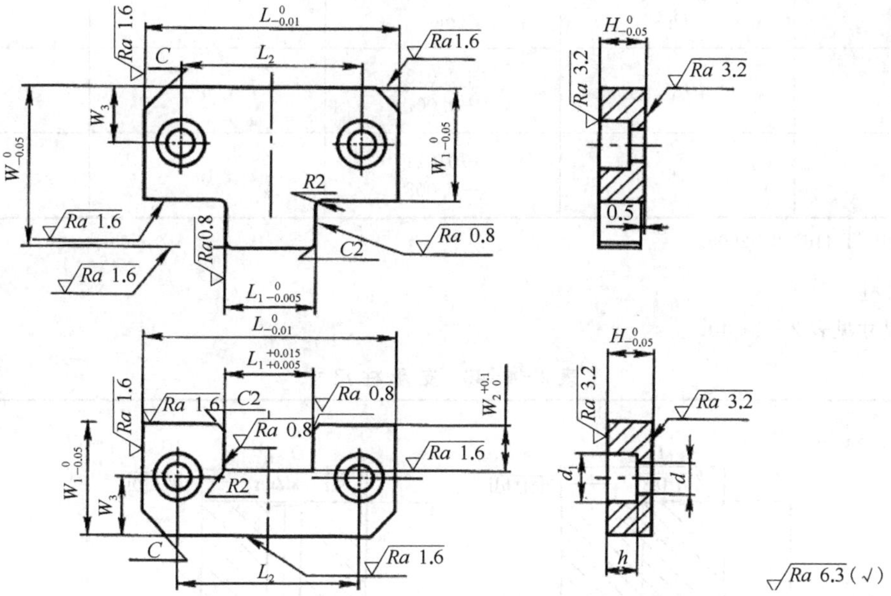

材　料		GCr15、9CrWMn			凸件硬度 50～54 HRC 凹件硬度 56～60 HRC						
L	L_1	L_2	W	W_1	W_2	W_3	C	d	d_1	H	h
50	17	34	30	21.5	8.5	11	5	7	11	16	8
75	25	50	50	36	15	18	8	11	17.5	19	12
100	35	70	65	45	21	22	10	11	17.5	19	12
125	45	84	65	45	21	22	10	11	17.5	25	12

注：参照 GB/T 4169.21—2006。

4. 限位钉

限位钉尺寸见表 2－4－39。

表 2－4－39　限位钉尺寸　(mm)

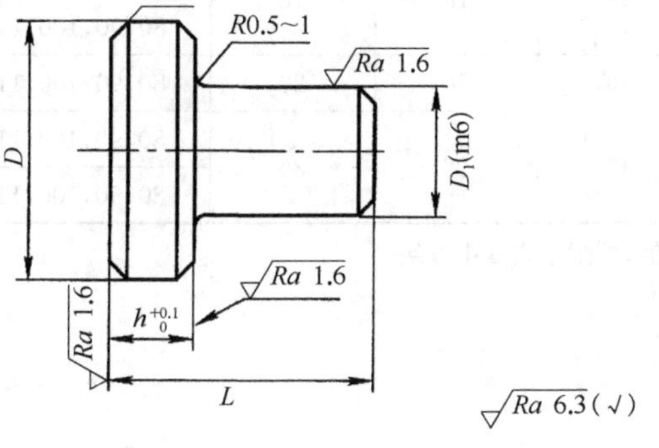

（续表）

材　料	45 钢	硬度 40～45 HRC		
D	基本尺寸 D_1	极限尺寸 (m6)	h	L
16	8	+0.018 +0.007	5	16
25	16	+0.021 +0.008	10	25

注：参照 GB/T 4169.9—2006。

5. 支承柱

支承柱尺寸见表 2-4-40。

表 2-4-40 支承柱尺寸 (mm)

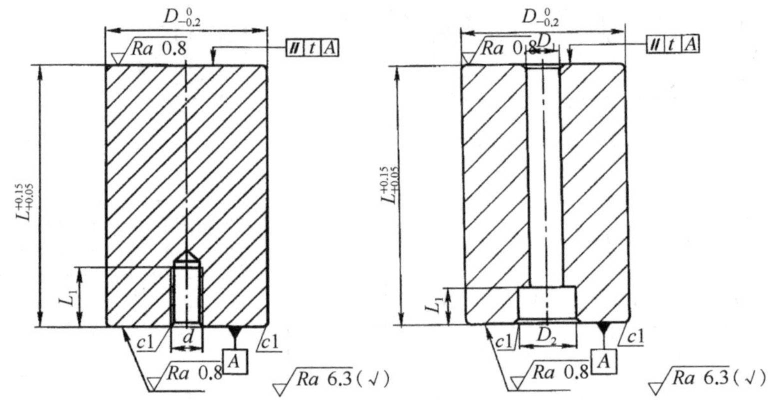

材　料	45 钢				硬度 28～32 HRC
D	d	D_1	D_2	L_1	L
25	M8	9	15	15	80,90,100,110,120
30					80,90,100,110,120
35					80,90,100,110,120,130
40	M10	11	18	18	80,90,100,110,120,130,150
50					80,90,100,110,120,130,150,180,200,250
60	M12	13	20	20	80,90,100,110,120,130,150,180,200,250,300
80	M16	17	26	30	80,90,100,110,120,130,150,180,200,250,300
100					80,90,100,110,120,130,150,180,200,250,300

注：1. 图中标注的形位公差 t 值，按附录表 6 中 6 级。
　　2. 参照 GB/T 4169.10—2006。

（七）模板类零件

1. 垫块

垫块尺寸见表 2-4-41。

表 2-4-41　垫 块 尺 寸　(mm)

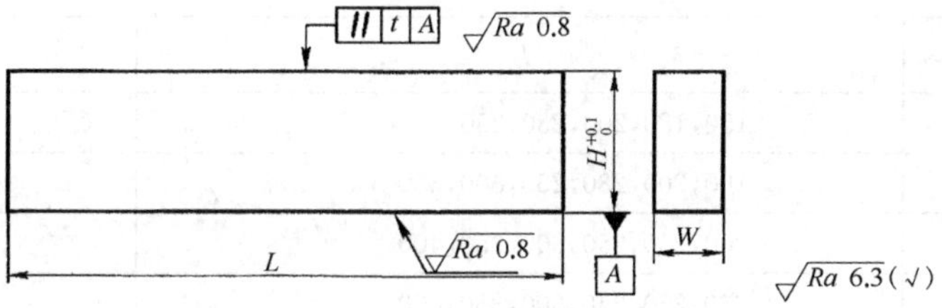

材　料	45 钢	
W	L	H
28	150,180,200,230,250	50,60,70
33	180,200,230,250,300,350	60,70,80
38	200,230,250,300,350,400	60,70,80
43	230,250,270,300,350,400	70,80,90
48	250,270,300,350,400,450,500	70,80,90
53	270,300,350,400,450,500	70,80,90
58	300,350,400,450,500,550,600	80,90,100
63	350,400,450,500,550,600	90,100,110
68	400,450,500,550,600,700	100,110,120,130
78	450,500,550,600,700	100,110,120,130
88	500,550,600,700,800	100,110,120,130
100	550,600,700,800,900,1 000	110,120,130,150,180
120	650,700,800,900,1 000,1 250	120,130,150,180,200,250
140	800,900,1 000,1 250	150,180,200,250
160	900,1 000,1 250,1 600	180,200,250,300
180	1 000,1 250,1 600	180,200,250,300
220	1 250,1 600,2 000	180,200,250,300

注：1. 全部棱边倒角 2 mm×45°。
2. 图中标注的形位公差 t 值,按附录表 6 中 5 级。
3. 参照 GB/T 4169.6—2006。

2. 推板

推板尺寸见表 2-4-42。

表 2-4-42　推 板 尺 寸　(mm)

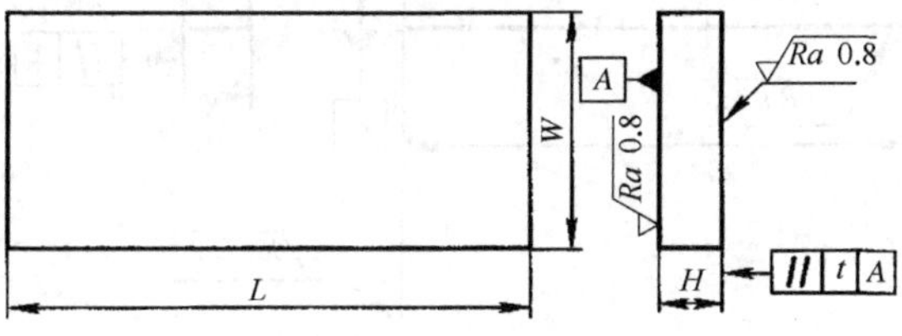

（续表）

材　料	45 钢	硬度 28～32 HRC
W	*L*	*H*
90	150,180,200,230,250	13,15
110	180,200,230,250,300,350	15,20
120	200,230,250,300,350,400	15,20,25
140	230,250,270,300,350,400	15,20,25
150	250,270,300,350,400,450,500	15,20,25
160	270,300,350,400,450,500	15,20,25
180	300,350,400,450,500,550,600	20,25,30
220	350,400,450,500,550,600	20,25,30
260	400,450,500,550,600,700	25,30,40
290	450,500,550,600,700	25,30,40
320	500,550,600,700,800	25,30,40,50
340	550,600,700,800,900	25,30,40,50
390	600,700,800,900,1 000	25,30,40,50
400	650,700,800,900,1 000	25,30,40,50
450	700,800,900,1 000,1 250	25,30,40,50
510	800,900,1 000,1 250	30,40,50,60
560	900,1 000,1 250,1 600	30,40,50,60
620	1 000,1 250,1 600	30,40,50,60
790	1 250,1 600,2 000	30,40,50,60

注：1. 全部棱边倒角 2 mm×45°。
2. 图中标注的形位公差 *t* 值，按附录表 6 中 6 级。
3. 参照 GB/T 4169.7—2006。

3. 模板

A 型模板尺寸见表 2-4-43，B 型模板尺寸见表 2-4-44。

表 2-4-43　A 型模板尺寸　　(mm)

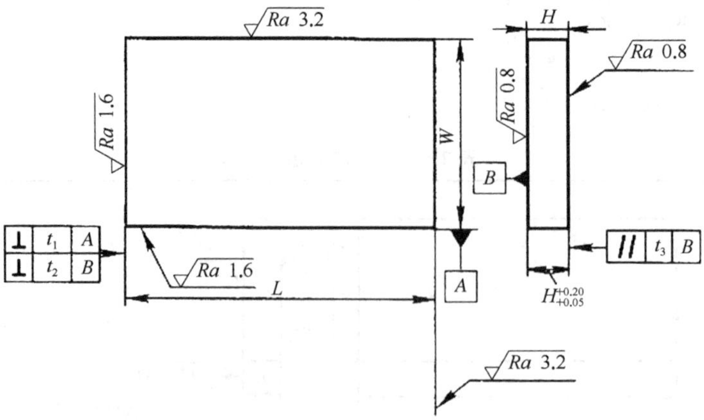

（续表）

材 料	45 钢	硬度 28～32 HRC
W	L	H
150	150,180,200,230,250	20,25,30,35,40,45,50,60,70,80
180	180,200,230,250,300,350	20,25,30,35,40,45,50,60,70,80
200	200,230,250,300,350,400	20,25,30,35,40,45,50,60,70,80,90,100
230	230,250,270,300,350,400	20,25,30,35,40,45,50,60,70,80,90,100
250	250,270,300,350,400,450,500	25,30,35,40,45,50,60,70,80,90,100,110,120
270	270,300,350,400,450,500	25,30,35,40,45,50,60,70,80,90,100,110,120
300	300,350,400,450,500,550,600	30,35,40,45,50,60,70,80,90,100,110,120,130
350	350,400,450,500,550,600	35,40,45,50,60,70,80,90,100,110,120,130
400	400,450,500,550,600,700	35,40,45,50,60,70,80,90,100,110,120,130,140,150
450	450,500,550,600,700	40,45,50,60,70,80,90,100,110,120,130,140,150,160,180
500	500,550,600,700,800	40,45,50,60,70,80,90,100,110,120,130,140,150,160,180
550	550,600,700,800,900	40,45,50,60,70,80,90,100,110,120,130,140,150,160,180,200
600	600,700,800,900,1 000	50,60,70,80,90,100,110,120,130,140,150,160,180,200
650	650,700,800,900,1 000	60,70,80,90,100,110,120,130,140,150,160,180,200,220
700	700,800,900,1 000,1 250	60,70,80,90,100,110,120,130,140,150,160,180,200,220,250
800	800,900,1 000,1 250	70,80,90,100,110,120,130,140,150,160,180,200,220,250,280,300
900	900,1 000,1 250,1 600	70,80,90,100,110,120,130,140,150,160,180,200,220,250,280,300,350
1 000	1 000,1 250,1 600	80,90,100,110,120,130,140,150,160,180,200,220,250,280,300,350,400
1 250	1 250,1 600,2 000	80,90,100,110,120,130,140,150,160,180,200,220,250,280,300,350,400

注：1. 全部棱边倒角 2 mm×45°。
2. 图中未标注尺寸公差等级应符合 GB/T 1800.2—2009 中 js13 级的规定。
3. 用作定模板、动模板、推件板、推料板、支承板时，A 型模板未注形位公差应符合附表 6 的规定，t_1、t_3 为 5 级精度，t_2 为 7 级精度。
4. 参照 GB/T 4169.8—2006。

表 2-4-44　B 型模板尺寸　（mm）

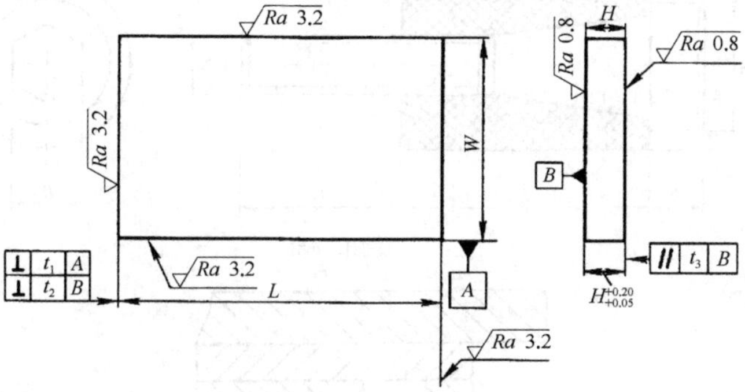

材　　料	45 钢	硬度 28～32 HRC
W	L	H
200	150,180,200,230,250	20,25
230	180,200,230,250,300,350	20,25,30

（续表）

材 料	45 钢	硬度 28～32 HRC
W	L	H
250	200,230,250,300,350,400	20,25,30
280	230,250,270,300,350,400	25,30
300	250,270,300,350,400,450,500	25,30,35
320	270,300,350,400,450,500	25,30,35,40
350	300,350,400,450,500,550,600	25,30,35,40,45
400	350,400,450,500,550,600	30,35,40,45,50
450	400,450,500,550,600,700	30,35,40,45,50
550	450,500,550,600,700	35,40,45,50,60
600	500,550,600,700,800	35,40,45,50,60
650	550,600,700,800,900	35,40,45,50,60,70
700	600,700,800,900,1 000	35,40,45,50,60,70
750	650,700,800,900,1 000	35,40,45,50,60,70,80
800	700,800,900,1 000,1 250	40,45,50,60,70,80,90
900	800,900,1 000,1 250	40,45,50,60,70,80,90,100
1 000	900,1 000,1 250,1 600	50,60,70,80,90,100
1 200	1 000,1 250,1 600	60,70,80,90,100,120
1 500	1 250,1 600,2 000	70,80,90,100,120

注：1. 全部棱边倒角 2 mm×45°。
2. 图中未标注尺寸公差等级应符合 GB/T 1800.2—2009 中 js13 级的规定。
3. 用作定模座板、动模座板时，B 型模板未注形位公差应符合附表 6 的规定，t_1 为 7 级精度，t_2 为 9 级精度，t_3 为 5 级精度。
4. 参照 GB/T 4169.8—2006。

（八）拉模扣

1. 圆形拉模扣

圆形拉模扣尺寸见表 2-4-45。

表 2-4-45 圆形拉模扣尺寸 （mm）

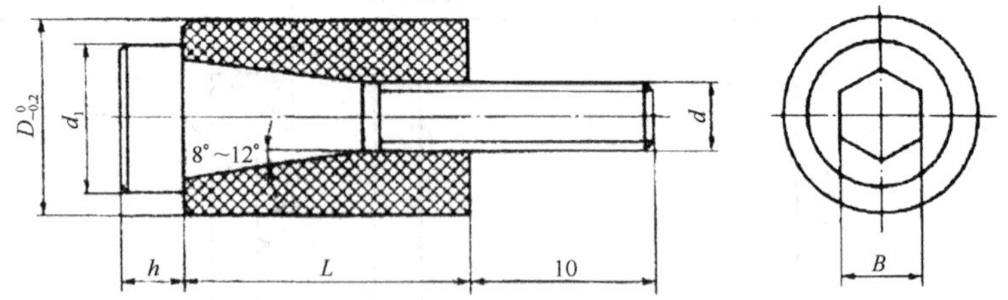

圆形拉模扣

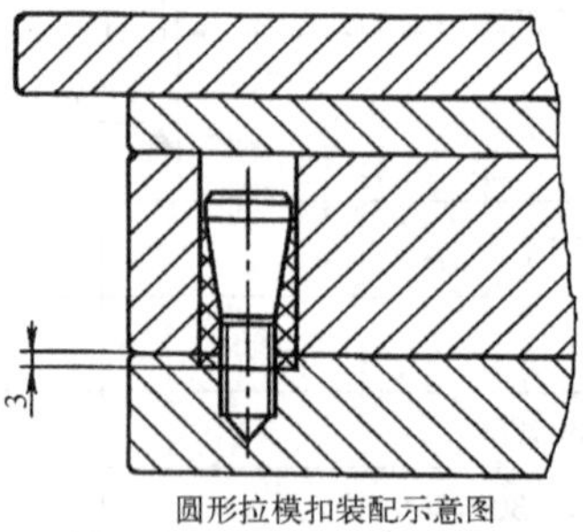

圆形拉模扣装配示意图

（续表）

材　料	尼龙 66 螺钉 45 钢	硬度 28～32 HRC			
D	L	d	d_1	h	B
12	20	M6	10	4	5
16	25	M8	14	5	6
20	30	M10	18	5	8

注：参照 GB/T 4169.22—2006。

2. 矩形拉模扣

矩形拉模扣尺寸见表 2-4-46。

表 2-4-46　矩形拉模扣尺寸　(mm)

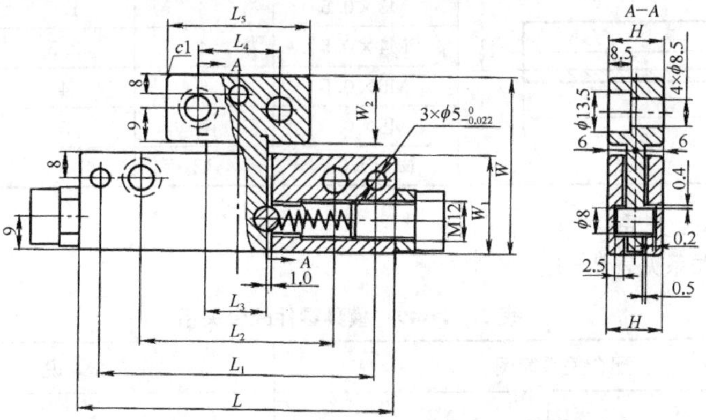

材　料	本体与插体 45 钢 顶销 GCr45			插体硬度 40～45 HRC 顶销硬度 58～62 HRC					
W	W_1	W_2	L	L_1	L_2	L_3	L_4	L_5	H
52	30	20	100	85	60	20	25	45	22
80									
66	36	28	120	100	70	24	35	60	28
110									

注：参照 GB/T 4169.23—2006。

（九）冷却系统零件

1. 水嘴

水嘴推荐尺寸见表 2-4-47。

表 2-4-47　水嘴推荐尺寸　(mm)

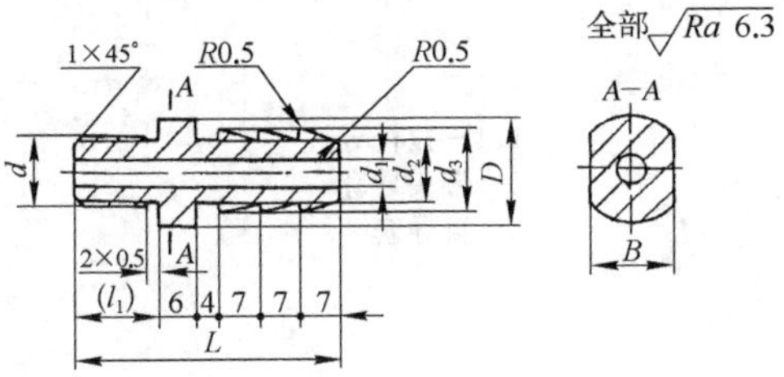

Ⅰ型

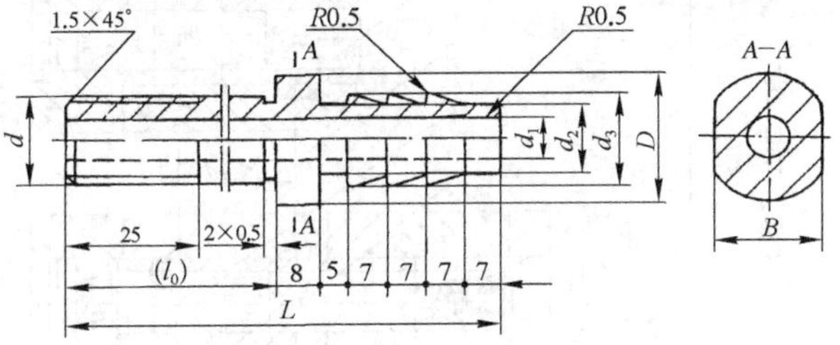

Ⅱ型

（续表）

材　　料		45 钢、黄铜						
高压胶管直径	d	d_1	d_2	d_3	D	B	(l_1)	(l_0)、L
ϕ10	M10×1	ϕ4	ϕ8	ϕ11	ϕ14	12	14	按需要设　计
ϕ13	M12×1.25	ϕ6	ϕ11	ϕ14	ϕ18	15		
ϕ16	M16×1.5	ϕ8	ϕ14	ϕ17	ϕ22	20	20	

2. 喷流冷却管

喷流冷却管推荐尺寸见表 2-4-48。

表 2-4-48　喷流冷却管推荐尺寸　　(mm)

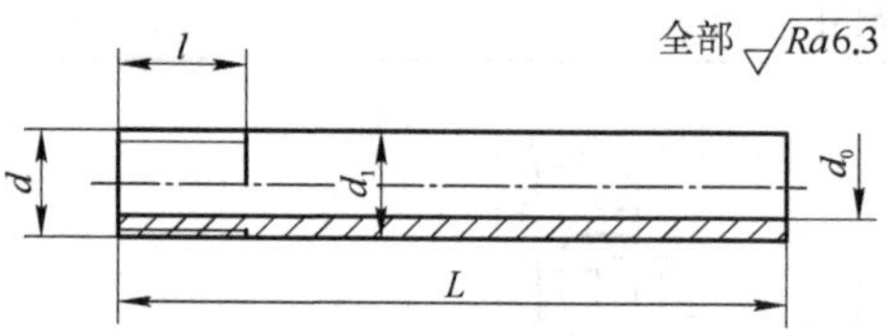

材　　料		H62		
d	d_1	d_0	l	L
M3×0.5	3	1.5	6	按需要设　计
M4×0.5	4	2.5		
M6×0.5	6	4	9	
M8×0.5	8	5	12	
M12×0.5	12	8	15	

（十）模具零件配合关系

常见模具零件配合关系见表 2-4-49。

表 2-4-49　模具零件配合关系

零件名称	配合关系简图	说　　明
导柱和导套	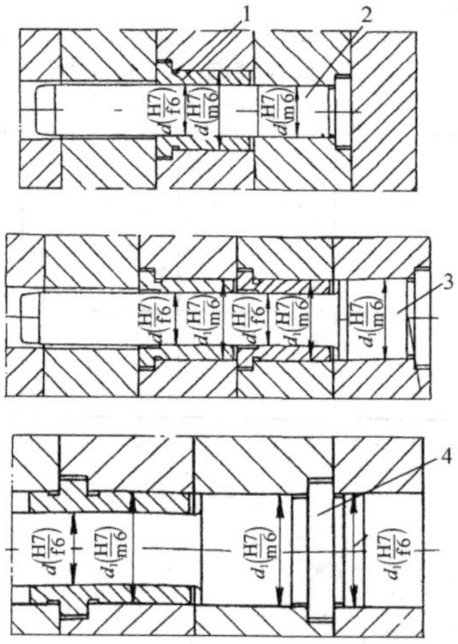	1—带头导套 2—带头导柱 3—带肩导柱 4—带肩定位导柱
拉杆导柱和导套	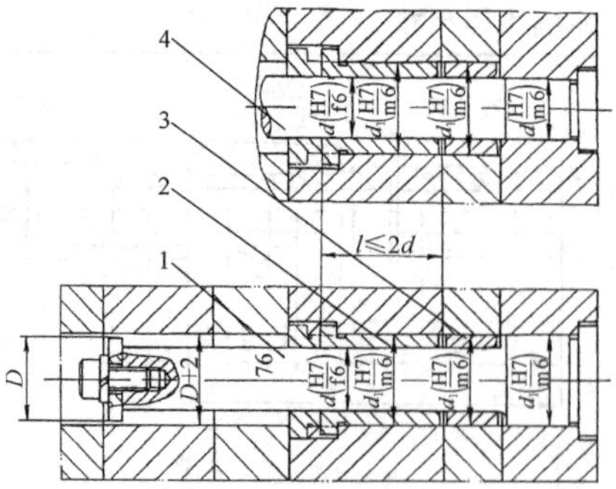	1、4—拉杆导柱 2—带头导套 3—直导套

（续表）

<table>
<tr><th>零件名称</th><th>配合关系简图</th><th>说　　明</th></tr>
<tr><td>浇口套和模板</td><td>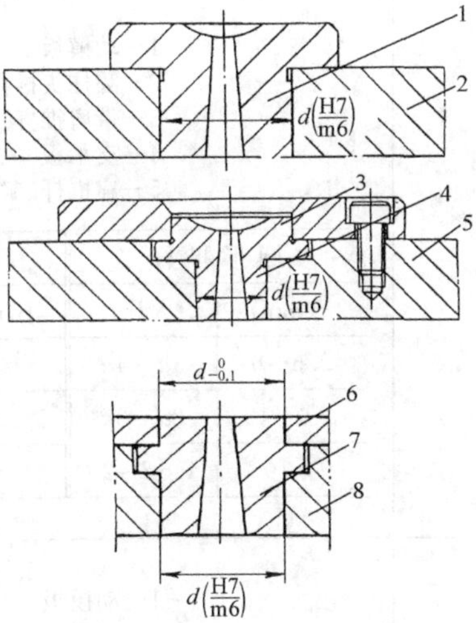
</td><td>1、4—注射模浇口套
2、5、6、8—模板
3—定位圈
7—压注模浇口套</td></tr>
<tr><td>拉料杆</td><td>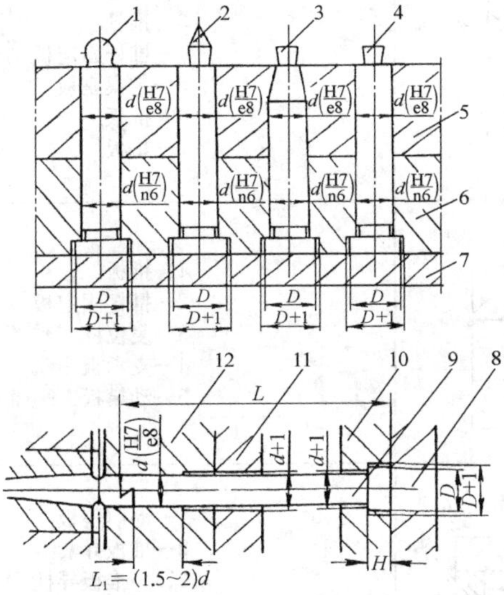
</td><td>1—球头拉料杆
2—圆锥头拉料杆
3、4—圆锥头拉料杆
5—推件板
6—固定板
7—支承板
8—推板
9—钩形拉料杆
10—推杆固定板
11—支承板
12—动模板</td></tr>
<tr><td>斜导柱抽芯机构</td><td>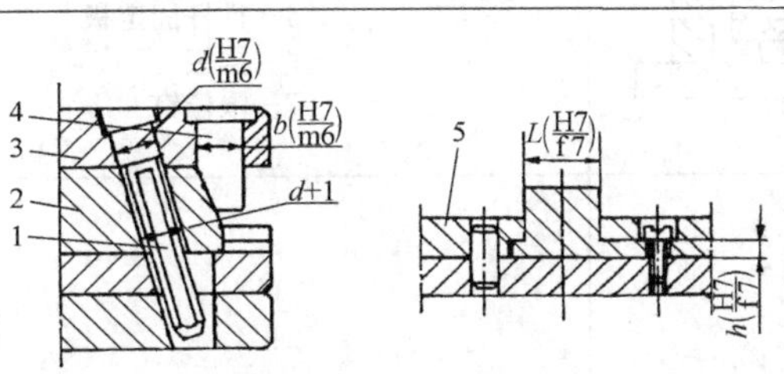
</td><td>1—斜导柱
2—滑块
3—定模板
4—楔紧块
5—滑块导板</td></tr>
<tr><td>斜滑块抽芯机构</td><td>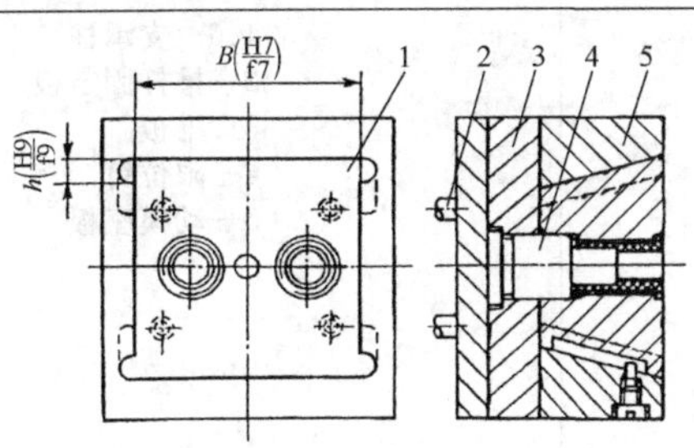
</td><td>1—斜滑块
2—推杆
3—固定板
4—型芯
5—锥形模套</td></tr>
</table>

（续表）

<table>
<tr><th>零件名称</th><th>配合关系简图</th><th>说 明</th></tr>
<tr><td>推杆推出机构</td><td>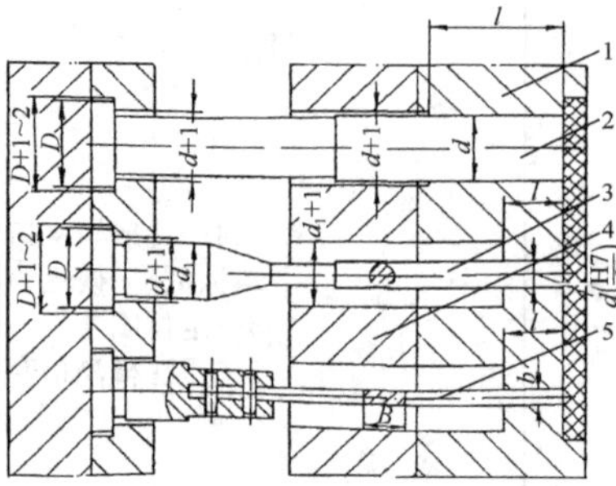
</td><td>1—动模板
2—圆柱头推杆
3—带肩推杆
4—支承板
5—扁推杆
<table>
<tr><th colspan="2">圆 形 推 杆</th><th colspan="2">矩 形 推 杆</th></tr>
<tr><td>d(mm)</td><td>l</td><td>B(mm)</td><td>l</td></tr>
<tr><td>2.5～6</td><td>$3d$～$4d$</td><td>≤10</td><td>>$4B$</td></tr>
<tr><td>>6～10</td><td>$2d$～$3d$</td><td>>10～16</td><td>$3B$～$4B$</td></tr>
<tr><td>>10</td><td>$1.5d$～$2d$</td><td>>16</td><td>$2B$～$3B$</td></tr>
</table></td></tr>
<tr><td>推管推出机构</td><td>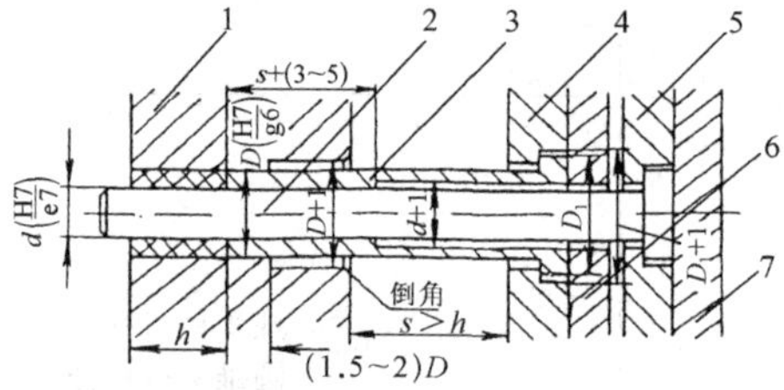
</td><td>1—动模板
2—型芯
3—推管
4—推杆固定板
5—定模座板
6—推板
7—垫板</td></tr>
<tr><td>复位杆</td><td>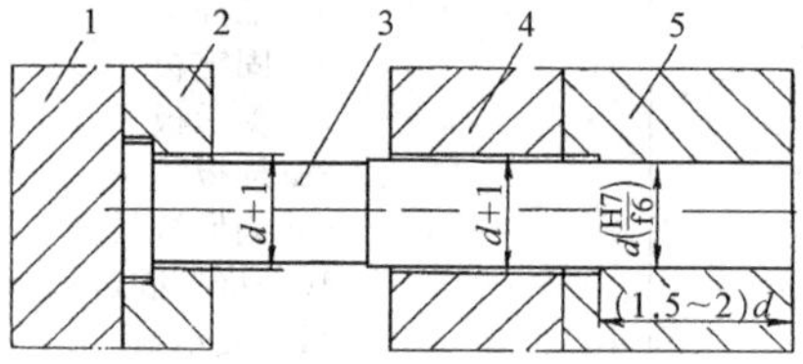
</td><td>1—推板
2—推杆固定板
3—复位杆
4—支承板
5—动模板</td></tr>
<tr><td>推板导柱和导套</td><td>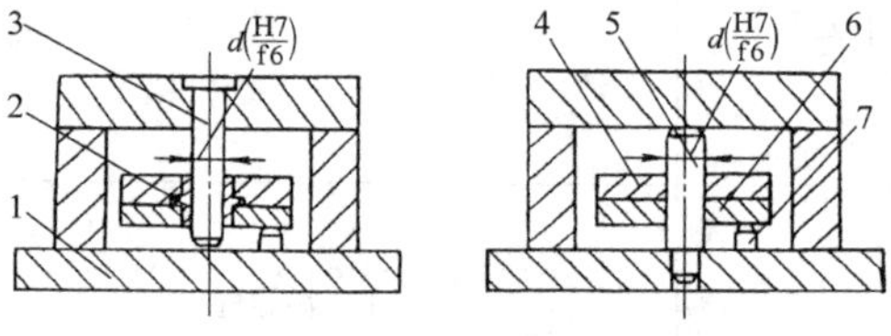
</td><td>1—动模座板
2—推板导套
3、5—推板导柱
4—推杆固定板
6—推板
7—限位钉</td></tr>
<tr><td>支承柱和顶出机构</td><td>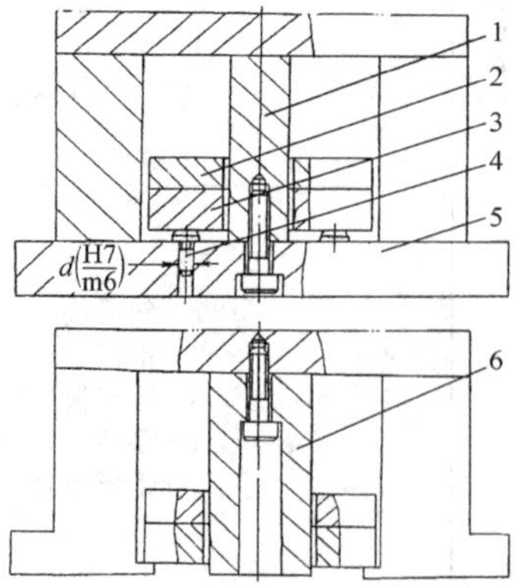
</td><td>1、6—支承柱
2—推杆固定板
3—推板
4—限位钉
5—动模座板</td></tr>
</table>

二、模具材料

(一) 常用塑料模具钢的性能特点

塑料模具钢类型和品种较多。为满足塑料模具的特殊需要，部分优质碳素结构钢、合金结构钢、合金工具钢和不锈钢经特殊冶炼和加工，形成了塑料模具专门钢(在钢号加前缀 SM)。按照材料的性能，又可区分为预硬型、渗碳型、淬硬型、耐腐蚀型等多种类型。

1. 优质碳素塑料模具钢

纳入标准 YB/T 094—1997 和 YB/T 107—2013 的优质碳素塑料模具钢有 SM45、SM48、SM50、SM53 和 SM55。与优质碳素结构钢相比较，差别在于缩小碳含量范围，P、S 含量低，材料的纯净度好，性能较稳定。部分优质碳素塑料模具钢的性能特点见表 2-4-50。

表 2-4-50　部分优质碳素塑料模具钢的性能特点

钢　号	性　能　特　点
SM45	(1) 与普通的优质碳素结构钢 45 相比，其中的磷、硫含量低，钢材的纯净度高 (2) 淬透性差，经调质处理后可获得较高的硬度和较好的强韧性。广泛用于制造小型的要求不高的塑料模具
SM50	(1) 化学成分与优质结构钢 50 相似，但纯净度高，力学性能稳定 (2) 经正火或调质后具有一定硬度、强度和耐磨性。适用于制造形状简单的小型模具或寿命不需很长的塑料模具
SM55	(1) 化学成分与优质结构钢 55 相似，纯净度高，碳含量波动范围小，性能稳定 (2) 热处理后具有高的表面硬度、强度、耐磨性和一定韧性。适用性与 SM50 基本相同

2. 预硬化型塑料模具钢

预硬化型塑料模具钢泛指已进行最终热处理的材料。待模具成形后不需要再进行热处理即可直接使用，从而避免由于热处理而引起的模具变形和裂纹问题。目前，预硬化型塑料模具钢也有按退火状态供货的，使用时应予区分。预硬化型塑料模具钢的性能特点见表 2-4-51。

表 2-4-51　预硬化型塑料模具钢的性能特点

钢　号	性　能　特　点
SM3Cr2Mo (YB/T 094—1997)	(1) 综合力学性能好，淬透性好，可以使较大截面的材料获得较均匀的硬度，并有很好的抛光效果，表面粗糙度小。调质处理硬度 28～35 HRC(预硬化)，加工后可以直接使用，也可经渗氮和渗氮强化 (2) 适用于制造尺寸较大或形状复杂、对尺寸精度与表面质量要求较高的塑料模具 (3) 国外同类钢号有美国 P20、英国 BP20、瑞典 618 和 618H
SM3Cr2NiMo (YB/T 094—1997) 3Cr2MnNiMo (GB/T 1299—2000)	(1) 3Cr2Mo(P20)基础上发展的改进钢号。其品质比 3Cr2Mo 有较大改进，是目前应用最广泛的通用塑料模具钢，通常称作"高级塑料模具钢"，简称 P20＋Ni。国内外同类钢号有瑞典 718 和 718H、中国长城特钢 CS718、上海五钢 SWP20 (2) 适用于制造特大型、大型塑料模具和精密塑料模具
5CrNiMnMoVSCa (5NiSCa) (JB/T 6057—1992)	(1) 国内研制的预硬化易切削塑料模具钢。调质处理后硬度为 35～45 HRC，具有良好的切削加工性能和抛光性能。材料的强韧性好，具有良好的渗氮工艺性，渗氮后基体硬度变化不大 (2) 适用于制造中型的塑料模、橡胶模 (3) 国外未见有同类钢号
8Cr2MnWMoVS (8Cr2S)	(1) 预硬化易切削型钢。860℃淬火(空冷)硬度可达 62 HRC，调质处理硬度为 40 HRC，是冷冲模、塑料模兼用的钢种 (2) 材料抗拉强度高，适用于大型塑料模具，可减小模具体积，也可用于热塑性增强塑料成形模具 (3) 国外未见有同类型钢号
40Cr (GB/T 3077—1999)	(1) 是机械制造业使用最广泛的钢种之一，调质处理后具有良好的综合力学性能，淬透性好，还可进行渗氮和高频淬火处理，切削性能较好 (2) 适用于中型塑料模具

（续表）

钢号	性能特点
42CrMo (GB/T 3077—1999)	(1) 属于超高强度钢，具有高强度和韧性，淬透性较好，无明显的回火脆性 (2) 调质处理后有较高的疲劳极限和抗多次冲击能力，低温冲击韧性良好 (3) 适用于制造要求一定强度和韧性的大中型塑料模具
30CrMnSiNi2A	(1) 属于超高强度钢，淬透性高，韧性较好 (2) 适用于制造要求强度高、韧性好的大中型塑料模具
B20 B20H	(1) 非调质塑料模具钢，以预硬化型供应，是上海宝钢专利产品，其切削加工性、抛光性、焊接性、耐蚀性比 SM45 以及日本 S45C 好 (2) B20H 是在 B20 基础上调整成分，使其抛光性、耐蚀性比 B20 更好。B20 硬度 20～23 HRC，B20H 硬度 24～27 HRC (3) 适用于制造要求不太高的塑料模具 (4) 国外未见有同类钢号
B30 B30H	(1) 非调质塑料模具钢，以预硬化型供应，是上海宝钢专利产品，具有良好的加工性能、焊接性能，并有较好的耐蚀性和渗氮性能(B30 在 575℃软氮化 2h，表面硬度达 650 HV 以上) (2) B30H 是在 B30 基础上改进的产品，其组织和硬度比 B30 更均匀，性能优于瑞典 718(ASSAB)。B30 硬度 28～32 HRC，B30H 硬度 33～37 HRC (3) 适用于塑件表面质量要求高的模具
Y55CrNiMnMoV (SM1)	(1) 该钢锻制性能良好，切削效果明显、性能稳定、综合性能明显优于 45 钢 (2) 精密抛光性能和光蚀性能良好，可以通过渡铬、渗氮等表面处理方法来提高耐磨性和可耐蚀性 (3) 适用于有镜面要求的模具 (4) 国外未见有同类钢号

3. 渗碳型塑料模具钢

渗碳型塑料模具钢能充分满足模具成形零件的要求，渗碳深度一般为 0.6～1.2 mm，其特点是能获得较高的表面硬度和保持中心部分的韧性。渗碳型塑料模具钢的性能特点见表 2-4-52。

表 2-4-52 渗碳型塑料模具钢的性能特点

钢号	性能特点
20Cr (GB/T 3077—1999)	(1) 比相同碳含量的碳素钢的强度和淬透性都明显提高。淬火低温回火后有良好的综合力学性能 (2) 模具成形后需进行渗碳处理，然后再进行淬火和低温回火，保证模具表面具有高硬度、高耐磨性而心部具有很好的韧性。寿命要求不高的模具，也可直接进行调质处理 (3) 适用于制造中小型模具
12CrNi3A (GB/T 3077—1999)	(1) 退火后硬度低、塑性好，可采用切削加工或冷挤压成形方法制造模具 (2) 为提高模具型腔的耐磨性，模具成形后需进行渗碳处理，然后再进行淬火和低温回火，使材料具有良好的综合力学性能，模具表面具有高耐磨性而心部有良好的韧性 (3) 适用于制造大中型塑料模具
SM1CrNi3 (YB/T 094—1997)	(1) 渗碳型塑料模具钢，化学成分近似于 12CrNi3A，但其冶金质量高于 12CrNi3A，淬透性、抛光性更好。在淬火和低温回火或高温回火后都有良好的综合力学性能。退火后硬度低，与 12CrNi3A 一样可以用冷挤压方法制造模具 (2) 900～920℃渗碳，810～860℃油冷淬火，150～200℃回火，心部硬度 26～40 HRC，表面硬度 58 HRC，适用于要求耐磨性高、尺寸较大的塑料模具 (3) 国外同类型号有美国 P6 和德国 X19NiCrMo4
0Cr4NiMoV (LJ)	(1) 超低碳型塑料模具钢，华中理工大学等单位研制 (2) 该钢冷挤压成形后在经渗碳、淬火、回火使模具表面获得高耐磨性，而心部强韧性好 (3) 适用于制造高精度、高镜面、型腔复杂的塑料模具 (4) 国外同类型号有美国(AISI)P2、瑞典 8416 钢等

4. 时效硬化型塑料模具钢

时效硬化型塑料模具钢有高的屈强比、良好的切削加工性和焊接性能，热处理工艺简单等优点，常用时效硬化型塑料模具钢性能特点见表 2-4-53。

表 2-4-53　常用时效硬化型塑料模具钢性能特点

钢　号	性　能　特　点
06Ni6CrMoVTiAl (06Ni)	(1) 热处理变形小，固溶处理后变软，可进行冷加工；固溶温度 850～880℃，冷却方式油冷或空冷 (2) 加工成形后进行时效硬化处理，时效温度 500～540℃，时效时间 4～8 h，时效后硬度为 43～48 HRC，综合力学性能好 (3) 适用于制造高精度模具
10Ni3CuAlMoS (PMS)	(1) 热处理变形小，冷加工和电加工性能好，研磨抛光后可达镜面 (2) 可以通过渗氮进一步提高表面性能 (3) 固溶温度(850±20)℃，空冷，时效温度(510±10)℃，时效时间 4～8 h (4) 适用于制造高镜面、高外观质量的塑料模具
Y20CrNi3AlMnMo (SM2)	(1) 加工性能优于 PMS，具有一定的耐蚀性，研磨抛光后可达镜面；能获得良好的渗氮效果；供应时硬度为 38～42 HRC (2) 国外同类钢号有美国 P21，国内近似钢号为 25CrNi3MoAl (3) 适用于制造高镜面、高外观质量的塑料模具
00Ni18Co8Mo5TiAl (18Ni-250) 00Ni18Co9Mo5TiAl (18Ni-300) 00Ni18Co13Mo4TiAl (18Ni-350)	(1) 高强度、高韧性的条件下，仍具有良好的韧性和高的断裂韧度 (2) 这类钢无冷作硬化，时效热处理变形小，焊接性能良好，表面可以渗氮处理等 (3) 用于制造高精度、超镜面、型腔复杂、大截面、大批量生产的塑料模具，但材料价格昂贵，难以广泛应用

5. 耐腐蚀型塑料模具钢

通常采用镀铬来提高成形零件的耐磨性和耐腐蚀性。当镀铬质量和镀层厚度均不能保证所要求的使用寿命时，应选用耐蚀钢。常用耐腐蚀型塑料模具钢的性能特点见表 2-4-54。

表 2-4-54　常用耐腐蚀型塑料模具钢的性能特点

钢　号	性　能　特　点
SM2Cr13 (YB/T 094—1997)	(1) 马氏体类型不锈钢，机械加工性能较好，经热处理后具有优良的耐蚀性和较好的强韧性 (2) 适用于制造承受高载荷并在腐蚀介质作用下的塑料模具和透明的塑料制品模具
SM4Cr13 (YB/T 094—1997)	(1) 含碳量比 2Cr13 高，是可淬硬的马氏体不锈钢，它与 2Cr13 相比，具有更高的硬度和耐磨性，是应用最多最广的耐蚀型塑料模具钢，并有一定的抗氧化性 (2) 淬火温度 1 050～1 100℃，油冷，回火温度 200～300℃，空冷硬度 50 HRC (3) 适用于制造高负载、高耐磨以及耐腐蚀、透明塑料制品和树脂材料制品的模具
SM3Cr17Mo (YB/T 094—1997)	(1) 比 Cr13 类型的马氏体不锈钢有更好的力学性能和耐腐蚀性，抛光镜面性好，还可以经渗氮提高其使用性能，通常以 33～37 HRC 预硬化状态供应 (2) 国外同类钢号有日本 HPM77、德国 X36CrMo17 等
0Cr16Ni4Cu3Nb (PCR)	(1) 耐蚀塑料模具钢，为时效硬化不锈钢，具有优良的耐腐蚀性能 (2) 该钢经固溶处理后，硬度为 300～350 HBS；经固溶处理加时效处理以后，硬度为 380～420 HBS，在此硬度下可以进行切削加工 (3) 适宜使用温度≤400℃，硬度 37～42 HRC 的含氟、氯等有腐蚀性的塑料和各类添加阻燃剂塑料的模具
14Cr17Ni2 (GB/T 1220—2007)	(1) 是低碳铬镍型耐蚀钢，具有较高的强度和硬度，但该钢焊接性能不好，易产生裂纹，因此制造模具时，不宜进行焊接 (2) 国外同类钢号有日本 SUS431、德国 X22CrNi17、美国 431、英国 431S29 (3) 适宜制造在腐蚀介质作用下的塑料模具、透明塑料制品的塑料模具等

（续表）

钢号	性能特点
95Cr18 （GB/T 1220—2007）	（1）属于高碳高铬马氏体不锈钢，淬火后具有高硬度、高耐磨性和耐腐蚀性能 （2）该钢属于莱氏钢体，容易形成不均匀的碳化物偏析而影响模具使用寿命，所以在热加工时必须严格控制热加工工艺，注意适当的加工比 （3）该钢适宜制造承受高耐磨、高负荷以及在腐蚀介质作用下的塑料模具
102Cr17Mo （GB/T 1220—2007）	（1）高碳铬马氏体不锈轴承钢，淬火后具有高的硬度和耐磨性，较高的高温、低温尺寸稳定性 （2）102Cr17Mo 特性和用途基本与 95Cr18 钢相同，但淬火后具有更高的硬度和抗回火稳定性，钼可增加不锈钢的钝化作用 （3）该钢适宜制造承受高耐磨、高负荷以及在腐蚀介质作用下的塑料模具

（二）国外模具材料性能特点

国外常用模具材料性能特点见表 2-4-55。

表 2-4-55 国外模具材料性能特点

产地及材料牌号		我国 GB 牌号	性能用途
日本	S45C S50C S55C	SM45 SM50 SM55	普通碳素塑料模具钢，日本 JIS 标准牌号。由于模具用钢的特殊要求，对这类钢生产工艺要求精料、精炼和真空除气，钢的碳含量范围缩小，控制较低的硫、磷含量。该钢切削加工性能好，淬火后具有较高的硬度，调质处理后具有良好的强韧性和一定的耐磨性；广泛用于制作中、小型的中、低档次的塑料模具，以及模具重要的结构部件，如模架等
	PXZ		预硬化塑料模具钢，日本大同特殊钢（株）厂家牌号；出厂硬度 27～34 HS；该钢具有良好的切削性和焊补性；适用于大型蚀花塑料模具及汽车保险杠、仪表面饰板、家电外壳等模具
	PDS-5		预硬化塑料模具钢，日本大同特殊钢（株）厂家牌号；研磨后表面如镜，韧性及耐磨性佳，易于切削加工；适用于半透明及需有表面光泽的塑料产品模具钢及大型模具产品形状复杂及精度高的模具用钢
	PX88	3Cr2Mo	预硬化塑料模具钢，日本大同特殊钢（株）厂家牌号；出厂硬度 30～33 HRC，具有优秀的机械性能及可加工性能，硬度及结构均匀，适用于制作电视机壳、雪柜、洗衣机、水桶等塑料模具
	PX4 PX5		镜面塑料模具钢，日本大同特殊钢（株）厂家牌号；可预硬化至硬度 30～33 HRC；这两种钢均为 P20 改良型；适用于大型镜面塑料模具及汽车尾灯、前挡板模具、摄像机、家用电器壳体模具等
	MUP		预硬化塑料模具钢，日本大同特殊钢（株）厂家牌号；硬度均匀，耐磨性好，加工性能良好；适用于各种家电、电视机外壳等塑料模具
	NAK55		镜面塑料模具钢，日本大同特殊钢（株）厂家牌号；这两种钢均可预硬化至硬度 37～43 HRC，NAK55 的切削加工性好，NAK80 具有优良的镜面抛光性；适用于制作高精度的镜面模具
	NAK80		
	S-STAR	30Cr13	耐蚀镜面塑料模具钢，日本大同特殊钢（株）厂家牌号；该钢属于马氏体型不锈钢，具有高耐蚀性、高镜面抛光性，热处理变形小，适用于制作耐蚀镜面塑料模具
	G-STAR	4Cr16Mo	耐蚀塑料模具钢，日本大同特殊钢（株）厂家牌号；该钢可预硬化，硬度 33～37 HRC，具有良好的耐蚀性、切削加工性，可与 S-STAR 钢组合成耐蚀塑料模具
	PAK90		耐蚀镜面塑料模具钢，日本大同特殊钢（株）厂家牌号；具有优良的耐腐蚀性、抛光性、耐磨性，淬硬时具有优良的稳定性；适用于耐磨、耐腐蚀及镜面加工的透明制品、透镜、化妆品盒等塑料模具

（续表）

产地及材料牌号		我国GB牌号	性　能　用　途
韩国	HP-1A	50Mn	普通塑料模具钢，韩国重工业（株）的厂家牌号；该钢具有良好的加工性能，加工变形小；适用于玩具模具等
	HP-4A	4CrMnMo	预硬化塑料模具钢，韩国重工业（株）的厂家牌号；该钢预硬化硬度25～32 HRC，硬度均匀，加工性能良好；适用于汽车保险杠、电视机后盖等模具
	HP-4MA	3Cr2Mo	预硬化塑料模具钢，韩国重工业（株）的厂家牌号；该钢属于P20改良型，预硬化硬度27～34 HRC，硬度均匀，耐磨性好；适用于电视机前壳、电话机、吸尘器壳体、饮水机等塑料模具
	HAM-10		镜面塑料模具钢，韩国重工业（株）的厂家牌号；可预硬化，出厂硬度37～42 HRC；具有优良的镜面抛光性能，适用于制作透明模具（如汽车灯具、冰箱熟菜盒等）
	HEMS-1A	30Cr13	耐蚀塑料模具钢，韩国重工业（株）的厂家牌号；可预硬化，出厂硬度23～33 HRC；具有高级镜面抛光性能，适用于彩色显像管玻壳模具、生产PVC材料底盘等
瑞典	618	3Cr2Mo	预硬化塑料模具钢，瑞典ASSAB厂家牌号，在我国广泛应用。该钢综合性能好、淬透性高，可以使较大截面的钢材获得较均匀的硬度；适宜制造大、中型和精密的塑料模具，低熔点合金压铸模等
	716	2Cr13Mo	耐蚀塑料模具钢，瑞典ASSAB厂家牌号，属于马氏体型不锈钢；该钢机械加工性能较好，经热处理后，具有优良的耐腐蚀性能，适宜制造承受高载荷并在腐蚀介质作用下的塑料模具等
	718	3Cr2NiMnMo	镜面塑料模具钢，瑞典ASSAB厂家牌号，在我国广泛应用，相当于市场上俗称的P20+Ni，可预硬交货；该钢具有高淬透性、良好的抛光性能、电火花加工性能和皮纹加工性能；适用于制作大型镜面塑料模具、汽车配件模具、家用电器模具、电子音像产品模具
	S-136	40Cr13	耐蚀塑料模具钢，瑞典ASSAB厂家牌号，属于中碳高铬型不锈钢，耐蚀性好，淬火回火后有较高的硬度，抛光性好；用于制造耐腐蚀性和耐磨性要求较高的塑料模具，如PVC模具、透明塑料模具
奥地利	M202	4Cr2Mo	预硬化塑料模具钢，奥地利（百禄）公司的厂家牌号；该钢属于P20类型，但碳、锰含量偏高，预硬化硬度30～34 HRC；可进行电火花加工；适用于大中型塑料模具和低熔点合金压铸模等
	M238	4CrNi2Mo	镜面塑料模具钢，奥地利（百禄）公司的厂家牌号；该钢属于P20+Ni类型，但碳、锰含量偏高；可预硬化，出厂硬度30～34 HRC；镜面抛光性好，可进行电火花加工；M238H为高级镜面塑料模具钢，其镜面抛光性和皮纹加工性更好；适用于制作大型镜面塑料模具
	M300	4Cr16Mo	耐蚀镜面塑料模具钢，奥地利（百禄）公司的厂家牌号；该钢属于马氏体型不锈钢，具有优良的耐腐蚀、高的力学强度和耐磨性并有优良的镜面抛光性；适用于制作在腐蚀介质作用下的镜面塑料模具
	M310	40Cr13	耐蚀镜面塑料模具钢，奥地利（百禄）公司的厂家牌号；该钢具有优良的耐腐蚀性、耐磨性和镜面抛光性；适用于制作塑料透明及光学产品的模具
法国	SP300		预硬化塑料模具钢，法国CLI公司的厂家牌号；该钢出厂硬度290～320 HBS，具有良好的加工工艺性、抛光性和皮纹加工性；适用于制作家电和汽车用塑料模具
	CLC2083	40Cr13	耐蚀镜面塑料模具钢，法国USINOR公司的厂家牌号；该钢具有良好的耐腐蚀性能和力学强度，高的淬透性、耐磨性并有优良的镜面抛光性；适用于塑料透明部件（如汽车灯具等）和光学产品模具，以及PVC等含腐蚀性材料的加工模具

（续表）

产地及材料牌号		我国GB牌号	性能用途
法国	CLC2738	3Cr2NiMnMo	预硬化型镜面塑料模具钢，法国USINOR公司的厂家牌号；该钢近似瑞典718钢，淬透性高，硬度均匀，并有良好的抛光性、电火花加工性能和蚀花（皮纹）加工性能，适于渗氮处理；用于制作大中型镜面塑料模具等；CLC2738HH与CLC2738的基本化学成分相同，但洁净度更高，硬度更均匀，因此性能更佳，模具寿命更长
	CLC2316H	4Cr16Mo	耐蚀镜面塑料模具钢，法国USINOR公司的厂家牌号；该钢具有优良的耐腐蚀性能、高的力学强度和耐磨性，加工工艺性好，并有优良的镜面抛光性；适用于耐蚀性塑料模具、PVC管件、型材挤压模以及要求镜面的塑料模具
德国	GSW-2083	40Cr13	耐蚀塑料模具钢，德国德威公司厂家牌号；该钢机械加工性能较好，热处理后具有良好的耐蚀性能、抛光性能、较高的强度和耐磨性；适用于制造PVC材料的模具、透明塑料模具
	GSW-2311	4CrMnMo	预硬化塑料模具钢，德国德威公司厂家牌号；出厂预硬度31～34 HRC；该钢为P20类型模具钢，可进行电火花加工；适用于大中型镜面模具
	GSW-2738	3Cr2NiMnMo	镜面塑料模具钢，德国德威公司厂家牌号；该钢为P20+Ni类型模具钢；可预硬化，出厂硬度31～34 HRC，硬度均匀；该钢具有高淬透性、良好的抛光性能、电火花加工性能和皮纹加工性能；适用于大型镜面塑料模具
	GSW-2316	4Cr16Mo	耐蚀塑料模具钢，德国德威公司厂家牌号；该钢属于马氏体型不锈钢；可预硬化，出厂硬度31～34 HRC；该钢具有优良的耐蚀性和镜面抛光性；适用于镜面模具
美国	420SS	40Cr13	耐蚀塑料模具钢，美国AISI和ASTM标准牌号，属于马氏体型不锈钢；该钢机械加工性能较好，经热处理（淬火及回火）后，具有良好的耐腐蚀性能、抛光性能、较高的强度和耐磨性；适宜制造承受高载荷、高耐磨及在腐蚀介质作用下的塑料模具、透明塑料制品模具等
	P20	3Cr2Mo	预硬化塑料模具钢，美国AISI和ASTM标准牌号；该钢在我国广泛应用；预硬化硬度一般在30～42 HRC范围内；适用于制作形状复杂的大中型精密塑料模具
	440C	11Cr17Mo	耐蚀塑料模具钢，美国AISI和ASTM标准牌号，属于马氏体型不锈钢；适宜制造在腐蚀介质作用下的塑料模具

（三）模具材料的选用

1. 常用模具材料性能比较

塑料模常因磨损、局部塑性变形或断裂而失效，因此对所用材料的耐磨性、强度、韧性及耐热性等都有一定的要求。

耐磨性是对塑料模型腔、型芯的基本要求之一。模具在工作时，由于塑料的填充和流动，特别是成形硬性塑料或玻璃纤维增强的塑料时，对耐磨性要求更高。塑料模的磨损方式有磨粒磨损、黏着磨损、腐蚀磨损和疲劳磨损等。在不同方式的磨损过程中，模具材料耐磨性的影响因素有所不同。提高模具材料硬度就是提高模具对磨料磨损的抗力，使模具型腔、型芯的尺寸和形状改变减慢，提高了模具使用寿命。提高硬度对减少黏着磨损同样有利。耐蚀性高的材料能有效地减少含氯、氟塑料对型腔、型芯表面的腐蚀磨损。

塑料注射成形压力通常在100 MPa以上，合模压力一般为注射压力的1.5～2倍。为使塑料模在使用过程中不变形，材料应具有一定的强度和韧性。

耐热性和导热性对模具寿命和塑件成形影响较大。耐热性包括高温强度和抗氧化性两个方面。模具材料导热性良好时，有利于塑件尽快在模具中冷却成形。此外，模具材料应有较低的热膨胀系数和稳定的组织，有利于提高模具尺寸的稳定性。

模具材料的可加工型包括对切削加工、塑性加工、电加工的适应性。特别是电加工时，在材料表面形成的非正常硬化层和细微裂纹对塑件成形不利。

常用塑料模具钢性能比较见表2-4-56。

表 2-4-56　常用塑料模具钢性能比较

类别	钢　号	使用硬度 HRC	耐磨性	抛光性能	淬火后变形倾向	硬化深度	可加工性	脱碳敏感性	耐蚀性能
渗碳钢	20	30～45	差	较好	中等	浅	中等	较大	差
	20Cr	30～45	差	较好	较小	浅	中等	较大	较差
淬硬钢	45	30～50	差	差	较大	浅	好	较小	差
	40Cr	30～50	差	差	中等	浅	较好	小	较差
	CWMn	58～62	中等	差	中等	浅	中等	较大	较差
	9SiCr	58～62	中等	差	中等	中等	中等	较大	较差
	9Mn2V	58～62	中等	差	小	浅	较好	较大	尚可
预硬型	5CrNiMn-MoVSCa	40～45	中等	好	小	深	好	较小	中等
	3Cr2NiMnMo	32～40	中等	好	小	深	好	中等	中等
	3CrMo	40～58	中等	好	较小	较深	好	较小	较好
	8Cr2MnW-MoVS	40～42	较好	好	小	深	好	较小	中等
耐蚀型	2Cr13	30～40	较好	较好	小	深	中等	小	好
	1Cr18Ni9	30～40	较好	较好	小	深	中等	小	好

2. 模具零件常用材料及热处理

模具零件主要分为成形零件与结构零件两大类，成形零件常用材料及热处理见表 2-4-57，结构零件常用材料及热处理见表 2-4-58。

表 2-4-57　成形零件常用材料及热处理

塑料类别	塑料名称	生产批量(件)			
		$<10^5$	$10^5 \sim 5\times10^5$	$5\times10^5 \sim 1\times10^6$	$>1\times10^6$
热固性塑料	通用型塑料 酚醛 三聚氰胺 聚酯等	SM45、SM50、SM55 钢 硬度 35～40 HRC 渗碳钢渗碳淬火	渗碳合金钢 渗碳淬火 4Cr5MoSiV1+S 硬度 47～49 HRC	Cr5MoSiV1 硬度 57～60 HRC Cr12 硬度 55～58 HRC Cr12MoV 硬度 56～60 HRC	Cr12MoV 硬度 55～58 HRC Cr12Mo1V1 硬度 55～58 HRC 7Cr7Mo2V2Si 硬度 56～60 HRC
	增强型 （上述塑料加入纤维或金属粉等强化）	渗碳合金钢 渗碳淬火	渗碳合金钢 渗碳淬火 4Cr5MoSiV1+S 硬度 47～49 HRC Cr5Mo1V 硬度 56～60 HRC	Cr5Mo1V 硬度 57～60 HRC Cr12 硬度 55～58 HRC Cr12MoV 硬度 56～60 HRC	Cr12MoV 硬度 55～58 HRC Cr12Mo1V1 硬度 55～58 HRC 7Cr7Mo2V2Si 硬度 56～60 HRC
热塑性塑料	通用型塑料 聚乙烯 聚丙烯 ABS 等	SM45、SM50、SM55 钢 硬度 35～40 HRC 渗碳合金钢 渗碳淬火 3Cr2Mo 硬度 50～52 HRC	3Cr2Mo 硬度 50～52 HRC 3Cr2NiMnMo 硬度 55～56 HRC 渗碳合金钢 渗碳淬火	4Cr5MoSiV1+S 硬度 55～58 HRC 5NiCrMnMoVCaS 硬度 54～56 HRC 时效硬化钢 3Cr2Mo 硬度 50～52 HRC	4Cr5MoSiV1+S 硬度 47～49 HRC 时效硬化钢 Cr5Mo1V 硬度 52～56 HRC

（续表）

塑料类别	塑料名称	生产批量(件)			
		$<10^5$	$10^5\sim5\times10^5$	$5\times10^5\sim1\times10^6$	$>1\times10^6$
热塑性塑料	工程塑料（尼龙、聚碳酸酯等）	SM45、SM50、SM55 钢 硬度 50～52 HRC 3Cr2Mo 硬度 50～52 HRC 3Cr2NiMnMo 硬度 55～62 HRC 渗碳合金钢 渗碳淬火	3Cr2Mo 硬度 50～52 HRC 3Cr2NiMnMo 硬度 55～62 HRC 时效硬化钢 渗碳合金钢 渗碳淬火	4Cr5MoSiV1+S 硬度 47～49 HRC 5NiCrMnMoVCaS 硬度 56～60 HRC Cr5Mo1V 硬度 57～60 HRC	Cr5Mo1V 硬度 52～56 HRC Cr12 硬度 54～58 HRC Cr12MoV 硬度 56～60 HRC Cr12Mo1V1 硬度 56～60 HRC 7Cr7Mo2V2Si 硬度 57～63 HRC
	增强型塑料（工程塑料中加入增强纤维或金属粉等）	3Cr2Mo 硬度 50～52 HRC 3Cr2NiMnMo 硬度 55～62 HRC 渗碳合金钢 渗碳淬火	4Cr5MoSiV1+S 硬度 47～49 HRC Cr5Mo1V 硬度 57～60 HRC 渗碳合金钢 渗碳淬火	4Cr5MoSiV1+S 硬度 47～49 HRC Cr5Mo1V 硬度 57～60 HRC Cr12MoV 硬度 55～58 HRC	Cr12 硬度 54～58 HRC Cr12MoV 硬度 56～60 HRC Cr12Mo1V1 硬度 56～60 HRC 7Cr7Mo2V2Si 硬度 57～63 HRC
	阻燃塑料（添加阻燃剂的塑料）	3Cr2Mo+镀层 硬度 28～35 HRC	40Cr13 硬度 52～58 HRC Cr14Mo4V 硬度 55～65 HRC	9Cr18 硬度 58～60 HRC Cr18MoV 硬度 55～59 HRC	Cr18MoV+镀层 硬度 50～55 HRC
	聚氯乙烯	3Cr2Mo+镀层 硬度 28～35 HRC	40Cr13 硬度 50～55 HRC Cr14Mo4V 硬度 55～65 HRC	9Cr18 硬度 55～59 HRC Cr18MoV 硬度 55～59 HRC	Cr18MoV+镀层 硬度 50～55 HRC
	氟化塑料	Cr14Mo4V 硬度 52～58 HRC Cr18MoV 硬度 50～55 HRC	Cr14Mo4V 硬度 52～58 HRC Cr18MoV 硬度 50～55 HRC	Cr18MoV 硬度 55～59 HRC	Cr18MoV+镀层 硬度 50～55 HRC

表 2-4-58 结构零件常用材料及热处理

类别	零件名称	材料牌号	热处理方法	硬度	说明
板类零件	动、定模座板 浇道推板、垫板	45		160～200 HB(进货状态)	
			调质	230～270 HB	
	动模板 定模板	45		160～200 HB(进货状态)	
			调质	230～270 HB	
	推件板	45	调质	230～270 HB	
		T8A、T10A	淬火	54～58 HRC	
	支承板	45	淬火	43～48 HRC	
	推板	45		160～200 HB(进货状态)	
	推杆固定板				
	垫块	45			

（续表）

类别	零件名称	材料牌号	热处理方法	硬　度	说　明
浇注零件	浇口套	45	淬火	38～45 HRC	
		SKD61	淬火	48～52 HRC	
		T8A、T10A	淬火	46～50 HRC	
导向零件	导柱 导套	GCr15 T8A、T10A	淬火	56～60 HRC	
		20Cr	淬火	56～60 HRC	渗碳 0.5～0.8mm
	推板导柱、导套	GCr15 T8A、T10A	淬火	52～56 HRC	
		20Cr	淬火	56～60 HRC	渗碳 0.5～0.8mm
抽芯零件	斜导柱	T8A、T10A、Cr12	淬火	54～58 HRC	
	滑块 斜滑块	P20、P20＋Ni		30～40 HRC(预硬)	渗氮 700～800 HV
		40Cr	正/退火	175～230 HB	渗氮 700～800 HV
		45		170～220 HB(进货状态)	渗氮 600～800 HV
		T8A、T10A	淬火	54～58 HRC	
	楔紧块	T8A、T10A	淬火	54～58 HRC	
		45	淬火	43～48 HRC	
	耐磨块	40Cr	正/退火	175～230 HB	渗氮 700～800 HV
		T8A、T10A	淬火	54～58 HRC	
推出零件	推杆 推管	SKD61	淬火	50～60 HRC	
		65Mn	淬火	50～55 HRC	
		4Cr5MoSiV1 3Cr2W8V	淬火	50～55 HRC	
			淬火	900～1100 HV	渗氮 0.08～0.15mm
	复位杆	T10A、GCr15	淬火	56～60 HRC	
	拉料杆	T8A、T10A	淬火	50～55 HRC	
	推块	P20、P20＋Ni	预硬	30～40 HRC	渗氮 700～800 HV
		40Cr	正/退火	175～230 HB	渗氮 700～800 HV
		45		170～220 HB(进货状态)	渗氮 600～800 HV
定位零件	定位圈	45		28～32 HRC(进货状态)	
	限位块	45		160～200 HB(进货状态)	
	限位钉	45	淬火	40～45 HRC	
	圆形定位件	T10A、GCr15	淬火	58～62 HRC	
	定距螺钉	45	淬火	33～38 HRC	
其他零件	支承柱	45		28～32 HRC(进货状态)	
	弹簧	65Mn、50CrVA	淬火	45～50 HRC	中温回火
	滑块导轨、滑块压块	CrWMn、9CrWMn	淬火	53～56 HRC	较长件，注意工作面上加油槽
		40Cr、3Cr2Mo	淬火	37～42 HRC	较短件，注意工作面上加油槽
	滑块拉钩	30CrMoA、40CrNiMoA	淬火	45～50 HRC	注意应在工作面上加油槽

第五章　标准模架及其选用

塑料注射模模架以其在模具中的应用方式，分为直浇口、点浇口、简化点浇口三种形式。直浇口、点浇口组成分别见图 2 - 5 - 1 和图 2 - 5 - 2。

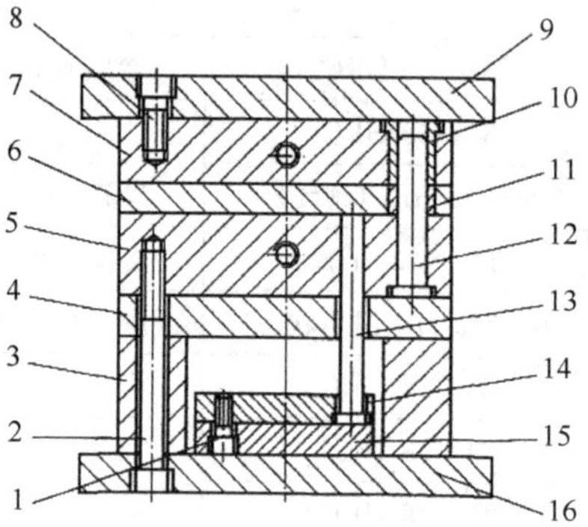

图 2 - 5 - 1　直浇口模架组成

1、2、8—内六角螺钉；3—垫块；4—支承板；5—动模板；6—推件板；7—定模板；9—定模座板；10—带头导套；11—直导套；12—带头导柱；13—复位杆；14—推杆固定板；15—推板；16—动模座板

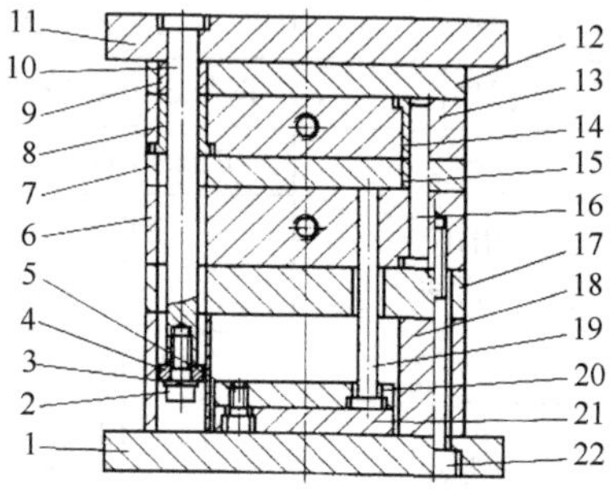

图 2 - 5 - 2　点浇口模架组成

1—动模座板；2、5、22—内六角螺钉；3—弹簧垫圈；4—挡环；6—动模板；7—推件板；8、14—带头导套；9、15—直导套；10—拉杆导柱；11—定模座板；12—推料板；13—定模板；16—带头导柱；17—支承板；18—垫块；19—复位杆；20—推杆固定板；21—推板

一、直浇口模架

直浇口模架有 12 种，其中直浇口基本型有 4 种，直身基本型有 4 种，直身无定模座板型有 4 种。

(一) 直浇口基本型

直浇口基本型模架组合形式见表 2 - 5 - 1。

表 2 - 5 - 1　直浇口基本型模架组合形式

组合形式	组　合　形　式　图	说　　　明
A 型	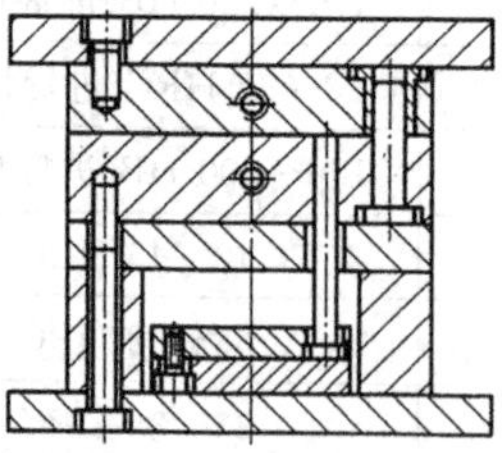	(1) 定模两块模板，动模两块模板 (2) 推杆推出
B 型	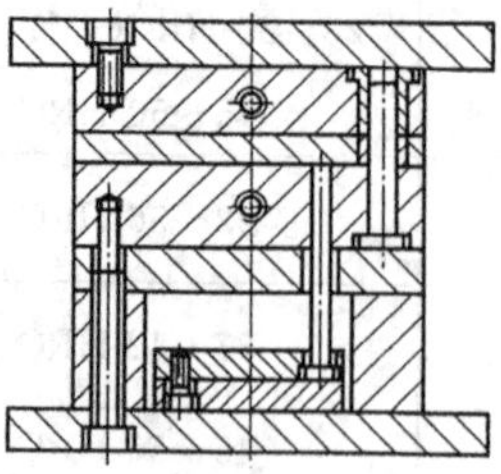	(1) 定模两块模板，动模两块模板 (2) 推件板推出

（续表）

组合形式	组　合　形　式　图	说　　　明
C型	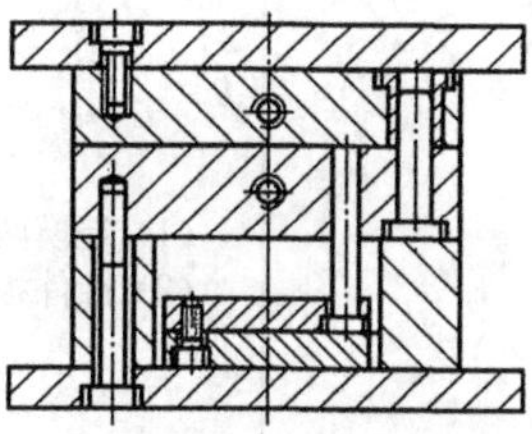	(1) 定模两块模板，动模一块模板 (2) 推杆推出
D型	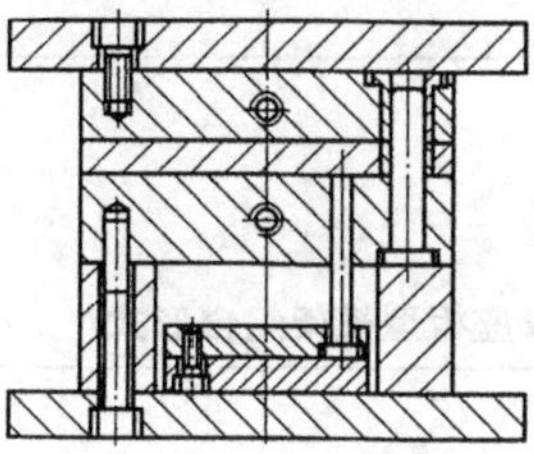	(1) 定模两块模板，动模一块模板 (2) 推件板推出

(二) 直身基本型

直身基本型模架组合形式见表 2-5-2。

表 2-5-2　直身基本型模架组合形式

组合形式	组　合　形　式　图	说　　　明
ZA型	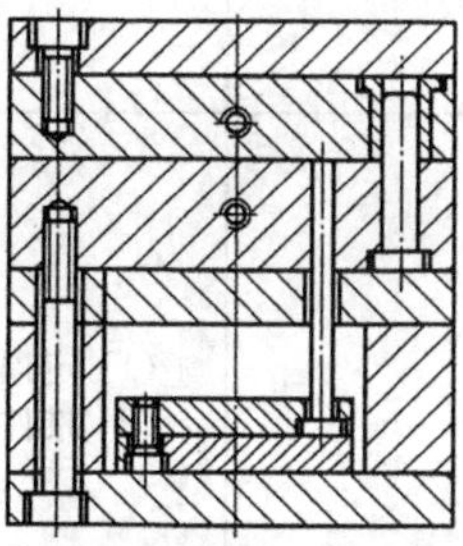	(1) 定模两块模板，动模两块模板 (2) 推杆推出
ZB型	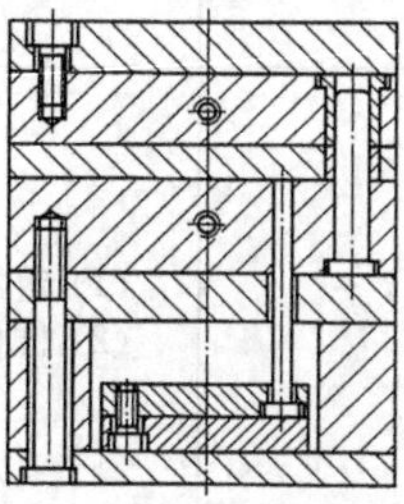	(1) 定模两块模板，动模两块模板 (2) 推件板推出
ZC型	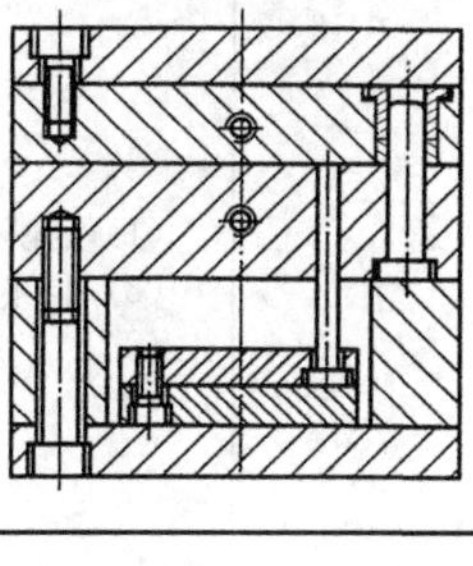	(1) 定模两块模板，动模一块模板 (2) 推杆推出

（续表）

组合形式	组　合　形　式　图	说　　　明
ZD 型	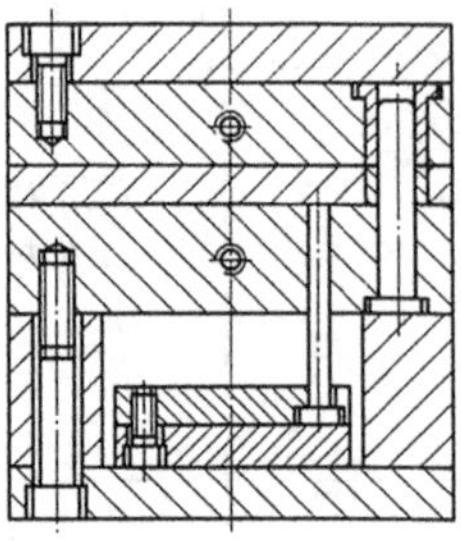	(1) 定模两块模板，动模一块模板 (2) 推件板推出

（三）直身无定模座板型

直身无定模座板型模架组合形式见表 2-5-3。

表 2-5-3　直身无定模座板型模架组合形式

组合形式	组　合　形　式　图	说　　　明
ZAZ 型	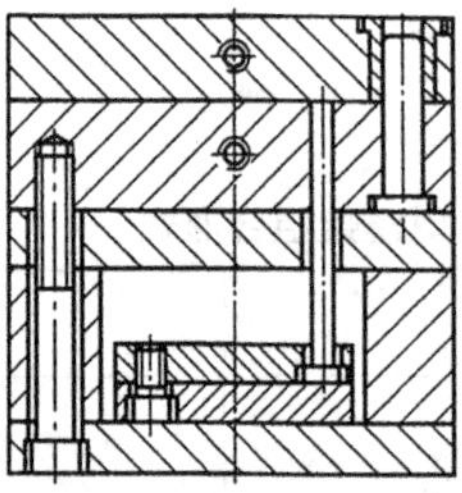	(1) 定模一块模板，动模两块模板 (2) 推杆推出
ZBZ 型	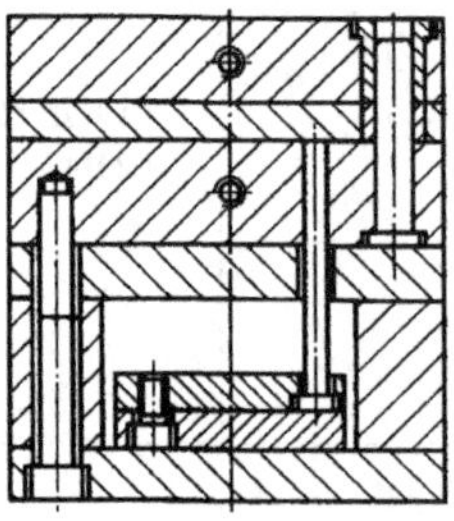	(1) 定模一块模板，动模两块模板 (2) 推件板推出
ZCZ 型	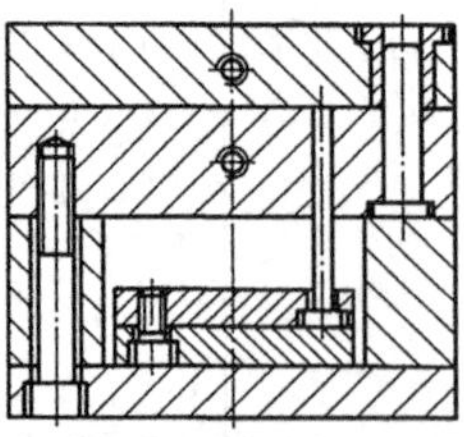	(1) 定模一块模板，动模一块模板 (2) 推杆推出
ZDZ 型	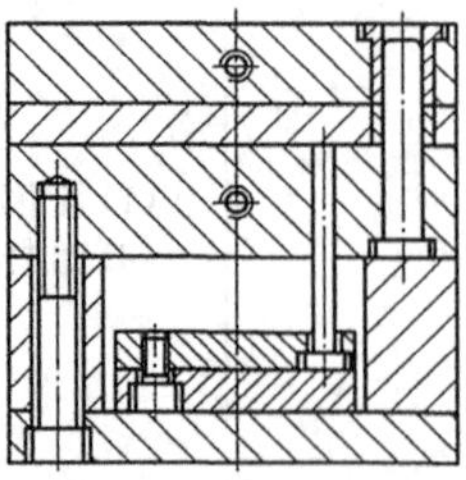	(1) 定模一块模板，动模一块模板 (2) 推件板推出

二、点浇口模架

点浇口模架有16种，其中点浇口基本型有4种，直身点浇口基本型有4种，点浇口无推料板型有4种，直身点浇口无推料板型有4种。

（一）点浇口基本型

点浇口基本型模架组合形式见表2-5-4。

表2-5-4　点浇口基本型模架组合形式

组合形式	组合形式图	说明
DA型	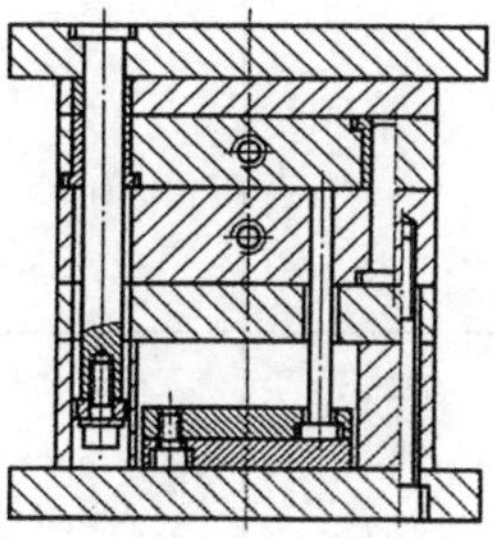	(1) 定模三块模板，动模两块模板 (2) 推杆推出
DB型	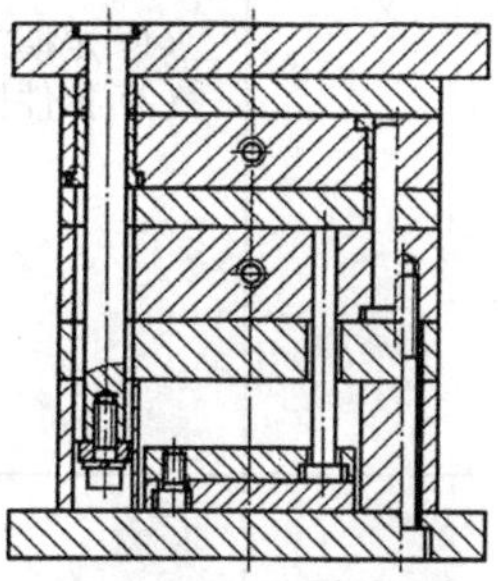	(1) 定模三块模板，动模两块模板 (2) 推件板推出
DC型	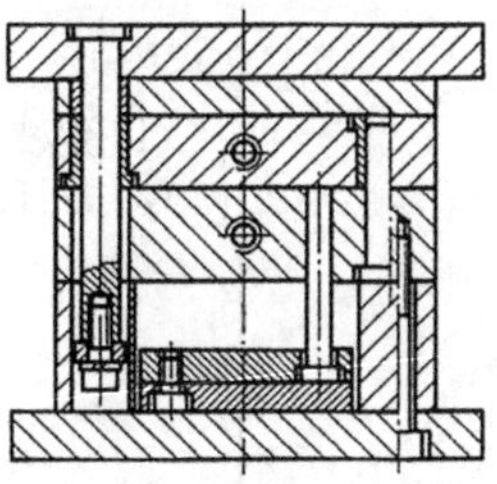	(1) 定模三块模板，动模一块模板 (2) 推杆推出
DD型	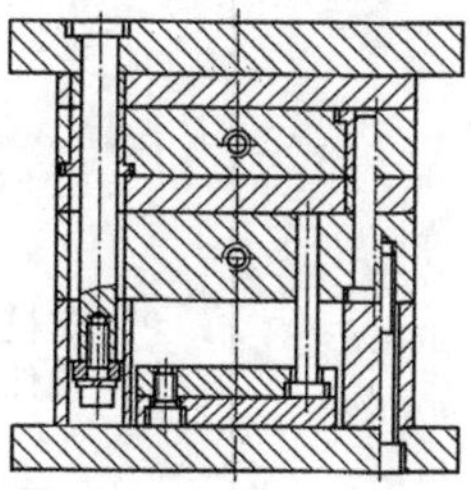	(1) 定模三块模板，动模一块模板 (2) 推件板推出

（二）直身点浇口基本型

直身点浇口基本型模架组合形式见表2-5-5。

表 2-5-5 直身点浇口基本型模架组合形式

组合形式	组 合 形 式 图	说 明
ZDA 型	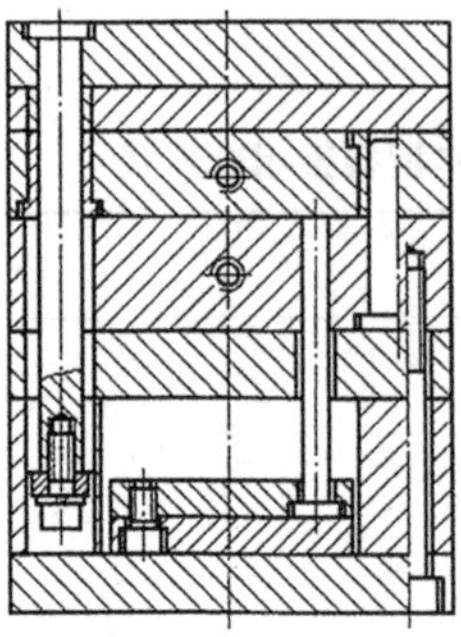	(1) 定模三块模板,动模两块模板 (2) 推杆推出
ZDB 型	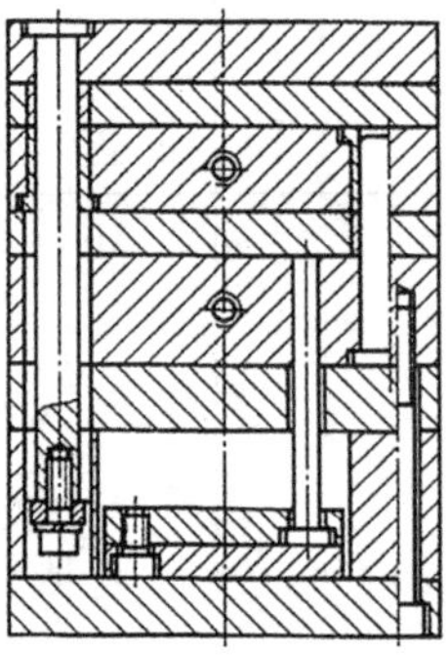	(1) 定模三块模板,动模两块模板 (2) 推件板推出
ZDC 型	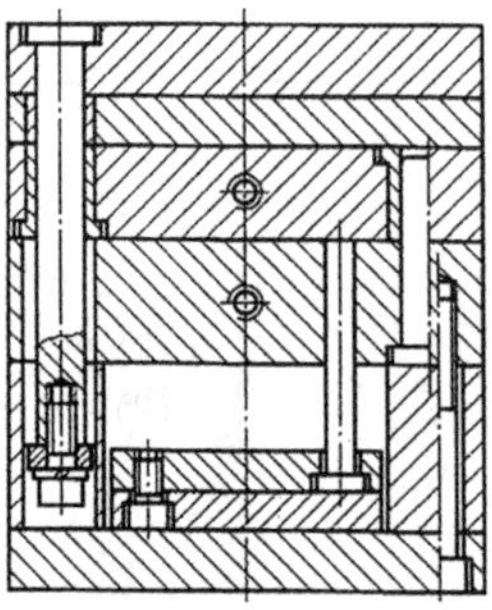	(1) 定模三块模板,动模一块模板 (2) 推杆推出
ZDD 型	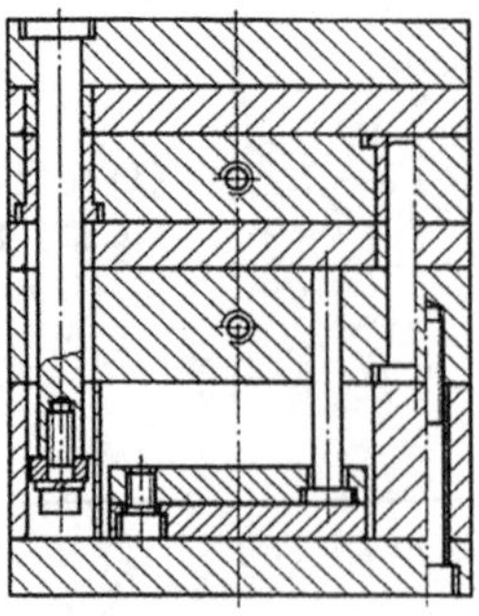	(1) 定模三块模板,动模一块模板 (2) 推件板推出

（三）点浇口无推料板型

点浇口无推料板型模架组合形式见表 2－5－6。

表 2－5－6　点浇口无推料板型模架组合形式

组合形式	组　合　形　式　图	说　　明
DAT 型	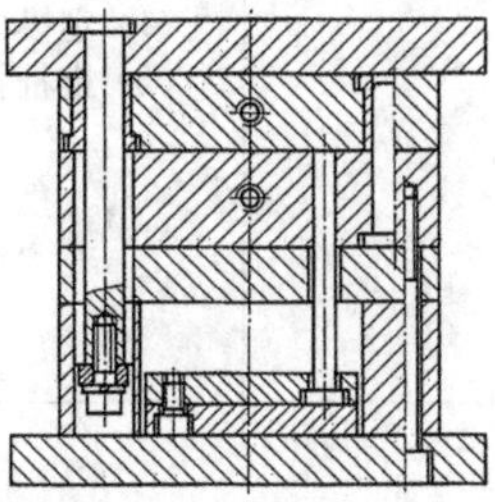	(1) 定模两块模板，动模两块模板 (2) 推杆推出
DBT 型	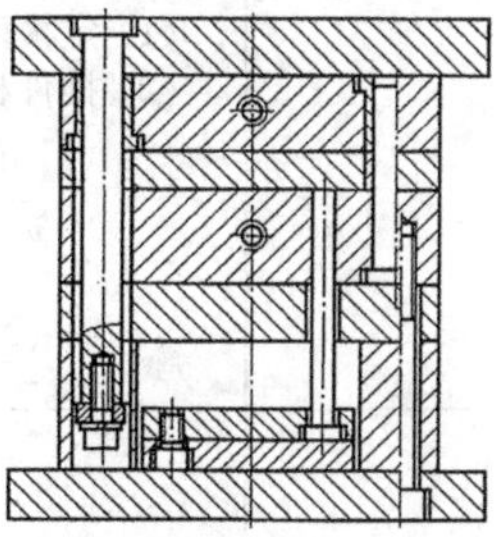	(1) 定模两块模板，动模两块模板 (2) 推件板推出
DCT 型	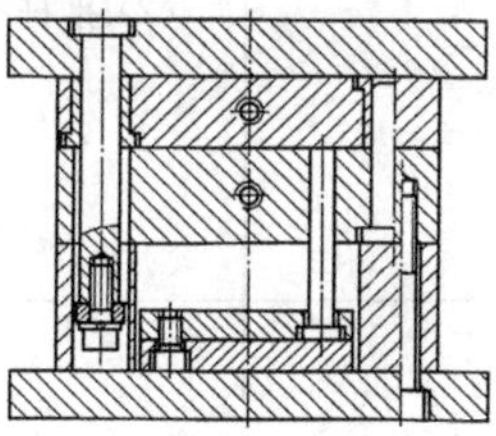	(1) 定模两块模板，动模一块模板 (2) 推杆推出
DDT 型	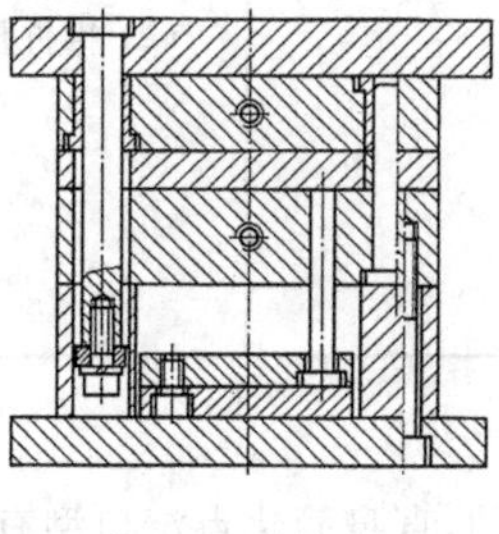	(1) 定模两块模板，动模一块模板 (2) 推件板推出

（四）直身点浇口无推料板型

直身点浇口无推料板型模架组合形式见表 2－5－7。

表 2-5-7 直身点浇口无推料板型模架组合形式

组合形式	组合形式图	说明
ZDAT 型	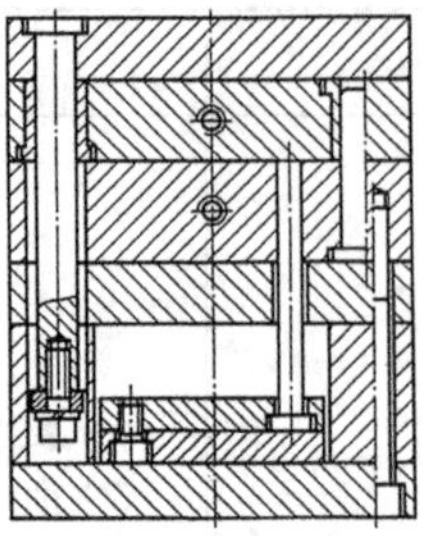	(1) 定模两块模板,动模两块模板 (2) 推杆推出
ZDBT 型	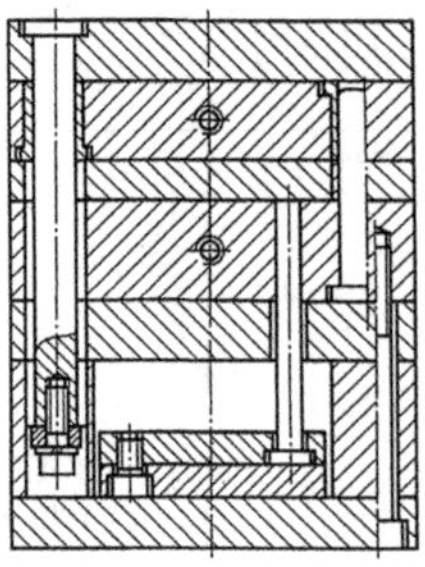	(1) 定模两块模板,动模两块模板 (2) 推件板推出
ZDCT 型	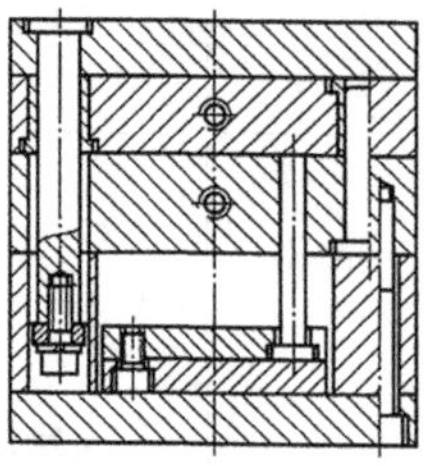	(1) 定模两块模板,动模一块模板 (2) 推杆推出
ZDDT 型	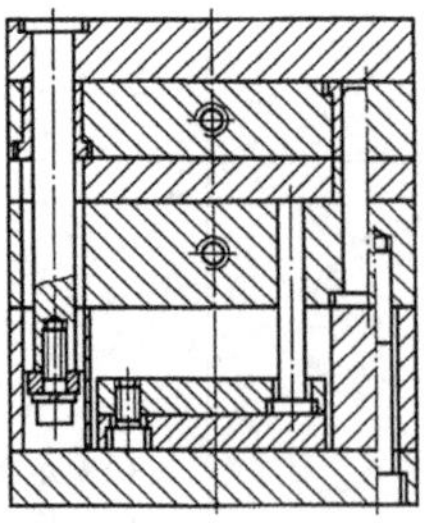	(1) 定模两块模板,动模一块模板 (2) 推件板推出

三、简化点浇口模架

简化点浇口模架有 8 种,其中简化点浇口基本型有 2 种,直身简化点浇口型有 2 种,简化点浇口无推料板型有 2 种,直身简化点浇口无推料板型有 2 种。

(一) 简化点浇口基本型

简化点浇口基本型模架组合形式见表 2-5-8。

表 2-5-8　简化点浇口基本型模架组合形式

组合形式	组合形式图	说明
JA 型	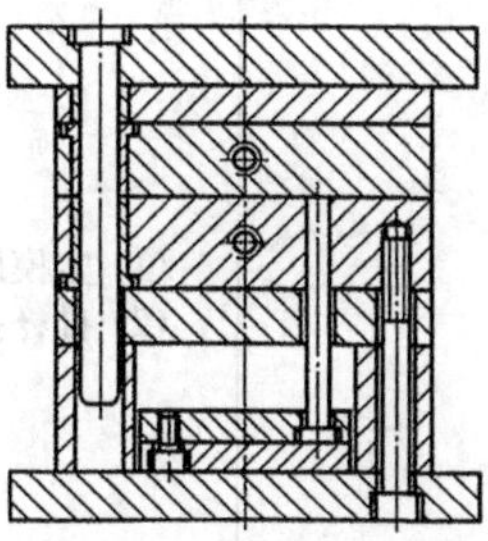	(1) 定模三块模板，动模两块模板 (2) 推杆推出
JC 型	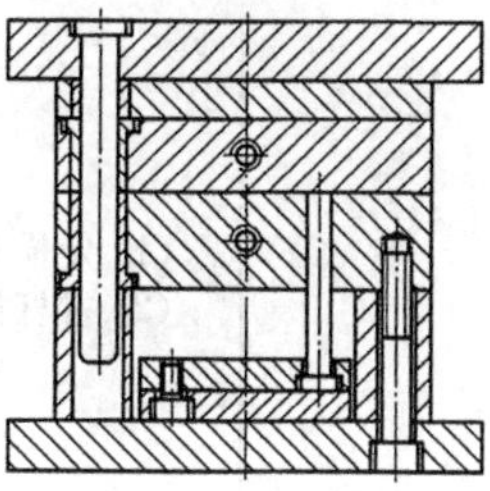	(1) 定模三块模板，动模一块模板 (2) 推杆推出

(二) 直身简化点浇口型

直身简化点浇口型模架组合形式见表 2-5-9。

表 2-5-9　直身简化点浇口型模架组合形式

组合形式	组合形式图	说明
ZJA 型	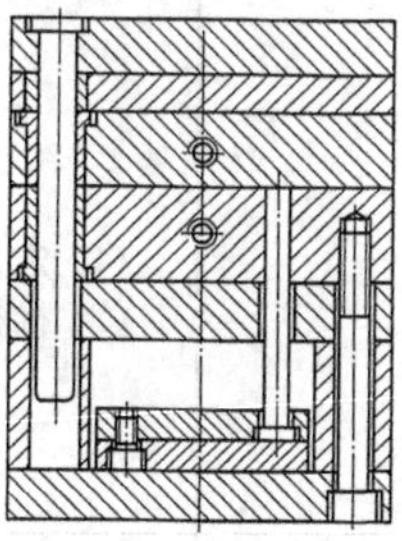	(1) 定模三块模板，动模两块模板 (2) 推杆推出
ZJC 型	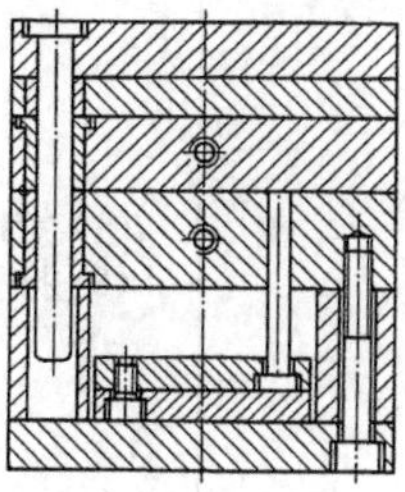	(1) 定模三块模板，动模一块模板 (2) 推杆推出

(三) 简化点浇口无推料板型

简化点浇口无推料板型模架组合形式见表 2-5-10。

表 2-5-10 简化点浇口无推料板型模架组合形式

组合形式	组合形式图	说明
JAT 型	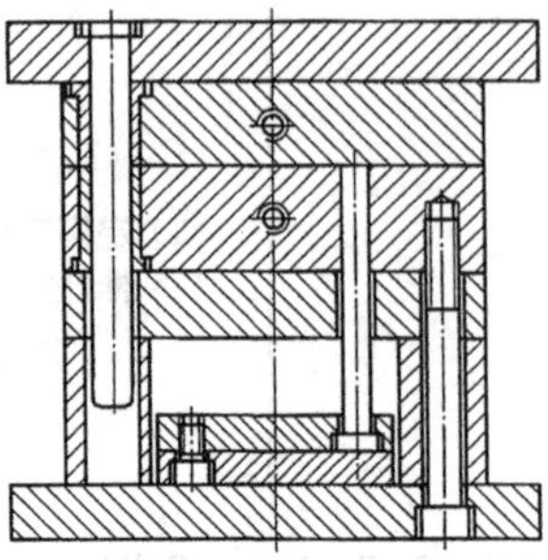	(1) 定模两块模板,动模两块模板 (2) 推杆推出
JCT 型	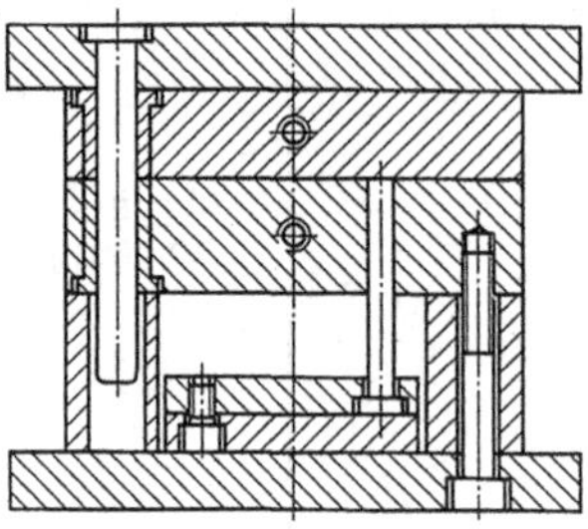	(1) 定模两块模板,动模一块模板 (2) 推杆推出

(四) 直身简化点浇口无推料板型

直身简化点浇口无推料板型模架组合形式见表 2-5-11。

表 2-5-11 直身简化点浇口无推料板型模架组合形式

组合形式	组合形式图	说明
ZJAT 型	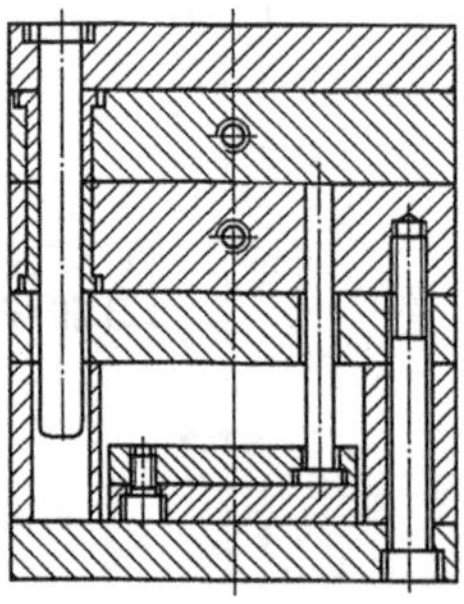	(1) 定模两块模板,动模两块模板 (2) 推杆推出
ZJCT 型	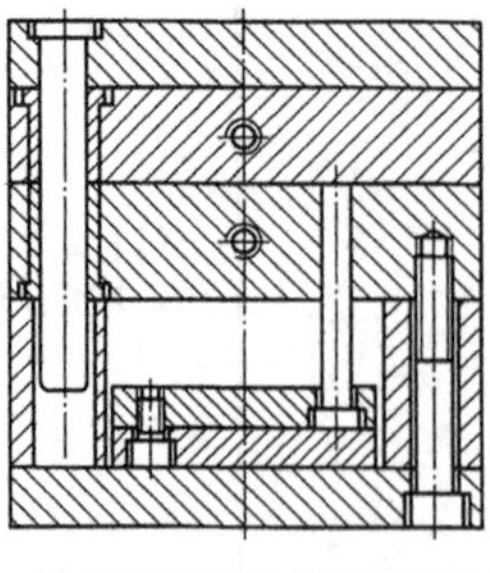	(1) 定模两块模板,动模一块模板 (2) 推杆推出

四、标准模架导向零件和螺钉安装形式

根据模具使用要求,模架中的导柱、导套可以分为正装与反装两种形式,见图 2-5-3;根据模具使用要求,模

架中的拉杆导柱可以分为装在内侧与装在外侧两种形式，见图 2-5-4；根据模具使用要求，垫块与动模座板有两种安装形式，见图 2-5-5；根据模具使用要求，模架中的推板可以加装推板导柱及限位钉，见图 2-5-6；根据模具使用要求，模架中的定模板厚度较大时，导套可以配装成图 2-5-7 的结构。

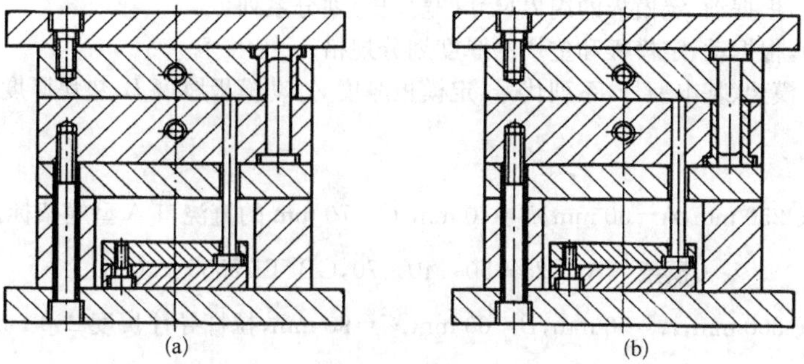

图 2-5-3　导柱、导套正装、反装形式

(a) 导柱、导套正装；(b) 导柱、导套反装

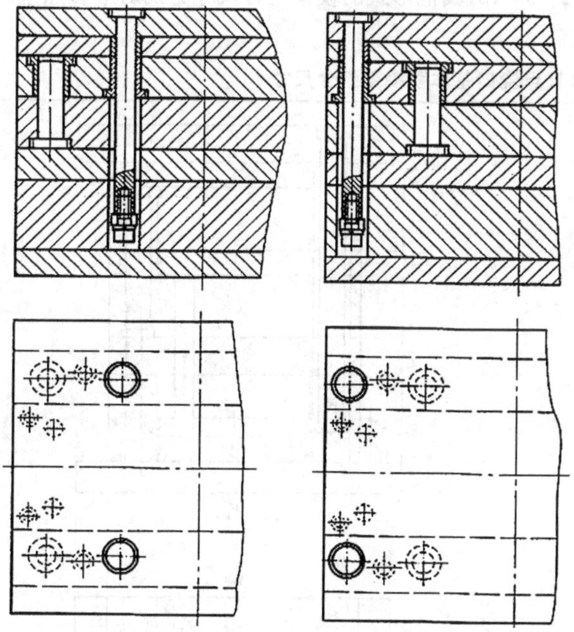

图 2-5-4　拉杆导柱安装形式

(a) 拉杆导柱在内；(b) 拉杆导柱在外

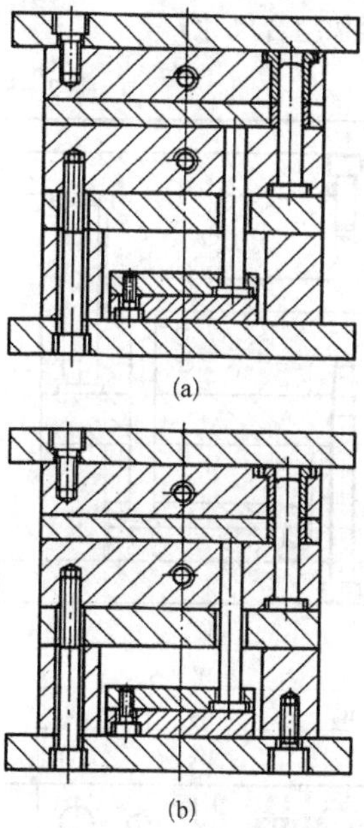

图 2-5-5　垫块与动模座板的安装形式

(a) 垫块与动模座板无固定螺钉；
(b) 垫块与动模座板有固定螺钉

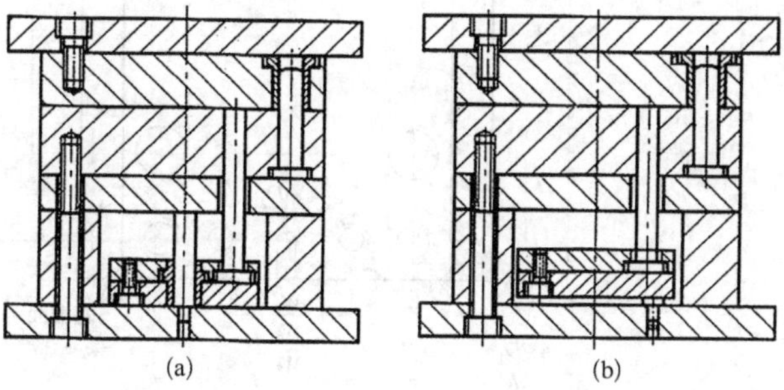

图 2-5-6　加装推板导柱及限位钉的形式

(a) 加装推板导柱；(b) 加装限位钉

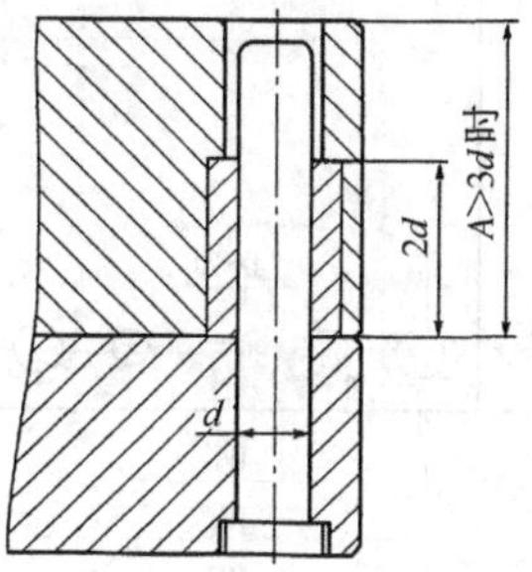

图 2-5-7　较厚定模板导套结构

五、标准模架组合尺寸

模架组合尺寸说明：

型号：每一组合形式代表一个型号。

系列：同一型号中，根据动、定模板的周界尺寸（宽×长）划分系列。

规格：同一系列中，根据动、定模板和垫块的厚度划分规格。

模架标记须包含：模架、基本型号、系列代号、定模板厚度 A、动模板厚度 B、垫块厚度 C、拉杆导柱长度、本标准代号。

示例：

模板宽 200 mm，长 250 mm，A=50 mm，B=40 mm，C=70 mm 的直浇口 A 型模架标记为

模架　A 2025－50×40×70，GB/T 12555—2006

模板宽 300 mm，长 300 mm，A=50 mm，B=60 mm，C=90 mm，拉杆导柱长度 200 mm 的点浇口 B 型模架标记为

模架　DB 3030－50×60×90－200，GB/T 12555—2006

直浇口、点浇口基本型模架组合尺寸具体见表 2－5－12，其他形式的模架组合尺寸分别对应参照直浇口、点浇口基本型模架组合尺寸。

表 2－5－12　直浇口、点浇口基本型模架组合尺寸　(mm)

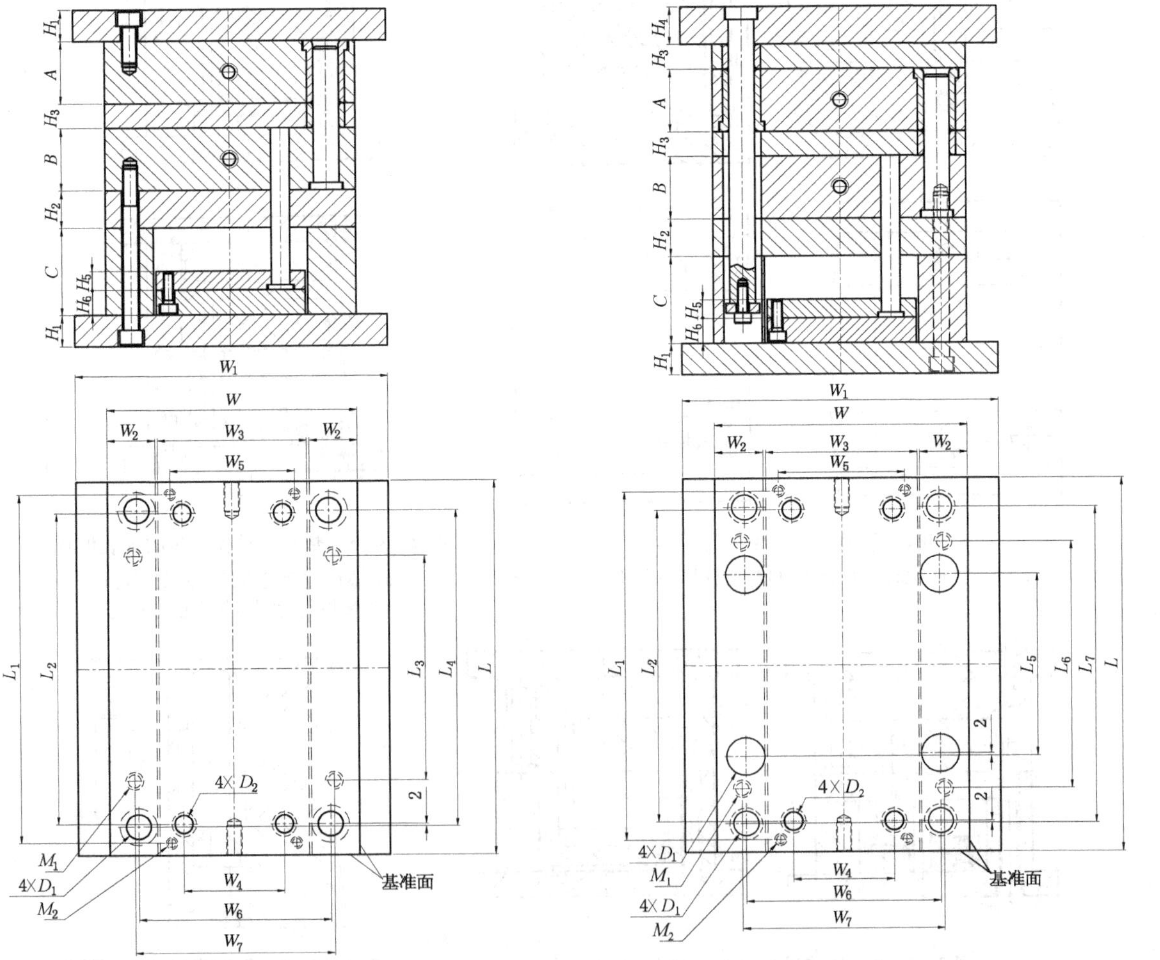

(a) 直浇口基本型模架组合尺寸　(b) 点浇口基本型模架组合尺寸

（续表）

代　号	系									列
	1515	1518	1520	1523	1525	1818	1820	1823	1825	1830	1835
W	150					180					
L	150	180	200	230	250	180	200	230	250	300	350
W_1	200					230					
W_2	28					33					
W_3	90					110					
A、B	20,25,30,35,40,45,50,60,70,80					25,30,35,40,45,50,60,70,80					
C	50,60,70					60,70,80					
H_1	20					20					
H_2	30					30					
H_3	20					20					
H_4	25					30					
H_5	13					15					
H_6	15					20					
W_4	48					68					
W_5	72					90					
W_6	114					134					
W_7	120					145					
L_1	132	162	182	212	232	160	180	210	230	280	330
L_2	114	144	164	194	214	138	158	188	208	258	308
L_3	56	86	106	136	156	64	84	114	124	174	224
L_4	114	144	164	194	214	134	154	184	204	254	304
L_5		52	72	102	122		46	76	96	146	196
L_6		96	116	146	166		98	128	148	198	248
L_7		144	164	194	214		154	184	204	254	304
D_1	16					20					
D_2	12					12					
M_1	4×M10					4×M12					6×M12
M_2	4×M6					4×M8					

（续表）

代 号	系列											
	2020	2023	2025	2030	2035	2040	2323	2325	2327	2330	2335	2340
W	200						230					
L	200	230	250	300	350	400	230	250	270	300	350	400
W_1	250						280					
W_2	38						43					
W_3	120						140					
A、B	25,30,35,40,45,50,60,70,80,90,100						25,30,35,40,45,50,60,70,80,90,100					
C	60,70,80						70,80,90					
H_1	25						25					
H_2	30						35					
H_3	20						20					
H_4	30						30					
H_5	15						15					
H_6	20						20					
W_4	84	80					106					
W_5	100						120					
W_6	154						184					
W_7	160						185					
L_1	180	210	230	280	330	380	210	230	250	280	330	380
L_2	150	180	200	250	300	350	180	200	220	250	300	350
L_3	80	110	130	180	230	280	106	126	144	174	224	274
L_4	154	184	204	254	304	354	184	204	224	254	304	354
L_5	46	76	96	146	196	246	74	94	112	142	192	242
L_6	98	128	148	198	248	298	128	148	166	196	246	296
L_7	154	184	204	254	304	354	184	204	224	254	304	354
D_1	20						20					
D_2	12	15					15					
M_1	4×M12			6×M12			4×M12		4×M14		6×M14	
M_2	4×M8						4×M8					

（续表）

代　号	系						列						
	2525	2527	2530	2535	2540	2545	2550	2727	2730	2735	2740	2745	2750
W	250							270					
L	250	270	300	350	400	450	500	270	300	350	400	450	500
W_1	300							320					
W_2	48							53					
W_3	150							160					
A、B	30,35,40,45,50,60,70,80,90,100,110,120							30,35,40,45,50,60,70,80,90,100,110,120					
C	70,80,90							70,80,90					
H_1	25							25					
H_2	35							40					
H_3	25							25					
H_4	35							35					
H_5	15							15					
H_6	20							20					
W_4	110							114					
W_5	130							136					
W_6	194							214					
W_7	200							215					
L_1	230	250	280	330	380	430	480	246	276	326	376	426	476
L_2	200	220	250	298	348	398	448	210	240	290	340	390	440
L_3	108	124	154	204	254	304	354	124	154	204	254	304	354
L_4	194	214	244	294	344	394	444	214	244	294	344	394	444
L_5	70	90	120	170	220	270	320	90	120	170	220	270	320
L_6	130	150	180	230	280	330	380	150	180	230	280	330	380
L_7	194	214	244	294	344	394	444	214	244	294	344	394	444
D_1	25							25					
D_2	15			20				20					
M_1	4×M14			6×M14				4×M14			6×M14		
M_2	4×M8							4×M10					

（续表）

代　号	系　列												
	3030	3035	3040	3045	3050	3055	3060	3535	3540	3545	3550	3555	3560
W	300							350					
L	300	350	400	450	500	550	600	350	400	450	500	550	600
W_1	350							400					
W_2	58							63					
W_3	180							220					
A、B	35,40,45,50,60,70,80,90,100,110,120,130							40,45,50,60,70,80,90,100,110,120,130					
C	80,90,100							90,100,110					
H_1	25		30					30					
H_2	45							45					
H_3	30							35					
H_4	45							45			50		
H_5	20							20					
H_6	25							25					
W_4	134			128				164			152		
W_5	156							196					
W_6	234							284			274		
W_7	240							285					
L_1	276	326	376	426	476	526	576	326	376	426	476	526	576
L_2	240	290	340	390	440	490	540	290	340	390	440	490	540
L_3	138	188	238	288	338	388	438	178	224	274	308	358	408
L_4	234	284	334	384	434	484	534	284	334	384	424	474	524
L_5	98	148	198	244	294	344	394	144	194	244	268	318	368
L_6	164	214	264	312	362	412	462	212	262	312	344	394	444
L_7	234	284	334	384	434	484	534	284	334	384	424	474	524
D_1	30							30			35		
D_2	20			25				25					
M_1	4×M14	6×M14		6×M16				4×M16	6×M16				
M_2	4×M10							4×M10					

（续表）

代号	系列										
	4040	4045	4050	4055	4060	4070	4545	4550	4555	4560	4570
W	400						450				
L	400	450	500	550	600	700	450	500	550	600	700
W_1	450						550				
W_2	68						78				
W_3	260						290				
A、B	40,45,50,60,70,80,90,100,110,120,130,140,150						45,50,60,70,80,90,100,110,120,130,140,150,160,180				
C	100,110,120,130						100,110,120,130				
H_1	30	35					35				
H_2	50						60				
H_3	35						40				
H_4	50						60				
H_5	25						25				
H_6	30						30				
W_4	198						226				
W_5	234						264				
W_6	324						364				
W_7	330						370				
L_1	374	424	474	524	574	674	424	474	524	574	674
L_2	340	390	440	490	540	640	384	434	484	534	634
L_3	208	254	304	354	404	504	236	286	336	386	486
L_4	324	374	424	474	524	624	364	414	464	514	614
L_5	168	218	268	318	368	468	194	244	294	344	444
L_6	244	294	344	394	444	544	276	326	376	426	526
L_7	324	374	424	474	524	624	364	414	464	514	614
D_1	35						40				
D_2	25						30				
M_1	6×M16						6×M16				
M_2	4×M12						4×M12				

(续表)

代 号	系列									
	5050	5055	5060	5070	5080	5555	5560	5570	5580	5590
W	500					550				
L	500	550	600	700	800	550	600	700	800	900
W_1	600					650				
W_2	88					100				
W_3	320					340				
A、B	50,60,70,80,90,100,110,120,130,140,150,160,180					70,80,90,100,110,120,130,140,150,160,180,200				
C	100,110,120,130					110,120,130,150				
H_1	35					35				
H_2	60					70				
H_3	40					40				
H_4	60					70				
H_5	25					25				
H_6	30					30				
W_4	256					270				
W_5	294					310				
W_6	414					444				
W_7	410					450				
L_1	474	524	574	674	774	520	570	670	770	870
L_2	434	484	534	634	734	480	530	630	730	830
L_3	286	336	386	486	586	300	350	450	550	650
L_4	414	464	514	614	714	444	494	594	694	794
L_5	244	294	344	444	544	220	270	370	470	570
L_6	326	376	426	526	626	332	382	482	582	682
L_7	414	464	514	614	714	444	494	594	694	794
D_1	40					50				
D_2	30					30				
M_1	6×M16				8×M16	6×M20			8×M20	
M_2	4×M12				6×M12	6×M12			8×M12	10×M12

（续表）

代　号	系　列									
	6060	6070	6080	6090	60100	6565	6570	6580	6590	65100
W	600					650				
L	600	700	800	900	1 000	650	700	800	900	1 000
W_1	700					750				
W_2	100					120				
W_3	390					400				
A、B	70,80,90,100,110,120,130,140,150,160,180,200					70,80,90,100,110,120,130,140,150,160,180,200,220				
C	120,130,150,180					120,130,150,180				
H_1	35					35				
H_2	80					90				
H_3	50					60				
H_4	70					80				
H_5	25					25				
H_6	30					30				
W_4	320					330				
W_5	360					370				
W_6	494					544				
W_7	500					530				
L_1	570	670	770	870	970	620	670	770	870	970
L_2	530	630	730	830	930	580	630	730	830	930
L_3	350	450	550	650	750	400	450	550	650	750
L_4	494	594	694	794	894	544	594	694	794	894
L_5	270	370	470	570	670	320	370	470	570	670
L_6	382	482	582	682	782	434	482	582	682	782
L_7	494	594	694	794	894	544	594	694	794	894
D_1	50					50				
D_2	30					30				
M_1	6×M20		8×M20	10×M20		6×M20	8×M20		10×M20	
M_2	6×M12		8×M12	10×M12		6×M12		8×M12	10×M12	

（续表）

代 号	系列								
	7070	7080	7090	70100	70125	8080	8090	80100	80125
W	700					800			
L	700	800	900	1 000	1 250	800	900	1 000	1 250
W_1	800					900			
W_2	120					140			
W_3	450					510			
A、B	70,80,90,100,110,120,130,140,150,160,180,200,220,250					80,90,100,110,120,130,140,150,160,180,200,220,250,280,300			
C	150,180,200,250					150,180,200,250			
H_1	40					40			
H_2	100					120			
H_3	60					70			
H_4	90					100			
H_5	25					30			
H_6	30					40			
W_4	380					420			
W_5	420					470			
W_6	580					660			
W_7	580					660			
L_1	670	770	870	970	1 220	760	860	960	1 210
L_2	630	730	830	930	1 180	710	810	910	1 160
L_3	420	520	620	720	970	500	600	700	950
L_4	580	680	780	880	1 130	660	760	860	1 110
L_5	324	424	524	624	874	378	478	578	828
L_6	452	552	652	752	1 002	516	616	716	966
L_7	580	680	780	880	1 130	660	760	860	1 110
D_1	60					70			
D_2	30					35			
M_1	8×M20		10×M20	12×M20	14×M20	8×M24		10×M24	12×M24
M_2	6×M12	8×M12	10×M12			8×M16	10×M16		

（续表）

代　号	系　列									
	9090	90100	90125	90160	100100	100125	100160	125125	125160	125200
W	900				1 000			1 250		
L	900	1 000	1 250	1 600	1 000	1 250	1 600	1 250	1 600	2 000
W_1	1 000				1 200			1 500		
W_2	160				180			220		
W_3	560				620			790		
A、B	90,100,110,120,130,140,150,160,180,200,220,250,280,300,350				100,110,120,130,140,150,160,180,200,220,250,280,300,350,400			100,110,120,130,140,150,160,180,200,220,250,280,300,350,400		
C	180,200,250,300				180,200,250,300			180,200,250,300		
H_1	50				60			70		
H_2	150				160			180		
H_3	70				80			80		
H_4	100				120			120		
H_5	30				30,40			40,50		
H_6	40				40,50			50,60		
W_4	470				580			750		
W_5	520				620			690		
W_6	760				840			1 090		
W_7	740				820			1 030		
L_1	860	960	1 210	1 560	960	1 210	1 560	1 210	1 560	1 960
L_2	810	910	1 160	1 510	900	1 150	1 500	1 150	1 500	1 900
L_3	600	700	950	1 300	650	900	1 250	900	1 250	1 650
L_4	760	860	1 110	1 460	840	1 090	1 440	1 090	1 440	1 840
L_5	478	578	828	1 178	508	758	1 108	758	1 108	1 508
L_6	616	716	966	1 316	674	924	1 274	924	1 274	1 674
L_7	760	860	1 110	1 460	840	1 090	1 440	1 090	1 440	1 840
D_1	70				80			80		
D_2	35				40			40		
M_1	10×M24	12×M24		14×M24	12×M24		14×M24	12×M30	14×M30	16×M30
M_2	10×M16		12×M16		10×M16	12×M16		12×M16		

注：参照 GB/T 12555—2006。

第六章　压缩模和压注模设计

一、压缩模设计

压缩模主要用于热固性塑料，也用于热塑性塑件的热挤冷压成形，这里着重叙述热固性塑料压缩模的设计要点。

(一) 施压方向

施压方向决定了分型面位置、推出形式和位置，对模腔结构复杂性、操作方便性、塑件质量及模具寿命等都有重要影响，是压塑模设计首先要考虑的问题。施压方向的选择示例见表 2-6-1。

表 2-6-1　施压方向选择示例

选择合理	选择不合理	说明
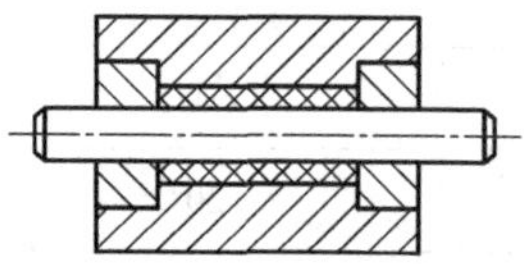	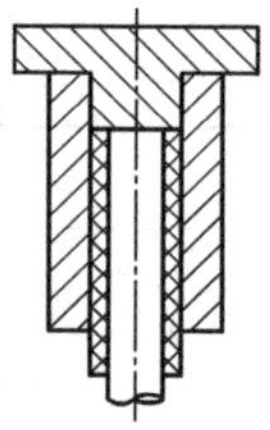	有利于压力传递。横向施压有利于压力传递，使塑件密度均匀。轴向施压会使塑件下端材质疏松，甚至出现填充不足现象
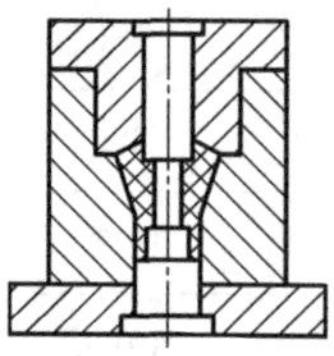	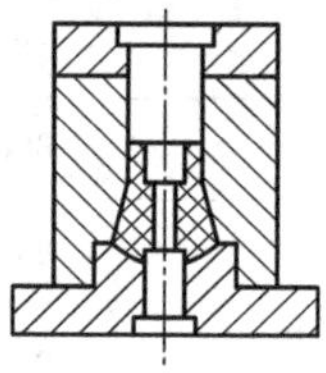	有利于加料。加料室直径小，不仅加料不方便，而且还会带来模套上升移位的麻烦
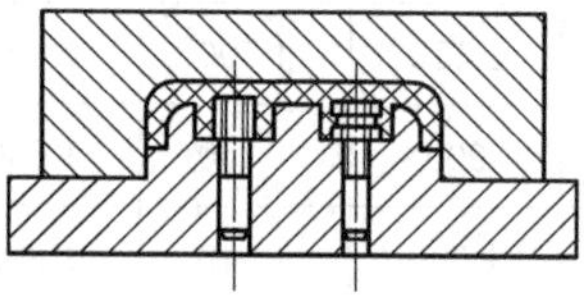	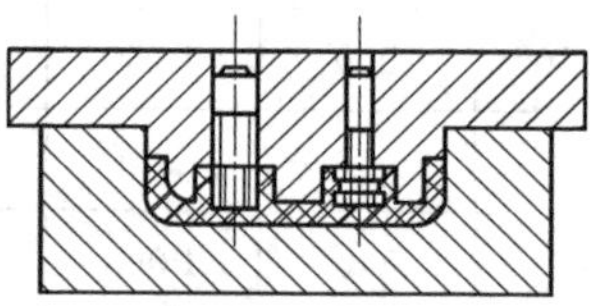	有利于安放嵌件。将凸模倒装于下模后，给嵌件的安放与固定带来方便
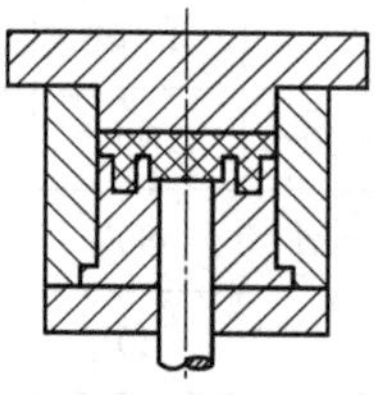	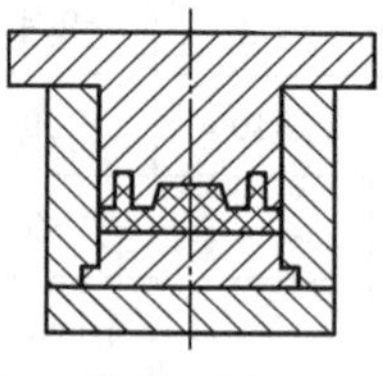	有利于提高凸模强度。上凸模形状不宜过于复杂，如有薄凸边、细型芯等，施压时易变形破坏

(二) 承压面

为了控制凸模压入深度，防止损坏凹模及飞边过大，通常设计承压面或承压块，以保证承受压制压力。常用承压结构形式见表 2-6-2。

表 2-6-2　常用承压结构形式

简　　图	说　　明	简　　图	说　　明
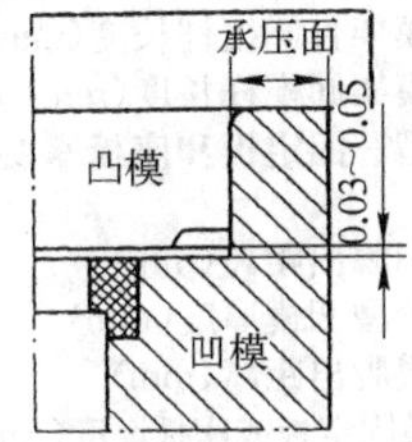	以加料室顶面做承压面，分型面间须有0.03～0.05 mm间隙，防止凸、凹模直接接触而变形、损坏，可增加寿命，但飞边较厚。适用于移动式压缩模	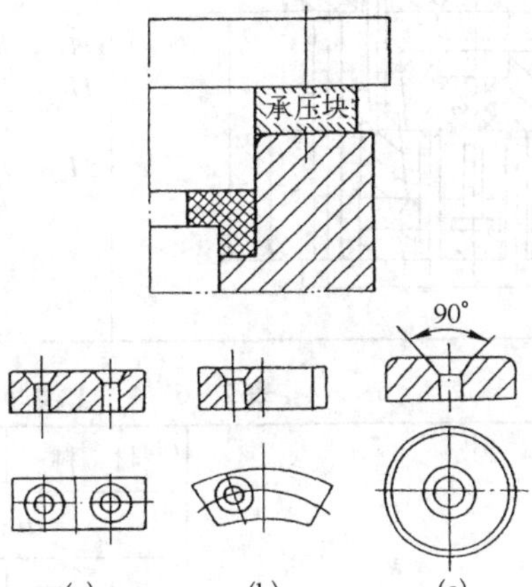 (a)　(b)　(c)	加料室顶面设置承压块。调节承压块厚度，可调节凸、凹模接触情况，控制塑件厚度，并承受压制压力。适用于固定式压缩模 常用承压块的形状有矩形（图 a）、扇形（图 b）和圆环形（图 c）
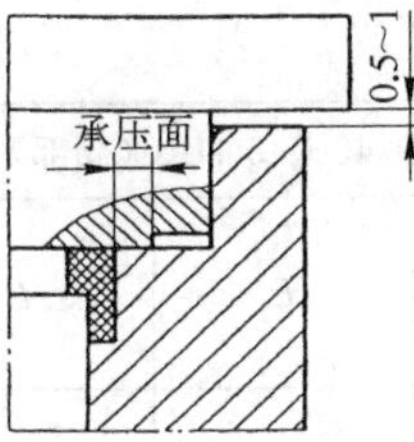	以挤压环做承压面，飞边厚度较小。但模具易损坏，一般适用于压机公称压力小、余压不大的场合		

（三）卸模架

卸模架一般由上下两件成一组，脱模时分置于压缩模的上下两边，利用压机的压力，迫使压缩模各分型面按序打开。卸模架的结构形式和卸模杆长度计算见表 2-6-3。卸模杆推荐尺寸见表 2-6-4 和表 2-6-5。

表 2-6-3　卸模架结构形式和卸模杆长度计算　(mm)

一个水平分型面上、下卸模架	计算公式	说　　明
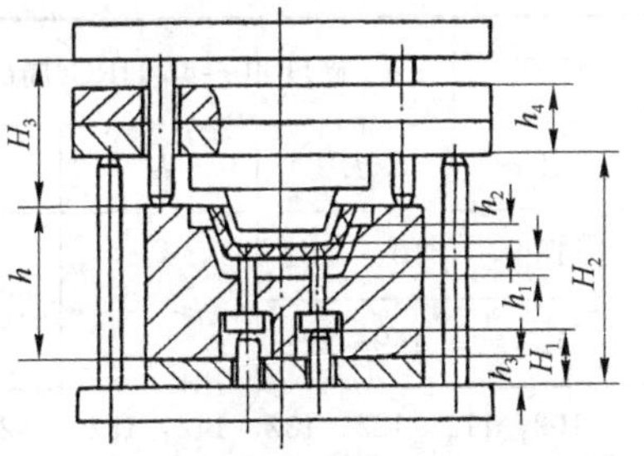	$H_1 = h_1 + h_3 + 3$ $H_2 = h_1 + h_2 + h_3 + h + 5$ $H_3 = h_1 + h_2 + h_4 + 10$	H_1—下卸模架短卸模杆长度(mm) H_2—下卸模架长卸模杆长度(mm) H_3—上卸模架卸模杆长度(mm) h_1—塑件推出距离(mm) h_2—上凸模与塑件的脱开距离(mm) h_3—下模座板厚度(mm) h_4—上模座板与型芯固定板厚度之和(mm) h—凹模厚度(mm)
两个水平分型面卸模架	**计算公式**	**说　　明**
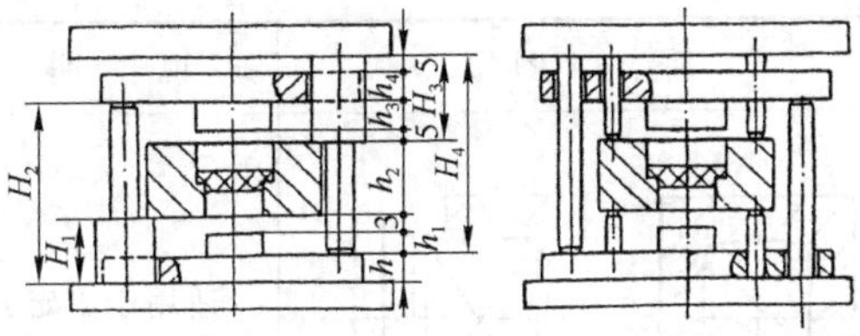 (a)　(b)	$H_1 = h_1 + h + 3$ $H_2 = h_1 + h + h_2 + h_3 + 8$ $H_3 = h_3 + h_4 + 10$ $H_4 = h_1 + h_2 + h_3 + h_4 + 13$	H_1—下卸模架短卸模杆长度或图 b 中加粗部分长度(mm) H_2—下卸模架长卸模杆长度或图 b 中卸模杆全长(mm) H_3—上卸模架短卸模杆长度或图 a 中加粗部分长度(mm) H_4—上卸模架长卸模杆长度或图 b 中卸模杆全长(mm) h_1—下凸模脱出距离(mm) h_2—凹模厚度(mm) h_3—上凸模脱出距离(mm) h_4—上凸模固定板厚度(mm) h—下凸模固定板厚度(mm)

（续表）

垂直分型面卸模架	计 算 公 式	说　　明
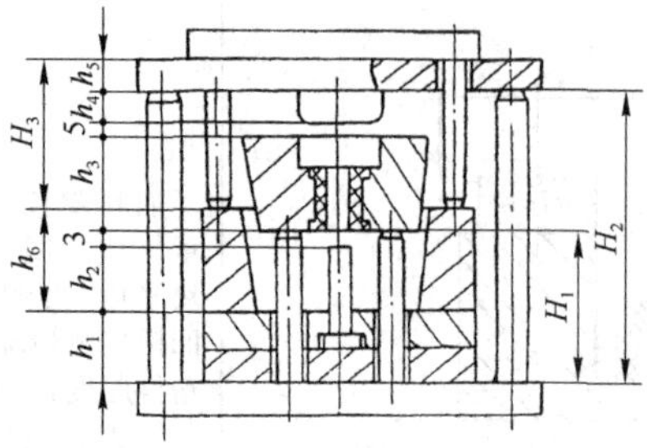	$H_1=h_1+h_2+3$ $H_2=h_1+h_2+h_3+h_4+8$ $H_3=h_2+h_3+h_4+h_5-h_6+8$	H_1—下卸模架短卸模杆长度(mm) H_2—下卸模架长卸模杆长度(mm) H_3—上卸模架卸模杆长度(mm) h_1—下模型芯固定板和座板厚度之和(mm) h_2—下型芯脱出距离(mm) h_3—垂直分型凹模厚度(mm) h_4—上凸模脱出距离(mm) h_5—上凸模固定板或座板厚度(mm) h_6—凹模锥套厚度(mm)

表 2-6-4　Ⅰ型卸模杆推荐尺寸　　(mm)

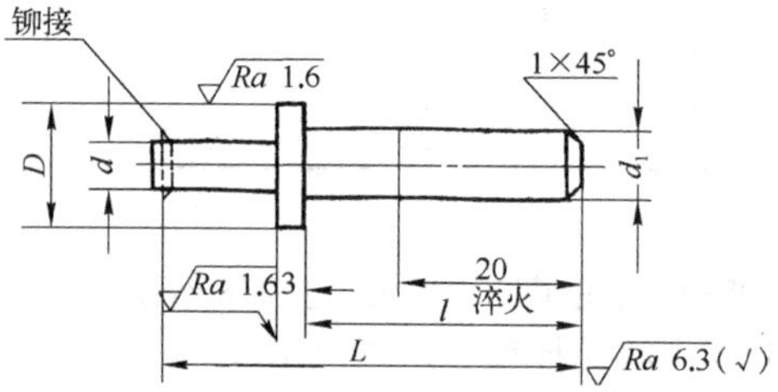

材　料	45 钢	硬度 40～45 HRC(局部)			
d(r6)		D	d_1	L	l
基本尺寸	极限偏差				
6	+0.023 +0.015	14	8	45～155	按需要设计
8	+0.028 +0.019	16	10	55～205	
10		18	12	95～215	
12	+0.034 +0.023	20	14	95～235	
14		22	16	95～235	
L 系列		45,55,65,75,85,95,105,115,125,135,145,155,165,175,185,195,205,215,225,235			

表 2-6-5　Ⅱ型卸模杆推荐尺寸　　(mm)

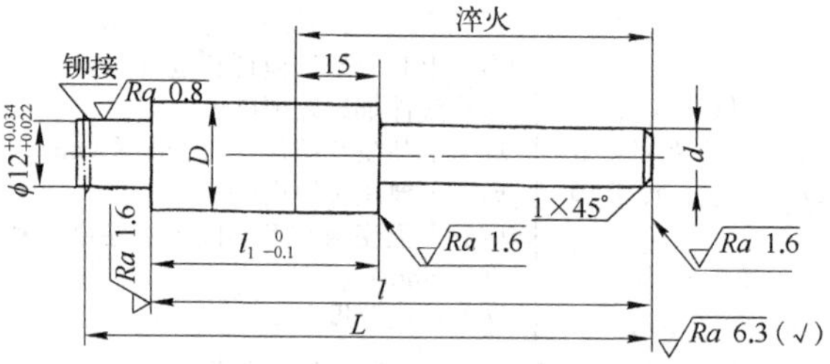

材　料	45 钢	硬度 40～45 HRC(局部)		
D	d	L	l_1	l
20	10	102～202	≥40	按需要设计
22	12	152～222		
L 系列	102, 112, 122, 132, 142, 152, 162, 172, 182, 192, 202, 212, 222			

（四）排气、溢料槽

压缩模排气槽、溢料槽的形式和尺寸见表 2-6-6。

表 2-6-6　排气槽、溢料槽形式和尺寸　　(mm)

简　　图	说　　明	简　　图	说　　明
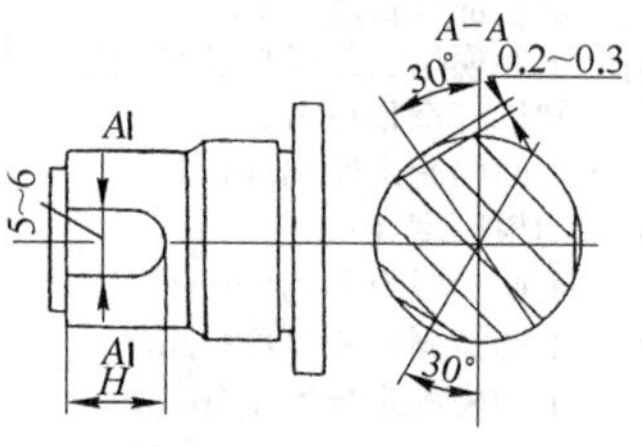	适用于移动式或固定式的半溢式压缩模，排气槽空间应能容纳排出的余料。H 应高出模套 3～5 mm	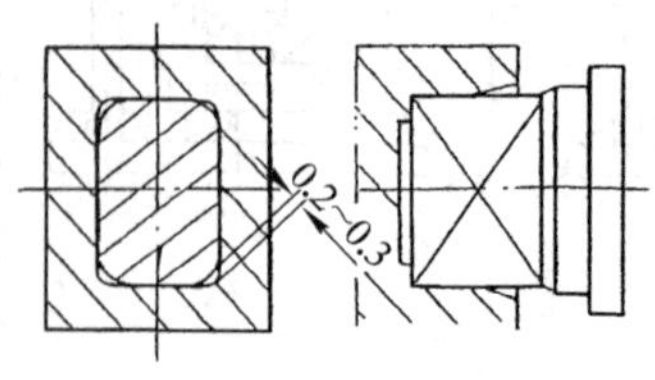	适用于固定式的半溢式压缩模

（续表）

简　　图	说　　明	简　　图	说　　明
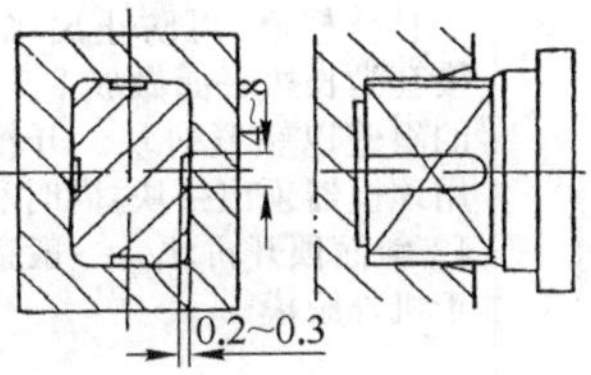	适用于移动式或固定式的半溢式压缩模	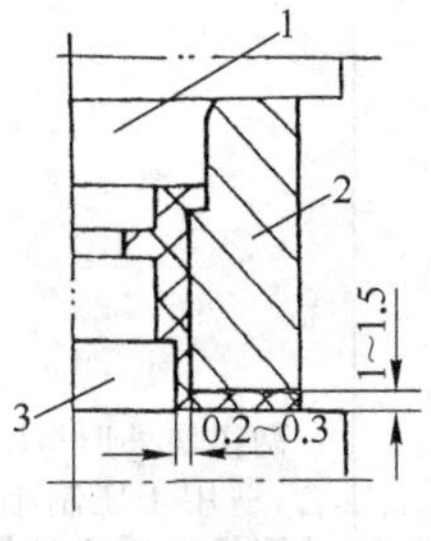 1—上模；2—模套；3—下模	下模型芯上铣出排气槽，余料由分型面溢出

（五）加热装置和计算

热固性塑件的压缩成形，需要在较高温度下进行，因此模具必须有加热装置。加热方式一般使用电加热元件进行加热，模具设计时需进行加热量计算。对于固定式压缩模，其功率应按上、下模两部分单独进行计算。一般情况下，上模温度应比下模温度高5℃左右。常用电加热元件的种类参见图2-3-32，模具加热量计算参见表2-3-81和表2-3-82。

（六）成形零件

1. 凹模

它是压缩模的主要成形零件。凹模的一般结构形式见表2-6-7。凹模加料室的组合形式及尺寸见表2-6-8。圆形锥凹模和矩形锥凹模的推荐尺寸见表2-4-3和表2-4-4。凹模加料室高度计算见表2-6-9。

表2-6-7　凹模结构形式

结 构 形 式	特　　点	结 构 形 式	特　　点
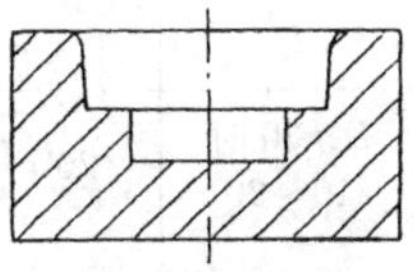	整体凹模强度高，成形的塑件质量好。但加工困难，且凹模局部损坏后维修困难	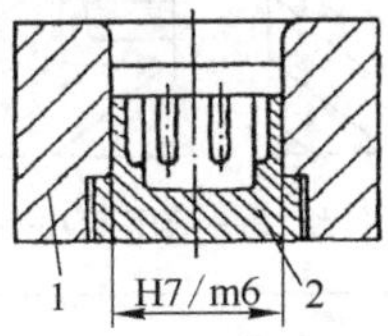 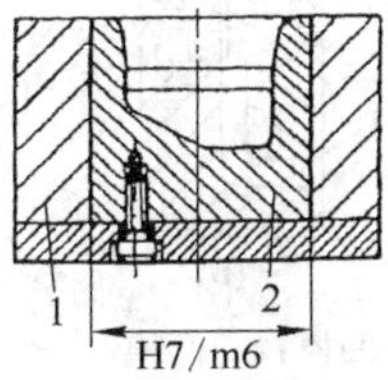 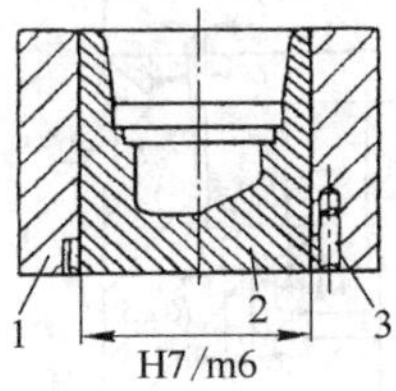	嵌入式组合凹模，凹模由模套1及镶件2组成。嵌件一般用冷挤或电火花加工。为增强嵌件强度，将其压入模套内。对多型腔模具，模套的两腔间壁厚一般为10～15 mm。对圆形嵌件，其成形部分有定位要求时，则应采用定位销3或定位键
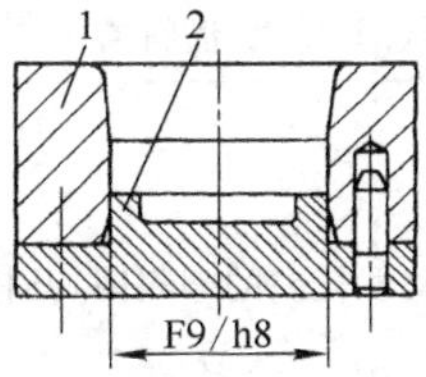 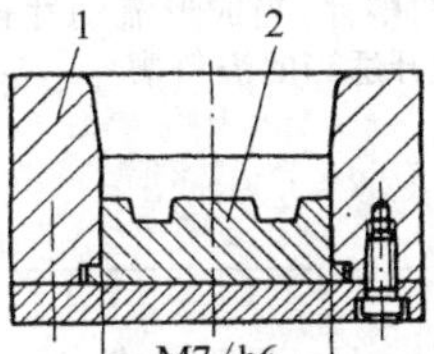 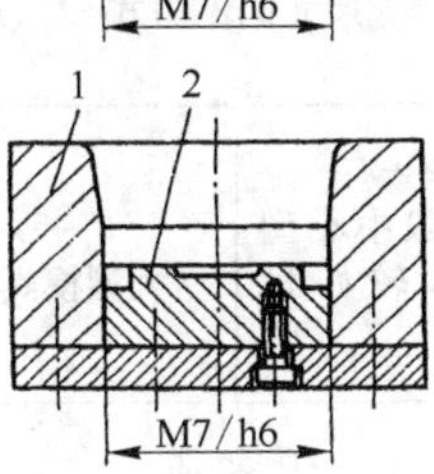	整体型腔组合凹模结构，当塑件尺寸较大或结构复杂时，为便于加工，一般采用此种结构，由整体型腔1和下凸模2组成。可避免塑料挤入水平接缝内。凹模如有局部损坏也便于更换维修		

（续表）

结构形式	特点	结构形式	特点
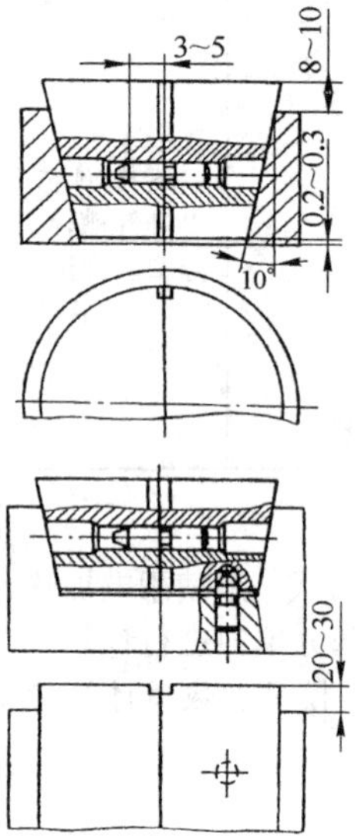	两拼块外形与模套斜面配合，适用于压制小型塑件及成形压力不大的塑件，多用于移动式压缩模。多型腔宜用矩形结构	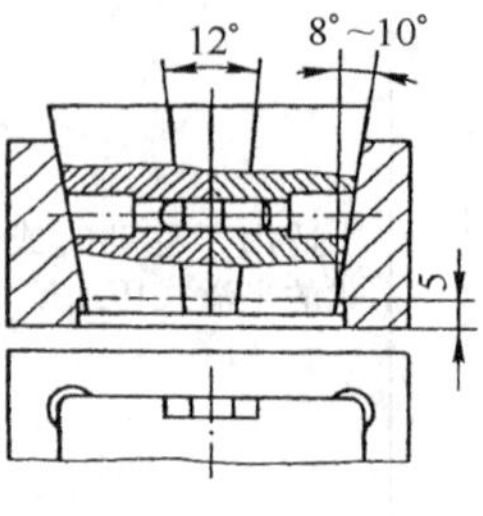	整体模套，可防止出飞边。模套沿长边平面做成 8°～10° 的斜壁以锁紧拼块。开模时用顶模器顶出拼块，同时利用 12°斜面顶开拼块。一般适用于机外脱模
		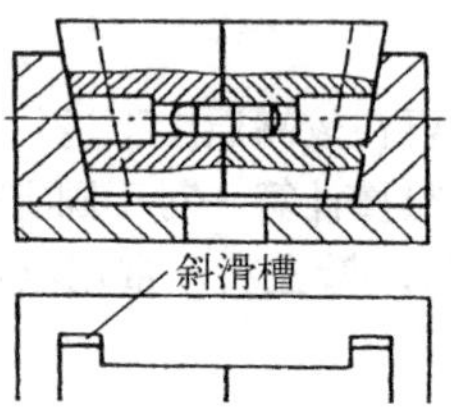	开模时利用斜槽，在顶出凹模拼块同时即分开拼块，槽的斜度应保证拼块分开

表 2－6－8　凹模加料室的组合形式及尺寸　　（mm）

模具类别	简图	说明			
不溢式	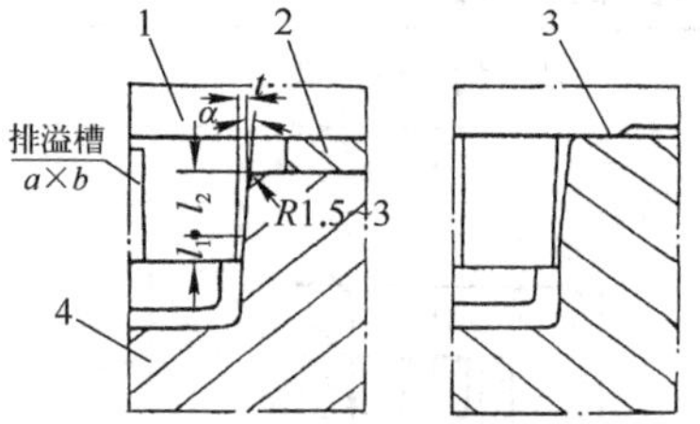1—凸模；2—限位块；3—承压面；4—凹模	移动式压缩模	l_1	l_2	α
			4～6	5～10	20′～1°50′
		固定式压缩模	l_1	l_2	α
			L>30 时 8～10	L>30 时 10～20	20′～1°
		t	0.05～0.10		
		$a\times b$	参阅(四)排气、溢料槽		
	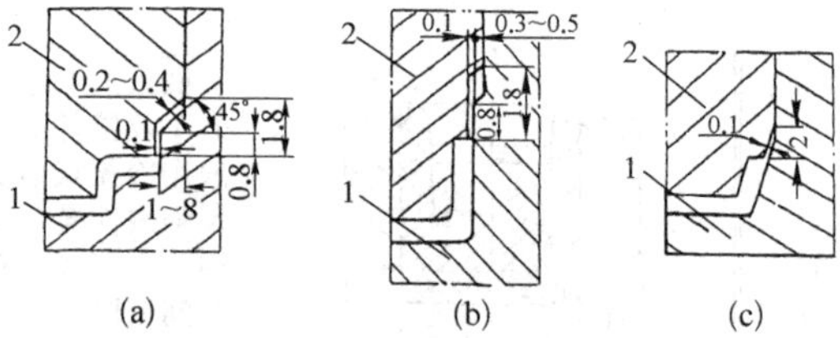(a)　(b)　(c) 1—凹模；2—凸模	图 a、图 b 在成形流动性较差的塑料时，凸模上应开适当的溢料槽 图 c 适用于带斜边的塑件，当成形流动性较差的塑料时，凸模上也应开适当的溢料槽			
半溢式	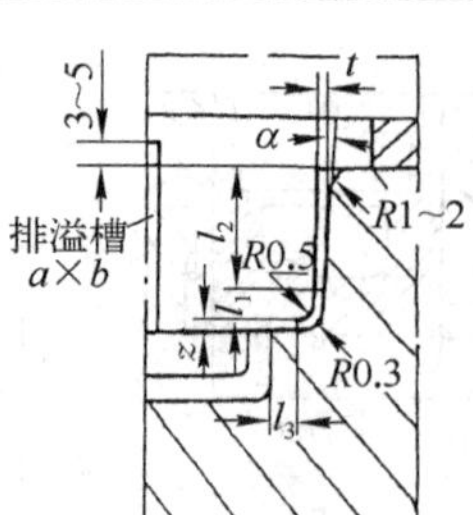	l_1、l_2、α、t $a\times b$	尺寸同不溢式		
		l_3	2～4 一般中小型塑件，较好模具钢	3～5 大型模具	
		z	0.5～1		

（续表）

<table>
<tr><th>模具类别</th><th>简　　图</th><th colspan="6">说　　明</th></tr>
<tr><td rowspan="11">半
溢
式</td><td>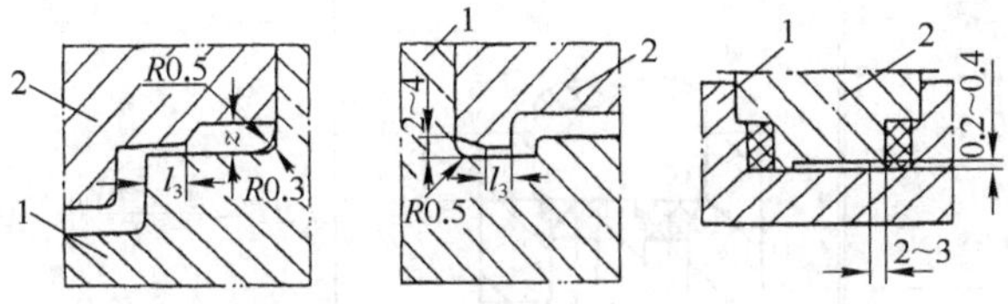(a)　(b)　(c)
1—凹模；2—凸模</td><td colspan="6">图 a 用于圆形凸模
图 b 为倒装式半溢式压缩模凹模的加料室，适用于塑件部分在凸模中成形而占凸模面积较大时，凸凹模吻合处容易产生飞边的模具，l_3 和 z 值同上
图 c 适用于带大孔的大型塑件</td></tr>
<tr><td rowspan="5">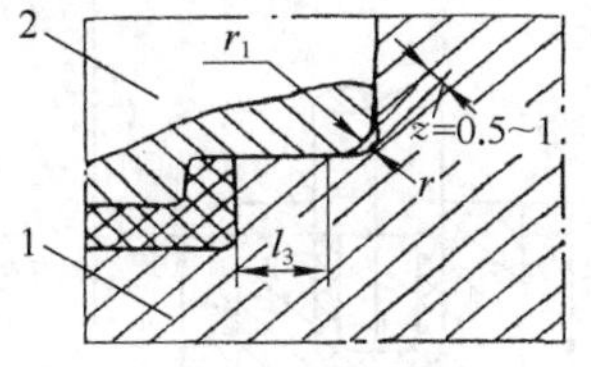1—凹模；2—凸模</td><td>r_1</td><td colspan="6">$r+2.4z$</td></tr>
<tr><td>r</td><td colspan="2">1</td><td colspan="2">1.5</td><td colspan="2">2</td></tr>
<tr><td>z</td><td>0.5</td><td>1</td><td>0.5</td><td>1</td><td>0.5</td><td>1</td></tr>
<tr><td>l_3</td><td colspan="3">一般中小型塑件，较好模具钢
2～4</td><td colspan="3">大型模具
3～5</td></tr>
<tr><td colspan="7"></td></tr>
<tr><td rowspan="4">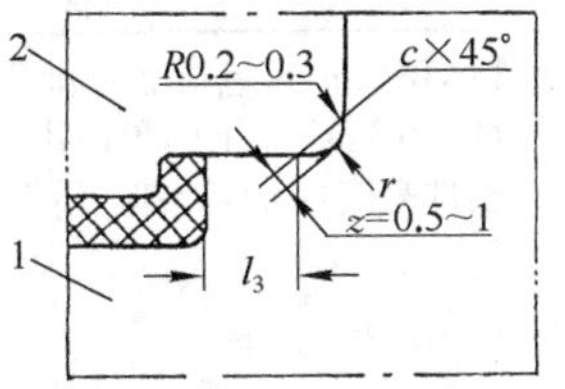1—凹模；2—凸模</td><td>c</td><td colspan="6">$0.58r+1.4z$</td></tr>
<tr><td>r</td><td colspan="2">1</td><td colspan="2">1.5</td><td colspan="2">2</td></tr>
<tr><td>z</td><td>0.5</td><td>1</td><td>0.5</td><td>1</td><td>0.5</td><td>1</td></tr>
<tr><td>l_3</td><td colspan="3">一般中小型塑件，较好模具钢
2～4</td><td colspan="3">大型模具
3～5</td></tr>
<tr><td rowspan="2">溢
式</td><td>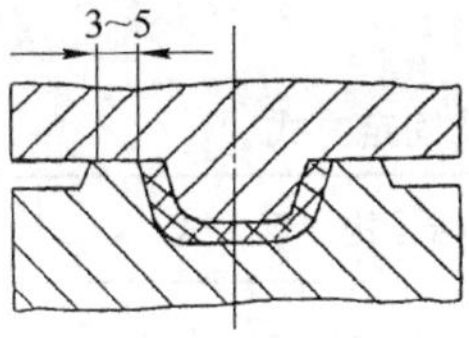</td><td colspan="6">凹、凸模之间无轴向配合段，以挤压边形成分型面。此挤压边一般取 3～5 mm 为宜。通常在挤压边外侧增设承压块，以承受压机的余压，并可避免分型面严重变形和磨损</td></tr>
<tr><td>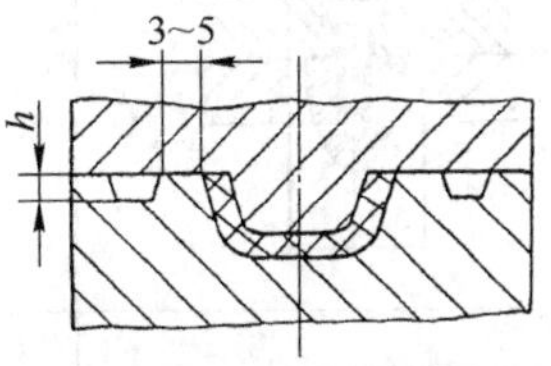</td><td colspan="6">在型腔周围距边缘 3～5 mm 处加工出一定深度和宽度的溢料槽，槽以内形成具有挤压边缘作用的分型面，槽外平面构成承压板</td></tr>
</table>

注：L 为凸模压入深度，l_1 为配合环尺寸，l_2 为引导环尺寸，l_3 为挤压环尺寸，z 为储料槽尺寸，t 为凸、凹模配合间隙，α 为凹模入口角。

表 2-6-9　凹模加料室高度计算公式

简　　图	计 算 公 式	简　　图	计 算 公 式
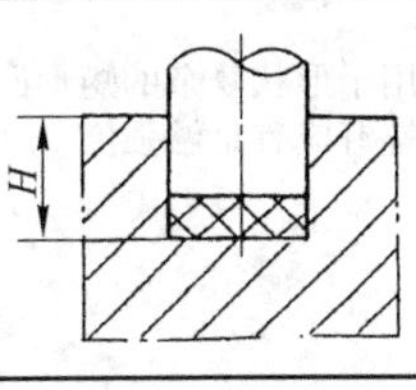	$H=\frac{V}{F}+(0.5\sim1)$	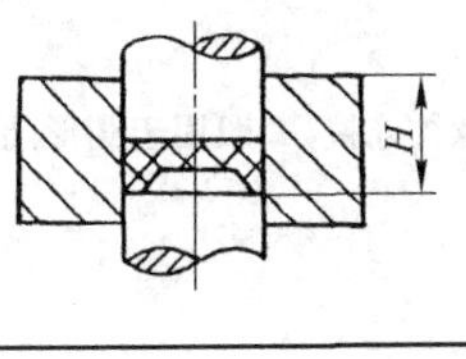	$H=\frac{V+V_1}{F}+(0.5\sim1)$

（续表）

简　　图	计 算 公 式	简　　图	计 算 公 式
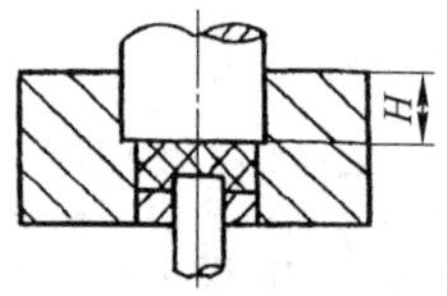	$H=\dfrac{V-V_0}{F}+(0.5\sim1)$	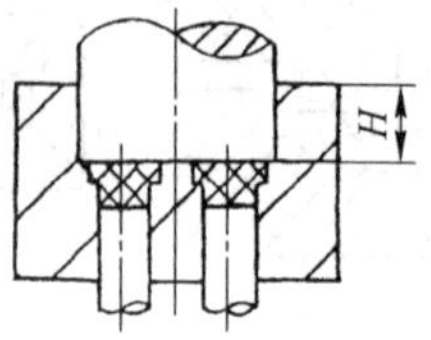	$H=\dfrac{V-nV_0}{F}+(0.5\sim1)$
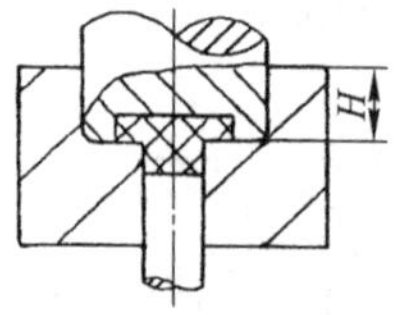	$H=\dfrac{V-V_2}{F}+(0.5\sim1)$		
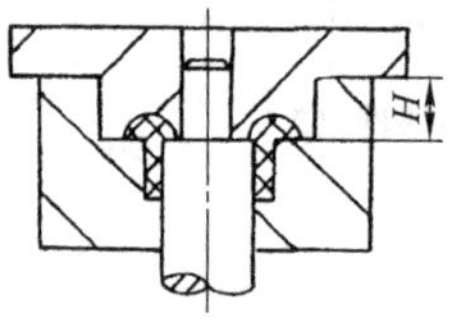	$H=\dfrac{V+V_1-V_2}{F}+(0.5\sim1)$	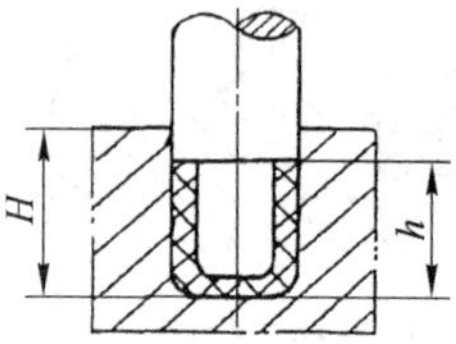	$H=h+1\sim2$

注：H—加料腔高度(cm)；V—塑料粉体积(cm^3)，$V=V'\gamma$，V'为塑件体积(cm^3)，包括溢料和毛边，γ为压缩料的体积系数；F—加料腔水平投影面积(cm^2)；0.5～1—不装料的导向部分长度(cm)；V_1—下凸模凸出部分的体积(cm^3)；V_0—挤压边以下的模腔体积(cm^3)；V_2—塑件在型腔内的体积(cm^3)；h—塑件高度(cm)；1～2—压缩薄壁高杯形塑件时的加料腔高度修正系数(cm)；n—在一个共用加料腔内压缩的塑件数。

2. 凸模

其作用是将压机的压力传递到塑件上，并压制塑件的内表面及端面。凸模由两部分组成：上端与凹模加料室的配合环部分配合，防止熔料溢出，并有导向作用；下端为成形部分，设有凸模斜度。凸模结构有整体、组合等形式。凸模的结构及固定方式见表 2-6-10。

表 2-6-10　凸模结构及固定方式

结 构 形 式	特　　点	结 构 形 式	特　　点
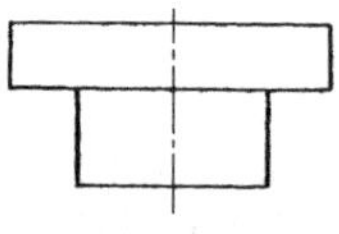	整体凸模，结构牢固，但加工不便，适用于形状简单、凸模不高、热处理不易变形、加工较容易的凸模	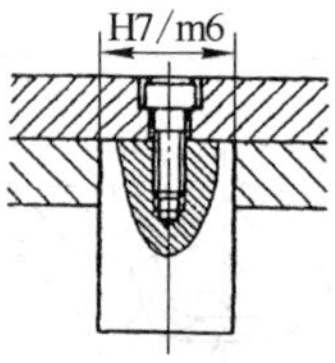	凸模尾部装入模板，用螺钉拉紧，适用于中小型凸模
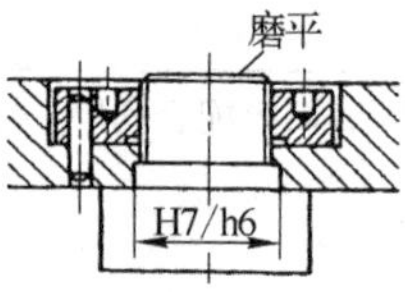	尾部装入模板后，螺母连接，形式简单，加工方便	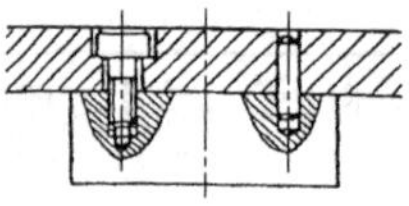	凸模端面与模板用圆销定位，用螺钉连接，适用于较大型的凸模，加工方便
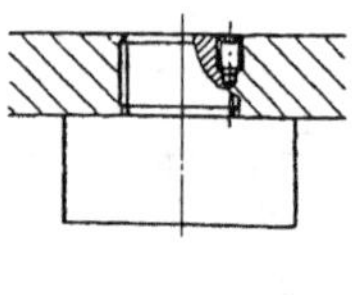	螺纹连接，一般用于圆形凸模	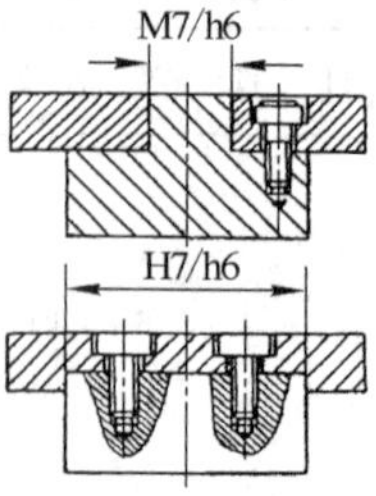	适用于形状复杂的矩形凸模，选用螺钉应有足够强度

（续表）

结构形式	特　点	结构形式	特　点
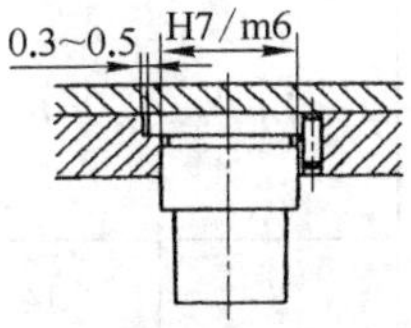	凸模尾部带有台阶，装入模板后由台阶承受开模力，结构可靠。如图所示凸模有固定位置要求时，可用防转圆柱销。适用于中小型凸模	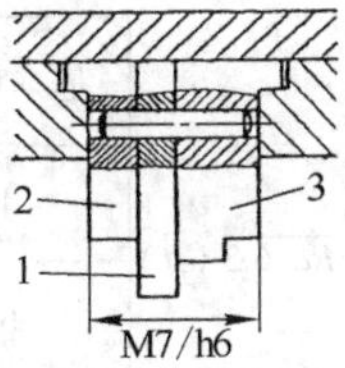	组合式凸模由件 1、件 2 及件 3 组成，用定位销定位，用螺钉横向连接
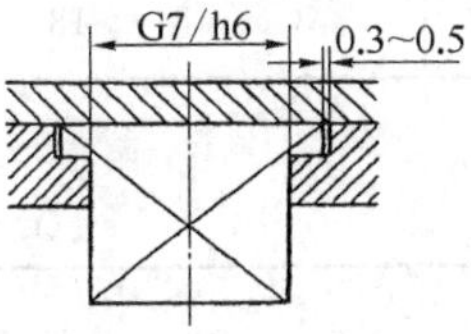	矩形凸模尾部带台阶，适用于中小型凸模		
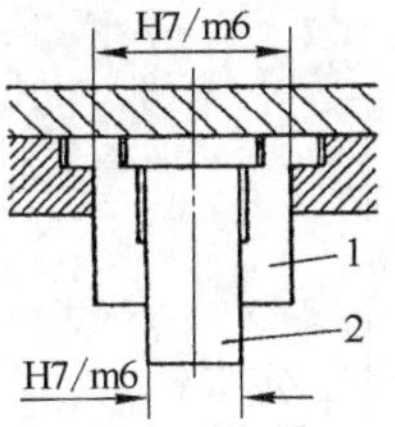	组合式凸模由件 1 及件 2 组成，然后装入模板	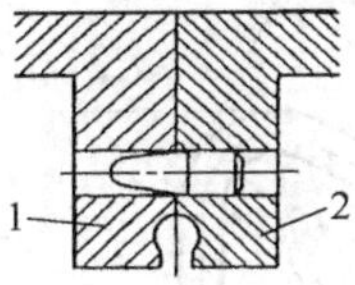	凸模由件 1 及件 2 组成，导销定位，用于装卸式凸模

3. 螺纹型芯、型环

螺纹型芯用以成形塑件的内螺纹及固定内螺纹嵌件；螺纹型环用以成形塑件的外螺纹及固定外螺纹嵌件。螺纹型芯和型环的结构及固定方式参见表 2-4-6，螺纹型芯的推荐尺寸参见表 2-4-7～表 2-4-10。

（七）结构零件

导柱推荐尺寸见表 2-6-11，导钉推荐尺寸见表 2-6-12。手柄推荐尺寸见表 2-6-13，套筒推荐尺寸见表 2-6-14。尾轴结构和尺寸见表 2-6-15。

表 2-6-11　导柱推荐尺寸　（mm）

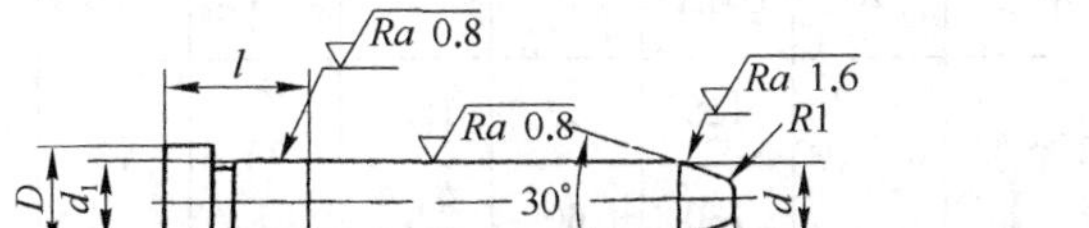

材　料		T8A						硬度 50～55 HRC			
d(f7)	基本尺寸	6		8		10		12		14	
	极限偏差	−0.013 −0.028						−0.016 −0.034			
d_1(r6)	基本尺寸	6		8		10		12		14	
	极限偏差	+0.028 +0.019						+0.034 +0.023			
D		10		12		14		16		18	
l		12	15	12	15	12	15	12	15	12	15
L		20～60	25～60	20～80	25～100	20～80	25～100	20～80	25～100	20～80	25～100
L 系列		20，25，30，35，40，45，50，55，60，65，70，75，80，85，90，95，100									

表 2-6-12　导钉推荐尺寸　　(mm)

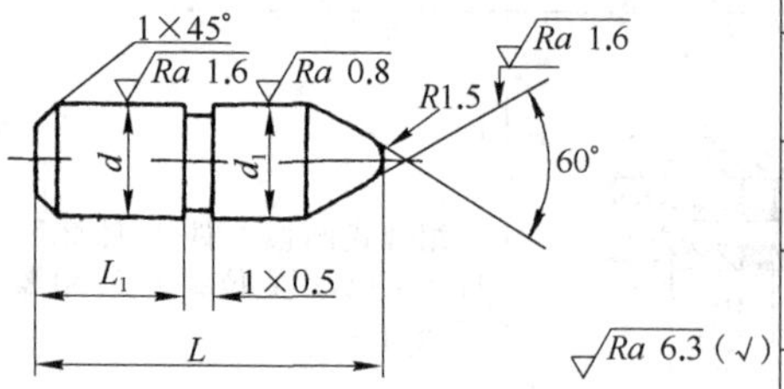

材料		T8A		硬度 50～55 HRC	
d(r6)		d_1(f9)		L_1	L
基本尺寸	极限偏差	基本尺寸	极限偏差		
4	+0.023 +0.015	4	−0.010 −0.040	6	14
6		6		8	18

表 2-6-13　手柄推荐尺寸　　(mm)

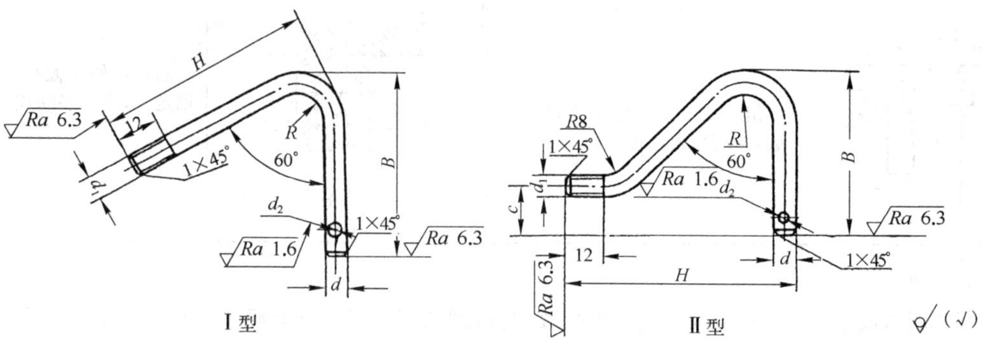

材料							Q235A						
Ⅰ型							Ⅱ型						
B	H	d	d_1	d_2	R	毛坯长	B	c	H	d	d_1	d_2	R	毛坯长
50	73	ϕ8	M8	$\phi2^{+0.01}_{0}$	8	118	52	12.5	75	ϕ8	M8	$\phi2^{+0.01}_{0}$	8	132
60	75					130	60	22.5						140
75	91	ϕ10	M10	$\phi3^{+0.01}_{0}$	10	158	78	30	93	ϕ10	M10	$\phi3^{+0.01}_{0}$	10	170

注：圆柱销孔与套筒装配时同钻。

表 2-6-14　套筒推荐尺寸　　(mm)

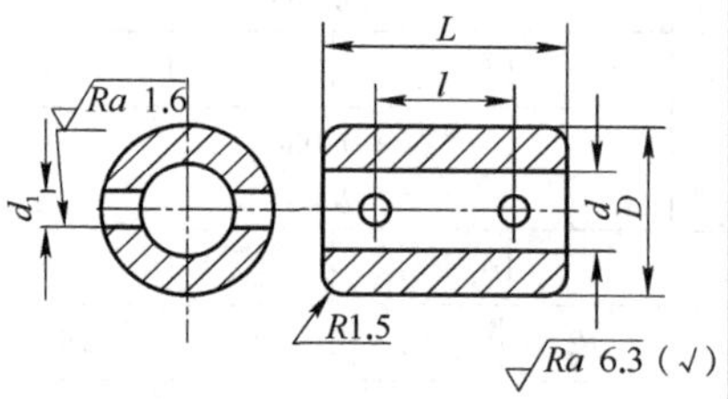

材料		Q235A		
L	l	D	d	d_1
35	18	13	8	2
	28			
45	38	15	10	3

表 2-6-15　尾轴结构和尺寸

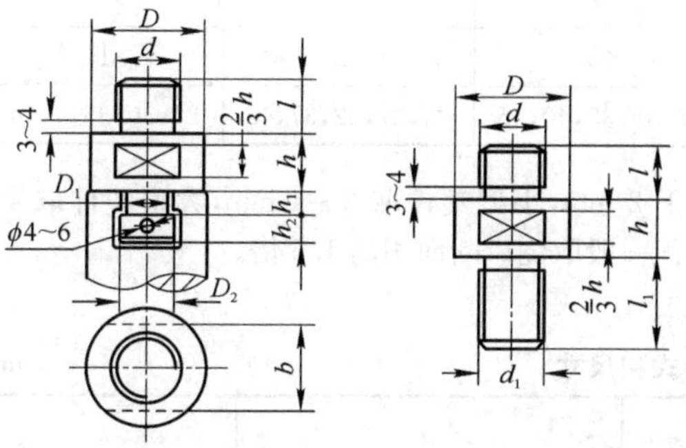

材料	34，45，发蓝处理
d	M16，M18，M20，M24，M30
D	比压机推出杆小 1～2 mm
D_1	比压机推出杆或中间接头对应尺寸小 1～2 mm
D_2	比压机推出杆或中间接头对应尺寸小 1～2 mm
l	比模具推板厚度小 0.5～1 mm
h_1	比压机推出杆或中间接头对应尺寸大 0.5～1 mm
h	比下模座板厚度小 0.5～1 mm
d_1、l_1	按压机推出杆螺孔定
h_2	比压机推出杆或中间接头对应尺寸小 0.5～1 mm
b	0.8D

注：为便于旋紧螺纹，可在 D 处铣扁或在 D_2 处钻 ϕ4～ϕ6 孔。

二、压注模设计

（一）浇注系统

主流道的形式和尺寸见表 2-6-16。浇口套推荐尺寸见表 2-6-17。

表 2-6-16　主流道形式和尺寸

简　　　图	尺　　寸(mm)
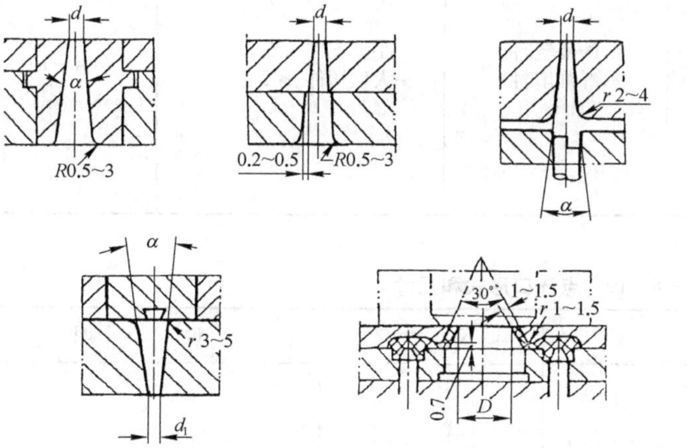	$d=\phi 2.5\sim\phi 5$ $d_1=\phi 2\sim\phi 4$ $\alpha=6°\sim10°$ D—由型腔间距决定

表 2-6-17　浇口套推荐尺寸　　(mm)

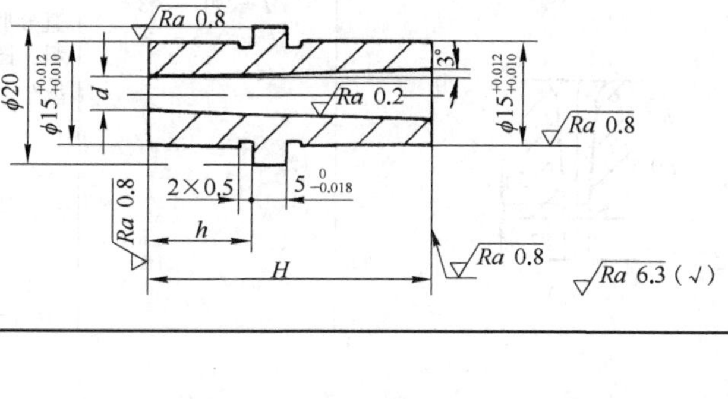

（续表）

材　料		T8A、T10A		硬度 50～55 HRC	
d	3		4		5	

d	3		4		5	
h	12	15	12	15	12	15
H	24,27,32,37,42	27,30,35,40,45	24,27,32,37,42	27,30,35,40,45	24,27,32,37,42	27,30,35,40,45

分流道截面形状参见表 2-3-19。分流道深度一般不小于 2 mm，小型塑件取 2～4 mm，大型塑件取 4～10 mm。宽度为深度的 1.5～2 倍，常取 4～10 mm。分流道断面积一般取浇口断面积的 1.5 倍。

常用的浇口形式和尺寸见表 2-6-18～表 2-6-20。

表 2-6-18　侧浇口形式和尺寸　　(mm)

简　图	塑料名称	a	b
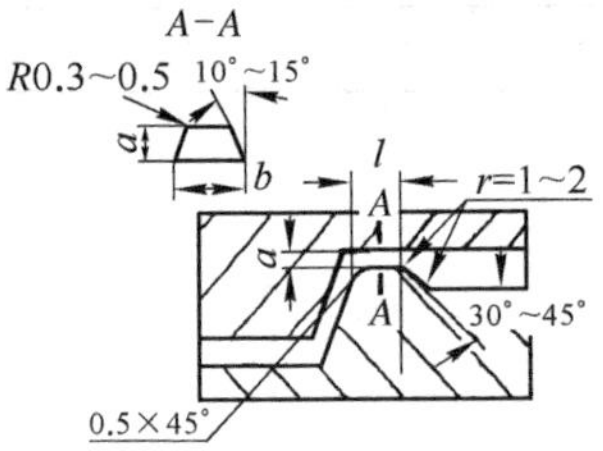 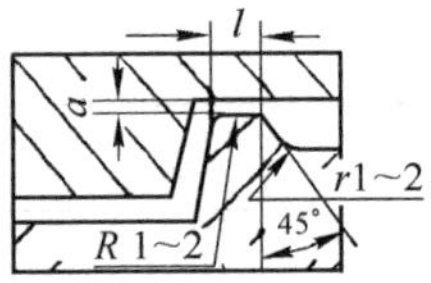	酚醛塑料 （木粉填料）	小型塑件 0.3～0.8 大型塑件 0.8～1.5	3～6
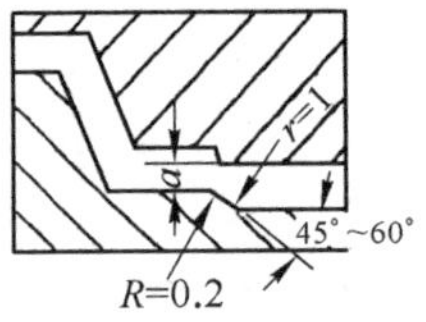	酚醛塑料 （纤维填料）	小型塑件 0.6～2 大型塑件 ＞2	4～10

注：浇口厚度 a，也可取塑件壁厚的 1/3～1/2。

表 2-6-19　点浇口形式和尺寸　　(mm)

简　图	尺　寸	说　明
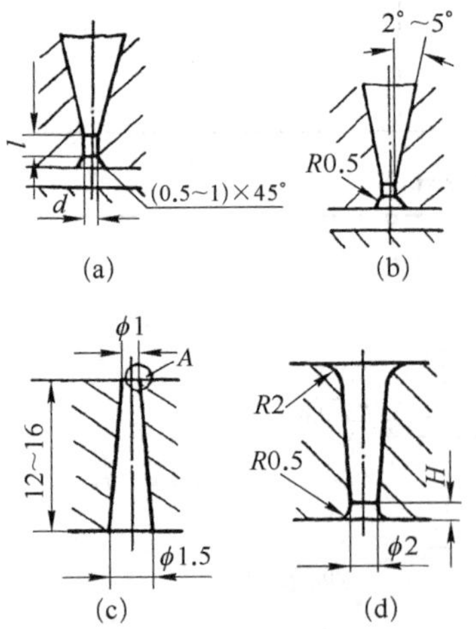	$d=\phi1\sim\phi3$ $l=0.5\sim2$ $H=2\sim3$	图 a、b、d 为倒锥式，一般用于垂直分型面，图 d 适用于成形增强塑料。图 c 为正锥式，在多腔模中直径应小一些，A 处应尖锐

表 2-6-20　环形浇口形式和尺寸　　(mm)

简　　图	尺　　寸
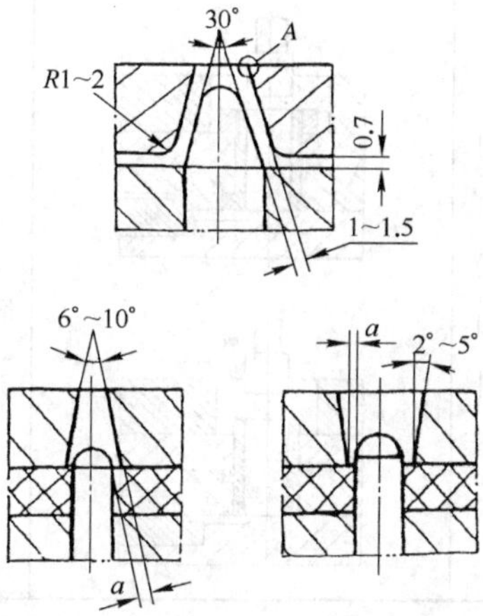	$a = 0.3 \sim 0.5$ A 处应锐角

（二）排气槽

热固性塑料压注模的排气量比热塑性塑料注射模大得多。当利用模具零件间的配合间隙及分型面之间的间隙进行排气无法满足要求时，则须另外开设排气槽。排气槽的开设应根据实际需要，可一处开设，也可多处开设。一般先开出较小尺寸，按试模结果再扩大。排气槽横截面推荐尺寸见表 2-6-21。

表 2-6-21　排气槽横截面推荐尺寸

排气槽截面积(mm^2)	槽宽(mm)×槽深(mm)	排气槽截面积(mm^2)	槽宽(mm)×槽深(mm)
≤0.2	5×0.04	>0.8~1.0	10×0.1
>0.2~0.4	5×0.08	>1.0~1.5	10×0.15
>0.4~0.6	6×0.1	>1.5~2.0	10×0.2
>0.6~0.8	8×0.1		

（三）加料室

加料室的结构形式见表 2-6-22。圆形加料室和矩形加料室的推荐尺寸分别见表 2-6-23 和表 2-6-24。

表 2-6-22　加料室结构形式

形式	简　　图	说　　明	形式	简　　图	说　　明
移动式加料室	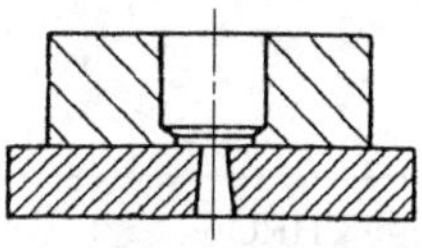	无定位结构，只适用于上模板上表面设有孔穴时，宜作为通用外加料室	移动式加料室	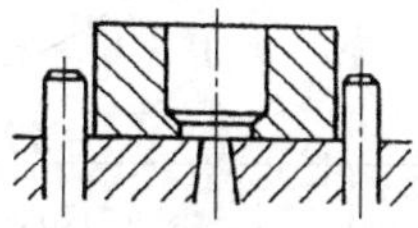 (a) 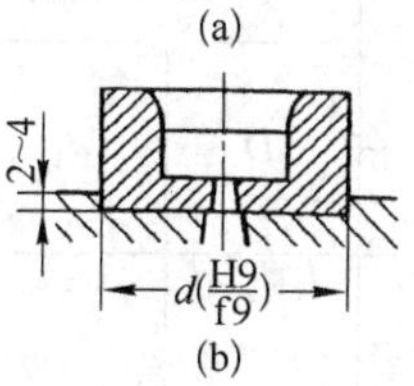 (b)	外定位结构，图 a 为按加料室外形用三个定位销定位，加料室加工方便强度高。图 b 的结构形式，制造及清理废料不便
	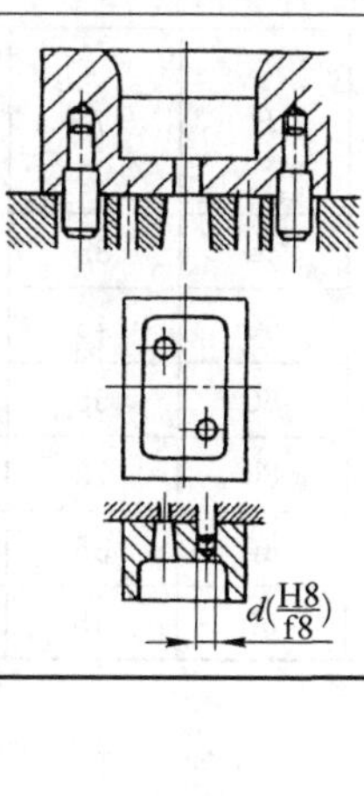	采用导钉定位，可防止挤塑时塑料流入上模板表面的孔穴中，为移动式模具常用结构		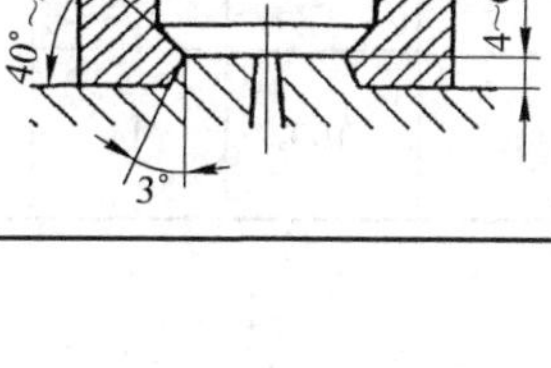	内定位结构，具有定位及在加压时防止加料室升起的作用，为常用结构

（续表）

形式	简　图	说　明	形式	简　图	说　明
固定式加料室	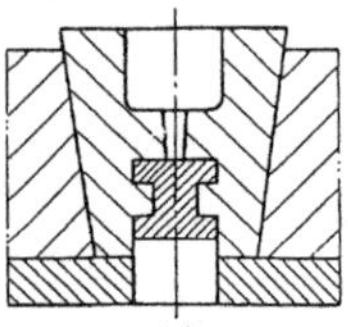 (a) 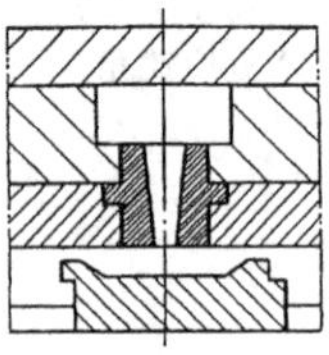 (b)	图 a 结构形式用于垂直分型面模具；图 b 结构形式用于固定式模具	固定式加料室	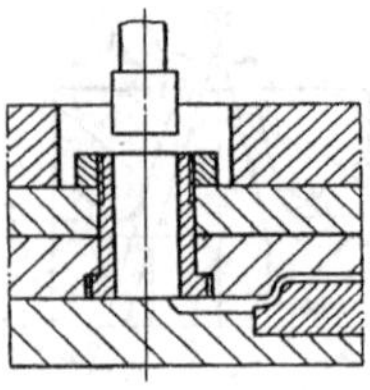 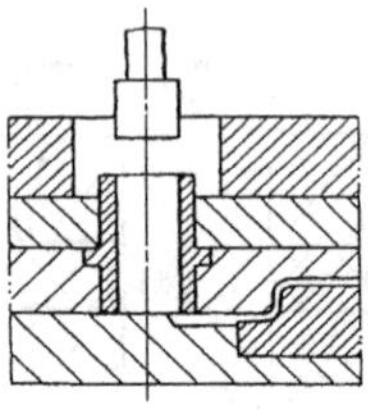	适用于专用液压机、固定式模具

表 2-6-23　圆形加料室推荐尺寸　（mm）

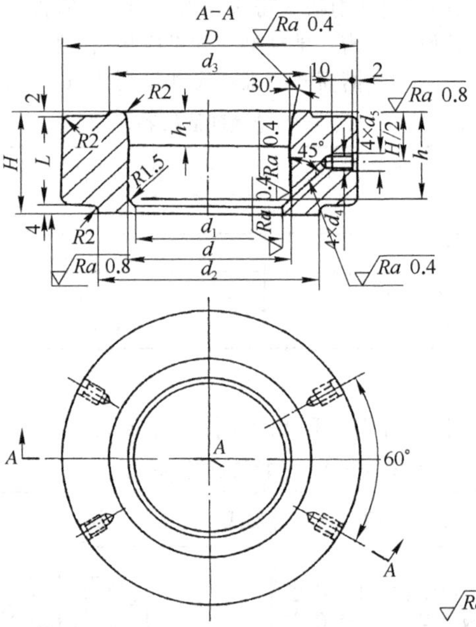

材　料		T8A			硬度 50～55 HRC					
d(H9)		D	d_1	d_2	d_3	d_4	d_5	H	h	h_1
基本尺寸	极限偏差									
40	$^{+0.062}_{0}$	90	34	60	60			40	35	15
								50	45	18
								60	55	20
								80	75	28
50		100	44	70	70			40	35	15
								50	45	18

（续表）

材　　料		T8A			硬度 50～55 HRC					
d(H9)		D	d_1	d_2	d_3	d_4	d_5	H	h	h_1
基本尺寸	极限偏差									
50	+0.062 0	100	44	70	70			60	55	20
								80	75	28
								100	95	35
60	+0.074 0	110	54	80	80			40	35	15
								50	45	18
								60	55	20
						M8	8	80	75	28
								100	95	35
70		120	64	90	90	M8	8	40	35	15
								50	45	18
								60	55	20
								80	75	28
								100	95	35
80		140	74	110	100	M8	8	40	35	15
								50	45	18
								60	55	20
								80	75	28
								100	95	35
90	+0.087 0	160	84	130	110	M8	8	40	35	15
								50	45	18
								60	55	20
								80	75	28
								100	95	35

表 2-6-24　矩形加料室推荐尺寸　(mm)

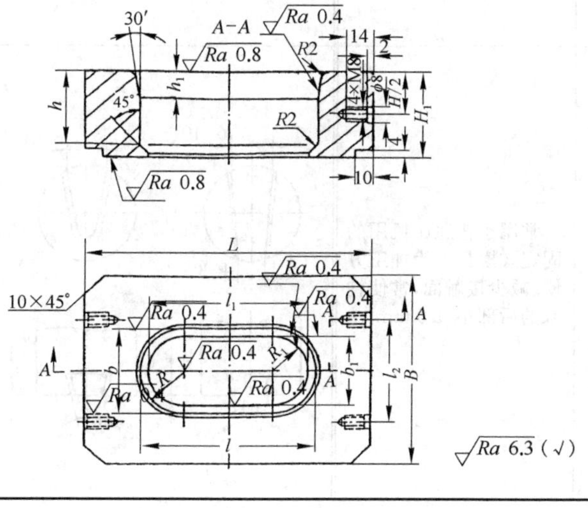

（续表）

材　　料		T8A				硬度 50～55 HRC							
L	*B*	*l*(H9)		*b*(H9)		*H*	*h*	h_1	l_1	b_1	l_2	*R*	R_1
		基本尺寸	极限偏差	基本尺寸	极限偏差								
140	90	90	+0.087 0	40	+0.062 0	40	33	15	80	30	50	20	15
						50	43	18					
						60	53	20					
						80	73	28					
160	110	100		50		40	33	15	90	40	60	25	20
						50	43	18					
						60	53	20					
						80	73	28					

（四）压料柱塞

压料柱塞的结构形式见表 2-6-25。圆形压料柱塞和长圆形压料柱塞的推荐尺寸分别见表 2-6-26 和表 2-6-27。

表 2-6-25　柱塞结构及作用

简　　图	说　　明	简　　图	说　　明
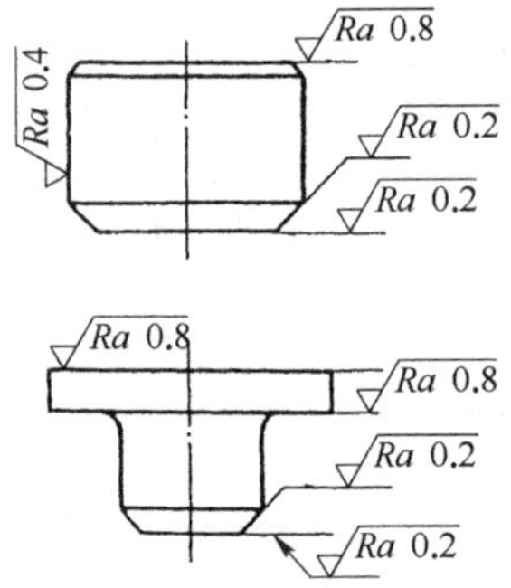	常用于移动式模具。有突缘的结构，承压面积大，压制时较平稳，操作时便于观察	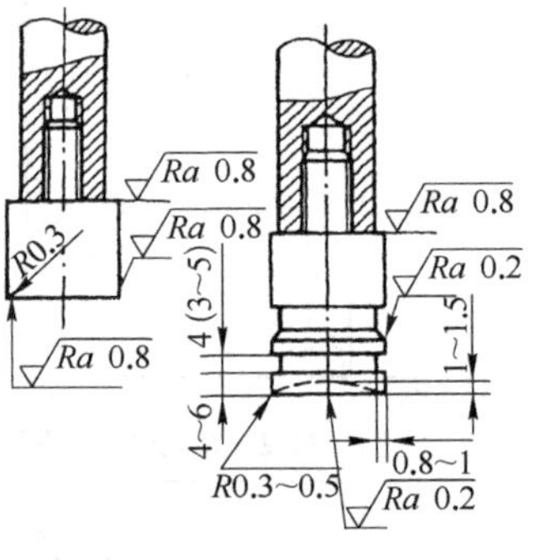	常用于专用压机固定式模具。对大型固定式模具，为防止加料室内废料粘住及塑料卡住柱塞表面造成清理麻烦，开带料槽，并为使塑料流动集中，柱塞端面制成球面
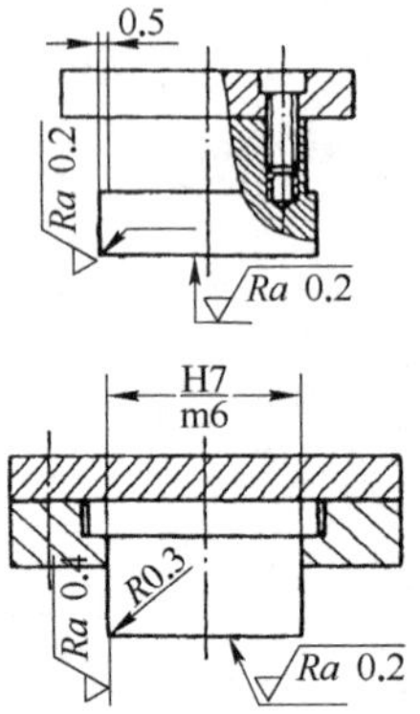	常用于普通压机用的固定式模具。为加工方便、减少接触面，常使柱塞的后部小 0.5 mm	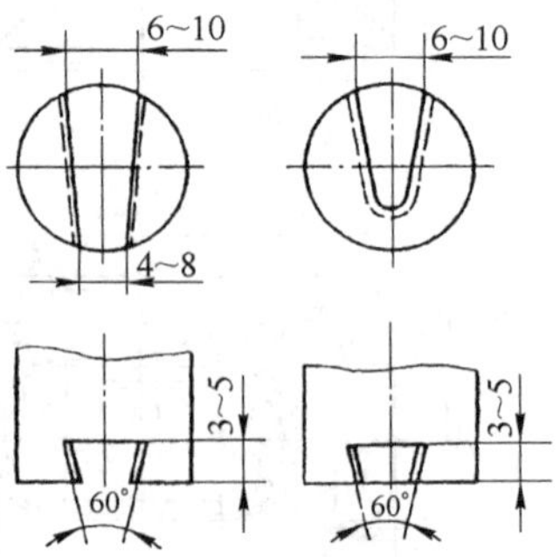	在柱塞端面开沟槽，用以在开模时拉出料把

表 2-6-26　圆形柱塞推荐尺寸 (mm)

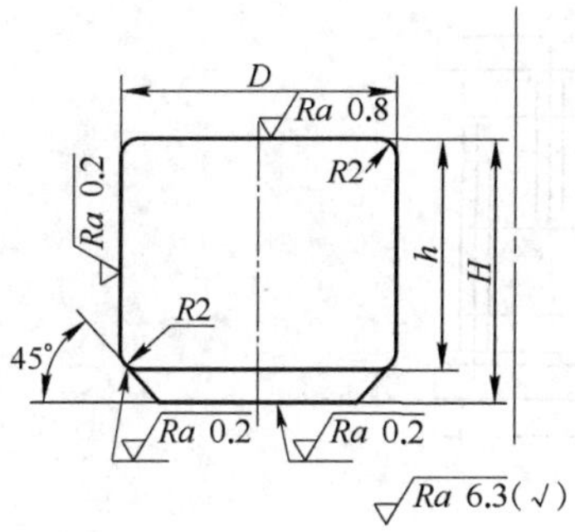

材料		T8A		硬度 50～55 HRC			
D(f9)		H	h	D(f9)		H	h
基本尺寸	极限偏差			基本尺寸	极限偏差		
40	−0.025 −0.087	40	35	70	−0.030 −0.104	40	35
		50	45			50	45
		60	55			60	55
		80	75			80	75
50		40	35			100	95
		50	45	80		40	35
		60	55			50	45
		80	75			60	55
		100	95			80	75
60	−0.030 −0.104	40	35			100	95
		50	45	90	−0.036 −0.123	40	35
		60	55			50	45
		80	75			60	55
		100	95			80	75
						100	95

表 2-6-27　长圆形柱塞推荐尺寸 (mm)

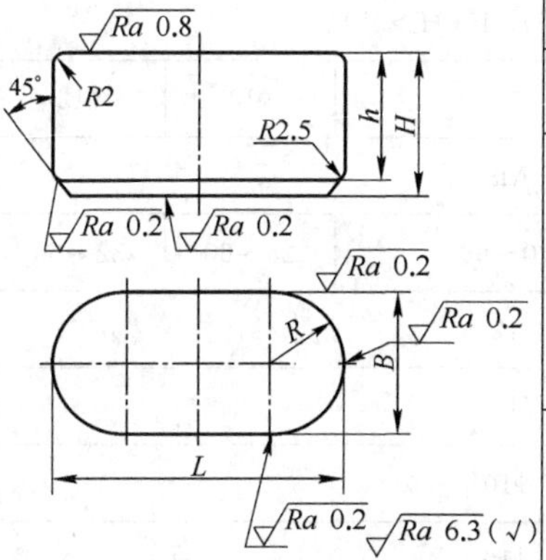

材料		T8A		硬度 50～55 HRC		
L(f9)		B(f9)		R	H	h
基本尺寸	极限偏差	基本尺寸	极限偏差			
90	−0.036 −0.123	40	−0.025 −0.087	20	40	33
					50	43
					60	53
					80	73
100		50		25	40	33
					50	43
					60	53
					80	73

三、压缩和压注模模架

压缩和压注模模架的组合及尺寸见表 2-6-28。

表 2-6-28　压缩和压注模模架的组合及尺寸 (mm)

类别：圆形压缩模

组合形式及尺寸

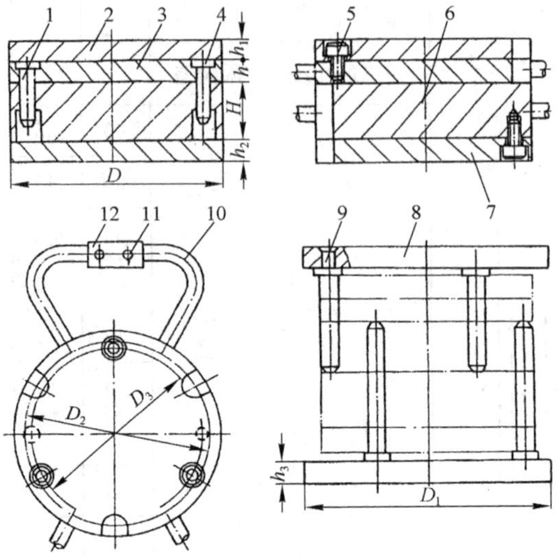

主要尺寸									
最大成形直径				50	60	70	80	90	110
D				90	100	110	120	140	160
D_1				115	120	130	140	160	180
D_2				80	90	100	110	130	150
D_3				70	80	90	100	118	135
件号	名　称	数量	尺寸符号	尺　　寸					
1	导　柱	1		ϕ10				ϕ12	ϕ14
2	上模板	1	h_1	12					
3	固定板	1	h	12($H \leqslant 25$)，15($H>25$)					
4	导　柱	1		ϕ8				ϕ10	ϕ12
5	螺　钉	6		M8					
6	凹　模	1	H	16～40	16～50	20～60		25～60	32～60
7	下模板	1	h_2	12					
8	卸模板	2	h_3	12					
9	卸模杆	6		ϕ10					
10	手　柄	8		ϕ10					
11	圆柱销	8		ϕ2					
12	套　筒	4		ϕ15×45					
H 系列				16，20，25，32，40，50，60					

（续表）

类别	组合形式及尺寸
圆形压缩模	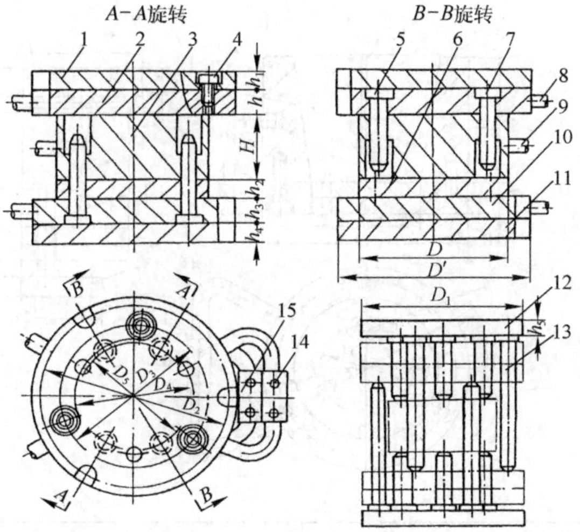

H<40 mm时，不设手柄

主要尺寸						
最大成形直径	30	40	50	60	70	85
D	80	90	100	110	120	140
D_1	115	125	135	145	155	175
D_2	95	105	115	125	135	155
D_3	80	90	100	110	120	140
D_4	62	68	78	88	98	118
D_5	56	66	76	86	96	115
D'	110	120	130	140	150	170

件号	名称	数量	尺寸符号	尺寸			
1	上模板	1	h_1	12			
2	上固定板	1	h	12(H≤25)，15(H>25)			
3	凹　模	1	H	16～40	16～50	20～60	25～60
4	螺　钉	9		M8			
5	导　柱	2		ϕ12			
6	垫　板	1	h_2	12			
7	导　柱	2		ϕ10			
8	手　柄	8		ϕ8			
9	手　柄	4		ϕ8			
10	下固定板	1	h_3	12(H≤25)，15(H>25)			
11	下模板	1	h_4	12			
12	卸模板	2	h_3	12			
13	卸模杆	12		ϕ10			
14	圆柱销	12		ϕ2			
15	套　筒	6		ϕ13×35			
H 系列				16，20，25，32，40，50，60			

（续表）

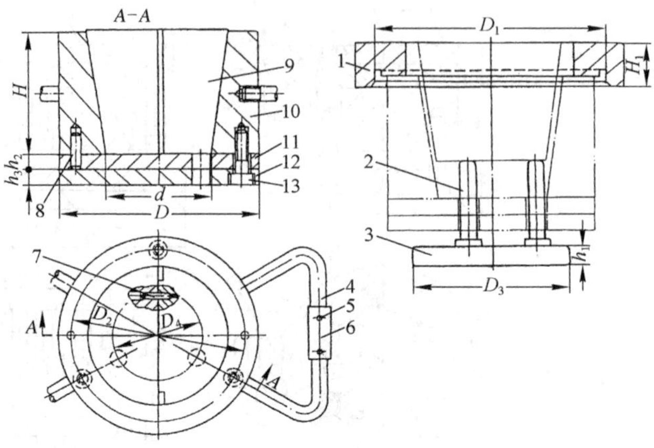

类别	组合形式及尺寸							
圆形压缩模	主要尺寸		最大成形直径		35	45	55	65
			d		50	60	70	80
			D		100	120	140	160
			D_1		105	125	145	165
			D_2		75	90	110	130
			D_3		60	70	75	85
			D_4		38	48	55	65
	件号	名称	数量	尺寸符号	尺寸			
	1	压圈	1	H_1	35	40		50
	2	卸模杆	3		ϕ8		ϕ10	
	3	卸模板	1	h_1	12			
	4	手柄	4		ϕ8			
	5	圆柱销	4		ϕ2			
	6	套筒	2		ϕ13×35			
	7	导钉	2		ϕ4			ϕ6
	8	圆柱销	2		ϕ8			
	9	凹模	1	H	50	60	70	80
	10	模套	1	H	50	60	70	80
	11	固定板	1	h_2	12			
	12	下模板	1	h_3	12			
	13	螺钉	3		M8			

（续表）

类别	组合形式及尺寸
矩形压缩模	

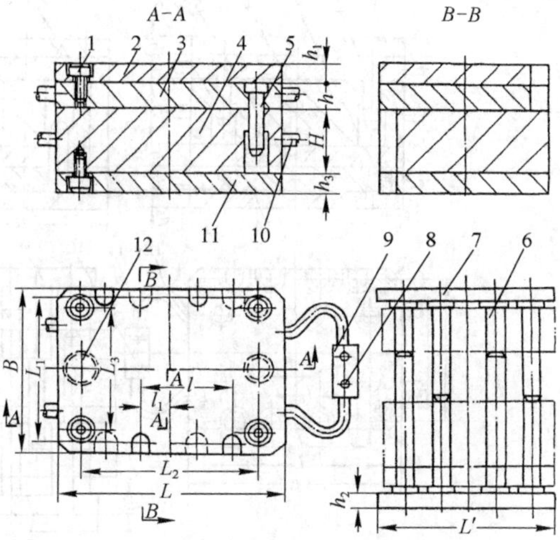

主要尺寸								
主要尺寸	最大成形面积	70×30	70×40	90×30	90×40	90×50	100×45	100×55
	模板尺寸 $L \times B$	125×80	125×90	140×90	140×100	140×110	160×110	160×125
	卸模板尺寸 $L' \times B'$	100×110	100×115	110×115	110×125	110×130	130×130	130×140
	L_1	70	80	80	90	100	100	115
	L_2	105	105	120	120	120	135	135
	L_3	60	70	70	75	85	85	95
	l	44	44	58	58	58	74	74
	l_1	11	11	18	18	18	26	26

件号	名　称	数量	尺寸符号	尺　寸		
1	螺　钉	8		M8		
2	上模板	1	h_1	12		
3	固定板	1	h	12($H \leqslant 25$)，15($H>25$)		
4	凹　模	1	H	16～40	32～60	40～60
5	导　柱	1		ϕ10		
6	卸模杆	8		ϕ10		
7	卸模板	2	h_2	12		
8	圆柱销	8		ϕ2		
9	套　筒	4		ϕ13×35		
10	手　柄	8		ϕ8		
11	下模板	1	h_3	12		
12	导　柱	1		ϕ14		
H　系　列				16，20，25，32，40，50，60		

（续表）

类别	组合形式及尺寸
矩形压缩模	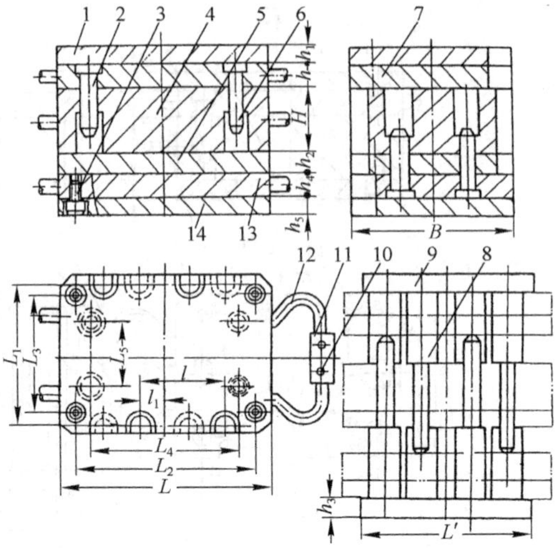

类别	主要尺寸							
矩形压缩模	主要尺寸	最大成形面积	60×35	60×40	70×40	70×50	70×60	90×50	90×60
		模板尺寸 $L\times B$	125×80	125×90	140×90	140×100	140×110	160×110	160×125
		卸模板尺寸 $L'\times B'$	100×110	100×115	110×115	110×125	110×130	130×130	130×140
		L_1	70	80	80	90	100	100	115
		L_2	105	105	120	120	120	135	135
		L_3	60	70	70	75	85	85	95
		L_4	85	85	95	95	95	115	115
		L_5	25	30	30	40	50	55	60
		l	44	44	58	58	58	74	74
		l_1	11	11	18	18	18	26	26

件号	名　称	数量	尺寸符号	尺寸		
1	上模板	1	h_1	12		
2	导　柱	1		ϕ14		
3	螺　钉	12		M8		
4	凹　模	1	H	16～40	32～60	40～60
5	垫　板	1	h_2	12		
6	导　柱	1		ϕ10		
7	上固定板	1	h	12($H\leqslant 25$)，15($H>25$)		
8	卸模杆	8		ϕ20		
9	卸模板	2	h_3	12		
10	圆柱销	12		ϕ2		
11	套　筒	6		ϕ13×35		
12	手　柄	12		ϕ8		
13	下固定板	1	h_4	12($H\leqslant 25$)，15($H>25$)		
14	下模板	1	h_5	12		
H 系列				16，20，25，32，40，50，60		

（续表）

类别：矩形压缩模

组合形式及尺寸

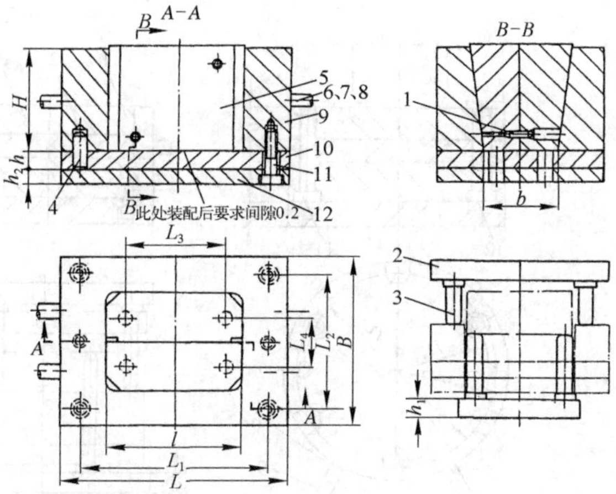

主要尺寸				
最大成形面积	55×25	75×35	95×45
模板尺寸 $L\times B$	115×90	150×115	180×140
卸模板尺寸 $L'\times B'$	90×100	110×125	130×125
	80×50	100×60	125×70
$l\times b$	70×40	90×50	110×60
L_1	90	125	155
L_2	65	90	115
L_3	54	74	94
L_4	24	34	44

件号	名　称	数量	尺寸符号	尺　寸		
1	导　钉	2		ϕ4		ϕ6
2	卸模板	2	h_1	12		
3	卸模杆	8		ϕ10		
4	圆柱销	2		ϕ6		
5	凹　模	1	H	50	70	90
6	手　柄	4		ϕ8		
7	套　筒	2		ϕ13×35		
8	圆柱销	4		ϕ2		
9	套　板	1	H	50	70	90
10	固定板	1	h	12		
11	螺　钉	4		M10		
12	下模板	1	h_2	12		

（续表）

类别	组合形式及尺寸
圆形压注模	

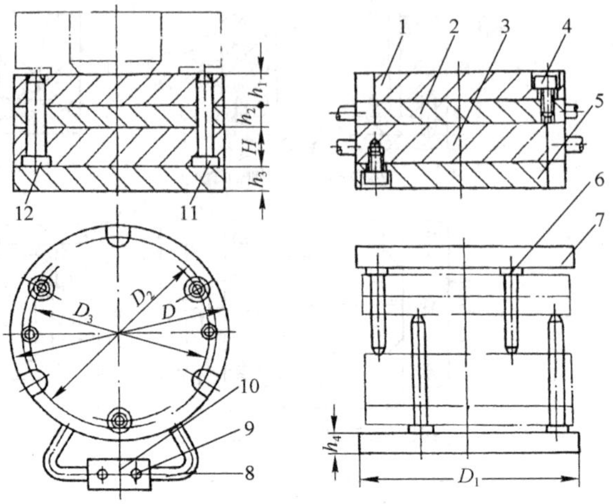

主要尺寸		50	60	65	72	86	100
	最大成形直径	50	60	65	72	86	100
	D	90	100	110	120	140	160
	D_1	115	120	130	140	160	180
	D_2	80	90	100	110	130	150
	D_3	70	80	90	100	118	135

件号	名称	数量	尺寸符号	尺寸					
1	浇口板	1	h_1	12				15	
2	固定板	1	h_2	12				15	
3	凹模	1	H	16～60(按需要确定)					
4	螺钉	6		M8					
5	下模板	1	h_3	12					
6	卸模杆	6		ϕ10					
7	卸模板	2	h_4	12					
8	手柄	8		ϕ8					
9	圆柱销	8		ϕ2					
10	套筒	4		ϕ13×35					
11	导柱	1		ϕ8				ϕ10	ϕ12
12	导柱	1		ϕ10				ϕ12	ϕ14

（续表）

类别	组合形式及尺寸

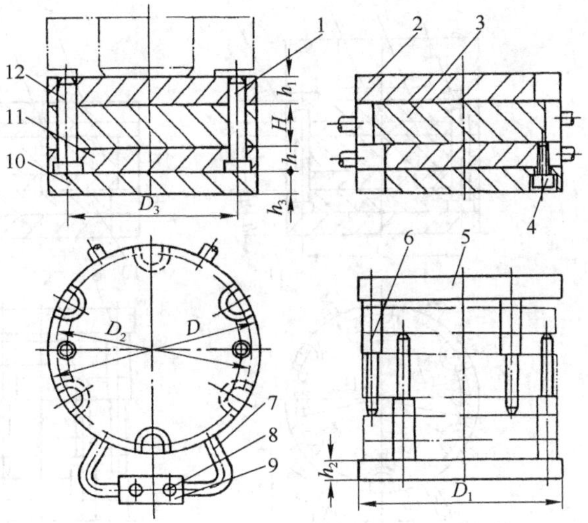

圆形压注模	主要尺寸						
圆形压注模	最大成形直径	50	60	65	72	86	100
圆形压注模	D	90	100	110	120	140	160
圆形压注模	D_1	115	120	130	140	160	180
圆形压注模	D_2	80	90	100	110	130	150
圆形压注模	D_3	70	80	90	100	118	135

圆形压注模	件号	名　称	数量	尺寸符号	尺　寸					
圆形压注模	1	导　柱	1		ϕ8				ϕ10	ϕ12
圆形压注模	2	浇口板	1	h_1	12				15	
圆形压注模	3	凹　模	1	H	16～60（按需要确定）					
圆形压注模	4	螺　钉	3		M8					
圆形压注模	5	卸模板	2	h_2	12					
圆形压注模	6	卸模杆	6		ϕ20					
圆形压注模	7	手　柄	8		ϕ8					
圆形压注模	8	圆柱销	8		ϕ2					
圆形压注模	9	套　筒	4		ϕ13×35					
圆形压注模	10	下模板	1	h_3	12					
圆形压注模	11	固定板	1	h	12				15	
圆形压注模	12	导　柱	1		ϕ10				ϕ12	ϕ14

（续表）

<table>
<tr><th>类别</th><th colspan="10">组 合 形 式 及 尺 寸</th></tr>
<tr><td rowspan="22">圆
形
压
注
模</td><td colspan="10">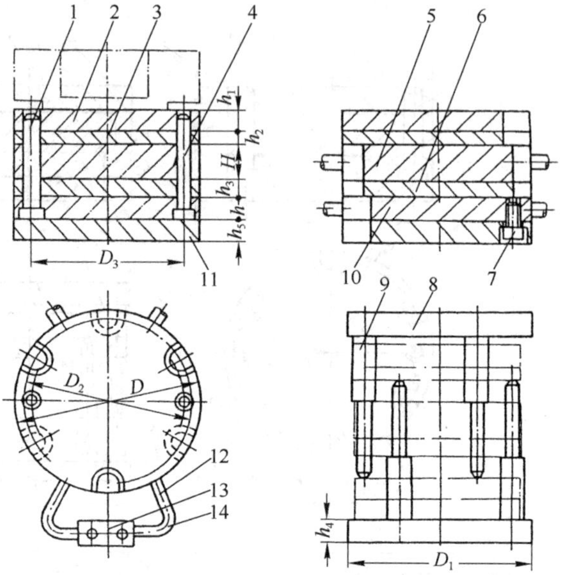</td></tr>
<tr><td colspan="2" rowspan="5">主要尺寸</td><td colspan="2">最大成形直径</td><td>50</td><td>60</td><td>65</td><td>72</td><td>86</td><td>100</td></tr>
<tr><td colspan="2">D</td><td>90</td><td>100</td><td>110</td><td>120</td><td>140</td><td>160</td></tr>
<tr><td colspan="2">D_1</td><td>115</td><td>120</td><td>130</td><td>140</td><td>160</td><td>180</td></tr>
<tr><td colspan="2">D_2</td><td>80</td><td>90</td><td>100</td><td>110</td><td>130</td><td>150</td></tr>
<tr><td colspan="2">D_3</td><td>70</td><td>80</td><td>90</td><td>100</td><td>118</td><td>135</td></tr>
<tr><td>件号</td><td>名 称</td><td>数量</td><td>尺寸符号</td><td colspan="6">尺 寸</td></tr>
<tr><td>1</td><td>导 柱</td><td>1</td><td></td><td colspan="4">ϕ10</td><td>ϕ12</td><td>ϕ14</td></tr>
<tr><td>2</td><td>浇口板</td><td>1</td><td>h_1</td><td colspan="4">12</td><td colspan="2">15</td></tr>
<tr><td>3</td><td>垫 板</td><td>1</td><td>h_2</td><td colspan="4">10</td><td colspan="2">12</td></tr>
<tr><td>4</td><td>导 柱</td><td>1</td><td></td><td colspan="4">ϕ8</td><td>ϕ10</td><td>ϕ12</td></tr>
<tr><td>5</td><td>凹 模</td><td>1</td><td>H</td><td colspan="6">16～60(按需要确定)</td></tr>
<tr><td>6</td><td>顶 板</td><td>1</td><td>h_3</td><td colspan="4">6</td><td colspan="2">8</td></tr>
<tr><td>7</td><td>螺 钉</td><td>3</td><td></td><td colspan="6">M8</td></tr>
<tr><td>8</td><td>卸模板</td><td>2</td><td>h_4</td><td colspan="6">12</td></tr>
<tr><td>9</td><td>卸模杆</td><td>6</td><td></td><td colspan="6">ϕ20</td></tr>
<tr><td>10</td><td>固定板</td><td>1</td><td>h</td><td colspan="4">12</td><td colspan="2">15</td></tr>
<tr><td>11</td><td>下模板</td><td>1</td><td>h_5</td><td colspan="6">12</td></tr>
<tr><td>12</td><td>手 柄</td><td>8</td><td></td><td colspan="6">ϕ8</td></tr>
<tr><td>13</td><td>套 筒</td><td>4</td><td></td><td colspan="6">ϕ13×35</td></tr>
<tr><td>14</td><td>圆柱销</td><td>8</td><td></td><td colspan="6">ϕ2</td></tr>
</table>

（续表）

类别	组合形式及尺寸						
圆形压注模	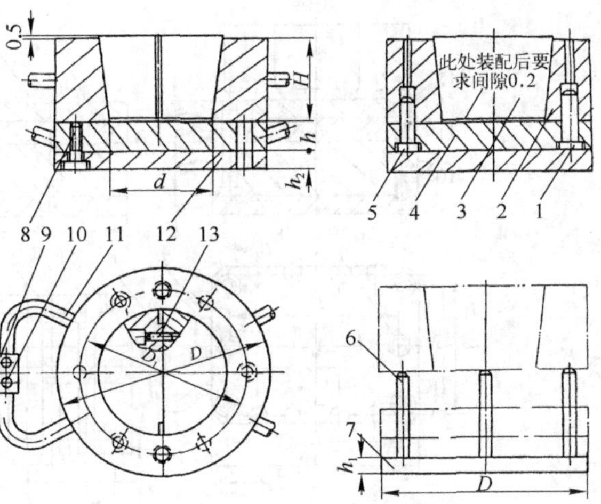						
	主要尺寸		最大成形直径	35	45	55	65
			d	50	60	70	80
			D	105	125	140	160
			D_1	85	100	115	130
	件号	名　称	数量	尺寸符号	尺　寸		
	1	导　柱	1		φ10		φ12
	2	模　套	1	H	16～60(按需要确定)		
	3	凹　模	1	H	16～60(按需要确定)		
	4	固定板	1	h	12		15
	5	导　柱	1		φ8		φ10
	6	卸模杆	3		φ8		φ10
	7	卸模板	1	h_1	12		
	8	螺　钉	3		M8		
	9	套　筒	4		φ13×35		
	10	圆柱销	8		φ2		
	11	手　柄	8		φ8		
	12	下模板	1	h_2	12		
	13	导　钉	2		φ4		φ6

（续表）

类别	组合形式及尺寸									
矩形压注模	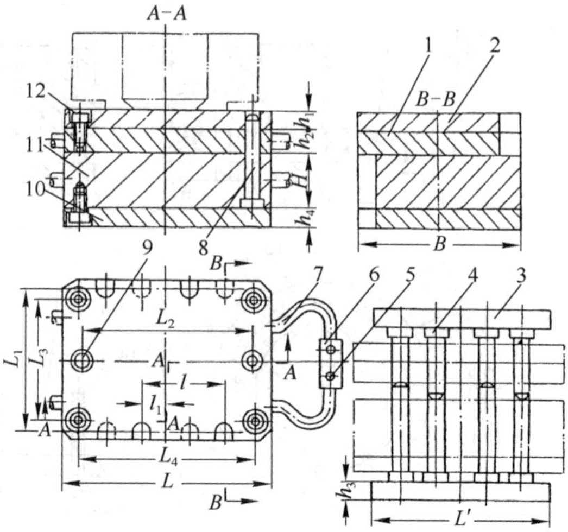									
	主要尺寸		最大成形面积	70×30	70×40	90×30	90×40	90×50	100×45	100×55
			模板尺寸 $L\times B$	125×80	125×90	140×90	140×100	140×110	160×110	160×125
			卸模板尺寸 $L'\times B'$	100×110	100×115	110×115	110×125	110×130	130×130	130×140
			L_1	70	80	80	90	100	100	115
			L_2	96	96	115	115	115	135	135
			L_3	60	70	70	75	85	85	95
			L_4	105	105	120	120	120	135	135
			l	44	44	58	58	58	74	74
			l_1	11	11	18	18	18	26	26
	件号	名称	数量	尺寸符号	尺寸					
	1	固定板	1	h_2	12		15			
	2	浇口板	1	h_1	12					15
	3	卸模板	2	h_3	12					
	4	卸模杆	8		ϕ10					
	5	圆柱销	8		ϕ2					
	6	套　筒	4		ϕ13×35					
	7	手　柄	8		ϕ8					
	8	导　柱	1		ϕ10					
	9	导　柱	1		ϕ14					
	10	下模板	1	h_4	12					
	11	凹　模	1	H	16～60(按需要确定)					
	12	螺　钉	8		M8					

（续表）

<table>
<tr><th>类别</th><th colspan="10">组 合 形 式 及 尺 寸</th></tr>
<tr><td rowspan="21">矩形压注模</td><td colspan="10">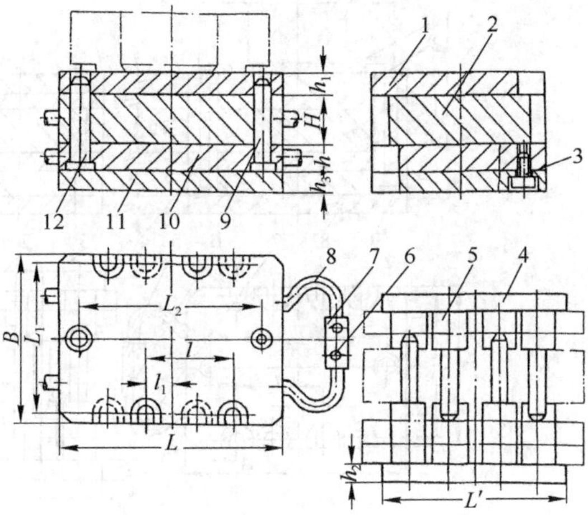
</td></tr>
<tr><td colspan="2" rowspan="7">主要尺寸</td><td colspan="2">最大成形面积</td><td>70×30</td><td>70×40</td><td>90×30</td><td>90×40</td><td>90×50</td><td>100×45</td><td>100×55</td></tr>
<tr><td colspan="2">模板尺寸 $L\times B$</td><td>125×80</td><td>125×90</td><td>140×90</td><td>140×100</td><td>140×110</td><td>160×110</td><td>160×125</td></tr>
<tr><td colspan="2">卸模板尺寸 $L'\times B'$</td><td>100×110</td><td>100×115</td><td>110×115</td><td>110×125</td><td>110×130</td><td>130×130</td><td>130×140</td></tr>
<tr><td colspan="2">L_1</td><td>70</td><td>80</td><td>80</td><td>90</td><td>100</td><td>100</td><td>115</td></tr>
<tr><td colspan="2">L_2</td><td>96</td><td>96</td><td>115</td><td>115</td><td>115</td><td>135</td><td>135</td></tr>
<tr><td colspan="2">l</td><td>44</td><td>44</td><td>58</td><td>58</td><td>58</td><td>74</td><td>74</td></tr>
<tr><td colspan="2">l_1</td><td>11</td><td>11</td><td>18</td><td>18</td><td>18</td><td>26</td><td>26</td></tr>
<tr><td>件号</td><td>名称</td><td>数量</td><td>尺寸符号</td><td colspan="7">尺　　寸</td></tr>
<tr><td>1</td><td>浇口板</td><td>1</td><td>h_1</td><td colspan="5">12</td><td colspan="2">15</td></tr>
<tr><td>2</td><td>凹　模</td><td>1</td><td>H</td><td colspan="7">16～60(按需要确定)</td></tr>
<tr><td>3</td><td>螺　钉</td><td>4</td><td></td><td colspan="7">M8</td></tr>
<tr><td>4</td><td>卸模板</td><td>2</td><td>h_2</td><td colspan="7">12</td></tr>
<tr><td>5</td><td>卸模杆</td><td>8</td><td></td><td colspan="7">ϕ20</td></tr>
<tr><td>6</td><td>圆柱销</td><td>8</td><td></td><td colspan="7">ϕ2</td></tr>
<tr><td>7</td><td>套　筒</td><td>4</td><td></td><td colspan="7">ϕ13×35</td></tr>
<tr><td>8</td><td>手　柄</td><td>8</td><td></td><td colspan="7">ϕ8</td></tr>
<tr><td>9</td><td>导　柱</td><td>1</td><td></td><td colspan="7">ϕ10</td></tr>
<tr><td>10</td><td>固定板</td><td>1</td><td>h</td><td colspan="2">12</td><td colspan="5">15</td></tr>
<tr><td>11</td><td>下模板</td><td>1</td><td>h_3</td><td colspan="7">12</td></tr>
<tr><td>12</td><td>导　柱</td><td>1</td><td></td><td colspan="7">ϕ14</td></tr>
</table>

(续表)

类别	组合形式及尺寸
矩形压注模	

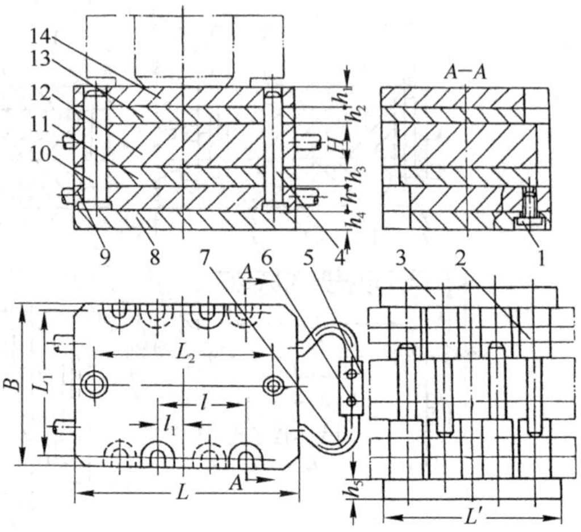

主要尺寸								
主要尺寸	最大成形面积	70×30	70×40	90×30	90×40	90×50	100×45	100×55
	模板尺寸 $L\times B$	125×80	125×90	140×90	140×100	140×110	160×110	160×125
	卸模板尺寸 $L'\times B'$	100×110	100×115	110×115	110×125	110×130	130×130	130×140
	L_1	70	80	80	90	100	100	115
	L_2	96	96	115	115	115	135	135
	l	44	44	58	58	58	74	74
	l_1	11	11	18	18	18	26	26

件号	名称	数量	尺寸符号	尺寸						
1	螺钉	4		M8						
2	卸模杆	8		ϕ20						
3	卸模板	2	h_5	12						
4	导柱	1		ϕ10						
5	套筒	4		ϕ13×35						
6	圆柱销	8		ϕ2						
7	手柄	8		ϕ8						
8	下模板	1	h_4	12						
9	固定板	1	h	12		15				
10	导柱	1		ϕ14						
11	顶板	1	h_3	12						
12	凹模	1	H	16~60(按需要确定)						
13	垫板	1	h_2	10					12	
14	浇口板	1	h_1	12					15	

（续表）

类别	组合形式及尺寸
矩形压注模	

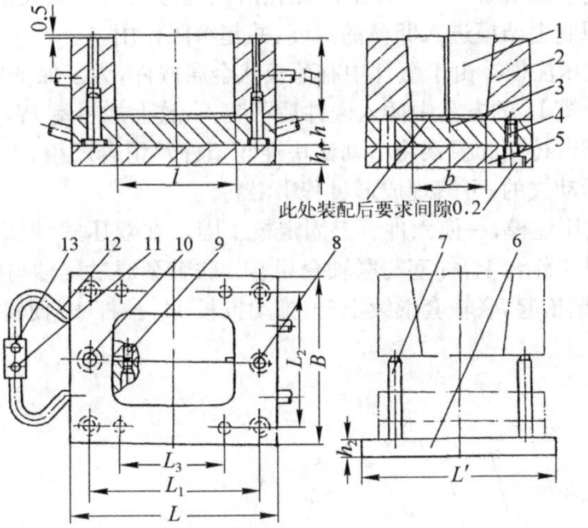

主要尺寸	最大成形面积	55×25	75×35	95×45
	模板尺寸 $L\times B$	120×95	150×115	180×140
	$l\times b$	70×40	90×50	110×60
	L_1	100	130	155
	L_2	75	95	115
	L_3	50	75	95

件号	名　称	数量	尺寸符号	尺　寸		
1	凹　模	1	H	16～60(按需要确定)		
2	模　套	1	H	16～60(按需要确定)		
3	固定板	1	h	12	15	
4	螺　钉	4		M8		
5	下模板	1	h_1	12		
6	卸模板	1	h_2	12		
7	卸模杆	4		φ10		φ12
8	导　柱	1		φ8		
9	导　钉	2		φ2		
10	导　柱	1		φ10		
11	圆柱销	8		φ2		
12	手　柄	8		φ8		
13	套　筒	4		φ13×35		

注：1. 手柄均设在模板的厚度对称中心线上。
2. 零件的材料与热处理参见表 2－4－117。
3. 表面粗糙度为：成形表面 Ra 0.1～0.2 μm，配合表面、接合面、基准面 Ra 0.8 μm，其余 Ra 1.6～6.3 μm。

四、压缩和压注模典型结构

图 2-6-1 为移动式半溢压缩模。为操作方便，设两个分型面。成形件采用镶拼结构，压入下模固定板中。开模时，在卸模架上分模取件。

图 2-6-2 为固定式半溢压缩模。塑件上的侧孔由侧型芯成形。开模时先手工拧出侧型芯，然后由推杆推出塑件。限位块调整和限制上凸模进入凹模的深度，并起承压作用。

图 2-6-3 为移动式压注模。由于塑件中有薄板状金属嵌件，为了保证成形过程中嵌件能正确定位，合模前活动镶件 16 先不装，从凸模 15 的方孔中插入嵌件后再装入，放上加料室 17，使活动镶件在成形过程中不能窜动。卸模时，先将上模座板撬开，再用卸模架将活动镶块连同塑件及组合凹模、上模座板一起推出，在模外分开，即可取出塑件。由于镶块是活动式的，可清理成形过程中溢料。

图 2-6-4 为固定式压注模，一模六件。上固定板 4 固定在双压式液压机的上压板上，主缸完成锁模动作。下固定板 7 固定在液压机工作台上，柱塞与联轴套相连。联轴套通过尾轴与辅助缸的活塞杆相连，由辅助缸完成压注动作。压注完毕，上模抬起，联轴套继续上升，推动推板 11，推杆 12 便将塑件从下凹模推出。

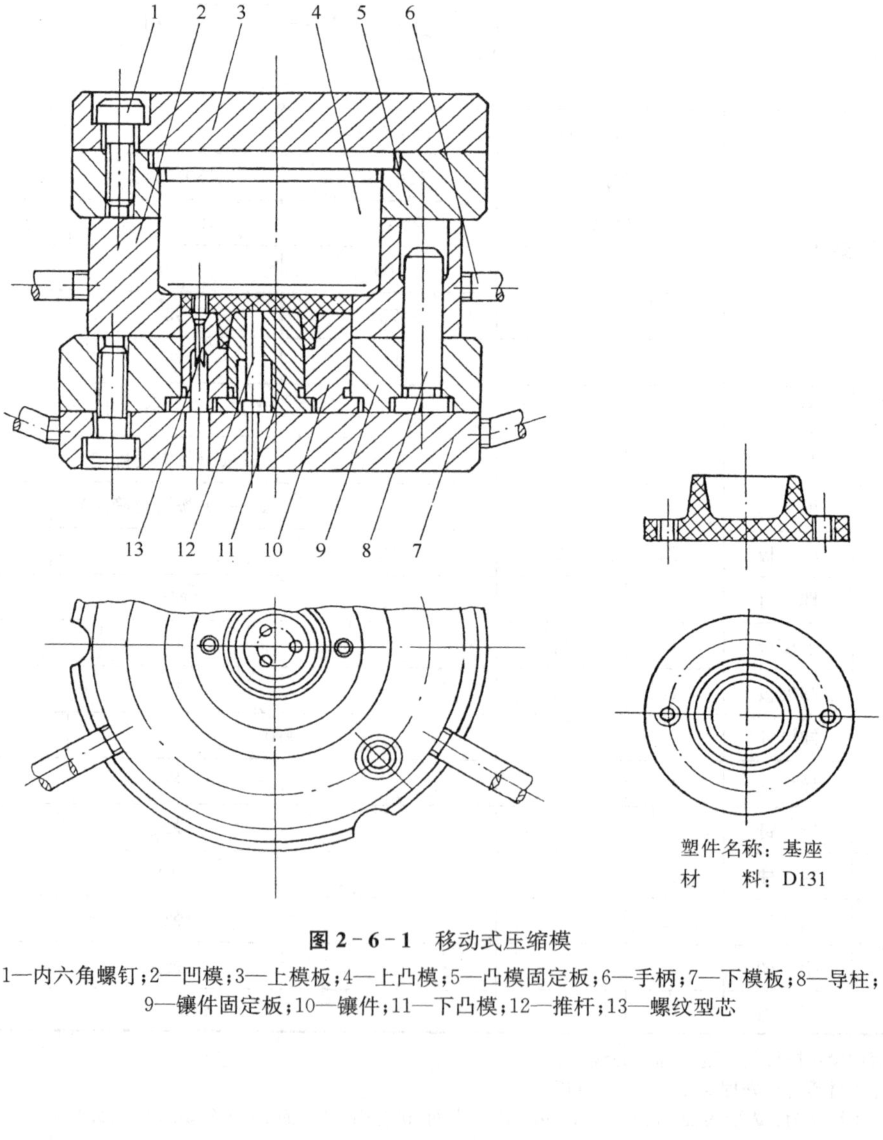

图 2-6-1　移动式压缩模

1—内六角螺钉；2—凹模；3—上模板；4—上凸模；5—凸模固定板；6—手柄；7—下模板；8—导柱；9—镶件固定板；10—镶件；11—下凸模；12—推杆；13—螺纹型芯

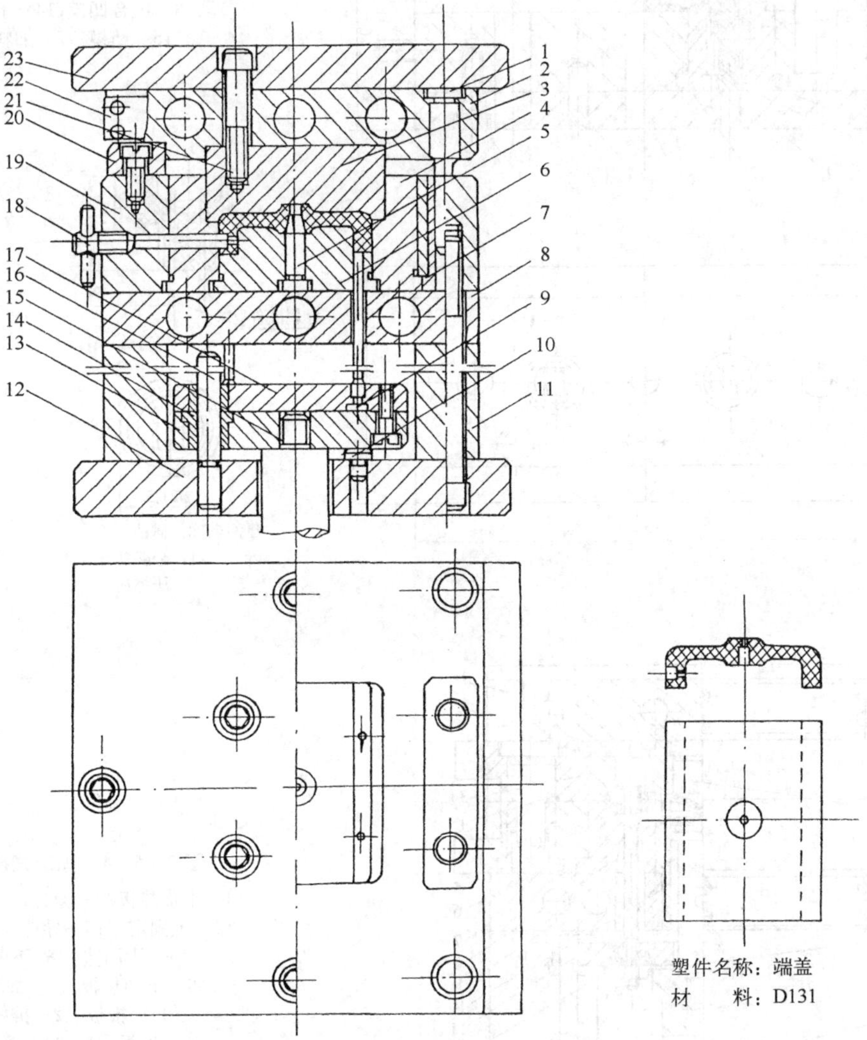

图 2-6-2　固定式压缩模

1—导柱；2—凸模固定板；3—上凸模；4—凹模；5—型芯；6—下凸模；7—导套；8—支承板；9—推杆；10—限位钉；11—垫块；12—下模座板；13—推板；14—推板导套；15—拉杆；16—推板导柱；17—推杆固定板；18—侧型芯；19—模套；20—限位块；21—内六角螺钉；22—盖板；23—上模座板

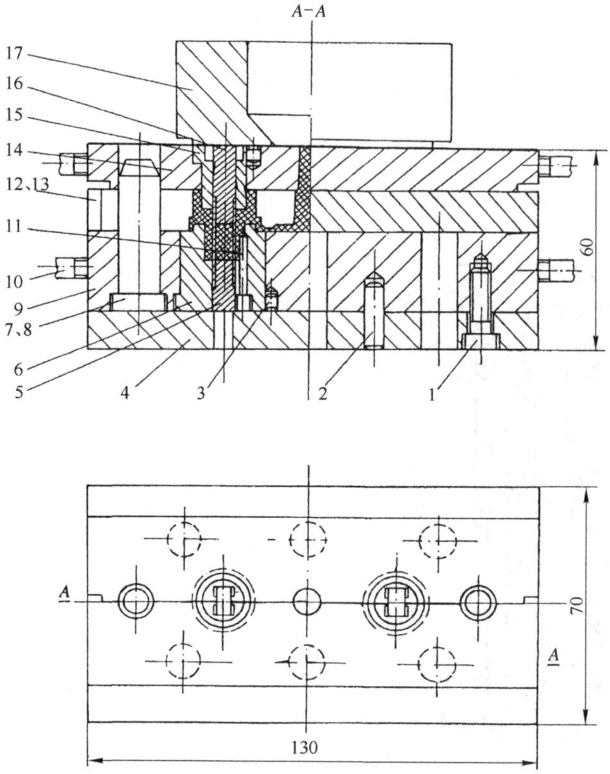

图 2-6-3　移动式压注模

1—内六角螺钉；2、3—圆柱销；4—下模座板；5、16—活动镶块；6—凸凹模；7、8—导柱；9—固定板；10—手柄；11—型芯；12、13—组合凹模；14—上模座板；15—凸模；17—加料室

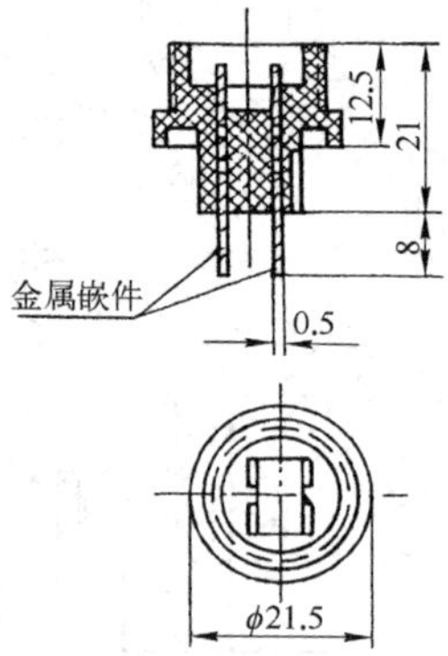

塑件名称：插销
材　　料：酚醛玻纤压缩料

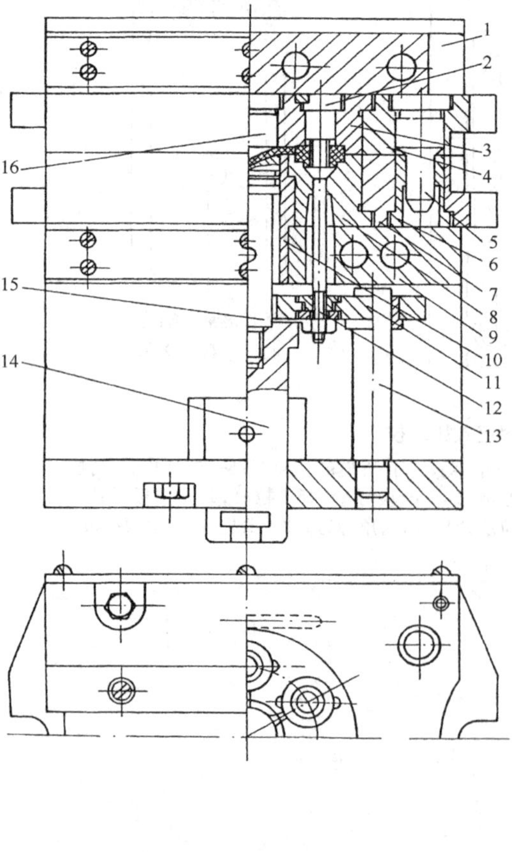

图 2-6-4　固定式压注模

1—上加热板；2—型芯；3—上凹模；4—上固定板；5—导柱；6—导套；7—下固定板；8—下凹模；9—下加热板；10—加料室；11—推板；12—推杆；13—推板导柱；14—联轴套；15—柱塞；16—分流锥

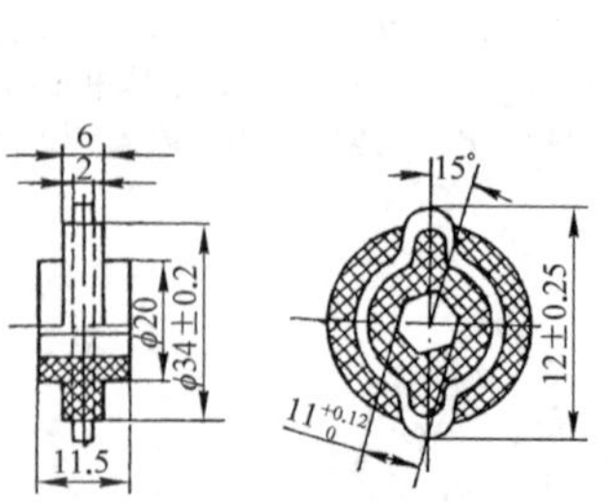

塑件名称：旋钮
材　　料：D131

五、热固性塑料成形件缺陷原因分析

热固性塑料成形件的缺陷及其产生原因分析见表 2-6-29。

表 2-6-29　热固性塑料成形件缺陷原因分析

缺　陷	原　因　分　析
缺　料	(1) 装料不足、装料不匀或不易成形部位装料少 (2) 溢料过多，飞边太大 (3) 塑料含水及挥发物多，粉料内充气过多并排气不良 (4) 加料量不足，余料不足 (5) 料粒不匀或太粗太细，或者有大粒树脂或杂质，致使硬化时塑件呈多孔状疏松组织 (6) 塑料流动性过大、过小 (7) 成形压力小，压制温度过高、过低或不均，预热过度、不足或不匀 (8) 加压、排气时机过早或过晚，保压时间短，排气时间过长或过短，合模速度过快或过慢 (9) 塑件壁过薄或形状复杂，融料填充困难 (10) 浇注系统流程长、流道曲折、截面小(模温高时影响较大)或进料口位置及形式不当，进料口数量少，截面薄窄 (11) 料筒温度过高或过低，预塑不良，注射速度过快或过慢 (12) 压机公称压力不足或保压时有泄压现象，压机上下工作台及模具上下承压平面不平行(对大型模具及一模多腔模具影响较大) (13) 脱模剂不当或过多
起泡(又称气泡、鼓泡、肿胀)	(1) 成形温度低(一般形成面积较大、两面鼓起的气泡)，成形温度高(一般形成面积较小的气泡) (2) 塑料含水分及挥发物多，预热不良，有杂质或其他品种塑料 (3) 料粒不匀、太细，预塑不良，融料内充气过多 (4) 保持压力小，时间短 (5) 成形压力小，排气不良 (6) 料筒温度低，模温过高或过低，注射速度太快 (7) 塑件壁厚不匀，厚薄交接处易发生气泡 (8) 模具表面有挥发物，脱模剂不当
流　痕	(1) 塑料流动性过好，含水分及挥发物过多 (2) 预热不良 (3) 排气时机不当及时间过长 (4) 模具表面不净，脱模剂不当或过多 (5) 装料不足 (6) 料互溶性差(对增强塑料) (7) 浇注系统及排气系统设计不当 (8) 料筒温度低，模温低，注射速度快 (9) 料筒温度高，模温高，注射压力小及注射速度慢，塑料流动性差，进料口小
崩　落	(1) 塑件粘模或模具表面损伤 (2) 塑件设计不合理，角根处过渡圆半径小或无纤维填料 (3) 飞边太厚，去飞边方向不对 (4) 压制温度高及时间长、加压晚，或压制温度低及时间短、加压过早
色泽不匀、变色	(1) 塑料质量不佳 (2) 压制温度高，塑料及有机颜料分解，如酚醛料呈深褐色，氨基料呈白色，无机颜料或颜料质量不佳时出现颜色不均和花纹 (3) 压制温度低，固化不足，如酚醛料呈青灰色，并有水迹样子 (4) 预热不良、成形条件不良或固化不匀等原因，造成固化不足或过固化 (5) 料筒温度过高或过低，模温高，固化时间长，注射速度快或过慢，进料口小，塑料含水分及挥发物多
飞边太厚	(1) 模具制造不良，闭合不严，排气槽太深 (2) 模具磨损，强度差，易变形 (3) 塑料流动性过好 (4) 加料量太多 (5) 成形压力、闭模力小 (6) 压机工作台不平行，模具承压平面不平行，工作台与模具上下面不平行

(续表)

缺陷	原因分析
尺寸不符合要求	(1) 加料量过多、过少 (2) 模具结构不良,尺寸不对,磨损变形 (3) 成形压力、温度、时间、预热条件、装料、工艺条件不当或不稳定 (4) 塑料不合格或含水分及挥发物过多 (5) 塑料收缩率过大或过小 (6) 上下模温差大或模温不匀 (7) 塑件脱模、整形、冷却不当 (8) 压机控制仪器不良或上下工作台不平行 (9) 塑件壁厚不匀,嵌件位置不当 (10) 浇注系统不良,填充型腔不稳定
表面灰黑	(1) 压制温度低或高,时间短,预热不足及不匀 (2) 模具表面粗糙度大、镀铬层不良或有油污,有其他品种塑料,脱塑剂不当 (3) 塑件粘模 (4) 合模太晚或合模速度太慢,致使塑件表面出现多孔疏松 (5) 塑件内含过多润滑剂、水分及挥发物 (6) 轻微缺料或不同牌号塑料混合使用 (7) 塑料局部纤维填料裸露,树脂、填料分别集中 (8) 氨基塑料固化不足,易吸湿 (9) 料筒温度低,成形压力小,注射速度过快或过慢,塑料流动性差,浇口太小
表面有斑点	(1) 塑料内有杂质,尤其油类物质 (2) 模具抛光不良、镀铬层不良、表面不净 (3) 塑件粘模 (4) 塑料中有大颗粒树脂,集中附在塑件表面上 (5) 脱膜剂不当
变形	(1) 保压时间短 (2) 塑料含水分及挥发物多,预热不良 (3) 塑料收缩率大,塑件壁过薄,厚薄不匀,形状不合理,强度不足,嵌件位置不当 (4) 压制温度高或低,模温不匀或上下模温差太大 (5) 脱模不良,脱模后冷却不匀,整形时间太短 (6) 增强塑料脱模时温度高或升温太快 (7) 料筒温度低,模温低,保持时间短 (8) 浇注系统及成形条件不当,内应力大,填充不匀,填料分布不均,收缩方向性大
裂缝	(1) 塑料质量差,脱模剂不当或渗有杂质,收缩率大或收缩不匀 (2) 嵌件过多或分布不当,嵌件未预热,嵌件材料与塑料膨胀系数配合不当 (3) 塑件壁厚不匀,有尖角,缺口部分应力集中 (4) 氨基塑料压制温度高 (5) 脱模不良或塑件粘模 (6) 塑件冷却不匀,熔接不良 (7) 塑料含水分及挥发物多,预热不良 (8) 模温低,加压快,压力小,固化不足,模温高,排气时间长,加压及排气时机过晚,固化过度 (9) 浇注系统及成形条件不当,造成内应力大、收缩方向性明显,填料分布不匀 (10) 供料不足,成形压力小,塑件组织不致密

第三篇 压铸模具设计

第一章 压铸合金与压铸工艺

一、压铸合金

压铸合金主要是有色金属合金，黑色金属合金有少量应用。压铸用有色金属合金可分为低熔点合金和高熔点合金两类。低熔点合金有铅合金、锡合金和锌合金；高熔点合金有铝合金、镁合金和铜合金。目前，广泛应用的压铸合金为压铸锌合金、压铸铝合金、压铸镁合金、压铸铜合金。

（一）压铸锌合金

压铸锌合金化学成分见表 3-1-1，牌号对照与力学性能见表 3-1-2。

表 3-1-1 压铸锌合金化学成分(质量分数) （%）

牌 号	合金代号	主 要 成 分				杂质含量(不大于)			
		Al	Cu	Mg	Zn	Fe	Pb	Sn	Cd
YZZnAl4A	YX040A	3.9～4.3	≤0.1	0.030～0.060	余量	0.035	0.004	0.001 5	0.003
YZZnAl4B	YX040B	3.9～4.3	≤0.1	0.010～0.020	余量	0.075	0.003	0.001 0	0.002
YZZnAl4Cu1	YX041	3.9～4.3	0.7～1.1	0.030～0.060	余量	0.035	0.004	0.001 5	0.003
YZZnAl4Cu3	YX043	3.9～4.3	2.7～3.3	0.025～0.050	余量	0.035	0.004	0.001 5	0.003
YZZnAl8Cu1	YX081	8.2～8.8	0.9～1.3	0.020～0.030	余量	0.035	0.005	0.005 0	0.002
YZZnAl11Cu1	YX111	10.8～11.5	0.5～1.2	0.020～0.030	余量	0.050	0.005	0.005 0	0.002
YZZnAl27Cu2	YX272	25.5～28	2.0～2.5	0.012～0.020	余量	0.070	0.005	0.005 0	0.002

注：参照 GB/T 13818—2009。

表 3-1-2 压铸锌合金牌号对照与力学性能

锌 压 铸 合 金							
中国合金代号	YX040A	YX040B	YX041	YX043	YX081	YX111	YX272
北美商业标准(NADCA)	No. 3	No. 7	No. 5	No. 2	ZA-8	ZA-12	ZA-27
美国材料试验学会(ASTM)	AG-40A	AG-40B	AG-41A				
力 学 性 能							
抗拉强度 R_m(MPa)	283	283	328	359	372	400	426
伸长率 A(%)	10	13	7	7	6～10	4～7	2.0～3.5
布氏硬度(HBW)	82	80	91	100	100～106	95～105	116～122
冲击强度(J)	58	58	65	47.5	32～48	20～37	9～16

注：参照 GB/T 13821—2009。

（二）压铸铝合金

压铸铝合金化学成分见表 3-1-3，牌号对照与力学性能见表 3-1-4。

（三）压铸镁合金

压铸镁合金化学成分见表 3-1-5，牌号对照与力学性能见表 3-1-6。

表 3-1-3　压铸铝合金化学成分(质量分数)　(%)

合金牌号	合金代号	化学成分										
		Si	Cu	Mn	Mg	Fe	Ni	Ti	Zn	Pb	Sn	Al
YZAlSi10Mg	YL101	0.9～1.0	≤0.6	≤0.35	0.45～0.65	≤1.0	≤0.50		≤0.40	≤0.10	≤0.15	余量
YZAlSi12	YL102	10.0～13.0	≤1.0	≤0.35	≤0.10	≤1.0	≤0.50		≤0.40	≤0.10	≤0.15	余量
YZAlSi10	YL104	8.0～10.5	≤0.3	0.2～0.5	0.30～0.50	0.5～0.8	≤0.10		≤0.30	≤0.05	≤0.01	余量
YZAlSi9Cu4	YL112	7.5～9.5	3.0～4.0	≤0.50	≤0.10	≤1.0	≤0.50		≤2.90	≤0.10	≤0.15	余量
YZAlSi9Cu3	YL113	9.5～11.5	2.0～3.0	≤0.50	≤0.10	≤1.0	≤0.30		≤2.90	≤0.10		余量
YZAlSi17Cu5Mg	YL117	16.0～18.0	4.0～5.0	≤0.50	0.50～0.70	≤1.0	≤0.10	≤0.20	≤1.40	≤0.10		余量
YZAlMg5Si1	YL302	≤0.35	≤0.25	≤0.35	7.60～8.60	≤1.1	≤0.15		≤0.15	≤0.10	≤0.15	余量

注：参照 GB/T 15115—2009。

表 3-1-4　压铸铝合金牌号对照与力学性能

压铸铝合金							
中国 GB/T 15115—2009	YL101	YL102	YL104	YL112	YL113	YL117	YL302
美国 ASTM B179—06	A360.1	A413.1	360.2	A380.1	383.1	B390.1	518.1
日本 JIS H2118：2006	AD3.1	AD1.1		AD10.1	AD12.1	AD14.1	
欧洲 EN 1676：1997	EN AB-43400	EN AB-47100		EN AB-46200	EN AB-46100		
力学性能							
抗拉强度 R_m(MPa)	200	220	220	320	230	220	220
伸长率 A(%)	2.0	2.0	2.0	3.5	1.0	<1.0	2.0
布氏硬度(HBW)	70	60	70	85	80		70

注：参照 GB/T 15114—2009、GB/T 15115—2009。

表 3-1-5　压铸镁合金化学成分(质量分数)　(%)

合金牌号	合金代号	化学成分									
		Al	Zn	Mn	Si	Cu	Ni	Fe	Re	其他杂质	Mg
YZMgAl2Si	YM102	1.9～2.5	≤0.20	0.20～0.60	0.70～1.20	≤0.008	≤0.001	≤0.004		≤0.01	余量
YZMgAl2Si(B)	YM103	1.9～2.5	≤0.25	0.05～0.15	0.70～1.20	≤0.008	≤0.001	≤0.004	0.06～0.25	≤0.01	余量
YZMgAl4Si(A)	YM104	3.7～4.8	≤0.10	0.22～0.48	0.60～1.40	≤0.040	≤0.010				余量
YZMgAl4Si(B)	YM105	3.7～4.8	≤0.10	0.35～0.60	0.60～1.40	≤0.015	≤0.001	≤0.004		≤0.01	余量
YZMgAl4Si(S)	YM106	3.5～5.0	≤0.20	0.18～0.70	0.50～1.50	≤0.01	≤0.002	≤0.004		≤0.02	余量
YZMgAl2Mn	YM202	1.6～2.5	≤0.20	0.33～0.70	≤0.08	≤0.008	≤0.001	≤0.004		≤0.01	余量
YZMgAl5Mn	YM203	4.5～5.3	≤0.20	0.28～0.50	≤0.08	≤0.008	≤0.001	≤0.004		≤0.01	余量
YZMgAl6Mn(A)	YM204	5.6～6.4	≤0.20	0.15～0.50	≤0.20	≤0.250	≤0.010				余量
YZMgAl6Mn	YM205	5.6～6.4	≤0.20	0.26～0.50	≤0.08	≤0.008	≤0.001	≤0.004		≤0.01	余量
YZMgAl8Zn1	YM302	7.0～8.1	0.40～1.00	0.13～0.35	≤0.30	≤0.10	≤0.010			≤0.30	余量
YZMgAl9Zn1(A)	YM303	8.5～9.5	0.45～0.90	0.15～0.40	≤0.20	≤0.080	≤0.010				余量
YZMgAl9Zn1(B)	YM304	8.5～9.5	0.45～0.90	0.15～0.40	≤0.20	≤0.250	≤0.010				余量
YZMgAl9Zn1(D)	YM305	8.5～9.5	0.45～0.90	0.17～0.40	≤0.08	≤0.025	≤0.001	≤0.004		≤0.01	余量

注：参照 GB/T 25748—2010。

表 3-1-6 压铸镁合金牌号对照与力学性能

牌号对照				力学性能		
中国 GB/T 15115—2009	美国 ASTM B93/B93M—07	日本 JIS H303：2006	欧洲 EN 1753：1997	抗拉强度 R_m (MPa)	伸长率 A (%)	布氏硬度 (HBW)
YM102	AS21A	MDC6	MB21310	230	12	55
YM103	AS21B			231	13	55
YM104	AS41A			210	6	55
YM105	AS41B	MDC3B	MB21320	210	6	55
YM106				210	6	55
YM202		MDC5	MB21210	200	10	58
YM203	AM50A	MDC4	MB21220	220	8	62
YM204	AM60A			220	8	62
YM205	AM60B	MDC2B	MB21230	220	8	62
YM302			MB21110	230	3	63
YM303	AZ91A		MB21120	230	3	63
YM304	AZ91B	MDC1B	MB21121	230	3	63
YM305	AZ91D	MDC1D		230	3	63

注：参照 GB/T 25747—2010、GB/T 25748—2010。

（四）压铸铜合金

压铸铜合金力学性能见表 3-1-7，化学成分见表 3-1-8。

表 3-1-7 压铸铜合金力学性能

合金牌号	YZCuZn40Pb	YZCuZn16Si4	YZCuZn30Al3	YZCuZn35Al2Mn2Fe
抗拉强度 R_m(MPa)	300	345	400	475
伸长率 A(%)	6	25	15	3
布氏硬度(HB)5/250/30	85	85	110	130

注：参照 GB/T 15116—1994。

表 3-1-8 压铸铜合金化学成分(质量分数) (%)

合金牌号	合金代号	化学成分															
		主要成分							杂质含量(不大于)								
		Cu	Pb	Al	Si	Mn	Fe	Zn	Fe	Si	Ni	Sn	Mn	Al	Pb	Sb	总和
YZCuZn40Pb	YT40-1 铅黄铜	58.0～63.0	0.5～1.5	0.2～0.5				余	0.8	0.05			0.5			1.0	1.5
YZCuZn16Si4	YT16-4 硅黄铜	79.0～81.0			2.5～4.5			余	0.6			0.3	0.5	0.1	0.5	0.1	2.0
YZCuZn30Al3	YT30-3 铅黄铜	66.0～68.0		2.0～3.0				余	0.8			1.0	0.5		1.0		3.0
YZCuZn35Al2Mn2Fe	YT35-2-2-1 铝锰铁黄铜	57.0～65.0		0.5～2.5		0.1～3.0	0.5～2.0	余		0.1	3.0	1.0			0.5	Sb+Pb+As 0.4	2.0①

注：参照 GB/T 15116—1994。

① 杂质总和中不含 Ni。

二、压铸工艺

（一）压铸件的工艺性

1. 压铸件的壁厚

压铸件的最小壁厚通常根据铸件面积而定，见表 3－1－9。为保证铸件良好的成形条件，铸件外侧边缘应保持一定的壁厚，见图 3－1－1。

表 3－1－9　压铸件最小壁厚和正常壁厚

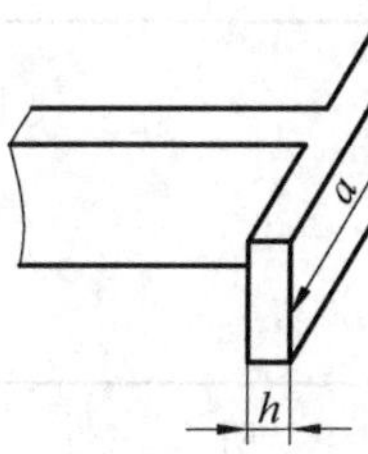

壁厚处面积 $a\times b$ (cm^2)	锌合金		铝合金		镁合金		铜合金	
	壁厚 h(mm)							
	最小	正常	最小	正常	最小	正常	最小	正常
≤25	0.5	1.5	0.8	2	0.8	2	0.8	1.5
＞25～100	1	1.8	1.2	2.5	1.2	2.5	1.5	2
＞100～500	1.5	2.2	1.8	3	1.8	3	2	2.5
＞500	2	2.5	2.5	3.5	2.5	3.5	2.5	3

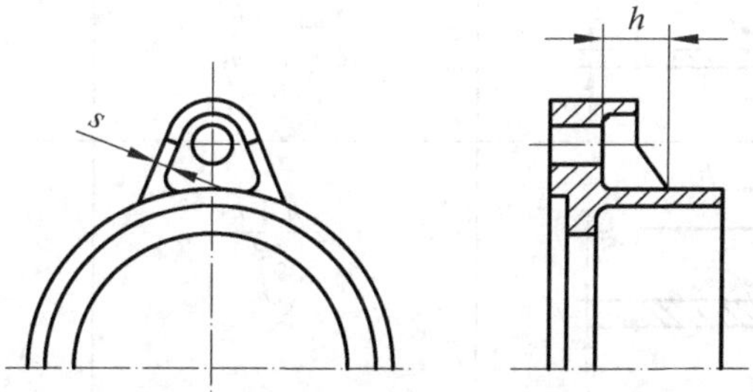

图 3－1－1　铸件边缘壁厚与深度的关系

$s\geqslant\frac{1}{4}h\sim\frac{1}{3}h$，当 $h\leqslant4.5$ mm 时，$s\geqslant1.5$ mm

2. 孔径和槽隙尺寸

能铸出较深小孔是压铸工艺的特点之一，铸孔最小孔径及孔径与深度的关系见表 3－1－10，槽隙尺寸见表 3－1－11。

表 3－1－10　铸孔最小孔径及孔径与深度的关系　(mm)

合金类别	最小孔径 d		深　　度			
			不　通　孔		通　　孔	
	经济上合理的	技术上可能的	$d>5$	$d\leqslant5$	$d>5$	$d\leqslant5$
锌合金	1.5	0.8	$6d$	$4d$	$12d$	$8d$
铝合金	2.5	2.0	$4d$	$2d$	$8d$	$6d$
镁合金	2.0	1.5	$5d$	$4d$	$10d$	$8d$
铜合金	4.0	2.5	$3d$	$2d$	$5d$	$3d$

注：1. 深度系指固定型芯，对于活动的单个型芯，深度可适当放大。
2. 对于较大的孔径，精度要求不高时，孔的深度可超出表中数值。
3. 选用表中数值时，应同时考虑孔径与孔深的关系。必要时可采取阻碍收缩的措施或避免型芯悬臂受力状态，以防止型芯变形甚至断裂。

表 3-1-11 槽 隙 尺 寸 (mm)

	尺 寸	合 金 类 别			
		锌合金	铝合金	镁合金	铜合金
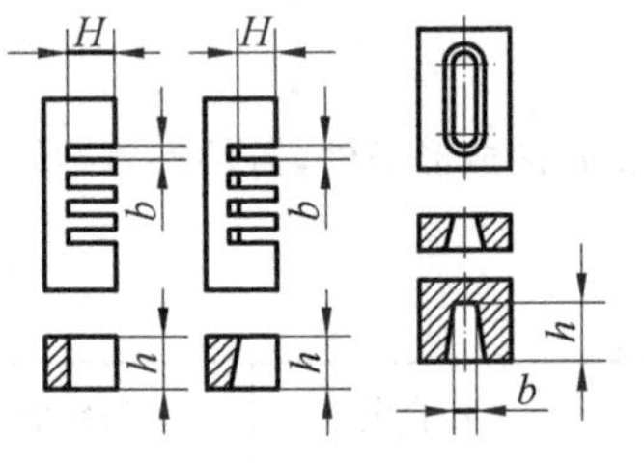	最小宽度 b	0.8	1.2	0.8	1.5
	最大深度 H	12	10	12	10
	厚 度 h	12	10	12	8

注：当深度 b 大于表中数值时，深度与厚度可适当增加。

3. 铸造圆角

铸造圆角半径与壁厚有关，见表 3-1-12。

表 3-1-12 压铸件铸造圆角计算

两相邻壁厚度	简 图	圆 角 半 径	说 明
相等壁厚	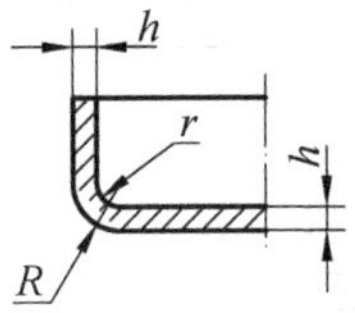	$r_{\min} = Kh$ $r_{\max} = h$ $R = r + h$	对于锌合金压铸件，$K = \frac{1}{4}$ 对于铝、镁、铜合金压铸件，$K = \frac{1}{2}$
不同壁厚	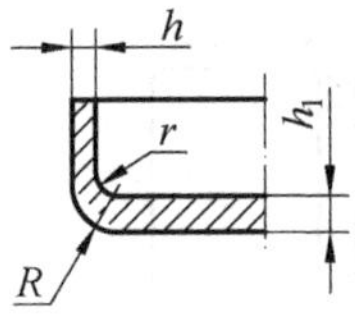	$r \geqslant \frac{h + h_1}{3}$ $R = r + \frac{h + h_1}{2}$	

4. 脱模斜度

压铸件脱模斜度见表 3-1-13。

表 3-1-13 压铸件脱模斜度

	合金类别	配合面的最小脱模斜度		非配合面的最小脱模斜度	
		外表面 α	内表面 β	外表面 α	内表面 β
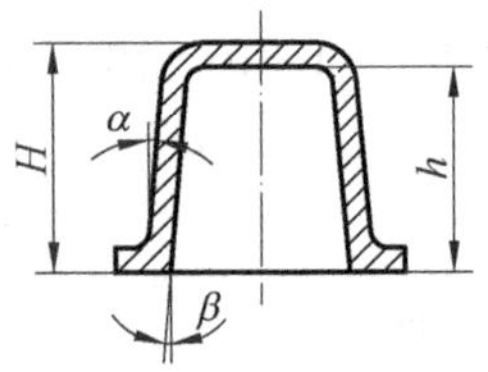	铜合金	10′	15′	15′	45′
	铝合金、镁合金	15′	30′	30′	1°
	铜合金	30′	45′	1°	1°30′

注：1. 表中数值适用于型腔深度或型芯高度小于或等于 50 mm，表面粗糙度为 $Ra0.1\ \mu m$，大端与小端尺寸单面差的最小值为 0.03 mm。
2. 当型腔深度或型芯高度大于 50 mm 或表面粗糙度小于 $Ra0.1\ \mu m$ 时，脱模斜度可适当减小。
3. 脱模斜度引起的压铸件尺寸偏差，不计入尺寸公差值内，脱模斜度的偏差值见附表。

附 表

	型腔深度或型芯高度 H(mm)	≤10	>10~18	>18~30	>30~50	>50~80	>80~120	>120~180	>180~260	>260~360	>360~500
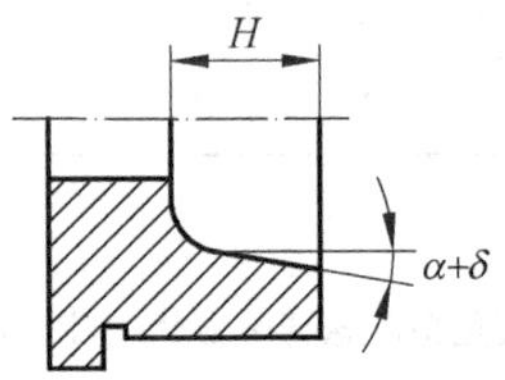	脱模斜度偏差值+δ	8′~13′	6′	5′	4′	3′	2′30″	2′	1′50″	1′50″	1′

5. 压铸螺纹、压铸齿轮与压铸铆钉头

压铸外螺纹时需留 0.2～0.3 mm 的加工余量。内螺纹虽可直接铸出，但一般是先铸出底孔，再经机械加工成内螺纹。压铸螺纹的尺寸见表 3-1-14。粗牙普通螺纹底孔直径见表 3-1-15，细牙普通螺纹底孔直径见表 3-1-16。压铸螺纹的牙形呈平头或圆头，平头螺纹见图 3-1-2。压铸齿轮的最小模数见表 3-1-17。压铸铆钉头的尺寸见表 3-1-18。

表 3-1-14　压铸螺纹尺寸

合金类别	最小螺距(mm)	最小螺纹大径(mm)		最大螺纹长度(螺距的倍数)	
		外螺纹	内螺纹	外螺纹	内螺纹
锌合金	0.75	6	10	8	5
铝合金	1.0	10	20	6	4
镁合金	1.0	6	14	6	4
铜合金	1.5	12		6	

注：GB 197—2003 中，5～6 级精度以上的螺纹不宜压铸。

表 3-1-15　压铸件粗牙普通螺纹底孔直径　(mm)

直径 d	2	3	4	5	6	8	10	12	14	16	18	20	22
螺距 t	0.4	0.5	0.7	0.8	1	1.25	1.5	1.75	2	2	2.5	2.5	2.5
底孔直径 d_2	1.6	2.5	3.3	4.2	5	6.7	8.5	10.2	11.9	13.9	15.4	17.4	19.4
内螺纹小径最小尺寸	1.68	2.6	3.42	4.33	5.12	6.87	8.63	10.39	12.14	14.14	15.63	17.63	19.63
直径 d	24	27	30	33	36	39	42	45	48	52			
螺距 t	3	3	3.5	3.5	4	4	4.5	4.5	5	5			
底孔直径 d_2	20.9	23.9	26.3	29.3	31.8	34.8	37.3	40.3	42.7	46.7			
内螺纹小径最小尺寸	21.13	24.13	26.63	29.63	32.15	35.15	37.68	40.68	43.19	47.19			

注：近似计算公式：$t \leqslant 1$ 时，$d_2 = d - t$；$t > 1$ 时，$d_2 = d - (1.04 \sim 1.06)t$。

表 3-1-16　压铸件细牙普通螺纹底孔直径　(mm)

直径 d	8		10		12		14		16		18		20		22
螺距 t	0.75	1	0.75	1	1	1.25	1	1.5	1	1.5	1	1.5	1	1.5	1
底孔直径 d_2	7.2	7	9.2	9	11	10.7	13	13.5	15	14.5	17	16.5	19	18.5	21
内螺纹小径最小尺寸	7.38	7.12	9.38	9.12	11.12	10.87	13.12	12.63	15.12	14.63	17.12	16.63	19.12	18.63	21.12
直径 d	22	24			27			30			33		36		
螺距 t	1.5	1	1.5	2	1	1.5	2	1	1.5	2	1.5	2	1.5	2	3
底孔直径 d_2	20.5	23	22.5	21.9	26	25.5	24.9	29	28.5	27.9	31.5	30.9	34.5	33.9	32.9
内螺纹小径最小尺寸	20.63	20.12	22.63	22.14	26.12	25.63	25.14	29.12	28.63	28.14	31.63	31.14	34.63	34.14	33.13
直径 d	39			42			45			48			52		
螺距 t	1.5	2	3	1.5	2	3	1.5	2	3	1.5	2	3	1.5	2	3
底孔直径 d_2	37.5	36.9	35.9	40.5	39.9	38.9	43.5	42.9	41.9	46.5	45.9	44.9	50.5	49.9	48.9
内螺纹小径最小尺寸	37.63	37.14	36.13	40.63	40.14	39.13	43.63	43.14	42.13	46.63	46.14	45.13	50.63	50.14	49.13

注：近似计算公式：$t \leqslant 1$ 时，$d_2 = d - t$；$t > 1$ 时，$d_2 = d - (1.04 \sim 1.06)t$。

表 3-1-17 压铸齿轮最小模数

合金类别	最小模数
锌合金	0.3
铝合金、镁合金	0.5
铜合金	1.5

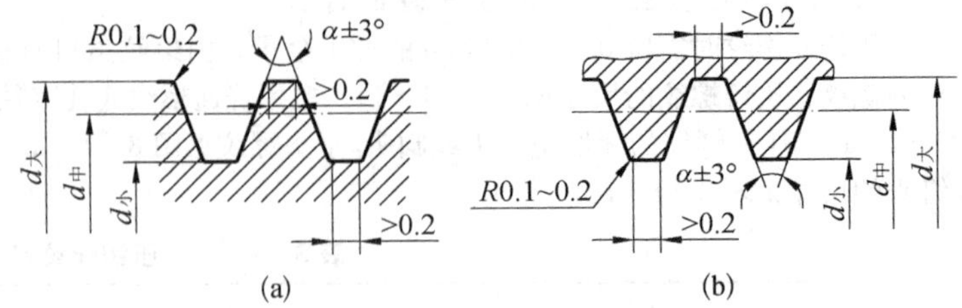

图 3-1-2 压铸平头螺纹牙形

(a) 外螺纹；(b) 内螺纹

表 3-1-18 压铸铆钉头尺寸

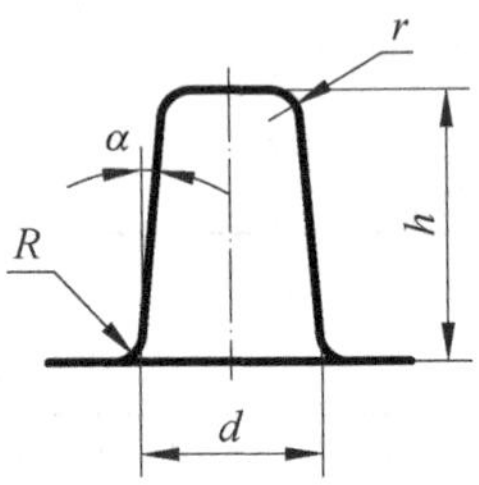

尺　寸	铝　合　金	锌合金、锡合金
最小直径 d(mm)	1.5	1.0
圆角半径 R(mm)	0.25	0.2
内圆角半径 r(mm)	0.3	0.2
最大高度 h(mm)	$6d$	$8d$
最小脱模斜度 a	1°	15′

6. 嵌件

压铸件上有嵌件时，嵌件周围的金属层应加厚，以提高对嵌件的包紧力。金属层厚度按嵌件直径选取，见表 3-1-19。

表 3-1-19 嵌件周围金属层最小厚度 (mm)

简　图	嵌件直径 d	周围金属层最小厚度 δ	周围金属层外径 D	嵌件直径 d	周围金属层最小厚度 δ	周围金属层外径 D
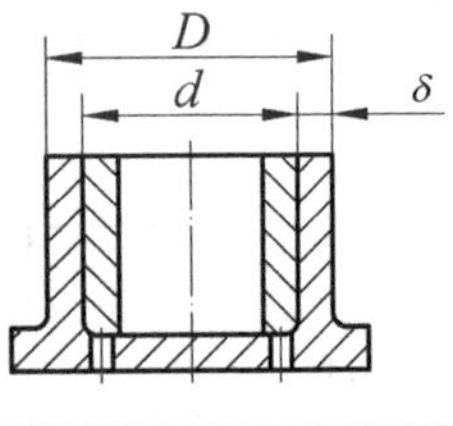	1	1	3	11	2.5	16
	3	1.5	6	13	3	19
	5	2	9	16	3	22
	8	2.5	13	18	3.5	25

7. 凸纹、直纹与网纹

凸纹和直纹的纹路须平行于开模方向，其尺寸见表 3-1-20。网纹主要用于减少或消除面积较大的平板状压铸件表面流痕或花斑等缺陷，其形状应便于模具制造和铸件脱模。平板状压铸件的网纹结构和尺寸见图 3-1-3。

表 3-1-20 压铸件凸纹、直纹尺寸 (mm)

简　图	零件直径 D	凸纹半径 R	凸纹节距 t	图文高度 h
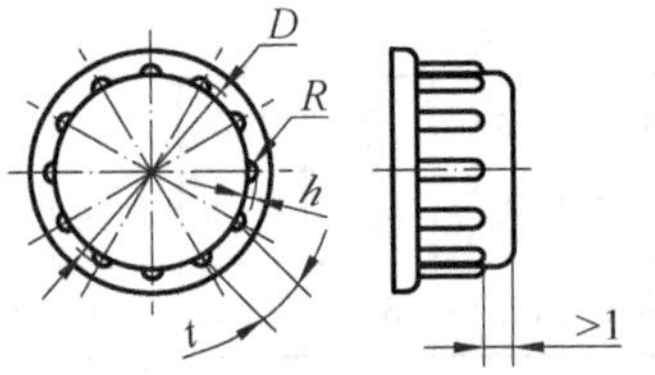	≤18	0.5～1	(5～6)R	0.8R
	>18～50	0.8～4	5R	
	>50～80	1～5	5R	
	>80～120	2～6	(4～5)R	

（续表）

简　　图	零件直径 D	凸纹半径 R	凸纹节距 t	图文高度 h
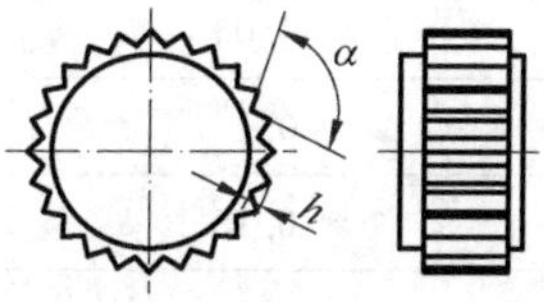	$\alpha=90°\sim100°$ $h=0.6\sim1.2$ mm			

8. 文字

文字一般不小于5号字，文字凸出高度大于0.3 mm，一般取0.5 mm。线条最小宽度一般为凸出高度的1.5倍，常取0.8 mm，线条最小间距大于0.3 mm。脱模斜度为10°～15°。线端应避免锐角。

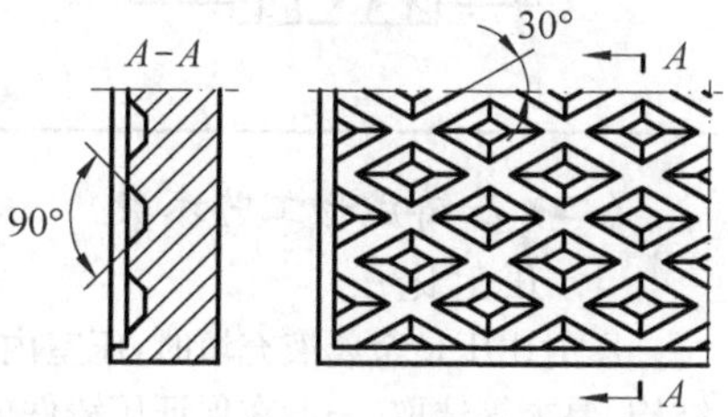

图3-1-3　平板状压铸件的网纹结构和尺寸件的网纹

9. 压铸件精度和机械加工余量

压铸件可能达到的尺寸精度、配合尺寸精度见表3-1-21。压铸件受分型面和压铸模活动部分影响的线性尺寸附加公差见表3-1-22。当压铸件的尺寸精度与形位公差达不到设计要求而需机械加工时，应优先考虑精整加工，以便保留其强度较高的致密层。机械加工余量应选用较小的值，见表3-1-23和表3-1-24。

表3-1-21　压铸件精度等级　（mm）

合金类别	可能达到的精度等级（GB/T 1800.1—2009）				配合尺寸精度等级（GB/T 1800.1—2009）			
	压铸件空间对角线长度				压铸件空间对角线长度			
	～50	＞50～180	＞180～500	＞500	～50	＞50～180	＞180～500	＞500
锌合金	IT8～IT9	IT10	IT11	IT12～IT13	IT10	IT11	IT12～IT13	
铝合金、镁合金	IT10	IT11	IT12～IT13	IT12～IT13	IT11	IT12～IT13	IT14	IT14
铜合金	IT11	IT12～IT13	IT14	IT14	IT12～IT13	IT14		

注：外切铸件最大轮廓的长方体的长、宽、高分别为 a、b、c 时，该铸件的空间对角线长为 $\sqrt{a^2+b^2+c^2}$。

表3-1-22　压铸件受分型面和压铸模活动部分影响的线性尺寸附加公差

受分型面影响的线性尺寸附加公差				受压铸模活动部分影响的线性尺寸附加公差			
压铸件在分型面上的投影面积（cm^2）	附加公差值（mm）			压铸模活动部分的投影面积（cm^2）	附加公差值（mm）		
	锌合金	铝合金、镁合金	铜合金		锌合金	铝合金、镁合金	铜合金
≤150	0.08	0.10	0.10	≤30	0.10	0.15	0.25
＞150～300	0.10	0.15	0.15	＞30～100	0.15	0.20	0.35
＞300～600	0.15	0.20	0.20	＞100	0.20	0.30	
＞300～1 200	0.20	0.30					

注：一模多腔时，压铸件在分型面上的投影面积为各压铸件投影面积之和。

表3-1-23　压铸件机械加工余量

基本尺寸	≤30	＞30～50	＞50～80	＞80～120	＞120～180	＞180～260	＞260～360	＞360～500
单面余量	0.3	0.4	0.5	0.6	0.7	0.8	1.0	1.2

注：1. 待加工的内表面尺寸以大端为基准，外表面尺寸以小端为基准。
　　2. 机械加工余量取压铸件最大尺寸与公称尺寸两余量的平均值。例如：压铸件最大外廓尺寸为200 mm，待加工表面尺寸为100 mm，则加工余量取（0.8+0.6）/2=0.7 mm。

表 3-1-24 压铸件铰孔余量 (mm)

简图	公称孔径 D	加工余量 δ
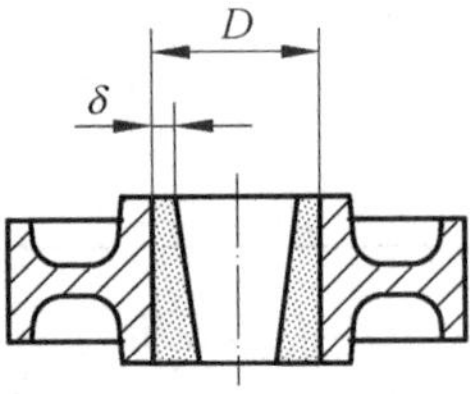	≤6	0.05
	>6～10	0.1
	>10～18	0.15
	>18～30	0.2
	>30～50	0.25
	>50～80	0.3

(二) 压铸成形工艺参数

1. 压射比压

压射比压是金属液充填时，压室内的金属液单位面积所受的压射力。压射比压可根据合金种类，以及压铸件结构、要求等选取，一般在保证压铸件成形和使用要求前提下，选用较低的压射比压。压铸合金常用压射比压见表 3-1-25。

2. 充填速度

充填速度是金属液在压力作用下通过内浇口进入型腔的线速度，也称内浇口速度或充型速度。充填速度不能过高，也不能过低。过高，会使铸件内部气孔增多；过低，会使铸件轮廓不清晰，甚至不能完整成形。充填速度主要根据合金的特性、压铸件结构复杂程度确定，见表 3-1-26。

表 3-1-25 压铸合金常用压射比压 (MPa)

合金类别	铸件壁厚<3 mm		铸件壁厚 3～6 mm	
	结构较简单	结构较复杂	结构较简单	结构较复杂
锌合金	20～30	30～40	40～50	50～60
铝合金	25～35	35～45	45～60	60～70
镁合金	30～40	40～50	50～60	60～80
铜合金	40～50	50～60	60～70	70～80

表 3-1-26 压铸合金充填速度 (m/s)

合金类别	压铸件类别		
	简单厚壁铸件	一般铸件	复杂薄壁铸件
锌合金、铜合金	10～15	15	15～20
铝合金	10～15	15～25	25～30
镁合金	20～25	25～35	35～40

表 3-1-27 充填时间及内浇口速度与压铸件平均壁厚的关系

压铸件平均壁厚 (mm)	充填时间 (s)	内浇口速度 (m/s)
1	0.010～0.014	46～55
1.5	0.014～0.020	44～53
2	0.018～0.026	42～50
2.5	0.022～0.032	40～48

3. 充填时间、持压时间和留模时间

充填时间是金属液从开始压射进入型腔到充满型腔所需的时间。充填时间长，充填速度慢，则有利于排气，金属液内卷入的气体少，但铸件表面粗糙度高。充填时间短，充填速度快，可获得表面粗糙度值较低的压铸件，但压铸件的致密度较差，内部的气孔较多。充填时间长短取决于压铸件的大小、复杂程度、内浇口截面积和内浇口速度等。表 3-1-27 为充填时间及内浇口速度与压铸件平均壁厚的关系，表 3-1-28 为压铸件平均壁厚与充填时间的推荐值。

表 3-1-28　压铸件平均壁厚与充模时间的推荐值

铸件平均厚度(mm)	1	1.5	2	2.5	3	3.5	4
充填时间(s)	0.010～0.014	0.014～0.020	0.018～0.026	0.022～0.032	0.028～0.040	0.034～0.050	0.040～0.060
铸件平均厚度(mm)	5	6	7	8	9	10	
充填时间(s)	0.048～0.072	0.055～0.064	0.066～0.116	0.076～0.116	0.088～0.138	0.100～0.160	

注：表中所推荐的数值是压铸前的预选值，应在试模过程中加以修正。

持压时间是从金属液充满型腔到内浇口完全凝固，冲头压力作用在金属液上所持续的时间。持压时间与合金特性及铸件壁厚等因素有关，见表 3-1-29。持压时间不足，铸件最后凝固的厚壁处会因得不到补缩而产生缩孔、缩松缺陷，内浇口与铸件连接处出现孔穴。

留模时间是指持压结束到开模取件的这段时间。留模时间过短，铸件脱模时易引起变形或开裂。留模时间过长，不但影响生产率，还会使脱模困难。常用留模时间见表 3-1-30。

表 3-1-29　常用持压时间　(s)

合金类别	铸件壁厚 ≤2.5 mm	铸件壁厚 >2.5～6 mm
锌合金	1～2	3～7
铝合金	1～2	3～8
镁合金	1～2	3～8
铜合金	2～3	5～10

表 3-1-30　常用留模时间　(s)

合金类别	铸件壁厚 ≤3 mm	铸件壁厚 >3～4 mm	铸件壁厚 >5 mm
锌合金	5～10	7～12	20～25
铝合金	7～12	10～15	25～30
镁合金	7～12	10～15	15～25
铜合金	8～15	15～20	20～30

4. 合金浇注温度

合金浇注温度是指金属液自压室进入型腔的平均温度。由于对压室内的金属液温度测量不方便，通常用保温炉内的金属液温度表示。浇注温度高，能提高金属液流动性和压铸件表面质量，防止产生浇不足、冷隔、夹渣等缺陷。但浇注温度过高，会使压铸件结晶组织粗大，凝固收缩增大，产生缩孔缩松的倾向也增大，使压铸件力学性能下降，还会造成粘模严重，降低模具寿命。常用压铸合金浇注温度见表 3-1-31。

表 3-1-31　压铸合金浇注温度　(℃)

合金类别		铸件壁厚≤3 mm		铸件壁厚>3～6 mm	
		结构简单	结构复杂	结构简单	结构复杂
锌合金	含铝的	420～440	430～450	410～430	420～440
	含铜的	520～540	530～550	510～530	520～540
铝合金	含硅的	610～630	640～680	590～630	610～630
	含铜的	620～650	640～700	600～640	620～650
	含镁的	640～660	660～700	620～660	640～670
铜合金	普通黄铜	850～900	870～920	820～860	850～900
	硅黄铜	870～910	880～920	850～900	870～910
镁合金		640～680	660～700	620～660	640～680

5. 模具温度

压铸模预热温度和工作温度见表 3-1-32。

表 3-1-32 压铸模预热温度和工作温度 (℃)

合金种类	压铸模预热温度				压铸模工作温度			
	铸件壁厚≤3 mm		铸件壁厚>3～6 mm		铸件壁厚≤3 mm		铸件壁厚>3～6 mm	
	简单铸件	复杂铸件	简单铸件	复杂铸件	简单铸件	复杂铸件	简单铸件	复杂铸件
锌合金	130～180	150～200	110～140	120～150	180～200	190～220	140～170	150～200
铝合金	150～180	200～230	120～150	150～180	180～240	250～280	150～180	180～200
铝镁合金	170～190	220～240	150～170	170～190	200～220	260～280	180～200	200～240
镁合金	150～180	200～230	120～150	150～180	180～240	250～280	150～180	180～220
铜合金	200～230	230～250	170～200	200～230	300～330	330～350	250～300	300～350

第二章　压 铸 设 备

一、压铸机分类和应用特点

压铸机按压室浇注方式可分为热压室压铸机和冷压室压铸机；按压室结构和布置方式可分为卧式压铸机、立式压铸机和全立式压铸机。压铸机的分类和应用特点见表 3-2-1。

表 3-2-1　压铸机分类和应用特点

压铸机类别			
热压室压铸机	冷压室压铸机		
	立式	卧式	全立式
模具安装方式和压射冲头运动方向			
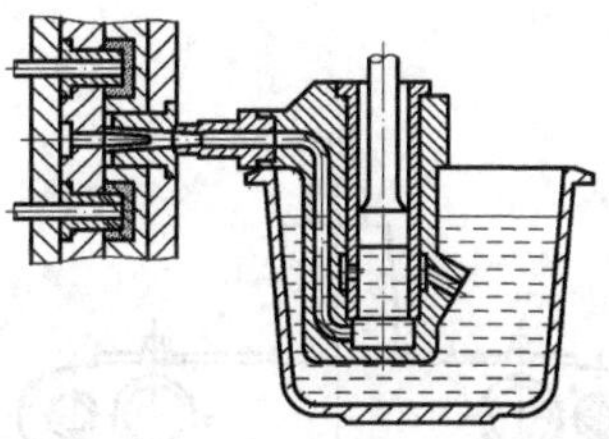	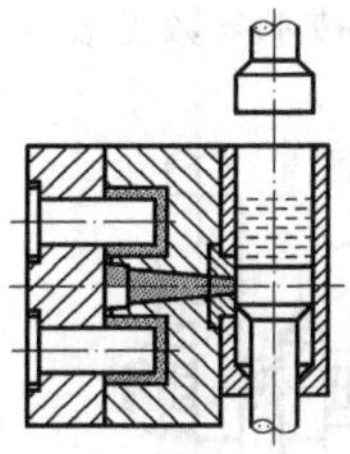	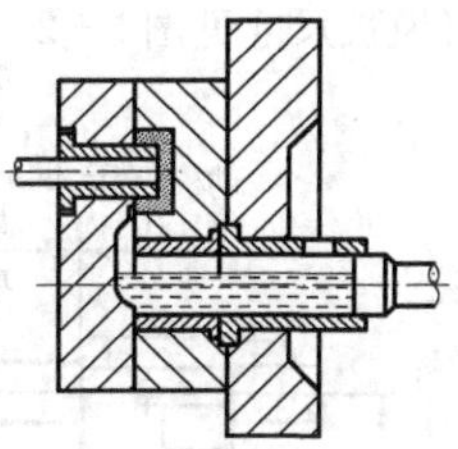	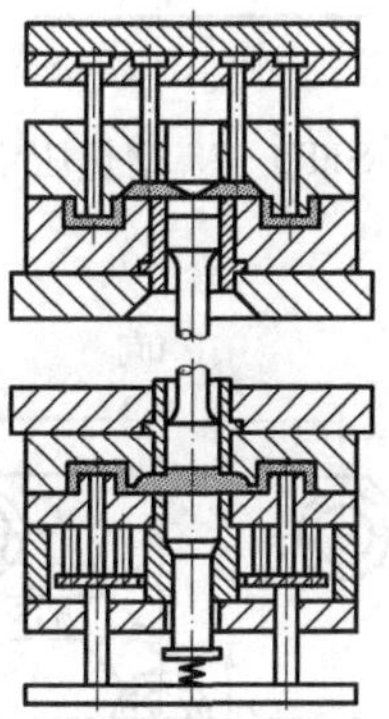
比压和压力损失			
比压较低	金属液进入型腔时经过转折，消耗部分压射压力	金属液进入型腔时经过的转折少，压力损失小，有利于发挥增压机构的作用	金属液进入型腔的流程短，压力损失小
进入型腔的金属液纯度			
金属液从熔融的金属液面下进入压室，杂质不易带入型腔。压室和压射冲头长期浸于熔融的金属液中，使合金中的铁含量增加	金属液注入直立的压室中，有利于防止杂质进入型腔	金属液在压室中与空气的接触面积大，压射时容易卷入空气和氧化夹渣	金属液注入直立的压室中，带入型腔的空气较少
热量损失			
压室和压射冲头浸于熔融的金属液中，金属液的温度波动范围小	热量损失较大	热量损失较大	金属液的热量集中在靠近浇道的压室内，热量损失较小
其他			
不需要单独供料，生产率高。适用于压铸铅合金、锡合金和锌合金等低熔点合金，也可用于镁合金压铸	余料切断前不能开模，影响生产率。适宜于需要设置中心浇口的压铸件	操作程序少，生产率高，一般设有偏心和中心两个浇注位置，使用比较灵活	模具水平放置，稳固可靠，放置嵌件较方便

二、压铸机技术参数

(一)热压室压铸机

热压室压铸机基本参数见表 3-2-2。

表 3-2-2 热压室压铸机基本参数

合模力(kN)		≥630	≥1 000	≥1 600	≥2 500	≥4 000	≥6 300
拉杆之间内尺寸(水平垂直)(mm)		≥280×280	≥350×350	≥420×420	≥520×520	≥620×620	≥750×750
动模座板行程 L(mm)		≥250	≥300	≥350	≥400	≥450	≥600
压铸模厚度 H(mm)	最小	150	150	200	250	300	350
	最大	350	450	550	650	750	850
压射位置(0 为中心)(mm)		0	0,50	0,60	0,80	0,100	0,150
压射力(kN)		≥50	≥70	≥90	≥120	≥150	≥200
压射室直径(mm)		60	70	80	90	100	110
最大金属浇注量(锌)(kg)		12	25	35	50	75	125
液压顶出器顶出力(kN)			≥80	≥100	≥140	≥180	≥250
液压顶出器顶出行程(mm)			≥60	≥80	≥100	≥120	≥150
一次空循环时间(s)		≤4	≤5	≤6	≤7	≤8	≤10

注:参照 JB/T 8083—2000。

SHD-75 型热压室压铸机模板尺寸见图 3-2-1,主要技术参数见表 3-2-3。

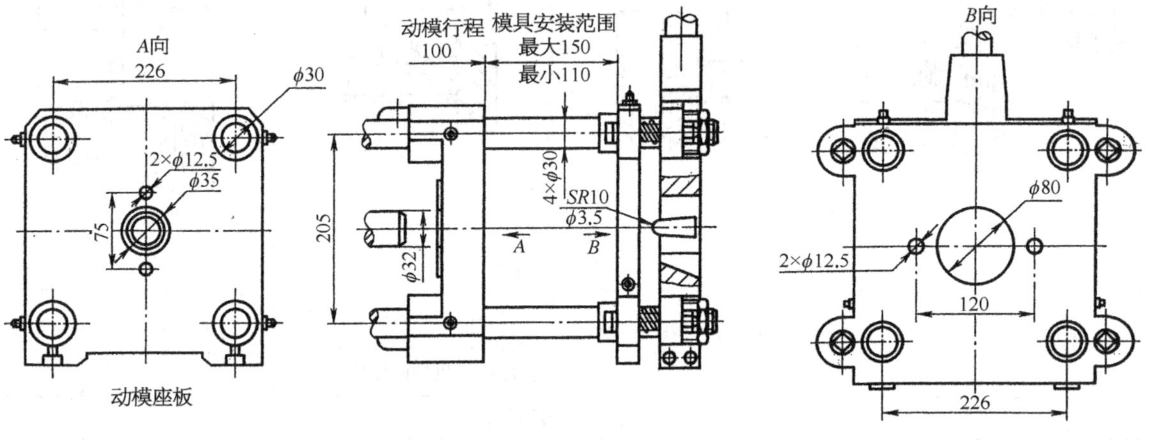

图 3-2-1 SHD-75 型热压室压铸机模板尺寸

表 3-2-3 SHD-75 型热压室压铸机主要技术参数

参数名称	数值	参数名称	数值
合模力(kN)	75	标准压室直径(mm)	32
动模座板行程(mm)	100	一次金属注入量(锌)(kg)	0.125
拉杠内间距(水平×垂直)(mm)	196×175	坩埚有效容量(锌)(kg)	70
压铸模厚度(mm)	100~150	燃烧炉耗油量(L/h)	1
压射力(kN)	9.5	外形尺寸(长×宽×高)(mm)	1 600×700×1 500
压射位置(mm)	0		

SHD－150 型热压室压铸机模板尺寸见图 3－2－2，主要技术参数见表 3－2－4。

SHD－250 型热压室压铸机模板尺寸见图 3－2－3，主要技术参数见表 3－2－5。

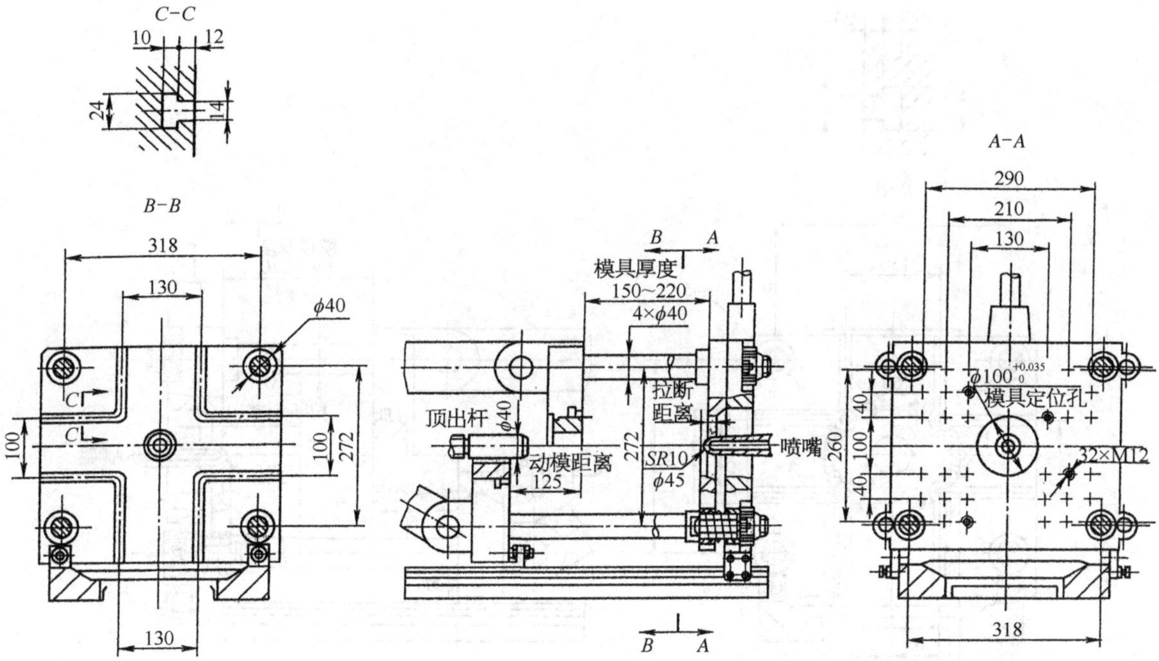

图 3－2－2　SHD－150 型热压室压铸机模板尺寸

表 3－2－4　SHD－150 型热压室压铸机主要技术参数

参 数 名 称	数 值	参 数 名 称	数 值
合模力(kN)	150	标准压室直径(mm)	38
动模座板行程(mm)	125	一次金属注入量(锌)(kg)	0.28
拉杠内间距(水平×垂直)(mm)	278×232	坩埚有效容量(锌)(kg)	70
压铸模厚度(mm)	150～220	燃烧炉耗油量(L/h)	1.5
压射力(kN)	19	外形尺寸(长×宽×高)(mm)	2 650×980×1 700
压射位置(mm)	0		

表 3－2－5　SHD－250 型热压室压铸机主要技术参数

参 数 名 称	数 值	参 数 名 称	数 值
合模力(kN)	250	标准压室直径(mm)	42
动模座板行程(mm)	160	一次金属注入量(锌)(kg)	0.5
拉杠内间距(水平×垂直)(mm)	300×250	坩埚有效容量(锌)(kg)	160
压铸模厚度(mm)	150～270	燃烧炉耗油量(L/h)	2
压射力(kN)	32	外形尺寸(长×宽×高)(mm)	3 000×1 000×1 800
压射位置(mm)	0		

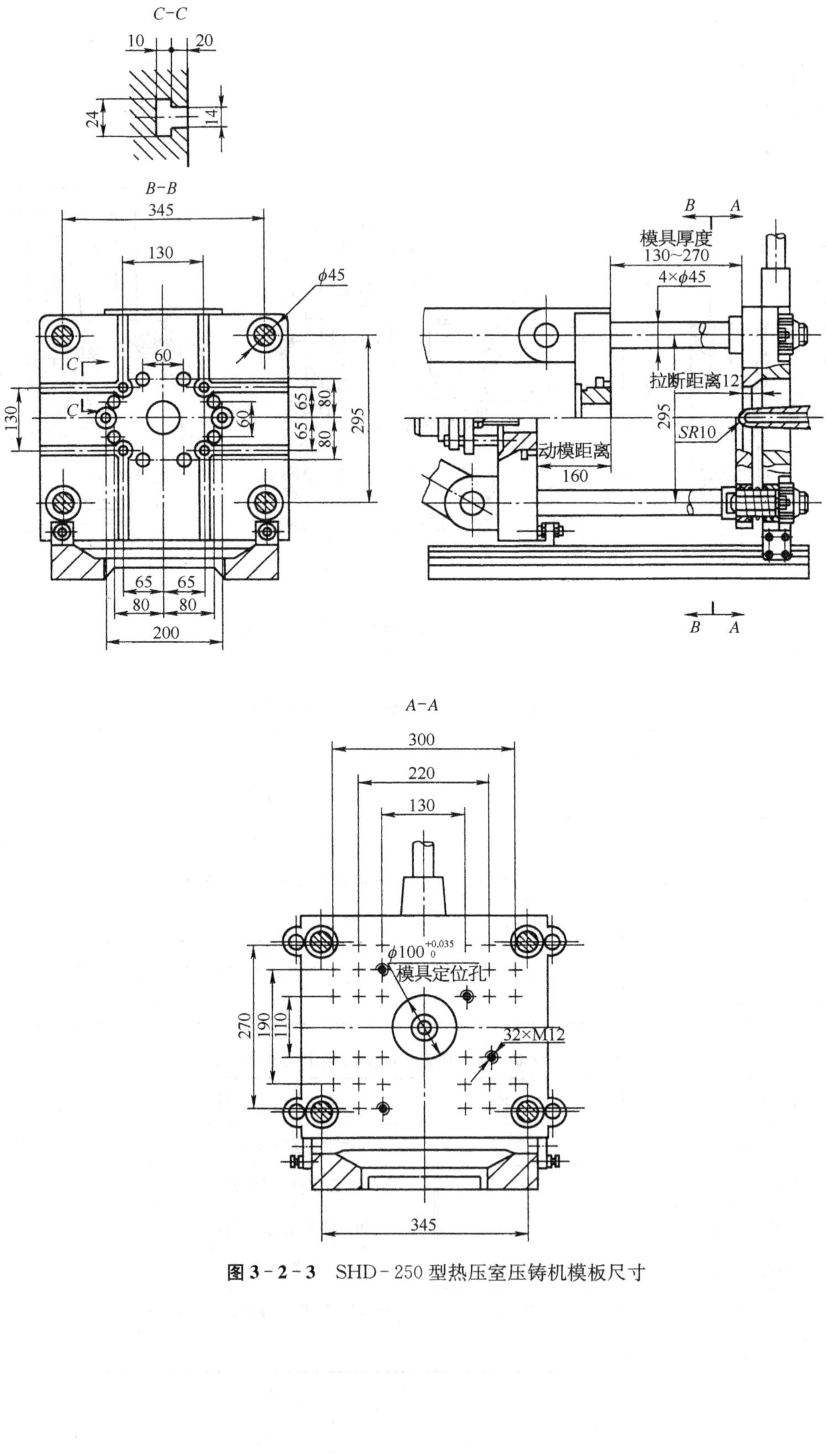

图 3-2-3 SHD-250 型热压室压铸机模板尺寸

J213B 型热压室压铸机模板尺寸见图 3－2－4，主要技术参数见表 3－2－6。

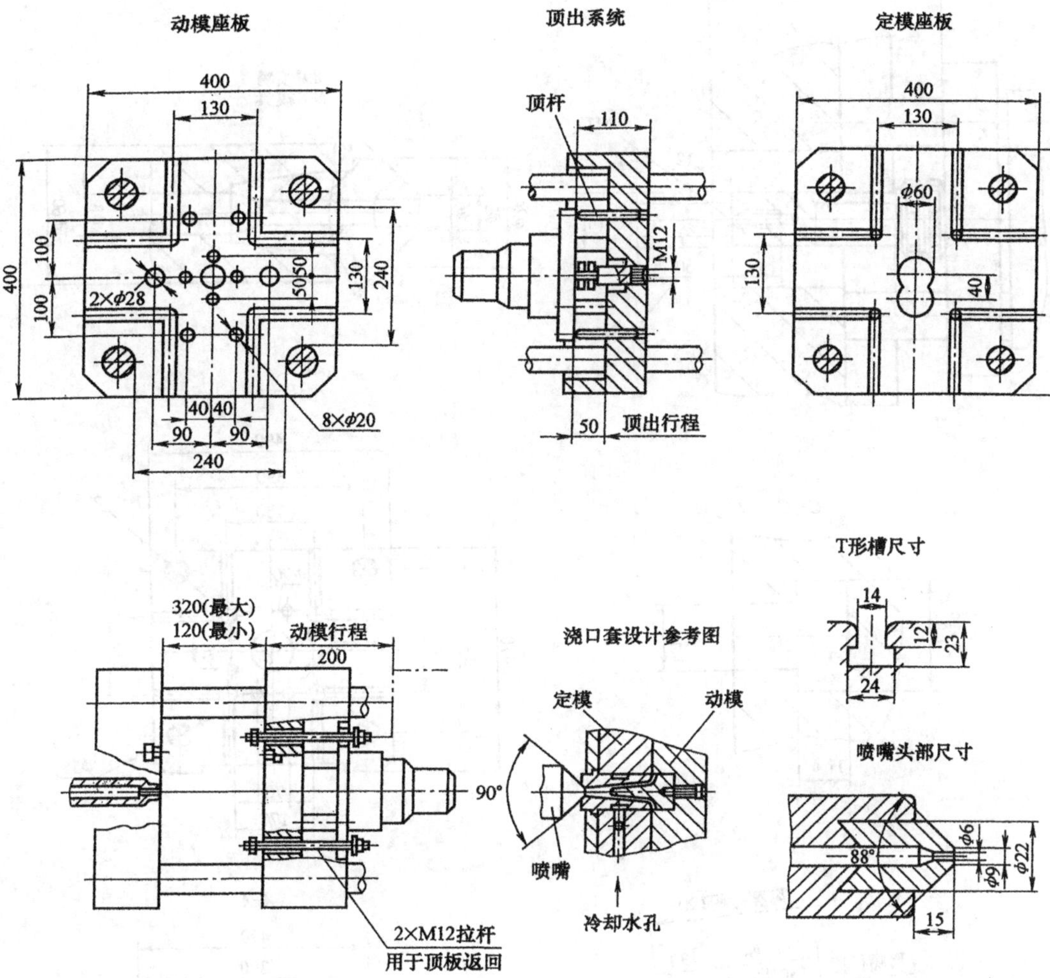

图 3－2－4　J213B 型热压室压铸机模板尺寸

表 3－2－6　J213B 型热压室压铸机主要技术参数

参 数 名 称	数　值	参 数 名 称	数　值
合模力(kN)	250	液压顶出器顶出行程(mm)	50
动模座板行程(mm)	200	标准压室直径(mm)	45
拉杠内间距(水平×垂直)(mm)	240×240	一次金属注入量(锌)(kg)	0.6
压铸模厚度(mm)	120～320	坩埚有效容量(锌)(kg)	160
压射力(kN)	30	燃烧炉耗油量(L/h)	1.5～6.0
压射位置(mm)	0，－40	外形尺寸(长×宽×高)(mm)	2 800×1 350×1 880

SHD－400 型热压室压铸机模板尺寸见图 3－2－5，主要技术参数见表 3－2－7。

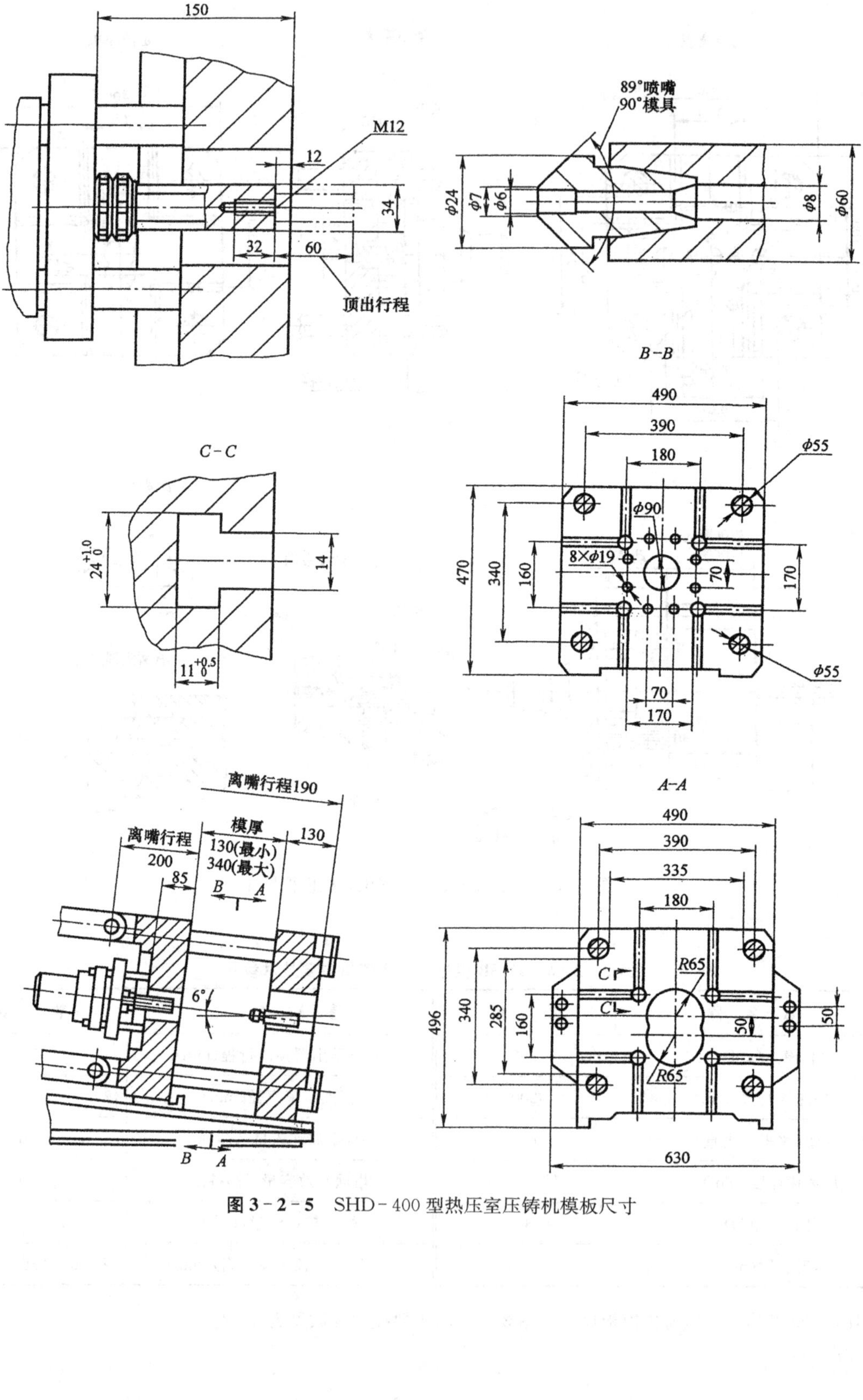

图 3-2-5　SHD-400 型热压室压铸机模板尺寸

表 3-2-7 SHD-400 型热压室压铸机主要技术参数

参数名称	数值	参数名称	数值
合模力(kN)	400	液压顶出器顶出力(kN)	25
动模座板行程(mm)	195	液压顶出器顶出行程(mm)	60
拉杠内间距(水平×垂直)(mm)	335×285	一次金属注入量(锌)(kg)	0.75,0.9
压铸模厚度(mm)	130～340	坩埚有效容量(锌)(kg)	250
压射力(kN)	70	燃烧炉耗油量(L/h)	3.5
压射位置(mm)	0,−50	外形尺寸(长×宽×高)(mm)	3 200×1 300×1 700
标准压室直径(mm)	45,50		

J216 型热压室压铸机模板尺寸见图 3-2-6,主要技术参数见表 3-2-8。

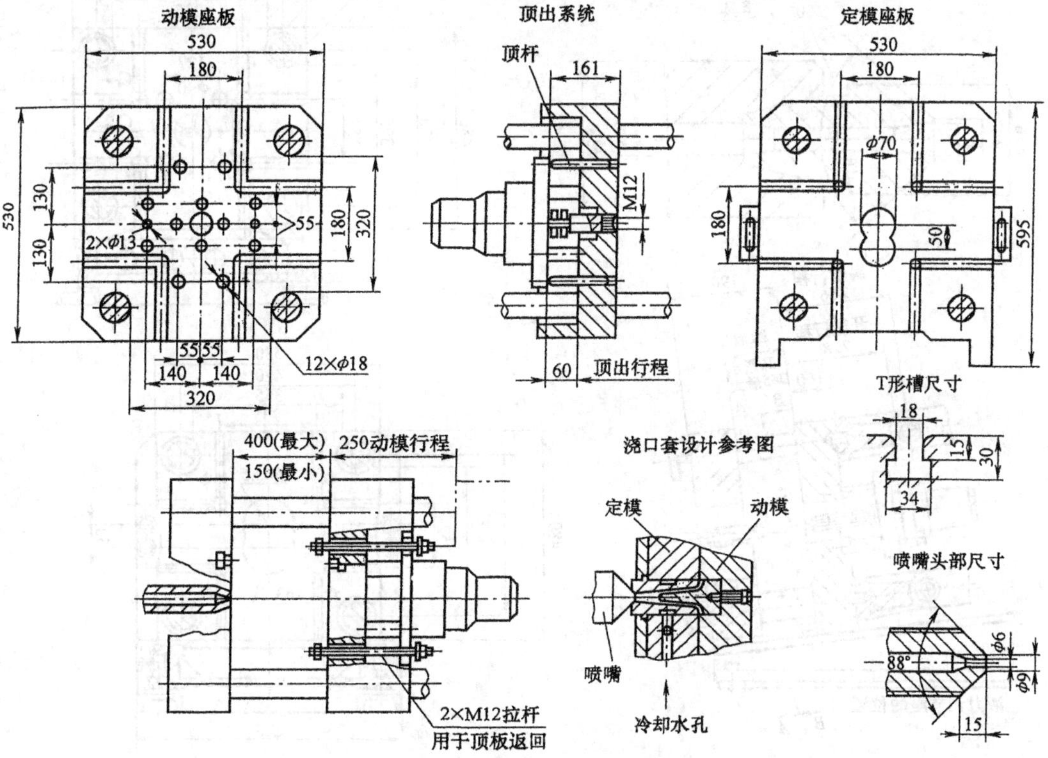

图 3-2-6 J216 型热压室压铸机模板尺寸

表 3-2-8 J216 型热压室压铸机主要技术参数

参数名称	数值	参数名称	数值
合模力(kN)	630	液压顶出器顶出力(kN)	50
动模座板行程(mm)	250	液压顶出器顶出行程(mm)	60
拉杠内间距(水平×垂直)(mm)	320×320	一次金属注入量(锌)(kg)	1.4
压铸模厚度(mm)	150～400	坩埚有效容量(锌)(kg)	320
压射力(kN)	70	燃烧炉耗油量(L/h)	3.5
压射位置(mm)	0,−50	外形尺寸(长×宽×高)(mm)	4 800×1 700×2 500
标准压室直径(mm)	55		

SHD－800 型热压室压铸机模板尺寸见图 3－2－7，主要技术参数见表 3－2－9。

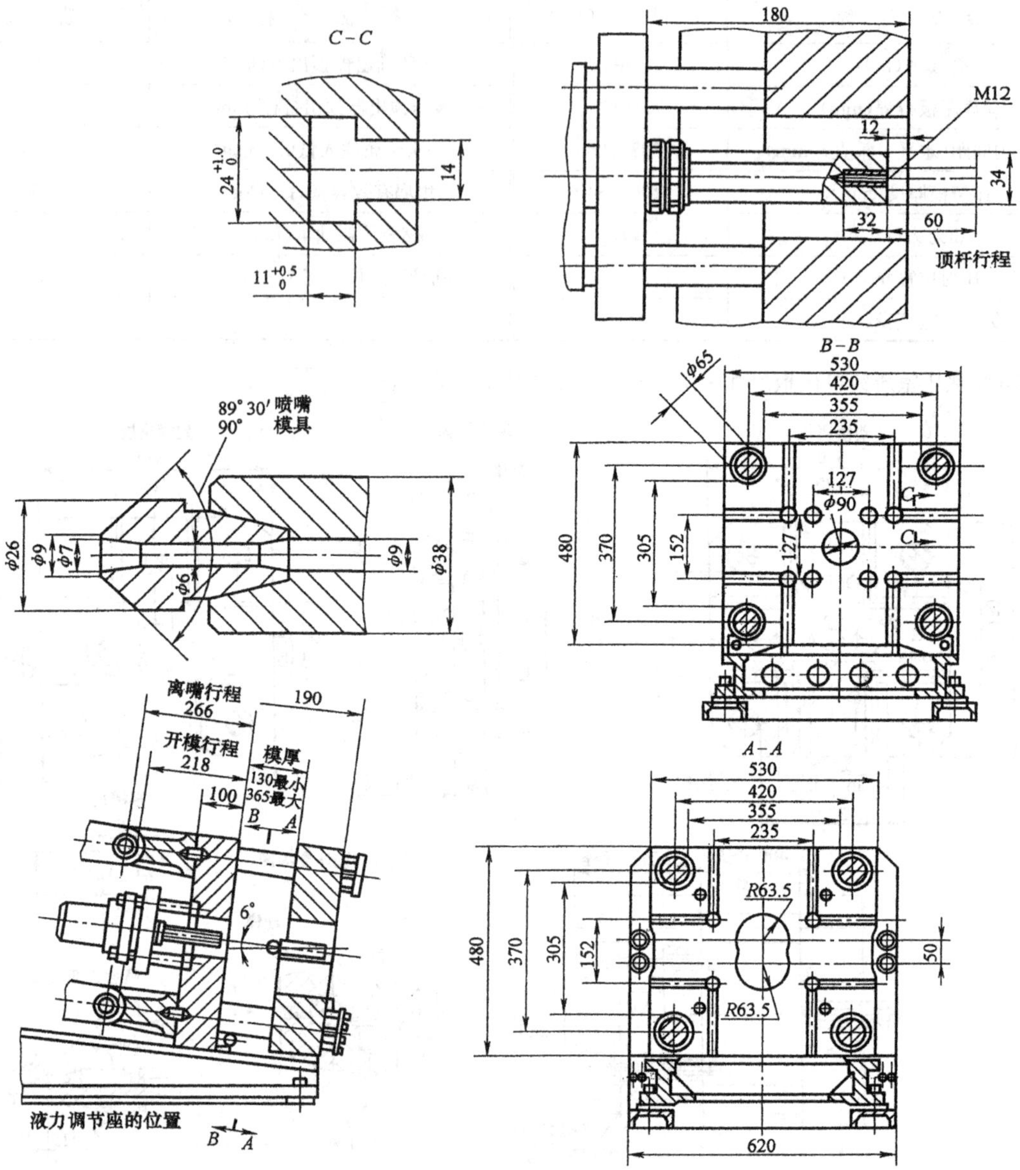

图 3－2－7　SHD－800 型热压室压铸机模板尺寸

表 3－2－9　SHD－800 型热压室压铸机主要技术参数

参数名称	数值	参数名称	数值
合模力(kN)	800	液压顶出器顶出力(kN)	50
动模座板行程(mm)	218	液压顶出器顶出行程(mm)	60
拉杠内间距(水平×垂直)(mm)	355×305	一次金属注入量(锌)(kg)	0.9,1.2,1.5
压铸模厚度(mm)	130～365	坩埚有效容量(锌)(kg)	280
压射力(kN)	55	燃烧炉耗油量(L/h)	4
压射位置(mm)	0,－50	外形尺寸(长×宽×高)(mm)	3 600×1 400×1 850
标准压室直径(mm)	50,55,60		

SHD－1500 型热压室压铸机模板尺寸见图 3－2－8，主要技术参数见表 3－2－10。

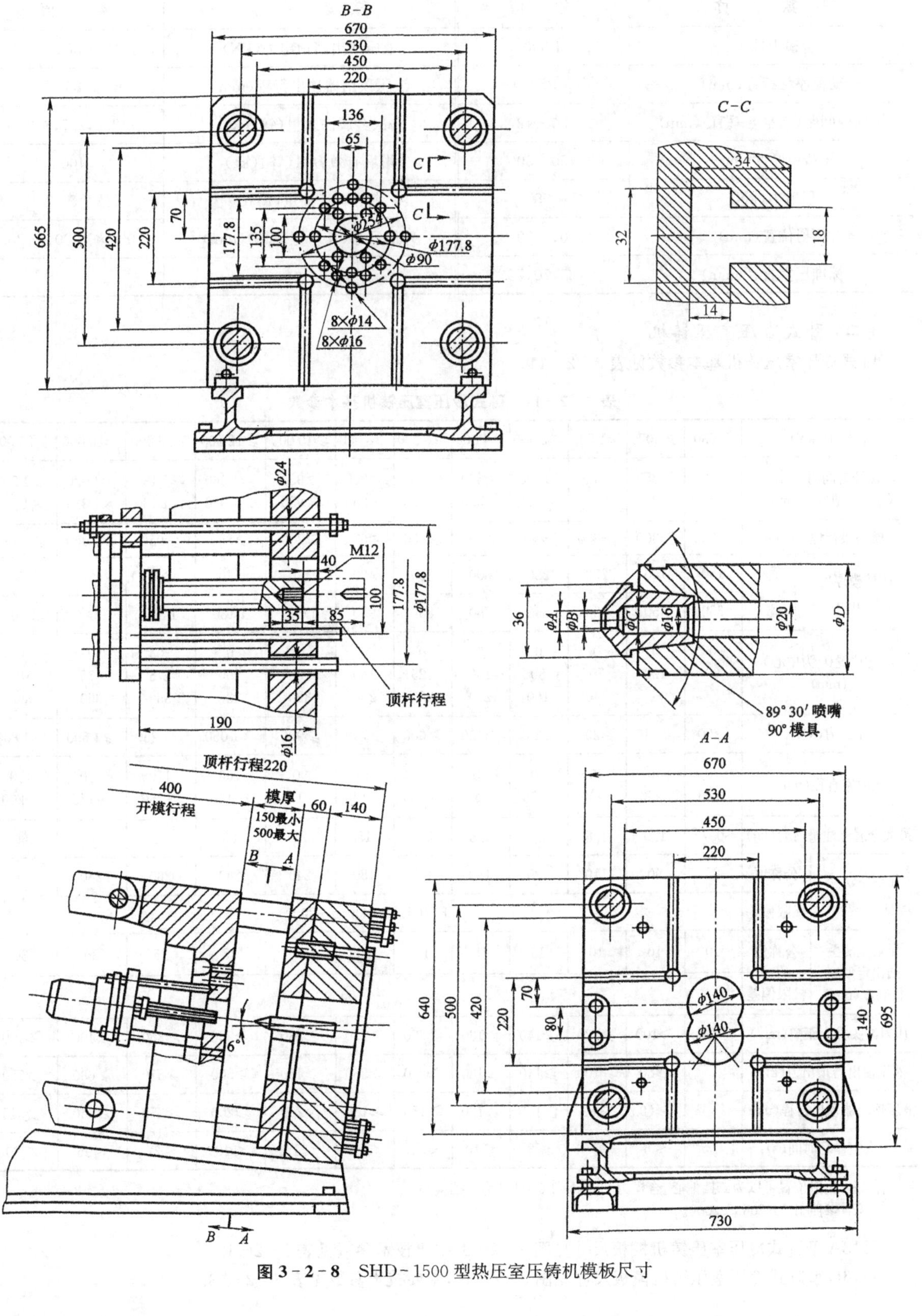

图 3－2－8 SHD－1500 型热压室压铸机模板尺寸

表 3－2－10　SHD－1500 型热压室压铸机主要技术参数

参 数 名 称	数　值	参 数 名 称	数　值
合模力(kN)	1 500	液压顶出器顶出力(kN)	80
动模座板行程(mm)	350	液压顶出器顶出行程(mm)	85
拉杠内间距(水平×垂直)(mm)	450×420	一次金属注入量(锌)(kg)	2.2,2.7,3.2
压铸模厚度(mm)	150～500	坩埚有效容量(锌)(kg)	400
压射力(kN)	75	燃烧炉耗油量(L/h)	5
压射位置(mm)	0,－80	外形尺寸(长×宽×高)(mm)	5 000×1 700×2 200
标准压室直径(mm)	65,70,75		

(二) 卧式冷压室压铸机

卧式冷压室压铸机基本参数见表 3－2－11。

表 3－2－11　卧式冷压室压铸机基本参数

合模力(kN)		≥630	≥1 000	≥1 600	≥2 500	≥4 000	≥6 300	≥8 000	≥10 000	≥12 500	≥16 000	≥20 000	≥25 000
拉杆之间内尺寸(水平×垂直)(mm)		≥280 ×280	≥350 ×350	≥420 ×420	≥520 ×520	≥620 ×620	≥750 ×750	≥850 ×850	≥950 ×950	≥1 060 ×1 060	≥1 180 ×1 180	≥1 320 ×1 320	≥1 500 ×1 500
动模座板行程 *L*(mm)		≥250	≥300	≥350	≥400	≥450	≥600	≥670	≥750	≥850	≥950	≥1 060	≥1 180
压铸模厚度 *H*(mm)	最小	150	150	200	250	300	350	420	480	530	600	670	750
	最大	350	450	550	650	750	850	950	1 060	1 180	1 320	1 500	1 700
压射位置(0 为中心)(mm)		0 60	0 120	0 70 140	0 80 160	0 100 200	0 125 250	0 140 280	0 160 320	0 160 320	0 175 350	0 175 350	0 180 360
压射力(kN)		≥90	≥140	≥200	≥280	≥400	≥600	≥750	≥900	≥1 050	≥1 250	≥1 500	≥1 800
压射室直径(mm)		30 ～45	40 ～50	40 ～60	50 ～75	60 ～80	70 ～100	80 ～120	90 ～130	100 ～140	110 ～150	130 ～175	150 ～200
最大金属浇注量(铝)(kg)		0.7	1.0	1.8	3.2	4.5	9	15	22	26	32	45	50
压射室法兰直径(mm)	公称值	85	90	110	120	130	165	180	240	240	260	260	300
	极限偏差	f 7(GB/T 1800.2—2009)											
压射室法兰凸出定型座板高度(mm)	公称值	10	10	10	15	15	15	20	20	25	25	30	30
	极限偏差	－0.05											
压射冲头推出距离(mm)		≥80	≥100	≥120	≥140	≥180	≥220	≥250	≥280	≥320	≥360	≥400	≥450
液压顶出器顶出力(kN)			≥80	≥100	≥140	≥180	≥250	≥360	≥450	≥500	≥550	≥630	≥750
液压顶出器顶出行程(mm)			≥60	≥80	≥100	≥120	≥150	≥180	≥200	≥200	≥250	≥250	≥315
一次空循环时间(s)		≤5	≤6	≤7	≤8	≤10	≤12	≤14	≤16	≤19	≤22	≤26	≤30

注：1. 压射位置可以为二挡偏心，合模力 630 kN、1 000 kN 为一挡偏心。
　　2. 参照 JB/T 8083—2000。

J113A 型卧式冷压室压铸机模板尺寸见图 3－2－9，主要技术参数见表 3－2－12。

J116D 型卧式冷压室压铸机模板尺寸见图 3－2－10，主要技术参数见表 3－2－13。

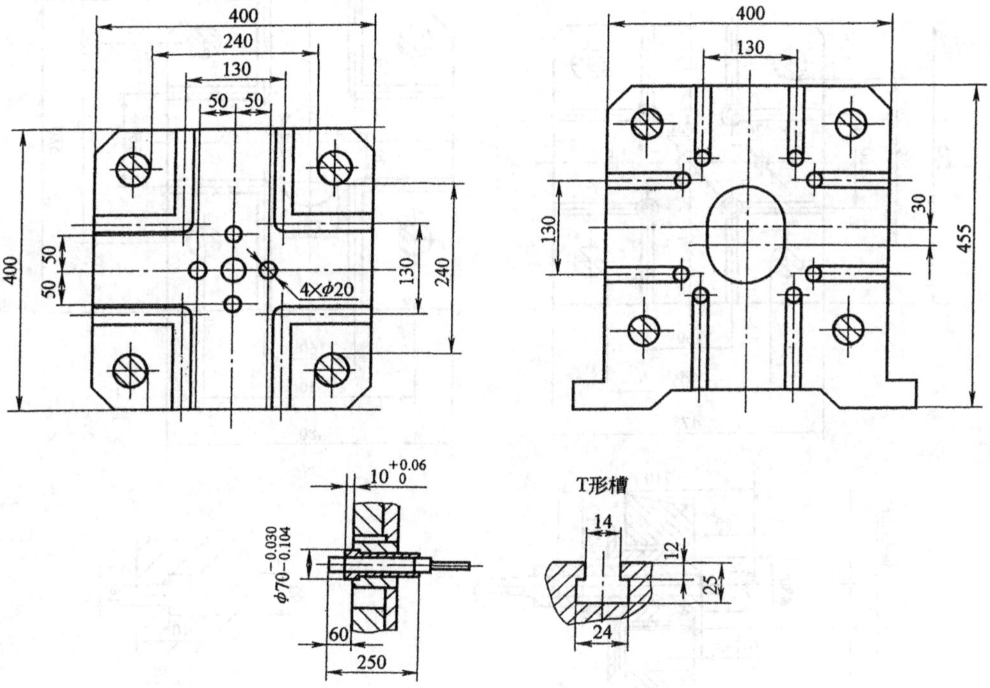

图 3-2-9　J113A 型卧式冷压室压铸机模板尺寸

表 3-2-12　J113A 型卧式冷压室压铸机主要技术参数

参 数 名 称	数　值	参 数 名 称	数　值
合模力(kN)	250	铸件投影面积(mm^2)	85
动模座板行程(mm)	200	一次金属注入量(铝)(kg)	0.3
拉杠内间距(水平×垂直)(mm)	240×240	压室法兰直径(mm)	70
压铸模厚度(mm)	120～320	压室法兰凸出高度(mm)	10
压射力(kN)	35	冲头跟踪距离(mm)	60
压射位置(mm)	0,－30	液压顶出器顶出力(kN)	
标准压室直径(mm)	25,30	液压顶出器顶出行程(mm)	15～70
压射比压(MPa)	48.7	外形尺寸(长×宽×高)(mm)	3 030×1 060×1 310

表 3-2-13　J116D 型卧式冷压室压铸机主要技术参数

参 数 名 称	数　值	参 数 名 称	数　值
合模力(kN)	630	铸件投影面积(mm^2)	67～110
动模座板行程(mm)	250	一次金属注入量(铝)(kg)	0.7
拉杠内间距(水平×垂直)(mm)	205×205	压室法兰直径(mm)	85
压铸模厚度(mm)	150～350	压室法兰凸出高度(mm)	10
压射力(kN)	35	冲头跟踪距离(mm)	80
压射位置(mm)	0,－60	液压顶出器顶出力(kN)	
标准压室直径(mm)	35,40	液压顶出器顶出行程(mm)	
压射比压(MPa)	57～94	外形尺寸(长×宽×高)(mm)	3 970×1 050×1 700

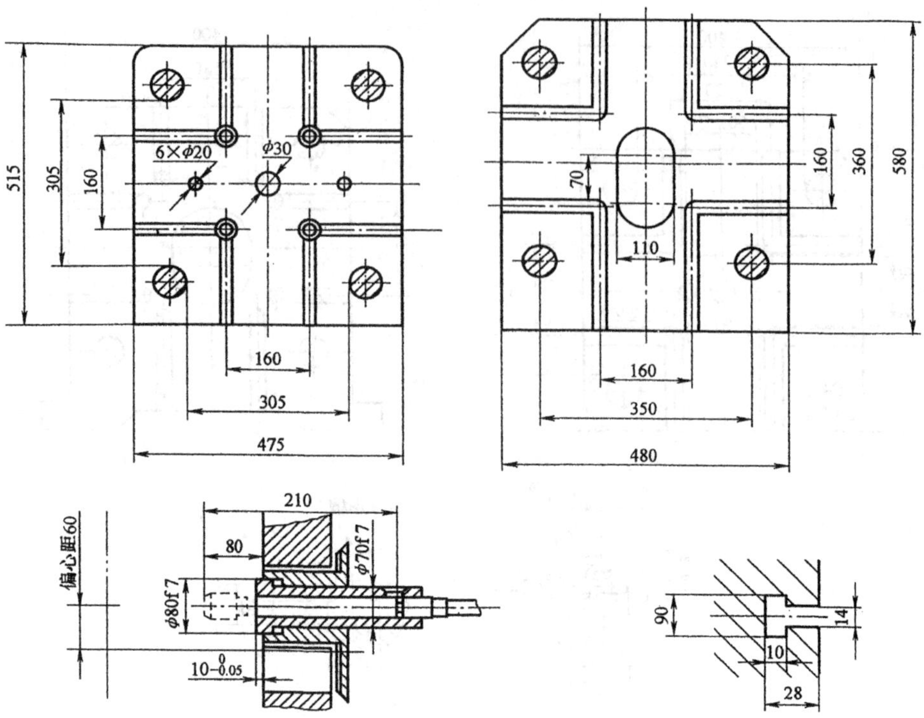

图 3-2-10　J116D 型卧式冷压室压铸机模板尺寸

J1113C 型卧式冷压室压铸机模板尺寸见图 3-2-11，主要技术参数见表 3-2-14。

J1113G 型卧式冷压室压铸机模板尺寸见图 3-2-12，主要技术参数见表 3-2-15。

表 3-2-14　J1113C 型卧式冷压室压铸机主要技术参数

参数名称	数值	参数名称	数值
合模力(kN)	1 250	铸件投影面积(mm^2)	110～340
动模座板行程(mm)	450	一次金属注入量(铝)(kg)	2
拉杠内间距(水平×垂直)(mm)	650×310	压室法兰直径(mm)	110
压铸模厚度(mm)	350	压室法兰凸出高度(mm)	10
压射力(kN)	70～140	冲头跟踪距离(mm)	105
压射位置(mm)	0，－125	液压顶出器顶出力(kN)	125
标准压室直径(mm)	40，50，60，70	液压顶出器顶出行程(mm)	
压射比压(MPa)	37～110	外形尺寸(长×宽×高)(mm)	4 200×1 850×1 600

表 3-2-15　J1113G 型卧式冷压室压铸机主要技术参数

参数名称	数值	参数名称	数值
合模力(kN)	1 250	铸件投影面积(mm^2)	104～416
动模座板行程(mm)	350	一次金属注入量(铝)(kg)	1.6
拉杠内间距(水平×垂直)(mm)	420×420	压室法兰直径(mm)	110
压铸模厚度(mm)	200～500	压室法兰凸出高度(mm)	10
压射力(kN)	80～150	冲头跟踪距离(mm)	100
压射位置(mm)	0，－100	液压顶出器顶出力(kN)	100
标准压室直径(mm)	40，50，60	液压顶出器顶出行程(mm)	80
压射比压(MPa)	30～120	外形尺寸(长×宽×高)(mm)	5 030×1 320×1 740

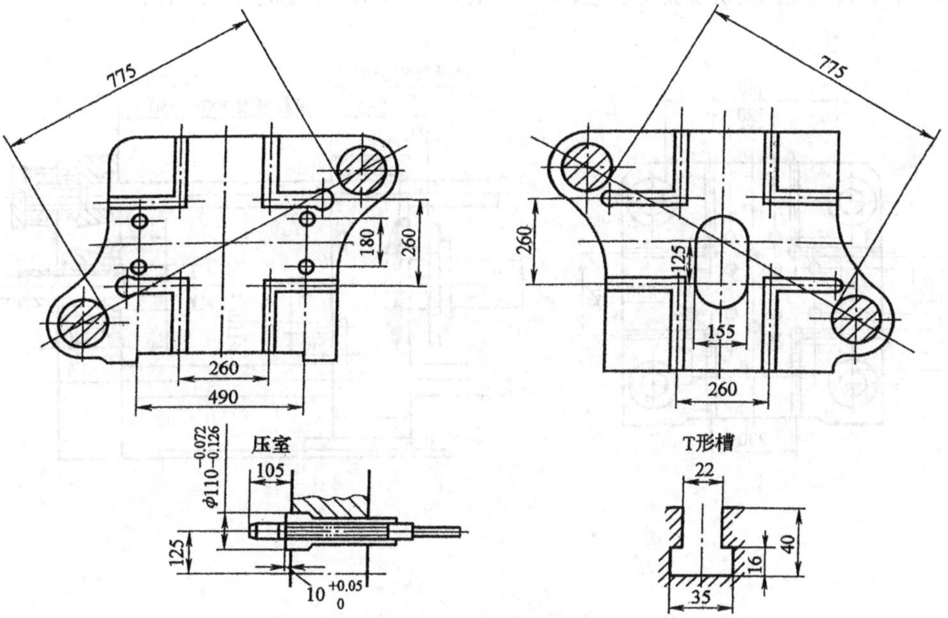

图 3-2-11 J1113C 型卧式冷压室压铸机模板尺寸

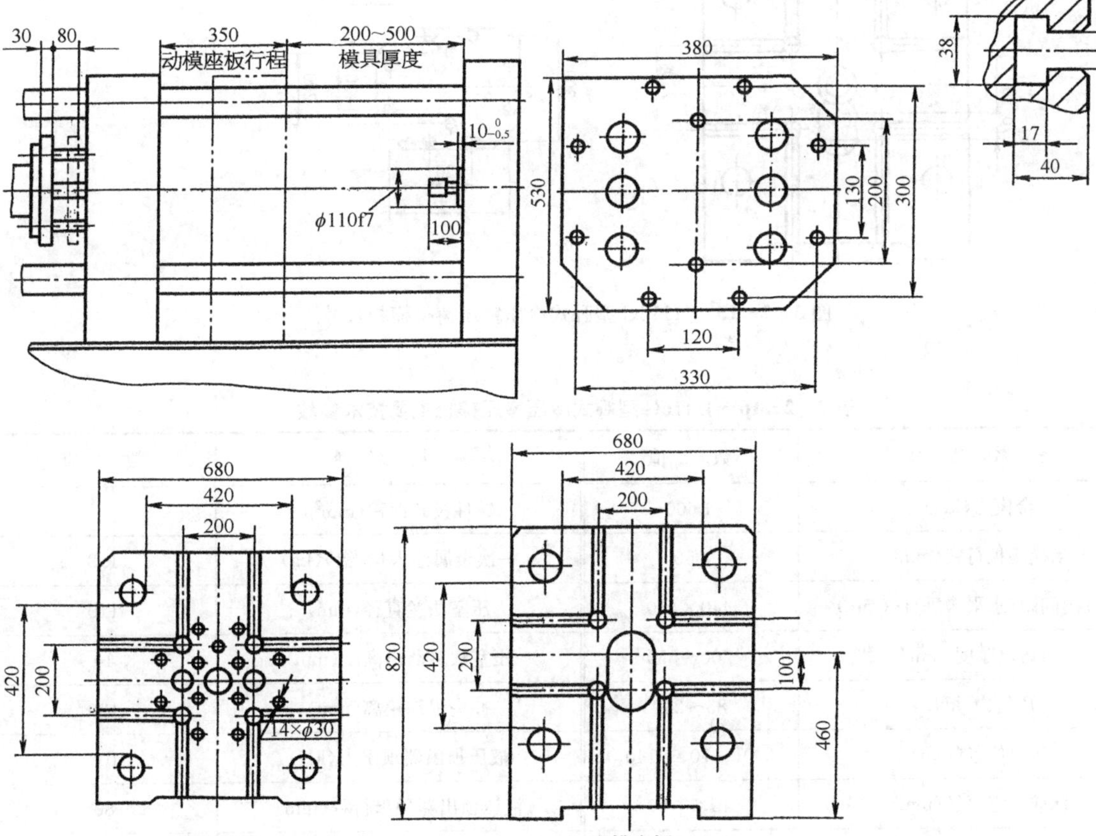

图 3-2-12 J1113G 型卧式冷压室压铸机模板尺寸

J1116G 型卧式冷压室压铸机模板尺寸见图 3-2-13，主要技术参数见表 3-2-16。

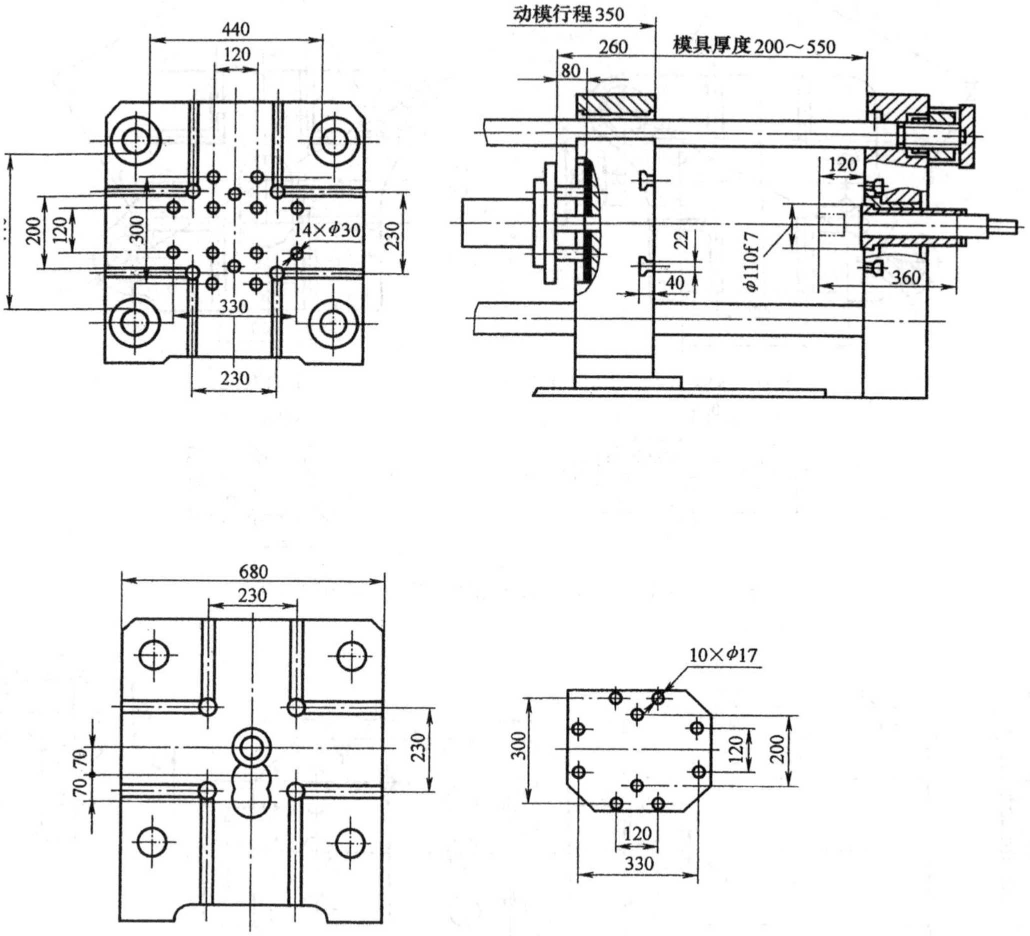

图 3-2-13　J1116G 型卧式冷压室压铸机模板尺寸

表 3-2-16　J1116G 型卧式冷压室压铸机主要技术参数

参数名称	数值	参数名称	数值
合模力(kN)	1 600	铸件投影面积(mm^2)	
动模座板行程(mm)	350	一次金属注入量(铝)(kg)	1.8
拉杠内间距(水平×垂直)(mm)	440×440	压室法兰直径(mm)	110
压铸模厚度(mm)	200～550	压室法兰凸出高度(mm)	10
压射力(kN)	85～200	冲头跟踪距离(mm)	120
压射位置(mm)	0,−70,−140	液压顶出器顶出力(kN)	100
标准压室直径(mm)	40,50,60	液压顶出器顶出行程(mm)	80
压射比压(MPa)		外形尺寸(长×宽×高)(mm)	5 400×1 365×1 910

J1125G 型卧式冷压室压铸机模板尺寸见图 3-2-14，主要技术参数见表 3-2-17。

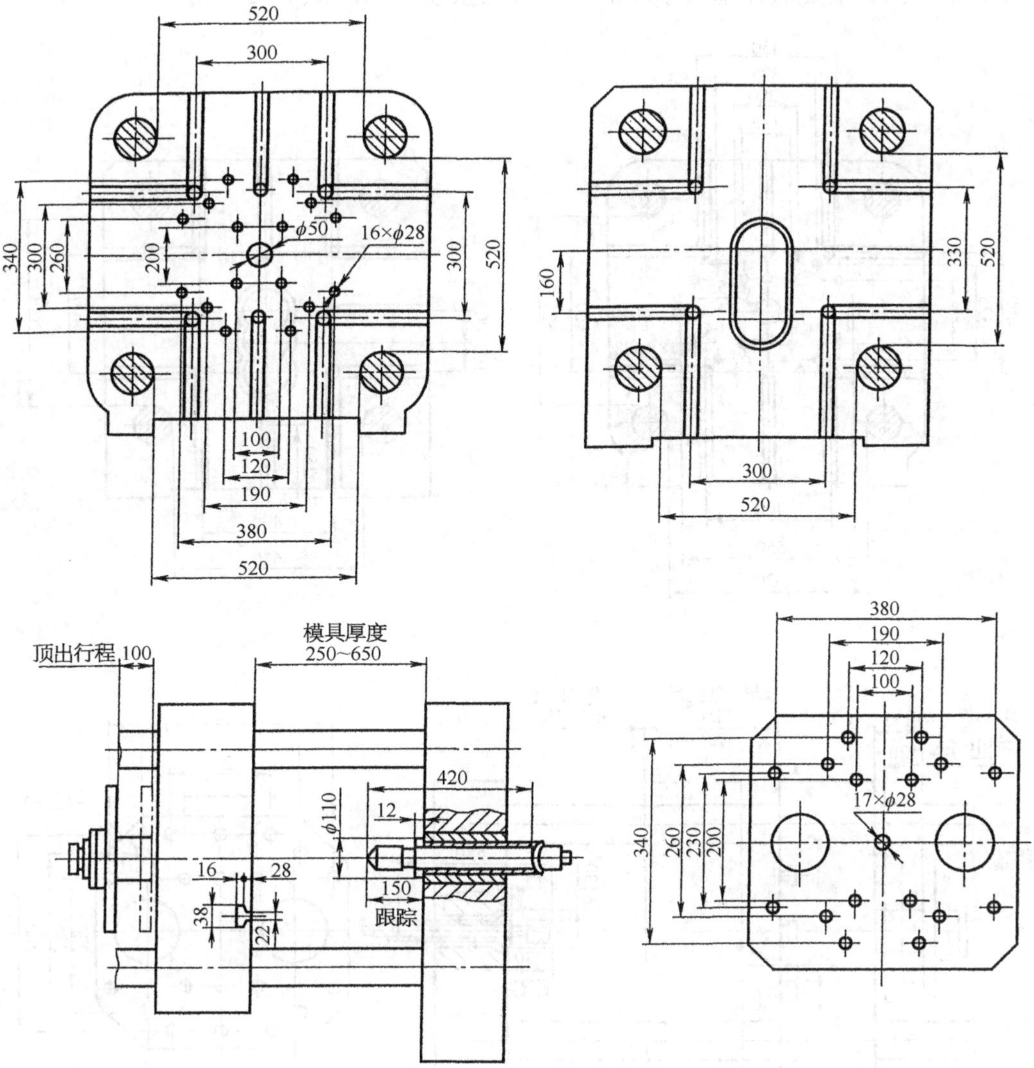

图 3-2-14 J1125G 型卧式冷压室压铸机模板尺寸

表 3-2-17 J1125G 型卧式冷压室压铸机主要技术参数

参数名称	数值	参数名称	数值
合模力(kN)	2 500	铸件投影面积(mm^2)	175～886
动模座板行程(mm)	400	一次金属注入量(铝)(kg)	3.2
拉杠内间距(水平×垂直)(mm)	520×520	压室法兰直径(mm)	110
压铸模厚度(mm)	250～650	压室法兰凸出高度(mm)	12
压射力(kN)	143～280	冲头跟踪距离(mm)	150
压射位置(mm)	0,－160	液压顶出器顶出力(kN)	130
标准压室直径(mm)	50,60,70	液压顶出器顶出行程(mm)	100
压射比压(MPa)	28～143	外形尺寸(长×宽×高)(mm)	6 450×1 795×2 335

J1140C 型卧式冷压室压铸机模板尺寸见图 3-2-15，主要技术参数见表 3-2-18。

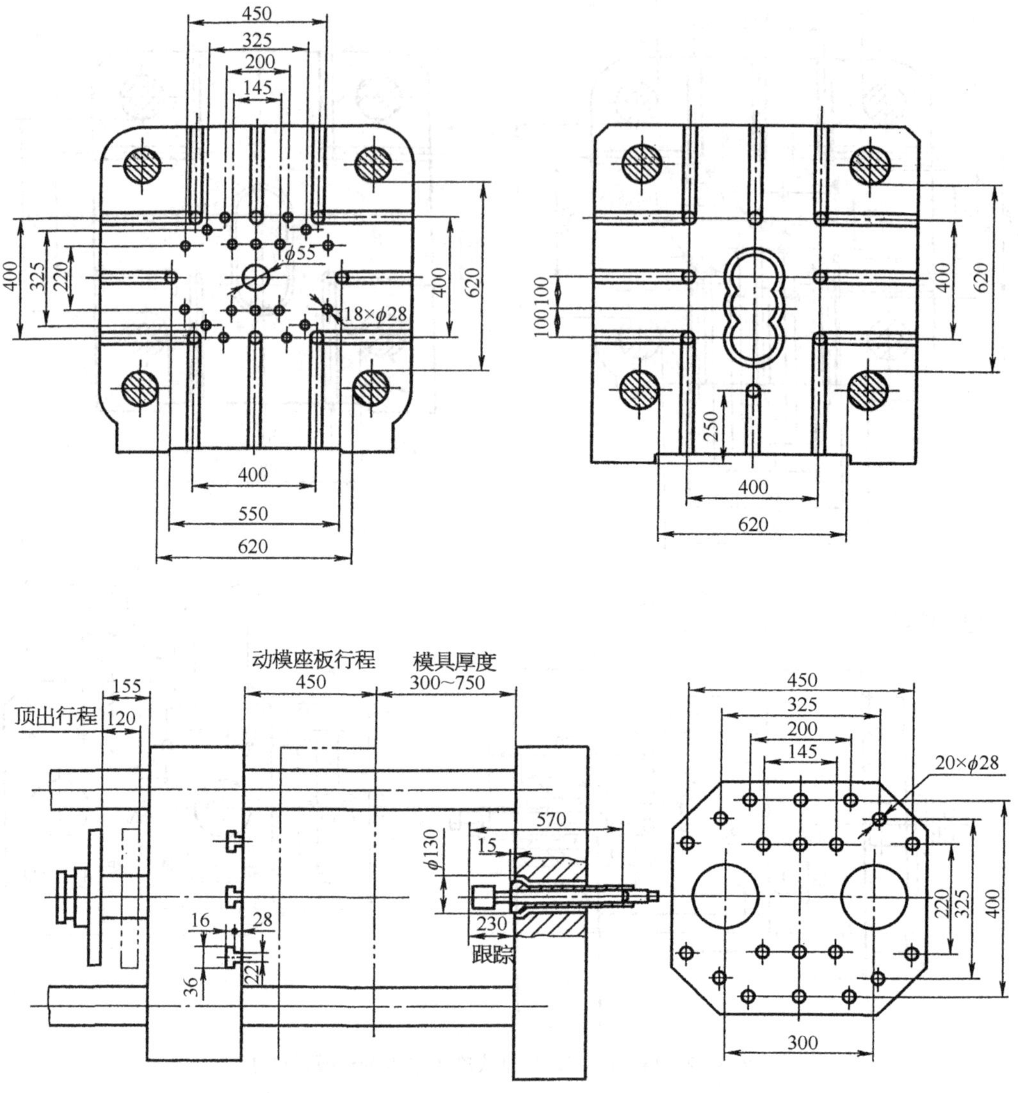

图 3-2-15 J1140C 型卧式冷压室压铸机模板尺寸

表 3-2-18 J1140C 型卧式冷压室压铸机主要技术参数

参 数 名 称	数 值	参 数 名 称	数 值
合模力(kN)	4 000	铸件投影面积(mm^2)	283～1 143
动模座板行程(mm)	450	一次金属注入量(铝)(kg)	4.5
拉杠内间距(水平×垂直)(mm)	620×620	压室法兰直径(mm)	130
压铸模厚度(mm)	300～750	压室法兰凸出高度(mm)	15
压射力(kN)	180～400	冲头跟踪距离(mm)	230
压射位置(mm)	0，－100，－200	液压顶出器顶出力(kN)	180
标准压室直径(mm)	60，70，80	液压顶出器顶出行程(mm)	120
压射比压(MPa)	35～142	外形尺寸(长×宽×高)(mm)	7 455×1 850×2 400

J1150B 型卧式冷压室压铸机模板尺寸见图 3-2-16，主要技术参数见表 3-2-19。
J1163E 型卧式冷压室压铸机模板尺寸见图 3-2-17，主要技术参数见表 3-2-20。

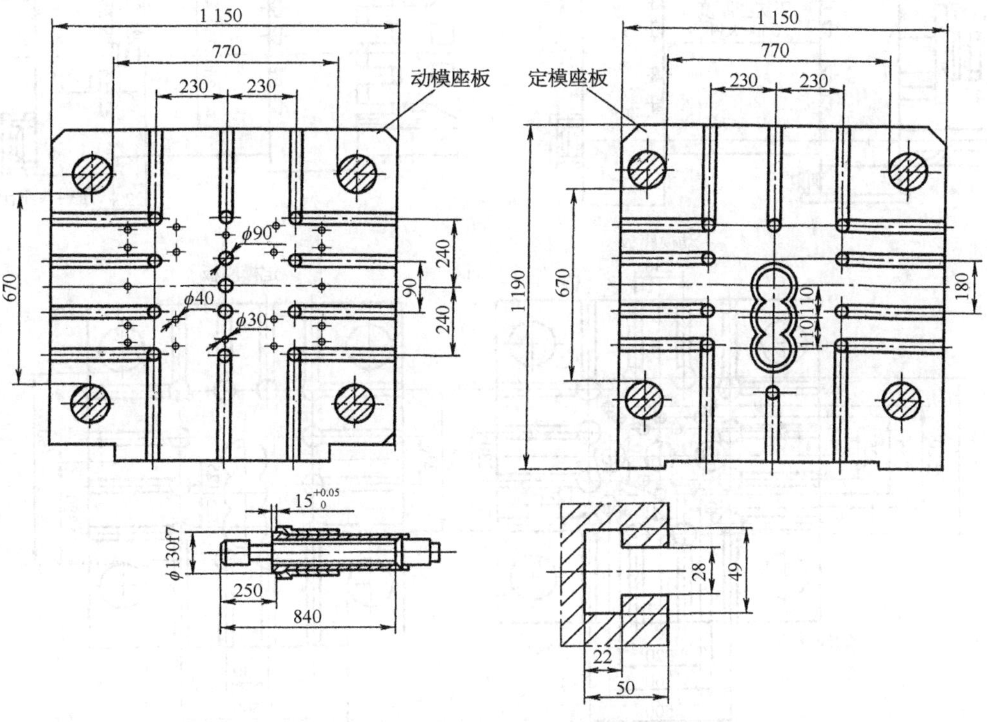

图 3-2-16　J1150B 型卧式冷压室压铸机模板尺寸

表 3-2-19　J1150B 型卧式冷压室压铸机主要技术参数

参 数 名 称	数　值	参 数 名 称	数　值
合模力(kN)	5 000	铸件投影面积(mm²)	427～1 515
动模座板行程(mm)	450	一次金属注入量(铝)(kg)	6
拉杠内间距(水平×垂直)(mm)	770×670	压室法兰直径(mm)	130
压铸模厚度(mm)	300～750	压室法兰凸出高度(mm)	15
压射力(kN)	210～450	冲头跟踪距离(mm)	250
压射位置(mm)	0,−100,−220	液压顶出器顶出力(kN)	220
标准压室直径(mm)	70,80,90	液压顶出器顶出行程(mm)	120
压射比压(MPa)	33～117	外形尺寸(长×宽×高)(mm)	7 545×2 000×2 450

表 3-2-20　J1163E 型卧式冷压室压铸机主要技术参数

参 数 名 称	数　值	参 数 名 称	数　值
合模力(kN)	6 300	铸件投影面积(mm²)	403～1 649
动模座板行程(mm)	600	一次金属注入量(铝)(kg)	4.59
拉杠内间距(水平×垂直)(mm)	760×760	压室法兰直径(mm)	165
压铸模厚度(mm)	350～850	压室法兰凸出高度(mm)	15
压射力(kN)	368～600	冲头跟踪距离(mm)	220
压射位置(mm)	0,−125,−250	液压顶出器顶出力(kN)	250
标准压室直径(mm)	70,85,100	液压顶出器顶出行程(mm)	150
压射比压(MPa)	38.2～156	外形尺寸(长×宽×高)(mm)	8 000×2 000×2 700

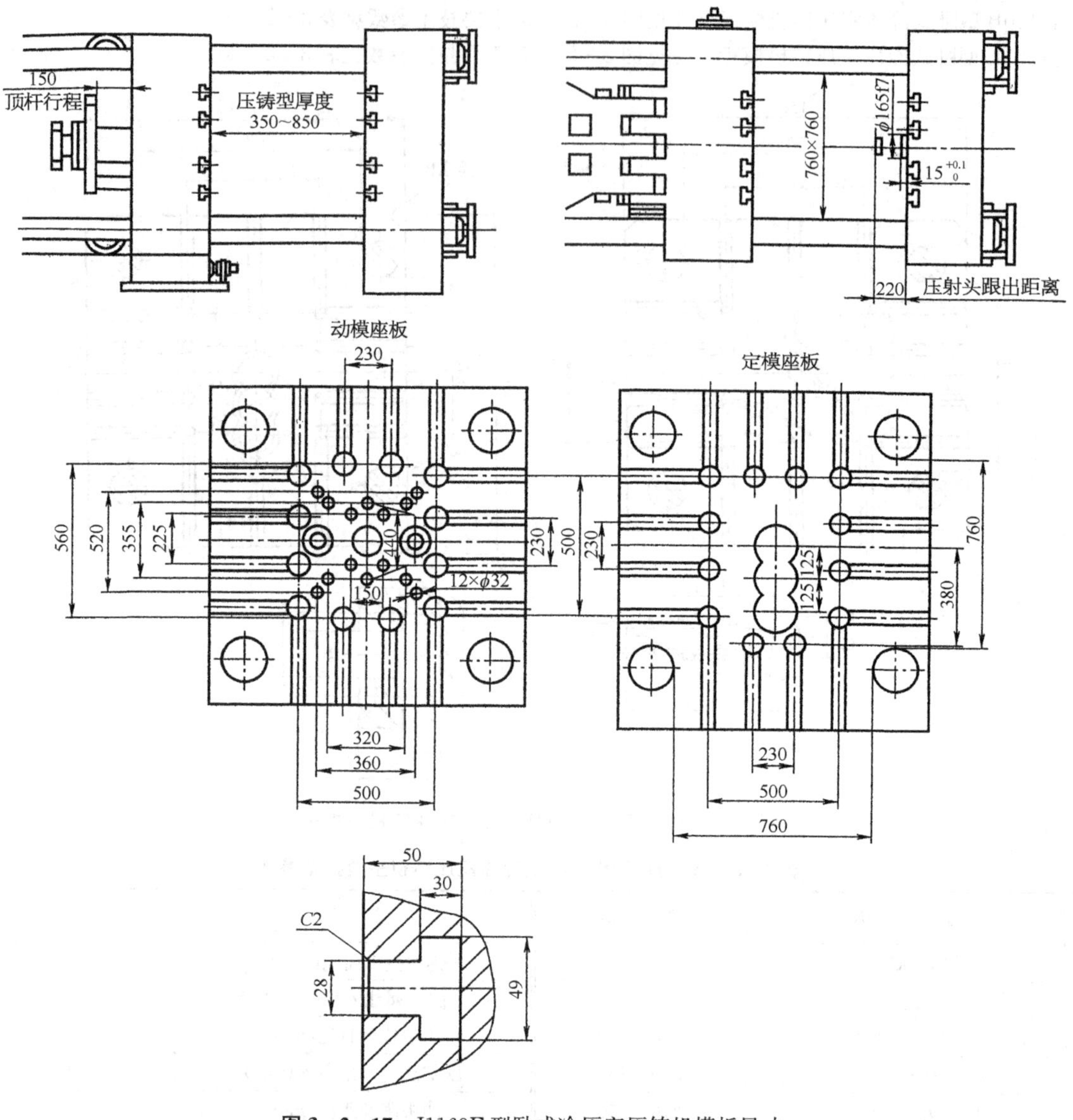

图 3-2-17 J1163E 型卧式冷压室压铸机模板尺寸

J1170A 型卧式冷压室压铸机模板尺寸见图 3-2-18，主要技术参数见表 3-2-21。
J1190 型卧式冷压室压铸机模板尺寸见图 3-2-19，主要技术参数见表 3-2-22。

表 3-2-21 J1170A 型卧式冷压室压铸机主要技术参数

参 数 名 称	数 值	参 数 名 称	数 值
合模力(kN)	7 000	铸件投影面积(mm^2)	
动模座板行程(mm)	650	一次金属注入量(铝)(kg)	10
拉杠内间距(水平×垂直)(mm)	750×750	压室法兰直径(mm)	165
压铸模厚度(mm)	350~850	压室法兰凸出高度(mm)	15
压射力(kN)	650	冲头跟踪距离(mm)	220
压射位置(mm)	0,−125,−250	液压顶出器顶出力(kN)	250
标准压室直径(mm)	70,80,90,100	液压顶出器顶出行程(mm)	150
压射比压(MPa)		外形尺寸(长×宽×高)(mm)	8 700×2 620×3 150

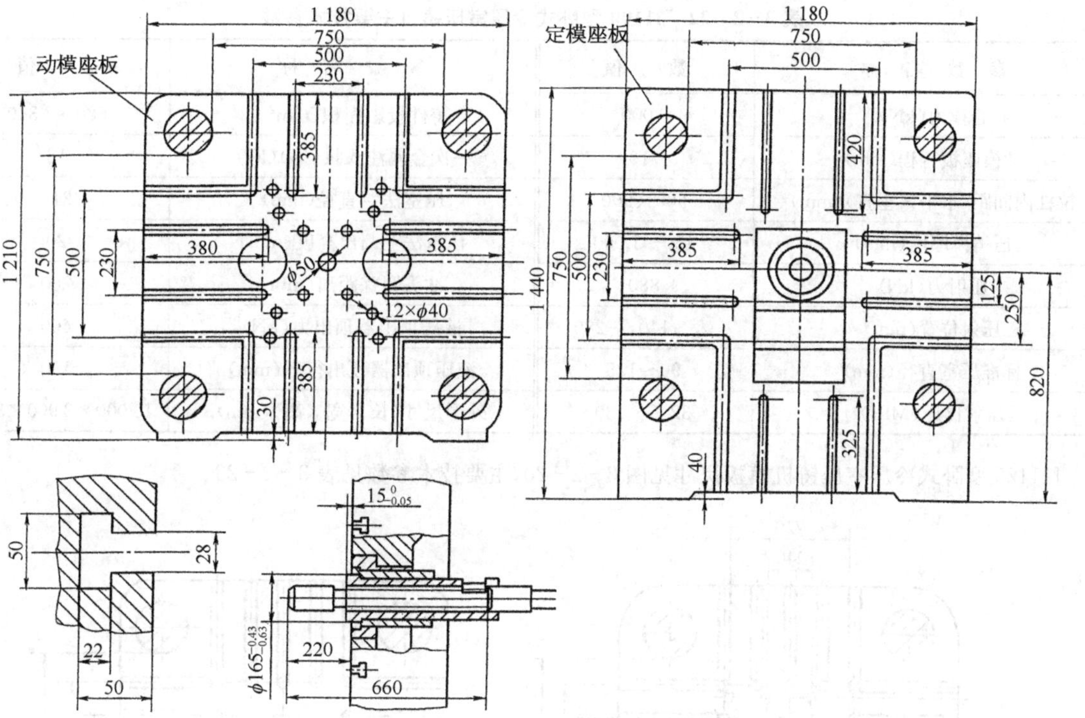

图 3-2-18 J1170A 型卧式冷压室压铸机模板尺寸

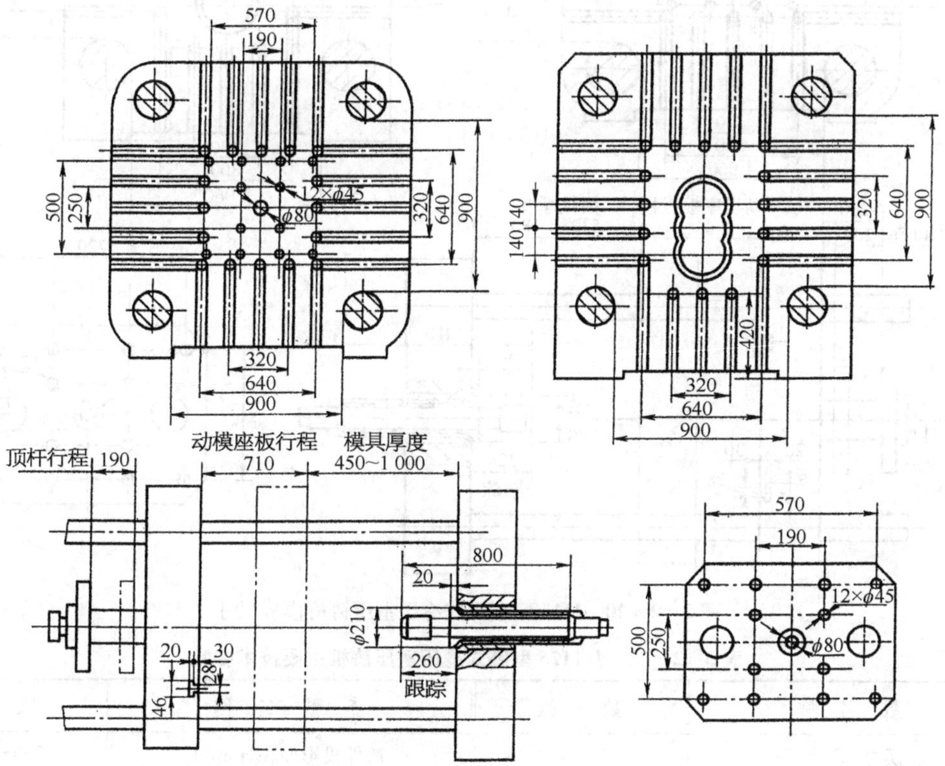

图 3-2-19 J1190 型卧式冷压室压铸机模板尺寸

表 3-2-22　J1190 型卧式冷压室压铸机主要技术参数

参 数 名 称	数　值	参 数 名 称	数　值
合模力(kN)	9 000	铸件投影面积(mm^2)	580～2 340
动模座板行程(mm)	710	一次金属注入量(铝)(kg)	18
拉杠内间距(水平×垂直)(mm)	900×900	压室法兰直径(mm)	210
压铸模厚度(mm)	150～1 000	压室法兰凸出高度(mm)	20
压射力(kN)	880	冲头跟踪距离(mm)	260
压射位置(mm)	0,−140,−280	液压顶出器顶出力(kN)	400
标准压室直径(mm)	90～125	液压顶出器顶出行程(mm)	190
压射比压(MPa)	32.6～130	外形尺寸(长×宽×高)(mm)	10 000×2 900×3 000

J11125 型卧式冷压室压铸机模板尺寸见图 3-2-20,主要技术参数见表 3-2-23。

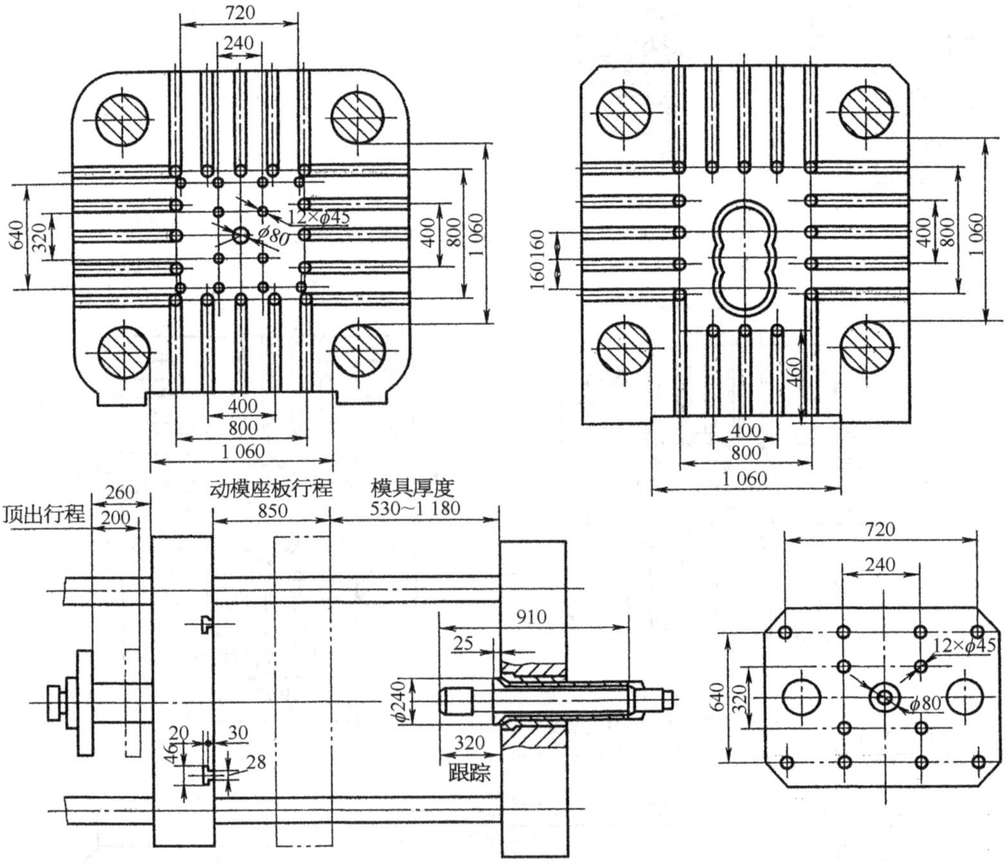

图 3-2-20　J11125 型卧式冷压室压铸机模板尺寸

表 3-2-23　J11125 型卧式冷压室压铸机主要技术参数

参 数 名 称	数　值	参 数 名 称	数　值
合模力(kN)	12 500	铸件投影面积(mm^2)	790～3 600
动模座板行程(mm)	850	一次金属注入量(铝)(kg)	26
拉杠内间距(水平×垂直)(mm)	1 060×1 060	压室法兰直径(mm)	240

（续表）

参 数 名 称	数　值	参 数 名 称	数　值
压铸模厚度(mm)	530～1 180	压室法兰凸出高度(mm)	25
压射力(kN)	450～1 050	冲头跟踪距离(mm)	320
压射位置(mm)	0，－160，－320	液压顶出器顶出力(kN)	500
标准压室直径(mm)	100～140	液压顶出器顶出行程(mm)	200
压射比压(MPa)	29～131	外形尺寸(长×宽×高)(mm)	12 017×3 360×3 240

J11160 型卧式冷压室压铸机模板尺寸见图 3－2－21，主要技术参数见表 3－2－24。

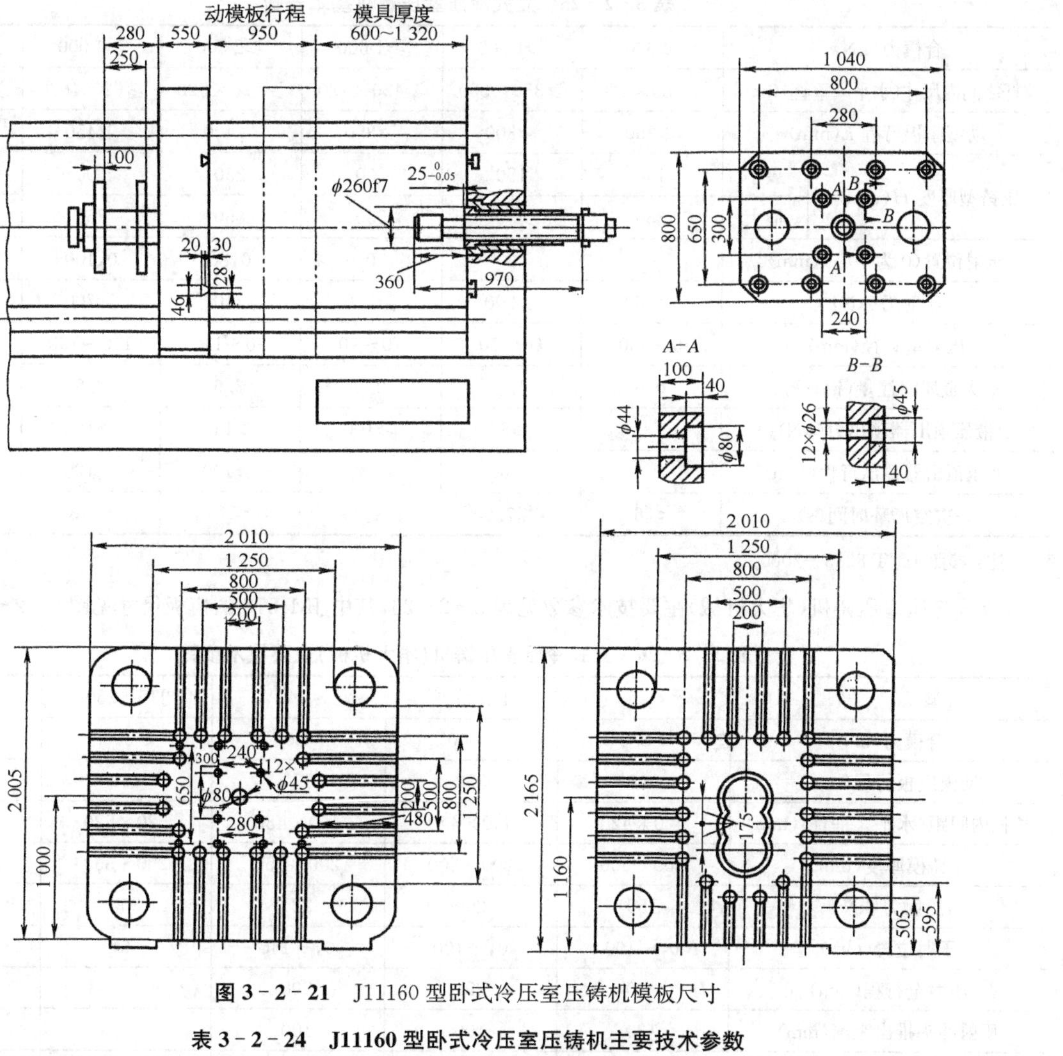

图 3－2－21　J11160 型卧式冷压室压铸机模板尺寸

表 3－2－24　J11160 型卧式冷压室压铸机主要技术参数

参 数 名 称	数　值	参 数 名 称	数　值
合模力(kN)	16 000	铸件投影面积(mm^2)	1 033～1 800
动模座板行程(mm)	950	一次金属注入量(铝)(kg)	26
拉杠内间距(水平×垂直)(mm)	1 250×1 250	压室法兰直径(mm)	260
压铸模厚度(mm)	600～1 320	压室法兰凸出高度(mm)	25

（续表）

参 数 名 称	数 值	参 数 名 称	数 值
压射力(kN)	500～1 250	冲头跟踪距离(mm)	360
压射位置(mm)	0，−175，−350	液压顶出器顶出力(kN)	550
标准压室直径(mm)	100，130，150	液压顶出器顶出行程(mm)	250
压射比压(MPa)	28.3～131.6	外形尺寸(长×宽×高)(mm)	12 780×3 530×4 240

（三）立式冷压室压铸机

立式冷压室压铸机基本参数见表 3-2-25。

表 3-2-25 立式冷压室压铸机基本参数

合模力(kN)		≥630	≥1 000	≥1 600	≥2 500	≥4 000	≥6 300
拉杆之间内尺寸(水平×垂直)(mm)		≥280×280	≥350×350	≥420×420	≥520×520	≥620×620	≥750×750
动型座板行程 L(mm)		≥250	≥300	≥350	≥400	≥450	≥600
压铸型厚度 H(mm)	最小	150	150	200	250	300	350
	最大	350	450	550	650	750	850
压射位置(0 为中心)(mm)		0	0	0	0，80	0，100	0，150
压射力(kN)		≥160	≥200	≥300	≥400	≥700	≥900
压射室直径(mm)		50～60	60～70	70～90	90～110	110～130	130～150
最大金属浇注量(铝)(kg)		0.6	1.0	2.0	3.6	7.5	11.5
液压顶出器顶出力(kN)			≥80	≥100	≥140	≥180	≥250
液压顶出器顶出行程(mm)			≥60	≥80	≥100	≥120	≥150
一次空循环时间(s)		≤6	≤7.5	≤9	≤10	≤13	≤16

注：参照 JB/T 8083—2000。

立式冷压室压铸机(华大机械)主要技术参数见表 3-2-26，其中 JM1518 的模板尺寸见图 3-2-22。

表 3-2-26 立式冷压室压铸机(华大机械)主要技术参数

型 号	J15 系列									J15-250	JM1518		
合模力(kN)	1 380			1 600			1 800			2 500	1 800		
动模座板行程(mm)	340			350			350			400	350		
拉杠内间距(水平×垂直)(mm)	420×420			440×440			450×480			520×520	450×480		
压铸模厚度(mm)	200～500			200～500			200～550			250～550	200～550		
压射力(kN)	150			200			225			800	260		
压射位置(mm)	0，−100			0，−100			0，−140			0	0		
压射全行程(mm)	280			290			290				290		
压射冲头推出距离(mm)	120			100			100				100		
标准压室直径(mm)	ϕ40	ϕ50	ϕ60	ϕ50	ϕ60	ϕ70	ϕ50	ϕ60	ϕ70	ϕ120，ϕ140，ϕ160	ϕ50	ϕ60	ϕ70
压射比压(MPa)	79～127	50～81	35～56	40～100	28～70	20～51	50～114	35～79	25～58		135	92	67
一次金属注入量(铝)(kg)	0.8	1.2	1.8	1.2	1.8	2.5	1.2	1.8	2.5	4.8	1.2	1.8	2.5
液压顶出器顶出力(kN)	100			120			140			140	120		
液压顶出器顶出行程(mm)	80			80			80			100	80		

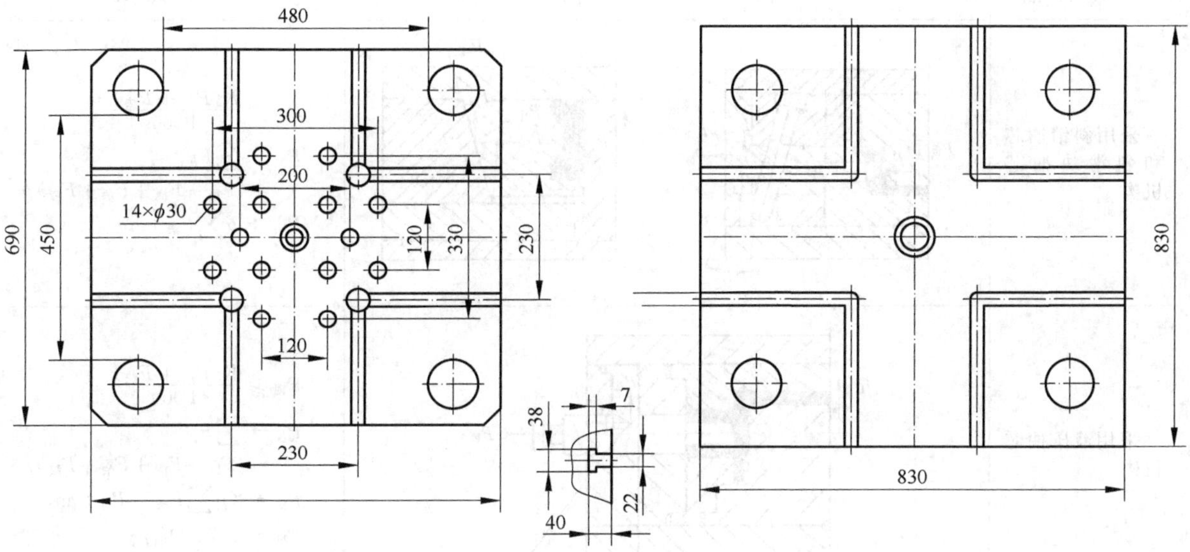

图 3-2-22　JM1518 型立式冷压室压铸机模板尺寸

(a) 动模板；(b) 定模板

三、压铸机选择

压室容量应大于每次浇注的合金液总量，即

$$G_{压室} > \frac{(V_1 + V_2 + V_3)\gamma}{1\,000}$$

式中　$G_{压室}$——压铸机给定的压室容量(kg)；

V_1——压铸件体积(cm^3)；

V_2——浇注系统总体积(cm^3)；

V_3——余料体积(cm^3)；

γ——合金密度(g/cm^3)。

常用压铸合金密度见表 3-2-27。

表 3-2-27　常用压铸合金密度　(g/cm^3)

合金种类	铅合金	锡合金	锌合金	铝合金	镁合金	铜合金
合金密度 γ	8～10	6.6～7.3	6.3～6.7	2.6～2.7	1.7～1.8	8.3～8.5

压铸机的锁模力应大于模腔内金属液的胀型力在合模方向上的合力，防止压铸时模具产生开缝溢料现象。压铸机的最大开模力、最大推件力也应大于模具所需的开模力和推件力。

锁模力的校核计算见表 3-2-28。

模具的周界尺寸应与压铸机模板尺寸相适应，模具的厚度应在压铸机规定的模具厚度范围内。为确保开模后能顺利取出压铸件，应进行最小开模距离的校核计算，计算方法见表 3-2-29。

表 3-2-28　锁模力计算

模具特点	简　　图	计算公式
采用斜销抽芯和斜滑块抽芯机构	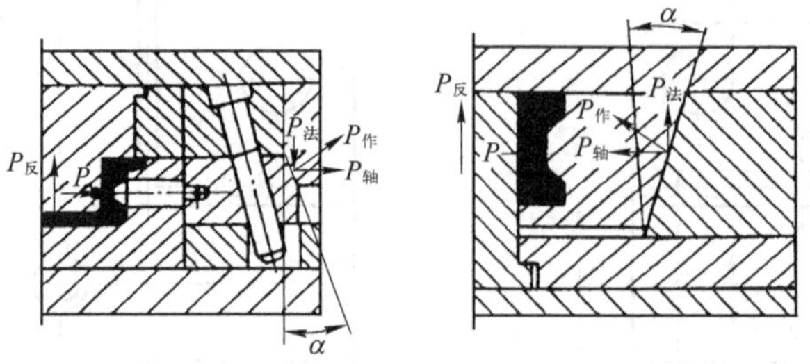	$P_{锁} \geqslant \frac{K(P_{反}+P_{法})}{1\,000}$ $P_{反}=\sum F_p$ $=(F_{铸}+F_{浇}+F_{余}+F_{溢})p$ $P_{法}=p\sum F_{法}\tan\alpha$
采用液压抽芯机构	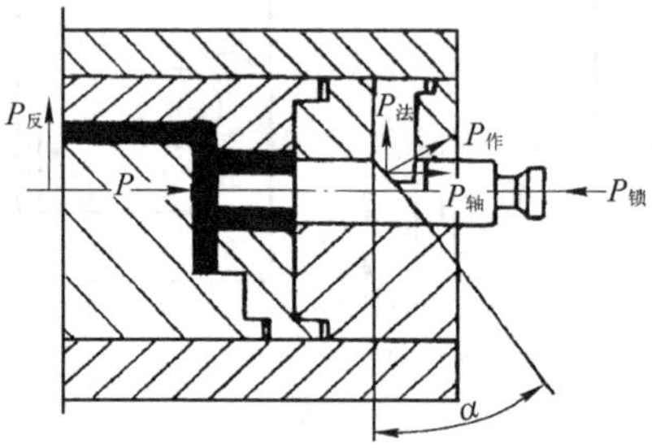	$P_{锁} \geqslant \frac{K(P_{反}+P_{法})}{1\,000}$ $P_{反}=\sum F_p$ $=(F_{铸}+F_{浇}+F_{余}+F_{溢})p$ $P_{法}=(p\sum F_{法}-P_{插})\tan\alpha$ $P_{插}=0.785D_{抽}^2 p_{管}$
模具上的型腔偏离压铸机的压力中心	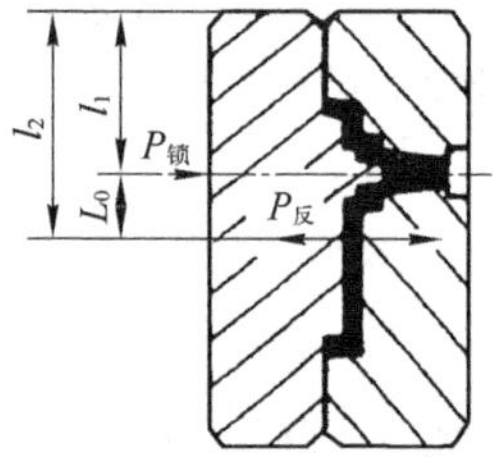	$P_{锁} \geqslant \frac{1.25P_{反}(l_1+L_0)}{1\,000l_1}$ 或 $P_{锁} \geqslant \frac{1.25P_{反}\,l_2}{1\,000l_1}$

注：$P_{锁}$—锁模力(kN)；$P_{反}$—压铸时的反力(N)；$P_{法}$—作用于滑块楔紧面上的法向反力(N)；K—安全系数，一般取 1～1.3；p—压射比压(MPa)，参见表 3-1-25；$F_{铸}$—铸件在分型面上的投影面积(mm^2)；$F_{浇}$—浇道内浇口在分型面上的投影面积(mm^2)；$F_{余}$—余料在分型面上的投影面积(mm^2)；$F_{溢}$—溢流槽在分型面上的投影面积(mm^2)；$\sum F_{法}$—活动型芯成形端面的投影面积总和(mm^2)；α—楔紧块的楔紧角(°)；$P_{插}$—液压抽芯器的插心力(N)；$D_{抽}$—液压抽芯器的活塞直径(mm)；$p_{管}$—压铸机的管路压力(MPa)；L_0—型腔反压力合力作用中心至压铸机压力中心的距离(mm)；l_1—模具边缘至压铸机中心的距离(mm)；l_2—模具边缘至型腔反压力作用中心的距离(mm)。

表 3-2-29　最小开模距离计算

模具特点	简　　图	计算公式
推杆推出	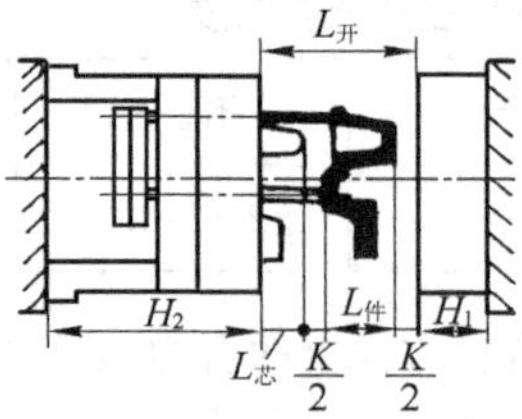	$L_{开}>L_{芯}+L_{件}+K$
曲折分型面	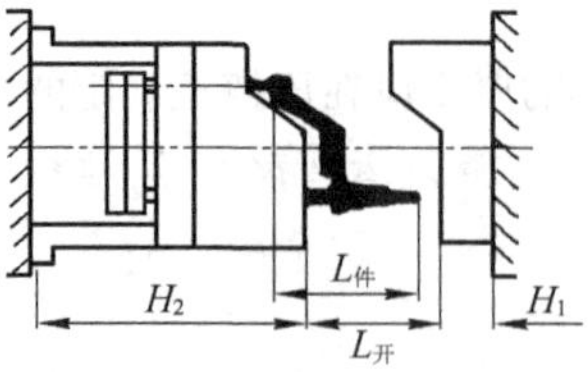	$L_{开}>L_{件}+K$

（续表）

模 具 特 点	简　　图	计 算 公 式
推件板推出	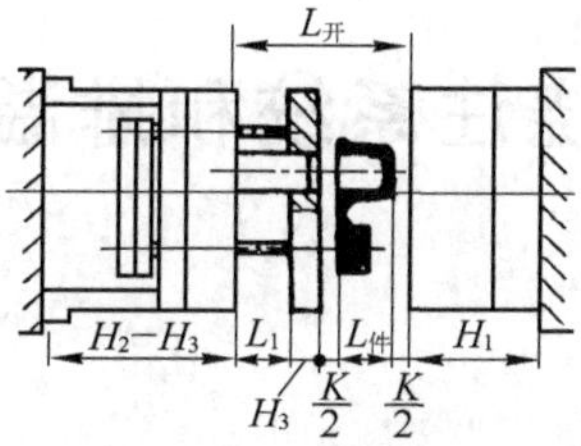	$L_{开}>L_1+H_3+L_{件}+K$
斜销抽芯	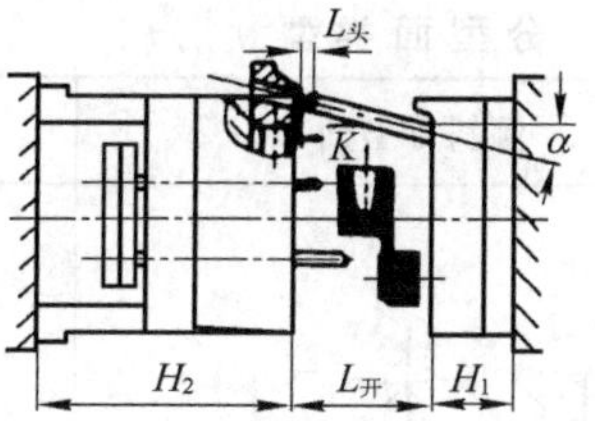	$L_{开}>\tan\alpha s_{抽}+L_{头}+K$
斜滑块立式 压铸机中心浇口	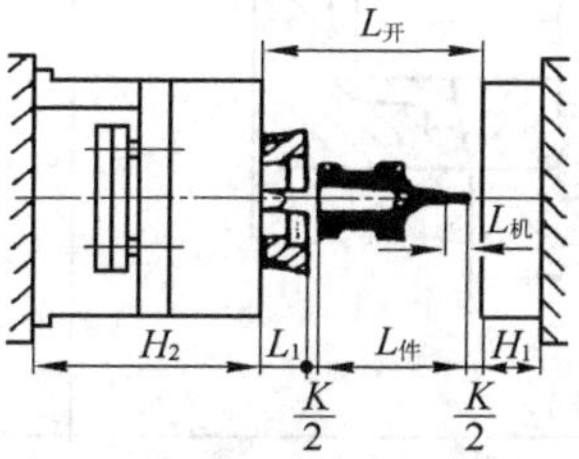	$L_{开}>L_1+L_{件}+K$
卧式压铸机中心点浇口	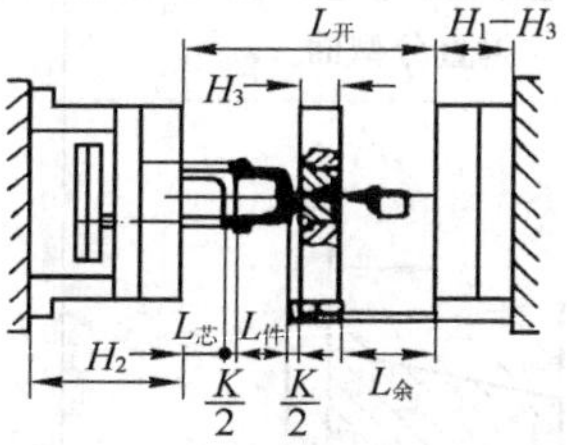	$L_{开}>L_{芯}+L_{件}+L_{余}+H_3+K$

注：$L_{开}$—最小开模距离(mm)；L_1—最小推出距离(mm)；$L_{件}$—铸件总高度(包括浇注系统)(mm)；$L_{芯}$—型芯高出分型面尺寸(mm)；$L_{余}$—取下余料的距离(mm)；$L_{头}$—斜销头部尺寸(mm)；$L_{机}$—立式压铸机内喷嘴长度(mm)；α—斜销斜角(°)；$s_{抽}$—抽芯距离(mm)；K—安全值，一般取 10 mm。

第三章　分型面、浇注系统和排溢系统

一、分型面

（一）分型面类型

分型面类型见表 3-3-1。

表 3-3-1　分型面类型

类　型	直线分型面	倾斜分型面	折线分型面
简　图	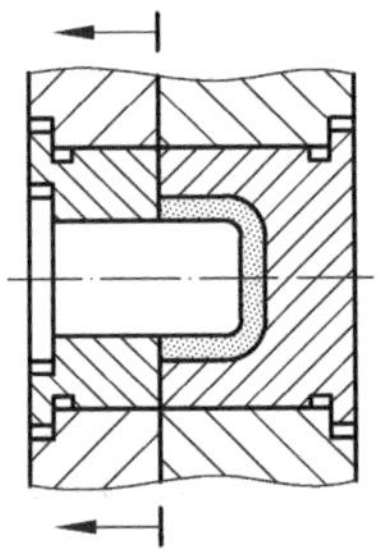	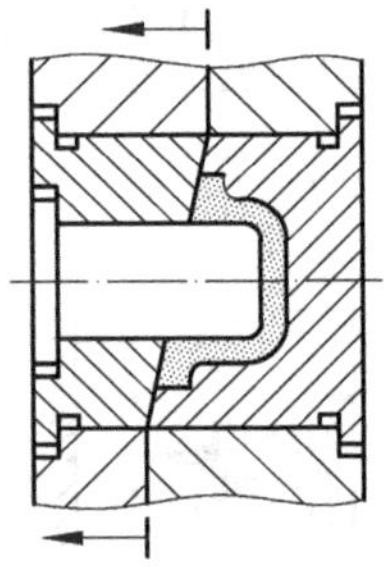	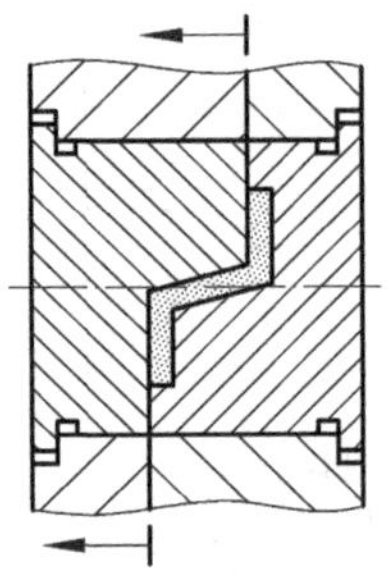
说　明	分型面与压铸机动、定模板平面平行	分型面与压铸机动、定模板平面成一角度	分型面不在同一平面上，由几个折线平面组成
类　型	曲线分型面	垂直分型面	多分型面
简　图	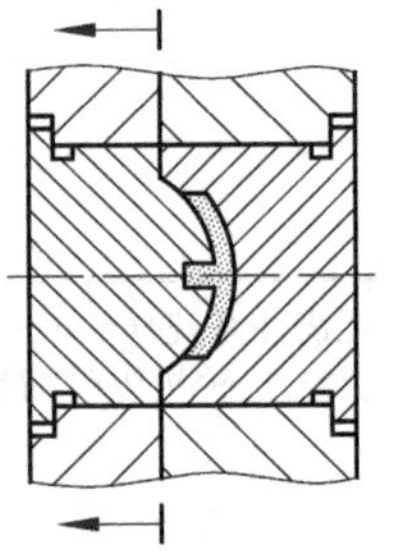	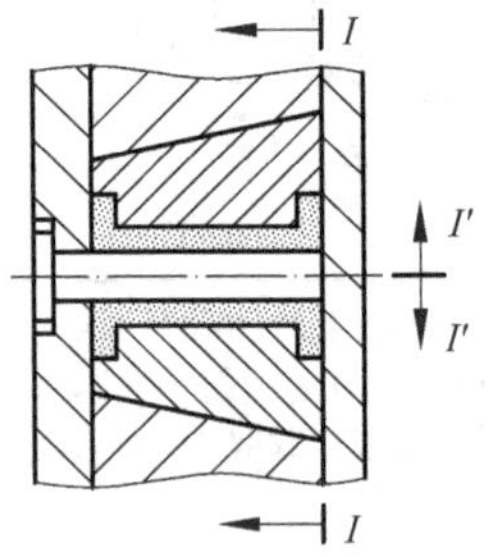	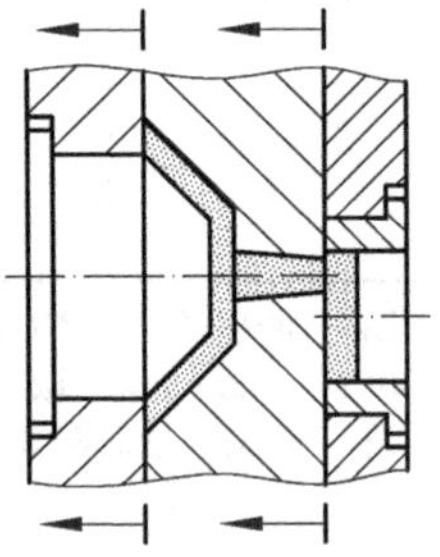
说　明	分型面因铸件的构造特点形成曲面	分型面与压铸机动、定模板平面垂直	一副模具具有两个或两个以上分型面

（二）分型面设计要点

分型面设计要点见表 3-3-2。

表 3-3-2 分型面设计要点

要 点	方 案 A	方 案 B	说 明
分型面应选在压铸件外形轮廓尺寸最大的截面处，保证开模后能够取出铸件	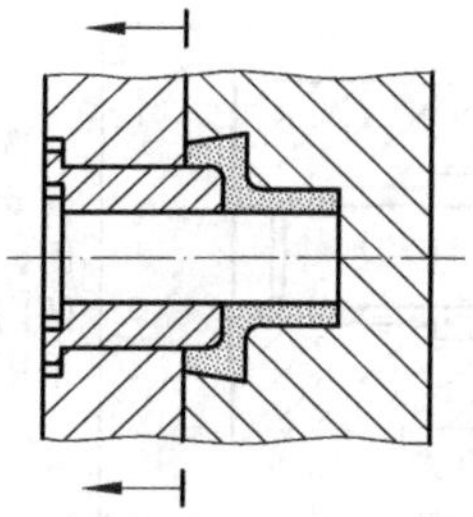	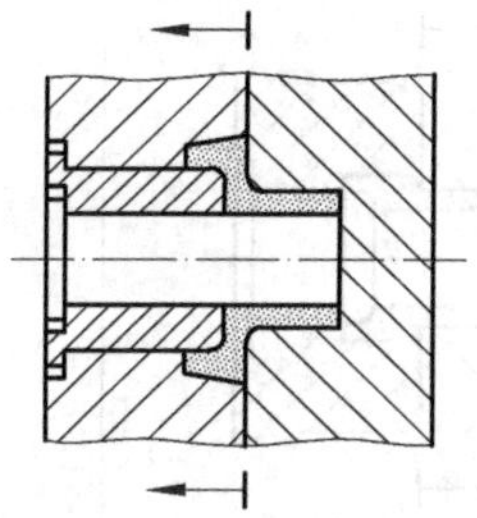	方案 A 在开模后铸件不能取出；方案 B 可顺利取出铸件
分型面选择应尽可能保证在开模时使压铸件随动模一起移动，以便于使用压铸机顶出装置完成顶出	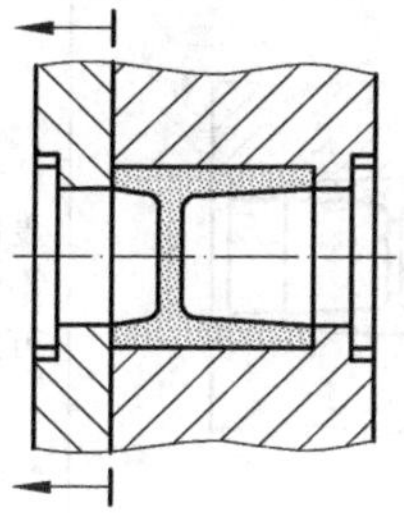	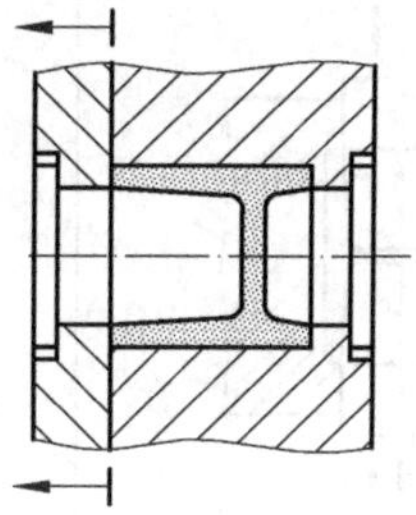	方案 A 所示分型面，由于压铸件凝固冷却后对静半型型芯的包紧力大于对动半型型芯的包紧力，开型时压铸件会留在定半型；改用方案 B 所示的分型面，能使压铸件留在动半型
分型面选择应有利于浇注系统和排溢系统的设计	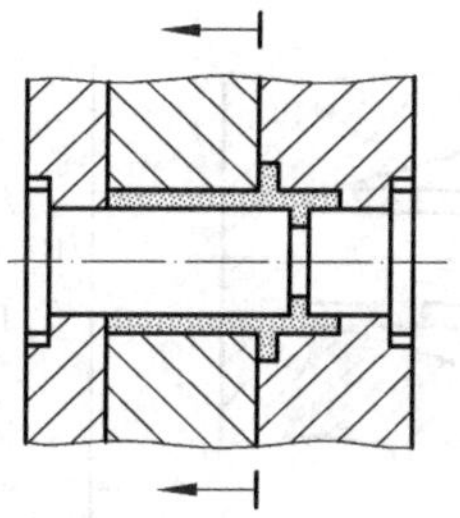	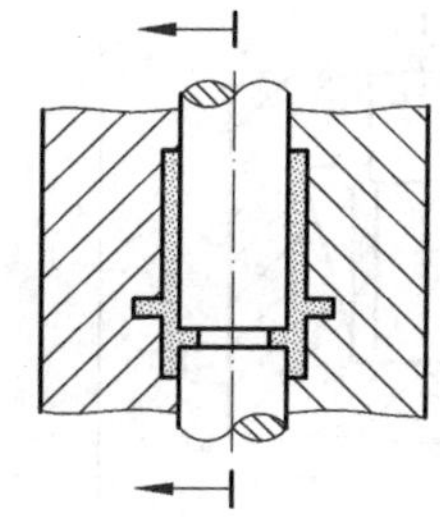	方案 A 模具结构较简单，但铸件两端排气条件较差；方案 B，在铸件端部开设环形或半环形浇口，更能满足铸件的压铸工艺要求
	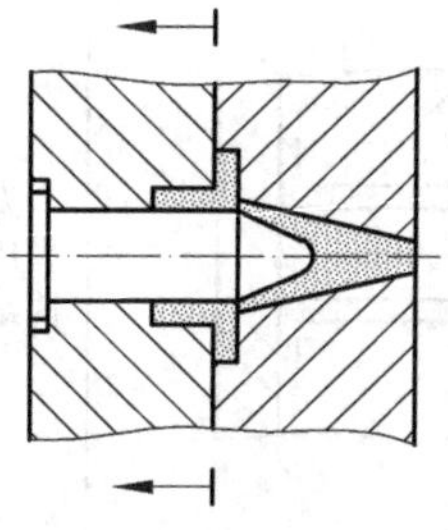	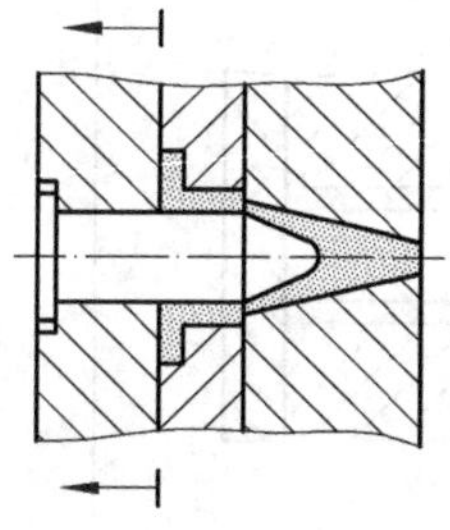	方案 A，金属液从中心浇口流入，首先封住分型面，型腔深处的气体不易排出；方案 B，分型面处最后充填，排气条件良好
分型面选择应保证压铸件的尺寸精度和表面质量	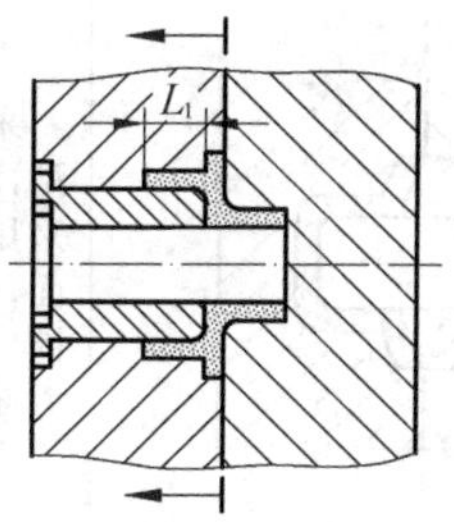	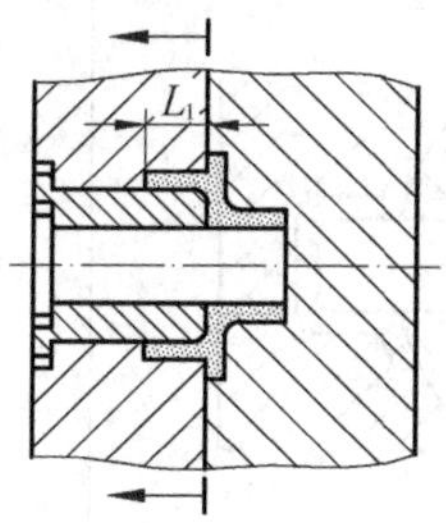	若尺寸 L_1 有较高的精度要求，则采用方案 A 时，受分型面影响，不易保证精度；采用方案 B，精度易于保证

（续表）

要　　点	方　案　A	方　　案　B	说　　明
分型面选择应保证压铸件的尺寸精度和表面质量	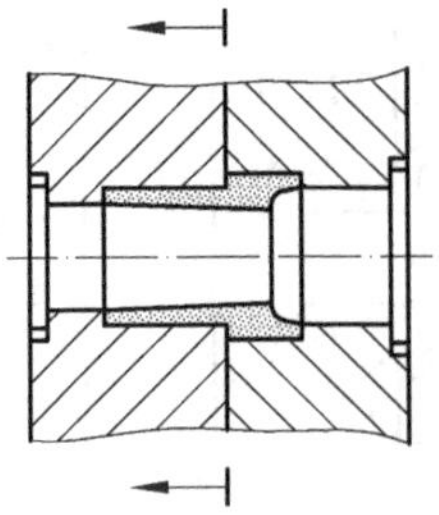	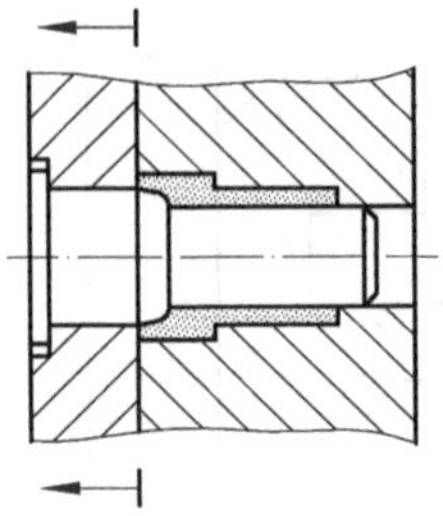	选择分型面时最好把有同轴度要求的部分放在模具的同一侧。采用方案 A，两外圆之间，两内孔之间的同轴度不易保证；采用方案 B，同轴度容易保证
	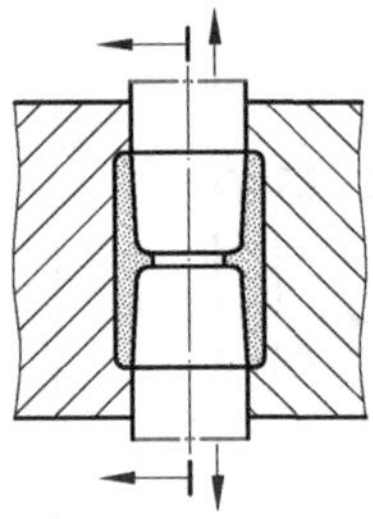	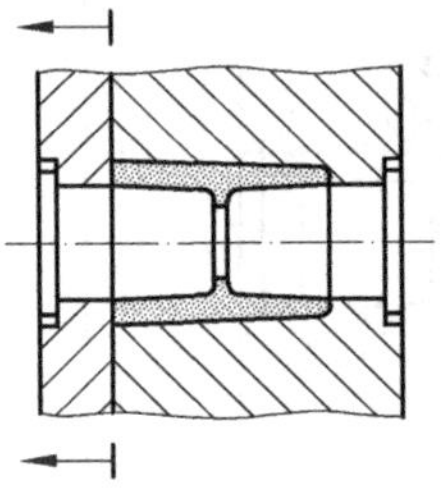	铸件外表面不允许留脱模斜度时，应选用方案 A；铸件外观不允许有分型面痕迹时，应选用方案 B
分型面应尽可能简化模具结构	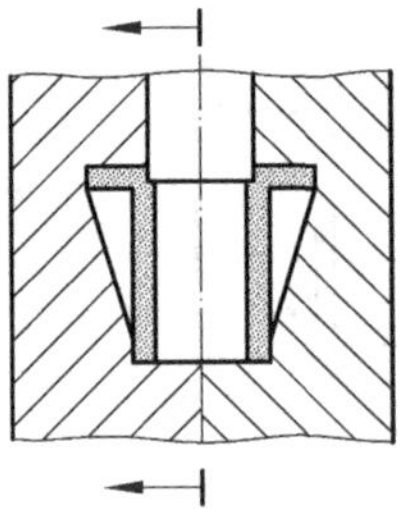	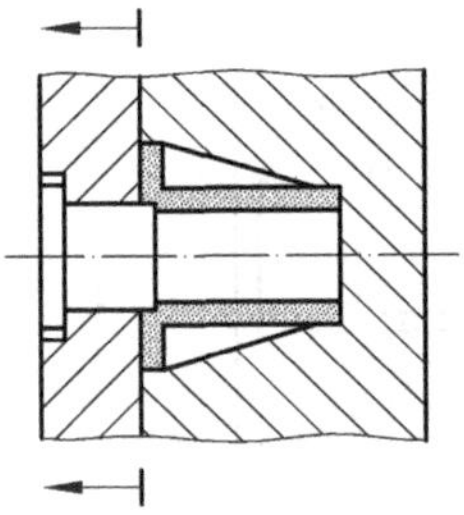	方案 A 需要设计侧向抽芯机构，模具结构较复杂；方案 B 避免了侧向抽芯，模具结构较简单
	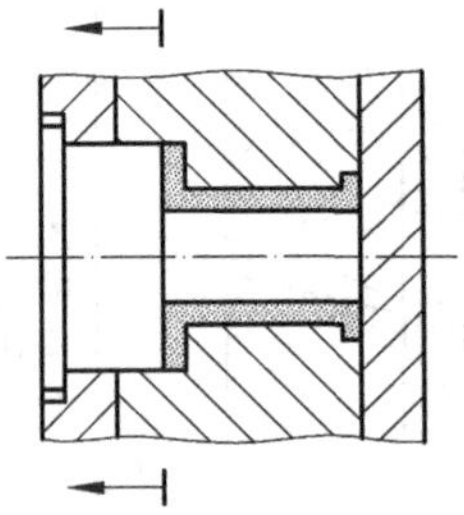	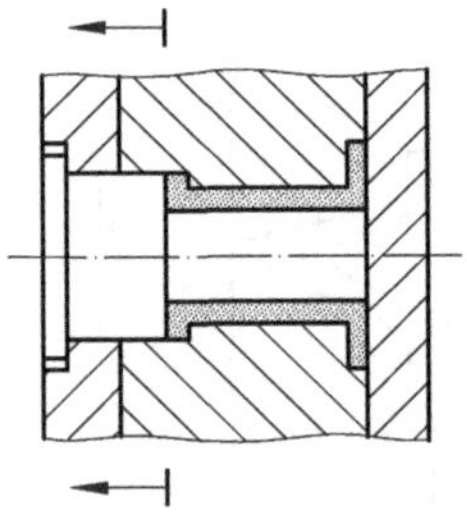	方案 A 抽芯距离大于方案 B；采用方案 B 有利于简化抽芯机构结构
分型面选择应尽可能简化模具零件结构，便于零件加工	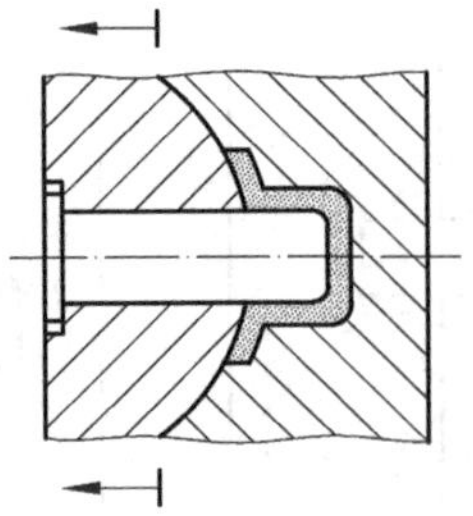	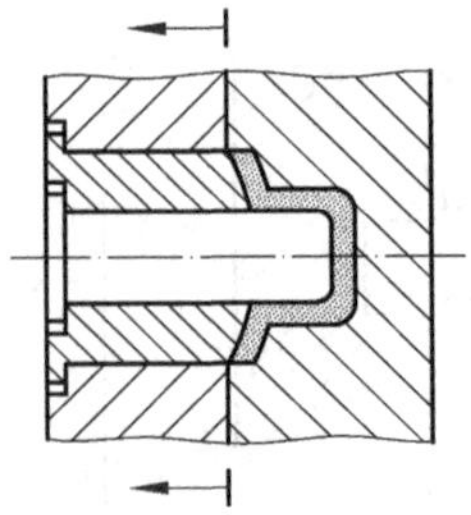	采用方案 A 所示的曲面分型，动、定模板的加工较困难；而采用方案 B 所示的平直分型面，只需在动模镶块上加工出球面，动、定模板的加工比较简单、方便

（续表）

要　　点	方　案　A	方　　案　B	说　　明
分型面选择应适应压铸机工作能力和压铸合金的压铸特性要求	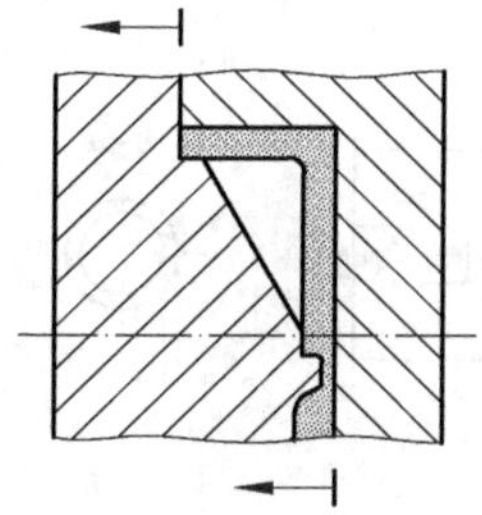	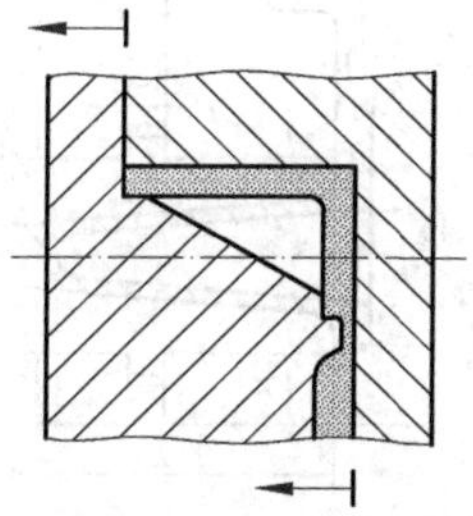	若选用方案 A 时，压铸件在分型面上的投影面积接近压铸机允许的压铸件投影面积时，可选用方案 B，以提高锁模可靠性，防止压铸时分型面产生开缝溢料
	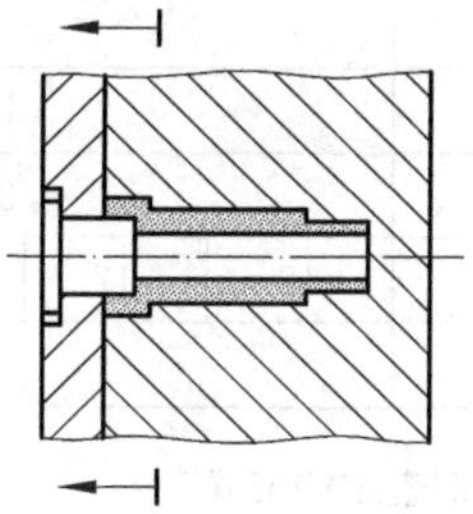	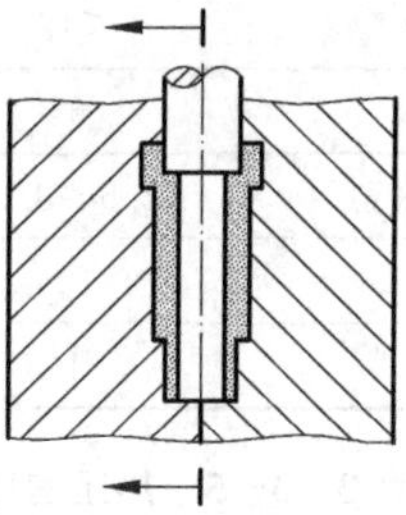	方案 A 适用于锌合金压铸件；方案 B 适用于铝合金、铜合金压铸件

二、浇注系统

（一）浇注系统结构形式

各类压铸机采用的浇注系统形式见表 3-3-3。

表 3-3-3　各类压铸机采用的浇注系统形式

压铸机类型	热压室	卧式冷压室		立式冷压室	全立式
		压室偏置	采用中心浇口		
浇注系统	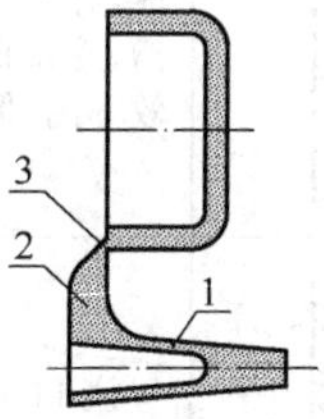	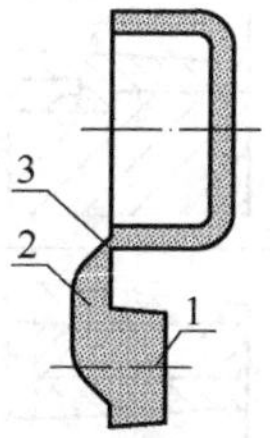	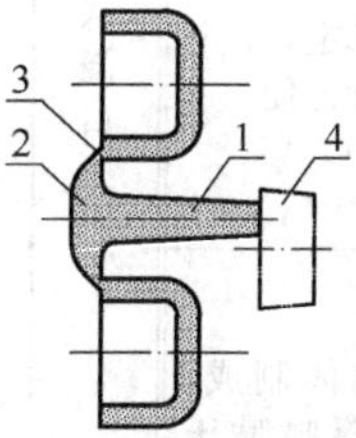	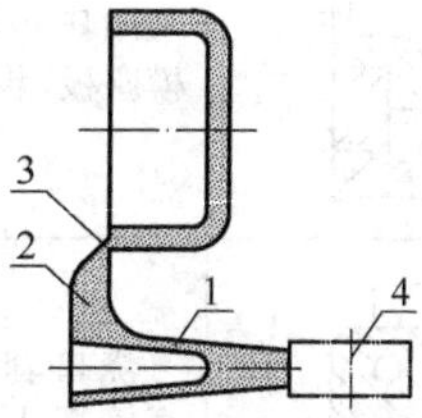	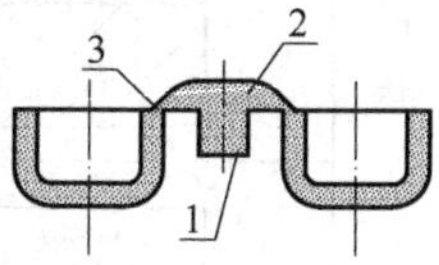
	1—直浇道；2—横浇道；3—内浇口；4—余料				

（二）直浇道

1. 热压室压铸机用浇注系统直浇道

(1) 热压室压铸机用浇注系统直浇道结构与尺寸见表 3-3-4。

(2) 热压室压铸机用浇口套的结构形式见表 3-3-5。

(3) 热压室压铸机喷嘴与浇口套的连接尺寸见表 3-3-6。

2. 卧式冷压室压铸机用浇注系统直浇道

(1) 卧式冷压室压铸机用浇注系统直浇道结构与尺寸见表 3-3-7。

(2) 卧式冷压室压铸机用浇口套的结构形式见表 3-3-8。

表 3-3-4　热压室压铸机用浇注系统直浇道结构与尺寸

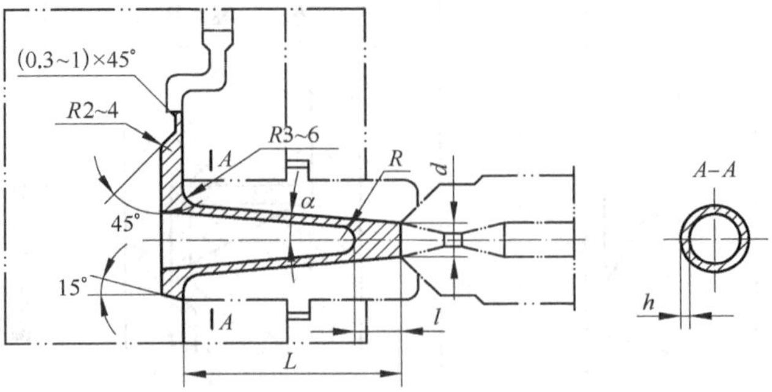

直浇道长度 L(mm)	40	45	50	55	60	65	70	75	80
直浇道小端直径 d(mm)	⩽12				⩽14				
斜度 α(°)	6				4				
环形通道壁厚 h(mm)	2.5～3.0				3.0～3.5				
浇道端面到分流锥顶端距离 l(mm)	10				12	17	22	27	32
分流锥端部圆角半径 R(mm)	4				5				

表 3-3-5　热压室压铸机用浇口套结构形式

形式	简　图	说　明	形式	简　图	说　明
整体式浇口套	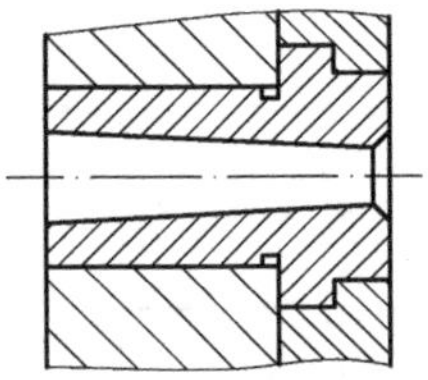	浇口套整体制成，无接合面，金属液流动顺畅，采用压板固定，稳固可靠	套接式浇口套	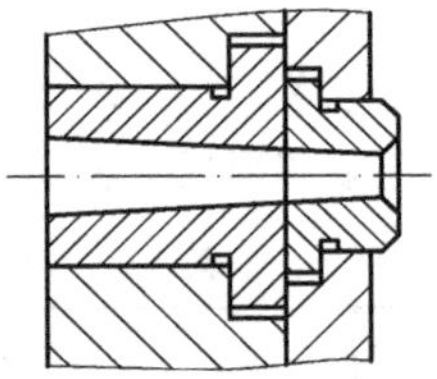	浇口套分两段构成，调换方便，节省材料，但增加了接合面，易产生横向飞边，影响直浇道顺利脱出
	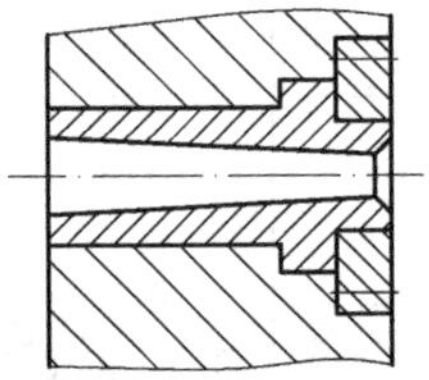	浇口套整体制成，采用压板固定，无定模座板，装拆方便		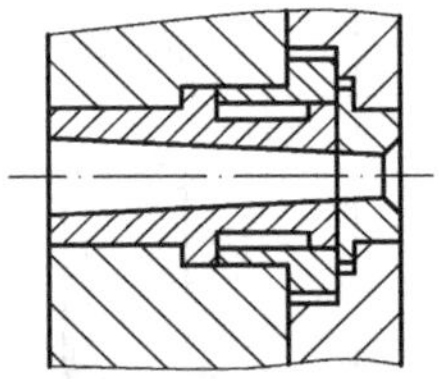	浇口套分两段构成，并设置环形冷却槽，冷却面积大，冷却效率高，但结构复杂
	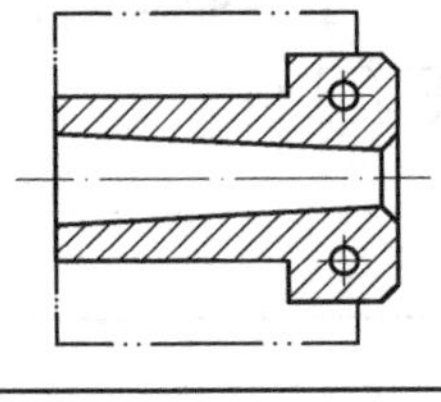	浇口套整体制成，直接插入，靠喷嘴压紧，结构简单，装拆方便，但浇口套易松动		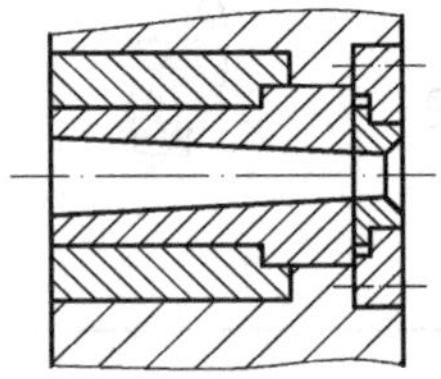	浇口套分两段构成，采用压板固定，便于调换

表 3-3-6　热压室压铸机喷嘴与浇口套的连接尺寸　(mm)

简图	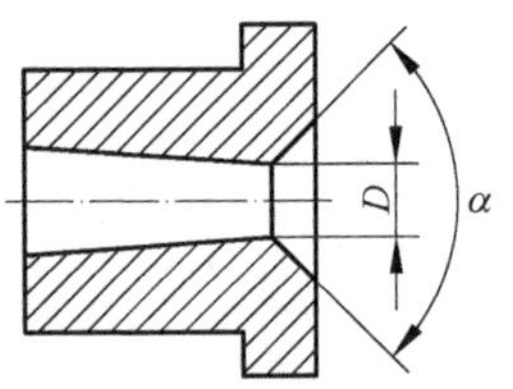 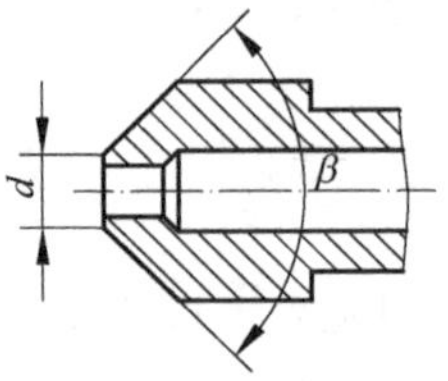	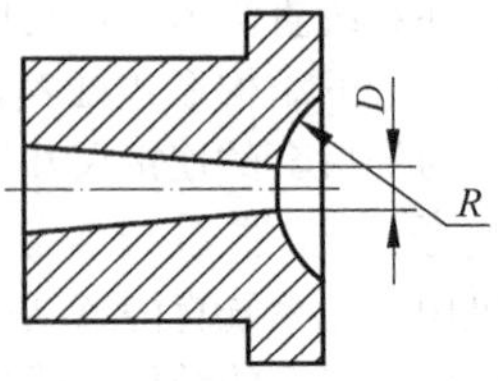 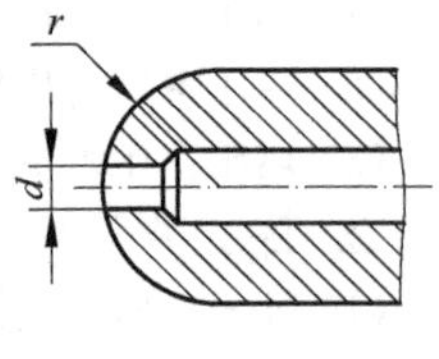

（续表）

尺寸	$D=d+(0.5\sim0.8)$ $\alpha=\beta+(15^\circ\sim18^\circ)$	$D=d+(0.5\sim0.8)$ $R=r+(2\sim3)$

表 3-3-7　卧式冷压室压铸机用浇注系统直浇道结构与尺寸　(mm)

简　图	直浇道直径 D(mm)	直浇道长度 H(mm)
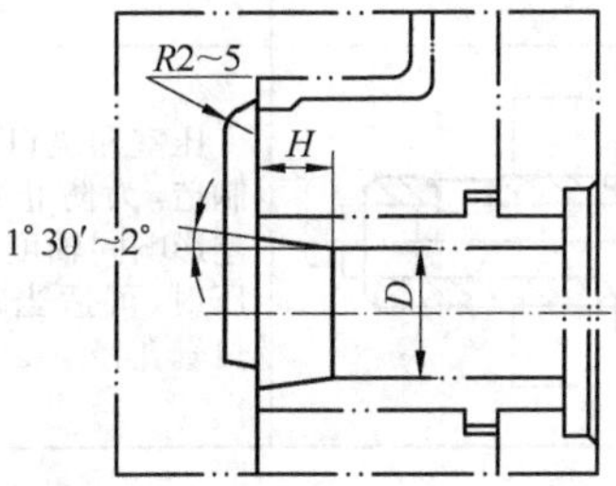	按所需比压确定	$\frac{D}{3}\sim\frac{D}{2}$

(3) 卧式冷压室压铸机压室与浇口套连接方式见表 3-3-9。

(4) 卧式冷压室压铸机压室、浇口套与压射冲头配合尺寸见表 3-3-10。

(5) 卧式冷压室压铸机采用中心浇口时拉断余料的结构形式见表 3-3-11。

表 3-3-8　卧式冷压室压铸机用浇口套结构形式

简　图	说　明	简　图	说　明
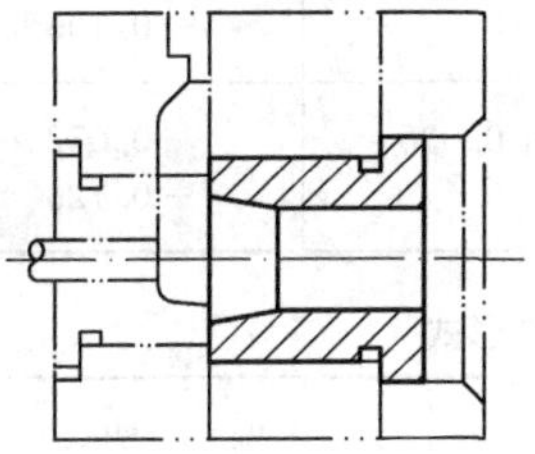	接合面少，金属液流入顺畅，装、拆方便，但易松动，压室与浇口套同轴度偏差较大	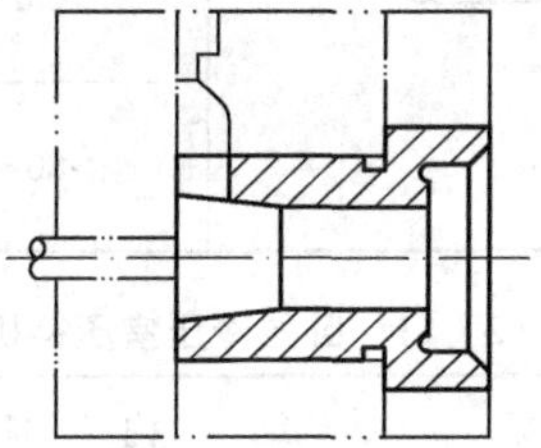	接合面少，金属液流入顺畅，装、拆方便，压室与浇口套同轴度偏差较小，但浇口套耗料较多
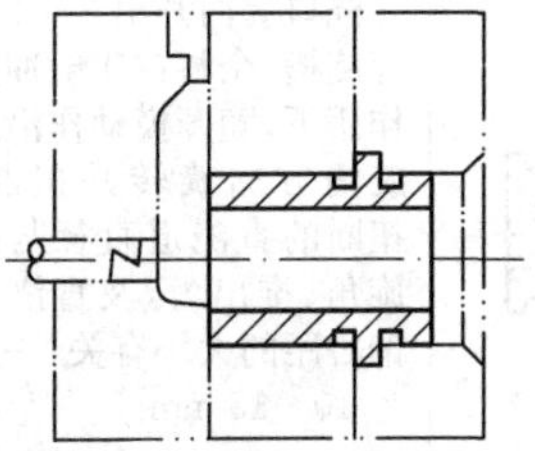	接合面少，金属液流入顺畅，但装、拆不便	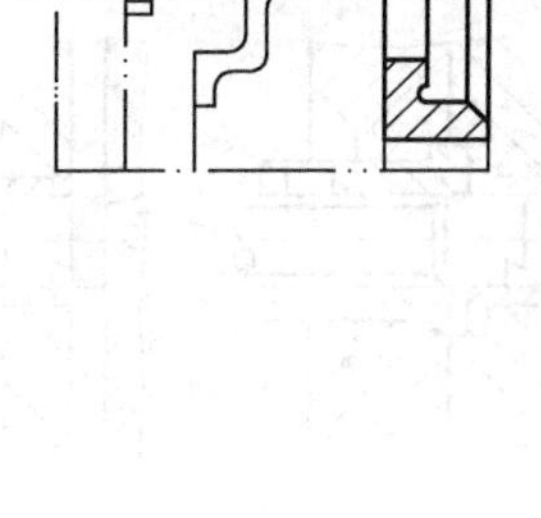	适宜于中心浇口
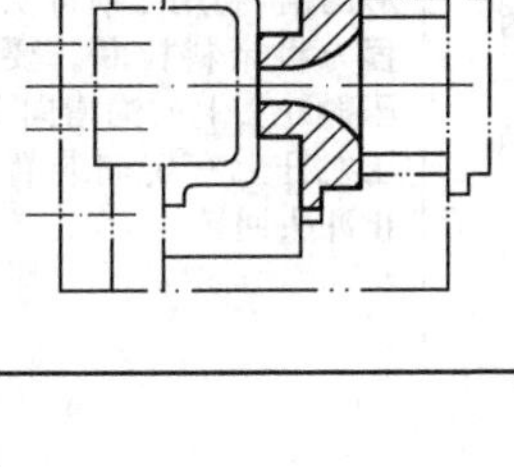	适宜于通用压室点浇口		

表 3-3-9　卧式冷压室压铸机压室与浇口套连接方式

形式	简　　图	说　　明	形式	简　　图	说　　明
整体式压室	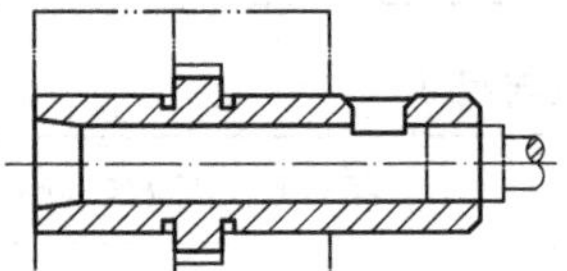 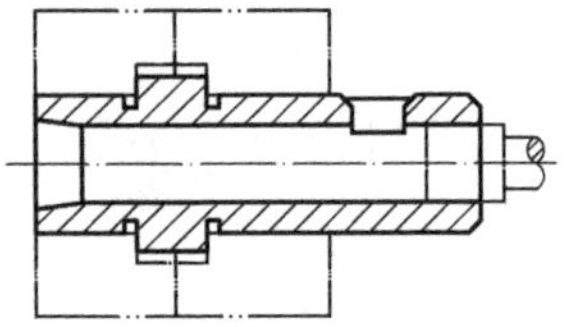	压室和浇口套制成整体，内孔精度容易达到。为通用压室，但伸入定模套板长度不能调节	可调整体式压室	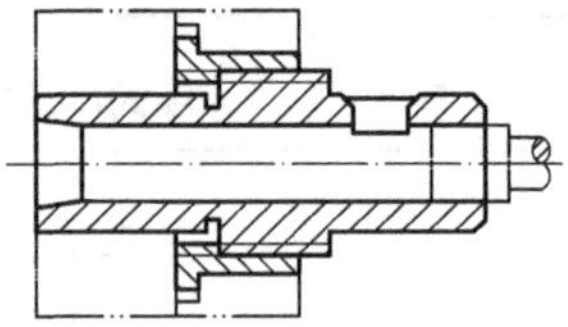	压室和浇口套制成整体，外部有螺纹，可调节。为通用压室，通用性较好
			连接式压室	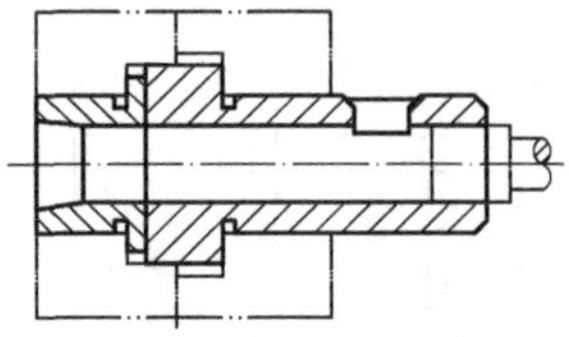	压室和浇口套分别制造，为防止加工误差影响同轴度和冲头压射，可适当放大浇口套孔径

表 3-3-10　卧式冷压室压铸机压室、浇口套与压射冲头配合尺寸　　(mm)

配合简图	压室基本尺寸 D_0	浇口套 D(F8)	压室 D_0(H7)	压射冲头 d(e8)
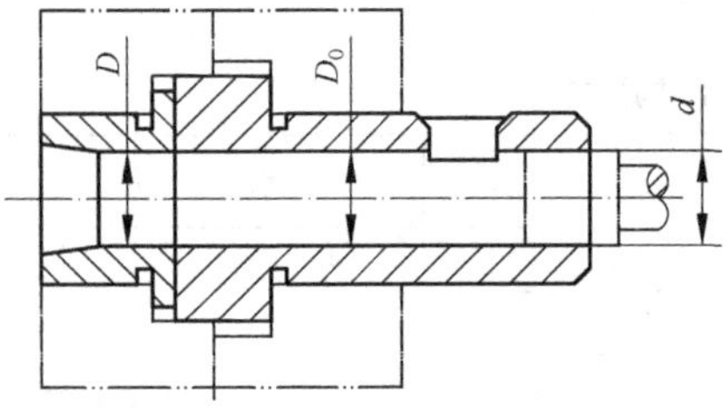	>18～30	+0.053 +0.020	+0.021 0	−0.040 −0.073
	>30～50	+0.064 +0.025	+0.025 0	−0.050 −0.089
	>50～80	+0.076 +0.030	+0.030 0	−0.060 −0.106
	>80～120	+0.090 +0.035	+0.035 0	−0.072 −0.126

表 3-3-11　卧式冷压室压铸机采用中心浇口时拉断余料的结构形式

结构形式	结　构　简　图	说　　明
螺旋浇口套扭断式	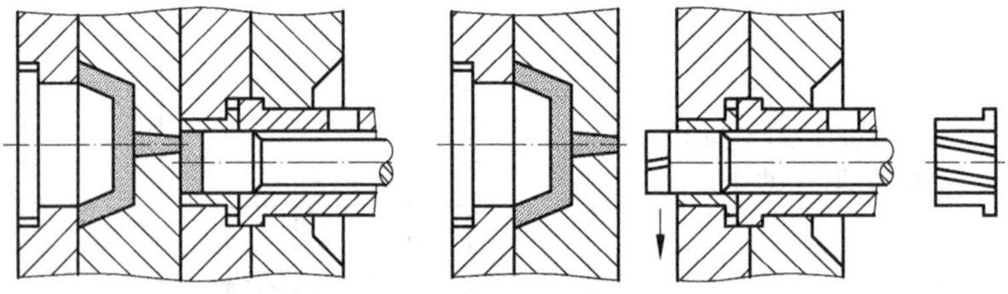	浇口套内开出 2～3 条螺旋槽，余料在压射冲头作用下，随开模动作沿螺旋槽方向旋转并扭断。扭断的直浇道直径与螺旋角、推出力，及直浇道偏心距的大小有关，一般为 10～15 mm
Z 形压射冲头拉断式	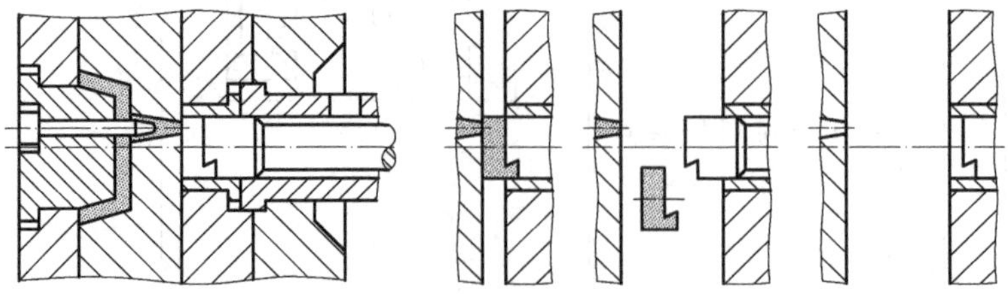	压射冲头端面开出 Z 形沟槽，利用压射冲头回程力将余料拉断。要求压射冲头上的沟槽向下，压射杆上有定向装置防止冲头回转

（续表）

结构形式	结构简图	说明
燕尾形压射冲头回程拉断式	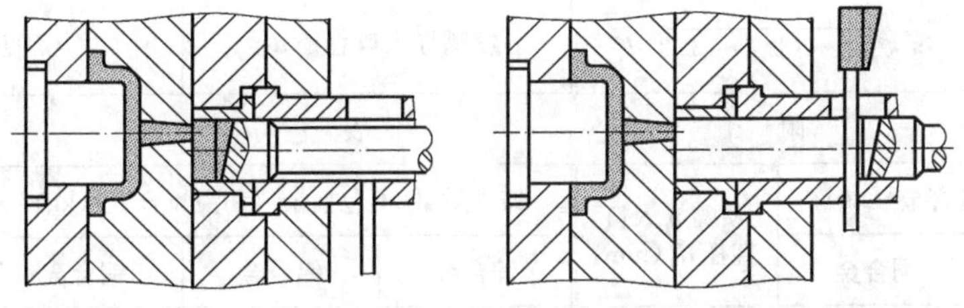	压射冲头端面开出燕尾槽，利用压射冲头回程力将余料拉断并带回压室，由压室加料口下方的推出机构将余料推出。要求定量加料，控制余料厚度；压射杆上有定向装置，防止冲头回转
定模座板沟槽拉断式	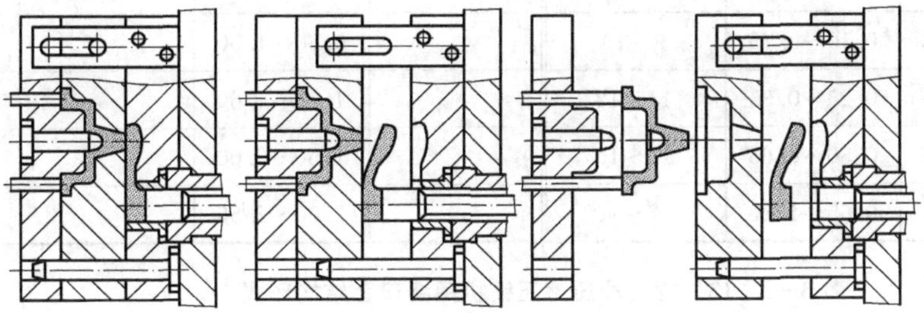	在定模座板上开出沟槽，开模时利用沟槽对余料的包紧力使余料被拉断，然后由压射冲头将余料推出沟槽
切料机构切断式	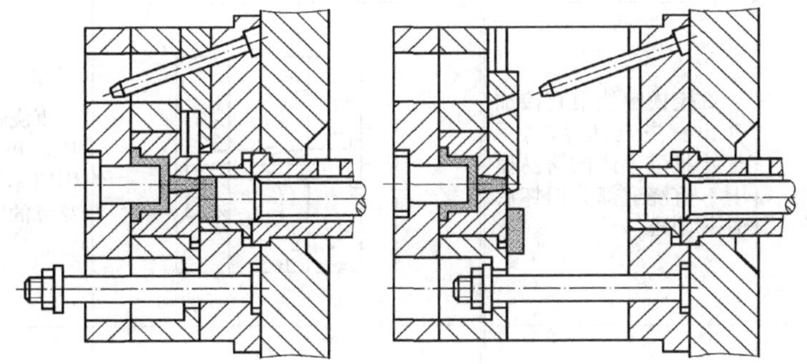	利用铸件的包紧力将余料从压室中带出，由切断机构将余料在与直浇道的连接处切断

3. 立式冷压室压铸机用浇注系统直浇道

(1) 立式冷压室压铸机用浇注系统直浇道见表 3-3-12。

(2) 立式冷压室压铸机用浇口套的结构形式见表 3-3-13。

表 3-3-12 立式冷压室压铸机用浇注系统直浇道结构与尺寸 (mm)

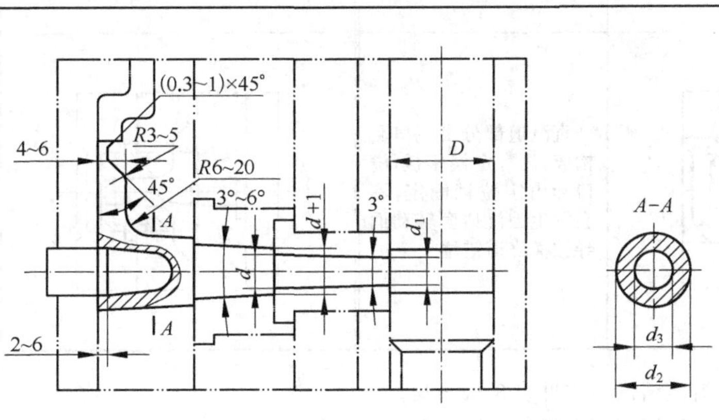

（续表）

余料直径 D	＝压室直径	环形通道壁厚	$\frac{d_2-d_3}{2}\geqslant 3$
直浇道底部分流锥直径 d_3	$\geqslant\sqrt{d_2^2-(1.1\sim1.3)d_1^2}$	喷嘴导入口直径 d_1	见附表

附　表

铸件质量(不包括余料和溢流合金)(kg)			喷嘴导入口直径 d_1(mm)	铸件质量(不包括余料和溢流合金)(kg)			喷嘴导入口直径 d_1(mm)
锌合金	铝合金	铜合金		锌合金	铝合金	铜合金	
<0.10	<0.05	<0.10	7～8	1.00～2.00	0.60～1.00	0.80～1.50	21～22
0.10～0.25	0.05～0.12	0.10～0.25	9～10		0.80～1.50		23～25
0.20～0.35	0.10～0.20	0.20～0.35	11～12		1.20～1.60		27～28
0.35～0.70	0.18～0.35	0.30～0.65	13～16		1.60～2.00		29～30
0.70～1.20	0.32～0.70	0.65～1.00	17～19		2.00～2.50		31～32

表 3-3-13　立式冷压室压铸机用浇口套结构形式

简　图	说　明	简　图	说　明
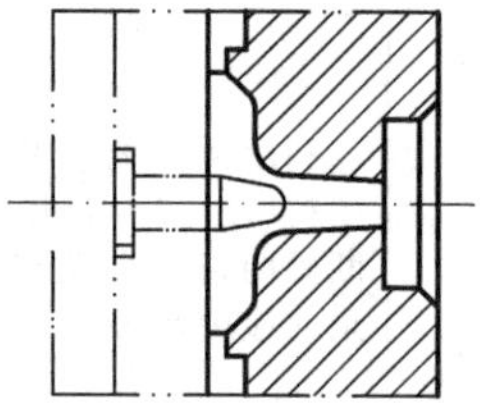	在定模镶块上直接加工出直浇道部分，适用于小批量生产的简易模具。直浇道部分损坏后修理困难	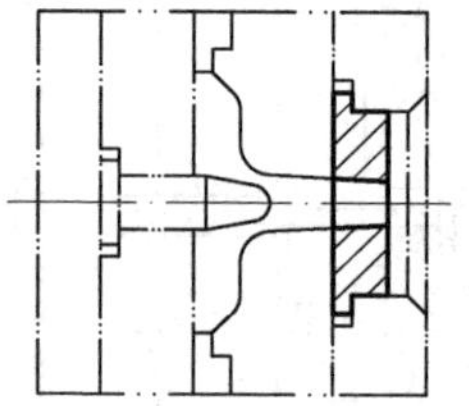	直浇道部分分别由浇口套和定模镶块构成，固定牢固，但浇口套与喷嘴的同心度误差较大
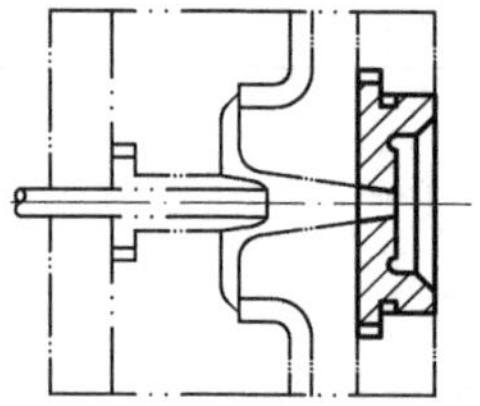	直浇道部分分别由浇口套和定模镶块构成，固定牢固，但增加了接合面，易产生横向飞边，影响直浇道顺利脱出	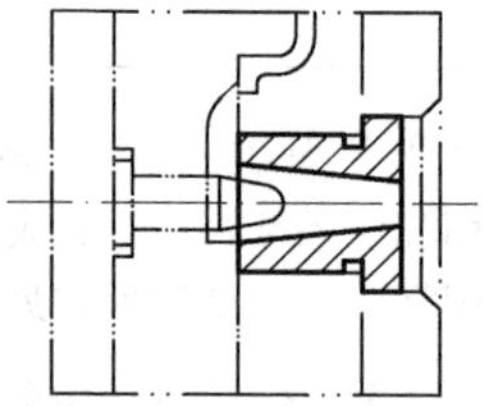	直浇道部分由浇口套构成，金属液流动顺畅，装、拆方便
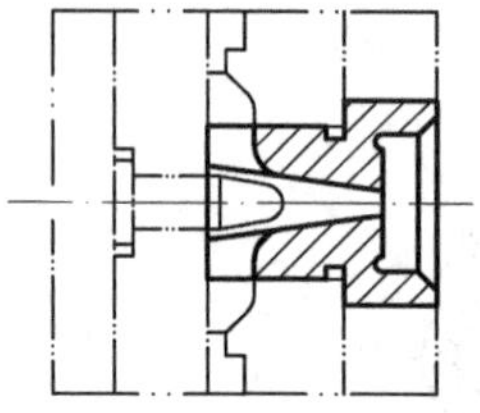	直浇道部分由浇口套构成，设有定模座板，浇口套由定位销固定，不会发生因浇口套转动而导致横浇道错位	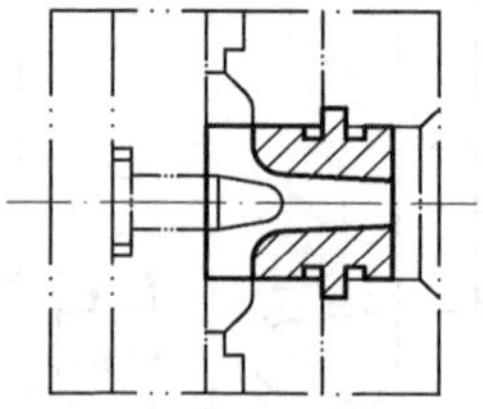	直浇道部分由浇口套一体构成，金属液流动顺畅，但装、拆不方便

(3) 立式压铸机分流锥结构形式见表 3-3-14。

(4) 立式冷压室压铸机压室与压射冲头的配合尺寸见表 3-3-15。

表 3-3-14　立式压铸机分流锥结构形式

结构形式	简　图	说　明	结构形式	简　图	说　明
圆锥形分流锥	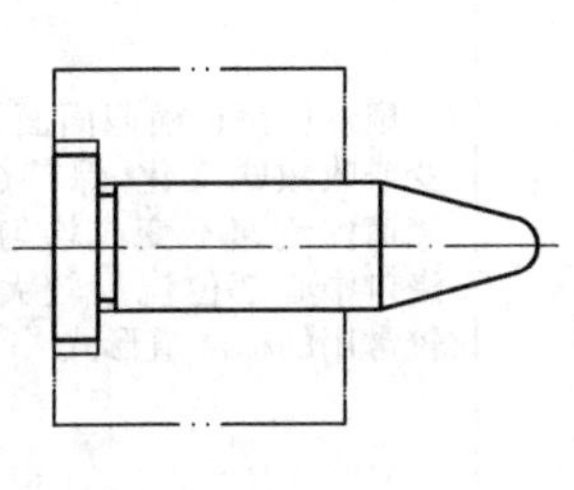	结构简单，导向性好，适用于单腔中心浇口或一模多腔的中心位置	带推杆的分流锥	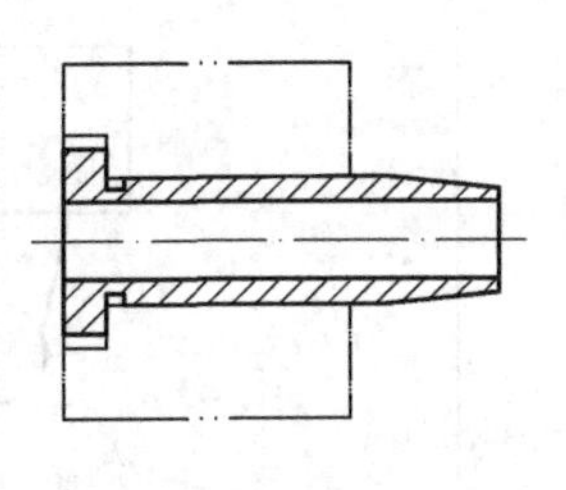	中心设有推杆，推杆间隙有利于排气。直浇道推出平稳，应用较广泛
偏心式分流锥	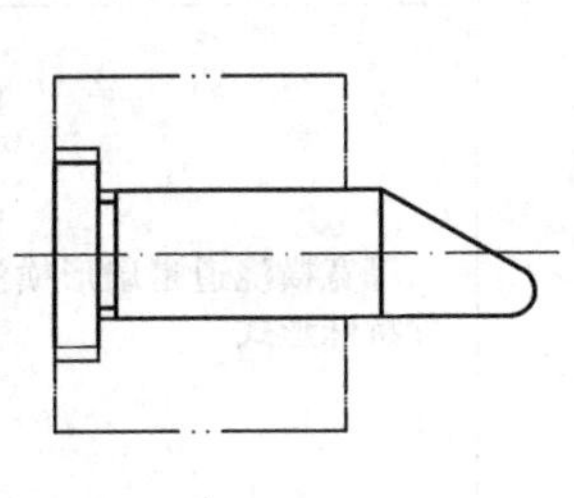	用于金属液流向需要转 90°的单腔侧浇口	螺纹固定分流锥	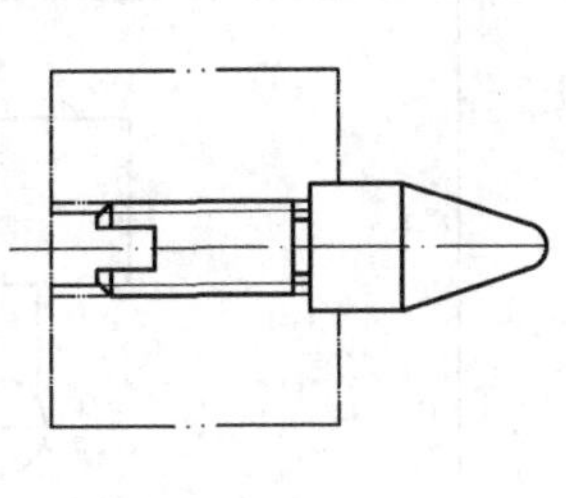	模板较厚时，此结构能缩短分流锥长度。便于标准化，装、拆方便
带圆环槽分流锥	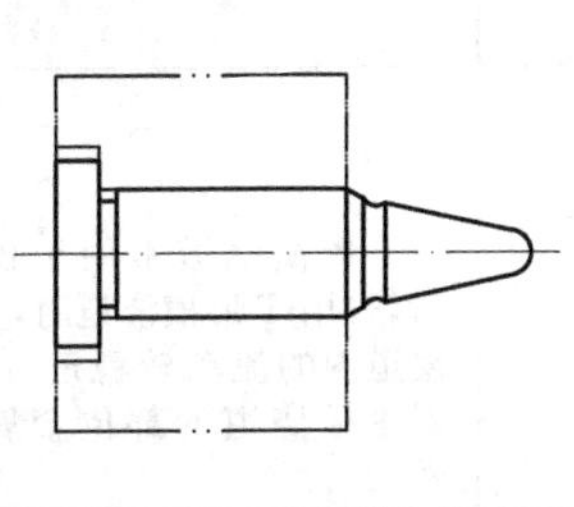	头部开有$R0.5$的圆环槽，便于带出直浇道。对金属流动不利，仅必要时采用	水冷分流锥	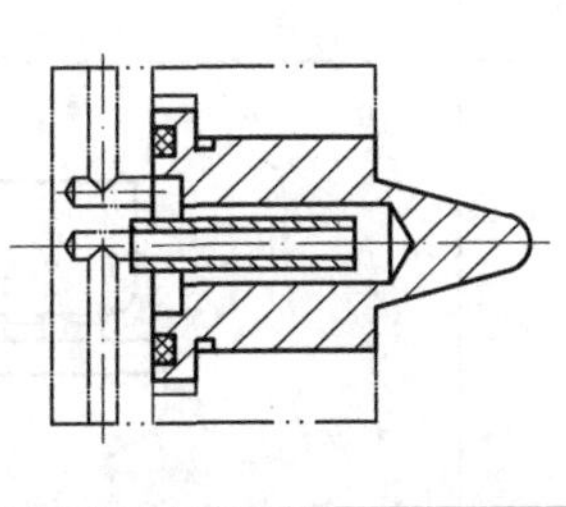	分流锥中开有冷却水道，用于生产批量较大的压铸模

表 3-3-15　立式冷压室压铸机压室与压射冲头的配合尺寸　(mm)

简　图	公称尺寸	压室内径 D	压射冲头外径 D_1			反料冲头外径 D_2		
			锌合金	铝合金	铜合金	锌合金	铝合金	铜合金
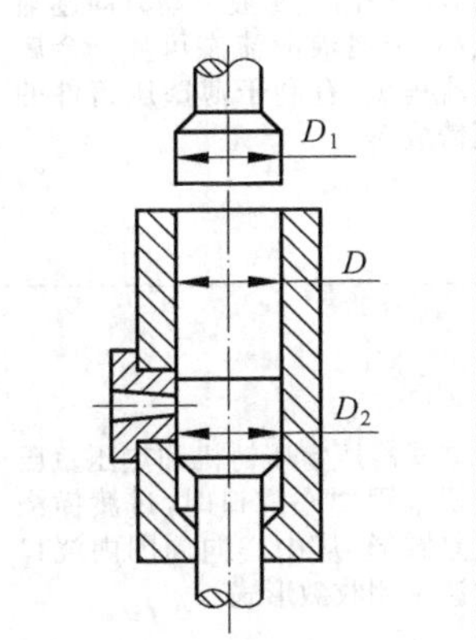	80	$80^{+0.05}_{0}$	$80^{-0.12}_{-0.14}$		$80^{-0.18}_{-0.20}$	$80^{-0.20}_{-0.22}$		$80^{-0.23}_{-0.25}$
	100	$100^{+0.06}_{0}$	$100^{-0.14}_{-0.16}$		$100^{-0.20}_{-0.22}$	$100^{-0.23}_{-0.25}$		$100^{-0.26}_{-0.28}$
	125	$125^{+0.06}_{0}$	$125^{-0.16}_{-0.18}$		$125^{-0.22}_{-0.24}$	$125^{-0.26}_{-0.28}$		$125^{-0.28}_{-0.30}$

（三）横浇道

1. 横浇道结构形式

横浇道基本形式见表 3-3-16，常见结构见图 3-3-1。

表 3-3-16　横浇道基本形式

横浇道类别	结　构　简　图	说　　明
扇形横浇道	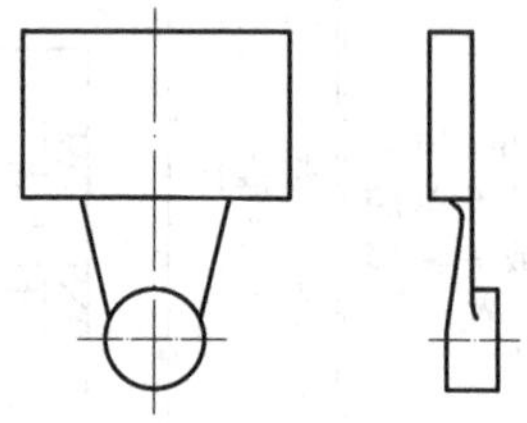	扇形横浇道横截面面积保持不变或收敛式变化，保持金属液在浇道内流速不变或均匀地加速，浇口中心部位流量较大，是一种较常用的横浇道形式
等宽横浇道	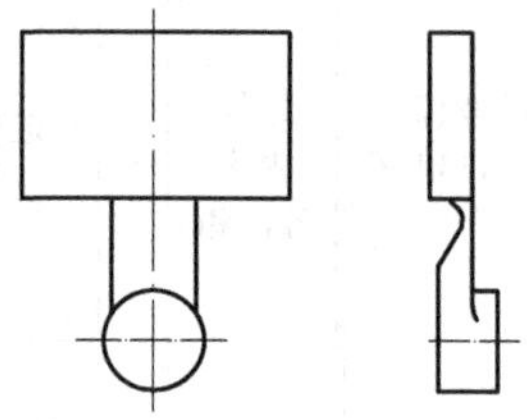	等宽横浇道是扇形横浇道的一种特殊形式
T 形横浇道	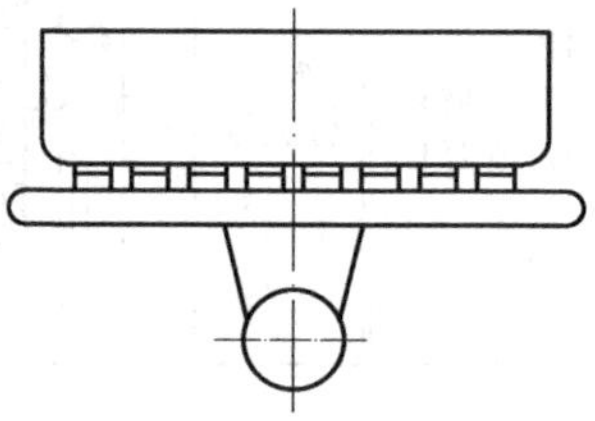	T 形横浇道常用于梳形内浇口，采用 T 形横浇道时，金属液在浇道内的流动较稳定，内浇口正对主横浇道的部位金属液流量较大
锥形切向横浇道	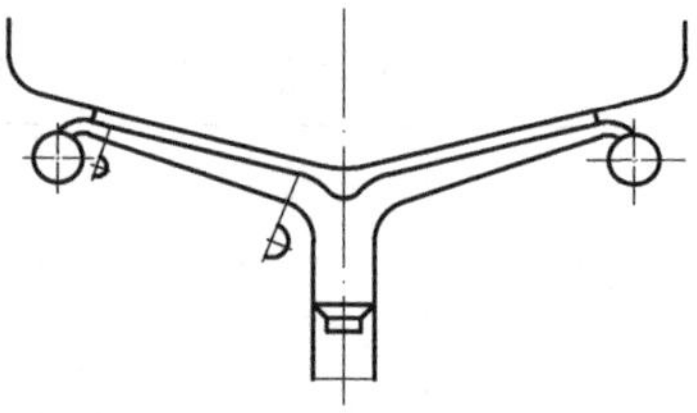	锥形切向横浇道的过渡横浇道的截面积沿金属液流动方向逐渐减小，金属液的流态可控。金属液流程短，有利于薄壁压铸件的压铸成形
圆形横浇道	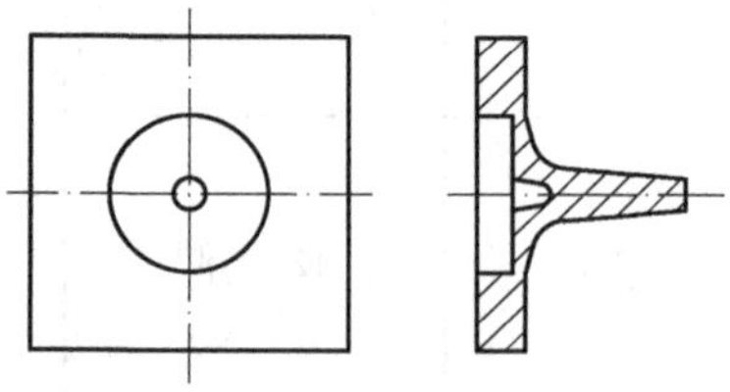	立式冷压室压铸机和热压室压铸机采用中心浇口时，过渡横浇道呈圆形，从中心向周围内浇口过渡采用收敛形式

2. 多型腔模具横浇道的布局

多型腔模具横浇道的布局形式见表 3-3-17。

表 3-3-17　多型腔模具横浇道的布局形式

布局形式	简　图	说　明
直线排列	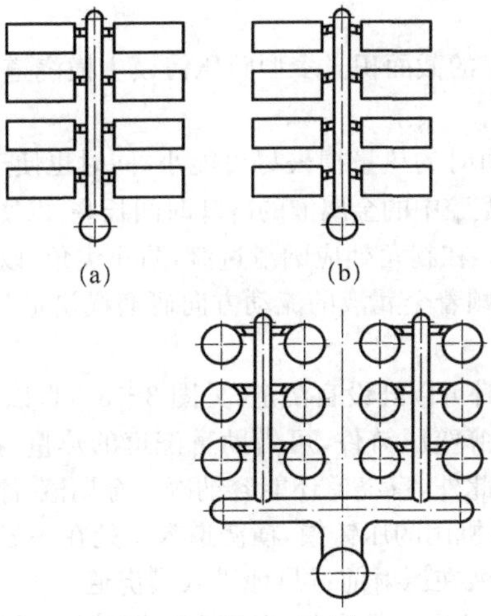 (a) (b) (c) (d)	如图 a 所示直线排列布局形式，金属液沿主横浇道向前流动时，有小股金属液通过过渡横浇道流入型腔形成预填充。金属液主流到达主横浇道前端后，再自上而下充填型腔。预填充金属温度下降较快，主流金属不容易融合，易产生压铸缺陷。图 b 采用反向倾斜的过渡横浇道。图 c 采用不同斜度的反向倾斜横浇道，可降低压铸缺陷。图 d 为双直线排列布局形式 采用反向倾斜横浇道时，会增加涡流现象，应设置有效的溢流槽和排气槽。致密性要求高的压铸件不推荐使用反向倾斜横浇道
对称排列	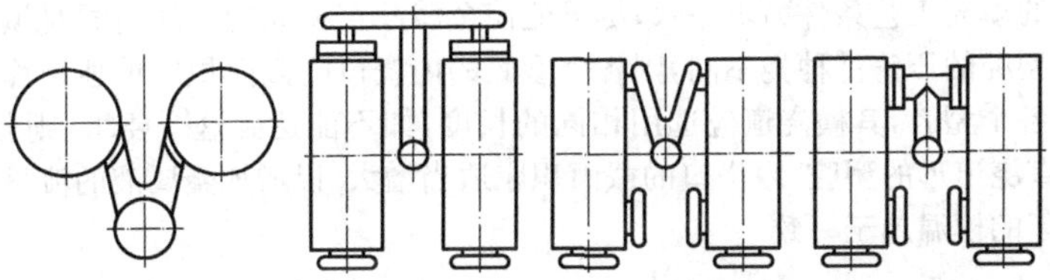 (a) (b) (c) (d)	如图 a 所示布局形式，金属液从均匀分叉的横浇道进入型腔，两个型腔具有相同的压铸工艺条件，模体受力也较平衡 长矩形件在卧式冷压室压铸机上，可采用图 b、c、d 的布局形式，既能满足压铸工艺需要，又能提高压铸效率
环绕排列	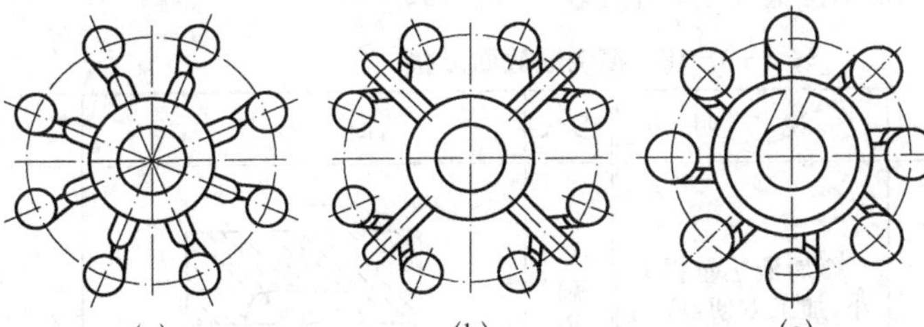 (a) (b) (c)	型腔与直浇道的距离相同时，横浇道可采用环绕排列的布局形式，使金属液在基本相同的压铸条件下，分别流入各个型腔，以取得良好的压铸效果 图 a、b 用于立式冷压室压铸机用压铸模，图 c 用于卧式冷压室压铸机用压铸模
梳状排列	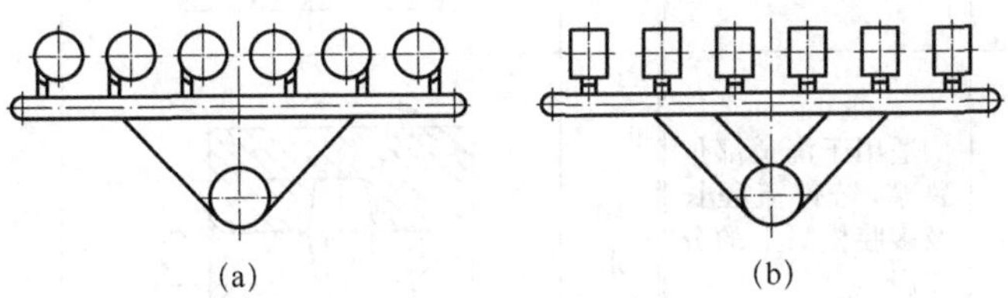 (a) (b)	梳状排列是将单腔模的 T 形横浇道应用到多腔模上。压铸时，金属液先从主横浇道流进过渡横浇道，在过渡横浇道内形成稳定的流动后，呈稳流状态均衡填充各型腔
其他排列	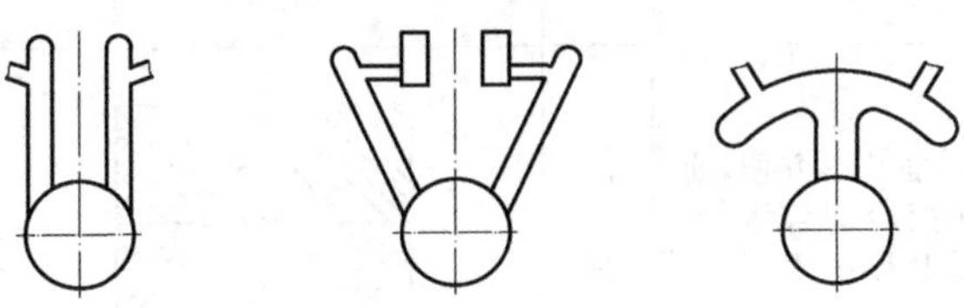 (a) (b) (c)	图 a 为平直分支式，图 b 为斜向分支式，图 c 为圆弧分支式

3. 横浇道设计要点

(1) 从直浇道起到内浇口止，横浇道的截面积应保持均匀或逐渐收敛缩小，以使金属液达到均衡匀速或匀加速的流动状态。如果横浇道截面积呈扩张状态，会使金属液在流动过程中出现低压区或涡流现象而卷入气体，影响金属液流动的稳定性。

(2) 横浇道在任何部位的截面积都不应小于内浇口的截面积。多型腔压铸模主横浇道的截面积应大于各个分支横浇道的截面积之和。

(3) 横浇道应有一定的厚度，使金属液在流过横浇道时的热量损失尽可能小，同时也便于压铸后余料的脱模。金属液在冷却时，应使横浇道中的金属液的冷却时间比型腔中的金属液的冷却时间长些，以便于补缩压力的传递。

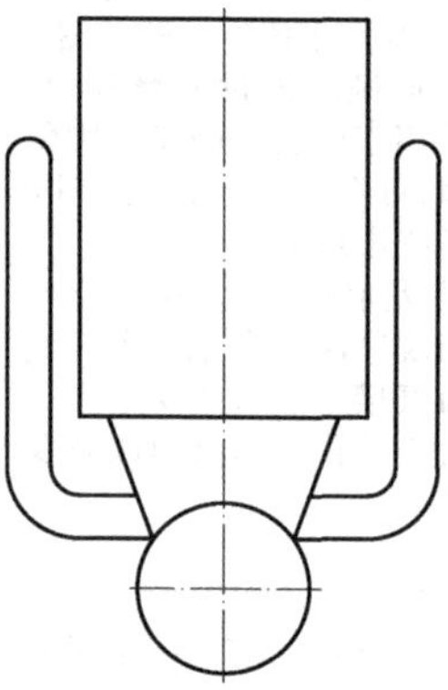

图 3-3-1　盲浇道

(4) 横浇道应平滑、光亮。在拐角处应圆滑过渡，防止尖角，以减小金属液的流动阻力，避免过大的压力损失。应顺着金属液的流动方向研磨横浇道，横浇道表面的表面粗糙度不大于 $Ra\ 0.2\ \mu m$。

(5) 根据工艺需要，必要时可以开设盲浇道，见图 3-3-1，以调节模具的温度分布状况，改善模具热平衡。对于薄壁压铸件，可借助盲浇道的热量，提高附近成形零件的温度，有利于金属液的充填。此外，盲浇道还能容纳冷污金属液、涂料残渣和气体等。

(6) 对于卧式冷压室压铸机用的压铸模，横浇道入口处在一般情况下应位于直浇道的上方，以防止压室内的金属液在压射前过早地进入横浇道。

(7) 横浇道截面的初始尺寸应选得小些，以便在试模时留有修整的余地。

(8) 对于多型腔模具，除上述要点之外，还应注意：尽量采用对称的型腔布局形式；各型腔的填充工艺条件力求一致，尽可能使金属液在相同的时间内同时填满各个型腔；如果各型腔的压铸件种类不同，则各个型腔的内浇口的截面积应单独计算确定；同种压铸件的各个型腔，其横浇道应选用相同的长度，如不能达到这个要求，则各个型腔的内浇口截面积应有适当的变化，离直浇道远的型腔，内浇口的截面积应适当增大，以增加金属液的流量；考虑模体的热平衡状态，尽量使各型腔成形区的模温趋于一致。

4. 横浇道的截面形状

横浇道的截面形状与压铸件结构特点有关，一般以扁梯形为主，特殊情况下采用双扁梯形、长梯形、窄梯形、圆形或半圆形，见表 3-3-18。扁梯形横浇道尺寸计算见表 3-3-19。

表 3-3-18　横浇道截面形状

形状	简　　图	说　　明	形状	简　　图	说　　明
扁梯形	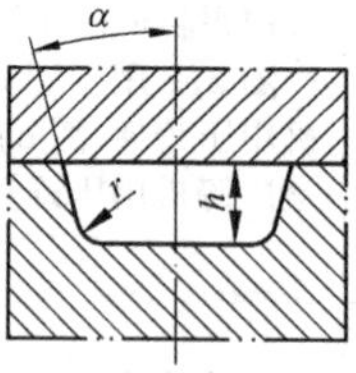	金属液热量损失小，加工方便，应用最广	双扁梯形	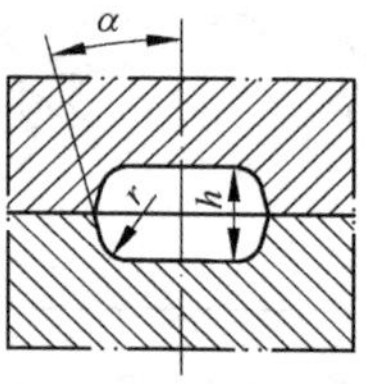	金属液热量损失更小，适用于流程特别长的浇道
长梯形	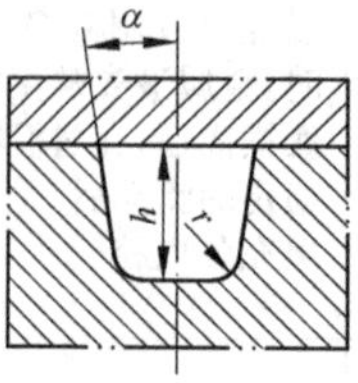	适用于浇道部位狭窄，铸件流程长及多腔模具上的分支浇道	窄梯形	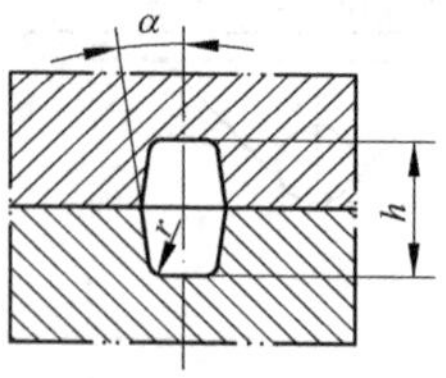	适用于隙浇口或浇道部位特别狭窄时
半圆形	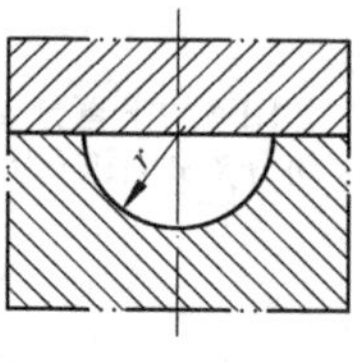	加工不方便，金属液冷却较缓慢，很少采用	圆形	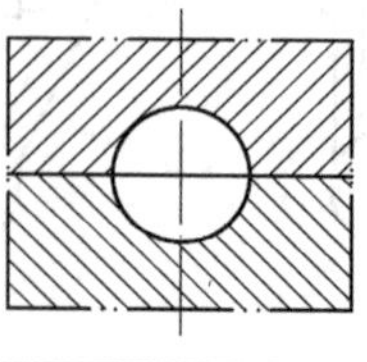	加工不方便，金属液冷却缓慢，影响生产率，很少采用

表 3-3-19　扁梯形横浇道尺寸计算

截面形状	计算公式	说明
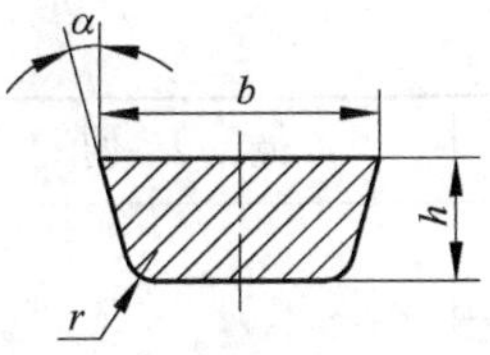	$b=\frac{3F_n}{h}$（一般） $b=\frac{(1.25\sim1.6)F_n}{h}$（最小） $h\geqslant(1.5\sim2)H_p$ $\alpha=15°$ $r=2\sim3$	b—横浇道长边尺寸(mm) F_n—内浇口截面积(mm^2) h—横浇道厚度(mm) H_p—铸件平均壁厚(mm) α—脱模斜度(°) r——圆角半径(mm)

注：1. 对于热压室和立式冷压室压铸机选用的横浇道截面积，单型腔时一般取直浇道导入口截面积的 1.2 倍左右。
2. 对于卧式冷压室压铸机选用的横浇道截面积，单型腔时一般取直浇道(余料)截面积的 0.5 倍左右。
3. 对于多型腔模具，不受上述数据的限制。
4. 扩张式横浇道入口处与出口处截面积的比，一般不超过 1∶1.5，对于内浇口宽度较大的铸件，可超过此限。

5. 横浇道、内浇口和铸件的连接方式

横浇道、内浇口和铸件的连接方式见表 3-3-20。

表 3-3-20　横浇道、内浇口与铸件的连接方式

简图	说明	简图	说明
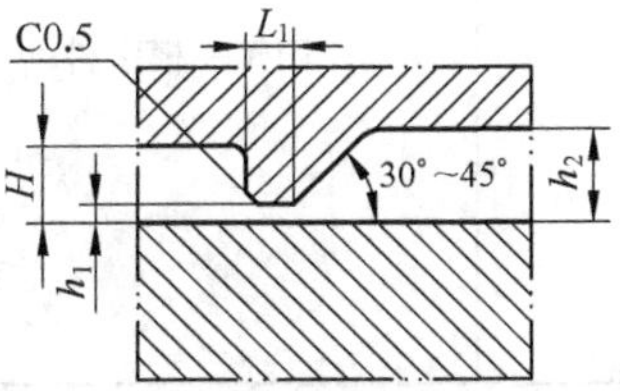	铸件、横浇道和内浇口设置在同一模面上	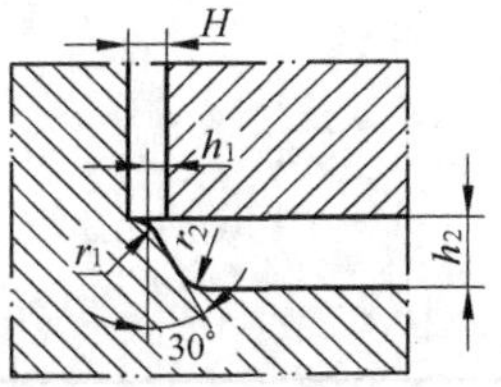	金属液从铸件底部端面导入，适用于深腔压铸模
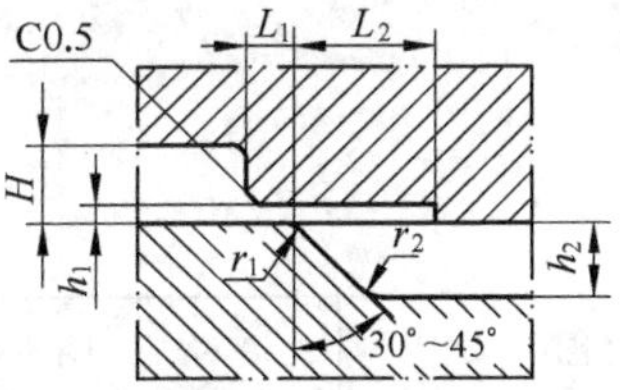	铸件、横浇道和内浇口设置在定模和动模上	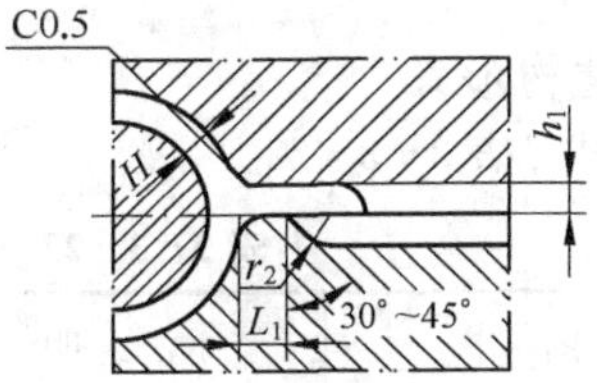	横浇道和内浇口将金属液从切线方向导入型腔，适用于管状压铸件
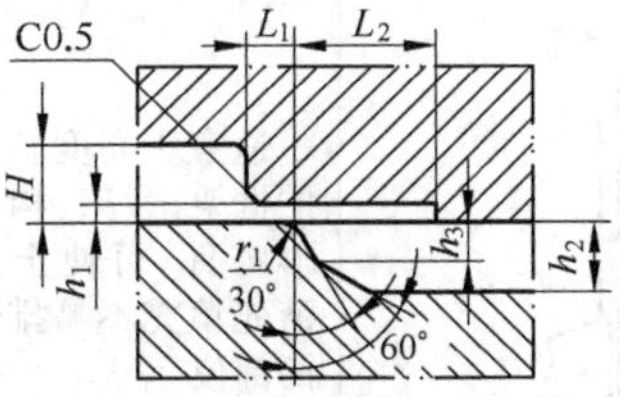	铸件、横浇道和内浇口设置在定模和动模上，适用于薄壁压铸件	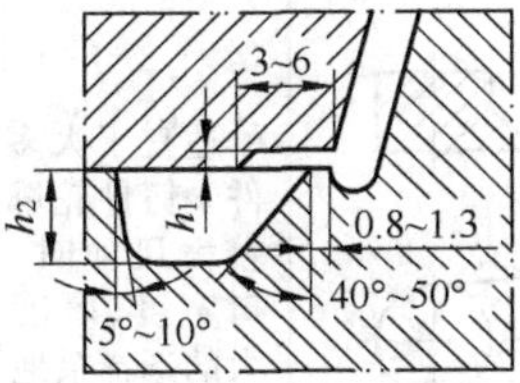	沿金属液流动方向将内浇口开设在横浇道的侧面，适用于锥形切向浇道系统
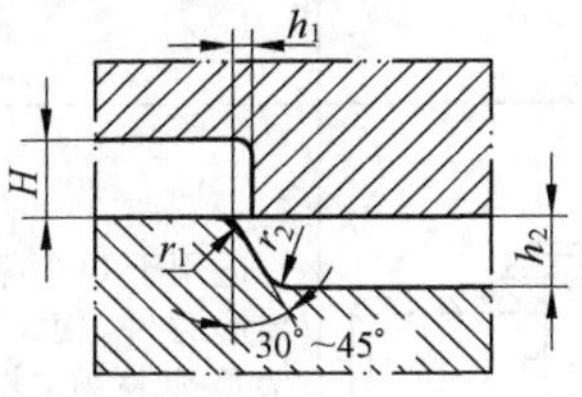	铸件和横浇道设置在定模和动模两个面上，内浇口在接合处		

注：L_1—内浇口长度(mm)；L_2—内浇口延伸段长度(mm)；h_1—内浇口厚度(mm)；h_2—横浇道厚度(mm)；h_3—横浇道过渡段厚度(mm)；r_1、r_2—连接处圆角半径(mm)；H—压铸件壁厚。$L_2=3L_1$；$h_2>2h_1$；$r_1=h_1$；$r_2=\frac{1}{2}h_2$；$L_1+L_2=8\sim10$ mm；L_1 一般取 $2\sim3$ mm。

6. 横浇道的长度

横浇道应保持一定的长度，见表 3-3-21，以便对金属液起稳流和导向作用。对于多型腔模具，有时可将横浇道末端延伸，布置溢流槽，有利于排除冷料与残渣，改善排气条件。

表 3-3-21　横浇道长度选择

简　　图	压铸机规格(kN)	横浇道长度(mm)	说　　明
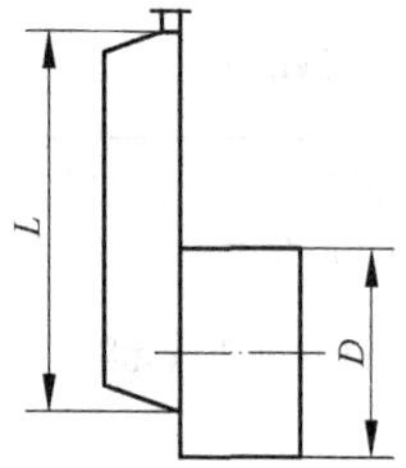	<630	1/2 直浇道直径+(15～20)	
	630	1/2 直浇道直径+(20～25)	
	1 250	1/2 直浇道直径+(25～35)	
	2 500	1/2 直浇道直径+(35～45)	
	4 000	1/2 直浇道直径+(35～45)	
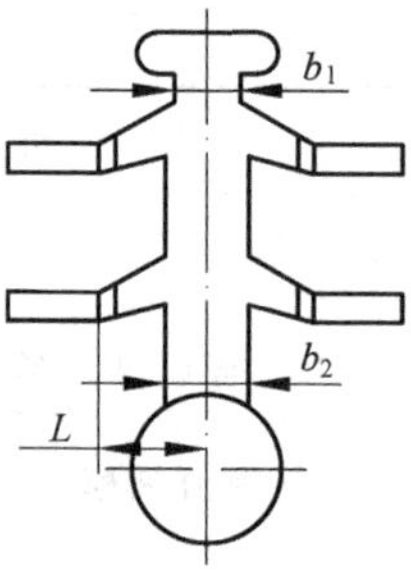		$b_1=12\sim22$ $b_2=20\sim30$ $L=15\sim20$	用于一模多件

(四) 内浇口

1. 常用内浇口结构形式

常用内浇口结构形式见表 3-3-22。

表 3-3-22　常用内浇口结构形式

形式	简　　图	说　　明	形式	简　　图	说　　明
扁平侧浇口	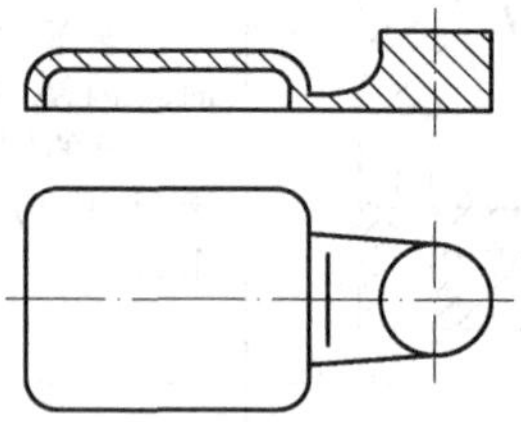	适宜于大多数铸件。铸件轮廓具有较大尺寸时，内浇口宽度、厚度有较大的选择余地	端面侧浇口	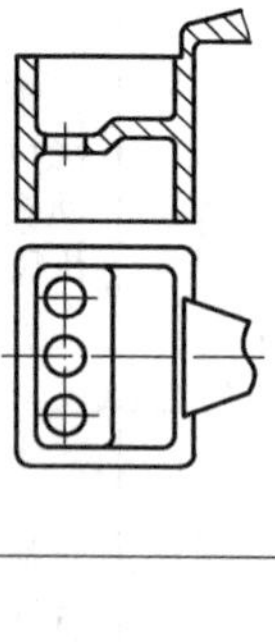	适宜于高度较大的框架、骨架、构架形铸件，可使金属液先填充不易排气的部位
带导流包侧浇口	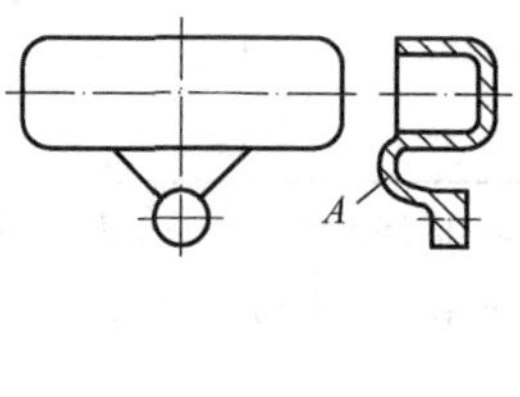	对于不通的高度较大的壳形铸件，导流包 A 可使金属液先填充顶面，以利该部位排气	钳形浇口	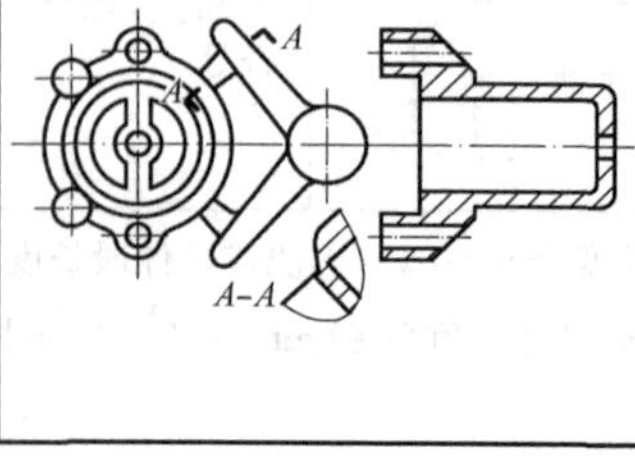	适用于 U 形架或异形铸件，使 U 形架填充良好，并使浇口旁边的金属得以补压

（续表）

形式	简　　图	说　　明	形式	简　　图	说　　明
环形浇口	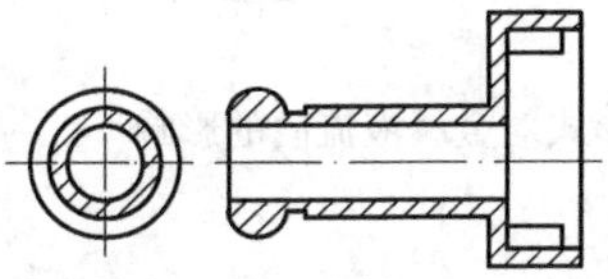	在圆筒形铸件的一端开设环形内浇口，另一端开设环形溢流槽。对于形状复杂的圆筒形铸件，可将内浇口沿环形分隔成若干段，溢流槽也可分段开设	切线浇口	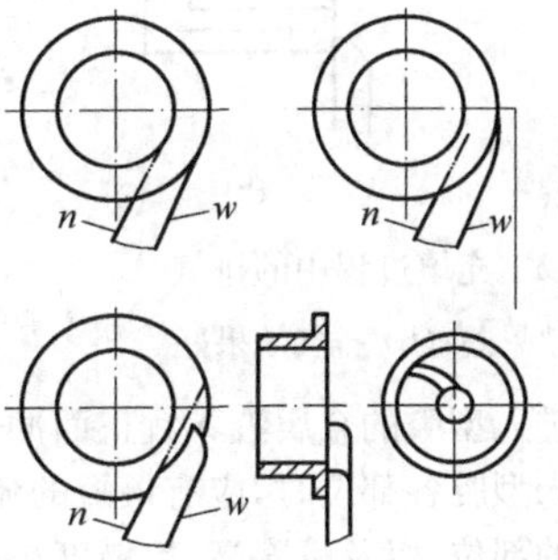	图 a 边线 n 与型芯相切，导致金属液冲击型芯，容易粘模 图 b 边线外移并光滑连接，能减轻金属液对型芯的冲刷 图 c 当环形铸件有较大高度时，将内浇口搭在铸件端面 图 d 环形铸件直径较大时，内浇口开设在铸件内部。并采用切线形式，成为内切线浇口
半环形浇口	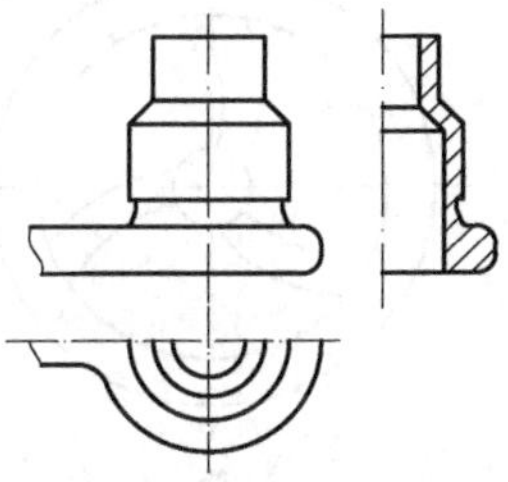	多用于半圆形铸件，有时也可用于圆形铸件。复杂形状铸件上带有圆形或半圆形部位时也适用	顶浇口	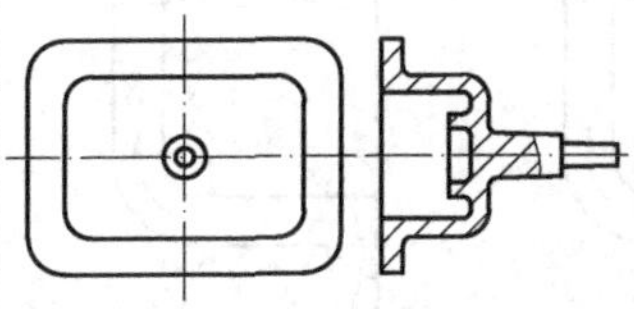	中心浇口的一种特殊形式。铸件顶部因没有孔口，故不能设置分流锥。当顶部较薄时，直浇口的脱出会使铸件顶部变形
隙浇口	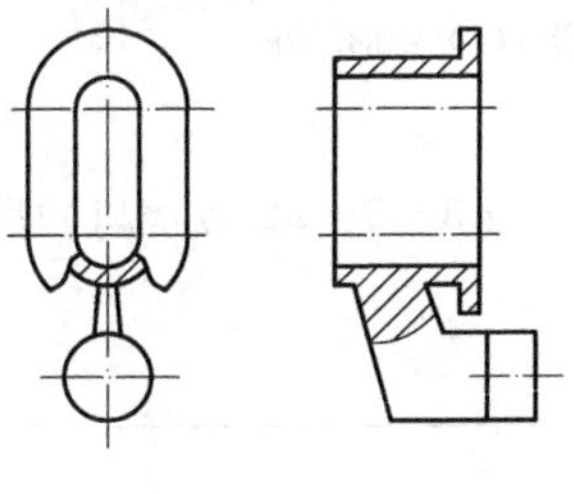	高度较大的铸件，侧壁允许开设浇口时适用。填充不易排气的深腔部位，具有良好的效果。模具结构较复杂	中心浇口	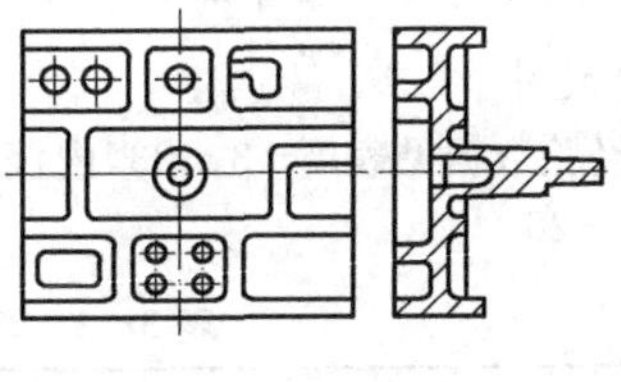	铸件的平面上带有孔口时，浇口开设在孔口上，同时在孔口处设分流锥，最大限度地减小浇注系统在模具分型面上的投影面积。自浇口至型腔各部位的流程最短，流动距离的长短较为一致
多股浇口	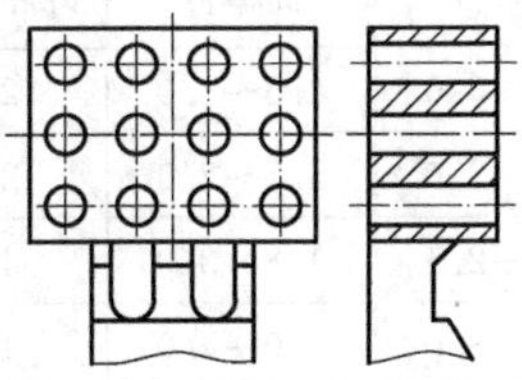	属于侧浇口的一种，适用于格形、框形、多片形和多孔形铸件	点浇口	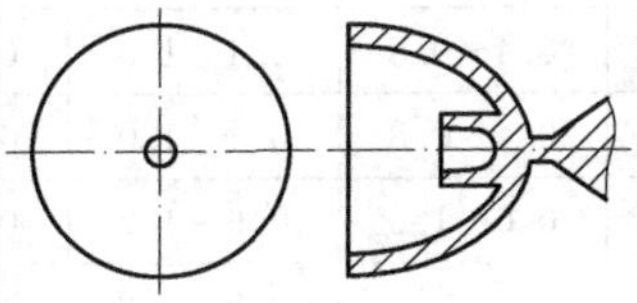	中心浇口和顶浇口的一种特殊形式。金属液对顶面型壁的冲击集中在一个小的区域内，造成冲击损坏，故该处应设计成可更换的镶拼结构。铸件顶面较大时不宜采用

2. 内浇口的位置选择

(1) 从内浇口导入的金属液应首先充填深腔处难以排气的部位，而不宜立即封闭分型面，否则将导致排气不良，见图 3-3-2。

(2) 防止金属液进入型腔后几路汇合，相互冲击，产生涡流、夹渣等缺陷，见图 3-3-3。

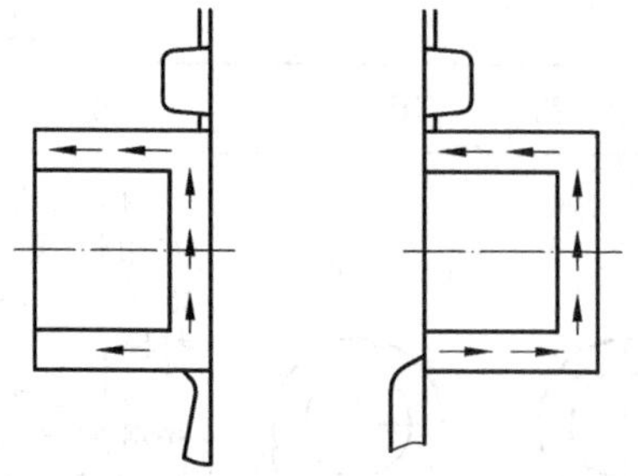

图 3-3-2 充填过程中的排气

(a) 排气效果差;(b) 排气效果好

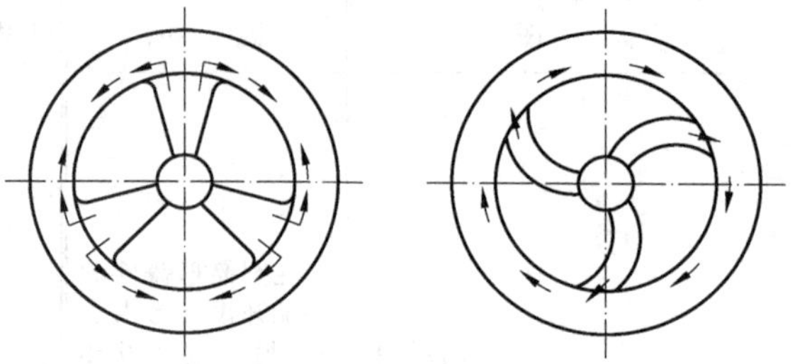

图 3-3-3 浇口形式对金属液流向的影响

(3) 从内浇口进入型腔的金属液不宜正面冲击型芯,防止受冲击部位产生冲蚀和粘模,见图 3-3-4。

(4) 金属液进入型腔各部位时,应有最短的流程,并使流至各部位的距离尽量相等。

(5) 带有螺纹的部位,以及精度高、粗糙度小且不能再加工的部位,不宜布置内浇口。

(6) 内浇口的布置不应导致铸件有增大变形的倾向,见图 3-3-5。

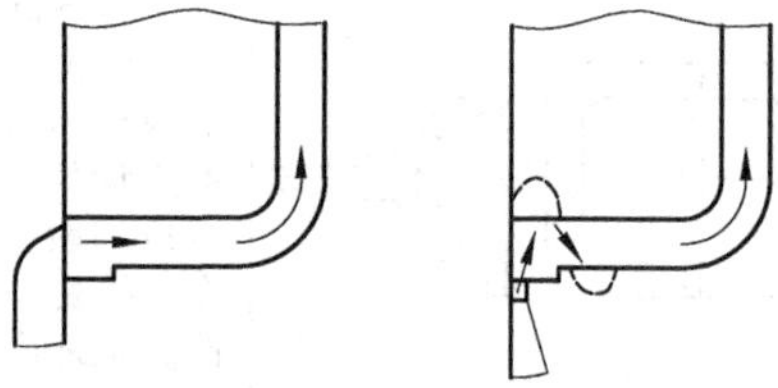

图 3-3-4 浇口位置对冲蚀的影响

(a) 不产生冲蚀;(b) 产生冲蚀

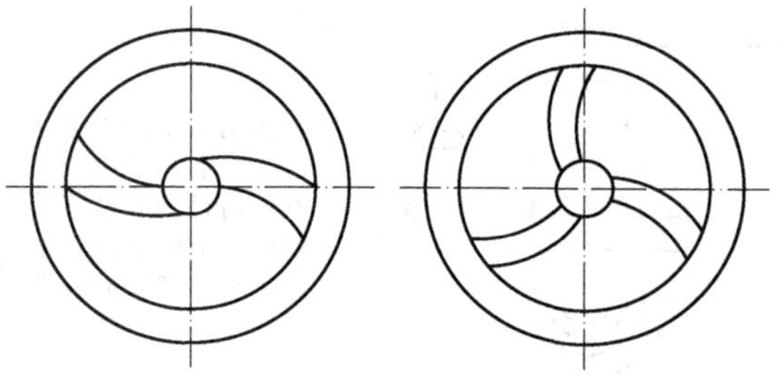

图 3-3-5 浇口对铸件变形的影响

(a) 增大变形;(b) 变形较小

3. 内浇口的尺寸

内浇口厚度的经验数据见表 3-3-23,内浇口宽度和长度的经验数据见表 3-3-24,点浇口的尺寸见表 3-3-25 和表 3-3-26。

表 3-3-23 内浇口厚度的经验数据 (mm)

合金类别	铸件壁厚						
	0.6～1.5		>1.5～3		>3～6		>6
	复杂件	简单件	复杂件	简单件	复杂件	简单件	铸件壁厚(%)
铅合金、锡合金	0.4～0.8	0.4～1.0	0.6～1.2	0.8～1.5	1.0～2.0	1.5～2.0	20～40
锌合金	0.4～0.8	0.4～1.0	0.6～1.2	0.8～1.5	1.0～2.0	1.5～2.0	20～40
铝合金、镁合金	0.6～1.0	0.6～1.2	0.8～1.5	1.0～1.8	1.5～2.5	1.8～3.0	40～60
铜合金		0.8～1.2	1.0～1.8	1.0～2.0	1.8～3.0	2.0～4.0	40～60

表 3-3-24 内浇口宽度和长度的经验数据

内浇口进口部位的铸件形状	内浇口宽度	内浇口长度(mm)	说明
矩形或方形板件	0.6～0.8 的铸件边长	2～3	指从铸件中轴线外侧向注入,如离轴线一侧的端浇口或点浇口,则不受此限制

（续表）

内浇口进口部位的铸件形状	内浇口宽度	内浇口长度（mm）	说　　明
圆形板件	0.4～0.6 的铸件外径	2～3	内浇口以割线注入
圆环件、圆筒件	0.25～0.3 的铸件外径或内径		内浇口以切线注入
方形件	0.6～0.8 的铸件边长		内浇口从侧壁注入

表 3-3-25　点浇口直径　（mm）

铸件投影面积（cm^2）		≤80	＞80～150	＞150～300	＞300～500	＞500～750	＞750～1 000
直径 *d*	简单铸件	2.8	3.0	3.2	3.5	4.0	5.0
	中等复杂铸件	3.0	3.2	3.5	4.0	5.0	6.5
	复杂铸件	3.2	3.5	4.0	5.0	6.0	7.5

注：适用于壁厚在 2.0～3.5 范围内的铸件。

表 3-3-26　点浇口其他尺寸

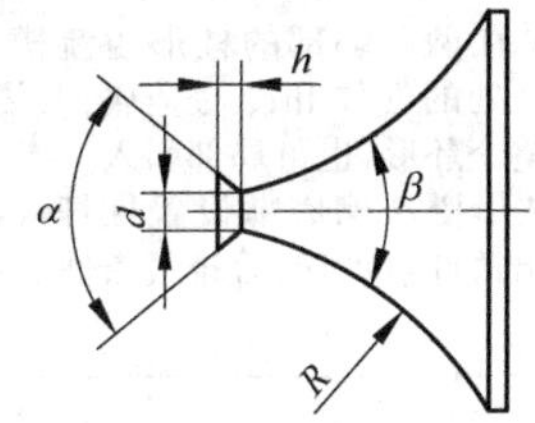

直径 *d*（mm）	＜4	＜6	＜8
厚度 *h*（mm）	3	4	5
出口角 *α*（°）	60～90		
进口角 *β*（°）	45～60		
圆弧半径 *R*（mm）	30		

三、溢流槽

（一）溢流槽结构形式

溢流槽结构形式见表 3-3-27。

表 3-3-27　溢流槽结构形式

结构形式		简　　图	说　　明
布置在分型面上的溢流槽		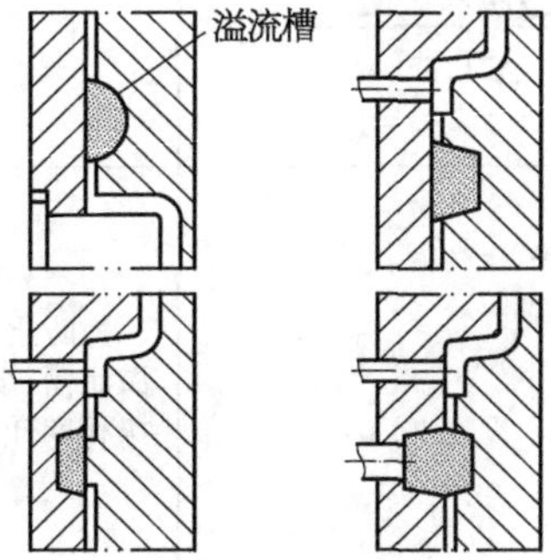	（1）溢流槽截面形状一般为半圆形或梯形 （2）半圆形溢流槽底部一般不设置推杆 （3）梯形溢流槽底部通常设置推杆 （4）要求容量较大时，可采用动模、定模两个型腔组成的溢流槽，并设置推杆
布置在型腔内部的溢流槽	杆形溢流槽	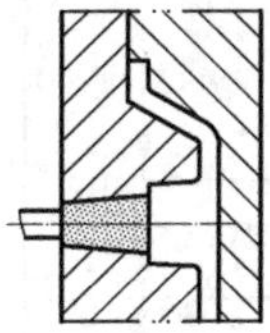	设在推杆部位的杆形溢流槽，为消除局部平面上的涡流、花纹，其深度一般为 15～30 mm

（续表）

结构形式		简　　图	说　　明
布置在型腔内部的溢流槽	管形溢流槽	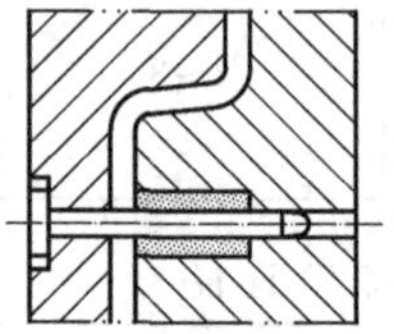	设在平面小孔处得管形溢流槽。铸件平面有较小直径的通孔时，可将型芯伸入对应位置的镶块孔内，利用型芯与镶块的配合间隙排气，但增加去除溢流槽的工作量
	环形溢流槽	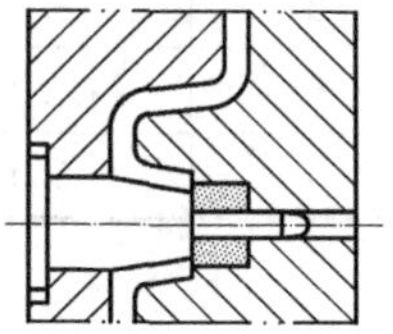	设置在型腔深处的环形溢流槽，容量大，即使在孔径不大的情况下，也可在铸件顶部布置较大容量的溢流槽
	柱形溢流槽	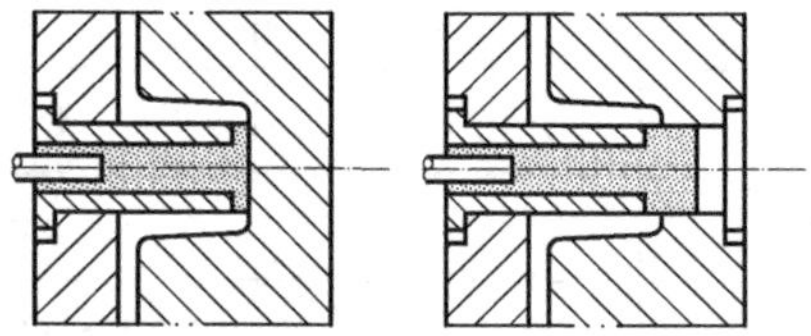	(1) 设在型芯端部的柱形溢流槽，排除型腔深处的气体和冷污金属，其溢料口可为整个环形，也可局部引入 (2) 柱形溢料槽底部设置推杆，既有助于推出铸件，也可改善排气条件
设有凸台的溢流槽		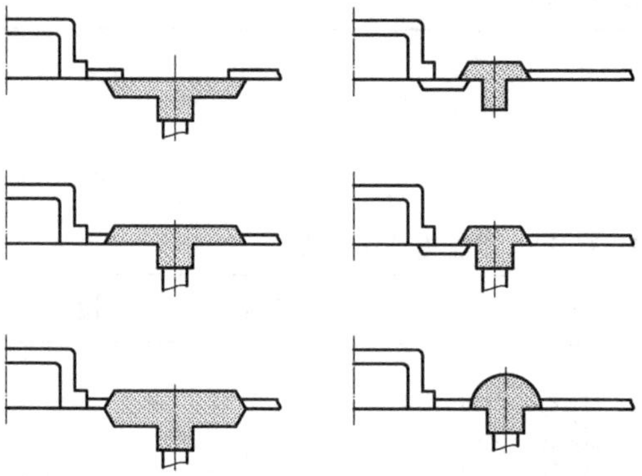	为使溢流槽顺利脱模，一般在上面设置一个或数个圆柱形或锥形凸台，利用压铸合金收缩时对模具的包紧力，开模时随动模脱出，并在底部设置推杆，使溢流槽和铸件同时从动模推出
双级溢流槽		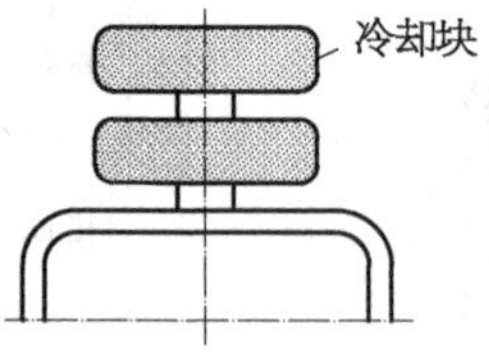	为防止金属液倒流入型腔，采用双级溢流槽，按需要在溢流槽尾部设置冷却块和推杆
带定位杆和支承柱组合的溢流槽		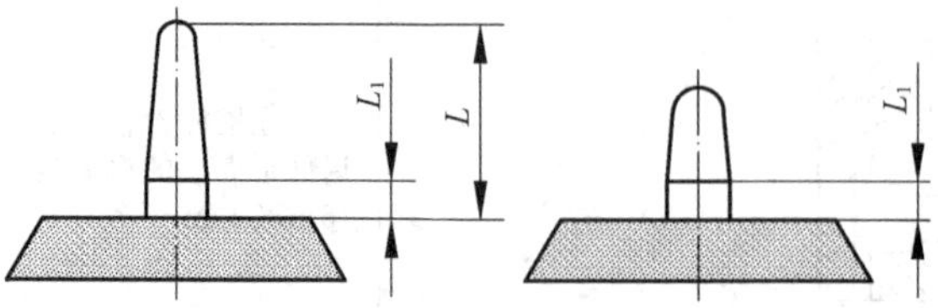	在溢流槽上压铸出定位杆，用于去除浇口、冲孔或加工螺纹时的定位 铸出的定位杆也可作为堆放铸件的支承杆 总长度 L 取决于铸件的大小，$L_1<6$ mm

(二) 溢流槽的位置选择

(1) 金属液在横浇道内或进入型腔后最先冲击的部位。

(2) 受金属液冲击的型芯背面。

(3) 两股会多股金属液相汇合,容易产生涡流或氧化夹杂的部位。

(4) 金属液最后充填的部位。

(5) 铸件壁厚较薄,难以充填的部位。

(6) 内浇口两侧或金属液不能直接充填的死角。

(7) 大平面上容易产生缺陷集中的部位。

(8) 型腔温度较低或排气条件不良的部位。

(三) 溢流槽的容积和尺寸

溢流槽的容积见表 3-3-28,单个溢流槽的尺寸见表 3-3-29。

表 3-3-28 溢流槽的容积

容 积	范 围	说 明
用于消除铸件局部热节处缩孔的溢流槽	为热节的 3～4 倍,或为缺陷部位体积的 2～2.5 倍	如作为平衡模具温度的热源,或用于改善金属液充填流态,则应加大其容积
溢流槽总容积	不少于铸件体积的 20%	小型铸件比值更大

表 3-3-29 单个溢流槽的尺寸 (mm)

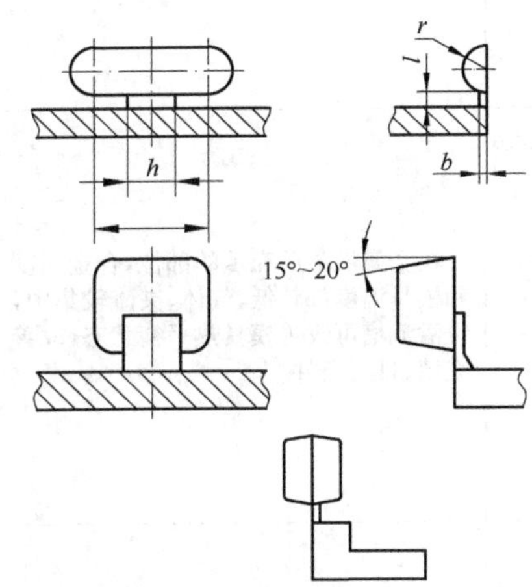

I型

Ⅱ型

Ⅲ型

尺寸参数	铅合金 锡合金 锌合金	铝合金 镁合金	铜合金 黑色金属
溢流口宽度 h	6～12	8～12	8～12
溢流槽半径 r	4～6	5～10	6～12
溢流口长度 l	2～3	2～3	2～3
溢流口宽度 b	0.4～0.5	0.5～0.8	0.6～1.2
溢流槽长度中心距 H	>(1.5～2)h	>(1.5～2)h	>(1.5～2)h

注:溢流口截面积一般为内浇口截面积的 50%～70%,为排气槽截面积的 50%。

(四) 溢流槽布置示例

溢流槽布置示例见表 3-3-30。

表 3-3-30 溢流槽布置示例

布置位置	简 图	说 明
金属液最先冲击部位和内浇口两侧	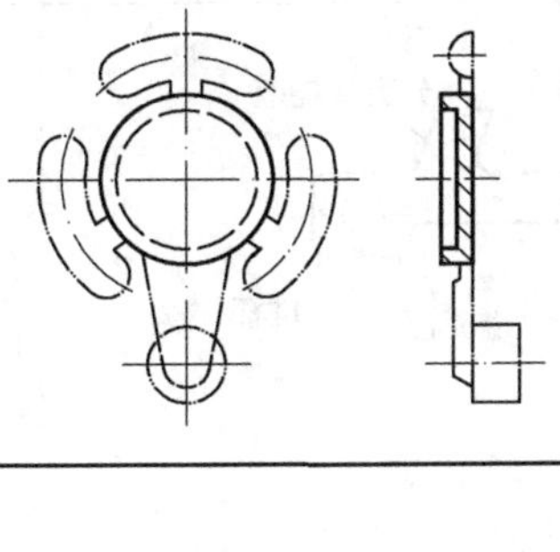	在金属液最先冲击的部位和内浇口两侧设置溢流槽,以排除金属液流前端的气体和冷污金属,稳定流态,减少涡流,并将折回浇口两侧的气体、夹渣排除

（续表）

布置位置	简　　图	说　　明
型芯背部金属液汇合处	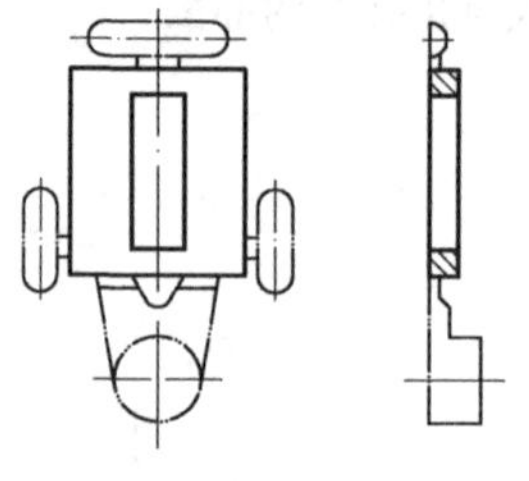	型芯背面区域是金属液在填充过程中被型芯阻止所形成的死角，也是由于气体和夹渣易形成铸造缺陷之处，在此处布置溢流槽可改善铸件质量
铸件局部厚壁处	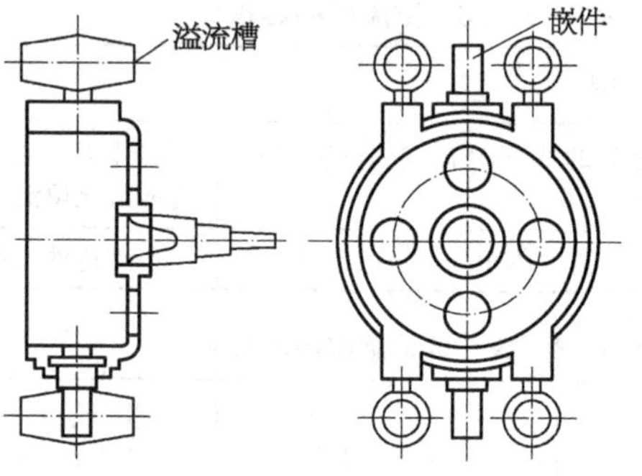	铸件厚壁处最容易产生气孔、缩松等缺陷，采用大容量的溢流槽和较厚的溢流口，可以充分排除气体和夹渣，转移缩松部位，改善铸件内在质量
金属液最后充填的部位	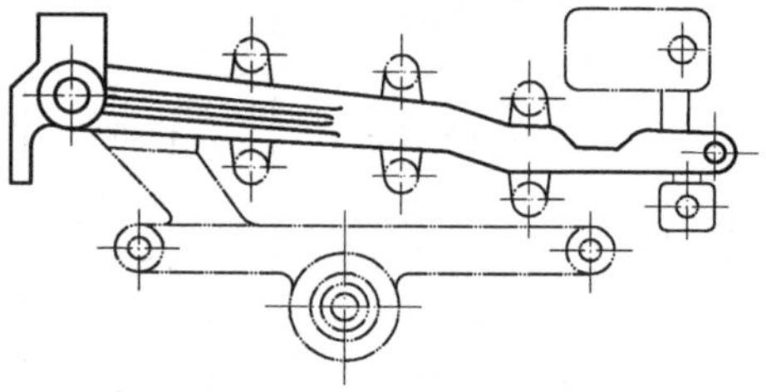	在金属液最后充填的部位，合金温度和模具温度都较低，气体、夹渣较集中，设溢流槽可改善模具热平衡状态，改善充填、排气条件
型腔内金属液汇合处	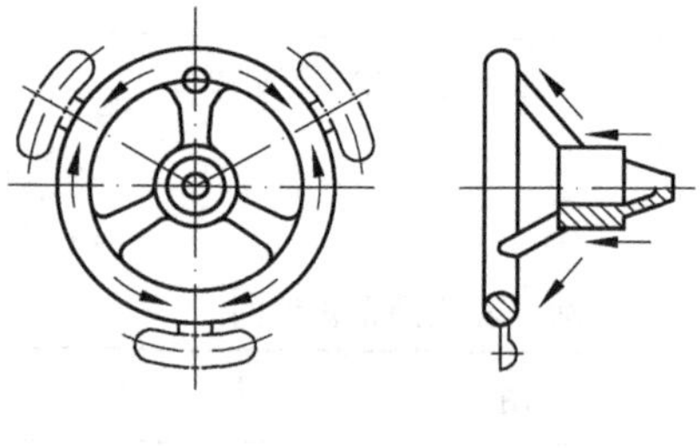	由于铸件结构和工艺条件限制，金属液不能完全达到理想流态，在几股金属液汇合处是气体、冷污金属、涂料残渣最集中的区域，设溢流槽可改善充填、排气条件
主横浇道的端部	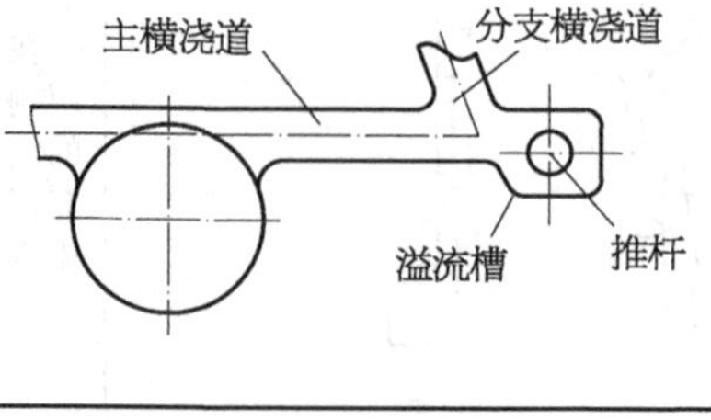	使气体、冷污金属和涂料残渣积聚在主横浇道端部的大容量溢流槽内，以稳定金属液流态，改善铸件质量

四、排气槽

（一）排气槽的布置

排气槽一般布置在溢流槽后端，有时也可在型腔的合适部位单独开设。布置在分型面上的排气槽形式见表 3-3-31。利用型芯或推杆间隙布置的排气槽形式见表 3-3-32。

表 3-3-31　分型面上的排气槽

简　　图	说　　明
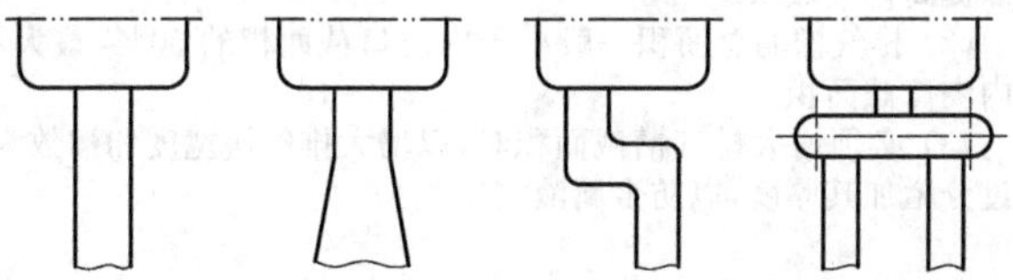	由分型面上直接从型腔中引出平直或曲折的排气槽，也可在溢流槽后端部位布置排气槽

表 3-3-32　利用型芯或推杆间隙布置的排气槽

布置位置	简　　图	说　　明
型芯镶固部分间隙排气方式	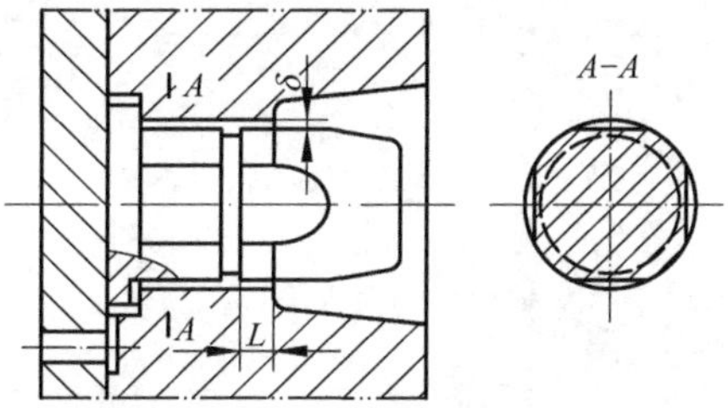	利用型芯镶固部分开设槽形间隙排气，缺点是易被涂料及金属液堵塞 δ=0.04～0.06 mm L=10～15 mm
型芯端部间隙排气方式	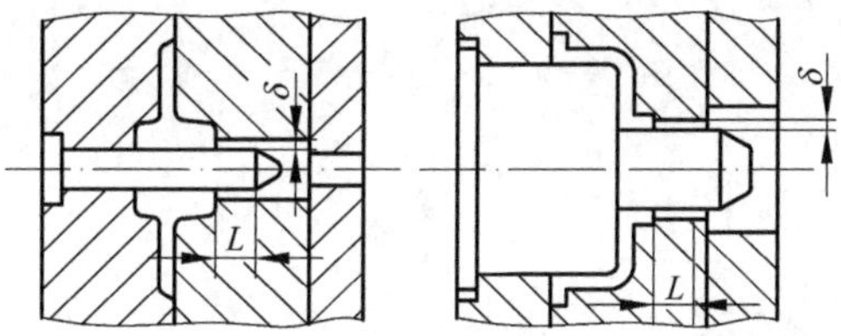	型芯伸入对面的镶块，利用其配合间隙进行排气。排气间隙 δ 取 0.05 mm 左右，配合长度取 10～15 mm。这种结构对长型芯有加固作用，但排气效果较差
	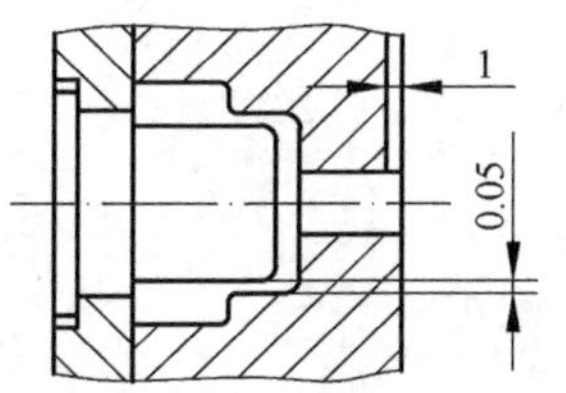	对较大通孔的铸件，可在型芯顶部利用配合间隙进行排气。这种方式常与溢流槽配合使用
推杆间隙排气方式	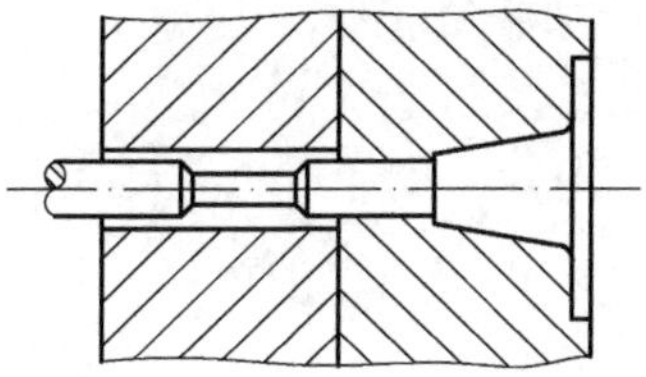	型腔的深腔部位设置推杆，利用推杆的配合间隙进行排气。配合取 H8/e8 或 H8/d8

（二）排气槽的尺寸

排气槽的尺寸见表 3-3-33。

表 3-3-33 排气槽尺寸 (mm)

合金类别	排气槽深度	排气槽宽度	说明
铅合金	0.05～0.10	8～25	(1) 排气槽在离开型腔 20～30 mm 后，深度可增大到 0.3～0.4 mm，以提高排气效果 (2) 排气槽的总面积一般小于内浇口截面积的 50%，最大不得超过内浇口截面积 (3) 必须增大排气槽截面积时，以增大排气槽宽度和槽数为宜，不宜过分增加其厚度，以防金属液溅出
锌合金	0.05～0.12		
铝合金	0.10～0.15		
镁合金	0.10～0.15		
铜合金	0.15～0.20		
黑色金属	0.20～0.30		

第四章　压铸模结构设计

一、压铸模基本组成

压铸模主要由定模和动模两大部分组成。定模固定在压铸机固定模板上，其浇注系统与压铸机的压室相通。动模固定在压铸机移动模板上，能随压铸机移动模板运动，完成开、合模动作。

依据在压铸模中所起的作用，压铸模通常由以下各部分组成：

(1) 成型零件。指构成压铸模铸型型腔，直接决定压铸件几何形状和尺寸精度的零件，包括型芯、型腔、镶块等。形成压铸件外表面的称为型腔，形成压铸件内表面的称为型芯。

(2) 浇注系统。指连接压室与模具型腔、引导金属液进入型腔的通道，一般由直浇道、横浇道、内浇道组成。

(3) 排溢系统。指根据金属液在型腔中的充填情况而设计的溢料槽和排气槽，其作用是排除型腔中的气体、涂料残渣以及冷污金属液。

(4) 推出机构。指压铸件成型后，当动、定模分开时，将压铸件从压铸模中脱出的机构。

(5) 抽芯机构。抽动与开合模运动方向不一致的活动型芯的机构称为抽芯机构或侧向抽芯机构，一般在压铸件推出前应先行完成抽芯动作。

(6) 导向零件。指确保动、定模在安装和合模时精确定位，防止动、定模错位的零件。

(7) 支承与固定零件。包括各类套板、座板、支承板、垫块等起装配、定位、支撑、安装作用的零件。

二、压铸模典型结构

(一) 热压室压铸机用压铸模

图 3－4－1 所示为热压室压铸机用压铸模。开模时，在动模套板 16 和定模套板 21 间分型。铸件和浇注系统凝料留于动模，由推管 8、推杆 10 推出。复位杆 2 完成推出机构复位。

图 3－4－2 所示为浇注系统偏置的热压室压铸机用压铸模，采用侧向进浇。开模时，在定模套板 14 和动模套板 17 间分型，铸件和浇注系统凝料留于动模，由推杆 6、8、10 和扇形推管 9 联合推出。复位杆 25 完成推出机构复位。

(二) 卧式冷压室压铸机用压铸模

图 3－4－3 所示为采用侧浇口的卧式压铸机用压铸模。开模时，定模套板 14 和动模套板 12 间分型，铸件和浇注系统凝料留于动模，由推杆推出。复位杆 11 在合模时使推出机构复位。

图 3－4－4 所示为采用中心浇口的卧式压铸机用压铸模。开模时，由于铸件对型腔、型芯的粘附力和包紧力，以及压射冲头推出余料的推力，分型面 I 开启。当敞开距离达到取出余料需要的距离时，定模套板 4 被限位杆 2 阻挡，停上运动。继续开模，分型面 II 开启。此时，由于铸件对型芯的包紧力，将余料拉断并自行落下。然后，推出机构推出铸件。合模时，复位杆使推出机构复位。

图 3－4－5 所示为 1 模 2 腔，采用切向浇口的卧式压铸机用压铸模。开模时，在动模套板 26 和定模套板 22 间分型，由推杆 4、8 推出铸件。合模时，由复位杆 3 使推出机构复位。

图 3－4－6 为采用斜销抽芯的卧式压铸机用压铸模。开模时，在定模套板 16 和动模套板 11 间分型，斜销 14 带动滑块 13 和活动型芯 18 完成抽芯，推杆 3 完成推出。合模时，复位杆 7 使推杆复位，定模和动模合紧，构成型腔 20，并通过浇注系统的内浇口 22、横浇道 23、直浇道 24 使型腔与压铸机压室相连。

图 3－4－7 为采用弯销抽芯的卧式冷压室压铸机用压铸模。开模时，在动模套板 6 和定模套板 12 间分型，弯销 13、18 带动滑块 10、17 完成抽芯，推杆 2 推出压铸件。合模时，复位杆使推出机构复位，弯销驱动滑块复位后由楔紧块 11、19 锁紧滑块。

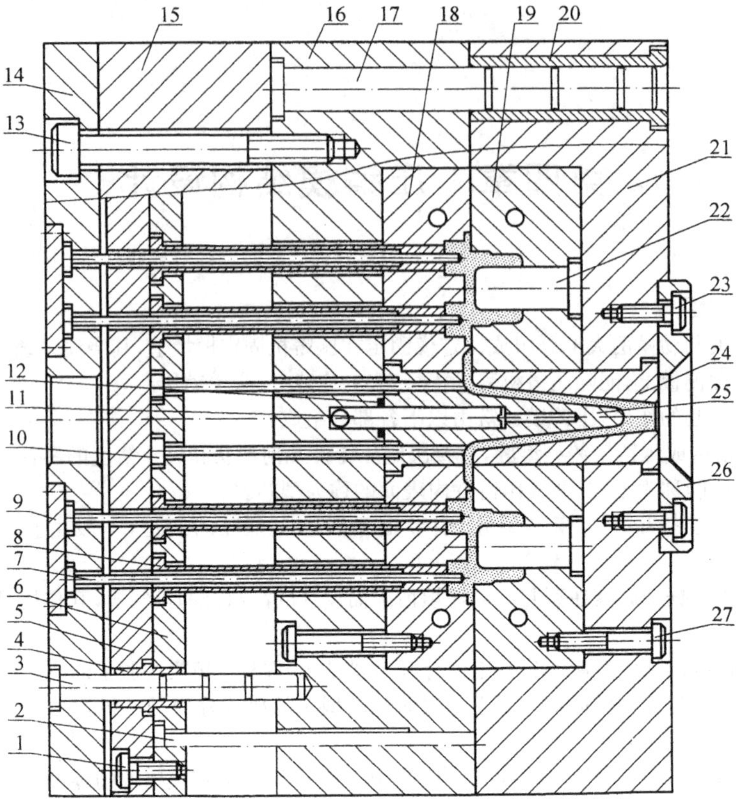

图 3-4-1　热压室压铸机用压铸模

1、13、23、27—内六角螺钉；2—复位杆；3—推板导柱；4—推板导套；5—推板；6—推杆固定板；7、22—型芯；8—推管；9—盖板；10—推杆；11—冷却水道；12—密封圈；14—动模座板；15—垫块；16—动模套板；17—导柱；18—动模镶块；19—定模镶块；20—导套；21—定模套板；24—浇口套；25—分流锥；26—定位圈

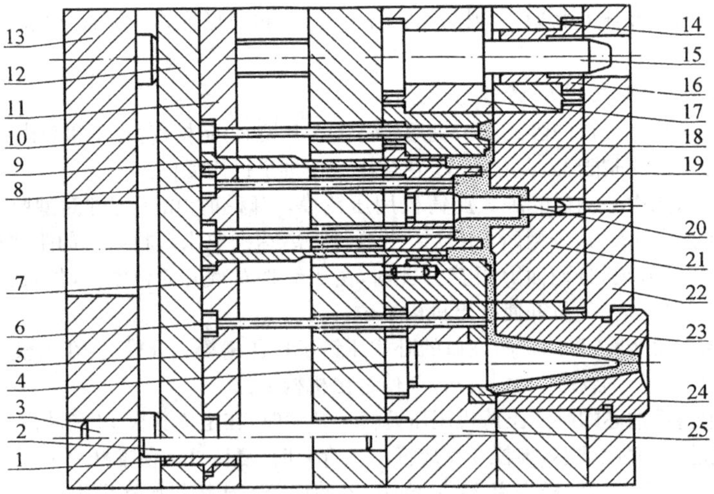

图 3-4-2　浇注系统偏置的热压室压铸机用压铸模

1—推板导套；2—推板导柱；3—限位钉；4—分流锥；5—支承板；6、8、10—推杆；7—防转销；9—扇形推管；11—推杆固定板；12—推板；13—动模座板；14—定模套板；15—导柱；16—导套；17—动模套板；18、19—动模镶块；20—型芯；21—定模套板；22—定模座板；23—浇口套；24—浇道镶块；25—复位杆

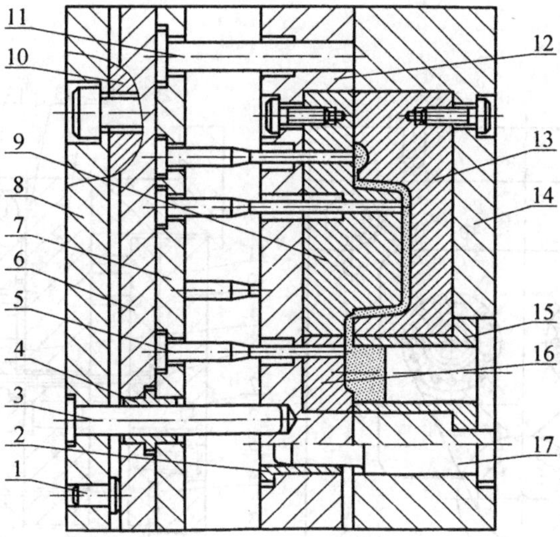

图 3-4-3　采用侧浇口的卧式冷压室压铸机用压铸模

1—限位钉；2—导套；3—推板导柱；4—推板导套；5—推杆；6—推板；7—推杆固定板；8—动模座板；9—动模镶块；10—垫块；11—复位杆；12—动模套板；13—定模镶块；14—定模套板；15—浇口套；16—浇道镶块；17—导柱

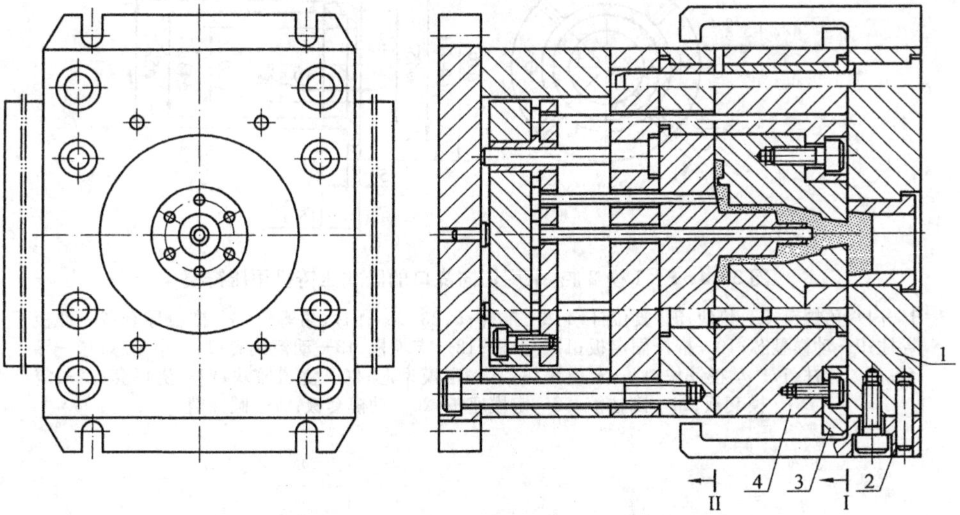

图 3-4-4　卧式冷压室压铸机用中心浇口压铸模

1—定模座板；2—限位杆；3—挡块；4—定模套板

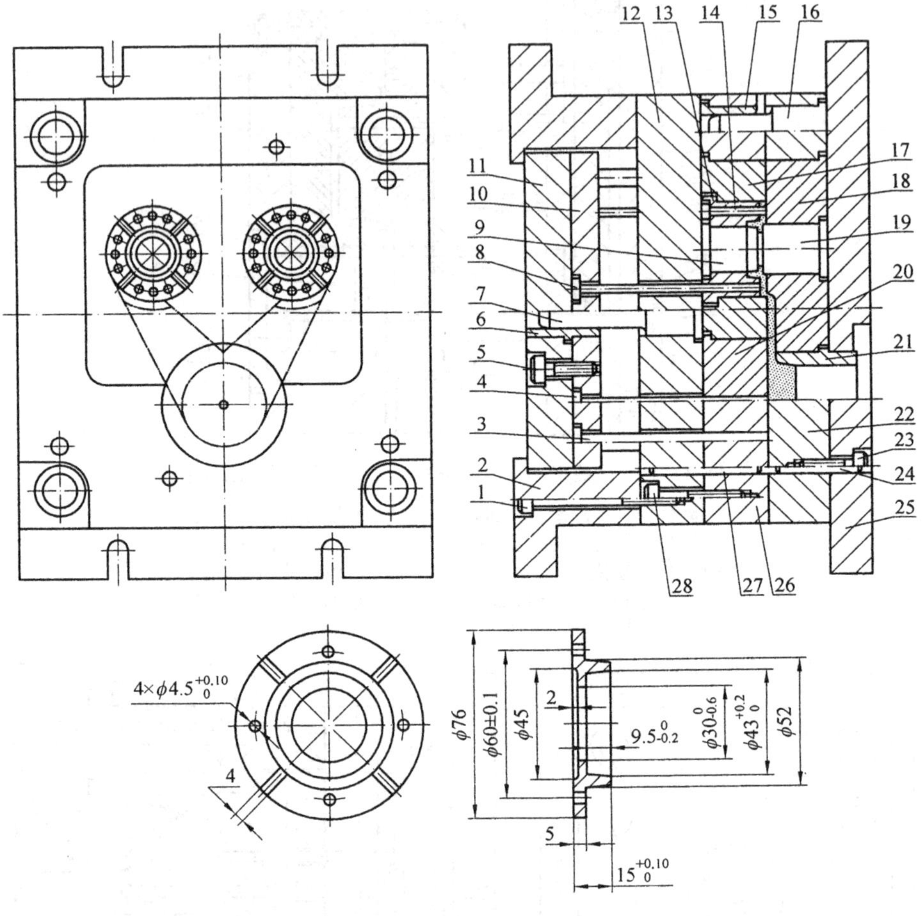

图 3-4-5　1模2腔，采用切向浇口的卧式压铸机用压铸模

1—内六角螺钉；2—垫块；3—复位杆；4、8—推杆；5、23、28—内六角螺钉；6—推板导套；7—推板导柱；9—动模型芯；10—推杆固定板；11—推板；12—支承板；13—动模镶套；14—小型芯；15—导套；16—导柱；17—动模镶块；18—定模镶块；19—定模型芯；20—浇道镶块；21—浇口套；22—定模套板；24—圆柱销；25—定模座板；26—动模套板；27—圆柱销

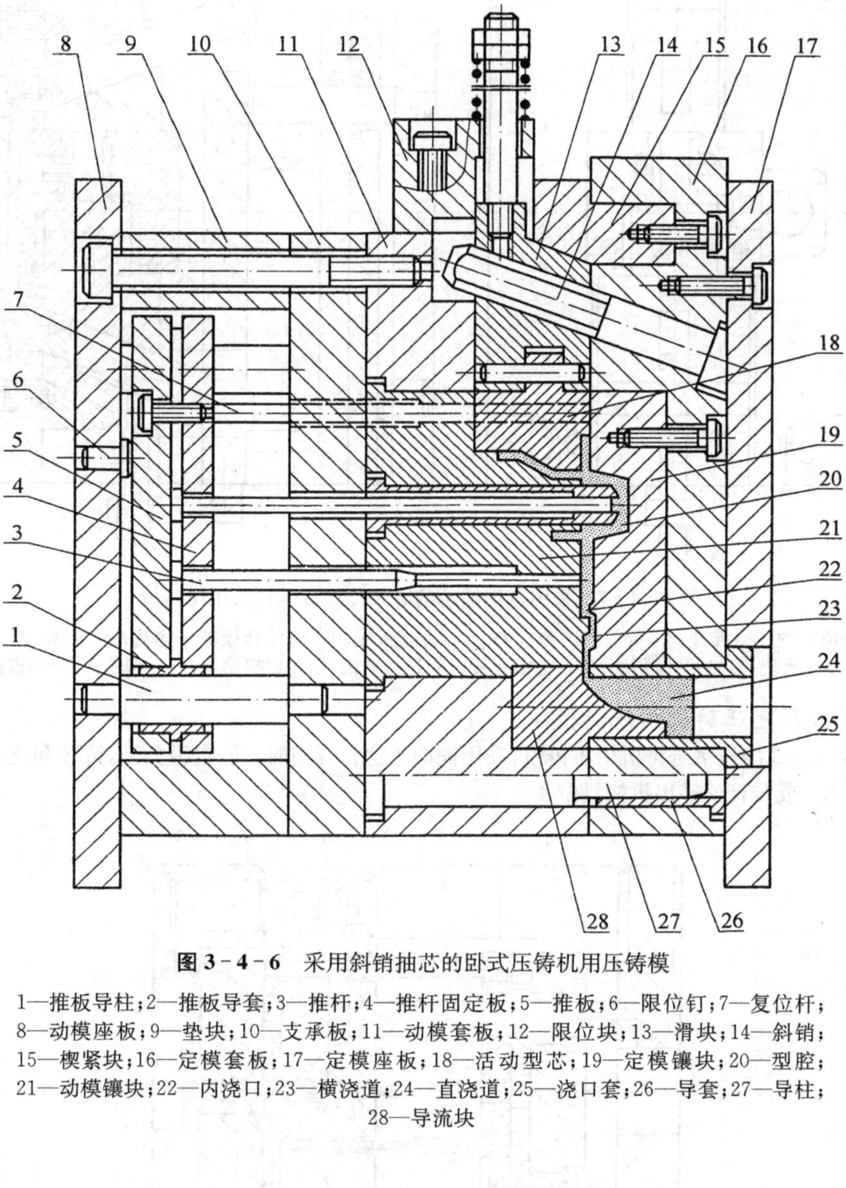

图 3-4-6　采用斜销抽芯的卧式压铸机用压铸模

1—推板导柱；2—推板导套；3—推杆；4—推杆固定板；5—推板；6—限位钉；7—复位杆；8—动模座板；9—垫块；10—支承板；11—动模套板；12—限位块；13—滑块；14—斜销；15—楔紧块；16—定模套板；17—定模座板；18—活动型芯；19—定模镶块；20—型腔；21—动模镶块；22—内浇口；23—横浇道；24—直浇道；25—浇口套；26—导套；27—导柱；28—导流块

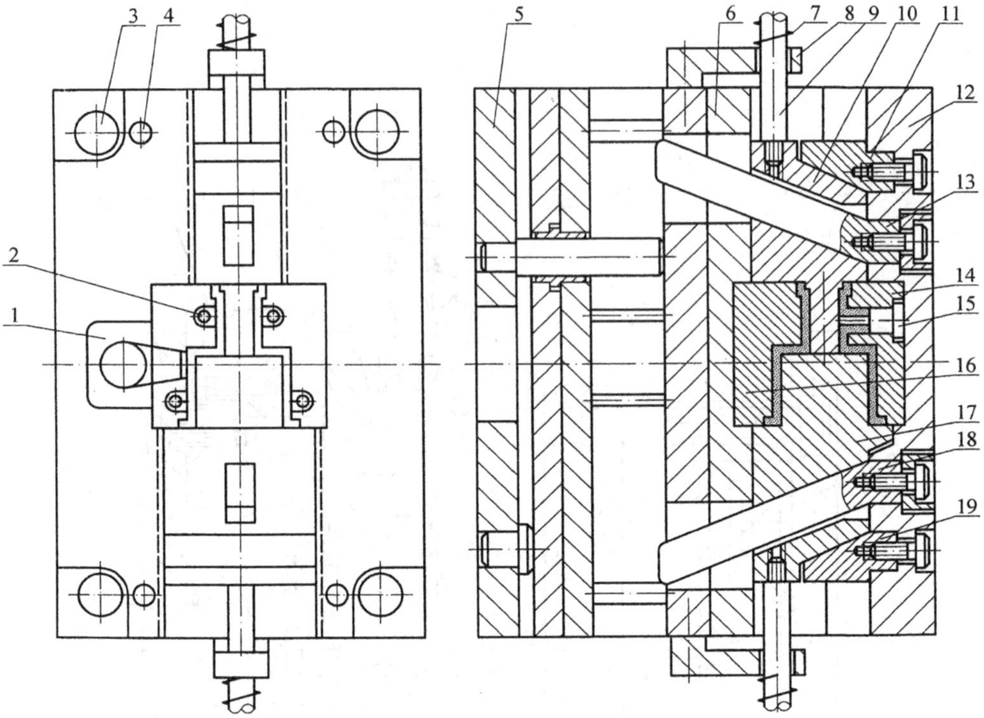

图 3-4-7 采用弯销抽芯的卧式冷压室压铸机用压铸模

1—浇道镶件；2—推杆；3—导柱；4—复位杆；5—动模座板；6—动模套板；7—弹簧；8—支架；9—螺钉；10、17—滑块；11、19—楔紧块；12—定模套板；13、18—弯销；14—定模镶块；15—型芯；16—动模镶块

（三）立式冷压室压铸机用压铸模

图 3-4-8 为立式冷压室压铸机用压铸模，采用侧向进浇。开模时，动、定模分开，铸件和浇注系统凝料留于动模，由推杆推出。复位杆使推出机构复位。

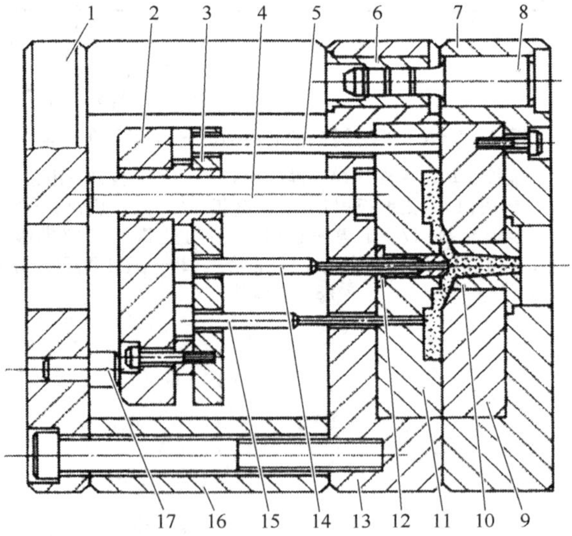

图 3-4-8 立式冷压室压铸机用压铸模

1—动模座板；2—推板；3—推杆固定板；4、8—导柱；5—复位杆；6—导套；7—定模套板；9—定模镶块；10—浇口套；11—动模镶块；12—分流锥；13—动模套板；14—中心推杆；15—推杆；16—垫块；17—限位钉

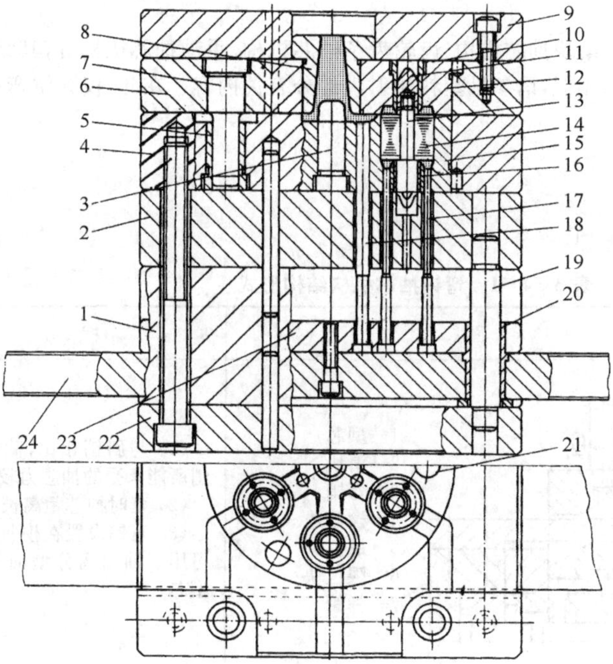

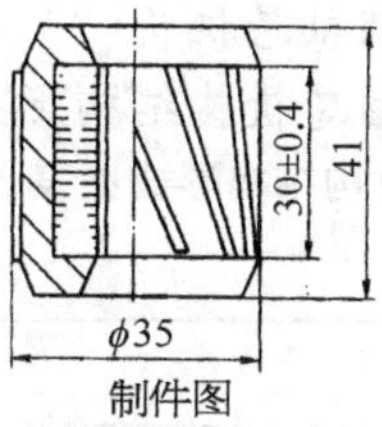

图 3-4-9　立式冷压室压铸机用微电机转子压铸模

1—垫块；2—支承板；3—分流锥；4—动模套板；5—导套；6—定模套板；7—导柱；8—浇口套；9—定模座板；10—定模镶套；11—圆柱螺母；12—定模镶块；13—轴芯；14—转子铁芯；15—动模镶块；16—动模镶套；17、18—推杆；19—推板导柱；20—推板导套；21—复位杆；22—动模座板；23—推杆固定板；24—推板

图 3-4-9 为立式冷压室压铸机用微电机转子压铸模。开模时，在动模套板 4 和定模套板 6 间分型，由推杆 17、18 推出铸件。合模前，将转子铁芯 14 装在轴芯 13 上，用圆柱螺母 11 压紧后装入模腔。

（四）全立式压铸机用压铸模

图 3-4-10 为全立式压铸机用压铸模。合模后，压射冲头上压，金属液经分流锥 5 充填型腔。开模后，铸件和浇注系统凝料由推杆推出。

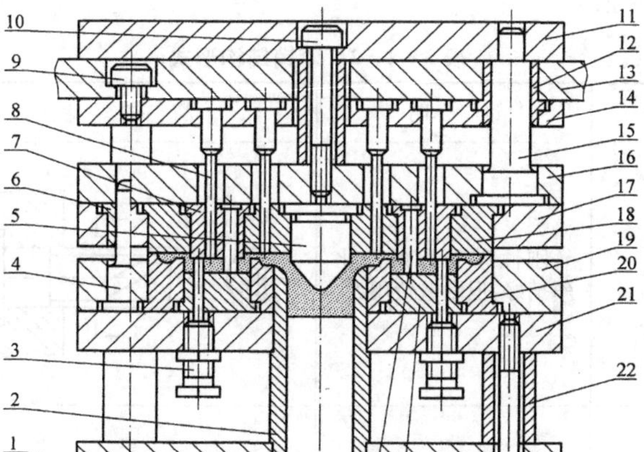

图 3-4-10　全立式压铸机用压铸模

1—定模座板；2—压室；3、24—型芯；4、15—导柱；5—分流锥；6、12—导套；7、18—动模镶块；8—推杆；9、10—螺钉；11—动模座板；13—推板；14—推杆固定板；16—支承板；17—动模套板；19—定模套板；20、23—定模镶块；21—定模垫板；22—支承柱

三、抽芯机构

金属压铸模使用斜销抽芯机构、斜滑块抽芯机构、齿轮齿条抽芯机构、手动抽芯机构等，其结构形式、尺寸计算及设计要点，与塑料注射模相应机构相似，请参见塑料注射模部分有关内容。在此，仅介绍弯销抽芯机构和液压抽芯机构。

（一）弯销抽芯机构

1. 弯销抽芯机构结构形式

弯销抽芯机构结构形式见表 3-4-1。

表 3-4-1　弯销抽芯机构结构形式

结构形式	简图	特点
弯销抽芯机构	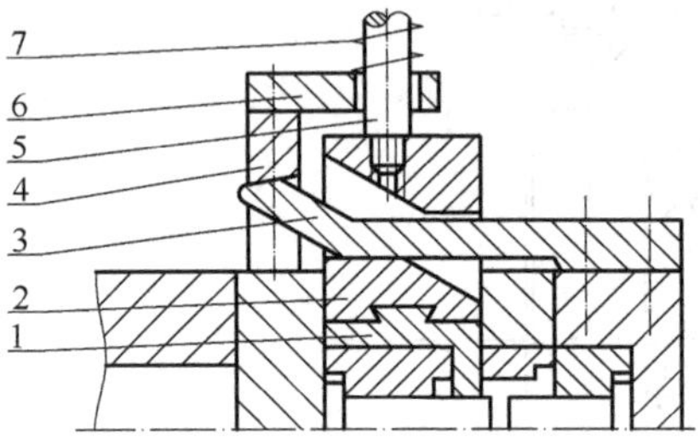 1—型芯 2—滑块 3—弯销 4—楔紧块 5—螺钉 6—限位块 7—弹簧	（1）与斜销相比，截面面积相同的弯销所能承受的抽芯力较大 （2）延时抽芯距离长 （3）弯销设置在模具外侧，结构紧凑，可用于抽出离分型面垂直距离较大的型芯
变角弯销抽芯机构	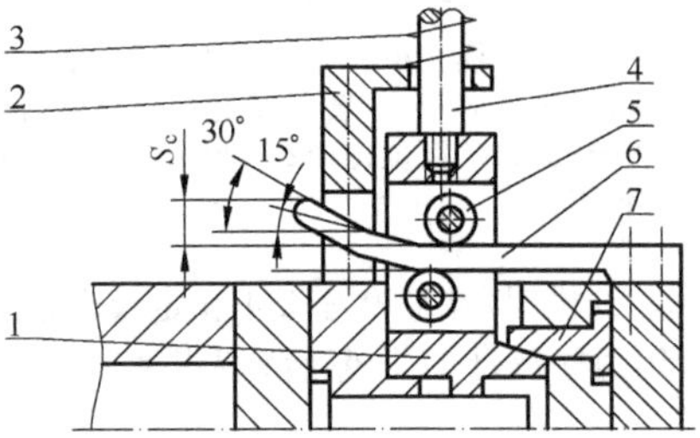 1—滑块 2—限位块 3—弹簧 4—螺钉 5—滚轮 6—弯销 7—楔紧块	（1）开始抽芯时，需要的抽芯力最大，采用 $\alpha=15°$ （2）抽出一段距离后，弯销仅需带动滑块运动，阻力较小，采用 $\alpha=30°$，以满足较长的抽芯距要求 （3）滑块孔内设置滚轮，适应弯销的角度变化，并与弯销成滚动摩擦，减小摩擦力。用于抽出抽芯力较大，抽芯距较长的侧型芯

2. 弯销结构形式

弯销结构形式见表 3-4-2。

表 3-4-2　弯销结构形式

简图	说明	简图	说明
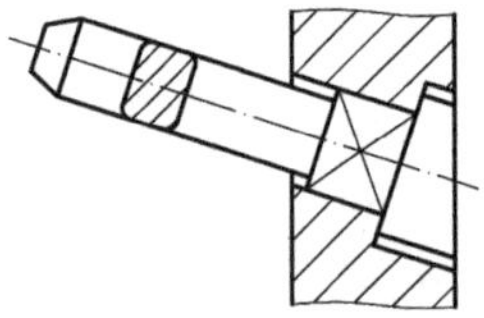	刚性和受力条件比斜销好，但制造费用大	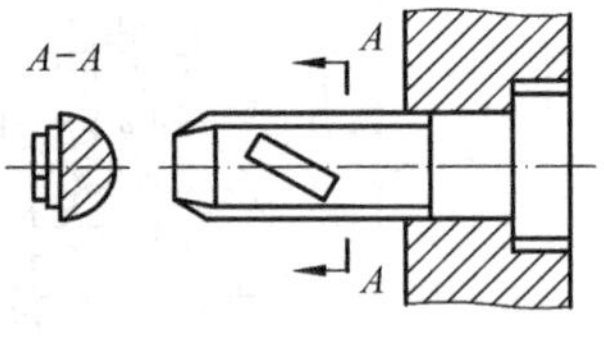	用于较小抽芯距，同时起导柱作用，模具结构紧凑
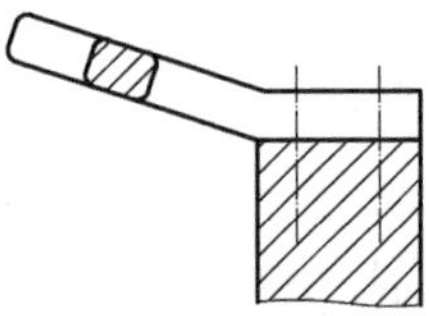	用于无延时抽芯要求，抽拔离分型面垂直距离较小的侧型芯。弯销头部倒角，便于合模时导入滑块孔内	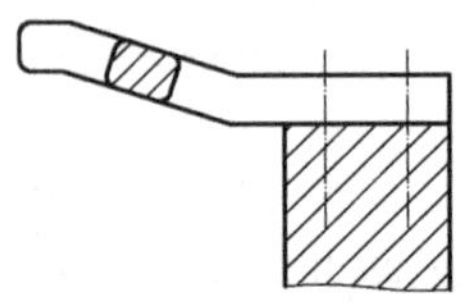	用于抽拔离分型面垂直距离较大，并有延时抽芯要求的侧型芯

3. 弯销固定方式

弯销固定方式见表 3-4-3。

表 3-4-3　弯销固定方式

固定部位	简图	说明	固定部位	简图	说明
固定于定模套外侧，模套强度高，结构紧凑，但滑块较长	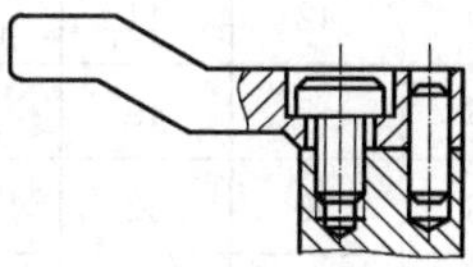	装配方便，但螺钉易松动，用于较小抽芯距	固定于模套内，为了保持模套强度，适当加大其外形尺寸	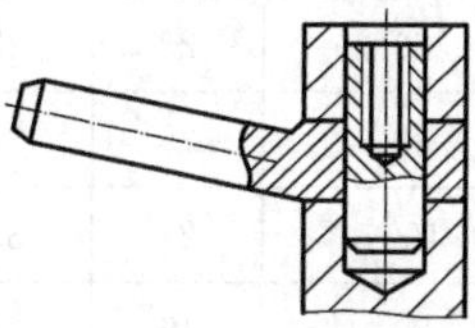	弯销插入模套，用圆柱销封锁。能承受较大的抽芯力，稳定性较好
	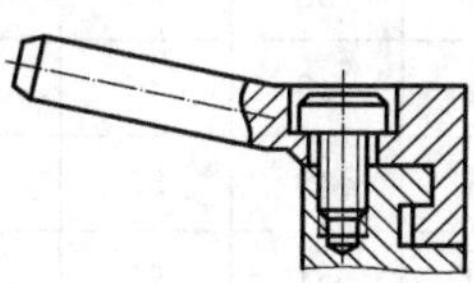	能承受较大抽芯力，但加工、装配复杂		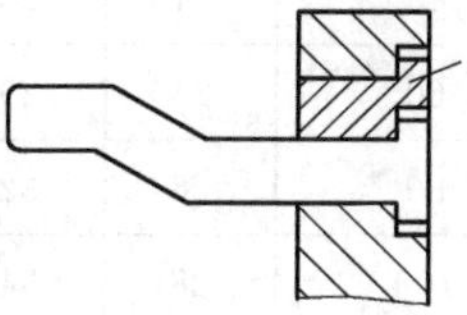	弯销与辅助块 A 同时压入套板，能承受较大的抽芯力，稳定性好
固定于模套内，为了保持模套强度，适当加大其外形尺寸	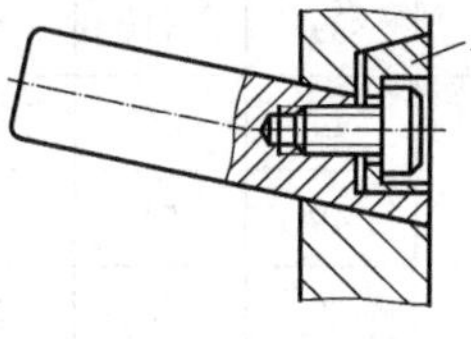	弯销插入模套后，旋紧螺钉，通过 A 块斜面固定弯销，用于较小抽芯力		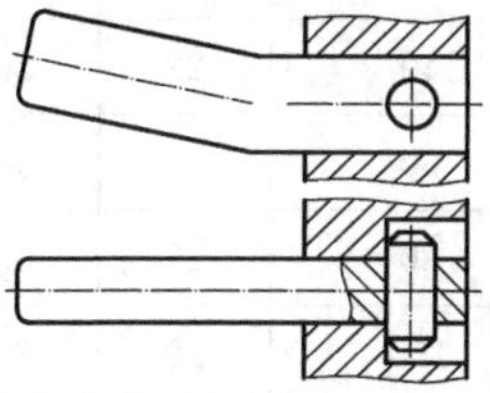	固定简便，能承受较大的抽芯力
	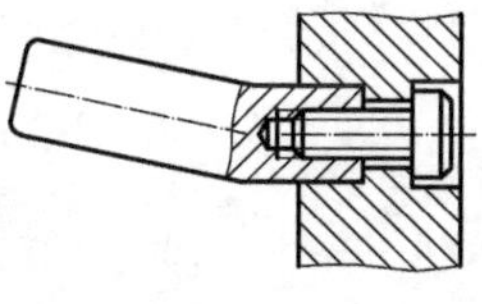	弯销插入模套一段距离，确定方向和位置后，一端用螺钉固定。弯销受力大时稳定性差	固定于动模支承板或推板	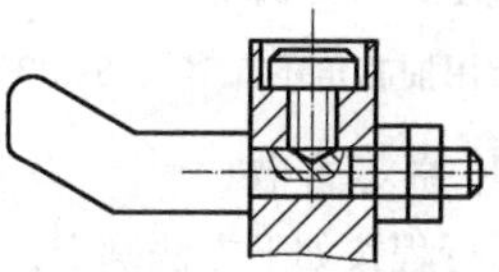	用于较小的抽芯距和抽芯力

4. 弯销厚度

弯销厚度见表 3-4-4。

表 3-4-4　弯 销 厚 度

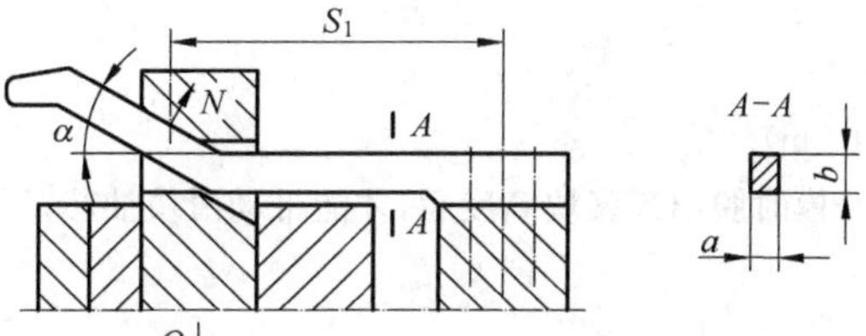

抽芯角 α	受力距离 S_1(mm)	起始抽芯力 Q(N)									
		5 000	10 000	15 000	20 000	25 000	3 0000	35 000	40 000	45 000	50 000
		弯销厚度 b(mm)									
10°	20	16	20	23	25	27	29	30	31	32	33
	40	20	24	28	31	33	35	37	39	40	41

（续表）

抽芯角 α	受力距离 S_1(mm)	起始抽芯力 Q(N)									
		5 000	10 000	15 000	20 000	25 000	3 0000	35 000	40 000	45 000	50 000
		弯销厚度 b(mm)									
10°	60	23	28	32	35	38	40	42	44	46	47
	80	25	31	36	40	43	45	47	49	51	52
	100	27	33	38	42	45	48	50	52	54	56
20°	20	17	21	24	26	28	30	31	32	33	34
	40	21	25	29	32	34	36	38	40	41	42
	60	24	29	33	36	39	41	43	45	47	48
	80	26	32	37	41	44	46	48	50	52	53
	100	28	34	39	43	46	49	51	53	55	57
30°	20	16	22	25	27	29	31	32	33	34	35
	40	22	26	30	33	35	37	39	41	42	43
	60	25	30	34	37	40	42	44	46	48	49
	80	27	33	38	42	45	47	49	51	53	54
	100	29	35	40	44	47	50	52	54	56	58

注：1. 弯销的宽度 $a=\frac{2}{3}b$。

2. 弯销的常用抽芯角还有 15°、18°、22°、25°。

5. 弯销延时抽芯行程

弯销延时抽芯行程按如下方法确定：

(1) 抽拔交叉型芯时，应按第一级抽芯所需抽芯行程求出第二级抽芯所需行程。

(2) 定模型芯包紧力较大时，应在开模一段距离后，先卸除其包紧力，然后再抽动模侧型芯，延时抽芯行程按下式确定：

$$S_y=\left(\frac{1}{3}\sim\frac{1}{2}\right)h$$

式中　S_y——延时抽芯行程(mm)；

h——定模型芯成形高度(mm)。

(3) 楔紧角小于抽芯角时，开模时脱出楔紧块高度后，才能带动滑块抽芯，延时抽芯行程按下式确定：

$$S_y \geqslant S$$

式中　S——楔紧块伸入滑块的高度(mm)，参见表 3-4-5。

6. 滑块的锁紧方式

滑块的锁紧方式见表 3-4-5。

7. 弯销与滑块孔的配合间隙

弯销与滑块孔的配合间隙见表 3-4-6。

8. 变角弯销的结构和工作段尺寸

变角弯销的结构和工作段尺寸见图 3-4-9。

表 3-4-5　滑块的锁紧方式

<table>
<tr><th>简　　图</th><th>说　　明</th></tr>
<tr><td>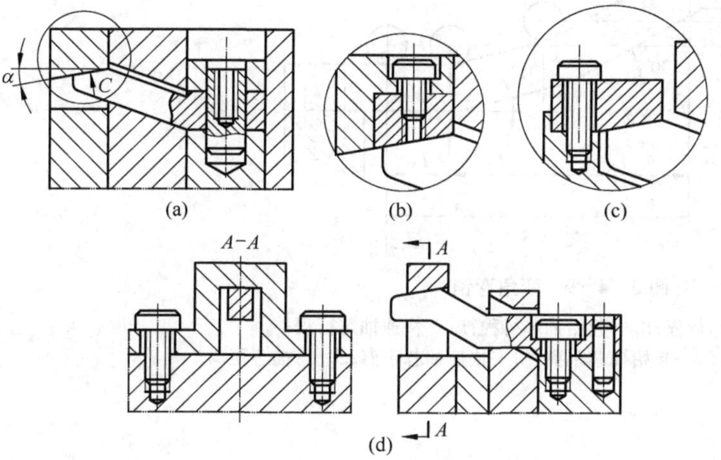
</td><td>弯销头部锁紧，通过弯销产生弹性变形锁紧滑块，用于滑块反力不大，弯销较长的场合
图 a 头部锁紧在模套内，结构简单，但磨损后易松动
图 b 头部镶入模套内，楔紧块经久耐用，且能调整，但加工复杂
图 c 头部锁紧在模套外侧，加工简单，但螺钉易松动
图 d 头部楔紧块采用座架形，弯销较长</td></tr>
<tr><td>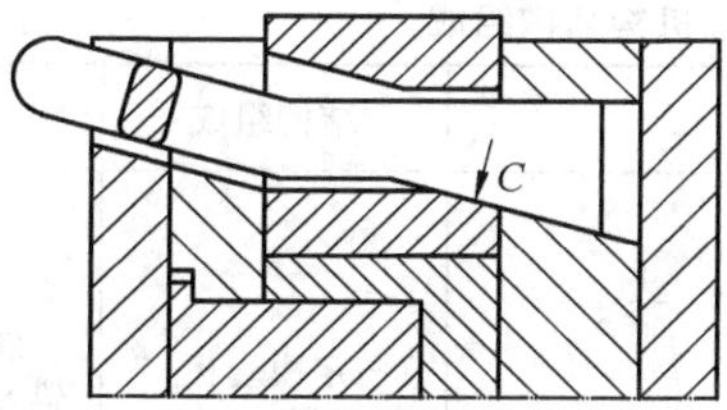
</td><td>弯销截面为矩形，与滑块孔成面接触，当接近分型面的滑块反力不大时，可直接用弯销锁紧，C 为锁紧段</td></tr>
<tr><td>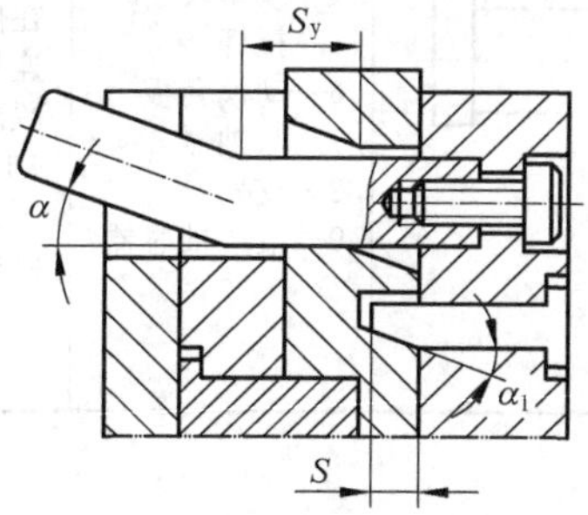
</td><td>滑块反压力较大时，应另加楔紧块锁紧，使 $\alpha > \alpha_1$，则 $S_y > S$</td></tr>
</table>

表 3-4-6　弯销与滑块孔的配合间隙

<table>
<tr><th>简　　图</th><th>配合间隙(mm)</th></tr>
<tr><td>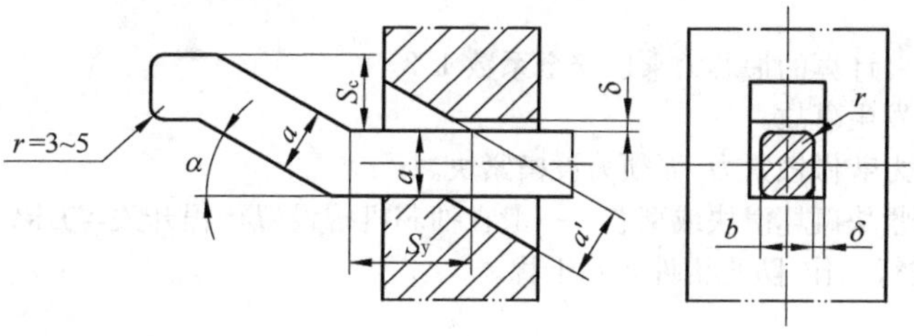
</td><td>$\delta = 0.5 \sim 1$
$a' = a + 1$</td></tr>
</table>

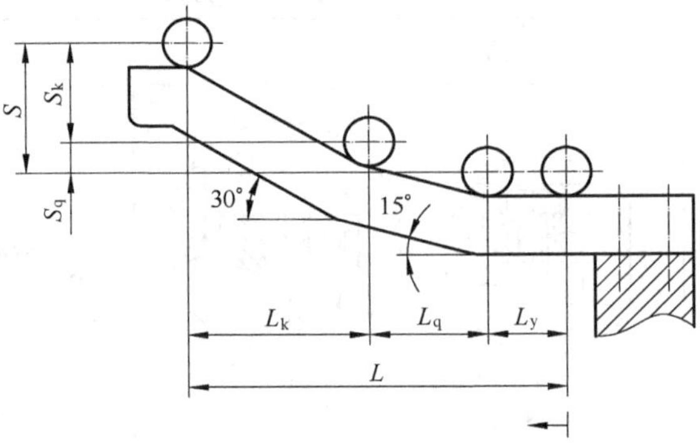

图 3-4-9　变角弯销

L_y—延时抽芯行程；L_q—起始抽芯行程；L_k—快速抽芯行程；
L—弯销总抽芯行程；S_q—起始抽芯距离；S_k—快速抽芯距离；S—总抽芯距离

(二) 液压抽芯机构

1. 液压抽芯机构结构组成

液压抽芯机构结构组成见表 3-4-7。

表 3-4-7　液压抽芯机构结构组成

简　　图	结构组成	说　　明
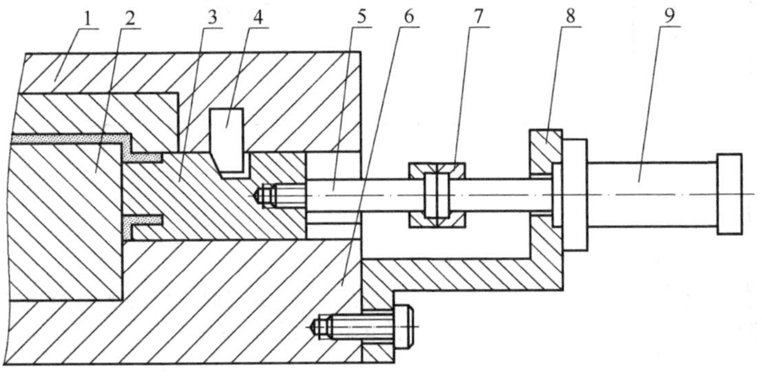	1—定模套板 2—型芯 3—侧型芯 4—楔紧块 5—拉杆 6—动模套板 7—联轴器 8—支架 9—液压抽芯器	液压抽芯器 9 通过支架 8 固定于动模套板 6 上，液压抽芯器的活塞杆通过联轴器 7 与固定在侧型芯 3 上的拉杆 5 连接。开模时，压铸件脱离定模套板 1，楔紧块 4 也脱开侧型芯 3 后，液压抽芯器的活塞杆拉动侧型芯完成抽芯动作

2. 液压抽芯机构设计要点

(1) 当抽芯机构设置在动模上，且活动型芯在垂直于抽芯方向的投影面上的投影面积较大时，为防止压铸时滑块后移，应设楔紧块。

(2) 当抽芯机构设置在定模时，开模前应先抽芯，故不允许设楔紧块，只能依靠抽芯器本身的锁芯力锁住滑块型芯。

(3) 由于液压抽芯机构在合模前应先行复位，须特别注意避免活动型芯和推杆的干扰。一般在活动型芯下方不宜设置推出元件。

(4) 按抽芯力及抽芯距选用抽芯器时，应对计算的抽芯力乘以安全系数 1.3。

(5) 抽芯机构不宜设在操作者一侧，以免发生事故。

(6) 无特殊要求时，不宜将抽芯器的抽芯力兼做锁紧力，而须另设楔紧块。

(7) 合模前应先将抽芯机构复位，防止楔紧块碰坏滑块或型芯。一般在抽芯机构设置行程开关，与压铸机的电气控制系统连接，使抽芯机构按压铸程序进行工作，防止构件相互干扰。

3. 液压抽芯器结构形式

液压抽芯器结构形式见表 3-4-8。

表 3-4-8　液压抽芯器结构形式

结构形式	简　　图	说　　明
单活塞式	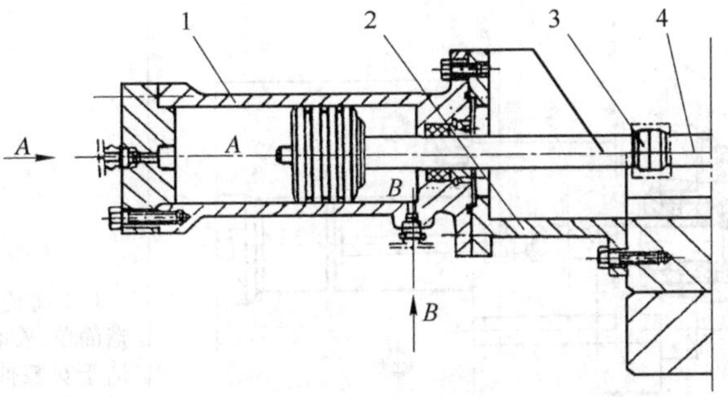 1—抽芯器；2—抽芯器座；3—联轴器；4—滑块拉杆	(1) 抽芯器总装在模具上，联轴器与固定在模具滑块上的拉杆连接 (2) 抽芯时，高压液压油从 B 进入，推动活塞抽出型芯 (3) 合模时，高压液压油从 A 进入，推动活塞，使活动型芯复位
双活塞式	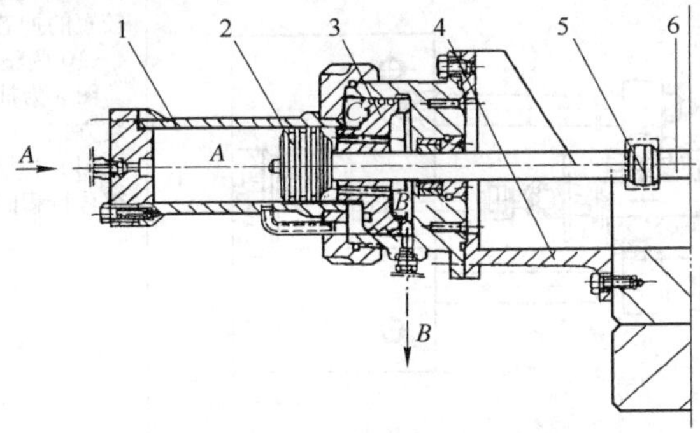 1—抽芯器；2—小活塞；3—大活塞； 4—抽芯器座；5—联轴器；6—滑块拉杆	(1) 抽芯器总装在模具上，联轴器与固定在模具滑块上的拉杆连接 (2) 抽芯时，高压液压油从 B 进入，A、C 腔回油，使大活塞产生作用力，并传递给与滑块连接的小活塞，完成起始抽芯动作 (3) 大活塞终止，高压液压油通过大活塞上的小孔，推动小活塞继续完成抽芯 (4) 活动型芯复位时，高压液压油从 A 进入，B 腔回油

4. 液压抽芯器安装方式

液压抽芯器安装方式见表 3-4-9。

表 3-4-9　液压抽芯器安装方式

安装方式	简　　图	说　　明
通用抽芯器座	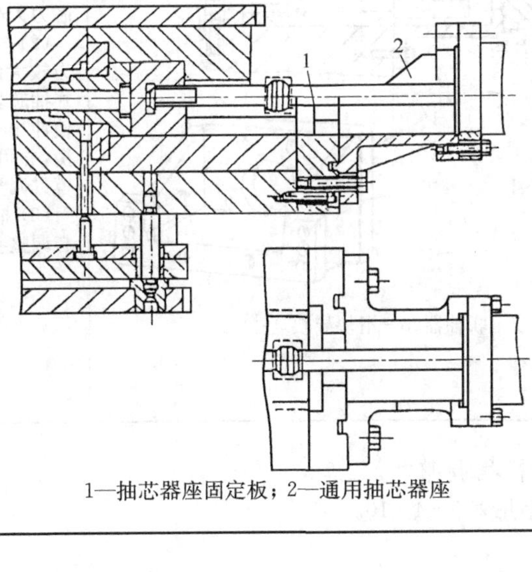 1—抽芯器座固定板；2—通用抽芯器座	(1) 通用抽芯器座 2 一般为标准件，横断面呈半圆形，一端与抽芯器相连接，另一端与模具相连接 (2) 通用抽芯器座是按抽芯器最大行程设计的，如需选用较短的抽芯行程，应另设抽芯器座固定板 1，以调整抽芯距离

（续表）

安装方式	简图	说明
螺栓式抽芯器座	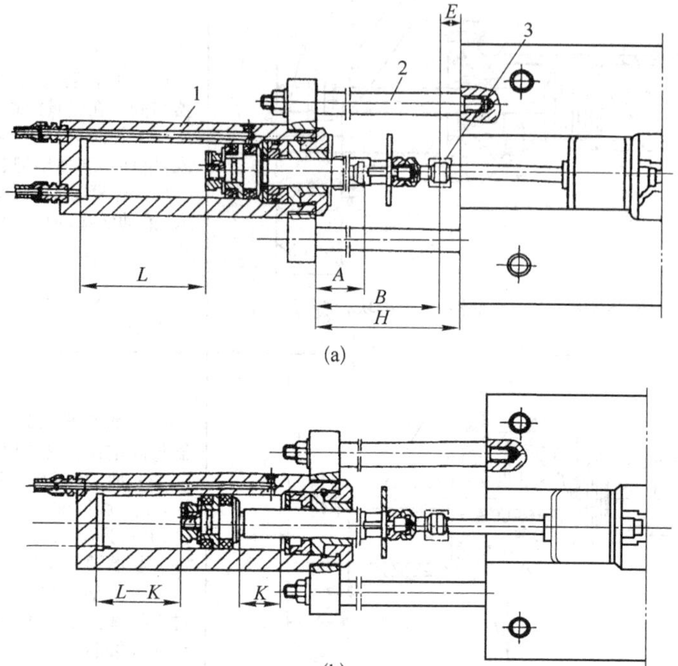 (a) (b) 1—抽芯器；2—螺栓；3—联轴器	(1) 螺栓式液压抽芯器座，制造简单，安装方便，但刚性较差，适于安装抽芯力小于150 kN的抽芯器 (2) 螺栓长度 H 一般按抽芯器的最大行程设计，如需选用较短的抽芯行程，可参照表 3-4-10 调整，使滑块限位 图 a 为抽芯行程最大时的安装方式 图 b 为抽芯距离取抽芯器一部分行程时的安装方式
框架式抽芯器座	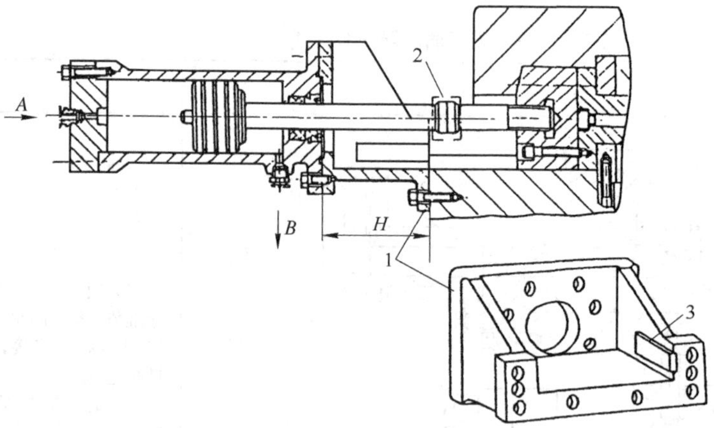 1—抽芯器座；2—联轴器；3—滑块导轨	(1) 框架式抽芯器座单位刚性与稳定性较好，适于安装抽芯力大于 150 kN 的抽芯器 (2) 对于大型滑块选用抽芯力较大的抽芯器时，可在框架式抽芯器座的内侧设置导轨，使伸出套板外的滑块运动平衡，并可减小模具滑槽长度和模具调整尺寸 (3) 抽芯器座长度 H 的计算与调整参照表 3-4-10

5. 螺栓式抽芯器座长度和抽芯行程调整

螺栓式抽芯器座长度和抽芯行程调整见表 3-4-10。

表 3-4-10　螺栓式抽芯器座长度和抽芯行程调整

抽芯方式	简　　图	说　　明
全行程抽芯	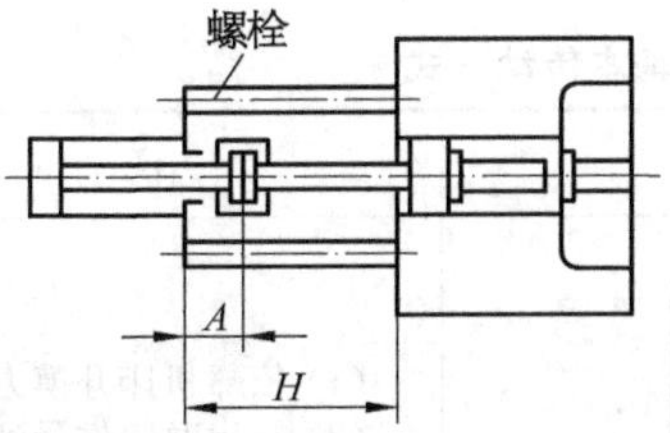	A—抽芯杆外露尺寸(mm)(抽芯器活塞处于极限抽芯位置) H—螺栓长度(mm)(取通用抽芯器座标准长度)
	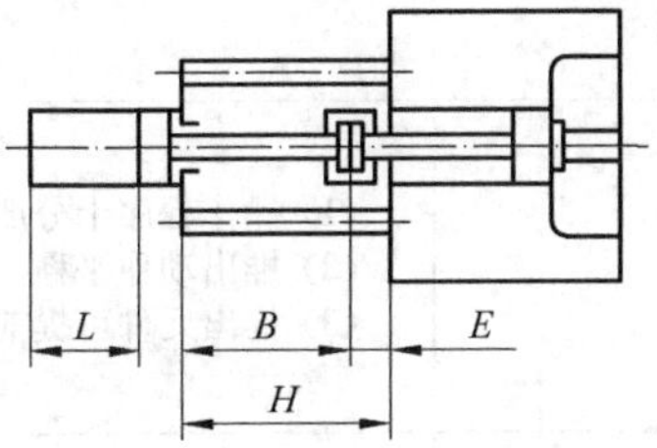	L—抽芯器全行程(mm) B—抽芯杆外露尺寸(mm)(抽芯器活塞处于极限抽芯位置，$B=L+A$) E—滑块连接杆在模具边框上的外露尺寸(mm) $H=L+A+E=B+E$
抽芯距离小于抽芯器最大行程	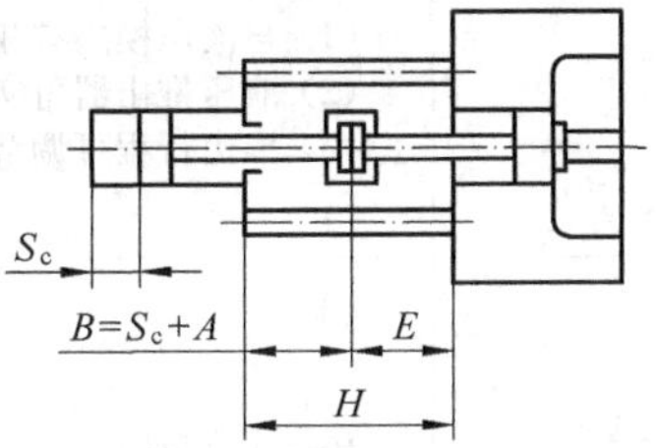	抽芯距离小于抽芯行程时，加长滑块连接杆伸出模外的长度 E，以抽芯器中的活塞定位，可达到抽芯距离限位的要求 $E=H-B=H-(S_c+A)$ S_c—抽芯距离(mm)
	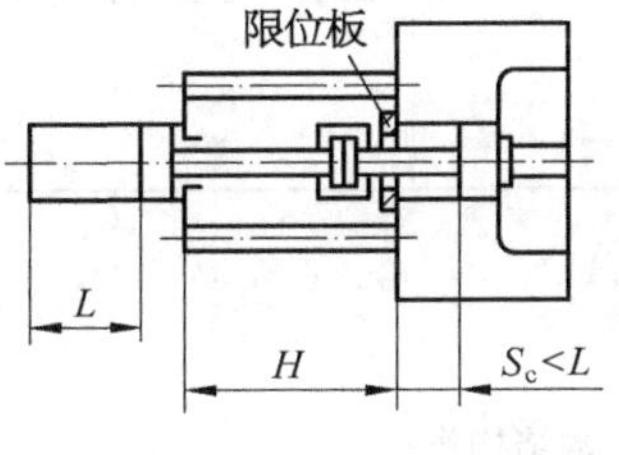	模具上加设限位板，达到对抽芯距离限位的要求
	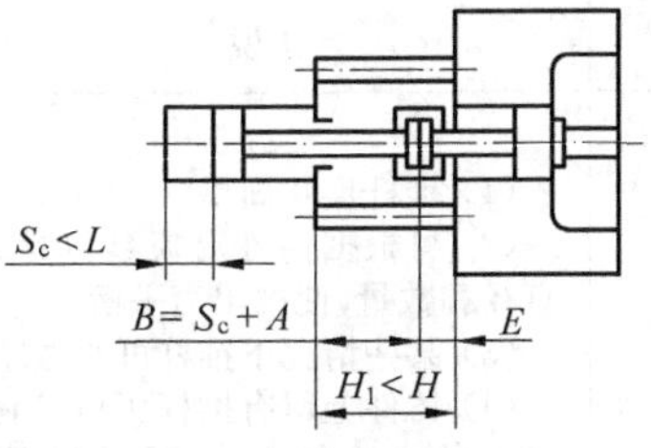	当抽芯距离 S_c 与抽芯行程 L 相差悬殊时，可缩短抽芯器座长度(即螺栓长度)，以减小模具外形尺寸 $H_1<H$ $H_1=S_c+A+E$ H_1—专用抽芯器座长度
	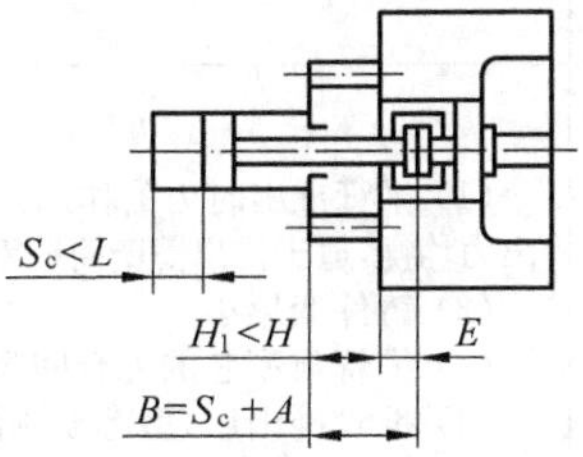	当抽芯机构的联轴器能伸到滑块槽内时，可进一步缩短抽芯器座长度 $H_1<H$ $H_1=S_c+A-E$

注：A、E 尺寸由抽芯器技术参数决定，其中 E 也可按需要决定。

四、推出机构

（一）推出机构基本传动方式

推出机构基本传动方式见表 3－4－11。

表 3－4－11 推出机构基本传动方式

传动方式		简图	说明
机动		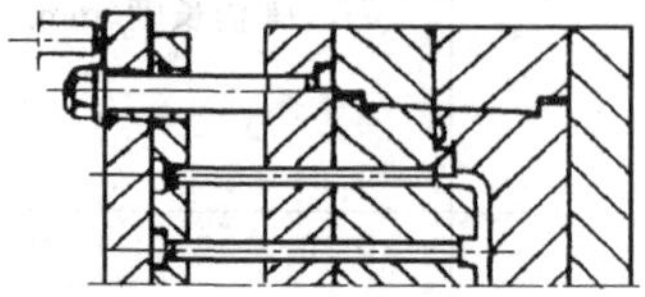	（1）依靠机床开模力推出铸件 （2）推出时铸件受到冲击
液压	液压模座	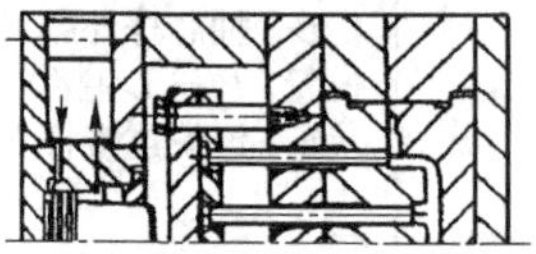	（1）操作程序十分严格 （2）推出动作平稳 （3）推出元件可提前复位
液压	液压推出器	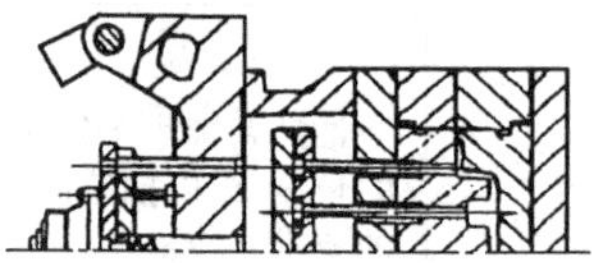	（1）与液压模座有相同的特点 （2）液压推出器可实现联锁，安全可靠 （3）推出行程可调节
手动		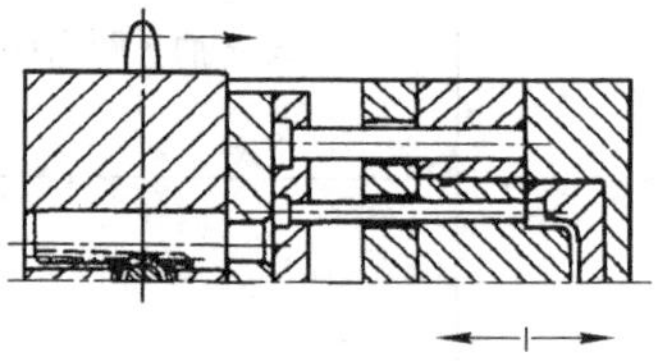	依靠人力推出，推出力小，劳动强度大，仅适于小型铸件的中、小批量生产

（二）推出机构基本结构类型

推出机构基本结构类型见表 3－4－12。

表 3－4－12 推出机构基本结构类型

类别		简图	说明
一次推出	推杆推出	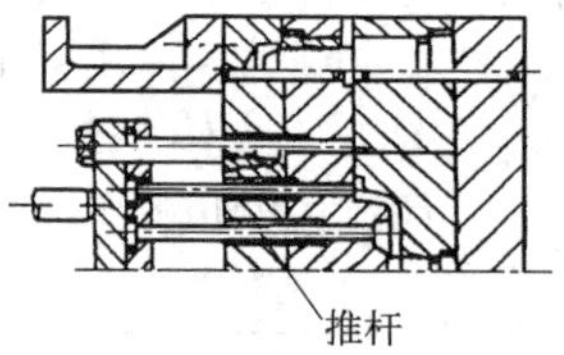	（1）推杆形状简单 （2）可根据铸件对模具包紧力的大小，选择推杆直径和数量，使推出力平衡 （3）某些情况下推杆可兼做复位元件 （4）铸件上留有推杆压痕，当推杆截面小、位置设置不当时，会使铸件变形或局部损伤
一次推出	推管推出	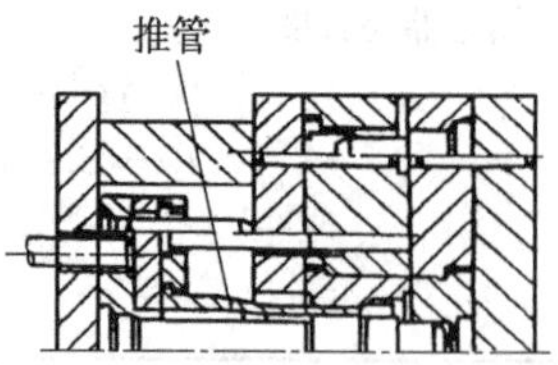	（1）推管推出时力的作用点离包紧力中心较近，推出力均衡，适于推出薄壁筒形零件 （2）铸件变形小 （3）推管与型芯的配合间隙有利于压铸时排气 （4）推管推出后，型芯喷刷涂料比较困难

（续表）

类别		简图	说明
一次推出	推件板推出	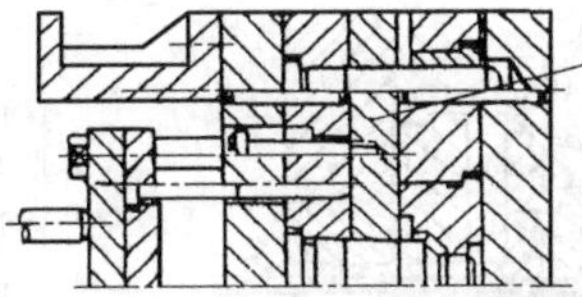	(1) 推出面积大，推出力分布均匀，推出平稳，铸件变形小，没有推出痕 (2) 推件板推出后，型芯上喷刷涂料比较困难 (3) 适于推出侧壁包紧力较大的铸件
两次推出		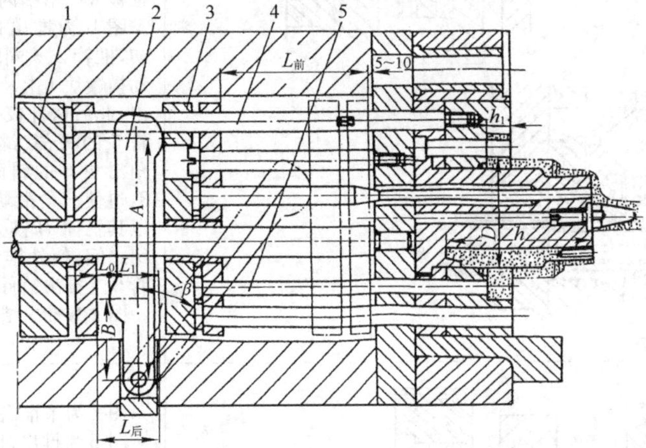 1—一次推板；2—杠杆；3—二次推板；4—一次推杆；5—二次推杆	(1) 兼有推杆(管)、推件板推出机构的特点 (2) 采用一次推出铸件难以完全脱模时，常用二次推出机构

（三）推出机构常用结构形式

金属压铸模推杆推出机构、推管推出机构、推件板推出机构的常用结构形式与塑料注射模的相应机构类似，请参见塑料注射模部分有关内容。两次推出结构形式见表 3-4-13。

表 3-4-13　两次推出结构形式

形式	简图	说明
三角滑块滞后两次推出	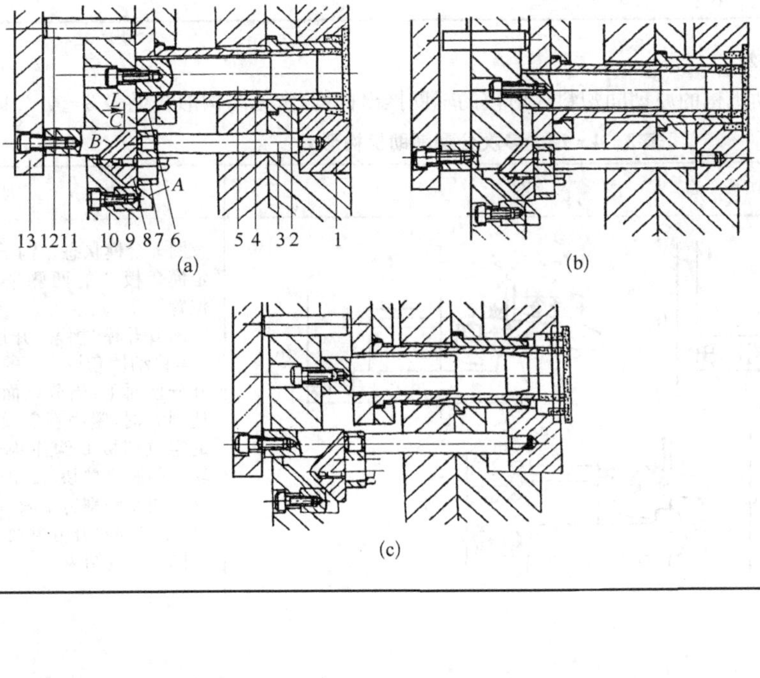	图 a 为未推出状态 前后两组推板分别置于支承板 10 的左右两侧，前后推板间用推柱 12 保持一定的作用距离，卸料推杆 3 兼横向垫板 7 的导向元件 图 b 为推出过程 推出开始时，前推板 6 和后推板 13 及其组件协同，将铸件推离型芯套 2 及中间型芯 5，此时铸件仍留在动模镶块 1 内，直到推出行程达到 L 时为止 继续推出时，推楔 11 之 B 使三角滑块 8 沿挡块 9 的斜面 A 向外滑移，离开支承板 10 的平面 C，横向垫板及动模镶块的推出动作开始滞后于推管 4，铸件由推管从动模镶块内推出 图 c 为推出结束

（续表）

形式	简　　　　图	说　　　明
三角滑块超前两次推出	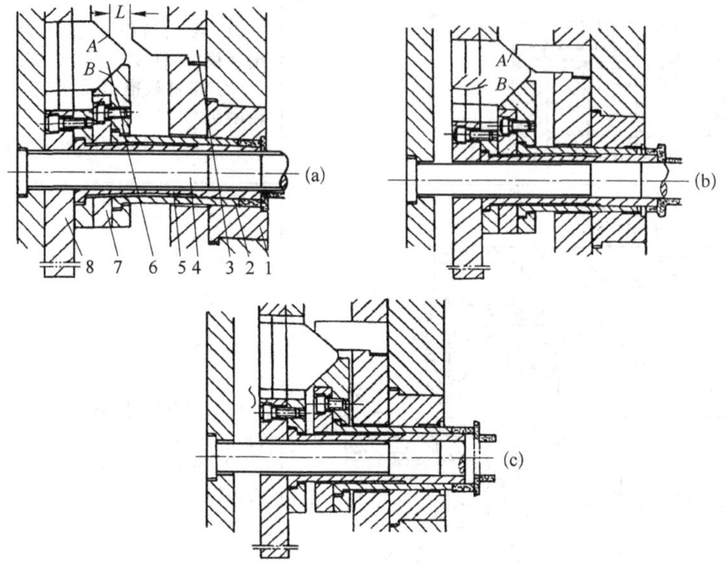	图 a 为未推出状态。铸件有阶梯内孔，用内推管 5 及外推管 2 两次推出，内推管 5 同时又是型芯；前后推板 7、8 分别推动外推管 2 和内推管 5，三角滑块 6 在后推板 8 的滑槽内上、下运动 图 b 为推出过程。推出初，推管 2、5 同时把铸件从动模镶块 1 上及型芯 4 上推出，此后铸件仅包紧于内推管 5 的头部；继续推出，三角滑块 6 的斜面接触挡楔 3，迫使三角滑块向内移动，以其斜面 B 楔入前后推板组之间，使外推管 2 从内推管 5 上推出铸件 图 c 为推出结束
滚珠式两次推出	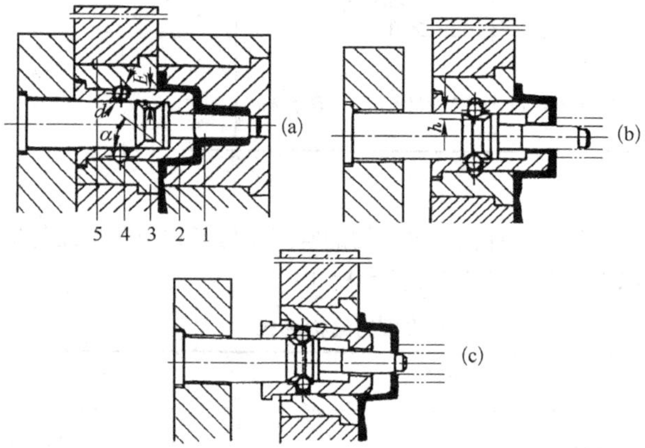	图 a 为未推出状态 图 b 为推出过程 推出时，压铸机顶杆直接作用于动模套板 5。由于动模镶块 3 与型芯套 2 和滚珠 4 配合在一起，故能把铸件从型芯上推出 继续推出，滚珠 4 由于横向分力作用而落入型芯 1 的环槽内时，型芯套 2 便停止推出，而由动模镶块 3 单独从型芯套上推出铸件 图 c 为推出结束

五、多次分型辅助机构

金属压铸模多次分型辅助机构的原理同塑料注射模的辅助推出机构，常见结构形式见表 3-4-14。

表 3-4-14　多次分型辅助机构形式

形式	简　　　　图	说　　　明
钩式多次分型	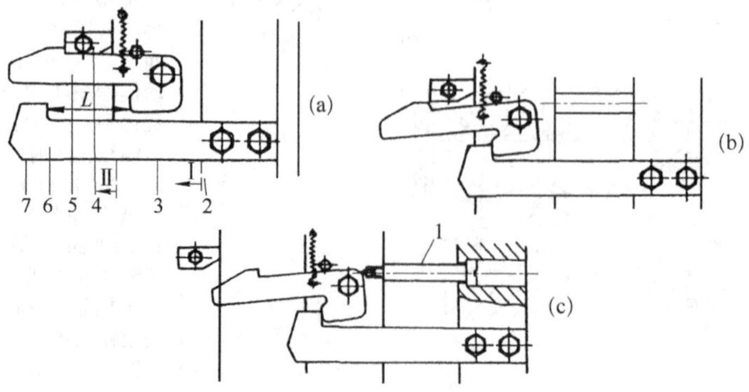	图 a 合模状态。钩子 5 安装在定模套板 3 的两侧平面上对称位置 图 b 开模过程。开模时，钩子 5 钩住动模套板 7 上的挡块 4，打开分型面Ⅰ；当分型面Ⅰ的距离达到 L 时，紧固在定模座板 2 上的定位挡板 6 钩住钩子 5，使其转动而脱离挡块 4。同时定模套板 3 由定距螺钉 1 限位而不再运动，于是便打开分型面Ⅱ 图 c 开模结束

（续表）

形式	简 图	说 明
摆轮式多次分型	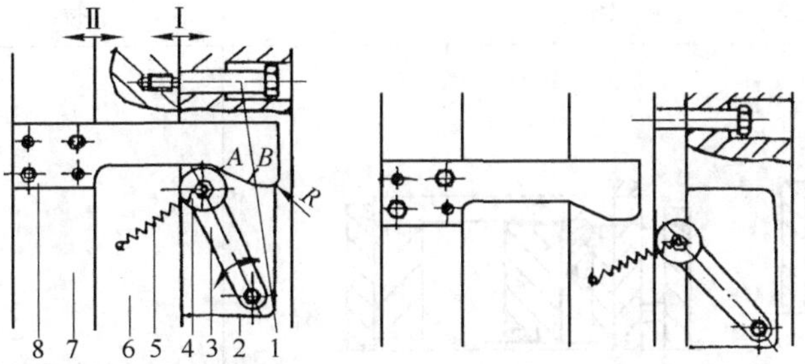 (a) (b)	图 a 合模状态 摆杆 3 对称安装在定模座板 2 两侧平面的凹坑内，摆轮 4 因拉簧 5 的作用始终压在定模套板 6 上，同时因摆轮高出套板侧面，因此可与装在动模套板 7 侧面的拉板 8 的斜面 A 接触 图 b 开模状态 开模时由拉板 8 压向摆轮 4，打开分型面Ⅰ，随着分型面的继续打开，摆轮 4 的水平高度也逐渐降低，直到脱离拉板 8 的 B 平面，此时定距螺钉 1 限制定模套板移动，于是打开分型面Ⅱ
摆钩式多次分型	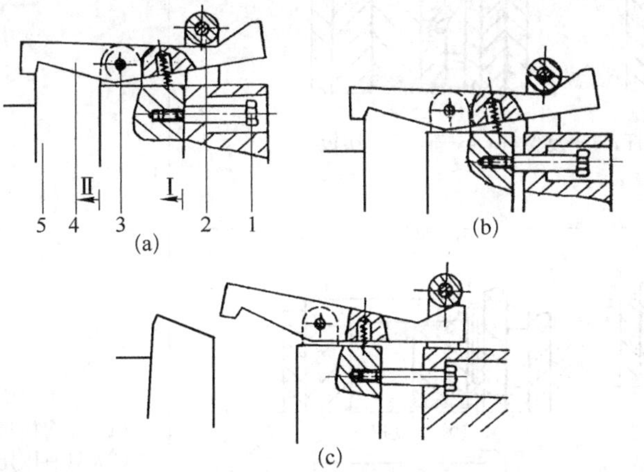 (a) (b) (c)	图 a 合模状态 摆钩机构设在模具两侧面，摆钩 4 以轴 3 为中心，向两个方向摆动。合模状态时，摆钩头部钩住动模套板 5，使分型面Ⅱ在开模距小于定距螺钉 1 活动范围内时始终呈闭合状态 图 b 开模过程 分型面Ⅰ打开后，当开模行程增大至摆钩 4 尾部，当受到滚轮 2 压迫时，头部逐渐抬起，脱离动模套板 5 而打开分型面Ⅱ 图 c 开模状态
槽钩式反复分型	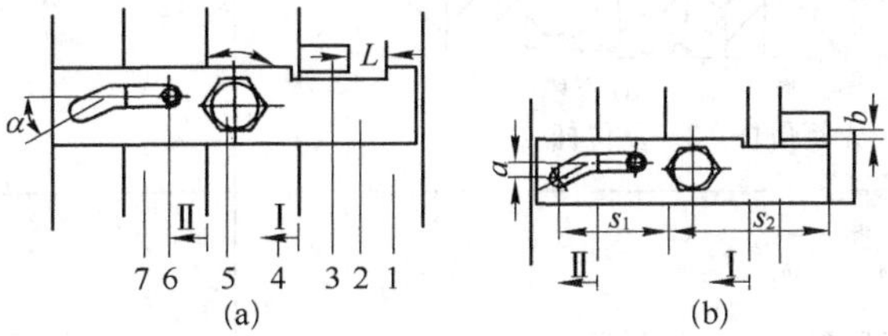 (a) (b)	图 a 合模状态 槽钩 2 用螺钉 5 对称安装在动模套板 4 两侧平面上，曲线槽套入固定于动模垫板 7 上的销轴 6 内 图 b、c、d 分别为第一、二、三次分型
槽钩式反复分型	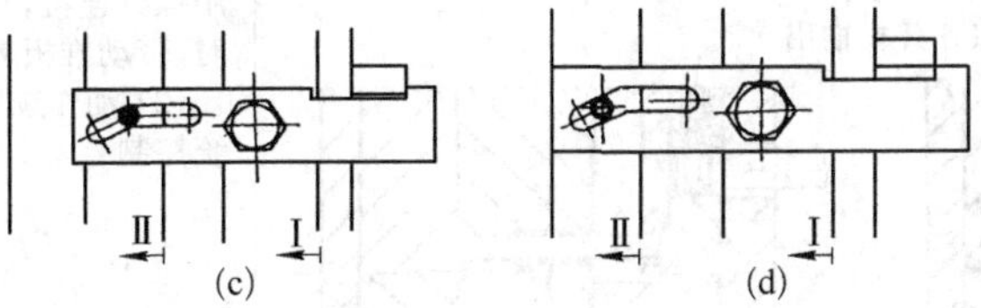 (c) (d)	开模时分型面Ⅰ打开，铸件脱离定模。当开模行程达到 L 时，槽钩 2 的钩部钩住定模套挡块 3，打开分型面Ⅱ，同时销轴 6 与槽钩做相对运动，在转折点处开始抬起槽钩 2 尾部，使钩部脱离挡块 3，从而再次使分型面Ⅰ打开 图 b 中 $\frac{a}{s_1} > \frac{b}{s_2}$，$\alpha \leqslant 30°$(图 a)

六、先复位机构

先复位机构的结构形式见表 3 - 4 - 15。

表 3 - 4 - 15 先复位机构

形式	简　　图	特　　点
摆板式先复位	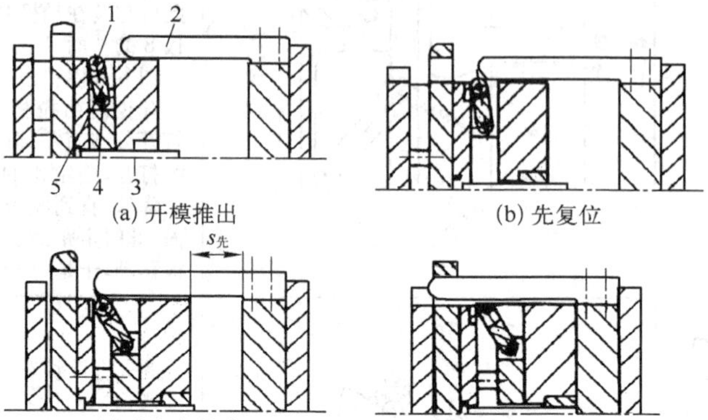 (a) 开模推出　(b) 先复位　(c) 先复位终止　(d) 合模 1—滚轮；2—先复位杆；3—复位杆；4—轴；5—摆板	(1) 在合模过程中实现先复位 (2) 具有固定的动作顺序 (3) 用于推出距较大的模具
三角块式先复位	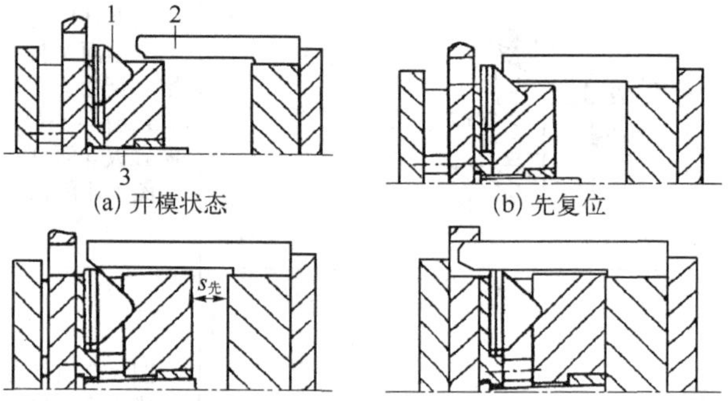 (a) 开模状态　(b) 先复位　(c) 先复位终止　(d) 合模 1—三角滑块；2—先复位杆；3—复位杆	(1) 在合模过程中实现先复位 (2) 具有固定的动作顺序 (3) 用于推出距较小的模具
液压推出器推出的先复位	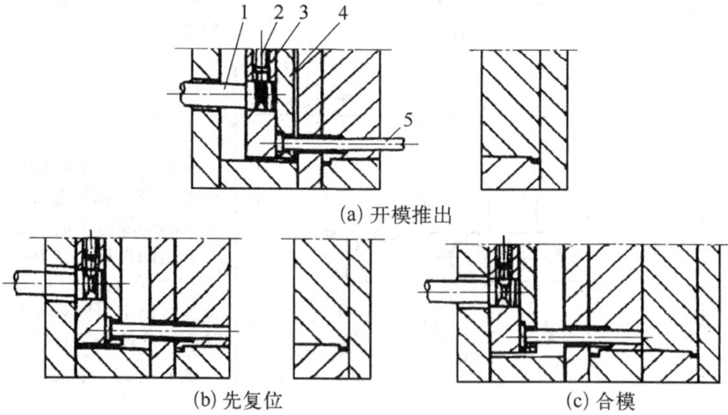 (a) 开模推出　(b) 先复位　(c) 合模 1—活塞杆；2—螺钉；3—推板；4—推杆固定板；5—复位杆	(1) 推板与液压推出器活塞杆用螺钉连接，在液压推出器复位时，带动推板复位 (2) 动作顺序由电气和液压系统控制

（续表）

形式	简　　图	特　　点
手动推出的先复位	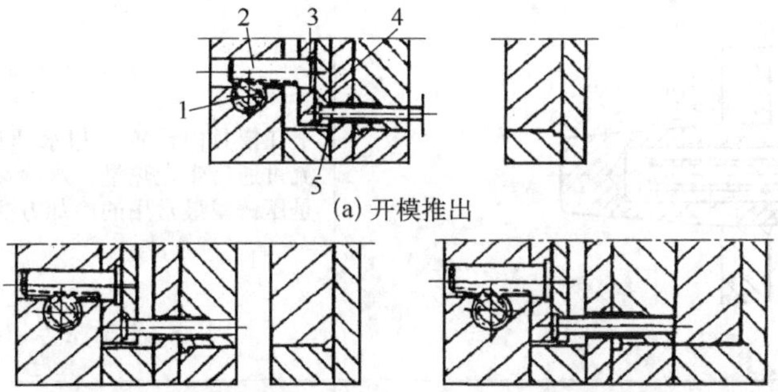 (a) 开模推出 (b) 先复位　(c) 合模 1—齿轮；2—齿条；3—推板；4—推杆固定板；5—复位杆	(1) 在合模前实现先复位 (2) 动作顺序由人工控制，劳动强度大

注：摆板式与三角块式中的先复位距离 $s_{先}$ 按下式计算：

$$s_{先} = s' \cot \alpha + K$$

式中　$s_{先}$——先复位距离(mm)；

s'——活动型芯起始干扰位置与抽芯终止位置的距离(mm)；

α——斜销斜角(°)；

K——安全值，一般取 5～10 mm。

七、加热与冷却系统

(一) 加热与冷却系统的作用

模具温度是影响压铸件质量的一个重要因素。在压铸生产过程中，应严格控制模具温度。

压铸模具在生产前应进行充分的预热，达到规定的预热温度。在压铸过程中，模具温度应保持在相对恒定的工作温度范围内。

模具的温度控制是通过模具的加热和冷却系统来达到的。加热与冷却系统的主要作用是：

(1) 使模具达到较好的热平衡状态，改善顺序凝固条件，使铸件凝固速度趋于均匀，以提高铸件的内部质量。

(2) 保持压铸合金在充填过程中具有良好的流动性，使其具有良好的成形性，提高铸件表面质量。

(3) 稳定压铸件的尺寸精度。

(4) 提高压铸机生产效率。

(5) 降低模具热交变应力，提高模具使用寿命。

(二) 加热与冷却方法

1. 加热方法

(1) 天然气、煤气加热。天然气、煤气加热方法方便，成本低，但会使模具型腔表面尤其是型腔中较小的凸起部分过热，最后使型腔软化，从而降低模具寿命，而且加热时间长。

(2) 电加热。电加热器有电阻加热器、电感应加热器和红外线加热器等。其中，使用电热棒(棒状电阻加热器)加热是压铸生产中应用最广泛的模具加热方法。电加热清洁方便，操作安全，但成本较高。

(3) 合金加热。压铸锌合金等低熔点合金时，可以在冷的压铸模中直接浇入金属液，利用金属液热量加热模具。开始压铸的几个铸件表面质量很差，舍弃不要。这种方法不能用于铝合金等高熔点合金，否则将降低模具寿命。

(4) 模具温度控制装置加热。使用模具温度控制装置，不仅可以用于预热模具，也可在正常生产时冷却模具。

2. 冷却方法

压铸模具冷却方法见表 3-4-16。

表 3-4-16 压铸模具冷却方法

冷却方法	简图	说明
水冷	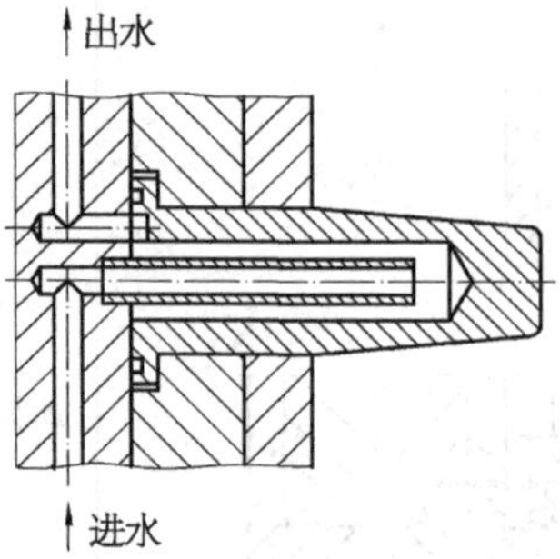	在模具内设置冷却水通道,冷却水循环流过通道带走热量。水冷易控制,效率高,是压铸模最常用的冷却方法
风冷	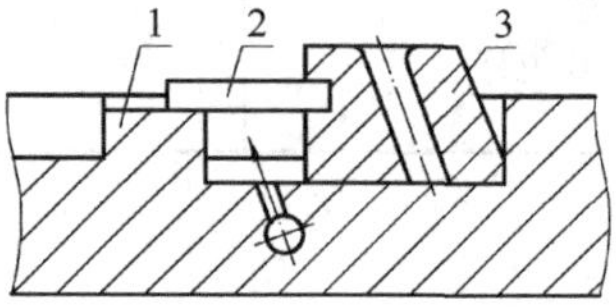	滑块抽芯后开启压缩空气通道,压缩空气吹向型芯使其冷却。风冷常用于压铸模中难以使用水冷的部位
间接冷却	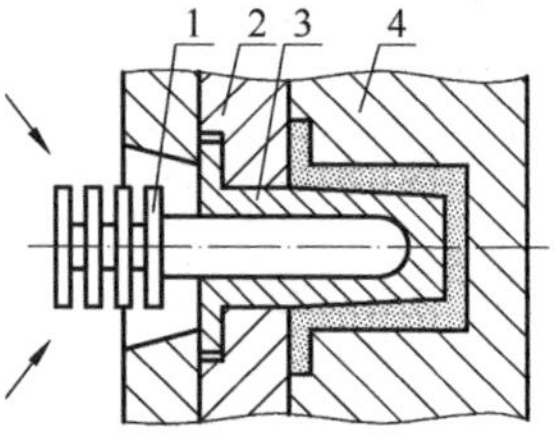	在模具形成热节的部位镶入热导率高的合金如铍青铜、钨基合金等,再用风冷或水冷对合金冷却。在型芯内镶入铍青铜镶件,镶件尾端开槽增大散热面积。用压缩空气吹向铍青铜镶件尾端,加强冷却效果
热管冷却	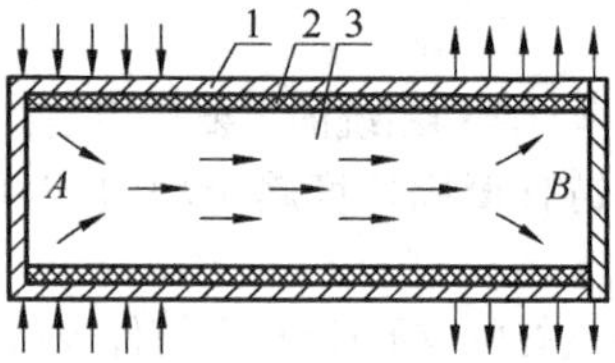	将热管的蒸发段插入模具需要冷却的部位,冷凝段伸入模具的冷却水道或其他散热部位。蒸发段受热时,其中的冷却介质(酒精或氨水)被蒸发成蒸气。蒸气压力升高,与冷凝段形成压差,使蒸气沿着中心通道扩散到冷凝段。蒸气在冷凝段凝结还原成液体,同时放出热量。冷凝的液体因毛细管作用,返回到蒸发段。如此往复循环,达到冷却效果

3. 电热棒安装孔和冷却水道布置

电热棒安装孔见图 3-4-10,冷却水道设计参见第二篇"塑料模具设计"。

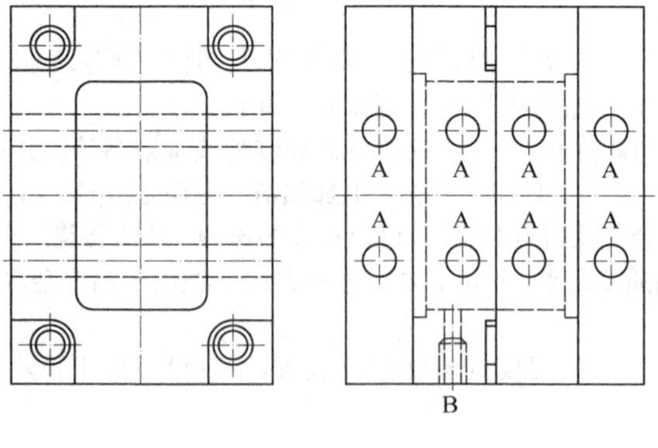

图 3-4-10 电热棒安装孔

A—电加热元件安装孔;B—热电偶测温孔

第五章　压铸模模架和压铸模零件

一、压铸模模架

（一）压铸模模架基本形式

压铸模模架基本形式见表 3-5-1。

表 3-5-1　压铸模模架基本形式

形式	简　图	说　明
不通孔模架	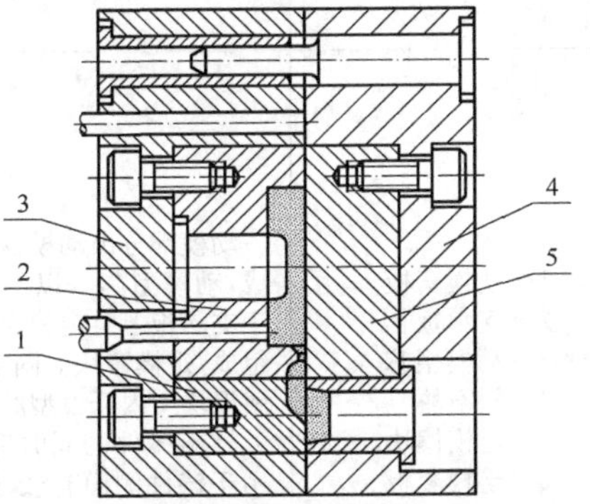 1—浇道镶块 2—动模镶块 3—动模套板 4—定模套板 5—定模镶块	动、定模分别由动模套板 3 和定模套板 4 单体构成，动模镶块 2、定模镶块 5、浇道镶块 1 安装在动模套板和定模套板的槽内，并用螺钉紧固 组成零件少，结构紧凑
通孔模架	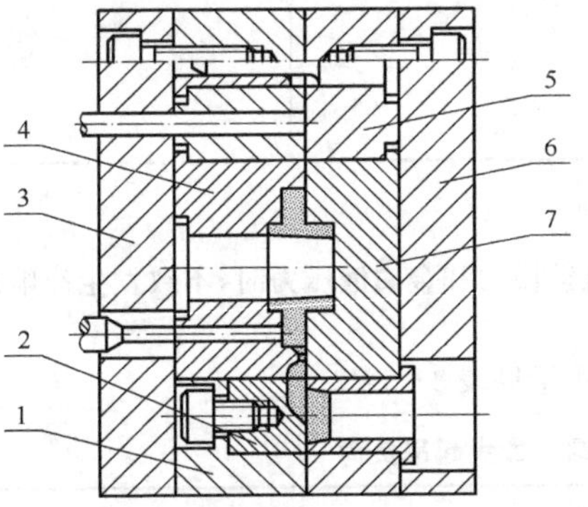 1—动模套板 2—浇道镶块 3—支承板 4—动模镶块 5—定模套板 6—定模座板 7—定模镶块	动模部分由动模套板 1、支承板 3 组成，定模部分由定模套板 5、定模座板 6 组成，动模镶块 4、定模镶块 7、浇道镶块 2 分别安装在动模套板和定模套板孔内 模体加工工艺性好，设计时应注意支承板的强度，防止镶块受反压力作用时产生变形，影响铸件尺寸和精度
推件板推出机构模架	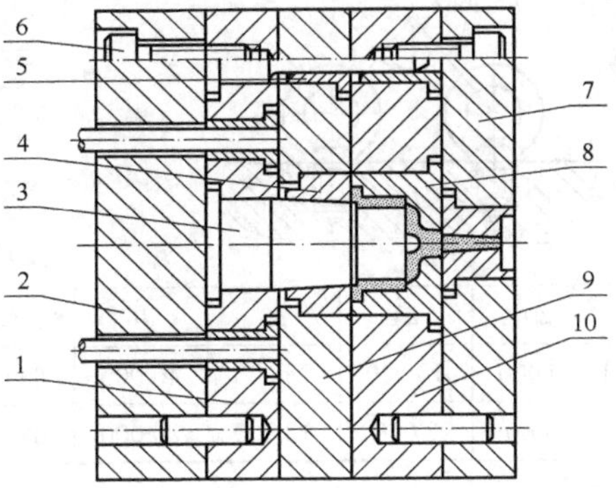 1—动模套板 2—支承板 3—动模型芯 4—推件板镶块 5—推件板导套 6—紧固螺钉 7—定模座板 8—定模镶块 9—推件板 10—定模套板	动模部分由推件板 9、动模套板 1、支承板 2 组成，定模部分由定模套板 10、定模座板 7 组成，推件板镶块 4、定模镶块 8 分别安装在推件板和定模套板孔内 铸件脱模时受力均衡，不易变形。推件板在推出状态时将型芯挡住，不便于喷涂涂料。模架组成零件较多 铸件需要侧向抽芯时，可以把抽芯机构的导滑部分设置在推件板上。推件板镶块上设有型芯时，可增设推杆，组成二次推出机构

（续表）

形式	简　　图	说　　明
带有抽芯机构的模架	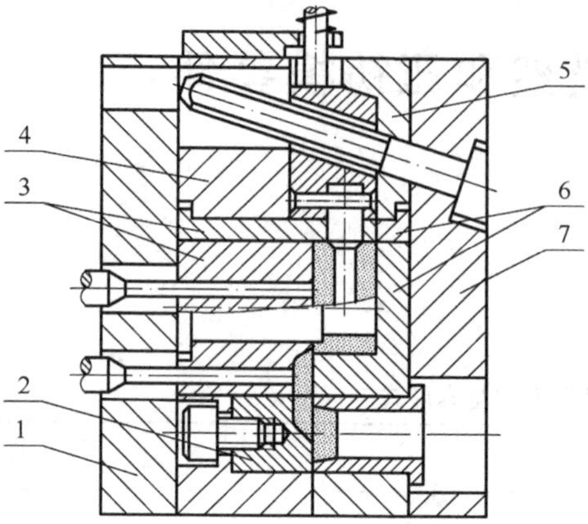 1—支承板 2—浇道镶块 3—动模组合镶块 4—动模套板 5—定模套板 6—定模组合镶块 7—定模座板	动模部分由动模套板 4、支承板 1 组成，定模部分由定模套板 5、定模座板 7 组成，动模组合镶块 3、定模组合镶块 6、浇道镶块 2 分别固定在动模套板、定模套板内，由支承板和定模座板压紧(用不通孔模架时，无支承板和定模座板，改由螺钉紧固)，动、定模模架上设有抽芯机构各元件 型腔布置的数量受铸件的抽芯数量、位置和抽芯方向等限制
设置斜滑块的模架	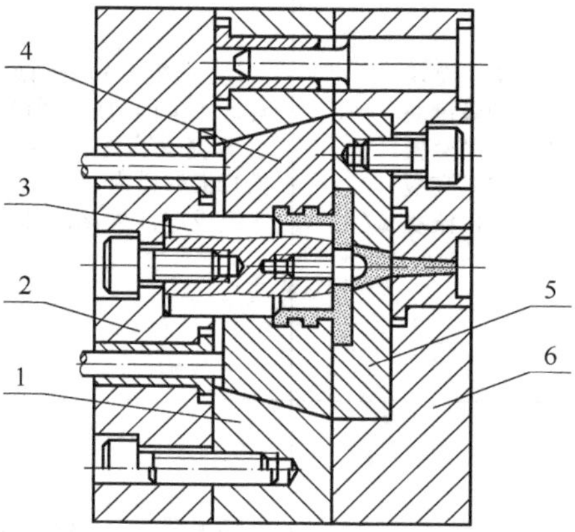 1—动模套板 2—支承板 3—动模型芯 4—斜滑块 5—定模镶块 6—定模套板	动模部分由动模套板 1、支承板 2 组成，动模型芯 3 以不通孔的形式固定于支承板上。定模部分由定模套板 6 组成，定模镶块 5 固定于定模套板内。斜滑块 4 内开设型腔 推出铸件的同时完成抽芯动作，适用于铸件侧面有较浅凹槽或孔，以及外形阻碍脱模等场合

（二）压铸模模架设计要点

（1）模架应具有足够的刚性，保证模架在承受压铸机锁模力和金属液压力时，不致发生影响压铸模正常工作的变形。

（2）大型模具应安装吊环螺钉。吊环螺钉最大起吊重量见表 3-5-2。

表 3-5-2　吊环螺钉最大起吊负荷

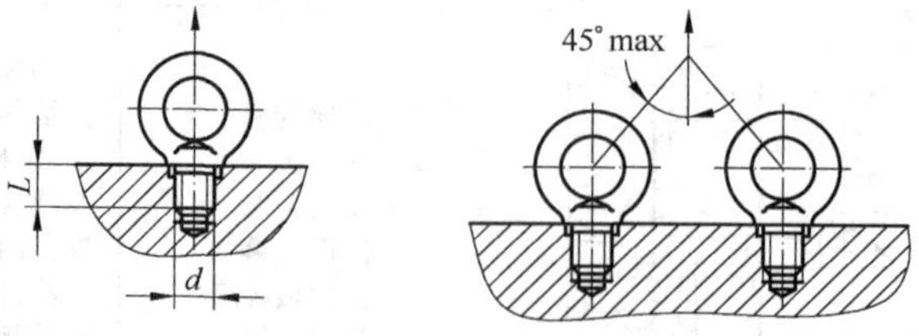

螺钉直径 d(mm)	8	10	12	16	20	24	30	36	42	48
单螺钉起吊负荷(N)	1 600	2 500	4 000	6 300	10 000	16 000	25 000	40 000	63 000	80 000
双螺钉起吊负荷(N)	800	1 250	2 000	3 200	5 000	8 000	12 500	20 000	32 000	40 000

注：参照 GB/T 825—1988。

(3) 型腔的反压力中心尽可能与压铸机的合模力中心重合，以免压铸机受力不均，压铸模合模不严。

(4) 模架在压铸机上的安装位置应与压铸机模板相关尺寸一致。推出机构受力中心应与压铸机推出装置的推出力中心基本重合，若推出机构存在偏心，应提高推板导柱的刚性，保证推出机构运动平稳。

(5) 动、定模镶块到模架边缘应留有足够的尺寸，以设置导柱、导套、圆柱销、紧固螺钉等。对设有抽芯机构的模具，模板边框尺寸应满足滑块导滑长度和设置楔紧块的要求。

(6) 模具的总厚度必须大于压铸机模板的最小合模距离。

(7) 连接模板用的定位圆柱销和紧固螺钉的直径与数量，应根据受力大小选取，位置分布均匀。

(三) 压铸模标准模架

SDC、LDC 压铸模不通孔模架尺寸系列见表 3-5-3。

表 3-5-3　压铸模不通孔模架尺寸系列　(mm)

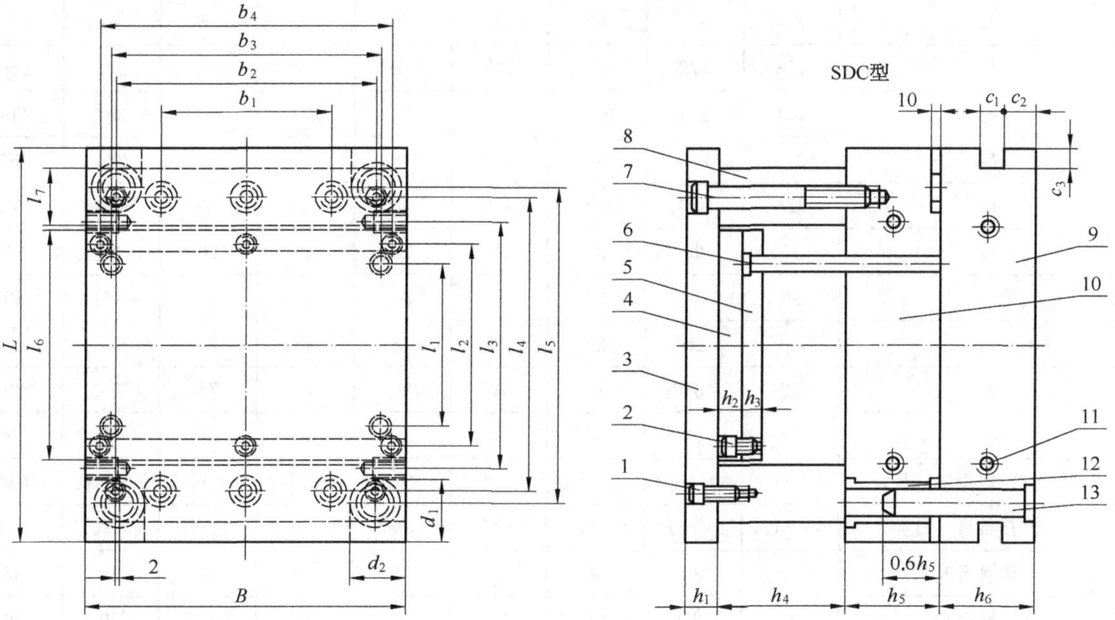

1、2、7—内六角螺钉
3—动模座板
4—推板
5—推杆固定板
6—复位杆
8—垫块
9—定模套板
10—动模套板
11—吊环螺钉孔
12—导套
13—导柱

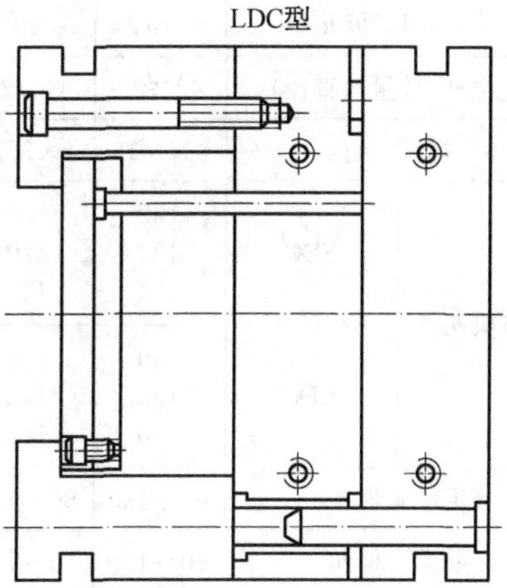

（续表）

技术参数			3535	4035	4040	4540	4545	5035	5040	5045	5050
	L		350	400	400	450	450	500	500	500	500
	B		350	350	400	400	450	350	400	450	500
	l_1		134	164	164	198	198	226	226	226	226
	l_2		156	196	196	234	234	264	264	264	264
	l_3		190	230	224	270	260	300	300	300	300
	l_4		245	285	285	330	330	370	370	370	370
	l_5		270	320	310	360	350	400	400	400	400
	l_6		180	220	220	260	260	290	290	290	290
	l_7		63	63	63	68	68	78	78	78	78
	b_1		178	178	224	208	254	178	228	236	286
	b_2		284	284	324	324	364	274	324	364	414
	b_3		290	290	340	340	390	290	340	384	434
	b_4		326	326	376	376	424	324	374	424	474
	c_1		25	25	25	25	25	30	30	30	30
	c_2		30	30	30	30	30	40	40	40	40
	c_3		20	20	22	22	25	25	25	25	25
	d_1		62	62	70	70	80	75	75	80	80
	d_2		58	58	65	65	73	65	65	73	73
1	螺钉(数量×直径)		4×M10	4×M10	4×M10	4×M12	4×M12	4×M12	4×M12	4×M12	4×M12
2	螺钉(数量×直径)		4×M10	4×M10	4×M10	4×M12	4×M12	4×M12	4×M12	4×M12	4×M12
3	动模座板 h_1		30	30	30	30	35	30	30	35	35
4	推板 h_2		25	25	25	30	30	40	40	30	30
5	推杆固定板 h_3		20	20	20	25	25	25	25	25	25
6	复位杆(数量×直径)		4×ϕ20	4×ϕ25	4×ϕ25	4×ϕ25	4×ϕ25	4×ϕ25	4×ϕ25	4×ϕ30	4×ϕ30
7	螺　　钉		4×M16	4×M16	6×M16	6×M16	6×M16	6×M16	6×M16	6×M16	6×M16
8	垫块 h_4	SDC	100 120 150	100 120 150	100 120 150	120 150 180	120 150 180	120 150 180	120 150 180	120 150 180	120 150 180
		LDC	130 150 180	130 150 180	130 150 180	150 180 210	155 185 215	150 180 210	155 185 215	155 185 215	155 185 215
9	定模套板 h_5		80～130	80～130	80～150	80～150	80～180	100～150	100～150	100～180	100～180
10	动模套板 h_6		80～130	80～130	80～150	80～150	80～180	100～150	100～150	100～180	100～180
11	吊环螺钉孔(直径)		M20	M20	M24	M24	M24	M24	M24	M30	M30
12	导套(数量×直径)		4×ϕ20	4×ϕ30	4×ϕ35	4×ϕ35	4×ϕ40	4×ϕ35	4×ϕ35	4×ϕ40	4×ϕ40
13	导柱(数量×直径)		4×ϕ20	4×ϕ30	4×ϕ35	4×ϕ35	4×ϕ40	4×ϕ35	4×ϕ35	4×ϕ40	4×ϕ40

（续表）

	技术参数		5535	5540	5550	5555	6040	6050	6055	6060
	L		550	550	550	550	600	600	600	600
	B		350	400	500	550	400	500	550	600
	l_1		256	256	256	256	280	280	280	280
	l_2		304	304	294	294	320	320	320	320
	l_3		340	340	340	324	380	380	360	360
	l_4		410	410	410	410	450	450	450	450
	l_5		450	450	440	430	500	490	480	480
	l_6		330	330	320	320	350	350	350	350
	l_7		78	78	88	88	88	88	88	88
	b_1		178	208	286	336	208	286	300	350
	b_2		274	324	414	444	324	414	444	494
	b_3		284	334	434	484	330	430	480	630
	b_4		324	374	474	524	370	470	520	570
	c_1		30	30	30	35	30	30	35	35
	c_2		40	40	40	40	40	40	40	40
	c_3		25	25	30	30	25	30	30	30
	d_1		75	75	85	98	75	85	98	98
	d_2		65	65	75	93	65	75	93	93
1	螺钉(数量×直径)		4×M12	4×M12	4×M12	4×M12	4×M12	4×M12	4×M12	6×M12
2	螺钉(数量×直径)		4×M12	4×M12	4×M12	4×M12	4×M12	4×M12	4×M14	4×M14
3	动模座板 h_1		30	35	35	35	35	35	35	35
4	推板 h_2		30	30	30	30	30	30	30	30
5	推杆固定板 h_3		30	30	25	25	30	30	30	30
6	复位杆(数量×直径)		4×ϕ25	4×ϕ25	4×ϕ30	4×ϕ30	4×ϕ25	4×ϕ30	4×ϕ30	4×ϕ30
7	螺钉(数量×直径)		6×M16	6×M16	6×M16	6×M16	6×M16	6×M16	6×M20	6×M20
8	垫块 h_4	SDC	120 150 180	120 150 180	120 150 180	120 150 180	120 150 180	120 150 180	120 150 180	150 180
		LDC	150 180 210	155 185 215	155 185 215	155 185 215	155 185 215	155 185 215	155 185 215	185 215
9	定模套板 h_5		100～150	100～150	100～180	100～200	100～150	100～180	100～200	100～200
10	动模套板 h_6		100～150	100～150	100～180	100～200	100～150	100～180	100～200	100～200
11	吊环螺钉孔(直径)		M24	M30	M30	M30	M30	M30	M30	M36
12	导套(数量×直径)		4×ϕ35	4×ϕ35	4×ϕ40	4×ϕ50	4×ϕ35	4×ϕ40	4×ϕ50	4×ϕ50
13	导柱(数量×直径)		4×ϕ35	4×ϕ35	4×ϕ40	4×ϕ50	4×ϕ35	4×ϕ40	4×ϕ50	4×ϕ50

（续表）

技术参数			6555	6560	7045	7050	7055	7060	7555	7560	8060
L			650	650	700	700	700	700	750	750	800
B			550	600	450	500	550	600	550	600	600
l_1			320	320	360	360	360	360	410	410	460
l_2			370	370	420	420	420	420	470	470	520
l_3			400	400	450	450	450	450	500	500	550
l_4			500	500	550	550	550	550	600	600	650
l_5			520	520	590	590	570	570	620	620	670
l_6			400	400	450	450	450	450	500	500	550
l_7			88	88	88	88	88	88	88	88	88
b_1			300	350	236	286	300	350	300	350	350
b_2			444	494	364	414	444	494	444	494	494
b_3			480	530	380	430	480	530	480	530	530
b_4			520	570	420	470	520	570	520	570	570
c_1			35	35	30	30	35	35	35	35	35
c_2			40	40	40	40	40	40	40	40	50
c_3			30	30	30	30	30	30	30	30	30
d_1			101	101	85	85	101	101	101	101	101
d_2			91	91	75	75	91	91	91	91	91
1	螺钉(数量×直径)		6×M12	6×M12	6×M12	6×M12	6×M12	6×M12	6×M12	6×M12	6×M12
2	螺钉(数量×直径)		4×M14	4×M14	4×M12	4×M12	4×M14	4×M14	4×M14	4×M14	4×M14
3	动模座板 h_1		35	35	35	35	35	35	35	35	35
4	推板 h_2		30	30	35	35	35	35	35	35	35
5	推杆固定板 h_3		30	30	35	35	35	35	35	35	35
6	复位杆(数量×直径)		4×ϕ30	4×ϕ30	4×ϕ30	4×ϕ30	4×ϕ30	4×ϕ30	4×ϕ30	4×ϕ30	4×ϕ30
7	螺钉(数量×直径)		6×M20	6×M20	6×M16	6×M16	6×M20	6×M20	6×M20	6×M20	6×M20
8	垫块 h_4	SDC	150 180	150 180	150 180	150 180	150 180	150 180	150 180	150 180	150 180
		LDC	185 215	185 215	185 215	185 215	185 215	185 215	185 215	185 215	185 215
9	定模套板 h_5		100～200	100～200	100～180	100～180	100～200	100～200	100～200	100～200	100～200
10	动模套板 h_6		100～200	100～200	100～180	100～180	100～200	100～200	100～200	100～200	100～200
11	吊环螺钉孔(直径)		M36	M36	M30	M30	M36	M36	M36	M36	M36
12	导套(数量×直径)		4×ϕ50	4×ϕ50	4×ϕ40	4×ϕ40	4×ϕ50	4×ϕ50	4×ϕ50	4×ϕ50	4×ϕ50
13	导柱(数量×直径)		4×ϕ50	4×ϕ50	4×ϕ40	4×ϕ40	4×ϕ50	4×ϕ50	4×ϕ50	4×ϕ50	4×ϕ50

注：1. 定模套板 h_5、动模套板 h_6 尺寸系列：80,90,100,110,120,130,140,150,160,170,180,190,200。
2. 参照上海模具行业协会《压铸模标准模架》、龙记集团《压铸专用标准模架》。

二、压铸模零件

（一）模架零件

压铸模模板尺寸规格见表 3-5-4，动、定模套板边框厚度推荐值见表 3-5-5，SDC、LDC 压铸模不通孔模架动、定模套板框孔尺寸推荐值见表 3-5-6，支承板厚度推荐值见表 3-5-7。

表 3-5-4　压铸模模板尺寸规格　　(mm)

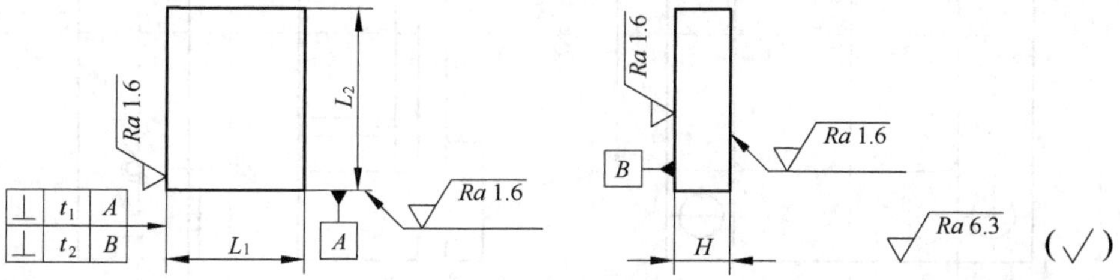

材料		45 钢					套板和支承板硬度 25～32 HRC				
L_1	L_2				H	L_1	L_2				H
200	200	250	320	355	20～80	630	630	710	800	900	40～320
250	250	320	400	500	20～80	710	710	800	900	1 000	50～320
320	320	400	450	500	25～100	800	800	900	1 000	1 250	50～320
400	400	450	500	560	32～125	900	900	1 000	1 250	1 400	63～400
450	450	500	560	630	32～125	1 000	1 000	1 100	1 250	1 400	63～400
500	500	560	630	710	32～160	1 100	1 100	1 250	1 400		80～400
560	560	630	710	800	40～250						
H 系列	20,25,32,40,50,63,80,100,125,160,200,250,320,400										

注：1. 参照 GB/T 4678.1—2003，适用于套板、座板、支承板等。
　　2. 图中标注的形位公差符合 GB/T 1184—1996 的规定，t_1 按 5 级，t_2 按 7 级，参见附录中表 6。

表 3-5-5　动、定模套板边框厚度推荐值　　(mm)

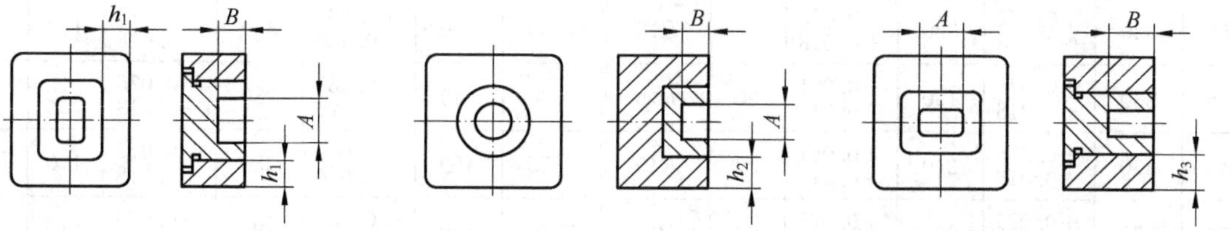

A×B 侧面	h_1	h_2	h_3	A×B 侧面	h_1	h_2	h_3
＜80×35	40～50	30～40	50～60	＜350×70	80～110	70～100	120～140
＜120×45	45～65	35～45	60～75	＜400×100	100～120	80～110	130～160
＜160×50	50～75	45～55	70～85	＜500×150	120～150	110～140	140～180
＜200×55	55～80	50～65	80～95	＜600×180	140～170	140～160	170～200
＜250×60	65～85	55～75	90～105	＜700×190	160～180	150～170	190～220
＜300×65	70～95	60～85	100～125	＜800×200	170～200	160～180	210～250

注：模具刚度要求特别大时，应增加边框厚度。

表 3-5-6 SDC、LDC 压铸模不通孔模架动、定模套板框孔尺寸推荐值 (mm)

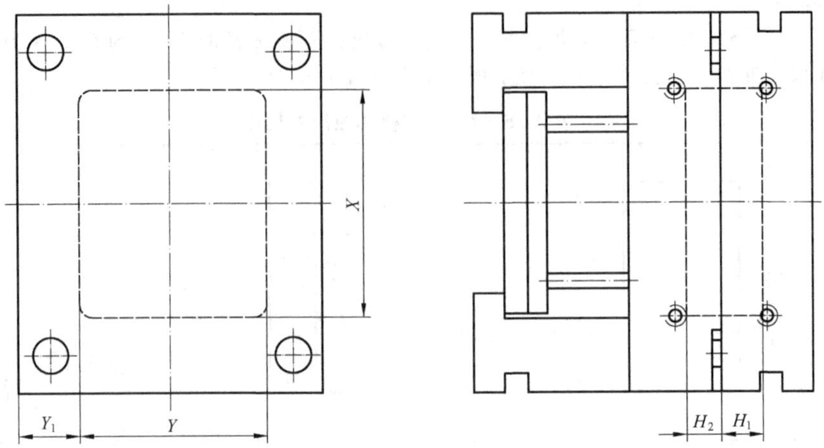

长 宽 尺 寸

型号	X(G7)		Y(G7)		Y_1	R	型号	X(G7)		Y(G7)		Y_1	R
3535	210	$^{+0.061}_{+0.015}$	190	$^{+0.061}_{+0.015}$	90	R12.5	6040	380	$^{+0.075}_{+0.018}$	240	$^{+0.061}_{+0.015}$	90	R16
4035	260	$^{+0.069}_{+0.017}$	190	$^{+0.061}_{+0.015}$	90	R12.5	6050	380	$^{+0.075}_{+0.018}$	320	$^{+0.075}_{+0.018}$	90	R16
4040	260	$^{+0.069}_{+0.017}$	240	$^{+0.061}_{+0.015}$	90	R12.5	6055	380	$^{+0.075}_{+0.018}$	330	$^{+0.075}_{+0.018}$	110	R16
4540	270	$^{+0.069}_{+0.017}$	240	$^{+0.061}_{+0.015}$	90	R12.5	6060	380	$^{+0.075}_{+0.018}$	380	$^{+0.075}_{+0.018}$	110	R16
4545	270	$^{+0.069}_{+0.017}$	270	$^{+0.069}_{+0.017}$	90	R12.5	6555	390	$^{+0.075}_{+0.018}$	330	$^{+0.075}_{+0.018}$	110	R16
5035	320	$^{+0.075}_{+0.018}$	190	$^{+0.061}_{+0.015}$	90	R15	6560	390	$^{+0.075}_{+0.018}$	380	$^{+0.075}_{+0.018}$	110	R16
5040	320	$^{+0.075}_{+0.018}$	240	$^{+0.061}_{+0.015}$	90	R15	7045	440	$^{+0.083}_{+0.020}$	270	$^{+0.069}_{+0.017}$	90	R16
5045	320	$^{+0.075}_{+0.018}$	270	$^{+0.069}_{+0.017}$	90	R15	7050	440	$^{+0.083}_{+0.020}$	320	$^{+0.075}_{+0.018}$	90	R16
5050	320	$^{+0.075}_{+0.018}$	320	$^{+0.075}_{+0.018}$	110	R15	7055	440	$^{+0.083}_{+0.020}$	330	$^{+0.075}_{+0.018}$	110	R16
5535	330	$^{+0.075}_{+0.018}$	190	$^{+0.061}_{+0.015}$	90	R15	7060	440	$^{+0.083}_{+0.020}$	380	$^{+0.075}_{+0.018}$	110	R16
5540	330	$^{+0.075}_{+0.018}$	240	$^{+0.061}_{+0.015}$	90	R15	7555	450	$^{+0.083}_{+0.020}$	330	$^{+0.075}_{+0.018}$	110	R16
5550	330	$^{+0.075}_{+0.018}$	320	$^{+0.075}_{+0.018}$	90	R15	7560	450	$^{+0.083}_{+0.020}$	380	$^{+0.075}_{+0.018}$	110	R16
5555	330	$^{+0.075}_{+0.018}$	330	$^{+0.075}_{+0.018}$	110	R15	8060	480	$^{+0.083}_{+0.020}$	380	$^{+0.075}_{+0.018}$	110	R16

深 度 尺 寸

动、定模座板厚度	80	90	100	110	120	130	140	150	160	170	180	190	200
定模座板框孔深度 H_1	40	45	50	55	60	65	70	80	90	100	110	120	130
动模座板框孔深度 H_2	30	35	40	45	50	55	60	60	60	60	60	60	60
H_1、H_2尺寸公差	$^{0}_{-0.05}$												

注：参照上海模具行业协会《压铸模标准模架》、龙记集团《压铸专用标准模架》。

表 3-5-7　支承板厚度推荐值

简　　图	支承板所受总压力 P(kN)	厚度 h(mm)
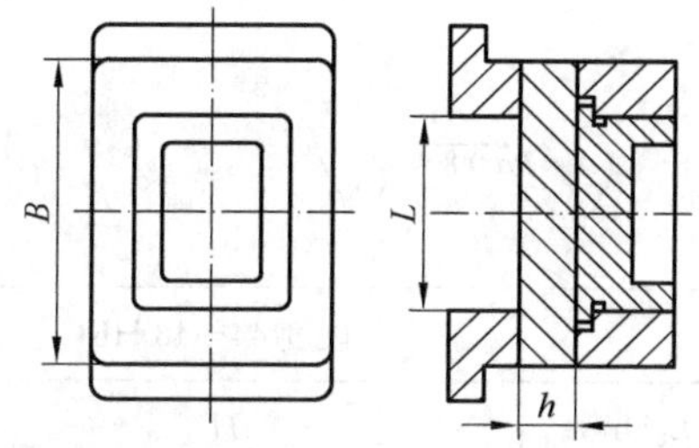	160～250	20,30,35
	250～630	30,35,40
	630～1 000	35,40,50
	1 000～1 250	50,55,60
	1 250～2 500	60,65,70
	2 500～4 000	75,80,90
	4 000～6 300	85,90,100

(二) 成形零件

圆形镶块尺寸见表 3-5-8,圆形镶块台阶推荐尺寸见表 3-5-9,矩形镶块尺寸见表 3-5-10,矩形镶块台阶推荐尺寸见表 3-5-11,镶块壁厚推荐尺寸见表 3-5-12,组合式成形镶块固定部分长度推荐值见表 3-5-13。圆型芯推荐尺寸见表 3-5-14,螺钉固定的圆型芯推荐尺寸见表 3-5-15。

表 3-5-8　圆形镶块尺寸　(mm)

材　料	4Cr5MoSiV1、3Cr2W8V		硬度 44～48 HRC	
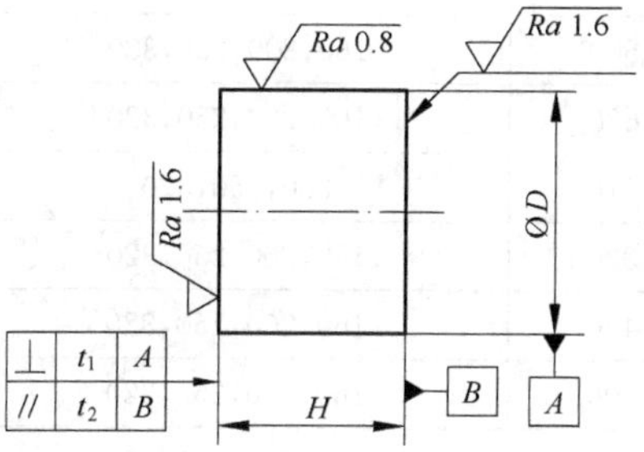	D(h7)	H	D(h7)	H
	63	32,40,50,63,80	200	50,63,80,100,125
	80	32,40,50,63,80	250	63,80,100,125,160,200
	100	40,50,63,80,100	320	100,125,160,200
	125	40,50,63,80,100	400	100,125,160,200,250,320
	160	40,50,63,80,100	500	160,200,250,320

注：1. 参照 GB/T 4678.2—2003。
2. 图中标注的形位公差符合 GB/T 1184—1996 的规定,t_1、t_2 为 5 级精度,参见附录中表 6。

表 3-5-9　圆形镶块台阶推荐尺寸　(mm)

简　　图	D	D_1	H	h	D	D_1	H	h
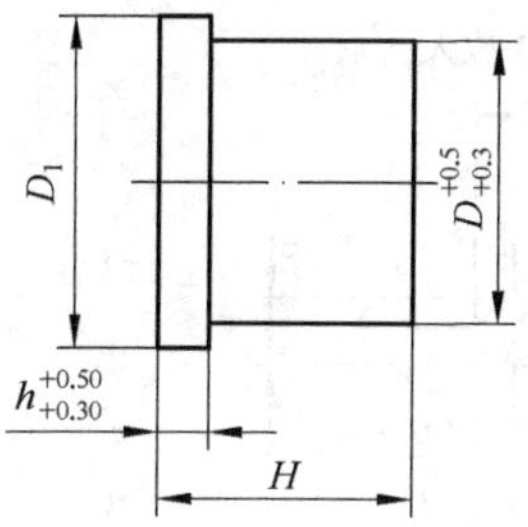	63	69	32,40	12	125	133	40	12
			50,63,80	16			50,63,80	16
	80	88	32,40	12			100	20
			50,63,80	16	160	168	40	12
	100	108	40	12			50,63,80	16
			50,63,80	16			100	20
					200	208	50,63	16

表 3-5-10 矩形镶块尺寸 (mm)

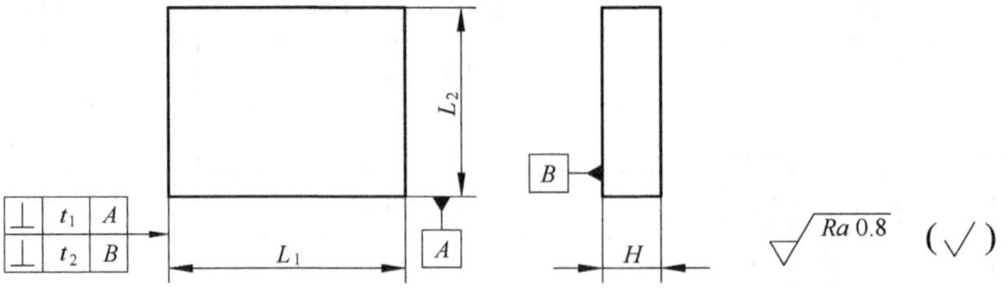

材 料	4Cr5MoSiV1、3Cr2W8V				硬度 44～48 HRC
L_1(h7)	L_2(h7)	H	L_1(h7)	L_2(h7)	H
100	80	32,42,50	500	400	100,125,160,200
125	80	32,42,50,63,80		500	125,160,200,250
	100	32,42,50,63,80	630	250	125,160,200,250
	125	32,42,50,63,80		320	125,160,200,250
160	100	32,42,50,63,80		400	125,160,200,250
	125	32,42,50,63,80		500	125,160,200,250
	160	32,42,50,63,80		630	125,160,200,250,320
200	160	42,50,63,80	710	320	125,160,200,250
	200	42,50,63,80,100		400	160,200,250,320
250	200	50,63,80,100		500	160,200,250,320
	250	50,63,80,100		630	160,200,250,320
320	200	63,80,100,125		710	200,250,320
	250	63,80,100,125	800	320	160,200,250,320
	320	63,80,100,125		400	160,200,250,320
400	250	80,100,125,160		500	160,200,250,320
	320	80,100,125,160		630	160,200,250,320
	400	80,100,125,160		710	200,250,320
500	250	100,125,160,200		800	200,250,320
	320	100,125,160,200			

注：1. 参照 GB/T 4678.3—2003。
2. 图中标注的形位公差符合 GB/T 1184—1996 的规定，t_1、t_2为 5 级精度，参见附录中表 6。

表 3-5-11 矩形镶块台阶推荐尺寸 (mm)

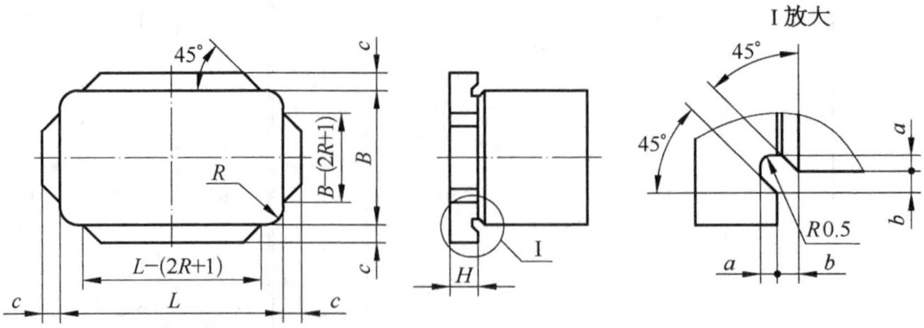

（续表）

基本尺寸 L	厚　度 H	宽　度 c	沉割槽深度 a	沉割槽宽度 b	圆角半径 R
≤60	8～10	3.5	0.5	1	8
>60～150					10
>150～250	12～15	4.5	1	1	12
>250～360				1.5	15
>360～500	18～20	6			20
>500～630	20～25	8	1.5	2	25

注：根据受力状态，台阶可设在四侧或长边的两侧。

表 3-5-12　镶块壁厚推荐尺寸　（mm）

简　　图	型腔长边 L	型腔深度 H_1	镶块壁厚 h	镶块底厚 H
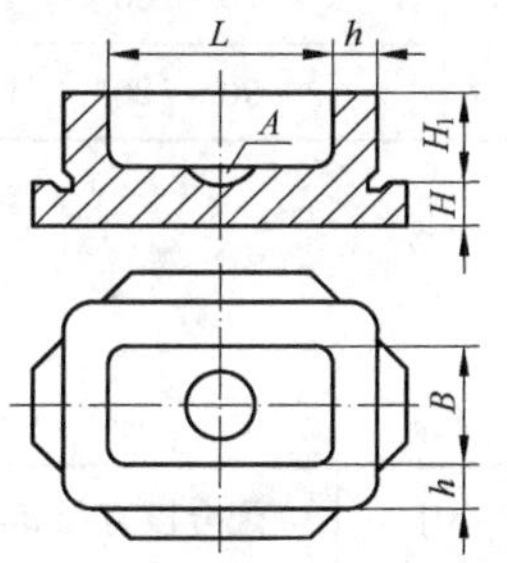	≤80	5～50	15～30	≥15
	>80～120	10～60	20～35	≥20
	>120～160	15～80	25～40	≥25
	>160～220	20～100	30～45	≥30
	>220～300	30～120	35～50	≥35
	>300～400	40～140	40～60	≥40
	>400～500	50～160	45～80	≥45

注：1. 表中数值未计局部较小的凹坑 A。
2. 型腔深，侧面积大，几何形状复杂时，h 应取较大值。
3. 型腔底部投影面积和深度 H_1 较大时，H 应取较大值，型腔短边尺寸 B 小于 $L/3$ 时，可适当减小 H 值。

表 3-5-13　组合式成形镶块固定部分长度推荐值　（mm）

简　　图	成形部分长度 l	固定部分短边尺寸 B	固定部分长度 L	成形部分长度 l	固定部分短边尺寸 B	固定部分长度 L
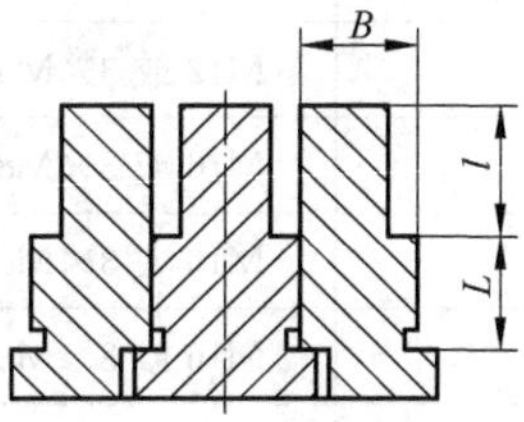	≤20	≤20	>20	>30～50	>40	>20
		>20	>15	>50～80	≤20	>40
	>20～30	≤20	>25		>20～40	>35
		>20～40	>25		>40	>30
		>40	>20	>80～120	≤20	>45
	>30～50	≤20	>30		>20～50	>40
		>20～40	>25		>50	>35

表 3-5-14　圆型芯推荐尺寸　（mm）

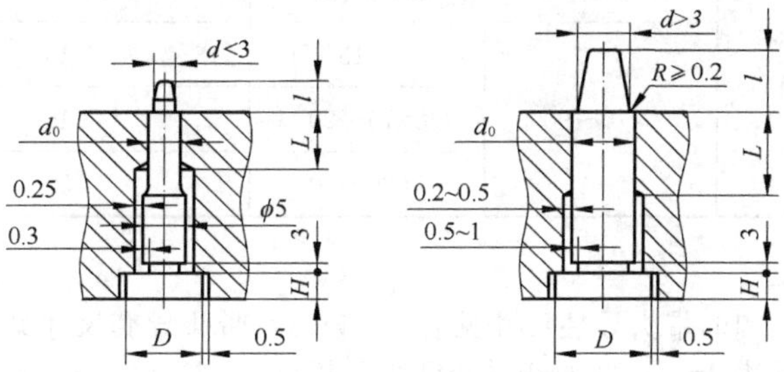

（续表）

成形段直径 d	配合段直径 d_0	台阶直径 D	台阶厚度 H	配合长度 L
≤3	4	8	5	6～10
>3～10	$d+(0.4～1)$	d_0+4	8	10～20
>10～18				15～25
>18～30		d_0+5	10	20～30
>30～50				25～40
>50～80		d_0+6	12	30～50
>80～120				40～60
>120～180		d_0+8	15	50～80
>180～260				70～100
>260～360		d_0+10	20	90～120

注：1. 为了便于应用标准工具加工孔径 d_0，基本尺寸应取整数或标准铰刀的尺寸技术参数。
2. d 和 d_0 两段不同直径的交界处采用圆角或 45°倒角过渡。
3. 成形部分长度 l 较大时，L 应取较大值。

表 3-5-15 螺钉固定的圆型芯推荐尺寸 (mm)

简图	成形段直径 d	成形部分长度 l	固定部分长度 L（不小于）	配合段直径 d_0
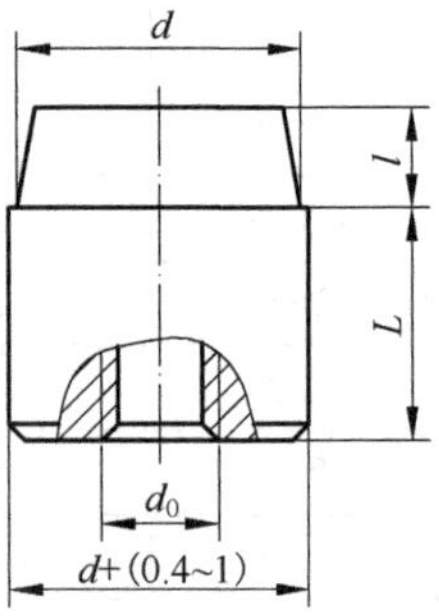	16～20	≤5	15	M8
	>20～25	≤10	20	M8
		>10～20	25	M10
	>25～30	≤10	20	M10
		>10～20	25	M12
	>30～40	≤10	25	M12 或 3×M6
		>10～20	30	M12 或 3×M6
	>40～55	≤10	25	M16 或 3×M8
		>10～15	30	M16 或 3×M8
		>15～20	35	M16 或 3×M8
	>55～70	≤15	30	M16 或 3×M10
		>15～20	35	M16 或 3×M10
		>20～25	40	M16 或 3×M10
	>70～90	≤15	40	M20 或 3×M12
		>15～20	45	M20 或 3×M12
		>20～30	50	M20 或 3×M12

（三）导向零件

带肩导柱尺寸见表 3-5-16，带头导柱尺寸见表 3-5-17，带头导套尺寸见表 3-5-18，直导套尺寸见表 3-5-19，推板导柱尺寸见表 3-5-20，推板导套尺寸见表 3-5-21。

表 3-5-16　带肩导柱尺寸　　(mm)

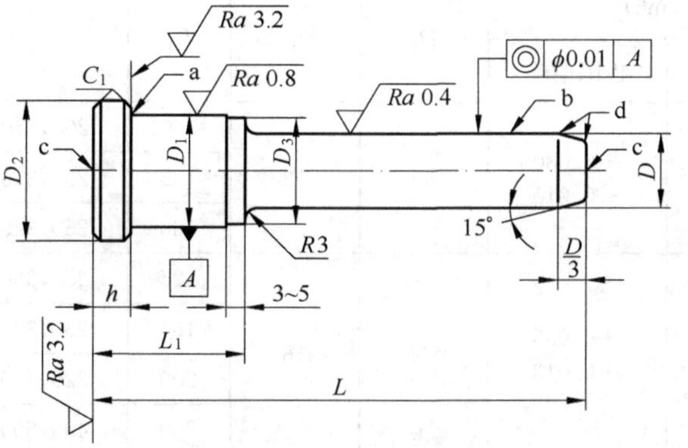

a—可选砂轮越程槽或 $R1$ 圆角
b—允许开油槽
c—允许保留两端的中心孔
d—圆弧连接

$D_3=D_1$(e7)

Ra 6.3 (√)

材　料	T10A、GCr15					硬度 50～55 HRC	
D(e7)		D_1(m6)		D_2	h	L_1	L
基本尺寸	极限偏差	基本尺寸	极限偏差				
16	−0.032 −0.050	24	+0.021 +0.008	28	6	25	63,80
						32	63,80,100,125
						40	80,100,125,160
						50	80,100,125,160
						63	100,125,160,200
20	−0.040 −0.061	28	+0.021 +0.008	32	6	32	80,100,125,160
						40	80,100,125,160
						50	100,125,160
						63	100,125,160,200
						80	125,160,200
25	−0.040 −0.061	35	+0.025 +0.009	40	8	32	80,100,125
						40	100,125,160
						50	100,125,160
						63	125,160,200
						80	160,200,250
32	−0.050 −0.075	42	+0.025 +0.009	48	8	40	100,125,160,200
						50	125,160,200
						63	125,160,200,250
						80	160,200,250
40	−0.050 −0.075	50	+0.025 +0.009	56	8	63	125,160,200
						80	160,200,250
						100	160,200,250,320
50	−0.050 −0.075	63	+0.030 +0.011	71	12	80	160,200,250
						100	200,250,320
						125	200,250,320

（续表）

D(e7)		D_1(m6)		D_2	h	L_1	L
基本尺寸	极限偏差	基本尺寸	极限偏差				
63	−0.060 −0.090	75	+0.030 +0.011	85	12	100	200,250,320
						125	250,320
						160	250,320,400
80	−0.060 −0.090	85	+0.035 +0.013	105	16	125	250,320
						160	250,320,400
						200	320,400,500
						250	400,500

注：参照 GB/T 4678.4—2003。

表 3-5-17 带头导柱尺寸 (mm)

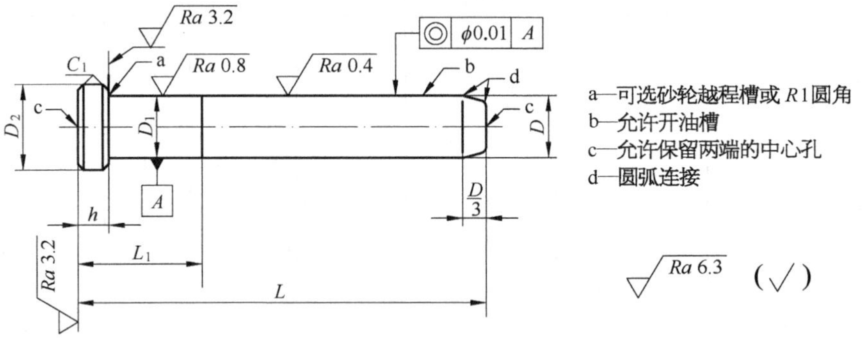

材 料	T10A、GCr15					硬度 50～55 HRC	
D(e7)		D_1(m6)		D_2	h	L_1	L
基本尺寸	极限偏差	基本尺寸	极限偏差				
16	−0.032 −0.050	16	+0.018 +0.007	20	6	25	63,80,100,125
20	−0.040 −0.061	20	+0.021 +0.008	24	6	32	80,100,125,160
						40	80,100,125,160
						50	100,125,160,200
25	−0.040 −0.061	25	+0.021 +0.008	30	6	40	80,100,125,160
						50	100,125,160,200
32	−0.050 −0.075	32	+0.025 +0.009	38	8	40	100,125,160
						50	100,125,160,200
40	−0.050 −0.075	40	+0.025 +0.009	46	8	50	100,125,160,200
						63	125,160,200
						80	160,200

（续表）

D(e7)		D_1(m6)		D_2	h	L_1	L
基本尺寸	极限偏差	基本尺寸	极限偏差				
50	−0.050 −0.075	50	+0.025 +0.009	56	12	63	160,200
						80	160,200,250
						100	160,200,250
63	−0.060 −0.090	63	+0.030 +0.011	71	12	80	200,250
						100	200,250,320
						125	250,320,400
80	−0.060 −0.090	80	+0.030 +0.011	90	16	100	250,320
						125	250,320,400
						160	320,400,500
						200	320,400,500

注：参照 GB/T 4678.5—2003。

表 3-5-18　带头导套尺寸　（mm）

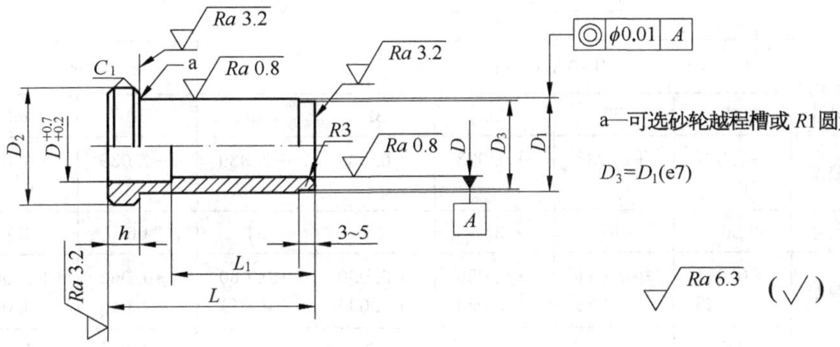

a—可选砂轮越程槽或 R1 圆角

$D_3=D_1$(e7)

材　料	T10A、GCr15					硬度 50～55 HRC	
D(H8)		D_1(k6)		D_2	h	L_1	L
基本尺寸	极限偏差	基本尺寸	极限偏差				
16	+0.027 0	24	+0.015 +0.002	28	6	20	20
						27	27,35,45,58
20	+0.033 0	28	+0.015 +0.002	32	6	27	27,35
						30	45,58,75
25	+0.033 0	35	+0.018 +0.002	40	8	30	35,45
						40	58,75,95
32	+0.039 0	42	+0.018 +0.002	48	8	45	45,58
						50	75,95,120
40	+0.039 0	50	+0.018 +0.002	46	12	50	58,75
						60	75,95,120,135

（续表）

D(H8)		D_1(k6)		D_2	h	L_1	L
基本尺寸	极限偏差	基本尺寸	极限偏差				
50	+0.039 0	63	+0.021 +0.002	71	12	75	95,120
						80	120,135
63	+0.046 0	75	+0.021 +0.002	85	12	80	120,135
						100	120,135,160
80	+0.046 0	95	+0.025 +0.003	105	16	30	120,135,160
						40	135,160

注：参照 GB/T 4678.6—2003。

表 3-5-19 直导套尺寸 (mm)

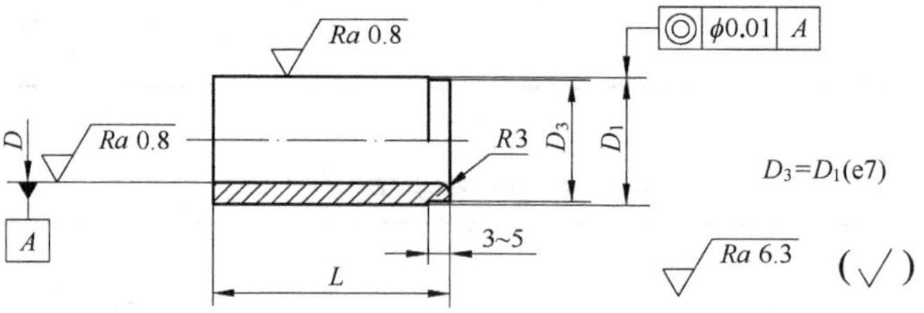

材 料		T10A、GCr15					硬度 50～55 HRC		
D(H8)	基本尺寸	16	20	25	32	40	50	63	80
	极限偏差	+0.027 0	+0.033 0	+0.033 0	+0.039 0	+0.039 0	+0.039 0	+0.046 0	+0.046 0
D_1(r6)	基本尺寸	26	30	36	45	54	66	80	100
	极限偏差	+0.041 +0.028	+0.041 +0.028	+0.050 +0.034	+0.050 +0.034	+0.060 +0.041	+0.062 +0.043	+0.062 +0.043	+0.073 +0.051
L		25	32	40	50	63	80	100	120

注：参照 GB/T 4678.7—2003。

表 3-5-20 推板导柱尺寸 (mm)

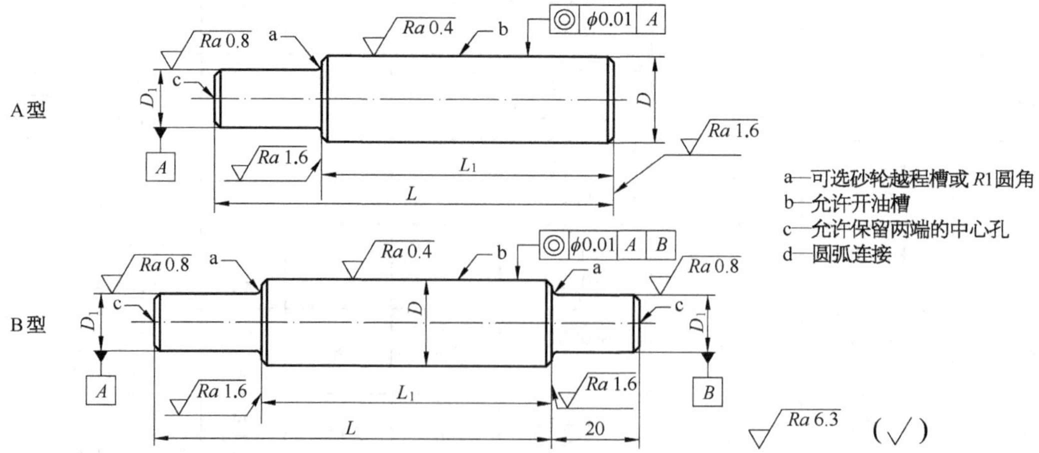

（续表）

材　　料		T10A、GCr15												硬度 50～55 HRC			
D(e8)	基本尺寸	20				25				32				40			
	极限偏差	−0.040 −0.073				−0.040 −0.073				−0.050 −0.089				−0.050 −0.089			
D_1(j6)	基本尺寸	12				16				20				25			
	极限偏差	+0.008 −0.003				+0.008 −0.003				+0.009 −0.004				+0.009 −0.004			
L_1		80	100	125	160	100	125	160	200	125	160	200	250	160	200	250	320
L		100	125	150	185	125	150	185	230	150	185	230	300	185	230	300	360

注：参照 GB/T 4678.9—2003。

表 3-5-21　推板导套尺寸　（mm）

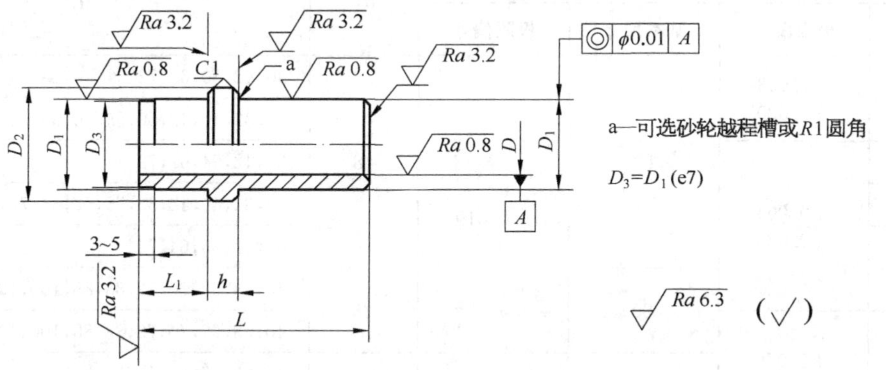

材　　料		T10A、GCr15					硬度 50～55 HRC	
D(H9)	基本尺寸	20		25	32		40	
	极限偏差	+0.052 0		+0.052 0	+0.062 0		+0.062 0	
D_1(k6)	基本尺寸	28		35	42		50	
	极限偏差	+0.015 +0.002		+0.018 +0.002	+0.018 +0.002		+0.018 +0.002	
D_2		32		40	48		56	
h		5.8		5.8	5.8		5.8	
L_1		16	20	25	25	32	32	40
L		32,40	40	50,63	50,63,80	63,80	80,100	100

注：参照 GB/T 4678.10—2003。

（四）浇注系统零件

Ⅰ型浇口套推荐尺寸见表 3-5-22，Ⅱ型浇口套推荐尺寸见表 3-5-23，Ⅲ型浇口套推荐尺寸见表 3-5-24。Ⅰ型分流锥推荐尺寸见表 3-5-25，Ⅱ型分流锥推荐尺寸见表 3-5-26。分流器推荐尺寸见表 3-5-27。

表 3-5-22　Ⅰ型浇口套推荐尺寸　(mm)

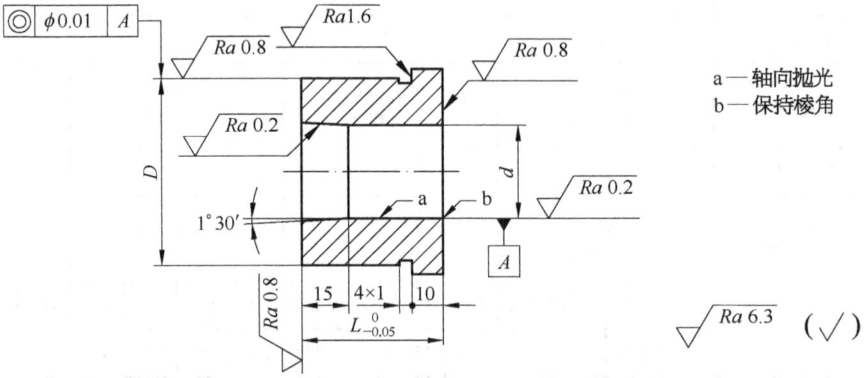

材　　料		3Cr2W8V		淬硬至 45～50 HRC,或氮化处理	
D(F9)		d(h6)		d_1	L
基本尺寸	极限偏差	基本尺寸	极限偏差		
25	+0.053 +0.020	63	0 −0.019	68	30,42,50,60,73
30					30,32,40,42,50,54,56,60,62,64,72,74
35	+0.064 +0.025				30,42,54,62,72
40					30,32,40,42,53,55,62,64,72,74,85,87,102
45					32,42,55,64,74
50		80		85	40,53,62,70,72,83,85,100,102
60	+0.076 +0.030				40,53,62,70,72,83,85,100,102
65		100	0 −0.022	105	48,65,75,88,105
70					40,53,62,70,72,83,85,100,102,120
85	+0.090 +0.036	140		145	48,65,75,88,105,125
100					48,65,75,88,105,125

表 3-5-23　Ⅱ型浇口套推荐尺寸　(mm)

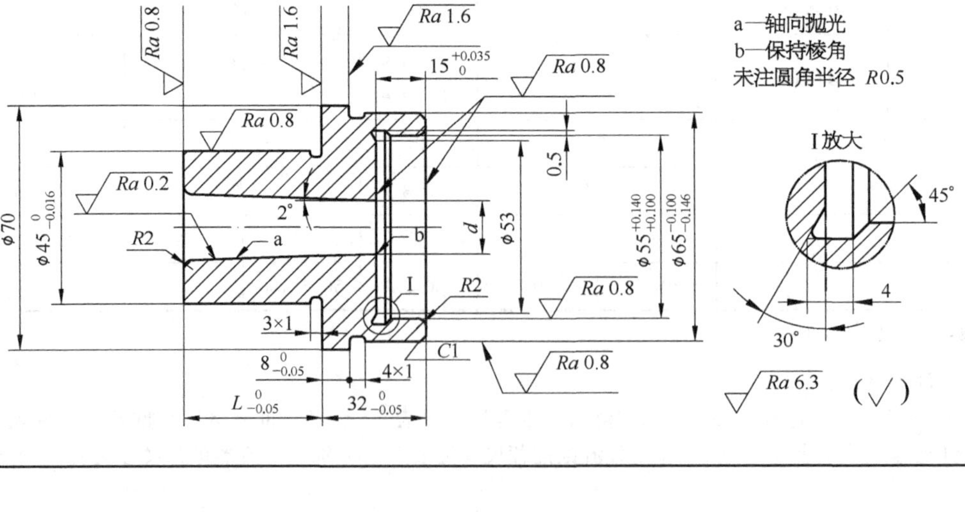

（续表）

材　　料	3Cr2W8V	淬硬至 45～50 HRC，或氮化处理	
d	15	18	21
L	40～100	40～100	40～100
L 系列	40，50，63，80，100		

表 3-5-24　Ⅲ型浇口套推荐尺寸　(mm)

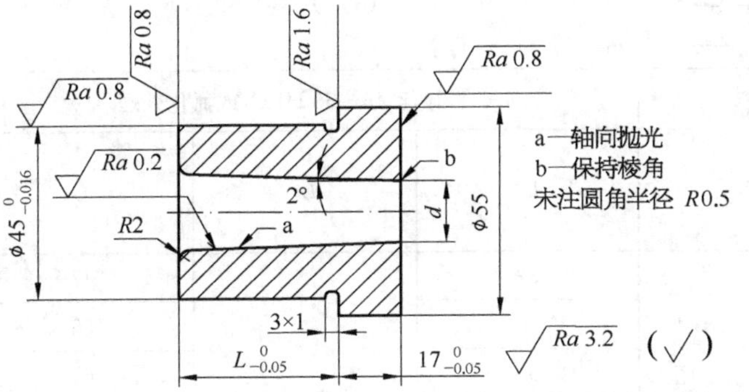

材　料	3Cr2W8V	淬硬至 45～50 HRC，或氮化处理	
d	15	18	21
L	40～100	40～100	40～100
L 系列	40，50，63，80，100		

表 3-5-25　Ⅰ型分流锥推荐尺寸　(mm)

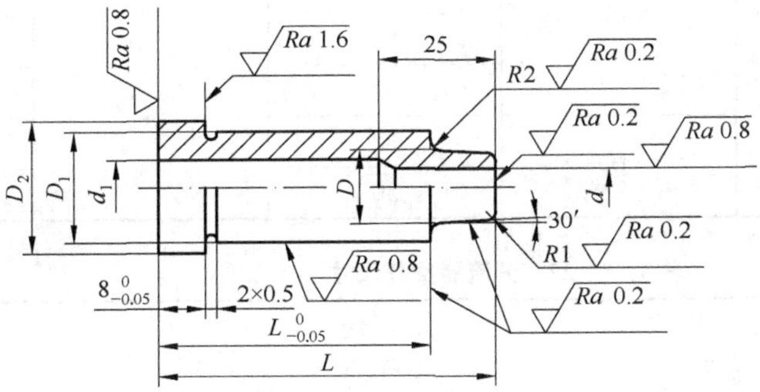

未注圆角半径 $R0.5$

$\sqrt{Ra\ 3.2}$ (√)

材　　料	3Cr2W8V				淬硬至 45～50 HRC，或氮化处理			
D	D_1(h7)		d(H7)		d_1	D_2	L	L_1
10	14	$^{0}_{-0.018}$	4	$^{+0.012}_{0}$	9	20	44	32
							52	40
							62	50
							75	63
12	16		6		11	22	44	32
							52	40
							62	50
							75	63
14	18		8	$^{+0.015}_{0}$	13	24	44	32
							52	40

表 3-5-26　Ⅱ型分流锥推荐尺寸　(mm)

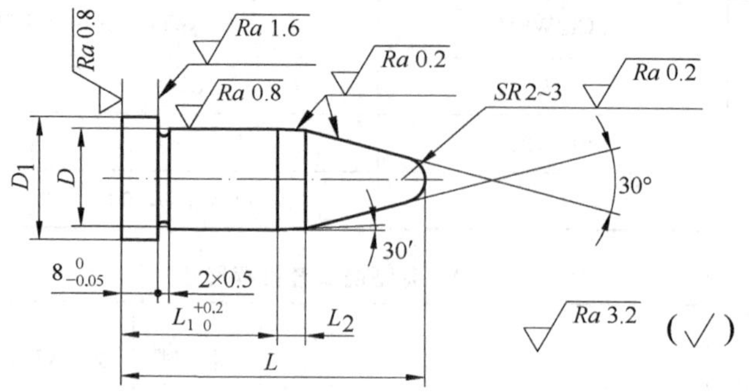

材　料		3Cr2W8V	淬硬至 45～50 HRC，或氮化处理		
D(h7)		D_1	L_1	L_2	L
基本尺寸	极限偏差				
10	0 −0.018	14	32	3	47
			40		55
			50		65
			63		78
12		16	32		49
			40		57
			50		67
			63		80
14		18	32		53
			40		61

表 3-5-27　分流器推荐尺寸　(mm)

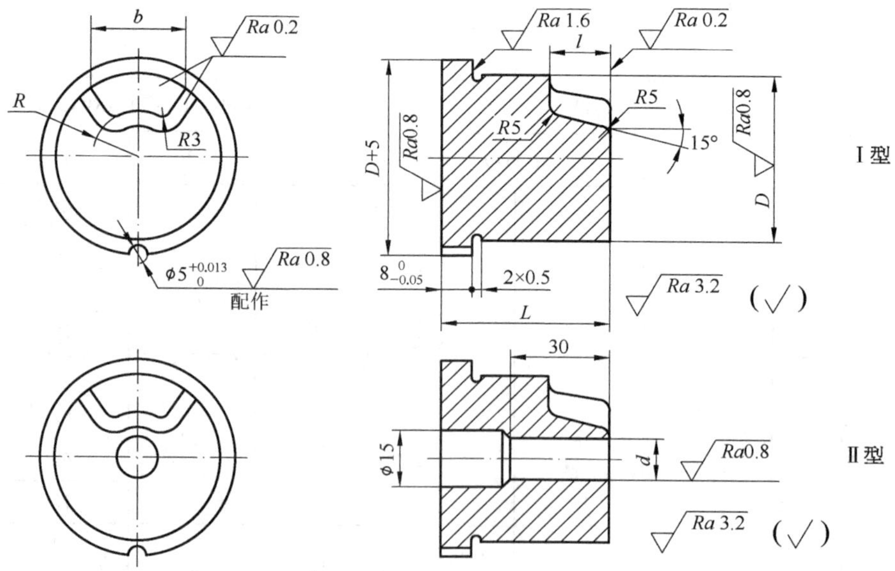

（续表）

材　　料		3Cr2W8V								淬硬至 45～50 HRC，或氮化处理							
D(h8)	基本尺寸	20		30		35		40		45		50		60		70	
	极限偏差	0 −0.033				0 −0.039								0 −0.046			
d(H8)	基本尺寸	8				10						12					
	极限偏差	+0.027 0										+0.027 0					
l		10		10		15		15		15		20		25		25	
b		10	16	10	16	16	20	16	20	16	24	16	24	20	30	20	30
R		10		11		12		13		14		15		20		20	
L		按需要确定															

（五）抽芯机构零件

斜销推荐尺寸见表 3-5-28，滑块推荐尺寸见表 3-5-29，楔紧块推荐尺寸见表 3-5-30。

表 3-5-28　斜销推荐尺寸　　(mm)

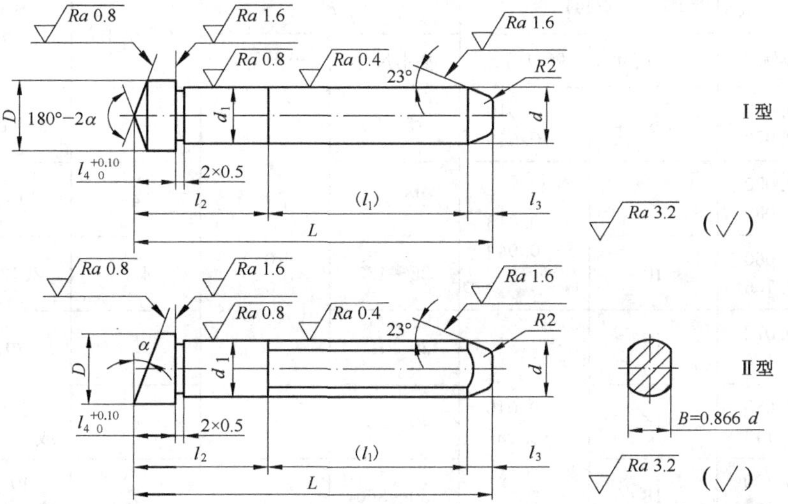

材　　料		T8A、T10A					硬度 53～58 HRC				
d(b11)	基本尺寸	10	12	16	20	25	30	35	40	45	50
	极限偏差	−0.10 −0.20	−0.12 −0.24	−0.12 −0.24	−0.14 −0.28	−0.14 −0.28	−0.14 −0.28	−0.17 −0.34	−0.17 −0.34	−0.17 −0.34	−0.17 −0.34
d_1(m6)	基本尺寸	10	12	16	20	25	30	35	40	45	50
	极限偏差	+0.015 +0.006	+0.018 +0.007	+0.018 +0.007	+0.021 +0.008	+0.021 +0.008	+0.021 +0.008	+0.025 +0.009	+0.025 +0.009	+0.025 +0.009	+0.025 +0.009
D		15	17	21	25	30	35	40	45	50	55
l_3		5		8		10					
l_4		10			12			15			
B		8.66	10.39	13.86	17.32	21.65	25.96	30.31	34.64	38.97	43.30
α		10°～25°									
(l_1)、l_2		按　需　要　设　计									

表 3-5-29　滑块推荐尺寸　　(mm)

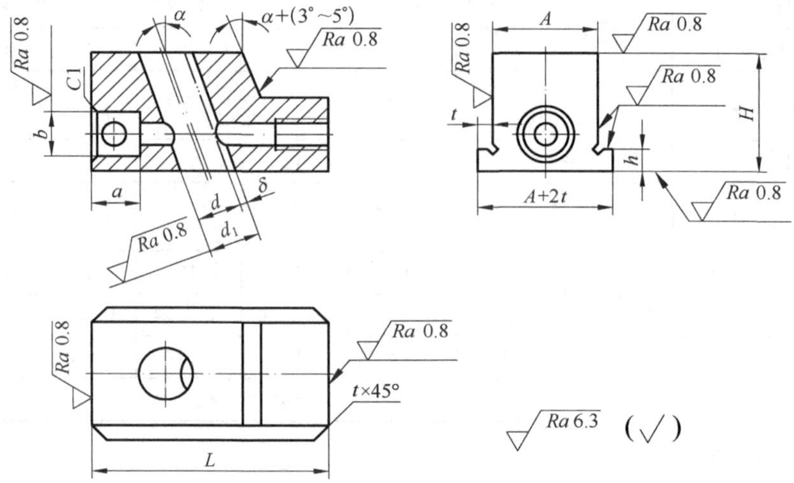

材　　料		T8A、T10A		硬度 53～58 HRC				
A(e8)		h(f9)		H		t(不小于)	d	L
基本尺寸	极限偏差	基本尺寸	极限偏差	基本尺寸	极限偏差			
～30	−0.040 −0.073	6	−0.010 −0.040	15～50	+0.05 0	3.5	12	30～60
>30～50	−0.050 −0.089	8	−0.013 −0.049	20～80		4	16,20	40～80
>50～80	−0.060 −0.106	10		25～120		4.5	20,25,30	50～100
>80～120	−0.072 −0.126	12	−0.016 −0.059	30～180		5	25,30,35,40	60～120
>120～180	−0.085 −0.148	16		40～260		6	30～50 或<30 两个	70～150
>180～250	−0.100 −0.172	18		50～360	+0.08 0	7	40～50 或<40 两个	80～180
>250～315	−0.110 −0.191	20	−0.020 −0.072	60～500		8	两个 40～50	100～200

注：1. H>80 时，导滑凸台设在滑块中部。
　　2. α 为斜销倾斜角，d 为斜销直径，δ 为斜销与滑块的间隙。
　　3. a、b 及其他未标注尺寸按需要确定。

表 3-5-30　楔紧块推荐尺寸　　(mm)

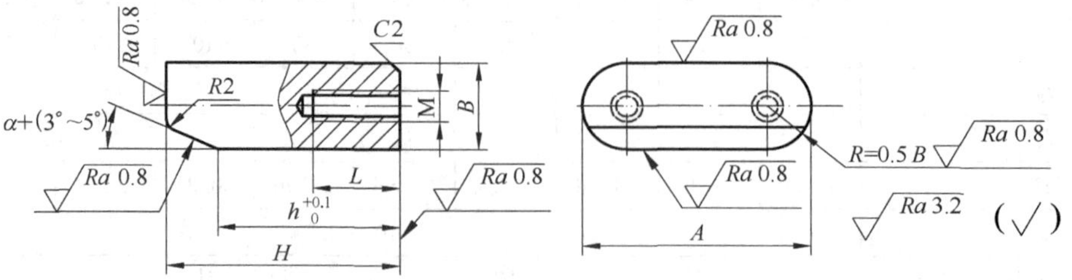

（续表）

材　　料		T8A、T10A		硬度 53～58 HRC			
A		B		h	H	M×L	α
基本尺寸	极限偏差	基本尺寸	极限偏差				
30～40	0 −0.1	10	−0.010 −0.030	20	30	6×10	10°～25°
				25	35		
				25	38		
30～45	0 −0.1	12	−0.012 −0.035	20	30	8×15	
				25	35		
				25	38		
				30	42		
35～50	0 −0.1	16	−0.012 −0.035	25	35	10×18	
				25	38		
				30	42		
				30	45		
40～60	0 −0.1	20	−0.014 −0.045	25	38	10×18	
				30	42		
				30	45		
				35	55		
50～70	0 −0.15	25	−0.014 −0.045	30	45	12×20	
				35	50		
				35	55		
60～80	0 −0.15	30	−0.014 −0.045	35	55	12×20	
				35	60		
				35	65		

（六）推出机构零件

A型推杆尺寸见表3-5-31，B型推杆尺寸见表3-5-32，扁推杆尺寸见表3-5-33，复位杆尺寸见表3-5-34，推管尺寸见表3-5-35，推板尺寸见表3-5-36。

表3-5-31　A型推杆尺寸　　(mm)

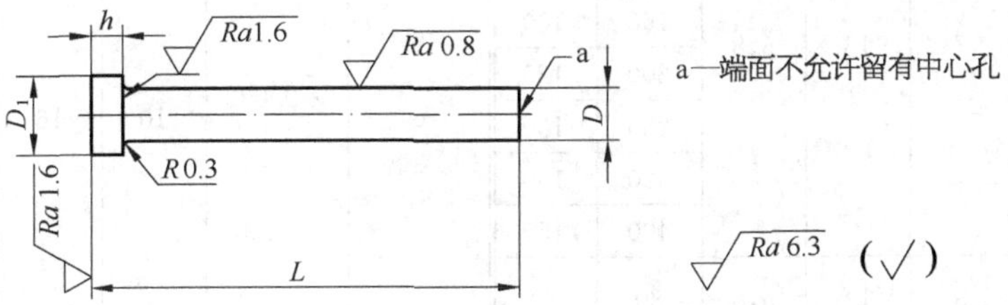

（续表）

材料		4Cr5MoSiV1、3Cr2W8V					硬度 45～50 HRC		
D(e8)		D_1	$h_{-0.05}^{\ 0}$	$L_{\ 0}^{+2}$	D(e8)		D_1	$h_{-0.05}^{\ 0}$	$L_{\ 0}^{+2}$
基本尺寸	极限偏差				基本尺寸	极限偏差			
3	−0.014 −0.028	6	5,8	80～320	8	−0.025 −0.047	14	5,8	100～800
4	−0.020 −0.038	8		80～400	10	−0.025 −0.047	16		100～1 000
5	−0.020 −0.038	10		80～500	12	−0.032 −0.059	18		125～1 000
6	−0.020 −0.038	12		100～630	16	−0.032 −0.059	22		160～1 000
L 系列		80,100,125,160,200,250,320,400,500,630,800,1 000							

注：1. 参照 GB/T 4678.11—2003。
2. 淬火后可进行渗氮处理，渗氮层深度 0.08～0.15 mm，心部硬度 40～44 HRC，表面硬度≥900 HV。

表 3-5-32 B 型推杆尺寸 （mm）

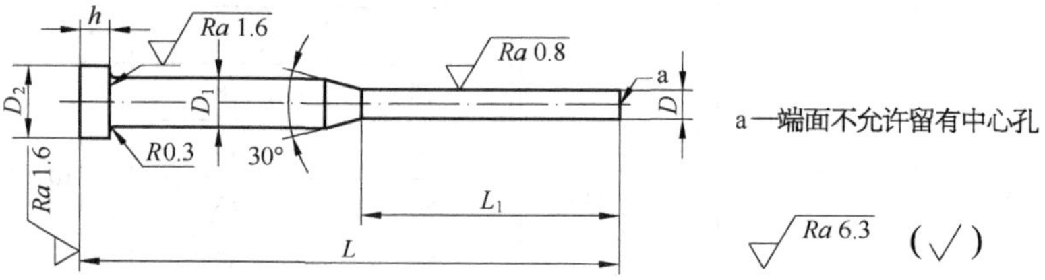

材料		4Cr5MoSiV1、3Cr2W8V							硬度 45～50 HRC				
D(e8)		D_1	D_2	$h_{-0.05}^{\ 0}$	$L_{\ 0}^{+2}$	$L_1{}_{\ 0}^{+2}$	D(e8)		D_1	D_2	$h_{-0.05}^{\ 0}$	$L_1{}_{\ 0}^{+2}$	$L_2{}_{\ 0}^{+2}$
基本尺寸	极限偏差						基本尺寸	极限偏差					
3	−0.014 −0.028	6	12	5,8	80	40	5	−0.020 −0.038	8	14	5,8	100	50
					100	50						125	80
					125	80						160	100
					160	100						200	125
					200	125						250	150
					250	150						320	150
					320	150						400	150
4	−0.020 −0.038	7	13	5,8	80	40						500	175
					100	50	6	−0.020 −0.038	10	16	5,8	125	80
					125	80						160	100
					160	100						200	125
					200	125						250	150
					250	150						320	150
					320	150						400	150
					400	150						500	175
5	−0.020 −0.038	8	14	5,8	80	40						630	175

注：1. 参照 GB/T 4678.11—2003。
2. 淬火后可进行渗氮处理，渗氮层深度 0.08～0.15 mm，心部硬度 40～44 HRC，表面硬度≥900 HV。

表 3-5-33　扁推杆尺寸　(mm)

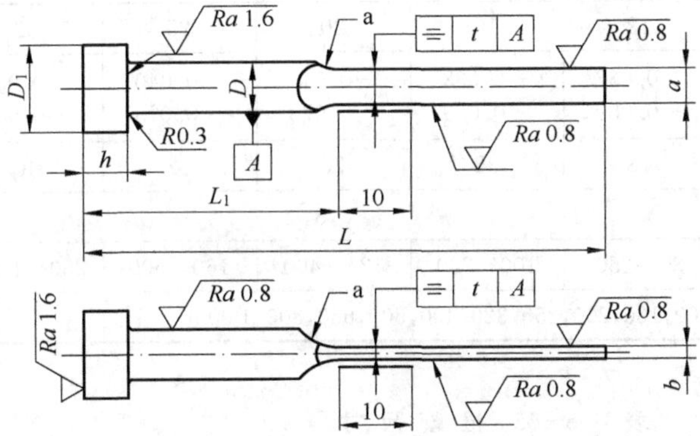

a—圆弧半径小于 10 mm

Ra 6.3 (√)

材料		4Cr5MoSiV1、3Cr2W8V						硬度 45～50 HRC

D(e8) 基本尺寸	D(e8) 极限偏差	D_1	$a_{-0.015}^{0}$	$b_{-0.015}^{0}$	$h_{-0.05}^{0}$	L_{0}^{+2}	L_{1-2}^{-1}
4	−0.020 −0.038	8	0.8, 1, 1.2	3.5	5,8	80	40
						100	50
						125	63
5	−0.020 −0.038	10	1,1.2	4.5	5,8	80	40
						100	50
						125	63
						160	80
6	−0.020 −0.038	12	1.5,2	5.5	5,8	125	63
						160	80
						200	100
						250	125
8	−0.025 −0.047	14	1.5,2	7.5	5,8	160	80
						200	100

D(e8) 基本尺寸	D(e8) 极限偏差	D_1	$a_{-0.015}^{0}$	$b_{-0.015}^{0}$	$h_{-0.05}^{0}$	L_{0}^{+2}	L_{1-2}^{-1}
8	−0.025 −0.047	14	1.5,2	7.5	5,8	250	125
						320	160
10	−0.025 −0.047	16	1.5, 2	9.5	5,8	200	100
						250	125
						320	160
						400	200
12	−0.032 −0.059	18	2,2.5	11.5	5,8	200	100
						250	125
						320	160
						400	200
16	−0.032 −0.059	22	2,2.5	15.5	5,8	200	100
						250	125
						320	160
						400	200

注：1. 参照 GB/T 4678.16—2003。
　　2. 淬火后可进行渗氮处理，渗氮层深度 0.08～0.15 mm，心部硬度 40～44 HRC，表面硬度≥900 HV。

表 3-5-34　复位杆尺寸　(mm)

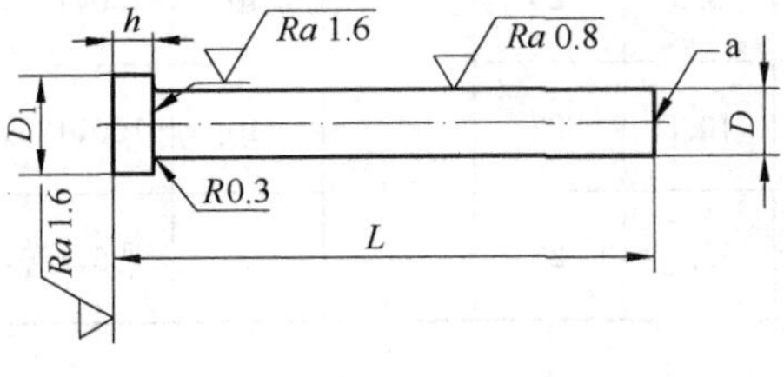

a—端面不允许留有中心孔

Ra 6.3 (√)

（续表）

材　　料		T8A、T10A				硬度 50～55 HRC		
D(e8)	基本尺寸	10	12	16	20	25	32	40
	极限偏差	−0.025 −0.047	−0.032 −0.059	−0.032 −0.059	−0.040 −0.073	−0.040 −0.073	−0.050 −0.089	−0.050 −0.089
D_1		16	18	22	26	32	40	48
$h_{-0.05}^{\ 0}$		5,8						
L		80～250	80～250	100～320	125～400	160～500	250～1 000	400～1 000
L 系列		80,100,125,160,160,200,250,320,400,500,630,800,1 000						

注：参照 GB/T 4678.12—2003。

表 3-5-35　推管尺寸　　(mm)

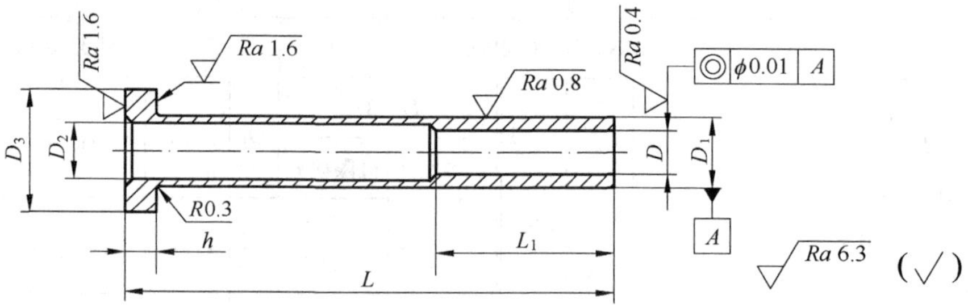

材　　料		4Cr5MoSiV1、3Cr2W8V						硬度 45～50 HRC
D(H6)		D_1(g6)		$D_{2\,-0.1}^{\ \ 0}$	$D_{3\,-0.2}^{\ \ 0}$	$h_{-0.05}^{\ 0}$	L_1	$L_{\ 0}^{+2}$
基本尺寸	极限偏差	基本尺寸	极限偏差					
2	+0.006 0	4	−0.004 −0.012	2.5	8	5,8	20	80,100,125
2.5	+0.006 0	5	−0.004 −0.012	3	10		20	80,100,125
3	+0.006 0	5	−0.004 −0.012	3.5	10		20	80,100,125,160
4	+0.008 0	8	−0.005 −0.014	4.5	14		30	80,100,125,160,200
5	+0.008 0	8	−0.005 −0.014	5.5	14		30	80,100,125,160,200
6	+0.008 0	10	−0.005 −0.014	6.5	16		30	100,125,160,200,250
8	+0.009 0	12	−0.006 −0.017	8.5	20		40	100,125,160,200,250,320
10	+0.009 0	14	−0.006 −0.017	10.5	22		40	100,125,160,200,250,320
12	+0.011 0	16	−0.006 −0.017	12.5	22		40	125,160,200,250,320

注：1. 参照 GB/T 4678.17—2003。
　　2. 淬火后可进行渗氮处理，渗氮层深度 0.08～0.15 mm，心部硬度 40～44 HRC，表面硬度≥900 HV。

表 3－5－36　推 板 尺 寸　(mm)

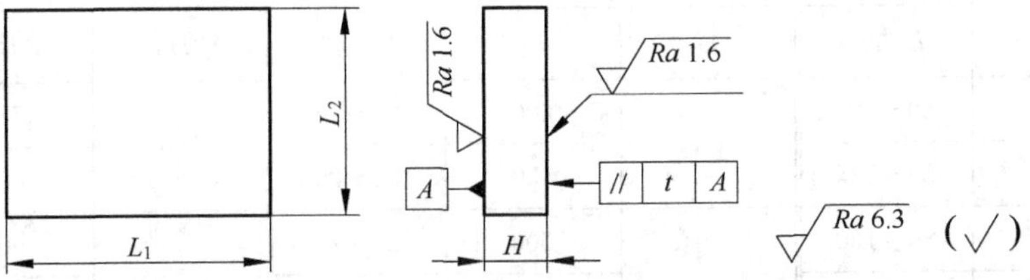

材　料		45 钢				硬度 28～32 HRC		
L_1	L_2	H	L_1	L_2	H	L_1	L_2	H
100	125	16～20	200	400	20～40	400	630	25～50
	160			500			710	
	200		250	250	25～40	500	500	25～80
125	125	16～20		320			630	
	160			400			710	
	200			500			800	
	250			630		630	630	32～80
160	160	16～40	320	320	25～50		710	
	200			400			800	
	250			500			900	
	320			630		800	710	32～80
200	200	20～40		710			800	
	250		400	400	25～50		900	
	320			500			1 000	
H 系列		16,20,25,32,40,50,63,80						

注：1. 参照 GB/T 4678.8—2003。
2. 图中标注的形位公差符合 GB/T 1184—1996 的规定，t 为 6 级精度，参见附录中表 6。

（七）支承和限位零件

垫块尺寸见表 3－5－37，Ⅰ型支承柱尺寸见表 3－5－38，Ⅱ型支承柱尺寸见表 3－5－39，限位钉尺寸见表 3－5－40，推板垫圈尺寸见表 3－5－41，定位元件尺寸见表 3－5－42。

表 3－5－37　垫 块 尺 寸　(mm)

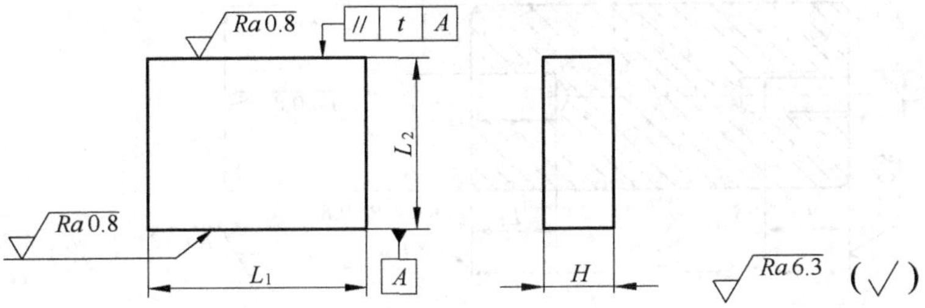

（续表）

材　　料			45 钢					
H	L_1	$L_2{}^{+0.1}_{0}$	H	L_1	$L_2{}^{+0.1}_{0}$	H	L_1	$L_2{}^{+0.1}_{0}$
32	200	80～125	63	400	125～160	100	710	125～250
40	200	80～125		450	125～200		800	160～250
50	250	80～160	80	500	125～200	125	900	160～320
	320	100～160		560	125～200		1 000	200～320
				630	125～200			
L_2系列			80,100,125,160,200,250,320					

注：参照 GB/T 4678.15—2003。

表 3-5-38　Ⅰ型支承柱尺寸　(mm)

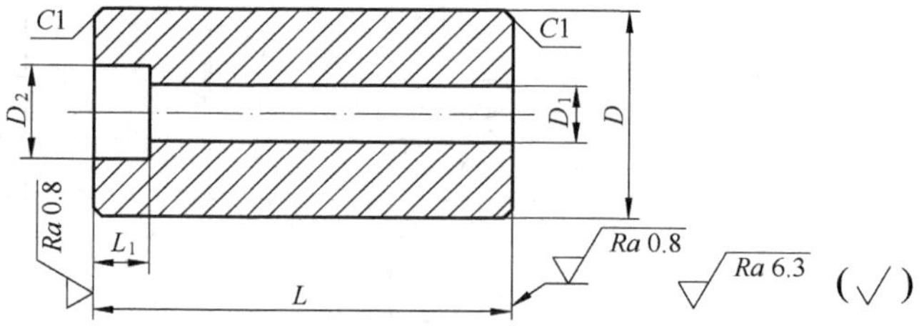

材　　料		45 钢					硬度 28～32 HRC		
$D_{-0.2}^{0}$	$L_{+0.05}^{+0.15}$	D_1	D_2	L_1	$D_{-0.2}^{0}$	$L_{+0.05}^{+0.15}$	D_1	D_2	L_1
25	80～125	9	15	9	50	80～160	11	18	11
32	80～125	9	15	9	63	80～320	13	20	13
40	80～125	11	18	11	80	80～320	13	20	13
L 系列		80,100,125,160,200,250,320							

注：参照 GB/T 4678.18—2003。

表 3-5-39　Ⅱ型支承柱尺寸　(mm)

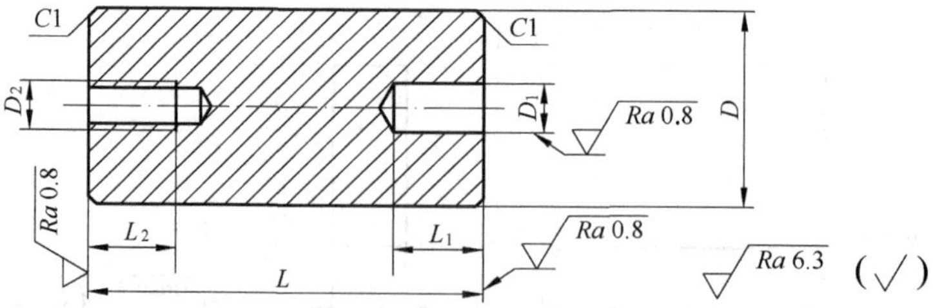

（续表）

材　料		45 钢								硬度 28～32 HRC			
$D_{-0.2}^{0}$	$L_{+0.05}^{+0.15}$	D_1(H7) 基本尺寸	D_1(H7) 极限偏差	D_2	L_1	L_2	$D_{-0.2}^{0}$	$L_{+0.05}^{+0.15}$	D_1(H7) 基本尺寸	D_1(H7) 极限偏差	D_2	L_1	L_2
25	80～125	8	+0.015 0	M8	15	15	50	80～160	10	+0.015 0	M10	18	18
32	80～125	8	+0.015 0	M8	15	15	63	80～320	12	+0.018 0	M12	20	20
40	80～125	10	+0.015 0	M10	18	18	80	80～320	12	+0.018 0	M12	20	20
L 系列		80,100,125,160,200,250,320											

注：参照 GB/T 4678.18—2003。

表 3-5-40　限位钉尺寸　(mm)

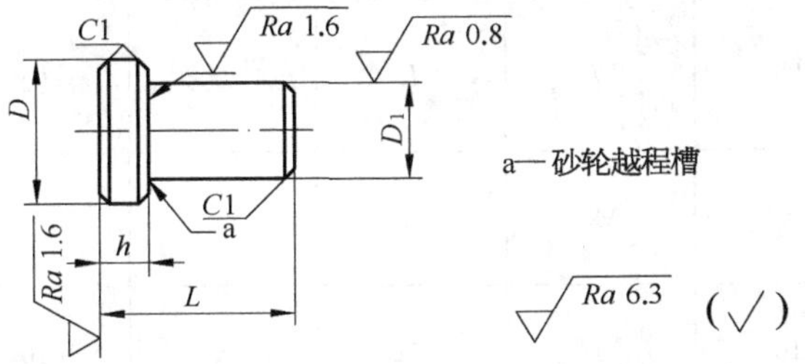

材　料		45 钢									硬度 40～45 HRC
D(m6)	基本尺寸	12					16				
	极限偏差	+0.018 +0.007					+0.018 +0.007				
D_1		16					25				
$h_{-0.05}^{0}$		5	10	20	30	40	10	20	30	40	60
L		25	32	40	50	63	40	50	63	80	100

注：参照 GB/T 4678.14—2003。

表 3-5-41　推板垫圈尺寸　(mm)

材　料	45 钢		硬度 40～45 HRC
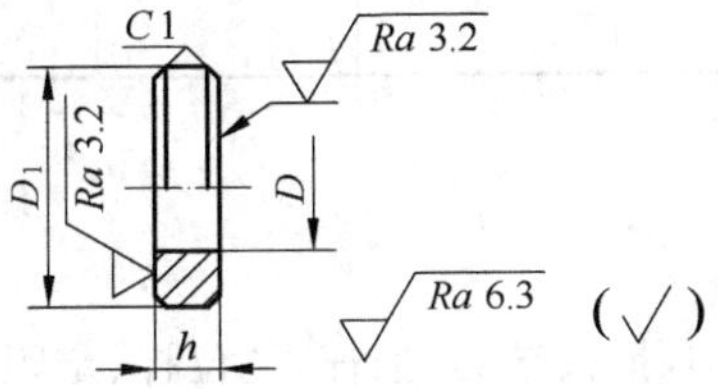	D	D_1	$h^{+0.02}_{0}$
	9	16	5,8
	11	20	
	13	25	
	17	32	

注：参照 GB/T 4678.13—2003。

表 3-5-42 定位元件尺寸 (mm)

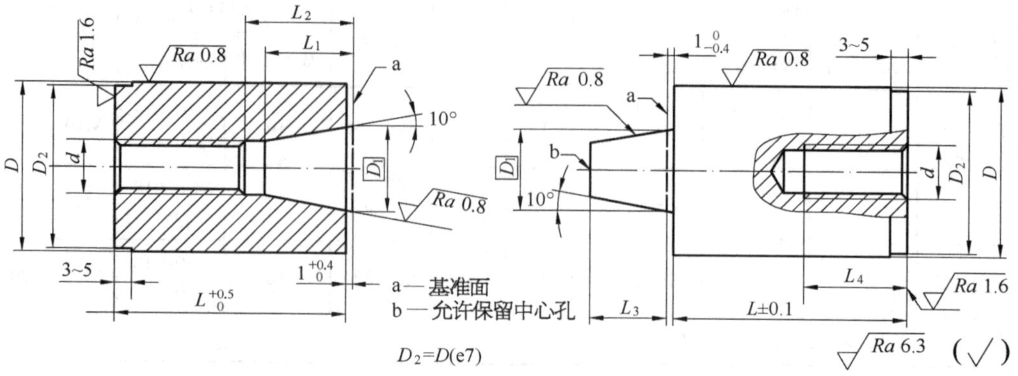

材料		T10A、GCr15				硬度 50~55 HRC		
D(k6)		D_1	d	L	L_1	L_2	L_3	L_4
基本尺寸	极限偏差							
12	+0.012 +0.001	6	M5	19	7	9	5	11
16	+0.012 +0.001	10	M5	24	8	10	6	11
20	+0.015 +0.002	12	M8	31	11	13	9	15
25	+0.015 +0.002	16	M8	31	12	14	10	15
32	+0.018 +0.002	20	M10	39	16	18	14	18
40	+0.018 +0.002	25	M10	49	20	22	18	18
50	+0.018 +0.002	32	M12	49	27	29	25	20
60	+0.021 +0.002	40	M12	54	34	37	32	20

注：参照 GB/T 4678.19—2003。

三、压铸模零件配合关系和表面粗糙度

镶块、型芯、导柱、导套、浇口套与套板的轴向配合见表 3-5-43，推板导套、推杆、复位杆、定距垫圈与推杆固定板的轴向配合见表 3-5-44，模具零件径向配合见表 3-5-45，模具零件工作部分推荐表面粗糙度见表 3-5-46。

表 3-5-43　镶块、型芯、导柱、导套、浇口套与套板的轴向配合

装配方式	零件名称	轴向配合公差简图	装配方式	零件名称	轴向配合公差简图
台阶压紧式	镶块、型芯、套板	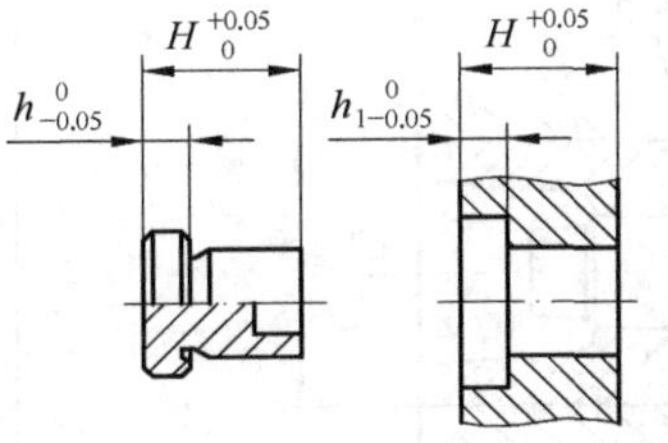	通孔螺钉紧固式	镶块、套板	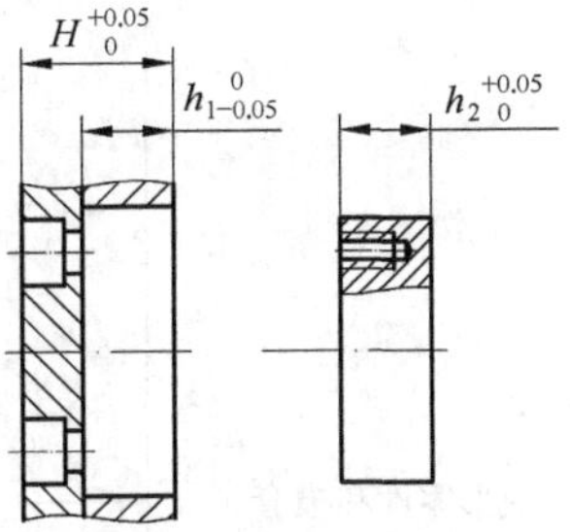
	导柱、导套、套板	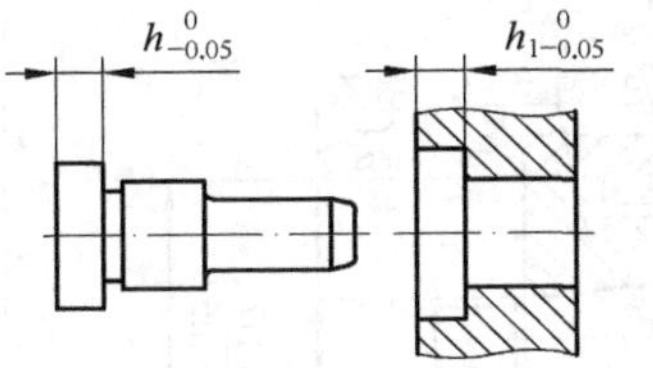	不通孔螺钉紧固式	镶块、套板	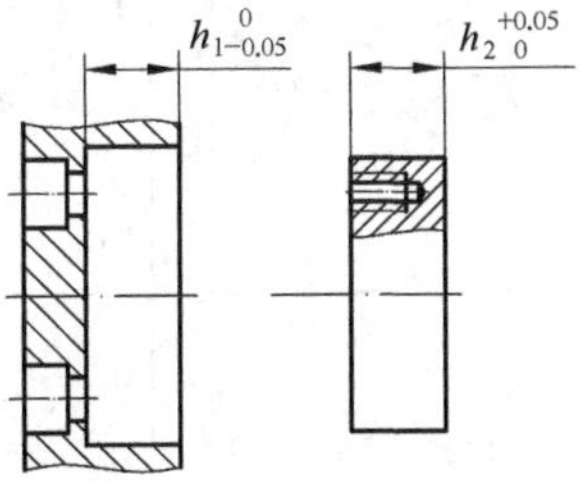
	浇口套、套板	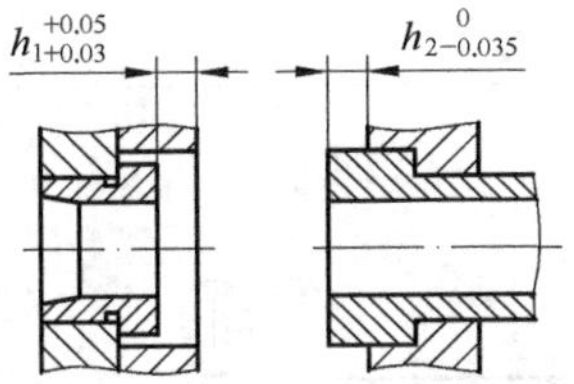			

表 3-5-44　推板导套、推杆、复位杆、定距垫圈与推杆固定板的轴向配合

装配方式	直接压紧式	推板导套台阶夹紧式	定距垫圈夹紧式
零件名称	推杆固定板、推板导套、推杆（复位杆）	推杆固定板、推板导套、推杆（复位杆）	推杆固定板、推板导套、定距垫圈、推杆（复位杆）
轴向配合公差简图	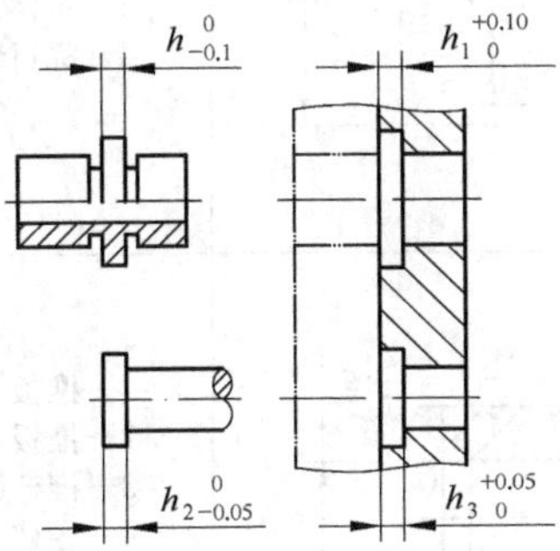	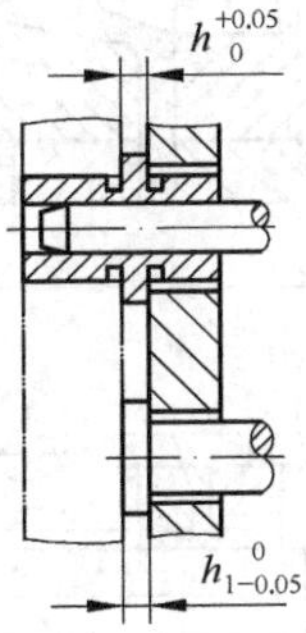	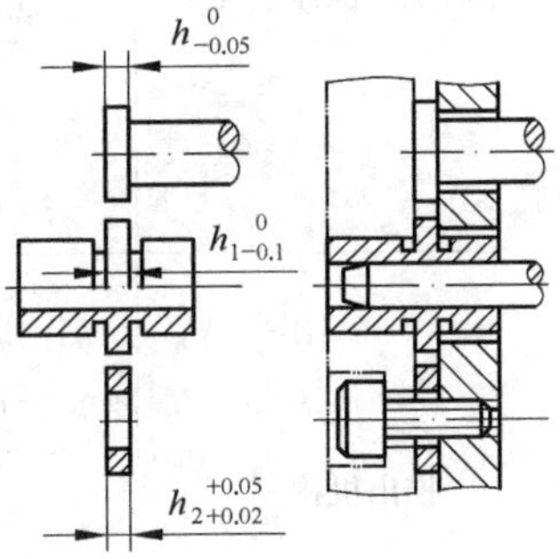

表 3-5-45 模具零件径向配合

零部件名称	配合关系简图	说明
成形零件和模套	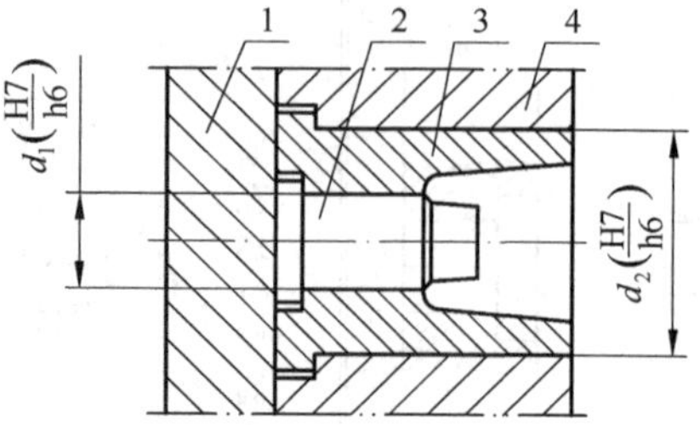	1—座板 2—型芯 3—型腔镶块 4—套板
	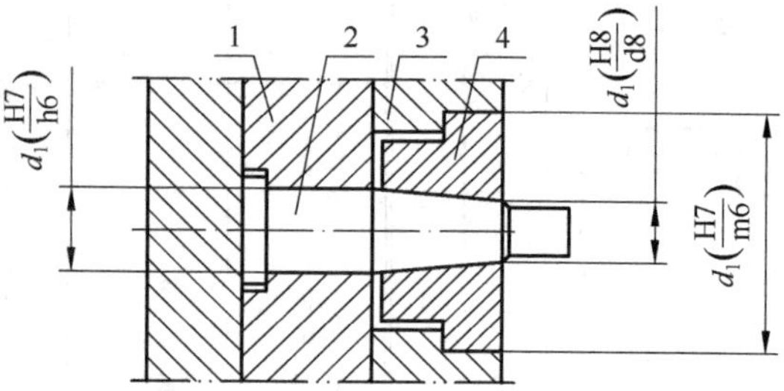	1—套板 2—型芯 3—推件板 4—推件板镶块
模套和导向零件	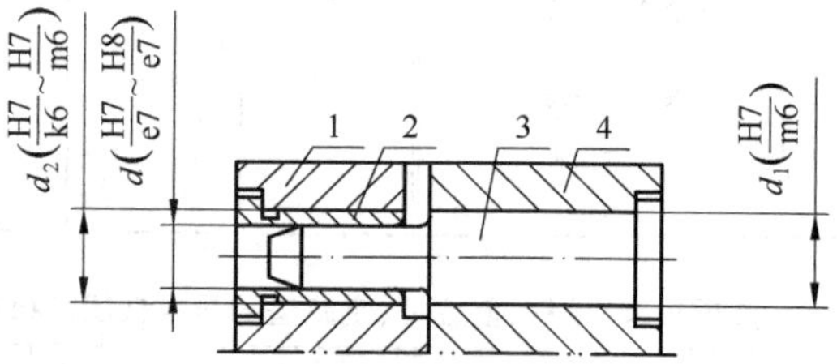	1—动模套板 2—导套 3—导柱 4—定模套板
卧式冷压室压铸机中心浇口浇注系统	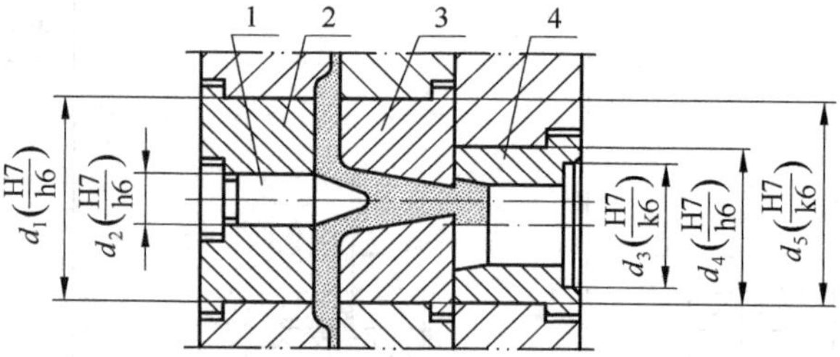	1—分流锥 2—浇道镶块 3—定模镶块 4—浇口套
推出机构	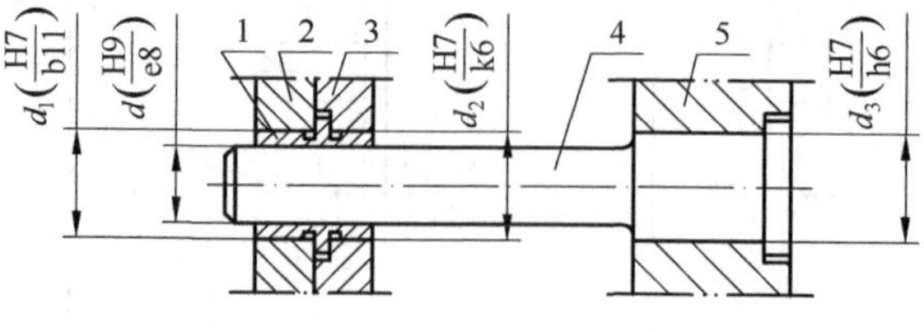	1—推板导套 2—推板 3—推杆固定板 4—导柱 5—支承板

（续表）

零部件名称	配合关系简图	说明
推出机构	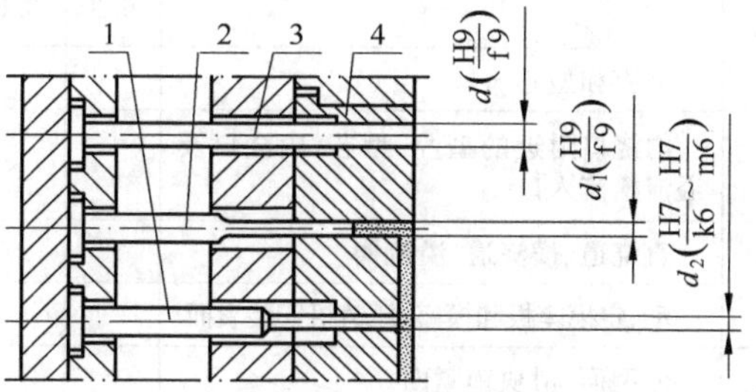	1—推杆 2—异形推杆 3—复位杆 4—动模镶块
斜销抽芯机构	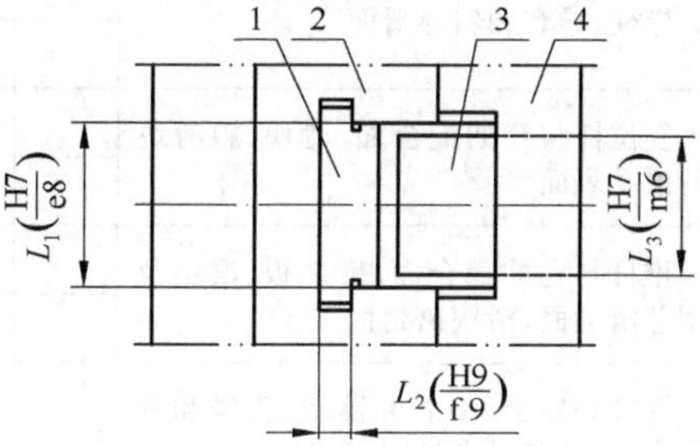	1—滑块 2—动模滑块座 3—楔紧块 4—定模滑块座
	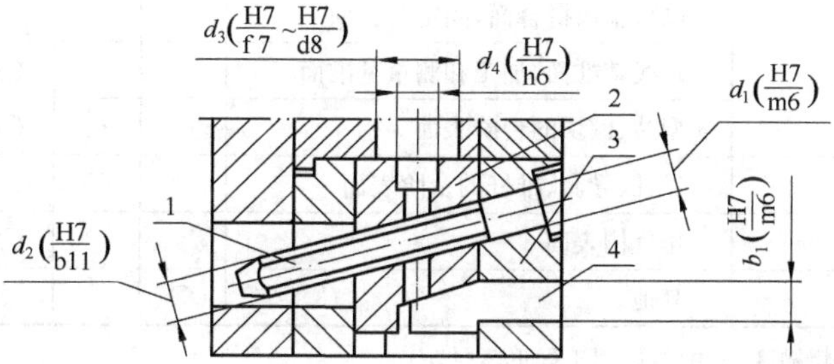	1—斜销 2—滑块 3—固定板 4—楔紧块
斜滑块抽芯机构	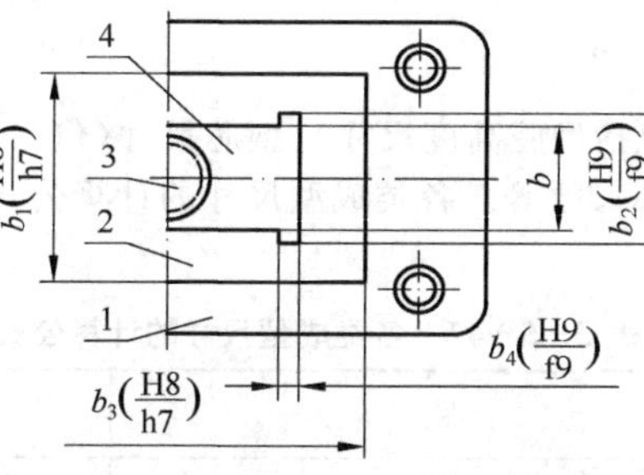	1—动模套板 2—镶座 3—型芯 4—斜滑块
	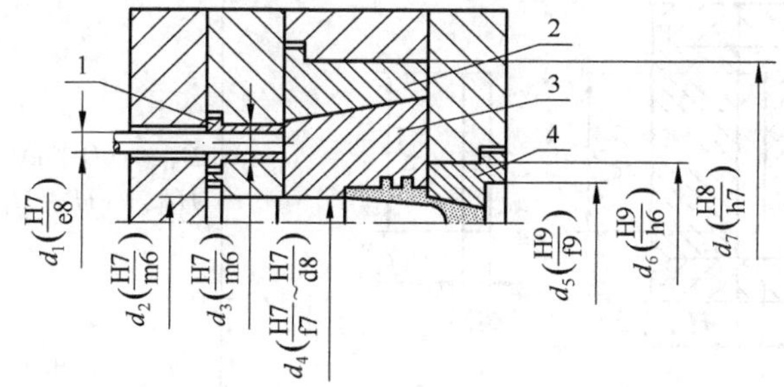	1—推杆导套 2—镶座 3—斜滑块 4—浇口套

表 3-5-46 模具零件工作部分推荐表面粗糙度

类 别		表 面 部 位	表面粗糙度 Ra(μm)						
			6.3	3.2	1.6	0.8	0.4	0.2	0.1
成形表面		型腔和型芯						○	
受金属液冲刷的表面		内浇口附近的型腔、型芯，内浇口及溢流槽流入口							○
浇注系统表面		直浇道、横浇道、溢流槽					○	○	
安装表面		动、定模座板和模座，压铸机安装表面				○			
受力较大的摩擦表面		分型面、滑块锁紧面				○	○		
导向部位表面	轴	导柱、导套和斜导滑面					○		
	孔					○			
与金属液不接触的滑动表面	轴	复位杆与孔的配合面，滑块、斜滑块的滑动表面				○			
	孔				○				
与金属液接触的滑动表面	轴	推杆与孔的配合面，推件板、镶块及型芯滑动面，滑块密封面				△	○		
	孔				△	○			
固定配合表面	轴	导柱和导套、型芯和镶块、斜销和弯销、楔紧块和模套的固定部位				○			
	孔				○△				
组合镶块拼合面		成型镶块拼合面，固定组合面				○			
加工基准面		划线基准面，加工和测量基准面			○				
受压紧力的台阶表面		型芯、镶块的台阶表面			○				
不受压紧力的台阶表面		导柱、导套、推杆的台阶表面		○	○				
排气槽表面		排气槽表面		○	○				
非配合表面		其他	○	○					

注：○、△表示适用表面粗糙度，其中△适用于异形零件。

四、模具零件设计计算

(一) 成型尺寸计算

成型尺寸主要分为型腔尺寸(包括型腔高度尺寸)、型芯尺寸(包括型芯高度尺寸)、成型部分的中心距位置尺寸、螺纹型环尺寸和螺纹型芯尺寸等。各类成型尺寸的计算公式见表 3-5-47，压铸件计算收缩率见表 3-5-48。

表 3-5-47 各类成型尺寸的计算公式

尺寸类别	简 图	计 算 公 式
型腔尺寸	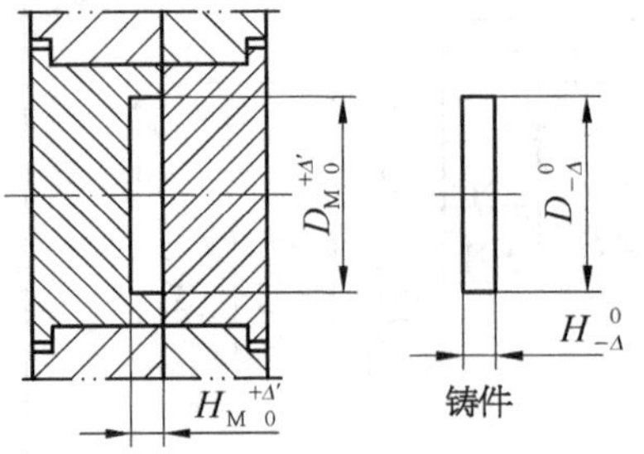	$D_M=(D+D\varphi-0.7\Delta)_{0}^{+\Delta'}$ $H_M=(H+H\varphi-0.7\Delta)_{0}^{+\Delta'}$

（续表）

尺寸类别	简　图	计　算　公　式
型芯尺寸	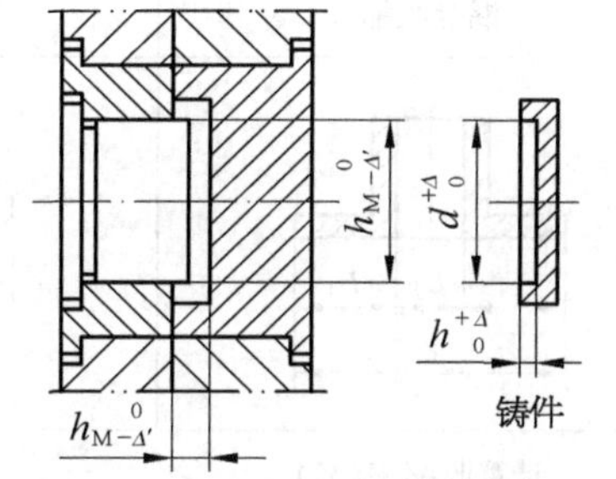	$d_M=(d+d\varphi+0.7\Delta)_{-\Delta'}^{0}$ $h_M=(h+h\varphi+0.7\Delta)_{0}^{+\Delta'}$
中心距 位置尺寸	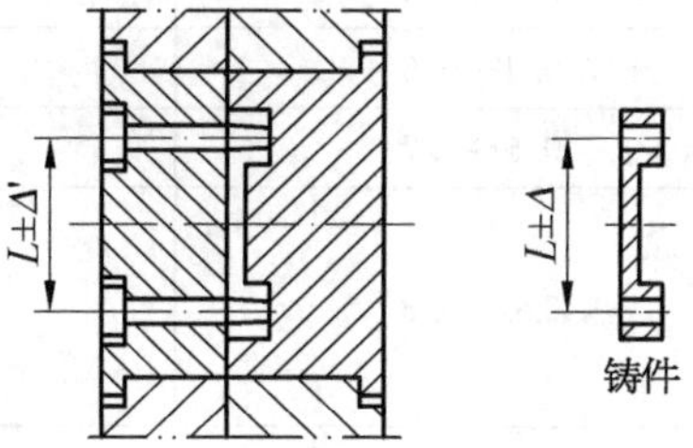	$L_M=(L+L\varphi)\pm\Delta'$
螺纹型环 尺寸	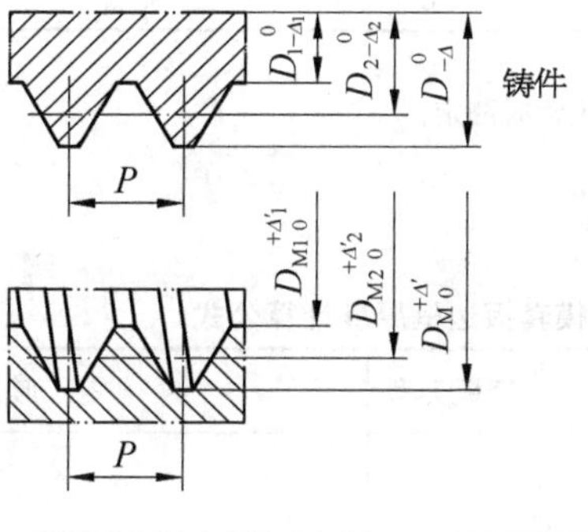	$D_M=(D+D\varphi-0.75\Delta)_{0}^{+0.25\Delta}$ $D_{M2}=(D_2+D_2\varphi-0.75\Delta_2)_{0}^{+0.25\Delta_2}$ $D_{M1}=[(D_1-X_{min})(1+\varphi)-0.75\Delta_1]_{0}^{+0.25\Delta_1}$
螺纹型芯 尺寸	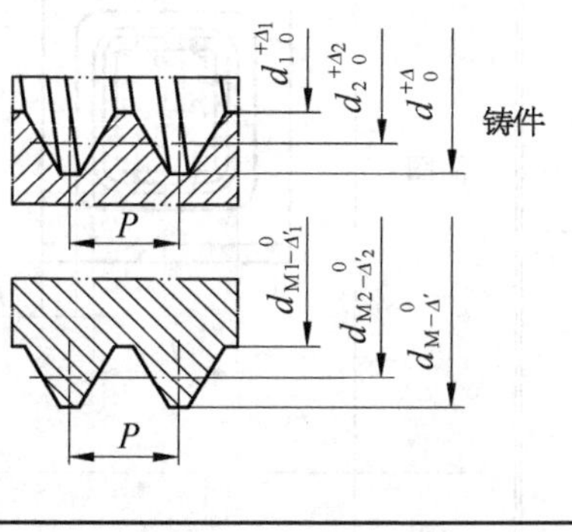	$d_M=(d+d\varphi+0.75\Delta)_{-0.25\Delta}^{0}$ $d_{M2}=(d_2+d_2\varphi+0.75\Delta_2)_{-0.25\Delta_2}^{0}$ $d_{M1}=(d_1+d_1\varphi+0.75\Delta_1)_{-0.25\Delta_1}^{0}$

注：1. 表图未标注的符号意义如下：φ—铸件的计算收缩率（%），见表3-5-48；Δ'—成型部分基本尺寸的制造公差（mm）；Δ—铸件尺寸公差或螺纹大径公差（mm）；Δ_1—螺纹小径公差（mm）；Δ_2—螺纹中径公差（mm）；X_{min}—螺纹小径的最小配合间隙（mm），可取（0.02～0.04）P。

2. 压铸件的脱模斜度不包括在D_M、d_M的公差范围内。

3. 型腔尺寸计算中，铸件偏差规定为下偏差；型芯尺寸计算中，铸件偏差规定为上偏差；中心距位置尺寸计算中，铸件偏差规定为双向等值偏差。不符合规定时，应在不改变铸件尺寸极限值的条件下，变换基本尺寸及偏差值。

4. 需留机械加工余量的铸件，型腔、型芯成型尺寸均按中心距位置尺寸公式计算。

5. 螺纹型芯和型环的螺距P可不加收缩量，其制造偏差取0.02 mm。

表 3-5-48 压铸件计算收缩率

合金类别	收缩条件		
	阻碍收缩	混合收缩	自由收缩
	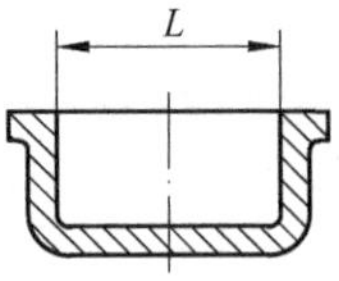	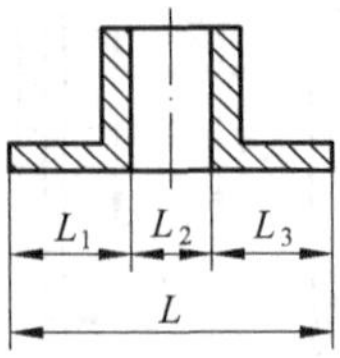	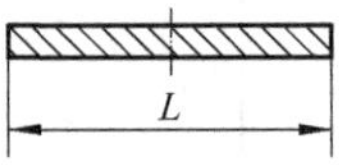
	计算收缩率(%)		
铅锡合金	0.2～0.3	0.3～0.4	0.4～0.5
锌合金	0.3～0.4	0.4～0.6	0.6～0.8
铝硅合金	0.3～0.5	0.5～0.7	0.7～0.9
铝硅铜合金 铝镁合金 镁合金	0.4～0.6	0.6～0.8	0.8～1.0
黄　铜	0.5～0.7	0.7～0.9	0.9～1.1
铅青铜	0.6～0.8	0.8～1.0	1.0～1.2

注：1. L_1、L_3为自由收缩，L_2为阻碍收缩。
　　2. 收缩率数据是在模具温度、浇注温度等工艺参数正常时测定。

（二）动、定模套板边框厚度计算

动、定模套板边框厚度计算公式见表 3-5-49。

表 3-5-49 动、定模套板边框厚度计算公式

套板类型	圆形套板	套板类型	矩形套板
简　图	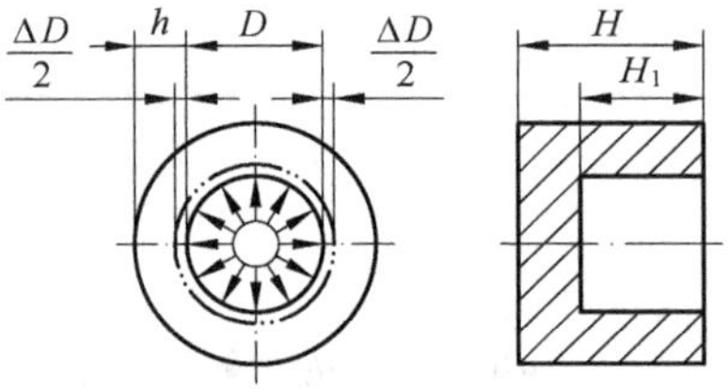	简图	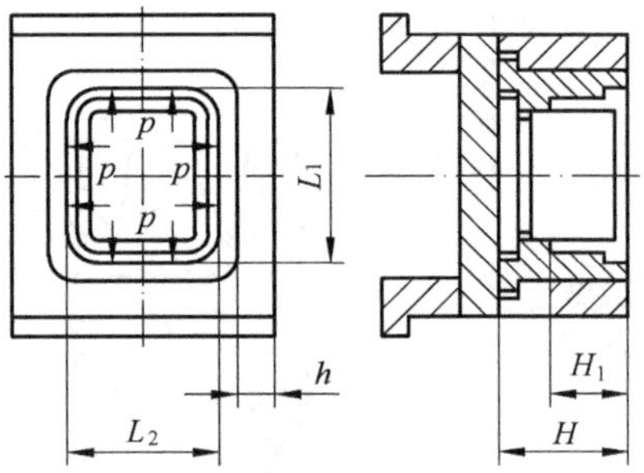
计算公式	$h \geqslant \frac{DpH_1}{2[R_m]H}$　$\frac{D}{2}=\frac{D^2p}{4hE}$		
简　图	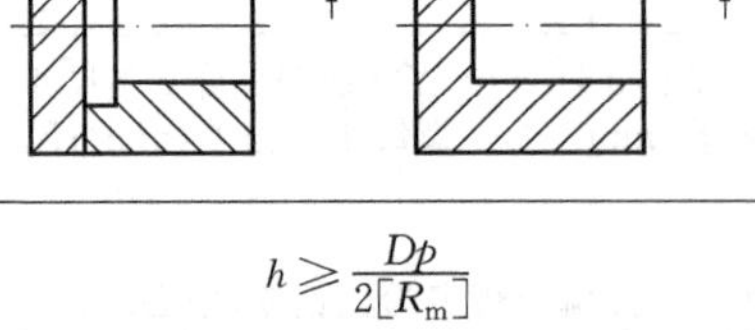	计算公式	$h=\frac{P_2+\sqrt{P_2^2+8H[R_m]P_1L_1}}{4[R_m]H}$ 其中　$P_1=pL_1H_1$ $P_2=pL_2H_1$
计算公式	$h \geqslant \frac{Dp}{2[R_m]}$		

注：h—套板边框厚度(mm)；D—镶块外径(mm)；p—压射比压(MPa)；$[R_m]$—许用抗拉强度，取 82～100 MPa；E—弹性模量，取 2.1×10^5 MPa；H_1—型腔深度(mm)；H—套板厚度(mm)；P_1、P_2—边框侧面总压力(N)。

（三）推出距离计算

推出距离计算公式见表 3－5－50。

表 3－5－50　推出距离计算公式

推出方式	简　　图	计　算　公　式	说　　明
直线推出	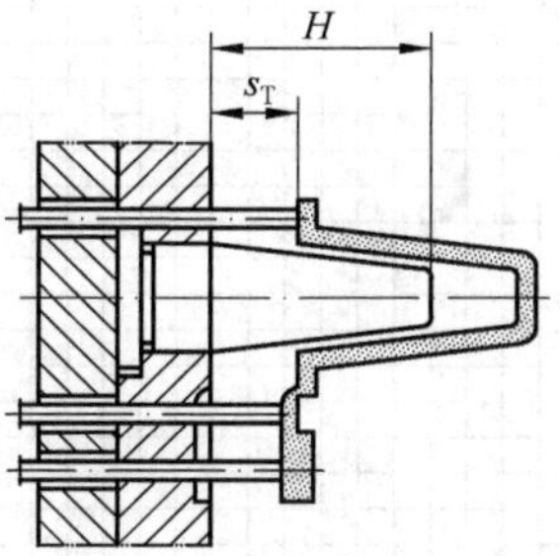	(1) $H \leqslant 20$ mm 时 $s_T \geqslant H+K$ (2) $H>20$ mm 时 $\frac{1}{3}H \leqslant s_T \leqslant H$ (3) 使用斜钩推杆时 $s_T \geqslant H+10$	s_T—直线推出距离(mm)。当脱模斜度小或成形长度较大时，s_T取较大值 H—滞留铸件的最大成形长度(mm)。当凸出成形部分为阶梯时，H 值以各阶梯中最长一段计算 K—安全值，常取 3～5 mm
旋转推出	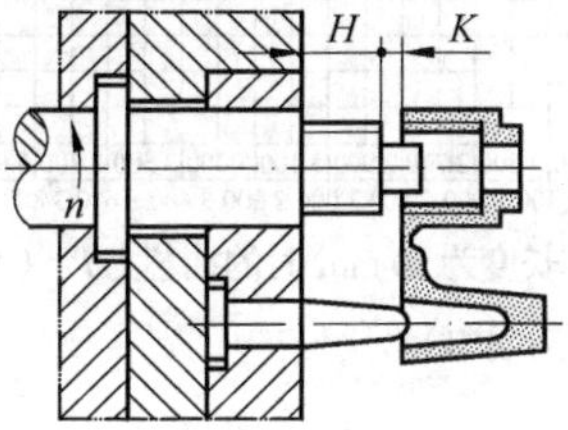	$n_T \geqslant \frac{H+K}{T}$	n_T—旋转推出转数 H—成形螺纹长度(mm) T—螺纹导程(mm)
摆动推出	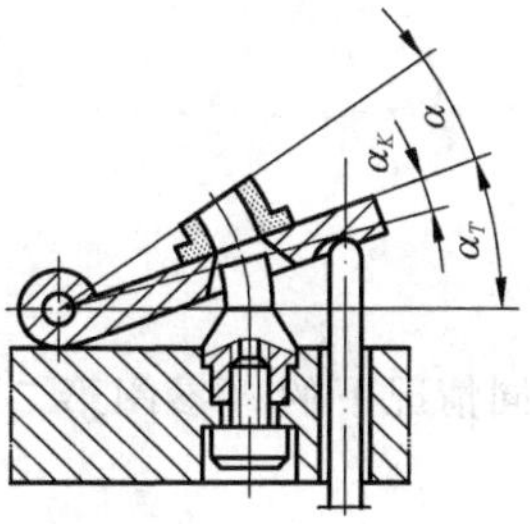	$\alpha_T=\alpha+\alpha_K$	α_T—推出摆动角(°) α—铸件旋转面夹角(°) α_K—安全值，一般取 3°～5°

注：当抽芯或模具结构等方面需要增加推出距离时，允许推出距离相应增大。

（四）推出机构设计计算

1. 抽芯力计算

抽芯力按表 3－5－51 中公式或按图 3－5－1 确定。

表 3－5－51　抽芯力计算公式

简　　图	计　算　公　式	说　　明
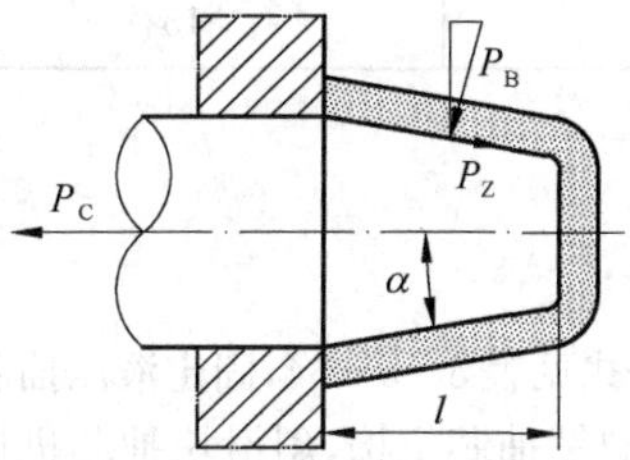	$P_C=P_Z\cos\alpha-P_B\sin\alpha$ $=Alp(\mu\cos\alpha-\sin\alpha)$	P_C—起始抽芯力(N) P_Z—抽芯阻力(N) P_B—铸件冷凝收缩后对型芯产生的包紧力(N) A—被铸件包紧的型芯成形部分断面周长(mm) l—被铸件包紧的型芯成形部分长度(mm) p—挤压应力(单位面积的包紧力)，锌合金取 6～8 MPa，铝合金取 10～12 MPa，铜合金取 12～16 MPa α—型芯成形部分的脱模斜度(°) μ—压铸合金与型芯的摩擦系数，取 0.2～0.25

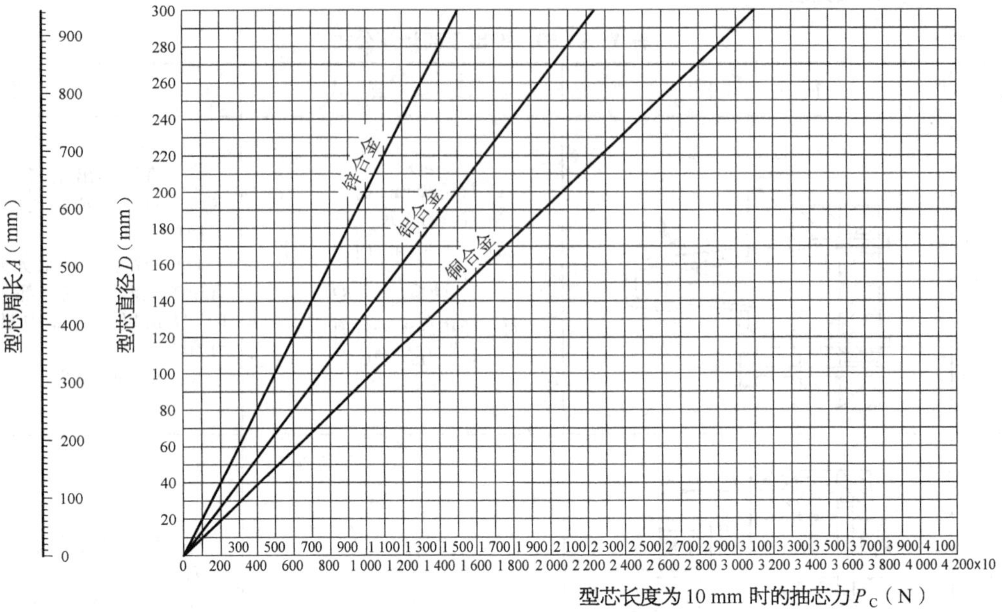

（型芯增长时，抽芯力成比例增加）

图 3-5-1 抽芯力计算线图

2. 抽芯距计算

抽芯距按下式计算：

$$s_C = s_Y + K$$

式中 s_C——抽芯距(mm)；

s_Y——滑块型芯完全脱出成形处的移动距离(mm)，确定不同情况下的 s_Y 参阅第二篇第三章“注射模设计”；

K——安全值，按表 3-5-52 选定。

表 3-5-52 常用抽芯机构抽芯距计算安全值 *K*

s_Y	斜销、弯销、手动抽芯	齿轮齿条抽芯	斜滑块抽芯	液压抽芯
≤10	3～5	5～10(取整齿)	2～3	
>10～30			3～5	
>30～80	5～8			8～10
>80～180				10～15
>180～360	8～12			>15

注：1. 当所抽型芯直径大于型芯深度时，安全值 K 应按直径尺寸选取。

2. 同一抽芯滑块上有多个型芯时，安全值 K 应按型芯最大移动距离选取。

3. 液压抽芯机构设计计算

液压抽芯机构楔紧滑块所需作用力计算见表 3-5-53，抽芯器锁芯力计算公式见表 3-5-54，固定液压抽芯器用的单个螺钉受力分析和计算见表 3-5-55，螺钉直径按表 3-5-56 选用。斜销抽芯机构、斜滑块抽芯机构等的设计计算参阅第二篇“塑料模具设计”。

表 3-5-53 楔紧滑块所需作用力计算公式

简图	计算公式	说明
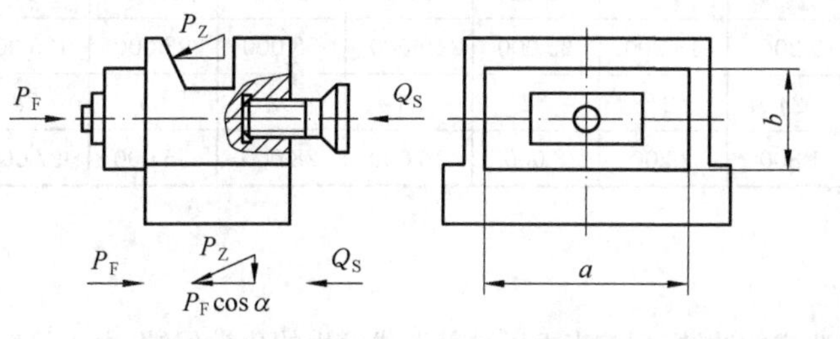	$P_Z \geqslant K\dfrac{P_F - Q_S}{\cos\alpha} = K\dfrac{pF - Q_S}{\cos\alpha}$	P_Z—楔紧滑块所需的作用力(N) P_F—压铸时的反压力(N) P—压射比压(MPa) F—受压铸反力的投影面积(mm^2) Q_S—抽芯器锁芯力，见表 3-5-54 α—滑块楔紧角(°)

表 3-5-54 抽芯器锁芯力计算公式

简图		计算公式		说明
抽芯时有背压	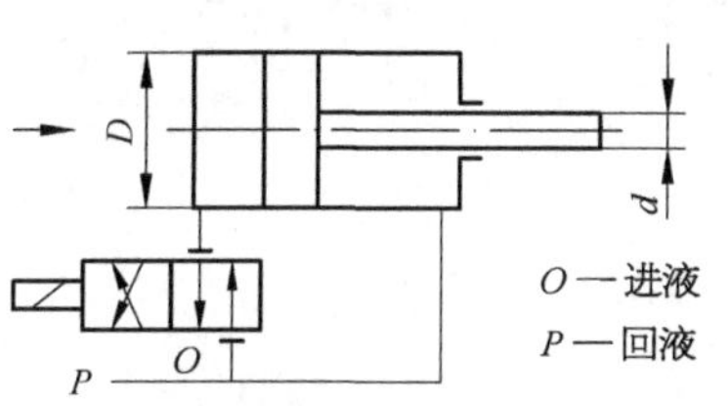	$Q_S = p\dfrac{\pi d^2}{4}$		Q_S—抽芯器锁芯力(N) p—管路压力(MPa) Q_C—抽芯器抽芯力(N) d—抽芯器活塞杆直径(mm) D—抽芯器活塞直径(mm)
抽芯时无背压	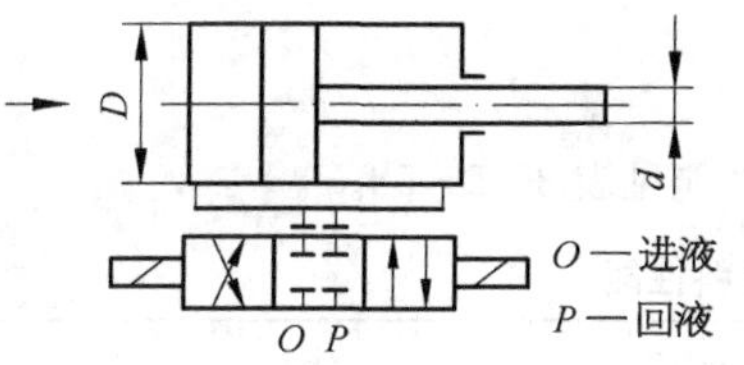	已知抽芯器活塞直径 D(mm)： $Q_S = p\dfrac{\pi D^2}{4}$	已知抽芯器活塞杆直径 d(mm)： $Q_S = Q_C + p\dfrac{\pi d^2}{4}$	

表 3-5-55 单个螺钉受力分析和计算

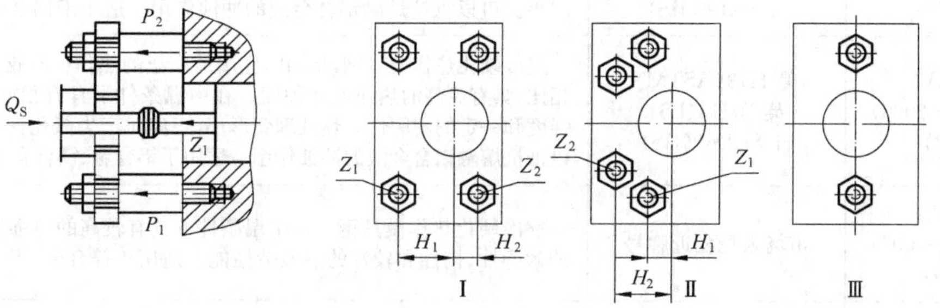

锁芯力	计算公式		说明
形式Ⅰ 锁芯力 Q_S 处在螺钉之间，但偏心距离 H_1 与 H_2 不等	$P_1 = \dfrac{KQ_S}{Z_1\left(1+\dfrac{H_1}{H_2}\right)}$	$P_2 = \dfrac{KQ_S}{H_2\left(1+\dfrac{H_2}{H_1}\right)}$	P、P_1、P_2—螺钉所受的力(N) K—安全值，取 1.25～1.5 Q_S—抽芯器锁芯力(N) Z—螺钉总数 Z_1—偏心距离为 H_1 的螺钉数 Z_2—偏心距离为 H_2 的螺钉数 H_1、H_2—偏心距离(mm)
形式Ⅱ 锁芯力 Q_S 偏于螺钉的一侧	$P_1 = \dfrac{KQ_S\left(1+\dfrac{H_1}{H_2-H_1}\right)}{Z}$		
形式Ⅲ 锁芯力 Q_S 处在螺钉中心线上	$P = \dfrac{KQ_S}{Z}$		

表 3-5-56　螺钉直径选用

螺钉直径 d(mm)	M6	M8	M10	M12	M16	M20	M24	M30	M36
螺钉小径 d'(mm)	4.7	6.37	8	9.7	13.4	16.7	20.1	25.4	31
容许载荷 P(N)	3 100	5 800	9 200	13 200	25 000	40 000	58 000	92 000	135 000
螺钉间最小距离 L(mm)	16	20	24	27	32	41	52	65	78
扳手最大许用扭矩 T(N·mm)	400	950	1 800	3 200	8 000	16 000	28 000	55 000	97 000

五、压铸模具材料选用

（一）压铸模材料的性能要求

压铸模失效的主要形式为：金属液高速射入造成的冲蚀；型腔表面以黏着形式发生的化学侵蚀；由于热应力作用而产生的热疲劳破坏；推出或抽芯机构的断裂或弯曲。对于锌合金等低熔点合金，腐蚀和机械冲蚀是压铸模的主要实效形式。对于高熔点合金，成形零件的热疲劳是压铸模失效的主要形式。推出或抽芯机构的强度和刚度不足将导致有关零件的断裂或弯曲。

压铸模材料的基本性能要求如下：

（1）较大的高温强度和韧度。

（2）优良的高温耐磨性、抗氧化性和回火稳定性。

（3）热膨胀系数小，具有良好的导热性和抗热疲劳性能。

（4）高的耐溶蚀性。

（5）淬透性好，热处理变形小。

（6）较好的切削加工性能。

（7）材料内部组织均匀，无缺陷。

（二）压铸模常用材料性能

常用国产压铸模材料性能见表 3-5-57，部分进口压铸模材料性能见表 3-5-58。

表 3-5-57　常用国产压铸模材料性能

钢　　号	国外同类钢号	性　　　　能
4Cr5MoSiV (GB/T 1299—2000) (T20501)	美 H11(ASTM) 英 BH11(BS) 日 SKD6(JIS)	空冷硬化热作模具钢。在中温条件下具有很好的韧性，较好的热强度、热疲劳强度和一定的耐磨性。热处理变形小，空淬时产生氧化铁皮的倾向小。可以抵抗熔融铝合金液的冲蚀作用。适用于铝合金压铸模
4Cr5MoSiV1 (GB/T 1299—2000) (T20502)	美 H13(ASTM) 英 BH13(BS) 日 SKD61(JIS)	空冷硬化热作模具钢，是国内应用最广泛的热作模具钢。与 4Cr5MoSiV 相比，具有更高的热强度和硬度。在中温条件下具有很好的韧性、热疲劳强度和一定的耐磨性。热处理变形小，空淬时产生氧化铁皮的倾向小。可以抵抗熔融铝合金液的冲蚀作用。适用于铝合金、镁合金、铜合金压铸模
4Cr5W2VSi (GB/T 1299—2000) (T20520)	市场未见相近牌号	空冷硬化热作模具钢。在中温条件下具有较高的热强度、硬度，有较高的耐磨性、韧性和较好的热疲劳性能。适用于锌合金、铝合金压铸模
3Cr2W8V (GB/T 1299—2000) (T20280)	美 H21(ASTM) 英 BH21(BS) 日 SKD5(JIS)	在高温下有较高的强度和硬度，但其韧性、塑性和热疲劳性能较差。目前逐渐被新型高性能热作模具钢替代，应用趋于减少。可用于铜合金压铸模
3Cr3Mo3W2V (GB/T 1299—2000) (T20403)	市场未见相近牌号	简称 HM-1，是我国研制的综合性能优良的高强韧性热作模具钢。有较高的热强性、热疲劳性能，又有良好的耐磨性和抗回火稳定性。模具寿命比 3Cr2W8V 高 1～4 倍。适用于高温、高负荷、急热急冷条件下工作的压铸模
3Cr3Mo3VNb （未纳标）	市场未见相近牌号	曾用代号 HM-3、25Nb，是我国研制的新型超高强韧性热作模具钢。与同类型热作模具钢相比，有高的高温韧性和抗热疲劳性能。适用于有色金属压铸模

表 3-5-58　部分进口压铸模材料性能

国外牌号	我国 GB 牌号	性能特点与用途
8407 2M 8407 SUPREME	4Cr5MoSiV1	通用热作模具钢，瑞典 ASSAB 厂家牌号。具有较高的热强度和硬度，在中温条件下具有很好的韧性、热疲劳性能和一定的耐磨性。用于压铸模、挤压模等
QRO-90	4Cr3Mo2V	热作模具钢，瑞典 ASSAB 厂家牌号，专利钢种。高温强度高，导热性好，耐热冲击，抗热疲劳。适用于铝合金、铜合金压铸模
H11	4Cr5MoSiV	美国(AISI/SAE、ASTM)H 系列热作模具钢。在中温条件下具有良好的韧性，较高的热强度，较好的热疲劳性能和一定的耐磨性。适用于铝合金压铸模
H13	4Cr5MoSiV1	美国(AISI/SAE、ASTM)H 系列热作模具钢，在我国有广泛应用。在中温条件下具有很好的韧性、热疲劳性能和一定的耐磨性。适用于非铁合金压铸模
H21	3Cr2W8V	美国(AISI/SAE、ASTM)H 系列热作模具钢，在我国有广泛应用。该钢在高温下(650℃)具有较高的强度和硬度，但韧性和塑性较差。可用于铜合金压铸模
SKD5	3Cr2W8V	日本(JIS)标准热作模具钢。高温强度、硬度高，有较好的导热性和耐热疲劳性。适于制造高温、高应力，但不受冲击负荷的压铸铜合金、铝合金、镁合金压铸模
SKD6	4Cr5MoSiV	日本(JIS)标准热作模具钢。在中温条件下有很好的韧性，较好的热强度、热疲劳性能和一定的耐磨性。适用于铝合金压铸模
SKD61	4Cr5MoSiV1	日本(JIS)标准热作模具钢。高温强度、韧性好，耐热疲劳性好，淬透性好，热处理变形小。适宜制造铝合金、镁合金、锌合金压铸模
DHA1	4Cr5MoSiV1	通用热作模具钢，日本大同特殊钢(株)厂家牌号。淬透性高，抗高温回火软化性和抗热熔蚀性良好，热疲劳性能和耐高温冲击性能优良。用于铝合金、铜合金压铸模
DH21	4Cr5Mo2SiV	热作模具钢，日本大同特殊钢(株)厂家牌号。抗热疲劳开裂性能好，模具寿命较高，主要用于铝合金压铸模
DH2F	4Cr5MoSiVS	易切削预硬化模具钢，日本大同特殊钢(株)厂家牌号，属 SKD61 改良型，预硬化后硬度 37～41 HRC。韧性良好，用于形状复杂、精密的压铸模
DH31S		大型压铸模用钢，日本大同特殊钢(株)厂家牌号。淬透性高，抗热疲劳开裂性和抗热熔蚀性良好。用于铝合金、镁合金压铸模
DH42	4Cr3W2Co2Mo	铜合金压铸模用钢，日本大同特殊钢(株)厂家牌号。高温强度高，耐磨性、韧性好。用于铜合金压铸模
GSW2344	4Cr5MoSiV1	通用压铸模用钢，德国德威公司厂家牌号，属 H13 类型。韧性高，耐热性良好。用于锌合金、铝合金压铸模
X38CrMoV51 (1.2343)	4Cr5MoSiV	德国(DIN)标准钢号，类似于美国 H11。具有良好的塑性和韧性，耐热疲劳性、耐磨性较好，淬透性、尺寸稳定性好。适用于铝合金压铸模
X40CrMoV51 (1.2344)	4Cr5MoSiV1	德国(DIN)标准钢号，类似于美国 H13，韧性、塑性、耐磨性好，高温强度及耐热疲劳性良好，淬透性好，热处理变形小。适用于非铁合金压铸模
X30WCrV93	3Cr2W8V	德国(DIN)标准热作模具钢，具有较高的热强度和硬度，耐冷热疲劳性良好，但韧性和塑性较差。适于制作高温、高应力下，不受冲击负荷的铝合金、铜合金压铸模
STD61	4Cr5MoSiV1	热作模具钢，韩国重工业(株)厂家牌号，近似于美国 H13。具有良好的高温强度和韧性，耐热疲劳性好。适宜制造锌合金、铝合金、铜合金压铸模
HDS-1		热作模具钢，韩国重工业(株)厂家牌号，是美国 H13 的改良型。具有良好的高温强度、韧性和塑性，耐热疲劳性、淬透性好。适用于锌合金、铝合金、铜合金压铸模

（三）压铸模零件材料选用

压铸模零件常用材料和热处理要求见表 3－5－59，压铸模常用材料牌号对照见表 3－5－60。

表 3－5－59　压铸模零件常用材料和热处理要求

压铸模零部件		中国 GB		北美 NADCA		日本 JIS	德国 DIN	瑞典 ASSAB
型腔镶块、型芯	锌合金	3Cr2W8V 4CrW2Si 5CrNiMo 4Cr5MoSiV1	46～50 HRC	H13 P20	44～46 HRC	SKD6 SKD61	X38CrMoV51 X40CrMoV51	8407 2M
	铝合金	3Cr2W8V 4Cr5MoSiV 4Cr5MoSiV1	48～52 HRC	H11 H13	44～46 HRC			
	镁合金							
	铜合金	3Cr2W8V	50～55 HRC	H21	48～52 HRC	SKD5	X30WCrV93	
浇道镶块、浇口套、分流锥、推出元件	锌合金	3Cr2W8V 5CrMnMo 5CrNiMo	44～48 HRC	H13	44～46 HRC	SKD61		
	铝合金							
	镁合金							
	铜合金			H21	48～52 HRC			
导柱、导套、滑块、楔紧块、斜销、弯销、推杆、复位杆		T8A T10A 9Mn2V	50～55 HRC	SAE1020	48～50 HRC	SK3 SK4 SK5		
动模套板、定模套板、支承板		45 钢	调质 220～250HB	SAE4130 SAE4135 SAE4140 SAE4125	30～34 HRC	S50C S55C		
模座、动定模底板、垫块		30～45 钢 Q235A		SAE1020				

注：1. NADCA 为北美压铸协会标准，所列钢号为美国 AISI/SAE、ASTM 标准。

2. 锌合金、铝合金、镁合金压铸模的型腔镶块、型芯，经淬火后，可根据需要对成形面进行软氮化处理，氮化层深度 0.08～0.15 mm，硬度≥600 HV，也可进行其他表面强化处理。

表 3－5－60　压铸模常用材料牌号对照

中国 GB	美国 AISI	日本 JIS	德国 DIN	瑞典 ASSAB	奥地利 BOHLER	英国 B. S	法国 NF
4Cr3Mo3SiV	H10	SKD7	X32CrMoV33	HWT－11	W321	BH10	320CV28
4Cr5MoSiV	H11	SKD6	X38CrMoV51		W300	BH11	Z38CDV8
4Cr5MoSiV1	H13	SKD61	X40CrMoV51	8407	W302	BH13	
3Cr2W8V	H21	SKD5	X30WCrV93	2730(SIS)	W100	BH21	Z30WCV
5CrNiMo	L6	SKT4	55NiCrMoV6	2550(SIS)		PMLB/1	55NCDV
4CrW2Si	S1		35WCrV7	2710		BS1	
T8A	W108	SK6	C80W1				Y175
T10A	W110	SK4	C105W1	1880		BW1A	Y2105
45	1045	S45C	C45	1650(SIS)	C45	060A47	XC45

第四篇　模具制造技术

第一章　铣 削 加 工

一、铣削加工机床技术参数

（一）立式铣床和万能工具铣床技术参数

立式铣床通用性较强，可以加工平面、成形面、孔及孔系等。万能工具铣床具有水平主轴、垂直主轴及万能角度工作台、圆工作台等，在一次装夹下能完成外形复杂的工件加工。立式升降台铣床和万能工具铣床主要技术参数分别见表 4-1-1 和表 4-1-2。

表 4-1-1　立式升降台铣床主要技术参数

型　　号		X5020B/XQ5025B	X5020C/XQ5025C	X5032A/X5036A	X5040A	XA5032	B1-400K	X53K	FX5045
工作台工作面宽×长(mm)		200×900/250×900	200×900/250×900	320×1 400	400×1 700	320×1 250	400×1 600	400×1 600	500×1 800
工作台最大行程	纵向(mm)	500	500	900	1 000	700	900	900	1 330
	横向(mm)	190	190	335	400	255	315	315	360
	垂向(mm)	360	360	450	480	370	380	385	630
工作台进给量范围	纵向(mm/min)	20～540	25～680	22～1 028	22～1 028	23.5～1 180	19～950	23.5～1 180	16～800
	横向(mm/min)	14～380	17～480	22～1 028	22～1 028	23.5～1 180	12.6～634	15～786	16～800
	垂向(mm/min)	7～190	8.5～240	9～427	9～427	8～394	6.3～317	770	5～250
工作台进给级数		8	8	12	12	18	18	18	18
工作台快速进给量	纵向(mm/min)	2 700	2 700	2 350	2 350	2 300	2 300	2 300	3 000
	横向(mm/min)	1 800	1 800	2 350	2 350	2 300	1 540	1 540	3 000
	垂向(mm/min)	1 000	1 000	915	915	770	770	770	1 000
工作台T形槽	槽数	3	3	3	3	3	3	3	6
	槽宽(mm)	14	14	18	18	18	18	18	18
	槽距(mm)	45/60	45/60	80	80	70	90	90	63
主轴转速	范围(r/min)	60～1 650	125～2 500	35～1 830	35～1 830	30～1 500	30～1 500	30～1 500	45～1 800
	级数	8	8	18	18	18	18	18	17
主轴端面至工作台面最小距离(mm)		20～380	10～370	60（最小）	60（最小）	45～415	30～500	30～500	95～725
主轴轴线至垂直导轨面距离(mm)		265	265	360	450	350	450	450	450
主轴锥孔		ISO40	ISO40	ISO50	ISO50	ISO50	ISO50	ISO50	ISO50
立铣头最大回转角度		±45°	±45°	±45°	±45°	±45°	±45°	±45°	±45°
定位精度(mm)		0.03/300	0.03/300	0.03/300	0.03/300				
重复定位精度(mm)		±0.02	±0.02	±0.02	±0.02				
表面粗糙度 Ra(μm)		1.25	1.25	1.25	1.25	1.6	1.6	1.6	3.2
工作台最大承受质量(kg)		150	150			500	800		1 500
备　　注		桂林机床股份有限公司				北京第一机床厂		南通科技	长征机床

表 4-1-2　万能工具铣床主要技术参数

型　号		X8126B/ X8126C	X8130	X8130A	X8132	X8140	X8150
水平工作台宽×长(mm)		280×700	300×750	320×750	320×750	400×800	500×900
水平工作台 T形槽	槽数	5	5	5	5	6	8
	槽宽(mm)	14	14	14	14	14	18
	槽距(mm)	45	60	63	63	63	60
垂直工作台宽×长(mm)		260×750	220×800	225×830	225×830	250×1 060	400×1 450
垂直工作台 T形槽	槽数	5	2	2	3	3	6
	槽宽(mm)	14	14	14	14	14	18
	槽距(mm)	45	126	126	63	63	60
工作台最大行程 (手动/机动)	纵向(mm)	350	405/395	405/395	405/400	500	600
	垂向(mm)	350	390/380	390/380	400/390	400	450
主轴座主轴锥孔		ISO40	ISO40	ISO40	ISO40	ISO40	ISO40
主轴座最大横向移动距离(mm)		200	200	200	305/300	400	400
立铣头立轴锥孔		ISO40	ISO40	ISO40	ISO40	ISO40	ISO40
立铣头套筒移动量(mm)		80		80	80	80	100
立铣头回转角度		±45°	±60°	±60°	±90°	±90°	±90°
卧轴轴线至水平工作台距离(mm)		35～385 42～392 132～482	35～415	35～425	85±63(最大) 485±63(最小)	95±63(最大) 475±63(最小)	160～610
垂直工作台至立导轨的距离(mm)			175	188			
立轴轴线距床身导轨的距离(mm)			660		425	540	135～535
立轴端面距水平工作台面距离(mm)			65～445	65～435	(50±63)～ (450±63)	(55±63)～ (445±63)	150～600
立轴端面至卧轴中心线的距离(mm)		95					
卧轴端面至立轴中心线的距离(mm)		131					
立、卧轴转速	范围(r/min)	立 110～1 230 卧 150～1 160	40～1 600	40～1 600	40～2 000	40～2 000	32～1 600
	级数	8	12	12	18	18	
工作台进给量	纵向(mm/min)	25～285			10～380	10～380	10～500
	横向(mm/min)				10～380	10～380	10～500
	垂向(mm/min)	25～285			10～380	10～380	10～500
主轴座 横向进给量	范围(mm/min)	25～285	8～310	8～310			
	级数		12	12			
快速进给(mm/min)		1 000	1 000	1 000	1 000	1 200	
加工精度：平面度(mm)		0.02/300	0.02/300	0.02/300	0.02/300	0.02/300	0.02/300
表面粗糙度 Ra(μm)		1.6	1.6	1.6	1.6	1.6	3.2
备　注		昆明铣床厂	万全京仪机床有限公司				昆明铣床厂

（二）数控铣床技术参数

数控铣床由数控装置按照以规定的格式编制的加工程序发出指令，控制铣床伺服系统，使铣床完成加工运动。数控铣床加工时，同时对两个或两个以上坐标轴方向进行连续控制，能够加工出复杂形状的零件。数控铣床主要技术参数见表 4-1-3。

表 4-1-3 数控铣床主要技术参数

类别	型 号	坐标行程 纵向/横向/ 垂向(mm)	主轴套筒 移动距离 (mm)	矩形工作台 宽×长 (mm)	主轴端面 至工作台 面距离 (mm)	主轴 锥孔	主轴 转速 (r/min)	机床精度(mm)		可控 轴数	备注
								定位 精度	重复定 位精度		
数控立式升降台铣床	XK5020	500/220/360		200×900	40(最小)	ISO No. 40	55～2 500	0.02/300	0.01	3	桂林机床
	XK5025	700/300/400		250×1 120	40(最小)	ISO No. 40	40～1 650	0.02/300	0.01	3	
	XK5030	700/300 400		300×1 120	40(最小)	ISO No. 40	40～1 650	0.02/300	0.01	3	
	XK5036A	900/335/480		360×1 400	50(最小)	ISO No. 50	35～1 830	0.02/300	±0.02	3	
	XK5040A	1 000/400/480		400×1 700	50(最小)	ISO No. 50	35～1 830	0.02/300	±0.02	3	
	XK5025	670/340/400		250×1 120	30～430	ISO No. 30	65～4 760	0.013	0.005	3	南通科技
	XK5032C	750/370/450	150	320×1 295	50～500	ISO No. 40	50～3 500 200～6 000	0.013	0.003 8	3	
	XKA5032A	780/300/380		320×1 320	70～450	ISO No. 50	30～1 500	±0.015	±0.005	3	北一机床
	XKA5040A	500/900/375		400×1 700	50～500	ISO No. 50	30～1 500	±0.015	±0.005	3	
数控立式床身铣床	XK714E-I	620/420/510		420×900	150～660 200～710	ISO No. 40	60～6 000	0.016	0.008	3	汉川数控
	XK715D	880/500/610		520×1 200	125～735	ISO No. 40	60～8 000	0.016	0.011	3	
	XK716D	1 200/630/700		650×1 400	127～827	ISO No. 40	60～7 000	0.016	0.011	3	
	XK950	900/50/520		500×10 600	200～720	ISO No. 40	60～6 000	0.015	0.008	3	
	XKA714 XKA714C	600/450/500		400×1 100	60～560	ISO No. 50	100～4 000 50～3 200	±0.015	±0.005	3	北一机床
	XKA715 XKA715C	900/520/550		500×1 250	60～560	ISO No. 50	100～4 000 50～3 200	±0.015	±0.005	3	
	XKB714	600/420/500		420×800	80～580	ISO No. 40	20～8 000	±0.008	±0.004	3	上海三机
	XKB715A	1 000/500/600		500×1 250	125～725	ISO No. 40	20～8 000	±0.008	±0.004	3	
	XK716	1 270/610/760		590×1 450	150～910	ISO No. 50	20～6 000	±0.010	±0.005	3	
	XK718A	1 800/800/800		900×2 200	150～950	ISO No. 50	20～6 000	±0.015	±0.008	3	
数控万能工具铣床	XK8130A	380/200/340		320×750		ISO No. 40	40～1 600	0.03	0.015	3	万全京仪
	XK8132	360/280/340		320×750	50～440	ISO No. 40	10～500 200～2 000	0.03	0.015	3	
	XK8140A	400/500/400	60	400×800		ISO No. 40	0～3 000	0.03	0.015	3	
	XK8170	800/700/500		700×900	145～645	ISO No. 40	0～3 000			3	
	XK8140 XK8140A	500/350/400	80	400×800		ISO No. 40	40～4 000 40～2 000	0.015	0.008	4	昆明机床
	XK8150A	600/400/450	100	500×900		ISO No. 40	30～3 000	0.05	0.02	4	
数控卧式铣床	XK6125B	500 120/300		250×900		Morse3#	32～1 250	0.025/300	0.015	3	黄山皖南
	XK6132	700/300/280		320×1 300		ISO No. 50	30～1 500	0.025/300	0.015	3	
	XK6042	1 100/400/375		420×1 800		ISO No. 50	30～1 500	0.025/300	0.015	3	
	XK6132	670/320/250		320×1 320		TX50	30～1 500	0.020	0.015	3	自贡长征

（三）数控铣削加工中心技术参数

数控铣削加工中心备有刀库，具有自动换刀功能。工件装夹后，数控系统能控制机床自动选择、更换刀具，自动对刀，自动改变主轴转速、进给量等，可连续完成钻、镗、铣等多种工序。立式数控铣削加工中心的主要技术参数见表 4-1-4，卧式数控铣削加工中心的主要技术参数见表 4-1-5，高速数控铣削加工中心的主要技术参数见表 4-1-6。

表 4-1-4　立式数控铣削加工中心的主要技术参数

型号	工作台		坐标行程 $X/Y/Z$ (mm)	主轴			定位精度 (mm)	重复定位精度 (mm)	可控轴数	刀库容量	备注
	宽×长 (mm)	承载质量 (kg)		端面至工作台面距离 (mm)	锥孔	转速 (r/min)					
XHA714 XHA714C	400×1 100	1 500	600/450/610	60～670	ISO No. 40	50～3 200	±0.015	±0.005	3	16	北一机床
XHA715 XHA715C	500×1 250	2 000	900/520/600	90～690	ISO No. 50	50～3 200	±0.015	±0.005	3	16	
XHAE788	800×1 600	3 000	1 400/800/710	200～910	ISO No. 40	12 000			3	20	
MAR500H	500×500	800	700/800/700	150～810	ISO No. 50	50～5 000	±0.004	±0.001 5	3	40	北一大隈
MAR630H	630×630	1 200	1 000/800/810	200～1 010	ISO No. 50	50～5 000	±0.004	±0.001 5	3	40	
XHB714	420×800	500	600/420/500	80～580	BT40	20～8 000	±0.008	±0.004	3	16	上海三机
XHA715	520×1 250	700	850/550/600	80～680	BT40	20～8 000	±0.008	±0.004	3	16	
XHA715A	500×1 600	1 300	1 200/530/780	100～880	BT40	20～8 000	±0.008	±0.004	3	16	
XHB715A	500×1 250	1 000	1 000/500/600	125～725	ISO No. 40	20～8 000	±0.008	±0.004	3	24	
XHA716A	630×1 800	1 500	1 500/660/760	150～910	ISO No. 50	20～6 000	0.010	0.005	3	24	
XHB716	630×1 800	1 500	1 500/660/760	150～910	ISO No. 50	20～6 000	0.010	0.005	3	24	
XH718A	900×2 200	2 000	1 800/800/800	150～950	ISO No. 50	20～6 000	0.015	0.008	3	24	
VMC650E	420×900	500	650/400/500	130～630	BT40	50～8 000	±0.005/300	±0.003	3	16	沈阳机床
VMC850E	500×1 000	600	850/500/540	150～690	BT40	50～8 000	±0.005/300	±0.003	3	16	
VMC700B VMC700B	420×800	600	700/440/530	130～660	BT40	8 000	±0.005/300	±0.003	3	24	
VMC850B VMC850P	500×1 000	600	850/560/650 850/520/550	150～800 150～700	BT40	8 000	±0.005/300	±0.003	3	24	
VMC1000B VMC1000P	500×1 200 520×1 200	600	1 000/610/650 1 000/520/550	150～800 150～700	BT40	8 000	±0.005/300	±0.003	3	24	
VMC1100B VMC1100P	610×1 300	1 000	1 100/610/650 1 100/630/610	124～774 150～760	BT50	6 000	±0.005/300	±0.003	3	20	
VMC1300B VMC1300P	700×1 400	1 000	1 300/700/700	140～840	BT50	6 000	±0.005/300	±0.003	3	24 20	
VMC1600B VMC1600P	800×1 700	2 000	1 600/800/800	140～940 200～1 000	BT50	6 000	±0.005/300	±0.003	3	20	
VMC2100B	800×2 200	3 000	2 100/800/800	200～1 000	BT50	6 000	±0.005/300	±0.003	3	32	
VMC2180S	800×2 000	3 000	2 100/800/850	200～1 050	BT50	20～4 500	±0.008/300	±0.005	3	32	
XH714D	400×900	600	630/400/500	125～625	ISO No. 40	60～8 000	±0.005/300	±0.003	3	16	汉川数控
XH715D	520×1 200	800	880/500/610	125～735	ISO No. 40	60～8 000	±0.005/300	±0.003	3	24	
XH715D-Ⅱ	520×1 200	800	880/500/610	125～760	ISO No. 50	30～4 000	±0.005/300	±0.003	3	20	
XH716D	650×1 400	1 500	1 200/630/700	127～827	ISO No. 40	60～7 000	±0.005/300	±0.003	3	24	
XH716E	650×1 400	1 500	1 200/630/700	150～850	ISO No. 50	50～6 000	±0.005/300	±0.003	3	24	
XH718D	880×2 160	3 000	1 800/800/750	150～900	ISO No. 50	40～4 000	±0.005/300	±0.003	3	32	
XH950	500×1 060	700	900/500/520	200～720	BT40	60～6 000	0.015	0.008	3	24	

表 4-1-5　卧式数控铣削加工中心的主要技术参数

型　号	工作台（托板）宽×长（mm）	工作台承载质量（kg）	线性轴行程 X/Y/Z（mm）	回转轴分度（B轴）（°）	主轴端面至工作台中心距离（mm）	主轴锥孔	主轴转速（r/min）	定位精度（mm）	重复定位精度（mm）	可控轴数	刀库容量	备注
XHAE7610	1 000×1 000	3 000	1 600/1 250/1 050	n×360		ISO No. 50	20～6 000	0.020	0.013	4	100	北一机床
XHAE7612	1 250×1 250	4 000	2 000/1 400/1 250	n×360		ISO No. 50	20～6 000	0.020	0.013	4	100	
TH6350	500×500	500	560/450/500	1×360	150～650	BT40	60～6 000	0.013	0.010	3	40	
TH6350APC	500×500	500	560/450/520	1×360	180～700	BT40	60～6 000	0.013	0.010	3	40	
MAR500H	500×500	800	700/800/700	1	150～850	BT50	50～5 000	±0.004	±0.001 5	3	40	北一大隈
MAR630H	630×630	1 200	1 000/800/810	1	200～1 010	BT50	50～5 000	±0.004	±0.001 5	3	40	
XH764B	400×400	500	650/550/500	0.001	150～650	ISO No. 40	20～8 000	±0.008	±0.004	4	40	上海三机
XH765A XH765B	500×500	600	700/620/600	0.001	150～750	ISO No. 40 ISO No. 50	20～6 000	±0.008	±0.004	4	40	
XH766A	630×630	1 200	1 250/1 000/800	0.001	200～1 000	ISO No. 50	20～6 000	±0.007	±0.004	4	40	
XH768B	800×800	2 000	1 250/1 000/800	0.001	200～1 000	ISO No. 50	20～6 000	±0.007	±0.004	4	40	
XH7610A XH7610B	1 000×1 600 1 000×1 000	2 000 5 000	1 500/1 200/1 035	1×360	250～1 280 500～1 300	ISO No. 50	20～6 000	±0.015 ±0.008	±0.008 ±0.005	3	40	
SEH550A	500×500	700	800/800/800	0.001	150～950	HSK-A100	10 000			4	40	
SEH630A	630×630	1 000	1 000/800/800	0.001	150～950	HSK-A100	10 000			4	40	
TH6540×40A	400×400	400	700/650/600	1×360	最小 200	ISO No. 50	20～5 000	±0.005	±0.003	3	40	沈阳机床
TH6550×50	500×500	500	700/650/600	1×360	最小 200	ISO No. 50	20～5 000	±0.005	±0.003	3	40	
TH6563×63A	630×630	1 200	1 000/850/750	1×360	最小 200	ISO No. 50	20～5 000	±0.008	±0.003	3	40	
TH6580×80	800×800	2 000	1 300/1 000/1 000	1×360	最小 200	ISO No. 50	20～5 000	±0.008	±0.005	3	60	
THS65100×100	1 000×1 000	2 000	1 500/1 200/1 000	1×360	最小 347	ISO No. 50	20～5 000	±0.008	±0.005	3	60	
MDH40P	400×400	400	630/620/710	1×360	150～860	ISO No. 40	10 000	0.014	0.006	3	40	大连机床
MDH50 MDH50A	500×500	800	780/750/800	1×360	150～950	ISO No. 50	8 000	0.014	0.006	3	40	
MDH65 MDH65A	630×630	1 300	1 050/900/900	1×360	200～1 100	ISO No. 50	8 000	0.014	0.006	3	40	
MDH80 MDH80A	800×800	2 000	1 400/1 100/1 050	1×360	200～1 250	ISO No. 50	8 000	0.014	0.006	3	40	
MDH100F	1 000×1 000	3 000	1 700/1 240/1 240	1×360	360～1 600	ISO No. 50	6 000	±0.005	±0.003	3	40	
MDH125	1 250×1 250	3 000	1 700/1 400/1 240	1×360	360～1 600	ISO No. 50	6 000	0.021	0.009	3	40	
MDH160F	1 600×1 400	10 000	2 500/1 800/1 600	0.001	400～2 000	ISO No. 50	50～3 000	±0.005	±0.003	4	40	
MDH200F	2 000×1 800	16 000	3 000/2 000/2 000	0.001	525～2 525	ISO No. 50	50～3 000	±0.005	±0.003	4	40	
HDA50	550×550	800	700/650/700	1×360	120～820	ISO No. 40	6 000	0.025	0.013	3	24	
HDA63	630×630	1 300	1 000/800/900	1×360	200～1 100	ISO No. 50	6 000	0.025	0.015	3	24	
HHMC500EA	500×500	850	800/820/850	0.001	100～950	ISO No. 50	40～6 000	0.016	0.011	4	40	汉川数控
HHMC630D HHMC630EA	630×630	1 200	1 100/950/1 000	0.001	180～1 180	ISO No. 50	40～6 000	0.016	0.011	4	40	
HMC800A HHMC800D	800×800	2 200	1 500/1 200/1 200	0.001	180～1 380	ISO No. 50	40～6 000	0.02	0.013	4	40	
HHMC1000A HHMC1000EA	1 000×1 000	3 000	1 720/1 400/1 400	0.001	180～1 850	ISO No. 50	40～6 000	0.02	0.013	4	40	
TH6350	500×600	500	630/550/550	1×360	140～690	ISO No. 50	40～6 000	0.025	0.015	3	24	

表 4-1-6 高速数控铣削加工中心的主要技术参数

型号	工作台宽×长(mm)	工作台承载质量(kg)	线性轴行程 $X/Y/Z$(mm)	A/B轴行程(°)	C轴行程(°)	主轴端面至工作台面或中心距离(mm)	主轴锥孔	主轴转速(r/min)	定位精度(mm)	重复定位精度(mm)	可控轴数	刀库容量	备注
BW60HS	630×630	800	700/630/550	B360			HSK-A63	20~16 000	0.006	0.004	4	16	沈阳机床
BW80HS	800×800	2 000	1 200/1 000/1 000	B360			HSK-A100	12 000	0.006	0.004	4	40	
D165	815×1 400	1 500	1 000/600/500				HSK-E63	36 000	0.010	0.008	3	20	
D218	1 500×2 000	10 000	2 000/1 000/800	B±360	±110		HSK-E40	32 000			5	20	
D318	1 500×3 500	14 000	3 000/1 000/800	B±360	±110		HSK-E40	32 000			5	20	
D418	1 500×4 500	18 000	4 150/1 000/800	B±360	±110		HSK-E40	32 000			5	20	
HS664	ϕ400		600/560/400	−110~+105	360		HSK-E50	36 000	0.008	0.006	5	20	
HDBS50	500×500	500	720/700/780		360	150~9 300	HSK-A60	24 000	0.008	0.004	4	60	大连机床
HDBS63	630×630	1 100	1 030/800/900		360	200~1 100	HSK-A100	16 000	0.010	0.006	4	60	
VF2-SS	356×914	680	762/406/508			102~610	BT40	12 000			3	24	哈斯·美国
VF3-SS	457×1 219	794	1 016/508/635			102~737	BT40	12 000			3	24	
VF4-SS	457×1 321	794	1 270/508/635			102~737	BT40	12 000			3	24	
VF5-SS	584×1 321	794	1 270/660/635			178~813	BT40	12 000			3	24	
VF6-SS	711×1 626	907	1 626/813/762			102~864	BT40	12 000			3	24	
F3	500×850	800	650/500/450			150~600	HSK-A63	200~20 000	0.006	0.010	3	20	牧野·日本
F5	500×1 000	1 000	900/500/450										
V22	350×450	100	320/280/300			150~450	HSK-E32	400~40 000	0.004	0.003	3	15	
V33i	450×750	300	650/450/350			150~500	ISO No.40	200~20 000	0.005	0.003	3	15	
V56i	550×1 050	800	900/550/450			150~600	ISO No.40	50~20 000	0.006	0.003 9	3	15	
V77	700×1 400	2 500	1 200/700/650			250~900	ISO No.40	50~20 000	0.010	0.006	3	20	
V99	1 000×1 800	4 000	1 500/1 000/800			250~1 050	ISO No.40	50~20 000	0.010	0.006	3	20	
a51	400×400	400	560/560/600			70~670	ISO No.40	50~15 000	0.006	0.003 9	3	40	
a61	500×500	500	730/650/730			70~800	ISO No.40	50~15 000	0.006	0.003 9	3	40	
D300	ϕ300	120	300/500/350	±120	360		ISO No.40	50~15 000	0.006	0.003 9	5	40	
D500	ϕ500	350	550/1 000/500	+30~−120	360		ISO No.40	50~14 000	0.006	0.003 9	5	40	
HSC20 linear	ϕ200	10	200/200/280	−10~+130	360		HSK-E42 HSK-E32	42 000 60 000	0.005	0.005	5	24	德马吉·德国
HSC55 linear	400×400	200	450/580/460	+10~−110	360		HSK-A63 HSK-E50	28 000 42 000	0.005	0.005	5	16	
HSC75 linear	ϕ750	800	750/600/560	−10~+110	360		HSK-A63 HSK-E50	28 000 42 000	0.005	0.005	5	30	
HSC105 linear	ϕ950	800	1 050/800/560	−10~+110	360		HSK-A63 HSK-E50	28 000 42 000	0.005	0.005	5	30	
HSM200LP	pallet size	20	160/160/200				HSK-E32	50 000	0.004	0.002	3	30	米克朗·瑞士
HSM200ULP	pallet size	8	160/160/200	B+30~−120	360		HSK-E32	50 000	0.004	0.002	5	30	
HSM400ULP	pallet size	25	500/450/360	±110	360		HSK-E40	42 000	0.004	0.002	5	30	
HSM600ULP	pallet size	120	800/600/500	B+30~−110	360		HSK-E40	42 000	0.004	0.002	5	18	
HSM800LP	600×600	800	800/600/500				HSK-E50	36 000			3	18	

二、铣削刀具

（一）立铣刀

立铣刀圆柱面上的刀刃是主切削刃，端面上的刀刃是副刀刃，工作时一般不能沿着铣刀的轴向做进给运动。立铣刀可以用于加工平面、台阶面、沟槽、成形表面等。直柄立铣刀技术参数见表 4-1-7，莫氏锥柄立铣刀技术参数见表 4-1-8，7∶24 锥柄立铣刀技术参数见表 4-1-9。

表 4-1-7　直柄立铣刀技术参数

结构形式和简图	d(mm)				d_1(mm)		L(mm)				l(mm)		齿　数		
	直径范围		推荐直径		Ⅰ组	Ⅱ组	标准系列		长系列		标准系列	长系列	粗齿	中齿	细齿
	>	⩽					Ⅰ组	Ⅱ组	Ⅰ组	Ⅱ组					
	1.9	2.36	2		4	6	39	51	42	54	7	10	3	4	
	2.36	3	2.5				40	52	44	56	8	12			
			3												
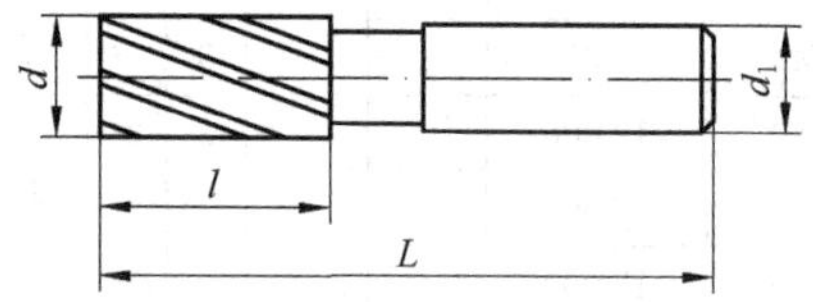 普通直柄立铣刀	3	3.75		3.5			42	54	47	59	10	15			
	3.75	4	4				43	55	51	63	11	19			
	4	4.75			5		45		53						
	4.75	5	5				47	57	58	68	13	24			
	5	6	6		6		57		68						
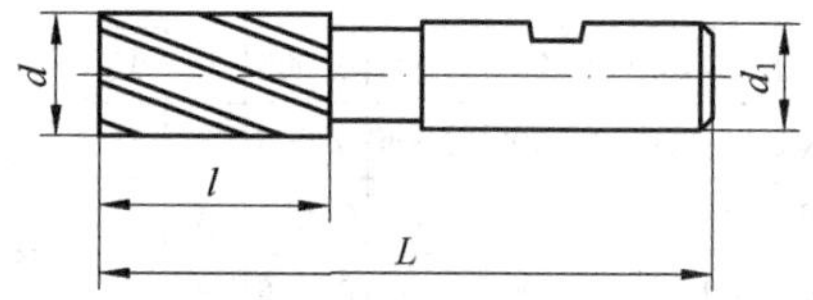 削平直柄立铣刀	6	7.5		7	8	10	60	66	74	80	16	30			
	7.5	8	8				63	69	82	88	19	38			
	8	9.5		9	10		69		88						5
	9.5	10	10				72		95		22	45			
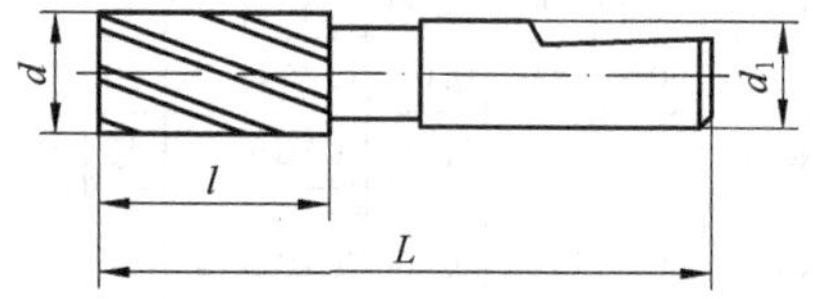 2°削平直柄立铣刀	10	11.8		11	12		79		102						
	11.8	15	12	14			83		110		26	53			
	15	19	16	18	16		92		123		32	63			
	19	23.6	20	22	20		104		141		38	75			6
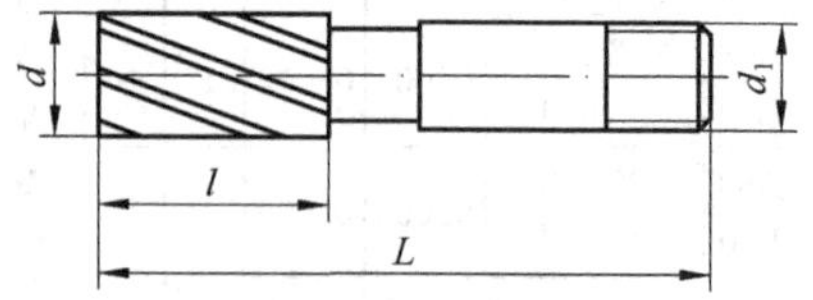 螺纹柄立铣刀	23.6	30	24	28	24		121		166		45	90			
			25												
	30	37.5	32	36	32		133		186		53	106	4	6	8
	37.5	47.5	40	45	40		155		217		63	125			
	47.5	60	50		50		177		252		75	150	6	8	10
				56											
	60	67	63		50	63	192	202	282	292	90	180			
	67	75		71	63		202		292						

注：1. 参照 GB/T 6117.1—2010。
2. a 只适用于普通直柄。
3. 总长尺寸 L 的Ⅰ组和Ⅱ组分别与直径柄部直径 d 的Ⅰ组和Ⅱ组相对应。

表 4-1-8 莫氏锥柄立铣刀技术参数

结构形式和简图	d(mm)				L(mm)				l(mm)		莫氏圆锥号	齿数		
	直径范围		推荐直径		标准系列		长系列		标准系列	长系列		粗齿	中齿	细齿
	>	≤			Ⅰ组	Ⅱ组	Ⅰ组	Ⅱ组						
	5	6	6		83		94		13	24	1	3	4	
	6	7.5		7	86		100		16	30				
	7.5	9.5	8		89		108		19	38				
				9										5
	9.5	11.8	10	11	92		115		22	45				
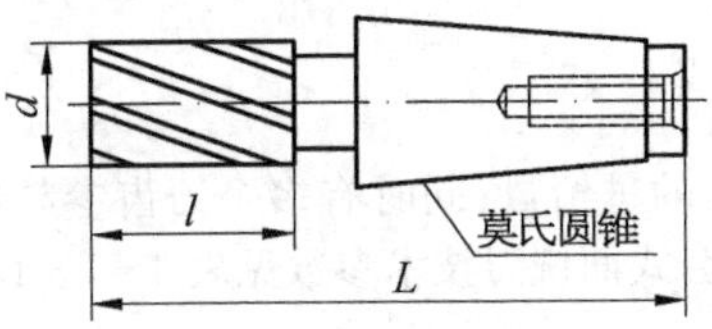 Ⅰ型	11.8	15	12	14	96		123		26	53				
					111		138				2			
	15	19	16	18	117		148		32	63				6
	19	23.6	20	22	123		160		38	75				
					140		177				3			
	23.6	30	24	28	147		192		45	90				
			25											
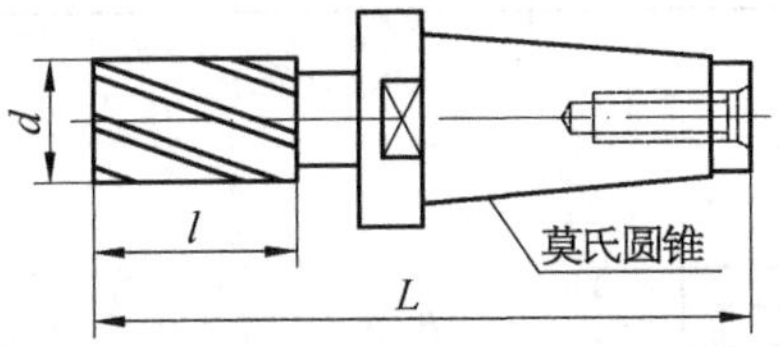 Ⅱ型	30	37.5	32	36	175		208		53	106		4	6	8
					178	201	231	254			4			
	37.5	47.5	40	45	188	211	250	273	63	125				
					221	279	283	311			5			
	47.5	60	50		200	223	275	298	75	150	4			
					233	261	308	336			5			
				56	200	223	275	298			4	6	8	10
					233	261	308	336			5			
	60	75	63	71	248	276	338	366	90	180				

注：参照 GB/T 6117.2—2010。

表 4-1-9 7∶24 锥柄立铣刀

简图	d(mm)				L(mm)		l(mm)		7∶24 圆锥号	齿数		
	直径范围		推荐直径		标准系列	长系列	标准系列	长系列		粗齿	中齿	细齿
	>	≤										
	23.6	30	25	28	150	195	45	90	30	3	4	6
	30	37.5	32	36	158	211	53	105		4	6	8
					188	241			40			
					208	261			45			
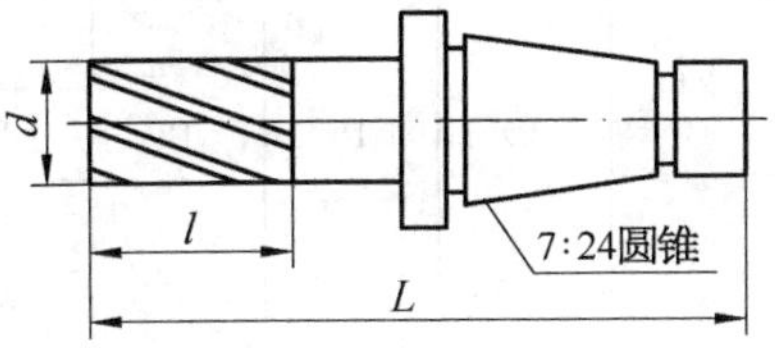 	37.5	47.5	40	45	498	260	63	125	40			
					218	280			45			
					240	302			50			
	47.5	60	50		210	285	75	150	40			
					230	305			45			
					252	327			50			

（续表）

简图	d(mm) 直径范围 >	d(mm) 直径范围 ≤	推荐直径	推荐直径	L(mm) 标准系列	L(mm) 长系列	l(mm) 标准系列	l(mm) 长系列	7∶24圆锥号	齿数 粗齿	齿数 中齿	齿数 细齿
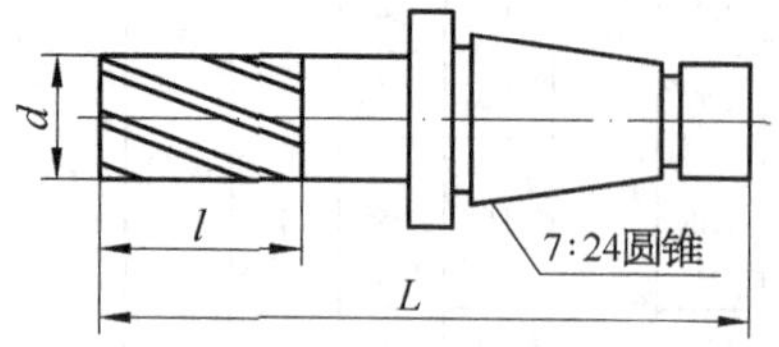	47.5	60		56	210	285	75	150	40	6	8	10
					230	305			45			
					252	327			50			
	60	75	63	71	245	335	90	180	45			
					267	367			50			
	75	95	80		283	389	106	212				

注：参照 GB/T 6117.3—2010。

（二）面铣刀

面铣刀主要用于加工平面，其特点是：生产效率高；刚性好，能采用较大的进给量；同时有多个刀齿参与切削，工作平稳性好；采用镶齿结构，刀齿的刃磨、更换方便，刀具寿命长。镶齿套式面铣刀技术参数见表 4-1-10，装在 7∶24 锥柄心轴上的镶齿套式面铣刀技术参数见表 4-1-11。

表 4-1-10 镶齿套式面铣刀技术参数

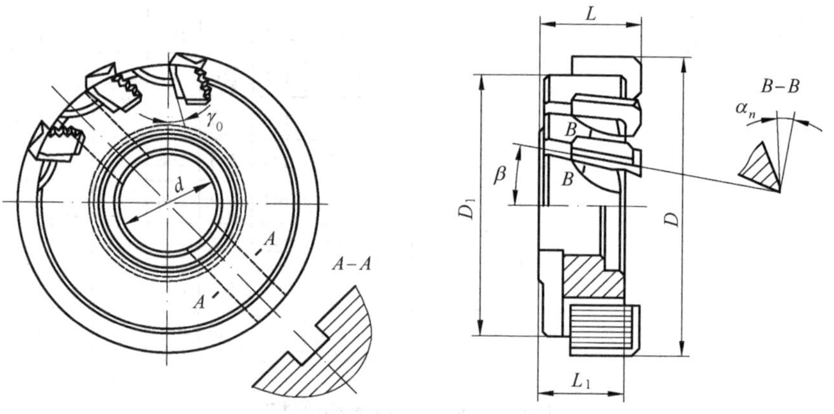

D(js16)(mm) 基本尺寸	D(js16)(mm) 极限偏差	L(js16)(mm) 基本尺寸	L(js16)(mm) 极限偏差	d(H7)(mm) 基本尺寸	d(H7)(mm) 极限偏差	D_1 (mm)	L_1 (mm)	β	γ_0	α_n	齿数
80	±0.095	36	±0.8	27	$^{+0.021}_{0}$	70	30	10	15	12	10
100	±1.10	40		32	$^{+0.025}_{0}$	90	34				
125	±1.25			40		115					14
160		45		50		150	37				16
200	±1.45					186					20
250						236					26

注：参照 JB/T 7954—2013。

表 4-1-11 装在 7∶24 锥柄心轴上的镶齿套式面铣刀技术参数 (mm)

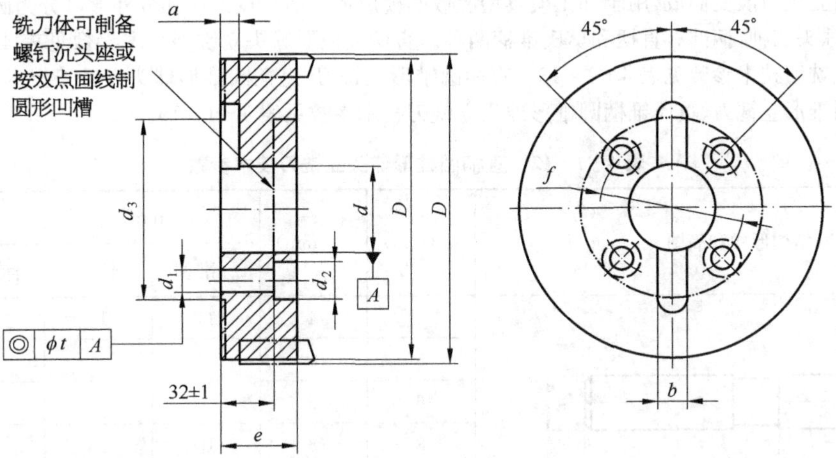

D	d (H7)	e (最小)	f	d_1	t	d_2	b (H12)	$a^{+0.5}_{0}$	l_1	d_3	主轴柄号
160	40	46	66.7	14	0.3	20	16.1	9	105	90	40
200											
200	40	46	80.0	14	0.3	20	19.3	11	123	105	45
250											
315											
400											
200	60	52	101.6	18	0.4	26	25.7	14	155	130	50
250											
315											
400											
500											
250	60	60	120.6	22	0.4	34	25.7	14	180	155	55
315											
400											
500											
630											
315	60	60	177.8	22	0.4	34	25.7	14	245	225	60
400											
500											
630											

注：1. 参照 GB/T 22037—2006。
2. 公称直径 D 可为铣刀刀体外径或公称切削直径，按制造厂习惯而定。

（三）模具铣刀

模具铣刀由立铣刀演变而成，用于加工模具型腔或凸模成形表面。按工作部分外形可分为圆锥形平头、圆柱形球头、圆锥形球头三种，柄部有直柄和莫氏锥柄两种。直柄圆柱形球头立铣刀技术参数见表 4 - 1 - 12，莫氏锥柄圆柱形球头立铣刀技术参数见表 4 - 1 - 13。直柄圆锥形立铣刀、直柄圆锥形球头立铣刀技术参数见表 4 - 1 - 14。莫氏锥柄圆锥形立铣刀、莫氏锥柄圆锥形球头立铣刀技术参数见表 4 - 1 - 15。

表 4 - 1 - 12　直柄圆柱形球头立铣刀技术参数

结构形式和简图	d_1(mm)	d_2(mm)	l(mm) 标准型	l(mm) 长型	L(mm) 标准型	L(mm) 长型
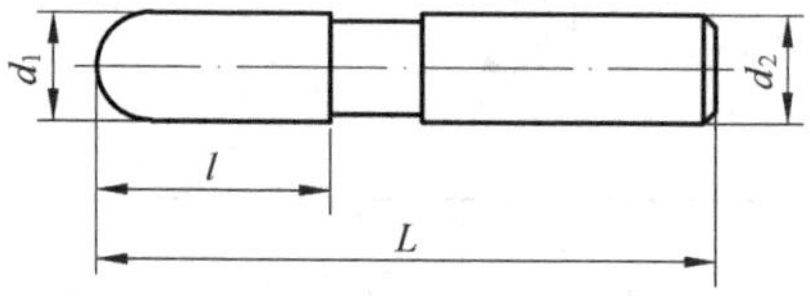 普通直柄立铣刀 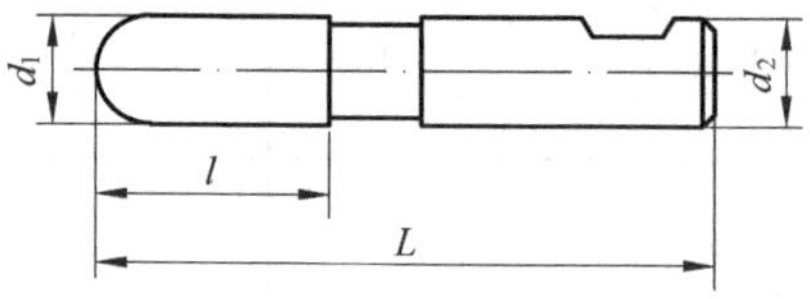 削平直柄立铣刀	4	4	11	19	43	51
	5	5	13	24	47	58
	6	6			57	68
	8	8	19	38	63	82
	10	10	22	45	72	95
	12	12	26	53	83	110
	16	16	32	63	92	123
	20	20	38	75	104	141
	25	25	45	90	121	166
	32	32	53	106	133	186
	40	40	63	125	155	217
	50	50	75	150	177	252
	63		90	180	192	282

注：参照 GB/T 20773—2006。

表 4 - 1 - 13　莫氏锥柄圆柱形球头立铣刀技术参数

结构形式和简图	d_1(mm)	l(mm) 标准型	l(mm) 长型	L(mm) 标准型 Ⅰ	L(mm) 标准型 Ⅱ	L(mm) 长型 Ⅰ	L(mm) 长型 Ⅱ	莫氏圆锥号
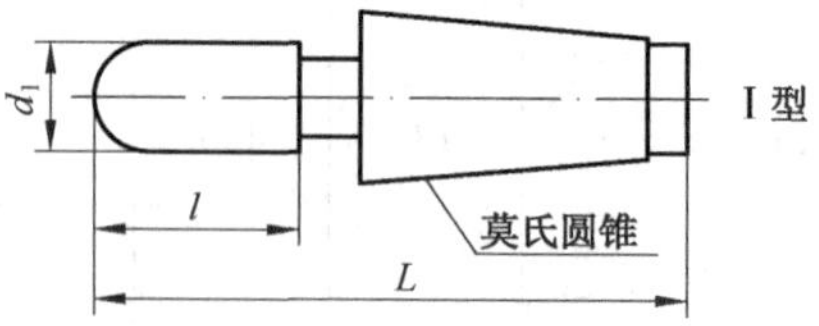 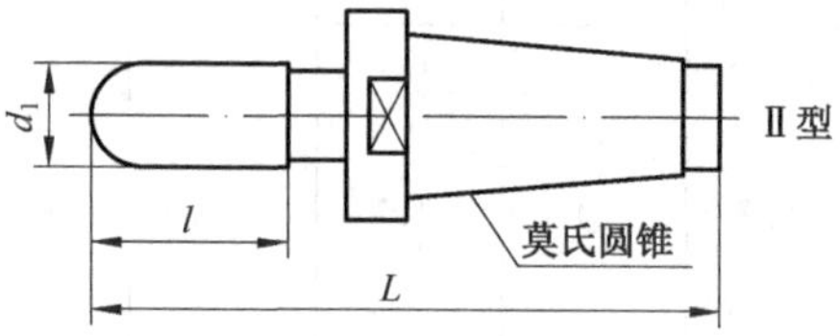	16	32	63	117		148		2
	20	38	75	123		160		
	25	45	90	147		192		3
	32	53	106	155		208		
				178	201	231	254	4
	40	63	125	188	211	250	273	
				221	249	283	311	5
	50	75	150	200	223	275	298	4
				233	261	308	336	5
	63	90	180	248	276	338	366	

注：参照 GB/T 20773—2006。

表 4-1-14 直柄圆锥形立铣刀、直柄圆锥形球头立铣刀技术参数

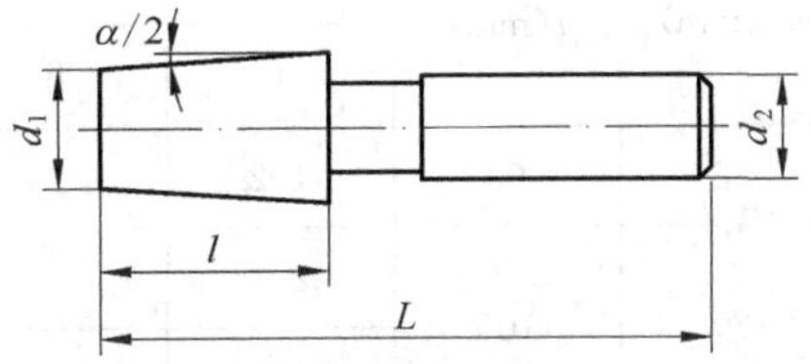

普通直柄圆锥形立铣刀

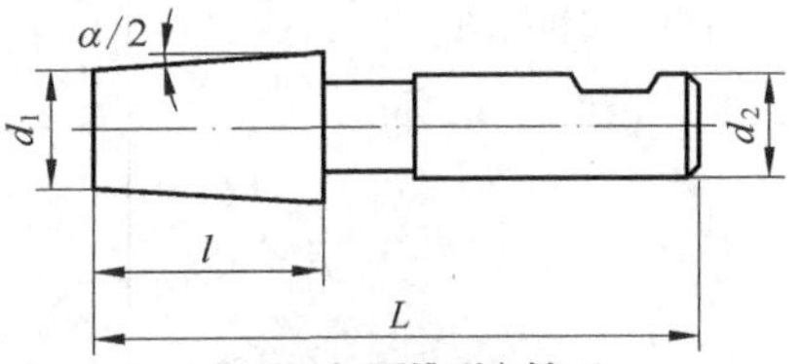

削平直柄圆锥形立铣刀

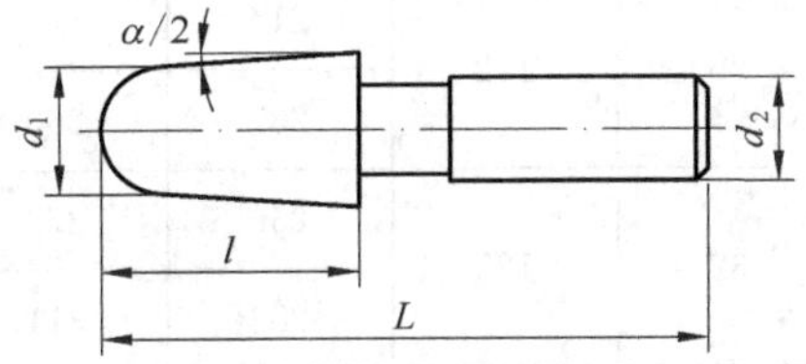

削平直柄圆锥形立铣刀

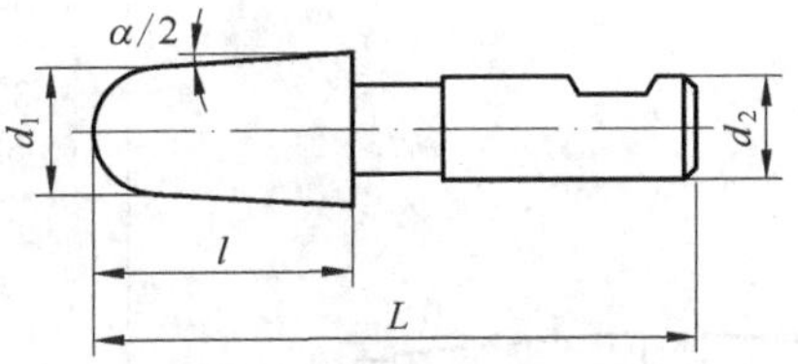

削平直柄圆锥形立铣刀

α/2	d_1(mm)	短型			标准型			长型		
		d_2(mm)	l(mm)	L(mm)	d_2(mm)	l(mm)	L(mm)	d_2(mm)	l(mm)	L(mm)
3° (2°52′)	6	(10)	(40)	(95)	10	63	115			
	8	12	45	105	(16)	(80)	(138)			
	(10)	16	50	109	16	80	140			
	12				20			25	130	200
	16	20	56	120	25	90	160	32	160	235
	20	25	63	135		100	170			
5° (5°43′)	(2.5)	10	37.5	85						
	4		40	90	16	63	125	20	90	150
	6	12		95				25	100	170
	8	16	45	103	20	71	135			
	(10)	20		106	25		140	32	125	200
	12									
	16	25	50	120	32	80	155			
	20	32	63	140		100	175	(32)	(160)	(235)
7° (7°07′)	4				16	50	109			
	6				20	56	120	25	90	160
	8							32	100	175
	(10)				25	63	135		112	185
	12									
10° (9°28′)	(2.5)	12	31.5	85						
	4	16	36	93	20	56	120	32	90	165
	6	20	42	106	25	63	135	(32)	(102)	(175)
	8	25	50	120	32	71	145		(112)	(185)
	(10)	32	63	135						
	(12)									

注：参照 GB/T 20773—2006。

表 4-1-15 莫氏锥柄圆锥形立铣刀、莫氏锥柄圆锥形球头立铣刀技术参数

结构形式和简图	α/2	d_1(mm)	l(mm)	L(mm) Ⅰ	L(mm) Ⅱ	莫氏圆锥号
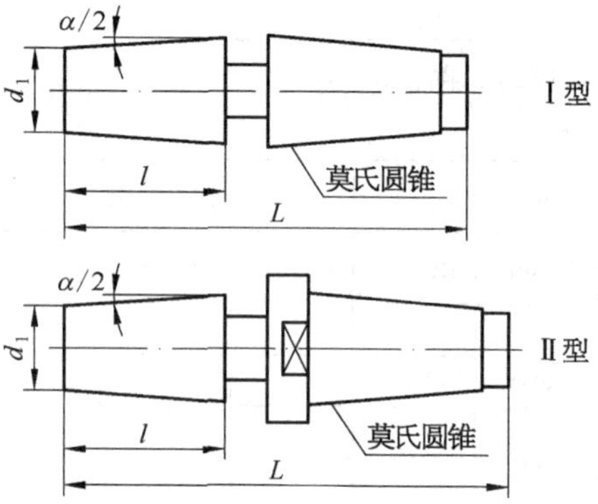莫氏锥柄圆锥形立铣刀 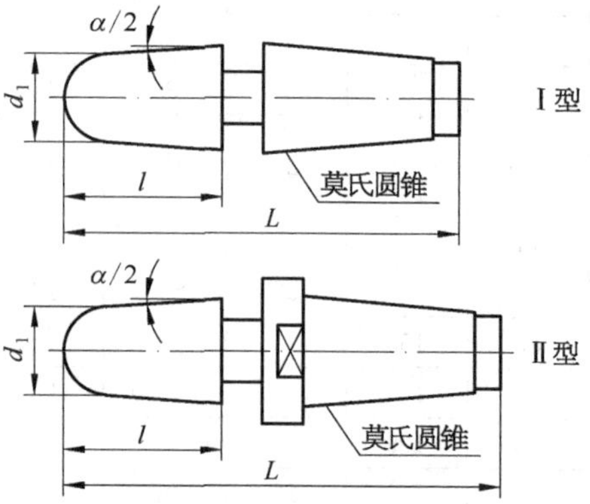莫氏锥柄圆锥形球头立铣刀	3°(2°52′)	16	90	192		3
		20	100	202		
				225	248	4
		25	112	214		3
				237	260	4
		32	125	250	273	
				283	311	5
		40	140	265	288	4
				298	326	5
	5°(5°43′)	16	80	182		3
				205	228	4
		20	100	202		3
				225	248	4
		25	112	237	260	
				270	298	5
		32	125	250	273	4
				283	311	5
	7°(7°07′)	16	71	173		3
				196	219	4
		20	80	205	228	
				238	266	5
		25	90	215	238	4
				248	276	5
	10°(9°28′)	16	80	205	228	4
				238	266	5
		20	90	215	238	4
				248	276	5
		25	100	225	248	4
				258	286	5

注：参照 GB/T 20773—2006。

三、铣削用量

（一）铣削要素

铣削要素包括铣削速度、进给量、背吃刀量和铣削宽度，见表 4-1-16。

表 4-1-16 铣削要素

名称及符号		定义	计算公式	说明
切削速度 v(m/min)		铣削时铣刀切削刃上选定点在主运动方向上的线速度	$v_c=\pi dn/1\,000$	d—铣刀直径(mm) n—铣刀转速(r/min)
进给量	每转进给量 f(mm/r)	铣刀每转过一转，工件相对于铣刀移动的距离	$v_f=fn=a_f zn$	z—铣刀齿数
	每齿进给量 a_f(mm/z)	铣刀每转过一齿，工件相对于铣刀移动的距离		
	进给速度 v_f(mm/s)	每分钟内工件相对于铣刀移动的距离		
背吃刀量 a_p(mm)		平行于铣刀轴线方向的切削层尺寸		
铣削宽度 a_w(mm)		垂直于铣刀轴线方向的切削层尺寸		

（二）铣削用量选择

铣削用量应根据工件精度、铣刀耐用度、铣削工艺系统刚性等相关条件进行选择。一般应先确定背吃刀量和铣削宽度，然后确定进给量，最后确定主轴转速。

面铣刀铣削钢的进给量见表 4-1-17，立铣刀铣削钢的进给量见表 4-1-18。YT15 硬质合金面铣刀铣削钢(R_m=650 MPa)的铣削速度及功率见表 4-1-19，W18Cr4V 高速钢面铣刀铣削钢(R_m=650 MPa)的铣削速度及功率见表 4-1-20。YT15 硬质合金立铣刀铣削钢(R_m=650 MPa)的切削速度及功率见表 4-1-21，高速钢立铣刀在钢(R_m=650 MPa)件上铣削平面及凸台时的铣削速度及功率见表 4-1-22。高速钢立铣刀在钢(R_m=650 MPa)件上铣槽的铣削速度及功率见表 4-1-23。硬质合金立铣刀铣削不同材料(铣削平面及凸台)的铣削用量见表 4-1-24，高速钢立铣刀铣削不同材料(铣削平面及凸台)的铣削用量见表 4-1-25，硬质合金双刃球头立铣刀铣削用量见表 4-1-26。

表 4-1-17 面铣刀铣削钢的进给量

硬质合金面铣刀

粗铣	机床功率(kW)	5~10		>10	
	刀具材料	YT15	YT5	YT15	YT5
	每齿进给量 a_f(mm/z)	0.09~0.18	0.12~0.18	0.12~0.18	0.16~0.24
	注：工件材料强度、硬度大时选小值，反之选大值；对称铣削选小值，不对称铣削选大值；主偏角大时选小值，反之选大值				
精铣	要求达到的粗糙度 Ra 值(μm)	3.2	1.6	0.8	0.4
	每转进给量 f(mm/r)	0.5~1.0	0.4~0.6	0.2~0.3	0.15

高速钢面铣刀

粗铣	机床功率(kW)		>10			5~10			≤5	
	工艺系统刚度		大	中	小	大	中	小	中	小
	每齿进给量 a_f(mm/z)	粗齿和镶齿	0.2~0.3	0.15~0.25	0.10~0.15	0.12~0.20	0.08~0.15	0.06~0.10	0.04~0.06	0.04~0.06
		细齿				0.08~0.12	0.06~0.10	0.04~0.08	0.04~0.06	0.04~0.06
	注：切削深度小和切削宽度小时，选大值，反之选小值									

精铣	要求达到的粗糙度 Ra 值(μm)	6.3	3.2	1.6	
	每转进给量 f(mm/r)	1.2~2.7	0.5~1.2	0.23~0.5	

表 4-1-18 立铣刀铣削钢的进给量

硬质合金立铣刀

铣刀类型	铣刀直径 d_0(mm)	铣削宽度 a_w (mm)			
		1～3	5	8	12
		每齿进给量 a_f (mm/z)			
带整体刀头的立铣刀	10～12	0.025～0.03			
	14～16	0.04～0.08	0.03～0.04		
	18～22	0.05～0.08	0.04～0.06	0.03～0.04	
带螺旋形刀片的立铣刀	20～25	0.07～0.12	0.05～0.10	0.03～0.10	0.05～0.08
	30～40	0.10～0.18	0.08～0.12	0.06～0.10	0.05～0.10
	50～60	0.10～0.20	0.10～0.16	0.08～0.12	0.08～0.12

注：1. 大进给量用于大功率机床上背吃刀量较小的粗铣，小进给量用于在中等功率机床上背吃刀量较大的铣削。
2. 表列进给量可得到 Ra=6.3～3.2 μm 的表面粗糙度。

高速钢立铣刀

铣刀直径(mm)	铣削宽度 a_w (mm)			
	3	5	6	8
	每齿进给量 a_f(mm/z)			
16	0.05～0.08	0.04～0.06		
20	0.06～0.10	0.05～0.07		
25	0.07～0.12	0.05～0.09	0.04～0.08	
32	0.10～0.16	0.07～0.12	0.05～0.10	
40	0.12～0.20	0.08～0.14	0.07～0.12	0.05～0.08
50	0.13～0.25	0.10～0.15	0.08～0.13	0.07～0.10

表 4-1-19 YT15 硬质合金面铣刀铣削钢(R_m=650 MPa)的铣削速度及功率

T (min)	d_0/z (mm)	a_w (mm)	a_f (mm)	a_p(mm)							
				3		5		9		12	
				v (m/min)	P_m (kW)	v (m/min)	P_m (kW)	v (m/min)	P_m (kW)	v (m/min)	P_m (kW)
180	100/5	60	0.07	173	2.48	166	4.05	157	7.20		
			0.10	150	2.88	144	4.50	135	8.10		
			0.13	135	3.24	130	5.40	121	9.00		
			0.18	119	3.83	114	6.30	108	10.4		
180	125/6	75	0.07	173	3.06	166	4.82	157	8.10		
			0.10	150	3.33	144	5.63	135	9.45		
			0.13	135	3.92	130	6.44	121	10.8		
			0.18	119	4.50	114	7.43	108	12.8		
180	160/8	96	0.10	102	1.49	91	2.70	81	4.95		
			0.18	94	2.15	86	4.07	76	7.15		
			0.25	89	2.59	79	4.73	70	8.47		
			0.36	79	3.14	70	5.67	62	10.5		

（续表）

T (min)	d_0/z (mm)	a_w (mm)	a_f (mm)	a_p(mm) 3		5		9		12	
				v (m/min)	P_m (kW)	v (m/min)	P_m (kW)	v (m/min)	P_m (kW)	v (m/min)	P_m (kW)
180	200/10	120	0.10	102	1.86	91	3.37	81	6.19	75	8.59
			0.18	94	2.68	86	5.16	76	8.94	71	12.7
			0.25	89	3.30	79	5.84	70	10.7	65	15.5
			0.36	79	3.78	70	7.22	62	13.1	58	18.6
			0.50	71	4.47	63	8.59	56	15.1		
240	250/12	150	0.10	93	2.05	83	3.63	74	6.93	69	9.57
			0.18	85	2.97	78	5.61	69	10.2	65	14.5
			0.25	80	3.63	72	6.60	64	11.9	59	17.2
			0.36	72	3.96	64	7.92	57	14.5		
			0.50	64	5.28	57	9.24	51	17.2		
300	315/16	190	0.10	86	2.49	76	4.40	69	8.43	64	11.7
			0.18	79	3.67	73	6.97	64	12.0	60	16.9
			0.25	74	4.40	67	8.07	59	14.4	55	20.5
			0.36	67	5.21	59	9.53	53	17.2		
			0.50	60	6.01	53	11.0	47	20.4		
420	400/20	240	0.10	78	2.99	69	5.50	62	9.43	57	14.1
			0.18	71	4.32	65	7.46	58	14.5	54	20.4
			0.25	67	5.11	59	9.43	53	17.3		
			0.36	59	6.29	53	11.4	47	20.8		
			0.50	53	7.46	48	13.4				
			0.75	47	9.04	42	16.1				

注：1. 切削条件改变时，应对数据做适当修正。

2. T—铣刀耐用度；d_0—铣刀直径；z—铣刀齿数；a_w—铣削宽度；a_f—每齿进给量；a_p—背吃刀量；v—铣削速度；P_m—铣削功率。

表 4-1-20　W18Cr4V 高速钢面铣刀铣削钢(R_m=650 MPa)的铣削速度及功率

T (min)	d_0/z (mm)	a_w (mm)	a_f (mm/z)	a_p(mm) 3		5		8		12	
				v (m/min)	P_m (kW)	v (m/min)	P_m (kW)	v (m/min)	P_m (kW)	v (m/min)	P_m (kW)
180	80/10	48	0.03	34.8	0.4	33.0	0.7	31.2	1.0		
			0.06	36.6	0.6	29.4	0.9	28.2	1.3		
			0.08	28.8	0.8	27.0	1.2	25.8	1.8		
			0.12	25.8	1.0	24.6	1.5	23.4	2.2		
180	125/14	75	0.03	35.4	1.0	33.6	1.0	33.2	1.5		
			0.05	31.8	1.3	30.0	1.3	28.8	2.0		
			0.08	29.4	1.6	28.2	1.8	27.0	2.7		
			0.12	25.8	2.0	24.6	2.2	23.4	3.2		
			0.20	21.0	2.3	19.8	2.6	19.2	3.9		
180	160/16	96	0.05	31.2	1.0	29.4	1.5	28.8	2.2	27.6	3.2
			0.08	29.4	1.3	27.6	2.0	26.4	3.0	25.2	4.4
			0.12	25.8	1.6	25.2	2.5	24.0	3.8	22.8	5.3
			0.20	21.0	2.0	20.4	3.1	19.2	4.6	18.6	6.7
			0.30	18.0	2.3	16.8	3.6				

（续表）

T (min)	d_0/z (mm)	a_w (mm)	a_f (mm/z)	a_p(mm)							
				3		5		8		12	
				v (m/min)	P_m (kW)	v (m/min)	P_m (kW)	v (m/min)	P_m (kW)	v (m/min)	P_m (kW)
240	200/20	120	0.05	30.0	1.1	29.4	1.8	27.6	2.6	26.4	3.9
			0.08	28.2	1.6	27.0	2.5	25.2	3.6	24.6	5.2
			0.12	25.2	1.8	24.0	2.9	22.8	4.4	21.6	6.2
			0.20	20.4	2.4	19.2	3.6	18.6	5.5	18.0	7.8
			0.30	17.4	2.8	16.8	4.3				
240	250/20	150	0.05	30.0	1.5	28.8	2.2	27.0	3.5	26.4	5.0
			0.08	28.2	2.0	26.4	3.1	25.2	4.6	24.6	6.6
			0.12	25.2	2.4	23.4	3.7	22.8	5.5	21.6	8.0
			0.20	20.4	3.0	19.2	4.6	18.0	6.6	17.4	9.9
			0.30	17.4	3.6	16.2	5.4				

注：1. 切削条件改变时，应对数据做适当修正。
2. T—铣刀耐用度；d_0—铣刀直径；z—铣刀齿数；a_w—铣削宽度；a_f—每齿进给量；a_p—背吃刀量；v—铣削速度；P_m—铣削功率。

表 4-1-21 YT15 硬质合金立铣刀铣削钢(R_m=650 MPa)的切削速度及功率

T (min)	d_0/z (mm)	a_p (mm)	a_f (mm/z)	a_w(mm)							
				1		3		5		8	
				v (m/min)	P_m (kW)	v (m/min)	P_m (kW)	v (m/min)	P_m (kW)	v (m/min)	P_m (kW)
90	16/3	10	0.03	2.66	0.3	2.02	0.5	1.79	0.7		
			0.05	2.29	0.3	1.78	0.6	1.58	0.8		
			0.075	2.60	0.4	1.59	0.7	1.41	1.0		
90	20/4	12	0.03	2.74	0.4	2.11	0.7	1.88	0.9		
			0.05	2.42	0.5	1.88	0.8	1.64	1.1		
			0.075	2.15	0.5	1.66	1.0	1.47	1.3		
120	16/4	18	0.03	2.93	0.4	2.24	0.7	1.97	1.0	1.78	1.2
			0.05	2.56	0.5	1.97	0.9	1.73	1.2	1.55	1.6
			0.075	2.29	0.6	1.77	1.1	1.57	1.4	1.39	1.9
			0.12	2.01	0.7	1.57	1.3	1.38	1.8	1.23	2.3
120	40/6	24	0.03	2.98	0.7	2.29	1.2	2.01	1.6	1.79	2.1
			0.05	2.61	0.8	2.02	1.5	1.78	2.0	1.59	2.6
			0.075	2.33	1.0	1.78	1.8	1.69	2.4	1.41	3.2
			0.12	2.06	1.2	1.59	2.3	1.41	3.0	1.25	4.0
			0.18	1.83	1.4	1.41	2.7	1.25	3.6	1.02	4.8
180	50/6	30	0.03	2.74	0.6	2.11	1.1	1.87	1.5	1.67	2.0
			0.05	2.42	0.8	1.87	1.4	1.67	1.9	1.48	2.5
			0.075	2.20	0.9	1.67	1.7	1.48	2.3	1.32	3.0
			0.12	1.92	1.1	1.48	2.1	1.32	2.8	1.17	3.8
			0.18	1.72	1.4	1.32	2.5	1.17	3.5	1.04	4.5

注：1. 切削条件改变时，应对数据做适当修正。
2. T—铣刀耐用度；d_0—铣刀直径；z—铣刀齿数；a_w—铣削宽度；a_f—每齿进给量；a_p—背吃刀量；v—铣削速度；P_m—铣削功率。

表 4-1-22 高速钢立铣刀在钢(R_m=650 MPa)件上铣削平面及凸台时的铣削速度及功率

T (min)	a_p (mm)	粗齿铣刀 d_0/z (mm)	a_f (mm/z)	a_w=3 v (m/min)	a_w=3 P_m (kW)	a_w=5 v (m/min)	a_w=5 P_m (kW)	a_w=8 v (m/min)	a_w=8 P_m (kW)	细齿铣刀 d_0/z (mm)	a_f (mm/z)	a_w=3 v (m/min)	a_w=3 P_m (kW)	a_w=5 v (m/min)	a_w=5 P_m (kW)	a_w=8 v (m/min)	a_w=8 P_m (kW)
60	40	16/3	0.04	47	1.43					16/6	0.02	63	2.31				
			0.06	38	1.54						0.03	51	2.51				
			0.08	34	1.75						0.04	44	2.64				
											0.06	36	2.90				
60	40	20/3	0.04	52	1.26	40	1.54			20/6	0.03	57	2.31	44	2.77		
			0.06	43	1.43	33	1.71				0.04	49	2.44	38	2.90		
			0.08	37	1.49	28	1.82				0.06	40	2.71	31	3.23		
			0.10	33	1.60						0.08	35	2.84				
60	40	25/3	0.06	47	1.26	36	1.54			25/6	0.04	55	2.24	42	2.71		
			0.08	41	1.38	31	1.65				0.06	44	2.44	34	2.97		
			0.10	36	1.43	28	1.71				0.08	38	2.64	29	3.10		
			0.12	33	1.49						0.10	34	2.77				
90	40	32/4	0.08	38	1.43	30	1.71			32/8	0.06	43	2.57	33	3.01		
			0.10	35	1.49	27	1.82				0.08	36	2.71	28	3.22		
			0.12	31	1.54	24	1.87				0.10	33	2.79	25	3.37		
			0.15	28	1.60						0.12	30	2.93				
90	40	40/4	0.06			38	1.43	30	1.71	40/8	0.04					35	2.93
			0.08	43	1.26	33	1.54	26	1.82		0.06			36	2.86	29	3.30
			0.10	48	1.32	30	1.65	23	1.93		0.08	41	2.49	32	2.93	25	3.45
			0.12	35	1.38	27	1.71	21	1.98		0.10	36	2.57	28	3.15	22	3.67
			0.15	31	1.49	24	1.76				0.12	33	2.71	25	3.23		
											0.15	29	2.79				
120	40	50/4	0.08			33	1.26	26	1.54	50/8	0.06			36	2.27	29	2.71
			0.10	38	1.10	30	1.32	24	1.60		0.08	41	2.05	32	2.49	25	2.93
			0.12	35	1.16	27	1.38	21	1.65		0.10	36	2.13	28	2.57	22	3.01
			0.15	31	1.21	24	1.43	19	1.76		0.12	33	2.20	26	2.64	19	3.08
			0.20	27	1.32	21	1.54				0.15	30	2.35				
											0.20	25	2.49				

注：1. 切削条件改变时，应对数据做适当修正。

2. T—铣刀耐用度；d_0—铣刀直径；z—铣刀齿数；a_w—铣削宽度；a_f—每齿进给量；a_p—背吃刀量；v—铣削速度；P_m—铣削功率。

表 4-1-23 高速钢立铣刀在钢(R_m=650 MPa)件上铣槽的铣削速度及功率

T (mm)	d_0/z (mm)	a_w (mm)	a_f (mm/z)	槽深 a_p=5 v(m/min)	5 P_m (kW)	10 v(m/min)	10 P_m (kW)	15 v(m/min)	15 P_m (kW)	20 v(m/min)	20 P_m (kW)	30 v(m/min)	30 P_m (kW)
45	8/4	8	0.006			69	0.75						
			0.008	61	0.40	57	0.75						
			0.01	54	0.44	51	0.79						
			0.02	39	0.48	36	0.92						

（续表）

T (mm)	d_0/z (mm)	a_w (mm)	a_f (mm/z)	槽深 a_p(mm)									
				5		10		15		20		30	
				v(m/min)	P_m(kW)	v(m/min)	P_m(kW)	v(m/min)	P_m(kW)	v(m/min)	P_m(kW)	v(m/min)	P_m(kW)
45	10/5	10	0.008			56	0.94	53	1.32				
			0.01	54	0.55	50	0.99	48	1.36				
			0.02	38	0.61	35	1.10	34	1.65				
			0.03	31	0.66								
60	16/3	16	0.01					45	0.77				
			0.02			33	0.66	32	0.94				
			0.03	29	0.39	27	0.72	26	0.99				
			0.04	25	0.39	23	0.77						
			0.06	21	0.44								
60	16/6	16	0.01	48	0.53	45	1.06	43	1.52				
			0.02	34	0.66	31	1.19	30	1.78				
			0.03	28	0.73	26	1.32						
			0.04	24	0.73								
60	20/3	20	0.02							30	1.16		
			0.03					26	0.99	25	1.27		
			0.04			23	0.72	22	1.05	22	1.38		
			0.06			19	0.83	18	1.16	18	1.49		
			0.08			17	0.88						
60	20/6	20	0.02					30	1.72	29	2.18		
			0.03			25	1.32	24	1.85	24	2.44		
			0.04			22	1.39	21	1.98	20	2.57		
			0.06			18	1.52	17	2.18				
60	25/3	25	0.02									29	1.65
			0.03					25	0.99	25	1.27	24	1.82
			0.04			23	0.72	22	1.05	21	1.38	21	1.98
			0.06			19	0.77	18	1.16	18	1.49	17	2.15
			0.08			16	0.83	16	1.21				
			0.12			13	0.94						
60	25/6	25	0.02									28	3.17
			0.03					24	1.85	23	2.38	23	3.43
			0.04			22	1.39	21	1.98	20	2.57	20	3.70
			0.06			18	1.45	17	2.18	17	3.77	16	4.03
			0.08			15	1.58	15	2.31				
			0.12			13	1.72						
90	32/4	32	0.04					18	1.16	18	1.49	17	2.20
			0.06			16	0.88	15	1.27	15	1.65	14	2.37
			0.08			14	0.94	13	1.38	13	1.76		
			0.12			11	1.05	11	1.49				
90	32/8	32	0.02									23	3.59
			0.03							20	2.71	19	3.96
			0.04					18	2.27	17	2.86	17	4.18
			0.06			15	1.69	14	2.42	14	3.15	13	4.62
			0.08			13	1.83	13	2.64	12	3.37		
			0.12			11	1.98	10	2.86				

注：1. 切削条件改变时，应对数据做适当修正。

2. T—铣刀耐用度；d_0—铣刀直径；z—铣刀齿数；a_w—槽宽；a_f—每齿进给量；a_p—槽深；v—铣削速度；P_m—铣削功率。

表 4-1-24 硬质合金立铣刀铣削不同材料(铣削平面及凸台)的铣削用量

加工材料		硬度(HBW)	铣削宽度 a_w(mm)	铣削速度 v(mm)	铣刀直径 d_0(mm)			
					10	12	18	25～30
					每齿进给量 a_f(mm/齿)			
碳钢	低碳	125～225	0.5	150～160	0.038	0.075～0.089	0.130～0.150	0.150～0.180
			1.5	115～120	0.063	0.102	0.150	0.180～0.200
			$d_0/4$	100～105	0.050	0.075	0.130	0.150
			$d_0/2$	90～100	0.038	0.050	0.102	0.130
	中碳	175～275	0.5	130～150	0.025～0.038	0.050～0.075	0.102～0.130	0.130～0.150
			1.5	100～115	0.050～0.063	0.075～0.102	0.130～0.150	0.18
			$d_0/4$	85～100	0.038～0.050	0.063～0.075	0.102～0.130	0.130～0.150
			$d_0/2$	81～90	0.025～0.038	0.050	0.075～0.102	0.102～0.130
	高碳	175～275	0.5	130～145	0.025～0.038	0.050～0.075	0.102～0.130	0.130～0.150
			1.5	100～115	0.050～0.063	0.025～0.102	0.130～0.150	0.18
			$d_0/4$	85～100	0.038～0.050	0.063～0.075	0.102～0.130	0.130～0.150
			$d_0/2$	79～90	0.025～0.038	0.050	0.075～0.102	0.102～0.130
合金钢	低碳	125～225	0.5	145～165	0.038	0.075～0.089	0.130	0.150～0.180
			1.5	115～125	0.063	0.102	0.150	0.180～0.200
			$d_0/4$	100～110	0.050	0.075	0.130	0.150～0.180
			$d_0/2$	90～100	0.038	0.050	0.102	0.130～0.150
	中碳	175～275	0.5	120～140	0.025～0.038	0.050～0.075	0.102～0.130	0.130～0.150
			1.5	90～105	0.050～0.063	0.075～0.102	0.130～0.150	0.150～0.18
			$d_0/4$	78～90	0.038～0.050	0.050～0.075	0.102～0.130	0.130～0.150
			$d_0/2$	72～84	0.025～0.038	0.038～0.050	0.075～0.102	0.102～0.130
	高碳	175～275	0.5	120～140	0.025～0.038	0.050～0.075	0.102～0.130	0.130～0.150
			1.5	90～105	0.050～0.063	0.025～0.102	0.130～0.150	0.150～0.180
			$d_0/4$	78～90	0.038～0.050	0.063～0.075	0.102～0.130	0.130～0.150
			$d_0/2$	72～84	0.025～0.038	0.038～0.050	0.075～0.102	0.102～0.130
高速钢		200～275	0.5	69～100	0.025	0.038	0.050～0.063	0.075～0.102
			1.5	53～73	0.038	0.050～0.063	0.075～0.102	0.102～0.130
			$d_0/4$	44～62	0.025	0.050	0.063～0.075	0.089～0.102
			$d_0/2$	41～59	0.018	0.025	0.050	0.075
工具钢		150～250	0.5	79～120	0.025	0.038	0.050～0.075	0.063～0.102
			1.5	60～90	0.025～0.038	0.038～0.063	0.063～0.102	0.089～0.130
			$d_0/4$	52～78	0.025～0.038	0.038～0.063	0.050～0.075	0.075～0.102
			$d_0/2$	49～72	0.018～0.013	0.025～0.050	0.038～0.063	0.050～0.075

表 4-1-25 高速钢立铣刀铣削不同材料(铣削平面及凸台)的铣削用量

加工材料		硬度(HBW)	铣削宽度 a_w(mm)	铣削速度 v(mm)	铣刀直径 d_0(mm)			
					10	12	18	25～30
					每齿进给量 a_f(mm/齿)			
碳钢	低碳	125～225	0.5	52～64	0.025	0.050	0.075～0.102	0.102～0.130
			1.5	38～49	0.050	0.075	0.102～0.130	0.130～0.150
			$d_0/4$	34～43	0.025	0.050	0.075～0.102	0.102～0.130
			$d_0/2$	29～37	0.018	0.025	0.050～0.075	0.075～0.102
	中碳	175～275	0.5	34～49	0.025	0.050	0.075	0.102
			1.5	26～37	0.050	0.075	0.102	0.130
			$d_0/4$	23～32	0.025	0.050	0.075	0.102
			$d_0/2$	20～27	0.018	0.025	0.050	0.075

（续表）

加工材料		硬度(HBW)	铣削宽度 a_w(mm)	铣削速度 v(mm)	铣刀直径 d_0(mm)			
					10	12	18	25～30
					每齿进给量 a_f(mm/齿)			
碳 钢	高碳	175～275	0.5	32～46	0.025	0.050	0.075	0.102
			1.5	24～34	0.050	0.075	0.102	0.130
			$d_0/4$	21～29	0.025	0.050	0.075	0.102
			$d_0/2$	18～24	0.018	0.025	0.050	0.075
合金钢	低碳	125～225	0.5	37～38	0.025	0.050	0.075～0.102	0.102～0.130
			1.5	27～29	0.050	0.075	0.102～0.130	0.130～0.150
			$d_0/4$	24～26	0.038	0.050	0.075～0.102	0.102～0.130
			$d_0/2$	21～23	0.025	0.038	0.050～0.075	0.075～0.102
	中碳	175～275	0.5	30～37	0.025	0.050	0.075	0.102
			1.5	23～27	0.050	0.075	0.102	0.130
			$d_0/4$	20～24	0.38	0.050	0.075	0.102
			$d_0/2$	18～21	0.025	0.038	0.050	0.075
	高碳	175～275	0.5	30～34	0.025	0.050	0.076	0.102
			1.5	23～26	0.050	0.075	0.102	0.130
			$d_0/4$	20～21	0.025	0.050	0.075	0.075
			$d_0/2$	18	0.018	0.025	0.050	0.050
高速钢		200～275	0.5	18～26	0.013～0.018	0.025	0.038～0.050	0.050～0.075
			1.5	14～20	0.018～0.025	0.025～0.050	0.038～0.0575	0.063～0.102
			$d_0/4$	12～17	0.013	0.013～0.025	0.025～0.050	0.050～0.075
			$d_0/2$	11～15	0.013	0.013	0.013～0.025	0.025～0.050
工具钢		150～250	0.5	20～30	0.013～0.018	0.025	0.038～0.050	0.050～0.075
			1.5	15～23	0.025	0.038～0.050	0.050～0.075	0.075～0.102
			$d_0/4$	12～20	0.013～0.018	0.025	0.038～0.050	0.050～0.075
			$d_0/2$	11～18	0.013	0.013	0.025	0.038～0.050

表 4-1-26 硬质合金双刃球头立铣刀铣削用量

铣刀技术参数 $R(d_0)$(mm)	背吃刀量 a_p(mm)	碳钢(45、Q235) ≤200HBW		合金钢(CrMo、CrNi、CrNiMo) 200～300HBW		冷作模具钢、热作模具钢 25～35 HRC	
		v=80～120 m/min 时的转速 n(r/min)	进给速度(mm/min)	v=70～100 m/min 时的转速 n(r/min)	进给速度(mm/min)	v=50～80 m/min 时的转速 n(r/min)	进给速度(mm/min)
5(10)	1	5 000	750	4 500	500	3 700	400
	4	2 800	450	2 500	250	1 900	200
7.5(15)	1	3 900	1 000	3 500	700	2 700	500
	6	1 900	500	1 700	350	1 300	250
10(20)	2	2 600	900	2 300	700	1 800	500
	8	1 400	500	1 200	350	950	300
12.5(25)	2	2 200	1 000	2 000	800	1 600	600
	10	1 100	500	1 000	400	750	300
15(30)	2	2 000	1 000	1 700	800	1 400	700
	12	950	600	850	400	600	300
20(40)	3	1 400	900	1 200	700	950	600
	16	700	450	600	350	450	300
25(50)	3	1 100	800	1 000	700	750	500
	20	550	400	500	350	380	300

四、铣削加工工艺

（一）立式铣床和万能工具铣床加工工艺

模具制造中，在立式铣床、万能工具铣床上进行铣削加工的经济精度为 IT10 级，表面粗糙度 Ra 3.2 μm。若选用高速小用量铣削，则加工精度可达 IT8 级，表面粗糙度 Ra 1.6 μm。

立式铣床、万能工具铣床加工平面及斜面的工艺方法见表 4－1－27，加工圆弧面的工艺方法见表 4－1－28，加工平面孔系及斜导柱孔的加工方法见表 4－1－29，加工不规则平面轮廓和端型面的工艺方法见表 4－1－30。

表 4－1－27 立式铣床、万能工具铣床加工平面及斜面的工艺方法

加工要求	简图	说明
单一平面加工	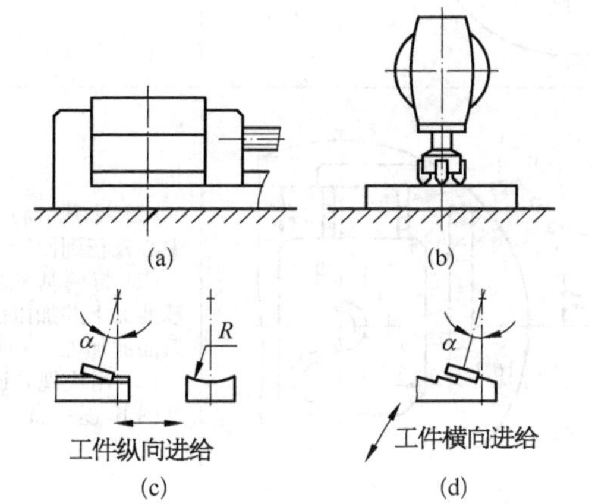	(1) 小型工件一般用平口钳装夹，见图 a；大型工件一般直接装夹在工作台上，见图 b (2) 主轴轴线应与工作台面垂直。若倾斜成 α 角时，纵向进给使加工平面呈内凹，见图 c；横向进给使加工表面成条状斜面，见图 d
平行平面加工	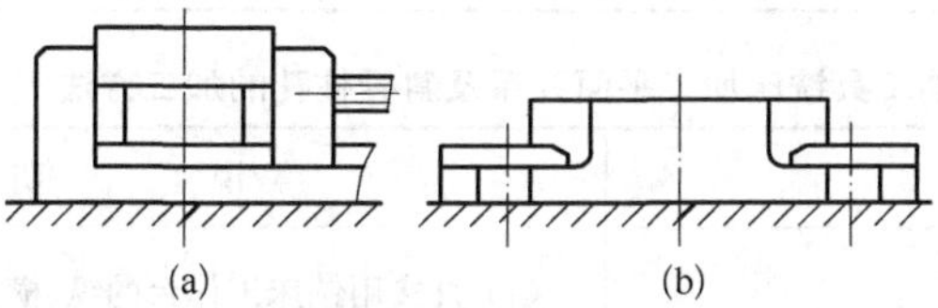	图 a 利用两块等高垫铁，用平口钳装夹工件。夹紧时，工件基准面要与等高垫铁贴紧 图 b 工件的基准面直接压紧在铣床工作台面上，两平面的平行度一般可达 0.06/300
侧向垂直平面加工	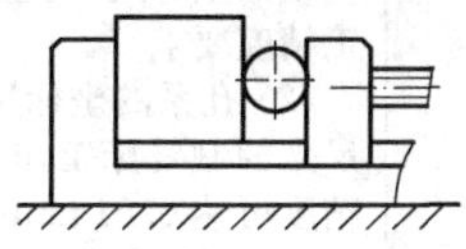	(1) 使平口钳固定钳口与进给方向垂直 (2) 夹紧时，工件的基准面与固定钳口贴紧，用圆柱体传递夹紧力 (3) 加工平面与基准面的垂直度 0.04/100
斜面加工	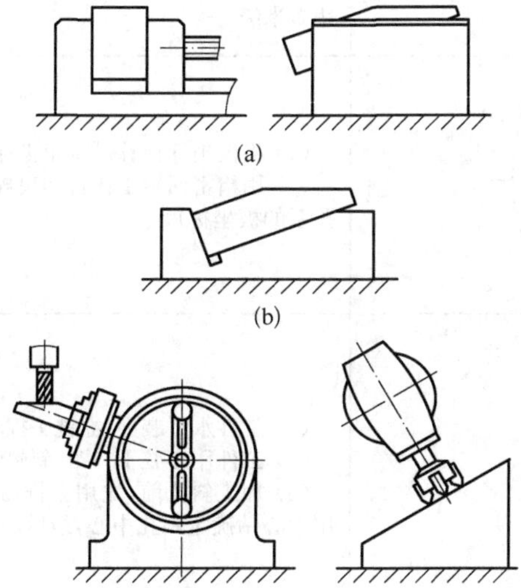	(1) 小型工件使用平口钳扳转工件装夹，见图 a，或用正弦平口钳装夹 (2) 大型工件用斜垫铁装夹，见图 b (3) 圆柱类工件的斜面用分度头装夹，见图 c (4) 工件正常装夹，回转立铣头扳转角度加工斜面，见图 d

表 4-1-28　立式铣床、万能工具铣床加工圆弧面的工艺方法

加工要求	简　图	说　明
圆弧与直线相切	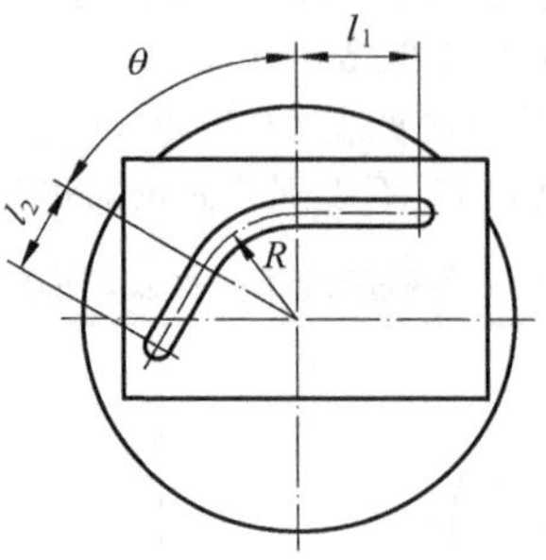	(1) 将工件圆弧中心校正到与回转工作台旋转中心相重合 (2) 铣削直线段至圆弧切点 (3) 按圆弧角度 θ 转动回转工作台铣削圆弧面 (4) 铣削另一直线段
工件由多个圆弧面组成	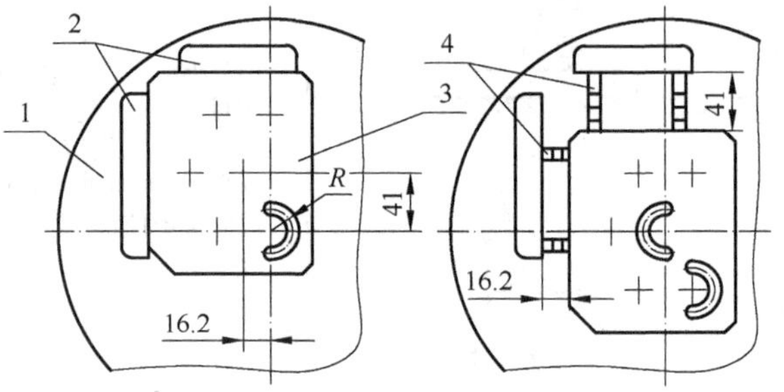(a)　(b)	(1) 见图 a,将工件 3 上某一圆弧中心校正到回转工作台 1 的中心上 (2) 将两基准块 2 紧靠在工件侧基准面上并加以固定,进行第一个圆弧面的加工 (3) 用块规 4 调整其他圆弧中心,见图 b,逐一加工各个圆弧面

表 4-1-29　立式铣床、万能工具铣床加工平面孔系及斜导柱孔的加工方法

加工要求	简　图	说　明
加工用直角坐标标注位置尺寸的孔系	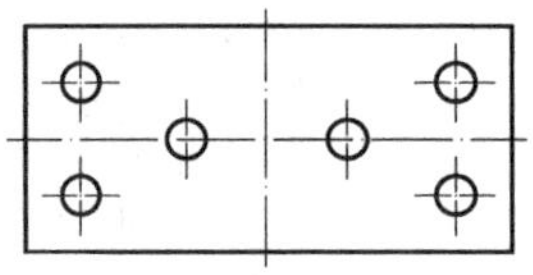	(1) 直接用铣床工作台的纵、横向进给来控制平面孔系的坐标尺寸,已能满足精度要求一般的孔系的加工精度要求 (2) 孔系的坐标尺寸要求较高时,可用量规和千分尺来控制铣床工作台纵、横向移动距离,加工的孔距精度可达 0.01 mm (3) 利用专用夹具和块规调整加工的孔距精度可达微米级
加工用极坐标标注位置尺寸的孔系	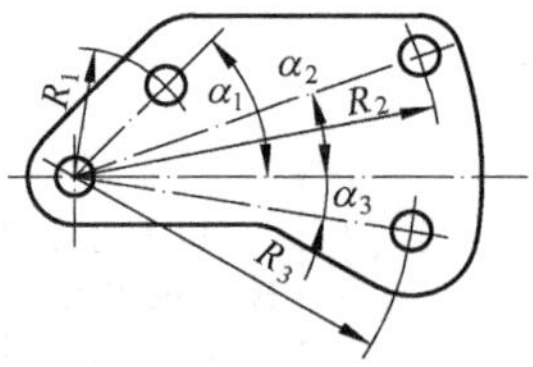	(1) 将极坐标换算成直角坐标,加工方法同上 (2) 用精密回转工作台和块规,按极坐标方法控制孔系的极坐标尺寸
加工斜导柱固定孔	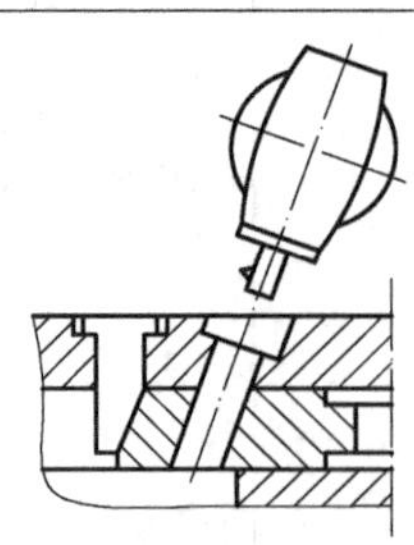	(1) 工件水平装夹,立铣头扳转角度加工 (2) 工件用正弦平口钳、斜垫铁等方法装夹 (3) 加工斜孔前,先用立铣刀切去斜面余量,然后用中心钻确定斜孔中心,最后加工到所需尺寸

表 4-1-30　立式铣床、万能工具铣床加工不规则平面轮廓和端型面的工艺方法

加工要求	加工不规则平面轮廓	加工端型面
简　图	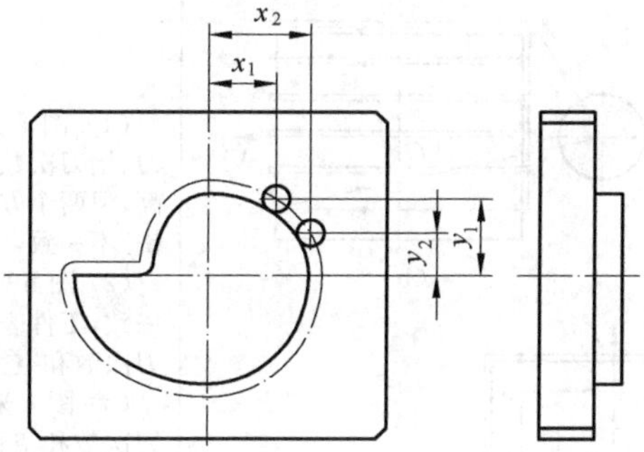	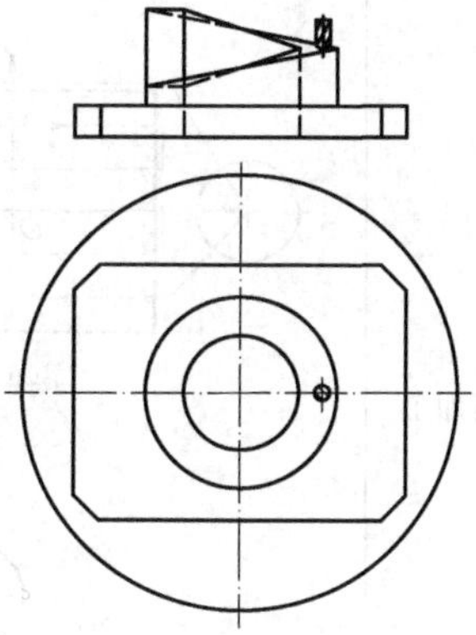
说　明	不规则平面轮廓一般都按极坐标方法设计，在加工前可按工件的极坐标半径、夹角和铣刀直径计算出铣刀中心在各个位置的纵、横向坐标尺寸，然后逐点铣削，经钳修后获得所需平面轮廓尺寸	加工端型面时，将工件装夹在回转工作台上，并根据端型面的形状调整工件与回转工作台中心的相对位置。工件每回转一角度，铣刀移动一距离，逐点铣削，经钳修后获得所需端型面尺寸

（二）数控铣削加工工艺

1. 数控铣削加工的加工工艺性

零件加工部位的结构工艺性应相对合理。零件的外形和内腔在满足使用要求的前提下，尽量采用统一的几何类型和尺寸，从而减少刀具技术参数和换刀次数。型腔类零件的侧壁转角半径 R 决定了刀具的最大直径，不能过小。底部圆角半径 r 不宜过大，否则铣刀端刃铣削平面的能力会减弱。R 与 r 合理时，刀间距可以加大，走刀次数可以相应减少，表面加工质量会有提高。图 4-1-1 中，图 4-1-1b 的结构工艺性好于图 4-1-1a。

零件图的尺寸标注尽可能采用坐标标注法，以使设计基准、工艺基准与编程原点设置相一致。

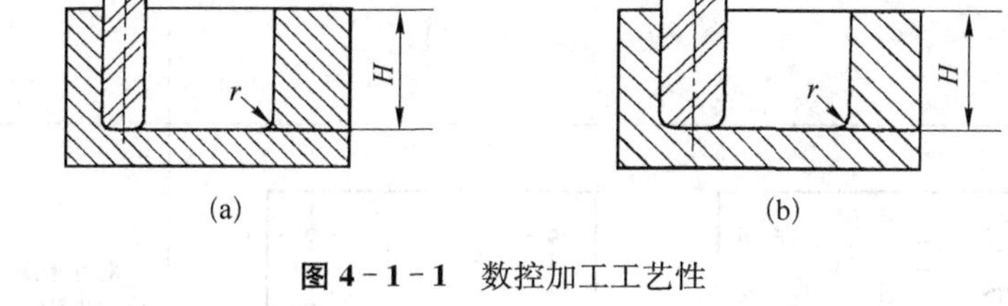

(a)　　(b)

图 4-1-1　数控加工工艺性

2. 数控铣削常用工艺方法

（1）2.5 轴联动数控铣削加工。X、Y、Z 三轴中任意两轴做插补联动，第三轴做单独的周期进给，称为 2.5 轴（二轴半）联动。2.5 轴数控铣削加工的常用工艺方法见表 4-1-31。

表 4-1-31 2.5 轴数控铣削加工的常用工艺方法

加工要求	简图	说明
平面加工	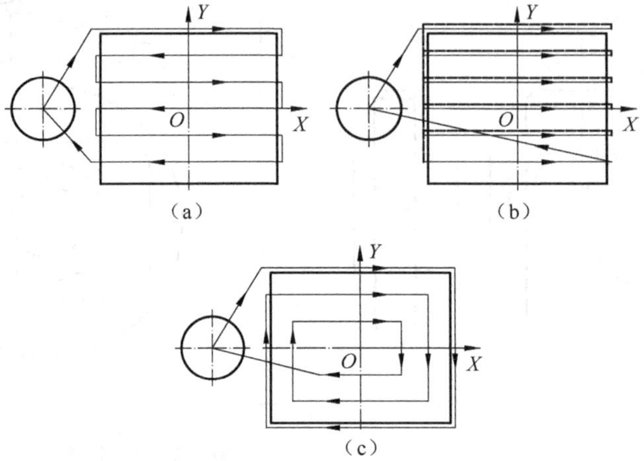	(1) 图 a 采用双向往复铣削，进刀、抬刀次数和空行程少，生产效率高，但两个方向铣削的方式(顺铣、逆铣)不一致，工件表面质量较差 (2) 图 b 采用单向铣削，铣削方式一致，工件表面质量较好，但进刀、抬刀次数和空行程多，生产效率较低 (3) 图 c 采用环切铣削，进刀、抬刀次数和空行程少，生产效率高，铣削方式一致，工件表面质量较好
孔系加工	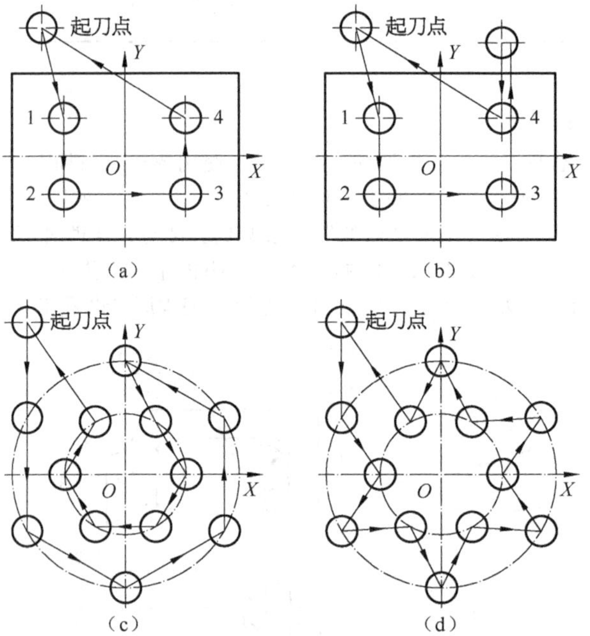	(1) 孔系加工时，一般是先将刀具在 *XOY* 平面内快速定位运动到孔中心线的位置上，然后刀具再沿 *Z* 向(轴向)运动进行加工 (2) 使用加工中心加工孔系，可完成钻孔、扩孔、铰孔、镗孔、攻丝等不同类型的加工 (3) 刀具在 *XOY* 平面内快速定位运动应满足定位准确、迅速，空行程短的要求。图 a 的运动路径，在从 3 定位到 4 时，由于反向间隙的作用，定位精度较低，改用图 b 的运动路径，可消除反向间隙的作用，定位精度较高。图 c 和图 d 中，图 d 的空行程较短
点孔加工	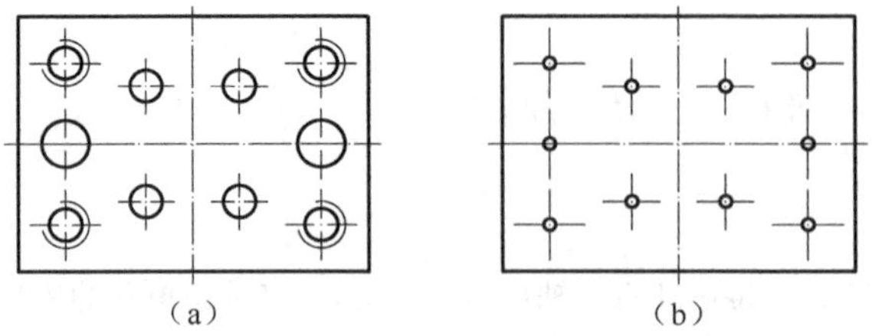	对于孔距精度要求不高的平面孔系，如螺钉、圆柱销过孔，穿丝孔等，可在数控铣床、加工中心上用中心钻点出孔位，再到钻床上加工孔系

（续表）

加工要求	简　　图	说　　明
曲面加工	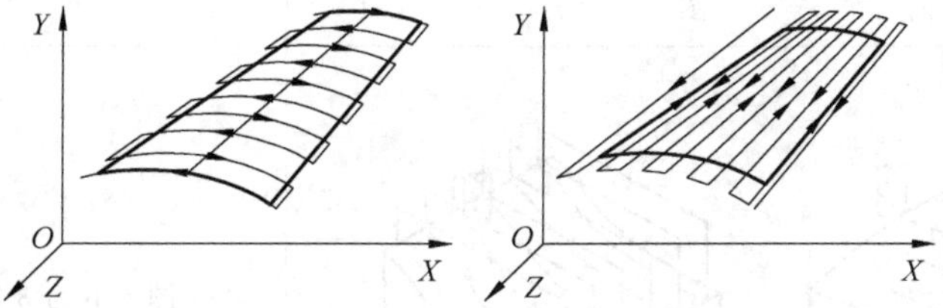(a)　(b)	(1) 2.5 轴加工曲面时，常用行切法加工，走刀路线有图 a、图 b 两种方式 (2) 由于 2.5 轴加工的刀心轨迹为平面曲线，而切削点连线则是一条空间折线，从而在曲面上形成扭曲的残留沟纹 (3) 常用于曲率变化不大的平缓曲面的加工，或加工精度要求不高的粗加工
轮廓铣削	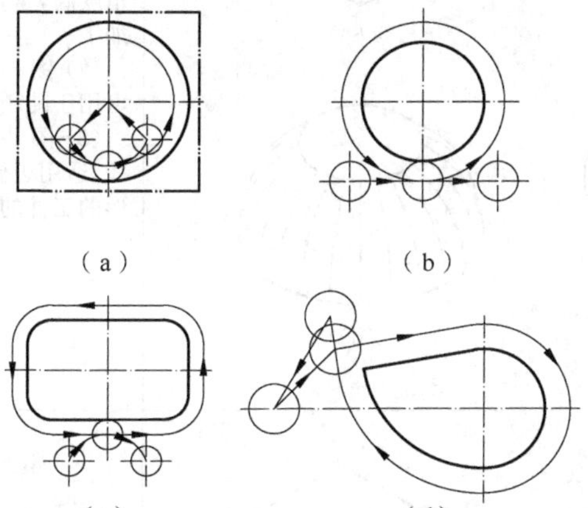(a)　(b)　(c)　(d)	(1) 铣削内、外轮廓面时，应避免在轮廓面上垂直进、退刀，尽量减少刀具在轮廓处的停留而留下刀痕 (2) 通常采用切向切入、切出的方式，配合连续走刀路线，使切入、切出平稳，连续过渡，确保切入、切出点无过切或欠切现象，见图 a、b、c (3) 铣削外凸形轮廓时，切入、切出点也可设定在工件轮廓线的延长线上
型腔铣削	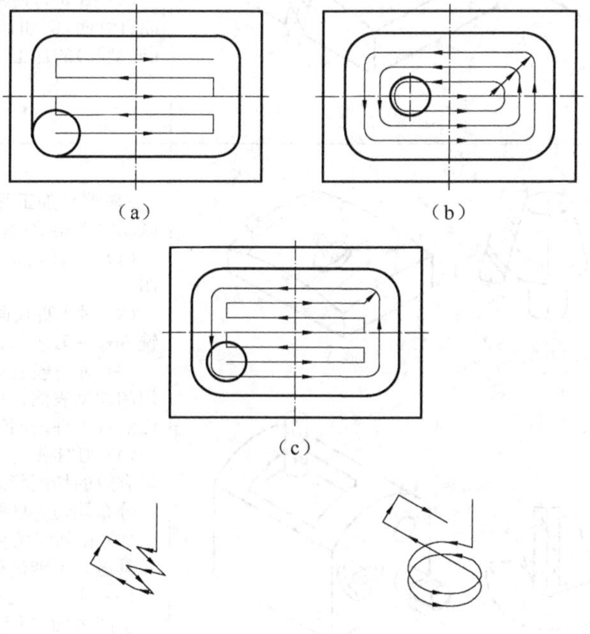(a)　(b)　(c)　(d)　(e)	(1) 型腔是指有封闭边界轮廓的平底或曲底凹坑，平底型腔也称二维型腔。型腔加工既要保证型腔轮廓边界，又要将型腔轮廓内的余料铣掉 (2) 图 a 为行切法，走刀路线较短，但在每两次进给的起点与终点间留下较大的残留面积，而达不到所要求的表面粗糙度 (3) 图 b 为环切法，表面粗糙度值较小，但环切法需要逐次向外扩展轮廓线，走刀路线较长，刀位点计算较为复杂 (4) 图 c 为综合切法，先用行切法粗铣，最后用环切法精铣轮廓一周，既保证了加工质量，又使计算简单，路线也较短 (5) 下刀方法：预钻孔下刀，即在下刀的位置预先加工一个下刀孔，刀具下刀孔内下刀到工作深度后进行铣削；斜线下刀，见图 d，刀具沿空间斜线切入工件，到达工作深度后进行铣削；螺旋下刀，见图 e，刀具沿着三维螺旋线切入工件，到达工作深度后进行铣削

(2) 多轴联动数控铣削加工。多轴联动包括 3 轴联动、4 轴联动、5 轴联动等。多轴联动数控铣削加工的常用工艺方法见表 4-1-32。

表 4-1-32　多轴联动数控铣削加工的常用工艺方法

加工方式	简图	说明
3 轴联动	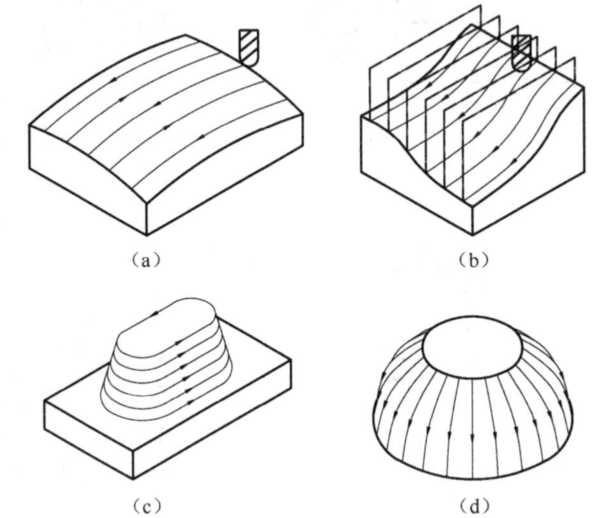	(1) 图 a、b 为 3 轴联动行切法加工曲面，与 2.5 轴行切法加工曲面相比，刀具刀心运动轨迹为折线，切削点运动轨迹则为平面曲线，曲面加工精度高，常用于复杂空间曲面的精加工 (2) 图 c 为等高线加工走刀路线，可用于陡峭曲面的加工 (3) 图 d 为径向放射加工走刀路线，适用于俯视图类似于圆形、圆环形的工件的加工
4 轴联动	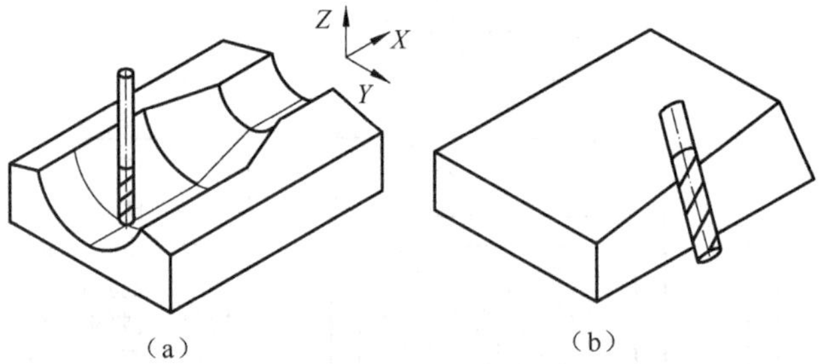	(1) 图 a 为使用 4 轴联动加工旋转曲面型腔，例如，塑料瓶吹塑模具型腔的加工 (2) 图 b 为使用 4 轴联动加工扭曲直纹面，例如，风扇叶轮模具型面(或型腔)的加工
5 轴联动	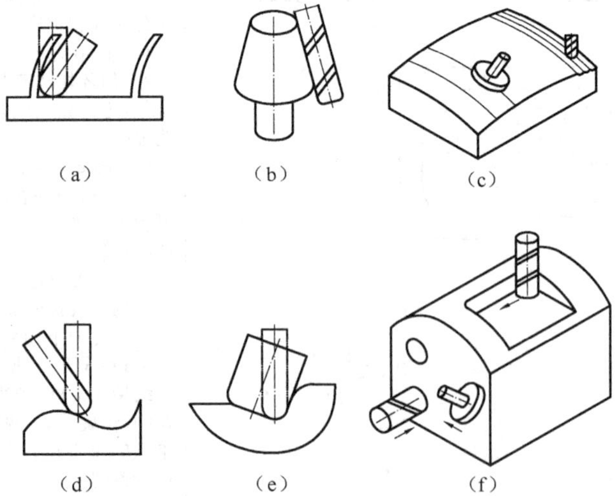	5 轴联动加工编程复杂，但与 3 轴联动加工相比，有以下优点： (1) 可有效地避免刀具干涉，见图 a (2) 对于直纹面类零件，可采用侧铣方式一刀成形，见图 b (3) 对一般立体型面特别是较平坦的大型表面，可用大直径端铣刀端面贴近工件表面进行加工，见图 c (4) 刀具相对于工件表面可处于最有效的切削状态，工件表面上的误差分布均匀，见图 d (5) 在某些场合，可用较大尺寸的刀具避开干涉进行加工，见图 e (6) 可一次装夹后对工件上的多个空间表面进行多面、多工序加工，见图 f

（三）高速铣削工艺

高速铣削通常是指高主轴转速和高进给速度（常规铣削的 5～10 倍）下的铣削加工。适中的主轴速度和大的铣刀直径也能实现高速铣削，以常规铣削 4～6 倍的切削速度和进给速度精加工淬火钢件也属于高速铣削。在模具制造中，高速铣削既可以用来加工电火花成形加工用的电极，也可直接代替电火花成形加工，用于加工淬硬模具零件。

1. 高速铣削工艺特点

（1）加工精度高。高速加工中心和高速数控铣床一般都具有高刚性和高精度，同时高速铣削时一般采用高的铣削速度、适当的进给速度、小的径向和轴向铣削深度，因而切削力小、热变形小，可以达到很高的加工精度。

（2）表面质量高。高速铣削时，加工余量还没有充分变形就在瞬间被切离工件，工件表面的残余应力极小。铣削过程中产生的热量绝大部分（95%以上）被切屑迅速带走，工件温度低，加工表面无变质层。主轴高速转动的激振频率远离工艺系统的固有振动频率，加工过程平稳无冲击，同时铣削深度小使残留面积很小，因而表面粗糙度 *Ra* 值较小，加工钢件时可达 *Ra* 0.2～0.4。

（3）生产效率高。高的切削速度和进给速度提高了单位时间的材料切除率。高速铣削可以加工淬硬钢件，工件一次装夹后能一次完成工件的粗、半精、精加工。经高速铣削的工件，可以不再进行研磨、抛光。

（4）有利于使用直径较小的铣刀。高速铣削适合使用小直径刀具，可以减少刀具技术参数，节省刀具费用。

（5）能加工复杂、薄壁零件。高速铣削时，横向切削力（P_y）很小，有利于加工结构复杂的模具零件和薄壁零件，工件壁厚可以小于 1 mm。

（6）可以加工硬或脆的材料。高速铣削能铣削硬度达 60 HRC 的淬硬钢，也能加工石墨等脆性材料。

2. 高速铣削机床的选择

（1）主轴转速高、功率大。模具型腔曲面的高速加工，刀具的半径应小于型腔曲面的最小圆角半径，以免加工过程中刀具与工件发生干涉，因此，常用小直径的球头铣刀。由于刀具直径小（<12 mm），要求主轴有非常高的转速，以便实现高速切削。型腔的粗、精加工常常在工件一次装夹中完成，故主轴功率要大，中等技术参数高速加工中心的主轴功率常为 10～40 kW，有的甚至更高。

（2）机床刚度好。模具材料强度、硬度高，用伸长量较大的小直径铣刀加工模具型腔时，容易发生颤振。为保证加工精度和表面质量，用于模具制造的高速铣削机床必须有很高的静、动刚度，以提高机床的定位精度、跟踪精度和抗震能力，主轴一般都采用精度高、刚度大的高速电主轴。

（3）主轴转动和工作台（溜板）的直线运动都要有极高的加速度。主轴从启动加速到最高转速通常只用 1～2 s 的时间，工作台的加、减速度为 1～5*g*，以便可靠地实现小圆角半径曲面的高速加工。

（4）对于具有复杂型腔曲面的模具零件制造，可以采用 5 轴联动加工中心。对于大型复杂模具，可采用龙门式 5 轴加工中心。

3. 高速铣削刀具的选择

（1）刀具结构。高速铣削刀具分为整体式和机夹式两类，小直径铣刀常用整体式，大直径铣刀常用机夹式。整体式铣刀一般在出厂时经过动平衡检验，使用较为方便。机夹式铣刀需要在每次装夹刀片后进行动平衡检验。因此，整体式铣刀应用较多，机床主轴转速较低时可用整体式铣刀。

高速铣削淬硬钢件时，可选用球头铣刀、平底圆角铣刀和平底尖角铣刀。加工曲面型腔时，应选用球头铣刀。如果型腔有一个大而平的底面，则在用球头铣刀粗加工后，再使用平底圆角铣刀精加工。平底光角铣刀用于加工需要清根的部位，并且应在使用球头铣刀或平底圆角铣刀已切除了尽可能多的余量之后再进行清根。

（2）刀具材料。目前，高速铣削刀具的材料主要有硬质合金、涂层硬质合金、TiC(N)基硬质合金、聚晶金刚石(PCD)、陶瓷、聚晶立方氮化硼(PCBN)等。

高速铣削刀具通常采用细晶粒或超细晶粒硬质合金（晶粒尺寸 0.2～1 mm），它具有比普通硬质合金更高的硬度、更好的耐磨性和更高的横向破裂强度。

涂层刀具按基体材料的不同，可分为硬质合金涂层刀具、高速钢涂层刀具，以及在陶瓷和超硬材料（金刚石和立方氮化硼）上的涂层刀具。其中，常用的是硬质合金涂层刀具。涂层种类有碳化物（TiC、WC、VC 等）、氮化物

(TiN、BN 等)、氧化物(Al_2O_3、TiO_2)、硼化物(TiB_2、NbB_2 等)、硫化物(MoS_2、WS_2 等),以及 TiCN、TiAlN、TiAlCN、CBN 等。涂层结构有单涂层、多涂层、梯度涂层、软/硬复合涂层、纳米涂层、超硬薄膜涂层等。通常多采用复合涂层,如 TiCN+Al_2O_3、TiCN+Al_2O_3+TiN、TiN+Al_2O_3 等。

TiC(N)基硬质合金(金属陶瓷)主要有高耐磨性 TiC 基硬质合金(TiC+Ni 或 TiC+Mo)、高韧性 TiC 基硬质合金(TiC+TaC+WC+Co)、增强型 TiCN 基硬质合金(TiCN+NbC,相比普通硬质合金,改善了刀具的高温性能)。

刀具用陶瓷分为氧化铝陶瓷、氮化硅陶瓷和复合陶瓷三类。Al_2O_3 陶瓷适合加工普通钢件,Si_3N_4 陶瓷适于高速铣削铸铁,Si_3N_4+Al_2O_3 基复合陶瓷可用于高速粗加工铸铁,但不适合加工钢件。纯 Al_2O_3 陶瓷耐磨性好,但其强度低,断裂韧性较差,切削时易崩刃,已逐渐被氧化铝-碳化物系复合陶瓷取代。氧化铝-碳化物系复合陶瓷是在 Al_2O_3 基体中加入 TiC、WC、Mo_2C 等经热压烧结而成,其中使用最多的是 Al_2O_3+TiC 复合陶瓷。Al_2O_3+TiC 复合陶瓷主要用于切削淬硬钢和耐磨铸铁,随 TiC 含量(30%~50%)的不同,切削性能有一定差异。

金刚石分天然金刚石和聚晶金刚石(PCD),高速铣削刀具常用 PCD。PCD 具有非常高的硬度、导热性,低的热膨胀系数,通常用于有色金属和非金属材料的高速铣削。用化学气相沉积法(CVD)在异质基体(如硬质合金)上合成金刚石膜制作的刀具称 CVD 金刚石刀具。

立方氮化硼(CBN)的硬度与金刚石相近,热稳定性和对铁族元素的化学稳定性高于金刚石。CBN 有单晶 CBN 和聚晶立方氮化硼(PCBN)两种。CBN 单晶主要用于制作磨料和磨具。PCBN 是在高温高压下将微细的 CBN 材料通过结合相(TiC、TiN、Al、Ti 等)烧结在一起的多晶材料。按质量比分,低含量 CBN(50%~65%)可用于淬硬钢的精加工,高含量 CBN(80%~90%)用于铸铁的高速铣削,以及淬硬钢的半精加工和精加工。

石墨电极粗加工时,切削速度越高,刀具磨损越小,加工成本也越低。在低速切削时使用金刚石涂层刀具。精加工时,聚晶金刚石刀具有较好的重刃磨性,刀具成本较低。使用小直径刀具时,推荐金刚石涂层刀具,加工最经济。

紫铜电极的高速铣削推荐使用聚晶金刚石刀具,也可使用超细晶粒硬质合金、陶瓷刀具。

聚晶立方氮化硼(PCBN)刀具、涂层刀具、TiC(N)基硬质合金(金属陶瓷)刀具、陶瓷刀具是高速铣削钢、合金钢、淬硬钢的常用刀具。其中,PCBN 刀具适合加工淬硬钢件(45 HRC 以上);Al_2O_3 基陶瓷刀具适合加工未淬硬的碳钢、高强度钢、高速钢和调质钢;涂层硬质合金刀具随涂层材料不同,一般可在 200~500 m/min 范围内加工未淬硬钢件。

(3) 工具系统。工具系统是指机床主轴和刀具的连接系统,包括主轴、刀柄和夹紧机构。当主轴转速达到 15 000 r/min 时,通常需要采用 HSK、KM、Big-plus、Capto 等工具系统,四种高速铣削工具系统的比较见表 4-1-33。

表 4-1-33　高速铣削工具系统的比较

类型	定位面形式	刀柄锥度	锥柄长度	夹紧机构	传力元件	互换性	锥体形式
HSK	2 面定位	1∶10	短锥	悬挂式夹爪,斜楔夹紧机构	弹性夹爪、拉杆	不可互换	空心薄壁
KM	3 面定位	1∶10	短锥	球面斜楔式	钢球、拉杆	不可互换	空心薄壁
BIG-plus	2 面定位	7∶24	长锥	拉钉拉紧,锥柄直接传力	拉钉、拉杆	可与 BT 刀柄互换	实心锥体
Capto	2 面定位	1∶20	长锥	气动弹簧夹紧机构	三棱圈	不可互换	空心

HSK 工具系统的刀柄分为 A、B、C、D、E、F 六种型号。A、B 型刀柄主要用于带有自动换刀装置的机床的中、高速加工,C、D 型刀柄主要用于采用手动换刀的机床的中、高速加工,E、F 型刀柄是无任何槽和切口的对称结构,动平衡性较好,适用于超高速加工。国内采用 DIN69893-1 中的 A 型和 C 型标准,如 HSK50A、HSK63A、HSK100A 等。HSK50A、HSK63A 刀柄的转速可达 25 000 r/min,HSK100A 刀柄的转速可达 12 000 r/min,精密平衡后的 HSK 刀柄的最高转速可达 40 000 r/min。HSK 刀柄的技术参数分布、结构特点和应用场合见表 4-1-34。

表 4-1-34 HSK刀柄的技术参数分布、结构特点和应用场合

型 号	简 图	技术参数分布	结 构 特 点	应 用 场 合
HSK-A	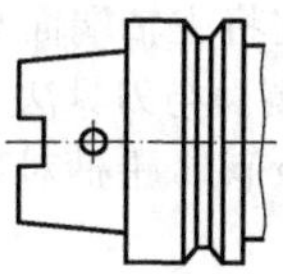	32～160	具有供机械手夹持的V形槽，有放置控制芯片的圆孔，有内部切削液通道，锥体尾部有两个传递扭矩的通道	推荐用于自动换刀，也可手动换刀。适用于中等扭矩，中到高速加工。达到一定转速需动平衡
HSK-B	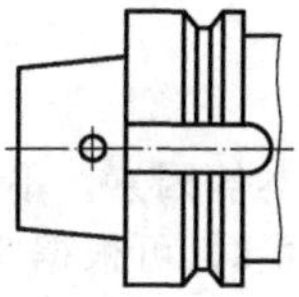	40～160	锥体直径相同时，圆柱直径比A型大一号，有穿过圆柱部分的外部切削液通道，传递扭矩的键槽在圆柱端面	推荐用于自动换刀，也可手动换刀。适用于较大扭矩，中到高速加工。达到一定转速需动平衡
HSK-C	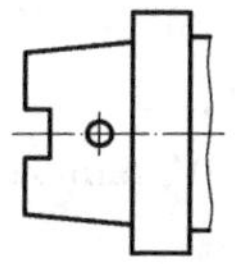	32～100	圆柱面没有供机械手夹持的V形槽，其他同A型	适用于手动换刀的一般加工
HSK-D	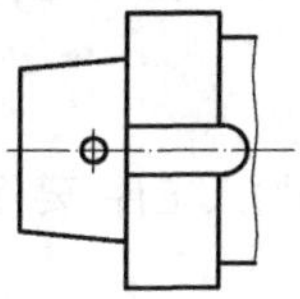	40～125	圆柱面没有供机械手夹持的V形槽，其他同B型	适用于手动换刀的一般加工
HSK-E	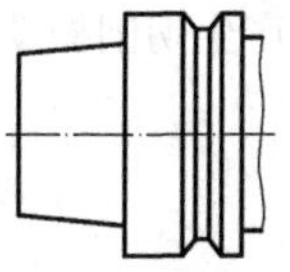	25～63	与A型相似，但完全对称，没有键槽和缺口，转矩由摩擦力传递	适用于低扭矩、超高速、自动换刀加工
HSK-F	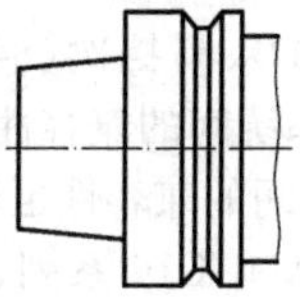	50～80	锥体直径相同时，圆柱直径比E型大一号，其他同E型	适用于大径向力作用下的高速加工，常用于自动机床
技术参数系列		25,32,40,50,63,80,100,125,160		

标准的KM刀柄有KM32、KM40、KM50、KM63、KM80、KM100六种型号。相对于HSK工具系统，KM刀柄/主轴具有更大的径向过盈量(是HSK的2～5倍)，刀柄的拉紧力和锁紧力大，刀柄/主轴的连接刚度好，具有更好的高速加工性能。因此，KM刀柄的最高转速高于HSK刀柄。由于专利保护，KM工具系统仅在美国和日本的某些型号的机床上得到推广应用，国内使用不多。

Big-plus刀柄是一种改进型7∶24锥柄刀柄，与7∶24 BT锥柄完全兼容。它将主轴端面与刀具法兰间的间隙量分配给主轴和刀柄各一半，分别加长主轴和加厚刀柄法兰的尺寸，实现主轴端面与刀具法兰的同时接触。装入刀柄时伴随主轴孔的扩张使刀具轴向移动达到端面接触。与BT锥柄相比，Big-plus锥柄对弯矩的承载能力因有一个加大的支撑直径而提高，从而增加了装夹稳定性，适应高速铣削的需要。

Capto刀柄的结构不是圆锥形，而是三棱圆锥，其棱为圆弧形，锥度为1∶20，为空心短锥结构，采用锥面与端面同时接触定位。三棱圆锥结构可实现两个方向都无滑动的转矩传递，不再需要传动键，消除了因传动键和键槽引起的动平衡问题。三棱圆锥的表面大，使刀柄表面压力低，不易变形，磨损小，因而精度保持性好。但三棱圆锥孔加工困难，加工成本高，与现有刀柄不兼容。

4. 高速铣削切削用量的选择

高速铣削加工切削用量的确定主要应考虑加工效率、加工表面质量、刀具成本等因素。不同的刀具，不同的工件材料，切削用量有很大的差异，目前尚无完整的数据资料。具体确定切削用量时，可根据实际选用的刀具和加工对象，参考刀具供应商提供的切削用量进行选择。一般的选用原则是：选用中等的每齿进给量a_f、较小的背吃刀量a_p、适当大的切削宽度a_w、高的切削速度v。例如：

加工48～58 HRC的淬硬钢时，粗加工选$v=100$ m/min，$a_p=(6\%\sim8\%)D$，$a_w=(35\%\sim40\%)D$，$a_f=0.05\sim0.1$ mm/z；半精加工选$v=150\sim200$ m/min，$a_p=(3\%\sim4\%)D$，$a_w=(20\%\sim40\%)D$，$a_f=0.05\sim0.15$ mm/z；精加工选$v=200\sim250$ m/min，$a_p=0.1\sim0.2$ mm，$a_w=0.1\sim0.2$，$a_f=0.02\sim0.2$ mm/z。

加工石墨电极：粗加工选$v=200\sim400$ m/min，$a_p\leqslant1.5$ mm，$a_f=0.02\sim0.04$ mm/z；精加工选$v=25\sim100$ m/min，$a_p\leqslant0.5$ mm，$a_f=0.02\sim0.1$ mm/z。

聚晶金刚石刀具高速铣削紫铜电极：$v=200\sim1\,000$ m/min，$a_p=2$ mm，$a_f=0.1\sim0.5$ mm/z。

5. 高速铣削数控编程具体要求

高速铣削时，刀具相对于工件的运动速度很高，而刀具的直径又较小，这就要求在加工过程中避免刀具产生过载，并尽可能保持刀具负载的恒定。高速铣削数控编程具体要求如下：

(1) 保持金属切除量的恒定。高速铣削中，常用分层铣削，而不用仿形铣削。

(2) 刀具平滑地切入工件。高速铣削中，让刀具沿一定的坡度或螺旋线方向切入工件，要优于让刀具沿Z向直接插入工件。

(3) 保证刀具轨迹的平滑过渡。高速铣削时，刀具沿螺旋曲线走刀是一种较为有效的走刀方式。采用行切或环切时，应沿平滑的圆弧转变切削方向。

(4) 尽量减少刀具的切入次数。

(5) 采用小切深、快进给的加工方式，避免过小的进给量造成切削力不稳定，产生切削振动。

(6) 采用顺铣的切削方式，降低刀具的负载，提高加工表面质量。

(7) 尽量减少刀具的急速换向。

(8) 进、退刀应沿曲面的切矢方向或圆弧方向。

(9) 粗加工应选用笔式清根加工，精加工应选用区域清根加工。

五、数控加工指令系统

目前，数控系统呈多品牌、多品种状态，应用较多。进入国内市场较早的是FANUC和SIEMENS系统。

西门子(SIEMENS)数控系统形成了一个由经济型(802S/C)、中档次(802D)、高档次(840D、810D、840Di、840C)组成的系列，但西门子指令系统与国际标准的兼容性较差，自身不同指令系统间的兼容性也不够。

FANUC数控系统的特点是其指令系统与国际标准的兼容性较好，自身系统间的兼容性也较好。FANUC数控系统在国内市场有很多种型号和技术参数，最常见的有FANUC 0系列、FANUC16系列、FANUC18系列、FANUC21系列等，主要针对中端市场，其中FANUC 0系列具有高的可靠性和好的性价比，最为常用。

国内的数控指令系统有华中数控系统、广州数控系统等。

武汉华中数控是我国数控领域的代表，指令系统与FANUC较为接近。华中数控“世纪星”系列数控系统 HNC - 21/22 采用先进的开放式体系结构，内置嵌入式工业 PC，配置 8.4 in 或 10.4 in 彩色液晶显示屏和通用工程面板，集成进给轴接口、主轴接口、手持单元接口、内嵌式 PLC 接口于一体，采用电子盘程序存储方式以及软驱、DNC、以太网等程序交换功能，具有低价格、高性能、配置灵活、结构紧凑、易于使用、可靠性高的特点。

广州数控系统是广州数控设备有限公司生产的数控系统产品，采用 7.4 in LCD 显示器，具备 PLC 梯形图显示、实时监控功能，提供操作面板 I/O 接口，可由用户设计、选配独立的操作面板。在操作编程方面，采用 ISO 国际标准数控 G 代码，同时兼容日本发那科(FANUC)数控系统。

此外，国内市场上还有海德汉(HEIDENHAIN)数控系统、台湾新代数控系统、台湾宝成数控系统、三菱 M70 系列数控系统等，占有一定的市场份额。

FANUC 0i Mate - MB 编程指令系统见表 4 - 1 - 35，华中数控 HNC - 21/22M 编程指令系统见表4 - 1 - 36。

表 4 - 1 - 35　FANUC 0i Mate - MB 编程指令系统

指令或地址	组别	功能含义	编程
G		准备功能字、设定机床运动模式等	G00～G99
G00	01	快速定位	G00 X... Y... Z...
G01		直线插补	G01 X... Y... Z...
G02		顺圆插补、螺旋线插补	G02 X... Y... I... J... Z... G02 X... Y... R... Z...
G03		逆圆插补、螺旋线插补	G03 X... Y... I... J... Z... G03 X... Y... R... Z...
G04	00	暂停(时间单位 s)	G04 P... G04 X...
G05.1		AI 先行控制	G05.1 Q1；AI 先行控制开 G05.1 Q0；AI 先行控制关
G08		先行控制	G08 P1；先行控制开 G08 P0；先行控制关
G09		准确定位	G09
G10		可编程数据输入	G10 L10 P R；H 几何补偿值 G10 L12 P R；D 几何补偿值 G10 L11 P R；H 磨损补偿值 G10 L13 P R；D 磨损补偿值
G11		取消可编程数据输入	G11
G15	17	极坐标指令取消	G□□ G○○ G16 G○○ IP ... G15 说明：G□□：G17 G18 G19；G○○：G90 G91； IP 指定轴地址及其值
G16		极坐标指令	
G17	02	*XY* 平面选择	G17
G18		*ZX* 平面选择	G18
G19		*YZ* 平面选择	G19
G20	06	英制(in)尺寸输入模式	G20
G21		公制(mm)尺寸输入模式	G21
G22	04	存储行程检测功能有效	G22 X... Y... Z... I... J... K...
G23		存储行程检测功能无效	G23

（续表）

指令或地址	组别	功能含义	编程
G25	24	主轴速度波动监测有效	G25
G26		主轴速度波动监测无效	G26
G27	00	返回参考点检测	G27 X... Y... Z...；XYZ 中间点
G28		返回参考点	G28 X... Y... Z...；XYZ 中间点
G29		从参考点返回	G29 X... Y... Z...；XYZ 目标点
G30		返回第 2、3、4 参考点	G30 P2 X... Y... Z...；XYZ 中间点 G30 P3 X... Y... Z...；XYZ 中间点 G30 P4 X... Y... Z...；XYZ 中间点
G31		跳转功能	G31 X... Y... Z...
G33	01	螺纹切削	G33 Z... F...
G37	00	刀具长度自动测量	
G39		拐角偏置圆弧插补	G39 或 G39 I... K...
G40	07	取消刀具半径补偿	G0 G40 X... Y... G1 G40 X... Y...
G41		刀具半径左补偿	G0 G41 X... Y... D... G1 G41 X... Y... D...
G42		刀具半径右补偿	G0 G42 X... Y... D... G1 G42 X... Y... D...
G43	08	刀具长度正补偿	G0 G43 Z... H... G1 G43 Z... H...
G44		刀具长度负补偿	G0 G44 Z... H... G1 G44 Z... H...
G45	00	刀具偏置值增加	G45 IP D；移动 IP 值+D 值
G46		刀具偏置值减少	G46 IP D；移动 IP 值−D 值
G47		2 倍刀具偏置值增加	G47 IP D；移动 IP 值+2D 值
G48		2 倍刀具偏置值减少	G48 IP D；移动 IP 值−2D 值
G49	08	取消刀具长度补偿	G0 G49 Z...；或 H0 G1 G49 Z...；或 H0
G50	11	比例缩放取消	等比缩放 G51 X... Y... Z... P... ... G50 不等比缩放 G51 X... Y... Z... I... J... K... ... G50
G51		比例缩放有效	
G50.1	22	可编程镜像取消	G51.1 IP ... G50.1 IP IP 指定对称点或对称轴
G51.1		可编程镜像有效	

（续表）

指令或地址	组别	功 能 含 义	编 程
G52	00	局部坐标系设定	G52 X... Y... Z...；局部坐标系设定 G52 X0 Y0 Z0；局部坐标系取消
G53	00	直接机床坐标系设定	G53
G54	14	选择工件坐标系 1	G54
G54.1	14	选择附加工件坐标系	G54.1 Pn；n：1～48 附加工件坐标系
G55	14	选择工件坐标系 2	G55
G56	14	选择工件坐标系 3	G56
G57	14	选择工件坐标系 4	G57
G58	14	选择工件坐标系 5	G58
G59	14	选择工件坐标系 6	G59
G60	00，01	单方向定位	G60 X... Y... Z...
G61	15	准确定位	G61
G62	15	自动拐角倍率	G62
G63	15	攻丝方式	G63
G64	15	连续路径切削方式	G64
G65	00	宏程序调用	G65 P... L...
G66	12	宏程序模态调用	G66 P... L...
G67	12	宏程序模态调用取消	G67
G68	16	坐标旋转	G68 G17 X... Y... R... G68 G18 Z... X... R... G68 G19 Y... Z... R...
G69	16	取消坐标旋转	G69
G73	09	排屑钻孔循环	G98 G73 X... Y... Z... R... Q... F... K... G99 G73 X... Y... Z... R... Q... F... K... X Y 孔位置；Z 从 *R* 点到孔底的距离； R 从初始位置到 *R* 点的距离；Q 每次切深； F 进给率；K 重复次数
G74	09	左旋攻螺纹循环	G98 G74 X... Y... Z... R... P... F... K... G99 G74 X... Y... Z... R... P... F... K... P 暂停时间
G76	09	精镗孔循环	G98 G76 X... Y... Z... R... Q... P... F... K... G99 G76 X... Y... Z... R... Q... P... F... K... Q 孔底偏移量
G80	09	取消固定循环	G80
G81	09	钻、锪、镗孔循环	G98 G81 X... Y... Z... R... F... K... G99 G81 X... Y... Z... R... F... K...
G82	09	钻孔或反镗孔循环	G98 G82 X... Y... Z... R... P... F... K... G99 G82 X... Y... Z... R... P... F... K...
G83	09	排屑钻孔循环	G98 G83 X... Y... Z... R... Q... F... K... G99 G83 X... Y... Z... R... Q... F... K... Q 每次切深

（续表）

指令或地址	组别	功能含义	编程
G84	09	攻螺纹循环	G98 G84 X... Y... Z... R... P... F... K... G99 G84 X... Y... Z... R... P... F... K...
G85		镗孔循环	G98 G85 X... Y... Z... R... F... K... G99 G85 X... Y... Z... R... F... K...
G86		镗孔循环	G98 G86 X... Y... Z... R... F... K... G99 G86 X... Y... Z... R... F... K...
G87		反镗孔循环	G98 G87 X... Y... Z... R... Q... P... F... K... G99 G87 X... Y... Z... R... Q... P... F... K... Q 刀偏量
G88		镗孔循环	G98 G88 X... Y... Z... R... P... F... K... G99 G88 X... Y... Z... R... P... F... K...
G89		镗孔循环	G98 G89 X... Y... Z... R... P... F... K... G99 G89 X... Y... Z... R... P... F... K...
G90	03	绝对尺寸输入	G90
G91		增量尺寸输入	G91
G92	00	设定工件坐标系或主轴最大速度限制	G92 X... Y... Z... G92 S...
G92.1		工件坐标系预置	G92.1 IP 0
G94	05	进给率(mm/min)	G94
G95		进给率(mm/r)	G95
G96	13	恒表面速度控制	G96 S...
G97		取消恒表面速度控制	G97 S...
G98	10	固定循环返回起始点	G98
G99		固定循环返回 *R* 点	G99

M	辅助功能字，设定机床开关量操作	M00～M99
M00	程序暂停，即计划停止	M00
M02	程序结束	M02
M03	主轴正转启动	M03
M04	主轴反转启动	M04
* M05	主轴停	M05
M06	换刀	M06
M07	冷却液打开	M07
* M09	冷却液关闭	M09
M30	程序结束并返回程序起点	M30
M98	子程序调用	M98 P... L...
M99	子程序结束	M99
M 功能有些由系统内定，有些由 PLC 程序指定，因此有可能因机床制造厂商的不同而有所差异，具体请仔细阅读机床说明书		
O	零件程序号	O1～O9999
N	程序段号	N1～N99999

（续表）

指令或地址	组别	功能含义	编程
X Y Z		尺寸字	坐标轴运动命令±99999.999
A B C		尺寸字	坐标轴运动命令±99999.999
R		尺寸字	圆弧半径，固定循环参数
I J K		尺寸字	圆心对圆弧起点的相对坐标
F		进给率字 单位由 G94、G95 定 G94：mm/min G95：mm/r	F0～F240000 mm/min 0.001～500 mm/r
S		主轴功能，指定主轴转速（r/min） G96 时为切削线速度（m/min）	S0～20000
T		刀具功能	T0～T99999999
H、D		刀编号	0～400
P、X		暂停时间	0～99999.999
P		子程序号指定	P1～P9999
P		子程序重复调用次数	P1～P999
P、Q		固定循环参数	

表 4-1-36 华中数控 HNC-21/22M 编程指令系统

指令或地址	组别	功能含义	说明	编程
G		准备功能字、设定机床运动模式等		G00～G99
* G00	01	快速定位	模态指令	G0 X... Y... Z...
G01	01	直线插补	模态指令	G1 X... Y... Z...
G02	01	顺圆插补	模态指令	G2 X... Y... I... J... G2 X... Y... R...
G03	01	逆圆插补	模态指令	G3 X... Y... I... J... G3 X... Y... R...
G04	00	暂停（时间单位 s）	非模态指令	G4 P...
G07	16	虚轴指定	模态指令	G07 X... Y... Z...；XYZ 为 0 即指定虚轴；XYZ 为 1 即指定实轴
G09	00	准停校验（准确定位）	非模态指令	G09
* G17	02	*XY* 平面选择	模态指令	G17
G18	02	*ZX* 平面选择	模态指令	G18
G19	02	*YZ* 平面选择	模态指令	G19
G20	08	英制（in）尺寸输入模式	模态指令	G20
* G21	08	公制（mm）尺寸输入模式	模态指令	G21
G22		脉冲当量输入模式		G22
G24	03	镜像开	模态指令	G24 X... Y... Z... M98 P... G25 X... Y... Z...
* G25	03	镜像关	模态指令	

(续表)

指令或地址	组别	功能含义	说明	编程
G28	00	自动返回参考点	非模态指令	G28 X... Y... Z...; XYZ 中间点
G29		自动由参考点返回		G29 X... Y... Z...; XYZ 目标点
* G40	09	取消刀具半径补偿	模态指令	G0 G40 X... Y... G1 G40 X... Y...
G41		刀具半径左补偿		G0 G41 X... Y... D... G1 G41 X... Y... D...
G42		刀具半径右补偿		G0 G42 X... Y... D... G1 G42 X... Y... D...
G43	10	刀具长度正补偿	模态指令	G0 G43 Z... H... G1 G43 Z... H... G0 G44 Z... H... G1 G44 Z... H... G0 G49 Z... G1 G49 Z...
G44		刀具长度负补偿		
* G49		取消刀具长度补偿		
* G50	04	比例缩放关	模态指令	G51 X... Y... Z... P... M98 P... G50 XYZ 基点;P 比例倍数
G51		比例缩放开		
G52	00	局部坐标系设定	非模态指令	G52 X... Y... Z...
G53		直接机床坐标系设定		G53
* G54	11	可设定零点偏置 设定选择工件坐标系	模态指令	G54
G55				G55
G56				G56
G57				G57
G58				G58
G59				G59
G60	00	单方向定位	非模态指令	G60 X... Y... Z...
* G61	12	精准停校验(准确定位)	模态指令	G61
G64		连续路径		G64
G68	05	建立旋转	模态指令	G68 X... Y... P...; XY 旋转中心;P 旋转角 M98 P... G69
* G69		取消旋转		
G73	06	深孔钻削循环	模态指令	G98 G73 X... Y... Z... R... Q... P... K... F... L... G99 G73 X... Y... Z... R... Q... P... K... F... L... XY 孔位置;Z 从 *R* 点到孔底距离(G91)或孔底坐标(G90);R 从初始点到 *R* 点距离(G91)或 *R* 点坐标(G90);Q 每次切深;P 孔底停留时间;F 进给率;L 循环次数;K 退刀量
G74		逆攻丝循环		G98 G74 X... Y... Z... R... P... F... L... G99 G74 X... Y... Z... R... P... F... L...

六、数控铣削加工实例

平面轮廓外形和内腔数控加工实例见表 4-1-37、表 4-1-38。加工实例中采用了刀具半径补偿 G41 和 G42。刀具沿 $R20$ 圆弧切入和退出，保证了刀具接痕处的精度要求。型腔粗加工后，采用 $\phi 8$ 平底铣刀和坐标转换功能数控加工实例见表 4-1-39。上模零件见图 4-1-2，其端面部分轮廓形状加工程序见表 4-1-40～表 4-1-42。为保证加工精度，应将尺寸公差转换成双向对称偏差，再进行编程。如表 4-1-40 中的外凸台尺寸 $81.8_{-0.05}^{\ 0}$，应转换为 81.775±0.025，再以 81.775 编程。

表 4-1-37 平面轮廓外形数控加工实例

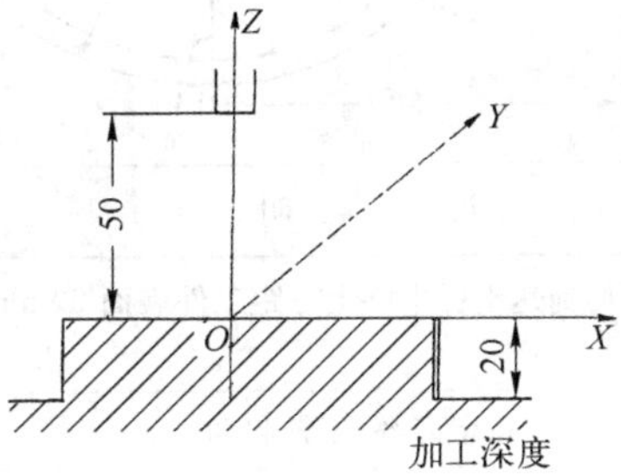

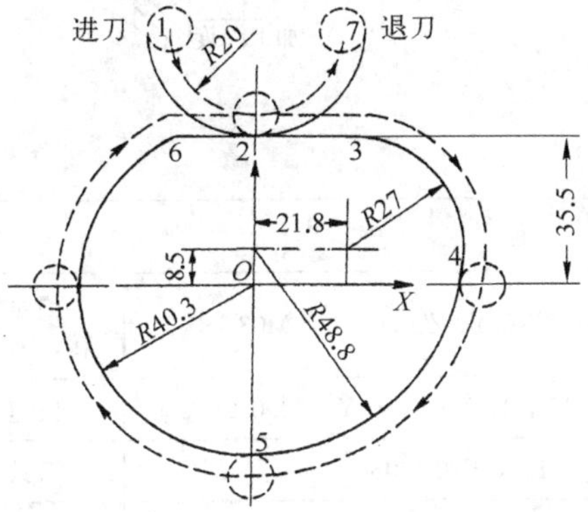

程　　序	说　　明
N10 G90 G92 X0 Y0 Z50.0 S300 M03	绝对指令方式，刀具到达坐标中心上方距工件表面 50 mm 处，主轴正转，300 r/min
N20 G00 G17 G41 X−20.0 Y55.5 D01	快速进给，0→1，由 D01 指定刀补，刀补起动
N30 G01 Z−20.0 F500	刀具从 1 处下降到预定加工深度处，F 为 500 mm/min
N40 G03 X0 Y35.5 R20 F30.0 M08	沿 $R20$ 圆弧线进刀，1→2，切削液起动
N50 G01 X21.8	2→3
N60 G02 X48.8 Y8.5 R27	3→4
N70 X0 Y−40.3 R48.8	4→5
N80 X−19.08 Y35.5 R40.3	5→6
N90 G01 X0	6→2
N100 G03 X20.0 Y55.5 R20	2→7，沿圆弧线退刀
N110 G00 Z50.0 M09	刀具快速提升至工件上方 50 mm 处，切削液停止
N120 G40 X0 Y0 M05	刀具回到坐标中心上方，取消刀补，主轴停止
N130 M30	程序结束

注：1. 在 N20 中，对于某些数控系统省略 G17，则被默认为 G17。
2. 采用 FANUC SYSTEM-6M 系统。

表 4-1-38 平面轮廓内腔数控加工实例

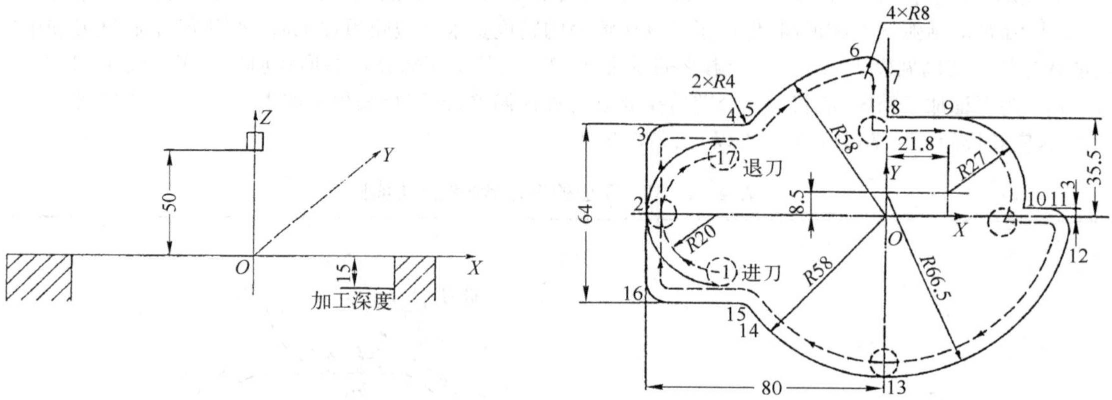

程　　序	说　　明
N10 G90 G92 X0 Y0 Z50.0 S300 M03	绝对指令方式，刀具到达坐标中心上方距工件表面 50 mm 处，主轴正转，300 r/min
N20 G00 G17 G42 X−60.0 Y−20.0 D02	快速进给，0→1，由 D02 指定刀补，刀补起动
N30 G01 Z−15.0 F30 M08	刀具从 1 处下降到预定加工深度处，切削液起动，*F* 为 30 mm/min
N40 G02 X−80.0 Y0 R20	沿 *R*20 圆弧线进刀，1→2
N50 G01 Y32.0	2→3，由指定的立铣刀成形转角 *R*
N60 X−50.48	3→4
N70 G03 X−47.22 Y33.68 R4	4→5，成形转角 *R*
N80 G02 X−19.72 Y54.55 R58	5→6
N90 X0 Y47.02 R8	6→7
N100 G01 Y35.5	7→8
N110 X21.8	8→9
N120 G02 X48.23 Y3 R27	9→10
N130 G01 X56.92	10→11
N140 G02 X64.71 Y−6.85 R8	11→12
N150 X0 Y−58.0 R66.5	12→13
N160 X−47.22 Y−33.68 R58	13→14
N170 G03 X−50.48 Y−32.0 R4	14→15，成形转角 *R*
N180 G01 X−80.0	15→16，由指定的立铣刀成形转角 *R*
N190 Y0	16→2
N200 G02 X−60.0 Y20.0 R20	2→17，沿 *R*20 圆弧退刀
N210 G00 Z50.0 M09	刀具快速提升到工件上方 50 mm 处，切削液停止
N220 G40 X0 Y0 M05	刀具回到坐标中心上方，取消刀补，主轴停止
N230 M30	程序结束

注：1. 在 N20 中，对于某些数控系统省略 G17，则被默认为 G17。
2. 采用 FANUC SYSTEM-6M 系统。

表 4-1-39 采用 $\phi8$ 平底铣刀和坐标转换功能数控加工实例

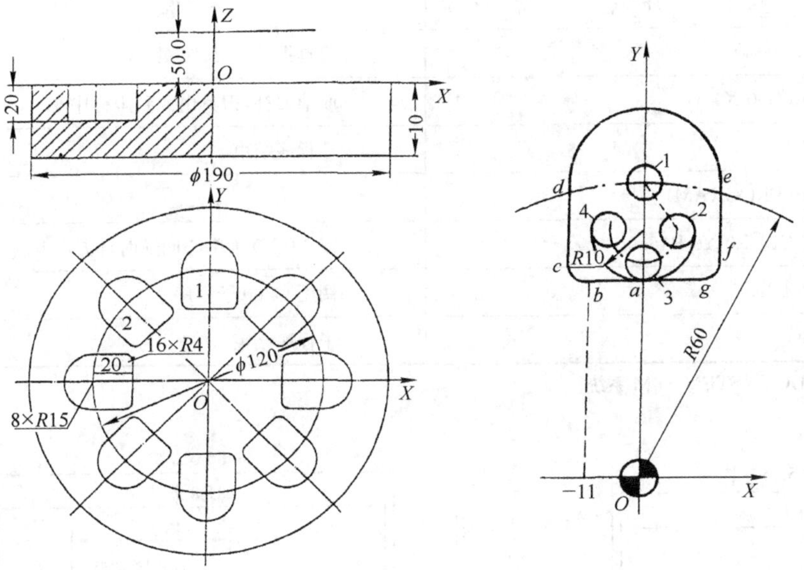

程　　序	说　　明
O1(MAIN PROGRAM)	
N10　G92 G90 X0 Y0 Z50.0　S300 M03	绝对指令方式,刀具正转 300 r/min,距工件 50 mm 处
N20　M98 P200	调用 O200 子程序
N30　M98 P300 L7	调用 O300 子程序循环 7 次
N40　G69 G00 X0 Y0 Z50.0　M05	取消坐标旋转,刀具回到初始位置
N50　M30	
O200 (SUB PROGRAM)	
N10　(G90) G00 X0 Y60.0	到达 1
N20　Z5.0	在 1 处下降到 $Z5.0$ 处
N30　G01 G42 Z−20.0 F200 D01	刀补起动,在 1 处下降到 $Z-20.0$ 处
N40　X10.0 Y50.0	刀具到达 2
N50　G02 X0 Y40.0 R10.0	2→3,切入 a 点
N60　G01 X−11.0	$a \to b$
N70　G02 X−15.0 Y44.0 R4.0	$b \to c$
N80　G01 Y60.0	$c \to d$
N90　G02 X15.0 Y60.0 R15.0	$d \to e$
N100　G01 Y44.0	$e \to f$
N110　G02 X11.0 Y40.0 R4.0	$f \to g$
N120　G01 X0	$g \to a$
N130　G02 X−10.0 Y50.0 R10.0	刀具到达 4

（续表）

程　　序	说　　明
N140　Z5.0	刀具提升到 Z5.0 处
N150　G40 G00 X0 Y0	取消刀补，刀具由 4 到坐标中心
N160　M99	子程序结束
O300（SUB PROGRAM）	
N10　G68 G91 X0 Y0 R45.0	以 X0 Y0 为中心向逆时针方向旋转 45°
N20　M98 P200	调用 O200 子程序
N30　M99	子程序结束

注：采用 FANUC SYSTEM - 6M 系统。

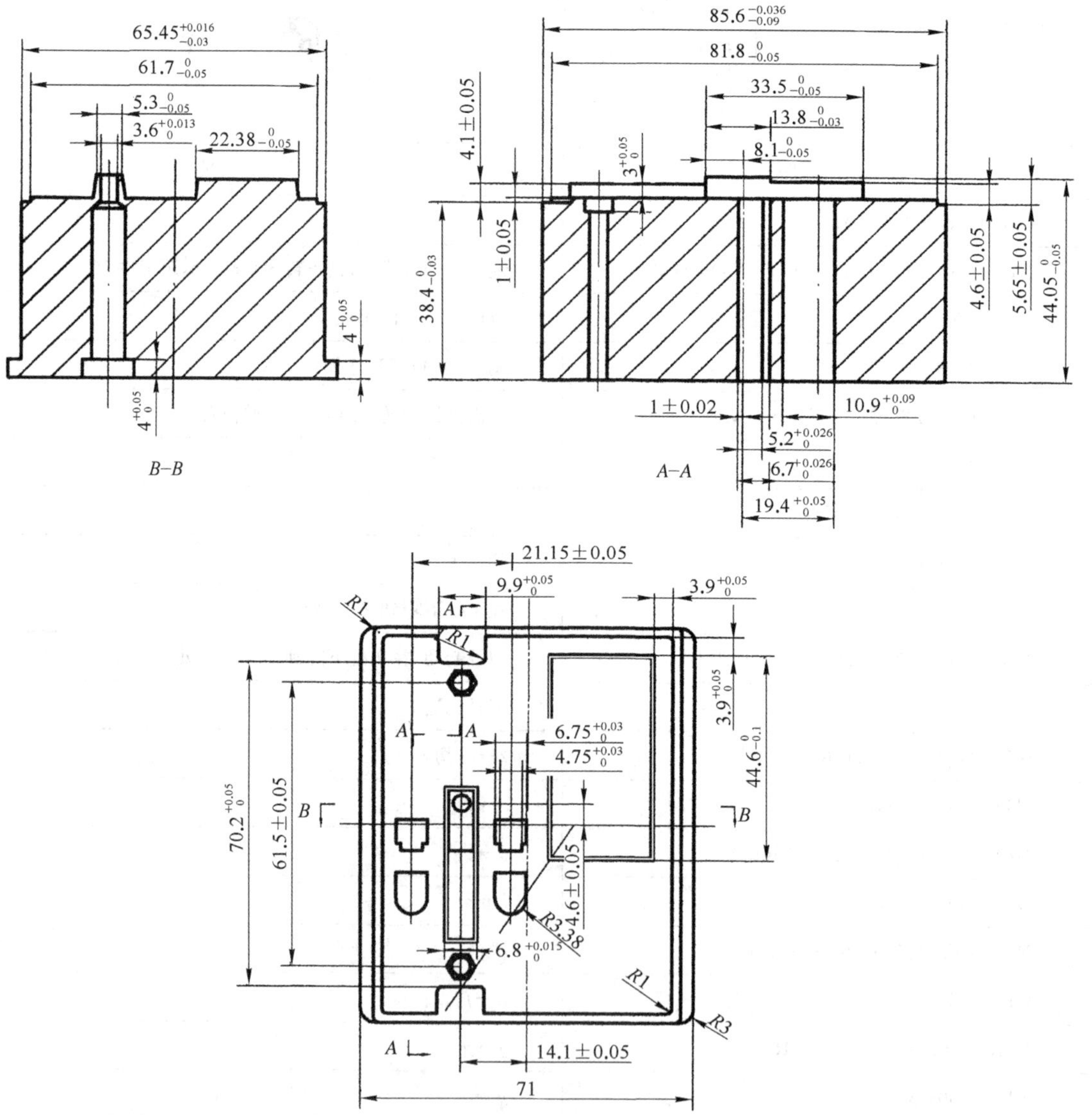

图 4-1-2　上模零件

表 4-1-40　外凸台加工程序

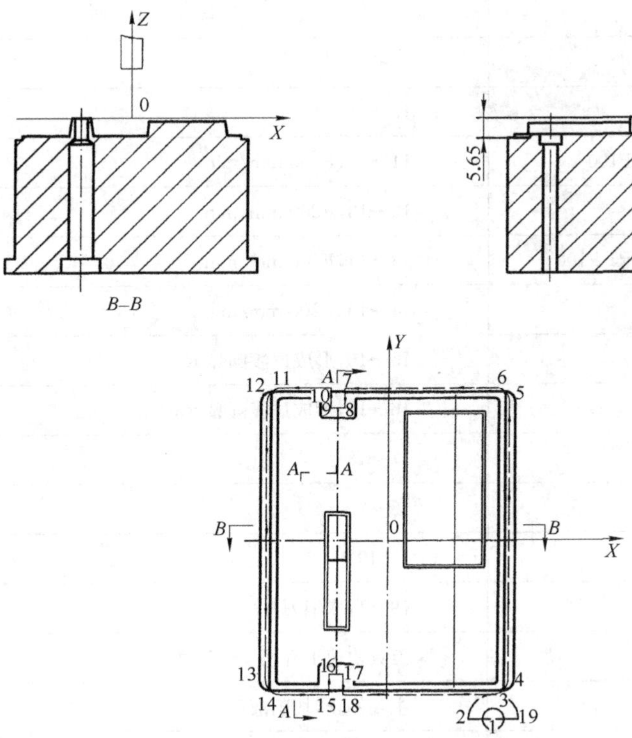

程　　序	说　　明
%	直径 6 mm 平底铣刀(TO3)加工
O0063	程序名
N0010 G40 G49 G80	取消刀具半径、长度补偿,取消固定循环
N0015 G54 G90 G00 X0 Y0	采用 G54 工件坐标系,绝对指令方式,到达工件中心上方
N0020 Z50	快速至安全高度
N0025 S2000 M03 M08	主轴正转,2 000 r/min,切削液起动
N0030 Z5	刀具快速下降,离工件 5 mm
N0035 X29.85 Y—50.9	快速至下刀点 1
N0040 G01 Z—5.65 F100	刀具下降至加工深度 Z—5.65 mm 处,F100 mm/min
N0045 (G01) G42 X19.85 F200 D03	1→2,以 D03 指定刀补,刀补起动
N0050 G02 X29.85 Y—40.9 R10 F100	2→3,F100 mm/min
N0055 G03 X30.85 Y—39.9 R1	3→4
N0060 G01 Y39.9 F200	4→5,F200 mm/min
N0065 G03 X29.85 Y40.9 R1 F100	5→6,F100 mm/min
N0070 G01 X—9.15 F200	6→7,F200 mm/min
N0075 Y35.1	7→8,形成过渡圆弧 R3
N0080 X—19.05	8→9,形成过渡圆弧 R3

（续表）

程　　序	说　　明
N0085 Y40.9	9→10
N0090 X—29.85	10→11
N095 G03 X—30.85 Y39.9 R1 F100	11→12，F100 mm/min
N0100 G01 Y—39.9 F200	12→13，F200 mm/min
N0105 G03 X—29.85 Y—40.9 R1 F100	13→14，F100 mm/min
N0110 G01 X—19.05 F200	14→15，F200 mm/min
N0115 Y—35.1	15→16，形成过渡圆弧 R3
N0120 X—9.15	16→17，形成过渡圆弧 R3
N0125 Y—40.9	17→18
N0130 X29.85	18→3
N0135 G02 X39.85 Y—50.9 R10	3→19
N0140 G01 G40 X29.85	19→1，取消刀补
N0145 G00 Z50	刀具快速上升至安全高度
N0150 M05 M09	主轴停止，切削液停止
N0155 M30	程序结束

表 4-1-41　小圆角内凹槽加工程序

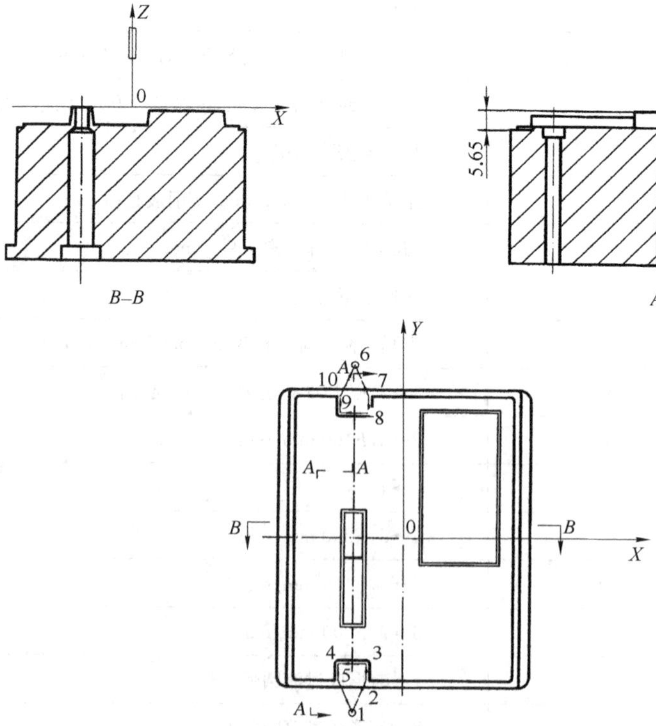

（续表）

程　　序	说　　明
%	直径 2 mm 平底铣刀（TO4）加工
O0064	程序名
N0010 G40 G49 G80	取消刀具半径、长度补偿，取消固定循环
N0015 G54 G90 G00 X0 Y0	采用 G54 工件坐标系，绝对指令方式，到达工件中心上方
N0020 Z50	快速至安全高度
N0025 S4000 M03 M08	主轴正转，4 000 r/min，切削液起动
N0030 X−14 Y−50	快速至下刀点 1
N0035 Z5	刀具快速下降，离工件 5 mm
N0040 G01 Z−5.65 F100	刀具下降至加工深度 $Z-5.65$ mm 处，$F100$ mm/min
N0045 (G01) G41 X−9.15 Y−40.9 F200 D4	1→2，以 D4 指定刀补，$F200$ mm/min
N0050 Y−35.1	2→3，由指定的立铣刀成形转角处半径
N0055 X−19.05	3→4，由指定的立铣刀成形转角处半径
N0060 Y−40.9	4→5
N0065 G01 G40 X−14 Y−50	5→1，取消刀补
N0070 G00 Z5	刀具快速上升至工件上方 5 mm 处
N0075 X−14 Y50	快速至下刀点 6
N0080 G01 Z−5.65 F100	刀具下降至加工深度 $Z-5.65$ mm 处，$F100$ mm/min
N0085 G42 X−9.15 Y40.9 F200 D04	6→7，以 D04 指定刀补，刀补起动
N0090 Y35.1	7→8，由指定的立铣刀成形转角处半径
N0095 X−19.05	8→9，由指定的立铣刀成形转角处半径
N0100 Y40.9	9→10
N0105 G40 X−14 Y50	10→6，取消刀补
N0110 G00 Z50	刀具快速上升至安全高度
N0115 M05 M09	主轴停止，切削液停止
N0120 M30	程序结束

表 4-1-42 凸台外侧面成形加工程序

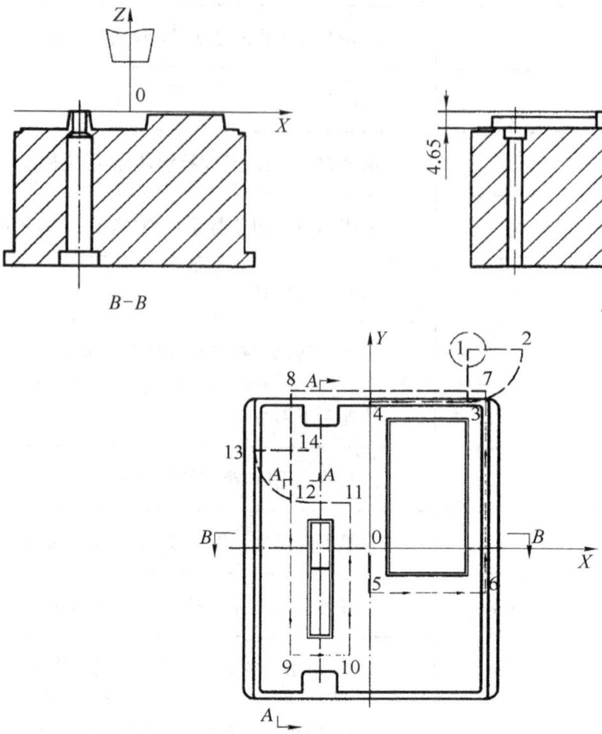

程　　序	说　　明
%	成形铣刀(TO5)加工
O0065	程序名
N0010 G40 G49 G80	取消刀具半径、长度补偿，取消固定循环
N0015 G54 G90 G00 X0 Y0	采用 G54 工件坐标系，绝对指令方式，到达工件中心上方
N0020 Z50	快速至安全高度
N0025 S3000 M03 M08	主轴正转，3 000 r/min，切削液起动
N0030 Z5	刀具快速下降，离工件 5 mm
N0035 X26.95 Y57	快速至下刀点 1
N0040 G01 Z−4.65 F100	刀具下降至加工深度 $Z-4.65$ mm，$F100$ mm/min
N0045 (G01) G42 X46.95 F200 D05	1→2，以 D05 指定刀补，刀补起动
N0050 G02 X26.95 Y37 R20	2→3
N0055 G01 X4.57	3→4
N0060 Y−7.6	4→5
N0065 X26.95	5→6
N0070 Y40	6→7

（续表）

程　　序	说　　明
N0075 X−17.5	7→8
N0080 Y−25.4	8→9
N0085 X−10.7	9→10
N0090 Y8.1	10→11
N0095 X−17.5	11→12
N0100 G02 X−37.5 Y28.1 R20	12→13
N0105 (G01) G40 X−17.5	13→14，取消刀补
N0110 G00 Z50	刀具快速上升至安全高度
N0115 M05 M09	主轴停止，切削液停止
N0120 M30	程序结束

七、计算机自动编程

（一）计算机自动编程方法

自动编程是采用计算机辅助数控编程技术实现的，需要一套专门的数控编程软件。现代数控编程软件主要分为以批处理命令方式为主的各种类型的语言编程系统和交互式 CAD/CAM 图形自动编程系统。

APT 是一种自动编程工具(Automatically Programmed Tool)的简称，是对工件、刀具的几何形状及刀具相对于工件的运动等进行定义时所用的一种接近于英语的符号语言。编程时，依据零件图样，以 APT 语言的形式表达出加工的全部内容，再把用 APT 语言书写的零件加工程序输入计算机，经 APT 语言编程系统编译产生刀位文件(CLDATA file)，通过后置处理后，生成数控系统能接受的零件数控加工程序。

采用 APT 语言自动编程时，计算机(或编程机)代替程序编制人员完成了烦琐的数值计算工作，并省去了编写程序单的工作量，因而可将编程效率提高数倍到数十倍，同时解决了手工编程中无法解决的许多复杂零件的编程难题。

交互式 CAD/CAM 图形自动编程系统是一种以通过计算机辅助设计(CAD)建立的几何模型为基础，再以计算机辅助制造(CAM)为手段，以图形交互方式生成数控加工程序的自动编程系统。在编程时，首先利用 CAD 软件或自动编程软件本身的零件造型功能，构建出零件几何形状。然后，对零件图样进行工艺分析，确定加工方案，再利用软件完成工艺方案的制定、切削用量的选择、刀具及其参数的设定，自动计算并生成刀位轨迹文件，最后用后置处理功能生成指定数控系统用的加工程序。

交互式 CAD/CAM 图形自动编程系统的主要特点是：零件的几何形状可在零件设计阶段采用 CAD/CAM 集成系统的几何设计模块在图形交互方式下进行定义、显示和修改，最终得到零件的几何模型。编程操作都是在屏幕菜单及命令驱动等图形交互方式下完成的，具有形象、直观和高效等优点。典型的软件有 UG、MasterCAM、Cimatron、CAXA-ME 等。

（二）UG 环境下的数控加工程序编制

1. UG 操作类型

Unigraphics(简称 UG)是当前世界上最先进和紧密集成的，面向制造行业的 CAD/CAM/CAE 高端软件之一。UG 的主要操作类型有平面铣(mill_ planar)、型腔铣(mill_contour)、孔加工(drill，也称点位加工)、多轴铣(mill_multi-axis)、数控车加工(turning)、线切割加工(wire_edm)等。

平面铣、型腔铣、孔加工操作子类型见表 4-1-43。

2. 编程实例

注塑模型芯见图 4-1-3，图 4-1-3a 为 UG 设计模型，图 4-1-3b 为二维工程图，现使用 UG 软件编制分型面和型芯成形部分的数控加工程序，见表 4-1-44。

表 4-1-43　UG 平面铣、型腔铣、孔加工操作子类型

类型	子类型		说明
	图标	名称	
		FACE_MILLING_AREA （表面区域铣）	通过选择平面或平面上的边界作为加工对象（以面来定义铣削区域）。与 FACE_MILLING 相比，可以指定切削区域和侧壁几何。适用于在实体模型上使用“切削区域”“壁几何体”等几何体类型进行精加工和半精加工
		FACE_MILLING （平面铣）	适用于在实体模型上使用“面边界”（以面、线、点来定义铣削区域）等几何体进行的精加工和半精加工，加工平面时比平面铣（PLANAR-MILL）子类型更为简单、方便
		FACE-MILLING_MANUAL （手工面铣削）	以面来定义铣削区域，可在一个操作中手工定义多种走刀方式，用于加工轮廓形状复杂的平表面（壁几何体可以添加曲面）
	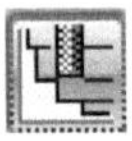	PLANAR_MILL （平面铣）	通过指定加工平面和最低加工底面确定加工范围，以面、线、点来定义铣削区域，可以修剪、检测几何体，是平面铣的基本形式，其他平面铣操作子类型可以理解为此种形式的特例
		PLANAR_PROFILE （平面轮廓铣）	没有切削方法选择，只用于平面轮廓加工（用于光侧或清根）
		ROUGH _FOLLOW （跟随零件粗铣）	默认的切削方式为跟随零件走刀（Follow Part），适用于使用“跟随部件”切削模式进行区域的粗加工
平面铣		ROUGH_ZIG （单向粗铣削，单向走刀）	默认的切削方式为单向轮廓走刀（Zig with Contour），可保持单纯的顺铣或逆铣加工
		CLEANUP_CORNERS （清理拐角）	清除上一步平面加工未清除的余量（即光底），清理拐角，其默认的切削方式为跟随零件走刀（Follow Part），使用此操作子类型可清理内拐角的残余材料（2D 残料加工）
		FINISH_WALLS （精加工壁）	侧壁精加工，其默认的切削方式为轮廓走刀（Proflie），主要用于侧壁精加工
		FINISH_FLOOR （底部精铣）	底部精加工，其默认的切削方式为跟随零件走刀（Follow Part），主要用于平面的精加工
		THREAD_MILLING （螺纹铣削）	螺纹加工，当螺纹直径大于 1 in，通常使用此方法加工
		PLANAR_TEXT （文本雕刻）	在平表面上雕刻字符，包括英文字母、汉字及其他特殊字符
		MILL_CONTROL （机床控制）	通过机床面板进行控制，用于创建机床控制操作，添加后处理命令如换刀、主轴开关、切削液开关及夹具夹紧松开等
		MILL_USER （用户定义）	用户自定义铣削方式

（续表）

类型	子类型		说明
	图标	名称	
型腔铣		CAVITY_MILLING （型腔铣）	型腔铣操作基本子类型，主要用于粗加工
		PLUNGE_MILLING （插铣）	适用于使用插铣模式机械粗加工
		CORNER_ROUGH 轮廓粗加工	可使用参考刀具加工前一操作中因刀具尺寸太大而在拐角处留下的余量
		REST_MILLING （剩余铣）	余料加工，用于加工前一操作中未切削到的材料
		ZLEVEL_PROFILE （深度加工轮廓）	即等高轮廓铣，以等高层状刀轨，可加工零件所有表面，也可通过设置参数只加工陡峭表面或非陡峭表面
		ZLEVEL_CORNER （深度加工拐角）	即拐角等高精加工，可以设置陡峭角度，精加工大于陡峭角度指定的拐角表面
		FIXED_CONTOUR （固定轮廓铣）	即固定轴曲面轮廓铣削，默认的驱动方法为边界驱动，在该模式下可切换到任何一种驱动方式
		CONTOUR_AREA （轮廓区域）	即表面区域驱动，默认驱动方法为表面区域驱动，是使用最广泛的一种驱动方式
		CONTOUR_SURFACE_AREA （轮廓表面积）	即曲面区域驱动，可使用固定轴或可变轴铣削方式加工复杂零件
		STREAMLINE （流线）	用于加工不规则的表面
		CONTOUR_ARER_NON_STEEP （轮廓区域非陡峭）	清除以前刀具在拐角或圆角过渡处而无法加工的余留材料
		CONTOUR_AREA_DIR_STEEP （轮廓区域方向陡峭）	即非陡峭区域铣削，默认的驱动方法为表面区域驱动，可指定非陡峭角度（默认 Non steep=65），用于加工非陡峭区域
		FLOWCUT_SINGLE （单刀路清根）	即单次走刀清根，只沿凹角生成单一清根刀轨
		FLOWCUT_MULTIPLE （多刀路清根）	即多次走刀清根，可设置走刀次数（默认走刀次数 Number of Offest=5），沿凹角生成刀轨
		FLOWCUT_REF_TOOL 清根参考刀具	走刀次数由参考刀具直径等参数决定，是最常用的一种清根方法
		FLOWCUT_SMOOTH （清根光顺）	多次走刀清根，刀轨光滑且连续
		SOLID_PROFILE_3D （实体轮廓）	3D 刀轨，选择要加工的实体边，用在一次成形的刀路上比较好
		PROFILE_3D （轮廓 3D）	即 3D 轮廓铣操作，2D 或 3D 沿边界生成单一刀轨，类似于单次走刀清根

（续表）

类型	子类型 图标	子类型 名称	说明
孔加工		SPOT_FACING （孔加工，即锪孔）	用于加工钻孔位置的小平面
		SPOT_DRILLING （点钻，即中心钻）	用于加工中心孔
		DRILLING （钻，即钻孔）	孔加工基本方式，用于加工普通孔
		PECK_DRILLING （啄钻，即啄孔）	用于深孔加工
		BREAKCHIP_DRILLING （断屑钻）	用于不易断屑材料的孔加工
		BORING （镗孔）	用于加工较大直径的孔
		REAMING （铰，即铰孔）	用于孔的精加工
		COUNTERBORING （沉头孔加工）	用于加工沉孔
		COUNTERSINKING （钻埋头孔）	用于加工锥形沉孔
		TAPPING （出屑）	攻螺纹
		THREAD_MILLING （螺纹铣削，铣螺纹）	用于加工大尺寸的螺纹

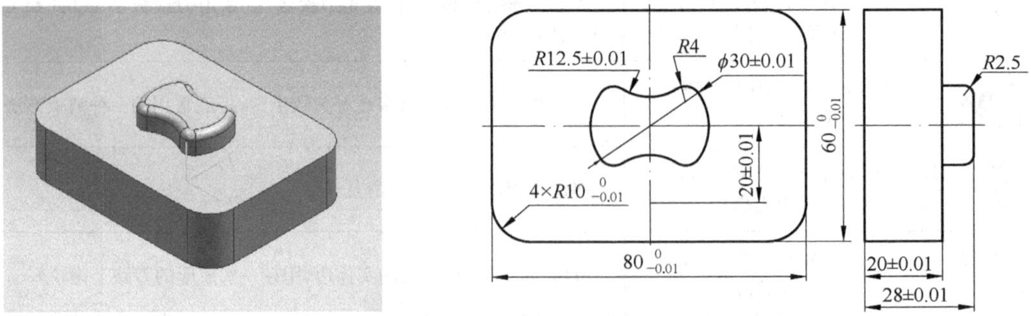

(a)　　　　(b)

图 4-1-3　注塑模型芯

表 4-1-44　型芯成形部分 UG 自动编程

序号	加工内容	操作类型	操作子类型	参　　数	刀　　规
1	分型面、成形部分侧壁粗加工	平面铣	表面区域铣	刀具：D8R0 底面余量：0.5 侧壁余量：1 铣削方式：顺铣，由外向内 切削模式：跟随周边，百分比 30 主轴速度：1 000 进给率：250	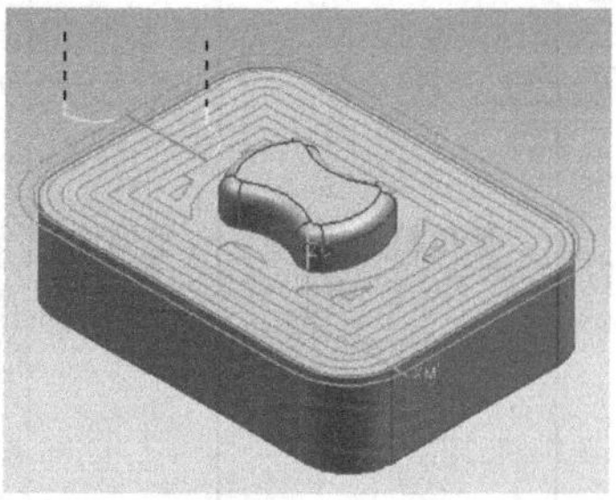
2	分型面精加工	平面铣	表面区域铣	刀具：D8R0 底面余量：0 侧壁余量：0.5 铣削方式：顺铣，由外向内 切削模式：跟随周边，百分比 30 主轴速度：1 000 进给率：250	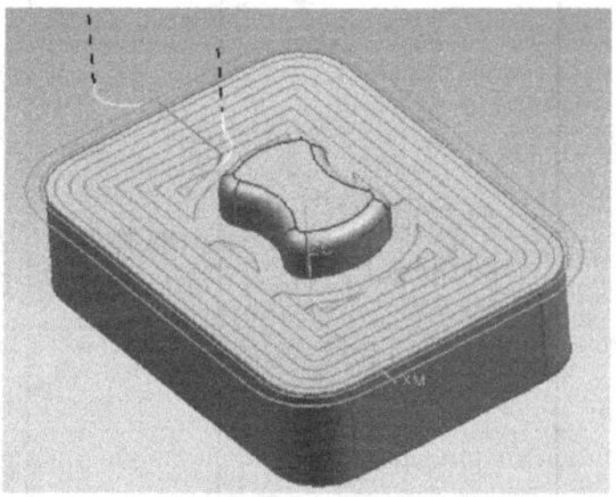
3	顶面粗、精加工	平面铣	表面区域铣	刀具：D8R0 底面余量：0.5 侧壁余量：0 铣削方式：顺铣，由外向内 切削模式：往复铣削，百分比 30 主轴速度：1 000 进给率：250	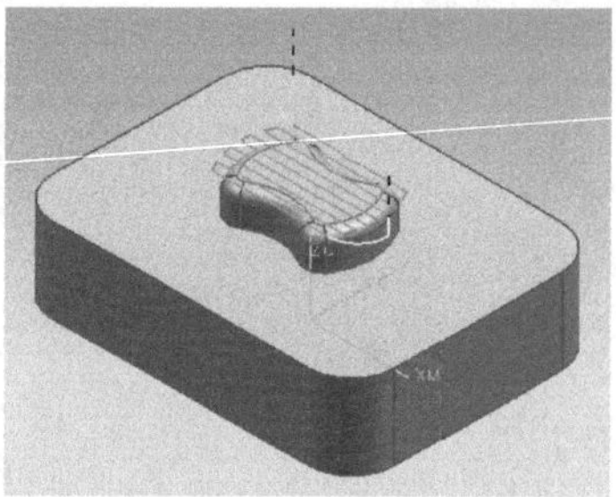
4	顶面精加工	平面铣	表面区域铣	刀具：D8R0 底面余量：0.5 侧壁余量：0 铣削方式：顺铣，由外向内 切削模式：往复铣削，百分比 20 主轴速度：1 000 进给率：250	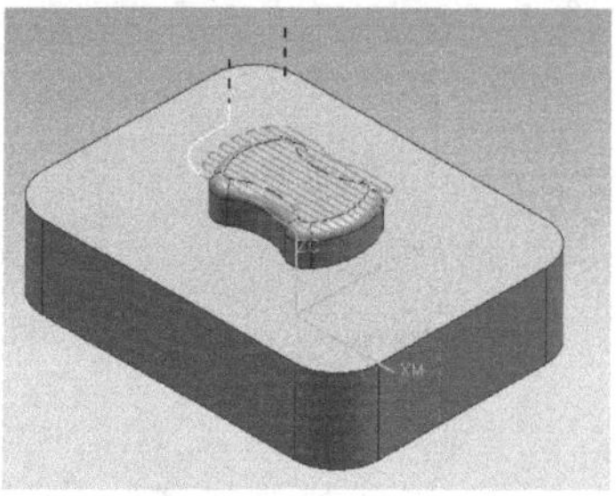

（续表）

序号	加工内容	操作类型	操作子类型	参　　数	刀　　规
5	侧壁精加工	平面铣	表面区域铣	刀具：D4R0 底面余量：0 侧壁余量：0 铣削方式：顺铣，由外向内 切削模式：配置文件，百分比 10 主轴速度：1 000 进给率：250	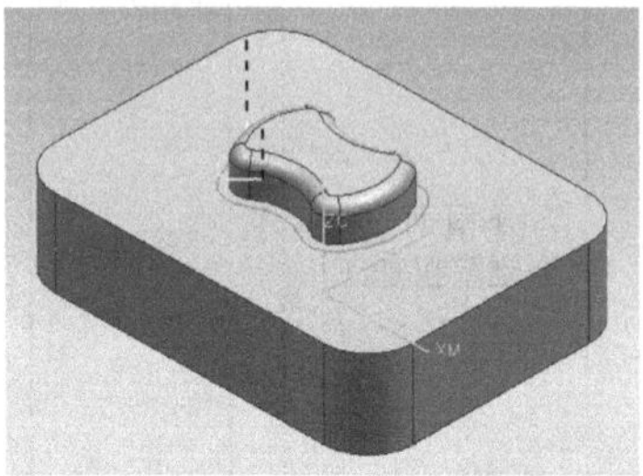
6	型芯顶部圆角加工	型腔铣	轮廓区域铣	刀具：D10R5 切削模式：配置文件 切削方向：顺铣，百分比 5 主轴速度：1 500 进给率：200	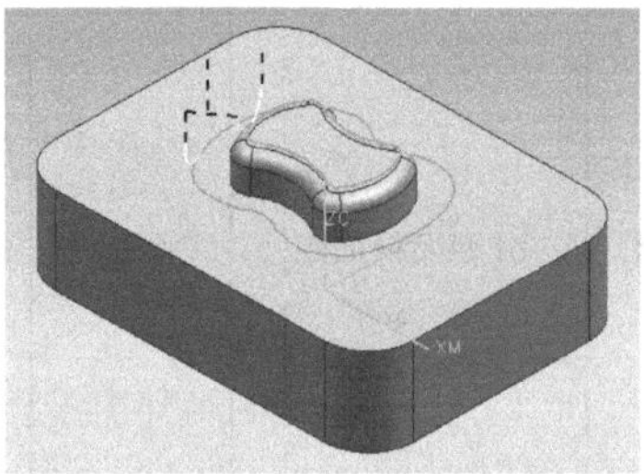

第二章　磨削加工

一、平面磨床磨削加工

（一）平面磨床主要技术参数

模具零件加工主要使用卧轴矩台平面磨床，有 M71（普通级）、MM71（精密级）、MG71（高精度级）三个系列，主要技术参数见表 4－2－1。

表 4－2－1　卧轴矩台平面磨床主要技术参数

型　　号		MM7120A	MM7125	M7130S	MM7132A	MG7132	M7140H	MM7150	MT7160
工作台尺寸	宽度（mm）	200	250	300	320	320	400	500	600
	长度（mm）	630	800	1 000	1 000	1 000	1 000	1 000	1 600
加工范围	宽度（mm）	200	250	300	320	320	400	500	600
	长度（mm）	630	800	1 000	1 000	1 000	1 000	1 000	1 600
	高度（mm）	320	400	400	400	400	400	600	550
工作台纵向移动行程（mm）		750	870	1 100	1 050	1 100	1 100	1 200	1 800
工作台拖板横向移动行程（mm）		220	300		350	350			
砂轮轴转速（r/min）		1 500/3 000	1 440/2 880	1 440	1 500	1 500	1 440	1 460	1 460
磨头中心到工作台距离（mm）		445	110～550	575	550	550	575	180～825	180～775
砂轮尺寸	外径（mm）	ϕ250	ϕ300	ϕ350	ϕ300	ϕ300	ϕ350	ϕ450	ϕ450
	宽度（mm）	25	40	40	32	32	40	63	63
	内径（mm）	ϕ75	ϕ75	ϕ127	ϕ75	ϕ75	ϕ127	ϕ203	ϕ203
加工平面对基面平行度（mm）		0.003/300	0.008/1 000	0.005/300	0.003/300	0.002/300	0.005/300	0.008/1 000	0.01/1 000
加工表面粗糙度 Ra（μm）		0.16	0.16	0.63	0.16	0.08	0.63	0.16	0.63
备　　注		杭州杭机	天津津机	杭州杭机	杭州杭机	杭州杭机	杭州杭机	天津津机	天津津机

（二）常用导磁元件和夹具

常用导磁元件见表 4－2－2，常用夹具见表 4－2－3。

表 4－2－2　常用导磁元件

名　称	简　图	技术要求及说明
导磁立柱	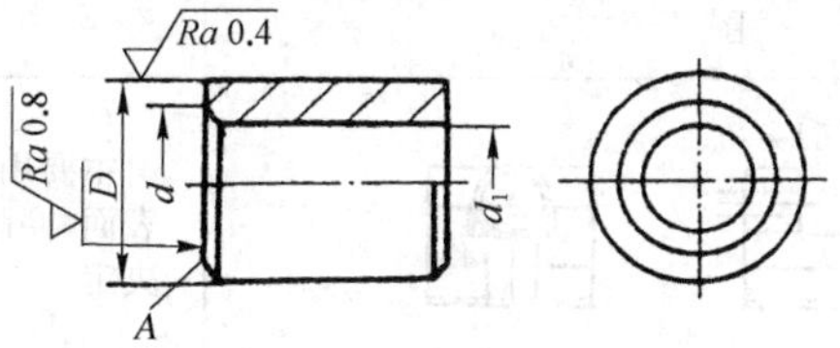	D 一般取 35～55 mm，d_1 为 20 mm A 端面与外圆垂直度允差 0.01∶100

（续表）

名　　称	简　　　图	技 术 要 求 及 说 明
导磁方铁	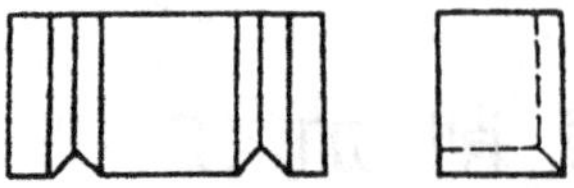	表面开槽以改善接触情况，四周精磨并相互垂直。一般成对使用，两件等高
专用角度导磁块		α 一般做成 30°、45°、55°、60°等 表面开槽，成对制造，每组角度和尺寸一致
直角导磁铁	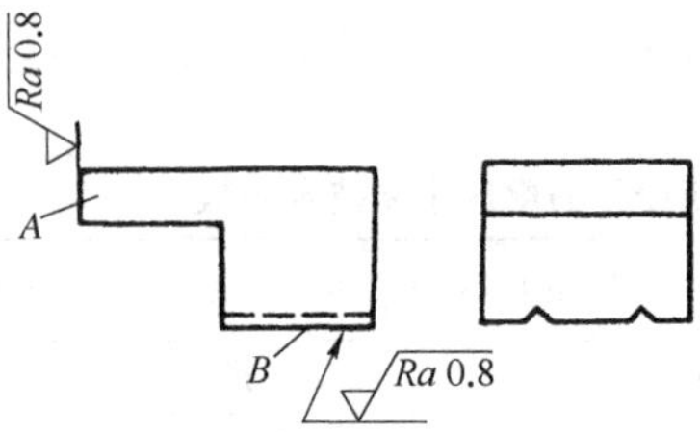	底面开槽，A、B 保持垂直，垂直度允差为 0.01∶100
导磁圆柱	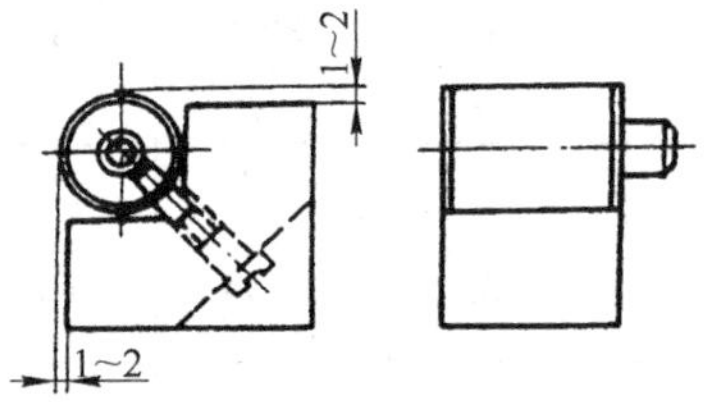	圆柱至端面需留一定距离，并在圆柱一端留有工艺装夹部分，以便重磨
导磁挡铁	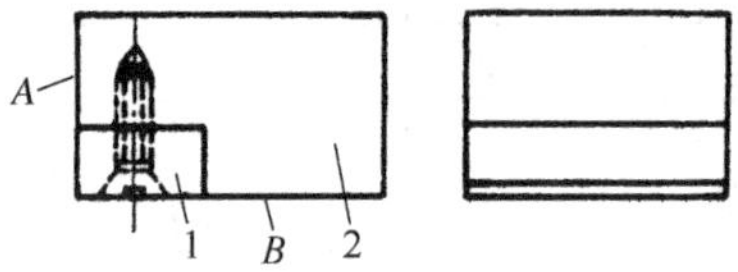	由黄铜板 1 及钢体 2 用螺钉组合而成，A、B 面精磨并保持垂直，垂直度允差为 0.01∶100
余切导磁工具	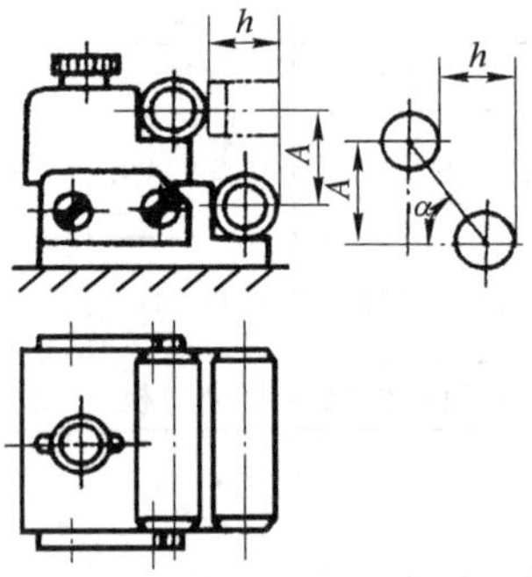	上下两圆柱直径尺寸应一致，角度按余切定理计算，用块规调整好后，将滚花螺钉拧紧方可使用 $h = A\cot\alpha$

注：各元件一般用 45 钢制成，淬硬至 40～45 HRC。

表 4-2-3 常 用 夹 具

夹　　具	简　　　图	说　　　明
精密平口钳	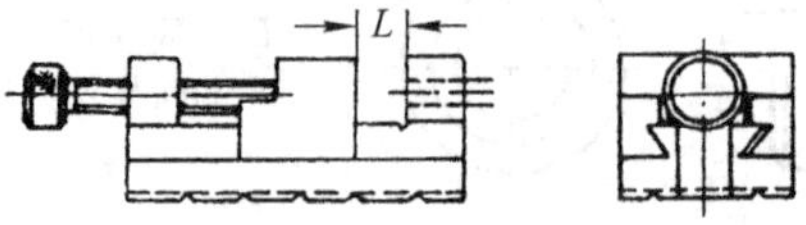	主要用于磨削两相互垂直的表面，磨削垂直度由平口钳精度决定

（续表）

夹具	简图	说明
单向正弦平口钳	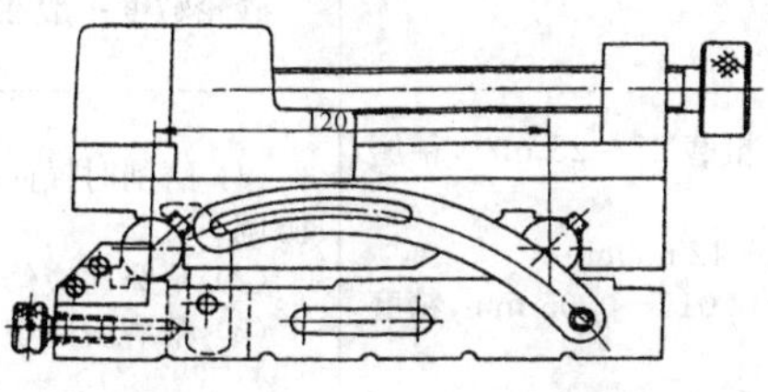	装夹尺寸较小的细长工件，可磨削 0°～45°的斜面
单向电磁正弦夹具	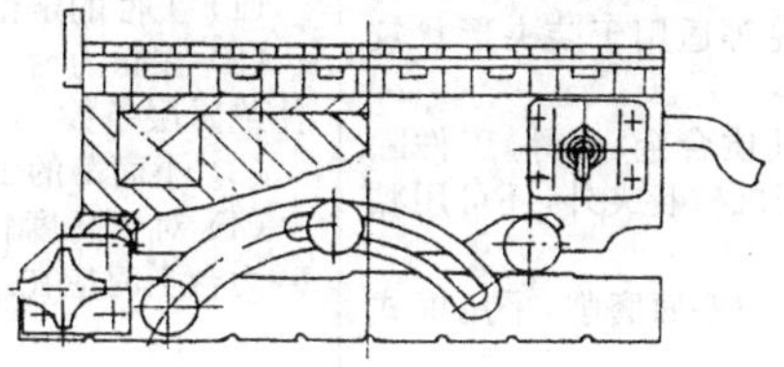	装夹有较大定位平面的工件，磨削斜面的角度为 0°～45°
双向永磁正弦夹具	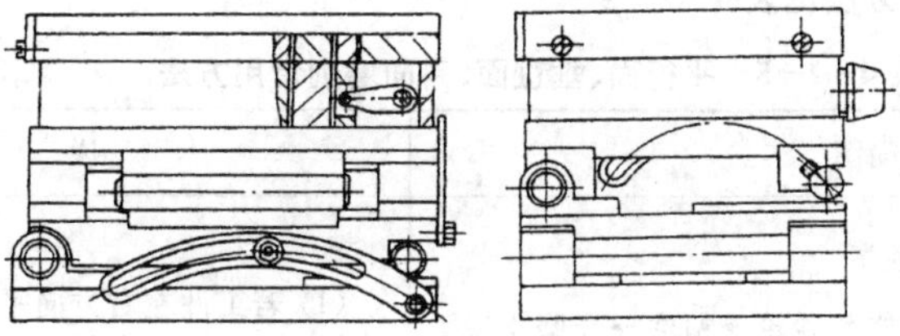	用于磨削空间斜面
正负向永磁正弦夹具	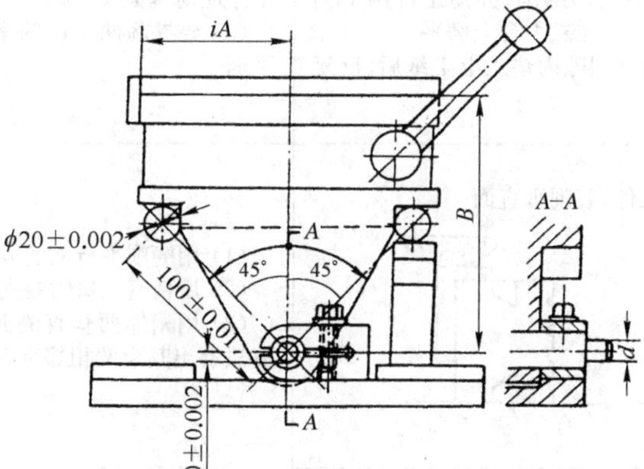	能在工件一次装夹中磨削正负向带有 0°～±45°角的平面

（三）平面磨床磨削工艺

1. 平面磨床磨削工艺要点

平面磨床磨削工艺要点见表 4－2－4。

表 4-2-4 平面磨床磨削工艺要点

工艺内容		工艺要点
砂轮	磨淬硬钢选用 R_3～ZR_1 磨不淬硬钢选用 R_3～ZR_2	砂轮粒度一般在 F36～F60，常用为 F46
周面磨削用量	(1) 磨钢件的砂轮线速度：粗磨 22～25 m/s，精磨 25～30 m/s (2) 纵向进给量一般选用 1～12 m/min (3) 砂轮垂直进给量：粗磨 0.015～0.05 mm，精磨 0.005～0.01 mm	(1) 磨削时横向进给量与砂轮垂直进给量应相互协调 (2) 精磨前应修整砂轮 (3) 精磨后应在无垂直进给下继续光磨 1 或 2 次
工件装夹方法	(1) 电磁吸盘装夹是磁性材料工件常用方法 (2) 精密平口钳、角铁、V 形块、正弦平口钳、正弦磁力台、导磁角铁、精密回转盘等适用于装夹形状较复杂的小尺寸工件 (3) 非磁性材料(铜合金、硬质合金、铝等)工件除用精密平口钳、角铁、V 形块等机械装夹外，还可用黏结剂装固 (4) 对于小而薄的成批工件的平面磨削，采用框式挡板专用夹具	(1) 工件的定位基面要用锉刀或油石等去除毛刺 (2) 在磁力台上装夹工件，应尽量多地使工件盖住绝磁层条数 (3) 小而薄的工件应放在绝磁层中间 (4) 对于高度较高而定位面较小的工件，装夹在磁力台上时应在工件前面放上挡铁

2. 平行面、垂直面、斜面磨削常用方法

平行面、垂直面、斜面磨削常用方法见表 4-2-5。

表 4-2-5 平行面、垂直面、斜面磨削常用方法

工艺内容及简图		说明
平行平面磨削	(1) 一般工件磨削顺序 粗磨去除 $\frac{2}{3}$ 余量→修整砂轮→精磨→光磨 1 或 2 次→翻转工件粗精磨第二面 (2) 薄工件磨削 垫弹性垫片。在工件与磁力台间垫一层约 0.5 mm 厚的橡皮或海绵，工件吸紧后磨削，并使工件两平面反复交替磨削，最后直接吸在磁力台上磨平 垫纸法。在工件空音处间隙内垫入电工纸后，反复交替磨削	(1) 若工件左右方向平行度有误差，则工件翻转磨第二面时应左右翻。若工件前后方向有误差时，则在磨第二面时应前后翻 (2) 带孔工件端平面的磨削，要注意选准定位基面，以保证孔与平面的垂直度。在一般情况下前道工序应对基面做上标记 (3) 要提高两平面的平行度，须反复交替磨削两平面
垂直平面磨削	用精密平口钳装夹工件，磨削垂直面 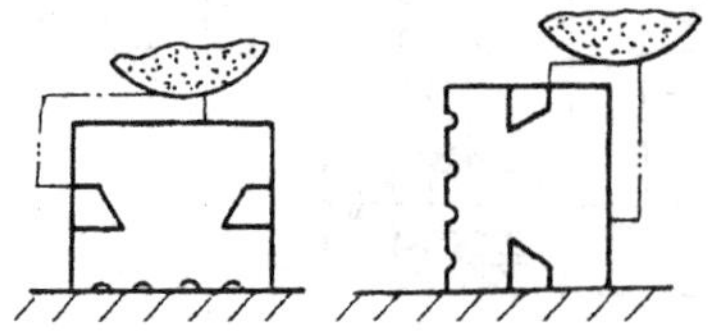	(1) 用磨削平行面的方法磨好上下两大平面 (2) 用精密平口钳装夹工件，磨好相邻两垂直面 (3) 用相邻两垂直侧面为基面，用磨削平行面的方法磨出其余两相邻垂直面
	用精密角尺圆柱或精密角尺找正磨垂直面。找正时用光隙法，借垫纸调整位置后，在磁力台上磨削。该法能获得比精密平口钳装夹更高的垂直度	(1) 磨好两平行平面 (2) 用精密平口钳装夹磨相邻两垂直面，作为粗基准 (3) 用光隙法找正，置于磁力台上磨出垂直面 (4) 再以找正后磨出的垂直面为基面，磨出另外两垂直面

（续表）

	工艺内容及简图	说　　明
垂直平面磨削	用精密角铁2和平行夹头装夹工件1。适于磨削较大尺寸平面工件的侧垂直面 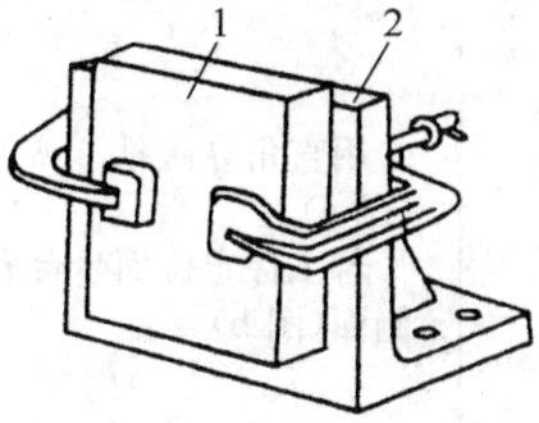	(1) 磨好两平行大平面 (2) 工件装夹在精密角铁上，用百分表找正后磨削出垂直面 (3) 用磨出的面为基面，在磁力台上磨对称平行面 (4) 需要六面对角尺的工件，其余两垂直平面的磨削采用精密角尺找正的方法，在精密角铁上装夹后磨出
	用导磁角铁1和垫铁3装夹工件2磨垂直面。适用于磨削较狭长的工件 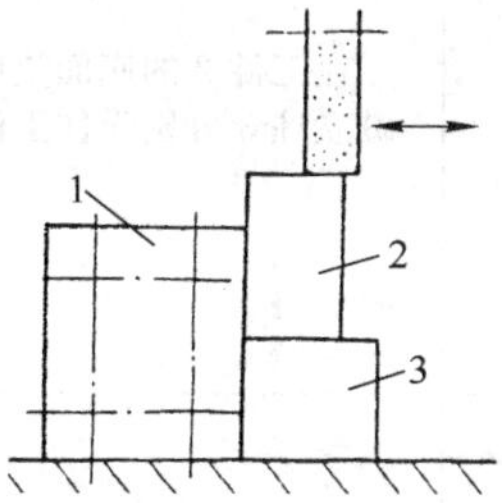	(1) 装夹时应将工件上面积较大的平面作为定位基面，并使其紧贴于导磁角铁面 (2) 磨削顺序 磨出一平面→用导磁角铁磨出垂直面→以相互垂直的两平面做基面，磨出对称平行面
垂直面磨削	用精密V形铁1和夹紧爪2装夹带台肩或不带台肩的圆柱形工件3，磨削端面 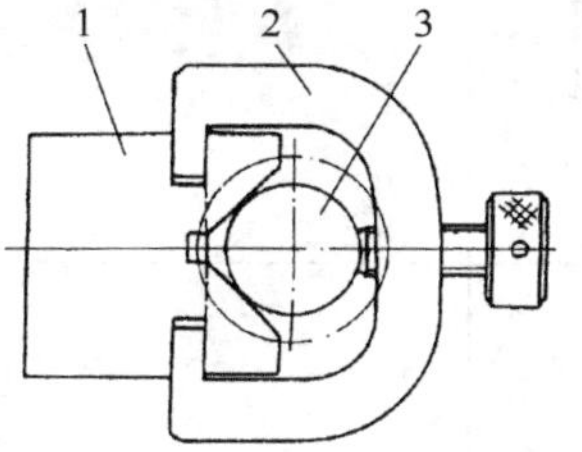	在螺钉夹紧工件圆柱面处垫入铜皮，保护已加工表面
斜面磨削	(1) 用正弦平口钳或正弦磁力台装夹工件，最大倾斜角为45° (2) 用双向正弦平口钳装夹工件。适于磨削空间斜面 (3) 用导磁V形铁装夹工件，磨削斜面角为15°、30°、45°、60° (4) 用正弦规2和精密角铁1配合装夹工件 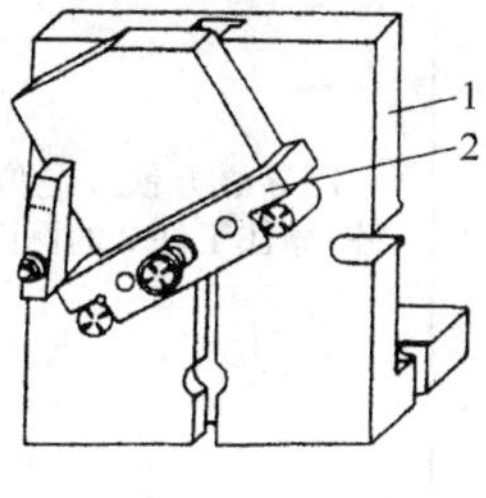	正弦夹具垫块规尺寸计算： $H = L\sin\alpha$ H—垫块规尺寸(mm) L—正弦夹具两圆柱中心距，一般为200 mm α—工件斜面与基准面的夹角

3. 利用导磁元件进行平面磨削的常用方法

利用导磁元件进行平面磨削的常用方法见表 4-2-6。

表 4-2-6　利用导磁元件进行平面磨削的常用方法

磨削部位	工件定位简图	操作说明
磨削工件的端面	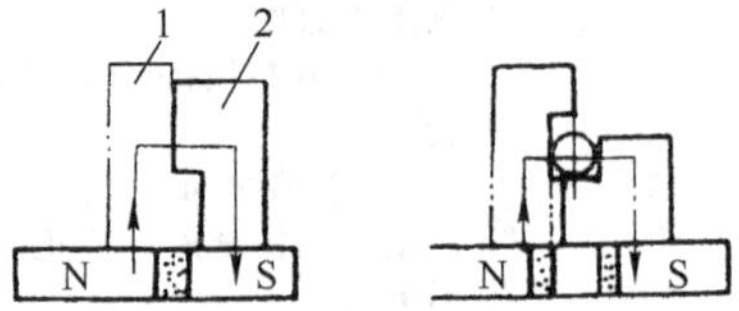 (a)　(b)	用直角导磁铁 2 吸住工件 1 的侧面，磨削工件(图 a) 若工件定位面带台肩，可用导磁圆柱吸住工件的侧面(图 b)
磨一个面与另一面垂直	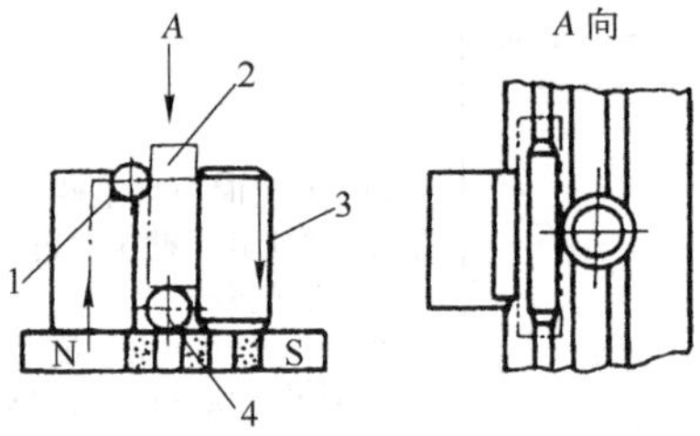	在工件 2 的底面垫以圆柱 4，用导磁圆柱 1 及导磁立柱 3 分别吸住工件两侧面。该方法稳定性好
磨一个面与另两面垂直	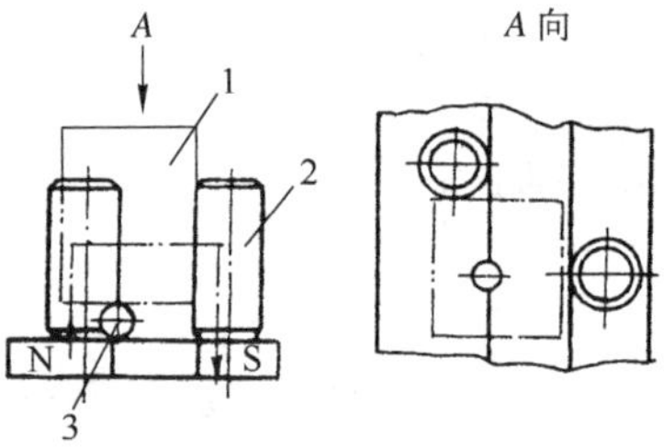	在工件 1 的底面垫以圆球 3，用两根导磁立柱 2 分别吸住工件的侧面与端面
磨圆柱工件端头	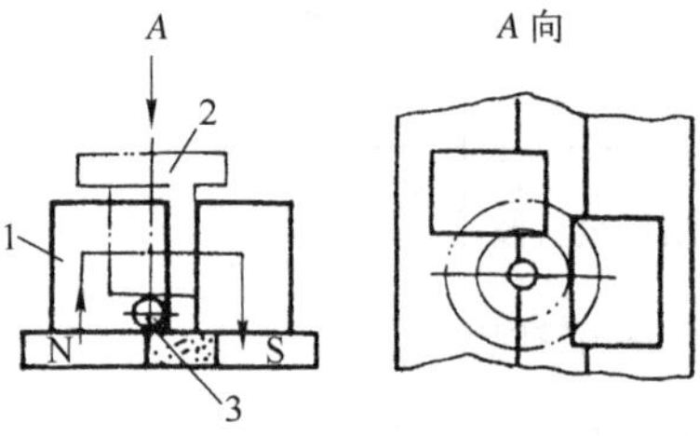	用两块导磁方铁 1 吸住工件 2 的圆柱面，并在工件底面垫以圆球 3
磨带台肩的工件	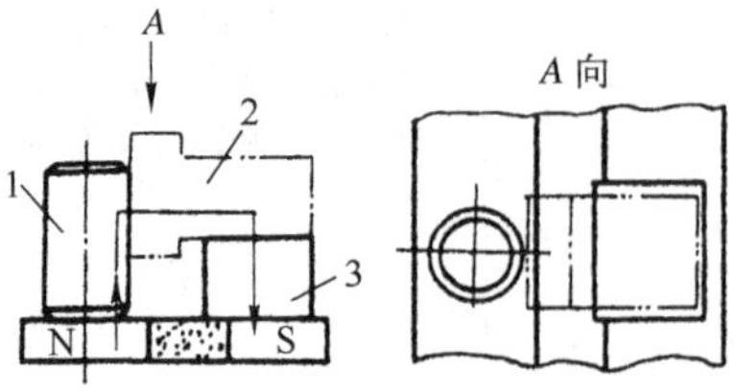	用导磁方铁 3 定位，并以导磁立柱 1(或导磁圆柱)靠住工件 2 的侧面

（续表）

磨削部位	工件定位简图	操作说明
磨带台肩的工件与侧面垂直	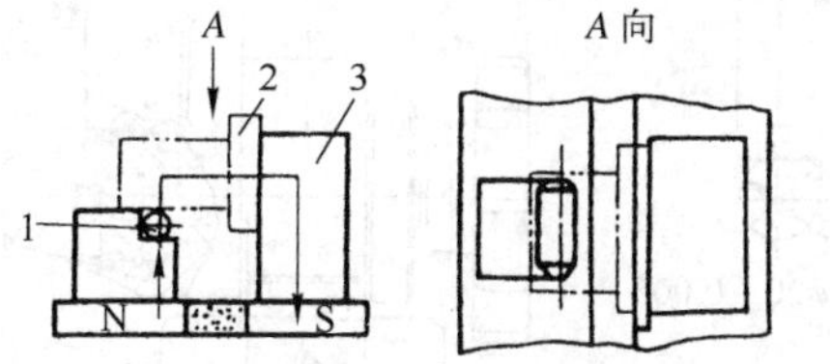	用导磁圆柱1及导磁方铁3吸住工件2的台肩底面及侧面
磨带凸缘的工件背面	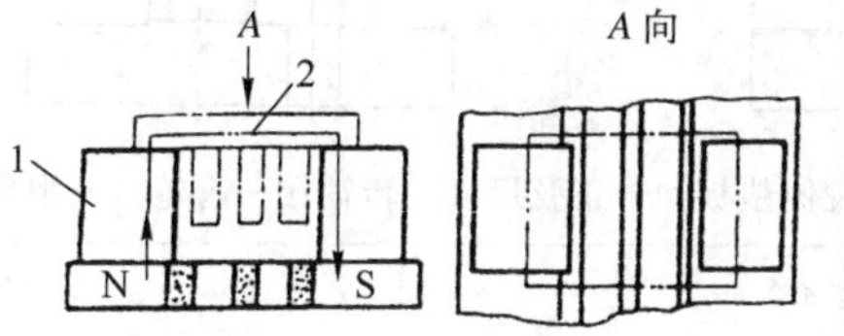	用两块等高的导磁方铁1吸住工件2的台肩面
以工件内形平面定位磨外形平面，达到平行	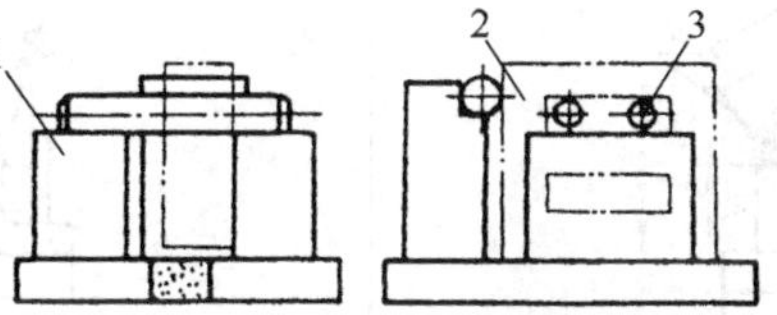	在工件2的内形插入两根直径相等的圆柱3，搁在两块等高的导磁方铁1上，工件的一侧面靠住导磁方铁，并在工件端面放置导磁圆柱
磨工件斜面	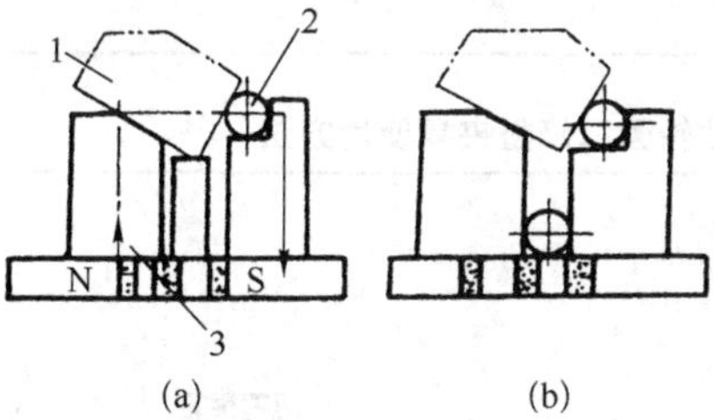 (a)　(b)	用角度导磁块3和导磁圆柱2磨削工件1的斜面 图a用于磨削斜面对侧面无精度要求，图b斜面对侧面有精度要求
磨带斜面的工件	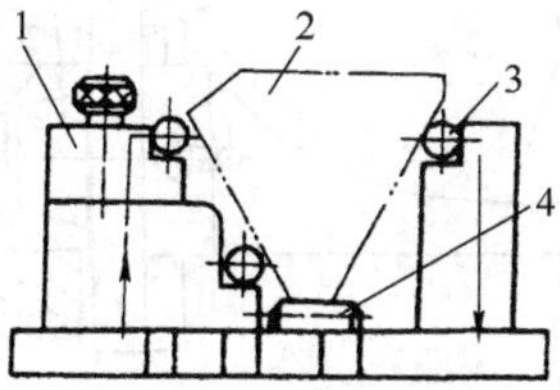	利用余切导磁工具1做角度定位，工件2另一斜面用导磁圆柱3靠住，在工件底面垫以圆柱4，或在工件端头放置导磁立柱

（四）平面磨床成形磨削

1. 成形砂轮磨削法

成形砂轮磨削法，是先将砂轮修整成与工件型面吻合的反型面，然后以此砂轮对工件进行磨削。模具零件加工中，普遍使用砂轮修整夹具和金刚石笔完成砂轮修整。砂轮角度卧式修整夹具使用方法见表4-2-7，砂轮圆弧修整夹具使用方法见表4-2-8，砂轮大圆弧修整夹具使用方法见表4-2-9。砂轮立式万能修整夹具和卧式万能修整夹具分别见图4-2-1和图4-2-2，使用方法类同于单一的角度或圆弧修整夹具。

表 4-2-7 砂轮角度卧式修整夹具使用方法

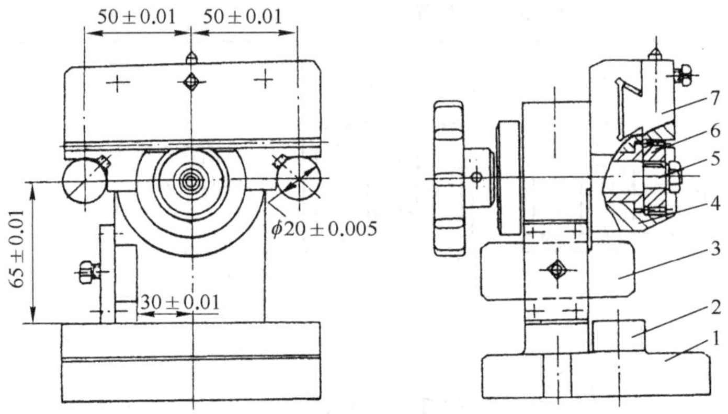

1—底座；2—块规平台；3—块规侧垫板；4—正弦尺；5—转轴；6—齿轮；7—滑尺

砂 轮 角 度	0°≤α≤45°	45°≤α≤90°
简　　图	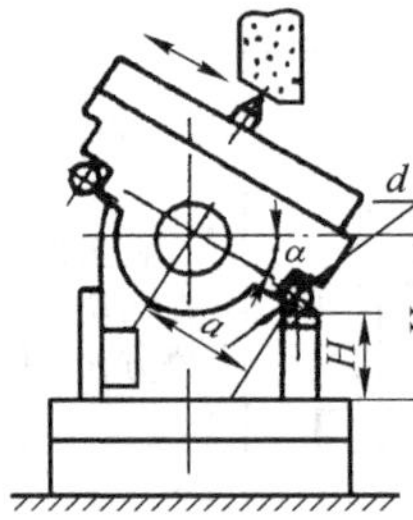	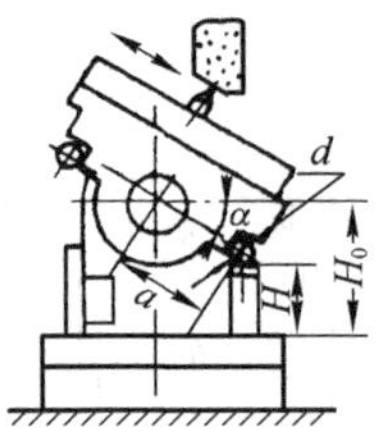
计算公式	$H = H_0 - \dfrac{d}{2} - a\sin\alpha$	$H = H_0 - \dfrac{d}{2} + a\cos\alpha$

表 4-2-8 砂轮圆弧修整夹具使用方法

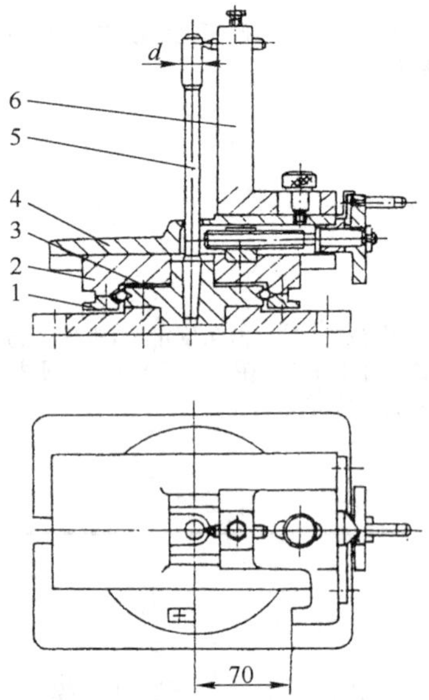

砂轮圆弧立式修整夹具

1—转盘压板；2—转盘；3—芯轴；4—上拖板；5—测量芯轴；6—金刚石笔支架

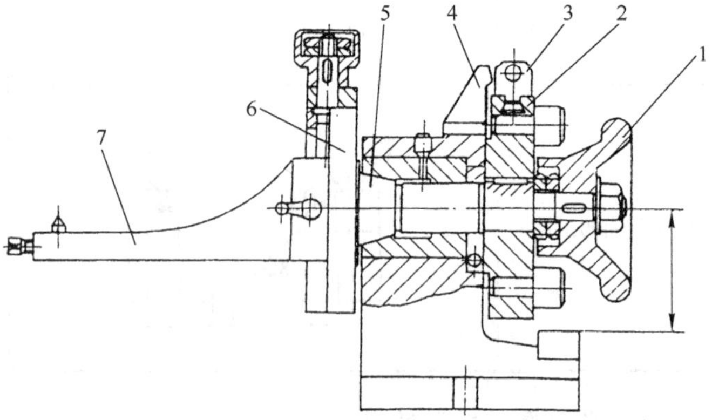

砂轮圆弧卧式修整夹具

1—手轮；2—正弦分度盘；3—可调挡块；4—挡板；5—主轴；6—滑板；7—金刚石笔支架

（续表）

砂轮修整形状	简 图	计算公式	修整夹具	说 明
凹弧 	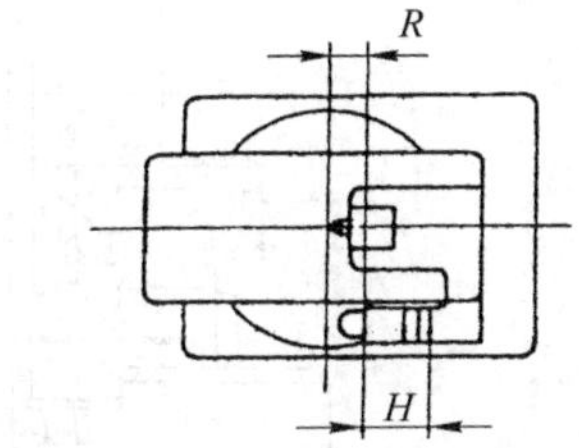	$H=P-\left(R+\frac{d}{2}\right)$	立式圆弧修整夹具	H—垫量块尺寸 P—金刚石尖抵住测量棒时量块尺寸 d—测量棒直径 R—凹圆弧半径
	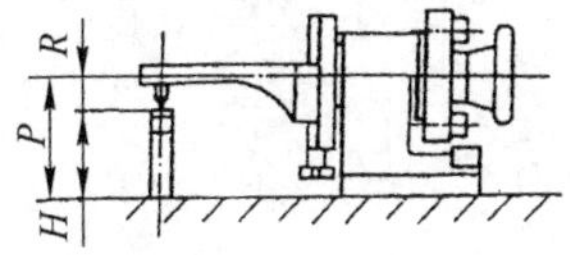	$H=P-R$	卧式圆弧修整夹具	H—垫量块尺寸 P—夹具中心高 R—凹圆弧半径
凸弧 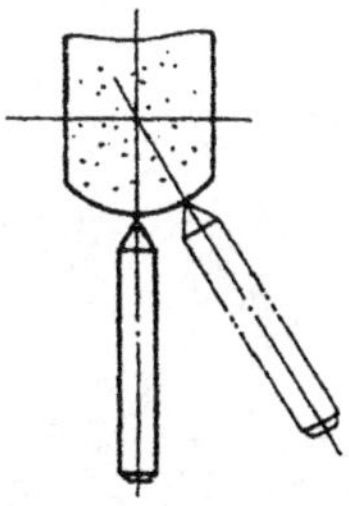	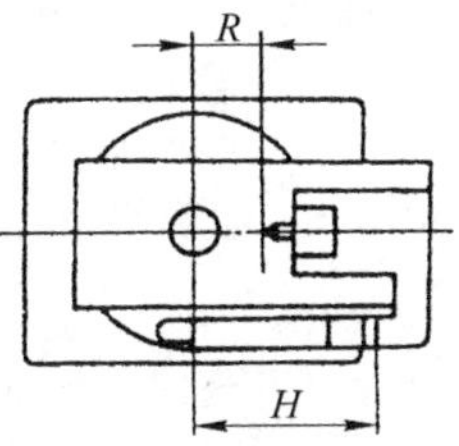	$H=P+\left(R+\frac{d}{2}\right)$	立式圆弧修整夹具	H—垫量块尺寸 P—金刚石尖抵住测量棒时量块尺寸 d—测量棒直径 R—凸圆弧半径
	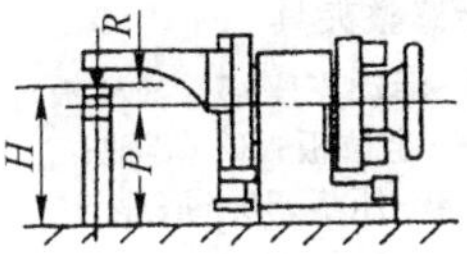	$H=P+R$	卧式圆弧修整夹具	H—垫量块尺寸 P—夹具中心高 R—凸圆弧半径

表 4-2-9 砂轮大圆弧修整夹具使用方法

	简 图	计算公式	说 明
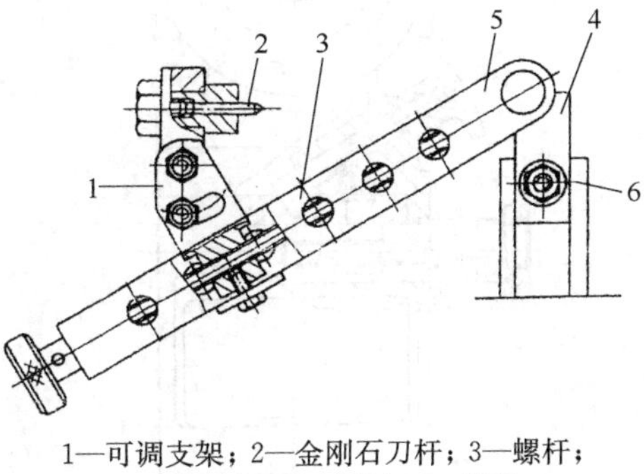 1—可调支架；2—金刚石刀杆；3—螺杆；4—定心架；5—摆杆；6—底座	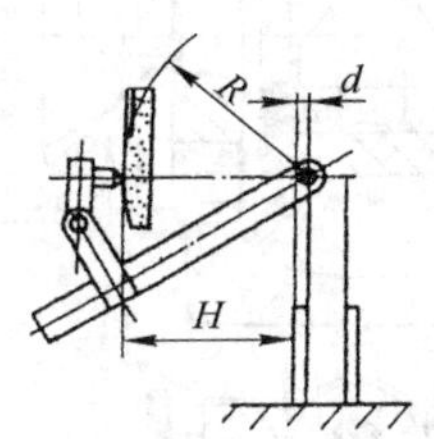	$H=R-\frac{d}{2}$	H—测量值 d—测量圆销直径 R—凸圆弧半径
	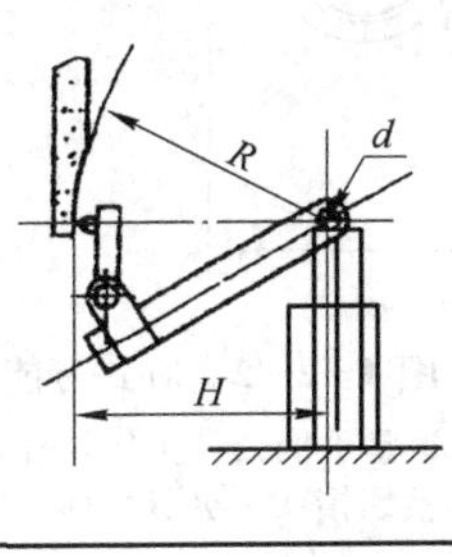	$H=R+\frac{d}{2}$	H—测量值 d—测量圆销直径 R—凹圆弧半径

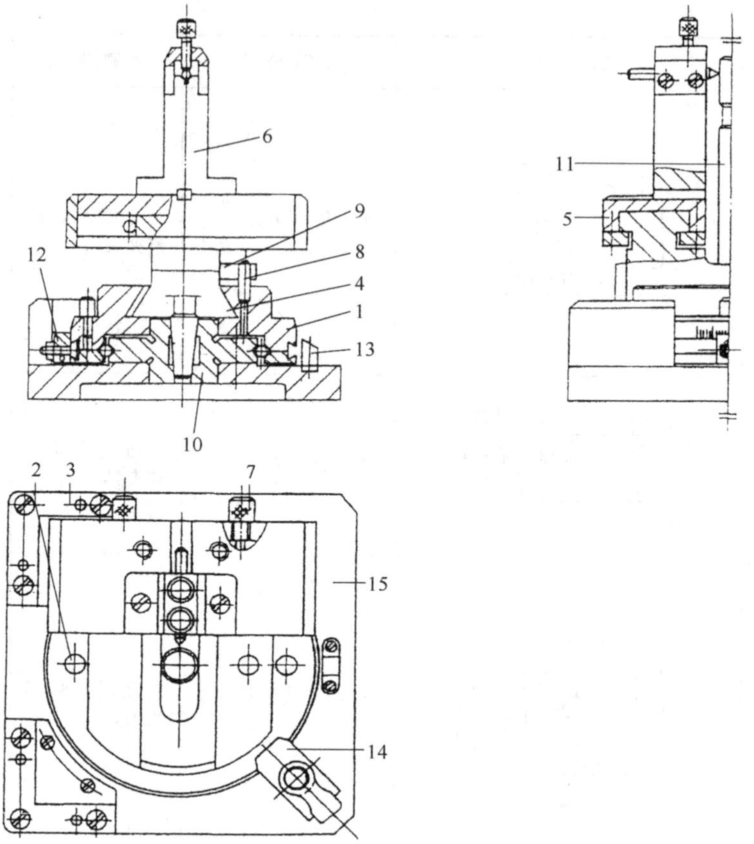

图 4-2-1　砂轮立式万能修整夹具

1—旋转盘；2—正弦圆柱；3—角尺垫板；4—活动支座；5—横滑板；
6—支承座；7—定位销；8—定位圆柱；9—定位板；10—芯轴；
11—测量芯轴；12—撞块；13—挡块；14—压板；15—底座

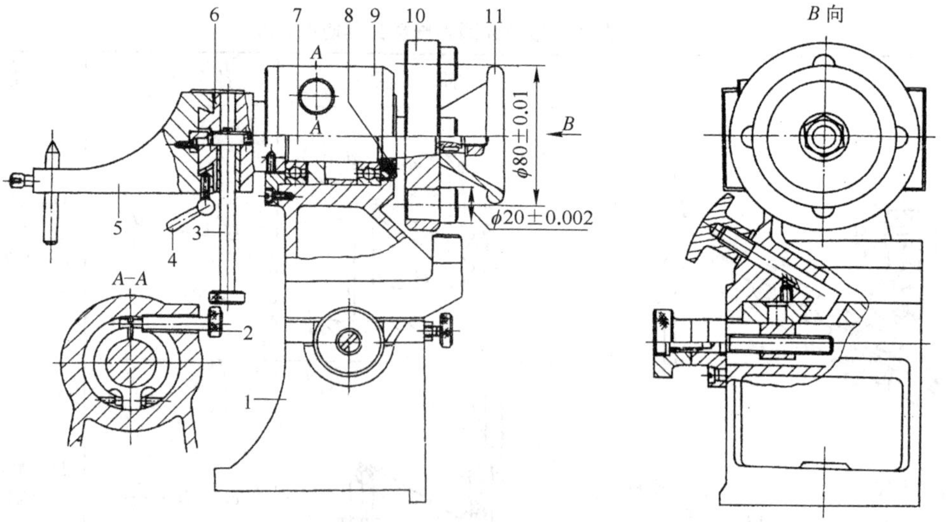

图 4-2-2　卧式万能修整夹具

1—底座；2、4—锁紧手柄；3—正齿轮杆；5—刀杆滑板；6—横滑板；
7—主轴；8—调整螺帽；9—夹具主体；10—正弦分度盘；11—手轮

成形砂轮各型面修整次序见表 4-2-10。修整成形砂轮时注意：

(1) 金刚石刀杆的顶尖应通过砂轮主轴中心。

(2) 修整凸圆弧时，砂轮的圆弧半径一般比工件圆弧半径小 0.01 mm，修整凹圆弧时，砂轮的圆弧半径比工件圆弧半径大 0.01 mm。

(3) 修整凹凸圆弧的最大圆心角，一般小于 180°。

(4) 为减少金刚石笔消耗，粗修整砂轮时可用碳化硅砂块去除大部分修整量。

(5) 对于精度要求高的成形面，要分粗、精磨削进行，精磨用的成形砂轮应进行精细修整。

表 4-2-10　成形砂轮各型面修整次序

砂轮型面形状	凸圆弧与凸圆弧相连	凸圆弧与凹圆弧相连	凹圆弧与凹圆弧相连	凸圆弧与平面相连	凹圆弧与平面相连
先修整	大凸圆弧	凹圆弧	小凹圆弧	平面或斜面	凹圆弧
后修整	小凸圆弧	凸圆弧	大凹圆弧	凸圆弧	平面或斜面

2. 夹具磨削法

成形磨削使用的夹具主要有正弦分度夹具和万能夹具，使用方法分别见表 4-2-11 和表 4-2-12。利用正弦分度夹具磨削时，工件上各圆弧面应有共同的回转轴线。利用万能夹具磨削时，工件上各圆弧面的回转轴线可以不同。使用万能夹具时，万能夹具中心高度测量方法见表 4-2-13。

表 4-2-11　正弦分度夹具使用方法

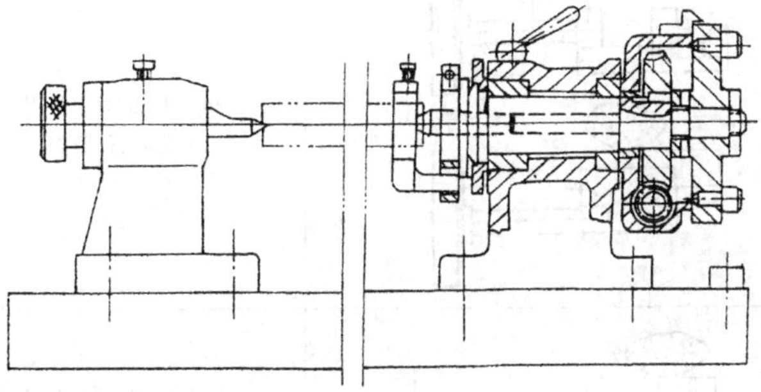

方法	简图	说明
夹具中心的测定	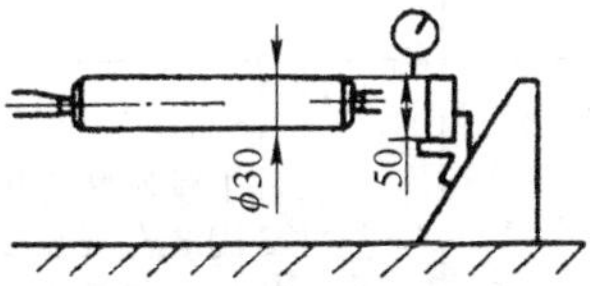	(1) 两顶尖间装上一根 ϕ30 量棒 (2) 在测量调整器平台上放 50 mm 块规 (3) 调整量块与量棒等高，则平台基面至夹具中心的距离为 35 mm
鸡心夹头装夹	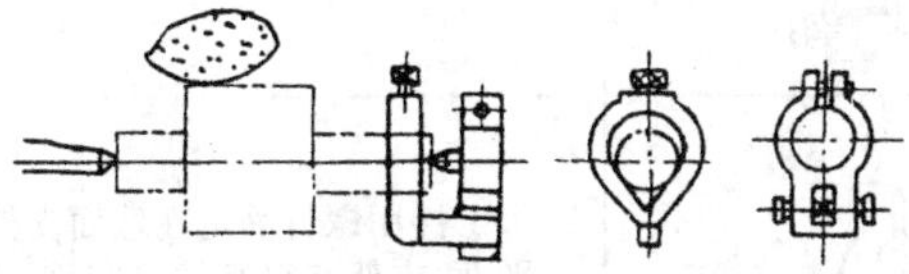	(1) 工件两端钻有顶尖孔 (2) 有孔的工件可用芯轴装夹 (3) 对两端不允许留有顶尖孔的工件，可在两端加工艺头，并打顶尖孔，磨好后割去
双顶尖装夹	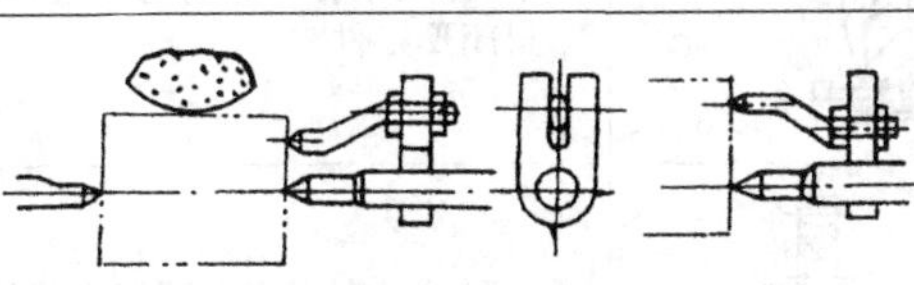	工件上除一对主要的回转中心顶尖孔外，还附加一个起定位作用的副顶尖孔。适用于多圆弧中心的工件
螺钉及顶尖装夹	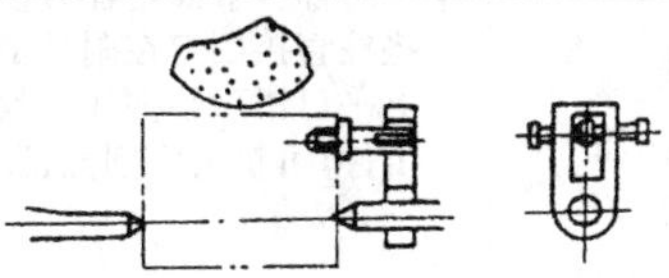	工件上除一对回转中心的顶尖孔外，还有一个辅助螺孔起可靠的定位作用

表 4-2-12 万能夹具使用方法

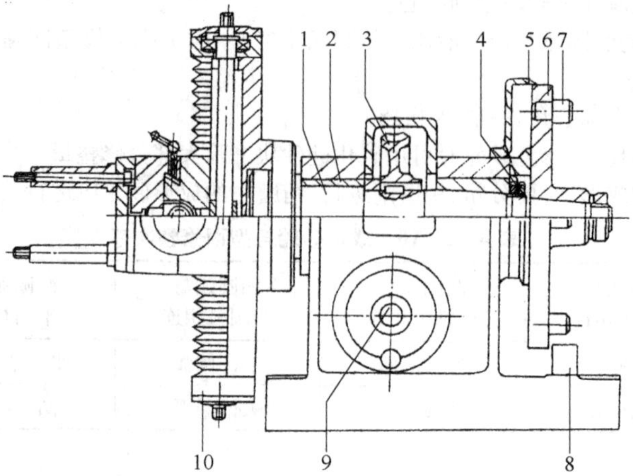

1—主轴；2—衬套；3—蜗轮；4—螺母；5—角度游标；6—正弦分度盘；7—正弦圆柱；8—底座；9—蜗杆；10—纵滑板

方法	简图	说明
精密平口钳装夹	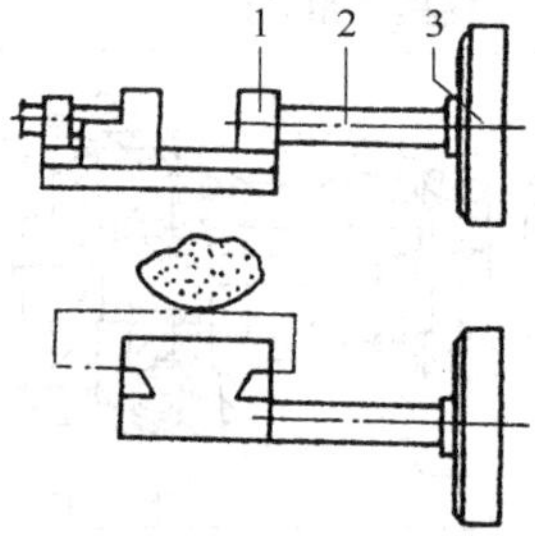	精密平口钳 1 用螺钉 2 固装在万能夹具的圆盘 3 上。该装夹方法不能磨削封闭轮廓
电磁台装夹	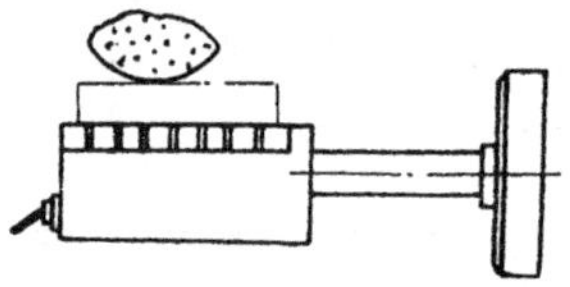	由小型磁力台装夹工件，工件必须以平面定位，适于磨削小而薄的工件、非封闭形工件
螺钉与垫柱装夹	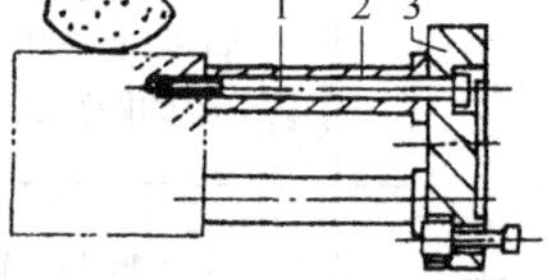	工件上预制装夹用的螺孔。工件用螺钉 1、等高垫柱 2 固装在圆盘 3 上，用以磨削较大的封闭形工件。垫柱一般用 1～4 根，长度为 70～90 mm
球面支架装夹	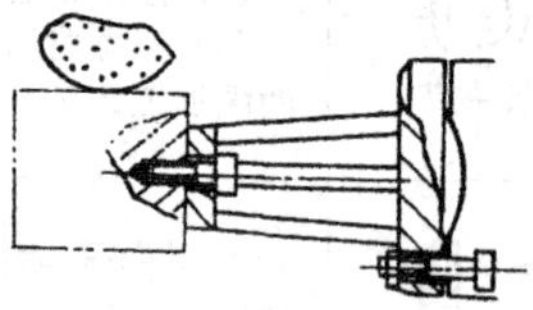	工件用螺钉固定在球面支架上，可调节工件的水平面，支架有很好的稳定性，用以磨削较大尺寸的封闭形工件
磨大圆弧附件	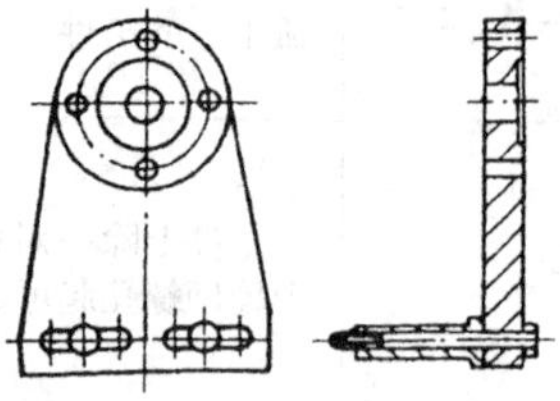	附件一端固定在万能夹具圆盘上，工件用螺钉、垫柱直接固定在附件的另一端。也可在附件上装上平口钳后装夹较小尺寸的工件。采用附件装夹工件，可扩大磨削圆弧的范围

表 4-2-13 万能夹具中心高度测量方法

工 序	1	2	3	4
简 图	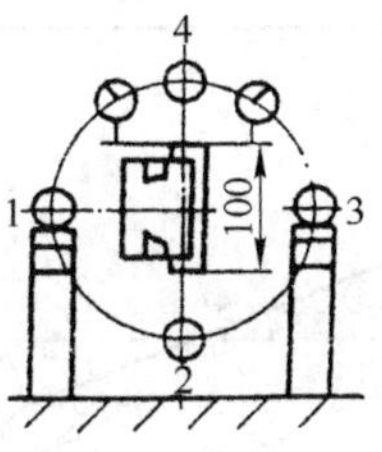	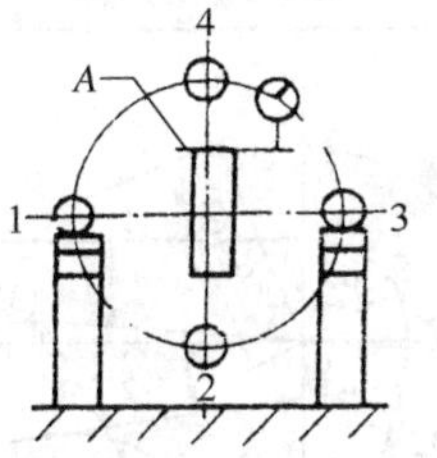	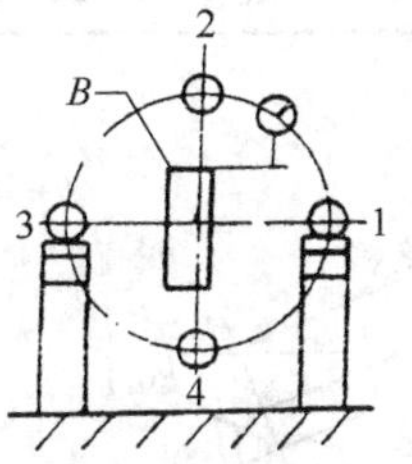	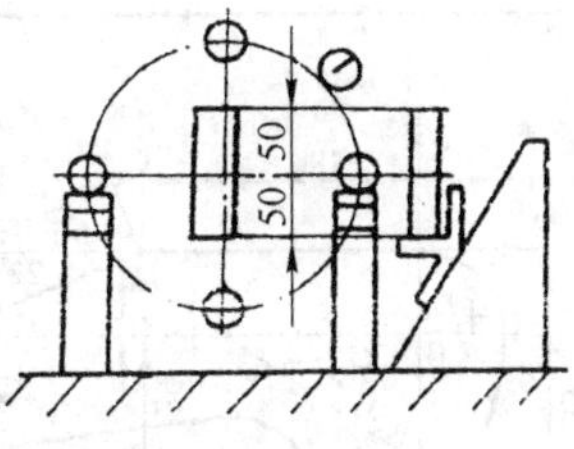
说 明	用精密平口钳夹持 100 mm 的量块，并校正到水平位置	用百分表测量量块 A 面，记下读数	将主轴回转 180°，测量量块 B 面，再与 A 面读数比较，利用万能夹具滑板调整 A、B 两面，使读数一致	在测量平台上放 100 mm 量块，用百分表比较平台上量块与平口钳中量块面，调整平台位置至等高，则平台基面至夹具中心的距离为 50 mm

3. 成形磨削顺序

截面形状复杂的模具零件，一般都是由若干平面、斜面和圆弧面所组成。成形磨削的原理是将截面轮廓分解成若干直线和圆弧，然后按照一定的顺序逐段磨削，使其连接圆滑、光整，达到图样的技术要求。

(1) 一般应先磨基准面，然后优先磨削与基准面有关的平面。

(2) 精度要求较高的平面先磨，精度要求较低的平面后磨。

(3) 大平面先磨，小平面后磨。

(4) 平行于直角坐标的平面先磨，斜面后磨，见图 4-2-3。

(5) 与凸圆弧面相切的平面或斜面先磨，凸圆弧面后磨。图 4-2-4 为直角边转角圆弧面 R 成形磨削，图 4-2-5 为斜面与圆弧面 R 连接的磨削方法。

(6) 平面或斜面与凹圆弧面相连时，先磨凹圆弧面，后磨平面或斜面。

(7) 两凸圆弧面相连时，先磨大圆弧面，后磨小圆弧面。

(8) 两凹圆弧面相连时，先磨小圆弧面，后磨大圆弧面。

(9) 凹、凸圆弧面相连时，先磨凹圆弧面，后磨凸圆弧面。

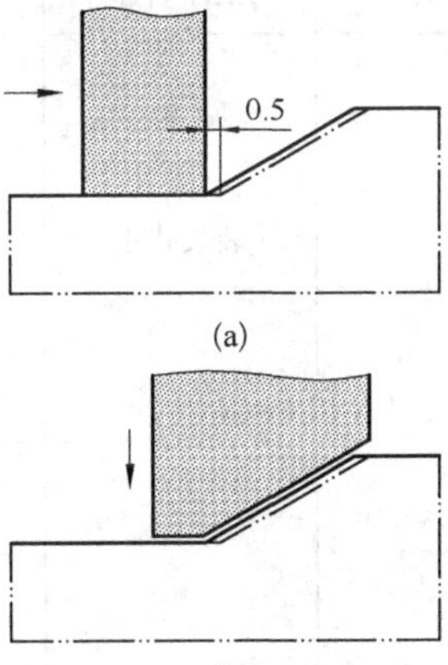

(a) (b)

图 4-2-3 斜面的成形磨削

(a) 精磨平面；(b) 磨斜面

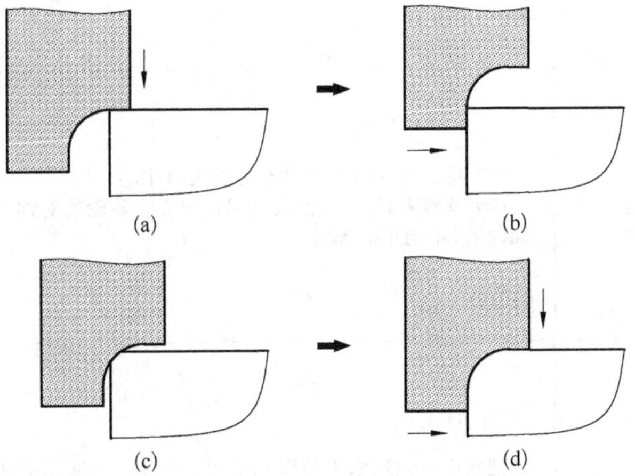

(a) (b) (c) (d)

图 4-2-4 直角边转角圆弧面 R 成形磨削

(a) 找正垂直方向位置；(b) 找正水平方向位置；(c) 角部开始磨削加工；(d) 磨削结束，工件 R 与砂轮吻合

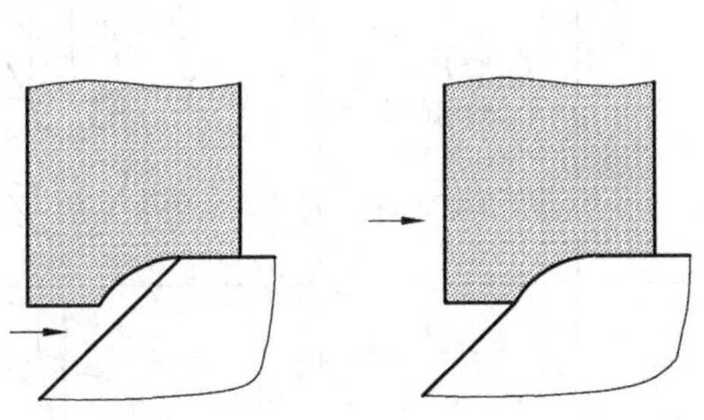

(a) (b)

图 4-2-5 斜面与圆弧面 R 连接的磨削方法

(a) 找正砂轮位置；(b) 磨削结束

4. 万能夹具成形磨削实例

万能夹具成形磨削实例见表 4－2－14。

表 4－2－14　万能夹具成形磨削实例

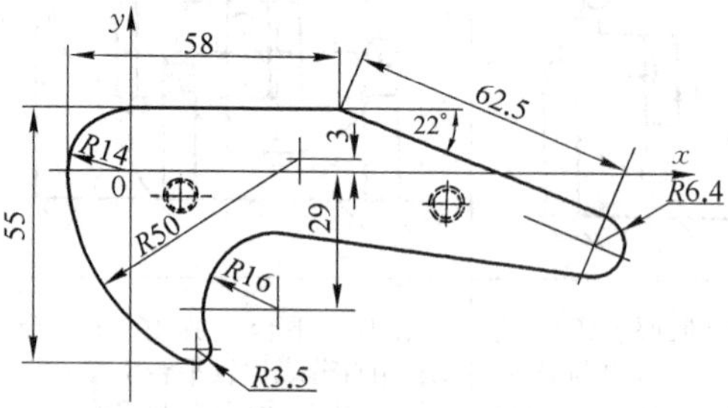

凸模工件图

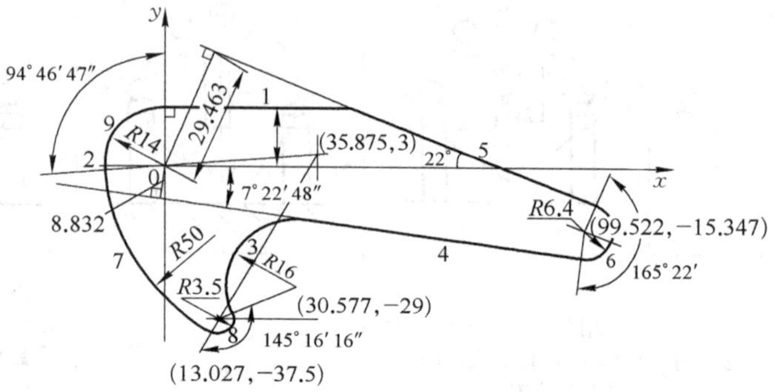

凸模工艺尺寸草图

序号	工序名称	简　　图	操　　作　　说　　明
1	装夹找正	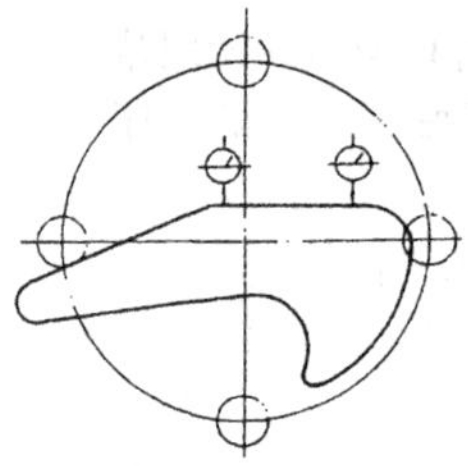	(1) 用螺钉、等高垫柱将凸模装在夹具上 (2) 按简图位置找正凸模轮廓最长的平面作为基准面，转动夹具圆盘，使基准面与夹具十字拖板某一运动方向相平行 (3) 检查 R50、R6.4 和 R3.5 处余量的均匀性，一般取单边余量 0.15～0.35 mm
2	磨基准面	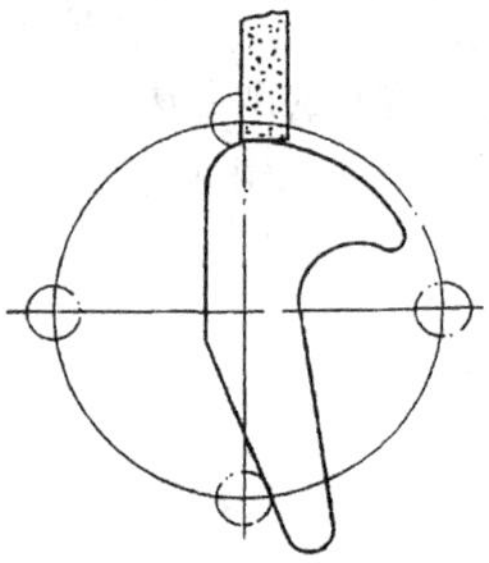	磨基准平面 1，转过 90°磨基准平面 2。磨削过程中都用测量调整器和量块进行比较，控制磨削尺寸
3	磨 R16 凹圆弧面	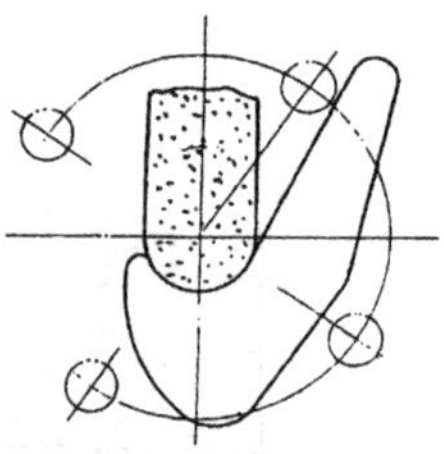	(1) 将工件 R16 圆心调至万能夹具中心 (2) 调整夹具位置，使夹具回转中心在砂轮的对称平面内后，才能开始磨削
4	磨斜面 4	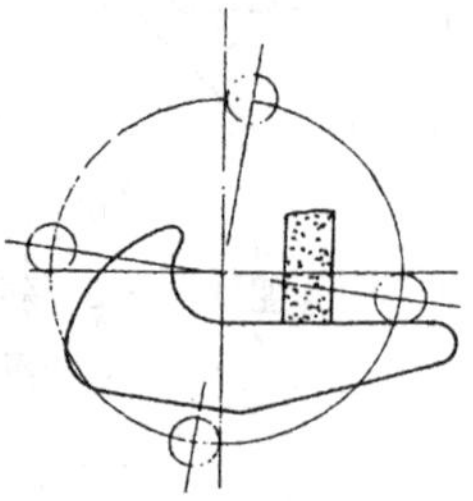	把斜面 4 调到水平位置后磨削，在与 R16 凹弧面相接处，要注意圆滑过渡

（续表）

序号	工序名称	简　图	操　作　说　明
5	磨斜面 5	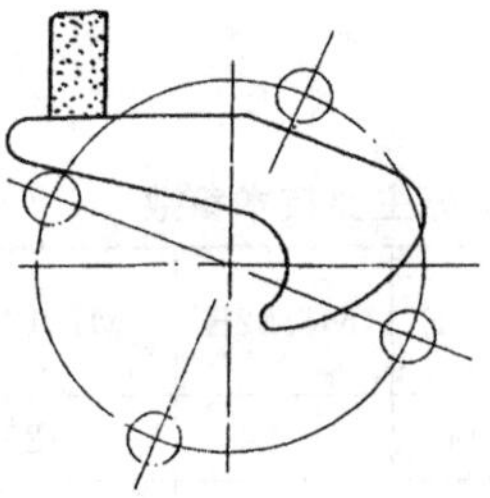	类似于序号 4
6	磨 $R6.4$ 圆弧面	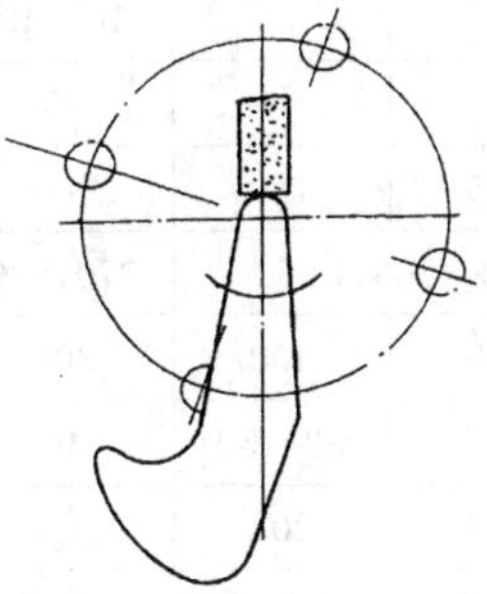	(1) 将 $R6.4$ 圆心调至万能夹具中心 (2) 在正弦圆柱下垫量块或控制夹具回转角度，达到控制 $R6.4$ 圆弧所对的角。磨削时注意接点的顺滑
7	磨 $R50$ 圆弧面	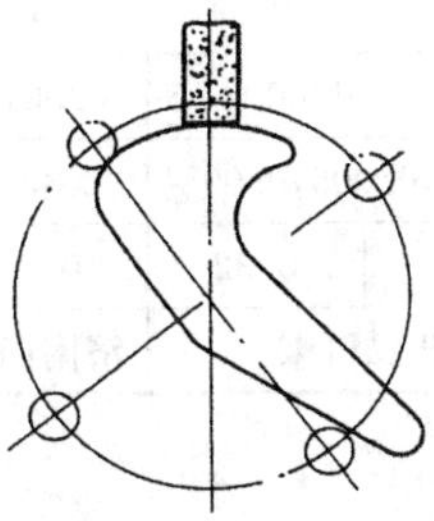	调整 $R50$ 圆心至夹具中心，由于磨削时砂轮可以自由越出，不需控制圆弧所对的角
8	磨 $R3.5$ 圆弧面	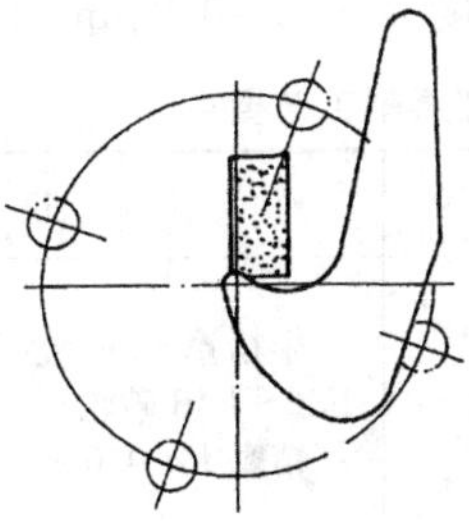	调整 $R3.5$ 圆心至夹具中心，控制圆弧所对角磨 $R3.5$ 圆弧面。磨削时注意接点的顺滑。在 $R3.5$ 与 $R16$ 相接处，要用成形砂轮修磨成圆滑过渡
9	磨 $R14$ 圆弧面	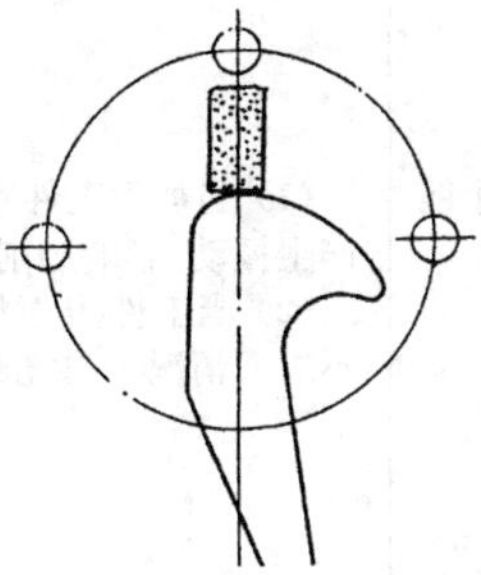	类似于序号 7

二、外圆磨床磨削加工

外圆磨床主要用于磨削外圆，部分外圆磨床能够使用端磨法磨削工件端面，M14 系列万能外圆磨床也可磨削内孔。

（一）外圆磨床主要技术参数

外圆磨床主要技术参数见表 4－2－15。

表 4－2－15　外圆磨床主要技术参数

型　　号		M135/MB135	MSB1312A	M1320E	M1332E	M1412	MM1420A	M1420E	M1432E
外圆磨削直径范围(mm)		2～100	4～125	5～200	5～320	4～125	8～200	5～200	5～320
外圆磨削最大长度(mm)		250	250	500,750,1 000		350,500	500	500,750,1 000	
内圆磨削直径范围(mm)						10～40	13～80	13～80	16～125
内圆磨削最大深度(mm)						50	125	125	160
中心高(mm)		105	100	125	180	100	110	125	180
顶尖距(mm)		250	270	520,765,1 050		370,520	520	520,765,1 050	
砂轮尺寸	外径(mm)	350	300	400	400	300	300	400	400
	宽度(mm)	40	40	32～50	32～50	40	40	32～50	32～50
	内径(mm)	127		203	203		127	203	203
工作台回转角度顺时针/逆时针		3°/7°	9°/9°	9°/9°,8°/8°,3°/7°		9°/9°	5°/9°	9°/9°,8°/8°,3°/7°	
主轴锥孔莫氏圆锥号		No. 3	No. 3	No. 4	No. 4	No. 3	No. 3	No. 4	No. 4
外圆加工精度（顶尖间试件）	圆度(mm)	0.002	0.001 5	0.001 5,0.001 5,0.002 5		0.001 5	0.001	0.001 5,0.001 5,0.002 5	
	圆柱度(mm)	0.005	0.003	0.005,0.005,0.008		0.003,0.005	0.005	0.005,0.005,0.008	
外圆加工表面粗糙度 *Ra*(μm)		0.4	0.32	0.32	0.32	0.32	0.04	0.32	0.32
备　　注		上海三机	济南四机	北二机床		济南四机	上海三机	北二机床	

（二）外圆磨床磨削工艺

1. 磨削工艺要点

外圆磨削的尺寸精度，一般为 IT5～IT6 级，表面粗糙度 *Ra* 0.2～0.8 μm。外圆磨削工艺要点见表4－2－16。

表 4－2－16　外圆磨削工艺要点

工　艺　内　容		工　艺　要　点
砂轮	磨非淬硬钢：棕钢玉，F46～F60，Z_1～Z_2 磨淬硬钢，＞50 HRC：棕刚玉、白刚玉、单晶刚玉，F46～F60，ZR_2～Z_2	半精磨粗糙度 *Ra* 0.2～1.6 μm，建议采用粒度 F36～F46 砂轮 精磨 *Ra* 0.05～0.4 μm，采用粒度 F46～F60 砂轮
外圆磨削用量	(1) 砂轮线速度： 陶瓷结合剂砂轮的磨削速度≤35 m/s 树脂结合剂砂轮的磨削速度＞50 m/s (2) 工件线速度：一般取 13～20 m/min，淬硬钢≥26 m/min (3) 磨削深度： 粗磨时 0.02～0.05 mm，精磨时 0.005～0.015 mm (4) 纵向进给量： 粗磨时取 0.5～0.8 mm 砂轮宽度 精磨时取 0.2～0.3 mm 砂轮宽度	(1) 当被磨工件刚性差时，应将工件转速降低，以免产生振动，影响磨削质量 (2) 当工件表面粗糙度和精度要求高时，精磨后在不进刀情况下再光磨几次

（续表）

工艺内容		工艺要点
工件装夹方法	(1) 前后顶尖装夹，具有装夹方便、加工精度高的特点，适用于装夹长径比大的工件 (2) 用三爪或四爪卡盘装夹，适用于装夹长径比小的工件，如凸模、顶块、型芯等 (3) 用卡盘和顶尖装夹较长的工件 (4) 用反顶尖装夹，磨削细长小尺寸轴类工件，如小型芯、小凸模等 (5) 配用芯轴装夹，磨削有内外圆同轴度要求的薄壁套类工件，如凹模镶件、凸凹模等	(1) 淬硬件的中心孔必须准确刮研，并使用硬质合金顶尖和适当的顶紧力 (2) 用卡盘装夹的工件，一般采用工艺夹头装夹，能在一次装夹中磨出各段台阶外圆，保证同轴度 (3) 由于模具制造的单件性，通常采用带工艺夹头的芯轴，并按工件孔径配磨，做一次性使用。芯轴定位面锥度一般取 1∶7 000～1∶5 000

2. 磨削方法

外圆磨床磨削方法见表 4-2-17。

表 4-2-17　外圆磨床磨削方法

磨削内容与方法		说明
一般外圆面磨削	纵向磨削法：工件与砂轮同向转动，工件相对砂轮做纵向运动。当一次纵行程后，砂轮横向进给一次磨削深度。磨削深度小，切削力小，容易保证加工精度，适于磨削细长工件	(1) 台阶轴如凸模的磨削，在精磨时要减小磨削深度，并多做光磨行程，有利于提高各段外圆面的同轴度 (2) 磨台阶轴时，可先用横磨法沿台阶切入，留 0.03～0.04 mm 余量，然后用纵磨法精磨
	横向磨削法（切入法）：工件与砂轮同向转动，并做横向进给连续切除余量。磨削效率高，但磨削热大，容易烧伤工件，适于磨较短的外圆面和短台阶轴，如凸模、圆型芯等	为消除重复磨削痕迹，减小磨削表面粗糙度和提高精度，应在终磨前使工件做短距离手动纵向往复磨削
	阶段磨削法：系横磨法与纵磨法的综合应用。先用横磨法去除大部余量，留 0.01～0.03 mm 作为纵磨余量，适于磨削余量大、刚度高的工件	在磨削余量大的情况下，可提高磨削效率
台阶端面磨削	(1) 轴上带退刀槽的台阶端面磨削 先用纵磨法磨外圆面，再将工件靠向砂轮端面 (2) 轴上带圆角的台阶端面磨削 先用横磨法磨外圆面，并留小于 0.05 mm 余量，再纵向移动工件，磨削端面	(1) 磨退刀槽台阶端面的砂轮，端面应修成内凹形。磨带圆角的台阶端面，则修成圆弧形 (2) 为保证台阶端面的磨削质量，在磨至无火花后，还需光磨一些时间
外圆锥面磨削	(1) 转动工作台磨外锥面 受一般外圆磨床工作台的最大回转角的限制，只能磨削圆锥角小于 14°的圆锥体。装夹方便，加工质量好 (2) 转动头架磨外圆锥面 将工件直接装在头架卡盘上，找正后磨削，适于短而大锥度的工件 (3) 转动砂轮架磨外锥面 适于磨削长而大锥度的工件。磨削时工件用前后顶尖装夹，工件不做纵向运动，砂轮做横向连续进给运动。若圆锥母线大于砂轮宽度，则采用分段接磨	磨削外锥面时，通常采用以内锥面为基准、配磨外锥面的方法

3. 外圆光整磨削

采用光整磨削，外圆表面粗糙度可低至 Ra 0.012～0.05 μm。外圆光整磨削工艺参数见表 4-2-18，光整磨削工件表面缺陷的产生原因及消除方法见表 4-2-19。

表 4-2-18 外圆光整磨削工艺参数

工艺特征	精密磨削	超精磨削		镜面磨削
对高精度磨床要求	(1) 磨床整体刚度高 (2) 砂轮主轴旋转稳定,不漂移,有高的旋转精度和轴承刚度 (3) 具备低的工作台行程速度。在砂轮 0.01～0.03 mm/r 的条件下,工作台应无爬行,移动平稳,满足精细修整砂轮的要求 (4) 砂轮与电机转子经静平衡调整,并有消振、防振设施 (5) 备有修整砂轮和低粗糙度磨削专用的冷却液过滤装置,提高冷却洁净度			
砂轮粒度	F60, F80	F60～F360	F500～F800	F600～F800
修整工具	单粒金刚石或金刚石片修整器	锋锐性好的单粒金刚石或金刚石片修整器		锋锐性好的单粒金刚石笔
砂轮线速度(m/s)	17～35	15～20	15～20	15～20
精细修整导程(mm/r)	0.02～0.05	0.01～0.02	0.01～0.03	0.008～0.012
精细修整时横进给量(mm)	≤0.005	0.002～0.003	0.002～0.003	0.002～0.003
精细修整时横进给次数[次(单程)]		1	1	1
工件线速度(m/min)	10～15	10～15	10～15	<10
工作台移动速度(mm/min)	80～200	50～150	50～200	50～100
磨削时横进给量(mm)	0.002～0.005	≤0.002 5	≤0.002 5	≤0.002 5
磨削时横进给次数[次(单程)]	1～3	1～3	1～3	1
光磨次数[次(单程)]	1～3	4～6	5～15	20～30
磨削前工件粗糙度 *Ra*(μm)	0.4	0.2	0.1	0.025
磨削注意要点	(1) 对刀时不允许有火花出现,为此可在工件表面涂一层极薄的红丹或绿油 (2) 在超精与镜面磨削过程中,不允许有火花出现 (3) 磨削过程中允许修整砂轮 (4) 磨削过程中常采用最后一次的横进给量,使机床、工件弹性变形所产生的磨削压力来完成低粗糙度的过余量磨削			

表 4-2-19 光整磨削工件表面缺陷的产生原因及消除方法

缺陷种类	产生原因	消除方法
直波形(多角形) 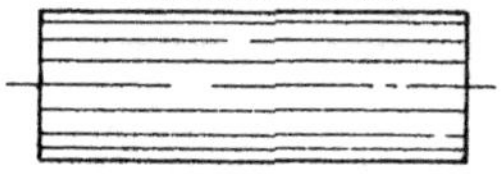	(1) 砂轮主轴间隙过大 (2) 砂轮硬度过高或变钝 (3) 砂轮静平衡不好 (4) 顶尖将工件顶得过紧或过松 (5) 工件转速过高 (6) 磨削深度过大	针对原因改进各引起振动系统的刚度 砂轮做动平衡调整 按工件材质选用适当的砂轮硬度和磨削用量
螺旋线在全长 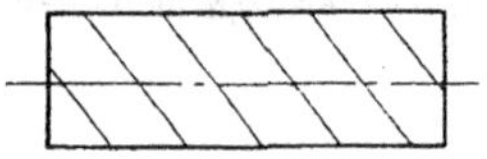 螺旋线在两端 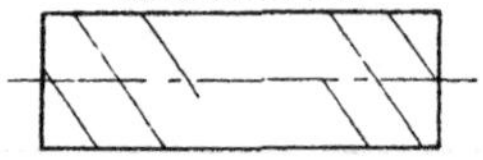 螺旋线在中段 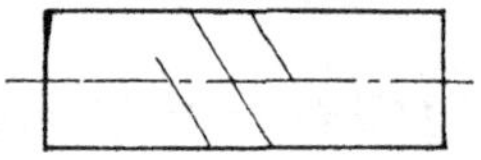	(1) 砂轮架刚度低,使砂轮在磨削时产生偏转 (2) 砂轮边缘没修整好 (3) 头架热变形,使前顶尖偏移 (4) 工件腰鼓形或凸鼓形误差 (5) 冷却液不洁净,磨削时冲洗不充分	改进磨床刚性薄弱环节 精细修整砂轮,将砂轮边缘修成小圆角 冷却液过滤,喷嘴上包一二层砂布,并加大冲量

（续表）

缺陷种类	产生原因	消除方法
拉毛(划伤)	(1) 脱落砂粒划伤 (2) 冷却液不够洁净	砂轮修整后须用冷却液和毛刷冲刷 采用修整和磨削分开的冷却液槽 冷却液严格过滤，并加大冲量
鱼鳞面	(1) 砂轮不锋利，微刃变钝 (2) 砂轮表面有垃圾或油污物 (3) 砂轮硬度分布不匀 (4) 砂轮未修圆	重新修整砂轮 换上硬度均匀的砂轮
表面烧伤	(1) 砂轮线速度过高 (2) 砂轮过钝 (3) 磨削深度过大 (4) 润滑冷却不足 (5) 砂轮硬度过高	及时修整砂轮 控制磨削用量 充分冷却 按工件材质选择硬度合适的砂轮

三、内圆磨床磨削加工

(一) 内圆磨床主要技术参数

内圆磨床主要技术参数见表 4-2-20。

表 4-2-20　内圆磨床主要技术参数

型号		M215A	M2110C	MK2115	M2120A	M250A	M2112A	MK2120
磨孔直径范围(mm)		3～50	6～100	15～150	50～200	150～500	8～120	30～200
磨孔深度(mm)		80	150	100	200	450	150	200
工件最大旋径	罩内(mm)	180	260	200	400	510	240	450
	罩外(mm)	220	480	480	530	725	500	
主轴轴线最大回转角(°)		30	20	20	30	15	15	15
工件转速	范围(r/min)	280～800	180～500	100～800	100～500	28～320	100～800	200～800
	级数	4	4	无级	无级	6	无级	无级
砂轮转速(r/min)		16 000～24 000 48 000～60 000	18 000～24 000		4 000～6 000 8 000～11 000	2 450～4 200	18 000～60 000	15 000～36 000
磨孔精度	圆度(mm)	0.003	0.003	0.003	0.003	0.005	0.001 5	0.002
	圆柱度(mm)	0.003	0.005	0.004	0.008	0.008	0.003	0.003
磨孔表面粗糙度 Ra(μm)		0.63	0.63	0.40	0.63	0.63	0.04	0.32
备注		无锡机床股份有限公司					成都机床有限责任公司	

(二) 内圆磨床磨削工艺

1. 内圆磨削工艺要点

内圆磨削的尺寸精度，一般为 IT6～IT7 级，表面粗糙度 Ra 0.4～1.6 μm。内圆磨削工艺要点见表 4-2-21。

表 4-2-21　内圆磨削工艺要点

工　艺　内　容		工　艺　要　点
砂轮	（1）砂轮直径一般取 0.5～0.9 工件孔径。工件孔径小时取较大值，反之取较小值 （2）砂轮宽度一般取 0.8 孔深 （3）砂轮硬度和粒度：磨削非淬硬钢，选用棕钢玉，ZR_2～Z_2，F46～F60；磨削淬硬钢，选用棕刚玉、白刚玉、单晶刚玉，ZR_1～ZR_2，F46～F80	（1）F46～F60 砂轮磨削可获得粗糙度 Ra 0.8～3.2 μm，F60～F80 砂轮磨削可获得 Ra 0.4～1.6 μm （2）磨削热导率低的渗碳淬火钢时，采用硬度较低的砂轮
内圆磨削用量	（1）砂轮线速度一般为 20～25 m/s （2）工件线速度一般为 15～25 m/min，粗糙度小时取较低值，粗磨时取较高值 （3）磨削深度即工作台往复一次的横向进给量，粗磨淬火钢时取 0.005～0.02 mm，精磨淬火钢时取 0.002～0.01 mm （4）纵向进给速度粗磨时取 1.5～2.5 m/min，精磨时取 0.5～1.5 m/min	内孔精磨时的光磨行程次数应多一些，可使由刚性差的砂轮接长轴所引起的弹性变形逐渐消除，提高孔的加工精度和减小粗糙度
工件装夹方法	（1）三爪卡盘一般用于装夹较短的套筒类工件，如凹模套、凹模等 （2）四爪卡盘适宜于装夹矩形凹模孔和动、定模板型孔 （3）用卡盘和中心架装夹工件，适宜于较长轴孔的磨削加工 （4）以工件端面定位，在法兰盘上用压板装夹工件，适用于磨削大型模板上的型孔、导柱、导套孔等	（1）找正方法按先端面、后内孔的顺序 （2）对薄壁工件，夹紧力不宜过大，必要时可采用弹性圈在卡盘上装夹工件

2. 内圆磨床磨削方法

内圆磨床可以磨削通孔、间断表面孔、台阶孔、锥孔等，磨削方法见表 4-2-22。

表 4-2-22　内圆磨床磨削方法

磨　削　内　容　与　方　法		说　　明
通孔磨削	采用纵向磨削法，砂轮超越工件孔口长度一般为 $\frac{1}{3}$～$\frac{1}{2}$ 砂轮宽度	若砂轮超越工件孔口长度太小，孔容易产生中凹。若超越长度太大，孔口形成喇叭形
间断表面孔磨削	对非光滑内孔的磨削，如型孔的磨削，一般采用纵向磨削法。磨削时，应尽可能增大砂轮直径，减小砂轮宽度，并尽量增大砂轮接长轴刚度 若加工精度和粗糙度要求很高时，可在型腔凹槽中嵌入硬木等，变为连续内表面磨削	磨削时选用硬度较低的砂轮，以及较小的磨削深度和纵向进给量
台阶孔磨削	磨削时通常先用纵磨法磨内孔表面，留余量 0.01～0.02 mm。磨好台阶端面后，再精磨内孔。凸凹模台阶孔的磨削方法见图 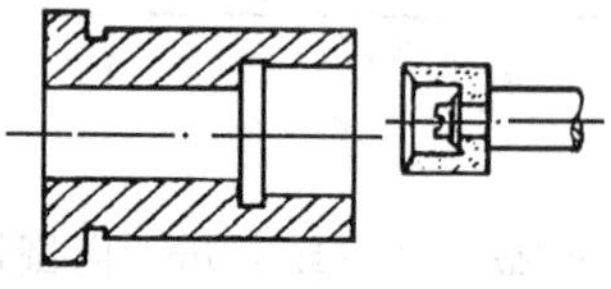	（1）磨削台阶孔的砂轮应修成凹形，并要求清角，这对磨削不设退刀槽的台阶孔极为重要 （2）对浅台阶孔或平底孔的磨削，在采用纵磨法时应选用宽度较小的砂轮，防止造成喇叭口 （3）对浅台阶孔、平底面和孔口端面的磨削，也可采用横向切入磨削法，要求接长轴有良好的刚性

（续表）

磨削内容与方法		说明
小直径深孔磨削	对长径比 8～10 的小直径深孔磨削，一般采用 CrWMn 或 W18Cr4V 材料制成接长轴，并经淬硬，以提高接长轴刚性。磨削时选用金刚石砂轮和较小的纵向进给量，并在磨削前用标准样棒将头架轴线与工作台纵行程方向平行度校正好	(1) 严格控制深孔的磨削余量 (2) 在磨削过程中，砂轮应在孔中间部位多几次纵磨行程，以消除砂轮让刀而产生孔的中凸缺陷
内锥面磨削	(1) 转动头架磨内锥面，适于磨较大锥度的内锥孔 (2) 转动工作台磨内锥面，适于磨较小锥度的内锥孔	磨削内锥孔时，一般要经数次调整才能获得准确的锥度，试磨时应从余量较大的一端开始

3. 内圆光整磨削

采用光整磨削，内圆表面粗糙度可低至 Ra 0.012～0.05 μm。内圆光整磨削工艺参数见表 4-2-23。

表 4-2-23 内圆光整磨削工艺参数

工艺特征	精密磨削	超精磨削	镜面磨削
对高精度磨床要求	(1) 磨床各运动部件须有高的刚性和运动精度 (2) 主轴锥孔与砂轮接长轴定位锥的接触面积≥90%，当配对旋紧时，应保证接长轴凸肩与主轴端面的 0.06～0.1 mm 间隙消除而紧靠 (3) 严格的冷却液过滤和磨削专用的冷却液槽 (4) 工作台在低速移动时，无爬行，无冲击，能满足精细修整砂轮的要求		
砂轮要求	WA60K PA60K		
砂轮转速(r/min)	10 000～20 000	10 000～15 000	10 000～15 000
修整工具	锋锐性好的单粒金刚石笔		
精细修整时工作台速度(mm/min)	30～50	10～20	10～20
精细修整时横进给量(mm)	≤0.005	0.002～0.003	0.002～0.003
精细修整时横进给次数[次(单程)]	2～3	2～3	2～3
光修整次数[次(单程)]	1	1	1
工件线速度(m/min)	7～9	7～9	7～9
工作台移动速度(mm/min)	120～200	60～100	60～100
磨削时横进给量(mm)	0.005	0.005	0.003～0.005
磨削时横进给次数[次(单程)]	1～4	1～2	1
光磨削次数[次(单程)]	4～8	10～20	20
磨削前工件粗糙度 Ra(μm)	0.4	0.1	0.025
磨削注意要点	(1) 磨削过程中允许修整砂轮 (2) 对刀时不允许有火花出现 (3) 在超精与镜面磨削过程中不允许有火花出现		

四、光学曲线磨床磨削加工

（一）光学曲线磨床主要技术参数

光学曲线磨床主要技术参数见表 4-2-24。

表 4-2-24 光学曲线磨床主要技术参数

型　　号	M9017B	MK9025A	GLS-5P	GLS-5t	GLS-C8	PFS02	PFS30
最大磨削长度(分段磨削)(mm)	170	250					
最大磨削厚度(mm)	70	110					
最大磨削深度(mm)	35	35					
最大磨圆直径(mm)	100	100					
最大磨圆长度(mm)	150	150					
工作台台面长×宽(mm)	320×230	360×260	400×250	400×250	400×250	180×120 正弦工作台	230×150 正弦工作台
工作台纵向行程(mm)	170	250	300	300	300	100	160
工作台横向行程(mm)	80	100	150	150	150	70	160
工作台垂直行程(mm)	100	100				100	90
砂轮直径(mm)	150	175	65～100	100～180	65～100	175	30～175
砂轮转速(r/min)	3 500	3 000～ 6 600	2 000～ 20 000	1 000～ 6 000	2 000～ 15 000	500～5 000	600～12 000
砂轮滑板往复行程(mm)	0～80	0～120	0～80	0～155	0～155	10～80	15～105
砂轮滑板往复速度(次/min)	40～150	30～120	30～600	30～400	30～400	0～150	5～360
砂轮滑座纵向行程(mm)	80	60	200	200	200	100	140
砂轮滑座横向行程(mm)	80	60	150	150	150	70	80
砂轮架绕纵向水平轴转动量	0～30	−2～+30	−1～+2	−2～+20	−2～+20	−2～+10	−2～+10
砂轮架绕横向水平轴转动量	±6	±6	±3	±15	±15	±7	±9
砂轮架绕垂直轴转动量	±6	±6	±15	±15	±15	±12	±15
一次投影最大区域(mm)	10×6 25×15	10×6 25×15					
物镜放大倍数	20,50	20,50	20,50	20,50	20,50	10,20,50	10,20,50
投影屏幕长×宽(mm)	500×300	500×300	540×420	540×420	540×420	500×250	400×320
定位精度(mm)		0.005					
重复定位精度(mm)		0.002					
平面精度(mm)	0.005	0.005					
表面粗糙度 Ra(μm)	0.4	0.4					
备　　注	上海三机		日本 AMADA WASINO			德国 Doebeli & PeTeWe	

(二) 光学曲线磨床磨削工艺

光学曲线磨床磨削加工,工件表面粗糙度可达 Ra 0.4 μm 以下,加工误差在 3～5 μm 以内。采用陶瓷砂轮磨削,最小圆角半径可达 3 μm,一般砂轮也可磨出 0.1 mm 的圆角半径。

1. 绘制放大图

放大图是光学曲线磨床磨削时的对照依据。磨削加工时,将放大的工件图像(映在光屏上)与夹在光屏上的放大图对照,砂轮按放大图的形状在工件上磨去多余的余量,直至工件轮廓的放大图像与放大图完全重合为止。绘制放大图的要点是:

(1) 比例和尺寸尽可能精确,线条宜细。绘图机绘制的线条粗细一般为 0.05～0.08 mm,手工绘制的一般为

0.1～0.2 mm。

(2) 原则上按实际磨削方向从左向右绘制，并尽量利用光屏中心部分对比度理想的区域安排图线。

(3) 受光屏面积限制不能完全显示整个轮廓时，必须进行分段绘制。

根据不同的要求，可以选择不同的材质绘制放大图。不同材质放大图比较见表 4-2-25。分段磨削用放大图绘制实例见图 4-2-6，图上按次序标出了符号、移动方向和相关尺寸。绘制放大图的三种分段方法见表 4-2-26。

表 4-2-25 不同材质放大图比较

材质	绘制方法	使用效果
优质描图纸	用一般绘图仪器，采用几何作图法，在优质描图纸上用墨汁或优质铅笔绘制	随空气湿度变化而涨缩，尺寸精度不高，适宜于一次性使用
厚 0.125 mm 涤纶薄膜	(1) 用几何作图法采用刻刀划出图形 (2) 用刻图机刻刀刻画出放大图形，精度很高	受空气湿度影响小，薄膜有一定牢度，易于收藏，可多次使用
有机玻璃板	(1) 用几何作图法刻画图线 (2) 在样板铣床上刻画图线，精度很高	变形较小，但成本高，可多次使用

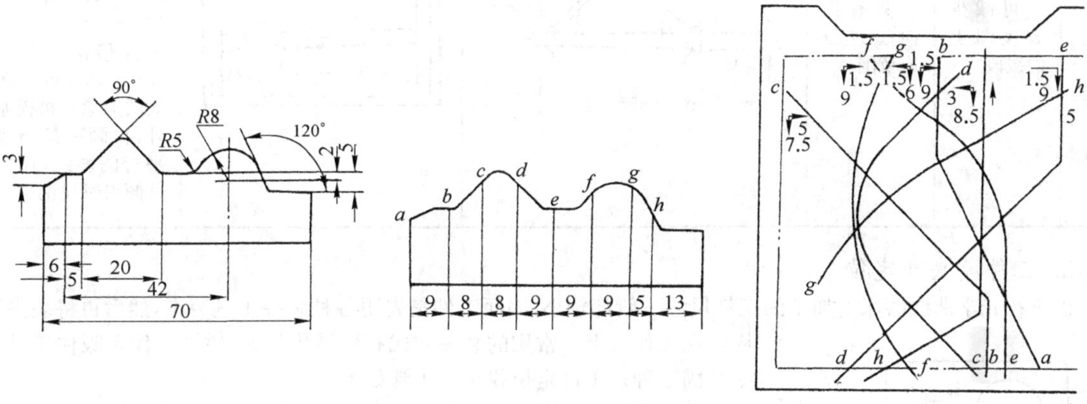

(a) (b) (c)

图 4-2-6 分段磨削用放大图绘制实例

(a) 工件图；(b) 分段图；(c) 放大图

表 4-2-26 绘制放大图的三种分段方法

方法	特点	适用范围	工件形状	放大图	说明
平移法	画放大图时各线段均以一基线(中心线和拼模线)为准，移动时基线位置不变，工作台单向横移	只有横向超过投影范围	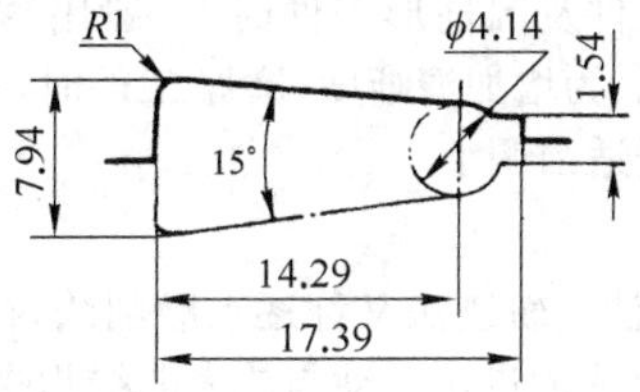	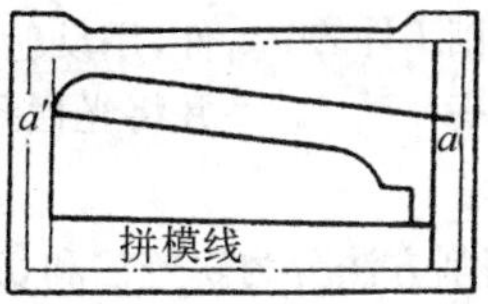	画一条拼模线(基线)，垂直于基线画两条间距为 450 mm 的垂线。分两段画制，a 点与 a' 点的连线与拼模线平行

（续表）

方法	特　点	适用范围	工　件　形　状	放　大　图	说　明
位移法	画放大图时各线段均以一基点作为起点	用于纵、横均超过投影范围	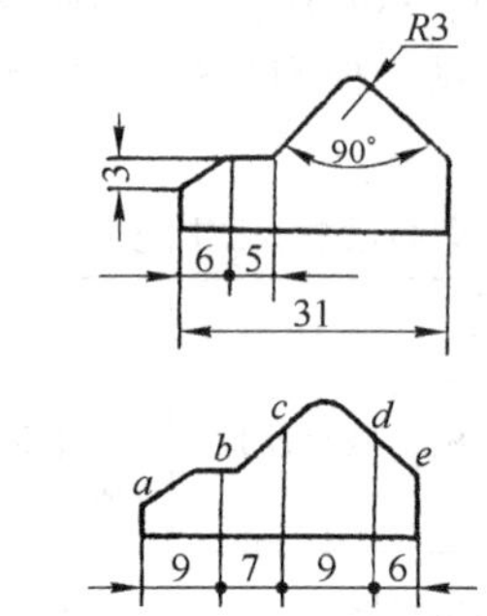	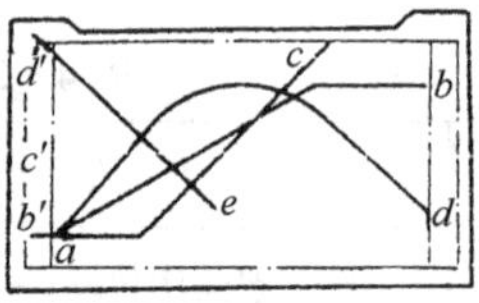	作两条间距为450 mm的垂线，并在最上面作一水平基线。a 点为起始点，离基线 250 mm。在各线段末端注上工件位移尺寸及符号，在各起始端将型线引出，以便校正磨好的型面与放大图重合，有些尺寸需要进行换算
缩位法	可减少放大图上的线段	只有横向超过投影范围	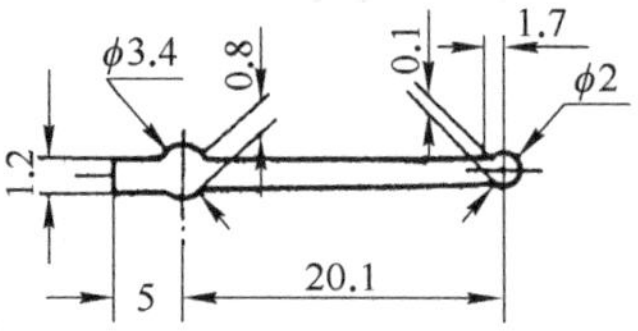	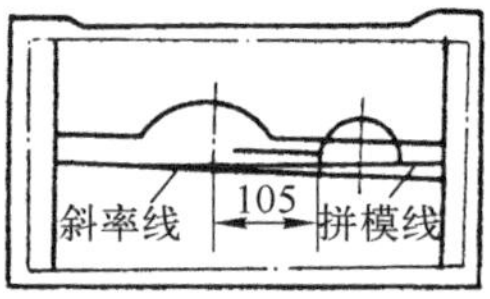	作两条间距为450 mm的垂线，在中心点的右边画出另一型面的截段，相距为 105 mm（工件尺寸为 105/50 = 2.1 mm），工件移位 = 20.1 − 2.1 = 18 mm。在放大图上除画拼模基线外，再画一条与型面平行的斜线，作为工件倾斜时找正用

2. 工件装夹和定位

由于在光学曲线磨床上加工的工件尺寸一般都较小，因而工件是先用各种装夹工具装夹，然后再将装夹工具固定在工作台上。常用的装夹方式有机械法装夹、磁性工作台吸住工件和黏结装固三种。工件定位找正的步骤如下：

（1）将放大图的十字中心线对准机床光屏上的中心标记，即表示放大图的十字中心线已与机床工作台的纵、横向平行。

（2）使装夹工具的测量棱边对准放大图的十字中心线或拼模线。

（3）当工件尺寸小，能在一次投影中磨完全部型面时，用工件外形对准放大图基准线进行定位。当工件尺寸大，需要分段磨削时，工件的定位找正见图 4-2-7。先使工件拼合面 b 对准放大图拼合线 b'，然后移动工作台使工件外形基面 a 对准放大图上中心线 a'，再用工件图上 A 尺寸的块规垫入机床纵向工作台，控制机床的移动距离，工件即被定位。

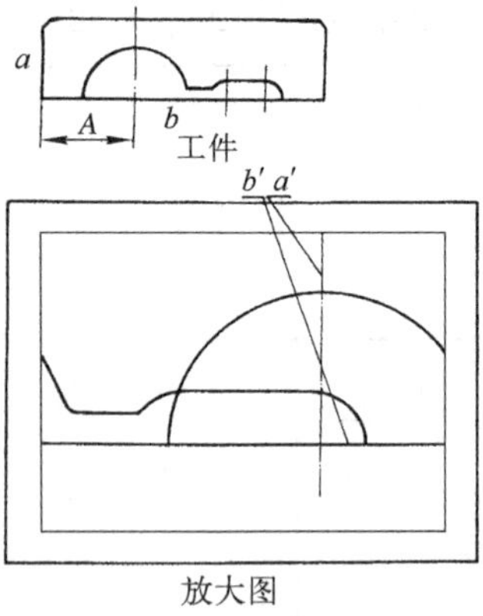

图 4-2-7　分段磨削工件的定位找正

3. 照明方式

磨削薄工件及圆柱形工件时，一般用透射光。厚工件或妨碍透射的工件，用反射光。为增加清晰度，磨厚工件时，往往同时使用透射光和反射光，并将光栏孔径适当调小。

4. 磨削方法

光学曲线磨床的磨削方法分为轨迹法和切入法。轨迹法又称逐点磨削法，在砂轮垂直方向不停地做往复运动的同时，砂轮架滑座做纵向、横向进给运动，其合成的进给运动与放大曲线相吻合，从而磨出符合要求的工件型面。切入法是用成形砂轮进行切入式磨削，成形砂轮的型面与工件型面一致。光学曲线磨削的砂轮应比平面磨削的砂轮硬 1～2 级，常选用 WA80K，磨削小圆弧时选 WA120K。

斜面及内角磨削方法见表 4-2-27，圆弧磨削方法见表 4-2-28。

表 4-2-27　斜面及内角磨削方法

型面	方法		简图	说明
斜面磨削	轨迹法磨削	砂轮座滑板斜置	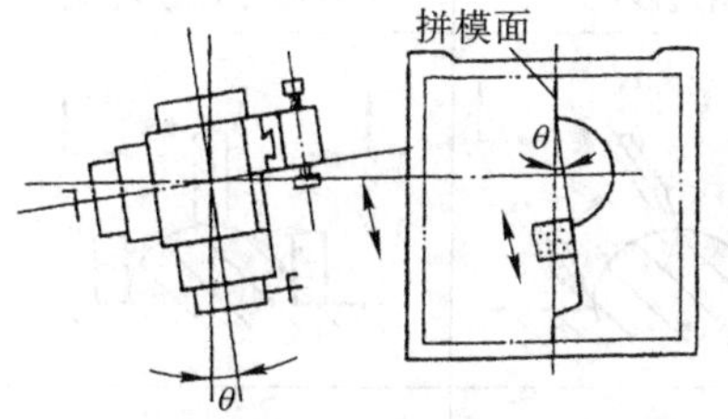	将工件拼模面磨正，然后将磨头座滑板倾斜 θ 角，移动滑板，根据放大图校正砂轮座运动方向
		放大图及工件斜置	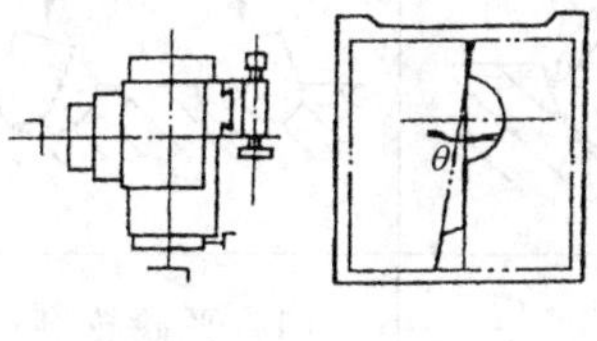	将工件拼模面磨正后，利用附在屏幕上的坐标方格，使放大图上斜线与坐标方格垂线重合，此时放大图基线（拼模面）已斜置 θ 角，然后移动工件，使已磨好的拼模面映像与放大图上的拼模线重合
	切入法磨削		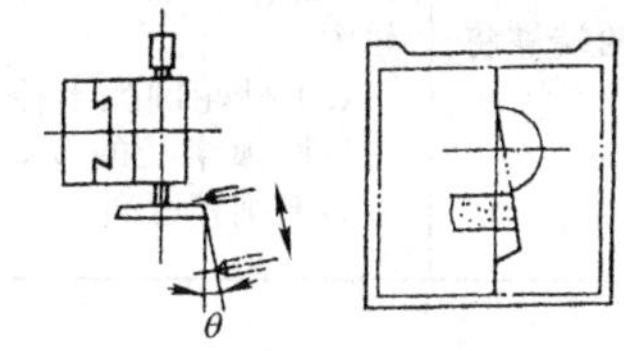	用修整器将砂轮修成 θ 角，同时将砂轮的型面映像与放大图校核。然后用切入法进行磨削
内角磨削	轨迹法磨削	磨正90°内角	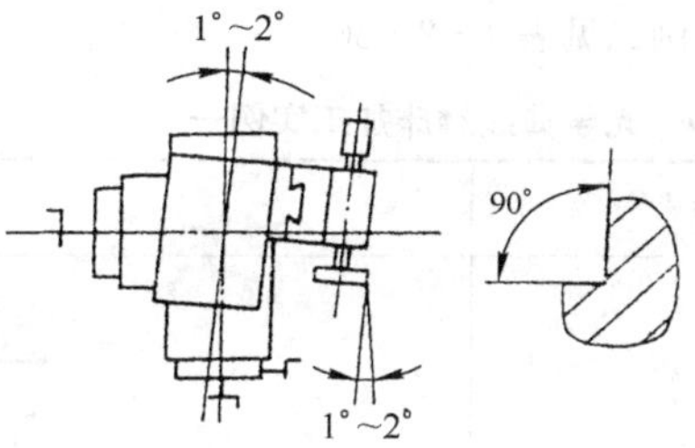	将砂轮座倾斜 1°～2°，并将砂轮修成斜角，移动砂轮纵、横滑板进行磨削
		磨斜90°内角	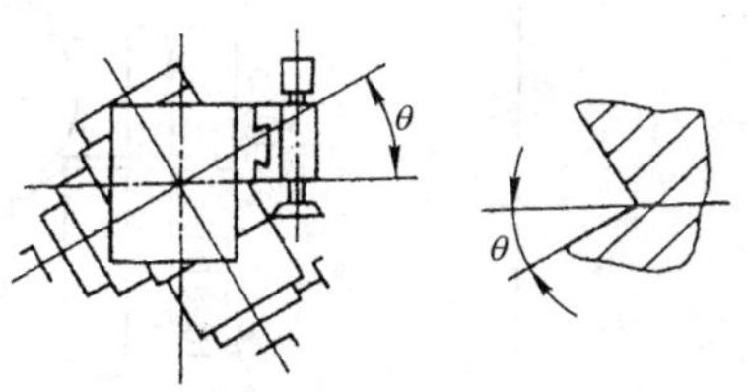	将砂轮座纵滑板回转 θ 角，并将砂轮修成双面斜角，移动纵、横滑板进行磨削。若 $\theta>45°$，则纵滑板按图示相反方向转（$90°-\theta$）角
		工作台或工件回转	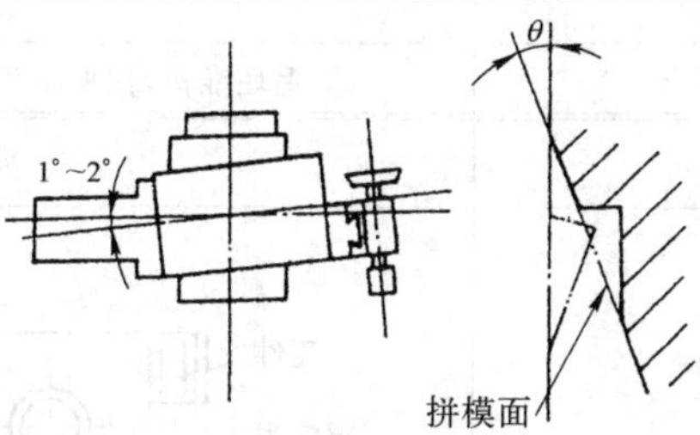	先将拼模面磨正，将工件转 θ 角，使待磨面与磨头纵、横滑板平行，移动纵、横滑板进行磨削（适于 M9017 型）
	切入法磨削		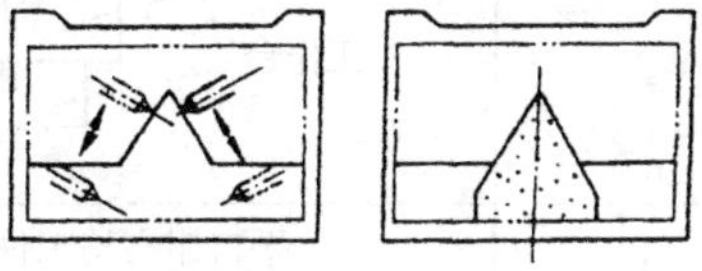	用修整器将砂轮修成形，与放大图校核后，进行切入磨削

表 4-2-28 圆弧磨削方法

方法	轨迹法			切入法
砂轮形状	单斜边砂轮	双斜边砂轮	平直形、凸弧形砂轮	成形砂轮
磨凸圆弧示意图	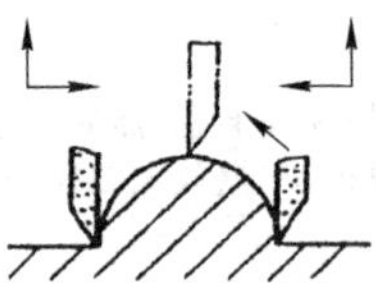	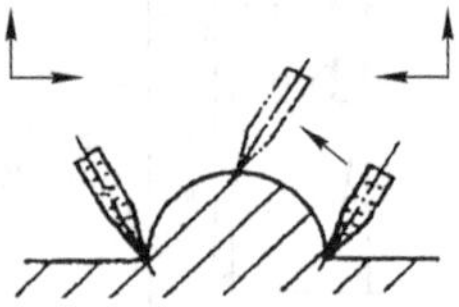	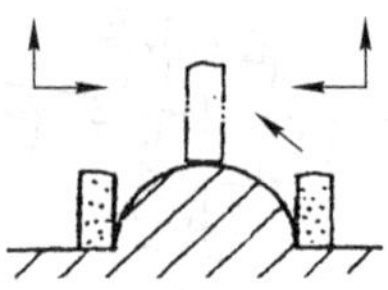	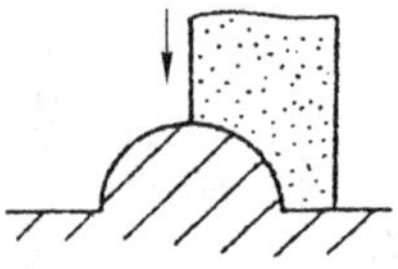
磨凹圆弧示意图	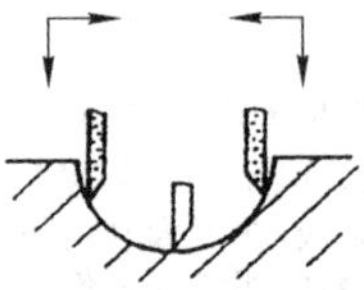	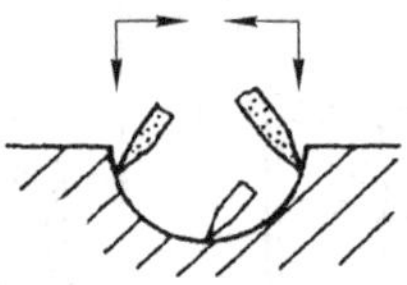	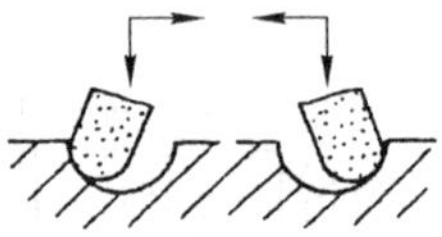	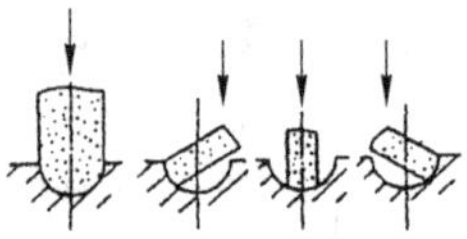
说明	两转角处(凸圆弧)或两端(凹圆弧)需要正反两块砂轮	两转角处或两端需将磨头倾置	(1) 平砂轮磨凸圆弧,操作方便,但转角较深 (2) 砂轮圆弧半径为工件圆弧半径的 2/3～3/4,磨削精度高	(1) 修整砂轮成形 (2) 凹圆弧半径大时,可将砂轮修成一段圆弧,并将磨头倾置

5. 加工实例

光学曲线磨床加工实例一见表 4-2-29,实例二见表 4-2-30。

表 4-2-29 光学曲线磨床加工实例一

序号	1	2
简图	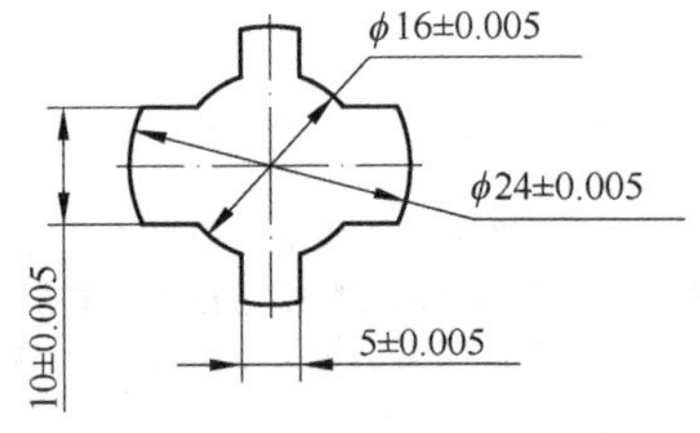	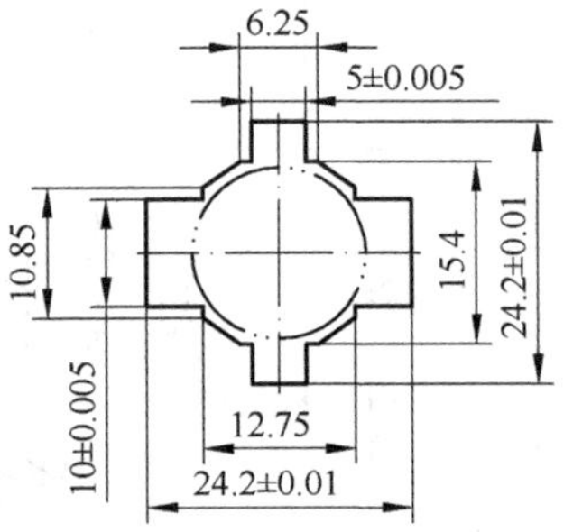
说明	工件图(截面形状)	毛坯准备,在平面磨床上磨至图示尺寸
序号	3	4
简图	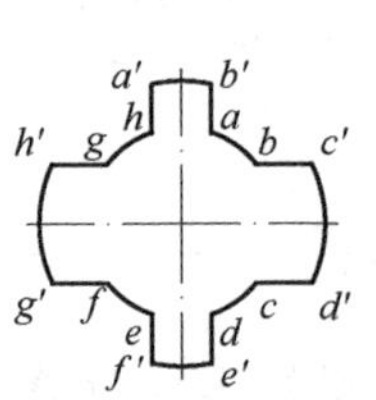	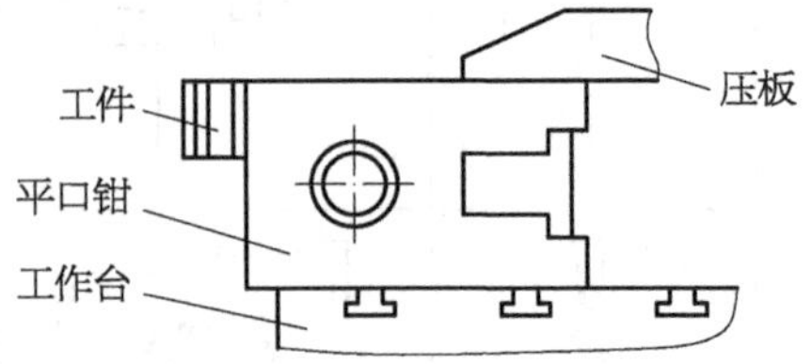
说明	工件轮廓分段标志图	平口钳夹持工件后装在机床工作台上

（续表）

序号	5	6
简图	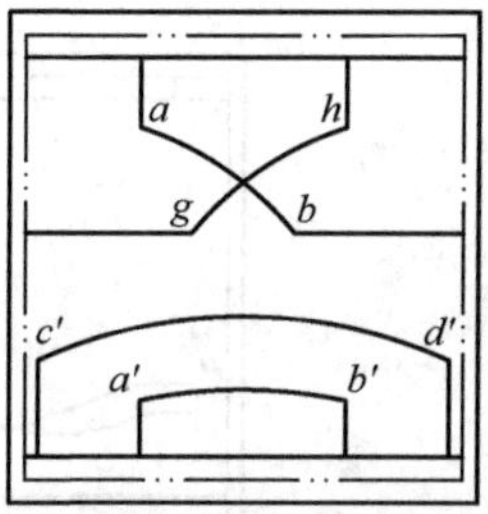	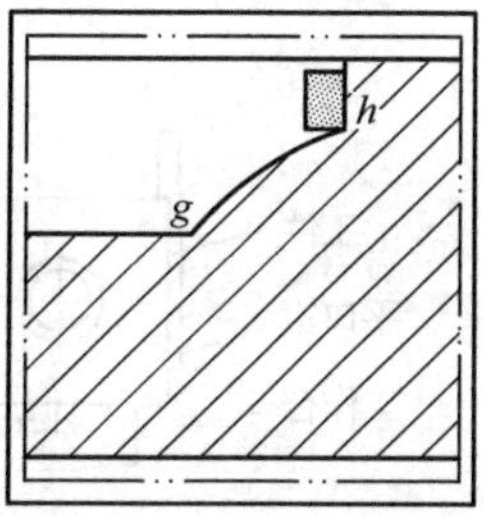
说明	放大图，工件对称，只画 *ab*、*gh*、*a′b′*、*c′d′* 段	磨 *gh* 后移动工作台磨 *ab*，再翻转工件磨 *cd*、*ef*
序号	7	8
简图	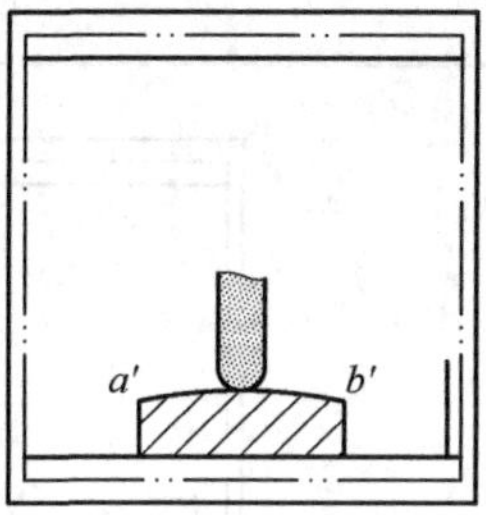	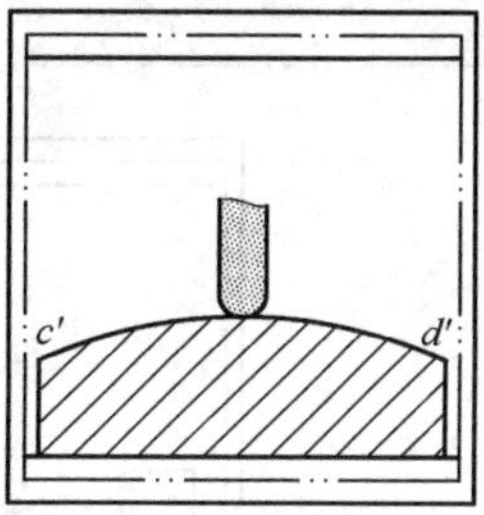
说明	磨 *a′b′* 后翻转工件磨 *e′f′*	磨 *c′d′* 后翻转工件磨 *g′h′*

表 4－2－30　光学曲线磨床加工实例二

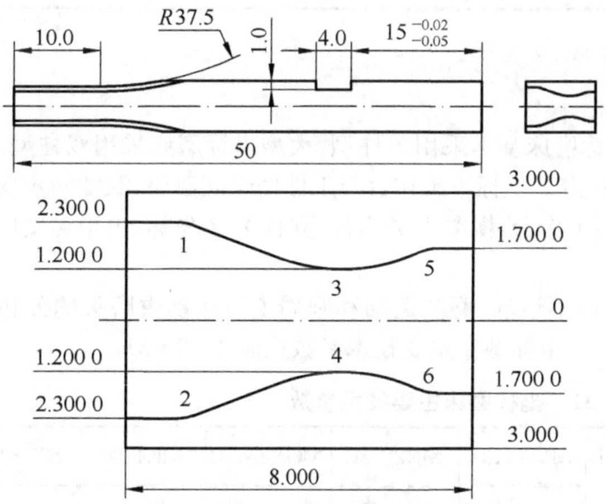

圆心坐标、圆弧半径			
序号	*X*	*Y*	*R*
1	1.200 0	1.300 0	1.000 0
2	1.200 0	−1.300 0	1.000 0
3	5.000 0	5.200 0	4.000 0
4	5.000 0	−5.200 0	4.000 0
5	(7.179 4)	0.700 0	6.500 0
6	(7.179 4)	−0.700 0	6.500 0

.0　±0.1
.00　±0.01
.000　±0.005
.000 0　±0.002

序号	1	2
简图	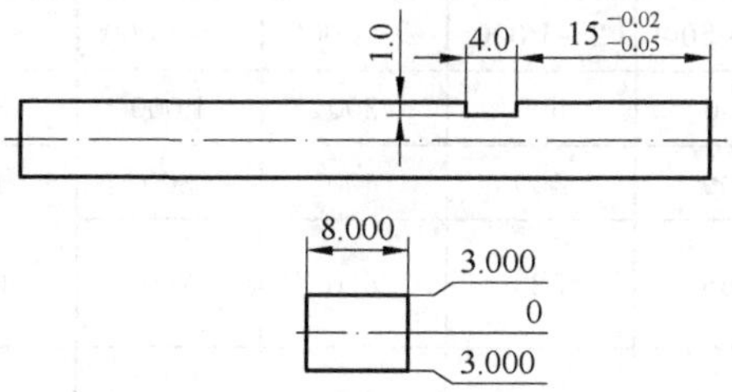	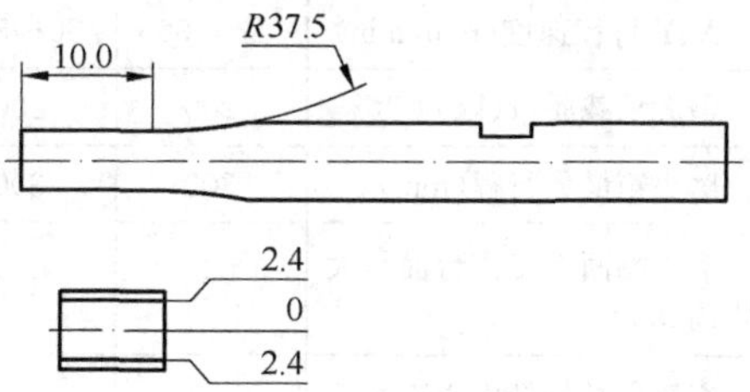
说明	平面磨床磨六面和槽	平面磨床预磨轮廓

（续表）

序号	3	4
简图	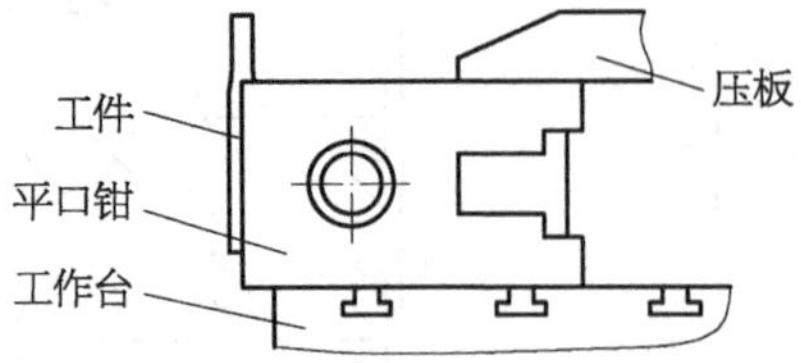	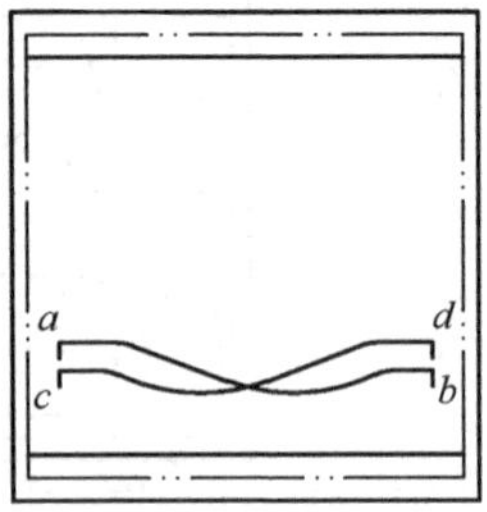
说明	平口钳夹持工件后装在机床工作台上	放大图，分别画出轮廓线放大图 *ab*、*cd*
序号	5	6
简图	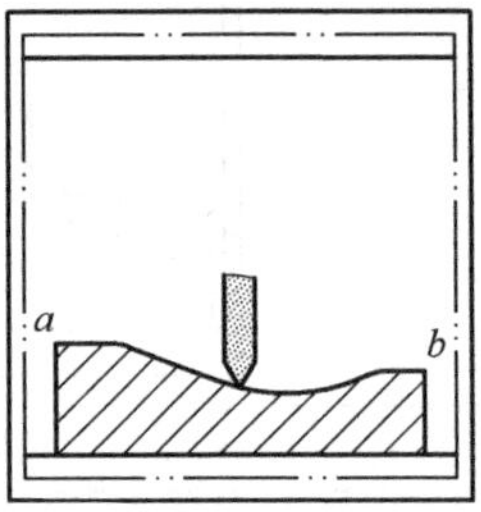	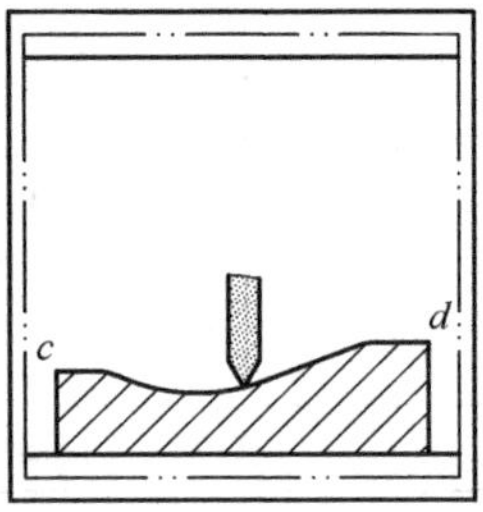
说明	磨 *ab* 段	翻转工件磨 *cd* 段

五、坐标磨床磨削加工

（一）坐标磨床主要技术参数

坐标磨床都采用立柱结构形式。中小型坐标磨床基本采用单柱型，大型坐标磨床采用双柱型。单柱立式坐标磨床的双层工作台为水平直角坐标 *X*、*Y*，立柱为 *Z* 坐标。工作台与工件处于同温层，温度同步变化，对加工精度影响较小。相比较，双柱立式坐标磨床是单层工作台，横梁为 *Y* 坐标，立柱为 *Z* 坐标，由于温度层不同，温度变化会影响 *X*、*Y* 长度基准。

坐标磨床磨削系统与普通磨床不同的是工件不运动，磨削运动和圆周走刀运动由磨头的公转和自转完成，上、下走刀运动由磨头套筒的上下冲程运动完成。坐标磨床主要技术参数见表 4－2－31。

表 4－2－31 坐标磨床主要技术参数

型　　号	MK2932B	MGX2932B	MMX4132	MK2945C	MGX2945B	MK4280	S35－200	S3DR
工作台长×宽(mm)	600×320	600×320	600×320	800×450	800×450	1 200×800	600×380	600×380
坐标行程 *X*×*Y*(mm)	400×250	400×250	400×250	600×400	600×400	1 000×620	500×300	400×250
X、*Y* 行程速度(mm/min)	2～500	50～500	5～1 500	2～1 000	2～1 000	5～3 000	0～2 000	
最大承载质量(kg)	200	200	300	500	300	1 000	300	
磨头箱最大行程(mm)	300	300	300	400	400	300	450	450
磨头端面至工作台面最大距离(mm)	420	420	465	585	570	700	500	500
行星主轴旋转中心至立柱导轨顶面距离(mm)	330	330	350	474	474	330	365	340

（续表）

型　　号	MK2932B	MGX2932B	MMX4132	MK2945C	MGX2945B	MK4280	S35-200	S3DR
行星主轴转速(r/min)	10～300	10～300	10～300	10～300	10～300	10～300	300	5～250
磨头行程长度(mm)	5～90	5～90	0～90	0～110	5～100	0～180	110(最大)	1～120
磨头行程速度(m/min)	0.05～1.8	0.05～1.8	0.01～10	0.01～10	0.05～1.8	0～10	0.005～14	
磨头转速(电动)(r/min)	9 000～45 000	9 000～45 000	9 000～45 000	9 000～45 000	9 000～45 000	9 000～45 000	4 500～80 000	9 000～80 000
	51 000～80 000							
磨头转速(气动)(r/min)	100 000～180 000						100 000～160 000	
磨孔最大直径(mm)	0.8～250	0.8～250	0.8～220	0.8～220	0.8～250	0.8～220	230	230
带加长板时磨孔最大直径(mm)							360	230
磨孔最大锥度(°)	12	12	16	16	12	16	16	16
X、Y 定位精度(mm)	0.002	0.002	0.002	0.007	0.003	0.005	0.002	0.002
备　　注	宁江机床	宁江机床	宁江机床	宁江机床	宁江机床	宁江机床	Hauser	Hauser

型　　号	S45-400	S55-400	G18	300G	4GDN	6GCN	JG-510CM	JG-1010G
工作台长×宽(mm)	770×630	1 440×860	610×278	700×350	790×600	1 280×960	700×340	1 200×1 200
坐标行程 X×Y(mm)	700×500	1 300×800	457×278	500×300	610×410	1 020×760	500×300	1 000×700
X、Y 行程速度(mm/min)	0～2 000	0～1 800		0.1～2 000	0.1～2 000	0.1～2 000	10 000	10 000
最大承载质量(kg)	500	800		300	750	1 200	300	1 600
磨头箱最大行程(mm)	500	635	320	300	460	680	340	400
磨头端面至工作台面最大距离(mm)	585	750	457	450	20～480	715		
行星主轴旋转中心至立柱导轨顶面距离(mm)	750	970	254	370				
行星主轴转速(r/min)	5～300	0～300	25～225	5～500	5～500	5～500	5～200	5～200
磨头行程长度(mm)	130(最大)	170(最大)	92	100	140	140	100	250
磨头行程速度(m/min)	0.005～14	0.005～14		0.000 1～13	0.000 1～13	0.000 1～13	10	10
磨头转速(电动)(r/min)	4 500～80 000	4 500～80 000	6 000～40 000	9 000～45 000	9 000～45 000	9 000～45 000	40 000(最大)	40 000(最大)
	18 000～90 000							
磨头转速(气动)(r/min)	100 000～160 000		175 000(最大)	175 000(最大)	175 000(最大)	175 000(最大)	60 000(最大)	60 000(最大)
磨孔最大直径(mm)	230	230	0.4～89	0.5～100	0.5～100	0.5～100	0.5～100	0.5～100
带加长板时磨孔最大直径(mm)	360	360	342	310	310	310		
磨孔最大锥度(°)	16	16						
X、Y 定位精度(mm)	0.002 5	0.002 5	0.002	±0.000 7	±0.001	±0.001	±0.001 5	±0.001 5
备　　注	Hauser	Hauser	Moore	MITSUI SEIKI			ChienWei	ChienWei

（二）坐标磨削工艺

1. 磨削方法

坐标磨削可以采用径向进给磨削、切入磨削和插磨磨削三种加工方式。径向进给磨削是利用砂轮的圆周面进行磨削，进给时砂轮沿着偏心半径方向相对于工件做微量移动，是应用广泛的磨削方式。进给时砂轮会受到较大挤压力，所以每次进给量较小。切入磨削又称端面磨削，是利用砂轮的端面进行磨削，由于热量和切屑不易排出，磨削条件恶劣。为了改善磨削条件，砂轮的端面应修整成中凹形状。只有在磨削底部凸肩面等特殊情况下采用。插磨磨削是砂轮上下快速移动的同时，围绕被磨削零件的轮廓进行磨削，是数控坐标磨床主要的磨削方式。采用插磨磨削，当砂轮接触工件时，挤压力会使磨头前端产生微量的变形，造成一定的锥度，且砂轮越小，产生的影响越明显。

根据零件的不同形状和尺寸要求，采用不同的磨削方式。坐标磨床基本磨削方法见表 4-2-32。

表 4-2-32　坐标磨床基本磨削方法

方　法	简　图	说　明
通孔磨削	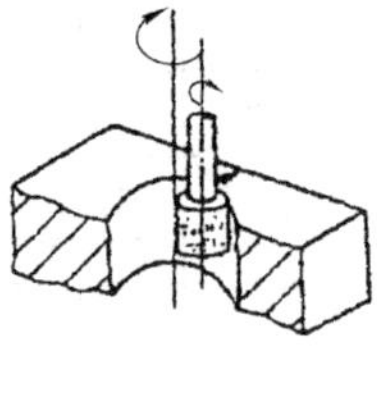	(1) 砂轮高速旋转，并做行星运动。利用行星运动直径的扩大做进给运动 (2) 磨小孔时，砂轮直径应取磨削孔径的 3/4 大小
沉孔磨削	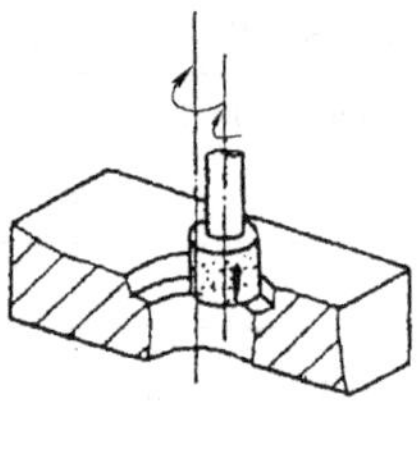	(1) 砂轮旋转并做行星运动，扩大行星运动直径做进给，或按所需孔径大小固定行星运动直径，然后主轴下降做进给，此时是用砂轮底部棱边进行磨削 (2) 内孔磨削余量大时，上述第二种方法为宜
沉孔成形磨削	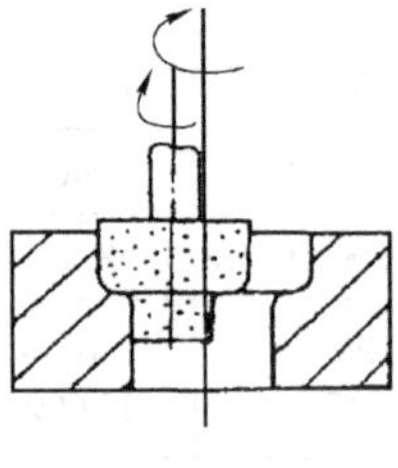	(1) 成形砂轮旋转并做行星运动，垂直方向无进给 (2) 磨削余量小时，以此法为宜
底面磨削	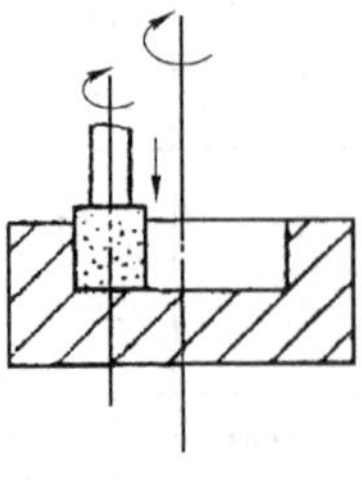	(1) 以砂轮底面磨削，主轴轴向进给。为便于排屑，砂轮端面修成 3°左右凹面。砂轮直径与磨削孔径比不能过大 (2) 采用小进给量

（续表）

方　法	简　图	说　　明
锥孔磨削（用圆柱砂轮）	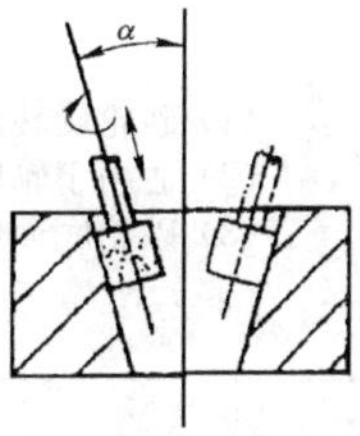	（1）调整主轴轴线时，斜角 α 较小，最大倾斜角为 3° （2）砂轮旋转并做行星运动，垂直方向做进给运动
锥孔磨削（圆锥砂轮）	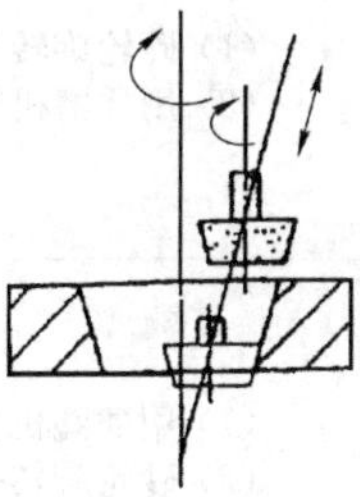	（1）砂轮旋转，主轴做垂直进给，随砂轮的下降，行星运动直径不断缩小 （2）砂轮修成与锥孔相应的锥度
倒锥孔磨削	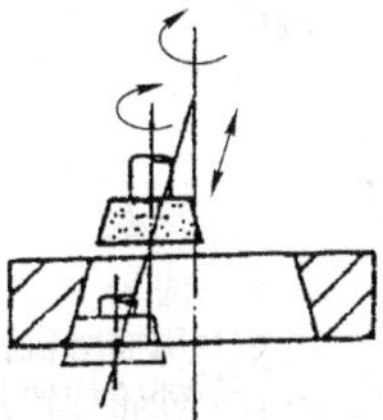	（1）砂轮旋转，主轴做垂直运动，随砂轮下降，行星运动直径不断扩大 （2）砂轮修成与锥孔相应的锥度
外圆磨削	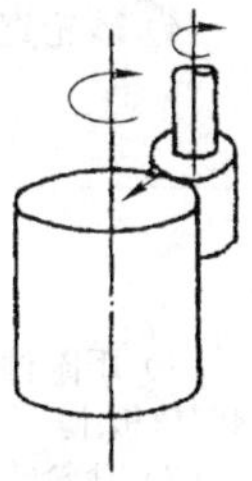	（1）砂轮高速旋转，并做行星运动。利用行星运动直径的缩小做进给运动 （2）砂轮做上下走刀运动
外锥面磨削	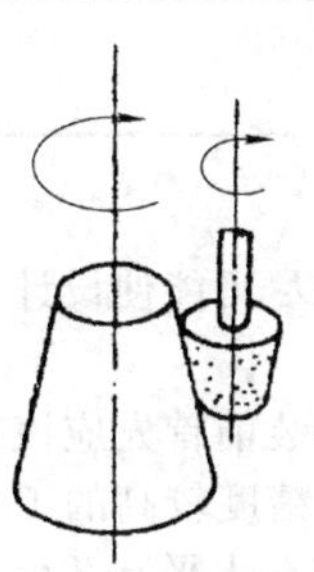	（1）砂轮旋转，并做行星运动，利用行星运动直径的逐渐缩小和扩大做走刀运动 （2）砂轮的锥度方向与工件相反
横向磨削	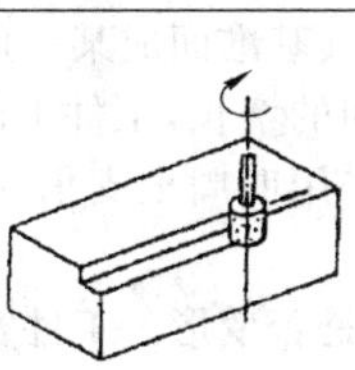	（1）主轴不做行星运动，工作台做 X 方向或 Y 方向直线运动 （2）此种加工方法适于直线或轮廓的精密加工

（续表）

方　　法	简　　图	说　　　明
垂直磨削	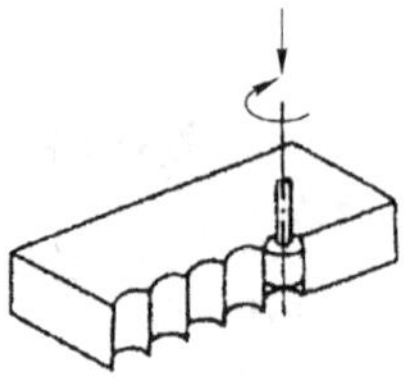	(1) 砂轮旋转并做垂直运动，主轴不做行星运动 (2) 适用于轮廓磨削且余量大的情况 (3) 砂轮底面修凹
槽侧磨削	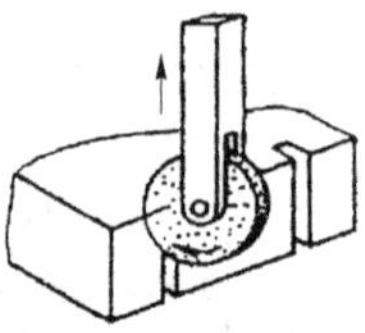	(1) 砂轮旋转并做垂直进给 (2) 用插磨机构，砂轮按需要修整成型面
外清角磨削	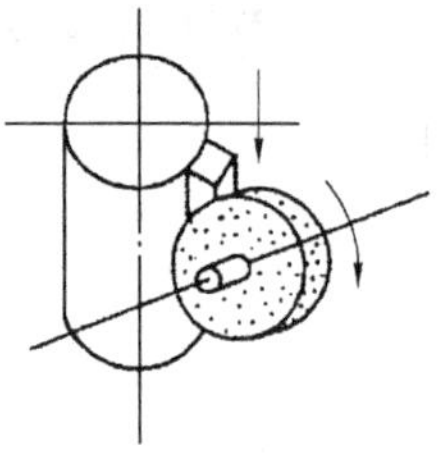	(1) 用插磨机构，按需要修整砂轮 (2) 砂轮旋转并做垂直进给 (3) 砂轮上下运动时，砂轮中心应超出工件上下端面
内清角磨削	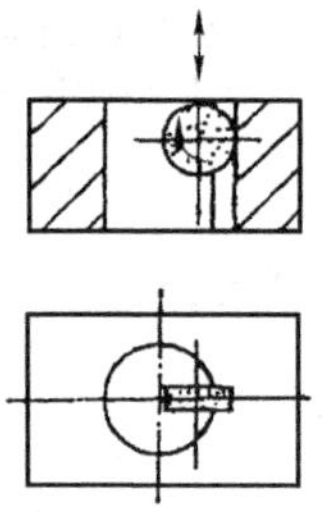	(1) 用插磨机构，按需要修整砂轮 (2) 砂轮旋转并做垂直进给 (3) 砂轮上下运动时，砂轮中心应超出工件上下端面 (4) 砂轮直径应小于磨削孔径
凹球面磨削	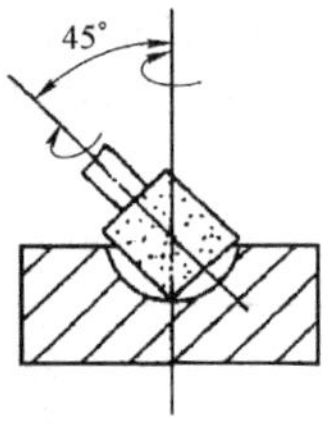	(1) 用附件45°角板，将高速电动机磨头安装在45°角板上 (2) 砂轮旋转，同时绕主轴旋转

2. 基准选择和工件装夹

合理地选择基准能减少加工误差，并给加工带来方便。应尽可能使设计、加工、检查与装配的基准重合。所选基准面应该是机床用校表方法能精确地确定的位置。

坐标磨削是一种精细加工，对工件装夹要求很高。工件安装前首先应该在平板上用涂色法检查安装基准和定位基准，并选择合适的装夹方法：外形为长方形、尺寸较小、精度较高的工件，可选用精密平口钳装夹；圆柱形工件或用极坐标尺寸标注的工件，应选用精密三爪卡盘或安装在水平圆转台上；外形为长方形、尺寸较大或形状特殊的工件，可直接安装在机床工作台上；工件磨孔的轴线与其基准面成某一角度时，可安装在万能转台上。

对于磨削多孔的板件或磨削量较大的工件，随着磨削时间的增长，工件上的温度会不均匀，产生加工的形状误差和孔距误差。这类工件装夹时，应适当增加底面垫铁或采用四周全支承的专用垫铁，增加工件导热面积，减少工件各点温度不均。

工件装夹时不应引起工件变形。工件夹紧后应检查工件是否变形。工件安装时使定位基准面通常要与工作台纵、横坐标的移动方向平行。定位找正工具及其使用方法见表4-2-33。

表 4-2-33 定位找正工具及其使用方法

名　称	特　点	简图及使用方法
千分表调零	找正工件基准侧面与主轴中心线重合的位置	千分表装于主轴上，将工件被测侧基面在 180°方向上的两次千分表读数差值的一半，作为移动工件(工作台)的距离。再用上述方法复测一次，如两次读数相等，则侧基面与主轴中心重合
开口形端面规调零	找正工件基准侧面与主轴中心线重合的位置	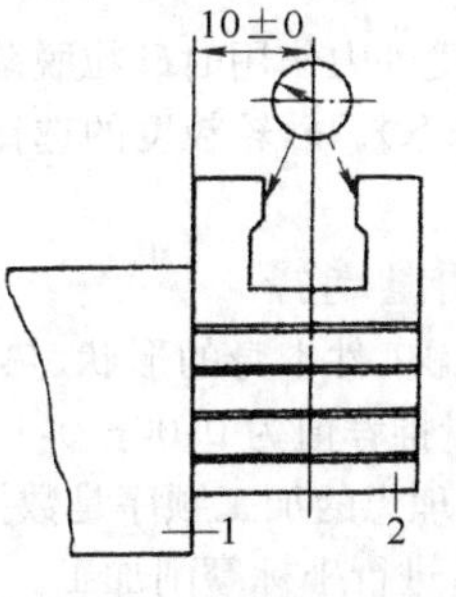 千分表装在主轴上，永磁性开口形端面规 2 吸在被测工件 1 的侧面，千分表测端面规开口槽面，在 180°方向上读数相等，将工件移动 10 mm，完成调零
找中心显微镜	找正工件侧基准或孔轴线与主轴中心重合的位置	找中心显微镜装在机床主轴上，保证两者中心重合。在显微镜面上刻有十字中心线和同心圆，用于找正工件
L 形端面规找正	找正工件基准侧面与主轴中心线的重合	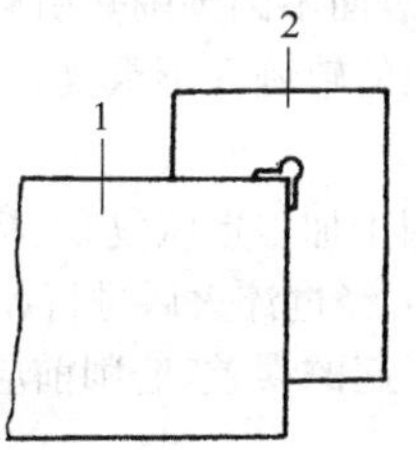 当工件侧基面的垂直度低或工件被测棱边较浑时，可用 L 形规 2 靠在工件 1 的基面，移动工件使 L 形规标线对准找中心显微镜的十字中心线，即表示工件基面与主轴中心线重合
芯棒、千分表找正	找正小孔孔位	千分表不能直接找正小孔孔位，要用相配的芯棒如钻头等插入小孔后，才能找正

3. 磨削顺序

坐标磨削时，应先加工高精度孔或小孔，然后磨其他的孔，最后配磨侧面，以保证孔的坐标位置精度。复杂形状的工件还应考虑工件装夹调整和砂轮选用要求。型孔磨削方法示例见表 4-2-34。

表 4-2-34 型孔磨削方法示例

方　法	简　图	说　明
用行星运动磨削型孔	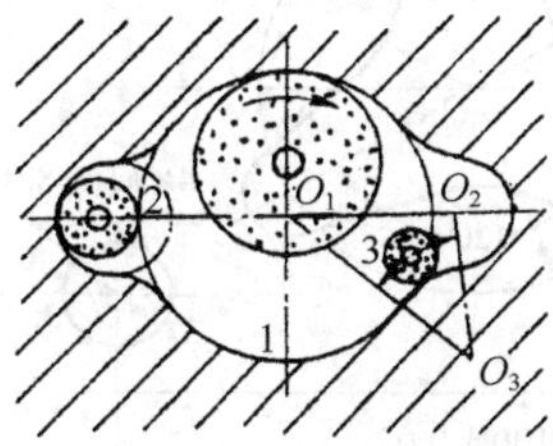	(1) 图中工序 1、2、3 表示磨削次序 (2) 要用回转工作台及坐标工作台，以便把 O_1、O_2、O_3 圆心分别调整到回转工作台中心，进行磨削 (3) 工序 1、2 为内孔磨削，工序 3 用回转工作台控制
用磨槽机构磨削型孔	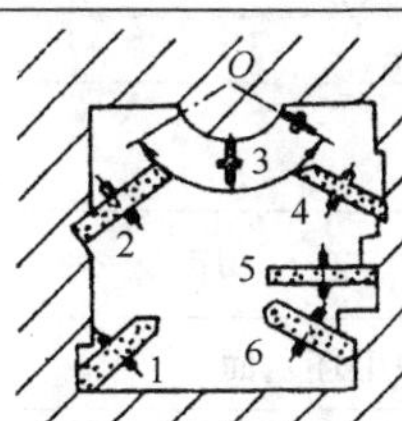	(1) 图中工序 1、4、6 采用成形砂轮磨削 (2) 将圆弧 3 的中心 O 调整到回转工作台中心，进行磨削 (3) 工序 2、5 和型孔直线均用平直形砂轮磨削

4. 砂轮选择

坐标磨床使用的砂轮有普通砂轮和喷镀砂轮两类。普通砂轮的磨料有白刚玉(WA)、铬刚玉(PA)、绿色碳化硅(GC)等。白刚玉适合磨削淬硬钢、高碳钢,磨削时磨削力和磨削热量小。铬刚玉适合磨削合金钢、高速钢及表面粗糙度要求较小的工件。绿色碳化硅适合磨削硬质合金等高强度、高硬度材料。喷镀砂轮是新型砂轮,主要有人造金刚石和立方氮化硼两种。立方氮化硼喷镀砂轮的硬度仅次于金刚石磨料,其立方晶格稳定,不易破碎和磨损,在小孔磨削中比金刚石砂轮有更小的粗糙度和更长的寿命。坐标磨床中通常选择立方氮化硼砂轮,能适用于各种淬火钢。

砂轮的硬度是指砂轮在受外力作用时砂粒脱落的程度,分为超软、软、中软、中、中硬、硬、超硬七大级。坐标磨削一般采用中软砂轮(代号 K)。砂轮粒度的选择与工件表面粗糙度有关,粗糙度要求小的,应选择较细粒度的砂轮。

5. 磨削余量和磨削用量选择

确定磨削余量应充分考虑工件本身的形状、热处理所引起的变形、上道工序采用的工艺方法所能保证的精度。$\phi3$ 以下的小孔,径向余量推荐值为 0.06~0.10 mm,$\phi50$ 以上的大孔则为 0.40~0.50 mm。轮廓加工的余量一般以 0.2~0.4 mm 为宜。理想的加工顺序是数控铣半精加工,留余量 0.5~1 mm;热处理后精密电火花加工,留余量 0.06~0.10 mm,最后进行坐标磨削加工。

磨削时砂轮的切削速度主要受黏合剂强度的限制。陶瓷黏合剂砂轮的切削速度为 18~22 m/s,喷镀型砂轮为 5~12 m/s。

行星主轴转速在保持工件表面不因磨削热引起损伤的要求下,尽量采用较低的行星主轴转速。套筒冲程速度与其他运动有关系,应使磨削的轨迹互不重复。

6. 工件处理

坐标磨削是精细加工,适用于加工形状复杂、精度很高的工件。在坐标磨削前,被加工工件经过了多道工序加工。被加工工件的处理包括:经过淬火后进行冰冷处理,以减少和消除残余奥氏体组织,防止引起精密零件的尺寸变化;为减少因温度变化引起的误差,磨削前应对被加工工件进行等温处理;被加工工件在平磨后,应进行去磁处理。

7. 坐标磨削实例

凹模块工艺过程见表 4-2-35,型腔轮廓数控坐标磨削程序见表 4-2-36。

表 4-2-35 凹模块工艺过程

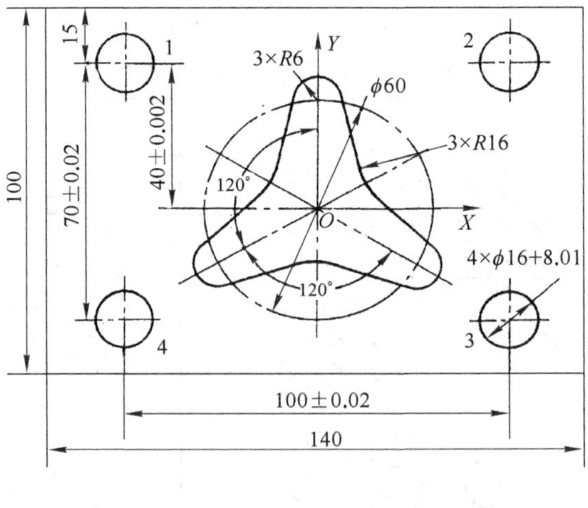

工序名称	工序内容
立铣	铣冲裁凹模块毛坯六面
平面磨	半精磨六面,相互垂直

（续表）

工序名称	工　序　内　容
钳	划线，预钻 4×ϕ16 孔，留镗削量。钻内型腔穿丝孔
坐标镗	镗 4×ϕ16 孔，留磨削余量 0.4 mm
淬　火	55～58 HRC
平面磨	精磨两平面及垂直侧基准面
线切割	切割内型腔，留磨削余量 0.09 mm
数控坐标磨	4×ϕ16 孔，内型腔配成冲裁间隙 0.008 mm

表 4-2-36　型腔轮廓数控坐标磨削程序

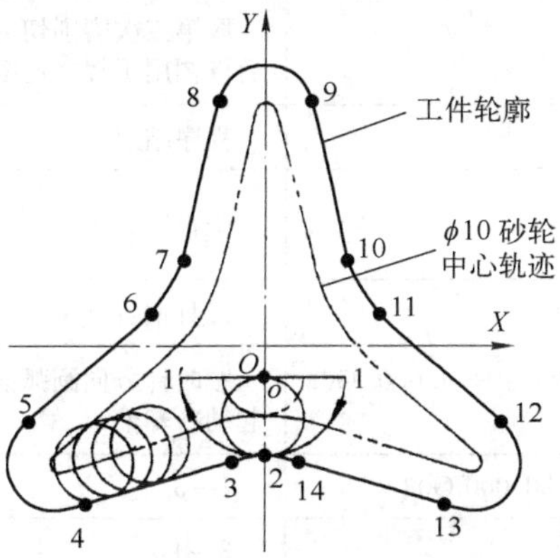

程　　序	说　　明
磨削 4×$\phi16^{+0.011}_{0}$孔主程序 N10　U−0.200 G60	G60 为精确定位功能代码，U 轴移动到开始进刀位
N20　X−50.000 Y40.000 G60	磨头移到 1 孔位
N30　G12 L1.020	G12 为调用子程序功能代码，L1.020 表示调用一次子程序 N020
N40　X50.000 G60	磨头移到 2 孔位
N50　G12 L1.020	
N60　Y−30.000 G60	磨头移到 3 孔位
N70　G12 L1.020	
N80　X−50.000 G60	磨头移到 4 孔位
N90　G12 L1.020	
N100　M02	程序结束
磨削 4×$\phi10^{+0.011}_{0}$孔子程序 N020　G10	子程序开始
N021　U0.0000 F1 M20 M08	采用表 4-2-32 中通孔磨削。M20 为主轴下降。M08 起动冷却液，U 轴径向进给 0.2 mm 到终止位

（续表）

程　　序	说　　明
N022 G04 L30.000	G04 暂停执行下段程序 30 s，即磨头光磨 30 s
N023 U−0.2000 F50	*U* 轴快速退刀
N024 M25 M09	M25 为主轴升起，M09 停止冷却液
M025 G11	子程序结束
磨削内型腔主程序 N10 X0.000 Y−4.000 G60	磨头中心精确定位到 *X*0，*Y*−4 的位置
N20 G12 T01 L1.020	取第一次磨削切入量 0.05 mm，并调用一次 N020 子程序
N30 G12 T02 L1.020	取第二次磨削切入量 0.03 mm，并调用一次 N020 子程序
N40 M01	选择停止，做终磨准备
N50 G12 T03 L4.020	取第三次磨削切入量 0.01 mm，调用子程序磨削一次。然后再调用子程序连续光磨三次
N60 M02	程序结束
磨削内型腔子程序 N020 G10	子程序开始
N021 X10.000 Y−4.000 F100 G01 G42	刀具偏置 0～1
N022 X0.000 Y − 14.000 F30 I0.000 J − 4.000 G02 M20 M08	顺时针方向圆弧插补的引入程序 1～2，主轴下降到磨削位，起动冷却液
N023 X−4.723 Y−14.712 I0.000 J−30.000 G03	2～3
N024 X−24.210 Y−20.733 G01	3～4
N025 X−30.060 Y−10.600 F8 I−25.981 J−15.000 G02	4～5
N026 X−15.103 Y3.266 F30 G01	5～6
N027 X−10.380 Y11.446 I−25.981 J15.000 G03	6～7
N028 X−5.850 Y31.333 G01	7～8
N029 X5.850 Y31.333 F8 I0.000 J30.000 G02	8～9
N030 X10.380 Y11.446 F30 G01	9～10
N031 X15.103 Y3.266 I25.981 J15.000 G03	10～11
N032 X30.060 Y−10.600 G01	11～12
N033 X24.210 Y−20.733 F8 I25.981 J15.000 G02	12～13
N034 X4.723 Y−14.712 F30 G01	13～14
N035 X0.000 Y−14.000 I0.000 J−30.000 G03	14～2
N036 X−10.000 Y−4.000 I0.000 J−4.000 G02 M25 M09	主轴从磨削位退出，停止冷却液，2～1 退出圆弧
N037 X0.000 Y−4.000 F100 G01 G40	1～0 快速移动，刀具偏置取消
N038 G11	子程序结束

注：1. G 代码和 M 代码的功能及含义，符合 JB 3208—1999 的规定。
2. 数控坐标磨削编程规定与数控铣相似。
3. 本实例的程序是按照 HAUSER CNC314 机床的编程规定编制。对于其他机床，应按照其编程规定另行编制。

六、硬质合金磨削

(一) 硬质合金磨削要点

(1) 磨床有足够的刚性,砂轮架、头架、尾架等无振动。工作台低速移动时无冲击、无爬行,能适应精细修整砂轮的要求。

(2) 金刚石砂轮需配专用法兰,用小修整用量修整砂轮表面,静平衡调整后再精细修整砂轮表面。对平形金刚石砂轮,可用低碳钢块或磨料粒度小于金刚石粒度的碳化硅砂轮进行修整。

(3) 用开槽碳化硅砂轮进行间断磨削时,必须对开槽砂轮做严格的安全检查,并在磨床上试运转 3 min 左右,无异常情况后,才开始磨削加工。

(4) 湿磨过程中,冷却液应过滤。洁净的冷却液要充足、不间断地注入磨削区。

(二) 砂轮和磨削用量

硬质合金常用金刚石砂轮磨削。与碳化硅砂轮相比,金刚石砂轮的刃角锋利、磨耗小、寿命长、生产率高、加工质量好,但价格昂贵。金刚石砂轮结构见图 4-2-8,特性见表 4-2-37,磨削用量见表 4-2-38。

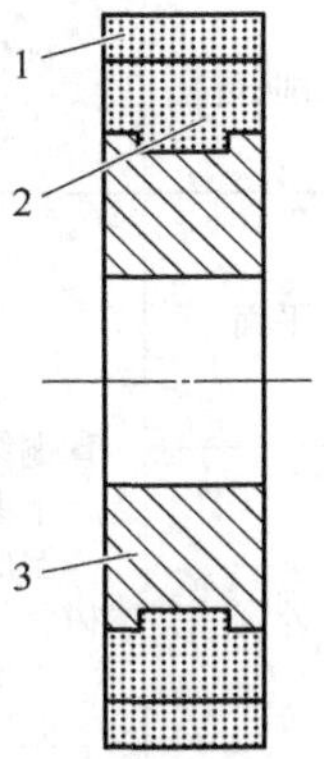

图 4-2-8
金刚石砂轮结构
1—金刚石层;
2—过渡层;
3—基体

在碳化硅砂轮上开槽,对硬质合金进行间断磨削,磨削效率比普通磨削约高 4 倍,表面粗糙度一般可获 *Ra* 0.4~0.8 μm,精磨可达 *Ra* 0.1 μm 左右。砂轮开槽后,磨削过程容易散热,工件磨削表面不易产生裂纹。

开槽碳化硅砂轮间断磨削硬质合金的工艺参数见表 4-2-39,砂轮槽数及尺寸见表 4-2-40。

表 4-2-37 金刚石砂轮特性

项 目	特 性
磨 料	天然金刚石(JT)能进行大负荷磨削 人造金刚石比天然金刚石略脆,不宜大负荷磨削,砂轮自锐性好,价格便宜,应用广泛
粒 度	树脂结合剂砂轮: 100~150 粒度,可达表面粗糙度 *Ra* 0.4~0.8 150~240 粒度,可达表面粗糙度 *Ra* 0.2~0.4 280~W20 粒度,可达表面粗糙度 *Ra* 0.1~0.2 W5~W14 粒度,可达表面粗糙度 *Ra* 0.05~0.1 青铜结合剂砂轮: 80~100 粒度,可达表面粗糙度 *Ra* 0.8~1.6 100~150 粒度,可达表面粗糙度 *Ra* 0.4~1.6 150~240 粒度,可达表面粗糙度 *Ra* 0.4~0.8
结合剂	树脂结合剂(S):砂轮不易堵塞,易修磨,磨削粗糙度小,效率高,但不宜大负荷磨削。一般用于半精磨、精磨和抛磨等 青铜结合剂(Q):能承受大负荷磨削,但易堵塞发热,与磨料结合力强,能较长久地保持砂轮外形,砂轮修整困难。用于粗磨、半精磨 电镀金属结合剂(D):结合的磨料层不厚,使用寿命较短,用于制造小尺寸的特异成形磨具
硬 度	只有树脂结合剂砂轮有硬度分级,一般用 Y 级
浓 度	树脂结合剂的人造金刚石砂轮以 50%浓度为宜 高浓度砂轮保持砂轮形状的能力强,低浓度砂轮金刚石磨料损耗小,砂轮的自锐性好

表 4-2-38　金刚石砂轮磨削硬质合金用量

磨削部位	砂轮线速度(m/s)	工件进给速度(m/s)		磨削深度(mm/双行程次数)	表面粗糙度 Ra(μm)
		纵进给	横进给速度或线速度		
平面	青铜结合剂：干磨 12～18 湿磨 15～25 树脂结合剂：干磨 15～20 湿磨 18～30	10～15	横进给速度 0.5～1.5 mm/双行程	0.01～0.03/2～3	0.8～1.6
				0.01/3～5	0.4
				0.005/5～10	0.2
外圆		0.5～1	线速度 10～20	0.01/2	0.8～1.6
				0.005～0.01/3～5	0.4
				0.005/8～12	0.2
				0.003/15～25	0.1～0.2
内圆		0.5～1	线速度 15～30	0.005/3～5	0.8～1.6
				0.003/5～8	0.4
				0.003/8～12	0.2

注：1. 要求表面粗糙度 Ra 值小，磨削时砂轮和工件线速度取上限值。
　　2. 煤油做湿磨冷却液有较好的磨削效果。

表 4-2-39　开槽碳化硅砂轮间断磨削的工艺参数

磨削部位	砂轮线速度(m/s)	磨削深度(mm/双行程)	工件进给速度(m/min)	
			纵进给	横进给速度或线速度
平面	30～35	粗磨　0.03～0.05	10～15	横进给 0.5～1 mm/双行程
		精磨　0.01～0.03		
外圆		粗磨　0.025～0.05	0.5～1	线速度 10～20
		精磨　0.01～0.02		
内圆		粗磨　0.02～0.04	0.5～1	线速度 20～30
		精磨　0.01～0.02		
刃磨刀齿	10～20	粗磨　0.02～0.03	手动	
		精磨　0.01～0.02		

表 4-2-40　开槽碳化硅砂轮槽数及尺寸

砂轮形状	简　图	说　明
平形砂轮	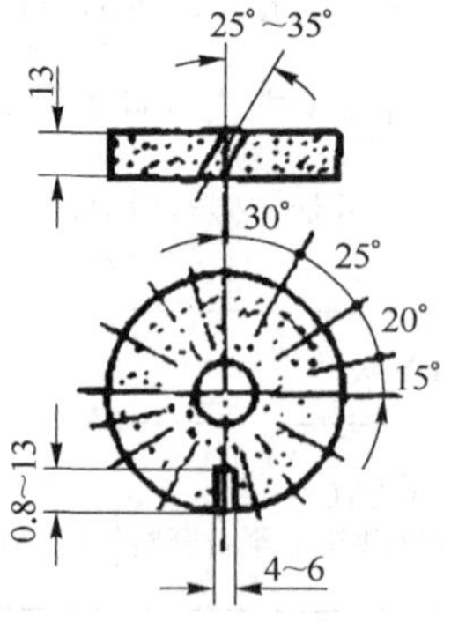	圆周上开 16～24 条槽。平面磨削砂轮开槽用对称等分，外圆磨削砂轮开槽用不等分法，以利于平衡和防止振动 槽的斜角取右旋可使产生的轴向力由主轴承担。图为 90°内的四槽角度。90°内五槽角度为 12°、15°、18°、21°、24°，六槽角度为 10°、12°、14°、16°、18°、20°

（续表）

砂轮形状	简　　图	说　　明
圆柱砂轮	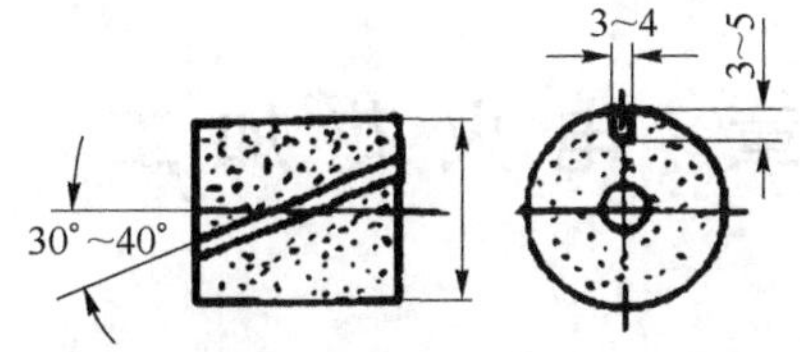	外径较小，可等分开槽 4～6 条，用于内圆磨削
杯形、碗形砂轮	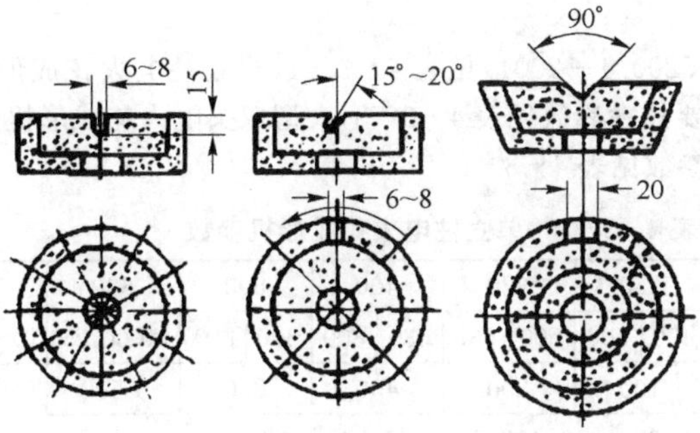	90°V 形槽适于粗磨，矩形直槽适于半精磨，矩形斜槽适于精磨。V 形槽取 4～8 条，矩形槽取 8～20 条，在圆周上均布。矩形斜槽的斜角 15°～20°，斜向取磨削时钝角迎向工件方向。用于端面磨削
碟形砂轮	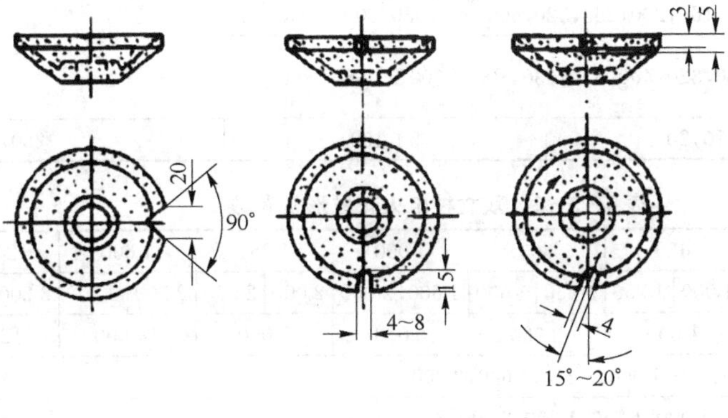	开矩形槽 8～16 条，一般宜浅而窄。其他要求与杯形、碗形砂轮相同。适于在工具磨床上对外圆和端面进行磨削

（三）加工余量

硬质合金工件一般都要经过粗磨、半精磨、精磨三道工序，若磨削加工余量为 0.1～0.15 mm，则各道工序的加工余量见表 4-2-41。

表 4-2-41　硬质合金磨削加工余量

工　序	加工余量(mm)	金刚石砂轮粒度(#)	加工表面平面度(mm)
粗　磨	0.06～0.08	150	0.01
半精磨	0.03～0.05	250	0.003
精　磨	0.01～0.02	400～600	0.000 5

第三章　电火花加工

一、电火花成形加工

（一）电火花成形加工机床

单立柱电火花成形机参数(GB/T 5290.1—2001)见表 4-3-1,双立柱电火花成形机参数(GB/T 5290.2—2003)见表 4-3-2。电火花成形机主要技术参数见表 4-3-3,大型双头电火花成形机主要技术参数见表 4-3-4,电火花小孔高速加工机床主要技术参数见表 4-3-5。

表 4-3-1　单立柱电火花成形机参数

台面宽度 B(mm)	160		200		250		320		400		500		630		800		1 000		1 250	
台面宽度 L(mm)	250	320	320	400	400	500	500	630	630	800	800	1 000	1 000	1 250	1 250	1 600	1 600	2 000	2 000	2 500
最大工件质量(kg)	25		50		100		200		400		800		1 500		3 000		6 000		8 000	
Y 轴行程(mm)	80,100,125,160,200,250,320,400,500,630,800,1 000																			
X 轴行程(mm)	125,160,200,250,320,400,500,630,800,1 000,1 250																			
Z 轴伺服行程(mm)	80,100,125,160,200,250,320,400,500,630,800,1 000																			
电极安装板至台面距离 H(mm)	160,200,250,320,400,500,630,800,1 000,1 250,1 600																			
最大电极质量(kg)	5,10,20						50,100						250,500							

表 4-3-2　双立柱电火花成形机参数

台面宽度 B(mm)	500		630		800		1 000		1 250		1 600		2 000		2 500	
台面宽度 L(mm)	800	1 000	1 000	1 250	1 250	1 600	1 600	2 000	2 000	2 500	2 500	3 200	3 200	4 000	4 000	5 000
最大工件质量(kg)	800		1 500		3 000		6 000		8 000		10 000		12 000		15 000	
Y 轴行程(mm)	400,500,630,800,1 000,1 250,1 600,2 000															
X 轴行程(mm)	500,630,800,1 000,1 250,1 600,2 000,2 500															
Z 轴伺服行程(mm)	320,400,500,630,800,1 000,1 250															
电极安装板至台面距离 H(mm)	250,320,400,500,630,800,1 000,1 250,1 600,2 000															
最大电极质量(kg)	100,300				500,800						1 000,1 500					

表 4-3-3　电火花成形机主要技术参数

型号	工作台尺寸(mm)	工作液槽尺寸(mm)	工作台行程(mm)	主轴行程(mm)	最大电极质量(kg)	最大加工电流(A)	最小电极损耗(%)	主轴端面距工作台距离(mm)	备注
D7132ZK	600×350	1 200×550×350	350×250	200	50	50,100	0.2	610(最大)	苏州电加工机床研究所 DK7140、DK7163:三轴数控 其他:单轴数控
D7140ZK	700×420	1 180×600×400	400×350	200+200	75	50,100	0.2	710(最大)	
D7150ZK	800×480	1 250×750×500	600×500	250+300	100	50,100	0.2	900(最大)	
D7163ZK	1 000×600	1 700×1 000×550	630×530	250+300	100	50,100	0.2	732(最大)	
DK7140	720×450	1 350×740×470	480×380	310	75	50,100	0.2	710(最大)	
DK7163	1 000×630	2 100×1 000×550	800×600	400	100	50,100	0.2	850(最大)	

（续表）

型号	工作台尺寸（mm）	工作液槽尺寸（mm）	工作台行程（mm）	主轴行程（mm）	最大电极质量（kg）	最大加工电流（A）	最小电极损耗（%）	主轴端面距工作台距离（mm）	备注
HCD300ZK	600×350	880×570×300	300×200	180+180	80			230～590	汉川数控机床股份公司
HCD400ZK	700×400	1 160×740×390	450×350	200+250	120			200～650	
HCD500ZK	800×500	1 310×770×440	550×450	250+300	120			240～790	
HCD300K	600×400	980×620×410	300×210	270	30			295～565	
D7140P E46PM	700×400	1 120×670×420	400×300	200+200	70	60			苏州三光科技股份有限公司
E56PM	1 000×500	1 400×790×500	600×500	250+300	250				
E66PM	1 000×600	1 700×1 000×600	650×550	250+400	250				
E45PMA	600×400	容积 200L	400×340	350	50	40			
A20	600×400	640×530×320	200×150	200	25	50	0.05	470(最大)	北京市电加工研究所
A35	600×400	990×640×450	352×252	272	25	50	0.05	600(最大)	
A50	800×500	1 200×840×534	500×400	352	100	50	0.05	720(最大)	
B30E	600×400	950×630×412	300×212	272	25	50	0.1	536(最大)	
B45	600×400	990×640×450	450×300	272	25	50	0.1	600(最大)	
N540	850×500	1 370×720×450	500×400	300	150	50	0.1	690(最大)	
N640	900×500	1 612×985×540	600×400	350	150	50	0.1	700(最大)	
N850	1 150×600	1 800×1 100×570	850×500	400	180	50	0.1	800(最大)	
N1 060	1 380×800	1 800×1 240×650	1 000×600	400	200	50	0.1	950(最大)	
N1 260	1 380×800	1 800×1 240×650	1 200×600	400	200	50	0.1	950(最大)	
SP1	500×320	1 000×550×360	320×250	250	80	50,100	0.03		北京阿奇
SP3	800×500	1 250×800×500	500×400	400	250	50,100	0.03		
SA20	630×400	955×540×350	350×250	250	80	40,72		230～480	
SA30	800×600	1 200×800×500	600×400	400	100	72,104		250～650	
FORM2	500×320		320×250	250	60	50		250～500	
FORM3	800×500		500×400	400	100	50,100		300～700	
FORM20	630×400	955×540×350	350×250	250	50	80		230～480	
FORM30	800×600	1 200×800×500	600×400	400	100	140		250～650	
AG40L	600×400	750×620×350	400×300	270	50	40		150～420	Sodick（沙迪克）日本
AG60L	750×550	950×750×450	600×400	370	50	40		200～570	
AG80L	1 100×700	1 400×950×500	850×520	420	100	80		250～750	
AD30Ls	600×400	895×584×288	320×200	250	50	30,60		407	
AM45Ls	650×450	800×632×320	450×300	320	80	40,80			
EA8M	500×300	770×500×250	300×250	250	25	80		200～450	MITSUBISHI（三菱电机）日本
EA12M	700×500	1 050×750×400	400×300	300	50	80		300～600	
EA8SM	500×300	800×520×300	300×250	250	25	80		150～400	
EA8AM	500×350	760×520×260	300×250	250	25	80		223～473	
EA12AM	700×500	850×600×300	400×300	300	50	80		270～570	

表 4-3-4　大型双头电火花成形机主要技术参数

型　号	工作台尺寸(mm)	工作液槽尺寸(mm)	坐标行程(mm)				最大电极质量(kg)	最大工件质量(kg)	主轴端面距工作台距离(mm)	备注
			X轴		Y轴	Z轴				
			单头	双头						
HE180	2 000×1 000	3 500×1 800×850	1 800	900	700	500	200	10 000	800～1 300	上海汉霸机电有限公司
HE200	2 500×1 000	3 500×1 800×850	2 000	1 200	700	500	200	18 000	800～1 300	
HE250	2 500×1 200	3 500×1 800×850	2 500	1 650	700	500	200	19 000	800～1 300	
HE300	3 500×1 200	4 500×2 000×850	3 000	1 650	700	500	200	20 000	800～1 300	
N1880	2 000×1 000	3 200×1 650×650	1 800	1 100	800	500	250	7 000	1 100(最大)	北京市电加工研究所
N2180	2 500×1 200	3 200×1 650×650	2 100	1 100	800	600	300	7 000	1 200(最大)	
N3010	3 200×1 200	4 030×1 800×860		2 400	900	600	450	15 000	1 300(最大)	
DM1680K	1 700×1 000	2 628×1 510×700		1 100	800	500	220	6 000	600～1 150	苏州汉奇数控设备有限公司
DM1880K	2 000×1 000	3 000×1 540×700		1 200	800	500	250	7 000	600～1 200	
DM2180K	2 500×1 200	3 200×1 650×740		1 400	800	600	300	7 000	600～1 200	
DM3510K	3 500×1 200	4 500×1 800×700		2 600	900	600	300	15 000	650～1 250	
AM160R	1 700×1 000	2 500×1 500×650	1 600	1 100	800	500	200	6 000	650～1 150	营口北方电火花机床厂
AM180R	2 000×1 000	3 000×1 500×650	1 800	1 200	800	600	200	6 500	600～1 200	
AM200R	2 500×1 200	3 500×1 800×650	2 300	1 450	900	600	300	8 000	650～1 250	
AM160R	2 700×1 200	3 800×1 800×650	2 500	1 750	900	600	300	10 000	650～1 250	

表 4-3-5　电火花小孔高速加工机床主要技术参数

型号	夹持电极尺寸(mm)	工作台尺寸(mm)	工作台行程(mm)	主轴伺服行程(mm)	主轴头行程(mm)	主轴头转速(r/min)	备　注
D703F	0.3～3	300×400	200×250	400	250		苏州电加工机床研究所有限公司
D703G	0.3～3	350×500	250×350	400	250		
D703H	0.3～3	320×500	250×350	400	250		
DB703	0.3～3	310×440	300×400	280	200	20～120	营口北方电火花机床厂
DD703	0.3～3	260×380	200×300	250	200	20～120	
DS703B	0.3～3	250×350	200×300		250		苏州三光科技股份有限公司
DS703C	0.3～3	260×380	200×300		200		
DS703P	0.3～3	320×400	200×300		300		

(二) 电火花成形加工工艺

1. 电火花成形加工基本方法

(1) 穿孔加工。电火花穿孔加工可用于加工冲裁凹模，常用的加工方法有直接法、间接法和混合法等，分别见表 4-3-6～表 4-3-8。

表 4-3-6 直接法穿孔加工

加工过程	加工前	加工结束	切除损耗部分达到冲裁要求
简图	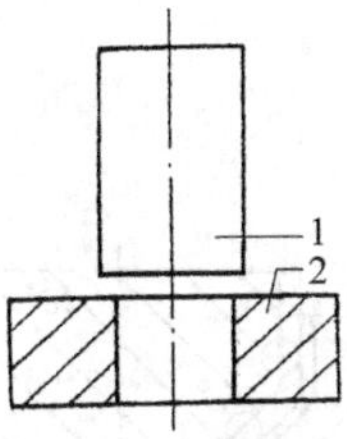	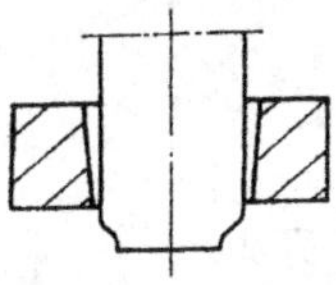	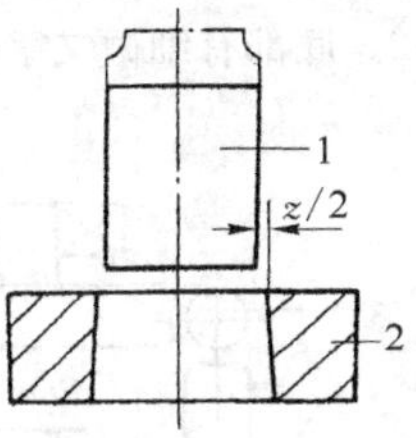
说明	(1) 用凸模 1 做电极,无需另制电极 (2) 精加工放电间隙即凸模与凹模 2 的冲裁间隙 (3) 缺点是电极材料不能自由选择,电加工性能较差		

表 4-3-7 间接法穿孔加工

加工过程	加工前	加工结束	凸模与凹模配合
简图	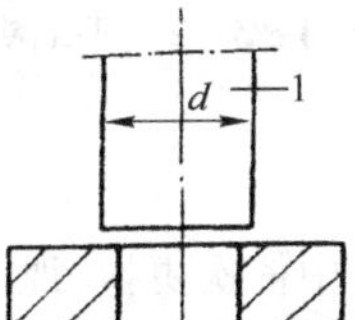	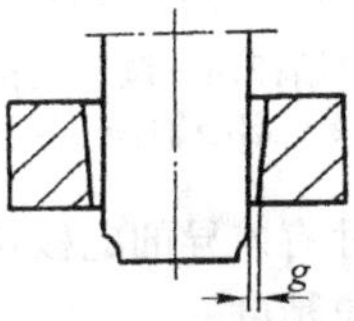	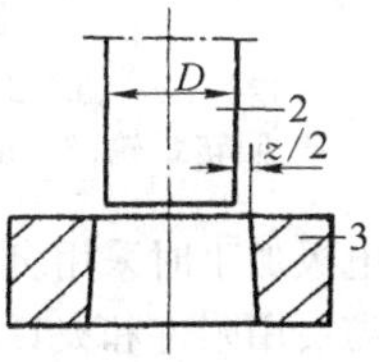
说明	(1) 电极 1 和凸模 2 分别制造,电极材料可自由选择 (2) 凸模与凹模 3 的冲裁间隙不受放电间隙的限制,凸、凹模单边间隙 $\frac{Z}{2}=\frac{d}{2}+g-\frac{D}{2}$ (3) 多件生产时,一个电极可加工多个凹模 (4) 由于凸模与电极分别制造,凸模与凹模的间隙不易均匀		

表 4-3-8 混合法穿孔加工

加工过程	加工前	加工结束	达到配合要求
简图	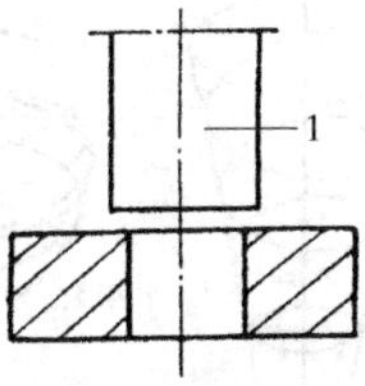	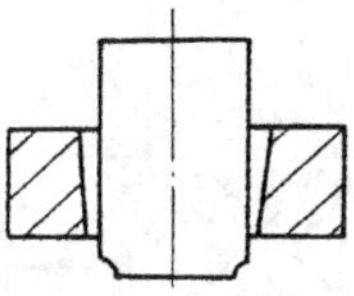	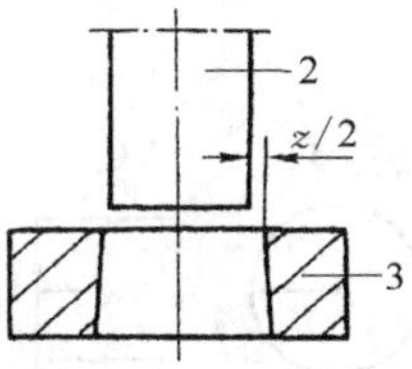
说明	(1) 电极 1 和凸模 2 采用不同的材料,将电极和凸模连接在一起,电极和凸模的尺寸相同,电加工后凸模与凹模 3 的冲裁间隙均匀程度与直接法相同 (2) 电极材料可自由选择,改善电加工性能 (3) 增加了电极和凸模的连接工序(用机械法连接或用环氧树脂粘接) (4) 电极和凸模连接后增加了总长度,往往会影响凸模和电极的制造精度 (5) 对横断面太小的电极,由于与凸模的连接比较困难,一般不采用混合法加工		

(2) 型腔加工。型腔加工方法有单电极平动加工、多电极加工和分解电极加工等。

单电极平动加工是模具型腔电火花加工中应用最多的一种方法。它采用一个成形电极,先用低损耗、高生产率的粗规准进行粗加工,然后利用平动头做平面小圆运动,按照粗、中、精顺序改变脉冲电源电规准,并依次加大电极的平动量,逐步修整型腔的侧面和底面,完成整个型腔加工。单电极平动加工用一个电极一次装束定位,可达到较高的加工精度(±0.05 mm),并改善排屑条件,加工易于稳定,但难以加工型腔的内清角(最小半径为平动头单边偏心量与侧面间隙之和)。有时可采用高精度的重复定位夹具,将粗加工后的电极卸下,经修整后重新装夹,再用平动头精修来完成型腔加工。单电极平动加工的平动头见图 4-3-1。平动头加工时电极运动轨迹见图 4-3-2。底部有细微文字或图案的型腔,不能采用平动加工。

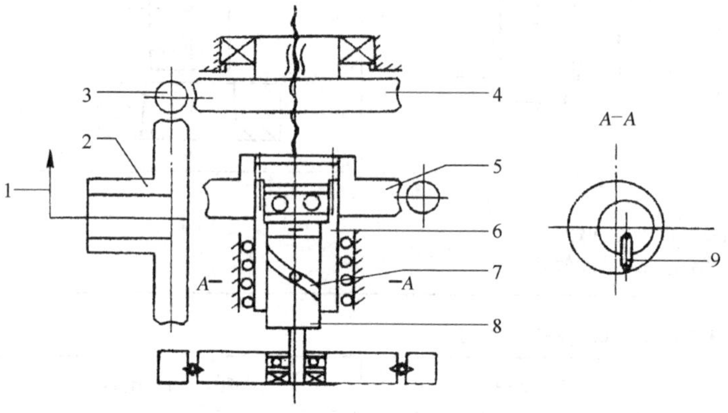

图 4-3-1　平动头

1—指针;2—偏心量指示蜗轮;3—调节蜗杆;4—调节蜗轮;5—回转蜗轮;6—偏心套;7—螺旋槽;8—偏心轴;9—键销

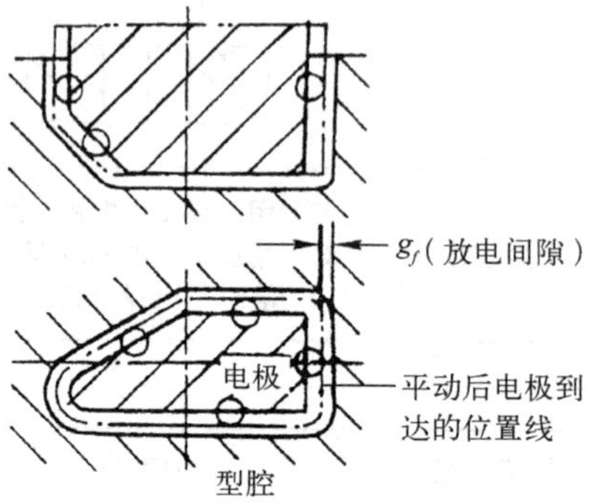

图 4-3-2　平动头加工时电极运动轨迹

多电极加工时采用多个形状相同、尺寸有差异的电极,在粗、中、精加工中依次更换,加工同一个型腔。更换电极时需要用附件和夹具,以保证重复定位精度。

分解电极加工时,先用主电极加工出主型腔,再用副电极加工型腔中的夹角、窄缝、花纹等部位。这种方法可以根据主副不同的加工条件,选择不同的电极材料和加工电规准,有利于简化电极制造和修整电极,提高加工速度和加工表面质量。分解电极加工是单电极平动加工和多电极更换加工方法的综合应用,对主、副电极的定位要求高。

采用数控电火花加工机床时,可以利用工作台按一定轨迹做微量移动来修整型腔表面。这种方式区别于安装在主轴头上的平动头运动,称为摇动。摇动的轨迹具有更灵活多样的模式,满足型腔加工的需要。摇动形式见图 4-3-3。

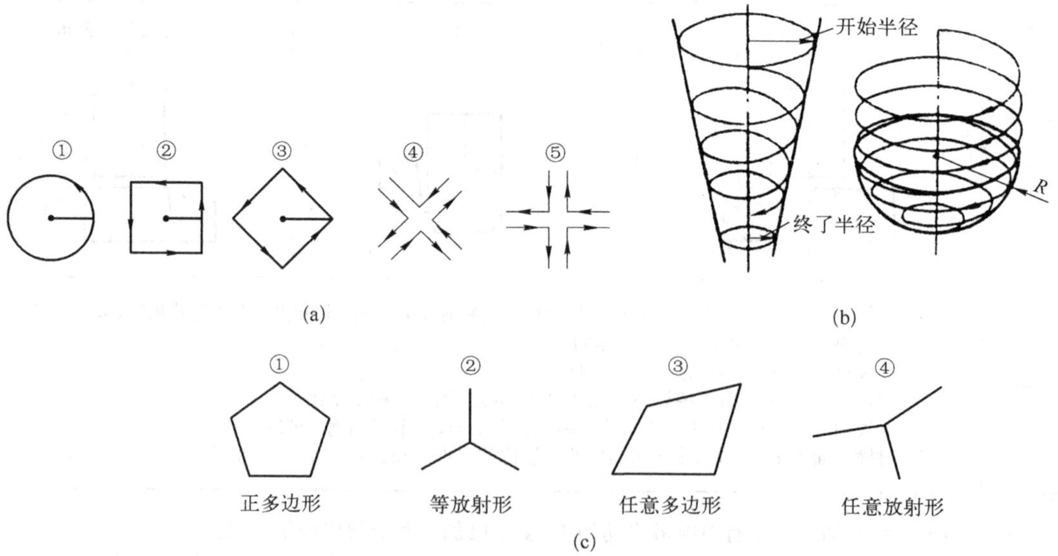

图 4-3-3　摇动形式

(a) 基本摇动形式;(b) 锥度摇动形式;(c) 任意摇动形式

数控电火花加工机床加工图 4－3－4 的孔时，粗加工后改变电规准也只能使底面的表面粗糙度减小而不能改善侧面的表面粗糙度(图 a)，必须使用另一个尺寸大于粗加工电极的精电极对侧面进行精加工(图 b)。若采用摇动加工方法，则可用一个电极将底面及侧面都进行精加工(图 c)。采用摇动加工可以不用结构复杂的平动头，并可方便地实现两轴或三轴联动的摇动加工。

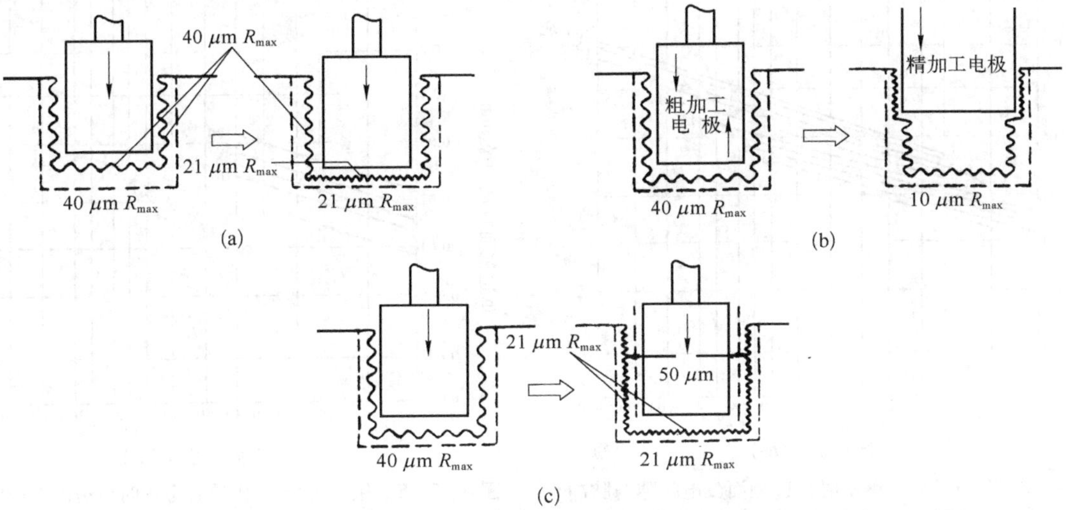

图 4－3－4　摇动加工与非摇动加工的区别

(a) 单电极加工(无摇动)；(b) 两电极加工；(c) 摇动加工

2. 电规准选择

电规准是指电火花加工机床脉冲电源的参数，有脉宽、峰值电压、峰值电流以及加工特性等。电规准对放电间隙、蚀除速度、电极损耗、表面粗糙度等直接影响，电火花成形加工时应正确选择电规准。

电规准的正确选择受许多因素影响，包括电火花成形加工时的冲油或抽油方式、压力、流量，抬刀高度、频率，平动方式及平动量，工件与电极材料等。图 4－3－5～图 4－3－20 为采用晶体管矩形波脉冲电源，在开路电压80 V、伺服进给系统、煤油工作液等条件下，用不同的电极材料(铜、石墨、银钨合金)，使用不同的极性(正极性、负极性)，对不同工件材料(钢、硬质合金)加工时的曲线图。其中，图 4－3－5～图 4－3－8 为脉冲宽度、脉冲峰值电流与单边侧面放电间隙的关系，图 4－3－9～图 4－3－12 为脉冲宽度、脉冲峰值电流与蚀除速度的关系，图 4－3－13～图 4－3－16 为脉冲宽度、峰值电流与电极损耗率的关系，图 4－3－17～图 4－3－20 为脉冲宽度、脉冲峰值电流与表面粗糙度的关系。

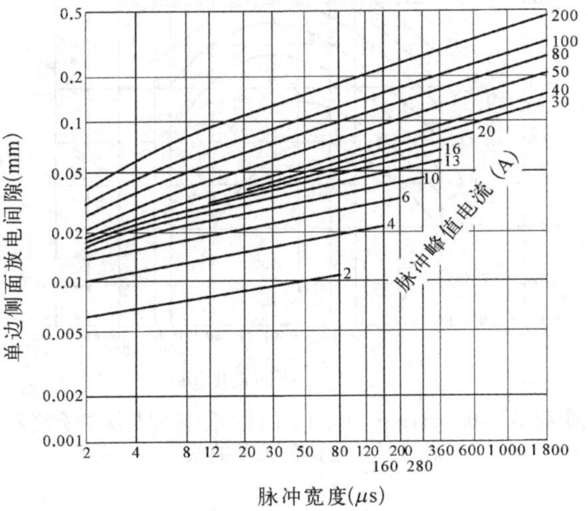

图 4－3－5　铜＋、钢－时单边侧面放电间隙与脉冲宽度和脉冲峰值电流的关系曲线

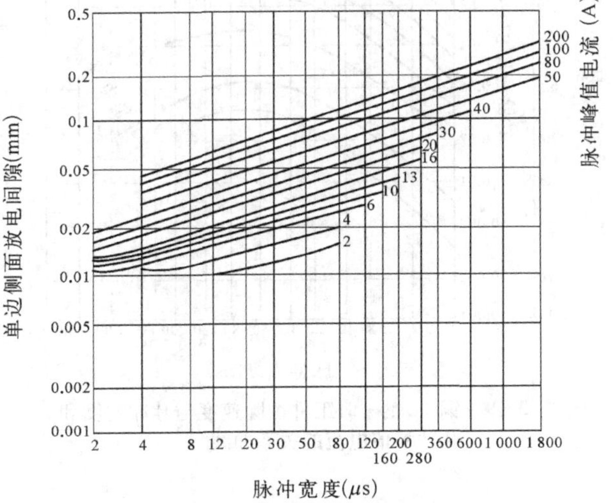

图 4－3－6　石墨＋、钢－时单边侧面放电间隙与脉冲宽度和脉冲峰值电流的关系曲线

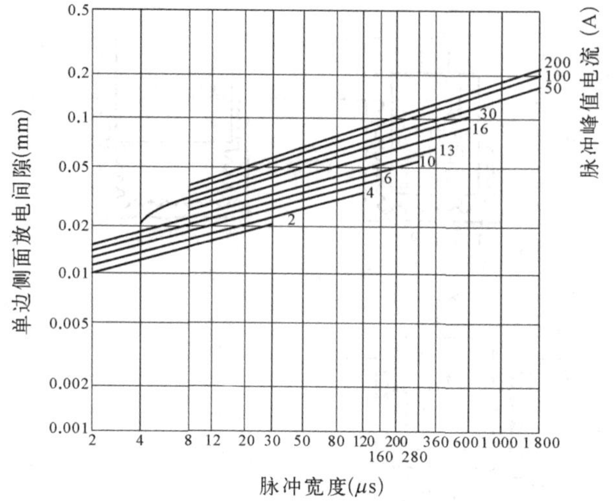

图 4-3-7 石墨－、钢＋时单边侧面放电间隙与脉冲宽度和脉冲峰值电流的关系曲线

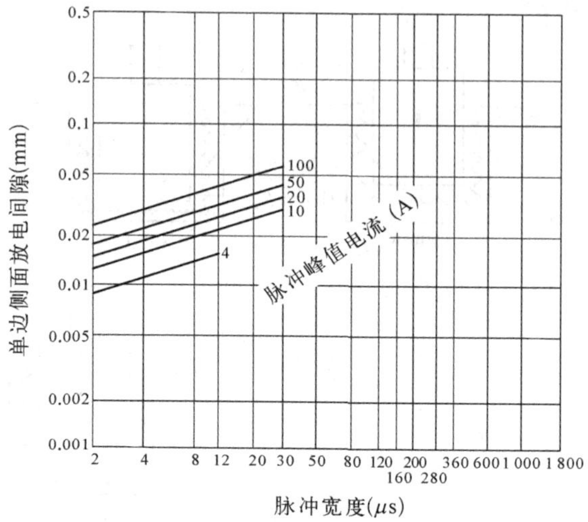

图 4-3-8 银钨合金－、硬质合金＋时单边侧面放电间隙与脉冲宽度和脉冲峰值电流的关系曲线

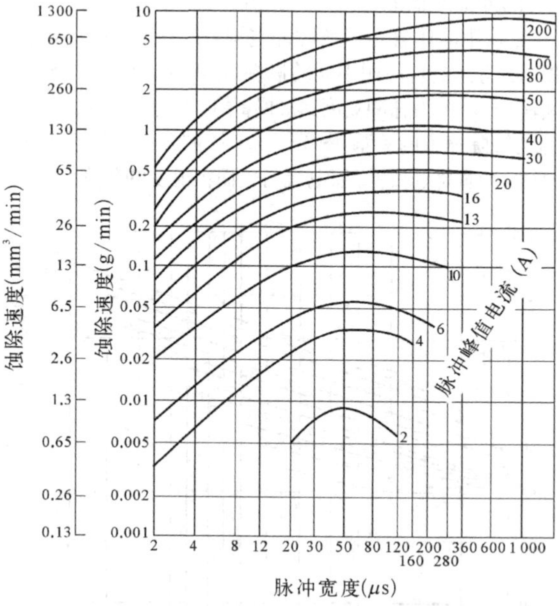

图 4-3-9 铜＋、钢－时工件蚀除速度与脉冲宽度和脉冲峰值电流的关系曲线

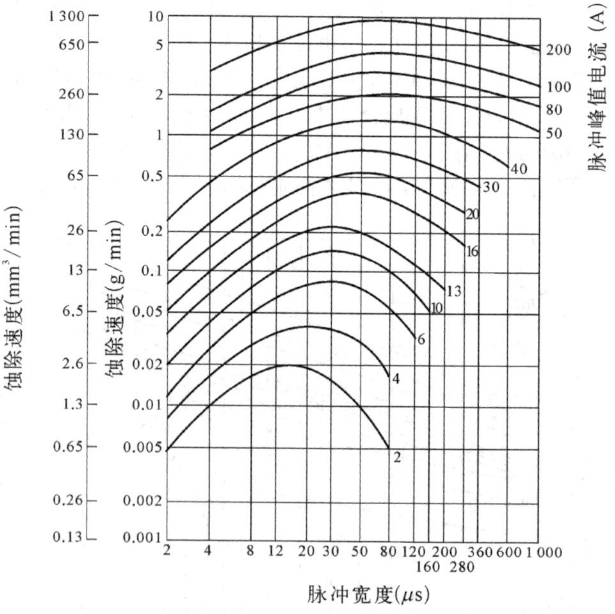

图 4-3-10 石墨＋、钢－时工件蚀除速度与脉冲宽度和脉冲峰值电流的关系曲线

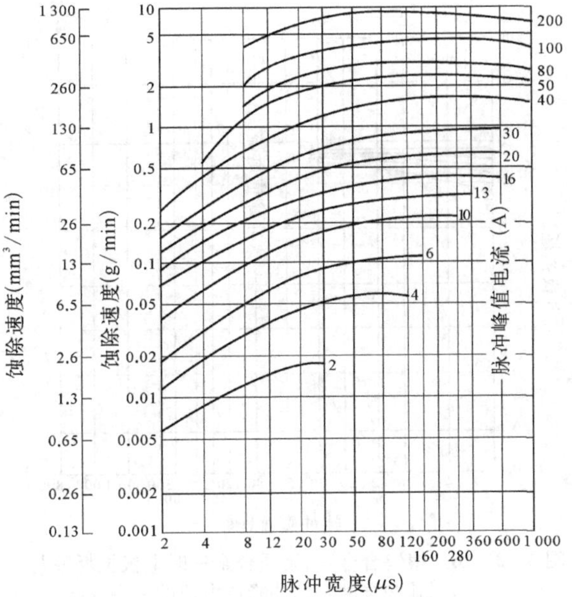

图 4-3-11　石墨一、钢＋时工件蚀除速度与脉冲宽度和脉冲峰值电流的关系曲线

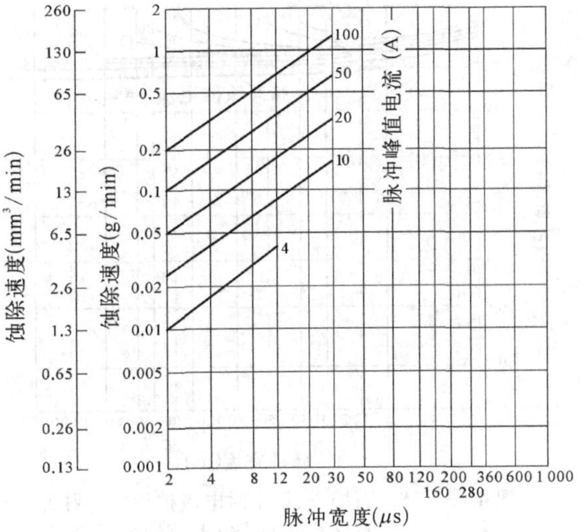

图 4-3-12　银钨合金一、硬质合金＋时工件蚀除速度与脉冲宽度和脉冲峰值电流的关系曲线

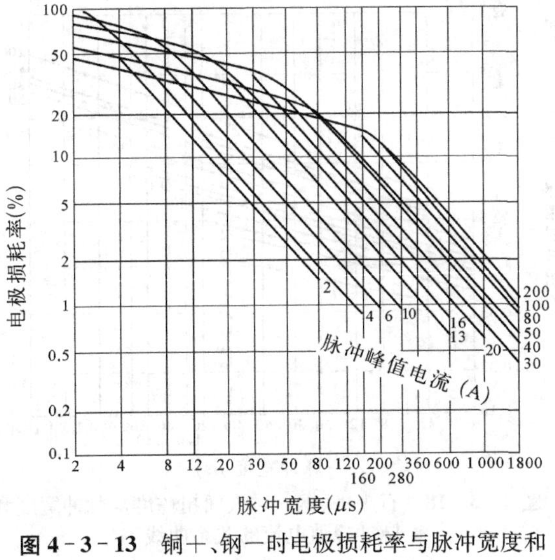

图 4-3-13　铜＋、钢一时电极损耗率与脉冲宽度和脉冲峰值电流的关系曲线

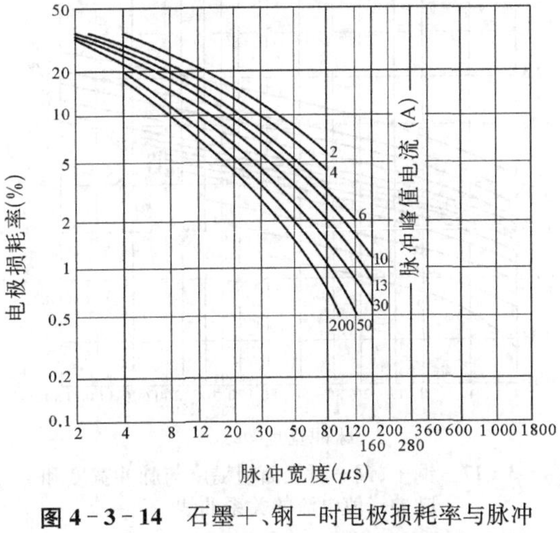

图 4-3-14　石墨＋、钢一时电极损耗率与脉冲宽度和脉冲峰值电流的关系曲线

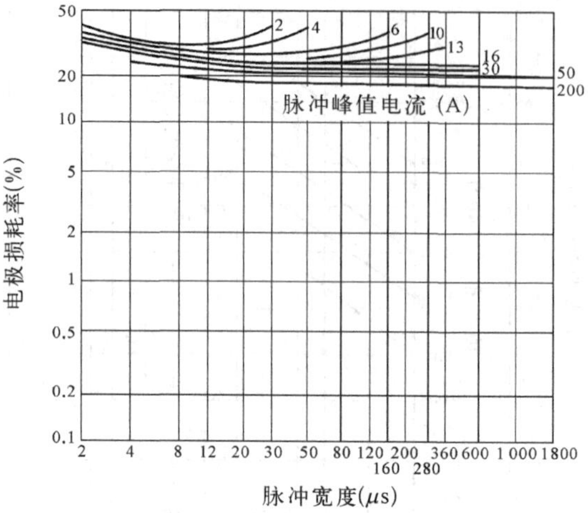

图 4-3-15　石墨－、钢＋时电极损耗率与脉冲宽度和脉冲峰值电流的关系曲线

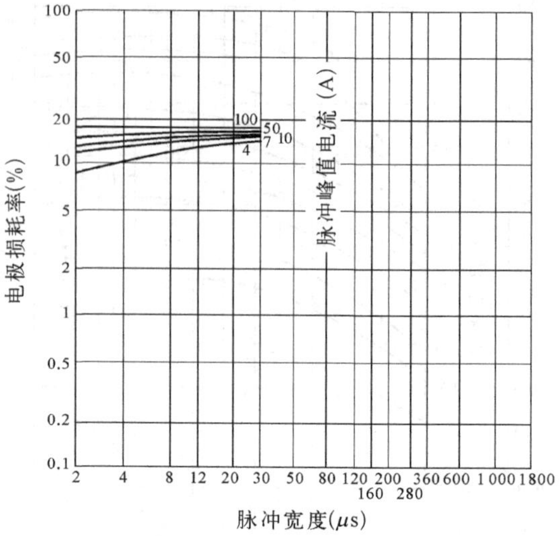

图 4-3-16　银钨合金－、硬质合金＋时电极损耗率与脉冲宽度和脉冲峰值电流的关系曲线

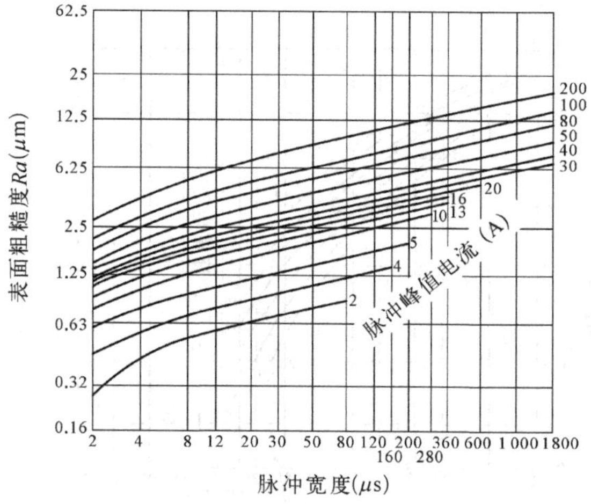

图 4-3-17　铜＋、钢－时表面粗糙度与脉冲宽度和脉冲峰值电流的关系曲线

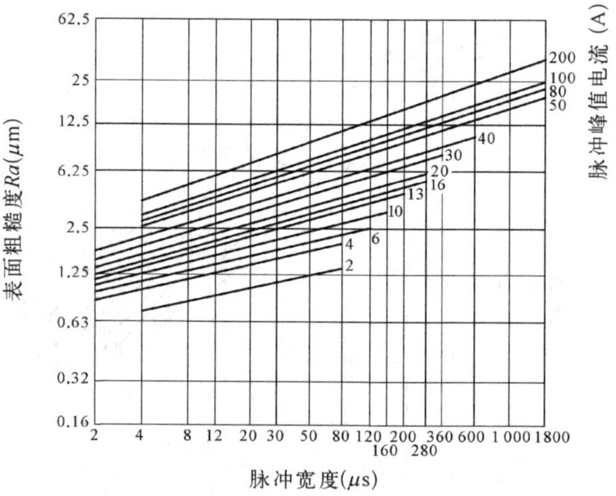

图 4-3-18　石墨＋、钢－时表面粗糙度与脉冲宽度和脉冲峰值电流的关系曲线

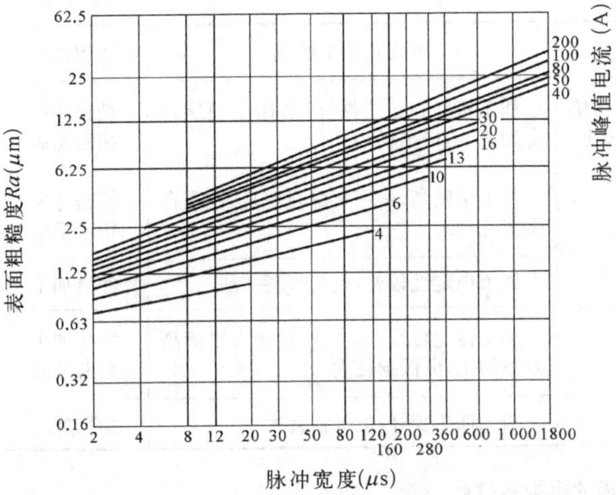

图 4-3-19　石墨一、钢+时表面粗糙度与脉冲宽度和脉冲峰值电流的关系曲线

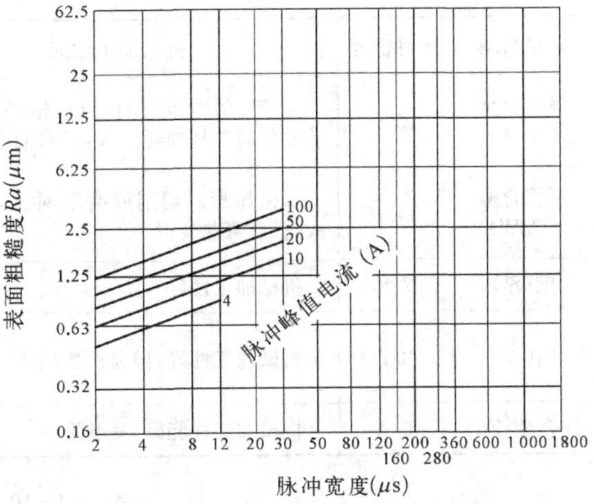

图 4-3-20　银钨合金一、硬质合金+时表面粗糙度与脉冲宽度和脉冲峰值电流的关系曲线

在电火花加工中,放电间隙的大小和状态,对加工工艺指标有着极其重要的作用。随着放电间隙大小的变化,影响电极与工件蚀除量的现象称为间隙效应。电火花加工时,电极和工件与脉冲电源连接的极性不同,造成蚀除量不同的现象称为极性效应。工件接脉冲电源正极,电极接负极时,称为正极性。反之,工件接脉冲电源负极,电极接正极时,称为负极性。脉宽是影响极性效应的重要因素。脉宽较小时,正极性加工的电极损耗低于负极性加工。脉宽较大时,负极性加工的电极损耗低于正极性加工,见图 4-3-21。一般情况下,采用石墨电极和紫铜电极加工钢件时,粗加工用负极性,精加工用正极性。但用钢电极加工钢件时,不论粗加工或精加工都要用负极性,否则电极损耗大大增加。在电火花加工过程中,电蚀产物转移到电极表面,形成一定厚度的覆盖层,称为覆盖效应。合理利用覆盖效应,有利于降低电极损耗。在油类介质中,覆盖层主要是石墨化的碳素层和金属微粒的黏结层。

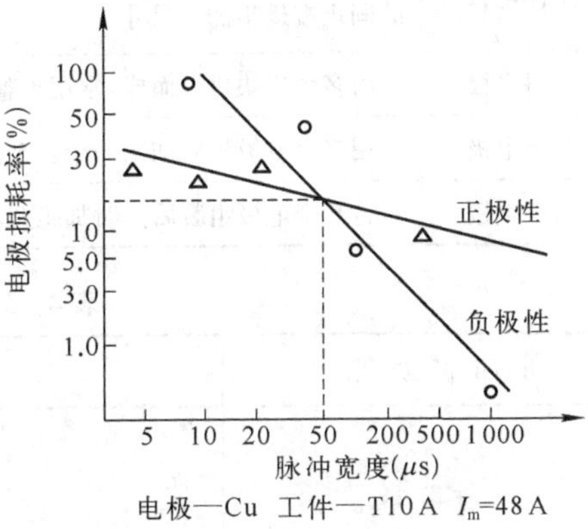

图 4-3-21　极性和脉宽对电极损耗的影响

3. 电极设计

电极材料的基本要求是良好的机械加工性能和稳定的电加工性能。常用电极材料性能比较见表 4-3-9。

电极的类型和特点见表 4-3-10。穿孔加工用电极长度计算见表 4-3-11,截面尺寸计算见表 4-3-12。型腔加工用电极低损耗加工时的电极纵截面尺寸计算见表 4-3-13,有损耗加工采用平动头时电极横截面的尺寸计算见表 4-3-14,纵截面的尺寸计算见表 4-3-15。

表 4-3-9　常用电极材料性能比较

电极材料	相对密度	机械加工性能	电火花加工性能	适用范围
紫铜(Cu)	8.9	常用电极材料。切削加工性好,但磨削困难。材质软,易产生瑕疵	加工性能优异,适于晶体管电源加工,电极损耗较小	穿孔加工 型腔加工
石墨(GR)	1.7	常用电极材料。有优异的加工性,但强度差,制造电极时粉尘较大,还应注意崩刃	不太适合于精加工,也不适于硬质合金加工。电极损耗小	大型 型腔模
黄铜(Ba)	8.5	较少采用	加工稳定性好,比紫铜电极加工速度低,电极损耗较大	简易形状 穿孔加工

（续表）

电极材料	相对密度	机械加工性能	电火花加工性能	适用范围
银钨合金（AgW）	15.0	是较好的电极材料，但价格昂贵。切削或磨削时工具损耗较大，但弯曲变形较小	加工精度和稳定性好，适用于硬质合金加工，电极损耗小	精密冲模 精密型腔
铜钨合金（CuW）	14.0	价格昂贵。切削或磨削时工具损耗较大，且有弯曲变形	加工精度高，适用于深直壁孔、硬质合金穿孔加工	精密冲模 精密型腔
钢（St）	7.8	机械加工性好	加工稳定性较差，电极损耗一般	冲模加工
铝（Al）	2.7	机械加工性好，但易产生瑕疵	加工稳定性好，速度快，适于大电流高效率加工，电极损耗大	穿孔加工 大型型腔
锌合金（Zn）	6.7	机械加工性能好，易变形	加工性能较好，电极损耗大	穿孔加工

表 4-3-10 电极的类型和特点

类　型	特　　点
整体电极	最常用的结构形式。较大的电极可在中间开孔以减轻重量。对于一些容易变形或断裂的小电极，可在电极的固定端逐步加大尺寸
镶拼电极	由多个拼块拼合而成，常用于整体电极难于加工时
分解电极	用多个电极先后加工一个复杂型腔的部分表面，最后达到所需尺寸
组合电极	将几个电极组装后同时加工几个型孔

表 4-3-11 穿孔加工用电极长度计算

凹模类型	加工简图	计算公式
全刃口凹模	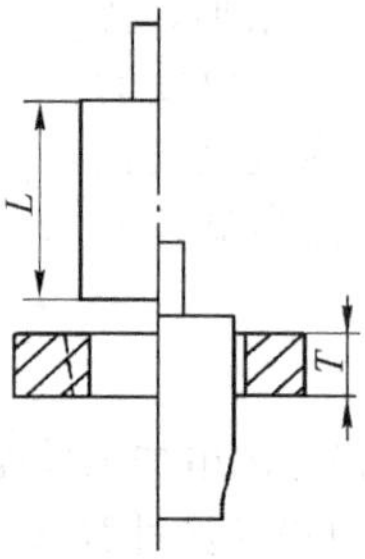	$L=(3\sim3.5)T$
部分刃口凹模	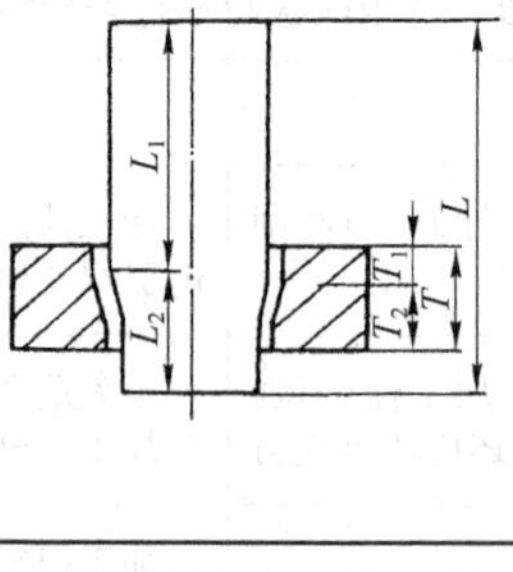	$L=L_1+L_2$ 其中 $L_1=(3\sim3.5)T_1$ $L_2=(1.6\sim2)\beta_T T_2$

注：T—全刃口凹模厚度；T_1—部分刃口凹模刃口高度；T_2—部分刃口凹模漏料部分高度；β_T—精加工时电极端部损耗率。

表 4-3-12　穿孔加工用电极截面尺寸计算

简　　图	计　算　公　式
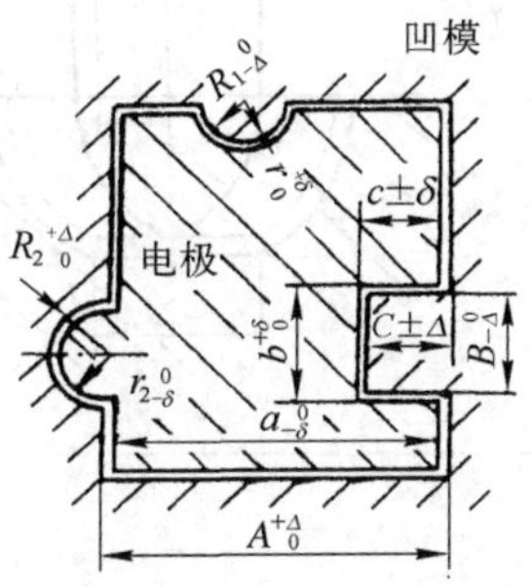	$a=(A-2g+\delta)_{-\delta}^{\ 0}$ $b=(B+2g-\delta)_{\ 0}^{+\delta}$ $c=C\pm\delta$ $r_1=(R_1+g-\delta)_{\ 0}^{+\delta}$ $r_2=(R_2-g+\delta)_{-\delta}^{\ 0}$

注：g—单边放电间隙；δ—电极制造公差，通常取工件公差的 1/2。

表 4-3-13　型腔加工用电极低损耗加工时的电极纵截面尺寸计算

简　　图	型腔要求尺寸	电　极　尺　寸
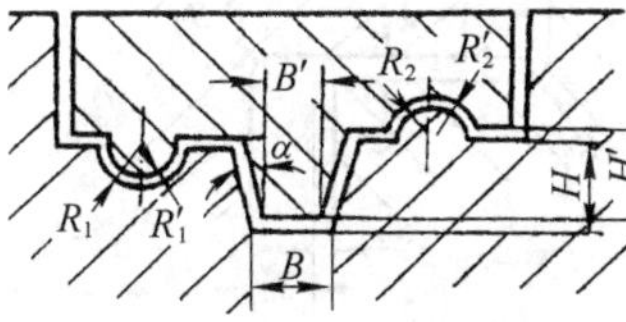	H R_1 R_2 B	$H'=H$ $R_1'=R_1-g$ $R_2'=R_2+g$ $B'=B-2g\times\tan\dfrac{90^\circ-\alpha}{2}$

注：型腔加工用电极横截面尺寸确定方法与穿孔加工电极一样，但应考虑精加工和抛光余量。g 为单边放电间隙。

表 4-3-14　有损耗加工采用平动头时电极横截面的尺寸计算

简　　图	型腔要求尺寸	电　极　尺　寸
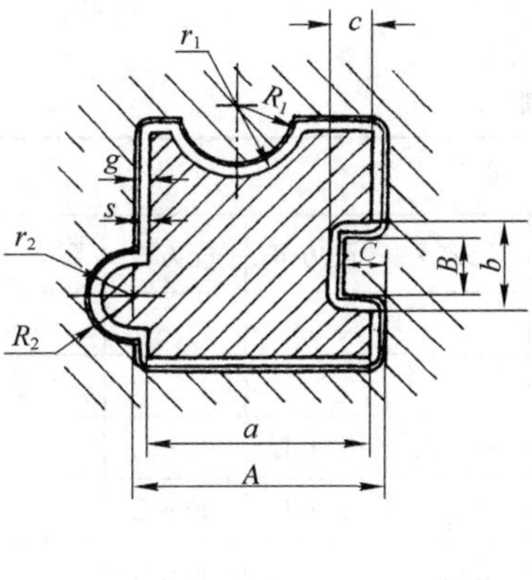	A	$a=A-2(g_n+s_n)+2\sum_{i=1}^{n}\beta_{i+1}[(s_{i+1}-s_i)+(g_{i+1}-g_i)]$
	B	$b=B+2(g_n+s_n)-2\sum_{i=1}^{n}\beta_{i+1}[(s_{i+1}-s_i)+(g_{i+1}-g_i)]$
	C	$c=C$
	R_1	$r_1=R_1+g_n+s_n-\sum_{i=1}^{n}\beta_{i+1}[(s_{i+1}-s_i)+(g_{i+1}-g_i)]$
	R_2	$r_2=R_2-g_n-s_n+\sum_{i=1}^{n}\beta_{i+1}[(s_{i+1}-s_i)+(g_{i+1}-g_i)]$

注：g_n—最后精修加工单边放电间隙；s_n—平动头加工最后一挡偏心量；s_i—第 i 次平动头加工时偏心量；s_{i+1}—第 $i+1$ 次平动头加工时偏心量；β_{i+1}—第 $i+1$ 次平动头加工时电极损耗率。

表 4-3-15 有损耗加工采用平动头时电极纵截面的尺寸计算

<table>
<tr><td>型腔及
电极形状</td><td>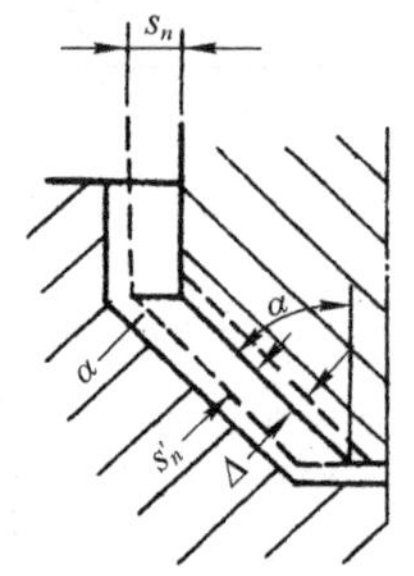
</td><td>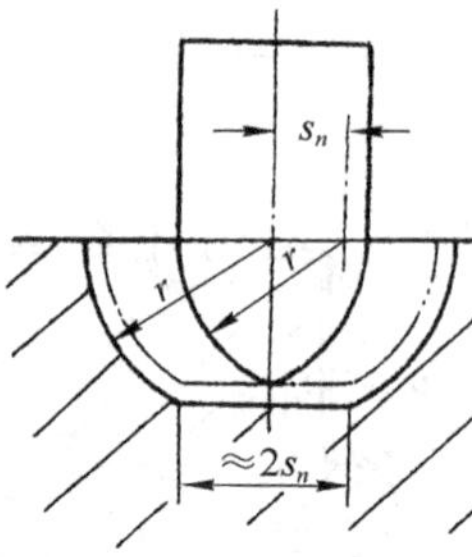
</td></tr>
<tr><td>说明</td><td>斜面成 α 角，电极偏摆量为 s_n时，垂直于斜面的移动量为
$$s'_n = s_n\cos\alpha$$
因此，斜面与电极的缩小量不同，其差值为
$$\Delta = s_n - s'_n = s_n(1-\cos\alpha)$$</td><td>型腔为凹半圆时，电极应制成弹头状，加工后型腔底部呈圆形平面，其直径约为 $2s_n$</td></tr>
<tr><td>型腔及
电极形状</td><td>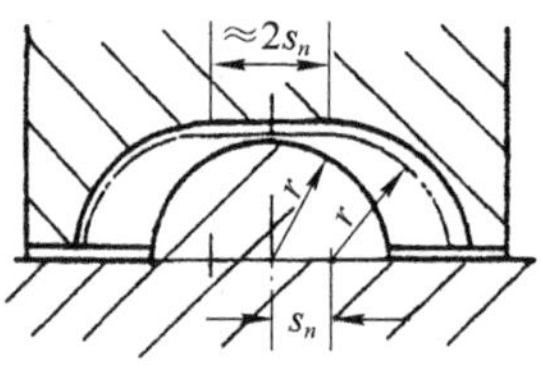
</td><td>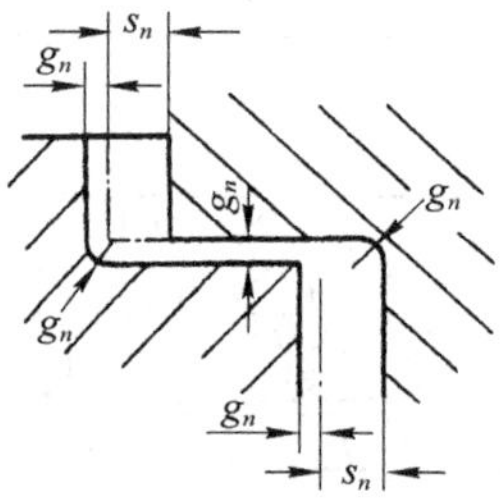
</td></tr>
<tr><td>说明</td><td>型腔为凹半圆时，电极应制成弹头状，加工后型腔底部呈圆形平面，其直径约为 $2s_n$</td><td>型腔内圆角的最小圆角半径为 g_n</td></tr>
</table>

穿孔加工用电极采用成形磨削或线切割方法制造。电极的精度应不低于型孔精度，电极的制造公差一般可取型孔公差的 1/2 左右。钢凸模作为电极加工钢凹模（“钢打钢”加工冲模）时，如果凸、凹模间隙超出电火花加工间隙范围，则做电极的部分必须缩小或增大。这时，可用化学腐蚀的方法均匀减小到要求的尺寸，形成阶梯形电极。

各种腐蚀剂配方及适用范围见表 4-3-16。电极腐蚀前须用四氯化碳或汽油清除油污，腐蚀时间应根据腐蚀速度和需腐蚀的厚度来确定，腐蚀后的电极须用水清洗干净。

表 4-3-16 各种腐蚀剂配方及适用范围

腐蚀剂成分	含量									
	配方 1	配方 2	配方 3	配方 4	配方 5	配方 6	配方 7	配方 8	配方 9	配方 10
草　酸						40 g				18%
硫　酸			50%	17%	18%					2%
硝　酸	100%	14%	50%	17%	10%		60 mL	80 mL	60 mL	
盐　酸				17%	10%		8 mL	30 mL	30 mL	
磷　酸					5%		2 mL		30 mL	
氢氟酸		6%			2%					25%
双氧水						40 mL				55%

（续表）

腐蚀剂成分	含量									
	配方 1	配方 2	配方 3	配方 4	配方 5	配方 6	配方 7	配方 8	配方 9	配方 10
蒸馏水						100 mL				
自来水		80%		49%	55%					
腐蚀速度 (mm/min)	0.06	0.01	0.007 ~0.01	0.01	0.007 ~0.01	0.04 ~0.07	0.003 ~0.05	0.01 ~0.015	0.02 ~0.03	0.08 ~0.12
腐蚀后表面粗糙度 Ra(μm)	1.25 ~2.5	1.25 ~2.5	0.63 ~1.25	1.25 ~2.5	0.63 ~1.25	接近原表面	0.63 ~1.25	0.63 ~1.25	0.63 ~1.25	0.63 ~1.25
适用对象	纯铜 黄铜	T8A Cr12	纯铜 黄铜	铸铁	钢、铜、铸铁	钢、铜、铸铁	工具钢 合金钢	工具钢 合金钢	工具钢 合金钢	最适宜于工具钢

注：表中百分比(%)按体积计算，数据在不加热情况下所得。

型腔加工用紫铜电极主要采用机械加工方法制造，再用钳工修光或雕刻机雕刻成形。电铸电极是一种发展较快的铜电极制造方法，其最大特点是复制精度高，特别适用于多电极更换加工用电极的制造。通过控制电铸时间控制镀层厚度，获得不同缩放量的粗、中精电极。复杂花纹、图案加工用电极，可直接用样件进行电铸。对于大型型腔模加工用电极，可使用木模电铸，铸出厚度为 3 mm 的铜外壳，在其间布置加强筋，可极大地减小材料消耗和电极重量。

石墨电极常用机械加工法和压力振动法制造。拼合结构的石墨电极，须注意石墨的方向性，方向不同，电极损耗也不同。方向性不一致时，将使加工的型腔面高低不平。不论是整体式还是拼合式的电极，都应使石墨压制时的施压方向与电火花加工时的进给方向垂直，见图 4-3-22。

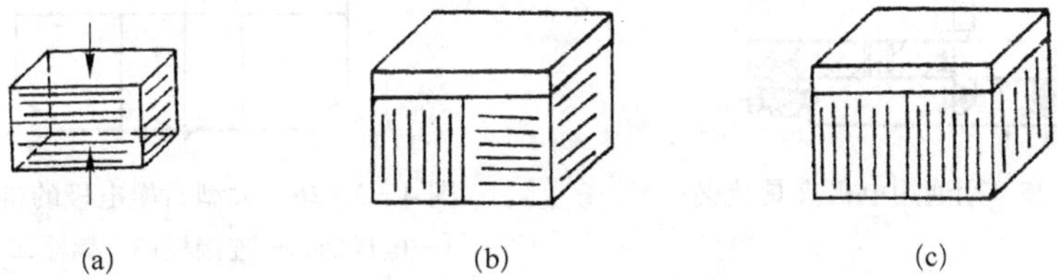

图 4-3-22 石墨电极方向性和拼合方法

(a) 石墨压制时的施压方向；(b) 不合理的拼合；(c) 合理的拼合

较大的电极可用主轴下端连接法兰上的 a、b、c 三面做基准直接装夹，见图 4-3-23。较小的电极可用电极夹具装夹，见图 4-3-24。组合电极可用通用电极夹具装夹，见图 4-3-25。大型石墨电极的拼合、装夹方法见图 4-3-26。石墨电极与连接板的固定方法见图 4-3-27。

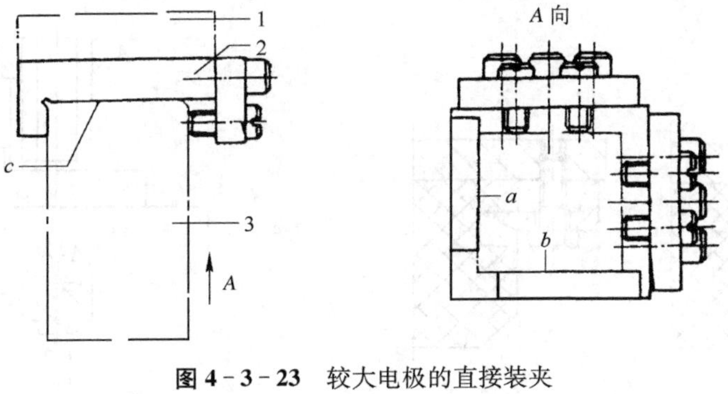

图 4-3-23 较大电极的直接装夹

1—主轴下端法兰；2—连接法兰；3—电极

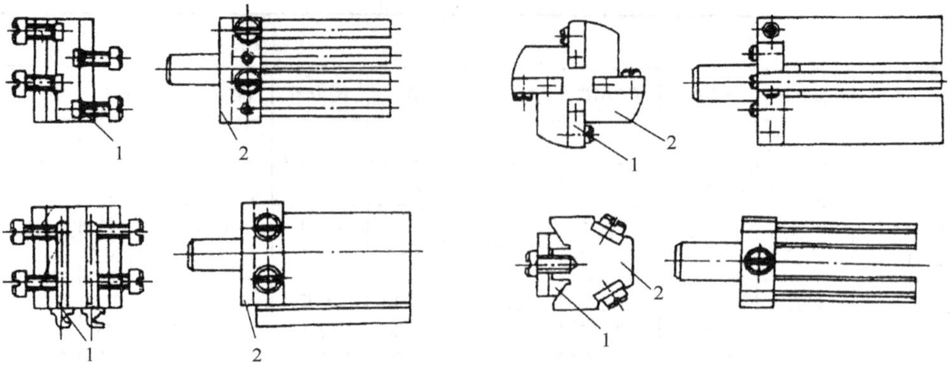

图 4-3-24 用电极夹具装夹小电极

1—电极;2—夹具

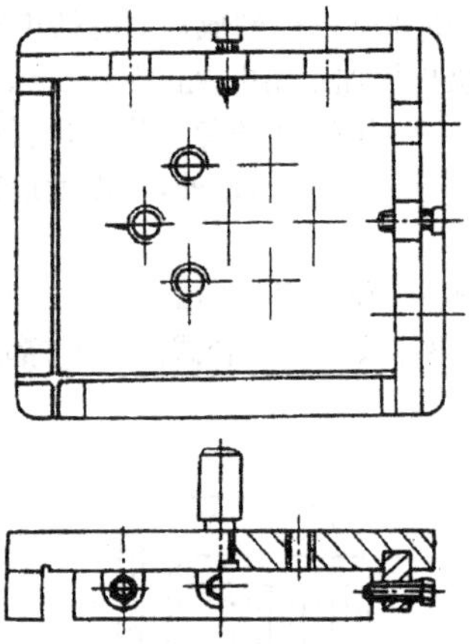

图 4-3-25 用通用电极夹具装夹

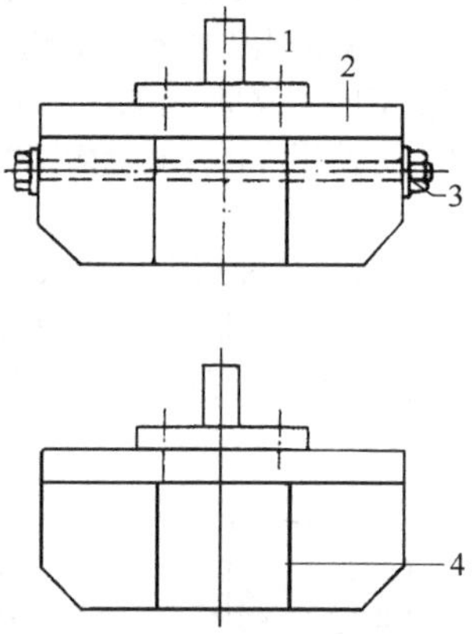

图 4-3-26 大型石墨电极的拼合、装夹

1—电极柄;2—连接板;3—螺栓;4—粘接剂

电极装夹后,应检查其垂直度。用精密角尺校正电极垂直度的方法见图 4-3-28,用千分表校正电极垂直度的方法见图 4-3-29。型腔加工用电极的校正方法见图 4-3-30。图 4-3-31 是带垂直和水平转角调节装置的夹具,四个调节螺钉 10 可以调节电极转角±10°,四个调节螺钉 9 可以调整电极与工件间的垂直度。夹具体下方是 V 形基准座 6,其上有两个相互垂直的基准面,可将电极柄定位于基准面上,用紧固螺钉 8 将电极压紧。

电极装夹调整好后,还应确定好电极与被加工工件间的位置。电极与工件间的定位方法见表 4-3-17。

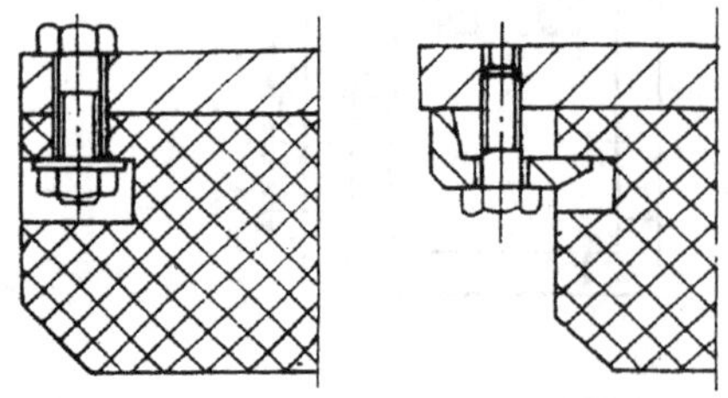

图 4-3-27 石墨电极与连接板的固定

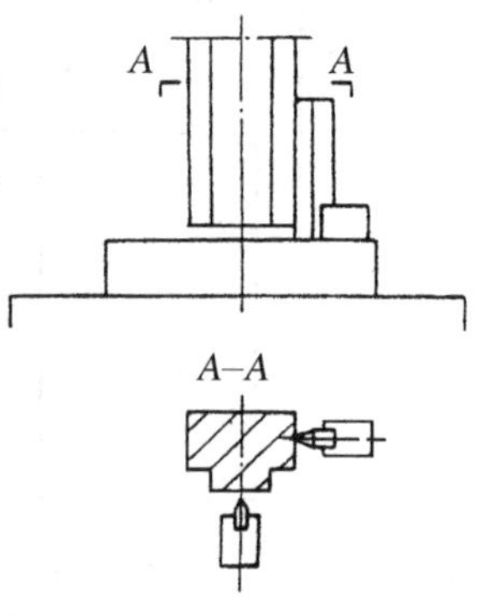

图 4-3-28 用精密角尺校正电极垂直度

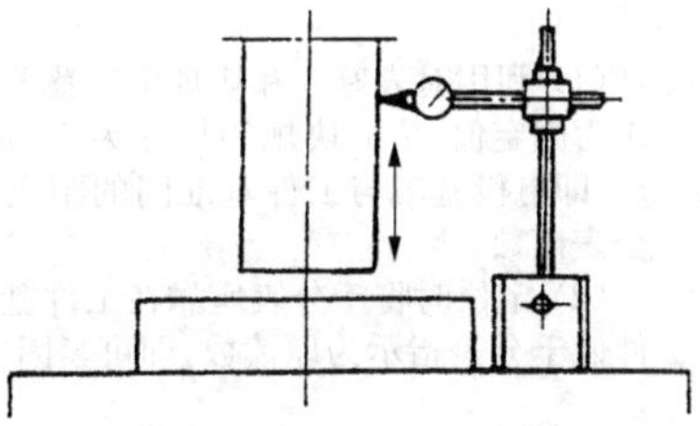

图 4-3-29　用千分表校正电极垂直度

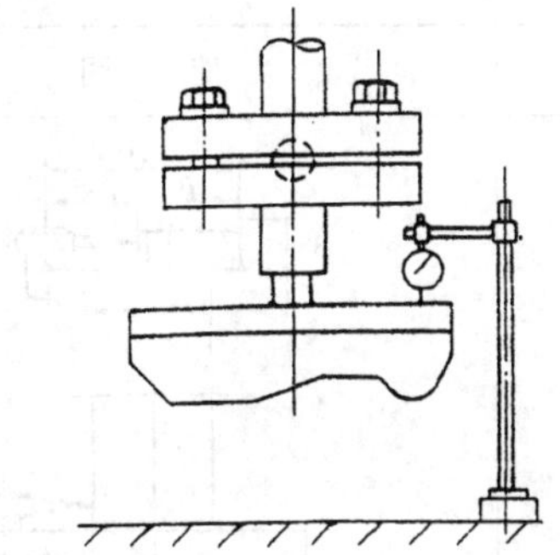

图 4-3-30　型腔加工用电极的校正

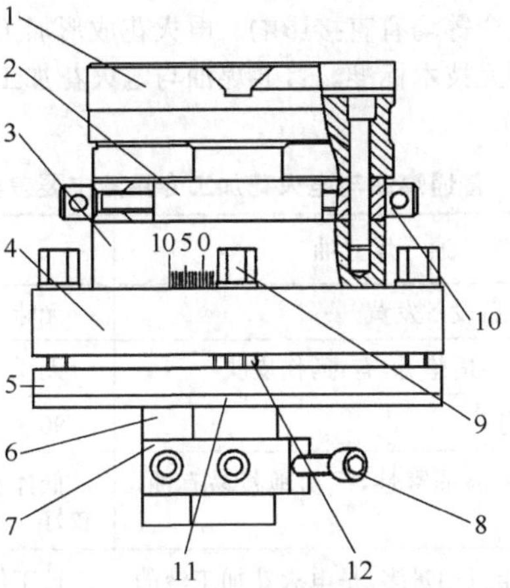

图 4-3-31　带垂直和水平转角调节装置的夹具

1—夹具体；2—调整环；3—支撑套；4—圆盘；
5—固定座；6—V 形基准座；7—夹座；
8—紧固螺钉；9—垂直调整螺钉；
10—转角调整螺钉；11—绝缘板；12—钢珠

表 4-3-17　电极与工件间的定位方法

定位方法	简图	说明
垫块规法	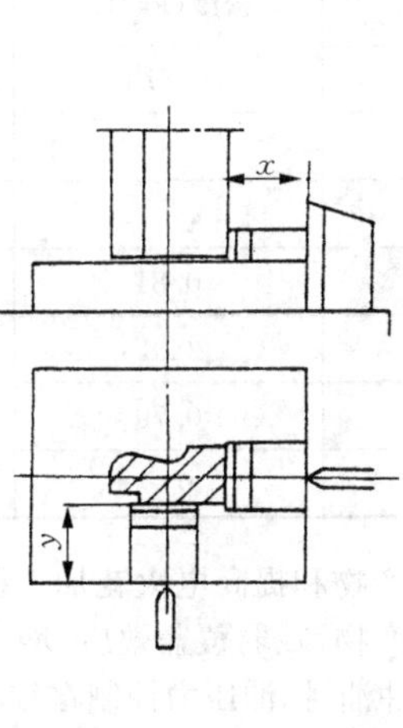	(1) 根据加工要求，计算电极至两基准面间的距离 x、y (2) 电极装夹后下降接近工件，用块规及刀口直尺使工件定位后加以紧固 (3) 适用于电极基准与工件基准互相平行的单型孔或多型孔加工

（续表）

定位方法	简图	说明
块规比较法	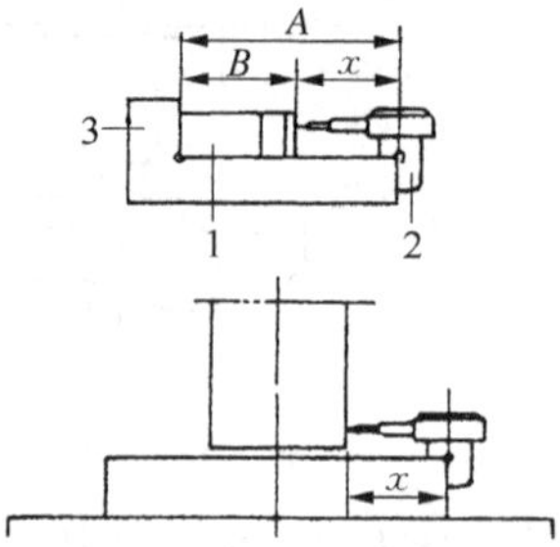	(1) 利用对表座 3 和块规 1 调整千分表 2。尺寸 A 为固定值，垫上块规的尺寸为 B，并使 $x = A - B$，即电极基准与工件基准间的距离，然后记下千分表读数 (2) 定位时将千分表座靠在工件基准上，移动工件使千分表指示为原读数，即可紧固工件

4. 工作液和排屑方法

工作液对加工工艺指标和环保安全等均有直接影响。电火花成形加工工作液主要使用普通煤油和电火花加工专用液。国内电火花加工专用液尚无技术标准。普通煤油与电火花加工专用液的比较见表 4-3-18，电火花加工专用液的性能指标见表 4-3-19。

表 4-3-18 普通煤油与电火花加工专用液主要差异及优劣比较

项目	普通煤油	电火花加工专用液
色泽及嗅味	气味重，使用后设备发黄	无味，无色
人体嗅觉适应性	易造成头晕、不适感觉，有毒，伤皮肤	无反应，无毒，对人体无影响
闪点(开口)	40℃，易燃，危险	90～110℃，不易燃，安全
挥发性及厂房环境	高挥发性。因高油雾性，厂房地板易有油，打滑，环境差	低挥发性。因低油雾性，厂房地板油污少，环境较好
耗用量及使用寿命	易被工件带走且用量多，是电火花加工液的 4 倍，利用率低，寿命短	被工件带走少，需量是煤油的 1/4，利用率高，寿命长
防锈性及相容性	防锈性差，与防锈油相容性差	防锈性好，与防锈油相容性好
导热性	普通，油温升高快	优，不致使工件回火
环保性及附加价值	易污染环境，环保性差，并且会造成过滤器频繁更换	环保性好

表 4-3-19 电火花加工专用液的性能指标

牌号	闪点(闭口)(℃)	倾点(℃)	密度(kg/L)	运动黏度(40℃)(mm^2/s)
长城 M0251	78	−21	0.873	1.489
长城 M0252	101	−12		2.234
步润化工 BR9502	100～105	−18		2.0～2.4
美孚维美 EDM3	110		0.81	2.6
美孚维美 EDM-Xtra	100		0.8	2.3
日本出光 FP30	87	−25	0.79	2.45
壳牌万安 EDM110	105	−18	0.8	2.4

常用排屑方法见表 4-3-20。冲油和抽油是排除蚀除产物和提高电火花加工稳定性的必要措施，但冲油和抽油压力必须适当。压力过大会使电极表面不易吸附电蚀产物，减弱覆盖效应，增大工具电极损耗。因此，若能不冲油、抽油时，尽可能不用冲油、抽油。必须使用时，应将冲油、抽油压力控制在较小范围内，即控制在稳定加工的临界压力范围内。

表 4-3-20 常用排屑方法

方 法	简 图	说 明
电极冲油	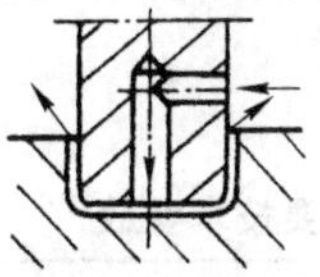	型腔加工最常用的方法之一。可大大提高加工稳定性和可加工深度。电蚀产物经过放电间隙将引起二次放电而造成加工斜度
工件冲油	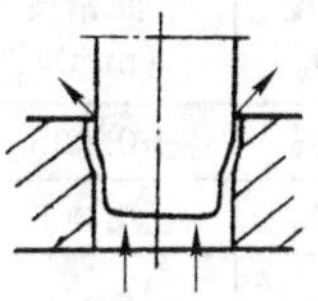	穿孔加工最常用的方法之一。型腔加工时,如在工件型腔部位允许开孔时,也可用此法,效果同上
工件抽油	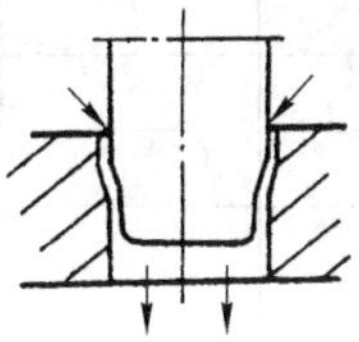	用于穿孔加工。由于二次放电机会较少,因此加工斜度很小,但易引起“放炮”
电极振动	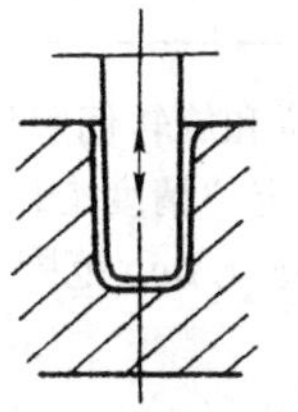	小孔加工时常用,型腔及穿孔加工时也可使用。振动可使排屑情况大为改善,特别是微小孔的精规准加工,使加工稳定性及可加工深度大大提高,但须有一定装置。对加工精度有一定影响
定时周期抬刀	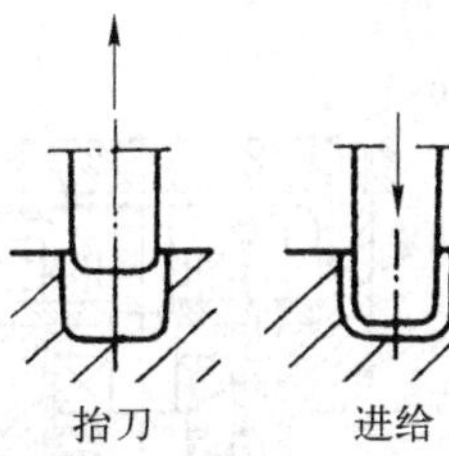	穿孔、型腔加工均可用。常作为其他排屑方法的辅助方法。电极周期上下动作,抬刀时排屑,进给时加工。进给时间以能稳定加工的最长时间为限

冲油、抽油用油杯结构见图 4-3-32,用于实现工作液的下冲油或下抽油的强迫循环。放电加工时,工作液会分解产生气体(主要是氢气),如不及时排出,存积在油杯里,会被引燃,发生“放炮”现象,危及生产安全。因此,油杯上应预留排气孔或设排气装置。油杯的刚度和精度要好,并有合适的高度,能满足加工厚工件的电极伸出长度。

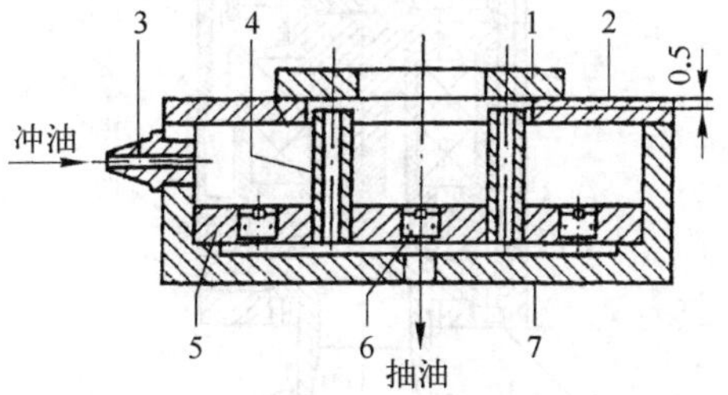

图 4-3-32 一种油杯结构

1—工件;2—油杯盖;3—管接头;4—抽油抽气管;5—底板;6—油塞;7—油杯体

型腔加工一般都是盲孔加工,排屑、排气是影响加工状态和表面质量的重要因素。电极上冲、抽油孔和排气孔的大小和位置,直接影响加工效果。一般情况下,冲油或抽油孔要设计在难于排屑的位置,如拐角、窄缝等处。排气孔要设计在蚀除面积较大的位置和电极端部有内凹的位置,前者气体排出的路径较长,后者内凹部位容易积聚气体。冲、抽油孔的直径一般为 1~2 mm,直径过大时容易在加工表面形成小凸柱形。为了利于排气、排屑,在电极尺寸允许的情况下,冲油孔、抽油孔、排气孔的上端可加大到 5~8 mm。当采用平动或摇动加工时,加工表面形成的小凸柱形可以被加工去除。

(三) 机床附件

电火花成形加工机床专用附件主要有平动头、C 轴和 R 高速旋转轴。

机械式平动头由操作者手动调节平动量，用同一尺寸的工具电极，通过轨迹半径的改变实现换规准修整，即用一个电极能由粗规准至精规准直接加工出型腔。数控平动头是一个数控装置控制的小型工作台附件，安装在主轴头下，使电极按照一定的控制轨迹进行平动。常用控制轨迹有圆形循迹、方形循迹、正方形侧向、圆周任意角度等分连续、任意角度对称、任意角度侧向等。

平动头主要技术参数见表 4-3-21。

表 4-3-21 平动头主要技术参数

型 号	电极最大质量(kg)	X、Y 最大平动量(mm)	X、Y 最小平动量(mm)	垂直精度(mm)	平面精度(mm)	往复精度(mm)	调节方式	备 注
WEBCAN-15	15	±5	0.001	±0.005	±0.005	0.01	数控	台湾光纤
WEBCAN-15	50	±5	0.001	±0.005	±0.005	0.01	数控	
NC20	20	4.999	0.001			0.01	数控	志祥数控
NC30	30	4.999	0.001			0.01	数控	
ZX-25	25	2				±0.005	机械	
ZX-50A	50	2				±0.005	机械	
ZX-100	100	2				±0.005	机械	
ZX-150	150	3				±0.005	机械	
ZX-300	300	3				±0.005	机械	

C 轴也称 *U* 轴，由步进电动机控制，可进行精确的角度定位和旋转伺服加工。*C* 轴和 *Z* 轴联动，可加工螺纹、螺旋曲线等。*C* 轴结构见图 4-3-33，其最小分辨率 8″/单步，定位精度±1′，最大承载质量 7.5 kg。

R 高速旋转轴由可调速直流伺服电机控制，转速在 0～1 500 r/min 范围内无级可调，见图 4-3-34。*R* 高速旋转轴主要用于轮廓加工、小孔加工等。

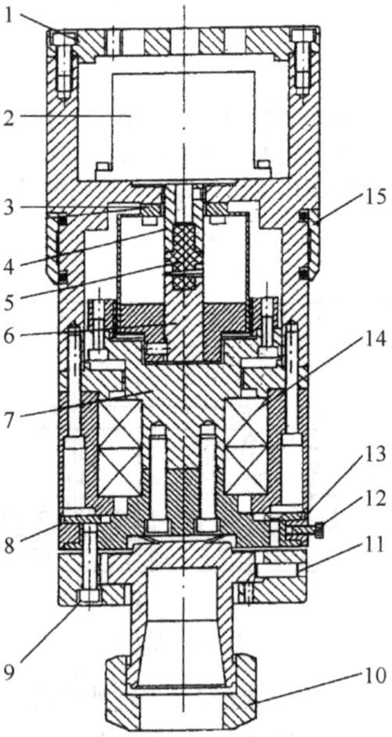

图 4-3-33 *C* 轴结构

1—转接板；2—步进电动机；3—谐波减速器；4—联轴器套；5—绝缘柱；6—联轴器轴；7—旋转轴；8—进电装置(四件青铜压环)；9—垂直方向调节螺钉；10—电极固定装置(夹头、锁紧螺母)；11—同轴调节螺钉；12—刻度环锁紧螺钉；13—刻度环；14—陶瓷轴承；15—冷却环

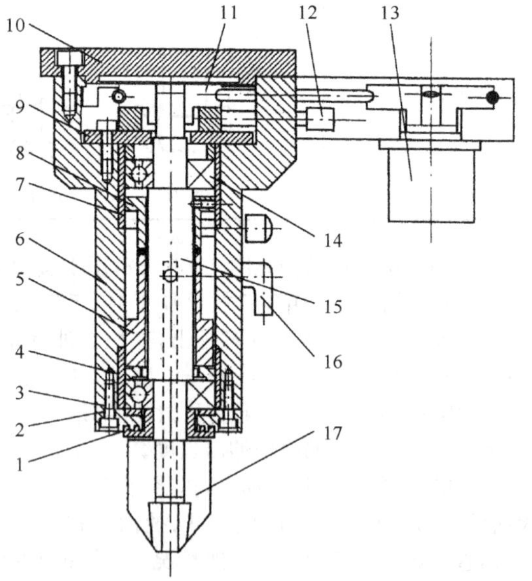

图 4-3-34 *R* 轴机械装置结构

1—密封套(尼龙 66)；2—下端盖；3—上下绝缘垫(尼龙 66)；4—下绝缘套(尼龙 66)；5—调整套；6—壳体；7—上绝缘套(尼龙 66)；8—进电装置(黄铜套及碳刷)；9—锁紧端盖；10—转接板；11—皮带减速机构；12—锁紧手柄；13—伺服电动机；14—轴承；15—旋转主轴；16—冲液嘴；17—钻夹头

(四) 电火花成形加工实例

1. 塑料叶轮注塑模型腔电火花成形加工

工件材料为45钢，形状为ϕ120范围内以其轴心对称均布6片叶片的型槽。槽的最深尺寸为15 mm，槽的上宽度为2.2 mm，槽壁有0.2 mm脱模斜度，工件中心有$\phi 10^{+0.03}_{0}$的孔。

$\phi 10^{+0.03}_{0}$孔由精车成形，上下平面已精磨，在待加工的6个叶片部位，各钻ϕ1冲油孔。

电极材料为紫铜，用铣削或线切割成形，镶拼在电极固定板上，修整并抛光。电极固定板中心也有一$\phi 10^{+0.03}_{0}$的孔，与工件中心孔相对应，以便用定位心轴定位，见图4-3-35。在中心定位的基础上，用精规准火花放电，精调工件位置，使6个叶片不偏离6个冲油孔。

采用单电极平动法加工，加工规准见表4-3-22。精加工时适当弱冲油，以利排屑。电极综合损耗1%～2%，加工表面粗糙度可达Ra 1.5～2 μm。

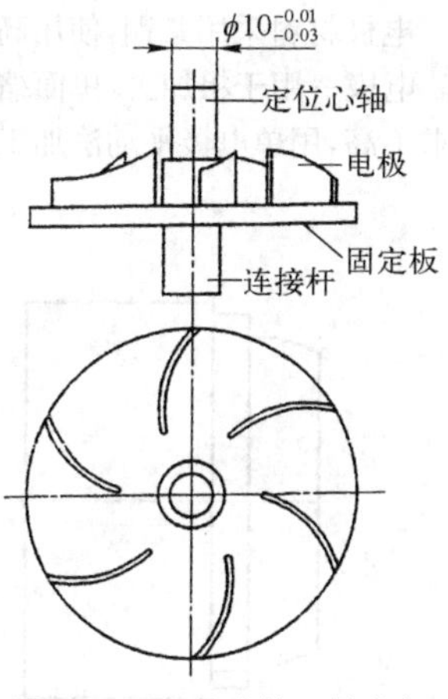

图4-3-35 叶轮工具电极

表4-3-22 塑料叶轮注塑模型腔电火花成形加工规准

加工规准序列		脉冲宽度 (μs)	脉冲间隔 (μs)	加工电流 (A)	总进给深度 (mm)	平动量 (mm)	表面粗糙度 Ra (μm)	极性
粗加工	1	512	200	15	12.5	0	>25	负
	2	256	200	10	14.5	0.20	12～13	负
中、精低损耗加工	3	128	10	2	14.8	0.30	7～8	负
	4	64	10	1.3	15	0.36	3～4	负
	5	2	40	0.8	15.1	0.40	1.5～2	正

2. 注塑模定模镶块电火花成形加工

图4-3-36是注塑模定模镶块，材料为4Cr5MoSiV1，热处理硬度42～45 HRC，外形已经磨削加工，型腔已经加工中心铣削加工，侧壁凹槽、型腔底部扇形槽和矩形槽、文字等拟用电火花成形加工。

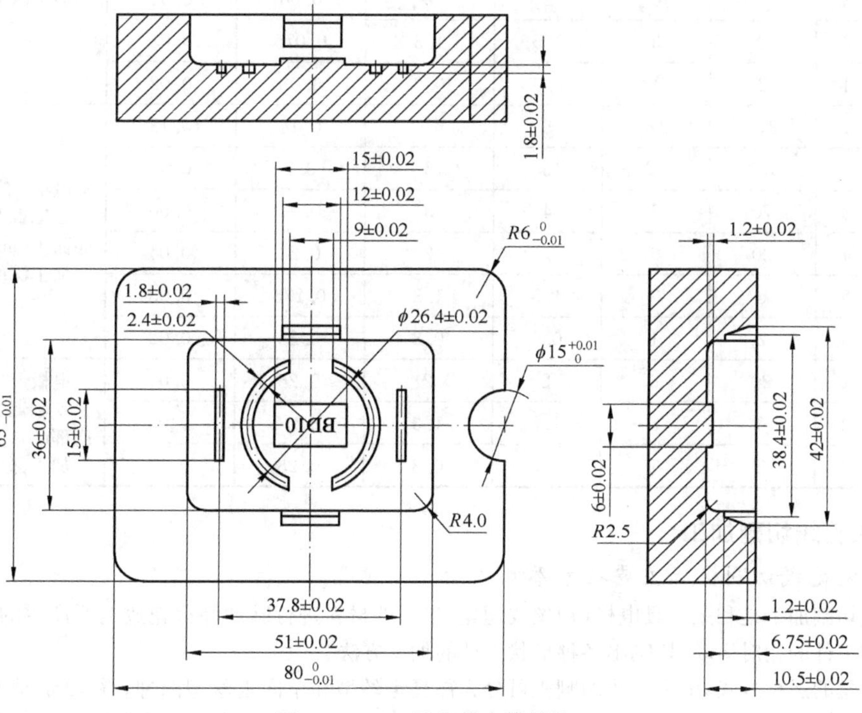

图4-3-36 注塑模定模镶块

电极材料采用紫铜，使用高速加工中心或数控雕刻机加工成形。侧壁凹槽清角要求较高，使用两个电极完成加工。电极一用于粗加工，单面缩放 0.3 mm；电极二用于精加工，单面缩放 0.1 mm。型腔底部扇形和矩形凹槽清角要求不高，用单电极平动法加工，电极单边缩放量 0.3 mm。文字直接用精规准加工。电极结构见图 4-3-37。

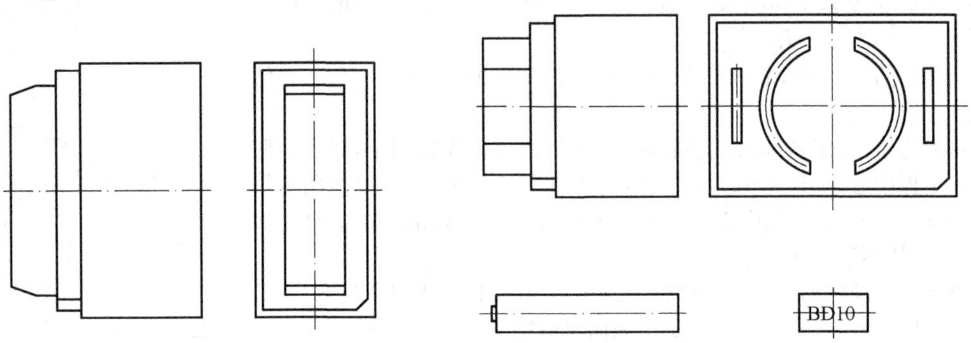

图 4-3-37　注塑模定模镶块电火花成形加工用电极

加工机床可选用 Z 轴数控或 X、Y、Z 三轴数控电火花成形加工机床，精加工采用低损耗加工，表面粗糙度小于 Ra 0.8 μm。加工规准见表 4-3-23。

表 4-3-23　注塑模镶块电火花成形加工规准

加工部位		序号	脉冲宽度(μs)	加工电流幅值(A)	平均加工电流(A)	表面粗糙度 Ra(μm)	单边平动量(mm)	端面进给余量(mm)	说　明
侧壁凹槽	电极一	1	350	30	14	10	0.1	0.20	电极/工件材料：Cu/St Z 轴起始位置：距工件端面 1 mm 加工深度：6.75 mm
		2	210	18	8	7	0.14	0.13	
		3	130	12	6	5	0.2	0.08	
	电极二	1	70	9	4	3	0.04	0.06	
		2	20	6	2	2	0.06	0.04	
		3	6	3	1.5	1.3	0.075	0.03	
		4	2	1	0.5	0.8	0.08	0.02	
型腔底部凹槽		1	210	18	8	7	0.14	0.13	电极/工件材料：Cu/St Z 轴起始位置：距型腔底面 1 mm 加工深度：1.8 mm
		2	130	12	6	5	0.2	0.08	
		3	70	9	4	3	0.24	0.06	
		4	20	6	2	2	0.26	0.04	
		5	6	3	1.5	1.3	0.275	0.03	
		6	2	1	0.5	0.8	0.28	0.02	
文　字		1	20	6	2	2	0.26	0.04	电极/工件材料：Cu/St Z 轴起始位置：距型腔底部凸台 1 mm 加工深度：1.8 mm
		2	6	3	1.5	1.3	0.275	0.03	
		3	2	1	0.5	0.8	0.28	0.02	

二、电火花线切割加工

（一）电火花线切割机床主要技术参数

电火花线切割加工是利用工具电极（钼丝或铜丝）与工件材料进行脉冲性火花放电所产生的电腐蚀现象，并依靠电极丝和工件的相对运动，切割出各种形状工件的加工方法。

根据电极丝的运行方式，电火花线切割机可分为往复走丝型和单向走丝型两种。往复走丝型的电极丝做高速往复运动，走丝速度通常为 8～10 m/s，加工精度 0.01～0.02 mm。单向走丝型的电极丝只做单向运行，加工精度可达 0.002～0.005 mm。往复走丝型电火花线切割机参数(GB/T 7925—2005)见表 4-3-24,往复走丝型电火花线切割机技术参数见表 4-3-25,单向走丝型电火花线切割机技术参数见表 4-3-26。

表 4-3-24 电火花线切割机(往复走丝型)参数

Y 轴行程(mm)	100	125	160	200	250	320	400	500	630	800	1 000	1 250
X 轴行程(mm)	125 160	160 200	200 250	250 320	320 400	400 500	500 630	630 800	800 1 000	1 000 1 250	1 250 1 600	1 600 2 000
最大工件质量(kg)	10	20	40	60	120	200	320	500	1 000	1 500	2 000	2 500
Z 轴行程(mm)	80,100,125,160,200,250,320,400,500,630,800,1 000											
最大切割厚度 H(mm)	50,60,80,100,140,160,180,200,250,300,350,400,450,500,550,600,700,800,900,1 000											
最大切割锥度(°)	0,3,6,9,12,15,18(18°以上按 6°一挡间隔增加)											

表 4-3-25 往复走丝型电火花线切割机技术参数

型 号	工作台尺寸 长×宽(mm)	工作台行程 X×Y (mm)	最大工 件质量 (kg)	最大切 割厚度 (mm)	最大切割 锥度/工件 厚度(°/mm)	走丝 速度 (m/s)	电极丝 直径 (mm)	最大切 割速度 (mm^2/min)	最佳表面 粗糙度 Ra (μm)	备 注
DK7732	600×350	400×320	250	400	±6/80	10.3	0.13～ 0.20	≥80	≤2.5	苏州电加工 机床研究所
DK7740	690×460	500×400	350	400						
DK7750	910×540	630×500	600	450						
DK7763	1 030×650	800×630	950	500						
DK7725E	560×360	250×350	200	150/400	±3/50	变频 调速	0.13～ 0.25	100	≤2.25	苏州三光 科技股份 有限公司
DK7725F	560×360	250×350	200	150/400						
DK7732	630×400	320×400	400	200	±1.5/50					
DK7740	800×500	400×500	550	250	±1.5/50					
DK7750	1 000×630	500×630	700	250/400	±3/50					
DK7763	1 250×800	630×800	1 000	500	±1.5/50					
HA320	370×550	250×320	350	300	±3/50		0.13～ 0.25	≥200	≤1.0	
HA400	850×654	320×400	500	350						
HA500	800×500	400×500	700	400						
HA630	1 000×630	500×630	900	500						
HA800	1 250×800	630×800	1 200	500						
HA1 600	1 880×1 300	1 200×1 600	5 000	600						
FW1UP	650×420	350×320	300	150	±3/150		0.12～ 0.20	180	≤1.0	北京阿奇
FW2UP	800×500	500×400	600	250	±3/180					
FW3UP	930×650	630×500	800	350	±3/250					
HF200	430×290	250×200	100	100	±6/200	10.6	≤0.18	180	≤2.5	杭州华方 数控机床 有限公司
HF320Z	690×458	350×450	600	300		11.6	≤0.25			
HF400Z	820×568	450×550	1 200	400						
HF500Z	910×588	500×630	1 300	400						
HF500AZ	1 054×630	500×800	2 000	600						
HF630AZ	1 254×770	630×1 000	2 000	600						
HF800Z	1 334×850	800×1 000	2 000	600						
HF1000ZQ	1 540×1 140	1 000×1 200	5 000	1 000						

（续表）

型　号	工作台尺寸长×宽(mm)	工作台行程 $X\times Y$ (mm)	最大工件质量(kg)	最大切割厚度(mm)	最大切割锥度/工件厚度(°/mm)	走丝速度(m/s)	电极丝直径(mm)	最大切割速度(mm^2/min)	最佳表面粗糙度 Ra (μm)	备　注
HF200M	430×290	250×200	100	100		变频调速	≤0.18	180	≤1.0	杭州华方数控机床有限公司
HF320MZQ	690×458	350×450	600	300	±6/200		≤0.25			
HF400MZQ	820×568	450×550	1 200	400						
HF500AMZQ	1 054×630	500×800	600	600						
HF630AMZQ	1 254×770	630×1 000	600	600						
HF800MZQ	1 334×850	800×1 000	2 000	600						
HF1000MZQ	1 540×1 140	1 000×1 200	5 000	1 000						
DK7763FJX	850×1 100	630×800	1 000	350	±6/120	变频调速	0.06～0.22	220	≤0.8	深圳福斯特新数控机床有限公司
DK7780FJX	1 000×1 280	800×1 000	1 500	350						
DK77100FJX	1 300×1 600	1 000×1 200	1 600	350						

表 4-3-26　单向走丝型电火花线切割机技术参数

型　号	工作台尺寸长×宽(mm)	工作台行程 $X\times Y$ (mm)	U、V 轴行程(mm)	Z 轴行程(mm)	工件最大尺寸长×宽(mm)	工件最大质量(kg)	最大切割厚度(mm)	最大切割锥度/工件厚度(°/mm)	电极丝直径(mm)	最大切割速度(mm^2/min)	表面粗糙度 Ra (μm)	备　注
DK7632	740×490	500×320	±50	250	960×690	500	260	±15/100	0.06～0.22	200	0.6	苏州电加工机床研究所
DK7625P	630×400	380×260		250		500	240	±20/80	0.15～0.30	210	0.8	苏州三光科技股份有限公司
DK7632 DK7632A	745×510	500×350		270		700	260	±15/100	0.15～0.30	210	0.8	
DK7663	1 120×820	800×630		350		1 200	300	±20/100	0.15～0.30	210	0.8	
LA350	600×400	350×220		210		350	200	±15/100	0.15～0.30	210	0.8	
LA500	745×510	500×350		270		700	260	±15/100	0.15～0.30	210	0.8	
CA20 CA20U	700×480	350×250	90	250	900×680	400	250	±25/80	0.15～0.30		0.25	北京阿奇
CA30 CA30U	950×630	600×400	100	350	1 050×800	1 000	350	±25/80	0.15～0.30		0.25	
MX600	560×485	300×200	±35	180	620×610	300	100	15/100	0.05～0.2		0.03	MITSUBISHI（三菱电机）日本
MV1200S MV1200R	640×540	400×300	120	220	810×700	500	215	15/200	0.10～0.30	315	0.2	
MV1200S MV1200R	840×640	600×400	150	310	1 050×820	1 500	305	15/260	0.10～0.30	315	0.2	
NA1 200	650×550	400×300	±50	220	810×700	500	215	15/200	0.10～0.30		0.1	
NA2400	880×670	600×400	±75	310	1 050×820	1 500	305	15/260	0.10～0.30		0.25	
FA30V Advance	1 100×875	750×500	±100	410	1 300×1 000	3 000	405	15/355	0.20～0.30	325		
FA40V	1 360×1 175	1 000×800	±75	400	1 550×1 300	4 000	395	15/260	0.20～0.36	325		
FA50V	1 660×1 375	1 300×1 100	±75	400	2 000×1 600	4 000	395	15/260	0.20～0.36	325		
PA05SM	500×460	220×150	±21	150	500×390	100	145	10/100	0.02～0.20			
PA20M	780×630	500×350	±21	300	1 050×800	1 500	295	10/100	0.05～0.30			

（续表）

型号	工作台尺寸长×宽(mm)	工作台行程 $X \times Y$ (mm)	U、V轴行程(mm)	Z轴行程(mm)	工件最大尺寸长×宽(mm)	工件最大质量(kg)	最大切割厚度(mm)	最大切割锥度/工件厚度(°/mm)	电极丝直径(mm)	最大切割速度(mm^2/min)	表面粗糙度 Ra (μm)	备注
CUT20P	700×480	350×250	±45	250	900×680	400	250	±25/80	0.15～0.30		0.25	CHARMILLES（阿奇夏米尔）瑞士
CUT30P	950×630	600×400	±50	350	1 050×800	1 000	350	±25/80	0.15～0.30		0.25	
CUT200	680×450	350×220	U350 V220	220	1 000×550	750	220	±45/220	0.07～0.33	340	0.1	
CUT300	900×600	550×350	U550 V350	400	1 200×700	1 500	400	±45/400	0.07～0.33	340	0.1	
CUT400	1 240×800	800×550	U800 V550	510	1 300×1 000	3 000	510	±45/510	0.20～0.30	340	0.1	
CUT1000		220×160	±40	100	300×220	35	80	3/80	0.07～0.20		0.05	
CUT2000S		320×250	±70	256	1 050×550	200	250	30/100	0.05～0.30		0.05	
CUT3000S		500×350	±70	256	750×650	400	250	30/100	0.05～0.30		0.05	
AP250Ls		250×150	35	120	400×270	80	100	±7/100	0.03～0.20		0.1	Sodick（沙迪克）日本
AP450L		450×300	35	150	600×400	100	130	±7/100	0.07～0.30		0.1	
AQ400Ls	400×300	400×300	80	250	590×450	550	250	±20	0.10～0.30		0.2	
AQ600Ls	600×400	600×400	80	300	790×550	930	300	±20	0.10～0.30		0.2	
AQ750L		750×500	U770 V520	400	1 050×750	1 500	400	±30/150	0.15～0.33			
AQ900L		900×600	U920 V620	400	1 200×900	2 000	400	±30/150	0.15～0.33			
AQ1200L		1 200×800	U1 220 V820	400	1 600×1 200	4 000	400	±30/150	0.15～0.33			
AD360Ls AG360L		360×250	80	220	550×380	400	220	±14/100	0.15～0.30			
AG400L		400×280	120	250	600×470	500	240	±25/100	0.05～0.30			
AG600L		600×380	120	350	800×570	1 000	340	±25/100	0.05～0.30			
SL-400Q		400×300	120	250	600×470	500	240	±25/100	0.10～0.30			
SL-600Q		600×400	120	350	800×570	1 000	340	±25/100	0.10～0.30			

（二）线切割加工工艺

线切割加工的主要工艺指标包括切割速度、加工精度、表面粗糙度和电极丝损耗等。切割速度是指单位时间内电极丝中心线在工件上切过的面积的总和，通常高速走丝线切割速度为 40～80 mm^2/min。切割速度与加工电流大小有关，将每安培电流的切割速度称为切割效率，一般的切割效率为 20 mm^2/(min・A)。加工精度、表面粗糙度和电极丝损耗，对不同的机床和不同的加工条件也都不同。

1. 电参数对工艺指标的影响

放电峰值电流增大、脉冲宽度加大都会使单个脉冲能量增大，切割速度提高，表面粗糙度变差，电极丝损耗也增大。通常放电峰值电流小于 40 A，平均电流小于 5 A。低速走丝线切割加工，因脉冲宽度很窄，电极丝相对较粗，放电峰值电流可以大于 50 A。精加工时脉冲宽度在 2～20 μs 内选择，中加工时在 20～60 μs 内选择。脉冲间隔对切割速度同样有影响，一般按脉冲宽度的 4～8 倍确定。

开路电压提高时，加工电流相应增大，切割速度会提高，表面粗糙度会变差，加工精度会稍降低。但加工间隙变大，有利于电蚀产物的排除和消电离，提高了加工的稳定性和脉冲利用率。高速走丝和采用乳化液介质时，开路电压在 60～150 V 范围内。

加工极性的选择对工艺指标的影响非常直接。线切割加工时，由于脉冲宽度很窄，所以都用正极性加工，即工件接脉冲电源的正极，电极丝接负极。极性置换时，会使切割速度很低，电极丝损耗增大。此外，放电波形对线切割工艺指标也有影响。

2. 非电参数对工艺指标的影响

电极丝和走丝速度的影响。高速走丝线切割机床广泛采用 ϕ0.08～ϕ0.20 的钼丝和钨钼丝(W50Mo)。钨钼丝加工效果比钼丝好。电极丝直径决定着切缝宽度和允许电流。用较粗电极丝能获得较高的切割速度，采用细电极丝能获得精细的形状和很小的圆角半径。随着走丝速度的提高，在一定范围内切割速度会有所提高，因为提高走丝速度有利于将工作液带入厚度较大的工件加工间隙中，有利于排除电蚀产物和提高放电加工的稳定性。但走丝速度过大时，电极丝易产生振动，特别是电极丝在储丝筒上缠绕松紧不均时更明显，以致降低加工精度和加工稳定性。一般走丝速度以 8～10 m/s 为宜。

低速走丝线切割机床电极丝广泛采用黄铜丝。高生产率加工时可用 ϕ0.2～ϕ0.3 的镀锌黄铜丝。镀锌黄铜丝在切割放电产生高温时，外层的锌会受热熔化蒸发，具有自我冷却作用，防止内层铜丝受高温影响。低速走丝线切割机床不仅走丝速度低，而且电极丝张力均匀，振动力、走丝平稳，速度均匀，所以加工稳定性好，切割精度高，表面粗糙度小。电极丝送进装置见图 4-3-38。电极丝通过导向孔模 3 精确地引导至张紧轮 5，给予电极丝必要的张紧力，一般为 12 N。压紧轮 6 的作用是防止电极丝张力的变化。导丝管 12 及接丝装置通过压力水冲流向前输送电极丝。输送轮 15 借摩擦力将废丝穿过废丝孔模进入废丝箱。

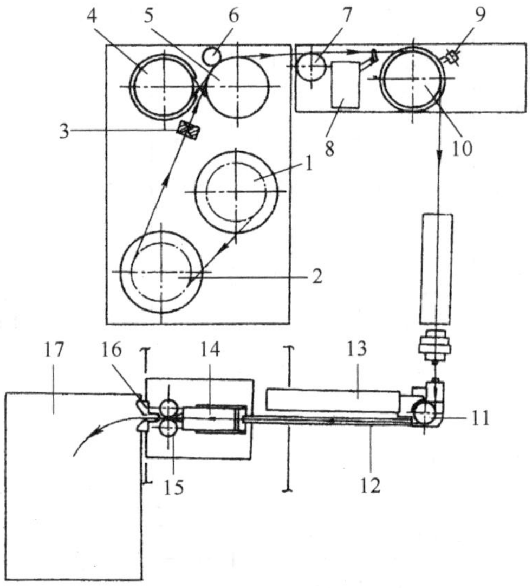

图 4-3-38 电极丝送进装置

1—储丝筒；2—圆柱滚轮；3—导向孔模；4、10、11—滚轮；5—张紧轮；6—压紧轮；7—毛毡；8—断丝检测器；9—毛刷；12—导丝管；13—下臂；14—接丝装置；15—电极丝输送轮；16—废丝孔模；17—废丝箱

进给速度的影响。它决定着切割速度，因此须调节预置进给速度。预置进给速度快到超过工件蚀除速度时，会出现频繁短路现象，表面加工质量变差，甚至可能断丝。预置速度太慢时，则落后于工作的蚀除速度，极间将偏于开路。因此，应按电压、电流表调节进给速度，使表针稳定，使切割加工速度、加工精度和表面质量都处于最佳状态。

工作液的影响。高速走丝线切割加工常用的工作液是乳化液，其绝缘强度比水高、比煤油低；冷却能力比水弱，比煤油好；洗涤性比水和煤油都好。用乳化液时，切割速度高。低速走丝线切割机床通常采用去离子水做工作液。

工件材料及厚度的影响。工件材料不同，线切割加工效果也不同。工作液采用乳化液时，加工淬火钢，加工稳定性好，切割速度高；加工硬质合金，比较稳定，切割速度较低，表面粗糙度小；加工不锈钢、未淬火高碳钢，稳定性较差，切割速度较低，表面质量不太好。工件厚度太薄时，电极丝容易发生抖动，对加工精度和表面质量不利；工件厚度过大时，排屑条件太差，对加工不利。

切割路径的影响。工件经过热处理后进行电火花线切割加工，由于大面积切割分离，会引起工件内部残余应力重新分布，从而产生变形，影响工件的加工精度。因此，正确选择切割路径(走丝顺序)，对提高工件加工质量十分重要。一般切割外轮廓工件时，合理的走丝顺序应将工件与其夹持部分的分离安排在最后，使工件在加工过程中保持较大的刚性。图 4-3-39 的走丝顺序中，图 a 从工件的左侧切割，工件与左端夹持部分很快分离，待进一步切割的部分刚性较差，不可取；图 b 从工件的右侧先行切割，待进一步切割的部分仍与夹持部分为一体，刚性大，比较合理；图 c 经预制的穿丝孔进行切割，工件毛坯始终保持封闭形，变形最小，是最好的走丝顺序。用低速走丝线切割加工精密模具小型腔(内轮廓工件)时，由于切割后料芯较细小，极易落入下水嘴中，并且在切割过程中料芯易变形，造成短路，影响加工的稳定性，甚至造成工件报废。因此，在工艺上可以按照无芯切割的要求来确定切割路径，其特点是切割时不产生料芯，保证加工质量，见图 4-3-40。

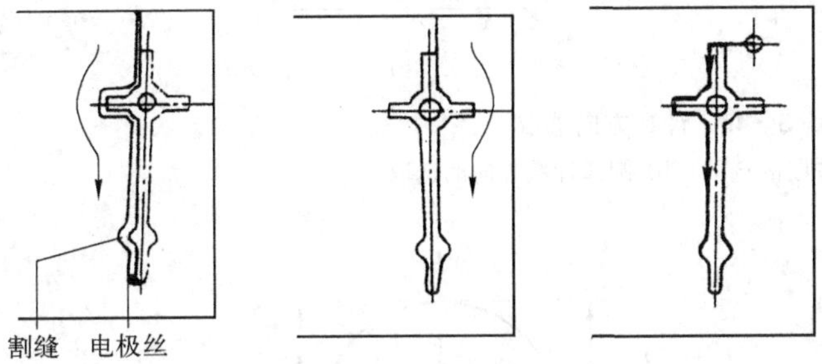

图 4-3-39　走丝顺序

(a) 错误的；(b) 可行的；(c) 最佳的

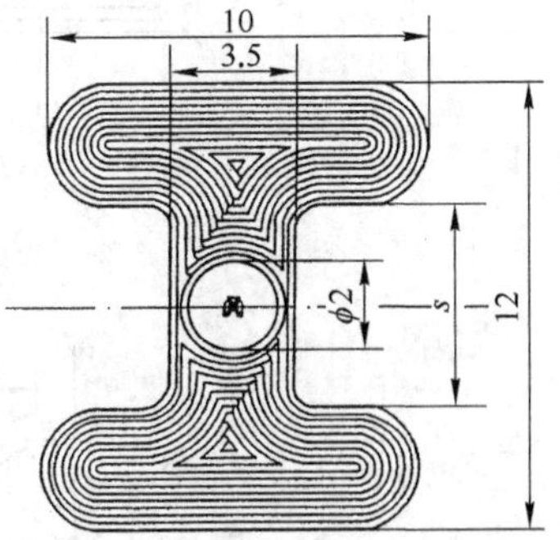

图 4-3-40　无芯切割

坐标工作台和走丝机构精度的影响。它对加工精度有直接影响。随着技术的进步，在精密级的线切割机床上用交流伺服电机做驱动，可减少齿轮间隙传动误差。此外，坐标工作台普遍采用滚动导轨副，摩擦因数小，反应灵敏，定位精度高。同时普遍采用滚珠丝杠副，实现高定位精度和重复定位精度。走丝的平稳性决定了加工稳定性。特别是高速走丝线切割机，走丝机构要带动电极丝按一定的线速度往复运丝并整齐排绕，线架的刚度、导轮的运动精度、电极丝的张力等，对走丝的平稳程度和切割精度、表面粗糙度都会产生直接影响。

(三) 编程方法

1. 人工编程基本规则

斜线的加工指令有 4 种，平行于坐标轴的线称为直线，见图 4-3-41。圆弧的加工指令有 8 种，见图 4-3-42。

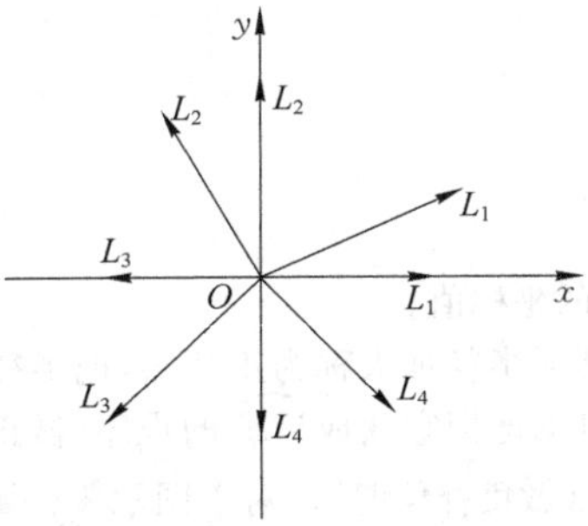

图 4-3-41　斜线(直线)加工指令

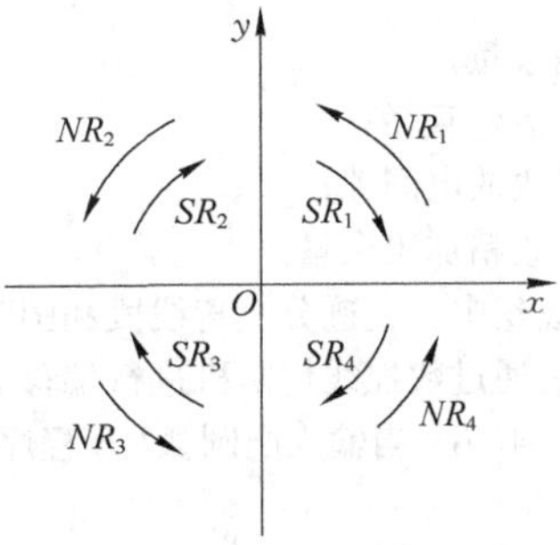

图 4-3-42　圆弧加工指令

顺圆用 SR 表示；逆圆用 NR 表示

选取 X 拖板方向进给总长度来进行计数的称为计 X，用 G_X 表示。选取 Y 拖板方向进给总长度来进行计数的称为计 Y，用 G_Y 表示。为了保证加工精度，必须正确选取计数方向，见图 4-3-43，即加工斜线时，应对进给距离较长的坐标作为长度控制，当斜线在阴影区域内，计数方向取 G_Y，否则选 G_X。加工圆弧时，圆弧终点在阴影部分，计数方向取为 G_X，否则应取 G_Y。

计数长度应取从起点到终点某个方向拖板移动的总距离。当计数方向确定后，就是被加工曲线(直线)在该方向投影长度的总和。圆弧可能跨越几个象限，按投影值的绝对值累加来计算计数长度，见图 4-3-44。

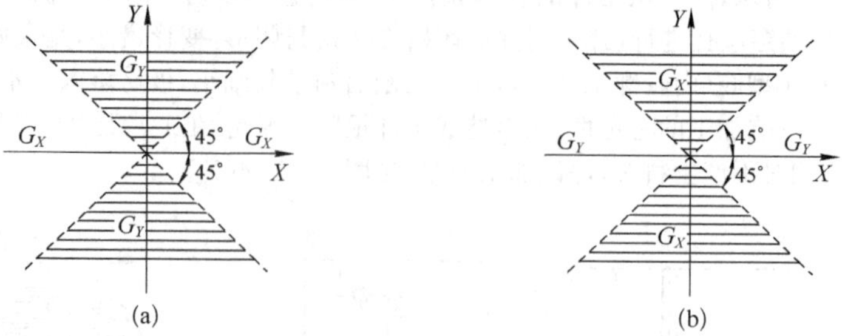

图 4-3-43 计数方向选取

(a) 斜线计数方向的选取；(b) 圆弧计数方向的选取

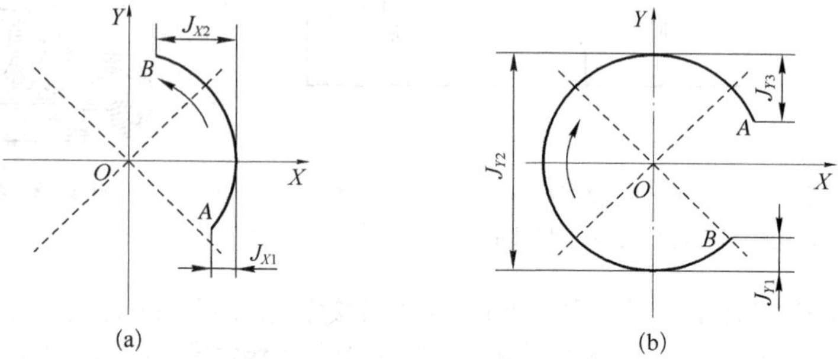

图 4-3-44 圆弧计数长度计算

(a) 取 G_X 计数长度 $J = J_{X1} + J_{X2}$；(b) 取 G_Y 计数长度 $J = J_{Y1} + J_{Y2} + J_{Y3}$

线切割加工时，为了得到稳定的火花放电，电极丝与工件轮廓之间应保持一定的距离。加工凸形时，电极丝中心应在轮廓的外面，加工凹形时，电极丝中心应在加工轮廓的里面。电极丝的偏移量应等于电极丝半径与单边放电间隙之和。当线切割需要分粗、精两次完成或需要对线切割表面用其他方法后续加工时，就要求粗加工时为精加工(或后续加工)留有一定余量，即需加大偏移量。粗加工的偏移量为

$$f = \frac{1}{2} d_{丝} + z + \Delta$$

式中 f——偏移量；

$d_{丝}$——电极丝直径；

z——单边放电间隙；

Δ——单边精加工余量。

偏移后电极丝中心轨迹分成直线段和圆弧段，可计算各交点的坐标值。

间隙补偿是通过数控线切割机进行偏移运算来实现的。把圆弧半径加大称为正补偿，把半径减小称为负补偿。在图 4-3-45 中，当输入凸圆弧 $\widehat{DE}$ 程序以后，线切割机能自动地把它变成 $\widehat{D'E'}$ 的程序(做正补偿时)，或变成 $\widehat{D''E''}$ 的程序(做负补偿时)。对于图示零件 $DEFGHI$，只要通过间隙补偿同时改变 3 处圆弧的程序(斜线的程序不变)就可得到不同尺寸的零件 $D'E'F'G'H'I'$ 和 $D''E''F''G''H''I''$，从而满足模具零件的某种配合要求。因此，有了间隙补偿能大大减少编程工作量。在无间隙补偿的情况下，上述零件必须单独编制程序。

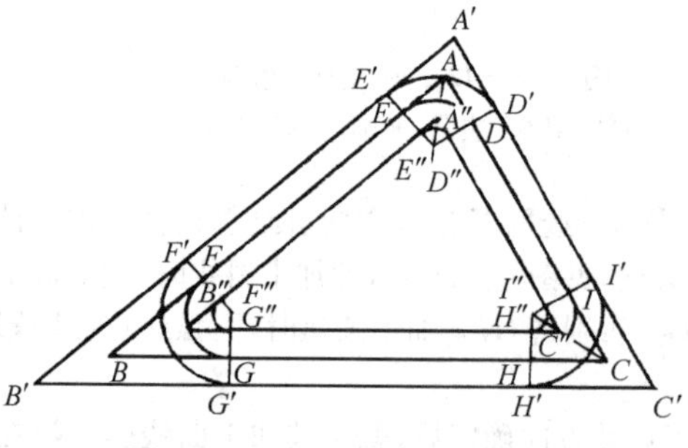

图 4-3-45 间隙补偿示意图

对注有公差的尺寸，应采用中差尺寸编程。中差尺寸的计算公式为

$$中差尺寸 = 基本尺寸 + \left(\frac{上偏差 + 下偏差}{2}\right)$$

例如槽宽 $32^{+0.04}_{+0.02}$的中差尺寸为 32.03,直径 $\phi24.5^{\ 0}_{-0.04}$的中差尺寸为 24.48。用中差尺寸编程更能控制线切割的尺寸精度。

无间隙补偿的程序格式见表 4-3-27,有间隙补偿的见表 4-3-28。

表 4-3-27 无间隙补偿的程序格式(三 B 型)

B	X	B	Y	B	J	G	Z
分隔符	X 坐标值	分隔符	Y 坐标值	分隔符	计数长度	计数方向	加工指令

表 4-3-28 有间隙补偿的程序格式(四 B 型)

B	X	B	Y	B	J	B	R	G	D 或 DD	Z
分隔符	X 坐标值	分隔符	Y 坐标值	分隔符	计数长度	分隔符	圆弧半径	计数方向	曲线形式	加工指令

在程序格式中 B 为分隔符,把 X、Y、J 等的数值区分开来。X、Y 为坐标值编程时均取绝对值。具体规定如下:

加工斜线时,坐标原点取在起点,X、Y 为终点坐标;

加工直线时,X、Y 值为零;

加工圆弧时,坐标原点取在圆心,X、Y 为起点坐标。

一个工件加工过程中,X、Y 坐标轴的方向应该始终不变。加工不同的轮廓线段,取不同的坐标原点,坐标只是平移并始终平行于 X、Y 拖板运动方向。

X、Y、J 均以 μm 为单位。X、Y 为零时可以不写。J 应写足 6 位,如 J=1 900 μm 应写成 001 900(现在的微机控制线切割机则不必用 0 填满 6 位数)。

跨越几个象限的圆弧,加工指令根据圆弧起点所在象限的走向决定。

2. ISO 代码编程

ISO 代码程序段的格式为 N…G…X…Y…I…J…。其中 N 表示程序段号。X、Y 表示直线或圆弧终点坐标值,以 μm 为单位。I、J 表示圆弧的圆心对圆弧起点的坐标值,同样以 μm 为单位。G 为准备功能,其后的 2 位数,表示各种不同的功能,主要有:

G00 表示点定位,即快速移动到某给定点;

G01 表示直线(斜线)插补;

G02 表示顺圆插补;

G03 表示逆圆插补;

G04 表示暂停;

G40 表示丝径(轨迹)补偿(偏移)取消;

G41、G42 表示丝径向左、右补偿偏移(沿电极丝的进给方向看);

G90 表示选择绝对坐标方式输入;

G91 表示选择增量(相对)坐标方式输入;

G92 表示工作坐标系设定,即将加工时的程序原点设定在距电极丝中心现在位置一定距离处。

ISO 代码终点坐标有两种表达(输入)方式,可以根据加工零件尺寸标注情况选择使用。采用绝对坐标(G90)和增量坐标(G91)的坐标值意义见表 4-3-29。用 ISO 代码 G90、G91 编程示例见表 4-3-30。

表 4-3-29 绝对坐标和增量坐标的坐标值意义

图 形	绝对坐标(G90)	相对坐标(G91)
直线形	以图形中某点为坐标原点,用±X、±Y 表示终点坐标值	以线的起点为坐标原点,用±X、±Y 表示线的终点对起点的坐标值
圆弧形	以图形中某点做坐标原点,用±X、±Y 表示圆弧终点的坐标值,用 I、J 表示圆心对圆弧起点的坐标值	以圆弧起点为坐标原点,用±X、±Y 表示圆弧终点对起点的坐标值,用 I、J 表示圆心对起点的坐标值

表 4-3-30 用 G90、G91 编程示例

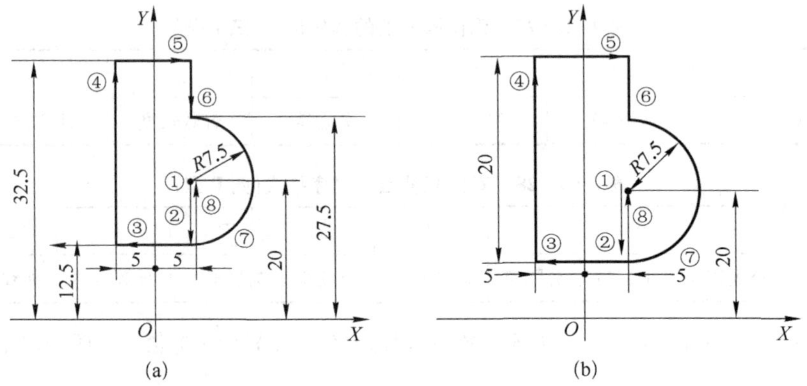

用 G90 编 程					用 G91 编 程				
N1	G92	X5000	Y20000	给定起始点的绝对坐标	N1	G92	X5000	Y20000	
N2	G01	X5000	Y12500	直线②终点的绝对坐标	N2	G01	X0	Y-7500	
N3		X-5000	Y12500	直线③终点的绝对坐标	N3		X-10000	Y0	
N4		X-5000	Y32500	直线④终点的绝对坐标	N4		X0	Y20000	
N5		X5000	Y32500	直线⑤终点的绝对坐标	N5		X1000	Y0	
N6		X5000	Y27500	直线⑥终点的绝对坐标	N6		X0	Y-5000	
N7	G02	X5000	Y12500	I0J-7500 *X*、*Y* 之值为顺圆弧⑦终点的绝对坐标，*I*、*J* 之值为圆心对起点的相对坐标	N7	G02	X0Y-15000	I0	J-7500
N8	G01	X5000	Y20000	直线⑧终点的绝对坐标	N8	G01	X0Y7500		
N9	M02				N9	M02			

3. 计算机自动编程

人机对话输入式微机编程系统具有多种直线输入定义格式和圆弧输入定义格式；具有点切线、公切线处理功能和列表点非圆曲线的自动编程功能等。人机对话输入式数控编程系统不需记忆很多语句指令，较为直观。

绘图式线切割自动编程系统可以在计算机屏幕上绘出点、线、圆(圆弧)以及作交线、切线、内外圆、椭圆、抛物线、双曲线、渐开线齿轮等非圆曲线和列表曲线。只要按加工零件图上标注的尺寸在计算机屏幕上作图输入，即可完成自动编程，输出 3B 或 ISO 代码。这种自动编程系统应用日益广泛。国内开发最早、应用较多的有 YH 绘图式自动编程系统。

随着扫描仪性能的不断完善，不少自动编程系统中增加了用扫描仪输入图形，增加了图形扫描输入的自动编程功能，大大增强了编程的适应能力，特别适合于字体、图案等线条外形复杂而精度要求又不是很高的曲线编程。国内的 YH 线切割编程系统、CAXA 线切割编程系统、HGD 线切割数控编程软件都扩充了图形扫描输入的自动编程功能。

(四) 线切割编程实例

上模零件见图 4-3-46，型孔线切割顺序见图 4-3-47。线切割时钼丝直径 0.18 mm，单边放电间隙 0.01 mm，使用跳步加工，用 3B 代码编程。切割 7 个型孔的程序见表 4-3-31。衔铁凸模零件见图 4-3-48，线切割顺序见图 4-3-49。采用 ISO 代码编程的程序见表 4-3-32。

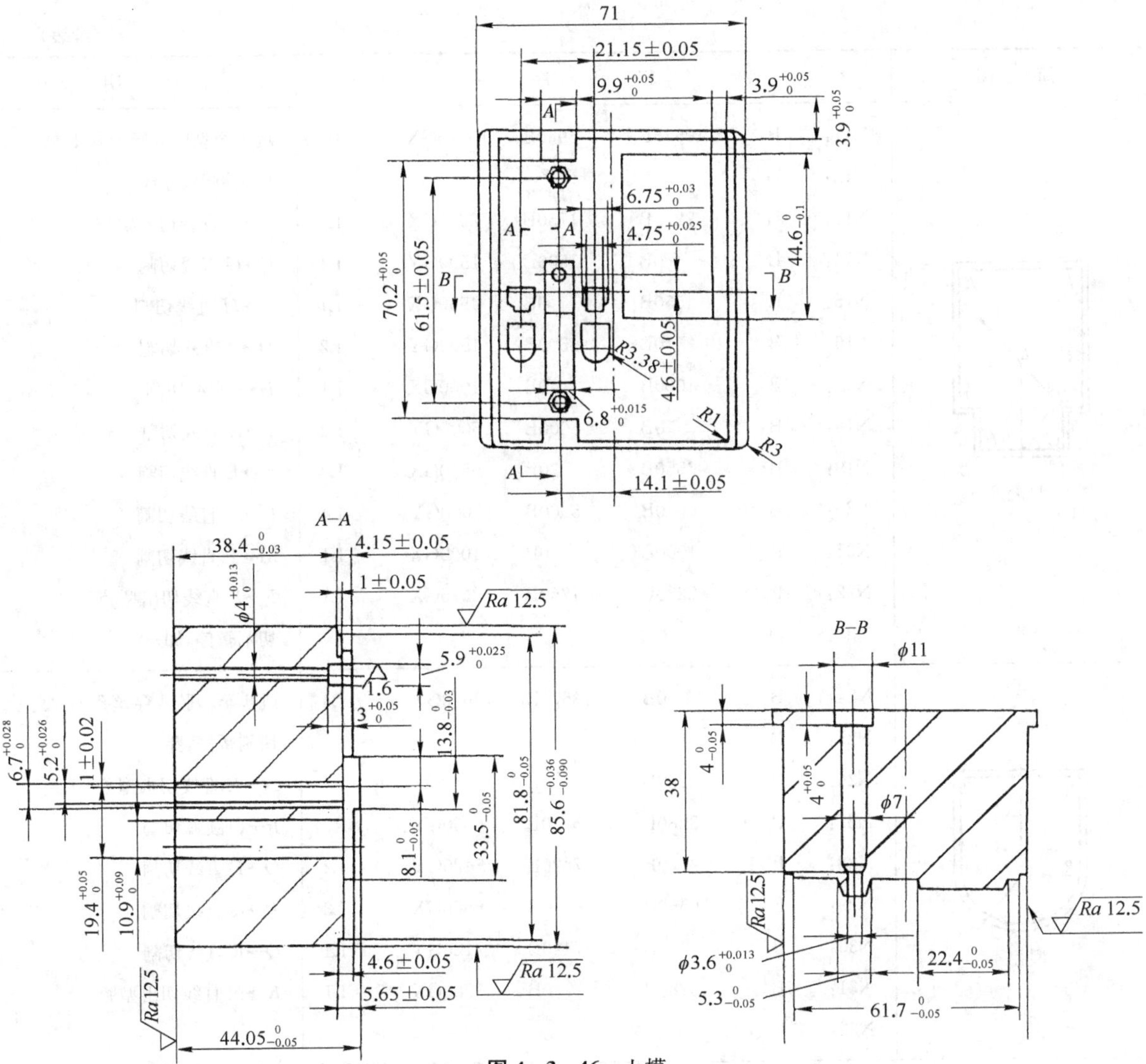

图 4-3-46 上模

表 4-3-31 多型孔上模线切割程序

简　图	程　　序	说　明
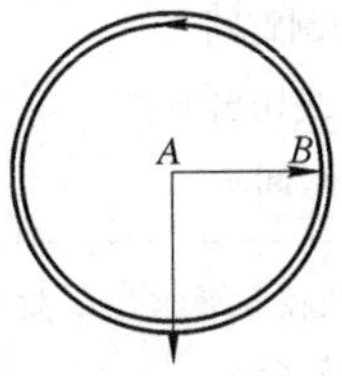 型腔 1	N1：B 1900B 0B 1900GX L1 N2：B 1900B 0B 7600GY NR1 N3：B 1900B 0B 1900GX L3 N4：D	A→B 直线切入型腔 B→B 切割整圆 B→A 直线切出型腔 切割暂停，卸丝
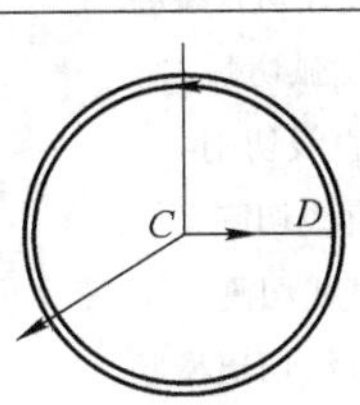 型腔 2	N5：B 0B 26150B 26150GY L4 N6：D N7：B 1700B 0B 1700GX L1 N8：B 1700B 0B 6800GY NR1 N9：B 1700B 0B 1700GX L3 N10：D	跳步至型腔 2 穿丝孔 C 处 切割暂停，穿丝 C→D 直线切入型腔 D→D 切割整圆 D→直线切出型腔 切割暂停，卸丝

（续表）

简　图	程　　序	说　明
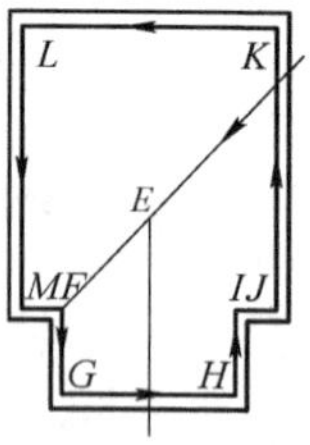 型腔 3	N11：　B　10575B　6950B　10575GX　L3	跳步至型腔 3 穿丝孔 *E* 处
	N12：　D	切割暂停，穿丝
	N13：　B　2275B　1750B　2275GX　L3	*E*→*F* 直线切入型腔
	N14：　B　0B　1500B　1500GY　L4	*F*→*G* 直线切割
	N15：　B　4550B　0B　4550GX　L1	*G*→*H* 直线切割
	N16：　B　0B　1500B　1500GY　L2	*H*→*I* 直线切割
	N17：　B　1000B　0B　1000GX　L1	*I*→*J* 直线切割
	N18：　B　0B　5000B　5000GY　L2	*J*→*K* 直线切割
	N19：　B　6550B　0B　6550GX　L3	*K*→*L* 直线切割
	N20：　B　0B　5000B　5000GY　L4	*L*→*M* 直线切割
	N21：　B　1000B　0B　1000GX　L1	*M*→*F* 直线切割
	N22：　B　2275B　1750B　2275GX　L1	*F*→*E* 直线切出型腔
	N23：　D	切割暂停，卸丝
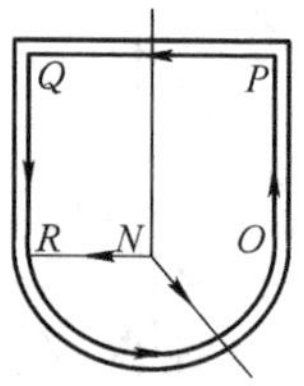 型腔 4	N24：　B　0B　13670B　13670GY　L4	跳步至型腔 4 穿丝孔 *N* 处
	N25：　D	切割暂停，穿丝
	N26：　B　3280B　0B　3280GX　L3	*N*→*R* 直线切入型腔
	N27：　B　3280B　0B　6560GY　NR3	*R*→*O* 圆弧切割
	N28：　B　0B　7420B　7420GY　L2	*O*→*P* 直线切割
	N29：　B　6560B　0B　6560GX　L3	*P*→*Q* 直线切割
	N30：　B　0B　7420B　7420GY　L4	*Q*→*R* 直线切割
	N31：　B　3280B　0B　3280GX　L1	*R*→*N* 直线切出型腔
	N32：　D	
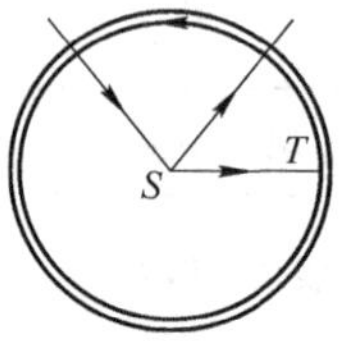 型腔 5	N33：　B　10575B　14730B　14730GY　L4	跳步至型腔 5 穿丝孔 *S* 处
	N34：　D	切割暂停，穿丝
	N35：　B　1900B　0B　1900GX　L1	*S*→*T* 直线切入型腔
	N36：　B　1900B　0B　7600GY　NR1	*T*→*T* 切割整圆
	N37：　B　1900B　0B　1900GX　L3	*T*→*S* 直线切出型腔
	N38：　D	切割暂停，卸丝
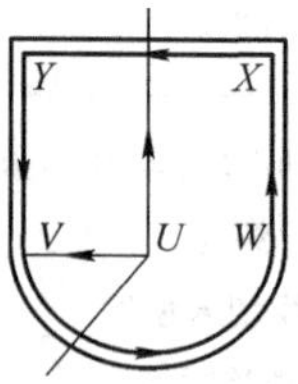 型腔 6	N39：　B　10575B　14730B　14730GY　L1	跳步至型腔 6 穿丝孔 *U* 处
	N40：　D	切割暂停，穿丝
	N41：　B　3280B　0B　3280GX　L3	*U*→*V* 直线切入型腔
	N42：　B　3280B　0B　6560GY　NR3	*V*→*W* 圆弧切割
	N43：　B　0B　7420B　7420GY　L2	*W*→*X* 直线切割
	N44：　B　6560B　0B　6560GX　L3	*X*→*Y* 直线切割
	N45：　B　0B　7420B　7420GY　L4	*Y*→*V* 直线切割
	N46：　B　3280B　0B　3280GX　L1	*V*→*U* 直线切出型腔
	N47：　D	切割暂停，卸丝

（续表）

简　　图	程　　序	说　　明
	N48：　B　0B　13670B　13670GY　L2	跳步至型腔 7 穿丝孔 Z 处
	N49：　D	切割暂停，穿丝
	N50：　B　2275B　1750B　2275GX　L3	直线切入型腔
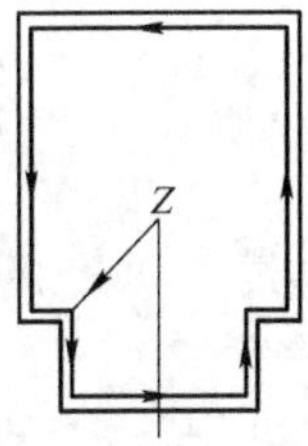	N51：　B　0B　1500B　1500GY　L4	直线切割
型腔 7	N52：　B　4550B　0B　4550GY　L1	直线切割
	N53：　B　0B　1500B　1500GY　L2	直线切割
	N54：　B　1000B　0B　1000GX　L1	直线切割
	N55：　B　0B　5000B　5000GY　L2	直线切割
	N56：　B　6550B　0B　6550GX　L3	直线切割
	N57：　B　0B　5000B　5000GY　L4	直线切割
	N58：　B　1000B　0B　1000GX　L1	直线切割
	N59：　B　2275B　1750B　2275GX　L1	直线切出型腔
	N60：　DD	程序结束

注：1. 按规定 N1　B　1900B　0　B　1900GX　L1 与 N1　B0　B0　B1900GX　L1 为两种不同的表示方式，作用相同，因为 $\overline{AB}$ 与 X 轴重合。B 后的数字为 0，可以不写，则可表示为 N1　B　B　B　1900GX　L1。与其他坐标轴重合的直线 L2、L3、L4 与此相同。

2. 计数方向 GX、GY 也可用 G_x、G_y 来表示。

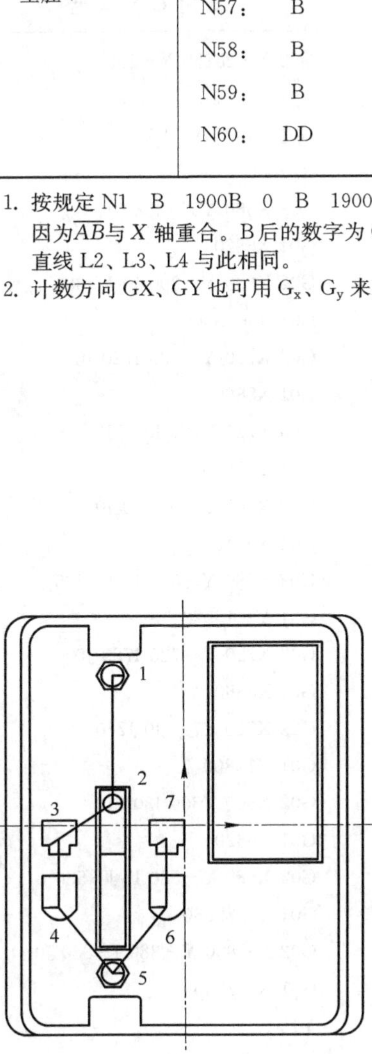

图 4-3-47　上模型孔线切割顺序

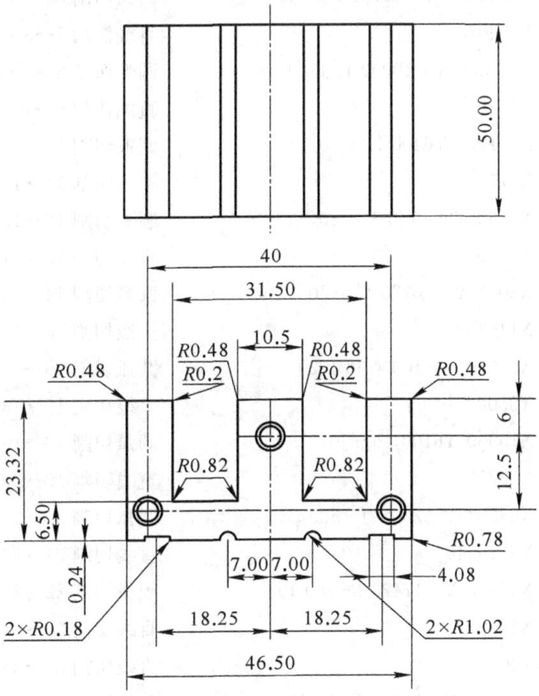

图 4-3-48　衔铁凸模

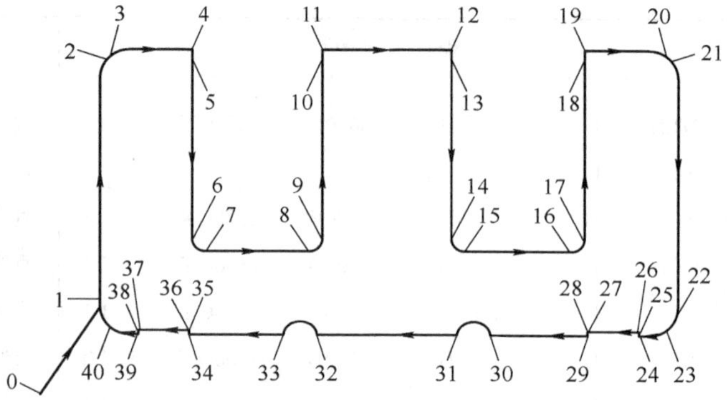

图 4-3-49 衔铁凸模线切割顺序

表 4-3-32 衔铁凸模线切割程序(ISO 代码)

采用 G90 编程		采用 G91 编程
G92 X-28250 Y-22330	建立工件坐标系	G92 X-28250 Y-22330
G90	绝对编程方式	G91
G01 X-23350 Y-16540	直线切割 0→1 点	G01 X4900 Y5780
Y5520	直线切割 1→2 点	Y22060
G02 X-22770 Y6100 I580 J0	圆弧切割 2→3 点	G02 X580 Y580 I580 J0
G01 X-15950	直线切割 3→4 点	G01 X6820
G02 X-15650 Y5800 I0 J-300	圆弧切割 4→5 点	G02 X300 Y-300 I0 J-300
G01 Y-10000	直线切割 5→6 点	G01 Y-15800
G03 X-14930 Y-10720 I720 J0	圆弧切割 6→7 点	G03 X720 Y-720 I720 J0
G01 X-6070	直线切割 7→8 点	G01 X8860
G03 X-5350 Y-10000 I0 J720	圆弧切割 8→9 点	G03 X720 Y720 I0 J720
G01 Y5520	直线切割 9→10 点	G01 Y15520
G02 X-4770 Y6100 I580 J0	圆弧切割 10→11 点	G02 X580 Y580 I580 J0
G01 X4770	直线切割 11→12 点	G01 X9540
G02 X5350 Y5520 I0 J-580	圆弧切割 12→13 点	G02 X580 Y-580 I0 J-580
G01 Y-10000	直线切割 13→14 点	G01 Y-15520
G03 X6070 Y-10720 I720 J0	圆弧切割 14→15 点	G03 X720 Y-720 I720 J0
G01 X14930	直线切割 15→16 点	G01 X8860
G03 X15650 Y-10000 I0 J720	圆弧切割 16→17 点	G03 X720 Y720 I0 J720
G01 Y5800	直线切割 17→18 点	G01 Y15800
G02 X15950 Y6100 I300 J0	圆弧切割 18→19 点	G02 X300 Y300 I300 J0
G01 X22770	直线切割 19→20 点	G01 X6820
G02 X23350 Y5520 I0 J-580	圆弧切割 20→21 点	G02 X580 Y-580 I0 J-580
G01 Y-16540	直线切割 21→22 点	G01 Y-22060
G02 X22470 Y-17420 I-880 J0	圆弧切割 22→23 点	G02 X-880 Y-880 I-880 J0
G01 X20190	直线切割 23→24 点	G01 X-2280
Y-17260	直线切割 24→25 点	Y160
G03 X20110 Y-17180 I-80 J0	圆弧切割 25→26 点	G03 X-80 Y80 I-80 J0
G01 X16390	直线切割 26→27 点	G01 X-3720
G03 X16310 Y-17260 I0 J-80	圆弧切割 27→28 点	G03 X-80 Y-80 I0 J-80

（续表）

采用 G90 编程		采用 G91 编程
G01 Y-17420	直线切割 28→29 点	G01 Y-160
X8020	直线切割 29→30 点	X-8290
G02 X7920 Y-17320 I0 J100	拐角圆弧切割	G02 X-100 Y100 I0 J100
G03 X6080 Y-17320 I-920 J0	圆弧切割 30→31 点	G03 X-1840 Y0 I-920 J0
G02 X5980 Y-17420 I-100 J0	拐角圆弧切割	G02 X-100 Y-100 I-100 J0
G01 X-5980	直线切割 31→32 点	G01 X-11960
G02 X-6080 Y-17320 I0 J100	拐角圆弧切割	G02 X-100 Y100 I0 J100
G03 X-7920 Y-17320 I-920 J0	圆弧切割 32→33 点	G03 X-1840 Y0 I-920 J0
G02 X-8020 Y-17420 I-100 J0	拐角圆弧切割	G02 X-100 Y-100 I-100 J0
G01 X-16310	直线切割 33→34 点	G01 X-8290
Y-17260	直线切割 34→35 点	Y160
G03 X-16390 Y-17180 I-80 J0	圆弧切割 35→36 点	G03 X-80 Y80 I-80 J0
G01 X-20110	直线切割 36→37 点	G01 X-3720
G03 X-20190 Y-17260 I0 J-80	圆弧切割 37→38 点	G03 X-80 Y-80 I0 J-80
G01 Y-17420	直线切割 38→39 点	G01 Y-160
X-22470	直线切割 39→40 点	X-2280
G02 X-23350 Y-16540 I0 J880	圆弧切割 40→1 点	G02 X-880 Y880 I0 J880
G01 X-28250 Y-22320	直线切割回穿丝孔	G01 X-4900 Y-5780
M02	切割结束	M02

注：采用 CAXA 系统。

（五）线切割工艺应用实例

图 4-3-50 的冲压件，采用图 4-3-51 的排样冲裁成形。凹模采用组合式结构，见图 4-3-52，由 2 个冲圆孔凹模 A，2 个冲槽凹模 B，2 个冲槽凹模 C，1 个落料凹模 D，压装在凹模固定板内。冲圆孔凹模 A 见图 4-3-53，冲槽凹模 B 见图 4-3-54，冲槽凹模 C 见图 4-3-55，落料凹模见图 4-3-56。全部凹模用一块坯料线切割成形，凹模坯料见图 4-3-57，凹模加工工艺过程见表 4-3-33。与凹模对应的有 2 个冲圆孔凸模，4 个冲槽凸模和 1 个落料凸模。圆形冲孔凸模采用外购标准件，冲槽凸模见图 4-3-58，落料凸模见图 4-3-59。冲槽凸模和落料凸模用一块坯料线切割成形。凸模坯料见图 4-3-60，凸模加工工艺过程见表 4-3-34。凹模固定板见图 4-3-61，加工工艺过程见表 4-3-35。

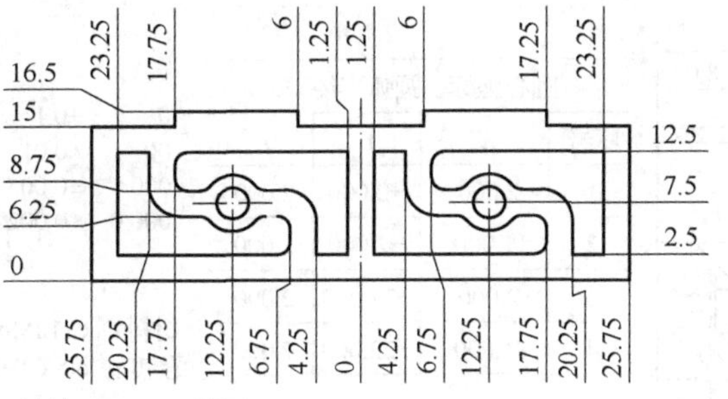

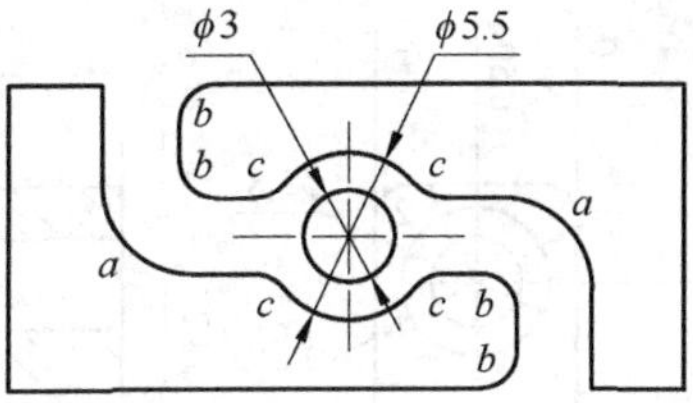

标记	数量	尺寸
a	2	*R*3
b	4	*R*1.2
c	4	*R*1.2

材料：08Al，料厚 t=1 mm
尺寸公差：按 ST4 级（GB/T 13914—2013）取值，按双向对称偏差标注

图 4-3-50　冲压件图

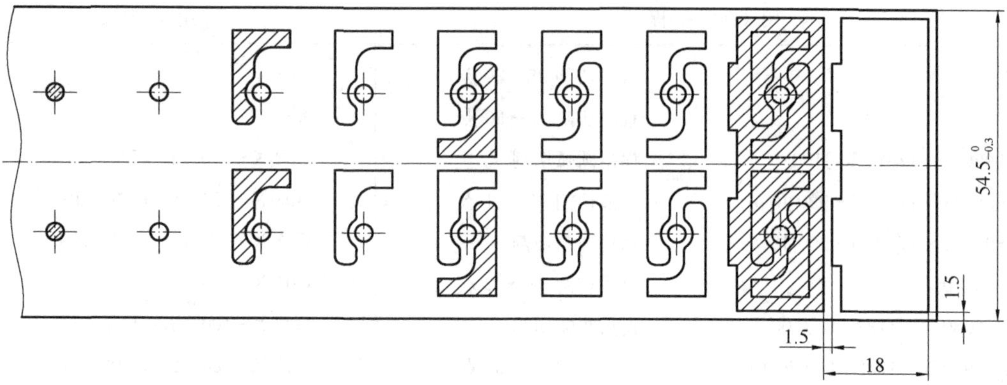

图 4-3-51 排样

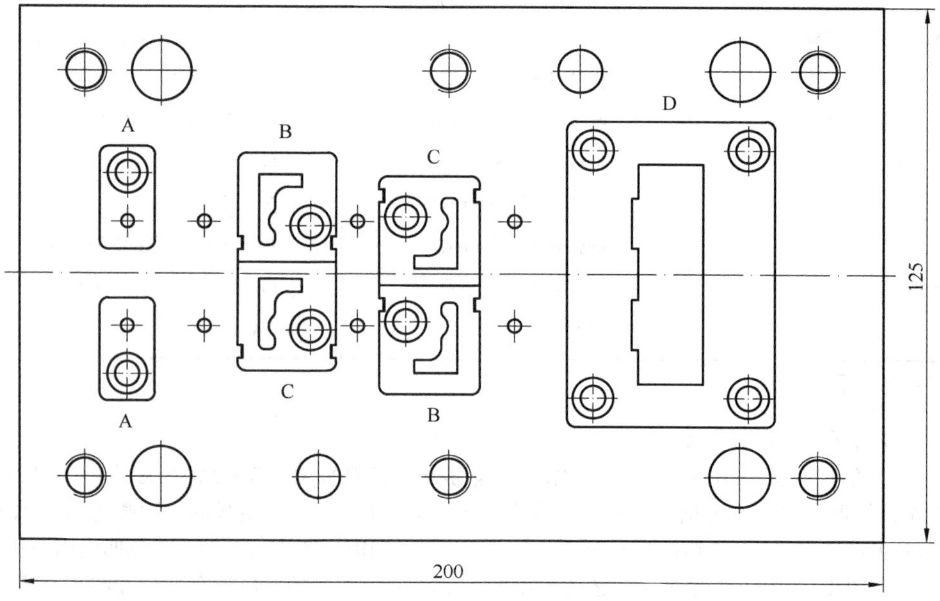

图 4-3-52 组合式凹模

A—冲孔凹模；B、C—冲槽凹模；D—落料凹模

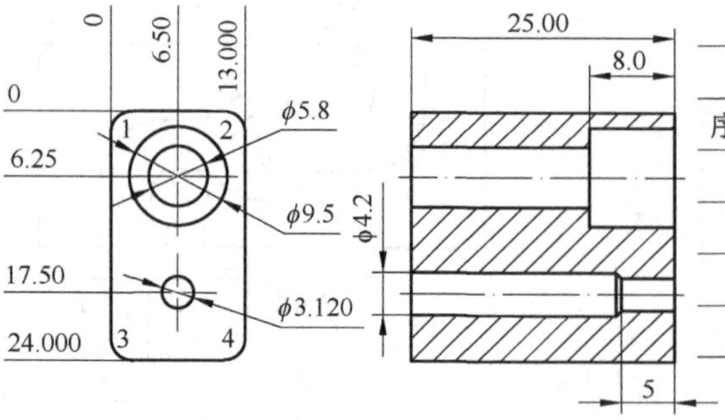

圆心坐标、圆弧半径			
序号	*X*	*Y*	*R*
1	2.000	−2.000	2.000
2	11.000	−2.000	2.000
3	2.000	−22.000	2.000
4	11.000	−22.000	2.000

.0	±0.1
.00	±0.01
.000	±0.005
.000 0	±0.002

材料：Cr12MoV

硬度：60~62HRC

图 4-3-53 冲孔凹模

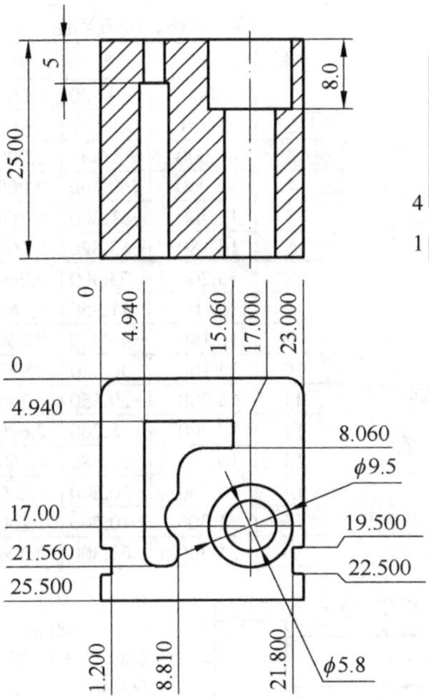

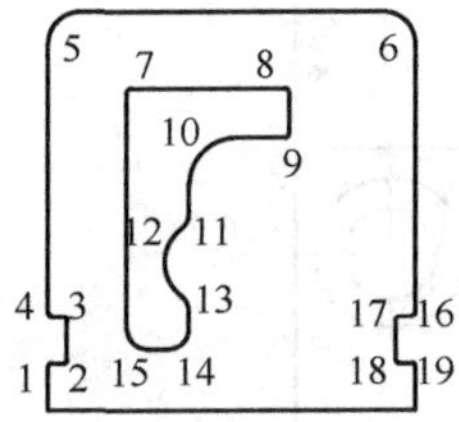

.0　±0.1
.00　±0.01
.000　±0.005
.000 0　±0.002

漏料孔沿型孔周边缩放 0.5

材料：Cr12MoV
硬度：60~62HRC

圆心坐标、圆弧半径			
序号	*X*	*Y*	*R*
1	0.200	−22.700	0.200
2	1.000	−22.300	0.200
3	1.000	−19.700	0.200
4	0.200	−19.300	0.200
5	2.000	−2.000	2.000
6	21.000	−2.000	2.000
7	5.200	−5.200	0.260
8	14.800	−5.200	0.260
9	14.800	−7.800	0.260
10	11.750	−11.000	2.940
11	7.550	−12.902	1.260
12	10.000	−16.000	2.690
13	7.550	−19.098	1.260
14	7.550	−20.300	1.260
15	6.200	−20.300	1.260
16	22.800	−19.300	0.200
17	22.000	−19.700	0.200
18	22.000	−22.300	0.200
19	22.800	−22.700	0.200

图 4－3－54　冲槽凹模 B

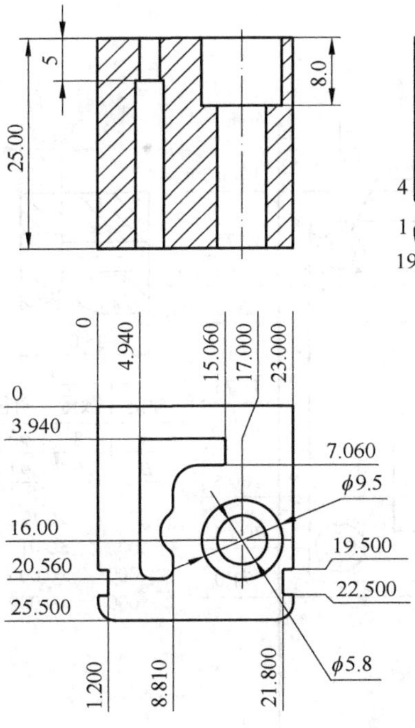

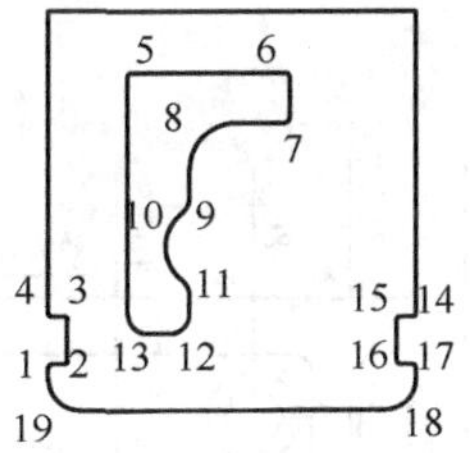

.0　±0.1
.00　±0.01
.000　±0.005
.000 0　±0.002

漏料孔沿型孔周边缩放 0.5

材料：Cr12MoV
硬度：60~62HRC

圆心坐标、圆弧半径			
序号	*X*	*Y*	*R*
1	0.200	−22.700	0.200
2	1.000	−22.300	0.200
3	1.000	−19.700	0.200
4	0.200	−19.300	0.200
5	5.200	−4.200	0.260
6	14.800	−4.200	0.260
7	14.800	−6.800	0.260
8	11.750	−10.000	2.940
9	7.550	−11.902	1.260
10	10.000	−15.000	2.690
11	7.550	−18.098	1.260
12	7.550	−19.300	1.260
13	6.200	−19.300	1.260
14	22.800	−19.300	0.200
15	22.000	−19.700	0.200
16	22.000	−22.300	0.200
17	22.800	−22.700	0.200
18	21.000	−23.500	2.000
19	2.000	−23.500	2.000

图 4－3－55　冲槽凹模 C

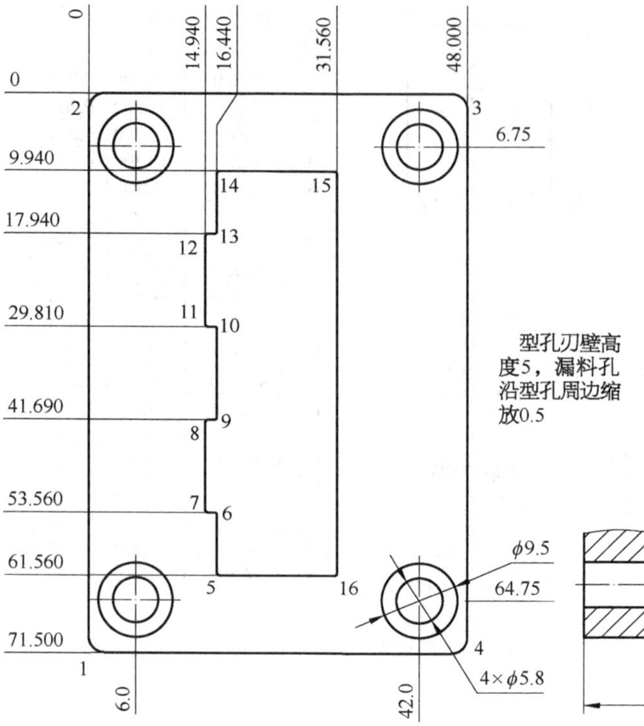

圆心坐标、圆弧半径			
序号	*X*	*Y*	*R*
1	2.000	−69.500	2.000
2	2.000	−2.000	2.000
3	46.000	−2.000	2.000
4	46.000	−69.500	2.000
5	16.700	−61.300	0.260
6	16.180	−53.820	2.000
7	15.200	−53.300	0.260
8	15.200	−41.950	0.260
9	16.180	−41.430	0.260
10	16.180	−30.070	2.940
11	15.200	−29.550	1.260
12	15.200	−18.200	2.690
13	16.180	−17.680	1.260
14	16.700	−10.200	1.260
15	31.300	−10.200	1.260
16	31.300	−61.300	0.200

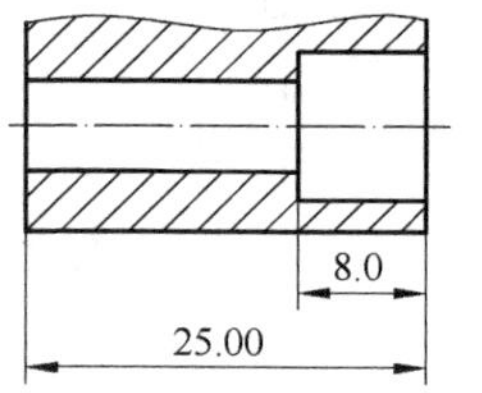

.0 ±0.1
.00 ±0.01
.000 ±0.005
.000 0 ±0.002

材料： Cr12MoV
硬度： 60~62HRC

图 4-3-56 落料凹模 D

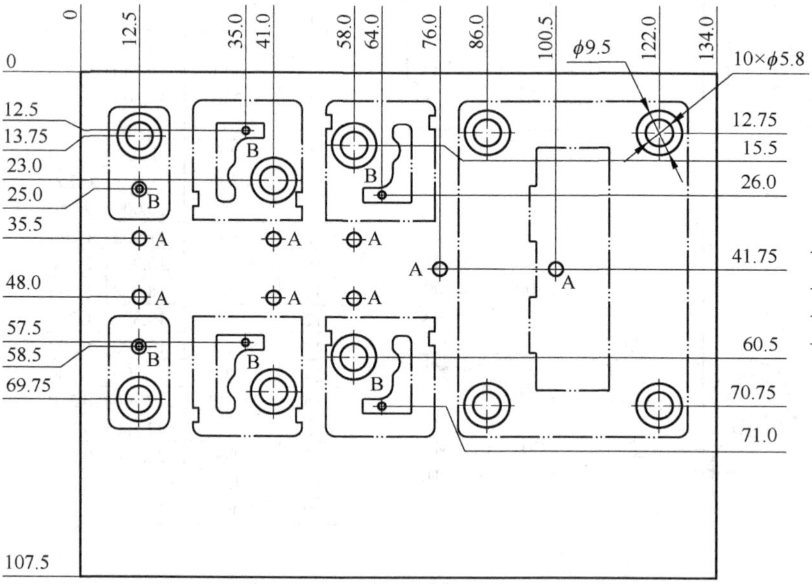

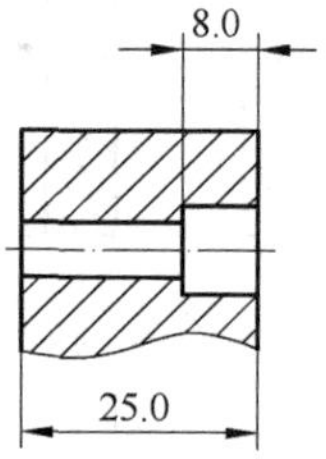

标记	数量	直径
A	8	φ3.0
B	6	φ1.5

.0 ±0.1
.00 ±0.01
.000 ±0.005
.000 0 ±0.002

图 4-3-57 凹模坯料

表 4-3-33 凹模加工工艺过程

工序号	工序名称	工 序 内 容 与 要 求
1	下料	根据毛坯体积加 5%～10%烧损量确定下料尺寸
2	锻造	锻成 140 mm×113.5 mm×30 mm
3	热处理	球化退火
4	铣或刨	粗加工六面，留后续加工余量 2～2.5
5	热处理	调质，24～26 HRC
6	铣	铣六面，留磨量 0.5～0.6
7	平面磨	磨六面，留磨量 0.15～0.2
8	加工中心	钻 10×ϕ5.8，扩、锪沉孔 ϕ9.5；钻穿丝孔 *A*，8 处，直径 ϕ3.0；钻穿丝孔 *B*，6 处，直径 ϕ1.5；扩漏料孔 ϕ4.2
9	热处理	淬火与回火，60～62 HRC
10	平面磨	磨六面至 134.0 mm×107.5 mm×25.00 mm
11	线切割	单向走丝线切割，一割二修或一割四修，先割内形，后割外形。割外形时在起割点处留出工艺搭接头宽 2～3 mm，修光后割断，留磨量 0.1 mm
12	平面磨	磨平工艺搭接头
13	电火花	加工非圆形凹模型孔漏料孔

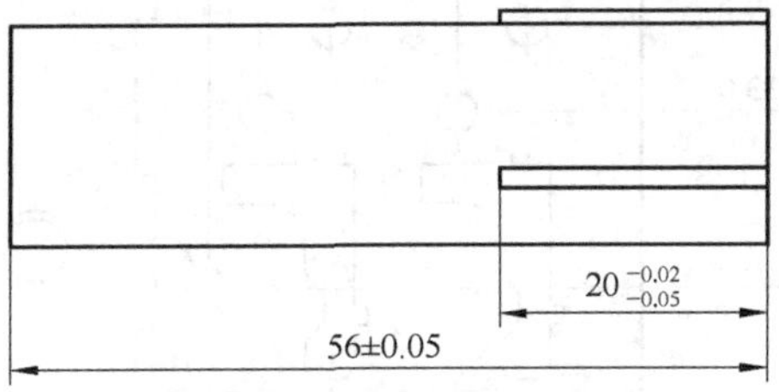

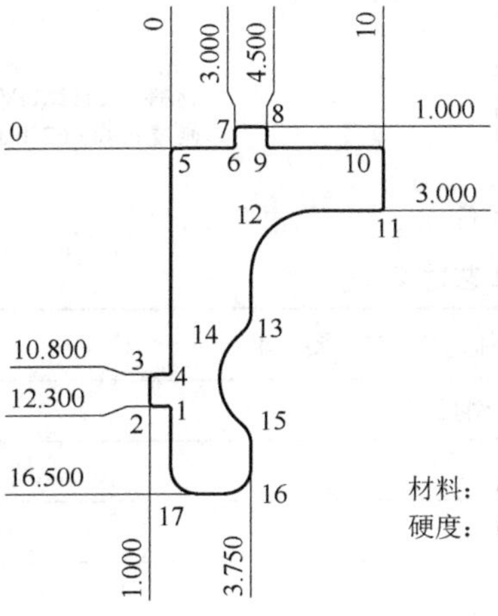

材料：Cr12MoV
硬度：60~62HRC

圆心坐标、圆弧半径

序号	*X*	*Y*	*R*
1	−0.200	−12.500	0.200
2	−0.800	−12.100	0.200
3	−0.800	−11.000	0.200
4	−0.200	−10.600	0.200
5	0.600	−0.600	0.200
6	2.800	0.200	0.200
7	3.200	0.800	0.200
8	4.300	0.800	0.200
9	4.700	0.200	0.200
10	9.800	−0.200	0.200
11	9.800	−2.800	0.200
12	6.750	−6.000	3.000
13	2.550	−7.902	1.200
14	5.000	−11.000	2.750
15	2.550	−14.098	1.200
16	2.550	−15.300	1.200
17	1.200	−15.300	1.200

图 4-3-58 冲槽凸模

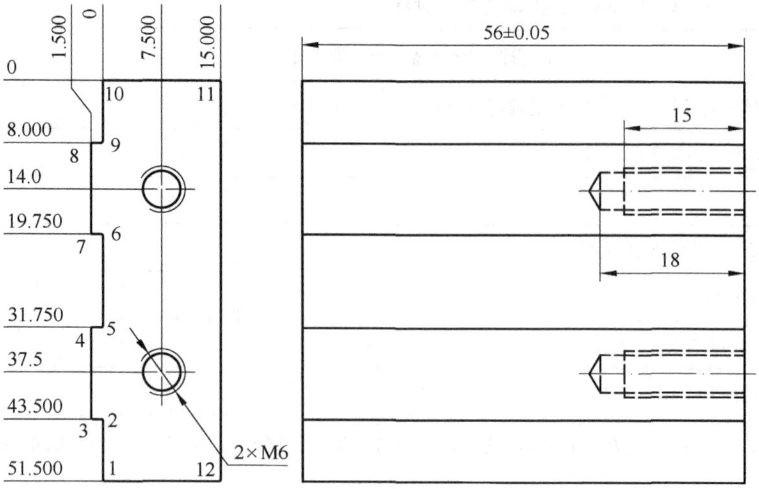

圆心坐标、圆弧半径			
序号	*X*	*Y*	*R*
1	0.200	−51.300	0.200
2	−0.200	−43.700	0.200
3	−1.300	−43.300	0.200
4	−1.300	−31.950	0.200
5	−0.200	−31.550	0.200
6	−0.200	−19.950	0.200
7	−1.300	−19.550	0.200
8	−1.300	−8.200	0.200
9	−0.200	−7.800	0.200
10	0.200	−0.200	0.200
11	14.800	−0.200	0.200
12	14.800	−51.300	0.200

材料：Cr12MoV
硬度：60~62HRC

图 4-3-59　落料凸模

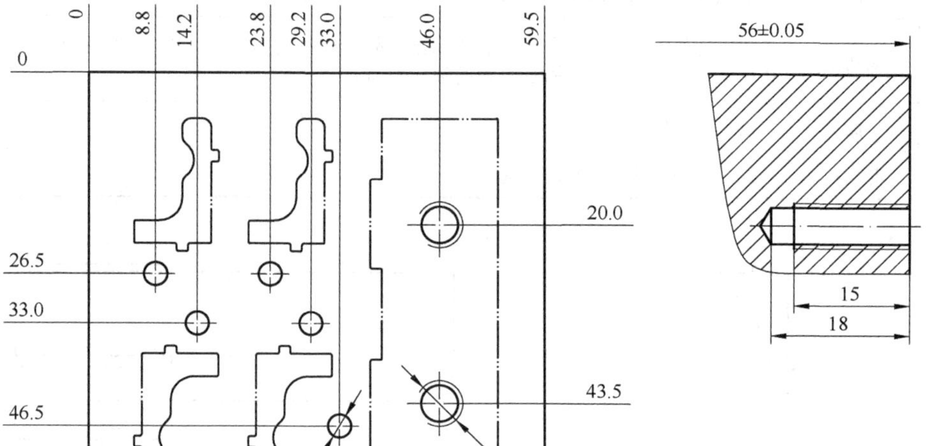

.0　±0.1
.00　±0.01
.000　±0.005
.000 0　±0.002

材料：Cr12MoV
硬度：60~62HRC

图 4-3-60　凸模坯料

表 4-3-34　凸模加工工艺过程

工序号	工序名称	工　序　内　容　与　要　求
1	下　料	根据毛坯体积加 5%～10%烧损量确定下料尺寸
2	锻　造	锻成 86 mm×65.5 mm×62 mm
3	热处理	球化退火
4	铣或刨	粗加工六面，留后续加工余量 2～2.5 mm
5	热处理	调质，24～26 HRC

（续表）

工序号	工序名称	工　序　内　容　与　要　求
6	铣	铣六面，留磨量 0.5～0.6 mm
7	平面磨	磨六面，留磨量 0.15～0.2 mm
8	加工中心	钻、攻 2×M6；钻穿丝孔 5×ϕ3.0
9	热处理	淬火与回火，60～62 HRC
10	平面磨	磨六面至 80.0 mm×59.5 mm×(56±0.05)mm
11	线切割	单向走丝线切割，一割二修或一割四修，在起割点处留出工艺搭接头宽 2～3，修光后割断，留磨量 0.1 mm
12	平面磨	磨平工艺搭接头，磨轴向固定台肩

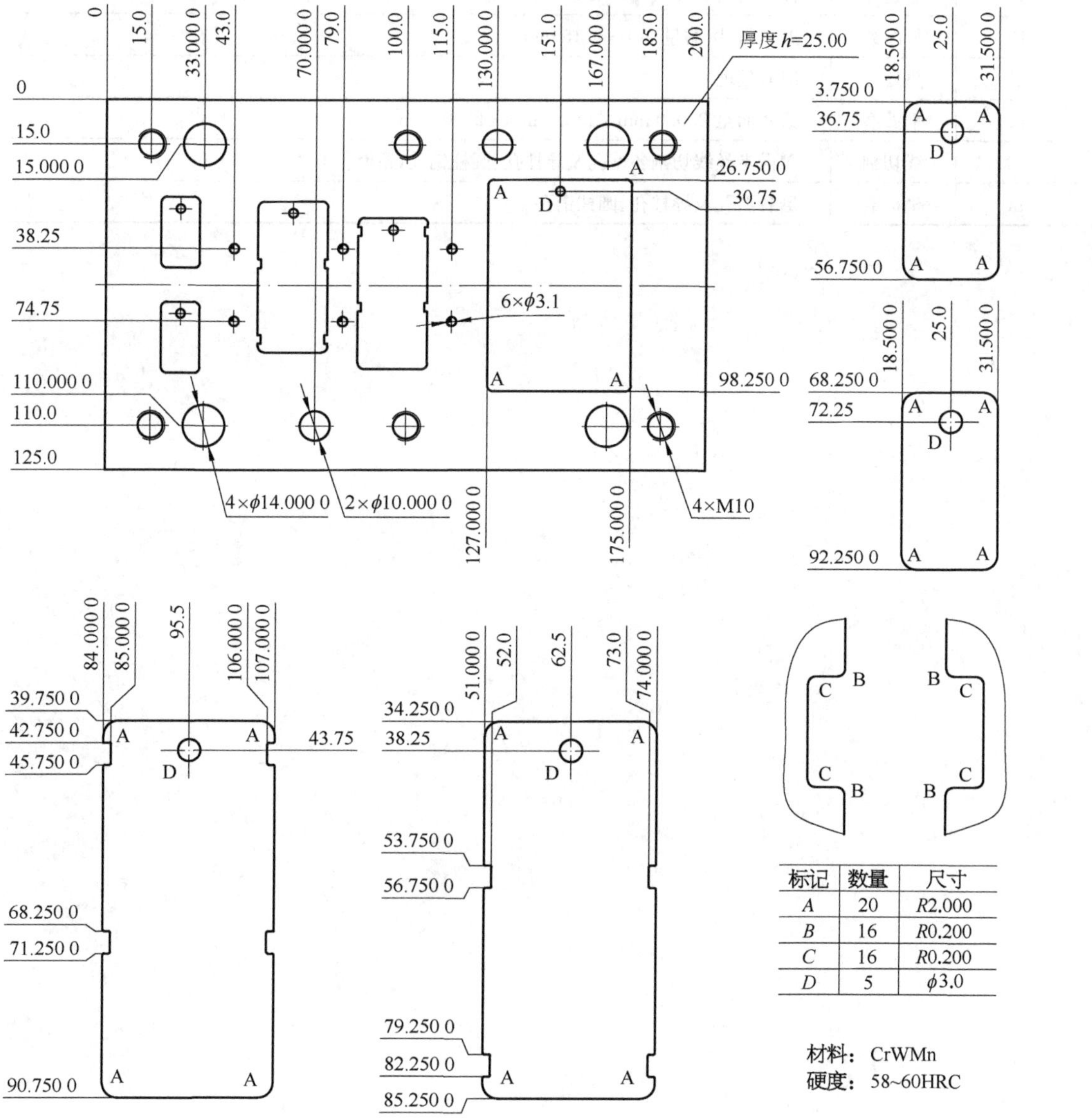

标记	数量	尺寸
A	20	*R*2.000
B	16	*R*0.200
C	16	*R*0.200
D	5	ϕ3.0

材料：CrWMn
硬度：58~60HRC

图 4-3-61　凹模固定板

表 4-3-35 凹模固定板加工工艺过程

工序号	工序名称	工 序 内 容 与 要 求
1	下 料	根据毛坯体积加 5%～10%烧损量确定下料尺寸
2	锻 造	锻成 208 mm×132 mm×32 mm
3	热处理	球化退火
4	铣或刨	粗加工六面，留后续加工余量 2～2.5 mm
5	热处理	调质，24～26 HRC
6	铣	铣六面，留磨量 0.5～0.6 mm
7	平面磨	磨六面，留磨量 0.2～0.3 mm
8	加工中心	钻、攻 6×M10，钻 6×ϕ3.1，钻穿丝孔 5×ϕ3.0；导柱孔 4×ϕ14.000 0，圆柱销孔 2×ϕ10.000 0 中心处钻穿丝孔 ϕ3.0
9	热处理	淬火与回火，58～60 HRC
10	平面磨	磨六面，留磨量 0.1～0.15 mm
11	热处理	时效处理
12	平面磨	磨六面至 200.0 mm×125.0 mm×25.00 mm
13	线切割	单向走丝线切割各型孔及导柱孔、圆柱销孔，留磨量 0.1～0.15 mm
14	坐标磨	磨各型孔及导柱孔、圆柱销孔

第四章 其 他 加 工

一、研磨与抛光

(一) 研磨与抛光工艺方法

研磨是在研具和工件之间置于游离磨料或用磨料、分散剂和辅助材料制成的研磨剂，研具在一定压力下与工件表面做复杂的相对运动，通过磨料的切削作用和研磨剂的化学、物理作用，从工件表面去除一层极薄的材料，依此提高工件的尺寸精度，降低表面粗糙度的工艺方法。

抛光是利用柔性抛光工具和微细磨料颗粒，或其他抛光介质对工件表面进行修饰加工，去除前工序留下的加工痕迹(如刀痕、磨纹、麻点、毛刺等)的方法。抛光不能提高工件的尺寸精度或几何形状精度，而是以得到光滑表面或镜面光泽为目的，有时也用以消除光泽(消光处理)。

抛光与研磨的机理是相同的，习惯上把使用硬质研具的加工称为研磨，使用软质研具的加工称为抛光。

常用研磨方法见表 4-4-1，常用抛光方法见表 4-4-2。

表 4-4-1 常用研磨方法

研磨方法		说明	应用范围
按操作方式分类	手工研磨	工件和研具的运动均采用手工操作	适用于单件、小批生产中的研磨加工
	半机械研磨	工件和研具中，一个采用简单机械驱动，一个采用手工操作	主要用于工件平面，内、外圆柱面，圆锥面的研磨，或小批、成批生产中的研磨加工
	机械研磨	工件和研具的运动都使用机械驱动	主要用于表面形状不太复杂的工件，齿轮、螺纹的研磨，或成批、大量生产中的研磨加工
按研磨剂使用条件分类	湿研磨(敷砂研磨)	将研磨剂连续加注或涂敷于研具表面，磨料在研具和工件之间不间断地滑动和滚动，形成对工件表面的切削作用	常用于平面及内、外圆柱面的研磨。一般采用磨粒或粗于 W7 的微粉做粗研，用于加工精度要求不高的工件或用作高精度工件的预加工
	半干研磨(嵌砂研磨)	将磨料均匀地嵌在研具工作表面的表层中，研磨时再涂以少量的润滑剂	多用于平面研磨，一般采用细于 W7 的微粉做精研
	干研磨	类似湿研，采用的研磨剂是膏状的研磨膏，研磨时应根据加工精度和表面粗糙度的要求，间断涂敷不同粒度的研磨膏	能用于普通或高精度的各类工件的研磨

表 4-4-2 常用抛光方法

抛光方法	说明
机械抛光	机械抛光是依靠切削或使材料表面发生塑性变形而去掉工件表面凸出部，得到平滑表面的抛光方法。一般使用油石条、羊毛轮、砂纸等，以手工操作为主，表面质量要求高的可采用超精研抛的方法。超精研抛是采用特制的磨具，在含有磨料的研抛液中，紧压在工件被加工表面上，做高速旋转运动。机械抛光是模具抛光的主要方法，能够获得 Ra 值不小于 0.008 μm 的各种镜面、光面
化学抛光	化学抛光是材料在化学介质中让表面微观凸出的部分较凹部分优先溶解，从而得到平滑表面。化学抛光可以抛光形状复杂的工件，表面粗糙度一般为 Ra 10 μm
电解抛光	电解抛光原理与化学抛光基本相同，即靠选择性溶解材料表面微小凸出部分，使表面光滑。与化学抛光相比，可消除阴极反应的影响，效果较好

（续表）

抛光方法	说　　　　明
超声波抛光	超声抛光是利用工具断面做超声波振动，通过磨料悬浮液抛光脆硬材料的一种加工方法。将工件放入磨料悬浮液中并一起置于超声波场中，依靠超声波的振荡作用，使磨料在工件表面磨削抛光
流体抛光	流体抛光是依靠流动的液体及其携带的磨粒冲刷工件表面达到抛光的目的。流体动力研磨由液压驱动，介质采用在较低压力下流过性好的特殊化合物（聚合物状物质）并掺入磨料制成，磨料可采用碳化硅粉末
磁研磨抛光	磁研磨抛光是利用磁性磨料在磁场作用下形成磨料刷，对工件磨削加工。这种方法加工效率高，质量好，加工条件容易控制。采用合适的磨料，加工的表面粗糙度可达到 Ra 0.1 μm
电火花超声复合抛光	为了提高表面粗糙度 Ra 值在 1.6 μm 以上的工件的抛光速度，采用超声波与专用的高频窄脉冲高峰值电流的脉冲电源进行复合抛光，由超声振动和电脉冲的腐蚀同时作用于工件表面，迅速降低其表面粗糙度。电火花超声复合抛光对经车、铣、电火花及线切割等工艺加工后的模具粗糙表面抛光效果明显

（二）研磨与抛光工具

常用研具材料见表 4－4－3，研具结构见表 4－4－4，抛光工具见表 4－4－5，手持研抛工具见表 4－4－6。

表 4－4－3　常用研具材料

研具材料	性　能　特　点
灰铸铁	晶粒细小，具有良好的润滑性；硬度适中，磨耗低；研磨效果好；价廉易得，应用广泛
球墨铸铁	比灰铸铁容易嵌存磨料，磨粒嵌入牢固、均匀；能增加研具的耐用度；可获得高质量的研磨效果
软　钢	韧性较好，强度较高；常用于制作小型研具，如研磨小孔、窄槽等的研具
有色金属及合金	各种有色金属及合金，如铜、黄铜、青铜、锡、铝、铅锡金等，材质较软，表面容易嵌入磨粒，适宜做研磨软钢类工件的研具
非金属材料	如木、竹、皮革、毛毡、纤维板、塑料、玻璃等。除玻璃以外，其他材料质地较软，磨粒易于嵌入，可获得良好的研磨效果

表 4－4－4　常用研具结构

名　称		简　图	结构特点	适用范围
平面研具	研磨平板	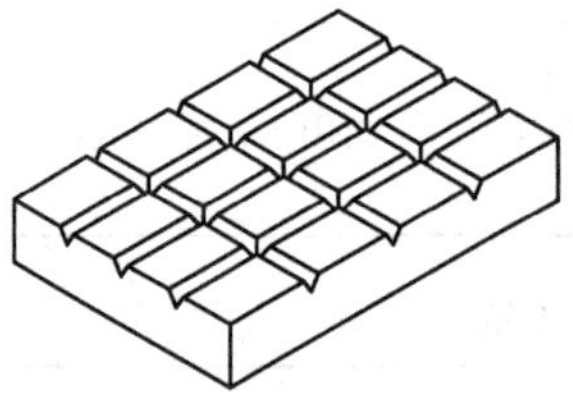	研磨平板有带槽和无槽两种类型。带槽的用于粗研，无槽的用于精研。通常开设 60°V 形槽，槽宽 1～5 mm，槽间距 15～20 mm。一般使用标准平板，模具零件上的小平面，常用自制的小平板进行研磨	用于研磨平面
	直角交叉圆盘	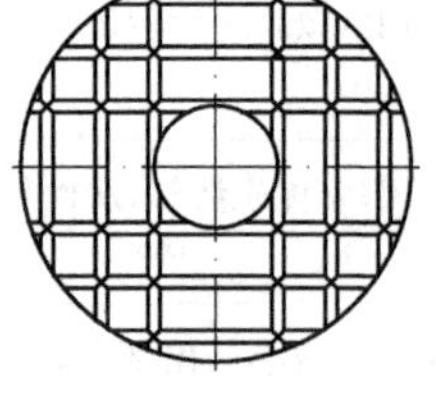	研磨圆盘也有开槽和不开槽两种。用开槽圆盘研磨时，工件表面粗糙度值大于用不开槽圆盘研磨的粗糙度值。开槽形状一般选用螺旋射线，方向应使研磨剂能向内循环移动，与离心力作用相抵消。如用研磨膏研磨时，宜选用阿基米德螺线槽	主要用于模具零件上小平面的研磨

（续表）

名称		简图	结构特点	适用范围
平面研具	螺旋射线圆盘		研磨圆盘也有开槽和不开槽两种。用开槽圆盘研磨时，工件表面粗糙度值大于用不开槽圆盘研磨的粗糙度值。开槽形状一般选用螺旋射线，方向应使研磨剂能向内循环移动，与离心力作用相抵消。如用研磨膏研磨时，宜选用阿基米德螺线槽	主要用于模具零件上小平面的研磨
	阿基米德螺线圆盘	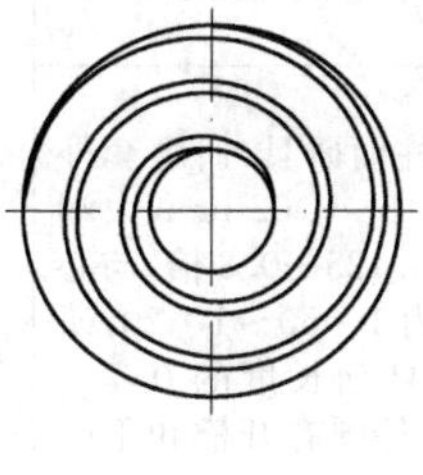		
外圆柱面研具	整体式	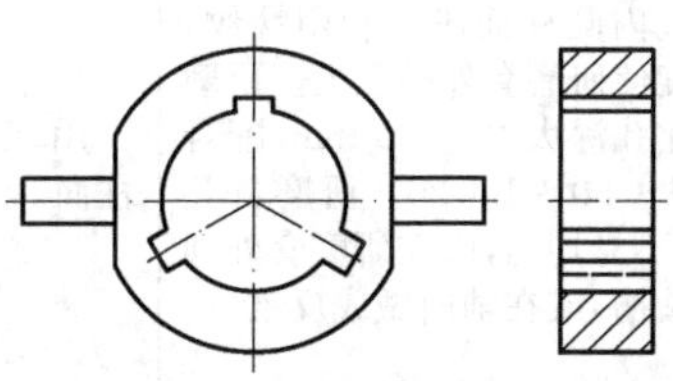	整体式外圆柱面研具为整体不开口的空心研磨套，三槽均匀分布	用于研磨小直径外圆柱面
	带开口研磨套式	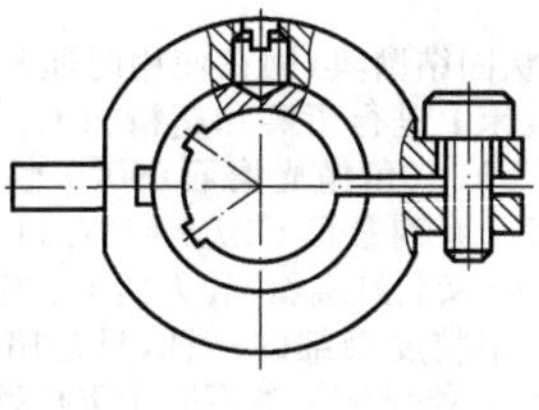	带开口研磨套式外圆柱面研具常用可调式结构，研磨套内经比工件直径大(0.025～0.05 mm)。研磨时，可通过调节螺钉使研磨套内径缩小	用于研磨较大直径外圆柱面
	三点式	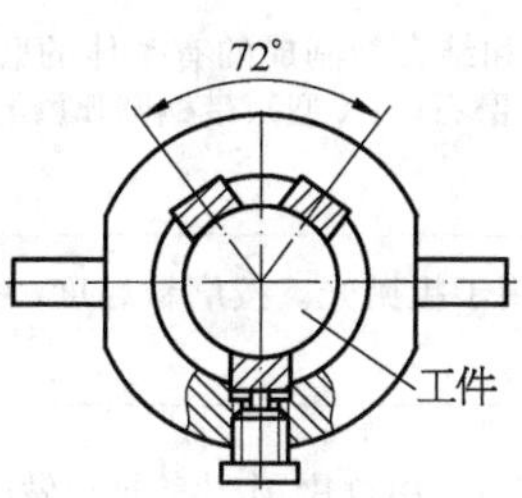	三点式外圆柱面研具是在整体式外圆柱面研具的内孔上，间隔72°开设两槽，在两槽对面另开一较深的槽。三槽内各镶嵌一块研磨块。较深槽内的研磨块可以使用调节螺钉调整位置	用于研磨高精度外圆柱面

（续表）

名称		简图	结构特点	适用范围
内圆柱面研具	不开槽整体式	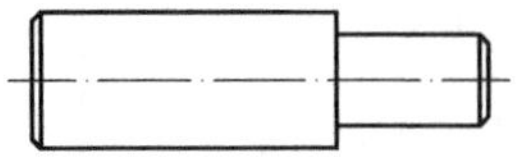	不开槽整体式内圆柱面研具，是实心整体圆柱体，刚性好，研磨精度高	用于精研内圆柱面
	开槽整体式	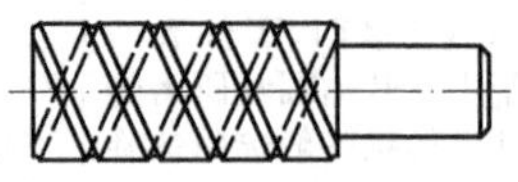	开槽整体式内圆柱面研具，是在实心圆柱体外圆表面上开设直槽或螺旋槽、交叉槽。开螺旋槽时，研磨效率高，但孔的圆度较差，表面粗糙度值较大。开交叉螺旋槽或十字交叉槽时，研磨质量好。水平研磨宜开直槽，垂直研磨宜开螺旋槽	用于粗研内圆柱面
	可调式	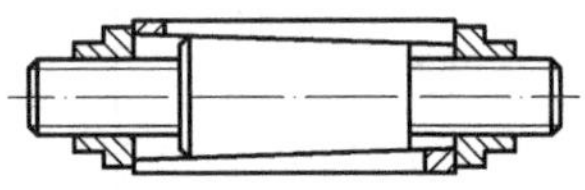	可调式内圆柱面研具，研磨套外径比工件小 0.01～0.02 mm，大端壁厚为孔径的 0.125～0.8 倍，与心轴的配合锥度为 1∶50～1∶20，研具长度为内圆柱面长度的 0.7～1.5倍。研磨套外圆有开槽和不开槽两种	开槽式用于粗研，不开槽式用于精研
	盲孔式	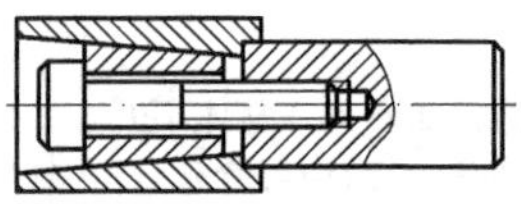	盲孔式内圆柱面研具利用螺纹，通过锥度使研磨套外径胀大。研磨套长度比孔深大 20～30 mm，配合锥度为 1∶50～1∶20。研磨盲孔时，磨料不易均匀，应在研磨套外圆开设螺旋槽，或在轴向做成反锥	用于研磨盲孔的内圆柱面

表 4-4-5 常用抛光工具

名称	说明
手持抛光磨石	手持抛光磨石是用磨料和结合剂等压制烧结而成的条状固结磨具，因在使用时通常要加油润滑，也称为油石。手持抛光磨石一般用于手工抛光零件，也可装夹在机床上进行珩磨和超精加工。按照截面形状，手持抛光磨石有长方抛光磨石（9010 型）、正方抛光磨石（9011 型）、三角抛光磨石（9020 型）、刀形抛光磨石（9021 型）、圆形抛光磨石（9030 型）、半圆抛光磨石（9040 型），尺寸系列参见 GB/T 4127.11—2008。手持抛光磨石的磨料种类有绿碳化硅、白刚玉、棕刚玉、碳化硼、烧结刚玉（又名红宝石）和天然玉。碳化硼油石粒度在400～1 000，粒度越小越粗糙，磨削量越大。天然玉油石是油石中粒度最细的一种，只是用于抛光，几乎没有磨削量，在油石上涂上 W0.5 的金刚石研磨膏后，能抛光出镜面。烧结刚玉油石介于碳化硼和天然玉之间，粒度在1 000～2 000，加上 W0.5 的金刚石研磨膏也能达到镜面抛光效果
金刚石或立方氮化硼磨石	金刚石或立方氮化硼磨石是金刚石或立方氮化硼磨料和结合剂制成的有基体的磨石，适用于手工精密抛光。按照截面形状，金刚石或立方氮化硼磨石有带柄长方磨石（HA 型）、带柄圆弧磨石（HH 型）、带柄三角磨石（HEE 型）等，其尺寸系列参见 GB/T 6409.2—2009
砂纸	砂纸是由氧化铝或碳化硅等磨料与纸黏结而成，主要用于粗抛光。按磨粒粒度，常用的有 400＃、600＃、800＃、1000＃等
研磨膏抛光工具	使用研磨膏抛光时，常用软布、棉球、毛毡等，蘸取研磨膏后，由竹片、木片等推动做抛光加工

表 4-4-6　常用手持研抛工具

名　称	简　图	使　用　说　明
手持往复式修磨研抛工具	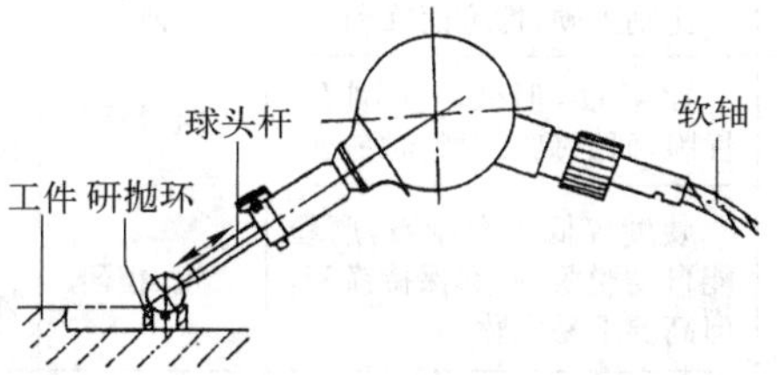	往复式研抛头质量轻,约 0.5 kg,操作灵活方便,它的最大行程 20 mm,往复次数 5 000 次/min,研抛头工作端可在 270°范围内按需要调整 配有 2～6 mm 大小的圆形和矩形研抛块,研抛各种狭槽平面。若卸下球头杆,装上油石夹头、砂纸夹头、金刚石什景锉刀等,可修磨尺寸较大的平面或曲面
手持旋转式修磨研抛工具	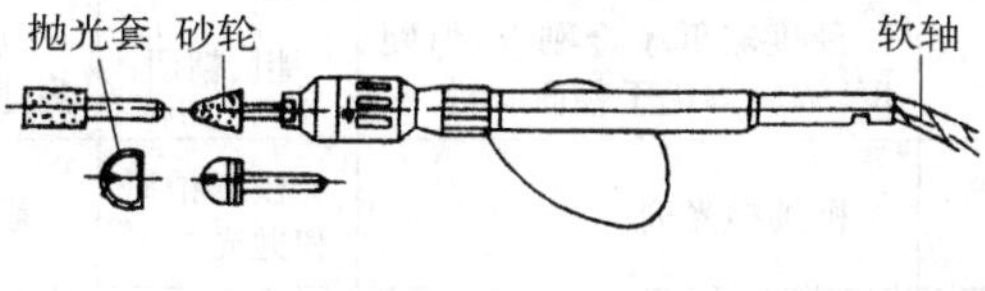	配有 $\phi 2$～$\phi 12$ 金刚石砂轮,可修磨凹弧面。球头 SR4～SR12 的塑料研抛套和各种尺寸的羊毛毡研抛头,加研抛液,可修磨、研抛模具型腔中的凹弧面
手持角式旋转修磨研抛工具	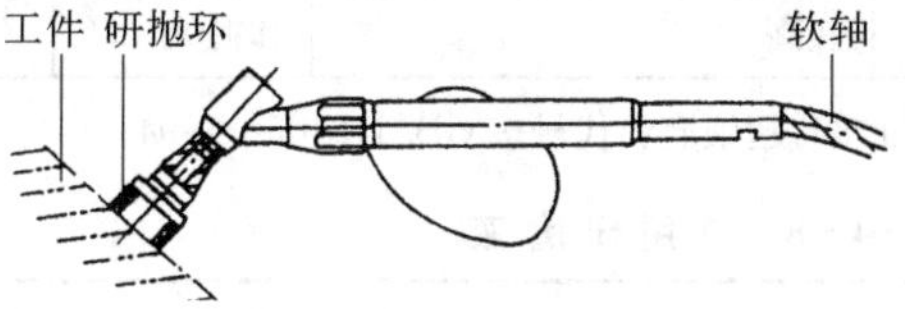	$\phi 8$、$\phi 12$、$\phi 20$ 圆环形研抛头主要用于小尺寸平面的研抛,头部呈角式更便于伸入型腔
手持砂带研抛工具	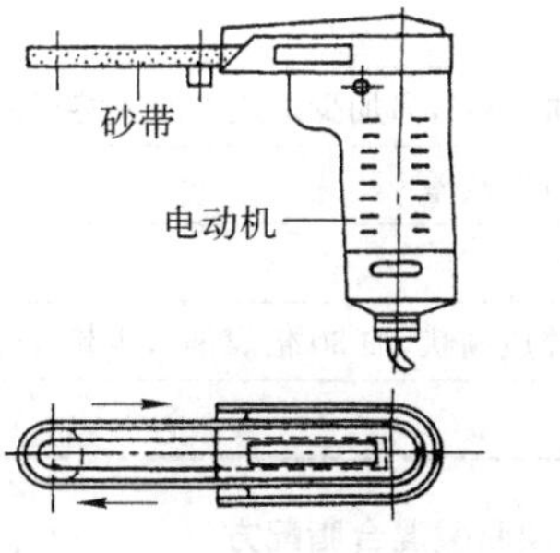	砂带由电动机直接驱动,传动效率高。工具重约 0.4 kg,输入电压 3～30 V、直流电流 0.3 A,砂带线速度 49～700 m/min。配用各种粒度砂带,能高效研抛内外弧面

(三) 研磨剂

研磨剂是由磨料、分散剂(又称研磨液)及辅料按一定比例配制而成的混合物。研磨剂用于研磨和抛光时,磨粒呈自由状态。常用的研磨剂有液态、膏状、固体等类型。液态研磨剂不需要稀释即可直接使用。膏状的常称作研磨膏,可直接使用或加研磨液稀释后使用。用油稀释的称为油溶性研磨膏,用水稀释的称为水溶性研磨膏。固体研磨剂(研磨皂)常温时呈块状,可直接使用或加研磨液稀释后使用。

研磨、抛光常用磨料的性能及用途见表 4-4-7,常用研磨液见表 4-4-8,硬脂酸混合脂配方见表 4-4-9,刚玉研磨膏见表 4-4-10,碳化硅、碳化硼研磨膏见表 4-4-11,人造金刚石或立方氮化硼研磨膏见表 4-4-12。

表 4-4-7　研磨、抛光常用磨料的性能及用途

系列	名　称	代　号	颜　色	强 度 与 硬 度	研磨方法	适 用 范 围
氧化铝系	普通棕刚玉	A	灰、褐、暗褐、粉红、暗红	具有较高硬度和韧性,磨刃锋利,能承受很大压力	粗研	各种碳钢、合金钢、可锻铸铁、硬青铜
	白刚玉	WA	白色	性能优于 A,比 A 硬,韧性低于 A	粗研、极细研	淬硬钢
	铬刚玉	PA	浅紫色	有较好韧性	粗、精研	钢
	单晶刚玉	SA	透明无色	多棱,有高的硬度和强度	粗、精研	淬硬钢

（续表）

系列	名　称	代　号	颜　色	强度与硬度	研磨方法	适用范围
碳化物系	黑色碳化硅	C	黑色半透明	比刚玉硬，性脆而锋利	粗研	铸铁、钢
	绿色碳化硅	GC	绿色半透明	比 C 硬，但低于金刚石，性脆，研磨韧性材料时易裂	粗、精研	淬硬钢、硬质合金、金刚石
	碳化硼	BC	灰色至黑色	硬度仅低于金刚石，磨粒能自动脱落，修磨保持锋利，但高温下易氧化	粗、精研	淬硬钢、硬质合金、金刚石
超硬磨料	人造金刚石	M－SD	灰色至黄白色	最硬的研磨料	粗、精研	硬质合金等
	立方氮化硼	M－CBM		硬度略低于金刚石，但硬度、强度远优于普通磨料	粗、精研	高硬淬硬钢、高钼高钒高速钢、镍基合金钢
软磨料系	氧化铁		红色至暗红色、紫色	极细抛光剂	极细精研和抛光	硬钢、铸铁、铜
	氧化铬		深绿色	极细抛光剂，硬度比氧化铁高	极细精研和抛光	硬钢、铸铁、铜

注：氧化铝系、碳化物系磨料代号按 GB/T 2476—1994，超硬磨料代号按 GB/T 6405—1994。

表 4－4－8　常用研磨液

工件材料	研磨方法	研磨液种类及配制
钢	精研	L－AN10 机油
	粗研	L－AN10 机油 25%，煤油 75%，另加少量透平油或锭子油，适量轻质矿物油或变压器油
铸铁	粗研	煤油，主要用于稀释，润滑性较差
淬硬钢、不锈钢	粗、精研	植物油、透平油或乳化液
铜	粗、精研	动物油(熟猪油加磨料，拌成糊状，加 30 倍煤油)，少量锭子油，适量植物油
硬质合金	粗、精研	汽油，用于稀释

表 4－4－9　硬脂酸混合脂配方

种　类	配比(质量)(%)				使用温度(℃)
	硬脂酸颗粒	石蜡	工业用猪油	蜂蜡	
Ⅰ	44	28	20	8	18～25
Ⅱ	57		26	17	<18
Ⅲ	47	45		8	>25

表 4－4－10　刚玉研磨膏

粒度号	成分及比例(质量)(%)				用　途	粒度号	成分及比例(质量)(%)				用　途
	微粉	混合脂	油酸	其　他			微粉	混合脂	油酸	其　他	
600#	52	26	20	硫化油 2 或煤油少许	粗研	1500#	41	31	28	煤油少许	精研及研端面
800#	46	28	26	煤油少许	半精研及研窄长表面	2000#	40	32	28	煤油少许	精研
						3000#	40	26	26	凡士林 8	精细研
1000#	42	30	28	煤油少许	半精研	6000#	25	35	30	凡士林 10	精细研及抛光

表 4－4－11　碳化硅、碳化硼研磨膏

名　称	成分及比例(质量)(%)	用　途	名　称	成分及比例(质量)(%)	用　途
碳化硅	碳化硅(F240～F360)83、黄油 17	粗研	混合研磨膏	碳化硼(F500)35、白刚玉(F500～F800)与混合脂 15、油酸 35	精研
碳化硼	碳化硼(F500)65、石蜡 35	半精研	碳化硼	碳化硼(F1000 以上)76、石蜡 12、羊油 10、松节油 2	精细研

表 4－4－12　人造金刚石或立方氮化硼研磨膏

粒度号	颜　色	加工表面粗糙度 *Ra*(μm)	粒度号	颜　色	加工表面粗糙度 *Ra*(μm)
＃800(W14)	青莲	0.16～0.32	＃4000(W2.5)	橘红	0.02～0.04
＃1000(W10)	蓝	0.08～0.32	＃6000(W1.5)	天蓝	0.01～0.02
＃1500(W7)	玫红	0.08～0.16	＃8000(W1)	棕	0.008～0.012
＃2000(W5)	橘黄	0.04～0.08	＃10000(W0.5)	中蓝	≤0.01
＃3000(W3.5)	草绿	0.04～0.08			

(四) 研磨、抛光工艺

研磨工艺要点见表 4－4－13，机械抛光常见方法见表 4－4－14，机械抛光工艺要点见表 4－4－15，超声抛光工艺要点见表 4－4－16，电解抛光工艺要点见表 4－4－17，电解抛光工艺规范见表 4－4－18。

表 4－4－13　研磨工艺要点

<table>
<tr><th>工艺内容</th><th colspan="6">说　　明</th></tr>
<tr><td>研磨前表面准备</td><td colspan="6">工件研磨前的表面粗糙度 Ra 1.6～3.2 μm，研磨表面和研具须用汽油或煤油洗净，并去除工件毛刺</td></tr>
<tr><td rowspan="4">研磨余量
(mm)</td><td colspan="6">研磨余量的大小取决于研磨加工的目的、前道工序的加工精度和表面粗糙度。如仅以提高工件表面质量为目的时，研磨余量一般取 0.01～0.02 mm。如研磨加工除了提高表面质量外，还需提高几何形状和尺寸精度，则需根据所包含的误差大小适当增加研磨余量，但不宜超过 0.1 mm</td></tr>
<tr><td>研磨方法</td><td>平面研磨</td><td>外圆研磨</td><td>内孔研磨</td><td colspan="2">说　明</td></tr>
<tr><td>手工研磨</td><td>0.003～0.005</td><td>0.006～0.010</td><td>0.005～0.010</td><td colspan="2" rowspan="2">当工件形状复杂时，可适当增大研磨余量</td></tr>
<tr><td>机械研磨</td><td>0.005～0.010</td><td>0.010～0.020</td><td></td></tr>
<tr><td rowspan="4">研磨压力
(MPa)</td><td colspan="6">研磨压力是指研磨时被研磨表面单位面积上所受到的压力。研磨压力大时，磨粒切入工件的深度增加，有利于提高研磨效率，但研磨压力过大时，将导致磨粒破碎，工件变形，影响加工效率和加工精度。机械湿研时，研磨压力一般可以调节，常取 0.1～0.3 MPa。手工研磨的研磨压力一般比机械研磨小，主要由操作者根据经验确定</td></tr>
<tr><td>研磨方法</td><td>平面研磨</td><td>外圆研磨</td><td>内孔研磨</td><td colspan="2">说　明</td></tr>
<tr><td>干研磨</td><td>0.01～0.1</td><td>0.05～0.15</td><td>0.04～0.16</td><td colspan="2" rowspan="2">多件同时研磨时，每个工件在任何位置上所受研磨压力应相等</td></tr>
<tr><td>湿研磨</td><td>0.1～0.25</td><td>0.15～0.25</td><td>0.12～0.28</td></tr>
<tr><td rowspan="5">研磨速度
(m/min)</td><td colspan="6">研磨速度高，则研磨的效率高。但研磨速度过高，会使工件过度发热，烧伤被研表面。同时，会使研磨剂飞溅流失，运动平稳性降低，研具急剧磨损，直接影响加工精度。一般在粗研时，应取较高的研磨压力和较低的研磨速度，精研时取较低的研磨压力和较高的研磨速度</td></tr>
<tr><td>研磨方法</td><td>单面研磨</td><td>双面研磨</td><td>外圆研磨</td><td>内孔研磨</td><td>说　明</td></tr>
<tr><td>手工研磨</td><td>5～20</td><td></td><td>5～15</td><td>10～20</td><td rowspan="3">要求加工精度高，表面粗糙度低时，应取较低研磨速度</td></tr>
<tr><td>机械湿研</td><td>20～100</td><td>20～80</td><td>20～100</td><td>50～100</td></tr>
<tr><td>机械干研</td><td>10～30</td><td>5～15</td><td>5～20</td><td>10～20</td></tr>
</table>

（续表）

工艺内容	说　　明
研磨运动轨迹	平面研磨时，工件在平板上做8字形推磨，间隔0.5 min应将工件转动180°后再研磨。在研磨过程中尽量避免过早出现轨迹周期性重复 外圆柱面研磨时，一般工件转动，研磨环轴向移动，以构成45°正交网纹为宜 内圆柱面研磨时，研磨芯棒旋转并轴向移动，工件不动，也以构成45°正交网纹为宜 塑料模大型面的研磨纹向，应与模具开启方向平行
操作要点	在研磨的后阶段，应及时擦洗研磨表面，并检查确认表面确无划伤痕迹后，再换上更细的研磨膏或研磨皂继续研磨

表4-4-14 机械抛光常见方法

工艺内容	说　　明
粗　抛	(1) 用直径3 mm、粒度为400＃的WA(白刚玉)抛光轮，选用转速在35 000～40 000 r/min的旋转表面抛光机，或选择超声波研磨机，或使用手持研抛工具，对经铣、电火花、磨等加工后的表面进行抛光 (2) 使用手持抛光磨石、金刚石或立方氮化硼磨石，用煤油作为润滑剂或冷却剂，对工件进行抛光。应选择从粗到细不同粒度的磨石依次对工件表面进行抛光，一般的使用顺序为180＃、240＃、320＃、400＃、600＃、800＃、1000＃，也可直接从400＃开始
半精抛	半精抛主要使用砂纸和煤油。砂纸的号数依次为400＃、600＃、800＃、1000＃、1200＃、1500＃。1500＃砂纸只适用于淬硬的模具钢(52 HRC以上)，而不能用于预硬钢，否则可能会导致预硬钢件表面烧伤
精　抛	(1) 用抛光布轮混合人造金刚石或立方氮化硼研磨膏(或研磨微粉)进行半精抛光。研磨膏的使用顺序可选择1500＃(W7)、2000＃(W5)、3000＃(W3.5)、6000＃(W1.5)。1500＃(W7)的人造金刚石或立方氮化硼研磨膏和抛光布轮可用来去除1200＃和1500＃号砂纸留下的发状磨痕 (2) 用粘毡混合人造金刚石或立方氮化硼研磨膏进行抛光，顺序为8000＃(W1)、10000＃(W0.5)

表4-4-15 机械抛光工艺要点

工艺内容	工　艺　要　点
磨石抛光	使用手持抛光磨石、金刚石或立方氮化硼磨石进行抛光时，应以约70°的角度均衡地进行交叉研磨，理想的往返行程约为40～70 mm
砂纸抛光	(1) 砂纸抛光时，也应以约70°的角度均衡地进行交叉研磨，一面砂纸研磨次数10～15次 (2) 用砂纸抛光需要利用软的木片或竹片支承砂纸。在抛光圆面或球面时，使用软木棒、竹片可更好地配合圆面和球面的弧度。较硬的木条如樱桃木，则更适用于平整表面的抛光。木条的末端应修整成能使其与钢件表面形状保持吻合的形状，以避免木片(或竹片)的锐角接触钢件表面而造成较深的划痕 (3) 换用不同型号的砂纸时，抛光方向应变换45°～90°，以较好地分辨前一种型号砂纸抛光后留下的条纹阴影。换用不同型号砂纸之前，必须用100%纯棉花蘸取酒精之类的清洁剂对抛光表面进行仔细的擦拭 (4) 用1200＃和1500＃砂纸进行抛光时，应注意避免烧伤工件表面
研磨膏抛光	(1) 尽量用较轻的压力下进行抛光，尤其是抛光预硬钢件，或用细研磨膏进行抛光时 (2) 使用钻石研磨膏抛光时，不仅要求工作表面洁净，操作者的双手也必须仔细清洁 (3) 每次抛光时间不应过长，否则会产生橘皮或点蚀 (4) 应避免使用容易发热的抛光方法和工具，例如使用抛光轮抛光，因为抛光轮产生的热量很容易导致工件表面产生橘皮 (5) 抛光过程停止时，应仔细去除所有研磨剂和润滑剂，保证工件表面洁净，随后应在工件表面喷淋一层模具防锈涂层 (6) 应在环境清洁的抛光室内进行抛光，以避免灰尘、烟雾、头皮屑等影响抛光效果。高精密抛光必须有一个绝对洁净的空间

表 4-4-16　超声抛光工艺要点

工 艺 内 容	说　　明
工件研抛前表面状态	模具型腔在电蚀加工后的表面粗糙度 *Ra* 一般为 3.2～12.5 μm，电蚀加工的变质层往往深达 20～80 μm。为使型面经研抛后有较高的表面质量，为便于镜面抛光，要求前道工序提供 *Ra* 3.2 μm以下的表面粗糙度
研 抛 余 量	电蚀加工粗规准留研抛余量约 0.1 μm，中、精规准留研抛余量 0.02～0.05 μm，切削加工型面留研抛余量 0.01～0.04 μm，形位精度高的型面，研抛余量取小值
研　磨　液	参见表 4-4-8
超声波频率按工具形式尺寸调至谐振状态	(1) 为获得高研抛效率，须按超声波专用工具头形式尺寸将频率可调范围 22.5～35.5 kHz 调至(28.5±4)kHz 的谐振频率状态 (2) 当工具太短时，工具的振动频率就高于谐振频率，此时应改用长的接长杆。当工具太长时，工具振动频率将低于谐振频率，此时应选用短的接长杆 (3) 谐振频率波动是由于专用工具夹头与超声头连接不好，工具与专用工具夹头连接不好，磨料粒度过大或工具有裂纹等
专用工具夹头和接长杆	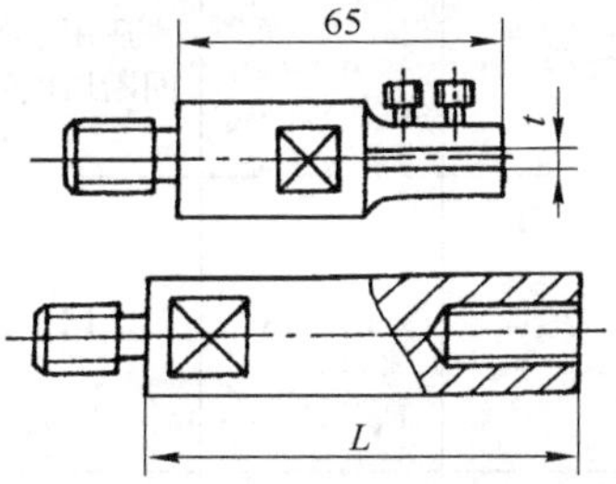 专用工具夹头长度 65 mm 是使工具发生谐振的尺寸 接长杆备有 *L* = 15 mm、25 mm、55 mm、60 mm、65 mm、70 mm 几种尺寸，用以调整工具长度，使工具在谐振频率下进行高效研抛
研抛工具用途	金刚石锉刀：有直锉和弯锉，粒度一般为 130＃，锉削型面细微部位 金刚石合金工具：粒度 200～1000＃，用于细微部位研抛，表面粗糙度 *Ra* 可达 0.1～1.6 μm 研抛油石：有矩形和圆形，粒度 200～600＃，研抛表面粗糙度 *Ra* 可达 0.4～1.6 μm 研抛条：其截面形状与被研抛型面相似，加研磨膏，可达 *Ra*＜0.05 μm
操 作 要 点	(1) 研抛工具与工件表面成 30°～60°角 (2) 在抛光过程中要不断清除抛光残渣 (3) 使用厚度小于 1 mm、强度较差的研抛油石时，要选用低档超声输出功率 10 W、工具振幅 14 μm，若误选高档，会导致油石碎裂 (4) 研抛进行到后阶段时，擦洗研抛表面后才能换上更细的研磨膏 (5) 研抛过程中加稀释的机油，有利于提高研抛效率 (6) 及时更换接长杆，使工具处于谐振状态

表 4-4-17　电解抛光工艺要点

工艺内容	工　　艺　　要　　点
表面预处理	一般情况下，电解抛光只能提高表面质量 1～2 级，要求抛光前工件表面有较低的表面粗糙度值，才能取得良好的抛光效果
电解液选择	电解液应当满足以下要求： (1) 在电流密度小或电压低的条件下，能得到良好的抛光效果 (2) 允许阳极电流密度与温度有较大的浮动范围 (3) 使用过程和停歇不用时都是稳定的，并能长时期地使用 (4) 无电流时，不对金属产生腐蚀作用 (5) 具有良好的分散性能，保证复杂型腔的各个部分能够均匀地抛光 (6) 电解液的电阻较小，能使用较低的电压进行抛光
电解液温度	电解抛光时，电解液有一个适合抛光的温度范围。温度过低，会提高电解液的黏度，使阳极溶解产物向电解液的扩散和新电解液向阳极的补充变得困难，降低抛光质量。温度过高，则电解液的黏度很低，同样会降低抛光质量

（续表）

工艺内容	工　艺　要　点
电解液搅拌	电解抛光过程中，阳极反应产物聚集在工件表面上，扩散、对流不能把这些反应产物从工件表面移向电解液时，需用机械搅拌或压缩空气搅拌、电解液循环搅拌等方法对电解液进行搅拌。此外，搅拌还能防止工件表面过热
后处理	电解抛光后的工件需在水中或其他溶剂中清洗，以去除残留电解液和阳极溶解产物。如清洗后工件表面仍附有极薄一层 Fe_3O_4 组成的黑膜，增加工件表面粗糙度时，可用手工机械抛光的方法，用油石、砂纸、研磨膏打磨去除

表 4-4-18　电解抛光工艺规范

电解液配方（质量分数）(%)		电流密度 (A/dm^2)	电解液温度 (℃)	时间 (min)	说　明
H_3PO_4 CrO_3 H_2O	72 23 5	20～100	65～75	3～5	适用于各类钢铁。采用较大电流密度或间断通电时，可降低工件表面的粗糙度
H_3PO_4 H_2SO_4 CrO_3 H_2O	65～70 15～12 5～6 15～12	35～50	65～75	10～15	适用于碳钢
H_3PO_4 H_2SO_4 草酸 硫脲 EDTA H_2O	60～62 18～22 10～15 g/L 8～12 g/L 1 g/L 18～20	10～25	室温	10～30	适用于碳钢和含锰及含镍的模具钢

（五）抛光缺陷分析

抛光常见缺陷及防止措施见表 4-4-19。

表 4-4-19　抛光常见缺陷及防止措施

缺陷类型	产　生　原　因	防　止　措　施
橘皮	工件表面出现很清楚的、不规则的晶粒荆芥，如同橘皮表面的现象。常见原因有：模具表面过热或渗碳过度；抛光压力过大；抛光时间过长。较软的材料抛光时容易产生橘皮	(1) 用比先前使用的磨料粒度粗一级的研磨剂去除缺陷表面，再用细磨料的研磨剂，用低于先前的抛光压力精抛 (2) 以低于回火温度 25℃ 的温度进行去应力退火，抛光前用最细磨料的研磨剂研磨，最后以较低的压力进行抛光 (3) 用热处理技术提高工件的整体硬度，或用渗氮、渗碳的方法提高钢的表面硬度
针孔	钢材基体与夹杂物（杂质）的硬度不同，抛光时基体被研磨去除的速度大于夹杂物。若继续抛光，夹杂物突出于基体，最终会被拉出，留下针孔（微坑）。研磨膏磨料粒度小于 10 μm，并使用较软的抛光工具（如毛毡）时易出现针孔	(1) 选用经真空除气处理或电渣精炼(ESR)的高纯净度的模具钢 (2) 如出现针孔时，用比先前使用的磨料粒度粗一级的研磨剂去除缺陷表面，再用细磨料的研磨剂精抛 (3) 研磨膏粒度小于 10 mm 时，避免使用很软的抛光工具，并尽可能用较低的压力和最短的时间抛光

(续表)

缺陷类型	产生原因	防止措施
材料纹	钢材轧制时产生的纹路,在抛光的最后阶段或抛光跳级时出现在工件表面	(1) 机械抛光时采用合适的转速(9 000～13 000 r/min) (2) 研磨膏不能跳级使用 (3) 使用布、毛毡等抛光工具时要合实,防止松散
波浪纹	用手持磨石、砂纸抛光时,因钢材材质,抛光压力、速度过高,手压磨石、砂纸手法不正确,未纵横交叉抛光或同一处抛光时间过久等,在工件表面产生波浪形纹路	(1) 选用优质钢材 (2) 手法要正确,压磨石、砂纸的力要合适 (3) 应纵横交叉抛光,同一处抛光时间不能过久

二、电铸

(一) 电铸工艺过程

根据母模所使用的材料和加工方法,电铸工艺过程大致见图 4-4-1,方式二通常用于大量生产。

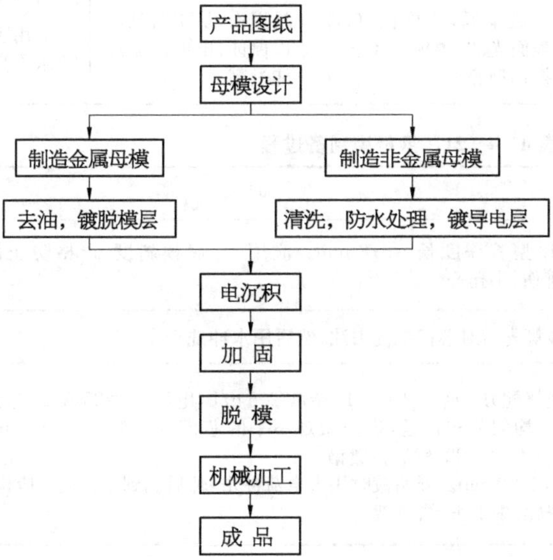

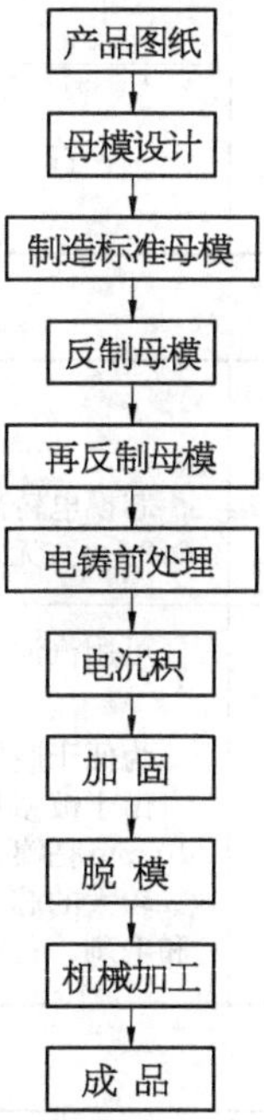

图 4-4-1 电铸工艺过程

(a) 方式一;(b) 方式二

(二) 母模准备

母模材料及其优缺点见表 4-4-20,钢母模制备过程见表 4-4-21,芯模镀镍配方见表 4-4-22,铝母模化学镀锌和镀铜的工艺过程见表 4-4-23,非金属母模防水处理方法见表 4-4-24,化学镀银方法见表 4-4-25,低熔点合金母模在电铸前可考虑涂石墨,以免锡粘在电铸件表面。

表 4-4-20 母模材料及其优缺点

材料			优点	缺点	适用范围
金属	永久型	不含铬的低碳钢、中碳钢或铜	成本低,制造精度高,使用寿命长	脱模时型腔易拉毛,要有脱模斜度	适用于形状简单、脱模方便的场合
	可熔型	低熔点合金	材料可回用,型腔表面不会拉毛	需要有浇铸模,成本高	用于大量生产,母模不能完整取出

（续表）

材料			优点	缺点	适用范围
非金属	不可熔型	木材	成本低，易加工	加工精度不高，需防水处理	适用于大型或精度要求不高的母模
		石膏	成本低，成形良好	加工精度不高，需防水处理	适用于大型或精度要求不高的母模或反制阴模
		环氧树脂	可浇注，粗糙度小，尺寸精度稳定	需要有浇注模，成本高	用于大量生产或大型母模
		聚氯乙烯	可浇注，材料可回用，脱模方便，不会损伤型腔	尺寸精度不高，电解液温度不能过高	适用于大量且无尺寸精度要求的场合
		有机玻璃	加工性能好，粗糙度小，脱模方便，尺寸精度高	使用次数不多，电解液温度不能过高	适用于中小型及齿轴类母模
	可熔型	石蜡	成本低，成形良好，表面光洁，脱模时不会损伤型腔	易损伤，加工时精度难以保证，电解液温度不能过高	适用于小型及尺寸精度要求不高的母模

表 4-4-21 钢母模制备过程

步骤	说明
加工成形	芯模电铸部分长度应比型腔深度长 5～8 mm。应用 15′脱模斜度，严格防止倒锥；粗糙度 *Ra* 0.2 μm。无划痕、凹瘪、碰伤、小孔等
去油	可用汽油和甲苯或乙醇等先后对芯模擦洗去油，然后用水冲洗干净
镀铬	为便于脱模须镀铬。镀铬配方：铬干 250 g/L，硫酸 2.5 g/L，电流密度 25 A/dm^2，温度 60～65℃ 由于镀铬层在芯模表面均匀分布性差，表面微观不平的芯模可先镀 20～30 min 暗镍，再镀 5～10 min 亮镍，镀镍配方见表 4-4-22，然后再镀铬 较大的芯模镀铬前预热 1～2 min。开始镀时用大电流冲击，然后调到正常值。应检查镀层有无烧焦和毛刺，不良的镀层在浓盐酸中退去，再重镀

表 4-4-22 芯模镀镍配方 (g/L)

成分	技术参数	镀暗镍配方	镀亮镍配方
硫酸镍（$NiSO_4$）	工业纯	230～300	240～250
氯化镍（NiCl）	工业纯		45～55
氯化钠（NaCl）	工业纯	20～30	
硼酸（H_3BO_3）	工业纯	20～30	30～40
硫酸镁（$MgSO_4$）	工业纯	30～50	
硫酸钠（$NaSO_4$）	工业纯	50～70	
糖精	食用		1.5
1,4 丁炔二醇	化学纯（CP）		0.2
十二烷基硫酸钠	医用		0.02

注：镀暗镍时，电流密度 0.5～1 A/dm^2，室温，pH 值 5.5～6.2；镀亮镍时，电流密度 3～4 A/dm^2，45～55℃，pH 值 4～5。

表 4-4-23 铝母模化学镀锌和镀铜的工艺过程

工 序	溶 液 成 分	含量(g/L)	温度(℃)	时间(min)	说 明
去 油	氢氧化钠(NaOH) 碳酸钠($NaCO_3$) 磷酸三钠(Na_3PO_4)	5 30 50	60		
热水洗				80	
流水清洗					
浸 酸	硝酸(HNO_3)	200～300	室温	2～4	
化学镀锌	氢氧化钠(NaOH) 氧化锌(ZnO) 三氯化铁($FeCl_3$) 酒石酸钾钠($KNaC_4H_4O_3$)	500 100 1 10	40	1～2	入槽后迅速上下移动
流水清洗					
浸 酸	硝酸(HNO_3)	200～300	室温	1	
流水清洗					
化学镀锌					重复前化学镀锌的过程
流水清洗					
电镀铜	硫酸铜($CuSO_4$) 硫酸(H_2SO_4) 萘二磺酸钠 硫脲	200～250 60～70 2 0.05	室温	15	电流密度 2～4 A/dm^2

注：铝母模化学镀锌和电镀铜的目的是防止或减轻母模在电解溶液中被腐蚀，若是电解铜，只要化学镀锌即可。

表 4-4-24 非金属母模防水处理方法

母模材料	防 水 方 法	操 作 过 程	优 点	缺 点
石膏、木材	喷漆(聚苯乙烯)	在母模的表面先涂上或喷上一层普通漆膜，并填平修光，再喷上一层清漆	使型面更光滑	漆膜厚，花纹及棱角不清
石 膏	浸 石 蜡	(1) 将石膏母模预热到100℃时放入100～150℃的石蜡溶液中浸渍20～30 min (2) 将石膏母模与石蜡同时加温，然后再喷一层清漆	防水性强	涂层厚，尺寸精度不高
石膏、木材	浸 漆	将石膏母模浸入比例为1∶10的聚氯乙烯糊状树脂和环己酮的溶液中，取出后甩干，12 h后再浸入香蕉水与环己酮各半的溶液中，稍甩动一二次，取出后晾干	防水性强	涂层薄

表 4-4-25 化学镀银方法

步 骤	配 方 及 操 作 方 法
除油清洗	(1) 化学去油：将母模浸入稀硝酸溶液中约0.5 min，取出清洗，再用氧化镁擦洗，然后用清水冲洗干净 (2) 手工除油：先用氧化镁擦洗，再用药棉蘸牙膏擦洗，装上挂具，冲洗后浸入10%皂粉溶液中约10 min，取出流水冲洗

（续表）

步 骤	配 方 及 操 作 方 法
敏化处理	将已清洗过的母模浸入用氯化亚锡 10 g、盐酸 40 mL、蒸馏水 1 000 mL 配成的溶液中约 90 min，然后取出用清水冲洗（不能用手抚摸）
化学镀银	先将由硝酸银 10 g/L 和氢氧化钠 8 g/L 配成的溶液用氨水滴清，将此溶液倒入盛器中，母模悬挂在此溶液中互不碰撞约 10 min，并按上述溶液容积比为 1/20 的 80% 葡萄糖溶液倒入盛器中，静置 10～15 min，然后取出流水冲洗干净

注：为了得到良好的导电层，一般母模须经二次镀银，而用石膏制成的母模须三次镀银，到镀层发白为止。

（三）电铸方法

常用电铸材料有镍、铜、铁等。电铸镍成形表面清晰，强度、硬度高，复制性好；电铸铜耐磨性低，易氧化；电铸铁成本低，成形面易腐蚀。电铸镍的配方见表 4-4-26，电铸镍的影响因素见表 4-4-27。电铸铜的配方见表 4-4-28。

表 4-4-26 电铸镍的配方 （g/L）

成 分		技术参数	配 方 一	配 方 二	配 方 三
硫酸镍			240～250	160	180
氯化镍			45～50		
氯化钠		化学纯（CP）			20
氯化铵		化学纯（CP）		25	
硼酸			30～40	30	30
硫酸镁		化学纯（CP）			20
硫酸钠		化学纯（CP）			50
十二烷基硫酸钠		化学纯（CP）	0.05	0.05	0.05
1,2 萘二磺酸		化学纯（CP）		1	
糖精		食用	1.5		0.2
操作条件	电流密度（A/dm^2）		0.5 逐渐增至 6	0.5 逐渐增至 6	0.5 逐渐增至 2
	温度（℃）		60	80	40～50
	pH 值（用硫酸和氢氧化钠调节）		4～4.5	5.5～5.8	4～4.5

注：1. 配方一镀层厚度 4 mm/周，配方二镀层厚度 5～6 mm/周。
2. 配方一、三镀层硬度 25～30 HRC，配方二镀层硬度 50 HRC。
3. 配方一、二需用空气搅拌。

表 4-4-27 电铸镍的影响因素

影 响 因 素	说 明
pH 值	pH 值高，阴极的电流效率高，镀层均匀。过高，阴极板上会出现碱或镍盐沉淀，有利于气泡停留，使镀层结晶粗糙，力学性能降低。pH 值低，阳极溶解性好，阴极电流效率低。过低，不能正常电镀
温 度	一定的温度可改善溶液导电性，降低镀层内应力，增加柔软性。温度过低，会导致镀层开裂

（续表）

影 响 因 素	说 明
电流密度	刚开始时，电流密度大，母模的尖端、棱角处镀层生成特别快，会生长成畸形。故开始时，电流密度要小，3 天至 1 周后，才逐渐加到规定的较大值
母模与阳极的相对位置	母模与阳极距离宜大而均匀，圆轴形母模最好用三块阳极板环围着母模。有凹凸的母模，凹凸的一面应朝上或倾斜朝上，便于气泡逸出。阳极板与母模的距离大于 200 mm 为宜。母模不能露出液面
镍阳极板	镍阳极板必须采用高纯度电解镍板，其表面积应比阴极板大 1～2 倍。镍阳极板须经酸洗、水冲洗干净后，装入涤纶袋后放入槽内，用铜螺钉与导线相连

表 4-4-28 电铸铜的配方

配 方	成 分 及 含 量
配方一	硫酸铜 200～250 g，硫酸 50～60 g，均染剂 0.1～0.2 mg，阿拉伯树脂 0.1 g，蒸馏水 1 000 mL
配方二	硫酸铜 250～270 g，硫酸 60～75 g，酚磺酸 8 mL，蒸馏水 1 000 mL
配方三	硫酸铜 200～250 g，硫酸 50～75 g，酒精 5 mL，聚乙二醇 3～5 g，蒸馏水 1 000 mL
配方四	硫酸铜 170～260 g，硫酸 30～75 g，蒸馏水 1 000 mL

电铸铁的电解液配方为：氯化亚铁 400～500 g；盐酸 200～300 g；水 1 000 mL；pH 值 1.4～1.7；温度90～100℃。电铸件的脱模方式见图 4-4-2。

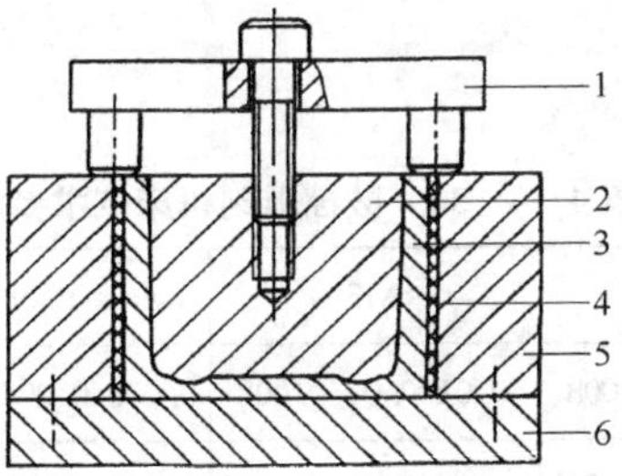

图 4-4-2 电铸成形件脱模方式

1—卸模架；2—芯模；3—电铸型腔；4—无机黏结剂；5—模套；6—垫板

电铸成形件壁厚较薄，一般均需加固，常见加固方法见表 4-4-29。

表 4-4-29 电铸成形件加固

加固方法	简 图	说 明
喷涂金属（铜或钢）	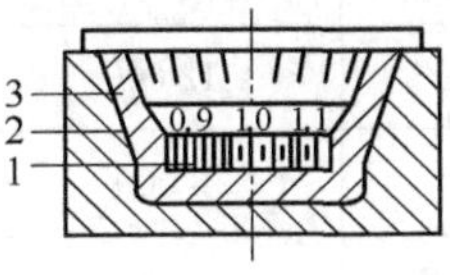 1—母模；2—喷涂层；3—电铸层	电铸层经喷涂达到一定厚度后，再将外形加工至所需形状
无机粘接	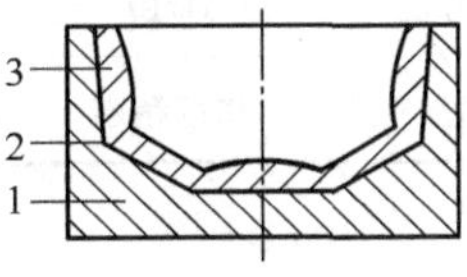 1—钢套；2—无机黏结层；3—电铸层	将电铸件外形按铸件的镀层大致加工成形，配入钢套内，单边间隙 0.2～0.3 mm，浇无机黏结剂

（续表）

加固方法	简　　图	说　　明
浇环氧树脂或低熔点合金	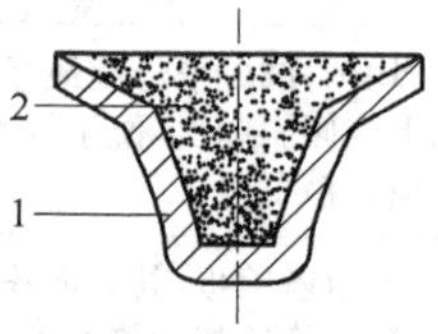 1—电铸层；2—环氧树脂或低熔点合金	为了防止电火花加工时变形，电铸电极内壁浇以环氧树脂或低熔点合金

（四）电铸在模具制造中的应用

电铸工艺具有极高的复制精度，适用于制造表面粗糙度低、结构复杂或狭窄而不易抛光的塑料注射模型腔，如塑料蜗杆、齿轮、光学镜片、笔杆、手机按键及面板、数码相机镜头、旋钮、车灯反光板等的注射模型腔。电火花加工用的工具电极，可以采用电铸方法制造。用电铸的工具电极进行电火花加工时，因为局部过热，铜层容易从基体上崩落下来，为了保证导热良好，铜层厚度一般都需大于 2 mm。电铸工艺也用于快速模具制造。例如，制造具有共形冷却道的镍壳-铜层-背衬模，先在母模表面电铸镍壳，然后设置共形冷却道，再电镀铜层，浇注背衬。这种模具的导热性比钢质模具好，可用于大批量生产塑料件。

三、数控雕刻加工

（一）数控雕刻机床

数控雕刻机床技术参数见表 4-4-30。

表 4-4-30　数控雕刻机床技术参数

型　　号	M4	M6	SmartCNC450	SmartCNC500	JDWMS200V
X、Y、Z 轴运动定位精度(mm)	0.01/0.01/0.008	0.01/0.01/0.008	0.008/0.006/0.006	0.008/0.006/0.006	0.02/0.02/0.008
X、Y、Z 轴重复定位精度(mm)	0.008/0.008/0.005	0.008/0.008/0.005	0.005/0.005/0.005	0.005/0.005/0.005	0.012/0.012/0.005
X、Y、Z 轴工作行程(mm)	400×400×160	500×600×160	450×200×160	500×280×260	800×800×115
工作台尺寸(mm)	460×460	540×640	560×220	680×310	800×1 045
主轴直径(mm)	110	110	80	100	80
主轴最大转速(r/min)	24 000	24 000	3 000～36 000	28 000	24 000
最大刀具直径(mm)	12	12	6	12	
最大空移速度(mm/min)	12 000	12 000	12 000	12 000	6 000
最高加工进给速度(mm/min)	9 000	9 000	6 000	6 000	4 500
最大工作负重(kg)	100	100	300	500	200
控制系统	台湾新代	台湾新代	JD45	JD45	JD45B
备　　注	无锡帅克	无锡帅克	北京精雕	北京精雕	北京精雕

（二）数控雕刻刀具

常用数控雕刻刀具见表 4-4-31。

表 4-4-31　常用数控雕刻刀具

<table>
<tr><th colspan="2">类　　型</th><th>参数</th><th>参数说明</th><th>刀 具 图 例</th><th>使 用 说 明</th></tr>
<tr><td rowspan="2">平底刀</td><td rowspan="2">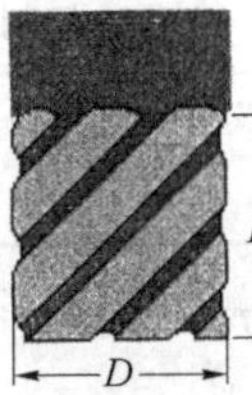</td><td>H</td><td>刃高</td><td rowspan="2">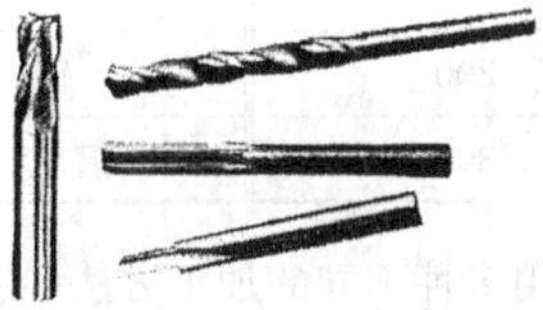</td><td rowspan="2">(1) 平底刀又称柱刀或棒铣刀，主要依靠侧刃进行雕刻加工，底刃主要用于平面修光
(2) 平底刀的刀头端面较大，雕刻效率高，主要用于轮廓切割、铣平面、区域加工、曲面粗加工等
(3) 平底刀的底刃切削能力差，尽量不要用直线下刀方式，而是用斜线下刀或螺旋下刀方式</td></tr>
<tr><td>D</td><td>直径</td></tr>
<tr><td rowspan="3">球头刀</td><td rowspan="3"></td><td>H</td><td>刃高</td><td rowspan="3"></td><td rowspan="3">(1) 球刀的切削刃呈圆弧状，在加工过程中形成一个半球体，加工过程受力均匀，切削平稳，特别适合于曲面加工，常用于曲面的半精加工和精加工
(2) 球刀不适合铣平面</td></tr>
<tr><td>D</td><td>球头直径</td></tr>
<tr><td>R</td><td>球头半径</td></tr>
<tr><td rowspan="3">牛鼻刀</td><td rowspan="3">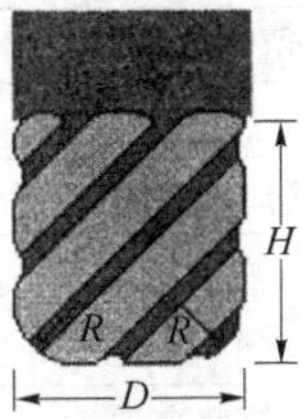</td><td>H</td><td>刃高</td><td rowspan="3">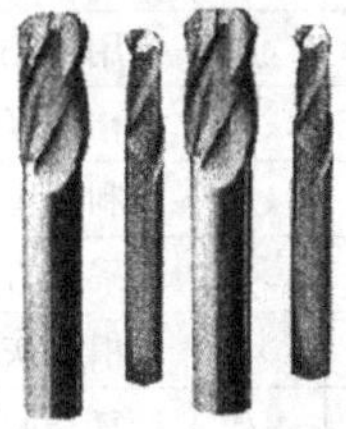</td><td rowspan="3">牛鼻刀是球刀和平底刀的混合体，一方面具有球刀的特点可以加工曲面，另一方面具有平底刀的特点可以加工平面</td></tr>
<tr><td>D</td><td>顶直径</td></tr>
<tr><td>R</td><td>角半径</td></tr>
<tr><td rowspan="4">锥度平底刀</td><td rowspan="4">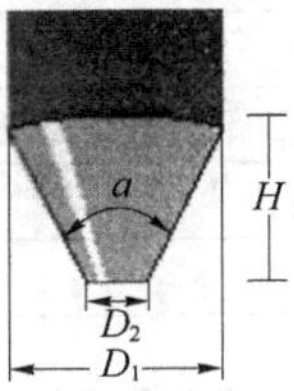</td><td>H</td><td>刃高</td><td rowspan="4"></td><td rowspan="4">(1) 锥度平底刀简称锥刀，其底刃俗称刀尖，类似于平底刀，可用于小平面的修光
(2) 锥刀的侧刃倾斜一定的角度，在雕刻过程中形成倾斜的侧面，可以实现三维清角雕刻
(3) 锥刀常用于单线切割、区域粗加工、区域精加工、三维清角、路径投影加工、图像灰度加工等</td></tr>
<tr><td>a</td><td>刃全角</td></tr>
<tr><td>D_2</td><td>底直径</td></tr>
<tr><td>D_1</td><td>顶直径</td></tr>
<tr><td rowspan="4">锥度球头刀</td><td rowspan="4">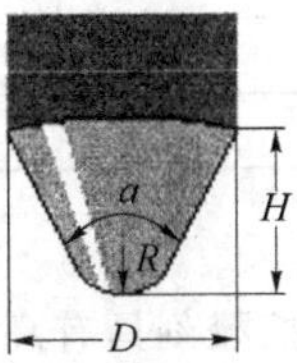</td><td>H</td><td>刃高</td><td rowspan="4"></td><td rowspan="4">(1) 锥度球头刀简称锥球刀，是锥刀和球刀的混合体，一方面具有锥刀的特点，具有很小的刀尖，另一方面又有球刀的特点，可以雕刻比较精细的曲面
(2) 锥球刀常用于浮雕曲面加工，路径投影雕刻，图像浮雕加工</td></tr>
<tr><td>D</td><td>顶直径</td></tr>
<tr><td>a</td><td>刃全角</td></tr>
<tr><td>R</td><td>球半径</td></tr>
<tr><td rowspan="5">锥度牛鼻刀</td><td rowspan="5">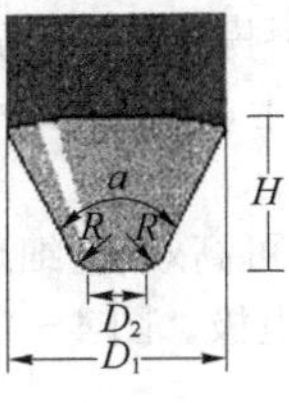</td><td>H</td><td>刃高</td><td rowspan="5"></td><td rowspan="5">(1) 锥度牛鼻刀是锥刀和牛鼻刀的混合体，一方面具有锥刀的特点，有较小的刀尖，可以雕铣比较精细的曲面，另一方面又有牛鼻刀的特点
(2) 锥度牛鼻刀常用于浮雕曲面加工</td></tr>
<tr><td>D_1</td><td>顶直径</td></tr>
<tr><td>D_2</td><td>底直径</td></tr>
<tr><td>R</td><td>角半径</td></tr>
<tr><td>a</td><td>刃全角</td></tr>
</table>

(三) 数控雕刻加工工艺方法

数控雕刻加工时，常用材料的切削速度范围见表 4-4-32。

表 4-4-32 常用材料的切削速度范围 (m/min)

材料名称	最小切削速度	最大切削速度	材料名称	最小切削速度	最大切削速度
钢 材	50	200	黄 铜	150	600
紫 铜	70	300	铝	170	1 200

数控雕刻机床在软件支持下，可以使用多种不同的加工方法，实现不同的加工效果，见表 4-4-33。

表 4-4-33 数控雕刻加工方法

类型		加工方法	使用环境		说明
			2D	3D	
平面加工	孔加工	钻孔加工	√	√	加工通孔、盲孔、定位孔、下刀孔等
		扩孔加工	√	√	扩孔加工，也可以用于快速加工大直径通孔
	曲线加工	单线切割	√	√	沿曲线进行加工，也用于不封闭边界修边
		轮廓切割	√	√	切割封闭轮廓
	区域加工	区域加工	√	√	用于除去平面封闭区域内的材料，以形成一个平面凹槽
		残料补加工	√	√	用较小直径刀具修补上道工序加工残留的区域
		区域修边	√	√	精修区域侧壁，提高边界的尺寸精度
		三维清角	√	√	利用锥刀的特点最大限度地清除尖角部分的材料
	图片加工	灰度图片	√	×	采用打点的方式雕刻灰度图片
		图片浮雕	√	×	根据灰度浮雕的方式雕刻图片
曲面加工	曲面加工	分层区域粗加工	√	√	复杂曲面模型的粗加工方法，去除材料效率高
		曲面残料补加工	×	√	是分层区域加工的补加工，去除大的残料
		曲面精加工	√	√	曲面模型的成形加工
		曲面清根加工	×	√	用小直径刀具对大直径刀具加工的残留部分进行处理加工
	专用功能加工	投影加深粗加工	√	√	光滑曲面的粗加工方法，加工残留量小
		成组平面加工	×	√	对一组比较平坦的曲面进行精加工
		旋转加工	×	√	用于加工柱状零件
		导动加工	×	√	基于导动线而生成路径的方法
	投影加工	插铣加工	×	√	通过刀具轴向运动高效地切削材料
		路径投影	√	√	将现有的刀具路径投影到曲面上
		路径包裹	√	√	将现有的刀具路径包裹到曲面上

(四) 数控雕刻在模具加工中的应用

雕刻从加工原理上讲是一种钻、铣组合加工。数控雕刻具有高精度、高效率以及柔性化的特点，适用于高精度复杂型面的单件、小批生产。

数控雕刻在模具加工中的主要应用有：

(1) 直接加工模具零件。数控雕刻可用于加工塑料模、金属压铸模、橡胶模、鞋模等模具中的小型零件，尤其适合加工模具零件上的文字、数字、图案、花纹等复杂的图形。

(2) 加工电极。数控雕刻与电火花成形加工配套，可高效、精细地加工各种轮廓分明、尺寸精确的电火花成形加工用紫铜、石墨电极。图 4-4-3 为数控雕刻加工的紫铜电极。

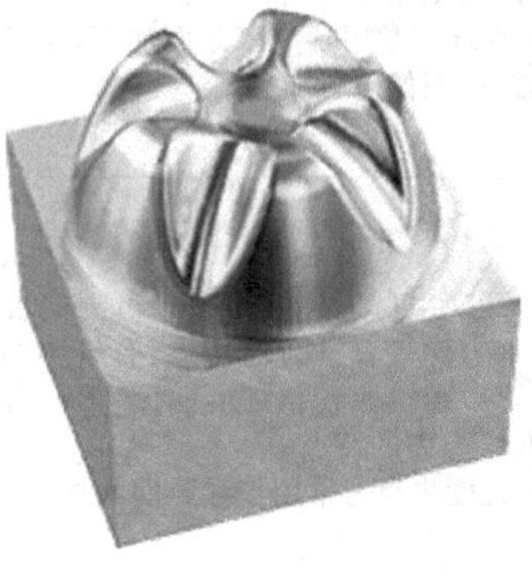

图 4-4-3 紫铜电极

第五章　模具零件热处理

热处理是利用加热、保温、冷却的方法，使金属的内部组织或表层材料合金成分发生变化，从而获得所需要的各种机械性能(如强度、硬度、韧性、耐磨性)的一种工艺过程。通常，模具寿命的长短在很大程度上取决于模具零件的热处理方法和热处理质量。

一、模具零件常用热处理方法

(一) 退火与正火

退火与正火通常用作预备热处理，目的在于消除先前加工所造成的某些缺陷，如晶粒粗大，带状组织等，或者为后续的冷加工和最终热处理如淬火、回火、化学热处理等做准备。退火与正火工艺方式见表4-5-1，碳钢退火、正火加热温度范围划分见图4-5-1。

加热速度对于一般碳钢和低合金钢不受太大的限制，可以随炉升温，也可以在较高温度时装炉。对于合金元素含量较高的合金钢，因为合金元素较多，导热性相对较差，加热速度限制较严。对于高合金钢，加热速度应限制在150℃/h内。加热速度过高，工件温差太大，容易引起变形或开裂。合金工具钢、高速钢应在低温(≤250℃)装炉，以100～120℃/h的速度加热到所需温度。

保温时间的确定，与材料成分及原始组织状态、装炉量与装炉方式、加热设备类型等有关。

常用模具材料的球化退火工艺规范见表4-5-2，消除应力退火工艺规范见表4-5-3，正火工艺规范见表4-5-4。美国(AISI)工具钢退火规范见表4-5-5。

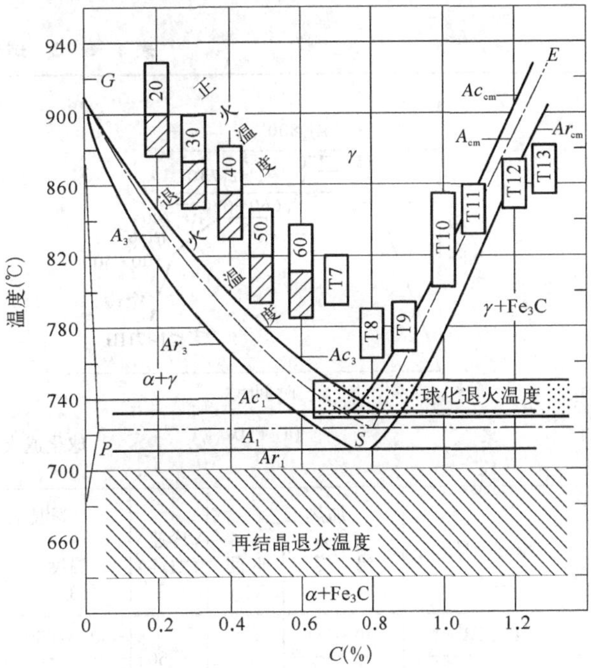

图4-5-1　碳钢退火、正火加热温度范围

表4-5-1　退火与正火方式

方式	目的	应用
完全退火	(1) 细化晶粒 (2) 降低硬度，提高塑性 (3) 消除内应力	用于亚共析钢的预先热处理
不完全退火	(1) 降低硬度，提高塑性，改善切削加工性 (2) 消除内应力 (3) 得到球状珠光体	(1) 用于无网状碳化物组织的过共析钢，很少用于亚共析钢 (2) 用于高碳钢和轴承钢的预先热处理
等温退火	(1) 采用等温退火，由于奥氏体等温分解是在恒温下进行，因而所得到的珠光体组织均匀(特别是对于大截面的零件)，从而获得均匀的力学性能 (2) 采用等温退火，可以使采用一般退火方法难于得到珠光体组织的钢得到珠光体，以利切削加工，并缩短生产周期	(1) 可根据等温退火的目的，在生产中广泛采用，特别是亚共析钢和共析钢 (2) 合金钢的退火，几乎用等温退火代替历来采用的完全退火
球化退火	(1) 获得球状珠光体，消除过共析钢中的轻微网状组织 (2) 降低硬度，提高塑性和韧性 (3) 改善切削加工性 (4) 作为淬火前的预备热处理	用于改善w_C大于0.65%的碳素工具钢、合金工具钢及轴承钢的组织，从而获得良好的加工性能，并为最后热处理做好组织准备

（续表）

方式	目　　的	应　　用
去除应力退火	（1）消除内应力、稳定尺寸、减少加工和使用过程中的变形 （2）降低硬度，便于切削加工	（1）用于高合金钢，主要是降低硬度，改善切削加工性能 （2）对于高精度零件，为消除切削加工后的应力，稳定尺寸，采用更低温度（200～400℃）长时间保温
正火	（1）提高低碳钢的硬度，改善切削加工性 （2）细化晶粒改善组织（如消除魏氏组织、带状组织、大块状铁素体和网状碳化物）为最后热处理做组织准备 （3）消除内应力，提高低碳钢性能，作为最后热处理	（1）主要用于低碳钢、中碳钢和低合金钢，对于高碳钢和高碳合金钢不常采用（仅当有网状碳化物时采用），因为高碳钢和高碳合金钢正火后会发生马氏体转变 （2）用于淬火返修件，消除内应力和细化组织，以防重淬时产生变形和开裂

表 4-5-2　球化退火工艺规范

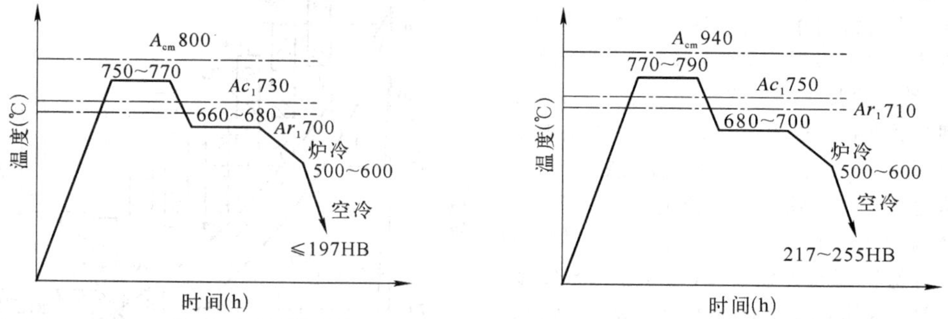

(a) T10　　(b) CrWMn

球化退火工艺示例

牌　号	加热工艺		冷速（℃/h）	等温工艺		退火后硬度（HB）	工艺示意图
	温　度（℃）	时间（h）		温度（℃）	时间（h）		
T7、T8	740～750	2～4	≤50	600～650	4～6	≤187	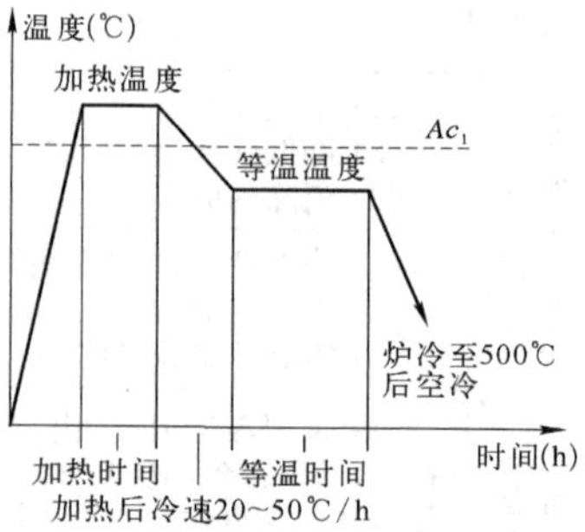
T10	750～770			660～680		≤197	
9Mn2V	760～780		≤30	680～700		≤229	
9CrWMn	770～790			690～720		209～255	
CrWMn	770～790			680～700		217～255	
GCr15	790～810			700～720		207～229	
Cr12MoV	850～870	3～4		720～750	6～8	207～225	
Cr4W2MoV	850～870			750～770		≤269	
Cr2Mn2SiWMoV	780～800	2～4		700～720		≤269	
6W6Mo5Cr4V	820～840	3～4		730～750		207～255	
W18Cr4V	830～850			730～750		207～255	
W6Mo5Cr4V2	820～840			730～750		207～255	
TLMW50	860～880			720～740	3～4	35～40 HRC	
GT35	820～850	2～4	≤20	720～740	4～5	39～46 HRC	
4Cr5MoSiV1	820～840	4～6	≤30	600～620	3～4		
7Cr7Mo3V2Si	850～870	2～3	≤30	730～750	5～6	210～240	

表 4-5-3 消除应力退火工艺规范

牌 号	加热温度(℃)	时间(h)	冷却方式	工 艺 示 意 图
T7、T8、T7A、T8A	600～650	2～3	空冷或炉冷	
T10、T10A	600～650	2～3		
9Mn2V	650～680	2～4	空冷或炉冷	
CrWMn	650～680	2～4		
9CrWMn	650～680	2～4		
GCr15	650～700	2～4		
20	680～720	1～2	空冷或炉冷	
20Cr	700～720	1～2		
45	680～720	1～2		
12CrNi3	650～680	2～3	空 冷	
Cr12	650～750	3～4	空冷或炉冷	
Cr12MoV	650～750	3～4		
W18Cr4V	650～750	3～4		
W6Mo5Cr4V2	650～750	3～4		
3Cr2W8V	650～750	3～4		
TLMW50	500～600	3～4		

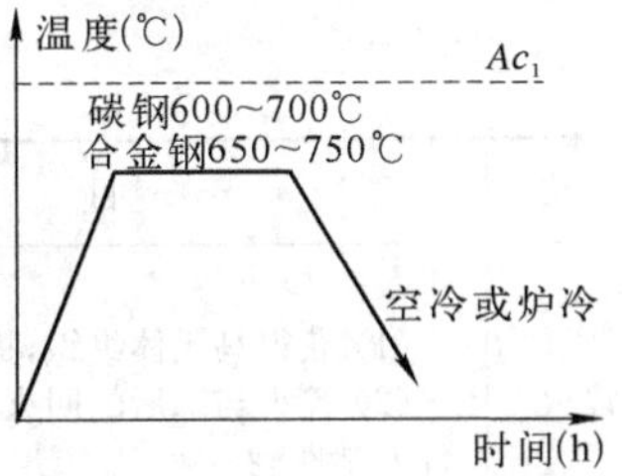

表 4-5-4 正火工艺规范

牌 号	加热温度(℃)	加热时间	冷却方法	硬度(HB)	工 艺 示 意 图
T8、T8A	760～780	透 烧	空 冷	241～302	
T10、T10A	810～850	透 烧	空 冷	255～321	
9Mn2V	870～880	透 烧	空 冷	≤269	
CrWMn	970～990	透 烧	空 冷	388～514	
GCr15	900～950	透 烧	空 冷	229～375	
20	890～920	透 烧	空 冷	<156	
20Cr	870～900	透 烧	空 冷	≤270	
45	850～870	透 烧	空 冷	170～217	
40Cr	850～870	透 烧	空 冷	179～217	
12CrNi3	920～940	透 烧	空 冷	≤229	

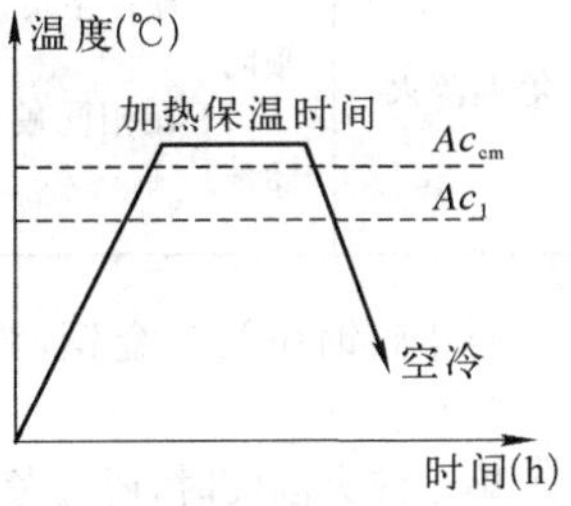

表 4-5-5 美国(AISI)工具钢退火规范

牌 号	加热温度(℃)	最大冷速(℃/h)	硬度(HBW)	牌 号	加热温度(℃)	最大冷速(℃/h)	硬度(HBW)
H10、H11、H12、H13	845～900	22	192～229	L3	790～815	22	174～201
O1	760～790	22	183～212	L6	760～790	22	183～212
O2	745～775	22	183～212	T1	870～900	22	217～255
A2	845～870	22	201～229	T4	870～900	22	229～269
A4	740～760	14	200～241	M2	870～900	22	212～241
D2、D3、D4	870～900	22	217～255	M7	815～870	22	217～255
P20	760～790	22	149～172	M41、M42	870～900	22	235～269

（二）淬火与回火

淬火、回火是模具零件常用的最终热处理工艺。材料经淬火后，内部组织发生明显变化，形成一种完全不同于正火、退火时的组织，即马氏体。在随后的回火过程中，又可以根据不同要求得到不同的回火组织，达到零件的使用性能要求。

1. 淬火

钢经淬火获得马氏体组织后，硬度显著提高，脆性增大，冲击韧性降低。马氏体的比容比其他组织大，零件在淬火时，易产生内应力，甚至导致变形和开裂。因此，应选用合适的淬火方法。常用的几种淬火方法见表4-5-6。

表4-5-6　常用的几种淬火方法

方　法	目　的	应　用
单液淬火	（1）获得马氏体组织，提高工件的硬度、强度和耐磨性 （2）淬火与随后的回火工序相结合，使工件获得良好的综合力学性能	（1）仅适用于形状简单的淬火件 （2）碳钢直径超过12 mm的采用水淬火 （3）直径较小的碳钢件或合金钢件采用油淬
双液淬火	（1）获得马氏体组织，提高工件的硬度、强度和耐磨性 （2）减少淬火工件的内应力，避免变形和开裂（因为奥氏体转变为马氏体是在比较缓慢的冷却条件下进行的）	主要用于形状比较复杂的碳素钢（特别是高碳钢）淬火件
分级淬火	（1）同单液淬火法 （2）减少淬火工件的内应力，比双液淬火更有效地避免变形和开裂（因为奥氏体转变为马氏体是在更缓慢的冷却条件下进行的）	适用于形状复杂，直径不大于12 mm的碳钢淬火件和直径不大于30 mm的合金钢淬火件
等温淬火	（1）获得下贝氏体，更有效地减少淬火工件的变形与开裂倾向 （2）在相同硬度下，比其他淬火方法使工件获得更高的韧性	适用于形状复杂，且要求较高硬度和冲击韧性的淬火工件

对于碳钢和低合金钢，淬火的加热温度范围为：亚共析钢 $Ac_3+30\sim50$℃；共析钢和过共析钢 $Ac_1+30\sim50$℃。

确定淬火温度时，还应考虑以下因素：

（1）亚共析钢加热规范应保证获得晶粒细小、均匀的奥氏体，并尽可能减少氧化、脱碳。

（2）过共析钢含碳量高，奥氏体晶粒长大会使脆性增加，控制比亚共析钢更加严格。此外，温度升高会使 Ms 点下降，淬火后残余奥氏体增多，因此加热温度应选得低一些。

（3）合金元素对淬火温度也有影响。例如：W形成的碳化物对晶粒长大起阻碍作用，使高速钢加热到1 280℃时，仍保持细小晶粒。因此，可采用较高的淬火温度，以提高奥氏体的合金度，保证热处理后获得优良的性能。Mo在高速钢中的作用与W相似，W6Mo5Cr4V2是以钼代钨的常用钢种。但Mo的碳化物溶解于奥氏体的温度比W的碳化物低，淬火加热时易发生晶粒长大，过热敏感性高，加热温度应严格控制。

（4）淬火加热温度应选择在能使碳和合金元素最大限度地溶入奥氏体中，同时又不使奥氏体过分长大，从而获得既有高的硬度和热硬性，又有较好的塑性和韧性。

零件淬火时的加热方式对热处理质量有重要影响。在加热过程中应尽量减少氧化和脱碳。淬火加热经常采用盐浴方式。加热介质用盐（$BaCl_2$、NaCl、KCl）是中性的，但使用不当同样会引起脱碳，因为高温熔融状态的盐容易与空气中的氧结合生成氧化物。因此，盐类中含有的少量杂质和盐浴炉的电极、坩埚在加热过程中产生的氧化物都会造成零件脱碳。因此，应采用高纯度的盐类，同时不断排除使用过程中产生的氧化物。常用的盐浴成分和使用温度见表4-5-7，常用脱氧剂的使用条件和效果见表4-5-8。

表 4-5-7　盐浴成分和使用温度

成分(质量)(%)	熔点(℃)	使用温度(℃)	成分(质量)(%)	熔点(℃)	使用温度(℃)
$BaCl_2$(100)	960	1 100～1 350	NaCl(50)+$BaCl_2$(50)	670	700～1 000
NaCl(100)	808	850～1 100	NaCl(20～30)+$BaCl_2$(80～70)(高速钢预热用)	650	700～1 000
KCl(100)	773	800～1 000			
NaCl(22)+$BaCl_2$(78)	635	660～1 000	KCl(30)+NaCl(20)+$BaCl_2$(50)	540	580～880
KCl(50)+$BaCl_2$(50)	640	670～1 000	NaCl(21)+$BaCl_2$(31)+$CaCl_2$(48)	435	480～780

表 4-5-8　常用脱氧剂的使用条件和效果

脱　氧　剂	使　用　条　件	脱　氧　效　果
二氧化钛(TiO_2)	不易捞渣，最好与硅胶(SiO_2)配合使用	脱氧作用强、速效性好、迟效性差，适用于1 000℃以上的高温浴
硼砂($Na_2B_4O_7$)	使用前先脱去结晶水。加入量增大 2%～5%	不能完全防止脱碳，易侵蚀炉衬和电极
MgF_2	对工件、炉衬、电极有侵蚀，添加氟化钙可缓和	添加氟化钙后用于高温盐浴脱氧效果好、腐蚀小
Mg-Al	粒度 0.5～1 mm，Mg∶Al=1∶1	具有强烈脱氧、脱硫作用，适用于中温盐浴脱氧

淬火时通过淬火介质把加热至奥氏体状态的工件快速冷却下来，以获得马氏体或贝氏体组织。在 *Ms* 点以下，冷却速度应慢些。选择合适的淬火介质很重要，常用的淬火介质有水及其溶液、油。水是应用最普遍的淬火介质。水在淬火初始阶段会形成蒸汽膜，对快冷不利。在随后的 *Ms* 点(马氏体开始转变点)附近温度，水处在沸腾冷却阶段，冷速偏大，易使工件变形甚至开裂。在水中溶入盐，能加速蒸汽膜破裂，使沸腾阶段提前，冷却能力有很大提高。冷速在 200～300℃区间较为适宜。除氯化钠水溶液外，还有苛性钠水溶液、碳酸钠水溶液。水及盐、碱水溶液性能见表 4-5-9。

表 4-5-9　水及盐、碱水溶液性能

介质名称	净　　水	苛性钠水溶液	氯化钠水溶液	碳酸钠水溶液
常用浓度(质量)(%)		5～15	5～15	3～20
使用温度(℃)	≤40	≤60	≤60	≤60
冷却特点	(1) 蒸汽膜阶段长，易产生气泡，淬火工件易出现软点 (2) 在 200～300℃区间的冷却速度比 550～650℃区间速度大	由于盐、碱的加入，大大缩短蒸汽膜阶段，冷却能力显著提高，随着盐、碱含量的增多，冷却速度的最大值不断增大，但盐、碱的含量接近水的饱和溶解度时，由于溶液黏度增加，冷却速度反而降低，在同一浓度下苛性钠水溶液冷却能力最大，氯化钠水溶液次之，碳酸钠水溶液再次之		
适用范围	小截面碳素钢(浸入淬火)	碳素钢(形状简单的、要求硬度较高的工具和零件的淬火)	碳素钢(有效厚度 30～100 mm，采用盐水或盐水-油淬火)	低浓度碳酸钠水溶液用途与氯化钠水溶液同，但其冷却能力略低

油作为淬火介质，高温时比水的冷却能力低，在 200℃左右的冷却能力又大为降低。选择油作为冷却介质的要求是闪点高，黏度小。国产普通淬火油的技术性能指标见表 4-5-10，等温、分级淬火油的性能指标见表 4-5-11。熔融的碱、盐也可以作为等温、分级淬火的介质。熔融的 KOH、NaOH 比熔融的硝盐具有更大的冷却能力，作为等温冷却介质能在淬火后获得清洁的工件表面，常用于小尺寸精密件的淬火。淬火用碱、盐浴成分、熔点及使用温度见表 4-5-12。各种淬火方法的冷却时间计算见表 4-5-13。

表 4-5-10 国产普通淬火油的技术性能指标

项目		1号普通淬火油	2号普通淬火油	快速淬火油
运动黏度 (50℃)(mm^2/s) (40℃)(mm^2/s)		8～12 30	10～16 26	10～15 15～22
闪点(开口)(℃) >		170	170	170
水分(%)		无	无	无
凝固点(℃)				−10
残炭(%) <		0.2	0.4	0.65
酸值(mgKOH/g) <		0.10	0.10	0.20
热氧化安定性	黏度比 <	1.5	1.5	1.5
	残炭增加值(%) <	1.5	1.5	1.5
冷却性能	特性温度(℃)	480	580	620
	特性时间(s)	4.7	3.8	3.0
	400～800℃冷却(s)	5.0	4.5	3.7

注：冷却性能测定方法按 JB/T 7951—2004。

表 4-5-11 等温、分级淬火油的性能指标

项目		1号热油	DF2-A	DF2-S
运动黏度 (50℃)(mm^2/s) (100℃)(mm^2/s)		50～56 20	86～100 14～17	66～72 11～14
闪点(开口)(℃) >		200	280	260
凝固点(℃) <			−10	−10
水分(%) <		无	痕迹	痕迹
残炭(%) <		0.6	0.15	0.15
酸值(mgKOH/g) <		0.35		
热氧化安定性	黏度比 <	1.5	1.5	1.5
	残炭增值(%) <	2.0	1.5	1.5
冷却性能	特性温度(℃) >	600	610	620
	特性时间(s) <		2.5	2.2
	400～800℃冷却(s)	5.0	5.0	4.5

注：DF2-A、DF2-S为光亮等温分级淬火油。

表 4-5-12 淬火用碱、盐浴成分、熔点及使用温度

介质	成分(质量)(%)	熔点(℃)	使用温度(℃)
碱浴	KOH(80)+NaOH(20)+H_2O(6) KOH(85)+$NaNO_2$(15)+H_2O(3)	130 130	150～180 150～180
硝盐浴	KNO_3(53)+$NaNO_2$(40)+$NaNO_3$(7)+H_2O(3) KNO_3(55)+$NaNO_2$(45)+H_2O(3～5) KNO_3(55)+$NaNO_2$(45) KNO_3(50)+$NaNO_2$(50)	100 130 137 145	120～200 150～200 155～550 160～500
低温盐浴	$BaCl_2$(50)+KCl(30)+NaCl(20)	480	500～650

表 4-5-13　各种淬火方法的冷却时间计算

淬火方法	冷　却　时　间
单液淬火	在水中每 2～3 mm 冷却 1 s，在 20～60℃油中每 10 mm 冷却 3～6 min，在 80～150℃热油中每 10 mm 冷却 10～15 min
双液淬火	一般以每 3～8 mm 有效厚度在水中停留 1 s(大件取上限，小件取下限)，对形状复杂的每 4～5 mm 在水中停留 1 s，大截面合金工具钢可按每毫米有效厚度 1.5～3 s 计算
分级淬火	淬火加热温度比正常高出 30～80℃。热浴温度为 $Ms+(10\sim30)$℃。分级淬火停留时间经验公式：$\tau_{min}=30+5d$ (d 为工件有效厚度)
贝氏体等温淬火	淬火加热温度比正常高出 30～80℃。等温温度主要由钢的 C 曲线及零件要求的组织性能而定，一般为 $Ms+(30\pm5)$℃。等温时间 $\tau=\tau_1+\tau_2+\tau_3$，其中 τ_1 为零件从淬火温度冷却到等温盐浴中所需的时间，该时间与零件尺寸及等温温度有关；τ_2 为沿零件截面在等温温度下的均温时间，主要取决零件尺寸；τ_3 为从 C 曲线上查出的转变所需的时间。总时间一般小于 1 h

在淬火过程中，由于加热和冷却时工件表里有温差存在，造成热胀冷缩不一致，产生热应力。热应力单独作用产生的变形趋势是使工件趋于球形或鼓形。工件内部奥氏体与其转变物的比容不同，工件表里或工件各部分之间的组织转变时间不同，产生组织应力。组织应力单独作用产生的变形趋势是使尖角更突出。在 Ms 点附近，工件同时有热应力和组织应力的作用，工件中的应力分布更为复杂。淬火工艺掌握不当时，在这一温度附近产生变形甚至开裂，称为淬火的危险温度区域。不同应力作用下工件变形见图 4-5-2。

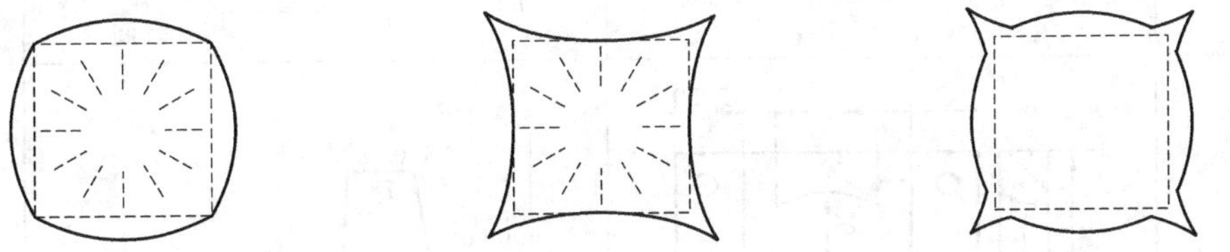

图 4-5-2　不同应力作用下零件变形示意图

(a) 热应力；(b) 组织应力；(c) 热应力加组织应力

不同钢种的工件变形也有不同特点。45 钢等中碳钢工件淬火后外径减小，内径增大，表现为以组织应力为主的变形特征。高碳钢淬火后，在淬不透的情况下表现出以热应力为主的变形特征，而在淬透的情况下表现出以组织应力为主的变形特征。

高碳低合金钢如 GCr15、CrWMn 等，一般表现出以热应力为主的变形特征，但其变形量比碳钢小。渗碳钢经渗碳淬火后，一般也表现出以热应力为主的变形特征。由于渗碳层较薄，组织应力不大。

零件材料基本特性对淬火变形倾向的影响见表 4-5-14。模具零件热处理实例见表 4-5-15。

表 4-5-14　零件材料基本特性对淬火变形倾向的影响

钢 的 特 性	特 性 变 化	对变形倾向的影响
Ms 点	高	马氏体转变量多，组织应力占主导
	低	残留奥氏体多，热应力占主导
淬 透 性	高	可采用缓和的淬火介质，有利于减少翘曲与变形
	低	须用强烈的淬火介质，但变形大，控制难
碳化物均匀性	优	各向变形均匀，可减小翘曲程度
	劣	变形大，加大翘曲及各向胀缩

（续表）

钢的特性	特性变化	对变形倾向的影响
相成分的影响	马氏体量增多	增加体积膨胀量，增大组织应力，不利于减小变形
	残留奥氏体量增多	能补偿马氏体的体积膨胀，有利于减小变形
	贝氏体量增多	有利于减小变形
	碳化物量增多	对体积变化无影响
回火转变	残留奥氏体分解成马氏体	使体积膨胀
塑性变形抗力	强韧性高	有利于减小热应力引起的变形
	马氏体转变区强度高	有利于减小组织应力引起的变形

表 4-5-15　模具零件热处理实例

模具零件	材　料	简　图	热处理工艺	变形程度
凹模	9Mn2V	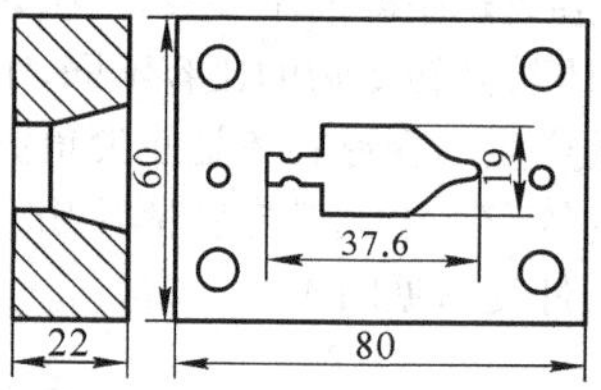	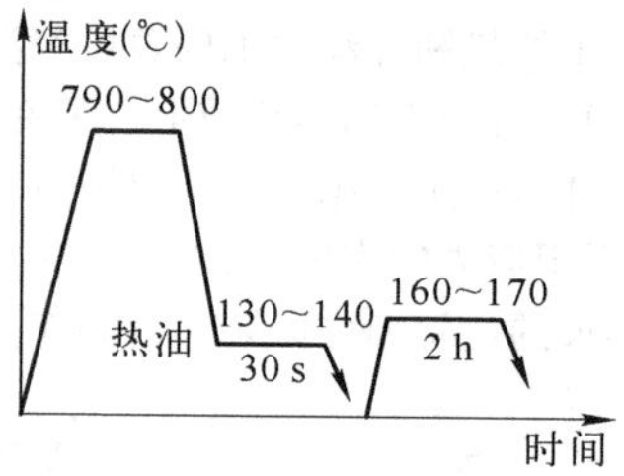	热油淬，型腔尺寸基本无变化，58~62 HRC
	CrWMn	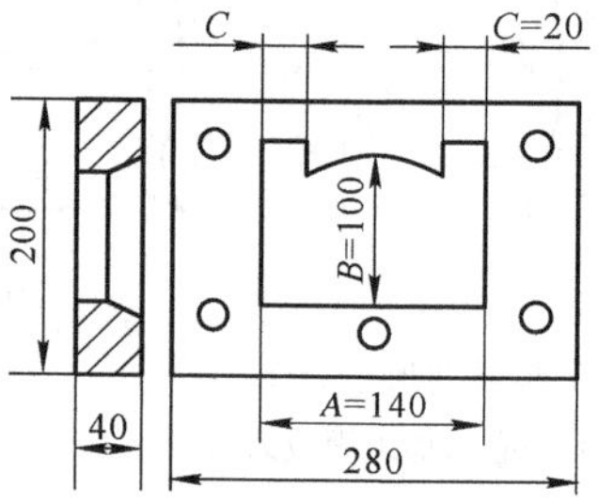	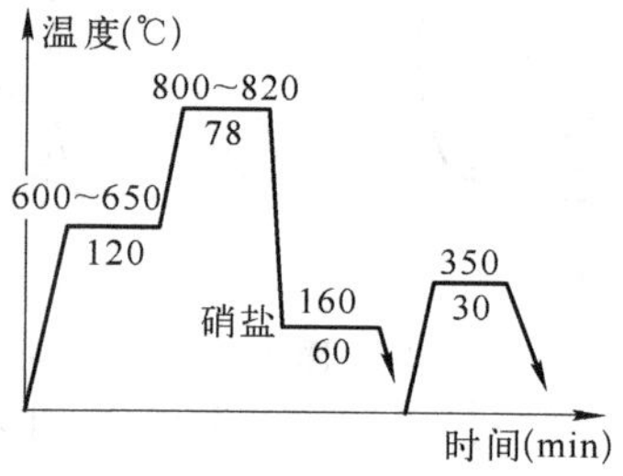	硝盐淬火，型孔胀大 0.03~0.07 mm
凸凹模	CrWMn	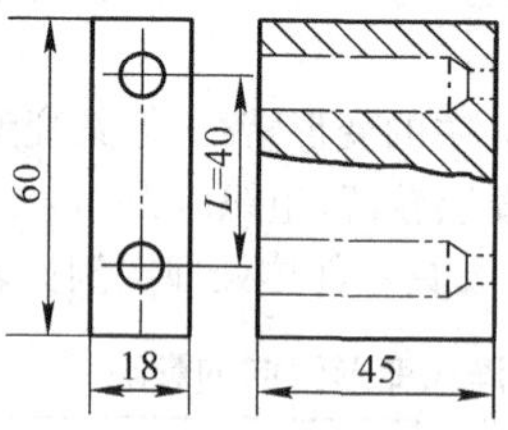	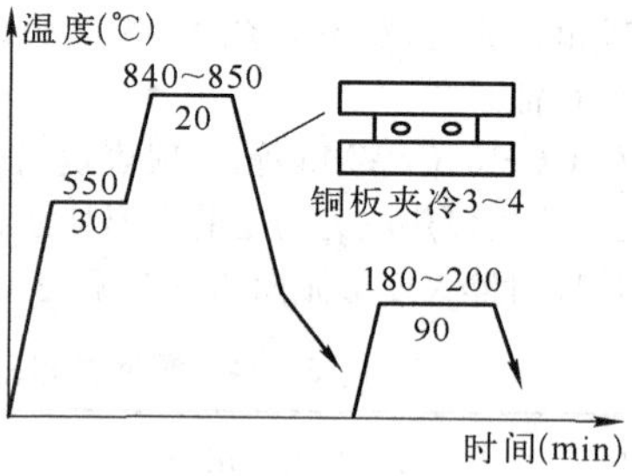	孔中心距 L 变形量＜0.02 mm
	Cr12MoV	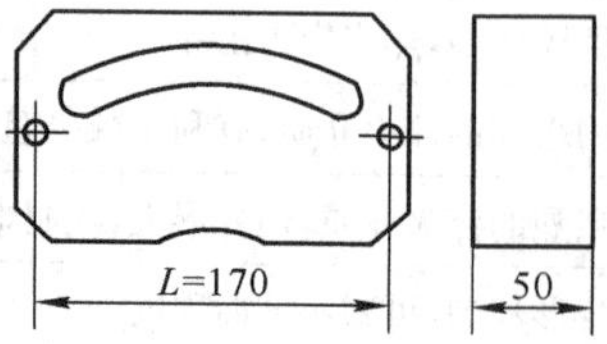	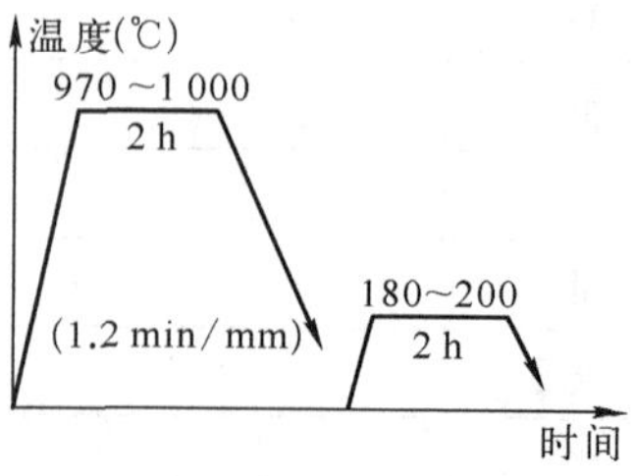	下限加热，空冷淬火，L 变形率 0.02％

（续表）

模具零件	材　料	简　　图	热处理工艺	变形程度
型腔	CrWMn	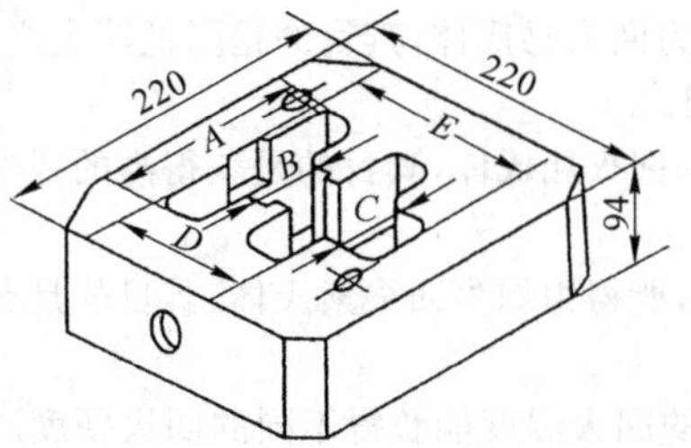	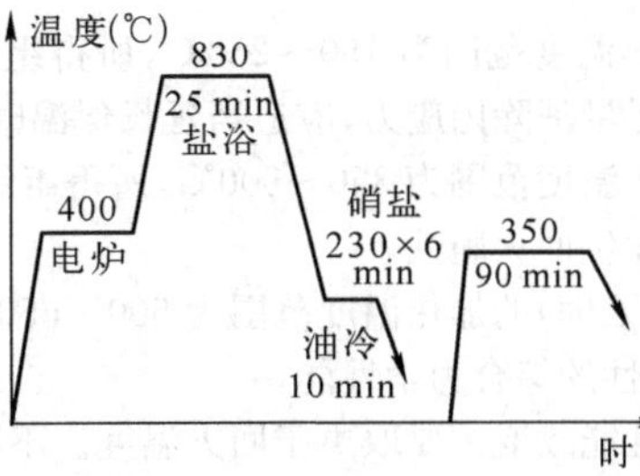	51～55 HRC 尺寸 A 胀大 0.07 mm
	5CrMnMo	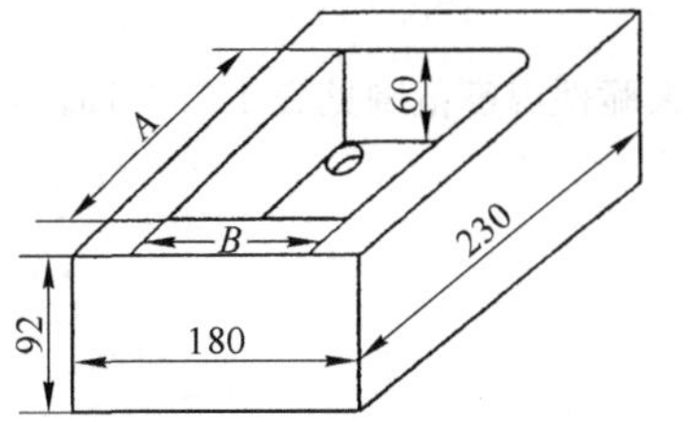	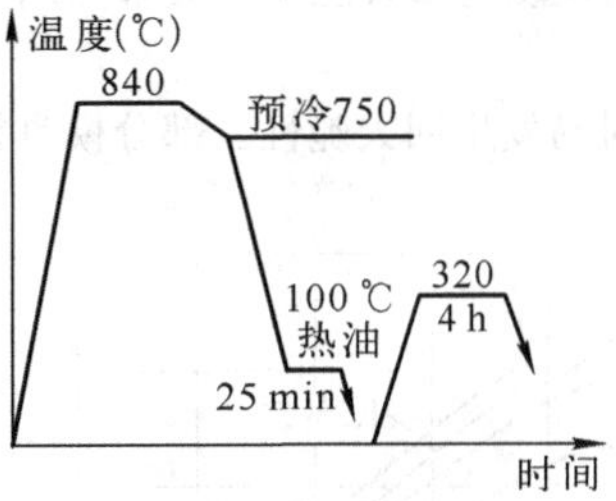	50～53 HRC 尺寸 A 缩小 0.06 mm，B 缩小 0.04 mm
型芯	5CrMnMo	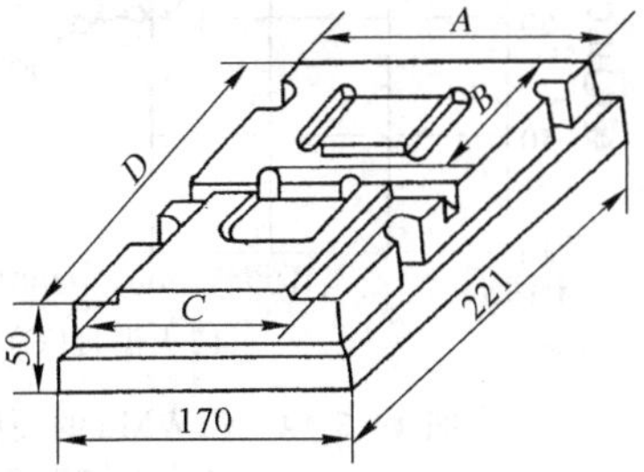	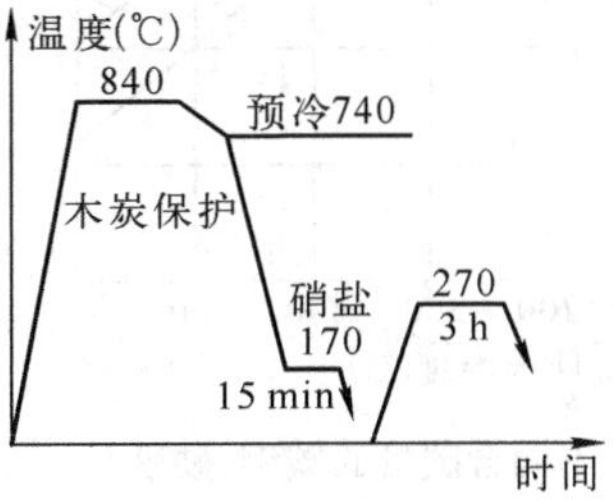	50～52 HRC 尺寸 A 增大 0.08 mm，D 增大 0.04 mm，C 增大 0.06 mm
	3Cr2W8V	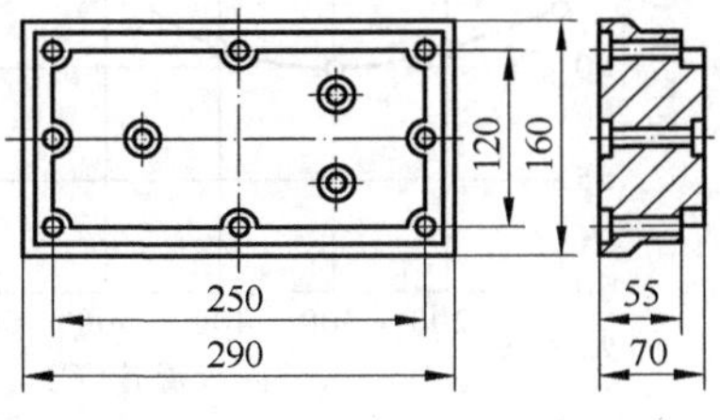	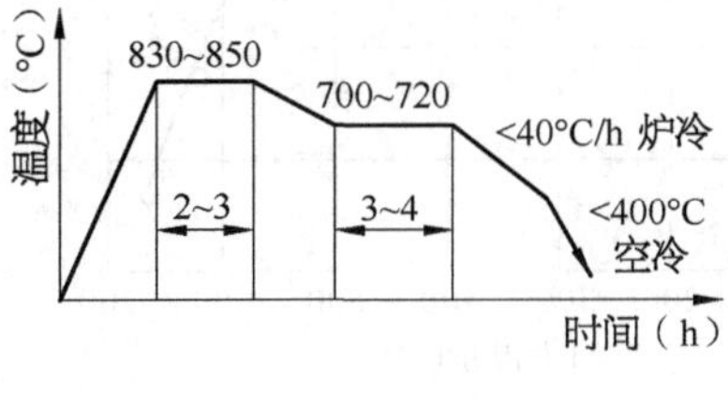	

2. 回火

淬火后的零件必须进行回火。通过回火可以消除零件内部应力，稳定淬火组织，同时通过选择不同的回火温度，获得不同的使用性能。

根据零件回火后的不同性能要求，通常可以采用不同的回火方式。按回火温度的不同，可分为低温回火、中温回火和高温回火。

低温回火的加热温度范围为 150～250℃，所得组织为回火马氏体，其目的是降低淬火应力，减少脆性，保持材料的高硬度。为尽量消除内应力，应适当延长保温时间。

中温回火的加热温度范围为 350～500℃，所得组织为回火屈氏体，其目的是获得高的弹性极限和高的韧性。中温回火时要防止发生回火脆性。

高温回火（调质处理）的加热温度范围为 500～650℃，所得组织为回火索氏体，其目的是获得有一定强度、硬度，又有良好冲击韧性的综合力学性能。

零件回火后的性能改变主要取决于回火温度。不同的回火温度能获得不同的回火硬度。但是，回火温度不是决定回火硬度的唯一因素，回火时间对回火硬度也有影响。中温和高温回火时，这种影响更为明显。不同的材料、不同的淬火规范所得到的回火温度与硬度关系曲线是不同的。不同含碳量的碳钢，硬度与回火温度的关系曲线见图 4-5-3。CrWMn、4Cr5W2SiV、W6Mo5Cr4V2Al 的硬度和回火温度的关系曲线分别见图 4-5-4～图 4-5-6。不同淬火温度、硬度与回火温度的关系见图 4-5-7。W18Cr4V 不同回火时间、硬度与回火温度的关系见图 4-5-8。

此外，零件回火时易发生回火脆性。部分模具钢的回火脆性温度范围见表 4-5-16。

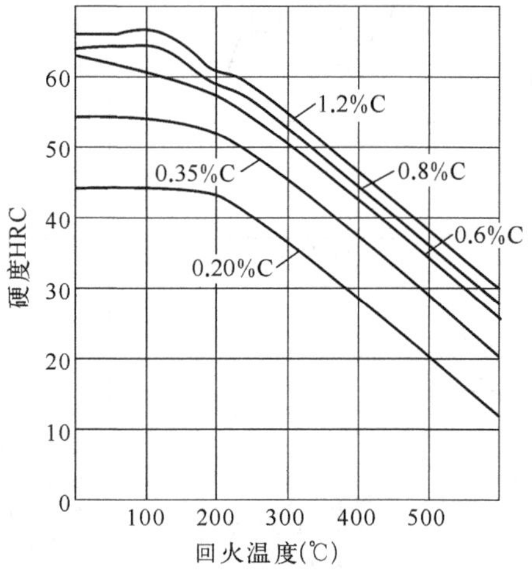

图 4-5-3　不同含碳量的碳钢，硬度与回火温度的关系

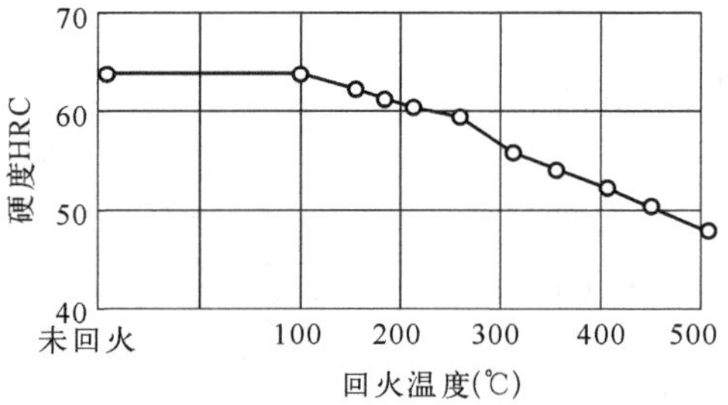

图 4-5-4　CrWMn 的硬度和回火温度的关系

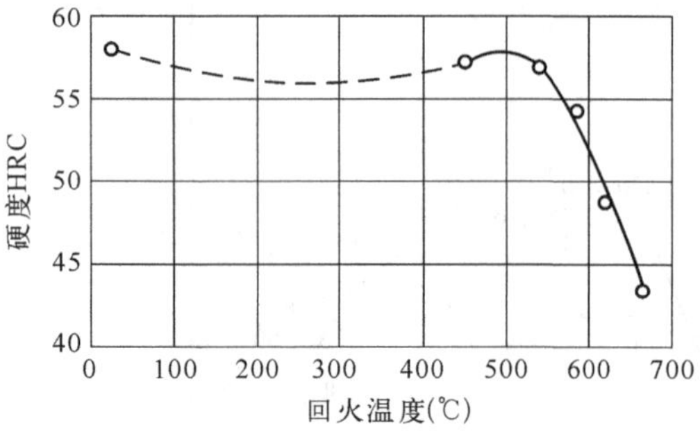

图 4-5-5　4Cr5W2SiV 的硬度和回火温度的关系

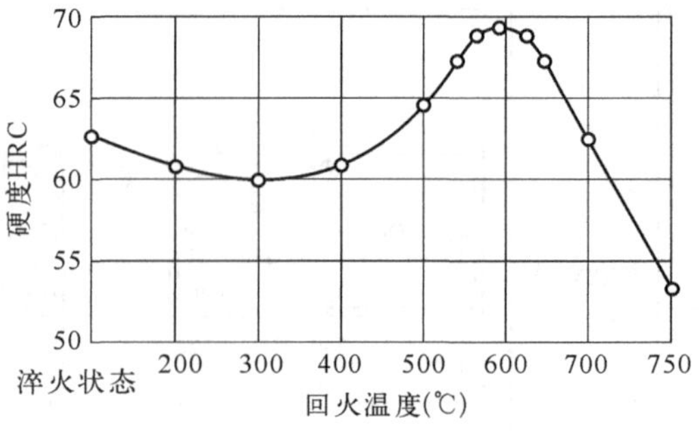

图 4-5-6　W6Mo5Cr4V2Al 的硬度和回火温度的关系

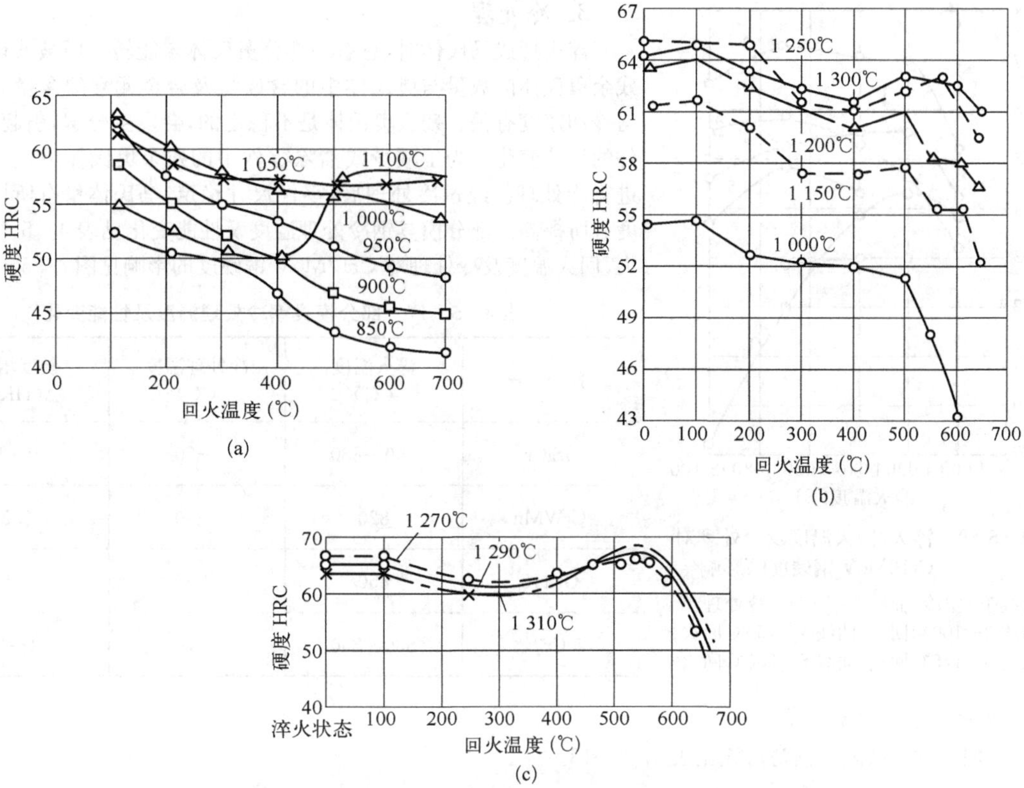

图 4-5-7 不同淬火温度、硬度与回火温度的关系

(a) Cr6WV；(b) W18Cr4V；(c) W6Mo5Cr4V2

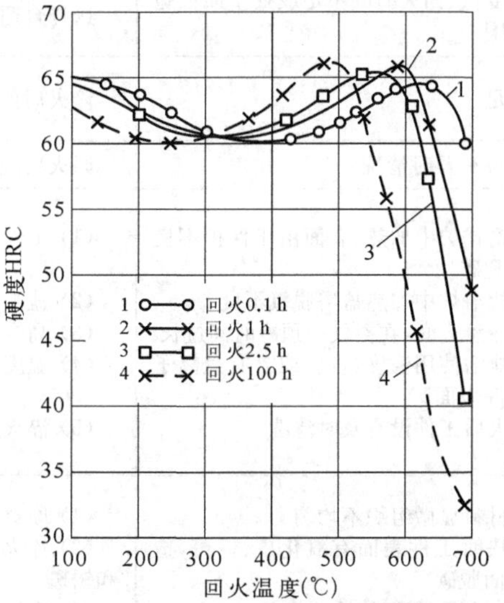

图 4-5-8 W18Cr4V 不同回火时间、硬度与回火温度的关系

表 4-5-16 部分模具钢的回火脆性温度范围

钢 号	CrWMn	9Mn2V	GCr15	9SiCr	Cr12	Cr12MoV
温度(℃)	250～300	190～230	200～250	200～240	290～330	325～375

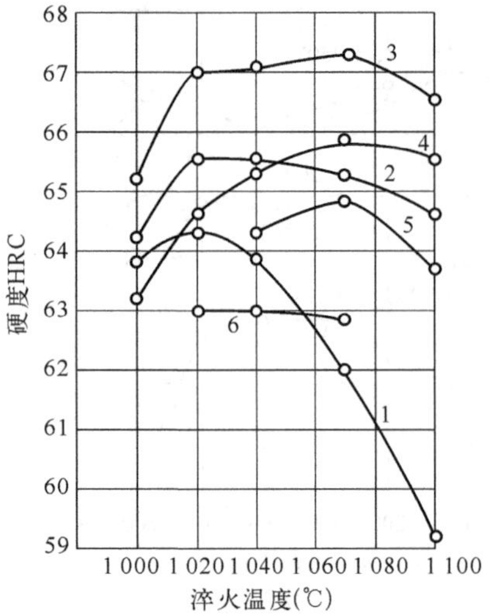

图 4-5-9 淬火、回火温度及冷处理对Cr12MoV 钢硬度的影响

曲线 1—空冷；曲线 2——73℃冷处理；曲线 3—100℃回火；曲线 4—150℃回火；曲线 5—175℃回火；曲线 6—200℃回火

3. 冷处理

淬火形成马氏体时，总有一部分奥氏体未能转变而被残留下来。残余奥氏体的数量与奥氏体中的含碳量及合金元素的含量有关，也与冷却速度有关。残余奥氏体是不稳定的，会发生分解，引起精密零件的尺寸变化。为了减少或消除零件中的残余奥氏体量，须对零件进行冷处理。经过冷处理后，零件尺寸稳定，马氏体量有所增加，硬度有所提高。部分模具钢冷处理温度及性能变化见表 4-5-17。淬火、回火温度及冷处理对 Cr12MoV 钢硬度的影响见图 4-5-9。

表 4-5-17 部分模具钢冷处理温度及性能变化

钢 号	淬火温度(℃)	冷处理温度(℃)	硬度增量Δ(HRC)
9SiCr	860～880	−70	0～1
CrWMn	820	−80	2.5
GCr15	850	−30	2.5
Cr2	830～860	−70	1～2

4. 淬火、回火常见缺陷

淬火、回火常见缺陷及预防措施见表 4-5-18。

表 4-5-18 淬火、回火常见缺陷及预防措施

工序	缺陷形式	主 要 原 因	预 防 措 施
回火	脆性较大	回火温度低、回火时间不足或处于回火脆性温度范围	选择合适的回火温度及充分的回火时间
	回火后，磨削时发现有裂纹	回火不足	淬火后要充分回火，高合金钢尽量采用二次回火
	表面有腐蚀	回火后没有及时清洗	回火后应及时清洗干净
淬火	表面有腐蚀	(1) 在箱式炉中加热，表面由于保护不良而被氧化脱碳 (2) 在盐浴炉中加热盐浴脱氧不良 (3) 空冷淬火时，在空气中预冷时间过长 (4) 硝盐浴使用温度过高，或含有氯离子而腐蚀工件表面 (5) 淬火后工件没有及时清洗	(1) 工件需装箱保护，保护剂在使用前要烘干 (2) 盐浴需及时充分脱氧 (3) 高合金钢尽量不进行空冷淬火 (4) 温度不宜超过 500℃并要保持洁净 (5) 淬火后工件要及时清洗干净
	淬火软点	(1) 原材料显微组织不均匀 (2) 加热时工件表面有氧化皮、锈斑，造成局部表面脱碳 (3) 淬火介质不清洁，含有杂质 (4) 较大工件淬入冷却介质后，未进行平稳的上下左右移动	(1) 原材料需经合理的锻造及球化退火 (2) 淬火前应检查工件表面，去除杂质、氧化皮和锈斑 (3) 定期清理更换，保持淬火介质清洁 (4) 工件进入淬火介质后，按工艺正确操作
	过热与过烧	(1) 材料钢号混淆 (2) 加热温度过高 (3) 在过高温度下保温时间太长	(1) 淬火前材料要经火花鉴别 (2) 按正常工艺淬火 (3) 控制合理保温时间

（续表）

工序	缺陷形式	主要原因	预防措施
淬火	产生裂纹	（1）原材料内有裂纹 （2）存有锻造时产生的裂纹 （3）未经预热，加热过快 （4）加热温度过高或保温时间过长，造成脆性 （5）冷却速度过于剧烈或淬火介质选用不当 （6）水、油双液淬火时工件在水中停留时间太长 （7）分级淬火时，工件自分级冷却液中取出后过早放入水中清洗 （8）应力过于集中 （9）多次淬火而中间未经充分退火 （10）淬火后未及时回火 （11）表面增碳或脱碳	（1）加强原材料的管理与检验 （2）合理锻造及加强锻件检查 （3）采取预热，高合金钢采用两次预热 （4）严格控制淬火温度和保温时间 （5）正确选用淬火介质，采用分级等温冷却工艺 （6）严格执行正确的冷却工艺 （7）分级淬火后，工件自分级淬火介质中取出待冷至室温后再清洗 （8）在应力集中处包扎或堵塞耐火材料，冷却时尽量采取预冷 （9）重新淬火的零件应采取中间退火 （10）淬火后应及时回火 （11）模具零件加热时，应注意保护措施，如盐浴脱氧、箱式炉通入保护气等
	硬度不足	（1）钢材淬透性低，而模具截面又较大 （2）淬火加热时表面脱碳 （3）淬火温度过高或过低，保温时间又不够 （4）分级淬火时，在分级冷却介质中停留时间过长或过短。水、油双淬时，在水中停留时间太短 （5）碱浴中水分过多	（1）正确选用钢材 （2）注意加热时保护，盐浴充分脱氧 （3）严格控制淬火工艺规范 （4）按正确冷却工艺操作 （5）严格控制碱浴水分

（三）真空热处理

真空热处理是指热处理的全部和部分工艺过程是在真空状态下进行的热处理方法。真空热处理几乎可实现全部热处理工艺，如淬火、退火、回火、渗碳、渗铬、氮化，在淬火工艺中可实现气淬、油淬、硝盐淬火、水淬等。模具零件应用真空热处理方法，具有无氧化脱碳、表面光洁、硬度均匀、变形小的特点，能够提高模具零件的强韧性和使用寿命。例如，对 W6Mo5Cr4V2 制作的热挤压凸模，采用 1 180℃真空淬火，560℃回火 2 次，400℃回火 1 次，能获得良好的强韧性。

常用模具材料真空热处理工艺参数见表 4－5－19。

表 4－5－19 常用模具材料真空热处理工艺参数

牌号	预热		淬火			回火温度（℃）	硬度（HRC）
	温度（℃）	真空度（Pa）	加热温度（℃）	真空度（Pa）	冷却介质		
9SiCr	500～600	0.1	850～870	0.1	油（40℃以上）	170～190	61～63
CrWMn	500～600	0.1	820～840	0.1	油（40℃以上）	170～185	62～63
9Mn2V	500～600	0.1	780～820	0.1	油	180～200	60～62
5CrNiMo	500～600	0.1	840～860	0.1	油或氮气	480～500	39～44.5
Cr5Mo1V	一次：500～550 二次：800～820	0.1	970～1 000	1～10	油或氮气	160～200	60～62
3Cr2W8V	一次：480～520 二次：800～850	0.1	1 050～1 100	1～10	油或氮气	560～580 600～640	42～47 39～44.5

（续表）

牌号	预热		淬火			回火温度（℃）	硬度（HRC）
	温度（℃）	真空度（Pa）	加热温度（℃）	真空度（Pa）	冷却介质		
4Cr5W2VSi	一次：480～520 二次：800～850	0.1	1 050～1 100	1～10	油或氮气	600～650	38～44
7CrSiMnMoV	500～600	0.1	880～900	0.1	油或氮气	450 200	52～54 60～62
4Cr5MoSiV1	一次：500～550 二次：800～820	0.1	1 020～1 050	1～10	油或氮气	560～600	45～50
H13	一次：500～550 二次：800～820	0.1	1 030～1 050	1～10	油或氮气	530～550	46～50
Cr12	一次：500～550 二次：800～850	0.1	960～1 000	1～10	油或氮气	180～240	58～62
Cr12MoV	一次：500～550 二次：800～850	0.1	980～1 050 1 080～1 120	1～10	油或氮气	180～240 500～540	60～64 58～60
W6Mo5Cr4V2	一次：500～600 二次：800～850	0.1	1 100～1 150 1 150～1 220	10	油或氮气	200～300 540～600	58～62 62～65
W18Cr4V	一次：500～600 二次：800～850	0.1	1 000～1 100 1 240～1 300	10	油或氮气	180～220 540～600	58～62 62～66
7Cr7Mo2V2Si（LD）	一次：550 二次：850	0.1	1 080～1 150	10	油或氮气	530～630	62～65
5Cr4Mo3SiMnVAl（012Al）	850	0.1	1 100～1 150	10	油或氮气	510～560	58～62
60Si2Mn	600	0.1	830～860	10	油或氮气	220～250	57～59

二、模具零件常用化学热处理和表面强化处理方法

（一）渗碳

渗碳是化学热处理方法之一，在模具制造中应用很广泛。渗碳是将工件置于富碳的活性介质中加热并保温，使渗碳介质产生的活性碳原子经过表面吸收和扩散渗入工件表层，使表层的含碳量提高并形成一定碳浓度梯度的热处理工艺。渗碳后的工件经过淬火和低温回火，可提高工件表面的硬度、耐磨性和疲劳强度，而工件的心部又能保持一定的强度和良好的韧性。渗碳的主要作用是节省材料费用，提高模具零件寿命。它与其他化学热处理工艺（例如渗氮）相比，具有渗入速度快、工艺时间短的优点。

按照渗碳剂形态的不同，渗碳分为固体渗碳、液体渗碳、气体渗碳等。固体渗碳对加热炉要求低，易操作，但表面碳浓度难控制，效率较低，适用于多品种小批量生产。液体渗碳的渗速大，渗层均匀，但氰盐有剧毒，废盐和废水需经无害化处理，安全管理要求非常严格。气体渗碳根据气源不同又可分为滴注式气体渗碳和可控气体渗碳。前者具有设备较简单、投资小、操作方便的特点。后者的配套设备较复杂，控制难度较大，主要用于大批量连续生产。

在模具生产中，固体渗碳和气体渗碳应用较多，气体渗碳正逐渐替代固体渗碳。

1. 固体渗碳

固体渗碳的渗碳剂主要由渗剂（木炭、焦炭等）和催渗剂（碳酸钡、碳酸钠、醋酸等）组成。固体渗碳工艺过程见表 4-5-20。生产中常用的固体渗碳剂成分见表 4-5-21。

表 4-5-20　固体渗碳工艺过程

	简　　图	说　　明
装箱	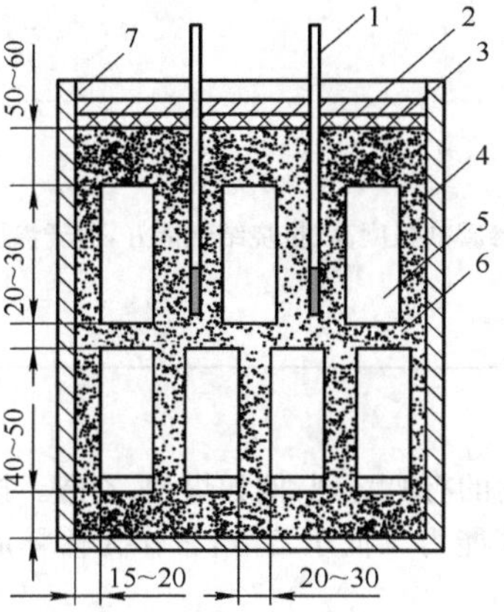	(1) 装箱前应去除工件表面的油污和锈斑。对非渗碳表面要进行防渗处理 (2) 工件 5 之间应有一定的间距,填充好渗碳剂 6 (3) 箱内应设置好试棒 1,便于检测渗碳效果 (4) 箱体 4 上应安设石棉板 3、箱盖 2,并嵌好黏土 7
装炉加温	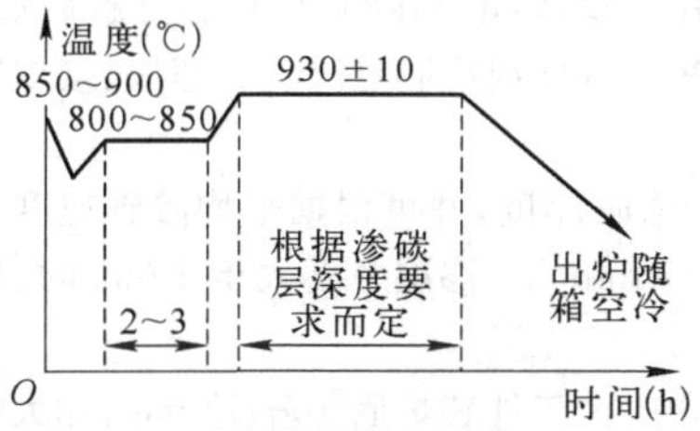 (a) 普通渗碳工艺 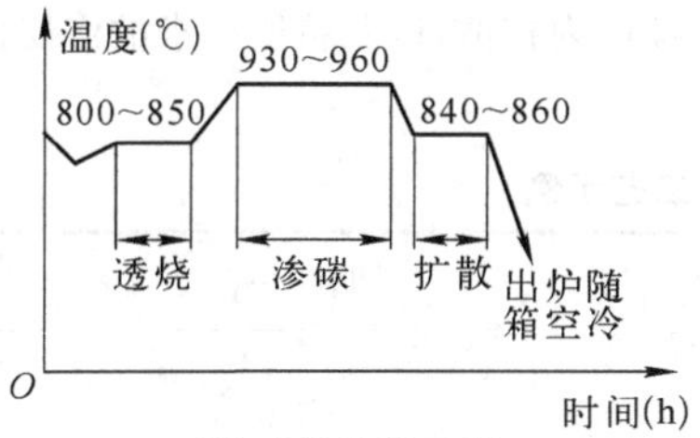 (b) 分级渗碳工艺	(1) 一般在 850～900℃装炉。装炉速度要快,以免炉温下降过多 (2) 采用分段加热方法,先在 800～850℃保温一段时间,使箱内温度均匀,然后将炉温升到渗碳温度 (3) 渗碳温度一般控制在(930±10)℃,对含 Ti、V、W、Mo 的合金钢可以提高到 950～980℃,以便加速渗碳过程 (4) 在渗碳介质、渗碳时间相同的条件下,渗碳温度提高,会使表面碳浓度和渗入速度增大,渗层厚度也增大,渗层中碳浓度梯度变化较平缓 (5) 渗碳阶段的保温时间一般按平均渗速 0.10～0.15 mm/h 确定(图 a) (6) 为改善渗碳层中碳浓度分布,可将炉温降至 840～860℃保温一段时间,进行扩散(图 b)
出炉开箱		(1) 在预计出炉时间前 0.5～1 h 取出试棒,经淬火后折断试棒,观察断口,判断渗碳情况 (2) 渗碳箱出炉后在空气中冷却。工件随箱冷却至约 200℃时开箱,过早开箱会增大工件变形

表 4-5-21　生产中常用的固体渗碳剂成分

成分(质量)(%)		使　用　说　明
碳酸钡($BaCO_3$) 木炭	3～5 95～97	适用于 20CrMnTi 等合金钢的渗碳。由于催渗剂含量较少,渗碳速度宜慢;但工件表面碳浓度合适,碳化物分布较好
醋酸钠(CH_3COONa) 焦炭 木炭 重油	10 30～35 55～60 2～3	由于含醋酸钠(或醋酸钡),渗碳活性较高,速度较快,但易使表面碳浓度过高;因含焦炭,故渗碳剂热强度高,抗烧结和烧损的性能好,适用于大工件或渗碳后直接淬火等情况

（续表）

成分(质量)(%)		使用说明
碳酸钡($BaCO_3$) 木炭	10 90	适用于碳素钢渗碳
碳酸钠(Na_2CO_3) 焦炭 木炭 重油	10 30～50 55～60 2～3	由于含有焦炭，故渗碳剂强度高，抗烧结性能好，适于渗层深的大工件

2. 气体渗碳

模具零件采用滴注式气体渗碳，使用的渗碳剂是碳氢化合物的有机溶剂，例如煤油、乙醇。按渗碳能力的强弱来区别，丙酮作为强渗剂，渗碳能力远高于乙醇。甲醇的渗碳能力又低于乙醇，常作为稀释剂使用。煤油在900～950℃使用，也是一种强渗剂。

渗碳剂用滴油器控制，供给量应根据渗碳设备的大小、工件的渗碳总面积、渗碳温度和渗碳厚度确定。

渗碳剂的选用，最好将两种不同渗碳能力的渗碳剂配合使用。渗碳能力强的，在高温分解后形成渗碳气体。渗碳能力弱的，在高温分解后形成稀释气体。两种渗碳剂配合使用，可以收到炭黑少、渗速快、碳浓度梯度易于控制、渗碳质量高的良好效果。

渗碳温度一般为900～950℃。渗碳的保温时间主要取决于渗碳厚度，并可根据平均渗碳速度来确定。渗碳温度为920℃，渗层厚度为1 mm时，平均渗碳速度为0.15～0.17 mm/h。渗层厚度大于1 mm时，应按较低的平均渗碳速度(0.12～0.15 mm/h)来确定渗碳的保温时间。

模具零件在井式气体渗碳炉中渗碳，大多用煤油作为渗碳介质。工件装炉后10～15 min，加大煤油滴量进行排气，使炉内氧化气氛迅速减少，或用产气量大的甲醇代替煤油进行排气，直至炉内气氛中的CO_2小于0.4%～0.5%。在渗碳阶段，为增加工件表层得碳浓度梯度，提高渗碳速率，煤油滴入量仍较多，炉内保持较浓的活性碳气氛。在扩散保温阶段，要减小煤油滴量，使工件表层过剩碳继续向内扩散，以获得所要求的渗层深度和碳浓度分布。气体渗碳工艺示例见表4-5-22。

表4-5-22 气体渗碳工艺示例

<table>
<tr><th>钢号</th><th>要求</th><th colspan="6">说明</th></tr>
<tr><td rowspan="6">10
15
20</td><td rowspan="6">渗层厚度
1.1～1.4 mm</td><td colspan="6">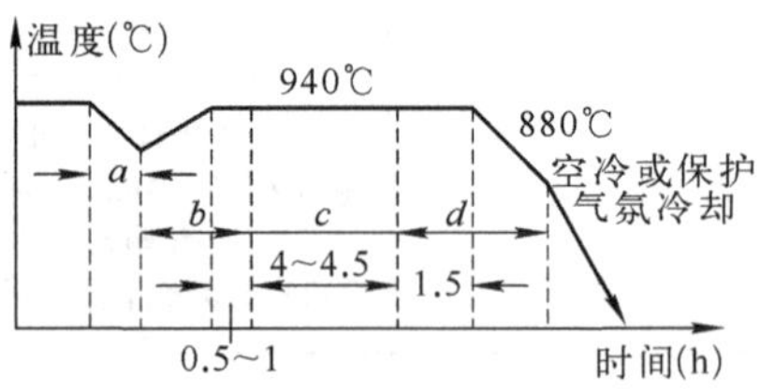

a 和 b 为排气和稳定渗碳气氛阶段，c 为渗碳吸收阶段，d 为扩散阶段</td></tr>
<tr><td colspan="2">设备型号</td><td>RJJ-25-9T</td><td>RJJ-60-9T</td><td>RJJ-75-9T</td><td>RJJ-105-9T</td></tr>
<tr><td rowspan="4">煤油滴量
(滴/min)</td><td>a</td><td>90</td><td>110</td><td>140</td><td>155</td></tr>
<tr><td>b</td><td>50</td><td>60</td><td>75</td><td>80</td></tr>
<tr><td>c</td><td>75</td><td>85</td><td>125</td><td>135</td></tr>
<tr><td>d</td><td>35</td><td>50</td><td>65</td><td>75</td></tr>
</table>

（续表）

<table>
<tr><th>钢号</th><th>要　求</th><th colspan="8">说　　　明</th></tr>
<tr><td rowspan="4">18CrMnTi
12CrNi13</td><td rowspan="4">渗层厚度
0.9～1 mm
表面硬度
58～62 HRC</td><td colspan="8">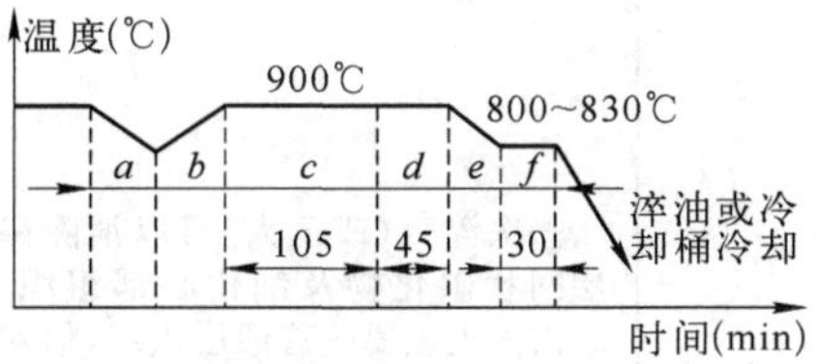

该工艺参数在 RJJ－60－9T 井式炉中用，a、b 为采用乙醇做排气介质阶段，c 为渗碳阶段，d、e、f 为扩散保温阶段</td></tr>
<tr><td colspan="2">工 艺 阶 段</td><td>a</td><td>b</td><td>c</td><td>d</td><td>e</td><td>f</td></tr>
<tr><td rowspan="2">介质滴量
（滴/min）</td><td>乙　醇</td><td>300</td><td>300</td><td></td><td>60～80</td><td>60</td><td>60</td></tr>
<tr><td>煤油：乙醇
（8～12）：1</td><td></td><td></td><td>160～180</td><td></td><td></td><td></td></tr>
</table>

3. 渗碳件常用的热处理工艺

渗碳件在渗碳后必须进行淬火和低温回火。渗碳件渗碳后常用的热处理工艺见表 4－5－23。

表 4－5－23　渗碳件常用的热处理工艺及其适用范围

<table>
<tr><th>热 处 理 工 艺</th><th>组织及性能特点</th><th>适 用 范 围</th></tr>
<tr><td>一次加热淬火，低温回火渗碳温度 820～850℃或 780～810℃
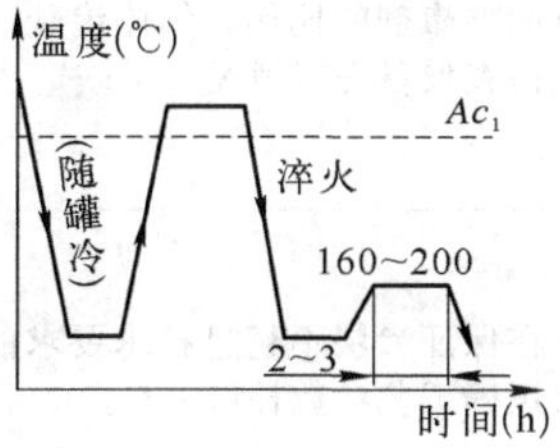
</td><td>对心部强度要求高者，采用 820～850℃淬火，心部组织为低碳马氏体；表面要求硬度高者，采用 780～810℃加热淬火可以细化晶粒</td><td>适用于固体渗碳后的碳钢和低合金钢工件</td></tr>
<tr><td>直接淬火低温回火
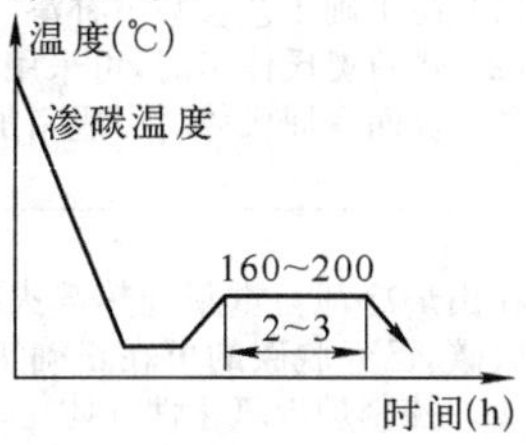
</td><td>不能细化钢的晶粒。工件淬火变形较大，合金钢渗碳件表面残留奥氏体量较多，表面硬度较低</td><td>操作简单，成本低廉，用以处理对变形和承受冲击载荷不大的零件，适用于气体渗碳</td></tr>
<tr><td>渗碳、高温回火，一次加热淬火，低温回火渗碳温度 840～860℃
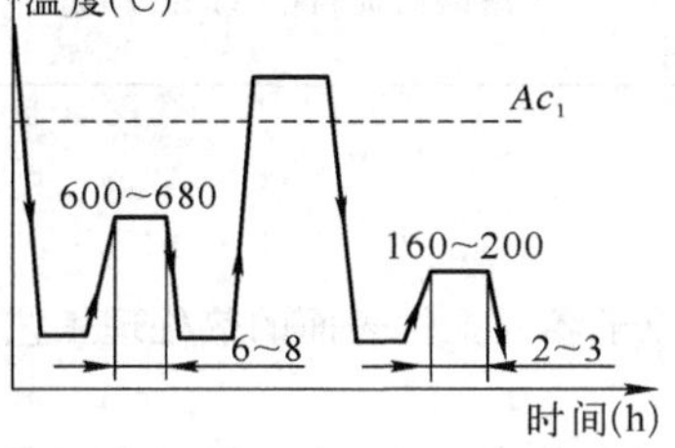
</td><td>高温回火使马氏体和残留奥氏体分解，渗层中碳和合金元素以碳化物形式析出，便于切削加工及淬火后渗层残留奥氏体减少</td><td>主要用于 CrNi 合金钢渗碳</td></tr>
</table>

（续表）

热　处　理　工　艺	组织及性能特点	适　用　范　围
二次淬火低温回火 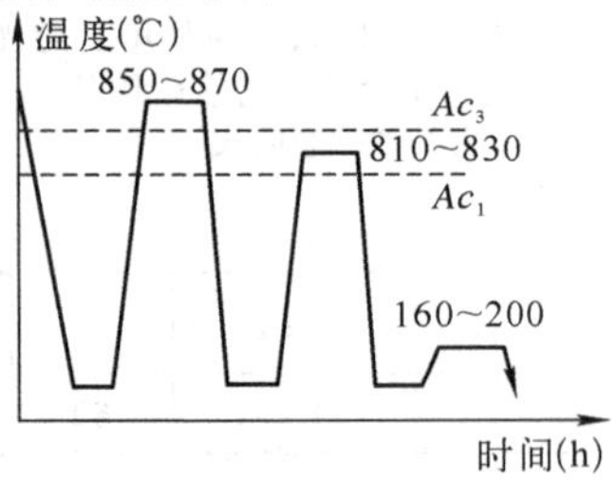	一次淬火（或正火）可以消除渗层网状碳化物及细化心部组织。二次淬火主要改善渗层组织，但对心部性能要求较高时，应在心部 Ac_3 以上淬火	主要用于对力学性能要求很高的重要渗碳件，特别是对粗晶粒钢。但在渗碳后需进行两次高温加热，使工件变形及氧化脱碳增加，热处理过程较复杂

4．渗碳件常见缺陷

渗碳件常见缺陷及防止措施见表 4－5－24。

表 4－5－24　渗碳件常见缺陷及防止措施

缺陷形式	主　要　原　因	防　止　措　施
渗层深度不足，达不到技术要求	(1) 渗碳温度过低 (2) 保温时间不足 (3) 渗剂浓度低，活性弱 (4) 装炉量过多 (5) 工件表面锈蚀或有污物	在正常工艺参数下补渗，固体渗碳时注意调整渗剂的比例。气体渗碳时，渗前注意检查设备完好情况
渗层深度不均匀	(1) 炉温不均匀 (2) 固体渗碳时，渗剂和催渗剂搅拌不均匀 (3) 工件表面局部有锈斑或污物 (4) 气体渗碳时，炉内气氛循环不良	在保证渗层不超过技术要求的前提下，按正确工艺参数补渗
渗层硬度低	(1) 渗层碳浓度低或表面脱碳 (2) 渗层中残留奥氏体量多 (3) 渗层中存在一定数量的屈氏体组织	(1) 在正确工艺参数下补渗 (2) 残留奥氏体多时，可采用高温回火 (3) 表面有屈氏体时可重新加热淬火
表面脱碳	(1) 气体渗碳炉漏气，炉内氧化性气体过多而发生内氧化 (2) 在冷却桶冷却及重新加热淬火时保护不好	在出炉冷却与重新加热淬火时，防止氧化脱碳，已经脱碳的可在正确工艺参数下补渗。控制炉内氧化性气体
表层碳化物呈粗大块状或网状分布	(1) 渗剂活性太高，扩散时间短，使渗层碳浓度过高 (2) 渗碳后冷却太慢	(1) 减少渗剂滴量，降低炉内碳势，延长渗碳后期的扩散时间 (2) 渗碳后提高箱壁的冷却速度

（二）渗氮

1．渗氮的工艺特点和应用

渗氮又称氮化，是将工件置于渗氮介质中，在一定温度下保温，使氮原子渗入工件表面的热处理工艺。经氮化处理的工件有如下特点：

(1) 高硬度和高耐磨性。氮化后的工件表层硬度可以提高到 1 000 HV，并在 500℃左右的温度下保持硬度不下降。

(2) 较高的疲劳强度。一般合金钢氮化后，疲劳极限约可提高30%。

(3) 较高的抗咬合性能。经氮化的工件能在较短时间缺乏润滑或过热的条件下保持高硬度，具有较高的抗咬合能力。

(4) 较高的抗蚀性能。氮化层化学稳定性好，具有对大气、油污、弱碱性溶液的抗蚀能力。

(5) 变形小。氮化时温度低(一般为480～580℃)，升、降温速度慢，工件心部不会发生组织转变，氮化后的工件变形很小。

氮化的缺点是氮化速度远比其他化学热处理(例如渗碳)慢，成本相对较高。另外，氮化只适用于含合金元素Cr、Mo、Al、W、V、Ti的钢种。常用渗氮钢种见表4-5-25。

表4-5-25　常用渗氮钢种

钢　种	钢　号	渗氮后的性能
低碳合金钢	18Cr2Ni4WA、18CrNiWA、20Cr、12CrNi3A、12Cr2Ni4A、20CrMnTi、25Cr2Ni4WA、25Cr2MoVA	耐磨，抗疲劳性能优良，心部韧性高，可承受冲击载荷
中碳合金钢	40Cr、50Cr、50CrV、38CrMoAl、38Cr2MoAlA、35CrMo、35CrNiMo、35CrNi3W、38CrNi3MoA、40CrNiMo、45CrNiMoV、42CrMo、30Cr3WA、30CrMnSi、30Cr2Ni2WAV	耐磨，抗疲劳性能优良，心部强韧性好，特别是含Al钢，渗氮后表面硬度很高，耐磨性很好
工具、模具钢	Cr12、Cr12MoV、3Cr2W8V、4Cr5MoVSi、4Cr5MoV1Si、4Cr5W2VSi、5CrNiMo、5CrMnMo	耐磨，抗热疲劳，热硬性好，有一定的抗冲击疲劳性能
	W18Cr4V、W9Mo3Cr4V、CrWMn、W6Mo5Cr4V2、W18Cr4VCo5、65Nb	耐磨性及热硬性优良

2. 影响氮化层深度、硬度和浓度梯度的因素

影响氮化层深度、硬度和浓度梯度的主要因素是钢的化学成分、渗氮温度和时间，以及渗氮剂供给活性氮原子状况。

氮化温度对工件表层最高硬度和氮化层深度的影响见图4-5-10。确定氮化温度时，应综合考虑温度对氮化层表面硬度、渗层深度及变形量的影响，常在480～560℃范围内选择。形状复杂、表面硬度要求高的工件取下限温度。为了使氮化工件的心部具有良好的力学性能，渗氮之前工件应进行调质处理。氮化的温度一般应低于调质回火温度40～70℃。氮化温度一定时，氮化保温时间的确定主要取决于氮化层深度。随着氮化保温时间的不断延长，氮化层的深度不断增大，但增大的速度越来越慢，因此过长的氮化保温时间对提高渗层深度的效果就不明显，并且会对渗层硬度产生影响，甚至造成硬度迅速下降。

为了提高氮化速度，又保证工件硬度不下降，可采用分段氮化工艺。第一阶段采用低温，氮化物弥散高，增加工件表面硬度。第二阶段采用较高温度，加速扩散，增加氮化层深度。

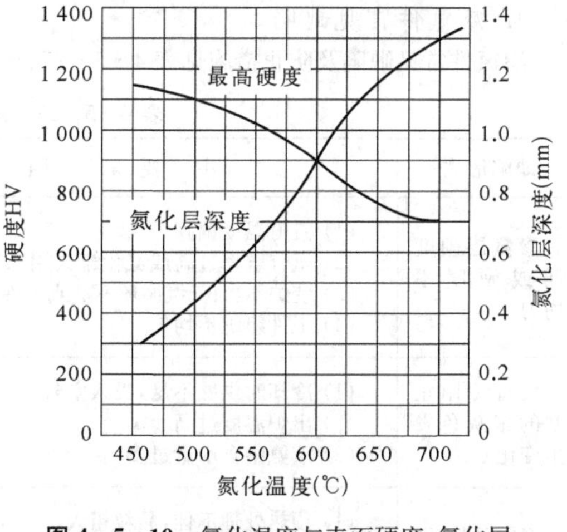

图4-5-10　氮化温度与表面硬度、氮化层深度的关系(氮化时间：50 h)

3. 渗氮工艺要点

渗氮工艺分为气体渗氮、液体渗氮及离子渗氮等。其中，气体渗氮的应用较多。液体渗氮需要使用氰化盐，有剧毒，必须有严格的安全管理措施；离子渗氮的设备比较复杂；气体渗氮应用较多。

气体渗氮的渗氮气体一般采用脱水氨气。气体渗氮所需的活性氮原子是由与工件热表面接触的氨分子分解而产生，其数量一般决定于氨的分解率。部分模具钢气体渗氮工艺规范见表4-5-26。

表 4-5-26 部分模具钢气体渗氮工艺规范

钢 号	处理方法	渗氮工艺规范				渗氮层深度(mm)	表面硬度
		阶段	渗氮温度(℃)	时间(h)	氨分解率(体积)(%)		
30CrMnSiA	一段		500±5	25～30	20～30	0.2～0.3	>58 HRC
Cr12MoV	二段	Ⅰ Ⅱ	480±10 530±10	18 25	14～27 36～60	0.2	720～860 HV
40Cr	一段		490±10	24	15～35	0.2～0.3	≥550 HV
	二段	Ⅰ Ⅱ	480±10 500±10	20 15～20	20～30 50～60	0.3～0.5	≥600 HV
4Cr5MoSiV1(H13)	一段		530～550	12	30～60	0.15～0.2	760～800 HV

气体渗氮工艺过程要点如下：

(1) 预处理。工件氮化后只要进行精磨或研磨加工。因此，可以认为氮化处理是工件制造过程中的末道工序。为了保证工件心部具有良好的综合性能，消除加工应力，减小氮化变形，工件在氮化前一般都要进行预备热处理。常用的预备热处理是调质处理。

(2) 检查工件表面状况。应去除工件表面的脱碳层和回火时形成的氧化层，对非氮化表面应采用电镀金属、热镀锡或涂料等方式加以保护。

(3) 渗氮前排气。开启阀门使氨气进入密闭的马弗箱内，去除其中的空气。同时将炉加热至不低于 150℃，以防止工件表面被氧化。

(4) 按一段渗氮法或二段渗氮法工艺规范渗氮，保证必要的工件表层硬度和渗层深度。三段渗氮法不易控制工件表层的硬度和工件的变形量，应用较少。

(5) 降温和开箱。渗氮完毕应使渗氮炉及马弗箱较快地冷却，在冷却过程中继续向马弗箱供给氨气。箱温降低至 150℃以下，氨气分解率很低时，可用空气代之。直至箱内氨气排除干净，方可开箱取件。

(6) 在渗氮过程中，应严格检查和防止氨气泄漏，危及生产安全。

4. 渗氮件常见缺陷

渗氮件常见缺陷及防止措施见表 4-5-27。

表 4-5-27 渗氮件常见缺陷及防止措施

缺陷形式	主 要 原 因	防 止 措 施
渗氮层硬度低或硬度不均匀	(1) 渗氮温度偏高 (2) 氨分解率过高或氮化罐久用未退氮 (3) 装炉不当、气氛循环不良或工件表面有油污等 (4) 工件组织不均匀	(1) 检测并控制好渗氮温度 (2) 控制氨分解率或进行退氮 (3) 正确装炉、保证气流畅通或洗净油污 (4) 调整预备热处理工艺
表面氧化(正常的银灰色发生变化)	(1) 冷却时供氨不足，吸入空气 (2) 出炉温度过高 (3) 液氨中含水量过多	(1) 增大供氨量，保证罐内为正压 (2) 炉温降到 200℃以下再出炉 (3) 进行严格的干燥处理，更换干燥剂
形成脉状、网状氮化物	(1) 预热处理不佳，晶粒粗大 (2) 工件表面粗糙有尖角、锐边 (3) 长时间高温氮化或氨气含水量多	(1) 正确进行调质处理 (2) 改进设计和加工工艺 (3) 选择合适的氮化工艺，严格控制氨气中的水分
渗氮层浅和脆性大	(1) 渗氮温度偏低，保温时间短 (2) 装炉不当，工件间距离太近，气氛循环不良 (3) 工件表层的脱碳层在渗氮前未去除掉 (4) 液氨含水量高，造成工件脱碳	(1) 调整渗氮工艺参数 (2) 调整装炉方法 (3) 去除脱碳层和防止脱碳 (4) 采用脱水氨气

（续表）

缺陷形式	主　要　原　因	防　止　措　施
变形超差	(1) 预备热处理的残余应力未彻底消除 (2) 局部渗氮，渗氮面不对称 (3) 温度场不均匀 (4) 工件放置不合理	(1) 严格进行预备热处理。对一些变形要求特别严的工件，应在氮化前进行多次高温回火 (2) 尽量使渗氮面均匀、对称 (3) 改进电热体布置 (4) 必要时采用卡具或吊具

（三）氮碳共渗

氮碳共渗又称软氮化，它以渗氮为主，同时也渗入少量碳原子。氮碳共渗与气体渗氮相比，具有如下特点：

(1) 工艺时间短。一般为1～4 h，而气体渗氮需要几十小时。

(2) 渗层性能好。除具有高的硬度、耐磨、耐蚀和抗疲劳性外，还有一定的韧性，脆性较小。

(3) 适用材料多。气体渗氮只适用于部分钢种。氮碳共渗可广泛用于碳素结构钢、合金结构钢、碳素工具钢、合金工具钢、不锈钢和球墨铸铁、灰铸铁等。

氮碳共渗有气体氮碳共渗、液体氮碳共渗和固体氮碳共渗。气体氮碳共渗应用最多，渗剂种类也多。各种渗剂的特点见表4-5-28，70%甲酰胺+30%尿素氮碳共渗效果见表4-5-29。

表4-5-28　各种渗剂的特点

渗　剂	应　用　特　点
氨气和吸热式气体	(1) 氨气作为供氮气体，吸热式气体作为供碳气体 (2) 吸热式气氛发生炉投资大，适用于大批量生产
尿素(碳酸氨)	(1) 渗剂价格低 (2) 在一定温度下，尿素分解的氨气比率是一定的，难以在一定范围内对气氛中的碳、氮活性原子的浓度进行调整。尿素的理论含氮量为46.66%，含碳量20%
氨气、甲醇(或乙醇)	(1) 氨气作为供氮气体，甲醇或乙醇能分解产生渗碳气氛 (2) 通过调节氨与醇的配比来改变渗层的组织和性能，易于控制，操作方便 (3) 对普通井式气体渗碳炉稍加改装即可进行，投资小，成本低
甲酰胺、三乙醇胺、尿素和甲醇	(1) 甲酰胺热分解温度低，在共渗温度范围内分解得比较完全，氮化速度较快，产生的碳黑少 (2) 甲酰胺黏度小，滴量容易控制，易于操作，生产中得到广泛应用 (3) 三乙醇胺黏度较大，滴量不易控制。与乙醇稀释后会产生较多碳黑。在使用上受到限制 (4) 常用的渗剂组成有：100%甲酰胺(排气用甲醇)；70%甲酰胺+30%尿素；三乙醇胺+乙醇(体积比1∶1)

表4-5-29　70%甲酰胺+30%尿素氮碳共渗效果

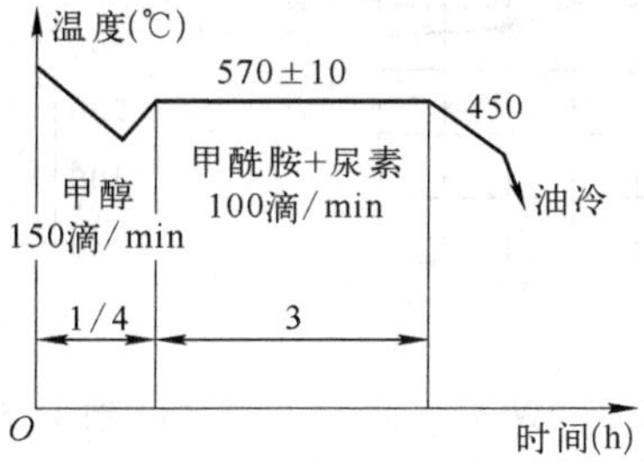

3Cr2W8V氮碳共渗工艺曲线(实例)

（续表）

材　　料	温度(℃)	共渗层深度(mm)		渗层硬度($HV_{0.05}$)	
		化合物层	扩散层	化合物层	扩散层
45 钢	570±10	0.010～0.025	0.244～0.379	450～650	412～580
40Cr	570±10	0.004～0.010	0.120	500～600	532～644
灰铸铁	570±10	0.003～0.005	0.100	530～750	508～795
Cr12MoV	540±10	0.003～0.006	0.165	927	752～795
3CrW8V	580	0.003～0.011	0.066～0.120	846～1 100	657～1 114
3Cr2W8V	600	0.008～0.012	0.099～0.117	840	761～1 200
3Cr2W8V	620		0.100～0.150		762～891
W18Cr4V	570±10		0.090		1 200
T10	570±10	0.006～0.008	0.129	677～946	429～466
20CrMo	570±10	0.004～0.006	0.079	672～713	500～700

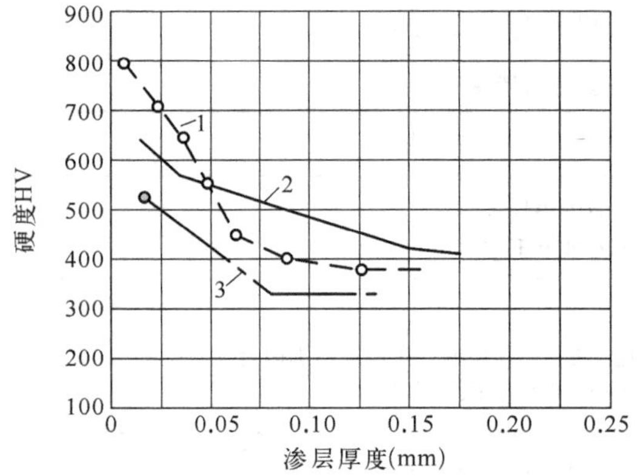

图 4-5-11　3Cr2W8V 钢在 570℃不同渗剂中处理后的表层硬度

曲线 1—甲酰胺+尿素，3 h；曲线 2—甲酰胺，4 h；曲线 3—三乙醇胺+乙醇，4 h

选择不同的渗剂可以得到不同的表层硬度。3Cr2W8V(退火状态)在不同渗剂中共渗后的表层硬度见图4-5-11。氮碳共渗温度对渗层的厚度和表面硬度有很大影响。当温度从 540℃提高到 570℃时，渗层厚度明显增加。不同共渗温度对 3Cr2W8V 硬化曲线的影响见图 4-5-12。氮碳共渗时间对渗层厚度有直接影响。在1～3 h 内，渗层厚度随时间延长而增加，再继续延长时间，其增加速率明显降低。此外，氮碳共渗时间对渗层硬度也有影响。不同共渗时间对 3Cr2W8V 硬化曲线的影响见图 4-5-13。

常用模具钢气体渗氮和气体氮碳共渗工艺规范见表 4-5-30。

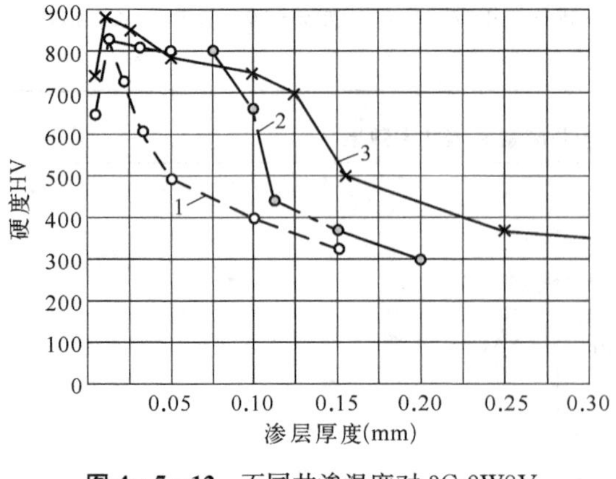

图 4-5-12　不同共渗温度对 3Cr2W8V 硬化曲线的影响

曲线 1—510℃，2.5 h；曲线 2—540℃，2.5 h；曲线 3—570℃，2.5 h

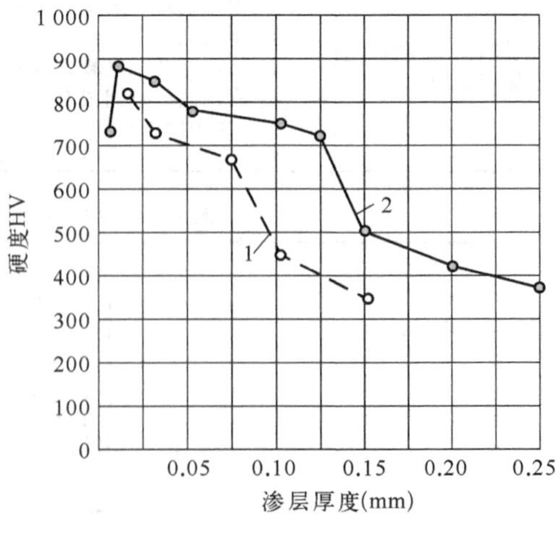

图 4-5-13　不同共渗时间对 3Cr2W8V 硬化曲线的影响

曲线 1—570℃，1 h；曲线 2—570℃，2.5 h

表 4-5-30　常用模具钢气体渗氮和气体氮碳共渗工艺规范

钢　号	技术要求		渗氮温度(℃)	气体比例		氨分解率(%)	保温时间(h)	适用模具
	硬度(HV)	渗层厚度(mm)		氨气	载气体(RX气)			
3Cr2W8V 4Cr5MoSiV 4Cr5MoSiV1 4Cr5W2SiV	>1 000	0.05～0.10	530～550	50%	50%	30～40	5	压铸模、热挤模、温挤模
		0.10～0.20		100%		30～40	10～20	
Cr12MoV Cr12Mo1V1 Cr5Mo1V	>1 000	0.03～0.05	510	40%	60%	30～40	3	冷镦模、冷挤模、冲裁模
		0.05～0.07		40%	60%	25～35	6	拉深模、弯曲模、陶土模
W6Mo5Cr4V2 W18Cr4V	>1 000	0.03～0.05	540	30%	70%	30～40	3	冲裁模、冷挤模
		0.05～0.07		50%	50%	30～40	5	拉深模、弯曲模
7Cr7Mo2V2Si 5Cr4Mo3SiMnVAl 6Cr4W3Mo2VNb	>900	0.03～0.05	540	30%	70%	30～40	3	冲裁模、冷挤模、冷镦模
		0.05～0.07		50%	50%	30～40	5	拉深模、弯曲模
38CrMoAlA 25CrNi3MoAl 06Ni6CrMoVTiAl	>900	0.30～0.40	530	90%	10%	25～35	25	塑料成形模
SM4Cr13 Cr12Mn5Ni4Mo3Al	>900	0.10～0.20	530	90%	10%	30～40	10	

(四) 渗硼

1. 渗硼的工艺特点

渗硼是将工件置于含硼介质中，经过加热与保温，使硼原子渗入工件表面层形成硼化物的工艺过程。

工件渗硼后，表面获得一般由 FeBe+$FeBe_2$ 双相或 $FeBe_2$ 单相构成的硼化物层。硼化物层有如下特性：

(1) 高硬度和高耐磨性。工件渗硼后表面有很高的硬度(1 200～2 000 HV)和耐磨性。渗硼层的耐磨性优于渗碳和渗氮。

(2) 热硬性和抗高温氧化性。硼化层是稳定的金属化合物，具有良好的热硬性和抗高温氧化性，渗硼工件能在 600℃温度下可靠工作。

(3) 耐蚀性。渗硼层在酸(除硝酸)、碱、盐的溶液中都具有较高的耐蚀性能。

(4) 具有一定的脆性。渗硼层硬度增高，脆性就变大，承受强大冲击载荷时容易发生渗层剥落或开裂。在渗硼层中，$FeBe_2$ 的硬度可达 1 300～1 800 HV，FeBe 的硬度可达 1 600～2 200 HV。FeBe 脆性大，一般希望得到单相的厚度为 0.07～0.15 mm 的 $FeBe_2$ 层。

渗硼一般不受钢种限制(含硅量大于 1%的钢种不宜渗硼)。在模具制造中，渗硼是提高模具寿命的一种有效手段。

2. 渗硼方法

渗硼方法有固体粉末渗硼、盐浴渗硼以及电解渗硼、气体渗硼。前两种方法应用较多。

(1) 固体渗硼。根据渗硼剂的不同，固体渗硼分为粉末渗硼和膏剂渗硼。

粉末渗硼剂的组成：

供硼剂——碳化硼(B_4C)、硼铁合金(B-Fe)、脱水硼砂($Na_2B_4O_7$)、硼粉(B)。

活化剂——氟硼酸钾(KBF_4)、氟化钠(NaF)、氟化钙(CaF_2)、碳酸氢氨(NH_4HCO_3)、氯化氨(NH_4Cl)。

填充剂——碳化硅(SiC)、三氧化二铝(Al_2O_3)、木炭、活性炭。

固体粉末渗硼的配方和渗硼效果见表 4-5-31。供硼剂的粒度应在 100～150 目(直径 0.100～0.154 mm)，填充剂 SiC 的粒度>100 目(直径<0.154 mm)。渗剂在使用前即时配制。

表 4-5-31 固体粉末渗硼的配方和渗硼效果

配方(质量)(%)	钢 号	规 范	渗层厚度(mm)	渗层组织
5%KBF_4+5%B_4C+90%SiC	45	700～900℃ 4 h	0.02～0.20	双 相
10%KBF_4+(50%～80%)SiC,余为硼铁合金	45	850℃ 4 h	0.09～0.10	单 相 Fe_2B
5%KBF_4+75%Al_2O_3,余为硼铁合金	45	850℃ 3 h		主要是单相 Fe_2B
95%B_4C+2.5%Al_2O_3+2.5%NH_4Cl	45	950℃ 5 h	0.16	双 相
80%B 粉+16%$Na_2B_4O_7$+4%KBF_4	40Cr	900℃ 1～2 h	0.13～0.16	
5%B_4C+5%KBF_4+2%活性炭+88%SiC	T10A	900℃ 4 h	0.10	

渗硼的工艺参数主要是温度和保温时间。渗硼加热温度根据钢种和工件渗硼后的热处理而定。生产中常用的渗硼温度为 850～950℃。温度过低,渗速太慢,不易达到要求的渗层厚度;温度过高,晶粒变粗大,渗硼层疏松。渗硼时间与渗剂成分、要求的渗层厚度及渗箱尺寸有关。渗剂为 5%B-Fe+7% KBF_4+2%活性炭+8%木炭+78%SiC 时,渗硼温度和时间对渗硼层厚度的影响见图 4-5-14 和图 4-5-15。

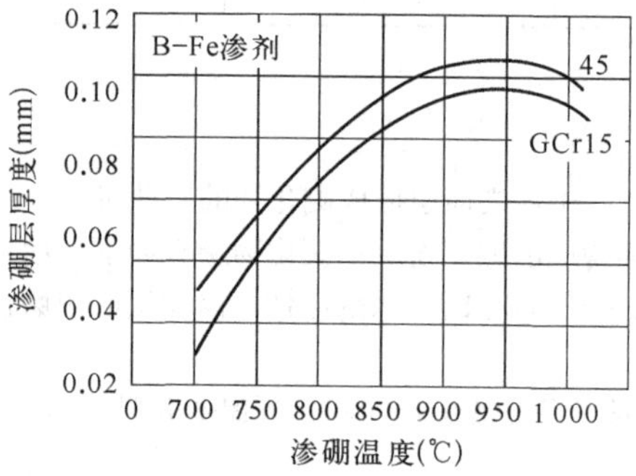

图 4-5-14 渗硼温度对渗硼层厚度的影响

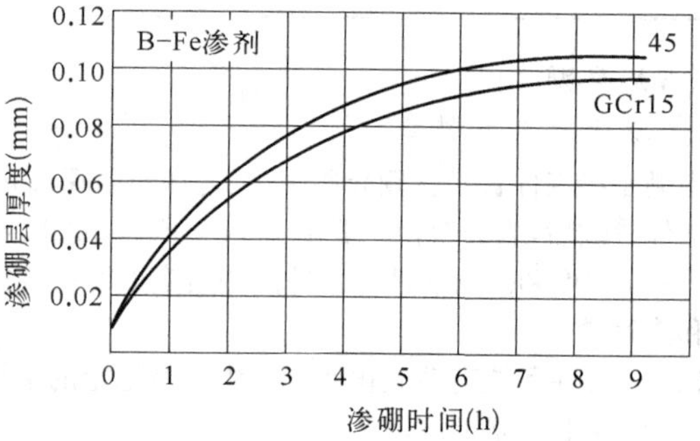

图 4-5-15 渗硼时间对渗硼层厚度的影响

渗硼最合适的钢种是中碳钢及中碳合金钢。渗硼后为了改善基体的性能,须进行淬火后回火处理。渗硼后最好在渗箱出炉空冷至 300～400℃时再开箱取件。直接淬火的可以在出炉后立即开箱取件淬火。采用碳化硼(B_4C)做供硼剂时,为防止渗剂黏结在工件上,应在不低于 150℃时将工件从箱中取出。

膏剂渗硼的膏剂组成:

供硼剂——碳化硼(B_4C)。

活化剂——冰晶石(Na_3AlF_6)、氟化钙(CaF_2)。

黏结剂——松香乙醇溶液(松香占 30%)。

膏剂渗硼配方和渗硼效果见表 4-5-32。膏剂配制时应进行充分混料研细,然后加入黏结剂制成膏糊状。渗硼工件应去锈,将油污清洗干净。膏剂涂在工件表面并压紧,涂层厚度应大于 2 mm。经自然干燥和不大于 150℃烘箱中烘干后装箱渗硼。不需要渗硼的部位,可用三氧化二铝与水玻璃调成糊状后涂覆加以保护。

膏剂渗硼温度常用 930～950℃,保温时间 3～6 h。温度过高或保温时间过长,生成 FeB 相越多,会使渗硼层脆性增大。反之渗硼层过薄,达不到处理要求。

表 4-5-32　膏剂渗硼配方和渗硼效果

序　号	配方(质量)(%)	钢　号	规　　范		渗层厚度(mm)
			温度(℃)	时间(h)	
1	B_4C 70+Na_3AlF_6 30	20	950	4	0.14
2	B_4C 60+Na_3AlF_6 40	20	950	4	0.12
3	B_4C 50+Na_3AlF_6 50	T10	950	4	0.10
4	B_4C 10+Na_3AlF_6 10+CaF_2 80	45	930	4	0.11
5	B_4C 50+CaF_2 35+Na_2SiF_6 15	45	950	4	≥0.1
6	B_4C 50+CaF_2 25+Na_2SiF_6 25	45	950	4	≥0.1

(2) 盐浴渗硼。盐浴渗硼的优点是设备和操作简便，盐资源丰富，渗层与基体结合较牢并可通过调整渗硼盐浴配比来控制渗硼层的组织结构、厚度和硬度。不足是盐浴流动性较差，工件表面的残盐清洗较困难。盐浴渗硼在模具制造中有较好的应用。

盐浴渗硼剂种类多，盐浴成分通常以硼砂($Na_2B_4O_7$)为基，若使用碳化硼(B_4C)和硼粉(B)，则价格昂贵。常用的还原剂有碳化硅(SiC)、铝粉、硅钙粉及硅铁粉。在熔融硼砂中添加氯盐、碳酸盐等助熔盐类，可使渗硼温度明显降低。常用盐浴渗硼的成分和应用效果见表 4-5-33。

表 4-5-33　常用盐浴渗硼的成分和应用效果

配方(质量)(%)	应　用　效　果
$Na_2B_4O_7$ 80+SiC 20	效果好，获 Fe_2B 单相，难清洗
$Na_2B_4O_7$ 90+SiC 10	效果好，获 Fe_2B 单相，难清洗
$Na_2B_4O_7$ 70+SiC 20+NaCl 10	效果好，流动性改善，较易清洗
$Na_2B_4O_7$ 80+SiC 13+K_2CO_3 3.5+KCl 3.5	效果好，流动性改善，较易清洗
$Na_2B_4O_7$ 70+SiC 20+NaF 10(或 Na_2CO_3)	效果好，流动性改善，较易清洗
$Na_2B_4O_7$ 85+SiC 8.5+Na_2CO_3 6.5	效果好，流动性改善，较易清洗
$Na_2B_4O_7$ 90+Al 粉 10	盐浴活性大，渗硼能力强，盐浴偏析大，获 FeB+Fe_2B 双相
$Na_2B_4O_7$ 80+Al 粉 10+NaF 10	盐浴活性大，渗硼能力强，盐浴偏析大，获 FeB+Fe_2B 双相
$Na_2B_4O_7$ 85+Al 粉 10+NaCl 5	盐浴活性大，渗硼能力强，盐浴偏析大，获 FeB+Fe_2B 双相
$Na_2B_4O_7$ 80+SiC 8+硅钙合金粉 5+Na_2CO_3 3.5+K_2CO_3 3.5	渗硼能力强，流动性较好，较易清洗

渗硼前工件必须磨光。工件表面的净化程度会直接影响渗硼质量。经含有硼砂($Na_2B_4O_7$)组成的盐浴处理的工件，宜在中性盐浴炉(50%NaCl+50%$BaCl_2$)中清洗后直接淬火，或空冷至室温后转入水中煮沸 0.5～1 h。质地疏松的残盐易于清除，如在沸水中加入 1%左右的碳酸钠，则清洗效果更好。

盐浴渗硼工艺规范见表 4-5-34。

表 4-5-34　盐浴渗硼工艺规范

配方(质量)(%)	适用钢号	规　范	渗层厚度(mm)	渗层组织
SiC 20～30，余为硼砂	45	960℃，6 h	0.11～012	Fe_2B
SiC 13，Na_2CO_3 3.5，KCl 3.5，余为硼砂	20	950℃，3 h	0.12	Fe_2B
SiC 8.5，Na_2CO_3 6.5，余为硼砂	T10A	950℃，5 h	0.15	Fe_2B
Al 粉 10～20，余为硼砂	45	950℃，6 h	0.13～0.18	FeB、Fe_2B
硅铁粉 10，NaCl 1.5，Na_2CO_3 1.5，余为硼砂	45	930℃，3 h	0.13	Fe_2B

3. 渗硼件缺陷

渗硼件缺陷及防止措施见表 4-5-35。

表 4-5-35 渗硼件缺陷及防止措施

缺陷形式	主要原因	防止措施
渗层太薄(<0.03 mm)	(1) 渗硼温度过低 (2) 渗硼时间过短 (3) 渗硼介质活性不够 (4) 固体渗硼箱密封不严	(1) 检测并控制好渗硼温度 (2) 延长渗硼时间 (3) 调整活化剂、渗硼剂组成 (4) 检查渗硼箱装箱情况
渗层厚度不匀或连续性差	(1) 渗剂混合不均匀 (2) 盐浴流动性差 (3) 渗剂活性不够	(1) 检查渗剂混合和装箱情况 (2) 改变盐浴成分,改善流动性,并在渗硼过程中适当移动工件位置 (3) 调整渗剂配方
渗化物层局部呈疏松状	(1) 渗硼温度过高,使渗层微孔增多增大 (2) 渗剂中有水分、杂质等增加了氧化气氛 (3) 工件中含 Si 量较大	(1) 控制好渗硼温度 (2) 严格选用渗剂 (3) 选用合适的渗硼钢种
表面出现微裂纹	FeB 和 Fe_2B 相界面上有较大应力	选择合适的渗剂和渗硼工艺参数,以获得 Fe_2B 的单相组织
过烧	渗硼后需要淬火的工件,在淬火加热时温度超过 1 100℃,使表面粗糙疏松	严格控制淬火温度

(五) 气相沉积

气相沉积是一种利用气相物质中的某些化学、物理过程,将高熔点、高硬度金属(Ti、V、Cr、W、Nb 等)及其性能特殊的稳定化合物涂覆在模具工作零件表面上,形成一层很薄(0.5~10 mm)的硬质涂层,进而提高模具零件机械性能和使用寿命的一种热处理方法。

1. 气相沉积涂层的性能特点

气相沉积涂层的种类主要有碳化物(TiC、VC、WC、TaC)、氮化物(TiN、VN、TiCN)、硼化物(TiB_2、VB_2)和氧化物(Al_2O_3、TiO_2)等,其中最常用的为 TiC、TiN 和 TiCN。

TiC 属于一种 C 和 O 的非定比化合物,极硬,耐磨,热稳定性好,化学稳定性高。在模具零件表面涂覆一层 TiC 涂层,能使模具的使用性能大大提高。碳化钛涂层具有以下性能特点:

(1) TiC 涂层具有极高的硬度和优异的耐磨性,其显微硬度可达 2 400~3 800 HV。

(2) TiC 涂层具有极低的摩擦系数和较好的热稳定性,因而能得到较好的抗咬合性能和减磨能力。在无润滑的情况下,TiC 涂层与钢的摩擦系数仅为钢与钢摩擦系数的 1/7~1/5。

(3) TiC 涂层具有抵抗浓盐酸和浓硫酸腐蚀的能力。用 TiC 涂层处理的工件,浸入 10%盐酸溶液中加热至沸腾,表面不被浸蚀,仍保持光亮。如浸入 10%硝酸溶液,TiC 涂层表面不会被腐蚀。但 TiC 涂层不能抵抗氢氟酸的腐蚀。

(4) TiC 涂层的抗氧化性能低于渗铬、渗硅、渗铝的工件,与渗硼的工件相近,优于渗碳、碳氮共渗的工件。但是,高于 400℃以上的温度,在空气中 TiC 涂层将被氧化成氧化钛而失去其原来的性能。

(5) TiC 涂层可以不受零件的形状限制,均能获得均匀的涂层。

2. 气相沉积的工艺方法

(1) 化学气相沉积。化学气相沉积简称 CVD,是利用空间气相反应在基材上沉积固态薄膜的工艺技术。化学气相沉积按气相反应的激发方式可分为热化学气相沉积(TCVD)、放电激发气相沉积(如等离子体 PCVD)、辐射激发气相沉积等多种,按反应温度高低分为高温 CVD(>900℃)、中温 CVD(500~800℃)和低温 CVD(500℃)。热化学气相沉积是最常见的类型,其反应需高温激发,一般高于 1 000℃。

CVD 通常在常压或低压(约 90 MPa)下进行,一般而言低压的效果要好些。涂层的沉积速度以 1~2 μm/h 为宜,涂层厚度通常取 2~10 μm。涂层厚度过厚,会因涂层中的应力使涂层撕裂甚至剥落。

CVD技术适用于含碳量大于0.4%的钢。目前,CVD技术已应用到冷冲压模具、塑料模具中。例如,涂覆TiC、TiN的Cr12钢模具寿命提高6～8倍,使用TiC、TiN涂层的塑料注射模具生产含40%矿物质填料的尼龙零件,有效地避免了模具的侵蚀和磨损,模具寿命有大幅度提高。

PCVD是利用低温等离子体作为能量源取代传统CVD的外加热源,并利用低温等离子体使物质在低温时具有高的化学活性的特点,在低温(450～600℃)下对模具零件表面进行化学沉积处理。PCVD的工艺特点是:沉积温度低,变形甚微,绕涂性好,模具零件表面不受损伤等。PCVD涂层的特点是:硬度超高(1 800～2 400 HV),膜、基结合力优良,减磨性能优良,耐蚀性良好,脆性低。

(2) 物理气相沉积。物理气相沉积简称PVD,是在真空条件下,利用各种物理方法,将沉积材料气化成原子、分子、离子并直接沉积到基体材料表面的工艺方法。按气化机理不同,可分为真空蒸镀、真空溅射和离子镀等。

模具零件常用真空溅射、离子镀等物理气相沉积技术,可在零件表面形成耐磨强化涂层,涂层种类有主要为TiN、TiC,此外还有TiCN、TiAlN、NCr、Cr_2C_3等,涂层深度5 mm左右。与CVD法相比,PVD法的主要优点为处理温度较低(<600℃)、沉积速度较快、无公害等,因而具有很高的使用价值。其缺点是沉积物与基体的结合力较小,涂层均匀性稍差,设备价格高,操作、维护的技术要求也较高。用PVD法来提高冷作模具尤其是精度要求很高的冷作模具的使用寿命最为合适。例如,对65Nb、LM2制造的冲模进行PVD处理,由于涂层具有高硬度以及减小了摩擦力,模具使用寿命明显提高。

3. 气相沉积应用实例

1) Cr12MoV钢制精冲模PVD处理

(1) 预备热处理。

球化退火:加热至850～860℃保温3 h,炉冷至740～760℃保温5 h,再炉冷至500℃以下出炉空冷。

淬火、回火:预热至850℃后,升温至1 000～1 030℃,保温后淬火,经200℃保温2 h回火2次后,硬度60～62 HRC。

(2) PVD处理。

工艺参数:极限真空度0.001 33～0.013 3 Pa,工作真空度0.133 ~ 1.33 Pa,处理温度400～600℃,从抽气到出炉约4 h,其中沉积时间约40 min。

处理效果:涂层厚度3～5 mm,表面硬度2 500～3 000 HV,基本无变形。

经PVD处理的精冲模,使用10万次后刃口尺寸基本无变化。

2) H13钢制铝合金挤压模具等离子体化学沉积(PCVD)TiN　铝合金挤压模具在工作时承受高温、高压、急冷、急热的作用,且摩擦剧烈,极易因热疲劳和黏着磨损导致模具早期失效。采用PCVD在模具工作零件表面沉积TiN,可提高模具寿命3～5倍。

(六) TD处理

1. TD处理获得的碳化物层性能

TD处理是热扩散法碳化物覆层处理(Thermal Diffision Carbide Coating Process)的简称,是将含碳工件放到含有碳化物形成元素(如钒、铌、铬等)的熔融硼砂盐浴中,工件中的碳原子会向外扩散至工件表面,与盐浴中的碳化物形成元素结合为一层极薄的碳化物。因为被覆层很薄(2～10 μm),所以碳原子可以不断地向外扩散至被覆层表面而形成更厚的碳化物层。与CVD、PVD等方法相比较,TD处理的设备简单,但能获得相似的处理效果。

TD处理获得的碳化物层具有以下性能:

(1) 高硬度。TD处理获得的碳化物层的硬度明显高于淬火、镀铬或渗氮层的硬度。VC、TiC的硬度为2 980～3 800 HV,NbC约为2 400 HV。VC、Cr－C、NbC在800℃温度下仍有800 HV的硬度,经高温加热再到室温,其室温硬度也不降低。

(2) 高耐磨性。VC、NbC、TiC的耐磨性高。经TD处理的工件,其耐磨性高于经渗氮、渗硼、镀铬的工件,与硬质合金工件的耐磨性相当或更好。

(3) 抗热黏结性好。经TD处理涂覆VC、NbC、TiC的工件,与未做TD处理或经其他表面处理的工件相比,不容易发生热黏结。

(4) 抗氧化性和耐蚀性良好。经TD处理涂覆的VC、NbC层,在500℃的温度下几乎不氧化,但在600℃保温1 h则有数微米厚的碳化物被完全氧化。涂覆VC、NbC、Cr－C的工件,对于盐酸、硫酸、硝酸、磷酸、氢氧化钠等具有良好的耐蚀性。在有高耐蚀性要求时,碳化物层中应避免混入微孔、微裂纹或微小异物。

2. TD处理工艺方法

TD处理剂的成分：传统的TD处理剂成分为70%～90%硼砂($Na_2B_4O_7$)，根据处理被覆层的要求，再加入碳化物的形成元素，如钒铁粉、铌铁粉、五氧化二钒等，以及一定的还原剂。现代的TD处理剂已不再局限于硼砂，也可用中性盐、碳酸盐、氯盐的混合物。

TD处理的一般工艺是将无水硼砂放入耐热钢坩埚中加热到800～1 100℃，然后加入碳化物形成元素，再将工件浸入处理剂中，充分搅拌后保温1～10 h(具体时间取决于处理温度和被覆层厚度的要求)，工件表面就会形成一层碳化物层。处理完毕，取出工件进行淬火、回火等必要的热处理，使工件基体获得必要的力学性能。

碳化物的形成是硼砂盐浴中的活性金属原子与工件本身的碳原子双向扩散的结果。形成过程包括：

(1) 碳化物形成元素的合金或氧化物粉末和还原剂作用后不断向盐浴中溶解，形成活性金属原子。

(2) 活性金属原子在硼砂盐浴中向工件表面扩散。

(3) 活性金属原子在工件表面与工件中的碳原子结合形成碳化物覆层。

(4) 工件内部碳原子不断向表面扩散，与金属原子结合，碳化物层厚度不断增加。

3. TD处理的特点和应用

TD处理与其他表面强化处理方法相比，除设备简单、操作方便、成本低廉之外，还有以下优点：

(1) 更换盐浴成分就可以改变碳化物层种类，可形成不同类型的碳化物层或复合碳化物层。

(2) 无论工件形状如何，都能形成均匀的被覆层，小孔、槽深处也不例外。

(3) 处理后的工件表面粗糙度与处理前基本相同。若处理前工件表面足够光滑，则处理后工件可直接使用。

(4) 盐浴寿命长，不易老化。

(5) 工件因长期使用而使碳化物层磨损时，可重新处理。重新处理时，不必清除原来遗留的被覆层，新、旧被覆层结合自然、良好。

(6) 盐浴主要成分高温性能稳定，处理时几乎不产生有害烟尘。

(7) 基材选择范围广，含碳量大于0.4%的钢都能进行有效处理。

(8) 形成的碳化物层的组织、力学性能不因基材种类和处理条件的变化而产生改变，使用性能稳定。

TD处理后的工件如在500℃以上的氧化性气氛中长期使用，便不能发挥出VC、NbC的特性。由于TD处理后的碳化物层很薄，在可以使基体发生塑性变形的工作条件下，工件上的碳化物层可能产生裂纹或剥离。若工件基体的含碳量较少，TD处理后工件基体的硬度会降低。在薄的刃口处较难形成碳化物层。

TD处理可以使工件获得良好的耐磨性、抗黏附性、抗蚀性和抗氧化性，故工件使用寿命有很大提高。例如：用TD处理可使冷冲压模具的寿命提高十几倍乃至几十倍。

三、常用模具材料热处理规范

(一) 冷作模具钢

1. 碳素工具钢

碳素工具钢(T7～T13；T7A～T13A)，有几个钢号常用于制造小型、简单的模具零件，应用最多的是T8A和T10A。T8、T8A和T10、T10A淬火规范见表4-5-36，回火规范见表4-5-37。T10、T10A冷处理规范见表4-5-38。

表4-5-36　T8、T8A和T10、T10A淬火规范

钢号	方案	加热温度(℃)	冷却方式				硬度(HRC)	说明
			介质	温度(℃)	延续	冷却到20℃		
T8 T8A	Ⅰ	750～800	水	20～40	至200～250℃	油冷	62～64	方案Ⅲ用于防止淬火形成软点 方案Ⅳ和Ⅴ用于直径或厚度小于6～8 mm的工件 方案Ⅵ用于直径或厚度达10～12 mm的工件
	Ⅱ		5%食盐水溶液	20～40	至200～250℃	油冷	62～65	
	Ⅲ		5%～10%碱水溶液	20～40	至200～250℃	油冷	62～64	
	Ⅳ	800～820	锭子油或变压器油	20～40	20～40℃		60～63	
	Ⅴ		熔融硝盐	170～200	3～5 min	空冷	60～63	
	Ⅵ		熔碱中加4%～6%水	170～200	3～5 min	空冷	60～63	

（续表）

钢号	方案	加热温度（℃）	冷却方式				硬度HRC	说　明
			介质	温度（℃）	延续	冷却到20℃		
T10 T10A	Ⅰ	770～790	水	20～40	至200～250℃	油冷	62～64	方案Ⅲ用于防止淬火形成软点 方案Ⅳ和Ⅴ用于直径或厚度小于6～8 mm的工件 方案Ⅵ用于直径或厚度达10～12 mm的工件
	Ⅱ		5%食盐水溶液	20～40	至200～250℃	油冷	62～65	
	Ⅲ		5%～10%碱水溶液	20～40	至200～250℃	油冷	62～64	
	Ⅳ	790～810	锭子油或变压器油	20～40	20～40℃		60～64	
	Ⅴ		熔融硝盐	150～180	3～5 min	空冷	60～64	
	Ⅵ		熔碱中加4%～6%水	150～180	3～5 min	空冷	60～64	

注：1. 熔融硝盐：KNO_3 55%＋$NaNO_3$ 45%。
　　2. 熔碱：NaOH(20%)＋KOH(80%)＋H_2O(4%～6%)或NaOH(40%～60%)＋KOH(50%～60%)＋H_2O(4%～6%)。

表4-5-37　T8、T8A和T10、T10A回火规范

钢号	不同温度回火后的硬度（HRC）							推荐的回火规范			
	150℃	200℃	300℃	400℃	500℃	550℃	600℃	加热温度（℃）	加热介质	硬度（HRC）	回火目的
T8 T8A	64	60	55	45	35	31	27	140～160	油、硝盐或碱	60～62	消除应力，稳定组织与尺寸
								160～180		58～62	
								180～200		56～60	
T10 T10A	64	62	56	46	37	33	27	140～160	油、硝盐或碱	62～64	
								160～180		60～62	
								180～200		59～61	
								200～250		56～60	

表4-5-38　T10、T10A冷处理规范

淬火方案	冷却温度（℃）	用　途	硬度增量Δ(HRC)
Ⅰ～Ⅵ	−50	高精度工件尺寸稳定化	1～2

2. 合金冷作模具钢

合金冷作模具钢有低合金冷作模具钢、中合金冷作模具钢、高合金冷作模具钢等类型，在模具中应用广泛。常用合金冷作模具钢淬火、回火及冷处理规范见表4-5-39。

表4-5-39　常用合金冷作模具钢淬火、回火及冷处理规范

钢　号	淬　火　规　范	回火及冷处理规范
9Mn2V	淬火温度780～820℃，冷却介质油，硬度≥62 HRC	回火温度150～200℃，冷却介质空气，硬度60～62 HRC
9SiCr	方案Ⅰ：淬火温度860～880℃，冷却介质油（20～40℃），硬度62～65 HRC 方案Ⅱ：淬火温度860～880℃，冷却介质油（80～140℃），冷却至150～200℃后空冷，硬度62～65 HRC 方案Ⅲ：淬火温度860～880℃，冷却介质熔融硝盐或碱（150～200℃），延续3～5 min后空冷，硬度61～63 HRC 方案Ⅳ：淬火温度860～880℃，冷却介质熔融硝盐或碱（80～140℃），延续30～60 min后空冷，硬度59～62 HRC 方案Ⅲ、方案Ⅳ用于形状复杂、要求变形小的工件	加热介质：油、硝盐或碱 不同加热温度回火后的硬度为： 140～160℃，62～65 HRC 160～180℃，61～63 HRC 180～200℃，60～62 HRC 200～220℃，58～62 HRC 淬火方案Ⅰ～Ⅲ淬火后1 h内进行−70℃冷处理，可提高高精度工件稳定性，硬度增量0～1 HRC

（续表）

钢 号	淬 火 规 范	回火及冷处理规范
9CrWMn	预热温度650℃，淬火温度820～840℃，冷却介质油（20～60℃），硬度64～66 HRC	回火温度/加热介质/硬度： 160～180℃/油/≥61 HRC 170～230℃/油/60～62 HRC 230～275℃/油或碱水/56～60 HRC
CrWMn	方案Ⅰ：淬火温度820～840℃，冷却介质油（20～40℃），硬度63～65 HRC 方案Ⅱ：淬火温度820～840℃，冷却介质油（90～140℃），冷却至150～250℃后空冷，硬度63～65 HRC 方案Ⅲ：淬火温度830～850℃，冷却介质熔融硝盐或碱（150～160℃），延续3～5 min后空冷，硬度62～64 HRC 方案Ⅱ、方案Ⅲ用于形状复杂、要求变形小的工件	加热介质：油、硝盐或碱 不同加热温度回火后的硬度为： 140～160℃，62～65 HRC 170～200℃，60～62 HRC 230～280℃，56～60 HRC 淬火后1 h内进行－70℃冷处理，可提高高精度工件稳定性，硬度增量0～1 HRC
Cr2	方案Ⅰ：淬火温度830～850℃，冷却介质油（20～40℃），硬度62～65 HRC 方案Ⅱ：淬火温度840～860℃，冷却介质油、熔融硝盐或熔碱（150℃），延续3 min后空冷，硬度63 HRC 方案Ⅲ：淬火温度840～860℃，冷却介质油、熔融硝盐或熔碱（170℃），延续3 min后空冷，硬度61 HRC 方案Ⅳ：淬火温度840～860℃，冷却介质油、熔融硝盐或熔碱（250℃），延续3 min后空冷，硬度61 HRC 方案Ⅴ：淬火温度840～860℃，冷却介质油、熔融硝盐或熔碱（300℃），延续3 min后空冷，硬度47 HRC 方案Ⅱ、Ⅲ、Ⅳ、Ⅴ用于厚度为15 mm以内的工件	加热介质：油、硝盐或碱 不同加热温度回火后的硬度为： 130～150℃，62～65 HRC 150～170℃，60～62 HRC 170～190℃，58～60 HRC 190～220℃，56～60 HRC 淬火方案Ⅰ～Ⅲ淬火后1 h内进行－70℃冷处理，可提高高精度工件稳定性，硬度增量0～1 HRC
7Cr SiMnMoV	淬火温度860～920℃，油冷或空冷，硬度≥62 HRC	回火温度160～200℃，冷却介质空气，硬度58～62 HRC
Cr4W2MoV	方案Ⅰ：淬火温度960～980℃，冷却介质油（20～60℃）或空气，硬度≥62 HRC 方案Ⅱ：淬火温度1 020～1 040℃，冷却介质油（20～60℃）或空气，硬度≥62 HRC	加热介质：油、硝盐、碱或空气炉。保温1 h，回火3次 淬火方案为Ⅰ时，回火温度280～300℃，回火硬度60～62 HRC 淬火方案为Ⅱ时，回火温度500～540℃，回火硬度60～62 HRC
Cr5Mo1V	方案Ⅰ：一次预热300～400℃，二次预热800～850℃，最后加热940～960℃，空冷或油冷，硬度62～65 HRC 方案Ⅱ：一次预热300～400℃，二次预热800～850℃，最后加热980～1 010℃，空冷或油冷，硬度62～65 HRC	淬火方案为Ⅰ时，回火温度180～220℃，回火1次，硬度60～64 HRC 淬火方案为Ⅱ时，回火温度510～520℃，回火2次，硬度57～60 HRC
Cr12	淬火温度950～980℃，油冷，硬度≥60 HRC	回火温度180～200℃，保温2 h，回火1次，硬度60～62 HRC 回火温度320～350℃，保温2 h，回火1次，硬度57～58 HRC

（续表）

钢　号	淬　火　规　范	回火及冷处理规范
Cr12 MoV	一次预热 550～600℃，二次预热 840～860℃ 方案Ⅰ：淬火温度 950～1 000℃，冷却介质油（20～60℃），硬度 58～62 HRC 方案Ⅱ：淬火温度 1 020～1 040℃，冷却介质油（20～60℃），硬度 62～63 HRC 方案Ⅲ：淬火温度 1 020～1 040℃，冷却介质熔融硝盐（400～550℃），延续 5～10 min 后空冷，硬度 62～63 HRC 方案Ⅳ：淬火温度 1 115～1 130℃，冷却介质油（20～60℃），硬度 42～50 HRC 方案Ⅴ：淬火温度 1 115～1 130℃，冷却介质熔融硝盐（400～450℃），延续 5～10 min 后空冷，硬度 42～50 HRC 方案Ⅱ、Ⅲ用于要求获得高的力学性能及变形小的工件 方案Ⅳ、Ⅴ用于要求获得红硬性及高耐磨性的工件	方案Ⅰ：回火温度 180～220℃，加热介质油或硝盐，硬度 61～63 HRC 方案Ⅱ：回火温度 200～275℃，硬度 57～59 HRC 方案Ⅲ：回火温度 400～425℃，硬度 55～57 HRC 方案Ⅳ：510～520℃多次回火，硬度 60～61 HRC 方案Ⅴ：－78℃冷处理加 510～520℃一次回火，硬度 60～61 HRC 方案Ⅵ：－78℃冷处理加 510～520℃一次回火，再－78℃冷处理，硬度 61～62 HRC 方案Ⅰ、Ⅱ、Ⅲ用于淬火温度为950～1 000℃、1 020～1 040℃时；方案Ⅳ、Ⅴ、Ⅵ用于淬火温度为 1 115～1 130℃时
Cr12 Mo1V1	一次预热 500～600℃，二次预热 820～860℃ 方案Ⅰ：淬火温度 980～1 040℃，油冷或空冷，硬度 60～65 HRC 方案Ⅱ：淬火温度 1 060～1 100℃，油冷或空冷，硬度 60～65 HRC	回火温度 180～230℃，回火 1 次，硬度 60～64 HRC 回火温度 510～540℃，回火 2 次，硬度 60～64 HRC
6CrNiSiMnMoV	淬火温度 870～930℃，油冷	175～230℃回火，硬度 61 HRC（900℃油冷淬火，200℃回火 2 h，可获得最佳强韧性）
7Cr7Mo2V2Si	预热温度 850℃，淬火温度 1 100～1 160℃，冷却介质油	回火温度 530～540℃，回火 2 次，每次 1～2 h，硬度 59～62 HRC（以 1 150℃淬火，550℃回火，三次各 1 h，可获得最佳强韧性）
9Cr6W3Mo2V2	淬火温度 1 100～1 150℃，冷却介质油	回火温度 530～540℃，回火 3 次，每次 1 h，硬度 64 HRC
Cr8MoWV3Si	淬火温度 1 150℃，冷却介质油	回火温度 520～530℃，回火 3 次，每次 1 h，硬度 64 HRC
	淬火温度 1 050℃，冷却介质油	回火温度 530℃，回火 3 次，每次1 h，硬度 60 HRC

3. 冷作模具用高速钢

典型冷作模具用高速钢淬火、回火及冷处理规范见表 4－5－40。

表 4－5－40　典型冷作模具用高速钢淬火、回火及冷处理规范

钢　号	淬　火　规　范	回火及冷处理规范
W18Cr4V	预热温度 840～860℃，淬火温度 1 200～1 220℃，冷却介质油，硬度 62～64 HRC	回火温度 560℃，回火 2～3 次，每次 1 h，硬度≥62 HRC 淬火后进行冷处理时，用 560℃ 1 次回火，时间 1 h。冷处理应在淬火后 2 h 内进行，温度－80～－70℃，硬度 63～65 HRC
W6Mo5Cr4V2	预热温度 850℃，淬火温度 1 150～1 200℃，冷却介质油	回火温度 560℃，回火 3 次，每次 1 h，空冷至室温，硬度 62～66 HRC
W9Mo3Cr4V	预热温度 850℃，淬火温度 1 160～1 200℃，冷却介质油	回火温度 560℃，回火 3 次，每次 1～1.5 h，空冷至室温，硬度 58～64.5 HRC

4. 基体钢

基体钢淬火、回火及渗氮处理规范见表 4－5－41。

表 4－5－41　基体钢淬火、回火及渗氮处理规范

钢　　号	淬　火　规　范	回火及渗氮处理规范
6Cr4W3Mo2VNb	预热温度 840℃，淬火温度 1 120～1 160℃，冷却介质油(20～60℃)，冷却至油温或冷却至 150～200℃后空冷，硬度≥61 HRC。要求耐磨性高的模具淬火温度可取 1 180～1 190℃，受挤压力大而要求韧性高的模具淬火温度可取 1 080～1 120℃	回火温度 540～580℃(空气炉加热)，空冷，回火 2 次，每次 1 h，硬度≤56 HRC 可进行渗氮处理。520℃渗氮 1 h，深度 0.07～0.08 mm，硬度 945～1 070 HV
6W6Mo5Cr4V	预热温度 830～850℃，淬火温度 1 180～1 200℃，熔盐加热，冷却介质油或熔盐，小尺寸工件也可空冷，硬度约 58 HRC	回火温度 500～580℃，空气炉或熔盐、碱加热，回火 3 次，每次 1～1.5 h，硬度 58～63 HRC
5Cr4Mo3SiMnVAl	淬火温度 1 090～1 120℃，冷作模具选择下限温度加热，热作模具选择上限温度加热，冷却介质油	回火温度 500～520℃，回火 2 次，每次 2 h，硬度 60～62 HRC
6Cr4Mo3Ni2WV	淬火温度 1 100～1 160℃，冷却介质油，硬度 62～63 HRC	回火温度(560±10)℃，回火 2 次，每次 2 h，硬度 60～61 HRC

(二) 塑料模具钢

1. 优质碳素塑料模具钢

常用的优质碳素塑料模具钢有 SM45、SM50、SM55 等，其推荐的热处理规范见表 4－5－42。

表 4－5－42　优质碳素塑料模具钢热处理规范

钢　号	SM45		SM50		SM55	
项　目	加热温度(℃)	冷却方式	加热温度(℃)	冷却方式	加热温度(℃)	冷却方式
普通退火	820～840	炉冷	810～830	炉冷	770～810	炉冷
正火	830～880	空冷	820～870	空冷	810～860	空冷
高温回火	680～720	空冷			680～720	空冷
淬火	820～860	油冷或水冷	820～850	油冷或水冷	790～830	水冷
					820～850	油冷
回火	500～560	空冷	随需要而定	空冷	400～650	空冷

2. 预硬化型塑料模具钢

出厂时已进行最终热处理(淬火回火及形变热处理)的钢材称为预硬化钢。预硬化钢如以预硬化状态供货，则无须进行热处理；如以退火状态或粗加工状态供货，则需进行热处理。

常用预硬化型塑料模具钢热处理规范见表 4－5－43。

表 4－5－43　常用预硬化型塑料模具钢热处理规范

钢　号	热处理项目	热　处　理　规　范
3Cr2Mo SM3Cr2Mo	等温退火	随炉升温至(850±10)℃，保温 2 h，炉冷至(720±10)℃，等温保温 4 h，随炉冷却
	高温回火	加热至 720～740℃，保温 2～4 h，随炉冷至 500℃以下出炉空冷
	淬火与回火	淬火温度 850～880℃，油冷。回火温度 580～640℃，空冷

（续表）

钢　号	热处理项目	热　处　理　规　范
3Cr2NiMo SM3Cr2NiMo SM3Cr2Ni1Mo	等温退火	随炉升温至(850±10)℃,保温 2 h,炉冷至(700±10)℃,等温保温 4 h,炉冷至500℃以下出炉
	高温回火	加热至(700±10)℃,保温 2～3 h,炉冷至 500℃出炉
	淬火与回火	淬火温度(850±20)℃,油冷或空冷。回火温度 550～650℃,空冷
5CrNiMnMoVSCa	普通退火	随炉升温至(760±10)℃,保温 2 h,≤30℃/h 炉冷至 600℃出炉空冷,硬度217～255 HBS
	等温退火	随炉升温至(760±10)℃,保温 2 h,炉冷至(680±10)℃,等温保温 4 h,炉冷至550℃以下出炉空冷,硬度 217～220 HBS
	淬火与回火	淬火温度 860～920℃,油冷,硬度 62～63 HRC 回火温度 600～650℃,空冷,硬度 35～45 HRC
8Cr2MnWMoVS	普通退火	随炉升温至(8 000±10)℃,保温 4～6 h,炉冷≤550℃出炉空冷,硬度约 240 HBS
	等温退火	随炉升温至(8 000±10)℃,保温 2 h,炉冷至 680～700℃,等温保温 4～8 h,炉冷至 550℃以下出炉空冷,硬度 207～229 HBS
	淬火与回火	淬火温度 860～900℃,空冷,硬度 62～64 HRC 回火温度 160～200℃,硬度 60～64 HRC(用于冷作模具) 回火温度 550～650℃,硬度 40～48 HRC(用于塑料模具)
30CrMnSiNi2A	退火与正火	退火温度 650～680℃,炉冷,硬度≤255 HBS。正火温度 900～920℃,空冷
	高温回火	加热至 650～680℃,空冷,硬度≤255 HBS
	淬火与回火	(1) 淬火温度 880～900℃,油冷,硬度≥45 HRC。回火温度 240～330℃,空冷或油冷,硬度≥45 HRC (2) 加热至 890～900℃,淬入 210～280℃硝盐槽中等温 1 h,空冷,然后在 200～300℃回火,空冷

3. 渗碳型塑料模具钢

渗碳型塑料模具钢的常用钢号有 20Cr、12CrNi3A、SM1CrNi3,热处理规范见表 4-5-44。

表 4-5-44　常用渗碳型塑料模具钢热处理规范

钢　号	热处理项目	热　处　理　规　范
20Cr	退火	加热至 860～890℃,炉冷,硬度≤179 HBS
	正火	加热至 870～900℃,空冷,硬度≤270 HBS
	高温回火	加热至 700～720℃,空冷,硬度≤179 HBS
	淬火后回火	淬火温度 860～880℃,油冷或水冷。回火温度 450～480℃,油冷或空冷,硬度≤250 HBS
	渗碳后二次淬火、回火	渗碳温度 890～910℃。一次淬火温度 860～890℃,油冷或水冷。二次淬火温度780～820℃,油冷或水冷。回火温度 170～190℃,油冷或空冷,表面硬度 56～62 HRC
12CrNi3A SM1CrNi3	退火	加热至 670～680℃,炉冷,硬度≤229 HBS
	正火	加热至 880～940℃,空冷
	高温回火	加热至 670～680℃,空冷,硬度≤229 HBS
	淬火后回火	淬火温度 860～880℃,油冷。回火温度按硬度需要而定,油冷
	渗碳后二次淬火、回火	渗碳温度 900～920℃,灌冷。一次淬火温度 860℃,油冷。二次淬火温度 760～810℃,油冷。回火温度 150～200℃,空冷。心部硬度 26～40 HRC,表面硬度≥58 HRC
	渗碳后一次淬火、回火	渗碳温度 900～920℃,灌冷。淬火温度 810～830℃,油冷。回火温度 150～200℃,空冷。心部硬度 26～40 HRC,表面硬度≥58 HRC

4. 时效硬化型塑料模具钢

常用时效硬化型塑料模具钢的热处理规范见表 4-5-45。

表 4-5-45　常用时效硬化型塑料模具钢

钢　　号	热处理项目	热　处　理　规　范
SM2CrNi3MoAl1S	钢锭退火	加热至 750℃，保温 16 h，随炉冷却至 500℃以下出炉空冷（锻后一般不退火）
	固溶处理	加热温度 870～930℃，空冷，固溶后硬度 42～45 HRC
	时效处理	时效温度 500～520℃，保温时间 6～10 h，空冷，时效后硬度 40 HRC 左右
06Ni6CrMoVTiAl	固溶处理	加热温度 850～880℃，空冷或油冷
	时效处理	时效温度 500～540℃，保温时间 4～8 h，空冷，时效后硬度 43～48 HRC
1Ni3Mn2CuAlMo	普通退火	加热至(760±10)℃，保温 2～3 h，40℃/h 炉冷至 600℃出炉空冷
	固溶处理	加热温度(850±20)℃，空冷
	时效处理	时效温度(510±10)℃，保温时间 4～8 h，空冷
Ni18 型 马氏体时效钢	固溶处理	加热温度(815±10)℃，保温 1 h，空冷（保温 1 h 适用于尺寸不大于 25 mm 的棒材或板材，大于 25 mm 时应按比例适当延长）
	时效处理	时效温度(480±20)℃，保温时间 3～6 h，空冷（对压铸模具可提高时效温度至 530℃）
	渗氮	渗氮温度(455±10)℃，保温时间 24～48 h，炉冷（可与时效处理合并同时进行）

5. 耐腐蚀型塑料模具钢

常用耐腐蚀型塑料模具钢 Cr13 系列、SM3Cr17Mo、GS-083ESR（德国蒂森）、S-STAR（日本大同）热处理规范见表 4-5-46。

表 4-5-46　常用耐腐蚀型塑料模具钢热处理规范

钢　　号	热处理项目	热　处　理　规　范
SM2Cr13 2Cr13	退火	软化退火：加热温度 750～800℃，炉冷。完全退火：加热温度 860～900℃，炉冷
	淬火与回火	淬火温度 1 000～1 050℃，油冷或水冷。回火温度 660～770℃，油冷、水冷或空冷
SM4Cr13 4Cr13	退火	加热温度 750～800℃，炉冷
	淬火与回火	淬火温度 1 050～1 100℃，油冷。回火温度 200～300℃，空冷
SM3Cr17Mo	退火	加热温度 780～820℃，炉冷，硬度 250 HBS
	淬火与回火	预热温度 850℃，淬火温度 1 000～1 050℃，油冷。−80℃冷处理。回火温度 200～300℃，保温 3 h，空冷
9Cr18	退火	加热温度 800～840℃，炉冷至 500℃以下出炉空冷
	淬火与回火	淬火温度 1 050～1 075℃，油冷。回火温度 200～300℃，空冷
9Cr18Mo	退火	加热温度 850～870℃，保温 4～6 h，30℃/h 炉冷至 600℃出炉空冷，硬度≤255 HBS
	再结晶退火	加热温度 730～750℃，空冷
	淬火与回火	淬火温度 1 050～1 100℃，油冷。回火温度 150～160℃，保温 2～5 h，空冷。硬度≥58 HRC 回火前可进行−78～−75℃冷处理
1Cr17Ni2	退火	加热温度 670℃，炉冷
	淬火与回火	淬火温度 950～975℃，油冷。回火温度 275～300℃，油冷

（续表）

钢　号	热处理项目	热　处　理　规　范
Cr14Mo4V	退火	加热温度 880～1 000℃，保温 4～6 h，15～30℃/h 冷至 740℃，再以 15～30℃/h 冷至 600℃，保温 2～5 h 后出炉空冷。硬度 197～241 HBS
	淬火与回火	淬火温度 1 100～1 120℃，油冷。回火温度 500～525℃，保温 2 h，空冷，回火 4 次，硬度 61～63 HRC
GS-083ESR	退火	加热温度 760～800℃，炉冷，硬度≤230 HBS
	淬火与回火	淬火温度 1010～1 050℃，油冷。回火温度 300～500℃，空冷，硬度 51～53 HRC（回火温度℃/硬度 HRC：100/55、200/54、300/53、400/52、500/51、600/40）
S-STAR	退火	加热温度 750～800℃，炉冷，硬度≤229 HBS
	淬火与回火	一次预热至 500℃，二次预热至 800℃，淬火温度 1 020～1 070℃，油冷或空冷。要求保证耐蚀性时，回火温度 200～400℃。要求保证高硬度时，回火温度 490～510℃。回火 2 次

6. 空淬硬化型塑料模具钢

空淬硬化型塑料模具钢 SM4Cr5MoSiV、SM4Cr5MoSiV1、SMCr12Mo1V1 的热处理规范与热作模具钢 4Cr5MoSiV、4Cr5MoSiV1、Cr12Mo1V1 的热处理规范相近，可参考表 4-5-47。

（三）热作模具钢

常用热作模具钢热处理规范见表 4-5-47。

表 4-5-47　常用热作模具钢热处理规范

钢　号	热处理项目	热　处　理　规　范
5CrNiMo	锻后退火	≤35℃/h 加热至 760～780℃保温 2～4 h，炉冷至低于 500℃出炉空冷，硬度197～241 HBS
	锻后等温退火	25～35℃/h 加热至 850～870℃保温 2～4 h，炉冷至 680℃保温 4～6 h，再炉冷至低于 500℃出炉空冷，硬度 197～241 HBS
	淬火与回火	淬火温度 830～860℃（大型模具先预热至 600～650℃），冷却介质油（20～60℃）。冷却时先空冷至 750～780℃，再油冷至 150～180℃，取出后立即回火 回火冷却介质油。回火温度 490～510℃，硬度 44～47 HRC；回火温度 520～540℃，硬度 38～42 HRC；回火温度 560～580℃，硬度 34～37 HRC（回火温度℃/硬度 HRC：150/59、200/58、300/53、400/48、500/43、550/38、600/35、650/31）
4Cr5MoSiV	锻后退火	随炉升温至 860～890℃保温 2～4 h，≤30℃/h 炉冷至 500℃以下出炉空冷，硬度≤229 HBS
	去应力退火	随炉升温至 730～760℃保温 3～4 h，炉冷或空冷
	淬火与回火	淬火：一次预热至 550℃，保温（30+1）min/mm，二次预热至 850℃，保温（10+0.5）min/mm，淬火温度（1 020±10）℃，保温 20～25 s/mm，油冷，硬度 59～60 HRC 回火：回火温度 530～560℃，空冷，回火 2 次，硬度 47～49 HRC（二次回火温度通常比一次低 20～30℃）
	表面处理	渗氮温度 540℃，时间 12～20 h，介质氨（分解率 30%～60%），渗层厚度 0.15～0.20 mm，硬度 550～760 HV；渗氮温度 560℃，时间 2 h，介质 KCN 50%+NaCN 50%，渗层厚度 0.04 mm，硬度 640～690 HV；渗氮温度 580℃，时间 8 h，介质天然气+氨，渗层厚度 0.25～0.30 mm，硬度 830～860 HV

（续表）

钢 号	热处理项目	热 处 理 规 范
4Cr5MoSiV1	锻后退火	随炉升温至 860～890℃保温 3～4 h，≤30℃/h 炉冷至 500℃以下出炉空冷，硬度≤229 HBS
	去应力退火	随炉升温至 730～760℃保温 3～4 h，炉冷
	淬火与回火	淬火温度 1 020～1 050℃，淬火介质油(20～60℃)或空气，硬度 56～58 HRC 回火温度 560～580℃，油冷或空冷，回火 2 次，硬度 47～49 HRC(二次回火温度通常比一次低 20℃)
	表面处理	渗氮温度 530～550℃，时间 12～20 h，介质氨(分解率 30%～60%)，渗层厚度 0.15～0.20 mm，硬度 550～760 HV；渗氮温度 560℃，时间 2 h，介质 KCN 50%+NaCN 50%，渗层厚度 0.04 mm，硬度 640～690 HV；渗氮温度 580℃，时间 8 h，介质天然气+氨，渗层厚度 0.25～0.30 mm，硬度 835～860 HV
4Cr5W2VSi	锻后退火	随炉升温至 860～880℃保温 3～4 h，≤30℃/h 炉冷至 500℃以下出炉空冷，硬度≤229 HBS
	去应力退火	随炉升温至 750～780℃保温 2～4 h，炉冷或空冷
	淬火与回火	方案Ⅰ：淬火温度 1 060～1 080℃，淬火介质油(20～40℃)或空气，硬度 56～58 HRC。一次回火温度 590～610℃，空冷，二次回火温度 570～590℃，空冷，硬度 48～52 HRC 方案Ⅱ：淬火温度 1 030～1 050℃，淬火介质油(20～40℃)，硬度 53～56 HRC。一次回火温度 560～580℃，空冷，二次回火温度 530～540℃，空冷，硬度 47～49 HRC(回火温度℃/硬度 HRC：150/57、200/56、300/56、400/46、500/57、550/55、600/52、650/43)
	表面处理	渗氮温度 530～550℃，时间 12～20 h，介质氨(分解率 30%～60%)，渗层厚度 0.12～0.20 mm，硬度 650～1 115 HV；渗氮温度 560℃，时间 2 h，介质 KCN 50%+NaCN 50%，渗层厚度 0.04～0.07 mm，硬度 580～710 HV；渗氮温度 580℃，时间 8 h，介质天然气+氨，渗层厚度 0.25 mm，硬度 660～765 HV
3Cr3Mo3VNb	锻后等温退火	加热至 860～900℃，保温 3～4 h，炉冷至 700～730℃保温 3～5 h，再炉冷至 550℃以下出炉空冷，硬度 180～200 HBS
	淬火与回火	淬火温度 950～1 100℃，油冷，硬度 46～50 HRC 回火温度 450～650℃，硬度 42～48 HRC
3Cr2W8V	锻后退火	加热至 800～820℃保温 2～4 h，≤30～40℃/h 炉冷至 600～650℃出炉空冷，硬度 207～255 HBS
	锻后等温退火	加热至 830～860℃，保温 3～4 h，炉冷至(730±10)℃保温(180+1)min/mm，再炉冷至 500℃以下出炉空冷，硬度 207～255 HBS
	淬火与回火	淬火温度 1 050～1 100℃，冷却介质油(20～40℃)，冷却至 150～180℃后空冷，硬度 49～52 HRC 回火温度 600～620℃，空冷，硬度 40.2～47.4 HRC(回火温度℃/硬度 HRC：150/52、200/51、300/50、400/49、500/48、550/47、600/45、650/40)
	表面处理	渗氮温度 530℃，时间 3～6 h，介质氨(分解率 30%～60%)，渗层厚度 0.07～0.12 mm，硬度 1 000～1 160 HV
3Cr3Mo3W2V	锻后等温退火	加热至 870℃，保温 4 h，炉冷至(730±10)℃保温 6 h，再炉冷至 500℃以下出炉空冷，硬度≤255 HBS
	淬火与回火	淬火温度 1 060～1 130℃，冷却介质油(20～40℃)，硬度 52～56 HRC 回火温度 640℃，空冷，硬度 52～54 HRC。回火温度 680℃，空冷，硬度 39～41 HRC

（四）无磁模具钢

无磁模具钢 7Mn15Cr2Al3V2WMo 热处理规范：

高温退火：随炉升温至(880±10)℃保温 3～6 h，炉冷至低于 500℃出炉空冷，硬度 28～30 HRC。

固溶处理：固溶温度 1 150～1 180℃，保温时间盐浴炉 15～20 min，空气炉 30 min，水冷，固溶后硬度 20～22 HRC。

时效处理：时效温度 650℃，保温 20 h，空冷，时效后硬度 48.0 HRC；时效温度 700℃，保温 2 h，空冷，时效后硬度 48.5 HRC。

气体碳氮共渗：共渗温度 560～570℃，渗氮时间 4～6 h，渗氮层深度 0.03～0.04 mm，表层硬度 950～1 100 HV。

（五）钢结硬质合金

钢结硬质合金经过软化后才能进行机械加工，再经淬火、回火处理后才能使用。模具用钢结硬质合金退火工艺规范见图 4-5-16，淬火、回火工艺见表 4-5-48。

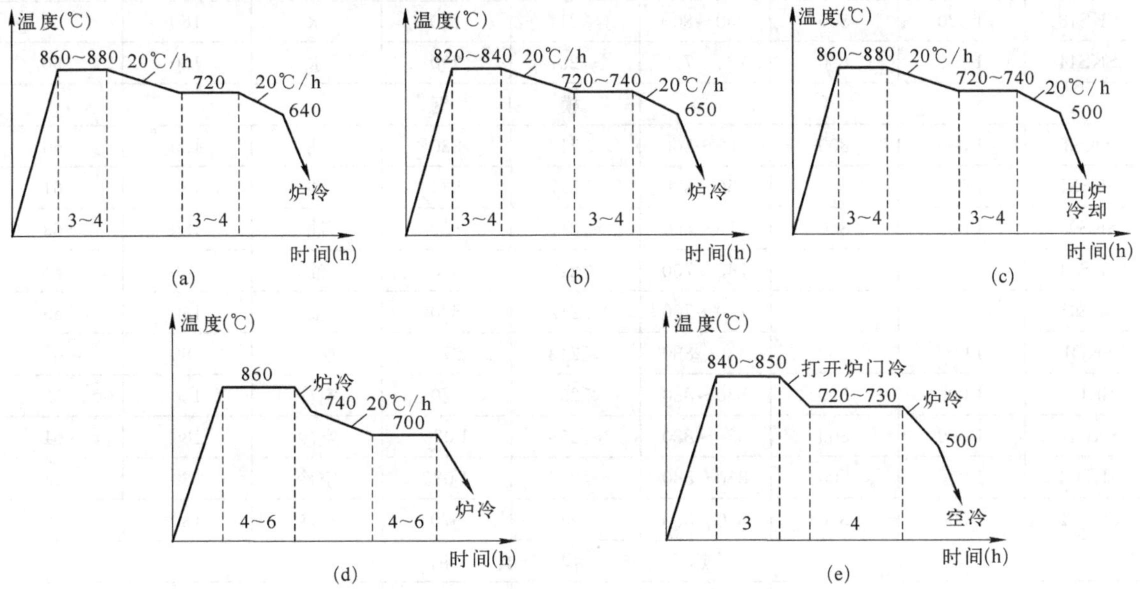

图 4-5-16　钢结硬质合金退火工艺规范

(a) GT35；(b) R5、T1；(c) TLMW50；(d) GW50；(e) GJW50

表 4-5-48　钢结硬质合金淬火、回火工艺规范

牌号或代号	淬火设备	预热温度(℃)	预热时间(min)	淬火温度(℃)	保温时间(min/mm)	冷却方式	淬火硬度(HRC)	回火温度(℃)	回火硬度(HRC)
GT35	盐浴炉	800～850	30	960～980	0.5	油冷	69～72	180～200 400～500	67～71 61～64
R5	盐浴炉	800	30	1 000～1 050	0.6	油冷或空冷	70～73	200 450～500	68～69 67～70
T1	高温盐浴炉	800	30	1240	0.3～0.4	600℃盐浴空冷	73	500	70～72
D1	高温盐浴炉	800	30	1 220～1 240	0.6～0.7	650℃盐浴油冷	72～74	500	66～69
TLMW50	盐浴炉	820～850	30	1 050	0.5～0.7	油冷	68	200 500	66～68 63～64
GW50	箱式炉	800～850	30	1 050～1 100	2～3	油冷	68～72	180～200	68～70
GJW50	盐浴炉	800～820	30	1 020	0.5～1.0	油冷	70	180～200	67

注：1. 保温时间=工件有效尺寸热透速率(min)。

2. T1、D1 回火 3 次，每次保温 1 h，其他牌号回火 2 次。

（六）国外模具钢

日本(JIS)合金工具钢的热加工和热处理工艺规范见表 4-5-49,高速工具钢的热加工和热处理工艺规范见表 4-5-50。美国(ASTM)合金工具钢热处理规范见表 4-5-51,高速工具钢热处理规范见表 4-5-52。

表 4-5-49　日本(JIS)合金工具钢的热加工和热处理工艺规范

钢　号	热加工温度(℃)		退火温度(℃)	退火后硬度(HBS)	淬火温度(℃)	淬火介质	回火温度(℃)	淬火回火后硬度(HRC)
	开始	终止						
耐　冲　击　工　具　钢								
SKS4	1 050	850	740～780	≤201	800	水	180	56
SKS41	1 050	850	760～820	≤217	880	油	180	53
SKS43	1 020	800	750～800	≤217	790	水	180	63
SKS44	1 020	800	730～780	≤207	790	水	180	60
冷　作　模　具　钢								
SKS3	1 000	800	750～800	≤217	830	油	180	60
SKS31	1 000	800	750～800	≤217	830	油	180	61
SKS93	1 000	800	750～800	≤217	820	油	180	63
SKS94			740～760	≤212	820	油	180	61
SKS95			730～760	≤212	820	油	180	59
SKD1	1 000	800	830～880	≤248	970	空冷	180	62
SKD2	1 000	800	830～880	≤255	970	空冷	180	62
SKD10	1 000	800	830～880	≤255	1 020	空冷	180	61
SKD11	1 000	800	830～880	≤255	1 030	空冷	180	58
SKD12	1 000	800	830～880	≤241	970	空冷	180	60
热　作　模　具　钢								
SKD4	1 100	900	800～850	≤235	1 080	油	600	42
SKD5	1 100	900	800～850	≤241	1 050	油	600	48
SKD6	1 100	900	820～870	≤229	1 050	空冷	550	48
SKD61	1 100	900	820～870	≤229	1 020	空冷	550	50
SKD62	1 100	900	820～870	≤229	1 020	空冷	550	48
SKD7	1 100	900	820～870	≤229	1 040	空冷	550	46
SKD8	1 100	900	820～870	≤262	1 120	油	600	48
SKT3	1 050	850	760～810	≤235	850	油	500	42
SKT4	1 050	850	740～800	≤248	850	油	500	42
SKT6	1 050	850	720～780	≤285	850	油	180	52

表 4-5-50　日本(JIS)高速工具钢的热加工和热处理工艺规范

钢　号	热加工温度(℃)		退火温度(℃)	退火后硬度(HBS)	淬火温度(℃)	淬火介质	回火温度(℃)	淬火回火后硬度(HRC)
	开始	终止						
钨　系　高　速　工　具　钢								
SKH2	1 150	900	820～880	≤269	1 260	油	560	63
SKH3	1 250	900	840～900	≤269	1 270	油	560	64

（续表）

钢　号	热加工温度(℃)		退火温度(℃)	退火后硬度(HBS)	淬火温度(℃)	淬火介质	回火温度(℃)	淬火回火后硬度(HRC)
	开始	终止						
钨　系　高　速　工　具　钢								
SKH4	1 200	950	850～910	≤285	1 270	油	560	64
SKH10	1 150	950	820～900	≤285	1 230	油	560	64
粉　末　冶　金　高　速　工　具　钢								
SKH40			800～880	≤302	1 180	油	560	65
钨　钼　系　高　速　工　具　钢								
SKH50			800～880	≤262	1 190	油	560	63
SKH51	1 150	950	800～880	≤262	1 220	油	560	64
SKH52	1 150	950	800～880	≤262	1 200	油	560	64
SKH53	1 150	950	800～880	<269	1 200	油	560	64
SKH54	1 150	950	800～880	<269	1 210	油	560	64
SKH55	1 180	950	800～880	<269	1 210	油	560	64
SKH56	1 180	950	800～880	<285	1 230	油	560	64
SKH57	1 180	950	800～880	<293	1 200	油	560	66
SKH58			800～880	<269	1 190	油	560	64
SKH59			800～880	<277	1 270	油	550	66

注：各钢号均进行两次回火。

表 4-5-51　美国(ASTM)合金工具钢热处理规范

钢　号	预热温度(℃)	淬火温度(℃)		保温时间(min)	淬火介质	回火温度(℃)	回火后硬度(HRC)
		盐浴炉	可控气氛炉				
H10	788	1 010	1 024	5～15	空冷	552	≥55
H11	788	996	1 010	5～15	空冷	552	≥53
H12	788	996	1 010	5～15	空冷	552	≥53
H13	788	996	1 010	5～15	空冷	552	≥52
H14	788	1 038	1 052	5～15	空冷	552	≥55
H19	788	1 177	1 191	5～15	空冷	552	≥55
H21	788	1 177	1 191	5～15	空冷	552	≥52
H22	788	1 177	1 191	5～15	空冷	552	≥53
H23	816	1 246	1 260	5～15	油	649	≥42
H24	788	1 204	1 218	5～15	空冷	552	≥55
H25	788	1 232	1 246	5～15	空冷	552	≥44
H26	843	1 246	1 260	5～15	空冷	552	≥58
H41	788	1 163	1 177	5～15	空冷	552	≥60
H42	788	1 191	1 204	5～15	空冷	552	≥60
H43	788	1 171	1 191	5～15	空冷	552	≥58

（续表）

钢　号	预热温度（℃）	淬火温度（℃）		保温时间（min）	淬火介质	回火温度（℃）	回火后硬度（HRC）
		盐浴炉	可控气氛炉				
A2	788	941	945	5～15	空冷	204	≥60
A3	788	968	982	5～15	空冷	204	≥63
A4	677	843	857	5～15	空冷	204	≥61
A6	649	829	843	5～15	空冷	204	≥58
A7	816	945	968	5～15	空冷	204	≥63
A8	788	996	1 010	5～15	空冷	510	≥56
A9	788	996	1 010	5～15	空冷	510	≥56
A10	649	802	816	5～15	空冷	204	≥59
D2	816	996	1 191	10～20	空冷	204	≥59
D3	816	954	1 191	10～20	油	204	≥61
D4	816	982	1 191	10～20	空冷	204	≥62
D6	816	1 010	1 260	10～20	空冷	204	≥61
D7	816	1 066	1 218	10～20	空冷	204	≥63
O1	649	788	802	5～15	油	204	≥60
O2	649	788	802	5～15	油	204	≥59
O6	649	788	802	5～15	油	204	≥59
O7	649	867	871	5～15	油	204	≥62
S1	677	941	954	5～15	油	204	≥56
S2	677	985	899	5～15	盐水	204	≥58
S4	677	885	899	5～15	油	204	≥58
S5	677	885	899	5～15	油	204	≥58
S6	788	927	941	5～15	油	204	≥56
S7	677	941	954	5～15	空冷	204	≥56
F1	649	829	843	5～15	盐水	204	≥64
F2	649	829	843	5～15	盐水	204	≥64
L2	649	857	871	5～15	油	204	≥53
L3	649	829	843	5～15	油	204	≥62
L6	649	816	829	5～15	油	204	≥58

注：淬火和回火温度由华氏温度换算而来。L2 的回火后硬度(53 HRC)是指碳含量 0.45%～0.55%时的硬度。

表 4－5－52　美国(ASTM)高速工具钢热处理规范

钢　　号	预热温度(℃)	淬火温度(℃)		回火温度(℃)	回火后硬度（HRC）
		盐浴炉	可控气氛炉		
钨　系　高　速　工　具　钢					
T1	816～871	1 277	1 288	552	≥63
T2	816～871	1 277	1 288	552	≥63

（续表）

钢　　号	预热温度(℃)	淬火温度(℃)		回火温度(℃)	回火后硬度(HRC)
		盐浴炉	可控气氛炉		
钨　系　高　速　工　具　钢					
T4	816～871	1 277	1 288	552	≥63
T5	816～871	1 277	1 288	552	≥63
T6	816～871	1 277	1 288	552	≥63
T8	816～871	1 277	1 288	552	≥63
T15	816～871	1 277	1 288	538	≥65
钼　系　高　速　工　具　钢					
M1	732～843	1 196	1 207	552	≥64
M2(正常 C)	732～843	1 216	1 227	552	≥64
M2(高 C)	732～843	1 204	1 216	552	≥65
M3 Class1	732～843	1 204	1 216	552	≥64
M3 Class2	732～843	1 204	1 216	552	≥64
M4	732～843	1 204	1 216	552	≥64
M6	732～843	1 188	1 299	538	≥64
M7	732～843	1 204	1 216	552	≥65
M10(正常 C)	732～843	1 196	1 207	552	≥63
M10(高 C)	732～843	1 196	1 207	552	≥64
M30	732～843	1 204	1 216	552	≥64
M33	732～843	1 204	1 216	552	≥65
M34	732～843	1 204	1 216	552	≥64
M36	732～843	1 204	1 216	552	≥64
M41	732～843	1 190	1 202	538	≥66
M42	732～843	1 177	1 188	538	≥66
M43	732～843	1 177	1 188	538	≥66
M44	732～843	1 188	1 199	538	≥66
M46	732～843	1 204	1 216	538	≥66
M47	732～843	1 190	1 202	538	≥66
M48	732～843	1 190	1 202	538	≥66
M62	732～843	1 190	1 202	538	≥66
中　间　型　高　速　工　具　钢					
M50	732～843	1 104	1 116	538	≥61
M52	732～843	1 163	1 174	538	≥63

注：表中各项温度由华氏温度换算而来。

第六章 模具装配

模具的装配，就是根据模具的结构特点，各零件间的相互关系以及装配技术条件，以一定的装配方法和顺序，将符合图样技术要求的模具零件连接固定为组件、部件，直至装配成满足使用要求的模具的工艺过程。简单模具的装配可分为组件装配和总装配，复杂模具的装配可分为组件装配、部件装配和总装配。

一、冲模装配

（一）冲模装配技术条件

冲模装配技术条件见表 4－6－1。

表 4－6－1 冲模装配技术条件

<table>
<tr><th>条目编号</th><th colspan="3">条 目 内 容</th></tr>
<tr><td>4</td><td colspan="3">装配要求</td></tr>
<tr><td>4.1</td><td colspan="3">装配时应保证凸、凹模之间的间隙均匀一致</td></tr>
<tr><td>4.2</td><td colspan="3">推料、卸料机构必须灵活，卸料板或推件器在模具开启状态时，一般应凸出凸、凹模表面 0.5～1.0 mm</td></tr>
<tr><td>4.3</td><td colspan="3">模具所有活动部分的移动应平稳灵活，无阻滞现象，滑块、斜楔在固定滑动面上移动时，其最小接触面积应大于其面积的 75%</td></tr>
<tr><td>4.4</td><td colspan="3">紧固用的螺钉、圆柱销装配后不得松动，并保证螺钉和圆柱销的端面不凸出上、下模座的安装平面</td></tr>
<tr><td rowspan="7">4.5</td><td colspan="3">凸模装配后的垂直度应符合以下规定：</td></tr>
<tr><td rowspan="2">间隙值(mm)</td><td colspan="2">垂直度公差等级(GB/T 1184—1996)</td></tr>
<tr><td>单凸模</td><td>多凸模</td></tr>
<tr><td>≤0.02</td><td>5</td><td>6</td></tr>
<tr><td>>0.02～0.06</td><td>6</td><td>7</td></tr>
<tr><td>>0.06</td><td>7</td><td>8</td></tr>
<tr><td colspan="3"></td></tr>
<tr><td>4.6</td><td colspan="3">凸模、凸凹模等与固定板的配合一般按 GB/T 1800.2—2009 中的 H7/n6 或 H7/m6 选取</td></tr>
<tr><td>4.7</td><td colspan="3">质量超过 20 kg 的模具应设吊环螺钉或起吊孔，确保安全吊装。起吊时模具应平稳，便于装模。吊环螺钉应符合 GB/T 825—1988 的规定</td></tr>
</table>

注：参照 GB/T 14662—2006。

（二）冲模零件组装

1. 冲模工作零件的组装

冲模工作零件紧固件固定的组装见表 4－6－2，压入固定的组装见表 4－6－3，热装固定的组装见表 4－6－4。

表 4－6－2 冲模工作零件紧固件固定的组装

类别	简 图	说 明
螺钉吊装式	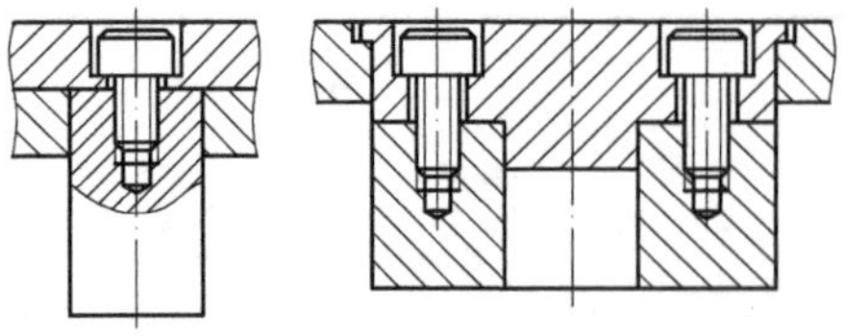	(1) 凸模上紧固螺钉孔的布置力求对称，同时应考虑凸模的强度。装配时要检验凸模的垂直度 (2) 凸模上的紧固螺钉孔一般均为不通孔，并要有足够的螺孔深度。螺孔应在凸、凹模淬火前配钻、攻丝

（续表）

类别	简　　图	说　　明
螺钉圆柱销紧固式	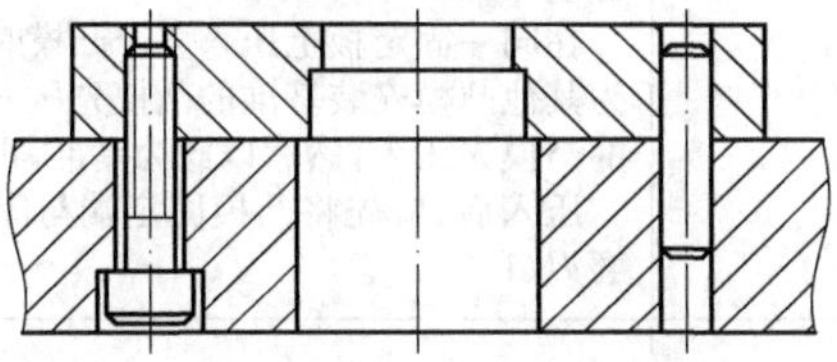	(1) 大截面的凸模和凹模常用螺钉和圆柱销直接固定。螺纹配合长度取螺钉直径的 1.5～2 倍。圆柱销配合长度取圆柱销直径的 2～4 倍 (2) 一般模具常在凸模或凹模淬火前加工好螺孔和销孔，装配时引钻加工模座上的螺钉过孔和销孔。互换性模具常用加工中心点孔后钳作加工凸模或凹模、模座上的螺钉孔和圆柱销孔预孔，再用慢走丝线切割或坐标磨加工销孔
横销吊装固定式	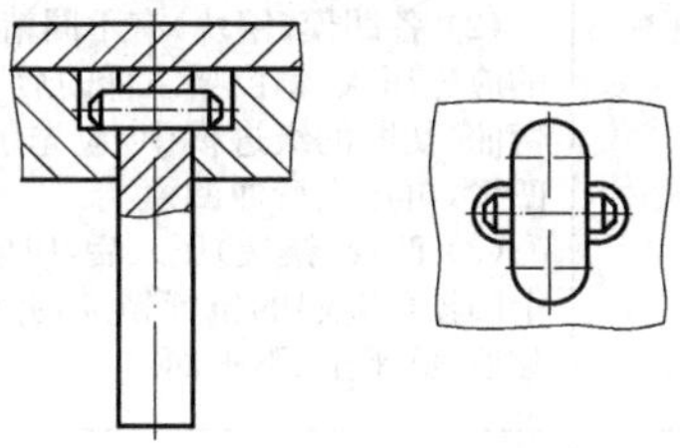	适合固定形状复杂、截面细长的直通式凸模。凸模型面和销孔线切割加工，固定板型孔线切割加工，横销固定沉孔铣削加工。装配后凸模固定端与固定板磨平
卡销固定式	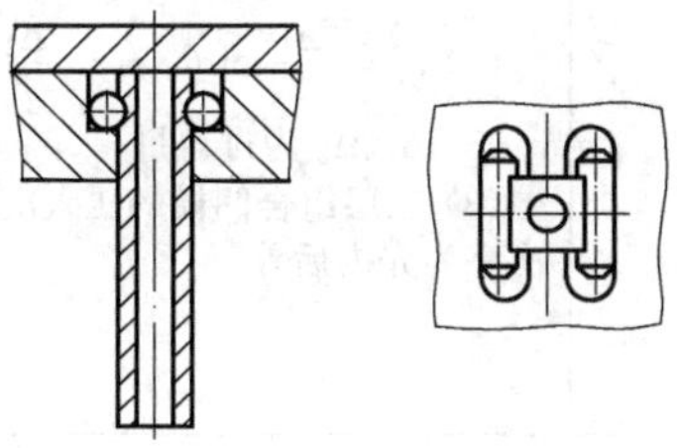	适合固定形状复杂、壁厚较薄的凸凹模，固定板与凸凹模的配合长度为固定板厚的 2/3，凸凹模两边磨出凹槽，用两圆柱销或钢丝将凸凹模卡紧在固定板的槽内 凸模型面和卡销半圆孔线切割加工，固定板型孔线切割加工，卡销固定沉孔铣削加工。装配后凸模固定端与固定板磨平
压板固定式	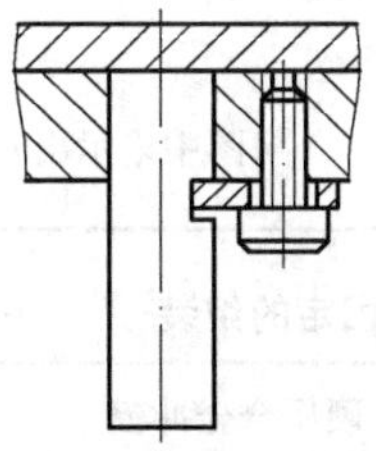	适合固定线切割加工的形状复杂、壁厚较薄的直通式凸模，凸模一边加工出凹槽，将压板卡在槽内，用螺钉将凸模压紧在固定板上。凸模更换方便，可快速更换凸模 凸模上的凹槽由磨床磨出或线切割割出。装配后将凸模工作端与固定板磨平，或使凸模工作端面低于固定板平面 0.01～0.02 mm
斜压块紧固式	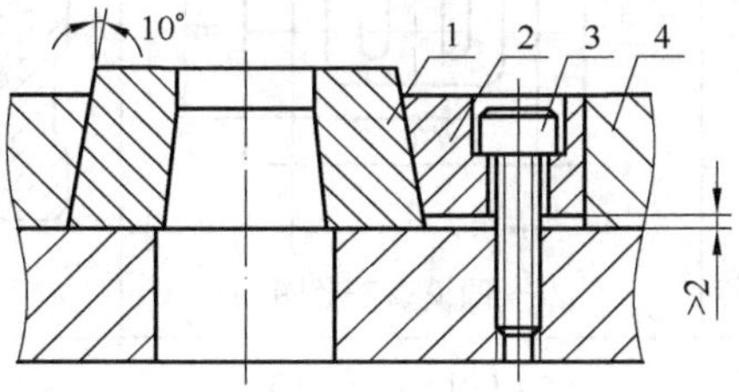	(1) 在模座 4 上刨出长槽，用斜面压块 2 将凹模 1 固定在槽内。适合无导向简易模具的凹模固定 (2) 10°斜度要求与凹模 3 有准确配合 (3) 斜压块底面与模座之间留大于 2 mm 的间隙，模座上的螺孔按斜压块上的孔配作

表 4-6-3 冲模工作零件压入固定的组装

类别	简 图	说 明
压入式凸模	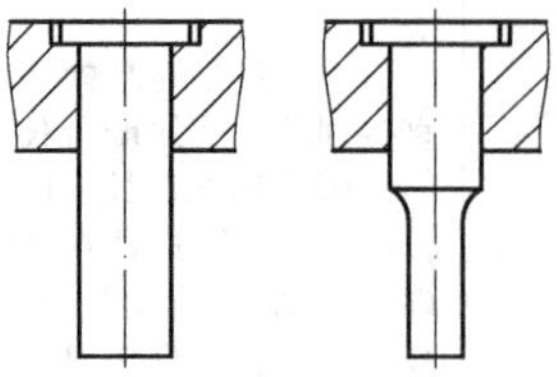	凸模与固定板采用 H7/m6 或 H7/n6 配合，表面粗糙度 *Ra* 1.6 μm 以下 在同一固定板上压入多个凸模时，容易定位并可作为其他凸模安装基准的凸模先压入；安装精度要求高的凸模先压入，然后以此为基准，再压入其他凸模 压入后，应先将凸模固定端与固定板磨平，然后刃磨刃口
压入式凹模	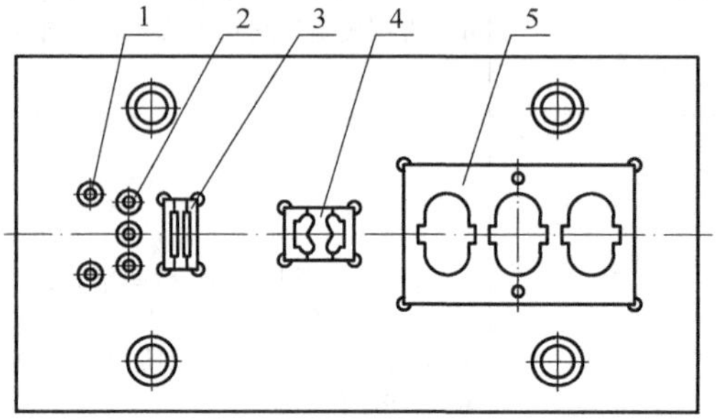 1—导正孔凹模；2—冲孔凹模；3、4、5—凹模镶件	(1) 装配时容易定位的凹模(镶块)应先压入，较难定位的或需要依赖其他凹模(镶块)才能保证型孔位置或步距精度的应后压入。图中，应先压入导正孔凹模 1，然后压入冲孔凹模 2，最后压入镶块 3、4、5 (2) 各凹模(镶块)有不同精度要求时，精度要求高的应先压入，精度要求低的后压入。如在冲孔、切槽、弯曲、切断的级进模中，应先压入冲孔、切槽、切断的凹模，再压入弯曲凹模 (3) 凹模(镶块)压入后，应使用坐标测量机检查各个凹模(镶块)的位置精度，并引入凸模复查，修正间隙后，磨平上、下平面
组合凹模	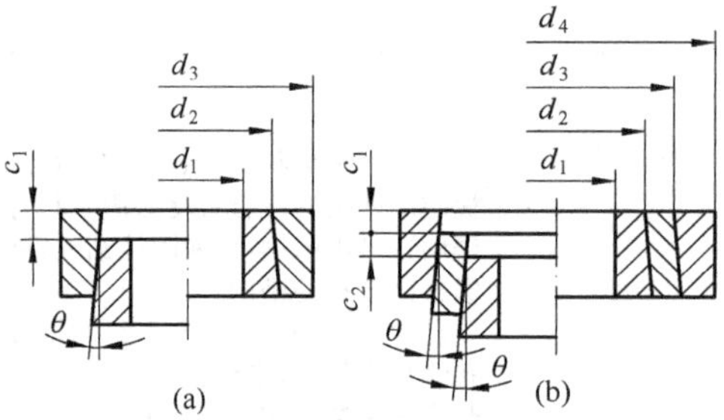	(1) 单边斜度 $\theta=1°30'$(热挤压模 $\theta=10°$) (2) $c_1=\frac{\Delta_1}{2}\cot\theta$, $c_2=\frac{\Delta_2}{2}\cot\theta$ Δ_1、Δ_2 为过盈量 (3) 三层组合凹模的压入次序为先外后内，压出的次序为先内后外
倒装组合凹模	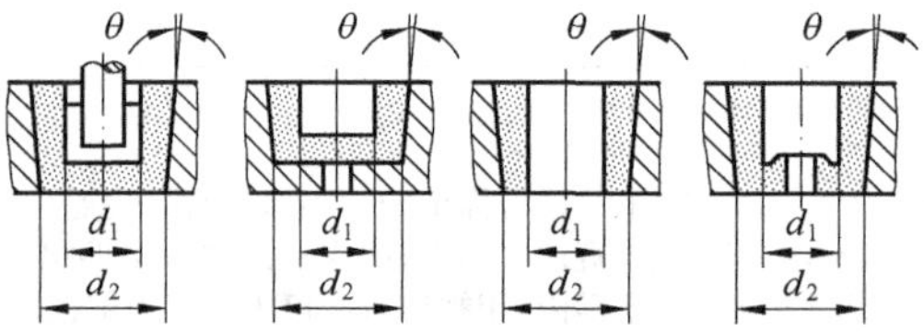	(1) 单边斜度 $\theta=30'$ (2) 压入量为 $c=\frac{\Delta}{2}\cot\theta$ (图中未示出)

表 4-6-4 冲模工作零件热装固定的组装

冲模结构	镶拼结构冲模	硬质合金冲模	冷 镦 模
简 图	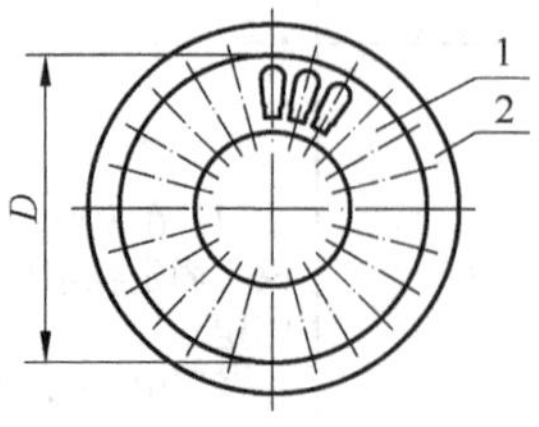 1—凹模；2—套圈	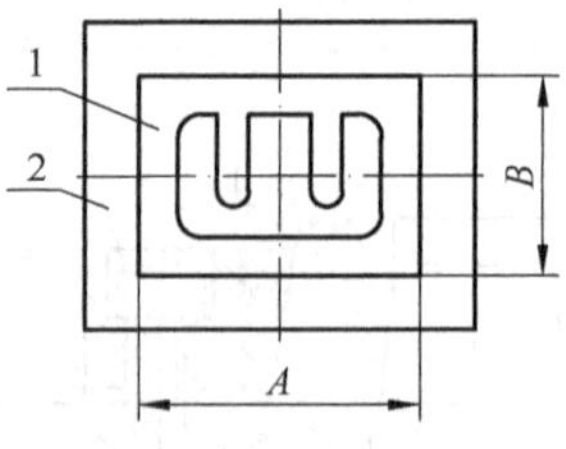 1—凹模；2—套圈	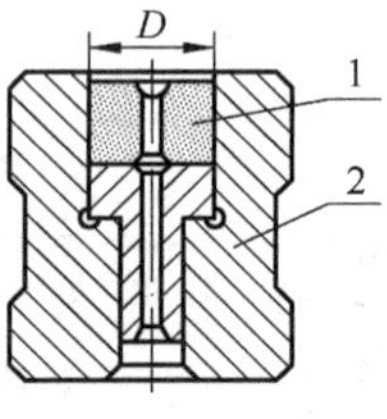 1—凹模；2—套圈
过 盈 量(mm)	(0.001～0.002)*D*	(0.001～0.002)*A* (0.001～0.002)*B*	(0.005～0.007)*D*

（续表）

冲模结构		镶拼结构冲模	硬质合金冲模	冷 镦 模
加热温度（℃）	套 圈	300～400	400～450	800～850
	模 块		200～250	200～250
说 明			热套完成并冷却后，进行型孔加工（如线切割等）	零件加工完毕后进行热套
稳定处理				150～160℃保温 12～16 h

注：1. 加热温度视过盈量及材料热膨胀系数而定，加热保温时间约 1 h。
2. 模块要求有预应力的，对套圈的强度要求高，如冷镦模套圈要求用 GCr15 钢锻造退火后淬硬到 45～50 HRC，接触面的垂直度、平行度要求也较高。

2. 压入式模架装配方法

压入式模架装配方法见表 4－6－5。

表 4－6－5 压入式模架装配方法

方 式	序号	工 序	简 图	装配工艺说明
先压入导柱装配方法	1	选配导柱、导套		按模架精度等级标准选配导柱、导套，配对，使其配合间隙符合技术指标
	2	压入导柱	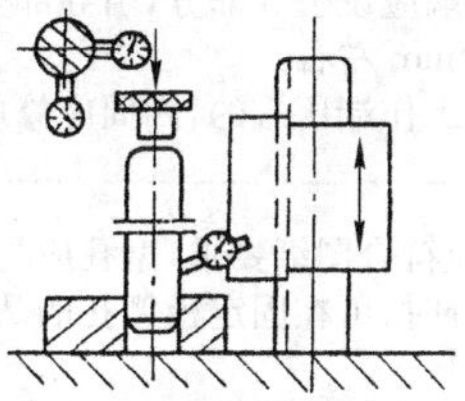	（1）用压力机将导柱压入下模座，在压入时，压块应放在导柱中心孔上，并用百分表（或宽度角尺）在两个垂直方向上检测与校正导柱的垂直度误差 （2）导柱压入后，用专用指示器（或Ⅰ级宽度角尺）检查其垂直度误差，并应符合模架分级指标，若误差超出范围应重新压入
	3	装导套	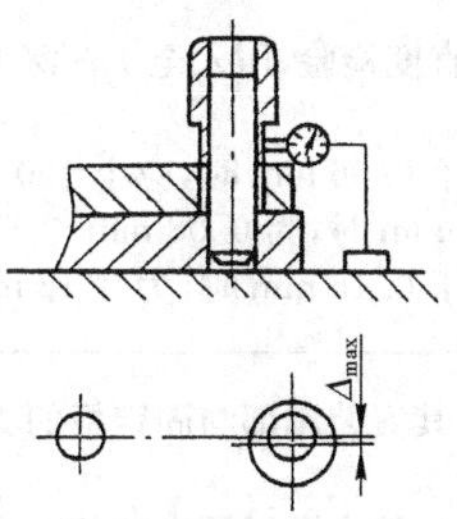	（1）将上模座反置在导柱上，然后套上导套 （2）转动导套，用千分尺检查导套压配部分内外圆柱面的同轴度误差，并将其最大偏差 $\Delta_{最大}$，放在两导套中心线的垂直位置上
	4	压入导套	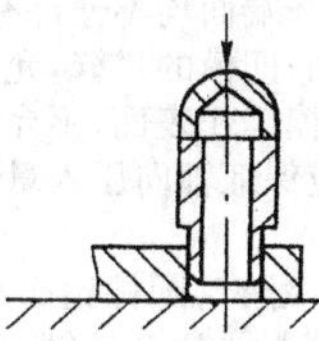	将帽形垫块放在导套上，用压力机压入上模座，压入一部分后，取走带有导柱的下模座，仍用帽形垫块将导套全部压入
先压入导套装配方法	1	压入导套	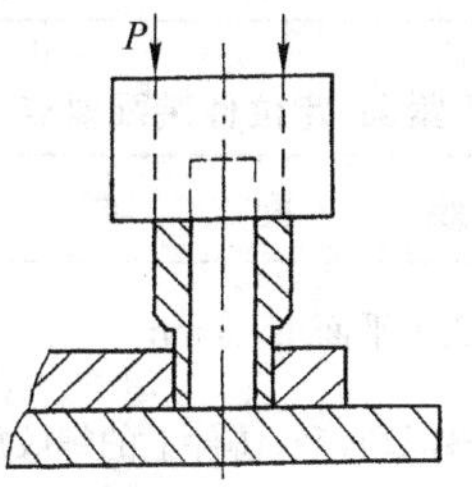	（1）将上模板放在专用装导套工具上。专用工具的两圆柱与底板垂直，圆柱直径与导柱相同 （2）将两导套分别套在两圆柱上，并用等高垫铁垫起 （3）通过压力机将导套压入模板 （4）卸下上模板，检验压入后的导套与模板垂直度

（续表）

方　式	序号	工　　序	简　　图	装 配 工 艺 说 明
先压入导套装配方法	2	压入导柱	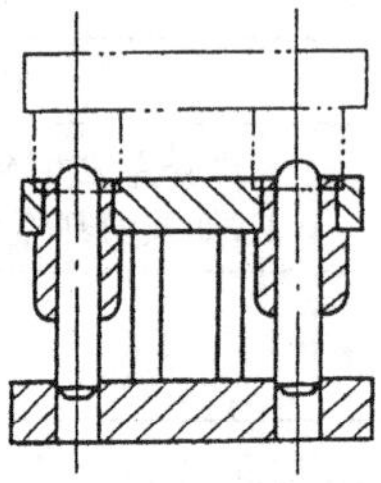	(1) 在上、下模板间垫上等高垫铁 (2) 将导柱插入导套内，并通过压机将导柱压入下模板 5～6 mm (3) 将上模板用手提升至不脱离导柱最高位置，然后再放下，如发现松紧不一，可调整导柱位置到合适为止 (4) 将导柱压入下模板

注：模架装配后，将上、下模板对合，中间加垫块放在平板上，用千分表分别测量上、下模板平行度及导柱、导套对模板垂直度误差，对模架进行分级。

3. 冲模零件组装工艺要点

冲模工作零件装配要点见表 4-6-6，紧固、定位件装配要点见表 4-6-7，导向件装配要点见表 4-6-8，顶出、卸料件装配要点见表 4-6-9。

表 4-6-6　冲模工作零件装配要点

项　　目	装　　配　　要　　点
对压入式凸模的要求	(1) 有台肩的圆形凸模，压入端应设引导部分，引导部分可采用小圆角、小锥度或在 3 mm 长度内将凸模固定部分直径磨小 0.03 mm 左右 (2) 无台肩的成形凸模，由非工作端压入的，四周应修成斜度或小圆角
对压入式固定板型孔的要求	(1) 型孔的公差值和粗糙度应符合图纸要求，型孔应与固定板的装配基面垂直 (2) 当凸模不允许设引导部分时，可在固定板型孔的凸模压入处设小于 1°的斜度、高度小于5 mm 的引导部分或倒成圆角
凸模、凹模、凸凹模、侧刃与固定板装配基面的垂直度允差	凸模压入型孔少许即进行垂直度检验，压入至 1/3 深度时再做垂直度检验，每 100 mm 的垂直度允差为： 冲裁刃口双面间隙大于或等于 0.06 mm 时，应小于 0.04 mm 冲裁刃口双面间隙大于 0.06 mm 时，为 0.08 mm 冲裁刃口双面间隙大于或等于 0.15 mm 时，为 0.12 mm
冲模工作零件装入固定板后的检验	(1) 工件零件装入固定板后，其安装尾部与固定板的支承面磨平至粗糙度 Ra 0.8～1.6 μm，并以其支承面为基准修磨刃口面 (2) 多个工作零件的高度，必须符合图纸要求的相对高度，其误差小于 0.1 mm (3) 拼块冲裁刃口的拼合面，其侧面与端面均不允许有错缝及缝隙 (4) 弯曲、拉伸、翻孔及成形等镶拼凸、凹模的拼缝，允许有 0.02 mm 以下的不平或错位 (5) 装入固定板中的冷挤压凸模、凹模工作表面，不允许有任何细微的擦伤痕迹和其他缺陷 (6) 冷挤压预应力组合凹模或凸模应保证轴向压入量和径向过盈量，并使锥接触面着色点均匀。分层接口处无不平和缝隙 (7) 用螺钉、圆柱销固定工作零件时，螺钉、圆柱销头都应低于支承面和刃口平面。为不减弱工作零件强度，原则上螺钉孔为不通孔，尽量不用圆柱销

表 4-6-7　紧固、定位件装配要点

项　　目	装　　配　　要　　点
螺　钉	(1) 内六角螺钉头应埋入模板，并低于平面 1～3 mm (2) 装配后的螺钉应均匀拧紧 (3) 钢件上的螺纹旋入深度不小于螺纹直径，铸件上的螺纹旋入深度不小于 1.5 倍螺纹直径

（续表）

项　目	装　配　要　点
圆柱销	(1) 圆柱销在零件上的定位深度应大于 1.5 倍柱销直径 (2) 圆柱销与销孔一般采用过渡配合 (3) 精密模具如微间隙冲裁模、多级连续模、镶拼模和精冲模上的销孔，应将两定位件调整夹紧后进行镗、磨和研加工至配合要求
锥面或斜面	利用锥面或斜面压紧定位时，在均匀拧紧螺钉的同时，要注意保持间隙或位置的正确

表 4-6-8　导向件装配要点

项　目	装　配　要　点
导柱压入模座或模板的垂直度允差	(1) 滚珠导柱模架的导柱垂直度允差小于 0.005 mm/100 mm (2) 滑动导柱模架的导柱垂直度允差为 0.01～0.02 mm/100 mm (3) 小导柱的垂直度允差为 0.02～0.04 mm/100 mm
导料板装配	装配后，模具上侧导料板的导向面，应与凹模进料中心线平行，对一般冲裁模，其允差不得大于(100 : 0.05)mm，连续模侧导板的平行度允差不大于(100 : 0.02)mm，左右侧导板之间的平行度允差不大于(100 : 0.02)mm
斜楔及滑块导向装置	(1) 斜楔与滑块的相对斜面必须吻合，吻合程度在纵横方向上的吻合面均不小于 75% (2) 滑块运动方向上的偏摆量不大于(100 : 0.03)mm (3) 导滑部分活动正常，不呆滞

表 4-6-9　顶出、卸料件装配要点

项　目	装　配　要　点
卸料板、推件板、顶板安装	装配后的卸料板、推件板、顶板、顶圈等，均相应露出凹模面、凸模端面 0.5～1 mm。若另有要求，则按图纸安装
弯曲模顶件板	(1) 当弯曲模合模至最低位置时，若顶件板又作为部分弯曲成形块时，其厚度方向尺寸允差一般取 0.01～0.04 mm (2) 顶件板做成台肩式或用卸料螺钉限制其开模时，弹出凹模口
顶杆、推杆、卸料螺钉	(1) 在同一模具上，其有限的控制长度允差为 0.03～0.05 mm (2) 各模板上的顶杆孔、推杆孔、卸料螺钉孔和螺钉孔，均应在同一尺寸坐标中心，其孔径比相应直径尺寸大 0.5～1 mm

（三）冲模总装工艺要点

冲模总装工艺要点见表 4-6-10。

表 4-6-10　冲模总装工艺要点

项　目	工　艺　要　点
基准件的选择	冲模装配时，先要选择基准件。基准件通常按照模具主要零件的装配依赖关系来确定，常用作基准件的零件有凸模、凹模、凸凹模、导板等 导板模：导板。复合模：凸凹模。级进模：凹模。简单开式模具：凹模或凸模
装配顺序的确定	冲模装配时，应先行装配基准件，然后按照与基准件依赖关系的远近程度逐步装配其他零件。例如，导柱导向的弹压卸料级进模，应先装配凹模，再装配凸模组件，再装配卸料板组件，最后装配其他零件
间隙调整	冲模装配时，重点是保证凸、凹模间隙的均匀性。采用完全互换法装配的冲模，凸、凹模间隙的均匀性由各零件的加工精度保证。采用修配、调整法装配的冲模，装配时应通过切纸法、透光法等方法调整凸、凹模间隙的均匀性

（续表）

项　　目	工　艺　要　点
螺钉孔、圆柱销孔的配作	(1) 用配作、调整法装配的冲模，模板上的螺钉孔、圆柱销孔、卸料螺钉孔等在装配时配作加工 (2) 凹模、固定板上的螺钉孔、圆柱销孔，卸料板上的卸料螺钉孔，可在装配前先行加工完毕，装配时再配作其他模板上的孔 (3) 螺钉孔、卸料螺钉孔的配作有引钻法和螺纹冲冲印法两种 引钻法是将模板位置调整好后，直接以配作基准件上已先行加工出的螺纹孔为钻模，引钻其他模板上的孔。螺纹冲冲印法是将模板位置调整好后，用特制的螺纹冲旋入配作基准件上已先行加工出的螺纹孔内，用螺纹冲的尖顶在其他模板上冲印出孔的中心位置，然后钻孔 (4) 圆柱销孔的配作通常用引钻、配铰法。将模板位置调整、固定后，以配作基准件上已先行加工出的圆柱销孔为钻模，引钻其他模板上的孔，再用铰刀铰孔。铰孔余量 0.2～0.5 mm
试冲	冲模装好后，都需进行试冲。试冲可采用切纸试冲和上机试冲两种方法。试冲出的试件要仔细检查，若发现凸、凹模间隙不均匀，或试件毛刺过大，应重新进行装配与调整，直至试件质量合格为止

(四) 凸、凹模间隙控制方法

凸、凹模间隙控制方法见表 4-6-11。

表 4-6-11　凸、凹模间隙控制方法

控制方法	简　图　与　说　明
垫片调整间隙法	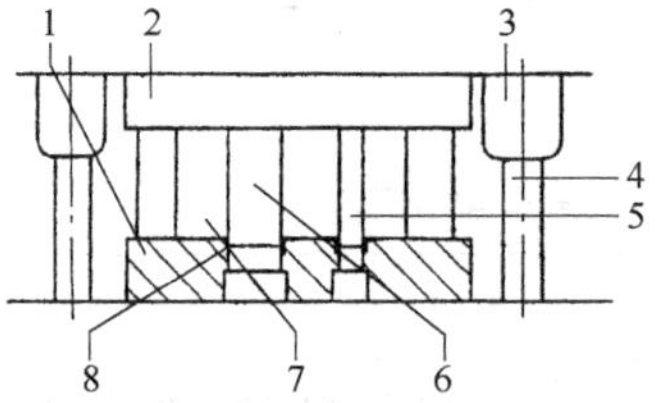 1—凹模；2—上模板；3—导套； 4—导柱；5、6—凸模；7、8—垫片 装配时，将厚度均匀、厚度值等于间隙值的垫片（铜片、纸片或成形制件等），放置于凸、凹模间隙内，调整凸、凹模四周松紧程度一致，以此保证凸、凹模间隙的一致性。该方法调整简单，适用于凸、凹模间隙较大时
透光调整间隙法	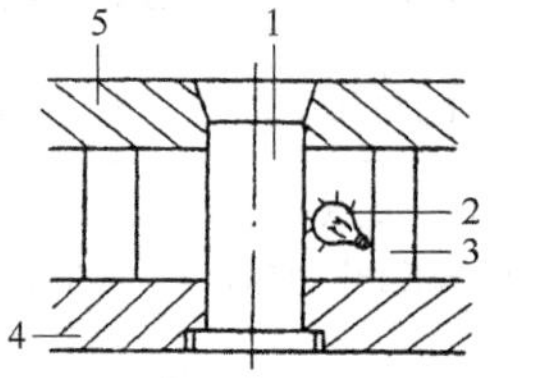 1—凸模；2—光源；3—垫铁； 4—固定板；5—凹模 分别安装上模与下模，其中上模螺钉不固紧。将上、下模合模后，翻转冲模。调整时，用手灯或电筒照射，并在下模漏料孔中观察，根据透光均匀性确定凸、凹模间隙的均匀性。透光不均匀时，用手锤敲击凸模固定板进行调整。调整完成后，固紧上模螺钉，穿入圆柱销
测量法调整间隙	对于间隙较大的大、中型冲模，可采用厚薄规（塞尺）将凸、凹模边缘进行测量，根据测量结果进行调整
利用工艺定位器调整法	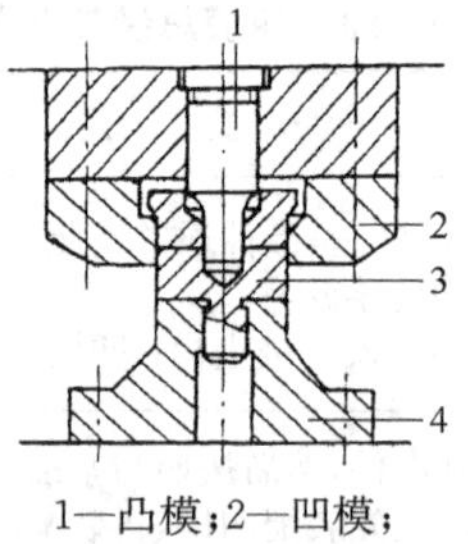 1—凸模；2—凹模； 3—定位器；4—落料凸模 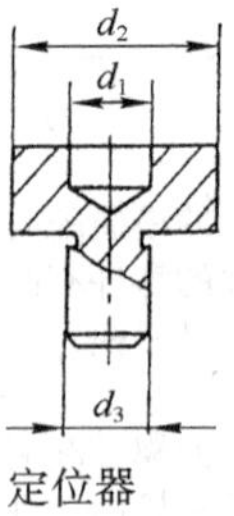 定位器 用工艺定位器保证上、下模同心，凸、凹模间隙均匀 定位器：d_1与凸模间隙配合（H7/h7），d_2与凹模型孔间隙配合（H7/h7），d_3与凸凹模型孔间隙配合（H7/h7）。d_1、d_2、d_3应有高的同轴度

（续表）

控制方法	简　图　与　说　明
切纸法调整间隙	在装配时，可准备与所冲材料厚度相当的纸片，边调整边试切。如果切口一致，则表明间隙均匀。如在某方向未被切断或有毛刺，则表明此处间隙过大，需继续调整
镀铜法调整间隙	在凸模工作部分镀铜，镀层厚度等于凸、凹模单边间隙。装配时，使镀铜后的凸模与凹模呈间隙配合，以保证凸、凹模间隙的一致性。镀层在模具使用时可自行脱落，装配后不必去除
工艺留量法	在装配前，先不将凸模（或凹模）刃口尺寸加工到所需尺寸，而是留出工艺余量，使凸、凹模成 H7/h6 间隙配合。装配后，再将工艺余量去除，以得到所需的间隙。工艺余量可采用机械加工或酸腐蚀法去除。酸腐蚀配方为： 硝酸 20%＋醋酸 30%＋水 50%，腐蚀时间根据间隙大小而定
标准样件调整法	对于弯曲、拉深及成形模，可先做一个样件，调整时将样件放在凸、凹模间隙内，据以调整凸、凹模间隙
涂淡金水法	凸模表面涂一层淡金水，干燥后再将机油和研磨砂调合成的涂料均匀地涂在凸模表面，使厚度等于间隙值。然后将凸模插入凹模孔内进行装配，可确保间隙均匀

（五）冲模装配实例

1. 顺装复合模装配

图 4-6-1 是顺装复合模，采用修配、调整法装配，凸凹模固定板、凹模上的螺钉孔、圆柱销孔，以及卸料板上的卸料螺钉孔已完成加工，选用凸凹模为装配基准件，模架选用已装配的商品模架，其装配工艺方法见表 4-6-12。

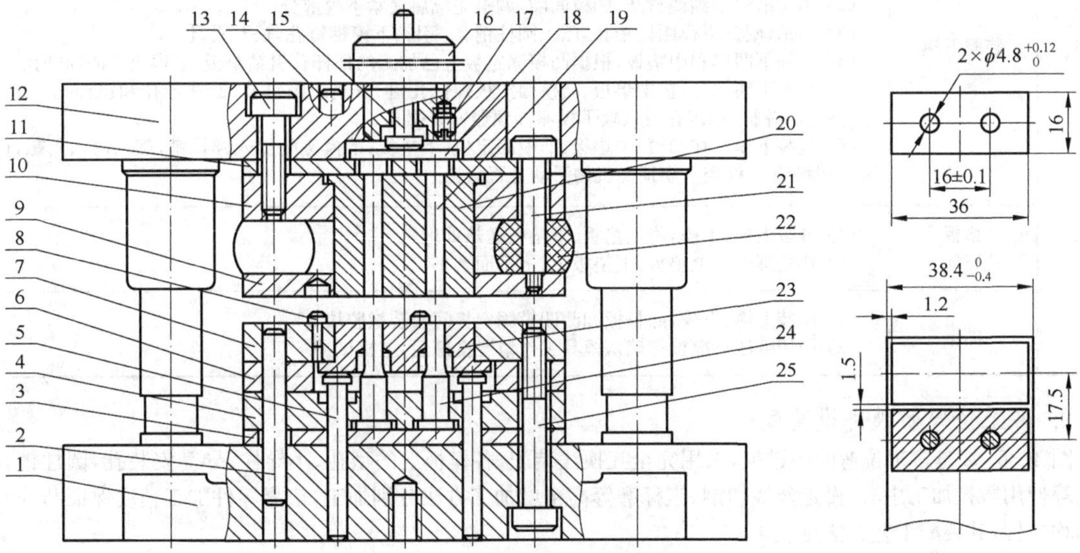

图 4-6-1　顺装复合模装配图

1—下模座；2、14—圆柱销；3—下垫板；4—凸模固定板；5—顶杆；6—中垫板；7—凹模；8—挡料销；9—卸料板；10—凸凹模固定板；11—上垫板；12—上模座；13、25—内六角螺钉；15—打杆；16—模柄；17—防转螺钉；18—打板；19—推杆；20—凸凹模；21—卸料螺钉；22—橡胶块；23—顶块；24—冲孔凸模

表 4-6-12　顺装复合模装配工艺方法

序号	工　序	工　艺　说　明
1	装配准备	(1) 阅读、分析模具装配图、零件图，了解冲压件的形状、精度要求，以及模具的结构特点、动作原理和技术要求 (2) 确定装配基准件、装配顺序和装配方法 (3) 检查零件尺寸、精度是否合格，备好螺钉、圆柱销、橡胶块等标准件及装配用辅助工具
2	装配模柄	(1) 将模柄 16 旋入上模座 12 上的模柄螺纹孔内 (2) 钻、攻防转螺钉孔，旋入防转螺钉 17
3	装配凸凹模	(1) 将凸凹模 20 压入凸凹模固定板 10 内，检查垂直度 (2) 将凸凹模固定端端面与凸凹模固定板上平面磨平 (3) 将凸凹模工作端端面磨平，保持刃口锋利
4	装配凸模	(1) 将冲孔凸模 24 压入凸模固定板 4 内，检查垂直度 (2) 将冲孔凸模固定端端面与凸模固定板下平面磨平 (3) 将凸模固定板 4、中垫板 6、凹模 7 叠合后磨平冲孔凸模工作端端面和凹模上平面
5	装配上模	(1) 翻转上模座 12 置于等高垫铁上，装入打杆 15、打板 18，在凸凹模型孔内装入推杆 19，叠合上垫板 11 和凸凹模组件，检查凸凹模固定板中心位置，以及推件装置是否活动顺畅后，用夹具夹紧 (2) 引钻、配铰上模圆柱销孔，压入圆柱销 14 (3) 引钻上模螺钉孔，松开夹具 (4) 将卸料板 9 套在凸凹模上，卸料板与凸凹模固定板间放置等高垫铁，引钻卸料螺钉孔 (5) 分解上模，垫板扩各孔，上模座扩螺钉孔，扩、锪螺钉孔沉孔，扩卸料螺钉孔 (6) 组装上模。在凸凹模固定板、上垫板、上模座间压入圆柱销，旋入内六角螺钉 13
6	装配下模	(1) 翻转已组装的上模部分置于等高垫铁上，将凹模 7 套在凸凹模上，凹模与凸凹模固定板间放置等高垫铁，再依次叠合中垫板 6、已装上冲孔凸模的凸模固定板 4、下垫板 3 和下模座 1，用夹具将下模部分初步夹紧 (2) 用切纸法精细调整凸、凹模间隙，调整完成后夹紧下模部分 (3) 引钻、配铰下模圆柱销孔，压入圆柱销 2。引钻下模螺钉孔，松开夹具 (4) 拆卸下凹模和中垫板，根据凸模固定板上已加工的顶杆孔引钻垫板、下模座上的顶杆孔 (5) 分解下模部分，扩中垫板、凸模固定板螺钉孔，扩下垫板螺钉孔、圆柱销孔和顶杆孔。扩下模座螺钉孔，并扩、锪沉孔，钻、攻下模座弹顶器安装螺孔 (6) 组装下模。在凹模、中垫板、凸模固定板、下垫板、下模座间压入圆柱销，旋入内六角螺钉 25，装入挡料销 8，检查下模顶件机构活动是否顺畅
7	垫板补充加工	(1) 分解上模、下模，将上垫板、下垫板送热处理 (2) 热处理后将上垫板、下垫板上、下平面磨平
8	试模	(1) 组装上模、下模，卸料板和凸凹模固定板间安装橡胶块 22 (2) 用切纸法再次检查确认模具工作情况良好后，上机试冲

2. 多工位弯曲级进模装配

图 4-6-2 是多工位弯曲级进模，采用完全互换法装配，各模板上的型孔，小导柱、导套安装孔，圆柱销孔，螺钉孔等使用数控加工中心、慢走丝线切割、坐标磨等高精度加工方法分别加工，依靠零件加工精度保证凸、凹模间隙的均匀性，其装配工艺方法见表 4-6-13。

表 4-6-13　多工位弯曲级进模装配工艺方法

序号	工　序	工　艺　说　明
1	装配准备	(1) 阅读、分析模具装配图、零件图，了解冲压件的形状、精度要求，以及模具的结构特点、动作原理和技术要求，确定装配基准件、装配顺序和装配方法 (2) 检查零件尺寸、精度是否合格，备好螺钉、圆柱销、弹簧等标准件及装配用辅助工具

（续表）

序号	工 序	工 艺 说 明
2	装配凹模组件	(1) 将凹模镶套39、凹模导套34压入凹模3，装入衬垫40，使凹模镶套上端面与凹模上表面平齐（磨平刃口），衬垫、凹模导套下端面与凹模下表面平齐 (2) 将弯曲凹模镶块36压入凹模，其上端面与凹模上表面平齐，下端面与凹模下平面平齐
3	装配凸模组件	(1) 凸模14套上凸模用垫片12后压入凸模固定板，装入凸模用垫片15。压装成形凸模20，叠合垫板9，用螺钉19吊紧成形凸模20。压装成形凸模22和切断凸模28，并用压板23、螺钉24压紧。磨平各凸模工作端端面 (2) 拆下垫板，将导正销17、弯曲凸模25、小导柱32，各零件上端面与凸模固定板上表面平齐 (3) 安装顶出销组件30，拧入螺塞29，安装垫板
4	装配卸料板组件	(1) 将凸模导套16、导正销导套18压入卸料板5，其上、下端面分别与卸料板上、下表面平齐 (2) 压装卸料板用导正销21、卸料板导套33，其上端面与卸料板上表面平齐 (3) 安装顶出销组件27，拧入螺塞26，叠合卸料板垫板6，用螺钉7紧固
5	组件装配检查	(1) 用小导柱导向，将卸料板组件套入凸模组件，检查卸料板组件活动是否顺畅 (2) 用切纸法检查凸、凹模间隙是否均匀
6	装配下模	(1) 将下模座1置于等高垫铁，叠合凹模，压入圆柱销35，拧入螺钉2，检查漏料孔位置正确性 (2) 安装导向顶杆组件42、浮料销组件37，拧入螺塞41、38
7	装配上模	(1) 将上模座11翻转置于等高垫铁，叠合凸模组件，压入圆柱销13，拧入螺钉31 (2) 在上、下模座上安装限位柱（图中未画出） (3) 合上上、下模，用切纸法再次检查凸、凹模均匀性，确认上、下模相对位置 (4) 将卸料板组件套入凸模组件，安装卸料板组件
8	合模试冲	将模具安装到压力机上，先用切纸法试冲，确认无误后带料试冲

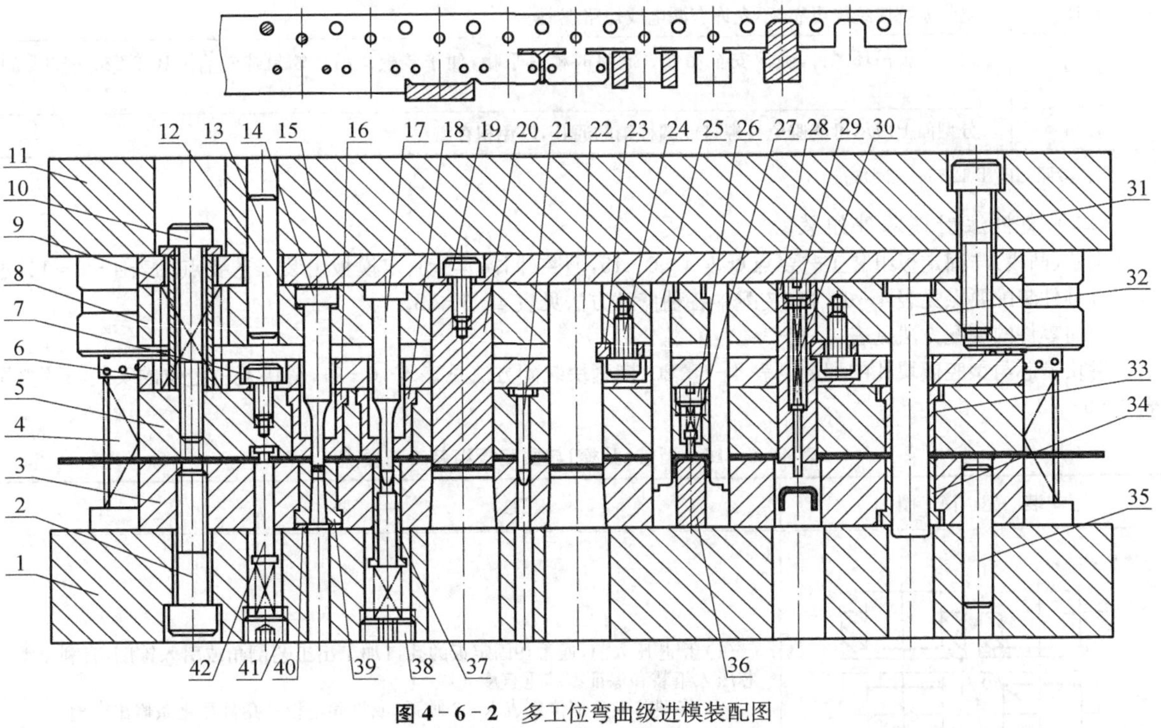

图4-6-2 多工位弯曲级进模装配图

1—下模座；2、7、19、24、31—内六角螺钉；3—凹模；4—滚动导柱导套组件；5—卸料板；6—卸料板垫板；8—凸模固定板；9—垫板；10—卸料螺钉组件；11—上模座；12、15—凸模用垫片；13、35—圆柱销；14—冲孔凸模；16—凸模导套；17—导正销；18—导正销导套；20、22—成形凸模；21—卸料板固定导正销；23—压板；25—弯曲凸模；26、29、38、41—螺塞；27、30—顶出销组件；28—切断凸模；32—小导柱；33—卸料板导套；34—凹模导套；36—弯曲凹模镶块；37—浮料销组件；39—凹模镶套；40—衬垫；42—导向顶杆组件

二、塑料注射模装配

（一）塑料注射模装配技术条件

塑料注射模装配技术条件见表 4-6-14。

表 4-6-14 塑料注射模装配技术条件

<table>
<tr><th>条目编号</th><th colspan="4">条　目　内　容</th></tr>
<tr><td>4</td><td colspan="4">装配要求</td></tr>
<tr><td>4.1</td><td colspan="4">定模座板与动模座板安装平面的平行度应符合 GB/T 12556—2006 的规定</td></tr>
<tr><td>4.2</td><td colspan="4">导柱、导套对模板的垂直度应符合 GB/T 12556—2006 的规定</td></tr>
<tr><td>4.3</td><td colspan="4">在合模位置，复位杆端面应与其接触面贴合，允许有不大于 0.05 mm 的间隙</td></tr>
<tr><td>4.4</td><td colspan="4">模具所有活动部分应保证位置准确，动作可靠，不得有歪斜和卡滞现象，要求固定的零件，不得相对窜动</td></tr>
<tr><td>4.5</td><td colspan="4">塑件的嵌件或机外脱模的成形零件在模具上安放位置应定位准确、安放可靠，应有防错位措施</td></tr>
<tr><td>4.6</td><td colspan="4">流道转接处圆弧连接应平滑，镶拼处应密合，未知拔模斜度不小于 5°，表面粗糙度 $Ra \leqslant 0.8\ \mu m$</td></tr>
<tr><td>4.7</td><td colspan="4">热流道模具，其浇注系统不允许有塑料渗漏现象</td></tr>
<tr><td>4.8</td><td colspan="4">滑块运动应平稳，合模后滑块与楔紧块应压紧，接触面积不小于设计值的 75%，开模后限位应准确可靠</td></tr>
<tr><td rowspan="3">4.9</td><td colspan="4">合模后分型面应紧密贴合。排气槽除外，成形部位固定镶件的拼合间隙应小于塑料的溢料间隙</td></tr>
<tr><td>塑料流动性</td><td>好</td><td>一般</td><td>较差</td></tr>
<tr><td>溢料间隙(mm)</td><td>＜0.03</td><td>＜0.05</td><td>＜0.08</td></tr>
<tr><td>4.10</td><td colspan="4">通介质的冷却或加热系统应畅通，不应有介质渗漏现象</td></tr>
<tr><td>4.11</td><td colspan="4">气动或液压系统应畅通，不应有介质渗漏现象</td></tr>
<tr><td>4.12</td><td colspan="4">电气系统应绝缘可靠，不允许有漏电或短路现象</td></tr>
<tr><td>4.13</td><td colspan="4">模具应设吊环螺钉，确保安全吊装。起吊时模具平稳，便于装模。吊环螺钉应符合 GB/T 825—1988 的规定</td></tr>
<tr><td>4.14</td><td colspan="4">分型面上应尽可能避免有螺钉或圆柱销的通孔，以免积存溢料</td></tr>
</table>

注：参照 GB/T 12554—2006。

（二）塑料注射模零件组装

型芯（凸模）与固定板组装工艺要点见表 4-6-15，型腔（凹模）与动、定模板组装工艺要点见表 4-6-16，过盈配合零件装配要点见表 4-6-17，装配中各种修磨方法见表 4-6-18。

导向零件的装配方法见表 4-6-19。

滑块型芯与型腔镶块孔的配制见表 4-6-20，楔紧块装配方法见表 4-6-21，滑块复位定位的安装与调整见表 4-6-22。

表 4-6-15 型芯（凸模）与固定板组装工艺要点

装 配 简 图	工　艺　要　点
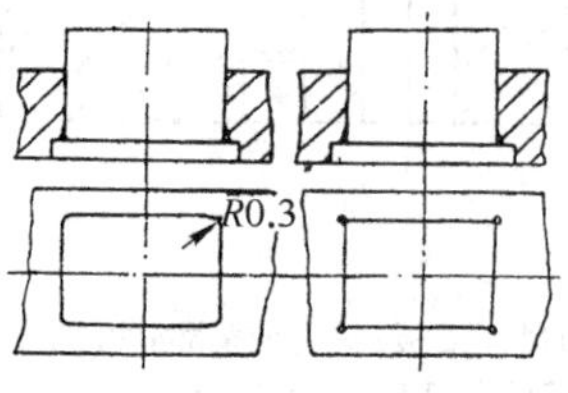 型芯与通孔固定板的组装	(1) 型芯压入前，通常在固定板的孔口加工出工艺倒角或引入锥度，有利于型芯压入组装和保证型芯垂直度 (2) 将型芯尖角部位修成 R0.3 圆弧，或将固定板孔角部用锯条修出窄槽 (3) 型芯压入过程中要多次检查型芯的垂直度和方位

（续表）

装配简图	工艺要点
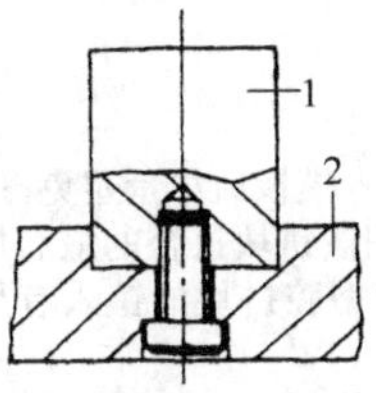 埋入式型芯的组装	(1) 型芯 1 的装配端应倒角 (2) 当固定板 2 沉孔与型芯配合端尺寸有偏差时，要按合模的相对位置确定修整方向和修整量，一般修整型芯较方便
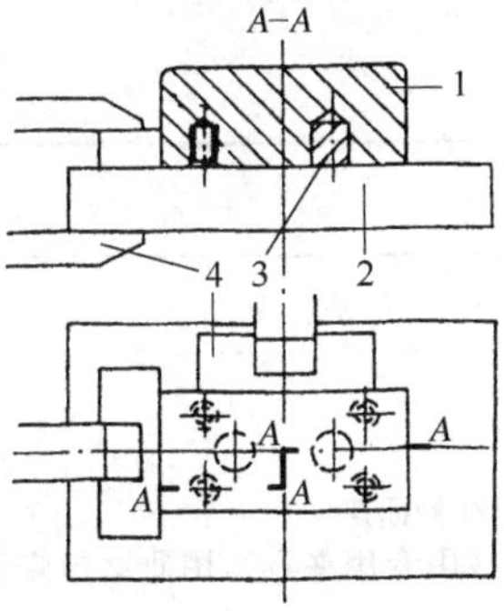 螺钉固定式型芯的组装	(1) 大面积型芯 1 与固定板 2 的连接，采用螺钉、圆柱销 (2) 型芯的相对位置，可以导柱导套为基准或以模板侧面基准来确定。具体方法可按装配简图用定位块 4 粗定型芯位置，并用红粉将型芯上的螺孔位置复印到固定板上，然后钻、锪孔 (3) 对淬硬型芯上的圆柱销孔，在型芯圆柱销位置孔中压入不淬硬的圆柱销套 3。待型芯准确定位后，可按固定板上相应圆柱销位置钻、铰到圆柱销套上，即完成圆柱销孔的加工。圆柱销与圆柱销套的长度仅需 3～5 mm
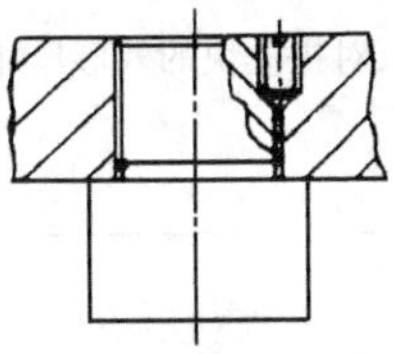 螺纹连接式型芯的组装	(1) 适用于圆形小尺寸型芯的固定，具有工艺简单的特点 (2) 不对称型芯的螺纹旋到终点时，型芯和固定板往往有角度偏差，此时可用修磨固定板平面厚度或修磨型芯固定台肩平面的方法进行调整，或在型芯固定好后再加工型芯的不对称型面 (3) 型芯固定好后，要用骑缝圆柱销定位，防止型芯转动
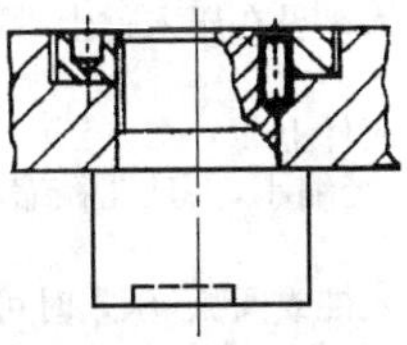 螺母连接式型芯的组装	(1) 型芯上设有滑配合段，起型芯定位作用，组装精度较高 (2) 型芯的不对称型面在调整好方位后，即用螺母紧固，圆柱销定位 (3) 组装后，型芯尾部和固定板装配平面一起磨平

表 4-6-16 型腔(凹模)与动、定模板组装工艺要点

装配简图	工艺要点
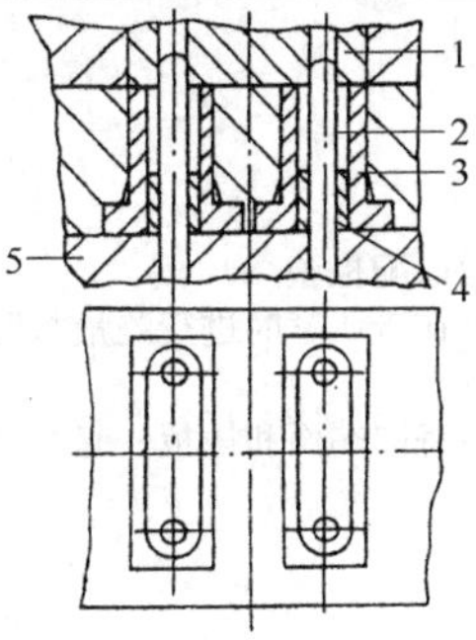 多件整体型腔与模板的组装	(1) 圆形型腔镶入模板孔中的相对位置，要保持垂直，用圆柱销防止转动 (2) 多型腔的模板孔要留有装配修整量，以供纠正孔位偏差 (3) 小型芯 2 以淬硬的定模镶块 1 为组装基准，装配时用工艺圆柱销插入定模镶块的小型芯孔，并套上镶块 4、型腔 3，确定型腔位置的修正尺寸 (4) 小型芯固定板 5 上的小型芯孔，是在压入型腔、镶块后从镶块孔中引钻

（续表）

装 配 简 图	工 艺 要 点
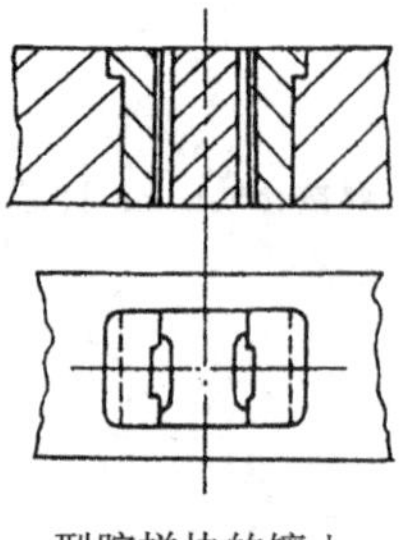 型腔拼块的镶入	(1) 所有拼合面要用红粉对研，检查密合程度，压入模板后尽量避免再加工 (2) 模板上的拼块型腔固定孔一般要留余量，并用按拼块拼合的最后尺寸制成的压印工具进行修整，以获得垂直的模板固定孔，使型腔拼块的镶入有足够的过盈量 (3) 拼块压入模板固定孔时，须加平垫铁，保持平稳压入。压入的拼块要用平行轧头夹紧，并随时检查压入的垂直度

表 4-6-17　过盈配合零件装配要点

装 配 简 图	装 配 要 点
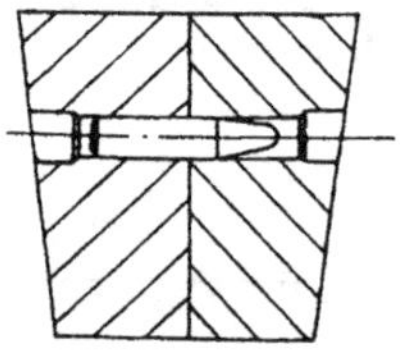 对拼模块导钉的装配	(1) 热处理后的对拼模块的对拼面，要用红粉研磨 (2) 以模块型腔做基准，将二半模块合拢（用专用夹具），用研磨棒修整导钉孔尺寸和位置 (3) 在一块模块上压入导钉，对另一块模块用研磨棒将孔径研大，与圆柱销成滑配合 (4) 二模块以导钉定位，对拼合拢，修整型腔、对拼模块的外形尺寸与锥度
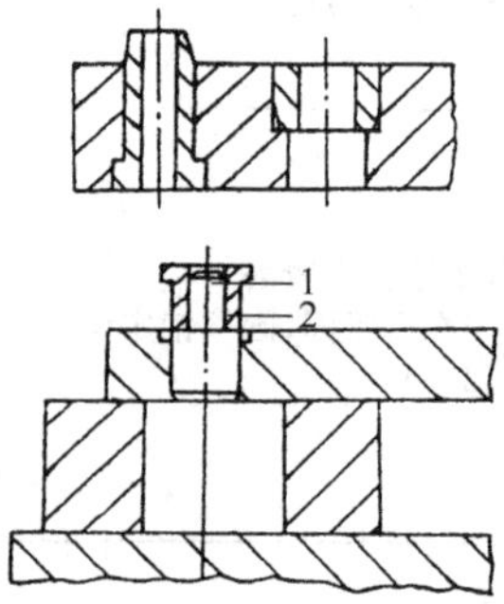 精密件的压入工艺	(1) 引入锥一般都设在模板孔上。若要将引入锥设在压入件上，则要将压入件加长，待压入后，将高出的引入锥部分磨平 (2) 沉孔中压入件的引入锥或圆角均设在压入件上 (3) 对薄壁压入件要严格控制过盈量，防止孔径缩小，一旦孔径缩小，要用研磨芯棒研磨纠正 (4) 对直径较大、高度小的压入件，不能用引入锥或圆弧，压入时可用百分表测量压入件平面的平行度，保证垂直平稳压入，或用导向芯轴 1 引导工件 2 压入
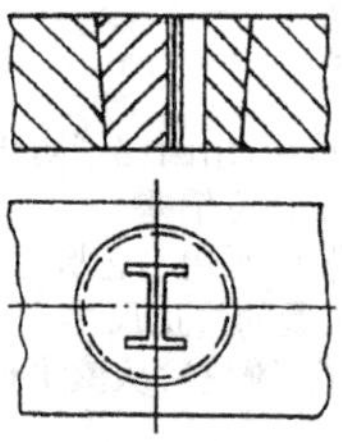 锥面配合件的压入工艺	(1) 对拼外锥面配合的贴合程度，要用红粉研配检验 (2) 对拼锥面型腔与模板孔的相对位置，可在未压紧时进行测量与调整 (3) 锥面配合的预应力，由垂直压入量控制 (4) 压入件两端面均应留余量，压入完毕后将两端面和模板一起磨平

表 4-6-18　型腔模装配中各种修磨方法

修 磨 要 求	简　　图	修　磨　方　法
消除型芯端面与加料室平面的间隙Δ	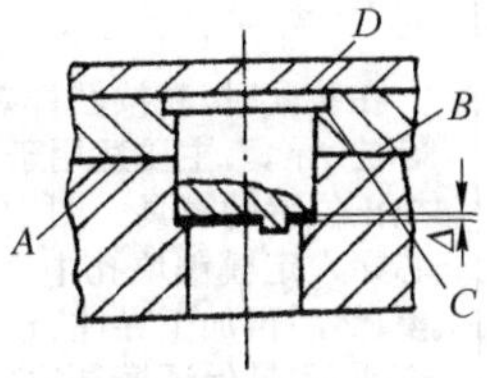	(1) 修磨固定板平面 A,修磨时需拆下型芯。多型芯时因各型芯高度不一,不能用此法 (2) 修磨型腔上平面 B,不需拆卸零件,修磨方便。同样不能用于多型腔模具 (3) 修磨型芯台肩面 C,装入模板后再修磨平面 D。适用于多型腔模具
消除型腔与型芯固定板的间隙Δ	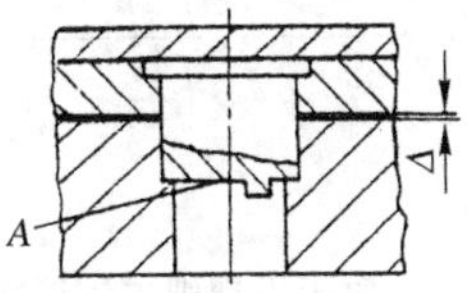(a) 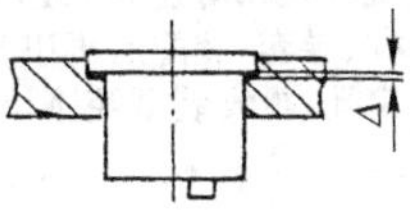(b) 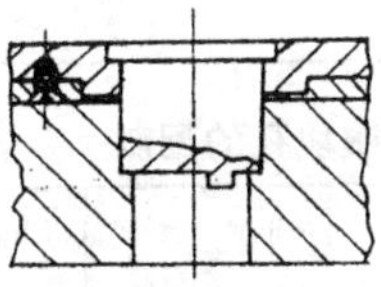(c)	(1) 修磨型芯工作面 A,见图 a。只适用于型芯工作面为平面 (2) 在型芯和固定板台肩内加入垫片,见图 b。适用于小模具 (3) 在固定板上设垫块,垫块厚度不小于 2 mm,因此需在型芯固定板上铣出凹坑,见图 c。大型模具在设计时就考虑垫块,以供修磨
修磨后须使浇口套高出固定板 0.02 mm	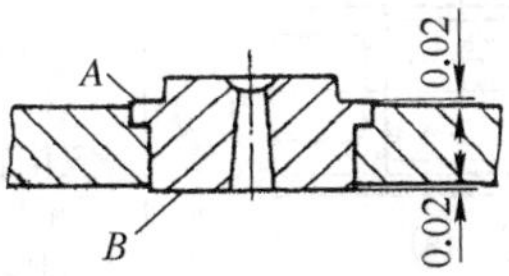	A 面高出固定板平面 0.02 mm,精度必须保证 B 面高出固定板平面的修磨方法是将浇口套压入固定板后磨平,然后拆去浇口套,再将固定板磨去 0.02 mm
埋入式型芯修磨后达到高度尺寸	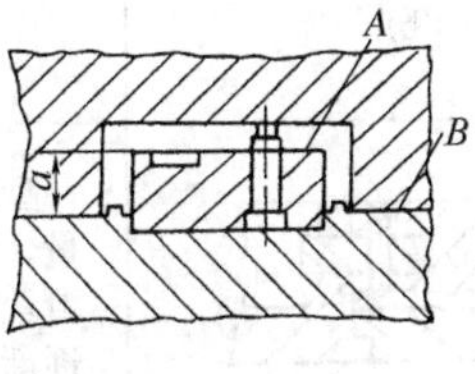	当 A、B 面无凹凸形状时,可根据高度尺寸修磨 A 或 B 面 当 A、B 面有凹凸形状时,修磨型芯底面使尺寸 a 减小,在型芯底部垫薄片使尺寸 a 增大 对于这种模具结构,在型芯加工时应在高度方向加修正量;固定板凹坑加工时,深度应加工至下限尺寸
修磨型芯斜面,合模后使之与型面贴合	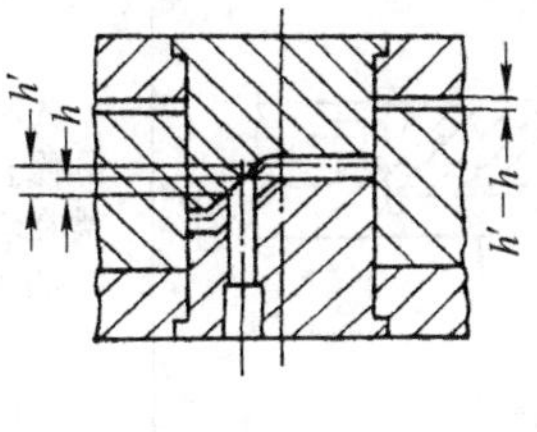	小型芯斜面必须先磨成形,但小型芯的总高度可略增加,小型芯装入后合模,使小型芯与上型芯接触,测量出修磨量 $h'-h$,然后将小型芯斜面修磨

表 4-6-19 导向零件的装配方法

装配方法	装配简图	装配工艺说明
先安装动、定模，再安排导柱、导套孔的加工和安装	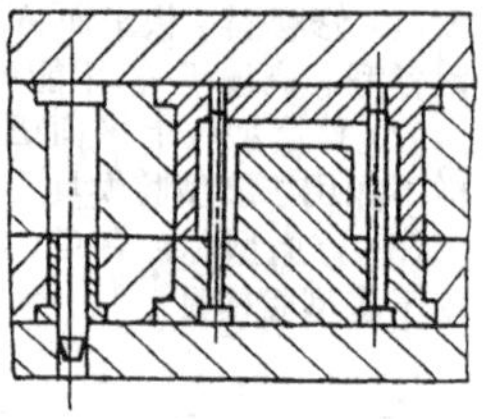	在装配时，先按图样装配定模、动模，合适后，再装导柱、导套，主要适用于在合模时，动定模之间能正确找正位置的模具。图中，在合模时，可由动模的小型芯穿入定模镶块孔中来找正位置，故可以先装动、定模，然后再加工导柱、导套孔并装配。方法比较简单、方便，容易保证模具的装配精度
先装配导柱、导套，再配装动、定模	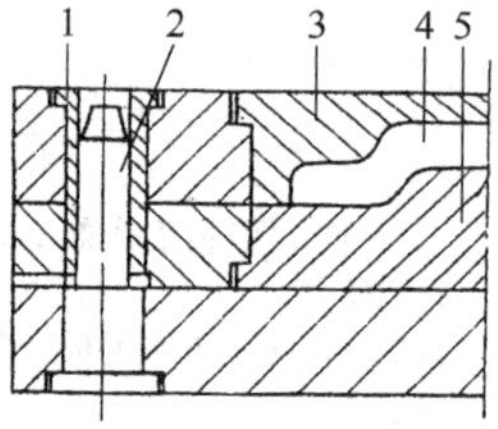 1—导套；2—导柱；3—定模型腔；4—型腔；5—动模型芯	对于不规则主体形状的型腔，由于装配合模时，很难找正相对位置，故可先加工导柱、导套孔，并装导柱、导套，装配后再以其定位、加工定模，动模安装固定孔，再安装型腔镶块及型芯

表 4-6-20 滑块型芯与型腔镶块孔的配制

结构形式	结构简图	加工示意图	工艺要点
圆形滑块型芯穿过型腔镶块	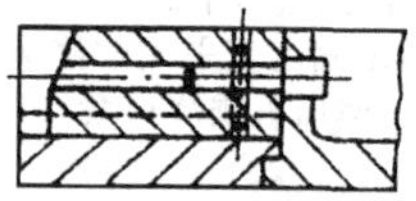	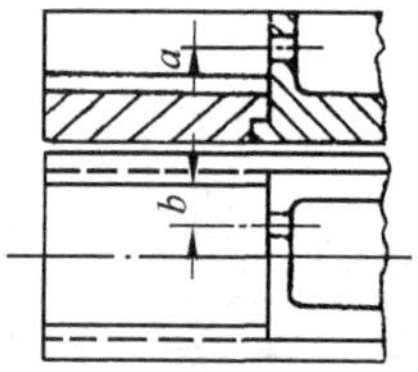 (a) 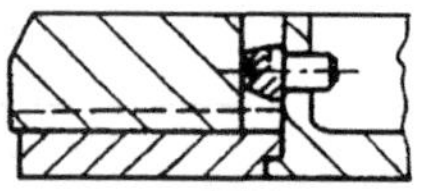 (b)	图 a 的方法： (1) 测量出 a 与 b 的尺寸 (2) 按测量所得尺寸，在滑块相应位置镗型芯安装孔 图 b 的方法： 利用二类工具压印，在滑块上压出中心孔与一个圆形印，用车床加工型芯孔时可校正此圆印
非圆形滑块型芯穿过型腔镶块	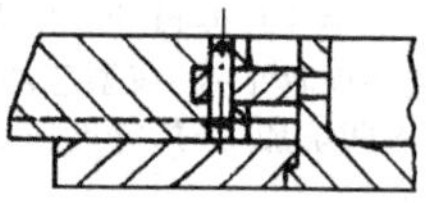	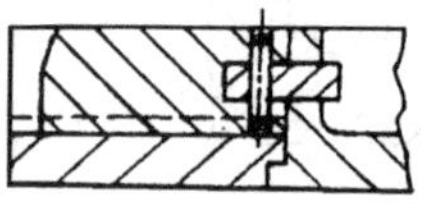	型腔镶块的型孔周围留修正余量。滑块与滑块槽正确配合后，以滑块型芯对动模镶块的型孔压印，逐渐将型孔修正
滑块局部伸入型腔镶块	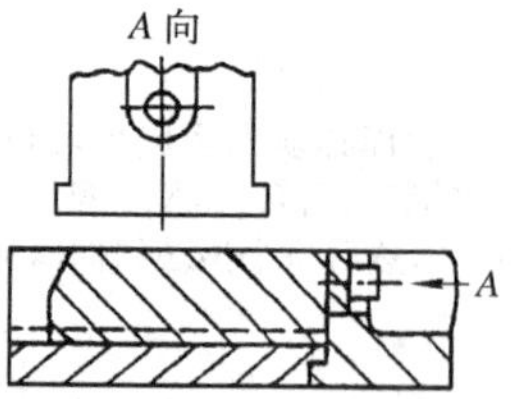	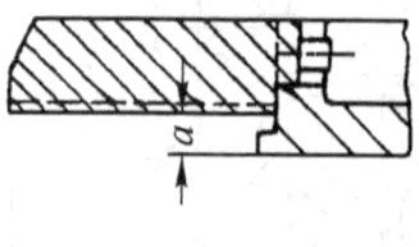	先将滑块和型腔镶块的镶合部分修正到正确配合，然后测出滑块槽在动模板上的位置尺寸，按此尺寸加工滑块槽

表 4－6－21　楔紧块装配方法

楔紧块形式	简　图	装　配　要　点
螺钉、圆柱销固定式	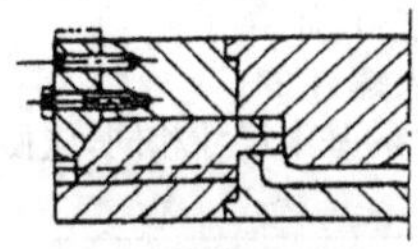	(1) 用螺钉紧固楔紧块 (2) 修磨滑块斜面,使与楔紧块斜面密合 (3) 通过楔紧块对定模板复钻、铰圆柱销孔,然后装入圆柱销 (4) 楔紧块后端面与定模板一起磨平
镶　入　式	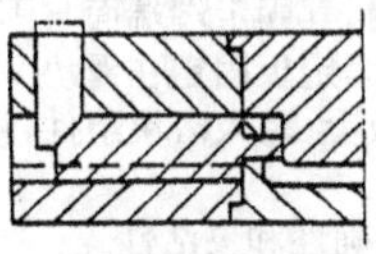	(1) 修整定模板上的楔紧块固定孔,装入楔紧块 (2) 修磨滑块斜面 (3) 楔紧块后端面与定模板一起磨平
整　体　式	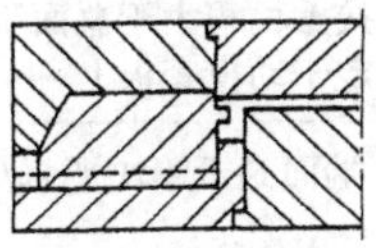	(1) 修磨滑块斜面,带镶片的应先装好镶片,然后修磨滑块斜面 (2) 修磨滑块,使滑块和定模板之间有 0.2 mm 间隙。两侧均有滑块时,可逐个修正
整体镶片式	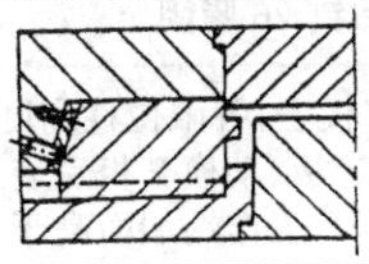	

表 4－6－22　滑块复位定位的安装与调整

定位形式	结构简图	安装和调整要点
用定位板做滑块复位定位	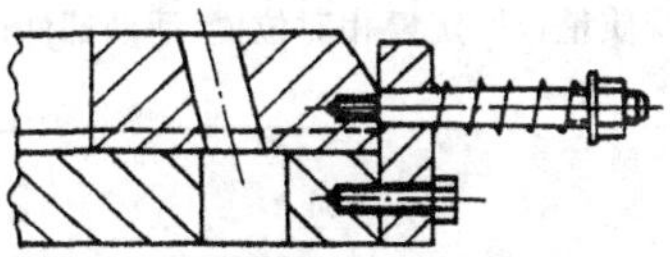	模具开启滑块复位后,滑块后端面应与动模板外形平齐,如果由于加工中的误差而不能平齐时,可将定位板修磨成台肩形或修磨除去滑块后端面凸出的部分
用滚珠做滑块复位定位	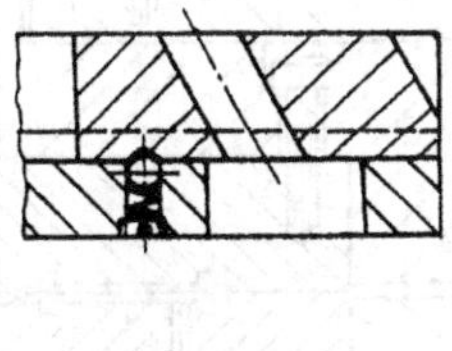	(1) 当斜销脱离滑块时,模具导柱导套尚未脱离,只需开模至斜销脱离滑块,在动模板上划线,划出滑块在 T 形槽中的位置。用平行轧头夹紧滑块和动模板,从动模板上已加工好的弹簧孔中复钻滑块上锥坑 (2) 当模具导柱较短,斜销和导柱相继脱离滑块和导套时,必须将模具安装在注塑机上进行开模,确定滑块位置,用平行轧头将滑块和动模板夹紧,从动模板上的弹簧孔中复钻滑块上锥坑

(三) 塑料注射模装配实例

图 4－6－3 是塑料注射模,应用加工中心、慢走丝线切割、坐标磨等高精度加工方法加工导柱孔,动、定模镶块安装孔、推杆孔等,螺钉孔用加工中心点孔后钳工加工,其装配工艺方法见表 4－6－23。

表 4－6－23　塑料注射模装配工艺方法

序号	工　序	工　艺　说　明
1	装配准备	(1) 阅读、分析模具装配图、零件图,了解塑件的形状、精度要求,以及模具的结构特点、动作原理和技术要求 (2) 检查零件尺寸、精度是否合格,备好螺钉、圆柱销、弹簧等标准件及装配用辅助工具
2	模架装配	(1) 将导柱 29 压入动模套板 9,导套 28 压入定模套板 12 内,检查确认套板上镶块安装框孔位置的一致性和套板相对活动的灵活性 (2) 在动模套板上叠合垫块 7、动模座板 1,拧入螺钉 2 (3) 在定模套板上叠合定模座板 13,拧入螺钉 14 (若直接使用商品模架,上述步骤可省略) (4) 拧出螺钉 2、14,拆分动、定模

（续表）

序号	工　序	工　艺　说　明
3	装配动、定模镶块	(1) 将动模镶块 10 压入动模套板，拧入螺钉 34 (2) 将定模镶块 11 压入定模套板内，拧入螺钉 24 (若镶块高度尺寸和套板上框孔深度尺寸的基本尺寸相同，应使镶块压入后，镶块平面高于套板平面 0.02 mm)
4	装配抽芯机构	(1) 将侧型芯 15 压入侧型芯固定板 18 内，其固定端端面与固定板表面平齐 (2) 用螺钉 17 将已装好侧型芯的侧型芯固定板固定在滑块 20 上 (3) 用螺钉 23 将导轨 22 固定于动模座板上，装入滑块组件，检查侧型芯位置和滑块运动精度 (4) 合紧动、定模组件，配作斜导柱安装孔 (5) 安装斜导柱 19，检查确认滑块运动准确性和灵活性 (6) 安装楔紧块 21，保证与滑块锁紧面的接触面积大于总面积的 75% (7) 安装弹簧 16，用螺钉 37 将挡块 38 固定于动模套板上
5	装配浇口套、定位圈	(1) 将浇口套 25 压入定模镶块，压入后其端面高于镶块平面 0.02 mm，浇口套上的分浇道与镶块上的分浇道对齐 (2) 安装定位圈 27 装入定模座板 13，用螺钉 26 紧固
6	装配推出机构	(1) 用螺钉 8 将限位柱 6 固定于推杆固定板上，各限位柱高度一致 (2) 将推杆 32、33，复位杆 31 穿过推杆固定板、动模套板后装入动模镶块，检查活动灵活性。各零件固定端端面与推杆固定板平面平齐，推杆 32 工作端端面高于动模镶块表面 0.1 mm，复位杆工作端端面与动模镶块表面平齐，或稍低于动模镶块表面(间隙不大于 0.05 mm) (3) 推杆固定板上叠合推板 4 后，拧入螺钉 3 (4) 用螺钉 35 将支承柱 36 固定于动模座板 1 上，支承柱高度与垫块 7 高度一致 (5) 装入弹簧 30 后，将垫块、动模座板叠合在动模套板上，拧入螺钉 2
7	试模	(1) 检查确认模具装配质量，包括外观质量，动、定模相对位置，活动部件运动灵活，工作可靠 (2) 上机试模

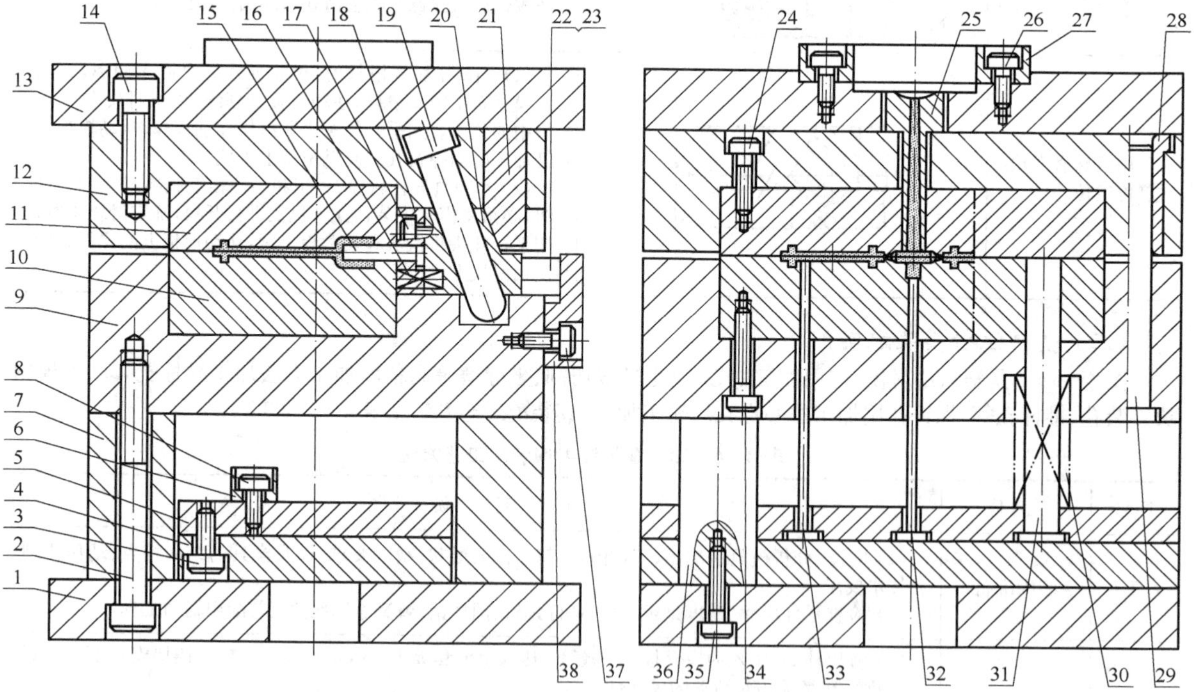

图 4-6-3　塑料注射模装配图

1—动模座板；2、3、8、14、17、23、24、26、34、35、37—内六角螺钉；4—推板；5—推杆固定板；6—限位柱；7—垫块；9—动模套板；10—动模镶块；11—定模镶块；12—定模套板；13—定模座板；15—侧型芯；16、30—弹簧；18—侧型芯固定板；19—斜导柱；20—滑块；21—楔紧块；22—导轨；25—浇口套；27—定位圈；28—导套；29—导柱；31—复位杆；32、33—推杆；36—支承柱；38—挡块

三、金属压铸模装配

金属压铸模结构与塑料注射模相似，零件组装可参考塑料注射模的零件组装方法。

（一）金属压铸模装配技术条件

金属压铸模装配技术条件见表4-6-24。

表4-6-24　金属压铸模装配技术条件

条目编号	条目内容						
4	总装技术要求						
4.1	模具分型面对定、动模座板安装平面的平行度应符合下述规定：						
	被测面最大直线长度(mm)	≤260	>160～250	>250～400	>400～630	>630～1 000	>1 000～1 600
	公差值(mm)	0.06	0.08	0.10	0.12	0.16	0.20
4.2	导柱、导套对定、动模座板安装平面的垂直度应符合下述规定：						
	导柱、导套有效长度(mm)	≤40	>40～63	>63～100	>100～160	>160～250	
	公差值(mm)	0.015	0.020	0.025	0.030	0.040	
4.3	在合模位置，复位杆端面应与其接触面贴合，允许有不大于0.05 mm的间隙						
4.4	模具所有活动部分应保证位置准确、动作可靠，不得有歪斜和卡滞现象，要求固定的零件，不得相对窜动						
4.5	流道转接处应平滑连接，镶拼处应密合，未注脱模斜度应不小于5°，表面粗糙度Ra≤0.4 μm						
4.6	滑块运动应平稳，合模后滑块与楔紧块应压紧，接触面积不小于设计值的75%，开模后限位应准确可靠						
4.7	合模后分型面应紧密贴合，如有局部间隙，其间隙应不大于0.05 mm(排气槽除外)						
4.8	冷却水路应通畅，不允许有渗漏现象，进水口和出水口应有明显标记						
4.9	模具应设吊环螺钉，确保安全吊装。起吊时模具应平稳，便于装模						

注：参照GB/T 8844—2003。

（二）金属压铸模装配实例

图4-6-4是金属压铸模，采用已加工镶块固定框孔的商品模架，动、定模镶块，推杆、推管、复位杆、浇口套、分流器等零件的固定孔用加工中心、慢走丝线切割、坐标磨等高精度加工方法加工，螺钉孔用加工中心点孔后钳工加工，其装配工艺方法见表4-6-25。

表4-6-25　金属压铸模装配工艺方法

序号	工　序	工　艺　说　明
1	装配准备	(1) 阅读、分析模具装配图、零件图，了解金属压铸件的形状、精度要求，以及模具的结构特点、动作原理和技术要求 (2) 检查零件尺寸、精度是否合格，备好螺钉、圆柱销、弹簧等标准件及装配用辅助工具
2	模架动模部分补充加工	(1) 动模套板9：在加工中心上以动模镶块固定框孔或导套为基准，找正模板中心，加工分流器固定孔，点出各推杆、推管、螺钉孔，再由钳工加工各推杆、推管、螺钉孔 (2) 推杆固定板5：在加工中心上钻、扩、锪各推杆、推管孔，点出螺钉孔后钳工钻孔、攻丝 (3) 推板4：在加工中心上加工型芯过孔 (4) 动模座板1：在加工中心上加工盖板孔，型芯安装孔，点出螺钉孔后钳工钻孔、攻丝
3	模架定模部分补充加工	(1) 定模套板10：在加工中心上以定模镶块固定框孔或导柱为基准，找正模板中心，加工浇口套固定孔 (2) 加工中心点孔后，钳工钻、扩、锪螺钉孔
4	定模装配	(1) 将定模镶块17压入定模套板10内，镶块与套板平面平齐 (2) 将浇口套19压入定模套板内，其端面与定模套板、定模镶块表面平齐

（续表）

序号	工　序	工　艺　说　明
5	动模装配	(1) 将动模镶块 18 压入动模套板 9 内,镶块与套板平面平齐 (2) 压入分流器,其锥面与浇口套锥面密合,研修浇道使之与动模镶块上的浇道光滑连接 (3) 用螺钉 8 将限位柱 7 固定在推杆固定板上 (4) 将推杆 22、23、28,推管 24,复位杆 12 穿过推杆固定板 5,装上弹簧 11 后,装入动模套板和动模镶块内。推杆端面高于动模镶块端面 0.1 mm,推管端面应保证压铸件相关尺寸,复位杆端面与动模套板表面平齐,或稍低于动模套板表面(间隙不大于 0.05 mm) (5) 在推杆固定板上叠合推板 4,用螺钉 3 紧固 (6) 将型芯 25 穿入推板后,装入盖板 26,拧入螺钉 27 (7) 在动模套板上叠合垫块 6,将型芯穿入推管后使动模座板 1 叠合在垫块上,拧入螺钉 2
6	试模	(1) 检查确认模具装配质量,包括外观质量,动、定模相对位置,活动部件运动灵活,工作可靠 (2) 上机试模

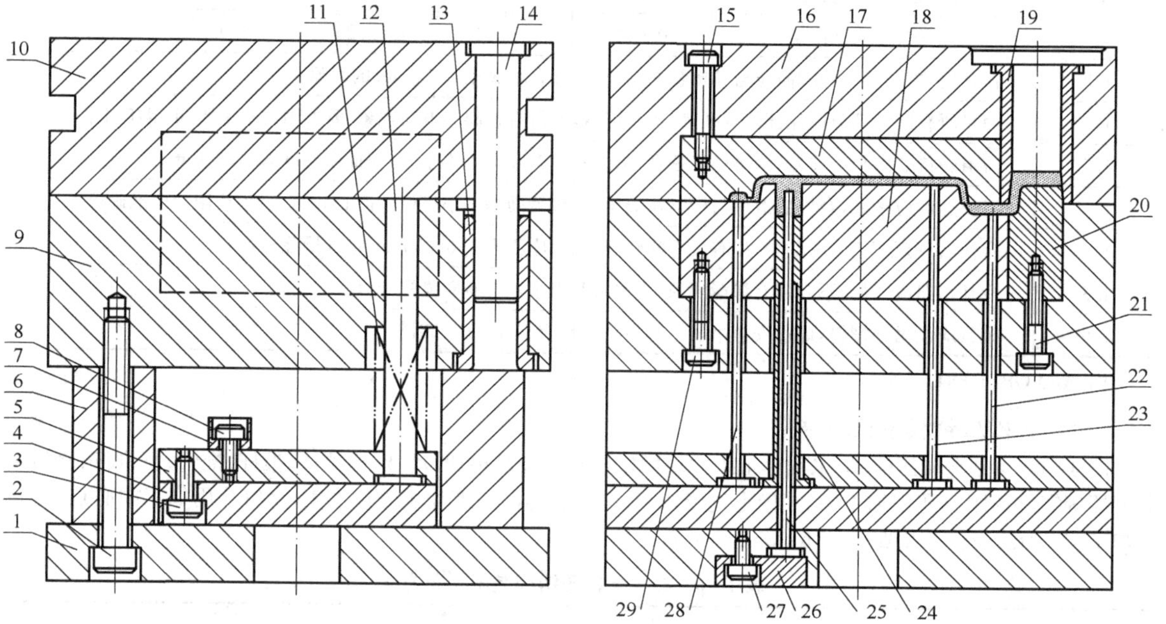

图 4-6-4　金属压铸模装配图

1—动模座板;2、3、8、15、21、27、29—内六角螺钉;4—推板;5—推杆固定板;6—垫块;7—限位柱;9—动模套板;10、16—定模套板;11—弹簧;12—复位杆;13—导套;14—导柱;17—定模镶块;18—动模镶块;19—浇口套;20—分流器;22、23、28—推杆;24—推管;25—型芯;26—盖板

附　　录

一、公差和配合

表 1　标准公差数值

公称尺寸 (mm)		公差等级																			
		IT01	IT0	IT1	IT2	IT3	IT4	IT5	IT6	IT7	IT8	IT9	IT10	IT11	IT12	IT13	IT14	IT15	IT16	IT17	IT18
大于	至	(μm)													(mm)						
	3	0.3	0.5	0.8	1.2	2	3	4	6	10	14	25	40	60	0.10	0.14	0.25	0.40	0.60	1.0	1.4
3	6	0.4	0.6	1	1.5	2.5	4	5	8	12	18	30	48	75	0.12	0.18	0.30	0.48	0.75	1.2	1.8
6	10	0.4	0.6	1	1.5	2.5	4	6	9	15	22	36	58	90	0.15	0.22	0.36	0.58	0.90	1.5	2.2
10	18	0.5	0.8	1.2	2	3	5	8	11	18	27	43	70	110	0.18	0.27	0.43	0.70	1.10	1.8	2.7
18	30	0.6	1	1.5	2.5	4	6	9	13	21	33	52	84	130	0.21	0.33	0.52	0.84	1.30	2.1	3.3
30	50	0.6	1	1.5	2.5	4	7	11	16	25	39	62	100	160	0.25	0.39	0.62	1.00	1.60	2.5	3.9
50	80	0.8	1.2	2	3	5	8	13	19	30	46	74	120	190	0.30	0.46	0.74	1.20	1.90	3.0	4.6
80	120	1	1.5	2.5	4	6	10	15	22	35	54	87	140	220	0.35	0.54	0.87	1.40	2.20	3.5	5.4
120	180	1.2	2	3.5	5	8	12	18	25	40	63	100	160	250	0.40	0.63	1.00	1.60	2.50	4.0	6.3
180	250	2	3	4.5	7	10	14	20	29	46	72	115	185	290	0.46	0.72	1.15	1.85	2.90	4.6	7.2

（续表）

公称尸寸 (mm)		公差等级																			
		IT01	IT0	IT1	IT2	IT3	IT4	IT5	IT6	IT7	IT8	IT9	IT10	IT11	IT12	IT13	IT14	IT15	IT16	IT17	IT18
大于	至	(μm)													(mm)						
250	315	2.5	4	6	8	12	16	23	32	52	81	130	210	320	0.52	0.81	1.30	2.10	3.20	5.2	8.1
315	400	3	5	7	9	13	18	25	36	57	89	140	230	360	0.57	0.89	1.40	2.30	3.60	5.7	8.9
400	500	4	6	8	10	15	20	27	40	63	97	155	250	400	0.63	0.97	1.55	2.50	4.00	6.3	9.7
500	630			9	11	16	22	30	44	70	110	175	280	440	0.70	1.10	1.75	2.8	4.4	7.0	11.0
630	800			10	13	18	25	35	50	80	125	200	320	500	0.80	1.25	2.00	3.2	5.0	8.0	12.5
800	1 000			11	15	21	29	40	56	90	140	230	360	560	0.90	1.40	2.30	3.6	5.6	9.0	14.0
1 000	1 250			13	18	24	34	46	66	105	165	260	420	660	1.05	1.65	2.60	4.2	6.6	10.5	16.5
1 250	1 600			15	21	29	40	54	78	125	195	310	500	780	1.25	1.95	3.10	5.0	7.8	12.5	19.5
1 600	2 000			18	25	35	48	65	92	150	230	370	600	920	1.50	2.30	3.70	6.0	9.2	15.0	23.0
2 000	2 500			22	30	41	57	77	110	175	280	440	700	1 100	1.75	2.80	4.40	7.0	11.0	17.5	28.0
2 500	3 150			26	36	50	69	93	135	210	330	540	860	1 350	2.10	3.30	5.40	8.6	13.5	21.0	33.0

注：1. 公称尺寸小于 1 mm 时，无 IT14～IT18；大于 500 mm 的 IT1～IT5 数值为试行。
2. 黑框线的数值参照 GB/T 1800.1—2009 附录 A，其他参照 GB/T 1800.2—2009。

表 2 常用优先孔的极限偏差

公称尺寸(mm) 大于	至	A11	B11	B12	C11	D8	D9	D10	D11	E8	E9	F6	F7	F8	F9	G6	G7	H6	H7	H8	H9	H10	H11
	3	+330 +270	+200 +140	+240 +140	+120 +60	+34 +20	+45 +20	+60 +20	+80 +20	+28 +14	+39 +14	+12 +6	+16 +6	+20 +6	+31 +6	+8 +2	+12 +2	+6 0	+10 0	+14 0	+25 0	+40 0	+60 0
3	6	+345 +270	+215 +140	+260 +140	+145 +70	+48 +30	+60 +30	+78 +30	+105 +30	+38 +20	+50 +20	+18 +10	+22 +10	+28 +10	+40 +10	+12 +4	+16 +4	+8 0	+12 0	+18 0	+30 0	+48 0	+75 0
6	10	+370 +280	+240 +150	+300 +150	+170 +80	+62 +40	+76 +40	+98 +40	+130 +40	+47 +25	+61 +25	+22 +13	+28 +13	+35 +13	+49 +13	+14 +5	+20 +5	+9 0	+15 0	+22 0	+36 0	+58 0	+90 0
10	18	+400 +290	+260 +150	+330 +150	+205 +95	+77 +50	+93 +50	+120 +50	+160 +50	+59 +32	+75 +32	+27 +16	+34 +16	+43 +16	+59 +16	+17 +6	+24 +6	+11 0	+18 0	+27 0	+43 0	+70 0	+110 0
18	24	+430 +300	+290 +160	+370 +160	+240 +110	+98 +65	+117 +65	+149 +65	+195 +65	+73 +40	+92 +40	+33 +20	+41 +20	+53 +20	+72 +20	+20 +7	+28 +7	+13 0	+21 0	+33 0	+52 0	+84 0	+130 0
24	30																						
30	40	+470 +310	+330 +170	+420 +170	+280 +120	+119 +80	+142 +80	+180 +80	+240 +80	+89 +50	+112 +50	+41 +25	+50 +25	+64 +25	+87 +25	+25 +9	+34 +9	+16 0	+25 0	+39 0	+62 0	+100 0	+160 0
40	50	+480 +320	+340 +180	+430 +180	+290 +130																		
50	65	+530 +340	+380 +190	+490 +190	+330 +140	+146 +100	+174 +100	+220 +100	+290 +100	+106 +60	+134 +60	+49 +30	+60 +30	+76 +30	+104 +30	+29 +10	+40 +10	+19 0	+30 0	+46 0	+74 0	+120 0	+190 0
65	80	+550 +360	+390 +200	+500 +200	+340 +150																		
80	100	+600 +380	+440 +220	+570 +220	+390 +170	+174 +120	+207 +120	+260 +120	+340 +120	+126 +72	+159 +72	+58 +36	+71 +36	+90 +36	+123 +36	+34 +12	+47 +12	+22 0	+35 0	+54 0	+87 0	+140 0	+220 0
100	120	+630 +410	+460 +240	+590 +240	+400 +180																		

公差带代号和偏差值 (μm)

（续表）

公称尺寸 (mm)		公差带代号和偏差值 (μm)																					
大于	至	A11	B11	B12	C11	D8	D9	D10	D11	E8	E9	F6	F7	F8	F9	G6	G7	H6	H7	H8	H9	H10	H11
120	140	+710 +460	+510 +260	+660 +260	+450 +200																		
140	160	+770 +520	+530 +280	+680 +280	+460 +210	+208 +145	+245 +145	+305 +145	+395 +145	+148 +85	+185 +85	+68 +43	+83 +43	+106 +43	+143 +43	+39 +14	+54 +14	+25 0	+40 0	+63 0	+100 0	+160 0	+250 0
160	180	+830 +580	+560 +310	+710 +310	+480 +230																		
180	200	+950 +660	+630 +340	+800 +340	+530 +240																		
200	225	+1 030 +740	+670 +380	+840 +380	+550 +260	+242 +170	+285 +170	+355 +170	+460 +170	+172 +100	+215 +100	+79 +50	+96 +50	+122 +50	+165 +50	+44 +15	+61 +15	+29 0	+46 0	+72 0	+115 0	+185 0	+290 0
225	250	+1 110 +820	+710 +420	+880 +420	+570 +280																		
250	280	+1 240 +920	+800 +480	+1 000 +480	+620 +300	+271 +190	+320 +190	+400 +190	+510 +190	+190 +110	+240 +110	+88 +56	+108 +56	+137 +56	+186 +56	+49 +17	+69 +17	+32 0	+52 0	+81 0	+130 0	+210 0	+320 0
280	315	+1 370 +1 050	+860 +540	+1 060 +540	+650 +330																		
315	355	+1 560 +1 200	+960 +600	+1 170 +600	+720 +360	+299 +210	+350 +210	+440 +210	+570 +210	+214 +125	+265 +125	+98 +62	+119 +62	+151 +62	+202 +62	+54 +18	+75 +18	+36 0	+57 0	+89 0	+140 0	+230 0	+360 0
355	400	+1 710 +1 350	+1 040 +680	+1 250 +680	+760 +400																		
400	450	+1 900 +1 500	+1 160 +760	+1 390 +760	+840 +440	+327 +230	+385 +230	+480 +230	+630 +230	+232 +135	+290 +135	+108 +68	+131 +68	+165 +68	+223 +68	+60 +20	+83 +20	+40 0	+63 0	+97 0	+155 0	+250 0	+400 0
450	500	+2 050 +1 650	+1 240 +840	+1 470 +840	+880 +480																		

（续表）

公称尺寸(mm)		公差带代号和偏差值（μm）																					
大于	至	H12	JS6	JS7	JS8	K6	K7	K8	M6	M7	M8	N6	N7	N8	P6	P7	R6	R7	S6	S7	T6	T7	U7
	3	+100 0	±3	±5	±7	0 −6	0 −10	0 −14	−2 −8	−2 −12	−2 −16	−4 −10	−4 −14	−4 −18	−6 −12	−6 −16	−10 −16	−10 −20	−14 −20	−14 −24			−18 −28
3	6	+120 0	±4	±6	±9	+2 −6	+3 −9	+5 −13	−1 −9	0 −12	+2 −16	−5 −13	−4 −16	−2 −20	−9 −17	−8 −20	−12 −20	−11 −23	−16 −24	−15 −27			−19 −31
6	10	+150 0	±4.5	±7	±11	+2 −7	+5 −10	+6 −16	−3 −12	0 −15	+1 −21	−7 −16	−4 −19	−3 −25	−12 −21	−9 −24	−16 −25	−13 −28	−20 −29	−17 −32			−22 −37
10	18	+180 0	±5.5	±9	±13	+2 −9	+6 −12	+8 −19	−4 −15	0 −18	+2 −25	−9 −20	−5 −23	−3 −30	−15 −26	−11 −29	−20 −31	−16 −34	−25 −36	−21 −39			−26 −44
18	24	+210 0	±6.5	±10	±16	+2 −11	+6 −15	+10 −23	−4 −17	0 −21	+4 −29	−11 −24	−7 −28	−3 −36	−18 −31	−14 −35	−24 −37	−20 −41	−31 −44	−27 −48			−53 −54
24	30																				−37 −50	−33 −54	−40 −61
30	40	+250 0	±8	±12	±19	+3 −13	+7 −18	+12 −27	−4 −20	0 −25	+5 −34	−12 −28	−8 −33	−3 −42	−21 −37	−17 −42	−29 −45	−25 −50	−38 −54	−34 −59	−43 −59	−39 −64	−51 −76
40	50																				−49 −65	−45 −70	−61 −86
50	65	+300 0	±9.5	±15	±23	+4 −15	+9 −21	+14 −32	−5 −24	0 −30	+5 −41	−14 −33	−9 −39	−4 −50	−26 −45	−21 −51	−35 −54	−30 −60	−47 −66	−42 −72	−60 −79	−55 −85	−76 −106
65	80																−37 −56	−32 −62	−53 −72	−48 −78	−69 −88	−64 −94	−91 −121
80	100	+350 0	±11	±17	±27	+4 −18	+10 −25	+16 −38	−6 −28	0 −35	+6 −48	−16 −38	−10 −45	−4 −58	−30 −52	−24 −59	−44 −66	−38 −73	−64 −86	−58 −93	−84 −106	−78 −113	−111 −146
100	120																−47 −69	−41 −76	−72 −94	−66 −101	−97 −119	−91 −126	−131 −166

（续表）

公称尺寸(mm)		公差带代号和偏差值 (μm)																					
大于	至	H12	JS6	JS7	JS8	K6	K7	K8	M6	M7	M8	N6	N7	N8	P6	P7	R6	R7	S6	S7	T6	T7	U7
120	140	+400 0	±12.5	±20	±31	+4 −21	+12 −28	+20 −43	−8 −33	0 −40	+8 −55	−20 −45	−12 −52	−4 −67	−36 −61	−28 −68	−56 −81	−48 −88	−85 −110	−77 −117	−115 −140	−107 −147	−155 −195
140	160																−58 −83	−50 −90	−93 −118	−85 −125	−127 −152	−119 −159	−175 −215
160	180																−61 −86	−53 −93	−101 −126	−93 −133	−139 −164	−131 −171	−195 −235
180	200	+460 0	±14.5	±23	±36	+5 −24	+13 −33	+22 −50	−8 −37	0 −46	+9 −63	−22 −51	−14 −60	−5 −77	−41 −70	−33 −79	−68 −97	−60 −106	−113 −142	−105 −151	−157 −186	−149 −195	−219 −265
200	225																−71 −100	−63 −109	−121 −150	−113 −159	−171 −200	−163 −209	−241 −287
225	250																−75 −104	−67 −113	−131 −160	−123 −169	−187 −216	−179 −225	−267 −313
250	280	+520 0	±16	±26	±40	+5 −27	+16 −36	+25 −56	−9 −41	0 −52	+9 −72	−25 −57	−14 −66	−5 −86	−47 −79	−36 −88	−85 −117	−74 −126	−149 −181	−138 −190	−209 −241	−198 −250	−295 −347
280	315																−89 −121	−78 −130	−161 −193	−150 −202	−231 −263	−220 −272	−330 −382
315	355	+570 0	±18	±28	±44	+7 −29	+17 −40	+28 −61	−10 −46	0 −57	+11 −78	−26 −62	−16 −73	−5 −94	−51 −87	−41 −98	−97 −133	−87 −144	−179 −215	−169 −226	−257 −293	−247 −304	−369 −426
355	400																−103 −139	−93 −150	−197 −233	−187 −244	−283 −319	−273 −330	−414 −471
400	450	+630 0	±20	±31	±48	+8 −32	+18 −45	+29 −68	−10 −50	0 −63	+11 −86	−27 −67	−17 −80	−6 −103	−55 −95	−45 −108	−113 −153	−103 −166	−219 −259	−209 −272	−317 −357	−307 −370	−467 −530
450	500																−119 −159	−109 −172	−239 −279	−229 −292	−347 −387	−337 −400	−517 −580

注：参照 GB/T 1800.2—2009。

表 3 常用优先轴的极限偏差

公称尺寸 (mm)		公差带代号和偏差值 (μm)																			
大于	至	a11	b11	b12	c9	c10	c11	d8	d9	d10	d11	e7	e8	e9	f5	f6	f7	f8	f9	g5	g6
	3	−270 −330	−140 −200	−140 −240	−60 −85	−60 −100	−60 −120	−20 −34	−20 −45	−20 −60	−20 −80	−14 −24	−14 −28	−14 −39	−6 −10	−6 −12	−6 −16	−6 −20	−6 −31	−2 −6	−2 −8
3	6	−270 −345	−140 −215	−140 −260	−70 −100	−70 −118	−70 −145	−30 −48	−30 −60	−30 −78	−30 −105	−20 −32	−20 −38	−20 −50	−10 −15	−10 −18	−10 −22	−10 −28	−10 −40	−4 −9	−4 −12
6	10	−280 −370	−150 −240	−150 −300	−80 −116	−80 −138	−80 −170	−40 −62	−40 −76	−40 −98	−40 −130	−25 −40	−25 −47	−25 −61	−13 −19	−13 −22	−13 −28	−13 −35	−13 −49	−5 −11	−5 −14
10	18	−290 −400	−150 −260	−150 −330	−95 −138	−95 −165	−95 −205	−50 −77	−50 −93	−50 −120	−50 −160	−32 −50	−32 −59	−32 −75	−16 −24	−16 −27	−16 −34	−16 −43	−16 −59	−6 −14	−6 −17
18	30	−300 −430	−160 −290	−160 −370	−110 −162	−110 −194	−110 −240	−65 −98	−65 −117	−65 −149	−65 −195	−40 −61	−40 −73	−40 −92	−20 −29	−20 −33	−20 −41	−20 −53	−20 −72	−7 −16	−7 −20
30	40	−310 −470	−170 −330	−170 −420	−120 −182	−120 −220	−120 −280	−80 −119	−80 −142	−80 −180	−80 −240	−50 −75	−50 −89	−50 −112	−25 −36	−25 −41	−25 −50	−25 −64	−25 −87	−9 −20	−9 −25
40	50	−320 −480	−180 −340	−180 −430	−130 −192	−130 −230	−130 −290														
50	65	−340 −530	−190 −380	−190 −490	−140 −214	−140 −260	−140 −330	−100 −146	−100 −174	−100 −220	−100 −290	−60 −90	−60 −106	−60 −134	−30 −43	−30 −49	−30 −60	−30 −76	−30 −104	−10 −23	−10 −29
65	80	−360 −550	−200 −390	−200 −500	−150 −224	−150 −270	−150 −340														
80	100	−380 −600	−220 −440	−220 −570	−170 −257	−170 −310	−170 −390	−120 −174	−120 −207	−120 −260	−120 −340	−72 −107	−72 −126	−72 −159	−36 −51	−36 −58	−36 −71	−36 −90	−36 −123	−12 −27	−12 −34
100	120	−410 −630	−240 −460	−240 −590	−180 −267	−180 −320	−180 −400														

（续表）

公称尺寸（mm）		公差带代号和偏差值（μm）																			
大于	至	a11	b11	b12	c9	c10	c11	d8	d9	d10	d11	e7	e8	e9	f5	f6	f7	f8	f9	g5	g6
120	140	−460 −710	−260 −510	−260 −660	−200 −300	−200 −360	−200 −450	−145 −208	−145 −245	−145 −305	−145 −395	−85 −125	−85 −148	−85 −185	−43 −61	−43 −68	−43 −83	−43 −106	−43 −143	−14 −32	−14 −39
140	160	−520 −770	−280 −530	−280 −680	−210 −310	−210 −370	−210 −460														
160	180	−580 −830	−310 −560	−310 −710	−230 −330	−230 −390	−230 −480														
180	200	−660 −950	−340 −630	−340 −800	−240 −355	−240 −425	−240 −530	−170 −242	−170 −285	−170 −355	−170 −460	−100 −146	−100 −172	−100 −215	−50 −70	−50 −79	−50 −96	−50 −122	−50 −165	−15 −35	−15 −44
200	225	−740 −1 030	−380 −670	−380 −840	−260 −375	−260 −445	−260 −550														
225	250	−820 −1 110	−420 −710	−420 −880	−280 −395	−280 −465	−280 −570														
250	280	−920 −1 240	−480 −800	−480 −1 000	−300 −430	−300 −510	−300 −620	−190 −271	−190 −320	−190 −400	−190 −510	−110 −162	−110 −191	−110 −240	−56 −79	−56 −88	−569 −108	−56 −137	−56 −186	−17 −40	−17 −49
280	315	−1 050 −1 370	−540 −860	−540 −1 060	−330 −460	−330 −540	−330 −650														
315	355	−1 200 −1 560	−600 −960	−600 −1 170	−360 −500	−360 −590	−360 −720	−210 −299	−210 −350	−210 −440	−210 −570	−125 −182	−125 −214	−125 −265	−62 −87	−62 −98	−62 −119	−62 −151	−62 −202	−18 −43	−18 −54
355	400	−1 350 −1 710	−680 −1 040	−680 −1 250	−400 −540	−400 −630	−400 −760														
400	450	−1 500 −1 900	−760 −1 160	−760 −1 390	−440 −595	−440 −690	−440 −840	−230 −327	−230 −385	−230 −480	−230 −630	−135 −198	−135 −232	−135 −290	−68 −95	−68 −108	−68 −131	−68 −165	−68 −223	−20 −47	−20 −60
450	500	−1 650 −2 050	−840 −1 240	−840 −1 470	−480 −635	−480 −730	−480 −880														

（续表）

公称尺寸 (mm)		公差带代号和偏差值 (μm)																			
大于	至	g7	h5	h6	h7	h8	h9	h10	h11	h12	js5	js6	js7	k5	k6	k7	m5	m6	m7	n5	n6
	3	−2 −12	0 −4	0 −6	0 −10	0 −14	0 −25	0 −40	0 −60	0 −100	±2	±3	±5	+4 0	+6 0	+10 0	+6 +2	+8 +2	+12 +2	+8 +4	+10 +4
3	6	−4 −16	0 −5	0 −8	0 −12	0 −18	0 −30	0 −48	0 −75	0 −120	±2.5	±4	±6	+6 +1	+9 +1	+13 +1	+9 +4	+12 +4	+16 +4	+13 +8	+16 +8
6	10	−5 −20	0 −6	0 −9	0 −15	0 −22	0 −36	0 −58	0 −90	0 −150	±3	±4.5	±7	+7 +1	+10 +1	+16 +1	+12 +6	+15 +6	+21 +6	+16 +10	+19 +10
10	18	−6 −24	0 −8	0 −11	0 −18	0 −27	0 −43	0 −70	0 −110	0 −180	±4	±5.5	±9	+9 +1	+12 +1	+19 +1	+15 +7	+18 +7	+25 +7	+20 +12	+23 +12
18	30	−7 −28	0 −9	0 −13	0 −21	0 −33	0 −52	0 −84	0 −130	0 −210	±4.5	±6.5	±10	+11 +2	+15 +2	+23 +2	+17 +8	+21 +8	+29 +8	+24 +15	+28 +15
30 40	40 50	−9 −34	0 −11	0 −16	0 −25	0 −39	0 −62	0 −100	0 −160	0 −250	±5.5	±8	±12	+13 +2	+18 +2	+27 +2	+20 +9	+25 +9	+34 +9	+28 +17	+33 +17
50 65	65 80	−10 −40	0 −13	0 −19	0 −30	0 −46	0 −74	0 −120	0 −190	0 −300	±6.5	±9.5	±15	+15 +2	+21 +2	+32 +2	+24 +11	+30 +11	+41 +11	+33 +20	+39 +20
80 100	100 120	−12 −47	0 −15	0 −22	0 −35	0 −54	0 −87	0 −140	0 −220	0 −350	±7.5	±11	±17	+18 +3	+25 +3	+38 +3	+28 +13	+35 +13	+48 +13	+38 +23	+45 +23
120 140 160	140 160 180	−14 −54	0 −18	0 −25	0 −40	0 −63	0 −100	0 −160	0 −250	0 −400	±9	±12.5	±20	+21 +3	+28 +3	+43 +3	+33 +15	+40 +15	+55 +15	+45 +27	+52 +27
180 200 225	200 225 250	−15 −61	0 −20	0 −29	0 −46	0 −72	0 −115	0 −185	0 −290	0 −460	±10	±14.5	±23	+24 +4	+33 +4	+50 +4	+37 +17	+46 +17	+63 +17	+51 +31	+60 +31
250 280	280 315	−17 −69	0 −23	0 −32	0 −52	0 −81	0 −130	0 −210	0 −320	0 −520	±11.5	±16	±26	+27 +4	+36 +4	+56 +4	+43 +20	+52 +20	+72 +20	+57 +34	+66 +34
315 355	355 400	−18 −75	0 −25	0 −36	0 −57	0 −89	0 −140	0 −230	0 −360	0 −570	±12.5	±18	±28	+29 +4	+40 +4	+61 +4	+46 +21	+57 +21	+78 +21	+62 +37	+73 +37
400 450	450 500	−20 −83	0 −27	0 −40	0 −63	0 −97	0 −155	0 −250	0 −400	0 −630	±13.5	±20	±31	+32 +5	+45 +5	+68 +5	+50 +23	+63 +23	+86 +23	+67 +40	+80 +40

（续表）

公称尺寸 (mm)		公差带代号和偏差值 (μm)																		
大于	至	n7	p5	p6	p7	r5	r6	r7	s5	s6	s7	t5	t6	t7	u6	u7	v6	x6	y6	z6
	3	+14 +4	+10 +6	+12 +6	+16 +6	+14 +10	+16 +10	+20 +10	+18 +14	+20 +14	+24 +14				+24 +18	+28 +18		+26 +20		+32 +26
3	6	+20 +8	+17 +12	+20 +12	+24 +12	+20 +15	+23 +15	+27 +15	+24 +19	+27 +19	+31 +19				+31 +23	+35 +23		+36 +28		+43 +35
6	10	+25 +10	+21 +15	+24 +15	+30 +15	+25 +19	+28 +19	+34 +19	+29 +23	+32 +23	+38 +23				+37 +28	+43 +28		+43 +34		+51 +42
10	14	+30 +12	+26 +18	+29 +18	+36 +18	+31 +23	+34 +23	+41 +23	+36 +28	+39 +28	+46 +28				+44 +33	+51 +33		+51 +40		+61 +50
14	18																+50 +39	+56 +45		+71 +60
18	24	+36 +15	+31 +22	+35 +22	+43 +22	+37 +28	+41 +28	+49 +28	+44 +35	+48 +35	+56 +35				+54 +41	+62 +41	+60 +47	+67 +54	+76 +63	+86 +73
24	30											+50 +41	+54 +41	+62 +41	+61 +48	+69 +48	+68 +55	+77 +64	+88 +75	+101 +88
30	40	+42 +17	+37 +26	+42 +26	+51 +26	+45 +34	+50 +34	+59 +34	+54 +43	+59 +43	+68 +43	+59 +48	+64 +48	+73 +48	+76 +60	+85 +60	+84 +68	+96 +80	+110 +94	+128 +112
40	50											+65 +54	+70 +54	+79 +54	+86 +70	+95 +70	+97 +81	+113 +97	+130 +114	+152 +136
50	65	+50 +20	+45 +32	+51 +32	+62 +32	+54 +41	+60 +41	+71 +41	+66 +53	+72 +53	+83 +53	+79 +66	+85 +66	+96 +66	+106 +87	+117 +87	+121 +102	+141 +122	+163 +144	+191 +172
65	80					+56 +43	+62 +43	+73 +43	+72 +59	+78 +59	+89 +59	+88 +75	+94 +75	+105 +75	+121 +102	+132 +102	+139 +120	+165 +146	+193 +174	+229 +210
80	100	+58 +23	+52 +37	+59 +37	+72 +37	+66 +51	+73 +51	+86 +51	+86 +71	+93 +71	+106 +71	+106 +91	+113 +91	+126 +91	+146 +124	+159 +124	+168 +146	+200 +178	+236 +214	+280 +258
100	120					+69 +54	+76 +54	+89 +54	+94 +79	+101 +79	+114 +79	+119 +104	+126 +104	+139 +104	+166 +144	+179 +144	+194 +172	+232 +210	+276 +254	+332 +310

（续表）

公称尺寸(mm)		公差带代号和偏差值 (μm)																		
大于	至	n7	p5	p6	p7	r5	r6	r7	s5	s6	s7	t5	t6	t7	u6	u7	v6	x6	y6	z6
120	140					+81 +63	+88 +63	+103 +63	+110 +92	+117 +92	+132 +92	+140 +122	+147 +122	+162 +122	+195 +170	+210 +170	+227 +202	+273 +248	+325 +300	+390 +365
140	160	+67 +27	+61 +43	+68 +43	+83 +43	+83 +65	+90 +65	+105 +65	+118 +100	+125 +100	+140 +100	+152 +134	+159 +134	+174 +134	+215 +190	+230 +190	+253 +228	+305 +280	+365 +340	+440 +415
160	180					+86 +68	+93 +68	+108 +68	+126 +108	+133 +108	+148 +108	+164 +146	+171 +146	+186 +146	+235 +210	+250 +210	+277 +252	+335 +310	+405 +380	+490 +465
180	200					+97 +77	+106 +77	+123 +77	+142 +122	+151 +122	+168 +122	+186 +166	+195 +166	+212 +166	+265 +236	+282 +236	+313 +284	+379 +350	+454 +425	+549 +520
200	225	+77 +31	+70 +50	+79 +50	+96 +50	+100 +80	+109 +80	+126 +80	+150 +130	+159 +130	+176 +130	+200 +180	+209 +180	+226 +180	+287 +258	+304 +258	+339 +310	+414 +385	+499 +470	+604 +575
225	250					+104 +84	+113 +84	+130 +84	+160 +140	+169 +140	+186 +140	+216 +196	+225 +196	+242 +196	+313 +284	+330 +284	+369 +340	+454 +425	+549 +520	+669 +640
250	280	+86 +34	+79 +56	+88 +56	+108 +56	+117 +94	+126 +94	+146 +94	+181 +158	+190 +158	+210 +158	+241 +218	+250 +218	+270 +218	+347 +315	+367 +315	+417 +385	+507 +475	+612 +580	+742 +710
280	315					+121 +98	+130 +98	+150 +98	+193 +170	+202 +170	+222 +170	+263 +240	+272 +240	+292 +240	+382 +350	+402 +350	+457 +425	+557 +525	+682 +650	+822 +790
315	355	+94 +37	+87 +62	+98 +62	+119 +62	+133 +108	+144 +108	+165 +108	+215 +190	+226 +190	+247 +190	+293 +268	+304 +268	+325 +268	+426 +390	+447 +390	+511 +475	+626 +590	+766 +730	+936 +900
355	400					+139 +114	+150 +114	+171 +114	+233 +208	+244 +208	+265 +208	+319 +294	+330 +294	+351 +294	+471 +435	+492 +435	+566 +530	+696 +660	+856 +820	+1 036 +1 000
400	450	+103 +40	+95 +68	+108 +68	+131 +68	+153 +126	+166 +126	+189 +126	+259 +232	+272 +232	+295 +232	+357 +330	+370 +330	+393 +330	+530 +490	+553 +490	+635 +595	+780 +740	+960 +920	+1 140 +1 100
450	500					+159 +132	+172 +132	+195 +132	+279 +252	+292 +252	+315 +252	+387 +360	+400 +360	+423 +360	+580 +540	+603 +540	+700 +660	+860 +820	+1 040 +1 000	+1 290 +1 250

注：参照 GB/T 1800.2—2009。

二、形状和位置公差

表 4 直线度、平面度公差值 (μm)

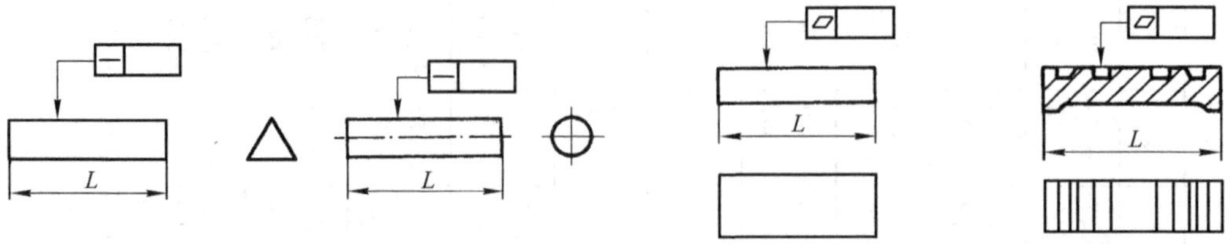

主参数 L(mm)	公差等级											
	1	2	3	4	5	6	7	8	9	10	11	12
≤10	0.2	0.4	0.8	1.2	2	3	5	8	12	20	30	60
>10～16	0.25	0.5	1	1.5	2.5	4	6	10	15	25	40	80
>16～25	0.3	0.6	1.2	2	3	5	8	12	20	30	50	100
>25～40	0.4	0.8	1.5	2.5	4	6	10	15	25	40	60	120
>40～63	0.5	1	2	3	5	8	12	20	30	50	80	150
>63～100	0.6	1.2	2.5	4	6	10	15	25	40	60	100	200
>100～160	0.8	1.5	3	5	8	12	20	30	50	80	120	250
>160～250	1	2	4	6	10	15	25	40	60	100	150	300
>250～400	1.2	2.5	5	8	12	20	30	50	80	120	200	400
>400～630	1.5	3	6	10	15	25	40	60	100	150	250	500
>630～1 000	2	4	8	12	20	30	50	80	120	200	300	600

注：参照 GB/T 1184—1996。

表 5 圆度、圆柱度公差值 (μm)

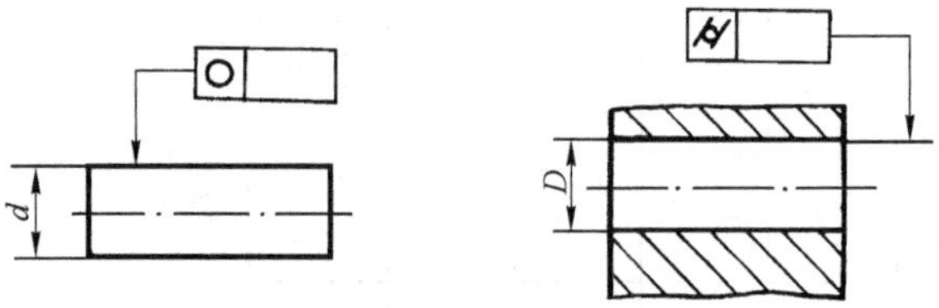

主参数 d(D)(mm)	公差等级												
	0	1	2	3	4	5	6	7	8	9	10	11	12
≤3	0.1	0.2	0.3	0.5	0.8	1.2	2	3	4	6	10	14	25
>3～6	0.1	0.2	0.4	0.6	1	1.5	2.5	4	5	8	12	18	30
>6～10	0.12	0.25	0.4	0.6	1	1.5	2.5	4	6	9	15	22	36
>10～18	0.15	0.25	0.5	0.8	1.2	2	3	5	8	11	18	27	43
>18～30	0.2	0.3	0.6	1	1.5	2.5	4	6	9	13	21	33	52
>30～50	0.25	0.4	0.6	1	1.5	2.5	4	7	11	16	25	39	62
>50～80	0.3	0.5	0.8	1.2	2	3	5	8	13	19	30	46	74
>80～120	0.4	0.6	1	1.5	2.5	4	6	10	15	22	35	54	87
>120～180	0.6	1	1.2	2	3.5	5	8	12	18	25	40	63	100
>180～250	0.8	1.2	2	3	4.5	7	10	14	20	29	46	72	115

注：参照 GB/T 1184—1996。

表 6　平行度、垂直度、倾斜度公差值　　(μm)

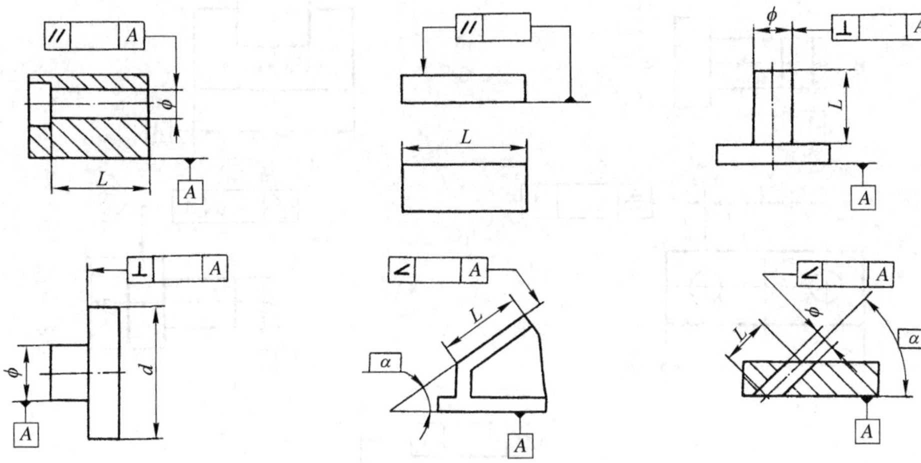

主参数 L、d(D) (mm)	公差等级											
	1	2	3	4	5	6	7	8	9	10	11	12
≤10	0.4	0.8	1.5	3	5	8	12	20	30	50	80	120
>10～16	0.5	1	2	4	6	10	15	25	40	60	100	150
>16～25	0.6	1.2	2.5	5	8	12	20	30	50	80	120	200
>25～40	0.8	1.5	3	6	10	15	25	40	60	100	150	250
>40～63	1	2	4	8	12	20	30	50	80	120	200	300
>63～100	1.2	2.5	5	10	15	25	40	60	100	150	250	400
>100～160	1.5	3	6	12	20	30	50	80	120	200	300	500
>160～250	2	4	8	15	25	40	60	100	150	250	400	600
>250～400	2.5	5	10	20	30	50	80	120	200	300	500	800
>400～630	3	6	12	25	40	60	100	150	250	400	600	1 000
>630～1 000	4	8	15	30	50	80	120	200	300	500	800	1 200

注：参照 GB/T 1184—1996。

表 7　同轴度、对称度、圆跳动、全跳动公差值　　(μm)

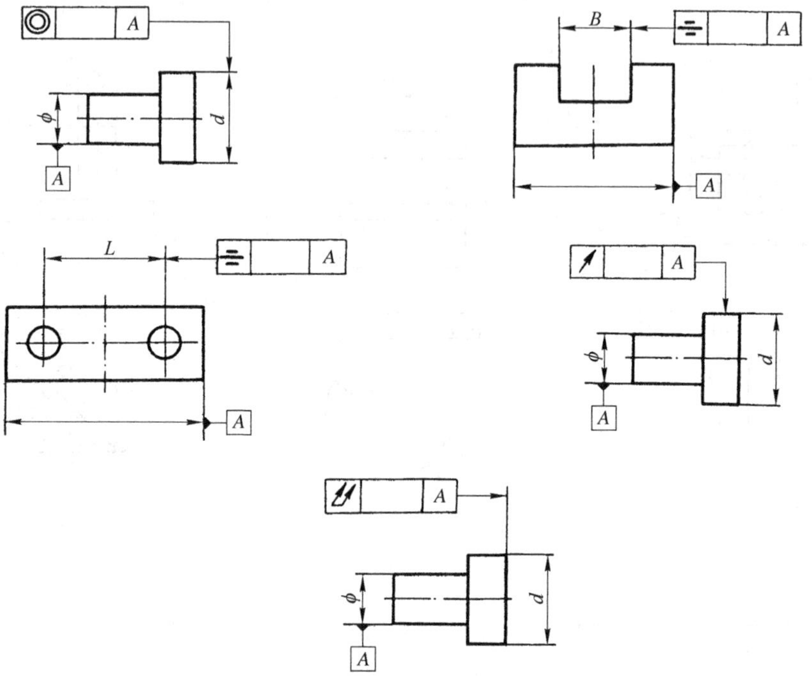

主参数 $d(D)$、B、L (mm)	公差等级										
	1	2	3	4	5	6	7	8	9	10	11	12
≤1	0.4	0.6	1.0	1.5	2.5	4	6	10	15	25	40	60
>1～3	0.4	0.6	1.0	1.5	2.5	4	6	10	20	40	60	120
>3～6	0.5	0.8	1.2	2	3	5	8	12	25	50	80	150
>6～10	0.6	1	1.5	2.5	4	6	10	15	30	60	100	200
>10～18	0.8	1.2	2	3	5	8	12	20	40	80	120	250
>18～30	1	1.5	2.5	4	6	10	15	25	50	100	150	300
>30～50	1.2	2	3	5	8	12	20	30	60	120	200	400
>50～120	1.5	2.5	4	6	10	15	25	40	80	150	250	500
>120～250	2	3	5	8	12	20	30	50	100	200	300	600
>250～500	2.5	4	6	10	15	25	40	60	120	250	400	800

注：参照 GB/T 1184—1996。

三、弹簧和聚氨酯弹性体

表 8 矩形截面 TL 轻负荷弹簧的技术参数

技术参数	D_1 (mm)	P' (N/mm)	许用值		技术参数	D_1 (mm)	P' (N/mm)	许用值	
			F_x(mm)	P_x(N)				F_x(mm)	P_x(N)
10×25	4.5	10.0	10.0	100	16×25	8.0	23.4	10.0	234
10×32		8.5	12.8	288	16×32		22.5	12.8	288
10×38		6.8	15.2	290	16×38		19.1	15.2	290
10×45		6.0	18.0	300	16×45		16.7	18.0	300
10×50		5.0	20.0	320	16×50		16.0	20.0	320
10×65		4.5	26.0	273	16×65		10.5	26.0	273
10×75		3.5	30.0	300	16×75		10.0	30.0	300
10×300		1.0	120.0	120	16×90		8.5	36.0	306
13×25	6.5	17.9	10.0	179	16×100		7.9	40.0	316
13×32		16.4	12.8	210	16×300		2.5	120.0	300
13×38		13.6	15.2	206	20×25	10	53.0	10.0	530
13×45		12.0	18.0	216	20×32		43.0	12.8	550
13×50		11.5	20.0	230	20×38		34.0	15.2	517
13×65		9.2	26.0	239	20×45		29.0	18.0	522
13×75		7.1	30.0	213	20×50		25.0	20.0	500
13×300		1.5	120.0	180	20×65		19.7	26.0	512
20×75	10	16.2	30.0	486	32×250	16	250	100.0	1 270
20×90		13.8	36.0	497	32×300		300	120.0	1 260
20×100		12.2	40.0	488	40×50	21	50	20.0	1 876
20×115		10.9	46.0	501	40×65		65	26.0	1 872
20×125		9.6	50.0	480	40×75		75	30.0	1 914
20×140		140	56.0	470	40×90		90	36.0	1 814
20×150		150	60.0	456	40×100		100	40.0	1 756
20×300		300	120.0	480	40×115		115	46.0	1 822
25×25	12.5	25	10.0	1 000	40×125		125	50.0	1 880
25×32		32	12.8	1 028	40×140		140	56.0	1 781
25×38		38	15.2	942	40×150		150	60.0	1 704
25×45		45	18.0	936	40×180		180	72.0	1 793
25×50		50	20.0	900	40×200		200	80.0	1 840
25×65		65	26.0	910	40×250		250	100.0	1 730
25×75		75	30.0	840	40×300		300	120.0	1 800
25×90		90	36.0	853	50×65	26	65	26.0	3 993
25×100		100	40.0	860	50×75		75	30.0	3 801
25×115		115	46.0	860	50×90		90	36.0	3 881
25×125		125	50.0	845	50×100		100	40.0	3 836
25×140		140	56.0	851	50×115		115	46.0	3 726
25×150		150	60.0	852	50×125		125	50.0	3 605
25×180		180	72.0	893	50×140		140	56.0	3 696
25×200		200	80.0	840	50×150		150	60.0	3 648
25×300		300	120.0	840	50×180		51.4	72.0	3 701
32×38	16	38	15.2	1 429	50×200		44.7	80.0	3 576
32×45		45	18.0	1 399	50×250		35.6	100.0	3 560
32×50		50	20.0	1 360	50×300		29.0	120.0	3 480
32×65		65	26.0	1 357	63×75	38	189.0	30.0	5 670
32×75		75	30.0	1 338	63×90		158.0	36.0	5 688
32×90		90	36.0	1 325	63×100		135.0	40.0	5 400
32×100		100	40.0	1 304	63×115		116.0	46.0	5 336
32×115		115	46.0	1 334	63×125		103.0	50.0	5 150
32×125		125	50.0	1 270	63×150		84.3	60.0	5 070
32×140		140	56.0	1 277	63×180		71.5	72.0	5 148
32×150		150	60.0	1 308	63×200		61.7	80.0	4 936
32×180		180	72.0	1 296	63×250		47.0	100.0	4 700
32×200		200	80.0	1 280	63×300		38.2	120.0	4 584

注：1. D_1—弹簧内径；F_x—许用压缩量；P_x—与 F_x 对应的许用负荷，$P_x = P' \cdot F_x$，弹簧出厂时涂绿色。

2. 弹簧材料 50CrVA。

表 9　矩形截面 TM 中负荷弹簧的技术参数

技术参数	D_1 (mm)	P' (N/mm)	许用值	
			F_x(mm)	P_x(N)
10×25	4.5	16.0	9.5	152
10×32		13.0	12.2	159
10×38		11.9	14.4	171
10×45		10.0	17.1	171
10×50		9.0	19.0	171
10×65		7.4	24.7	182
10×75		5.4	28.5	154
10×300		1.6	114.0	182
16×25	8.0	49.4	9.5	469
16×32		37.1	12.2	453
16×38		33.9	14.4	488
16×45		29.3	17.1	501
16×50		26.9	19.0	511
16×65		20.2	24.7	499
16×75		18.0	28.5	513
16×90		15.0	34.2	513
16×100		13.8	38.0	524
16×300		4.9	114.0	558
20×25	10	98.0	9.5	931
20×32		72.6	12.2	886
20×38		56.0	14.4	806
20×45		46.0	17.1	787
20×50		42.5	19.0	808
20×65		31.8	24.7	785
20×75		25.4	28.5	724
20×90		21.8	34.2	746
20×100		20.2	38.0	768
20×115		18.1	43.7	791
20×125		16.9	47.5	803
20×140		15.0	53.2	798
20×150		13.3	57.0	758
20×300		6.2	114.0	707
25×25	12.5	147.0	9.5	1 397
25×32		118.0	12.2	1 440
25×38		93.0	14.4	1 339
25×45		79.0	17.1	1 351
25×50		69.7	19.0	1 324
25×65		52.2	24.7	1 289
25×75		43.8	28.5	1 248
25×90		37.8	34.2	1 293
25×100		33.7	38.0	1 281
25×115		28.0	43.7	1 224
25×125		26.3	47.5	1 249
25×140		23.0	53.2	1 224
25×150		21.0	57.0	1 197
25×180		17.6	68.4	1 204
25×200		16.0	76.0	1 216
25×300		10.4	114.0	1 186
32×38	16	185.0	14.4	2 664
32×45		154.0	17.1	2 633
32×50		137.0	19.0	2 603
32×65		97.0	24.7	2 396
32×75		81.6	28.5	2 326
32×90		68.3	34.2	2 336
32×100		60.0	38.0	2 280
32×115		51.5	43.7	2 250

技术参数	D_1 (mm)	P' (N/mm)	许用值	
			F_x(mm)	P_x(N)
13×25	6.5	30.0	9.5	285
13×32		24.8	12.2	303
13×38		21.4	14.4	308
13×45		18.5	17.1	316
13×50		15.5	19.0	295
13×65		12.1	24.7	299
13×75		10.2	28.5	291
13×90		8.4	34.2	287
13×300		2.1	114.0	239
32×125	16	45.5	47.5	2 161
32×140		42.0	53.2	2 234
32×150		38.3	57.0	2 183
32×180		32.1	68.4	2 196
32×200		29.3	76.0	2 227
32×250		21.7	95.0	2 062
32×300		18.6	114.0	2 120
40×50	21	184.6	19.0	3 507
40×65		137.8	24.7	3 404
40×75		109.4	28.5	3 117
40×90		89.7	34.2	3 068
40×100		82.6	38.0	3 139
40×115		71.8	43.7	3 138
40×125		63.7	47.5	3 026
40×140		57.0	53.2	3 032
40×150		52.3	57.0	2 981
40×180		43.6	68.4	2 982
40×200		37.2	76.0	2 827
40×250		30.6	95.0	2 907
40×300		25.0	114.0	2 850
50×65	26	205.8	24.7	5 083
50×75		170.2	28.5	4 851
50×90		138.4	34.2	4 733
50×100		121.4	38.0	4 613
50×115		106.0	43.7	4 632
50×125		98.6	47.5	4 683
50×140		86.4	53.2	4 596
50×150		81.0	57.0	4 617
50×180		68.7	68.4	4 699
50×200		60.7	76.0	4 613
50×230		50.7	87.4	4 431
50×250		44.6	95.0	4 237
50×300		39.2	114.0	4 469
63×75	38	312	28.5	8 892
63×90		257.0	34.2	8 789
63×100		225.0	38.0	8 550
63×115		187.0	43.7	8 172
63×125		170.7	47.5	8 108
63×150		137.8	57.0	7 855
63×180		112.7	68.4	7 708
63×200		101.5	76.0	7 714
63×230		88.8	87.4	7 761
63×250		79.7	95.0	7 572
63×300		65.8	114.0	7 501

注：1. D_1—弹簧内径；F_x—许用压缩量；P_x—与 F_x 对应的许用负荷，$P_x=P'\cdot F_x$，弹簧出厂时涂蓝色。
2. 弹簧材料 50CrVA。

表 10　TH 重负荷弹簧的技术参数

技术参数	D_1 (mm)	P' (N/mm)	许用值 F_x(mm)	许用值 P_x(N)
10×25	4.5		7.5	166
10×32			9.6	168
10×38			11.4	192
10×45		14.7	13.5	198
10×50		13.0	15.0	195
10×65		10.5	19.5	205
10×75		7.6	22.5	171
10×300		2.1	90.0	189
13×25	6.5	42.1	7.5	316
13×32		33.2	9.6	319
13×38		29.3	11.4	334
13×45		24.0	13.5	324
13×50		20.0	15.0	300
13×65		14.8	19.5	288
13×75		13.4	22.5	301
13×90		11.3	27.0	305
13×300		2.8	90.0	252
16×25	8.0	75.7	7.5	568
16×32		52.8	9.6	507
16×38		48.5	11.4	553
16×45		41.8	13.5	564
16×50		37.8	15.0	567
16×65		29.8	19.5	581
16×75		26.0	22.5	585
16×90		21.4	27.0	578
16×100		19.7	30.0	591
16×300		7.2	90.0	648
20×25	10	216.0	7.5	1 620
20×32		168.0	9.6	1 613
20×38		129.0	11.4	1 471
20×45		109.5	13.5	1 478
20×50		95.9	15.0	1 439
20×65		71.0	19.5	1 385
20×75		60.5	22.5	1 361
20×90		49.9	27.0	1 347
20×100		45.0	30.0	1 350
20×115		38.4	34.0	1 305
20×125		34.6	37.0	1 280
20×140		30.7	42.0	1 289
20×150		28.6	45.0	1 287
20×300		15.3	90.0	1 377
25×25	12.5	37.5	7.5	2 813
25×32		297.0	9.6	2 851
25×38		219.0	114.4	2 497
25×45		182.8	13.5	2 468
25×50		159.1	15.0	2 387
25×65		121.1	19.5	2 361
25×75		100.3	22.5	2 257
25×90		83.0	27.0	2 241
25×100		74.5	30.0	2 235
25×115		64.5	34.0	2 210
25×125	12.5	58.6	37.0	2 168
25×140		52.3	42.0	2 197
25×150		48.4	45.0	2 178
25×180		40.5	48.0	1 944
25×200		36.3	60.0	2 178
25×300		23.3	90.0	2 097
32×38	16	388.0	11.4	4 423
32×45		316.8	13.5	4 277
32×50		277.4	15.0	4 161
32×65		208.0	19.5	4 056
32×75		174.3	22.5	3 922
32×90		139.4	30.0	3 764
32×100		124.4	30.0	3 732
32×115		107.0	34.0	3 638
32×125		94.5	37.0	3 497
32×140		85.4	42.0	3 587
32×150		79.0	45.0	3 555
32×180		66.5	48.0	3 192
32×200		60.6	60.0	3 600
32×250		47.1	75.0	3 533
32×300		38.6	90.0	3 474
40×50	21	357.0	15.0	5 355
40×65		265.0	19.5	5 168
40×75		222.0	22.5	4 995
40×90		188.0	27.0	5 076
40×100		166.0	30.0	4 980
40×115		142.0	34.0	4 828
40×125		130.0	37.0	4 810
40×140		114.0	42.0	4 788
40×150		106.0	45.0	4 770
40×180		88.0	48.0	4 224
40×200		78.0	60.0	4 680
40×250		62.0	75.0	4 650
40×300		52.0	90.0	4 680
50×65	25	406.0	19.5	7 917
50×75		343.0	22.5	7 717
50×90		285.0	27.0	7 695
50×100		250.0	30.0	7 500
50×115		215.0	34.0	7 310
20×125		195.0	37.0	7 215
50×140		167.0	42.0	7 014
50×150		156.0	45.0	7 020
50×180		132.0	48.0	6 336
50×200		119.0	60.0	7 140
50×250		90.0	75.0	6 750
50×300		74.0	90.0	6 660

注：1. D_1—弹簧内径；F_x—许用压缩量；P_x—与 F_x 对应的许用负荷，$P_x=P'\cdot F_x$，弹簧出厂时涂红色。
2. 弹簧材料 50CrVA。

表 11 碟形弹簧尺寸和参数

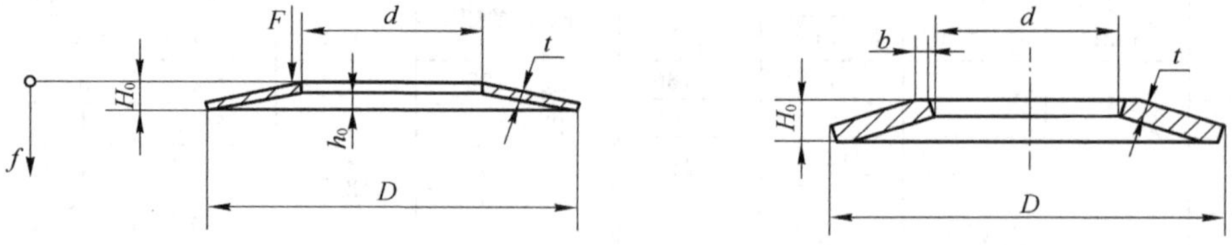

(a) 无支承面 (b) 有支承面 (t>6 mm)

碟簧外径 D (mm)	碟簧内径 d (mm)	碟簧厚度 t (mm)			无支承面碟簧的极限行程 h_0(mm)			自由高度 H_0 (mm)			$f=0.75h_0$ F(N)		
		A	B	C	A	B	C	A	B	C	A	B	C
8	4.2	0.4	0.3	0.2	0.2	0.25	0.25	0.6	0.55	0.45	210	119	39
10	5.2	0.5	0.4	0.25	0.25	0.3	0.3	0.75	0.7	0.55	329	213	58
12.5	6.2	0.7	0.5	0.35	0.3	0.35	0.45	1	0.85	0.8	673	291	152
14	7.2	0.8	0.5	0.35	0.3	0.4	0.45	1.1	0.9	0.8	813	279	123
16	8.2	0.9	0.6	0.4	0.35	0.45	0.5	1.25	1.05	0.9	1 000	412	155
18	9.2	1	0.7	0.5	0.4	0.5	0.6	1.4	1.2	1.05	1 250	572	214
20	10.2	1.1	0.8	0.5	0.45	0.55	0.65	1.55	1.35	1.15	1 530	745	254
22.5	11.2	1.25	0.8	0.6	0.5	0.65	0.8	1.75	1.45	1.4	1 950	710	425
25	12.2	1.5	0.9	0.7	0.55	0.7	0.9	2.05	1.6	1.6	2 910	868	601
28	14.2	1.5	1	0.8	0.65	0.8	1	2.15	1.8	1.8	2 850	1 110	801
31.5	16.3	1.75	1.25	0.8	0.7	0.9	1.05	2.45	2.15	1.85	3 900	1 920	687
35.5	18.3	2	1.25	0.9	0.8	1	1.15	2.8	2.25	2.05	5 190	1 700	831
40	20.4	2.25	1.5	1	0.9	1.15	1.3	3.15	2.65	2.3	6 540	2 620	1 020
45	22.4	2.5	1.75	1.25	1	1.3	1.6	3.5	3.05	2.85	7 720	3 660	1 890
50	25.4	3	2	1.25	1.1	1.4	1.6	4.1	3.4	2.85	12 000	4 760	1 550
56	28.5	3	2	1.5	1.3	1.6	1.95	4.3	3.6	3.45	11 400	4 440	2 620
63	31	3.5	2.5	1.8	1.4	1.75	2.35	4.9	4.25	4.15	15 000	7 180	4 240
71	36	4	2.5	2	1.6	2	2.6	5.6	4.5	4.6	20 500	6 730	5 140
80	41	5	3	2.2	1.7	2.3	2.9	6.7	5.3	5.2	33 700	10 500	6 610
90	46	5	3.5	2.5	2	2.5	3.2	7	6	5.7	31 400	14 200	7 680
100	51	6	3.5	2.7	2.2	2.8	3.5	8.2	6.3	6.2	48 000	13 100	8 610
112	57	6	4	3	2.5	3.2	3.9	8.5	7.2	6.9	43 800	17 800	10 500
125	64		5	3.5		3.5	4.5		8.5	8		30 000	15 100
140	72		5	3.8		4	4.9		9	8.7		27 900	17 200
160	82		6	4.3		4.5	5.6		10.5	9.9		41 100	21 800
180	92		6	4.8		5.1	6.2		11.1	11		37 500	26 400
200	102			5.5			7			12.5			36 100

注：1. 碟簧按 D/t、h_0/t 值分成 3 个系列，$E=206\ 000\ \text{N/mm}^2$，$\mu=0.3$：A 系列 $D/t\approx18$，$h_0/t\approx0.4$；B 系列 $D/t\approx28$，$h_0/t\approx0.75$；C 系列 $D/t\approx40$，$h_0/t\approx1.3$。
2. 碟簧内外径公差：1 级精度—内径 H12，外径 h12；2 级精度—内径 H13，外径 h13。
3. 碟簧采用 50CrVA(或 60Si2MnA)的带、板材或锻造坯料制造。硬度 42～52 HRC，碟簧全部进行强压处理。表面一般采用氧化处理。
4. 参照 GB/T 1972—2005。

表 12　碟形弹簧组合方式和计算公式

组合方式及说明		简　　图	计算公式(不计摩擦力时)
叠合组合	由 n 个同方向同技术参数的一组碟簧组成	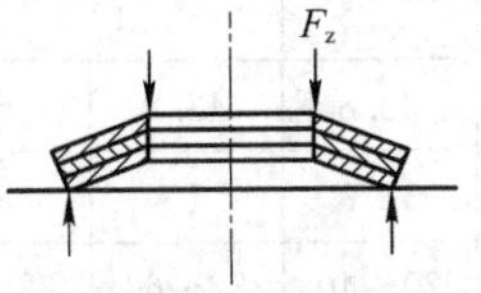	$F_z = nF$ $f_z = f$ $H_z = H + (n-1)t$
对合组合	由 i 个相同技术参数的一组碟簧组成	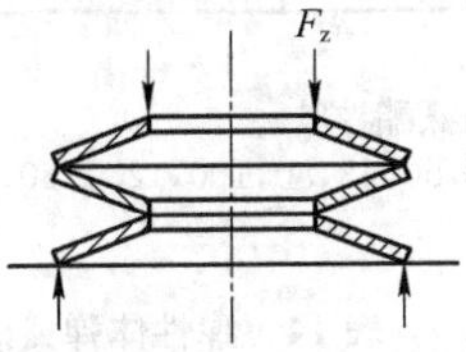	$F_z = F$ $f_z = if$ $H_z = iH_0$
复合组合	由叠合和对合碟簧复合组成	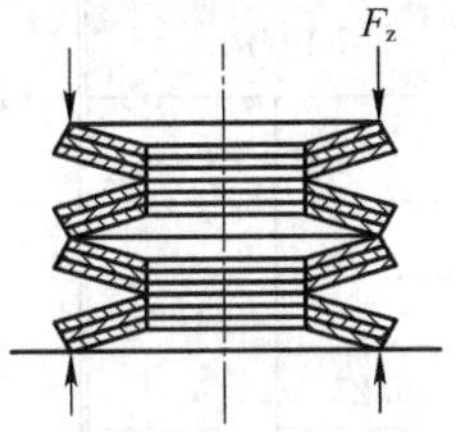	$F_z = nF$ $f_z = if$ $H_z = i[H_0 + (n-1)t]$

注：1. F_z、f_z、H_z 分别为组合碟形弹簧的负荷、变形量和自由高度。

2. 碟形弹簧与导向件之间的直径差(mm)：

碟簧内径	≤16	直径差	0.2
	>16～20		0.3
	>20～26		0.4
	>26～31.5		0.5
	>31.5～50		0.6
	>50～80		0.8

3. 导向件表面硬度不小于 55 HRC，表面粗糙度 $Ra<3.2\ \mu m$。

4. 参照 GB/T 1972—2005。

表 13　弹性体压缩弹簧的尺寸　　(mm)

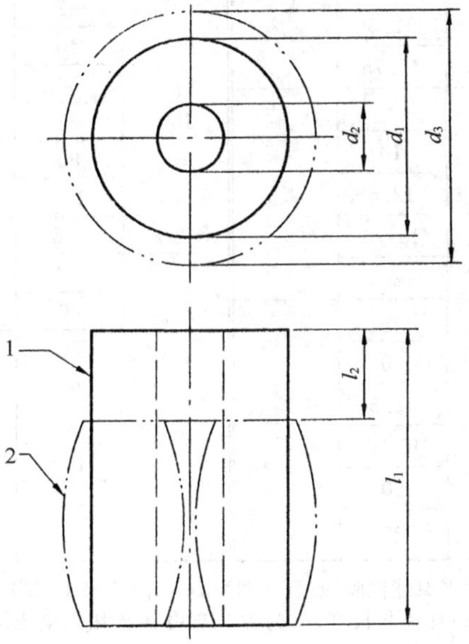

1—压缩弹簧在自由状态的轮廓；2—压缩弹簧在压缩状态的轮廓

（续表）

d_1		16	20	25	32	40	50	63	80	100	125
d_2		6.5	8.5	10.5	13.5		17		21		27
d_{3max}	CR	21.6	27	33.8	43.2	54	67.5	85	108	135	168.8
	PUR	20	25	31.3	40	50	62.5	78.8	100	125	156.3
l_1		16～25	16～32	20～40	32～63	32～80	32～100	32～125			32～160

注：1. d_{3max}对应 l_{2max}。
2. CR 为氯丁二烯橡胶，PUR 为聚氨酯橡胶。
3. l_1 尺寸系列为 16，20，25，32，40，50，63，80，100，125，160。
4. 参照 GB/T 20915.1—2007。

表 14 弹性体弹簧的负荷值 *F*

(kN)

d_1	l_1	CR		PUR	
		$l_2=0.35l_1$	F_{max}	$l_2=0.25l_1$	F_{max}
16	16	5.6	0.3	4	1.2
	20	7		5	
	25	8.75		6.25	
20	16	5.6	0.5	4	2
	20	7		5	
	25	8.75		6.25	
	32	11.2		8	
25	20	7	0.8	5	3.5
	25	8.75		6.25	
	32	11.2		8	
	40	14		10	
32	32	11.2	2.3	8	4.5
	40	14		10	
	50	17.5		12.5	
	63	22.05		15.75	
40	32	11.2	3.6	8	8.5
	40	14		10	
	50	17.5		12.5	
	63	22.05		15.75	
	80	28		20	
50	32	11.2	5.5	8	13
	40	14		10	
	50	17.5		12.5	
	63	22.05		15.75	
	80	28		20	
	100	35		25	
63	32	11.2	10	8	21
	40	14		10	
	50	17.5		12.5	
	63	22.5		15.75	
	80	28		20	
	100	35		25	
	125	43.75		31.75	
80	32	11.2	18	8	38
	40	14		10	
	50	17.5		12.5	
	63	22.05		15.75	
	80	28		20	
	100	35		25	
	125	43.75		31.75	
100	32	11.2	27	8	65
	40	14		10	
	50	17.5		12.5	
	63	22.05		15.75	
	80	28		20	
	100	35		25	
	125	43.75		31.75	
125	32	11.2	42	8	100
	40	14		10	
	50	17.5		12.5	
	63	22.05		15.75	
	80	28		20	
	100	35		25	
	125	43.75		31.75	
	160	56		40	

注：1. CR 为氯丁二烯橡胶，PUR 为聚氨酯橡胶，硬度分别为 70 邵氏 A 和 90 邵氏 A。
2. d_1、l_1 分别为自由状态弹簧的直径和长度；l_2 为弹簧自由状态和完全压缩状态的长度差，图示符号与表 13 完全相同。
3. 参照 GB/T 20915.1—2007。

表 15　弹性体压缩弹簧沉孔尺寸　(mm)

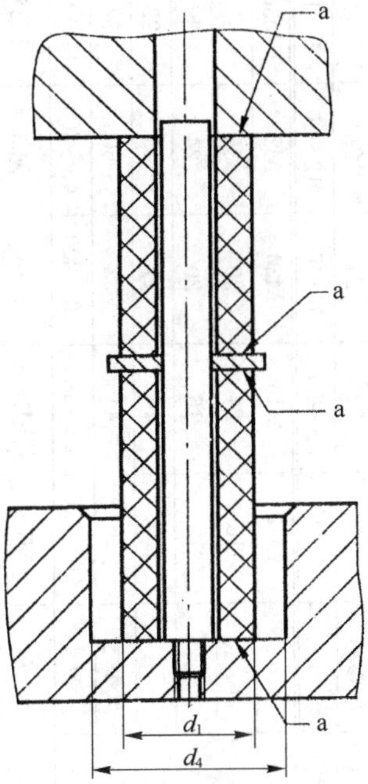

(a) 自由状态

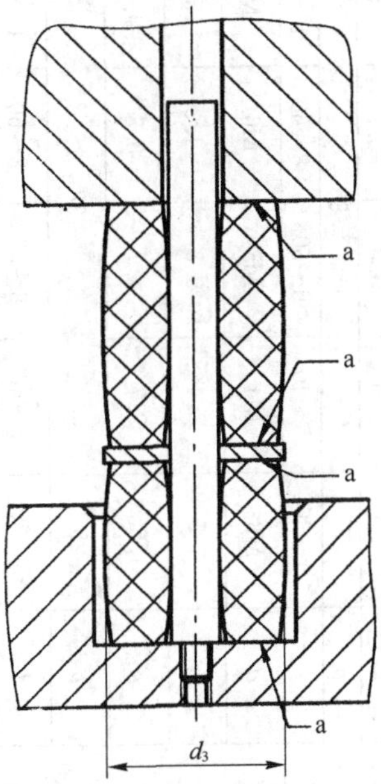

(b) 压缩状态

d_1	16	20	25	32	40	50	63	80	100	125
d_3	22	27	34	43	54	68	85	108	135	169
d_4	24	30	38	48	61	75	94	118	150	188

注：1. 接触面 a 应进行润滑，对于聚氨酯橡胶(PUR)建议使用矿物油或者润滑脂。
2. 参照 GB/T 20915.1—2007。

四、紧固连接件

表 16　螺钉主要结构尺寸

(mm)

类　别	简　图	主	要	尺		寸		常用 l 系列
开槽圆柱头螺钉 (GB/T 65—2000)	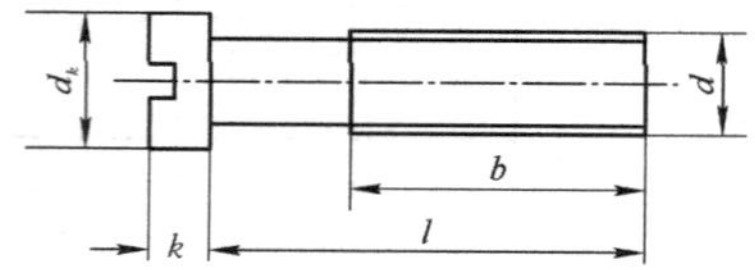	d	M3	M4	M5	M6	M8	4，5，6，8，10，12，16，20，25，30，35
		d_k	5.5	7	8.5	10	13	
		k	2	2.6	3.3	3.9	5	
		b	25	38				
		l	4～30	5～40	6～50	8～60	10～80	
开槽沉头螺钉 (GB/T 68—2000)	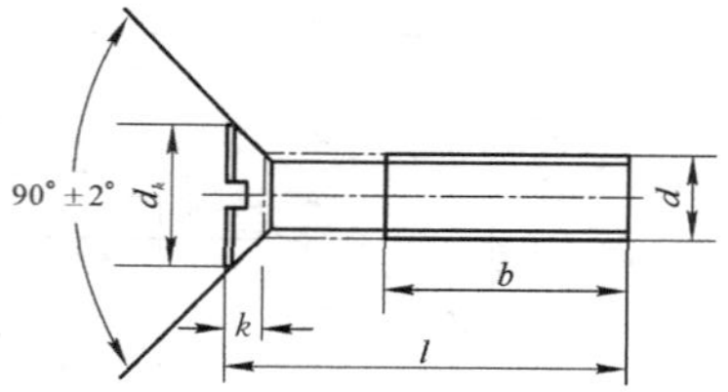	d	M3	M4	M5	M6	M8	5，6，8，10，12，16，20，25，30，35，40，45，50，60
		d_k	5.5	8.4	9.3	11.3	15.8	
		k	1.65	2.7	2.7	3.3	4.65	
		b	25	38				
		l	5～30	6～40	8～50	8～60	10～80	
内六角圆柱头螺钉 (GB/T 70.1—2008)	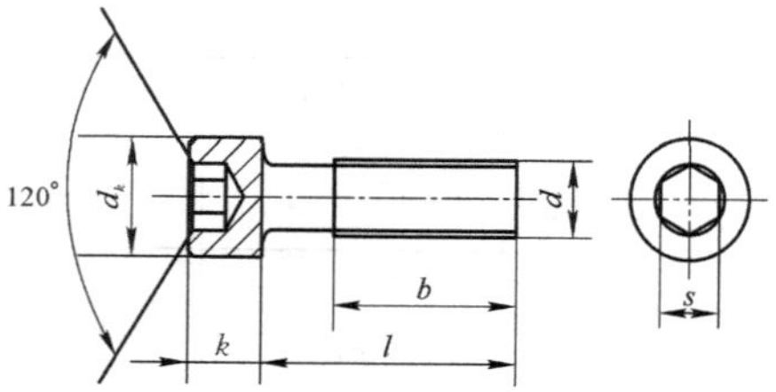	d	M4	M5	M6	M8	M10	8，10，12，16，20，25，30，35，40，45，50，55，60，65，70，80，90，100，110，120，130，140，150，160，180，200
		$d_{k\max}$	7	8.5	10	13	16	
		$k_{\max}$	4	5	6	8	10	
		s	3	4	5	6	8	
		b(参考)	20	22	24	28	32	
		l	6～40	8～50	10～60	12～80	16～100	
		d	M12	M16	M20	M24	M30	
		$d_{k\max}$	18	24	30	36	45	
		$k_{\max}$	12	16	20	24	30	
		s	10	14	17	19	22	
		b(参考)	36	44	52	60	72	
		l	20～120	25～160	30～200	40～200	45～200	
吊环螺钉 (GB/T 825—1988)	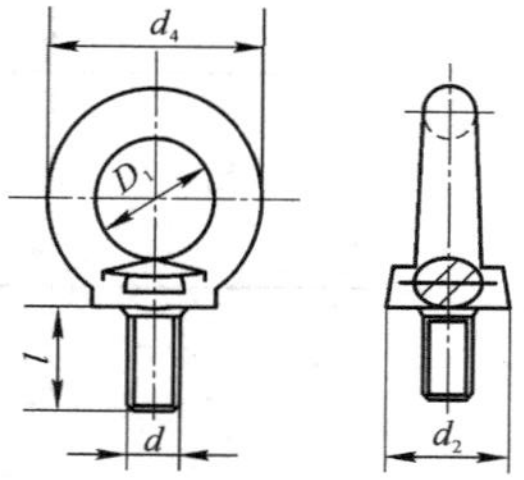	d	M10	M12	M16	M20	M24	
		d_4	44	52	62	72	88	
		D_1	24	28	34	40	48	
		d_2	25	29	35	41	49	
		l	20	22	28	35	40	

表 17　圆柱销和内螺纹圆柱销尺寸　(mm)

类别	主要尺寸										
圆柱销 (GB/T 119.1—2000)	销的直径 d(m6 或 h8)	2.5	3	4	5	6	8	10	12	16	20
	销的长度 l	6～24	8～30	8～40	10～50	12～60	14～80	18～95	22～140	26～180	35～200
	l 系列	6, 8, 10, 12, 14, 16, 18, 20, 22, 24, 26, 28, 30, 32, 35, 40, 45, 50, 55, 60, 65, 70, 75, 80, 85, 90, 95, 100, 120, 140, 160, 180, 200									
内螺纹圆柱销 (GB/T 120.1—2000)	销的直径 d(m6)	6	8	10	12	16	20	25	30	40	50
	内螺纹直径 d_1	M4	M5	M6	M6	M8	M10	M16	M20	M20	M24
	销的长度 l	16～60	18～80	22～100	26～120	32～160	40～200	50～200	60～200	80～200	100～200
	l 系列	16, 18, 20, 22, 24, 26, 28, 30, 32, 35, 40, 45, 50, 55, 60, 65, 70, 75, 80, 85, 90, 95, 100, 120, 140, 160, 180, 200									

注：1. 圆柱销材料：不淬硬钢，硬度 125～245 HV30；奥氏体不锈钢 A1(GB/T 3098.6—2014)，硬度 210～280 HV30。
2. 圆柱销表面粗糙度 Ra：m6，≤0.8 μm；h8，≤1.6 μm。

表 18　螺 母 尺 寸　(mm)

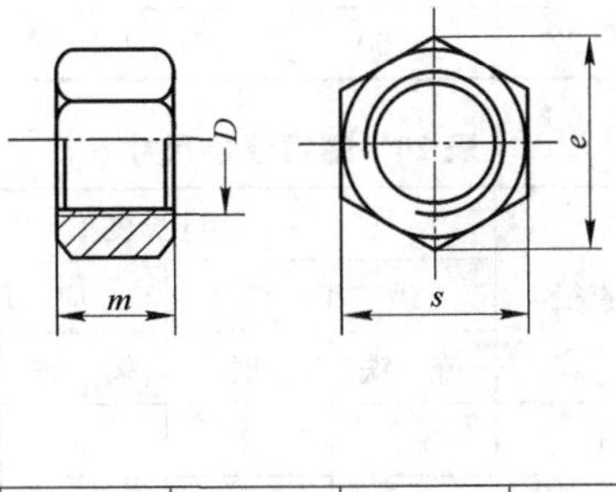

D	M5	M6	M8	M10	M12	M16	M20	M24	M30	M36
m	5.6	6.4	7.9	9.5	12.2	15.9	19	22.3	26.4	31.9
s	8	10	13	16	18	24	30	36	46	55
e	8.63	10.89	14.20	17.59	19.85	26.17	32.95	39.55	50.85	60.79

注：参照 GB/T 41—2000。

五、螺钉(螺栓)安装和连接尺寸

表 19 螺钉、螺栓沉头孔尺寸 (mm)

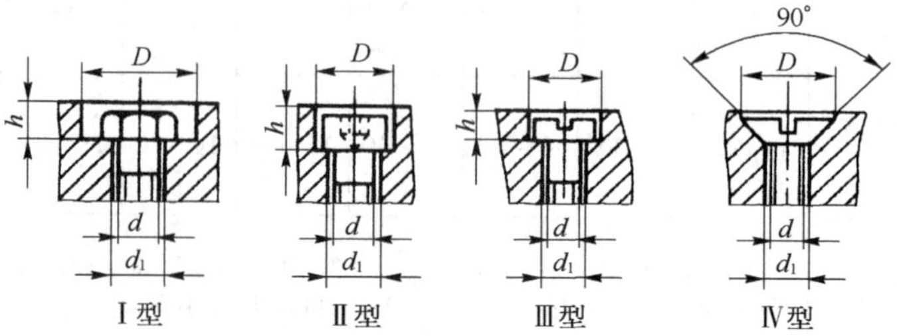

d	钻孔直径 d_1			Ⅰ型		Ⅱ型		Ⅲ型		Ⅳ型
	精装配用	普通装配用	粗装配用	D	h	D	h	D	h	D
M3	3.2	3.6						6	3	7
M4	4.3	4.8						8	3.5	9.5
M5	5.5	6				10	5.5	9.5	4	11
M6	6.5	7		24	5	12	6.5	11	4.5	13
M8	8.5	9		28	6.5	13.5	8.5	13.5	6.5	17
M10	10.5	11	12	30	8	16	10.5	16	8	21
M12	12.5	13	14	34	9	20	13	20	10	25
M14	14.5	15	16	37	10	23	15			
M16	16.5	17	18	41	12	26	17			
M18	19	20	21	46	14	30	19.5			
M20	21	22	23	49	15	33	21.5			
M22	23	24	25	55.5	16	36	23.5			
M24	25	26	27	60	17	39	25.5			

表 20 螺钉连接尺寸 (mm)

简 图	螺纹直径	旋进长度 l				螺纹孔外加深度 l_1	螺钉增加螺纹长度 l_2
		最 小 值		应 用 值			
		铸 铁	钢	铸 铁	钢		
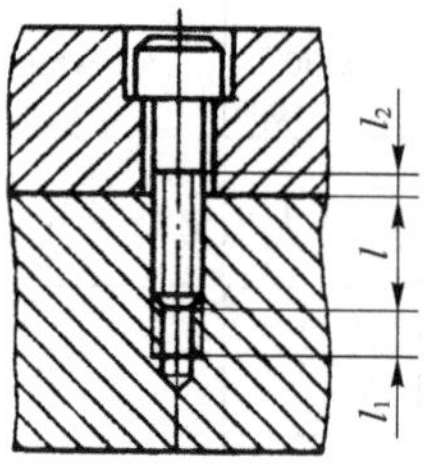	M3	3.5	2	6	4.5	3	1
	M4	4.5	2.5	8	6	4	1.5
	M5	5	3	10	7.5	4	1.5
	M6	6	3.5	12	9	6	2
	M8	8	4.5	16	12	6	2
	M10	10	5.5	20	15	8	2.5
	M12	12	7	24	18	8	2.5
	M16	16	10	32	24	8	2.5

注：一般情况下不采用最小旋进长度。

表 21　攻螺纹前钻孔尺寸　(mm)

螺　　纹	粗牙普通螺纹	细 牙 普 通 螺 纹
M6	5	5.2(M6×0.75)
M8	6.7	7.2(M8×0.75)，7(M8×1)
M10	8.5	9.2(M10×0.75)，9(M10×1)，8.7(M10×1.25)
M12	10.2	11(M12×1)，10.7(M12×1.25)，10.5(M12×1.5)
M16	13.9	15(M16×1)，14.5(M16×1.5)
M20	17.4	19(M20×1)，18.5(M20×1.5)
M24	20.9	23(M24×1)，22.5(M24×1.5)

六、模具术语英汉对照

(一) 冲模术语(GB/T 8845—2006)

A

adjustable distance of press shut height　压力机闭合高度调节量
automatic die　自动模
automatic feeder　自动送料装置

B

back-pillar die set　后侧导柱模架
ball-bearing die set　滚动导向模架
ball-bearing guide bush　滚珠导套
ball-bearing guide pillar　滚珠导柱
bending angle　弯曲角
bending die　弯曲模
bending force　弯曲力
bending line　弯曲线
bending radius　弯曲半径
blank　毛坯
blank holder　压边圈
blank holder force　压边力
blank layout　排样
blanking die　冲裁模、落料模
blanking force　冲裁力
blank length of a bend　展开长度
bolster plate　垫板
bulging coefficient　胀形系数
bulging die　胀形模
burr　毛刺
burring coefficient　翻孔系数
burring die　翻孔模

C

cage　钢球保持圈
cam driver　斜楔
carbide die　硬质合金模
central-pillar die set　中间导柱模架
clearance　模具间隙
combined die　组合冲模
compound die　复合模
curling die　卷边模
cushion　弹顶器
cut-off die　切断模

D

diagonal-pillar die set　对角导柱模架
die　凹模
die center　冲模中心
die holder　下模座
die life　冲模寿命
die overall length　凹模总长
die plate　凹模固定板
die point　刃口
die radius　凹模圆角半径
die roll　塌角
die set　模架
die set with spring guide plate　弹压导板模架
die shank　模柄
die shut height　模具闭合高度
drawing coefficient　拉深系数
drawing die　拉深模
drawing force　拉深力
drawing number　拉深次数
drawing ratio　拉深比

E

ejecting force　推件力
ejector block　推件块
ejector pin　推杆
ejector plate　推板
ejector tie rod　连接推杆
expanding ratio　扩孔率

F

feed direction 送料方向
feed pitch 步距
fine blanking die set 精冲模架
finger stop pin 始用档料销
fine blanking die 精冲模
fixed stripper plate 固定卸料板
flanging die 翻孔模
flaring coefficient 扩口系数
flaring die 扩口模
forming die 成形模

G

guide bush 导套
guide pillar 导柱
guide pillar die 导柱模
guide plate 导板
guide plate die 导板模

H

hole diameter 刃口直径

I

insert 镶件
insert die 镶块模
inverse compound die 倒装复合模
ironing die 变薄柱深模

K

kicker block 顶件块
kicker pin 顶杆
kicking force 顶件力
knock-out pin 打杆

L

laminate die 薄板模
lancing die 切舌模
land length 刃口长度
leading diameter 引导直径
lifter pin 抬料销
limit block 限住块
limit post 限位柱
load center 压力中心
locating pin 定位销
locating plate 定位板
low-cost die 简易模
low-melting-point alloy die 低熔点合金模
lower die 下模

M

main punch 凸凹模
minimum bending radius 最小弯曲半径
minimum diameter for piercing 最小冲孔直径
multifunction die 多功能模

N

necking coefficient 缩口系数
necking die 缩口模
neutral line 中性层
notching die 切口模

O

obverse compound die 正装复合模
obverse redrawing die 正拉深模
open die 无导向模

P

parting die 剖切模
piercing die 冲孔模
pilot pin 导正销
pitch punch 定距侧刃
planishing die 校平模
point 刃口
point angle 刃口斜度
point diameter 刃口直径
point length 刃口长度
pre-bending die 预弯模
press maximum shut height 压力机最大闭合高度
pressing direction 冲压方向
pressure plate 压料板
pressure plate force 压料力
printing die 压印模
progressive die 级进模
punch 凸模
punch holder 上模座
punch overall length 凸模总长
punch plate 凸模固定板
punch-protecting bushing 凸模保护套
punch radius 凸模圆角半径

Q

quick change die set 快换模架

R

radius 转角半径
relative bending radius 相对弯曲半径
relative height 相对高度
relative radius 相对转角半径
relative thickness 相对厚度
relief hole 排料孔
relief hole diameter 排料孔直径
restriking die 整形模
retainer 止动件
reverse redrawing die 反拉深模
roughened planishing die 齿形校平模

round die　圆凹模
round punch　圆凸模
rubber die　橡胶冲模

S

scrap cutter　废料切断刀
section　拼块
self-centering die shank　浮动模柄
shaving die　整修模
shrinking ring　预应力圈
side-push plate　侧压板
single-operation die　单工序模
slide block　滑块
slide feed plate　推件板
sliding guide die set　滑动导向模架
smooth cut zone　光亮带
soft die　软模
spring back　回弹
spring stripper plate　弹性卸料板
stamping die　冲模
steel strip die　钢带模
stock guide rail　导料板
stock-supporting plate　承料板
stop block for pitch punch　侧刃档块
stop key　止退键
stop pin　档料销
stretching die　压筋模
stretching height　胀形深度
stripper bolt　卸料螺钉
stripper plate　卸料板
stripping force　卸料力
support pin　托杆
support plate　托板

T

template die　夹板模
tie rod　拉杆
transfer die　传递模
trimming allowance　切边余量
trimming die　修边模
twisting die　扭曲模

U

universal die　通用模
universal die set　通用模架
upper die　上模

V

vee-ring plate　齿圈压板

W

wear plate　耐磨板
web　搭边

Z

zinc-based alloy die　锌基合金模

（二）塑料成形模术语（GB/T 8846—2005）

A

air vent　排气槽
angle pin　斜导柱
angled sliding split　斜滑块
angular cam　弯销

C

cartridge heater　管式加热器
cavity　型腔
cavity plate　凹模
cavity-retainer plate　凹模固定板
cavity split　凹模拼块
chase bolster　模套
clamping plate of the fixed half　定模座板
clamping plate of the moving half　动模座板
cold-slug well　冷料穴
compression mould　压注模
cooling channel　冷却通道
core　型芯
core-pulling distance　抽芯距
core-pulling force　抽芯力
core-retainer plate　型芯固定板
core split　型芯拼块

D

direct gate　直浇口
disk gate　盘形浇口
draft　脱模斜度

E

edge gate　侧浇口
ejection force　脱模力
ejector guide bush　推板导套
ejector guide pillar　推板导柱
elector pad　推块
ejector pin　推杆
ejector pin with a cylindrical head　圆柱头推杆
ejector plate　推板
ejector retainer plate　推杆固定板
ejector sleeve　推管
ejector tie rod　连接推杆

F

fan gate　扇形浇口

feed system　浇柱系统
finger guide plate　斜模导板
flash groove　溢料槽
flash mould　溢式压缩模
fixed compression mould　固定式压缩模
fixed half of a mould　定模
fixed transfer mould　固定式压注模
flat elector pin　扁椎杆
force plunger　柱塞

G

gate　浇口
gate insert　浇口镶块
guide bush　导套
guide pillar　导柱

H

headed guide bush　带头导套
headed guide pillar　带头导柱
heat tube　热管
heater plate　加热板
horizontal parting line　水平分型面
hot-runner mould　热流道模
hot-runner plate　热流道板

I

injection mould　注射模
injection mould base　注射模模架
injection mould for thermoplastic plastics　热塑性塑料注射模
injection mould for thermoset plastics　热固性塑料注射模
injection pressure　注射压力
inlay　嵌件
insert　镶件
insulated-runner mould　纯热流道模
internal mould pressure　型腔压力

L

limit bolt　定距拉杆
limit guide pillar　拉杆导柱
limit plate　定距拉板
loading chamber　加料腔
locating element　定位元件
locating ring　定位圈
locking force　锁模力
lower clamping plate　下模座板
lower half of a mould　下模

M

maximum open daylight　最大开距
movable insert　活动镶件
moving half of a mould　动模
mould base leg　支架
mould for thermoplastic plastics　热塑性塑料模
mould for thermoset plastics　热固性塑料模
mould opening force　开模力
mould plate　模板
moulding pressure　成形压力
mould shut height　闭合高度

P

parting line　分型面
pin-point gate　点浇口
plug baffle　隔板
portable compression mould　移动式压缩模
portable transfer mould　移动式压注模
positive mould　不溢式压缩模
projected area　投影面积
punch　凸模
punch-retainer plate　凸模固定板

R

return pin　复位杆
ring gate　环形浇口
runner　分流道
runner plate　流道板
runner puller　分流道拉料杆
runner stripper plate　推料板
runnerless mould　无流道模

S

secondary nozzle　二级喷嘴
semi-positive mould　半溢式压缩模
shot capacity　注射能力
shouldered ejector pin　带肩推杆
shouldered guide pillar　带肩导柱
shrinkage　收缩率
side core　侧型芯
side core-slide　侧型芯滑块
slide　滑块
slide guide strip　滑块导板
spacer　垫块
split　拼块
spoke gate　轮辐浇口
spreader　分流锥
sprue　主流道
sprue bush　浇口套
sprue puller with a ball head　环形拉料杆
sprue puller with a conical head　圆锥头拉料杆
sprue puller pin　拉料杆
standard mould base　标准模架

stop block　限位块
stop pin　限位钉
straight guide bush　直导套
stripper distance　脱模距
stripper plate　推件板
stripper ring　推件环
submarine gate　潜伏浇口
support pillar　支承柱
support plate　支承板

T

tab gate　护耳浇口
thermal insulating sheet　隔热板
threaded core　螺纹型芯
threaded ring cavity　螺纹型环
torpedo　鱼雷形分流梭
transfer mould　压注模

U

upper clamping plate　上模座板
upper half of a mould　上模

V

valve gate　阀式浇口
veritical parting line　垂直分型面

W

warm-runner mould　温流道模
warm-runner plate　温流道板
wedge block　楔紧块

Z

z-shaped sprue puller　钩形拉料杆

（三）压铸模术语(GB/T 8847—2003)

A

air vent　排气槽
angle pin　斜销
angled sliding split　斜滑块
angular cam　弯销

B

baffle　导流块
bolster of the fixed half　定模套板
bolster of the moving half　动模套板

C

cavity　型腔
casting system　浇注系统
clamping plate of the fixed half　定模座板
clamping plate of the moving half　动模座板
cooling ring　冷却环
core　型芯
core slide　型芯滑块

D

die casting　压力铸造
die-casting die　压铸模
die insert　镶块
die insert of the fixed half　定模镶块
die insert of the moving half　动模镶块
die shut height　闭合高度
draft　脱模斜度

E

ejector guide bush　推板导套
ejector guide pillar　推板导柱
ejector pad　推块
ejector pin　推杆
ejector pin with a cylindrical head　圆柱头推杆
ejector plate　推板
ejector plate tie rod　推板连接推杆
ejector plate washer　推板垫圈
ejector retaining plate　推杆固定板
ejector sleeve　推管
elector tie rod　连接推杆

F

filling velocity　充填速度
finger guide plate　斜槽导板
fixed die　定模
flat ejector pin　扁推杆
forming ejector pin　成形推杆

G

gate　内浇口
guide bush　导套
guide pillar　导柱
guide plate　导板

H

headed guide bush　带头导套
headed guide pillar　带头导柱

I

injection pressure　压射比压
injection speed　压射速度

L

locating element　定位元件
locking force　锁模力

M

maximum opening daylight　最大开距
movable core　活动型芯
movable insert　活动镶件(块)
moving die　动模

O

overflow well 溢流槽

P

parting line 分型面
plug baffle 隔流板
pressure centre 压力中心
project area 投影面积

R

return pin 复位杆
runner 横浇道

S

shrinkage 收缩率
shouldered guide pillar 带肩导柱
shouldered ejector pin 带肩推杆
shouldered ejector sleeve 带肩推管
straight guide bush 直导套
stripper distance 脱模距
sprue 直浇道
support plat 支承板
space block 垫块
support pillar 支承柱
slide 滑块
slide guide plate 滑动导板
split 拼块
sprue bush 浇口套
sprue puller pin 拉料杆
sprue spreader 分流锥
square guide pillar 矩形导柱
stop block 限位块
stop pin 限位钉
stripping plate 推件板

T

threaded plug 螺纹型芯
threaded ring 螺纹型环

V

venting plate 排气板
venting plug 排气塞

W

wedge block 楔紧块
wear pad 耐磨板

参 考 文 献

[1] 中国模具设计大典编委会. 中国模具设计大典[M]. 南昌：江西科学技术出版社，2003.
[2] 中国模具工程大典编委会. 中国模具工程大典[M]. 北京：电子工业出版社，2007.
[3] 郑展. 冲压工艺与冲模设计手册[M]. 北京：化学工业出版社，2013.
[4] 陈炎嗣. 冲压模具设计手册(多工位级进模)[M]. 北京：化学工业出版社，2013.
[5] 洪慎章. 冷挤压实用技术[M]. 北京：机械工业出版社，2014.
[6] 薛启翔. 冲压模具设计结构图册[M]. 北京：化学工业出版社，2005.
[7] 王新华，等. 冲模结构图册[M]. 北京：机械工业出版社，2003.
[8] 许发樾. 模具结构形式与应用手册[M]. 北京：机械工业出版社，2006.
[9] 张正修. 冲模结构设计方法、要点及实例[M]. 北京：机械工业出版社，2007.
[10] 刘胜新. 实用金属材料手册[M]. 北京：机械工业出版社，2011.
[11] 徐进，等. 模具材料应用手册[M]. 北京：机械工业出版社，2004.
[12] 刘占军. 冲压与塑压设备概论[M]. 北京：化学工业出版社，2014.
[13] 模具标准编委会. 模具标准汇编[M]. 北京：中国标准出版社，2011.
[14] 赵龙志，等. 现代注塑模具设计实用技术手册[M]. 北京：机械工业出版社，2012.
[15] 杨占尧. 塑料模具标准件及设计应用手册[M]. 北京：化学工业出版社，2008.
[16] 刘朝福. 注塑模具设计师速查手册[M]. 北京：化学工业出版社，2010.
[17] 申开智. 塑料模具设计与制造[M]. 北京：化学工业出版社，2006.
[18] 齐卫东. 简明塑料模具设计手册[M]. 北京：北京理工大学出版社，2008.
[19] 张玉龙，孙敏. 塑料品种与性能手册[M]. 北京：化学工业出版社，2012.
[20] 田雁晨，等. 金属压铸模设计技巧与实例[M]. 北京：化学工业出版社，2005.
[21] 姜银方，等. 压铸模具工程师手册[M]. 北京：机械工业出版社，2009.
[22] 罗启全. 压铸工艺及设备模具实用手册[M]. 北京：化学工业出版社，2013.
[23] 王先逵. 机械加工工艺手册[M]. 北京：机械工业出版社，2007.
[24] 赵万生，等. 实用电加工技术[M]. 北京：机械工业出版社，2002.
[25] 曹凤国. 电火花加工技术[M]. 北京：化学工业出版社，2005.
[26] 樊东黎，等. 热处理技术数据手册[M]. 北京：机械工业出版社，2006.
[27] 金荣植. 模具热处理及常见缺陷与对策[M]. 北京：机械工业出版社，2014.
[28] 冯炳尧，韩泰荣，蒋文森. 模具设计与制造简明手册[M]. 3 版. 上海：上海科学技术出版社，2008.

参考文献

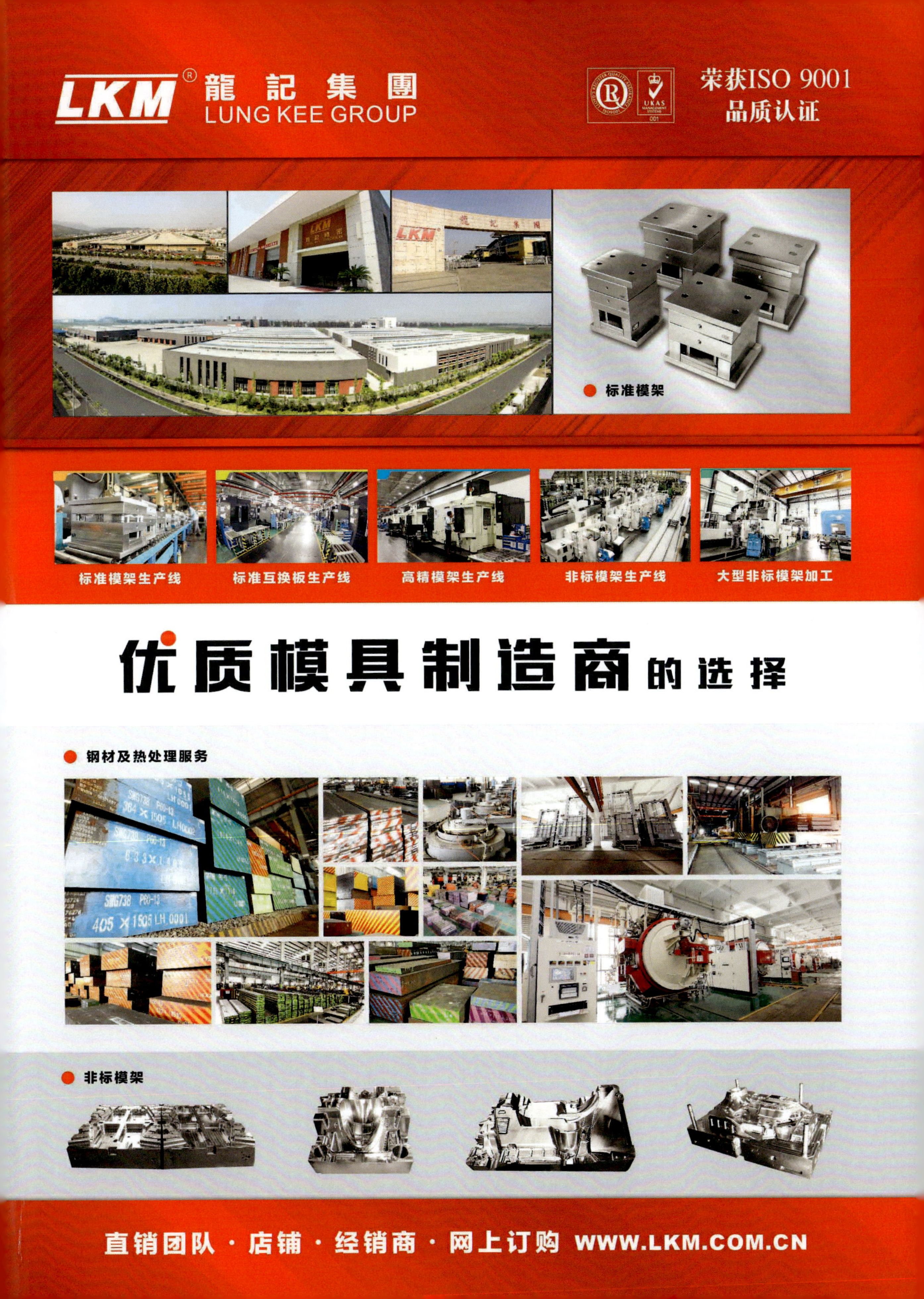
LKM® 龍記集團
LUNG KEE GROUP
荣获ISO 9001
品质认证
标准模架
标准模架生产线
标准互换板生产线
高精模架生产线
非标模架生产线
大型非标模架加工
优质模具制造商的选择
钢材及热处理服务
非标模架
直销团队 · 店铺 · 经销商 · 网上订购 WWW.LKM.COM.CN

杭州萧山精密模具标准件厂

浙江省著名商标
ZHE JIANG PROVINCIAL FAMOUS BRAND

企业简介

杭州萧山精密模具标准件厂隶属于浙江萧山金龟机械有限公司，拥有35年的历史，由国有企业改制设立，现为中国重点骨干模具企业，注册商标“金龟牌”为浙江省著名商标。金龟牌精密冷冲模架曾获全国模具标准件奖和浙江省优质产品以及国际模具技术精模奖等荣誉。

企业专业研制精密冷冲模架及精密模具导向件，经过不断的技术创新，产品具有精度高、滑动平稳、耐磨性强、使用寿命长等特点，现有滑动、滚动两大系列2000余种规格精密导向件、全系列的国家标准和日本标准精密冷冲模架，并可根据各类仪表、拉链等用户的特殊需求定制精密级模具标准件。产品广泛应用于各类级进模具、高端冲压模具的精密导向，并不断向汽车、家电、水晶、冶金、航空航天等新兴领域拓展，深受国内外用户的欢迎，出口美国、日本、韩国、马来西亚、土耳其等国家。

企业同时还生产金龟牌JB04系列、JC04系列、JD04系列台式压力机，J23系列开式可倾压力机，T51系列辊式自动送料机，J76G高性能高速精密压力机，QM系列气动压力机，SJ系列水晶机械等产品。欢迎新老用户惠顾。

产品展示

三托拉链模架
Tri-Hold zipper Die Set

非标定制钢板模架
Customized Steel Die Set

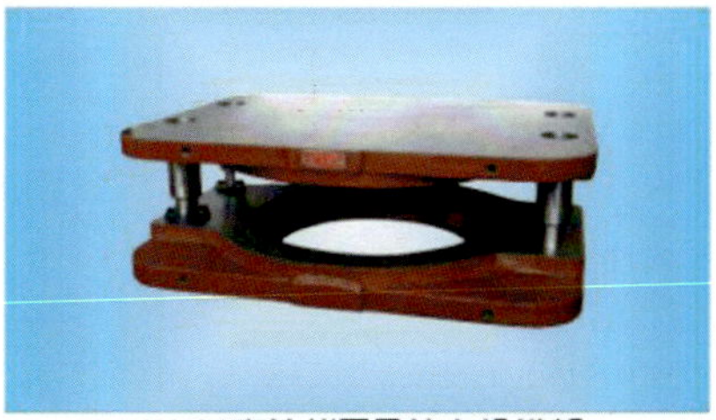

JM-V高性能四导柱电机模架
JM-V Precision Four-Pillared Motor Mold

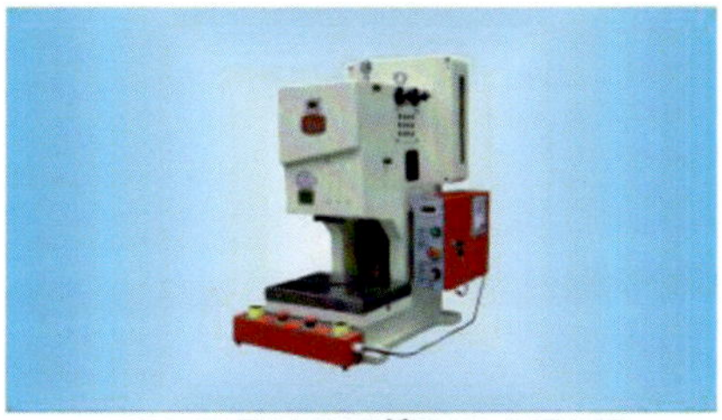

JC04-5A型高性能精密台式压力机
JC04-5A Model High-Precision Bench Press

金龟牌滑动、滚动精密导向部件
Golden Tortoise Brand Precision Guiding Elements

上下可卸精密滑动导套
Precision Detachable Sliding Guide Bushes

杭州萧山精密模具标准件厂　　浙江萧山金龟机械有限公司
地址：浙江省杭州市萧山区湘湖路40号
法定代表人：黄银霞
电话号码：0571-82677357 82677358 82674989 82678529 82681209
传　真：0571-82679814 82678499　www.jingui.com.cn　E-mail: xspp@xs.hz.zj.cn

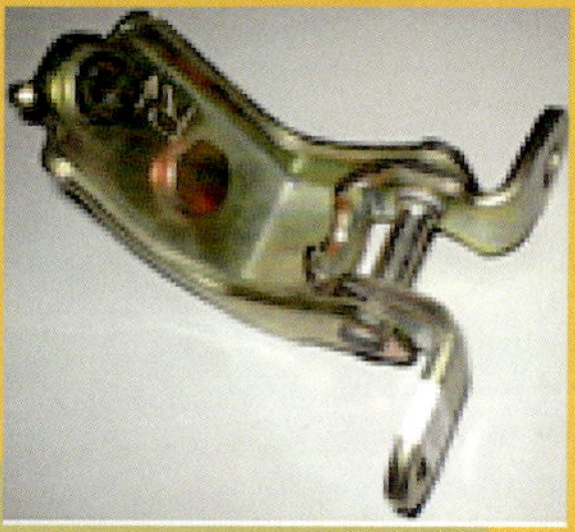
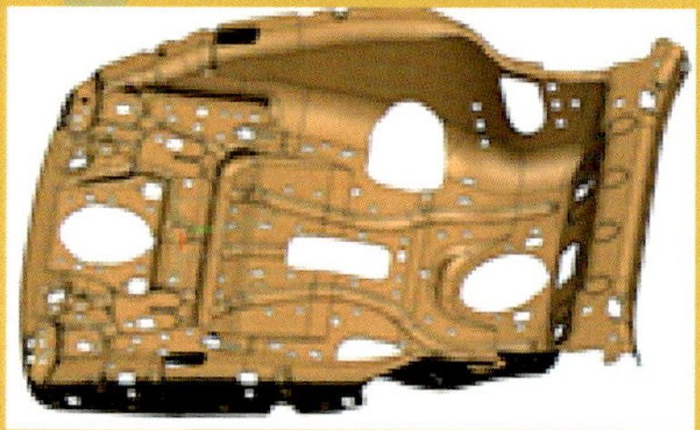

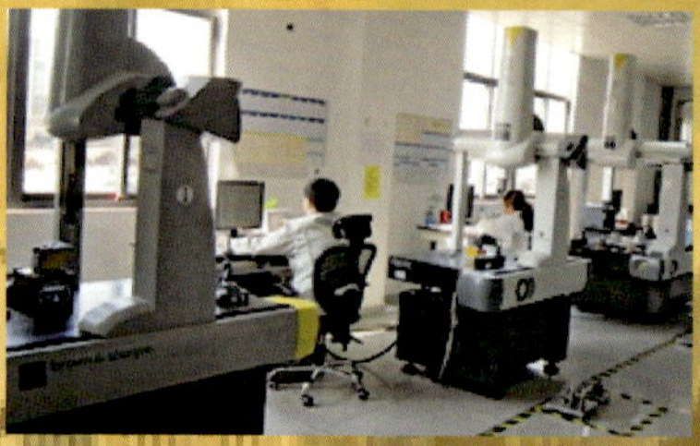

MJT

苏州泰嘉电子有限公司
无锡华晶利达电子有限公司

(Micro Just-Tech Co.,Ltd.)

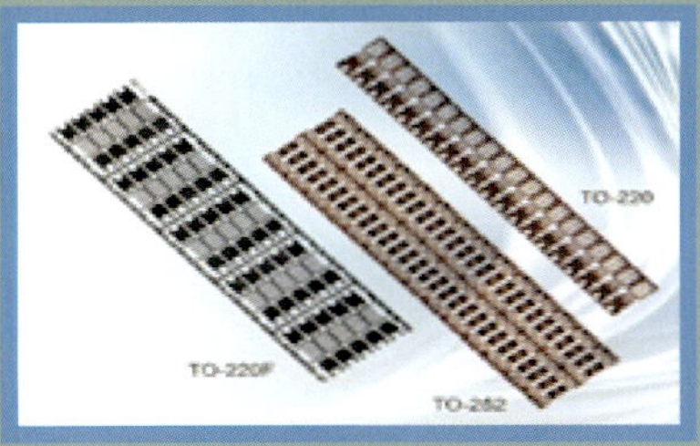

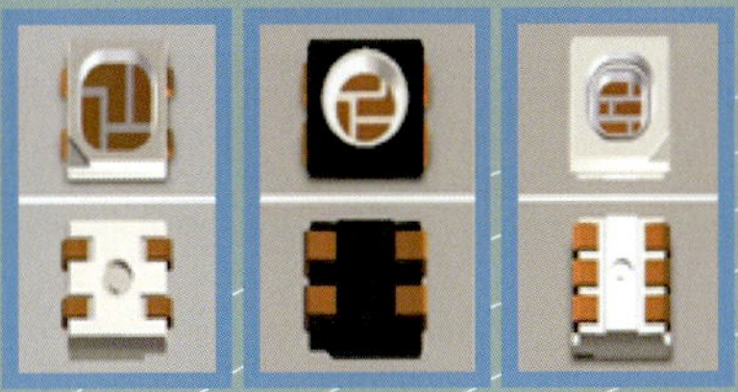

公司以集成电路、分立器件和LED塑封引线框架制造为主业，是国内较早引进国外先进技术和装备从事设计、制造引线框架的企业，拥有多台高精度高速冲床和集成电路、LED引线框架全自动局部镀银生产线等专业加工设备，持续生产60多个品种的DIP、SIP、SOP、HSOP、TO系列和LED SMD系列等封装形式的引线框架。

公司拥有一批掌握精密电子模具设计、制造技术的高新技术人才，在高精度模具设计、引线框架工艺技术研究方面有10多个项目通过部级鉴定，多项评为省高新技术产品并获得科技进步奖。

公司拥有光学曲线磨床、坐标磨床、数控加工中心等一整套精密模具加工设备，贯彻ISO 9001标准，“精心制造、尽心服务”，将我公司精密电子模具制造及高精度零件加工取得更多成绩。

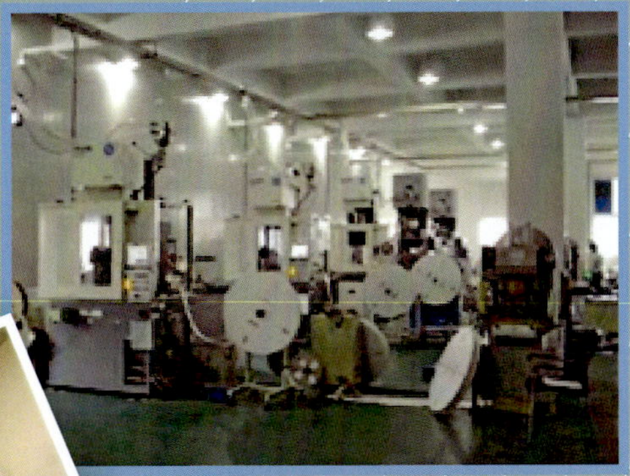

地址：江苏省无锡市惠山区无锡金属表面处理科技园富士路8号
电话：0510-83569750　　传真：0510-85809115
邮箱：sales@microjt.com

精利模塑科技（无锡）有限公司

JINGLI MOULD & PLASTIC TECHNOLOGY (WUXI) CO., LTD.

公司具有精密模具及精密注塑、冲压领域有丰富经验的海内外资深技术及经营管理团队的优势，引进国外较先进精密模具及精密注塑生产设备，发展精密型腔模、精冲模、精密注塑模及新型仪表元器件，创建一个精密模具及精密产品的制造基地，重点开发新型仪表类工业控制电器、精密汽车零部件、消费类精密产品关键零部件的精密模具及精密制造市场，为在中国的众多欧美日等海外的战略客户直接配套。

公司拥有日本MAKINO精密高速CNC加工中心、瑞士CHARMILLES 精密CNC浸水式慢走丝线切割机床、瑞士CHARMILLES 精密CNC电火花成型机床、日本MITUTOYO 精密数控三坐标测量仪、日本MITUTOYO精密测量仪器等高精度的精密模具制造及检测设备，采用专业的CAD/CAM软件，通过有效的精密制造及管理模式，为客户提供富有竞争力的精密模具及精密产品。

公司将秉承“WIN & WIN”（“共 赢”）的经营理念，立志成为“精密模具及精密产品制造专家”，与海内外客户共同发展，共创辉煌！

日本MAKINO精密高速
CNC加工中心
Japanese MAKINO
CNC Machining Centers

瑞士CHARMILLES
精密电火花机
Swiss CHARMILLES EDM Machines

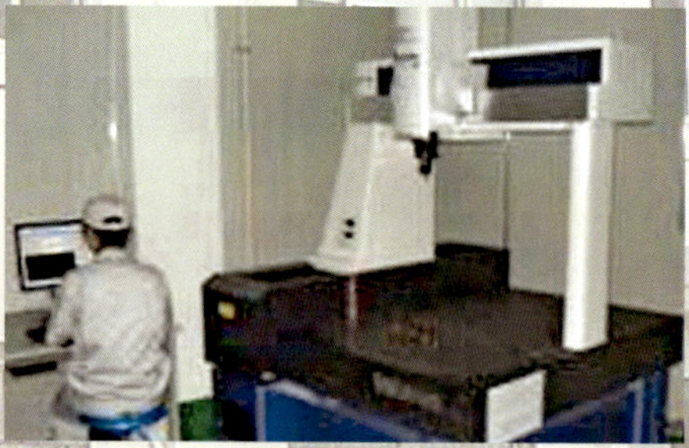

日本MITUTOYO精密数控三坐标测量仪
Japanese MITUTOYO 3D CMM

日本FANUC、
住友等精密注塑机
Japanese FANUC、SUMITOMO
Injection Machines

地址：无锡市惠山经济开发区中惠路518号-8幢
电话：0510-81881828、0510-83623326
邮箱：sales@wxjlmp.com
邮编：214177
传真：0510-83623320
网址：www.wxjlmp.com